Ingenieurbauten 5

Theorie und Praxis

Herausgegeben von
Konrad Sattler, Graz
Peter Stein, Wien

1974

Springer-Verlag
Wien New York

Stabilität ebener Stabwerke

nach der Theorie II. Ordnung
Wölbkrafttorsion

Erwin Schaber

Zweiter Teil:

Zahlentafeln

1974

Springer-Verlag
Wien New York

Dr. Ing. ERWIN SCHABER
DSD Dillinger Stahlbau GmbH., Saarlouis

Mit 46 Abbildungen

Softcover reprint of the hardcover 1st edition 1974

Vervielfältigung: Technische Hochschule Wien

Library of Congress Cataloging in Publication Data

Schaber, Erwin.
Stabilität ebener Stabwerke nach der Theorie II. Ordnung, Wölbkrafttorsion.

(Ingenieurbauten; Theorie und Praxis, v. 5)
CONTENTS: T. 1. Theorie und Zahlenbeispiele.-- T. 2. Zahlentafeln.
1. Structural frames. 2. Girders. 3. Stability. 4. Torsion. I. Title. II. Series.
TA660.F7S3 1974 624'.1773 74-16171

ISBN 978-3-7091-8383-0 ISBN 978-3-7091-8382-3 (eBook)
DOI 10.1007/978-3-7091-8382-3

VORWORT

Für die Berechnung von Schnittlasten, Auflagerlasten und Verformungen ebener Stabwerke nach der Theorie II.Ordnung unter Berücksichtigung von Biegemoment- und Querkraftverformungen und der Längselastizität der Stabwerksstäbe werden in zwei Bänden die theoretischen Grundlagen eines Berechnungsverfahrens und Zahlenwerte als Rechenhilfen für Zahlenrechnungen veröffentlicht.

Im Hauptwerk wird das Verfahren dargestellt und dessen Anwendung an einigen Zahlenbeispielen erläutert.

Im vorliegenden Tabellenband werden Zahlenwerte bereitgestellt, die geeignet erscheinen, die oft umfangreichen Zahlenrechnungen zur Bestimmung der Schnittlasten und Verformungen ebener Stabwerke nach der Theorie II.Ordnung merklich zu verringern.

Mit diesen Zahlenwerten können Schnittlasten und Verformungen drehbar gelagerter Druck- und Zugstäbe a,b infolge Belastungen M, P, q, q(x), exzentrischen Krafteinleitungen c_a bezw. c_b an den Stabenden a bezw. b, parabolischen Vorverformungen $v_v(x)$ und linearen Temperaturdifferenzen Δt der Stäbe in den Zehntel-Punkten berechnet werden, ferner Stabendmomente und Stabendquerkräfte von Druck- und Zugstäben mit drehstarren und (oder) drehbaren Stabenden infolge Verformungen der Stabenden und Stabendmomente und Stabendquerkräfte von Druck- und Zugstäben a,b mit drehstarren und (oder) drehbaren Stabenden infolge Belastungen M, P, q, q(x), exzentrischen Krafteinleitungen c_a bezw. c_b an den Stabenden a bezw. b, parabolischen Vorverformungen $v_v(x)$ und linearen Temperaturdifferenzen Δt der Stäbe.

Der zur Verfügung stehende Umfang dieses Bandes zwang den Verfasser zur Beschränkung der Anzahl der Zahlenwerte. Dennoch dürfte bei der Anwendung der Zahlentafeln ein Interpolieren nicht erforderlich werden. Auf die Berücksichtigung des Einflusses von Querkraftverformungen mußte jedoch verzichtet werden.

Herr Ing. grad. Bernd Panning hat das Programm erstellt, nach dem die Zahlenwerte berechnet und ausgedruckt werden konnten, wofür an dieser Stelle gedankt sei. Dieser Dank gilt auch der DSD - DILLINGER STAHLBAU GmbH, die hierfür ihre elektronische Rechenanlage (SIEMENS 4oo4/45) zur Verfügung stellte.

Die Vervielfältigung der Zahlentafeln übernahm das Institut für Stahlbau der Technischen Hochschule Wien. Hierfür ist der Verfasser Herrn Prof.Dr.-Ing. Peter Stein besonders dankbar.

Saarlouis, im Sommer 1974

E. Schaber

INHALTSVERZEICHNIS

Zur Anwendung der Zahlentafeln

Im Hauptwerk "Theorie und Zahlenbeispiele" werden Gleichungen abgeleitet, mit denen Schnittlasten und Verformungen von Stäben infolge gegebener Stabbelastungen und Stabendschnittlasten infolge Verformungen der Stabenden und gegebener Stabbelastungen berechnet werden können. Diese Gleichungen enthalten Funktionen F, für die in diesem Band Zahlenwerte bereitgestellt werden, die beitragen sollen, den Rechenaufwand zur Ermittlung von Schnittlasten, Auflagerlasten und Verformungen ebener Stabwerke nach Theorie II. Ordnung zu verringern.
Es lag daher nahe, diesen Tabellenband in vier Abschnitte zu gliedern und diese wie folgt zu beinhalten:

Abschnitt A:

Zusammenstellung der Gleichungen und Funktionen $F(\epsilon,\chi)$ zur Berechnung der Schnittlasten $M_o(\epsilon,\chi)$ und $Q_o(\epsilon,\chi)$ und Verformungen $v_o(\epsilon,\chi)$ und $v_o'(\epsilon,\chi)$ drehbar gelagerter Druck- und Zugstäbe infolge gegebener Stabbelastungen und Erläuterung dieser Stabbelastungen.

Abschnitt B:

Zusammenstellung der Gleichungen und Funktionen $F_i(\epsilon)$ zur Berechnung der Stabendmomente $\mathfrak{M}(\epsilon)$ und Stabendquerkräfte $\mathfrak{Q}(\epsilon)$ von Druck- und Zugstäben mit drehstarren und (oder) drehbaren Stabenden infolge Verformungen der Stabenden und Erläuterung dieser Verformungen.

Abschnitt C:

Zusammenstellung der Gleichungen und Funktionen $F(\epsilon)$ zur Berechnung der Stabendmomente $\overline{M}(\epsilon)$ und der Stabendquerkräfte $\overline{K}(\epsilon)_Q$ von Druck- und Zugstäben mit drehstarren und (oder) drehbaren Stabenden infolge gegebener Stabbelastungen und Erläuterung dieser Stabbelastungen.

Abschnitt D:

Zahlentafeln der Funktionen	$F(\epsilon,\chi)$	nach Abschnitt A,
	$F_i(\epsilon)$	nach Abschnitt B,
	$F(\epsilon)$	nach Abschnitt C.

In den Abschnitten A) bis C) werden Übersichten über die vertafelten Funktionen F gegeben. Ferner werden d i e Stabbelastungen und Verformungen der Stabenden durch Bilder erläutert, für die Schnittlasten und Verformungen berechnet werden können und die Gleichungen hierfür zusammengestellt.
Die in diesen Gleichungen enthaltenen Funktionen F sind im Hauptwerk durch Indizes näher gekennzeichnet. Diese Indizes konnte die zur Aufstellung der Zahlentafeln eingesetzte elektronische Rechenanlage nicht drucken. Daher ist unter den Bildern jeweils eine zweite Gleichung für die Berechnung einer Schnittlast oder einer Verformung angegeben mit einer Kennzeichnung für die Funktion F, die den Druckmöglichkeiten der elektronischen Rechenanlage entsprach.
Unter den Bildern ist ferner angezeigt, für welche Stabkennwerte ϵ Zahlenwerte der Funktionen F berechnet und auf welchen Seiten der Zahlentafeln diese Zahlenwerte ausgedruckt sind.

Für den Stabkennwert ϵ gilt:

Druckstäbe: $\epsilon \Rightarrow \alpha = l \cdot \sqrt{\frac{-S}{EJ}}$ $(S < 0 \Rightarrow$ Druckkraft),

Zugstäbe: $\epsilon \Rightarrow \beta = l \cdot \sqrt{\frac{S}{EJ}}$ $(S > 0 \Rightarrow$ Zugkraft).

A) Schnittlasten $M_0(\epsilon,\chi)$ und $Q_0(\epsilon,\chi)$ und Verformungen $v_0(\epsilon,\chi)$ und $v_0'(\epsilon,\chi)$ drehbar gelagerter Druck- und Zugstäbe infolge gegebener Stabbelastungen.

A.I) Übersicht über die vertafelten Funktionen $F(\epsilon,\chi)$ zur Berechnung von Schnittlasten und Verformungen.

A.I.1) Stabbelastung: Moment M.

Zahlentafeln $F(\epsilon,\chi)_{M;M}$ = F.M;M
$F(\epsilon,\chi)_{M;Q}$ = F.M;Q
$F(\epsilon,\chi)_{M;v}$ = F.M;V
$F(\epsilon,\chi)_{M;v'}$ = F.M;V'

Abschnitt D.I

Erläuterungen: A.II.1.1...A.II.1.7

$\epsilon \Longrightarrow \alpha$: Druckstäbe 1...132

$\epsilon \Longrightarrow \beta$: Zugstäbe 133...264

A.I.2) Stabbelastung: Einzellast P.

Zahlentafeln $F(\epsilon,\chi)_{P;M}$ = F.P;M
$F(\epsilon,\chi)_{P;Q}$ = F.P;Q
$F(\epsilon,\chi)_{P;v}$ = F.P;V
$F(\epsilon,\chi)_{P;v'}$ = F.P;V'

Abschnitt D.II

Erläuterungen: A.II.2

$\epsilon \Longrightarrow \alpha$: Druckstäbe 265...372

$\epsilon \Longrightarrow \beta$: Zugstäbe 373...480

A.I.3) Stabbelastung: Gleichstreckenlast q=konstant.

Zahlentafeln $F(\epsilon,\chi)_{q;M}$ = F.Q;M
$F(\epsilon,\chi)_{q;Q}$ = F.Q;Q
$F(\epsilon,\chi)_{q;v}$ = F.Q;V
$F(\epsilon,\chi)_{q;v'}$ = F.Q;V'

Abschnitt D.III

Erläuterungen: A.II.3

$\epsilon \Longrightarrow \alpha$: Druckstäbe 481...492

$\epsilon \Longrightarrow \beta$: Zugstäbe 493...504

A.I.4) Stabbelastung: Linear veränderliche antimetrische Streckenlast $q(\chi)=q'\cdot(1-2\chi)$.

Zahlentafeln	$F(\epsilon,\chi)_{q';M}$ = F.Q';M	Abschnitt D.IV
	$F(\epsilon,\chi)_{q';Q}$ = F.Q';Q	
	$F(\epsilon,\chi)_{q';v}$ = F.Q';V	
	$F(\epsilon,\chi)_{q';v'}$ = F.Q';V'	

Erläuterungen: A.II.4

$\epsilon \Longrightarrow \alpha$: Druckstäbe 505...516

$\epsilon \Longrightarrow \beta$: Zugstäbe 517...528

A.I.5) Stab mit Vorverformung $v_v(\chi)=4\cdot f\cdot\chi\cdot(1-\chi)$.

Zahlentafeln	$F(\epsilon,\chi)_{q;M}$ = F.Q;M	Abschnitt D.III
	$F(\epsilon,\chi)_{q;Q}$ = F.Q;Q	
	$F(\epsilon,\chi)_{q;v}$ = F.Q;V	
	$F(\epsilon,\chi)_{q;v'}$ = F.Q;V'	

Erläuterungen: A.II.5.1...A.II.5.2

$\epsilon \Longrightarrow \alpha$: Druckstäbe 481...492

$\epsilon \Longrightarrow \beta$: Zugstäbe 493...504

A.I.6) Stab mit ungleichmäßiger Temperaturdifferenz $\Delta t=t_u-t_o$.

Zahlentafeln	$F(\epsilon,\chi)_{\Delta t;M}$ = F.T;M	Abschnitt D.V
	$F(\epsilon,\chi)_{\Delta t;Q}$ = F.T;Q	
	$F(\epsilon,\chi)_{\Delta t;v}$ = F.T;V	
	$F(\epsilon,\chi)_{\Delta t;v'}$ = F.T;V'	

Erläuterungen: A.II.6

$\epsilon \Longrightarrow \alpha$: Druckstäbe 529...540

$\epsilon \Longrightarrow \beta$: Zugstäbe 541...552

A.II) Erläuterung der Stabbelastungen und Zusammenstellung der diesen Stabbelastungen zugeordneten Gleichungen und Funktionen $F(\epsilon,\chi)$.

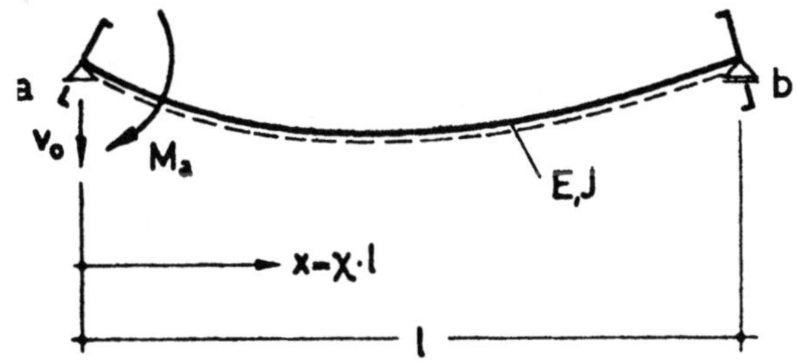

$$M_o(\varepsilon,\chi) = M_a \cdot F(\varepsilon,\chi)_{a,M} \equiv M_a \cdot F.\ M,M \quad \text{für} \quad \chi_M = 0{,}000$$

$$Q_o(\varepsilon,\chi) = \frac{M_a}{l} \cdot F(\varepsilon,\chi)_{a,Q} \equiv \frac{M_a}{l} \cdot F.\ M,Q \quad \text{für} \quad \chi_M = 0{,}000$$

$$v_o(\varepsilon,\chi) = \frac{M_a \cdot l^2}{E J} \cdot F(\varepsilon,\chi)_{a,v} \equiv \frac{M_a \cdot l^2}{E J} \cdot F.\ M,V \quad \text{für} \quad \chi_M = 0{,}000$$

$$v'_o(\varepsilon,\chi) = \frac{M_a \cdot l}{E J} \cdot F(\varepsilon,\chi)_{a,v'} \equiv \frac{M_a \cdot l}{E J} \cdot F.\ M,V' \quad \text{für} \quad \chi_M = 0{,}000$$

Druckstäbe: $\alpha = 0{,}000;\ 0{,}025 \ldots 2{,}925;\ 2{,}950$

Zugstäbe: $\beta = 0{,}00;\ 0{,}25 \ldots 24{,}75;\ 25{,}00;\ 26{,}25 \ldots 47{,}50,\ 48{,}75$

Druckstäbe: 1... 12

Zugstäbe: 133...144

A.II.1.2

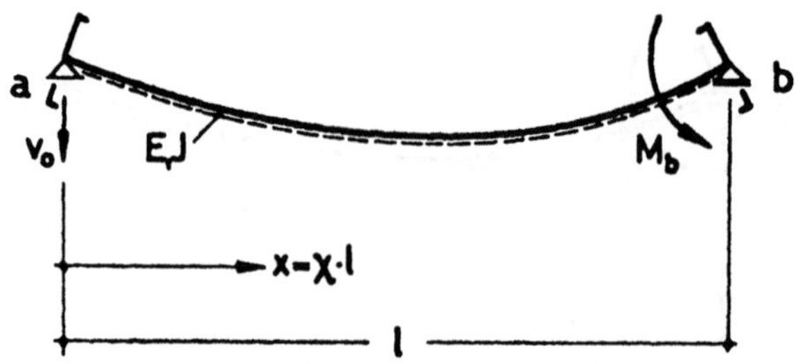

$$M_0(\varepsilon,\chi) = M_b \cdot F(\varepsilon,\chi)_{b,M} = -M_b \cdot F.\ M,M \qquad \text{für} \quad \chi_M = 1{,}000$$

$$Q_0(\varepsilon,\chi) = \frac{M_b}{l} \cdot F(\varepsilon,\chi)_{b,Q} = -\frac{M_b}{l} \cdot F.\ M,Q \qquad \text{für} \quad \chi_M = 1{,}000$$

$$v_0(\varepsilon,\chi) = \frac{M_b \cdot l^2}{EJ} \cdot F(\varepsilon,\chi)_{b,v} = -\frac{M_b \cdot l^2}{EJ} \cdot F.\ M,V \qquad \text{für} \quad \chi_M = 1{,}000$$

$$v_0'(\varepsilon,\chi) = \frac{M_b \cdot l}{EJ} \cdot F(\varepsilon,\chi)_{b,v'} = -\frac{M_b \cdot l}{EJ} \cdot F.\ M,V' \qquad \text{für} \quad \chi_M = 1{,}000$$

Druckstäbe: $\alpha = 0{,}000;\ 0{,}025 \ldots\ 2{,}925;\ 2{,}950$

Zugstäbe: $\beta = 0{,}00;\ 0{,}25 \ldots\ 24{,}75;\ 25{,}00;\ 26{,}25 \ldots 47{,}50;\ 48{,}75$

Druckstäbe: 121 ... 132

Zugstäbe: 253 ... 264

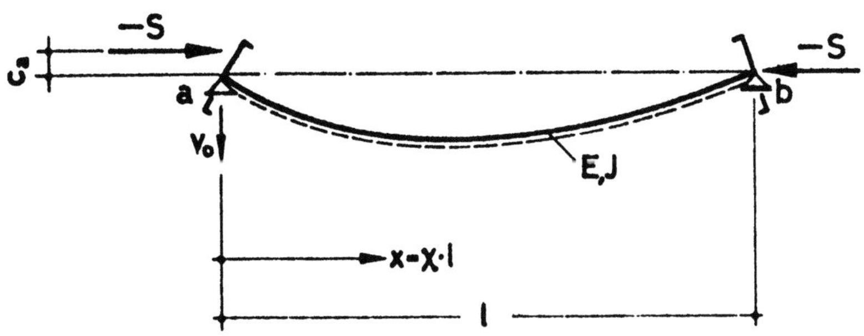

$$M_o(\varepsilon,\chi) = -S\cdot c_a\cdot F(\varepsilon,\chi)_{a,M} = -S\cdot c_a\cdot F.\,M,M \quad \text{für } \chi_M = 0{,}000$$

$$Q_o(\varepsilon,\chi) = -\frac{S\cdot c_a}{l}\cdot F(\varepsilon,\chi)_{a,Q} = -\frac{S\cdot c_a}{l}\cdot F.\,M,Q \quad \text{für } \chi_M = 0{,}000$$

$$v_o(\varepsilon,\chi) = -\frac{S\cdot c_a\cdot l^2}{EJ}\cdot F(\varepsilon,\chi)_{a,v} = -\frac{S\cdot c_a\cdot l^2}{EJ}\cdot F.\,M,V \quad \text{für } \chi_M = 0{,}000$$

$$v_o'(\varepsilon,\chi) = -\frac{S\cdot c_a\cdot l}{EJ}\cdot F(\varepsilon,\chi)_{a,v'} = -\frac{S\cdot c_a\cdot l}{EJ}\cdot F.\,M,V' \quad \text{für } \chi_M = 0{,}000$$

Druckstäbe: $\alpha = 0{,}000;\ 0{,}025\ \ldots\ 2{,}925;\ 2{,}950$

Druckstäbe: 1 ... 12

A.II.1.4

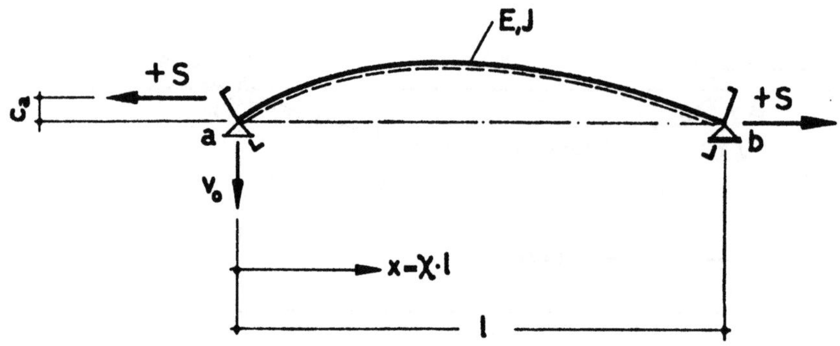

$$M_o(\varepsilon,\chi) = -S\cdot c_a\cdot F(\varepsilon,\chi)_{a,M} \equiv -S\cdot c_a\cdot F.M,M \quad \text{für} \quad \chi_M = 0{,}000$$

$$Q_o(\varepsilon,\chi) = -\frac{S\cdot c_a}{l}\cdot F(\varepsilon,\chi)_{a,Q} \equiv -\frac{S\cdot c_a}{l}\cdot F.M,Q \quad \text{für} \quad \chi_M = 0{,}000$$

$$v_o(\varepsilon,\chi) = -\frac{S\cdot c_a\cdot l^2}{EJ}\cdot F(\varepsilon,\chi)_{a,v} \equiv -\frac{S\cdot c_a\cdot l^2}{EJ}\cdot F.M,V \quad \text{für} \quad \chi_M = 0{,}000$$

$$v_o'(\varepsilon,\chi) = -\frac{S\cdot c_a\cdot l}{EJ}\cdot F(\varepsilon,\chi)_{a,v'} \equiv -\frac{S\cdot c_a\cdot l}{EJ}\cdot F.M,V' \quad \text{für} \quad \chi_M = 0{,}000$$

Zugstäbe: ß = 0,00 , 0,25 ... 24,75 ; 25,00 ; 26,25 ... 47,50 ; 48,75

Zugstäbe : 133 ... 144

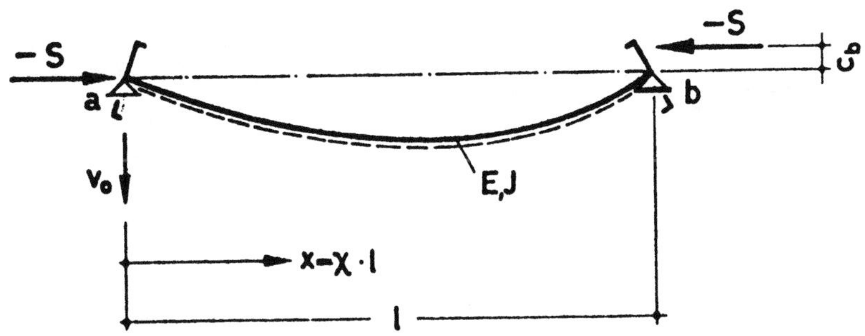

$$M_o(\varepsilon,\chi) = S\cdot c_b\cdot F(\varepsilon,\chi)_{b,M} = S\cdot c_b\cdot F.\,M,M \quad \text{für} \quad \chi_M = 1{,}000$$

$$Q_o(\varepsilon,\chi) = \frac{S\cdot c_b}{l}\cdot F(\varepsilon,\chi)_{b,Q} = \frac{S\cdot c_b}{l}\cdot F.\,M,Q \quad \text{für} \quad \chi_M = 1{,}000$$

$$v_o(\varepsilon,\chi) = \frac{S\cdot c_b\cdot l^2}{EJ}\cdot F(\varepsilon,\chi)_{b,v} = \frac{S\cdot c_b\cdot l^2}{EJ}\cdot F.\,M,V \quad \text{für} \quad \chi_M = 1{,}000$$

$$v_o'(\varepsilon,\chi) = \frac{S\cdot c_b\cdot l}{EJ}\cdot F(\varepsilon,\chi)_{b,v'} = \frac{S\cdot c_b\cdot l}{EJ}\cdot F.\,M,V' \quad \text{für} \quad \chi_M = 1{,}000$$

Druckstäbe: $\alpha = 0{,}000;\ 0{,}025 \ldots 2{,}925;\ 2{,}950$

Druckstäbe: 121 ... 132

A.II.1.6

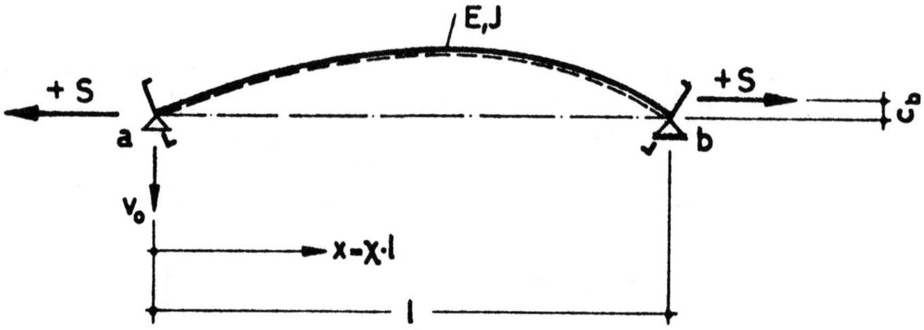

$$M_o(\varepsilon,\chi) = S\cdot c_b\cdot F(\varepsilon,\chi)_{b;M} = S\cdot c_b\cdot F.\ M;M \quad \text{für} \quad \chi_M = 1{,}000$$

$$Q_o(\varepsilon,\chi) = \frac{S\cdot c_b}{l}\cdot F(\varepsilon,\chi)_{b;Q} = \frac{S\cdot c_b}{l}\cdot F.\ M;Q \quad \text{für} \quad \chi_M = 1{,}000$$

$$v_o(\varepsilon,\chi) = \frac{S\cdot c_b\cdot l^2}{EJ}\cdot F(\varepsilon,\chi)_{b;v} = \frac{S\cdot c_b\cdot l^2}{EJ}\cdot F.\ M;V \quad \text{für} \quad \chi_M = 1{,}000$$

$$v_o'(\varepsilon,\chi) = \frac{S\cdot c_b\cdot l}{EJ}\cdot F(\varepsilon,\chi)_{b;v'} = \frac{S\cdot c_b\cdot l}{EJ}\cdot F.\ M;V' \quad \text{für} \quad \chi_M = 1{,}000$$

Zugstäbe : β = 0,00 ; 0,25... 24,75; 25,00; 26,75...47,50, 48,75

Zugstäbe: 253...264

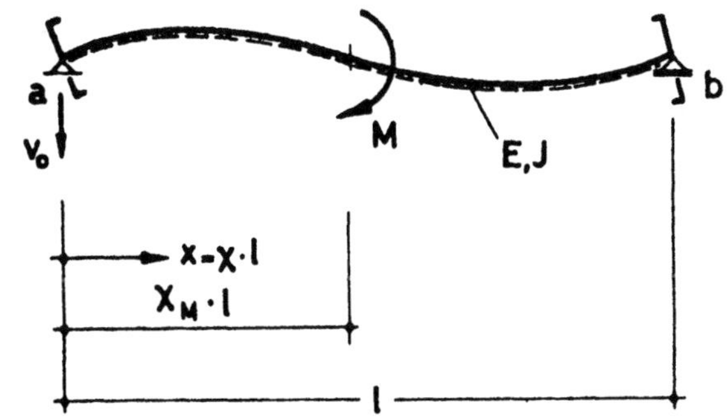

$$M_o(\varepsilon,\chi) = M \cdot F(\varepsilon,\chi)_{M,M} = M \cdot F.\ M;M$$

$$Q_o(\varepsilon,\chi) = \frac{M}{l} \cdot F(\varepsilon,\chi)_{M,Q} = \frac{M}{l} \cdot F.\ M;Q$$

$$v_o\ (\varepsilon,\chi) = \frac{M \cdot l^2}{EJ} \cdot F(\varepsilon,\chi)_{M,v} = \frac{M \cdot l^2}{EJ} \cdot F.\ M;V$$

$$v_o'\ (\varepsilon,\chi) = \frac{M \cdot l}{EJ} \cdot F(\varepsilon,\chi)_{M,v'} = \frac{M \cdot l}{EJ} \cdot F.\ M;V'$$

Druckstäbe: α = 0,000; 0,025 ... 2,925; 2,950

Zugstäbe: β = 0,00; 0,25 ... 24,75; 25,00; 26,25 ... 47,50; 48,75

χ_M	Druckstäbe	Zugstäbe
0,00	1 ... 12	133 ... 144
0,10	13 ... 24	145 ... 156
0,20	25 ... 36	157 ... 168
0,30	37 ... 48	169 ... 180
0,40	49 ... 60	181 ... 192
0,50	61 ... 72	193 ... 204
0,60	73 ... 84	205 ... 216
0,70	85 ... 96	217 ... 228
0,80	97 ... 108	229 ... 240
0,90	109 ... 120	241 ... 252
1,00	121 ... 132	253 ... 264

A.II.2

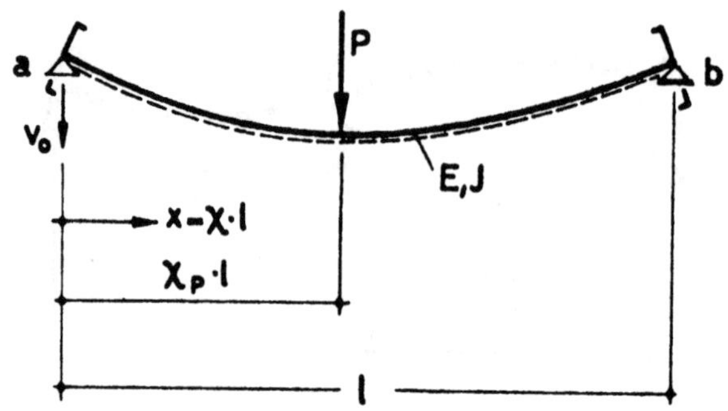

$$M_0(\varepsilon,\chi) = P \cdot l \cdot F(\varepsilon,\chi)_{P,M} = P \cdot l \cdot F.P;M$$

$$Q_0(\varepsilon,\chi) = P \cdot F(\varepsilon,\chi)_{P,Q} = P \cdot F.P;Q$$

$$v_0(\varepsilon,\chi) = \frac{P \cdot l^3}{EJ} \cdot F(\varepsilon,\chi)_{P,v} = \frac{P \cdot l^3}{EJ} \cdot F.P;V$$

$$v_0'(\varepsilon,\chi) = \frac{P \cdot l^2}{EJ} \cdot F(\varepsilon,\chi)_{P,v'} = \frac{P \cdot l^2}{EJ} \cdot F.P;V'$$

Druckstäbe: $\alpha = 0{,}000;\ 0{,}025 \ldots 2{,}925;\ 2{,}950$

Zugstäbe: $\beta = 0{,}00;\ 0{,}25 \ldots 24{,}75;\ 25{,}00;\ 26{,}25 \ldots 47{,}50;\ 48{,}75$

χ_P	Druckstäbe	Zugstäbe
0,10	265...276	373...384
0,20	277...288	385...396
0,30	289...300	397...408
0,40	301...312	409...420
0,50	313...324	421...432
0,60	325...336	433...444
0,70	337...348	445...456
0,80	349...360	457...468
0,90	361...372	469...480

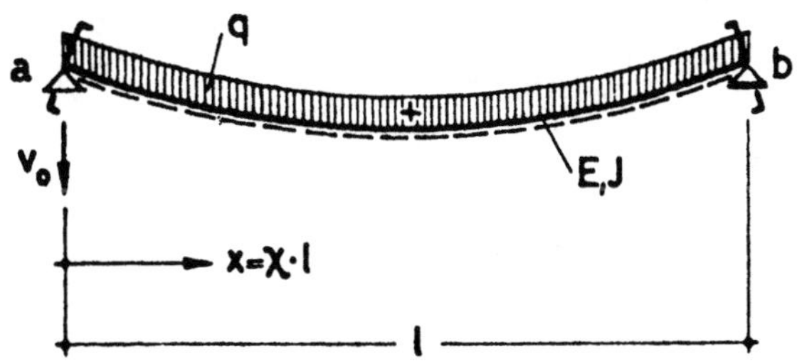

$$M_o(\varepsilon,\chi)=q\cdot l^2\cdot F(\varepsilon,\chi)_{q;M}=q\cdot l^2\cdot F.Q;M$$

$$Q_o(\varepsilon,\chi)=q\cdot l\cdot F(\varepsilon,\chi)_{q;Q}=q\cdot l\cdot F.Q;Q$$

$$v_o(\varepsilon,\chi)=\frac{q\cdot l^4}{EJ}\cdot F(\varepsilon,\chi)_{q;v}=\frac{q\cdot l^4}{EJ}\cdot F.Q;V$$

$$v_o'(\varepsilon,\chi)=\frac{q\cdot l^3}{EJ}\cdot F(\varepsilon,\chi)_{q;v'}=\frac{q\cdot l^3}{EJ}\cdot F.Q;V'$$

Druckstäbe: α = 0,000; 0,025 . . . 2,925; 2,950

Zugstäbe: β = 0,00; 0,25 . . . 24,75; 25,00; 26,25 . . . 47,50; 48,75

Druckstäbe: 481 . . . 492

Zugstäbe: 493 . . . 504

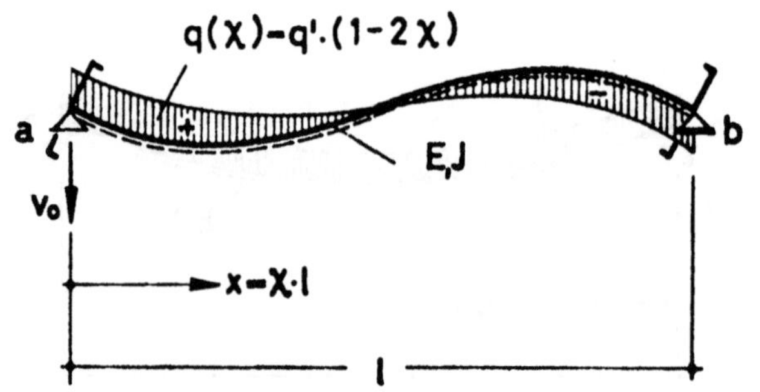

$$M_0(\varepsilon,\chi)=q'\cdot l^2\cdot F(\varepsilon,\chi)_{q';M}=q'\cdot l^2\cdot F.\,Q';M$$

$$Q_0(\varepsilon,\chi)=q'\cdot l\cdot F(\varepsilon,\chi)_{q';Q}=q'\cdot l\cdot F.\,Q';Q$$

$$v_0(\varepsilon,\chi)=\frac{q'\cdot l^4}{EJ}\cdot F(\varepsilon,\chi)_{q';v}=\frac{q'\cdot l^4}{EJ}\cdot F.\,Q';V$$

$$v_0'(\varepsilon,\chi)=\frac{q'\cdot l^3}{EJ}\cdot F(\varepsilon,\chi)_{q';v'}=\frac{q'\cdot l^3}{EJ}\cdot F.\,Q';V'$$

Druckstäbe: $\alpha = 0{,}000;\ 0{,}025\ \ldots\ 2{,}925;\ 2{,}950$

Zugstäbe: $\beta = 0{,}00;\ 0{,}25\ldots 24{,}75;\ 25{,}00;\ 26{,}25\ldots 47{,}50;\ 48{,}75$

Druckstäbe: 505...516

Zugstäbe: 517...528

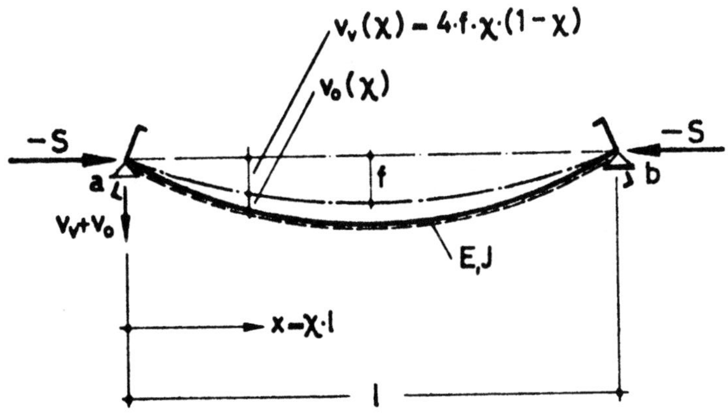

$$M_0(\varepsilon,\chi) = -8\cdot S\cdot f\cdot F(\varepsilon,\chi)_{q;M} = -8\cdot S\cdot f\cdot F.\ Q;M$$

$$Q_0(\varepsilon,\chi) = -\frac{8\cdot S\cdot f}{l}\cdot F(\varepsilon,\chi)_{q;Q} = -\frac{8\cdot S\cdot f}{l}\cdot F.\ Q;Q$$

$$v_0(\varepsilon,\chi) = -\frac{8\cdot S\cdot f\cdot l^2}{EJ}\cdot F(\varepsilon,\chi)_{q;v} = -\frac{8\cdot S\cdot f\cdot l^2}{EJ}\cdot F.\ Q;V$$

$$v_0'(\varepsilon,\chi) = -\frac{8\cdot S\cdot f\cdot l}{EJ}\cdot F(\varepsilon,\chi)_{q;v'} = -\frac{8\cdot S\cdot f\cdot l}{EJ}\cdot F.\ Q;V'$$

Druckstäbe : α=0,000; 0,025 ... 2,925; 2,950

Druckstäbe: 481 ... 492

A.II.5.2

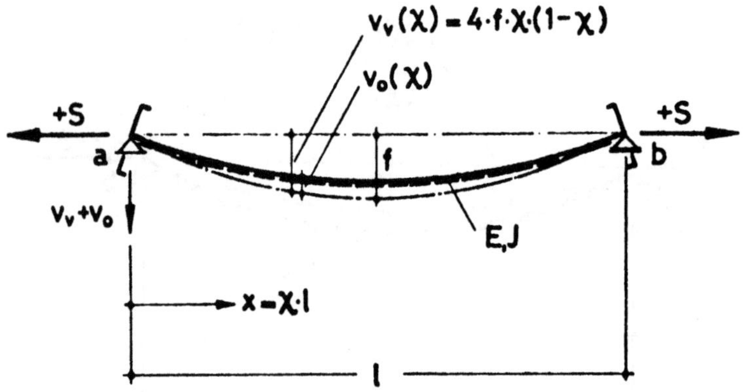

$$M_o(\varepsilon,\chi) = -8\cdot S\cdot f\cdot F(\varepsilon,\chi)_{q,M} = -8\cdot S\cdot f\cdot F.\,Q,M$$

$$Q_o(\varepsilon,\chi) = -\frac{8\cdot S\cdot f}{l}\cdot F(\varepsilon,\chi)_{q,Q} = -\frac{8\cdot S\cdot f}{l}\cdot F.\,Q,Q$$

$$v_o(\varepsilon,\chi) = -\frac{8\cdot S\cdot f\cdot l^2}{EJ}\cdot F(\varepsilon,\chi)_{q,v} = -\frac{8\cdot S\cdot f\cdot l^2}{EJ}\cdot F.\,Q,V$$

$$v_o'(\varepsilon,\chi) = -\frac{8\cdot S\cdot f\cdot l}{EJ}\cdot F(\varepsilon,\chi)_{q,v'} = -\frac{8\cdot S\cdot f\cdot l}{EJ}\cdot F.\,Q,V'$$

Zugstäbe : ß=0,00; 0,25. . .24,75; 25,00; 26,25. . .47,50; 48,75

Zugstäbe: 493. . .504

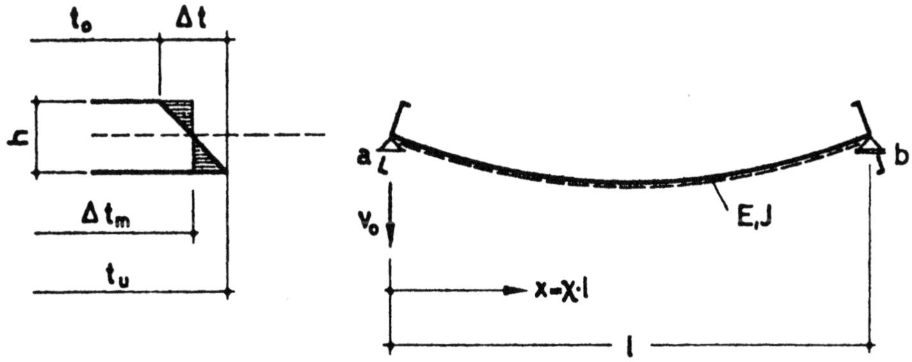

$$M_o(\varepsilon,\chi)=\frac{\alpha_t\cdot\Delta t}{h}\cdot EJ\cdot F(\varepsilon,\chi)_{\Delta t,M}=\frac{\alpha_t\cdot\Delta t}{h}\cdot EJ\cdot F.\ T,M$$

$$Q_o(\varepsilon,\chi)=\frac{\alpha_t\cdot\Delta t}{h}\cdot\frac{EJ}{l}\cdot F(\varepsilon,\chi)_{\Delta t,Q}=\frac{\alpha_t\cdot\Delta t}{h}\cdot\frac{EJ}{l}\cdot F.\ T,Q$$

$$v_o(\varepsilon,\chi)=\frac{\alpha_t\cdot\Delta t}{h}\cdot l^2\cdot F(\varepsilon,\chi)_{\Delta t,v}=\frac{\alpha_t\cdot\Delta t}{h}\cdot l^2\cdot F.\ T,V$$

$$v_o'(\varepsilon,\chi)=\frac{\alpha_t\cdot\Delta t}{h}\cdot l\cdot F(\varepsilon,\chi)_{\Delta t,v'}=\frac{\alpha_t\cdot\Delta t}{h}\cdot l\cdot F.\ T,V'$$

Druckstäbe: α = 0,000; 0 025. . . 2,925; 2,950

Zugstäbe: β = 0,00; 0,25. . . 24,75; 25,00; 26,25. . . 47,50; 48,75

Druckstäbe: 529. . . 540

Zugstäbe: 541. . . 552

B) Stabendmomente $\mathfrak{M}(\epsilon)$ und Stabendquerkräfte $\mathfrak{Q}(\epsilon)_Q$ von Druck- und Zugstäben mit drehstarren und (oder) drehbaren Stabenden infolge Verformungen der Stabenden.

B.I) Übersicht über die vertafelten Funktionen $F_i(\epsilon)$ zur Berechnung von Stabendmomenten und Stabquerkräften.

Zahlentafeln
$F_1(\epsilon) = F1$
$F_2(\epsilon) = F2$
$F_3(\epsilon) = F3$
$F_4(\epsilon) = F4$
$F_5(\epsilon) = F5$
$F_6(\epsilon) = F6$
$F_7(\epsilon) = F7$

Abschnitt D.VI

$$\frac{F_2(\epsilon)}{F_1(\epsilon)} = \frac{F2}{F1}$$

$$1 + \frac{F_2(\epsilon)}{F_1(\epsilon)} = 1 + \frac{F2}{F1}$$

Erläuterungen: B.II.1.1...B.II.1.2 (Knotendrehung $\varphi_a = 1$)
B.II.2.1...B.II.2.2 (Knotendrehung $\varphi_b = 1$)
B.II.3.1...B.II.3.5 (Stabsehnendrehung $\psi_{a,b} = 1$)

$\epsilon \Longrightarrow \alpha$: Druckstäbe 553...584
$\epsilon \Longrightarrow \beta$: Zugstäbe 585...599

B.II) Erläuterung der Verformungen der Stabenden und Zusammenstellung der diesen Verformungen zugeordneten Gleichungen und Funktionen $F_i(\epsilon)$.

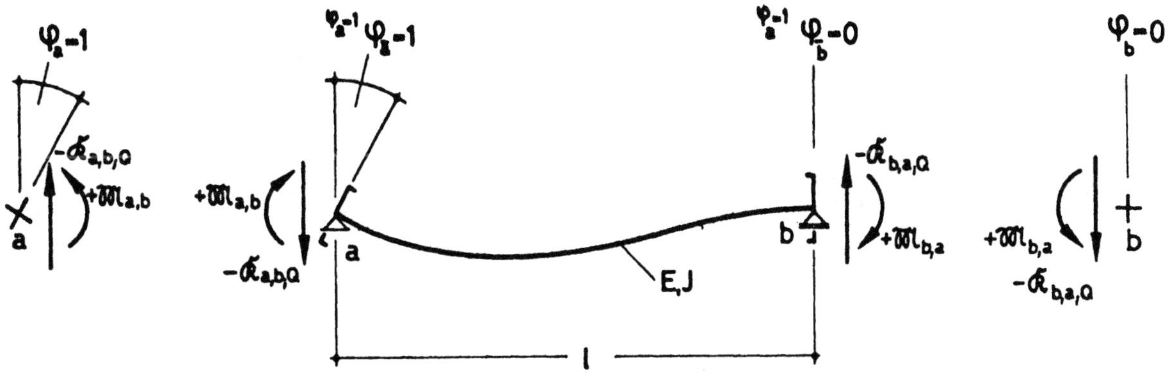

$$\mathfrak{M}(\varepsilon)_{a,b\,(b,b)} = \frac{EJ}{l}\cdot F_1(\varepsilon) = \frac{EJ}{l}\cdot F1$$

$$\mathfrak{M}(\varepsilon)_{b,a\,(b,b)} = \frac{EJ}{l}\cdot F_2(\varepsilon) = \frac{EJ}{l}\cdot F2$$

$$\mathfrak{K}(\varepsilon)_{a,b,Q\,(b,b)} = \mathfrak{K}(\varepsilon)_{b,a,Q\,(b,b)} = -\frac{EJ}{l^2}\cdot F_3(\varepsilon) = -\frac{EJ}{l^2}\cdot F3$$

Druckstäbe: $\alpha = 0{,}000; 0{,}005 \ldots 3{,}140; \pi; 3{,}145 \ldots 6{,}280; 2\pi$

Zugstäbe: $\beta = 0{,}000; 0{,}050 \ldots 24{,}950; 25{,}000; 25{,}250 \ldots 49{,}750; 50{,}000$

Druckstäbe: 553 ... 584

Zugstäbe: 585 ... 599

B.II.1.2

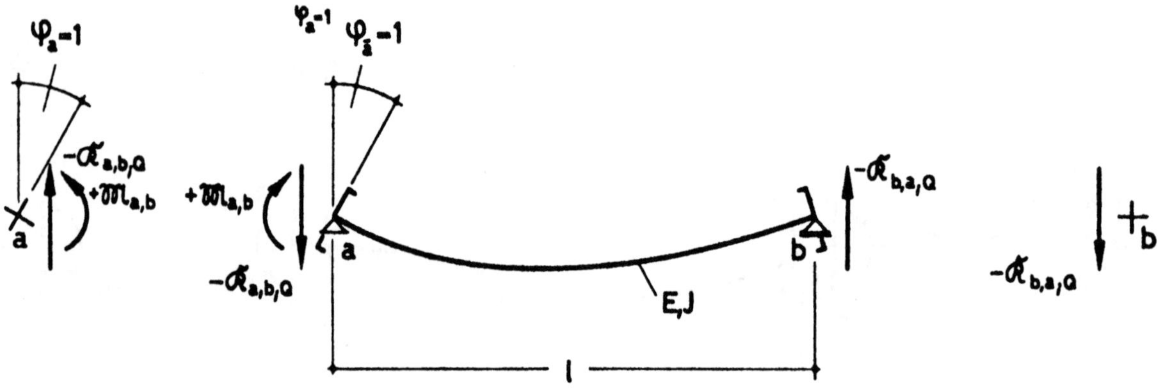

$$\mathfrak{M}(\varepsilon)_{a,b(b,g)} = \frac{EJ}{l} \cdot F_5(\varepsilon) = \frac{EJ}{l} \cdot F5$$

$$\mathfrak{K}(\varepsilon)_{a,b,Q(b,g)} = \mathfrak{K}(\varepsilon)_{b,a,Q(b,g)} = -\frac{EJ}{l^2} \cdot F_5(\varepsilon) = -\frac{EJ}{l^2} \cdot F5$$

Druckstäbe : $\alpha = 0{,}000;\ 0{,}005 \ldots 3{,}140;\ \pi;\ 3{,}145 \ldots 6{,}280;\ 2\pi$

Zugstäbe : $\beta = 0{,}000;\ 0{,}050 \ldots 24{,}950;\ 25{,}000;\ 25{,}250 \ldots 49{,}750;\ 50{,}000$

Druckstäbe: 553 . . . 584

Zugstäbe: 585 . . . 599

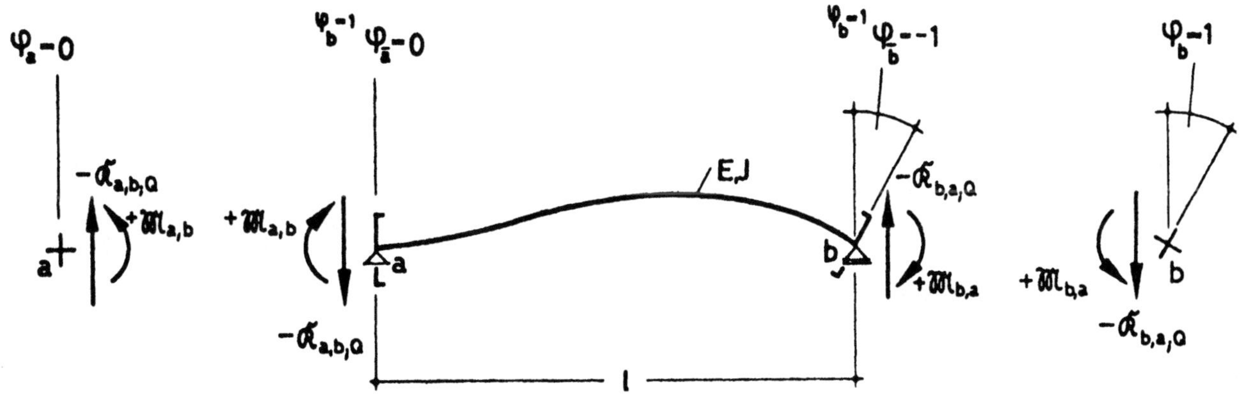

$$\mathfrak{M}(\varepsilon)_{a,b(b,b)} = \frac{EJ}{l}\cdot F_2(\varepsilon) = \frac{EJ}{l}\cdot F2$$

$$\mathfrak{M}(\varepsilon)_{b,a(b,b)} = \frac{EJ}{l}\cdot F_1(\varepsilon) = \frac{EJ}{l}\cdot F1$$

$$\mathfrak{K}(\varepsilon)_{a,b,Q(b,b)} = \mathfrak{K}(\varepsilon)_{b,a,Q(b,b)} = -\frac{EJ}{l^2}\cdot F_3(\varepsilon) = -\frac{EJ}{l^2}\cdot F3$$

Druckstäbe: $\alpha = 0{,}000,\ 0{,}005 \ldots\ 3{,}140;\ \pi;\ 3{,}145 \ldots\ 6{,}280;\ 2\pi$

Zugstäbe: $\beta = 0{,}000,\ 0{,}050 \ldots\ 24{,}950,\ 25{,}000,\ 25{,}250 \ldots\ 49{,}750,\ 50{,}000$

Druckstäbe: 553 ... 584

Zugstäbe: 585 ... 599

B.II.2.2

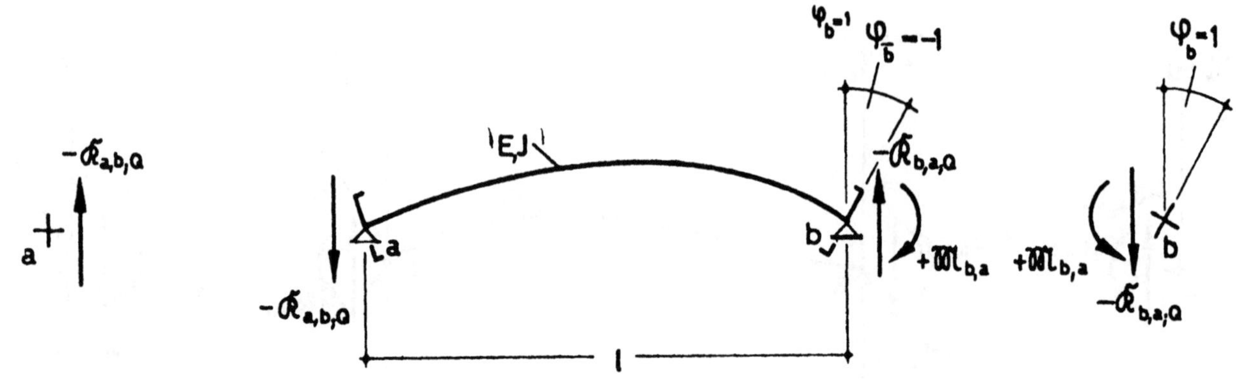

$$\mathfrak{M}(\varepsilon)_{b,a(g,b)} = \frac{EJ}{l}\cdot F_5(\varepsilon) = \frac{EJ}{l}\cdot F5$$

$$\mathfrak{K}(\varepsilon)_{a,b;Q(g,b)} = \mathfrak{K}(\varepsilon)_{b,a;Q(g,b)} = -\frac{EJ}{l^2}\cdot F_5(\varepsilon) = -\frac{EJ}{l^2}\cdot F5$$

Druckstäbe: $\alpha = 0{,}000;\ 0{,}005 \ldots 3{,}140;\ \pi;\ 3{,}145 \ldots 6{,}280;\ 2\pi$

Zugstäbe: $\beta = 0{,}000;\ 0{,}050 \ldots 24{,}950;\ 25{,}000;\ 25{,}250 \ldots 49{,}750;\ 50{,}000$

Druckstäbe: 553 ... 584

Zugstäbe: 585 ... 599

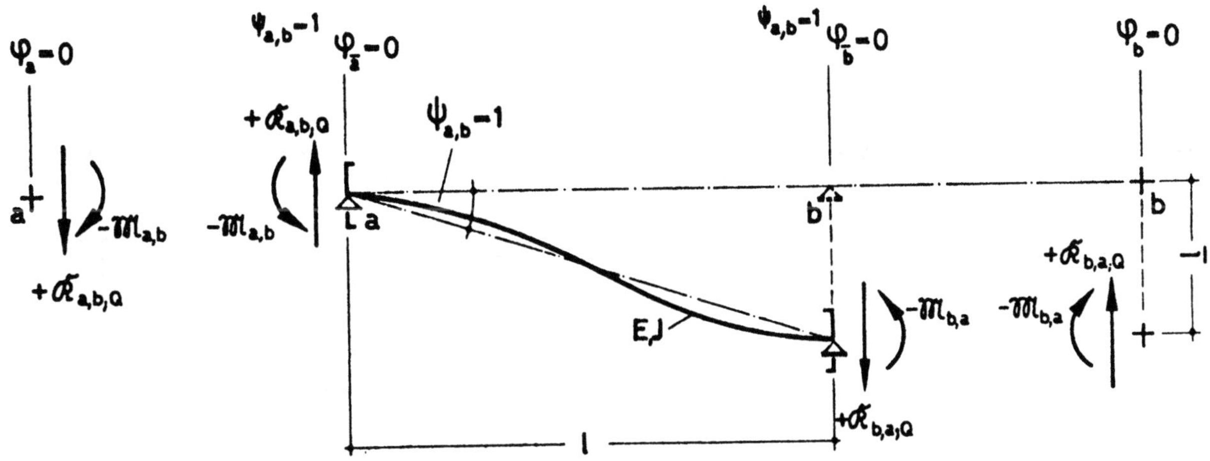

$$\mathfrak{M}(\varepsilon)_{a,b(b,b)} = \mathfrak{M}(\varepsilon)_{b,a(b,b)} = -\frac{EJ}{l} \cdot F_3(\varepsilon) = -\frac{EJ}{l} \cdot F3$$

$$\mathfrak{K}(\varepsilon)_{a,b,Q(b,b)} = \mathfrak{K}(\varepsilon)_{b,a,Q(b,b)} = \frac{EJ}{l^2} \cdot F_4(\varepsilon) = \frac{EJ}{l^2} \cdot F4$$

Druckstäbe: $\alpha = 0{,}000, 0{,}005 \ldots 3{,}140; \pi; 3{,}145 \ldots 6{,}280; 2\pi$

Zugstäbe: $\beta = 0{,}000, 0{,}050 \ldots 24{,}950; 25{,}000; 25{,}250 \ldots 49{,}750, 50{,}000$

Druckstäbe: 553 . . . 584

Zugstäbe: 585 . . . 599

B.II.3.2

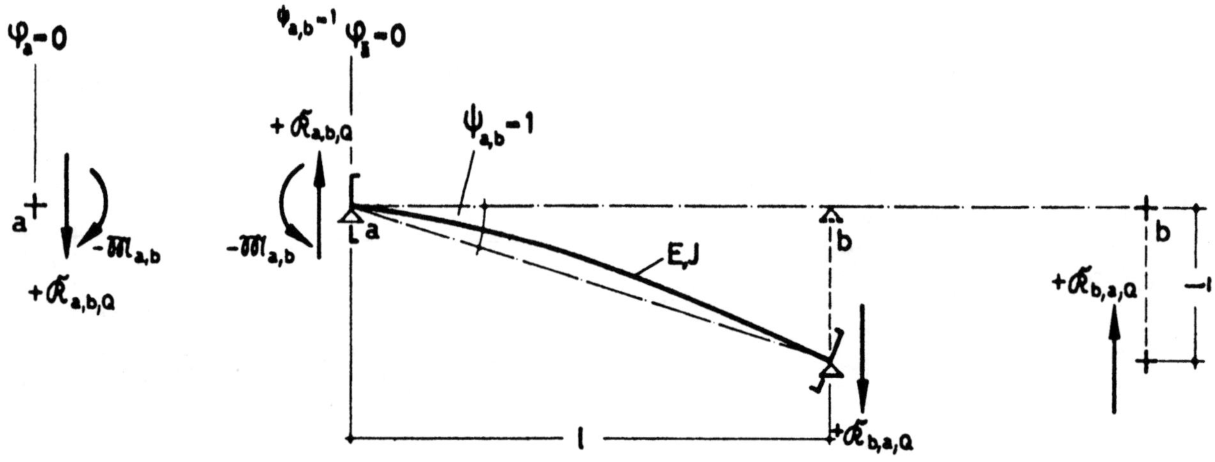

$$\mathfrak{M}(\varepsilon)_{a,b(b,g)} = -\frac{EJ}{l}\cdot F_5(\varepsilon) = -\frac{EJ}{l}\cdot F5$$

$$\mathfrak{K}(\varepsilon)_{a,b,Q(b,g)} = \mathfrak{K}(\varepsilon)_{b,a,Q(b,g)} = \frac{EJ}{l^2}\cdot F_6(\varepsilon) = \frac{EJ}{l^2}\cdot F6$$

Druckstäbe: $\alpha = 0{,}000,\ 0{,}005 \ldots 3{,}140,\ \pi;\ 3{,}145 \ldots 6{,}280,\ 2\pi$

Zugstäbe: $\beta = 0{,}000,\ 0{,}050 \ldots 24{,}950,\ 25{,}000,\ 25{,}250 \ldots 49{,}750,\ 50{,}000$

Druckstäbe: 553 ... 584

Zugstäbe: 585 ... 599

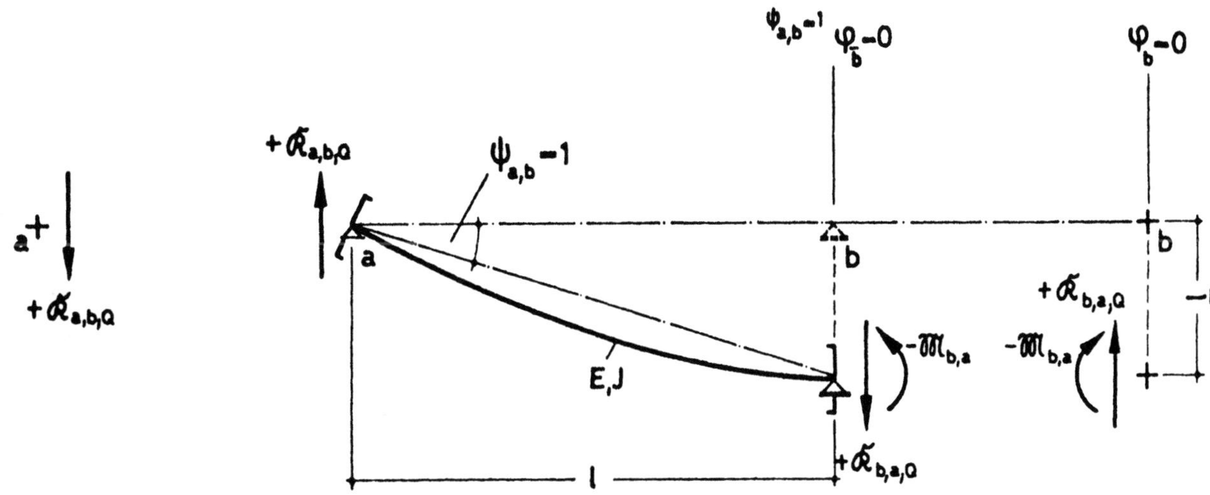

$$\mathfrak{M}(\varepsilon)_{b,a(g,b)} = -\frac{EJ}{l}\cdot F_5(\varepsilon) = -\frac{EJ}{l}\cdot F5$$

$$\mathfrak{K}(\varepsilon)_{a,b,Q(g,b)} = \mathfrak{K}(\varepsilon)_{b,a,Q(g,b)} = \frac{EJ}{l^2}\cdot F_6(\varepsilon) = \frac{EJ}{l^2}\cdot F6$$

Druckstäbe: $\alpha = 0{,}000;\ 0{,}005 \ldots 3{,}140,\ \pi,\ 3{,}145 \ldots 6{,}280;\ 2\pi$

Zugstäbe: $\beta = 0{,}000,\ 0{,}050 \ldots\ 24{,}950;\ 25{,}000;\ 25{,}250 \ldots 49{,}750;\ 50{,}000$

Druckstäbe: 553 ... 584

Zugstäbe: 585 ... 599

B.II.3.4

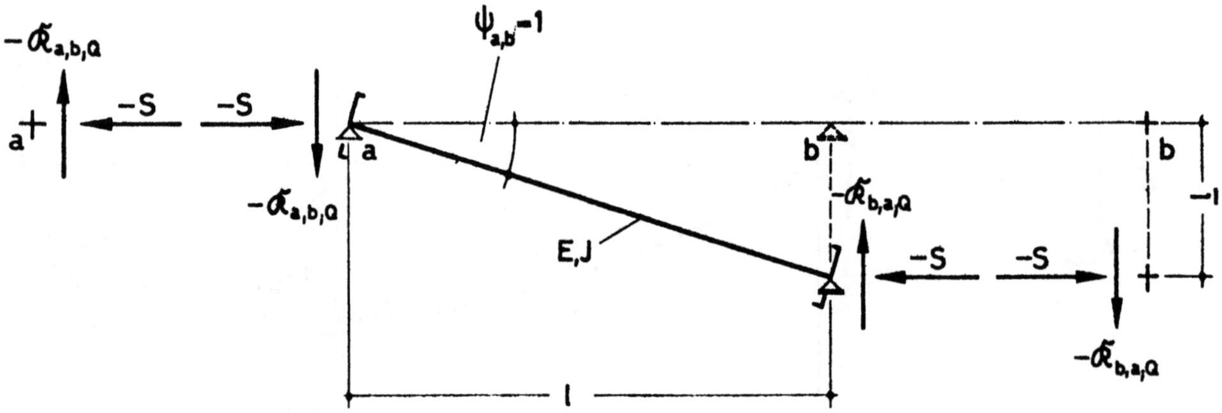

$$\mathcal{R}(\varepsilon)_{a,b,Q(g,g)} = \mathcal{R}(\varepsilon)_{b,a,Q(g,g)} = S = \frac{EJ}{l^2} \cdot F_7(\varepsilon) = \frac{EJ}{l^2} \cdot F7$$

Druckstäbe: $\alpha = 0{,}000,\ 0{,}005 \ldots 3{,}140,\ \pi,\ 3{,}145 \ldots 6{,}280,\ 2\pi$

Druckstäbe: 553...584

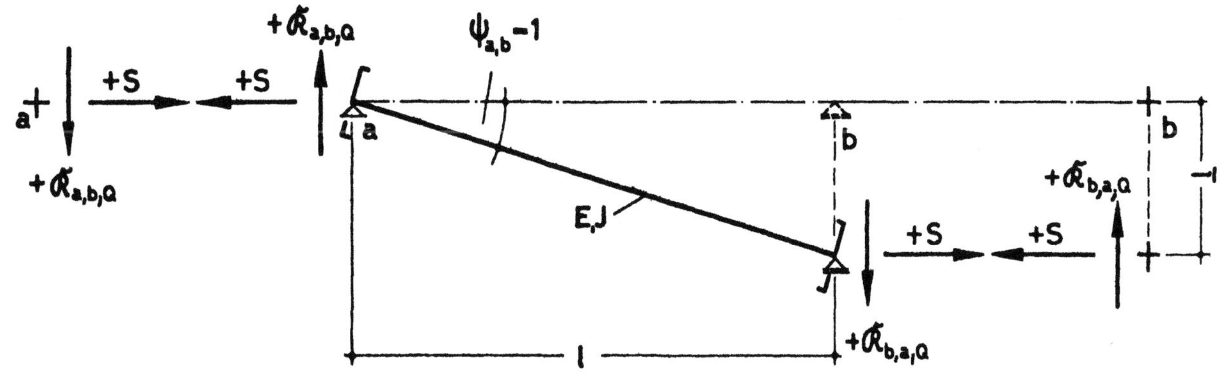

$$\mathcal{R}(\varepsilon)_{a,b,Q(g,g)} = \mathcal{R}(\varepsilon)_{b,a,Q(g,g)} = S = \frac{EJ}{l^2}\cdot F_7(\varepsilon) = \frac{EJ}{l^2}\cdot F7$$

Zugstäbe : ß 0,000 ; 0,050 . . . 24,950 , 25,000 ; 25,250 . . . 49,750 ; 50,000

Zugstäbe : 585 . . . 599

C) Stabendmomente $\overline{M}(\varepsilon)$ und Stabendquerkräfte $\overline{K}(\varepsilon)_Q$ von Druck- und Zugstäben mit drehstarren und (oder) drehbaren Stabenden infolge gegebener Stabbelastungen.

C.I) Übersicht über die vertafelten Funktionen F(ε) zur Berechnung von Stabendmomenten und Stabendquerkräften.

C.I.1) Außermittige Längskraft an einem Stabende.

Zahlentafeln $\frac{F_2(\varepsilon)}{F_1(\varepsilon)} = \frac{F2}{F1}$

Abschnitt D.VI

$$1 + \frac{F_2(\varepsilon)}{F_1(\varepsilon)} = 1 + \frac{F2}{F1}$$

Erläuterungen: C.II.1.1...C.II.1.4

$\varepsilon \Rightarrow \alpha$: Druckstäbe 553...584

$\varepsilon \Rightarrow \beta$: Zugstäbe 585...599

C.I.2) Stabbelastung: Moment M.

Zahlentafeln

$F(\varepsilon)_{M;\overline{M}_a}(b,b)$ = F.M;MA(B,B)

$F(\varepsilon)_{M;\overline{M}_b}(b,b)$ = F.M;MB(B,B)

$F(\varepsilon)_{M;\overline{K}}(b,b)$ = F.M;K(B,B)

$F(\varepsilon)_{M;\overline{M}_a}(b,g)$ = F.M;MA(B,G) Abschnitt D.VII

$F(\varepsilon)_{M;\overline{K}}(b,g)$ = F.M;K(B,G)

$F(\varepsilon)_{M;\overline{M}_b}(g,b)$ = F.M;MB(G,B)

$F(\varepsilon)_{M;\overline{K}}(g,b)$ = F.M;K(G,B)

Erläuterungen: C.II.2.1...C.II.2.3

$\varepsilon \Rightarrow \alpha$: Druckstäbe 600...632

$\varepsilon \Rightarrow \beta$: Zugstäbe 633...665

C.I.3) Stabbelastung: Einzellast P.

Zahlentafeln $F(\epsilon)_{P;\overline{M}_a(b,b)}$ = F.P;MA(B,B)
$F(\epsilon)_{P;\overline{K}_a(b,b)}$ = F.P;KA(B,B)
$F(\epsilon)_{P;\overline{M}_b(b,b)}$ = F.P;MB(B,B)
$F(\epsilon)_{P;\overline{K}_b(b,b)}$ = F.P;KB(B,B)
$F(\epsilon)_{P;\overline{M}_a(b,g)}$ = F.P;MA(B,G) Abschnitt D.VIII
$F(\epsilon)_{P;\overline{K}_a(b,g)}$ = F.P;KA(B,G)
$F(\epsilon)_{P;\overline{K}_b(b,g)}$ = F.P;KB(B,G)
$F(\epsilon)_{P;\overline{K}_a(g,b)}$ = F.P;KA(G,B)
$F(\epsilon)_{P;\overline{M}_b(g,b)}$ = F.P;MB(G,B)
$F(\epsilon)_{P;\overline{K}_b(g,b)}$ = F.P;KB(G,B)

Erläuterungen: C.II.3.1...C.II.3.3
$\epsilon \Longrightarrow \alpha$: Druckstäbe 666...692
$\epsilon \Longrightarrow$ ß: Zugstäbe 693...719

C.I.4) Stabbelastung: Gleichstreckenlast q = konstant.

Zahlentafeln $F(\epsilon)_{q;\overline{M}(b,b)}$ = F.Q;M(B,B)
$F(\epsilon)_{q;\overline{K}(b,b)}$ = F.Q;K(B,B)
$F(\epsilon)_{q;\overline{M}(b,g)}$ = F.Q;M(B,G) Abschnitt D.IX
$F(\epsilon)_{q;\overline{K}_a(b,g)}$ = F.Q;KA(B,G)
$F(\epsilon)_{q;\overline{K}_b(b,g)}$ = F.Q;KB(B,G)

Erläuterungen: C.II.4.1...C.II.4.3
$\epsilon \Longrightarrow \alpha$: Druckstäbe 720...722
$\epsilon \Longrightarrow$ ß: Zugstäbe 723...725

C.I.5) Stabbelastung: Linear veränderliche antimetrische Streckenlast $q(\chi)=q'\cdot(1-2\chi)$.

Zahlentafeln $F(\epsilon)_{q';\overline{M}(b,b)}$ = F.Q';M(B,B)
$F(\epsilon)_{q';\overline{K}(b,b)}$ = F.Q';K(B,B) Abschnitt D.IX
$F(\epsilon)_{q';\overline{M}(b,g)}$ = F.Q';M(B,G)
$F(\epsilon)_{q';\overline{K}(b,g)}$ = F.Q';K(B,G)

Erläuterungen: C.II.5.1...C.II.5.3
$\epsilon \Longrightarrow \alpha$: Druckstäbe 720...722
$\epsilon \Longrightarrow$ ß: Zugstäbe 723...725

C.I.6) Stab mit Vorverformung $v_v(\chi)=4\cdot f\cdot \chi\cdot(1-\chi)$

Zahlentafeln $F(\epsilon)_{q;\overline{M}(b,b)}$ = F.Q;M(B,B)
$F(\epsilon)_{q;\overline{K}(b,b)}$ = F.Q;K(B,B)
$F(\epsilon)_{q;\overline{M}(b,g)}$ = F.Q;M(B,G) — Abschnitt D.IX
$F(\epsilon)_{q;\overline{K}_a(b,g)}$ = F.Q;KA(B,G)
$F(\epsilon)_{q;\overline{K}_b(b,g)}$ = F.Q;KB(B,G)

Erläuterungen: C.II.6.1...C.II.6.6
$\epsilon \Longrightarrow \alpha$: Druckstäbe 720...722
$\epsilon \Longrightarrow \beta$: Zugstäbe 723...725

C.I.7) Stab mit ungleichmäßiger Temperaturdifferenz
$\Delta t=t_u-t_o$.

Zahlentafeln $1+\frac{F_2(\epsilon)}{F_1(\epsilon)} = 1+\frac{F2}{F1}$ — Abschnitt D.VI

Erläuterungen: C.II.7.1...C.II.7.2
$\epsilon \Longrightarrow \alpha$: Druckstäbe 553...584
$\epsilon \Longrightarrow \beta$: Zugstäbe 585...599

C.II) Erläuterung der Stabbelastungen und Zusammenstellung der diesen Stabbelastungen zugeordneten Gleichungen und Funktionen F(ε).

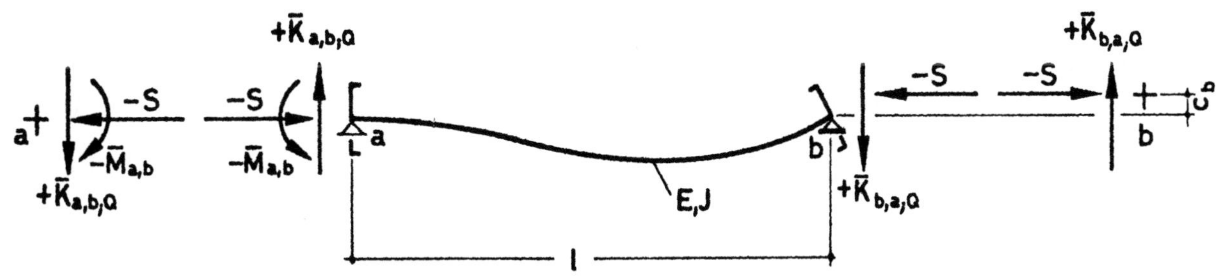

$$\bar{M}(\varepsilon)_{a,b\,(b,g)} = S\cdot c_b\cdot\frac{F_2(\varepsilon)}{F_1(\varepsilon)} = S\cdot c_b\cdot\frac{F2}{F1}$$

$$\bar{K}(\varepsilon)_{a,b,Q\,(b,g)} = \bar{K}(\varepsilon)_{b,a,Q\,(b,g)} = -\frac{S\cdot c_b}{l}\cdot\left(1+\frac{F_2(\varepsilon)}{F_1(\varepsilon)}\right) = -\frac{S\cdot c_b}{l}\cdot\left(1+\frac{F2}{F1}\right)$$

Druckstäbe: α = 0,000 ; 0,025 ... 2,925 ; 2,950

Druckstäbe: 553 ... 584

C.II.1.2

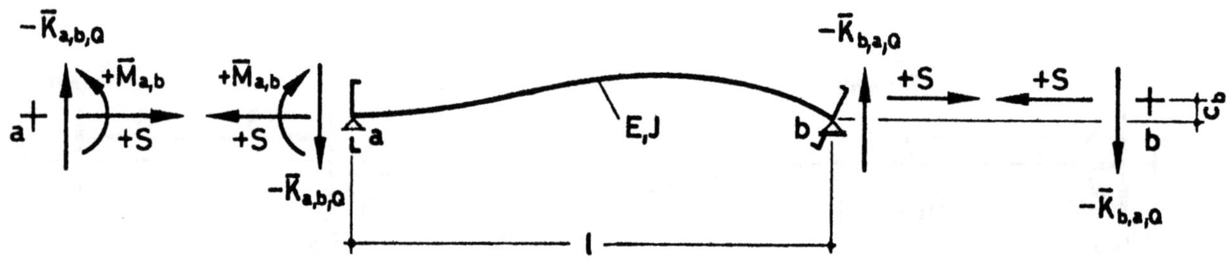

$$\bar{M}(\varepsilon)_{a,b(b,g)} \qquad -S\cdot c_b\cdot\frac{F_2(\varepsilon)}{F_1(\varepsilon)} \qquad -S\cdot c_b\cdot\frac{F\,2}{F\,1}$$

$$\bar{K}(\varepsilon)_{a,b,Q(b,g)} = \bar{K}(\varepsilon)_{b,a,Q(b,g)} = -\frac{S\cdot c_b}{l}\cdot\left(1+\frac{F_2(\varepsilon)}{F_1(\varepsilon)}\right) = -\frac{S\cdot c_b}{l}\cdot\left(1+\frac{F\,2}{F\,1}\right)$$

Zugstäbe: ß = 0,00 ; 0,25... 24,75 ; 25,00 ; 26,25... 47,50 ; 48,75

Zugstäbe: 585 . . . 599

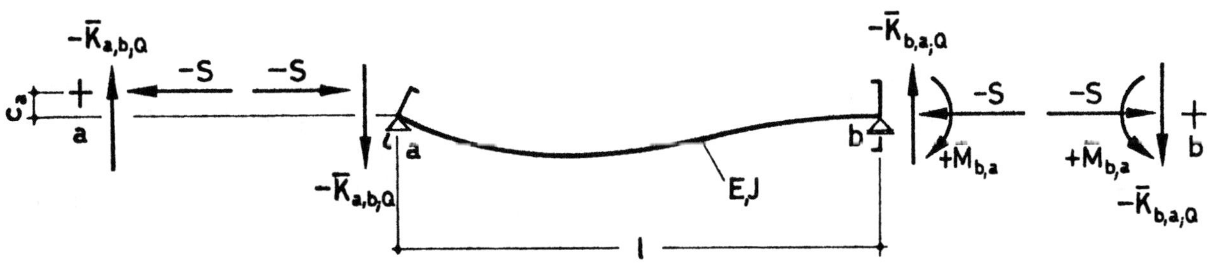

$$\bar{K}(\varepsilon)_{a,b,Q\,(g,b)} = \bar{K}(\varepsilon)_{b,a,Q\,(g,b)} = \frac{S\cdot c_a}{l}\cdot\left(1+\frac{F_2(\varepsilon)}{F_1(\varepsilon)}\right) = \frac{S\cdot c_a}{l}\cdot\left(1+\frac{F\,2}{F\,1}\right)$$

$$\bar{M}(\varepsilon)_{b,a\,(g,b)} = -S\cdot c_a\cdot\frac{F_2(\varepsilon)}{F_1(\varepsilon)} = -S\cdot c_a\cdot\frac{F\,2}{F\,1}$$

Druckstäbe: $\alpha = 0{,}000;\ 0{,}025 \ldots 2{,}925;\ 2{,}950$

Druckstäbe: 553 ... 584

C.II.1.4

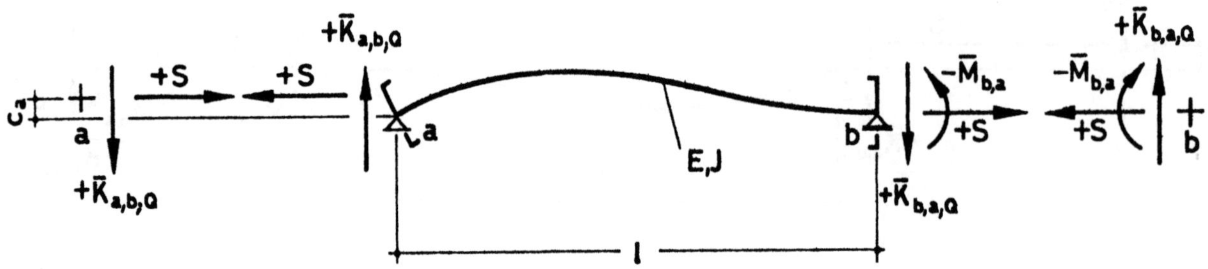

$$\bar{K}(\varepsilon)_{a,b,Q(g,b)} = \bar{K}(\varepsilon)_{b,a,Q(g,b)} = \frac{S\cdot c_a}{l}\cdot\left(1+\frac{F_2(\varepsilon)}{F_1(\varepsilon)}\right) = \frac{S\cdot c_a}{l}\cdot\left(1+\frac{F\,2}{F\,1}\right)$$

$$\bar{M}(\varepsilon)_{b,a(g,b)} = -S\cdot c_a\cdot\frac{F_2(\varepsilon)}{F_1(\varepsilon)} = -S\cdot c_a\cdot\frac{F\,2}{F\,1}$$

Zugstäbe: ß = 0,00; 0,25 ... 24,75; 25,00; 26,25 ... 47,50; 48,75

Zugstäbe: 585 ... 599

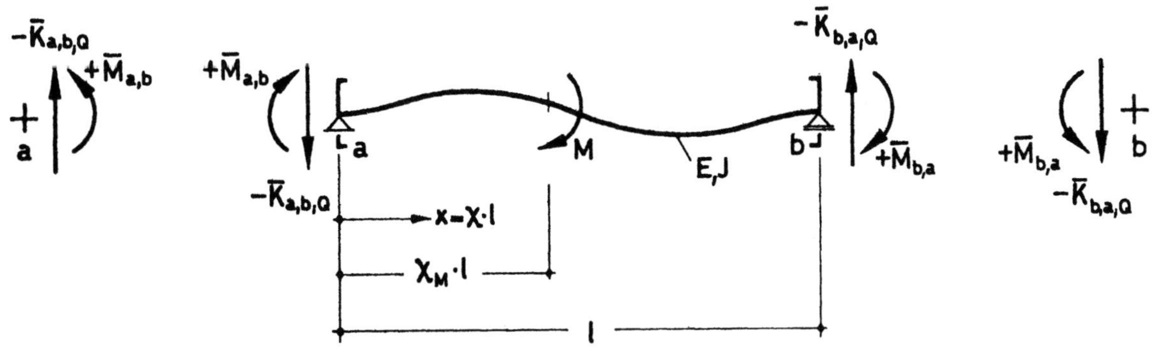

$$\bar{M}(\varepsilon)_{a,b(b,b)} = M\cdot F(\varepsilon)_{M,\bar{M}_a(b,b)} = M\cdot F.\,M;\,MA(B,B)$$

$$\bar{M}(\varepsilon)_{b,a(b,b)} = M\cdot F(\varepsilon)_{M,\bar{M}_b(b,b)} = M\cdot F.\,M;\,MB(B,B)$$

$$\bar{K}(\varepsilon)_{a,b,Q(b,b)} = \bar{K}(\varepsilon)_{b,a,Q(b,b)} = \frac{M}{l}\cdot F(\varepsilon)_{M,\bar{K}(b,b)} = \frac{M}{l}\cdot F.\,M;\,K(B,B)$$

Druckstäbe : $\alpha = 0{,}000;\ 0{,}025 \ldots 2{,}925;\ 2{,}950$

Zugstäbe: $\beta = 0{,}00;\ 0{,}25 \ldots 24{,}75;\ 25{,}00;\ 26{,}25 \ldots 47{,}50;\ 48{,}75$

χ_M	Druckstäbe	Zugstäbe
0,00	600 . . . 602	633 . . . 635
0,10	603 . . . 605	636 . . . 638
0,20	606 . . . 608	639 . . . 641
0,30	609 . . . 611	642 . . . 644
0,40	612 . . . 614	645 . . . 647
0,50	615 . . . 617	648 . . . 650
0,60	618 . . . 620	651 . . . 653
0,70	621 . . . 623	654 . . . 656
0,80	624 . . . 626	657 . . . 659
0,90	627 . . . 629	660 . . . 662
1,00	630 . . . 632	663 . . . 665

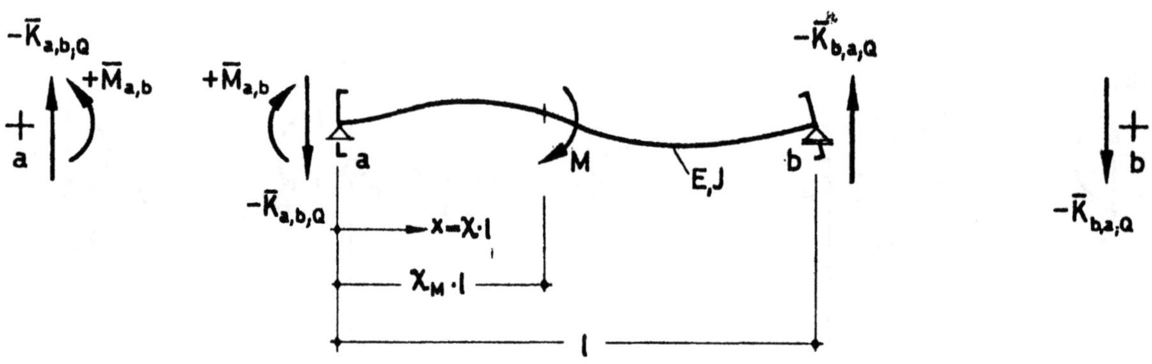

$$\bar{M}(\varepsilon)_{a,b(b,g)} = M \cdot F(\varepsilon)_{M;\bar{M}_a(b,g)} = M \cdot F.\ M;MA(B,G)$$

$$\bar{K}(\varepsilon)_{a,b;Q(b,g)} = \bar{K}(\varepsilon)_{b,a;Q(b,g)} = \frac{M}{l} \cdot F(\varepsilon)_{M;\bar{K}(b,g)} = \frac{M}{l} \cdot F.\ M;K(B,G)$$

Druckstäbe : $\alpha = 0{,}000;\ 0{,}025 \ldots 2{,}925;\ 2{,}950$

Zugstäbe: $\beta = 0{,}00;\ 0{,}25 \ldots 24{,}75;\ 25{,}00;\ 26{,}25 \ldots 47{,}50;\ 48{,}75$

χ_M	Druckstäbe	Zugstäbe
0,00	600. . . 602	633. . . 635
0,10	603. . . 605	636. . . 638
0,20	606. . . 608	639. . . 641
0,30	609. . . 611	642. . . 644
0,40	612. . . 614	645. . . 647
0,50	615. . . 617	648. . . 650
0,60	618. . . 620	651. . . 653
0,70	621. . . 623	654. . . 656
0,80	624. . . 626	657. . . 659
0,90	627. . . 629	660. . . 662
1,00	630. . . 632	663. . . 665

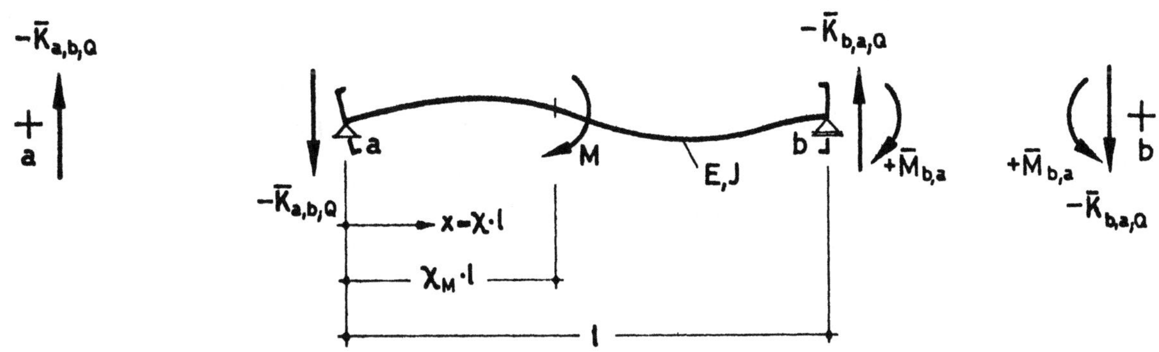

$$\bar{M}(\varepsilon)_{b,a\,(g,b)} = M\cdot F(\varepsilon)_{M;\bar{M}_b(g,b)} = M\cdot F.\,M;MB\,(G,B)$$

$$\bar{K}(\varepsilon)_{a,b,Q\,(g,b)} = \bar{K}(\varepsilon)_{b,a,Q\,(g,b)} = \frac{M}{l}\cdot F(\varepsilon)_{M;\bar{K}(g,b)} = \frac{M}{l}\cdot F.\,M;K\,(G,B)$$

Druckstäbe : $\alpha = 0{,}000;\ 0{,}025 \ldots 2{,}925;\ 2{,}950$

Zugstäbe : $\beta = 0{,}00;\ 0{,}25 \ldots 24{,}75;\ 25{,}00;\ 26{,}25 \ldots 47{,}50;\ 48{,}75$

χ_M	Druckstäbe	Zugstäbe
0,00	600 . . . 602	633 . . . 635
0,10	603 . . . 605	636 . . . 638
0,20	606 . . . 608	639 . . . 641
0,30	609 . . . 611	642 . . . 644
0,40	612 . . . 614	645 . . . 647
0,50	615 . . . 617	648 . . . 650
0,60	618 . . . 620	651 . . . 653
0,70	621 . . . 623	654 . . . 656
0,80	624 . . . 626	657 . . . 659
0,90	627 . . . 629	660 . . . 662
1,00	630 . . . 632	663 . . . 665

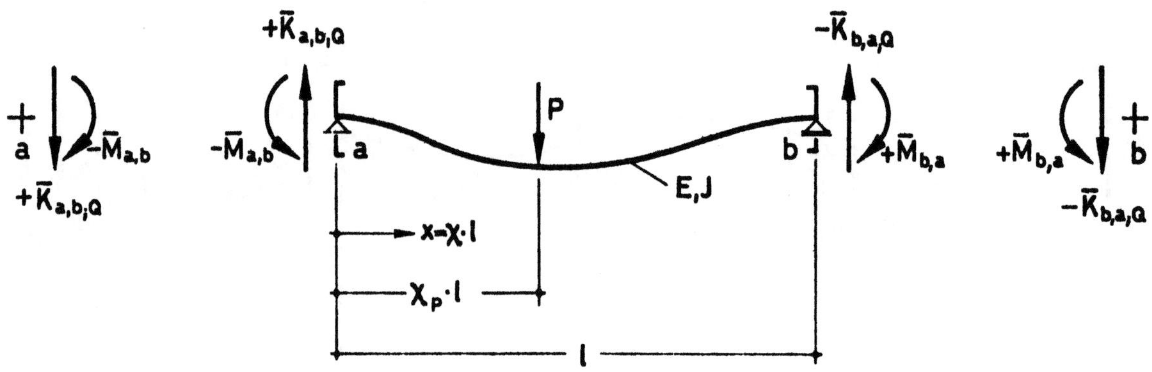

$$\bar{M}(\varepsilon)_{a,b(b,b)} = P\cdot l\cdot F(\varepsilon)_{P;\bar{M}_a(b,b)} = P\cdot l\cdot F.\ P;MA\,(B,B)$$

$$\bar{K}(\varepsilon)_{a,b,Q(b,b)} = P\cdot F(\varepsilon)_{P;\bar{K}_a(b,b)} = P\cdot F.\ P;KA\,(B,B)$$

$$\bar{M}(\varepsilon)_{b,a(b,b)} = P\cdot l\cdot F(\varepsilon)_{P;\bar{M}_b(b,b)} = P\cdot l\cdot F.\ P;MB(B,B)$$

$$\bar{K}(\varepsilon)_{b,a;Q(b,b)} = P\cdot F(\varepsilon)_{P;\bar{K}_b(b,b)} = P\cdot F.\ P;KB\,(B,B)$$

Druckstäbe: α = 0,000; 0,025 ... 2,925; 2,950

Zugstäbe: β = 0,00; 0,25 ... 24,75; 25,00; 26,25 ... 47,50; 48,75

χ_P	Druckstäbe	Zugstäbe
0,10	666...668	693...695
0,20	669...671	696...698
0,30	672...674	699...701
0,40	675...677	702...704
0,50	678...680	705...707
0,60	681...683	708...710
0,70	684...686	711...713
0,80	687...689	714...716
0,90	690...692	717...719

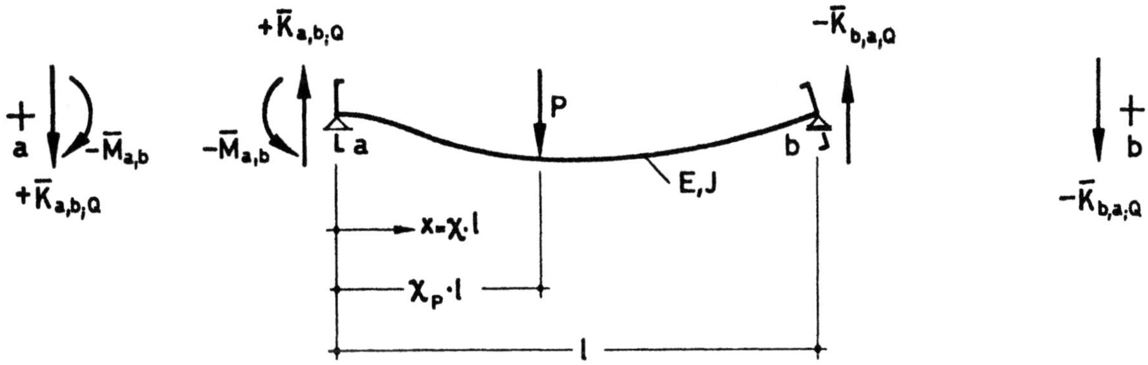

$\bar{M}(\varepsilon)_{a,b(b,g)} = P \cdot l \cdot F(\varepsilon)_{P;\bar{M}_a(b,g)}$ = P·l·F.P; MA (B,G)

$\bar{K}(\varepsilon)_{a,b,Q(b,g)} = P \cdot F(\varepsilon)_{P;\bar{K}_a(b,g)}$ = P·F.P; KA (B,G)

$\bar{K}(\varepsilon)_{b,a,Q(b,g)} = P \cdot F(\varepsilon)_{P;\bar{K}_b(b,g)}$ = P·F.P; KB (B,G)

Druckstäbe: α = 0,000; 0,025 ... 2,925; 2,950

Zugstäbe: β = 0,00; 0,25 ... 24,75; 25,00; 26,25 ... 47,50; 48,75

χ_P	Druckstäbe	Zugstäbe
0,10	666...668	693...695
0,20	669...671	696...698
0,30	672...674	699...701
0,40	675...677	702...704
0,50	678...680	705...707
0,60	681...683	708...710
0,70	684...686	711...713
0,80	687...689	714...716
0,90	690...692	717...719

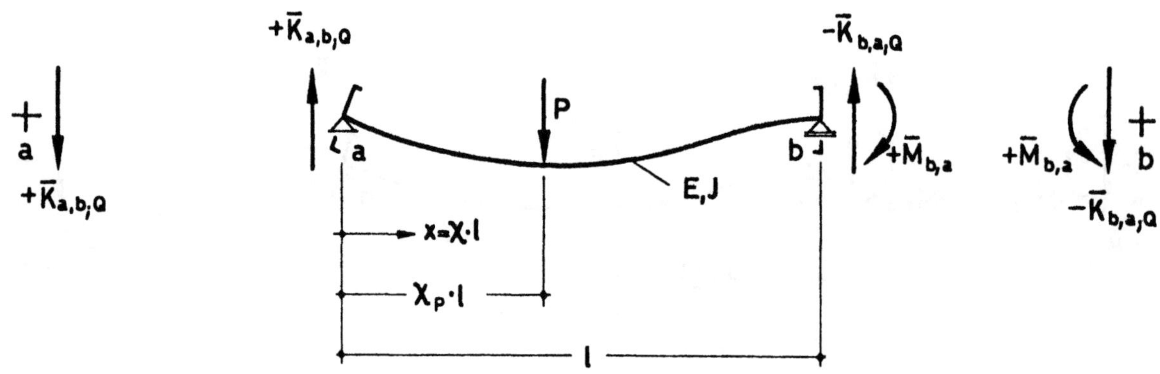

$\bar{K}(\varepsilon)_{a,b;Q(g,b)} = P \cdot F(\varepsilon)_{P;\bar{K}_a(g,b)}$ = P·F. P; KA (G, B)

$\bar{M}(\varepsilon)_{b,a\,(g,b)} = P \cdot l \cdot F(\varepsilon)_{P;\bar{M}_b(g,b)}$ = P·l·F. P; MB (G, B)

$\bar{K}(\varepsilon)_{b,a;Q(g,b)} = P \cdot F(\varepsilon)_{P;\bar{K}_b(g,b)}$ = P·F. P; KB (G, B)

Druckstäbe: α = 0,000; 0,025 ... 2,925; 2,950

Zugstäbe: β = 0,00; 0,25 ... 24,75; 25,00; 26,25 ... 47,50; 48,75

χ_p	Druckstäbe	Zugstäbe
0,10	666...668	693...695
0,20	669...671	696...698
0,30	672...674	699...701
0,40	675...677	702...704
0,50	678...680	705...707
0,60	681...683	708...710
0,70	684...686	711...713
0,80	687...689	714...716
0,90	690...692	717...719

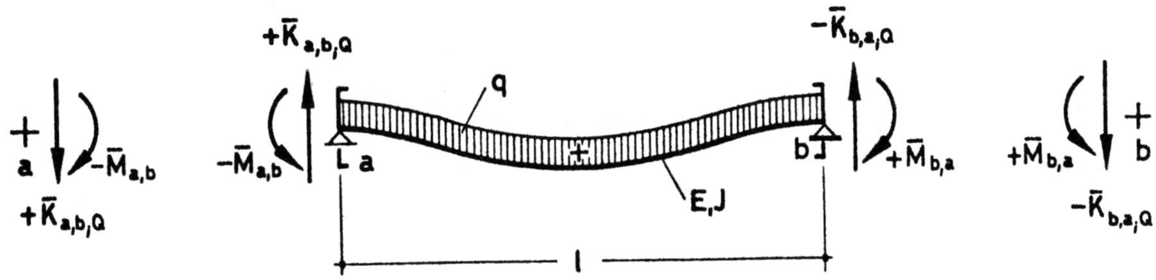

$$\bar{M}(\varepsilon)_{a,b(b,b)} = -q\cdot l^2\cdot F(\varepsilon)_{q;\bar{M}(b,b)} = -q\cdot l^2\cdot F.Q;M(B,B)$$

$$\bar{K}(\varepsilon)_{a,b;Q(b,b)} = +q\cdot l\cdot F(\varepsilon)_{q;\bar{K}(b,b)} = +q\cdot l\cdot F.Q;K(B,B)$$

$$\bar{M}(\varepsilon)_{b,a(b,b)} = +q\cdot l^2\cdot F(\varepsilon)_{q;\bar{M}(b,b)} = +q\cdot l^2\cdot F.Q;M(B,B)$$

$$\bar{K}(\varepsilon)_{b,a;Q(b,b)} = -q\cdot l\cdot F(\varepsilon)_{q;\bar{K}(b,b)} = -q\cdot l\cdot F.Q;K(B,B)$$

Druckstäbe: $\alpha = 0{,}000; 0{,}025 \ldots 2{,}925; 2{,}950$

Zugstäbe: $\beta = 0{,}00; 0{,}25 \ldots 24{,}75; 25{,}00; 26{,}25 \ldots 47{,}50; 48{,}75$

Druckstäbe: 720 ... 722

Zugstäbe: 723 ... 725

C.II.4.2

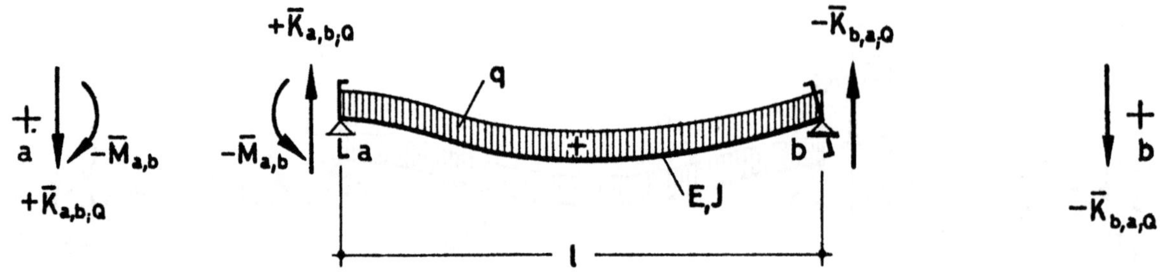

$$\bar{M}(\varepsilon)_{a,b\,(b,g)} = q \cdot l^2 \cdot F(\varepsilon)_{q;\bar{M}(b,g)} \qquad = q \cdot l^2 \cdot F.Q;M(B,G)$$

$$\bar{K}(\varepsilon)_{a,b;Q\,(b,g)} = q \cdot l \cdot F(\varepsilon)_{q;\bar{K}_a(b,g)} \qquad = q \cdot l \cdot F.Q;KA(B,G)$$

$$\bar{K}(\varepsilon)_{b,a;Q\,(b,g)} = q \cdot l \cdot F(\varepsilon)_{q;\bar{K}_b(b,g)} \qquad = q \cdot l \cdot F.Q;KB(B,G)$$

Druckstäbe: α = 0,000; 0,025 ... 2,925; 2,950

Zugstäbe: ß = 0,00; 0,25 ... 24,75; 25,00; 26,25 ... 47,50; 48,75

Druckstäbe: 720 ... 722

Zugstäbe: 723 ... 725

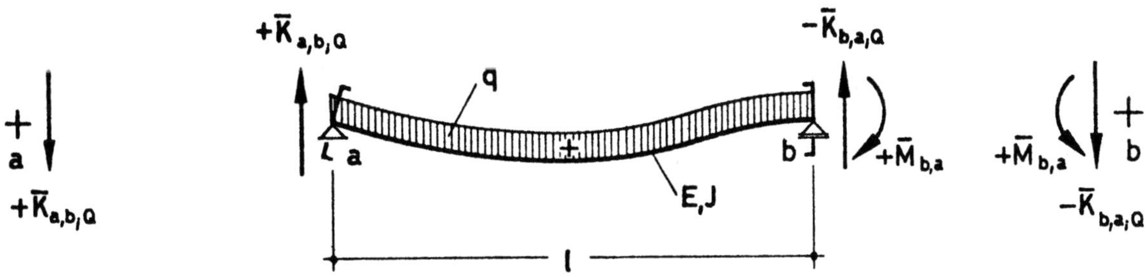

$$\bar{K}(\varepsilon)_{a,b;Q(g,b)} = -q\cdot l\cdot F(\varepsilon)_{q;\bar{K}_b(b,g)} = -q\cdot l\cdot F.Q;KB(B,G)$$

$$\bar{M}(\varepsilon)_{b,a(g,b)} = -q\cdot l^2\cdot F(\varepsilon)_{q;\bar{M}(b,g)} = -q\cdot l^2\cdot F.Q;M(B,G)$$

$$\bar{K}(\varepsilon)_{b,a;Q(g,b)} = -q\cdot l\cdot F(\varepsilon)_{q;\bar{K}_a(b,g)} = -q\cdot l\cdot F.Q;KA(B,G)$$

Druckstäbe: α = 0,000; 0,025 ... 2,925; 2,950

Zugstäbe: ß = 0,00; 0,25 ... 24,75; 25,00; 26,25 ... 47,50; 48,75

Druckstäbe: 720 ... 722

Zugstäbe: 723 ... 725

C.II.5.1

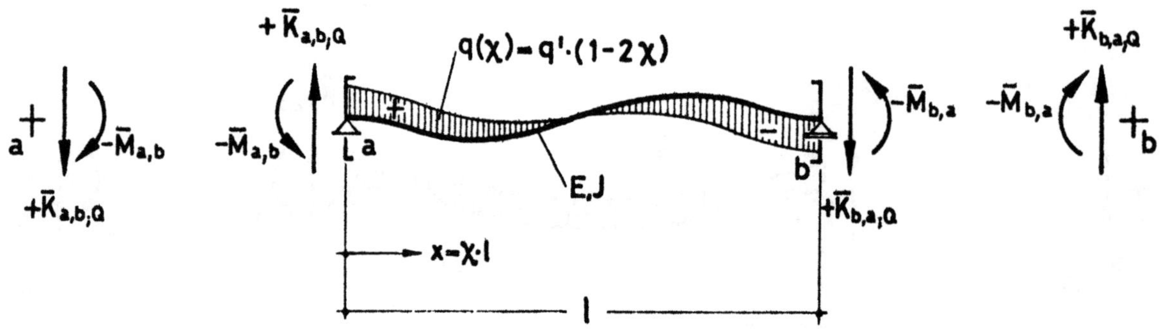

$$\bar{M}(\varepsilon)_{a,b(b,b)}=\bar{M}(\varepsilon)_{b,a(b,b)}=q'\cdot l^2\cdot F(\varepsilon)_{q';\bar{M}(b,b)}=q'\cdot l^2\cdot F.Q';M(B,B)$$

$$\bar{K}(\varepsilon)_{a,b;Q(b,b)}=\bar{K}(\varepsilon)_{b,a;Q(b,b)}=q'\cdot l\cdot F(\varepsilon)_{q';\bar{K}(b,b)}=q'\cdot l\cdot F.Q';K(B,B)$$

Druckstäbe: $\alpha=0{,}000;\ 0{,}025\ \ldots\ 2{,}925;\ 2{,}950$

Zugstäbe: $\beta=0{,}00;\ 0{,}25\ldots\ 24{,}75;\ 25{,}00;\ 26{,}25\ldots 47{,}50;\ 48{,}75$

Druckstäbe: 720. . .722

Zugstäbe: 723. . .725

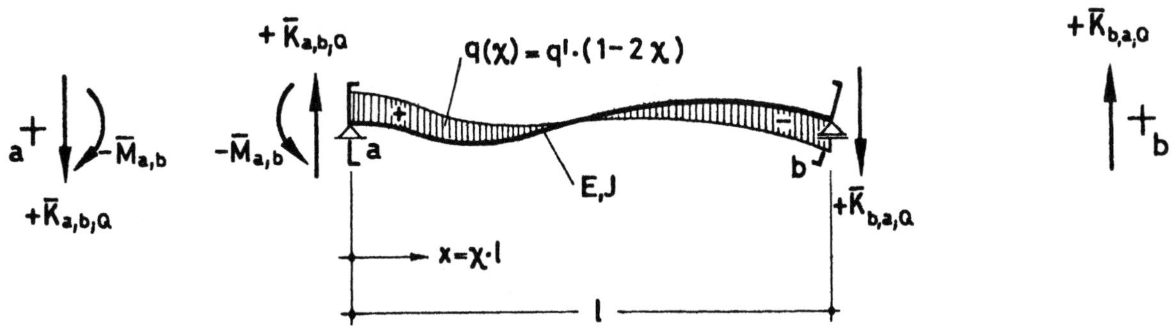

$$\bar{M}(\varepsilon)_{a,b\,(b,g)} = q'\cdot l^2\cdot F(\varepsilon)_{q';\bar{M}(b,g)} = q'\cdot l^2\cdot F.Q';M(B,G)$$

$$\bar{K}(\varepsilon)_{a,b,Q\,(b,g)} = \bar{K}(\varepsilon)_{b,a,Q\,(b,g)} = q'\cdot l\cdot F(\varepsilon)_{q';\bar{K}(b,g)} = q'\cdot l\cdot F.Q';K(B,G)$$

Druckstäbe: $\alpha = 0{,}000;\ 0{,}025\ \ldots\ 2{,}925;\ 2{,}950$

Zugstäbe: $\beta = 0{,}00;\ 0{,}25\ldots\ 24{,}75;\ 25{,}00;\ 26{,}25\ldots 47{,}50;\ 48{,}75$

Druckstäbe: 720. . .722

Zugstäbe: 723. . .725

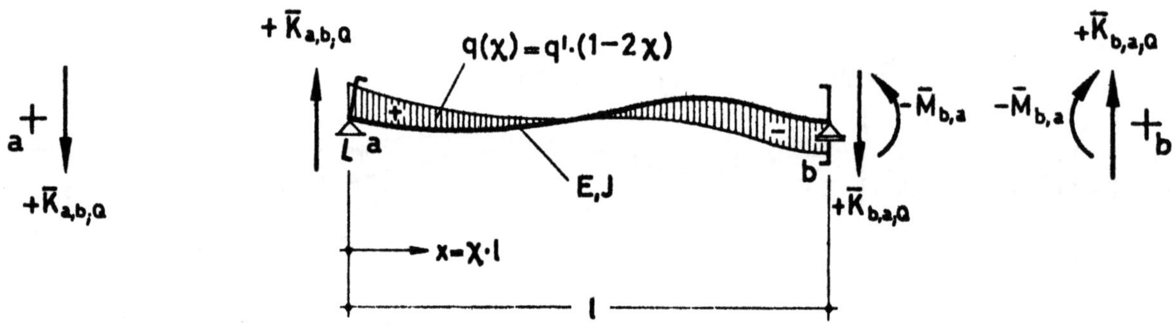

$$\bar{K}(\varepsilon)_{a,b;Q(g,b)} = \bar{K}(\varepsilon)_{b,a;Q(g,b)} = q'\cdot l\cdot F(\varepsilon)_{q';\bar{K}(b,g)} = q'\cdot l\cdot F.\,Q';K(B,G)$$

$$\bar{M}(\varepsilon)_{b,a(g,b)} = q'\cdot l^2\cdot F(\varepsilon)_{q';\bar{M}(b,g)} = q'\cdot l^2\cdot F.\,Q';M(B,G)$$

Druckstäbe: $\alpha = 0{,}000;\ 0{,}025 \ldots 2{,}925;\ 2{,}950$

Zugstäbe: $\beta = 0{,}00;\ 0{,}25 \ldots 24{,}75;\ 25{,}00;\ 26{,}25 \ldots 47{,}50;\ 48{,}75$

Druckstäbe: 720. . .722

Zugstäbe: 723. . .725

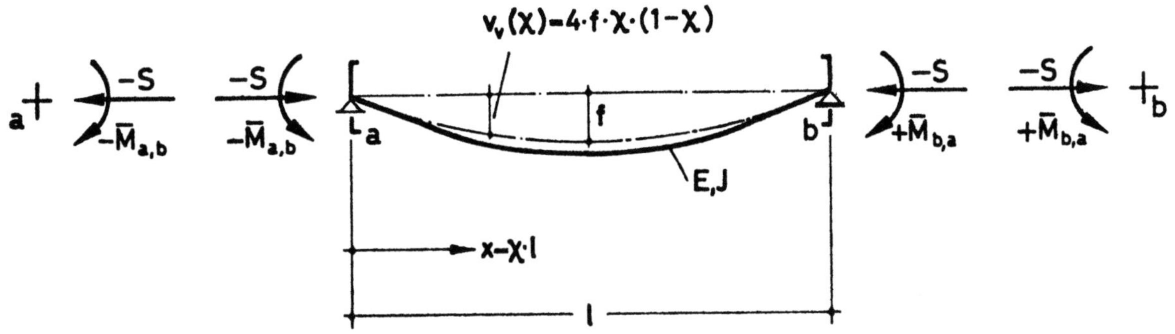

$$\bar{M}(\varepsilon)_{a,b\,(b,b)} = 8\cdot S\cdot f\cdot F(\varepsilon)_{q;\bar{M}\,(b,b)} \qquad = 8\cdot S\cdot f\cdot F.Q;M(B,B)$$

$$\bar{M}(\varepsilon)_{b,a\,(b,b)} = -8\cdot S\cdot f\cdot F(\varepsilon)_{q;\bar{M}\,(b,b)} \qquad = -8\cdot S\cdot f\cdot F.Q;M(B,B)$$

Druckstäbe : $\alpha = 0{,}000\,;\,0{,}025\,\ldots\,2{,}925\,;\,2{,}950$

Druckstäbe: 720. . . 722

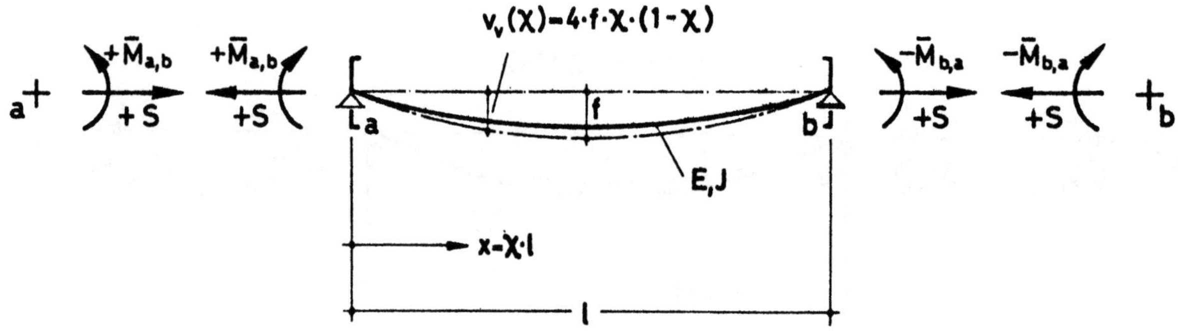

$$\bar{M}(\varepsilon)_{a,b\,(b,b)} = 8\cdot S\cdot f\cdot F(\varepsilon)_{q;\bar{M}(b,b)} \qquad = 8\cdot S\cdot f\cdot F.Q;M(B,B)$$

$$\bar{M}(\varepsilon)_{b,a\,(b,b)} = -8\cdot S\cdot f\cdot F(\varepsilon)_{q;\bar{M}(b,b)} \qquad = -8\cdot S\cdot f\cdot F.Q;M(B,B)$$

Zugstäbe: $\beta = 0{,}00;\ 0{,}25 \ldots 24{,}75;\ 25{,}00,\ 26{,}25 \ldots 47{,}50;\ 48{,}75$

Zugstäbe: 723 . . . 725

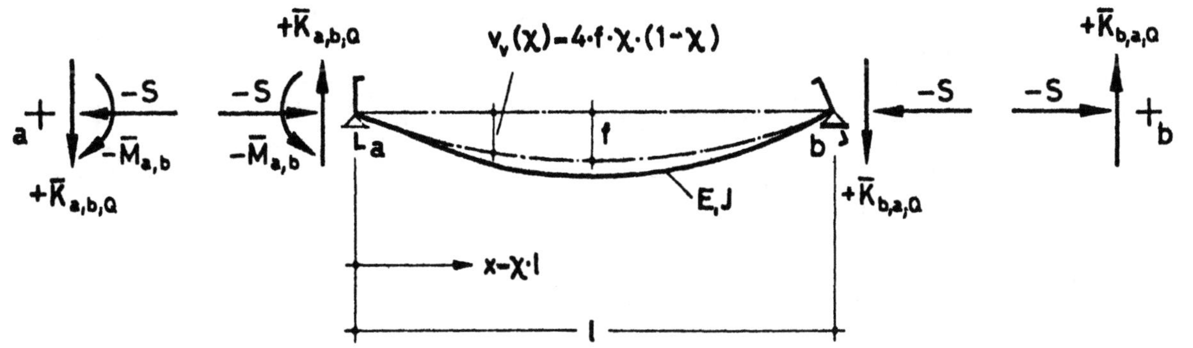

$$\bar{M}(\varepsilon)_{a,b(b,g)} = -8\cdot S\cdot f\cdot F(\varepsilon)_{q,\bar{M}(b,g)} = -8\cdot S\cdot f\cdot F.Q,M(B,G)$$

$$\bar{K}(\varepsilon)_{a,b,Q(b,g)} = \bar{K}(\varepsilon)_{b,a,Q(b,g)} = 8\cdot S\cdot\frac{f}{l}\cdot F(\varepsilon)_{q,\bar{M}(b,g)} = 8\cdot S\cdot\frac{f}{l}\cdot F.Q,M(B,G)$$

Druckstäbe : $\alpha = 0{,}000\,;\ 0{,}025\ \ldots\ 2{,}925\,;\ 2{,}950$

Druckstäbe : 720 . . . 722

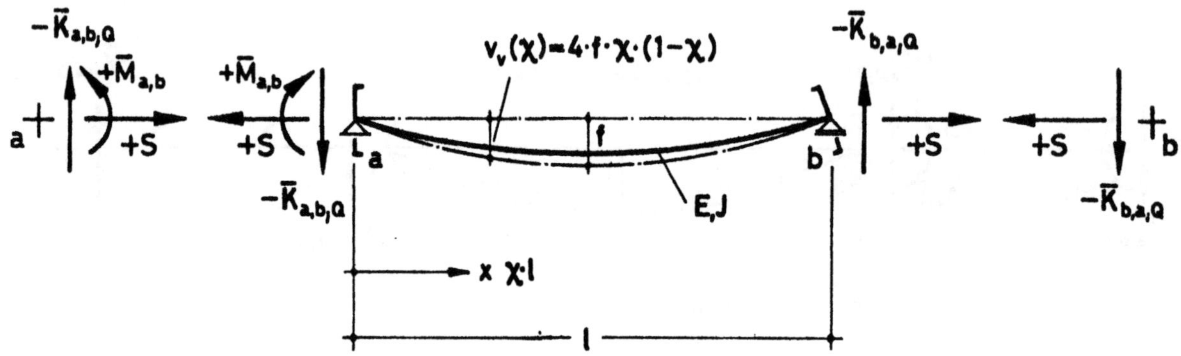

$$\bar{M}(\varepsilon)_{a,b\,(b,g)} = -8\cdot S\cdot f\cdot F(\varepsilon)_{q,\bar{M}(b,g)} = -8\cdot S\cdot f\cdot F.Q,M(B,G)$$

$$\bar{K}(\varepsilon)_{a,b,Q\,(b,g)} = \bar{K}(\varepsilon)_{b,a,Q\,(b,g)} = 8\cdot S\cdot \frac{f}{l}\cdot F(\varepsilon)_{q,\bar{M}(b,g)} = 8\cdot S\cdot \frac{f}{l}\cdot F.Q,M(B,G)$$

Zugstäbe: ß = 0,00; 0,25 ... 24,75; 25,00; 26,25 ... 47,50; 48,75

Zugstäbe : 723 ... 725

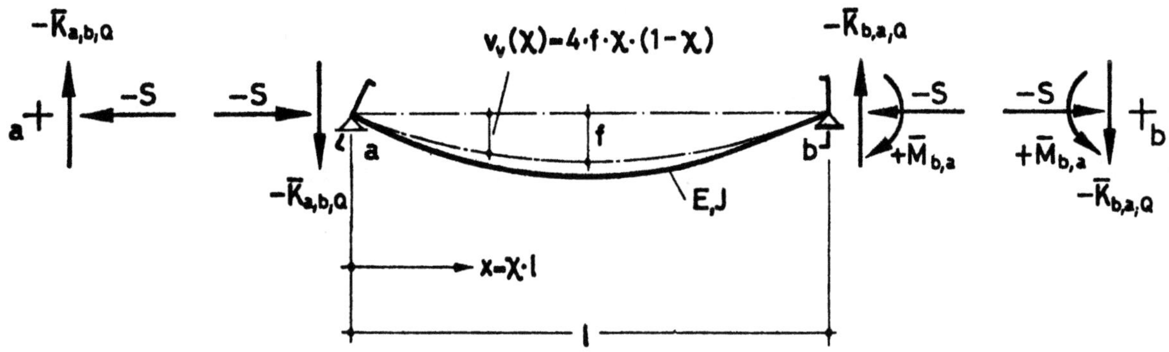

$$\bar{K}(\varepsilon)_{a,b,Q(g,b)} = \bar{K}(\varepsilon)_{b,a,Q(g,b)} = -8\cdot S\cdot\frac{f}{l}\cdot F(\varepsilon)_{q,\bar{M}(b,g)} = -8\cdot S\cdot\frac{f}{l}\cdot F.Q,M(B,G)$$

$$\bar{M}(\varepsilon)_{b,a(g,b)} = 8\cdot S\cdot f\cdot F(\varepsilon)_{q,\bar{M}(b,g)} = 8\cdot S\cdot f\cdot F.Q;M(B,G)$$

Druckstäbe : $\alpha = 0{,}000;\ 0{,}025\ \ldots\ 2{,}925;\ 2{,}950$

Druckstäbe: 720. . . 722

C.II.6.6

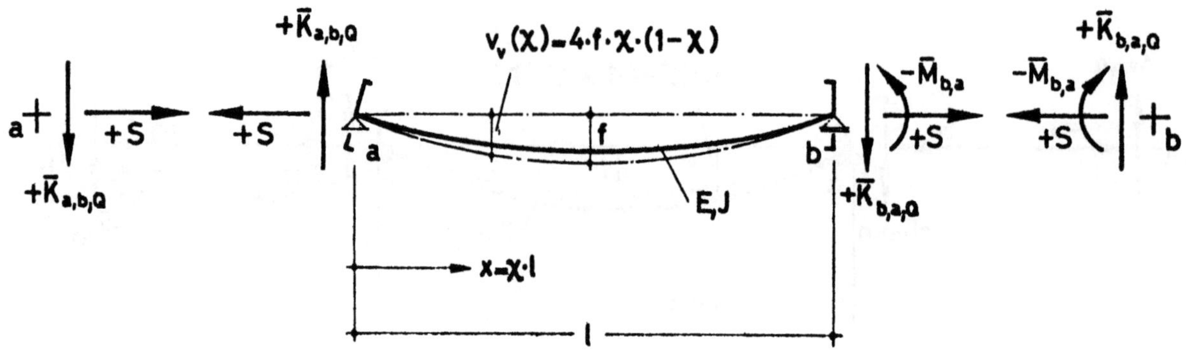

$$\bar{K}(\varepsilon)_{a,b,Q(g,b)} = \bar{K}(\varepsilon)_{b,a,Q(g,b)} = -8 \cdot S \cdot \frac{f}{l} \cdot F(\varepsilon)_{q;\bar{M}(b,g)} = -8 \cdot S \cdot \frac{f}{l} \cdot F.Q;M(B,G)$$

$$\bar{M}(\varepsilon)_{b,a(g,b)} \qquad = 8 \cdot S \cdot f \cdot F(\varepsilon)_{q;\bar{M}(b,g)} \qquad = 8 \cdot S \cdot f \cdot F.Q;M\ (B,G)$$

Zugstäbe: ß = 0,00 ; 0,25 ... 24,75 ; 25,00 ; 26,25 ... 47,50 ; 48,75

Zugstäbe: 723 . . . 725

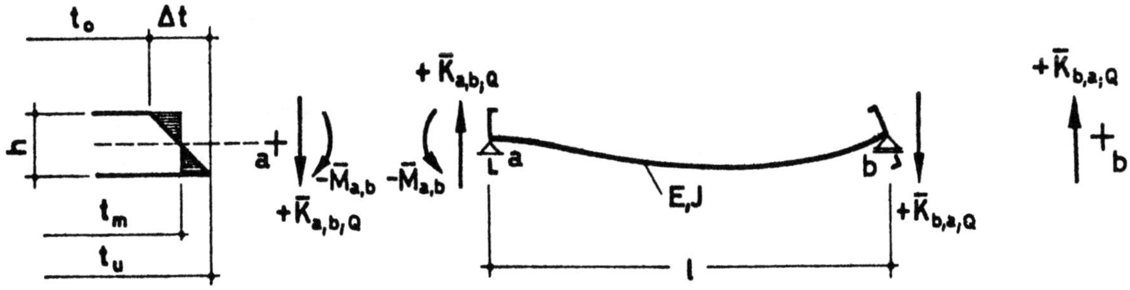

$$\bar{M}(\varepsilon)_{a,b(b,g)} = -\frac{\alpha_t \cdot \Delta t}{h} \cdot EJ \cdot \left(1 + \frac{F_2(\varepsilon)}{F_1(\varepsilon)}\right) = -\frac{\alpha_t \cdot \Delta t}{h} \cdot EJ \cdot \left(1 + \frac{F2}{F1}\right)$$

$$\bar{K}(\varepsilon)_{a,b,Q(b,g)} = \bar{K}(\varepsilon)_{b,a,Q(b,g)} = \frac{\alpha_t \cdot \Delta t}{h} \cdot \frac{EJ}{l} \cdot \left(1 + \frac{F_2(\varepsilon)}{F_1(\varepsilon)}\right) = \frac{\alpha_t \cdot \Delta t}{h} \cdot \frac{EJ}{l} \cdot \left(1 + \frac{F2}{F1}\right)$$

Druckstäbe : $\alpha = 0{,}000$; 0,025 . . . 2,925 ; 2,950

Zugstäbe : $\beta = 0{,}00$; 0,25 . . . 24,75 ; 25,00 ; 26,25 . . . 47,50 ; 48,75

Druckstäbe : 553 . . . 584

Zugstäbe : 585 . . . 599

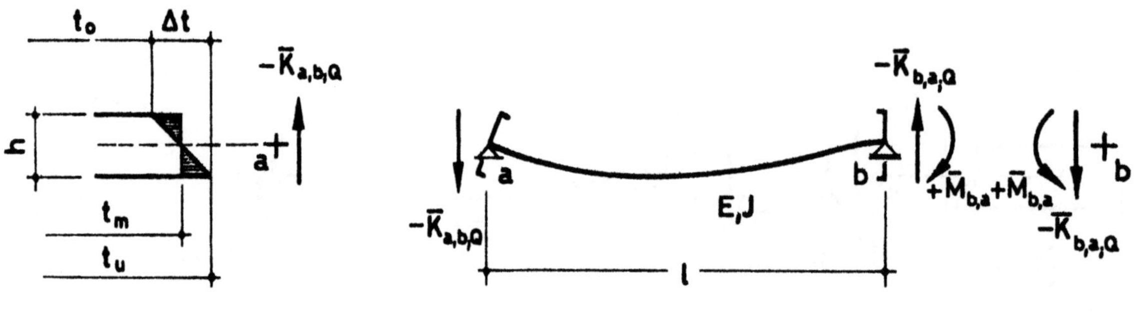

$$\bar K(\varepsilon)_{a,b,Q(g,b)} = \bar K(\varepsilon)_{b,a,Q(g,b)} = -\frac{\alpha_t\cdot\Delta t}{h}\cdot\frac{E\,J}{l}\cdot\left(1+\frac{F_2(\varepsilon)}{F_1(\varepsilon)}\right) = -\frac{\alpha_t\cdot\Delta t}{h}\cdot\frac{E\,J}{l}\cdot\left(1+\frac{F\,2}{F\,1}\right)$$

$$\bar M(\varepsilon)_{b,a\,(g,b)} \qquad = \frac{\alpha_t\cdot\Delta t}{h}\cdot E\,J\cdot\left(1+\frac{F_2(\varepsilon)}{F_1(\varepsilon)}\right) = \frac{\alpha_t\cdot\Delta t}{h}\cdot E\,J\cdot\left(1+\frac{F\,2}{F\,1}\right)$$

Druckstäbe : $\alpha = 0{,}000;\ 0{,}025 \ldots 2{,}925;\ 2{,}950$

Zugstäbe : $\beta = 0{,}00;\ 0{,}25 \ldots 24{,}75;\ 25{,}00;\ 26{,}25 \ldots 47{,}50;\ 48{,}75$

Druckstäbe : 553 ... 584

Zugstäbe : 585 ... 599

D) Zahlentafeln der Funktionen

$F(\epsilon,\chi)$ nach Abschnitt A,

$F_i(\epsilon)$ nach Abschnitt B,

$F(\epsilon)$ nach Abschnitt C.

D.I) Zahlentafeln der Funktionen

$F(\epsilon,\chi)_{M;M}$ = F.M;M

$F(\epsilon,\chi)_{M;Q}$ = F.M;Q

$F(\epsilon,\chi)_{M;V}$ = F.M;V

$F(\epsilon,\chi)_{M;V'}$ = F.M;V'

Druckstäbe 1...132

Zugstäbe 132...264

FUNKTIONEN : F.M:M - F.M:Q - F.M:V - F.M:V'

XM/L = 0.00

ALPHA	X/L =	L 0.00	R 0.00	0.10	0.20	0.30	0.40	0.50	0.60	0.70	0.80	0.90	1.00	ALPHA
	M	0.00000	1.00000	0.90000	0.80000	0.70000	0.60000	0.50000	0.40000	0.30000	0.20000	0.10000	0.00000	
0.000	Q	-1.00000	-1.00000	-1.00000	-1.00000	-1.00000	-1.00000	-1.00000	-1.00000	-1.00000	-1.00000	-1.00000	-1.00000	0.000
	V	0.00000	0.00000	0.02850	0.04800	0.05950	0.06400	0.06250	0.05600	0.04550	0.03200	0.01650	0.00000	
	V'	0.33333	0.33333	0.23833	0.15333	0.07833	0.01333	-0.04167	-0.08667	-0.12167	-0.14667	-0.16167	-0.16667	
	M	0.00000	1.00000	0.90002	0.80003	0.70004	0.60004	0.50004	0.40004	0.30003	0.20002	0.10001	0.00000	
0.025	Q	-0.99979	-0.99979	-0.99985	-0.99990	-0.99995	-0.99999	-1.00003	-1.00005	-1.00008	-1.00009	-1.00010	-1.00010	0.025
	V	0.00000	0.00000	0.02850	0.04800	0.05950	0.06400	0.06250	0.05600	0.04550	0.03200	0.01650	0.00000	
	V'	0.33335	0.33335	0.23835	0.15334	0.07834	0.01334	-0.04167	-0.08667	-0.12167	-0.14668	-0.16168	-0.16668	
	M	0.00000	1.00000	0.90007	0.80012	0.70015	0.60016	0.50016	0.40014	0.30011	0.20008	0.10004	0.00000	
0.050	Q	-0.99917	-0.99917	-0.99940	-0.99962	-0.99980	-0.99997	-1.00010	-1.00022	-1.00030	-1.00037	-1.00040	-1.00042	0.050
	V	0.00000	0.00000	0.02851	0.04801	0.05951	0.06402	0.06252	0.05602	0.04551	0.03201	0.01650	0.00000	
	V'	0.33339	0.33339	0.23839	0.15338	0.07836	0.01335	-0.04167	-0.08668	-0.12170	-0.14671	-0.16171	-0.16672	
	M	0.00000	1.00000	0.90016	0.80027	0.70034	0.60036	0.50035	0.40032	0.30026	0.20018	0.10009	0.00000	
0.075	Q	-0.99812	-0.99812	-0.99866	-0.99914	-0.99956	-0.99992	-1.00023	-1.00049	-1.00069	-1.00083	-1.00091	-1.00094	0.075
	V	0.00000	0.00000	0.02851	0.04802	0.05953	0.06404	0.06254	0.05603	0.04553	0.03202	0.01651	0.00000	
	V'	0.33346	0.33346	0.23845	0.15343	0.07840	0.01336	-0.04167	-0.08671	-0.12174	-0.14676	-0.16177	-0.16678	
	M	0.00000	1.00000	0.90029	0.80048	0.70060	0.60064	0.50063	0.40056	0.30046	0.20032	0.10017	0.00000	
0.100	Q	-0.99666	-0.99666	-0.99761	-0.99846	-0.99922	-0.99987	-1.00042	-1.00087	-1.00122	-1.00147	-1.00162	-1.00167	0.100
	V	0.00000	0.00000	0.02852	0.04804	0.05955	0.06406	0.06257	0.05606	0.04555	0.03204	0.01652	0.00000	
	V'	0.33356	0.33356	0.23854	0.15350	0.07845	0.01338	-0.04168	-0.08674	-0.12179	-0.14683	-0.16185	-0.16686	
	M	0.00000	1.00000	0.90045	0.80075	0.70093	0.60100	0.50098	0.40088	0.30071	0.20050	0.10026	0.00000	
0.125	Q	-0.99479	-0.99479	-0.99627	-0.99760	-0.99877	-0.99979	-1.00065	-1.00136	-1.00190	-1.00230	-1.00253	-1.00261	0.125
	V	0.00000	-0.00000	0.02853	0.04806	0.05959	0.06410	0.06260	0.05610	0.04558	0.03206	0.01653	0.00000	
	V'	0.33368	0.33368	0.23866	0.15360	0.07851	0.01341	-0.04169	-0.08678	-0.12186	-0.14692	-0.16196	-0.16697	
	M	0.00000	1.00000	0.90064	0.80108	0.70134	0.60144	0.50141	0.40126	0.30103	0.20072	0.10037	0.00000	
0.150	Q	-0.99249	-0.99249	-0.99463	-0.99654	-0.99823	-0.99970	-1.00094	-1.00195	-1.00274	-1.00331	-1.00365	-1.00376	0.150
	V	0.00000	-0.00000	0.02855	0.04809	0.05962	0.06414	0.06265	0.05614	0.04562	0.03208	0.01654	0.00000	
	V'	0.33383	0.33383	0.23880	0.15371	0.07859	0.01345	-0.04169	-0.08683	-0.12194	-0.14703	-0.16209	-0.16711	
	M	0.00000	1.00000	0.90087	0.80147	0.70183	0.60197	0.50192	0.40172	0.30140	0.20098	0.10051	0.00000	
0.175	Q	-0.98977	-0.98977	-0.99268	-0.99529	-0.99759	-0.99959	-1.00128	-1.00266	-1.00374	-1.00451	-1.00497	-1.00512	0.175
	V	0.00000	-0.00000	0.02857	0.04812	0.05967	0.06419	0.06270	0.05619	0.04566	0.03211	0.01656	0.00000	
	V'	0.33402	0.33402	0.23897	0.15385	0.07868	0.01349	-0.04170	-0.08689	-0.12204	-0.14716	-0.16224	-0.16726	
	M	0.00000	1.00000	0.90114	0.80193	0.70239	0.60257	0.50251	0.40225	0.30183	0.20129	0.10066	0.00000	
0.200	Q	-0.98663	-0.98663	-0.99043	-0.99384	-0.99685	-0.99946	-1.00167	-1.00348	-1.00489	-1.00589	-1.00650	-1.00670	0.200
	V	0.00000	-0.00000	0.02859	0.04816	0.05972	0.06425	0.06276	0.05624	0.04570	0.03215	0.01658	0.00000	
	V'	0.33423	0.33423	0.23917	0.15401	0.07879	0.01354	-0.04172	-0.08695	-0.12216	-0.14732	-0.16241	-0.16745	
	M	0.00000	1.00000	0.90145	0.80244	0.70303	0.60326	0.50318	0.40285	0.30232	0.20163	0.10084	0.00000	
0.225	Q	-0.98307	-0.98307	-0.98788	-0.99219	-0.99601	-0.99931	-1.00211	-1.00441	-1.00619	-1.00747	-1.00823	-1.00849	0.225
	V	0.00000	0.00000	0.02861	0.04821	0.05978	0.06432	0.06283	0.05631	0.04576	0.03219	0.01660	0.00000	
	V'	0.33446	0.33446	0.23939	0.15419	0.07891	0.01360	-0.04173	-0.08703	-0.12229	-0.14742	-0.16261	-0.16766	
ALPHA	X/L =	L 0.00	R 0.00	0.10	0.20	0.30	0.40	0.50	0.60	0.70	0.80	0.90	1.00	ALPHA

XM/L = 0.00

FUNKTIONEN : F.M:M - F.M:Q - F.M:V - F.M:V'

D R U C K S T A E B E -2-

FUNKTIONEN : F.M;M - F.M;Q - F.M;V - F.M;V'

XM/L = 0.00

ALPHA	X/L =	L 0.00	R 0.00	0.10	0.20	0.30	0.40	0.50	0.60	0.70	0.80	0.90	1.00	ALPHA
0.250	M	0.00000	1.00000	0.90179	0.80302	0.70374	0.60402	0.50393	0.40352	0.30286	0.20201	0.10104	0.00000	0.250
	Q	-0.97908	-0.97908	-0.98502	-0.99035	-0.99506	-0.99915	-1.00261	-1.00544	-1.00765	-1.00923	-1.01018	-1.01049	
	V	0.00000	-0.00000	0.02864	0.04826	0.05984	0.06440	0.06291	0.05638	0.04582	0.03223	0.01662	0.00000	
	V'	0.33473	0.33473	0.23964	0.15439	0.07905	0.01366	-0.04174	-0.08712	-0.12244	-0.14768	-0.16284	-0.16789	
0.275	M	0.00000	1.00000	0.90217	0.80365	0.70453	0.60488	0.50476	0.40427	0.30347	0.20244	0.10126	0.00000	0.275
	Q	-0.97466	-0.97466	-0.98186	-0.98831	-0.99401	-0.99896	-1.00316	-1.00660	-1.00927	-1.01118	-1.01233	-1.01272	
	V	0.00000	-0.00000	0.02867	0.04831	0.05992	0.06448	0.06300	0.05646	0.04589	0.03228	0.01665	0.00000	
	V'	0.33503	0.33503	0.23991	0.15462	0.07920	0.01373	-0.04176	-0.08721	-0.12260	-0.14790	-0.16309	-0.16815	
0.300	M	0.00000	1.00000	0.90258	0.80435	0.70540	0.60581	0.50568	0.40509	0.30414	0.20291	0.10150	0.00000	0.300
	Q	-0.96982	-0.96982	-0.97838	-0.98606	-0.99286	-0.99876	-1.00376	-1.00786	-1.01105	-1.01333	-1.01470	-1.01516	
	V	0.00000	-0.00000	0.02870	0.04837	0.06000	0.06457	0.06309	0.05655	0.04596	0.03233	0.01667	0.00000	
	V'	0.33535	0.33535	0.24021	0.15486	0.07937	0.01380	-0.04178	-0.08732	-0.12278	-0.14814	-0.16336	-0.16843	
0.325	M	0.00000	1.00000	0.90303	0.80512	0.70635	0.60683	0.50667	0.40598	0.30486	0.20342	0.10176	0.00000	0.325
	Q	-0.96454	-0.96454	-0.97459	-0.98361	-0.99160	-0.99853	-1.00441	-1.00924	-1.01299	-1.01567	-1.01729	-1.01782	
	V	0.00000	-0.00000	0.02873	0.04843	0.06009	0.06467	0.06320	0.05665	0.04605	0.03239	0.01670	0.00000	
	V'	0.33570	0.33570	0.24054	0.15513	0.07955	0.01388	-0.04180	-0.08743	-0.12298	-0.14839	-0.16365	-0.16874	
0.350	M	0.00000	1.00000	0.90352	0.80594	0.70737	0.60794	0.50776	0.40695	0.30565	0.20398	0.10205	0.00000	0.350
	Q	-0.95883	-0.95883	-0.97049	-0.98096	-0.99023	-0.99829	-1.00512	-1.01073	-1.01509	-1.01821	-1.02009	-1.02071	
	V	0.00000	-0.00000	0.02877	0.04850	0.06018	0.06478	0.06331	0.05675	0.04613	0.03246	0.01674	0.00000	
	V'	0.33609	0.33609	0.24090	0.15542	0.07975	0.01397	-0.04182	-0.08756	-0.12319	-0.14867	-0.16398	-0.16908	
0.375	M	0.00000	1.00000	0.90405	0.80683	0.70848	0.60913	0.50892	0.40800	0.30650	0.20457	0.10236	0.00000	0.375
	Q	-0.95268	-0.95268	-0.96607	-0.97810	-0.98376	-0.99802	-1.00588	-1.01233	-1.01736	-1.02095	-1.02311	-1.02383	
	V	0.00000	-0.00000	0.02881	0.04858	0.06028	0.06490	0.06343	0.05687	0.04623	0.03252	0.01677	0.00000	
	V'	0.33650	0.33650	0.24129	0.15573	0.07996	0.01407	-0.04184	-0.08769	-0.12342	-0.14898	-0.16432	-0.16944	
0.400	M	0.00000	1.00000	0.90462	0.80779	0.70966	0.61040	0.51017	0.40912	0.30741	0.20522	0.10269	0.00000	0.400
	Q	-0.94609	-0.94609	-0.96133	-0.97503	-0.98717	-0.99773	-1.00670	-1.01405	-1.01979	-1.02389	-1.02635	-1.02717	
	V	0.00000	-0.00000	0.02885	0.04866	0.06039	0.06503	0.06356	0.05699	0.04633	0.03260	0.01681	0.00000	
	V'	0.33694	0.33694	0.24170	0.15607	0.08019	0.01417	-0.04186	-0.08783	-0.12366	-0.14930	-0.16470	-0.16983	
0.425	M	0.00000	1.00000	0.90522	0.80880	0.71093	0.61177	0.51151	0.41032	0.30839	0.20590	0.10304	0.00000	0.425
	Q	-0.93905	-0.93905	-0.95626	-0.97175	-0.98547	-0.99742	-1.00757	-1.01589	-1.02238	-1.02703	-1.02982	-1.03075	
	V	0.00000	-0.00000	0.02890	0.04875	0.06051	0.06516	0.06370	0.05712	0.04644	0.03268	0.01685	0.00000	
	V'	0.33742	0.33742	0.24214	0.15643	0.08043	0.01428	-0.04189	-0.08799	-0.12393	-0.14964	-0.16509	-0.17025	
0.450	M	0.00000	1.00000	0.90586	0.80989	0.71228	0.61322	0.51293	0.41159	0.30943	0.20663	0.10342	0.00000	0.450
	Q	-0.93157	-0.93157	-0.95087	-0.96825	-0.98366	-0.99708	-1.00849	-1.01785	-1.02515	-1.03038	-1.03352	-1.03456	
	V	0.00000	-0.00000	0.02895	0.04884	0.06063	0.06531	0.06385	0.05726	0.04656	0.03276	0.01690	0.00000	
	V'	0.33792	0.33792	0.24261	0.15681	0.08069	0.01440	-0.04191	-0.08815	-0.12421	-0.15001	-0.16552	-0.17069	
0.475	M	0.00000	1.00000	0.90654	0.81104	0.71371	0.61477	0.51444	0.41295	0.31053	0.20741	0.10382	0.00000	0.475
	Q	-0.92364	-0.92364	-0.94515	-0.96453	-0.98173	-0.99672	-1.00946	-1.01993	-1.02809	-1.03393	-1.03745	-1.03862	
	V	0.00000	-0.00000	0.02900	0.04894	0.06077	0.06546	0.06400	0.05741	0.04668	0.03285	0.01694	0.00000	
	V'	0.33846	0.33846	0.24311	0.15722	0.08097	0.01453	-0.04194	-0.08832	-0.12450	-0.15040	-0.16597	-0.17116	
ALPHA	X/L =	L 0.00	R 0.00	0.10	0.20	0.30	0.40	0.50	0.60	0.70	0.80	0.90	1.00	ALPHA

XM/L = 0.00

FUNKTIONEN : F.M;M - F.M;Q - F.M;V - F.M;V'

D R U C K S T A E B E -2-

FUNKTIONEN : F.M;M - F.M;Q - F.M;V - F.M;V'

XM/L = 0.00

ALPHA	X/L =	L 0.00	R 0.00	0.10	0.20	0.30	0.40	0.50	0.60	0.70	0.80	0.90	1.00	ALPHA
	M	0.00000	1.00000	0.90726	0.81226	0.71523	0.61640	0.51604	0.41439	0.31170	0.20824	0.10425	0.00000	
0.500	Q	-0.91524	-0.91524	-0.93909	-0.96059	-0.97969	-0.99633	-1.01049	-1.02213	-1.03120	-1.03770	-1.04161	-1.04291	0.500
	V	0.00000	-0.00000	0.02906	0.04904	0.06091	0.06562	0.06417	0.05756	0.04681	0.03294	0.01699	0.00000	
	V'	0.33902	0.33902	0.24364	0.15765	0.08126	0.01466	-0.04197	-0.08850	-0.12482	-0.15082	-0.16645	-0.17166	
	M	0.00000	1.00000	0.90802	0.81355	0.71683	0.61813	0.51774	0.41591	0.31294	0.20911	0.10470	0.00000	
0.525	Q	-0.90639	-0.90639	-0.93269	-0.95642	-0.97752	-0.99592	-1.01158	-1.02445	-1.03449	-1.04169	-1.04602	-1.04746	0.525
	V	0.00000	-0.00000	0.02911	0.04915	0.06105	0.06579	0.06435	0.05773	0.04695	0.03304	0.01704	0.00000	
	V'	0.33962	0.33962	0.24420	0.15810	0.08157	0.01480	-0.04200	-0.08870	-0.12515	-0.15126	-0.16695	-0.17219	
	M	0.00000	1.00000	0.90883	0.81490	0.71852	0.61996	0.51952	0.41751	0.31425	0.21003	0.10517	0.00000	
0.550	Q	-0.89707	-0.89707	-0.92595	-0.95203	-0.97523	-0.99548	-1.01272	-1.02689	-1.03796	-1.04589	-1.05066	-1.05225	0.550
	V	0.00000	-0.00000	0.02918	0.04927	0.06121	0.06597	0.06453	0.05790	0.04709	0.03315	0.01710	0.00000	
	V'	0.34026	0.34026	0.24479	0.15858	0.08189	0.01495	-0.04204	-0.08890	-0.12550	-0.15172	-0.16748	-0.17274	
	M	0.00000	1.00000	0.90967	0.81633	0.72029	0.62187	0.52140	0.41920	0.31562	0.21100	0.10567	0.00000	
0.575	Q	-0.88728	-0.88728	-0.91886	-0.94740	-0.97281	-0.99501	-1.01391	-1.02946	-1.04161	-1.05032	-1.05556	-1.05731	0.575
	V	0.00000	-0.00000	0.02924	0.04939	0.06137	0.06616	0.06473	0.05808	0.04725	0.03326	0.01716	0.00000	
	V'	0.34092	0.34092	0.24541	0.15909	0.08223	0.01511	-0.04207	-0.08912	-0.12587	-0.15220	-0.16804	-0.17333	
	M	0.00000	1.00000	0.91055	0.81783	0.72216	0.62389	0.52338	0.42098	0.31707	0.21201	0.10620	0.00000	
0.600	Q	-0.87702	-0.87702	-0.91142	-0.94254	-0.97027	-0.99450	-1.01516	-1.03216	-1.04545	-1.05498	-1.06071	-1.06262	0.600
	V	0.00000	-0.00000	0.02931	0.04952	0.06155	0.06636	0.06493	0.05828	0.04741	0.03337	0.01722	0.00000	
	V'	0.34162	0.34162	0.24606	0.15962	0.08259	0.01527	-0.04211	-0.08934	-0.12625	-0.15272	-0.16863	-0.17394	
	M	0.00000	1.00000	0.91148	0.81939	0.72411	0.62600	0.52545	0.42284	0.31859	0.21308	0.10675	0.00000	
0.625	Q	-0.86627	-0.86627	-0.90362	-0.93743	-0.96759	-0.99397	-1.01646	-1.03499	-1.04948	-1.05986	-1.06611	-1.06820	0.625
	V	0.00000	-0.00000	0.02938	0.04965	0.06173	0.06657	0.06515	0.05848	0.04758	0.03349	0.01728	0.00000	
	V'	0.34235	0.34235	0.24674	0.16017	0.08297	0.01544	-0.04215	-0.08958	-0.12666	-0.15325	-0.16925	-0.17459	
	M	0.00000	1.00000	0.91245	0.82104	0.72616	0.62822	0.52762	0.42480	0.32018	0.21421	0.10733	0.00000	
0.650	Q	-0.85503	-0.85503	-0.89545	-0.93208	-0.96478	-0.99340	-1.01782	-1.03795	-1.05369	-1.06499	-1.07178	-1.07405	0.650
	V	0.00000	-0.00000	0.02946	0.04979	0.06192	0.06679	0.06537	0.05869	0.04776	0.03362	0.01735	0.00000	
	V'	0.34312	0.34312	0.24746	0.16076	0.08337	0.01563	-0.04219	-0.08982	-0.12709	-0.15381	-0.16990	-0.17526	
	M	0.00000	1.00000	0.91346	0.82275	0.72830	0.63053	0.52989	0.42684	0.32184	0.21538	0.10794	0.00000	
0.675	Q	-0.84330	-0.84330	-0.88691	-0.92648	-0.96183	-0.99279	-1.01924	-1.04104	-1.05811	-1.07035	-1.07772	-1.08018	0.675
	V	0.00000	-0.00000	0.02953	0.04994	0.06212	0.06701	0.06561	0.05891	0.04794	0.03376	0.01742	0.00000	
	V'	0.34392	0.34392	0.24821	0.16137	0.08378	0.01582	-0.04223	-0.09008	-0.12753	-0.15440	-0.17057	-0.17597	
	M	0.00000	1.00000	0.91451	0.82454	0.73054	0.63295	0.53227	0.42898	0.32359	0.21661	0.10857	0.00000	
0.700	Q	-0.83107	-0.83107	-0.87799	-0.92062	-0.95873	-0.99215	-1.02071	-1.04427	-1.06272	-1.07596	-1.08393	-1.08659	0.700
	V	0.00000	0.00000	0.02962	0.05009	0.06232	0.06725	0.06586	0.05914	0.04813	0.03390	0.01749	0.00000	
	V'	0.34476	0.34476	0.24899	0.16200	0.08422	0.01602	-0.04227	-0.09035	-0.12800	-0.15502	-0.17128	-0.17671	
	M	0.00000	1.00000	0.91561	0.82641	0.73287	0.63548	0.53475	0.43121	0.32541	0.21789	0.10923	0.00000	
0.725	Q	-0.81833	-0.81833	-0.86869	-0.91450	-0.95550	-0.99147	-1.02224	-1.04734	-1.06753	-1.08182	-1.09042	-1.09329	0.725
	V	0.00000	-0.00000	0.02970	0.05025	0.06254	0.06750	0.06612	0.05938	0.04834	0.03404	0.01757	0.00000	
	V'	0.34563	0.34563	0.24981	0.16267	0.08467	0.01622	-0.04231	-0.09063	-0.12848	-0.15566	-0.17202	-0.17749	
ALPHA	X/L =	L 0.00	R 0.00	0.10	0.20	0.30	0.40	0.50	0.60	0.70	0.80	0.90	1.00	ALPHA

XM/L = 0.00

FUNKTIONEN : F.M;M - F.M;Q - F.M;V - F.M;V'

FUNKTIONEN : F.M;M - F.M;Q - F.M;V - F.M;V'

XM/L = 0.00

ALPHA	X/L =	L 0.00	R 0.00	0.10	0.20	0.30	0.40	0.50	0.60	0.70	0.80	0.90	1.00	ALPHA
	M	0.00000	1.00000	0.91676	0.82836	0.73531	0.63812	0.53734	0.43354	0.32731	0.21923	0.10993	0.00000	
0.750	Q	-0.80507	-0.80507	-0.85900	-0.90611	-0.95211	-0.99075	-1.02383	-1.05115	-1.07256	-1.08793	-1.09720	-1.10029	0.750
	V	0.00000	-0.00000	0.02979	0.05042	0.06277	0.06776	0.06638	0.05963	0.04855	0.03419	0.01765	0.00000	
	V'	0.34654	0.34654	0.25066	0.16336	0.08514	0.01644	-0.04236	-0.09093	-0.12899	-0.15633	-0.17279	-0.17829	
	M	0.00000	1.00000	0.91795	0.83039	0.73784	0.64086	0.54004	0.43597	0.32929	0.22063	0.11065	0.00000	
0.775	Q	-0.79129	-0.79129	-0.84891	-0.90145	-0.94856	-0.98999	-1.02547	-1.05480	-1.07779	-1.09431	-1.10427	-1.10759	0.775
	V	0.00000	-0.00000	0.02988	0.05059	0.06300	0.06804	0.06666	0.05990	0.04877	0.03435	0.01773	0.00000	
	V'	0.34749	0.34749	0.25155	0.16409	0.08564	0.01667	-0.04241	-0.09123	-0.12952	-0.15703	-0.17360	-0.17913	
	M	0.00000	1.00000	0.91919	0.83250	0.74048	0.64372	0.54285	0.43851	0.33136	0.22209	0.11140	0.00000	
0.800	Q	-0.77697	-0.77697	-0.83842	-0.89450	-0.94486	-0.98918	-1.02717	-1.05859	-1.08324	-1.10096	-1.11164	-1.11521	0.800
	V	0.00000	-0.00000	0.02998	0.05077	0.06325	0.06832	0.06696	0.06017	0.04900	0.03452	0.01782	0.00000	
	V'	0.34848	0.34848	0.25247	0.16484	0.08615	0.01690	-0.04246	-0.09155	-0.13007	-0.15775	-0.17444	-0.18001	
	M	0.00000	1.00000	0.92047	0.83469	0.74322	0.64670	0.54578	0.44115	0.33351	0.22361	0.11219	0.00000	
0.825	Q	-0.76211	-0.76211	-0.82751	-0.88727	-0.94100	-0.98833	-1.02893	-1.06254	-1.08892	-1.10789	-1.11932	-1.12314	0.825
	V	0.00000	-0.00000	0.03008	0.05096	0.06350	0.06861	0.06726	0.06045	0.04924	0.03469	0.01791	0.00000	
	V'	0.34951	0.34951	0.25343	0.16562	0.08668	0.01715	-0.04251	-0.09188	-0.13064	-0.15851	-0.17531	-0.18092	
	M	0.00000	1.00000	0.92181	0.83696	0.74607	0.64979	0.54882	0.44389	0.33575	0.22519	0.11300	0.00000	
0.850	Q	-0.74671	-0.74671	-0.81617	-0.87975	-0.93697	-0.98742	-1.03075	-1.06663	-1.09482	-1.11509	-1.12732	-1.13140	0.850
	V	0.00000	-0.00000	0.03019	0.05116	0.06377	0.06892	0.06758	0.06075	0.04949	0.03487	0.01800	0.00000	
	V'	0.35058	0.35058	0.25443	0.16644	0.08724	0.01741	-0.04256	-0.09223	-0.13123	-0.15930	-0.17622	-0.18187	
	M	0.00000	1.00000	0.92319	0.83932	0.74903	0.65301	0.55199	0.44675	0.33809	0.22684	0.11385	0.00000	
0.875	Q	-0.73074	-0.73074	-0.80441	-0.87192	-0.93276	-0.98647	-1.03263	-1.07089	-1.10095	-1.12259	-1.13564	-1.14000	0.875
	V	0.00000	-0.00000	0.03029	0.05136	0.06404	0.06924	0.06791	0.06106	0.04974	0.03505	0.01810	0.00000	
	V'	0.35169	0.35169	0.25547	0.16729	0.08782	0.01767	-0.04262	-0.09259	-0.13185	-0.16012	-0.17716	-0.18286	
	M	0.00000	1.00000	0.92463	0.84177	0.75211	0.65635	0.55528	0.44972	0.34051	0.22855	0.11474	0.00000	
0.900	Q	-0.71420	-0.71420	-0.79220	-0.86378	-0.92838	-0.98546	-1.03456	-1.07529	-1.10732	-1.13038	-1.14430	-1.14895	0.900
	V	0.00000	-0.00000	0.03041	0.05157	0.06433	0.06957	0.06825	0.06138	0.05001	0.03525	0.01820	0.00000	
	V'	0.35284	0.35284	0.25655	0.16817	0.08842	0.01795	-0.04267	-0.09296	-0.13249	-0.16097	-0.17814	-0.18388	
	M	0.00000	1.00000	0.92612	0.84432	0.75530	0.65982	0.55870	0.45280	0.34303	0.23033	0.11566	0.00000	
0.925	Q	-0.69707	-0.69707	-0.77953	-0.85533	-0.92381	-0.98439	-1.03656	-1.07987	-1.11394	-1.13848	-1.15330	-1.15825	0.925
	V	0.00000	-0.00000	0.03052	0.05179	0.06463	0.06991	0.06860	0.06171	0.05029	0.03545	0.01830	0.00000	
	V'	0.35404	0.35404	0.25767	0.16908	0.08904	0.01824	-0.04273	-0.09334	-0.13316	-0.16185	-0.17916	-0.18495	
	M	0.00000	1.00000	0.92766	0.84695	0.75860	0.66342	0.56224	0.45600	0.34565	0.23218	0.11662	0.00000	
0.950	Q	-0.67936	-0.67936	-0.76641	-0.84655	-0.91905	-0.98327	-1.03862	-1.08460	-1.12080	-1.14690	-1.16265	-1.16791	0.950
	V	0.00000	-0.00000	0.03065	0.05202	0.06493	0.07027	0.06897	0.06205	0.05058	0.03566	0.01841	0.00000	
	V'	0.35528	0.35528	0.25883	0.17003	0.08969	0.01854	-0.04279	-0.09374	-0.13385	-0.16277	-0.18022	-0.18606	
	M	0.00000	1.00000	0.92925	0.84968	0.76203	0.66715	0.56593	0.45933	0.34837	0.23410	0.11761	0.00000	
0.975	Q	-0.66103	-0.66103	-0.75281	-0.83743	-0.91410	-0.98208	-1.04074	-1.08951	-1.12793	-1.15564	-1.17237	-1.17796	0.975
	V	0.00000	-0.00000	0.03077	0.05226	0.06525	0.07064	0.06935	0.06241	0.05088	0.03587	0.01852	0.00000	
	V'	0.35657	0.35657	0.26003	0.17102	0.09037	0.01885	-0.04285	-0.09416	-0.13457	-0.16372	-0.18132	-0.18720	
ALPHA	X/L =	L 0.00	R 0.00	0.10	0.20	0.30	0.40	0.50	0.60	0.70	0.80	0.90	1.00	ALPHA

XM/L = 0.00

FUNKTIONEN : F.M;M - F.M;Q - F.M;V - F.M;V'

FUNKTIONEN : F.M;M - F.M;Q - F.M;V - F.M;V'

XM/L = 0.00

ALPHA	X/L =	L 0.00	R 0.00	0.10	0.20	0.30	0.40	0.50	0.60	0.70	0.80	0.90	1.00	ALPHA
	M	0.00000	1.00000	0.93090	0.85250	0.76559	0.67102	0.56975	0.46278	0.35119	0.23610	0.11864	0.00000	
1.000	Q	-0.64209	-0.64209	-0.73872	-0.82796	-0.90893	-0.98082	-1.04291	-1.09458	-1.13532	-1.16471	-1.18246	-1.18840	1.000
	V	0.00000	0.00000	0.03090	0.05250	0.06559	0.07102	0.06975	0.06278	0.05119	0.03610	0.01864	0.00000	
	V'	0.35791	0.35791	0.26128	0.17204	0.09107	0.01918	-0.04291	-0.09453	-0.13532	-0.16471	-0.18246	-0.18840	
	M	0.00000	1.00000	0.93261	0.85543	0.76927	0.67503	0.57371	0.46637	0.35413	0.23817	0.11971	0.00000	
1.025	Q	-0.62252	-0.62252	-0.72413	-0.81814	-0.90356	-0.97950	-1.04516	-1.09984	-1.14298	-1.17412	-1.19294	-1.19923	1.025
	V	0.00000	-0.00000	0.03104	0.05276	0.06593	0.07142	0.07016	0.06317	0.05152	0.03633	0.01876	0.00000	
	V'	0.35929	0.35929	0.26258	0.17310	0.09179	0.01951	-0.04298	-0.09503	-0.13609	-0.16573	-0.18364	-0.18963	
	M	0.00000	1.00000	0.93437	0.85845	0.77308	0.67919	0.57782	0.47008	0.35717	0.24032	0.12083	0.00000	
1.050	Q	-0.60230	-0.60230	-0.70903	-0.80795	-0.89797	-0.97810	-1.04746	-1.10528	-1.15092	-1.18389	-1.20382	-1.21048	1.050
	V	0.00000	-0.00000	0.03118	0.05302	0.06629	0.07183	0.07058	0.06357	0.05185	0.03657	0.01889	0.00000	
	V'	0.36073	0.36073	0.26392	0.17419	0.09254	0.01986	-0.04305	-0.09549	-0.13689	-0.16679	-0.18487	-0.19091	
	M	0.00000	1.00000	0.93620	0.86159	0.77703	0.68350	0.58208	0.47394	0.36033	0.24255	0.12198	0.00000	
1.075	Q	-0.58142	-0.58142	-0.69340	-0.79738	-0.89216	-0.97663	-1.04982	-1.11090	-1.15915	-1.19402	-1.21511	-1.22216	1.075
	V	0.00000	-0.00000	0.03132	0.05329	0.06665	0.07225	0.07102	0.06398	0.05220	0.03682	0.01902	0.00000	
	V'	0.36221	0.36221	0.26531	0.17533	0.09332	0.02022	-0.04312	-0.09597	-0.13772	-0.16789	-0.18614	-0.19224	
	M	0.00000	1.00000	0.93808	0.86483	0.78111	0.68796	0.58649	0.47794	0.36360	0.24487	0.12318	0.00000	
1.100	Q	-0.55986	-0.55986	-0.67724	-0.78642	-0.88610	-0.97507	-1.05225	-1.11672	-1.16768	-1.20453	-1.22682	-1.23428	1.100
	V	0.00000	-0.00000	0.03147	0.05357	0.06704	0.07270	0.07148	0.06441	0.05256	0.03708	0.01916	0.00000	
	V'	0.36375	0.36375	0.26675	0.17651	0.09413	0.02060	-0.04319	-0.09646	-0.13858	-0.16903	-0.18746	-0.19362	
	M	0.00000	1.00000	0.94003	0.86818	0.78535	0.69259	0.59107	0.48208	0.36700	0.24727	0.12442	0.00000	
1.125	Q	-0.53762	-0.53762	-0.66051	-0.77506	-0.87981	-0.97343	-1.05475	-1.12273	-1.17652	-1.21543	-1.23898	-1.24686	1.125
	V	0.00000	-0.00000	0.03163	0.05387	0.06743	0.07315	0.07196	0.06485	0.05294	0.03735	0.01930	0.00000	
	V'	0.36534	0.36534	0.26824	0.17773	0.09497	0.02099	-0.04326	-0.09697	-0.13947	-0.17022	-0.18882	-0.19505	
	M	0.00000	1.00000	0.94204	0.87164	0.78972	0.69737	0.59581	0.48638	0.37052	0.24977	0.12571	0.00000	
1.150	Q	-0.51466	-0.51466	-0.64322	-0.76328	-0.87326	-0.97170	-1.05731	-1.12895	-1.18567	-1.22673	-1.25159	-1.25991	1.150
	V	0.00000	-0.00000	0.03179	0.05417	0.06784	0.07363	0.07245	0.06531	0.05332	0.03763	0.01944	0.00000	
	V'	0.36699	0.36699	0.26978	0.17900	0.09584	0.02140	-0.04333	-0.09750	-0.14039	-0.17144	-0.19024	-0.19653	
	M	0.00000	1.00000	0.94412	0.87522	0.79425	0.70233	0.60072	0.49083	0.37417	0.25235	0.12705	0.00000	
1.175	Q	-0.49097	-0.49097	-0.62533	-0.75107	-0.86644	-0.96987	-1.05993	-1.13537	-1.19515	-1.23845	-1.26467	-1.27345	1.175
	V	0.00000	-0.00000	0.03196	0.05448	0.06827	0.07412	0.07296	0.06579	0.05372	0.03792	0.01959	0.00000	
	V'	0.36870	0.36870	0.27138	0.18031	0.09674	0.02182	-0.04341	-0.09805	-0.14135	-0.17271	-0.19170	-0.19806	
	M	0.00000	1.00000	0.94627	0.87892	0.79894	0.70746	0.60581	0.49545	0.37796	0.25504	0.12844	0.00000	
1.200	Q	-0.46654	-0.46654	-0.60684	-0.73841	-0.85936	-0.96795	-1.06262	-1.14201	-1.20497	-1.25060	-1.27824	-1.28750	1.200
	V	0.00000	-0.00000	0.03213	0.05481	0.06871	0.07463	0.07348	0.06629	0.05414	0.03822	0.01975	0.00000	
	V'	0.37046	0.37046	0.27303	0.18166	0.09767	0.02226	-0.04349	-0.09862	-0.14234	-0.17403	-0.19322	-0.19965	
	M	0.00000	1.00000	0.94848	0.88275	0.80379	0.71278	0.61109	0.50024	0.38189	0.25782	0.12988	0.00000	
1.225	Q	-0.44133	-0.44133	-0.58771	-0.72529	-0.85199	-0.96592	-1.06538	-1.14886	-1.21513	-1.26319	-1.29232	-1.30208	1.225
	V	0.00000	-0.00000	0.03231	0.05514	0.06916	0.07516	0.07403	0.06680	0.05457	0.03853	0.01991	0.00000	
	V'	0.37229	0.37229	0.27474	0.18307	0.09863	0.02271	-0.04357	-0.09920	-0.14336	-0.17539	-0.19480	-0.20130	
ALPHA	X/L =	L 0.00	R 0.00	0.10	0.20	0.30	0.40	0.50	0.60	0.70	0.80	0.90	1.00	ALPHA

XM/L = 0.00

FUNKTIONEN : F.M;M - F.M;Q - F.M;V - F.M;V'

FUNKTIONEN : F.M;M - F.M;Q - F.M;V - F.M;V'

XM/L = 0.00

ALPHA	X/L =	L 0.00	R 0.00	0.10	0.20	0.30	0.40	0.50	0.60	0.70	0.80	0.90	1.00	ALPHA
	M	0.00000	1.00000	0.95077	0.88671	0.80880	0.71828	0.61655	0.50520	0.38596	0.26070	0.13138	0.00000	
1.250	Q	-0.41534	-0.41534	-0.56794	-0.71163	-0.84432	-0.96378	-1.06820	-1.15595	-1.22566	-1.27625	-1.30692	-1.31720	1.250
	V	0.00000	-0.00000	0.03249	0.05549	0.06964	0.07570	0.07459	0.06733	0.05502	0.03885	0.02008	0.00000	
	V'	0.37418	0.37418	0.27652	0.18452	0.09964	0.02318	-0.04365	-0.09981	-0.14442	-0.17680	-0.19643	-0.20301	
	M	0.00000	1.00000	0.95313	0.89079	0.81399	0.72398	0.62221	0.51034	0.39019	0.26370	0.13293	0.00000	
1.275	Q	-0.38854	-0.38854	-0.54751	-0.69759	-0.83634	-0.96152	-1.07109	-1.16327	-1.23657	-1.28979	-1.32207	-1.33289	1.275
	V	0.00000	-0.00000	0.03269	0.05585	0.07012	0.07627	0.07518	0.06788	0.05548	0.03918	0.02026	0.00000	
	V'	0.37614	0.37614	0.27835	0.18603	0.10067	0.02367	-0.04373	-0.10044	-0.14552	-0.17826	-0.19812	-0.20477	
	M	0.00000	1.00000	0.95557	0.89502	0.81936	0.72988	0.62807	0.51567	0.39457	0.26680	0.13454	0.00000	
1.300	Q	-0.36090	-0.36090	-0.52638	-0.68298	-0.82804	-0.95914	-1.07405	-1.17083	-1.24786	-1.30362	-1.33778	-1.34917	1.300
	V	0.00000	-0.00000	0.03288	0.05623	0.07063	0.07685	0.07578	0.06845	0.05596	0.03953	0.02044	0.00000	
	V'	0.37817	0.37817	0.28025	0.18759	0.10175	0.02418	-0.04382	-0.10108	-0.14666	-0.17978	-0.19987	-0.20661	
	M	0.00000	1.00000	0.95809	0.89939	0.82492	0.73598	0.63415	0.52120	0.39911	0.27003	0.13621	0.00000	
1.325	Q	-0.33240	-0.33240	-0.50454	-0.66783	-0.81941	-0.95663	-1.07708	-1.17864	-1.25955	-1.31837	-1.35408	-1.36606	1.325
	V	0.00000	-0.00000	0.03309	0.05661	0.07115	0.07746	0.07641	0.06903	0.05645	0.03989	0.02062	0.00000	
	V'	0.38026	0.38026	0.28221	0.18920	0.10286	0.02470	-0.04390	-0.10176	-0.14784	-0.18134	-0.20169	-0.20851	
	M	0.00000	1.00000	0.96069	0.90390	0.83066	0.74231	0.64045	0.52693	0.40382	0.27337	0.13794	0.00000	
1.350	Q	-0.30302	-0.30302	-0.48196	-0.65212	-0.81043	-0.95398	-1.08018	-1.18672	-1.27166	-1.33346	-1.37100	-1.38359	1.350
	V	0.00000	-0.00000	0.03330	0.05701	0.07169	0.07808	0.07706	0.06965	0.05697	0.04026	0.02082	0.00000	
	V'	0.38243	0.38243	0.28425	0.19088	0.10402	0.02525	-0.04399	-0.10245	-0.14906	-0.18297	-0.20357	-0.21047	
	M	0.00000	1.00000	0.96338	0.90857	0.83661	0.74886	0.64697	0.53287	0.40871	0.27684	0.13974	0.00000	
1.375	Q	-0.27271	-0.27271	-0.45861	-0.63584	-0.80108	-0.95119	-1.08335	-1.19506	-1.28420	-1.34911	-1.38855	-1.40178	1.375
	V	0.00000	-0.00000	0.03352	0.05742	0.07226	0.07873	0.07774	0.07028	0.05750	0.04064	0.02102	0.00000	
	V'	0.38468	0.38468	0.28636	0.19261	0.10522	0.02582	-0.04408	-0.10317	-0.15032	-0.18465	-0.20552	-0.21251	
	M	0.00000	1.00000	0.96615	0.91339	0.84276	0.75564	0.65373	0.53903	0.41378	0.28044	0.14160	0.00000	
1.400	Q	-0.24147	-0.24147	-0.43447	-0.61896	-0.79135	-0.94825	-1.08659	-1.20367	-1.29720	-1.36534	-1.40677	-1.42067	1.400
	V	0.00000	-0.00000	0.03375	0.05785	0.07284	0.07941	0.07843	0.07093	0.05805	0.04104	0.02123	0.00000	
	V'	0.38701	0.38701	0.28854	0.19441	0.10646	0.02641	-0.04418	-0.10391	-0.15163	-0.18640	-0.20754	-0.21463	
	M	0.00000	1.00000	0.96901	0.91838	0.84913	0.76266	0.66074	0.54542	0.41904	0.28417	0.14354	0.00000	
1.425	Q	-0.20924	-0.20924	-0.40950	-0.60145	-0.78121	-0.94514	-1.08990	-1.21257	-1.31066	-1.38218	-1.42568	-1.44028	1.425
	V	0.00000	-0.00000	0.03398	0.05830	0.07344	0.08010	0.07916	0.07161	0.05862	0.04145	0.02144	0.00000	
	V'	0.38941	0.38941	0.29080	0.19627	0.10774	0.02702	-0.04427	-0.10468	-0.15299	-0.18821	-0.20963	-0.21682	
	M	0.00000	1.00000	0.97197	0.92353	0.85572	0.76994	0.66800	0.55205	0.42450	0.28805	0.14555	0.00000	
1.450	Q	-0.17601	-0.17601	-0.38368	-0.58329	-0.77066	-0.94186	-1.09329	-1.22177	-1.32461	-1.39965	-1.44532	-1.46064	1.450
	V	0.00000	-0.00000	0.03423	0.05876	0.07406	0.08083	0.07991	0.07232	0.05922	0.04188	0.02167	0.00000	
	V'	0.39191	0.39191	0.29314	0.19820	0.10908	0.02765	-0.04437	-0.10548	-0.15439	-0.19008	-0.21180	-0.21909	
	M	0.00000	1.00000	0.97502	0.92886	0.86254	0.77748	0.67554	0.55892	0.43017	0.29208	0.14764	0.00000	
1.475	Q	-0.14173	-0.14173	-0.35697	-0.56445	-0.75968	-0.93840	-1.09675	-1.23128	-1.33907	-1.41778	-1.46570	-1.48179	1.475
	V	0.00000	-0.00000	0.03448	0.05923	0.07471	0.08158	0.08068	0.07305	0.05983	0.04232	0.02190	0.00000	
	V'	0.39449	0.39449	0.29556	0.20019	0.11046	0.02831	-0.04447	-0.10631	-0.15585	-0.19203	-0.21406	-0.22145	
ALPHA	X/L =	L 0.00	R 0.00	0.10	0.20	0.30	0.40	0.50	0.60	0.70	0.80	0.90	1.00	ALPHA

XM/L = 0.00

FUNKTIONEN : F.M;M - F.M;Q - F.M;V - F.M;V'

FUNKTIONEN : F.M;M - F.M;Q - F.M;V - F.M;V'

XM/L = 0.00

ALPHA	X/L =	L 0.00	R 0.00	0.10	0.20	0.30	0.40	0.50	0.60	0.70	0.80	0.90	1.00	ALPHA
	M	0.00000	1.00000	0.97817	0.93438	0.86960	0.78529	0.68335	0.56606	0.43606	0.29626	0.14981	0.00000	
1.500	Q	-0.10637	-0.10637	-0.32934	-0.54490	-0.74823	-0.93476	-1.10029	-1.24111	-1.35406	-1.43660	-1.48688	-1.50377	1.500
	V	0.00000	-0.00000	0.03474	0.05972	0.07538	0.08235	0.08149	0.07380	0.06047	0.04278	0.02214	0.00000	
	V'	0.39717	0.39717	0.29807	0.20227	0.11190	0.02900	-0.04457	-0.10716	-0.15736	-0.19405	-0.21639	-0.22390	
	M	0.00000	1.00000	0.98143	0.94009	0.87692	0.79339	0.69146	0.57347	0.44217	0.30061	0.15207	0.00000	
1.525	Q	-0.06989	-0.06989	-0.30074	-0.52461	-0.73630	-0.93091	-1.10390	-1.25128	-1.36960	-1.45614	-1.50888	-1.52660	1.525
	V	0.00000	-0.00000	0.03502	0.06024	0.07607	0.08316	0.08232	0.07459	0.06113	0.04326	0.02239	0.00000	
	V'	0.39994	0.39994	0.30068	0.20441	0.11339	0.02971	-0.04468	-0.10805	-0.15893	-0.19614	-0.21882	-0.22643	
	M	0.00000	1.00000	0.98480	0.94599	0.88449	0.80179	0.69987	0.58116	0.44852	0.30512	0.15441	0.00000	
1.550	Q	-0.03224	-0.03224	-0.27114	-0.50354	-0.72387	-0.92684	-1.10759	-1.26178	-1.38572	-1.47644	-1.53175	-1.55034	1.550
	V	0.00000	-0.00000	0.03530	0.06077	0.07679	0.08399	0.08319	0.07541	0.06182	0.04376	0.02265	0.00000	
	V'	0.40281	0.40281	0.30337	0.20664	0.11493	0.03045	-0.04478	-0.10896	-0.16055	-0.19831	-0.22133	-0.22907	
	M	0.00000	1.00000	0.98828	0.95210	0.89235	0.81050	0.70860	0.58915	0.45512	0.30982	0.15685	0.00000	
1.575	Q	0.00662	0.00662	-0.24050	-0.48167	-0.71091	-0.92255	-1.11136	-1.27265	-1.40244	-1.49752	-1.55552	-1.57501	1.575
	V	0.00000	-0.00000	0.03559	0.06131	0.07754	0.08486	0.08409	0.07625	0.06253	0.04427	0.02292	0.00000	
	V'	0.40579	0.40579	0.30617	0.20895	0.11654	0.03122	-0.04489	-0.10991	-0.16224	-0.20056	-0.22394	-0.23180	
	M	0.00000	1.00000	0.99188	0.95842	0.90048	0.81954	0.71766	0.59745	0.46198	0.31470	0.15939	0.00000	
1.600	Q	0.04674	0.04674	-0.20877	-0.45894	-0.69739	-0.91802	-1.11521	-1.28390	-1.41980	-1.51942	-1.58024	-1.60068	1.600
	V	0.00000	0.00000	0.03589	0.06188	0.07831	0.08576	0.08502	0.07713	0.06327	0.04480	0.02320	0.00000	
	V'	0.40888	0.40888	0.30908	0.21135	0.11821	0.03202	-0.04500	-0.11090	-0.16398	-0.20290	-0.22666	-0.23464	
	M	0.00000	1.00000	0.99560	0.96498	0.90892	0.82892	0.72708	0.60608	0.46911	0.31978	0.16202	0.00000	
1.625	Q	0.08817	0.08817	-0.17590	-0.43532	-0.68328	-0.91324	-1.11913	-1.29554	-1.43781	-1.54220	-1.60595	-1.62739	1.625
	V	0.00000	-0.00000	0.03621	0.06248	0.07912	0.08669	0.08599	0.07804	0.06404	0.04536	0.02349	0.00000	
	V'	0.41209	0.41209	0.31209	0.21384	0.11994	0.03286	-0.04512	-0.11192	-0.16580	-0.20533	-0.22947	-0.23759	
	M	0.00000	1.00000	0.99946	0.97176	0.91767	0.83866	0.73686	0.61505	0.47653	0.32506	0.16477	0.00000	
1.650	Q	0.13096	0.13096	-0.14183	-0.41078	-0.66856	-0.90819	-1.12314	-1.30759	-1.45651	-1.56588	-1.63271	-1.65519	1.650
	V	0.00000	-0.00000	0.03653	0.06309	0.07995	0.08766	0.08700	0.07899	0.06484	0.04594	0.02379	0.00000	
	V'	0.41541	0.41541	0.31521	0.21643	0.12174	0.03372	-0.04523	-0.11298	-0.16768	-0.20785	-0.23240	-0.24066	
	M	0.00000	1.00000	1.00344	0.97879	0.92675	0.84877	0.74702	0.62437	0.48424	0.33056	0.16763	0.00000	
1.675	Q	0.17518	0.17518	-0.10653	-0.38525	-0.65319	-0.90285	-1.12723	-1.32006	-1.47594	-1.59051	-1.66057	-1.68414	1.675
	V	0.00000	-0.00000	0.03687	0.06373	0.08082	0.08867	0.08805	0.07997	0.06567	0.04654	0.02410	0.00000	
	V'	0.41886	0.41886	0.31846	0.21911	0.12361	0.03463	-0.04535	-0.11408	-0.16964	-0.21048	-0.23544	-0.24384	
	M	0.00000	1.00000	1.00757	0.98608	0.93617	0.85927	0.75760	0.63408	0.49228	0.33629	0.17060	0.00000	
1.700	Q	0.22088	0.22088	-0.06992	-0.35870	-0.63713	-0.89720	-1.13140	-1.33298	-1.49614	-1.61615	-1.68958	-1.71429	1.700
	V	0.00000	-0.00000	0.03722	0.06439	0.08172	0.08971	0.08913	0.08100	0.06653	0.04716	0.02443	0.00000	
	V'	0.42245	0.42245	0.32183	0.22190	0.12556	0.03557	-0.04547	-0.11522	-0.17167	-0.21320	-0.23861	-0.24716	
	M	0.00000	1.00000	1.01184	0.99364	0.94596	0.87019	0.76859	0.64418	0.50065	0.34226	0.17371	0.00000	
1.725	Q	0.26813	0.26813	-0.03194	-0.33106	-0.62035	-0.89123	-1.13566	-1.34638	-1.51713	-1.64285	-1.71981	-1.74571	1.725
	V	0.00000	-0.00000	0.03759	0.06508	0.08266	0.09080	0.09026	0.08206	0.06743	0.04781	0.02477	0.00000	
	V'	0.42617	0.42617	0.32533	0.22481	0.12759	0.03655	-0.04559	-0.11640	-0.17379	-0.21604	-0.24190	-0.25061	
ALPHA	X/L =	L 0.00	R 0.00	0.10	0.20	0.30	0.40	0.50	0.60	0.70	0.80	0.90	1.00	ALPHA

XM/L = 0.00

FUNKTIONEN : F.M;M - F.M;Q - F.M;V - F.M;V'

FUNKTIONEN : F.M;M - F.M;Q - F.M;V - F.M;V'

XM/L = 0.00

ALPHA	X/L =	L 0.00	R 0.00	0.10	0.20	0.30	0.40	0.50	0.60	0.70	0.80	0.90	1.00	ALPHA
	M	0.00000	1.00000	1.01627	1.00149	0.95612	0.88154	0.78004	0.65470	0.50937	0.34848	0.17694	0.00000	
1.750	Q	0.31701	0.31701	0.00748	-0.30228	-0.60281	-0.88492	-1.14000	-1.36026	-1.53896	-1.67066	-1.75132	-1.77848	1.750
	V	0.00000	0.00000	0.03796	0.06579	0.08363	0.09193	0.09144	0.08317	0.06837	0.04848	0.02512	0.00000	
	V'	0.43004	0.43004	0.32897	0.22783	0.12970	0.03758	-0.04571	-0.11763	-0.17599	-0.21899	-0.24533	-0.25420	
	M	0.00000	1.00000	1.02085	1.00963	0.96668	0.89335	0.79195	0.66566	0.51846	0.35497	0.18032	0.00000	
1.775	Q	0.36759	0.36759	0.04840	-0.27231	-0.58446	-0.87824	-1.14443	-1.37465	-1.56168	-1.69964	-1.78418	-1.81266	1.775
	V	0.00000	-0.00000	0.03836	0.06654	0.08464	0.09311	0.09266	0.08432	0.06934	0.04919	0.02549	0.00000	
	V'	0.43407	0.43407	0.33276	0.23097	0.13189	0.03865	-0.04584	-0.11891	-0.17828	-0.22206	-0.24890	-0.25794	
	M	0.00000	1.00000	1.02561	1.01808	0.97766	0.90564	0.80436	0.67709	0.52794	0.36173	0.18384	0.00000	
1.800	Q	0.41995	0.41995	0.09091	-0.24107	-0.56525	-0.87117	-1.14895	-1.38959	-1.58534	-1.72985	-1.81848	-1.84834	1.800
	V	0.00000	-0.00000	0.03877	0.06731	0.08570	0.09433	0.09394	0.08552	0.07035	0.04992	0.02588	0.00000	
	V'	0.43826	0.43826	0.33670	0.23424	0.13418	0.03976	-0.04597	-0.12024	-0.18066	-0.22526	-0.25262	-0.26183	
	M	0.00000	1.00000	1.03055	1.02687	0.98908	0.91844	0.81730	0.68901	0.53784	0.36880	0.18751	0.00000	
1.825	Q	0.47418	0.47418	0.13509	-0.20849	-0.54514	-0.86369	-1.15355	-1.40510	-1.60998	-1.76138	-1.85428	-1.88560	1.825
	V	0.00000	0.00000	0.03920	0.06812	0.08679	0.09561	0.09527	0.08677	0.07141	0.05068	0.02628	0.00000	
	V'	0.44261	0.44261	0.34080	0.23765	0.13657	0.04093	-0.04610	-0.12163	-0.18314	-0.22860	-0.25649	-0.26589	
	M	0.00000	1.00000	1.03567	1.03600	1.00097	0.93178	0.83079	0.70145	0.54817	0.37618	0.19136	0.00000	
1.850	Q	0.53038	0.53038	0.18103	-0.17450	-0.52407	-0.85576	-1.15825	-1.42120	-1.63566	-1.79429	-1.89169	-1.92453	1.850
	V	0.00000	-0.00000	0.03964	0.06896	0.08794	0.09694	0.09665	0.08808	0.07251	0.05148	0.02669	0.00000	
	V'	0.44715	0.44715	0.34508	0.24120	0.13906	0.04214	-0.04624	-0.12307	-0.18573	-0.23208	-0.26054	-0.27013	
	M	0.00000	1.00000	1.04099	1.04550	1.01335	0.94569	0.84487	0.71444	0.55897	0.38390	0.19537	0.00000	
1.875	Q	0.58865	0.58865	0.22883	-0.13902	-0.50199	-0.84736	-1.16303	-1.43794	-1.66244	-1.82866	-1.93079	-1.96523	1.875
	V	0.00000	-0.00000	0.04011	0.06983	0.08913	0.09833	0.09810	0.08944	0.07366	0.05231	0.02713	0.00000	
	V'	0.45188	0.45188	0.34953	0.24490	0.14166	0.04342	-0.04637	-0.12457	-0.18843	-0.23571	-0.26476	-0.27455	
	M	0.00000	1.00000	1.04653	1.05538	1.02626	0.96020	0.85957	0.72802	0.57025	0.39197	0.19958	0.00000	
1.900	Q	0.64911	0.64911	0.27859	-0.10195	-0.47882	-0.83845	-1.16791	-1.45534	-1.69039	-1.86459	-1.97169	-2.00782	1.900
	V	0.00000	-0.00000	0.04059	0.07074	0.09038	0.09978	0.09961	0.09086	0.07486	0.05318	0.02758	0.00000	
	V'	0.45682	0.45682	0.35418	0.24877	0.14437	0.04475	-0.04651	-0.12613	-0.19124	-0.23950	-0.26917	-0.27917	
	M	0.00000	1.00000	1.05228	1.06568	1.03972	0.97534	0.87494	0.74221	0.58206	0.40042	0.20398	0.00000	
1.925	Q	0.71186	0.71186	0.33044	-0.06320	-0.45450	-0.82901	-1.17289	-1.47345	-1.71957	-1.90217	-2.01450	-2.05241	1.925
	V	0.00000	-0.00000	0.04109	0.07170	0.09168	0.10129	0.10118	0.09235	0.07612	0.05408	0.02806	0.00000	
	V'	0.46196	0.46196	0.35903	0.25281	0.14721	0.04614	-0.04666	-0.12776	-0.19418	-0.24346	-0.27377	-0.28400	
	M	0.00000	1.00000	1.05826	1.07641	1.05376	0.99116	0.89100	0.75706	0.59443	0.40926	0.20858	0.00000	
1.950	Q	0.77705	0.77705	0.38448	-0.02266	-0.42895	-0.81898	-1.17796	-1.49229	-1.75006	-1.94150	-2.05934	-2.09912	1.950
	V	0.00000	-0.00000	0.04162	0.07269	0.09303	0.10287	0.10283	0.09390	0.07743	0.05503	0.02856	0.00000	
	V'	0.46734	0.46734	0.36410	0.25703	0.15018	0.04761	-0.04680	-0.12947	-0.19726	-0.24760	-0.27859	-0.28905	
	M	0.00000	1.00000	1.06449	1.08760	1.06842	1.00770	0.90781	0.77261	0.60738	0.41854	0.21342	0.00000	
1.975	Q	0.84482	0.84482	0.44087	0.01977	-0.40209	-0.80832	-1.18313	-1.51193	-1.78195	-1.98269	-2.10634	-2.14810	1.975
	V	0.00000	-0.00000	0.04217	0.07373	0.09445	0.10452	0.10455	0.09553	0.07880	0.05603	0.02908	0.00000	
	V'	0.47296	0.47296	0.36939	0.26144	0.15328	0.04914	-0.04695	-0.13124	-0.20047	-0.25193	-0.28363	-0.29434	
ALPHA	X/L =	L 0.00	R 0.00	0.10	0.20	0.30	0.40	0.50	0.60	0.70	0.80	0.90	1.00	ALPHA

XM/L = 0.00

FUNKTIONEN : F.M;M - F.M;Q - F.M;V - F.M;V'

FUNKTIONEN : F.M;M - F.M;Q - F.M;V - F.M;V'

XM/L = 0.00

ALPHA	X/L =	L 0.00	R 0.00	0.10	0.20	0.30	0.40	0.50	0.60	0.70	0.80	0.90	1.00	ALPHA
	M	0.00000	1.00000	1.07099	1.09928	1.08375	1.02501	0.92541	0.78891	0.62097	0.42826	0.21849	0.00000	
2.000	Q	0.91532	0.91532	0.49973	0.06422	-0.37384	-0.79701	-1.18840	-1.53241	-1.81533	-2.02587	-2.15566	-2.19950	2.000
	V	0.00000	-0.00000	0.04275	0.07482	0.09594	0.10625	0.10635	0.09723	0.08024	0.05707	0.02962	0.00000	
	V'	0.47883	0.47883	0.37493	0.26606	0.15654	0.05075	-0.04710	-0.13310	-0.20383	-0.25647	-0.28891	-0.29988	
	M	0.00000	1.00000	1.07776	1.11148	1.09978	1.04313	0.94386	0.80601	0.63522	0.43848	0.22381	0.00000	
2.025	Q	0.98871	0.98871	0.56124	0.11083	-0.34410	-0.78497	-1.19376	-1.55377	-1.85028	-2.07118	-2.20743	-2.25348	2.025
	V	0.00000	-0.00000	0.04335	0.07596	0.09749	0.10806	0.10824	0.09901	0.08175	0.05816	0.03019	0.00000	
	V'	0.48498	0.48498	0.38073	0.27089	0.15995	0.05244	-0.04725	-0.13505	-0.20735	-0.26122	-0.29445	-0.30568	
	M	0.00000	1.00000	1.08483	1.12424	1.11656	1.06212	0.96321	0.82395	0.65019	0.44921	0.22941	0.00000	
2.050	Q	1.06518	1.06518	0.62556	0.15975	-0.31276	-0.77216	-1.19923	-1.57608	-1.88692	-2.11875	-2.26184	-2.31022	2.050
	V	0.00000	-0.00000	0.04398	0.07715	0.09912	0.10996	0.11022	0.10088	0.08333	0.05930	0.03079	0.00000	
	V'	0.49142	0.49142	0.38681	0.27597	0.16353	0.05421	-0.04741	-0.13708	-0.21105	-0.26621	-0.30026	-0.31177	
	M	0.00000	1.00000	1.09222	1.13759	1.13414	1.08205	0.98353	0.84281	0.66594	0.46049	0.23529	0.00000	
2.075	Q	1.14493	1.14493	0.69289	0.21112	-0.27970	-0.75852	-1.20480	-1.59940	-1.92537	-2.16875	-2.31908	-2.36991	2.075
	V	0.00000	-0.00000	0.04464	0.07841	0.10083	0.11196	0.11230	0.10284	0.08499	0.06050	0.03142	0.00000	
	V'	0.49817	0.49817	0.39318	0.28129	0.16729	0.05608	-0.04757	-0.13921	-0.21492	-0.27145	-0.30636	-0.31817	
	M	0.00000	1.00000	1.09995	1.15157	1.15259	1.10297	1.00488	0.86264	0.68251	0.47238	0.24149	0.00000	
2.100	Q	1.22818	1.22818	0.76343	0.26514	-0.24480	-0.74399	-1.21048	-1.62379	-1.96575	-2.22135	-2.37934	-2.43278	2.100
	V	0.00000	-0.00000	0.04534	0.07972	0.10263	0.11405	0.11449	0.10491	0.08674	0.06176	0.03208	0.00000	
	V'	0.50526	0.50526	0.39987	0.28688	0.17125	0.05805	-0.04773	-0.14145	-0.21899	-0.27695	-0.31277	-0.32489	
	M	0.00000	1.00000	1.10804	1.16623	1.17195	1.12495	1.02735	0.88353	0.69996	0.48490	0.24803	0.00000	
2.125	Q	1.31517	1.31517	0.83742	0.32199	-0.20792	-0.72848	-1.21627	-1.64934	-2.00821	-2.27674	-2.44285	-2.49906	2.125
	V	0.00000	-0.00000	0.04607	0.08110	0.10452	0.11625	0.11678	0.10708	0.08857	0.06309	0.03278	0.00000	
	V'	0.51270	0.51270	0.40690	0.29276	0.17541	0.06013	-0.04789	-0.14380	-0.22327	-0.28274	-0.31952	-0.33197	
	M	0.00000	1.00000	1.11651	1.18161	1.19230	1.14809	1.05101	0.90554	0.71836	0.49811	0.25493	0.00000	
2.150	Q	1.40617	1.40617	0.91509	0.38188	-0.16891	-0.71193	-1.22216	-1.67612	-2.05289	-2.33514	-2.50986	-2.56901	2.150
	V	0.00000	-0.00000	0.04684	0.08256	0.10650	0.11857	0.11920	0.10936	0.09051	0.06449	0.03352	0.00000	
	V'	0.52053	0.52053	0.41430	0.29895	0.17979	0.06232	-0.04806	-0.14627	-0.22778	-0.28884	-0.32663	-0.33943	
	M	0.00000	1.00000	1.12540	1.19778	1.21372	1.17246	1.07596	0.92876	0.73780	0.51207	0.26221	0.00000	
2.175	Q	1.50146	1.50146	0.99674	0.44506	-0.12759	-0.69424	-1.22816	-1.70422	-2.09998	-2.39678	-2.58065	-2.64292	2.175
	V	0.00000	-0.00000	0.04765	0.08409	0.10859	0.12101	0.12175	0.11177	0.09255	0.06597	0.03429	0.00000	
	V'	0.52878	0.52878	0.42209	0.30547	0.18442	0.06464	-0.04823	-0.14886	-0.23252	-0.29526	-0.33413	-0.34729	
	M	0.00000	1.00000	1.13475	1.21479	1.23628	1.19817	1.10230	0.95330	0.75834	0.52683	0.26992	0.00000	
2.200	Q	1.60137	1.60137	1.08267	0.51178	-0.08379	-0.67531	-1.23428	-1.73375	-2.14965	-2.46192	-2.65552	-2.72110	2.200
	V	0.00000	-0.00000	0.04850	0.08570	0.11080	0.12359	0.12444	0.11432	0.09470	0.06753	0.03511	0.00000	
	V'	0.53747	0.53747	0.43030	0.31235	0.18930	0.06708	-0.04841	-0.15160	-0.23753	-0.30205	-0.34205	-0.35560	
	M	0.00000	1.00000	1.14457	1.23271	1.26008	1.22532	1.13015	0.97926	0.78009	0.54246	0.27808	0.00000	
2.225	Q	1.70626	1.70626	1.17321	0.58232	-0.03728	-0.65504	-1.24051	-1.76482	-2.20212	-2.53085	-2.73480	-2.80392	2.225
	V	0.00000	-0.00000	0.04940	0.08741	0.11313	0.12631	0.12729	0.11701	0.09698	0.06917	0.03597	0.00000	
	V'	0.54665	0.54665	0.43898	0.31962	0.19446	0.06968	-0.04858	-0.15449	-0.24282	-0.30922	-0.35042	-0.36438	
ALPHA	X/L =	L 0.00	R 0.00	0.10	0.20	0.30	0.40	0.50	0.60	0.70	0.80	0.90	1.00	ALPHA

XM/L = 0.00

FUNKTIONEN : F.M;M - F.M;Q - F.M;V - F.M;V'

FUNKTIONEN : F.MIM - F.MIQ - F.MIV - F.MIV'

XM/L = 0.00

ALPHA	X/L =	L 0.00	R 0.00	0.10	0.20	0.30	0.40	0.50	0.60	0.70	0.80	0.90	1.00	ALPHA
2.250	M	0.00000	1.00000	1.15492	1.25161	1.28521	1.25403	1.15962	1.00675	0.80313	0.55903	0.28674	0.00000	2.250
	Q	1.81653	1.81653	1.26875	0.65701	0.01216	-0.63331	-1.24686	-1.79755	-2.25762	-2.60388	-2.81887	-2.89176	
	V	0.00000	-0.00000	0.05035	0.08921	0.11560	0.12919	0.13029	0.11985	0.09938	0.07092	0.03689	0.00000	
	V'	0.55635	0.55635	0.44815	0.32731	0.19993	0.07243	-0.04876	-0.15754	-0.24842	-0.31681	-0.35928	-0.37368	
2.275	M	0.00000	1.00000	1.16583	1.27158	1.31181	1.28443	1.19086	1.03592	0.82760	0.57663	0.29594	0.00000	2.275
	Q	1.93261	1.93261	1.36971	0.73621	0.06478	-0.60999	-1.25332	-1.83207	-2.31641	-2.68137	-2.90815	-2.98507	
	V	0.00000	-0.00000	0.05136	0.09112	0.11821	0.13224	0.13348	0.12287	0.10194	0.07277	0.03786	0.00000	
	V'	0.56662	0.56662	0.45786	0.33546	0.20573	0.07536	-0.04895	-0.16077	-0.25435	-0.32486	-0.36868	-0.38354	
2.300	M	0.00000	1.00000	1.17736	1.29271	1.33998	1.31668	1.22403	1.06691	0.85360	0.59534	0.30572	0.00000	2.300
	Q	2.05501	2.05501	1.47655	0.82032	0.12089	-0.58491	-1.25991	-1.86855	-2.37878	-2.76372	-3.00311	-3.08433	
	V	0.00000	-0.00000	0.05243	0.09314	0.12098	0.13548	0.13687	0.12607	0.10465	0.07473	0.03889	0.00000	
	V'	0.57751	0.57751	0.46816	0.34411	0.21189	0.07847	-0.04913	-0.16419	-0.26064	-0.33341	-0.37866	-0.39401	
2.325	M	0.00000	1.00000	1.18956	1.31511	1.36988	1.35094	1.25930	1.09989	0.88130	0.61527	0.31614	0.00000	2.325
	Q	2.18429	2.18429	1.58981	0.90978	0.18079	-0.55792	-1.26662	-1.90715	-2.44505	-2.85138	-3.10427	-3.19010	
	V	0.00000	-0.00000	0.05357	0.09529	0.12392	0.13892	0.14046	0.12947	0.10754	0.07682	0.03998	0.00000	
	V'	0.58907	0.58907	0.47910	0.35330	0.21844	0.08178	-0.04932	-0.16782	-0.26732	-0.34249	-0.38927	-0.40515	
2.350	M	0.00000	1.00000	1.20249	1.33888	1.40167	1.38740	1.29687	1.13505	0.91083	0.63655	0.32727	0.00000	2.350
	Q	2.32106	2.32106	1.71009	1.00510	0.24487	-0.52883	-1.27345	-1.94807	-2.51561	-2.94485	-3.21222	-3.30300	
	V	0.00000	-0.00000	0.05477	0.09758	0.12706	0.14258	0.14430	0.13310	0.11061	0.07905	0.04115	0.00000	
	V'	0.60137	0.60137	0.49074	0.36308	0.22542	0.08532	-0.04952	-0.17167	-0.27444	-0.35217	-0.40058	-0.41702	
2.375	M	0.00000	1.00000	1.21622	1.36416	1.43552	1.42628	1.33697	1.17260	0.94240	0.65929	0.33916	0.00000	2.375
	Q	2.46605	2.46605	1.83805	1.10686	0.31353	-0.49740	-1.28041	-1.99153	-2.59085	-3.04471	-3.32764	-3.42374	
	V	0.00000	-0.00000	0.05606	0.10002	0.13040	0.14649	0.14838	0.13697	0.11389	0.08143	0.04240	0.00000	
	V'	0.61448	0.61448	0.50314	0.37352	0.23287	0.08910	-0.04971	-0.17578	-0.28203	-0.36250	-0.41266	-0.42969	
2.400	M	0.00000	1.00000	1.23083	1.39111	1.47165	1.46782	1.37985	1.21278	0.97620	0.68365	0.35191	0.00000	2.400
	Q	2.62005	2.62005	1.97446	1.21570	0.38724	-0.46341	-1.28750	-2.03778	-2.67125	-3.15160	-3.45128	-3.55312	
	V	0.00000	-0.00000	0.05744	0.10262	0.13397	0.15066	0.15275	0.14111	0.11740	0.08397	0.04373	0.00000	
	V'	0.62848	0.62848	0.51640	0.38467	0.24084	0.09316	-0.04991	-0.18017	-0.29015	-0.37354	-0.42557	-0.44325	
2.425	M	0.00000	1.00000	1.24642	1.41990	1.51028	1.51229	1.42580	1.25588	1.01246	0.70980	0.36560	0.00000	2.425
	Q	2.78397	2.78397	2.12020	1.33236	0.46654	-0.42657	-1.29472	-2.08711	-2.75736	-3.26625	-3.58401	-3.69204	
	V	0.00000	-0.00000	0.05891	0.10541	0.13779	0.15514	0.15743	0.14554	0.12115	0.08669	0.04516	0.00000	
	V'	0.64346	0.64346	0.53059	0.39662	0.24939	0.09751	-0.05012	-0.18486	-0.29884	-0.38538	-0.43941	-0.45778	
2.450	M	0.00000	1.00000	1.26307	1.45071	1.55170	1.56002	1.47516	1.30220	1.05146	0.73793	0.38032	0.00000	2.450
	Q	2.95888	2.95888	2.27625	1.45768	0.55205	-0.38656	-1.30208	-2.13983	-2.84977	-3.38952	-3.72682	-3.84154	
	V	0.00000	-0.00000	0.06049	0.10841	0.14189	0.15994	0.16246	0.15030	0.12519	0.08962	0.04670	0.00000	
	V'	0.65954	0.65954	0.54581	0.40944	0.25857	0.10220	-0.05032	-0.18989	-0.30817	-0.39809	-0.45428	-0.47339	
2.475	M	0.00000	1.00000	1.28092	1.48378	1.59621	1.61136	1.52831	1.35211	1.09351	0.76827	0.39621	0.00000	2.475
	Q	3.14596	3.14596	2.44377	1.59264	0.64446	-0.34301	-1.30957	-2.19632	-2.94921	-3.52237	-3.88086	-4.00284	
	V	0.00000	-0.00000	0.06218	0.11163	0.14630	0.16510	0.16787	0.15543	0.12954	0.09277	0.04836	0.00000	
	V'	0.67682	0.67682	0.56219	0.42325	0.26846	0.10725	-0.05054	-0.19530	-0.31821	-0.41177	-0.47030	-0.49021	
ALPHA	X/L =	L 0.00	R 0.00	0.10	0.20	0.30	0.40	0.50	0.60	0.70	0.80	0.90	1.00	ALPHA

XM/L = 0.00

FUNKTIONEN : F.MIM - F.MIQ - F.MIV - F.MIV'

FUNKTIONEN : F.M:M - F.M:Q - F.M:V - F.M:V'

XM/L = 0.00

ALPHA	X/L =	L 0.00	R 0.00	0.10	0.20	0.30	0.40	0.50	0.60	0.70	0.80	0.90	1.00	ALPHA
	M	0.00000	1.00000	1.30010	1.51936	1.64416	1.66674	1.58568	1.40683	1.13896	0.80108	0.41339	0.00000	
2.500	Q	3.34662	3.34662	2.62407	1.73837	0.74459	-0.29549	-1.31720	-2.25781	-3.05649	-3.66593	-4.04744	-4.17730	2.500
	V	0.00000	-0.00000	0.06402	0.11510	0.15107	0.17068	0.17371	0.16097	0.13423	0.09617	0.05014	0.00000	
	V'	0.69546	0.69546	0.57985	0.43814	0.27913	0.11272	-0.05075	-0.20112	-0.32904	-0.42655	-0.48759	-0.50837	
	M	0.00000	1.00000	1.32076	1.55777	1.69598	1.72664	1.64780	1.46445	1.18824	0.83666	0.43203	0.00000	
2.525	Q	3.56247	3.56247	2.81870	1.89617	0.85339	-0.24351	-1.32497	-2.32240	-3.17255	-3.82150	-4.22810	-4.36656	2.525
	V	0.00000	-0.00000	0.06600	0.11885	0.15622	0.17671	0.18003	0.16696	0.13932	0.09986	0.05208	0.00000	
	V'	0.71561	0.71561	0.59895	0.45426	0.29070	0.11865	-0.05097	-0.20742	-0.34076	-0.44254	-0.50632	-0.52804	
	M	0.00000	1.00000	1.34310	1.59934	1.75215	1.79164	1.71526	1.52794	1.24181	0.87537	0.45231	0.00000	
2.550	Q	3.79541	3.79541	3.02945	2.06757	0.97197	-0.18649	-1.33289	-2.39308	-3.29851	-3.99061	-4.42463	-4.57248	2.550
	V	0.00000	-0.00000	0.06814	0.12293	0.16181	0.18326	0.18689	0.17346	0.14484	0.10386	0.05418	0.00000	
	V'	0.73747	0.73747	0.61968	0.47175	0.30326	0.12511	-0.05119	-0.21424	-0.35348	-0.45992	-0.52666	-0.54940	
	M	0.00000	1.00000	1.36734	1.64451	1.81324	1.86241	1.78877	1.59717	1.30026	0.91761	0.47445	0.00000	
2.575	Q	4.04765	4.04765	3.25844	2.25436	1.10163	-0.12374	-1.34095	-2.46974	-3.43567	-4.17506	-4.63913	-4.79730	2.575
	V	0.00000	-0.00000	0.07048	0.12736	0.16789	0.19039	0.19437	0.18055	0.15085	0.10823	0.05647	0.00000	
	V'	0.76126	0.76126	0.64224	0.49081	0.31696	0.13215	-0.05142	-0.22166	-0.36734	-0.47885	-0.54884	-0.57269	
	M	0.00000	1.00000	1.39372	1.69375	1.87994	1.93975	1.86917	1.67294	1.36426	0.96388	0.49870	0.00000	
2.600	Q	4.32183	4.32183	3.50817	2.45868	1.24392	-0.05445	-1.34917	-2.55319	-3.58559	-4.37696	-4.87412	-5.04363	2.600
	V	0.00000	-0.00000	0.07304	0.13221	0.17455	0.19819	0.20254	0.18831	0.15744	0.11300	0.05898	0.00000	
	V'	0.78725	0.78725	0.66689	0.51164	0.33194	0.13987	-0.05165	-0.22976	-0.38248	-0.49955	-0.57309	-0.59817	
	M	0.00000	1.00000	1.42257	1.74767	1.95304	2.02460	1.95745	1.75620	1.43463	1.01476	0.52538	0.00000	
2.625	Q	4.62110	4.62110	3.78163	2.68307	1.40069	0.02234	-1.35753	-2.64440	-3.75010	-4.59887	-5.13257	-5.31462	2.625
	V	0.00000	-0.00000	0.07584	0.13753	0.18185	0.20674	0.21151	0.19682	0.16466	0.11824	0.06173	0.00000	
	V'	0.81576	0.81576	0.69393	0.53450	0.34840	0.14837	-0.05189	-0.23864	-0.39911	-0.52229	-0.59974	-0.62616	
	M	0.00000	1.00000	1.45424	1.80696	2.03352	2.11812	2.05483	1.84809	1.51233	1.07098	0.55486	0.00000	
2.650	Q	4.94924	4.94924	4.08242	2.93058	1.57414	0.10780	-1.36606	-2.74455	-3.93143	-4.84384	-5.41807	-5.61404	2.650
	V	0.00000	-0.00000	0.07892	0.14339	0.18989	0.21618	0.22141	0.20621	0.17263	0.12403	0.06477	0.00000	
	V'	0.84717	0.84717	0.72373	0.55971	0.36656	0.15775	-0.05213	-0.24842	-0.41743	-0.54736	-0.62913	-0.65704	
	M	0.00000	1.00000	1.48921	1.87249	2.12258	2.22168	2.16276	1.95000	1.59854	1.13337	0.58758	0.00000	
2.675	Q	5.31084	5.31084	4.41490	3.20492	1.76698	0.20335	-1.37474	-2.85505	-4.13228	-5.11557	-5.73499	-5.94648	2.675
	V	0.00000	-0.00000	0.08234	0.14988	0.19881	0.22663	0.23237	0.21661	0.18147	0.13044	0.06814	0.00000	
	V'	0.88194	0.88194	0.75673	0.58764	0.38669	0.16817	-0.05237	-0.25924	-0.43774	-0.57515	-0.66172	-0.69127	
	M	0.00000	1.00000	1.52801	1.94530	2.22164	2.33701	2.28304	2.06364	1.69472	1.20300	0.62411	0.00000	
2.700	Q	5.71153	5.71153	4.78444	3.51067	1.98252	0.31072	-1.38359	-2.97765	-4.35595	-5.41863	-6.08868	-6.31756	2.700
	V	0.00000	-0.00000	0.08615	0.15711	0.20873	0.23827	0.24459	0.22821	0.19132	0.13759	0.07189	0.00000	
	V'	0.92065	0.92065	0.79348	0.61875	0.40912	0.17980	-0.05262	-0.27128	-0.46035	-0.60612	-0.69804	-0.72943	
	M	0.00000	1.00000	1.57134	2.02672	2.33252	2.46620	2.41787	2.1911[illegible]	1.80265	1.28116	0.66512	0.00000	
2.725	Q	6.15831	6.15831	5.19766	3.85345	2.22485	0.43207	-1.39260	-3.11450	-4.60655	-5.75866	-6.48578	-6.73427	2.725
	V	0.00000	-0.00000	0.09041	0.16520	0.21985	0.25132	0.25828	0.2412[illegible]	0.20236	0.14560	0.07610	0.00000	
	V'	0.96400	0.96400	0.83463	0.65361	0.43429	0.19285	-0.05287	-0.28476	-0.48569	-0.64084	-0.73876	-0.77223	
ALPHA	X/L =	L 0.00	R 0.00	0.10	0.20	0.30	0.40	0.50	0.60	0.70	0.80	0.90	1.00	ALPHA

XM/L = 0.00

FUNKTIONEN : F.M:M - F.M:Q - F.M:V - F.M:V'

FUNKTIONEN : F.MiM - F.MiQ - F.MiV - F.MiV'

XM/L = 0.00

ALPHA	X/L =	L 0.00	R 0.00	0.10	0.20	0.30	0.40	0.50	0.60	0.70	0.80	0.90	1.00	ALPHA
	M	0.00000	1.00000	1.62005	2.11836	2.45748	2.61191	2.57006	2.33508	1.92461	1.36951	0.71149	0.00000	
2.750	Q	6.65992	6.65992	5.66292	4.24035	2.49913	0.57009	-1.40178	-3.26832	-4.88924	-6.14274	-6.93461	-7.20535	2.750
	V	0.00000	-0.00000	0.09521	0.17433	0.23239	0.26604	0.27373	0.25588	0.21482	0.15465	0.08086	0.00000	
	V'	1.01288	1.01288	0.88105	0.69294	0.46269	0.20762	-0.05313	-0.29994	-0.51428	-0.68003	-0.78474	-0.82054	
	M	0.00000	1.00000	1.67526	2.22233	2.59937	2.77752	2.74316	2.49890	2.06345	1.47012	0.76430	0.00000	
2.775	Q	7.22753	7.22753	6.19082	4.68042	2.81190	0.72824	-1.41114	-3.44255	-5.21056	-6.57989	-7.44577	-7.74196	2.775
	V	0.00000	-0.00000	0.10067	0.18470	0.24665	0.28277	0.29130	0.27256	0.22900	0.16494	0.08627	0.00000	
	V'	1.06842	1.06842	0.93380	0.73766	0.49501	0.22443	-0.05339	-0.31719	-0.54678	-0.72460	-0.83705	-0.87551	
	M	0.00000	1.00000	1.73836	2.34132	2.76192	2.96740	2.94175	2.68696	2.22289	1.58569	0.82497	0.00000	
2.800	Q	7.87557	7.87557	6.79506	5.18530	3.17165	0.91097	-1.42067	-3.64165	-5.57899	-7.08179	-8.03299	-8.35850	2.800
	V	0.00000	-0.00000	0.10693	0.19660	0.26300	0.30196	0.31145	0.29170	0.24527	0.17675	0.09247	0.00000	
	V'	1.13209	1.13209	0.99427	0.78894	0.53210	0.24375	-0.05366	-0.33695	-0.58405	-0.77574	-0.89706	-0.93858	
	M	0.00000	1.00000	1.81124	2.47889	2.95002	3.18728	3.17186	2.90499	2.40782	1.71977	0.89537	0.00000	
2.825	Q	8.62300	8.62300	7.49371	5.77034	3.58951	1.12412	-1.43038	-3.87149	-6.00569	-7.66377	-8.71428	-9.07396	2.825
	V	0.00000	-0.00000	0.11418	0.21037	0.28193	0.32419	0.33479	0.31388	0.26412	0.19043	0.09966	0.00000	
	V'	1.20580	1.20580	1.06429	0.84835	0.57508	0.26616	-0.05393	-0.35981	-0.62723	-0.83499	-0.96663	-1.01170	
	M	0.00000	1.00000	1.89639	2.63979	3.17021	3.44488	3.44162	3.16071	2.62480	1.87712	0.97801	0.00000	
2.850	Q	9.49531	9.49531	8.31099	6.45616	4.08047	1.37558	-1.44028	-4.13995	-6.50562	-8.34644	-9.51390	-9.91380	2.850
	V	0.00000	-0.00000	0.12267	0.22651	0.30412	0.35025	0.36216	0.33988	0.28622	0.20648	0.10810	0.00000	
	V'	1.29213	1.29213	1.14632	0.91796	0.62548	0.29247	-0.05421	-0.38657	-0.67782	-0.90446	-1.04819	-1.09742	
	M	0.00000	1.00000	1.99727	2.83058	3.43154	3.75080	3.76217	3.46471	2.88283	2.06431	1.07633	0.00000	
2.875	Q	10.52754	10.52754	9.28022	7.27111	4.66511	1.67617	-1.45037	-4.45784	-7.09939	-9.15815	-10.46513	-10.91305	2.875
	V	0.00000	-0.00000	0.13275	0.24567	0.33047	0.38119	0.39467	0.37078	0.31248	0.22555	0.11812	0.00000	
	V'	1.39464	1.39464	1.24373	1.00066	0.68538	0.32377	-0.05449	-0.41834	-0.73792	-0.98700	-1.14512	-1.19931	
	M	0.00000	1.00000	2.11874	3.06054	3.74674	4.12005	4.14928	3.83200	3.19470	2.29060	1.19521	0.00000	
2.900	Q	11.76922	11.76922	10.44852	8.25525	5.37255	2.04119	-1.46064	-4.84049	-7.81610	-10.13897	-11.61511	-12.12125	2.900
	V	0.00000	-0.00000	0.14492	0.26879	0.36228	0.41856	0.43392	0.40809	0.34420	0.24858	0.13023	0.00000	
	V'	1.51834	1.51834	1.36130	1.10050	0.75774	0.36162	-0.05477	-0.45666	-0.81048	-1.08668	-1.26220	-1.32238	
	M	0.00000	1.00000	2.26793	3.34320	4.13448	4.57454	4.62600	4.28449	3.57902	2.56953	1.34175	0.00000	
2.925	Q	13.29277	13.29277	11.88476	9.46716	6.24535	2.49300	-1.47112	-5.31027	-8.69832	-11.34747	-13.03265	-13.61078	2.925
	V	0.00000	-0.00000	0.15989	0.29726	0.40143	0.46455	0.48226	0.45403	0.38326	0.27696	0.14514	0.00000	
	V'	1.67057	1.67057	1.50600	1.22342	0.84685	0.40827	-0.05507	-0.50379	-0.89980	-1.20944	-1.40641	-1.47398	
	M	0.00000	1.00000	2.45568	3.69920	4.62312	5.14763	5.22740	4.85555	4.06420	2.92172	1.52681	0.00000	
2.950	Q	15.20839	15.20839	13.69374	10.99600	7.34826	3.06566	-1.48179	-5.90123	-9.81083	-12.87281	-14.82264	-15.49185	2.950
	V	0.00000	-0.00000	0.17876	0.33315	0.45080	0.52257	0.54322	0.51198	0.43254	0.31275	0.16395	0.00000	
	V'	1.86250	1.86250	1.68845	1.37845	0.95929	0.46718	-0.05536	-0.56320	-1.01245	-1.36430	-1.58835	-1.66525	
	M	0.00000	1.00000	2.69933	4.16151	5.25808	5.89270	6.00961	5.59855	4.69562	3.38016	1.76773	0.00000	
2.975	Q	17.69242	17.69242	16.04317	12.98444	8.76495	3.81366	-1.49268	-6.66788	-11.25727	-14.85765	-17.15270	-17.94080	2.975
	V	0.00000	-0.00000	0.20330	0.37981	0.51500	0.59800	0.62251	0.58737	0.49665	0.35931	0.18843	0.00000	
	V'	2.11199	2.11199	1.92565	1.58005	1.10557	0.54388	-0.05567	-0.64039	-1.15893	-1.56573	-1.82504	-1.91408	

ALPHA | X/L = | L 0.00 | R 0.00 | 0.10 | 0.20 | 0.30 | 0.40 | 0.50 | 0.60 | 0.70 | 0.80 | 0.90 | 1.00 | ALPHA

XM/L = 0.00

FUNKTIONEN : F.MiM - F.MiQ - F.MiV - F.MiV'

FUNKTIONEN : F.M;M - F.M;Q - F.M;V - F.M;V'

XM/L = 0.10

ALPHA	X/L =	0.00	L 0.10	R 0.10	0.20	0.30	0.40	0.50	0.60	0.70	0.80	0.90	1.00	ALPHA
	M	0.00000	-0.10000	0.90000	0.80000	0.70000	0.60000	0.50000	0.40000	0.30000	0.20000	0.10000	0.00000	
0.000	Q	-1.00000	-1.00000	-1.00000	-1.00000	-1.00000	-1.00000	-1.00000	-1.00000	-1.00000	-1.00000	-1.00000	-1.00000	0.000
	V	0.00000	0.02400	0.02400	0.04400	0.05600	0.06100	0.06000	0.05400	0.04400	0.03100	0.01600	0.00000	
	V'	0.23833	0.24333	0.24333	0.15833	0.08333	0.01833	-0.03667	-0.08167	-0.11667	-0.14167	-0.15667	-0.16167	
	M	0.00000	-0.09998	0.90002	0.80003	0.70004	0.60004	0.50004	0.40003	0.30003	0.20002	0.10001	0.00000	
0.025	Q	-0.99985	-0.99985	-0.99985	-0.99990	-0.99995	-0.99999	-1.00002	-1.00005	-1.00007	-1.00009	-1.00010	-1.00010	0.025
	V	0.00000	0.02400	0.02400	0.04400	0.05600	0.06100	0.06000	0.05400	0.04400	0.03100	0.01600	0.00000	
	V'	0.23835	0.24335	0.24335	0.15834	0.08334	0.01834	-0.03667	-0.08167	-0.11667	-0.14168	-0.15668	-0.16168	
	M	0.00000	-0.09994	0.90006	0.80011	0.70014	0.60015	0.50015	0.40014	0.30011	0.20008	0.10004	0.00000	
0.050	Q	-0.99940	-0.99939	-0.99939	-0.99960	-0.99979	-0.99995	-1.00009	-1.00020	-1.00029	-1.00035	-1.00039	-1.00040	0.050
	V	0.00000	0.02401	0.02401	0.04401	0.05601	0.06101	0.06002	0.05401	0.04401	0.03101	0.01600	0.00000	
	V'	0.23839	0.24338	0.24338	0.15837	0.08336	0.01835	-0.03667	-0.08168	-0.11670	-0.14171	-0.15671	-0.16171	
	M	0.00000	-0.09986	0.90014	0.80025	0.70032	0.60034	0.50034	0.40030	0.30025	0.20017	0.10009	0.00000	
0.075	Q	-0.99866	-0.99863	-0.99863	-0.99911	-0.99953	-0.99990	-1.00021	-1.00046	-1.00066	-1.00080	-1.00088	-1.00091	0.075
	V	0.00000	0.02401	0.02401	0.04402	0.05603	0.06103	0.06003	0.05403	0.04403	0.03102	0.01601	0.00000	
	V'	0.23845	0.24344	0.24344	0.15842	0.08340	0.01836	-0.03667	-0.08170	-0.11673	-0.14175	-0.15677	-0.16177	
	M	0.00000	-0.09976	0.90024	0.80044	0.70056	0.60061	0.50060	0.40054	0.30044	0.20031	0.10016	0.00000	
0.100	Q	-0.99761	-0.99756	-0.99756	-0.99841	-0.99917	-0.99982	-1.00037	-1.00082	-1.00117	-1.00142	-1.00157	-1.00162	0.100
	V	0.00000	0.02402	0.02402	0.04404	0.05605	0.06106	0.06006	0.05406	0.04405	0.03104	0.01602	0.00000	
	V'	0.23854	0.24353	0.24353	0.15849	0.08344	0.01838	-0.03668	-0.08173	-0.11678	-0.14182	-0.15685	-0.16185	
	M	0.00000	-0.09962	0.90038	0.80069	0.70088	0.60095	0.50094	0.40085	0.30069	0.20049	0.10025	0.00000	
0.125	Q	-0.99627	-0.99619	-0.99619	-0.99752	-0.99870	-0.99971	-1.00057	-1.00128	-1.00183	-1.00222	-1.00245	-1.00253	0.125
	V	0.00000	0.02403	0.02403	0.04406	0.05608	0.06109	0.06010	0.05409	0.04408	0.03105	0.01603	0.00000	
	V'	0.23866	0.24364	0.24364	0.15858	0.08351	0.01841	-0.03668	-0.08177	-0.11685	-0.14191	-0.15695	-0.16196	
	M	0.00000	-0.09946	0.90054	0.80099	0.70126	0.60138	0.50135	0.40122	0.30099	0.20070	0.10036	0.00000	
0.150	Q	-0.99463	-0.99452	-0.99452	-0.99643	-0.99812	-0.99958	-1.00083	-1.00184	-1.00263	-1.00320	-1.00353	-1.00365	0.150
	V	0.00000	0.02405	0.02405	0.04409	0.05612	0.06114	0.06014	0.05413	0.04411	0.03108	0.01604	0.00000	
	V'	0.23880	0.24377	0.24377	0.15870	0.08358	0.01845	-0.03669	-0.08182	-0.11693	-0.14202	-0.15707	-0.16209	
	M	0.00000	-0.09926	0.90074	0.80135	0.70172	0.60187	0.50184	0.40166	0.30135	0.20095	0.10049	0.00000	
0.175	Q	-0.99268	-0.99253	-0.99253	-0.99514	-0.99744	-0.99943	-1.00112	-1.00251	-1.00358	-1.00435	-1.00481	-1.00497	0.175
	V	0.00000	0.02406	0.02406	0.04412	0.05616	0.06118	0.06019	0.05418	0.04415	0.03111	0.01606	0.00000	
	V'	0.23897	0.24393	0.24393	0.15883	0.08367	0.01849	-0.03670	-0.08187	-0.11703	-0.14214	-0.15721	-0.16224	
	M	0.00000	-0.09904	0.90096	0.80177	0.70225	0.60245	0.50241	0.40217	0.30177	0.20125	0.10064	0.00000	
0.200	Q	-0.99043	-0.99024	-0.99024	-0.99364	-0.99665	-0.99926	-1.00147	-1.00328	-1.00469	-1.00569	-1.00630	-1.00650	0.200
	V	0.00000	0.02408	0.02408	0.04415	0.05621	0.06124	0.06025	0.05423	0.04420	0.03114	0.01607	0.00000	
	V'	0.23917	0.24412	0.24412	0.15898	0.08377	0.01854	-0.03671	-0.08194	-0.11714	-0.14229	-0.15738	-0.16241	
	M	0.00000	-0.09878	0.90122	0.80224	0.70285	0.60310	0.50305	0.40275	0.30224	0.20158	0.10081	0.00000	
0.225	Q	-0.98788	-0.98763	-0.98763	-0.99194	-0.99575	-0.99906	-1.00186	-1.00415	-1.00594	-1.00721	-1.00798	-1.00823	0.225
	V	0.00000	0.02410	0.02410	0.04419	0.05626	0.06131	0.06032	0.05430	0.04425	0.03118	0.01609	0.00000	
	V'	0.23939	0.24433	0.24433	0.15915	0.08389	0.01859	-0.03672	-0.08201	-0.11726	-0.14245	-0.15757	-0.16261	
ALPHA	X/L =	0.00	L 0.10	R 0.10	0.20	0.30	0.40	0.50	0.60	0.70	0.80	0.90	1.00	ALPHA

XM/L = 0.10

FUNKTIONEN : F.M;M - F.M;Q - F.M;V - F.M;V'

FUNKTIONEN : F.M;M - F.M;Q - F.M;V - F.M;V'

XM/L = 0.10

ALPHA	X/L =	0.00	L 0.10	R 0.10	0.20	0.30	0.40	0.50	0.60	0.70	0.80	0.90	1.00	ALPHA
	M	0.00000	-0.09849	0.90151	0.80277	0.70352	0.60384	0.50377	0.40340	0.30277	0.20195	0.10101	0.00000	
0.250	Q	-0.98502	-0.98471	-0.98471	-0.99004	-0.99475	-0.99883	-1.00230	-1.00513	-1.00734	-1.00891	-1.00986	-1.01018	0.250
	V	0.00000	0.02413	0.02413	0.04424	0.05633	0.06138	0.06039	0.05437	0.04431	0.03122	0.01612	0.00000	
	V'	0.23964	0.24456	0.24456	0.15934	0.08402	0.01865	-0.03673	-0.08209	-0.11740	-0.14264	-0.15779	-0.16284	
	M	0.00000	-0.09817	0.90183	0.80335	0.70426	0.60465	0.50457	0.40412	0.30336	0.20236	0.10122	0.00000	
0.275	Q	-0.98186	-0.98149	-0.98149	-0.98793	-0.99363	-0.99858	-1.00278	-1.00621	-1.00889	-1.01080	-1.01195	-1.01233	0.275
	V	0.00000	0.02415	0.02415	0.04429	0.05640	0.06146	0.06047	0.05444	0.04437	0.03127	0.01614	0.00000	
	V'	0.23991	0.24482	0.24482	0.15956	0.08417	0.01872	-0.03674	-0.08218	-0.11756	-0.14284	-0.15802	-0.16309	
	M	0.00000	-0.09782	0.90218	0.80399	0.70508	0.60554	0.50545	0.40491	0.30400	0.20282	0.10146	0.00000	
0.300	Q	-0.97838	-0.97794	-0.97794	-0.98562	-0.99241	-0.99831	-1.00331	-1.00741	-1.01060	-1.01288	-1.01425	-1.01470	0.300
	V	0.00000	0.02418	0.02418	0.04435	0.05647	0.06154	0.06056	0.05453	0.04444	0.03132	0.01617	0.00000	
	V'	0.24021	0.24511	0.24511	0.15979	0.08433	0.01880	-0.03676	-0.08228	-0.11773	-0.14307	-0.15828	-0.16336	
	M	0.00000	-0.09744	0.90256	0.80469	0.70597	0.60651	0.50641	0.40577	0.30470	0.20331	0.10171	0.00000	
0.325	Q	-0.97459	-0.97408	-0.97408	-0.98310	-0.99107	-0.99801	-1.00388	-1.00870	-1.01245	-1.01514	-1.01675	-1.01729	0.325
	V	0.00000	0.02422	0.02422	0.04441	0.05655	0.06164	0.06066	0.05462	0.04452	0.03137	0.01620	0.00000	
	V'	0.24054	0.24542	0.24542	0.16005	0.08451	0.01888	-0.03677	-0.08239	-0.11791	-0.14332	-0.15857	-0.16365	
	M	0.00000	-0.09703	0.90297	0.80545	0.70694	0.60756	0.50744	0.40670	0.30546	0.20385	0.10199	0.00000	
0.350	Q	-0.97049	-0.96990	-0.96990	-0.98036	-0.98962	-0.99768	-1.00451	-1.01011	-1.01447	-1.01759	-1.01946	-1.02009	0.350
	V	0.00000	0.02425	0.02425	0.04447	0.05664	0.06174	0.06077	0.05472	0.04461	0.03144	0.01623	0.00000	
	V'	0.24090	0.24575	0.24575	0.16032	0.08470	0.01897	-0.03679	-0.08250	-0.11811	-0.14358	-0.15888	-0.16398	
	M	0.00000	-0.09658	0.90342	0.80626	0.70798	0.60870	0.50856	0.40771	0.30629	0.20443	0.10229	0.00000	
0.375	Q	-0.96607	-0.96539	-0.96539	-0.97741	-0.98806	-0.99732	-1.00518	-1.01162	-1.01664	-1.02023	-1.02239	-1.02311	0.375
	V	0.00000	0.02429	0.02429	0.04455	0.05674	0.06186	0.06088	0.05483	0.04470	0.03150	0.01626	0.00000	
	V'	0.24129	0.24612	0.24612	0.16062	0.08490	0.01906	-0.03681	-0.08263	-0.11833	-0.14387	-0.15921	-0.16432	
	M	0.00000	-0.09611	0.90389	0.80714	0.70909	0.60992	0.50976	0.40879	0.30717	0.20505	0.10261	0.00000	
0.400	Q	-0.96133	-0.96056	-0.96056	-0.97425	-0.98638	-0.99693	-1.00589	-1.01324	-1.01897	-1.02307	-1.02553	-1.02635	0.400
	V	0.00000	0.02433	0.02433	0.04462	0.05684	0.06198	0.06101	0.05494	0.04479	0.03157	0.01630	0.00000	
	V'	0.24170	0.24651	0.24651	0.16094	0.08512	0.01916	-0.03683	-0.08276	-0.11857	-0.14418	-0.15956	-0.16470	
	M	0.00000	-0.09560	0.90440	0.80807	0.71029	0.61122	0.51104	0.40995	0.30811	0.20572	0.10295	0.00000	
0.425	Q	-0.95626	-0.95540	-0.95540	-0.97087	-0.98458	-0.99652	-1.00666	-1.01498	-1.02146	-1.02610	-1.02889	-1.02982	0.425
	V	0.00000	0.02437	0.02437	0.04470	0.05695	0.06210	0.06114	0.05507	0.04490	0.03165	0.01634	0.00000	
	V'	0.24214	0.24692	0.24692	0.16129	0.08536	0.01927	-0.03685	-0.08291	-0.11881	-0.14451	-0.15995	-0.16509	
	M	0.00000	-0.09506	0.90494	0.80907	0.71156	0.61260	0.51241	0.41118	0.30911	0.20642	0.10332	0.00000	
0.450	Q	-0.95087	-0.94991	-0.94991	-0.96727	-0.98266	-0.99607	-1.00747	-1.01682	-1.02411	-1.02933	-1.03247	-1.03352	0.450
	V	0.00000	0.02442	0.02442	0.04479	0.05707	0.06224	0.06128	0.05520	0.04501	0.03173	0.01638	0.00000	
	V'	0.24261	0.24737	0.24737	0.16165	0.08561	0.01939	-0.03687	-0.08306	-0.11908	-0.14486	-0.16035	-0.16552	
	M	0.00000	-0.09448	0.90552	0.81013	0.71291	0.61408	0.51386	0.41249	0.31018	0.20718	0.10371	0.00000	
0.475	Q	-0.94515	-0.94408	-0.94408	-0.96344	-0.98062	-0.99560	-1.00832	-1.01878	-1.02693	-1.03277	-1.03628	-1.03745	0.475
	V	0.00000	0.02447	0.02447	0.04488	0.05720	0.06238	0.06143	0.05534	0.04513	0.03181	0.01642	0.00000	
	V'	0.24311	0.24784	0.24784	0.16204	0.08587	0.01951	-0.03690	-0.08322	-0.11936	-0.14524	-0.16078	-0.16597	
ALPHA	X/L =	0.00	L 0.10	R 0.10	0.20	0.30	0.40	0.50	0.60	0.70	0.80	0.90	1.00	ALPHA

XM/L = 0.10

FUNKTIONEN : F.M;M - F.M;Q - F.M;V - F.M;V'

FUNKTIONEN : F.M;M - F.M;Q - F.M;V - F.M;V'

XM/L = 0.10

ALPHA	X/L =	0.00	L 0.10	R 0.10	0.20	0.30	0.40	0.50	0.60	0.70	0.80	0.90	1.00	ALPHA
	M	0.00000	-0.09387	0.90613	0.81125	0.71433	0.61563	0.51540	0.41387	0.31131	0.20798	0.10412	0.00000	
0.500	Q	-0.93909	-0.93792	-0.93792	-0.95939	-0.97846	-0.99509	-1.00923	-1.02085	-1.02992	-1.03641	-1.04031	-1.04161	0.500
	V	0.00000	0.02452	0.02452	0.04498	0.05733	0.06254	0.06159	0.05549	0.04525	0.03190	0.01647	0.00000	
	V'	0.24364	0.24834	0.24834	0.16245	0.08615	0.01964	-0.03692	-0.08339	-0.11966	-0.14563	-0.16124	-0.16645	
	M	0.00000	-0.09323	0.90677	0.81243	0.71584	0.61728	0.51702	0.41534	0.31251	0.20882	0.10455	0.00000	
0.525	Q	-0.93269	-0.93141	-0.93141	-0.95511	-0.97617	-0.99455	-1.01018	-1.02304	-1.03307	-1.04025	-1.04457	-1.04602	0.525
	V	0.00000	0.02458	0.02458	0.04508	0.05747	0.06270	0.06176	0.05565	0.04538	0.03200	0.01652	0.00000	
	V'	0.24420	0.24886	0.24886	0.16288	0.08645	0.01978	-0.03695	-0.08358	-0.11998	-0.14605	-0.16172	-0.16695	
	M	0.00000	-0.09255	0.90745	0.81367	0.71743	0.61902	0.51874	0.41688	0.31377	0.20971	0.10501	0.00000	
0.550	Q	-0.92595	-0.92455	-0.92455	-0.95059	-0.97375	-0.99397	-1.01118	-1.02534	-1.03639	-1.04431	-1.04907	-1.05066	0.550
	V	0.00000	0.02463	0.02463	0.04519	0.05762	0.06287	0.06193	0.05581	0.04552	0.03210	0.01657	0.00000	
	V'	0.24479	0.24942	0.24942	0.16334	0.08677	0.01993	-0.03697	-0.08377	-0.12031	-0.14649	-0.16223	-0.16748	
	M	0.00000	-0.09184	0.90816	0.81498	0.71910	0.62085	0.52054	0.41851	0.31510	0.21065	0.10550	0.00000	
0.575	Q	-0.91886	-0.91734	-0.91734	-0.94584	-0.97120	-0.99336	-1.01223	-1.02776	-1.03989	-1.04859	-1.05381	-1.05556	0.575
	V	0.00000	0.02469	0.02469	0.04531	0.05777	0.06305	0.06212	0.05599	0.04567	0.03220	0.01663	0.00000	
	V'	0.24541	0.25000	0.25000	0.16382	0.08710	0.02008	-0.03700	-0.08397	-0.12066	-0.14695	-0.16277	-0.16804	
	M	0.00000	-0.09109	0.90891	0.81635	0.72086	0.62277	0.52243	0.42022	0.31650	0.21163	0.10601	0.00000	
0.600	Q	-0.91142	-0.90978	-0.90978	-0.94084	-0.96852	-0.99271	-1.01333	-1.03031	-1.04357	-1.05308	-1.05880	-1.06071	0.600
	V	0.00000	0.02476	0.02476	0.04543	0.05794	0.06324	0.06232	0.05617	0.04582	0.03231	0.01669	0.00000	
	V'	0.24606	0.25062	0.25062	0.16433	0.08744	0.02024	-0.03703	-0.08418	-0.12103	-0.14744	-0.16333	-0.16863	
	M	0.00000	-0.09030	0.90970	0.81779	0.72270	0.62478	0.52442	0.42202	0.31796	0.21267	0.10654	0.00000	
0.625	Q	-0.90362	-0.90185	-0.90185	-0.93560	-0.96570	-0.99203	-1.01448	-1.03297	-1.04743	-1.05779	-1.06403	-1.06611	0.625
	V	0.00000	0.02483	0.02483	0.04555	0.05811	0.06344	0.06252	0.05636	0.04599	0.03243	0.01675	0.00000	
	V'	0.24674	0.25126	0.25126	0.16486	0.08781	0.02041	-0.03707	-0.08440	-0.12141	-0.14795	-0.16392	-0.16925	
	M	0.00000	-0.08948	0.91052	0.81930	0.72463	0.62689	0.52651	0.42390	0.31950	0.21375	0.10710	0.00000	
0.650	Q	-0.89545	-0.89356	-0.89356	-0.93011	-0.96274	-0.99130	-1.01567	-1.03576	-1.05147	-1.06274	-1.06952	-1.07178	0.650
	V	0.00000	0.02490	0.02490	0.04569	0.05829	0.06365	0.06274	0.05656	0.04615	0.03255	0.01681	0.00000	
	V'	0.24746	0.25194	0.25194	0.16541	0.08819	0.02059	-0.03710	-0.08464	-0.12182	-0.14849	-0.16454	-0.16990	
	M	0.00000	-0.08862	0.91138	0.82088	0.72664	0.62910	0.52869	0.42587	0.32111	0.21489	0.10769	0.00000	
0.675	Q	-0.88691	-0.88489	-0.88489	-0.92437	-0.95964	-0.99053	-1.01692	-1.03867	-1.05570	-1.06791	-1.07526	-1.07772	0.675
	V	0.00000	0.02497	0.02497	0.04583	0.05848	0.06386	0.06296	0.05678	0.04633	0.03268	0.01688	0.00000	
	V'	0.24821	0.25264	0.25264	0.16600	0.08859	0.02078	-0.03713	-0.08488	-0.12224	-0.14905	-0.16519	-0.17057	
	M	0.00000	-0.08773	0.91227	0.82253	0.72875	0.63140	0.53097	0.42793	0.32279	0.21608	0.10830	0.00000	
0.700	Q	-0.87799	-0.87584	-0.87584	-0.91836	-0.95639	-0.98972	-1.01821	-1.04172	-1.06012	-1.07332	-1.08127	-1.08393	0.700
	V	0.00000	0.02505	0.02505	0.04597	0.05867	0.06409	0.06320	0.05700	0.04652	0.03281	0.01695	0.00000	
	V'	0.24899	0.25338	0.25338	0.16660	0.08901	0.02097	-0.03717	-0.08513	-0.12268	-0.14964	-0.16586	-0.17128	
	M	0.00000	-0.08679	0.91321	0.82424	0.73095	0.63381	0.53335	0.43008	0.32455	0.21732	0.10895	0.00000	
0.725	Q	-0.86869	-0.86641	-0.86641	-0.91209	-0.95298	-0.98887	-1.01956	-1.04489	-1.06473	-1.07898	-1.08755	-1.09042	0.725
	V	0.00000	0.02513	0.02513	0.04612	0.05888	0.06433	0.06344	0.05723	0.04671	0.03295	0.01702	0.00000	
	V'	0.24981	0.25415	0.25415	0.16724	0.08945	0.02118	-0.03721	-0.08540	-0.12315	-0.15025	-0.16657	-0.17202	
ALPHA	X/L =	0.00	L 0.10	R 0.10	0.20	0.30	0.40	0.50	0.60	0.70	0.80	0.90	1.00	ALPHA

XM/L = 0.10

FUNKTIONEN : F.M;M - F.M;Q - F.M;V - F.M;V'

FUNKTIONEN : F.M;M - F.M;Q - F.M;V - F.M;V'

XM/L = 0.10

ALPHA	X/L =	0.00	L 0.10	R 0.10	0.20	0.30	0.40	0.50	0.60	0.70	0.80	0.90	1.00	ALPHA
	M	0.00000	-0.08582	0.91418	0.82603	0.73324	0.63632	0.53583	0.43232	0.32639	0.21862	0.10962	0.00000	
0.750	Q	-0.85900	-0.85659	-0.85659	-0.90556	-0.94943	-0.98797	-1.02095	-1.04819	-1.06954	-1.08488	-1.09411	-1.09720	0.750
	V	0.00000	0.02521	0.02521	0.04628	0.05909	0.06458	0.06370	0.05747	0.04691	0.03310	0.01710	0.00000	
	V'	0.25066	0.25495	0.25495	0.16790	0.08990	0.02139	-0.03724	-0.08567	-0.12363	-0.15089	-0.16731	-0.17279	
	M	0.00000	-0.08481	0.91519	0.82789	0.73563	0.63894	0.53842	0.43467	0.32830	0.21997	0.11032	0.00000	
0.775	Q	-0.84891	-0.84637	-0.84637	-0.89874	-0.94572	-0.98702	-1.02239	-1.05163	-1.07456	-1.09103	-1.10095	-1.10427	0.775
	V	0.00000	0.02530	0.02530	0.04644	0.05931	0.06483	0.06397	0.05772	0.04712	0.03325	0.01718	0.00000	
	V'	0.25155	0.25579	0.25579	0.16859	0.09038	0.02161	-0.03728	-0.08596	-0.12413	-0.15156	-0.16808	-0.17360	
	M	0.00000	-0.08375	0.91625	0.82983	0.73811	0.64166	0.54112	0.43711	0.33030	0.22138	0.11105	0.00000	
0.800	Q	-0.83842	-0.83574	-0.83574	-0.89164	-0.94184	-0.98602	-1.02389	-1.05521	-1.07978	-1.09744	-1.10808	-1.11164	0.800
	V	0.00000	0.02539	0.02539	0.04661	0.05955	0.06510	0.06424	0.05798	0.04734	0.03341	0.01726	0.00000	
	V'	0.25247	0.25666	0.25666	0.16931	0.09087	0.02185	-0.03732	-0.08626	-0.12465	-0.15225	-0.16888	-0.17444	
	M	0.00000	-0.08266	0.91734	0.83185	0.74069	0.64450	0.54392	0.43965	0.33238	0.22285	0.11181	0.00000	
0.825	Q	-0.82751	-0.82469	-0.82469	-0.88425	-0.93780	-0.98497	-1.02543	-1.05892	-1.08521	-1.10412	-1.11551	-1.11932	0.825
	V	0.00000	0.02548	0.02548	0.04679	0.05979	0.06538	0.06453	0.05825	0.04757	0.03357	0.01734	0.00000	
	V'	0.25343	0.25757	0.25757	0.17006	0.09139	0.02209	-0.03737	-0.08657	-0.12520	-0.15297	-0.16972	-0.17531	
	M	0.00000	-0.08152	0.91848	0.83394	0.74338	0.64745	0.54684	0.44229	0.33454	0.22438	0.11260	0.00000	
0.850	Q	-0.81617	-0.81323	-0.81323	-0.87657	-0.93359	-0.98386	-1.02703	-1.06278	-1.09086	-1.11107	-1.12325	-1.12732	0.850
	V	0.00000	0.02558	0.02558	0.04698	0.06004	0.06567	0.06483	0.05853	0.04781	0.03374	0.01743	0.00000	
	V'	0.25443	0.25851	0.25851	0.17084	0.09192	0.02234	-0.03741	-0.08690	-0.12576	-0.15373	-0.17058	-0.17622	
	M	0.00000	-0.08034	0.91966	0.83611	0.74617	0.65051	0.54988	0.44504	0.33679	0.22597	0.11342	0.00000	
0.875	Q	-0.80441	-0.80133	-0.80133	-0.86858	-0.92920	-0.98270	-1.02868	-1.06679	-1.09674	-1.11829	-1.13129	-1.13564	0.875
	V	0.00000	0.02568	0.02568	0.04717	0.06030	0.06597	0.06515	0.05883	0.04806	0.03392	0.01753	0.00000	
	V'	0.25547	0.25949	0.25949	0.17164	0.09248	0.02260	-0.03746	-0.08723	-0.12635	-0.15451	-0.17149	-0.17716	
	M	0.00000	-0.07911	0.92089	0.83837	0.74906	0.65369	0.55303	0.44790	0.33913	0.22763	0.11428	0.00000	
0.900	Q	-0.79220	-0.78899	-0.78899	-0.86029	-0.92462	-0.98147	-1.03038	-1.07094	-1.10284	-1.12581	-1.13966	-1.14430	0.900
	V	0.00000	0.02579	0.02579	0.04737	0.06057	0.06629	0.06547	0.05913	0.04831	0.03411	0.01762	0.00000	
	V'	0.25655	0.26051	0.26051	0.17248	0.09306	0.02287	-0.03750	-0.08758	-0.12696	-0.15532	-0.17242	-0.17814	
	M	0.00000	-0.07784	0.92216	0.84071	0.75207	0.65700	0.55631	0.45086	0.34157	0.22935	0.11517	0.00000	
0.925	Q	-0.77953	-0.77620	-0.77620	-0.85167	-0.91986	-0.98019	-1.03213	-1.07525	-1.10917	-1.13362	-1.14836	-1.15330	0.925
	V	0.00000	0.02590	0.02590	0.04757	0.06085	0.06661	0.06581	0.05945	0.04858	0.03430	0.01772	0.00000	
	V'	0.25767	0.26156	0.26156	0.17336	0.09366	0.02316	-0.03755	-0.08795	-0.12760	-0.15616	-0.17340	-0.17916	
	M	0.00000	-0.07653	0.92347	0.84313	0.75518	0.66042	0.55971	0.45395	0.34409	0.23113	0.11609	0.00000	
0.950	Q	-0.76641	-0.76295	-0.76295	-0.84273	-0.91491	-0.97883	-1.03393	-1.07971	-1.11575	-1.14173	-1.15741	-1.16265	0.950
	V	0.00000	0.02601	0.02601	0.04779	0.06114	0.06695	0.06616	0.05978	0.04886	0.03450	0.01783	0.00000	
	V'	0.25883	0.26266	0.26266	0.17426	0.09429	0.02345	-0.03760	-0.08832	-0.12825	-0.15704	-0.17441	-0.18022	
	M	0.00000	-0.07516	0.92484	0.84564	0.75841	0.66398	0.56324	0.45715	0.34672	0.23299	0.11705	0.00000	
0.975	Q	-0.75281	-0.74923	-0.74923	-0.83345	-0.90975	-0.97742	-1.03579	-1.08433	-1.12257	-1.15015	-1.16680	-1.17237	0.975
	V	0.00000	0.02613	0.02613	0.04801	0.06145	0.06730	0.06652	0.06012	0.04914	0.03470	0.01794	0.00000	
	V'	0.26003	0.26379	0.26379	0.17520	0.09493	0.02376	-0.03765	-0.08871	-0.12894	-0.15795	-0.17546	-0.18132	
ALPHA	X/L =	0.00	L 0.10	R 0.10	0.20	0.30	0.40	0.50	0.60	0.70	0.80	0.90	1.00	ALPHA

XM/L = 0.10

FUNKTIONEN : F.M;M - F.M;Q - F.M;V - F.M;V'

FUNKTIONEN : F.M;M - F.M;Q - F.M;V - F.M;V'

XM/L = 0.10

ALPHA	X/L =	0.00	L 0.10	R 0.10	0.20	0.30	0.40	0.50	0.60	0.70	0.80	0.90	1.00	ALPHA
	M	0.00000	-0.07375	0.92625	0.84824	0.76176	0.66767	0.56690	0.46047	0.34944	0.23492	0.11805	0.00000	
1.000	Q	-0.73872	-0.73503	-0.73503	-0.82383	-0.90439	-0.97592	-1.03770	-1.08912	-1.12965	-1.15889	-1.17655	-1.18246	1.000
	V	0.00000	0.02625	0.02625	0.04824	0.06176	0.06767	0.06690	0.06047	0.04944	0.03492	0.01805	0.00000	
	V'	0.26128	0.26497	0.26497	0.17617	0.09561	0.02408	-0.03770	-0.08912	-0.12965	-0.15889	-0.17655	-0.18246	
	M	0.00000	-0.07229	0.92771	0.85094	0.76523	0.67149	0.57070	0.46392	0.35227	0.23692	0.11908	0.00000	
1.025	Q	-0.72413	-0.72033	-0.72033	-0.81385	-0.89882	-0.97436	-1.03967	-1.09407	-1.13698	-1.16796	-1.18668	-1.19294	1.025
	V	0.00000	0.02638	0.02638	0.04848	0.06209	0.06804	0.06729	0.06084	0.04975	0.03514	0.01817	0.00000	
	V'	0.26258	0.26619	0.26619	0.17718	0.09630	0.02441	-0.03776	-0.08553	-0.13038	-0.15986	-0.17768	-0.18364	
	M	0.00000	-0.07077	0.92923	0.85375	0.76882	0.67545	0.57464	0.46749	0.35520	0.23900	0.12016	0.00000	
1.050	Q	-0.70903	-0.70513	-0.70513	-0.80350	-0.89303	-0.97272	-1.04169	-1.09919	-1.14458	-1.17737	-1.19719	-1.20382	1.050
	V	0.00000	0.02651	0.02651	0.04873	0.06242	0.06843	0.06770	0.06122	0.05007	0.03537	0.01829	0.00000	
	V'	0.26392	0.26746	0.26746	0.17823	0.09703	0.02475	-0.03781	-0.08997	-0.13114	-0.16088	-0.17885	-0.18487	
	M	0.00000	-0.06921	0.93079	0.85661	0.77254	0.67955	0.57872	0.47120	0.35825	0.24115	0.12128	0.00000	
1.075	Q	-0.69340	-0.68940	-0.68940	-0.79278	-0.88701	-0.97099	-1.04376	-1.10449	-1.15246	-1.18713	-1.20809	-1.21511	1.075
	V	0.00000	0.02665	0.02665	0.04899	0.06277	0.06884	0.06812	0.06161	0.05040	0.03561	0.01841	0.00000	
	V'	0.26531	0.26877	0.26877	0.17931	0.09778	0.02510	-0.03787	-0.09042	-0.13193	-0.16193	-0.18007	-0.18614	
	M	0.00000	-0.06759	0.93241	0.85960	0.77639	0.68380	0.58295	0.47505	0.36140	0.24339	0.12243	0.00000	
1.100	Q	-0.67724	-0.67314	-0.67314	-0.78167	-0.88075	-0.96918	-1.04589	-1.10997	-1.16062	-1.19725	-1.21941	-1.22682	1.100
	V	0.00000	0.02679	0.02679	0.04926	0.06314	0.06926	0.06855	0.06202	0.05075	0.03586	0.01854	0.00000	
	V'	0.26675	0.27013	0.27013	0.18044	0.09856	0.02547	-0.03793	-0.09088	-0.13275	-0.16302	-0.18133	-0.18746	
	M	0.00000	-0.06591	0.93409	0.86269	0.78038	0.68821	0.58733	0.47903	0.36468	0.24571	0.12364	0.00000	
1.125	Q	-0.66051	-0.65634	-0.65634	-0.77016	-0.87425	-0.96728	-1.04808	-1.11563	-1.16908	-1.20775	-1.23114	-1.23898	1.125
	V	0.00000	0.02693	0.02693	0.04955	0.06351	0.06969	0.06900	0.06245	0.05110	0.03612	0.01868	0.00000	
	V'	0.26824	0.27154	0.27154	0.18160	0.09936	0.02585	-0.03799	-0.09136	-0.13359	-0.16415	-0.18263	-0.18882	
	M	0.00000	-0.06418	0.93582	0.86588	0.78451	0.69277	0.59188	0.48317	0.36807	0.24812	0.12488	0.00000	
1.150	Q	-0.64322	-0.63897	-0.63897	-0.75824	-0.86749	-0.96528	-1.05032	-1.12149	-1.17784	-1.21863	-1.24332	-1.25159	1.150
	V	0.00000	0.02709	0.02709	0.04982	0.06390	0.07015	0.06947	0.06238	0.05147	0.03638	0.01882	0.00000	
	V'	0.26978	0.27299	0.27299	0.18281	0.10020	0.02625	-0.03805	-0.09136	-0.13447	-0.16531	-0.18399	-0.19024	
	M	0.00000	-0.06239	0.93761	0.86919	0.78878	0.69749	0.59658	0.48745	0.37159	0.25061	0.12618	0.00000	
1.175	Q	-0.62533	-0.62102	-0.62102	-0.74589	-0.86047	-0.96319	-1.05262	-1.12754	-1.18691	-1.22991	-1.25595	-1.26467	1.175
	V	0.00000	0.02724	0.02724	0.05011	0.06430	0.07061	0.06996	0.06334	0.05186	0.03666	0.01896	0.00000	
	V'	0.27138	0.27450	0.27450	0.18406	0.10106	0.02666	-0.03811	-0.09238	-0.13538	-0.16653	-0.18539	-0.19170	
	M	0.00000	-0.06054	0.93946	0.87260	0.79319	0.70238	0.60146	0.49189	0.37524	0.25320	0.12752	0.00000	
1.200	Q	-0.60684	-0.60247	-0.60247	-0.73310	-0.85318	-0.96099	-1.05498	-1.13379	-1.19630	-1.24160	-1.26905	-1.27824	1.200
	V	0.00000	0.02740	0.02740	0.05042	0.06472	0.07110	0.07046	0.06381	0.05225	0.03695	0.01911	0.00000	
	V'	0.27303	0.27606	0.27606	0.18535	0.10196	0.02709	-0.03818	-0.09291	-0.13632	-0.16778	-0.18684	-0.19322	
	M	0.00000	-0.05862	0.94138	0.87614	0.79777	0.70744	0.60651	0.49649	0.37903	0.25589	0.12891	0.00000	
1.225	Q	-0.58771	-0.58331	-0.58331	-0.71985	-0.84560	-0.95868	-1.05739	-1.14025	-1.20603	-1.25373	-1.28263	-1.29232	1.225
	V	0.00000	0.02757	0.02757	0.05074	0.06515	0.07160	0.07098	0.06430	0.05266	0.03724	0.01926	0.00000	
	V'	0.27474	0.27768	0.27768	0.18669	0.10289	0.02753	-0.03825	-0.09346	-0.13729	-0.16908	-0.18834	-0.19480	
ALPHA	X/L =	0.00	L 0.10	R 0.10	0.20	0.30	0.40	0.50	0.60	0.70	0.80	0.90	1.00	ALPHA

XM/L = 0.10

FUNKTIONEN : F.M;M - F.M;Q - F.M;V - F.M;V'

DRUCKSTAEBE -17-

FUNKTIONEN : F.M;M - F.M;Q - F.M;V - F.M;V'

XM/L = 0.10

ALPHA	X/L =	0.00	L 0.10	R 0.10	0.20	0.30	0.40	0.50	0.60	0.70	0.80	0.90	1.00	ALPHA
	M	0.00000	-0.05665	0.94335	0.87979	0.80249	0.71268	0.61174	0.50126	0.38295	0.25867	0.13035	0.00000	
1.250	Q	-0.56794	-0.56351	-0.56351	-0.70613	-0.83773	-0.95626	-1.05986	-1.14693	-1.21610	-1.26629	-1.29672	-1.30692	1.250
	V	0.00000	0.02775	0.02775	0.05106	0.06560	0.07211	0.07151	0.06480	0.05309	0.03755	0.01943	0.00000	
	V'	0.27652	0.27935	0.27935	0.18808	0.10385	0.02799	-0.03831	-0.09404	-0.13830	-0.17043	-0.18990	-0.19643	
	M	0.00000	-0.05460	0.94540	0.88356	0.80739	0.71810	0.61716	0.50620	0.38702	0.26156	0.13185	0.00000	
1.275	Q	-0.54751	-0.54306	-0.54306	-0.69193	-0.82955	-0.95372	-1.06240	-1.15383	-1.22653	-1.27932	-1.31134	-1.32207	1.275
	V	0.00000	0.02793	0.02793	0.05140	0.06606	0.07265	0.07207	0.06533	0.05353	0.03787	0.01959	0.00000	
	V'	0.27835	0.28108	0.28108	0.18951	0.10485	0.02847	-0.03838	-0.09463	-0.13935	-0.17182	-0.19152	-0.19812	
	M	0.00000	-0.05249	0.94751	0.88747	0.81245	0.72372	0.62277	0.51132	0.39124	0.26455	0.13340	0.00000	
1.300	Q	-0.52638	-0.52194	-0.52194	-0.67721	-0.82106	-0.95105	-1.06499	-1.16095	-1.23733	-1.29282	-1.32649	-1.33778	1.300
	V	0.00000	0.02811	0.02811	0.05176	0.06654	0.07321	0.07265	0.06587	0.05399	0.03820	0.01976	0.00000	
	V'	0.28025	0.28288	0.28288	0.19100	0.10588	0.02897	-0.03845	-0.09524	-0.14043	-0.17327	-0.19319	-0.19987	
	M	0.00000	-0.05031	0.94969	0.89150	0.81769	0.72953	0.62859	0.51663	0.39561	0.26766	0.13501	0.00000	
1.325	Q	-0.50454	-0.50011	-0.50011	-0.66197	-0.81223	-0.94824	-1.06764	-1.16831	-1.24851	-1.30682	-1.34222	-1.35408	1.325
	V	0.00000	0.02831	0.02831	0.05212	0.06703	0.07378	0.07325	0.06643	0.05446	0.03854	0.01994	0.00000	
	V'	0.28221	0.28473	0.28473	0.19254	0.10695	0.02948	-0.03853	-0.09587	-0.14155	-0.17476	-0.19493	-0.20169	
	M	0.00000	-0.04805	0.95195	0.89568	0.82310	0.73555	0.63462	0.52213	0.40015	0.27088	0.13668	0.00000	
1.350	Q	-0.48196	-0.47757	-0.47757	-0.64619	-0.80305	-0.94530	-1.07035	-1.17592	-1.26009	-1.32133	-1.35853	-1.37100	1.350
	V	0.00000	0.02851	0.02851	0.05250	0.06755	0.07438	0.07386	0.06701	0.05495	0.03889	0.02013	0.00000	
	V'	0.28425	0.28666	0.28666	0.19413	0.10806	0.03001	-0.03860	-0.09653	-0.14271	-0.17631	-0.19672	-0.20357	
	M	0.00000	-0.04572	0.95428	0.89999	0.82871	0.74179	0.64086	0.52784	0.40485	0.27422	0.13842	0.00000	
1.375	Q	-0.45861	-0.45428	-0.45428	-0.62984	-0.79352	-0.94221	-1.07312	-1.18378	-1.27208	-1.33638	-1.37545	-1.38855	1.375
	V	0.00000	0.02871	0.02871	0.05289	0.06808	0.07500	0.07451	0.06762	0.05546	0.03926	0.02032	0.00000	
	V'	0.28636	0.28865	0.28865	0.19579	0.10921	0.03057	-0.03868	-0.09720	-0.14391	-0.17792	-0.19858	-0.20552	
	M	0.00000	-0.04330	0.95670	0.90445	0.83451	0.74824	0.64733	0.53376	0.40973	0.27769	0.14022	0.00000	
1.400	Q	-0.43447	-0.43021	-0.43021	-0.61291	-0.78360	-0.93897	-1.07596	-1.19189	-1.28451	-1.35199	-1.39301	-1.40677	1.400
	V	0.00000	0.02893	0.02893	0.05329	0.06863	0.07564	0.07517	0.06824	0.05599	0.03964	0.02052	0.00000	
	V'	0.28854	0.29071	0.29071	0.19750	0.11041	0.03114	-0.03875	-0.09791	-0.14516	-0.17958	-0.20051	-0.20754	
	M	0.00000	-0.04081	0.95919	0.90907	0.84052	0.75493	0.65404	0.53989	0.41480	0.28129	0.14209	0.00000	
1.425	Q	-0.40950	-0.40535	-0.40535	-0.59536	-0.77330	-0.93556	-1.07886	-1.20028	-1.29738	-1.36817	-1.41123	-1.42568	1.425
	V	0.00000	0.02915	0.02915	0.05371	0.06920	0.07630	0.07586	0.06889	0.05653	0.04003	0.02073	0.00000	
	V'	0.29080	0.29284	0.29284	0.19927	0.11164	0.03173	-0.03883	-0.09863	-0.14645	-0.18131	-0.20251	-0.20963	
	M	0.00000	-0.03823	0.96177	0.91384	0.84674	0.76186	0.66099	0.54625	0.42005	0.28503	0.14403	0.00000	
1.450	Q	-0.38368	-0.37965	-0.37965	-0.57717	-0.76258	-0.93198	-1.08182	-1.20895	-1.31071	-1.38496	-1.43015	-1.44532	1.450
	V	0.00000	0.02938	0.02938	0.05415	0.06979	0.07698	0.07657	0.06956	0.05710	0.04044	0.02094	0.00000	
	V'	0.29314	0.29505	0.29505	0.20111	0.11292	0.03235	-0.03891	-0.09938	-0.14778	-0.18310	-0.20459	-0.21180	
	M	0.00000	-0.03557	0.96443	0.91878	0.85317	0.76904	0.66820	0.55285	0.42550	0.28891	0.14604	0.00000	
1.475	Q	-0.35697	-0.35309	-0.35309	-0.55832	-0.75143	-0.92821	-1.08484	-1.21791	-1.32453	-1.40239	-1.44979	-1.46570	1.475
	V	0.00000	0.02962	0.02962	0.05460	0.07040	0.07770	0.07731	0.07026	0.05769	0.04087	0.02116	0.00000	
	V'	0.29556	0.29734	0.29734	0.20301	0.11425	0.03300	-0.03900	-0.10016	-0.14917	-0.18495	-0.20674	-0.21406	
ALPHA	X/L =	0.00	L 0.10	R 0.10	0.20	0.30	0.40	0.50	0.60	0.70	0.80	0.90	1.00	ALPHA

XM/L = 0.10

FUNKTIONEN : F.M;M - F.M;Q - F.M;V - F.M;V'

FUNKTIONEN : F.M;M - F.M;Q - F.M;V - F.M;V'

XM/L = 0.10

ALPHA	X/L =	0.00	L 0.10	R 0.10	0.20	0.30	0.40	0.50	0.60	0.70	0.80	0.90	1.00	ALPHA
	M	0.00000	-0.03281	0.96719	0.92389	0.85984	0.77648	0.67568	0.55970	0.43116	0.29294	0.14813	0.00000	
1.500	Q	-0.32934	-0.32564	-0.32564	-0.53878	-0.73983	-0.92426	-1.08793	-1.22718	-1.33886	-1.42047	-1.47019	-1.48688	1.500
	V	0.00000	0.02986	0.02986	0.05506	0.07104	0.07843	0.07808	0.07098	0.05829	0.04130	0.02139	0.00000	
	V'	0.29807	0.29972	0.29972	0.20499	0.11563	0.03366	-0.03908	-0.10097	-0.15060	-0.18688	-0.20897	-0.21639	
	M	0.00000	-0.02996	0.97004	0.92917	0.86674	0.78419	0.68343	0.56681	0.43704	0.29712	0.15030	0.00000	
1.525	Q	-0.30074	-0.29725	-0.29725	-0.51852	-0.72776	-0.92010	-1.09109	-1.23675	-1.35371	-1.43924	-1.49137	-1.50888	1.525
	V	0.00000	0.03012	0.03012	0.05554	0.07170	0.07920	0.07887	0.07173	0.05893	0.04176	0.02163	0.00000	
	V'	0.30068	0.30218	0.30218	0.20703	0.11706	0.03436	-0.03917	-0.10180	-0.15209	-0.18887	-0.21129	-0.21882	
	M	0.00000	-0.02701	0.97299	0.93465	0.87389	0.79218	0.69148	0.57419	0.44314	0.30147	0.15256	0.00000	
1.550	Q	-0.27114	-0.26789	-0.26789	-0.49751	-0.71519	-0.91573	-1.09431	-1.24666	-1.36911	-1.45874	-1.51339	-1.53175	1.550
	V	0.00000	0.03038	0.03038	0.05604	0.07238	0.07999	0.07970	0.07251	0.05958	0.04223	0.02188	0.00000	
	V'	0.30337	0.30473	0.30473	0.20915	0.11855	0.03508	-0.03926	-0.10267	-0.15364	-0.19094	-0.21369	-0.22133	
	M	0.00000	-0.02395	0.97605	0.94031	0.88130	0.80047	0.69983	0.58186	0.44948	0.30598	0.15491	0.00000	
1.575	Q	-0.24050	-0.23752	-0.23752	-0.47570	-0.70211	-0.91113	-1.09760	-1.25690	-1.38509	-1.47898	-1.53627	-1.55552	1.575
	V	0.00000	0.03066	0.03066	0.05656	0.07309	0.08082	0.08056	0.07331	0.06026	0.04272	0.02214	0.00000	
	V'	0.30617	0.30737	0.30737	0.21136	0.12009	0.03582	-0.03935	-0.10356	-0.15524	-0.19309	-0.21618	-0.22394	
	M	0.00000	-0.02079	0.97921	0.94618	0.88898	0.80907	0.70850	0.58982	0.45608	0.31068	0.15735	0.00000	
1.600	Q	-0.20877	-0.20610	-0.20610	-0.45308	-0.68848	-0.90630	-1.10096	-1.26750	-1.40166	-1.50002	-1.56005	-1.58024	1.600
	V	0.00000	0.03094	0.03094	0.05710	0.07382	0.08167	0.08144	0.07415	0.06097	0.04323	0.02240	0.00000	
	V'	0.30908	0.31012	0.31012	0.21364	0.12169	0.03660	-0.03944	-0.10449	-0.15690	-0.19532	-0.21877	-0.22666	
	M	0.00000	-0.01751	0.98249	0.95226	0.89695	0.81800	0.71750	0.59809	0.46293	0.31557	0.15989	0.00000	
1.625	Q	-0.17590	-0.17358	-0.17358	-0.42959	-0.67428	-0.90121	-1.10439	-1.27847	-1.41887	-1.52188	-1.58479	-1.60595	1.625
	V	0.00000	0.03124	0.03124	0.05766	0.07458	0.08256	0.08237	0.07502	0.06170	0.04376	0.02268	0.00000	
	V'	0.31209	0.31296	0.31296	0.21601	0.12335	0.03741	-0.03953	-0.10546	-0.15862	-0.19764	-0.22146	-0.22947	
	M	0.00000	-0.01412	0.98588	0.95856	0.90521	0.82726	0.72685	0.60669	0.47005	0.32065	0.16253	0.00000	
1.650	Q	-0.14183	-0.13991	-0.13991	-0.40520	-0.65948	-0.89585	-1.10789	-1.28983	-1.43673	-1.54461	-1.61053	-1.63271	1.650
	V	0.00000	0.03154	0.03154	0.05824	0.07537	0.08348	0.08332	0.07592	0.06246	0.04431	0.02297	0.00000	
	V'	0.31521	0.31592	0.31592	0.21848	0.12508	0.03826	-0.03963	-0.10646	-0.16042	-0.20004	-0.22425	-0.23240	
	M	0.00000	-0.01060	0.98940	0.96510	0.91378	0.83689	0.73657	0.61563	0.47747	0.32594	0.16528	0.00000	
1.675	Q	-0.10653	-0.10504	-0.10504	-0.37986	-0.64405	-0.89021	-1.11145	-1.30159	-1.45529	-1.56825	-1.63732	-1.66057	1.675
	V	0.00000	0.03186	0.03186	0.05884	0.07620	0.08443	0.08432	0.07686	0.06325	0.04489	0.02327	0.00000	
	V'	0.31846	0.31899	0.31899	0.22103	0.12687	0.03913	-0.03972	-0.10749	-0.16228	-0.20254	-0.22716	-0.23544	
	M	0.00000	-0.00696	0.99304	0.97187	0.92268	0.84688	0.74667	0.62494	0.48518	0.33144	0.16815	0.00000	
1.700	Q	-0.06992	-0.06891	-0.06891	-0.35352	-0.62795	-0.88427	-1.11509	-1.31377	-1.47457	-1.59286	-1.66522	-1.68958	1.700
	V	0.00000	0.03219	0.03219	0.05947	0.07705	0.08543	0.08535	0.07783	0.06408	0.04548	0.02358	0.00000	
	V'	0.32183	0.32218	0.32218	0.22369	0.12874	0.04005	-0.03982	-0.10857	-0.16421	-0.20514	-0.23018	-0.23861	
	M	0.00000	-0.00318	0.99682	0.97890	0.93192	0.85727	0.75718	0.63462	0.49322	0.33718	0.17113	0.00000	
1.725	Q	-0.03194	-0.03146	-0.03146	-0.32615	-0.61115	-0.87801	-1.11880	-1.32639	-1.49461	-1.61847	-1.69428	-1.71981	1.725
	V	0.00000	0.03254	0.03254	0.06012	0.07794	0.08646	0.08643	0.07885	0.06493	0.04610	0.02390	0.00000	
	V'	0.32533	0.32549	0.32549	0.22646	0.13068	0.04100	-0.03993	-0.10969	-0.16622	-0.20784	-0.23332	-0.24190	
ALPHA	X/L =	0.00	L 0.10	R 0.10	0.20	0.30	0.40	0.50	0.60	0.70	0.80	0.90	1.00	ALPHA

XM/L = 0.10

FUNKTIONEN : F.M;M - F.M;Q - F.M;V - F.M;V'

FUNKTIONEN : F.M;M - F.M;Q - F.M;V - F.M;V'

XM/L = 0.10

ALPHA	X/L =	0.00	L 0.10	R 0.10	0.20	0.30	0.40	0.50	0.60	0.70	0.80	0.90	1.00	ALPHA
1.750	M	0.00000	0.00074	1.00074	0.98619	0.94151	0.86808	0.76812	0.64470	0.50159	0.34316	0.17424	0.00000	1.750
	Q	0.00748	0.00736	0.00736	-0.29767	-0.59360	-0.87140	-1.12259	-1.33948	-1.51546	-1.64514	-1.72457	-1.75132	
	V	0.00000	0.03290	0.03290	0.06080	0.07886	0.08754	0.08755	0.07990	0.06583	0.04674	0.02424	0.00000	
	V'	0.32897	0.32893	0.32893	0.22933	0.13270	0.04199	-0.04003	-0.11085	-0.16831	-0.21066	-0.23659	-0.24533	
1.775	M	0.00000	0.00481	1.00481	0.99377	0.95149	0.87931	0.77951	0.65521	0.51031	0.34939	0.17748	0.00000	1.775
	Q	0.04840	0.04764	0.04764	-0.26803	-0.57528	-0.86444	-1.12645	-1.35306	-1.53715	-1.67293	-1.75615	-1.78418	
	V	0.00000	0.03327	0.03327	0.06150	0.07982	0.08865	0.08871	0.08100	0.06675	0.04742	0.02459	0.00000	
	V'	0.33276	0.33252	0.33252	0.23233	0.13481	0.04303	-0.04013	-0.11206	-0.17049	-0.21359	-0.24000	-0.24890	
1.800	M	0.00000	0.00904	1.00904	1.00164	0.96186	0.89101	0.79137	0.66615	0.51941	0.35589	0.18087	0.00000	1.800
	Q	0.09091	0.08944	0.08944	-0.23717	-0.55612	-0.85710	-1.13038	-1.36714	-1.55972	-1.70191	-1.78910	-1.81848	
	V	0.00000	0.03365	0.03365	0.06223	0.08082	0.08982	0.08993	0.08215	0.06772	0.04811	0.02496	0.00000	
	V'	0.33670	0.33625	0.33625	0.23544	0.13700	0.04411	-0.04024	-0.11332	-0.17275	-0.21664	-0.24355	-0.25262	
1.825	M	0.00000	0.01343	1.01343	1.00981	0.97266	0.90319	0.80373	0.67757	0.52891	0.36268	0.18440	0.00000	1.825
	Q	0.13509	0.13284	0.13284	-0.20503	-0.53609	-0.84935	-1.13439	-1.38176	-1.58324	-1.73213	-1.82349	-1.85428	
	V	0.00000	0.03406	0.03406	0.06300	0.08186	0.09103	0.09119	0.08334	0.06873	0.04884	0.02534	0.00000	
	V'	0.34080	0.34013	0.34013	0.23869	0.13929	0.04523	-0.04035	-0.11462	-0.17511	-0.21982	-0.24725	-0.25649	
1.850	M	0.00000	0.01800	1.01800	1.01832	0.98389	0.91588	0.81662	0.68948	0.53882	0.36976	0.18809	0.00000	1.850
	Q	0.18103	0.17794	0.17794	-0.17152	-0.51513	-0.84116	-1.13848	-1.39695	-1.60775	-1.76367	-1.85941	-1.89169	
	V	0.00000	0.03448	0.03448	0.06379	0.08295	0.09230	0.09251	0.08458	0.06978	0.04960	0.02574	0.00000	
	V'	0.34508	0.34418	0.34418	0.24207	0.14167	0.04641	-0.04046	-0.11598	-0.17757	-0.22313	-0.25111	-0.26054	
1.875	M	0.00000	0.02275	1.02275	1.02717	0.99559	0.92911	0.83006	0.70192	0.54917	0.37717	0.19195	0.00000	1.875
	Q	0.22883	0.22482	0.22482	-0.13658	-0.49319	-0.83251	-1.14265	-1.41274	-1.63330	-1.79661	-1.89695	-1.93079	
	V	0.00000	0.03492	0.03492	0.06462	0.08408	0.09361	0.09389	0.08588	0.07088	0.05040	0.02615	0.00000	
	V'	0.34953	0.34839	0.34839	0.24560	0.14416	0.04764	-0.04058	-0.11740	-0.18014	-0.22659	-0.25513	-0.26476	
1.900	M	0.00000	0.02769	1.02769	1.03639	1.00779	0.94292	0.84411	0.71491	0.55999	0.38492	0.19598	0.00000	1.900
	Q	0.27859	0.27358	0.27358	-0.10011	-0.47020	-0.82337	-1.14690	-1.42915	-1.65997	-1.83104	-1.93621	-1.97169	
	V	0.00000	0.03537	0.03537	0.06548	0.08526	0.09499	0.09532	0.08723	0.07202	0.05122	0.02659	0.00000	
	V'	0.35418	0.35279	0.35279	0.24928	0.14676	0.04893	-0.04069	-0.11888	-0.18282	-0.23020	-0.25934	-0.26917	
1.925	M	0.00000	0.03284	1.03284	1.04600	1.02051	0.95733	0.85878	0.72850	0.57131	0.39302	0.20021	0.00000	1.925
	Q	0.33044	0.32433	0.32433	-0.06203	-0.44610	-0.81369	-1.15123	-1.44623	-1.68781	-1.86703	-1.97729	-2.01450	
	V	0.00000	0.03585	0.03585	0.06638	0.08649	0.09643	0.09682	0.08865	0.07322	0.05209	0.02704	0.00000	
	V'	0.35903	0.35738	0.35738	0.25312	0.14948	0.05028	-0.04081	-0.12042	-0.18561	-0.23398	-0.26373	-0.27377	
1.950	M	0.00000	0.03821	1.03821	1.05601	1.03379	0.97238	0.87411	0.74271	0.58316	0.40151	0.20463	0.00000	1.950
	Q	0.38448	0.37720	0.37720	-0.02223	-0.42082	-0.80345	-1.15564	-1.46401	-1.71690	-1.90470	-2.02031	-2.05934	
	V	0.00000	0.03635	0.03635	0.06733	0.08778	0.09793	0.09839	0.09013	0.07447	0.05299	0.02752	0.00000	
	V'	0.36410	0.36218	0.36218	0.25714	0.15232	0.05169	-0.04093	-0.12203	-0.18853	-0.23792	-0.26833	-0.27859	
1.975	M	0.00000	0.04380	1.04380	1.06646	1.04765	0.98811	0.89016	0.75759	0.59557	0.41040	0.20927	0.00000	1.975
	Q	0.44087	0.43230	0.43230	0.01939	-0.39428	-0.79261	-1.16013	-1.48254	-1.74731	-1.94415	-2.06540	-2.10634	
	V	0.00000	0.03687	0.03687	0.06831	0.08913	0.09950	0.10002	0.09168	0.07578	0.05394	0.02801	0.00000	
	V'	0.36939	0.36720	0.36720	0.26134	0.15529	0.05317	-0.04105	-0.12371	-0.19159	-0.24205	-0.27314	-0.28363	
ALPHA	X/L =	0.00	L 0.10	R 0.10	0.20	0.30	0.40	0.50	0.60	0.70	0.80	0.90	1.00	ALPHA

XM/L = 0.10

FUNKTIONEN : F.M;M - F.M;Q - F.M;V - F.M;V'

D R U C K S T A E B E -20-

FUNKTIONEN : F.M;M - F.M;Q - F.M;V - F.M;V'

XM/L = 0.10

ALPHA	X/L =	0.00	L 0.10	R 0.10	0.20	0.30	0.40	0.50	0.60	0.70	0.80	0.90	1.00	ALPHA
	M	0.00000	0.04964	1.04964	1.07737	1.06215	1.00458	0.90696	0.77319	0.60859	0.41973	0.21413	0.00000	
2.000	Q	0.49973	0.48977	0.48977	0.06294	-0.36639	-0.78112	-1.16471	-1.50186	-1.77914	-1.98549	-2.11269	-2.15566	2.000
	V	0.00000	0.03741	0.03741	0.06934	0.09054	0.10114	0.10174	0.09330	0.07715	0.05493	0.02853	0.00000	
	V'	0.37493	0.37244	0.37244	0.26574	0.15840	0.05472	-0.04118	-0.12547	-0.19479	-0.24637	-0.27817	-0.28891	
	M	0.00000	0.05574	1.05574	1.08877	1.07731	1.02182	0.92457	0.78954	0.62224	0.42952	0.21924	0.00000	
2.025	Q	0.56124	0.54977	0.54977	0.10857	-0.33707	-0.76893	-1.16937	-1.52202	-1.81247	-2.02886	-2.16233	-2.20743	2.025
	V	0.00000	0.03798	0.03798	0.07042	0.09201	0.10287	0.10354	0.09499	0.07858	0.05597	0.02908	0.00000	
	V'	0.38073	0.37794	0.37794	0.27034	0.16167	0.05635	-0.04130	-0.12730	-0.19813	-0.25090	-0.28345	-0.29445	
	M	0.00000	0.06212	1.06212	1.10070	1.09318	1.03988	0.94304	0.80670	0.63658	0.43980	0.22460	0.00000	
2.050	Q	0.62556	0.61246	0.61246	0.15640	-0.30621	-0.75599	-1.17412	-1.54308	-1.84741	-2.07438	-2.21448	-2.26184	2.050
	V	0.00000	0.03858	0.03858	0.07155	0.09356	0.10467	0.10542	0.09678	0.08009	0.05706	0.02965	0.00000	
	V'	0.38681	0.38369	0.38369	0.27517	0.16509	0.05806	-0.04143	-0.12923	-0.20165	-0.25565	-0.28899	-0.30026	
	M	0.00000	0.06879	1.06879	1.11318	1.10982	1.05884	0.96243	0.82473	0.65165	0.45062	0.23025	0.00000	
2.075	Q	0.69289	0.67803	0.67803	0.20660	-0.27370	-0.74225	-1.17896	-1.56509	-1.88407	-2.12222	-2.26933	-2.31908	2.075
	V	0.00000	0.03920	0.03920	0.07274	0.09518	0.10657	0.10740	0.09865	0.08167	0.05821	0.03025	0.00000	
	V'	0.39318	0.38973	0.38973	0.28024	0.16869	0.05986	-0.04156	-0.13124	-0.20533	-0.26064	-0.29481	-0.30636	
	M	0.00000	0.07578	1.07578	1.12627	1.12727	1.07873	0.98281	0.84369	0.66751	0.46200	0.23619	0.00000	
2.100	Q	0.76343	0.74666	0.74666	0.25932	-0.23942	-0.72764	-1.18389	-1.58812	-1.92257	-2.17255	-2.32706	-2.37934	2.100
	V	0.00000	0.03986	0.03986	0.07398	0.09689	0.10856	0.10948	0.10061	0.08334	0.05941	0.03088	0.00000	
	V'	0.39987	0.39607	0.39607	0.28556	0.17247	0.06176	-0.04170	-0.13336	-0.20920	-0.26588	-0.30092	-0.31277	
	M	0.00000	0.08311	1.08311	1.13999	1.14559	1.09965	1.00424	0.86365	0.68421	0.47399	0.24245	0.00000	
2.125	Q	0.83742	0.81858	0.81858	0.31475	-0.20325	-0.71209	-1.18891	-1.61224	-1.96304	-2.22553	-2.38790	-2.44285	2.125
	V	0.00000	0.04055	0.04055	0.07529	0.09868	0.11065	0.11167	0.10268	0.08509	0.06068	0.03155	0.00000	
	V'	0.40690	0.40273	0.40273	0.29116	0.17644	0.06376	-0.04183	-0.13558	-0.21327	-0.27140	-0.30736	-0.31952	
	M	0.00000	0.09081	1.09081	1.15441	1.16485	1.12166	1.02681	0.88459	0.70183	0.48665	0.24906	0.00000	
2.150	Q	0.91509	0.89403	0.89403	0.37309	-0.16502	-0.69553	-1.19402	-1.63753	-2.00563	-2.28138	-2.45207	-2.50986	2.150
	V	0.00000	0.04128	0.04128	0.07667	0.10056	0.11285	0.11397	0.10485	0.08693	0.06201	0.03225	0.00000	
	V'	0.41430	0.40974	0.40974	0.29705	0.18063	0.06587	-0.04197	-0.13792	-0.21755	-0.27720	-0.31413	-0.32663	
	M	0.00000	0.09889	1.09889	1.16956	1.18512	1.14484	1.05061	0.90688	0.72042	0.50001	0.25603	0.00000	
2.175	Q	0.99674	0.97326	0.97326	0.43457	-0.12459	-0.67788	-1.19923	-1.66407	-2.05050	-2.34031	-2.51985	-2.58065	2.175
	V	0.00000	0.04204	0.04204	0.07812	0.10255	0.11517	0.11639	0.10715	0.08887	0.06342	0.03298	0.00000	
	V'	0.42209	0.41712	0.41712	0.30325	0.18505	0.06809	-0.04211	-0.14038	-0.22206	-0.28333	-0.32128	-0.33413	
	M	0.00000	0.10740	1.10740	1.18551	1.20648	1.16929	1.07573	0.93032	0.74006	0.51413	0.26341	0.00000	
2.200	Q	1.08267	1.05657	1.05657	0.49944	-0.08177	-0.65903	-1.20453	-1.69196	-2.09784	-2.40258	-2.59151	-2.65552	2.200
	V	0.00000	0.04285	0.04285	0.07965	0.10464	0.11762	0.11895	0.10957	0.09092	0.06490	0.03376	0.00000	
	V'	0.43030	0.42491	0.42491	0.30980	0.18972	0.07045	-0.04226	-0.14297	-0.22683	-0.28979	-0.32882	-0.34205	
	M	0.00000	0.11636	1.11636	1.20232	1.22901	1.19511	1.10229	0.95512	0.76086	0.52909	0.27123	0.00000	
2.225	Q	1.17321	1.14429	1.14429	0.56797	-0.03636	-0.63890	-1.20993	-1.72131	-2.14783	-2.46846	-2.66738	-2.73480	2.225
	V	0.00000	0.04370	0.04370	0.08127	0.10686	0.12021	0.12166	0.11213	0.09309	0.06647	0.03459	0.00000	
	V'	0.43898	0.43314	0.43314	0.31672	0.19465	0.07294	-0.04241	-0.14570	-0.23186	-0.29662	-0.33680	-0.35042	
ALPHA	X/L =	0.00	L 0.10	R 0.10	0.20	0.30	0.40	0.50	0.60	0.70	0.80	0.90	1.00	ALPHA

XM/L = 0.10

FUNKTIONEN : F.M;M - F.M;Q - F.M;V - F.M;V'

FUNKTIONEN : F.MIM - F.MIQ - F.MIV - F.MIV'

XM/L = 0.10

ALPHA	X/L =	0.00	L 0.10	R 0.10	0.20	0.30	0.40	0.50	0.60	0.70	0.80	0.90	1.00	ALPHA
	M	0.00000	0.12581	1.12581	1.22007	1.25282	1.22242	1.13039	0.98138	0.78289	0.54494	0.27951	0.00000	
2.250	Q	1.26875	1.23677	1.23677	0.64045	0.01185	-0.61735	-1.21543	-1.75224	-2.20071	-2.53824	-2.74782	-2.81887	2.250
	V	0.00000	0.04460	0.04460	0.08298	0.10920	0.12295	0.12452	0.11484	0.09539	0.06814	0.03546	0.00000	
	V'	0.44815	0.44183	0.44183	0.32404	0.19987	0.07558	-0.04255	-0.14859	-0.23718	-0.30385	-0.34525	-0.35928	
	M	0.00000	0.13579	1.13579	1.23882	1.27801	1.25133	1.16018	1.00923	0.80627	0.56177	0.28831	0.00000	
2.275	Q	1.36971	1.33441	1.33441	0.71724	0.06311	-0.59427	-1.22103	-1.78486	-2.25672	-2.61228	-2.83322	-2.90815	2.275
	V	0.00000	0.04556	0.04556	0.08479	0.11168	0.12585	0.12755	0.11771	0.09782	0.06990	0.03638	0.00000	
	V'	0.45786	0.45104	0.45104	0.33179	0.20541	0.07839	-0.04271	-0.15165	-0.24282	-0.31151	-0.35420	-0.36868	
	M	0.00000	0.14636	1.14636	1.25867	1.30470	1.28200	1.19179	1.03882	0.83113	0.57966	0.29767	0.00000	
2.300	Q	1.47655	1.43767	1.43767	0.79872	0.11770	-0.56951	-1.22673	-1.81934	-2.31613	-2.69094	-2.92402	-3.00311	2.300
	V	0.00000	0.04657	0.04657	0.08671	0.11431	0.12892	0.13077	0.12076	0.10040	0.07177	0.03737	0.00000	
	V'	0.46816	0.46081	0.46081	0.34002	0.21129	0.08138	-0.04286	-0.15489	-0.24880	-0.31965	-0.36371	-0.37866	
	M	0.00000	0.15755	1.15755	1.27972	1.33302	1.31459	1.22542	1.07030	0.85758	0.59872	0.30764	0.00000	
2.325	Q	1.58981	1.54704	1.54704	0.88530	0.17593	-0.54291	-1.23254	-1.85584	-2.37927	-2.77466	-3.02074	-3.10427	2.325
	V	0.00000	0.04765	0.04765	0.08874	0.11710	0.13219	0.13420	0.12400	0.10315	0.07376	0.03841	0.00000	
	V'	0.47910	0.47118	0.47118	0.34877	0.21754	0.08456	-0.04302	-0.15832	-0.25515	-0.32830	-0.37382	-0.38927	
	M	0.00000	0.16944	1.16944	1.30208	1.36314	1.34927	1.26123	1.10385	0.88580	0.61905	0.31827	0.00000	
2.350	Q	1.71009	1.66308	1.66308	0.97748	0.23814	-0.51429	-1.23845	-1.89453	-2.44646	-2.86391	-3.12393	-3.21222	2.350
	V	0.00000	0.04879	0.04879	0.09092	0.12008	0.13568	0.13784	0.12745	0.10607	0.07588	0.03952	0.00000	
	V'	0.49074	0.48222	0.48222	0.35808	0.22420	0.08795	-0.04318	-0.16198	-0.26192	-0.33751	-0.38460	-0.40058	
	M	0.00000	0.18208	1.18208	1.32587	1.39522	1.38625	1.29944	1.13968	0.91594	0.64078	0.32964	0.00000	
2.375	Q	1.83805	1.78645	1.78645	1.07579	0.30473	-0.48344	-1.24447	-1.93563	-2.51812	-2.95924	-3.23423	-3.32764	2.375
	V	0.00000	0.05001	0.05001	0.09323	0.12325	0.13939	0.14173	0.13114	0.10920	0.07814	0.04071	0.00000	
	V'	0.50314	0.49400	0.49400	0.36801	0.23131	0.09158	-0.04334	-0.16587	-0.26914	-0.34735	-0.39610	-0.41266	
	M	0.00000	0.19556	1.19556	1.35124	1.42947	1.42575	1.34030	1.17802	0.94822	0.66405	0.34182	0.00000	
2.400	Q	1.97446	1.91787	1.91787	1.18085	0.37614	-0.45013	-1.25060	-1.97938	-2.59469	-3.06127	-3.35236	-3.45128	2.400
	V	0.00000	0.05131	0.05131	0.09570	0.12664	0.14336	0.14589	0.13507	0.11254	0.08056	0.04198	0.00000	
	V'	0.51640	0.50658	0.50658	0.37862	0.23891	0.09546	-0.04351	-0.17003	-0.27686	-0.35786	-0.40840	-0.42557	
	M	0.00000	0.20995	1.20995	1.37835	1.46609	1.46804	1.38409	1.21913	0.98284	0.68903	0.35490	0.00000	
2.425	Q	2.12020	2.05816	2.05816	1.29337	0.45289	-0.41409	-1.25684	-2.02604	-2.67668	-3.17068	-3.47914	-3.58401	2.425
	V	0.00000	0.05271	0.05271	0.09835	0.13027	0.14761	0.15034	0.13929	0.11612	0.08316	0.04335	0.00000	
	V'	0.53059	0.52004	0.52004	0.38999	0.24706	0.09963	-0.04368	-0.17448	-0.28512	-0.36912	-0.42158	-0.43941	
	M	0.00000	0.22535	1.22535	1.40739	1.50536	1.51343	1.43111	1.26331	1.02007	0.71589	0.36897	0.00000	
2.450	Q	2.27625	2.20828	2.20828	1.41415	0.53556	-0.37501	-1.26319	-2.07592	-2.76467	-3.28830	-3.61553	-3.72682	2.450
	V	0.00000	0.05420	0.05420	0.10119	0.13417	0.15218	0.15512	0.14383	0.11996	0.08595	0.04481	0.00000	
	V'	0.54581	0.53449	0.53449	0.40219	0.25582	0.10412	-0.04385	-0.17925	-0.29399	-0.38122	-0.43574	-0.45428	
	M	0.00000	0.24189	1.24189	1.43857	1.54757	1.56226	1.48173	1.31091	1.06019	0.74486	0.38414	0.00000	
2.475	Q	2.44377	2.36930	2.36930	1.54411	0.62482	-0.33256	-1.26966	-2.12939	-2.85934	-3.41504	-3.76260	-3.88086	2.475
	V	0.00000	0.05581	0.05581	0.10424	0.13836	0.15709	0.16027	0.14870	0.12410	0.08895	0.04638	0.00000	
	V'	0.56219	0.55003	0.55003	0.41532	0.26525	0.10896	-0.04402	-0.18437	-0.30354	-0.39425	-0.45099	-0.47030	
ALPHA	X/L =	0.00	L 0.10	R 0.10	0.20	0.30	0.40	0.50	0.60	0.70	0.80	0.90	1.00	ALPHA

XM/L = 0.10

FUNKTIONEN : F.MIM - F.MIQ - F.MIV - F.MIV'

FUNKTIONEN : F.M:M - F.M:Q - F.M:V - F.M:V'

XM/L = 0.10

ALPHA	X/L =	0.00	L 0.10	R 0.10	0.20	0.30	0.40	0.50	0.60	0.70	0.80	0.90	1.00	ALPHA
	M	0.00000	0.25968	1.25968	1.47213	1.59305	1.61492	1.53638	1.36232	1.10356	0.77618	0.40054	0.00000	
2.500	Q	2.62407	2.54250	2.54250	1.68433	0.72144	-0.28630	-1.27625	-2.18684	-2.96147	-3.55196	-3.92162	-4.04744	2.500
	V	0.00000	0.05755	0.05755	0.10754	0.14289	0.16239	0.16582	0.15397	0.12857	0.09219	0.04809	0.00000	
	V'	0.57985	0.56680	0.56680	0.42949	0.27543	0.11419	-0.04420	-0.18989	-0.31383	-0.40831	-0.46746	-0.48759	
	M	0.00000	0.27888	1.27888	1.50837	1.64220	1.67189	1.59555	1.41802	1.15056	0.81013	0.41833	0.00000	
2.525	Q	2.81870	2.72932	2.72932	1.83604	0.82633	-0.23579	-1.28296	-2.24876	-3.07195	-3.70032	-4.09403	-4.22810	2.525
	V	0.00000	0.05943	0.05943	0.11111	0.14778	0.16812	0.17183	0.15967	0.13341	0.09570	0.04993	0.00000	
	V'	0.59895	0.58493	0.58493	0.44483	0.28645	0.11986	-0.04438	-0.19586	-0.32498	-0.42354	-0.48529	-0.50632	
	M	0.00000	0.29967	1.29967	1.54765	1.69549	1.73370	1.65979	1.47853	1.20165	0.84706	0.43768	0.00000	
2.550	Q	3.02945	2.93149	2.93149	2.00071	0.94054	-0.18046	-1.28979	-2.31570	-3.19185	-3.86157	-4.28155	-4.42463	2.550
	V	0.00000	0.06146	0.06146	0.11498	0.15309	0.17435	0.17836	0.16586	0.13866	0.09951	0.05193	0.00000	
	V'	0.61968	0.60461	0.60461	0.46147	0.29843	0.12603	-0.04457	-0.20234	-0.33708	-0.44007	-0.50466	-0.52666	
	M	0.00000	0.32225	1.32225	1.59029	1.75346	1.80100	1.72979	1.54451	1.25739	0.88735	0.45880	0.00000	
2.575	Q	3.25844	3.15101	3.15101	2.18004	1.06531	-0.11966	-1.29674	-2.38831	-3.32240	-4.03740	-4.48618	-4.63913	2.575
	V	0.00000	0.06368	0.06368	0.11919	0.15888	0.18113	0.18547	0.17261	0.14439	0.10366	0.05411	0.00000	
	V'	0.64224	0.62604	0.62604	0.47960	0.31148	0.13277	-0.04475	-0.20938	-0.35025	-0.45809	-0.52577	-0.54884	
	M	0.00000	0.34688	1.34688	1.63683	1.81675	1.87455	1.80634	1.61672	1.31841	0.93148	0.48194	0.00000	
2.600	Q	3.50817	3.39026	3.39026	2.37604	1.20211	-0.05262	-1.30382	-2.46738	-3.46508	-4.22985	-4.71030	-4.87412	2.600
	V	0.00000	0.06611	0.06611	0.12379	0.16520	0.18854	0.19325	0.17999	0.15065	0.10821	0.05650	0.00000	
	V'	0.66689	0.64945	0.64945	0.49941	0.32576	0.14014	-0.04494	-0.21707	-0.36466	-0.47779	-0.54886	-0.57309	
	M	0.00000	0.37383	1.37383	1.68780	1.88613	1.95525	1.89040	1.69604	1.38548	0.98000	0.50738	0.00000	
2.625	Q	3.78163	3.65208	3.65208	2.59116	1.35270	0.02158	-1.31103	-2.55382	-3.62164	-4.44133	-4.95675	-5.13257	2.625
	V	0.00000	0.06877	0.06877	0.12884	0.17214	0.19668	0.20178	0.18809	0.15753	0.11320	0.05912	0.00000	
	V'	0.69393	0.67513	0.67513	0.52117	0.34144	0.14826	-0.04514	-0.22550	-0.38046	-0.49942	-0.57422	-0.59974	
	M	0.00000	0.40348	1.40348	1.74388	1.96254	2.04418	1.98310	1.78358	1.45953	1.03359	0.53549	0.00000	
2.650	Q	4.08242	3.93991	3.93991	2.82828	1.51919	0.10404	-1.31837	-2.64874	-3.79419	-4.67475	-5.22894	-5.41807	2.650
	V	0.00000	0.07170	0.07170	0.13441	0.17978	0.20565	0.21119	0.19702	0.16512	0.11870	0.06201	0.00000	
	V'	0.72373	0.70344	0.70344	0.54514	0.35873	0.15721	-0.04534	-0.23478	-0.39789	-0.52328	-0.60220	-0.62913	
	M	0.00000	0.43624	1.43624	1.80589	2.04709	2.14267	2.08584	1.88065	1.54169	1.09306	0.56668	0.00000	
2.675	Q	4.41490	4.25788	4.25788	3.09094	1.70414	0.19612	-1.32585	-2.75351	-3.98531	-4.93364	-5.53103	-5.73499	2.675
	V	0.00000	0.07494	0.07494	0.14057	0.18826	0.21559	0.22162	0.20692	0.17353	0.12481	0.06522	0.00000	
	V'	0.75673	0.73479	0.73479	0.57171	0.37790	0.16716	-0.04554	-0.24505	-0.41720	-0.54973	-0.63321	-0.66172	
	M	0.00000	0.47265	1.47265	1.87483	2.14116	2.25234	2.20032	1.98838	1.63332	1.15941	0.60150	0.00000	
2.700	Q	4.78444	4.61110	4.61110	3.38348	1.91069	0.29946	-1.33346	-2.86977	-4.19814	-5.22232	-5.86810	-6.08868	2.700
	V	0.00000	0.07855	0.07855	0.14744	0.19769	0.22666	0.23324	0.21795	0.18290	0.13161	0.06879	0.00000	
	V'	0.79348	0.76970	0.76970	0.60130	0.39927	0.17825	-0.04574	-0.25648	-0.43870	-0.57919	-0.66778	-0.69804	
	M	0.00000	0.51336	1.51336	1.95193	2.24646	2.37520	2.32866	2.11026	1.73614	1.23389	0.64058	0.00000	
2.725	Q	5.19766	5.00588	5.00588	3.71126	2.14276	0.41612	-1.34122	-2.99958	-4.43658	-5.54617	-6.24646	-6.48578	2.725
	V	0.00000	0.08260	0.08260	0.15513	0.20826	0.23906	0.24626	0.23032	0.19340	0.13923	0.07280	0.00000	
	V'	0.83463	0.80880	0.80880	0.63446	0.42323	0.19071	-0.04595	-0.26928	-0.46280	-0.61223	-0.70653	-0.73876	
ALPHA	X/L =	0.00	L 0.10	R 0.10	0.20	0.30	0.40	0.50	0.60	0.70	0.80	0.90	1.00	ALPHA

XM/L = 0.10

FUNKTIONEN : F.M:M - F.M:Q - F.M:V - F.M:V'

FUNKTIONEN : F.M;M - F.M;Q - F.M;V - F.M;V'

XM/L = 0.10

ALPHA	X/L =	0.00	L 0.10	R 0.10	0.20	0.30	0.40	0.50	0.60	0.70	0.80	0.90	1.00	ALPHA
	M	0.00000	0.55918	1.55918	2.03877	2.36514	2.51377	2.47349	2.24734	1.85229	1.31805	0.68475	0.00000	
2.750	Q	5.66292	5.45014	5.45014	4.08102	2.40522	0.54867	-1.34911	-3.14551	-4.70553	-5.91192	-6.67404	-6.93461	2.750
	V	0.00000	0.08716	0.08716	0.16380	0.22018	0.25306	0.26096	0.24428	0.20526	0.14784	0.07732	0.00000	
	V'	0.88105	0.85291	0.85291	0.67187	0.45028	0.20478	-0.04616	-0.28370	-0.48999	-0.64951	-0.75029	-0.78474	
	M	0.00000	0.61117	1.61117	2.13731	2.49993	2.67126	2.63821	2.40330	1.98451	1.41387	0.73506	0.00000	
2.775	Q	6.19082	5.95398	5.95398	4.50136	2.70433	0.70038	-1.35715	-3.31085	-5.01122	-6.32817	-7.16092	-7.44577	2.775
	V	0.00000	0.09235	0.09235	0.17366	0.23374	0.26897	0.27767	0.26015	0.21875	0.15763	0.08247	0.00000	
	V'	0.93380	0.90304	0.90304	0.71440	0.48104	0.22081	-0.04638	-0.30009	-0.52090	-0.69191	-0.80005	-0.83705	
	M	0.00000	0.67066	1.67066	2.25014	2.65436	2.85183	2.82718	2.58232	2.13632	1.52593	0.79284	0.00000	
2.800	Q	6.79506	6.53043	6.53043	4.98336	3.04813	0.87549	-1.36534	-3.49983	-5.36172	-6.80599	-7.72015	-8.03299	2.800
	V	0.00000	0.09830	0.09830	0.18497	0.24928	0.28722	0.29683	0.27836	0.23423	0.16887	0.08837	0.00000	
	V'	0.99427	0.96051	0.96051	0.76318	0.51634	0.23922	-0.04660	-0.31886	-0.55634	-0.74056	-0.85716	-0.89706	
	M	0.00000	0.73944	1.73944	2.38063	2.83308	3.06094	3.04614	2.78984	2.31238	1.65160	0.85988	0.00000	
2.825	Q	7.49371	7.19667	7.19667	5.54161	3.44723	1.07957	-1.37369	-3.71803	-5.76763	-7.35999	-8.36886	-8.71428	2.825
	V	0.00000	0.10519	0.10519	0.19806	0.26728	0.30836	0.31904	0.29946	0.25216	0.18189	0.09522	0.00000	
	V'	1.06429	1.02707	1.02707	0.81969	0.55725	0.26058	-0.04682	-0.34058	-0.59740	-0.79693	-0.92334	-0.96663	
	M	0.00000	0.81989	1.81989	2.53330	3.04233	3.30592	3.30279	3.03321	2.51892	1.80140	0.93856	0.00000	
2.850	Q	8.31099	7.97574	7.97574	6.19573	3.91587	1.32010	-1.38218	-3.97295	-6.24319	-8.00976	-9.13012	-9.51390	2.850
	V	0.00000	0.11325	0.11325	0.21340	0.28838	0.33314	0.34507	0.32419	0.27318	0.19716	0.10324	0.00000	
	V'	1.14632	1.10505	1.10505	0.88590	0.60522	0.28564	-0.04705	-0.36601	-0.64551	-0.86300	-1.00094	-1.04819	
	M	0.00000	0.91529	1.91529	2.71440	3.29069	3.59685	3.60776	3.32250	2.76451	1.97958	1.03216	0.00000	
2.875	Q	9.28022	8.89932	8.89932	6.97267	4.47364	1.60737	-1.39084	-4.27488	-6.80800	-8.78226	-10.03560	-10.46513	2.875
	V	0.00000	0.12283	0.12283	0.23161	0.31343	0.36257	0.37599	0.35357	0.29816	0.21530	0.11278	0.00000	
	V'	1.24373	1.19765	1.19765	0.96456	0.66222	0.31545	-0.04728	-0.39620	-0.70267	-0.94152	-1.09315	-1.14512	
	M	0.00000	1.03027	2.03027	2.93274	3.59029	3.94801	3.97602	3.67199	3.06130	2.19495	1.14530	0.00000	
2.900	Q	10.44852	10.01223	10.01223	7.91054	5.14822	1.95595	-1.39965	-4.63837	-7.48973	-9.71561	-11.13011	-11.61511	2.900
	V	0.00000	0.13440	0.13440	0.25360	0.34367	0.39810	0.41332	0.38906	0.32834	0.23721	0.12429	0.00000	
	V'	1.36130	1.30942	1.30942	1.05952	0.73106	0.35148	-0.04752	-0.43262	-0.77167	-1.03634	-1.20453	-1.26220	
	M	0.00000	1.17160	2.17160	3.20120	3.95887	4.38024	4.42951	4.10251	3.42701	2.46039	1.28476	0.00000	
2.925	Q	11.88476	11.37997	11.37997	9.06505	5.98008	2.38711	-1.40863	-5.08472	-8.32887	-10.86550	-12.47913	-13.03268	2.925
	V	0.00000	0.14863	0.14863	0.28066	0.38090	0.44184	0.45929	0.43276	0.36549	0.26420	0.13848	0.00000	
	V'	1.50600	1.44700	1.44700	1.17643	0.81585	0.39589	-0.04776	-0.47743	-0.85661	-1.15310	-1.34171	-1.40641	
	M	0.00000	1.34960	2.34960	3.53940	4.42341	4.92526	5.00159	4.64580	3.88863	2.79550	1.46086	0.00000	
2.950	Q	13.69374	13.10220	13.10220	10.52100	7.03083	2.93323	-1.41778	-5.64631	-9.38702	-12.31673	-14.18233	-14.82264	2.950
	V	0.00000	0.16657	0.16657	0.31478	0.42786	0.49701	0.51728	0.48788	0.41237	0.29825	0.15638	0.00000	
	V'	1.68845	1.62048	1.62048	1.32387	0.92282	0.45197	-0.04801	-0.53391	-0.96375	-1.30040	-1.51478	-1.58835	
	M	0.00000	1.58076	2.58076	3.97871	5.02711	5.63385	5.74562	5.35262	4.48935	3.23168	1.69008	0.00000	
2.975	Q	16.04317	15.33843	15.33843	12.41406	8.39905	3.64614	-1.42711	-6.37497	-10.76276	-14.20498	-16.39922	-17.15270	2.975
	V	0.00000	0.18990	0.18990	0.35915	0.48890	0.56876	0.59268	0.55958	0.47334	0.34254	0.17966	0.00000	
	V'	1.92565	1.84602	1.84602	1.51561	1.06196	0.52495	-0.04826	-0.60730	-1.10306	-1.49198	-1.73990	-1.82504	
ALPHA	X/L =	0.00	L 0.10	R 0.10	0.20	0.30	0.40	0.50	0.60	0.70	0.80	0.90	1.00	ALPHA

XM/L = 0.10

FUNKTIONEN : F.M;M - F.M;Q - F.M;V - F.M;V'

FUNKTIONEN : F.M;M - F.M;Q - F.M;V - F.M;V'

XM/L = 0.20

ALPHA	X/L =	0.00	0.10	L 0.20	R 0.20	0.30	0.40	0.50	0.60	0.70	0.80	0.90	1.00	ALPHA
	M	0.00000	-0.10000	-0.20000	0.80000	0.70000	0.60000	0.50000	0.40000	0.30000	0.20000	0.10000	0.00000	
0.000	Q	-1.00000	-1.00000	-1.00000	-1.00000	-1.00000	-1.00000	-1.00000	-1.00000	-1.00000	-1.00000	-1.00000	-1.00000	0.000
	V	0.00000	0.01550	0.03200	0.03200	0.04550	0.05200	0.05250	0.04800	0.03950	0.02800	0.01450	0.00000	
	V'	0.15333	0.15833	0.17333	0.17333	0.09833	0.03333	-0.02167	-0.06667	-0.10167	-0.12667	-0.14167	-0.14667	
	M	0.00000	-0.09999	-0.19998	0.80002	0.70003	0.60003	0.50003	0.40003	0.30002	0.20002	0.10001	0.00000	
0.025	Q	-0.99990	-0.99990	-0.99989	-0.99989	-0.99994	-0.99998	-1.00001	-1.00004	-1.00006	-1.00008	-1.00009	-1.00009	0.025
	V	0.00000	0.01550	0.03200	0.03200	0.04550	0.05200	0.05250	0.04800	0.03950	0.02800	0.01450	0.00000	
	V'	0.15334	0.15834	0.17334	0.17334	0.09834	0.03334	-0.02167	-0.06667	-0.10167	-0.12667	-0.14168	-0.14668	
	M	0.00000	-0.09996	-0.19992	0.80008	0.70011	0.60013	0.50013	0.40012	0.30010	0.20007	0.10004	0.00000	
0.050	Q	-0.99962	-0.99960	-0.99957	-0.99957	-0.99975	-0.99992	-1.00005	-1.00017	-1.00025	-1.00032	-1.00035	-1.00037	0.050
	V	0.00000	0.01550	0.03201	0.03201	0.04551	0.05201	0.05251	0.04801	0.03951	0.02801	0.01450	0.00000	
	V'	0.15338	0.15837	0.17337	0.17337	0.09836	0.03335	-0.02167	-0.06668	-0.10169	-0.12670	-0.14171	-0.14671	
	M	0.00000	-0.09991	-0.19982	0.80018	0.70026	0.60029	0.50030	0.40027	0.30022	0.20016	0.10008	0.00000	
0.075	Q	-0.99914	-0.99911	-0.99902	-0.99902	-0.99945	-0.99981	-1.00012	-1.00038	-1.00057	-1.00071	-1.00080	-1.00083	0.075
	V	0.00000	0.01551	0.03202	0.03202	0.04552	0.05203	0.05253	0.04803	0.03952	0.02802	0.01451	0.00000	
	V'	0.15343	0.15842	0.17341	0.17341	0.09839	0.03336	-0.02167	-0.06670	-0.10172	-0.12674	-0.14175	-0.14676	
	M	0.00000	-0.09984	-0.19968	0.80032	0.70046	0.60052	0.50053	0.40048	0.30040	0.20028	0.10015	0.00000	
0.100	Q	-0.99846	-0.99841	-0.99826	-0.99826	-0.99902	-0.99967	-1.00022	-1.00067	-1.00102	-1.00127	-1.00142	-1.00147	0.100
	V	0.00000	0.01552	0.03203	0.03203	0.04554	0.05205	0.05255	0.04805	0.03954	0.02803	0.01452	0.00000	
	V'	0.15350	0.15849	0.17347	0.17347	0.09843	0.03338	-0.02167	-0.06672	-0.10177	-0.12680	-0.14182	-0.14683	
	M	0.00000	-0.09976	-0.19950	0.80050	0.70071	0.60081	0.50082	0.40075	0.30062	0.20044	0.10023	0.00000	
0.125	Q	-0.99760	-0.99752	-0.99729	-0.99729	-0.99846	-0.99948	-1.00034	-1.00104	-1.00159	-1.00198	-1.00222	-1.00230	0.125
	V	0.00000	0.01553	0.03205	0.03205	0.04557	0.05208	0.05258	0.04808	0.03957	0.02805	0.01452	0.00000	
	V'	0.15360	0.15858	0.17355	0.17355	0.09849	0.03341	-0.02167	-0.06675	-0.10182	-0.12687	-0.14191	-0.14692	
	M	0.00000	-0.09965	-0.19928	0.80072	0.70103	0.60117	0.50118	0.40108	0.30089	0.20063	0.10033	0.00000	
0.150	Q	-0.99654	-0.99643	-0.99609	-0.99609	-0.99778	-0.99925	-1.00049	-1.00150	-1.00229	-1.00286	-1.00320	-1.00331	0.150
	V	0.00000	0.01554	0.03207	0.03207	0.04560	0.05211	0.05262	0.04811	0.03960	0.02807	0.01454	0.00000	
	V'	0.15371	0.15870	0.17364	0.17364	0.09855	0.03344	-0.02168	-0.06679	-0.10189	-0.12697	-0.14202	-0.14703	
	M	0.00000	-0.09952	-0.19902	0.80098	0.70140	0.60160	0.50161	0.40147	0.30121	0.20086	0.10045	0.00000	
0.175	Q	-0.99529	-0.99514	-0.99468	-0.99468	-0.99698	-0.99897	-1.00066	-1.00205	-1.00312	-1.00389	-1.00435	-1.00451	0.175
	V	0.00000	0.01555	0.03210	0.03210	0.04563	0.05216	0.05266	0.04815	0.03963	0.02809	0.01455	0.00000	
	V'	0.15385	0.15883	0.17375	0.17375	0.09863	0.03348	-0.02168	-0.06684	-0.10197	-0.12708	-0.14214	-0.14716	
	M	0.00000	-0.09938	-0.19871	0.80129	0.70183	0.60209	0.50211	0.40193	0.30159	0.20112	0.10058	0.00000	
0.200	Q	-0.99384	-0.99364	-0.99304	-0.99304	-0.99605	-0.99866	-1.00087	-1.00263	-1.00408	-1.00509	-1.00569	-1.00589	0.200
	V	0.00000	0.01557	0.03213	0.03213	0.04567	0.05220	0.05271	0.04820	0.03967	0.02812	0.01456	0.00000	
	V'	0.15401	0.15898	0.17388	0.17388	0.09872	0.03353	-0.02168	-0.06689	-0.10206	-0.12720	-0.14229	-0.14732	
	M	0.00000	-0.09921	-0.19837	0.80163	0.70231	0.60265	0.50267	0.40244	0.30201	0.20143	0.10074	0.00000	
0.225	Q	-0.99219	-0.99194	-0.99119	-0.99119	-0.99500	-0.99830	-1.00110	-1.00339	-1.00517	-1.00645	-1.00721	-1.00747	0.225
	V	0.00000	0.01558	0.03216	0.03216	0.04572	0.05226	0.05277	0.04825	0.03971	0.02815	0.01458	0.00000	
	V'	0.15419	0.15915	0.17403	0.17403	0.09883	0.03358	-0.02169	-0.06695	-0.10217	-0.12734	-0.14245	-0.14749	
ALPHA	X/L =	0.00	0.10	L 0.20	R 0.20	0.30	0.40	0.50	0.60	0.70	0.80	0.90	1.00	ALPHA

XM/L = 0.20

FUNKTIONEN : F.M;M - F.M;Q - F.M;V - F.M;V'

D R U C K S T A E B E -26-

FUNKTIONEN : F.M;M - F.M;Q - F.M;V - F.M;V'

XM/L = 0.20

ALPHA	X/L =	0.00	0.10	L 0.20	R 0.20	0.30	0.40	0.50	0.60	0.70	0.80	0.90	1.00	ALPHA
0.250	M	0.00000	-0.09902	-0.19799	0.80201	0.70286	0.60327	0.50330	0.40302	0.30249	0.20176	0.10091	0.00000	0.250
	Q	-0.99035	-0.99004	-0.98911	-0.98911	-0.99382	-0.99790	-1.00136	-1.00419	-1.00639	-1.00797	-1.00891	-1.00923	
	V	0.00000	0.01560	0.03220	0.03220	0.04577	0.05232	0.05283	0.04831	0.03977	0.02819	0.01460	0.00000	
	V'	0.15439	0.15934	0.17419	0.17419	0.09895	0.03364	-0.02169	-0.06701	-0.10229	-0.12750	-0.14264	-0.14768	
0.275	M	0.00000	-0.09882	-0.19756	0.80244	0.70347	0.60396	0.50400	0.40366	0.30301	0.20214	0.10111	0.00000	0.275
	Q	-0.98831	-0.98793	-0.98681	-0.98681	-0.99251	-0.99745	-1.00164	-1.00507	-1.00775	-1.00966	-1.01080	-1.01118	
	V	0.00000	0.01563	0.03224	0.03224	0.04583	0.05239	0.05290	0.04838	0.03982	0.02823	0.01462	0.00000	
	V'	0.15462	0.15956	0.17438	0.17438	0.09908	0.03370	-0.02170	-0.06709	-0.10242	-0.12768	-0.14284	-0.14790	
0.300	M	0.00000	-0.09859	-0.19709	0.80291	0.70413	0.60472	0.50477	0.40436	0.30359	0.20254	0.10132	0.00000	0.300
	Q	-0.98606	-0.98562	-0.98429	-0.98429	-0.99107	-0.99696	-1.00195	-1.00605	-1.00923	-1.01151	-1.01288	-1.01333	
	V	0.00000	0.01565	0.03229	0.03229	0.04589	0.05246	0.05298	0.04845	0.03988	0.02828	0.01464	0.00000	
	V'	0.15486	0.15979	0.17458	0.17458	0.09922	0.03377	-0.02171	-0.06717	-0.10257	-0.12788	-0.14307	-0.14814	
0.325	M	0.00000	-0.09834	-0.19658	0.80342	0.70485	0.60555	0.50561	0.40513	0.30422	0.20299	0.10155	0.00000	0.325
	Q	-0.98361	-0.98310	-0.98154	-0.98154	-0.98950	-0.99642	-1.00229	-1.00710	-1.01085	-1.01353	-1.01514	-1.01567	
	V	0.00000	0.01568	0.03234	0.03234	0.04596	0.05254	0.05307	0.04853	0.03995	0.02832	0.01467	0.00000	
	V'	0.15513	0.16005	0.17479	0.17479	0.09937	0.03385	-0.02171	-0.06725	-0.10273	-0.12809	-0.14332	-0.14839	
0.350	M	0.00000	-0.09808	-0.19603	0.80397	0.70564	0.60645	0.50651	0.40596	0.30490	0.20348	0.10180	0.00000	0.350
	Q	-0.98096	-0.98036	-0.97856	-0.97856	-0.98781	-0.99584	-1.00266	-1.00825	-1.01260	-1.01572	-1.01759	-1.01821	
	V	0.00000	0.01571	0.03239	0.03239	0.04604	0.05263	0.05316	0.04862	0.04002	0.02838	0.01470	0.00000	
	V'	0.15542	0.16032	0.17503	0.17503	0.09954	0.03393	-0.02172	-0.06735	-0.10290	-0.12832	-0.14358	-0.14867	
0.375	M	0.00000	-0.09779	-0.19544	0.80456	0.70649	0.60741	0.50749	0.40685	0.30564	0.20400	0.10207	0.00000	0.375
	Q	-0.97810	-0.97741	-0.97535	-0.97535	-0.98598	-0.99522	-1.00306	-1.00949	-1.01450	-1.01808	-1.02023	-1.02095	
	V	0.00000	0.01574	0.03245	0.03245	0.04612	0.05272	0.05326	0.04871	0.04010	0.02843	0.01473	0.00000	
	V'	0.15573	0.16062	0.17529	0.17529	0.09972	0.03402	-0.02173	-0.06745	-0.10308	-0.12857	-0.14387	-0.14898	
0.400	M	0.00000	-0.09748	-0.19480	0.80520	0.70739	0.60845	0.50854	0.40781	0.30643	0.20456	0.10236	0.00000	0.400
	Q	-0.97503	-0.97425	-0.97191	-0.97191	-0.98401	-0.99454	-1.00348	-1.01081	-1.01652	-1.02061	-1.02307	-1.02389	
	V	0.00000	0.01577	0.03251	0.03251	0.04621	0.05283	0.05336	0.04881	0.04019	0.02849	0.01476	0.00000	
	V'	0.15607	0.16094	0.17556	0.17556	0.09992	0.03412	-0.02174	-0.06756	-0.10328	-0.12883	-0.14418	-0.14930	
0.425	M	0.00000	-0.09715	-0.19412	0.80588	0.70836	0.60956	0.50966	0.40884	0.30727	0.20516	0.10267	0.00000	0.425
	Q	-0.97175	-0.97087	-0.96824	-0.96824	-0.98191	-0.99382	-1.00393	-1.01222	-1.01869	-1.02332	-1.02610	-1.02703	
	V	0.00000	0.01580	0.03258	0.03258	0.04630	0.05293	0.05347	0.04892	0.04028	0.02856	0.01479	0.00000	
	V'	0.15643	0.16129	0.17585	0.17585	0.10013	0.03422	-0.02175	-0.06768	-0.10349	-0.12912	-0.14451	-0.14964	
0.450	M	0.00000	-0.09679	-0.19339	0.80661	0.70940	0.61074	0.51085	0.40993	0.30818	0.20580	0.10300	0.00000	0.450
	Q	-0.96825	-0.96727	-0.96433	-0.96433	-0.97968	-0.99305	-1.00441	-1.01373	-1.02100	-1.02621	-1.02933	-1.03038	
	V	0.00000	0.01584	0.03265	0.03265	0.04640	0.05305	0.05359	0.04903	0.04037	0.02863	0.01483	0.00000	
	V'	0.15681	0.16165	0.17616	0.17616	0.10035	0.03433	-0.02176	-0.06780	-0.10372	-0.12942	-0.14486	-0.15001	
0.475	M	0.00000	-0.09642	-0.19262	0.80738	0.71049	0.61200	0.51212	0.41109	0.30913	0.20648	0.10335	0.00000	0.475
	Q	-0.96453	-0.96344	-0.96018	-0.96018	-0.97731	-0.99223	-1.00491	-1.01533	-1.02345	-1.02927	-1.03277	-1.03393	
	V	0.00000	0.01588	0.03273	0.03273	0.04650	0.05317	0.05372	0.04915	0.04047	0.02870	0.01487	0.00000	
	V'	0.15722	0.16204	0.17649	0.17649	0.10058	0.03445	-0.02177	-0.06794	-0.10396	-0.12974	-0.14524	-0.15040	
ALPHA	X/L =	0.00	0.10	L 0.20	R 0.20	0.30	0.40	0.50	0.60	0.70	0.80	0.90	1.00	ALPHA

XM/L = 0.20

FUNKTIONEN : F.M;M - F.M;Q - F.M;V - F.M;V'

D R U C K S T A E B E -26-

FUNKTIONEN : F.M;M - F.M;Q - F.M;V - F.M;V'

XM/L = 0.20

ALPHA	X/L =	0.00	0.10	L 0.20	R 0.20	0.30	0.40	0.50	0.60	0.70	0.80	0.90	1.00	ALPHA
	M	0.00000	-0.09602	-0.19180	0.80820	0.71165	0.61333	0.51346	0.41232	0.31015	0.20720	0.10373	0.00000	
0.500	Q	-0.96059	-0.95939	-0.95579	-0.95579	-0.97479	-0.99136	-1.00544	-1.01782	-1.02605	-1.03252	-1.03641	-1.03770	0.500
	V	0.00000	0.01592	0.03281	0.03281	0.04661	0.05330	0.05386	0.04928	0.04058	0.02878	0.01491	0.00000	
	V'	0.15765	0.16245	0.17684	0.17684	0.10083	0.03457	-0.02178	-0.06808	-0.10421	-0.13008	-0.14563	-0.15082	
	M	0.00000	-0.09560	-0.19093	0.80907	0.71288	0.61473	0.51488	0.41362	0.31122	0.20796	0.10412	0.00000	
0.525	Q	-0.95642	-0.95511	-0.95116	-0.95116	-0.97213	-0.99044	-1.00601	-1.01881	-1.02880	-1.03595	-1.04025	-1.04169	0.525
	V	0.00000	0.01597	0.03289	0.03289	0.04673	0.05344	0.05400	0.04942	0.04070	0.02886	0.01495	0.00000	
	V'	0.15810	0.16288	0.17721	0.17721	0.10110	0.03470	-0.02179	-0.06823	-0.10448	-0.13044	-0.14605	-0.15126	
	M	0.00000	-0.09515	-0.19002	0.80998	0.71417	0.61621	0.51638	0.41499	0.31235	0.20876	0.10454	0.00000	
0.550	Q	-0.95203	-0.95059	-0.94628	-0.94628	-0.96933	-0.98946	-1.00660	-1.02069	-1.03169	-1.03957	-1.04431	-1.04589	0.550
	V	0.00000	0.01602	0.03298	0.03298	0.04685	0.05358	0.05415	0.04956	0.04082	0.02895	0.01500	0.00000	
	V'	0.15858	0.16334	0.17760	0.17760	0.10138	0.03484	-0.02180	-0.06838	-0.10476	-0.13082	-0.14649	-0.15172	
	M	0.00000	-0.09469	-0.18906	0.81094	0.71553	0.61777	0.51796	0.41643	0.31354	0.20960	0.10497	0.00000	
0.575	Q	-0.94740	-0.94584	-0.94114	-0.94114	-0.96639	-0.98843	-1.00721	-1.02266	-1.03473	-1.04339	-1.04859	-1.05032	0.575
	V	0.00000	0.01607	0.03308	0.03308	0.04698	0.05374	0.05431	0.04971	0.04094	0.02904	0.01505	0.00000	
	V'	0.15909	0.16382	0.17801	0.17801	0.10167	0.03499	-0.02182	-0.06855	-0.10506	-0.13122	-0.14695	-0.15220	
	M	0.00000	-0.09420	-0.18806	0.81194	0.71696	0.61940	0.51961	0.41795	0.31479	0.21049	0.10543	0.00000	
0.600	Q	-0.94254	-0.94084	-0.93576	-0.93576	-0.96329	-0.98735	-1.00786	-1.02474	-1.03793	-1.04739	-1.05308	-1.05498	0.600
	V	0.00000	0.01612	0.03318	0.03318	0.04712	0.05390	0.05448	0.04987	0.04107	0.02914	0.01510	0.00000	
	V'	0.15962	0.16433	0.17844	0.17844	0.10198	0.03514	-0.02183	-0.06872	-0.10537	-0.13164	-0.14744	-0.15272	
	M	0.00000	-0.09368	-0.18700	0.81300	0.71846	0.62112	0.52135	0.41954	0.31610	0.21142	0.10592	0.00000	
0.625	Q	-0.93743	-0.93560	-0.93012	-0.93012	-0.96004	-0.98621	-1.00853	-1.02692	-1.04129	-1.05159	-1.05779	-1.05986	0.625
	V	0.00000	0.01617	0.03328	0.03328	0.04726	0.05406	0.05465	0.05003	0.04121	0.02924	0.01515	0.00000	
	V'	0.16017	0.16486	0.17890	0.17890	0.10230	0.03530	-0.02184	-0.06890	-0.10570	-0.13208	-0.14795	-0.15325	
	M	0.00000	-0.09314	-0.18589	0.81411	0.72003	0.62292	0.52317	0.42121	0.31747	0.21240	0.10642	0.00000	
0.650	Q	-0.93208	-0.93011	-0.92422	-0.92422	-0.95664	-0.98502	-1.00924	-1.02919	-1.04480	-1.05600	-1.06274	-1.06499	0.650
	V	0.00000	0.01623	0.03339	0.03339	0.04741	0.05424	0.05484	0.05020	0.04136	0.02934	0.01520	0.00000	
	V'	0.16076	0.16541	0.17937	0.17937	0.10264	0.03547	-0.02186	-0.06909	-0.10604	-0.13254	-0.14849	-0.15381	
	M	0.00000	-0.09258	-0.18473	0.81527	0.72168	0.62480	0.52507	0.42295	0.31891	0.21342	0.10695	0.00000	
0.675	Q	-0.92648	-0.92437	-0.91805	-0.91805	-0.95307	-0.98376	-1.00997	-1.03157	-1.04848	-1.06061	-1.06791	-1.07035	0.675
	V	0.00000	0.01629	0.03351	0.03351	0.04757	0.05442	0.05503	0.05039	0.04151	0.02945	0.01526	0.00000	
	V'	0.16137	0.16600	0.17987	0.17987	0.10299	0.03564	-0.02187	-0.06929	-0.10640	-0.13303	-0.14905	-0.15440	
	M	0.00000	-0.09199	-0.18352	0.81648	0.72339	0.62676	0.52706	0.42478	0.32042	0.21449	0.10751	0.00000	
0.700	Q	-0.92062	-0.91836	-0.91161	-0.91161	-0.94935	-0.98245	-1.01073	-1.03406	-1.05232	-1.06543	-1.07332	-1.07596	0.700
	V	0.00000	0.01635	0.03363	0.03363	0.04774	0.05462	0.05523	0.05057	0.04167	0.02957	0.01532	0.00000	
	V'	0.16200	0.16660	0.18039	0.18039	0.10336	0.03583	-0.02189	-0.06950	-0.10678	-0.13353	-0.14964	-0.15502	
	M	0.00000	-0.09137	-0.18226	0.81774	0.72518	0.62881	0.52914	0.42669	0.32199	0.21561	0.10809	0.00000	
0.725	Q	-0.91450	-0.91209	-0.90490	-0.90490	-0.94547	-0.98107	-1.01151	-1.03665	-1.05633	-1.07047	-1.07898	-1.08182	0.725
	V	0.00000	0.01642	0.03375	0.03375	0.04791	0.05482	0.05544	0.05077	0.04184	0.02969	0.01539	0.00000	
	V'	0.16267	0.16724	0.18093	0.18093	0.10375	0.03602	-0.02191	-0.06972	-0.10717	-0.13406	-0.15025	-0.15566	
ALPHA	X/L =	0.00	0.10	L 0.20	R 0.20	0.30	0.40	0.50	0.60	0.70	0.80	0.90	1.00	ALPHA

XM/L = 0.20

FUNKTIONEN : F.M;M - F.M;Q - F.M;V - F.M;V'

FUNKTIONEN : F.M;M - F.M;Q - F.M;V - F.M;V'

XM/L = 0.20

ALPHA	X/L =	0.00	0.10	L 0.20	R 0.20	0.30	0.40	0.50	0.60	0.70	0.80	0.90	1.00	ALPHA
	M	0.00000	-0.09073	-0.18094	0.81906	0.72705	0.63095	0.53131	0.42868	0.32363	0.21677	0.10869	0.00000	
0.750	Q	-0.90811	-0.90556	-0.89791	-0.89791	-0.94142	-0.97963	-1.01233	-1.03934	-1.06051	-1.07572	-1.08488	-1.08793	0.750
	V	0.00000	0.01649	0.03388	0.03388	0.04809	0.05503	0.05566	0.05098	0.04202	0.02982	0.01545	0.00000	
	V'	0.16336	0.16790	0.18149	0.18149	0.10415	0.03622	-0.02192	-0.06994	-0.10758	-0.13461	-0.15089	-0.15633	
	M	0.00000	-0.09005	-0.17957	0.82043	0.72899	0.63318	0.53357	0.43075	0.32534	0.21799	0.10932	0.00000	
0.775	Q	-0.90145	-0.89874	-0.89064	-0.89064	-0.93719	-0.97812	-1.01318	-1.04215	-1.06487	-1.08119	-1.09103	-1.09431	0.775
	V	0.00000	0.01656	0.03402	0.03402	0.04827	0.05524	0.05589	0.05119	0.04220	0.02995	0.01552	0.00000	
	V'	0.16409	0.16859	0.18208	0.18208	0.10457	0.03643	-0.02194	-0.07018	-0.10800	-0.13518	-0.15156	-0.15703	
	M	0.00000	-0.08935	-0.17814	0.82186	0.73102	0.63550	0.53592	0.43291	0.32713	0.21925	0.10998	0.00000	
0.800	Q	-0.89450	-0.89164	-0.88308	-0.88308	-0.93280	-0.97655	-1.01405	-1.04507	-1.06941	-1.08690	-1.09744	-1.10096	0.800
	V	0.00000	0.01663	0.03416	0.03416	0.04847	0.05547	0.05612	0.05142	0.04239	0.03008	0.01559	0.00000	
	V'	0.16484	0.16931	0.18269	0.18269	0.10501	0.03664	-0.02196	-0.07043	-0.10845	-0.13578	-0.15225	-0.15775	
	M	0.00000	-0.08863	-0.17665	0.82335	0.73313	0.63792	0.53837	0.43515	0.32898	0.22057	0.11066	0.00000	
0.825	Q	-0.88727	-0.88425	-0.87522	-0.87522	-0.92822	-0.97490	-1.01496	-1.04811	-1.07413	-1.09284	-1.10412	-1.10789	0.825
	V	0.00000	0.01671	0.03431	0.03431	0.04867	0.05571	0.05637	0.05165	0.04258	0.03023	0.01567	0.00000	
	V'	0.16562	0.17006	0.18333	0.18333	0.10546	0.03687	-0.02198	-0.07068	-0.10891	-0.13640	-0.15297	-0.15851	
	M	0.00000	-0.08787	-0.17510	0.82490	0.73532	0.64043	0.54091	0.43749	0.33091	0.22195	0.11138	0.00000	
0.850	Q	-0.87975	-0.87657	-0.86707	-0.86707	-0.92346	-0.97319	-1.01589	-1.05126	-1.07903	-1.09902	-1.11107	-1.11509	0.850
	V	0.00000	0.01679	0.03446	0.03446	0.04888	0.05595	0.05663	0.05189	0.04279	0.03037	0.01574	0.00000	
	V'	0.16644	0.17084	0.18399	0.18399	0.10593	0.03711	-0.02200	-0.07095	-0.10939	-0.13705	-0.15373	-0.15930	
	M	0.00000	-0.08708	-0.17350	0.82650	0.73759	0.64304	0.54356	0.43992	0.33292	0.22337	0.11212	0.00000	
0.875	Q	-0.87192	-0.86858	-0.85860	-0.85860	-0.91852	-0.97140	-1.01686	-1.05453	-1.08413	-1.10544	-1.11829	-1.12259	0.875
	V	0.00000	0.01687	0.03462	0.03462	0.04910	0.05621	0.05689	0.05215	0.04300	0.03053	0.01582	0.00000	
	V'	0.16729	0.17164	0.18468	0.18468	0.10643	0.03735	-0.02202	-0.07122	-0.10989	-0.13772	-0.15451	-0.16012	
	M	0.00000	-0.08626	-0.17183	0.82817	0.73995	0.64575	0.54631	0.44245	0.33501	0.22486	0.11289	0.00000	
0.900	Q	-0.86378	-0.86029	-0.84983	-0.84983	-0.91338	-0.96954	-1.01785	-1.05792	-1.08943	-1.11212	-1.12581	-1.13038	0.900
	V	0.00000	0.01696	0.03478	0.03478	0.04933	0.05648	0.05717	0.05241	0.04322	0.03069	0.01591	0.00000	
	V'	0.16817	0.17248	0.18540	0.18540	0.10694	0.03761	-0.02204	-0.07151	-0.11041	-0.13842	-0.15532	-0.16097	
	M	0.00000	-0.08541	-0.17009	0.82991	0.74241	0.64856	0.54916	0.44507	0.33718	0.22640	0.11369	0.00000	
0.925	Q	-0.85533	-0.85167	-0.84073	-0.84073	-0.90805	-0.96760	-1.01887	-1.06144	-1.09493	-1.11906	-1.13362	-1.13848	0.925
	V	0.00000	0.01705	0.03495	0.03495	0.04956	0.05675	0.05746	0.05268	0.04345	0.03085	0.01600	0.00000	
	V'	0.16908	0.17336	0.18614	0.18614	0.10747	0.03787	-0.02206	-0.07181	-0.11095	-0.13915	-0.15616	-0.16185	
	M	0.00000	-0.08453	-0.16829	0.83171	0.74495	0.65148	0.55213	0.44780	0.33943	0.22800	0.11452	0.00000	
0.950	Q	-0.84655	-0.84273	-0.83131	-0.83131	-0.90251	-0.96557	-1.01993	-1.06508	-1.10063	-1.12626	-1.14173	-1.14690	0.950
	V	0.00000	0.01714	0.03513	0.03513	0.04981	0.05704	0.05776	0.05296	0.04369	0.03103	0.01609	0.00000	
	V'	0.17003	0.17426	0.18691	0.18691	0.10802	0.03815	-0.02208	-0.07211	-0.11151	-0.13990	-0.15704	-0.16277	
	M	0.00000	-0.08361	-0.16643	0.83357	0.74759	0.65450	0.55520	0.45062	0.34177	0.22967	0.11538	0.00000	
0.975	Q	-0.83743	-0.83345	-0.82156	-0.82156	-0.89677	-0.96347	-1.02101	-1.06886	-1.10655	-1.13373	-1.15015	-1.15564	0.975
	V	0.00000	0.01724	0.03532	0.03532	0.05006	0.05733	0.05807	0.05325	0.04394	0.03121	0.01618	0.00000	
	V'	0.17102	0.17520	0.18771	0.18771	0.10859	0.03843	-0.02210	-0.07243	-0.11208	-0.14068	-0.15795	-0.16372	
ALPHA	X/L =	0.00	0.10	L 0.20	R 0.20	0.30	0.40	0.50	0.60	0.70	0.80	0.90	1.00	ALPHA

XM/L = 0.20

FUNKTIONEN : F.M;M - F.M;Q - F.M;V - F.M;V'

FUNKTIONEN : F.M;M - F.M;Q - F.M;V - F.M;V'

XM/L = 0.20

ALPHA	X/L =	0.00	0.10	L 0.20	R 0.20	0.30	0.40	0.50	0.60	0.70	0.80	0.90	1.00	ALPHA
	M	0.00000	-0.08266	-0.16449	0.83551	0.75032	0.65764	0.55839	0.45356	0.34419	0.23139	0.11628	0.00000	
1.000	Q	-0.82796	-0.82383	-0.81146	-0.81146	-0.89082	-0.96127	-1.02213	-1.07277	-1.11269	-1.14149	-1.15889	-1.16471	1.000
	V	0.00000	0.01734	0.03551	0.03551	0.05032	0.05764	0.05839	0.05356	0.04419	0.03139	0.01628	0.00000	
	V'	0.17204	0.17617	0.18854	0.18854	0.10918	0.03873	-0.02213	-0.07277	-0.11269	-0.14149	-0.15889	-0.16471	
	M	0.00000	-0.08167	-0.16248	0.83752	0.75316	0.66090	0.56170	0.45660	0.34671	0.23318	0.11721	0.00000	
1.025	Q	-0.81814	-0.81385	-0.80101	-0.80101	-0.88464	-0.95899	-1.02327	-1.07681	-1.11905	-1.14954	-1.16796	-1.17412	1.025
	V	0.00000	0.01745	0.03571	0.03571	0.05060	0.05796	0.05872	0.05387	0.04446	0.03158	0.01638	0.00000	
	V'	0.17310	0.17718	0.18940	0.18940	0.10980	0.03903	-0.02215	-0.07311	-0.11331	-0.14233	-0.15986	-0.16573	
	M	0.00000	-0.08065	-0.16041	0.83959	0.75610	0.66427	0.56512	0.45976	0.34932	0.23504	0.11817	0.00000	
1.050	Q	-0.80795	-0.80350	-0.79020	-0.79020	-0.87824	-0.95661	-1.02445	-1.08100	-1.12564	-1.15788	-1.17737	-1.18389	1.050
	V	0.00000	0.01755	0.03591	0.03591	0.05088	0.05829	0.05907	0.05420	0.04474	0.03178	0.01648	0.00000	
	V'	0.17419	0.17823	0.19029	0.19029	0.11044	0.03935	-0.02217	-0.07347	-0.11396	-0.14320	-0.16088	-0.16679	
	M	0.00000	-0.07958	-0.15825	0.84175	0.75914	0.66776	0.56868	0.46303	0.35203	0.23697	0.11917	0.00000	
1.075	Q	-0.79738	-0.79278	-0.77902	-0.77902	-0.87161	-0.95414	-1.02565	-1.08532	-1.13247	-1.16653	-1.18713	-1.19402	1.075
	V	0.00000	0.01767	0.03613	0.03613	0.05117	0.05864	0.05943	0.05454	0.04502	0.03199	0.01659	0.00000	
	V'	0.17533	0.17931	0.19122	0.19122	0.11110	0.03968	-0.02220	-0.07383	-0.11463	-0.14410	-0.16193	-0.16789	
	M	0.00000	-0.07848	-0.15602	0.84398	0.76229	0.67138	0.57236	0.46642	0.35484	0.23897	0.12021	0.00000	
1.100	Q	-0.78642	-0.78167	-0.76747	-0.76747	-0.86475	-0.95157	-1.02689	-1.08980	-1.13954	-1.17550	-1.19725	-1.20453	1.100
	V	0.00000	0.01778	0.03635	0.03635	0.05148	0.05899	0.05980	0.05489	0.04532	0.03220	0.01670	0.00000	
	V'	0.17651	0.18044	0.19217	0.19217	0.11178	0.04002	-0.02223	-0.07422	-0.11532	-0.14504	-0.16302	-0.16903	
	M	0.00000	-0.07734	-0.15371	0.84629	0.76555	0.67513	0.57617	0.46993	0.35775	0.24104	0.12129	0.00000	
1.125	Q	-0.77506	-0.77016	-0.75552	-0.75552	-0.85763	-0.94889	-1.02816	-1.09443	-1.14686	-1.18479	-1.20775	-1.21543	1.125
	V	0.00000	0.01790	0.03658	0.03658	0.05179	0.05936	0.06018	0.05525	0.04563	0.03243	0.01682	0.00000	
	V'	0.17773	0.18160	0.19317	0.19317	0.11249	0.04038	-0.02225	-0.07461	-0.11604	-0.14601	-0.16415	-0.17022	
	M	0.00000	-0.07616	-0.15131	0.84869	0.76893	0.67901	0.58012	0.47357	0.36076	0.24319	0.12240	0.00000	
1.150	Q	-0.76328	-0.75824	-0.74318	-0.74318	-0.85026	-0.94611	-1.02946	-1.09922	-1.15445	-1.19443	-1.21863	-1.22673	1.150
	V	0.00000	0.01803	0.03681	0.03681	0.05212	0.05974	0.06058	0.05563	0.04594	0.03266	0.01694	0.00000	
	V'	0.17900	0.18281	0.19419	0.19419	0.11322	0.04075	-0.02228	-0.07502	-0.11678	-0.14701	-0.16531	-0.17144	
	M	0.00000	-0.07493	-0.14883	0.85117	0.77242	0.68303	0.58421	0.47734	0.36389	0.24542	0.12356	0.00000	
1.175	Q	-0.75107	-0.74589	-0.73042	-0.73042	-0.84263	-0.94322	-1.03080	-1.10416	-1.16230	-1.20441	-1.22991	-1.23845	1.175
	V	0.00000	0.01816	0.03706	0.03706	0.05246	0.06014	0.06100	0.05602	0.04627	0.03290	0.01706	0.00000	
	V'	0.18031	0.18406	0.19526	0.19526	0.11398	0.04113	-0.02231	-0.07545	-0.11756	-0.14806	-0.16653	-0.17271	
	M	0.00000	-0.07366	-0.14627	0.85373	0.77604	0.68719	0.58845	0.48125	0.36713	0.24773	0.12476	0.00000	
1.200	Q	-0.73841	-0.73310	-0.71724	-0.71724	-0.83473	-0.94021	-1.03216	-1.10927	-1.17043	-1.21475	-1.24160	-1.25060	1.200
	V	0.00000	0.01829	0.03731	0.03731	0.05281	0.06055	0.06142	0.05642	0.04662	0.03314	0.01719	0.00000	
	V'	0.18166	0.18535	0.19636	0.19636	0.11477	0.04152	-0.02234	-0.07588	-0.11835	-0.14913	-0.16778	-0.17403	
	M	0.00000	-0.07235	-0.14361	0.85639	0.77979	0.69149	0.59284	0.48530	0.37048	0.25012	0.12600	0.00000	
1.225	Q	-0.72529	-0.71985	-0.70363	-0.70363	-0.82654	-0.93707	-1.03356	-1.11456	-1.17885	-1.22547	-1.25373	-1.26319	1.225
	V	0.00000	0.01843	0.03758	0.03758	0.05317	0.06097	0.06187	0.05684	0.04697	0.03340	0.01733	0.00000	
	V'	0.18307	0.18669	0.19750	0.19750	0.11559	0.04193	-0.02236	-0.07634	-0.11918	-0.15025	-0.16908	-0.17539	
ALPHA	X/L =	0.00	0.10	L 0.20	R 0.20	0.30	0.40	0.50	0.60	0.70	0.80	0.90	1.00	ALPHA

XM/L = 0.20

FUNKTIONEN : F.M;M - F.M;Q - F.M;V - F.M;V'

D R U C K S T A E B E -30-

FUNKTIONEN : F.M;M - F.M;Q - F.M;V - F.M;V'

XM/L = 0.20

ALPHA	X/L =	0.00	0.10	L 0.20	R 0.20	0.30	0.40	0.50	0.60	0.70	0.80	0.90	1.00	ALPHA
	M	0.00000	-0.07098	-0.14086	0.85914	0.78366	0.69595	0.59738	0.48949	0.37396	0.25260	0.12729	0.00000	
1.250	Q	-0.71168	-0.70613	-0.68956	-0.68956	-0.81807	-0.93382	-1.03499	-1.12001	-1.18756	-1.23657	-1.26629	-1.27625	1.250
	V	0.00000	0.01857	0.03785	0.03785	0.05354	0.06141	0.06233	0.05728	0.04734	0.03366	0.01747	0.00000	
	V'	0.18452	0.18808	0.19868	0.19868	0.11643	0.04236	-0.02239	-0.07681	-0.12004	-0.15141	-0.17043	-0.17680	
	M	0.00000	-0.06957	-0.13801	0.86199	0.78767	0.70057	0.60209	0.49384	0.37757	0.25517	0.12863	0.00000	
1.275	Q	-0.69759	-0.69193	-0.67503	-0.67503	-0.80930	-0.93043	-1.03645	-1.12565	-1.19658	-1.24808	-1.27932	-1.28979	1.275
	V	0.00000	0.01872	0.03813	0.03813	0.05393	0.06186	0.06280	0.05772	0.04772	0.03394	0.01761	0.00000	
	V'	0.18603	0.18951	0.19990	0.19990	0.11731	0.04280	-0.02242	-0.07730	-0.12092	-0.15260	-0.17182	-0.17826	
	M	0.00000	-0.06811	-0.13506	0.86494	0.79182	0.70535	0.60696	0.49834	0.38131	0.25784	0.13002	0.00000	
1.300	Q	-0.68298	-0.67721	-0.66002	-0.66002	-0.80021	-0.92690	-1.03795	-1.13148	-1.20592	-1.26000	-1.29282	-1.30382	1.300
	V	0.00000	0.01887	0.03843	0.03843	0.05433	0.06234	0.06329	0.05819	0.04811	0.03422	0.01776	0.00000	
	V'	0.18759	0.19100	0.20117	0.20117	0.11822	0.04325	-0.02246	-0.07780	-0.12184	-0.15385	-0.17327	-0.17978	
	M	0.00000	-0.06659	-0.13201	0.86799	0.79612	0.71029	0.61201	0.50300	0.38518	0.26060	0.13145	0.00000	
1.325	Q	-0.66783	-0.66197	-0.64452	-0.64452	-0.79081	-0.92324	-1.03948	-1.13750	-1.21558	-1.27235	-1.30682	-1.31837	1.325
	V	0.00000	0.01903	0.03873	0.03873	0.05475	0.06282	0.06380	0.05867	0.04852	0.03452	0.01791	0.00000	
	V'	0.18920	0.19254	0.20248	0.20248	0.11916	0.04372	-0.02249	-0.07832	-0.12279	-0.15513	-0.17476	-0.18134	
	M	0.00000	-0.06501	-0.12885	0.87115	0.80057	0.71541	0.61724	0.50784	0.38919	0.26346	0.13294	0.00000	
1.350	Q	-0.65212	-0.64619	-0.62850	-0.62850	-0.78107	-0.91942	-1.04104	-1.14372	-1.22559	-1.28515	-1.32133	-1.33346	1.350
	V	0.00000	0.01920	0.03904	0.03904	0.05518	0.06333	0.06433	0.05917	0.04894	0.03482	0.01807	0.00000	
	V'	0.19088	0.19413	0.20384	0.20384	0.12013	0.04421	-0.02252	-0.07886	-0.12378	-0.15646	-0.17631	-0.18297	
	M	0.00000	-0.06338	-0.12557	0.87443	0.80517	0.72072	0.62266	0.51285	0.39335	0.26643	0.13449	0.00000	
1.375	Q	-0.63584	-0.62984	-0.61195	-0.61195	-0.77098	-0.91545	-1.04264	-1.15015	-1.23595	-1.29842	-1.33638	-1.34911	1.375
	V	0.00000	0.01937	0.03937	0.03937	0.05563	0.06385	0.06488	0.05969	0.04938	0.03514	0.01824	0.00000	
	V'	0.19261	0.19579	0.20525	0.20525	0.12114	0.04472	-0.02255	-0.07942	-0.12480	-0.15784	-0.17792	-0.18465	
	M	0.00000	-0.06169	-0.12218	0.87782	0.80994	0.72621	0.62827	0.51804	0.39767	0.26951	0.13609	0.00000	
1.400	Q	-0.61896	-0.61291	-0.59486	-0.59486	-0.76053	-0.91132	-1.04427	-1.15679	-1.24668	-1.31217	-1.35199	-1.36534	1.400
	V	0.00000	0.01954	0.03970	0.03970	0.05609	0.06439	0.06544	0.06022	0.04983	0.03547	0.01841	0.00000	
	V'	0.19441	0.19750	0.20671	0.20671	0.12218	0.04525	-0.02259	-0.08000	-0.12586	-0.15927	-0.17958	-0.18640	
	M	0.00000	-0.05994	-0.11867	0.88133	0.81487	0.73190	0.63408	0.52342	0.40214	0.27271	0.13775	0.00000	
1.425	Q	-0.60145	-0.59536	-0.57719	-0.57719	-0.74970	-0.90701	-1.04594	-1.16366	-1.25779	-1.32643	-1.36817	-1.38218	1.425
	V	0.00000	0.01973	0.04005	0.04005	0.05657	0.06495	0.06603	0.06078	0.05030	0.03581	0.01859	0.00000	
	V'	0.19627	0.19927	0.20822	0.20822	0.12326	0.04579	-0.02262	-0.08060	-0.12695	-0.16075	-0.18131	-0.18821	
	M	0.00000	-0.05813	-0.11503	0.88497	0.81998	0.73779	0.64011	0.52900	0.40678	0.27602	0.13948	0.00000	
1.450	Q	-0.58329	-0.57717	-0.55894	-0.55894	-0.73848	-0.90253	-1.04764	-1.17076	-1.26930	-1.34121	-1.38496	-1.39965	1.450
	V	0.00000	0.01992	0.04041	0.04041	0.05707	0.06554	0.06664	0.06135	0.05079	0.03616	0.01878	0.00000	
	V'	0.19820	0.20111	0.20978	0.20978	0.12438	0.04636	-0.02266	-0.08122	-0.12809	-0.16229	-0.18310	-0.19008	
	M	0.00000	-0.05624	-0.11126	0.88874	0.82528	0.74389	0.64636	0.53478	0.41159	0.27946	0.14126	0.00000	
1.475	Q	-0.56445	-0.55832	-0.54007	-0.54007	-0.72686	-0.89787	-1.04938	-1.17809	-1.28123	-1.35654	-1.40239	-1.41778	1.475
	V	0.00000	0.02011	0.04079	0.04079	0.05758	0.06614	0.06727	0.06195	0.05129	0.03652	0.01897	0.00000	
	V'	0.20019	0.20301	0.21140	0.21140	0.12555	0.04694	-0.02269	-0.08186	-0.12926	-0.16388	-0.18495	-0.19203	
ALPHA	X/L =	0.00	0.10	L 0.20	R 0.20	0.30	0.40	0.50	0.60	0.70	0.80	0.90	1.00	ALPHA

XM/L = 0.20

FUNKTIONEN : F.M;M - F.M;Q - F.M;V - F.M;V'

D R U C K S T A E B E -30-

FUNKTIONEN : F.M;M - F.M;Q - F.M;V - F.M;V'

XM/L = 0.20

ALPHA	X/L =	0.00	0.10	L 0.20	R 0.20	0.30	0.40	0.50	0.60	0.70	0.80	0.90	1.00	ALPHA
	M	0.00000	-0.05429	-0.10735	0.89265	0.83076	0.75022	0.65283	0.54078	0.41658	0.28303	0.14312	0.00000	
1.500	Q	-0.54490	-0.53878	-0.52056	-0.52056	-0.71481	-0.89301	-1.05115	-1.18568	-1.29359	-1.37244	-1.42047	-1.43660	1.500
	V	0.00000	0.02032	0.04118	0.04118	0.05812	0.06676	0.06792	0.06257	0.05181	0.03690	0.01917	0.00000	
	V'	0.20227	0.20499	0.21308	0.21308	0.12675	0.04755	-0.02273	-0.08252	-0.13048	-0.16553	-0.18688	-0.19405	
	M	0.00000	-0.05226	-0.10330	0.89670	0.83644	0.75678	0.65954	0.54700	0.42176	0.28673	0.14505	0.00000	
1.525	Q	-0.52461	-0.51852	-0.50040	-0.50040	-0.70232	-0.88794	-1.05295	-1.19352	-1.30639	-1.38894	-1.43924	-1.45614	1.525
	V	0.00000	0.02053	0.04158	0.04158	0.05867	0.06741	0.06860	0.06321	0.05236	0.03730	0.01937	0.00000	
	V'	0.20441	0.20703	0.21483	0.21483	0.12800	0.04818	-0.02277	-0.08321	-0.13175	-0.16724	-0.18887	-0.19614	
	M	0.00000	-0.05015	-0.09910	0.90090	0.84233	0.76357	0.66651	0.55346	0.42714	0.29058	0.14705	0.00000	
1.550	Q	-0.50354	-0.49751	-0.47954	-0.47954	-0.68937	-0.88266	-1.05480	-1.20164	-1.31967	-1.40606	-1.45874	-1.47644	1.550
	V	0.00000	0.02075	0.04200	0.04200	0.05924	0.06809	0.06931	0.06387	0.05292	0.03770	0.01959	0.00000	
	V'	0.20664	0.20915	0.21663	0.21663	0.12930	0.04884	-0.02281	-0.08393	-0.13306	-0.16902	-0.19094	-0.19831	
	M	0.00000	-0.04797	-0.09475	0.90525	0.84844	0.77062	0.67373	0.56016	0.43272	0.29457	0.14913	0.00000	
1.575	Q	-0.48167	-0.47570	-0.45797	-0.45797	-0.67593	-0.87716	-1.05668	-1.21004	-1.33344	-1.42383	-1.47898	-1.49752	1.575
	V	0.00000	0.02098	0.04243	0.04243	0.05984	0.06878	0.07004	0.06457	0.05350	0.03813	0.01981	0.00000	
	V'	0.20895	0.21136	0.21851	0.21851	0.13064	0.04952	-0.02285	-0.08467	-0.13442	-0.17086	-0.19309	-0.20056	
	M	0.00000	-0.04570	-0.09023	0.90977	0.85477	0.77794	0.68123	0.56712	0.43852	0.29873	0.15129	0.00000	
1.600	Q	-0.45894	-0.45308	-0.43564	-0.43564	-0.66199	-0.87142	-1.05859	-1.21872	-1.34772	-1.44229	-1.50002	-1.51942	1.600
	V	0.00000	0.02121	0.04288	0.04288	0.06046	0.06951	0.07079	0.06528	0.05411	0.03856	0.02004	0.00000	
	V'	0.21135	0.21364	0.22045	0.22045	0.13204	0.05023	-0.02289	-0.08544	-0.13583	-0.17277	-0.19532	-0.20290	
	M	0.00000	-0.04334	-0.08554	0.91446	0.86134	0.78553	0.68901	0.57435	0.44455	0.30304	0.15354	0.00000	
1.625	Q	-0.43532	-0.42959	-0.41254	-0.41254	-0.64751	-0.86543	-1.06055	-1.22772	-1.36254	-1.46146	-1.52188	-1.54220	1.625
	V	0.00000	0.02146	0.04335	0.04335	0.06110	0.07026	0.07158	0.06603	0.05474	0.03902	0.02028	0.00000	
	V'	0.21384	0.21601	0.22247	0.22247	0.13349	0.05096	-0.02293	-0.08624	-0.13729	-0.17476	-0.19764	-0.20533	
	M	0.00000	-0.04089	-0.08067	0.91933	0.86816	0.79340	0.69710	0.58186	0.45081	0.30752	0.15588	0.00000	
1.650	Q	-0.41078	-0.40520	-0.38861	-0.38861	-0.63249	-0.85918	-1.06254	-1.23703	-1.37792	-1.48139	-1.54461	-1.56588	1.650
	V	0.00000	0.02171	0.04383	0.04383	0.06177	0.07104	0.07240	0.06680	0.05540	0.03949	0.02052	0.00000	
	V'	0.21643	0.21848	0.22457	0.22457	0.13499	0.05172	-0.02297	-0.08706	-0.13882	-0.17682	-0.20004	-0.20785	
	M	0.00000	-0.03835	-0.07562	0.92438	0.87523	0.80158	0.70550	0.58966	0.45733	0.31219	0.15831	0.00000	
1.675	Q	-0.38525	-0.37986	-0.36383	-0.36383	-0.61688	-0.85266	-1.06457	-1.24668	-1.39390	-1.50210	-1.56825	-1.59051	1.675
	V	0.00000	0.02198	0.04433	0.04433	0.06246	0.07185	0.07324	0.06760	0.05608	0.03999	0.02078	0.00000	
	V'	0.21911	0.22103	0.22675	0.22675	0.13655	0.05252	-0.02301	-0.08792	-0.14040	-0.17896	-0.20254	-0.21048	
	M	0.00000	-0.03570	-0.07036	0.92964	0.88258	0.81008	0.71423	0.59778	0.46410	0.31704	0.16084	0.00000	
1.700	Q	-0.35870	-0.35352	-0.33816	-0.33816	-0.60066	-0.84584	-1.06663	-1.25668	-1.41049	-1.52364	-1.59286	-1.61615	1.700
	V	0.00000	0.02225	0.04486	0.04486	0.06318	0.07269	0.07413	0.06844	0.05678	0.04050	0.02105	0.00000	
	V'	0.22190	0.22369	0.22901	0.22901	0.13818	0.05334	-0.02306	-0.08882	-0.14204	-0.18119	-0.20514	-0.21320	
	M	0.00000	-0.03294	-0.06491	0.93509	0.89022	0.81891	0.72330	0.60622	0.47115	0.32209	0.16347	0.00000	
1.725	Q	-0.33106	-0.32615	-0.31155	-0.31155	-0.58380	-0.83872	-1.06874	-1.26734	-1.42773	-1.54604	-1.61847	-1.64285	1.725
	V	0.00000	0.02254	0.04540	0.04540	0.06392	0.07357	0.07504	0.06930	0.05752	0.04103	0.02133	0.00000	
	V'	0.22481	0.22646	0.23136	0.23136	0.13987	0.05420	-0.02310	-0.08974	-0.14375	-0.18351	-0.20784	-0.21604	

| ALPHA | X/L = | 0.00 | 0.10 | L 0.20 | R 0.20 | 0.30 | 0.40 | 0.50 | 0.60 | 0.70 | 0.80 | 0.90 | 1.00 | ALPHA |

XM/L = 0.20

FUNKTIONEN : F.M;M - F.M;Q - F.M;V - F.M;V'

FUNKTIONEN : F.M:M - F.M:Q - F.M:V - F.M:V'

XM/L = 0.20

ALPHA	X/L =	0.00	0.10	L 0.20	R 0.20	0.30	0.40	0.50	0.60	0.70	0.80	0.90	1.00	ALPHA
	M	0.00000	-0.03007	-0.05923	0.94077	0.89815	0.82809	0.73274	0.61501	0.47849	0.32735	0.16621	0.00000	
1.750	Q	-0.30228	-0.29767	-0.28396	-0.28396	-0.56626	-0.83127	-1.07089	-1.27779	-1.44566	-1.56937	-1.64514	-1.67066	1.750
	V	0.00000	0.02283	0.04597	0.04597	0.06470	0.07448	0.07600	0.07021	0.05828	0.04158	0.02162	0.00000	
	V'	0.22783	0.22933	0.23381	0.23381	0.14163	0.05510	-0.02315	-0.09071	-0.14552	-0.18592	-0.21066	-0.21899	
	M	0.00000	-0.02709	-0.05332	0.94668	0.90640	0.83765	0.74257	0.62416	0.48613	0.33283	0.16907	0.00000	
1.775	Q	-0.27231	-0.26803	-0.25533	-0.25533	-0.54802	-0.82348	-1.07307	-1.28894	-1.46431	-1.59366	-1.67293	-1.69964	1.775
	V	0.00000	0.02314	0.04655	0.04655	0.06551	0.07543	0.07699	0.07115	0.05908	0.04216	0.02192	0.00000	
	V'	0.23097	0.23233	0.23636	0.23636	0.14346	0.05603	-0.02319	-0.09171	-0.14737	-0.18843	-0.21359	-0.22206	
	M	0.00000	-0.02398	-0.04718	0.95282	0.91499	0.84759	0.75280	0.63369	0.49410	0.33855	0.17205	0.00000	
1.800	Q	-0.24107	-0.23717	-0.22561	-0.22561	-0.52902	-0.81533	-1.07529	-1.30051	-1.48371	-1.61896	-1.70191	-1.72985	1.800
	V	0.00000	0.02346	0.04717	0.04717	0.06635	0.07642	0.07802	0.07213	0.05991	0.04276	0.02224	0.00000	
	V'	0.23424	0.23544	0.23901	0.23901	0.14536	0.05700	-0.02324	-0.09275	-0.14929	-0.19104	-0.21664	-0.22526	
	M	0.00000	-0.02073	-0.04078	0.95922	0.92392	0.85794	0.76346	0.64362	0.50241	0.34451	0.17516	0.00000	
1.825	Q	-0.20849	-0.20503	-0.19476	-0.19476	-0.50923	-0.80679	-1.07756	-1.31254	-1.50392	-1.64535	-1.73213	-1.76138	1.825
	V	0.00000	0.02380	0.04781	0.04781	0.06723	0.07744	0.07910	0.07315	0.06077	0.04339	0.02257	0.00000	
	V'	0.23765	0.23869	0.24177	0.24177	0.14735	0.05801	-0.02329	-0.09384	-0.15130	-0.19376	-0.21982	-0.22860	
	M	0.00000	-0.01735	-0.03411	0.96589	0.93323	0.86873	0.77457	0.65398	0.51107	0.35073	0.17841	0.00000	
1.850	Q	-0.17450	-0.17152	-0.16269	-0.16269	-0.48861	-0.79785	-1.07987	-1.32503	-1.52497	-1.67286	-1.76367	-1.79429	1.850
	V	0.00000	0.02415	0.04847	0.04847	0.06815	0.07852	0.08023	0.07421	0.06167	0.04404	0.02291	0.00000	
	V'	0.24120	0.24207	0.24465	0.24465	0.14942	0.05906	-0.02334	-0.09497	-0.15339	-0.19660	-0.22313	-0.23208	
	M	0.00000	-0.01382	-0.02716	0.97284	0.94293	0.87997	0.78616	0.66479	0.52012	0.35722	0.18180	0.00000	
1.875	Q	-0.13902	-0.13658	-0.12935	-0.12935	-0.46710	-0.78848	-1.08221	-1.33801	-1.54691	-1.70159	-1.79661	-1.82866	1.875
	V	0.00000	0.02451	0.04916	0.04916	0.06910	0.07964	0.08140	0.07532	0.06261	0.04472	0.02327	0.00000	
	V'	0.24490	0.24560	0.24765	0.24765	0.15158	0.06017	-0.02338	-0.09615	-0.15557	-0.19956	-0.22659	-0.23571	
	M	0.00000	-0.01013	-0.01990	0.98010	0.95305	0.89170	0.79826	0.67608	0.52958	0.36401	0.18534	0.00000	
1.900	Q	-0.10195	-0.10011	-0.09467	-0.09467	-0.44466	-0.77864	-1.08460	-1.35152	-1.56980	-1.73158	-1.83104	-1.86459	1.900
	V	0.00000	0.02489	0.04989	0.04989	0.07010	0.08080	0.08262	0.07648	0.06359	0.04543	0.02364	0.00000	
	V'	0.24877	0.24928	0.25078	0.25078	0.15383	0.06132	-0.02344	-0.09737	-0.15784	-0.20265	-0.23020	-0.23950	
	M	0.00000	-0.00628	-0.01233	0.98767	0.96361	0.90394	0.81089	0.68788	0.53946	0.37110	0.18904	0.00000	
1.925	Q	-0.06320	-0.06203	-0.05857	-0.05857	-0.42123	-0.76832	-1.08703	-1.36559	-1.59369	-1.76293	-1.86703	-1.90217	1.925
	V	0.00000	0.02529	0.05064	0.05064	0.07114	0.08202	0.08390	0.07769	0.06462	0.04617	0.02403	0.00000	
	V'	0.25281	0.25312	0.25405	0.25405	0.15619	0.06252	-0.02349	-0.09866	-0.16021	-0.20588	-0.23398	-0.24346	
	M	0.00000	-0.00225	-0.00442	0.99558	0.97463	0.91674	0.82409	0.70021	0.54979	0.37853	0.19292	0.00000	
1.950	Q	-0.02266	-0.02223	-0.02096	-0.02096	-0.39674	-0.75748	-1.08951	-1.38024	-1.61865	-1.79571	-1.90470	-1.94150	1.950
	V	0.00000	0.02571	0.05143	0.05143	0.07222	0.08330	0.08523	0.07895	0.06569	0.04695	0.02444	0.00000	
	V'	0.25703	0.25714	0.25747	0.25747	0.15865	0.06378	-0.02354	-0.10000	-0.16270	-0.20926	-0.23792	-0.24760	
	M	0.00000	0.00196	0.00385	1.00385	0.98615	0.93011	0.83790	0.71312	0.56061	0.38631	0.19698	0.00000	
1.975	Q	0.01977	0.01939	0.01825	0.01825	-0.37113	-0.74608	-1.09202	-1.39551	-1.64474	-1.83002	-1.94415	-1.98269	1.975
	V	0.00000	0.02614	0.05226	0.05226	0.07336	0.08463	0.08663	0.08027	0.06681	0.04776	0.02486	0.00000	
	V'	0.26144	0.26134	0.26105	0.26105	0.16122	0.06510	-0.02359	-0.10140	-0.16529	-0.21279	-0.24205	-0.25193	
ALPHA	X/L =	0.00	0.10	L 0.20	R 0.20	0.30	0.40	0.50	0.60	0.70	0.80	0.90	1.00	ALPHA

XM/L = 0.20

FUNKTIONEN : F.M:M - F.M:Q - F.M:V - F.M:V'

FUNKTIONEN : F.M;M - F.M;Q - F.M;V - F.M;V'

XM/L = 0.20

ALPHA	X/L =	0.00	0.10	L 0.20	R 0.20	0.30	0.40	0.50	0.60	0.70	0.80	0.90	1.00	ALPHA
	M	0.00000	0.00638	0.01251	1.01251	0.99820	0.94410	0.85236	0.72664	0.57195	0.39446	0.20124	0.00000	
2.000	Q	0.06422	0.06294	0.05915	0.05915	-0.34433	-0.73409	-1.09458	-1.41144	-1.67203	-1.86595	-1.98549	-2.02587	2.000
	V	0.00000	0.02659	0.05313	0.05313	0.07455	0.08602	0.08809	0.08166	0.06799	0.04861	0.02531	0.00000	
	V'	0.26606	0.26574	0.26479	0.26479	0.16392	0.06648	-0.02365	-0.10286	-0.16801	-0.21649	-0.24637	-0.25647	
	M	0.00000	0.01101	0.02157	1.02157	1.01081	0.95874	0.86750	0.74080	0.58383	0.40300	0.20571	0.00000	
2.025	Q	0.11083	0.10857	0.10187	0.10187	-0.31626	-0.72147	-1.09719	-1.42807	-1.70060	-1.90362	-2.02886	-2.07118	2.025
	V	0.00000	0.02707	0.05403	0.05403	0.07580	0.08749	0.08962	0.08311	0.06922	0.04951	0.02578	0.00000	
	V'	0.27089	0.27034	0.26871	0.26871	0.16674	0.06792	-0.02370	-0.10439	-0.17085	-0.22036	-0.25090	-0.26122	
	M	0.00000	0.01586	0.03106	1.03106	1.02402	0.97410	0.88338	0.75567	0.59631	0.41198	0.21039	0.00000	
2.050	Q	0.15975	0.15640	0.14651	0.14651	-0.28683	-0.70817	-1.09984	-1.44546	-1.73054	-1.94315	-2.07438	-2.11875	2.050
	V	0.00000	0.02757	0.05498	0.05498	0.07710	0.08902	0.09123	0.08463	0.07051	0.05044	0.02627	0.00000	
	V'	0.27597	0.27517	0.27282	0.27282	0.16970	0.06944	-0.02376	-0.10600	-0.17383	-0.22443	-0.25565	-0.26621	
	M	0.00000	0.02096	0.04102	1.04102	1.03787	0.99020	0.90004	0.77127	0.60941	0.42141	0.21532	0.00000	
2.075	Q	0.21112	0.20660	0.19320	0.19320	-0.25596	-0.69414	-1.10254	-1.46363	-1.76194	-1.98466	-2.12222	-2.16875	2.075
	V	0.00000	0.02809	0.05598	0.05598	0.07847	0.09063	0.09291	0.08623	0.07186	0.05142	0.02678	0.00000	
	V'	0.28129	0.28024	0.27713	0.27713	0.17281	0.07104	-0.02381	-0.10768	-0.17696	-0.22869	-0.26064	-0.27145	
	M	0.00000	0.02632	0.05148	1.05148	1.05241	1.00711	0.91755	0.78767	0.62319	0.43132	0.22051	0.00000	
2.100	Q	0.26514	0.25932	0.24210	0.24210	-0.22352	-0.67933	-1.10528	-1.48267	-1.79491	-2.02829	-2.17255	-2.22135	2.100
	V	0.00000	0.02864	0.05703	0.05703	0.07991	0.09231	0.09468	0.08791	0.07329	0.05245	0.02733	0.00000	
	V'	0.28688	0.28556	0.28165	0.28165	0.17607	0.07272	-0.02387	-0.10945	-0.18025	-0.23317	-0.26588	-0.27695	
	M	0.00000	0.03196	0.06248	1.06248	1.06769	1.02488	0.93595	0.80493	0.63769	0.44176	0.22596	0.00000	
2.125	Q	0.32199	0.31475	0.29335	0.29335	-0.18942	-0.66367	-1.10807	-1.50261	-1.82956	-2.07420	-2.22553	-2.27674	2.125
	V	0.00000	0.02922	0.05813	0.05813	0.08143	0.09409	0.09654	0.08967	0.07478	0.05354	0.02790	0.00000	
	V'	0.29276	0.29116	0.28642	0.28642	0.17950	0.07448	-0.02393	-0.11130	-0.18371	-0.23788	-0.27140	-0.28274	
	M	0.00000	0.03789	0.07404	1.07404	1.08376	1.04357	0.95533	0.82310	0.65297	0.45277	0.23172	0.00000	
2.150	Q	0.38188	0.37309	0.34712	0.34712	-0.15353	-0.64712	-1.11090	-1.52353	-1.86601	-2.12256	-2.28138	-2.33514	2.150
	V	0.00000	0.02983	0.05929	0.05929	0.08302	0.09596	0.09850	0.09153	0.07636	0.05468	0.02850	0.00000	
	V'	0.29895	0.29705	0.29143	0.29143	0.18312	0.07634	-0.02399	-0.11326	-0.18735	-0.24285	-0.27720	-0.28884	
	M	0.00000	0.04416	0.08623	1.08623	1.10068	1.06327	0.97576	0.84227	0.66909	0.46438	0.23779	0.00000	
2.175	Q	0.44506	0.43457	0.40361	0.40361	-0.11571	-0.62958	-1.11379	-1.54551	-1.90441	-2.17357	-2.34031	-2.39678	2.175
	V	0.00000	0.03047	0.06051	0.06051	0.08470	0.09793	0.10057	0.09349	0.07802	0.05589	0.02913	0.00000	
	V'	0.30547	0.30325	0.29671	0.29671	0.18693	0.07830	-0.02405	-0.11531	-0.19118	-0.24808	-0.28333	-0.29526	
	M	0.00000	0.05077	0.09908	1.09908	1.11852	1.08405	0.99731	0.86250	0.68611	0.47665	0.24421	0.00000	
2.200	Q	0.51178	0.49944	0.46303	0.46303	-0.07581	-0.61099	-1.11672	-1.56852	-1.94490	-2.22743	-2.40258	-2.46192	2.200
	V	0.00000	0.03115	0.06179	0.06179	0.08647	0.10001	0.10275	0.09556	0.07978	0.05716	0.02980	0.00000	
	V'	0.31235	0.30980	0.30228	0.30228	0.19095	0.08037	-0.02412	-0.11748	-0.19523	-0.25360	-0.28979	-0.30205	
	M	0.00000	0.05775	0.11266	1.11266	1.13736	1.10598	1.02008	0.88389	0.70411	0.48963	0.25100	0.00000	
2.225	Q	0.58232	0.56797	0.52561	0.52561	-0.03365	-0.59125	-1.11970	-1.59294	-1.98765	-2.28437	-2.46846	-2.53085	2.225
	V	0.00000	0.03187	0.06316	0.06316	0.08834	0.10221	0.10505	0.09774	0.08163	0.05850	0.03050	0.00000	
	V'	0.31962	0.31672	0.30816	0.30816	0.19520	0.08257	-0.02418	-0.11977	-0.19950	-0.25944	-0.29662	-0.30922	
ALPHA	X/L =	0.00	0.10	L 0.20	R 0.20	0.30	0.40	0.50	0.60	0.70	0.80	0.90	1.00	ALPHA

XM/L = 0.20

FUNKTIONEN : F.M;M - F.M;Q - F.M;V - F.M;V'

FUNKTIONEN : F.M;M - F.M;Q - F.M;V - F.M;V'

XM/L = 0.20

ALPHA	X/L =	0.00	0.10	L 0.20	R 0.20	0.30	0.40	0.50	0.60	0.70	0.80	0.90	1.00	ALPHA
	M	0.00000	0.06515	0.12701	1.12701	1.15727	1.12918	1.04417	0.90653	0.72318	0.50338	0.25820	0.00000	
2.250	Q	0.65701	0.64045	0.59161	0.59161	0.01095	-0.57027	-1.12273	-1.61860	-2.03286	-2.34465	-2.53824	-2.60388	2.250
	V	0.00000	0.03262	0.06460	0.06460	0.09032	0.10453	0.10749	0.10005	0.08359	0.05993	0.03125	0.00000	
	V'	0.32731	0.32404	0.31439	0.31439	0.19969	0.08489	-0.02424	-0.12219	-0.20402	-0.26561	-0.30385	-0.31681	
	M	0.00000	0.07299	0.14221	1.14221	1.17835	1.15375	1.06970	0.93053	0.74340	0.51796	0.26583	0.00000	
2.275	Q	0.73621	0.71724	0.66131	0.66131	0.05819	-0.54793	-1.12581	-1.64568	-2.08074	-2.40857	-2.61228	-2.68137	2.275
	V	0.00000	0.03342	0.06612	0.06612	0.09242	0.10699	0.11007	0.10251	0.08567	0.06143	0.03204	0.00000	
	V'	0.33546	0.33179	0.32099	0.32099	0.20446	0.08735	-0.02431	-0.12475	-0.20881	-0.27215	-0.31151	-0.32486	
	M	0.00000	0.08131	0.15834	1.15834	1.20069	1.17981	1.09679	0.95601	0.76487	0.53346	0.27394	0.00000	
2.300	Q	0.82032	0.79872	0.73505	0.73505	0.10832	-0.52411	-1.12895	-1.67432	-2.13151	-2.47644	-2.69094	-2.76372	2.300
	V	0.00000	0.03427	0.06774	0.06774	0.09465	0.10961	0.11282	0.10511	0.08788	0.06304	0.03288	0.00000	
	V'	0.34411	0.34002	0.32799	0.32799	0.20951	0.08996	-0.02438	-0.12747	-0.21390	-0.27910	-0.31965	-0.33343	
	M	0.00000	0.09016	0.17547	1.17547	1.22443	1.20750	1.12559	0.98311	0.78772	0.54995	0.28258	0.00000	
2.325	Q	0.90978	0.88530	0.81318	0.81318	0.16160	-0.49868	-1.13213	-1.70465	-2.18544	-2.54863	-2.77466	-2.85138	2.325
	V	0.00000	0.03518	0.06946	0.06946	0.09702	0.11238	0.11573	0.10787	0.09022	0.06474	0.03378	0.00000	
	V'	0.35330	0.34877	0.33543	0.33543	0.21489	0.09274	-0.02444	-0.13036	-0.21930	-0.28648	-0.32830	-0.34249	
	M	0.00000	0.09959	0.19370	1.19370	1.24968	1.23696	1.15625	1.01197	0.81207	0.56753	0.29178	0.00000	
2.350	Q	1.00510	0.97748	0.89612	0.89612	0.21832	-0.47148	-1.13537	-1.73684	-2.24284	-2.62554	-2.86391	-2.94485	2.350
	V	0.00000	0.03614	0.07129	0.07129	0.09953	0.11534	0.11883	0.11081	0.09272	0.06695	0.03473	0.00000	
	V'	0.36308	0.35808	0.34334	0.34334	0.22061	0.09570	-0.02451	-0.13343	-0.22505	-0.29435	-0.33751	-0.35217	
	M	0.00000	0.10965	0.21314	1.21314	1.27660	1.26838	1.18896	1.04279	0.83807	0.58630	0.30162	0.00000	
2.375	Q	1.10686	1.07579	0.98432	0.98432	0.27882	-0.44234	-1.13866	-1.77106	-2.30402	-2.70764	-2.95924	-3.04471	2.375
	V	0.00000	0.03717	0.07324	0.07324	0.10222	0.11849	0.12214	0.11396	0.09539	0.06849	0.03574	0.00000	
	V'	0.37352	0.36801	0.35179	0.35179	0.22672	0.09887	-0.02458	-0.13670	-0.23118	-0.30274	-0.34735	-0.36250	
	M	0.00000	0.12041	0.23391	1.23391	1.30534	1.30195	1.22392	1.07573	0.86588	0.60639	0.31214	0.00000	
2.400	Q	1.21570	1.18085	1.07832	1.07832	0.34348	-0.41104	-1.14201	-1.80750	-2.36939	-2.79545	-3.06127	-3.15160	2.400
	V	0.00000	0.03826	0.07533	0.07533	0.10509	0.12187	0.12568	0.11731	0.09824	0.07055	0.03683	0.00000	
	V'	0.38467	0.37862	0.36082	0.36082	0.23324	0.10225	-0.02465	-0.14019	-0.23774	-0.31171	-0.35786	-0.37354	
	M	0.00000	0.13193	0.25615	1.25615	1.33611	1.33789	1.26137	1.11105	0.89570	0.62794	0.32343	0.00000	
2.425	Q	1.33236	1.29337	1.17870	1.17870	0.41274	-0.37738	-1.14541	-1.84641	-2.43936	-2.88957	-3.17068	-3.26625	2.425
	V	0.00000	0.03944	0.07757	0.07757	0.10817	0.12548	0.12947	0.12091	0.10130	0.07277	0.03799	0.00000	
	V'	0.39662	0.38999	0.37049	0.37049	0.24024	0.10588	-0.02473	-0.14393	-0.24476	-0.32132	-0.36912	-0.38538	
	M	0.00000	0.14431	0.28001	1.28001	1.36912	1.37646	1.30158	1.14897	0.92774	0.65110	0.33557	0.00000	
2.450	Q	1.45768	1.41415	1.28616	1.28616	0.48709	-0.34107	-1.14886	-1.88804	-2.51445	-2.99068	-3.28830	-3.38952	2.450
	V	0.00000	0.04070	0.07997	0.07997	0.11147	0.12936	0.13354	0.12478	0.10458	0.07515	0.03925	0.00000	
	V'	0.40944	0.40219	0.38087	0.38087	0.24774	0.10978	-0.02480	-0.14794	-0.25230	-0.33164	-0.38122	-0.39809	
	M	0.00000	0.15764	0.30568	1.30568	1.40461	1.41795	1.34486	1.18982	0.96226	0.67606	0.34865	0.00000	
2.475	Q	1.59264	1.54411	1.40148	1.40148	0.56710	-0.30184	-1.15238	-1.93269	-2.59521	-3.09958	-3.41504	-3.52237	2.475
	V	0.00000	0.04206	0.08255	0.08255	0.11503	0.13353	0.13792	0.12894	0.10811	0.07772	0.04059	0.00000	
	V'	0.42325	0.41532	0.39204	0.39204	0.25583	0.11397	-0.02488	-0.15226	-0.26042	-0.34275	-0.39425	-0.41177	
ALPHA	X/L =	0.00	0.10	L 0.20	R 0.20	0.30	0.40	0.50	0.60	0.70	0.80	0.90	1.00	ALPHA

XM/L = 0.20

FUNKTIONEN : F.M;M - F.M;Q - F.M;V - F.M;V'

FUNKTIONEN : F.M;M - F.M;Q - F.M;V - F.M;V'

XM/L = 0.20

ALPHA	X/L =	0.00	0.10	L 0.20	R 0.20	0.30	0.40	0.50	0.60	0.70	0.80	0.90	1.00	ALPHA
2.500	M	0.00000	0.17203	0.33337	1.33337	1.44289	1.46270	1.39156	1.23391	0.99954	0.70302	0.36279	0.00000	2.500
	Q	1.73837	1.68433	1.52556	1.52556	0.65344	-0.25932	-1.15595	-1.98071	-2.68232	-3.21716	-3.55196	-3.66593	
	V	0.00000	0.04353	0.08534	0.08534	0.11886	0.13803	0.14265	0.13343	0.11193	0.08048	0.04205	0.00000	
	V'	0.43814	0.42949	0.40409	0.40409	0.26455	0.11851	-0.02495	-0.15691	-0.26917	-0.35474	-0.40831	-0.42655	
2.525	M	0.00000	0.18761	0.36332	1.36332	1.48428	1.51111	1.44211	1.28165	1.03991	0.73223	0.37810	0.00000	2.525
	Q	1.89617	1.83604	1.65948	1.65948	0.74687	-0.21312	-1.15958	-2.03251	-2.77653	-3.34448	-3.70032	-3.82150	
	V	0.00000	0.04511	0.08836	0.08836	0.12301	0.14291	0.14777	0.13828	0.11605	0.08348	0.04362	0.00000	
	V'	0.45426	0.44483	0.41713	0.41713	0.27399	0.12342	-0.02503	-0.16195	-0.27864	-0.36773	-0.42354	-0.44254	
2.550	M	0.00000	0.20452	0.39582	1.39582	1.52918	1.56364	1.49698	1.33350	1.08378	0.76397	0.39475	0.00000	2.550
	Q	2.06757	2.00071	1.80446	1.80446	0.84828	-0.16276	-1.16327	-2.08855	-2.87876	-3.48278	-3.86157	-3.99061	
	V	0.00000	0.04683	0.09163	0.09163	0.12752	0.14820	0.15332	0.14356	0.12054	0.08673	0.04533	0.00000	
	V'	0.47175	0.46147	0.43129	0.43129	0.28424	0.12876	-0.02511	-0.16740	-0.28893	-0.38182	-0.44007	-0.45992	
2.575	M	0.00000	0.22295	0.43120	1.43120	1.57805	1.62084	1.55675	1.39001	1.13161	0.79859	0.41291	0.00000	2.575
	Q	2.25436	2.18004	1.96195	1.96195	0.95874	-0.10769	-1.16702	-2.14940	-2.99004	-3.63352	-4.03740	-4.17506	
	V	0.00000	0.04871	0.09520	0.09520	0.13242	0.15396	0.15937	0.14931	0.12542	0.09028	0.04719	0.00000	
	V'	0.49081	0.47960	0.44671	0.44671	0.29541	0.13457	-0.02519	-0.17335	-0.30013	-0.39718	-0.45809	-0.47885	
2.600	M	0.00000	0.24311	0.46987	1.46987	1.63144	1.68335	1.62210	1.45181	1.18393	0.83647	0.43278	0.00000	2.600
	Q	2.45868	2.37604	2.13369	2.13369	1.07950	-0.04725	-1.17083	-2.21571	-3.11164	-3.79841	-4.22985	-4.37696	
	V	0.00000	0.05076	0.09909	0.09909	0.13779	0.16026	0.16599	0.15559	0.13076	0.09415	0.04923	0.00000	
	V'	0.51164	0.49941	0.46356	0.46356	0.30762	0.14094	-0.02527	-0.17934	-0.31237	-0.41397	-0.47779	-0.49955	
2.625	M	0.00000	0.26524	0.51230	1.51230	1.69001	1.75194	1.69383	1.51968	1.24142	0.87810	0.45462	0.00000	2.625
	Q	2.68307	2.59116	2.32172	2.32172	1.21205	0.01933	-1.17471	-2.28826	-3.24505	-3.97951	-4.44133	-4.59887	
	V	0.00000	0.05300	0.10337	0.10337	0.14367	0.16717	0.17325	0.16249	0.13662	0.09841	0.05146	0.00000	
	V'	0.53450	0.52117	0.48206	0.48206	0.32102	0.14793	-0.02535	-0.18696	-0.32581	-0.43240	-0.49942	-0.52229	
2.650	M	0.00000	0.28964	0.55906	1.55906	1.75454	1.82753	1.77292	1.59455	1.30484	0.92405	0.47873	0.00000	2.650
	Q	2.93058	2.82828	2.52852	2.52852	1.35818	0.09301	-1.17864	-2.36802	-3.39206	-4.17930	-4.67475	-4.84384	
	V	0.00000	0.05548	0.10809	0.10809	0.15017	0.17480	0.18126	0.17010	0.14309	0.10310	0.05393	0.00000	
	V'	0.55971	0.54514	0.50246	0.50246	0.33580	0.15564	-0.02544	-0.19480	-0.34063	-0.45273	-0.52328	-0.54736	
2.675	M	0.00000	0.31668	0.61084	1.61084	1.82599	1.91124	1.86056	1.67753	1.37517	0.97500	0.50548	0.00000	2.675
	Q	3.20492	3.09094	2.75710	2.75710	1.52008	0.17494	-1.18265	-2.45611	-3.55487	-4.40077	-4.93364	-5.11557	
	V	0.00000	0.05823	0.11332	0.11332	0.15736	0.18325	0.19014	0.17853	0.15026	0.10831	0.05667	0.00000	
	V'	0.58764	0.57171	0.52505	0.52505	0.35218	0.16420	-0.02553	-0.20349	-0.35704	-0.47526	-0.54973	-0.57515	
2.700	M	0.00000	0.34682	0.66850	1.66850	1.90552	2.00447	1.95818	1.77000	1.45357	1.03182	0.53530	0.00000	2.700
	Q	3.51067	3.38348	3.01113	3.01113	1.70042	0.26651	-1.18672	-2.55395	-3.73614	-4.64761	-5.22232	-5.41863	
	V	0.00000	0.06129	0.11914	0.11914	0.16537	0.19266	0.20002	0.18793	0.15824	0.11410	0.05971	0.00000	
	V'	0.61875	0.60130	0.55022	0.55022	0.37043	0.17373	-0.02561	-0.213[illegible]6	-0.37533	-0.50036	-0.57919	-0.60612	
2.725	M	0.00000	0.38059	0.73310	1.73310	1.99461	2.10891	2.06759	1.87368	1.54150	1.09556	0.56876	0.00000	2.725
	Q	3.85345	3.71126	3.29519	3.29519	1.90253	0.36947	-1.19085	-2.66329	-3.93919	-4.92438	-5.54617	-5.75866	
	V	0.00000	0.06472	0.12566	0.12566	0.17434	0.20320	0.21111	0.19846	0.16719	0.12060	0.06313	0.00000	
	V'	0.65361	0.63446	0.57843	0.57843	0.39088	0.18443	-0.02570	-0.22399	-0.39582	-0.52849	-0.61223	-0.64084	

ALPHA X/L = 0.00 0.10 L 0.20 R 0.20 0.30 0.40 0.50 0.60 0.70 0.80 0.90 1.00 ALPHA

XM/L = 0.20

FUNKTIONEN : F.M;M - F.M;Q - F.M;V - F.M;V'

D R U C K S T A E B E -35-

FUNKTIONEN : F.M;M - F.M;Q - F.M;V - F.M;V'

XM/L = 0.20

ALPHA	X/L =	0.00	0.10	L 0.20	R 0.20	0.30	0.40	0.50	0.60	0.70	0.80	0.90	1.00	ALPHA
	M	0.00000	0.41871	0.80596	1.80596	2.09506	2.22672	2.19104	1.99071	1.64078	1.16754	0.60656	0.00000	
2.750	Q	4.24035	4.08102	3.61501	3.61501	2.13057	0.48602	-1.19506	-2.78632	-4.16820	-5.23683	-5.91192	-6.14274	2.750
	V	0.00000	0.06859	0.13302	0.13302	0.18447	0.21510	0.22361	0.21034	0.17729	0.12794	0.06698	0.00000	
	V'	0.69294	0.67187	0.61025	0.61025	0.41396	0.19650	-0.02579	-0.23621	-0.41893	-0.56024	-0.64951	-0.68003	
	M	0.00000	0.46206	0.88876	1.88876	2.20921	2.36062	2.33141	2.12382	1.75373	1.24945	0.64958	0.00000	
2.775	Q	4.68042	4.50136	3.97789	3.97789	2.38984	0.61893	-1.19933	-2.92582	-4.42846	-5.59225	-6.32817	-6.57989	2.775
	V	0.00000	0.07299	0.14139	0.14139	0.19599	0.22863	0.23783	0.22385	0.18878	0.13628	0.07137	0.00000	
	V'	0.73766	0.71440	0.64643	0.64643	0.44020	0.21023	-0.02588	-0.25009	-0.44522	-0.59635	-0.69191	-0.72460	
	M	0.00000	0.51178	0.98370	1.98370	2.34005	2.51414	2.49241	2.27654	1.88336	1.34348	0.69896	0.00000	
2.800	Q	5.18530	4.98336	4.39327	4.39327	2.68720	0.77182	-1.20367	-3.08541	-4.72683	-6.00008	-6.80599	-7.08179	2.800
	V	0.00000	0.07803	0.15098	0.15098	0.20919	0.24415	0.25413	0.23935	0.20196	0.14585	0.07640	0.00000	
	V'	0.78894	0.76318	0.68792	0.68792	0.47031	0.22600	-0.02598	-0.26600	-0.47536	-0.63777	-0.74056	-0.77574	
	M	0.00000	0.56939	1.09364	2.09364	2.49155	2.69194	2.67892	2.45352	2.03362	1.45250	0.75622	0.00000	
2.825	Q	5.77034	5.54161	4.87356	4.87356	3.03166	0.94942	-1.20809	-3.26982	-5.07233	-6.47273	-7.35999	-7.66377	2.825
	V	0.00000	0.08388	0.16210	0.16210	0.22449	0.26213	0.27303	0.25731	0.21723	0.15694	0.08223	0.00000	
	V'	0.84835	0.81969	0.73598	0.73598	0.50518	0.24427	-0.02607	-0.28442	-0.51028	-0.68575	-0.79693	-0.83499	
	M	0.00000	0.63691	1.22244	2.22244	2.66901	2.90025	2.89750	2.66100	2.20982	1.58035	0.82339	0.00000	
2.850	Q	6.45616	6.19573	5.43545	5.43545	3.43535	1.15811	-1.21257	-3.48543	-5.47709	-7.02688	-8.00976	-8.34644	2.850
	V	0.00000	0.09072	0.17512	0.17512	0.24241	0.28319	0.29517	0.27836	0.23513	0.16994	0.08906	0.00000	
	V'	0.91796	0.88590	0.79230	0.79230	0.54606	0.26569	-0.02617	-0.30599	-0.55120	-0.74200	-0.86300	-0.90446	
	M	0.00000	0.71714	1.37540	2.37540	2.87972	3.14765	3.15719	2.90756	2.41925	1.73235	0.90325	0.00000	
2.875	Q	7.27111	6.97267	6.10186	6.10186	3.91493	1.40663	-1.21714	-3.74099	-5.95775	-7.68545	-8.78226	-9.15815	2.875
	V	0.00000	0.09886	0.19060	0.19060	0.26371	0.30822	0.32147	0.30337	0.25639	0.18539	0.09718	0.00000	
	V'	1.00066	0.96456	0.85920	0.85920	0.59462	0.29116	-0.02627	-0.33161	-0.59980	-0.80883	-0.94152	-0.98700	
	M	0.00000	0.81400	1.56002	2.56002	3.13401	3.44627	3.47072	3.20532	2.67224	1.91600	0.99975	0.00000	
2.900	Q	8.25525	7.91054	6.90520	6.90520	4.49394	1.70738	-1.22177	-4.04889	-6.53788	-8.48087	-9.71561	-10.13897	2.900
	V	0.00000	0.10868	0.20928	0.20928	0.28942	0.33844	0.35324	0.33357	0.28207	0.20404	0.10699	0.00000	
	V'	1.10050	1.05952	0.93998	0.93998	0.65326	0.32192	-0.02637	-0.36253	-0.65849	-0.88952	-1.03634	-1.08668	
	M	0.00000	0.93327	1.78727	2.78727	3.44696	3.81385	3.85675	3.57203	2.98388	2.14225	1.11864	0.00000	
2.925	Q	9.46716	9.06505	7.89289	7.89289	5.20682	2.07845	-1.22649	-4.42724	-7.25190	-9.46053	-10.86550	-11.34747	2.925
	V	0.00000	0.12077	0.23228	0.23228	0.32107	0.37564	0.39234	0.37075	0.31370	0.22701	0.11906	0.00000	
	V'	1.22342	1.17643	1.03942	1.03942	0.72547	0.35982	-0.02647	-0.40058	-0.73074	-0.98888	-1.15310	-1.20944	
	M	0.00000	1.08372	2.07381	3.07381	3.84154	4.27737	4.34366	4.03467	3.37711	2.42777	1.26869	0.00000	
2.950	Q	10.99600	10.52100	9.13703	9.13703	6.10597	2.54739	-1.23128	-4.90357	-8.15222	-10.69654	-12.31673	-12.87281	2.950
	V	0.00000	0.13602	0.26128	0.26128	0.36099	0.42256	0.44167	0.41766	0.35359	0.25599	0.13429	0.00000	
	V'	1.37845	1.32387	1.16484	1.16484	0.81654	0.40763	-0.02658	-0.44856	-0.82186	-1.11423	-1.30040	-1.36430	
	M	0.00000	1.27937	2.44635	3.44635	4.35447	4.88003	4.97685	4.63643	3.88867	2.79927	1.46394	0.00000	
2.975	Q	12.98444	12.41406	10.75304	10.75304	7.27525	3.15828	-1.23616	-5.52199	-9.32269	-12.30434	-14.20498	-14.85765	2.975
	V	0.00000	0.15585	0.29900	0.29900	0.41291	0.48359	0.50582	0.47866	0.40547	0.29368	0.15411	0.00000	
	V'	1.58005	1.51561	1.32793	1.32793	0.93499	0.46983	-0.02668	-0.51092	-0.94035	-1.27724	-1.49198	-1.56573	
ALPHA	X/L =	0.00	0.10	L 0.20	R 0.20	0.30	0.40	0.50	0.60	0.70	0.80	0.90	1.00	ALPHA

XM/L = 0.20

FUNKTIONEN : F.M;M - F.M;Q - F.M;V - F.M;V'

FUNKTIONEN : F.M;M - F.M;Q - F.M;V - F.M;V'

XM/L = 0.30

ALPHA	X/L =	0.00	0.10	0.20	L 0.30	R 0.30	0.40	0.50	0.60	0.70	0.80	0.90	1.00	ALPHA
	M	0.00000	-0.10000	-0.20000	-0.30000	0.70000	0.60000	0.50000	0.40000	0.30000	0.20000	0.10000	0.00000	
0.000	Q	-1.00000	-1.00000	-1.00000	-1.00000	-1.00000	-1.00000	-1.00000	-1.00000	-1.00000	-1.00000	-1.00000	-1.00000	0.000
	V	0.00000	0.00800	0.01700	0.02800	0.02800	0.03700	0.04000	0.03800	0.03200	0.02300	0.01200	0.00000	
	V'	0.07833	0.08333	0.09833	0.12333	0.12333	0.05833	0.00333	-0.04167	-0.07667	-0.10167	-0.11667	-0.12167	
	M	0.00000	-0.09999	-0.19999	-0.29998	0.70002	0.60002	0.50003	0.40002	0.30002	0.20001	0.10001	0.00000	
0.025	Q	-0.99995	-0.99995	-0.99994	-0.99992	-0.99992	-0.99996	-1.00000	-1.00003	-1.00005	-1.00006	-1.00007	-1.00008	0.025
	V	0.00000	0.00800	0.01700	0.02800	0.02800	0.03700	0.04000	0.03800	0.03200	0.02300	0.01200	0.00000	
	V'	0.07834	0.08334	0.09834	0.12334	0.12334	0.05834	0.00333	-0.04167	-0.07667	-0.10167	-0.11667	-0.12167	
	M	0.00000	-0.09998	-0.19996	-0.29993	0.70007	0.60009	0.50010	0.40010	0.30008	0.20006	0.10003	0.00000	
0.050	Q	-0.99980	-0.99979	-0.99975	-0.99969	-0.99969	-0.99985	-0.99999	-1.00010	-1.00019	-1.00025	-1.00029	-1.00030	0.050
	V	0.00000	0.00800	0.01701	0.02801	0.02801	0.03701	0.04001	0.03801	0.03201	0.02301	0.01200	0.00000	
	V'	0.07836	0.08336	0.09836	0.12335	0.12335	0.05834	0.00333	-0.04168	-0.07668	-0.10169	-0.11670	-0.12170	
	M	0.00000	-0.09995	-0.19990	-0.29984	0.70016	0.60021	0.50023	0.40021	0.30018	0.20013	0.10007	0.00000	
0.075	Q	-0.99956	-0.99953	-0.99945	-0.99931	-0.99931	-0.99967	-0.99998	-1.00023	-1.00043	-1.00057	-1.00066	-1.00069	0.075
	V	0.00000	0.00801	0.01701	0.02802	0.02802	0.03702	0.04002	0.03802	0.03202	0.02301	0.01201	0.00000	
	V'	0.07840	0.08340	0.09839	0.12338	0.12338	0.05836	0.00334	-0.04169	-0.07671	-0.10172	-0.11673	-0.12174	
	M	0.00000	-0.09992	-0.19983	-0.29972	0.70028	0.60037	0.50040	0.40038	0.30032	0.20023	0.10012	0.00000	
0.100	Q	-0.99922	-0.99917	-0.99902	-0.99876	-0.99876	-0.99942	-0.99997	-1.00042	-1.00077	-1.00102	-1.00117	-1.00122	0.100
	V	0.00000	0.00801	0.01702	0.02803	0.02803	0.03704	0.04004	0.03804	0.03203	0.02302	0.01201	0.00000	
	V'	0.07845	0.08344	0.09843	0.12341	0.12341	0.05838	0.00334	-0.04170	-0.07674	-0.10177	-0.11678	-0.12179	
	M	0.00000	-0.09987	-0.19973	-0.29956	0.70044	0.60058	0.50063	0.40059	0.30050	0.20036	0.10019	0.00000	
0.125	Q	-0.99877	-0.99870	-0.99846	-0.99807	-0.99807	-0.99909	-0.99995	-1.00065	-1.00120	-1.00159	-1.00183	-1.00190	0.125
	V	0.00000	0.00802	0.01703	0.02805	0.02805	0.03706	0.04006	0.03806	0.03205	0.02304	0.01202	0.00000	
	V'	0.07851	0.08351	0.09849	0.12345	0.12345	0.05840	0.00334	-0.04172	-0.07678	-0.10182	-0.11685	-0.12186	
	M	0.00000	-0.09982	-0.19962	-0.29937	0.70063	0.60083	0.50090	0.40086	0.30072	0.20052	0.10027	0.00000	
0.150	Q	-0.99823	-0.99812	-0.99778	-0.99722	-0.99722	-0.99869	-0.99992	-1.00094	-1.00173	-1.00229	-1.00263	-1.00274	0.150
	V	0.00000	0.00803	0.01705	0.02807	0.02807	0.03708	0.04009	0.03808	0.03207	0.02305	0.01203	0.00000	
	V'	0.07859	0.08358	0.09855	0.12350	0.12350	0.05843	0.00334	-0.04175	-0.07683	-0.10189	-0.11693	-0.12194	
	M	0.00000	-0.09975	-0.19948	-0.29914	0.70086	0.60114	0.50123	0.40117	0.30098	0.20071	0.10037	0.00000	
0.175	Q	-0.99759	-0.99744	-0.99698	-0.99622	-0.99622	-0.99821	-0.99990	-1.00128	-1.00235	-1.00312	-1.00358	-1.00374	0.175
	V	0.00000	0.00803	0.01707	0.02809	0.02809	0.03711	0.04012	0.03811	0.03210	0.02307	0.01204	0.00000	
	V'	0.07868	0.08367	0.09863	0.12356	0.12356	0.05846	0.00334	-0.04178	-0.07689	-0.10197	-0.11703	-0.12204	
	M	0.00000	-0.09968	-0.19932	-0.29888	0.70112	0.60149	0.50161	0.40153	0.30129	0.20092	0.10048	0.00000	
0.200	Q	-0.99685	-0.99665	-0.99605	-0.99505	-0.99505	-0.99766	-0.99987	-1.00167	-1.00308	-1.00408	-1.00469	-1.00489	0.200
	V	0.00000	0.00805	0.01709	0.02812	0.02812	0.03715	0.04016	0.03815	0.03213	0.02309	0.01205	0.00000	
	V'	0.07879	0.08377	0.09872	0.12364	0.12364	0.05850	0.00335	-0.04181	-0.07695	-0.10206	-0.11714	-0.12216	
	M	0.00000	-0.09959	-0.19913	-0.29857	0.70143	0.60188	0.50203	0.40193	0.30163	0.20117	0.10061	0.00000	
0.225	Q	-0.99601	-0.99575	-0.99500	-0.99374	-0.99374	-0.99704	-0.99983	-1.00212	-1.00390	-1.00517	-1.00594	-1.00619	0.225
	V	0.00000	0.00806	0.01711	0.02815	0.02815	0.03719	0.04020	0.03819	0.03216	0.02312	0.01206	0.00000	
	V'	0.07891	0.08389	0.09883	0.12372	0.12372	0.05855	0.00335	-0.04185	-0.07703	-0.10217	-0.11726	-0.12229	
ALPHA	X/L =	0.00	0.10	0.20	L 0.30	R 0.30	0.40	0.50	0.60	0.70	0.80	0.90	1.00	ALPHA

XM/L = 0.30

FUNKTIONEN : F.M;M - F.M;Q - F.M;V - F.M;V'

FUNKTIONEN : F.M;M - F.M;Q - F.M;V - F.M;V'

XM/L = 0.30

ALPHA	X/L =	0.00	0.10	0.20	L 0.30	R 0.30	0.40	0.50	0.60	0.70	0.80	0.90	1.00	ALPHA
0.250	M	0.00000	-0.09950	-0.19893	-0.29824	0.70176	0.60233	0.50252	0.40239	0.30201	0.20145	0.10075	0.00000	0.250
	Q	-0.99506	-0.99475	-0.99382	-0.99226	-0.99226	-0.99634	-0.99979	-1.00262	-1.00482	-1.00639	-1.00734	-1.00765	
	V	0.00000	0.00807	0.01714	0.02819	0.02819	0.03723	0.04024	0.03823	0.03220	0.02314	0.01208	0.00000	
	V'	0.07905	0.08402	0.09895	0.12381	0.12381	0.05860	0.00335	-0.04189	-0.07712	-0.10229	-0.11740	-0.12244	
0.275	M	0.00000	-0.09939	-0.19870	-0.29786	0.70214	0.60282	0.50305	0.40290	0.30244	0.20175	0.10091	0.00000	0.275
	Q	-0.99401	-0.99363	-0.99251	-0.99063	-0.99063	-0.99556	-0.99975	-1.00317	-1.00584	-1.00775	-1.00889	-1.00927	
	V	0.00000	0.00809	0.01717	0.02823	0.02823	0.03728	0.04029	0.03828	0.03224	0.02318	0.01209	0.00000	
	V'	0.07920	0.08417	0.09908	0.12391	0.12391	0.05865	0.00336	-0.04194	-0.07721	-0.10242	-0.11756	-0.12260	
0.300	M	0.00000	-0.09927	-0.19845	-0.29746	0.70254	0.60336	0.50363	0.40345	0.30291	0.20209	0.10109	0.00000	0.300
	Q	-0.99286	-0.99241	-0.99107	-0.98884	-0.98884	-0.99472	-0.99970	-1.00378	-1.00696	-1.00923	-1.01060	-1.01105	
	V	0.00000	0.00810	0.01720	0.02828	0.02828	0.03733	0.04035	0.03834	0.03229	0.02321	0.01211	0.00000	
	V'	0.07937	0.08433	0.09922	0.12402	0.12402	0.05872	0.00336	-0.04200	-0.07732	-0.10257	-0.11773	-0.12278	
0.325	M	0.00000	-0.09914	-0.19818	-0.29701	0.70299	0.60395	0.50427	0.40406	0.30342	0.20246	0.10128	0.00000	0.325
	Q	-0.99160	-0.99107	-0.98950	-0.98689	-0.98689	-0.99379	-0.99964	-1.00444	-1.00818	-1.01085	-1.01245	-1.01299	
	V	0.00000	0.00812	0.01723	0.02832	0.02832	0.03739	0.04041	0.03840	0.03234	0.02325	0.01213	0.00000	
	V'	0.07955	0.08451	0.09937	0.12414	0.12414	0.05878	0.00337	-0.04205	-0.07743	-0.10273	-0.11791	-0.12298	
0.350	M	0.00000	-0.09900	-0.19788	-0.29652	0.70348	0.60459	0.50496	0.40471	0.30397	0.20285	0.10149	0.00000	0.350
	Q	-0.99023	-0.98962	-0.98781	-0.98478	-0.98478	-0.99279	-0.99959	-1.00516	-1.00950	-1.01260	-1.01447	-1.01509	
	V	0.00000	0.00814	0.01727	0.02838	0.02838	0.03745	0.04048	0.03846	0.03239	0.02328	0.01215	0.00000	
	V'	0.07975	0.08470	0.09954	0.12427	0.12427	0.05886	0.00337	-0.04212	-0.07755	-0.10290	-0.11811	-0.12319	
0.375	M	0.00000	-0.09885	-0.19757	-0.29600	0.70400	0.60528	0.50570	0.40542	0.30456	0.20328	0.10171	0.00000	0.375
	Q	-0.98876	-0.98806	-0.98598	-0.98251	-0.98251	-0.99171	-0.99952	-1.00593	-1.01092	-1.01450	-1.01664	-1.01736	
	V	0.00000	0.00816	0.01731	0.02843	0.02843	0.03752	0.04055	0.03853	0.03245	0.02333	0.01217	0.00000	
	V'	0.07996	0.08490	0.09972	0.12441	0.12441	0.05893	0.00338	-0.04218	-0.07769	-0.10308	-0.11833	-0.12342	
0.400	M	0.00000	-0.09869	-0.19722	-0.29544	0.70456	0.60601	0.50650	0.40618	0.30520	0.20374	0.10195	0.00000	0.400
	Q	-0.98717	-0.98638	-0.98401	-0.98007	-0.98007	-0.99056	-0.99946	-1.00676	-1.01245	-1.01652	-1.01897	-1.01979	
	V	0.00000	0.00818	0.01735	0.02849	0.02849	0.03759	0.04063	0.03860	0.03251	0.02337	0.01220	0.00000	
	V'	0.08019	0.08512	0.09992	0.12456	0.12456	0.05902	0.00339	-0.04225	-0.07783	-0.10328	-0.11857	-0.12366	
0.425	M	0.00000	-0.09852	-0.19686	-0.29484	0.70516	0.60680	0.50735	0.40699	0.30588	0.20423	0.10221	0.00000	0.425
	Q	-0.98547	-0.98458	-0.98191	-0.97747	-0.97747	-0.98932	-0.99939	-1.00765	-1.01409	-1.01869	-1.02146	-1.02238	
	V	0.00000	0.00821	0.01740	0.02856	0.02856	0.03767	0.04071	0.03868	0.03258	0.02342	0.01222	0.00000	
	V'	0.08043	0.08536	0.10013	0.12472	0.12472	0.05911	0.00339	-0.04233	-0.07798	-0.10349	-0.11881	-0.12393	
0.450	M	0.00000	-0.09833	-0.19647	-0.29420	0.70580	0.60764	0.50826	0.40785	0.30661	0.20475	0.10248	0.00000	0.450
	Q	-0.98366	-0.98266	-0.97968	-0.97471	-0.97471	-0.98801	-0.99931	-1.00859	-1.01582	-1.02100	-1.02411	-1.02515	
	V	0.00000	0.00823	0.01745	0.02863	0.02863	0.03775	0.04080	0.03876	0.03265	0.02347	0.01225	0.00000	
	V'	0.08069	0.08561	0.10035	0.12489	0.12489	0.05920	0.00340	-0.04241	-0.07814	-0.10372	-0.11908	-0.12421	
0.475	M	0.00000	-0.09814	-0.19605	-0.29352	0.70648	0.60854	0.50923	0.40877	0.30738	0.20531	0.10277	0.00000	0.475
	Q	-0.98173	-0.98062	-0.97731	-0.97178	-0.97178	-0.98662	-0.99923	-1.00959	-1.01767	-1.02345	-1.02693	-1.02809	
	V	0.00000	0.00826	0.01750	0.02870	0.02870	0.03784	0.04089	0.03885	0.03273	0.02353	0.01228	0.00000	
	V'	0.08097	0.08587	0.10058	0.12507	0.12507	0.05931	0.00341	-0.04250	-0.07832	-0.10396	-0.11936	-0.12450	

ALPHA X/L = 0.00 0.10 0.20 L 0.30 R 0.30 0.40 0.50 0.60 0.70 0.80 0.90 1.00 ALPHA

XM/L = 0.30

FUNKTIONEN : F.M;M - F.M;Q - F.M;V - F.M;V'

FUNKTIONEN : F.M;M - F.M;Q - F.M;V - F.M;V'

XM/L = 0.30

ALPHA	X/L =	0.00	0.10	0.20	L 0.30	R 0.30	0.40	0.50	0.60	0.70	0.80	0.90	1.00	ALPHA
	M	0.00000	-0.09793	-0.19561	-0.29280	0.70720	0.60948	0.51025	0.40974	0.30820	0.20590	0.10308	0.00000	
0.500	Q	-0.97969	-0.97846	-0.97479	-0.96868	-0.96868	-0.98515	-0.99915	-1.01065	-1.01962	-1.02605	-1.02992	-1.03120	0.500
	V	0.00000	0.00829	0.01756	0.02878	0.02878	0.03793	0.04099	0.03895	0.03281	0.02359	0.01231	0.00000	
	V'	0.08126	0.08615	0.10083	0.12526	0.12526	0.05941	0.00341	-0.04259	-0.07850	-0.10421	-0.11966	-0.12482	
	M	0.00000	-0.09771	-0.19514	-0.29204	0.70796	0.61048	0.51133	0.41076	0.30907	0.20652	0.10340	0.00000	
0.525	Q	-0.97752	-0.97617	-0.97213	-0.96542	-0.96542	-0.98359	-0.99906	-1.01177	-1.02169	-1.02880	-1.03307	-1.03449	0.525
	V	0.00000	0.00832	0.01762	0.02886	0.02886	0.03803	0.04110	0.03905	0.03289	0.02365	0.01234	0.00000	
	V'	0.08157	0.08645	0.10110	0.12546	0.12546	0.05953	0.00342	-0.04269	-0.07869	-0.10448	-0.11998	-0.12515	
	M	0.00000	-0.09747	-0.19465	-0.29124	0.70876	0.61154	0.51246	0.41184	0.30998	0.20717	0.10374	0.00000	
0.550	Q	-0.97523	-0.97375	-0.96933	-0.96198	-0.96198	-0.98196	-0.99896	-1.01295	-1.02387	-1.03169	-1.03639	-1.03796	0.550
	V	0.00000	0.00835	0.01768	0.02895	0.02895	0.03814	0.04121	0.03915	0.03298	0.02372	0.01238	0.00000	
	V'	0.08189	0.08677	0.10138	0.12568	0.12568	0.05965	0.00343	-0.04280	-0.07890	-0.10476	-0.12031	-0.12550	
	M	0.00000	-0.09723	-0.19413	-0.29040	0.70960	0.61264	0.51366	0.41298	0.31094	0.20786	0.10410	0.00000	
0.575	Q	-0.97281	-0.97120	-0.96639	-0.95837	-0.95837	-0.98024	-0.99886	-1.01419	-1.02616	-1.03473	-1.03989	-1.04161	0.575
	V	0.00000	0.00839	0.01774	0.02904	0.02904	0.03824	0.04132	0.03927	0.03308	0.02379	0.01241	0.00000	
	V'	0.08223	0.08710	0.10167	0.12590	0.12590	0.05977	0.00344	-0.04290	-0.07911	-0.10506	-0.12066	-0.12587	
	M	0.00000	-0.09697	-0.19359	-0.28951	0.71049	0.61381	0.51492	0.41418	0.31194	0.20859	0.10448	0.00000	
0.600	Q	-0.97027	-0.96852	-0.96329	-0.95459	-0.95459	-0.97843	-0.99876	-1.01549	-1.02856	-1.03793	-1.04357	-1.04545	0.600
	V	0.00000	0.00842	0.01781	0.02914	0.02914	0.03836	0.04144	0.03938	0.03318	0.02386	0.01245	0.00000	
	V'	0.08259	0.08744	0.10198	0.12614	0.12614	0.05990	0.00345	-0.04302	-0.07934	-0.10537	-0.12103	-0.12625	
	M	0.00000	-0.09670	-0.19301	-0.28858	0.71142	0.61503	0.51624	0.41543	0.31300	0.20935	0.10488	0.00000	
0.625	Q	-0.96759	-0.96570	-0.96004	-0.95063	-0.95063	-0.97655	-0.99865	-1.01685	-1.03108	-1.04129	-1.04743	-1.04948	0.625
	V	0.00000	0.00846	0.01788	0.02924	0.02924	0.03848	0.04157	0.03950	0.03328	0.02393	0.01249	0.00000	
	V'	0.08297	0.08781	0.10230	0.12639	0.12639	0.06004	0.00346	-0.04314	-0.07957	-0.10570	-0.12141	-0.12666	
	M	0.00000	-0.09641	-0.19241	-0.28760	0.71240	0.61631	0.51762	0.41674	0.31411	0.21015	0.10530	0.00000	
0.650	Q	-0.96478	-0.96274	-0.95664	-0.94649	-0.94649	-0.97457	-0.99853	-1.01828	-1.03372	-1.04480	-1.05147	-1.05369	0.650
	V	0.00000	0.00850	0.01796	0.02934	0.02934	0.03861	0.04171	0.03963	0.03339	0.02401	0.01253	0.00000	
	V'	0.08337	0.08819	0.10264	0.12665	0.12665	0.06019	0.00347	-0.04326	-0.07982	-0.10604	-0.12182	-0.12709	
	M	0.00000	-0.09611	-0.19178	-0.28658	0.71342	0.61765	0.51907	0.41812	0.31527	0.21098	0.10573	0.00000	
0.675	Q	-0.96183	-0.95964	-0.95307	-0.94217	-0.94217	-0.97251	-0.99841	-1.01977	-1.03649	-1.04848	-1.05570	-1.05811	0.675
	V	0.00000	0.00854	0.01804	0.02945	0.02945	0.03874	0.04185	0.03977	0.03351	0.02410	0.01258	0.00000	
	V'	0.08378	0.08859	0.10299	0.12692	0.12692	0.06034	0.00348	-0.04339	-0.08008	-0.10640	-0.12224	-0.12753	
	M	0.00000	-0.09580	-0.19112	-0.28551	0.71449	0.61905	0.52058	0.41955	0.31648	0.21185	0.10619	0.00000	
0.700	Q	-0.95873	-0.95639	-0.94935	-0.93767	-0.93767	-0.97036	-0.99829	-1.02133	-1.03937	-1.05232	-1.06012	-1.06272	0.700
	V	0.00000	0.00858	0.01812	0.02957	0.02957	0.03888	0.04199	0.03991	0.03363	0.02418	0.01262	0.00000	
	V'	0.08422	0.08901	0.10336	0.12720	0.12720	0.06050	0.00349	-0.04353	-0.08035	-0.10678	-0.12268	-0.12800	
	M	0.00000	-0.09547	-0.19043	-0.28439	0.71561	0.62051	0.52215	0.42105	0.31774	0.21276	0.10666	0.00000	
0.725	Q	-0.95550	-0.95298	-0.94547	-0.93298	-0.93298	-0.96811	-0.99816	-1.02296	-1.04238	-1.05633	-1.06473	-1.06753	0.725
	V	0.00000	0.00863	0.01821	0.02969	0.02969	0.03902	0.04215	0.04005	0.03375	0.02427	0.01267	0.00000	
	V'	0.08467	0.08945	0.10375	0.12750	0.12750	0.06066	0.00351	-0.04368	-0.08063	-0.10717	-0.12315	-0.12848	
ALPHA	X/L =	0.00	0.10	0.20	L 0.30	R 0.30	0.40	0.50	0.60	0.70	0.80	0.90	1.00	ALPHA

XM/L = 0.30

FUNKTIONEN : F.M;M - F.M;Q - F.M;V - F.M;V'

DRUCKSTAEBE -40-

FUNKTIONEN : F.M;M - F.M;Q - F.M;V - F.M;V'

XM/L = 0.30

ALPHA	X/L =	0.00	0.10	0.20	L 0.30	R 0.30	0.40	0.50	0.60	0.70	0.80	0.90	1.00	ALPHA
	M	0.00000	-0.09512	-0.18971	-0.28323	0.71677	0.62203	0.52380	0.42262	0.31906	0.21371	0.10716	0.00000	
0.750	Q	-0.95211	-0.94943	-0.94142	-0.92811	-0.92811	-0.96578	-0.99802	-1.02465	-1.04552	-1.06051	-1.06954	-1.07256	0.750
	V	0.00000	0.00867	0.01830	0.02982	0.02982	0.03917	0.04231	0.04021	0.03388	0.02437	0.01272	0.00000	
	V'	0.08514	0.08990	0.10415	0.12781	0.12781	0.06084	0.00352	-0.04383	-0.08093	-0.10758	-0.12363	-0.12899	
	M	0.00000	-0.09476	-0.18895	-0.28201	0.71799	0.62362	0.52551	0.42424	0.32043	0.21470	0.10767	0.00000	
0.775	Q	-0.94856	-0.94572	-0.93719	-0.92304	-0.92304	-0.96335	-0.99788	-1.02642	-1.04879	-1.06487	-1.07456	-1.07779	0.775
	V	0.00000	0.00872	0.01839	0.02995	0.02995	0.03933	0.04247	0.04037	0.03402	0.02447	0.01277	0.00000	
	V'	0.08564	0.09038	0.10457	0.12813	0.12813	0.06102	0.00353	-0.04398	-0.08123	-0.10800	-0.12413	-0.12952	
	M	0.00000	-0.09439	-0.18817	-0.28075	0.71925	0.62527	0.52729	0.42594	0.32186	0.21573	0.10821	0.00000	
0.800	Q	-0.94486	-0.94184	-0.93280	-0.91778	-0.91778	-0.96083	-0.99773	-1.02825	-1.05219	-1.06941	-1.07978	-1.08324	0.800
	V	0.00000	0.00877	0.01849	0.03008	0.03008	0.03949	0.04265	0.04053	0.03416	0.02457	0.01283	0.00000	
	V'	0.08615	0.09087	0.10501	0.12846	0.12846	0.06120	0.00354	-0.04414	-0.08155	-0.10845	-0.12465	-0.13007	
	M	0.00000	-0.09399	-0.18735	-0.27943	0.72057	0.62699	0.52915	0.42770	0.32335	0.21680	0.10877	0.00000	
0.825	Q	-0.94100	-0.93780	-0.92822	-0.91233	-0.91233	-0.95821	-0.99758	-1.03016	-1.05573	-1.07413	-1.08521	-1.08892	0.825
	V	0.00000	0.00883	0.01859	0.03023	0.03023	0.03966	0.04283	0.04070	0.03431	0.02468	0.01288	0.00000	
	V'	0.08668	0.09139	0.10546	0.12881	0.12881	0.06140	0.00356	-0.04431	-0.08189	-0.10891	-0.12520	-0.13064	
	M	0.00000	-0.09358	-0.18649	-0.27805	0.72195	0.62878	0.53108	0.42954	0.32490	0.21791	0.10935	0.00000	
0.850	Q	-0.93697	-0.93359	-0.92346	-0.90667	-0.90667	-0.95549	-0.99742	-1.03214	-1.05941	-1.07903	-1.09086	-1.09482	0.850
	V	0.00000	0.00888	0.01870	0.03037	0.03037	0.03984	0.04301	0.04088	0.03446	0.02479	0.01294	0.00000	
	V'	0.08724	0.09192	0.10593	0.12918	0.12918	0.06160	0.00357	-0.04449	-0.08223	-0.10939	-0.12576	-0.13123	
	M	0.00000	-0.09316	-0.18560	-0.27663	0.72337	0.63064	0.53308	0.43144	0.32650	0.21907	0.10995	0.00000	
0.875	Q	-0.93276	-0.92920	-0.91852	-0.90081	-0.90081	-0.95268	-0.99725	-1.03420	-1.06324	-1.08413	-1.09674	-1.10095	0.875
	V	0.00000	0.00894	0.01881	0.03053	0.03053	0.04002	0.04321	0.04107	0.03462	0.02490	0.01300	0.00000	
	V'	0.08782	0.09248	0.10643	0.12955	0.12955	0.06181	0.00359	-0.04467	-0.08259	-0.10989	-0.12635	-0.13185	
	M	0.00000	-0.09271	-0.18467	-0.27514	0.72486	0.63257	0.53516	0.43342	0.32817	0.22027	0.11058	0.00000	
0.900	Q	-0.92838	-0.92462	-0.91338	-0.89475	-0.89475	-0.94976	-0.99708	-1.03634	-1.06720	-1.08943	-1.10284	-1.10732	0.900
	V	0.00000	0.00900	0.01892	0.03069	0.03069	0.04021	0.04341	0.04126	0.03478	0.02502	0.01306	0.00000	
	V'	0.08842	0.09306	0.10694	0.12994	0.12994	0.06203	0.00360	-0.04486	-0.08297	-0.11041	-0.12696	-0.13249	
	M	0.00000	-0.09225	-0.18371	-0.27360	0.72640	0.63457	0.53732	0.43548	0.32991	0.22152	0.11123	0.00000	
0.925	Q	-0.92381	-0.91986	-0.90805	-0.88847	-0.88847	-0.94673	-0.99691	-1.03855	-1.07132	-1.09493	-1.10917	-1.11394	0.925
	V	0.00000	0.00906	0.01904	0.03085	0.03085	0.04041	0.04362	0.04146	0.03495	0.02515	0.01313	0.00000	
	V'	0.08904	0.09366	0.10747	0.13035	0.13035	0.06225	0.00362	-0.04506	-0.08336	-0.11095	-0.12760	-0.13316	
	M	0.00000	-0.09177	-0.18271	-0.27200	0.72800	0.63665	0.53956	0.43761	0.33171	0.22281	0.11191	0.00000	
0.950	Q	-0.91905	-0.91491	-0.90251	-0.88198	-0.88198	-0.94361	-0.99672	-1.04085	-1.07559	-1.10063	-1.11575	-1.12080	0.950
	V	0.00000	0.00912	0.01916	0.03103	0.03103	0.04061	0.04384	0.04167	0.03513	0.02528	0.01320	0.00000	
	V'	0.08969	0.09429	0.10802	0.13077	0.13077	0.06249	0.00363	-0.04526	-0.08376	-0.11151	-0.12825	-0.13385	
	M	0.00000	-0.09126	-0.18166	-0.27033	0.72967	0.63881	0.54189	0.43982	0.33357	0.22416	0.11261	0.00000	
0.975	Q	-0.91410	-0.90975	-0.89677	-0.87527	-0.87527	-0.94037	-0.99653	-1.04323	-1.08002	-1.10655	-1.12257	-1.12793	0.975
	V	0.00000	0.00919	0.01929	0.03121	0.03121	0.04083	0.04407	0.04189	0.03532	0.02541	0.01327	0.00000	
	V'	0.09037	0.09493	0.10859	0.13121	0.13121	0.06273	0.00365	-0.04548	-0.08418	-0.11208	-0.12894	-0.13457	
ALPHA	X/L =	0.00	0.10	0.20	L 0.30	R 0.30	0.40	0.50	0.60	0.70	0.80	0.90	1.00	ALPHA

XM/L = 0.30

FUNKTIONEN : F.M;M - F.M;Q - F.M;V - F.M;V'

DRUCKSTAEBE -40-

FUNKTIONEN : F.M;M - F.M;Q - F.M;V - F.M;V'

XM/L = 0.30

ALPHA	X/L =	0.00	0.10	0.20	L 0.30	R 0.30	0.40	0.50	0.60	0.70	0.80	0.90	1.00	ALPHA
	M	0.00000	-0.09074	-0.18058	-0.26861	0.73139	0.64105	0.54430	0.44211	0.33551	0.22555	0.11334	0.00000	
1.000	Q	-0.90893	-0.90439	-0.89082	-0.86834	-0.86834	-0.93702	-0.99633	-1.04570	-1.08461	-1.11269	-1.12965	-1.13532	1.000
	V	0.00000	0.00926	0.01942	0.03139	0.03139	0.04105	0.04430	0.04211	0.03551	0.02555	0.01334	0.00000	
	V'	0.09107	0.09561	0.10918	0.13166	0.13166	0.06298	0.00367	-0.04570	-0.08461	-0.11269	-0.12965	-0.13532	
	M	0.00000	-0.09020	-0.17945	-0.26682	0.73318	0.64337	0.54680	0.44449	0.33752	0.22700	0.11410	0.00000	
1.025	Q	-0.90356	-0.89882	-0.88464	-0.86118	-0.86118	-0.93356	-0.99613	-1.04825	-1.08937	-1.11905	-1.13698	-1.14298	1.025
	V	0.00000	0.00933	0.01956	0.03158	0.03158	0.04128	0.04454	0.04235	0.03571	0.02570	0.01342	0.00000	
	V'	0.09179	0.09630	0.10980	0.13213	0.13213	0.06324	0.00368	-0.04593	-0.08506	-0.11331	-0.13038	-0.13609	
	M	0.00000	-0.08963	-0.17828	-0.26496	0.73504	0.64577	0.54939	0.44695	0.33959	0.22850	0.11488	0.00000	
1.050	Q	-0.89797	-0.89303	-0.87824	-0.85379	-0.85379	-0.92998	-0.99592	-1.05089	-1.09429	-1.12564	-1.14458	-1.15092	1.050
	V	0.00000	0.00940	0.01970	0.03178	0.03178	0.04152	0.04480	0.04259	0.03591	0.02585	0.01350	0.00000	
	V'	0.09254	0.09703	0.11044	0.13262	0.13262	0.06351	0.00370	-0.04616	-0.08553	-0.11396	-0.13114	-0.13689	
	M	0.00000	-0.08904	-0.17706	-0.26303	0.73697	0.64826	0.55207	0.44950	0.34175	0.23005	0.11569	0.00000	
1.075	Q	-0.89216	-0.88701	-0.87161	-0.84616	-0.84616	-0.92628	-0.99570	-1.05363	-1.09939	-1.13247	-1.15246	-1.15915	1.075
	V	0.00000	0.00948	0.01985	0.03199	0.03199	0.04176	0.04506	0.04284	0.03613	0.02600	0.01358	0.00000	
	V'	0.09332	0.09778	0.11110	0.13312	0.13312	0.06379	0.00372	-0.04641	-0.08601	-0.11463	-0.13193	-0.13772	
	M	0.00000	-0.08843	-0.17579	-0.26103	0.73897	0.65084	0.55485	0.45215	0.34398	0.23166	0.11653	0.00000	
1.100	Q	-0.88610	-0.88075	-0.86475	-0.83829	-0.83829	-0.92246	-0.99548	-1.05646	-1.10468	-1.13954	-1.16062	-1.16768	1.100
	V	0.00000	0.00956	0.02000	0.03220	0.03220	0.04202	0.04533	0.04310	0.03635	0.02616	0.01366	0.00000	
	V'	0.09413	0.09856	0.11178	0.13364	0.13364	0.06408	0.00374	-0.04666	-0.08651	-0.11532	-0.13275	-0.13858	
	M	0.00000	-0.08780	-0.17448	-0.25896	0.74104	0.65351	0.55772	0.45488	0.34629	0.23332	0.11740	0.00000	
1.125	Q	-0.87981	-0.87425	-0.85763	-0.83017	-0.83017	-0.91852	-0.99524	-1.05939	-1.11014	-1.14686	-1.16908	-1.17652	1.125
	V	0.00000	0.00964	0.02016	0.03243	0.03243	0.04228	0.04567	0.04337	0.03658	0.02633	0.01375	0.00000	
	V'	0.09497	0.09936	0.11249	0.13418	0.13418	0.06438	0.00376	-0.04693	-0.08703	-0.11604	-0.13359	-0.13947	
	M	0.00000	-0.08713	-0.17312	-0.25681	0.74319	0.65628	0.56070	0.45772	0.34869	0.23505	0.11831	0.00000	
1.150	Q	-0.87326	-0.86749	-0.85026	-0.82180	-0.82180	-0.91444	-0.99501	-1.06242	-1.11580	-1.15445	-1.17784	-1.18567	1.150
	V	0.00000	0.00973	0.02033	0.03266	0.03266	0.04256	0.04590	0.04364	0.03681	0.02650	0.01384	0.00000	
	V'	0.09584	0.10020	0.11322	0.13474	0.13474	0.06469	0.00378	-0.04720	-0.08757	-0.11678	-0.13447	-0.14039	
	M	0.00000	-0.08645	-0.17170	-0.25458	0.74542	0.65915	0.56379	0.46065	0.35117	0.23684	0.11924	0.00000	
1.175	Q	-0.86644	-0.86047	-0.84263	-0.81317	-0.81317	-0.91024	-0.99476	-1.06556	-1.12166	-1.16230	-1.18691	-1.19515	1.175
	V	0.00000	0.00982	0.02050	0.03290	0.03290	0.04284	0.04620	0.04393	0.03706	0.02668	0.01394	0.00000	
	V'	0.09674	0.10106	0.11398	0.13532	0.13532	0.06501	0.00380	-0.04748	-0.08812	-0.11756	-0.13538	-0.14135	
	M	0.00000	-0.08573	-0.17023	-0.25227	0.74773	0.66211	0.56698	0.46369	0.35373	0.23869	0.12021	0.00000	
1.200	Q	-0.85936	-0.85318	-0.83473	-0.80427	-0.80427	-0.90590	-0.99450	-1.06880	-1.12772	-1.17043	-1.19630	-1.20497	1.200
	V	0.00000	0.00991	0.02068	0.03314	0.03314	0.04313	0.04651	0.04423	0.03731	0.02687	0.01403	0.00000	
	V'	0.09767	0.10196	0.11477	0.13592	0.13592	0.06535	0.00382	-0.04778	-0.08870	-0.11835	-0.13632	-0.14234	
	M	0.00000	-0.08499	-0.16870	-0.24988	0.75012	0.66519	0.57028	0.46684	0.35639	0.24060	0.12121	0.00000	
1.225	Q	-0.85199	-0.84560	-0.82654	-0.79510	-0.79510	-0.90142	-0.99424	-1.07215	-1.13400	-1.17885	-1.20603	-1.21513	1.225
	V	0.00000	0.01001	0.02086	0.03340	0.03340	0.04344	0.04684	0.04454	0.03758	0.02706	0.01413	0.00000	
	V'	0.09863	0.10289	0.11559	0.13654	0.13654	0.06569	0.00384	-0.04808	-0.08929	-0.11918	-0.13729	-0.14336	
ALPHA	X/L =	0.00	0.10	0.20	L 0.30	R 0.30	0.40	0.50	0.60	0.70	0.80	0.90	1.00	ALPHA

XM/L = 0.30

FUNKTIONEN : F.M;M - F.M;Q - F.M;V - F.M;V'

FUNKTIONEN : F.MIM - F.MIQ - F.MIV - F.MIV'

XM/L = 0.30

ALPHA	X/L =	0.00	0.10	0.20	L 0.30	R 0.30	0.40	0.50	0.60	0.70	0.80	0.90	1.00	ALPHA
1.250	M	0.00000	-0.08421	-0.16711	-0.24740	0.75260	0.66837	0.57371	0.47009	0.35914	0.24259	0.12225	0.00000	1.250
	Q	-0.84432	-0.83773	-0.81807	-0.78565	-0.78565	-0.89680	-0.99397	-1.07562	-1.14049	-1.18756	-1.21610	-1.22566	
	V	0.00000	0.01010	0.02105	0.03366	0.03366	0.04375	0.04717	0.04486	0.03785	0.02726	0.01424	0.00000	
	V'	0.09964	0.10385	0.11643	0.13719	0.13719	0.06605	0.00386	-0.04840	-0.08991	-0.12004	-0.13830	-0.14442	
1.275	M	0.00000	-0.08341	-0.16546	-0.24483	0.75517	0.67166	0.57725	0.47346	0.36199	0.24464	0.12332	0.00000	1.275
	Q	-0.83634	-0.82955	-0.80930	-0.77590	-0.77590	-0.89204	-0.99369	-1.07921	-1.14720	-1.19658	-1.22653	-1.23657	
	V	0.00000	0.01021	0.02125	0.03394	0.03394	0.04408	0.04752	0.04519	0.03813	0.02746	0.01435	0.00000	
	V'	0.10067	0.10485	0.11731	0.13785	0.13785	0.06641	0.00388	-0.04872	-0.09055	-0.12092	-0.13935	-0.14552	
1.300	M	0.00000	-0.08257	-0.16375	-0.24216	0.75784	0.67507	0.58091	0.47695	0.36494	0.24677	0.12443	0.00000	1.300
	Q	-0.82804	-0.82106	-0.80021	-0.76587	-0.76587	-0.88712	-0.99340	-1.08291	-1.15415	-1.20592	-1.23733	-1.24786	
	V	0.00000	0.01031	0.02145	0.03422	0.03422	0.04442	0.04788	0.04553	0.03843	0.02767	0.01446	0.00000	
	V'	0.10175	0.10588	0.11822	0.13854	0.13854	0.06679	0.00391	-0.04906	-0.09121	-0.12184	-0.14043	-0.14666	
1.325	M	0.00000	-0.08170	-0.16197	-0.23940	0.76060	0.67860	0.58471	0.48056	0.36799	0.24897	0.12559	0.00000	1.325
	Q	-0.81941	-0.81223	-0.79081	-0.75552	-0.75552	-0.88204	-0.99310	-1.08675	-1.16134	-1.21558	-1.24851	-1.25955	
	V	0.00000	0.01042	0.02166	0.03452	0.03452	0.04477	0.04825	0.04589	0.03873	0.02789	0.01457	0.00000	
	V'	0.10286	0.10695	0.11916	0.13925	0.13925	0.06719	0.00393	-0.04941	-0.09190	-0.12279	-0.14155	-0.14784	
1.350	M	0.00000	-0.08080	-0.16012	-0.23654	0.76346	0.68226	0.58863	0.48430	0.37115	0.25125	0.12678	0.00000	1.350
	Q	-0.81043	-0.80305	-0.78107	-0.74487	-0.74487	-0.87681	-0.99279	-1.09071	-1.16879	-1.22559	-1.26009	-1.27166	
	V	0.00000	0.01054	0.02188	0.03482	0.03482	0.04513	0.04863	0.04626	0.03904	0.02812	0.01469	0.00000	
	V'	0.10402	0.10806	0.12013	0.13999	0.13999	0.06760	0.00395	-0.04977	-0.09261	-0.12378	-0.14271	-0.14906	
1.375	M	0.00000	-0.07986	-0.15820	-0.23357	0.76643	0.68604	0.59270	0.48817	0.37443	0.25362	0.12802	0.00000	1.375
	Q	-0.80108	-0.79352	-0.77098	-0.73388	-0.73388	-0.87141	-0.99248	-1.09482	-1.17649	-1.23595	-1.27208	-1.28420	
	V	0.00000	0.01065	0.02211	0.03514	0.03514	0.04551	0.04903	0.04664	0.03937	0.02836	0.01482	0.00000	
	V'	0.10522	0.10921	0.12114	0.14076	0.14076	0.06802	0.00398	-0.05015	-0.09335	-0.12480	-0.14391	-0.15032	
1.400	M	0.00000	-0.07888	-0.15621	-0.23049	0.76951	0.68996	0.59691	0.49218	0.37782	0.25606	0.12930	0.00000	1.400
	Q	-0.79135	-0.78360	-0.76053	-0.72257	-0.72257	-0.86583	-0.99215	-1.09906	-1.18446	-1.24668	-1.28451	-1.29720	
	V	0.00000	0.01078	0.02234	0.03547	0.03547	0.04590	0.04945	0.04703	0.03970	0.02860	0.01495	0.00000	
	V'	0.10646	0.11041	0.12218	0.14155	0.14155	0.06845	0.00400	-0.05054	-0.09411	-0.12586	-0.14516	-0.15163	
1.425	M	0.00000	-0.07786	-0.15414	-0.22729	0.77271	0.69403	0.60127	0.49633	0.38133	0.25860	0.13062	0.00000	1.425
	Q	-0.78121	-0.77330	-0.74970	-0.71091	-0.71091	-0.86008	-0.99182	-1.10345	-1.19271	-1.25779	-1.29738	-1.31066	
	V	0.00000	0.01090	0.02259	0.03581	0.03581	0.04630	0.04987	0.04744	0.04005	0.02886	0.01508	0.00000	
	V'	0.10774	0.11164	0.12326	0.14237	0.14237	0.06890	0.00403	-0.05094	-0.09490	-0.12695	-0.14645	-0.15299	
1.450	M	0.00000	-0.07680	-0.15198	-0.22398	0.77602	0.69824	0.60579	0.50063	0.38497	0.26123	0.13200	0.00000	1.450
	Q	-0.77066	-0.76258	-0.73848	-0.69889	-0.69889	-0.85415	-0.99147	-1.10799	-1.20125	-1.26930	-1.31071	-1.32461	
	V	0.00000	0.01104	0.02284	0.03616	0.03616	0.04672	0.05032	0.04786	0.04041	0.02912	0.01522	0.00000	
	V'	0.10908	0.11292	0.12438	0.14321	0.14321	0.06937	0.00406	-0.05136	-0.09572	-0.12809	-0.14778	-0.15439	
1.475	M	0.00000	-0.07569	-0.14974	-0.22054	0.77946	0.70260	0.61047	0.50509	0.38874	0.26395	0.13342	0.00000	1.475
	Q	-0.75968	-0.75143	-0.72686	-0.68651	-0.68651	-0.84802	-0.99112	-1.11269	-1.21010	-1.28123	-1.32453	-1.33907	
	V	0.00000	0.01117	0.02310	0.03652	0.03652	0.04716	0.05078	0.04830	0.04079	0.02939	0.01536	0.00000	
	V'	0.11046	0.11425	0.12555	0.14409	0.14409	0.06986	0.00408	-0.05180	-0.09657	-0.12926	-0.14917	-0.15585	
ALPHA	X/L =	0.00	0.10	0.20	L 0.30	R 0.30	0.40	0.50	0.60	0.70	0.80	0.90	1.00	ALPHA

XM/L = 0.30

FUNKTIONEN : F.MIM - F.MIQ - F.MIV - F.MIV'

FUNKTIONEN : F.M;M - F.M;Q - F.M;V - F.M;V'

XM/L = 0.30

ALPHA	X/L =	0.00	0.10	0.20	L 0.30	R 0.30	0.40	0.50	0.60	0.70	0.80	0.90	1.00	ALPHA
	M	0.00000	-0.07454	-0.14741	-0.21697	0.78303	0.70712	0.61532	0.50971	0.39265	0.26677	0.13490	0.00000	
1.500	Q	-0.74823	-0.73983	-0.71481	-0.67374	-0.67374	-0.84170	-0.99075	-1.11756	-1.21926	-1.29359	-1.33886	-1.35406	1.500
	V	0.00000	0.01131	0.02337	0.03690	0.03690	0.04761	0.05125	0.04876	0.04118	0.02967	0.01551	0.00000	
	V'	0.11190	0.11563	0.12675	0.14500	0.14500	0.07036	0.00411	-0.05225	-0.09745	-0.13048	-0.15060	-0.15736	
	M	0.00000	-0.07335	-0.14499	-0.21327	0.78673	0.71180	0.62035	0.51449	0.39670	0.26969	0.13643	0.00000	
1.525	Q	-0.73630	-0.72776	-0.70232	-0.66058	-0.66058	-0.83517	-0.99038	-1.12259	-1.22875	-1.30639	-1.35371	-1.36960	1.525
	V	0.00000	0.01146	0.02365	0.03730	0.03730	0.04807	0.05175	0.04923	0.04158	0.02997	0.01566	0.00000	
	V'	0.11339	0.11706	0.12800	0.14595	0.14595	0.07087	0.00414	-0.05271	-0.09836	-0.13175	-0.15209	-0.15893	
	M	0.00000	-0.07210	-0.14247	-0.20942	0.79058	0.71666	0.62556	0.51945	0.40090	0.27273	0.13802	0.00000	
1.550	Q	-0.72387	-0.71519	-0.68937	-0.64701	-0.64701	-0.82843	-0.98999	-1.12781	-1.23859	-1.31967	-1.36911	-1.38572	1.550
	V	0.00000	0.01161	0.02395	0.03770	0.03770	0.04856	0.05226	0.04972	0.04200	0.03027	0.01582	0.00000	
	V'	0.11493	0.11855	0.12930	0.14693	0.14693	0.07141	0.00417	-0.05320	-0.09931	-0.13306	-0.15364	-0.16055	
	M	0.00000	-0.07080	-0.13984	-0.20543	0.79457	0.72170	0.63096	0.52460	0.40525	0.27587	0.13967	0.00000	
1.575	Q	-0.71091	-0.70211	-0.67593	-0.63302	-0.63302	-0.82147	-0.98959	-1.13321	-1.24878	-1.33344	-1.38509	-1.40244	1.575
	V	0.00000	0.01177	0.02425	0.03813	0.03813	0.04906	0.05279	0.05023	0.04243	0.03059	0.01599	0.00000	
	V'	0.11654	0.12009	0.13064	0.14794	0.14794	0.07197	0.00420	-0.05370	-0.10029	-0.13442	-0.15524	-0.16224	
	M	0.00000	-0.06944	-0.13711	-0.20127	0.79873	0.72693	0.63656	0.52994	0.40977	0.27914	0.14137	0.00000	
1.600	Q	-0.69739	-0.68848	-0.66199	-0.61858	-0.61858	-0.81428	-0.98918	-1.13881	-1.25935	-1.34772	-1.40166	-1.41980	1.600
	V	0.00000	0.01194	0.02457	0.03856	0.03856	0.04958	0.05334	0.05076	0.04288	0.03091	0.01616	0.00000	
	V'	0.11821	0.12169	0.13204	0.14899	0.14899	0.07255	0.00423	-0.05422	-0.10131	-0.13583	-0.15690	-0.16398	
	M	0.00000	-0.06803	-0.13426	-0.19696	0.80304	0.73236	0.64238	0.53547	0.41446	0.28253	0.14315	0.00000	
1.625	Q	-0.68328	-0.67428	-0.64751	-0.60369	-0.60369	-0.80685	-0.98876	-1.14462	-1.27031	-1.36254	-1.41887	-1.43781	1.625
	V	0.00000	0.01211	0.02489	0.03902	0.03902	0.05012	0.05392	0.05130	0.04335	0.03125	0.01634	0.00000	
	V'	0.11994	0.12335	0.13349	0.15008	0.15008	0.07314	0.00426	-0.05477	-0.10237	-0.13729	-0.15862	-0.16580	
	M	0.00000	-0.06655	-0.13130	-0.19248	0.80752	0.73799	0.64841	0.54122	0.41933	0.28604	0.14499	0.00000	
1.650	Q	-0.66856	-0.65948	-0.63249	-0.58831	-0.58831	-0.79917	-0.98833	-1.15064	-1.28169	-1.37792	-1.43673	-1.45651	1.650
	V	0.00000	0.01229	0.02523	0.03949	0.03949	0.05069	0.05451	0.05187	0.04383	0.03160	0.01653	0.00000	
	V'	0.12174	0.12508	0.13499	0.15122	0.15122	0.07377	0.00429	-0.05533	-0.10347	-0.13882	-0.16042	-0.16768	
	M	0.00000	-0.06501	-0.12821	-0.18781	0.81219	0.74384	0.65468	0.54719	0.42438	0.28970	0.14691	0.00000	
1.675	Q	-0.65319	-0.64405	-0.61688	-0.57244	-0.57244	-0.79124	-0.98788	-1.15688	-1.29349	-1.39390	-1.45529	-1.47594	1.675
	V	0.00000	0.01247	0.02559	0.03999	0.03999	0.05127	0.05513	0.05246	0.04433	0.03197	0.01672	0.00000	
	V'	0.12361	0.12687	0.13655	0.15239	0.15239	0.07441	0.00432	-0.05592	-0.10461	-0.14040	-0.16228	-0.16964	
	M	0.00000	-0.06341	-0.12499	-0.18296	0.81704	0.74992	0.66119	0.55339	0.42964	0.29350	0.14889	0.00000	
1.700	Q	-0.63713	-0.62795	-0.60066	-0.55605	-0.55605	-0.78303	-0.98742	-1.16335	-1.30574	-1.41049	-1.47457	-1.49614	1.700
	V	0.00000	0.01266	0.02596	0.04050	0.04050	0.05188	0.05577	0.05308	0.04486	0.03235	0.01692	0.00000	
	V'	0.12556	0.12874	0.13818	0.15361	0.15361	0.07508	0.00435	-0.05652	-0.10579	-0.14204	-0.16421	-0.17167	
	M	0.00000	-0.06173	-0.12162	-0.17791	0.82209	0.75624	0.66795	0.55983	0.43509	0.29744	0.15096	0.00000	
1.725	Q	-0.62035	-0.61115	-0.58380	-0.53912	-0.53912	-0.77453	-0.98695	-1.17008	-1.31847	-1.42773	-1.49461	-1.51713	1.725
	V	0.00000	0.01286	0.02634	0.04103	0.04103	0.05251	0.05644	0.05371	0.04540	0.03275	0.01713	0.00000	
	V'	0.12759	0.13068	0.13987	0.15488	0.15488	0.07577	0.00438	-0.05716	-0.10703	-0.14375	-0.16622	-0.17379	
ALPHA	X/L =	0.00	0.10	0.20	L 0.30	R 0.30	0.40	0.50	0.60	0.70	0.80	0.90	1.00	ALPHA

XM/L = 0.30

FUNKTIONEN : F.M;M - F.M;Q - F.M;V - F.M;V'

FUNKTIONEN : F.M;M - F.M;Q - F.M;V - F.M;V'

XM/L = 0.30

ALPHA	X/L =	0.00	0.10	0.20	L 0.30	R 0.30	0.40	0.50	0.60	0.70	0.80	0.90	1.00	ALPHA
	M	0.00000	-0.05997	-0.11812	-0.17265	0.82735	0.76282	0.67498	0.56653	0.44077	0.30155	0.15311	0.00000	
1.750	Q	-0.60281	-0.59360	-0.56626	-0.52162	-0.52162	-0.76574	-0.98647	-1.17706	-1.33170	-1.44566	-1.51546	-1.53896	1.750
	V	0.00000	0.01307	0.02674	0.04158	0.04158	0.05317	0.05714	0.05438	0.04597	0.03316	0.01734	0.00000	
	V'	0.12970	0.13270	0.14163	0.15620	0.15620	0.07649	0.00442	-0.05782	-0.10831	-0.14552	-0.16831	-0.17599	
	M	0.00000	-0.05814	-0.11445	-0.16717	0.83283	0.76966	0.68230	0.57350	0.44668	0.30582	0.15535	0.00000	
1.775	Q	-0.58446	-0.57528	-0.54802	-0.50353	-0.50353	-0.75664	-0.98597	-1.18432	-1.34545	-1.46431	-1.53715	-1.56168	1.775
	V	0.00000	0.01329	0.02715	0.04216	0.04216	0.05385	0.05786	0.05507	0.04655	0.03359	0.01757	0.00000	
	V'	0.13189	0.13481	0.14346	0.15758	0.15758	0.07724	0.00445	-0.05850	-0.10965	-0.14737	-0.17049	-0.17828	
	M	0.00000	-0.05622	-0.11062	-0.16145	0.83855	0.77678	0.68991	0.58075	0.45282	0.31026	0.15768	0.00000	
1.800	Q	-0.56525	-0.55612	-0.52902	-0.48482	-0.48482	-0.74721	-0.98546	-1.19186	-1.35976	-1.48371	-1.55972	-1.58534	1.800
	V	0.00000	0.01351	0.02759	0.04276	0.04276	0.05456	0.05861	0.05579	0.04717	0.03403	0.01780	0.00000	
	V'	0.13418	0.13700	0.14536	0.15901	0.15901	0.07802	0.00449	-0.05922	-0.11104	-0.14929	-0.17275	-0.18066	
	M	0.00000	-0.05421	-0.10662	-0.15549	0.84451	0.78419	0.69783	0.58830	0.45922	0.31489	0.16011	0.00000	
1.825	Q	-0.54514	-0.53609	-0.50923	-0.46546	-0.46546	-0.73744	-0.98493	-1.19971	-1.37464	-1.50392	-1.58324	-1.60998	1.825
	V	0.00000	0.01375	0.02804	0.04339	0.04339	0.05530	0.05940	0.05654	0.04781	0.03450	0.01805	0.00000	
	V'	0.13657	0.13929	0.14735	0.16049	0.16049	0.07883	0.00452	-0.05996	-0.11248	-0.15130	-0.17511	-0.18314	
	M	0.00000	-0.05211	-0.10244	-0.14927	0.85073	0.79192	0.70609	0.59616	0.46589	0.31972	0.16263	0.00000	
1.850	Q	-0.52407	-0.51513	-0.48861	-0.44541	-0.44541	-0.72731	-0.98439	-1.20788	-1.39014	-1.52497	-1.60775	-1.63566	1.850
	V	0.00000	0.01399	0.02851	0.04404	0.04404	0.05608	0.06022	0.05732	0.04847	0.03498	0.01830	0.00000	
	V'	0.13906	0.14167	0.14942	0.16204	0.16204	0.07967	0.00456	-0.06074	-0.11399	-0.15339	-0.17757	-0.18573	
	M	0.00000	-0.04991	-0.09806	-0.14278	0.85722	0.79998	0.71470	0.60436	0.47284	0.32475	0.16527	0.00000	
1.875	Q	-0.50199	-0.49319	-0.46710	-0.42464	-0.42464	-0.71680	-0.98384	-1.21639	-1.40630	-1.54691	-1.63330	-1.66244	1.875
	V	0.00000	0.01425	0.02900	0.04472	0.04472	0.05688	0.06107	0.05813	0.04916	0.03548	0.01857	0.00000	
	V'	0.14166	0.14416	0.15158	0.16366	0.16366	0.08055	0.00460	-0.06155	-0.11557	-0.15557	-0.18014	-0.18843	
	M	0.00000	-0.04759	-0.09348	-0.13599	0.86401	0.80839	0.72368	0.61292	0.48010	0.33000	0.16802	0.00000	
1.900	Q	-0.47882	-0.47020	-0.44466	-0.40312	-0.40312	-0.70590	-0.98327	-1.22525	-1.42314	-1.56980	-1.65997	-1.69039	1.900
	V	0.00000	0.01452	0.02951	0.04543	0.04543	0.05773	0.06196	0.05898	0.04989	0.03601	0.01884	0.00000	
	V'	0.14437	0.14676	0.15383	0.16534	0.16534	0.08147	0.00463	-0.06240	-0.11721	-0.15784	-0.18282	-0.19124	
	M	0.00000	-0.04517	-0.08867	-0.12890	0.87110	0.81717	0.73305	0.62185	0.48767	0.33548	0.17090	0.00000	
1.925	Q	-0.45450	-0.44610	-0.42123	-0.38079	-0.38079	-0.69457	-0.98268	-1.23450	-1.44071	-1.59369	-1.68781	-1.71957	1.925
	V	0.00000	0.01480	0.03004	0.04617	0.04617	0.05861	0.06289	0.05987	0.05064	0.03656	0.01913	0.00000	
	V'	0.14721	0.14948	0.15619	0.16710	0.16710	0.08242	0.00467	-0.06328	-0.11893	-0.16021	-0.18561	-0.19418	
	M	0.00000	-0.04262	-0.08363	-0.12147	0.87853	0.82634	0.74284	0.63117	0.49558	0.34121	0.17390	0.00000	
1.950	Q	-0.42895	-0.42082	-0.39674	-0.35762	-0.35762	-0.68279	-0.98208	-1.24414	-1.45905	-1.61865	-1.71690	-1.75006	1.950
	V	0.00000	0.01509	0.03060	0.04695	0.04695	0.05953	0.06386	0.06079	0.05143	0.03714	0.01943	0.00000	
	V'	0.15018	0.15232	0.15865	0.16894	0.16894	0.08342	0.00471	-0.06421	-0.12072	-0.16270	-0.18853	-0.19726	
	M	0.00000	-0.03995	-0.07834	-0.11369	0.88631	0.83594	0.75307	0.64092	0.50385	0.34719	0.17704	0.00000	
1.975	Q	-0.40209	-0.39428	-0.37113	-0.33356	-0.33356	-0.67054	-0.98146	-1.25422	-1.47821	-1.64474	-1.74731	-1.78195	1.975
	V	0.00000	0.01540	0.03119	0.04776	0.04776	0.06049	0.06488	0.06176	0.05226	0.03774	0.01975	0.00000	
	V'	0.15328	0.15529	0.16122	0.17086	0.17086	0.08446	0.00475	-0.06517	-0.12260	-0.16529	-0.19159	-0.20047	
ALPHA	X/L =	0.00	0.10	0.20	L 0.30	R 0.30	0.40	0.50	0.60	0.70	0.80	0.90	1.00	ALPHA

XM/L = 0.30

FUNKTIONEN : F.M;M - F.M;Q - F.M;V - F.M;V'

FUNKTIONEN : F.M;M - F.M;Q - F.M;V - F.M;V'

XM/L = 0.30

ALPHA	X/L =	0.00	0.10	0.20	L 0.30	R 0.30	0.40	0.50	0.60	0.70	0.80	0.90	1.00	ALPHA
	M	0.00000	-0.03714	-0.07279	-0.10554	0.89446	0.84598	0.76377	0.65112	0.51251	0.35346	0.18032	0.00000	
2.000	Q	-0.37384	-0.36639	-0.34433	-0.30855	-0.30855	-0.65780	-0.98082	-1.26475	-1.49825	-1.67203	-1.77914	-1.81533	2.000
	V	0.00000	0.01572	0.03180	0.04861	0.04861	0.06149	0.06594	0.06278	0.05313	0.03837	0.02008	0.00000	
	V'	0.15654	0.15840	0.16392	0.17286	0.17286	0.08555	0.00479	-0.06619	-0.12456	-0.16801	-0.19479	-0.20383	
	M	0.00000	-0.03418	-0.06695	-0.09700	0.90300	0.85649	0.77498	0.66179	0.52157	0.36002	0.18377	0.00000	
2.025	Q	-0.34410	-0.33707	-0.31626	-0.28253	-0.28253	-0.64452	-0.98017	-1.27577	-1.51922	-1.70060	-1.81247	-1.85028	2.025
	V	0.00000	0.01605	0.03245	0.04951	0.04951	0.06255	0.06706	0.06384	0.05403	0.03902	0.02043	0.00000	
	V'	0.15995	0.16167	0.16674	0.17497	0.17497	0.08669	0.00484	-0.06725	-0.12662	-0.17085	-0.19813	-0.20735	
	M	0.00000	-0.03106	-0.06081	-0.08802	0.91198	0.86751	0.78672	0.67298	0.53106	0.36690	0.18737	0.00000	
2.050	Q	-0.31276	-0.30621	-0.28683	-0.25545	-0.25545	-0.63068	-0.97950	-1.28730	-1.54119	-1.73054	-1.84741	-1.88692	2.050
	V	0.00000	0.01641	0.03312	0.05044	0.05044	0.06366	0.06823	0.06496	0.05498	0.03971	0.02079	0.00000	
	V'	0.16353	0.16509	0.16970	0.17717	0.17717	0.08788	0.00488	-0.06836	-0.12878	-0.17383	-0.20165	-0.21105	
	M	0.00000	-0.02777	-0.05435	-0.07859	0.92141	0.87908	0.79904	0.68472	0.54102	0.37412	0.19116	0.00000	
2.075	Q	-0.27970	-0.27370	-0.25596	-0.22723	-0.22723	-0.61624	-0.97881	-1.29939	-1.56422	-1.76194	-1.88407	-1.92537	2.075
	V	0.00000	0.01678	0.03383	0.05142	0.05142	0.06482	0.06945	0.06613	0.05598	0.04044	0.02117	0.00000	
	V'	0.16729	0.16869	0.17281	0.17948	0.17948	0.08913	0.00492	-0.06953	-0.13104	-0.17696	-0.20533	-0.21492	
	M	0.00000	-0.02430	-0.04753	-0.06868	0.93132	0.89123	0.81197	0.69704	0.55148	0.38169	0.19513	0.00000	
2.100	Q	-0.24480	-0.23942	-0.22352	-0.19781	-0.19781	-0.60116	-0.97810	-1.31207	-1.58838	-1.79491	-1.92257	-1.96575	2.100
	V	0.00000	0.01717	0.03457	0.05245	0.05245	0.06604	0.07074	0.06736	0.05703	0.04120	0.02157	0.00000	
	V'	0.17125	0.17247	0.17607	0.18190	0.18190	0.09044	0.00497	-0.07076	-0.13342	-0.18025	-0.20920	-0.21899	
	M	0.00000	-0.02064	-0.04034	-0.05824	0.94176	0.90400	0.82556	0.70999	0.56248	0.38966	0.19931	0.00000	
2.125	Q	-0.20792	-0.20325	-0.18942	-0.16708	-0.16708	-0.58540	-0.97738	-1.32538	-1.61377	-1.82956	-1.96304	-2.00821	2.125
	V	0.00000	0.01758	0.03536	0.05354	0.05354	0.06732	0.07210	0.06865	0.05813	0.04200	0.02199	0.00000	
	V'	0.17541	0.17644	0.17950	0.18445	0.18445	0.09182	0.00501	-0.07206	-0.13592	-0.18371	-0.21327	-0.22327	
	M	0.00000	-0.01676	-0.03275	-0.04723	0.95277	0.91744	0.83986	0.72361	0.57404	0.39804	0.20371	0.00000	
2.150	Q	-0.16891	-0.16502	-0.15353	-0.13498	-0.13498	-0.56890	-0.97663	-1.33938	-1.64047	-1.86601	-2.00563	-2.05289	2.150
	V	0.00000	0.01801	0.03618	0.05468	0.05468	0.06867	0.07352	0.07001	0.05929	0.04284	0.02244	0.00000	
	V'	0.17979	0.18063	0.18312	0.18713	0.18713	0.09326	0.00506	-0.07342	-0.13855	-0.18735	-0.21755	-0.22778	
	M	0.00000	-0.01266	-0.02472	-0.03562	0.96438	0.93160	0.85493	0.73796	0.58623	0.40687	0.20835	0.00000	
2.175	Q	-0.12759	-0.12459	-0.11571	-0.10138	-0.10138	-0.55162	-0.97586	-1.35412	-1.66858	-1.90441	-2.05050	-2.09998	2.175
	V	0.00000	0.01846	0.03705	0.05589	0.05589	0.07010	0.07503	0.07144	0.06051	0.04373	0.02290	0.00000	
	V'	0.18442	0.18505	0.18693	0.18996	0.18996	0.09478	0.00510	-0.07486	-0.14133	-0.19118	-0.22206	-0.23252	
	M	0.00000	-0.00831	-0.01622	-0.02335	0.97665	0.94654	0.87081	0.75310	0.59908	0.41619	0.21323	0.00000	
2.200	Q	-0.08379	-0.08177	-0.07581	-0.06619	-0.06619	-0.53349	-0.97507	-1.36965	-1.69821	-1.94490	-2.09784	-2.14965	2.200
	V	0.00000	0.01894	0.03797	0.05716	0.05716	0.07160	0.07661	0.07295	0.06179	0.04467	0.02340	0.00000	
	V'	0.18930	0.18972	0.19095	0.19294	0.19294	0.09639	0.00515	-0.07637	-0.14426	-0.19523	-0.22683	-0.23753	
	M	0.00000	-0.00370	-0.00721	-0.01037	0.98963	0.96233	0.88758	0.76908	0.61266	0.42603	0.21840	0.00000	
2.225	Q	-0.03728	-0.03636	-0.03365	-0.02928	-0.02928	-0.51445	-0.97426	-1.38604	-1.72948	-1.98765	-2.14783	-2.20212	2.225
	V	0.00000	0.01945	0.03894	0.05850	0.05850	0.07319	0.07829	0.07455	0.06316	0.04566	0.02392	0.00000	
	V'	0.19446	0.19465	0.19520	0.19608	0.19608	0.09808	0.00520	-0.07798	-0.14735	-0.19950	-0.23186	-0.24282	
ALPHA	X/L =	0.00	0.10	0.20	L 0.30	R 0.30	0.40	0.50	0.60	0.70	0.80	0.90	1.00	ALPHA

XM/L = 0.30

FUNKTIONEN : F.M;M - F.M;Q - F.M;V - F.M;V'

FUNKTIONEN : F.M;M - F.M;Q - F.M;V - F.M;V'

XM/L = 0.30

ALPHA	X/L =	0.00	0.10	0.20	L 0.30	R 0.30	0.40	0.50	0.60	0.70	0.80	0.90	1.00	ALPHA
	M	0.00000	0.00121	0.00235	0.00338	1.00338	0.97903	0.90532	0.78598	0.62701	0.43644	0.22386	0.00000	
2.250	Q	0.01216	0.01185	0.01095	0.00949	0.00949	-0.49443	-0.97343	-1.40336	-1.76254	-2.03286	-2.20071	-2.25762	2.250
	V	0.00000	0.01999	0.03997	0.05993	0.05993	0.07487	0.08006	0.07624	0.06460	0.04670	0.02447	0.00000	
	V'	0.19993	0.19987	0.19969	0.19941	0.19941	0.09987	0.00525	-0.07968	-0.15062	-0.20402	-0.23718	-0.24842	
	M	0.00000	0.00642	0.01251	0.01796	1.01796	0.99671	0.92411	0.80387	0.64221	0.44746	0.22965	0.00000	
2.275	Q	0.06478	0.06311	0.05819	0.05027	0.05027	-0.47335	-0.97258	-1.42168	-1.79753	-2.08074	-2.25672	-2.31641	2.275
	V	0.00000	0.02056	0.04106	0.06143	0.06143	0.07665	0.08194	0.07803	0.06612	0.04781	0.02505	0.00000	
	V'	0.20573	0.20541	0.20446	0.20293	0.20293	0.10176	0.00530	-0.08148	-0.15409	-0.20881	-0.24282	-0.25435	
	M	0.00000	0.01198	0.02333	0.03346	1.03346	1.01548	0.94403	0.82285	0.65834	0.45915	0.23579	0.00000	
2.300	Q	0.12089	0.11770	0.10832	0.09323	0.09323	-0.45111	-0.97170	-1.44111	-1.83462	-2.13151	-2.31613	-2.37878	2.300
	V	0.00000	0.02117	0.04222	0.06304	0.06304	0.07854	0.08394	0.07993	0.06774	0.04899	0.02567	0.00000	
	V'	0.21189	0.21129	0.20951	0.20666	0.20666	0.10376	0.00535	-0.08339	-0.15777	-0.21390	-0.24880	-0.26064	
	M	0.00000	0.01792	0.03487	0.04995	1.04995	1.03543	0.96519	0.84301	0.67547	0.47158	0.24231	0.00000	
2.325	Q	0.18079	0.17593	0.16160	0.13857	0.13857	-0.42762	-0.97080	-1.46174	-1.87401	-2.18544	-2.37927	-2.44505	2.325
	V	0.00000	0.02181	0.04345	0.06474	0.06474	0.08055	0.08606	0.08195	0.06946	0.05024	0.02633	0.00000	
	V'	0.21844	0.21754	0.21489	0.21063	0.21063	0.10589	0.00540	-0.08542	-0.16169	-0.21930	-0.25515	-0.26732	
	M	0.00000	0.02426	0.04719	0.06753	1.06753	1.05666	0.98771	0.86447	0.69370	0.48480	0.24925	0.00000	
2.350	Q	0.24487	0.23814	0.21832	0.18650	0.18650	-0.40276	-0.96987	-1.48367	-1.91592	-2.24284	-2.44646	-2.51561	2.350
	V	0.00000	0.02250	0.04476	0.06655	0.06655	0.08269	0.08831	0.08410	0.07129	0.05157	0.02703	0.00000	
	V'	0.22542	0.22420	0.22061	0.21485	0.21485	0.10815	0.00546	-0.08758	-0.16585	-0.22505	-0.26192	-0.27444	
	M	0.00000	0.03106	0.06037	0.08630	1.08630	1.07931	1.01173	0.88734	0.71314	0.49890	0.25666	0.00000	
2.375	Q	0.31353	0.30473	0.27882	0.23726	0.23726	-0.37640	-0.96892	-1.50705	-1.96057	-2.30402	-2.51812	-2.59085	2.375
	V	0.00000	0.02323	0.04616	0.06849	0.06849	0.08497	0.09072	0.08640	0.07324	0.05299	0.02777	0.00000	
	V'	0.23287	0.23131	0.22672	0.21935	0.21935	0.11056	0.00551	-0.08989	-0.17030	-0.23118	-0.26914	-0.28203	
	M	0.00000	0.03835	0.07451	0.10639	1.10639	1.10352	1.03738	0.91178	0.73391	0.51397	0.26457	0.00000	
2.400	Q	0.38724	0.37614	0.34348	0.29113	0.29113	-0.34839	-0.96795	-1.53202	-2.00826	-2.36939	-2.59469	-2.67125	2.400
	V	0.00000	0.02402	0.04766	0.07055	0.07055	0.08742	0.09330	0.08885	0.07533	0.05451	0.02857	0.00000	
	V'	0.24084	0.23891	0.23324	0.22415	0.22415	0.11313	0.00556	-0.09236	-0.17505	-0.23774	-0.27686	-0.29015	
	M	0.00000	0.04620	0.08969	0.12794	1.12794	1.12944	1.06485	0.93794	0.75615	0.53010	0.27304	0.00000	
2.425	Q	0.46654	0.45289	0.41274	0.34843	0.34843	-0.31858	-0.96695	-1.55873	-2.05930	-2.43936	-2.67668	-2.75736	2.425
	V	0.00000	0.02486	0.04926	0.07277	0.07277	0.09003	0.09605	0.09148	0.07757	0.05613	0.02943	0.00000	
	V'	0.24939	0.24706	0.24024	0.22930	0.22930	0.11588	0.00562	-0.09501	-0.18013	-0.24476	-0.28512	-0.29884	
	M	0.00000	0.05465	0.10604	0.15110	1.15110	1.15727	1.09432	0.96601	0.78001	0.54742	0.28213	0.00000	
2.450	Q	0.55205	0.53556	0.48709	0.40953	0.40953	-0.28676	-0.96592	-1.58739	-2.11405	-2.51445	-2.76467	-2.84977	2.450
	V	0.00000	0.02576	0.05099	0.07515	0.07515	0.09284	0.09901	0.09430	0.07997	0.05788	0.03034	0.00000	
	V'	0.25857	0.25582	0.24774	0.23482	0.23482	0.11882	0.00568	-0.09786	-0.18560	-0.25230	-0.29399	-0.30817	
	M	0.00000	0.06379	0.12369	0.17606	1.17606	1.18722	1.12603	0.99621	0.80568	0.56605	0.29192	0.00000	
2.475	Q	0.64446	0.62482	0.56710	0.47482	0.47482	-0.25272	-0.96486	-1.61820	-2.17292	-2.59521	-2.85934	-2.94921	2.475
	V	0.00000	0.02674	0.05284	0.07772	0.07772	0.09586	0.10220	0.09733	0.08255	0.05976	0.03133	0.00000	
	V'	0.26846	0.26525	0.25583	0.24076	0.24076	0.12199	0.00574	-0.10092	-0.19148	-0.26042	-0.30354	-0.31821	
ALPHA	X/L =	0.00	0.10	0.20	L 0.30	R 0.30	0.40	0.50	0.60	0.70	0.80	0.90	1.00	ALPHA

XM/L = 0.30

FUNKTIONEN : F.M;M - F.M;Q - F.M;V - F.M;V'

FUNKTIONEN : F.MIM - F.MIQ - F.MIV - F.MIV'

XM/L = 0.30

ALPHA	X/L =	0.00	0.10	0.20	L 0.30	R 0.30	0.40	0.50	0.60	0.70	0.80	0.90	1.00	ALPHA
	M	0.00000	0.07369	0.14279	0.20302	1.20302	1.21953	1.16022	1.02878	0.83337	0.58614	0.30247	0.00000	
2.500	Q	0.74459	0.72144	0.65344	0.54481	0.54481	-0.21621	-0.96378	-1.65143	-2.23640	-2.68232	-2.96147	-3.05649	2.500
	V	0.00000	0.02779	0.05485	0.08048	0.08048	0.09913	0.10564	0.10060	0.08534	0.06178	0.03240	0.00000	
	V'	0.27913	0.27543	0.26455	0.24717	0.24717	0.12541	0.00580	-0.10423	-0.19782	-0.26917	-0.31383	-0.32904	
	M	0.00000	0.08444	0.16352	0.23223	1.23223	1.25450	1.19722	1.06401	0.86332	0.60788	0.31389	0.00000	
2.525	Q	0.85339	0.82633	0.74687	0.62004	0.62004	-0.17692	-0.96266	-1.68735	-2.30503	-2.77653	-3.07195	-3.17255	2.525
	V	0.00000	0.02893	0.05702	0.08348	0.08348	0.10266	0.10936	0.10415	0.08836	0.06398	0.03355	0.00000	
	V'	0.29070	0.28645	0.27399	0.25410	0.25410	0.12910	0.00586	-0.10781	-0.20469	-0.27864	-0.32498	-0.34076	
	M	0.00000	0.09615	0.18608	0.26397	1.26397	1.29246	1.23736	1.10223	0.89582	0.63147	0.32629	0.00000	
2.550	Q	0.97197	0.94054	0.84828	0.70116	0.70116	-0.13453	-0.96152	-1.72633	-2.37949	-2.87876	-3.19185	-3.29851	2.550
	V	0.00000	0.03016	0.05937	0.08673	0.08673	0.10649	0.11340	0.10799	0.09163	0.06636	0.03480	0.00000	
	V'	0.30326	0.29843	0.28424	0.26162	0.26162	0.13310	0.00592	-0.11170	-0.21215	-0.28893	-0.33708	-0.35348	
	M	0.00000	0.10895	0.21072	0.29859	1.29859	1.33380	1.28106	1.14384	0.93120	0.65716	0.33978	0.00000	
2.575	Q	1.10163	1.06531	0.95874	0.78895	0.78895	-0.08862	-0.96035	-1.76875	-2.46052	-2.99004	-3.32240	-3.43567	2.575
	V	0.00000	0.03151	0.06194	0.09028	0.09028	0.11067	0.11780	0.11218	0.09520	0.06895	0.03616	0.00000	
	V'	0.31696	0.31148	0.29541	0.26980	0.26980	0.13745	0.00598	-0.11594	-0.22027	-0.30013	-0.35025	-0.36734	
	M	0.00000	0.12300	0.23772	0.33647	1.33647	1.37899	1.32882	1.18932	0.96987	0.68523	0.35453	0.00000	
2.600	Q	1.24392	1.20211	1.07950	0.88432	0.88432	-0.03871	-0.95914	-1.81510	-2.54904	-3.11164	-3.46508	-3.58559	2.600
	V	0.00000	0.03299	0.06475	0.09415	0.09415	0.11524	0.12261	0.11676	0.09909	0.07178	0.03765	0.00000	
	V'	0.33194	0.32576	0.30762	0.27875	0.27875	0.14220	0.00604	-0.12058	-0.22915	-0.31237	-0.36466	-0.38248	
	M	0.00000	0.13847	0.26744	0.37810	1.37810	1.42860	1.38122	1.23921	1.01230	0.71604	0.37072	0.00000	
2.625	Q	1.40069	1.35270	1.21205	0.98835	0.98835	0.01576	-0.95790	-1.86594	-2.64614	-3.24505	-3.62164	-3.75010	2.625
	V	0.00000	0.03461	0.06784	0.09841	0.09841	0.12025	0.12789	0.12179	0.10337	0.07489	0.03929	0.00000	
	V'	0.34840	0.34144	0.32102	0.28856	0.28856	0.14741	0.00611	-0.12567	-0.23890	-0.32581	-0.38046	-0.39911	
	M	0.00000	0.15558	0.30029	0.42405	1.42405	1.48328	1.43897	1.29419	1.05906	0.74999	0.38856	0.00000	
2.650	Q	1.57414	1.51919	1.35818	1.10235	1.10235	0.07549	-0.95663	-1.92197	-2.75312	-3.39206	-3.79419	-3.93143	2.650
	V	0.00000	0.03639	0.07124	0.10310	0.10310	0.12578	0.13371	0.12733	0.10809	0.07832	0.04109	0.00000	
	V'	0.36656	0.35873	0.33580	0.29937	0.29937	0.15315	0.00618	-0.13129	-0.24964	-0.34063	-0.39789	-0.41743	
	M	0.00000	0.17460	0.33678	0.47500	1.47500	1.54387	1.50293	1.35508	1.11084	0.78759	0.40832	0.00000	
2.675	Q	1.76698	1.70414	1.52008	1.22790	1.22790	0.14131	-0.95532	-1.98401	-2.87157	-3.55487	-3.98531	-4.13228	2.675
	V	0.00000	0.03838	0.07501	0.10831	0.10831	0.13191	0.14016	0.13347	0.11332	0.08212	0.04309	0.00000	
	V'	0.38669	0.37790	0.35218	0.31135	0.31135	0.15950	0.00624	-0.13752	-0.26155	-0.35704	-0.41720	-0.43774	
	M	0.00000	0.19585	0.37751	0.53182	1.53182	1.61136	1.57415	1.42288	1.16850	0.82946	0.43032	0.00000	
2.700	Q	1.98252	1.91069	1.70042	1.36694	1.36694	0.21424	-0.95398	-2.05308	-3.00342	-3.73614	-4.19814	-4.35595	2.700
	V	0.00000	0.04058	0.07922	0.11410	0.11410	0.13873	0.14735	0.14031	0.11914	0.08635	0.04531	0.00000	
	V'	0.40912	0.39927	0.37043	0.32468	0.32468	0.16656	0.00631	-0.14446	-0.27482	-0.37533	-0.43870	-0.46035	
	M	0.00000	0.21974	0.42327	0.59556	1.59556	1.68700	1.65394	1.49882	1.23310	0.87637	0.45498	0.00000	
2.725	Q	2.22485	2.14276	1.90253	1.52190	1.52190	0.29555	-0.95260	-2.13046	-3.15110	-3.93919	-4.43658	-4.60655	2.725
	V	0.00000	0.04306	0.08393	0.12060	0.12060	0.14638	0.15540	0.14798	0.12566	0.09109	0.04780	0.00000	
	V'	0.43429	0.42323	0.39088	0.33962	0.33962	0.17447	0.00638	-0.15224	-0.28969	-0.39582	-0.46280	-0.48569	
ALPHA	X/L =	0.00	0.10	0.20	L 0.30	R 0.30	0.40	0.50	0.60	0.70	0.80	0.90	1.00	ALPHA

XM/L = 0.30

FUNKTIONEN : F.MIM - F.MIQ - F.MIV - F.MIV'

FUNKTIONEN : F.M;M - F.M;Q - F.M;V - F.M;V'

XM/L = 0.30

ALPHA	X/L =	0.00	0.10	0.20	L 0.30	R 0.30	0.40	0.50	0.60	0.70	0.80	0.90	1.00	ALPHA
	M	0.00000	0.24677	0.47500	0.66754	1.66754	1.77233	1.74393	1.58448	1.30596	0.92929	0.48278	0.00000	
2.750	Q	2.49913	2.40522	2.13057	1.69580	1.69580	0.38684	-0.95119	-2.21774	-3.31763	-4.16820	-4.70553	-4.88924	2.750
	V	0.00000	0.04585	0.08926	0.12794	0.12794	0.15502	0.16449	0.15663	0.13302	0.09643	0.05062	0.00000	
	V'	0.46269	0.45028	0.41396	0.35647	0.35647	0.18338	0.00645	-0.16102	-0.30646	-0.41893	-0.48999	-0.51428	
	M	0.00000	0.27760	0.53395	0.74945	1.74945	1.86935	1.84622	1.68183	1.38876	0.98943	0.51439	0.00000	
2.775	Q	2.81190	2.70433	2.38984	1.89249	1.89249	0.49013	-0.94974	-2.31694	-3.50686	-4.42846	-5.01122	-5.21056	2.775
	V	0.00000	0.04903	0.09531	0.13628	0.13628	0.16484	0.17482	0.16646	0.14139	0.10252	0.05381	0.00000	
	V'	0.49501	0.48104	0.44020	0.37562	0.37562	0.19351	0.00653	-0.17102	-0.32554	-0.44522	-0.52090	-0.54678	
	M	0.00000	0.31304	0.60169	0.84348	1.84348	1.98063	1.96351	1.79345	1.48370	1.05839	0.55064	0.00000	
2.800	Q	3.17165	3.04813	2.68720	2.11696	2.11696	0.60804	-0.94825	-2.43067	-3.72377	-4.72683	-5.36172	-5.57899	2.800
	V	0.00000	0.05268	0.10226	0.14585	0.14585	0.17610	0.18667	0.17774	0.15098	0.10949	0.05748	0.00000	
	V'	0.53210	0.51634	0.47031	0.39757	0.39757	0.20511	0.00660	-0.18248	-0.34742	-0.47536	-0.55634	-0.58405	
	M	0.00000	0.35420	0.68031	0.95250	1.95250	2.10953	2.09933	1.92270	1.59364	1.13824	0.59261	0.00000	
2.825	Q	3.58951	3.44723	3.03166	2.37575	2.37575	0.74401	-0.94671	-2.56238	-3.97492	-5.07233	-5.76763	-6.00569	2.825
	V	0.00000	0.05691	0.11031	0.15694	0.15694	0.18915	0.20040	0.19080	0.16210	0.11757	0.06173	0.00000	
	V'	0.57508	0.55725	0.50518	0.42299	0.42299	0.21853	0.00668	-0.19577	-0.37277	-0.51028	-0.59740	-0.62723	
	M	0.00000	0.40255	0.77262	1.08035	2.08035	2.26059	2.25846	2.07411	1.72244	1.23180	0.64179	0.00000	
2.850	Q	4.08047	3.91587	3.43535	2.67768	2.67768	0.90268	-0.94514	-2.71671	-4.26911	-5.47709	-6.24319	-6.50562	2.850
	V	0.00000	0.06187	0.11974	0.16994	0.16994	0.20444	0.21649	0.20611	0.17512	0.12703	0.06670	0.00000	
	V'	0.62548	0.60522	0.54606	0.45278	0.45278	0.23425	0.00675	-0.21135	-0.40248	-0.55120	-0.64551	-0.67782	
	M	0.00000	0.46011	0.88245	1.23235	2.23235	2.44005	2.44745	2.25394	1.87540	1.34292	0.70020	0.00000	
2.875	Q	4.66511	4.47364	3.91493	3.03485	3.03485	1.09042	-0.94352	-2.90001	-4.61844	-5.95775	-6.80800	-7.09939	2.875
	V	0.00000	0.06776	0.13096	0.18539	0.18539	0.22261	0.23561	0.22429	0.19060	0.13827	0.07261	0.00000	
	V'	0.68538	0.66222	0.59462	0.48815	0.48815	0.25291	0.00683	-0.22987	-0.43777	-0.59980	-0.70267	-0.73792	
	M	0.00000	0.52976	1.01527	1.41600	2.41600	2.65672	2.67557	2.47097	2.06002	1.47704	0.77070	0.00000	
2.900	Q	5.37255	5.14822	4.49394	3.46437	3.46437	1.31621	-0.94186	-3.12128	-5.04003	-6.53788	-7.48973	-7.81610	2.900
	V	0.00000	0.07488	0.14450	0.20404	0.20404	0.24456	0.25869	0.24625	0.20928	0.15185	0.07975	0.00000	
	V'	0.75774	0.73106	0.65326	0.53084	0.53084	0.27541	0.00691	-0.25223	-0.48038	-0.65849	-0.77167	-0.81048	
	M	0.00000	0.61567	1.17903	1.64225	2.64225	2.92348	2.95636	2.73812	2.28727	1.64212	0.85748	0.00000	
2.925	Q	6.24535	5.98008	5.20682	3.99125	3.99125	1.59322	-0.94016	-3.39367	-5.55889	-7.25190	-8.32887	-8.69832	2.925
	V	0.00000	0.08365	0.16118	0.22701	0.22701	0.27157	0.28711	0.27328	0.23228	0.16856	0.08854	0.00000	
	V'	0.84685	0.81585	0.72547	0.58339	0.58339	0.30310	0.00699	-0.27978	-0.53285	-0.73074	-0.85661	-0.89980	
	M	0.00000	0.72421	1.38586	1.92777	2.92777	3.25994	3.31046	3.07497	2.57381	1.85029	0.96691	0.00000	
2.950	Q	7.34826	7.03083	6.10597	4.65358	4.65358	1.94145	-0.93840	-3.73719	-6.21310	-8.15222	-9.38702	-9.81083	2.950
	V	0.00000	0.09471	0.18223	0.25599	0.25599	0.30565	0.32295	0.30738	0.26128	0.18963	0.09962	0.00000	
	V'	0.95929	0.92282	0.81654	0.64965	0.64965	0.33800	0.00708	-0.31453	-0.59903	-0.82186	-0.96375	-1.01245	
	M	0.00000	0.86559	1.65514	2.29927	3.29927	3.69748	3.77084	3.51291	2.94635	2.12094	1.10919	0.00000	
2.975	Q	8.78495	8.39905	7.27525	5.51227	5.51227	2.39295	-0.93661	-4.18387	-7.06357	-9.32269	-10.76276	-11.25727	2.975
	V	0.00000	0.10910	0.20961	0.29368	0.29368	0.34997	0.36956	0.35172	0.29900	0.21704	0.11403	0.00000	
	V'	1.10557	1.06196	0.93499	0.73580	0.73580	0.38336	0.00716	-0.35973	-0.68510	-0.94035	-1.10306	-1.15893	
ALPHA	X/L =	0.00	0.10	0.20	L 0.30	R 0.30	0.40	0.50	0.60	0.70	0.80	0.90	1.00	ALPHA

XM/L = 0.30

FUNKTIONEN : F.M;M - F.M;Q - F.M;V - F.M;V'

FUNKTIONEN : F.M;M - F.M;Q - F.M;V - F.M;V'

XM/L = 0.40

ALPHA	X/L =	0.00	0.10	0.20	0.30	L 0.40	R 0.40	0.50	0.60	0.70	0.80	0.90	1.00	ALPHA
	M	0.00000	-0.10000	-0.20000	-0.30000	-0.40000	0.60000	0.50000	0.40000	0.30000	0.20000	0.10000	0.00000	
0.000	Q	-1.00000	-1.00000	-1.00000	-1.00000	-1.00000	-1.00000	-1.00000	-1.00000	-1.00000	-1.00000	-1.00000	-1.00000	0.000
	V	0.00000	0.00150	0.00400	0.00850	0.01600	0.01600	0.02250	0.02400	0.02150	0.01600	0.00850	0.00000	
	V'	0.01333	0.01833	0.03333	0.05833	0.09333	0.09333	0.03833	-0.00667	-0.04167	-0.06667	-0.08167	-0.08667	
	M	0.00000	-0.10000	-0.20000	-0.29999	-0.39999	0.60001	0.50001	0.40002	0.30001	0.20001	0.10001	0.00000	
0.025	Q	-0.99999	-0.99999	-0.99998	-0.99996	-0.99994	-0.99994	-0.99998	-1.00000	-1.00003	-1.00004	-1.00005	-1.00005	0.025
	V	0.00000	0.00150	0.00400	0.00850	0.01600	0.01600	0.02250	0.02400	0.02150	0.01600	0.00850	0.00000	
	V'	0.01334	0.01834	0.03334	0.05834	0.09334	0.09334	0.03833	-0.00667	-0.04167	-0.06667	-0.08167	-0.08667	
	M	0.00000	-0.10000	-0.19999	-0.29998	-0.39996	0.60004	0.50006	0.40006	0.30005	0.20004	0.10002	0.00000	
0.050	Q	-0.99997	-0.99995	-0.99992	-0.99985	-0.99977	-0.99977	-0.99990	-1.00002	-1.00010	-1.00017	-1.00020	-1.00022	0.050
	V	0.00000	0.00150	0.00400	0.00850	0.01600	0.01600	0.02251	0.02401	0.02150	0.01600	0.00850	0.00000	
	V'	0.01335	0.01835	0.03335	0.05834	0.09334	0.09334	0.03834	-0.00667	-0.04168	-0.06668	-0.08168	-0.08668	
	M	0.00000	-0.09999	-0.19998	-0.29995	-0.39991	0.60009	0.50013	0.40014	0.30012	0.20009	0.10005	0.00000	
0.075	Q	-0.99992	-0.99990	-0.99981	-0.99967	-0.99947	-0.99947	-0.99978	-1.00004	-1.00023	-1.00038	-1.00046	-1.00049	0.075
	V	0.00000	0.00150	0.00401	0.00851	0.01601	0.01601	0.02251	0.02401	0.02151	0.01601	0.00850	0.00000	
	V'	0.01336	0.01836	0.03336	0.05836	0.09335	0.09335	0.03834	-0.00667	-0.04169	-0.06670	-0.08170	-0.08671	
	M	0.00000	-0.09998	-0.19996	-0.29991	-0.39984	0.60016	0.50023	0.40024	0.30022	0.20016	0.10009	0.00000	
0.100	Q	-0.99987	-0.99982	-0.99967	-0.99942	-0.99907	-0.99907	-0.99962	-1.00007	-1.00042	-1.00067	-1.00082	-1.00087	0.100
	V	0.00000	0.00151	0.00401	0.00851	0.01602	0.01602	0.02252	0.02402	0.02152	0.01601	0.00851	0.00000	
	V'	0.01338	0.01838	0.03338	0.05838	0.09336	0.09336	0.03834	-0.00668	-0.04170	-0.06672	-0.08173	-0.08674	
	M	0.00000	-0.09998	-0.19994	-0.29987	-0.39975	0.60025	0.50035	0.40038	0.30034	0.20025	0.10013	0.00000	
0.125	Q	-0.99979	-0.99971	-0.99948	-0.99909	-0.99854	-0.99854	-0.99940	-1.00010	-1.00065	-1.00104	-1.00128	-1.00136	0.125
	V	0.00000	0.00151	0.00402	0.00852	0.01603	0.01603	0.02253	0.02403	0.02153	0.01602	0.00851	0.00000	
	V'	0.01341	0.01841	0.03341	0.05840	0.09338	0.09338	0.03835	-0.00669	-0.04172	-0.06675	-0.08177	-0.08678	
	M	0.00000	-0.09997	-0.19991	-0.29981	-0.39964	0.60036	0.50051	0.40054	0.30048	0.20036	0.10019	0.00000	
0.150	Q	-0.99970	-0.99958	-0.99925	-0.99869	-0.99790	-0.99790	-0.99914	-1.00015	-1.00094	-1.00150	-1.00184	-1.00195	0.150
	V	0.00000	0.00151	0.00402	0.00853	0.01604	0.01604	0.02255	0.02405	0.02154	0.01603	0.00852	0.00000	
	V'	0.01345	0.01845	0.03344	0.05843	0.09340	0.09340	0.03836	-0.00670	-0.04175	-0.06679	-0.08182	-0.08683	
	M	0.00000	-0.09995	-0.19988	-0.29974	-0.39951	0.60049	0.50069	0.40074	0.30066	0.20049	0.10026	0.00000	
0.175	Q	-0.99959	-0.99943	-0.99897	-0.99821	-0.99714	-0.99714	-0.99883	-1.00021	-1.00128	-1.00205	-1.00251	-1.00266	0.175
	V	0.00000	0.00152	0.00403	0.00855	0.01606	0.01606	0.02256	0.02406	0.02155	0.01604	0.00852	0.00000	
	V'	0.01349	0.01849	0.03348	0.05846	0.09343	0.09343	0.03837	-0.00671	-0.04178	-0.06684	-0.08187	-0.08689	
	M	0.00000	-0.09994	-0.19984	-0.29966	-0.39936	0.60064	0.50090	0.40096	0.30086	0.20064	0.10034	0.00000	
0.200	Q	-0.99946	-0.99926	-0.99866	-0.99766	-0.99626	-0.99626	-0.99846	-1.00027	-1.00167	-1.00268	-1.00328	-1.00348	0.200
	V	0.00000	0.00152	0.00404	0.00856	0.01607	0.01607	0.02258	0.02408	0.02157	0.01605	0.00853	0.00000	
	V'	0.01354	0.01854	0.03353	0.05850	0.09345	0.09345	0.03838	-0.00672	-0.04181	-0.06689	-0.08194	-0.08695	
	M	0.00000	-0.09992	-0.19979	-0.29957	-0.39919	0.60081	0.50114	0.40122	0.30109	0.20081	0.10043	0.00000	
0.225	Q	-0.99931	-0.99906	-0.99830	-0.99704	-0.99527	-0.99527	-0.99806	-1.00034	-1.00212	-1.00339	-1.00415	-1.00441	0.225
	V	0.00000	0.00153	0.00405	0.00857	0.01609	0.01609	0.02260	0.02410	0.02159	0.01607	0.00854	0.00000	
	V'	0.01360	0.01859	0.03358	0.05855	0.09349	0.09349	0.03839	-0.00673	-0.04185	-0.06695	-0.08201	-0.08703	
ALPHA	X/L =	0.00	0.10	0.20	0.30	L 0.40	R 0.40	0.50	0.60	0.70	0.80	0.90	1.00	ALPHA

XM/L = 0.40

FUNKTIONEN : F.M;M - F.M;Q - F.M;V - F.M;V'

FUNKTIONEN : F.M;M - F.M;Q - F.M;V - F.M;V'

XM/L = 0.40

ALPHA	X/L =	0.00	0.10	0.20	0.30	L 0.40	R 0.40	0.50	0.60	0.70	0.80	0.90	1.00	ALPHA
	M	0.00000	-0.09990	-0.19975	-0.29946	-0.39899	0.60101	0.50141	0.40151	0.30135	0.20101	0.10053	0.00000	
0.250	Q	-0.99915	-0.99883	-0.99790	-0.99634	-0.99415	-0.99415	-0.99760	-1.00042	-1.00262	-1.00419	-1.00513	-1.00544	0.250
	V	0.00000	0.00153	0.00406	0.00859	0.01612	0.01612	0.02263	0.02413	0.02161	0.01608	0.00854	0.00000	
	V'	0.01366	0.01865	0.03364	0.05860	0.09352	0.09352	0.03840	-0.00675	-0.04189	-0.06701	-0.08209	-0.08712	
	M	0.00000	-0.09988	-0.19969	-0.29935	-0.39878	0.60122	0.50171	0.40183	0.30164	0.20122	0.10065	0.00000	
0.275	Q	-0.99896	-0.99858	-0.99745	-0.99556	-0.99292	-0.99292	-0.99710	-1.00051	-1.00317	-1.00507	-1.00621	-1.00660	0.275
	V	0.00000	0.00154	0.00408	0.00861	0.01614	0.01614	0.02266	0.02415	0.02164	0.01610	0.00855	0.00000	
	V'	0.01373	0.01872	0.03370	0.05865	0.09356	0.09356	0.03841	-0.00677	-0.04194	-0.06709	-0.08218	-0.08721	
	M	0.00000	-0.09986	-0.19963	-0.29922	-0.39854	0.60146	0.50204	0.40218	0.30195	0.20145	0.10077	0.00000	
0.300	Q	-0.99876	-0.99831	-0.99696	-0.99472	-0.99158	-0.99158	-0.99654	-1.00061	-1.00378	-1.00605	-1.00741	-1.00786	0.300
	V	0.00000	0.00155	0.00409	0.00863	0.01617	0.01617	0.02269	0.02418	0.02166	0.01612	0.00856	0.00000	
	V'	0.01380	0.01880	0.03377	0.05872	0.09361	0.09361	0.03843	-0.00679	-0.04200	-0.06717	-0.08228	-0.08732	
	M	0.00000	-0.09984	-0.19957	-0.29909	-0.39829	0.60171	0.50240	0.40256	0.30229	0.20170	0.10091	0.00000	
0.325	Q	-0.99853	-0.99801	-0.99642	-0.99379	-0.99011	-0.99011	-0.99594	-1.00072	-1.00444	-1.00710	-1.00870	-1.00924	0.325
	V	0.00000	0.00155	0.00411	0.00866	0.01620	0.01620	0.02272	0.02422	0.02169	0.01614	0.00858	0.00000	
	V'	0.01388	0.01888	0.03385	0.05878	0.09366	0.09366	0.03844	-0.00681	-0.04205	-0.06725	-0.08239	-0.08743	
	M	0.00000	-0.09981	-0.19949	-0.29894	-0.39801	0.60199	0.50279	0.40297	0.30266	0.20198	0.10105	0.00000	
0.350	Q	-0.99829	-0.99768	-0.99584	-0.99279	-0.98852	-0.98852	-0.99529	-1.00084	-1.00516	-1.00825	-1.01011	-1.01073	0.350
	V	0.00000	0.00156	0.00413	0.00868	0.01623	0.01623	0.02275	0.02425	0.02172	0.01616	0.00859	0.00000	
	V'	0.01397	0.01897	0.03393	0.05886	0.09371	0.09371	0.03846	-0.00683	-0.04212	-0.06735	-0.08250	-0.08756	
	M	0.00000	-0.09978	-0.19942	-0.29878	-0.39771	0.60229	0.50321	0.40342	0.30306	0.20228	0.10121	0.00000	
0.375	Q	-0.99802	-0.99732	-0.99522	-0.99171	-0.98681	-0.98681	-0.99459	-1.00096	-1.00593	-1.00949	-1.01162	-1.01233	0.375
	V	0.00000	0.00157	0.00414	0.00871	0.01626	0.01626	0.02279	0.02429	0.02175	0.01619	0.00860	0.00000	
	V'	0.01407	0.01906	0.03402	0.05893	0.09376	0.09376	0.03848	-0.00685	-0.04218	-0.06745	-0.08263	-0.08769	
	M	0.00000	-0.09975	-0.19933	-0.29860	-0.39739	0.60261	0.50365	0.40389	0.30349	0.20259	0.10138	0.00000	
0.400	Q	-0.99773	-0.99693	-0.99454	-0.99056	-0.98499	-0.98499	-0.99384	-1.00110	-1.00676	-1.01081	-1.01324	-1.01405	0.400
	V	0.00000	0.00158	0.00416	0.00874	0.01630	0.01630	0.02283	0.02433	0.02179	0.01621	0.00861	0.00000	
	V'	0.01417	0.01916	0.03412	0.05902	0.09382	0.09382	0.03850	-0.00688	-0.04225	-0.06756	-0.08276	-0.08783	
	M	0.00000	-0.09971	-0.19924	-0.29842	-0.39705	0.60295	0.50413	0.40440	0.30394	0.20293	0.10156	0.00000	
0.425	Q	-0.99742	-0.99652	-0.99382	-0.98932	-0.98304	-0.98304	-0.99304	-1.00125	-1.00765	-1.01222	-1.01498	-1.01589	0.425
	V	0.00000	0.00159	0.00419	0.00877	0.01634	0.01634	0.02288	0.02437	0.02183	0.01624	0.00863	0.00000	
	V'	0.01428	0.01927	0.03422	0.05911	0.09389	0.09389	0.03852	-0.00691	-0.04233	-0.06768	-0.08291	-0.08799	
	M	0.00000	-0.09967	-0.19915	-0.29822	-0.39668	0.60332	0.50464	0.40494	0.30443	0.20330	0.10175	0.00000	
0.450	Q	-0.99708	-0.99607	-0.99305	-0.98801	-0.98097	-0.98097	-0.99219	-1.00141	-1.00859	-1.01373	-1.01682	-1.01785	0.450
	V	0.00000	0.00161	0.00421	0.00880	0.01638	0.01638	0.02292	0.02442	0.02187	0.01627	0.00865	0.00000	
	V'	0.01440	0.01939	0.03433	0.05920	0.09395	0.09395	0.03855	-0.00694	-0.04241	-0.06780	-0.08306	-0.08815	
	M	0.00000	-0.09963	-0.19904	-0.29801	-0.39629	0.60371	0.50518	0.40552	0.30494	0.20368	0.10195	0.00000	
0.475	Q	-0.99672	-0.99560	-0.99223	-0.98662	-0.97879	-0.97879	-0.99130	-1.00157	-1.00959	-1.01533	-1.01878	-1.01993	0.475
	V	0.00000	0.00162	0.00423	0.00884	0.01642	0.01642	0.02297	0.02447	0.02191	0.01630	0.00866	0.00000	
	V'	0.01453	0.01951	0.03445	0.05931	0.09403	0.09403	0.03857	-0.00697	-0.04250	-0.06794	-0.08322	-0.08832	
ALPHA	X/L =	0.00	0.10	0.20	0.30	L 0.40	R 0.40	0.50	0.60	0.70	0.80	0.90	1.00	ALPHA

XM/L = 0.40

FUNKTIONEN : F.M;M - F.M;Q - F.M;V - F.M;V'

FUNKTIONEN : F.M;M - F.M;Q - F.M;V - F.M;V'

XM/L = 0.40

ALPHA	X/L =	0.00	0.10	0.20	0.30	L 0.40	R 0.40	0.50	0.60	0.70	0.80	0.90	1.00	ALPHA
	M	0.00000	-0.09959	-0.19893	-0.29778	-0.39588	0.60412	0.50576	0.40613	0.30549	0.20408	0.10217	0.00000	
0.500	Q	-0.99633	-0.99509	-0.99136	-0.98515	-0.97647	-0.97647	-0.99035	-1.00175	-1.01065	-1.01702	-1.02085	-1.02213	0.500
	V	0.00000	0.00163	0.00426	0.00888	0.01647	0.01647	0.02302	0.02452	0.02196	0.01634	0.00868	0.00000	
	V'	0.01466	0.01964	0.03457	0.05941	0.09410	0.09410	0.03860	-0.00701	-0.04259	-0.06808	-0.08339	-0.08850	
	M	0.00000	-0.09955	-0.19882	-0.29754	-0.39545	0.60455	0.50636	0.40677	0.30607	0.20451	0.10240	0.00000	
0.525	Q	-0.99592	-0.99455	-0.99044	-0.98359	-0.97404	-0.97404	-0.98935	-1.00194	-1.01177	-1.01881	-1.02304	-1.02445	0.525
	V	0.00000	0.00165	0.00429	0.00892	0.01652	0.01652	0.02308	0.02458	0.02200	0.01637	0.00870	0.00000	
	V'	0.01480	0.01978	0.03470	0.05953	0.09418	0.09418	0.03863	-0.00704	-0.04269	-0.06823	-0.08358	-0.08870	
	M	0.00000	-0.09950	-0.19869	-0.29729	-0.39499	0.60501	0.50700	0.40745	0.30667	0.20496	0.10264	0.00000	
0.550	Q	-0.99548	-0.99397	-0.98946	-0.98196	-0.97148	-0.97148	-0.98831	-1.00214	-1.01295	-1.02069	-1.02534	-1.02689	0.550
	V	0.00000	0.00166	0.00432	0.00896	0.01657	0.01657	0.02314	0.02463	0.02206	0.01641	0.00872	0.00000	
	V'	0.01495	0.01993	0.03484	0.05965	0.09427	0.09427	0.03865	-0.00708	-0.04280	-0.06838	-0.08377	-0.08890	
	M	0.00000	-0.09945	-0.19856	-0.29702	-0.39450	0.60550	0.50767	0.40816	0.30731	0.20544	0.10289	0.00000	
0.575	Q	-0.99501	-0.99336	-0.98843	-0.98024	-0.96880	-0.96880	-0.98721	-1.00235	-1.01419	-1.02266	-1.02776	-1.02946	0.575
	V	0.00000	0.00168	0.00435	0.00900	0.01663	0.01663	0.02320	0.02469	0.02211	0.01645	0.00874	0.00000	
	V'	0.01511	0.02008	0.03499	0.05977	0.09436	0.09436	0.03868	-0.00712	-0.04290	-0.06855	-0.08397	-0.08912	
	M	0.00000	-0.09939	-0.19842	-0.29674	-0.39399	0.60601	0.50837	0.40891	0.30798	0.20594	0.10315	0.00000	
0.600	Q	-0.99450	-0.99271	-0.98735	-0.97843	-0.96600	-0.96600	-0.98606	-1.00258	-1.01549	-1.02474	-1.03031	-1.03216	0.600
	V	0.00000	0.00169	0.00438	0.00905	0.01669	0.01669	0.02326	0.02476	0.02216	0.01649	0.00876	0.00000	
	V'	0.01527	0.02024	0.03514	0.05990	0.09445	0.09445	0.03872	-0.00716	-0.04302	-0.06872	-0.08418	-0.08934	
	M	0.00000	-0.09933	-0.19828	-0.29645	-0.39346	0.60654	0.50911	0.40970	0.30868	0.20646	0.10343	0.00000	
0.625	Q	-0.99397	-0.99203	-0.98621	-0.97655	-0.96307	-0.96307	-0.98486	-1.00282	-1.01685	-1.02692	-1.03297	-1.03499	0.625
	V	0.00000	0.00171	0.00441	0.00910	0.01675	0.01675	0.02333	0.02483	0.02222	0.01654	0.00879	0.00000	
	V'	0.01544	0.02041	0.03530	0.06004	0.09455	0.09455	0.03875	-0.00721	-0.04314	-0.06890	-0.08440	-0.08958	
	M	0.00000	-0.09927	-0.19812	-0.29613	-0.39290	0.60710	0.50989	0.41052	0.30942	0.20701	0.10372	0.00000	
0.650	Q	-0.99340	-0.99130	-0.98502	-0.97457	-0.96001	-0.96001	-0.98361	-1.00306	-1.01828	-1.02919	-1.03576	-1.03795	0.650
	V	0.00000	0.00173	0.00445	0.00915	0.01681	0.01681	0.02340	0.02490	0.02229	0.01658	0.00881	0.00000	
	V'	0.01563	0.02059	0.03547	0.06019	0.09465	0.09465	0.03878	-0.00725	-0.04326	-0.06909	-0.08464	-0.08982	
	M	0.00000	-0.09920	-0.19796	-0.29581	-0.39231	0.60769	0.51070	0.41138	0.31018	0.20758	0.10403	0.00000	
0.675	Q	-0.99279	-0.99053	-0.98376	-0.97251	-0.95683	-0.95683	-0.98231	-1.00333	-1.01977	-1.03157	-1.03867	-1.04104	0.675
	V	0.00000	0.00175	0.00449	0.00920	0.01688	0.01688	0.02348	0.02497	0.02235	0.01663	0.00883	0.00000	
	V'	0.01582	0.02078	0.03564	0.06034	0.09476	0.09476	0.03882	-0.00730	-0.04339	-0.06929	-0.08488	-0.09008	
	M	0.00000	-0.09913	-0.19778	-0.29546	-0.39170	0.60830	0.51154	0.41227	0.31098	0.20817	0.10434	0.00000	
0.700	Q	-0.99215	-0.98972	-0.98245	-0.97036	-0.95351	-0.95351	-0.98096	-1.00360	-1.02133	-1.03406	-1.04172	-1.04427	0.700
	V	0.00000	0.00177	0.00452	0.00926	0.01695	0.01695	0.02355	0.02505	0.02242	0.01668	0.00886	0.00000	
	V'	0.01602	0.02097	0.03583	0.06050	0.09487	0.09487	0.03885	-0.00735	-0.04353	-0.06950	-0.08513	-0.09035	
	M	0.00000	-0.09906	-0.19760	-0.29510	-0.39105	0.60895	0.51242	0.41321	0.31182	0.20879	0.10467	0.00000	
0.725	Q	-0.99147	-0.98887	-0.98107	-0.96811	-0.95007	-0.95007	-0.97956	-1.00389	-1.02296	-1.03665	-1.04489	-1.04764	0.725
	V	0.00000	0.00179	0.00457	0.00932	0.01702	0.01702	0.02363	0.02513	0.02249	0.01673	0.00889	0.00000	
	V'	0.01622	0.02118	0.03602	0.06066	0.09499	0.09499	0.03889	-0.00741	-0.04368	-0.06972	-0.08540	-0.09063	
ALPHA	X/L =	0.00	0.10	0.20	0.30	L 0.40	R 0.40	0.50	0.60	0.70	0.80	0.90	1.00	ALPHA

XM/L = 0.40

FUNKTIONEN : F.M;M - F.M;Q - F.M;V - F.M;V'

FUNKTIONEN : F.M;M - F.M;Q - F.M;V - F.M;V'

XM/L = 0.40

ALPHA	X/L =	0.00	0.10	0.20	0.30	L 0.40	R 0.40	0.50	0.60	0.70	0.80	0.90	1.00	ALPHA
	M	0.00000	-0.09898	-0.19741	-0.29472	-0.39038	0.60962	0.51334	0.41418	0.31269	0.20944	0.10502	0.00000	
0.750	Q	-0.99075	-0.98797	-0.97963	-0.96578	-0.94650	-0.94650	-0.97810	-1.00420	-1.02465	-1.03934	-1.04819	-1.05115	0.750
	V	0.00000	0.00181	0.00461	0.00938	0.01710	0.01710	0.02372	0.02521	0.02256	0.01679	0.00892	0.00000	
	V'	0.01644	0.02139	0.03622	0.06084	0.09511	0.09511	0.03893	-0.00746	-0.04383	-0.06994	-0.08567	-0.09093	
	M	0.00000	-0.09890	-0.19721	-0.29433	-0.38968	0.61032	0.51430	0.41519	0.31360	0.21012	0.10537	0.00000	
0.775	Q	-0.98999	-0.98702	-0.97812	-0.96335	-0.94280	-0.94280	-0.97659	-1.00452	-1.02642	-1.04215	-1.05163	-1.05480	0.775
	V	0.00000	0.00183	0.00465	0.00944	0.01718	0.01718	0.02381	0.02530	0.02264	0.01684	0.00895	0.00000	
	V'	0.01667	0.02161	0.03643	0.06102	0.09523	0.09523	0.03897	-0.00752	-0.04398	-0.07018	-0.08596	-0.09123	
	M	0.00000	-0.09881	-0.19699	-0.29391	-0.38895	0.61105	0.51529	0.41625	0.31454	0.21082	0.10575	0.00000	
0.800	Q	-0.98918	-0.98602	-0.97655	-0.96083	-0.93897	-0.93897	-0.97503	-1.00485	-1.02825	-1.04507	-1.05521	-1.05859	0.800
	V	0.00000	0.00186	0.00470	0.00951	0.01726	0.01726	0.02390	0.02539	0.02272	0.01690	0.00898	0.00000	
	V'	0.01690	0.02185	0.03664	0.06120	0.09536	0.09536	0.03902	-0.00758	-0.04414	-0.07043	-0.08626	-0.09155	
	M	0.00000	-0.09872	-0.19677	-0.29348	-0.38819	0.61181	0.51633	0.41734	0.31552	0.21154	0.10613	0.00000	
0.825	Q	-0.98833	-0.98497	-0.97490	-0.95821	-0.93500	-0.93500	-0.97341	-1.00521	-1.03016	-1.04811	-1.05892	-1.06254	0.825
	V	0.00000	0.00188	0.00475	0.00958	0.01734	0.01734	0.02399	0.02548	0.02280	0.01696	0.00901	0.00000	
	V'	0.01715	0.02209	0.03687	0.06140	0.09550	0.09550	0.03906	-0.00765	-0.04431	-0.07068	-0.08657	-0.09188	
	M	0.00000	-0.09862	-0.19654	-0.29303	-0.38740	0.61260	0.51741	0.41848	0.31653	0.21230	0.10654	0.00000	
0.850	Q	-0.98742	-0.98386	-0.97319	-0.95549	-0.93090	-0.93090	-0.97175	-1.00557	-1.03214	-1.05126	-1.06278	-1.06663	0.850
	V	0.00000	0.00191	0.00480	0.00965	0.01743	0.01743	0.02409	0.02558	0.02288	0.01703	0.00905	0.00000	
	V'	0.01741	0.02234	0.03711	0.06160	0.09564	0.09564	0.03911	-0.00772	-0.04449	-0.07095	-0.08690	-0.09225	
	M	0.00000	-0.09852	-0.19629	-0.29255	-0.38658	0.61342	0.51852	0.41966	0.31759	0.21309	0.10695	0.00000	
0.875	Q	-0.98647	-0.98270	-0.97140	-0.95268	-0.92666	-0.92666	-0.97002	-1.00596	-1.03420	-1.05453	-1.06679	-1.07089	0.875
	V	0.00000	0.00193	0.00485	0.00973	0.01753	0.01753	0.02419	0.02568	0.02297	0.01709	0.00908	0.00000	
	V'	0.01767	0.02260	0.03735	0.06181	0.09579	0.09579	0.03915	-0.00779	-0.04467	-0.07122	-0.08723	-0.09259	
	M	0.00000	-0.09841	-0.19603	-0.29206	-0.38572	0.61428	0.51968	0.42089	0.31868	0.21390	0.10738	0.00000	
0.900	Q	-0.98546	-0.98147	-0.96954	-0.94976	-0.92229	-0.92229	-0.96825	-1.00636	-1.03634	-1.05792	-1.07094	-1.07529	0.900
	V	0.00000	0.00196	0.00490	0.00980	0.01762	0.01762	0.02430	0.02579	0.02307	0.01716	0.00912	0.00000	
	V'	0.01795	0.02287	0.03761	0.06203	0.09594	0.09594	0.03920	-0.00786	-0.04486	-0.07151	-0.08758	-0.09296	
	M	0.00000	-0.09830	-0.19576	-0.29154	-0.38483	0.61517	0.52089	0.42216	0.31982	0.21474	0.10783	0.00000	
0.925	Q	-0.98439	-0.98019	-0.96760	-0.94673	-0.91778	-0.91778	-0.96641	-1.00679	-1.03855	-1.06144	-1.07525	-1.07987	0.925
	V	0.00000	0.00199	0.00496	0.00988	0.01772	0.01772	0.02441	0.02590	0.02316	0.01723	0.00915	0.00000	
	V'	0.01824	0.02316	0.03787	0.06225	0.09610	0.09610	0.03925	-0.00793	-0.04506	-0.07181	-0.08795	-0.09334	
	M	0.00000	-0.09818	-0.19547	-0.29100	-0.38391	0.61609	0.52214	0.42347	0.32099	0.21562	0.10830	0.00000	
0.950	Q	-0.98327	-0.97883	-0.96557	-0.94361	-0.91313	-0.91313	-0.96453	-1.00723	-1.04085	-1.06508	-1.07971	-1.08460	0.950
	V	0.00000	0.00202	0.00502	0.00997	0.01783	0.01783	0.02453	0.02601	0.02326	0.01730	0.00919	0.00000	
	V'	0.01854	0.02345	0.03815	0.06249	0.09626	0.09626	0.03930	-0.00801	-0.04526	-0.07211	-0.08832	-0.09374	
	M	0.00000	-0.09805	-0.19517	-0.29044	-0.38295	0.61705	0.52343	0.42484	0.32221	0.21652	0.10878	0.00000	
0.975	Q	-0.98208	-0.97742	-0.96347	-0.94037	-0.90833	-0.90833	-0.96259	-1.00769	-1.04323	-1.06886	-1.08433	-1.08951	0.975
	V	0.00000	0.00205	0.00508	0.01006	0.01794	0.01794	0.02465	0.02613	0.02336	0.01738	0.00923	0.00000	
	V'	0.01885	0.02376	0.03843	0.06273	0.09643	0.09643	0.03936	-0.00809	-0.04548	-0.07243	-0.08871	-0.09416	
ALPHA	X/L =	0.00	0.10	0.20	0.30	L 0.40	R 0.40	0.50	0.60	0.70	0.80	0.90	1.00	ALPHA

XM/L = 0.40

FUNKTIONEN : F.M;M - F.M;Q - F.M;V - F.M;V'

FUNKTIONEN : F.MIM - F.MIQ - F.MIV - F.MIV'

XM/L = 0.40

ALPHA	X/L =	0.00	0.10	0.20	0.30	L 0.40	R 0.40	0.50	0.60	0.70	0.80	0.90	1.00	ALPHA
	M	0.00000	-0.09792	-0.19486	-0.28985	-0.38195	0.61805	0.52477	0.42625	0.32347	0.21746	0.10928	0.00000	
1.000	Q	-0.98082	-0.97592	-0.96127	-0.93702	-0.90340	-0.90340	-0.96059	-1.00818	-1.04570	-1.07277	-1.08912	-1.09458	1.000
	V	0.00000	0.00208	0.00514	0.01015	0.01805	0.01805	0.02477	0.02625	0.02347	0.01746	0.00928	0.00000	
	V'	0.01918	0.02408	0.03873	0.06298	0.09660	0.09660	0.03941	-0.00818	-0.04570	-0.07277	-0.08912	-0.09458	
	M	0.00000	-0.09778	-0.19453	-0.28924	-0.38092	0.61908	0.52616	0.42771	0.32478	0.21843	0.10979	0.00000	
1.025	Q	-0.97950	-0.97436	-0.95899	-0.93356	-0.89832	-0.89832	-0.95853	-1.00869	-1.04825	-1.07681	-1.09407	-1.09984	1.025
	V	0.00000	0.00211	0.00521	0.01024	0.01817	0.01817	0.02490	0.02638	0.02358	0.01754	0.00932	0.00000	
	V'	0.01951	0.02441	0.03903	0.06324	0.09678	0.09678	0.03947	-0.00827	-0.04593	-0.07311	-0.08953	-0.09503	
	M	0.00000	-0.09763	-0.19419	-0.28860	-0.37984	0.62016	0.52760	0.42923	0.32613	0.21943	0.11032	0.00000	
1.050	Q	-0.97810	-0.97272	-0.95661	-0.92998	-0.89309	-0.89309	-0.95642	-1.00922	-1.05089	-1.08100	-1.09919	-1.10528	1.050
	V	0.00000	0.00215	0.00527	0.01034	0.01829	0.01829	0.02503	0.02651	0.02370	0.01763	0.00936	0.00000	
	V'	0.01986	0.02475	0.03935	0.06351	0.09697	0.09697	0.03953	-0.00836	-0.04616	-0.07347	-0.08997	-0.09549	
	M	0.00000	-0.09747	-0.19382	-0.28794	-0.37872	0.62128	0.52909	0.43079	0.32752	0.22047	0.11088	0.00000	
1.075	Q	-0.97663	-0.97099	-0.95414	-0.92628	-0.88772	-0.88772	-0.95425	-1.00977	-1.05363	-1.08532	-1.10449	-1.11090	1.075
	V	0.00000	0.00219	0.00534	0.01044	0.01841	0.01841	0.02517	0.02665	0.02382	0.01772	0.00941	0.00000	
	V'	0.02022	0.02510	0.03968	0.06379	0.09716	0.09716	0.03958	-0.00846	-0.04641	-0.07383	-0.09042	-0.09597	
	M	0.00000	-0.09731	-0.19345	-0.28724	-0.37757	0.62243	0.53063	0.43241	0.32897	0.22155	0.11145	0.00000	
1.100	Q	-0.97507	-0.96918	-0.95157	-0.92246	-0.88220	-0.88220	-0.95203	-1.01035	-1.05646	-1.08980	-1.10997	-1.11672	1.100
	V	0.00000	0.00222	0.00542	0.01054	0.01854	0.01854	0.02531	0.02679	0.02394	0.01781	0.00946	0.00000	
	V'	0.02060	0.02547	0.04002	0.06408	0.09736	0.09736	0.03965	-0.00856	-0.04666	-0.07422	-0.09088	-0.09646	
	M	0.00000	-0.09714	-0.19305	-0.28652	-0.37636	0.62364	0.53223	0.43409	0.33046	0.22266	0.11204	0.00000	
1.125	Q	-0.97343	-0.96728	-0.94889	-0.91852	-0.87652	-0.87652	-0.94974	-1.01095	-1.05939	-1.09443	-1.11563	-1.12273	1.125
	V	0.00000	0.00226	0.00549	0.01065	0.01868	0.01868	0.02546	0.02693	0.02407	0.01790	0.00951	0.00000	
	V'	0.02099	0.02585	0.04038	0.06438	0.09756	0.09756	0.03971	-0.00865	-0.04693	-0.07461	-0.09136	-0.09697	
	M	0.00000	-0.09696	-0.19263	-0.28576	-0.37512	0.62488	0.53388	0.43582	0.33200	0.22380	0.11265	0.00000	
1.150	Q	-0.97170	-0.96528	-0.94611	-0.91444	-0.87069	-0.87069	-0.94740	-1.01159	-1.06242	-1.09922	-1.12149	-1.12895	1.150
	V	0.00000	0.00230	0.00557	0.01077	0.01882	0.01882	0.02562	0.02709	0.02420	0.01800	0.00956	0.00000	
	V'	0.02140	0.02625	0.04075	0.06469	0.09777	0.09777	0.03977	-0.00877	-0.04720	-0.07502	-0.09186	-0.09750	
	M	0.00000	-0.09676	-0.19219	-0.28497	-0.37382	0.62618	0.53559	0.43761	0.33360	0.22499	0.11328	0.00000	
1.175	Q	-0.96987	-0.96319	-0.94322	-0.91024	-0.86471	-0.86471	-0.94500	-1.01226	-1.06556	-1.10416	-1.12754	-1.13537	1.175
	V	0.00000	0.00234	0.00565	0.01088	0.01896	0.01896	0.02578	0.02724	0.02434	0.01810	0.00962	0.00000	
	V'	0.02182	0.02666	0.04113	0.06501	0.09799	0.09799	0.03984	-0.00888	-0.04748	-0.07545	-0.09238	-0.09805	
	M	0.00000	-0.09656	-0.19174	-0.28415	-0.37248	0.62752	0.53735	0.43946	0.33525	0.22621	0.11393	0.00000	
1.200	Q	-0.96795	-0.96099	-0.94021	-0.90590	-0.85857	-0.85857	-0.94254	-1.01295	-1.06880	-1.10927	-1.13379	-1.14201	1.200
	V	0.00000	0.00239	0.00574	0.01100	0.01911	0.01911	0.02594	0.02740	0.02448	0.01820	0.00967	0.00000	
	V'	0.02226	0.02709	0.04152	0.06535	0.09822	0.09822	0.03990	-0.00900	-0.04778	-0.07588	-0.09291	-0.09862	
	M	0.00000	-0.09635	-0.19126	-0.28330	-0.37109	0.62891	0.53918	0.44138	0.33695	0.22748	0.11460	0.00000	
1.225	Q	-0.96592	-0.95868	-0.93707	-0.90142	-0.85226	-0.85226	-0.94002	-1.01368	-1.07215	-1.11456	-1.14025	-1.14886	1.225
	V	0.00000	0.00243	0.00583	0.01113	0.01926	0.01926	0.02611	0.02757	0.02463	0.01831	0.00973	0.00000	
	V'	0.02271	0.02753	0.04193	0.06569	0.09845	0.09845	0.03997	-0.00912	-0.04808	-0.07634	-0.09346	-0.09920	
ALPHA	X/L =	0.00	0.10	0.20	0.30	L 0.40	R 0.40	0.50	0.60	0.70	0.80	0.90	1.00	ALPHA

XM/L = 0.40

FUNKTIONEN : F.MIM - F.MIQ - F.MIV - F.MIV'

FUNKTIONEN : F.M;M - F.M;Q - F.M;V - F.M;V'

XM/L = 0.40

ALPHA	X/L =	0.00	0.10	0.20	0.30	L 0.40	R 0.40	0.50	0.60	0.70	0.80	0.90	1.00	ALPHA
	M	0.00000	-0.09613	-0.19075	-0.28240	-0.36965	0.63035	0.54107	0.44335	0.33871	0.22879	0.11529	0.00000	
1.250	Q	-0.96378	-0.95626	-0.93382	-0.89680	-0.84580	-0.84580	-0.93743	-1.01444	-1.07562	-1.12001	-1.14693	-1.15595	1.250
	V	0.00000	0.00248	0.00592	0.01126	0.01943	0.01943	0.02629	0.02775	0.02478	0.01843	0.00979	0.00000	
	V'	0.02318	0.02799	0.04236	0.06605	0.09869	0.09869	0.04004	-0.00924	-0.04840	-0.07681	-0.09404	-0.09981	
	M	0.00000	-0.09589	-0.19023	-0.28147	-0.36815	0.63185	0.54303	0.44540	0.34053	0.23014	0.11601	0.00000	
1.275	Q	-0.96152	-0.95372	-0.93043	-0.89204	-0.83916	-0.83916	-0.93479	-1.01524	-1.07921	-1.12565	-1.15383	-1.16327	1.275
	V	0.00000	0.00253	0.00601	0.01140	0.01959	0.01959	0.02647	0.02793	0.02493	0.01854	0.00985	0.00000	
	V'	0.02367	0.02847	0.04280	0.06641	0.09894	0.09894	0.04012	-0.00937	-0.04872	-0.07730	-0.09463	-0.10044	
	M	0.00000	-0.09564	-0.18967	-0.28050	-0.36660	0.63340	0.54506	0.44751	0.34241	0.23154	0.11675	0.00000	
1.300	Q	-0.95914	-0.95105	-0.92690	-0.88712	-0.83236	-0.83236	-0.93208	-1.01607	-1.08291	-1.13148	-1.16095	-1.17083	1.300
	V	0.00000	0.00258	0.00611	0.01154	0.01976	0.01976	0.02666	0.02811	0.02510	0.01866	0.00991	0.00000	
	V'	0.02418	0.02897	0.04325	0.06679	0.09920	0.09920	0.04019	-0.00951	-0.04906	-0.07780	-0.09524	-0.10108	
	M	0.00000	-0.09538	-0.18909	-0.27949	-0.36499	0.63501	0.54715	0.44969	0.34436	0.23298	0.11752	0.00000	
1.325	Q	-0.95663	-0.94824	-0.92324	-0.88204	-0.82539	-0.82539	-0.92931	-1.01694	-1.08675	-1.13750	-1.16831	-1.17864	1.325
	V	0.00000	0.00263	0.00621	0.01168	0.01994	0.01994	0.02686	0.02831	0.02526	0.01879	0.00998	0.00000	
	V'	0.02470	0.02948	0.04372	0.06719	0.09946	0.09946	0.04026	-0.00965	-0.04941	-0.07832	-0.09587	-0.10176	
	M	0.00000	-0.09511	-0.18849	-0.27843	-0.36332	0.63668	0.54932	0.45195	0.34636	0.23447	0.11831	0.00000	
1.350	Q	-0.95398	-0.94530	-0.91942	-0.87681	-0.81824	-0.81824	-0.92648	-1.01786	-1.09071	-1.14372	-1.17592	-1.18672	1.350
	V	0.00000	0.00268	0.00632	0.01183	0.02013	0.02013	0.02706	0.02851	0.02544	0.01891	0.01005	0.00000	
	V'	0.02525	0.03001	0.04421	0.06760	0.09973	0.09973	0.04034	-0.00980	-0.04977	-0.07886	-0.09653	-0.10245	
	M	0.00000	-0.09482	-0.18785	-0.27733	-0.36158	0.63842	0.55156	0.45428	0.34844	0.23601	0.11913	0.00000	
1.375	Q	-0.95119	-0.94221	-0.91565	-0.87141	-0.81091	-0.81091	-0.92358	-1.01881	-1.09482	-1.15015	-1.18378	-1.19506	1.375
	V	0.00000	0.00274	0.00643	0.01199	0.02032	0.02032	0.02727	0.02871	0.02562	0.01905	0.01012	0.00000	
	V'	0.02582	0.03057	0.04472	0.06802	0.10001	0.10001	0.04042	-0.00995	-0.05015	-0.07942	-0.09720	-0.10317	
	M	0.00000	-0.09452	-0.18718	-0.27618	-0.35978	0.64022	0.55388	0.45670	0.35058	0.23760	0.11997	0.00000	
1.400	Q	-0.94825	-0.93897	-0.91132	-0.86583	-0.80341	-0.80341	-0.92062	-1.01982	-1.09906	-1.15679	-1.19189	-1.20367	1.400
	V	0.00000	0.00280	0.00654	0.01215	0.02052	0.02052	0.02749	0.02893	0.02581	0.01918	0.01019	0.00000	
	V'	0.02641	0.03114	0.04525	0.06845	0.10030	0.10030	0.04050	-0.01011	-0.05054	-0.08000	-0.09791	-0.10391	
	M	0.00000	-0.09419	-0.18648	-0.27498	-0.35791	0.64209	0.55628	0.45919	0.35279	0.23924	0.12085	0.00000	
1.425	Q	-0.94514	-0.93556	-0.90701	-0.86008	-0.79571	-0.79571	-0.91759	-1.02087	-1.10345	-1.16366	-1.20028	-1.21257	1.425
	V	0.00000	0.00286	0.00666	0.01232	0.02073	0.02073	0.02771	0.02915	0.02600	0.01933	0.01027	0.00000	
	V'	0.02702	0.03173	0.04579	0.06890	0.10060	0.10060	0.04058	-0.01028	-0.05094	-0.08060	-0.09863	-0.10468	
	M	0.00000	-0.09386	-0.18574	-0.27373	-0.35597	0.64403	0.55876	0.46177	0.35508	0.24094	0.12175	0.00000	
1.450	Q	-0.94186	-0.93198	-0.90253	-0.85415	-0.78783	-0.78783	-0.91450	-1.02197	-1.10799	-1.17076	-1.20895	-1.22177	1.450
	V	0.00000	0.00292	0.00678	0.01249	0.02094	0.02094	0.02795	0.02938	0.02620	0.01947	0.01034	0.00000	
	V'	0.02765	0.03235	0.04636	0.06937	0.10091	0.10091	0.04067	-0.01045	-0.05136	-0.08122	-0.09938	-0.10548	
	M	0.00000	-0.09350	-0.18497	-0.27242	-0.35396	0.64604	0.56133	0.46443	0.35745	0.24270	0.12268	0.00000	
1.475	Q	-0.93840	-0.92821	-0.89787	-0.84802	-0.77976	-0.77976	-0.91134	-1.02312	-1.11269	-1.17809	-1.21791	-1.23128	1.475
	V	0.00000	0.00299	0.00691	0.01268	0.02116	0.02116	0.02819	0.02962	0.02641	0.01963	0.01043	0.00000	
	V'	0.02831	0.03300	0.04694	0.06986	0.10123	0.10123	0.04075	-0.01063	-0.05180	-0.08186	-0.10016	-0.10631	
ALPHA	X/L =	0.00	0.10	0.20	0.30	L 0.40	R 0.40	0.50	0.60	0.70	0.80	0.90	1.00	ALPHA

XM/L = 0.40

FUNKTIONEN : F.M;M - F.M;Q - F.M;V - F.M;V'

FUNKTIONEN : F.M;M - F.M;Q - F.M;V - F.M;V'

XM/L = 0.40

ALPHA	X/L =	0.00	0.10	0.20	0.30	L 0.40	R 0.40	0.50	0.60	0.70	0.80	0.90	1.00	ALPHA
	M	0.00000	-0.09313	-0.18416	-0.27106	-0.35187	0.64813	0.56399	0.46719	0.35989	0.24452	0.12365	0.00000	
1.500	Q	-0.93476	-0.92426	-0.89301	-0.84170	-0.77149	-0.77149	-0.90811	-1.02433	-1.11756	-1.18568	-1.22718	-1.24111	1.500
	V	0.00000	0.00306	0.00704	0.01286	0.02139	0.02139	0.02844	0.02986	0.02662	0.01978	0.01051	0.00000	
	V'	0.02900	0.03366	0.04755	0.07036	0.10156	0.10156	0.04084	-0.01082	-0.05225	-0.08252	-0.10097	-0.10716	
	M	0.00000	-0.09273	-0.18331	-0.26963	-0.34970	0.65030	0.56675	0.47004	0.36242	0.24639	0.12464	0.00000	
1.525	Q	-0.93091	-0.92010	-0.88794	-0.83517	-0.76302	-0.76302	-0.90481	-1.02561	-1.12259	-1.19352	-1.23675	-1.25128	1.525
	V	0.00000	0.00313	0.00718	0.01306	0.02163	0.02163	0.02870	0.03012	0.02684	0.01995	0.01060	0.00000	
	V'	0.02971	0.03436	0.04818	0.07087	0.10190	0.10190	0.04093	-0.01101	-0.05271	-0.08321	-0.10180	-0.10805	
	M	0.00000	-0.09231	-0.18241	-0.26814	-0.34744	0.65256	0.56961	0.47299	0.36504	0.24833	0.12567	0.00000	
1.550	Q	-0.92684	-0.91573	-0.88266	-0.82843	-0.75434	-0.75434	-0.90145	-1.02694	-1.12781	-1.20164	-1.24666	-1.26178	1.550
	V	0.00000	0.00320	0.00732	0.01326	0.02188	0.02188	0.02897	0.03038	0.02707	0.02012	0.01069	0.00000	
	V'	0.03045	0.03508	0.04884	0.07141	0.10225	0.10225	0.04102	-0.01121	-0.05320	-0.08393	-0.10267	-0.10896	
	M	0.00000	-0.09187	-0.18147	-0.26658	-0.34509	0.65491	0.57257	0.47605	0.36775	0.25034	0.12674	0.00000	
1.575	Q	-0.92255	-0.91113	-0.87716	-0.82147	-0.74545	-0.74545	-0.89801	-1.02834	-1.13321	-1.21004	-1.25690	-1.27265	1.575
	V	0.00000	0.00328	0.00747	0.01347	0.02214	0.02214	0.02925	0.03066	0.02731	0.02029	0.01078	0.00000	
	V'	0.03122	0.03582	0.04952	0.07197	0.10262	0.10262	0.04111	-0.01142	-0.05370	-0.08467	-0.10356	-0.10991	
	M	0.00000	-0.09141	-0.18049	-0.26495	-0.34265	0.65735	0.57563	0.47921	0.37055	0.25242	0.12784	0.00000	
1.600	Q	-0.91802	-0.90630	-0.87142	-0.81428	-0.73634	-0.73634	-0.89450	-1.02981	-1.13881	-1.21872	-1.26750	-1.28390	1.600
	V	0.00000	0.00336	0.00762	0.01369	0.02240	0.02240	0.02954	0.03094	0.02756	0.02048	0.01088	0.00000	
	V'	0.03202	0.03660	0.05023	0.07255	0.10299	0.10299	0.04121	-0.01165	-0.05422	-0.08544	-0.10449	-0.11090	
	M	0.00000	-0.09092	-0.17945	-0.26325	-0.34011	0.65989	0.57881	0.48249	0.37345	0.25457	0.12898	0.00000	
1.625	Q	-0.91324	-0.90121	-0.86543	-0.80685	-0.72702	-0.72702	-0.89092	-1.03136	-1.14462	-1.22772	-1.27847	-1.29554	1.625
	V	0.00000	0.00344	0.00778	0.01392	0.02268	0.02268	0.02985	0.03124	0.02781	0.02067	0.01098	0.00000	
	V'	0.03286	0.03741	0.05096	0.07314	0.10338	0.10338	0.04131	-0.01188	-0.05477	-0.08624	-0.10546	-0.11192	
	M	0.00000	-0.09041	-0.17836	-0.26146	-0.33747	0.66253	0.58211	0.48588	0.37645	0.25680	0.13017	0.00000	
1.650	Q	-0.90819	-0.89585	-0.85918	-0.79917	-0.71746	-0.71746	-0.88727	-1.03298	-1.15064	-1.23703	-1.28983	-1.30759	1.650
	V	0.00000	0.00352	0.00795	0.01415	0.02297	0.02297	0.03016	0.03154	0.02808	0.02086	0.01108	0.00000	
	V'	0.03372	0.03826	0.05172	0.07377	0.10378	0.10378	0.04141	-0.01212	-0.05533	-0.08706	-0.10646	-0.11298	
	M	0.00000	-0.08986	-0.17721	-0.25960	-0.33472	0.66528	0.58553	0.48940	0.37956	0.25910	0.13139	0.00000	
1.675	Q	-0.90285	-0.89021	-0.85266	-0.79124	-0.70767	-0.70767	-0.88355	-1.03469	-1.15688	-1.24668	-1.30159	-1.32006	1.675
	V	0.00000	0.00361	0.00812	0.01440	0.02327	0.02327	0.03049	0.03186	0.02836	0.02107	0.01119	0.00000	
	V'	0.03463	0.03913	0.05252	0.07441	0.10419	0.10419	0.04151	-0.01237	-0.05592	-0.08792	-0.10749	-0.11408	
	M	0.00000	-0.08929	-0.17600	-0.25764	-0.33185	0.66815	0.58909	0.49304	0.38278	0.26149	0.13266	0.00000	
1.700	Q	-0.89720	-0.88427	-0.84584	-0.78303	-0.69764	-0.69764	-0.87975	-1.03649	-1.16335	-1.25668	-1.31377	-1.33298	1.700
	V	0.00000	0.00371	0.00830	0.01466	0.02358	0.02358	0.03083	0.03219	0.02864	0.02128	0.01130	0.00000	
	V'	0.03557	0.04005	0.05334	0.07508	0.10462	0.10462	0.04161	-0.01263	-0.05652	-0.08882	-0.10857	-0.11522	
	M	0.00000	-0.08868	-0.17473	-0.25559	-0.32887	0.67113	0.59277	0.49682	0.38612	0.26397	0.13397	0.00000	
1.725	Q	-0.89123	-0.87801	-0.83872	-0.77453	-0.68736	-0.68736	-0.87587	-1.03839	-1.17008	-1.26704	-1.32639	-1.34638	1.725
	V	0.00000	0.00380	0.00849	0.01492	0.02390	0.02390	0.03118	0.03254	0.02894	0.02150	0.01142	0.00000	
	V'	0.03655	0.04100	0.05420	0.07577	0.10507	0.10507	0.04171	-0.01290	-0.05716	-0.08974	-0.10969	-0.11640	
ALPHA	X/L =	0.00	0.10	0.20	0.30	L 0.40	R 0.40	0.50	0.60	0.70	0.80	0.90	1.00	ALPHA

XM/L = 0.40

FUNKTIONEN : F.M;M - F.M;Q - F.M;V - F.M;V'

FUNKTIONEN : F.M;M - F.M;Q - F.M;V - F.M;V'

XM/L = 0.40

ALPHA	X/L =	0.00	0.10	0.20	0.30	L 0.40	R 0.40	0.50	0.60	0.70	0.80	0.90	1.00	ALPHA
	M	0.00000	-0.08804	-0.17339	-0.25345	-0.32576	0.67424	0.59660	0.50074	0.38959	0.26653	0.13533	0.00000	
1.750	Q	-0.88492	-0.87140	-0.83127	-0.76574	-0.67682	-0.67682	-0.87192	-1.04038	-1.17706	-1.27779	-1.33948	-1.36026	1.750
	V	0.00000	0.00390	0.00869	0.01520	0.02424	0.02424	0.03154	0.03290	0.02925	0.02172	0.01154	0.00000	
	V'	0.03758	0.04199	0.05510	0.07649	0.10553	0.10553	0.04182	-0.01319	-0.05782	-0.09071	-0.11085	-0.11763	
	M	0.00000	-0.08736	-0.17198	-0.25120	-0.32252	0.67748	0.60058	0.50481	0.39318	0.26919	0.13674	0.00000	
1.775	Q	-0.87824	-0.86444	-0.82348	-0.75664	-0.66603	-0.66603	-0.86789	-1.04249	-1.18432	-1.28894	-1.35306	-1.37465	1.775
	V	0.00000	0.00401	0.00889	0.01549	0.02459	0.02459	0.03193	0.03327	0.02958	0.02196	0.01166	0.00000	
	V'	0.03865	0.04303	0.05603	0.07724	0.10600	0.10600	0.04193	-0.01348	-0.05850	-0.09171	-0.11206	-0.11891	
	M	0.00000	-0.08665	-0.17050	-0.24883	-0.31913	0.68087	0.60472	0.50904	0.39691	0.27195	0.13821	0.00000	
1.800	Q	-0.87117	-0.85710	-0.81533	-0.74721	-0.65495	-0.65495	-0.86378	-1.04470	-1.19186	-1.30051	-1.36714	-1.38959	1.800
	V	0.00000	0.00412	0.00911	0.01579	0.02496	0.02496	0.03232	0.03365	0.02991	0.02221	0.01179	0.00000	
	V'	0.03976	0.04411	0.05700	0.07802	0.10650	0.10650	0.04204	-0.01380	-0.05922	-0.09275	-0.11332	-0.12024	
	M	0.00000	-0.08589	-0.16893	-0.24635	-0.31560	0.68440	0.60903	0.51343	0.40078	0.27482	0.13973	0.00000	
1.825	Q	-0.86369	-0.84935	-0.80679	-0.73744	-0.64360	-0.64360	-0.85960	-1.04704	-1.19971	-1.31254	-1.38176	-1.40510	1.825
	V	0.00000	0.00424	0.00933	0.01611	0.02534	0.02534	0.03274	0.03406	0.03026	0.02246	0.01193	0.00000	
	V'	0.04093	0.04523	0.05801	0.07883	0.10701	0.10701	0.04216	-0.01412	-0.05996	-0.09384	-0.11462	-0.12163	
	M	0.00000	-0.08509	-0.16727	-0.24375	-0.31191	0.68809	0.61351	0.51800	0.40481	0.27780	0.14131	0.00000	
1.850	Q	-0.85576	-0.84116	-0.79785	-0.72731	-0.63195	-0.63195	-0.85533	-1.04951	-1.20788	-1.32503	-1.39695	-1.42120	1.850
	V	0.00000	0.00436	0.00956	0.01644	0.02574	0.02574	0.03317	0.03448	0.03062	0.02273	0.01207	0.00000	
	V'	0.04214	0.04641	0.05906	0.07967	0.10754	0.10754	0.04227	-0.01447	-0.06074	-0.09497	-0.11598	-0.12307	
	M	0.00000	-0.08424	-0.16553	-0.24101	-0.30805	0.69195	0.61818	0.52275	0.40899	0.28089	0.14295	0.00000	
1.875	Q	-0.84736	-0.83251	-0.78848	-0.71680	-0.62001	-0.62001	-0.85098	-1.05212	-1.21639	-1.33801	-1.41274	-1.43794	1.875
	V	0.00000	0.00448	0.00981	0.01678	0.02615	0.02615	0.03362	0.03492	0.03100	0.02301	0.01222	0.00000	
	V'	0.04342	0.04764	0.06017	0.08055	0.10809	0.10809	0.04239	-0.01483	-0.06155	-0.09615	-0.11740	-0.12457	
	M	0.00000	-0.08334	-0.16368	-0.23814	-0.30402	0.69598	0.62305	0.52769	0.41334	0.28411	0.14466	0.00000	
1.900	Q	-0.83845	-0.82337	-0.77864	-0.70590	-0.60774	-0.60774	-0.84655	-1.05488	-1.22525	-1.35152	-1.42915	-1.45534	1.900
	V	0.00000	0.00461	0.01006	0.01714	0.02659	0.02659	0.03409	0.03537	0.03140	0.02330	0.01237	0.00000	
	V'	0.04475	0.04893	0.06132	0.08147	0.10866	0.10866	0.04251	-0.01520	-0.06240	-0.09737	-0.11888	-0.12613	
	M	0.00000	-0.08239	-0.16174	-0.23511	-0.29979	0.70021	0.62813	0.53284	0.41787	0.28746	0.14644	0.00000	
1.925	Q	-0.82901	-0.81369	-0.76832	-0.69457	-0.59515	-0.59515	-0.84203	-1.05780	-1.23450	-1.36559	-1.44623	-1.47345	1.925
	V	0.00000	0.00475	0.01033	0.01751	0.02704	0.02704	0.03458	0.03585	0.03181	0.02360	0.01253	0.00000	
	V'	0.04614	0.05028	0.06252	0.08242	0.10925	0.10925	0.04263	-0.01560	-0.06328	-0.09866	-0.12042	-0.12776	
	M	0.00000	-0.08138	-0.15967	-0.23192	-0.29537	0.70463	0.63342	0.53821	0.42259	0.29095	0.14829	0.00000	
1.950	Q	-0.81898	-0.80345	-0.75748	-0.68279	-0.58222	-0.58222	-0.83743	-1.06089	-1.24414	-1.38024	-1.46401	-1.49229	1.950
	V	0.00000	0.00490	0.01061	0.01790	0.02752	0.02752	0.03509	0.03635	0.03224	0.02392	0.01270	0.00000	
	V'	0.04761	0.05169	0.06378	0.08342	0.10987	0.10987	0.04275	-0.01601	-0.06421	-0.10000	-0.12203	-0.12947	
	M	0.00000	-0.08031	-0.15749	-0.22856	-0.29073	0.70927	0.63896	0.54380	0.42750	0.29458	0.15021	0.00000	
1.975	Q	-0.80832	-0.79261	-0.74608	-0.67054	-0.56894	-0.56894	-0.83274	-1.06417	-1.25422	-1.39551	-1.48254	-1.51193	1.975
	V	0.00000	0.00505	0.01090	0.01832	0.02801	0.02801	0.03562	0.03687	0.03269	0.02425	0.01287	0.00000	
	V'	0.04914	0.05317	0.06510	0.08446	0.11051	0.11051	0.04288	-0.01645	-0.06517	-0.10140	-0.12371	-0.13124	
ALPHA	X/L =	0.00	0.10	0.20	0.30	L 0.40	R 0.40	0.50	0.60	0.70	0.80	0.90	1.00	ALPHA

XM/L = 0.40

FUNKTIONEN : F.M;M - F.M;Q - F.M;V - F.M;V'

FUNKTIONEN : F.M;M - F.M;Q - F.M;V - F.M;V'

XM/L = 0.40

ALPHA	X/L =	0.00	0.10	0.20	0.30	L 0.40	R 0.40	0.50	0.60	0.70	0.80	0.90	1.00	ALPHA
	M	0.00000	-0.07917	-0.15518	-0.22501	-0.28587	0.71413	0.64474	0.54964	0.43263	0.29837	0.15222	0.00000	
2.000	Q	-0.79701	-0.78112	-0.73409	-0.65780	-0.55528	-0.55528	-0.82796	-1.06764	-1.26475	-1.41144	-1.50186	-1.53241	2.000
	V	0.00000	0.00521	0.01120	0.01875	0.02853	0.02853	0.03618	0.03741	0.03316	0.02459	0.01306	0.00000	
	V'	0.05075	0.05472	0.06648	0.08555	0.11118	0.11118	0.04301	-0.01691	-0.06619	-0.10286	-0.12547	-0.13310	
	M	0.00000	-0.07796	-0.15274	-0.22127	-0.28076	0.71924	0.65079	0.55574	0.43798	0.30233	0.15432	0.00000	
2.025	Q	-0.78497	-0.76893	-0.72147	-0.64452	-0.54124	-0.54124	-0.82310	-1.07132	-1.27577	-1.42807	-1.52202	-1.55377	2.025
	V	0.00000	0.00537	0.01153	0.01920	0.02908	0.02908	0.03677	0.03798	0.03365	0.02495	0.01325	0.00000	
	V'	0.05244	0.05635	0.06792	0.08669	0.11188	0.11188	0.04314	-0.01739	-0.06725	-0.10439	-0.12730	-0.13505	
	M	0.00000	-0.07668	-0.15014	-0.21732	-0.27540	0.72460	0.65712	0.56212	0.44358	0.30646	0.15651	0.00000	
2.050	Q	-0.77216	-0.75599	-0.70817	-0.63068	-0.52679	-0.52679	-0.81814	-1.07523	-1.28730	-1.44546	-1.54308	-1.57608	2.050
	V	0.00000	0.00555	0.01186	0.01967	0.02965	0.02965	0.03739	0.03858	0.03416	0.02533	0.01345	0.00000	
	V'	0.05421	0.05806	0.06944	0.08788	0.11260	0.11260	0.04327	-0.01790	-0.06836	-0.10600	-0.12923	-0.13708	
	M	0.00000	-0.07531	-0.14739	-0.21314	-0.26975	0.73025	0.66376	0.56879	0.44943	0.31078	0.15879	0.00000	
2.075	Q	-0.75852	-0.74225	-0.69414	-0.61624	-0.51191	-0.51191	-0.81309	-1.07939	-1.29939	-1.46363	-1.56509	-1.59940	2.075
	V	0.00000	0.00573	0.01222	0.02017	0.03025	0.03025	0.03803	0.03920	0.03470	0.02573	0.01366	0.00000	
	V'	0.05608	0.05986	0.07104	0.08913	0.11336	0.11336	0.04341	-0.01844	-0.06953	-0.10768	-0.13124	-0.13921	
	M	0.00000	-0.07385	-0.14446	-0.20872	-0.26381	0.73619	0.67072	0.57578	0.45555	0.31529	0.16119	0.00000	
2.100	Q	-0.74399	-0.72764	-0.67933	-0.60116	-0.49658	-0.49658	-0.80795	-1.08382	-1.31207	-1.48267	-1.58812	-1.62379	2.100
	V	0.00000	0.00593	0.01259	0.02070	0.03088	0.03088	0.03871	0.03986	0.03527	0.02614	0.01387	0.00000	
	V'	0.05805	0.06176	0.07272	0.09044	0.11415	0.11415	0.04355	-0.01901	-0.07076	-0.10945	-0.13336	-0.14145	
	M	0.00000	-0.07230	-0.14135	-0.20404	-0.25755	0.74245	0.67803	0.58311	0.46196	0.32003	0.16370	0.00000	
2.125	Q	-0.72848	-0.71209	-0.66367	-0.58540	-0.48078	-0.48078	-0.80272	-1.08853	-1.32538	-1.50261	-1.61224	-1.64934	2.125
	V	0.00000	0.00613	0.01299	0.02125	0.03155	0.03155	0.03943	0.04055	0.03587	0.02658	0.01411	0.00000	
	V'	0.06013	0.06376	0.07448	0.09182	0.11498	0.11498	0.04369	-0.01961	-0.07206	-0.11130	-0.13558	-0.14380	
	M	0.00000	-0.07065	-0.13804	-0.19907	-0.25094	0.74906	0.68572	0.59081	0.46869	0.32499	0.16632	0.00000	
2.150	Q	-0.71193	-0.69553	-0.64712	-0.56890	-0.46449	-0.46449	-0.79738	-1.09356	-1.33938	-1.52353	-1.63753	-1.67612	2.150
	V	0.00000	0.00635	0.01340	0.02183	0.03225	0.03225	0.04018	0.04128	0.03649	0.02704	0.01435	0.00000	
	V'	0.06232	0.06587	0.07634	0.09326	0.11585	0.11585	0.04383	-0.02024	-0.07342	-0.11326	-0.13792	-0.14627	
	M	0.00000	-0.06888	-0.13451	-0.19380	-0.24397	0.75603	0.69381	0.59889	0.47575	0.33020	0.16908	0.00000	
2.175	Q	-0.69424	-0.67788	-0.62958	-0.55162	-0.44766	-0.44766	-0.79195	-1.09893	-1.35412	-1.54551	-1.66407	-1.70422	2.175
	V	0.00000	0.00658	0.01384	0.02245	0.03298	0.03298	0.04097	0.04204	0.03715	0.02752	0.01460	0.00000	
	V'	0.06464	0.06809	0.07830	0.09478	0.11676	0.11676	0.04398	-0.02091	-0.07486	-0.11531	-0.14038	-0.14886	
	M	0.00000	-0.06699	-0.13075	-0.18820	-0.23659	0.76341	0.70233	0.60740	0.48318	0.33567	0.17198	0.00000	
2.200	Q	-0.67531	-0.65903	-0.61099	-0.53349	-0.43027	-0.43027	-0.78642	-1.10466	-1.36965	-1.56862	-1.69196	-1.73375	2.200
	V	0.00000	0.00682	0.01431	0.02310	0.03376	0.03376	0.04180	0.04285	0.03785	0.02803	0.01487	0.00000	
	V'	0.06708	0.07045	0.08037	0.09639	0.11771	0.11771	0.04413	-0.02162	-0.07637	-0.11748	-0.14297	-0.15160	
	M	0.00000	-0.06497	-0.12673	-0.18224	-0.22877	0.77123	0.71133	0.61636	0.49100	0.34143	0.17503	0.00000	
2.225	Q	-0.65504	-0.63890	-0.59125	-0.51445	-0.41229	-0.41229	-0.78079	-1.11080	-1.38604	-1.59294	-1.72131	-1.76482	2.225
	V	0.00000	0.00708	0.01480	0.02379	0.03459	0.03459	0.04269	0.04370	0.03858	0.02857	0.01516	0.00000	
	V'	0.06968	0.07294	0.08257	0.09808	0.11871	0.11871	0.04428	-0.02238	-0.07798	-0.11977	-0.14570	-0.15449	
ALPHA	X/L =	0.00	0.10	0.20	0.30	L 0.40	R 0.40	0.50	0.60	0.70	0.80	0.90	1.00	ALPHA

XM/L = 0.40

FUNKTIONEN : F.M;M - F.M;Q - F.M;V - F.M;V'

FUNKTIONEN : F.MIM - F.MIQ - F.MIV - F.MIV'

XM/L = 0.40

ALPHA	X/L =	0.00	0.10	0.20	0.30	L 0.40	R 0.40	0.50	0.60	0.70	0.80	0.90	1.00	ALPHA
	M	0.00000	-0.06280	-0.12243	-0.17589	-0.22049	0.77951	0.72083	0.62581	0.49924	0.34750	0.17824	0.00000	
2.250	Q	-0.63331	-0.61735	-0.57027	-0.49443	-0.39367	-0.39367	-0.77506	-1.11737	-1.40336	-1.61860	-1.75224	-1.79755	2.250
	V	0.00000	0.00735	0.01532	0.02452	0.03546	0.03546	0.04362	0.04460	0.03936	0.02914	0.01546	0.00000	
	V'	0.07243	0.07558	0.08489	0.09987	0.11977	0.11977	0.04443	-0.02318	-0.07968	-0.12219	-0.14859	-0.15754	
	M	0.00000	-0.06047	-0.11783	-0.16912	-0.21169	0.78831	0.73089	0.63579	0.50793	0.35390	0.18163	0.00000	
2.275	Q	-0.60999	-0.59427	-0.54793	-0.47335	-0.37438	-0.37438	-0.76922	-1.12443	-1.42168	-1.64568	-1.78486	-1.83207	2.275
	V	0.00000	0.00764	0.01588	0.02529	0.03638	0.03638	0.04461	0.04556	0.04018	0.02974	0.01577	0.00000	
	V'	0.07536	0.07839	0.08735	0.10176	0.12088	0.12088	0.04459	-0.02404	-0.08148	-0.12475	-0.15165	-0.16077	
	M	0.00000	-0.05798	-0.11290	-0.16188	-0.20233	0.79767	0.74154	0.64636	0.51713	0.36067	0.18521	0.00000	
2.300	Q	-0.58491	-0.56951	-0.52411	-0.45111	-0.35435	-0.35435	-0.76328	-1.13200	-1.44111	-1.67432	-1.81934	-1.86855	2.300
	V	0.00000	0.00794	0.01646	0.02611	0.03737	0.03737	0.04566	0.04657	0.04105	0.03037	0.01611	0.00000	
	V'	0.07847	0.08138	0.08996	0.10376	0.12205	0.12205	0.04475	-0.02495	-0.08339	-0.12747	-0.15489	-0.16419	
	M	0.00000	-0.05529	-0.10761	-0.15413	-0.19236	0.80764	0.75285	0.65755	0.52687	0.36783	0.18900	0.00000	
2.325	Q	-0.55792	-0.54291	-0.49868	-0.42762	-0.33355	-0.33355	-0.75723	-1.14016	-1.46174	-1.70465	-1.85584	-1.90715	2.325
	V	0.00000	0.00827	0.01709	0.02698	0.03841	0.03841	0.04678	0.04765	0.04197	0.03105	0.01646	0.00000	
	V'	0.08178	0.08456	0.09274	0.10589	0.12329	0.12329	0.04491	-0.02593	-0.08542	-0.13036	-0.15832	-0.16782	
	M	0.00000	-0.05240	-0.10191	-0.14583	-0.18173	0.81827	0.76488	0.66944	0.53720	0.37543	0.19302	0.00000	
2.350	Q	-0.52883	-0.51429	-0.47148	-0.40276	-0.31189	-0.31189	-0.75107	-1.14895	-1.48367	-1.73684	-1.89453	-1.94807	2.350
	V	0.00000	0.00862	0.01776	0.02792	0.03952	0.03952	0.04796	0.04879	0.04295	0.03177	0.01684	0.00000	
	V'	0.08532	0.08795	0.09570	0.10815	0.12460	0.12460	0.04508	-0.02697	-0.08758	-0.13343	-0.16198	-0.17167	
	M	0.00000	-0.04927	-0.09578	-0.13691	-0.17036	0.82964	0.77769	0.68208	0.54818	0.38350	0.19729	0.00000	
2.375	Q	-0.49740	-0.48344	-0.44234	-0.37640	-0.28933	-0.28933	-0.74479	-1.15844	-1.50705	-1.77106	-1.93563	-1.99153	2.375
	V	0.00000	0.00899	0.01848	0.02891	0.04071	0.04071	0.04923	0.05001	0.04400	0.03253	0.01725	0.00000	
	V'	0.08910	0.09158	0.09887	0.11056	0.12599	0.12599	0.04524	-0.02809	-0.08989	-0.13670	-0.16587	-0.17578	
	M	0.00000	-0.04590	-0.08916	-0.12732	-0.15818	0.84182	0.79137	0.69556	0.55987	0.39209	0.20183	0.00000	
2.400	Q	-0.46341	-0.45013	-0.41104	-0.34839	-0.26578	-0.26578	-0.73841	-1.16871	-1.53202	-1.80750	-1.97938	-2.03778	2.400
	V	0.00000	0.00939	0.01924	0.02998	0.04198	0.04198	0.05059	0.05131	0.04512	0.03335	0.01768	0.00000	
	V'	0.09316	0.09546	0.10225	0.11313	0.12747	0.12747	0.04542	-0.02929	-0.09236	-0.14019	-0.17003	-0.18017	
	M	0.00000	-0.04224	-0.08201	-0.11698	-0.14510	0.85490	0.80601	0.70995	0.57234	0.40125	0.20667	0.00000	
2.425	Q	-0.42657	-0.41409	-0.37738	-0.31858	-0.24114	-0.24114	-0.73190	-1.17984	-1.55873	-1.84641	-2.02604	-2.08711	2.425
	V	0.00000	0.00982	0.02006	0.03112	0.04335	0.04335	0.05204	0.05271	0.04631	0.03422	0.01814	0.00000	
	V'	0.09751	0.09963	0.10588	0.11588	0.12904	0.12904	0.04559	-0.03058	-0.09501	-0.14393	-0.17448	-0.18486	
	M	0.00000	-0.03827	-0.07425	-0.10580	-0.13103	0.86897	0.82170	0.72535	0.58569	0.41104	0.21185	0.00000	
2.450	Q	-0.38656	-0.37501	-0.34107	-0.28676	-0.21532	-0.21532	-0.72529	-1.19193	-1.58739	-1.88804	-2.07592	-2.13983	2.450
	V	0.00000	0.01028	0.02095	0.03235	0.04481	0.04481	0.05359	0.05420	0.04760	0.03516	0.01863	0.00000	
	V'	0.10220	0.10412	0.10978	0.11882	0.13073	0.13073	0.04577	-0.03198	-0.09786	-0.14794	-0.17925	-0.18989	
	M	0.00000	-0.03395	-0.06583	-0.09370	-0.11586	0.88414	0.83857	0.74189	0.60000	0.42154	0.21740	0.00000	
2.475	Q	-0.34301	-0.33256	-0.30184	-0.25272	-0.18820	-0.18820	-0.71855	-1.20510	-1.61820	-1.93269	-2.12939	-2.19632	2.475
	V	0.00000	0.01078	0.02190	0.03368	0.04638	0.04638	0.05527	0.05581	0.04897	0.03617	0.01916	0.00000	
	V'	0.10725	0.10896	0.11397	0.12199	0.13252	0.13252	0.04595	-0.03348	-0.10092	-0.15226	-0.18437	-0.19530	
ALPHA	X/L =	0.00	0.10	0.20	0.30	L 0.40	R 0.40	0.50	0.60	0.70	0.80	0.90	1.00	ALPHA

XM/L = 0.40

FUNKTIONEN : F.MIM - F.MIQ - F.MIV - F.MIV'

FUNKTIONEN : F.M;M - F.M;Q - F.M;V - F.M;V'

XM/L = 0.40

ALPHA	X/L =	0.00	0.10	0.20	0.30	L 0.40	R 0.40	0.50	0.60	0.70	0.80	0.90	1.00	ALPHA
	M	0.00000	-0.02924	-0.05667	-0.08057	-0.09946	0.90054	0.85675	0.75968	0.61539	0.43283	0.22336	0.00000	
2.500	Q	-0.29549	-0.28630	-0.25932	-0.21621	-0.15965	-0.15965	-0.71168	-1.21947	-1.65143	-1.98071	-2.18684	-2.25701	2.500
	V	0.00000	0.01132	0.02293	0.03511	0.04809	0.04809	0.05708	0.05755	0.05046	0.03725	0.01974	0.00000	
	V'	0.11272	0.11419	0.11851	0.12541	0.13446	0.13446	0.04613	-0.03511	-0.10423	-0.15691	-0.18989	-0.20112	
	M	0.00000	-0.02409	-0.04666	-0.06626	-0.08167	0.91833	0.87640	0.77888	0.63198	0.44499	0.22978	0.00000	
2.525	Q	-0.24351	-0.23579	-0.21312	-0.17692	-0.12951	-0.12951	-0.70470	-1.23519	-1.68735	-2.03251	-2.24876	-2.32240	2.525
	V	0.00000	0.01191	0.02405	0.03666	0.04993	0.04993	0.05904	0.05943	0.05207	0.03843	0.02036	0.00000	
	V'	0.11865	0.11986	0.12342	0.12910	0.13653	0.13653	0.04632	-0.03689	-0.10781	-0.16195	-0.19586	-0.20742	
	M	0.00000	-0.01845	-0.03570	-0.05065	-0.06232	0.93768	0.89771	0.79967	0.64992	0.45814	0.23672	0.00000	
2.550	Q	-0.18649	-0.18046	-0.16276	-0.13453	-0.09760	-0.09760	-0.69759	-1.25246	-1.72633	-2.08855	-2.31570	-2.39308	2.550
	V	0.00000	0.01254	0.02527	0.03835	0.05193	0.05193	0.06116	0.06146	0.05381	0.03970	0.02103	0.00000	
	V'	0.12511	0.12603	0.12876	0.13310	0.13878	0.13878	0.04651	-0.03882	-0.11170	-0.16740	-0.20234	-0.21424	
	M	0.00000	-0.01224	-0.02367	-0.03354	-0.04120	0.95880	0.92089	0.82225	0.66940	0.47240	0.24425	0.00000	
2.575	Q	-0.12374	-0.11966	-0.10769	-0.08862	-0.06370	-0.06370	-0.69035	-1.27147	-1.76875	-2.14940	-2.38831	-2.46974	2.575
	V	0.00000	0.01324	0.02659	0.04019	0.05411	0.05411	0.06348	0.06368	0.05571	0.04108	0.02176	0.00000	
	V'	0.13215	0.13277	0.13457	0.13745	0.14121	0.14121	0.04670	-0.04094	-0.11594	-0.17335	-0.20938	-0.22166	
	M	0.00000	-0.00538	-0.01041	-0.01473	-0.01806	0.98194	0.94621	0.84688	0.69062	0.48793	0.25245	0.00000	
2.600	Q	-0.05445	-0.05262	-0.04725	-0.03871	-0.02756	-0.02756	-0.68298	-1.29248	-1.81510	-2.21571	-2.46738	-2.55319	2.600
	V	0.00000	0.01400	0.02805	0.04220	0.05650	0.05650	0.06601	0.06611	0.05778	0.04259	0.02255	0.00000	
	V'	0.13987	0.14014	0.14094	0.14220	0.14385	0.14385	0.04690	-0.04327	-0.12058	-0.17984	-0.21707	-0.22976	
	M	0.00000	0.00221	0.00427	0.00603	0.00738	1.00738	0.97397	0.87383	0.71383	0.50492	0.26141	0.00000	
2.625	Q	0.02234	0.02158	0.01933	0.01576	0.01112	0.01112	-0.67547	-1.31578	-1.86594	-2.28826	-2.55382	-2.64440	2.625
	V	0.00000	0.01483	0.02964	0.04441	0.05912	0.05912	0.06879	0.06877	0.06006	0.04425	0.02343	0.00000	
	V'	0.14837	0.14826	0.14793	0.14741	0.14674	0.14674	0.04710	-0.04583	-0.12567	-0.18696	-0.22550	-0.23864	
	M	0.00000	0.01065	0.02057	0.02904	0.03549	1.03549	1.00455	0.90348	0.73933	0.52357	0.27125	0.00000	
2.650	Q	0.10780	0.10404	0.09301	0.07549	0.05270	0.05270	-0.66783	-1.34173	-1.92197	-2.36802	-2.64874	-2.74455	2.650
	V	0.00000	0.01576	0.03141	0.04686	0.06201	0.06201	0.07185	0.07170	0.06256	0.04608	0.02439	0.00000	
	V'	0.15775	0.15721	0.15564	0.15315	0.14990	0.14990	0.04730	-0.04866	-0.13129	-0.19480	-0.23478	-0.24842	
	M	0.00000	0.02009	0.03876	0.05467	0.06668	1.06668	1.03839	0.93624	0.76750	0.54416	0.28211	0.00000	
2.675	Q	0.20335	0.19612	0.17494	0.14131	0.09763	0.09763	-0.66005	-1.37078	-1.98401	-2.45611	-2.75351	-2.85505	2.675
	V	0.00000	0.01678	0.03337	0.04956	0.06522	0.06522	0.07524	0.07494	0.06533	0.04810	0.02545	0.00000	
	V'	0.16817	0.16716	0.16420	0.15950	0.15339	0.15339	0.04751	-0.05182	-0.13752	-0.20349	-0.24505	-0.25924	
	M	0.00000	0.03070	0.05917	0.08335	0.10150	1.10150	1.07606	0.97265	0.79877	0.56701	0.29416	0.00000	
2.700	Q	0.31072	0.29946	0.26651	0.21424	0.14645	0.14645	-0.65212	-1.40345	-2.05308	-2.55395	-2.86977	-2.97765	2.700
	V	0.00000	0.01793	0.03555	0.05259	0.06879	0.06879	0.07902	0.07855	0.06842	0.05034	0.02663	0.00000	
	V'	0.17980	0.17825	0.17373	0.16656	0.15726	0.15726	0.04772	-0.05534	-0.14446	-0.21316	-0.25648	-0.27128	
	M	0.00000	0.04267	0.08220	0.11566	0.14058	1.14058	1.11823	1.01336	0.83370	0.59252	0.30761	0.00000	
2.725	Q	0.43207	0.41612	0.36947	0.29555	0.19982	0.19982	-0.64406	-1.44041	-2.13046	-2.66329	-2.99958	-3.11450	2.725
	V	0.00000	0.01921	0.03800	0.05598	0.07280	0.07280	0.08326	0.08260	0.07187	0.05286	0.02796	0.00000	
	V'	0.19285	0.19071	0.18443	0.17447	0.16158	0.16158	0.04793	-0.05931	-0.15224	-0.22399	-0.26928	-0.28476	
ALPHA	X/L =	0.00	0.10	0.20	0.30	L 0.40	R 0.40	0.50	0.60	0.70	0.80	0.90	1.00	ALPHA

XM/L = 0.40

FUNKTIONEN : F.M;M - F.M;Q - F.M;V - F.M;V'

D R U C K S T A E B E -59-

FUNKTIONEN : F.M;M - F.M;Q - F.M;V - F.M;V'

XM/L = 0.40

ALPHA	X/L =	0.00	0.10	0.20	0.30	L 0.40	R 0.40	0.50	0.60	0.70	0.80	0.90	1.00	ALPHA
2.750	M	0.00000	0.05629	0.10836	0.15228	0.18475	1.18475	1.16577	1.05918	0.87299	0.62120	0.32273	0.00000	2.750
	Q	0.57009	0.54867	0.48602	0.38684	0.25859	0.25859	-0.63584	-1.48250	-2.21774	-2.78632	-3.14551	-3.26832	
	V	0.00000	0.02067	0.04077	0.05981	0.07732	0.07732	0.08804	0.08716	0.07577	0.05570	0.02945	0.00000	
	V'	0.20762	0.20478	0.19650	0.18338	0.16643	0.16643	0.04815	-0.06380	-0.16102	-0.23621	-0.28370	-0.29994	
2.775	M	0.00000	0.07189	0.13829	0.19410	0.23506	1.23506	1.21978	1.11117	0.91754	0.65370	0.33985	0.00000	2.775
	Q	0.72824	0.70038	0.61893	0.49013	0.32382	0.32382	-0.62748	-1.53077	-2.31694	-2.92582	-3.31085	-3.44255	
	V	0.00000	0.02232	0.04393	0.06416	0.08247	0.08247	0.09347	0.09235	0.08019	0.05892	0.03115	0.00000	
	V'	0.22443	0.22081	0.21023	0.19351	0.17191	0.17191	0.04838	-0.06893	-0.17102	-0.25009	-0.30009	-0.31719	
2.800	M	0.00000	0.08991	0.17282	0.24227	0.29284	1.29284	1.28167	1.17066	0.96848	0.69086	0.35943	0.00000	2.800
	Q	0.91097	0.87549	0.77182	0.60804	0.39689	0.39689	-0.61896	-1.58660	-2.43067	-3.08541	-3.49983	-3.64165	
	V	0.00000	0.02422	0.04755	0.06917	0.08837	0.08837	0.09970	0.09830	0.08526	0.06261	0.03309	0.00000	
	V'	0.24375	0.23922	0.22600	0.20511	0.17818	0.17818	0.04860	-0.07482	-0.18248	-0.26600	-0.31886	-0.33695	
2.825	M	0.00000	0.11092	0.21305	0.29829	0.35988	1.35988	1.35331	1.23944	1.02732	0.73376	0.38202	0.00000	2.825
	Q	1.12412	1.07957	0.94942	0.74401	0.47962	0.47962	-0.61029	-1.65181	-2.56238	-3.26982	-3.71803	-3.87149	
	V	0.00000	0.02643	0.05176	0.07497	0.09522	0.09522	0.10692	0.10519	0.09114	0.06688	0.03534	0.00000	
	V'	0.26616	0.26058	0.24427	0.21853	0.18540	0.18540	0.04883	-0.08167	-0.19577	-0.28442	-0.34058	-0.35981	
2.850	M	0.00000	0.13570	0.26046	0.36420	0.43856	1.43856	1.43720	1.31989	1.09610	0.78388	0.40841	0.00000	2.850
	Q	1.37558	1.32010	1.15811	0.90268	0.57444	0.57444	-0.60145	-1.72882	-2.71671	-3.48543	-3.97295	-4.13995	
	V	0.00000	0.02902	0.05669	0.08177	0.10324	0.10324	0.11538	0.11325	0.09801	0.07188	0.03797	0.00000	
	V'	0.29247	0.28564	0.26569	0.23425	0.19384	0.19384	0.04907	-0.08973	-0.21135	-0.30599	-0.36601	-0.38657	
2.875	M	0.00000	0.16532	0.31706	0.44278	0.53216	1.53216	1.53680	1.41529	1.17760	0.84325	0.43967	0.00000	2.875
	Q	1.67617	1.60737	1.40663	1.09042	0.68469	0.68469	-0.59246	-1.82097	-2.90001	-3.74099	-4.27488	-4.45784	
	V	0.00000	0.03210	0.06256	0.08986	0.11278	0.11278	0.12544	0.12283	0.10617	0.07782	0.04109	0.00000	
	V'	0.32377	0.31545	0.29116	0.25291	0.20382	0.20382	0.04931	-0.09932	-0.22987	-0.33161	-0.39620	-0.41834	
2.900	M	0.00000	0.20127	0.38573	0.53798	0.64530	1.64530	1.65697	1.53027	1.27577	0.91473	0.47729	0.00000	2.900
	Q	2.04119	1.95595	1.70738	1.31621	0.81513	0.81513	-0.58329	-1.93300	-3.12128	-4.04889	-4.63837	-4.84049	
	V	0.00000	0.03582	0.06965	0.09964	0.12429	0.12429	0.13757	0.13440	0.11602	0.08499	0.04486	0.00000	
	V'	0.36162	0.35148	0.32192	0.27541	0.21583	0.21583	0.04955	-0.11094	-0.25223	-0.36253	-0.43262	-0.45666	
2.925	M	0.00000	0.24576	0.47064	0.65555	0.78476	1.78476	1.80484	1.67160	1.39636	1.00251	0.52349	0.00000	2.925
	Q	2.49300	2.38711	2.07845	1.59322	0.97265	0.97265	-0.57396	-2.07181	-3.39367	-4.42724	-5.08472	-5.31027	
	V	0.00000	0.04041	0.07839	0.11169	0.13848	0.13848	0.15251	0.14863	0.12815	0.09380	0.04950	0.00000	
	V'	0.40827	0.39589	0.35982	0.30310	0.23057	0.23057	0.04980	-0.12528	-0.27978	-0.40058	-0.47743	-0.50379	
2.950	M	0.00000	0.30214	0.57818	0.80426	0.96086	1.96086	1.99125	1.84960	1.54815	1.11295	0.58160	0.00000	2.950
	Q	3.06566	2.93323	2.54739	1.94145	1.16779	1.16779	-0.56445	-2.24793	-3.73719	-4.90357	-5.64631	-5.90123	
	V	0.00000	0.04621	0.08942	0.12689	0.15638	0.15638	0.17136	0.16657	0.14342	0.10491	0.05534	0.00000	
	V'	0.46718	0.45197	0.40763	0.33800	0.24910	0.24910	0.05005	-0.14340	-0.31453	-0.44856	-0.53391	-0.56320	
2.975	M	0.00000	0.37577	0.71852	0.99815	1.19008	2.19008	2.23353	2.08076	1.74517	1.25627	0.65700	0.00000	2.975
	Q	3.81366	3.64614	3.15828	2.39295	1.41739	1.41739	-0.55477	-2.47818	-4.18387	-5.52199	-6.37497	-6.66788	
	V	0.00000	0.05376	0.10378	0.14667	0.17966	0.17966	0.19587	0.18990	0.16329	0.11934	0.06293	0.00000	
	V'	0.54388	0.52495	0.46983	0.38336	0.27313	0.27313	0.05031	-0.16701	-0.35973	-0.51092	-0.60730	-0.64039	
ALPHA	X/L =	0.00	0.10	0.20	0.30	L 0.40	R 0.40	0.50	0.60	0.70	0.80	0.90	1.00	ALPHA

XM/L = 0.40

FUNKTIONEN : F.M;M - F.M;Q - F.M;V - F.M;V'

FUNKTIONEN : F.M;M - F.M;Q - F.M;V - F.M;V'

XM/L = 0.50

ALPHA	X/L =	0.00	0.10	0.20	0.30	0.40	L 0.50	R 0.50	0.60	0.70	0.80	0.90	1.00	ALPHA
	M	0.00000	-0.10000	-0.20000	-0.30000	-0.40000	-0.50000	0.50000	0.40000	0.30000	0.20000	0.10000	0.00000	
0.000	Q	-1.00000	-1.00000	-1.00000	-1.00000	-1.00000	-1.00000	-1.00000	-1.00000	-1.00000	-1.00000	-1.00000	-1.00000	0.000
	V	0.00000	-0.00400	-0.00700	-0.00800	-0.00600	0.00000	0.00000	0.00600	0.00800	0.00700	0.00400	0.00000	
	V'	-0.04167	-0.03667	-0.02167	0.00333	0.03833	0.08333	0.08333	0.03833	0.00333	-0.02167	-0.03667	-0.04167	
	M	0.00000	-0.10000	-0.20000	-0.30001	-0.40000	-0.50000	0.50000	0.40000	0.30001	0.20000	0.10000	0.00000	
0.025	Q	-1.00003	-1.00002	-1.00001	-1.00000	-0.99998	-0.99995	-0.99995	-0.99998	-1.00000	-1.00001	-1.00002	-1.00003	0.025
	V	0.00000	-0.00400	-0.00700	-0.00800	-0.00600	0.00000	0.00000	0.00600	0.00800	0.00700	0.00400	0.00000	
	V'	-0.04167	-0.03667	-0.02167	0.00333	0.03833	0.08333	0.08333	0.03833	0.00333	-0.02167	-0.03667	-0.04167	
	M	0.00000	-0.10001	-0.20002	-0.30002	-0.40002	-0.50000	0.50000	0.40002	0.30002	0.20002	0.10001	0.00000	
0.050	Q	-1.00010	-1.00009	-1.00005	-0.99999	-0.99990	-0.99979	-0.99979	-0.99990	-0.99999	-1.00005	-1.00009	-1.00010	0.050
	V	0.00000	-0.00400	-0.00700	-0.00800	-0.00600	0.00000	0.00000	0.00600	0.00800	0.00700	0.00400	0.00000	
	V'	-0.04167	-0.03667	-0.02167	0.00333	0.03834	0.08334	0.08334	0.03834	0.00333	-0.02167	-0.03667	-0.04167	
	M	0.00000	-0.10002	-0.20004	-0.30005	-0.40003	-0.50000	0.50000	0.40003	0.30005	0.20004	0.10002	0.00000	
0.075	Q	-1.00023	-1.00021	-1.00012	-0.99998	-0.99978	-0.99953	-0.99953	-0.99978	-0.99998	-1.00012	-1.00021	-1.00023	0.075
	V	0.00000	-0.00400	-0.00700	-0.00800	-0.00600	0.00000	0.00000	0.00600	0.00800	0.00700	0.00400	0.00000	
	V'	-0.04167	-0.03667	-0.02167	0.00334	0.03834	0.08334	0.08334	0.03834	0.00334	-0.02167	-0.03667	-0.04167	
	M	0.00000	-0.10004	-0.20007	-0.30008	-0.40006	-0.50000	0.50000	0.40006	0.30008	0.20007	0.10004	0.00000	
0.100	Q	-1.00042	-1.00037	-1.00022	-0.99997	-0.99962	-0.99917	-0.99917	-0.99962	-0.99997	-1.00022	-1.00037	-1.00042	0.100
	V	0.00000	-0.00400	-0.00700	-0.00800	-0.00600	0.00000	0.00000	0.00600	0.00800	0.00700	0.00400	0.00000	
	V'	-0.04168	-0.03668	-0.02167	0.00334	0.03834	0.08335	0.08335	0.03834	0.00334	-0.02167	-0.03668	-0.04168	
	M	0.00000	-0.10006	-0.20011	-0.30013	-0.40009	-0.50000	0.50000	0.40009	0.30013	0.20011	0.10006	0.00000	
0.125	Q	-1.00065	-1.00057	-1.00034	-0.99995	-0.99940	-0.99870	-0.99870	-0.99940	-0.99995	-1.00034	-1.00057	-1.00065	0.125
	V	0.00000	-0.00400	-0.00700	-0.00800	-0.00600	0.00000	-0.00000	0.00600	0.00800	0.00700	0.00400	0.00000	
	V'	-0.04169	-0.03668	-0.02167	0.00334	0.03835	0.08336	0.08336	0.03835	0.00334	-0.02167	-0.03668	-0.04169	
	M	0.00000	-0.10009	-0.20016	-0.30018	-0.40014	-0.50000	0.50000	0.40014	0.30018	0.20016	0.10009	0.00000	
0.150	Q	-1.00094	-1.00083	-1.00049	-0.99992	-0.99914	-0.99812	-0.99812	-0.99914	-0.99992	-1.00049	-1.00083	-1.00094	0.150
	V	0.00000	-0.00400	-0.00700	-0.00800	-0.00600	0.00000	-0.00000	0.00600	0.00800	0.00700	0.00400	0.00000	
	V'	-0.04169	-0.03669	-0.02168	0.00334	0.03836	0.08336	0.08336	0.03836	0.00334	-0.02168	-0.03669	-0.04169	
	M	0.00000	-0.10012	-0.20021	-0.30025	-0.40018	-0.50000	0.50000	0.40018	0.30025	0.20021	0.10012	0.00000	
0.175	Q	-1.00128	-1.00112	-1.00066	-0.99990	-0.99883	-0.99745	-0.99745	-0.99883	-0.99990	-1.00066	-1.00112	-1.00128	0.175
	V	0.00000	-0.00400	-0.00701	-0.00801	-0.00600	0.00000	-0.00000	0.00600	0.00801	0.00701	0.00400	0.00000	
	V'	-0.04170	-0.03670	-0.02168	0.00334	0.03837	0.08338	0.08338	0.03837	0.00334	-0.02168	-0.03670	-0.04170	
	M	0.00000	-0.10016	-0.20028	-0.30032	-0.40024	-0.50000	0.50000	0.40024	0.30032	0.20028	0.10016	0.00000	
0.200	Q	-1.00167	-1.00147	-1.00087	-0.99987	-0.99846	-0.99666	-0.99666	-0.99846	-0.99987	-1.00087	-1.00147	-1.00167	0.200
	V	0.00000	-0.00400	-0.00701	-0.00801	-0.00601	0.00000	-0.00000	0.00601	0.00801	0.00701	0.00400	0.00000	
	V'	-0.04172	-0.03671	-0.02168	0.00335	0.03838	0.08339	0.08339	0.03838	0.00335	-0.02168	-0.03671	-0.04172	
	M	0.00000	-0.10020	-0.20035	-0.30041	-0.40030	-0.50000	0.50000	0.40030	0.30041	0.20035	0.10020	0.00000	
0.225	Q	-1.00211	-1.00186	-1.00110	-0.99983	-0.99806	-0.99578	-0.99578	-0.99806	-0.99983	-1.00110	-1.00186	-1.00211	0.225
	V	0.00000	-0.00401	-0.00701	-0.00801	-0.00601	0.00000	-0.00000	0.00601	0.00801	0.00701	0.00401	0.00000	
	V'	-0.04173	-0.03672	-0.02169	0.00335	0.03839	0.08340	0.08340	0.03839	0.00335	-0.02169	-0.03672	-0.04173	
ALPHA	X/L =	0.00	0.10	0.20	0.30	0.40	L 0.50	R 0.50	0.60	0.70	0.80	0.90	1.00	ALPHA

XM/L = 0.50

FUNKTIONEN : F.M;M - F.M;Q - F.M;V - F.M;V'

D R U C K S T A E B E -61-

FUNKTIONEN : F.M;M - F.M;Q - F.M;V - F.M;V'

XM/L = 0.50

ALPHA	X/L =	0.00	0.10	0.20	0.30	0.40	L 0.50	R 0.50	0.60	0.70	0.80	0.90	1.00	ALPHA
	M	0.00000	-0.10025	-0.20044	-0.30050	-0.40038	-0.50000	0.50000	0.40038	0.30050	0.20044	0.10025	0.00000	
0.250	Q	-1.00261	-1.00230	-1.00136	-0.99979	-0.99760	-0.99479	-0.99479	-0.99760	-0.99979	-1.00136	-1.00230	-1.00261	0.250
	V	0.00000	-0.00401	-0.00701	-0.00801	-0.00601	0.00000	-0.00000	0.00601	0.00801	0.00701	0.00401	0.00000	
	V'	-0.04174	-0.03673	-0.02169	0.00335	0.03840	0.08342	0.08342	0.03840	0.00335	-0.02169	-0.03673	-0.04174	
	M	0.00000	-0.10030	-0.20053	-0.30061	-0.40045	-0.50000	0.50000	0.40045	0.30061	0.20053	0.10030	0.00000	
0.275	Q	-1.00316	-1.00278	-1.00164	-0.99975	-0.99710	-0.99369	-0.99369	-0.99710	-0.99975	-1.00164	-1.00278	-1.00316	0.275
	V	0.00000	-0.00401	-0.00701	-0.00801	-0.00601	0.00000	-0.00000	0.00601	0.00801	0.00701	0.00401	0.00000	
	V'	-0.04176	-0.03674	-0.02170	0.00336	0.03841	0.08344	0.08344	0.03841	0.00336	-0.02170	-0.03674	-0.04176	
	M	0.00000	-0.10036	-0.20063	-0.30072	-0.40054	-0.50000	0.50000	0.40054	0.30072	0.20063	0.10036	0.00000	
0.300	Q	-1.00376	-1.00331	-1.00195	-0.99970	-0.99654	-0.99249	-0.99249	-0.99654	-0.99970	-1.00195	-1.00331	-1.00376	0.300
	V	0.00000	-0.00401	-0.00702	-0.00802	-0.00601	0.00000	-0.00000	0.00601	0.00802	0.00702	0.00401	0.00000	
	V'	-0.04178	-0.03676	-0.02171	0.00336	0.03843	0.08346	0.08346	0.03843	0.00336	-0.02171	-0.03676	-0.04178	
	M	0.00000	-0.10042	-0.20074	-0.30085	-0.40064	-0.50000	0.50000	0.40064	0.30085	0.20074	0.10042	0.00000	
0.325	Q	-1.00441	-1.00388	-1.00229	-0.99964	-0.99594	-0.99118	-0.99118	-0.99594	-0.99964	-1.00229	-1.00388	-1.00441	0.325
	V	0.00000	-0.00401	-0.00702	-0.00802	-0.00601	0.00000	-0.00000	0.00601	0.00802	0.00702	0.00401	0.00000	
	V'	-0.04180	-0.03677	-0.02171	0.00337	0.03844	0.08348	0.08348	0.03844	0.00337	-0.02171	-0.03677	-0.04180	
	M	0.00000	-0.10049	-0.20086	-0.30098	-0.40074	-0.50000	0.50000	0.40074	0.30098	0.20086	0.10049	0.00000	
0.350	Q	-1.00512	-1.00451	-1.00266	-0.99959	-0.99529	-0.98977	-0.98977	-0.99529	-0.99959	-1.00266	-1.00451	-1.00512	0.350
	V	0.00000	-0.00401	-0.00702	-0.00802	-0.00602	0.00000	-0.00000	0.00602	0.00802	0.00702	0.00401	0.00000	
	V'	-0.04182	-0.03679	-0.02172	0.00337	0.03846	0.08350	0.08350	0.03846	0.00337	-0.02172	-0.03679	-0.04182	
	M	0.00000	-0.10056	-0.20099	-0.30113	-0.40085	-0.50000	0.50000	0.40085	0.30113	0.20099	0.10056	0.00000	
0.375	Q	-1.00588	-1.00518	-1.00306	-0.99952	-0.99459	-0.98825	-0.98825	-0.99459	-0.99952	-1.00306	-1.00518	-1.00588	0.375
	V	0.00000	-0.00402	-0.00703	-0.00803	-0.00602	0.00000	-0.00000	0.00602	0.00803	0.00703	0.00402	0.00000	
	V'	-0.04184	-0.03681	-0.02173	0.00338	0.03848	0.08353	0.08353	0.03848	0.00338	-0.02173	-0.03681	-0.04184	
	M	0.00000	-0.10064	-0.20112	-0.30129	-0.40096	-0.50000	0.50000	0.40096	0.30129	0.20112	0.10064	0.00000	
0.400	Q	-1.00670	-1.00589	-1.00348	-0.99946	-0.99384	-0.98663	-0.98663	-0.99384	-0.99946	-1.00348	-1.00589	-1.00670	0.400
	V	0.00000	-0.00402	-0.00703	-0.00803	-0.00602	0.00000	-0.00000	0.00602	0.00803	0.00703	0.00402	0.00000	
	V'	-0.04186	-0.03683	-0.02174	0.00339	0.03850	0.08356	0.08356	0.03850	0.00339	-0.02174	-0.03683	-0.04186	
	M	0.00000	-0.10073	-0.20127	-0.30145	-0.40109	-0.50000	0.50000	0.40109	0.30145	0.20127	0.10073	0.00000	
0.425	Q	-1.00757	-1.00666	-1.00393	-0.99939	-0.99304	-0.98490	-0.98490	-0.99304	-0.99939	-1.00393	-1.00666	-1.00757	0.425
	V	0.00000	-0.00402	-0.00703	-0.00804	-0.00602	0.00000	0.00000	0.00602	0.00804	0.00703	0.00402	0.00000	
	V'	-0.04189	-0.03685	-0.02175	0.00339	0.03852	0.08359	0.08359	0.03852	0.00339	-0.02175	-0.03685	-0.04189	
	M	0.00000	-0.10081	-0.20143	-0.30163	-0.40122	-0.50000	0.50000	0.40122	0.30163	0.20143	0.10081	0.00000	
0.450	Q	-1.00849	-1.00747	-1.00441	-0.99931	-0.99219	-0.98307	-0.98307	-0.99219	-0.99931	-1.00441	-1.00747	-1.00849	0.450
	V	0.00000	-0.00402	-0.00704	-0.00804	-0.00603	-0.00000	0.00000	0.00603	0.00804	0.00704	0.00402	0.00000	
	V'	-0.04191	-0.03687	-0.02176	0.00340	0.03855	0.08362	0.08362	0.03855	0.00340	-0.02176	-0.03687	-0.04191	
	M	0.00000	-0.10091	-0.20159	-0.30182	-0.40136	-0.50000	0.50000	0.40136	0.30182	0.20159	0.10091	0.00000	
0.475	Q	-1.00946	-1.00832	-1.00491	-0.99923	-0.99130	-0.98113	-0.98113	-0.99130	-0.99923	-1.00491	-1.00832	-1.00946	0.475
	V	0.00000	-0.00403	-0.00704	-0.00804	-0.00603	-0.00000	0.00000	0.00603	0.00804	0.00704	0.00403	0.00000	
	V'	-0.04194	-0.03690	-0.02177	0.00341	0.03857	0.08365	0.08365	0.03857	0.00341	-0.02177	-0.03690	-0.04194	
ALPHA	X/L =	0.00	0.10	0.20	0.30	0.40	L 0.50	R 0.50	0.60	0.70	0.80	0.90	1.00	ALPHA

XM/L = 0.50

FUNKTIONEN : F.M;M - F.M;Q - F.M;V - F.M;V'

FUNKTIONEN : F.M;M - F.M;Q - F.M;V - F.M;V'

XM/L = 0.50

ALPHA	X/L =	0.00	0.10	0.20	0.30	0.40	L 0.50	R 0.50	0.60	0.70	0.80	0.90	1.00	ALPHA
	M	0.00000	-0.10101	-0.20176	-0.30201	-0.40151	-0.50000	0.50000	0.40151	0.30201	0.20176	0.10101	0.00000	
0.500	Q	-1.01049	-1.00923	-1.00544	-0.99915	-0.99035	-0.97908	-0.97908	-0.99035	-0.99915	-1.00544	-1.00923	-1.01049	0.500
	V	0.00000	-0.00403	-0.00705	-0.00805	-0.00603	0.00000	-0.00000	0.00603	0.00805	0.00705	0.00403	0.00000	
	V'	-0.04197	-0.03692	-0.02178	0.00341	0.03860	0.08368	0.08368	0.03860	0.00341	-0.02178	-0.03692	-0.04197	
	M	0.00000	-0.10111	-0.20194	-0.30222	-0.40166	-0.50000	0.50000	0.40166	0.30222	0.20194	0.10111	0.00000	
0.525	Q	-1.01158	-1.01018	-1.00601	-0.99906	-0.98935	-0.97693	-0.97693	-0.98935	-0.99906	-1.00601	-1.01018	-1.01158	0.525
	V	0.00000	-0.00403	-0.00705	-0.00805	-0.00604	0.00000	-0.00000	0.00604	0.00805	0.00705	0.00403	0.00000	
	V'	-0.04200	-0.03695	-0.02179	0.00342	0.03863	0.08372	0.08372	0.03863	0.00342	-0.02179	-0.03695	-0.04200	
	M	0.00000	-0.10122	-0.20214	-0.30244	-0.40183	-0.50000	0.50000	0.40183	0.30244	0.20214	0.10122	0.00000	
0.550	Q	-1.01272	-1.01118	-1.00660	-0.99896	-0.98831	-0.97466	-0.97466	-0.98831	-0.99896	-1.00660	-1.01118	-1.01272	0.550
	V	0.00000	-0.00403	-0.00706	-0.00806	-0.00604	0.00000	-0.00000	0.00604	0.00806	0.00706	0.00403	0.00000	
	V'	-0.04204	-0.03697	-0.02180	0.00343	0.03865	0.08376	0.08376	0.03865	0.00343	-0.02180	-0.03697	-0.04204	
	M	0.00000	-0.10134	-0.20234	-0.30267	-0.40200	-0.50000	0.50000	0.40200	0.30267	0.20234	0.10134	0.00000	
0.575	Q	-1.01391	-1.01223	-1.00721	-0.99886	-0.98721	-0.97229	-0.97229	-0.98721	-0.99886	-1.00721	-1.01223	-1.01391	0.575
	V	0.00000	-0.00404	-0.00706	-0.00807	-0.00604	0.00000	-0.00000	0.00604	0.00807	0.00706	0.00404	0.00000	
	V'	-0.04207	-0.03700	-0.02182	0.00344	0.03868	0.08380	0.08380	0.03868	0.00344	-0.02182	-0.03700	-0.04207	
	M	0.00000	-0.10146	-0.20254	-0.30291	-0.40218	-0.50000	0.50000	0.40218	0.30291	0.20254	0.10146	0.00000	
0.600	Q	-1.01516	-1.01333	-1.00786	-0.99876	-0.98606	-0.96982	-0.96982	-0.98606	-0.99876	-1.00786	-1.01333	-1.01516	0.600
	V	0.00000	-0.00404	-0.00707	-0.00807	-0.00605	0.00000	-0.00000	0.00605	0.00807	0.00707	0.00404	0.00000	
	V'	-0.04211	-0.03703	-0.02183	0.00345	0.03872	0.08384	0.08384	0.03872	0.00345	-0.02183	-0.03703	-0.04211	
	M	0.00000	-0.10158	-0.20276	-0.30316	-0.40236	-0.50000	0.50000	0.40236	0.30316	0.20276	0.10158	0.00000	
0.625	Q	-1.01646	-1.01448	-1.00853	-0.99865	-0.98486	-0.96723	-0.96723	-0.98486	-0.99865	-1.00853	-1.01448	-1.01646	0.625
	V	0.00000	-0.00405	-0.00708	-0.00808	-0.00605	0.00000	-0.00000	0.00605	0.00808	0.00708	0.00405	0.00000	
	V'	-0.04215	-0.03707	-0.02184	0.00346	0.03875	0.08388	0.08388	0.03875	0.00346	-0.02184	-0.03707	-0.04215	
	M	0.00000	-0.10171	-0.20299	-0.30342	-0.40256	-0.50000	0.50000	0.40256	0.30342	0.20299	0.10171	0.00000	
0.650	Q	-1.01782	-1.01567	-1.00924	-0.99853	-0.98361	-0.96454	-0.96454	-0.98361	-0.99853	-1.00924	-1.01567	-1.01782	0.650
	V	0.00000	-0.00405	-0.00708	-0.00808	-0.00605	0.00000	-0.00000	0.00605	0.00808	0.00708	0.00405	0.00000	
	V'	-0.04219	-0.03710	-0.02186	0.00347	0.03878	0.08393	0.08393	0.03878	0.00347	-0.02186	-0.03710	-0.04219	
	M	0.00000	-0.10185	-0.20323	-0.30369	-0.40276	-0.50000	0.50000	0.40276	0.30369	0.20323	0.10185	0.00000	
0.675	Q	-1.01924	-1.01692	-1.00997	-0.99841	-0.98231	-0.96174	-0.96174	-0.98231	-0.99841	-1.00997	-1.01692	-1.01924	0.675
	V	0.00000	-0.00405	-0.00709	-0.00809	-0.00606	-0.00000	0.00000	0.00606	0.00809	0.00709	0.00405	0.00000	
	V'	-0.04223	-0.03713	-0.02187	0.00348	0.03882	0.08397	0.08397	0.03882	0.00348	-0.02187	-0.03713	-0.04223	
	M	0.00000	-0.10199	-0.20348	-0.30397	-0.40297	-0.50000	0.50000	0.40297	0.30397	0.20348	0.10199	0.00000	
0.700	Q	-1.02071	-1.01821	-1.01073	-0.99829	-0.98096	-0.95883	-0.95883	-0.98096	-0.99829	-1.01073	-1.01821	-1.02071	0.700
	V	0.00000	-0.00406	-0.00709	-0.00810	-0.00606	0.00000	-0.00000	0.00606	0.00810	0.00709	0.00406	0.00000	
	V'	-0.04227	-0.03717	-0.02189	0.00349	0.03885	0.08402	0.08402	0.03885	0.00349	-0.02189	-0.03717	-0.04227	
	M	0.00000	-0.10213	-0.20373	-0.30426	-0.40319	-0.50000	0.50000	0.40319	0.30426	0.20373	0.10213	0.00000	
0.725	Q	-1.02224	-1.01956	-1.01151	-0.99816	-0.97956	-0.95581	-0.95581	-0.97956	-0.99816	-1.01151	-1.01956	-1.02224	0.725
	V	0.00000	-0.00406	-0.00710	-0.00811	-0.00607	0.00000	-0.00000	0.00607	0.00811	0.00710	0.00406	0.00000	
	V'	-0.04231	-0.03721	-0.02191	0.00351	0.03889	0.08407	0.08407	0.03889	0.00351	-0.02191	-0.03721	-0.04231	
ALPHA	X/L =	0.00	0.10	0.20	0.30	0.40	L 0.50	R 0.50	0.60	0.70	0.80	0.90	1.00	ALPHA

XM/L = 0.50

FUNKTIONEN : F.M;M - F.M;Q - F.M;V - F.M;V'

D R U C K S T A E B E -63-

FUNKTIONEN : F.M:M - F.M:Q - F.M:V - F.M:V'

XM/L = 0.50

ALPHA	X/L =	0.00	0.10	0.20	0.30	0.40	L 0.50	R 0.50	0.60	0.70	0.80	0.90	1.00	ALPHA
	M	0.00000	-0.10229	-0.20400	-0.30456	-0.40342	-0.50000	0.50000	0.40342	0.30456	0.20400	0.10229	0.00000	
0.750	Q	-1.02383	-1.02095	-1.01233	-0.99802	-0.97810	-0.95268	-0.95268	-0.97810	-0.99802	-1.01233	-1.02095	-1.02383	0.750
	V	0.00000	-0.00407	-0.00711	-0.00811	-0.00607	0.00000	-0.00000	0.00607	0.00811	0.00711	0.00407	0.00000	
	V'	-0.04236	-0.03724	-0.02192	0.00352	0.03893	0.08413	0.08413	0.03893	0.00352	-0.02192	-0.03724	-0.04236	
	M	0.00000	-0.10244	-0.20427	-0.30488	-0.40365	-0.50000	0.50000	0.40365	0.30488	0.20427	0.10244	0.00000	
0.775	Q	-1.02547	-1.02239	-1.01318	-0.99788	-0.97659	-0.94944	-0.94944	-0.97659	-0.99788	-1.01318	-1.02239	-1.02547	0.775
	V	0.00000	-0.00407	-0.00712	-0.00812	-0.00608	0.00000	0.00000	0.00608	0.00812	0.00712	0.00407	0.00000	
	V'	-0.04241	-0.03728	-0.02194	0.00353	0.03897	0.08418	0.08418	0.03897	0.00353	-0.02194	-0.03728	-0.04241	
	M	0.00000	-0.10261	-0.20456	-0.30520	-0.40389	-0.50000	0.50000	0.40389	0.30520	0.20456	0.10261	0.00000	
0.800	Q	-1.02717	-1.02389	-1.01405	-0.99773	-0.97503	-0.94609	-0.94609	-0.97503	-0.99773	-1.01405	-1.02389	-1.02717	0.800
	V	0.00000	-0.00407	-0.00712	-0.00813	-0.00608	0.00000	-0.00000	0.00608	0.00813	0.00712	0.00407	0.00000	
	V'	-0.04246	-0.03732	-0.02196	0.00354	0.03902	0.08424	0.08424	0.03902	0.00354	-0.02196	-0.03732	-0.04246	
	M	0.00000	-0.10278	-0.20485	-0.30554	-0.40414	-0.50000	0.50000	0.40414	0.30554	0.20485	0.10278	0.00000	
0.825	Q	-1.02893	-1.02543	-1.01496	-0.99758	-0.97341	-0.94263	-0.94263	-0.97341	-0.99758	-1.01496	-1.02543	-1.02893	0.825
	V	0.00000	-0.00408	-0.00713	-0.00814	-0.00609	0.00000	-0.00000	0.00609	0.00814	0.00713	0.00408	0.00000	
	V'	-0.04251	-0.03737	-0.02198	0.00356	0.03906	0.08429	0.08429	0.03906	0.00356	-0.02198	-0.03737	-0.04251	
	M	0.00000	-0.10295	-0.20516	-0.30588	-0.40440	-0.50000	0.50000	0.40440	0.30588	0.20516	0.10295	0.00000	
0.850	Q	-1.03075	-1.02703	-1.01589	-0.99742	-0.97175	-0.93905	-0.93905	-0.97175	-0.99742	-1.01589	-1.02703	-1.03075	0.850
	V	0.00000	-0.00408	-0.00714	-0.00815	-0.00609	-0.00000	0.00000	0.00609	0.00815	0.00714	0.00408	0.00000	
	V'	-0.04256	-0.03741	-0.02200	0.00357	0.03911	0.08435	0.08435	0.03911	0.00357	-0.02200	-0.03741	-0.04256	
	M	0.00000	-0.10313	-0.20547	-0.30624	-0.40467	-0.50000	0.50000	0.40467	0.30624	0.20547	0.10313	0.00000	
0.875	Q	-1.03263	-1.02868	-1.01686	-0.99725	-0.97002	-0.93537	-0.93537	-0.97002	-0.99725	-1.01686	-1.02868	-1.03263	0.875
	V	0.00000	-0.00409	-0.00715	-0.00815	-0.00610	0.00000	0.00000	0.00610	0.00815	0.00715	0.00409	0.00000	
	V'	-0.04262	-0.03746	-0.02202	0.00359	0.03915	0.08442	0.08442	0.03915	0.00359	-0.02202	-0.03746	-0.04262	
	M	0.00000	-0.10332	-0.20580	-0.30661	-0.40494	-0.50000	0.50000	0.40494	0.30661	0.20580	0.10332	0.00000	
0.900	Q	-1.03456	-1.03038	-1.01785	-0.99708	-0.96825	-0.93157	-0.93157	-0.96825	-0.99708	-1.01785	-1.03038	-1.03456	0.900
	V	0.00000	-0.00409	-0.00716	-0.00816	-0.00610	0.00000	-0.00000	0.00610	0.00816	0.00716	0.00409	0.00000	
	V'	-0.04267	-0.03750	-0.02204	0.00360	0.03920	0.08448	0.08448	0.03920	0.00360	-0.02204	-0.03750	-0.04267	
	M	0.00000	-0.10351	-0.20613	-0.30699	-0.40523	-0.50000	0.50000	0.40523	0.30699	0.20613	0.10351	0.00000	
0.925	Q	-1.03656	-1.03213	-1.01887	-0.99691	-0.96641	-0.92766	-0.92766	-0.96641	-0.99691	-1.01887	-1.03213	-1.03656	0.925
	V	0.00000	-0.00410	-0.00717	-0.00817	-0.00611	0.00000	-0.00000	0.00611	0.00817	0.00717	0.00410	0.00000	
	V'	-0.04273	-0.03755	-0.02206	0.00362	0.03925	0.08455	0.08455	0.03925	0.00362	-0.02206	-0.03755	-0.04273	
	M	0.00000	-0.10371	-0.20648	-0.30738	-0.40552	-0.50000	0.50000	0.40552	0.30738	0.20648	0.10371	0.00000	
0.950	Q	-1.03862	-1.03393	-1.01993	-0.99672	-0.96453	-0.92364	-0.92364	-0.96453	-0.99672	-1.01993	-1.03393	-1.03862	0.950
	V	0.00000	-0.00411	-0.00718	-0.00818	-0.00612	-0.00000	0.00000	0.00612	0.00818	0.00718	0.00411	0.00000	
	V'	-0.04279	-0.03760	-0.02208	0.00363	0.03930	0.08461	0.08461	0.03930	0.00363	-0.02208	-0.03760	-0.04279	
	M	0.00000	-0.10391	-0.20683	-0.30779	-0.40582	-0.50000	0.50000	0.40582	0.30779	0.20683	0.10391	0.00000	
0.975	Q	-1.04074	-1.03579	-1.02101	-0.99653	-0.96259	-0.91950	-0.91950	-0.96259	-0.99653	-1.02101	-1.03579	-1.04074	0.975
	V	0.00000	-0.00411	-0.00719	-0.00819	-0.00612	0.00000	-0.00000	0.00612	0.00819	0.00719	0.00411	0.00000	
	V'	-0.04285	-0.03765	-0.02210	0.00365	0.03936	0.08468	0.08468	0.03936	0.00365	-0.02210	-0.03765	-0.04285	
ALPHA	X/L =	0.00	0.10	0.20	0.30	0.40	L 0.50	R 0.50	0.60	0.70	0.80	0.90	1.00	ALPHA

XM/L = 0.50

FUNKTIONEN : F.M:M - F.M:Q - F.M:V - F.M:V'

FUNKTIONEN : F.MIM - F.MIQ - F.MIV - F.MIV'

XM/L = 0.50

ALPHA	X/L =	0.00	0.10	0.20	0.30	0.40	L 0.50	R 0.50	0.60	0.70	0.80	0.90	1.00	ALPHA
	M	0.00000	-0.10412	-0.20720	-0.30820	-0.40613	-0.50000	0.50000	0.40613	0.30820	0.20720	0.10412	0.00000	
1.000	Q	-1.04291	-1.03770	-1.02213	-0.99633	-0.96059	-0.91524	-0.91524	-0.96059	-0.99633	-1.02213	-1.03770	-1.04291	1.000
	V	0.00000	-0.00412	-0.00720	-0.00820	-0.00613	-0.00000	0.00000	0.00613	0.00820	0.00720	0.00412	0.00000	
	V'	-0.04291	-0.03770	-0.02213	0.00367	0.03941	0.08476	0.08476	0.03941	0.00367	-0.02213	-0.03770	-0.04291	
	M	0.00000	-0.10433	-0.20757	-0.30863	-0.40645	-0.50000	0.50000	0.40645	0.30863	0.20757	0.10433	0.00000	
1.025	Q	-1.04516	-1.03967	-1.02327	-0.99613	-0.95853	-0.91088	-0.91088	-0.95853	-0.99613	-1.02327	-1.03967	-1.04516	1.025
	V	0.00000	-0.00412	-0.00721	-0.00821	-0.00614	0.00000	-0.00000	0.00614	0.00821	0.00721	0.00412	0.00000	
	V'	-0.04298	-0.03776	-0.02215	0.00368	0.03947	0.08483	0.08483	0.03947	0.00368	-0.02215	-0.03776	-0.04298	
	M	0.00000	-0.10455	-0.20796	-0.30907	-0.40677	-0.50000	0.50000	0.40677	0.30907	0.20796	0.10455	0.00000	
1.050	Q	-1.04746	-1.04169	-1.02445	-0.99592	-0.95642	-0.90639	-0.90639	-0.95642	-0.99592	-1.02445	-1.04169	-1.04746	1.050
	V	0.00000	-0.00413	-0.00722	-0.00822	-0.00614	0.00000	-0.00000	0.00614	0.00822	0.00722	0.00413	0.00000	
	V'	-0.04305	-0.03781	-0.02217	0.00370	0.03953	0.08491	0.08491	0.03953	0.00370	-0.02217	-0.03781	-0.04305	
	M	0.00000	-0.10478	-0.20835	-0.30952	-0.40711	-0.50000	0.50000	0.40711	0.30952	0.20835	0.10478	0.00000	
1.075	Q	-1.04982	-1.04376	-1.02565	-0.99570	-0.95425	-0.90179	-0.90179	-0.95425	-0.99570	-1.02565	-1.04376	-1.04982	1.075
	V	0.00000	-0.00414	-0.00723	-0.00823	-0.00615	0.00000	-0.00000	0.00615	0.00823	0.00723	0.00414	0.00000	
	V'	-0.04312	-0.03787	-0.02220	0.00372	0.03958	0.08498	0.08498	0.03958	0.00372	-0.02220	-0.03787	-0.04312	
	M	0.00000	-0.10501	-0.20876	-0.30998	-0.40745	-0.50000	0.50000	0.40745	0.30998	0.20876	0.10501	0.00000	
1.100	Q	-1.05225	-1.04589	-1.02689	-0.99548	-0.95203	-0.89707	-0.89707	-0.95203	-0.99548	-1.02689	-1.04589	-1.05225	1.100
	V	0.00000	-0.00414	-0.00724	-0.00825	-0.00616	-0.00000	0.00000	0.00616	0.00825	0.00724	0.00414	0.00000	
	V'	-0.04319	-0.03793	-0.02223	0.00374	0.03965	0.08506	0.08506	0.03965	0.00374	-0.02223	-0.03793	-0.04319	
	M	0.00000	-0.10525	-0.20917	-0.31045	-0.40780	-0.50000	0.50000	0.40780	0.31045	0.20917	0.10525	0.00000	
1.125	Q	-1.05475	-1.04808	-1.02816	-0.99524	-0.94974	-0.89224	-0.89224	-0.94974	-0.99524	-1.02816	-1.04808	-1.05475	1.125
	V	0.00000	-0.00415	-0.00725	-0.00826	-0.00617	0.00000	-0.00000	0.00617	0.00826	0.00725	0.00415	0.00000	
	V'	-0.04326	-0.03799	-0.02225	0.00376	0.03971	0.08515	0.08515	0.03971	0.00376	-0.02225	-0.03799	-0.04326	
	M	0.00000	-0.10550	-0.20960	-0.31094	-0.40816	-0.50000	0.50000	0.40816	0.31094	0.20960	0.10550	0.00000	
1.150	Q	-1.05731	-1.05032	-1.02946	-0.99501	-0.94740	-0.88728	-0.88728	-0.94740	-0.99501	-1.02946	-1.05032	-1.05731	1.150
	V	0.00000	-0.00416	-0.00726	-0.00827	-0.00617	0.00000	-0.00000	0.00617	0.00827	0.00726	0.00416	0.00000	
	V'	-0.04333	-0.03805	-0.02228	0.00378	0.03977	0.08523	0.08523	0.03977	0.00378	-0.02228	-0.03805	-0.04333	
	M	0.00000	-0.10575	-0.21004	-0.31143	-0.40853	-0.50000	0.50000	0.40853	0.31143	0.21004	0.10575	0.00000	
1.175	Q	-1.05993	-1.05262	-1.03080	-0.99476	-0.94500	-0.88221	-0.88221	-0.94500	-0.99476	-1.03080	-1.05262	-1.05993	1.175
	V	0.00000	-0.00416	-0.00727	-0.00828	-0.00618	0.00000	0.00000	0.00618	0.00828	0.00727	0.00416	0.00000	
	V'	-0.04341	-0.03811	-0.02231	0.00380	0.03984	0.08532	0.08532	0.03984	0.00380	-0.02231	-0.03811	-0.04341	
	M	0.00000	-0.10601	-0.21049	-0.31194	-0.40891	-0.50000	0.50000	0.40891	0.31194	0.21049	0.10601	0.00000	
1.200	Q	-1.06262	-1.05498	-1.03216	-0.99450	-0.94254	-0.87702	-0.87702	-0.94254	-0.99450	-1.03216	-1.05498	-1.06262	1.200
	V	0.00000	-0.00417	-0.00728	-0.00829	-0.00619	-0.00000	0.00000	0.00619	0.00829	0.00728	0.00417	0.00000	
	V'	-0.04349	-0.03818	-0.02234	0.00382	0.03990	0.08540	0.08540	0.03990	0.00382	-0.02234	-0.03818	-0.04349	
	M	0.00000	-0.10627	-0.21095	-0.31247	-0.40930	-0.50000	0.50000	0.40930	0.31247	0.21095	0.10627	0.00000	
1.225	Q	-1.06538	-1.05739	-1.03356	-0.99424	-0.94002	-0.87170	-0.87170	-0.94002	-0.99424	-1.03356	-1.05739	-1.06538	1.225
	V	0.00000	-0.00418	-0.00730	-0.00831	-0.00620	0.00000	-0.00000	0.00620	0.00831	0.00730	0.00418	0.00000	
	V'	-0.04357	-0.03825	-0.02236	0.00384	0.03997	0.08549	0.08549	0.03997	0.00384	-0.02236	-0.03825	-0.04357	
ALPHA	X/L =	0.00	0.10	0.20	0.30	0.40	L 0.50	R 0.50	0.60	0.70	0.80	0.90	1.00	ALPHA

XM/L = 0.50

FUNKTIONEN : F.MIM - F.MIQ - F.MIV - F.MIV'

D R U C K S T A E B E -66-

FUNKTIONEN : F.M;M - F.M;Q - F.M;V - F.M;V'

XM/L = 0.50

ALPHA	X/L =	0.00	0.10	0.20	0.30	0.40	L 0.50	R 0.50	0.60	0.70	0.80	0.90	1.00	ALPHA
1.250	M	0.00000	-0.10654	-0.21142	-0.31300	-0.40970	-0.50000	0.50000	0.40970	0.31300	0.21142	0.10654	0.00000	1.250
	Q	-1.06820	-1.05986	-1.03499	-0.99397	-0.93743	-0.86627	-0.86627	-0.93743	-0.99397	-1.03499	-1.05986	-1.06820	
	V	0.00000	-0.00419	-0.00731	-0.00832	-0.00621	0.00000	-0.00000	0.00621	0.00832	0.00731	0.00419	0.00000	
	V'	-0.04365	-0.03831	-0.02239	0.00386	0.04004	0.08559	0.08559	0.04004	0.00386	-0.02239	-0.03831	-0.04365	
1.275	M	0.00000	-0.10682	-0.21190	-0.31355	-0.41010	-0.50000	0.50000	0.41010	0.31355	0.21190	0.10682	0.00000	1.275
	Q	-1.07109	-1.06240	-1.03645	-0.99369	-0.93479	-0.86071	-0.86071	-0.93479	-0.99369	-1.03645	-1.06240	-1.07109	
	V	0.00000	-0.00419	-0.00732	-0.00833	-0.00621	0.00000	-0.00000	0.00621	0.00833	0.00732	0.00419	0.00000	
	V'	-0.04373	-0.03838	-0.02242	0.00388	0.04012	0.08568	0.08568	0.04012	0.00388	-0.02242	-0.03838	-0.04373	
1.300	M	0.00000	-0.10710	-0.21240	-0.31411	-0.41052	-0.50000	0.50000	0.41052	0.31411	0.21240	0.10710	0.00000	1.300
	Q	-1.07405	-1.06499	-1.03795	-0.99340	-0.93208	-0.85503	-0.85503	-0.93208	-0.99340	-1.03795	-1.06499	-1.07405	
	V	0.00000	-0.00420	-0.00734	-0.00835	-0.00622	-0.00000	0.00000	0.00622	0.00835	0.00734	0.00420	0.00000	
	V'	-0.04382	-0.03845	-0.02246	0.00391	0.04019	0.08578	0.08578	0.04019	0.00391	-0.02246	-0.03845	-0.04382	
1.325	M	0.00000	-0.10739	-0.21290	-0.31468	-0.41094	-0.50000	0.50000	0.41094	0.31468	0.21290	0.10739	0.00000	1.325
	Q	-1.07708	-1.06764	-1.03948	-0.99310	-0.92931	-0.84923	-0.84923	-0.92931	-0.99310	-1.03948	-1.06764	-1.07708	
	V	0.00000	-0.00421	-0.00735	-0.00836	-0.00623	-0.00000	0.00000	0.00623	0.00836	0.00735	0.00421	0.00000	
	V'	-0.04390	-0.03853	-0.02249	0.00393	0.04026	0.08588	0.08588	0.04026	0.00393	-0.02249	-0.03853	-0.04390	
1.350	M	0.00000	-0.10769	-0.21342	-0.31527	-0.41138	-0.50000	0.50000	0.41138	0.31527	0.21342	0.10769	0.00000	1.350
	Q	-1.08018	-1.07035	-1.04104	-0.99279	-0.92648	-0.84330	-0.84330	-0.92648	-0.99279	-1.04104	-1.07035	-1.08018	
	V	0.00000	-0.00422	-0.00736	-0.00838	-0.00624	0.00000	0.00000	0.00624	0.00838	0.00736	0.00422	0.00000	
	V'	-0.04399	-0.03860	-0.02252	0.00395	0.04034	0.08598	0.08598	0.04034	0.00395	-0.02252	-0.03860	-0.04399	
1.375	M	0.00000	-0.10799	-0.21395	-0.31587	-0.41182	-0.50000	0.50000	0.41182	0.31587	0.21395	0.10799	0.00000	1.375
	Q	-1.08335	-1.07312	-1.04264	-0.99248	-0.92358	-0.83725	-0.83725	-0.92358	-0.99248	-1.04264	-1.07312	-1.08335	
	V	0.00000	-0.00423	-0.00738	-0.00839	-0.00625	-0.00000	0.00000	0.00625	0.00839	0.00738	0.00423	0.00000	
	V'	-0.04408	-0.03868	-0.02255	0.00398	0.04042	0.08608	0.08608	0.04042	0.00398	-0.02255	-0.03868	-0.04408	
1.400	M	0.00000	-0.10830	-0.21449	-0.31648	-0.41227	-0.50000	0.50000	0.41227	0.31648	0.21449	0.10830	0.00000	1.400
	Q	-1.08659	-1.07596	-1.04427	-0.99215	-0.92062	-0.83107	-0.83107	-0.92062	-0.99215	-1.04427	-1.07596	-1.08659	
	V	0.00000	-0.00424	-0.00739	-0.00841	-0.00626	0.00000	0.00000	0.00626	0.00841	0.00739	0.00424	0.00000	
	V'	-0.04418	-0.03875	-0.02259	0.00400	0.04050	0.08619	0.08619	0.04050	0.00400	-0.02259	-0.03875	-0.04418	
1.425	M	0.00000	-0.10862	-0.21504	-0.31710	-0.41273	-0.50000	0.50000	0.41273	0.31710	0.21504	0.10862	0.00000	1.425
	Q	-1.08990	-1.07886	-1.04594	-0.99182	-0.91759	-0.82476	-0.82476	-0.91759	-0.99182	-1.04594	-1.07886	-1.08990	
	V	0.00000	-0.00425	-0.00741	-0.00842	-0.00627	0.00000	0.00000	0.00627	0.00842	0.00741	0.00425	0.00000	
	V'	-0.04427	-0.03883	-0.02262	0.00403	0.04058	0.08630	0.08630	0.04058	0.00403	-0.02262	-0.03883	-0.04427	
1.450	M	0.00000	-0.10895	-0.21561	-0.31774	-0.41321	-0.50000	0.50000	0.41321	0.31774	0.21561	0.10895	0.00000	1.450
	Q	-1.09329	-1.08182	-1.04764	-0.99147	-0.91450	-0.81833	-0.81833	-0.91450	-0.99147	-1.04764	-1.08182	-1.09329	
	V	0.00000	-0.00426	-0.00742	-0.00844	-0.00628	-0.00000	0.00000	0.00628	0.00844	0.00742	0.00426	0.00000	
	V'	-0.04437	-0.03891	-0.02266	0.00406	0.04067	0.08641	0.08641	0.04067	0.00406	-0.02266	-0.03891	-0.04437	
1.475	M	0.00000	-0.10928	-0.21618	-0.31839	-0.41369	-0.50000	0.50000	0.41369	0.31839	0.21618	0.10928	0.00000	1.475
	Q	-1.09675	-1.08484	-1.04938	-0.99112	-0.91134	-0.81176	-0.81176	-0.91134	-0.99112	-1.04938	-1.08484	-1.09675	
	V	0.00000	-0.00426	-0.00744	-0.00845	-0.00629	0.00000	0.00000	0.00629	0.00845	0.00744	0.00426	0.00000	
	V'	-0.04447	-0.03900	-0.02269	0.00408	0.04075	0.08652	0.08652	0.04075	0.00408	-0.02269	-0.03900	-0.04447	
ALPHA	X/L =	0.00	0.10	0.20	0.30	0.40	L 0.50	R 0.50	0.60	0.70	0.80	0.90	1.00	ALPHA

XM/L = 0.50

FUNKTIONEN : F.M;M - F.M;Q - F.M;V - F.M;V'

D R U C K S T A E B E -66-

FUNKTIONEN : F.M;M - F.M;Q - F.M;V - F.M;V'

XM/L = 0.50

ALPHA	X/L =	0.00	0.10	0.20	0.30	0.40	L 0.50	R 0.50	0.60	0.70	0.80	0.90	1.00	ALPHA
	M	0.00000	-0.10962	-0.21677	-0.31906	-0.41418	-0.50000	0.50000	0.41418	0.31906	0.21677	0.10962	0.00000	
1.500	Q	-1.10029	-1.08793	-1.05115	-0.99075	-0.90811	-0.80507	-0.80507	-0.90811	-0.99075	-1.05115	-1.08793	-1.10029	1.500
	V	0.00000	-0.00427	-0.00745	-0.00847	-0.00630	-0.00000	0.00000	0.00630	0.00847	0.00745	0.00427	0.00000	
	V'	-0.04457	-0.03908	-0.02273	0.00411	0.04084	0.08664	0.08664	0.04084	0.00411	-0.02273	-0.03908	-0.04457	
	M	0.00000	-0.10996	-0.21737	-0.31974	-0.41468	-0.50000	0.50000	0.41468	0.31974	0.21737	0.10996	0.00000	
1.525	Q	-1.10390	-1.09109	-1.05295	-0.99038	-0.90481	-0.79824	-0.79824	-0.90481	-0.99038	-1.05295	-1.09109	-1.10390	1.525
	V	0.00000	-0.00428	-0.00747	-0.00849	-0.00631	-0.00000	0.00000	0.00631	0.00849	0.00747	0.00428	0.00000	
	V'	-0.04468	-0.03917	-0.02277	0.00414	0.04093	0.08675	0.08675	0.04093	0.00414	-0.02277	-0.03917	-0.04468	
	M	0.00000	-0.11032	-0.21799	-0.32043	-0.41519	-0.50000	0.50000	0.41519	0.32043	0.21799	0.11032	0.00000	
1.550	Q	-1.10759	-1.09431	-1.05480	-0.98999	-0.90145	-0.79129	-0.79129	-0.90145	-0.98999	-1.05480	-1.09431	-1.10759	1.550
	V	0.00000	-0.00429	-0.00749	-0.00850	-0.00632	-0.00000	0.00000	0.00632	0.00850	0.00749	0.00429	0.00000	
	V'	-0.04478	-0.03926	-0.02281	0.00417	0.04102	0.08687	0.08687	0.04102	0.00417	-0.02281	-0.03926	-0.04478	
	M	0.00000	-0.11068	-0.21861	-0.32114	-0.41572	-0.50000	0.50000	0.41572	0.32114	0.21861	0.11068	0.00000	
1.575	Q	-1.11136	-1.09760	-1.05668	-0.98959	-0.89801	-0.78420	-0.78420	-0.89801	-0.98959	-1.05668	-1.09760	-1.11136	1.575
	V	0.00000	-0.00430	-0.00750	-0.00852	-0.00634	-0.00000	0.00000	0.00634	0.00852	0.00750	0.00430	0.00000	
	V'	-0.04489	-0.03935	-0.02285	0.00420	0.04111	0.08700	0.08700	0.04111	0.00420	-0.02285	-0.03935	-0.04489	
	M	0.00000	-0.11105	-0.21925	-0.32186	-0.41625	-0.50000	0.50000	0.41625	0.32186	0.21925	0.11105	0.00000	
1.600	Q	-1.11521	-1.10096	-1.05859	-0.98918	-0.89450	-0.77697	-0.77697	-0.89450	-0.98918	-1.05859	-1.10096	-1.11521	1.600
	V	0.00000	-0.00431	-0.00752	-0.00854	-0.00635	-0.00000	0.00000	0.00635	0.00854	0.00752	0.00431	0.00000	
	V'	-0.04500	-0.03944	-0.02289	0.00423	0.04121	0.08712	0.08712	0.04121	0.00423	-0.02289	-0.03944	-0.04500	
	M	0.00000	-0.11142	-0.21991	-0.32260	-0.41679	-0.50000	0.50000	0.41679	0.32260	0.21991	0.11142	0.00000	
1.625	Q	-1.11913	-1.10439	-1.06055	-0.98876	-0.89092	-0.76961	-0.76961	-0.89092	-0.98876	-1.06055	-1.10439	-1.11913	1.625
	V	0.00000	-0.00433	-0.00754	-0.00856	-0.00636	-0.00000	0.00000	0.00636	0.00856	0.00754	0.00433	0.00000	
	V'	-0.04512	-0.03953	-0.02293	0.00426	0.04131	0.08725	0.08725	0.04131	0.00426	-0.02293	-0.03953	-0.04512	
	M	0.00000	-0.11181	-0.22057	-0.32335	-0.41734	-0.50000	0.50000	0.41734	0.32335	0.22057	0.11181	0.00000	
1.650	Q	-1.12314	-1.10789	-1.06254	-0.98833	-0.88727	-0.76211	-0.76211	-0.88727	-0.98833	-1.06254	-1.10789	-1.12314	1.650
	V	0.00000	-0.00434	-0.00756	-0.00858	-0.00637	-0.00000	0.00000	0.00637	0.00858	0.00756	0.00434	0.00000	
	V'	-0.04523	-0.03963	-0.02297	0.00429	0.04141	0.08738	0.08738	0.04141	0.00429	-0.02297	-0.03963	-0.04523	
	M	0.00000	-0.11220	-0.22125	-0.32412	-0.41791	-0.50000	0.50000	0.41791	0.32412	0.22125	0.11220	0.00000	
1.675	Q	-1.12723	-1.11145	-1.06457	-0.98788	-0.88355	-0.75448	-0.75448	-0.88355	-0.98788	-1.06457	-1.11145	-1.12723	1.675
	V	0.00000	-0.00435	-0.00758	-0.00860	-0.00638	-0.00000	0.00000	0.00638	0.00860	0.00758	0.00435	0.00000	
	V'	-0.04535	-0.03972	-0.02301	0.00432	0.04151	0.08751	0.08751	0.04151	0.00432	-0.02301	-0.03972	-0.04535	
	M	0.00000	-0.11260	-0.22195	-0.32490	-0.41848	-0.50000	0.50000	0.41848	0.32490	0.22195	0.11260	0.00000	
1.700	Q	-1.13140	-1.11509	-1.06663	-0.98742	-0.87975	-0.74671	-0.74671	-0.87975	-0.98742	-1.06663	-1.11509	-1.13140	1.700
	V	0.00000	-0.00436	-0.00759	-0.00861	-0.00639	-0.00000	0.00000	0.00639	0.00861	0.00759	0.00436	0.00000	
	V'	-0.04547	-0.03982	-0.02306	0.00435	0.04161	0.08764	0.08764	0.04161	0.00435	-0.02306	-0.03982	-0.04547	
	M	0.00000	-0.11300	-0.22265	-0.32569	-0.41907	-0.50000	0.50000	0.41907	0.32569	0.22265	0.11300	0.00000	
1.725	Q	-1.13566	-1.11880	-1.06874	-0.98695	-0.87587	-0.73879	-0.73879	-0.87587	-0.98695	-1.06874	-1.11880	-1.13566	1.725
	V	0.00000	-0.00437	-0.00761	-0.00863	-0.00641	0.00000	0.00000	0.00641	0.00863	0.00761	0.00437	0.00000	
	V'	-0.04559	-0.03993	-0.02310	0.00438	0.04171	0.08778	0.08778	0.04171	0.00438	-0.02310	-0.03993	-0.04559	
ALPHA	X/L =	0.00	0.10	0.20	0.30	0.40	L 0.50	R 0.50	0.60	0.70	0.80	0.90	1.00	ALPHA

XM/L = 0.50

FUNKTIONEN : F.M;M - F.M;Q - F.M;V - F.M;V'

FUNKTIONEN : F.M;M - F.M;Q - F.M;V - F.M;V'

XM/L = 0.50

ALPHA	X/L =	0.00	0.10	0.20	0.30	0.40	L 0.50	R 0.50	0.60	0.70	0.80	0.90	1.00	ALPHA
1.750	M	0.00000	-0.11342	-0.22337	-0.32650	-0.41966	-0.50000	0.50000	0.41966	0.32650	0.22337	0.11342	0.00000	1.750
	Q	-1.14000	-1.12259	-1.07089	-0.98647	-0.87192	-0.73074	-0.73074	-0.87192	-0.98647	-1.07089	-1.12259	-1.14000	
	V	0.00000	-0.00438	-0.00763	-0.00865	-0.00642	0.00000	-0.00000	0.00642	0.00865	0.00763	0.00438	0.00000	
	V'	-0.04571	-0.04003	-0.02315	0.00442	0.04182	0.08792	0.08792	0.04182	0.00442	-0.02315	-0.04003	-0.04571	
1.775	M	0.00000	-0.11384	-0.22411	-0.32733	-0.42027	-0.50000	0.50000	0.42027	0.32733	0.22411	0.11384	0.00000	1.775
	Q	-1.14443	-1.12645	-1.07307	-0.98597	-0.86789	-0.72254	-0.72254	-0.86789	-0.98597	-1.07307	-1.12645	-1.14443	
	V	0.00000	-0.00439	-0.00765	-0.00868	-0.00643	0.00000	0.00000	0.00643	0.00868	0.00765	0.00439	0.00000	
	V'	-0.04584	-0.04013	-0.02319	0.00445	0.04193	0.08807	0.08807	0.04193	0.00445	-0.02319	-0.04013	-0.04584	
1.800	M	0.00000	-0.11428	-0.22486	-0.32817	-0.42089	-0.50000	0.50000	0.42089	0.32817	0.22486	0.11428	0.00000	1.800
	Q	-1.14895	-1.13038	-1.07529	-0.98546	-0.86378	-0.71420	-0.71420	-0.86378	-0.98546	-1.07529	-1.13038	-1.14895	
	V	0.00000	-0.00441	-0.00767	-0.00870	-0.00645	-0.00000	0.00000	0.00645	0.00870	0.00767	0.00441	0.00000	
	V'	-0.04597	-0.04024	-0.02324	0.00449	0.04204	0.08821	0.08821	0.04204	0.00449	-0.02324	-0.04024	-0.04597	
1.825	M	0.00000	-0.11472	-0.22562	-0.32903	-0.42152	-0.50000	0.50000	0.42152	0.32903	0.22562	0.11472	0.00000	1.825
	Q	-1.15355	-1.13439	-1.07756	-0.98493	-0.85960	-0.70571	-0.70571	-0.85960	-0.98493	-1.07756	-1.13439	-1.15355	
	V	0.00000	-0.00442	-0.00769	-0.00872	-0.00646	0.00000	0.00000	0.00646	0.00872	0.00769	0.00442	0.00000	
	V'	-0.04610	-0.04035	-0.02329	0.00452	0.04216	0.08836	0.08836	0.04216	0.00452	-0.02329	-0.04035	-0.04610	
1.850	M	0.00000	-0.11517	-0.22640	-0.32991	-0.42216	-0.50000	0.50000	0.42216	0.32991	0.22640	0.11517	0.00000	1.850
	Q	-1.15825	-1.13848	-1.07987	-0.98439	-0.85533	-0.69707	-0.69707	-0.85533	-0.98439	-1.07987	-1.13848	-1.15825	
	V	0.00000	-0.00443	-0.00771	-0.00874	-0.00647	0.00000	0.00000	0.00647	0.00874	0.00771	0.00443	0.00000	
	V'	-0.04624	-0.04046	-0.02334	0.00456	0.04227	0.08851	0.08851	0.04227	0.00456	-0.02334	-0.04046	-0.04624	
1.875	M	0.00000	-0.11562	-0.22719	-0.33080	-0.42281	-0.50000	0.50000	0.42281	0.33080	0.22719	0.11562	0.00000	1.875
	Q	-1.16303	-1.14265	-1.08221	-0.98384	-0.85098	-0.68829	-0.68829	-0.85098	-0.98384	-1.08221	-1.14265	-1.16303	
	V	0.00000	-0.00444	-0.00773	-0.00876	-0.00649	-0.00000	0.00000	0.00649	0.00876	0.00773	0.00444	0.00000	
	V'	-0.04637	-0.04058	-0.02338	0.00460	0.04239	0.08866	0.08866	0.04239	0.00460	-0.02338	-0.04058	-0.04637	
1.900	M	0.00000	-0.11609	-0.22800	-0.33171	-0.42347	-0.50000	0.50000	0.42347	0.33171	0.22800	0.11609	0.00000	1.900
	Q	-1.16791	-1.14690	-1.08460	-0.98327	-0.84655	-0.67936	-0.67936	-0.84655	-0.98327	-1.08460	-1.14690	-1.16791	
	V	0.00000	-0.00446	-0.00776	-0.00878	-0.00650	0.00000	0.00000	0.00650	0.00878	0.00776	0.00446	0.00000	
	V'	-0.04651	-0.04069	-0.02344	0.00463	0.04251	0.08882	0.08882	0.04251	0.00463	-0.02344	-0.04069	-0.04651	
1.925	M	0.00000	-0.11657	-0.22883	-0.33263	-0.42415	-0.50000	0.50000	0.42415	0.33263	0.22883	0.11657	0.00000	1.925
	Q	-1.17289	-1.15123	-1.08703	-0.98268	-0.84203	-0.67027	-0.67027	-0.84203	-0.98268	-1.08703	-1.15123	-1.17289	
	V	0.00000	-0.00447	-0.00778	-0.00881	-0.00652	-0.00000	C.00000	0.00652	0.00881	0.00778	0.00447	0.00000	
	V'	-0.04666	-0.04081	-0.02349	0.00467	0.04263	0.08898	0.08898	0.04263	0.00467	-0.02349	-0.04081	-0.04666	
1.950	M	0.00000	-0.11705	-0.22967	-0.33357	-0.42484	-0.50000	0.50000	0.42484	0.33357	0.22967	0.11705	0.00000	1.950
	Q	-1.17796	-1.15564	-1.08951	-0.98208	-0.83743	-0.66103	-0.66103	-0.83743	-0.98208	-1.08951	-1.15564	-1.17796	
	V	0.00000	-0.00448	-0.00780	-0.00883	-0.00653	0.00000	-0.00000	0.00653	0.00883	0.00780	0.00448	0.00000	
	V'	-0.04680	-0.04093	-0.02354	0.00471	0.04275	0.08914	0.08914	0.04275	0.00471	-0.02354	-0.04093	-0.04680	
1.975	M	0.00000	-0.11755	-0.23052	-0.33453	-0.42554	-0.50000	0.50000	0.42554	0.33453	0.23052	0.11755	0.00000	1.975
	Q	-1.18313	-1.16013	-1.09202	-0.98146	-0.83274	-0.65164	-0.65164	-0.83274	-0.98146	-1.09202	-1.16013	-1.18313	
	V	0.00000	-0.00450	-0.00782	-0.00885	-0.00655	0.00000	-0.00000	0.00655	0.00885	0.00782	0.00450	0.00000	
	V'	-0.04695	-0.04105	-0.02359	0.00475	0.04288	0.08931	0.08931	0.04288	0.00475	-0.02359	-0.04105	-0.04695	
ALPHA	X/L =	0.00	0.10	0.20	0.30	0.40	L 0.50	R 0.50	0.60	0.70	0.80	0.90	1.00	ALPHA

XM/L = 0.50

FUNKTIONEN : F.M;M - F.M;Q - F.M;V - F.M;V'

FUNKTIONEN : F.MIM - F.MIQ - F.MIV - F.MIV'

XM/L = 0.50

ALPHA	X/L =	0.00	0.10	0.20	0.30	0.40	L 0.50	R 0.50	0.60	0.70	0.80	0.90	1.00	ALPHA
	M	0.00000	-0.11805	-0.23139	-0.33551	-0.42625	-0.50000	0.50000	0.42625	0.33551	0.23139	0.11805	0.00000	
2.000	Q	-1.18840	-1.16471	-1.09458	-0.98082	-0.82796	-0.64209	-0.64209	-0.82796	-0.98082	-1.09458	-1.16471	-1.18840	2.000
	V	0.00000	-0.00451	-0.00785	-0.00888	-0.00656	0.00000	-0.00000	0.00656	0.00888	0.00785	0.00451	0.00000	
	V'	-0.04710	-0.04118	-0.02365	0.00479	0.04301	0.08948	0.08948	0.04301	0.00479	-0.02365	-0.04118	-0.04710	
	M	0.00000	-0.11856	-0.23228	-0.33650	-0.42698	-0.50000	0.50000	0.42698	0.33650	0.23228	0.11856	0.00000	
2.025	Q	-1.19376	-1.16937	-1.09719	-0.98017	-0.82310	-0.63239	-0.63239	-0.82310	-0.98017	-1.09719	-1.16937	-1.19376	2.025
	V	0.00000	-0.00453	-0.00787	-0.00890	-0.00658	0.00000	0.00000	0.00658	0.00890	0.00787	0.00453	0.00000	
	V'	-0.04725	-0.04130	-0.02370	0.00484	0.04314	0.08965	0.08965	0.04314	0.00484	-0.02370	-0.04130	-0.04725	
	M	0.00000	-0.11908	-0.23318	-0.33752	-0.42771	-0.50000	0.50000	0.42771	0.33752	0.23318	0.11908	0.00000	
2.050	Q	-1.19923	-1.17412	-1.09984	-0.97950	-0.81814	-0.62252	-0.62252	-0.81814	-0.97950	-1.09984	-1.17412	-1.19923	2.050
	V	0.00000	-0.00454	-0.00790	-0.00893	-0.00659	0.00000	0.00000	0.00659	0.00893	0.00790	0.00454	0.00000	
	V'	-0.04741	-0.04143	-0.02376	0.00488	0.04327	0.08982	0.08982	0.04327	0.00488	-0.02376	-0.04143	-0.04741	
	M	0.00000	-0.11962	-0.23410	-0.33855	-0.42846	-0.50000	0.50000	0.42846	0.33855	0.23410	0.11962	0.00000	
2.075	Q	-1.20480	-1.17896	-1.10254	-0.97881	-0.81309	-0.61249	-0.61249	-0.81309	-0.97881	-1.10254	-1.17896	-1.20480	2.075
	V	0.00000	-0.00456	-0.00792	-0.00895	-0.00661	0.00000	-0.00000	0.00661	0.00895	0.00792	0.00456	0.00000	
	V'	-0.04757	-0.04156	-0.02381	0.00492	0.04341	0.09000	0.09000	0.04341	0.00492	-0.02381	-0.04156	-0.04757	
	M	0.00000	-0.12016	-0.23504	-0.33959	-0.42923	-0.50000	0.50000	0.42923	0.33959	0.23504	0.12016	0.00000	
2.100	Q	-1.21048	-1.18389	-1.10528	-0.97810	-0.80795	-0.60230	-0.60230	-0.80795	-0.97810	-1.10528	-1.18389	-1.21048	2.100
	V	0.00000	-0.00457	-0.00795	-0.00898	-0.00663	-0.00000	0.00000	0.00663	0.00898	0.00795	0.00457	0.00000	
	V'	-0.04773	-0.04170	-0.02387	0.00497	0.04355	0.09018	0.09018	0.04355	0.00497	-0.02387	-0.04170	-0.04773	
	M	0.00000	-0.12071	-0.23600	-0.34066	-0.43000	-0.50000	0.50000	0.43000	0.34066	0.23600	0.12071	0.00000	
2.125	Q	-1.21627	-1.18891	-1.10807	-0.97738	-0.80272	-0.59194	-0.59194	-0.80272	-0.97738	-1.10807	-1.18891	-1.21627	2.125
	V	0.00000	-0.00459	-0.00797	-0.00900	-0.00664	0.00000	0.00000	0.00664	0.00900	0.00797	0.00459	0.00000	
	V'	-0.04789	-0.04183	-0.02393	0.00501	0.04369	0.09037	0.09037	0.04369	0.00501	-0.02393	-0.04183	-0.04789	
	M	0.00000	-0.12128	-0.23697	-0.34175	-0.43079	-0.50000	0.50000	0.43079	0.34175	0.23697	0.12128	0.00000	
2.150	Q	-1.22216	-1.19402	-1.11090	-0.97663	-0.79738	-0.58142	-0.58142	-0.79738	-0.97663	-1.11090	-1.19402	-1.22216	2.150
	V	0.00000	-0.00460	-0.00800	-0.00903	-0.00666	-0.00000	0.00000	0.00666	0.00903	0.00800	0.00460	0.00000	
	V'	-0.04806	-0.04197	-0.02399	0.00506	0.04383	0.09055	0.09055	0.04383	0.00506	-0.02399	-0.04197	-0.04806	
	M	0.00000	-0.12185	-0.23796	-0.34286	-0.43160	-0.50000	0.50000	0.43160	0.34286	0.23796	0.12185	0.00000	
2.175	Q	-1.22816	-1.19923	-1.11379	-0.97586	-0.79195	-0.57073	-0.57073	-0.79195	-0.97586	-1.11379	-1.19923	-1.22816	2.175
	V	0.00000	-0.00462	-0.00802	-0.00906	-0.00668	0.00000	-0.00000	0.00668	0.00906	0.00802	0.00462	0.00000	
	V'	-0.04823	-0.04211	-0.02405	0.00510	0.04398	0.09074	0.09074	0.04398	0.00510	-0.02405	-0.04211	-0.04823	
	M	0.00000	-0.12243	-0.23897	-0.34398	-0.43241	-0.50000	0.50000	0.43241	0.34398	0.23897	0.12243	0.00000	
2.200	Q	-1.23428	-1.20453	-1.11672	-0.97507	-0.78642	-0.55986	-0.55986	-0.78642	-0.97507	-1.11672	-1.20453	-1.23428	2.200
	V	0.00000	-0.00464	-0.00805	-0.00909	-0.00670	0.00000	0.00000	0.00670	0.00909	0.00805	0.00464	0.00000	
	V'	-0.04841	-0.04226	-0.02412	0.00515	0.04413	0.09094	0.09094	0.04413	0.00515	-0.02412	-0.04226	-0.04841	
	M	0.00000	-0.12303	-0.23999	-0.34513	-0.43324	-0.50000	0.50000	0.43324	0.34513	0.23999	0.12303	0.00000	
2.225	Q	-1.24051	-1.20993	-1.11970	-0.97426	-0.78079	-0.54883	-0.54883	-0.78079	-0.97426	-1.11970	-1.20993	-1.24051	2.225
	V	0.00000	-0.00465	-0.00808	-0.00912	-0.00671	0.00000	0.00000	0.00671	0.00912	0.00808	0.00465	0.00000	
	V'	-0.04858	-0.04241	-0.02418	0.00520	0.04428	0.09113	0.09113	0.04428	0.00520	-0.02418	-0.04241	-0.04858	

ALPHA X/L = 0.00 0.10 0.20 0.30 0.40 L 0.50 R 0.50 0.60 0.70 0.80 0.90 1.00 ALPHA

XM/L = 0.50

FUNKTIONEN : F.MIM - F.MIQ - F.MIV - F.MIV'

D R U C K S T A E B E -69-

FUNKTIONEN : F.M;M - F.M;Q - F.M;V - F.M;V'

XM/L = 0.50

ALPHA	X/L =	0.00	0.10	0.20	0.30	0.40	L 0.50	R 0.50	0.60	0.70	0.80	0.90	1.00	ALPHA
	M	0.00000	-0.12364	-0.24104	-0.34629	-0.43409	-0.50000	0.50000	0.43409	0.34629	0.24104	0.12364	0.00000	
2.250	Q	-1.24686	-1.21543	-1.12273	-0.97343	-0.77506	-0.53762	-0.53762	-0.77506	-0.97343	-1.12273	-1.21543	-1.24686	2.250
	V	0.00000	-0.00467	-0.00811	-0.00914	-0.00673	-0.00000	0.00000	0.00673	0.00914	0.00811	0.00467	0.00000	
	V'	-0.04876	-0.04255	-0.02424	0.00525	0.04443	0.09134	0.09134	0.04443	0.00525	-0.02424	-0.04255	-0.04876	
	M	0.00000	-0.12425	-0.24210	-0.34748	-0.43495	-0.50000	0.50000	0.43495	0.34748	0.24210	0.12425	0.00000	
2.275	Q	-1.25332	-1.22103	-1.12581	-0.97258	-0.76922	-0.52623	-0.52623	-0.76922	-0.97258	-1.12581	-1.22103	-1.25332	2.275
	V	0.00000	-0.00469	-0.00814	-0.00917	-0.00675	0.00000	-0.00000	0.00675	0.00917	0.00814	0.00469	0.00000	
	V'	-0.04895	-0.04271	-0.02431	0.00530	0.04459	0.09154	0.09154	0.04459	0.00530	-0.02431	-0.04271	-0.04895	
	M	0.00000	-0.12488	-0.24319	-0.34869	-0.43582	-0.50000	0.50000	0.43582	0.34869	0.24319	0.12488	0.00000	
2.300	Q	-1.25991	-1.22673	-1.12895	-0.97170	-0.76328	-0.51466	-0.51466	-0.76328	-0.97170	-1.12895	-1.22673	-1.25991	2.300
	V	0.00000	-0.00470	-0.00816	-0.00920	-0.00677	0.00000	0.00000	0.00677	0.00920	0.00816	0.00470	0.00000	
	V'	-0.04913	-0.04286	-0.02438	0.00535	0.04475	0.09175	0.09175	0.04475	0.00535	-0.02438	-0.04286	-0.04913	
	M	0.00000	-0.12552	-0.24429	-0.34992	-0.43671	-0.50000	0.50000	0.43671	0.34992	0.24429	0.12552	0.00000	
2.325	Q	-1.26662	-1.23254	-1.13213	-0.97080	-0.75723	-0.50291	-0.50291	-0.75723	-0.97080	-1.13213	-1.23254	-1.26662	2.325
	V	0.00000	-0.00472	-0.00819	-0.00923	-0.00679	-0.00000	0.00000	0.00679	0.00923	0.00819	0.00472	0.00000	
	V'	-0.04932	-0.04302	-0.02444	0.00540	0.04491	0.09196	0.09196	0.04491	0.00540	-0.02444	-0.04302	-0.04932	
	M	0.00000	-0.12618	-0.24542	-0.35117	-0.43761	-0.50000	0.50000	0.43761	0.35117	0.24542	0.12618	0.00000	
2.350	Q	-1.27345	-1.23845	-1.13537	-0.96987	-0.75107	-0.49097	-0.49097	-0.75107	-0.96987	-1.13537	-1.23845	-1.27345	2.350
	V	0.00000	-0.00474	-0.00822	-0.00926	-0.00681	0.00000	-0.00000	0.00681	0.00926	0.00822	0.00474	0.00000	
	V'	-0.04952	-0.04318	-0.02451	0.00546	0.04508	0.09217	0.09217	0.04508	0.00546	-0.02451	-0.04318	-0.04952	
	M	0.00000	-0.12684	-0.24656	-0.35244	-0.43853	-0.50000	0.50000	0.43853	0.35244	0.24656	0.12684	0.00000	
2.375	Q	-1.28041	-1.24447	-1.13866	-0.96892	-0.74479	-0.47885	-0.47885	-0.74479	-0.96892	-1.13866	-1.24447	-1.28041	2.375
	V	0.00000	-0.00476	-0.00825	-0.00930	-0.00683	0.00000	0.00000	0.00683	0.00930	0.00825	0.00476	0.00000	
	V'	-0.04971	-0.04334	-0.02458	0.00551	0.04524	0.09239	0.09239	0.04524	0.00551	-0.02458	-0.04334	-0.04971	
	M	0.00000	-0.12752	-0.24773	-0.35373	-0.43946	-0.50000	0.50000	0.43946	0.35373	0.24773	0.12752	0.00000	
2.400	Q	-1.28750	-1.25060	-1.14201	-0.96795	-0.73841	-0.46654	-0.46654	-0.73841	-0.96795	-1.14201	-1.25060	-1.28750	2.400
	V	0.00000	-0.00478	-0.00829	-0.00933	-0.00685	0.00000	0.00000	0.00685	0.00933	0.00829	0.00478	0.00000	
	V'	-0.04991	-0.04351	-0.02465	0.00556	0.04542	0.09262	0.09262	0.04542	0.00556	-0.02465	-0.04351	-0.04991	
	M	0.00000	-0.12821	-0.24891	-0.35505	-0.44041	-0.50000	0.50000	0.44041	0.35505	0.24891	0.12821	0.00000	
2.425	Q	-1.29472	-1.25684	-1.14541	-0.96695	-0.73190	-0.45403	-0.45403	-0.73190	-0.96695	-1.14541	-1.25684	-1.29472	2.425
	V	0.00000	-0.00480	-0.00832	-0.00936	-0.00687	0.00000	-0.00000	0.00687	0.00936	0.00832	0.00480	0.00000	
	V'	-0.05012	-0.04368	-0.02473	0.00562	0.04559	0.09284	0.09284	0.04559	0.00562	-0.02473	-0.04368	-0.05012	
	M	0.00000	-0.12891	-0.25012	-0.35639	-0.44138	-0.50000	0.50000	0.44138	0.35639	0.25012	0.12891	0.00000	
2.450	Q	-1.30208	-1.26319	-1.14886	-0.96592	-0.72529	-0.44133	-0.44133	-0.72529	-0.96592	-1.14886	-1.26319	-1.30208	2.450
	V	0.00000	-0.00482	-0.00835	-0.00939	-0.00689	0.00000	-0.00000	0.00689	0.00939	0.00835	0.00482	0.00000	
	V'	-0.05032	-0.04385	-0.02480	0.00568	0.04577	0.09307	0.09307	0.04577	0.00568	-0.02480	-0.04385	-0.05032	
	M	0.00000	-0.12962	-0.25135	-0.35775	-0.44236	-0.50000	0.50000	0.44236	0.35775	0.25135	0.12962	0.00000	
2.475	Q	-1.30957	-1.26966	-1.15238	-0.96486	-0.71855	-0.42844	-0.42844	-0.71855	-0.96486	-1.15238	-1.26966	-1.30957	2.475
	V	0.00000	-0.00484	-0.00838	-0.00943	-0.00691	-0.00000	0.00000	0.00691	0.00943	0.00838	0.00484	0.00000	
	V'	-0.05054	-0.04402	-0.02488	0.00574	0.04595	0.09331	0.09331	0.04595	0.00574	-0.02488	-0.04402	-0.05054	
ALPHA	X/L =	0.00	0.10	0.20	0.30	0.40	L 0.50	R 0.50	0.60	0.70	0.80	0.90	1.00	ALPHA

XM/L = 0.50

FUNKTIONEN : F.M;M - F.M;Q - F.M;V - F.M;V'

FUNKTIONEN : F.M;M - F.M;Q - F.M;V - F.M;V'

XM/L = 0.50

ALPHA	X/L =	0.00	0.10	0.20	0.30	0.40	L 0.50	R 0.50	0.60	0.70	0.80	0.90	1.00	ALPHA
	M	0.00000	-0.13035	-0.25260	-0.35914	-0.44335	-0.50000	0.50000	0.44335	0.35914	0.25260	0.13035	0.00000	
2.500	Q	-1.31720	-1.27625	-1.15595	-0.96378	-0.71168	-0.41534	-0.41534	-0.71168	-0.96378	-1.15595	-1.27625	-1.31720	2.500
	V	0.00000	-0.00486	-0.00842	-0.00946	-0.00694	0.00000	-0.00000	0.00694	0.00946	0.00842	0.00486	0.00000	
	V'	-0.05075	-0.04420	-0.02495	0.00580	0.04613	0.09355	0.09355	0.04613	0.00580	-0.02495	-0.04420	-0.05075	
	M	0.00000	-0.13109	-0.25387	-0.36055	-0.44437	-0.50000	0.50000	0.44437	0.36055	0.25387	0.13109	0.00000	
2.525	Q	-1.32497	-1.28296	-1.15958	-0.96266	-0.70470	-0.40204	-0.40204	-0.70470	-0.96266	-1.15958	-1.28296	-1.32497	2.525
	V	0.00000	-0.00488	-0.00845	-0.00950	-0.00696	-0.00000	0.00000	0.00696	0.00950	0.00845	0.00488	0.00000	
	V'	-0.05097	-0.04438	-0.02503	0.00586	0.04632	0.09379	0.09379	0.04632	0.00586	-0.02503	-0.04438	-0.05097	
	M	0.00000	-0.13185	-0.25517	-0.36199	-0.44540	-0.50000	0.50000	0.44540	0.36199	0.25517	0.13185	0.00000	
2.550	Q	-1.33289	-1.28979	-1.16327	-0.96152	-0.69759	-0.38854	-0.38854	-0.69759	-0.96152	-1.16327	-1.28979	-1.33289	2.550
	V	0.00000	-0.00490	-0.00848	-0.00953	-0.00698	0.00000	-0.00000	0.00698	0.00953	0.00848	0.00490	0.00000	
	V'	-0.05119	-0.04457	-0.02511	0.00592	0.04651	0.09403	0.09403	0.04651	0.00592	-0.02511	-0.04457	-0.05119	
	M	0.00000	-0.13262	-0.25649	-0.36345	-0.44645	-0.50000	0.50000	0.44645	0.36345	0.25649	0.13262	0.00000	
2.575	Q	-1.34095	-1.29674	-1.16702	-0.96035	-0.69035	-0.37483	-0.37483	-0.69035	-0.96035	-1.16702	-1.29674	-1.34095	2.575
	V	0.00000	-0.00492	-0.00852	-0.00957	-0.00700	0.00000	0.00000	0.00700	0.00957	0.00852	0.00492	0.00000	
	V'	-0.05142	-0.04475	-0.02519	0.00598	0.04670	0.09429	0.09429	0.04670	0.00598	-0.02519	-0.04475	-0.05142	
	M	0.00000	-0.13340	-0.25784	-0.36494	-0.44751	-0.50000	0.50000	0.44751	0.36494	0.25784	0.13340	0.00000	
2.600	Q	-1.34917	-1.30382	-1.17083	-0.95914	-0.68298	-0.36090	-0.36090	-0.68298	-0.95914	-1.17083	-1.30382	-1.34917	2.600
	V	0.00000	-0.00494	-0.00856	-0.00961	-0.00703	-0.00000	0.00000	0.00703	0.00961	0.00856	0.00494	0.00000	
	V'	-0.05165	-0.04494	-0.02527	0.00604	0.04690	0.09454	0.09454	0.04690	0.00604	-0.02527	-0.04494	-0.05165	
	M	0.00000	-0.13420	-0.25921	-0.36645	-0.44859	-0.50000	0.50000	0.44859	0.36645	0.25921	0.13420	0.00000	
2.625	Q	-1.35753	-1.31103	-1.17471	-0.95790	-0.67547	-0.34676	-0.34676	-0.67547	-0.95790	-1.17471	-1.31103	-1.35753	2.625
	V	0.00000	-0.00496	-0.00859	-0.00964	-0.00705	-0.00000	0.00000	0.00705	0.00964	0.00859	0.00496	0.00000	
	V'	-0.05189	-0.04514	-0.02535	0.00611	0.04710	0.09480	0.09480	0.04710	0.00611	-0.02535	-0.04514	-0.05189	
	M	0.00000	-0.13501	-0.26060	-0.36799	-0.44969	-0.50000	0.50000	0.44969	0.36799	0.26060	0.13501	0.00000	
2.650	Q	-1.36606	-1.31837	-1.17864	-0.95663	-0.66783	-0.33240	-0.33240	-0.66783	-0.95663	-1.17864	-1.31837	-1.36606	2.650
	V	0.00000	-0.00499	-0.00863	-0.00968	-0.00708	-0.00000	0.00000	0.00708	0.00968	0.00863	0.00499	0.00000	
	V'	-0.05213	-0.04534	-0.02544	0.00618	0.04730	0.09507	0.09507	0.04730	0.00618	-0.02544	-0.04534	-0.05213	
	M	0.00000	-0.13584	-0.26202	-0.36956	-0.45081	-0.50000	0.50000	0.45081	0.36956	0.26202	0.13584	0.00000	
2.675	Q	-1.37474	-1.32585	-1.18265	-0.95532	-0.66005	-0.31782	-0.31782	-0.66005	-0.95532	-1.18265	-1.32585	-1.37474	2.675
	V	0.00000	-0.00501	-0.00867	-0.00972	-0.00710	-0.00000	0.00000	0.00710	0.00972	0.00867	0.00501	0.00000	
	V'	-0.05237	-0.04554	-0.02553	0.00624	0.04751	0.09533	0.09533	0.04751	0.00624	-0.02553	-0.04554	-0.05237	
	M	0.00000	-0.13668	-0.26346	-0.37115	-0.45195	-0.50000	0.50000	0.45195	0.37115	0.26346	0.13668	0.00000	
2.700	Q	-1.38359	-1.33346	-1.18672	-0.95398	-0.65212	-0.30302	-0.30302	-0.65212	-0.95398	-1.18672	-1.33346	-1.38359	2.700
	V	0.00000	-0.00503	-0.00871	-0.00976	-0.00713	-0.00000	0.00000	0.00713	0.00976	0.00871	0.00503	0.00000	
	V'	-0.05262	-0.04574	-0.02561	0.00631	0.04772	0.09561	0.09561	0.04772	0.00631	-0.02561	-0.04574	-0.05262	
	M	0.00000	-0.13754	-0.26494	-0.37278	-0.45311	-0.50000	0.50000	0.45311	0.37278	0.26494	0.13754	0.00000	
2.725	Q	-1.39260	-1.34122	-1.19085	-0.95260	-0.64406	-0.28798	-0.28798	-0.64406	-0.95260	-1.19085	-1.34122	-1.39260	2.725
	V	0.00000	-0.00506	-0.00874	-0.00980	-0.00715	0.00000	0.00000	0.00715	0.00980	0.00874	0.00506	0.00000	
	V'	-0.05287	-0.04595	-0.02570	0.00638	0.04793	0.09589	0.09589	0.04793	0.00638	-0.02570	-0.04595	-0.05287	
ALPHA	X/L =	0.00	0.10	0.20	0.30	0.40	L 0.50	R 0.50	0.60	0.70	0.80	0.90	1.00	ALPHA

XM/L = 0.50

FUNKTIONEN : F.M;M - F.M;Q - F.M;V - F.M;V'

FUNKTIONEN : F.M;M - F.M;Q - F.M;V - F.M;V'

XM/L = 0.50

ALPHA	X/L =	0.00	0.10	0.20	0.30	0.40	L 0.50	R 0.50	0.60	0.70	0.80	0.90	1.00	ALPHA
	M	0.00000	-0.13842	-0.26643	-0.37443	-0.45428	-0.50000	0.50000	0.45428	0.37443	0.26643	0.13842	0.00000	
2.750	Q	-1.40178	-1.34911	-1.19506	-0.95119	-0.63584	-0.27271	-0.27271	-0.63584	-0.95119	-1.19506	-1.34911	-1.40178	2.750
	V	0.00000	-0.00508	-0.00878	-0.00984	-0.00718	-0.00000	0.00000	0.00718	0.00984	0.00878	0.00508	0.00000	
	V'	-0.05313	-0.04616	-0.02579	0.00645	0.04815	0.09617	0.09617	0.04815	0.00645	-0.02579	-0.04616	-0.05313	
	M	0.00000	-0.13931	-0.26796	-0.37611	-0.45548	-0.50000	0.50000	0.45548	0.37611	0.26796	0.13931	0.00000	
2.775	Q	-1.41114	-1.35715	-1.19933	-0.94974	-0.62748	-0.25721	-0.25721	-0.62748	-0.94974	-1.19933	-1.35715	-1.41114	2.775
	V	0.00000	-0.00510	-0.00883	-0.00988	-0.00720	0.00000	-0.00000	0.00720	0.00988	0.00883	0.00510	0.00000	
	V'	-0.05339	-0.04638	-0.02588	0.00653	0.04838	0.09646	0.09646	0.04838	0.00653	-0.02588	-0.04638	-0.05339	
	M	0.00000	-0.14022	-0.26951	-0.37782	-0.45670	-0.50000	0.50000	0.45670	0.37782	0.26951	0.14022	0.00000	
2.800	Q	-1.42067	-1.36534	-1.20367	-0.94825	-0.61896	-0.24147	-0.24147	-0.61896	-0.94825	-1.20367	-1.36534	-1.42067	2.800
	V	0.00000	-0.00513	-0.00887	-0.00993	-0.00723	-0.00000	0.00000	0.00723	0.00993	0.00887	0.00513	0.00000	
	V'	-0.05366	-0.04660	-0.02598	0.00660	0.04860	0.09675	0.09675	0.04860	0.00660	-0.02598	-0.04660	-0.05366	
	M	0.00000	-0.14114	-0.27110	-0.37956	-0.45793	-0.50000	0.50000	0.45793	0.37956	0.27110	0.14114	0.00000	
2.825	Q	-1.43038	-1.37369	-1.20809	-0.94671	-0.61029	-0.22548	-0.22548	-0.61029	-0.94671	-1.20809	-1.37369	-1.43038	2.825
	V	0.00000	-0.00516	-0.00891	-0.00997	-0.00726	0.00000	-0.00000	0.00726	0.00997	0.00891	0.00516	0.00000	
	V'	-0.05393	-0.04682	-0.02607	0.00668	0.04883	0.09705	0.09705	0.04883	0.00668	-0.02607	-0.04682	-0.05393	
	M	0.00000	-0.14209	-0.27271	-0.38133	-0.45919	-0.50000	0.50000	0.45919	0.38133	0.27271	0.14209	0.00000	
2.850	Q	-1.44028	-1.38218	-1.21257	-0.94514	-0.60145	-0.20924	-0.20924	-0.60145	-0.94514	-1.21257	-1.38218	-1.44028	2.850
	V	0.00000	-0.00518	-0.00895	-0.01001	-0.00729	0.00000	0.00000	0.00729	0.01001	0.00895	0.00518	0.00000	
	V'	-0.05421	-0.04705	-0.02617	0.00675	0.04907	0.09735	0.09735	0.04907	0.00675	-0.02617	-0.04705	-0.05421	
	M	0.00000	-0.14305	-0.27435	-0.38313	-0.46047	-0.50000	0.50000	0.46047	0.38313	0.27435	0.14305	0.00000	
2.875	Q	-1.45037	-1.39084	-1.21714	-0.94352	-0.59246	-0.19276	-0.19276	-0.59246	-0.94352	-1.21714	-1.39084	-1.45037	2.875
	V	0.00000	-0.00521	-0.00900	-0.01006	-0.00732	0.00000	-0.00000	0.00732	0.01006	0.00900	0.00521	0.00000	
	V'	-0.05449	-0.04728	-0.02627	0.00683	0.04931	0.09766	0.09766	0.04931	0.00683	-0.02627	-0.04728	-0.05449	
	M	0.00000	-0.14403	-0.27602	-0.38497	-0.46177	-0.50000	0.50000	0.46177	0.38497	0.27602	0.14403	0.00000	
2.900	Q	-1.46064	-1.39965	-1.22177	-0.94186	-0.58329	-0.17601	-0.17601	-0.58329	-0.94186	-1.22177	-1.39965	-1.46064	2.900
	V	0.00000	-0.00523	-0.00904	-0.01010	-0.00734	-0.00000	0.00000	0.00734	0.01010	0.00904	0.00523	0.00000	
	V'	-0.05477	-0.04752	-0.02637	0.00691	0.04955	0.09798	0.09798	0.04955	0.00691	-0.02637	-0.04752	-0.05477	
	M	0.00000	-0.14502	-0.27773	-0.38684	-0.46309	-0.50000	0.50000	0.46309	0.38684	0.27773	0.14502	0.00000	
2.925	Q	-1.47112	-1.40863	-1.22649	-0.94016	-0.57396	-0.15901	-0.15901	-0.57396	-0.94016	-1.22649	-1.40863	-1.47112	2.925
	V	0.00000	-0.00526	-0.00908	-0.01015	-0.00737	0.00000	-0.00000	0.00737	0.01015	0.00908	0.00526	0.00000	
	V'	-0.05507	-0.04776	-0.02647	0.00699	0.04980	0.09830	0.09830	0.04980	0.00699	-0.02647	-0.04776	-0.05507	
	M	0.00000	-0.14604	-0.27946	-0.38874	-0.46443	-0.50000	0.50000	0.46443	0.38874	0.27946	0.14604	0.00000	
2.950	Q	-1.48179	-1.41778	-1.23128	-0.93840	-0.56445	-0.14173	-0.14173	-0.56445	-0.93840	-1.23128	-1.41778	-1.48179	2.950
	V	0.00000	-0.00529	-0.00913	-0.01020	-0.00740	-0.00000	0.00000	0.00740	0.01020	0.00913	0.00529	0.00000	
	V'	-0.05536	-0.04801	-0.02658	0.00708	0.05005	0.09862	0.09862	0.05005	0.00708	-0.02658	-0.04801	-0.05536	
	M	0.00000	-0.14708	-0.28123	-0.39068	-0.46580	-0.50000	0.50000	0.46580	0.39068	0.28123	0.14708	0.00000	
2.975	Q	-1.49268	-1.42711	-1.23616	-0.93661	-0.55477	-0.12419	-0.12419	-0.55477	-0.93661	-1.23616	-1.42711	-1.49268	2.975
	V	0.00000	-0.00532	-0.00918	-0.01025	-0.00743	0.00000	-0.00000	0.00743	0.01025	0.00918	0.00532	0.00000	
	V'	-0.05567	-0.04826	-0.02668	0.00716	0.05031	0.09895	0.09895	0.05031	0.00716	-0.02668	-0.04826	-0.05567	
ALPHA	X/L =	0.00	0.10	0.20	0.30	0.40	L 0.50	R 0.50	0.60	0.70	0.80	0.90	1.00	ALPHA

XM/L = 0.50

FUNKTIONEN : F.M;M - F.M;Q - F.M;V - F.M;V'

FUNKTIONEN : F.M;M - F.M;Q - F.M;V - F.M;V'

XM/L = 0.60

ALPHA	X/L =	0.00	0.10	0.20	0.30	0.40	0.50	L 0.60	R 0.60	0.70	0.80	0.90	1.00	ALPHA
	M	0.00000	-0.10000	-0.20000	-0.30000	-0.40000	-0.50000	-0.60000	0.40000	0.30000	0.20000	0.10000	0.00000	
0.000	Q	-1.00000	-1.00000	-1.00000	-1.00000	-1.00000	-1.00000	-1.00000	-1.00000	-1.00000	-1.00000	-1.00000	-1.00000	0.000
	V	0.00000	-0.00850	-0.01600	-0.02150	-0.02400	-0.02250	-0.01600	-0.01600	-0.00850	-0.00400	-0.00150	0.00000	
	V'	-0.08667	-0.08167	-0.06667	-0.04167	-0.00667	0.03833	0.09333	0.09333	0.05833	0.03333	0.01833	0.01333	
	M	0.00000	-0.10001	-0.20001	-0.30001	-0.40002	-0.50001	-0.60001	0.39999	0.29999	0.20000	0.10000	0.00000	
0.025	Q	-1.00005	-1.00005	-1.00004	-1.00003	-1.00000	-0.99998	-0.99994	-0.99994	-0.99996	-0.99998	-0.99999	-0.99999	0.025
	V	0.00000	-0.00850	-0.01600	-0.02150	-0.02400	-0.02250	-0.01600	-0.01600	-0.00850	-0.00400	-0.00150	0.00000	
	V'	-0.08667	-0.08167	-0.06667	-0.04167	-0.00667	0.03833	0.09334	0.09334	0.05834	0.03334	0.01834	0.01334	
	M	0.00000	-0.10002	-0.20004	-0.30005	-0.40006	-0.50006	-0.60004	0.39996	0.29998	0.19999	0.10000	0.00000	
0.050	Q	-1.00022	-1.00020	-1.00017	-1.00010	-1.00002	-0.99990	-0.99977	-0.99977	-0.99985	-0.99992	-0.99995	-0.99997	0.050
	V	0.00000	-0.00850	-0.01600	-0.02150	-0.02401	-0.02251	-0.01600	-0.01600	-0.00850	-0.00400	-0.00150	0.00000	
	V'	-0.08668	-0.08168	-0.06668	-0.04168	-0.00667	0.03834	0.09334	0.09334	0.05834	0.03335	0.01835	0.01335	
	M	0.00000	-0.10005	-0.20009	-0.30012	-0.40014	-0.50013	-0.60009	0.39991	0.29995	0.19998	0.09999	0.00000	
0.075	Q	-1.00049	-1.00046	-1.00038	-1.00023	-1.00004	-0.99978	-0.99947	-0.99947	-0.99967	-0.99981	-0.99990	-0.99992	0.075
	V	0.00000	-0.00850	-0.01601	-0.02151	-0.02401	-0.02251	-0.01601	-0.01601	-0.00851	-0.00401	-0.00150	0.00000	
	V'	-0.08671	-0.08170	-0.06670	-0.04169	-0.00667	0.03834	0.09335	0.09335	0.05836	0.03336	0.01836	0.01336	
	M	0.00000	-0.10009	-0.20016	-0.30022	-0.40024	-0.50023	-0.60016	0.39984	0.29991	0.19996	0.09998	0.00000	
0.100	Q	-1.00087	-1.00082	-1.00067	-1.00042	-1.00007	-0.99962	-0.99907	-0.99907	-0.99942	-0.99967	-0.99982	-0.99987	0.100
	V	0.00000	-0.00851	-0.01601	-0.02152	-0.02402	-0.02252	-0.01602	-0.01602	-0.00851	-0.00401	-0.00151	0.00000	
	V'	-0.08674	-0.08173	-0.06672	-0.04170	-0.00668	0.03834	0.09336	0.09336	0.05838	0.03338	0.01838	0.01338	
	M	0.00000	-0.10013	-0.20025	-0.30034	-0.40038	-0.50035	-0.60025	0.39975	0.29987	0.19994	0.09998	0.00000	
0.125	Q	-1.00136	-1.00128	-1.00104	-1.00065	-1.00010	-0.99940	-0.99854	-0.99854	-0.99909	-0.99948	-0.99971	-0.99979	0.125
	V	0.00000	-0.00851	-0.01602	-0.02153	-0.02403	-0.02253	-0.01603	-0.01603	-0.00852	-0.00402	-0.00151	0.00000	
	V'	-0.08678	-0.08177	-0.06675	-0.04172	-0.00669	0.03835	0.09338	0.09338	0.05840	0.03341	0.01841	0.01341	
	M	0.00000	-0.10019	-0.20036	-0.30048	-0.40054	-0.50051	-0.60036	0.39964	0.29981	0.19991	0.09997	0.00000	
0.150	Q	-1.00195	-1.00184	-1.00150	-1.00094	-1.00015	-0.99914	-0.99790	-0.99790	-0.99869	-0.99925	-0.99958	-0.99970	0.150
	V	0.00000	-0.00852	-0.01603	-0.02154	-0.02405	-0.02255	-0.01604	-0.01604	-0.00853	-0.00402	-0.00151	0.00000	
	V'	-0.08683	-0.08182	-0.06679	-0.04175	-0.00670	0.03836	0.09340	0.09340	0.05843	0.03344	0.01845	0.01345	
	M	0.00000	-0.10026	-0.20049	-0.30066	-0.40074	-0.50069	-0.60049	0.39951	0.29974	0.19988	0.09995	0.00000	
0.175	Q	-1.00266	-1.00251	-1.00205	-1.00128	-1.00021	-0.99883	-0.99714	-0.99714	-0.99821	-0.99897	-0.99943	-0.99959	0.175
	V	0.00000	-0.00852	-0.01604	-0.02155	-0.02406	-0.02256	-0.01606	-0.01606	-0.00855	-0.00403	-0.00152	0.00000	
	V'	-0.08689	-0.08187	-0.06684	-0.04178	-0.00671	0.03837	0.09343	0.09343	0.05846	0.03348	0.01849	0.01349	
	M	0.00000	-0.10034	-0.20064	-0.30086	-0.40096	-0.50090	-0.60064	0.39936	0.29966	0.19984	0.09994	0.00000	
0.200	Q	-1.00348	-1.00328	-1.00268	-1.00167	-1.00027	-0.99846	-0.99626	-0.99626	-0.99766	-0.99866	-0.99926	-0.99946	0.200
	V	0.00000	-0.00853	-0.01605	-0.02157	-0.02408	-0.02258	-0.01607	-0.01607	-0.00856	-0.00404	-0.00152	0.00000	
	V'	-0.08695	-0.08194	-0.06689	-0.04181	-0.00672	0.03838	0.09345	0.09345	0.05850	0.03353	0.01854	0.01354	
	M	0.00000	-0.10043	-0.20081	-0.30109	-0.40122	-0.50114	-0.60081	0.39919	0.29957	0.19979	0.09992	0.00000	
0.225	Q	-1.00441	-1.00415	-1.00339	-1.00212	-1.00034	-0.99806	-0.99527	-0.99527	-0.99704	-0.99830	-0.99906	-0.99931	0.225
	V	0.00000	-0.00854	-0.01607	-0.02159	-0.02410	-0.02260	-0.01609	-0.01609	-0.00857	-0.00405	-0.00153	0.00000	
	V'	-0.08703	-0.08201	-0.06695	-0.04185	-0.00673	0.03839	0.09349	0.09349	0.05855	0.03358	0.01859	0.01360	
ALPHA	X/L =	0.00	0.10	0.20	0.30	0.40	0.50	L 0.60	R 0.60	0.70	0.80	0.90	1.00	ALPHA

XM/L = 0.60

FUNKTIONEN : F.M;M - F.M;Q - F.M;V - F.M;V'

FUNKTIONEN : F.M;M - F.M;Q - F.M;V - F.M;V'

XM/L = 0.60

ALPHA	X/L =	0.00	0.10	0.20	0.30	0.40	0.50	L 0.60	R 0.60	0.70	0.80	0.90	1.00	ALPHA
	M	0.00000	-0.10053	-0.20101	-0.30135	-0.40151	-0.50141	-0.60101	0.39899	0.29946	0.19975	0.09990	0.00000	
0.250	Q	-1.00544	-1.00513	-1.00419	-1.00262	-1.00042	-0.99760	-0.99415	-0.99415	-0.99634	-0.99790	-0.99883	-0.99915	0.250
	V	0.00000	-0.00854	-0.01608	-0.02161	-0.02413	-0.02263	-0.01612	-0.01612	-0.00859	-0.00406	-0.00153	0.00000	
	V'	-0.08712	-0.08209	-0.06701	-0.04189	-0.00675	0.03840	0.09352	0.09352	0.05860	0.03364	0.01865	0.01366	
	M	0.00000	-0.10065	-0.20122	-0.30164	-0.40183	-0.50171	-0.60122	0.39878	0.29935	0.19969	0.09988	0.00000	
0.275	Q	-1.00660	-1.00621	-1.00507	-1.00317	-1.00051	-0.99710	-0.99292	-0.99292	-0.99556	-0.99745	-0.99858	-0.99896	0.275
	V	0.00000	-0.00855	-0.01610	-0.02164	-0.02415	-0.02266	-0.01614	-0.01614	-0.00861	-0.00408	-0.00154	0.00000	
	V'	-0.08721	-0.08218	-0.06709	-0.04194	-0.00677	0.03841	0.09356	0.09356	0.05865	0.03370	0.01872	0.01373	
	M	0.00000	-0.10077	-0.20145	-0.30195	-0.40218	-0.50204	-0.60146	0.39854	0.29922	0.19963	0.09986	0.00000	
0.300	Q	-1.00786	-1.00741	-1.00605	-1.00378	-1.00061	-0.99654	-0.99158	-0.99158	-0.99472	-0.99696	-0.99831	-0.99876	0.300
	V	0.00000	-0.00856	-0.01612	-0.02166	-0.02418	-0.02269	-0.01617	-0.01617	-0.00863	-0.00409	-0.00155	0.00000	
	V'	-0.08732	-0.08228	-0.06717	-0.04200	-0.00679	0.03843	0.09361	0.09361	0.05872	0.03377	0.01880	0.01380	
	M	0.00000	-0.10091	-0.20170	-0.30229	-0.40256	-0.50240	-0.60171	0.39829	0.29909	0.19957	0.09984	0.00000	
0.325	Q	-1.00924	-1.00870	-1.00710	-1.00444	-1.00072	-0.99594	-0.99011	-0.99011	-0.99379	-0.99642	-0.99801	-0.99853	0.325
	V	0.00000	-0.00858	-0.01614	-0.02169	-0.02422	-0.02272	-0.01620	-0.01620	-0.00866	-0.00411	-0.00155	0.00000	
	V'	-0.08743	-0.08239	-0.06725	-0.04205	-0.00681	0.03844	0.09366	0.09366	0.05878	0.03385	0.01888	0.01388	
	M	0.00000	-0.10105	-0.20198	-0.30266	-0.40297	-0.50279	-0.60199	0.39801	0.29894	0.19949	0.09981	0.00000	
0.350	Q	-1.01073	-1.01011	-1.00825	-1.00516	-1.00084	-0.99529	-0.98852	-0.98852	-0.99279	-0.99584	-0.99768	-0.99829	0.350
	V	0.00000	-0.00859	-0.01616	-0.02172	-0.02425	-0.02275	-0.01623	-0.01623	-0.00868	-0.00413	-0.00156	0.00000	
	V'	-0.08756	-0.08250	-0.06735	-0.04212	-0.00683	0.03846	0.09371	0.09371	0.05886	0.03393	0.01897	0.01397	
	M	0.00000	-0.10121	-0.20228	-0.30306	-0.40342	-0.50321	-0.60229	0.39771	0.29878	0.19942	0.09978	0.00000	
0.375	Q	-1.01233	-1.01162	-1.00949	-1.00593	-1.00096	-0.99459	-0.98681	-0.98681	-0.99171	-0.99522	-0.99732	-0.99802	0.375
	V	0.00000	-0.00860	-0.01619	-0.02175	-0.02429	-0.02279	-0.01626	-0.01626	-0.00871	-0.00414	-0.00157	0.00000	
	V'	-0.08769	-0.08263	-0.06745	-0.04218	-0.00685	0.03848	0.09376	0.09376	0.05893	0.03402	0.01906	0.01407	
	M	0.00000	-0.10138	-0.20259	-0.30349	-0.40389	-0.50365	-0.60261	0.39739	0.29860	0.19933	0.09975	0.00000	
0.400	Q	-1.01405	-1.01324	-1.01081	-1.00676	-1.00110	-0.99384	-0.98499	-0.98499	-0.99056	-0.99454	-0.99693	-0.99773	0.400
	V	0.00000	-0.00861	-0.01621	-0.02179	-0.02433	-0.02283	-0.01630	-0.01630	-0.00874	-0.00416	-0.00158	0.00000	
	V'	-0.08783	-0.08276	-0.06756	-0.04225	-0.00688	0.03850	0.09382	0.09382	0.05902	0.03412	0.01916	0.01417	
	M	0.00000	-0.10156	-0.20293	-0.30394	-0.40440	-0.50413	-0.60295	0.39705	0.29842	0.19924	0.09971	0.00000	
0.425	Q	-1.01589	-1.01498	-1.01222	-1.00765	-1.00125	-0.99304	-0.98304	-0.98304	-0.98932	-0.99382	-0.99652	-0.99742	0.425
	V	0.00000	-0.00863	-0.01624	-0.02183	-0.02437	-0.02288	-0.01634	-0.01634	-0.00877	-0.00419	-0.00159	0.00000	
	V'	-0.08799	-0.08291	-0.06768	-0.04233	-0.00691	0.03852	0.09389	0.09389	0.05911	0.03422	0.01927	0.01428	
	M	0.00000	-0.10175	-0.20330	-0.30443	-0.40494	-0.50464	-0.60332	0.39668	0.29822	0.19915	0.09967	0.00000	
0.450	Q	-1.01785	-1.01682	-1.01373	-1.00859	-1.00141	-0.99219	-0.98097	-0.98097	-0.98801	-0.99305	-0.99607	-0.99708	0.450
	V	0.00000	-0.00865	-0.01627	-0.02187	-0.02442	-0.02292	-0.01638	-0.01638	-0.00880	-0.00421	-0.00161	0.00000	
	V'	-0.08815	-0.08306	-0.06780	-0.04241	-0.00694	0.03855	0.09395	0.09395	0.05920	0.03433	0.01939	0.01440	
	M	0.00000	-0.10195	-0.20368	-0.30494	-0.40552	-0.50518	-0.60371	0.39629	0.29801	0.19904	0.09963	0.00000	
0.475	Q	-1.01993	-1.01878	-1.01533	-1.00959	-1.00157	-0.99130	-0.97879	-0.97879	-0.98662	-0.99223	-0.99560	-0.99672	0.475
	V	0.00000	-0.00866	-0.01630	-0.02191	-0.02447	-0.02297	-0.01642	-0.01642	-0.00884	-0.00423	-0.00162	0.00000	
	V'	-0.08832	-0.08322	-0.06794	-0.04250	-0.00697	0.03857	0.09403	0.09403	0.05931	0.03445	0.01951	0.01453	
ALPHA	X/L =	0.00	0.10	0.20	0.30	0.40	0.50	L 0.60	R 0.60	0.70	0.80	0.90	1.00	ALPHA

XM/L = 0.60

FUNKTIONEN : F.M;M - F.M;Q - F.M;V - F.M;V'

FUNKTIONEN : F.M;M - F.M;Q - F.M;V - F.M;V'

XM/L = 0.60

ALPHA	X/L =	0.00	0.10	0.20	0.30	0.40	0.50	L 0.60	R 0.60	0.70	0.80	0.90	1.00	ALPHA
	M	0.00000	-0.10217	-0.20408	-0.30549	-0.40613	-0.50576	-0.60412	0.39588	0.29778	0.19893	0.09959	0.00000	
0.500	Q	-1.02213	-1.02085	-1.01702	-1.01065	-1.00175	-0.99035	-0.97647	-0.97647	-0.98515	-0.99136	-0.99509	-0.99633	0.500
	V	0.00000	-0.00868	-0.01634	-0.02196	-0.02452	-0.02302	-0.01647	-0.01647	-0.00888	-0.00426	-0.00163	0.00000	
	V'	-0.08850	-0.08339	-0.06808	-0.04259	-0.00701	0.03860	0.09410	0.09410	0.05941	0.03457	0.01964	0.01466	
	M	0.00000	-0.10240	-0.20451	-0.30607	-0.40677	-0.50636	-0.60455	0.39545	0.29754	0.19882	0.09955	0.00000	
0.525	Q	-1.02445	-1.02304	-1.01881	-1.01177	-1.00194	-0.98935	-0.97404	-0.97404	-0.98359	-0.99044	-0.99455	-0.99592	0.525
	V	0.00000	-0.00870	-0.01637	-0.02200	-0.02458	-0.02308	-0.01652	-0.01652	-0.00892	-0.00429	-0.00165	0.00000	
	V'	-0.08870	-0.08358	-0.06823	-0.04269	-0.00704	0.03863	0.09418	0.09418	0.05953	0.03470	0.01978	0.01480	
	M	0.00000	-0.10264	-0.20496	-0.30667	-0.40745	-0.50700	-0.60501	0.39499	0.29729	0.19869	0.09950	0.00000	
0.550	Q	-1.02689	-1.02534	-1.02069	-1.01295	-1.00214	-0.98831	-0.97148	-0.97148	-0.98196	-0.98946	-0.99397	-0.99548	0.550
	V	0.00000	-0.00872	-0.01641	-0.02206	-0.02463	-0.02314	-0.01657	-0.01657	-0.00896	-0.00432	-0.00166	0.00000	
	V'	-0.08890	-0.08377	-0.06838	-0.04280	-0.00708	0.03865	0.09427	0.09427	0.05965	0.03484	0.01993	0.01495	
	M	0.00000	-0.10289	-0.20544	-0.30731	-0.40816	-0.50767	-0.60550	0.39450	0.29702	0.19856	0.09945	0.00000	
0.575	Q	-1.02946	-1.02776	-1.02266	-1.01419	-1.00235	-0.98721	-0.96880	-0.96880	-0.98024	-0.98843	-0.99336	-0.99501	0.575
	V	0.00000	-0.00874	-0.01645	-0.02211	-0.02469	-0.02320	-0.01663	-0.01663	-0.00900	-0.00435	-0.00168	0.00000	
	V'	-0.08912	-0.08397	-0.06855	-0.04290	-0.00712	0.03868	0.09436	0.09436	0.05977	0.03499	0.02008	0.01511	
	M	0.00000	-0.10315	-0.20594	-0.30798	-0.40891	-0.50837	-0.60601	0.39399	0.29674	0.19842	0.09939	0.00000	
0.600	Q	-1.03216	-1.03031	-1.02474	-1.01549	-1.00258	-0.98606	-0.96600	-0.96600	-0.97843	-0.98735	-0.99271	-0.99450	0.600
	V	0.00000	-0.00876	-0.01649	-0.02216	-0.02476	-0.02326	-0.01669	-0.01669	-0.00905	-0.00438	-0.00169	0.00000	
	V'	-0.08934	-0.08418	-0.06872	-0.04302	-0.00716	0.03872	0.09445	0.09445	0.05990	0.03514	0.02024	0.01527	
	M	0.00000	-0.10343	-0.20646	-0.30868	-0.40970	-0.50911	-0.60654	0.39346	0.29645	0.19828	0.09933	0.00000	
0.625	Q	-1.03499	-1.03297	-1.02692	-1.01685	-1.00282	-0.98486	-0.96307	-0.96307	-0.97655	-0.98621	-0.99203	-0.99397	0.625
	V	0.00000	-0.00879	-0.01654	-0.02222	-0.02483	-0.02333	-0.01675	-0.01675	-0.00910	-0.00441	-0.00171	0.00000	
	V'	-0.08958	-0.08440	-0.06890	-0.04314	-0.00721	0.03875	0.09455	0.09455	0.06004	0.03530	0.02041	0.01544	
	M	0.00000	-0.10372	-0.20701	-0.30942	-0.41052	-0.50989	-0.60710	0.39290	0.29613	0.19812	0.09927	0.00000	
0.650	Q	-1.03795	-1.03576	-1.02919	-1.01828	-1.00306	-0.98361	-0.96001	-0.96001	-0.97457	-0.98502	-0.99130	-0.99340	0.650
	V	0.00000	-0.00881	-0.01658	-0.02229	-0.02490	-0.02340	-0.01681	-0.01681	-0.00915	-0.00445	-0.00173	0.00000	
	V'	-0.08982	-0.08464	-0.06909	-0.04326	-0.00725	0.03878	0.09465	0.09465	0.06019	0.03547	0.02059	0.01563	
	M	0.00000	-0.10403	-0.20758	-0.31018	-0.41138	-0.51070	-0.60769	0.39231	0.29581	0.19796	0.09920	0.00000	
0.675	Q	-1.04104	-1.03867	-1.03157	-1.01977	-1.00333	-0.98231	-0.95683	-0.95683	-0.97251	-0.98376	-0.99053	-0.99279	0.675
	V	0.00000	-0.00883	-0.01563	-0.02235	-0.02497	-0.02348	-0.01688	-0.01688	-0.00920	-0.00449	-0.00175	0.00000	
	V'	-0.09008	-0.08488	-0.06929	-0.04339	-0.00730	0.03882	0.09476	0.09476	0.06034	0.03564	0.02078	0.01582	
	M	0.00000	-0.10434	-0.20817	-0.31098	-0.41227	-0.51154	-0.60830	0.39170	0.29546	0.19778	0.09913	0.00000	
0.700	Q	-1.04427	-1.04172	-1.03406	-1.02133	-1.00360	-0.98096	-0.95351	-0.95351	-0.97036	-0.98245	-0.98972	-0.99215	0.700
	V	0.00000	-0.00886	-0.01668	-0.02242	-0.02505	-0.02355	-0.01695	-0.01695	-0.00926	-0.00452	-0.00177	0.00000	
	V'	-0.09035	-0.08513	-0.06950	-0.04353	-0.00735	0.03885	0.09487	0.09487	0.06050	0.03583	0.02097	0.01602	
	M	0.00000	-0.10467	-0.20879	-0.31182	-0.41321	-0.51242	-0.60895	0.39105	0.29510	0.19760	0.09906	0.00000	
0.725	Q	-1.04764	-1.04489	-1.03665	-1.02296	-1.00389	-0.97956	-0.95007	-0.95007	-0.96811	-0.98107	-0.98887	-0.99147	0.725
	V	0.00000	-0.00889	-0.01673	-0.02249	-0.02513	-0.02363	-0.01702	-0.01702	-0.00932	-0.00457	-0.00179	0.00000	
	V'	-0.09063	-0.08540	-0.06972	-0.04368	-0.00741	0.03889	0.09499	0.09499	0.06066	0.03602	0.02118	0.01622	
ALPHA	X/L =	0.00	0.10	0.20	0.30	0.40	0.50	L 0.60	R 0.60	0.70	0.80	0.90	1.00	ALPHA

XM/L = 0.60

FUNKTIONEN : F.M;M - F.M;Q - F.M;V - F.M;V'

D R U C K S T A E B E -75-

FUNKTIONEN : F.M;M - F.M;Q - F.M;V - F.M;V'

XM/L = 0.60

ALPHA	X/L =	0.00	0.10	0.20	0.30	0.40	0.50	L 0.60	R 0.60	0.70	0.80	0.90	1.00	ALPHA
	M	0.00000	-0.10502	-0.20944	-0.31269	-0.41418	-0.51334	-0.60962	0.39038	0.29472	0.19741	0.09898	0.00000	
0.750	Q	-1.05115	-1.04819	-1.03934	-1.02465	-1.00420	-0.97810	-0.94650	-0.94650	-0.96578	-0.97963	-0.98797	-0.99075	0.750
	V	0.00000	-0.00892	-0.01679	-0.02256	-0.02521	-0.02372	-0.01710	-0.01710	-0.00938	-0.00461	-0.00181	0.00000	
	V'	-0.09093	-0.08567	-0.06994	-0.04383	-0.00746	0.03893	0.09511	0.09511	0.06084	0.03622	0.02139	0.01644	
	M	0.00000	-0.10537	-0.21012	-0.31360	-0.41519	-0.51430	-0.61032	0.38968	0.29433	0.19721	0.09890	0.00000	
0.775	Q	-1.05480	-1.05163	-1.04215	-1.02642	-1.00452	-0.97659	-0.94280	-0.94280	-0.96335	-0.97812	-0.98702	-0.98999	0.775
	V	0.00000	-0.00895	-0.01684	-0.02264	-0.02530	-0.02381	-0.01718	-0.01718	-0.00944	-0.00465	-0.00183	0.00000	
	V'	-0.09123	-0.08596	-0.07018	-0.04398	-0.00752	0.03897	0.09523	0.09523	0.06102	0.03643	0.02161	0.01667	
	M	0.00000	-0.10575	-0.21082	-0.31454	-0.41625	-0.51529	-0.61105	0.38895	0.29391	0.19699	0.09881	0.00000	
0.800	Q	-1.05859	-1.05521	-1.04507	-1.02825	-1.00485	-0.97503	-0.93897	-0.93897	-0.96083	-0.97655	-0.98602	-0.98918	0.800
	V	0.00000	-0.00898	-0.01690	-0.02272	-0.02539	-0.02390	-0.01726	-0.01726	-0.00951	-0.00470	-0.00186	0.00000	
	V'	-0.09155	-0.08626	-0.07043	-0.04414	-0.00758	0.03902	0.09536	0.09536	0.06120	0.03664	0.02185	0.01690	
	M	0.00000	-0.10613	-0.21154	-0.31552	-0.41734	-0.51633	-0.61181	0.38819	0.29348	0.19677	0.09872	0.00000	
0.825	Q	-1.06254	-1.05892	-1.04811	-1.03016	-1.00521	-0.97341	-0.93500	-0.93500	-0.95821	-0.97490	-0.98497	-0.98833	0.825
	V	0.00000	-0.00901	-0.01696	-0.02280	-0.02548	-0.02399	-0.01734	-0.01734	-0.00958	-0.00475	-0.00188	0.00000	
	V'	-0.09188	-0.08657	-0.07068	-0.04431	-0.00765	0.03906	0.09550	0.09550	0.06140	0.03687	0.02209	0.01715	
	M	0.00000	-0.10654	-0.21230	-0.31653	-0.41848	-0.51741	-0.61260	0.38740	0.29303	0.19654	0.09862	0.00000	
0.850	Q	-1.06663	-1.06278	-1.05126	-1.03214	-1.00557	-0.97175	-0.93090	-0.93090	-0.95549	-0.97319	-0.98386	-0.98742	0.850
	V	0.00000	-0.00905	-0.01703	-0.02288	-0.02558	-0.02409	-0.01743	-0.01743	-0.00965	-0.00480	-0.00191	0.00000	
	V'	-0.09223	-0.08690	-0.07095	-0.04449	-0.00772	0.03911	0.09564	0.09564	0.06160	0.03711	0.02234	0.01741	
	M	0.00000	-0.10695	-0.21309	-0.31759	-0.41966	-0.51852	-0.61342	0.38658	0.29255	0.19629	0.09852	0.00000	
0.875	Q	-1.07089	-1.06679	-1.05453	-1.03420	-1.00596	-0.97002	-0.92666	-0.92666	-0.95268	-0.97140	-0.98270	-0.98647	0.875
	V	0.00000	-0.00908	-0.01709	-0.02297	-0.02568	-0.02419	-0.01753	-0.01753	-0.00973	-0.00485	-0.00193	0.00000	
	V'	-0.09259	-0.08723	-0.07122	-0.04467	-0.00779	0.03915	0.09579	0.09579	0.06181	0.03735	0.02260	0.01767	
	M	0.00000	-0.10738	-0.21390	-0.31868	-0.42089	-0.51968	-0.61428	0.38572	0.29206	0.19603	0.09841	0.00000	
0.900	Q	-1.07529	-1.07094	-1.05792	-1.03634	-1.00636	-0.96825	-0.92229	-0.92229	-0.94976	-0.96954	-0.98147	-0.98546	0.900
	V	0.00000	-0.00912	-0.01716	-0.02307	-0.02579	-0.02430	-0.01762	-0.01762	-0.00980	-0.00490	-0.00196	0.00000	
	V'	-0.09296	-0.08758	-0.07151	-0.04486	-0.00786	0.03920	0.09594	0.09594	0.06203	0.03761	0.02287	0.01795	
	M	0.00000	-0.10783	-0.21474	-0.31982	-0.42216	-0.52089	-0.61517	0.38483	0.29154	0.19576	0.09830	0.00000	
0.925	Q	-1.07987	-1.07525	-1.06144	-1.03855	-1.00679	-0.96641	-0.91778	-0.91778	-0.94673	-0.96760	-0.98019	-0.98439	0.925
	V	0.00000	-0.00915	-0.01723	-0.02316	-0.02590	-0.02441	-0.01772	-0.01772	-0.00988	-0.00496	-0.00199	0.00000	
	V'	-0.09334	-0.08795	-0.07181	-0.04506	-0.00793	0.03925	0.09610	0.09610	0.06225	0.03787	0.02316	0.01824	
	M	0.00000	-0.10830	-0.21562	-0.32099	-0.42347	-0.52214	-0.61609	0.38391	0.29100	0.19547	0.09818	0.00000	
0.950	Q	-1.08460	-1.07971	-1.06508	-1.04085	-1.00723	-0.96453	-0.91313	-0.91313	-0.94361	-0.96557	-0.97883	-0.98327	0.950
	V	0.00000	-0.00919	-0.01730	-0.02326	-0.02601	-0.02453	-0.01783	-0.01783	-0.00997	-0.00502	-0.00202	0.00000	
	V'	-0.09374	-0.08832	-0.07211	-0.04526	-0.00801	0.03930	0.09626	0.09626	0.06249	0.03815	0.02345	0.01854	
	M	0.00000	-0.10878	-0.21652	-0.32221	-0.42484	-0.52343	-0.61705	0.38295	0.29044	0.19517	0.09805	0.00000	
0.975	Q	-1.08951	-1.08433	-1.06886	-1.04323	-1.00769	-0.96259	-0.90833	-0.90833	-0.94037	-0.96347	-0.97742	-0.98208	0.975
	V	0.00000	-0.00923	-0.01738	-0.02336	-0.02613	-0.02465	-0.01794	-0.01794	-0.01006	-0.00508	-0.00205	0.00000	
	V'	-0.09416	-0.08871	-0.07243	-0.04548	-0.00809	0.03936	0.09643	0.09643	0.06273	0.03843	0.02376	0.01885	
ALPHA	X/L =	0.00	0.10	0.20	0.30	0.40	0.50	L 0.60	R 0.60	0.70	0.80	0.90	1.00	ALPHA

XM/L = 0.60

FUNKTIONEN : F.M;M - F.M;Q - F.M;V - F.M;V'

FUNKTIONEN : F.M;M - F.M;Q - F.M;V - F.M;V'

XM/L = 0.60

ALPHA	X/L =	0.00	0.10	0.20	0.30	0.40	0.50	L 0.60	R 0.60	0.70	0.80	0.90	1.00	ALPHA
	M	0.00000	-0.10928	-0.21746	-0.32347	-0.42625	-0.52477	-0.61805	0.38195	0.28985	0.19486	0.09792	0.00000	
1.000	Q	-1.09458	-1.08912	-1.07277	-1.04570	-1.00818	-0.96059	-0.90340	-0.90340	-0.93702	-0.96127	-0.97592	-0.98082	1.000
	V	0.00000	-0.00928	-0.01746	-0.02347	-0.02625	-0.02477	-0.01805	-0.01805	-0.01015	-0.00514	-0.00208	0.00000	
	V'	-0.09458	-0.08912	-0.07277	-0.04570	-0.00818	0.03941	0.09660	0.09660	0.06298	0.03873	0.02408	0.01918	
	M	0.00000	-0.10979	-0.21843	-0.32478	-0.42771	-0.52616	-0.61908	0.38092	0.28924	0.19453	0.09778	0.00000	
1.025	Q	-1.09984	-1.09407	-1.07681	-1.04825	-1.00869	-0.95853	-0.89832	-0.89832	-0.93356	-0.95899	-0.97436	-0.97950	1.025
	V	0.00000	-0.00932	-0.01754	-0.02358	-0.02638	-0.02490	-0.01817	-0.01817	-0.01024	-0.00521	-0.00211	0.00000	
	V'	-0.09503	-0.08953	-0.07311	-0.04593	-0.00827	0.03947	0.09678	0.09678	0.06324	0.03903	0.02441	0.01951	
	M	0.00000	-0.11032	-0.21943	-0.32613	-0.42923	-0.52760	-0.62016	0.37984	0.28860	0.19419	0.09763	0.00000	
1.050	Q	-1.10528	-1.09919	-1.08100	-1.05089	-1.00922	-0.95642	-0.89309	-0.89309	-0.92998	-0.95661	-0.97272	-0.97810	1.050
	V	0.00000	-0.00936	-0.01763	-0.02370	-0.02651	-0.02503	-0.01829	-0.01829	-0.01034	-0.00527	-0.00215	0.00000	
	V'	-0.09549	-0.08997	-0.07347	-0.04616	-0.00836	0.03953	0.09697	0.09697	0.06351	0.03935	0.02475	0.01986	
	M	0.00000	-0.11088	-0.22047	-0.32752	-0.43079	-0.52909	-0.62128	0.37872	0.28794	0.19382	0.09747	0.00000	
1.075	Q	-1.11090	-1.10449	-1.08532	-1.05363	-1.00977	-0.95425	-0.88772	-0.88772	-0.92628	-0.95414	-0.97099	-0.97663	1.075
	V	0.00000	-0.00941	-0.01772	-0.02382	-0.02665	-0.02517	-0.01841	-0.01841	-0.01044	-0.00534	-0.00219	0.00000	
	V'	-0.09597	-0.09042	-0.07383	-0.04641	-0.00846	0.03958	0.09716	0.09716	0.06379	0.03968	0.02510	0.02022	
	M	0.00000	-0.11145	-0.22155	-0.32897	-0.43241	-0.53063	-0.62243	0.37757	0.28724	0.19345	0.09731	0.00000	
1.100	Q	-1.11672	-1.10997	-1.08980	-1.05646	-1.01035	-0.95203	-0.88220	-0.88220	-0.92246	-0.95157	-0.96918	-0.97507	1.100
	V	0.00000	-0.00946	-0.01781	-0.02394	-0.02679	-0.02531	-0.01854	-0.01854	-0.01054	-0.00542	-0.00222	0.00000	
	V'	-0.09646	-0.09088	-0.07422	-0.04666	-0.00856	0.03965	0.09736	0.09736	0.06408	0.04002	0.02547	0.02060	
	M	0.00000	-0.11204	-0.22266	-0.33046	-0.43409	-0.53223	-0.62364	0.37636	0.28652	0.19305	0.09714	0.00000	
1.125	Q	-1.12273	-1.11563	-1.09443	-1.05939	-1.01096	-0.94974	-0.87652	-0.87652	-0.91852	-0.94889	-0.96728	-0.97343	1.125
	V	0.00000	-0.00951	-0.01790	-0.02407	-0.02693	-0.02546	-0.01868	-0.01868	-0.01065	-0.00549	-0.00226	0.00000	
	V'	-0.09697	-0.09136	-0.07461	-0.04693	-0.00866	0.03971	0.09756	0.09756	0.06438	0.04038	0.02585	0.02099	
	M	0.00000	-0.11265	-0.22380	-0.33200	-0.43582	-0.53388	-0.62488	0.37512	0.28576	0.19263	0.09696	0.00000	
1.150	Q	-1.12895	-1.12149	-1.09922	-1.06242	-1.01159	-0.94740	-0.87069	-0.87069	-0.91444	-0.94611	-0.96528	-0.97170	1.150
	V	0.00000	-0.00956	-0.01800	-0.02420	-0.02709	-0.02562	-0.01882	-0.01882	-0.01077	-0.00557	-0.00230	0.00000	
	V'	-0.09750	-0.09186	-0.07502	-0.04720	-0.00877	0.03977	0.09777	0.09777	0.06469	0.04075	0.02625	0.02140	
	M	0.00000	-0.11328	-0.22499	-0.33360	-0.43761	-0.53559	-0.62618	0.37382	0.28497	0.19219	0.09676	0.00000	
1.175	Q	-1.13537	-1.12754	-1.10416	-1.06556	-1.01226	-0.94500	-0.86471	-0.86471	-0.91024	-0.94322	-0.96319	-0.96987	1.175
	V	0.00000	-0.00962	-0.01810	-0.02434	-0.02724	-0.02578	-0.01896	-0.01896	-0.01088	-0.00565	-0.00234	0.00000	
	V'	-0.09805	-0.09238	-0.07545	-0.04748	-0.00888	0.03984	0.09799	0.09799	0.06501	0.04113	0.02666	0.02182	
	M	0.00000	-0.11393	-0.22621	-0.33525	-0.43946	-0.53735	-0.62752	0.37248	0.28415	0.19174	0.09656	0.00000	
1.200	Q	-1.14201	-1.13379	-1.10927	-1.06880	-1.01295	-0.94254	-0.85857	-0.85857	-0.90590	-0.94021	-0.96099	-0.96795	1.200
	V	0.00000	-0.00967	-0.01820	-0.02448	-0.02740	-0.02594	-0.01911	-0.01911	-0.01100	-0.00574	-0.00239	0.00000	
	V'	-0.09862	-0.09291	-0.07588	-0.04778	-0.00900	0.03990	0.09822	0.09822	0.06535	0.04152	0.02709	0.02226	
	M	0.00000	-0.11460	-0.22748	-0.33695	-0.44138	-0.53918	-0.62891	0.37109	0.28330	0.19126	0.09635	0.00000	
1.225	Q	-1.14886	-1.14025	-1.11456	-1.07215	-1.01368	-0.94002	-0.85226	-0.85226	-0.90142	-0.93707	-0.95868	-0.96592	1.225
	V	0.00000	-0.00973	-0.01831	-0.02463	-0.02757	-0.02611	-0.01926	-0.01926	-0.01113	-0.00583	-0.00243	0.00000	
	V'	-0.09920	-0.09346	-0.07634	-0.04808	-0.00912	0.03997	0.09845	0.09845	0.06569	0.04193	0.02753	0.02271	

| ALPHA | X/L = | 0.00 | 0.10 | 0.20 | 0.30 | 0.40 | 0.50 | L 0.60 | R 0.60 | 0.70 | 0.80 | 0.90 | 1.00 | ALPHA |

XM/L = 0.60

FUNKTIONEN : F.M;M - F.M;Q - F.M;V - F.M;V'

FUNKTIONEN : F.M;M - F.M;Q - F.M;V - F.M;V'

XM/L = 0.60

ALPHA	X/L =	0.00	0.10	0.20	0.30	0.40	0.50	L 0.60	R 0.60	0.70	0.80	0.90	1.00	ALPHA
	M	0.00000	-0.11529	-0.22879	-0.33871	-0.44335	-0.54107	-0.63035	0.36965	0.28240	0.19075	0.09613	0.00000	
1.250	Q	-1.15595	-1.14693	-1.12001	-1.07562	-1.01444	-0.93743	-0.84580	-0.84580	-0.89680	-0.93382	-0.95626	-0.96378	1.250
	V	0.00000	-0.00979	-0.01843	-0.02478	-0.02775	-0.02629	-0.01943	-0.01943	-0.01126	-0.00592	-0.00248	0.00000	
	V'	-0.09981	-0.09404	-0.07681	-0.04840	-0.00924	0.04004	0.09869	0.09869	0.06605	0.04236	0.02799	0.02318	
	M	0.00000	-0.11601	-0.23014	-0.34053	-0.44540	-0.54303	-0.63185	0.36815	0.28147	0.19023	0.09589	0.00000	
1.275	Q	-1.16327	-1.15383	-1.12565	-1.07921	-1.01524	-0.93479	-0.83916	-0.83916	-0.89204	-0.93043	-0.95372	-0.96152	1.275
	V	0.00000	-0.00985	-0.01854	-0.02493	-0.02793	-0.02647	-0.01959	-0.01959	-0.01140	-0.00601	-0.00253	0.00000	
	V'	-0.10044	-0.09463	-0.07730	-0.04872	-0.00937	0.04012	0.09894	0.09894	0.06641	0.04280	0.02847	0.02367	
	M	0.00000	-0.11675	-0.23154	-0.34241	-0.44751	-0.54506	-0.63340	0.36660	0.28050	0.18967	0.09564	0.00000	
1.300	Q	-1.17083	-1.16095	-1.13148	-1.08291	-1.01607	-0.93208	-0.83236	-0.83236	-0.88712	-0.92690	-0.95105	-0.95914	1.300
	V	0.00000	-0.00991	-0.01866	-0.02510	-0.02811	-0.02666	-0.01976	-0.01976	-0.01154	-0.00611	-0.00258	0.00000	
	V'	-0.10108	-0.09524	-0.07780	-0.04906	-0.00951	0.04019	0.09920	0.09920	0.06679	0.04325	0.02897	0.02418	
	M	0.00000	-0.11752	-0.23298	-0.34436	-0.44969	-0.54715	-0.63501	0.36499	0.27949	0.18909	0.09538	0.00000	
1.325	Q	-1.17864	-1.16831	-1.13750	-1.08675	-1.01694	-0.92931	-0.82539	-0.82539	-0.88204	-0.92324	-0.94824	-0.95663	1.325
	V	0.00000	-0.00998	-0.01879	-0.02526	-0.02831	-0.02686	-0.01994	-0.01994	-0.01168	-0.00621	-0.00263	0.00000	
	V'	-0.10176	-0.09587	-0.07832	-0.04941	-0.00965	0.04026	0.09946	0.09946	0.06719	0.04372	0.02948	0.02470	
	M	0.00000	-0.11831	-0.23447	-0.34636	-0.45195	-0.54932	-0.63668	0.36332	0.27843	0.18849	0.09511	0.00000	
1.350	Q	-1.18672	-1.17592	-1.14372	-1.09071	-1.01786	-0.92648	-0.81824	-0.81824	-0.87681	-0.91942	-0.94530	-0.95398	1.350
	V	0.00000	-0.01005	-0.01891	-0.02544	-0.02851	-0.02706	-0.02013	-0.02013	-0.01183	-0.00632	-0.00268	0.00000	
	V'	-0.10245	-0.09653	-0.07886	-0.04977	-0.00980	0.04034	0.09973	0.09973	0.06760	0.04421	0.03001	0.02525	
	M	0.00000	-0.11913	-0.23601	-0.34844	-0.45428	-0.55156	-0.63842	0.36158	0.27733	0.18785	0.09482	0.00000	
1.375	Q	-1.19506	-1.18378	-1.15015	-1.09482	-1.01881	-0.92358	-0.81091	-0.81091	-0.87141	-0.91545	-0.94221	-0.95119	1.375
	V	0.00000	-0.01012	-0.01905	-0.02562	-0.02871	-0.02727	-0.02032	-0.02032	-0.01199	-0.00643	-0.00274	0.00000	
	V'	-0.10317	-0.09720	-0.07942	-0.05015	-0.00995	0.04042	0.10001	0.10001	0.06802	0.04472	0.03057	0.02582	
	M	0.00000	-0.11997	-0.23760	-0.35058	-0.45670	-0.55388	-0.64022	0.35978	0.27618	0.18718	0.09452	0.00000	
1.400	Q	-1.20367	-1.19189	-1.15679	-1.09906	-1.01982	-0.92062	-0.80341	-0.80341	-0.86583	-0.91132	-0.93897	-0.94825	1.400
	V	0.00000	-0.01019	-0.01918	-0.02581	-0.02893	-0.02749	-0.02052	-0.02052	-0.01215	-0.00654	-0.00280	0.00000	
	V'	-0.10391	-0.09791	-0.08000	-0.05054	-0.01011	0.04050	0.10030	0.10030	0.06845	0.04525	0.03114	0.02641	
	M	0.00000	-0.12085	-0.23924	-0.35279	-0.45919	-0.55628	-0.64209	0.35791	0.27498	0.18648	0.09419	0.00000	
1.425	Q	-1.21257	-1.20028	-1.16366	-1.10345	-1.02087	-0.91759	-0.79571	-0.79571	-0.86008	-0.90701	-0.93556	-0.94514	1.425
	V	0.00000	-0.01027	-0.01933	-0.02600	-0.02915	-0.02771	-0.02073	-0.02073	-0.01232	-0.00666	-0.00286	0.00000	
	V'	-0.10468	-0.09863	-0.08060	-0.05094	-0.01028	0.04058	0.10060	0.10060	0.06890	0.04579	0.03173	0.02702	
	M	0.00000	-0.12175	-0.24094	-0.35508	-0.46177	-0.55876	-0.64403	0.35597	0.27373	0.18574	0.09386	0.00000	
1.450	Q	-1.22177	-1.20895	-1.17076	-1.10799	-1.02197	-0.91450	-0.78783	-0.78783	-0.85415	-0.90253	-0.93198	-0.94186	1.450
	V	0.00000	-0.01034	-0.01947	-0.02620	-0.02938	-0.02795	-0.02094	-0.02094	-0.01249	-0.00678	-0.00292	0.00000	
	V'	-0.10548	-0.09938	-0.08122	-0.05136	-0.01045	0.04067	0.10091	0.10091	0.06937	0.04636	0.03235	0.02765	
	M	0.00000	-0.12268	-0.24270	-0.35745	-0.46443	-0.56133	-0.64604	0.35396	0.27242	0.18497	0.09350	0.00000	
1.475	Q	-1.23128	-1.21791	-1.17809	-1.11269	-1.02312	-0.91134	-0.77976	-0.77976	-0.84802	-0.89787	-0.92821	-0.93840	1.475
	V	0.00000	-0.01043	-0.01963	-0.02641	-0.02962	-0.02819	-0.02116	-0.02116	-0.01268	-0.00691	-0.00299	0.00000	
	V'	-0.10631	-0.10016	-0.08186	-0.05180	-0.01063	0.04075	0.10123	0.10123	0.06986	0.04694	0.03300	0.02831	
ALPHA	X/L =	0.00	0.10	0.20	0.30	0.40	0.50	L 0.60	R 0.60	0.70	0.80	0.90	1.00	ALPHA

XM/L = 0.60

FUNKTIONEN : F.M;M - F.M;Q - F.M;V - F.M;V'

D R U C K S T A E B E -78-

FUNKTIONEN : F.M;M - F.M;Q - F.M;V - F.M;V'

XM/L = 0.60

ALPHA	X/L =	0.00	0.10	0.20	0.30	0.40	0.50	L 0.60	R 0.60	0.70	0.80	0.90	1.00	ALPHA
	M	0.00000	-0.12365	-0.24452	-0.35989	-0.46719	-0.56399	-0.64813	0.35187	0.27106	0.18416	0.09313	0.00000	
1.500	Q	-1.24111	-1.22718	-1.18568	-1.11756	-1.02433	-0.90811	-0.77149	-0.77149	-0.84170	-0.89301	-0.92426	-0.93476	1.500
	V	0.00000	-0.01051	-0.01978	-0.02662	-0.02986	-0.02844	-0.02139	-0.02139	-0.01286	-0.00704	-0.00306	0.00000	
	V'	-0.10716	-0.10097	-0.08252	-0.05225	-0.01082	0.04084	0.10156	0.10156	0.07036	0.04755	0.03366	0.02900	
	M	0.00000	-0.12464	-0.24639	-0.36242	-0.47004	-0.56675	-0.65030	0.34970	0.26963	0.18331	0.09273	0.00000	
1.525	Q	-1.25128	-1.23675	-1.19352	-1.12259	-1.02561	-0.90481	-0.76302	-0.76302	-0.83517	-0.88794	-0.92010	-0.93091	1.525
	V	0.00000	-0.01060	-0.01995	-0.02684	-0.03012	-0.02870	-0.02163	-0.02163	-0.01306	-0.00718	-0.00313	0.00000	
	V'	-0.10805	-0.10180	-0.08321	-0.05271	-0.01101	0.04093	0.10190	0.10190	0.07087	0.04818	0.03436	0.02971	
	M	0.00000	-0.12567	-0.24833	-0.36504	-0.47299	-0.56961	-0.65256	0.34744	0.26814	0.18241	0.09231	0.00000	
1.550	Q	-1.26178	-1.24666	-1.20164	-1.12781	-1.02694	-0.90145	-0.75434	-0.75434	-0.82843	-0.88266	-0.91573	-0.92684	1.550
	V	0.00000	-0.01069	-0.02012	-0.02707	-0.03038	-0.02897	-0.02188	-0.02188	-0.01326	-0.00732	-0.00320	0.00000	
	V'	-0.10896	-0.10267	-0.08393	-0.05320	-0.01121	0.04102	0.10225	0.10225	0.07141	0.04884	0.03508	0.03045	
	M	0.00000	-0.12674	-0.25034	-0.36775	-0.47605	-0.57257	-0.65491	0.34509	0.26658	0.18147	0.09187	0.00000	
1.575	Q	-1.27265	-1.25690	-1.21004	-1.13321	-1.02834	-0.89801	-0.74545	-0.74545	-0.82147	-0.87716	-0.91113	-0.92255	1.575
	V	0.00000	-0.01078	-0.02029	-0.02731	-0.03066	-0.02925	-0.02214	-0.02214	-0.01347	-0.00747	-0.00328	0.00000	
	V'	-0.10991	-0.10356	-0.08467	-0.05370	-0.01142	0.04111	0.10262	0.10262	0.07197	0.04952	0.03582	0.03122	
	M	0.00000	-0.12784	-0.25242	-0.37055	-0.47921	-0.57563	-0.65735	0.34265	0.26495	0.18049	0.09141	0.00000	
1.600	Q	-1.28390	-1.26750	-1.21872	-1.13881	-1.02981	-0.89450	-0.73634	-0.73634	-0.81428	-0.87142	-0.90630	-0.91802	1.600
	V	0.00000	-0.01088	-0.02048	-0.02756	-0.03094	-0.02954	-0.02240	-0.02240	-0.01369	-0.00762	-0.00336	0.00000	
	V'	-0.11090	-0.10449	-0.08544	-0.05422	-0.01165	0.04121	0.10299	0.10299	0.07255	0.05023	0.03660	0.03202	
	M	0.00000	-0.12898	-0.25457	-0.37345	-0.48249	-0.57881	-0.65989	0.34011	0.26325	0.17945	0.09092	0.00000	
1.625	Q	-1.29554	-1.27847	-1.22772	-1.14462	-1.03136	-0.89092	-0.72702	-0.72702	-0.80685	-0.86543	-0.90121	-0.91324	1.625
	V	0.00000	-0.01098	-0.02067	-0.02781	-0.03124	-0.02985	-0.02268	-0.02268	-0.01392	-0.00778	-0.00344	0.00000	
	V'	-0.11192	-0.10546	-0.08624	-0.05477	-0.01188	0.04131	0.10338	0.10338	0.07314	0.05096	0.03741	0.03286	
	M	0.00000	-0.13017	-0.25680	-0.37645	-0.48588	-0.58211	-0.66253	0.33747	0.26146	0.17836	0.09041	0.00000	
1.650	Q	-1.30759	-1.28983	-1.23703	-1.15064	-1.03298	-0.88727	-0.71746	-0.71746	-0.79917	-0.85918	-0.89585	-0.90819	1.650
	V	0.00000	-0.01108	-0.02086	-0.02808	-0.03154	-0.03016	-0.02297	-0.02297	-0.01415	-0.00795	-0.00352	0.00000	
	V'	-0.11298	-0.10646	-0.08706	-0.05533	-0.01212	0.04141	0.10378	0.10378	0.07377	0.05172	0.03826	0.03372	
	M	0.00000	-0.13139	-0.25910	-0.37956	-0.48940	-0.58553	-0.66528	0.33472	0.25960	0.17721	0.08986	0.00000	
1.675	Q	-1.32006	-1.30159	-1.24668	-1.15688	-1.03469	-0.88355	-0.70767	-0.70767	-0.79124	-0.85266	-0.89021	-0.90285	1.675
	V	0.00000	-0.01119	-0.02107	-0.02836	-0.03186	-0.03049	-0.02327	-0.02327	-0.01440	-0.00812	-0.00361	0.00000	
	V'	-0.11408	-0.10749	-0.08792	-0.05592	-0.01237	0.04151	0.10419	0.10419	0.07441	0.05252	0.03913	0.03463	
	M	0.00000	-0.13266	-0.26149	-0.38278	-0.49304	-0.58909	-0.66815	0.33185	0.25764	0.17600	0.08929	0.00000	
1.700	Q	-1.33298	-1.31377	-1.25668	-1.16335	-1.03649	-0.87975	-0.69764	-0.69764	-0.78303	-0.84584	-0.88427	-0.89720	1.700
	V	0.00000	-0.01130	-0.02128	-0.02864	-0.03219	-0.03083	-0.02358	-0.02358	-0.01466	-0.00830	-0.00371	0.00000	
	V'	-0.11522	-0.10857	-0.08882	-0.05652	-0.01263	0.04161	0.10462	0.10462	0.07508	0.05334	0.04005	0.03557	
	M	0.00000	-0.13397	-0.26397	-0.38612	-0.49682	-0.59277	-0.67113	0.32887	0.25559	0.17473	0.08868	0.00000	
1.725	Q	-1.34638	-1.32639	-1.26704	-1.17008	-1.03839	-0.87587	-0.68736	-0.68736	-0.77453	-0.83872	-0.87801	-0.89123	1.725
	V	0.00000	-0.01142	-0.02150	-0.02894	-0.03254	-0.03118	-0.02390	-0.02390	-0.01492	-0.00849	-0.00380	0.00000	
	V'	-0.11640	-0.10969	-0.08974	-0.05716	-0.01290	0.04171	0.10507	0.10507	0.07577	0.05420	0.04100	0.03655	
ALPHA	X/L =	0.00	0.10	0.20	0.30	0.40	0.50	L 0.60	R 0.60	0.70	0.80	0.90	1.00	ALPHA

XM/L = 0.60

FUNKTIONEN : F.M;M - F.M;Q - F.M;V - F.M;V'

FUNKTIONEN : F.M;M - F.M;Q - F.M;V - F.M;V'

XM/L = 0.60

ALPHA	X/L =	0.00	0.10	0.20	0.30	0.40	0.50	L 0.60	R 0.60	0.70	0.80	0.90	1.00	ALPHA
	M	0.00000	-0.13533	-0.26653	-0.38959	-0.50074	-0.59660	-0.67424	0.32576	0.25345	0.17339	0.08804	0.00000	
1.750	Q	-1.36026	-1.33948	-1.27779	-1.17706	-1.04038	-0.87192	-0.67682	-0.67682	-0.76574	-0.83127	-0.87140	-0.88492	1.750
	V	0.00000	-0.01154	-0.02172	-0.02925	-0.03290	-0.03154	-0.02424	-0.02424	-0.01520	-0.00869	-0.00390	0.00000	
	V'	-0.11763	-0.11085	-0.09071	-0.05782	-0.01319	0.04182	0.10553	0.10553	0.07649	0.05510	0.04199	0.03758	
	M	0.00000	-0.13674	-0.26919	-0.39318	-0.50481	-0.60058	-0.67748	0.32252	0.25120	0.17198	0.08736	0.00000	
1.775	Q	-1.37465	-1.35306	-1.28894	-1.18432	-1.04249	-0.86789	-0.66603	-0.66603	-0.75664	-0.82348	-0.86444	-0.87824	1.775
	V	0.00000	-0.01166	-0.02196	-0.02958	-0.03327	-0.03193	-0.02459	-0.02459	-0.01549	-0.00889	-0.00401	0.00000	
	V'	-0.11891	-0.11206	-0.09171	-0.05850	-0.01348	0.04193	0.10600	0.10600	0.07724	0.05603	0.04303	0.03865	
	M	0.00000	-0.13821	-0.27195	-0.39691	-0.50904	-0.60472	-0.68087	0.31913	0.24883	0.17050	0.08665	0.00000	
1.800	Q	-1.38959	-1.36714	-1.30051	-1.19186	-1.04470	-0.86378	-0.65495	-0.65495	-0.74721	-0.81533	-0.85710	-0.87117	1.800
	V	0.00000	-0.01179	-0.02221	-0.02991	-0.03365	-0.03232	-0.02496	-0.02496	-0.01579	-0.00911	-0.00412	0.00000	
	V'	-0.12024	-0.11332	-0.09275	-0.05922	-0.01380	0.04204	0.10650	0.10650	0.07802	0.05700	0.04411	0.03976	
	M	0.00000	-0.13973	-0.27482	-0.40078	-0.51343	-0.60903	-0.68440	0.31560	0.24635	0.16893	0.08589	0.00000	
1.825	Q	-1.40510	-1.38176	-1.31254	-1.19971	-1.04704	-0.85960	-0.64360	-0.64360	-0.73744	-0.80679	-0.84935	-0.86369	1.825
	V	0.00000	-0.01193	-0.02246	-0.03026	-0.03406	-0.03274	-0.02534	-0.02534	-0.01611	-0.00933	-0.00424	0.00000	
	V'	-0.12163	-0.11462	-0.09384	-0.05996	-0.01412	0.04216	0.10701	0.10701	0.07883	0.05801	0.04523	0.04093	
	M	0.00000	-0.14131	-0.27780	-0.40481	-0.51800	-0.61351	-0.68809	0.31191	0.24375	0.16727	0.08509	0.00000	
1.850	Q	-1.42120	-1.39695	-1.32503	-1.20788	-1.04951	-0.85533	-0.63195	-0.63195	-0.72731	-0.79785	-0.84116	-0.85576	1.850
	V	0.00000	-0.01207	-0.02273	-0.03062	-0.03448	-0.03317	-0.02574	-0.02574	-0.01644	-0.00956	-0.00436	0.00000	
	V'	-0.12307	-0.11598	-0.09497	-0.06074	-0.01447	0.04227	0.10754	0.10754	0.07967	0.05906	0.04641	0.04214	
	M	0.00000	-0.14295	-0.28089	-0.40899	-0.52275	-0.61818	-0.69195	0.30805	0.24101	0.16553	0.08424	0.00000	
1.875	Q	-1.43794	-1.41274	-1.33801	-1.21639	-1.05212	-0.85098	-0.62001	-0.62001	-0.71680	-0.78848	-0.83251	-0.84736	1.875
	V	0.00000	-0.01222	-0.02301	-0.03100	-0.03492	-0.03362	-0.02615	-0.02615	-0.01678	-0.00981	-0.00448	0.00000	
	V'	-0.12457	-0.11740	-0.09615	-0.06155	-0.01483	0.04239	0.10809	0.10809	0.08055	0.06017	0.04764	0.04342	
	M	0.00000	-0.14466	-0.28411	-0.41334	-0.52769	-0.62305	-0.69598	0.30402	0.23814	0.16368	0.08334	0.00000	
1.900	Q	-1.45534	-1.42915	-1.35152	-1.22525	-1.05488	-0.84655	-0.60774	-0.60774	-0.70590	-0.77864	-0.82337	-0.83845	1.900
	V	0.00000	-0.01237	-0.02330	-0.03140	-0.03537	-0.03409	-0.02659	-0.02659	-0.01714	-0.01006	-0.00461	0.00000	
	V'	-0.12613	-0.11888	-0.09737	-0.06240	-0.01520	0.04251	0.10866	0.10866	0.08147	0.06132	0.04893	0.04475	
	M	0.00000	-0.14644	-0.28746	-0.41787	-0.53284	-0.62813	-0.70021	0.29979	0.23511	0.16174	0.08239	0.00000	
1.925	Q	-1.47345	-1.44623	-1.36559	-1.23450	-1.05780	-0.84203	-0.59515	-0.59515	-0.69457	-0.76832	-0.81369	-0.82901	1.925
	V	0.00000	-0.01253	-0.02360	-0.03181	-0.03585	-0.03458	-0.02704	-0.02704	-0.01751	-0.01033	-0.00475	0.00000	
	V'	-0.12776	-0.12042	-0.09866	-0.06328	-0.01560	0.04263	0.10925	0.10925	0.08242	0.06252	0.05028	0.04614	
	M	0.00000	-0.14829	-0.29095	-0.42259	-0.53821	-0.63342	-0.70463	0.29537	0.23192	0.15967	0.08138	0.00000	
1.950	Q	-1.49229	-1.46401	-1.38024	-1.24414	-1.06089	-0.83743	-0.58222	-0.58222	-0.68279	-0.75748	-0.80345	-0.81898	1.950
	V	0.00000	-0.01270	-0.02392	-0.03224	-0.03635	-0.03509	-0.02752	-0.02752	-0.01790	-0.01061	-0.00490	0.00000	
	V'	-0.12947	-0.12203	-0.10000	-0.06421	-0.01601	0.04275	0.10987	0.10987	0.08342	0.06378	0.05169	0.04761	
	M	0.00000	-0.15021	-0.29458	-0.42750	-0.54380	-0.63896	-0.70927	0.29073	0.22856	0.15749	0.08031	0.00000	
1.975	Q	-1.51193	-1.48254	-1.39551	-1.25422	-1.06417	-0.83274	-0.56894	-0.56894	-0.67054	-0.74608	-0.79261	-0.80832	1.975
	V	0.00000	-0.01287	-0.02425	-0.03269	-0.03687	-0.03562	-0.02801	-0.02801	-0.01832	-0.01090	-0.00505	0.00000	
	V'	-0.13124	-0.12371	-0.10140	-0.06517	-0.01645	0.04288	0.11051	0.11051	0.08446	0.06510	0.05317	0.04914	
ALPHA	X/L =	0.00	0.10	0.20	0.30	0.40	0.50	L 0.60	R 0.60	0.70	0.80	0.90	1.00	ALPHA

XM/L = 0.60

FUNKTIONEN : F.M;M - F.M;Q - F.M;V - F.M;V'

FUNKTIONEN : F.M;M - F.M;Q - F.M;V - F.M;V'

XM/L = 0.60

ALPHA	X/L =	0.00	0.10	0.20	0.30	0.40	0.50	L 0.60	R 0.60	0.70	0.80	0.90	1.00	ALPHA
	M	0.00000	-0.15222	-0.29837	-0.43263	-0.54964	-0.64474	-0.71413	0.28587	0.22501	0.15518	0.07917	0.00000	
2.000	Q	-1.53241	-1.50186	-1.41144	-1.26475	-1.06764	-0.82796	-0.55528	-0.55528	-0.65780	-0.73409	-0.78112	-0.79701	2.000
	V	0.00000	-0.01306	-0.02459	-0.03316	-0.03741	-0.03618	-0.02853	-0.02853	-0.01875	-0.01120	-0.00521	0.00000	
	V'	-0.13310	-0.12547	-0.10286	-0.06619	-0.01691	0.04301	0.11118	0.11118	0.08555	0.06648	0.05472	0.05075	
	M	0.00000	-0.15432	-0.30233	-0.43798	-0.55574	-0.65079	-0.71924	0.28076	0.22127	0.15274	0.07796	0.00000	
2.025	Q	-1.55377	-1.52202	-1.42807	-1.27577	-1.07132	-0.82310	-0.54124	-0.54124	-0.64452	-0.72147	-0.76893	-0.78497	2.025
	V	0.00000	-0.01325	-0.02495	-0.03365	-0.03798	-0.03677	-0.02908	-0.02908	-0.01920	-0.01153	-0.00537	0.00000	
	V'	-0.13505	-0.12730	-0.10439	-0.06725	-0.01739	0.04314	0.11188	0.11188	0.08669	0.06792	0.05635	0.05244	
	M	0.00000	-0.15651	-0.30646	-0.44358	-0.56212	-0.65712	-0.72460	0.27540	0.21732	0.15014	0.07668	0.00000	
2.050	Q	-1.57608	-1.54308	-1.44546	-1.28730	-1.07523	-0.81814	-0.52679	-0.52679	-0.63068	-0.70817	-0.75599	-0.77216	2.050
	V	0.00000	-0.01345	-0.02533	-0.03416	-0.03858	-0.03739	-0.02965	-0.02965	-0.01967	-0.01186	-0.00555	0.00000	
	V'	-0.13708	-0.12923	-0.10600	-0.06836	-0.01790	0.04327	0.11260	0.11260	0.08788	0.06944	0.05806	0.05421	
	M	0.00000	-0.15879	-0.31078	-0.44943	-0.56879	-0.66376	-0.73025	0.26975	0.21314	0.14739	0.07531	0.00000	
2.075	Q	-1.59940	-1.56509	-1.46363	-1.29939	-1.07939	-0.81309	-0.51191	-0.51191	-0.61624	-0.69414	-0.74225	-0.75852	2.075
	V	0.00000	-0.01366	-0.02573	-0.03470	-0.03920	-0.03803	-0.03025	-0.03025	-0.02017	-0.01222	-0.00573	0.00000	
	V'	-0.13921	-0.13124	-0.10768	-0.06953	-0.01844	0.04341	0.11336	0.11336	0.08913	0.07104	0.05986	0.05608	
	M	0.00000	-0.16119	-0.31529	-0.45555	-0.57578	-0.67072	-0.73619	0.26381	0.20872	0.14446	0.07385	0.00000	
2.100	Q	-1.62379	-1.58812	-1.48267	-1.31207	-1.08382	-0.80795	-0.49658	-0.49658	-0.60116	-0.67933	-0.72764	-0.74399	2.100
	V	0.00000	-0.01387	-0.02614	-0.03527	-0.03986	-0.03871	-0.03088	-0.03088	-0.02070	-0.01259	-0.00593	0.00000	
	V'	-0.14145	-0.13336	-0.10945	-0.07076	-0.01901	0.04355	0.11415	0.11415	0.09044	0.07272	0.06176	0.05805	
	M	0.00000	-0.16370	-0.32003	-0.46196	-0.58311	-0.67803	-0.74245	0.25755	0.20404	0.14135	0.07230	0.00000	
2.125	Q	-1.64934	-1.61224	-1.50261	-1.32538	-1.08853	-0.80272	-0.48078	-0.48078	-0.58540	-0.66367	-0.71209	-0.72848	2.125
	V	0.00000	-0.01411	-0.02658	-0.03587	-0.04055	-0.03943	-0.03155	-0.03155	-0.02125	-0.01299	-0.00613	0.00000	
	V'	-0.14380	-0.13558	-0.11130	-0.07206	-0.01961	0.04369	0.11498	0.11498	0.09182	0.07448	0.06376	0.06013	
	M	0.00000	-0.16632	-0.32499	-0.46869	-0.59081	-0.68572	-0.74906	0.25094	0.19907	0.13804	0.07065	0.00000	
2.150	Q	-1.67612	-1.63753	-1.52353	-1.33938	-1.09356	-0.79738	-0.46449	-0.46449	-0.56890	-0.64712	-0.69553	-0.71193	2.150
	V	0.00000	-0.01435	-0.02704	-0.03649	-0.04128	-0.04018	-0.03225	-0.03225	-0.02183	-0.01340	-0.00635	0.00000	
	V'	-0.14627	-0.13792	-0.11326	-0.07342	-0.02024	0.04383	0.11585	0.11585	0.09326	0.07634	0.06587	0.06232	
	M	0.00000	-0.16908	-0.33020	-0.47575	-0.59889	-0.69381	-0.75603	0.24397	0.19380	0.13451	0.06888	0.00000	
2.175	Q	-1.70422	-1.66407	-1.54551	-1.35412	-1.09893	-0.79195	-0.44766	-0.44766	-0.55162	-0.62958	-0.67788	-0.69424	2.175
	V	0.00000	-0.01460	-0.02752	-0.03715	-0.04204	-0.04097	-0.03298	-0.03298	-0.02245	-0.01384	-0.00658	0.00000	
	V'	-0.14886	-0.14038	-0.11531	-0.07486	-0.02091	0.04398	0.11676	0.11676	0.09478	0.07830	0.06809	0.06464	
	M	0.00000	-0.17198	-0.33567	-0.48318	-0.60740	-0.70233	-0.76341	0.23659	0.18820	0.13075	0.06699	0.00000	
2.200	Q	-1.73375	-1.69196	-1.56862	-1.36965	-1.10466	-0.78642	-0.43027	-0.43027	-0.53349	-0.61099	-0.65903	-0.67531	2.200
	V	0.00000	-0.01487	-0.02803	-0.03785	-0.04285	-0.04180	-0.03376	-0.03376	-0.02310	-0.01431	-0.00682	0.00000	
	V'	-0.15160	-0.14297	-0.11748	-0.07637	-0.02162	0.04413	0.11771	0.11771	0.09639	0.08037	0.07045	0.06708	
	M	0.00000	-0.17503	-0.34143	-0.49100	-0.61636	-0.71133	-0.77123	0.22877	0.18224	0.12673	0.06497	0.00000	
2.225	Q	-1.76482	-1.72131	-1.59294	-1.38604	-1.11080	-0.78079	-0.41229	-0.41229	-0.51445	-0.59125	-0.63890	-0.65504	2.225
	V	0.00000	-0.01516	-0.02857	-0.03858	-0.04370	-0.04269	-0.03459	-0.03459	-0.02379	-0.01480	-0.00708	0.00000	
	V'	-0.15449	-0.14570	-0.11977	-0.07798	-0.02238	0.04428	0.11871	0.11871	0.09808	0.08257	0.07294	0.06968	
ALPHA	X/L =	0.00	0.10	0.20	0.30	0.40	0.50	L 0.60	R 0.60	0.70	0.80	0.90	1.00	ALPHA

XM/L = 0.60

FUNKTIONEN : F.M;M - F.M;Q - F.M;V - F.M;V'

FUNKTIONEN : F.M;M - F.M;Q - F.M;V - F.M;V'

XM/L = 0.60

ALPHA	X/L =	0.00	0.10	0.20	0.30	0.40	0.50	L 0.60	R 0.60	0.70	0.80	0.90	1.00	ALPHA
	M	0.00000	-0.17824	-0.34750	-0.49924	-0.62581	-0.72083	-0.77951	0.22049	0.17589	0.12243	0.06280	0.00000	
2.250	Q	-1.79755	-1.75224	-1.61860	-1.40336	-1.11737	-0.77506	-0.39367	-0.39367	-0.49443	-0.57027	-0.61735	-0.63331	2.250
	V	0.00000	-0.01546	-0.02914	-0.03936	-0.04460	-0.04362	-0.03546	-0.03546	-0.02452	-0.01532	-0.00735	0.00000	
	V'	-0.15754	-0.14859	-0.12219	-0.07968	-0.02318	0.04443	0.11977	0.11977	0.09987	0.08489	0.07558	0.07243	
	M	0.00000	-0.18163	-0.35390	-0.50793	-0.63579	-0.73089	-0.78831	0.21169	0.16912	0.11783	0.06047	0.00000	
2.275	Q	-1.83207	-1.78486	-1.64568	-1.42168	-1.12443	-0.76922	-0.37438	-0.37438	-0.47335	-0.54793	-0.59427	-0.60999	2.275
	V	0.00000	-0.01577	-0.02974	-0.04018	-0.04556	-0.04461	-0.03638	-0.03638	-0.02529	-0.01588	-0.00764	0.00000	
	V'	-0.16077	-0.15165	-0.12475	-0.08148	-0.02404	0.04459	0.12088	0.12088	0.10176	0.08735	0.07839	0.07536	
	M	0.00000	-0.18521	-0.36067	-0.51713	-0.64636	-0.74154	-0.79767	0.20233	0.16188	0.11290	0.05798	0.00000	
2.300	Q	-1.86855	-1.81934	-1.67432	-1.44111	-1.13200	-0.76328	-0.35435	-0.35435	-0.45111	-0.52411	-0.56951	-0.58491	2.300
	V	0.00000	-0.01611	-0.03037	-0.04105	-0.04657	-0.04566	-0.03737	-0.03737	-0.02611	-0.01646	-0.00794	0.00000	
	V'	-0.16419	-0.15489	-0.12747	-0.08339	-0.02495	0.04475	0.12205	0.12205	0.10376	0.08996	0.08138	0.07847	
	M	0.00000	-0.18900	-0.36783	-0.52687	-0.65755	-0.75285	-0.80764	0.19236	0.15413	0.10761	0.05529	0.00000	
2.325	Q	-1.90715	-1.85584	-1.70465	-1.46174	-1.14016	-0.75723	-0.33355	-0.33355	-0.42762	-0.49868	-0.54291	-0.55792	2.325
	V	0.00000	-0.01646	-0.03105	-0.04197	-0.04765	-0.04678	-0.03841	-0.03841	-0.02698	-0.01709	-0.00827	0.00000	
	V'	-0.16782	-0.15832	-0.13036	-0.08542	-0.02593	0.04491	0.12329	0.12329	0.10589	0.09274	0.08456	0.08178	
	M	0.00000	-0.19302	-0.37543	-0.53720	-0.66944	-0.76488	-0.81827	0.18173	0.14583	0.10191	0.05240	0.00000	
2.350	Q	-1.94807	-1.89453	-1.73684	-1.48367	-1.14895	-0.75107	-0.31189	-0.31189	-0.40276	-0.47148	-0.51429	-0.52883	2.350
	V	0.00000	-0.01684	-0.03177	-0.04295	-0.04879	-0.04796	-0.03952	-0.03952	-0.02792	-0.01776	-0.00862	0.00000	
	V'	-0.17167	-0.16198	-0.13343	-0.08758	-0.02697	0.04508	0.12460	0.12460	0.10815	0.09570	0.08795	0.08532	
	M	0.00000	-0.19729	-0.38350	-0.54818	-0.68208	-0.77769	-0.82964	0.17036	0.13691	0.09578	0.04927	0.00000	
2.375	Q	-1.99153	-1.93563	-1.77106	-1.50705	-1.15844	-0.74479	-0.28933	-0.28933	-0.37640	-0.44234	-0.48344	-0.49740	2.375
	V	0.00000	-0.01725	-0.03253	-0.04400	-0.05001	-0.04923	-0.04071	-0.04071	-0.02891	-0.01848	-0.00899	0.00000	
	V'	-0.17578	-0.16587	-0.13670	-0.08989	-0.02809	0.04524	0.12599	0.12599	0.11056	0.09887	0.09158	0.08910	
	M	0.00000	-0.20183	-0.39209	-0.55987	-0.69556	-0.79137	-0.84182	0.15818	0.12732	0.08916	0.04590	0.00000	
2.400	Q	-2.03778	-1.97938	-1.80750	-1.53202	-1.16871	-0.73841	-0.26578	-0.26578	-0.34839	-0.41104	-0.45013	-0.46341	2.400
	V	0.00000	-0.01768	-0.03335	-0.04512	-0.05131	-0.05059	-0.04198	-0.04198	-0.02998	-0.01924	-0.00939	0.00000	
	V'	-0.18017	-0.17003	-0.14019	-0.09236	-0.02929	0.04542	0.12747	0.12747	0.11313	0.10225	0.09546	0.09316	
	M	0.00000	-0.20667	-0.40125	-0.57234	-0.70995	-0.80601	-0.85490	0.14510	0.11698	0.08201	0.04224	0.00000	
2.425	Q	-2.08711	-2.02604	-1.84641	-1.55873	-1.17984	-0.73190	-0.24114	-0.24114	-0.31858	-0.37738	-0.41409	-0.42657	2.425
	V	0.00000	-0.01814	-0.03422	-0.04631	-0.05271	-0.05204	-0.04335	-0.04335	-0.03112	-0.02006	-0.00982	0.00000	
	V'	-0.18486	-0.17448	-0.14393	-0.09501	-0.03058	0.04559	0.12904	0.12904	0.11588	0.10588	0.09963	0.09751	
	M	0.00000	-0.21185	-0.41104	-0.58569	-0.72535	-0.82170	-0.86897	0.13103	0.10580	0.07425	0.03827	0.00000	
2.450	Q	-2.13983	-2.07592	-1.88804	-1.58739	-1.19193	-0.72529	-0.21532	-0.21532	-0.28676	-0.34107	-0.37501	-0.38656	2.450
	V	0.00000	-0.01863	-0.03516	-0.04760	-0.05420	-0.05359	-0.04481	-0.04481	-0.03235	-0.02095	-0.01028	0.00000	
	V'	-0.18989	-0.17925	-0.14794	-0.09786	-0.03198	0.04577	0.13073	0.13073	0.11882	0.10978	0.10412	0.10220	
	M	0.00000	-0.21740	-0.42154	-0.60000	-0.74189	-0.83857	-0.88414	0.11586	0.09370	0.06583	0.03395	0.00000	
2.475	Q	-2.19632	-2.12939	-1.93269	-1.61820	-1.20510	-0.71855	-0.18820	-0.18820	-0.25272	-0.30184	-0.33256	-0.34301	2.475
	V	0.00000	-0.01916	-0.03617	-0.04897	-0.05581	-0.05527	-0.04638	-0.04638	-0.03368	-0.02190	-0.01078	0.00000	
	V'	-0.19530	-0.18437	-0.15226	-0.10092	-0.03348	0.04595	0.13252	0.13252	0.12199	0.11397	0.10896	0.10725	
ALPHA	X/L =	0.00	0.10	0.20	0.30	0.40	0.50	L 0.60	R 0.60	0.70	0.80	0.90	1.00	ALPHA

XM/L = 0.60

FUNKTIONEN : F.M;M - F.M;Q - F.M;V - F.M;V'

FUNKTIONEN : F.M;M - F.M;Q - F.M;V - F.M;V'

XM/L = 0.60

ALPHA	X/L =	0.00	0.10	0.20	0.30	0.40	0.50	L 0.60	R 0.60	0.70	0.80	0.90	1.00	ALPHA
	M	0.00000	-0.22336	-0.43283	-0.61539	-0.75968	-0.85675	-0.90054	0.09946	0.08057	0.05667	0.02924	0.00000	
2.500	Q	-2.25701	-2.18684	-1.98071	-1.65143	-1.21947	-0.71168	-0.15965	-0.15965	-0.21621	-0.25932	-0.28630	-0.29549	2.500
	V	0.00000	-0.01974	-0.03725	-0.05046	-0.05755	-0.05708	-0.04809	-0.04809	-0.03511	-0.02293	-0.01132	0.00000	
	V'	-0.20112	-0.18989	-0.15691	-0.10423	-0.03511	0.04613	0.13446	0.13446	0.12541	0.11851	0.11419	0.11272	
	M	0.00000	-0.22978	-0.44499	-0.63198	-0.77888	-0.87640	-0.91833	0.08167	0.06626	0.04666	0.02409	0.00000	
2.525	Q	-2.32240	-2.24876	-2.03251	-1.68735	-1.23519	-0.70470	-0.12951	-0.12951	-0.17692	-0.21312	-0.23579	-0.24351	2.525
	V	0.00000	-0.02036	-0.03843	-0.05207	-0.05943	-0.05904	-0.04993	-0.04993	-0.03666	-0.02405	-0.01191	0.00000	
	V'	-0.20742	-0.19586	-0.16195	-0.10781	-0.03689	0.04632	0.13653	0.13653	0.12910	0.12342	0.11986	0.11865	
	M	0.00000	-0.23672	-0.45814	-0.64992	-0.79967	-0.89771	-0.93768	0.06232	0.05065	0.03570	0.01845	0.00000	
2.550	Q	-2.39308	-2.31570	-2.08855	-1.72633	-1.25246	-0.69759	-0.09760	-0.09760	-0.13453	-0.16276	-0.18046	-0.18649	2.550
	V	0.00000	-0.02103	-0.03970	-0.05381	-0.06146	-0.06116	-0.05193	-0.05193	-0.03835	-0.02527	-0.01254	0.00000	
	V'	-0.21424	-0.20234	-0.16740	-0.11170	-0.03882	0.04651	0.13878	0.13878	0.13310	0.12876	0.12603	0.12511	
	M	0.00000	-0.24425	-0.47240	-0.66940	-0.82225	-0.92089	-0.95880	0.04120	0.03354	0.02367	0.01224	0.00000	
2.575	Q	-2.46974	-2.38831	-2.14940	-1.76875	-1.27147	-0.69035	-0.06370	-0.06370	-0.08862	-0.10769	-0.11966	-0.12374	2.575
	V	0.00000	-0.02176	-0.04108	-0.05571	-0.06368	-0.06348	-0.05411	-0.05411	-0.04019	-0.02659	-0.01324	0.00000	
	V'	-0.22166	-0.20938	-0.17335	-0.11594	-0.04094	0.04670	0.14121	0.14121	0.13745	0.13457	0.13277	0.13215	
	M	0.00000	-0.25245	-0.48793	-0.69062	-0.84688	-0.94621	-0.98194	0.01806	0.01473	0.01041	0.00538	0.00000	
2.600	Q	-2.55319	-2.46738	-2.21571	-1.81510	-1.29248	-0.68298	-0.02756	-0.02756	-0.03871	-0.04725	-0.05262	-0.05445	2.600
	V	0.00000	-0.02255	-0.04259	-0.05778	-0.06611	-0.06601	-0.05650	-0.05650	-0.04220	-0.02805	-0.01400	0.00000	
	V'	-0.22976	-0.21707	-0.17984	-0.12058	-0.04327	0.04690	0.14385	0.14385	0.14220	0.14094	0.14014	0.13987	
	M	0.00000	-0.26141	-0.50492	-0.71383	-0.87383	-0.97397	-1.00738	-0.00738	-0.00603	-0.00427	-0.00221	0.00000	
2.625	Q	-2.64440	-2.55382	-2.28826	-1.86594	-1.31578	-0.67547	0.01112	0.01112	0.01576	0.01933	0.02158	0.02234	2.625
	V	0.00000	-0.02343	-0.04425	-0.06006	-0.06877	-0.06879	-0.05912	-0.05912	-0.04441	-0.02964	-0.01483	0.00000	
	V'	-0.23864	-0.22550	-0.18696	-0.12967	-0.04583	0.04710	0.14674	0.14674	0.14741	0.14793	0.14826	0.14837	
	M	0.00000	-0.27125	-0.52357	-0.73933	-0.90348	-1.00455	-1.03549	-0.03549	-0.02904	-0.02057	-0.01065	0.00000	
2.650	Q	-2.74455	-2.64874	-2.36802	-1.92197	-1.34173	-0.66783	0.05270	0.05270	0.07549	0.09301	0.10404	0.10780	2.650
	V	0.00000	-0.02439	-0.04608	-0.06256	-0.07170	-0.07185	-0.06201	-0.06201	-0.04686	-0.03141	-0.01576	0.00000	
	V'	-0.24842	-0.23478	-0.19480	-0.13129	-0.04866	0.04730	0.14990	0.14990	0.15315	0.15564	0.15721	0.15775	
	M	0.00000	-0.28211	-0.54416	-0.76750	-0.93624	-1.03839	-1.06668	-0.06668	-0.05467	-0.03876	-0.02009	0.00000	
2.675	Q	-2.85505	-2.75351	-2.45611	-1.98401	-1.37078	-0.66005	0.09763	0.09763	0.14131	0.17494	0.19612	0.20335	2.675
	V	0.00000	-0.02545	-0.04810	-0.06533	-0.07494	-0.07524	-0.06522	-0.06522	-0.04956	-0.03337	-0.01678	0.00000	
	V'	-0.25924	-0.24505	-0.20349	-0.13752	-0.05182	0.04751	0.15339	0.15339	0.15950	0.16420	0.16716	0.16817	
	M	0.00000	-0.29416	-0.56701	-0.79877	-0.97265	-1.07606	-1.10150	-0.10150	-0.08335	-0.05917	-0.03070	0.00000	
2.700	Q	-2.97765	-2.86977	-2.55395	-2.05308	-1.40345	-0.65212	0.14645	0.14645	0.21424	0.26651	0.29946	0.31072	2.700
	V	0.00000	-0.02663	-0.05034	-0.06842	-0.07855	-0.07902	-0.06879	-0.06879	-0.05259	-0.03555	-0.01793	0.00000	
	V'	-0.27128	-0.25648	-0.21316	-0.14446	-0.05534	0.04772	0.15726	0.15726	0.16656	0.17373	0.17825	0.17980	
	M	0.00000	-0.30761	-0.59252	-0.83370	-1.01336	-1.11823	-1.14058	-0.14058	-0.11566	-0.08220	-0.04267	0.00000	
2.725	Q	-3.11450	-2.99958	-2.66329	-2.13046	-1.44041	-0.64406	0.19982	0.19982	0.29555	0.36947	0.41612	0.43207	2.725
	V	0.00000	-0.02796	-0.05286	-0.07187	-0.08260	-0.08326	-0.07280	-0.07280	-0.05598	-0.03800	-0.01921	0.00000	
	V'	-0.28476	-0.26928	-0.22399	-0.15224	-0.05931	0.04793	0.16158	0.16158	0.17447	0.18443	0.19071	0.19285	
ALPHA	X/L =	0.00	0.10	0.20	0.30	0.40	0.50	L 0.60	R 0.60	0.70	0.80	0.90	1.00	ALPHA

XM/L = 0.60

FUNKTIONEN : F.M;M - F.M;Q - F.M;V - F.M;V'

FUNKTIONEN : F.M:M - F.M:Q - F.M:V - F.M:V'

XM/L = 0.60

ALPHA	X/L =	0.00	0.10	0.20	0.30	0.40	0.50	L 0.60	R 0.60	0.70	0.80	0.90	1.00	ALPHA
	M	0.00000	-0.32273	-0.62120	-0.87299	-1.05918	-1.16577	-1.18475	-0.18475	-0.15228	-0.10836	-0.05629	0.00000	
2.750	Q	-3.26832	-3.14551	-2.78632	-2.21774	-1.48250	-0.63584	0.25859	0.25859	0.38684	0.48602	0.54867	0.57009	2.750
	V	0.00000	-0.02945	-0.05570	-0.07577	-0.08716	-0.08804	-0.07732	-0.07732	-0.05981	-0.04077	-0.02067	0.00000	
	V'	-0.29994	-0.28370	-0.23621	-0.16102	-0.06380	0.04815	0.16643	0.16643	0.18338	0.19650	0.20478	0.20762	
	M	0.00000	-0.33985	-0.65370	-0.91754	-1.11117	-1.21978	-1.23506	-0.23506	-0.19410	-0.13829	-0.07189	0.00000	
2.775	Q	-3.44255	-3.31085	-2.92582	-2.31694	-1.53077	-0.62748	0.32382	0.32382	0.49013	0.61893	0.70038	0.72824	2.775
	V	0.00000	-0.03115	-0.05892	-0.08019	-0.09235	-0.09347	-0.08247	-0.08247	-0.06416	-0.04393	-0.02232	0.00000	
	V'	-0.31719	-0.30009	-0.25009	-0.17102	-0.06893	0.04838	0.17191	0.17191	0.19351	0.21023	0.22081	0.22443	
	M	0.00000	-0.35943	-0.69086	-0.96848	-1.17066	-1.28167	-1.29284	-0.29284	-0.24227	-0.17282	-0.08991	0.00000	
2.800	Q	-3.64165	-3.49983	-3.08541	-2.43067	-1.58660	-0.61896	0.39689	0.39689	0.60804	0.77182	0.87549	0.91097	2.800
	V	0.00000	-0.03309	-0.06261	-0.08526	-0.09830	-0.09970	-0.08837	-0.08837	-0.06917	-0.04755	-0.02422	0.00000	
	V'	-0.33695	-0.31886	-0.26600	-0.18248	-0.07482	0.04860	0.17818	0.17818	0.20511	0.22600	0.23922	0.24375	
	M	0.00000	-0.38202	-0.73376	-1.02732	-1.23944	-1.35331	-1.35988	-0.35988	-0.29829	-0.21305	-0.11092	0.00000	
2.825	Q	-3.87149	-3.71803	-3.26982	-2.56238	-1.65181	-0.61029	0.47962	0.47962	0.74401	0.94942	1.07957	1.12412	2.825
	V	0.00000	-0.03534	-0.06688	-0.09114	-0.10519	-0.10692	-0.09522	-0.09522	-0.07497	-0.05176	-0.02643	0.00000	
	V'	-0.35981	-0.34058	-0.28442	-0.19577	-0.08167	0.04883	0.18540	0.18540	0.21853	0.24427	0.26058	0.26616	
	M	0.00000	-0.40841	-0.78388	-1.09610	-1.31989	-1.43720	-1.43856	-0.43856	-0.36420	-0.26046	-0.13570	0.00000	
2.850	Q	-4.13995	-3.97295	-3.48543	-2.71671	-1.72882	-0.60145	0.57444	0.57444	0.90268	1.15811	1.32010	1.37558	2.850
	V	0.00000	-0.03797	-0.07188	-0.09801	-0.11325	-0.11538	-0.10324	-0.10324	-0.08177	-0.05669	-0.02902	0.00000	
	V'	-0.38657	-0.36601	-0.30599	-0.21135	-0.08973	0.04907	0.19384	0.19384	0.23425	0.26569	0.28564	0.29247	
	M	0.00000	-0.43967	-0.84325	-1.17760	-1.41529	-1.53680	-1.53216	-0.53216	-0.44278	-0.31706	-0.16532	0.00000	
2.875	Q	-4.45784	-4.27488	-3.74099	-2.90001	-1.82097	-0.59246	0.68469	0.68469	1.09042	1.40663	1.60737	1.67617	2.875
	V	0.00000	-0.04109	-0.07782	-0.10617	-0.12283	-0.12544	-0.11278	-0.11278	-0.08986	-0.06256	-0.03210	0.00000	
	V'	-0.41834	-0.39620	-0.33161	-0.22987	-0.09932	0.04931	0.20382	0.20382	0.25291	0.29116	0.31545	0.32377	
	M	0.00000	-0.47729	-0.91473	-1.27577	-1.53027	-1.65697	-1.64530	-0.64530	-0.53798	-0.38573	-0.20127	0.00000	
2.900	Q	-4.84049	-4.63837	-4.04889	-3.12128	-1.93300	-0.58329	0.81513	0.81513	1.31621	1.70738	1.95595	2.04119	2.900
	V	0.00000	-0.04486	-0.08499	-0.11602	-0.13440	-0.13757	-0.12429	-0.12429	-0.09964	-0.06965	-0.03582	0.00000	
	V'	-0.45666	-0.43262	-0.36253	-0.25223	-0.11094	0.04955	0.21583	0.21583	0.27541	0.32192	0.35148	0.36162	
	M	0.00000	-0.52349	-1.00251	-1.39636	-1.67160	-1.80484	-1.78476	-0.78476	-0.65555	-0.47064	-0.24576	0.00000	
2.925	Q	-5.31027	-5.08472	-4.42724	-3.39367	-2.07181	-0.57396	0.97265	0.97265	1.59322	2.07845	2.38711	2.49300	2.925
	V	0.00000	-0.04950	-0.09380	-0.12815	-0.14863	-0.15251	-0.13848	-0.13848	-0.11169	-0.07839	-0.04041	0.00000	
	V'	-0.50379	-0.47743	-0.40058	-0.27978	-0.12528	0.04980	0.23057	0.23057	0.30310	0.35982	0.39589	0.40827	
	M	0.00000	-0.58160	-1.11295	-1.54815	-1.84960	-1.99125	-1.96086	-0.96086	-0.80426	-0.57818	-0.30214	0.00000	
2.950	Q	-5.90123	-5.64631	-4.90357	-3.73719	-2.24793	-0.56445	1.16779	1.16779	1.94145	2.54739	2.93323	3.06566	2.950
	V	0.00000	-0.05534	-0.10491	-0.14342	-0.16657	-0.17136	-0.15638	-0.15638	-0.12689	-0.08942	-0.04621	0.00000	
	V'	-0.56320	-0.53391	-0.44856	-0.31453	-0.14340	0.05005	0.24910	0.24910	0.33800	0.40763	0.45197	0.46718	
	M	0.00000	-0.65700	-1.25627	-1.74517	-2.08076	-2.23353	-2.19008	-1.19008	-0.99815	-0.71852	-0.37577	0.00000	
2.975	Q	-6.66788	-6.37497	-5.52199	-4.18387	-2.47818	-0.55477	1.41739	1.41739	2.39295	3.15828	3.64614	3.81366	2.975
	V	0.00000	-0.06293	-0.11934	-0.16329	-0.18990	-0.19587	-0.17966	-0.17966	-0.14667	-0.10378	-0.05376	0.00000	
	V'	-0.64039	-0.60730	-0.51092	-0.35973	-0.16701	0.05031	0.27313	0.27313	0.38336	0.46983	0.52495	0.54388	

| ALPHA | X/L = | 0.00 | 0.10 | 0.20 | 0.30 | 0.40 | 0.50 | L 0.60 | R 0.60 | 0.70 | 0.80 | 0.90 | 1.00 | ALPHA |

XM/L = 0.60

FUNKTIONEN : F.M:M - F.M:Q - F.M:V - F.M:V'

FUNKTIONEN : F.M;M - F.M;Q - F.M;V - F.M;V'

XM/L = 0.70

ALPHA	X/L =	0.00	0.10	0.20	0.30	0.40	0.50	0.60	L 0.70	R 0.70	0.80	0.90	1.00	ALPHA
	M	0.00000	-0.10000	-0.20000	-0.30000	-0.40000	-0.50000	-0.60000	-0.70000	0.30000	0.20000	0.10000	0.00000	
0.000	Q	-1.00000	-1.00000	-1.00000	-1.00000	-1.00000	-1.00000	-1.00000	-1.00000	-1.00000	-1.00000	-1.00000	-1.00000	0.000
	V	0.00000	-0.01200	-0.02300	-0.03200	-0.03800	-0.04000	-0.03700	-0.02800	-0.02800	-0.01700	-0.00800	0.00000	
	V'	-0.12167	-0.11667	-0.10167	-0.07667	-0.04167	0.00333	0.05833	0.12333	0.12333	0.09833	0.08333	0.07833	
	M	0.00000	-0.10001	-0.20001	-0.30002	-0.40002	-0.50003	-0.60002	-0.70002	0.29998	0.19999	0.09999	0.00000	
0.025	Q	-1.00008	-1.00007	-1.00006	-1.00005	-1.00003	-1.00000	-0.99996	-0.99992	-0.99992	-0.99994	-0.99995	-0.99995	0.025
	V	0.00000	-0.01200	-0.02300	-0.03200	-0.03800	-0.04000	-0.03700	-0.02800	-0.02800	-0.01700	-0.00800	0.00000	
	V'	-0.12167	-0.11667	-0.10167	-0.07667	-0.04167	0.00333	0.05834	0.12334	0.12334	0.09834	0.08334	0.07834	
	M	0.00000	-0.10003	-0.20006	-0.30008	-0.40010	-0.50010	-0.60009	-0.70007	0.29993	0.19996	0.09998	0.00000	
0.050	Q	-1.00030	-1.00029	-1.00025	-1.00019	-1.00010	-0.99999	-0.99985	-0.99969	-0.99969	-0.99975	-0.99979	-0.99980	0.050
	V	0.00000	-0.01200	-0.02301	-0.03201	-0.03801	-0.04001	-0.03701	-0.02801	-0.02801	-0.01701	-0.00800	0.00000	
	V'	-0.12170	-0.11670	-0.10169	-0.07668	-0.04168	0.00333	0.05834	0.12335	0.12335	0.09836	0.08336	0.07836	
	M	0.00000	-0.10007	-0.20013	-0.30018	-0.40021	-0.50023	-0.60021	-0.70016	0.29984	0.19990	0.09995	0.00000	
0.075	Q	-1.00069	-1.00066	-1.00057	-1.00043	-1.00023	-0.99998	-0.99967	-0.99931	-0.99931	-0.99945	-0.99953	-0.99956	0.075
	V	0.00000	-0.01201	-0.02301	-0.03202	-0.03802	-0.04002	-0.03702	-0.02802	-0.02802	-0.01701	-0.00801	0.00000	
	V'	-0.12174	-0.11673	-0.10172	-0.07671	-0.04169	0.00334	0.05836	0.12338	0.12338	0.09839	0.08340	0.07840	
	M	0.00000	-0.10012	-0.20023	-0.30032	-0.40038	-0.50040	-0.60037	-0.70028	0.29972	0.19983	0.09992	0.00000	
0.100	Q	-1.00122	-1.00117	-1.00102	-1.00077	-1.00042	-0.99997	-0.99942	-0.99876	-0.99876	-0.99902	-0.99917	-0.99922	0.100
	V	0.00000	-0.01201	-0.02302	-0.03203	-0.03804	-0.04004	-0.03704	-0.02803	-0.02803	-0.01702	-0.00801	0.00000	
	V'	-0.12179	-0.11678	-0.10177	-0.07674	-0.04170	0.00334	0.05838	0.12341	0.12341	0.09843	0.08344	0.07845	
	M	0.00000	-0.10019	-0.20036	-0.30050	-0.40059	-0.50063	-0.60058	-0.70044	0.29956	0.19973	0.09987	0.00000	
0.125	Q	-1.00190	-1.00183	-1.00159	-1.00120	-1.00065	-0.99995	-0.99909	-0.99807	-0.99807	-0.99846	-0.99870	-0.99877	0.125
	V	0.00000	-0.01202	-0.02304	-0.03205	-0.03806	-0.04006	-0.03706	-0.02805	-0.02805	-0.01703	-0.00802	0.00000	
	V'	-0.12186	-0.11685	-0.10182	-0.07678	-0.04172	0.00334	0.05840	0.12345	0.12345	0.09849	0.08351	0.07851	
	M	0.00000	-0.10027	-0.20052	-0.30072	-0.40086	-0.50090	-0.60083	-0.70063	0.29937	0.19962	0.09982	0.00000	
0.150	Q	-1.00274	-1.00263	-1.00229	-1.00173	-1.00094	-0.99992	-0.99869	-0.99722	-0.99722	-0.99778	-0.99812	-0.99823	0.150
	V	0.00000	-0.01203	-0.02305	-0.03207	-0.03808	-0.04009	-0.03708	-0.02807	-0.02807	-0.01705	-0.00803	0.00000	
	V'	-0.12194	-0.11693	-0.10189	-0.07683	-0.04175	0.00334	0.05843	0.12350	0.12350	0.09855	0.08358	0.07859	
	M	0.00000	-0.10037	-0.20071	-0.30098	-0.40117	-0.50123	-0.60114	-0.70086	0.29914	0.19948	0.09975	0.00000	
0.175	Q	-1.00374	-1.00358	-1.00312	-1.00235	-1.00128	-0.99990	-0.99821	-0.99622	-0.99622	-0.99698	-0.99744	-0.99759	0.175
	V	0.00000	-0.01204	-0.02307	-0.03210	-0.03811	-0.04012	-0.03711	-0.02809	-0.02809	-0.01707	-0.00803	0.00000	
	V'	-0.12204	-0.11703	-0.10197	-0.07689	-0.04178	0.00334	0.05846	0.12356	0.12356	0.09863	0.08367	0.07868	
	M	0.00000	-0.10048	-0.20092	-0.30129	-0.40153	-0.50161	-0.60149	-0.70112	0.29888	0.19932	0.09968	0.00000	
0.200	Q	-1.00489	-1.00469	-1.00408	-1.00308	-1.00167	-0.99987	-0.99766	-0.99505	-0.99505	-0.99605	-0.99665	-0.99685	0.200
	V	0.00000	-0.01205	-0.02309	-0.03213	-0.03815	-0.04016	-0.03715	-0.02812	-0.02812	-0.01709	-0.00805	0.00000	
	V'	-0.12216	-0.11714	-0.10206	-0.07695	-0.04181	0.00335	0.05850	0.12364	0.12364	0.09872	0.08377	0.07879	
	M	0.00000	-0.10061	-0.20117	-0.30163	-0.40193	-0.50203	-0.60188	-0.70143	0.29857	0.19913	0.09959	0.00000	
0.225	Q	-1.00619	-1.00594	-1.00517	-1.00390	-1.00212	-0.99983	-0.99704	-0.99374	-0.99374	-0.99500	-0.99575	-0.99601	0.225
	V	0.00000	-0.01206	-0.02312	-0.03216	-0.03819	-0.04020	-0.03719	-0.02815	-0.02815	-0.01711	-0.00806	0.00000	
	V'	-0.12229	-0.11726	-0.10217	-0.07703	-0.04185	0.00335	0.05855	0.12372	0.12372	0.09883	0.08389	0.07891	
ALPHA	X/L =	0.00	0.10	0.20	0.30	0.40	0.50	0.60	L 0.70	R 0.70	0.80	0.90	1.00	ALPHA

XM/L = 0.70

FUNKTIONEN : F.M;M - F.M;Q - F.M;V - F.M;V'

FUNKTIONEN : F.M;M - F.M;Q - F.M;V - F.M;V'

XM/L = 0.70

ALPHA	X/L =	0.00	0.10	0.20	0.30	0.40	0.50	0.60	L 0.70	R 0.70	0.80	0.90	1.00	ALPHA
	M	0.00000	-0.10075	-0.20145	-0.30201	-0.40239	-0.50252	-0.60233	-0.70176	0.29824	0.19893	0.09950	0.00000	
0.250	Q	-1.00765	-1.00734	-1.00639	-1.00482	-1.00262	-0.99979	-0.99634	-0.99226	-0.99226	-0.99382	-0.99475	-0.99506	0.250
	V	0.00000	-0.01208	-0.02314	-0.03220	-0.03823	-0.04024	-0.03723	-0.02819	-0.02819	-0.01714	-0.00807	0.00000	
	V'	-0.12244	-0.11740	-0.10229	-0.07712	-0.04189	0.00335	0.05860	0.12381	0.12381	0.09895	0.08402	0.07905	
	M	0.00000	-0.10091	-0.20175	-0.30244	-0.40290	-0.50305	-0.60282	-0.70214	0.29786	0.19870	0.09939	0.00000	
0.275	Q	-1.00927	-1.00889	-1.00775	-1.00584	-1.00317	-0.99975	-0.99556	-0.99063	-0.99063	-0.99251	-0.99363	-0.99401	0.275
	V	0.00000	-0.01209	-0.02318	-0.03224	-0.03828	-0.04029	-0.03728	-0.02823	-0.02823	-0.01717	-0.00809	0.00000	
	V'	-0.12260	-0.11756	-0.10242	-0.07721	-0.04194	0.00336	0.05865	0.12391	0.12391	0.09908	0.08417	0.07920	
	M	0.00000	-0.10109	-0.20209	-0.30291	-0.40345	-0.50363	-0.60336	-0.70254	0.29746	0.19845	0.09927	0.00000	
0.300	Q	-1.01105	-1.01060	-1.00923	-1.00696	-1.00378	-0.99970	-0.99472	-0.98884	-0.98884	-0.99107	-0.99241	-0.99286	0.300
	V	0.00000	-0.01211	-0.02321	-0.03229	-0.03834	-0.04035	-0.03733	-0.02828	-0.02828	-0.01720	-0.00810	0.00000	
	V'	-0.12278	-0.11773	-0.10257	-0.07732	-0.04200	0.00336	0.05872	0.12402	0.12402	0.09922	0.08433	0.07937	
	M	0.00000	-0.10128	-0.20246	-0.30342	-0.40406	-0.50427	-0.60395	-0.70299	0.29701	0.19818	0.09914	0.00000	
0.325	Q	-1.01299	-1.01245	-1.01085	-1.00818	-1.00444	-0.99964	-0.99379	-0.98689	-0.98689	-0.98950	-0.99107	-0.99160	0.325
	V	0.00000	-0.01213	-0.02325	-0.03234	-0.03840	-0.04041	-0.03739	-0.02832	-0.02832	-0.01723	-0.00812	0.00000	
	V'	-0.12298	-0.11791	-0.10273	-0.07743	-0.04205	0.00337	0.05878	0.12414	0.12414	0.09937	0.08451	0.07955	
	M	0.00000	-0.10149	-0.20285	-0.30397	-0.40471	-0.50496	-0.60459	-0.70348	0.29652	0.19788	0.09900	0.00000	
0.350	Q	-1.01509	-1.01447	-1.01260	-1.00950	-1.00516	-0.99959	-0.99279	-0.98478	-0.98478	-0.98781	-0.98962	-0.99023	0.350
	V	0.00000	-0.01215	-0.02328	-0.03239	-0.03846	-0.04048	-0.03745	-0.02838	-0.02838	-0.01727	-0.00814	0.00000	
	V'	-0.12319	-0.11811	-0.10290	-0.07755	-0.04212	0.00337	0.05886	0.12427	0.12427	0.09954	0.08470	0.07975	
	M	0.00000	-0.10171	-0.20328	-0.30456	-0.40542	-0.50570	-0.60528	-0.70400	0.29600	0.19757	0.09885	0.00000	
0.375	Q	-1.01736	-1.01664	-1.01450	-1.01092	-1.00593	-0.99952	-0.99171	-0.98251	-0.98251	-0.98598	-0.98806	-0.98876	0.375
	V	0.00000	-0.01217	-0.02333	-0.03245	-0.03853	-0.04055	-0.03752	-0.02843	-0.02843	-0.01731	-0.00816	0.00000	
	V'	-0.12342	-0.11833	-0.10308	-0.07769	-0.04218	0.00338	0.05893	0.12441	0.12441	0.09972	0.08490	0.07996	
	M	0.00000	-0.10195	-0.20374	-0.30520	-0.40618	-0.50650	-0.60601	-0.70456	0.29544	0.19722	0.09869	0.00000	
0.400	Q	-1.01979	-1.01897	-1.01652	-1.01245	-1.00676	-0.99946	-0.99056	-0.98007	-0.98007	-0.98401	-0.98638	-0.98717	0.400
	V	0.00000	-0.01220	-0.02337	-0.03251	-0.03860	-0.04063	-0.03759	-0.02849	-0.02849	-0.01735	-0.00818	0.00000	
	V'	-0.12366	-0.11857	-0.10328	-0.07783	-0.04225	0.00339	0.05902	0.12456	0.12456	0.09992	0.08512	0.08019	
	M	0.00000	-0.10221	-0.20423	-0.30588	-0.40699	-0.50735	-0.60680	-0.70516	0.29484	0.19686	0.09852	0.00000	
0.425	Q	-1.02238	-1.02146	-1.01869	-1.01409	-1.00765	-0.99939	-0.98932	-0.97747	-0.97747	-0.98191	-0.98458	-0.98547	0.425
	V	0.00000	-0.01222	-0.02342	-0.03258	-0.03868	-0.04071	-0.03767	-0.02856	-0.02856	-0.01740	-0.00821	0.00000	
	V'	-0.12393	-0.11881	-0.10349	-0.07798	-0.04233	0.00339	0.05911	0.12472	0.12472	0.10013	0.08536	0.08043	
	M	0.00000	-0.10248	-0.20475	-0.30661	-0.40785	-0.50826	-0.60764	-0.70580	0.29420	0.19647	0.09833	0.00000	
0.450	Q	-1.02515	-1.02411	-1.02100	-1.01582	-1.00859	-0.99931	-0.98801	-0.97471	-0.97471	-0.97968	-0.98266	-0.98366	0.450
	V	0.00000	-0.01225	-0.02347	-0.03265	-0.03876	-0.04080	-0.03775	-0.02863	-0.02863	-0.01745	-0.00823	0.00000	
	V'	-0.12421	-0.11908	-0.10372	-0.07814	-0.04241	0.00340	0.05920	0.12489	0.12489	0.10035	0.08561	0.08069	
	M	0.00000	-0.10277	-0.20531	-0.30738	-0.40877	-0.50923	-0.60854	-0.70648	0.29352	0.19605	0.09814	0.00000	
0.475	Q	-1.02809	-1.02693	-1.02345	-1.01767	-1.00959	-0.99923	-0.98662	-0.97178	-0.97178	-0.97731	-0.98062	-0.98173	0.475
	V	0.00000	-0.01228	-0.02353	-0.03273	-0.03885	-0.04089	-0.03784	-0.02870	-0.02870	-0.01750	-0.00826	0.00000	
	V'	-0.12450	-0.11936	-0.10396	-0.07832	-0.04250	0.00341	0.05931	0.12507	0.12507	0.10058	0.08587	0.08097	
ALPHA	X/L =	0.00	0.10	0.20	0.30	0.40	0.50	0.60	L 0.70	R 0.70	0.80	0.90	1.00	ALPHA

XM/L = 0.70

FUNKTIONEN : F.M;M - F.M;Q - F.M;V - F.M;V'

FUNKTIONEN : F.M;M - F.M;Q - F.M;V - F.M;V'

XM/L = 0.70

ALPHA	X/L =	0.00	0.10	0.20	0.30	0.40	0.50	0.60	L 0.70	R 0.70	0.80	0.90	1.00	ALPHA
	M	0.00000	-0.10308	-0.20590	-0.30820	-0.40974	-0.51025	-0.60948	-0.70720	0.29280	0.19561	0.09793	0.00000	
0.500	Q	-1.03120	-1.02992	-1.02605	-1.01962	-1.01065	-0.99915	-0.98515	-0.96868	-0.96868	-0.97479	-0.97846	-0.97969	0.500
	V	0.00000	-0.01231	-0.02359	-0.03281	-0.03895	-0.04099	-0.03793	-0.02878	-0.02878	-0.01756	-0.00829	0.00000	
	V'	-0.12482	-0.11966	-0.10421	-0.07850	-0.04259	0.00341	0.05941	0.12526	0.12526	0.10083	0.08615	0.08126	
	M	0.00000	-0.10340	-0.20652	-0.30907	-0.41076	-0.51133	-0.61048	-0.70796	0.29204	0.19514	0.09771	0.00000	
0.525	Q	-1.03449	-1.03307	-1.02880	-1.02169	-1.01177	-0.99906	-0.98359	-0.96542	-0.96542	-0.97213	-0.97617	-0.97752	0.525
	V	0.00000	-0.01234	-0.02365	-0.03289	-0.03905	-0.04110	-0.03803	-0.02886	-0.02886	-0.01762	-0.00832	0.00000	
	V'	-0.12515	-0.11998	-0.10448	-0.07869	-0.04269	0.00342	0.05953	0.12546	0.12546	0.10110	0.08645	0.08157	
	M	0.00000	-0.10374	-0.20717	-0.30998	-0.41184	-0.51246	-0.61154	-0.70876	0.29124	0.19465	0.09747	0.00000	
0.550	Q	-1.03796	-1.03639	-1.03169	-1.02387	-1.01295	-0.99896	-0.98196	-0.96198	-0.96198	-0.96933	-0.97375	-0.97523	0.550
	V	0.00000	-0.01238	-0.02372	-0.03298	-0.03915	-0.04121	-0.03814	-0.02895	-0.02895	-0.01768	-0.00835	0.00000	
	V'	-0.12550	-0.12031	-0.10476	-0.07890	-0.04280	0.00343	0.05965	0.12568	0.12568	0.10138	0.08677	0.08189	
	M	0.00000	-0.10410	-0.20786	-0.31094	-0.41298	-0.51366	-0.61264	-0.70960	0.29040	0.19413	0.09723	0.00000	
0.575	Q	-1.04161	-1.03989	-1.03473	-1.02616	-1.01419	-0.99886	-0.98024	-0.95837	-0.95837	-0.96639	-0.97120	-0.97281	0.575
	V	0.00000	-0.01241	-0.02379	-0.03308	-0.03927	-0.04132	-0.03824	-0.02904	-0.02904	-0.01774	-0.00839	0.00000	
	V'	-0.12587	-0.12066	-0.10506	-0.07911	-0.04290	0.00344	0.05977	0.12590	0.12590	0.10167	0.08710	0.08223	
	M	0.00000	-0.10448	-0.20859	-0.31194	-0.41418	-0.51492	-0.61381	-0.71049	0.28951	0.19359	0.09697	0.00000	
0.600	Q	-1.04545	-1.04357	-1.03793	-1.02856	-1.01549	-0.99876	-0.97843	-0.95459	-0.95459	-0.96329	-0.96852	-0.97027	0.600
	V	0.00000	-0.01245	-0.02386	-0.03318	-0.03938	-0.04144	-0.03836	-0.02914	-0.02914	-0.01781	-0.00842	0.00000	
	V'	-0.12625	-0.12103	-0.10537	-0.07934	-0.04302	0.00345	0.05990	0.12614	0.12614	0.10198	0.08744	0.08259	
	M	0.00000	-0.10488	-0.20935	-0.31300	-0.41543	-0.51624	-0.61503	-0.71142	0.28858	0.19301	0.09670	0.00000	
0.625	Q	-1.04948	-1.04743	-1.04129	-1.03108	-1.01685	-0.99865	-0.97655	-0.95063	-0.95063	-0.96004	-0.96570	-0.96759	0.625
	V	0.00000	-0.01249	-0.02393	-0.03328	-0.03950	-0.04157	-0.03848	-0.02924	-0.02924	-0.01788	-0.00846	0.00000	
	V'	-0.12666	-0.12141	-0.10570	-0.07957	-0.04314	0.00346	0.06004	0.12639	0.12639	0.10230	0.08781	0.08297	
	M	0.00000	-0.10530	-0.21015	-0.31411	-0.41674	-0.51762	-0.61631	-0.71240	0.28760	0.19241	0.09641	0.00000	
0.650	Q	-1.05369	-1.05147	-1.04480	-1.03372	-1.01828	-0.99853	-0.97457	-0.94649	-0.94649	-0.95664	-0.96274	-0.96478	0.650
	V	0.00000	-0.01253	-0.02401	-0.03339	-0.03963	-0.04171	-0.03861	-0.02934	-0.02934	-0.01796	-0.00850	0.00000	
	V'	-0.12709	-0.12182	-0.10604	-0.07982	-0.04326	0.00347	0.06019	0.12665	0.12665	0.10264	0.08819	0.08337	
	M	0.00000	-0.10573	-0.21098	-0.31527	-0.41812	-0.51907	-0.61765	-0.71342	0.28658	0.19178	0.09611	0.00000	
0.675	Q	-1.05811	-1.05570	-1.04848	-1.03649	-1.01977	-0.99841	-0.97251	-0.94217	-0.94217	-0.95307	-0.95964	-0.96183	0.675
	V	0.00000	-0.01258	-0.02410	-0.03351	-0.03977	-0.04185	-0.03874	-0.02945	-0.02945	-0.01804	-0.00854	0.00000	
	V'	-0.12753	-0.12224	-0.10640	-0.08008	-0.04339	0.00348	0.06034	0.12692	0.12692	0.10299	0.08859	0.08378	
	M	0.00000	-0.10619	-0.21185	-0.31648	-0.41955	-0.52058	-0.61905	-0.71449	0.28551	0.19112	0.09580	0.00000	
0.700	Q	-1.06272	-1.06012	-1.05232	-1.03937	-1.02133	-0.99829	-0.97036	-0.93767	-0.93767	-0.94935	-0.95639	-0.95873	0.700
	V	0.00000	-0.01262	-0.02418	-0.03363	-0.03991	-0.04199	-0.03888	-0.02957	-0.02957	-0.01812	-0.00858	0.00000	
	V'	-0.12800	-0.12268	-0.10678	-0.08035	-0.04353	0.00349	0.06050	0.12720	0.12720	0.10336	0.08901	0.08422	
	M	0.00000	-0.10666	-0.21276	-0.31774	-0.42105	-0.52215	-0.62051	-0.71561	0.28439	0.19043	0.09547	0.00000	
0.725	Q	-1.06753	-1.06473	-1.05633	-1.04238	-1.02296	-0.99816	-0.96811	-0.93298	-0.93298	-0.94547	-0.95298	-0.95550	0.725
	V	0.00000	-0.01267	-0.02427	-0.03375	-0.04005	-0.04215	-0.03902	-0.02969	-0.02969	-0.01821	-0.00863	0.00000	
	V'	-0.12848	-0.12315	-0.10717	-0.08063	-0.04368	0.00351	0.06066	0.12750	0.12750	0.10375	0.08945	0.08467	
ALPHA	X/L =	0.00	0.10	0.20	0.30	0.40	0.50	0.60	L 0.70	R 0.70	0.80	0.90	1.00	ALPHA

XM/L = 0.70

FUNKTIONEN : F.M;M - F.M;Q - F.M;V - F.M;V'

FUNKTIONEN : F.M;M - F.M;Q - F.M;V - F.M;V'

XM/L = 0.70

ALPHA	X/L =	0.00	0.10	0.20	0.30	0.40	0.50	0.60	L 0.70	R 0.70	0.80	0.90	1.00	ALPHA
	M	0.00000	-0.10716	-0.21371	-0.31906	-0.42262	-0.52380	-0.62203	-0.71677	0.28323	0.18971	0.09512	0.00000	
0.750	Q	-1.07256	-1.06954	-1.06051	-1.04552	-1.02465	-0.99802	-0.96578	-0.92811	-0.92811	-0.94142	-0.94943	-0.95211	0.750
	V	0.00000	-0.01272	-0.02437	-0.03388	-0.04021	-0.04231	-0.03917	-0.02982	-0.02982	-0.01830	-0.00867	0.00000	
	V'	-0.12899	-0.12363	-0.10758	-0.08093	-0.04383	0.00352	0.06084	0.12781	0.12781	0.10415	0.08990	0.08514	
	M	0.00000	-0.10767	-0.21470	-0.32043	-0.42424	-0.52551	-0.62362	-0.71799	0.28201	0.18895	0.09476	0.00000	
0.775	Q	-1.07779	-1.07456	-1.06487	-1.04879	-1.02642	-0.99788	-0.96335	-0.92304	-0.92304	-0.93719	-0.94572	-0.94856	0.775
	V	0.00000	-0.01277	-0.02447	-0.03402	-0.04037	-0.04247	-0.03933	-0.02995	-0.02995	-0.01839	-0.00872	0.00000	
	V'	-0.12952	-0.12413	-0.10800	-0.08123	-0.04398	0.00353	0.06102	0.12813	0.12813	0.10457	0.09038	0.08564	
	M	0.00000	-0.10821	-0.21573	-0.32186	-0.42594	-0.52729	-0.62527	-0.71925	0.28075	0.18817	0.09439	0.00000	
0.800	Q	-1.08324	-1.07978	-1.06941	-1.05219	-1.02825	-0.99773	-0.96083	-0.91778	-0.91778	-0.93280	-0.94184	-0.94486	0.800
	V	0.00000	-0.01283	-0.02457	-0.03416	-0.04053	-0.04265	-0.03949	-0.03008	-0.03008	-0.01849	-0.00877	0.00000	
	V'	-0.13007	-0.12465	-0.10845	-0.08155	-0.04414	0.00354	0.06120	0.12846	0.12846	0.10501	0.09087	0.08615	
	M	0.00000	-0.10877	-0.21680	-0.32335	-0.42770	-0.52915	-0.62699	-0.72057	0.27943	0.18735	0.09399	0.00000	
0.825	Q	-1.08892	-1.08521	-1.07413	-1.05573	-1.03016	-0.99758	-0.95821	-0.91233	-0.91233	-0.92822	-0.93780	-0.94100	0.825
	V	0.00000	-0.01288	-0.02468	-0.03431	-0.04070	-0.04283	-0.03966	-0.03023	-0.03023	-0.01859	-0.00883	0.00000	
	V'	-0.13064	-0.12520	-0.10891	-0.08189	-0.04431	0.00356	0.06140	0.12881	0.12881	0.10546	0.09139	0.08668	
	M	0.00000	-0.10935	-0.21791	-0.32490	-0.42954	-0.53108	-0.62878	-0.72195	0.27805	0.18649	0.09358	0.00000	
0.850	Q	-1.09482	-1.09086	-1.07903	-1.05941	-1.03214	-0.99742	-0.95549	-0.90667	-0.90667	-0.92346	-0.93359	-0.93697	0.850
	V	0.00000	-0.01294	-0.02479	-0.03446	-0.04088	-0.04301	-0.03984	-0.03037	-0.03037	-0.01870	-0.00888	0.00000	
	V'	-0.13123	-0.12576	-0.10939	-0.08223	-0.04449	0.00357	0.06160	0.12918	0.12918	0.10593	0.09192	0.08724	
	M	0.00000	-0.10995	-0.21907	-0.32650	-0.43144	-0.53308	-0.63064	-0.72337	0.27663	0.18560	0.09316	0.00000	
0.875	Q	-1.10095	-1.09674	-1.08413	-1.06324	-1.03420	-0.99725	-0.95268	-0.90081	-0.90081	-0.91852	-0.92920	-0.93276	0.875
	V	0.00000	-0.01300	-0.02490	-0.03462	-0.04107	-0.04321	-0.04002	-0.03053	-0.03053	-0.01881	-0.00894	0.00000	
	V'	-0.13185	-0.12635	-0.10989	-0.08259	-0.04467	0.00359	0.06181	0.12955	0.12955	0.10643	0.09248	0.08782	
	M	0.00000	-0.11058	-0.22027	-0.32817	-0.43342	-0.53516	-0.63257	-0.72486	0.27514	0.18467	0.09271	0.00000	
0.900	Q	-1.10732	-1.10284	-1.08943	-1.06720	-1.03634	-0.99708	-0.94976	-0.89475	-0.89475	-0.91338	-0.92462	-0.92838	0.900
	V	0.00000	-0.01306	-0.02502	-0.03478	-0.04126	-0.04341	-0.04021	-0.03069	-0.03069	-0.01892	-0.00900	0.00000	
	V'	-0.13249	-0.12696	-0.11041	-0.08297	-0.04486	0.00360	0.06203	0.12994	0.12994	0.10694	0.09306	0.08842	
	M	0.00000	-0.11123	-0.22152	-0.32991	-0.43548	-0.53732	-0.63457	-0.72640	0.27360	0.18371	0.09225	0.00000	
0.925	Q	-1.11394	-1.10917	-1.09493	-1.07132	-1.03855	-0.99691	-0.94673	-0.88847	-0.88847	-0.90805	-0.91986	-0.92381	0.925
	V	0.00000	-0.01313	-0.02515	-0.03495	-0.04146	-0.04362	-0.04041	-0.03085	-0.03085	-0.01904	-0.00906	0.00000	
	V'	-0.13316	-0.12760	-0.11095	-0.08336	-0.04506	0.00362	0.06225	0.13035	0.13035	0.10747	0.09366	0.08904	
	M	0.00000	-0.11191	-0.22281	-0.33171	-0.43761	-0.53956	-0.63665	-0.72800	0.27200	0.18271	0.09177	0.00000	
0.950	Q	-1.12080	-1.11575	-1.10063	-1.07559	-1.04085	-0.99672	-0.94361	-0.88198	-0.88198	-0.90251	-0.91491	-0.91905	0.950
	V	0.00000	-0.01320	-0.02528	-0.03513	-0.04167	-0.04384	-0.04061	-0.03103	-0.03103	-0.01916	-0.00912	0.00000	
	V'	-0.13385	-0.12825	-0.11151	-0.08376	-0.04526	0.00363	0.06249	0.13077	0.13077	0.10802	0.09429	0.08969	
	M	0.00000	-0.11261	-0.22416	-0.33357	-0.43982	-0.54189	-0.63881	-0.72967	0.27033	0.18166	0.09126	0.00000	
0.975	Q	-1.12793	-1.12257	-1.10655	-1.08002	-1.04323	-0.99653	-0.94037	-0.87527	-0.87527	-0.89677	-0.90975	-0.91410	0.975
	V	0.00000	-0.01327	-0.02541	-0.03532	-0.04189	-0.04407	-0.04083	-0.03121	-0.03121	-0.01929	-0.00919	0.00000	
	V'	-0.13457	-0.12894	-0.11208	-0.08418	-0.04548	0.00365	0.06273	0.13121	0.13121	0.10859	0.09493	0.09037	
ALPHA	X/L =	0.00	0.10	0.20	0.30	0.40	0.50	0.60	L 0.70	R 0.70	0.80	0.90	1.00	ALPHA

XM/L = 0.70

FUNKTIONEN : F.M;M - F.M;Q - F.M;V - F.M;V'

FUNKTIONEN : F.M;M - F.M;Q - F.M;V - F.M;V'

XM/L = 0.70

ALPHA	X/L =	0.00	0.10	0.20	0.30	0.40	0.50	0.60	L 0.70	R 0.70	0.80	0.90	1.00	ALPHA
	M	0.00000	-0.11334	-0.22555	-0.33551	-0.44211	-0.54430	-0.64105	-0.73139	0.26861	0.18058	0.09074	0.00000	
1.000	Q	-1.13532	-1.12965	-1.11269	-1.08461	-1.04570	-0.99633	-0.93702	-0.86834	-0.86834	-0.89082	-0.90439	-0.90893	1.000
	V	0.00000	-0.01334	-0.02555	-0.03551	-0.04211	-0.04430	-0.04105	-0.03139	-0.03139	-0.01942	-0.00926	0.00000	
	V'	-0.13532	-0.12965	-0.11269	-0.08461	-0.04570	0.00367	0.06298	0.13166	0.13166	0.10918	0.09561	0.09107	
	M	0.00000	-0.11410	-0.22700	-0.33752	-0.44449	-0.54680	-0.64337	-0.73318	0.26682	0.17945	0.09020	0.00000	
1.025	Q	-1.14298	-1.13698	-1.11905	-1.08937	-1.04825	-0.99613	-0.93356	-0.86118	-0.86118	-0.88464	-0.89882	-0.90356	1.025
	V	0.00000	-0.01342	-0.02570	-0.03571	-0.04235	-0.04454	-0.04128	-0.03158	-0.03158	-0.01956	-0.00933	0.00000	
	V'	-0.13609	-0.13038	-0.11331	-0.08506	-0.04593	0.00368	0.06324	0.13213	0.13213	0.10980	0.09630	0.09179	
	M	0.00000	-0.11488	-0.22850	-0.33959	-0.44695	-0.54939	-0.64577	-0.73504	0.26496	0.17828	0.08963	0.00000	
1.050	Q	-1.15092	-1.14458	-1.12564	-1.09429	-1.05089	-0.99592	-0.92998	-0.85379	-0.85379	-0.87824	-0.89303	-0.89797	1.050
	V	0.00000	-0.01350	-0.02585	-0.03591	-0.04259	-0.04480	-0.04152	-0.03178	-0.03178	-0.01970	-0.00940	0.00000	
	V'	-0.13689	-0.13114	-0.11396	-0.08553	-0.04616	0.00370	0.06351	0.13262	0.13262	0.11044	0.09703	0.09254	
	M	0.00000	-0.11569	-0.23005	-0.34175	-0.44950	-0.55207	-0.64826	-0.73697	0.26303	0.17706	0.08904	0.00000	
1.075	Q	-1.15915	-1.15246	-1.13247	-1.09939	-1.05363	-0.99570	-0.92628	-0.84616	-0.84616	-0.87161	-0.88701	-0.89216	1.075
	V	0.00000	-0.01358	-0.02600	-0.03613	-0.04284	-0.04506	-0.04176	-0.03199	-0.03199	-0.01985	-0.00948	0.00000	
	V'	-0.13772	-0.13193	-0.11463	-C.08601	-0.04641	0.00372	0.06379	0.13312	0.13312	0.11110	0.09778	0.09332	
	M	0.00000	-0.11653	-0.23166	-0.34398	-0.45215	-0.55485	-0.65084	-0.73897	0.26103	0.17579	0.08843	0.00000	
1.100	Q	-1.16768	-1.16062	-1.13954	-1.10468	-1.05646	-0.99548	-0.92246	-0.83829	-0.83829	-0.86475	-0.88075	-0.88610	1.100
	V	0.00000	-0.01366	-0.02616	-0.03635	-0.04310	-0.04533	-0.04202	-0.03220	-0.03220	-0.02000	-0.00956	0.00000	
	V'	-0.13858	-0.13275	-0.11532	-0.08651	-0.04666	0.00374	0.06408	0.13364	0.13364	0.11178	0.09856	0.09413	
	M	0.00000	-0.11740	-0.23332	-0.34629	-0.45488	-0.55772	-0.65351	-0.74104	0.25896	0.17448	0.08780	0.00000	
1.125	Q	-1.17652	-1.16908	-1.14686	-1.11014	-1.05939	-0.99524	-0.91852	-0.83017	-0.83017	-0.85763	-0.87425	-0.87981	1.125
	V	0.00000	-0.01375	-0.02633	-0.03658	-0.04337	-0.04561	-0.04228	-0.03243	-0.03243	-0.02016	-0.00964	0.00000	
	V'	-0.13947	-0.13359	-0.11604	-0.08703	-0.04693	0.00376	0.06438	0.13418	0.13418	0.11249	0.09936	0.09497	
	M	0.00000	-0.11831	-0.23505	-0.34869	-0.45772	-0.56070	-0.65628	-0.74319	0.25681	0.17312	0.08713	0.00000	
1.150	Q	-1.18567	-1.17784	-1.15445	-1.11580	-1.06242	-0.99501	-0.91444	-0.82180	-0.82180	-0.85026	-0.86749	-0.87326	1.150
	V	0.00000	-0.01384	-0.02650	-0.03681	-0.04364	-0.04590	-0.04256	-0.03266	-0.03266	-0.02033	-0.00973	0.00000	
	V'	-0.14039	-0.13447	-0.11678	-0.08757	-0.04720	0.00378	0.06469	0.13474	0.13474	0.11322	0.10020	0.09584	
	M	0.00000	-0.11924	-0.23684	-0.35117	-0.46065	-0.56379	-0.65915	-0.74542	0.25458	0.17170	0.08645	0.00000	
1.175	Q	-1.19515	-1.18691	-1.16230	-1.12166	-1.06556	-0.99476	-0.91024	-0.81317	-0.81317	-0.84263	-0.86047	-0.86644	1.175
	V	0.00000	-0.01394	-0.02668	-0.03706	-0.04393	-0.04620	-0.04284	-0.03290	-0.03290	-0.02050	-0.00982	0.00000	
	V'	-0.14135	-0.13538	-0.11756	-0.08812	-0.04748	0.00380	0.06501	0.13532	0.13532	0.11398	0.10106	0.09674	
	M	0.00000	-0.12021	-0.23869	-0.35373	-0.46369	-0.56698	-0.66211	-0.74773	0.25227	0.17023	0.08573	0.00000	
1.200	Q	-1.20497	-1.19630	-1.17043	-1.12772	-1.06880	-0.99450	-0.90590	-0.80427	-0.80427	-0.83473	-0.85318	-0.85936	1.200
	V	0.00000	-0.01403	-0.02687	-0.03731	-0.04423	-0.04651	-0.04313	-0.03314	-0.03314	-0.02068	-0.00991	0.00000	
	V'	-0.14234	-0.13632	-0.11835	-0.08870	-0.04778	0.00382	0.06535	0.13592	0.13592	0.11477	0.10196	0.09767	
	M	0.00000	-0.12121	-0.24060	-0.35639	-0.46684	-0.57028	-0.66519	-0.75012	0.24988	0.16870	0.08499	0.00000	
1.225	Q	-1.21513	-1.20603	-1.17885	-1.13400	-1.07215	-0.99424	-0.90142	-0.79510	-0.79510	-0.82654	-0.84560	-0.85199	1.225
	V	0.00000	-0.01413	-0.02706	-0.03758	-0.04454	-0.04684	-0.04344	-0.03340	-0.03340	-0.02086	-0.01001	0.00000	
	V'	-0.14336	-0.13729	-0.11918	-C.08929	-0.04808	0.00384	0.06569	0.13654	0.13654	0.11559	0.10289	0.09863	
ALPHA	X/L =	0.00	0.10	0.20	0.30	0.40	0.50	0.60	L 0.70	R 0.70	0.80	0.90	1.00	ALPHA

XM/L = 0.70

FUNKTIONEN : F.M;M - F.M;Q - F.M;V - F.M;V'

FUNKTIONEN : F.MIM - F.MIQ - F.MIV - F.MIV'

XM/L = 0.70

ALPHA	X/L =	0.00	0.10	0.20	0.30	0.40	0.50	0.60	L 0.70	R 0.70	0.80	0.90	1.00	ALPHA
	M	0.00000	-0.12225	-0.24259	-0.35914	-0.47009	-0.57371	-0.66837	-0.75260	0.24740	0.16711	0.08421	0.00000	
1.250	Q	-1.22566	-1.21610	-1.18756	-1.14049	-1.07562	-0.99397	-0.89680	-0.78565	-0.78565	-0.81807	-0.83773	-0.84432	1.250
	V	0.00000	-0.01424	-0.02726	-0.03785	-0.04486	-0.04717	-0.04375	-0.03366	-0.03366	-0.02105	-0.01010	0.00000	
	V'	-0.14442	-0.13830	-0.12004	-0.08991	-0.04840	0.00386	0.06605	0.13719	0.13719	0.11643	0.10385	0.09964	
	M	0.00000	-0.12332	-0.24464	-0.36199	-0.47346	-0.57725	-0.67166	-0.75517	0.24483	0.16546	0.08341	0.00000	
1.275	Q	-1.23657	-1.22653	-1.19658	-1.14720	-1.07921	-0.99369	-0.89204	-0.77590	-0.77590	-0.80930	-0.82955	-0.83634	1.275
	V	0.00000	-0.01435	-0.02746	-0.03813	-0.04519	-0.04752	-0.04408	-0.03394	-0.03394	-0.02125	-0.01021	0.00000	
	V'	-0.14552	-0.13935	-0.12092	-0.09055	-0.04872	0.00388	0.06641	0.13785	0.13785	0.11731	0.10485	0.10067	
	M	0.00000	-0.12443	-0.24677	-0.36494	-0.47695	-0.58091	-0.67507	-0.75784	0.24216	0.16375	0.08257	0.00000	
1.300	Q	-1.24786	-1.23733	-1.20592	-1.15415	-1.08291	-0.99340	-0.88712	-0.76587	-0.76587	-0.80021	-0.82106	-0.82804	1.300
	V	0.00000	-0.01446	-0.02767	-0.03843	-0.04553	-0.04788	-0.04442	-0.03422	-0.03422	-0.02145	-0.01031	0.00000	
	V'	-0.14666	-0.14043	-0.12184	-0.09121	-0.04906	0.00391	0.06679	0.13854	0.13854	0.11822	0.10588	0.10175	
	M	0.00000	-0.12559	-0.24897	-0.36799	-0.48056	-0.58471	-0.67860	-0.76060	0.23940	0.16197	0.08170	0.00000	
1.325	Q	-1.25955	-1.24851	-1.21558	-1.16134	-1.08675	-0.99310	-0.88204	-0.75552	-0.75552	-0.79081	-0.81223	-0.81941	1.325
	V	0.00000	-0.01457	-0.02789	-0.03873	-0.04589	-0.04825	-0.04477	-0.03452	-0.03452	-0.02166	-0.01042	0.00000	
	V'	-0.14784	-0.14155	-0.12279	-0.09190	-0.04941	0.00393	0.06719	0.13925	0.13925	0.11916	0.10695	0.10286	
	M	0.00000	-0.12678	-0.25125	-0.37115	-0.48430	-0.58863	-0.68226	-0.76346	0.23654	0.16012	0.08080	0.00000	
1.350	Q	-1.27166	-1.26009	-1.22559	-1.16879	-1.09071	-0.99279	-0.87681	-0.74487	-0.74487	-0.78107	-0.80305	-0.81043	1.350
	V	0.00000	-0.01469	-0.02812	-0.03904	-0.04626	-0.04863	-0.04513	-0.03482	-0.03482	-0.02188	-0.01054	0.00000	
	V'	-0.14906	-0.14271	-0.12378	-0.09261	-0.04977	0.00395	0.06760	0.1[illegible]999	0.13999	0.12013	0.10806	0.10402	
	M	0.00000	-0.12802	-0.25362	-0.37443	-0.48817	-0.59270	-0.68604	-0.76643	0.23357	0.15820	0.07986	0.00000	
1.375	Q	-1.28420	-1.27208	-1.23595	-1.17649	-1.09482	-0.99248	-0.87141	-0.[illegible]388	-0.73388	-0.77098	-0.79352	-0.80108	1.375
	V	0.00000	-0.01482	-0.02836	-0.03937	-0.04664	-0.04903	-0.04551	-0.03514	-0.03514	-0.02211	-0.01065	0.00000	
	V'	-0.15032	-0.14391	-0.12480	-0.09335	-0.05015	0.00398	0.06802	0.14076	0.14076	0.12114	0.10921	0.10522	
	M	0.00000	-0.12930	-0.25606	-0.37782	-0.49218	-0.59691	-0.68996	-0.[illegible]951	0.23049	0.15621	0.07888	0.00000	
1.400	Q	-1.29720	-1.28451	-1.24668	-1.18446	-1.09906	-0.99215	-0.86583	-0.72257	-0.72257	-0.76053	-0.78360	-0.79135	1.400
	V	0.00000	-0.01495	-0.02860	-0.03970	-0.04703	-0.04945	-0.04590	-0.03547	-0.03547	-0.02234	-0.01078	0.00000	
	V'	-0.15163	-0.14516	-0.12586	-0.09411	-0.05054	0.00400	0.06845	0.14155	0.14155	0.12218	0.11041	0.10646	
	M	0.00000	-0.13062	-0.25860	-0.38133	-0.49633	-0.60127	-0.69403	-0.77271	0.22729	0.15414	0.07786	0.00000	
1.425	Q	-1.31066	-1.29738	-1.25779	-1.19271	-1.10345	-0.99182	-0.86008	-0.71091	-0.71091	-0.74970	-0.77330	-0.78121	1.425
	V	0.00000	-0.01508	-0.02886	-0.04005	-0.04744	-0.04987	-0.04630	-0.03581	-0.03581	-0.02259	-0.01090	0.00000	
	V'	-0.15299	-0.14645	-0.12695	-0.09490	-0.05094	0.00403	0.06890	0.14237	0.14237	0.12326	0.11164	0.10774	
	M	0.00000	-0.13200	-0.26123	-0.38497	-0.50063	-0.60579	-0.69824	-0.77602	0.22398	0.15198	0.07680	0.00000	
1.450	Q	-1.32461	-1.31071	-1.26930	-1.20125	-1.10799	-0.99147	-0.85415	-0.69889	-0.69889	-0.73848	-0.76258	-0.77066	1.450
	V	0.00000	-0.01522	-0.02912	-0.04041	-0.04786	-0.05032	-0.04672	-0.03616	-0.03616	-0.02284	-0.01104	0.00000	
	V'	-0.15439	-0.14778	-0.12809	-0.09572	-0.05136	0.00406	0.06937	0.14321	0.14321	0.12438	0.11292	0.10908	
	M	0.00000	-0.13342	-0.26395	-0.38874	-0.50509	-0.61047	-0.70260	-0.77946	0.22054	0.14974	0.07569	0.00000	
1.475	Q	-1.33907	-1.32453	-1.28123	-1.21010	-1.11269	-0.99112	-0.84802	-0.68651	-0.68651	-0.72686	-0.75143	-0.75968	1.475
	V	0.00000	-0.01536	-0.02939	-0.04079	-0.04830	-0.05078	-0.04716	-0.03652	-0.03652	-0.02310	-0.01117	0.00000	
	V'	-0.15585	-0.14917	-0.12926	-0.09657	-0.05180	0.00408	0.06986	0.14409	0.14409	0.12555	0.11425	0.11046	
ALPHA	X/L =	0.00	0.10	0.20	0.30	0.40	0.50	0.60	L 0.70	R 0.70	0.80	0.90	1.00	ALPHA

XM/L = 0.70

FUNKTIONEN : F.MIM - F.MIQ - F.MIV - F.MIV'

90

FUNKTIONEN : F.M;M - F.M;Q - F.M;V - F.M;V'

XM/L = 0.70

ALPHA	X/L =	0.00	0.10	0.20	0.30	0.40	0.50	0.60	L 0.70	R 0.70	0.80	0.90	1.00	ALPHA
	M	0.00000	-0.13490	-0.26677	-0.39265	-0.50971	-0.61532	-0.70712	-0.78303	0.21697	0.14741	0.07454	0.00000	
1.500	Q	-1.35406	-1.33886	-1.29359	-1.21926	-1.11756	-0.99075	-0.84170	-0.67374	-0.67374	-0.71481	-0.73983	-0.74823	1.500
	V	0.00000	-0.01551	-0.02967	-0.04118	-0.04876	-0.05125	-0.04761	-0.03690	-0.03690	-0.02337	-0.01131	0.00000	
	V'	-0.15736	-0.15060	-0.13048	-0.09745	-0.05225	0.00411	0.07036	0.14500	0.14500	0.12675	0.11563	0.11190	
	M	0.00000	-0.13643	-0.26969	-0.39670	-0.51449	-0.62035	-0.71180	-0.78673	0.21327	0.14499	0.07335	0.00000	
1.525	Q	-1.36960	-1.35371	-1.30639	-1.22875	-1.12259	-0.99038	-0.83517	-0.66058	-0.66058	-0.70232	-0.72776	-0.73630	1.525
	V	0.00000	-0.01566	-0.02997	-0.04158	-0.04923	-0.05175	-0.04807	-0.03730	-0.03730	-0.02365	-0.01146	0.00000	
	V'	-0.15893	-0.15209	-0.13175	-0.09836	-0.05271	0.00414	0.07087	0.14595	0.14595	0.12800	0.11706	0.11339	
	M	0.00000	-0.13802	-0.27273	-0.40090	-0.51945	-0.62556	-0.71666	-0.79058	0.20942	0.14247	0.07210	0.00000	
1.550	Q	-1.38572	-1.36911	-1.31967	-1.23859	-1.12781	-0.98999	-0.82843	-0.64701	-0.64701	-0.68937	-0.71519	-0.72387	1.550
	V	0.00000	-0.01582	-0.03027	-0.04200	-0.04972	-0.05226	-0.04856	-0.03770	-0.03770	-0.02395	-0.01161	0.00000	
	V'	-0.16055	-0.15364	-0.13306	-0.09931	-0.05320	0.00417	0.07141	0.14693	0.14693	0.12930	0.11855	0.11493	
	M	0.00000	-0.13967	-0.27587	-0.40525	-0.52460	-0.63096	-0.72170	-0.79457	0.20543	0.13984	0.07080	0.00000	
1.575	Q	-1.40244	-1.38509	-1.33344	-1.24878	-1.13321	-0.98959	-0.82147	-0.63302	-0.63302	-0.67593	-0.70211	-0.71091	1.575
	V	0.00000	-0.01599	-0.03059	-0.04243	-0.05023	-0.05279	-0.04906	-0.03813	-0.03813	-0.02425	-0.01177	0.00000	
	V'	-0.16224	-0.15524	-0.13442	-0.10029	-0.05370	0.00420	0.07197	0.14794	0.14794	0.13064	0.12009	0.11654	
	M	0.00000	-0.14137	-0.27914	-0.40977	-0.52994	-0.63656	-0.72693	-0.79873	0.20127	0.13711	0.06944	0.00000	
1.600	Q	-1.41980	-1.40166	-1.34772	-1.25935	-1.13881	-0.98918	-0.81428	-0.61858	-0.61858	-0.66199	-0.68848	-0.69739	1.600
	V	0.00000	-0.01616	-0.03091	-0.04288	-0.05076	-0.05334	-0.04958	-0.03856	-0.03856	-0.02457	-0.01194	0.00000	
	V'	-0.16398	-0.15690	-0.13583	-0.10131	-0.05422	0.00423	0.07255	0.14899	0.14899	0.13204	0.12169	0.11821	
	M	0.00000	-0.14315	-0.28253	-0.41446	-0.53547	-0.64238	-0.73236	-0.80304	0.19696	0.13426	0.06803	0.00000	
1.625	Q	-1.43781	-1.41887	-1.36254	-1.27031	-1.14462	-0.98876	-0.80685	-0.60369	-0.60369	-0.64751	-0.67428	-0.68328	1.625
	V	0.00000	-0.01634	-0.03125	-0.04335	-0.05130	-0.05392	-0.05012	-0.03902	-0.03902	-0.02489	-0.01211	0.00000	
	V'	-0.16580	-0.15862	-0.13729	-0.10237	-0.05477	0.00426	0.07314	0.15008	0.15008	0.13349	0.12335	0.11994	
	M	0.00000	-0.14499	-0.28604	-0.41933	-0.54122	-0.64841	-0.73799	-0.80752	0.19248	0.13130	0.06655	0.00000	
1.650	Q	-1.45651	-1.43673	-1.37792	-1.28169	-1.15064	-0.98833	-0.79917	-0.58831	-0.58831	-0.63249	-0.65948	-0.66856	1.650
	V	0.00000	-0.01653	-0.03160	-0.04383	-0.05187	-0.05451	-0.05069	-0.03949	-0.03949	-0.02523	-0.01229	0.00000	
	V'	-0.16768	-0.16042	-0.13882	-0.10347	-0.05533	0.00429	0.07377	0.15122	0.15122	0.13499	0.12508	0.12174	
	M	0.00000	-0.14691	-0.28970	-0.42438	-0.54719	-0.65468	-0.74384	-0.81219	0.18781	0.12821	0.06501	0.00000	
1.675	Q	-1.47594	-1.45529	-1.39390	-1.29349	-1.15688	-0.98788	-0.79124	-0.57244	-0.57244	-0.61688	-0.64405	-0.65319	1.675
	V	0.00000	-0.01672	-0.03197	-0.04433	-0.05246	-0.05513	-0.05127	-0.03999	-0.03999	-0.02559	-0.01247	0.00000	
	V'	-0.16964	-0.16228	-0.14040	-0.10461	-0.05592	0.00432	0.07441	0.15239	0.15239	0.13655	0.12687	0.12361	
	M	0.00000	-0.14889	-0.29350	-0.42964	-0.55339	-0.66119	-0.74992	-0.81704	0.18296	0.12499	0.06341	0.00000	
1.700	Q	-1.49614	-1.47457	-1.41049	-1.30574	-1.16335	-0.98742	-0.78303	-0.55605	-0.55605	-0.60066	-0.62795	-0.63713	1.700
	V	0.00000	-0.01692	-0.03235	-0.04486	-0.05308	-0.05577	-0.05188	-0.04050	-0.04050	-0.02596	-0.01266	0.00000	
	V'	-0.17167	-0.16421	-0.14204	-0.10579	-0.05652	0.00435	0.07508	0.15361	0.15361	0.13818	0.12874	0.12556	
	M	0.00000	-0.15096	-0.29744	-0.43509	-0.55983	-0.66795	-0.75624	-0.82209	0.17791	0.12162	0.06173	0.00000	
1.725	Q	-1.51713	-1.49461	-1.42773	-1.31847	-1.17008	-0.98695	-0.77453	-0.53912	-0.53912	-0.58380	-0.61115	-0.62035	1.725
	V	0.00000	-0.01713	-0.03275	-0.04540	-0.05371	-0.05644	-0.05251	-0.04103	-0.04103	-0.02634	-0.01286	0.00000	
	V'	-0.17379	-0.16622	-0.14375	-0.10703	-0.05716	0.00438	0.07577	0.15488	0.15488	0.13987	0.13068	0.12759	
ALPHA	X/L =	0.00	0.10	0.20	0.30	0.40	0.50	0.60	L 0.70	R 0.70	0.80	0.90	1.00	ALPHA

XM/L = 0.70

FUNKTIONEN : F.M;M - F.M;Q - F.M;V - F.M;V'

FUNKTIONEN : F.M;M - F.M;Q - F.M;V - F.M;V'

XM/L = 0.70

ALPHA	X/L =	0.00	0.10	0.20	0.30	0.40	0.50	0.60	L 0.70	R 0.70	0.80	0.90	1.00	ALPHA
	M	0.00000	-0.15311	-0.30155	-0.44077	-0.56653	-0.67498	-0.76282	-0.82735	0.17265	0.11812	0.05997	0.00000	
1.750	Q	-1.53896	-1.51546	-1.44566	-1.33170	-1.17706	-0.98647	-0.76574	-0.52162	-0.52162	-0.56626	-0.59360	-0.60281	1.750
	V	0.00000	-0.01734	-0.03316	-0.04597	-0.05438	-0.05714	-0.05317	-0.04158	-0.04158	-0.02674	-0.01307	0.00000	
	V'	-0.17599	-0.16831	-0.14552	-0.10831	-0.05782	0.00442	0.07649	0.15620	0.15620	0.14163	0.13270	0.12970	
	M	0.00000	-0.15535	-0.30582	-0.44668	-0.57350	-0.68230	-0.76966	-0.83283	0.16717	0.11445	0.05814	0.00000	
1.775	Q	-1.56168	-1.53715	-1.46431	-1.34545	-1.18432	-0.98597	-0.75664	-0.50353	-0.50353	-0.54802	-0.57528	-0.58446	1.775
	V	0.00000	-0.01757	-0.03359	-0.04655	-0.05507	-0.05786	-0.05385	-0.04216	-0.04216	-0.02715	-0.01329	0.00000	
	V'	-0.17828	-0.17049	-0.14737	-0.10965	-0.05850	0.00445	0.07724	0.15758	0.15758	0.14346	0.13481	0.13189	
	M	0.00000	-0.15768	-0.31026	-0.45282	-0.58075	-0.68991	-0.77678	-0.83855	0.16145	0.11062	0.05622	0.00000	
1.800	Q	-1.58534	-1.55972	-1.48371	-1.35976	-1.19186	-0.98546	-0.74721	-0.48482	-0.48482	-0.52902	-0.55612	-0.56525	1.800
	V	0.00000	-0.01780	-0.03403	-0.04717	-0.05579	-0.05861	-0.05456	-0.04276	-0.04276	-0.02759	-0.01351	0.00000	
	V'	-0.18066	-0.17275	-0.14929	-0.11104	-0.05922	0.00449	0.07802	0.15901	0.15901	0.14536	0.13700	0.13418	
	M	0.00000	-0.16011	-0.31489	-0.45922	-0.58830	-0.69783	-0.78419	-0.84451	0.15549	0.10662	0.05421	0.00000	
1.825	Q	-1.60998	-1.58324	-1.50392	-1.37464	-1.19971	-0.98493	-0.73744	-0.46546	-0.46546	-0.50923	-0.53609	-0.54514	1.825
	V	0.00000	-0.01805	-0.03450	-0.04781	-0.05654	-0.05940	-0.05530	-0.04339	-0.04339	-0.02804	-0.01375	0.00000	
	V'	-0.18314	-0.17511	-0.15130	-0.11248	-0.05996	0.00452	0.07883	0.16049	0.16049	0.14735	0.13929	0.13657	
	M	0.00000	-0.16263	-0.31972	-0.46589	-0.59616	-0.70609	-0.79192	-0.85073	0.14927	0.10244	0.05211	0.00000	
1.850	Q	-1.63566	-1.60775	-1.52497	-1.39014	-1.20788	-0.98439	-0.72731	-0.44541	-0.44541	-0.48861	-0.51513	-0.52407	1.850
	V	0.00000	-0.01830	-0.03498	-0.04847	-0.05732	-0.06022	-0.05608	-0.04404	-0.04404	-0.02851	-0.01399	0.00000	
	V'	-0.18573	-0.17757	-0.15339	-0.11399	-0.06074	0.00456	0.07967	0.16204	0.16204	0.14942	0.14167	0.13906	
	M	0.00000	-0.16527	-0.32475	-0.47284	-0.60436	-0.71470	-0.79998	-0.85722	0.14278	0.09806	0.04991	0.00000	
1.875	Q	-1.66244	-1.63330	-1.54691	-1.40630	-1.21639	-0.98384	-0.71680	-0.42464	-0.42464	-0.46710	-0.49319	-0.50199	1.875
	V	0.00000	-0.01857	-0.03548	-0.04916	-0.05813	-0.06107	-0.05688	-0.04472	-0.04472	-0.02900	-0.01425	0.00000	
	V'	-0.18843	-0.18014	-0.15557	-0.11557	-0.06155	0.00460	0.08055	0.16366	0.16366	0.15158	0.14416	0.14166	
	M	0.00000	-0.16802	-0.33000	-0.48010	-0.61292	-0.72368	-0.80839	-0.86401	0.13599	0.09348	0.04759	0.00000	
1.900	Q	-1.69039	-1.65997	-1.56980	-1.42314	-1.22525	-0.98327	-0.70590	-0.40312	-0.40312	-0.44466	-0.47020	-0.47882	1.900
	V	0.00000	-0.01884	-0.03601	-0.04989	-0.05898	-0.06196	-0.05773	-0.04543	-0.04543	-0.02951	-0.01452	0.00000	
	V'	-0.19124	-0.18282	-0.15784	-0.11721	-0.06240	0.00463	0.08147	0.16534	0.16534	0.15383	0.14676	0.14437	
	M	0.00000	-0.17090	-0.33548	-0.48767	-0.62185	-0.73305	-0.81717	-0.87110	0.12890	0.08867	0.04517	0.00000	
1.925	Q	-1.71957	-1.68781	-1.59369	-1.44071	-1.23450	-0.98268	-0.69457	-0.38079	-0.38079	-0.42123	-0.44610	-0.45450	1.925
	V	0.00000	-0.01913	-0.03656	-0.05064	-0.05987	-0.06289	-0.05861	-0.04617	-0.04617	-0.03004	-0.01480	0.00000	
	V'	-0.19418	-0.18561	-0.16021	-0.11893	-0.06328	0.00467	0.08242	0.16710	0.16710	0.15619	0.14948	0.14721	
	M	0.00000	-0.17390	-0.34121	-0.49558	-0.63117	-0.74284	-0.82634	-0.87853	0.12147	0.08363	0.04262	0.00000	
1.950	Q	-1.75006	-1.71690	-1.61865	-1.45905	-1.24414	-0.98208	-0.68279	-0.35762	-0.35762	-0.39674	-0.42082	-0.42895	1.950
	V	0.00000	-0.01943	-0.03714	-0.05143	-0.06079	-0.06386	-0.05953	-0.04695	-0.04695	-0.03060	-0.01509	0.00000	
	V'	-0.19726	-0.18853	-0.16270	-0.12072	-0.06421	0.00471	0.08342	0.16894	0.16894	0.15865	0.15232	0.15018	
	M	0.00000	-0.17704	-0.34719	-0.50385	-0.64092	-0.75307	-0.83594	-0.88631	0.11369	0.07834	0.03995	0.00000	
1.975	Q	-1.78195	-1.74731	-1.64474	-1.47821	-1.25422	-0.98146	-0.67054	-0.33356	-0.33356	-0.37113	-0.39428	-0.40209	1.975
	V	0.00000	-0.01975	-0.03774	-0.05226	-0.06176	-0.06488	-0.06049	-0.04776	-0.04776	-0.03119	-0.01540	0.00000	
	V'	-0.20047	-0.19159	-0.16529	-0.12260	-0.06517	0.00475	0.08446	0.17086	0.17086	0.16122	0.15529	0.15328	
ALPHA	X/L =	0.00	0.10	0.20	0.30	0.40	0.50	0.60	L 0.70	R 0.70	0.80	0.90	1.00	ALPHA

XM/L = 0.70

FUNKTIONEN : F.M;M - F.M;Q - F.M;V - F.M;V'

D R U C K S T A E B E -93-

FUNKTIONEN : F.M;M - F.M;Q - F.M;V - F.M;V'

XM/L = 0.70

ALPHA	X/L =	0.00	0.10	0.20	0.30	0.40	0.50	0.60	L 0.70	R 0.70	0.80	0.90	1.00	ALPHA
	M	0.00000	-0.18032	-0.35346	-0.51251	-0.65112	-0.76377	-0.84598	-0.89446	0.10554	0.07279	0.03714	0.00000	
2.000	Q	-1.81533	-1.77914	-1.67203	-1.49825	-1.26475	-0.98082	-0.65780	-0.30855	-0.30855	-0.34433	-0.36639	-0.37384	2.000
	V	0.00000	-0.02008	-0.03837	-0.05313	-0.06278	-0.06594	-0.06149	-0.04861	-0.04861	-0.03180	-0.01572	0.00000	
	V'	-0.20383	-0.19479	-0.16801	-0.12456	-0.06619	0.00479	0.08555	0.17286	0.17286	0.16392	0.15840	0.15654	
	M	0.00000	-0.18377	-0.36002	-0.52157	-0.66179	-0.77498	-0.85649	-0.90300	0.09700	0.06695	0.03418	0.00000	
2.025	Q	-1.85028	-1.81247	-1.70060	-1.51922	-1.27577	-0.98017	-0.64452	-0.28253	-0.28253	-0.31626	-0.33707	-0.34410	2.025
	V	0.00000	-0.02043	-0.03902	-0.05403	-0.06384	-0.06706	-0.06255	-0.04951	-0.04951	-0.03245	-0.01605	0.00000	
	V'	-0.20735	-0.19813	-0.17085	-0.12662	-0.06725	0.00484	0.08669	0.17497	0.17497	0.16674	0.16167	0.15995	
	M	0.00000	-0.18737	-0.36690	-0.53106	-0.67298	-0.78672	-0.86751	-0.91198	0.08802	0.06081	0.03106	0.00000	
2.050	Q	-1.88692	-1.84761	-1.73054	-1.54119	-1.28730	-0.97950	-0.63068	-0.25545	-0.25545	-0.28683	-0.30621	-0.31276	2.050
	V	0.00000	-0.02079	-0.03971	-0.05498	-0.06496	-0.06823	-0.06366	-0.05044	-0.05044	-0.03312	-0.01641	0.00000	
	V'	-0.21105	-0.20165	-0.17383	-0.12878	-0.06836	0.00488	0.08788	0.17717	0.17717	0.16970	0.16509	0.16353	
	M	0.00000	-0.19116	-0.37412	-0.54102	-0.68472	-0.79904	-0.87908	-0.92141	0.07859	0.05435	0.02777	0.00000	
2.075	Q	-1.92537	-1.88407	-1.76194	-1.56422	-1.29939	-0.97881	-0.61624	-0.22723	-0.22723	-0.25596	-0.27370	-0.27970	2.075
	V	0.00000	-0.02117	-0.04044	-0.05598	-0.06613	-0.06945	-0.06482	-0.05142	-0.05142	-0.03383	-0.01678	0.00000	
	V'	-0.21492	-0.20533	-0.17696	-0.13104	-0.06953	0.00492	0.08913	0.17948	0.17948	0.17281	0.16869	0.16729	
	M	0.00000	-0.19513	-0.38169	-0.55148	-0.69704	-0.81197	-0.89123	-0.93132	0.06868	0.04753	0.02430	0.00000	
2.100	Q	-1.96575	-1.92257	-1.79491	-1.58838	-1.31207	-0.97810	-0.60116	-0.19781	-0.19781	-0.22352	-0.23942	-0.24480	2.100
	V	0.00000	-0.02157	-0.04120	-0.05703	-0.06736	-0.07074	-0.06604	-0.05245	-0.05245	-0.03457	-0.01717	0.00000	
	V'	-0.21899	-0.20920	-0.18025	-0.13342	-0.07076	0.00497	0.09044	0.18190	0.18190	0.17607	0.17247	0.17125	
	M	0.00000	-0.19931	-0.38966	-0.56248	-0.70999	-0.82556	-0.90400	-0.94176	0.05824	0.04034	0.02064	0.00000	
2.125	Q	-2.00821	-1.96304	-1.82956	-1.61377	-1.32538	-0.97738	-0.58540	-0.16708	-0.16708	-0.18942	-0.20325	-0.20792	2.125
	V	0.00000	-0.02199	-0.04200	-0.05813	-0.06865	-0.07210	-0.06732	-0.05354	-0.05354	-0.03536	-0.01758	0.00000	
	V'	-0.22327	-0.21327	-0.18371	-0.13592	-0.07206	0.00501	0.09182	0.18445	0.18445	0.17950	0.17644	0.17541	
	M	0.00000	-0.20371	-0.39804	-0.57404	-0.72361	-0.83986	-0.91744	-0.95277	0.04723	0.03275	0.01676	0.00000	
2.150	Q	-2.05289	-2.00563	-1.86601	-1.64047	-1.33938	-0.97663	-0.56890	-0.13498	-0.13498	-0.15353	-0.16502	-0.16891	2.150
	V	0.00000	-0.02244	-0.04284	-0.05929	-0.07001	-0.07352	-0.06867	-0.05468	-0.05468	-0.03618	-0.01801	0.00000	
	V'	-0.22778	-0.21755	-0.18735	-0.13855	-0.07342	0.00506	0.09326	0.18713	0.18713	0.18312	0.18063	0.17979	
	M	0.00000	-0.20835	-0.40687	-0.58623	-0.73796	-0.85493	-0.93160	-0.96438	0.03562	0.02472	0.01266	0.00000	
2.175	Q	-2.09998	-2.05050	-1.90441	-1.66858	-1.35412	-0.97586	-0.55162	-0.10138	-0.10138	-0.11571	-0.12459	-0.12759	2.175
	V	0.00000	-0.02290	-0.04373	-0.06051	-0.07144	-0.07503	-0.07010	-0.05589	-0.05589	-0.03705	-0.01846	0.00000	
	V'	-0.23252	-0.22206	-0.19118	-0.14133	-0.07486	0.00510	0.09478	0.18996	0.18996	0.18693	0.18505	0.18442	
	M	0.00000	-0.21323	-0.41619	-0.59908	-0.75310	-0.87081	-0.94654	-0.97665	0.02335	0.01622	0.00831	0.00000	
2.200	Q	-2.14965	-2.09784	-1.94490	-1.69821	-1.36965	-0.97507	-0.53349	-0.06619	-0.06619	-0.07581	-0.08177	-0.08379	2.200
	V	0.00000	-0.02340	-0.04467	-0.06179	-0.07295	-0.07661	-0.07160	-0.05716	-0.05716	-0.03797	-0.01894	0.00000	
	V'	-0.23753	-0.22683	-0.19523	-0.14426	-0.07637	0.00515	0.09639	0.19294	0.19294	0.19095	0.18972	0.18930	
	M	0.00000	-0.21840	-0.42603	-0.61266	-0.76908	-0.88758	-0.96233	-0.98963	0.01037	0.00721	0.00370	0.00000	
2.225	Q	-2.20212	-2.14783	-1.98765	-1.72948	-1.38604	-0.97426	-0.51445	-0.02928	-0.02928	-0.03365	-0.03636	-0.03728	2.225
	V	0.00000	-0.02392	-0.04566	-0.06316	-0.07455	-0.07829	-0.07319	-0.05850	-0.05850	-0.03894	-0.01945	0.00000	
	V'	-0.24282	-0.23186	-0.19950	-0.14735	-0.07798	0.00520	0.09808	0.19608	0.19608	0.19520	0.19465	0.19446	
ALPHA	X/L =	0.00	0.10	0.20	0.30	0.40	0.50	0.60	L 0.70	R 0.70	0.80	0.90	1.00	ALPHA

XM/L = 0.70

FUNKTIONEN : F.M;M - F.M;Q - F.M;V - F.M;V'

D R U C K S T A E B E -93-

FUNKTIONEN : F.M;M - F.M;Q - F.M;V - F.M;V'

XM/L = 0.70

ALPHA	X/L =	0.00	0.10	0.20	0.30	0.40	0.50	0.60	L 0.70	R 0.70	0.80	0.90	1.00	ALPHA
	M	0.00000	-0.22386	-0.43644	-0.62701	-0.78598	-0.90532	-0.97903	-1.00338	-0.00338	-0.00235	-0.00121	0.00000	
2.250	Q	-2.25762	-2.20071	-2.03286	-1.76254	-1.40336	-0.97343	-0.49443	0.00949	0.00949	0.01095	0.01185	0.01216	2.250
	V	0.00000	-0.02447	-0.04670	-0.06460	-0.07624	-0.08006	-0.07487	-0.05993	-0.05993	-0.03997	-0.01999	0.00000	
	V'	-0.24842	-0.23718	-0.20402	-0.15062	-0.07968	0.00525	0.09987	0.19941	0.19941	0.19969	0.19987	0.19993	
	M	0.00000	-0.22965	-0.44746	-0.64221	-0.80387	-0.92411	-0.99671	-1.01796	-0.01796	-0.01251	-0.00642	0.00000	
2.275	Q	-2.31641	-2.25672	-2.08074	-1.79753	-1.42168	-0.97258	-0.47335	0.05027	0.05027	0.05819	0.06311	0.06478	2.275
	V	0.00000	-0.02505	-0.04781	-0.06612	-0.07803	-0.08194	-0.07665	-0.06143	-0.06143	-0.04106	-0.02056	0.00000	
	V'	-0.25435	-0.24282	-0.20881	-0.15409	-0.08148	0.00530	0.10176	0.20293	0.20293	0.20446	0.20541	0.20573	
	M	0.00000	-0.23579	-0.45915	-0.65834	-0.82285	-0.94403	-1.01548	-1.03346	-0.03346	-0.02333	-0.01198	0.00000	
2.300	Q	-2.37878	-2.31613	-2.13151	-1.83462	-1.44111	-0.97170	-0.45111	0.09323	0.09323	0.10832	0.11770	0.12089	2.300
	V	0.00000	-0.02567	-0.04899	-0.06774	-0.07993	-0.08394	-0.07854	-0.06304	-0.06304	-0.04222	-0.02117	0.00000	
	V'	-0.26064	-0.24880	-0.21390	-0.15777	-0.08339	0.00535	0.10376	0.20666	0.20666	0.20951	0.21129	0.21189	
	M	0.00000	-0.24231	-0.47158	-0.67547	-0.84301	-0.96519	-1.03543	-1.04995	-0.04995	-0.03487	-0.01792	0.00000	
2.325	Q	-2.44505	-2.37927	-2.18544	-1.87401	-1.46174	-0.97080	-0.42762	0.13857	0.13857	0.16160	0.17593	0.18079	2.325
	V	0.00000	-0.02633	-0.05024	-0.06946	-0.08195	-0.08606	-0.08055	-0.06474	-0.06474	-0.04345	-0.02181	0.00000	
	V'	-0.26732	-0.25515	-0.21930	-0.16169	-0.08542	0.00540	0.10589	0.21063	0.21063	0.21489	0.21754	0.21844	
	M	0.00000	-0.24925	-0.48480	-0.69370	-0.86447	-0.98771	-1.05666	-1.06753	-0.06753	-0.04719	-0.02426	0.00000	
2.350	Q	-2.51561	-2.44646	-2.24284	-1.91592	-1.48367	-0.96987	-0.40276	0.18650	0.18650	0.21832	0.23814	0.24487	2.350
	V	0.00000	-0.02703	-0.05157	-0.07129	-0.08410	-0.08831	-0.08269	-0.06655	-0.06655	-0.04476	-0.02250	0.00000	
	V'	-0.27444	-0.26192	-0.22505	-0.16585	-0.08758	0.00546	0.10815	0.21485	0.21485	0.22061	0.22420	0.22542	
	M	0.00000	-0.25666	-0.49890	-0.71314	-0.88734	-1.01173	-1.07931	-1.08630	-0.08630	-0.06037	-0.03106	0.00000	
2.375	Q	-2.59085	-2.51812	-2.30402	-1.96057	-1.50705	-0.96892	-0.37640	0.23726	0.23726	0.27882	0.30473	0.31353	2.375
	V	0.00000	-0.02777	-0.05299	-0.07324	-0.08640	-0.09072	-0.08497	-0.06849	-0.06849	-0.04616	-0.02323	0.00000	
	V'	-0.28203	-0.26914	-0.23118	-0.17030	-0.08989	0.00551	0.11056	0.21935	0.21935	0.22672	0.23131	0.23287	
	M	0.00000	-0.26457	-0.51397	-0.73391	-0.91178	-1.03738	-1.10352	-1.10639	-0.10639	-0.07451	-0.03835	0.00000	
2.400	Q	-2.67125	-2.59469	-2.36939	-2.00826	-1.53202	-0.96795	-0.34839	0.29113	0.29113	0.34348	0.37614	0.38724	2.400
	V	0.00000	-0.02857	-0.05451	-0.07533	-0.08885	-0.09330	-0.08742	-0.07055	-0.07055	-0.04766	-0.02402	0.00000	
	V'	-0.29015	-0.27686	-0.23774	-0.17505	-0.09236	0.00556	0.11313	0.22415	0.22415	0.23324	0.23891	0.24084	
	M	0.00000	-0.27304	-0.53010	-0.75615	-0.93794	-1.06485	-1.12944	-1.12794	-0.12794	-0.08969	-0.04620	0.00000	
2.425	Q	-2.75736	-2.67668	-2.43936	-2.05930	-1.55873	-0.96695	-0.31858	0.34843	0.34843	0.41274	0.45289	0.46654	2.425
	V	0.00000	-0.02943	-0.05613	-0.07757	-0.09148	-0.09605	-0.09003	-0.07277	-0.07277	-0.04926	-0.02486	0.00000	
	V'	-0.29884	-0.28512	-0.24476	-0.18013	-0.09501	0.00562	0.11588	0.22930	0.22930	0.24024	0.24706	0.24939	
	M	0.00000	-0.28213	-0.54742	-0.78001	-0.96601	-1.09432	-1.15727	-1.15110	-0.15110	-0.10604	-0.05465	0.00000	
2.450	Q	-2.84977	-2.76467	-2.51445	-2.11405	-1.58739	-0.96592	-0.28676	0.40953	0.40953	0.48709	0.53556	0.55205	2.450
	V	0.00000	-0.03034	-0.05788	-0.07997	-0.09430	-0.09901	-0.09284	-0.07515	-0.07515	-0.05099	-0.02576	0.00000	
	V'	-0.30817	-0.29399	-0.25230	-0.18560	-0.09786	0.00568	0.11882	0.23482	0.23482	0.24774	0.25582	0.25857	
	M	0.00000	-0.29192	-0.56605	-0.80568	-0.99621	-1.12603	-1.18722	-1.17606	-0.17606	-0.12369	-0.06379	0.00000	
2.475	Q	-2.94921	-2.85934	-2.59521	-2.17292	-1.61820	-0.96486	-0.25272	0.47482	0.47482	0.56710	0.62482	0.64446	2.475
	V	0.00000	-0.03133	-0.05976	-0.08255	-0.09733	-0.10220	-0.09586	-0.07772	-0.07772	-0.05284	-0.02674	0.00000	
	V'	-0.31821	-0.30354	-0.26042	-0.19148	-0.10092	0.00574	0.12199	0.24076	0.24076	0.25583	0.26525	0.26846	
ALPHA	X/L =	0.00	0.10	0.20	0.30	0.40	0.50	0.60	L 0.70	R 0.70	0.80	0.90	1.00	ALPHA

XM/L = 0.70

FUNKTIONEN : F.M;M - F.M;Q - F.M;V - F.M;V'

D R U C K S T A E B E -94-

FUNKTIONEN : F.MIM - F.MIQ - F.MIV - F.MIV'

XM/L = 0.70

ALPHA	X/L =	0.00	0.10	0.20	0.30	0.40	0.50	0.60	L 0.70	R 0.70	0.80	0.90	1.00	ALPHA
	M	0.00000	-0.30247	-0.58614	-0.83337	-1.02878	-1.16022	-1.21953	-1.20302	-0.20302	-0.14279	-0.07369	0.00000	
2.500	Q	-3.05649	-2.96147	-2.68232	-2.23640	-1.65143	-0.96378	-0.21621	0.54481	0.54481	0.65344	0.72144	0.74459	2.500
	V	0.00000	-0.03240	-0.06178	-0.08534	-0.10060	-0.10564	-0.09913	-0.08048	-0.08048	-0.05485	-0.02779	0.00000	
	V'	-0.32904	-0.31383	-0.26917	-0.19782	-0.10423	0.00580	0.12541	0.24717	0.24717	0.26455	0.27543	0.27913	
	M	0.00000	-0.31389	-0.60788	-0.86332	-1.06401	-1.19722	-1.25450	-1.23223	-0.23223	-0.16352	-0.08444	0.00000	
2.525	Q	-3.17255	-3.07195	-2.77653	-2.30503	-1.68735	-0.96266	-0.17692	0.62004	0.62004	0.74687	0.82633	0.85339	2.525
	V	0.00000	-0.03355	-0.06398	-0.08836	-0.10415	-0.10936	-0.10266	-0.08348	-0.08348	-0.05702	-0.02893	0.00000	
	V'	-0.34076	-0.32498	-0.27864	-0.20469	-0.10781	0.00586	0.12910	0.25410	0.25410	0.27399	0.28645	0.29070	
	M	0.00000	-0.32629	-0.63147	-0.89582	-1.10223	-1.23736	-1.29246	-1.26397	-0.26397	-0.18608	-0.09615	0.00000	
2.550	Q	-3.29851	-3.19185	-2.87876	-2.37949	-1.72633	-0.96152	-0.13453	0.70116	0.70116	0.84828	0.94054	0.97197	2.550
	V	0.00000	-0.03480	-0.06636	-0.09163	-0.10799	-0.11340	-0.10649	-0.08673	-0.08673	-0.05937	-0.03016	0.00000	
	V'	-0.35348	-0.33708	-0.28893	-0.21215	-0.11170	0.00592	0.13310	0.26162	0.26162	0.28424	0.29843	0.30326	
	M	0.00000	-0.33978	-0.65716	-0.93120	-1.14384	-1.28106	-1.33380	-1.29859	-0.29859	-0.21072	-0.10895	0.00000	
2.575	Q	-3.43567	-3.32240	-2.99004	-2.46052	-1.76875	-0.96035	-0.08862	0.78895	0.78895	0.95874	1.06531	1.10163	2.575
	V	0.00000	-0.03616	-0.06895	-0.09520	-0.11218	-0.11780	-0.11067	-0.09028	-0.09028	-0.06194	-0.03151	0.00000	
	V'	-0.36734	-0.35025	-0.30013	-0.22027	-0.11594	0.00598	0.13745	0.26980	0.26980	0.29541	0.31148	0.31696	
	M	0.00000	-0.35453	-0.68523	-0.96987	-1.18932	-1.32882	-1.37899	-1.33647	-0.33647	-0.23772	-0.12300	0.00000	
2.600	Q	-3.58559	-3.46508	-3.11164	-2.54904	-1.81510	-0.95914	-0.03871	0.88432	0.88432	1.07950	1.20211	1.24392	2.600
	V	0.00000	-0.03765	-0.07178	-0.09909	-0.11676	-0.12261	-0.11524	-0.09415	-0.09415	-0.06475	-0.03299	0.00000	
	V'	-0.38248	-0.36466	-0.31237	-0.22915	-0.12058	0.00604	0.14220	0.27875	0.27875	0.30762	0.32576	0.33194	
	M	0.00000	-0.37072	-0.71604	-1.01230	-1.23921	-1.38122	-1.42860	-1.37810	-0.37810	-0.26744	-0.13847	0.00000	
2.625	Q	-3.75010	-3.62164	-3.24505	-2.64614	-1.86594	-0.95790	0.01576	0.98835	0.98835	1.21205	1.35270	1.40069	2.625
	V	0.00000	-0.03929	-0.07489	-0.10337	-0.12179	-0.12789	-0.12025	-0.09841	-0.09841	-0.06784	-0.03461	0.00000	
	V'	-0.39911	-0.38046	-0.32581	-0.23890	-0.12567	0.00611	0.14741	0.28856	0.28856	0.32102	0.34144	0.34840	
	M	0.00000	-0.38856	-0.74999	-1.05906	-1.29419	-1.43897	-1.48328	-1.42405	-0.42405	-0.30029	-0.15558	0.00000	
2.650	Q	-3.93143	-3.79419	-3.39206	-2.75312	-1.92197	-0.95663	0.07549	1.10235	1.10235	1.35818	1.51919	1.57414	2.650
	V	0.00000	-0.04109	-0.07832	-0.10809	-0.12733	-0.13371	-0.12578	-0.10310	-0.10310	-0.07124	-0.03639	0.00000	
	V'	-0.41743	-0.39789	-0.34063	-0.24964	-0.13129	0.00618	0.15315	0.29937	0.29937	0.33580	0.35873	0.36656	
	M	0.00000	-0.40832	-0.78759	-1.11084	-1.35508	-1.50293	-1.54387	-1.47500	-0.47500	-0.33678	-0.17460	0.00000	
2.675	Q	-4.13228	-3.98531	-3.55487	-2.87157	-1.98401	-0.95532	0.14131	1.22790	1.22790	1.52008	1.70414	1.76698	2.675
	V	0.00000	-0.04309	-0.08212	-0.11332	-0.13347	-0.14016	-0.13191	-0.10831	-0.10831	-0.07501	-0.03838	0.00000	
	V'	-0.43774	-0.41720	-0.35704	-0.26155	-0.13752	0.00624	0.15950	0.31135	0.31135	0.35218	0.37790	0.38669	
	M	0.00000	-0.43032	-0.82946	-1.16850	-1.42288	-1.57415	-1.61136	-1.53182	-0.53182	-0.37751	-0.19585	0.00000	
2.700	Q	-4.35595	-4.19814	-3.73614	-3.00342	-2.05308	-0.95398	0.21424	1.36694	1.36694	1.70042	1.91069	1.98252	2.700
	V	0.00000	-0.04531	-0.08635	-0.11914	-0.14031	-0.14735	-0.13873	-0.11410	-0.11410	-0.07922	-0.04058	0.00000	
	V'	-0.46035	-0.43870	-0.37533	-0.27482	-0.14446	0.00631	0.16656	0.32468	0.32468	0.37043	0.39927	0.40912	
	M	0.00000	-0.45498	-0.87637	-1.23310	-1.49882	-1.65394	-1.68700	-1.59556	-0.59556	-0.42327	-0.21974	0.00000	
2.725	Q	-4.60655	-4.43658	-3.93919	-3.15110	-2.13046	-0.95260	0.29555	1.52190	1.52190	1.90253	2.14276	2.22485	2.725
	V	0.00000	-0.04780	-0.09109	-0.12566	-0.14798	-0.15540	-0.14638	-0.12060	-0.12060	-0.08393	-0.04306	0.00000	
	V'	-0.48569	-0.46280	-0.39582	-0.28969	-0.15224	0.00638	0.17447	0.33962	0.33962	0.39088	0.42323	0.43429	
ALPHA	X/L =	0.00	0.10	0.20	0.30	0.40	0.50	0.60	L 0.70	R 0.70	0.80	0.90	1.00	ALPHA

XM/L = 0.70

FUNKTIONEN : F.MIM - F.MIQ - F.MIV - F.MIV'

FUNKTIONEN : F.MIM - F.MIQ - F.MIV - F.MIV'

XM/L = 0.70

ALPHA	X/L =	0.00	0.10	0.20	0.30	0.40	0.50	0.60	L 0.70	R 0.70	0.80	0.90	1.00	ALPHA
	M	0.00000	-0.48278	-0.92929	-1.30596	-1.58448	-1.74393	-1.77233	-1.66754	-0.66754	-0.47500	-0.24677	0.00000	
2.750	Q	-4.88924	-4.70553	-4.16820	-3.31763	-2.21774	-0.95119	0.38684	1.69580	1.69580	2.13057	2.40522	2.49913	2.750
	V	0.00000	-0.05062	-0.09643	-0.13302	-0.15663	-0.16449	-0.15502	-0.12794	-0.12794	-0.08926	-0.04585	0.00000	
	V'	-0.51428	-0.48999	-0.41893	-0.30646	-0.16102	0.00645	0.18338	0.35647	0.35647	0.41396	0.45028	0.46269	
	M	0.00000	-0.51439	-0.98943	-1.38876	-1.68183	-1.84622	-1.86935	-1.74945	-0.74945	-0.53395	-0.27760	0.00000	
2.775	Q	-5.21056	-5.01122	-4.42846	-3.50686	-2.31694	-0.94974	0.49013	1.89249	1.89249	2.38984	2.70433	2.81190	2.775
	V	0.00000	-0.05381	-0.10252	-0.14139	-0.16646	-0.17482	-0.16484	-0.13628	-0.13628	-0.09531	-0.04903	0.00000	
	V'	-0.54678	-0.52090	-0.44522	-0.32554	-0.17102	0.00653	0.19351	0.37562	0.37562	0.44020	0.48104	0.49501	
	M	0.00000	-0.55064	-1.05839	-1.48370	-1.79345	-1.96351	-1.98063	-1.84348	-0.84348	-0.60169	-0.31304	0.00000	
2.800	Q	-5.57899	-5.36172	-4.72683	-3.72377	-2.43067	-0.94825	0.60804	2.11696	2.11696	2.68720	3.04813	3.17165	2.800
	V	0.00000	-0.05748	-0.10949	-0.15098	-0.17774	-0.18667	-0.17610	-0.14585	-0.14585	-0.10226	-0.05268	0.00000	
	V'	-0.58405	-0.55634	-0.47536	-0.34742	-0.18248	0.00660	0.20511	0.39757	0.39757	0.47031	0.51634	0.53210	
	M	0.00000	-0.59261	-1.13824	-1.59364	-1.92270	-2.09933	-2.10953	-1.95250	-0.95250	-0.68031	-0.35420	0.00000	
2.825	Q	-6.00569	-5.76763	-5.07233	-3.97492	-2.56238	-0.94671	0.74401	2.37575	2.37575	3.03166	3.44723	3.58951	2.825
	V	0.00000	-0.06173	-0.11757	-0.16210	-0.19080	-0.20040	-0.18915	-0.15694	-0.15694	-0.11031	-0.05691	0.00000	
	V'	-0.62723	-0.59740	-0.51028	-0.37277	-0.19577	0.00668	0.21853	0.42299	0.42299	0.50518	0.55725	0.57508	
	M	0.00000	-0.64179	-1.23180	-1.72244	-2.07411	-2.25846	-2.26059	-2.08035	-1.08035	-0.77262	-0.40255	0.00000	
2.850	Q	-6.50562	-6.24319	-5.47709	-4.26911	-2.71671	-0.94514	0.90268	2.67768	2.67768	3.43535	3.91587	4.08047	2.850
	V	0.00000	-0.06670	-0.12703	-0.17512	-0.20611	-0.21649	-0.20444	-0.16994	-0.16994	-0.11974	-0.06187	0.00000	
	V'	-0.67782	-0.64551	-0.55120	-0.40248	-0.21135	0.00675	0.23425	0.45278	0.45278	0.54606	0.60522	0.62548	
	M	0.00000	-0.70020	-1.34292	-1.87540	-2.25394	-2.44745	-2.44005	-2.23235	-1.23235	-0.88245	-0.46011	0.00000	
2.875	Q	-7.09939	-6.80800	-5.95775	-4.61844	-2.90001	-0.94352	1.09042	3.03485	3.03485	3.91493	4.47364	4.66511	2.875
	V	0.00000	-0.07261	-0.13827	-0.19060	-0.22429	-0.23561	-0.22261	-0.18539	-0.18539	-0.13096	-0.06776	0.00000	
	V'	-0.73792	-0.70267	-0.59980	-0.43777	-0.22987	0.00683	0.25291	0.48815	0.48815	0.59462	0.66222	0.68538	
	M	0.00000	-0.77070	-1.47704	-2.06002	-2.47097	-2.67557	-2.65672	-2.41600	-1.41600	-1.01527	-0.52976	0.00000	
2.900	Q	-7.81610	-7.48973	-6.53788	-5.04003	-3.12128	-0.94186	1.31621	3.46437	3.46437	4.49394	5.14822	5.37255	2.900
	V	0.00000	-0.07975	-0.15185	-0.20928	-0.24625	-0.25869	-0.24456	-0.20404	-0.20404	-0.14450	-0.07488	0.00000	
	V'	-0.81048	-0.77167	-0.65849	-0.48038	-0.25223	0.00691	0.27541	0.53084	0.53084	0.65326	0.73106	0.75774	
	M	0.00000	-0.85748	-1.64212	-2.28727	-2.73812	-2.95636	-2.92348	-2.64225	-1.64225	-1.17903	-0.61567	0.00000	
2.925	Q	-8.69832	-8.32887	-7.25190	-5.55889	-3.39367	-0.94016	1.59322	3.99125	3.99125	5.20682	5.98008	6.24535	2.925
	V	0.00000	-0.08854	-0.16856	-0.23228	-0.27328	-0.28711	-0.27157	-0.22701	-0.22701	-0.16118	-0.08365	0.00000	
	V'	-0.89980	-0.85661	-0.73074	-0.53285	-0.27978	0.00699	0.30310	0.58339	0.58339	0.72547	0.81585	0.84685	
	M	0.00000	-0.96691	-1.85029	-2.57381	-3.07497	-3.31046	-3.25994	-2.92777	-1.92777	-1.38586	-0.72421	0.00000	
2.950	Q	-9.81083	-9.38702	-8.15222	-6.21310	-3.73719	-0.93840	1.94145	4.65358	4.65358	6.10597	7.03083	7.34826	2.950
	V	0.00000	-0.09962	-0.18963	-0.26128	-0.30738	-0.32295	-0.30565	-0.25599	-0.25599	-0.18223	-0.09471	0.00000	
	V'	-1.01245	-0.96375	-0.82186	-0.59903	-0.31453	0.00708	0.33800	0.64965	0.64965	0.81654	0.92282	0.95929	
	M	0.00000	-1.10919	-2.12094	-2.94635	-3.51291	-3.77084	-3.69748	-3.29927	-2.29927	-1.65514	-0.86559	0.00000	
2.975	Q	-11.25727	-10.76276	-9.32269	-7.06357	-4.18387	-0.93661	2.39295	5.51227	5.51227	7.27525	8.39905	8.78495	2.975
	V	0.00000	-0.11403	-0.21704	-0.29900	-0.35172	-0.36956	-0.34997	-0.29368	-0.29368	-0.20961	-0.10910	0.00000	
	V'	-1.15893	-1.10306	-0.94035	-0.68510	-0.35973	0.00716	0.38336	0.73580	0.73580	0.93499	1.06196	1.10557	
ALPHA	X/L =	0.00	0.10	0.20	0.30	0.40	0.50	0.60	L 0.70	R 0.70	0.80	0.90	1.00	ALPHA

XM/L = 0.70

FUNKTIONEN : F.MIM - F.MIQ - F.MIV - F.MIV'

FUNKTIONEN : F.M;M - F.M;Q - F.M;V - F.M;V'

XM/L = 0.80

ALPHA	X/L =	0.00	0.10	0.20	0.30	0.40	0.50	0.60	0.70	L 0.80	R 0.80	0.90	1.00	ALPHA
	M	0.00000	-0.10000	-0.20000	-0.30000	-0.40000	-0.50000	-0.60000	-0.70000	-0.80000	0.20000	0.10000	0.00000	
0.000	Q	-1.00000	-1.00000	-1.00000	-1.00000	-1.00000	-1.00000	-1.00000	-1.00000	-1.00000	-1.00000	-1.00000	-1.00000	0.000
	V	0.00000	-0.01450	-0.02800	-0.03950	-0.04800	-0.05250	-0.05200	-0.04550	-0.03200	-0.03200	-0.01550	0.00000	
	V'	-0.14667	-0.14167	-0.12667	-0.10167	-0.06667	-0.02167	0.03333	0.09833	0.17333	0.17333	0.15833	0.15333	
	M	0.00000	-0.10001	-0.20002	-0.30002	-0.40003	-0.50003	-0.60003	-0.70003	-0.80002	0.19998	0.09999	0.00000	
0.025	Q	-1.00009	-1.00009	-1.00008	-1.00006	-1.00004	-1.00001	-0.99998	-0.99994	-0.99989	-0.99989	-0.99990	-0.99990	0.025
	V	0.00000	-0.01450	-0.02800	-0.03950	-0.04800	-0.05250	-0.05200	-0.04550	-0.03200	-0.03200	-0.01550	0.00000	
	V'	-0.14668	-0.14168	-0.12667	-0.10167	-0.06667	-0.02167	0.03334	0.09834	0.17334	0.17334	0.15834	0.15334	
	M	0.00000	-0.10004	-0.20007	-0.30010	-0.40012	-0.50013	-0.60013	-0.70011	-0.80008	0.19992	0.09996	0.00000	
0.050	Q	-1.00037	-1.00035	-1.00032	-1.00025	-1.00017	-1.00005	-0.99992	-0.99975	-0.99957	-0.99957	-0.99960	-0.99962	0.050
	V	0.00000	-0.01450	-0.02801	-0.03951	-0.04801	-0.05251	-0.05201	-0.04551	-0.03201	-0.03201	-0.01550	0.00000	
	V'	-0.14671	-0.14171	-0.12670	-0.10169	-0.06668	-0.02167	0.03335	0.09836	0.17337	0.17337	0.15837	0.15338	
	M	0.00000	-0.10008	-0.20016	-0.30022	-0.40027	-0.50030	-0.60029	-0.70026	-0.80018	0.19982	0.09991	0.00000	
0.075	Q	-1.00083	-1.00080	-1.00071	-1.00057	-1.00038	-1.00012	-0.99981	-0.99945	-0.99902	-0.99902	-0.99911	-0.99914	0.075
	V	0.00000	-0.01451	-0.02802	-0.03952	-0.04803	-0.05253	-0.05203	-0.04552	-0.03202	-0.03202	-0.01551	0.00000	
	V'	-0.14676	-0.14175	-0.12674	-0.10172	-0.06670	-0.02167	0.03336	0.09839	0.17341	0.17341	0.15842	0.15343	
	M	0.00000	-0.10015	-0.20028	-0.30040	-0.40048	-0.50053	-0.60052	-0.70046	-0.80032	0.19968	0.09984	0.00000	
0.100	Q	-1.00147	-1.00142	-1.00127	-1.00102	-1.00067	-1.00022	-0.99967	-0.99902	-0.99826	-0.99826	-0.99841	-0.99846	0.100
	V	0.00000	-0.01452	-0.02803	-0.03954	-0.04805	-0.05255	-0.05205	-0.04554	-0.03203	-0.03203	-0.01552	0.00000	
	V'	-0.14683	-0.14182	-0.12680	-0.10177	-0.06672	-0.02167	0.03338	0.09843	0.17347	0.17347	0.15849	0.15350	
	M	0.00000	-0.10023	-0.20044	-0.30062	-0.40075	-0.50082	-0.60081	-0.70071	-0.80050	0.19950	0.09976	0.00000	
0.125	Q	-1.00230	-1.00222	-1.00198	-1.00159	-1.00104	-1.00034	-0.99948	-0.99846	-0.99729	-0.99729	-0.99752	-0.99760	0.125
	V	0.00000	-0.01452	-0.02805	-0.03957	-0.04808	-0.05258	-0.05208	-0.04557	-0.03205	-0.03205	-0.01553	0.00000	
	V'	-0.14692	-0.14191	-0.12687	-0.10182	-0.06675	-0.02167	0.03341	0.09849	0.17355	0.17355	0.15858	0.15360	
	M	0.00000	-0.10033	-0.20063	-0.30089	-0.40108	-0.50118	-0.60117	-0.70103	-0.80072	0.19928	0.09965	0.00000	
0.150	Q	-1.00331	-1.00320	-1.00286	-1.00229	-1.00150	-1.00049	-0.99925	-0.99778	-0.99609	-0.99609	-0.99643	-0.99654	0.150
	V	0.00000	-0.01454	-0.02807	-0.03960	-0.04811	-0.05262	-0.05211	-0.04560	-0.03207	-0.03207	-0.01554	0.00000	
	V'	-0.14703	-0.14202	-0.12697	-0.10189	-0.06679	-0.02168	0.03344	0.09855	0.17364	0.17364	0.15870	0.15371	
	M	0.00000	-0.10045	-0.20086	-0.30121	-0.40147	-0.50161	-0.60160	-0.70140	-0.80098	0.19902	0.09952	0.00000	
0.175	Q	-1.00451	-1.00435	-1.00389	-1.00312	-1.00205	-1.00066	-0.99897	-0.99698	-0.99468	-0.99468	-0.99514	-0.99529	0.175
	V	0.00000	-0.01455	-0.02809	-0.03963	-0.04815	-0.05266	-0.05216	-0.04563	-0.03210	-0.03210	-0.01555	0.00000	
	V'	-0.14716	-0.14214	-0.12708	-0.10197	-0.06684	-0.02168	0.03348	0.09863	0.17375	0.17375	0.15883	0.15385	
	M	0.00000	-0.10058	-0.20112	-0.30159	-0.40193	-0.50211	-0.60209	-0.70183	-0.80129	0.19871	0.09938	0.00000	
0.200	Q	-1.00589	-1.00569	-1.00509	-1.00408	-1.00268	-1.00087	-0.99866	-0.99605	-0.99304	-0.99304	-0.99364	-0.99384	0.200
	V	0.00000	-0.01456	-0.02812	-0.03967	-0.04820	-0.05271	-0.05220	-0.04567	-0.03213	-0.03213	-0.01557	0.00000	
	V'	-0.14732	-0.14229	-0.12720	-0.10206	-0.06689	-0.02168	0.03353	0.09872	0.17388	0.17388	0.15898	0.15401	
	M	0.00000	-0.10074	-0.20143	-0.30201	-0.40244	-0.50267	-0.60265	-0.70231	-0.80163	0.19837	0.09921	0.00000	
0.225	Q	-1.00747	-1.00721	-1.00645	-1.00517	-1.00339	-1.00110	-0.99830	-0.99500	-0.99119	-0.99119	-0.99194	-0.99219	0.225
	V	0.00000	-0.01458	-0.02815	-0.03971	-0.04825	-0.05277	-0.05226	-0.04572	-0.03216	-0.03216	-0.01558	0.00000	
	V'	-0.14749	-0.14245	-0.12734	-0.10217	-0.06695	-0.02169	0.03358	0.09883	0.17403	0.17403	0.15915	0.15419	
ALPHA	X/L =	0.00	0.10	0.20	0.30	0.40	0.50	0.60	0.70	L 0.80	R 0.80	0.90	1.00	ALPHA

XM/L = 0.80

FUNKTIONEN : F.M;M - F.M;Q - F.M;V - F.M;V'

FUNKTIONEN : F.M;M - F.M;Q - F.M;V - F.M;V'

XM/L = 0.80

ALPHA	X/L =	0.00	0.10	0.20	0.30	0.40	0.50	0.60	0.70	L 0.80	R 0.80	0.90	1.00	ALPHA
0.250	M	0.00000	-0.10091	-0.20176	-0.30249	-0.40302	-0.50330	-0.60327	-0.70286	-0.80201	0.19799	0.09902	0.00000	0.250
	Q	-1.00923	-1.00891	-1.00797	-1.00639	-1.00419	-1.00136	-0.99790	-0.99382	-0.98911	-0.98911	-0.99004	-0.99035	
	V	0.00000	-0.01460	-0.02819	-0.03977	-0.04831	-0.05283	-0.05232	-0.04577	-0.03220	-0.03220	-0.01560	0.00000	
	V'	-0.14768	-0.14264	-0.12750	-0.10229	-0.06701	-0.02169	0.03364	0.09895	0.17419	0.17419	0.15934	0.15439	
0.275	M	0.00000	-0.10111	-0.20214	-0.30301	-0.40366	-0.50400	-0.60396	-0.70347	-0.80244	0.19756	0.09882	0.00000	0.275
	Q	-1.01118	-1.01080	-1.00966	-1.00775	-1.00507	-1.00164	-0.99745	-0.99251	-0.98681	-0.98681	-0.98793	-0.98831	
	V	0.00000	-0.01462	-0.02823	-0.03982	-0.04838	-0.05290	-0.05239	-0.04583	-0.03224	-0.03224	-0.01563	0.00000	
	V'	-0.14790	-0.14284	-0.12768	-0.10242	-0.06709	-0.02170	0.03370	0.09908	0.17438	0.17438	0.15956	0.15462	
0.300	M	0.00000	-0.10132	-0.20254	-0.30359	-0.40436	-0.50477	-0.60472	-0.70413	-0.80291	0.19709	0.09859	0.00000	0.300
	Q	-1.01333	-1.01288	-1.01151	-1.00923	-1.00605	-1.00195	-0.99696	-0.99107	-0.98429	-0.98429	-0.98562	-0.98606	
	V	0.00000	-0.01464	-0.02828	-0.03988	-0.04845	-0.05298	-0.05246	-0.04589	-0.03229	-0.03229	-0.01565	0.00000	
	V'	-0.14814	-0.14307	-0.12788	-0.10257	-0.06717	-0.02171	0.03377	0.09922	0.17458	0.17458	0.15979	0.15486	
0.325	M	0.00000	-0.10155	-0.20299	-0.30422	-0.40513	-0.50561	-0.60555	-0.70485	-0.80342	0.19658	0.09834	0.00000	0.325
	Q	-1.01567	-1.01514	-1.01353	-1.01085	-1.00710	-1.00229	-0.99642	-0.98950	-0.98154	-0.98154	-0.98310	-0.98361	
	V	0.00000	-0.01467	-0.02832	-0.03995	-0.04853	-0.05307	-0.05254	-0.04596	-0.03234	-0.03234	-0.01568	0.00000	
	V'	-0.14839	-0.14332	-0.12809	-0.10273	-0.06725	-0.02171	0.03385	0.09937	0.17479	0.17479	0.16005	0.15513	
0.350	M	0.00000	-0.10180	-0.20348	-0.30490	-0.40596	-0.50651	-0.60645	-0.70564	-0.80397	0.19603	0.09808	0.00000	0.350
	Q	-1.01821	-1.01759	-1.01572	-1.01260	-1.00825	-1.00266	-0.99584	-0.98781	-0.97856	-0.97856	-0.98036	-0.98096	
	V	0.00000	-0.01470	-0.02838	-0.04002	-0.04862	-0.05316	-0.05263	-0.04604	-0.03239	-0.03239	-0.01571	0.00000	
	V'	-0.14867	-0.14358	-0.12832	-0.10290	-0.06735	-0.02172	0.03393	0.09954	0.17503	0.17503	0.16032	0.15542	
0.375	M	0.00000	-0.10207	-0.20400	-0.30564	-0.40685	-0.50749	-0.60741	-0.70649	-0.80456	0.19544	0.09779	0.00000	0.375
	Q	-1.02095	-1.02023	-1.01808	-1.01450	-1.00949	-1.00306	-0.99522	-0.98598	-0.97535	-0.97535	-0.97741	-0.97810	
	V	0.00000	-0.01473	-0.02843	-0.04010	-0.04871	-0.05326	-0.05272	-0.04612	-0.03245	-0.03245	-0.01574	0.00000	
	V'	-0.14898	-0.14387	-0.12857	-0.10308	-0.06745	-0.02173	0.03402	0.09972	0.17529	0.17529	0.16062	0.15573	
0.400	M	0.00000	-0.10236	-0.20456	-0.30643	-0.40781	-0.50854	-0.60845	-0.70739	-0.80520	0.19480	0.09748	0.00000	0.400
	Q	-1.02389	-1.02307	-1.02061	-1.01652	-1.01081	-1.00348	-0.99454	-0.98401	-0.97191	-0.97191	-0.97425	-0.97503	
	V	0.00000	-0.01476	-0.02849	-0.04019	-0.04881	-0.05336	-0.05283	-0.04621	-0.03251	-0.03251	-0.01577	0.00000	
	V'	-0.14930	-0.14418	-0.12883	-0.10328	-0.06756	-0.02174	0.03412	0.09992	0.17556	0.17556	0.16094	0.15607	
0.425	M	0.00000	-0.10267	-0.20516	-0.30727	-0.40884	-0.50966	-0.60956	-0.70836	-0.80588	0.19412	0.09715	0.00000	0.425
	Q	-1.02703	-1.02610	-1.02332	-1.01869	-1.01222	-1.00393	-0.99382	-0.98191	-0.96824	-0.96824	-0.97087	-0.97175	
	V	0.00000	-0.01479	-0.02856	-0.04028	-0.04892	-0.05347	-0.05293	-0.04630	-0.03258	-0.03258	-0.01580	0.00000	
	V'	-0.14964	-0.14451	-0.12912	-0.10349	-0.06768	-0.02175	0.03422	0.10013	0.17585	0.17585	0.16129	0.15643	
0.450	M	0.00000	-0.10300	-0.20580	-0.30818	-0.40993	-0.51085	-0.61074	-0.70940	-0.80661	0.19339	0.09679	0.00000	0.450
	Q	-1.03038	-1.02933	-1.02621	-1.02100	-1.01373	-1.00441	-0.99305	-0.97968	-0.96433	-0.96433	-0.96727	-0.96825	
	V	0.00000	-0.01483	-0.02863	-0.04037	-0.04903	-0.05359	-0.05305	-0.04640	-0.03265	-0.03265	-0.01584	0.00000	
	V'	-0.15001	-0.14486	-0.12942	-0.10372	-0.06780	-0.02176	0.03433	0.10035	0.17616	0.17616	0.16165	0.15681	
0.475	M	0.00000	-0.10335	-0.20648	-0.30913	-0.41109	-0.51212	-0.61200	-0.71049	-0.80738	0.19262	0.09642	0.00000	0.475
	Q	-1.03393	-1.03277	-1.02927	-1.02345	-1.01533	-1.00491	-0.99223	-0.97731	-0.96018	-0.96018	-0.96344	-0.96453	
	V	0.00000	-0.01487	-0.02870	-0.04047	-0.04915	-0.05372	-0.05317	-0.04650	-0.03273	-0.03273	-0.01588	0.00000	
	V'	-0.15040	-0.14524	-0.12974	-0.10396	-0.06794	-0.02177	0.03445	0.10058	0.17649	0.17649	0.16204	0.15722	
ALPHA	X/L =	0.00	0.10	0.20	0.30	0.40	0.50	0.60	0.70	L 0.80	R 0.80	0.90	1.00	ALPHA

XM/L = 0.80

FUNKTIONEN : F.M;M - F.M;Q - F.M;V - F.M;V'

D R U C K S T A E B E -98-

FUNKTIONEN : F.MiM - F.MiQ - F.MiV - F.MiV'

XM/L = 0.80

ALPHA	X/L =	0.00	0.10	0.20	0.30	0.40	0.50	0.60	0.70	L 0.80	R 0.80	0.90	1.00	ALPHA
	M	0.00000	-0.10373	-0.20720	-0.31015	-0.41232	-0.51346	-0.61333	-0.71165	-0.80820	0.19180	0.09602	0.00000	
0.500	Q	-1.03770	-1.03641	-1.03252	-1.02605	-1.01702	-1.00544	-0.99136	-0.97479	-0.95579	-0.95579	-0.95939	-0.96059	0.500
	V	0.00000	-0.01491	-0.02878	-0.04058	-0.04928	-0.05386	-0.05330	-0.04661	-0.03281	-0.03281	-0.01592	0.00000	
	V'	-0.15082	-0.14563	-0.13008	-0.10421	-0.06808	-0.02178	0.03457	0.10083	0.17684	0.17684	0.16245	0.15765	
	M	0.00000	-0.10412	-0.20796	-0.31122	-0.41362	-0.51488	-0.61473	-0.71288	-0.80907	0.19093	0.09560	0.00000	
0.525	Q	-1.04169	-1.04025	-1.03595	-1.02880	-1.01881	-1.00601	-0.99044	-0.97213	-0.95116	-0.95116	-0.95511	-0.95642	0.525
	V	0.00000	-0.01495	-0.02886	-0.04070	-0.04942	-0.05400	-0.05344	-0.04673	-0.03289	-0.03289	-0.01597	0.00000	
	V'	-0.15126	-0.14605	-0.13044	-0.10448	-0.06823	-0.02179	0.03470	0.10110	0.17721	0.17721	0.16288	0.15810	
	M	0.00000	-0.10454	-0.20876	-0.31235	-0.41499	-0.51638	-0.61621	-0.71417	-0.80998	0.19002	0.09515	0.00000	
0.550	Q	-1.04589	-1.04431	-1.03957	-1.03169	-1.02069	-1.00660	-0.98946	-0.96933	-0.94628	-0.94628	-0.95059	-0.95203	0.550
	V	0.00000	-0.01500	-0.02895	-0.04082	-0.04956	-0.05415	-0.05358	-0.04685	-0.03298	-0.03298	-0.01602	0.00000	
	V'	-0.15172	-0.14649	-0.13082	-0.10476	-0.06838	-0.02180	0.03484	0.10138	0.17760	0.17760	0.16334	0.15858	
	M	0.00000	-0.10497	-0.20960	-0.31354	-0.41643	-0.51796	-0.61777	-0.71553	-0.81094	0.18906	0.09469	0.00000	
0.575	Q	-1.05032	-1.04859	-1.04339	-1.03473	-1.02266	-1.00721	-0.98843	-0.96639	-0.94114	-0.94114	-0.94584	-0.94740	0.575
	V	0.00000	-0.01505	-0.02904	-0.04094	-0.04971	-0.05431	-0.05374	-0.04698	-0.03308	-0.03308	-0.01607	0.00000	
	V'	-0.15220	-0.14695	-0.13122	-0.10506	-0.06855	-0.02182	0.03499	0.10167	0.17801	0.17801	0.16382	0.15909	
	M	0.00000	-0.10543	-0.21049	-0.31479	-0.41795	-0.51961	-0.61940	-0.71696	-0.81194	0.18806	0.09420	0.00000	
0.600	Q	-1.05498	-1.05308	-1.04739	-1.03793	-1.02474	-1.00786	-0.98735	-0.96329	-0.93576	-0.93576	-0.94084	-0.94254	0.600
	V	0.00000	-0.01510	-0.02914	-0.04107	-0.04987	-0.05448	-0.05390	-0.04712	-0.03318	-0.03318	-0.01612	0.00000	
	V'	-0.15272	-0.14744	-0.13164	-0.10537	-0.06872	-0.02183	0.03514	0.10198	0.17844	0.17844	0.16433	0.15962	
	M	0.00000	-0.10592	-0.21142	-0.31610	-0.41954	-0.52135	-0.62112	-0.71846	-0.81300	0.18700	0.09368	0.00000	
0.625	Q	-1.05986	-1.05779	-1.05159	-1.04129	-1.02692	-1.00853	-0.98621	-0.96004	-0.93012	-0.93012	-0.93560	-0.93743	0.625
	V	0.00000	-0.01515	-0.02924	-0.04121	-0.05003	-0.05465	-0.05406	-0.04726	-0.03328	-0.03328	-0.01617	0.00000	
	V'	-0.15325	-0.14795	-0.13208	-0.10570	-0.06890	-0.02184	0.03530	0.10230	0.17890	0.17890	0.16486	0.16017	
	M	0.00000	-0.10642	-0.21240	-0.31747	-0.42121	-0.52317	-0.62292	-0.72003	-0.81411	0.18589	0.09314	0.00000	
0.650	Q	-1.06499	-1.06274	-1.05600	-1.04480	-1.02919	-1.00924	-0.98502	-0.95664	-0.92422	-0.92422	-0.93011	-0.93208	0.650
	V	0.00000	-0.01520	-0.02934	-0.04136	-0.05020	-0.05484	-0.05424	-0.04741	-0.03339	-0.03339	-0.01623	0.00000	
	V'	-0.15381	-0.14849	-0.13254	-0.10604	-0.06909	-0.02186	0.03547	0.10264	0.17937	0.17937	0.16541	0.16076	
	M	0.00000	-0.10695	-0.21342	-0.31891	-0.42296	-0.52507	-0.62480	-0.72168	-0.81527	0.18473	0.09258	0.00000	
0.675	Q	-1.07035	-1.06791	-1.06061	-1.04848	-1.03157	-1.00997	-0.98376	-0.95307	-0.91805	-0.91805	-0.92437	-0.92648	0.675
	V	0.00000	-0.01526	-0.02945	-0.04151	-0.05039	-0.05503	-0.05442	-0.04757	-0.03351	-0.03351	-0.01629	0.00000	
	V'	-0.15440	-0.14905	-0.13303	-0.10640	-0.06929	-0.02187	0.03564	0.10299	0.17987	0.17987	0.16600	0.16137	
	M	0.00000	-0.10751	-0.21449	-0.32042	-0.42478	-0.52706	-0.62676	-0.72339	-0.81648	0.18352	0.09199	0.00000	
0.700	Q	-1.07596	-1.07332	-1.06543	-1.05232	-1.03406	-1.01073	-0.98245	-0.94935	-0.91161	-0.91161	-0.91836	-0.92062	0.700
	V	0.00000	-0.01532	-0.02957	-0.04167	-0.05057	-0.05523	-0.05462	-0.04774	-0.03363	-0.03363	-0.01635	0.00000	
	V'	-0.15502	-0.14964	-0.13353	-0.10678	-0.06950	-0.02189	0.03583	0.10336	0.18039	0.18039	0.16660	0.16200	
	M	0.00000	-0.10809	-0.21561	-0.32199	-0.42669	-0.52914	-0.62881	-0.72518	-0.81774	0.18226	0.09137	0.00000	
0.725	Q	-1.08182	-1.07898	-1.07047	-1.05633	-1.03665	-1.01151	-0.98107	-0.94547	-0.90490	-0.90490	-0.91209	-0.91450	0.725
	V	0.00000	-0.01539	-0.02969	-0.04184	-0.05077	-0.05544	-0.05482	-0.04791	-0.03375	-0.03375	-0.01642	0.00000	
	V'	-0.15566	-0.15025	-0.13406	-0.10717	-0.06972	-0.02191	0.03602	0.10375	0.18093	0.18093	0.16724	0.16267	
ALPHA	X/L =	0.00	0.10	0.20	0.30	0.40	0.50	0.60	0.70	L 0.80	R 0.80	0.90	1.00	ALPHA

XM/L = 0.80

FUNKTIONEN : F.MiM - F.MiQ - F.MiV - F.MiV'

D R U C K S T A E B E -99-

FUNKTIONEN : F.M;M - F.M;Q - F.M;V - F.M;V'

XM/L = 0.80

ALPHA	X/L =	0.00	0.10	0.20	0.30	0.40	0.50	0.60	0.70	L 0.80	R 0.80	0.90	1.00	ALPHA
	M	0.00000	-0.10869	-0.21677	-0.32363	-0.42868	-0.53131	-0.63095	-0.72705	-0.81906	0.18094	0.09073	0.00000	
0.750	Q	-1.08793	-1.08488	-1.07572	-1.06051	-1.03934	-1.01233	-0.97963	-0.94142	-0.89791	-0.89791	-0.90556	-0.90811	0.750
	V	0.00000	-0.01545	-0.02982	-0.04202	-0.05098	-0.05566	-0.05503	-0.04809	-0.03388	-0.03388	-0.01649	0.00000	
	V'	-0.15633	-0.15089	-0.13461	-0.10758	-0.06994	-0.02192	0.03622	0.10415	0.18149	0.18149	0.16790	0.16336	
	M	0.00000	-0.10932	-0.21799	-0.32534	-0.43075	-0.53357	-0.63318	-0.72899	-0.82043	0.17957	0.09005	0.00000	
0.775	Q	-1.09431	-1.09103	-1.08119	-1.06487	-1.04215	-1.01318	-0.97812	-0.93719	-0.89064	-0.89064	-0.89874	-0.90145	0.775
	V	0.00000	-0.01552	-0.02995	-0.04220	-0.05119	-0.05589	-0.05524	-0.04827	-0.03402	-0.03402	-0.01656	0.00000	
	V'	-0.15703	-0.15156	-0.13518	-0.10800	-0.07018	-0.02194	0.03643	0.10457	0.18208	0.18208	0.16859	0.16409	
	M	0.00000	-0.10998	-0.21925	-0.32713	-0.43291	-0.53592	-0.63550	-0.73102	-0.82186	0.17814	0.08935	0.00000	
0.800	Q	-1.10096	-1.09744	-1.08690	-1.06941	-1.04507	-1.01405	-0.97655	-0.93280	-0.88308	-0.88308	-0.89164	-0.89450	0.800
	V	0.00000	-0.01559	-0.03008	-0.04239	-0.05142	-0.05612	-0.05547	-0.04847	-0.03416	-0.03416	-0.01663	0.00000	
	V'	-0.15775	-0.15225	-0.13578	-0.10845	-0.07043	-0.02196	0.03664	0.10501	0.18269	0.18269	0.16931	0.16484	
	M	0.00000	-0.11066	-0.22057	-0.32898	-0.43515	-0.53837	-0.63792	-0.73313	-0.82335	0.17665	0.08863	0.00000	
0.825	Q	-1.10789	-1.10412	-1.09284	-1.07413	-1.04811	-1.01496	-0.97490	-0.92822	-0.87522	-0.87522	-0.88425	-0.88727	0.825
	V	0.00000	-0.01567	-0.03023	-0.04258	-0.05165	-0.05637	-0.05571	-0.04867	-0.03431	-0.03431	-0.01671	0.00000	
	V'	-0.15851	-0.15297	-0.13640	-0.10891	-0.07068	-0.02198	0.03687	0.10546	0.18333	0.18333	0.17006	0.16562	
	M	0.00000	-0.11138	-0.22195	-0.33091	-0.43749	-0.54091	-0.64043	-0.73532	-0.82490	0.17510	0.08787	0.00000	
0.850	Q	-1.11509	-1.11107	-1.09902	-1.07903	-1.05126	-1.01589	-0.97319	-0.92346	-0.86707	-0.86707	-0.87657	-0.87975	0.850
	V	0.00000	-0.01574	-0.03037	-0.04279	-0.05189	-0.05663	-0.05595	-0.04888	-0.03446	-0.03446	-0.01679	0.00000	
	V'	-0.15930	-0.15373	-0.13705	-0.10939	-0.07095	-0.02200	0.03711	0.10593	0.18399	0.18399	0.17084	0.16644	
	M	0.00000	-0.11212	-0.22337	-0.33292	-0.43992	-0.54356	-0.64304	-0.73759	-0.82650	0.17350	0.08708	0.00000	
0.875	Q	-1.12259	-1.11829	-1.10544	-1.08413	-1.05453	-1.01686	-0.97140	-0.91852	-0.85860	-0.85860	-0.86858	-0.87192	0.875
	V	0.00000	-0.01582	-0.03053	-0.04300	-0.05215	-0.05689	-0.05621	-0.04910	-0.03462	-0.03462	-0.01687	0.00000	
	V'	-0.16012	-0.15451	-0.13772	-0.10989	-0.07122	-0.02202	0.03735	0.10643	0.18468	0.18468	0.17164	0.16729	
	M	0.00000	-0.11289	-0.22486	-0.33501	-0.44245	-0.54631	-0.64575	-0.73995	-0.82817	0.17183	0.08626	0.00000	
0.900	Q	-1.13038	-1.12581	-1.11212	-1.08943	-1.05792	-1.01785	-0.96954	-0.91338	-0.84983	-0.84983	-0.86029	-0.86378	0.900
	V	0.00000	-0.01591	-0.03069	-0.04322	-0.05241	-0.05717	-0.05648	-0.04933	-0.03478	-0.03478	-0.01696	0.00000	
	V'	-0.16097	-0.15532	-0.13842	-0.11041	-0.07151	-0.02204	0.03761	0.10694	0.18540	0.18540	0.17248	0.16817	
	M	0.00000	-0.11369	-0.22640	-0.33718	-0.44507	-0.54916	-0.64856	-0.74241	-0.82991	0.17009	0.08541	0.00000	
0.925	Q	-1.13848	-1.13362	-1.11906	-1.09493	-1.06144	-1.01887	-0.96760	-0.90805	-0.84073	-0.84073	-0.85167	-0.85533	0.925
	V	0.00000	-0.01600	-0.03085	-0.04345	-0.05268	-0.05746	-0.05675	-0.04956	-0.03495	-0.03495	-0.01705	0.00000	
	V'	-0.16185	-0.15616	-0.13915	-0.11095	-0.07181	-0.02206	0.03787	0.10747	0.18614	0.18614	0.17336	0.16908	
	M	0.00000	-0.11452	-0.22800	-0.33943	-0.44780	-0.55213	-0.65148	-0.74495	-0.83171	0.16829	0.08453	0.00000	
0.950	Q	-1.14690	-1.14173	-1.12626	-1.10063	-1.06508	-1.01993	-0.96557	-0.90251	-0.83131	-0.83131	-0.84273	-0.84655	0.950
	V	0.00000	-0.01609	-0.03103	-0.04369	-0.05296	-0.05776	-0.05704	-0.04981	-0.03513	-0.03513	-0.01714	0.00000	
	V'	-0.16277	-0.15704	-0.13990	-0.11151	-0.07211	-0.02208	0.03815	0.10802	0.18691	0.18691	0.17426	0.17003	
	M	0.00000	-0.11538	-0.22967	-0.34177	-0.45062	-0.55520	-0.65450	-0.74759	-0.83357	0.16643	0.08361	0.00000	
0.975	Q	-1.15564	-1.15015	-1.13373	-1.10655	-1.06886	-1.02101	-0.96347	-0.89677	-0.82156	-0.82156	-0.83345	-0.83743	0.975
	V	0.00000	-0.01618	-0.03121	-0.04394	-0.05325	-0.05807	-0.05733	-0.05006	-0.03532	-0.03532	-0.01724	0.00000	
	V'	-0.16372	-0.15795	-0.14068	-0.11208	-0.07243	-0.02210	0.03843	0.10859	0.18771	0.18771	0.17520	0.17102	
ALPHA	X/L =	0.00	0.10	0.20	0.30	0.40	0.50	0.60	0.70	L 0.80	R 0.80	0.90	1.00	ALPHA

XM/L = 0.80

FUNKTIONEN : F.M;M - F.M;Q - F.M;V - F.M;V'

FUNKTIONEN : F.M;M - F.M;Q - F.M;V - F.M;V'

XM/L = 0.80

ALPHA	X/L =	0.00	0.10	0.20	0.30	0.40	0.50	0.60	0.70	L 0.80	R 0.80	0.90	1.00	ALPHA
	M	0.00000	-0.11628	-0.23139	-0.34419	-0.45356	-0.55839	-0.65764	-0.75032	-0.83551	0.16449	0.08266	0.00000	
1.000	Q	-1.16471	-1.15889	-1.14149	-1.11269	-1.07277	-1.02213	-0.96127	-0.89082	-0.81146	-0.81146	-0.82383	-0.82796	1.000
	V	0.00000	-0.01628	-0.03139	-0.04419	-0.05356	-0.05839	-0.05764	-0.05032	-0.03551	-0.03551	-0.01734	0.00000	
	V'	-0.16471	-0.15889	-0.14149	-0.11269	-0.07277	-0.02213	0.03873	0.10918	0.18854	0.18854	0.17617	0.17204	
	M	0.00000	-0.11721	-0.23318	-0.34671	-0.45660	-0.56170	-0.66090	-0.75316	-0.83752	0.16248	0.08167	0.00000	
1.025	Q	-1.17412	-1.16796	-1.14954	-1.11905	-1.07681	-1.02327	-0.95899	-0.88464	-0.80101	-0.80101	-0.81385	-0.81814	1.025
	V	0.00000	-0.01638	-0.03158	-0.04446	-0.05387	-0.05872	-0.05796	-0.05060	-0.03571	-0.03571	-0.01745	0.00000	
	V'	-0.16573	-0.15986	-0.14233	-0.11331	-0.07311	-0.02215	0.03903	0.10980	0.18940	0.18940	0.17718	0.17310	
	M	0.00000	-0.11817	-0.23504	-0.34932	-0.45976	-0.56512	-0.66427	-0.75610	-0.83959	0.16041	0.08065	0.00000	
1.050	Q	-1.18389	-1.17737	-1.15788	-1.12564	-1.08100	-1.02445	-0.95661	-0.87824	-0.79020	-0.79020	-0.80350	-0.80795	1.050
	V	0.00000	-0.01648	-0.03178	-0.04474	-0.05420	-0.05907	-0.05829	-0.05088	-0.03591	-0.03591	-0.01755	0.00000	
	V'	-0.16679	-0.16088	-0.14320	-0.11396	-0.07347	-0.02217	0.03935	0.11044	0.19029	0.19029	0.17823	0.17419	
	M	0.00000	-0.11917	-0.23697	-0.35203	-0.46303	-0.56868	-0.66776	-0.75914	-0.84175	0.15825	0.07958	0.00000	
1.075	Q	-1.19402	-1.18713	-1.16653	-1.13247	-1.08532	-1.02565	-0.95414	-0.87161	-0.77902	-0.77902	-0.79278	-0.79738	1.075
	V	0.00000	-0.01659	-0.03199	-0.04502	-0.05454	-0.05943	-0.05864	-0.05117	-0.03613	-0.03613	-0.01767	0.00000	
	V'	-0.16789	-0.16193	-0.14410	-0.11463	-0.07383	-0.02220	0.03968	0.11110	0.19122	0.19122	0.17931	0.17533	
	M	0.00000	-0.12021	-0.23897	-0.35484	-0.46642	-0.57236	-0.67138	-0.76229	-0.84398	0.15602	0.07848	0.00000	
1.100	Q	-1.20453	-1.19725	-1.17550	-1.13954	-1.08980	-1.02689	-0.95157	-0.86475	-0.76747	-0.76747	-0.78167	-0.78642	1.100
	V	0.00000	-0.01670	-0.03220	-0.04532	-0.05489	-0.05980	-0.05899	-0.05148	-0.03635	-0.03635	-0.01778	0.00000	
	V'	-0.16903	-0.16302	-0.14504	-0.11532	-0.07422	-0.02223	0.04002	0.11178	0.19217	0.19217	0.18044	0.17651	
	M	0.00000	-0.12129	-0.24104	-0.35775	-0.46993	-0.57617	-0.67513	-0.76555	-0.84629	0.15371	0.07734	0.00000	
1.125	Q	-1.21543	-1.20775	-1.18479	-1.14686	-1.09443	-1.02816	-0.94889	-0.85763	-0.75552	-0.75552	-0.77016	-0.77506	1.125
	V	0.00000	-0.01682	-0.03243	-0.04563	-0.05525	-0.06018	-0.05936	-0.05179	-0.03658	-0.03658	-0.01790	0.00000	
	V'	-0.17022	-0.16415	-0.14601	-0.11604	-0.07461	-0.02225	0.04038	0.11249	0.19317	0.19317	0.18160	0.17773	
	M	0.00000	-0.12240	-0.24319	-0.36076	-0.47357	-0.58012	-0.67901	-0.76893	-0.84869	0.15131	0.07616	0.00000	
1.150	Q	-1.22673	-1.21863	-1.19443	-1.15445	-1.09922	-1.02946	-0.94611	-0.85026	-0.74318	-0.74318	-0.75824	-0.76328	1.150
	V	0.00000	-0.01694	-0.03266	-0.04594	-0.05563	-0.06058	-0.05974	-0.05212	-0.03681	-0.03681	-0.01803	0.00000	
	V'	-0.17144	-0.16531	-0.14701	-0.11678	-0.07502	-0.02228	0.04075	0.11322	0.19419	0.19419	0.18281	0.17900	
	M	0.00000	-0.12356	-0.24542	-0.36389	-0.47734	-0.58421	-0.68303	-0.77242	-0.85117	0.14883	0.07493	0.00000	
1.175	Q	-1.23845	-1.22991	-1.20441	-1.16230	-1.10416	-1.03080	-0.94322	-0.84263	-0.73042	-0.73042	-0.74589	-0.75107	1.175
	V	0.00000	-0.01706	-0.03290	-0.04627	-0.05602	-0.06100	-0.06014	-0.05246	-0.03706	-0.03706	-0.01816	0.00000	
	V'	-0.17271	-0.16653	-0.14806	-0.11756	-0.07545	-0.02231	0.04113	0.11398	0.19526	0.19526	0.18406	0.18031	
	M	0.00000	-0.12476	-0.24773	-0.36713	-0.48125	-0.58845	-0.68719	-0.77604	-0.85373	0.14627	0.07366	0.00000	
1.200	Q	-1.25060	-1.24160	-1.21475	-1.17043	-1.10927	-1.03216	-0.94021	-0.83473	-0.71724	-0.71724	-0.73310	-0.73841	1.200
	V	0.00000	-0.01719	-0.03314	-0.04662	-0.05642	-0.06142	-0.06055	-0.05281	-0.03731	-0.03731	-0.01829	0.00000	
	V'	-0.17403	-0.16778	-0.14913	-0.11835	-0.07588	-0.02234	0.04152	0.11477	0.19636	0.19636	0.18535	0.18166	
	M	0.00000	-0.12600	-0.25012	-0.37048	-0.48530	-0.59284	-0.69149	-0.77979	-0.85639	0.14361	0.07235	0.00000	
1.225	Q	-1.26319	-1.25373	-1.22547	-1.17885	-1.11456	-1.03356	-0.93707	-0.82654	-0.70363	-0.70363	-0.71985	-0.72529	1.225
	V	0.00000	-0.01733	-0.03340	-0.04697	-0.05684	-0.06187	-0.06097	-0.05317	-0.03758	-0.03758	-0.01843	0.00000	
	V'	-0.17539	-0.16908	-0.15025	-0.11918	-0.07634	-0.02236	0.04193	0.11559	0.19750	0.19750	0.18669	0.18307	
ALPHA	X/L =	0.00	0.10	0.20	0.30	0.40	0.50	0.60	0.70	L 0.80	R 0.80	0.90	1.00	ALPHA

XM/L = 0.80

FUNKTIONEN : F.M;M - F.M;Q - F.M;V - F.M;V'

FUNKTIONEN : F.M;M - F.M;Q - F.M;V - F.M;V'

XM/L = 0.80

ALPHA	X/L =	0.00	0.10	0.20	0.30	0.40	0.50	0.60	0.70	L 0.80	R 0.80	0.90	1.00	ALPHA
	M	0.00000	-0.12729	-0.25260	-0.37396	-0.48949	-0.59738	-0.69595	-0.78366	-0.85914	0.14086	0.07098	0.00000	
1.250	Q	-1.27625	-1.26629	-1.23657	-1.18756	-1.12001	-1.03499	-0.93382	-0.81807	-0.68956	-0.68956	-0.70613	-0.71168	1.250
	V	0.00000	-0.01747	-0.03366	-0.04734	-0.05728	-0.06233	-0.06141	-0.05354	-0.03785	-0.03785	-0.01857	0.00000	
	V'	-0.17680	-0.17043	-0.15141	-0.12004	-0.07681	-0.02239	0.04236	0.11643	0.19868	0.19868	0.18808	0.18452	
	M	0.00000	-0.12863	-0.25517	-0.37757	-0.49384	-0.60209	-0.70057	-0.78767	-0.86199	0.13801	0.06957	0.00000	
1.275	Q	-1.28979	-1.27932	-1.24808	-1.19658	-1.12565	-1.03645	-0.93043	-0.80930	-0.67503	-0.67503	-0.69193	-0.69759	1.275
	V	0.00000	-0.01761	-0.03394	-0.04772	-0.05772	-0.06280	-0.06186	-0.05393	-0.03813	-0.03813	-0.01872	0.00000	
	V'	-0.17826	-0.17182	-0.15260	-0.12092	-0.07730	-0.02242	0.04280	0.11731	0.19990	0.19990	0.18951	0.18603	
	M	0.00000	-0.13002	-0.25784	-0.38131	-0.49834	-0.60696	-0.70535	-0.79182	-0.86494	0.13506	0.06811	0.00000	
1.300	Q	-1.30382	-1.29282	-1.26000	-1.20592	-1.13148	-1.03795	-0.92690	-0.80021	-0.66002	-0.66002	-0.67721	-0.68298	1.300
	V	0.00000	-0.01776	-0.03422	-0.04811	-0.05819	-0.06329	-0.06234	-0.05433	-0.03843	-0.03843	-0.01887	0.00000	
	V'	-0.17978	-0.17327	-0.15385	-0.12184	-0.07780	-0.02246	0.04325	0.11822	0.20117	0.20117	0.19100	0.18759	
	M	0.00000	-0.13145	-0.26060	-0.38518	-0.50300	-0.61201	-0.71029	-0.79612	-0.86799	0.13201	0.06659	0.00000	
1.325	Q	-1.31837	-1.30682	-1.27235	-1.21558	-1.13750	-1.03948	-0.92324	-0.79081	-0.64452	-0.64452	-0.66197	-0.66783	1.325
	V	0.00000	-0.01791	-0.03452	-0.04852	-0.05867	-0.06380	-0.06282	-0.05475	-0.03873	-0.03873	-0.01903	0.00000	
	V'	-0.18134	-0.17476	-0.15513	-0.12279	-0.07832	-0.02249	0.04372	0.11916	0.20248	0.20248	0.19254	0.18920	
	M	0.00000	-0.13294	-0.26346	-0.38919	-0.50784	-0.61724	-0.71541	-0.80057	-0.87115	0.12885	0.06501	0.00000	
1.350	Q	-1.33346	-1.32133	-1.28515	-1.22559	-1.14372	-1.04104	-0.91942	-0.78107	-0.62850	-0.62850	-0.64619	-0.65212	1.350
	V	0.00000	-0.01807	-0.03482	-0.04894	-0.05917	-0.06433	-0.06333	-0.05518	-0.03904	-0.03904	-0.01920	0.00000	
	V'	-0.18297	-0.17631	-0.15646	-0.12378	-0.07886	-0.02252	0.04421	0.12013	0.20384	0.20384	0.19413	0.19088	
	M	0.00000	-0.13449	-0.26643	-0.39335	-0.51285	-0.62266	-0.72072	-0.80517	-0.87443	0.12557	0.06338	0.00000	
1.375	Q	-1.34911	-1.33638	-1.29842	-1.23595	-1.15015	-1.04264	-0.91545	-0.77098	-0.61195	-0.61195	-0.62984	-0.63584	1.375
	V	0.00000	-0.01824	-0.03514	-0.04938	-0.05969	-0.06488	-0.06385	-0.05563	-0.03937	-0.03937	-0.01937	0.00000	
	V'	-0.18465	-0.17792	-0.15784	-0.12480	-0.07942	-0.02255	0.04472	0.12114	0.20525	0.20525	0.19579	0.19261	
	M	0.00000	-0.13609	-0.26951	-0.39767	-0.51804	-0.62827	-0.72621	-0.80994	-0.87782	0.12218	0.06169	0.00000	
1.400	Q	-1.36534	-1.35199	-1.31217	-1.24668	-1.15679	-1.04427	-0.91132	-0.76053	-0.59486	-0.59486	-0.61291	-0.61896	1.400
	V	0.00000	-0.01841	-0.03547	-0.04983	-0.06022	-0.06544	-0.06439	-0.05609	-0.03970	-0.03970	-0.01954	0.00000	
	V'	-0.18640	-0.17958	-0.15927	-0.12586	-0.08000	-0.02259	0.04525	0.12218	0.20671	0.20671	0.19750	0.19441	
	M	0.00000	-0.13775	-0.27271	-0.40214	-0.52342	-0.63408	-0.73190	-0.81487	-0.88133	0.11867	0.05994	0.00000	
1.425	Q	-1.38218	-1.36817	-1.32643	-1.25779	-1.16366	-1.04594	-0.90701	-0.74970	-0.57719	-0.57719	-0.59536	-0.60145	1.425
	V	0.00000	-0.01859	-0.03581	-0.05030	-0.06078	-0.06603	-0.06495	-0.05657	-0.04005	-0.04005	-0.01973	0.00000	
	V'	-0.18821	-0.18131	-0.16075	-0.12695	-0.08060	-0.02262	0.04579	0.12326	0.20822	0.20822	0.19927	0.19627	
	M	0.00000	-0.13948	-0.27602	-0.40678	-0.52900	-0.64011	-0.73779	-0.81998	-0.88497	0.11503	0.05813	0.00000	
1.450	Q	-1.39965	-1.38496	-1.34121	-1.26930	-1.17076	-1.04764	-0.90253	-0.73848	-0.55894	-0.55894	-0.57717	-0.58329	1.450
	V	0.00000	-0.01878	-0.03616	-0.05079	-0.06135	-0.06664	-0.06554	-0.05707	-0.04041	-0.04041	-0.01992	0.00000	
	V'	-0.19008	-0.18310	-0.16229	-0.12809	-0.08122	-0.02266	0.04636	0.12438	0.20978	0.20978	0.20111	0.19820	
	M	0.00000	-0.14126	-0.27946	-0.41159	-0.53478	-0.64636	-0.74389	-0.82528	-0.88874	0.11126	0.05624	0.00000	
1.475	Q	-1.41778	-1.40239	-1.35654	-1.28123	-1.17809	-1.04938	-0.89787	-0.72686	-0.54007	-0.54007	-0.55832	-0.56445	1.475
	V	0.00000	-0.01897	-0.03652	-0.05129	-0.06195	-0.06727	-0.06614	-0.05758	-0.04079	-0.04079	-0.02011	0.00000	
	V'	-0.19203	-0.18495	-0.16388	-0.12926	-0.08186	-0.02269	0.04694	0.12555	0.21140	0.21140	0.20301	0.20019	
ALPHA	X/L =	0.00	0.10	0.20	0.30	0.40	0.50	0.60	0.70	L 0.80	R 0.80	0.90	1.00	ALPHA

XM/L = 0.80

FUNKTIONEN : F.M;M - F.M;Q - F.M;V - F.M;V'

FUNKTIONEN : F.M;M - F.M;Q - F.M;V - F.M;V'

XM/L = 0.80

ALPHA	X/L =	0.00	0.10	0.20	0.30	0.40	0.50	0.60	0.70	L 0.80	R 0.80	0.90	1.00	ALPHA
	M	0.00000	-0.14312	-0.28303	-0.41658	-0.54078	-0.65283	-0.75022	-0.83076	-0.89265	0.10735	0.05429	0.00000	
1.500	Q	-1.43660	-1.42047	-1.37244	-1.29359	-1.18568	-1.05115	-0.89301	-0.71481	-0.52056	-0.52056	-0.53878	-0.54490	1.500
	V	0.00000	-0.01917	-0.03690	-0.05181	-0.06257	-0.06792	-0.06676	-0.05812	-0.04118	-0.04118	-0.02032	0.00000	
	V'	-0.19405	-0.18688	-0.16553	-0.13048	-0.08252	-0.02273	0.04755	0.12675	0.21308	0.21308	0.20499	0.20227	
	M	0.00000	-0.14505	-0.28673	-0.42176	-0.54700	-0.65954	-0.75678	-0.83644	-0.89670	0.10330	0.05226	0.00000	
1.525	Q	-1.45614	-1.43924	-1.38894	-1.30639	-1.19352	-1.05295	-0.88794	-0.70232	-0.50040	-0.50040	-0.51852	-0.52461	1.525
	V	0.00000	-0.01937	-0.03730	-0.05236	-0.06321	-0.06860	-0.06741	-0.05867	-0.04158	-0.04158	-0.02053	0.00000	
	V'	-0.19614	-0.18887	-0.16724	-0.13175	-0.08321	-0.02277	0.04818	0.12800	0.21483	0.21483	0.20703	0.20441	
	M	0.00000	-0.14705	-0.29058	-0.42714	-0.55346	-0.66651	-0.76357	-0.84233	-0.90090	0.09910	0.05015	0.00000	
1.550	Q	-1.47644	-1.45874	-1.40606	-1.31967	-1.20164	-1.05480	-0.88266	-0.68937	-0.47954	-0.47954	-0.49751	-0.50354	1.550
	V	0.00000	-0.01959	-0.03770	-0.05292	-0.06387	-0.06931	-0.06809	-0.05924	-0.04200	-0.04200	-0.02075	0.00000	
	V'	-0.19831	-0.19094	-0.16902	-0.13306	-0.08393	-0.02281	0.04884	0.12930	0.21663	0.21663	0.20915	0.20664	
	M	0.00000	-0.14913	-0.29457	-0.43272	-0.56016	-0.67373	-0.77062	-0.84844	-0.90525	0.09475	0.04797	0.00000	
1.575	Q	-1.49752	-1.47898	-1.42383	-1.33344	-1.21004	-1.05668	-0.87716	-0.67593	-0.45797	-0.45797	-0.47570	-0.48167	1.575
	V	0.00000	-0.01981	-0.03813	-0.05350	-0.06457	-0.07004	-0.06878	-0.05984	-0.04243	-0.04243	-0.02098	0.00000	
	V'	-0.20056	-0.19309	-0.17086	-0.13442	-0.08467	-0.02285	0.04952	0.13064	0.21851	0.21851	0.21136	0.20895	
	M	0.00000	-0.15129	-0.29873	-0.43852	-0.56712	-0.68123	-0.77794	-0.85477	-0.90977	0.09023	0.04570	0.00000	
1.600	Q	-1.51942	-1.50002	-1.44229	-1.34772	-1.21872	-1.05859	-0.87142	-0.66199	-0.43564	-0.43564	-0.45308	-0.45894	1.600
	V	0.00000	-0.02004	-0.03856	-0.05411	-0.06528	-0.07079	-0.06951	-0.06046	-0.04288	-0.04288	-0.02121	0.00000	
	V'	-0.20290	-0.19532	-0.17277	-0.13583	-0.08544	-0.02289	0.05023	0.13204	0.22045	0.22045	0.21364	0.21135	
	M	0.00000	-0.15354	-0.30304	-0.44455	-0.57435	-0.68901	-0.78553	-0.86134	-0.91446	0.08554	0.04334	0.00000	
1.625	Q	-1.54220	-1.52188	-1.46146	-1.36254	-1.22772	-1.06055	-0.86543	-0.64751	-0.41254	-0.41254	-0.42959	-0.43532	1.625
	V	0.00000	-0.02028	-0.03902	-0.05474	-0.06603	-0.07158	-0.07026	-0.06110	-0.04335	-0.04335	-0.02146	0.00000	
	V'	-0.20533	-0.19764	-0.17476	-0.13729	-0.08624	-0.02293	0.05096	0.13349	0.22247	0.22247	0.21601	0.21384	
	M	0.00000	-0.15588	-0.30752	-0.45081	-0.58186	-0.69710	-0.79340	-0.86816	-0.91933	0.08067	0.04089	0.00000	
1.650	Q	-1.56588	-1.54461	-1.48139	-1.37792	-1.23703	-1.06254	-0.85918	-0.63249	-0.38861	-0.38861	-0.40520	-0.41078	1.650
	V	0.00000	-0.02052	-0.03949	-0.05540	-0.06680	-0.07240	-0.07104	-0.06177	-0.04383	-0.04383	-0.02171	0.00000	
	V'	-0.20785	-0.20004	-0.17682	-0.13882	-0.08706	-0.02297	0.05172	0.13499	0.22457	0.22457	0.21848	0.21643	
	M	0.00000	-0.15831	-0.31219	-0.45733	-0.58966	-0.70550	-0.80158	-0.87523	-0.92438	0.07562	0.03835	0.00000	
1.675	Q	-1.59051	-1.56825	-1.50210	-1.39390	-1.24668	-1.06457	-0.85266	-0.61688	-0.36383	-0.36383	-0.37986	-0.38525	1.675
	V	0.00000	-0.02078	-0.03999	-0.05608	-0.06760	-0.07324	-0.07185	-0.06246	-0.04433	-0.04433	-0.02198	0.00000	
	V'	-0.21048	-0.20254	-0.17896	-0.14040	-0.08792	-0.02301	0.05252	0.13655	0.22675	0.22675	0.22103	0.21911	
	M	0.00000	-0.16084	-0.31704	-0.46410	-0.59778	-0.71423	-0.81008	-0.88258	-0.92964	0.07036	0.03570	0.00000	
1.700	Q	-1.61615	-1.59286	-1.52364	-1.41049	-1.25668	-1.06663	-0.84584	-0.60066	-0.33816	-0.33816	-0.35352	-0.35870	1.700
	V	0.00000	-0.02105	-0.04050	-0.05678	-0.06844	-0.07413	-0.07269	-0.06318	-0.04486	-0.04486	-0.02225	0.00000	
	V'	-0.21320	-0.20514	-0.18119	-0.14204	-0.08382	-0.02306	0.05334	0.13818	0.22901	0.22901	0.22369	0.22190	
	M	0.00000	-0.16347	-0.32209	-0.47115	-0.60622	-0.72330	-0.81891	-0.89022	-0.93509	0.06491	0.03294	0.00000	
1.725	Q	-1.64285	-1.61847	-1.54604	-1.42773	-1.26704	-1.06874	-0.83872	-0.58380	-0.31155	-0.31155	-0.32615	-0.33106	1.725
	V	0.00000	-0.02133	-0.04103	-0.05752	-0.06930	-0.07504	-0.07357	-0.06392	-0.04540	-0.04540	-0.02254	0.00000	
	V'	-0.21604	-0.20784	-0.18351	-0.14375	-0.08974	-0.02310	0.05420	0.13987	0.23136	0.23136	0.22646	0.22481	
ALPHA	X/L =	0.00	0.10	0.20	0.30	0.40	0.50	0.60	0.70	L 0.80	R 0.80	0.90	1.00	ALPHA

XM/L = 0.80

FUNKTIONEN : F.M;M - F.M;Q - F.M;V - F.M;V'

FUNKTIONEN : F.M;M - F.M;Q - F.M;V - F.M;V'

XM/L = 0.80

ALPHA	X/L =	0.00	0.10	0.20	0.30	0.40	0.50	0.60	0.70	L 0.80	R 0.80	0.90	1.00	ALPHA
1.750	M	0.00000	-0.16621	-0.32735	-0.47849	-0.61501	-0.73274	-0.82809	-0.89815	-0.94077	0.05923	0.03007	0.00000	1.750
	Q	-1.67066	-1.64514	-1.56937	-1.44566	-1.27779	-1.07089	-0.83127	-0.56626	-0.28396	-0.28396	-0.29767	-0.30228	
	V	0.00000	-0.02162	-0.04158	-0.05828	-0.07021	-0.07600	-0.07448	-0.06470	-0.04597	-0.04597	-0.02283	0.00000	
	V'	-0.21899	-0.21066	-0.18592	-0.14552	-0.09071	-0.02315	0.05510	0.14163	0.23381	0.23381	0.22933	0.22783	
1.775	M	0.00000	-0.16907	-0.33283	-0.48613	-0.62416	-0.74257	-0.83765	-0.90640	-0.94668	0.05332	0.02709	0.00000	1.775
	Q	-1.69964	-1.67293	-1.59366	-1.46431	-1.28894	-1.07307	-0.82348	-0.54802	-0.25533	-0.25533	-0.26803	-0.27231	
	V	0.00000	-0.02192	-0.04216	-0.05908	-0.07115	-0.07699	-0.07543	-0.06551	-0.04655	-0.04655	-0.02314	0.00000	
	V'	-0.22206	-0.21359	-0.18843	-0.14737	-0.09171	-0.02319	0.05603	0.14346	0.23636	0.23636	0.23233	0.23097	
1.800	M	0.00000	-0.17205	-0.33855	-0.49410	-0.63369	-0.75280	-0.84759	-0.91499	-0.95282	0.04718	0.02398	0.00000	1.800
	Q	-1.72985	-1.70191	-1.61896	-1.48371	-1.30051	-1.07529	-0.81533	-0.52902	-0.22561	-0.22561	-0.23717	-0.24107	
	V	0.00000	-0.02224	-0.04276	-0.05991	-0.07213	-0.07802	-0.07642	-0.06635	-0.04717	-0.04717	-0.02346	0.00000	
	V'	-0.22526	-0.21664	-0.19104	-0.14929	-0.09275	-0.02324	0.05700	0.14536	0.23901	0.23901	0.23544	0.23424	
1.825	M	0.00000	-0.17516	-0.34451	-0.50241	-0.64362	-0.76346	-0.85794	-0.92392	-0.95922	0.04078	0.02073	0.00000	1.825
	Q	-1.76138	-1.73213	-1.64535	-1.50392	-1.31254	-1.07756	-0.80679	-0.50923	-0.19476	-0.19476	-0.20503	-0.20849	
	V	0.00000	-0.02257	-0.04339	-0.06077	-0.07315	-0.07910	-0.07744	-0.06723	-0.04781	-0.04781	-0.02380	0.00000	
	V'	-0.22860	-0.21982	-0.19376	-0.15130	-0.09384	-0.02329	0.05801	0.14735	0.24177	0.24177	0.23869	0.23765	
1.850	M	0.00000	-0.17841	-0.35073	-0.51107	-0.65398	-0.77457	-0.86873	-0.93323	-0.96589	0.03411	0.01735	0.00000	1.850
	Q	-1.79429	-1.76367	-1.67286	-1.52497	-1.32503	-1.07987	-0.79785	-0.48861	-0.16269	-0.16269	-0.17152	-0.17450	
	V	0.00000	-0.02291	-0.04404	-0.06167	-0.07421	-0.08023	-0.07852	-0.06815	-0.04847	-0.04847	-0.02415	0.00000	
	V'	-0.23208	-0.22313	-0.19660	-0.15339	-0.09497	-0.02334	0.05906	0.14942	0.24465	0.24465	0.24207	0.24120	
1.875	M	0.00000	-0.18180	-0.35722	-0.52012	-0.66479	-0.78616	-0.87997	-0.94293	-0.97284	0.02716	0.01382	0.00000	1.875
	Q	-1.82866	-1.79661	-1.70159	-1.54691	-1.33801	-1.08221	-0.78848	-0.46710	-0.12935	-0.12935	-0.13658	-0.13902	
	V	0.00000	-0.02327	-0.04472	-0.06261	-0.07532	-0.08140	-0.07964	-0.06910	-0.04916	-0.04916	-0.02451	0.00000	
	V'	-0.23571	-0.22659	-0.19956	-0.15557	-0.09615	-0.02338	0.06017	0.15158	0.24765	0.24765	0.24560	0.24490	
1.900	M	0.00000	-0.18534	-0.36401	-0.52958	-0.67608	-0.79826	-0.89170	-0.95305	-0.98010	0.01990	0.01013	0.00000	1.900
	Q	-1.86459	-1.83104	-1.73158	-1.56980	-1.35152	-1.08460	-0.77864	-0.44466	-0.09467	-0.09467	-0.10011	-0.10195	
	V	0.00000	-0.02364	-0.04543	-0.06359	-0.07648	-0.08262	-0.08080	-0.07010	-0.04989	-0.04989	-0.02489	0.00000	
	V'	-0.23950	-0.23020	-0.20265	-0.15784	-0.09737	-0.02344	0.06132	0.15383	0.25078	0.25078	0.24928	0.24877	
1.925	M	0.00000	-0.18904	-0.37110	-0.53946	-0.68788	-0.81089	-0.90394	-0.96361	-0.98767	0.01233	0.00628	0.00000	1.925
	Q	-1.90217	-1.86703	-1.76293	-1.59369	-1.36559	-1.08703	-0.76832	-0.42123	-0.05857	-0.05857	-0.06203	-0.06320	
	V	0.00000	-0.02403	-0.04617	-0.06462	-0.07769	-0.08390	-0.08202	-0.07114	-0.05064	-0.05064	-0.02529	0.00000	
	V'	-0.24346	-0.23398	-0.20588	-0.16021	-0.09866	-0.02349	0.06292	0.15619	0.25405	0.25405	0.25312	0.25281	
1.950	M	0.00000	-0.19292	-0.37853	-0.54979	-0.70021	-0.82409	-0.91674	-0.97463	-0.99558	0.00442	0.00225	0.00000	1.950
	Q	-1.94150	-1.90470	-1.79571	-1.61865	-1.38024	-1.08951	-0.75748	-0.39674	-0.02096	-0.02096	-0.02223	-0.02266	
	V	0.00000	-0.02444	-0.04695	-0.06569	-0.07895	-0.08523	-0.08330	-0.07222	-0.05143	-0.05143	-0.02571	0.00000	
	V'	-0.24760	-0.23792	-0.20926	-0.16270	-0.10000	-0.02354	0.06378	0.15865	0.25747	0.25747	0.25714	0.25703	
1.975	M	0.00000	-0.19698	-0.38631	-0.56061	-0.71312	-0.83790	-0.93011	-0.98615	-1.00385	-0.00385	-0.00196	0.00000	1.975
	Q	-1.98269	-1.94415	-1.83002	-1.64474	-1.39551	-1.09202	-0.74608	-0.37113	0.01825	0.01825	0.01939	0.01977	
	V	0.00000	-0.02486	-0.04776	-0.06681	-0.08027	-0.08663	-0.08463	-0.07336	-0.05226	-0.05226	-0.02614	0.00000	
	V'	-0.25193	-0.24205	-0.21279	-0.16529	-0.10140	-0.02359	0.06510	0.16122	0.26105	0.26105	0.26134	0.26144	

ALPHA X/L = 0.00 0.10 0.20 0.30 0.40 0.50 0.60 0.70 L 0.80 R 0.80 0.90 1.00 ALPHA

XM/L = 0.80

FUNKTIONEN : F.M;M - F.M;Q - F.M;V - F.M;V'

FUNKTIONEN : F.M;M - F.M;Q - F.M;V - F.M;V'

XM/L = 0.80

ALPHA	X/L =	0.00	0.10	0.20	0.30	0.40	0.50	0.60	0.70	L 0.80	R 0.80	0.90	1.00	ALPHA
	M	0.00000	-0.20124	-0.39446	-0.57195	-0.72664	-0.85236	-0.94410	-0.99820	-1.01251	-0.01251	-0.00638	0.00000	
2.000	Q	-2.02587	-1.98549	-1.86595	-1.67203	-1.41144	-1.09458	-0.73409	-0.34433	0.05915	0.05915	0.06294	0.06422	2.000
	V	0.00000	-0.02531	-0.04861	-0.06799	-0.08166	-0.08809	-0.08602	-0.07455	-0.05313	-0.05313	-0.02659	0.00000	
	V'	-0.25647	-0.24637	-0.21649	-0.16801	-0.10286	-0.02365	0.06648	0.16392	0.26479	0.26479	0.26574	0.26606	
	M	0.00000	-0.20571	-0.40300	-0.58383	-0.74080	-0.86750	-0.95874	-1.01081	-1.02157	-0.02157	-0.01101	0.00000	
2.025	Q	-2.07118	-2.02886	-1.90362	-1.70060	-1.42807	-1.09719	-0.72147	-0.31626	0.10187	0.10187	0.10857	0.11083	2.025
	V	0.00000	-0.02578	-0.04951	-0.06922	-0.08311	-0.08962	-0.08749	-0.07580	-0.05403	-0.05403	-0.02707	0.00000	
	V'	-0.26122	-0.25090	-0.22036	-0.17085	-0.10439	-0.02370	0.06792	0.16674	0.26871	0.26871	0.27034	0.27089	
	M	0.00000	-0.21039	-0.41198	-0.59631	-0.75567	-0.88338	-0.97410	-1.02402	-1.03106	-0.03106	-0.01586	0.00000	
2.050	Q	-2.11875	-2.07438	-1.94315	-1.73054	-1.44546	-1.09984	-0.70817	-0.28683	0.14651	0.14651	0.15640	0.15975	2.050
	V	0.00000	-0.02627	-0.05044	-0.07051	-0.08463	-0.09123	-0.08902	-0.07710	-0.05498	-0.05498	-0.02757	0.00000	
	V'	-0.26621	-0.25565	-0.22443	-0.17383	-0.10600	-0.02376	0.06944	0.16970	0.27282	0.27282	0.27517	0.27597	
	M	0.00000	-0.21532	-0.42141	-0.60941	-0.77127	-0.90004	-0.99020	-1.03787	-1.04102	-0.04102	-0.02096	0.00000	
2.075	Q	-2.16875	-2.12222	-1.98466	-1.76194	-1.46363	-1.10254	-0.69414	-0.25596	0.19320	0.19320	0.20660	0.21112	2.075
	V	0.00000	-0.02678	-0.05142	-0.07186	-0.08623	-0.09291	-0.09063	-0.07847	-0.05598	-0.05598	-0.02809	0.00000	
	V'	-0.27145	-0.26064	-0.22869	-0.17696	-0.10768	-0.02381	0.07104	0.17281	0.27713	0.27713	0.28024	0.28129	
	M	0.00000	-0.22051	-0.43132	-0.62319	-0.78767	-0.91755	-1.00711	-1.05241	-1.05148	-0.05148	-0.02632	0.00000	
2.100	Q	-2.22135	-2.17255	-2.02829	-1.79491	-1.48267	-1.10528	-0.67933	-0.22352	0.24210	0.24210	0.25932	0.26514	2.100
	V	0.00000	-0.02733	-0.05245	-0.07329	-0.08791	-0.09468	-0.09231	-0.07991	-0.05703	-0.05703	-0.02864	0.00000	
	V'	-0.27695	-0.26588	-0.23317	-0.18025	-0.10945	-0.02387	0.07272	0.17607	0.28165	0.28165	0.28556	0.28688	
	M	0.00000	-0.22596	-0.44176	-0.63769	-0.80493	-0.93595	-1.02488	-1.06769	-1.06248	-0.06248	-0.03196	0.00000	
2.125	Q	-2.27674	-2.22553	-2.07420	-1.82956	-1.50261	-1.10807	-0.66367	-0.18942	0.29335	0.29335	0.31475	0.32199	2.125
	V	0.00000	-0.02790	-0.05354	-0.07478	-0.08967	-0.09654	-0.09409	-0.08143	-0.05813	-0.05813	-0.02922	0.00000	
	V'	-0.28274	-0.27140	-0.23788	-0.18371	-0.11130	-0.02393	0.07448	0.17950	0.28642	0.28642	0.29116	0.29276	
	M	0.00000	-0.23172	-0.45277	-0.65297	-0.82310	-0.95533	-1.04357	-1.08376	-1.07404	-0.07404	-0.03789	0.00000	
2.150	Q	-2.33514	-2.28138	-2.12256	-1.86601	-1.52353	-1.11090	-0.64712	-0.15353	0.34712	0.34712	0.37309	0.38188	2.150
	V	0.00000	-0.02850	-0.05468	-0.07636	-0.09153	-0.09850	-0.09596	-0.08302	-0.05929	-0.05929	-0.02983	0.00000	
	V'	-0.28884	-0.27720	-0.24285	-0.18735	-0.11326	-0.02399	0.07634	0.18312	0.29143	0.29143	0.29705	0.29895	
	M	0.00000	-0.23779	-0.46438	-0.66909	-0.84227	-0.97576	-1.06327	-1.10068	-1.08623	-0.08623	-0.04416	0.00000	
2.175	Q	-2.39678	-2.34031	-2.17357	-1.90441	-1.54551	-1.11379	-0.62958	-0.11571	0.40361	0.40361	0.43457	0.44506	2.175
	V	0.00000	-0.02913	-0.05589	-0.07802	-0.09349	-0.10057	-0.09793	-0.08470	-0.06051	-0.06051	-0.03047	0.00000	
	V'	-0.29526	-0.28333	-0.24808	-0.19118	-0.11531	-0.02405	0.07830	0.18693	0.29671	0.29671	0.30325	0.30547	
	M	0.00000	-0.24421	-0.47665	-0.68611	-0.86250	-0.99731	-1.08405	-1.11852	-1.09908	-0.09908	-0.05077	0.00000	
2.200	Q	-2.46192	-2.40258	-2.22743	-1.94490	-1.56862	-1.11672	-0.61099	-0.07581	0.46303	0.46303	0.49944	0.51178	2.200
	V	0.00000	-0.02980	-0.05716	-0.07978	-0.09556	-0.10275	-0.10001	-0.08647	-0.06179	-0.06179	-0.03115	0.00000	
	V'	-0.30205	-0.28979	-0.25360	-0.19523	-0.11748	-0.02412	0.08037	0.19095	0.30228	0.30228	0.30980	0.31235	
	M	0.00000	-0.25100	-0.48963	-0.70411	-0.88389	-1.02008	-1.10598	-1.13736	-1.11266	-0.11266	-0.05775	0.00000	
2.225	Q	-2.53085	-2.46846	-2.28437	-1.98765	-1.59294	-1.11970	-0.59125	-0.03365	0.52561	0.52561	0.56797	0.58232	2.225
	V	0.00000	-0.03050	-0.05850	-0.08163	-0.09774	-0.10505	-0.10221	-0.08834	-0.06316	-0.06316	-0.03187	0.00000	
	V'	-0.30922	-0.29662	-0.25944	-0.19950	-0.11977	-0.02418	0.08257	0.19520	0.30816	0.30816	0.31672	0.31962	
ALPHA	X/L =	0.00	0.10	0.20	0.30	0.40	0.50	0.60	0.70	L 0.80	R 0.80	0.90	1.00	ALPHA

XM/L = 0.80

FUNKTIONEN : F.M;M - F.M;Q - F.M;V - F.M;V'

FUNKTIONEN : F.M;M - F.M;Q - F.M;V - F.M;V'

XM/L = 0.80

ALPHA	X/L =	0.00	0.10	0.20	0.30	0.40	0.50	0.60	0.70	L 0.80	R 0.80	0.90	1.00	ALPHA
	M	0.00000	-0.25820	-0.50338	-0.72318	-0.90653	-1.04417	-1.12918	-1.15727	-1.12701	-0.12701	-0.06515	0.00000	
2.250	Q	-2.60388	-2.53824	-2.34465	-2.03286	-1.61860	-1.12273	-0.57027	0.01095	0.59161	0.59161	0.64045	0.65701	2.250
	V	0.00000	-0.03125	-0.05993	-0.08359	-0.10005	-0.10749	-0.10453	-0.09032	-0.06460	-0.06460	-0.03262	0.00000	
	V'	-0.31681	-0.30385	-0.26561	-0.20402	-0.12219	-0.02424	0.08489	0.19969	0.31439	0.31439	0.32404	0.32731	
	M	0.00000	-0.26583	-0.51796	-0.74340	-0.93053	-1.06970	-1.15375	-1.17835	-1.14221	-0.14221	-0.07299	0.00000	
2.275	Q	-2.68137	-2.61228	-2.40857	-2.08074	-1.64568	-1.12581	-0.54793	0.05819	0.66131	0.66131	0.71724	0.73621	2.275
	V	0.00000	-0.03204	-0.06143	-0.08567	-0.10251	-0.11007	-0.10699	-0.09242	-0.06612	-0.06612	-0.03342	0.00000	
	V'	-0.32486	-0.31151	-0.27215	-0.20881	-0.12475	-0.02431	0.08735	0.20446	0.32099	0.32099	0.33179	0.33546	
	M	0.00000	-0.27394	-0.53346	-0.76487	-0.95601	-1.09679	-1.17981	-1.20069	-1.15834	-0.15834	-0.08131	0.00000	
2.300	Q	-2.76372	-2.69094	-2.47644	-2.13151	-1.67432	-1.12895	-0.52411	0.10832	0.73505	0.73505	0.79872	0.82032	2.300
	V	0.00000	-0.03288	-0.06304	-0.08788	-0.10511	-0.11282	-0.10961	-0.09465	-0.06774	-0.06774	-0.03427	0.00000	
	V'	-0.33341	-0.31965	-0.27910	-0.21390	-0.12747	-0.02438	0.08996	0.20951	0.32799	0.32799	0.34002	0.34411	
	M	0.00000	-0.28258	-0.54995	-0.78772	-0.98311	-1.12559	-1.20750	-1.22443	-1.17547	-0.17547	-0.09016	0.00000	
2.325	Q	-2.85138	-2.77466	-2.54863	-2.18544	-1.70465	-1.13213	-0.49868	0.16160	0.81318	0.81318	0.88530	0.90978	2.325
	V	0.00000	-0.03378	-0.06474	-0.09022	-0.10787	-0.11573	-0.11238	-0.09702	-0.06946	-0.06946	-0.03518	0.00000	
	V'	-0.34249	-0.32830	-0.28648	-0.21930	-0.13036	-0.02444	0.09274	0.21489	0.33543	0.33543	0.34877	0.35330	
	M	0.00000	-0.29178	-0.56753	-0.81207	-1.01197	-1.15625	-1.23696	-1.24968	-1.19370	-0.19370	-0.09959	0.00000	
2.350	Q	-2.94485	-2.86391	-2.62554	-2.24284	-1.73684	-1.13537	-0.47148	0.21832	0.89612	0.89612	0.97748	1.00510	2.350
	V	0.00000	-0.03473	-0.06655	-0.09272	-0.11081	-0.11883	-0.11534	-0.09953	-0.07129	-0.07129	-0.03614	0.00000	
	V'	-0.35217	-0.33751	-0.29435	-0.22505	-0.13343	-0.02451	0.09570	0.22061	0.34334	0.34334	0.35808	0.36308	
	M	0.00000	-0.30162	-0.58630	-0.83807	-1.04279	-1.18896	-1.26838	-1.27660	-1.21314	-0.21314	-0.10965	0.00000	
2.375	Q	-3.04471	-2.95924	-2.70764	-2.30402	-1.77106	-1.13866	-0.44234	0.27882	0.98432	0.98432	1.07579	1.10686	2.375
	V	0.00000	-0.03574	-0.06849	-0.09539	-0.11396	-0.12214	-0.11849	-0.10222	-0.07324	-0.07324	-0.03717	0.00000	
	V'	-0.36250	-0.34735	-0.30274	-0.23118	-0.13670	-0.02458	0.09887	0.22672	0.35179	0.35179	0.36801	0.37352	
	M	0.00000	-0.31214	-0.60639	-0.86588	-1.07573	-1.22392	-1.30195	-1.30534	-1.23391	-0.23391	-0.12041	0.00000	
2.400	Q	-3.15160	-3.06127	-2.79545	-2.36939	-1.80750	-1.14201	-0.41104	0.34348	1.07832	1.07832	1.18085	1.21570	2.400
	V	0.00000	-0.03683	-0.07055	-0.09824	-0.11731	-0.12568	-0.12187	-0.10509	-0.07533	-0.07533	-0.03826	0.00000	
	V'	-0.37354	-0.35786	-0.31171	-0.23774	-0.14019	-0.02465	0.10225	0.23324	0.36082	0.36082	0.37862	0.38467	
	M	0.00000	-0.32343	-0.62794	-0.89570	-1.11105	-1.26137	-1.33789	-1.33611	-1.25615	-0.25615	-0.13193	0.00000	
2.425	Q	-3.26625	-3.17068	-2.88957	-2.43936	-1.84641	-1.14541	-0.37738	0.41274	1.17870	1.17870	1.29337	1.33236	2.425
	V	0.00000	-0.03799	-0.07277	-0.10130	-0.12091	-0.12947	-0.12548	-0.10817	-0.07757	-0.07757	-0.03944	0.00000	
	V'	-0.38538	-0.36912	-0.32132	-0.24476	-0.14393	-0.02473	0.10588	0.24024	0.37049	0.37049	0.38999	0.39662	
	M	0.00000	-0.33557	-0.65110	-0.92774	-1.14897	-1.30158	-1.37646	-1.36912	-1.28001	-0.28001	-0.14431	0.00000	
2.450	Q	-3.38952	-3.28830	-2.99068	-2.51445	-1.88804	-1.14886	-0.34107	0.48709	1.28616	1.28616	1.41415	1.45768	2.450
	V	0.00000	-0.03925	-0.07515	-0.10458	-0.12478	-0.13354	-0.12936	-0.11147	-0.07997	-0.07997	-0.04070	0.00000	
	V'	-0.39809	-0.38122	-0.33164	-0.25230	-0.14794	-0.02480	0.10978	0.24774	0.38087	0.38087	0.40219	0.40944	
	M	0.00000	-0.34865	-0.67606	-0.96226	-1.18982	-1.34486	-1.41795	-1.40461	-1.30568	-0.30568	-0.15764	0.00000	
2.475	Q	-3.52237	-3.41504	-3.09958	-2.59521	-1.93269	-1.15238	-0.30184	0.56710	1.40148	1.40148	1.54411	1.59264	2.475
	V	0.00000	-0.04059	-0.07772	-0.10811	-0.12894	-0.13792	-0.13353	-0.11503	-0.08255	-0.08255	-0.04206	0.00000	
	V'	-0.41177	-0.39425	-0.34275	-0.26042	-0.15226	-0.02488	0.11397	0.25583	0.39204	0.39204	0.41532	0.42325	
ALPHA	X/L =	0.00	0.10	0.20	0.30	0.40	0.50	0.60	0.70	L 0.80	R 0.80	0.90	1.00	ALPHA

XM/L = 0.80

FUNKTIONEN : F.M;M - F.M;Q - F.M;V - F.M;V'

FUNKTIONEN : F.M;M - F.M;Q - F.M;V - F.M;V'

XM/L = 0.80

ALPHA	X/L =	0.00	0.10	0.20	0.30	0.40	0.50	0.60	0.70	L 0.80	R 0.80	0.90	1.00	ALPHA
	M	0.00000	-0.36279	-0.70302	-0.99954	-1.23391	-1.39156	-1.46270	-1.44289	-1.33337	-0.33337	-0.17203	0.00000	
2.500	Q	-3.66593	-3.55196	-3.21716	-2.68232	-1.98071	-1.15595	-0.25932	0.65344	1.52556	1.52556	1.68433	1.73837	2.500
	V	0.00000	-0.04205	-0.08048	-0.11193	-0.13343	-0.14265	-0.13803	-0.11886	-0.08534	-0.08534	-0.04353	0.00000	
	V'	-0.42655	-0.40831	-0.35474	-0.26917	-0.15691	-0.02495	0.11851	0.26455	0.40409	0.40409	0.42949	0.43814	
	M	0.00000	-0.37810	-0.73223	-1.03991	-1.28165	-1.44211	-1.51111	-1.48428	-1.36332	-0.36332	-0.18761	0.00000	
2.525	Q	-3.82150	-3.70032	-3.34448	-2.77653	-2.03251	-1.15958	-0.21312	0.74687	1.65948	1.65948	1.83604	1.89617	2.525
	V	0.00000	-0.04362	-0.08348	-0.11605	-0.13828	-0.14777	-0.14291	-0.12301	-0.08836	-0.08836	-0.04511	0.00000	
	V'	-0.44254	-0.42354	-0.36773	-0.27864	-0.16195	-0.02503	0.12342	0.27399	0.41713	0.41713	0.44483	0.45426	
	M	0.00000	-0.39475	-0.76397	-1.08378	-1.33350	-1.49698	-1.56364	-1.52918	-1.39582	-0.39582	-0.20452	0.00000	
2.550	Q	-3.99061	-3.86157	-3.48278	-2.87876	-2.08855	-1.16327	-0.16276	0.84828	1.80446	1.80446	2.00071	2.06757	2.550
	V	0.00000	-0.04533	-0.08673	-0.12054	-0.14356	-0.15332	-0.14820	-0.12752	-0.09163	-0.09163	-0.04683	0.00000	
	V'	-0.45992	-0.44007	-0.38182	-0.28893	-0.16740	-0.02511	0.12876	0.28424	0.43129	0.43129	0.46147	0.47175	
	M	0.00000	-0.41291	-0.79859	-1.13161	-1.39001	-1.55675	-1.62084	-1.57805	-1.43120	-0.43120	-0.22295	0.00000	
2.575	Q	-4.17506	-4.03740	-3.63352	-2.99004	-2.14940	-1.16702	-0.10769	0.95874	1.96195	1.96195	2.18004	2.25436	2.575
	V	0.00000	-0.04719	-0.09028	-0.12542	-0.14931	-0.15937	-0.15396	-0.13242	-0.09520	-0.09520	-0.04871	0.00000	
	V'	-0.47885	-0.45809	-0.39718	-0.30013	-0.17335	-0.02519	0.13457	0.29541	0.44671	0.44671	0.47960	0.49081	
	M	0.00000	-0.43278	-0.83647	-1.18393	-1.45181	-1.62210	-1.68335	-1.63144	-1.46987	-0.46987	-0.24311	0.00000	
2.600	Q	-4.37696	-4.22985	-3.79841	-3.11164	-2.21571	-1.17083	-0.04725	1.07950	2.13369	2.13369	2.37604	2.45868	2.600
	V	0.00000	-0.04923	-0.09415	-0.13076	-0.15559	-0.16599	-0.16026	-0.13779	-0.09909	-0.09909	-0.05076	0.00000	
	V'	-0.49955	-0.47779	-0.41397	-0.31237	-0.17984	-0.02527	0.14094	0.30762	0.46356	0.46356	0.49941	0.51164	
	M	0.00000	-0.45462	-0.87810	-1.24142	-1.51968	-1.69383	-1.75194	-1.69001	-1.51230	-0.51230	-0.26524	0.00000	
2.625	Q	-4.59887	-4.44133	-3.97951	-3.24505	-2.28826	-1.17471	0.01933	1.21205	2.32172	2.32172	2.59116	2.68307	2.625
	V	0.00000	-0.05146	-0.09841	-0.13662	-0.16249	-0.17325	-0.16717	-0.14367	-0.10337	-0.10337	-0.05300	0.00000	
	V'	-0.52229	-0.49942	-0.43240	-0.32581	-0.18696	-0.02535	0.14793	0.32102	0.48206	0.48206	0.52117	0.53450	
	M	0.00000	-0.47873	-0.92405	-1.30484	-1.59455	-1.77292	-1.82753	-1.75454	-1.55906	-0.55906	-0.28964	0.00000	
2.650	Q	-4.84384	-4.67475	-4.17930	-3.39206	-2.36802	-1.17864	0.09301	1.35818	2.52852	2.52852	2.82828	2.93058	2.650
	V	0.00000	-0.05393	-0.10310	-0.14309	-0.17010	-0.18126	-0.17480	-0.15017	-0.10809	-0.10809	-0.05548	0.00000	
	V'	-0.54736	-0.52328	-0.45273	-0.34063	-0.19480	-0.02544	0.15564	0.33580	0.50246	0.50246	0.54514	0.55971	
	M	0.00000	-0.50548	-0.97500	-1.37517	-1.67753	-1.86056	-1.91124	-1.82599	-1.61084	-0.61084	-0.31668	0.00000	
2.675	Q	-5.11557	-4.93364	-4.40077	-3.55487	-2.45611	-1.18265	0.17494	1.52008	2.75710	2.75710	3.09094	3.20492	2.675
	V	0.00000	-0.05667	-0.10831	-0.15026	-0.17853	-0.19014	-0.18325	-0.15736	-0.11332	-0.11332	-0.05823	0.00000	
	V'	-0.57515	-0.54973	-0.47526	-0.35704	-0.20349	-0.02553	0.16420	0.35218	0.52505	0.52505	0.57171	0.58764	
	M	0.00000	-0.53530	-1.03182	-1.45357	-1.77000	-1.95818	-2.00447	-1.90552	-1.66850	-0.66850	-0.34682	0.00000	
2.700	Q	-5.41863	-5.22232	-4.64761	-3.73614	-2.55395	-1.18672	0.26651	1.70042	3.01113	3.01113	3.38348	3.51067	2.700
	V	0.00000	-0.05971	-0.11410	-0.15824	-0.18793	-0.20002	-0.19266	-0.16537	-0.11914	-0.11914	-0.06129	0.00000	
	V'	-0.60612	-0.57919	-0.50036	-0.37533	-0.21316	-0.02561	0.17373	0.37043	0.55022	0.55022	0.60130	0.61875	
	M	0.00000	-0.56876	-1.09556	-1.54150	-1.87368	-2.06759	-2.10891	-1.99461	-1.73310	-0.73310	-0.38059	0.00000	
2.725	Q	-5.75866	-5.54617	-4.92438	-3.93919	-2.66329	-1.19085	0.36947	1.90253	3.29519	3.29519	3.71126	3.85345	2.725
	V	0.00000	-0.06313	-0.12060	-0.16719	-0.19846	-0.21111	-0.20320	-0.17434	-0.12566	-0.12566	-0.06472	0.00000	
	V'	-0.64084	-0.61223	-0.52849	-0.39582	-0.22399	-0.02570	0.18443	0.39088	0.57843	0.57843	0.63446	0.65361	
ALPHA	X/L =	0.00	0.10	0.20	0.30	0.40	0.50	0.60	0.70	L 0.80	R 0.80	0.90	1.00	ALPHA

XM/L = 0.80

FUNKTIONEN : F.M;M - F.M;Q - F.M;V - F.M;V'

D R U C K S T A E B E -107-

FUNKTIONEN : F.MIM - F.MIQ - F.MIV - F.MIV'

XM/L = 0.80

ALPHA	X/L =	0.00	0.10	0.20	0.30	0.40	0.50	0.60	0.70	L 0.80	R 0.80	0.90	1.00	ALPHA
	M	0.00000	-0.60656	-1.16754	-1.64078	-1.99071	-2.19104	-2.22672	-2.09506	-1.80596	-0.80596	-0.41871	0.00000	
2.750	Q	-6.14274	-5.91192	-5.23683	-4.16820	-2.78632	-1.19506	0.48602	2.13057	3.61501	3.61501	4.08102	4.24035	2.750
	V	0.00000	-0.06698	-0.12794	-0.17729	-0.21034	-0.22361	-0.21510	-0.18447	-0.13302	-0.13302	-0.06859	0.00000	
	V'	-0.68003	-0.64951	-0.56024	-0.41893	-0.23621	-0.02579	0.19650	0.41396	0.61025	0.61025	0.67187	0.69294	
	M	0.00000	-0.64958	-1.24965	-1.75373	-2.12382	-2.33141	-2.36062	-2.20921	-1.88876	-0.88876	-0.46206	0.00000	
2.775	Q	-6.57989	-6.32817	-5.59225	-4.42846	-2.92582	-1.19933	0.61893	2.38984	3.97789	3.97789	4.50136	4.68042	2.775
	V	0.00000	-0.07137	-0.13628	-0.18878	-0.22385	-0.23783	-0.22863	-0.19599	-0.14139	-0.14139	-0.07299	0.00000	
	V'	-0.72460	-0.69191	-0.59635	-0.44522	-0.25009	-0.02588	0.21023	0.44020	0.64643	0.64643	0.71440	0.73766	
	M	0.00000	-0.69896	-1.34348	-1.88336	-2.27654	-2.49241	-2.51414	-2.34005	-1.98370	-0.98370	-0.51178	0.00000	
2.800	Q	-7.08179	-6.80599	-6.00008	-4.72683	-3.08541	-1.20367	0.77182	2.68720	4.39327	4.39327	4.98336	5.18530	2.800
	V	0.00000	-0.07640	-0.14585	-0.20196	-0.23935	-0.25413	-0.24415	-0.20919	-0.15098	-0.15098	-0.07803	0.00000	
	V'	-0.77574	-0.74056	-0.63777	-0.47536	-0.26600	-0.02598	0.22600	0.47031	0.68792	0.68792	0.76318	0.78894	
	M	0.00000	-0.75622	-1.45250	-2.03362	-2.45352	-2.67892	-2.69194	-2.49155	-2.09364	-1.09364	-0.56939	0.00000	
2.825	Q	-7.66377	-7.35999	-6.47273	-5.07233	-3.26982	-1.20809	0.94942	3.03166	4.87356	4.87356	5.54161	5.77034	2.825
	V	0.00000	-0.08223	-0.15694	-0.21723	-0.25731	-0.27303	-0.26213	-0.22449	-0.16210	-0.16210	-0.08388	0.00000	
	V'	-0.83499	-0.79693	-0.68575	-0.51028	-0.28442	-0.02607	0.24427	0.50518	0.73598	0.73598	0.81969	0.84835	
	M	0.00000	-0.82339	-1.58035	-2.20982	-2.66100	-2.89750	-2.90025	-2.66901	-2.22244	-1.22244	-0.63691	0.00000	
2.850	Q	-8.34644	-8.00976	-7.02688	-5.47709	-3.48543	-1.21257	1.15811	3.43535	5.43545	5.43545	6.19573	6.45616	2.850
	V	0.00000	-0.08906	-0.16994	-0.23513	-0.27836	-0.29517	-0.28319	-0.24241	-0.17512	-0.17512	-0.09072	0.00000	
	V'	-0.90446	-0.86300	-0.74200	-0.55120	-0.30599	-0.02617	0.26569	0.54606	0.79230	0.79230	0.88590	0.91796	
	M	0.00000	-0.90325	-1.73235	-2.41925	-2.90756	-3.15719	-3.14765	-2.87972	-2.37540	-1.37540	-0.71714	0.00000	
2.875	Q	-9.15815	-8.78226	-7.68545	-5.95775	-3.74099	-1.21714	1.40663	3.91493	6.10186	6.10186	6.97267	7.27111	2.875
	V	0.00000	-0.09718	-0.18539	-0.25639	-0.30337	-0.32147	-0.30822	-0.26371	-0.19060	-0.19060	-0.09886	0.00000	
	V'	-0.98700	-0.94152	-0.80883	-0.59980	-0.33161	-0.02627	0.29116	0.59462	0.85920	0.85920	0.96456	1.00066	
	M	0.00000	-0.99975	-1.91600	-2.67224	-3.20532	-3.47072	-3.44627	-3.13401	-2.56002	-1.56002	-0.81400	0.00000	
2.900	Q	-10.13897	-9.71561	-8.48087	-6.53788	-4.04889	-1.22177	1.70738	4.49394	6.90520	6.90520	7.91054	8.25525	2.900
	V	0.00000	-0.10699	-0.20404	-0.28207	-0.33357	-0.35324	-0.33844	-0.28942	-0.20928	-0.20928	-0.10868	0.00000	
	V'	-1.08668	-1.03634	-0.88952	-0.65849	-0.36253	-0.02637	0.32192	0.65326	0.93998	0.93998	1.05952	1.10050	
	M	0.00000	-1.11864	-2.14225	-2.98388	-3.57203	-3.85675	-3.81385	-3.44696	-2.78727	-1.78727	-0.93327	0.00000	
2.925	Q	-11.34747	-10.86550	-9.46053	-7.25190	-4.42724	-1.22649	2.07845	5.20682	7.89289	7.89289	9.06505	9.46716	2.925
	V	0.00000	-0.11906	-0.22701	-0.31370	-0.37075	-0.39234	-0.37564	-0.32107	-0.23228	-0.23228	-0.12077	0.00000	
	V'	-1.20944	-1.15310	-0.98888	-0.73074	-0.40058	-0.02647	0.35982	0.72547	1.03942	1.03942	1.17643	1.22342	
	M	0.00000	-1.26869	-2.42777	-3.37711	-4.03467	-4.34366	-4.27737	-3.84154	-3.07381	-2.07381	-1.08372	0.00000	
2.950	Q	-12.87281	-12.31673	-10.69654	-8.15222	-4.90357	-1.23128	2.54739	6.10597	9.13703	9.13703	10.52100	10.99600	2.950
	V	0.00000	-0.13429	-0.25599	-0.35359	-0.41766	-0.44167	-0.42256	-0.36099	-0.26128	-0.26128	-0.13602	0.00000	
	V'	-1.36430	-1.30040	-1.11423	-0.82186	-0.44856	-0.02658	0.40763	0.81654	1.16484	1.16484	1.32387	1.37845	
	M	0.00000	-1.46394	-2.79927	-3.88867	-4.63643	-4.97685	-4.88003	-4.35447	-3.44635	-2.44635	-1.27937	0.00000	
2.975	Q	-14.85765	-14.20498	-12.30434	-9.32269	-5.52199	-1.23616	3.15828	7.27525	10.75304	10.75304	12.41406	12.98444	2.975
	V	0.00000	-0.15411	-0.29368	-0.40547	-0.47866	-0.50582	-0.48359	-0.41291	-0.29900	-0.29900	-0.15585	0.00000	
	V'	-1.56573	-1.49198	-1.27724	-0.94035	-0.51092	-0.02668	0.46983	0.93499	1.32793	1.32793	1.51561	1.58005	
ALPHA	X/L =	0.00	0.10	0.20	0.30	0.40	0.50	0.60	0.70	L 0.80	R 0.80	0.90	1.00	ALPHA

XM/L = 0.80

FUNKTIONEN : F.MIM - F.MIQ - F.MIV - F.MIV'

FUNKTIONEN : F.M;M - F.M;Q - F.M;V - F.M;V'

XM/L = 0.90

ALPHA	X/L =	0.00	0.10	0.20	0.30	0.40	0.50	0.60	0.70	0.80	L 0.90	R 0.90	1.00	ALPHA
0.000	M	0.00000	-0.10000	-0.20000	-0.30000	-0.40000	-0.50000	-0.60000	-0.70000	-0.80000	-0.90000	0.10000	0.00000	0.000
	Q	-1.00000	-1.00000	-1.00000	-1.00000	-1.00000	-1.00000	-1.00000	-1.00000	-1.00000	-1.00000	-1.00000	-1.00000	
	V	0.00000	-0.01600	-0.03100	-0.04400	-0.05400	-0.06000	-0.06100	-0.05600	-0.04400	-0.02400	-0.02400	0.00000	
	V'	-0.16167	-0.15667	-0.14167	-0.11667	-0.08167	-0.03667	0.01833	0.08333	0.15833	0.24333	0.24333	0.23833	
0.025	M	0.00000	-0.10001	-0.20002	-0.30003	-0.40003	-0.50004	-0.60004	-0.70004	-0.80003	-0.90002	0.09998	0.00000	0.025
	Q	-1.00010	-1.00010	-1.00009	-1.00007	-1.00005	-1.00002	-0.99999	-0.99995	-0.99990	-0.99985	-0.99985	-0.99985	
	V	0.00000	-0.01600	-0.03100	-0.04400	-0.05400	-0.06000	-0.06100	-0.05600	-0.04400	-0.02400	-0.02400	0.00000	
	V'	-0.16168	-0.15668	-0.14168	-0.11667	-0.08167	-0.03667	0.01834	0.08334	0.15834	0.24335	0.24335	0.23835	
0.050	M	0.00000	-0.10004	-0.20008	-0.30011	-0.40014	-0.50015	-0.60015	-0.70014	-0.80011	-0.90006	0.09994	0.00000	0.050
	Q	-1.00040	-1.00039	-1.00035	-1.00029	-1.00020	-1.00009	-0.99995	-0.99979	-0.99960	-0.99939	-0.99939	-0.99940	
	V	0.00000	-0.01600	-0.03101	-0.04401	-0.05401	-0.06002	-0.06101	-0.05601	-0.04401	-0.02401	-0.02401	0.00000	
	V'	-0.16171	-0.15671	-0.14171	-0.11670	-0.08168	-0.03667	0.01835	0.08336	0.15837	0.24338	0.24338	0.23839	
0.075	M	0.00000	-0.10009	-0.20017	-0.30025	-0.40030	-0.50034	-0.60034	-0.70032	-0.80025	-0.90014	0.09986	0.00000	0.075
	Q	-1.00091	-1.00088	-1.00080	-1.00066	-1.00046	-1.00021	-0.99990	-0.99953	-0.99911	-0.99863	-0.99863	-0.99866	
	V	0.00000	-0.01601	-0.03102	-0.04403	-0.05403	-0.06003	-0.06103	-0.05603	-0.04402	-0.02401	-0.02401	0.00000	
	V'	-0.16177	-0.15677	-0.14175	-0.11673	-0.08170	-0.03667	0.01836	0.08340	0.15842	0.24344	0.24344	0.23845	
0.100	M	0.00000	-0.10016	-0.20031	-0.30044	-0.40054	-0.50060	-0.60061	-0.70056	-0.80044	-0.90024	0.09976	0.00000	0.100
	Q	-1.00162	-1.00157	-1.00142	-1.00117	-1.00082	-1.00037	-0.99982	-0.99917	-0.99841	-0.99756	-0.99756	-0.99761	
	V	0.00000	-0.01602	-0.03104	-0.04405	-0.05406	-0.06006	-0.06106	-0.05605	-0.04404	-0.02402	-0.02402	0.00000	
	V'	-0.16185	-0.15685	-0.14182	-0.11678	-0.08173	-0.03668	0.01838	0.08344	0.15849	0.24353	0.24353	0.23854	
0.125	M	0.00000	-0.10025	-0.20049	-0.30069	-0.40085	-0.50094	-0.60095	-0.70088	-0.80069	-0.90038	0.09962	0.00000	0.125
	Q	-1.00253	-1.00245	-1.00222	-1.00183	-1.00128	-1.00057	-0.99971	-0.99870	-0.99752	-0.99619	-0.99619	-0.99627	
	V	0.00000	-0.01603	-0.03105	-0.04408	-0.05409	-0.06010	-0.06109	-0.05608	-0.04406	-0.02403	-0.02403	0.00000	
	V'	-0.16196	-0.15695	-0.14191	-0.11685	-0.08177	-0.03668	0.01841	0.08351	0.15858	0.24364	0.24364	0.23866	
0.150	M	0.00000	-0.10036	-0.20070	-0.30099	-0.40122	-0.50135	-0.60138	-0.70126	-0.80099	-0.90054	0.09946	0.00000	0.150
	Q	-1.00365	-1.00353	-1.00320	-1.00263	-1.00184	-1.00083	-0.99958	-0.99812	-0.99643	-0.99452	-0.99452	-0.99463	
	V	0.00000	-0.01604	-0.03108	-0.04411	-0.05413	-0.06014	-0.06114	-0.05612	-0.04409	-0.02405	-0.02405	0.00000	
	V'	-0.16209	-0.15707	-0.14202	-0.11693	-0.08182	-0.03669	0.01845	0.08358	0.15870	0.24377	0.24377	0.23880	
0.175	M	0.00000	-0.10049	-0.20095	-0.30135	-0.40166	-0.50184	-0.60187	-0.70172	-0.80135	-0.90074	0.09926	0.00000	0.175
	Q	-1.00497	-1.00481	-1.00435	-1.00358	-1.00251	-1.00112	-0.99943	-0.99744	-0.99514	-0.99253	-0.99253	-0.99268	
	V	0.00000	-0.01606	-0.03111	-0.04415	-0.05418	-0.06019	-0.06118	-0.05616	-0.04412	-0.02406	-0.02406	0.00000	
	V'	-0.16224	-0.15721	-0.14214	-0.11703	-0.08187	-0.03670	0.01849	0.08367	0.15883	0.24393	0.24393	0.23897	
0.200	M	0.00000	-0.10064	-0.20125	-0.30177	-0.40217	-0.50241	-0.60245	-0.70225	-0.80177	-0.90096	0.09904	0.00000	0.200
	Q	-1.00650	-1.00630	-1.00569	-1.00469	-1.00328	-1.00147	-0.99926	-0.99665	-0.99364	-0.99024	-0.99024	-0.99043	
	V	0.00000	-0.01607	-0.03114	-0.04420	-0.05423	-0.06025	-0.06124	-0.05621	-0.04415	-0.02408	-0.02408	0.00000	
	V'	-0.16241	-0.15738	-0.14229	-0.11714	-0.08194	-0.03671	0.01854	0.08377	0.15898	0.24412	0.24412	0.23917	
0.225	M	0.00000	-0.10081	-0.20158	-0.30224	-0.40275	-0.50305	-0.60310	-0.70285	-0.80224	-0.90122	0.09878	0.00000	0.225
	Q	-1.00823	-1.00798	-1.00721	-1.00594	-1.00415	-1.00186	-0.99906	-0.99575	-0.99194	-0.98763	-0.98763	-0.98788	
	V	0.00000	-0.01609	-0.03118	-0.04425	-0.05430	-0.06032	-0.06131	-0.05626	-0.04419	-0.02410	-0.02410	0.00000	
	V'	-0.16261	-0.15757	-0.14245	-0.11726	-0.08201	-0.03672	0.01859	0.08389	0.15915	0.24433	0.24433	0.23939	
ALPHA	X/L =	0.00	0.10	0.20	0.30	0.40	0.50	0.60	0.70	0.80	L 0.90	R 0.90	1.00	ALPHA

XM/L = 0.90

FUNKTIONEN : F.M;M - F.M;Q - F.M;V - F.M;V'

FUNKTIONEN : F.M:M - F.M:Q - F.M:V - F.M:V'

XM/L = 0.90

ALPHA	X/L =	0.00	0.10	0.20	0.30	0.40	0.50	0.60	0.70	0.80	L 0.90	R 0.90	1.00	ALPHA
	M	0.00000	-0.10101	-0.20195	-0.30277	-0.40340	-0.50377	-0.60384	-0.70352	-0.80277	-0.90151	0.09849	0.00000	
0.250	Q	-1.01018	-1.00986	-1.00891	-1.00734	-1.00513	-1.00230	-0.99883	-0.99475	-0.99004	-0.98471	-0.98471	-0.98502	0.250
	V	0.00000	-0.01612	-0.03122	-0.04431	-0.05437	-0.06039	-0.06138	-0.05633	-0.04424	-0.02413	-0.02413	0.00000	
	V'	-0.16284	-0.15779	-0.14264	-0.11740	-0.08209	-0.03673	0.01865	0.08402	0.15934	0.24456	0.24456	0.23964	
	M	0.00000	-0.10122	-0.20236	-0.30336	-0.40412	-0.50457	-0.60465	-0.70426	-0.80335	-0.90183	0.09817	0.00000	
0.275	Q	-1.01233	-1.01195	-1.01080	-1.00889	-1.00621	-1.00278	-0.99858	-0.99363	-0.98793	-0.98149	-0.98149	-0.98186	0.275
	V	0.00000	-0.01614	-0.03127	-0.04437	-0.05444	-0.06047	-0.06146	-0.05640	-0.04429	-0.02415	-0.02415	0.00000	
	V'	-0.16309	-0.15802	-0.14284	-0.11756	-0.08218	-0.03674	0.01872	0.08417	0.15956	0.24482	0.24482	0.23991	
	M	0.00000	-0.10146	-0.20282	-0.30400	-0.40491	-0.50545	-0.60554	-0.70508	-0.80399	-0.90218	0.09782	0.00000	
0.300	Q	-1.01470	-1.01425	-1.01288	-1.01060	-1.00741	-1.00331	-0.99831	-0.99241	-0.98562	-0.97794	-0.97794	-0.97838	0.300
	V	0.00000	-0.01617	-0.03132	-0.04444	-0.05453	-0.06056	-0.06154	-0.05647	-0.04435	-0.02418	-0.02418	0.00000	
	V'	-0.16336	-0.15828	-0.14307	-0.11773	-0.08228	-0.03676	0.01880	0.08433	0.15979	0.24511	0.24511	0.24021	
	M	0.00000	-0.10171	-0.20331	-0.30470	-0.40577	-0.50641	-0.60651	-0.70597	-0.80469	-0.90256	0.09744	0.00000	
0.325	Q	-1.01729	-1.01675	-1.01514	-1.01245	-1.00870	-1.00388	-0.99801	-0.99107	-0.98310	-0.97408	-0.97408	-0.97459	0.325
	V	0.00000	-0.01620	-0.03137	-0.04452	-0.05462	-0.06066	-0.06164	-0.05655	-0.04441	-0.02422	-0.02422	0.00000	
	V'	-0.16365	-0.15857	-0.14332	-0.11791	-0.08239	-0.03677	0.01888	0.08451	0.16005	0.24542	0.24542	0.24054	
	M	0.00000	-0.10199	-0.20385	-0.30546	-0.40670	-0.50744	-0.60756	-0.70694	-0.80545	-0.90297	0.09703	0.00000	
0.350	Q	-1.02009	-1.01946	-1.01759	-1.01447	-1.01011	-1.00451	-0.99768	-0.98962	-0.98036	-0.96990	-0.96990	-0.97049	0.350
	V	0.00000	-0.01623	-0.03144	-0.04461	-0.05472	-0.06077	-0.06174	-0.05664	-0.04447	-0.02425	-0.02425	0.00000	
	V'	-0.16398	-0.15888	-0.14358	-0.11811	-0.08250	-0.03679	0.01897	0.08470	0.16032	0.24575	0.24575	0.24090	
	M	0.00000	-0.10229	-0.20443	-0.30629	-0.40771	-0.50856	-0.60870	-0.70798	-0.80626	-0.90342	0.09658	0.00000	
0.375	Q	-1.02311	-1.02239	-1.02023	-1.01664	-1.01162	-1.00518	-0.99732	-0.98806	-0.97741	-0.96539	-0.96539	-0.96607	0.375
	V	0.00000	-0.01626	-0.03150	-0.04470	-0.05483	-0.06088	-0.06186	-0.05674	-0.04455	-0.02429	-0.02429	0.00000	
	V'	-0.16432	-0.15921	-0.14387	-0.11833	-0.08263	-0.03681	0.01906	0.08490	0.16062	0.24612	0.24612	0.24129	
	M	0.00000	-0.10261	-0.20505	-0.30717	-0.40879	-0.50976	-0.60992	-0.70909	-0.80714	-0.90389	0.09611	0.00000	
0.400	Q	-1.02635	-1.02553	-1.02307	-1.01897	-1.01324	-1.00589	-0.99693	-0.98638	-0.97425	-0.96056	-0.96056	-0.96133	0.400
	V	0.00000	-0.01630	-0.03157	-0.04479	-0.05494	-0.06101	-0.06198	-0.05684	-0.04462	-0.02433	-0.02433	0.00000	
	V'	-0.16470	-0.15956	-0.14418	-0.11857	-0.08276	-0.03683	0.01916	0.08512	0.16094	0.24651	0.24651	0.24170	
	M	0.00000	-0.10295	-0.20572	-0.30811	-0.40995	-0.51104	-0.61122	-0.71029	-0.80807	-0.90440	0.09560	0.00000	
0.425	Q	-1.02982	-1.02889	-1.02610	-1.02146	-1.01498	-1.00666	-0.99652	-0.98458	-0.97087	-0.95540	-0.95540	-0.95626	0.425
	V	0.00000	-0.01634	-0.03165	-0.04490	-0.05507	-0.06114	-0.06210	-0.05695	-0.04470	-0.02437	-0.02437	0.00000	
	V'	-0.16509	-0.15995	-0.14451	-0.11881	-0.08291	-0.03685	0.01927	0.08536	0.16129	0.24692	0.24692	0.24214	
	M	0.00000	-0.10332	-0.20642	-0.30911	-0.41118	-0.51241	-0.61260	-0.71156	-0.80907	-0.90494	0.09506	0.00000	
0.450	Q	-1.03352	-1.03247	-1.02933	-1.02411	-1.01682	-1.00747	-0.99607	-0.98266	-0.96727	-0.94991	-0.94991	-0.95087	0.450
	V	0.00000	-0.01638	-0.03173	-0.04501	-0.05520	-0.06128	-0.06224	-0.05707	-0.04479	-0.02442	-0.02442	0.00000	
	V'	-0.16552	-0.16035	-0.14486	-0.11908	-0.08306	-0.03687	0.01939	0.08561	0.16165	0.24737	0.24737	0.24261	
	M	0.00000	-0.10371	-0.20718	-0.31018	-0.41249	-0.51386	-0.61408	-0.71291	-0.81013	-0.90552	0.09448	0.00000	
0.475	Q	-1.03745	-1.03628	-1.03277	-1.02693	-1.01878	-1.00832	-0.99560	-0.98062	-0.96344	-0.94408	-0.94408	-0.94515	0.475
	V	0.00000	-0.01642	-0.03181	-0.04513	-0.05534	-0.06143	-0.06238	-0.05720	-0.04488	-0.02447	-0.02447	0.00000	
	V'	-0.16597	-0.16078	-0.14524	-0.11936	-0.08322	-0.03690	0.01951	0.08587	0.16204	0.24784	0.24784	0.24311	
ALPHA	X/L =	0.00	0.10	0.20	0.30	0.40	0.50	0.60	0.70	0.80	L 0.90	R 0.90	1.00	ALPHA

XM/L = 0.90

FUNKTIONEN : F.M:M - F.M:Q - F.M:V - F.M:V'

D R U C K S T A E B E -110-

FUNKTIONEN : F.M;M - F.M;Q - F.M;V - F.M;V'

XM/L = 0.90

ALPHA	X/L =	0.00	0.10	0.20	0.30	0.40	0.50	0.60	0.70	0.80	L 0.90	R 0.90	1.00	ALPHA
	M	0.00000	-0.10412	-0.20798	-0.31131	-0.41387	-0.51540	-0.61563	-0.71433	-0.81125	-0.90613	0.09387	0.00000	
0.500	Q	-1.04161	-1.04031	-1.03641	-1.02992	-1.02085	-1.00923	-0.99509	-0.97846	-0.95939	-0.93792	-0.93792	-0.93909	0.500
	V	0.00000	-0.01647	-0.03190	-0.04525	-0.05549	-0.06159	-0.06254	-0.05733	-0.04498	-0.02452	-0.02452	0.00000	
	V'	-0.16645	-0.16124	-0.14563	-0.11966	-0.08339	-0.03692	0.01964	0.08615	0.16245	0.24834	0.24834	0.24364	
	M	0.00000	-0.10455	-0.20882	-0.31251	-0.41534	-0.51702	-0.61728	-0.71584	-0.81243	-0.90677	0.09323	0.00000	
0.525	Q	-1.04602	-1.04457	-1.04025	-1.03307	-1.02304	-1.01018	-0.99455	-0.97617	-0.95511	-0.93141	-0.93141	-0.93269	0.525
	V	0.00000	-0.01652	-0.03200	-0.04538	-0.05565	-0.06176	-0.06270	-0.05747	-0.04508	-0.02458	-0.02458	0.00000	
	V'	-0.16695	-0.16172	-0.14605	-0.11998	-0.08358	-0.03695	0.01978	0.08645	0.16288	0.24886	0.24886	0.24420	
	M	0.00000	-0.10501	-0.20971	-0.31377	-0.41688	-0.51874	-0.61902	-0.71743	-0.81367	-0.90745	0.09255	0.00000	
0.550	Q	-1.05066	-1.04907	-1.04431	-1.03639	-1.02534	-1.01118	-0.99397	-0.97375	-0.95059	-0.92455	-0.92455	-0.92595	0.550
	V	0.00000	-0.01657	-0.03210	-0.04552	-0.05581	-0.06193	-0.06287	-0.05762	-0.04519	-0.02463	-0.02463	0.00000	
	V'	-0.16748	-0.16223	-0.14649	-0.12031	-0.08377	-0.03697	0.01993	0.08677	0.16334	0.24942	0.24942	0.24479	
	M	0.00000	-0.10550	-0.21065	-0.31510	-0.41851	-0.52054	-0.62085	-0.71910	-0.81498	-0.90816	0.09184	0.00000	
0.575	Q	-1.05556	-1.05381	-1.04859	-1.03989	-1.02776	-1.01223	-0.99336	-0.97120	-0.94584	-0.91734	-0.91734	-0.91886	0.575
	V	0.00000	-0.01663	-0.03220	-0.04567	-0.05599	-0.06212	-0.06305	-0.05777	-0.04531	-0.02469	-0.02469	0.00000	
	V'	-0.16804	-0.16277	-0.14695	-0.12066	-0.08397	-0.03700	0.02008	0.08710	0.16382	0.25000	0.25000	0.24541	
	M	0.00000	-0.10601	-0.21163	-0.31650	-0.42022	-0.52243	-0.62277	-0.72086	-0.81635	-0.90891	0.09109	0.00000	
0.600	Q	-1.06071	-1.05880	-1.05308	-1.04357	-1.03031	-1.01333	-0.99271	-0.96852	-0.94084	-0.90978	-0.90978	-0.91142	0.600
	V	0.00000	-0.01669	-0.03231	-0.04582	-0.05617	-0.06232	-0.06324	-0.05794	-0.04543	-0.02476	-0.02476	0.00000	
	V'	-0.16863	-0.16333	-0.14744	-0.12103	-0.08418	-0.03703	0.02024	0.08744	0.16433	0.25062	0.25062	0.24606	
	M	0.00000	-0.10654	-0.21267	-0.31796	-0.42202	-0.52442	-0.62478	-0.72270	-0.81779	-0.90970	0.09030	0.00000	
0.625	Q	-1.06611	-1.06403	-1.05779	-1.04743	-1.03297	-1.01448	-0.99203	-0.96570	-0.93560	-0.90185	-0.90185	-0.90362	0.625
	V	0.00000	-0.01675	-0.03243	-0.04599	-0.05636	-0.06252	-0.06344	-0.05811	-0.04555	-0.02483	-0.02483	0.00000	
	V'	-0.16925	-0.16392	-0.14795	-0.12141	-0.08440	-0.03707	0.02041	0.08781	0.16486	0.25126	0.25126	0.24674	
	M	0.00000	-0.10710	-0.21375	-0.31950	-0.42390	-0.52651	-0.62689	-0.72463	-0.81930	-0.91052	0.08948	0.00000	
0.650	Q	-1.07178	-1.06952	-1.06274	-1.05147	-1.03576	-1.01567	-0.99130	-0.96274	-0.93011	-0.89356	-0.89356	-0.89545	0.650
	V	0.00000	-0.01681	-0.03255	-0.04615	-0.05656	-0.06274	-0.06365	-0.05829	-0.04569	-0.02490	-0.02490	0.00000	
	V'	-0.16990	-0.16454	-0.14849	-0.12182	-0.08464	-0.03710	0.02059	0.08819	0.16541	0.25194	0.25194	0.24746	
	M	0.00000	-0.10769	-0.21489	-0.32111	-0.42587	-0.52869	-0.62910	-0.72664	-0.82088	-0.91138	0.08862	0.00000	
0.675	Q	-1.07772	-1.07526	-1.06791	-1.05570	-1.03867	-1.01692	-0.99053	-0.95964	-0.92437	-0.88489	-0.88489	-0.88691	0.675
	V	0.00000	-0.01688	-0.03268	-0.04633	-0.05678	-0.06296	-0.06386	-0.05848	-0.04583	-0.02497	-0.02497	0.00000	
	V'	-0.17057	-0.16519	-0.14905	-0.12224	-0.08488	-0.03713	0.02078	0.08859	0.16600	0.25264	0.25264	0.24821	
	M	0.00000	-0.10830	-0.21608	-0.32279	-0.42793	-0.53097	-0.63140	-0.72875	-0.82253	-0.91227	0.08773	0.00000	
0.700	Q	-1.08393	-1.08127	-1.07332	-1.06012	-1.04172	-1.01821	-0.98972	-0.95639	-0.91836	-0.87584	-0.87584	-0.87799	0.700
	V	0.00000	-0.01695	-0.03281	-0.04652	-0.05700	-0.06320	-0.06409	-0.05867	-0.04597	-0.02505	-0.02505	0.00000	
	V'	-0.17128	-0.16586	-0.14964	-0.12268	-0.08513	-0.03717	0.02097	0.08901	0.16660	0.25338	0.25338	0.24899	
	M	0.00000	-0.10895	-0.21732	-0.32455	-0.43008	-0.53335	-0.63381	-0.73095	-0.82424	-0.91321	0.08679	0.00000	
0.725	Q	-1.09042	-1.08755	-1.07898	-1.06473	-1.04489	-1.01956	-0.98887	-0.95298	-0.91209	-0.86641	-0.86641	-0.86869	0.725
	V	0.00000	-0.01702	-0.03295	-0.04671	-0.05723	-0.06344	-0.06433	-0.05888	-0.04612	-0.02513	-0.02513	0.00000	
	V'	-0.17202	-0.16657	-0.15025	-0.12315	-0.08540	-0.03721	0.02118	0.08945	0.16724	0.25415	0.25415	0.24981	
ALPHA	X/L =	0.00	0.10	0.20	0.30	0.40	0.50	0.60	0.70	0.80	L 0.90	R 0.90	1.00	ALPHA

XM/L = 0.90

FUNKTIONEN : F.M;M - F.M;Q - F.M;V - F.M;V'

FUNKTIONEN : F.M;M - F.M;Q - F.M;V - F.M;V'

XM/L = 0.90

ALPHA	X/L =	0.00	0.10	0.20	0.30	0.40	0.50	0.60	0.70	0.80	L 0.90	R 0.90	1.00	ALPHA
	M	0.00000	-0.10962	-0.21862	-0.32639	-0.43232	-0.53583	-0.63632	-0.73324	-0.82603	-0.91418	0.08582	0.00000	
0.750	Q	-1.09720	-1.09411	-1.08488	-1.06954	-1.04819	-1.02095	-0.98797	-0.94943	-0.90556	-0.85659	-0.85659	-0.85900	0.750
	V	0.00000	-0.01710	-0.03310	-0.04691	-0.05747	-0.06370	-0.06458	-0.05909	-0.04628	-0.02521	-0.02521	0.00000	
	V'	-0.17279	-0.16731	-0.15089	-0.12363	-0.08567	-0.03724	0.02139	0.08990	0.16790	0.25495	0.25495	0.25066	
	M	0.00000	-0.11032	-0.21997	-0.32830	-0.43467	-0.53842	-0.63894	-0.73563	-0.82789	-0.91519	0.08481	0.00000	
0.775	Q	-1.10427	-1.10095	-1.09103	-1.07456	-1.05163	-1.02239	-0.98702	-0.94572	-0.89874	-0.84637	-0.84637	-0.84891	0.775
	V	0.00000	-0.01718	-0.03325	-0.04712	-0.05772	-0.06397	-0.06483	-0.05931	-0.04644	-0.02530	-0.02530	0.00000	
	V'	-0.17360	-0.16808	-0.15156	-0.12413	-0.08596	-0.03728	0.02161	0.09038	0.16859	0.25579	0.25579	0.25155	
	M	0.00000	-0.11105	-0.22138	-0.33030	-0.43711	-0.54112	-0.64166	-0.73811	-0.82983	-0.91625	0.08375	0.00000	
0.800	Q	-1.11164	-1.10808	-1.09744	-1.07978	-1.05521	-1.02389	-0.98602	-0.94184	-0.89164	-0.83574	-0.83574	-0.83842	0.800
	V	0.00000	-0.01726	-0.03341	-0.04734	-0.05798	-0.06424	-0.06510	-0.05955	-0.04661	-0.02539	-0.02539	0.00000	
	V'	-0.17444	-0.16888	-0.15225	-0.12465	-0.08626	-0.03732	0.02185	0.09087	0.16931	0.25666	0.25666	0.25247	
	M	0.00000	-0.11181	-0.22285	-0.33238	-0.43965	-0.54392	-0.64450	-0.74069	-0.83185	-0.91734	0.08266	0.00000	
0.825	Q	-1.11932	-1.11551	-1.10412	-1.08521	-1.05892	-1.02543	-0.98497	-0.93780	-0.88425	-0.82469	-0.82469	-0.82751	0.825
	V	0.00000	-0.01734	-0.03357	-0.04757	-0.05825	-0.06453	-0.06538	-0.05979	-0.04679	-0.02548	-0.02548	0.00000	
	V'	-0.17531	-0.16972	-0.15297	-0.12520	-0.08657	-0.03737	0.02209	0.09139	0.17006	0.25757	0.25757	0.25343	
	M	0.00000	-0.11260	-0.22438	-0.33454	-0.44229	-0.54684	-0.64745	-0.74338	-0.83394	-0.91848	0.08152	0.00000	
0.850	Q	-1.12732	-1.12325	-1.11107	-1.09086	-1.06278	-1.02703	-0.98386	-0.93359	-0.87657	-0.81323	-0.81323	-0.81617	0.850
	V	0.00000	-0.01743	-0.03374	-0.04781	-0.05853	-0.06483	-0.06567	-0.06004	-0.04698	-0.02558	-0.02558	0.00000	
	V'	-0.17622	-0.17058	-0.15373	-0.12576	-0.08690	-0.03741	0.02234	0.09192	0.17084	0.25851	0.25851	0.25443	
	M	0.00000	-0.11342	-0.22597	-0.33679	-0.44504	-0.54988	-0.65051	-0.74617	-0.83611	-0.91966	0.08034	0.00000	
0.875	Q	-1.13564	-1.13129	-1.11829	-1.09674	-1.06679	-1.02868	-0.98270	-0.92920	-0.86858	-0.80133	-0.80133	-0.80441	0.875
	V	0.00000	-0.01753	-0.03392	-0.04806	-0.05883	-0.06515	-0.06597	-0.06030	-0.04717	-0.02568	-0.02568	0.00000	
	V'	-0.17716	-0.17149	-0.15451	-0.12635	-0.08723	-0.03746	0.02260	0.09248	0.17164	0.25949	0.25949	0.25547	
	M	0.00000	-0.11428	-0.22763	-0.33913	-0.44790	-0.55303	-0.65369	-0.74906	-0.83837	-0.92089	0.07911	0.00000	
0.900	Q	-1.14430	-1.13966	-1.12581	-1.10284	-1.07094	-1.03038	-0.98147	-0.92462	-0.86029	-0.78899	-0.78899	-0.79220	0.900
	V	0.00000	-0.01762	-0.03411	-0.04831	-0.05913	-0.06547	-0.06629	-0.06057	-0.04737	-0.02579	-0.02579	0.00000	
	V'	-0.17814	-0.17242	-0.15532	-0.12696	-0.08758	-0.03750	0.02287	0.09306	0.17248	0.26051	0.26051	0.25655	
	M	0.00000	-0.11517	-0.22935	-0.34157	-0.45086	-0.55631	-0.65700	-0.75207	-0.84071	-0.92216	0.07784	0.00000	
0.925	Q	-1.15330	-1.14836	-1.13362	-1.10917	-1.07525	-1.03213	-0.98019	-0.91986	-0.85167	-0.77620	-0.77620	-0.77953	0.925
	V	0.00000	-0.01772	-0.03430	-0.04858	-0.05945	-0.06581	-0.06661	-0.06085	-0.04757	-0.02590	-0.02590	0.00000	
	V'	-0.17916	-0.17340	-0.15616	-0.12760	-0.08795	-0.03755	0.02316	0.09366	0.17336	0.26156	0.26156	0.25767	
	M	0.00000	-0.11609	-0.23113	-0.34409	-0.45395	-0.55971	-0.66042	-0.75518	-0.84313	-0.92347	0.07653	0.00000	
0.950	Q	-1.16265	-1.15741	-1.14173	-1.11575	-1.07971	-1.03393	-0.97883	-0.91491	-0.84273	-0.76295	-0.76295	-0.76641	0.950
	V	0.00000	-0.01783	-0.03450	-0.04886	-0.05978	-0.06616	-0.06695	-0.06114	-0.04779	-0.02601	-0.02601	0.00000	
	V'	-0.18022	-0.17441	-0.15704	-0.12825	-0.08832	-0.03760	0.02345	0.09429	0.17426	0.26266	0.26266	0.25883	
	M	0.00000	-0.11705	-0.23299	-0.34672	-0.45715	-0.56324	-0.66398	-0.75841	-0.84564	-0.92484	0.07516	0.00000	
0.975	Q	-1.17237	-1.16680	-1.15015	-1.12257	-1.08433	-1.03579	-0.97742	-0.90975	-0.83345	-0.74923	-0.74923	-0.75281	0.975
	V	0.00000	-0.01794	-0.03470	-0.04914	-0.06012	-0.06652	-0.06730	-0.06145	-0.04801	-0.02613	-0.02613	0.00000	
	V'	-0.18132	-0.17546	-0.15795	-0.12894	-0.08871	-0.03765	0.02376	0.09493	0.17520	0.26379	0.26379	0.26003	
ALPHA	X/L =	0.00	0.10	0.20	0.30	0.40	0.50	0.60	0.70	0.80	L 0.90	R 0.90	1.00	ALPHA

XM/L = 0.90

FUNKTIONEN : F.M;M - F.M;Q - F.M;V - F.M;V'

D R U C K S T A E B E -112-

FUNKTIONEN : F.M;M - F.M;Q - F.M;V - F.M;V'

XM/L = 0.90

ALPHA	X/L =	0.00	0.10	0.20	0.30	0.40	0.50	0.60	0.70	0.80	L 0.90	R 0.90	1.00	ALPHA
	M	0.00000	-0.11805	-0.23492	-0.34944	-0.46047	-0.56690	-0.66767	-0.76176	-0.84824	-0.92625	0.07375	0.00000	
1.000	Q	-1.18246	-1.17655	-1.15889	-1.12965	-1.08912	-1.03770	-0.97592	-0.90439	-0.82383	-0.73503	-0.73503	-0.73872	1.000
	V	0.00000	-0.01805	-0.03492	-0.04944	-0.06047	-0.06690	-0.06767	-0.06176	-0.04824	-0.02625	-0.02625	0.00000	
	V'	-0.18246	-0.17655	-0.15889	-0.12965	-0.08912	-0.03770	0.02408	0.09561	0.17617	0.26497	0.26497	0.26128	
	M	0.00000	-0.11908	-0.23692	-0.35227	-0.46392	-0.57070	-0.67149	-0.76523	-0.85094	-0.92771	0.07229	0.00000	
1.025	Q	-1.19294	-1.18668	-1.16796	-1.13698	-1.09407	-1.03967	-0.97436	-0.89882	-0.81385	-0.72033	-0.72033	-0.72413	1.025
	V	0.00000	-0.01817	-0.03514	-0.04975	-0.06084	-0.06729	-0.06804	-0.06209	-0.04848	-0.02638	-0.02638	0.00000	
	V'	-0.18364	-0.17768	-0.15986	-0.13038	-0.08953	-0.03776	0.02441	0.09630	0.17718	0.26619	0.26619	0.26258	
	M	0.00000	-0.12016	-0.23900	-0.35520	-0.46749	-0.57464	-0.67545	-0.76882	-0.85373	-0.92923	0.07077	0.00000	
1.050	Q	-1.20382	-1.19719	-1.17737	-1.14458	-1.09919	-1.04169	-0.97272	-0.89303	-0.80350	-0.70513	-0.70513	-0.70903	1.050
	V	0.00000	-0.01829	-0.03537	-0.05007	-0.06122	-0.06770	-0.06843	-0.06242	-0.04873	-0.02651	-0.02651	0.00000	
	V'	-0.18487	-0.17885	-0.16088	-0.13114	-0.08997	-0.03781	0.02475	0.09703	0.17823	0.26746	0.26746	0.26392	
	M	0.00000	-0.12128	-0.24115	-0.35825	-0.47120	-0.57872	-0.67955	-0.77254	-0.85661	-0.93079	0.06921	0.00000	
1.075	Q	-1.21511	-1.20809	-1.18713	-1.15246	-1.10449	-1.04376	-0.97099	-0.88701	-0.79278	-0.68940	-0.68940	-0.69340	1.075
	V	0.00000	-0.01841	-0.03561	-0.05040	-0.06161	-0.06812	-0.06884	-0.06277	-0.04899	-0.02665	-0.02665	0.00000	
	V'	-0.18614	-0.18007	-0.16193	-0.13193	-0.09042	-0.03787	0.02510	0.09778	0.17931	0.26877	0.26877	0.26531	
	M	0.00000	-0.12243	-0.24339	-0.36140	-0.47505	-0.58295	-0.68380	-0.77639	-0.85960	-0.93241	0.06759	0.00000	
1.100	Q	-1.22682	-1.21941	-1.19725	-1.16062	-1.10997	-1.04589	-0.96918	-0.88075	-0.78167	-0.67314	-0.67314	-0.67724	1.100
	V	0.00000	-0.01854	-0.03586	-0.05075	-0.06202	-0.06855	-0.06926	-0.06314	-0.04926	-0.02679	-0.02679	0.00000	
	V'	-0.18746	-0.18133	-0.16302	-0.13275	-0.09088	-0.03793	0.02547	0.09856	0.18044	0.27013	0.27013	0.26675	
	M	0.00000	-0.12364	-0.24571	-0.36468	-0.47903	-0.58733	-0.68821	-0.78038	-0.86269	-0.93409	0.06591	0.00000	
1.125	Q	-1.23898	-1.23114	-1.20775	-1.16908	-1.11563	-1.04808	-0.96728	-0.87425	-0.77016	-0.65634	-0.65634	-0.66051	1.125
	V	0.00000	-0.01868	-0.03612	-0.05110	-0.06245	-0.06900	-0.06969	-0.06351	-0.04953	-0.02693	-0.02693	0.00000	
	V'	-0.18882	-0.18263	-0.16415	-0.13359	-0.09136	-0.03799	0.02585	0.09936	0.18160	0.27154	0.27154	0.26824	
	M	0.00000	-0.12488	-0.24812	-0.36807	-0.48317	-0.59188	-0.69277	-0.78451	-0.86588	-0.93582	0.06418	0.00000	
1.150	Q	-1.25159	-1.24332	-1.21863	-1.17784	-1.12149	-1.05032	-0.96528	-0.86749	-0.75824	-0.63897	-0.63897	-0.64322	1.150
	V	0.00000	-0.01882	-0.03638	-0.05147	-0.06288	-0.06947	-0.07015	-0.06390	-0.04982	-0.02709	-0.02709	0.00000	
	V'	-0.19024	-0.18399	-0.16531	-0.13447	-0.09186	-0.03805	0.02625	0.10020	0.18281	0.27299	0.27299	0.26978	
	M	0.00000	-0.12618	-0.25061	-0.37159	-0.48745	-0.59658	-0.69749	-0.78878	-0.86919	-0.93761	0.06239	0.00000	
1.175	Q	-1.26467	-1.25595	-1.22991	-1.18691	-1.12754	-1.05262	-0.96319	-0.86047	-0.74589	-0.62102	-0.62102	-0.62533	1.175
	V	0.00000	-0.01896	-0.03666	-0.05186	-0.06334	-0.06996	-0.07061	-0.06430	-0.05011	-0.02724	-0.02724	0.00000	
	V'	-0.19170	-0.18539	-0.16653	-0.13538	-0.09238	-0.03811	0.02666	0.10106	0.18406	0.27450	0.27450	0.27138	
	M	0.00000	-0.12752	-0.25320	-0.37524	-0.49189	-0.60146	-0.70238	-0.79319	-0.87260	-0.93946	0.06054	0.00000	
1.200	Q	-1.27824	-1.26905	-1.24160	-1.19630	-1.13379	-1.05498	-0.96099	-0.85318	-0.73310	-0.60247	-0.60247	-0.60684	1.200
	V	0.00000	-0.01911	-0.03695	-0.05225	-0.06381	-0.07046	-0.07110	-0.06472	-0.05042	-0.02740	-0.02740	0.00000	
	V'	-0.19322	-0.18684	-0.16778	-0.13632	-0.09291	-0.03818	0.02709	0.10196	0.18535	0.27606	0.27606	0.27303	
	M	0.00000	-0.12891	-0.25589	-0.37903	-0.49649	-0.60651	-0.70744	-0.79777	-0.87614	-0.94138	0.05862	0.00000	
1.225	Q	-1.29232	-1.28263	-1.25373	-1.20603	-1.14025	-1.05739	-0.95868	-0.84560	-0.71985	-0.58331	-0.58331	-0.58771	1.225
	V	0.00000	-0.01926	-0.03724	-0.05266	-0.06430	-0.07098	-0.07160	-0.06515	-0.05074	-0.02757	-0.02757	0.00000	
	V'	-0.19480	-0.18834	-0.16908	-0.13729	-0.09346	-0.03825	0.02753	0.10289	0.18669	0.27768	0.27768	0.27474	
ALPHA	X/L =	0.00	0.10	0.20	0.30	0.40	0.50	0.60	0.70	0.80	L 0.90	R 0.90	1.00	ALPHA

XM/L = 0.90

FUNKTIONEN : F.M;M - F.M;Q - F.M;V - F.M;V'

FUNKTIONEN : F.MIM - F.MIQ - F.MIV - F.MIV'

XM/L = 0.90

ALPHA	X/L =	0.00	0.10	0.20	0.30	0.40	0.50	0.60	0.70	0.80	L 0.90	R 0.90	1.00	ALPHA
	M	0.00000	-0.13035	-0.25867	-0.38295	-0.50126	-0.61174	-0.71268	-0.80249	-0.87979	-0.94335	0.05665	0.00000	
1.250	Q	-1.30692	-1.29672	-1.26629	-1.21610	-1.14693	-1.05986	-0.95626	-0.83773	-0.70613	-0.56351	-0.56351	-0.56794	1.250
	V	0.00000	-0.01943	-0.03755	-0.05309	-0.06480	-0.07151	-0.07211	-0.06560	-0.05106	-0.02775	-0.02775	0.00000	
	V'	-0.19643	-0.18990	-0.17043	-0.13830	-0.09404	-0.03831	0.02799	0.10385	0.18808	0.27935	0.27935	0.27652	
	M	0.00000	-0.13185	-0.26156	-0.38702	-0.50620	-0.61716	-0.71810	-0.80739	-0.88356	-0.94540	0.05460	0.00000	
1.275	Q	-1.32207	-1.31134	-1.27932	-1.22653	-1.15383	-1.06240	-0.95372	-0.82955	-0.69193	-0.54306	-0.54306	-0.54751	1.275
	V	0.00000	-0.01959	-0.03787	-0.05353	-0.06533	-0.07207	-0.07265	-0.06606	-0.05140	-0.02793	-0.02793	0.00000	
	V'	-0.19812	-0.19152	-0.17182	-0.13935	-0.09463	-0.03838	0.02847	0.10485	0.18951	0.28108	0.28108	0.27835	
	M	0.00000	-0.13340	-0.26455	-0.39124	-0.51132	-0.62277	-0.72372	-0.81245	-0.88747	-0.94751	0.05249	0.00000	
1.300	Q	-1.33778	-1.32649	-1.29282	-1.23733	-1.16095	-1.06499	-0.95105	-0.82106	-0.67721	-0.52194	-0.52194	-0.52638	1.300
	V	0.00000	-0.01976	-0.03820	-0.05399	-0.06587	-0.07265	-0.07321	-0.06654	-0.05176	-0.02811	-0.02811	0.00000	
	V'	-0.19987	-0.19319	-0.17327	-0.14043	-0.09524	-0.03845	0.02897	0.10588	0.19100	0.28288	0.28288	0.28025	
	M	0.00000	-0.13501	-0.26766	-0.39561	-0.51663	-0.62859	-0.72953	-0.81769	-0.89150	-0.94969	0.05031	0.00000	
1.325	Q	-1.35408	-1.34222	-1.30682	-1.24851	-1.16831	-1.06764	-0.94824	-0.81223	-0.66197	-0.50011	-0.50011	-0.50454	1.325
	V	0.00000	-0.01994	-0.03854	-0.05446	-0.06643	-0.07325	-0.07378	-0.06703	-0.05212	-0.02831	-0.02831	0.00000	
	V'	-0.20169	-0.19493	-0.17476	-0.14155	-0.09587	-0.03853	0.02948	0.10695	0.19254	0.28473	0.28473	0.28221	
	M	0.00000	-0.13668	-0.27088	-0.40015	-0.52213	-0.63462	-0.73555	-0.82310	-0.89568	-0.95195	0.04805	0.00000	
1.350	Q	-1.37100	-1.35853	-1.32133	-1.26009	-1.17592	-1.07035	-0.94530	-0.80305	-0.64619	-0.47757	-0.47757	-0.48196	1.350
	V	0.00000	-0.02013	-0.03889	-0.05495	-0.06701	-0.07386	-0.07438	-0.06755	-0.05250	-0.02851	-0.02851	0.00000	
	V'	-0.20357	-0.19672	-0.17631	-0.14271	-0.09653	-0.03860	0.03001	0.10806	0.19413	0.28666	0.28666	0.28425	
	M	0.00000	-0.13842	-0.27422	-0.40485	-0.52784	-0.64086	-0.74179	-0.82871	-0.89999	-0.95428	0.04572	0.00000	
1.375	Q	-1.38855	-1.37545	-1.33638	-1.27208	-1.18378	-1.07312	-0.94221	-0.79352	-0.62984	-0.45428	-0.45428	-0.45861	1.375
	V	0.00000	-0.02032	-0.03926	-0.05546	-0.06762	-0.07451	-0.07500	-0.06808	-0.05289	-0.02871	-0.02871	0.00000	
	V'	-0.20552	-0.19858	-0.17792	-0.14391	-0.09720	-0.03868	0.03057	0.10921	0.19579	0.28865	0.28865	0.28636	
	M	0.00000	-0.14022	-0.27769	-0.40973	-0.53376	-0.64733	-0.74824	-0.83451	-0.90445	-0.95670	0.04330	0.00000	
1.400	Q	-1.40677	-1.39301	-1.35199	-1.28451	-1.19189	-1.07596	-0.93897	-0.78360	-0.61291	-0.43021	-0.43021	-0.43447	1.400
	V	0.00000	-0.02052	-0.03964	-0.05599	-0.06824	-0.07517	-0.07564	-0.06863	-0.05329	-0.02893	-0.02893	0.00000	
	V'	-0.20754	-0.20051	-0.17958	-0.14516	-0.09791	-0.03875	0.03114	0.11041	0.19750	0.29071	0.29071	0.28854	
	M	0.00000	-0.14209	-0.28129	-0.41480	-0.53989	-0.65404	-0.75493	-0.84052	-0.90907	-0.95919	0.04081	0.00000	
1.425	Q	-1.42568	-1.41123	-1.36817	-1.29738	-1.20028	-1.07886	-0.93556	-0.77330	-0.59536	-0.40535	-0.40535	-0.40950	1.425
	V	0.00000	-0.02073	-0.04003	-0.05653	-0.06889	-0.07586	-0.07630	-0.06920	-0.05371	-0.02915	-0.02915	0.00000	
	V'	-0.20963	-0.20251	-0.18131	-0.14645	-0.09863	-0.03883	0.03173	0.11164	0.19927	0.29284	0.29284	0.29080	
	M	0.00000	-0.14403	-0.28503	-0.42005	-0.54625	-0.66099	-0.76186	-0.84674	-0.91384	-0.96177	0.03823	0.00000	
1.450	Q	-1.44532	-1.43015	-1.38496	-1.31071	-1.20895	-1.08182	-0.93198	-0.76258	-0.57717	-0.37965	-0.37965	-0.38368	1.450
	V	0.00000	-0.02094	-0.04044	-0.05710	-0.06956	-0.07657	-0.07698	-0.06979	-0.05415	-0.02938	-0.02938	0.00000	
	V'	-0.21180	-0.20459	-0.18310	-0.14778	-0.09938	-0.03891	0.03235	0.11292	0.20111	0.29505	0.29505	0.29314	
	M	0.00000	-0.14604	-0.28891	-0.42550	-0.55285	-0.66820	-0.76904	-0.85317	-0.91878	-0.96443	0.03557	0.00000	
1.475	Q	-1.46570	-1.44979	-1.40239	-1.32453	-1.21791	-1.08484	-0.92821	-0.75143	-0.55832	-0.35309	-0.35309	-0.35697	1.475
	V	0.00000	-0.02116	-0.04087	-0.05769	-0.07026	-0.07731	-0.07770	-0.07040	-0.05460	-0.02962	-0.02962	0.00000	
	V'	-0.21406	-0.20674	-0.18495	-0.14917	-0.10016	-0.03900	0.03300	0.11425	0.20301	0.29734	0.29734	0.29556	
ALPHA	X/L =	0.00	0.10	0.20	0.30	0.40	0.50	0.60	0.70	0.80	L 0.90	R 0.90	1.00	ALPHA

XM/L = 0.90

FUNKTIONEN : F.MIM - F.MIQ - F.MIV - F.MIV'

FUNKTIONEN : F.M;M - F.M;Q - F.M;V - F.M;V'

XM/L = 0.90

ALPHA	X/L =	0.00	0.10	0.20	0.30	0.40	0.50	0.60	0.70	0.80	L 0.90	R 0.90	1.00	ALPHA
	M	0.00000	-0.14813	-0.29294	-0.43116	-0.55970	-0.67568	-0.77648	-0.85984	-0.92389	-0.96719	0.03281	0.00000	
1.500	Q	-1.48688	-1.47019	-1.42047	-1.33886	-1.22718	-1.08793	-0.92426	-0.73983	-0.53878	-0.32564	-0.32564	-0.32934	1.500
	V	0.00000	-0.02139	-0.04130	-0.05829	-0.07098	-0.07808	-0.07843	-0.07104	-0.05506	-0.02986	-0.02986	0.00000	
	V'	-0.21639	-0.20897	-0.18688	-0.15060	-0.10097	-0.03908	0.03366	0.11563	0.20499	0.29972	0.29972	0.29807	
	M	0.00000	-0.15030	-0.29712	-0.43704	-0.56681	-0.68343	-0.78419	-0.86674	-0.92917	-0.97004	0.02996	0.00000	
1.525	Q	-1.50888	-1.49137	-1.43924	-1.35371	-1.23675	-1.09109	-0.92010	-0.72776	-0.51852	-0.29725	-0.29725	-0.30074	1.525
	V	0.00000	-0.02163	-0.04176	-0.05893	-0.07173	-0.07887	-0.07920	-0.07170	-0.05554	-0.03012	-0.03012	0.00000	
	V'	-0.21882	-0.21129	-0.18887	-0.15209	-0.10180	-0.03917	0.03436	0.11706	0.20703	0.30218	0.30218	0.30068	
	M	0.00000	-0.15256	-0.30147	-0.44314	-0.57419	-0.69148	-0.79218	-0.87389	-0.93465	-0.97299	0.02701	0.00000	
1.550	Q	-1.53175	-1.51339	-1.45874	-1.36911	-1.24666	-1.09431	-0.91573	-0.71519	-0.49751	-0.26789	-0.26789	-0.27114	1.550
	V	0.00000	-0.02188	-0.04223	-0.05958	-0.07251	-0.07970	-0.07999	-0.07238	-0.05604	-0.03038	-0.03038	0.00000	
	V'	-0.22133	-0.21369	-0.19094	-0.15364	-0.10267	-0.03926	0.03508	0.11855	0.20915	0.30473	0.30473	0.30337	
	M	0.00000	-0.15491	-0.30598	-0.44948	-0.58186	-0.69983	-0.80047	-0.88130	-0.94031	-0.97605	0.02395	0.00000	
1.575	Q	-1.55552	-1.53627	-1.47898	-1.38509	-1.25690	-1.09760	-0.91113	-0.70211	-0.47570	-0.23752	-0.23752	-0.24050	1.575
	V	0.00000	-0.02214	-0.04272	-0.06026	-0.07331	-0.08056	-0.08082	-0.07309	-0.05656	-0.03066	-0.03066	0.00000	
	V'	-0.22394	-0.21618	-0.19309	-0.15524	-0.10356	-0.03935	0.03582	0.12009	0.21136	0.30737	0.30737	0.30617	
	M	0.00000	-0.15735	-0.31068	-0.45608	-0.58982	-0.70850	-0.80907	-0.88898	-0.94618	-0.97921	0.02079	0.00000	
1.600	Q	-1.58024	-1.56005	-1.50002	-1.40166	-1.26750	-1.10096	-0.90630	-0.68848	-0.45308	-0.20610	-0.20610	-0.20877	1.600
	V	0.00000	-0.02240	-0.04323	-0.06097	-0.07415	-0.08144	-0.08167	-0.07382	-0.05710	-0.03094	-0.03094	0.00000	
	V'	-0.22666	-0.21877	-0.19532	-0.15690	-0.10449	-0.03944	0.03660	0.12169	0.21364	0.31012	0.31012	0.30908	
	M	0.00000	-0.15989	-0.31557	-0.46293	-0.59809	-0.71750	-0.81800	-0.89695	-0.95226	-0.98249	0.01751	0.00000	
1.625	Q	-1.60595	-1.58479	-1.52188	-1.41887	-1.27847	-1.10439	-0.90121	-0.67428	-0.42959	-0.17358	-0.17358	-0.17590	1.625
	V	0.00000	-0.02268	-0.04376	-0.06170	-0.07502	-0.08237	-0.08256	-0.07458	-0.05766	-0.03124	-0.03124	0.00000	
	V'	-0.22947	-0.22146	-0.19764	-0.15862	-0.10546	-0.03953	0.03741	0.12335	0.21601	0.31296	0.31296	0.31209	
	M	0.00000	-0.16253	-0.32065	-0.47005	-0.60669	-0.72685	-0.82726	-0.90521	-0.95856	-0.98588	0.01412	0.00000	
1.650	Q	-1.63271	-1.61053	-1.54461	-1.43673	-1.28983	-1.10789	-0.89585	-0.65948	-0.40520	-0.13991	-0.13991	-0.14183	1.650
	V	0.00000	-0.02297	-0.04431	-0.06246	-0.07592	-0.08332	-0.08348	-0.07537	-0.05824	-0.03154	-0.03154	0.00000	
	V'	-0.23240	-0.22425	-0.20004	-0.16042	-0.10646	-0.03963	0.03826	0.12508	0.21848	0.31592	0.31592	0.31521	
	M	0.00000	-0.16528	-0.32594	-0.47747	-0.61563	-0.73657	-0.83689	-0.91378	-0.96510	-0.98940	0.01060	0.00000	
1.675	Q	-1.66057	-1.63732	-1.56825	-1.45529	-1.30159	-1.11145	-0.89021	-0.64405	-0.37986	-0.10504	-0.10504	-0.10653	1.675
	V	0.00000	-0.02327	-0.04489	-0.06325	-0.07686	-0.08432	-0.08443	-0.07620	-0.05884	-0.03186	-0.03186	0.00000	
	V'	-0.23544	-0.22716	-0.20254	-0.16228	-0.10749	-0.03972	0.03913	0.12687	0.22103	0.31899	0.31899	0.31846	
	M	0.00000	-0.16815	-0.33144	-0.48518	-0.62494	-0.74667	-0.84688	-0.92268	-0.97187	-0.99304	0.00696	0.00000	
1.700	Q	-1.68958	-1.66522	-1.59286	-1.47457	-1.31377	-1.11509	-0.88427	-0.62795	-0.35352	-0.06891	-0.06891	-0.06992	1.700
	V	0.00000	-0.02358	-0.04548	-0.06408	-0.07783	-0.08535	-0.08543	-0.07705	-0.05947	-0.03219	-0.03219	0.00000	
	V'	-0.23861	-0.23018	-0.20514	-0.16421	-0.10857	-0.03982	0.04005	0.12874	0.22369	0.32218	0.32218	0.32183	
	M	0.00000	-0.17113	-0.33718	-0.49322	-0.63462	-0.75718	-0.85727	-0.93192	-0.97890	-0.99682	0.00318	0.00000	
1.725	Q	-1.71981	-1.69428	-1.61847	-1.49461	-1.32639	-1.11880	-0.87801	-0.61115	-0.32615	-0.03146	-0.03146	-0.03194	1.725
	V	0.00000	-0.02390	-0.04610	-0.06493	-0.07885	-0.08643	-0.08646	-0.07794	-0.06012	-0.03254	-0.03254	0.00000	
	V'	-0.24190	-0.23332	-0.20784	-0.16622	-0.10969	-0.03993	0.04100	0.13068	0.22646	0.32549	0.32549	0.32533	
ALPHA	X/L =	0.00	0.10	0.20	0.30	0.40	0.50	0.60	0.70	0.80	L 0.90	R 0.90	1.00	ALPHA

XM/L = 0.90

FUNKTIONEN : F.M;M - F.M;Q - F.M;V - F.M;V'

FUNKTIONEN : F.M;M - F.M;Q - F.M;V - F.M;V'

XM/L = 0.90

ALPHA	X/L =	0.00	0.10	0.20	0.30	0.40	0.50	0.60	0.70	0.80	L 0.90	R 0.90	1.00	ALPHA
	M	0.00000	-0.17424	-0.34316	-0.50159	-0.64470	-0.76812	-0.86808	-0.94151	-0.98619	-1.00074	-0.00074	0.00000	
1.750	Q	-1.75132	-1.72457	-1.64514	-1.51546	-1.33948	-1.12259	-0.87140	-0.59360	-0.29767	0.00736	0.00736	0.00748	1.750
	V	0.00000	-0.02424	-0.04674	-0.06583	-0.07990	-0.08755	-0.08754	-0.07886	-0.06080	-0.03290	-0.03290	0.00000	
	V'	-0.24533	-0.23659	-0.21066	-0.16831	-0.11085	-0.04003	0.04199	0.13270	0.22933	0.32893	0.32893	0.32897	
	M	0.00000	-0.17748	-0.34939	-0.51031	-0.65521	-0.77951	-0.87931	-0.95149	-0.99377	-1.00481	-0.00481	0.00000	
1.775	Q	-1.78418	-1.75615	-1.67293	-1.53715	-1.35306	-1.12645	-0.86444	-0.57528	-0.26803	0.04764	0.04764	0.04840	1.775
	V	0.00000	-0.02459	-0.04742	-0.06675	-0.08100	-0.08871	-0.08865	-0.07982	-0.06150	-0.03327	-0.03327	0.00000	
	V'	-0.24890	-0.24000	-0.21359	-0.17049	-0.11206	-0.04013	0.04303	0.13481	0.23233	0.33252	0.33252	0.33276	
	M	0.00000	-0.18087	-0.35589	-0.51941	-0.66615	-0.79137	-0.89101	-0.96186	-1.00164	-1.00904	-0.00904	0.00000	
1.800	Q	-1.81848	-1.78910	-1.70191	-1.55972	-1.36714	-1.13038	-0.85710	-0.55612	-0.23717	0.08944	0.08944	0.09091	1.800
	V	0.00000	-0.02496	-0.04811	-0.06772	-0.08215	-0.08993	-0.08982	-0.08082	-0.06223	-0.03365	-0.03365	0.00000	
	V'	-0.25262	-0.24355	-0.21664	-0.17275	-0.11332	-0.04024	0.04411	0.13700	0.23544	0.33625	0.33625	0.33670	
	M	0.00000	-0.18440	-0.36268	-0.52891	-0.67757	-0.80373	-0.90319	-0.97266	-1.00981	-1.01343	-0.01343	0.00000	
1.825	Q	-1.85428	-1.82349	-1.73213	-1.58324	-1.38176	-1.13439	-0.84935	-0.53609	-0.20503	0.13284	0.13284	0.13509	1.825
	V	0.00000	-0.02534	-0.04884	-0.06873	-0.08334	-0.09119	-0.09103	-0.08186	-0.06300	-0.03406	-0.03406	0.00000	
	V'	-0.25649	-0.24725	-0.21982	-0.17511	-0.11462	-0.04035	0.04523	0.13929	0.23869	0.34013	0.34013	0.34080	
	M	0.00000	-0.18809	-0.36976	-0.53882	-0.68948	-0.81662	-0.91588	-0.98389	-1.01832	-1.01800	-0.01800	0.00000	
1.850	Q	-1.89169	-1.85941	-1.76367	-1.60775	-1.39695	-1.13848	-0.84116	-0.51513	-0.17152	0.17794	0.17794	0.18103	1.850
	V	0.00000	-0.02574	-0.04960	-0.06978	-0.08458	-0.09251	-0.09230	-0.08295	-0.06379	-0.03448	-0.03448	0.00000	
	V'	-0.26054	-0.25111	-0.22313	-0.17757	-0.11598	-0.04046	0.04641	0.14167	0.24207	0.34418	0.34418	0.34508	
	M	0.00000	-0.19195	-0.37717	-0.54917	-0.70192	-0.83006	-0.92911	-0.99559	-1.02717	-1.02275	-0.02275	0.00000	
1.875	Q	-1.93079	-1.89695	-1.79661	-1.63330	-1.41274	-1.14265	-0.83251	-0.49319	-0.13658	0.22482	0.22482	0.22883	1.875
	V	0.00000	-0.02615	-0.05040	-0.07088	-0.08588	-0.09389	-0.09361	-0.08408	-0.06462	-0.03492	-0.03492	0.00000	
	V'	-0.26476	-0.25513	-0.22659	-0.18014	-0.11740	-0.04058	0.04764	0.14416	0.24560	0.34839	0.34839	0.34953	
	M	0.00000	-0.19598	-0.38492	-0.55999	-0.71491	-0.84411	-0.94292	-1.00779	-1.03639	-1.02769	-0.02769	0.00000	
1.900	Q	-1.97169	-1.93621	-1.83104	-1.65997	-1.42915	-1.14690	-0.82337	-0.47020	-0.10011	0.27358	0.27358	0.27859	1.900
	V	0.00000	-0.02659	-0.05122	-0.07202	-0.08723	-0.09532	-0.09499	-0.08526	-0.06548	-0.03537	-0.03537	0.00000	
	V'	-0.26917	-0.25934	-0.23020	-0.18282	-0.11888	-0.04069	0.04893	0.14676	0.24928	0.35279	0.35279	0.35418	
	M	0.00000	-0.20021	-0.39302	-0.57131	-0.72850	-0.85878	-0.95733	-1.02051	-1.04600	-1.03284	-0.03284	0.00000	
1.925	Q	-2.01450	-1.97729	-1.86703	-1.68781	-1.44623	-1.15123	-0.81369	-0.44610	-0.06203	0.32433	0.32433	0.33044	1.925
	V	0.00000	-0.02704	-0.05209	-0.07322	-0.08865	-0.09682	-0.09643	-0.08649	-0.06638	-0.03585	-0.03585	0.00000	
	V'	-0.27377	-0.26373	-0.23398	-0.18561	-0.12042	-0.04081	0.05028	0.14948	0.25312	0.35738	0.35738	0.35903	
	M	0.00000	-0.20463	-0.40151	-0.58316	-0.74271	-0.87411	-0.97238	-1.03379	-1.05601	-1.03821	-0.03821	0.00000	
1.950	Q	-2.05934	-2.02031	-1.90470	-1.71690	-1.46401	-1.15564	-0.80345	-0.42082	-0.02223	0.37720	0.37720	0.38448	1.950
	V	0.00000	-0.02752	-0.05299	-0.07447	-0.09013	-0.09839	-0.09793	-0.08778	-0.06733	-0.03635	-0.03635	0.00000	
	V'	-0.27859	-0.26833	-0.23792	-0.18853	-0.12203	-0.04093	0.05169	0.15232	0.25714	0.36218	0.36218	0.36410	
	M	0.00000	-0.20927	-0.41040	-0.59557	-0.75759	-0.89016	-0.98811	-1.04765	-1.06646	-1.04380	-0.04380	0.00000	
1.975	Q	-2.10634	-2.06540	-1.94415	-1.74731	-1.48254	-1.16013	-0.79261	-0.39428	0.01939	0.43230	0.43230	0.44087	1.975
	V	0.00000	-0.02801	-0.05394	-0.07578	-0.09168	-0.10002	-0.09950	-0.08913	-0.06831	-0.03687	-0.03687	0.00000	
	V'	-0.28363	-0.27314	-0.24205	-0.19159	-0.12371	-0.04105	0.05317	0.15529	0.26134	0.36720	0.36720	0.36939	
ALPHA	X/L =	0.00	0.10	0.20	0.30	0.40	0.50	0.60	0.70	0.80	L 0.90	R 0.90	1.00	ALPHA

XM/L = 0.90

FUNKTIONEN : F.M;M - F.M;Q - F.M;V - F.M;V'

FUNKTIONEN : F.M;M - F.M;Q - F.M;V - F.M;V'

XM/L = 0.90

ALPHA	X/L =	0.00	0.10	0.20	0.30	0.40	0.50	0.60	0.70	0.80	L 0.90	R 0.90	1.00	ALPHA
	M	0.00000	-0.21413	-0.41973	-0.60859	-0.77319	-0.90696	-1.00458	-1.06215	-1.07737	-1.04964	-0.04964	0.00000	
2.000	Q	-2.15566	-2.11269	-1.98549	-1.77914	-1.50186	-1.16471	-0.78112	-0.36639	0.06294	0.48977	0.48977	0.49973	2.000
	V	0.00000	-0.02853	-0.05493	-0.07715	-0.09330	-0.10174	-0.10114	-0.09054	-0.06934	-0.03741	-0.03741	0.00000	
	V'	-0.28891	-0.27817	-0.24637	-0.19479	-0.12547	-0.04118	0.05472	0.15840	0.26574	0.37244	0.37244	0.37493	
	M	0.00000	-0.21924	-0.42952	-0.62224	-0.78954	-0.92457	-1.02182	-1.07731	-1.08877	-1.05574	-0.05574	0.00000	
2.025	Q	-2.20743	-2.16233	-2.02886	-1.81247	-1.52202	-1.16937	-0.76893	-0.33707	0.10857	0.54977	0.54977	0.56124	2.025
	V	0.00000	-0.02908	-0.05597	-0.07858	-0.09499	-0.10354	-0.10287	-0.09201	-0.07042	-0.03798	-0.03798	0.00000	
	V'	-0.29445	-0.28345	-0.25090	-0.19813	-0.12730	-0.04130	0.05635	0.16167	0.27034	0.37794	0.37794	0.38073	
	M	0.00000	-0.22460	-0.43980	-0.63658	-0.80670	-0.94304	-1.03988	-1.09318	-1.10070	-1.06212	-0.06212	0.00000	
2.050	Q	-2.26184	-2.21448	-2.07438	-1.84741	-1.54308	-1.17412	-0.75599	-0.30621	0.15640	0.61246	0.61246	0.62556	2.050
	V	0.00000	-0.02965	-0.05706	-0.08009	-0.09678	-0.10542	-0.10467	-0.09356	-0.07155	-0.03858	-0.03858	0.00000	
	V'	-0.30026	-0.28899	-0.25565	-0.20165	-0.12923	-0.04143	0.05806	0.16509	0.27517	0.38369	0.38369	0.38681	
	M	0.00000	-0.23025	-0.45062	-0.65165	-0.82473	-0.96243	-1.05884	-1.10982	-1.11318	-1.06879	-0.06879	0.00000	
2.075	Q	-2.31908	-2.26933	-2.12222	-1.88407	-1.56509	-1.17896	-0.74225	-0.27370	0.20660	0.67803	0.67803	0.69289	2.075
	V	0.00000	-0.03025	-0.05821	-0.08167	-0.09865	-0.10740	-0.10657	-0.09518	-0.07274	-0.03920	-0.03920	0.00000	
	V'	-0.30636	-0.29481	-0.26064	-0.20533	-0.13124	-0.04156	0.05986	0.16869	0.28024	0.38973	0.38973	0.39318	
	M	0.00000	-0.23619	-0.46200	-0.66751	-0.84369	-0.98281	-1.07873	-1.12727	-1.12627	-1.07578	-0.07578	0.00000	
2.100	Q	-2.37934	-2.32706	-2.17255	-1.92257	-1.58812	-1.18389	-0.72764	-0.23942	0.25932	0.74666	0.74666	0.76343	2.100
	V	0.00000	-0.03088	-0.05941	-0.08334	-0.10061	-0.10948	-0.10856	-0.09689	-0.07398	-0.03986	-0.03986	0.00000	
	V'	-0.31277	-0.30092	-0.26588	-0.20920	-0.13336	-0.04170	0.06176	0.17247	0.28556	0.39607	0.39607	0.39987	
	M	0.00000	-0.24245	-0.47399	-0.68421	-0.86365	-1.00424	-1.09965	-1.14559	-1.13999	-1.08311	-0.08311	0.00000	
2.125	Q	-2.44285	-2.38790	-2.22553	-1.96304	-1.61224	-1.18891	-0.71209	-0.20325	0.31475	0.81858	0.81858	0.83742	2.125
	V	0.00000	-0.03155	-0.06068	-0.08509	-0.10268	-0.11167	-0.11065	-0.09868	-0.07529	-0.04055	-0.04055	0.00000	
	V'	-0.31952	-0.30736	-0.27140	-0.21327	-0.13558	-0.04183	0.06376	0.17644	0.29116	0.40273	0.40273	0.40690	
	M	0.00000	-0.24906	-0.48665	-0.70183	-0.88469	-1.02681	-1.12166	-1.16485	-1.15441	-1.09081	-0.09081	0.00000	
2.150	Q	-2.50986	-2.45207	-2.28138	-2.00563	-1.63753	-1.19402	-0.69553	-0.16502	0.37309	0.89403	0.89403	0.91509	2.150
	V	0.00000	-0.03225	-0.06201	-0.08693	-0.10485	-0.11397	-0.11285	-0.10056	-0.07667	-0.04128	-0.04128	0.00000	
	V'	-0.32663	-0.31413	-0.27720	-0.21755	-0.13792	-0.04197	0.06587	0.18063	0.29705	0.40974	0.40974	0.41430	
	M	0.00000	-0.25603	-0.50001	-0.72042	-0.90688	-1.05061	-1.14484	-1.18512	-1.16956	-1.09889	-0.09889	0.00000	
2.175	Q	-2.58065	-2.51985	-2.34031	-2.05050	-1.66407	-1.19923	-0.67788	-0.12459	0.43457	0.97326	0.97326	0.99674	2.175
	V	0.00000	-0.03298	-0.06342	-0.08887	-0.10715	-0.11639	-0.11517	-0.10255	-0.07812	-0.04204	-0.04204	0.00000	
	V'	-0.33413	-0.32128	-0.28333	-0.22206	-0.14038	-0.04211	0.06809	0.18505	0.30325	0.41712	0.41712	0.42209	
	M	0.00000	-0.26341	-0.51413	-0.74006	-0.93032	-1.07573	-1.16929	-1.20648	-1.18551	-1.10740	-0.10740	0.00000	
2.200	Q	-2.65552	-2.59151	-2.40258	-2.09784	-1.69196	-1.20453	-0.65903	-0.08177	0.49944	1.05657	1.05657	1.08267	2.200
	V	0.00000	-0.03376	-0.06490	-0.09092	-0.10957	-0.11895	-0.11762	-0.10464	-0.07965	-0.04285	-0.04285	0.00000	
	V'	-0.34205	-0.32882	-0.28979	-0.22683	-0.14297	-0.04226	0.07045	0.18972	0.30980	0.42491	0.42491	0.43030	
	M	0.00000	-0.27123	-0.52909	-0.76086	-0.95512	-1.10229	-1.19511	-1.22901	-1.20232	-1.11636	-0.11636	0.00000	
2.225	Q	-2.73480	-2.66738	-2.46846	-2.14783	-1.72131	-1.20993	-0.63890	-0.03636	0.56797	1.14429	1.14429	1.17321	2.225
	V	0.00000	-0.03459	-0.06647	-0.09309	-0.11213	-0.12166	-0.12021	-0.10686	-0.08127	-0.04370	-0.04370	0.00000	
	V'	-0.35042	-0.33680	-0.29662	-0.23186	-0.14570	-0.04241	0.07294	0.19465	0.31672	0.43314	0.43314	0.43898	
ALPHA	X/L =	0.00	0.10	0.20	0.30	0.40	0.50	0.60	0.70	0.80	L 0.90	R 0.90	1.00	ALPHA

XM/L = 0.90

FUNKTIONEN : F.M;M - F.M;Q - F.M;V - F.M;V'

FUNKTIONEN : F.M;M - F.M;Q - F.M;V - F.M;V'

XM/L = 0.90

ALPHA	X/L =	0.00	0.10	0.20	0.30	0.40	0.50	0.60	0.70	0.80	L 0.90	R 0.90	1.00	ALPHA
2.250	M	0.00000	-0.27951	-0.54494	-0.78289	-0.98138	-1.13039	-1.22242	-1.25282	-1.22007	-1.12581	-0.12581	0.00000	2.250
	Q	-2.81887	-2.74782	-2.53824	-2.20071	-1.75224	-1.21543	-0.61735	0.01185	0.64045	1.23677	1.23677	1.26875	
	V	0.00000	-0.03546	-0.06814	-0.09539	-0.11484	-0.12452	-0.12295	-0.10920	-0.08298	-0.04460	-0.04460	0.00000	
	V'	-0.35928	-0.34525	-0.30385	-0.23718	-0.14859	-0.04255	0.07558	0.19987	0.32404	0.44183	0.44183	0.44815	
2.275	M	0.00000	-0.28831	-0.56177	-0.80627	-1.00923	-1.16018	-1.25133	-1.27801	-1.23882	-1.13579	-0.13579	0.00000	2.275
	Q	-2.90815	-2.83322	-2.61228	-2.25672	-1.78486	-1.22103	-0.59427	0.06311	0.71724	1.33441	1.33441	1.36971	
	V	0.00000	-0.03638	-0.06990	-0.09782	-0.11771	-0.12755	-0.12585	-0.11168	-0.08479	-0.04556	-0.04556	0.00000	
	V'	-0.36868	-0.35420	-0.31151	-0.24282	-0.15165	-0.04271	0.07839	0.20541	0.33179	0.45104	0.45104	0.45786	
2.300	M	0.00000	-0.29767	-0.57966	-0.83113	-1.03882	-1.19179	-1.28200	-1.30470	-1.25867	-1.14636	-0.14636	0.00000	2.300
	Q	-3.00311	-2.92402	-2.69094	-2.31613	-1.81934	-1.22673	-0.56951	0.11770	0.79872	1.43767	1.43767	1.47655	
	V	0.00000	-0.03737	-0.07177	-0.10040	-0.12076	-0.13077	-0.12892	-0.11431	-0.08671	-0.04657	-0.04657	0.00000	
	V'	-0.37866	-0.36371	-0.31965	-0.24880	-0.15489	-0.04286	0.08138	0.21129	0.34002	0.46081	0.46081	0.46816	
2.325	M	0.00000	-0.30764	-0.59872	-0.85758	-1.07030	-1.22542	-1.31459	-1.33302	-1.27972	-1.15755	-0.15755	0.00000	2.325
	Q	-3.10427	-3.02074	-2.77466	-2.37927	-1.85584	-1.23254	-0.54291	0.17593	0.88530	1.54704	1.54704	1.58981	
	V	0.00000	-0.03841	-0.07376	-0.10315	-0.12400	-0.13420	-0.13219	-0.11710	-0.08874	-0.04765	-0.04765	0.00000	
	V'	-0.38927	-0.37382	-0.32830	-0.25515	-0.15832	-0.04302	0.08456	0.21754	0.34877	0.47118	0.47118	0.47910	
2.350	M	0.00000	-0.31827	-0.61905	-0.88580	-1.10385	-1.26123	-1.34927	-1.36314	-1.30208	-1.16944	-0.16944	0.00000	2.350
	Q	-3.21222	-3.12393	-2.86391	-2.44646	-1.89453	-1.23845	-0.51429	0.23814	0.97748	1.66308	1.66308	1.71009	
	V	0.00000	-0.03952	-0.07588	-0.10607	-0.12745	-0.13784	-0.13568	-0.12008	-0.09092	-0.04879	-0.04879	0.00000	
	V'	-0.40058	-0.38460	-0.33751	-0.26192	-0.16198	-0.04318	0.08795	0.22420	0.35808	0.48222	0.48222	0.49074	
2.375	M	0.00000	-0.32964	-0.64078	-0.91594	-1.13968	-1.29944	-1.38625	-1.39522	-1.32587	-1.18208	-0.18208	0.00000	2.375
	Q	-3.32764	-3.23423	-2.95924	-2.51812	-1.93563	-1.24447	-0.48344	0.30473	1.07579	1.78645	1.78645	1.83805	
	V	0.00000	-0.04071	-0.07814	-0.10920	-0.13114	-0.14173	-0.13939	-0.12325	-0.09323	-0.05001	-0.05001	0.00000	
	V'	-0.41266	-0.39610	-0.34735	-0.26914	-0.16587	-0.04334	0.09158	0.23131	0.36801	0.49400	0.49400	0.50314	
2.400	M	0.00000	-0.34182	-0.66405	-0.94822	-1.17802	-1.34030	-1.42575	-1.42947	-1.35124	-1.19556	-0.19556	0.00000	2.400
	Q	-3.45128	-3.35236	-3.06127	-2.59469	-1.97938	-1.25060	-0.45013	0.37614	1.18085	1.91787	1.91787	1.97446	
	V	0.00000	-0.04198	-0.08056	-0.11254	-0.13507	-0.14589	-0.14336	-0.12664	-0.09570	-0.05131	-0.05131	0.00000	
	V'	-0.42557	-0.40840	-0.35786	-0.27686	-0.17003	-0.04351	0.09546	0.23891	0.37862	0.50658	0.50658	0.51640	
2.425	M	0.00000	-0.35490	-0.68903	-0.98284	-1.21913	-1.38409	-1.46804	-1.46609	-1.37835	-1.20995	-0.20995	0.00000	2.425
	Q	-3.58401	-3.47914	-3.17068	-2.67668	-2.02604	-1.25684	-0.41409	0.45289	1.29337	2.05816	2.05816	2.12020	
	V	0.00000	-0.04335	-0.08316	-0.11612	-0.13929	-0.15034	-0.14761	-0.13027	-0.09835	-0.05271	-0.05271	0.00000	
	V'	-0.43941	-0.42158	-0.36912	-0.28512	-0.17448	-0.04368	0.09963	0.24706	0.38999	0.52004	0.52004	0.53059	
2.450	M	0.00000	-0.36897	-0.71589	-1.02007	-1.26331	-1.43111	-1.51343	-1.50536	-1.40739	-1.22535	-0.22535	0.00000	2.450
	Q	-3.72682	-3.61553	-3.28830	-2.76467	-2.07592	-1.26319	-0.37501	0.53556	1.41415	2.20828	2.20828	2.27625	
	V	0.00000	-0.04481	-0.08595	-0.11996	-0.14383	-0.15512	-0.15218	-0.13417	-0.10119	-0.05420	-0.05420	0.00000	
	V'	-0.45428	-0.43574	-0.38122	-0.29399	-0.17925	-0.04385	0.10412	0.25582	0.40219	0.53449	0.53449	0.54581	
2.475	M	0.00000	-0.38414	-0.74486	-1.06019	-1.31091	-1.48173	-1.56226	-1.54757	-1.43857	-1.24189	-0.24189	0.00000	2.475
	Q	-3.88086	-3.76260	-3.41504	-2.85934	-2.12939	-1.26966	-0.33256	0.62482	1.54411	2.36930	2.36930	2.44377	
	V	0.00000	-0.04638	-0.08895	-0.12410	-0.14870	-0.16027	-0.15709	-0.13836	-0.10424	-0.05581	-0.05581	0.00000	
	V'	-0.47030	-0.45099	-0.39425	-0.30354	-0.18437	-0.04402	0.10896	0.26525	0.41532	0.55003	0.55003	0.56219	
ALPHA	X/L =	0.00	0.10	0.20	0.30	0.40	0.50	0.60	0.70	0.80	L 0.90	R 0.90	1.00	ALPHA

XM/L = 0.90

FUNKTIONEN : F.M;M - F.M;Q - F.M;V - F.M;V'

FUNKTIONEN : F.M;M - F.M;Q - F.M;V - F.M;V'

XM/L = 0.90

ALPHA	X/L =	0.00	0.10	0.20	0.30	0.40	0.50	0.60	0.70	0.80	L 0.90	R 0.90	1.00	ALPHA
	M	0.00000	-0.40054	-0.77618	-1.10356	-1.36232	-1.53638	-1.61492	-1.59305	-1.47213	-1.25968	-0.25968	0.00000	
2.500	Q	-4.04744	-3.92162	-3.55196	-2.96147	-2.18684	-1.27625	-0.28630	0.72144	1.68433	2.54250	2.54250	2.62407	2.500
	V	0.00000	-0.04809	-0.09219	-0.12857	-0.15397	-0.16582	-0.16239	-0.14289	-0.10754	-0.05755	-0.05755	0.00000	
	V'	-0.48759	-0.46746	-0.40831	-0.31383	-0.18989	-0.04420	0.11419	0.27543	0.42949	0.56680	0.56680	0.57985	
	M	0.00000	-0.41833	-0.81013	-1.15056	-1.41802	-1.59555	-1.67189	-1.64220	-1.50837	-1.27888	-0.27888	0.00000	
2.525	Q	-4.22810	-4.09403	-3.70032	-3.07195	-2.24876	-1.28296	-0.23579	0.82633	1.83604	2.72932	2.72932	2.81870	2.525
	V	0.00000	-0.04993	-0.09570	-0.13341	-0.15967	-0.17183	-0.16812	-0.14778	-0.11111	-0.05943	-0.05943	0.00000	
	V'	-0.50632	-0.48529	-0.42354	-0.32498	-0.19586	-0.04438	0.11986	0.28645	0.44483	0.58493	0.58493	0.59895	
	M	0.00000	-0.43768	-0.84706	-1.20165	-1.47853	-1.65979	-1.73370	-1.69549	-1.54763	-1.29967	-0.29967	0.00000	
2.550	Q	-4.42463	-4.28155	-3.86157	-3.19185	-2.31570	-1.28979	-0.18046	0.94054	2.00071	2.93149	2.93149	3.02945	2.550
	V	0.00000	-0.05193	-0.09951	-0.13866	-0.16586	-0.17836	-0.17435	-0.15309	-0.11498	-0.06146	-0.06146	0.00000	
	V'	-0.52666	-0.50466	-0.44007	-0.33708	-0.20234	-0.04457	0.12603	0.29843	0.46147	0.60461	0.60461	0.61968	
	M	0.00000	-0.45880	-0.88735	-1.25739	-1.54451	-1.72979	-1.80100	-1.75346	-1.59029	-1.32225	-0.32225	0.00000	
2.575	Q	-4.63913	-4.48618	-4.03740	-3.32240	-2.38831	-1.29674	-0.11966	1.06531	2.18004	3.15101	3.15101	3.25844	2.575
	V	0.00000	-0.05411	-0.10366	-0.14439	-0.17261	-0.18547	-0.18113	-0.15888	-0.11919	-0.06368	-0.06368	0.00000	
	V'	-0.54884	-0.52577	-0.45809	-0.35025	-0.20938	-0.04475	0.13277	0.31148	0.47960	0.62604	0.62604	0.64224	
	M	0.00000	-0.48194	-0.93148	-1.31841	-1.61672	-1.80634	-1.87455	-1.81675	-1.63683	-1.34688	-0.34688	0.00000	
2.600	Q	-4.87412	-4.71030	-4.22985	-3.46508	-2.46738	-1.30382	-0.05262	1.20211	2.37604	3.39026	3.39026	3.50817	2.600
	V	0.00000	-0.05650	-0.10821	-0.15065	-0.17999	-0.19325	-0.18854	-0.16520	-0.12379	-0.06611	-0.06611	0.00000	
	V'	-0.57309	-0.54886	-0.47779	-0.36466	-0.21707	-0.04494	0.14014	0.32576	0.49941	0.64945	0.64945	0.66689	
	M	0.00000	-0.50738	-0.98000	-1.38548	-1.69604	-1.89040	-1.95525	-1.88613	-1.68780	-1.37383	-0.37383	0.00000	
2.625	Q	-5.13257	-4.95675	-4.44133	-3.62164	-2.55382	-1.31103	0.02158	1.35270	2.59116	3.65208	3.65208	3.78163	2.625
	V	0.00000	-0.05912	-0.11320	-0.15753	-0.18809	-0.20178	-0.19668	-0.17214	-0.12884	-0.06877	-0.06877	0.00000	
	V'	-0.59974	-0.57422	-0.49942	-0.38046	-0.22550	-0.04514	0.14826	0.34144	0.52117	0.67513	0.67513	0.69393	
	M	0.00000	-0.53549	-1.03359	-1.45953	-1.78358	-1.98310	-2.04418	-1.96254	-1.74388	-1.40348	-0.40348	0.00000	
2.650	Q	-5.41807	-5.22894	-4.67475	-3.79419	-2.64874	-1.31837	0.10404	1.51919	2.82828	3.93991	3.93991	4.08242	2.650
	V	0.00000	-0.06201	-0.11870	-0.16512	-0.19702	-0.21119	-0.20565	-0.17978	-0.13441	-0.07170	-0.07170	0.00000	
	V'	-0.62913	-0.60220	-0.52328	-0.39789	-0.23478	-0.04534	0.15721	0.35873	0.54514	0.70344	0.70344	0.72373	
	M	0.00000	-0.56668	-1.09306	-1.54169	-1.88065	-2.08584	-2.14267	-2.04709	-1.80589	-1.43624	-0.43624	0.00000	
2.675	Q	-5.73499	-5.53103	-4.93364	-3.98531	-2.75351	-1.32585	0.19612	1.70414	3.09094	4.25788	4.25788	4.41490	2.675
	V	0.00000	-0.06522	-0.12481	-0.17353	-0.20692	-0.22162	-0.21559	-0.18826	-0.14057	-0.07494	-0.07494	0.00000	
	V'	-0.66172	-0.63321	-0.54973	-0.41720	-0.24505	-0.04554	0.16716	0.37790	0.57171	0.73479	0.73479	0.75673	
	M	0.00000	-0.60150	-1.15941	-1.63332	-1.98888	-2.20032	-2.25234	-2.14116	-1.87483	-1.47265	-0.47265	0.00000	
2.700	Q	-6.08868	-5.86810	-5.22232	-4.19814	-2.86977	-1.33346	0.29946	1.91069	3.38348	4.61110	4.61110	4.78444	2.700
	V	0.00000	-0.06879	-0.13161	-0.18290	-0.21795	-0.23324	-0.22666	-0.19769	-0.14744	-0.07855	-0.07855	0.00000	
	V'	-0.69804	-0.66778	-0.57919	-0.43870	-0.25648	-0.04574	0.17825	0.39927	0.60130	0.76970	0.76970	0.79348	
	M	0.00000	-0.64058	-1.23389	-1.73614	-2.11026	-2.32866	-2.37520	-2.24646	-1.95193	-1.51336	-0.51336	0.00000	
2.725	Q	-6.48578	-6.24646	-5.54617	-4.43658	-2.99958	-1.34122	0.41612	2.14276	3.71126	5.00588	5.00588	5.19766	2.725
	V	0.00000	-0.07280	-0.13923	-0.19340	-0.23032	-0.24626	-0.23906	-0.20826	-0.15513	-0.08260	-0.08260	0.00000	
	V'	-0.73876	-0.70653	-0.61223	-0.46280	-0.26928	-0.04595	0.19071	0.42323	0.63446	0.80880	0.80880	0.83463	
ALPHA	X/L =	0.00	0.10	0.20	0.30	0.40	0.50	0.60	0.70	0.80	L 0.90	R 0.90	1.00	ALPHA

XM/L = 0.90

FUNKTIONEN : F.M;M - F.M;Q - F.M;V - F.M;V'

D R U C K S T A E B E — -120-

FUNKTIONEN : F.MıM - F.MıQ - F.MıV - F.MıV'

XM/L = 0.90

ALPHA	X/L =	0.00	0.10	0.20	0.30	0.40	0.50	0.60	0.70	0.80	L 0.90	R 0.90	1.00	ALPHA
	M	0.00000	-0.68475	-1.31805	-1.85229	-2.24734	-2.47349	-2.51377	-2.36514	-2.03877	-1.55918	-0.55918	0.00000	
2.750	Q	-6.93461	-6.67404	-5.91192	-4.70553	-3.14551	-1.34911	0.54867	2.40522	4.08102	5.45014	5.45014	5.66292	2.750
	V	0.00000	-0.07732	-0.14784	-0.20526	-0.24428	-0.26096	-0.25306	-0.22018	-0.16380	-0.08716	-0.08716	0.00000	
	V'	-0.78474	-0.75029	-0.64951	-0.48999	-0.28370	-0.04616	0.20478	0.45028	0.67187	0.85291	0.85291	0.88105	
	M	0.00000	-0.73506	-1.41387	-1.98451	-2.40330	-2.63821	-2.67126	-2.49993	-2.13731	-1.61117	-0.61117	0.00000	
2.775	Q	-7.44577	-7.16092	-6.32817	-5.01122	-3.31085	-1.35715	0.70038	2.70433	4.50136	5.95398	5.95398	6.19082	2.775
	V	0.00000	-0.08247	-0.15763	-0.21875	-0.26015	-0.27767	-0.26897	-0.23374	-0.17366	-0.09235	-0.09235	0.00000	
	V'	-0.83705	-0.80005	-0.69191	-0.52090	-0.30009	-0.04638	0.22081	0.48104	0.71440	0.90304	0.90304	0.93380	
	M	0.00000	-0.79284	-1.52393	-2.13632	-2.58232	-2.82718	-2.85183	-2.65436	-2.25014	-1.67066	-0.67066	0.00000	
2.800	Q	-8.03299	-7.72015	-6.80599	-5.36172	-3.49983	-1.36534	0.87549	3.04813	4.98336	6.53043	6.53043	6.79506	2.800
	V	0.00000	-0.08837	-0.16887	-0.23423	-0.27836	-0.29683	-0.28722	-0.24928	-0.18497	-0.09830	-0.09830	0.00000	
	V'	-0.89706	-0.85716	-0.74056	-0.55634	-0.31886	-0.04660	0.23922	0.51634	0.76318	0.96051	0.96051	0.99427	
	M	0.00000	-0.85988	-1.65160	-2.31238	-2.78984	-3.04614	-3.06094	-2.83308	-2.38063	-1.73944	-0.73944	0.00000	
2.825	Q	-8.71428	-8.36886	-7.35999	-5.76763	-3.71803	-1.37369	1.07957	3.44723	5.54161	7.19667	7.19667	7.49371	2.825
	V	0.00000	-0.09522	-0.18189	-0.25216	-0.29946	-0.31904	-0.30836	-0.26728	-0.19806	-0.10519	-0.10519	0.00000	
	V'	-0.96663	-0.92334	-0.79693	-0.59740	-0.34058	-0.04682	0.26058	0.55725	0.81969	1.02707	1.02707	1.06429	
	M	0.00000	-0.93856	-1.80140	-2.51892	-3.03321	-3.30279	-3.30592	-3.04233	-2.53330	-1.81989	-0.81989	0.00000	
2.850	Q	-9.51390	-9.13012	-8.00976	-6.24319	-3.97295	-1.38218	1.32010	3.91587	6.19573	7.97574	7.97574	8.31099	2.850
	V	0.00000	-0.10324	-0.19716	-0.27318	-0.32419	-0.34507	-0.33314	-0.28838	-0.21340	-0.11325	-0.11325	0.00000	
	V'	-1.04819	-1.00094	-0.86300	-0.64551	-0.36601	-0.04705	0.28564	0.60522	0.88590	1.10505	1.10505	1.14632	
	M	0.00000	-1.03216	-1.97958	-2.76451	-3.32250	-3.60776	-3.59685	-3.29069	-2.71440	-1.91529	-0.91529	0.00000	
2.875	Q	-10.46513	-10.03560	-8.78226	-6.80800	-4.27488	-1.39084	1.60737	4.47364	6.97267	8.89932	8.89932	9.28022	2.875
	V	0.00000	-0.11278	-0.21530	-0.29816	-0.35357	-0.37599	-0.36257	-0.31343	-0.23161	-0.12283	-0.12283	0.00000	
	V'	-1.14512	-1.09315	-0.94152	-0.70267	-0.39620	-0.04728	0.31545	0.66222	0.96456	1.19765	1.19765	1.24373	
	M	0.00000	-1.14530	-2.19495	-3.06130	-3.67199	-3.97602	-3.94801	-3.59029	-2.93274	-2.03027	-1.03027	0.00000	
2.900	Q	-11.61511	-11.13011	-9.71561	-7.48973	-4.63837	-1.39965	1.95595	5.14822	7.91054	10.01223	10.01223	10.44852	2.900
	V	0.00000	-0.12429	-0.23721	-0.32834	-0.38906	-0.41332	-0.39810	-0.34367	-0.25360	-0.13440	-0.13440	0.00000	
	V'	-1.26220	-1.20453	-1.03634	-0.77167	-0.43262	-0.04752	0.35148	0.73106	1.05952	1.30942	1.30942	1.36130	
	M	0.00000	-1.28476	-2.46039	-3.42701	-4.10251	-4.42951	-4.38024	-3.95887	-3.20120	-2.17160	-1.17160	0.00000	
2.925	Q	-13.03268	-12.47913	-10.86550	-8.32887	-5.08472	-1.40863	2.38711	5.98008	9.06505	11.37997	11.37997	11.88476	2.925
	V	0.00000	-0.13848	-0.26420	-0.36549	-0.43276	-0.45929	-0.44184	-0.38090	-0.28066	-0.14863	-0.14863	0.00000	
	V'	-1.40641	-1.34171	-1.15310	-0.85661	-0.47743	-0.04776	0.39589	0.81585	1.17643	1.44700	1.44700	1.50600	
	M	0.00000	-1.46086	-2.79550	-3.88863	-4.64580	-5.00159	-4.92526	-4.42341	-3.53940	-2.34960	-1.34960	0.00000	
2.950	Q	-14.82264	-14.18233	-12.31673	-9.38702	-5.64631	-1.41778	2.93323	7.03083	10.52100	13.10220	13.10220	13.69374	2.950
	V	0.00000	-0.15638	-0.29825	-0.41237	-0.48788	-0.51728	-0.49701	-0.42786	-0.31478	-0.16657	-0.16657	0.00000	
	V'	-1.58835	-1.51478	-1.30040	-0.96375	-0.53391	-0.04801	0.45197	0.92282	1.32387	1.62048	1.62048	1.68845	
	M	0.00000	-1.69008	-3.23168	-4.48935	-5.35262	-5.74562	-5.63385	-5.02711	-3.97871	-2.58076	-1.58076	0.00000	
2.975	Q	-17.15270	-16.39922	-14.20498	-10.76276	-6.37497	-1.42711	3.64614	8.39905	12.41406	15.33843	15.33843	16.04317	2.975
	V	0.00000	-0.17966	-0.34254	-0.47334	-0.55958	-0.59268	-0.56876	-0.48890	-0.35915	-0.18990	-0.18990	0.00000	
	V'	-1.82504	-1.73990	-1.49198	-1.10306	-0.60730	-0.04826	0.52495	1.06196	1.51561	1.84602	1.84602	1.92565	

ALPHA | X/L = | 0.00 | 0.10 | 0.20 | 0.30 | 0.40 | 0.50 | 0.60 | 0.70 | 0.80 | L 0.90 | R 0.90 | 1.00 | ALPHA

XM/L = 0.90

FUNKTIONEN : F.MıM - F.MıQ - F.MıV - F.MıV'

D R U C K S T A E B E — -120-

FUNKTIONEN : F.M;M - F.M;Q - F.M;V - F.M;V'

XM/L = 1.00

ALPHA	X/L =	0.00	0.10	0.20	0.30	0.40	0.50	0.60	0.70	0.80	0.90	L 1.00	R 1.00	ALPHA
	M	0.00000	-0.10000	-0.20000	-0.30000	-0.40000	-0.50000	-0.60000	-0.70000	-0.80000	-0.90000	-1.00000	0.00000	
0.000	Q	-1.00000	-1.00000	-1.00000	-1.00000	-1.00000	-1.00000	-1.00000	-1.00000	-1.00000	-1.00000	-1.00000	-1.00000	0.000
	V	0.00000	-0.01650	-0.03200	-0.04550	-0.05600	-0.06250	-0.06400	-0.05950	-0.04800	-0.02850	0.00000	0.00000	
	V'	-0.16667	-0.16167	-0.14667	-0.12167	-0.08667	-0.04167	0.01333	0.07833	0.15333	0.23833	0.33333	0.33333	
	M	0.00000	-0.10001	-0.20002	-0.30003	-0.40004	-0.50004	-0.60004	-0.70004	-0.80003	-0.90002	-1.00000	0.00000	
0.025	Q	-1.00010	-1.00010	-1.00009	-1.00008	-1.00005	-1.00003	-0.99999	-0.99995	-0.99990	-0.99985	-0.99979	-0.99979	0.025
	V	0.00000	-0.01650	-0.03200	-0.04550	-0.05600	-0.06250	-0.06400	-0.05950	-0.04800	-0.02850	0.00000	0.00000	
	V'	-0.16668	-0.16168	-0.14668	-0.12167	-0.08667	-0.04167	0.01334	0.07834	0.15334	0.23835	0.33335	0.33335	
	M	0.00000	-0.10004	-0.20008	-0.30011	-0.40014	-0.50016	-0.60016	-0.70015	-0.80012	-0.90007	-1.00000	0.00000	
0.050	Q	-1.00042	-1.00040	-1.00037	-1.00030	-1.00022	-1.00010	-0.99997	-0.99980	-0.99962	-0.99940	-0.99917	-0.99917	0.050
	V	0.00000	-0.01650	-0.03201	-0.04551	-0.05602	-0.06252	-0.06402	-0.05951	-0.04801	-0.02851	0.00000	0.00000	
	V'	-0.16672	-0.16171	-0.14671	-0.12170	-0.08668	-0.04167	0.01335	0.07836	0.15338	0.23839	0.33339	0.33339	
	M	0.00000	-0.10009	-0.20018	-0.30026	-0.40032	-0.50035	-0.60036	-0.70034	-0.80027	-0.90016	-1.00000	0.00000	
0.075	Q	-1.00094	-1.00091	-1.00083	-1.00069	-1.00049	-1.00023	-0.99992	-0.99956	-0.99914	-0.99866	-0.99812	-0.99812	0.075
	V	0.00000	-0.01651	-0.03202	-0.04553	-0.05603	-0.06254	-0.06404	-0.05953	-0.04802	-0.02851	0.00000	0.00000	
	V'	-0.16678	-0.16177	-0.14676	-0.12174	-0.08671	-0.04167	0.01336	0.07840	0.15343	0.23845	0.33346	0.33346	
	M	0.00000	-0.10017	-0.20032	-0.30046	-0.40056	-0.50063	-0.60064	-0.70060	-0.80048	-0.90029	-1.00000	0.00000	
0.100	Q	-1.00167	-1.00162	-1.00147	-1.00122	-1.00087	-1.00042	-0.99987	-0.99922	-0.99846	-0.99761	-0.99666	-0.99666	0.100
	V	0.00000	-0.01652	-0.03204	-0.04555	-0.05606	-0.06257	-0.06406	-0.05955	-0.04804	-0.02852	0.00000	0.00000	
	V'	-0.16686	-0.16185	-0.14683	-0.12179	-0.08674	-0.04168	0.01338	0.07845	0.15350	0.23854	0.33356	0.33356	
	M	0.00000	-0.10026	-0.20050	-0.30071	-0.40088	-0.50098	-0.60100	-0.70093	-0.80075	-0.90045	-1.00000	0.00000	
0.125	Q	-1.00261	-1.00253	-1.00230	-1.00190	-1.00136	-1.00065	-0.99979	-0.99877	-0.99760	-0.99627	-0.99479	-0.99479	0.125
	V	0.00000	-0.01653	-0.03206	-0.04558	-0.05610	-0.06260	-0.06410	-0.05959	-0.04806	-0.02853	0.00000	0.00000	
	V'	-0.16697	-0.16196	-0.14692	-0.12186	-0.08678	-0.04169	0.01341	0.07851	0.15360	0.23866	0.33368	0.33368	
	M	0.00000	-0.10037	-0.20072	-0.30103	-0.40126	-0.50141	-0.60144	-0.70134	-0.80108	-0.90064	-1.00000	0.00000	
0.150	Q	-1.00376	-1.00365	-1.00331	-1.00274	-1.00195	-1.00094	-0.99970	-0.99823	-0.99654	-0.99463	-0.99249	-0.99249	0.150
	V	0.00000	-0.01654	-0.03208	-0.04562	-0.05614	-0.06265	-0.06414	-0.05962	-0.04809	-0.02855	0.00000	0.00000	
	V'	-0.16711	-0.16209	-0.14703	-0.12194	-0.08683	-0.04169	0.01345	0.07859	0.15371	0.23880	0.33383	0.33383	
	M	0.00000	-0.10051	-0.20098	-0.30140	-0.40172	-0.50192	-0.60197	-0.70183	-0.80147	-0.90087	-1.00000	0.00000	
0.175	Q	-1.00512	-1.00497	-1.00451	-1.00374	-1.00266	-1.00128	-0.99959	-0.99759	-0.99529	-0.99268	-0.98977	-0.98977	0.175
	V	0.00000	-0.01656	-0.03211	-0.04566	-0.05619	-0.06270	-0.06419	-0.05967	-0.04812	-0.02857	0.00000	0.00000	
	V'	-0.16726	-0.16224	-0.14716	-0.12204	-0.08689	-0.04170	0.01349	0.07868	0.15385	0.23897	0.33402	0.33402	
	M	0.00000	-0.10066	-0.20129	-0.30183	-0.40225	-0.50251	-0.60257	-0.70239	-0.80193	-0.90114	-1.00000	0.00000	
0.200	Q	-1.00670	-1.00650	-1.00589	-1.00489	-1.00348	-1.00167	-0.99946	-0.99685	-0.99384	-0.99043	-0.98663	-0.98663	0.200
	V	0.00000	-0.01658	-0.03215	-0.04570	-0.05624	-0.06276	-0.06425	-0.05972	-0.04816	-0.02859	0.00000	0.00000	
	V'	-0.16745	-0.16241	-0.14732	-0.12216	-0.08695	-0.04172	0.01354	0.07879	0.15401	0.23917	0.33423	0.33423	
	M	0.00000	-0.10084	-0.20163	-0.30232	-0.40285	-0.50318	-0.60326	-0.70303	-0.80244	-0.90145	-1.00000	0.00000	
0.225	Q	-1.00849	-1.00823	-1.00747	-1.00619	-1.00441	-1.00211	-0.99931	-0.99601	-0.99219	-0.98788	-0.98307	-0.98307	0.225
	V	0.00000	-0.01660	-0.03219	-0.04576	-0.05631	-0.06283	-0.06432	-0.05978	-0.04821	-0.02861	0.00000	0.00000	
	V'	-0.16766	-0.16261	-0.14749	-0.12229	-0.08703	-0.04173	0.01360	0.07891	0.15419	0.23939	0.33446	0.33446	
ALPHA	X/L =	0.00	0.10	0.20	0.30	0.40	0.50	0.60	0.70	0.80	0.90	L 1.00	R 1.00	ALPHA

XM/L = 1.00

FUNKTIONEN : F.M;M - F.M;Q - F.M;V - F.M;V'

FUNKTIONEN : F.M;M - F.M;Q - F.M;V - F.M;V'

XM/L = 1.00

ALPHA	X/L =	0.00	0.10	0.20	0.30	0.40	0.50	0.60	0.70	0.80	0.90	L 1.00	R 1.00	ALPHA
	M	0.00000	-0.10104	-0.20201	-0.30286	-0.40352	-0.50393	-0.60402	-0.70374	-0.80302	-0.90179	-1.00000	0.00000	
0.250	Q	-1.01049	-1.01018	-1.00923	-1.00765	-1.00544	-1.00261	-0.99915	-0.99506	-0.99035	-0.98502	-0.97908	-0.97908	0.250
	V	0.00000	-0.01662	-0.03223	-0.04582	-0.05638	-0.06291	-0.06440	-0.05984	-0.04826	-0.02864	0.00000	0.00000	
	V'	-0.16789	-0.16284	-0.14768	-0.12244	-0.08712	-0.04174	0.01366	0.07905	0.15439	0.23964	0.33473	0.33473	
	M	0.00000	-0.10126	-0.20244	-0.30347	-0.40427	-0.50476	-0.60488	-0.70453	-0.80365	-0.90217	-1.00000	0.00000	
0.275	Q	-1.01272	-1.01233	-1.01118	-1.00927	-1.00660	-1.00316	-0.99896	-0.99401	-0.98831	-0.98186	-0.97466	-0.97466	0.275
	V	0.00000	-0.01665	-0.03228	-0.04589	-0.05646	-0.06300	-0.06448	-0.05992	-0.04831	-0.02867	0.00000	0.00000	
	V'	-0.16815	-0.16309	-0.14790	-0.12260	-0.08721	-0.04176	0.01373	0.07920	0.15462	0.23991	0.33503	0.33503	
	M	0.00000	-0.10150	-0.20291	-0.30414	-0.40509	-0.50568	-0.60581	-0.70540	-0.80435	-0.90258	-1.00000	0.00000	
0.300	Q	-1.01516	-1.01470	-1.01333	-1.01105	-1.00786	-1.00376	-0.99876	-0.99286	-0.98606	-0.97838	-0.96982	-0.96982	0.300
	V	0.00000	-0.01667	-0.03233	-0.04596	-0.05655	-0.06309	-0.06457	-0.06000	-0.04837	-0.02870	0.00000	0.00000	
	V'	-0.16843	-0.16336	-0.14814	-0.12278	-0.08732	-0.04178	0.01380	0.07937	0.15486	0.24021	0.33535	0.33535	
	M	0.00000	-0.10176	-0.20342	-0.30486	-0.40598	-0.50667	-0.60683	-0.70635	-0.80512	-0.90303	-1.00000	0.00000	
0.325	Q	-1.01782	-1.01729	-1.01567	-1.01299	-1.00924	-1.00441	-0.99853	-0.99160	-0.98361	-0.97459	-0.96454	-0.96454	0.325
	V	0.00000	-0.01670	-0.03239	-0.04605	-0.05665	-0.06320	-0.06467	-0.06009	-0.04843	-0.02873	0.00000	0.00000	
	V'	-0.16874	-0.16365	-0.14839	-0.12298	-0.08743	-0.04180	0.01388	0.07955	0.15513	0.24054	0.33570	0.33570	
	M	0.00000	-0.10205	-0.20398	-0.30565	-0.40695	-0.50776	-0.60794	-0.70737	-0.80594	-0.90352	-1.00000	0.00000	
0.350	Q	-1.02071	-1.02009	-1.01821	-1.01509	-1.01073	-1.00512	-0.99829	-0.99023	-0.98096	-0.97049	-0.95883	-0.95883	0.350
	V	0.00000	-0.01674	-0.03246	-0.04613	-0.05675	-0.06331	-0.06478	-0.06018	-0.04850	-0.02877	0.00000	0.00000	
	V'	-0.16908	-0.16398	-0.14867	-0.12319	-0.08756	-0.04182	0.01397	0.07975	0.15542	0.24090	0.33609	0.33609	
	M	0.00000	-0.10236	-0.20457	-0.30650	-0.40800	-0.50892	-0.60913	-0.70848	-0.80683	-0.90405	-1.00000	0.00000	
0.375	Q	-1.02383	-1.02311	-1.02095	-1.01736	-1.01233	-1.00588	-0.99802	-0.98876	-0.97810	-0.96607	-0.95268	-0.95268	0.375
	V	0.00000	-0.01677	-0.03252	-0.04623	-0.05687	-0.06343	-0.06490	-0.06028	-0.04858	-0.02881	0.00000	0.00000	
	V'	-0.16944	-0.16432	-0.14898	-0.12342	-0.08769	-0.04184	0.01407	0.07996	0.15573	0.24129	0.33650	0.33650	
	M	0.00000	-0.10269	-0.20522	-0.30741	-0.40912	-0.51017	-0.61040	-0.70966	-0.80779	-0.90462	-1.00000	0.00000	
0.400	Q	-1.02717	-1.02635	-1.02389	-1.01979	-1.01405	-1.00670	-0.99773	-0.98717	-0.97503	-0.96133	-0.94609	-0.94609	0.400
	V	0.00000	-0.01681	-0.03260	-0.04633	-0.05699	-0.06356	-0.06503	-0.06039	-0.04866	-0.02885	0.00000	0.00000	
	V'	-0.16983	-0.16470	-0.14930	-0.12366	-0.08783	-0.04186	0.01417	0.08019	0.15607	0.24170	0.33694	0.33694	
	M	0.00000	-0.10304	-0.20590	-0.30839	-0.41032	-0.51151	-0.61177	-0.71093	-0.80880	-0.90522	-1.00000	0.00000	
0.425	Q	-1.03075	-1.02982	-1.02703	-1.02238	-1.01589	-1.00757	-0.99742	-0.98547	-0.97175	-0.95626	-0.93905	-0.93905	0.425
	V	0.00000	-0.01685	-0.03268	-0.04644	-0.05712	-0.06370	-0.06516	-0.06051	-0.04875	-0.02890	0.00000	0.00000	
	V'	-0.17025	-0.16509	-0.14964	-0.12393	-0.08799	-0.04189	0.01428	0.08043	0.15643	0.24214	0.33742	0.33742	
	M	0.00000	-0.10342	-0.20663	-0.30943	-0.41159	-0.51293	-0.61322	-0.71228	-0.80989	-0.90586	-1.00000	0.00000	
0.450	Q	-1.03456	-1.03352	-1.03038	-1.02515	-1.01785	-1.00849	-0.99708	-0.98366	-0.96825	-0.95087	-0.93157	-0.93157	0.450
	V	0.00000	-0.01690	-0.03276	-0.04656	-0.05726	-0.06385	-0.06531	-0.06063	-0.04884	-0.02895	0.00000	0.00000	
	V'	-0.17069	-0.16552	-0.15001	-0.12421	-0.08815	-0.04191	0.01440	0.08069	0.15681	0.24261	0.33792	0.33792	
	M	0.00000	-0.10382	-0.20741	-0.31053	-0.41295	-0.51444	-0.61477	-0.71371	-0.81104	-0.90654	-1.00000	0.00000	
0.475	Q	-1.03862	-1.03745	-1.03393	-1.02809	-1.01993	-1.00946	-0.99672	-0.98173	-0.96453	-0.94515	-0.92364	-0.92364	0.475
	V	0.00000	-0.01694	-0.03285	-0.04668	-0.05741	-0.06400	-0.06546	-0.06077	-0.04894	-0.02900	0.00000	0.00000	
	V'	-0.17116	-0.16597	-0.15040	-0.12450	-0.08832	-0.04194	0.01453	0.08097	0.15722	0.24311	0.33846	0.33846	
ALPHA	X/L =	0.00	0.10	0.20	0.30	0.40	0.50	0.60	0.70	0.80	0.90	L 1.00	R 1.00	ALPHA

XM/L = 1.00

FUNKTIONEN : F.M;M - F.M;Q - F.M;V - F.M;V'

FUNKTIONEN : F.M;M - F.M;Q - F.M;V - F.M;V'

XM/L = 1.00

ALPHA	X/L =	0.00	0.10	0.20	0.30	0.40	0.50	0.60	0.70	0.80	0.90	L 1.00	R 1.00	ALPHA
	M	0.00000	-0.10425	-0.20824	-0.31170	-0.41439	-0.51604	-0.61640	-0.71523	-0.81226	-0.90726	-1.00000	0.00000	
0.500	Q	-1.04291	-1.04161	-1.03770	-1.03120	-1.02213	-1.01049	-0.99633	-0.97969	-0.96059	-0.93909	-0.91524	-0.91524	0.500
	V	0.00000	-0.01699	-0.03294	-0.04681	-0.05756	-0.06417	-0.06562	-0.06091	-0.04904	-0.02906	0.00000	0.00000	
	V'	-0.17166	-0.16645	-0.15082	-0.12482	-0.08850	-0.04197	0.01466	0.08126	0.15765	0.24364	0.33902	0.33902	
	M	0.00000	-0.10470	-0.20911	-0.31294	-0.41591	-0.51774	-0.61813	-0.71683	-0.81355	-0.90802	-1.00000	0.00000	
0.525	Q	-1.04746	-1.04602	-1.04169	-1.03449	-1.02445	-1.01158	-0.99592	-0.97752	-0.95642	-0.93269	-0.90639	-0.90639	0.525
	V	0.00000	-0.01704	-0.03304	-0.04695	-0.05773	-0.06435	-0.06579	-0.06105	-0.04915	-0.02911	0.00000	0.00000	
	V'	-0.17219	-0.16695	-0.15126	-0.12515	-0.08870	-0.04200	0.01480	0.08157	0.15810	0.24420	0.33962	0.33962	
	M	0.00000	-0.10517	-0.21003	-0.31425	-0.41751	-0.51952	-0.61996	-0.71852	-0.81490	-0.90883	-1.00000	0.00000	
0.550	Q	-1.05225	-1.05066	-1.04589	-1.03796	-1.02689	-1.01272	-0.99548	-0.97523	-0.95203	-0.92595	-0.89707	-0.89707	0.550
	V	0.00000	-0.01710	-0.03315	-0.04709	-0.05790	-0.06453	-0.06597	-0.06121	-0.04927	-0.02918	0.00000	0.00000	
	V'	-0.17274	-0.16748	-0.15172	-0.12550	-0.08890	-0.04204	0.01495	0.08189	0.15858	0.24479	0.34026	0.34026	
	M	0.00000	-0.10567	-0.21100	-0.31562	-0.41920	-0.52140	-0.62187	-0.72029	-0.81633	-0.90967	-1.00000	0.00000	
0.575	Q	-1.05731	-1.05556	-1.05032	-1.04161	-1.02946	-1.01391	-0.99501	-0.97281	-0.94740	-0.91886	-0.88728	-0.88728	0.575
	V	0.00000	-0.01716	-0.03326	-0.04725	-0.05808	-0.06473	-0.06616	-0.06137	-0.04939	-0.02924	0.00000	0.00000	
	V'	-0.17333	-0.16804	-0.15220	-0.12587	-0.08912	-0.04207	0.01511	0.08223	0.15909	0.24541	0.34092	0.34092	
	M	0.00000	-0.10620	-0.21201	-0.31707	-0.42098	-0.52338	-0.62389	-0.72216	-0.81783	-0.91055	-1.00000	0.00000	
0.600	Q	-1.06262	-1.06071	-1.05498	-1.04545	-1.03216	-1.01516	-0.99450	-0.97027	-0.94254	-0.91142	-0.87702	-0.87702	0.600
	V	0.00000	-0.01722	-0.03337	-0.04741	-0.05828	-0.06493	-0.06636	-0.06155	-0.04952	-0.02931	0.00000	0.00000	
	V'	-0.17394	-0.16863	-0.15272	-0.12625	-0.08934	-0.04211	0.01527	0.08259	0.15962	0.24606	0.34162	0.34162	
	M	0.00000	-0.10675	-0.21308	-0.31859	-0.42284	-0.52545	-0.62600	-0.72411	-0.81939	-0.91148	-1.00000	0.00000	
0.625	Q	-1.06820	-1.06611	-1.05986	-1.04948	-1.03499	-1.01646	-0.99397	-0.96759	-0.93743	-0.90362	-0.86627	-0.86627	0.625
	V	0.00000	-0.01728	-0.03349	-0.04758	-0.05848	-0.06515	-0.06657	-0.06173	-0.04965	-0.02938	0.00000	0.00000	
	V'	-0.17459	-0.16925	-0.15325	-0.12666	-0.08958	-0.04215	0.01544	0.08297	0.16017	0.24674	0.34235	0.34235	
	M	0.00000	-0.10733	-0.21421	-0.32018	-0.42480	-0.52762	-0.62822	-0.72616	-0.82104	-0.91245	-1.00000	0.00000	
0.650	Q	-1.07405	-1.07178	-1.06499	-1.05369	-1.03795	-1.01782	-0.99340	-0.96478	-0.93208	-0.89545	-0.85503	-0.85503	0.650
	V	0.00000	-0.01735	-0.03362	-0.04776	-0.05869	-0.06537	-0.06679	-0.06192	-0.04979	-0.02946	0.00000	0.00000	
	V'	-0.17526	-0.16990	-0.15381	-0.12709	-0.08982	-0.04219	0.01563	0.08337	0.16076	0.24746	0.34312	0.34312	
	M	0.00000	-0.10794	-0.21538	-0.32184	-0.42684	-0.52989	-0.63053	-0.72830	-0.82275	-0.91346	-1.00000	0.00000	
0.675	Q	-1.08018	-1.07772	-1.07035	-1.05811	-1.04104	-1.01924	-0.99279	-0.96183	-0.92648	-0.88691	-0.84330	-0.84330	0.675
	V	0.00000	-0.01742	-0.03376	-0.04794	-0.05891	-0.06561	-0.06701	-0.06212	-0.04994	-0.02953	0.00000	0.00000	
	V'	-0.17597	-0.17057	-0.15440	-0.12753	-0.09008	-0.04223	0.01582	0.08378	0.16137	0.24821	0.34392	0.34392	
	M	0.00000	-0.10857	-0.21661	-0.32359	-0.42898	-0.53227	-0.63295	-0.73054	-0.82454	-0.91451	-1.00000	0.00000	
0.700	Q	-1.08659	-1.08393	-1.07596	-1.06272	-1.04427	-1.02071	-0.99215	-0.95873	-0.92062	-0.87799	-0.83107	-0.83107	0.700
	V	0.00000	-0.01749	-0.03390	-0.04813	-0.05914	-0.06586	-0.06725	-0.06232	-0.05009	-0.02962	0.00000	0.00000	
	V'	-0.17671	-0.17128	-0.15502	-0.12800	-0.09035	-0.04227	0.01602	0.08422	0.16200	0.24899	0.34476	0.34476	
	M	0.00000	-0.10923	-0.21789	-0.32541	-0.43121	-0.53475	-0.63548	-0.73287	-0.82641	-0.91561	-1.00000	0.00000	
0.725	Q	-1.09329	-1.09042	-1.08182	-1.06753	-1.04764	-1.02224	-0.99147	-0.95550	-0.91450	-0.86869	-0.81833	-0.81833	0.725
	V	0.00000	-0.01757	-0.03404	-0.04834	-0.05938	-0.06612	-0.06750	-0.06254	-0.05025	-0.02970	0.00000	0.00000	
	V'	-0.17749	-0.17202	-0.15566	-0.12848	-0.09063	-0.04231	0.01622	0.08467	0.16267	0.24981	0.34563	0.34563	

ALPHA X/L = 0.00 0.10 0.20 0.30 0.40 0.50 0.60 0.70 0.80 0.90 L 1.00 R 1.00 ALPHA

XM/L = 1.00

FUNKTIONEN : F.M;M - F.M;Q - F.M;V - F.M;V'

FUNKTIONEN : F.M:M - F.M:Q - F.M:V - F.M:V'

XM/L = 1.00

ALPHA	X/L =	0.00	0.10	0.20	0.30	0.40	0.50	0.60	0.70	0.80	0.90	L 1.00	R 1.00	ALPHA
	M	0.00000	-0.10993	-0.21923	-0.32731	-0.43354	-0.53734	-0.63812	-0.73531	-0.82836	-0.91676	-1.00000	0.00000	
0.750	Q	-1.10029	-1.09720	-1.08793	-1.07256	-1.05115	-1.02383	-0.99075	-0.95211	-0.90811	-0.85900	-0.80507	-0.80507	0.750
	V	0.00000	-0.01765	-0.03419	-0.04855	-0.05963	-0.06638	-0.06776	-0.06277	-0.05042	-0.02979	0.00000	0.00000	
	V'	-0.17829	-0.17279	-0.15633	-0.12899	-0.09093	-0.04236	0.01644	0.08514	0.16336	0.25066	0.34654	0.34654	
	M	0.00000	-0.11065	-0.22063	-0.32929	-0.43597	-0.54004	-0.64086	-0.73784	-0.83039	-0.91795	-1.00000	0.00000	
0.775	Q	-1.10759	-1.10427	-1.09431	-1.07779	-1.05480	-1.02547	-0.98999	-0.94856	-0.90145	-0.84891	-0.79129	-0.79129	0.775
	V	0.00000	-0.01773	-0.03435	-0.04877	-0.05990	-0.06666	-0.06804	-0.06300	-0.05059	-0.02988	0.00000	0.00000	
	V'	-0.17913	-0.17360	-0.15703	-0.12952	-0.09123	-0.04241	0.01667	0.08564	0.16409	0.25155	0.34749	0.34749	
	M	0.00000	-0.11140	-0.22209	-0.33136	-0.43851	-0.54285	-0.64372	-0.74048	-0.83250	-0.91919	-1.00000	0.00000	
0.800	Q	-1.11521	-1.11164	-1.10096	-1.08324	-1.05859	-1.02717	-0.98918	-0.94486	-0.89450	-0.83842	-0.77697	-0.77697	0.800
	V	0.00000	-0.01782	-0.03452	-0.04900	-0.06017	-0.06696	-0.06832	-0.06325	-0.05077	-0.02998	0.00000	0.00000	
	V'	-0.18001	-0.17444	-0.15775	-0.13007	-0.09155	-0.04246	0.01690	0.08615	0.16484	0.25247	0.34848	0.34848	
	M	0.00000	-0.11219	-0.22361	-0.33351	-0.44115	-0.54578	-0.64670	-0.74322	-0.83469	-0.92047	-1.00000	0.00000	
0.825	Q	-1.12314	-1.11932	-1.10789	-1.08892	-1.06254	-1.02893	-0.98833	-0.94100	-0.88727	-0.82751	-0.76211	-0.76211	0.825
	V	0.00000	-0.01791	-0.03469	-0.04924	-0.06045	-0.06726	-0.06861	-0.06350	-0.05096	-0.03008	0.00000	0.00000	
	V'	-0.18092	-0.17531	-0.15851	-0.13064	-0.09188	-0.04251	0.01715	0.08668	0.16562	0.25343	0.34951	0.34951	
	M	0.00000	-0.11300	-0.22519	-0.33575	-0.44389	-0.54882	-0.64979	-0.74607	-0.83696	-0.92181	-1.00000	0.00000	
0.850	Q	-1.13140	-1.12732	-1.11509	-1.09482	-1.06663	-1.03075	-0.98742	-0.93697	-0.87975	-0.81617	-0.74671	-0.74671	0.850
	V	0.00000	-0.01800	-0.03487	-0.04949	-0.06075	-0.06758	-0.06892	-0.06377	-0.05116	-0.03019	0.00000	0.00000	
	V'	-0.18187	-0.17622	-0.15930	-0.13123	-0.09223	-0.04256	0.01741	0.08724	0.16644	0.25443	0.35058	0.35058	
	M	0.00000	-0.11385	-0.22684	-0.33809	-0.44675	-0.55199	-0.65301	-0.74903	-0.83932	-0.92319	-1.00000	0.00000	
0.875	Q	-1.14000	-1.13564	-1.12259	-1.10095	-1.07089	-1.03263	-0.98647	-0.93276	-0.87192	-0.80441	-0.73074	-0.73074	0.875
	V	0.00000	-0.01810	-0.03505	-0.04974	-0.06106	-0.06791	-0.06924	-0.06404	-0.05136	-0.03029	0.00000	0.00000	
	V'	-0.18286	-0.17716	-0.16012	-0.13185	-0.09259	-0.04262	0.01767	0.08782	0.16729	0.25547	0.35169	0.35169	
	M	0.00000	-0.11474	-0.22855	-0.34051	-0.44972	-0.55528	-0.65635	-0.75211	-0.84177	-0.92463	-1.00000	0.00000	
0.900	Q	-1.14895	-1.14430	-1.13038	-1.10732	-1.07529	-1.03456	-0.98546	-0.92838	-0.86378	-0.79220	-0.71420	-0.71420	0.900
	V	0.00000	-0.01820	-0.03525	-0.05001	-0.06138	-0.06825	-0.06957	-0.06433	-0.05157	-0.03041	0.00000	0.00000	
	V'	-0.18388	-0.17814	-0.16097	-0.13249	-0.09296	-0.04267	0.01795	0.08842	0.16817	0.25655	0.35284	0.35284	
	M	0.00000	-0.11566	-0.23033	-0.34303	-0.45280	-0.55870	-0.65982	-0.75530	-0.84432	-0.92612	-1.00000	0.00000	
0.925	Q	-1.15825	-1.15330	-1.13848	-1.11394	-1.07987	-1.03656	-0.98439	-0.92381	-0.85533	-0.77953	-0.69707	-0.69707	0.925
	V	0.00000	-0.01830	-0.03545	-0.05029	-0.06171	-0.06860	-0.06991	-0.06463	-0.05179	-0.03052	0.00000	0.00000	
	V'	-0.18495	-0.17916	-0.16185	-0.13316	-0.09334	-0.04273	0.01824	0.08904	0.16908	0.25767	0.35404	0.35404	
	M	0.00000	-0.11662	-0.23218	-0.34565	-0.45600	-0.56224	-0.66342	-0.75860	-0.84695	-0.92766	-1.00000	0.00000	
0.950	Q	-1.16791	-1.16265	-1.14690	-1.12080	-1.08460	-1.03862	-0.98327	-0.91905	-0.84655	-0.76641	-0.67936	-0.67936	0.950
	V	0.00000	-0.01841	-0.03566	-0.05058	-0.06205	-0.06897	-0.07027	-0.06493	-0.05202	-0.03065	0.00000	0.00000	
	V'	-0.18606	-0.18022	-0.16277	-0.13385	-0.09374	-0.04279	0.01854	0.08969	0.17003	0.25883	0.35528	0.35528	
	M	0.00000	-0.11761	-0.23410	-0.34837	-0.45933	-0.56593	-0.66715	-0.76203	-0.84968	-0.92925	-1.00000	0.00000	
0.975	Q	-1.17796	-1.17237	-1.15564	-1.12793	-1.08951	-1.04074	-0.98208	-0.91410	-0.83743	-0.75281	-0.66103	-0.66103	0.975
	V	0.00000	-0.01852	-0.03587	-0.05088	-0.06241	-0.06935	-0.07064	-0.06525	-0.05226	-0.03077	0.00000	0.00000	
	V'	-0.18720	-0.18132	-0.16372	-0.13457	-0.09416	-0.04285	0.01885	0.09037	0.17102	0.26003	0.35657	0.35657	
ALPHA	X/L =	0.00	0.10	0.20	0.30	0.40	0.50	0.60	0.70	0.80	0.90	L 1.00	R 1.00	ALPHA

XM/L = 1.00

FUNKTIONEN : F.M:M - F.M:Q - F.M:V - F.M:V'

FUNKTIONEN : F.M;M - F.M;Q - F.M;V - F.M;V'

XM/L = 1.00

ALPHA	X/L =	0.00	0.10	0.20	0.30	0.40	0.50	0.60	0.70	0.80	0.90	L 1.00	R 1.00	ALPHA
	M	0.00000	-0.11864	-0.23610	-0.35119	-0.46278	-0.56975	-0.67102	-0.76559	-0.85250	-0.93090	-1.00000	0.00000	
1.000	Q	-1.18840	-1.18246	-1.16471	-1.13532	-1.09458	-1.04291	-0.98082	-0.90893	-0.82796	-0.73872	-0.64209	-0.64209	1.000
	V	0.00000	-0.01864	-0.03610	-0.05119	-0.06278	-0.06975	-0.07102	-0.06559	-0.05250	-0.03090	0.00000	0.00000	
	V'	-0.18840	-0.18246	-0.16471	-0.13532	-0.09458	-0.04291	0.01918	0.09107	0.17204	0.26128	0.35791	0.35791	
	M	0.00000	-0.11971	-0.23817	-0.35413	-0.46637	-0.57371	-0.67503	-0.76927	-0.85543	-0.93261	-1.00000	0.00000	
1.025	Q	-1.19923	-1.19294	-1.17412	-1.14298	-1.09984	-1.04516	-0.97950	-0.90356	-0.81814	-0.72413	-0.62252	-0.62252	1.025
	V	0.00000	-0.01876	-0.03633	-0.05152	-0.06317	-0.07016	-0.07142	-0.06593	-0.05276	-0.03104	0.00000	0.00000	
	V'	-0.18963	-0.18364	-0.16573	-0.13609	-0.09503	-0.04298	0.01951	0.09179	0.17310	0.26258	0.35929	0.35929	
	M	0.00000	-0.12083	-0.24032	-0.35717	-0.47008	-0.57782	-0.67919	-0.77308	-0.85845	-0.93437	-1.00000	0.00000	
1.050	Q	-1.21048	-1.20382	-1.18389	-1.15092	-1.10528	-1.04746	-0.97810	-0.89797	-0.80795	-0.70903	-0.60230	-0.60230	1.050
	V	0.00000	-0.01889	-0.03657	-0.05185	-0.06357	-0.07058	-0.07183	-0.06629	-0.05302	-0.03118	0.00000	0.00000	
	V'	-0.19091	-0.18487	-0.16679	-0.13689	-0.09549	-0.04305	0.01986	0.09254	0.17419	0.26392	0.36073	0.36073	
	M	0.00000	-0.12198	-0.24255	-0.36033	-0.47394	-0.58208	-0.68350	-0.77703	-0.86159	-0.93620	-1.00000	0.00000	
1.075	Q	-1.22216	-1.21511	-1.19402	-1.15915	-1.11090	-1.04982	-0.97663	-0.89216	-0.79738	-0.69340	-0.58142	-0.58142	1.075
	V	0.00000	-0.01902	-0.03682	-0.05220	-0.06398	-0.07102	-0.07225	-0.06665	-0.05329	-0.03132	0.00000	0.00000	
	V'	-0.19224	-0.18614	-0.16789	-0.13772	-0.09597	-0.04312	0.02022	0.09332	0.17533	0.26531	0.36221	0.36221	
	M	0.00000	-0.12318	-0.24487	-0.36360	-0.47794	-0.58649	-0.68796	-0.78111	-0.86483	-0.93808	-1.00000	0.00000	
1.100	Q	-1.23428	-1.22682	-1.20453	-1.16768	-1.11672	-1.05225	-0.97507	-0.88610	-0.78642	-0.67724	-0.55986	-0.55986	1.100
	V	0.00000	-0.01916	-0.03708	-0.05256	-0.06441	-0.07148	-0.07270	-0.06704	-0.05357	-0.03147	0.00000	0.00000	
	V'	-0.19362	-0.18746	-0.16903	-0.13858	-0.09646	-0.04319	0.02060	0.09413	0.17651	0.26675	0.36375	0.36375	
	M	0.00000	-0.12442	-0.24727	-0.36700	-0.48208	-0.59107	-0.69259	-0.78535	-0.86818	-0.94003	-1.00000	0.00000	
1.125	Q	-1.24686	-1.23898	-1.21543	-1.17652	-1.12273	-1.05475	-0.97343	-0.87981	-0.77506	-0.66051	-0.53762	-0.53762	1.125
	V	0.00000	-0.01930	-0.03735	-0.05294	-0.06485	-0.07196	-0.07315	-0.06743	-0.05387	-0.03163	0.00000	0.00000	
	V'	-0.19505	-0.18882	-0.17022	-0.13947	-0.09697	-0.04326	0.02099	0.09497	0.17773	0.26824	0.36534	0.36534	
	M	0.00000	-0.12571	-0.24977	-0.37052	-0.48638	-0.59581	-0.69737	-0.78972	-0.87164	-0.94204	-1.00000	0.00000	
1.150	Q	-1.25991	-1.25159	-1.22673	-1.18567	-1.12895	-1.05731	-0.97170	-0.87326	-0.76328	-0.64322	-0.51466	-0.51466	1.150
	V	0.00000	-0.01944	-0.03763	-0.05332	-0.06531	-0.07245	-0.07363	-0.06784	-0.05417	-0.03179	0.00000	0.00000	
	V'	-0.19653	-0.19024	-0.17144	-0.14039	-0.09750	-0.04333	0.02140	0.09584	0.17900	0.26978	0.36699	0.36699	
	M	0.00000	-0.12705	-0.25235	-0.37417	-0.49083	-0.60072	-0.70233	-0.79425	-0.875.2	-0.94412	-1.00000	0.00000	
1.175	Q	-1.27345	-1.26467	-1.23845	-1.19515	-1.13537	-1.05993	-0.96987	-0.86644	-0.75107	-0.62533	-0.49097	-0.49097	1.175
	V	0.00000	-0.01959	-0.03792	-0.05372	-0.06579	-0.07296	-0.07412	-0.06827	-0.05448	-0.03196	0.00000	0.00000	
	V'	-0.19806	-0.19170	-0.17271	-0.14135	-0.09805	-0.04341	0.02182	0.09674	0.18031	0.27138	0.36870	0.36870	
	M	0.00000	-0.12844	-0.25504	-0.37796	-0.49545	-0.60581	-0.70746	-0.79894	-0.87892	-0.94627	-1.00000	0.00000	
1.200	Q	-1.28750	-1.27824	-1.25060	-1.20497	-1.14201	-1.06262	-0.96795	-0.85936	-0.73841	-0.60684	-0.46654	-0.46654	1.200
	V	0.00000	-0.01975	-0.03822	-0.05414	-0.06629	-0.07348	-0.07463	-0.06871	-0.05481	-0.03213	0.00000	0.00000	
	V'	-0.19965	-0.19322	-0.17403	-0.14234	-0.09862	-0.04349	0.02226	0.09767	0.18166	0.27303	0.37046	0.37046	
	M	0.00000	-0.12988	-0.25782	-0.38189	-0.50024	-0.61109	-0.71278	-0.80379	-0.88275	-0.94848	-1.00000	0.00000	
1.225	Q	-1.30208	-1.29232	-1.26319	-1.21513	-1.14886	-1.06538	-0.96592	-0.85199	-0.72529	-0.58771	-0.44133	-0.44133	1.225
	V	0.00000	-0.01991	-0.03853	-0.05457	-0.06680	-0.07403	-0.07516	-0.06916	-0.05514	-0.03231	0.00000	0.00000	
	V'	-0.20130	-0.19480	-0.17534	-0.14336	-0.09920	-0.04357	0.02271	0.09863	0.18307	0.27474	0.37229	0.37229	
ALPHA	X/L =	0.00	0.10	0.20	0.30	0.40	0.50	0.60	0.70	0.80	0.90	L 1.00	R 1.00	ALPHA

XM/L = 1.00

FUNKTIONEN : F.M;M - F.M;Q - F.M;V - F.M;V'

FUNKTIONEN : F.M;M - F.M;Q - F.M;V - F.M;V'

XM/L = 1.00

ALPHA	X/L =	0.00	0.10	0.20	0.30	0.40	0.50	0.60	0.70	0.80	0.90	L 1.00	R 1.00	ALPHA
1.250	M	0.00000	-0.13138	-0.26070	-0.38596	-0.50520	-0.61655	-0.71828	-0.80880	-0.88671	-0.95077	-1.00000	0.00000	1.250
	Q	-1.31720	-1.30692	-1.27625	-1.22566	-1.15595	-1.06820	-0.96378	-0.84432	-0.71168	-0.56794	-0.41534	-0.41534	
	V	0.00000	-0.02008	-0.03885	-0.05502	-0.06733	-0.07459	-0.07570	-0.06964	-0.05549	-0.03249	0.00000	0.00000	
	V'	-0.20301	-0.19643	-0.17680	-0.14442	-0.09981	-0.04365	0.02318	0.09964	0.18452	0.27652	0.37418	0.37418	
1.275	M	0.00000	-0.13293	-0.26370	-0.39019	-0.51034	-0.62221	-0.72398	-0.81399	-0.89079	-0.95313	-1.00000	0.00000	1.275
	Q	-1.33289	-1.32207	-1.28979	-1.23657	-1.16327	-1.07109	-0.96152	-0.83634	-0.69759	-0.54751	-0.38854	-0.38854	
	V	0.00000	-0.02026	-0.03918	-0.05548	-0.06788	-0.07518	-0.07627	-0.07012	-0.05585	-0.03269	0.00000	0.00000	
	V'	-0.20477	-0.19812	-0.17826	-0.14552	-0.10044	-0.04373	0.02367	0.10067	0.18603	0.27835	0.37614	0.37614	
1.300	M	0.00000	-0.13454	-0.26680	-0.39457	-0.51567	-0.62807	-0.72988	-0.81936	-0.89502	-0.95557	-1.00000	0.00000	1.300
	Q	-1.34917	-1.33778	-1.30382	-1.24786	-1.17083	-1.07405	-0.95914	-0.82804	-0.68298	-0.52638	-0.36090	-0.36090	
	V	0.00000	-0.02044	-0.03953	-0.05596	-0.06845	-0.07578	-0.07685	-0.07063	-0.05623	-0.03288	0.00000	0.00000	
	V'	-0.20661	-0.19987	-0.17978	-0.14666	-0.10108	-0.04382	0.02418	0.10175	0.18759	0.28025	0.37817	0.37817	
1.325	M	0.00000	-0.13621	-0.27003	-0.39911	-0.52120	-0.63415	-0.73598	-0.82492	-0.89939	-0.95809	-1.00000	0.00000	1.325
	Q	-1.36606	-1.35408	-1.31837	-1.25955	-1.17864	-1.07708	-0.95663	-0.81941	-0.66783	-0.50454	-0.33240	-0.33240	
	V	0.00000	-0.02062	-0.03989	-0.05645	-0.06903	-0.07641	-0.07746	-0.07115	-0.05661	-0.03309	0.00000	0.00000	
	V'	-0.20851	-0.20169	-0.18134	-0.14784	-0.10176	-0.04390	0.02470	0.10286	0.18920	0.28221	0.38026	0.38026	
1.350	M	0.00000	-0.13794	-0.27337	-0.40382	-0.52693	-0.64045	-0.74231	-0.83066	-0.90390	-0.96069	-1.00000	0.00000	1.350
	Q	-1.38359	-1.37100	-1.33346	-1.27166	-1.18672	-1.08018	-0.95398	-0.81043	-0.65212	-0.48196	-0.30302	-0.30302	
	V	0.00000	-0.02082	-0.04026	-0.05697	-0.06965	-0.07706	-0.07808	-0.07169	-0.05701	-0.03330	0.00000	0.00000	
	V'	-0.21047	-0.20357	-0.18297	-0.14906	-0.10245	-0.04399	0.02525	0.10402	0.19088	0.28425	0.38243	0.38243	
1.375	M	0.00000	-0.13974	-0.27684	-0.40871	-0.53287	-0.64697	-0.74886	-0.83661	-0.90857	-0.96338	-1.00000	0.00000	1.375
	Q	-1.40178	-1.38855	-1.34911	-1.28420	-1.19506	-1.08335	-0.95119	-0.80108	-0.63584	-0.45861	-0.27271	-0.27271	
	V	0.00000	-0.02102	-0.04064	-0.05750	-0.07028	-0.07774	-0.07873	-0.07226	-0.05742	-0.03352	0.00000	0.00000	
	V'	-0.21251	-0.20552	-0.18465	-0.15032	-0.10317	-0.04408	0.02582	0.10522	0.19261	0.28636	0.38468	0.38468	
1.400	M	0.00000	-0.14160	-0.28044	-0.41378	-0.53903	-0.65373	-0.75564	-0.84276	-0.91339	-0.96615	-1.00000	0.00000	1.400
	Q	-1.42067	-1.40677	-1.36534	-1.29720	-1.20367	-1.08659	-0.94825	-0.79135	-0.61896	-0.43447	-0.24147	-0.24147	
	V	0.00000	-0.02123	-0.04104	-0.05805	-0.07093	-0.07843	-0.07941	-0.07284	-0.05785	-0.03375	0.00000	0.00000	
	V'	-0.21463	-0.20754	-0.18640	-0.15163	-0.10391	-0.04418	0.02641	0.10646	0.19441	0.28854	0.38701	0.38701	
1.425	M	0.00000	-0.14354	-0.28417	-0.41904	-0.54542	-0.66074	-0.76266	-0.84913	-0.91838	-0.96901	-1.00000	0.00000	1.425
	Q	-1.44028	-1.42568	-1.38218	-1.31066	-1.21257	-1.08990	-0.94514	-0.78121	-0.60145	-0.40950	-0.20924	-0.20924	
	V	0.00000	-0.02144	-0.04145	-0.05862	-0.07161	-0.07916	-0.08010	-0.07344	-0.05830	-0.03398	0.00000	0.00000	
	V'	-0.21682	-0.20963	-0.18821	-0.15299	-0.10468	-0.04427	0.02702	0.10774	0.19627	0.29080	0.38941	0.38941	
1.450	M	0.00000	-0.14555	-0.28805	-0.42450	-0.55205	-0.66800	-0.76994	-0.85572	-0.92353	-0.97197	-1.00000	0.00000	1.450
	Q	-1.46064	-1.44532	-1.39965	-1.32461	-1.22177	-1.09329	-0.94186	-0.77066	-0.58329	-0.38368	-0.17601	-0.17601	
	V	0.00000	-0.02167	-0.04188	-0.05922	-0.07232	-0.07991	-0.08083	-0.07406	-0.05876	-0.03423	0.00000	0.00000	
	V'	-0.21909	-0.21180	-0.19008	-0.15439	-0.10548	-0.04437	0.02765	0.10908	0.19820	0.29314	0.39191	0.39191	
1.475	M	0.00000	-0.14764	-0.29208	-0.43017	-0.55892	-0.67554	-0.77748	-0.86254	-0.92886	-0.97502	-1.00000	0.00000	1.475
	Q	-1.48179	-1.46570	-1.41778	-1.33907	-1.23128	-1.09675	-0.93840	-0.75968	-0.56445	-0.35697	-0.14173	-0.14173	
	V	0.00000	-0.02190	-0.04232	-0.05983	-0.07305	-0.08068	-0.08158	-0.07471	-0.05923	-0.03448	0.00000	0.00000	
	V'	-0.22145	-0.21406	-0.19203	-0.15585	-0.10631	-0.04447	0.02831	0.11046	0.20019	0.29556	0.39449	0.39449	
ALPHA	X/L =	0.00	0.10	0.20	0.30	0.40	0.50	0.60	0.70	0.80	0.90	L 1.00	R 1.00	ALPHA

XM/L = 1.00

FUNKTIONEN : F.M;M - F.M;Q - F.M;V - F.M;V'

FUNKTIONEN : F,M;M - F,M;Q - F,M;V - F,M;V'

XM/L = 1.00

ALPHA	X/L =	0.00	0.10	0.20	0.30	0.40	0.50	0.60	0.70	0.80	0.90	L 1.00	R 1.00	ALPHA
	M	0.00000	-0.14981	-0.29626	-0.43606	-0.56606	-0.68335	-0.78529	-0.86960	-0.93438	-0.97817	-1.00000	0.00000	
1.500	Q	-1.50377	-1.48688	-1.43660	-1.35406	-1.24111	-1.10029	-0.93476	-0.74823	-0.54490	-0.32934	-0.10637	-0.10637	1.500
	V	0.00000	-0.02214	-0.04278	-0.06047	-0.07380	-0.08149	-0.08235	-0.07538	-0.05972	-0.03474	0.00000	0.00000	
	V'	-0.22390	-0.21639	-0.19405	-0.15736	-0.10716	-0.04457	0.02900	0.11190	0.20227	0.29807	0.39717	0.39717	
	M	0.00000	-0.15207	-0.30061	-0.44217	-0.57347	-0.69146	-0.79339	-0.87692	-0.94009	-0.98143	-1.00000	0.00000	
1.525	Q	-1.52660	-1.50888	-1.45614	-1.36960	-1.25128	-1.10390	-0.93091	-0.73630	-0.52461	-0.30074	-0.06989	-0.06989	1.525
	V	0.00000	-0.02239	-0.04326	-0.06113	-0.07459	-0.08232	-0.08316	-0.07607	-0.06024	-0.03502	0.00000	0.00000	
	V'	-0.22643	-0.21882	-0.19614	-0.15893	-0.10805	-0.04468	0.02971	0.11339	0.20441	0.30068	0.39994	0.39994	
	M	0.00000	-0.15441	-0.30512	-0.44852	-0.58116	-0.69987	-0.80179	-0.88449	-0.94599	-0.98480	-1.00000	0.00000	
1.550	Q	-1.55034	-1.53175	-1.47644	-1.38572	-1.26178	-1.10759	-0.92684	-0.72387	-0.50354	-0.27114	-0.03224	-0.03224	1.550
	V	0.00000	-0.02265	-0.04376	-0.06182	-0.07541	-0.08319	-0.08399	-0.07679	-0.06077	-0.03530	0.00000	0.00000	
	V'	-0.22907	-0.22133	-0.19831	-0.16055	-0.10896	-0.04478	0.03045	0.11493	0.20664	0.30337	0.40281	0.40281	
	M	0.00000	-0.15685	-0.30982	-0.45512	-0.58915	-0.70860	-0.81050	-0.89235	-0.95210	-0.98828	-1.00000	0.00000	
1.575	Q	-1.57501	-1.55552	-1.49752	-1.40244	-1.27265	-1.11136	-0.92255	-0.71091	-0.48167	-0.24050	0.00662	0.00662	1.575
	V	0.00000	-0.02292	-0.04427	-0.06253	-0.07625	-0.08409	-0.08486	-0.07754	-0.06131	-0.03559	0.00000	0.00000	
	V'	-0.23180	-0.22394	-0.20056	-0.16224	-0.10991	-0.04489	0.03122	0.11654	0.20895	0.30617	0.40579	0.40579	
	M	0.00000	-0.15939	-0.31470	-0.46198	-0.59745	-0.71766	-0.81954	-0.90048	-0.95842	-0.99188	-1.00000	0.00000	
1.600	Q	-1.60068	-1.58024	-1.51942	-1.41980	-1.28390	-1.11521	-0.91802	-0.69739	-0.45894	-0.20877	0.04674	0.04674	1.600
	V	0.00000	-0.02320	-0.04480	-0.06327	-0.07713	-0.08502	-0.08576	-0.07831	-0.06188	-0.03589	0.00000	0.00000	
	V'	-0.23464	-0.22666	-0.20290	-0.16398	-0.11090	-0.04500	0.03202	0.11821	0.21135	0.30908	0.40888	0.40888	
	M	0.00000	-0.16202	-0.31978	-0.46911	-0.60608	-0.72708	-0.82892	-0.90892	-0.96498	-0.99560	-1.00000	0.00000	
1.625	Q	-1.62739	-1.60595	-1.54220	-1.43781	-1.29554	-1.11913	-0.91324	-0.68328	-0.43532	-0.17590	0.08817	0.08817	1.625
	V	0.00000	-0.02349	-0.04536	-0.06404	-0.07804	-0.08599	-0.08669	-0.07912	-0.06248	-0.03621	0.00000	0.00000	
	V'	-0.23759	-0.22947	-0.20533	-0.16580	-0.11192	-0.04512	0.03286	0.11994	0.21384	0.31209	0.41209	0.41209	
	M	0.00000	-0.16477	-0.32506	-0.47653	-0.61505	-0.73686	-0.83866	-0.91767	-0.97176	-0.99946	-1.00000	0.00000	
1.650	Q	-1.65519	-1.63271	-1.56588	-1.45651	-1.30759	-1.12314	-0.90819	-0.66856	-0.41078	-0.14183	0.13096	0.13096	1.650
	V	0.00000	-0.02379	-0.04594	-0.06484	-0.07899	-0.08700	-0.08766	-0.07995	-0.06309	-0.03653	0.00000	0.00000	
	V'	-0.24066	-0.23240	-0.20785	-0.16768	-0.11298	-0.04523	0.03372	0.12174	0.21643	0.31521	0.41541	0.41541	
	M	0.00000	-0.16763	-0.33056	-0.48424	-0.62437	-0.74702	-0.84877	-0.92675	-0.97879	-1.00344	-1.00000	0.00000	
1.675	Q	-1.68414	-1.66057	-1.59051	-1.47594	-1.32006	-1.12723	-0.90285	-0.65319	-0.38525	-0.10653	0.17518	0.17518	1.675
	V	0.00000	-0.02410	-0.04654	-0.06567	-0.07997	-0.08805	-0.08867	-0.08082	-0.06373	-0.03687	0.00000	0.00000	
	V'	-0.24384	-0.23544	-0.21048	-0.16964	-0.11408	-0.04535	0.03463	0.12361	0.21911	0.31846	0.41886	0.41886	
	M	0.00000	-0.17060	-0.33629	-0.49228	-0.63408	-0.75760	-0.85927	-0.93617	-0.98608	-1.00757	-1.00000	0.00000	
1.700	Q	-1.71429	-1.68958	-1.61615	-1.49614	-1.33298	-1.13140	-0.89720	-0.63713	-0.35870	-0.06992	0.22088	0.22088	1.700
	V	0.00000	-0.02443	-0.04716	-0.06653	-0.08100	-0.08913	-0.08971	-0.08172	-0.06439	-0.03722	0.00000	0.00000	
	V'	-0.24716	-0.23861	-0.21320	-0.17167	-0.11522	-0.04547	0.03557	0.12556	0.22190	0.32183	0.42245	0.42245	
	M	0.00000	-0.17371	-0.34226	-0.50065	-0.64418	-0.76859	-0.87019	-0.94596	-0.99364	-1.01184	-1.00000	0.00000	
1.725	Q	-1.74571	-1.71981	-1.64285	-1.51713	-1.34638	-1.13566	-0.89123	-0.62035	-0.33106	-0.03194	0.26813	0.26813	1.725
	V	0.00000	-0.02477	-0.04781	-0.06743	-0.08206	-0.09026	-0.09080	-0.08266	-0.06508	-0.03759	0.00000	0.00000	
	V'	-0.25061	-0.24190	-0.21604	-0.17379	-0.11640	-0.04559	0.03655	0.12759	0.22481	0.32533	0.42617	0.42617	
ALPHA	X/L =	0.00	0.10	0.20	0.30	0.40	0.50	0.60	0.70	0.80	0.90	L 1.00	R 1.00	ALPHA

XM/L = 1.00

FUNKTIONEN : F,M;M - F,M;Q - F,M;V - F,M;V'

FUNKTIONEN : F.M;M - F.M;Q - F.M;V - F.M;V'

XM/L = 1.00

ALPHA	X/L =	0.00	0.10	0.20	0.30	0.40	0.50	0.60	0.70	0.80	0.90	L 1.00	R 1.00	ALPHA
	M	0.00000	-0.17694	-0.34848	-0.50937	-0.65470	-0.78004	-0.88154	-0.95612	-1.00149	-1.01627	-1.00000	0.00000	
1.750	Q	-1.77848	-1.75132	-1.67066	-1.53896	-1.36026	-1.14000	-0.88492	-0.60281	-0.30228	0.00748	0.31701	0.31701	1.750
	V	0.00000	-0.02512	-0.04848	-0.06837	-0.08317	-0.09144	-0.09193	-0.08363	-0.06579	-0.03796	0.00000	0.00000	
	V'	-0.25420	-0.24533	-0.21899	-0.17599	-0.11763	-0.04571	0.03758	0.12970	0.22783	0.32897	0.43004	0.43004	
	M	0.00000	-0.18032	-0.35497	-0.51846	-0.66566	-0.79195	-0.89335	-0.96668	-1.00963	-1.02085	-1.00000	0.00000	
1.775	Q	-1.81266	-1.78418	-1.69964	-1.56168	-1.37465	-1.14443	-0.87824	-0.58446	-0.27231	0.04840	0.36759	0.36759	1.775
	V	0.00000	-0.02549	-0.04919	-0.06934	-0.08432	-0.09266	-0.09311	-0.08464	-0.06654	-0.03836	0.00000	0.00000	
	V'	-0.25794	-0.24890	-0.22206	-0.17828	-0.11891	-0.04584	0.03865	0.13189	0.23097	0.33276	0.43407	0.43407	
	M	0.00000	-0.18384	-0.36173	-0.52794	-0.67709	-0.80436	-0.90564	-0.97766	-1.01808	-1.02561	-1.00000	0.00000	
1.800	Q	-1.84834	-1.81848	-1.72985	-1.58534	-1.38959	-1.14895	-0.87117	-0.56525	-0.24107	0.09091	0.41995	0.41995	1.800
	V	0.00000	-0.02588	-0.04992	-0.07035	-0.08552	-0.09394	-0.09433	-0.08570	-0.06731	-0.03877	0.00000	0.00000	
	V'	-0.26183	-0.25262	-0.22526	-0.18066	-0.12024	-0.04597	0.03976	0.13418	0.23424	0.33670	0.43826	0.43826	
	M	0.00000	-0.18751	-0.36880	-0.53784	-0.68901	-0.81730	-0.91844	-0.98908	-1.02687	-1.03055	-1.00000	0.00000	
1.825	Q	-1.88560	-1.85428	-1.76138	-1.60998	-1.40510	-1.15355	-0.86369	-0.54514	-0.20849	0.13509	0.47418	0.47418	1.825
	V	0.00000	-0.02628	-0.05068	-0.07141	-0.08677	-0.09527	-0.09561	-0.08679	-0.06812	-0.03920	0.00000	0.00000	
	V'	-0.26589	-0.25649	-0.22860	-0.18314	-0.12163	-0.04610	0.04093	0.13657	0.23765	0.34080	0.44261	0.44261	
	M	0.00000	-0.19136	-0.37618	-0.54817	-0.70145	-0.83079	-0.93178	-1.00097	-1.03600	-1.03567	-1.00000	0.00000	
1.850	Q	-1.92453	-1.89169	-1.79429	-1.63566	-1.42120	-1.15825	-0.85576	-0.52407	-0.17450	0.18103	0.53038	0.53038	1.850
	V	0.00000	-0.02669	-0.05148	-0.07251	-0.08808	-0.09665	-0.09694	-0.08794	-0.06896	-0.03964	0.00000	0.00000	
	V'	-0.27013	-0.26054	-0.23208	-0.18573	-0.12307	-0.04624	0.04214	0.13906	0.24120	0.34508	0.44715	0.44715	
	M	0.00000	-0.19537	-0.38390	-0.55897	-0.71444	-0.84487	-0.94569	-1.01335	-1.04550	-1.04099	-1.00000	0.00000	
1.875	Q	-1.96523	-1.93079	-1.82866	-1.66244	-1.43794	-1.16303	-0.84736	-0.50199	-0.13902	0.22883	0.58865	0.58865	1.875
	V	0.00000	-0.02713	-0.05231	-0.07366	-0.08944	-0.09810	-0.09833	-0.08913	-0.06983	-0.04011	0.00000	0.00000	
	V'	-0.27455	-0.26476	-0.23571	-0.18843	-0.12457	-0.04637	0.04342	0.14166	0.24490	0.34953	0.45188	0.45188	
	M	0.00000	-0.19958	-0.39197	-0.57025	-0.72802	-0.85957	-0.96020	-1.02626	-1.05538	-1.04653	-1.00000	0.00000	
1.900	Q	-2.00782	-1.97169	-1.86459	-1.69039	-1.45534	-1.16791	-0.83845	-0.47882	-0.10195	0.27859	0.64911	0.64911	1.900
	V	0.00000	-0.02758	-0.05318	-0.07486	-0.09086	-0.09961	-0.09978	-0.09038	-0.07074	-0.04059	0.00000	0.00000	
	V'	-0.27917	-0.26917	-0.23950	-0.19124	-0.12613	-0.04651	0.04475	0.14437	0.24877	0.35418	0.45682	0.45682	
	M	0.00000	-0.20398	-0.40042	-0.58206	-0.74221	-0.87494	-0.97534	-1.03972	-1.06568	-1.05228	-1.00000	0.00000	
1.925	Q	-2.05241	-2.01450	-1.90217	-1.71957	-1.47345	-1.17289	-0.82901	-0.45450	-0.06320	0.33044	0.71186	0.71186	1.925
	V	0.00000	-0.02806	-0.05408	-0.07612	-0.09235	-0.10118	-0.10129	-0.09168	-0.07170	-0.04109	0.00000	0.00000	
	V'	-0.28400	-0.27377	-0.24346	-0.19418	-0.12776	-0.04666	0.04614	0.14721	0.25281	0.35903	0.46196	0.46196	
	M	0.00000	-0.20858	-0.40926	-0.59443	-0.75706	-0.89100	-0.99116	-1.05376	-1.07641	-1.05826	-1.00000	0.00000	
1.950	Q	-2.09912	-2.05934	-1.94150	-1.75006	-1.49229	-1.17796	-0.81898	-0.42895	-0.02266	0.38448	0.77705	0.77705	1.950
	V	0.00000	-0.02856	-0.05503	-0.07743	-0.09390	-0.10283	-0.10287	-0.09303	-0.07269	-0.04162	0.00000	0.00000	
	V'	-0.28905	-0.27859	-0.24760	-0.19726	-0.12947	-0.04680	0.04761	0.15018	0.25703	0.36410	0.46734	0.46734	
	M	0.00000	-0.21342	-0.41854	-0.60738	-0.77261	-0.90781	-1.00770	-1.06842	-1.08760	-1.06449	-1.00000	0.00000	
1.975	Q	-2.14810	-2.10634	-1.98269	-1.78195	-1.51193	-1.18313	-0.80832	-0.40209	0.01977	0.44087	0.84482	0.84482	1.975
	V	0.00000	-0.02908	-0.05603	-0.07880	-0.09553	-0.10455	-0.10452	-0.09445	-0.07373	-0.04217	0.00000	0.00000	
	V'	-0.29434	-0.28363	-0.25193	-0.20047	-0.13124	-0.04695	0.04914	0.15328	0.26144	0.36939	0.47296	0.47296	
ALPHA	X/L =	0.00	0.10	0.20	0.30	0.40	0.50	0.60	0.70	0.80	0.90	L 1.00	R 1.00	ALPHA

XM/L = 1.00

FUNKTIONEN : F.M;M - F.M;Q - F.M;V - F.M;V'

D R U C K S T A E B E -128-

FUNKTIONEN : F.M;M - F.M;Q - F.M;V - F.M;V'

XM/L = 1.00

ALPHA	X/L =	0.00	0.10	0.20	0.30	0.40	0.50	0.60	0.70	0.80	0.90	L 1.00	R 1.00	ALPHA
	M	0.00000	-0.21849	-0.42826	-0.62097	-0.78891	-0.92541	-1.02501	-1.08375	-1.09928	-1.07099	-1.00000	0.00000	
2.000	Q	-2.19950	-2.15566	-2.02587	-1.81533	-1.53241	-1.18840	-0.79701	-0.37384	0.06422	0.49973	0.91532	0.91532	2.000
	V	0.00000	-0.02962	-0.05707	-0.08024	-0.09723	-0.10635	-0.10625	-0.09594	-0.07482	-0.04275	0.00000	0.00000	
	V'	-0.29988	-0.28891	-0.25647	-0.20383	-0.13310	-0.04710	0.05075	0.15654	0.26606	0.37493	0.47883	0.47883	
	M	0.00000	-0.22381	-0.43848	-0.63522	-0.80601	-0.94386	-1.04313	-1.09978	-1.11148	-1.07776	-1.00000	0.00000	
2.025	Q	-2.25348	-2.20743	-2.07118	-1.85028	-1.55377	-1.19376	-0.78497	-0.34410	0.11083	0.56124	0.98871	0.98871	2.025
	V	0.00000	-0.03019	-0.05816	-0.08175	-0.09901	-0.10824	-0.10806	-0.09749	-0.07596	-0.04335	0.00000	0.00000	
	V'	-0.30568	-0.29445	-0.26122	-0.20735	-0.13505	-0.04725	0.05244	0.15995	0.27089	0.38073	0.48498	0.48498	
	M	0.00000	-0.22941	-0.44921	-0.65019	-0.82395	-0.96321	-1.06212	-1.11656	-1.12424	-1.08483	-1.00000	0.00000	
2.050	Q	-2.31022	-2.26184	-2.11875	-1.88692	-1.57608	-1.19923	-0.77216	-0.31276	0.15975	0.62556	1.06518	1.06518	2.050
	V	0.00000	-0.03079	-0.05930	-0.08333	-0.10088	-0.11022	-0.10996	-0.09912	-0.07715	-0.04398	0.00000	0.00000	
	V'	-0.31177	-0.30026	-0.26621	-0.21105	-0.13708	-0.04741	0.05421	0.16353	0.27597	0.38681	0.49142	0.49142	
	M	0.00000	-0.23529	-0.46049	-0.66594	-0.84281	-0.98353	-1.08205	-1.13414	-1.13759	-1.09222	-1.00000	0.00000	
2.075	Q	-2.36991	-2.31908	-2.16875	-1.92537	-1.59940	-1.20480	-0.75852	-0.27970	0.21112	0.69289	1.14493	1.14493	2.075
	V	0.00000	-0.03142	-0.06050	-0.08499	-0.10284	-0.11230	-0.11196	-0.10083	-0.07841	-0.04464	0.00000	0.00000	
	V'	-0.31817	-0.30636	-0.27145	-0.21492	-0.13921	-0.04757	0.05608	0.16729	0.28129	0.39318	0.49817	0.49817	
	M	0.00000	-0.24149	-0.47238	-0.68251	-0.86264	-1.00488	-1.10297	-1.15259	-1.15157	-1.09995	-1.00000	0.00000	
2.100	Q	-2.43278	-2.37934	-2.22135	-1.96575	-1.62379	-1.21048	-0.74399	-0.24480	0.26514	0.76343	1.22818	1.22818	2.100
	V	0.00000	-0.03208	-0.06176	-0.08674	-0.10491	-0.11449	-0.11405	-0.10263	-0.07972	-0.04534	0.00000	0.00000	
	V'	-0.32489	-0.31277	-0.27695	-0.21899	-0.14145	-0.04773	0.05805	0.17125	0.28688	0.39987	0.50526	0.50526	
	M	0.00000	-0.24803	-0.48490	-0.69996	-0.88353	-1.02735	-1.12495	-1.17195	-1.16623	-1.10804	-1.00000	0.00000	
2.125	Q	-2.49906	-2.44285	-2.27674	-2.00821	-1.64934	-1.21627	-0.72848	-0.20792	0.32199	0.83742	1.31517	1.31517	2.125
	V	0.00000	-0.03278	-0.06309	-0.08857	-0.10708	-0.11678	-0.11625	-0.10452	-0.08110	-0.04607	0.00000	0.00000	
	V'	-0.33197	-0.31952	-0.28274	-0.22327	-0.14380	-0.04789	0.06013	0.17541	0.29276	0.40690	0.51270	0.51270	
	M	0.00000	-0.25493	-0.49811	-0.71836	-0.90554	-1.05101	-1.14809	-1.19230	-1.18161	-1.11651	-1.00000	0.00000	
2.150	Q	-2.56901	-2.50986	-2.33514	-2.05289	-1.67612	-1.22216	-0.71193	-0.16891	0.38188	0.91509	1.40617	1.40617	2.150
	V	0.00000	-0.03352	-0.06449	-0.09051	-0.10936	-0.11920	-0.11857	-0.10650	-0.08256	-0.04684	0.00000	0.00000	
	V'	-0.33943	-0.32663	-0.28884	-0.22778	-0.14627	-0.04806	0.06232	0.17979	0.29895	0.41430	0.52053	0.52053	
	M	0.00000	-0.26221	-0.51207	-0.73780	-0.92876	-1.07596	-1.17246	-1.21372	-1.19778	-1.12540	-1.00000	0.00000	
2.175	Q	-2.64292	-2.58065	-2.39678	-2.09998	-1.70422	-1.22816	-0.69424	-0.12759	0.44506	0.99674	1.50146	1.50146	2.175
	V	0.00000	-0.03429	-0.06597	-0.09255	-0.11177	-0.12175	-0.12101	-0.10859	-0.08409	-0.04765	0.00000	0.00000	
	V'	-0.34729	-0.33413	-0.29526	-0.23252	-0.14886	-0.04823	0.06464	0.18442	0.30547	0.42209	0.52878	0.52878	
	M	0.00000	-0.26992	-0.52683	-0.75834	-0.95330	-1.10230	-1.19817	-1.23628	-1.21479	-1.13475	-1.00000	0.00000	
2.200	Q	-2.72110	-2.65552	-2.46192	-2.14965	-1.73375	-1.23428	-0.67531	-0.08379	0.51178	1.08267	1.60137	1.60137	2.200
	V	0.00000	-0.03511	-0.06753	-0.09470	-0.11432	-0.12444	-0.12359	-0.11080	-0.08570	-0.04850	0.00000	0.00000	
	V'	-0.35560	-0.34205	-0.30205	-0.23753	-0.15160	-0.04841	0.06708	0.18930	0.31235	0.43030	0.53747	0.53747	
	M	0.00000	-0.27808	-0.54246	-0.78009	-0.97926	-1.13015	-1.22532	-1.26008	-1.23271	-1.14457	-1.00000	0.00000	
2.225	Q	-2.80392	-2.73480	-2.53085	-2.20212	-1.76482	-1.24051	-0.65504	-0.03728	0.58232	1.17321	1.70626	1.70626	2.225
	V	0.00000	-0.03597	-0.06917	-0.09698	-0.11701	-0.12729	-0.12631	-0.11313	-0.08741	-0.04940	0.00000	0.00000	
	V'	-0.36438	-0.35042	-0.30922	-0.24282	-0.15449	-0.04858	0.06968	0.19446	0.31962	0.43898	0.54665	0.54665	
ALPHA	X/L =	0.00	0.10	0.20	0.30	0.40	0.50	0.60	0.70	0.80	0.90	L 1.00	R 1.00	ALPHA

XM/L = 1.00

FUNKTIONEN : F.M;M - F.M;Q - F.M;V - F.M;V'

FUNKTIONEN : F.MIM - F.MIQ - F.MIV - F.MIV'

XM/L = 1.00

ALPHA	X/L =	0.00	0.10	0.20	0.30	0.40	0.50	0.60	0.70	0.80	0.90	L 1.00	R 1.00	ALPHA
	M	0.00000	-0.28674	-0.55903	-0.80313	-1.00675	-1.15962	-1.25403	-1.28521	-1.25161	-1.15492	-1.00000	0.00000	
2.250	Q	-2.89176	-2.81887	-2.60388	-2.25762	-1.79755	-1.24686	-0.63331	0.01216	0.65701	1.26875	1.81653	1.81653	2.250
	V	0.00000	-0.03689	-0.07092	-0.09938	-0.11985	-0.13029	-0.12919	-0.11560	-0.08921	-0.05035	0.00000	0.00000	
	V'	-0.37368	-0.35928	-0.31681	-0.24842	-0.15754	-0.04876	0.07243	0.19993	0.32731	0.44815	0.55635	0.55635	
	M	0.00000	-0.29594	-0.57663	-0.82760	-1.03592	-1.19086	-1.28443	-1.31181	-1.27158	-1.16583	-1.00000	0.00000	
2.275	Q	-2.98507	-2.90815	-2.68137	-2.31641	-1.83207	-1.25332	-0.60999	0.06478	0.73621	1.36971	1.93261	1.93261	2.275
	V	0.00000	-0.03786	-0.07277	-0.10194	-0.12287	-0.13348	-0.13224	-0.11821	-0.09112	-0.05136	0.00000	0.00000	
	V'	-0.38354	-0.36868	-0.32486	-0.25435	-0.16077	-0.04895	0.07536	0.20573	0.33546	0.45786	0.56662	0.56662	
	M	0.00000	-0.30572	-0.59534	-0.85360	-1.06691	-1.22403	-1.31668	-1.33998	-1.29271	-1.17736	-1.00000	0.00000	
2.300	Q	-3.08433	-3.00311	-2.76372	-2.37878	-1.86855	-1.25991	-0.58491	0.12089	0.82032	1.47655	2.05501	2.05501	2.300
	V	0.00000	-0.03889	-0.07473	-0.10465	-0.12607	-0.13687	-0.13548	-0.12098	-0.09314	-0.05243	0.00000	0.00000	
	V'	-0.39401	-0.37866	-0.33341	-0.26064	-0.16419	-0.04913	0.07847	0.21189	0.34411	0.46816	0.57751	0.57751	
	M	0.00000	-0.31614	-0.61527	-0.88130	-1.09989	-1.25930	-1.35094	-1.36988	-1.31511	-1.18956	-1.00000	0.00000	
2.325	Q	-3.19010	-3.10427	-2.85138	-2.44505	-1.90715	-1.26662	-0.55792	0.18079	0.90978	1.58981	2.18429	2.18429	2.325
	V	0.00000	-0.03998	-0.07682	-0.10754	-0.12947	-0.14046	-0.13892	-0.12392	-0.09529	-0.05357	0.00000	0.00000	
	V'	-0.40515	-0.38927	-0.34249	-0.26732	-0.16782	-0.04932	0.08178	0.21844	0.35330	0.47910	0.58907	0.58907	
	M	0.00000	-0.32727	-0.63655	-0.91083	-1.13505	-1.29687	-1.38740	-1.40167	-1.33888	-1.20249	-1.00000	0.00000	
2.350	Q	-3.30300	-3.21222	-2.94485	-2.51561	-1.94807	-1.27345	-0.52883	0.24487	1.00510	1.71009	2.32106	2.32106	2.350
	V	0.00000	-0.04115	-0.07905	-0.11061	-0.13310	-0.14430	-0.14258	-0.12706	-0.09758	-0.05477	0.00000	0.00000	
	V'	-0.41702	-0.40058	-0.35217	-0.27444	-0.17167	-0.04952	0.08532	0.22542	0.36308	0.49074	0.60137	0.60137	
	M	0.00000	-0.33916	-0.65929	-0.94240	-1.17260	-1.33697	-1.42628	-1.43552	-1.36416	-1.21622	-1.00000	0.00000	
2.375	Q	-3.42374	-3.32764	-3.04471	-2.59085	-1.99153	-1.28041	-0.49740	0.31353	1.10686	1.83805	2.46605	2.46605	2.375
	V	0.00000	-0.04240	-0.08143	-0.11389	-0.13697	-0.14838	-0.14649	-0.13040	-0.10002	-0.05606	0.00000	0.00000	
	V'	-0.42969	-0.41266	-0.36250	-0.28203	-0.17578	-0.04971	0.08910	0.23287	0.37352	0.50314	0.61448	0.61448	
	M	0.00000	-0.35191	-0.68365	-0.97620	-1.21278	-1.37985	-1.46782	-1.47165	-1.39111	-1.23083	-1.00000	0.00000	
2.400	Q	-3.55312	-3.45128	-3.15160	-2.67125	-2.03778	-1.28750	-0.46341	0.38724	1.21570	1.97446	2.62005	2.62005	2.400
	V	0.00000	-0.04373	-0.08397	-0.11740	-0.14111	-0.15275	-0.15066	-0.13397	-0.10262	-0.05744	0.00000	0.00000	
	V'	-0.44325	-0.42557	-0.37354	-0.29015	-0.18017	-0.04991	0.09316	0.24084	0.38467	0.51640	0.62848	0.62848	
	M	0.00000	-0.36560	-0.70980	-1.01246	-1.25588	-1.42580	-1.51229	-1.51028	-1.41990	-1.24642	-1.00000	0.00000	
2.425	Q	-3.69204	-3.58401	-3.26625	-2.75736	-2.08711	-1.29472	-0.42657	0.46654	1.33236	2.12020	2.78397	2.78397	2.425
	V	0.00000	-0.04516	-0.08669	-0.12115	-0.14554	-0.15743	-0.15514	-0.13779	-0.10541	-0.05891	0.00000	0.00000	
	V'	-0.45778	-0.43941	-0.38538	-0.29884	-0.18486	-0.05012	0.09751	0.24939	0.39662	0.53059	0.64346	0.64346	
	M	0.00000	-0.38032	-0.73793	-1.05146	-1.30220	-1.47516	-1.56002	-1.55170	-1.45071	-1.26307	-1.00000	0.00000	
2.450	Q	-3.84154	-3.72682	-3.38952	-2.84977	-2.13983	-1.30208	-0.38656	0.55205	1.45768	2.27625	2.95888	2.95888	2.450
	V	0.00000	-0.04670	-0.08962	-0.12519	-0.15030	-0.16246	-0.15994	-0.14189	-0.10841	-0.06049	0.00000	0.00000	
	V'	-0.47339	-0.45428	-0.39809	-0.30817	-0.18989	-0.05032	0.10220	0.25857	0.40944	0.54581	0.65954	0.65954	
	M	0.00000	-0.39621	-0.76827	-1.09351	-1.35211	-1.52831	-1.61136	-1.59621	-1.48378	-1.28092	-1.00000	0.00000	
2.475	Q	-4.00284	-3.88086	-3.52237	-2.94921	-2.19632	-1.30957	-0.34301	0.64446	1.59264	2.44377	3.14596	3.14596	2.475
	V	0.00000	-0.04836	-0.09277	-0.12954	-0.15543	-0.16787	-0.16510	-0.14630	-0.11163	-0.06218	0.00000	0.00000	
	V'	-0.49021	-0.47030	-0.41177	-0.31821	-0.19530	-0.05054	0.10725	0.26846	0.42325	0.56219	0.67682	0.67682	

| ALPHA | X/L = | 0.00 | 0.10 | 0.20 | 0.30 | 0.40 | 0.50 | 0.60 | 0.70 | 0.80 | 0.90 | L 1.00 | R 1.00 | ALPHA |

XM/L = 1.00

FUNKTIONEN : F.MIM - F.MIQ - F.MIV - F.MIV'

FUNKTIONEN : F.MIM - F.MIQ - F.MIV - F.MIV'

XM/L = 1.00

ALPHA	X/L =	0.00	0.10	0.20	0.30	0.40	0.50	0.60	0.70	0.80	0.90	L 1.00	R 1.00	ALPHA
	M	0.00000	-0.41339	-0.80108	-1.13896	-1.40603	-1.58568	-1.66674	-1.64416	-1.51936	-1.30010	-1.00000	0.00000	
2.500	Q	-4.17730	-4.04744	-3.66593	-3.05649	-2.25701	-1.31720	-0.29549	0.74459	1.73837	2.62407	3.34662	3.34662	2.500
	V	0.00000	-0.05014	-0.09617	-0.13423	-0.16097	-0.17371	-0.17068	-0.15107	-0.11510	-0.06402	0.00000	0.00000	
	V'	-0.50837	-0.48759	-0.42655	-0.32904	-0.20112	-0.05075	0.11272	0.27913	0.43814	0.57985	0.69546	0.69546	
	M	0.00000	-0.43203	-0.83666	-1.18824	-1.46445	-1.64780	-1.72664	-1.69598	-1.55777	-1.32076	-1.00000	0.00000	
2.525	Q	-4.36656	-4.22810	-3.82150	-3.17255	-2.32240	-1.32497	-0.24351	0.85339	1.89617	2.81870	3.56247	3.56247	2.525
	V	0.00000	-0.05208	-0.09986	-0.13932	-0.16696	-0.18003	-0.17671	-0.15622	-0.11885	-0.06600	0.00000	0.00000	
	V'	-0.52804	-0.50632	-0.44254	-0.34076	-0.20742	-0.05097	0.11865	0.29070	0.45426	0.59895	0.71561	0.71561	
	M	0.00000	-0.45231	-0.87537	-1.24181	-1.52794	-1.71526	-1.79164	-1.75215	-1.59934	-1.34310	-1.00000	0.00000	
2.550	Q	-4.57248	-4.42463	-3.99061	-3.29851	-2.39308	-1.33289	-0.18649	0.97197	2.06757	3.02945	3.79541	3.79541	2.550
	V	0.00000	-0.05418	-0.10386	-0.14484	-0.17346	-0.18689	-0.18326	-0.16181	-0.12293	-0.06814	0.00000	0.00000	
	V'	-0.54940	-0.52666	-0.45992	-0.35348	-0.21424	-0.05119	0.12511	0.30326	0.47175	0.61968	0.73747	0.73747	
	M	0.00000	-0.47445	-0.91761	-1.30026	-1.59717	-1.78877	-1.86241	-1.81324	-1.64451	-1.36734	-1.00000	0.00000	
2.575	Q	-4.79730	-4.63913	-4.17506	-3.43567	-2.46974	-1.34095	-0.12374	1.10163	2.25436	3.25844	4.04765	4.04765	2.575
	V	0.00000	-0.05647	-0.10823	-0.15085	-0.18055	-0.19437	-0.19039	-0.16789	-0.12736	-0.07048	0.00000	0.00000	
	V'	-0.57269	-0.54884	-0.47885	-0.36734	-0.22166	-0.05142	0.13215	0.31696	0.49081	0.64224	0.76126	0.76126	
	M	0.00000	-0.49870	-0.96388	-1.36426	-1.67294	-1.86917	-1.93975	-1.87994	-1.69375	-1.39372	-1.00000	0.00000	
2.600	Q	-5.04363	-4.87412	-4.37696	-3.58559	-2.55319	-1.34917	-0.05445	1.24392	2.45868	3.50817	4.32183	4.32183	2.600
	V	0.00000	-0.05898	-0.11300	-0.15744	-0.18831	-0.20254	-0.19819	-0.17455	-0.13221	-0.07304	0.00000	0.00000	
	V'	-0.59817	-0.57309	-0.49955	-0.38248	-0.22976	-0.05165	0.13987	0.33194	0.51164	0.66689	0.78725	0.78725	
	M	0.00000	-0.52538	-1.01476	-1.43463	-1.75620	-1.95745	-2.02460	-1.95304	-1.74767	-1.42257	-1.00000	0.00000	
2.625	Q	-5.31462	-5.13257	-4.59887	-3.75010	-2.64440	-1.35753	0.02234	1.40069	2.68307	3.78163	4.62110	4.62110	2.625
	V	0.00000	-0.06173	-0.11824	-0.16466	-0.19682	-0.21151	-0.20674	-0.18185	-0.13753	-0.07584	0.00000	0.00000	
	V'	-0.62616	-0.59974	-0.52229	-0.39911	-0.23864	-0.05189	0.14837	0.34840	0.53450	0.69393	0.81576	0.81576	
	M	0.00000	-0.55486	-1.07098	-1.51233	-1.84809	-2.05483	-2.11812	-2.03352	-1.80696	-1.45424	-1.00000	0.00000	
2.650	Q	-5.61404	-5.41807	-4.84384	-3.93143	-2.74455	-1.36606	0.10780	1.57414	2.93058	4.08242	4.94924	4.94924	2.650
	V	0.00000	-0.06477	-0.12403	-0.17263	-0.20621	-0.22141	-0.21618	-0.18989	-0.14339	-0.07892	0.00000	0.00000	
	V'	-0.65704	-0.62913	-0.54736	-0.41743	-0.24842	-0.05213	0.15775	0.36656	0.55971	0.72373	0.84717	0.84717	
	M	0.00000	-0.58758	-1.13337	-1.59854	-1.95000	-2.16276	-2.22168	-2.12258	-1.87249	-1.48921	-1.00000	0.00000	
2.675	Q	-5.94648	-5.73499	-5.11557	-4.13228	-2.85505	-1.37474	0.20335	1.76698	3.20492	4.41490	5.31084	5.31084	2.675
	V	0.00000	-0.06814	-0.13044	-0.18147	-0.21661	-0.23237	-0.22663	-0.19881	-0.14988	-0.08234	0.00000	0.00000	
	V'	-0.69127	-0.66172	-0.57515	-0.43774	-0.25924	-0.05237	0.16817	0.38669	0.58764	0.75673	0.88194	0.88194	
	M	0.00000	-0.62411	-1.20300	-1.69472	-2.06364	-2.28304	-2.33701	-2.22164	-1.94530	-1.52801	-1.00000	0.00000	
2.700	Q	-6.31756	-6.08868	-5.41863	-4.35595	-2.97765	-1.38359	0.31072	1.98252	3.51067	4.78444	5.71153	5.71153	2.700
	V	0.00000	-0.07189	-0.13759	-0.19132	-0.22821	-0.24459	-0.23827	-0.20873	-0.15711	-0.08615	0.00000	0.00000	
	V'	-0.72943	-0.69804	-0.60612	-0.46035	-0.27128	-0.05262	0.17980	0.40912	0.61875	0.79348	0.92065	0.92065	
	M	0.00000	-0.66512	-1.28116	-1.80265	-2.19111	-2.41787	-2.46620	-2.33252	-2.02672	-1.57134	-1.00000	0.00000	
2.725	Q	-6.73427	-6.48578	-5.75866	-4.60655	-3.11450	-1.39260	0.43207	2.22485	3.85345	5.19766	6.15831	6.15831	2.725
	V	0.00000	-0.07610	-0.14560	-0.20236	-0.24121	-0.25828	-0.25132	-0.21985	-0.16520	-0.09041	0.00000	0.00000	
	V'	-0.77223	-0.73876	-0.64084	-0.48569	-0.28476	-0.05287	0.19285	0.43429	0.65361	0.83463	0.96400	0.96400	
ALPHA	X/L =	0.00	0.10	0.20	0.30	0.40	0.50	0.60	0.70	0.80	0.90	L 1.00	R 1.00	ALPHA

XM/L = 1.00

FUNKTIONEN : F.MIM - F.MIQ - F.MIV - F.MIV'

FUNKTIONEN : F.M;M - F.M;Q - F.M;V - F.M;V'

XM/L = 1.00

ALPHA	X/L =	0.00	0.10	0.20	0.30	0.40	0.50	0.60	0.70	0.80	0.90	L 1.00	R 1.00	ALPHA
	M	0.00000	-0.71149	-1.36951	-1.92461	-2.33508	-2.57006	-2.61191	-2.45748	-2.11836	-1.62005	-1.00000	0.00000	
2.750	Q	-7.20535	-6.93461	-6.14274	-4.88924	-3.26832	-1.40178	0.57009	2.49913	4.24035	5.66292	6.65992	6.65992	2.750
	V	0.00000	-0.08086	-0.15465	-0.21482	-0.25588	-0.27373	-0.26604	-0.23239	-0.17433	-0.09521	0.00000	0.00000	
	V'	-0.82054	-0.78474	-0.68003	-0.51428	-0.29994	-0.05313	0.20762	0.46269	0.69294	0.88105	1.01288	1.01288	
	M	0.00000	-0.76430	-1.47012	-2.06345	-2.49890	-2.74316	-2.77752	-2.59937	-2.22233	-1.67526	-1.00000	0.00000	
2.775	Q	-7.74196	-7.44577	-6.57989	-5.21056	-3.44255	-1.41114	0.72824	2.81190	4.68042	6.19082	7.22753	7.22753	2.775
	V	0.00000	-0.08627	-0.16494	-0.22900	-0.27256	-0.29130	-0.28277	-0.24665	-0.18470	-0.10067	0.00000	0.00000	
	V'	-0.87551	-0.83705	-0.72460	-0.54678	-0.31719	-0.05339	0.22443	0.49501	0.73766	0.93380	1.06842	1.06842	
	M	0.00000	-0.82497	-1.58569	-2.22289	-2.68696	-2.94175	-2.96740	-2.76192	-2.34132	-1.73836	-1.00000	0.00000	
2.800	Q	-8.35850	-8.03299	-7.08179	-5.57899	-3.64165	-1.42067	0.91097	3.17165	5.18530	6.79506	7.87557	7.87557	2.800
	V	0.00000	-0.09247	-0.17675	-0.24527	-0.29170	-0.31145	-0.30196	-0.26300	-0.19660	-0.10693	0.00000	0.00000	
	V'	-0.93858	-0.89706	-0.77574	-0.58405	-0.33695	-0.05366	0.24375	0.53210	0.78894	0.99427	1.13209	1.13209	
	M	0.00000	-0.89537	-1.71977	-2.40782	-2.90499	-3.17186	-3.18728	-2.95002	-2.47889	-1.81124	-1.00000	0.00000	
2.825	Q	-9.07396	-8.71428	-7.66377	-6.00569	-3.87149	-1.43038	1.12412	3.58951	5.77034	7.49371	8.62300	8.62300	2.825
	V	0.00000	-0.09966	-0.19043	-0.26412	-0.31388	-0.33479	-0.32419	-0.28193	-0.21037	-0.11418	0.00000	0.00000	
	V'	-1.01170	-0.96663	-0.83499	-0.62723	-0.35981	-0.05393	0.26616	0.57508	0.84835	1.06429	1.20580	1.20580	
	M	0.00000	-0.97801	-1.87712	-2.62480	-3.16071	-3.44162	-3.44488	-3.17021	-2.63979	-1.89639	-1.00000	0.00000	
2.850	Q	-9.91380	-9.51390	-8.34644	-6.50562	-4.13995	-1.44028	1.37558	4.08047	6.45616	8.31099	9.49531	9.49531	2.850
	V	0.00000	-0.10810	-0.20648	-0.28622	-0.33988	-0.36216	-0.35025	-0.30412	-0.22651	-0.12267	0.00000	0.00000	
	V'	-1.09742	-1.04819	-0.90446	-0.67782	-0.38657	-0.05421	0.29247	0.62548	0.91796	1.14632	1.29213	1.29213	
	M	0.00000	-1.07633	-2.06431	-2.88283	-3.46471	-3.76217	-3.75080	-3.43154	-2.83058	-1.99727	-1.00000	0.00000	
2.875	Q	-10.91305	-10.46513	-9.15815	-7.09939	-4.45784	-1.45037	1.67617	4.66511	7.27111	9.28022	10.52754	10.52754	2.875
	V	0.00000	-0.11812	-0.22555	-0.31248	-0.37078	-0.39467	-0.38119	-0.33047	-0.24567	-0.13275	0.00000	0.00000	
	V'	-1.19931	-1.14512	-0.98700	-0.73792	-0.41834	-0.05449	0.32377	0.68538	1.00066	1.24373	1.39464	1.39464	
	M	0.00000	-1.19521	-2.29060	-3.19470	-3.83200	-4.14928	-4.12005	-3.74674	-3.06054	-2.11874	-1.00000	0.00000	
2.900	Q	-12.12125	-11.61511	-10.13897	-7.81610	-4.84049	-1.46064	2.04119	5.37255	8.25525	10.44852	11.76922	11.76922	2.900
	V	0.00000	-0.13023	-0.24858	-0.34420	-0.40809	-0.43392	-0.41856	-0.36228	-0.26879	-0.14492	0.00000	0.00000	
	V'	-1.32238	-1.26220	-1.08668	-0.81048	-0.45666	-0.05477	0.36162	0.75774	1.10050	1.36130	1.51834	1.51834	
	M	0.00000	-1.34175	-2.56953	-3.57902	-4.28449	-4.62600	-4.57454	-4.13448	-3.34320	-2.26793	-1.00000	0.00000	
2.925	Q	-13.61078	-13.03268	-11.34747	-8.69832	-5.31027	-1.47112	2.49300	6.24535	9.46716	11.88476	13.29277	13.29277	2.925
	V	0.00000	-0.14514	-0.27696	-0.38326	-0.45403	-0.48226	-0.46455	-0.40143	-0.29726	-0.15989	0.00000	0.00000	
	V'	-1.47398	-1.40641	-1.20944	-0.89980	-0.50379	-0.05507	0.40827	0.84685	1.22342	1.50600	1.67057	1.67057	
	M	0.00000	-1.52681	-2.92172	-4.06420	-4.85555	-5.22740	-5.14763	-4.62312	-3.69920	-2.45568	-1.00000	0.00000	
2.950	Q	-15.49185	-14.82264	-12.87281	-9.81083	-5.90123	-1.48179	3.06566	7.34826	10.99600	13.69374	15.20839	15.20839	2.950
	V	0.00000	-0.16395	-0.31275	-0.43254	-0.51198	-0.54322	-0.52257	-0.45080	-0.33315	-0.17876	0.00000	0.00000	
	V'	-1.66525	-1.58835	-1.36430	-1.01245	-0.56320	-0.05536	0.46718	0.95929	1.37845	1.68845	1.86250	1.86250	
	M	0.00000	-1.76773	-3.38016	-4.69562	-5.59855	-6.00961	-5.89270	-5.25808	-4.16151	-2.69933	-1.00000	0.00000	
2.975	Q	-17.94080	-17.15270	-14.85765	-11.25727	-6.66788	-1.49268	3.81366	8.78495	12.98444	16.04317	17.69242	17.69242	2.975
	V	0.00000	-0.18843	-0.35931	-0.49665	-0.58737	-0.62251	-0.59800	-0.51500	-0.37981	-0.20330	0.00000	0.00000	
	V'	-1.91408	-1.82504	-1.56573	-1.15893	-0.64039	-0.05567	0.54388	1.10557	1.58005	1.92565	2.11199	2.11199	
ALPHA	X/L =	0.00	0.10	0.20	0.30	0.40	0.50	0.60	0.70	0.80	0.90	L 1.00	R 1.00	ALPHA

XM/L = 1.00

FUNKTIONEN : F.M;M - F.M;Q - F.M;V - F.M;V'

FUNKTIONEN : F.M;M - F.M;Q - F.M;V - F.M;V'

XM/L = 0.00

BETA	X/L =	L 0.00	R 0.00	0.10	0.20	0.30	0.40	0.50	0.60	0.70	0.80	0.90	1.00	BETA
	M	0.00000	1.00000	0.90000	0.80000	0.70000	0.60000	0.50000	0.40000	0.30000	0.20000	0.10000	0.00000	
0.00	Q	-1.00000	-1.00000	-1.00000	-1.00000	-1.00000	-1.00000	-1.00000	-1.00000	-1.00000	-1.00000	-1.00000	-1.00000	0.00
	V	0.00000	0.00000	0.02850	0.04800	0.05950	0.06400	0.06250	0.05600	0.04550	0.03200	0.01650	0.00000	
	V'	0.33333	0.33333	0.23833	0.15333	0.07833	0.01333	-0.04167	-0.08667	-0.12167	-0.14667	-0.16167	-0.16667	
	M	0.00000	1.00000	0.89823	0.79702	0.69630	0.59602	0.49612	0.39652	0.29718	0.19801	0.09898	0.00000	
0.25	Q	-1.02075	-1.02075	-1.01432	-1.00952	-1.00485	-1.00081	-0.99740	-0.99461	-0.99244	-0.99090	-0.98997	-0.98966	0.25
	V	0.00000	0.00000	0.02837	0.04775	0.05916	0.06361	0.06210	0.05562	0.04518	0.03177	0.01638	0.00000	
	V'	0.33195	0.33195	0.23705	0.15229	0.07763	0.01301	-0.04159	-0.08622	-0.12090	-0.14566	-0.16051	-0.16546	
	M	0.00000	1.00000	0.89301	0.78825	0.68546	0.58439	0.48477	0.38637	0.28894	0.19222	0.09599	0.00000	
0.50	Q	-1.08198	-1.08198	-1.05832	-1.03731	-1.01889	-1.00302	-0.98966	-0.97877	-0.97033	-0.96432	-0.96072	-0.95952	0.50
	V	0.00000	0.00000	0.02797	0.04701	0.05816	0.06246	0.06091	0.05452	0.04426	0.03111	0.01603	0.00000	
	V'	0.32791	0.32791	0.23328	0.14923	0.07556	0.01208	-0.04136	-0.08491	-0.11867	-0.14272	-0.15713	-0.16193	
	M	0.00000	1.00000	0.88462	0.77422	0.66818	0.56589	0.46679	0.37032	0.27593	0.18310	0.09129	0.00000	
0.75	Q	-1.18083	-1.18083	-1.12785	-1.08121	-1.04066	-1.00597	-0.97694	-0.95341	-0.93524	-0.92234	-0.91462	-0.91206	0.75
	V	0.00000	0.00000	0.02734	0.04583	0.05658	0.06064	0.05904	0.05276	0.04279	0.03005	0.01548	0.00000	
	V'	0.32147	0.32147	0.22728	0.14438	0.07229	0.01062	-0.04099	-0.08283	-0.11513	-0.13807	-0.15178	-0.15634	
	M	0.00000	1.00000	0.87348	0.75571	0.64549	0.54174	0.44341	0.34952	0.25912	0.17132	0.08523	0.00000	
1.00	Q	-1.31304	-1.31304	-1.21944	-1.13805	-1.06805	-1.00873	-0.95952	-0.91990	-0.88950	-0.86799	-0.85518	-0.85092	1.00
	V	0.00000	0.00000	0.02652	0.04429	0.05451	0.05826	0.05659	0.05048	0.04088	0.02868	0.01477	0.00000	
	V'	0.31304	0.31304	0.21944	0.13805	0.06805	0.00873	-0.04048	-0.08010	-0.11050	-0.13201	-0.14482	-0.14908	
	M	0.00000	1.00000	0.86008	0.73362	0.61864	0.51333	0.41606	0.32529	0.23962	0.15769	0.07823	0.00000	
1.25	Q	-1.47356	-1.47356	-1.32843	-1.20409	-1.09858	-1.01026	-0.93775	-0.87990	-0.83583	-0.80483	-0.78642	-0.78031	1.25
	V	0.00000	0.00000	0.02555	0.04248	0.05207	0.05547	0.05372	0.04781	0.03864	0.02708	0.01393	0.00000	
	V'	0.30308	0.30308	0.21020	0.13062	0.06309	0.00657	-0.03984	-0.07686	-0.10507	-0.12491	-0.13669	-0.14060	
	M	0.00000	1.00000	0.84493	0.70891	0.58886	0.48210	0.38619	0.29900	0.21854	0.14302	0.07071	0.00000	
1.50	Q	-1.65719	-1.65719	-1.45002	-1.27554	-1.12981	-1.00956	-0.91206	-0.83512	-0.77700	-0.73640	-0.71240	-0.70446	1.50
	V	0.00000	0.00000	0.02448	0.04049	0.04939	0.05240	0.05058	0.04489	0.03620	0.02533	0.01302	0.00000	
	V'	0.29208	0.29208	0.20001	0.12246	0.05770	0.00425	-0.03909	-0.07328	-0.09911	-0.11715	-0.12782	-0.13135	
	M	0.00000	1.00000	0.82850	0.68244	0.55734	0.44934	0.35515	0.27185	0.19691	0.12801	0.06304	0.00000	
1.75	Q	-1.85898	-1.85898	-1.57970	-1.34893	-1.15957	-1.00581	-0.88294	-0.78718	-0.71558	-0.66595	-0.63677	-0.62715	1.75
	V	0.00000	0.00000	0.02335	0.03839	0.04658	0.04919	0.04730	0.04184	0.03366	0.02351	0.01207	0.00000	
	V'	0.28048	0.28048	0.18929	0.11394	0.05210	0.00190	-0.03822	-0.06949	-0.09287	-0.10908	-0.11860	-0.12175	
	M	0.00000	1.00000	0.81122	0.65499	0.52506	0.41619	0.32403	0.24487	0.17554	0.11325	0.05551	0.00000	
2.00	Q	-2.07463	-2.07463	-1.71359	-1.42132	-1.18609	-0.99847	-0.85092	-0.73752	-0.65371	-0.59615	-0.56251	-0.55144	2.00
	V	0.00000	0.00000	0.02220	0.03625	0.04374	0.04595	0.04399	0.03878	0.03112	0.02169	0.01112	0.00000	
	V'	0.26866	0.26866	0.17840	0.10533	0.04652	-0.00038	-0.03727	-0.06562	-0.08657	-0.10096	-0.10937	-0.11214	
	M	0.00000	1.00000	0.79342	0.62717	0.49281	0.38351	0.29370	0.21882	0.15507	0.09920	0.04837	0.00000	
2.25	Q	-2.30055	-2.30055	-1.84850	-1.49042	-1.20811	-0.98723	-0.81653	-0.68734	-0.59310	-0.52901	-0.49182	-0.47962	2.25
	V	0.00000	0.00000	0.02105	0.03414	0.04093	0.04276	0.04075	0.03579	0.02863	0.01991	0.01020	0.00000	
	V'	0.25690	0.25690	0.16760	0.09687	0.04111	-0.00252	-0.03624	-0.06176	-0.08038	-0.09303	-0.10038	-0.10279	
BETA	X/L =	L 0.00	R 0.00	0.10	0.20	0.30	0.40	0.50	0.60	0.70	0.80	0.90	1.00	BETA

XM/L = 0.00

FUNKTIONEN : F.M;M - F.M;Q - F.M;V - F.M;V'

FUNKTIONEN : F.M;M - F.M;Q - F.M;V - F.M;V'

XM/L = 0.00

BETA	X/L =	L 0.00	R 0.00	0.10	0.20	0.30	0.40	0.50	0.60	0.70	0.80	0.90	1.00	BETA
	M	0.00000	1.00000	0.77537	0.59946	0.46121	0.35194	0.26477	0.19424	0.13592	0.08613	0.04175	0.00000	
2.50	Q	-2.53392	-2.53392	-1.98199	-1.55457	-1.22483	-0.97204	-0.78031	-0.63762	-0.53498	-0.46595	-0.42619	-0.41321	2.50
	V	0.00000	0.00000	0.01994	0.03209	0.03821	0.03969	0.03764	0.03292	0.02625	0.01822	0.00932	0.00000	
	V'	0.24543	0.24543	0.15712	0.08873	0.03597	-0.00447	-0.03515	-0.05798	-0.07440	-0.08545	-0.09181	-0.09389	
	M	0.00000	1.00000	0.75729	0.57220	0.43067	0.32191	0.23765	0.17147	0.11834	0.07422	0.03575	0.00000	
2.75	Q	-2.77257	-2.77257	-2.11225	-1.61268	-1.23584	-0.95305	-0.74279	-0.58906	-0.48016	-0.40780	-0.36648	-0.35305	2.75
	V	0.00000	0.00000	0.01887	0.03012	0.03561	0.03677	0.03469	0.03022	0.02402	0.01663	0.00850	0.00000	
	V'	0.23439	0.23439	0.14707	0.08102	0.03119	-0.00621	-0.03401	-0.05434	-0.06874	-0.07831	-0.08377	-0.08555	
	M	0.00000	1.00000	0.73930	0.54565	0.40147	0.29369	0.21255	0.15068	0.10247	0.06355	0.03040	0.00000	
3.00	Q	-3.01491	-3.01491	-2.23804	-1.66411	-1.24108	-0.93058	-0.70446	-0.54223	-0.42916	-0.35500	-0.31304	-0.29946	3.00
	V	0.00000	0.00000	0.01786	0.02826	0.03317	0.03403	0.03194	0.02770	0.02195	0.01516	0.00773	0.00000	
	V'	0.22388	0.22388	0.13756	0.07379	0.02679	-0.00771	-0.03284	-0.05086	-0.06343	-0.07167	-0.07633	-0.07784	
	M	0.00000	1.00000	0.72153	0.51995	0.37377	0.26742	0.18956	0.13191	0.08830	0.05411	0.02569	0.00000	
3.25	Q	-3.25979	-3.25979	-2.35852	-1.70858	-1.24069	-0.90502	-0.66578	-0.49748	-0.38220	-0.30764	-0.26586	-0.25241	3.25
	V	0.00000	0.00000	0.01690	0.02651	0.03089	0.03149	0.02939	0.02538	0.02004	0.01381	0.00704	0.00000	
	V'	0.21394	0.21394	0.12862	0.06708	0.02279	-0.00899	-0.03164	-0.04758	-0.05849	-0.06555	-0.06950	-0.07078	
	M	0.00000	1.00000	0.70404	0.49520	0.34765	0.24312	0.16868	0.11511	0.07580	0.04586	0.02159	0.00000	
3.50	Q	-3.50639	-3.50639	-2.47319	-1.74607	-1.23503	-0.87683	-0.62715	-0.45508	-0.33932	-0.26556	-0.22467	-0.21157	3.50
	V	0.00000	0.00000	0.01600	0.02488	0.02876	0.02913	0.02705	0.02326	0.01830	0.01258	0.00640	0.00000	
	V'	0.20460	0.20460	0.12026	0.06090	0.01919	-0.01005	-0.03044	-0.04448	-0.05393	-0.05995	-0.06329	-0.06436	
	M	0.00000	1.00000	0.68686	0.47146	0.32313	0.22077	0.14983	0.10021	0.06484	0.03870	0.01806	0.00000	
3.75	Q	-3.75415	-3.75415	-2.58178	-1.77675	-1.22451	-0.84650	-0.58893	-0.41515	-0.30045	-0.22849	-0.18904	-0.17648	3.75
	V	0.00000	0.00000	0.01516	0.02336	0.02680	0.02697	0.02490	0.02132	0.01672	0.01147	0.00583	0.00000	
	V'	0.19585	0.19585	0.11248	0.05524	0.01597	-0.01092	-0.02923	-0.04159	-0.04975	-0.05486	-0.05767	-0.05856	
	M	0.00000	1.00000	0.67004	0.44873	0.30018	0.20030	0.13290	0.08705	0.05531	0.03254	0.01505	0.00000	
4.00	Q	-4.00268	-4.00268	-2.68418	-1.80091	-1.20964	-0.81451	-0.55144	-0.37779	-0.26540	-0.19603	-0.15846	-0.14657	4.00
	V	0.00000	0.00000	0.01437	0.02195	0.02499	0.02498	0.02294	0.01956	0.01529	0.01047	0.00531	0.00000	
	V'	0.18767	0.18767	0.10526	0.05006	0.01310	-0.01159	-0.02803	-0.03889	-0.04591	-0.05025	-0.05260	-0.05334	
	M	0.00000	1.00000	0.65359	0.42703	0.27876	0.18161	0.11775	0.07549	0.04707	0.02728	0.01250	0.00000	
4.25	Q	-4.25173	-4.25173	-2.78041	-1.81891	-1.19092	-0.78130	-0.51494	-0.34299	-0.23394	-0.16778	-0.13239	-0.12127	4.25
	V	0.00000	0.00000	0.01364	0.02065	0.02332	0.02316	0.02116	0.01797	0.01400	0.00956	0.00484	0.00000	
	V'	0.18003	0.18003	0.09857	0.04534	0.01057	-0.01211	-0.02685	-0.03637	-0.04241	-0.04607	-0.04803	-0.04865	
	M	0.00000	1.00000	0.63751	0.40632	0.25880	0.16457	0.10424	0.06538	0.03998	0.02281	0.01034	0.00000	
4.50	Q	-4.50111	-4.50111	-2.87055	-1.83116	-1.16887	-0.74730	-0.47962	-0.31073	-0.20582	-0.14330	-0.11029	-0.09999	4.50
	V	0.00000	0.00000	0.01296	0.01944	0.02179	0.02150	0.01954	0.01652	0.01284	0.00875	0.00443	0.00000	
	V'	0.17289	0.17289	0.09237	0.04104	0.00834	-0.01248	-0.02570	-0.03404	-0.03922	-0.04231	-0.04394	-0.04444	
	M	0.00000	1.00000	0.62181	0.38658	0.24022	0.14908	0.09222	0.05655	0.03389	0.01903	0.00853	0.00000	
4.75	Q	-4.75071	-4.75071	-2.95475	-1.83808	-1.14398	-0.71288	-0.44567	-0.28093	-0.18077	-0.12216	-0.09165	-0.08220	4.75
	V	0.00000	0.00000	0.01233	0.01832	0.02038	0.01999	0.01807	0.01522	0.01179	0.00802	0.00405	0.00000	
	V'	0.16624	0.16624	0.08664	0.03714	0.00638	-0.01273	-0.02457	-0.03187	-0.03631	-0.03891	-0.04026	-0.04068	
BETA	X/L =	L 0.00	R 0.00	0.10	0.20	0.30	0.40	0.50	0.60	0.70	0.80	0.90	1.00	BETA

XM/L = 0.00

FUNKTIONEN : F.M;M - F.M;Q - F.M;V - F.M;V'

FUNKTIONEN : F.M;M - F.M;Q - F.M;V - F.M;V'

XM/L = 0.00

BETA	X/L =	L 0.00	R 0.00	0.10	0.20	0.30	0.40	0.50	0.60	0.70	0.80	0.90	1.00	BETA
	M	0.00000	1.00000	0.60648	0.36777	0.22294	0.13501	0.08154	0.04888	0.02870	0.01584	0.00702	0.00000	
5.00	Q	-5.00045	-5.00045	-3.03317	-1.84010	-1.11672	-0.67838	-0.41321	-0.25351	-0.15851	-0.10398	-0.07598	-0.06738	5.00
	V	0.00000	0.00000	0.01174	0.01729	0.01908	0.01860	0.01674	0.01404	0.01085	0.00737	0.00372	0.00000	
	V'	0.16002	0.16002	0.08133	0.03360	0.00467	-0.01286	-0.02347	-0.02986	-0.03366	-0.03584	-0.03696	-0.03730	
	M	0.00000	1.00000	0.59153	0.34987	0.20688	0.12223	0.07206	0.04221	0.02426	0.01316	0.00577	0.00000	
5.25	Q	-5.25029	-5.25029	-3.10600	-1.83764	-1.08752	-0.64409	-0.38231	-0.22835	-0.13879	-0.08837	-0.06287	-0.05510	5.25
	V	0.00000	0.00000	0.01119	0.01633	0.01789	0.01733	0.01553	0.01298	0.01000	0.00678	0.00342	0.00000	
	V'	0.15421	0.15421	0.07641	0.03039	0.00318	-0.01291	-0.02241	-0.02800	-0.03125	-0.03308	-0.03400	-0.03428	
	M	0.00000	1.00000	0.57693	0.33283	0.19197	0.11065	0.06367	0.03643	0.02050	0.01092	0.00473	0.00000	
5.50	Q	-5.50018	-5.50018	-3.17344	-1.83110	-1.05677	-0.61026	-0.35305	-0.20535	-0.12136	-0.07501	-0.05193	-0.04496	5.50
	V	0.00000	0.00000	0.01068	0.01544	0.01679	0.01618	0.01442	0.01202	0.00924	0.00625	0.00315	0.00000	
	V'	0.14877	0.14877	0.07185	0.02747	0.00188	-0.01288	-0.02139	-0.02627	-0.02905	-0.03058	-0.03134	-0.03157	
	M	0.00000	1.00000	0.56269	0.31661	0.17812	0.10016	0.05624	0.03143	0.01730	0.00904	0.00387	0.00000	
5.75	Q	-5.75012	-5.75012	-3.23569	-1.82086	-1.02483	-0.57708	-0.32543	-0.18437	-0.10598	-0.06359	-0.04282	-0.03660	5.75
	V	0.00000	0.00000	0.01020	0.01462	0.01578	0.01512	0.01342	0.01115	0.00855	0.00578	0.00291	0.00000	
	V'	0.14367	0.14367	0.06762	0.02483	0.00075	-0.01279	-0.02040	-0.02467	-0.02704	-0.02832	-0.02895	-0.02914	
	M	0.00000	1.00000	0.54880	0.30118	0.16526	0.09065	0.04966	0.02710	0.01459	0.00748	0.00316	0.00000	
6.00	Q	-6.00007	-6.00007	-3.29296	-1.80730	-0.99202	-0.54472	-0.29946	-0.16529	-0.09243	-0.05386	-0.03526	-0.02975	6.00
	V	0.00000	0.00000	0.00976	0.01386	0.01485	0.01415	0.01251	0.01036	0.00793	0.00535	0.00269	0.00000	
	V'	0.13889	0.13889	0.06369	0.02242	-0.00022	-0.01265	-0.01946	-0.02319	-0.02521	-0.02628	-0.02680	-0.02695	
	M	0.00000	1.00000	0.53526	0.28649	0.15333	0.08204	0.04385	0.02336	0.01229	0.00618	0.00257	0.00000	
6.25	Q	-6.25005	-6.25005	-3.34544	-1.79074	-0.95862	-0.51332	-0.27514	-0.14798	-0.08053	-0.04557	-0.02900	-0.02413	6.25
	V	0.00000	0.00000	0.00934	0.01315	0.01399	0.01326	0.01168	0.00964	0.00737	0.00496	0.00249	0.00000	
	V'	0.13440	0.13440	0.06004	0.02024	-0.00106	-0.01246	-0.01856	-0.02181	-0.02354	-0.02443	-0.02486	-0.02498	
	M	0.00000	1.00000	0.52204	0.27252	0.14226	0.07424	0.03872	0.02013	0.01035	0.00511	0.00210	0.00000	
6.50	Q	-6.50003	-6.50003	-3.39333	-1.77151	-0.92489	-0.48298	-0.25241	-0.13230	-0.07008	-0.03852	-0.02382	-0.01954	6.50
	V	0.00000	0.00000	0.00895	0.01248	0.01320	0.01244	0.01092	0.00899	0.00686	0.00461	0.00232	0.00000	
	V'	0.13018	0.13018	0.05665	0.01826	-0.00178	-0.01224	-0.01769	-0.02054	-0.02201	-0.02276	-0.02310	-0.02321	
	M	0.00000	1.00000	0.50915	0.25924	0.13198	0.06719	0.03418	0.01734	0.00672	0.00421	0.00170	0.00000	
6.75	Q	-6.75002	-6.75002	-3.43683	-1.74991	-0.89103	-0.45378	-0.23124	-0.11813	-0.06092	-0.03254	-0.01955	-0.01581	6.75
	V	0.00000	0.00000	0.00858	0.01187	0.01247	0.01169	0.01022	0.00840	0.00639	0.00430	0.00216	0.00000	
	V'	0.12620	0.12620	0.05348	0.01646	-0.00239	-0.01199	-0.01687	-0.01936	-0.02061	-0.02123	-0.02152	-0.02160	
	M	0.00000	1.00000	0.49658	0.24659	0.12245	0.06080	0.03017	0.01494	0.00733	0.00347	0.00138	0.00000	
7.00	Q	-7.00001	-7.00001	-3.47611	-1.72620	-0.85724	-0.42577	-0.21157	-0.10536	-0.05[illegible]1	-0.02746	-0.01602	-0.01277	7.00
	V	0.00000	0.00000	0.00823	0.01129	0.01179	0.01100	0.00959	0.00786	0.00[illegible]7	0.00401	0.00201	0.00000	
	V'	0.12245	0.12245	0.05053	0.01482	-0.00291	-0.01172	-0.01609	-0.01826	-0.01933	-0.01985	-0.02008	-0.02015	
	M	0.00000	1.00000	0.48432	0.23457	0.11360	0.05501	0.02663	0.01287	0.00617	0.00286	0.00112	0.00000	
7.25	Q	-7.25001	-7.25001	-3.51136	-1.70065	-0.82369	-0.39899	-0.19334	-0.09386	-0.04591	-0.02316	-0.01312	-0.01030	7.25
	V	0.00000	0.00000	0.00791	0.01076	0.01116	0.01037	0.00901	0.00737	0.00559	0.00375	0.00188	0.00000	
	V'	0.11891	0.11891	0.04778	0.01333	-0.00335	-0.01143	-0.01535	-0.01724	-0.01815	-0.01858	-0.01878	-0.01883	
BETA	X/L =	L 0.00	R 0.00	0.10	0.20	0.30	0.40	0.50	0.60	0.70	0.80	0.90	1.00	BETA

XM/L = 0.00

FUNKTIONEN : F.M;M - F.M;Q - F.M;V - F.M;V'

FUNKTIONEN : F.M;M - F.M;Q - F.M;V - F.M;V'

XM/L = 0.00

BETA	X/L =	L 0.00	R 0.00	0.10	0.20	0.30	0.40	0.50	0.60	0.70	0.80	0.90	1.00	BETA
	M	0.00000	1.00000	0.47237	0.22313	0.10540	0.04978	0.02350	0.01108	0.00519	0.00236	0.00091	0.00000	
7.50	Q	-7.50000	-7.50000	-3.54276	-1.67349	-0.79052	-0.37345	-0.17648	-0.08352	-0.03979	-0.01952	-0.01074	-0.00830	7.50
	V	0.00000	0.00000	0.00760	0.01026	0.01057	0.00978	0.00847	0.00691	0.00524	0.00351	0.00176	0.00000	
	V'	0.11556	0.11556	0.04520	0.01197	-0.00372	-0.01114	-0.01464	-0.01629	-0.01707	-0.01743	-0.01759	-0.01763	
	M	0.00000	1.00000	0.46070	0.21225	0.09778	0.04505	0.02075	0.00954	0.00436	0.00194	0.00074	0.00000	
7.75	Q	-7.75000	-7.75000	-3.57046	-1.64493	-0.75784	-0.34916	-0.16092	-0.07425	-0.03447	-0.01644	-0.00878	-0.00668	7.75
	V	0.00000	0.00000	0.00731	0.00979	0.01003	0.00924	0.00798	0.00650	0.00492	0.00330	0.00165	0.00000	
	V'	0.11238	0.11238	0.04280	0.01074	-0.00403	-0.01084	-0.01397	-0.01541	-0.01608	-0.01638	-0.01650	-0.01654	
	M	0.00000	1.00000	0.44933	0.20190	0.09072	0.04076	0.01831	0.00822	0.00367	0.00159	0.00060	0.00000	
8.00	Q	-8.00000	-8.00000	-3.59463	-1.61518	-0.72575	-0.32612	-0.14657	-0.06595	-0.02983	-0.01383	-0.00718	-0.00537	8.00
	V	0.00000	0.00000	0.00704	0.00935	0.00952	0.00874	0.00753	0.00612	0.00463	0.00310	0.00155	0.00000	
	V'	0.10938	0.10938	0.04054	0.00961	-0.00429	-0.01053	-0.01333	-0.01459	-0.01516	-0.01541	-0.01551	-0.01554	
	M	0.00000	1.00000	0.43823	0.19205	0.08416	0.03688	0.01616	0.00707	0.00308	0.00131	0.00048	0.00000	
8.25	Q	-8.25000	-8.25000	-3.61544	-1.58441	-0.69435	-0.30430	-0.13338	-0.05852	-0.02579	-0.01164	-0.00586	-0.00431	8.25
	V	0.00000	0.00000	0.00678	0.00893	0.00905	0.00827	0.00711	0.00577	0.00436	0.00292	0.00146	0.00000	
	V'	0.10652	0.10652	0.03843	0.00859	-0.00449	-0.01022	-0.01273	-0.01383	-0.01431	-0.01452	-0.01461	-0.01463	
	M	0.00000	1.00000	0.42741	0.18268	0.07808	0.03337	0.01426	0.00609	0.00259	0.00108	0.00039	0.00000	
8.50	Q	-8.50000	-8.50000	-3.63303	-1.55281	-0.66370	-0.28368	-0.12127	-0.05188	-0.02228	-0.00978	-0.00479	-0.00346	8.50
	V	0.00000	0.00000	0.00654	0.00854	0.00861	0.00784	0.00672	0.00545	0.00412	0.00275	0.00138	0.00000	
	V'	0.10381	0.10381	0.03644	0.00765	-0.00465	-0.00991	-0.01216	-0.01312	-0.01353	-0.01371	-0.01377	-0.01379	
	M	0.00000	1.00000	0.41686	0.17377	0.07244	0.03020	0.01259	0.00524	0.00218	0.00088	0.00031	0.00000	
8.75	Q	-8.75000	-8.75000	-3.64754	-1.52052	-0.63385	-0.26423	-0.11016	-0.04596	-0.01924	-0.00822	-0.00390	-0.00277	8.75
	V	0.00000	0.00000	0.00631	0.00818	0.00820	0.00744	0.00637	0.00516	0.00389	0.00260	0.00130	0.00000	
	V'	0.10122	0.10122	0.03458	0.00680	-0.00478	-0.00961	-0.01162	-0.01246	-0.01281	-0.01295	-0.01301	-0.01303	
	M	0.00000	1.00000	0.40657	0.16530	0.06721	0.02732	0.01111	0.00451	0.00183	0.00073	0.00025	0.00000	
9.00	Q	-9.00000	-9.00000	-3.65913	-1.48769	-0.60485	-0.24592	-0.09999	-0.04068	-0.01660	-0.00690	-0.00318	-0.00222	9.00
	V	0.00000	0.00000	0.00609	0.00784	0.00781	0.00707	0.00604	0.00488	0.00368	0.00246	0.00123	0.00000	
	V'	0.09877	0.09877	0.03283	0.00602	-0.00488	-0.00931	-0.01111	-0.01184	-0.01214	-0.01226	-0.01231	-0.01232	
	M	0.00000	1.00000	0.39653	0.15724	0.06235	0.02472	0.00980	0.00389	0.00154	0.00060	0.00020	0.00000	
9.25	Q	-9.25000	-9.25000	-3.66792	-1.45444	-0.57673	-0.22870	-0.09069	-0.03598	-0.01431	-0.00579	-0.00259	-0.00178	9.25
	V	0.00000	0.00000	0.00588	0.00751	0.00745	0.00672	0.00573	0.00463	0.00349	0.00233	0.00117	0.00000	
	V'	0.09642	0.09642	0.03118	0.00531	-0.00495	-0.00901	-0.01063	-0.01127	-0.01152	-0.01162	-0.01166	-0.01167	
	M	0.00000	1.00000	0.38674	0.14957	0.05784	0.02237	0.00865	0.00334	0.00129	0.00049	0.00016	0.00000	
9.50	Q	-9.50000	-9.50000	-3.67404	-1.42090	-0.54952	-0.21252	-0.08220	-0.03180	-0.01233	-0.00486	-0.00211	-0.00142	9.50
	V	0.00000	0.00000	0.00569	0.00721	0.00712	0.00640	0.00544	0.00440	0.00331	0.00221	0.00111	0.00000	
	V'	0.09418	0.09418	0.02963	0.00466	-0.00499	-0.00873	-0.01017	-0.01073	-0.01094	-0.01103	-0.01106	-0.01106	
	M	0.00000	1.00000	0.37719	0.14227	0.05366	0.02024	0.00763	0.00288	0.00108	0.00040	0.00013	0.00000	
9.75	Q	-9.75000	-9.75000	-3.67763	-1.38717	-0.52323	-0.19736	-0.07445	-0.02809	-0.01062	-0.00408	-0.00172	-0.00114	9.75
	V	0.00000	0.00000	0.00550	0.00692	0.00680	0.00610	0.00518	0.00418	0.00314	0.00210	0.00105	0.00000	
	V'	0.09204	0.09204	0.02817	0.00407	-0.00502	-0.00844	-0.00974	-0.01022	-0.01041	-0.01048	-0.01050	-0.01051	
BETA	X/L =	L 0.00	R 0.00	0.10	0.20	0.30	0.40	0.50	0.60	0.70	0.80	0.90	1.00	BETA

XM/L = 0.00

FUNKTIONEN : F.M;M - F.M;Q - F.M;V - F.M;V'

FUNKTIONEN : F.M;M - F.M;Q - F.M;V - F.M;V'

XM/L = 0.00

BETA	X/L =	L 0.00	R 0.00	0.10	0.20	0.30	0.40	0.50	0.60	0.70	0.80	0.90	1.00	BETA
10.00	M	0.00000	1.00000	0.36788	0.13534	0.04979	0.01832	0.00674	0.00248	0.00091	0.00033	0.00011	0.00000	10.00
	Q	-10.00000	-10.00000	-3.67879	-1.35335	-0.49787	-0.18316	-0.06738	-0.02480	-0.00914	-0.00342	-0.00140	-0.00091	
	V	0.00000	0.00000	0.00532	0.00665	0.00650	0.00582	0.00493	0.00398	0.00299	0.00200	0.00100	0.00000	
	V'	0.09000	0.09000	0.02679	0.00353	-0.00502	-0.00817	-0.00933	-0.00975	-0.00991	-0.00997	-0.00999	-0.00999	
10.25	M	0.00000	1.00000	0.35880	0.12873	0.04619	0.01657	0.00595	0.00213	0.00076	0.00027	0.00009	0.00000	10.25
	Q	-10.25000	-10.25000	-3.67766	-1.31953	-0.47344	-0.16987	-0.06095	-0.02187	-0.00786	-0.00286	-0.00114	-0.00072	
	V	0.00000	0.00000	0.00515	0.00639	0.00622	0.00555	0.00470	0.00379	0.00285	0.00190	0.00095	0.00000	
	V'	0.08804	0.08804	0.02549	0.00304	-0.00501	-0.00790	-0.00894	-0.00931	-0.00944	-0.00949	-0.00951	-0.00951	
10.50	M	0.00000	1.00000	0.34994	0.12246	0.04285	0.01500	0.00525	0.00184	0.00064	0.00022	0.00007	0.00000	10.50
	Q	-10.50000	-10.50000	-3.67435	-1.28579	-0.44995	-0.15745	-0.05510	-0.01929	-0.00676	-0.00240	-0.00093	-0.00058	
	V	0.00000	0.00000	0.00499	0.00615	0.00596	0.00531	0.00449	0.00361	0.00272	0.00181	0.00091	0.00000	
	V'	0.08617	0.08617	0.02426	0.00259	-0.00499	-0.00764	-0.00857	-0.00890	-0.00901	-0.00905	-0.00906	-0.00907	
10.75	M	0.00000	1.00000	0.34130	0.11648	0.03976	0.01357	0.00463	0.00158	0.00054	0.00018	0.00006	0.00000	10.75
	Q	-10.75000	-10.75000	-3.66895	-1.25220	-0.42737	-0.14586	-0.04978	-0.01699	-0.00581	-0.00201	-0.00075	-0.00046	
	V	0.00000	0.00000	0.00483	0.00591	0.00571	0.00507	0.00429	0.00345	0.00259	0.00173	0.00086	0.00000	
	V'	0.08437	0.08437	0.02310	0.00218	-0.00496	-0.00739	-0.00822	-0.00851	-0.00860	-0.00864	-0.00865	-0.00865	
11.00	M	0.00000	1.00000	0.33287	0.11080	0.03688	0.01228	0.00409	0.00136	0.00045	0.00015	0.00004	0.00000	11.00
	Q	-11.00000	-11.00000	-3.66158	-1.21883	-0.40571	-0.13505	-0.04496	-0.01497	-0.00499	-0.00168	-0.00061	-0.00037	
	V	0.00000	0.00000	0.00469	0.00570	0.00548	0.00486	0.00410	0.00329	0.00248	0.00165	0.00083	0.00000	
	V'	0.08264	0.08264	0.02200	0.00181	-0.00491	-0.00715	-0.00789	-0.00814	-0.00822	-0.00825	-0.00826	-0.00826	
11.25	M	0.00000	1.00000	0.32465	0.10540	0.03422	0.01111	0.00361	0.00117	0.00038	0.00012	0.00004	0.00000	11.25
	Q	-11.25000	-11.25000	-3.65234	-1.18574	-0.38495	-0.12498	-0.04057	-0.01317	-0.00428	-0.00140	-0.00050	-0.00029	
	V	0.00000	0.00000	0.00455	0.00549	0.00526	0.00465	0.00392	0.00315	0.00237	0.00158	0.00079	0.00000	
	V'	0.08099	0.08099	0.02096	0.00147	-0.00486	-0.00691	-0.00758	-0.00780	-0.00787	-0.00789	-0.00790	-0.00790	
11.50	M	0.00000	1.00000	0.31664	0.10026	0.03175	0.01005	0.00318	0.00101	0.00032	0.00010	0.00003	0.00000	11.50
	Q	-11.50000	-11.50000	-3.64132	-1.15298	-0.36507	-0.11560	-0.03660	-0.01159	-0.00367	-0.00117	-0.00040	-0.00023	
	V	0.00000	0.00000	0.00441	0.00529	0.00505	0.00446	0.00376	0.00302	0.00227	0.00151	0.00076	0.00000	
	V'	0.07940	0.07940	0.01997	0.00116	-0.00480	-0.00669	-0.00728	-0.00747	-0.00753	-0.00755	-0.00756	-0.00756	
11.75	M	0.00000	1.00000	0.30882	0.09537	0.02945	0.00910	0.00281	0.00087	0.00027	0.00008	0.00002	0.00000	11.75
	Q	-11.75000	-11.75000	-3.62862	-1.12059	-0.34606	-0.10687	-0.03300	-0.01019	-0.00315	-0.00098	-0.00033	-0.00019	
	V	0.00000	0.00000	0.00428	0.00510	0.00486	0.00428	0.00360	0.00289	0.00217	0.00145	0.00072	0.00000	
	V'	0.07786	0.07786	0.01904	0.00087	-0.00474	-0.00647	-0.00700	-0.00717	-0.00722	-0.00724	-0.00724	-0.00724	
12.00	M	0.00000	1.00000	0.30119	0.09072	0.02732	0.00823	0.00248	0.00075	0.00022	0.00007	0.00002	0.00000	12.00
	Q	-12.00000	-12.00000	-3.61433	-1.08862	-0.32788	-0.09876	-0.02975	-0.00896	-0.00270	-0.00082	-0.00027	-0.00015	
	V	0.00000	0.00000	0.00416	0.00493	0.00467	0.00411	0.00346	0.00277	0.00208	0.00139	0.00069	0.00000	
	V'	0.07639	0.07639	0.01816	0.00062	-0.00467	-0.00626	-0.00674	-0.00688	-0.00693	-0.00694	-0.00694	-0.00694	
12.25	M	0.00000	1.00000	0.29376	0.08629	0.02535	0.00745	0.00219	0.00064	0.00019	0.00006	0.00001	0.00000	12.25
	Q	-12.25000	-12.25000	-3.59853	-1.05710	-0.31053	-0.09122	-0.02680	-0.00787	-0.00231	-0.00068	-0.00022	-0.00012	
	V	0.00000	0.00000	0.00404	0.00476	0.00450	0.00395	0.00332	0.00266	0.00200	0.00133	0.00067	0.00000	
	V'	0.07497	0.07497	0.01732	0.00038	-0.00459	-0.00606	-0.00649	-0.00661	-0.00665	-0.00666	-0.00666	-0.00666	
BETA	X/L =	L 0.00	R 0.00	0.10	0.20	0.30	0.40	0.50	0.60	0.70	0.80	0.90	1.00	BETA

XM/L = 0.00

FUNKTIONEN : F.M;M - F.M;Q - F.M;V - F.M;V'

FUNKTIONEN : F.M;M - F.M;Q - F.M;V - F.M;V'

XM/L = 0.00

BETA	X/L =	L 0.00	R 0.00	0.10	0.20	0.30	0.40	0.50	0.60	0.70	0.80	0.90	1.00	BETA
	M	0.00000	1.00000	0.28650	0.08208	0.02352	0.00674	0.00193	0.00055	0.00016	0.00005	0.00001	0.00000	
12.50	Q	-12.50000	-12.50000	-3.58131	-1.02606	-0.29397	-0.08422	-0.02413	-0.00691	-0.00198	-0.00057	-0.00018	-0.00009	12.50
	V	0.00000	0.00000	0.00393	0.00459	0.00433	0.00380	0.00319	0.00256	0.00192	0.00128	0.00064	0.00000	
	V'	0.07360	0.07360	0.01652	0.00017	-0.00452	-0.00586	-0.00625	-0.00636	-0.00639	-0.00640	-0.00640	-0.00640	
	M	0.00000	1.00000	0.27943	0.07808	0.02182	0.00610	0.00170	0.00048	0.00013	0.00004	0.00001	0.00000	
12.75	Q	-12.75000	-12.75000	-3.56274	-0.99554	-0.27819	-0.07773	-0.02172	-0.00607	-0.00170	-0.00048	-0.00014	-0.00007	12.75
	V	0.00000	0.00000	0.00382	0.00444	0.00417	0.00365	0.00307	0.00246	0.00184	0.00123	0.00062	0.00000	
	V'	0.07228	0.07228	0.01576	-0.00003	-0.00444	-0.00567	-0.00602	-0.00611	-0.00614	-0.00615	-0.00615	-0.00615	
	M	0.00000	1.00000	0.27253	0.07427	0.02024	0.00552	0.00150	0.00041	0.00011	0.00003	0.00001	0.00000	
13.00	Q	-13.00000	-13.00000	-3.54291	-0.96556	-0.26314	-0.07172	-0.01954	-0.00533	-0.00145	-0.00040	-0.00012	-0.00006	13.00
	V	0.00000	0.00000	0.00371	0.00429	0.00402	0.00352	0.00295	0.00236	0.00177	0.00118	0.00059	0.00000	
	V'	0.07101	0.07101	0.01505	-0.00020	-0.00436	-0.00549	-0.00580	-0.00589	-0.00591	-0.00591	-0.00592	-0.00592	
	M	0.00000	1.00000	0.26580	0.07065	0.01878	0.00499	0.00133	0.00035	0.00009	0.00002	0.00001	0.00000	
13.25	Q	-13.25000	-13.25000	-3.52189	-0.93613	-0.24883	-0.06614	-0.01758	-0.00467	-0.00124	-0.00033	-0.00009	-0.00005	13.25
	V	0.00000	0.00000	0.00361	0.00415	0.00388	0.00339	0.00284	0.00228	0.00171	0.00114	0.00057	0.00000	
	V'	0.06978	0.06978	0.01436	-0.00036	-0.00428	-0.00532	-0.00560	-0.00567	-0.00569	-0.00569	-0.00570	-0.00570	
	M	0.00000	1.00000	0.25924	0.06721	0.01742	0.00452	0.00117	0.00030	0.00008	0.00002	0.00000	0.00000	
13.50	Q	-13.50000	-13.50000	-3.49974	-0.90727	-0.23520	-0.06097	-0.01581	-0.00410	-0.00106	-0.00028	-0.00008	-0.00004	13.50
	V	0.00000	0.00000	0.00352	0.00402	0.00375	0.00327	0.00274	0.00219	0.00165	0.00110	0.00055	0.00000	
	V'	0.06859	0.06859	0.01372	-0.00051	-0.00420	-0.00515	-0.00540	-0.00546	-0.00548	-0.00549	-0.00549	-0.00549	
	M	0.00000	1.00000	0.25284	0.06393	0.01616	0.00409	0.00103	0.00026	0.00007	0.00002	0.00000	0.00000	
13.75	Q	-13.75000	-13.75000	-3.47654	-0.87901	-0.22225	-0.05619	-0.01421	-0.00359	-0.00091	-0.00023	-0.00006	-0.00003	13.75
	V	0.00000	0.00000	0.00342	0.00389	0.00362	0.00315	0.00264	0.00211	0.00159	0.00106	0.00053	0.00000	
	V'	0.06744	0.06744	0.01310	-0.00064	-0.00411	-0.00499	-0.00521	-0.00527	-0.00528	-0.00529	-0.00529	-0.00529	
	M	0.00000	1.00000	0.24660	0.06081	0.01500	0.00370	0.00091	0.00022	0.00006	0.00001	0.00000	0.00000	
14.00	Q	-14.00000	-14.00000	-3.45236	-0.85134	-0.20994	-0.05177	-0.01277	-0.00315	-0.00078	-0.00019	-0.00005	-0.00002	14.00
	V	0.00000	0.00000	0.00333	0.00377	0.00349	0.00304	0.00255	0.00204	0.00153	0.00102	0.00051	0.00000	
	V'	0.06633	0.06633	0.01251	-0.00076	-0.00403	-0.00484	-0.00504	-0.00509	-0.00510	-0.00510	-0.00510	-0.00510	
	M	0.00000	1.00000	0.24051	0.05784	0.01391	0.00335	0.00080	0.00019	0.00005	0.00001	0.00000	0.00000	
14.25	Q	-14.25000	-14.25000	-3.42725	-0.82428	-0.19825	-0.04768	-0.01147	-0.00276	-0.00066	-0.00016	-0.00004	-0.00002	14.25
	V	0.00000	0.00000	0.00325	0.00365	0.00338	0.00294	0.00246	0.00197	0.00148	0.00098	0.00049	0.00000	
	V'	0.06525	0.06525	0.01195	-0.00087	-0.00395	-0.00469	-0.00487	-0.00491	-0.00492	-0.00492	-0.00492	-0.00492	
	M	0.00000	1.00000	0.23457	0.05502	0.01291	0.00303	0.00071	0.00017	0.00004	0.00001	0.00000	0.00000	
14.50	Q	-14.50000	-14.50000	-3.40127	-0.79784	-0.18715	-0.04390	-0.01030	-0.00242	-0.00057	-0.00013	-0.00003	-0.00001	14.50
	V	0.00000	0.00000	0.00316	0.00354	0.00327	0.00284	0.00237	0.00190	0.00143	0.00095	0.00048	0.00000	
	V'	0.06421	0.06421	0.01142	-0.00096	-0.00387	-0.00455	-0.00471	-0.00474	-0.00475	-0.00476	-0.00476	-0.00476	
	M	0.00000	1.00000	0.22878	0.05234	0.01197	0.00274	0.00063	0.00014	0.00003	0.00001	0.00000	0.00000	
14.75	Q	-14.75000	-14.75000	-3.37449	-0.77201	-0.17662	-0.04041	-0.00924	-0.00211	-0.00048	-0.00011	-0.00003	-0.00001	14.75
	V	0.00000	0.00000	0.00309	0.00344	0.00316	0.00275	0.00230	0.00184	0.00138	0.00092	0.00046	0.00000	
	V'	0.06320	0.06320	0.01091	-0.00105	-0.00378	-0.00441	-0.00455	-0.00459	-0.00459	-0.00460	-0.00460	-0.00460	
BETA	X/L =	L 0.00	R 0.00	0.10	0.20	0.30	0.40	0.50	0.60	0.70	0.80	0.90	1.00	BETA

XM/L = 0.00

FUNKTIONEN : F.M;M - F.M;Q - F.M;V - F.M;V'

FUNKTIONEN : F.MIM - F.MIQ - F.MIV - F.MIV'

XM/L = 0.00

BETA	X/L =	L 0.00	R 0.00	0.10	0.20	0.30	0.40	0.50	0.60	0.70	0.80	0.90	1.00	BETA
	M	0.00000	1.00000	0.22313	0.04979	0.01111	0.00248	0.00055	0.00012	0.00003	0.00001	0.00000	0.00000	
15.00	Q	-15.00000	-15.00000	-3.34695	-0.74681	-0.16663	-0.03718	-0.00830	-0.00185	-0.00041	-0.00009	-0.00002	-0.00001	15.00
	V	0.00000	0.00000	0.00301	0.00333	0.00306	0.00266	0.00222	0.00178	0.00133	0.00089	0.00044	0.00000	
	V'	0.06222	0.06222	0.01043	-0.00113	-0.00370	-0.00428	-0.00441	-0.00444	-0.00444	-0.00444	-0.00444	-0.00444	
	M	0.00000	1.00000	0.21762	0.04736	0.01031	0.00224	0.00049	0.0001.	0.00002	0.00001	0.00000	0.00000	
15.25	Q	-15.25000	-15.25000	-3.31872	-0.72222	-0.15717	-0.03420	-0.00744	-0.00162	-0.00035	-0.00008	-0.00002	-0.00001	15.25
	V	0.00000	0.00000	0.00293	0.00324	0.00297	0.00257	0.00215	0.00172	0.00129	0.00086	0.00043	0.00000	
	V'	0.06127	0.06127	0.00997	-0.00119	-0.00362	-0.00415	-0.00427	-0.00429	-0.00430	-0.00430	-0.00430	-0.00430	
	M	0.00000	1.00000	0.21225	0.04505	0.00956	0.00203	0.00043	0.00009	0.00002	0.00000	0.00000	0.00000	
15.50	Q	-15.50000	-15.50000	-3.28984	-0.69826	-0.14820	-0.03146	-0.00668	-0.00142	-0.00030	-0.00006	-0.00001	-0.00001	15.50
	V	0.00000	0.00000	0.00286	0.00314	0.00287	0.00249	0.00208	0.00166	0.00125	0.00083	0.00042	0.00000	
	V'	0.06035	0.06035	0.00953	-0.00126	-0.00355	-0.00403	-0.00413	-0.00416	-0.00416	-0.00416	-0.00416	-0.00416	
	M	0.00000	1.00000	0.20701	0.04285	0.00887	0.00184	0.00038	0.00008	0.00002	0.00000	0.00000	0.00000	
15.75	Q	-15.75000	-15.75000	-3.26037	-0.67492	-0.13971	-0.02892	-0.00599	-0.00124	-0.00026	-0.00005	-0.00001	-0.00000	15.75
	V	0.00000	0.00000	0.00279	0.00305	0.00279	0.00241	0.00201	0.00161	0.00121	0.00081	0.00040	0.00000	
	V'	0.05946	0.05946	0.00911	-0.00131	-0.00347	-0.00391	-0.00401	-0.00403	-0.00403	-0.00403	-0.00403	-0.00403	
	M	0.00000	1.00000	0.20190	0.04076	0.00823	0.00166	0.00034	0.00007	0.00001	0.00000	0.00000	0.00000	
16.00	Q	-16.00000	-16.00000	-3.23034	-0.65220	-0.13168	-0.02658	-0.00537	-0.00108	-0.00022	-0.00004	-0.00001	-0.00000	16.00
	V	0.00000	0.00000	0.00273	0.00297	0.00270	0.00234	0.00195	0.00156	0.00117	0.00078	0.00039	0.00000	
	V'	0.05859	0.05859	0.00871	-0.00136	-0.00339	-0.00380	-0.00389	-0.00390	-0.00391	-0.00391	-0.00391	-0.00391	
	M	0.00000	1.00000	0.19691	0.03877	0.00764	0.00150	0.00030	0.00006	0.00001	0.00000	0.00000	0.00000	
16.25	Q	-16.25000	-16.25000	-3.19981	-0.63008	-0.12407	-0.02443	-0.00481	-0.00095	-0.00019	-0.00004	-0.00001	-0.00000	16.25
	V	0.00000	0.00000	0.00266	0.00288	0.00262	0.00227	0.00189	0.00151	0.00114	0.00076	0.00038	0.00000	
	V'	0.05775	0.05775	0.00833	-0.00140	-0.00332	-0.00369	-0.00377	-0.00378	-0.00379	-0.00379	-0.00379	-0.00379	
	M	0.00000	1.00000	0.19205	0.03688	0.00708	0.00136	0.00026	0.00005	0.00001	0.00000	0.00000	0.00000	
16.50	Q	-16.50000	-16.50000	-3.16882	-0.60857	-0.11688	-0.02245	-0.00431	-0.00083	-0.00016	-0.00003	-0.00001	-0.00000	16.50
	V	0.00000	0.00000	0.00260	0.00280	0.00255	0.00220	0.00184	0.00147	0.00110	0.00073	0.00037	0.00000	
	V'	0.05693	0.05693	0.00797	-0.00144	-0.00324	-0.00359	-0.00366	-0.00367	-0.00367	-0.00367	-0.00367	-0.00367	
	M	0.00000	1.00000	0.18731	0.03508	0.00657	0.00123	0.00023	0.00004	0.00001	0.00000	0.00000	0.00000	
16.75	Q	-16.75000	-16.75000	-3.13741	-0.58766	-0.11007	-0.02062	-0.00386	-0.00072	-0.00014	-0.00003	-0.00000	-0.00000	16.75
	V	0.00000	0.00000	0.00254	0.00273	0.00247	0.00213	0.00178	0.00143	0.00107	0.00071	0.00036	0.00000	
	V'	0.05614	0.05614	0.00762	-0.00147	-0.00317	-0.00349	-0.00355	-0.00356	-0.00356	-0.00356	-0.00356	-0.00356	
	M	0.00000	1.00000	0.18268	0.03337	0.00610	0.00111	0.00020	0.00004	0.00001	0.00000	0.00000	0.00000	
17.00	Q	-17.00000	-17.00000	-3.10562	-0.56735	-0.10364	-0.01893	-0.00346	-0.00063	-0.00012	-0.00002	-0.00000	-0.00000	17.00
	V	0.00000	0.00000	0.00248	0.00265	0.00240	0.00207	0.00173	0.00138	0.00104	0.00069	0.00035	0.00000	
	V'	0.05536	0.05536	0.00729	-0.00150	-0.00310	-0.00339	-0.00345	-0.00346	-0.00346	-0.00346	-0.00346	-0.00346	
	M	0.00000	1.00000	0.17817	0.03175	0.00566	0.00101	0.00018	0.00003	0.00001	0.00000	0.00000	0.00000	
17.25	Q	-17.25000	-17.25000	-3.07349	-0.54761	-0.09757	-0.01738	-0.00310	-0.00055	-0.00010	-0.00002	-0.00000	-0.00000	17.25
	V	0.00000	0.00000	0.00243	0.00258	0.00233	0.00201	0.00168	0.00134	0.00101	0.00067	0.00034	0.00000	
	V'	0.05461	0.05461	0.00697	-0.00152	-0.00303	-0.00330	-0.00335	-0.00336	-0.00336	-0.00336	-0.00336	-0.00336	
BETA	X/L =	L 0.00	R 0.00	0.10	0.20	0.30	0.40	0.50	0.60	0.70	0.80	0.90	1.00	BETA

XM/L = 0.00

FUNKTIONEN : F.MIM - F.MIQ - F.MIV - F.MIV'

FUNKTIONEN : F.M;M - F.M;Q - F.M;V - F.M;V'

XM/L = 0.00

BETA	X/L =	L 0.00	R 0.00	0.10	0.20	0.30	0.40	0.50	0.60	0.70	0.80	0.90	1.00	BETA
	M	0.00000	1.00000	0.17377	0.03020	0.00525	0.00091	0.00016	0.00003	0.00000	0.00000	0.00000	0.00000	
17.50	Q	-17.50000	-17.50000	-3.04104	-0.52845	-0.09183	-0.01596	-0.00277	-0.00048	-0.00008	-0.00001	-0.00000	-0.00000	17.50
	V	0.00000	0.00000	0.00237	0.00251	0.00227	0.00196	0.00163	0.00131	0.00098	0.00065	0.00033	0.00000	
	V'	0.05388	0.05388	0.00666	-0.00154	-0.00297	-0.00321	-0.00326	-0.00326	-0.00327	-0.00327	-0.00327	-0.00327	
	M	0.00000	1.00000	0.16948	0.02872	0.00487	0.00083	0.00014	0.00002	0.00000	0.00000	0.00000	0.00000	
17.75	Q	-17.75000	-17.75000	-3.00833	-0.50986	-0.08641	-0.01465	-0.00248	-0.00042	-0.00007	-0.00001	-0.00000	-0.00000	17.75
	V	0.00000	0.00000	0.00232	0.00245	0.00221	0.00190	0.00159	0.00127	0.00095	0.00063	0.00032	0.00000	
	V'	0.05316	0.05316	0.00637	-0.00156	-0.00290	-0.00313	-0.00317	-0.00317	-0.00317	-0.00317	-0.00317	-0.00317	
	M	0.00000	1.00000	0.16530	0.02732	0.00452	0.00075	0.00012	0.00002	0.00000	0.00000	0.00000	0.00000	
18.00	Q	-18.00000	-18.00000	-2.97538	-0.49183	-0.08130	-0.01344	-0.00222	-0.00037	-0.00006	-0.00001	-0.00000	-0.00000	18.00
	V	0.00000	0.00000	0.00227	0.00238	0.00215	0.00185	0.00154	0.00123	0.00093	0.00062	0.00031	0.00000	
	V'	0.05247	0.05247	0.00610	-0.00157	-0.00284	-0.00304	-0.00308	-0.00309	-0.00309	-0.00309	-0.00309	-0.00309	
	M	0.00000	1.00000	0.16122	0.02599	0.00419	0.00068	0.00011	0.00002	0.00000	0.00000	0.00000	0.00000	
18.25	Q	-18.25000	-18.25000	-2.94222	-0.47434	-0.07647	-0.01233	-0.00199	-0.00032	-0.00005	-0.00001	-0.00000	-0.00000	18.25
	V	0.00000	0.00000	0.00222	0.00232	0.00209	0.00180	0.00150	0.00120	0.00090	0.00060	0.00030	0.00000	
	V'	0.05179	0.05179	0.00583	-0.00158	-0.00277	-0.00297	-0.00300	-0.00300	-0.00300	-0.00300	-0.00300	-0.00300	
	M	0.00000	1.00000	0.15724	0.02472	0.00389	0.00061	0.00010	0.00002	0.00000	0.00000	0.00000	0.00000	
18.50	Q	-18.50000	-18.50000	-2.90889	-0.45739	-0.07192	-0.01131	-0.00178	-0.00028	-0.00004	-0.00001	-0.00000	-0.00000	18.50
	V	0.00000	0.00000	0.00217	0.00227	0.00203	0.00175	0.00146	0.00117	0.00088	0.00058	0.00029	0.00000	
	V'	0.05113	0.05113	0.00558	-0.00159	-0.00271	-0.00289	-0.00292	-0.00292	-0.00292	-0.00292	-0.00292	-0.00292	
	M	0.00000	1.00000	0.15335	0.02352	0.00361	0.00055	0.00008	0.00001	0.00000	0.00000	0.00000	0.00000	
18.75	Q	-18.75000	-18.75000	-2.87541	-0.44096	-0.06762	-0.01037	-0.00159	-0.00024	-0.00004	-0.00001	-0.00000	-0.00000	18.75
	V	0.00000	0.00000	0.00212	0.00221	0.00198	0.00171	0.00142	0.00114	0.00085	0.00057	0.00028	0.00000	
	V'	0.05049	0.05049	0.00533	-0.00159	-0.00265	-0.00281	-0.00284	-0.00284	-0.00284	-0.00284	-0.00284	-0.00284	
	M	0.00000	1.00000	0.14957	0.02237	0.00335	0.00050	0.00007	0.00001	0.00000	0.00000	0.00000	0.00000	
19.00	Q	-19.00000	-19.00000	-2.84180	-0.42504	-0.06357	-0.00951	-0.00142	-0.00021	-0.00003	-0.00000	-0.00000	-0.00000	19.00
	V	0.00000	0.00000	0.00208	0.00215	0.00193	0.00166	0.00138	0.00111	0.00083	0.00055	0.00028	0.00000	
	V'	0.04986	0.04986	0.00510	-0.00159	-0.00259	-0.00274	-0.00277	-0.00277	-0.00277	-0.00277	-0.00277	-0.00277	
	M	0.00000	1.00000	0.14588	0.02128	0.00310	0.00045	0.00007	0.00001	0.00000	0.00000	0.00000	0.00000	
19.25	Q	-19.25000	-19.25000	-2.80811	-0.40963	-0.05976	-0.00872	-0.00127	-0.00019	-0.00003	-0.00000	-0.00000	-0.00000	19.25
	V	0.00000	0.00000	0.00204	0.00210	0.00188	0.00162	0.00135	0.00108	0.00081	0.00054	0.00027	0.00000	
	V'	0.04925	0.04925	0.00488	-0.00159	-0.00254	-0.00268	-0.00270	-0.00270	-0.00270	-0.00270	-0.00270	-0.00270	
	M	0.00000	1.00000	0.14227	0.02024	0.00288	0.00041	0.00006	0.00001	0.00000	0.00000	0.00000	0.00000	
19.50	Q	-19.50000	-19.50000	-2.77434	-0.39472	-0.05616	-0.00799	-0.00114	-0.00016	-0.00002	-0.00000	-0.00000	-0.00000	19.50
	V	0.00000	0.00000	0.00199	0.00205	0.00183	0.00158	0.00131	0.00105	0.00079	0.00053	0.00026	0.00000	
	V'	0.04865	0.04865	0.00467	-0.00159	-0.00248	-0.00261	-0.00263	-0.00263	-0.00263	-0.00263	-0.00263	-0.00263	
	M	0.00000	1.00000	0.13876	0.01925	0.00267	0.00037	0.00005	0.00001	0.00000	0.00000	0.00000	0.00000	
19.75	Q	-19.75000	-19.75000	-2.74054	-0.38028	-0.05277	-0.00732	-0.00102	-0.00014	-0.00002	-0.00000	-0.00000	-0.00000	19.75
	V	0.00000	0.00000	0.00195	0.00200	0.00179	0.00154	0.00128	0.00103	0.00077	0.00051	0.00026	0.00000	
	V'	0.04807	0.04807	0.00446	-0.00159	-0.00243	-0.00254	-0.00256	-0.00256	-0.00256	-0.00256	-0.00256	-0.00256	
BETA	X/L =	L 0.00	R 0.00	0.10	0.20	0.30	0.40	0.50	0.60	0.70	0.80	0.90	1.00	BETA

XM/L = 0.00

FUNKTIONEN : F.M;M - F.M;Q - F.M;V - F.M;V'

FUNKTIONEN : F.MIM - F.MIQ - F.MIV - F.MIV'

XM/L = 0.00

BETA	X/L =	L 0.00	R 0.00	0.10	0.20	0.30	0.40	0.50	0.60	0.70	0.80	0.90	1.00	BETA
	M	0.00000	1.00000	0.13534	0.01832	0.00248	0.00034	0.00005	0.00001	0.00000	0.00000	0.00000	0.00000	
20.00	Q	-20.00000	-20.00000	-2.70671	-0.36631	-0.04958	-0.00671	-0.00091	-0.00012	-0.00002	-0.00000	-0.00000	-0.00000	20.00
	V	0.00000	0.00000	0.00191	0.00195	0.00174	0.00150	0.00125	0.00100	0.00075	0.00050	0.00025	0.00000	
	V'	0.04750	0.04750	0.00427	-0.00158	-0.00238	-0.00248	-0.00250	-0.00250	-0.00250	-0.00250	-0.00250	-0.00250	
	M	0.00000	1.00000	0.13199	0.01742	0.00230	0.00030	0.00004	0.00001	0.00000	0.00000	0.00000	0.00000	
20.25	Q	-20.25000	-20.25000	-2.67289	-0.35280	-0.04657	-0.00615	-0.00081	-0.00011	-0.00001	-0.00000	-0.00000	-0.00000	20.25
	V	0.00000	0.00000	0.00187	0.00191	0.00170	0.00146	0.00122	0.00098	0.00073	0.00049	0.00024	0.00000	
	V'	0.04694	0.04694	0.00408	-0.00158	-0.00233	-0.00242	-0.00244	-0.00244	-0.00244	-0.00244	-0.00244	-0.00244	
	M	0.00000	1.00000	0.12873	0.01657	0.00213	0.00027	0.00004	0.00000	0.00000	0.00000	0.00000	0.00000	
20.50	Q	-20.50000	-20.50000	-2.63907	-0.33974	-0.04374	-0.00563	-0.00072	-0.00009	-0.00001	-0.00000	-0.00000	-0.00000	20.50
	V	0.00000	0.00000	0.00184	0.00186	0.00166	0.00143	0.00119	0.00095	0.00071	0.00048	0.00024	0.00000	
	V'	0.04640	0.04640	0.00390	-0.00157	-0.00228	-0.00237	-0.00238	-0.00238	-0.00238	-0.00238	-0.00238	-0.00238	
	M	0.00000	1.00000	0.12556	0.01576	0.00198	0.00025	0.00003	0.00000	0.00000	0.00000	0.00000	0.00000	
20.75	Q	-20.75000	-20.75000	-2.60530	-0.32711	-0.04107	-0.00516	-0.00065	-0.00008	-0.00001	-0.00000	-0.00000	-0.00000	20.75
	V	0.00000	0.00000	0.00180	0.00182	0.00162	0.00139	0.00116	0.00093	0.00070	0.00046	0.00023	0.00000	
	V'	0.04587	0.04587	0.00373	-0.00156	-0.00223	-0.00231	-0.00232	-0.00232	-0.00232	-0.00232	-0.00232	-0.00232	
	M	0.00000	1.00000	0.12246	0.01500	0.00184	0.00022	0.00003	0.00000	0.00000	0.00000	0.00000	0.00000	
21.00	Q	-21.00000	-21.00000	-2.57158	-0.31491	-0.03856	-0.00472	-0.00058	-0.00007	-0.00001	-0.00000	-0.00000	-0.00000	21.00
	V	0.00000	0.00000	0.00176	0.00178	0.00158	0.00136	0.00113	0.00091	0.00068	0.00045	0.00023	0.00000	
	V'	0.04535	0.04535	0.00356	-0.00155	-0.00218	-0.00226	-0.00227	-0.00227	-0.00227	-0.00227	-0.00227	-0.00227	
	M	0.00000	1.00000	0.11943	0.01426	0.00170	0.00020	0.00002	0.00000	0.00000	0.00000	0.00000	0.00000	
21.25	Q	-21.25000	-21.25000	-2.53795	-0.30311	-0.03620	-0.00432	-0.00052	-0.00006	-0.00001	-0.00000	-0.00000	-0.00000	21.25
	V	0.00000	0.00000	0.00173	0.00174	0.00155	0.00133	0.00111	0.00089	0.00066	0.00044	0.00022	0.00000	
	V'	0.04484	0.04484	0.00341	-0.00154	-0.00213	-0.00220	-0.00221	-0.00221	-0.00221	-0.00221	-0.00221	-0.00221	
	M	0.00000	1.00000	0.11648	0.01357	0.00158	0.00018	0.00002	0.00000	0.00000	0.00000	0.00000	0.00000	
21.50	Q	-21.50000	-21.50000	-2.50441	-0.29172	-0.03398	-0.00396	-0.00046	-0.00005	-0.00001	-0.00000	-0.00000	-0.00000	21.50
	V	0.00000	0.00000	0.00170	0.00170	0.00151	0.00130	0.00108	0.00087	0.00065	0.00043	0.00022	0.00000	
	V'	0.04435	0.04435	0.00325	-0.00153	-0.00209	-0.00215	-0.00216	-0.00216	-0.00216	-0.00216	-0.00216	-0.00216	
	M	0.00000	1.00000	0.11361	0.01291	0.00147	0.00017	0.00002	0.00000	0.00000	0.00000	0.00000	0.00000	
21.75	Q	-21.75000	-21.75000	-2.47098	-0.28072	-0.03189	-0.00362	-0.00041	-0.00005	-0.00001	-0.00000	-0.00000	-0.00000	21.75
	V	0.00000	0.00000	0.00166	0.00166	0.00148	0.00127	0.00106	0.00085	0.00063	0.00042	0.00021	0.00000	
	V'	0.04386	0.04386	0.00311	-0.00152	-0.00205	-0.00211	-0.00211	-0.00211	-0.00211	-0.00211	-0.00211	-0.00211	
	M	0.00000	1.00000	0.11030	0.01228	0.00136	0.00015	0.00002	0.00000	0.00000	0.00000	0.00000	0.00000	
22.00	Q	-22.00000	-22.00000	-2.43767	-0.27010	-0.02993	-0.00332	-0.00037	-0.00004	-0.00000	-0.00000	-0.00000	-0.00000	22.00
	V	0.00000	0.00000	0.00163	0.00163	0.00144	0.00124	0.00103	0.00083	0.00062	0.00041	0.00021	0.00000	
	V'	0.04339	0.04339	0.00297	-0.00151	-0.00200	-0.00206	-0.00207	-0.00207	-0.00207	-0.00207	-0.00207	-0.00207	
	M	0.00000	1.00000	0.10807	0.01168	0.00126	0.00014	0.00001	0.00000	0.00000	0.00000	0.00000	0.00000	
22.25	Q	-22.25000	-22.25000	-2.40450	-0.25985	-0.02808	-0.00303	-0.00033	-0.00004	-0.00000	-0.00000	-0.00000	-0.00000	22.25
	V	0.00000	0.00000	0.00160	0.00159	0.00141	0.00121	0.00101	0.00081	0.00061	0.00040	0.00020	0.00000	
	V'	0.04292	0.04292	0.00284	-0.00150	-0.00196	-0.00201	-0.00202	-0.00202	-0.00202	-0.00202	-0.00202	-0.00202	
BETA	X/L =	L 0.00	R 0.00	0.10	0.20	0.30	0.40	0.50	0.60	0.70	0.80	0.90	1.00	BETA

XM/L = 0.00

FUNKTIONEN : F.MIM - F.MIQ - F.MIV - F.MIV'

ZUGSTAEBE

FUNKTIONEN : F.M;M - F.M;Q - F.M;V - F.M;V'

XM/L = 0.00

BETA	X/L =	L 0.00	R 0.00	0.10	0.20	0.30	0.40	0.50	0.60	0.70	0.80	0.90	1.00	BETA
	M	0.00000	1.00000	0.10540	0.01111	0.00117	0.00012	0.00001	0.00000	0.00000	0.00000	0.00000	0.00000	
22.50	Q	-22.50000	-22.50000	-2.37148	-0.24995	-0.02634	-0.00278	-0.00029	-0.00003	-0.00000	-0.00000	-0.00000	-0.00000	22.50
	V	0.00000	0.00000	0.00157	0.00156	0.00138	0.00118	0.00099	0.00079	0.00059	0.00040	0.00020	0.00000	
	V'	0.04247	0.04247	0.00271	-0.00148	-0.00192	-0.00197	-0.00197	-0.00198	-0.00198	-0.00198	-0.00198	-0.00198	
	M	0.00000	1.00000	0.10280	0.01057	0.00109	0.00011	0.00001	0.00000	0.00000	0.00000	0.00000	0.00000	
22.75	Q	-22.75000	-22.75000	-2.33863	-0.24040	-0.02471	-0.00254	-0.00026	-0.00003	-0.00000	-0.00000	-0.00000	-0.00000	22.75
	V	0.00000	0.00000	0.00154	0.00153	0.00135	0.00116	0.00097	0.00077	0.00058	0.00039	0.00019	0.00000	
	V'	0.04202	0.04202	0.00259	-0.00147	-0.00188	-0.00193	-0.00193	-0.00193	-0.00193	-0.00193	-0.00193	-0.00193	
	M	0.00000	1.00000	0.10026	0.01005	0.00101	0.00010	0.00001	0.00000	0.00000	0.00000	0.00000	0.00000	
23.00	Q	-23.00000	-23.00000	-2.30595	-0.23119	-0.02318	-0.00232	-0.00023	-0.00002	-0.00000	-0.00000	-0.00000	-0.00000	23.00
	V	0.00000	0.00000	0.00151	0.00149	0.00132	0.00113	0.00095	0.00076	0.00057	0.00038	0.00019	0.00000	
	V'	0.04159	0.04159	0.00247	-0.00145	-0.00185	-0.00189	-0.00189	-0.00189	-0.00189	-0.00189	-0.00189	-0.00189	
	M	0.00000	1.00000	0.09778	0.00956	0.00093	0.00009	0.00001	0.00000	0.00000	0.00000	0.00000	0.00000	
23.25	Q	-23.25000	-23.25000	-2.27347	-0.22231	-0.02174	-0.00213	-0.00021	-0.00002	-0.00000	-0.00000	-0.00000	-0.00000	23.25
	V	0.00000	0.00000	0.00148	0.00146	0.00129	0.00111	0.00092	0.00074	0.00055	0.00037	0.00018	0.00000	
	V'	0.04116	0.04116	0.00236	-0.00144	-0.00181	-0.00185	-0.00185	-0.00185	-0.00185	-0.00185	-0.00185	-0.00185	
	M	0.00000	1.00000	0.09537	0.00910	0.00087	0.00008	0.00001	0.00000	0.00000	0.00000	0.00000	0.00000	
23.50	Q	-23.50000	-23.50000	-2.24118	-0.21374	-0.02038	-0.00194	-0.00019	-0.00002	-0.00000	-0.00000	-0.00000	-0.00000	23.50
	V	0.00000	0.00000	0.00146	0.00143	0.00127	0.00109	0.00091	0.00072	0.00054	0.00036	0.00018	0.00000	
	V'	0.04074	0.04074	0.00225	-0.00142	-0.00177	-0.00181	-0.00181	-0.00181	-0.00181	-0.00181	-0.00181	-0.00181	
	M	0.00000	1.00000	0.09301	0.00865	0.00080	0.00007	0.00001	0.00000	0.00000	0.00000	0.00000	0.00000	
23.75	Q	-23.75000	-23.75000	-2.20909	-0.20548	-0.01911	-0.00178	-0.00017	-0.00002	-0.00000	-0.00000	-0.00000	-0.00000	23.75
	V	0.00000	0.00000	0.00143	0.00140	0.00124	0.00106	0.00089	0.00071	0.00053	0.00035	0.00018	0.00000	
	V'	0.04033	0.04033	0.00214	-0.00141	-0.00174	-0.00177	-0.00177	-0.00177	-0.00177	-0.00177	-0.00177	-0.00177	
	M	0.00000	1.00000	0.09072	0.00823	0.00075	0.00007	0.00001	0.00000	0.00000	0.00000	0.00000	0.00000	
24.00	Q	-24.00000	-24.00000	-2.17723	-0.19751	-0.01792	-0.00163	-0.00015	-0.00001	-0.00000	-0.00000	-0.00000	-0.00000	24.00
	V	0.00000	0.00000	0.00141	0.00137	0.00121	0.00104	0.00087	0.00069	0.00052	0.00035	0.00017	0.00000	
	V'	0.03993	0.03993	0.00204	-0.00139	-0.00171	-0.00173	-0.00174	-0.00174	-0.00174	-0.00174	-0.00174	-0.00174	
	M	0.00000	1.00000	0.08848	0.00783	0.00069	0.00006	0.00001	0.00000	0.00000	0.00000	0.00000	0.00000	
24.25	Q	-24.25000	-24.25000	-2.14559	-0.18984	-0.01680	-0.00149	-0.00013	-0.00001	-0.00000	-0.00000	-0.00000	-0.00000	24.25
	V	0.00000	0.00000	0.00138	0.00135	0.00119	0.00102	0.00085	0.00068	0.00051	0.00034	0.00017	0.00000	
	V'	0.03954	0.03954	0.00195	-0.00138	-0.00167	-0.00170	-0.00170	-0.00170	-0.00170	-0.00170	-0.00170	-0.00170	
	M	0.00000	1.00000	0.08629	0.00745	0.00064	0.00006	0.00000	0.00000	0.00000	0.00000	0.00000	0.00000	
24.50	Q	-24.50000	-24.50000	-2.11419	-0.18244	-0.01574	-0.00136	-0.00012	-0.00001	-0.00000	-0.00000	-0.00000	-0.00000	24.50
	V	0.00000	0.00000	0.00136	0.00132	0.00117	0.00100	0.00083	0.00067	0.00050	0.00033	0.00017	0.00000	
	V'	0.03915	0.03915	0.00186	-0.00136	-0.00164	-0.00166	-0.00167	-0.00167	-0.00167	-0.00167	-0.00167	-0.00167	
	M	0.00000	1.00000	0.08416	0.00708	0.00060	0.00005	0.00000	0.00000	0.00000	0.00000	0.00000	0.00000	
24.75	Q	-24.75000	-24.75000	-2.08303	-0.17531	-0.01475	-0.00124	-0.00010	-0.00001	-0.00000	-0.00000	-0.00000	-0.00000	24.75
	V	0.00000	0.00000	0.00133	0.00129	0.00114	0.00098	0.00082	0.00065	0.00049	0.00033	0.00016	0.00000	
	V'	0.03877	0.03877	0.00177	-0.00135	-0.00161	-0.00163	-0.00163	-0.00163	-0.00163	-0.00163	-0.00163	-0.00163	
BETA	X/L =	L 0.00	R 0.00	0.10	0.20	0.30	0.40	0.50	0.60	0.70	0.80	0.90	1.00	BETA

XM/L = 0.00

FUNKTIONEN : F.M;M - F.M;Q - F.M;V - F.M;V'

ZUGSTAEBE -142-

FUNKTIONEN : F.MIM - F.MIQ - F.MIV - F.MIV'

XM/L = 0.00

BETA	X/L =	L 0.00	R 0.00	0.10	0.20	0.30	0.40	0.50	0.60	0.70	0.80	0.90	1.00	BETA
	M	0.00000	1.00000	0.08208	0.00674	0.00055	0.00005	0.00000	0.00000	0.00000	0.00000	0.00000	0.00000	
25.00	Q	-25.00000	-25.00000	-2.05212	-0.16845	-0.01383	-0.00113	-0.00009	-0.00001	-0.00000	-0.00000	-0.00000	-0.00000	25.00
	V	0.00000	0.00000	0.00131	0.00127	0.00112	0.00096	0.00080	0.00064	0.00048	0.00032	0.00016	0.00000	
	V'	0.03840	0.03840	0.00168	-0.00133	-0.00158	-0.00160	-0.00160	-0.00160	-0.00160	-0.00160	-0.00160	-0.00160	
	M	0.00000	1.00000	0.07244	0.00525	0.00038	0.00003	0.00000	0.00000	0.00000	0.00000	0.00000	0.00000	
26.25	Q	-26.25000	-26.25000	-1.90154	-0.13775	-0.00998	-0.00072	-0.00005	-0.00000	-0.00000	-0.00000	-0.00000	-0.00000	26.25
	V	0.00000	0.00000	0.00120	0.00115	0.00102	0.00087	0.00073	0.00058	0.00044	0.00029	0.00015	0.00000	
	V'	0.03664	0.03664	0.00131	-0.00125	-0.00144	-0.00145	-0.00145	-0.00145	-0.00145	-0.00145	-0.00145	-0.00145	
	M	0.00000	1.00000	0.06393	0.00409	0.00026	0.00002	0.00000	0.00000	0.00000	0.00000	0.00000	0.00000	
27.50	Q	-27.50000	-27.50000	-1.75802	-0.11239	-0.00718	-0.00046	-0.00003	-0.00000	-0.00000	-0.00000	-0.00000	-0.00000	27.50
	V	0.00000	0.00000	0.00111	0.00105	0.00093	0.00079	0.00066	0.00053	0.00040	0.00026	0.00013	0.00000	
	V'	0.03504	0.03504	0.00100	-0.00117	-0.00131	-0.00132	-0.00132	-0.00132	-0.00132	-0.00132	-0.00132	-0.00132	
	M	0.00000	1.00000	0.05642	0.00318	0.00018	0.00001	0.00000	0.00000	0.00000	0.00000	0.00000	0.00000	
28.75	Q	-28.75000	-28.75000	-1.62196	-0.09150	-0.00516	-0.00029	-0.00002	-0.00000	-0.00000	-0.00000	-0.00000	-0.00000	28.75
	V	0.00000	0.00000	0.00102	0.00096	0.00085	0.00073	0.00060	0.00048	0.00036	0.00024	0.00012	0.00000	
	V'	0.03357	0.03357	0.00075	-0.00110	-0.00120	-0.00121	-0.00121	-0.00121	-0.00121	-0.00121	-0.00121	-0.00121	
	M	0.00000	1.00000	0.04979	0.00248	0.00012	0.00001	0.00000	0.00000	0.00000	0.00000	0.00000	0.00000	
30.00	Q	-30.00000	-30.00000	-1.49361	-0.07436	-0.00370	-0.00018	-0.00001	-0.00000	-0.00000	-0.00000	-0.00000	-0.00000	30.00
	V	0.00000	0.00000	0.00094	0.00089	0.00078	0.00067	0.00056	0.00044	0.00033	0.00022	0.00011	0.00000	
	V'	0.03222	0.03222	0.00055	-0.00103	-0.00111	-0.00111	-0.00111	-0.00111	-0.00111	-0.00111	-0.00111	-0.00111	
	M	0.00000	1.00000	0.04394	0.00193	0.00008	0.00000	0.00000	0.00000	0.00000	0.00000	0.00000	0.00000	
31.25	Q	-31.25000	-31.25000	-1.37303	-0.06033	-0.00265	-0.00012	-0.00001	-0.00000	-0.00000	-0.00000	-0.00000	-0.00000	31.25
	V	0.00000	0.00000	0.00088	0.00082	0.00072	0.00061	0.00051	0.00041	0.00031	0.00020	0.00010	0.00000	
	V'	0.03098	0.03098	0.00038	-0.00096	-0.00102	-0.00102	-0.00102	-0.00102	-0.00102	-0.00102	-0.00102	-0.00102	
	M	0.00000	1.00000	0.03877	0.00150	0.00006	0.00000	0.00000	0.00000	0.00000	0.00000	0.00000	0.00000	
32.50	Q	-32.50000	-32.50000	-1.26016	-0.04886	-0.00189	-0.00007	-0.00000	-0.00000	-0.00000	-0.00000	-0.00000	-0.00000	32.50
	V	0.00000	0.00000	0.00082	0.00076	0.00066	0.00057	0.00047	0.00038	0.00028	0.00019	0.00009	0.00000	
	V'	0.02982	0.02982	0.00025	-0.00090	-0.00094	-0.00095	-0.00095	-0.00095	-0.00095	-0.00095	-0.00095	-0.00095	
	M	0.00000	1.00000	0.03422	0.00117	0.00004	0.00000	0.00000	0.00000	0.00000	0.00000	0.00000	0.00000	
33.75	Q	-33.75000	-33.75000	-1.15486	-0.03952	-0.00135	-0.00005	-0.00000	-0.00000	-0.00000	-0.00000	-0.00000	-0.00000	33.75
	V	0.00000	0.00000	0.00076	0.00070	0.00061	0.00053	0.00044	0.00035	0.00026	0.00018	0.00009	0.00000	
	V'	0.02875	0.02875	0.00014	-0.00084	-0.00088	-0.00088	-0.00088	-0.00088	-0.00088	-0.00088	-0.00088	-0.00088	
	M	0.00000	1.00000	0.03020	0.00091	0.00003	0.00000	0.00000	0.00000	0.00000	0.00000	0.00000	0.00000	
35.00	Q	-35.00000	-35.00000	-1.05691	-0.03192	-0.00096	-0.00003	-0.00000	-0.00000	-0.00000	-0.00000	-0.00000	-0.00000	35.00
	V	0.00000	0.00000	0.00071	0.00065	0.00057	0.00049	0.00041	0.00033	0.00024	0.00016	0.00008	0.00000	
	V'	0.02776	0.02776	0.00005	-0.00079	-0.00082	-0.00082	-0.00082	-0.00082	-0.00082	-0.00082	-0.00082	-0.00082	
	M	0.00000	1.00000	0.02665	0.00071	0.00002	0.00000	0.00000	0.00000	0.00000	0.00000	0.00000	0.00000	
36.25	Q	-36.25000	-36.25000	-0.96603	-0.02574	-0.00069	-0.00002	-0.00000	-0.00000	-0.00000	-0.00000	-0.00000	-0.00000	36.25
	V	0.00000	0.00000	0.00066	0.00061	0.00053	0.00046	0.00038	0.00030	0.00023	0.00015	0.00008	0.00000	
	V'	0.02683	0.02683	-0.00003	-0.00074	-0.00076	-0.00076	-0.00076	-0.00076	-0.00076	-0.00076	-0.00076	-0.00076	
BETA	X/L =	L 0.00	R 0.00	0.10	0.20	0.30	0.40	0.50	0.60	0.70	0.80	0.90	1.00	BETA

XM/L = 0.00

FUNKTIONEN : F.MIM - F.MIQ - F.MIV - F.MIV'

FUNKTIONEN : F.MIM - F.MIQ - F.MIV - F.MIV'

XM/L = 0.00

BETA	X/L =	L 0.00	R 0.00	0.10	0.20	0.30	0.40	0.50	0.60	0.70	0.80	0.90	1.00	BETA
	M	0.00000	1.00000	0.02352	0.00055	0.00001	0.00000	0.00000	0.00000	0.00000	0.00000	0.00000	0.00000	
37.50	Q	-37.50000	-37.50000	-0.88192	-0.02074	-0.00049	-0.00001	-0.00000	-0.00000	-0.00000	-0.00000	-0.00000	-0.00000	37.50
	V	0.00000	0.00000	0.00062	0.00057	0.00050	0.00043	0.00036	0.00028	0.00021	0.00014	0.00007	0.00000	
	V'	0.02596	0.02596	-0.00008	-0.00070	-0.00071	-0.00071	-0.00071	-0.00071	-0.00071	-0.00071	-0.00071	-0.00071	
	M	0.00000	1.00000	0.02075	0.00043	0.00001	0.00000	0.00000	0.00000	0.00000	0.00000	0.00000	0.00000	
38.75	Q	-38.75000	-38.75000	-0.80423	-0.01669	-0.00035	-0.00001	-0.00000	-0.00000	-0.00000	-0.00000	-0.00000	-0.00000	38.75
	V	0.00000	0.00000	0.00059	0.00053	0.00047	0.00040	0.00033	0.00027	0.00020	0.00013	0.00007	0.00000	
	V'	0.02514	0.02514	-0.00013	-0.00065	-0.00067	-0.00067	-0.00067	-0.00067	-0.00067	-0.00067	-0.00067	-0.00067	
	M	0.00000	1.00000	0.01832	0.00034	0.00001	0.00000	0.00000	0.00000	0.00000	0.00000	0.00000	0.00000	
40.00	Q	-40.00000	-40.00000	-0.73263	-0.01342	-0.00025	-0.00000	-0.00000	-0.00000	-0.00000	-0.00000	-0.00000	-0.00000	40.00
	V	0.00000	0.00000	0.00055	0.00050	0.00044	0.00037	0.00031	0.00025	0.00019	0.00012	0.00006	0.00000	
	V'	0.02438	0.02438	-0.00017	-0.00062	-0.00062	-0.00062	-0.00062	-0.00062	-0.00062	-0.00062	-0.00062	-0.00062	
	M	0.00000	1.00000	0.01616	0.00026	0.00000	0.00000	0.00000	0.00000	0.00000	0.00000	0.00000	0.00000	
41.25	Q	-41.25000	-41.25000	-0.66674	-0.01078	-0.00017	-0.00000	-0.00000	-0.00000	-0.00000	-0.00000	-0.00000	-0.00000	41.25
	V	0.00000	0.00000	0.00052	0.00047	0.00041	0.00035	0.00029	0.00024	0.00018	0.00012	0.00006	0.00000	
	V'	0.02365	0.02365	-0.00020	-0.00058	-0.00059	-0.00059	-0.00059	-0.00059	-0.00059	-0.00059	-0.00059	-0.00059	
	M	0.00000	1.00000	0.01426	0.00020	0.00000	0.00000	0.00000	0.00000	0.00000	0.00000	0.00000	0.00000	
42.50	Q	-42.50000	-42.50000	-0.60623	-0.00865	-0.00012	-0.00000	-0.00000	-0.00000	-0.00000	-0.00000	-0.00000	-0.00000	42.50
	V	0.00000	0.00000	0.00049	0.00044	0.00039	0.00033	0.00028	0.00022	0.00017	0.00011	0.00006	0.00000	
	V'	0.02298	0.02298	-0.00022	-0.00055	-0.00055	-0.00055	-0.00055	-0.00055	-0.00055	-0.00055	-0.00055	-0.00055	
	M	0.00000	1.00000	0.01259	0.00016	0.00000	0.00000	0.00000	0.00000	0.00000	0.00000	0.00000	0.00000	
43.75	Q	-43.75000	-43.75000	-0.55073	-0.00693	-0.00009	-0.00000	-0.00000	-0.00000	-0.00000	-0.00000	-0.00000	-0.00000	43.75
	V	0.00000	0.00000	0.00046	0.00042	0.00037	0.00031	0.00026	0.00021	0.00016	0.00010	0.00005	0.00000	
	V'	0.02233	0.02233	-0.00023	-0.00052	-0.00052	-0.00052	-0.00052	-0.00052	-0.00052	-0.00052	-0.00052	-0.00052	
	M	0.00000	1.00000	0.01111	0.00012	0.00000	0.00000	0.00000	0.00000	0.00000	0.00000	0.00000	0.00000	
45.00	Q	-45.00000	-45.00000	-0.49990	-0.00555	-0.00006	-0.00000	-0.00000	-0.00000	-0.00000	-0.00000	-0.00000	-0.00000	45.00
	V	0.00000	0.00000	0.00044	0.00040	0.00035	0.00030	0.00025	0.00020	0.00015	0.00010	0.00005	0.00000	
	V'	0.02173	0.02173	-0.00025	-0.00049	-0.00049	-0.00049	-0.00049	-0.00049	-0.00049	-0.00049	-0.00049	-0.00049	
	M	0.00000	1.00000	0.00980	0.00010	0.00000	0.00000	0.00000	0.00000	0.00000	0.00000	0.00000	0.00000	
46.25	Q	-46.25000	-46.25000	-0.45342	-0.00445	-0.00004	-0.00000	-0.00000	-0.00000	-0.00000	-0.00000	-0.00000	-0.00000	46.25
	V	0.00000	0.00000	0.00042	0.00037	0.00033	0.00028	0.00023	0.00019	0.00014	0.00009	0.00005	0.00000	
	V'	0.02115	0.02115	-0.00026	-0.00047	-0.00047	-0.00047	-0.00047	-0.00047	-0.00047	-0.00047	-0.00047	-0.00047	
	M	0.00000	1.00000	0.00865	0.00007	0.00000	0.00000	0.00000	0.00000	0.00000	0.00000	0.00000	0.00000	
47.50	Q	-47.50000	-47.50000	-0.41096	-0.00356	-0.00003	-0.00000	-0.00000	-0.00000	-0.00000	-0.00000	-0.00000	-0.00000	47.50
	V	0.00000	0.00000	0.00040	0.00035	0.00031	0.00027	0.00022	0.00018	0.00013	0.00009	0.00004	0.00000	
	V'	0.02061	0.02061	-0.00026	-0.00044	-0.00044	-0.00044	-0.00044	-0.00044	-0.00044	-0.00044	-0.00044	-0.00044	
	M	0.00000	1.00000	0.00764	0.00006	0.00000	0.00000	0.00000	0.00000	0.00000	0.00000	0.00000	0.00000	
48.75	Q	-48.75000	-48.75000	-0.37221	-0.00284	-0.00002	-0.00000	-0.00000	-0.00000	-0.00000	-0.00000	-0.00000	-0.00000	48.75
	V	0.00000	0.00000	0.00038	0.00034	0.00029	0.00025	0.00021	0.00017	0.00013	0.00008	0.00004	0.00000	
	V'	0.02009	0.02009	-0.00026	-0.00042	-0.00042	-0.00042	-0.00042	-0.00042	-0.00042	-0.00042	-0.00042	-0.00042	
BETA	X/L =	L 0.00	R 0.00	0.10	0.20	0.30	0.40	0.50	0.60	0.70	0.80	0.90	1.00	BETA

XM/L = 0.00

FUNKTIONEN : F.MIM - F.MIQ - F.MIV - F.MIV'

FUNKTIONEN : F.M;M - F.M;Q - F.M;V - F.M;V'

XM/L = 0.10

BETA	X/L =	0.00	L 0.10	R 0.10	0.20	0.30	0.40	0.50	0.60	0.70	0.80	0.90	1.00	BETA
	M	0.00000	-0.10000	0.90000	0.80000	0.70000	0.60000	0.50000	0.40000	0.30000	0.20000	0.10000	0.00000	
0.00	Q	-1.00000	-1.00000	-1.00000	-1.00000	-1.00000	-1.00000	-1.00000	-1.00000	-1.00000	-1.00000	-1.00000	-1.00000	0.00
	V	0.00000	0.02400	0.02400	0.04400	0.05600	0.06100	0.06000	0.05400	0.04400	0.03100	0.01600	0.00000	
	V'	0.23833	0.24333	0.24333	0.15833	0.08333	0.01833	-0.03667	-0.08167	-0.11667	-0.14167	-0.15667	-0.16167	
	M	0.00000	-0.10149	0.89851	0.79726	0.69652	0.59621	0.49627	0.39665	0.29727	0.19808	0.09901	0.00000	
0.25	Q	-1.01482	-1.01513	-1.01513	-1.00983	-1.00517	-1.00113	-0.99771	-0.99492	-0.99275	-0.99121	-0.99028	-0.98997	0.25
	V	0.00000	0.02387	0.02387	0.04376	0.05568	0.06063	0.05961	0.05364	0.04370	0.03078	0.01589	0.00000	
	V'	0.23705	0.24212	0.24212	0.15734	0.08265	0.01802	-0.03660	-0.08125	-0.11594	-0.14071	-0.15556	-0.16051	
	M	0.00000	-0.10588	0.89412	0.78923	0.68632	0.58512	0.48538	0.38685	0.28930	0.19246	0.09611	0.00000	
0.50	Q	-1.05332	-1.05964	-1.05964	-1.03860	-1.02016	-1.00427	-0.99090	-0.98000	-0.97155	-0.96552	-0.96192	-0.96072	0.50
	V	0.00000	0.02350	0.02350	0.04307	0.05473	0.05954	0.05849	0.05258	0.04281	0.03014	0.01555	0.00000	
	V'	0.23328	0.23857	0.23857	0.15442	0.08066	0.01710	-0.03642	-0.08002	-0.11382	-0.13790	-0.15233	-0.15713	
	M	0.00000	-0.11289	0.88711	0.77640	0.67006	0.56748	0.46811	0.37136	0.27671	0.18361	0.09155	0.00000	
0.75	Q	-1.12785	-1.13102	-1.13102	-1.08425	-1.04359	-1.00880	-0.97969	-0.95609	-0.93787	-0.92493	-0.91720	-0.91462	0.75
	V	0.00000	0.02292	0.02292	0.04196	0.05323	0.05781	0.05670	0.05091	0.04141	0.02914	0.01503	0.00000	
	V'	0.22728	0.23292	0.23292	0.14979	0.07750	0.01565	-0.03611	-0.07806	-0.11045	-0.13345	-0.14720	-0.15178	
	M	0.00000	-0.12215	0.87785	0.75949	0.64872	0.54445	0.44563	0.35127	0.26042	0.17218	0.08566	0.00000	
1.00	Q	-1.21944	-1.22554	-1.22554	-1.14374	-1.07339	-1.01378	-0.96432	-0.92451	-0.89395	-0.87234	-0.85946	-0.85518	1.00
	V	0.00000	0.02215	0.02215	0.04051	0.05128	0.05555	0.05437	0.04873	0.03958	0.02782	0.01434	0.00000	
	V'	0.21944	0.22554	0.22554	0.14374	0.07339	0.01378	-0.03568	-0.07549	-0.10605	-0.12766	-0.14054	-0.14482	
	M	0.00000	-0.13319	0.86681	0.73936	0.62348	0.51735	0.41931	0.32784	0.24149	0.15893	0.07885	0.00000	
1.25	Q	-1.32843	-1.33883	-1.33883	-1.21351	-1.10717	-1.01816	-0.94508	-0.88679	-0.84236	-0.81112	-0.79257	-0.78642	1.25
	V	0.00000	0.02124	0.02124	0.03881	0.04898	0.05290	0.05164	0.04618	0.03744	0.02629	0.01354	0.00000	
	V'	0.21020	0.21685	0.21685	0.13664	0.06859	0.01162	-0.03515	-0.07246	-0.10089	-0.12088	-0.13276	-0.13669	
	M	0.00000	-0.14555	0.85445	0.71690	0.59550	0.48753	0.39055	0.30237	0.22101	0.14463	0.07151	0.00000	
1.50	Q	-1.45002	-1.46636	-1.46636	-1.28992	-1.14255	-1.02094	-0.92234	-0.84453	-0.78576	-0.74470	-0.72043	-0.71240	1.50
	V	0.00000	0.02024	0.02024	0.03693	0.04644	0.04999	0.04865	0.04339	0.03511	0.02461	0.01266	0.00000	
	V'	0.20001	0.20727	0.20727	0.12885	0.06336	0.00930	-0.03452	-0.06910	-0.09522	-0.11347	-0.12425	-0.12782	
	M	0.00000	-0.15878	0.84122	0.69292	0.56589	0.45624	0.36060	0.27603	0.19993	0.12997	0.06400	0.00000	
1.75	Q	-1.57970	-1.60396	-1.60396	-1.36964	-1.17737	-1.02126	-0.89650	-0.79926	-0.72656	-0.67618	-0.64655	-0.63677	1.75
	V	0.00000	0.01919	0.01919	0.03496	0.04379	0.04694	0.04552	0.04048	0.03268	0.02287	0.01175	0.00000	
	V'	0.18929	0.19721	0.19721	0.12070	0.05792	0.00694	-0.03380	-0.06555	-0.08929	-0.10574	-0.11541	-0.11860	
	M	0.00000	-0.17250	0.82750	0.66814	0.53559	0.42454	0.33053	0.24978	0.17906	0.11553	0.05663	0.00000	
2.00	Q	-1.71359	-1.74797	-1.74797	-1.44984	-1.20989	-1.01851	-0.86799	-0.75232	-0.66683	-0.60811	-0.57379	-0.56251	2.00
	V	0.00000	0.01813	0.01813	0.03297	0.04110	0.04386	0.04237	0.03755	0.03023	0.02112	0.01084	0.00000	
	V'	0.17840	0.18699	0.18699	0.11246	0.05247	0.00463	-0.03300	-0.06192	-0.08329	-0.09797	-0.10655	-0.10937	
	M	0.00000	-0.18641	0.81359	0.64312	0.50534	0.39325	0.30116	0.22438	0.15901	0.10172	0.04960	0.00000	
2.25	Q	-1.84850	-1.89549	-1.89549	-1.52831	-1.23882	-1.01232	-0.83729	-0.70482	-0.60818	-0.54246	-0.50432	-0.49182	2.25
	V	0.00000	0.01707	0.01707	0.03099	0.03845	0.04084	0.03928	0.03469	0.02785	0.01941	0.00996	0.00000	
	V'	0.16760	0.17689	0.17689	0.10436	0.04718	0.00243	-0.03214	-0.05831	-0.07740	-0.09038	-0.09791	-0.10038	
BETA	X/L =	0.00	L 0.10	R 0.10	0.20	0.30	0.40	0.50	0.60	0.70	0.80	0.90	1.00	BETA

XM/L = 0.10

FUNKTIONEN : F.M;M - F.M;Q - F.M;V - F.M;V'

FUNKTIONEN : F.M;M - F.M;Q - F.M;V - F.M;V'

XM/L = 0.10

BETA	X/L =	0.00	L 0.10	R 0.10	0.20	0.30	0.40	0.50	0.60	0.70	0.80	0.90	1.00	BETA
	M	0.00000	-0.20027	0.79973	0.61829	0.47570	0.36299	0.27309	0.20034	0.14019	0.08883	0.04306	0.00000	
2.50	Q	-1.98199	-2.04425	-2.04425	-1.60341	-1.26331	-1.00257	-0.80483	-0.65764	-0.55178	-0.48058	-0.43958	-0.42619	2.50
	V	0.00000	0.01604	0.01604	0.02907	0.03589	0.03792	0.03631	0.03195	0.02557	0.01779	0.00911	0.00000	
	V'	0.15712	0.16708	0.16708	0.09655	0.04213	0.00041	-0.03123	-0.05478	-0.07172	-0.08311	-0.08967	-0.09181	
	M	0.00000	-0.21390	0.78610	0.59398	0.44706	0.33416	0.24669	0.17800	0.12285	0.07705	0.03711	0.00000	
2.75	Q	-2.11225	-2.19263	-2.19263	-1.67405	-1.28287	-0.98932	-0.77106	-0.61148	-0.49843	-0.42332	-0.38043	-0.36648	2.75
	V	0.00000	0.01506	0.01506	0.02724	0.03345	0.03515	0.03350	0.02936	0.02343	0.01626	0.00832	0.00000	
	V'	0.14707	0.15770	0.15770	0.08913	0.03740	-0.00141	-0.03027	-0.05137	-0.06632	-0.07626	-0.08193	-0.08377	
	M	0.00000	-0.22718	0.77282	0.57039	0.41967	0.30701	0.22218	0.15751	0.10711	0.06643	0.03178	0.00000	
3.00	Q	-2.23804	-2.33951	-2.33951	-1.73956	-1.29734	-0.97277	-0.73640	-0.56681	-0.44862	-0.37110	-0.32723	-0.31304	3.00
	V	0.00000	0.01413	0.01413	0.02551	0.03115	0.03255	0.03087	0.02694	0.02143	0.01484	0.00758	0.00000	
	V'	0.13756	0.14883	0.14883	0.08217	0.03304	-0.00303	-0.02929	-0.04813	-0.06126	-0.06988	-0.07475	-0.07633	
	M	0.00000	-0.24003	0.75997	0.54765	0.39368	0.28166	0.19966	0.13893	0.09501	0.05700	0.02706	0.00000	
3.25	Q	-2.35852	-2.48418	-2.48418	-1.79961	-1.30680	-0.95324	-0.70125	-0.52399	-0.40256	-0.32403	-0.28002	-0.26586	3.25
	V	0.00000	0.01326	0.01326	0.02389	0.02900	0.03014	0.02843	0.02472	0.01960	0.01354	0.00691	0.00000	
	V'	0.12862	0.14051	0.14051	0.07570	0.02905	-0.00443	-0.02828	-0.04507	-0.05656	-0.06400	-0.06816	-0.06950	
	M	0.00000	-0.25240	0.74760	0.52584	0.36916	0.25816	0.17912	0.12224	0.08049	0.04869	0.02293	0.00000	
3.50	Q	-2.47319	-2.62623	-2.62623	-1.85411	-1.31145	-0.93109	-0.66595	-0.48323	-0.36032	-0.28199	-0.23857	-0.22467	3.50
	V	0.00000	0.01244	0.01244	0.02238	0.02701	0.02790	0.02619	0.02267	0.01792	0.01235	0.00629	0.00000	
	V'	0.12026	0.13275	0.13275	0.06972	0.02542	-0.00563	-0.02727	-0.04218	-0.05222	-0.05861	-0.06216	-0.06329	
	M	0.00000	-0.26427	0.73573	0.50500	0.34611	0.23648	0.16049	0.10734	0.06945	0.04145	0.01935	0.00000	
3.75	Q	-2.58178	-2.76545	-2.76545	-1.90315	-1.31162	-0.90672	-0.63083	-0.44469	-0.32182	-0.24474	-0.20248	-0.18904	3.75
	V	0.00000	0.01168	0.01168	0.02098	0.02517	0.02585	0.02414	0.02081	0.01639	0.01127	0.00574	0.00000	
	V'	0.11248	0.12554	0.12554	0.06422	0.02216	-0.00663	-0.02625	-0.03949	-0.04823	-0.05371	-0.05671	-0.05767	
	M	0.00000	-0.27563	0.72437	0.48511	0.32452	0.21654	0.14368	0.09411	0.05980	0.03518	0.01627	0.00000	
4.00	Q	-2.68418	-2.90180	-2.90180	-1.94691	-1.30771	-0.88054	-0.59615	-0.40842	-0.28691	-0.21193	-0.17130	-0.15846	4.00
	V	0.00000	0.01098	0.01098	0.01968	0.02347	0.02397	0.02227	0.01912	0.01501	0.01030	0.00523	0.00000	
	V'	0.10526	0.11886	0.11886	0.05918	0.01923	-0.00747	-0.02524	-0.03697	-0.04457	-0.04925	-0.05179	-0.05260	
	M	0.00000	-0.28649	0.71351	0.46618	0.30432	0.19826	0.12855	0.08241	0.05139	0.02978	0.01364	0.00000	
4.25	Q	-2.78041	-3.03532	-3.03532	-1.98566	-1.30010	-0.85293	-0.56214	-0.37444	-0.25539	-0.18316	-0.14453	-0.13239	4.25
	V	0.00000	0.01032	0.01032	0.01848	0.02191	0.02224	0.02056	0.01758	0.01376	0.00942	0.00478	0.00000	
	V'	0.09857	0.11268	0.11268	0.05457	0.01661	-0.00814	-0.02424	-0.03463	-0.04122	-0.04522	-0.04736	-0.04803	
	M	0.00000	-0.29684	0.70316	0.44815	0.28544	0.18152	0.11497	0.07211	0.04409	0.02516	0.01140	0.00000	
4.50	Q	-2.87055	-3.16613	-3.16613	-2.01971	-1.28923	-0.82425	-0.52901	-0.34272	-0.22701	-0.15805	-0.12165	-0.11029	4.50
	V	0.00000	0.00972	0.00972	0.01738	0.02047	0.02067	0.01901	0.01619	0.01264	0.00863	0.00438	0.00000	
	V'	0.09237	0.10697	0.10697	0.05036	0.01428	-0.00868	-0.02326	-0.03246	-0.03817	-0.04158	-0.04338	-0.04394	
	M	0.00000	-0.30671	0.69329	0.43101	0.26783	0.16622	0.10282	0.06306	0.03779	0.02121	0.00951	0.00000	
4.75	Q	-2.95475	-3.29439	-3.29439	-2.04936	-1.27548	-0.79483	-0.49690	-0.31322	-0.20155	-0.13621	-0.10218	-0.09165	4.75
	V	0.00000	0.00916	0.00916	0.01635	0.01915	0.01923	0.01760	0.01493	0.01162	0.00792	0.00401	0.00000	
	V'	0.08664	0.10169	0.10169	0.04651	0.01221	-0.00909	-0.02230	-0.03044	-0.03539	-0.03828	-0.03979	-0.04026	
BETA	X/L =	0.00	L 0.10	R 0.10	0.20	0.30	0.40	0.50	0.60	0.70	0.80	0.90	1.00	BETA

XM/L = 0.10

FUNKTIONEN : F.M;M - F.M;Q - F.M;V - F.M;V'

ZUGSTAEBE -147-

FUNKTIONEN : F.MIM - F.MIQ - F.MIV - F.MIV'

XM/L = 0.10

BETA	X/L =	0.00	L 0.10	R 0.10	0.20	0.30	0.40	0.50	0.60	0.70	0.80	0.90	1.00	BETA
	M	0.00000	-0.31611	0.68389	0.41471	0.25139	0.15224	0.09194	0.05512	0.03236	0.01786	0.00792	0.00000	
5.00	Q	-3.03317	-3.42028	-3.42028	-2.07494	-1.25924	-0.76496	-0.46595	-0.28586	-0.17874	-0.11725	-0.08568	-0.07598	5.00
	V	0.00000	0.00864	0.00864	0.01541	0.01794	0.01791	0.01632	0.01380	0.01071	0.00729	0.00368	0.00000	
	V'	0.08133	0.09681	0.09681	0.04300	0.01037	-0.00940	-0.02136	-0.02857	-0.03285	-0.03531	-0.03657	-0.03696	
	M	0.00000	-0.32507	0.67493	0.39920	0.23605	0.13947	0.08222	0.04816	0.02769	0.01502	0.00658	0.00000	
5.25	Q	-3.10600	-3.54396	-3.54396	-2.09676	-1.24087	-0.73492	-0.43622	-0.26055	-0.15836	-0.10083	-0.07174	-0.06287	5.25
	V	0.00000	0.00817	0.00817	0.01454	0.01683	0.01671	0.01516	0.01277	0.00988	0.00671	0.00339	0.00000	
	V'	0.07641	0.09230	0.09230	0.03979	0.00874	-0.00962	-0.02045	-0.02683	-0.03054	-0.03262	-0.03368	-0.03400	
	M	0.00000	-0.33359	0.66641	0.38445	0.22174	0.12782	0.07354	0.04208	0.02367	0.01261	0.00546	0.00000	
5.50	Q	-3.17344	-3.66564	-3.66564	-2.11510	-1.22068	-0.70491	-0.40780	-0.23720	-0.14018	-0.08664	-0.05998	-0.05193	5.50
	V	0.00000	0.00772	0.00772	0.01374	0.01581	0.01561	0.01410	0.01183	0.00913	0.00619	0.00313	0.00000	
	V'	0.07185	0.08812	0.08812	0.03686	0.00730	-0.00976	-0.01958	-0.02522	-0.02842	-0.03019	-0.03107	-0.03134	
	M	0.00000	-0.34170	0.65830	0.37041	0.20838	0.11718	0.06579	0.03677	0.02024	0.01058	0.00452	0.00000	
5.75	Q	-3.23569	-3.78549	-3.78549	-2.13026	-1.19897	-0.67513	-0.38072	-0.21570	-0.12398	-0.07440	-0.05010	-0.04282	5.75
	V	0.00000	0.00731	0.00731	0.01299	0.01487	0.01460	0.01313	0.01099	0.00846	0.00573	0.00289	0.00000	
	V'	0.06762	0.08425	0.08425	0.03419	0.00602	-0.00983	-0.01873	-0.02372	-0.02650	-0.02800	-0.02873	-0.02895	
	M	0.00000	-0.34941	0.65059	0.35703	0.19591	0.10746	0.05887	0.03212	0.01729	0.00887	0.00374	0.00000	
6.00	Q	-3.29296	-3.90369	-3.90369	-2.14249	-1.17601	-0.64574	-0.35500	-0.19595	-0.10958	-0.06385	-0.04180	-0.03526	6.00
	V	0.00000	0.00693	0.00693	0.01230	0.01400	0.01368	0.01225	0.01022	0.00785	0.00531	0.00267	0.00000	
	V'	0.06369	0.08066	0.08066	0.03174	0.00489	-0.00984	-0.01792	-0.02233	-0.02473	-0.02600	-0.02662	-0.02680	
	M	0.00000	-0.35675	0.64325	0.34429	0.18427	0.09859	0.05270	0.02807	0.01477	0.00743	0.00309	0.00000	
6.25	Q	-3.34544	-4.02039	-4.02039	-2.15203	-1.15203	-0.61688	-0.33065	-0.17783	-0.09677	-0.05476	-0.03485	-0.02900	6.25
	V	0.00000	0.00657	0.00657	0.01167	0.01320	0.01284	0.01145	0.00952	0.00730	0.00493	0.00248	0.00000	
	V'	0.06004	0.07732	0.07732	0.02949	0.00389	-0.00981	-0.01714	-0.02105	-0.02312	-0.02420	-0.02471	-0.02486	
	M	0.00000	-0.36374	0.63626	0.33215	0.17338	0.09049	0.04719	0.02453	0.01262	0.00622	0.00255	0.00000	
6.50	Q	-3.39333	-4.13577	-4.13577	-2.15911	-1.12725	-0.58865	-0.30764	-0.16124	-0.08541	-0.04695	-0.02903	-0.02382	6.50
	V	0.00000	0.00624	0.00624	0.01107	0.01246	0.01206	0.01072	0.00889	0.00680	0.00459	0.00231	0.00000	
	V'	0.05665	0.07422	0.07422	0.02743	0.00301	-0.00974	-0.01639	-0.01985	-0.02165	-0.02256	-0.02298	-0.02310	
	M	0.00000	-0.37038	0.62962	0.32057	0.16321	0.08308	0.04226	0.02145	0.01078	0.00521	0.00211	0.00000	
6.75	Q	-3.43683	-4.24996	-4.24996	-2.16393	-1.10184	-0.56114	-0.28595	-0.14608	-0.07533	-0.04023	-0.02417	-0.01955	6.75
	V	0.00000	0.00593	0.00593	0.01052	0.01178	0.01135	0.01005	0.00831	0.00635	0.00428	0.00215	0.00000	
	V'	0.05348	0.07133	0.07133	0.02555	0.00224	-0.00963	-0.01567	-0.01874	-0.02029	-0.02106	-0.02142	-0.02152	
	M	0.00000	-0.37670	0.62330	0.30952	0.15370	0.07631	0.03787	0.01875	0.00921	0.00436	0.00174	0.00000	
7.00	Q	-3.47611	-4.36311	-4.36311	-2.16668	-1.07599	-0.53441	-0.26556	-0.13224	-0.06641	-0.03447	-0.02011	-0.01602	7.00
	V	0.00000	0.00565	0.00565	0.01001	0.01115	0.01069	0.00943	0.00778	0.00593	0.00399	0.00201	0.00000	
	V'	0.05053	0.06863	0.06863	0.02381	0.00155	-0.00950	-0.01499	-0.01771	-0.01905	-0.01970	-0.02000	-0.02008	
	M	0.00000	-0.38272	0.61728	0.29896	0.14479	0.07012	0.03394	0.01640	0.00786	0.00365	0.00143	0.00000	
7.25	Q	-3.51136	-4.47533	-4.47533	-2.16753	-1.04982	-0.50852	-0.24642	-0.11962	-0.05851	-0.02951	-0.01673	-0.01312	7.25
	V	0.00000	0.00538	0.00538	0.00953	0.01056	0.01008	0.00887	0.00730	0.00556	0.00374	0.00188	0.00000	
	V'	0.04778	0.06612	0.06612	0.02221	0.00095	-0.00935	-0.01434	-0.01675	-0.01791	-0.01846	-0.01871	-0.01878	
BETA	X/L =	0.00	L 0.10	R 0.10	0.20	0.30	0.40	0.50	0.60	0.70	0.80	0.90	1.00	BETA

XM/L = 0.10

FUNKTIONEN : F.MIM - F.MIQ - F.MIV - F.MIV'

ZUGSTAEBE -147-

FUNKTIONEN : F.M;M - F.M;Q - F.M;V - F.M;V'

XM/L = 0.10

BETA	X/L =	0.00	L 0.10	R 0.10	0.20	0.30	0.40	0.50	0.60	0.70	0.80	0.90	1.00	BETA
	M	0.00000	-0.38844	0.61156	0.28888	0.13645	0.06445	0.03043	0.01435	0.00672	0.00305	0.00118	0.00000	
7.50	Q	-3.54276	-4.58675	-4.58675	-2.16664	-1.02347	-0.48350	-0.22849	-0.10814	-0.05152	-0.02527	-0.01391	-0.01074	7.50
	V	0.00000	0.00513	0.00513	0.00909	0.01002	0.00952	0.00835	0.00686	0.00521	0.00350	0.00176	0.00000	
	V'	0.04520	0.06376	0.06376	0.02074	0.00042	-0.00918	-0.01372	-0.01586	-0.01686	-0.01733	-0.01753	-0.01759	
	M	0.00000	-0.39388	0.60612	0.27924	0.12865	0.05926	0.02729	0.01255	0.00574	0.00255	0.00097	0.00000	
7.75	Q	-3.57046	-4.69747	-4.69747	-2.16415	-0.99705	-0.45938	-0.21171	-0.09769	-0.04534	-0.02162	-0.01156	-0.00878	7.75
	V	0.00000	0.00489	0.00489	0.00867	0.00951	0.00900	0.00787	0.00645	0.00490	0.00329	0.00165	0.00000	
	V'	0.04280	0.06156	0.06156	0.01938	-0.00005	-0.00900	-0.01312	-0.01502	-0.01589	-0.01629	-0.01646	-0.01650	
	M	0.00000	-0.39905	0.60095	0.27002	0.12133	0.05451	0.02449	0.01099	0.00490	0.00213	0.00080	0.00000	
8.00	Q	-3.59463	-4.80759	-4.80759	-2.16019	-0.97065	-0.43616	-0.19603	-0.08820	-0.03989	-0.01850	-0.00960	-0.00718	8.00
	V	0.00000	0.00467	0.00467	0.00828	0.00904	0.00852	0.00743	0.00608	0.00461	0.00309	0.00155	0.00000	
	V'	0.04054	0.05949	0.05949	0.01813	-0.00046	-0.00881	-0.01256	-0.01425	-0.01500	-0.01534	-0.01547	-0.01551	
	M	0.00000	-0.40398	0.59602	0.26120	0.11447	0.05016	0.02198	0.00962	0.00419	0.00178	0.00066	0.00000	
8.25	Q	-3.61544	-4.91721	-4.91721	-2.15490	-0.94436	-0.41387	-0.18141	-0.07959	-0.03508	-0.01583	-0.00797	-0.00586	8.25
	V	0.00000	0.00447	0.00447	0.00792	0.00860	0.00808	0.00702	0.00574	0.00435	0.00291	0.00146	0.00000	
	V'	0.03843	0.05755	0.05755	0.01697	-0.00082	-0.00861	-0.01203	-0.01352	-0.01418	-0.01446	-0.01458	-0.01461	
	M	0.00000	-0.40866	0.59134	0.25275	0.10803	0.04617	0.01973	0.00843	0.00358	0.00149	0.00054	0.00000	
8.50	Q	-3.63303	-5.02641	-5.02641	-2.14836	-0.91825	-0.39248	-0.16778	-0.07178	-0.03083	-0.01354	-0.00662	-0.00479	8.50
	V	0.00000	0.00427	0.00427	0.00757	0.00819	0.00767	0.00665	0.00542	0.00410	0.00275	0.00138	0.00000	
	V'	0.03644	0.05573	0.05573	0.01589	-0.00113	-0.00841	-0.01152	-0.01285	-0.01341	-0.01365	-0.01375	-0.01377	
	M	0.00000	-0.41311	0.58689	0.24465	0.10199	0.04251	0.01772	0.00738	0.00306	0.00125	0.00044	0.00000	
8.75	Q	-3.64794	-5.13526	-5.13526	-2.14070	-0.89238	-0.37201	-0.15510	-0.06470	-0.02709	-0.01157	-0.00550	-0.00390	8.75
	V	0.00000	0.00409	0.00409	0.00725	0.00781	0.00728	0.00630	0.00513	0.00388	0.00260	0.00130	0.00000	
	V'	0.03458	0.05401	0.05401	0.01490	-0.00141	-0.00820	-0.01104	-0.01222	-0.01271	-0.01291	-0.01299	-0.01301	
	M	0.00000	-0.41735	0.58265	0.23689	0.09631	0.03916	0.01592	0.00647	0.00262	0.00104	0.00036	0.00000	
9.00	Q	-3.65913	-5.24385	-5.24385	-2.13199	-0.86680	-0.35242	-0.14330	-0.05830	-0.02379	-0.00989	-0.00456	-0.00318	9.00
	V	0.00000	0.00392	0.00392	0.00695	0.00745	0.00692	0.00598	0.00486	0.00367	0.00246	0.00123	0.00000	
	V'	0.03283	0.05239	0.05239	0.01398	-0.00164	-0.00799	-0.01058	-0.01163	-0.01205	-0.01222	-0.01229	-0.01231	
	M	0.00000	-0.42138	0.57862	0.22944	0.09098	0.03608	0.01430	0.00567	0.00224	0.00087	0.00030	0.00000	
9.25	Q	-3.66792	-5.35222	-5.35222	-2.12232	-0.84157	-0.33371	-0.13234	-0.05250	-0.02089	-0.00845	-0.00379	-0.00259	9.25
	V	0.00000	0.00376	0.00376	0.00667	0.00712	0.00659	0.00568	0.00461	0.00348	0.00233	0.00117	0.00000	
	V'	0.03118	0.05087	0.05087	0.01312	-0.00185	-0.00779	-0.01014	-0.01107	-0.01144	-0.01159	-0.01164	-0.01166	
	M	0.00000	-0.42522	0.57478	0.22229	0.08597	0.03325	0.01286	0.00497	0.00192	0.00073	0.00024	0.00000	
9.50	Q	-3.67404	-5.46045	-5.46045	-2.11178	-0.81671	-0.31586	-0.12216	-0.04727	-0.01833	-0.00722	-0.00314	-0.00211	9.50
	V	0.00000	0.00360	0.00360	0.00640	0.00680	0.00628	0.00540	0.00438	0.00330	0.00221	0.00111	0.00000	
	V'	0.02963	0.04942	0.04942	0.01232	-0.00203	-0.00758	-0.00973	-0.01056	-0.01088	-0.01100	-0.01105	-0.01106	
	M	0.00000	-0.42886	0.57114	0.21543	0.08126	0.03065	0.01156	0.00436	0.00164	0.00061	0.00020	0.00000	
9.75	Q	-3.67763	-5.56859	-5.56859	-2.10043	-0.79227	-0.29884	-0.11273	-0.04253	-0.01608	-0.00617	-0.00261	-0.00172	9.75
	V	0.00000	0.00346	0.00346	0.00615	0.00651	0.00599	0.00514	0.00416	0.00314	0.00210	0.00105	0.00000	
	V'	0.02817	0.04806	0.04806	0.01158	-0.00219	-0.00738	-0.00933	-0.01007	-0.01035	-0.01045	-0.01049	-0.01050	
BETA	X/L =	0.00	L 0.10	R 0.10	0.20	0.30	0.40	0.50	0.60	0.70	0.80	0.90	1.00	BETA

XM/L = 0.10

FUNKTIONEN : F.M;M - F.M;Q - F.M;V - F.M;V'

FUNKTIONEN : F.MIM - F.MIQ - F.MIV - F.MIV'

XM/L = 0.10

BETA	X/L =	0.00	L 0.10	R 0.10	0.20	0.30	0.40	0.50	0.60	0.70	0.80	0.90	1.00	BETA
	M	0.00000	-0.43233	0.56767	0.20883	0.07683	0.02826	0.01040	0.00382	0.00140	0.00051	0.00016	0.00000	
10.00	Q	-3.67879	-5.67668	-5.67668	-2.08833	-0.76826	-0.28263	-0.10398	-0.03826	-0.01411	-0.00527	-0.00216	-0.00140	10.00
	V	0.00000	0.00332	0.00332	0.00591	0.00623	0.00572	0.00490	0.00396	0.00299	0.00199	0.00100	0.00000	
	V'	0.02679	0.04677	0.04677	0.01088	-0.00232	-0.00717	-0.00896	-0.00962	-0.00986	-0.00995	-0.00998	-0.00999	
	M	0.00000	-0.43563	0.56437	0.20249	0.07265	0.02607	0.00935	0.00335	0.00120	0.00042	0.00014	0.00000	
10.25	Q	-3.67766	-5.78477	-5.78477	-2.07555	-0.74470	-0.26720	-0.09587	-0.03441	-0.01237	-0.00450	-0.00179	-0.00114	10.25
	V	0.00000	0.00319	0.00319	0.00569	0.00597	0.00546	0.00467	0.00378	0.00284	0.00190	0.00095	0.00000	
	V'	0.02549	0.04554	0.04554	0.01024	-0.00243	-0.00697	-0.00861	-0.00919	-0.00940	-0.00948	-0.00950	-0.00951	
	M	0.00000	-0.43877	0.56123	0.19639	0.06873	0.02405	0.00842	0.00294	0.00103	0.00036	0.00011	0.00000	
10.50	Q	-3.67435	-5.89290	-5.89290	-2.06215	-0.72162	-0.25252	-0.08837	-0.03093	-0.01084	-0.00384	-0.00149	-0.00093	10.50
	V	0.00000	0.00307	0.00307	0.00547	0.00573	0.00522	0.00446	0.00360	0.00271	0.00181	0.00091	0.00000	
	V'	0.02426	0.04438	0.04438	0.00963	-0.00252	-0.00678	-0.00827	-0.00879	-0.00897	-0.00904	-0.00906	-0.00906	
	M	0.00000	-0.44176	0.55824	0.19053	0.06503	0.02219	0.00757	0.00258	0.00088	0.00030	0.00009	0.00000	
10.75	Q	-3.66895	-6.00110	-6.00110	-2.04816	-0.69903	-0.23858	-0.08143	-0.02780	-0.00950	-0.00328	-0.00123	-0.00075	10.75
	V	0.00000	0.00296	0.00296	0.00527	0.00549	0.00500	0.00426	0.00344	0.00259	0.00173	0.00086	0.00000	
	V'	0.02310	0.04328	0.04328	0.00907	-0.00260	-0.00659	-0.00795	-0.00841	-0.00857	-0.00862	-0.00864	-0.00865	
	M	0.00000	-0.44460	0.55540	0.18488	0.06154	0.02048	0.00682	0.00227	0.00075	0.00025	0.00007	0.00000	
11.00	Q	-3.66158	-6.10942	-6.10942	-2.03365	-0.67694	-0.22534	-0.07501	-0.02497	-0.00832	-0.00280	-0.00102	-0.00061	11.00
	V	0.00000	0.00285	0.00285	0.00508	0.00528	0.00479	0.00408	0.00329	0.00247	0.00165	0.00083	0.00000	
	V'	0.02200	0.04223	0.04223	0.00854	-0.00267	-0.00640	-0.00764	-0.00806	-0.00820	-0.00824	-0.00826	-0.00826	
	M	0.00000	-0.44730	0.55270	0.17944	0.05825	0.01891	0.00614	0.00199	0.00065	0.00021	0.00006	0.00000	
11.25	Q	-3.65234	-6.21787	-6.21787	-2.01865	-0.65536	-0.21276	-0.06908	-0.02243	-0.00729	-0.00239	-0.00085	-0.00050	11.25
	V	0.00000	0.00274	0.00274	0.00490	0.00507	0.00459	0.00390	0.00314	0.00237	0.00158	0.00079	0.00000	
	V'	0.02096	0.04123	0.04123	0.00805	-0.00272	-0.00622	-0.00736	-0.00772	-0.00784	-0.00788	-0.00789	-0.00790	
	M	0.00000	-0.44987	0.55013	0.17419	0.05516	0.01746	0.00553	0.00175	0.00055	0.00017	0.00005	0.00000	
11.50	Q	-3.64132	-6.32649	-6.32649	-2.00320	-0.63429	-0.20084	-0.06359	-0.02014	-0.00638	-0.00204	-0.00070	-0.00040	11.50
	V	0.00000	0.00265	0.00265	0.00473	0.00488	0.00440	0.00374	0.0030[illegible]	0.00226	0.00151	0.00076	0.00000	
	V'	0.01997	0.04028	0.04028	0.00759	-0.00277	-0.00604	-0.00708	-0.0074[illegible]	-0.00751	-0.00755	-0.00756	-0.00756	
	M	0.00000	-0.45232	0.54768	0.16914	0.05223	0.01613	0.00498	0.00154	0.00047	0.00015	0.00004	0.00000	
11.75	Q	-3.62862	-6.43529	-6.43529	-1.98734	-0.61373	-0.18953	-0.05853	-0.01808	-0.00559	-0.00174	-0.00058	-0.00033	11.75
	V	0.00000	0.00255	0.00255	0.00457	0.00469	0.00423	0.00359	0.00289	0.00217	0.00145	0.00072	0.00000	
	V'	0.01904	0.03937	0.03937	0.00715	-0.00280	-0.00587	-0.00682	-0.0071[illegible]	-0.00720	-0.00723	-0.00724	-0.00724	
	M	0.00000	-0.45464	0.54536	0.16426	0.04947	0.01490	0.00449	0.00135	0.00041	0.00012	0.00003	0.00000	
12.00	Q	-3.61433	-6.54431	-6.54431	-1.97111	-0.59369	-0.17881	-0.05386	-0.01622	-0.00489	-0.00148	-0.00048	-0.00027	12.00
	V	0.00000	0.00246	0.00246	0.00441	0.00452	0.00406	0.00344	0.00277	0.00208	0.00139	0.00069	0.00000	
	V'	0.01816	0.03850	0.03850	0.00674	-0.00282	-0.00570	-0.00657	-0.00683	-0.00691	-0.00693	-0.00694	-0.00694	
	M	0.00000	-0.45685	0.54315	0.15955	0.04687	0.01377	0.00404	0.00119	0.00035	0.00010	0.00003	0.00000	
12.25	Q	-3.59853	-6.65355	-6.65355	-1.95453	-0.57416	-0.16866	-0.04955	-0.01456	-0.00428	-0.00127	-0.00040	-0.00022	12.25
	V	0.00000	0.00238	0.00238	0.00427	0.00435	0.00391	0.00330	0.00266	0.00200	0.00133	0.00067	0.00000	
	V'	0.01732	0.03767	0.03767	0.00636	-0.00284	-0.00554	-0.00633	-0.00657	-0.00664	-0.00666	-0.00666	-0.00666	
BETA	X/L =	0.00	L 0.10	R 0.10	0.20	0.30	0.40	0.50	0.60	0.70	0.80	0.90	1.00	BETA

XM/L = 0.10

FUNKTIONEN : F.MIM - F.MIQ - F.MIV - F.MIV'

FUNKTIONEN : F.MIM - F.MIQ - F.MIV - F.MIV'

XM/L = 0.10

BETA	X/L =	0.00	L 0.10	R 0.10	0.20	0.30	0.40	0.50	0.60	0.70	0.80	0.90	1.00	BETA
12.50	M	0.00000	-0.45896	0.54104	0.15501	0.04441	0.01272	0.00365	0.00104	0.00030	0.00009	0.00002	0.00000	12.50
	Q	-3.58131	-6.76303	-6.76303	-1.93764	-0.55514	-0.15905	-0.04557	-0.01306	-0.00374	-0.00108	-0.00033	-0.00018	
	V	0.00000	0.00230	0.00230	0.00413	0.00420	0.00376	0.00318	0.00255	0.00192	0.00128	0.00064	0.00000	
	V'	0.01652	0.03688	0.03688	0.00600	-0.00285	-0.00538	-0.00611	-0.00632	-0.00638	-0.00639	-0.00640	-0.00640	
12.75	M	0.00000	-0.46096	0.53904	0.15062	0.04209	0.01176	0.00329	0.00092	0.00026	0.00007	0.00002	0.00000	12.75
	Q	-3.56274	-6.87277	-6.87277	-1.92046	-0.53664	-0.14995	-0.04190	-0.01171	-0.00327	-0.00092	-0.00028	-0.00014	
	V	0.00000	0.00222	0.00222	0.00399	0.00405	0.00362	0.00306	0.00245	0.00184	0.00123	0.00062	0.00000	
	V'	0.01576	0.03613	0.03613	0.00566	-0.00285	-0.00523	-0.00589	-0.00608	-0.00613	-0.00615	-0.00615	-0.00615	
13.00	M	0.00000	-0.46286	0.53714	0.14639	0.03990	0.01087	0.00296	0.00081	0.00022	0.00006	0.00002	0.00000	13.00
	Q	-3.54291	-6.98278	-6.98278	-1.90303	-0.51864	-0.14134	-0.03852	-0.01050	-0.00286	-0.00078	-0.00023	-0.00012	
	V	0.00000	0.00215	0.00215	0.00387	0.00391	0.00349	0.00294	0.00236	0.00177	0.00118	0.00059	0.00000	
	V'	0.01505	0.03540	0.03540	0.00534	-0.00285	-0.00508	-0.00569	-0.00586	-0.00590	-0.00591	-0.00592	-0.00592	
13.25	M	0.00000	-0.46467	0.53533	0.14229	0.03782	0.01005	0.00267	0.00071	0.00019	0.00005	0.00001	0.00000	13.25
	Q	-3.52189	-7.09306	-7.09306	-1.88536	-0.50113	-0.13320	-0.03541	-0.00941	-0.00250	-0.00067	-0.00019	-0.00009	
	V	0.00000	0.00208	0.00208	0.00375	0.00377	0.00336	0.00283	0.00227	0.00171	0.00114	0.00057	0.00000	
	V'	0.01436	0.03471	0.03471	0.00504	-0.00284	-0.00494	-0.00549	-0.00564	-0.00568	-0.00569	-0.00569	-0.00570	
13.50	M	0.00000	-0.46640	0.53360	0.13833	0.03586	0.00930	0.00241	0.00062	0.00016	0.00004	0.00001	0.00000	13.50
	Q	-3.49974	-7.20364	-7.20364	-1.86747	-0.48412	-0.12550	-0.03254	-0.00843	-0.00219	-0.00057	-0.00016	-0.00008	
	V	0.00000	0.00201	0.00201	0.00363	0.00364	0.00324	0.00273	0.00219	0.00165	0.00110	0.00055	0.00000	
	V'	0.01372	0.03404	0.03404	0.00476	-0.00283	-0.00480	-0.00531	-0.00544	-0.00547	-0.00548	-0.00549	-0.00549	
13.75	M	0.00000	-0.46804	0.53196	0.13450	0.03401	0.00860	0.00217	0.00055	0.00014	0.00003	0.00001	0.00000	13.75
	Q	-3.47656	-7.31450	-7.31450	-1.84940	-0.46760	-0.11823	-0.02989	-0.00756	-0.00191	-0.00049	-0.00013	-0.00006	
	V	0.00000	0.00195	0.00195	0.00352	0.00352	0.00313	0.00263	0.00211	0.00159	0.00106	0.00053	0.00000	
	V'	0.01310	0.03340	0.03340	0.00449	-0.00282	-0.00466	-0.00513	-0.00525	-0.00528	-0.00529	-0.00529	-0.00529	
14.00	M	0.00000	-0.46959	0.53041	0.13080	0.03225	0.00795	0.00196	0.00048	0.00012	0.00003	0.00001	0.00000	14.00
	Q	-3.45236	-7.42567	-7.42567	-1.83115	-0.45156	-0.11135	-0.02746	-0.00677	-0.00167	-0.00041	-0.00011	-0.00005	
	V	0.00000	0.00189	0.00189	0.00341	0.00341	0.00302	0.00254	0.00204	0.00153	0.00102	0.00051	0.00000	
	V'	0.01251	0.03278	0.03278	0.00424	-0.00280	-0.00453	-0.00496	-0.00507	-0.00509	-0.00510	-0.00510	-0.00510	
14.25	M	0.00000	-0.47108	0.52892	0.12721	0.03060	0.00736	0.00177	0.00043	0.00010	0.00002	0.00001	0.00000	14.25
	Q	-3.42725	-7.53714	-7.53714	-1.81275	-0.43598	-0.10486	-0.02522	-0.00607	-0.00146	-0.00035	-0.00009	-0.00004	
	V	0.00000	0.00183	0.00183	0.00331	0.00330	0.00292	0.00245	0.00197	0.00148	0.00098	0.00049	0.00000	
	V'	0.01195	0.03219	0.03219	0.00400	-0.00278	-0.00441	-0.00480	-0.00489	-0.00492	-0.00492	-0.00492	-0.00492	
14.50	M	0.00000	-0.47249	0.52751	0.12374	0.02903	0.00681	0.00160	0.00037	0.00009	0.00002	0.00000	0.00000	14.50
	Q	-3.40127	-7.64892	-7.64892	-1.79421	-0.42087	-0.09872	-0.02316	-0.00543	-0.00127	-0.00030	-0.00007	-0.00003	
	V	0.00000	0.00177	0.00177	0.00322	0.00319	0.00282	0.00237	0.00190	0.00143	0.00095	0.00048	0.00000	
	V'	0.01142	0.03162	0.03162	0.00378	-0.00275	-0.00429	-0.00465	-0.00473	-0.00475	-0.00475	-0.00476	-0.00476	
14.75	M	0.00000	-0.47383	0.52617	0.12038	0.02754	0.00630	0.00144	0.00033	0.00008	0.00002	0.00000	0.00000	14.75
	Q	-3.37449	-7.76101	-7.76101	-1.77555	-0.40621	-0.09293	-0.02126	-0.00486	-0.00111	-0.00026	-0.00006	-0.00003	
	V	0.00000	0.00172	0.00172	0.00312	0.00309	0.00273	0.00229	0.00184	0.00138	0.00092	0.00046	0.00000	
	V'	0.01091	0.03108	0.03108	0.00356	-0.00273	-0.00417	-0.00450	-0.00457	-0.00459	-0.00460	-0.00460	-0.00460	
BETA	X/L =	0.00	L 0.10	R 0.10	0.20	0.30	0.40	0.50	0.60	0.70	0.80	0.90	1.00	BETA

XM/L = 0.10

FUNKTIONEN : F.MIM - F.MIQ - F.MIV - F.MIV'

Z U G S T A E B E -150-

FUNKTIONEN : F.M;M - F.M;Q - F.M;V - F.M;V'

XM/L = 0.10

BETA	X/L =	0.00	L 0.10	R 0.10	0.20	0.30	0.40	0.50	0.60	0.70	0.80	0.90	1.00	BETA
	M	0.00000	-0.47511	0.52489	0.11712	0.02613	0.00583	0.00130	0.00029	0.00006	0.00001	0.00000	0.00000	
15.00	Q	-3.34695	-7.87340	-7.87340	-1.75679	-0.39199	-0.08747	-0.01952	-0.00435	-0.00097	-0.00022	-0.00005	-0.00002	15.00
	V	0.00000	0.00167	0.00167	0.00304	0.00299	0.00264	0.00222	0.00178	0.00133	0.00089	0.00044	0.00000	
	V'	0.01043	0.03055	0.03055	0.00336	-0.00270	-0.00406	-0.00436	-0.00443	-0.00444	-0.00444	-0.00444	-0.00444	
	M	0.00000	-0.47632	0.52368	0.11396	0.02480	0.00540	0.00117	0.00026	0.00006	0.00001	0.00000	0.00000	
15.25	Q	-3.31872	-7.98611	-7.98611	-1.73795	-0.37821	-0.08231	-0.01791	-0.00390	-0.00085	-0.00019	-0.00004	-0.00002	15.25
	V	0.00000	0.00162	0.00162	0.00295	0.00290	0.00256	0.00214	0.00172	0.00129	0.00086	0.00043	0.00000	
	V'	0.00997	0.03004	0.03004	0.00317	-0.00267	-0.00395	-0.00422	-0.00428	-0.00430	-0.00430	-0.00430	-0.00430	
	M	0.00000	-0.47748	0.52252	0.11090	0.02354	0.00500	0.00106	0.00023	0.00005	0.00001	0.00000	0.00000	
15.50	Q	-3.28984	-8.09913	-8.09913	-1.71902	-0.36486	-0.07744	-0.01644	-0.00349	-0.00074	-0.00016	-0.00003	-0.00001	15.50
	V	0.00000	0.00157	0.00157	0.00287	0.00282	0.00248	0.00208	0.00166	0.00125	0.00083	0.00042	0.00000	
	V'	0.00953	0.02955	0.02955	0.00299	-0.00264	-0.00384	-0.00409	-0.00415	-0.00416	-0.00416	-0.00416	-0.00416	
	M	0.00000	-0.47857	0.52143	0.10794	0.02234	0.00463	0.00096	0.00020	0.00004	0.00001	0.00000	0.00000	
15.75	Q	-3.26037	-8.21246	-8.21246	-1.70004	-0.35192	-0.07285	-0.01508	-0.00312	-0.00065	-0.00013	-0.00003	-0.00001	15.75
	V	0.00000	0.00153	0.00153	0.00279	0.00273	0.00240	0.00201	0.00161	0.00121	0.00081	0.00040	0.00000	
	V'	0.00911	0.02908	0.02908	0.00282	-0.00261	-0.00374	-0.00397	-0.00402	-0.00403	-0.00403	-0.00403	-0.00403	
	M	0.00000	-0.47962	0.52038	0.10506	0.02121	0.00428	0.00086	0.00017	0.00004	0.00001	0.00000	0.00000	
16.00	Q	-3.23034	-8.32610	-8.32610	-1.68101	-0.33939	-0.06852	-0.01383	-0.00279	-0.00056	-0.00011	-0.00002	-0.00001	16.00
	V	0.00000	0.00148	0.00148	0.00271	0.00265	0.00233	0.00195	0.00156	0.00117	0.00078	0.00039	0.00000	
	V'	0.00871	0.02862	0.02862	0.00266	-0.00258	-0.00364	-0.00385	-0.00390	-0.00390	-0.00391	-0.00391	-0.00391	
	M	0.00000	-0.48061	0.51939	0.10227	0.02014	0.00397	0.00078	0.00015	0.00003	0.00001	0.00000	0.00000	
16.25	Q	-3.19981	-8.44004	-8.44004	-1.66194	-0.32726	-0.06444	-0.01269	-0.00250	-0.00049	-0.00010	-0.00002	-0.00001	16.25
	V	0.00000	0.00144	0.00144	0.00264	0.00257	0.00226	0.00189	0.00151	0.00114	0.00076	0.00038	0.00000	
	V'	0.00833	0.02818	0.02818	0.00251	-0.00255	-0.00354	-0.00374	-0.00378	-0.00379	-0.00379	-0.00379	-0.00379	
	M	0.00000	-0.48156	0.51844	0.09957	0.01912	0.00367	0.00071	0.00014	0.00003	0.00000	0.00000	0.00000	
16.50	Q	-3.16882	-8.55429	-8.55429	-1.64285	-0.31551	-0.06059	-0.01164	-0.00223	-0.00043	-0.00008	-0.00002	-0.00001	16.50
	V	0.00000	0.00140	0.00140	0.00257	0.00250	0.00219	0.00183	0.00147	0.00110	0.00073	0.00037	0.00000	
	V'	0.00797	0.02775	0.02775	0.00236	-0.00251	-0.00345	-0.00363	-0.00366	-0.00367	-0.00367	-0.00367	-0.00367	
	M	0.00000	-0.48246	0.51754	0.09694	0.01816	0.00340	0.00064	0.00012	0.00002	0.00000	0.00000	0.00000	
16.75	Q	-3.13741	-8.66883	-8.66883	-1.62374	-0.30414	-0.05697	-0.01067	-0.00200	-0.00037	-0.00007	-0.00001	-0.00000	16.75
	V	0.00000	0.00136	0.00136	0.00251	0.00243	0.00213	0.00178	0.00143	0.00107	0.00071	0.00036	0.00000	
	V'	0.00762	0.02733	0.02733	0.00222	-0.00248	-0.00336	-0.00353	-0.00356	-0.00356	-0.00356	-0.00356	-0.00356	
	M	0.00000	-0.48331	0.51669	0.09439	0.01724	0.00315	0.00058	0.00011	0.00002	0.00000	0.00000	0.00000	
17.00	Q	-3.10562	-8.78367	-8.78367	-1.60463	-0.29314	-0.05355	-0.00978	-0.00179	-0.00033	-0.00006	-0.00001	-0.00000	17.00
	V	0.00000	0.00133	0.00133	0.00244	0.00236	0.00207	0.00173	0.00138	0.00104	0.00069	0.00035	0.00000	
	V'	0.00729	0.02693	0.02693	0.00209	-0.00245	-0.00327	-0.00343	-0.00345	-0.00346	-0.00346	-0.00346	-0.00346	
	M	0.00000	-0.48413	0.51587	0.09191	0.01638	0.00292	0.00052	0.00009	0.00002	0.00000	0.00000	0.00000	
17.25	Q	-3.07349	-8.89881	-8.89881	-1.58553	-0.28250	-0.05033	-0.00897	-0.00160	-0.00028	-0.00005	-0.00001	-0.00000	17.25
	V	0.00000	0.00129	0.00129	0.00238	0.00230	0.00201	0.00168	0.00134	0.00101	0.00067	0.00034	0.00000	
	V'	0.00697	0.02655	0.02655	0.00197	-0.00241	-0.00319	-0.00333	-0.00336	-0.00336	-0.00336	-0.00336	-0.00336	
BETA	X/L =	0.00	L 0.10	R 0.10	0.20	0.30	0.40	0.50	0.60	0.70	0.80	0.90	1.00	BETA

XM/L = 0.10

FUNKTIONEN : F.M;M - F.M;Q - F.M;V - F.M;V'

FUNKTIONEN : F.M;M - F.M;Q - F.M;V - F.M;V'

XM/L = 0.10

BETA	X/L =	0.00	L 0.10	R 0.10	0.20	0.30	0.40	0.50	0.60	0.70	0.80	0.90	1.00	BETA
	M	0.00000	-0.48490	0.51510	0.08951	0.01555	0.00270	0.00047	0.00008	0.00001	0.00000	0.00000	0.00000	
17.50	Q	-3.04104	-9.01423	-9.01423	-1.56644	-0.27221	-0.04730	-0.00822	-0.00143	-0.00025	-0.00004	-0.00001	-0.00000	17.50
	V	0.00000	0.00126	0.00126	0.00232	0.00223	0.00195	0.00163	0.00131	0.00098	0.00065	0.00033	0.00000	
	V'	0.00666	0.02617	0.02617	0.00185	-0.00238	-0.00311	-0.00324	-0.00326	-0.00326	-0.00327	-0.00327	-0.00327	
	M	0.00000	-0.48564	0.51436	0.08718	0.01477	0.00250	0.00042	0.00007	0.00001	0.00000	0.00000	0.00000	
17.75	Q	-3.00833	-9.12993	-9.12993	-1.54737	-0.26225	-0.04445	-0.00753	-0.00128	-0.00022	-0.00004	-0.00001	-0.00000	17.75
	V	0.00000	0.00122	0.00122	0.00226	0.00217	0.00190	0.00159	0.00127	0.00095	0.00063	0.00032	0.00000	
	V'	0.00637	0.02580	0.02580	0.00174	-0.00234	-0.00303	-0.00315	-0.00317	-0.00317	-0.00317	-0.00317	-0.00317	
	M	0.00000	-0.48634	0.51366	0.08491	0.01404	0.00232	0.00038	0.00006	0.00001	0.00000	0.00000	0.00000	
18.00	Q	-2.97538	-9.24591	-9.24591	-1.52834	-0.25263	-0.04176	-0.00690	-0.00114	-0.00019	-0.00003	-0.00001	-0.00000	18.00
	V	0.00000	0.00119	0.00119	0.00221	0.00212	0.00184	0.00154	0.00123	0.00093	0.00062	0.00031	0.00000	
	V'	0.00610	0.02545	0.02545	0.00163	-0.00231	-0.00296	-0.00307	-0.00308	-0.00309	-0.00309	-0.00309	-0.00309	
	M	0.00000	-0.48700	0.51300	0.08270	0.01333	0.00215	0.00035	0.00006	0.00001	0.00000	0.00000	0.00000	
18.25	Q	-2.94222	-9.36217	-9.36217	-1.50935	-0.24333	-0.03923	-0.00632	-0.00102	-0.00016	-0.00003	-0.00000	-0.00000	18.25
	V	0.00000	0.00116	0.00116	0.00215	0.00206	0.00180	0.00150	0.00120	0.00090	0.00060	0.00030	0.00000	
	V'	0.00583	0.02511	0.02511	0.00153	-0.00227	-0.00288	-0.00298	-0.00300	-0.00300	-0.00300	-0.00300	-0.00300	
	M	0.00000	-0.48764	0.51236	0.08056	0.01267	0.00199	0.00031	0.00005	0.00001	0.00000	0.00000	0.00000	
18.50	Q	-2.90889	-9.47869	-9.47869	-1.49040	-0.23435	-0.03685	-0.00579	-0.00091	-0.00014	-0.00002	-0.00000	-0.00000	18.50
	V	0.00000	0.00113	0.00113	0.00210	0.00201	0.00175	0.00146	0.00117	0.00088	0.00058	0.00029	0.00000	
	V'	0.00558	0.02477	0.02477	0.00143	-0.00224	-0.00281	-0.00290	-0.00292	-0.00292	-0.00292	-0.00292	-0.00292	
	M	0.00000	-0.48824	0.51176	0.07848	0.01204	0.00185	0.00028	0.00004	0.00001	0.00000	0.00000	0.00000	
18.75	Q	-2.87541	-9.59548	-9.59548	-1.47151	-0.22566	-0.03461	-0.00531	-0.00081	-0.00012	-0.00002	-0.00000	-0.00000	18.75
	V	0.00000	0.00110	0.00110	0.00205	0.00196	0.00170	0.00142	0.00114	0.00085	0.00057	0.00028	0.00000	
	V'	0.00533	0.02445	0.02445	0.00134	-0.00220	-0.00275	-0.00283	-0.00284	-0.00284	-0.00284	-0.00284	-0.00284	
	M	0.00000	-0.48881	0.51119	0.07646	0.01144	0.00171	0.00026	0.00004	0.00001	0.00000	0.00000	0.00000	
19.00	Q	-2.84180	-9.71252	-9.71252	-1.45269	-0.21728	-0.03250	-0.00486	-0.00073	-0.00011	-0.00002	-0.00000	-0.00000	19.00
	V	0.00000	0.00108	0.00108	0.00200	0.00191	0.00166	0.00138	0.00111	0.00083	0.00055	0.00028	0.00000	
	V'	0.00510	0.02413	0.02413	0.00125	-0.00217	-0.00268	-0.00276	-0.00277	-0.00277	-0.00277	-0.00277	-0.00277	
	M	0.00000	-0.48936	0.51064	0.07449	0.01087	0.00159	0.00023	0.00003	0.00000	0.00000	0.00000	0.00000	
19.25	Q	-2.80811	-9.82982	-9.82982	-1.43393	-0.20918	-0.03051	-0.00445	-0.00065	-0.00009	-0.00001	-0.00000	-0.00000	19.25
	V	0.00000	0.00105	0.00105	0.00196	0.00186	0.00161	0.00135	0.00108	0.00081	0.00054	0.00027	0.00000	
	V'	0.00488	0.02383	0.02383	0.00117	-0.00213	-0.00262	-0.00269	-0.00270	-0.00270	-0.00270	-0.00270	-0.00270	
	M	0.00000	-0.48988	0.51012	0.07258	0.01033	0.00147	0.00021	0.00003	0.00000	0.00000	0.00000	0.00000	
19.50	Q	-2.77434	-9.94736	-9.94736	-1.41525	-0.20135	-0.02865	-0.00408	-0.00058	-0.00008	-0.00001	-0.00000	-0.00000	19.50
	V	0.00000	0.00103	0.00103	0.00191	0.00181	0.00157	0.00131	0.00105	0.00079	0.00053	0.00026	0.00000	
	V'	0.00467	0.02353	0.02353	0.00109	-0.00210	-0.00255	-0.00262	-0.00263	-0.00263	-0.00263	-0.00263	-0.00263	
	M	0.00000	-0.49037	0.50963	0.07072	0.00981	0.00136	0.00019	0.00003	0.00000	0.00000	0.00000	0.00000	
19.75	Q	-2.74054	-10.06514	-10.06514	-1.39665	-0.19380	-0.02689	-0.00373	-0.00052	-0.00007	-0.00001	-0.00000	-0.00000	19.75
	V	0.00000	0.00100	0.00100	0.00187	0.00177	0.00153	0.00128	0.00103	0.00077	0.00051	0.00026	0.00000	
	V'	0.00446	0.02324	0.02324	0.00102	-0.00207	-0.00249	-0.00255	-0.00256	-0.00256	-0.00256	-0.00256	-0.00256	
BETA	X/L =	0.00	L 0.10	R 0.10	0.20	0.30	0.40	0.50	0.60	0.70	0.80	0.90	1.00	BETA

XM/L = 0.10

FUNKTIONEN : F.M;M - F.M;Q - F.M;V - F.M;V'

FUNKTIONEN : F.M;M - F.M;Q - F.M;V - F.M;V'

XM/L = 0.10

BETA	X/L =	0.00	L 0.10	R 0.10	0.20	0.30	0.40	0.50	0.60	0.70	0.80	0.90	1.00	BETA
	M	0.00000	-0.49084	0.50916	0.06891	0.00933	0.00126	0.00017	0.00002	0.00000	0.00000	0.00000	0.00000	
20.00	Q	-2.70671	-10.18316	-10.18316	-1.37814	-0.18651	-0.02524	-0.00342	-0.00046	-0.00006	-0.00001	-0.00000	-0.00000	20.00
	V	0.00000	0.00098	0.00098	0.00183	0.00173	0.00150	0.00125	0.00100	0.00075	0.00050	0.00025	0.00000	
	V'	0.00427	0.02296	0.02296	0.00095	-0.00203	-0.00244	-0.00249	-0.00250	-0.00250	-0.00250	-0.00250	-0.00250	
	M	0.00000	-0.49129	0.50871	0.06715	0.00886	0.00117	0.00015	0.00002	0.00000	0.00000	0.00000	0.00000	
20.25	Q	-2.67288	-10.30140	-10.30140	-1.35972	-0.17947	-0.02369	-0.00313	-0.00041	-0.00005	-0.00001	-0.00000	-0.00000	20.25
	V	0.00000	0.00095	0.00095	0.00179	0.00169	0.00146	0.00122	0.00098	0.00073	0.00049	0.00024	0.00000	
	V'	0.00408	0.02268	0.02268	0.00088	-0.00200	-0.00238	-0.00243	-0.00244	-0.00244	-0.00244	-0.00244	-0.00244	
	M	0.00000	-0.49171	0.50829	0.06543	0.00842	0.00108	0.00014	0.00002	0.00000	0.00000	0.00000	0.00000	
20.50	Q	-2.63907	-10.41987	-10.41987	-1.34140	-0.17269	-0.02223	-0.00286	-0.00037	-0.00005	-0.00001	-0.00000	-0.00000	20.50
	V	0.00000	0.00093	0.00093	0.00175	0.00165	0.00143	0.00119	0.00095	0.00071	0.00048	0.00024	0.00000	
	V'	0.00390	0.02241	0.02241	0.00081	-0.00197	-0.00233	-0.00237	-0.00238	-0.00238	-0.00238	-0.00238	-0.00238	
	M	0.00000	-0.49212	0.50788	0.06377	0.00801	0.00101	0.00013	0.00002	0.00000	0.00000	0.00000	0.00000	
20.75	Q	-2.60530	-10.53856	-10.53856	-1.32318	-0.16613	-0.02086	-0.00262	-0.00033	-0.00004	-0.00001	-0.00000	-0.00000	20.75
	V	0.00000	0.00091	0.00091	0.00171	0.00161	0.00139	0.00116	0.00093	0.00070	0.00046	0.00023	0.00000	
	V'	0.00373	0.02215	0.02215	0.00075	-0.00194	-0.00227	-0.00232	-0.00232	-0.00232	-0.00232	-0.00232	-0.00232	
	M	0.00000	-0.49250	0.50750	0.06215	0.00761	0.00093	0.00011	0.00001	0.00000	0.00000	0.00000	0.00000	
21.00	Q	-2.57158	-10.65745	-10.65745	-1.30507	-0.15981	-0.01957	-0.00240	-0.00029	-0.00004	-0.00000	-0.00000	-0.00000	21.00
	V	0.00000	0.00089	0.00089	0.00167	0.00157	0.00136	0.00113	0.00091	0.00068	0.00045	0.00023	0.00000	
	V'	0.00356	0.02190	0.02190	0.00069	-0.00191	-0.00222	-0.00226	-0.00227	-0.00227	-0.00227	-0.00227	-0.00227	
	M	0.00000	-0.49287	0.50713	0.06057	0.00723	0.00086	0.00010	0.00001	0.00000	0.00000	0.00000	0.00000	
21.25	Q	-2.53795	-10.77656	-10.77656	-1.28708	-0.15372	-0.01836	-0.00219	-0.00026	-0.00003	-0.00000	-0.00000	-0.00000	21.25
	V	0.00000	0.00087	0.00087	0.00164	0.00153	0.00133	0.00111	0.00089	0.00066	0.00044	0.00022	0.00000	
	V'	0.00341	0.02165	0.02165	0.00064	-0.00187	-0.00217	-0.00221	-0.00221	-0.00221	-0.00221	-0.00221	-0.00221	
	M	0.00000	-0.49322	0.50678	0.05903	0.00688	0.00080	0.00009	0.00001	0.00000	0.00000	0.00000	0.00000	
21.50	Q	-2.50441	-10.89586	-10.89586	-1.26920	-0.14784	-0.01722	-0.00201	-0.00023	-0.00003	-0.00000	-0.00000	-0.00000	21.50
	V	0.00000	0.00085	0.00085	0.00160	0.00150	0.00130	0.00108	0.00087	0.00065	0.00043	0.00022	0.00000	
	V'	0.00325	0.02141	0.02141	0.00058	-0.00184	-0.00213	-0.00216	-0.00216	-0.00216	-0.00216	-0.00216	-0.00216	
	M	0.00000	-0.49355	0.50645	0.05754	0.00654	0.00074	0.00008	0.00001	0.00000	0.00000	0.00000	0.00000	
21.75	Q	-2.47098	-11.01536	-11.01536	-1.25143	-0.14217	-0.01615	-0.00184	-0.00021	-0.00002	-0.00000	-0.00000	-0.00000	21.75
	V	0.00000	0.00083	0.00083	0.00157	0.00147	0.00127	0.00106	0.00085	0.00063	0.00042	0.00021	0.00000	
	V'	0.00311	0.02117	0.02117	0.00053	-0.00181	-0.00208	-0.00211	-0.00211	-0.00211	-0.00211	-0.00211	-0.00211	
	M	0.00000	-0.49386	0.50614	0.05608	0.00621	0.00069	0.00008	0.00001	0.00000	0.00000	0.00000	0.00000	
22.00	Q	-2.43767	-11.13505	-11.13505	-1.23380	-0.13671	-0.01515	-0.00168	-0.00019	-0.00002	-0.00000	-0.00000	-0.00000	22.00
	V	0.00000	0.00081	0.00081	0.00154	0.00143	0.00124	0.00103	0.00083	0.00062	0.00041	0.00021	0.00000	
	V'	0.00297	0.02094	0.02094	0.00048	-0.00178	-0.00203	-0.00206	-0.00207	-0.00207	-0.00207	-0.00207	-0.00207	
	M	0.00000	-0.49416	0.50584	0.05466	0.00591	0.00064	0.00007	0.00001	0.00000	0.00000	0.00000	0.00000	
22.25	Q	-2.40450	-11.25492	-11.25492	-1.21629	-0.13144	-0.01420	-0.00154	-0.00017	-0.00002	-0.00000	-0.00000	-0.00000	22.25
	V	0.00000	0.00080	0.00080	0.00151	0.00140	0.00121	0.00101	0.00081	0.00061	0.00040	0.00020	0.00000	
	V'	0.00284	0.02071	0.02071	0.00044	-0.00175	-0.00199	-0.00202	-0.00202	-0.00202	-0.00202	-0.00202	-0.00202	
BETA	X/L =	0.00	L 0.10	R 0.10	0.20	0.30	0.40	0.50	0.60	0.70	0.80	0.90	1.00	BETA

XM/L = 0.10

FUNKTIONEN : F.M;M - F.M;Q - F.M;V - F.M;V'

Z U G S T A E B E -153-

FUNKTIONEN : F.MIM - F.MIQ - F.MIV - F.MIV'

XM/L = 0.10

BETA	X/L =	0.00	L 0.10	R 0.10	0.20	0.30	0.40	0.50	0.60	0.70	0.80	0.90	1.00	BETA
	M	0.00000	-0.49445	0.50555	0.05329	0.00562	0.00059	0.00006	0.00001	0.00000	0.00000	0.00000	0.00000	
22.50	Q	-2.37148	-11.37498	-11.37498	-1.19891	-0.12636	-0.01332	-0.00140	-0.00015	-0.00002	-0.00000	-0.00000	-0.00000	22.50
	V	0.00000	0.00078	0.00078	0.00147	0.00137	0.00118	0.00099	0.00079	0.00059	0.00040	0.00020	0.00000	
	V'	0.00271	0.02049	0.02049	0.00039	-0.00173	-0.00195	-0.00197	-0.00198	-0.00198	-0.00198	-0.00198	-0.00198	
	M	0.00000	-0.49472	0.50528	0.05194	0.00534	0.00055	0.00006	0.00001	0.00000	0.00000	0.00000	0.00000	
22.75	Q	-2.33863	-11.49520	-11.49520	-1.18167	-0.12147	-0.01249	-0.00128	-0.00013	-0.00001	-0.00000	-0.00000	-0.00000	22.75
	V	0.00000	0.00076	0.00076	0.00145	0.00134	0.00116	0.00097	0.00077	0.00058	0.00039	0.00019	0.00000	
	V'	0.00259	0.02028	0.02028	0.00035	-0.00170	-0.00191	-0.00193	-0.00193	-0.00193	-0.00193	-0.00193	-0.00193	
	M	0.00000	-0.49497	0.50503	0.05063	0.00508	0.00051	0.00005	0.00001	0.00000	0.00000	0.00000	0.00000	
23.00	Q	-2.30595	-11.61560	-11.61560	-1.16457	-0.11676	-0.01171	-0.00117	-0.00012	-0.00001	-0.00000	-0.00000	-0.00000	23.00
	V	0.00000	0.00075	0.00075	0.00142	0.00131	0.00113	0.00095	0.00076	0.00057	0.00038	0.00019	0.00000	
	V'	0.00247	0.02007	0.02007	0.00031	-0.00167	-0.00187	-0.00189	-0.00189	-0.00189	-0.00189	-0.00189	-0.00189	
	M	0.00000	-0.49522	0.50478	0.04936	0.00483	0.00047	0.00005	0.00000	0.00000	0.00000	0.00000	0.00000	
23.25	Q	-2.27347	-11.73615	-11.73615	-1.14760	-0.11222	-0.01097	-0.00107	-0.00010	-0.00001	-0.00000	-0.00000	-0.00000	23.25
	V	0.00000	0.00073	0.00073	0.00139	0.00129	0.00111	0.00092	0.00074	0.00055	0.00037	0.00018	0.00000	
	V'	0.00236	0.01986	0.01986	0.00027	-0.00164	-0.00183	-0.00185	-0.00185	-0.00185	-0.00185	-0.00185	-0.00185	
	M	0.00000	-0.49545	0.50455	0.04812	0.00459	0.00044	0.00004	0.00000	0.00000	0.00000	0.00000	0.00000	
23.50	Q	-2.24118	-11.85687	-11.85687	-1.13078	-0.10784	-0.01028	-0.00098	-0.00009	-0.00001	-0.00000	-0.00000	-0.00000	23.50
	V	0.00000	0.00072	0.00072	0.00136	0.00126	0.00109	0.00091	0.00072	0.00054	0.00036	0.00018	0.00000	
	V'	0.00225	0.01966	0.01966	0.00024	-0.00162	-0.00179	-0.00181	-0.00181	-0.00181	-0.00181	-0.00181	-0.00181	
	M	0.00000	-0.49567	0.50433	0.04691	0.00436	0.00041	0.00004	0.00000	0.00000	0.00000	0.00000	0.00000	
23.75	Q	-2.20909	-11.97774	-11.97774	-1.11410	-0.10363	-0.00964	-0.00090	-0.00008	-0.00001	-0.00000	-0.00000	-0.00000	23.75
	V	0.00000	0.00070	0.00070	0.00134	0.00123	0.00106	0.00089	0.00071	0.00053	0.00035	0.00018	0.00000	
	V'	0.00214	0.01946	0.01946	0.00020	-0.00159	-0.00176	-0.00177	-0.00177	-0.00177	-0.00177	-0.00177	-0.00177	
	M	0.00000	-0.49589	0.50411	0.04573	0.00415	0.00038	0.00003	0.00000	0.00000	0.00000	0.00000	0.00000	
24.00	Q	-2.17723	-12.09876	-12.09876	-1.09757	-0.09957	-0.00903	-0.00082	-0.00007	-0.00001	-0.00000	-0.00000	-0.00000	24.00
	V	0.00000	0.00069	0.00069	0.00131	0.00121	0.00104	0.00087	0.00069	0.00052	0.00035	0.00017	0.00000	
	V'	0.00204	0.01927	0.01927	0.00017	-0.00156	-0.00172	-0.00173	-0.00174	-0.00174	-0.00174	-0.00174	-0.00174	
	M	0.00000	-0.49609	0.50391	0.04459	0.00394	0.00035	0.00003	0.00000	0.00000	0.00000	0.00000	0.00000	
24.25	Q	-2.14559	-12.21992	-12.21992	-1.08120	-0.09566	-0.00846	-0.00075	-0.00007	-0.00001	-0.00000	-0.00000	-0.00000	24.25
	V	0.00000	0.00067	0.00067	0.00128	0.00118	0.00102	0.00085	0.00068	0.00051	0.00034	0.00017	0.00000	
	V'	0.00195	0.01908	0.01908	0.00014	-0.00154	-0.00169	-0.00170	-0.00170	-0.00170	-0.00170	-0.00170	-0.00170	
	M	0.00000	-0.49628	0.50372	0.04347	0.00375	0.00032	0.00003	0.00000	0.00000	0.00000	0.00000	0.00000	
24.50	Q	-2.11419	-12.34122	-12.34122	-1.06497	-0.09190	-0.00793	-0.00068	-0.00006	-0.00001	-0.00000	-0.00000	-0.00000	24.50
	V	0.00000	0.00066	0.00066	0.00126	0.00116	0.00100	0.00083	0.00067	0.00050	0.00033	0.00017	0.00000	
	V'	0.00186	0.01889	0.01889	0.00011	-0.00151	-0.00165	-0.00166	-0.00167	-0.00167	-0.00167	-0.00167	-0.00167	
	M	0.00000	-0.49646	0.50354	0.04238	0.00357	0.00030	0.00003	0.00000	0.00000	0.00000	0.00000	0.00000	
24.75	Q	-2.08303	-12.46266	-12.46266	-1.04889	-0.08828	-0.00743	-0.00063	-0.00005	-0.00000	-0.00000	-0.00000	-0.00000	24.75
	V	0.00000	0.00065	0.00065	0.00124	0.00114	0.00098	0.00082	0.00065	0.00049	0.00033	0.00016	0.00000	
	V'	0.00177	0.01871	0.01871	0.00008	-0.00149	-0.00162	-0.00163	-0.00163	-0.00163	-0.00163	-0.00163	-0.00163	
BETA	X/L =	0.00	L 0.10	R 0.10	0.20	0.30	0.40	0.50	0.60	0.70	0.80	0.90	1.00	BETA

XM/L = 0.10

FUNKTIONEN : F.MIM - F.MIQ - F.MIV - F.MIV'

FUNKTIONEN : F.M;M - F.M;Q - F.M;V - F.M;V'

XM/L = 0.10

BETA	X/L =	0.00	L 0.10	R 0.10	0.20	0.30	0.40	0.50	0.60	0.70	0.80	0.90	1.00	BETA
	M	0.00000	-0.49663	0.50337	0.04132	0.00339	0.00028	0.00002	0.00000	0.00000	0.00000	0.00000	0.00000	
25.00	Q	-2.05212	-12.58422	-12.58422	-1.03298	-0.08479	-0.00696	-0.00057	-0.00005	-0.00000	-0.00000	-0.00000	-0.00000	25.00
	V	0.00000	0.00063	0.00063	0.00121	0.00111	0.00096	0.00080	0.00064	0.00048	0.00032	0.00016	0.00000	
	V'	0.00168	0.01853	0.01853	0.00005	-0.00146	-0.00159	-0.00160	-0.00160	-0.00160	-0.00160	-0.00160	-0.00160	
	M	0.00000	-0.49738	0.50262	0.03641	0.00264	0.00019	0.00001	0.00000	0.00000	0.00000	0.00000	0.00000	
26.25	Q	-1.90154	-13.19387	-13.19387	-0.95576	-0.06924	-0.00502	-0.00036	-0.00003	-0.00000	-0.00000	-0.00000	-0.00000	26.25
	V	0.00000	0.00058	0.00058	0.00111	0.00101	0.00087	0.00073	0.00058	0.00044	0.00029	0.00015	0.00000	
	V'	0.00131	0.01770	0.01770	-0.00006	-0.00135	-0.00144	-0.00145	-0.00145	-0.00145	-0.00145	-0.00145	-0.00145	
	M	0.00000	-0.49796	0.50204	0.03209	0.00205	0.00013	0.00001	0.00000	0.00000	0.00000	0.00000	0.00000	
27.50	Q	-1.75802	-13.80619	-13.80619	-0.88260	-0.05642	-0.00361	-0.00023	-0.00001	-0.00000	-0.00000	-0.00000	-0.00000	27.50
	V	0.00000	0.00053	0.00053	0.00102	0.00092	0.00079	0.00066	0.00053	0.00040	0.00026	0.00013	0.00000	
	V'	0.00100	0.01693	0.01693	-0.00016	-0.00125	-0.00132	-0.00132	-0.00132	-0.00132	-0.00132	-0.00132	-0.00132	
	M	0.00000	-0.49841	0.50159	0.02830	0.00160	0.00009	0.00001	0.00000	0.00000	0.00000	0.00000	0.00000	
28.75	Q	-1.62196	-14.42075	-14.42075	-0.81356	-0.04590	-0.00259	-0.00015	-0.00001	-0.00000	-0.00000	-0.00000	-0.00000	28.75
	V	0.00000	0.00048	0.00048	0.00093	0.00084	0.00073	0.00060	0.00048	0.00036	0.00024	0.00012	0.00000	
	V'	0.00075	0.01624	0.01624	-0.00023	-0.00115	-0.00121	-0.00121	-0.00121	-0.00121	-0.00121	-0.00121	-0.00121	
	M	0.00000	-0.49876	0.50124	0.02496	0.00124	0.00006	0.00000	0.00000	0.00000	0.00000	0.00000	0.00000	
30.00	Q	-1.49361	-15.03718	-15.03718	-0.74566	-0.03727	-0.00186	-0.00009	-0.00000	-0.00000	-0.00000	-0.00000	-0.00000	30.00
	V	0.00000	0.00044	0.00044	0.00086	0.00078	0.00067	0.00056	0.00044	0.00033	0.00022	0.00011	0.00000	
	V'	0.00055	0.01560	0.01560	-0.00028	-0.00107	-0.00111	-0.00111	-0.00111	-0.00111	-0.00111	-0.00111	-0.00111	
	M	0.00000	-0.49903	0.50097	0.02201	0.00097	0.00004	0.00000	0.00000	0.00000	0.00000	0.00000	0.00000	
31.25	Q	-1.37303	-15.65516	-15.65516	-0.68784	-0.03022	-0.00133	-0.00006	-0.00000	-0.00000	-0.00000	-0.00000	-0.00000	31.25
	V	0.00000	0.00041	0.00041	0.00080	0.00072	0.00061	0.00051	0.00041	0.00031	0.00020	0.00010	0.00000	
	V'	0.00038	0.01501	0.01501	-0.00032	-0.00099	-0.00102	-0.00102	-0.00102	-0.00102	-0.00102	-0.00102	-0.00102	
	M	0.00000	-0.49925	0.50075	0.01942	0.00075	0.00003	0.00000	0.00000	0.00000	0.00000	0.00000	0.00000	
32.50	Q	-1.26016	-16.27443	-16.27443	-0.63103	-0.02447	-0.00095	-0.00004	-0.00000	-0.00000	-0.00000	-0.00000	-0.00000	32.50
	V	0.00000	0.00038	0.00038	0.00074	0.00066	0.00057	0.00047	0.00038	0.00028	0.00019	0.00009	0.00000	
	V'	0.00025	0.01446	0.01446	-0.00035	-0.00092	-0.00095	-0.00095	-0.00095	-0.00095	-0.00095	-0.00095	-0.00095	
	M	0.00000	-0.49941	0.50059	0.01713	0.00059	0.00002	0.00000	0.00000	0.00000	0.00000	0.00000	0.00000	
33.75	Q	-1.15486	-16.89476	-16.89476	-0.57811	-0.01978	-0.00068	-0.00002	-0.00000	-0.00000	-0.00000	-0.00000	-0.00000	33.75
	V	0.00000	0.00035	0.00035	0.00069	0.00061	0.00053	0.00044	0.00035	0.00026	0.00018	0.00009	0.00000	
	V'	0.00014	0.01395	0.01395	-0.00037	-0.00086	-0.00088	-0.00088	-0.00088	-0.00088	-0.00088	-0.00088	-0.00088	
	M	0.00000	-0.49954	0.50046	0.01511	0.00046	0.00001	0.00000	0.00000	0.00000	0.00000	0.00000	0.00000	
35.00	Q	-1.05691	-17.51596	-17.51596	-0.52894	-0.01597	-0.00048	-0.00001	-0.00000	-0.00000	-0.00000	-0.00000	-0.00000	35.00
	V	0.00000	0.00033	0.00033	0.00064	0.00057	0.00049	0.00041	0.00033	0.00024	0.00016	0.00008	0.00000	
	V'	0.00005	0.01348	0.01348	-0.00038	-0.00080	-0.00082	-0.00082	-0.00082	-0.00082	-0.00082	-0.00082	-0.00082	
	M	0.00000	-0.49964	0.50036	0.01333	0.00036	0.00001	0.00000	0.00000	0.00000	0.00000	0.00000	0.00000	
36.25	Q	-0.96603	-18.13787	-18.13787	-0.48336	-0.01288	-0.00034	-0.00001	-0.00000	-0.00000	-0.00000	-0.00000	-0.00000	36.25
	V	0.00000	0.00030	0.00030	0.00060	0.00053	0.00046	0.00038	0.00030	0.00023	0.00015	0.00008	0.00000	
	V'	-0.00003	0.01304	0.01304	-0.00039	-0.00075	-0.00076	-0.00076	-0.00076	-0.00076	-0.00076	-0.00076	-0.00076	
BETA	X/L =	0.00	L 0.10	R 0.10	0.20	0.30	0.40	0.50	0.60	0.70	0.80	0.90	1.00	BETA

XM/L = 0.10

FUNKTIONEN : F.M;M - F.M;Q - F.M;V - F.M;V'

Z U G S T A E B E -155-

FUNKTIONEN : F.M;M - F.M;Q - F.M;V - F.M;V'

XM/L = 0.10

BETA	X/L =	0.00	L 0.10	R 0.10	0.20	0.30	0.40	0.50	0.60	0.70	0.80	0.90	1.00	BETA
	M	0.00000	-0.49972	0.50028	0.01177	0.00028	0.00001	0.00000	0.00000	0.00000	0.00000	0.00000	0.00000	
37.50	Q	-0.88192	-18.76037	-18.76037	-0.44120	-0.01038	-0.00024	-0.00001	-0.00000	-0.00000	-0.00000	-0.00000	-0.00000	37.50
	V	0.00000	0.00028	0.00028	0.00056	0.00050	0.00043	0.00036	0.00028	0.00021	0.00014	0.00007	0.00000	
	V'	-0.00008	0.01263	0.01263	-0.00040	-0.00070	-0.00071	-0.00071	-0.00071	-0.00071	-0.00071	-0.00071	-0.00071	
	M	0.00000	-0.49978	0.50022	0.01038	0.00022	0.00000	0.00000	0.00000	0.00000	0.00000	0.00000	0.00000	
38.75	Q	-0.80423	-19.38335	-19.38335	-0.40229	-0.00835	-0.00017	-0.00000	-0.00000	-0.00000	-0.00000	-0.00000	-0.00000	38.75
	V	0.00000	0.00027	0.00027	0.00053	0.00047	0.00040	0.00033	0.00027	0.00020	0.00013	0.00007	0.00000	
	V'	-0.00013	0.01224	0.01224	-0.00040	-0.00066	-0.00067	-0.00067	-0.00067	-0.00067	-0.00067	-0.00067	-0.00067	
	M	0.00000	-0.49983	0.50017	0.00916	0.00017	0.00000	0.00000	0.00000	0.00000	0.00000	0.00000	0.00000	
40.00	Q	-0.73263	-20.00671	-20.00671	-0.36644	-0.00671	-0.00012	-0.00000	-0.00000	-0.00000	-0.00000	-0.00000	-0.00000	40.00
	V	0.00000	0.00025	0.00025	0.00049	0.00044	0.00037	0.00031	0.00025	0.00019	0.00012	0.00006	0.00000	
	V'	-0.00017	0.01188	0.01188	-0.00040	-0.00062	-0.00062	-0.00062	-0.00062	-0.00062	-0.00062	-0.00062	-0.00062	
	M	0.00000	-0.49987	0.50013	0.00808	0.00013	0.00000	0.00000	0.00000	0.00000	0.00000	0.00000	0.00000	
41.25	Q	-0.66674	-20.63039	-20.63039	-0.33346	-0.00539	-0.00009	-0.00000	-0.00000	-0.00000	-0.00000	-0.00000	-0.00000	41.25
	V	0.00000	0.00024	0.00024	0.00047	0.00041	0.00035	0.00029	0.00024	0.00018	0.00012	0.00006	0.00000	
	V'	-0.00020	0.01154	0.01154	-0.00039	-0.00058	-0.00059	-0.00059	-0.00059	-0.00059	-0.00059	-0.00059	-0.00059	
	M	0.00000	-0.49990	0.50010	0.00713	0.00010	0.00000	0.00000	0.00000	0.00000	0.00000	0.00000	0.00000	
42.50	Q	-0.60623	-21.25432	-21.25432	-0.30318	-0.00432	-0.00006	-0.00000	-0.00000	-0.00000	-0.00000	-0.00000	-0.00000	42.50
	V	0.00000	0.00022	0.00022	0.00044	0.00039	0.00033	0.00028	0.00022	0.00017	0.00011	0.00006	0.00000	
	V'	-0.00022	0.01121	0.01121	-0.00039	-0.00055	-0.00055	-0.00055	-0.00055	-0.00055	-0.00055	-0.00055	-0.00055	
	M	0.00000	-0.49992	0.50008	0.00630	0.00008	0.00000	0.00000	0.00000	0.00000	0.00000	0.00000	0.00000	
43.75	Q	-0.55073	-21.87847	-21.87847	-0.27541	-0.00347	-0.00004	-0.00000	-0.00000	-0.00000	-0.00000	-0.00000	-0.00000	43.75
	V	0.00000	0.00021	0.00021	0.00041	0.00037	0.00031	0.00026	0.00021	0.00016	0.00010	0.00005	0.00000	
	V'	-0.00023	0.01091	0.01091	-0.00038	-0.00052	-0.00052	-0.00052	-0.00052	-0.00052	-0.00052	-0.00052	-0.00052	
	M	0.00000	-0.49994	0.50006	0.00556	0.00006	0.00000	0.00000	0.00000	0.00000	0.00000	0.00000	0.00000	
45.00	Q	-0.49990	-22.50278	-22.50278	-0.24998	-0.00278	-0.00003	-0.00000	-0.00000	-0.00000	-0.00000	-0.00000	-0.00000	45.00
	V	0.00000	0.00020	0.00020	0.00039	0.00035	0.00030	0.00025	0.00020	0.00015	0.00010	0.00005	0.00000	
	V'	-0.00025	0.01062	0.01062	-0.00037	-0.00049	-0.00049	-0.00049	-0.00049	-0.00049	-0.00049	-0.00049	-0.00049	
	M	0.00000	-0.49995	0.50005	0.00490	0.00005	0.00000	0.00000	0.00000	0.00000	0.00000	0.00000	0.00000	
46.25	Q	-0.45342	-23.12722	-23.12722	-0.22673	-0.00222	-0.00002	-0.00000	-0.00000	-0.00000	-0.00000	-0.00000	-0.00000	46.25
	V	0.00000	0.00019	0.00019	0.00037	0.00033	0.00028	0.00023	0.00019	0.00014	0.00009	0.00005	0.00000	
	V'	-0.00026	0.01034	0.01034	-0.00036	-0.00047	-0.00047	-0.00047	-0.00047	-0.00047	-0.00047	-0.00047	-0.00047	
	M	0.00000	-0.49996	0.50004	0.00433	0.00004	0.00000	0.00000	0.00000	0.00000	0.00000	0.00000	0.00000	
47.50	Q	-0.41096	-23.75178	-23.75178	-0.20549	-0.00178	-0.00002	-0.00000	-0.00000	-0.00000	-0.00000	-0.00000	-0.00000	47.50
	V	0.00000	0.00018	0.00018	0.00035	0.00031	0.00027	0.00022	0.00018	0.00013	0.00009	0.00004	0.00000	
	V'	-0.00026	0.01008	0.01008	-0.00035	-0.00044	-0.00044	-0.00044	-0.00044	-0.00044	-0.00044	-0.00044	-0.00044	
	M	0.00000	-0.49997	0.50003	0.00382	0.00003	0.00000	0.00000	0.00000	0.00000	0.00000	0.00000	0.00000	
48.75	Q	-0.37221	-24.37642	-24.37642	-0.18612	-0.00142	-0.00001	-0.00000	-0.00000	-0.00000	-0.00000	-0.00000	-0.00000	48.75
	V	0.00000	0.00017	0.00017	0.00034	0.00029	0.00025	0.00021	0.00017	0.00013	0.00008	0.00004	0.00000	
	V'	-0.00026	0.00984	0.00984	-0.00034	-0.00042	-0.00042	-0.00042	-0.00042	-0.00042	-0.00042	-0.00042	-0.00042	
BETA	X/L =	0.00	L 0.10	R 0.10	0.20	0.30	0.40	0.50	0.60	0.70	0.80	0.90	1.00	BETA

XM/L = 0.10

FUNKTIONEN : F.M;M - F.M;Q - F.M;V - F.M;V'

FUNKTIONEN : F.MIM - F.MIQ - F.MIV - F.MIV'

XM/L = 0.20

BETA	X/L =	0.00	0.10	L 0.20	R 0.20	0.30	0.40	0.50	0.60	0.70	0.80	0.90	1.00	BETA
0.00	M	0.00000	-0.10000	-0.20000	0.80000	0.70000	0.60000	0.50000	0.40000	0.30000	0.20000	0.10000	0.00000	0.00
	Q	-1.00000	-1.00000	-1.00000	-1.00000	-1.00000	-1.00000	-1.00000	-1.00000	-1.00000	-1.00000	-1.00000	-1.00000	
	V	0.00000	0.01550	0.03200	0.03200	0.04550	0.05200	0.05250	0.04800	0.03950	0.02800	0.01450	0.00000	
	V'	0.15333	0.15833	0.17333	0.17333	0.09833	0.03333	-0.02167	-0.06667	-0.10167	-0.12667	-0.14167	-0.14667	
0.25	M	0.00000	-0.10096	-0.20199	0.79801	0.69717	0.59677	0.49674	0.39702	0.29755	0.19826	0.09910	0.00000	0.25
	Q	-1.00952	-1.00983	-1.01078	-1.01078	-1.00611	-1.00206	-0.99865	-0.99585	-0.99368	-0.99214	-0.99121	-0.99090	
	V	0.00000	0.01540	0.03180	0.03180	0.04523	0.05168	0.05217	0.04769	0.03924	0.02781	0.01440	0.00000	
	V'	0.15229	0.15734	0.17248	0.17248	0.09773	0.03303	-0.02164	-0.06632	-0.10105	-0.12584	-0.14071	-0.14566	
0.50	M	0.00000	-0.10377	-0.20781	0.79219	0.68889	0.58731	0.48720	0.38830	0.29038	0.19319	0.09647	0.00000	0.50
	Q	-1.03731	-1.03860	-1.04250	-1.04250	-1.02399	-1.00804	-0.99461	-0.98367	-0.97519	-0.96914	-0.96552	-0.96432	
	V	0.00000	0.01510	0.03123	0.03123	0.04444	0.05076	0.05121	0.04678	0.03847	0.02726	0.01411	0.00000	
	V'	0.14923	0.15442	0.16999	0.16999	0.09596	0.03216	-0.02156	-0.06532	-0.09925	-0.12342	-0.13790	-0.14272	
0.75	M	0.00000	-0.10822	-0.21705	0.78295	0.67571	0.57227	0.47205	0.37449	0.27904	0.18516	0.09232	0.00000	0.75
	Q	-1.08121	-1.08425	-1.09340	-1.09340	-1.05239	-1.01731	-0.98795	-0.96415	-0.94578	-0.93273	-0.92493	-0.92234	
	V	0.00000	0.01462	0.03032	0.03032	0.04319	0.04930	0.04968	0.04534	0.03726	0.02638	0.01365	0.00000	
	V'	0.14438	0.14979	0.16604	0.16604	0.09314	0.03077	-0.02142	-0.06373	-0.09639	-0.11959	-0.13345	-0.13807	
1.00	M	0.00000	-0.11399	-0.22913	0.77087	0.65845	0.55261	0.45231	0.35653	0.26432	0.17476	0.08694	0.00000	1.00
	Q	-1.13805	-1.14374	-1.16088	-1.16088	-1.08948	-1.02898	-0.97877	-0.93836	-0.90735	-0.88541	-0.87234	-0.86799	
	V	0.00000	0.01399	0.02913	0.02913	0.04155	0.04739	0.04769	0.04347	0.03568	0.02524	0.01306	0.00000	
	V'	0.13805	0.14374	0.16088	0.16088	0.08948	0.02898	-0.02123	-0.06164	-0.09265	-0.11459	-0.12766	-0.13201	
1.25	M	0.00000	-0.12072	-0.24333	0.75667	0.63807	0.52946	0.42913	0.33551	0.24715	0.16265	0.08069	0.00000	1.25
	Q	-1.20409	-1.21351	-1.24191	-1.24191	-1.13309	-1.04199	-0.96720	-0.90754	-0.86208	-0.83011	-0.81112	-0.80483	
	V	0.00000	0.01326	0.02773	0.02773	0.03963	0.04515	0.04536	0.04127	0.03383	0.02391	0.01236	0.00000	
	V'	0.13062	0.13664	0.15482	0.15482	0.08518	0.02688	-0.02099	-0.05917	-0.08827	-0.10873	-0.12088	-0.12491	
1.50	M	0.00000	-0.12803	-0.25895	0.74105	0.61556	0.50395	0.40370	0.31256	0.22845	0.14950	0.07392	0.00000	1.50
	Q	-1.27554	-1.28992	-1.33337	-1.33337	-1.18104	-1.05533	-0.95341	-0.87298	-0.81223	-0.76979	-0.74470	-0.73640	
	V	0.00000	0.01246	0.02620	0.02620	0.03753	0.04269	0.04280	0.03886	0.03180	0.02244	0.01159	0.00000	
	V'	0.12246	0.12885	0.14817	0.14817	0.08046	0.02459	-0.02071	-0.05645	-0.08345	-0.10232	-0.11347	-0.11715	
1.75	M	0.00000	-0.13558	-0.27533	0.72467	0.59182	0.47715	0.37712	0.28868	0.20909	0.13593	0.06694	0.00000	1.75
	Q	-1.34893	-1.36964	-1.43240	-1.43240	-1.23132	-1.06805	-0.93758	-0.83588	-0.75986	-0.70716	-0.67618	-0.66595	
	V	0.00000	0.01162	0.02460	0.02460	0.03532	0.04011	0.04012	0.03635	0.02968	0.02092	0.01080	0.00000	
	V'	0.11394	0.12070	0.14119	0.14119	0.07553	0.02222	-0.02038	-0.05359	-0.07641	-0.09562	-0.10574	-0.10908	
2.00	M	0.00000	-0.14308	-0.29191	0.70809	0.56762	0.44993	0.35030	0.26472	0.18777	0.12243	0.06001	0.00000	2.00
	Q	-1.42132	-1.44984	-1.53655	-1.53655	-1.28225	-1.07942	-0.91990	-0.79731	-0.70671	-0.64448	-0.60811	-0.59615	
	V	0.00000	0.01077	0.02298	0.02298	0.03309	0.03752	0.03743	0.03382	0.02756	0.01939	0.01000	0.00000	
	V'	0.10533	0.11246	0.13414	0.13414	0.07056	0.01985	-0.02002	-0.05067	-0.07332	-0.08888	-0.09797	-0.10096	
2.25	M	0.00000	-0.15030	-0.30825	0.69175	0.54356	0.42300	0.32394	0.24135	0.17103	0.10941	0.05335	0.00000	2.25
	Q	-1.49042	-1.52831	-1.64389	-1.64389	-1.33251	-1.08888	-0.90061	-0.75812	-0.65417	-0.58348	-0.54246	-0.52901	
	V	0.00000	0.00994	0.02138	0.02138	0.03090	0.03496	0.03478	0.03134	0.02548	0.01789	0.00922	0.00000	
	V'	0.09687	0.10436	0.12719	0.12719	0.06568	0.01756	-0.01963	-0.04778	-0.06831	-0.08227	-0.09038	-0.09303	
BETA	X/L =	0.00	0.10	L 0.20	R 0.20	0.30	0.40	0.50	0.60	0.70	0.80	0.90	1.00	BETA

XM/L = 0.20

FUNKTIONEN : F.MIM - F.MIQ - F.MIV - F.MIV'

FUNKTIONEN : F.MIM - F.MIQ - F.MIV - F.MIV'

XM/L = 0.20

BETA	X/L =	0.00	0.10	L 0.20	R 0.20	0.30	0.40	0.50	0.60	0.70	0.80	0.90	1.00	BETA
	M	0.00000	-0.15708	-0.32403	0.67597	0.52007	0.39685	0.29856	0.21903	0.15326	0.09712	0.04708	0.00000	
2.50	Q	-1.55457	-1.60341	-1.75298	-1.75298	-1.38115	-1.09609	-0.87990	-0.71899	-0.60325	-0.52541	-0.48058	-0.46595	2.50
	V	0.00000	0.00913	0.01985	0.01985	0.02879	0.03250	0.03223	0.02895	0.02348	0.01646	0.00847	0.00000	
	V'	0.08873	0.09655	0.12048	0.12048	0.06098	0.01538	-0.01922	-0.04496	-0.06348	-0.07593	-0.08311	-0.08545	
	M	0.00000	-0.16331	-0.33905	0.66095	0.49747	0.37184	0.27451	0.19807	0.13670	0.08574	0.04130	0.00000	
2.75	Q	-1.61268	-1.67405	-1.86281	-1.86281	-1.42752	-1.10087	-0.85800	-0.68043	-0.55464	-0.47105	-0.42332	-0.40780	2.75
	V	0.00000	0.00837	0.01839	0.01839	0.02678	0.03017	0.02982	0.02670	0.02159	0.01511	0.00776	0.00000	
	V'	0.08102	0.08913	0.11409	0.11409	0.05653	0.01334	-0.01878	-0.04226	-0.05889	-0.06994	-0.07626	-0.07831	
	M	0.00000	-0.16892	-0.35315	0.64685	0.47593	0.34816	0.25197	0.17862	0.12147	0.07534	0.03604	0.00000	
3.00	Q	-1.66411	-1.73956	-1.97274	-1.97274	-1.47125	-1.10317	-0.83512	-0.64279	-0.50875	-0.42085	-0.37110	-0.35500	3.00
	V	0.00000	0.00766	0.01702	0.01702	0.02490	0.02798	0.02756	0.02460	0.01984	0.01385	0.00711	0.00000	
	V'	0.07379	0.08217	0.10808	0.10808	0.05236	0.01146	-0.01832	-0.03969	-0.05458	-0.06435	-0.06988	-0.07167	
	M	0.00000	-0.17388	-0.36629	0.63371	0.45555	0.32593	0.23104	0.16077	0.10762	0.06595	0.03131	0.00000	
3.25	Q	-1.70858	-1.79961	-2.08240	-2.08240	-1.51215	-1.10303	-0.81145	-0.60633	-0.46582	-0.37495	-0.32403	-0.30764	3.25
	V	0.00000	0.00699	0.01574	0.01574	0.02314	0.02595	0.02546	0.02265	0.01821	0.01269	0.00650	0.00000	
	V'	0.06708	0.07570	0.10248	0.10248	0.04849	0.00975	-0.01785	-0.03727	-0.05057	-0.05918	-0.06400	-0.06555	
	M	0.00000	-0.17819	-0.37844	0.62156	0.43636	0.30516	0.21172	0.14449	0.09514	0.05756	0.02710	0.00000	
3.50	Q	-1.74607	-1.85411	-2.19161	-2.19161	-1.55017	-1.10057	-0.78718	-0.57120	-0.42591	-0.33333	-0.28199	-0.26556	3.50
	V	0.00000	0.00638	0.01457	0.01457	0.02152	0.02407	0.02353	0.02086	0.01672	0.01163	0.00595	0.00000	
	V'	0.06090	0.06972	0.09727	0.09727	0.04491	0.00821	-0.01737	-0.03500	-0.04686	-0.05442	-0.05861	-0.05995	
	M	0.00000	-0.18187	-0.38961	0.61039	0.41835	0.28583	0.19398	0.12974	0.08395	0.05010	0.02339	0.00000	
3.75	Q	-1.77675	-1.90315	-2.30033	-2.30033	-1.58536	-1.09595	-0.76248	-0.53749	-0.38898	-0.29582	-0.24474	-0.22849	3.75
	V	0.00000	0.00582	0.01348	0.01348	0.02003	0.02234	0.02176	0.01922	0.01536	0.01066	0.00545	0.00000	
	V'	0.05524	0.06422	0.09247	0.09247	0.04163	0.00682	-0.01689	-0.03289	-0.04345	-0.05008	-0.05371	-0.05486	
	M	0.00000	-0.18493	-0.39985	0.60015	0.40147	0.26789	0.17775	0.11642	0.07398	0.04352	0.02013	0.00000	
4.00	Q	-1.80091	-1.94691	-2.40860	-2.40860	-1.61781	-1.08935	-0.73752	-0.50527	-0.35495	-0.26218	-0.21193	-0.19603	4.00
	V	0.00000	0.00531	0.01249	0.01249	0.01866	0.02076	0.02014	0.01772	0.01413	0.00978	0.00499	0.00000	
	V'	0.05006	0.05918	0.08804	0.08804	0.03861	0.00558	-0.01641	-0.03092	-0.04032	-0.04611	-0.04925	-0.05025	
	M	0.00000	-0.18742	-0.40920	0.59080	0.38567	0.25126	0.16292	0.10444	0.06512	0.03775	0.01729	0.00000	
4.25	Q	-1.81891	-1.98566	-2.51651	-2.51651	-1.64767	-1.08095	-0.71243	-0.47454	-0.32366	-0.23213	-0.18316	-0.16778	4.25
	V	0.00000	0.00484	0.01158	0.01158	0.01740	0.01931	0.01866	0.01636	0.01300	0.00898	0.00458	0.00000	
	V'	0.04534	0.05457	0.08396	0.08396	0.03586	0.00448	-0.01592	-0.02909	-0.03744	-0.04251	-0.04522	-0.04607	
	M	0.00000	-0.18936	-0.41771	0.58229	0.37088	0.23585	0.14939	0.09369	0.05729	0.03269	0.01482	0.00000	
4.50	Q	-1.83116	-2.01971	-2.62420	-2.62420	-1.67509	-1.07094	-0.68734	-0.44530	-0.29496	-0.20536	-0.15805	-0.14330	4.50
	V	0.00000	0.00441	0.01075	0.01075	0.01625	0.01798	0.01731	0.01513	0.01199	0.00826	0.00421	0.00000	
	V'	0.04104	0.05036	0.08021	0.08021	0.03334	0.00350	-0.01544	-0.02739	-0.03482	-0.03924	-0.04158	-0.04231	
	M	0.00000	-0.19080	-0.42546	0.57454	0.35701	0.22157	0.13705	0.08405	0.05037	0.02828	0.01268	0.00000	
4.75	Q	-1.83808	-2.04936	-2.73180	-2.73180	-1.70021	-1.05950	-0.66237	-0.41752	-0.26866	-0.18156	-0.13621	-0.12216	4.75
	V	0.00000	0.00402	0.00999	0.00999	0.01520	0.01677	0.01609	0.01400	0.01106	0.00761	0.00387	0.00000	
	V'	0.03714	0.04651	0.07676	0.07676	0.03103	0.00264	-0.01496	-0.02582	-0.03241	-0.03627	-0.03828	-0.03891	
BETA	X/L =	0.00	0.10	L 0.20	R 0.20	0.30	0.40	0.50	0.60	0.70	0.80	0.90	1.00	BETA

XM/L = 0.20

FUNKTIONEN : F.MIM - F.MIQ - F.MIV - F.MIV'

Z U G S T A E B E -158-

FUNKTIONEN : F.MIM - F.MIQ - F.MIV - F.MIV'

XM/L = 0.20

BETA	X/L =	0.00	0.10	L 0.20	R 0.20	0.30	0.40	0.50	0.60	0.70	0.80	0.90	1.00	BETA
	M	0.00000	-0.19177	-0.43250	0.56750	0.34401	0.20833	0.12582	0.07542	0.04428	0.02444	0.01084	0.00000	
5.00	Q	-1.84010	-2.07494	-2.83942	-2.83942	-1.72319	-1.04680	-0.63762	-0.39118	-0.24460	-0.16044	-0.11725	-0.10398	5.00
	V	0.00000	0.00367	0.00930	0.00930	0.01424	0.01567	0.01497	0.01298	0.01023	0.00702	0.00357	0.00000	
	V'	0.03360	0.04300	0.07358	0.07358	0.02893	0.00187	-0.01450	-0.02435	-0.03022	-0.03358	-0.03531	-0.03584	
	M	0.00000	-0.19232	-0.43888	0.56112	0.33179	0.19604	0.11557	0.06770	0.03891	0.02111	0.00925	0.00000	
5.25	Q	-1.83764	-2.09676	-2.94719	-2.94719	-1.74416	-1.03300	-0.61315	-0.36623	-0.22259	-0.14173	-0.10083	-0.08837	5.25
	V	0.00000	0.00335	0.00867	0.00867	0.01336	0.01466	0.01395	0.01206	0.00947	0.00649	0.00329	0.00000	
	V'	0.03039	0.03979	0.07065	0.07065	0.02700	0.00120	-0.01404	-0.02299	-0.02821	-0.03114	-0.03262	-0.03308	
	M	0.00000	-0.19248	-0.44467	0.55533	0.32030	0.18463	0.10623	0.06079	0.03420	0.01822	0.00788	0.00000	
5.50	Q	-1.83110	-2.11510	-3.05522	-3.05522	-1.76324	-1.01822	-0.58906	-0.34263	-0.20249	-0.12515	-0.08664	-0.07501	5.50
	V	0.00000	0.00306	0.00809	0.00809	0.01255	0.01373	0.01302	0.01121	0.00879	0.00601	0.00305	0.00000	
	V'	0.02747	0.03686	0.06794	0.06794	0.02523	0.00060	-0.01358	-0.02173	-0.02636	-0.02892	-0.03019	-0.03058	
	M	0.00000	-0.19229	-0.44992	0.55008	0.30946	0.17402	0.09771	0.05460	0.03005	0.01571	0.00672	0.00000	
5.75	Q	-1.82086	-2.13026	-3.16360	-3.16360	-1.78056	-1.00262	-0.56540	-0.32033	-0.18413	-0.11049	-0.07440	-0.06359	5.75
	V	0.00000	0.00279	0.00756	0.00756	0.01181	0.01288	0.01217	0.01045	0.00816	0.00557	0.00282	0.00000	
	V'	0.02483	0.03419	0.06544	0.06544	0.02361	0.00008	-0.01314	-0.02056	-0.02468	-0.02690	-0.02800	-0.02832	
	M	0.00000	-0.19177	-0.45467	0.54533	0.29923	0.16414	0.08992	0.04907	0.02641	0.01355	0.00571	0.00000	
6.00	Q	-1.80730	-2.14249	-3.27240	-3.27240	-1.79621	-0.98630	-0.54223	-0.29929	-0.16736	-0.09752	-0.06385	-0.05386	6.00
	V	0.00000	0.00255	0.00707	0.00707	0.01113	0.01211	0.01139	0.00975	0.00760	0.00518	0.00262	0.00000	
	V'	0.02242	0.03174	0.06312	0.06312	0.02212	-0.00038	-0.01272	-0.01946	-0.02313	-0.02507	-0.02600	-0.02628	
	M	0.00000	-0.19096	-0.45898	0.54102	0.28955	0.15493	0.08281	0.04411	0.02321	0.01168	0.00486	0.00000	
6.25	Q	-1.79074	-2.15203	-3.38168	-3.38168	-1.81029	-0.96936	-0.51958	-0.27944	-0.15207	-0.08605	-0.05476	-0.04557	6.25
	V	0.00000	0.00233	0.00663	0.00663	0.01051	0.01139	0.01068	0.00911	0.00709	0.00482	0.00244	0.00000	
	V'	0.02024	0.02949	0.06097	0.06097	0.02074	-0.00078	-0.01230	-0.01845	-0.02171	-0.02340	-0.02420	-0.02443	
	M	0.00000	-0.18989	-0.46288	0.53712	0.28038	0.14633	0.07631	0.03968	0.02041	0.01007	0.00413	0.00000	
6.50	Q	-1.77151	-2.15911	-3.49150	-3.49150	-1.82287	-0.95191	-0.49748	-0.26075	-0.13812	-0.07592	-0.04695	-0.03852	6.50
	V	0.00000	0.00213	0.00622	0.00622	0.00993	0.01074	0.01003	0.00853	0.00662	0.00450	0.00227	0.00000	
	V'	0.01826	0.02743	0.05897	0.05897	0.01948	-0.00114	-0.01189	-0.01750	-0.02040	-0.02187	-0.02256	-0.02276	
	M	0.00000	-0.18859	-0.46641	0.53359	0.27167	0.13829	0.07035	0.03570	0.01794	0.00867	0.00351	0.00000	
6.75	Q	-1.74991	-2.16393	-3.60190	-3.60190	-1.83404	-0.93402	-0.47598	-0.24316	-0.12539	-0.06697	-0.04023	-0.03254	6.75
	V	0.00000	0.00194	0.00585	0.00585	0.00940	0.01013	0.00943	0.00800	0.00619	0.00420	0.00212	0.00000	
	V'	0.01646	0.02555	0.05711	0.05711	0.01831	-0.00145	-0.01150	-0.01661	-0.01920	-0.02048	-0.02106	-0.02123	
	M	0.00000	-0.18707	-0.46960	0.53040	0.26338	0.13077	0.06489	0.03213	0.01578	0.00747	0.00298	0.00000	
7.00	Q	-1.72620	-2.16668	-3.71289	-3.71289	-1.84384	-0.91578	-0.45508	-0.22661	-0.11380	-0.05906	-0.03447	-0.02746	7.00
	V	0.00000	0.00178	0.00550	0.00550	0.00891	0.00958	0.00888	0.00751	0.00580	0.00393	0.00198	0.00000	
	V'	0.01482	0.02381	0.05537	0.05537	0.01722	-0.00172	-0.01112	-0.01578	-0.01809	-0.01920	-0.01970	-0.01985	
	M	0.00000	-0.18536	-0.47249	0.52751	0.25548	0.12372	0.05989	0.02894	0.01388	0.00643	0.00252	0.00000	
7.25	Q	-1.70065	-2.16753	-3.82450	-3.82450	-1.85235	-0.89725	-0.43480	-0.21107	-0.10323	-0.05208	-0.02951	-0.02316	7.25
	V	0.00000	0.00162	0.00518	0.00518	0.00846	0.00906	0.00837	0.00706	0.00544	0.00368	0.00185	0.00000	
	V'	0.01333	0.02221	0.05374	0.05374	0.01622	-0.00195	-0.01075	-0.01501	-0.01706	-0.01803	-0.01846	-0.01858	
BETA	X/L =	0.00	0.10	L 0.20	R 0.20	0.30	0.40	0.50	0.60	0.70	0.80	0.90	1.00	BETA

XM/L = 0.20

FUNKTIONEN : F.MIM - F.MIQ - F.MIV - F.MIV'

Z U G S T A E B E -159-

FUNKTIONEN : F.M;M - F.M;Q - F.M;V - F.M;V'

XM/L = 0.20

BETA	X/L =	0.00	0.10	L 0.20	R 0.20	0.30	0.40	0.50	0.60	0.70	0.80	0.90	1.00	BETA
	M	0.00000	-0.18348	-0.47511	0.52489	0.24794	0.11711	0.05529	0.02607	0.01221	0.00554	0.00214	0.00000	
7.50	Q	-1.67349	-2.16664	-3.93673	-3.93673	-1.85962	-0.87851	-0.41515	-0.19648	-0.09361	-0.04591	-0.02527	-0.01952	7.50
	V	0.00000	0.00148	0.00489	0.00489	0.00804	0.00858	0.00791	0.00665	0.00512	0.00346	0.00174	0.00000	
	V'	0.01197	0.02074	0.05221	0.05221	0.01528	-0.00216	-0.01040	-0.01428	-0.01611	-0.01696	-0.01733	-0.01743	
	M	0.00000	-0.18146	-0.47748	0.52252	0.24072	0.11089	0.05107	0.02349	0.01074	0.00477	0.00181	0.00000	
7.75	Q	-1.64493	-2.16415	-4.04958	-4.04958	-1.86569	-0.85959	-0.39615	-0.18280	-0.08485	-0.04046	-0.02162	-0.01644	7.75
	V	0.00000	0.00136	0.00462	0.00462	0.00765	0.00814	0.00747	0.00627	0.00482	0.00325	0.00163	0.00000	
	V'	0.01074	0.01938	0.05077	0.05077	0.01441	-0.00234	-0.01005	-0.01361	-0.01524	-0.01598	-0.01629	-0.01638	
	M	0.00000	-0.17931	-0.47962	0.52038	0.23382	0.10506	0.04719	0.02118	0.00945	0.00411	0.00154	0.00000	
8.00	Q	-1.61518	-2.16019	-4.16306	-4.16306	-1.87060	-0.84056	-0.37779	-0.16998	-0.07688	-0.03566	-0.01850	-0.01383	8.00
	V	0.00000	0.00124	0.00437	0.00437	0.00728	0.00773	0.00708	0.00592	0.00454	0.00306	0.00154	0.00000	
	V'	0.00961	0.01813	0.04942	0.04942	0.01360	-0.00249	-0.00972	-0.01297	-0.01442	-0.01507	-0.01534	-0.01541	
	M	0.00000	-0.17704	-0.48156	0.51844	0.22720	0.09956	0.04362	0.01910	0.00832	0.00354	0.00130	0.00000	
8.25	Q	-1.58441	-2.15490	-4.27715	-4.27715	-1.87441	-0.82147	-0.36007	-0.15797	-0.06962	-0.03141	-0.01583	-0.01164	8.25
	V	0.00000	0.00113	0.00414	0.00414	0.00695	0.00735	0.00671	0.00560	0.00429	0.00289	0.00145	0.00000	
	V'	0.00859	0.01697	0.04815	0.04815	0.01285	-0.00262	-0.00940	-0.01237	-0.01367	-0.01423	-0.01446	-0.01452	
	M	0.00000	-0.17467	-0.48331	0.51669	0.22084	0.09439	0.04034	0.01722	0.00733	0.00304	0.00110	0.00000	
8.50	Q	-1.55281	-2.14836	-4.39184	-4.39184	-1.87715	-0.80235	-0.34299	-0.14673	-0.06303	-0.02767	-0.01354	-0.00978	8.50
	V	0.00000	0.00103	0.00392	0.00392	0.00663	0.00700	0.00636	0.00530	0.00405	0.00273	0.00137	0.00000	
	V'	0.00765	0.01589	0.04695	0.04695	0.01214	-0.00274	-0.00909	-0.01181	-0.01297	-0.01346	-0.01365	-0.01371	
	M	0.00000	-0.17221	-0.48490	0.51510	0.21472	0.08951	0.03731	0.01554	0.00645	0.00262	0.00093	0.00000	
8.75	Q	-1.52052	-2.14070	-4.50712	-4.50712	-1.87885	-0.78324	-0.32655	-0.13623	-0.05703	-0.02437	-0.01157	-0.00822	8.75
	V	0.00000	0.00094	0.00372	0.00372	0.00634	0.00667	0.00604	0.00502	0.00383	0.00258	0.00129	0.00000	
	V'	0.00680	0.01490	0.04581	0.04581	0.01148	-0.00283	-0.00880	-0.01128	-0.01232	-0.01274	-0.01291	-0.01295	
	M	0.00000	-0.16968	-0.48634	0.51366	0.20884	0.08491	0.03452	0.01402	0.00568	0.00226	0.00079	0.00000	
9.00	Q	-1.48769	-2.13199	-4.62296	-4.62296	-1.87956	-0.76419	-0.31073	-0.12641	-0.05159	-0.02145	-0.00989	-0.00690	9.00
	V	0.00000	0.00086	0.00354	0.00354	0.00606	0.00636	0.00575	0.00477	0.00363	0.00244	0.00122	0.00000	
	V'	0.00602	0.01398	0.04473	0.04473	0.01086	-0.00291	-0.00851	-0.01079	-0.01171	-0.01208	-0.01222	-0.01226	
	M	0.00000	-0.16709	-0.48764	0.51236	0.20317	0.08056	0.03194	0.01266	0.00500	0.00194	0.00067	0.00000	
9.25	Q	-1.45444	-2.12232	-4.73935	-4.73935	-1.87930	-0.74521	-0.29552	-0.11724	-0.04664	-0.01888	-0.00845	-0.00579	9.25
	V	0.00000	0.00078	0.00336	0.00336	0.00581	0.00607	0.00547	0.00453	0.00345	0.00231	0.00116	0.00000	
	V'	0.00531	0.01312	0.04370	0.04370	0.01028	-0.00298	-0.00823	-0.01032	-0.01114	-0.01147	-0.01159	-0.01162	
	M	0.00000	-0.16445	-0.48881	0.51119	0.19770	0.07646	0.02957	0.01143	0.00441	0.00167	0.00056	0.00000	
9.50	Q	-1.42090	-2.11178	-4.85626	-4.85626	-1.87812	-0.72635	-0.28093	-0.10869	-0.04216	-0.01661	-0.00722	-0.00486	9.50
	V	0.00000	0.00071	0.00320	0.00320	0.00557	0.00580	0.00521	0.00431	0.00328	0.00220	0.00110	0.00000	
	V'	0.00466	0.01232	0.04273	0.04273	0.00973	-0.00303	-0.00797	-0.00988	-0.01061	-0.01090	-0.01100	-0.01103	
	M	0.00000	-0.16176	-0.48988	0.51012	0.19241	0.07258	0.02737	0.01032	0.00388	0.00144	0.00048	0.00000	
9.75	Q	-1.38717	-2.10043	-4.97368	-4.97368	-1.87604	-0.70763	-0.26693	-0.10072	-0.03808	-0.01461	-0.00617	-0.00408	9.75
	V	0.00000	0.00065	0.00305	0.00305	0.00534	0.00555	0.00497	0.00410	0.00311	0.00209	0.00105	0.00000	
	V'	0.00407	0.01158	0.04180	0.04180	0.00922	-0.00308	-0.00771	-0.00946	-0.01012	-0.01037	-0.01045	-0.01048	
BETA	X/L =	0.00	0.10	L 0.20	R 0.20	0.30	0.40	0.50	0.60	0.70	0.80	0.90	1.00	BETA

XM/L = 0.20

FUNKTIONEN : F.M;M - F.M;Q - F.M;V - F.M;V'

FUNKTIONEN : F.MIM - F.MIQ - F.MIV - F.MIV'

XM/L = 0.20

BETA	X/L =	0.00	0.10	L 0.20	R 0.20	0.30	0.40	0.50	0.60	0.70	0.80	0.90	1.00	BETA
10.00	M	0.00000	-0.15905	-0.49084	0.50916	0.18731	0.06891	0.02535	0.00932	0.00342	0.00124	0.00040	0.00000	10.00
	Q	-1.35335	-2.08833	-5.09158	-5.09158	-1.87309	-0.68907	-0.25351	-0.09329	-0.03439	-0.01285	-0.00527	-0.00342	
	V	0.00000	0.00059	0.00291	0.00291	0.00513	0.00531	0.00475	0.00391	0.00297	0.00199	0.00100	0.00000	
	V'	0.00353	0.01088	0.04092	0.04092	0.00873	-0.00311	-0.00746	-0.00907	-0.00966	-0.00987	-0.00995	-0.00997	
10.25	M	0.00000	-0.15630	-0.49171	0.50829	0.18237	0.06543	0.02348	0.00842	0.00302	0.00107	0.00034	0.00000	10.25
	Q	-1.31953	-2.07555	-5.20994	-5.20994	-1.86931	-0.67070	-0.24065	-0.08637	-0.03105	-0.01130	-0.00450	-0.00286	
	V	0.00000	0.00054	0.00278	0.00278	0.00493	0.00509	0.00454	0.00375	0.00283	0.00189	0.00095	0.00000	
	V'	0.00304	0.01024	0.04007	0.04007	0.00827	-0.00313	-0.00723	-0.00870	-0.00922	-0.00941	-0.00948	-0.00949	
10.50	M	0.00000	-0.15354	-0.49250	0.50750	0.17759	0.06215	0.02175	0.00761	0.00266	0.00092	0.00029	0.00000	10.50
	Q	-1.28579	-2.06215	-5.32873	-5.32873	-1.86472	-0.65254	-0.22835	-0.07993	-0.02801	-0.00993	-0.00384	-0.00240	
	V	0.00000	0.00049	0.00265	0.00265	0.00474	0.00488	0.00434	0.00356	0.00270	0.00181	0.00090	0.00000	
	V'	0.00259	0.00963	0.03926	0.03926	0.00784	-0.00315	-0.00700	-0.00835	-0.00882	-0.00898	-0.00904	-0.00905	
10.75	M	0.00000	-0.15077	-0.49322	0.50678	0.17296	0.05903	0.02015	0.00688	0.00234	0.00079	0.00024	0.00000	10.75
	Q	-1.25220	-2.04816	-5.44793	-5.44793	-1.85937	-0.63460	-0.21659	-0.07393	-0.02527	-0.00873	-0.00328	-0.00201	
	V	0.00000	0.00044	0.00254	0.00254	0.00456	0.00468	0.00415	0.00340	0.00258	0.00172	0.00086	0.00000	
	V'	0.00218	0.00907	0.03849	0.03849	0.00744	-0.00316	-0.00678	-0.00801	-0.00843	-0.00858	-0.00862	-0.00864	
11.00	M	0.00000	-0.14799	-0.49386	0.50614	0.16848	0.05608	0.01867	0.00621	0.00207	0.00068	0.00020	0.00000	11.00
	Q	-1.21883	-2.03365	-5.56753	-5.56753	-1.85327	-0.61690	-0.20535	-0.06836	-0.02278	-0.00767	-0.00280	-0.00168	
	V	0.00000	0.00040	0.00243	0.00243	0.00439	0.00450	0.00398	0.00325	0.00246	0.00165	0.00082	0.00000	
	V'	0.00181	0.00854	0.03775	0.03775	0.00705	-0.00317	-0.00657	-0.00770	-0.00808	-0.00820	-0.00824	-0.00825	
11.25	M	0.00000	-0.14522	-0.49445	0.50555	0.16413	0.05328	0.01730	0.00562	0.00182	0.00059	0.00017	0.00000	11.25
	Q	-1.18574	-2.01865	-5.68749	-5.68749	-1.84646	-0.59946	-0.19462	-0.06319	-0.02054	-0.00673	-0.00239	-0.00140	
	V	0.00000	0.00036	0.00233	0.00233	0.00423	0.00432	0.00381	0.00312	0.00236	0.00158	0.00079	0.00000	
	V'	0.00147	0.00805	0.03704	0.03704	0.00669	-0.00316	-0.00636	-0.00740	-0.00774	-0.00785	-0.00788	-0.00789	
11.50	M	0.00000	-0.14245	-0.49497	0.50503	0.15991	0.05063	0.01603	0.00508	0.00161	0.00050	0.00014	0.00000	11.50
	Q	-1.15298	-2.00320	-5.80780	-5.80780	-1.83896	-0.58228	-0.18437	-0.05838	-0.01850	-0.00591	-0.00204	-0.00117	
	V	0.00000	0.00032	0.00223	0.00223	0.00408	0.00415	0.00366	0.00299	0.00226	0.00151	0.00076	0.00000	
	V'	0.00116	0.00759	0.03635	0.03635	0.00634	-0.00316	-0.00617	-0.00712	-0.00742	-0.00752	-0.00755	-0.00755	
11.75	M	0.00000	-0.13968	-0.49545	0.50455	0.15581	0.04812	0.01486	0.00459	0.00142	0.00043	0.00012	0.00000	11.75
	Q	-1.12059	-1.98734	-5.92843	-5.92843	-1.83081	-0.56539	-0.17460	-0.05393	-0.01667	-0.00519	-0.00174	-0.00098	
	V	0.00000	0.00029	0.00214	0.00214	0.00394	0.00400	0.00351	0.00286	0.00216	0.00145	0.00072	0.00000	
	V'	0.00087	0.00715	0.03570	0.03570	0.00602	-0.00315	-0.00598	-0.00685	-0.00712	-0.00721	-0.00723	-0.00724	
12.00	M	0.00000	-0.13694	-0.49589	0.50411	0.15184	0.04573	0.01377	0.00415	0.00125	0.00037	0.00010	0.00000	12.00
	Q	-1.08862	-1.97111	-6.04938	-6.04938	-1.82204	-0.54879	-0.16529	-0.04979	-0.01501	-0.00455	-0.00148	-0.00082	
	V	0.00000	0.00026	0.00205	0.00205	0.00381	0.00385	0.00338	0.00275	0.00207	0.00139	0.00069	0.00000	
	V'	0.00062	0.00674	0.03507	0.03507	0.00571	-0.00313	-0.00580	-0.00660	-0.00684	-0.00691	-0.00693	-0.00694	
12.25	M	0.00000	-0.13420	-0.49628	0.50372	0.14797	0.04347	0.01277	0.00375	0.00110	0.00032	0.00009	0.00000	12.25
	Q	-1.05710	-1.95453	-6.17061	-6.17061	-1.81266	-0.53248	-0.15642	-0.04595	-0.01351	-0.00399	-0.00127	-0.00068	
	V	0.00000	0.00023	0.00197	0.00197	0.00368	0.00371	0.00325	0.00264	0.00199	0.00133	0.00067	0.00000	
	V'	0.00038	0.00636	0.03446	0.03446	0.00542	-0.00312	-0.00562	-0.00636	-0.00657	-0.00664	-0.00666	-0.00666	
BETA	X/L =	0.00	0.10	L 0.20	R 0.20	0.30	0.40	0.50	0.60	0.70	0.80	0.90	1.00	BETA

XM/L = 0.20

FUNKTIONEN : F.MIM - F.MIQ - F.MIV - F.MIV'

FUNKTIONEN : F.M;M - F.M;Q - F.M;V - F.M;V'

XM/L = 0.20

BETA	X/L =	0.00	0.10	L 0.20	R 0.20	0.30	0.40	0.50	0.60	0.70	0.80	0.90	1.00	BETA
	M	0.00000	-0.13149	-0.49663	0.50337	0.14422	0.04132	0.01184	0.00339	0.00097	0.00028	0.00007	0.00000	
12.50	Q	-1.02606	-1.93764	-6.29211	-6.29211	-1.80272	-0.51649	-0.14798	-0.04240	-0.01215	-0.00350	-0.00108	-0.00057	12.50
	V	0.00000	0.00020	0.00190	0.00190	0.00356	0.00358	0.00312	0.00254	0.00191	0.00128	0.00064	0.00000	
	V'	0.00017	0.00600	0.03387	0.03387	0.00514	-0.00309	-0.00545	-0.00613	-0.00632	-0.00638	-0.00639	-0.00640	
	M	0.00000	-0.12881	-0.49695	0.50305	0.14057	0.03928	0.01098	0.00307	0.00086	0.00024	0.00006	0.00000	
12.75	Q	-0.99554	-1.92046	-6.41387	-6.41387	-1.79223	-0.50081	-0.13994	-0.03911	-0.01093	-0.00307	-0.00092	-0.00048	12.75
	V	0.00000	0.00018	0.00183	0.00183	0.00344	0.00345	0.00301	0.00244	0.00184	0.00123	0.00061	0.00000	
	V'	-0.00003	0.00566	0.03330	0.03330	0.00487	-0.00307	-0.00529	-0.00591	-0.00608	-0.00613	-0.00615	-0.00615	
	M	0.00000	-0.12614	-0.49724	0.50276	0.13702	0.03734	0.01018	0.00277	0.00076	0.00020	0.00005	0.00000	
13.00	Q	-0.96556	-1.90303	-6.53586	-6.53586	-1.78123	-0.48544	-0.13230	-0.03606	-0.00983	-0.00269	-0.00078	-0.00040	13.00
	V	0.00000	0.00015	0.00176	0.00176	0.00333	0.00333	0.00290	0.00235	0.00177	0.00118	0.00059	0.00000	
	V'	-0.00020	0.00534	0.03276	0.03276	0.00462	-0.00304	-0.00513	-0.00570	-0.00586	-0.00590	-0.00591	-0.00591	
	M	0.00000	-0.12351	-0.49750	0.50250	0.13356	0.03550	0.00944	0.00251	0.00067	0.00018	0.00004	0.00000	
13.25	Q	-0.93613	-1.88536	-6.65807	-6.65807	-1.76973	-0.47040	-0.12503	-0.03324	-0.00884	-0.00236	-0.00067	-0.00035	13.25
	V	0.00000	0.00013	0.00169	0.00169	0.00323	0.00322	0.00279	0.00226	0.00170	0.00114	0.00057	0.00000	
	V'	-0.00036	0.00504	0.03223	0.03223	0.00438	-0.00302	-0.00498	-0.00551	-0.00565	-0.00568	-0.00569	-0.00569	
	M	0.00000	-0.12091	-0.49774	0.50226	0.13021	0.03375	0.00875	0.00227	0.00059	0.00015	0.00004	0.00000	
13.50	Q	-0.90727	-1.86747	-6.78049	-6.78049	-1.75778	-0.45569	-0.11813	-0.03063	-0.00794	-0.00207	-0.00057	-0.00028	13.50
	V	0.00000	0.00011	0.00163	0.00163	0.00313	0.00311	0.00270	0.00218	0.00164	0.00110	0.00055	0.00000	
	V'	-0.00051	0.00476	0.03172	0.03172	0.00416	-0.00299	-0.00484	-0.00532	-0.00544	-0.00548	-0.00548	-0.00549	
	M	0.00000	-0.11834	-0.49796	0.50204	0.12694	0.03209	0.00811	0.00205	0.00052	0.00013	0.00003	0.00000	
13.75	Q	-0.87901	-1.84940	-6.90310	-6.90310	-1.74538	-0.44130	-0.11158	-0.02821	-0.00713	-0.00181	-0.00049	-0.00023	13.75
	V	0.00000	0.00010	0.00158	0.00158	0.00303	0.00300	0.00260	0.00210	0.00158	0.00106	0.00053	0.00000	
	V'	-0.00064	0.00449	0.03122	0.03122	0.00394	-0.00296	-0.00470	-0.00514	-0.00525	-0.00528	-0.00529	-0.00529	
	M	0.00000	-0.11580	-0.49815	0.50185	0.12375	0.03052	0.00753	0.00186	0.00046	0.00011	0.00003	0.00000	
14.00	Q	-0.85134	-1.83115	-7.02589	-7.02589	-1.73256	-0.42724	-0.10536	-0.02598	-0.00641	-0.00159	-0.00041	-0.00019	14.00
	V	0.00000	0.00008	0.00152	0.00152	0.00294	0.00291	0.00251	0.00203	0.00153	0.00102	0.00051	0.00000	
	V'	-0.00076	0.00424	0.03074	0.03074	0.00374	-0.00292	-0.00456	-0.00497	-0.00507	-0.00509	-0.00510	-0.00510	
	M	0.00000	-0.11330	-0.49833	0.50167	0.12066	0.02902	0.00698	0.00168	0.00040	0.00010	0.00002	0.00000	
14.25	Q	-0.82428	-1.81275	-7.14884	-7.14884	-1.71936	-0.41352	-0.09946	-0.02392	-0.00575	-0.00139	-0.00035	-0.00016	14.25
	V	0.00000	0.00007	0.00147	0.00147	0.00285	0.00281	0.00243	0.00196	0.00148	0.00098	0.00049	0.00000	
	V'	-0.00087	0.00400	0.03028	0.03028	0.00354	-0.00289	-0.00443	-0.00481	-0.00490	-0.00492	-0.00492	-0.00492	
	M	0.00000	-0.11083	-0.49849	0.50151	0.11764	0.02759	0.00647	0.00152	0.00036	0.00008	0.00002	0.00000	
14.50	Q	-0.79784	-1.79421	-7.27195	-7.27195	-1.70578	-0.40013	-0.09386	-0.02202	-0.00517	-0.00122	-0.00030	-0.00013	14.50
	V	0.00000	0.00005	0.00142	0.00142	0.00277	0.00272	0.00235	0.00190	0.00143	0.00095	0.00048	0.00000	
	V'	-0.00096	0.00378	0.02983	0.02983	0.00336	-0.00285	-0.00431	-0.00465	-0.00473	-0.00475	-0.00475	-0.00476	
	M	0.00000	-0.10840	-0.49863	0.50137	0.11470	0.02624	0.00600	0.00137	0.00031	0.00007	0.00002	0.00000	
14.75	Q	-0.77201	-1.77555	-7.39520	-7.39520	-1.69187	-0.38706	-0.08855	-0.02026	-0.00464	-0.00106	-0.00026	-0.00011	14.75
	V	0.00000	0.00004	0.00137	0.00137	0.00269	0.00264	0.00227	0.00183	0.00138	0.00092	0.00046	0.00000	
	V'	-0.00105	0.00356	0.02939	0.02939	0.00318	-0.00282	-0.00419	-0.00450	-0.00458	-0.00459	-0.00460	-0.00460	
BETA	X/L =	0.00	0.10	L 0.20	R 0.20	0.30	0.40	0.50	0.60	0.70	0.80	0.90	1.00	BETA

XM/L = 0.20

FUNKTIONEN : F.M;M - F.M;Q - F.M;V - F.M;V'

FUNKTIONEN : F.MIM - F.MIQ - F.MIV - F.MIV'

XM/L = 0.20

BETA	X/L =	0.00	0.10	L 0.20	R 0.20	0.30	0.40	0.50	0.60	0.70	0.80	0.90	1.00	BETA
	M	0.00000	-0.10601	-0.49876	0.50124	0.11184	0.02496	0.00557	0.00124	0.00028	0.00006	0.00001	0.00000	
15.00	Q	-0.74681	-1.75679	-7.51859	-7.51859	-1.67762	-0.37433	-0.08352	-0.01864	-0.00416	-0.00093	-0.00022	-0.00009	15.00
	V	0.00000	0.00003	0.00133	0.00133	0.00261	0.00256	0.00220	0.00177	0.00133	0.00089	0.00044	0.00000	
	V'	-0.00113	0.00336	0.02897	0.02897	0.00301	-0.00278	-0.00407	-0.00436	-0.00443	-0.00444	-0.00444	-0.00444	
	M	0.00000	-0.10366	-0.49888	0.50112	0.10905	0.02373	0.00516	0.00112	0.00024	0.00005	0.00001	0.00000	
15.25	Q	-0.72222	-1.73795	-7.64210	-7.64210	-1.66308	-0.36192	-0.07876	-0.01714	-0.00373	-0.00081	-0.00019	-0.00008	15.25
	V	0.00000	0.00002	0.00129	0.00129	0.00254	0.00248	0.00213	0.00172	0.00129	0.00086	0.00043	0.00000	
	V'	-0.00119	0.00317	0.02856	0.02856	0.00285	-0.00274	-0.00396	-0.00423	-0.00428	-0.00430	-0.00430	-0.00430	
	M	0.00000	-0.10134	-0.49899	0.50101	0.10634	0.02257	0.00479	0.00102	0.00022	0.00005	0.00001	0.00000	
15.50	Q	-0.69826	-1.71902	-7.76573	-7.76573	-1.64826	-0.34984	-0.07425	-0.01575	-0.00335	-0.00071	-0.00016	-0.00006	15.50
	V	0.00000	0.00001	0.00124	0.00124	0.00247	0.00240	0.00206	0.00166	0.00125	0.00083	0.00042	0.00000	
	V'	-0.00126	0.00299	0.02816	0.02816	0.00270	-0.00271	-0.00385	-0.00410	-0.00415	-0.00416	-0.00416	-0.00416	
	M	0.00000	-0.09907	-0.49908	0.50092	0.10369	0.02147	0.00444	0.00092	0.00019	0.00004	0.00001	0.00000	
15.75	Q	-0.67492	-1.70004	-7.88946	-7.88946	-1.63318	-0.33808	-0.06999	-0.01449	-0.00300	-0.00062	-0.00013	-0.00005	15.75
	V	0.00000	-0.00000	0.00121	0.00121	0.00240	0.00233	0.00200	0.00161	0.00121	0.00081	0.00040	0.00000	
	V'	-0.00131	0.00282	0.02777	0.02777	0.00255	-0.00267	-0.00375	-0.00397	-0.00402	-0.00403	-0.00403	-0.00403	
	M	0.00000	-0.09683	-0.49917	0.50083	0.10112	0.02041	0.00412	0.00083	0.00017	0.00003	0.00001	0.00000	
16.00	Q	-0.65220	-1.68101	-8.01329	-8.01329	-1.61786	-0.32664	-0.06595	-0.01331	-0.00269	-0.00054	-0.00011	-0.00004	16.00
	V	0.00000	-0.00001	0.00117	0.00117	0.00234	0.00226	0.00194	0.00156	0.00117	0.00078	0.00039	0.00000	
	V'	-0.00136	0.00266	0.02740	0.02740	0.00241	-0.00263	-0.00365	-0.00385	-0.00390	-0.00390	-0.00391	-0.00391	
	M	0.00000	-0.09464	-0.49925	0.50075	0.09860	0.01942	0.00382	0.00075	0.00015	0.00003	0.00001	0.00000	
16.25	Q	-0.63008	-1.66194	-8.13722	-8.13722	-1.60231	-0.31551	-0.06213	-0.01223	-0.00241	-0.00048	-0.00010	-0.00004	16.25
	V	0.00000	-0.00002	0.00113	0.00113	0.00228	0.00220	0.00188	0.00151	0.00114	0.00076	0.00038	0.00000	
	V'	-0.00140	0.00251	0.02703	0.02703	0.00228	-0.00259	-0.00355	-0.00374	-0.00378	-0.00379	-0.00379	-0.00379	
	M	0.00000	-0.09248	-0.49932	0.50068	0.09616	0.01847	0.00355	0.00068	0.00013	0.00003	0.00000	0.00000	
16.50	Q	-0.60857	-1.64285	-8.26122	-8.26122	-1.58657	-0.30470	-0.05852	-0.01124	-0.00216	-0.00042	-0.00008	-0.00003	16.50
	V	0.00000	-0.00003	0.00110	0.00110	0.00222	0.00214	0.00182	0.00147	0.00110	0.00073	0.00037	0.00000	
	V'	-0.00144	0.00236	0.02667	0.02667	0.00215	-0.00255	-0.00346	-0.00363	-0.00367	-0.00367	-0.00367	-0.00367	
	M	0.00000	-0.09037	-0.49938	0.50062	0.09377	0.01756	0.00329	0.00062	0.00012	0.00002	0.00000	0.00000	
16.75	Q	-0.58766	-1.62374	-8.38531	-8.38531	-1.57064	-0.29419	-0.05510	-0.01032	-0.00193	-0.00036	-0.00007	-0.00003	16.75
	V	0.00000	-0.00003	0.00107	0.00107	0.00216	0.00208	0.00177	0.00142	0.00107	0.00071	0.00036	0.00000	
	V'	-0.00147	0.00222	0.02632	0.02632	0.00203	-0.00252	-0.00337	-0.00353	-0.00356	-0.00356	-0.00356	-0.00356	
	M	0.00000	-0.08829	-0.49944	0.50056	0.09144	0.01671	0.00305	0.00056	0.00010	0.00002	0.00000	0.00000	
17.00	Q	-0.56735	-1.60463	-8.50947	-8.50947	-1.55454	-0.28399	-0.05188	-0.00948	-0.00173	-0.00032	-0.00006	-0.00002	17.00
	V	0.00000	-0.00004	0.00104	0.00104	0.00211	0.00202	0.00172	0.00138	0.00104	0.00069	0.00035	0.00000	
	V'	-0.00150	0.00209	0.02598	0.02598	0.00192	-0.00248	-0.00328	-0.00343	-0.00345	-0.00346	-0.00346	-0.00346	
	M	0.00000	-0.08626	-0.49950	0.50050	0.08918	0.01589	0.00283	0.00050	0.00009	0.00002	0.00000	0.00000	
17.25	Q	-0.54761	-1.58553	-8.63369	-8.63369	-1.53829	-0.27408	-0.04883	-0.00870	-0.00155	-0.00028	-0.00005	-0.00002	17.25
	V	0.00000	-0.00005	0.00101	0.00101	0.00205	0.00196	0.00167	0.00134	0.00101	0.00067	0.00034	0.00000	
	V'	-0.00152	0.00197	0.02565	0.02565	0.00181	-0.00244	-0.00320	-0.00333	-0.00336	-0.00336	-0.00336	-0.00336	
BETA	X/L =	0.00	0.10	L 0.20	R 0.20	0.30	0.40	0.50	0.60	0.70	0.80	0.90	1.00	BETA

XM/L = 0.20

FUNKTIONEN : F.MIM - F.MIQ - F.MIV - F.MIV'

FUNKTIONEN : F.MIM - F.MIQ - F.MIV - F.MIV'

XM/L = 0.20

BETA	X/L =	0.00	0.10	L 0.20	R 0.20	0.30	0.40	0.50	0.60	0.70	0.80	0.90	1.00	BETA
	M	0.00000	-0.08426	-0.49954	0.50046	0.08697	0.01511	0.00263	0.00046	0.00008	0.00001	0.00000	0.00000	
17.50	Q	-0.52845	-1.56644	-8.75798	-8.75798	-1.52191	-0.26447	-0.04596	-0.00799	-0.00139	-0.00024	-0.00004	-0.00001	17.50
	V	0.00000	-0.00005	0.00098	0.00098	0.00200	0.00191	0.00162	0.00130	0.00098	0.00065	0.00033	0.00000	
	V'	-0.00154	0.00185	0.02533	0.02533	0.00170	-0.00240	-0.00312	-0.00324	-0.00326	-0.00326	-0.00327	-0.00327	
	M	0.00000	-0.08231	-0.49959	0.50041	0.08481	0.01437	0.00244	0.00041	0.00007	0.00001	0.00000	0.00000	
17.75	Q	-0.50986	-1.54737	-8.88232	-8.88232	-1.50541	-0.25514	-0.04324	-0.00733	-0.00124	-0.00021	-0.00004	-0.00001	17.75
	V	0.00000	-0.00006	0.00095	0.00095	0.00195	0.00186	0.00158	0.00127	0.00095	0.00063	0.00032	0.00000	
	V'	-0.00156	0.00174	0.02502	0.02502	0.00160	-0.00236	-0.00304	-0.00315	-0.00317	-0.00317	-0.00317	-0.00317	
	M	0.00000	-0.08039	-0.49963	0.50037	0.08271	0.01367	0.00226	0.00037	0.00006	0.00001	0.00000	0.00000	
18.00	Q	-0.49183	-1.52834	-9.00672	-9.00672	-1.48880	-0.24610	-0.04068	-0.00672	-0.00111	-0.00018	-0.00003	-0.00001	18.00
	V	0.00000	-0.00006	0.00092	0.00092	0.00191	0.00181	0.00154	0.00123	0.00093	0.00062	0.00031	0.00000	
	V'	-0.00157	0.00163	0.02471	0.02471	0.00151	-0.00233	-0.00296	-0.00307	-0.00308	-0.00309	-0.00309	-0.00309	
	M	0.00000	-0.07851	-0.49966	0.50034	0.08066	0.01300	0.00210	0.00034	0.00005	0.00001	0.00000	0.00000	
18.25	Q	-0.47434	-1.50935	-9.13116	-9.13116	-1.47210	-0.23733	-0.03826	-0.00617	-0.00099	-0.00016	-0.00003	-0.00001	18.25
	V	0.00000	-0.00006	0.00090	0.00090	0.00186	0.00176	0.00149	0.00120	0.00090	0.00060	0.00030	0.00000	
	V'	-0.00158	0.00153	0.02441	0.02441	0.00142	-0.00229	-0.00289	-0.00298	-0.00300	-0.00300	-0.00300	-0.00300	
	M	0.00000	-0.07667	-0.49969	0.50031	0.07867	0.01237	0.00194	0.00031	0.00005	0.00001	0.00000	0.00000	
18.50	Q	-0.45739	-1.49040	-9.25565	-9.25565	-1.45533	-0.22883	-0.03598	-0.00566	-0.00089	-0.00014	-0.00002	-0.00001	18.50
	V	0.00000	-0.00007	0.00088	0.00088	0.00182	0.00172	0.00146	0.00117	0.00088	0.00058	0.00029	0.00000	
	V'	-0.00159	0.00143	0.02412	0.02412	0.00133	-0.00225	-0.00282	-0.00291	-0.00292	-0.00292	-0.00292	-0.00292	
	M	0.00000	-0.07487	-0.49972	0.50028	0.07672	0.01177	0.00180	0.00028	0.00004	0.00001	0.00000	0.00000	
18.75	Q	-0.44096	-1.47151	-9.38019	-9.38019	-1.43850	-0.22060	-0.03383	-0.00519	-0.00080	-0.00012	-0.00002	-0.00001	18.75
	V	0.00000	-0.00007	0.00085	0.00085	0.00177	0.00167	0.00142	0.00114	0.00085	0.00057	0.00028	0.00000	
	V'	-0.00159	0.00134	0.02384	0.02384	0.00125	-0.00222	-0.00275	-0.00283	-0.00284	-0.00284	-0.00284	-0.00284	
	M	0.00000	-0.07311	-0.49975	0.50025	0.07482	0.01119	0.00167	0.00025	0.00004	0.00001	0.00000	0.00000	
19.00	Q	-0.42504	-1.45269	-9.50475	-9.50475	-1.42161	-0.21263	-0.03180	-0.00476	-0.00071	-0.00011	-0.00002	-0.00000	19.00
	V	0.00000	-0.00007	0.00083	0.00083	0.00173	0.00163	0.00138	0.00111	0.00083	0.00055	0.00028	0.00000	
	V'	-0.00159	0.00125	0.02356	0.02356	0.00117	-0.00218	-0.00268	-0.00276	-0.00277	-0.00277	-0.00277	-0.00277	
	M	0.00000	-0.07139	-0.49977	0.50023	0.07297	0.01064	0.00155	0.00023	0.00003	0.00000	0.00000	0.00000	
19.25	Q	-0.40963	-1.43393	-9.62936	-9.62936	-1.40469	-0.20491	-0.02989	-0.00436	-0.00064	-0.00009	-0.00001	-0.00000	19.25
	V	0.00000	-0.00008	0.00081	0.00081	0.00169	0.00159	0.00135	0.00108	0.00081	0.00054	0.00027	0.00000	
	V'	-0.00159	0.00117	0.02329	0.02329	0.00109	-0.00215	-0.00262	-0.00269	-0.00270	-0.00270	-0.00270	-0.00270	
	M	0.00000	-0.06970	-0.49980	0.50020	0.07117	0.01013	0.00144	0.00020	0.00003	0.00000	0.00000	0.00000	
19.50	Q	-0.39472	-1.41525	-9.75399	-9.75399	-1.38774	-0.19744	-0.02809	-0.00400	-0.00057	-0.00008	-0.00001	-0.00000	19.50
	V	0.00000	-0.00008	0.00079	0.00079	0.00165	0.00155	0.00131	0.00105	0.00079	0.00053	0.00026	0.00000	
	V'	-0.00159	0.00109	0.02302	0.02302	0.00102	-0.00211	-0.00256	-0.00262	-0.00263	-0.00263	-0.00263	-0.00263	
	M	0.00000	-0.06804	-0.49981	0.50019	0.06941	0.00963	0.00134	0.00019	0.00003	0.00000	0.00000	0.00000	
19.75	Q	-0.38028	-1.39665	-9.87866	-9.87866	-1.37078	-0.19021	-0.02639	-0.00366	-0.00051	-0.00007	-0.00001	-0.00000	19.75
	V	0.00000	-0.00008	0.00077	0.00077	0.00162	0.00151	0.00128	0.00103	0.00077	0.00051	0.00026	0.00000	
	V'	-0.00159	0.00102	0.02276	0.02276	0.00095	-0.00208	-0.00250	-0.00255	-0.00256	-0.00256	-0.00256	-0.00256	
BETA	X/L =	0.00	0.10	L 0.20	R 0.20	0.30	0.40	0.50	0.60	0.70	0.80	0.90	1.00	BETA

XM/L = 0.20

FUNKTIONEN : F.MIM - F.MIQ - F.MIV - F.MIV'

FUNKTIONEN : F.MIM - F.MIQ - F.MIV - F.MIV'

XM/L = 0.20

BETA	X/L =	0.00	0.10	L 0.20	R 0.20	0.30	0.40	0.50	0.60	0.70	0.80	0.90	1.00	BETA
20.00	M	0.00000	-0.06643	-0.49983	0.50017	0.06769	0.00916	0.00124	0.00017	0.00002	0.00000	0.00000	0.00000	20.00
	Q	-0.36631	-1.37814	-10.00335	-10.00335	-1.35381	-0.18322	-0.02480	-0.00336	-0.00045	-0.00006	-0.00001	-0.00000	
	V	0.00000	-0.00008	0.00075	0.00075	0.00158	0.00148	0.00125	0.00100	0.00075	0.00050	0.00025	0.00000	
	V'	-0.00158	0.00095	0.02251	0.02251	0.00085	-0.00204	-0.00244	-0.00249	-0.00250	-0.00250	-0.00250	-0.00250	
20.25	M	0.00000	-0.06485	-0.49985	0.50015	0.06602	0.00871	0.00115	0.00015	0.00002	0.00000	0.00000	0.00000	20.25
	Q	-0.35280	-1.35972	-10.12807	-10.12807	-1.33684	-0.17646	-0.02329	-0.00307	-0.00041	-0.00005	-0.00001	-0.00000	
	V	0.00000	-0.00009	0.00073	0.00073	0.00155	0.00144	0.00122	0.00098	0.00073	0.00049	0.00024	0.00000	
	V'	-0.00158	0.00088	0.02226	0.02226	0.00082	-0.00201	-0.00238	-0.00243	-0.00244	-0.00244	-0.00244	-0.00244	
20.50	M	0.00000	-0.06330	-0.49986	0.50014	0.06439	0.00829	0.00107	0.00014	0.00002	0.00000	0.00000	0.00000	20.50
	Q	-0.33974	-1.34140	-10.25282	-10.25282	-1.31990	-0.16992	-0.02187	-0.00282	-0.00036	-0.00005	-0.00001	-0.00000	
	V	0.00000	-0.00009	0.00071	0.00071	0.00151	0.00141	0.00119	0.00095	0.00071	0.00048	0.00024	0.00000	
	V'	-0.00157	0.00081	0.02202	0.02202	0.00076	-0.00198	-0.00233	-0.00237	-0.00238	-0.00238	-0.00238	-0.00238	
20.75	M	0.00000	-0.06179	-0.49988	0.50012	0.06279	0.00788	0.00099	0.00012	0.00002	0.00000	0.00000	0.00000	20.75
	Q	-0.32711	-1.32318	-10.37758	-10.37758	-1.30297	-0.16360	-0.02054	-0.00258	-0.00032	-0.00004	-0.00001	-0.00000	
	V	0.00000	-0.00009	0.00070	0.00070	0.00148	0.00138	0.00116	0.00093	0.00070	0.00046	0.00023	0.00000	
	V'	-0.00156	0.00075	0.02178	0.02178	0.00070	-0.00194	-0.00227	-0.00232	-0.00232	-0.00232	-0.00232	-0.00232	
21.00	M	0.00000	-0.06031	-0.49989	0.50011	0.06124	0.00750	0.00092	0.00011	0.00001	0.00000	0.00000	0.00000	21.00
	Q	-0.31491	-1.30507	-10.50236	-10.50236	-1.28608	-0.15749	-0.01929	-0.00236	-0.00029	-0.00004	-0.00000	-0.00000	
	V	0.00000	-0.00009	0.00068	0.00068	0.00145	0.00134	0.00113	0.00091	0.00063	0.00045	0.00023	0.00000	
	V'	-0.00155	0.00069	0.02155	0.02155	0.00065	-0.00191	-0.00222	-0.00226	-0.00227	-0.00227	-0.00227	-0.00227	
21.25	M	0.00000	-0.05886	-0.49990	0.50010	0.05973	0.00713	0.00085	0.00010	0.00001	0.00000	0.00000	0.00000	21.25
	Q	-0.30311	-1.28708	-10.62716	-10.62716	-1.26923	-0.15159	-0.01810	-0.00216	-0.00026	-0.00003	-0.00000	-0.00000	
	V	0.00000	-0.00009	0.00066	0.00066	0.00142	0.00131	0.00111	0.00089	0.00066	0.00044	0.00022	0.00000	
	V'	-0.00154	0.00064	0.02132	0.02132	0.00060	-0.00188	-0.00217	-0.00221	-0.00221	-0.00221	-0.00221	-0.00221	
21.50	M	0.00000	-0.05745	-0.49991	0.50009	0.05825	0.00679	0.00079	0.00009	0.00001	0.00000	0.00000	0.00000	21.50
	Q	-0.29172	-1.26920	-10.75198	-10.75198	-1.25244	-0.14589	-0.01699	-0.00198	-0.00023	-0.00003	-0.00000	-0.00000	
	V	0.00000	-0.00009	0.00065	0.00065	0.00139	0.00128	0.00108	0.00087	0.00065	0.00043	0.00022	0.00000	
	V'	-0.00153	0.00058	0.02110	0.02110	0.00055	-0.00185	-0.00213	-0.00216	-0.00216	-0.00216	-0.00216	-0.00216	
21.75	M	0.00000	-0.05607	-0.49992	0.50008	0.05681	0.00645	0.00073	0.00008	0.00001	0.00000	0.00000	0.00000	21.75
	Q	-0.28072	-1.25143	-10.87681	-10.87681	-1.23569	-0.14038	-0.01595	-0.00181	-0.00021	-0.00002	-0.00000	-0.00000	
	V	0.00000	-0.00009	0.00063	0.00063	0.00136	0.00125	0.00106	0.00085	0.00063	0.00042	0.00021	0.00000	
	V'	-0.00152	0.00053	0.02088	0.02088	0.00050	-0.00182	-0.00208	-0.00211	-0.00211	-0.00211	-0.00211	-0.00211	
22.00	M	0.00000	-0.05472	-0.49992	0.50008	0.05541	0.00614	0.00068	0.00008	0.00001	0.00000	0.00000	0.00000	22.00
	Q	-0.27010	-1.23380	-11.00166	-11.00166	-1.21902	-0.13507	-0.01497	-0.00166	-0.00018	-0.00002	-0.00000	-0.00000	
	V	0.00000	-0.00009	0.00062	0.00062	0.00133	0.00123	0.00103	0.00083	0.00062	0.00041	0.00021	0.00000	
	V'	-0.00151	0.00048	0.02066	0.02066	0.00045	-0.00179	-0.00204	-0.00206	-0.00207	-0.00207	-0.00207	-0.00207	
22.25	M	0.00000	-0.05340	-0.49993	0.50007	0.05404	0.00584	0.00063	0.00007	0.00001	0.00000	0.00000	0.00000	22.25
	Q	-0.25985	-1.21629	-11.12652	-11.12652	-1.20241	-0.12994	-0.01404	-0.00152	-0.00016	-0.00002	-0.00000	-0.00000	
	V	0.00000	-0.00009	0.00061	0.00061	0.00130	0.00120	0.00101	0.00081	0.00061	0.00040	0.00020	0.00000	
	V'	-0.00150	0.00044	0.02046	0.02046	0.00041	-0.00176	-0.00199	-0.00202	-0.00202	-0.00202	-0.00202	-0.00202	
BETA	X/L =	0.00	0.10	L 0.20	R 0.20	0.30	0.40	0.50	0.60	0.70	0.80	0.90	1.00	BETA

XM/L = 0.20

FUNKTIONEN : F.MIM - F.MIQ - F.MIV - F.MIV'

FUNKTIONEN : F.MIM - F.MIQ - F.MIV - F.MIV'

XM/L = 0.20

BETA	X/L =	0.00	0.10	L 0.20	R 0.20	0.30	0.40	0.50	0.60	0.70	0.80	0.90	1.00	BETA
	M	0.00000	-0.05211	-0.49994	0.50006	0.05271	0.00556	0.00059	0.00006	0.00001	0.00000	0.00000	0.00000	
22.50	Q	-0.24995	-1.19891	-11.25139	-11.25139	-1.18589	-0.12499	-0.01317	-0.00139	-0.00015	-0.00002	-0.00000	-0.00000	22.50
	V	0.00000	-0.00009	0.00059	0.00059	0.00128	0.00117	0.00099	0.00079	0.00059	0.00040	0.00020	0.00000	
	V'	-0.00148	0.00039	0.02025	0.02025	0.00037	-0.00173	-0.00195	-0.00197	-0.00198	-0.00198	-0.00198	-0.00198	
	M	0.00000	-0.05086	-0.49994	0.50006	0.05140	0.00528	0.00054	0.00006	0.00001	0.00000	0.00000	0.00000	
22.75	Q	-0.24040	-1.18167	-11.37627	-11.37627	-1.16945	-0.12022	-0.01236	-0.00127	-0.00013	-0.00001	-0.00000	-0.00000	22.75
	V	0.00000	-0.00009	0.00058	0.00058	0.00125	0.00115	0.00097	0.00077	0.00058	0.00039	0.00019	0.00000	
	V'	-0.00147	0.00035	0.02005	0.02005	0.00033	-0.00170	-0.00191	-0.00193	-0.00193	-0.00193	-0.00193	-0.00193	
	M	0.00000	-0.04963	-0.49995	0.50005	0.05013	0.00503	0.00050	0.00005	0.00001	0.00000	0.00000	0.00000	
23.00	Q	-0.23119	-1.16457	-11.50116	-11.50116	-1.15309	-0.11561	-0.01159	-0.00116	-0.00012	-0.00001	-0.00000	-0.00000	23.00
	V	0.00000	-0.00010	0.00057	0.00057	0.00123	0.00112	0.00094	0.00076	0.00057	0.00038	0.00019	0.00000	
	V'	-0.00145	0.00031	0.01985	0.01985	0.00029	-0.00167	-0.00187	-0.00189	-0.00189	-0.00189	-0.00189	-0.00189	
	M	0.00000	-0.04842	-0.49995	0.50005	0.04890	0.00478	0.00047	0.00005	0.00000	0.00000	0.00000	0.00000	
23.25	Q	-0.22231	-1.14760	-11.62606	-11.62606	-1.13684	-0.11116	-0.01087	-0.00106	-0.00010	-0.00001	-0.00000	-0.00000	23.25
	V	0.00000	-0.00010	0.00055	0.00055	0.00120	0.00110	0.00092	0.00074	0.00055	0.00037	0.00018	0.00000	
	V'	-0.00144	0.00027	0.01966	0.01966	0.00025	-0.00164	-0.00183	-0.00185	-0.00185	-0.00185	-0.00185	-0.00185	
	M	0.00000	-0.04725	-0.49996	0.50004	0.04769	0.00455	0.00043	0.00004	0.00000	0.00000	0.00000	0.00000	
23.50	Q	-0.21374	-1.13078	-11.75097	-11.75097	-1.12068	-0.10688	-0.01019	-0.00097	-0.00009	-0.00001	-0.00000	-0.00000	23.50
	V	0.00000	-0.00010	0.00054	0.00054	0.00118	0.00108	0.00090	0.00072	0.00054	0.00036	0.00018	0.00000	
	V'	-0.00142	0.00024	0.01947	0.01947	0.00022	-0.00162	-0.00179	-0.00181	-0.00181	-0.00181	-0.00181	-0.00181	
	M	0.00000	-0.04610	-0.49996	0.50004	0.04651	0.00433	0.00040	0.00004	0.00000	0.00000	0.00000	0.00000	
23.75	Q	-0.20548	-1.11410	-11.87589	-11.87589	-1.10463	-0.10275	-0.00956	-0.00089	-0.00008	-0.00001	-0.00000	-0.00000	23.75
	V	0.00000	-0.00010	0.00053	0.00053	0.00116	0.00106	0.00089	0.00071	0.00053	0.00035	0.00018	0.00000	
	V'	-0.00141	0.00020	0.01928	0.01928	0.00019	-0.00159	-0.00176	-0.00177	-0.00177	-0.00177	-0.00177	-0.00177	
	M	0.00000	-0.04499	-0.49997	0.50003	0.04536	0.00412	0.00037	0.00003	0.00000	0.00000	0.00000	0.00000	
24.00	Q	-0.19751	-1.09757	-12.00081	-12.00081	-1.08869	-0.09876	-0.00896	-0.00081	-0.00007	-0.00001	-0.00000	-0.00000	24.00
	V	0.00000	-0.00010	0.00052	0.00052	0.00114	0.00103	0.00087	0.00069	0.00052	0.00035	0.00017	0.00000	
	V'	-0.00139	0.00017	0.01910	0.01910	0.00015	-0.00156	-0.00172	-0.00173	-0.00174	-0.00174	-0.00174	-0.00174	
	M	0.00000	-0.04389	-0.49997	0.50003	0.04424	0.00391	0.00035	0.00003	0.00000	0.00000	0.00000	0.00000	
24.25	Q	-0.18984	-1.08120	-12.12574	-12.12574	-1.07286	-0.09492	-0.00840	-0.00074	-0.00007	-0.00001	-0.00000	-0.00000	24.25
	V	0.00000	-0.00010	0.00051	0.00051	0.00112	0.00101	0.00085	0.00068	0.00051	0.00034	0.00017	0.00000	
	V'	-0.00138	0.00014	0.01892	0.01892	0.00012	-0.00154	-0.00169	-0.00170	-0.00170	-0.00170	-0.00170	-0.00170	
	M	0.00000	-0.04283	-0.49997	0.50003	0.04315	0.00372	0.00032	0.00003	0.00000	0.00000	0.00000	0.00000	
24.50	Q	-0.18244	-1.06497	-12.25068	-12.25068	-1.05716	-0.09123	-0.00787	-0.00068	-0.00006	-0.00001	-0.00000	-0.00000	24.50
	V	0.00000	-0.00010	0.00050	0.00050	0.00109	0.00099	0.00083	0.00067	0.00050	0.00033	0.00017	0.00000	
	V'	-0.00136	0.00011	0.01874	0.01874	0.00010	-0.00151	-0.00165	-0.00166	-0.00167	-0.00167	-0.00167	-0.00167	
	M	0.00000	-0.04178	-0.49997	0.50003	0.04208	0.00354	0.00030	0.00003	0.00000	0.00000	0.00000	0.00000	
24.75	Q	-0.17531	-1.04889	-12.37562	-12.37562	-1.04157	-0.08766	-0.00738	-0.00062	-0.00005	-0.00000	-0.00000	-0.00000	24.75
	V	0.00000	-0.00010	0.00049	0.00049	0.00107	0.00097	0.00082	0.00065	0.00049	0.00033	0.00016	0.00000	
	V'	-0.00135	0.00008	0.01857	0.01857	0.00007	-0.00149	-0.00162	-0.00163	-0.00163	-0.00163	-0.00163	-0.00163	
BETA	X/L =	0.00	0.10	L 0.20	R 0.20	0.30	0.40	0.50	0.60	0.70	0.80	0.90	1.00	BETA

XM/L = 0.20

FUNKTIONEN : F.MIM - F.MIQ - F.MIV - F.MIV'

FUNKTIONEN : F.MIM - F.MIQ - F.MIV - F.MIV'

XM/L = 0.20

BETA	X/L =	0.00	0.10	L 0.20	R 0.20	0.30	0.40	0.50	0.60	0.70	0.80	0.90	1.00	BETA
	M	0.00000	-0.04077	-0.49998	0.50002	0.04104	0.00337	0.00028	0.00002	0.00000	0.00000	0.00000	0.00000	
25.00	Q	-0.16845	-1.03298	-12.50057	-12.50057	-1.02611	-0.08423	-0.00691	-0.00057	-0.00005	-0.00000	-0.00000	-0.00000	25.00
	V	0.00000	-0.00009	0.00048	0.00048	0.00105	0.00095	0.00080	0.00064	0.00048	0.00032	0.00016	0.00000	
	V'	-0.00133	0.00005	0.01840	0.01840	0.00004	-0.00147	-0.00159	-0.00160	-0.00160	-0.00160	-0.00160	-0.00160	
	M	0.00000	-0.03603	-0.49999	0.50001	0.03622	0.00262	0.00019	0.00001	0.00000	0.00000	0.00000	0.00000	
26.25	Q	-0.13775	-0.95576	-13.12536	-13.12536	-0.95080	-0.06888	-0.00499	-0.00036	-0.00003	-0.00000	-0.00000	-0.00000	26.25
	V	0.00000	-0.00009	0.00044	0.00044	0.00096	0.00087	0.00073	0.00058	0.00044	0.00029	0.00015	0.00000	
	V'	-0.00125	-0.00006	0.01760	0.01760	-0.00007	-0.00135	-0.00144	-0.00145	-0.00145	-0.00145	-0.00145	-0.00145	
	M	0.00000	-0.03183	-0.49999	0.50001	0.03196	0.00204	0.00013	0.00001	0.00000	0.00000	0.00000	0.00000	
27.50	Q	-0.11239	-0.88260	-13.75023	-13.75023	-0.87902	-0.05619	-0.00359	-0.00023	-0.00001	-0.00000	-0.00000	-0.00000	27.50
	V	0.00000	-0.00009	0.00040	0.00040	0.00088	0.00079	0.00066	0.00053	0.00040	0.00026	0.00013	0.00000	
	V'	-0.00117	-0.00016	0.01686	0.01686	-0.00016	-0.00125	-0.00132	-0.00132	-0.00132	-0.00132	-0.00132	-0.00132	
	M	0.00000	-0.02812	-0.49999	0.50001	0.02821	0.00159	0.00009	0.00001	0.00000	0.00000	0.00000	0.00000	
28.75	Q	-0.09150	-0.81356	-14.37515	-14.37515	-0.81099	-0.04575	-0.00258	-0.00015	-0.00001	-0.00000	-0.00000	-0.00000	28.75
	V	0.00000	-0.00009	0.00036	0.00036	0.00081	0.00072	0.00060	0.00048	0.00036	0.00024	0.00012	0.00000	
	V'	-0.00110	-0.00023	0.01618	0.01618	-0.00023	-0.00115	-0.00121	-0.00121	-0.00121	-0.00121	-0.00121	-0.00121	
	M	0.00000	-0.02483	-0.50000	0.50000	0.02489	0.00124	0.00006	0.00000	0.00000	0.00000	0.00000	0.00000	
30.00	Q	-0.07436	-0.74866	-15.00009	-15.00009	-0.74681	-0.03718	-0.00185	-0.00009	-0.00000	-0.00000	-0.00000	-0.00000	30.00
	V	0.00000	-0.00008	0.00033	0.00033	0.00075	0.00067	0.00056	0.00044	0.00033	0.00022	0.00011	0.00000	
	V'	-0.00103	-0.00028	0.01556	0.01556	-0.00028	-0.00107	-0.00111	-0.00111	-0.00111	-0.00111	-0.00111	-0.00111	
	M	0.00000	-0.02193	-0.50000	0.50000	0.02197	0.00097	0.00004	0.00000	0.00000	0.00000	0.00000	0.00000	
31.25	Q	-0.06033	-0.68784	-15.62506	-15.62506	-0.68652	-0.03016	-0.00133	-0.00006	-0.00000	-0.00000	-0.00000	-0.00000	31.25
	V	0.00000	-0.00008	0.00031	0.00031	0.00069	0.00061	0.00051	0.00041	0.00031	0.00020	0.00010	0.00000	
	V'	-0.00096	-0.00032	0.01498	0.01498	-0.00032	-0.00099	-0.00102	-0.00102	-0.00102	-0.00102	-0.00102	-0.00102	
	M	0.00000	-0.01936	-0.50000	0.50000	0.01939	0.00075	0.00003	0.00000	0.00000	0.00000	0.00000	0.00000	
32.50	Q	-0.04886	-0.63103	-16.25004	-16.25004	-0.63008	-0.02443	-0.00095	-0.00004	-0.00000	-0.00000	-0.00000	-0.00000	32.50
	V	0.00000	-0.00008	0.00028	0.00028	0.00064	0.00057	0.00047	0.00038	0.00028	0.00019	0.00009	0.00000	
	V'	-0.00090	-0.00035	0.01444	0.01444	-0.00035	-0.00092	-0.00095	-0.00095	-0.00095	-0.00095	-0.00095	-0.00095	
	M	0.00000	-0.01709	-0.50000	0.50000	0.01711	0.00059	0.00002	0.00000	0.00000	0.00000	0.00000	0.00000	
33.75	Q	-0.03952	-0.57811	-16.87502	-16.87502	-0.57743	-0.01976	-0.00068	-0.00002	-0.00000	-0.00000	-0.00000	-0.00000	33.75
	V	0.00000	-0.00007	0.00026	0.00026	0.00060	0.00053	0.00044	0.00035	0.00026	0.00018	0.00009	0.00000	
	V'	-0.00084	-0.00037	0.01394	0.01394	-0.00037	-0.00086	-0.00088	-0.00088	-0.00088	-0.00088	-0.00088	-0.00088	
	M	0.00000	-0.01508	-0.50000	0.50000	0.01510	0.00046	0.00001	0.00000	0.00000	0.00000	0.00000	0.00000	
35.00	Q	-0.03192	-0.52894	-17.50001	-17.50001	-0.52845	-0.01596	-0.00048	-0.00001	-0.00000	-0.00000	-0.00000	-0.00000	35.00
	V	0.00000	-0.00007	0.00024	0.00024	0.00056	0.00049	0.00041	0.00033	0.00024	0.00016	0.00008	0.00000	
	V'	-0.00079	-0.00038	0.01347	0.01347	-0.00038	-0.00080	-0.00082	-0.00082	-0.00082	-0.00082	-0.00082	-0.00082	
	M	0.00000	-0.01332	-0.50000	0.50000	0.01332	0.00036	0.00001	0.00000	0.00000	0.00000	0.00000	0.00000	
36.25	Q	-0.02574	-0.48336	-18.12501	-18.12501	-0.48302	-0.01287	-0.00034	-0.00001	-0.00000	-0.00000	-0.00000	-0.00000	36.25
	V	0.00000	-0.00007	0.00023	0.00023	0.00052	0.00046	0.00038	0.00030	0.00023	0.00015	0.00008	0.00000	
	V'	-0.00074	-0.00039	0.01303	0.01303	-0.00039	-0.00075	-0.00076	-0.00076	-0.00076	-0.00076	-0.00076	-0.00076	
BETA	X/L =	0.00	0.10	L 0.20	R 0.20	0.30	0.40	0.50	0.60	0.70	0.80	0.90	1.00	BETA

XM/L = 0.20

FUNKTIONEN : F.MIM - F.MIQ - F.MIV - F.MIV'

FUNKTIONEN : F.MIM - F.MIQ - F.MIV - F.MIV'

XM/L = 0.20

BETA	X/L =	0.00	0.10	L 0.20	R 0.20	0.30	0.40	0.50	0.60	0.70	0.80	0.90	1.00	BETA
	M	0.00000	-0.01175	-0.50000	0.50000	0.01176	0.00028	0.00001	0.00000	0.00000	0.00000	0.00000	0.00000	
37.50	Q	-0.02074	-0.44120	-18.75001	-18.75001	-0.44096	-0.01037	-0.00024	-0.00001	-0.00000	-0.00000	-0.00000	-0.00000	37.50
	V	0.00000	-0.00006	0.00021	0.00021	0.00049	0.00043	0.00036	0.00028	0.00021	0.00014	0.00007	0.00000	
	V'	-0.00070	-0.00040	0.01262	0.01262	-0.00040	-0.00070	-0.00071	-0.00071	-0.00071	-0.00071	-0.00071	-0.00071	
	M	0.00000	-0.01037	-0.50000	0.50000	0.01038	0.00022	0.00000	0.00000	0.00000	0.00000	0.00000	0.00000	
38.75	Q	-0.01669	-0.40229	-19.37500	-19.37500	-0.40212	-0.00835	-0.00017	-0.00000	-0.00000	-0.00000	-0.00000	-0.00000	38.75
	V	0.00000	-0.00006	0.00020	0.00020	0.00046	0.00040	0.00033	0.00027	0.00020	0.00013	0.00007	0.00000	
	V'	-0.00065	-0.00040	0.01224	0.01224	-0.00040	-0.00066	-0.00067	-0.00067	-0.00067	-0.00067	-0.00067	-0.00067	
	M	0.00000	-0.00915	-0.50000	0.50000	0.00916	0.00017	0.00000	0.00000	0.00000	0.00000	0.00000	0.00000	
40.00	Q	-0.01342	-0.36644	-20.00000	-20.00000	-0.36631	-0.00671	-0.00012	-0.00000	-0.00000	-0.00000	-0.00000	-0.00000	40.00
	V	0.00000	-0.00006	0.00019	0.00019	0.00043	0.00037	0.00031	0.00025	0.00019	0.00012	0.00006	0.00000	
	V'	-0.00062	-0.00040	0.01188	0.01188	-0.00040	-0.00062	-0.00062	-0.00062	-0.00062	-0.00062	-0.00062	-0.00062	
	M	0.00000	-0.00808	-0.50000	0.50000	0.00808	0.00013	0.00000	0.00000	0.00000	0.00000	0.00000	0.00000	
41.25	Q	-0.01078	-0.33346	-20.62500	-20.62500	-0.33337	-0.00539	-0.00009	-0.00000	-0.00000	-0.00000	-0.00000	-0.00000	41.25
	V	0.00000	-0.00005	0.00018	0.00018	0.00041	0.00035	0.00029	0.00024	0.00018	0.00012	0.00006	0.00000	
	V'	-0.00058	-0.00039	0.01153	0.01153	-0.00039	-0.00058	-0.00059	-0.00059	-0.00059	-0.00059	-0.00059	-0.00059	
	M	0.00000	-0.00713	-0.50000	0.50000	0.00713	0.00010	0.00000	0.00000	0.00000	0.00000	0.00000	0.00000	
42.50	Q	-0.00865	-0.30318	-21.25000	-21.25000	-0.30311	-0.00432	-0.00006	-0.00000	-0.00000	-0.00000	-0.00000	-0.00000	42.50
	V	0.00000	-0.00005	0.00017	0.00017	0.00038	0.00033	0.00028	0.00022	0.00017	0.00011	0.00006	0.00000	
	V'	-0.00055	-0.00039	0.01121	0.01121	-0.00039	-0.00055	-0.00055	-0.00055	-0.00055	-0.00055	-0.00055	-0.00055	
	M	0.00000	-0.00629	-0.50000	0.50000	0.00629	0.00008	0.00000	0.00000	0.00000	0.00000	0.00000	0.00000	
43.75	Q	-0.00693	-0.27541	-21.87500	-21.87500	-0.27537	-0.00347	-0.00004	-0.00000	-0.00000	-0.00000	-0.00000	-0.00000	43.75
	V	0.00000	-0.00005	0.00016	0.00016	0.00036	0.00031	0.00026	0.00021	0.00016	0.00010	0.00005	0.00000	
	V'	-0.00052	-0.00038	0.01091	0.01091	-0.00038	-0.00052	-0.00052	-0.00052	-0.00052	-0.00052	-0.00052	-0.00052	
	M	0.00000	-0.00555	-0.50000	0.50000	0.00555	0.00006	0.00000	0.00000	0.00000	0.00000	0.00000	0.00000	
45.00	Q	-0.00555	-0.24998	-22.50000	-22.50000	-0.24995	-0.00278	-0.00003	-0.00000	-0.00000	-0.00000	-0.00000	-0.00000	45.00
	V	0.00000	-0.00005	0.00015	0.00015	0.00034	0.00030	0.00025	0.00020	0.00015	0.00010	0.00005	0.00000	
	V'	-0.00049	-0.00037	0.01062	0.01062	-0.00037	-0.00049	-0.00049	-0.00049	-0.00049	-0.00049	-0.00049	-0.00049	
	M	0.00000	-0.00490	-0.50000	0.50000	0.00490	0.00005	0.00000	0.00000	0.00000	0.00000	0.00000	0.00000	
46.25	Q	-0.00445	-0.22673	-23.12500	-23.12500	-0.22671	-0.00222	-0.00002	-0.00000	-0.00000	-0.00000	-0.00000	-0.00000	46.25
	V	0.00000	-0.00004	0.00014	0.00014	0.00032	0.00028	0.00023	0.00019	0.00014	0.00009	0.00005	0.00000	
	V'	-0.00047	-0.00036	0.01034	0.01034	-0.00036	-0.00047	-0.00047	-0.00047	-0.00047	-0.00047	-0.00047	-0.00047	
	M	0.00000	-0.00433	-0.50000	0.50000	0.00433	0.00004	0.00000	0.00000	0.00000	0.00000	0.00000	0.00000	
47.50	Q	-0.00356	-0.20549	-23.75000	-23.75000	-0.20548	-0.00178	-0.00002	-0.00000	-0.00000	-0.00000	-0.00000	-0.00000	47.50
	V	0.00000	-0.00004	0.00013	0.00013	0.00031	0.00027	0.00022	0.00018	0.00013	0.00009	0.00004	0.00000	
	V'	-0.00044	-0.00035	0.01008	0.01008	-0.00035	-0.00044	-0.00044	-0.00044	-0.00044	-0.00044	-0.00044	-0.00044	
	M	0.00000	-0.00382	-0.50000	0.50000	0.00382	0.00003	0.00000	0.00000	0.00000	0.00000	0.00000	0.00000	
48.75	Q	-0.00284	-0.18612	-24.37500	-24.37500	-0.18611	-0.00142	-0.00001	-0.00000	-0.00000	-0.00000	-0.00000	-0.00000	48.75
	V	0.00000	-0.00004	0.00013	0.00013	0.00029	0.00025	0.00021	0.00017	0.00013	0.00008	0.00004	0.00000	
	V'	-0.00042	-0.00034	0.00984	0.00984	-0.00034	-0.00042	-0.00042	-0.00042	-0.00042	-0.00042	-0.00042	-0.00042	
BETA	X/L =	0.00	0.10	L 0.20	R 0.20	0.30	0.40	0.50	0.60	0.70	0.80	0.90	1.00	BETA

XM/L = 0.20

FUNKTIONEN : F.MIM - F.MIQ - F.MIV - F.MIV'

FUNKTIONEN : F.MIM - F.MIQ - F.MIV - F.MIV'

XM/L = 0.30

BETA	X/L =	0.00	0.10	0.20	L 0.30	R 0.30	0.40	0.50	0.60	0.70	0.80	0.90	1.00	BETA
0.00	M	0.00000	-0.10000	-0.20000	-0.30000	0.70000	0.60000	0.50000	0.40000	0.30000	0.20000	0.10000	0.00000	0.00
	Q	-1.00000	-1.00000	-1.00000	-1.00000	-1.00000	-1.00000	-1.00000	-1.00000	-1.00000	-1.00000	-1.00000	-1.00000	
	V	0.00000	0.00800	0.01700	0.02800	0.02800	0.03700	0.04000	0.03800	0.03200	0.02300	0.01200	0.00000	
	V'	0.07833	0.08333	0.09833	0.12333	0.12333	0.05833	0.00333	-0.04167	-0.07667	-0.10167	-0.11667	-0.12167	
0.25	M	0.00000	-0.10050	-0.20105	-0.30174	0.69826	0.59770	0.49752	0.39764	0.29801	0.19857	0.09925	0.00000	0.25
	Q	-1.00485	-1.00517	-1.00611	-1.00768	-1.00768	-1.00363	-1.00021	-0.99741	-0.99524	-0.99368	-0.99275	-0.99244	
	V	0.00000	0.00793	0.01687	0.02781	0.02781	0.03677	0.03976	0.03777	0.03180	0.02286	0.01192	0.00000	
	V'	0.07763	0.08265	0.09773	0.12287	0.12287	0.05807	0.00331	-0.04144	-0.07622	-0.10105	-0.11594	-0.12090	
0.50	M	0.00000	-0.10193	-0.20412	-0.30681	0.69319	0.59097	0.49024	0.39073	0.29219	0.19439	0.09707	0.00000	0.50
	Q	-1.01889	-1.02016	-1.02399	-1.03037	-1.03037	-1.01433	-1.00081	-0.98980	-0.98127	-0.97519	-0.97155	-0.97033	
	V	0.00000	0.00773	0.01647	0.02726	0.02726	0.03611	0.03906	0.03710	0.03123	0.02244	0.01171	0.00000	
	V'	0.07556	0.08066	0.09596	0.12150	0.12150	0.05730	0.00325	-0.04079	-0.07492	-0.09925	-0.11382	-0.11867	
0.75	M	0.00000	-0.10416	-0.20891	-0.31484	0.68516	0.58028	0.47866	0.37973	0.28295	0.18775	0.09361	0.00000	0.75
	Q	-1.04066	-1.04359	-1.05239	-1.06712	-1.06712	-1.03154	-1.00177	-0.97764	-0.95901	-0.94578	-0.93787	-0.93524	
	V	0.00000	0.00740	0.01585	0.02638	0.02638	0.03506	0.03794	0.03603	0.03032	0.02178	0.01136	0.00000	
	V'	0.07229	0.07750	0.09314	0.11932	0.11932	0.05608	0.00316	-0.03974	-0.07286	-0.09639	-0.11045	-0.11513	
1.00	M	0.00000	-0.10698	-0.21504	-0.32524	0.67476	0.56630	0.46351	0.36536	0.27087	0.17909	0.08910	0.00000	1.00
	Q	-1.06805	-1.07339	-1.08948	-1.11647	-1.11647	-1.05447	-1.00302	-0.96161	-0.92983	-0.90735	-0.89395	-0.88950	
	V	0.00000	0.00698	0.01504	0.02524	0.02524	0.03370	0.03649	0.03464	0.02913	0.02091	0.01090	0.00000	
	V'	0.06805	0.07339	0.08948	0.11647	0.11647	0.05447	0.00302	-0.03839	-0.07017	-0.09265	-0.10605	-0.11050	
1.25	M	0.00000	-0.11014	-0.22201	-0.33735	0.66265	0.54985	0.44566	0.34844	0.25667	0.16891	0.08380	0.00000	1.25
	Q	-1.09858	-1.10717	-1.13309	-1.17673	-1.17673	-1.08213	-1.00446	-0.94250	-0.89529	-0.86208	-0.84236	-0.83583	
	V	0.00000	0.00649	0.01409	0.02391	0.02391	0.03210	0.03478	0.03300	0.02773	0.01990	0.01037	0.00000	
	V'	0.06309	0.06859	0.08518	0.11311	0.11311	0.05256	0.00285	-0.03680	-0.06702	-0.08827	-0.10089	-0.10507	
1.50	M	0.00000	-0.11341	-0.22937	-0.35050	0.64950	0.53174	0.42596	0.32979	0.24105	0.15774	0.07799	0.00000	1.50
	Q	-1.12981	-1.14255	-1.18104	-1.24615	-1.24615	-1.11351	-1.00597	-0.92111	-0.85701	-0.81223	-0.78576	-0.77700	
	V	0.00000	0.00596	0.01305	0.02244	0.02244	0.03034	0.03291	0.03121	0.02620	0.01878	0.00978	0.00000	
	V'	0.05770	0.06336	0.08046	0.10940	0.10940	0.05045	0.00265	-0.03506	-0.06355	-0.08345	-0.09522	-0.09911	
1.75	M	0.00000	-0.11655	-0.23668	-0.36407	0.63593	0.51270	0.40522	0.31019	0.22467	0.14606	0.07192	0.00000	1.75
	Q	-1.15957	-1.17737	-1.23132	-1.32308	-1.32308	-1.14764	-1.00744	-0.89817	-0.81648	-0.75986	-0.72656	-0.71558	
	V	0.00000	0.00540	0.01198	0.02092	0.02092	0.02850	0.03095	0.02933	0.02460	0.01761	0.00917	0.00000	
	V'	0.05210	0.05792	0.07553	0.10550	0.10550	0.04821	0.00243	-0.03325	-0.05992	-0.07841	-0.08929	-0.09287	
2.00	M	0.00000	-0.11940	-0.24360	-0.37757	0.62243	0.49338	0.38412	0.29028	0.20809	0.13426	0.06581	0.00000	2.00
	Q	-1.18609	-1.20989	-1.28225	-1.40607	-1.40607	-1.18365	-1.00873	-0.87430	-0.77496	-0.70671	-0.66693	-0.65371	
	V	0.00000	0.00485	0.01090	0.01939	0.01939	0.02666	0.02897	0.02743	0.02298	0.01644	0.00855	0.00000	
	V'	0.04652	0.05247	0.07056	0.10152	0.10152	0.04591	0.00218	-0.03142	-0.05626	-0.07332	-0.08329	-0.08657	
2.25	M	0.00000	-0.12183	-0.24986	-0.39059	0.60941	0.47424	0.36318	0.27059	0.19175	0.12266	0.05981	0.00000	2.25
	Q	-1.20811	-1.23882	-1.33251	-1.49395	-1.49395	-1.22080	-1.00972	-0.84997	-0.73343	-0.65417	-0.60819	-0.59310	
	V	0.00000	0.00431	0.00985	0.01789	0.01789	0.02484	0.02703	0.02556	0.02138	0.01528	0.00794	0.00000	
	V'	0.04111	0.04718	0.06568	0.09757	0.09757	0.04361	0.00192	-0.02964	-0.05266	-0.06831	-0.07740	-0.08038	
BETA	X/L =	0.00	0.10	0.20	L 0.30	R 0.30	0.40	0.50	0.60	0.70	0.80	0.90	1.00	BETA

XM/L = 0.30

FUNKTIONEN : F.MIM - F.MIQ - F.MIV - F.MIV'

FUNKTIONEN : F.MIM - F.MIQ - F.MIV - F.MIV'

XM/L = 0.30

BETA	X/L =	0.00	0.10	0.20	L 0.30	R 0.30	0.40	0.50	0.60	0.70	0.80	0.90	1.00	BETA
2.50	M	0.00000	-0.12376	-0.25530	-0.40288	0.59712	0.45564	0.34279	0.25148	0.17597	0.11151	0.05406	0.00000	2.50
	Q	-1.22483	-1.26331	-1.38115	-1.58577	-1.58577	-1.25848	-1.01026	-0.82551	-0.69262	-0.60325	-0.55178	-0.53498	
	V	0.00000	0.00380	0.00885	0.01646	0.01646	0.02310	0.02515	0.02376	0.01985	0.01416	0.00735	0.00000	
	V'	0.03597	0.04213	0.06098	0.09372	0.09372	0.04136	0.00164	-0.02792	-0.04918	-0.06348	-0.07172	-0.07440	
2.75	M	0.00000	-0.12515	-0.25982	-0.41426	0.58574	0.43782	0.32321	0.23321	0.16095	0.10095	0.04862	0.00000	2.75
	Q	-1.23584	-1.28287	-1.42752	-1.68082	-1.68082	-1.29621	-1.01024	-0.80116	-0.65305	-0.55464	-0.49843	-0.48016	
	V	0.00000	0.00333	0.00791	0.01511	0.01511	0.02145	0.02338	0.02205	0.01839	0.01310	0.00679	0.00000	
	V'	0.03119	0.03740	0.05653	0.09003	0.09003	0.03917	0.00135	-0.02629	-0.04588	-0.05889	-0.06632	-0.06874	
3.00	M	0.00000	-0.12598	-0.26338	-0.42466	0.57534	0.42089	0.30460	0.21593	0.14685	0.09108	0.04356	0.00000	3.00
	Q	-1.24108	-1.29734	-1.47125	-1.77857	-1.77857	-1.33360	-1.00956	-0.77706	-0.61502	-0.50875	-0.44862	-0.42916	
	V	0.00000	0.00289	0.00704	0.01385	0.01385	0.01990	0.02171	0.02045	0.01702	0.01210	0.00627	0.00000	
	V'	0.02679	0.03304	0.05236	0.08651	0.08651	0.03707	0.00106	-0.02477	-0.04278	-0.05458	-0.06126	-0.06343	
3.25	M	0.00000	-0.12627	-0.26598	-0.43405	0.56595	0.40492	0.28703	0.19973	0.13371	0.08194	0.03890	0.00000	3.25
	Q	-1.24069	-1.30680	-1.51215	-1.87863	-1.87863	-1.37036	-1.00811	-0.75328	-0.57871	-0.46582	-0.40256	-0.38220	
	V	0.00000	0.00249	0.00625	0.01269	0.01269	0.01847	0.02016	0.01896	0.01574	0.01118	0.00578	0.00000	
	V'	0.02279	0.02905	0.04849	0.08318	0.08318	0.03506	0.00077	-0.02336	-0.03988	-0.05057	-0.05656	-0.05849	
3.50	M	0.00000	-0.12604	-0.26768	-0.44244	0.55756	0.38992	0.27053	0.18462	0.12156	0.07354	0.03463	0.00000	3.50
	Q	-1.23503	-1.31145	-1.55017	-1.98073	-1.98073	-1.40626	-1.00581	-0.72985	-0.54420	-0.42591	-0.36032	-0.33932	
	V	0.00000	0.00213	0.00552	0.01163	0.01163	0.01715	0.01873	0.01758	0.01457	0.01032	0.00534	0.00000	
	V'	0.01919	0.02542	0.04491	0.08006	0.08006	0.03316	0.00047	-0.02205	-0.03721	-0.04686	-0.05222	-0.05393	
3.75	M	0.00000	-0.12534	-0.26852	-0.44990	0.55010	0.37585	0.25508	0.17060	0.11039	0.06588	0.03075	0.00000	3.75
	Q	-1.22451	-1.31162	-1.58536	-2.08465	-2.08465	-1.44111	-1.00262	-0.70677	-0.51149	-0.38898	-0.32182	-0.30045	
	V	0.00000	0.00180	0.00487	0.01066	0.01066	0.01594	0.01742	0.01631	0.01348	0.00954	0.00492	0.00000	
	V'	0.01597	0.02216	0.04163	0.07713	0.07713	0.03137	0.00019	-0.02085	-0.03474	-0.04345	-0.04823	-0.04975	
4.00	M	0.00000	-0.12422	-0.26857	-0.45648	0.54352	0.36268	0.24064	0.15762	0.10015	0.05892	0.02725	0.00000	4.00
	Q	-1.20964	-1.30771	-1.61781	-2.19024	-2.19024	-1.47479	-0.99847	-0.68405	-0.48054	-0.35495	-0.28691	-0.26540	
	V	0.00000	0.00151	0.00429	0.00978	0.00978	0.01483	0.01621	0.01515	0.01249	0.00882	0.00455	0.00000	
	V'	0.01310	0.01923	0.03861	0.07439	0.07439	0.02967	-0.00010	-0.01975	-0.03247	-0.04032	-0.04457	-0.04591	
4.25	M	0.00000	-0.12271	-0.26792	-0.46225	0.53775	0.35033	0.22715	0.14563	0.09080	0.05263	0.02410	0.00000	4.25
	Q	-1.19092	-1.30010	-1.64767	-2.29736	-2.29736	-1.50717	-0.99334	-0.66165	-0.45128	-0.32366	-0.25539	-0.23394	
	V	0.00000	0.00126	0.00376	0.00898	0.00898	0.01382	0.01511	0.01408	0.01158	0.00816	0.00420	0.00000	
	V'	0.01057	0.01661	0.03586	0.07183	0.07183	0.02808	-0.00037	-0.01873	-0.03038	-0.03744	-0.04122	-0.04241	
4.50	M	0.00000	-0.12087	-0.26664	-0.46731	0.53269	0.33875	0.21456	0.13457	0.08229	0.04695	0.02128	0.00000	4.50
	Q	-1.16887	-1.28923	-1.67509	-2.40592	-2.40592	-1.53819	-0.98723	-0.63958	-0.42365	-0.29496	-0.22701	-0.20582	
	V	0.00000	0.00103	0.00329	0.00826	0.00826	0.01290	0.01410	0.01311	0.01075	0.00756	0.00389	0.00000	
	V'	0.00834	0.01428	0.03334	0.06943	0.06943	0.02658	-0.00063	-0.01780	-0.02846	-0.03482	-0.03817	-0.03922	
4.75	M	0.00000	-0.11875	-0.26480	-0.47172	0.52828	0.32785	0.20280	0.12437	0.07454	0.04184	0.01876	0.00000	4.75
	Q	-1.14398	-1.27548	-1.70021	-2.51582	-2.51582	-1.56776	-0.98012	-0.61781	-0.39754	-0.26866	-0.20155	-0.18077	
	V	0.00000	0.00083	0.00287	0.00761	0.00761	0.01206	0.01317	0.01222	0.00999	0.00701	0.00360	0.00000	
	V'	0.00638	0.01221	0.03103	0.06718	0.06718	0.02516	-0.00088	-0.01694	-0.02670	-0.03241	-0.03539	-0.03631	
BETA	X/L =	0.00	0.10	0.20	L 0.30	R 0.30	0.40	0.50	0.60	0.70	0.80	0.90	1.00	BETA

XM/L = 0.30

FUNKTIONEN : F.MIM - F.MIQ - F.MIV - F.MIV'

FUNKTIONEN : F.MIM - F.MIQ - F.MIV - F.MIV'

XM/L = 0.30

BETA	X/L =	0.00	0.10	0.20	L 0.30	R 0.30	0.40	0.50	0.60	0.70	0.80	0.90	1.00	BETA
	M	0.00000	-0.11638	-0.26247	-0.47556	0.52444	0.31759	0.19181	0.11498	0.06750	0.03726	0.01652	0.00000	
5.00	Q	-1.11672	-1.25924	-1.72319	-2.62698	-2.62698	-1.59584	-0.97204	-0.59635	-0.37288	-0.24460	-0.17874	-0.15851	5.00
	V	0.00000	0.00066	0.00250	0.00702	0.00702	0.01130	0.01233	0.01140	0.00930	0.00651	0.00334	0.00000	
	V'	0.00467	0.01037	0.02893	0.06508	0.06508	0.02383	-0.00112	-0.01615	-0.02508	-0.03022	-0.03285	-0.03366	
	M	0.00000	-0.11582	-0.25973	-0.47889	0.52111	0.30789	0.18151	0.10632	0.06112	0.03315	0.01453	0.00000	
5.25	Q	-1.08752	-1.24087	-1.74416	-2.73932	-2.73932	-1.62239	-0.96300	-0.57519	-0.34960	-0.22259	-0.15836	-0.13879	5.25
	V	0.00000	0.00050	0.00217	0.00649	0.00649	0.01060	0.01156	0.01065	0.00867	0.00605	0.00310	0.00000	
	V'	0.00318	0.00874	0.02700	0.06310	0.06310	0.02258	-0.00134	-0.01541	-0.02360	-0.02821	-0.03054	-0.03125	
	M	0.00000	-0.11109	-0.25663	-0.48178	0.51822	0.29871	0.17187	0.09835	0.05533	0.02947	0.01276	0.00000	
5.50	Q	-1.05677	-1.22068	-1.76324	-2.85277	-2.85277	-1.64740	-0.95305	-0.55435	-0.32761	-0.20249	-0.14018	-0.12136	5.50
	V	0.00000	0.00037	0.00187	0.00601	0.00601	0.00996	0.01085	0.00997	0.00809	0.00564	0.00288	0.00000	
	V'	0.00188	0.00730	0.02523	0.06125	0.06125	0.02140	-0.00155	-0.01473	-0.02223	-0.02636	-0.02842	-0.02905	
	M	0.00000	-0.10822	-0.25323	-0.48429	0.51571	0.28999	0.16283	0.09099	0.05008	0.02619	0.01119	0.00000	
5.75	Q	-1.02483	-1.19897	-1.78056	-2.96725	-2.96725	-1.67083	-0.94223	-0.53383	-0.30684	-0.18413	-0.12398	-0.10598	5.75
	V	0.00000	0.00025	0.00161	0.00557	0.00557	0.00938	0.01020	0.00935	0.00756	0.00526	0.00269	0.00000	
	V'	0.00075	0.00602	0.02361	0.05950	0.05950	0.02029	-0.00175	-0.01410	-0.02097	-0.02468	-0.02650	-0.02704	
	M	0.00000	-0.10526	-0.24957	-0.48645	0.51355	0.28169	0.15433	0.08421	0.04533	0.02325	0.00981	0.00000	
6.00	Q	-0.99202	-1.17601	-1.79621	-3.08268	-3.08268	-1.69269	-0.93058	-0.51364	-0.28723	-0.16736	-0.10958	-0.09243	6.00
	V	0.00000	0.00015	0.00138	0.00518	0.00518	0.00884	0.00960	0.00877	0.00707	0.00491	0.00251	0.00000	
	V'	-0.00022	0.00489	0.02212	0.05785	0.05785	0.01924	-0.00193	-0.01351	-0.01980	-0.02313	-0.02473	-0.02521	
	M	0.00000	-0.10223	-0.24570	-0.48832	0.51168	0.27377	0.14634	0.07795	0.04102	0.02064	0.00859	0.00000	
6.25	Q	-0.95862	-1.15203	-1.81029	-3.19901	-3.19901	-1.71298	-0.91816	-0.49381	-0.26872	-0.15207	-0.09677	-0.08053	6.25
	V	0.00000	0.00006	0.00117	0.00482	0.00482	0.00835	0.00905	0.00824	0.00663	0.00459	0.00234	0.00000	
	V'	-0.00106	0.00389	0.02074	0.05629	0.05629	0.01825	-0.00210	-0.01296	-0.01872	-0.02171	-0.02312	-0.02354	
	M	0.00000	-0.09914	-0.24166	-0.48993	0.51007	0.26620	0.13882	0.07218	0.03712	0.01831	0.00751	0.00000	
6.50	Q	-0.92489	-1.12725	-1.82287	-3.31616	-3.31616	-1.73171	-0.90502	-0.47435	-0.25126	-0.13812	-0.08541	-0.07008	6.50
	V	0.00000	-0.00002	0.00099	0.00450	0.00450	0.00790	0.00855	0.00776	0.00622	0.00430	0.00219	0.00000	
	V'	-0.00178	0.00301	0.01948	0.05482	0.05482	0.01732	-0.00225	-0.01244	-0.01772	-0.02040	-0.02165	-0.02201	
	M	0.00000	-0.09603	-0.23749	-0.49133	0.50867	0.25894	0.13172	0.06684	0.03359	0.01624	0.00657	0.00000	
6.75	Q	-0.89103	-1.10184	-1.83404	-3.43408	-3.43408	-1.74887	-0.89122	-0.45529	-0.23479	-0.12539	-0.07533	-0.06092	6.75
	V	0.00000	-0.00009	0.00082	0.00420	0.00420	0.00749	0.00808	0.00731	0.00585	0.00403	0.00205	0.00000	
	V'	-0.00239	0.00224	0.01831	0.05342	0.05342	0.01644	-0.00239	-0.01196	-0.01679	-0.01920	-0.02029	-0.02061	
	M	0.00000	-0.09290	-0.23321	-0.49253	0.50747	0.25196	0.12503	0.06192	0.03040	0.01439	0.00573	0.00000	
7.00	Q	-0.85724	-1.07599	-1.84384	-3.55268	-3.55268	-1.76451	-0.87683	-0.43663	-0.21927	-0.11380	-0.06641	-0.05291	7.00
	V	0.00000	-0.00014	0.00068	0.00393	0.00393	0.00710	0.00765	0.00690	0.00550	0.00379	0.00192	0.00000	
	V'	-0.00291	0.00155	0.01722	0.05210	0.05210	0.01560	-0.00251	-0.01150	-0.01593	-0.01809	-0.01905	-0.01933	
	M	0.00000	-0.08978	-0.22885	-0.49357	0.50643	0.24525	0.11871	0.05736	0.02751	0.01275	0.00500	0.00000	
7.25	Q	-0.82369	-1.04982	-1.85235	-3.67193	-3.67193	-1.77863	-0.86190	-0.41841	-0.20464	-0.10323	-0.05851	-0.04591	7.25
	V	0.00000	-0.00019	0.00055	0.00368	0.00368	0.00675	0.00725	0.00652	0.00518	0.00356	0.00181	0.00000	
	V'	-0.00335	0.00095	0.01622	0.05083	0.05083	0.01481	-0.00263	-0.01106	-0.01513	-0.01706	-0.01791	-0.01815	
BETA	X/L =	0.00	0.10	0.20	L 0.30	R 0.30	0.40	0.50	0.60	0.70	0.80	0.90	1.00	BETA

XM/L = 0.30

FUNKTIONEN : F.MIM - F.MIQ - F.MIV - F.MIV'

Z U G S T A E B E -171-

FUNKTIONEN : F.MIM - F.MIQ - F.MIV - F.MIV'

XM/L = 0.30

BETA	X/L =	0.00	0.10	0.20	L 0.30	R 0.30	0.40	0.50	0.60	0.70	0.80	0.90	1.00	BETA
7.50	M	0.00000	-0.08667	-0.22443	-0.49446	0.50554	0.23878	0.11274	0.05315	0.02489	0.01130	0.00436	0.00000	7.50
	Q	-0.79052	-1.02347	-1.85962	-3.79176	-3.79176	-1.79127	-0.84650	-0.40063	-0.19087	-0.09361	-0.05152	-0.03979	
	V	0.00000	-0.00024	0.00043	0.00346	0.00346	0.00642	0.00688	0.00617	0.00489	0.00335	0.00170	0.00000	
	V'	-0.00372	0.00042	0.01528	0.04963	0.04963	0.01407	-0.00273	-0.01066	-0.01438	-0.01611	-0.01686	-0.01707	
7.75	M	0.00000	-0.08360	-0.21998	-0.49523	0.50477	0.23253	0.10709	0.04926	0.02252	0.01000	0.00380	0.00000	7.75
	Q	-0.75784	-0.99705	-1.86569	-3.91213	-3.91213	-1.80246	-0.83068	-0.38331	-0.17792	-0.08485	-0.04534	-0.03447	
	V	0.00000	-0.00027	0.00033	0.00325	0.00325	0.00612	0.00654	0.00584	0.00462	0.00316	0.00160	0.00000	
	V'	-0.00403	-0.00005	0.01441	0.04848	0.04848	0.01336	-0.00282	-0.01027	-0.01369	-0.01524	-0.01589	-0.01608	
8.00	M	0.00000	-0.08057	-0.21551	-0.49589	0.50411	0.22650	0.10174	0.04566	0.02038	0.00886	0.00331	0.00000	8.00
	Q	-0.72575	-0.97065	-1.87060	-4.03297	-4.03297	-1.81223	-0.81451	-0.36647	-0.16574	-0.07688	-0.03989	-0.02983	
	V	0.00000	-0.00030	0.00024	0.00306	0.00306	0.00584	0.00622	0.00554	0.00437	0.00299	0.00151	0.00000	
	V'	-0.00429	-0.00046	0.01360	0.04739	0.04739	0.01269	-0.00290	-0.00990	-0.01304	-0.01442	-0.01500	-0.01516	
8.25	M	0.00000	-0.07758	-0.21104	-0.49646	0.50354	0.22066	0.09668	0.04232	0.01844	0.00784	0.00288	0.00000	8.25
	Q	-0.69435	-0.94436	-1.87441	-4.15426	-4.15426	-1.82062	-0.79803	-0.35011	-0.15431	-0.06962	-0.03508	-0.02579	
	V	0.00000	-0.00033	0.00016	0.00289	0.00289	0.00557	0.00593	0.00526	0.00414	0.00282	0.00143	0.00000	
	V'	-0.00449	-0.00082	0.01285	0.04634	0.04634	0.01206	-0.00297	-0.00955	-0.01243	-0.01367	-0.01418	-0.01431	
8.50	M	0.00000	-0.07466	-0.20658	-0.49696	0.50304	0.21500	0.09188	0.03924	0.01669	0.00694	0.00251	0.00000	8.50
	Q	-0.66370	-0.91825	-1.87715	-4.27594	-4.27594	-1.82766	-0.78130	-0.33424	-0.14357	-0.06303	-0.03083	-0.02228	
	V	0.00000	-0.00035	0.00009	0.00273	0.00273	0.00533	0.00565	0.00499	0.00392	0.00267	0.00135	0.00000	
	V'	-0.00465	-0.00113	0.01214	0.04534	0.04534	0.01146	-0.00303	-0.00921	-0.01185	-0.01297	-0.01341	-0.01353	
8.75	M	0.00000	-0.07179	-0.20214	-0.49738	0.50262	0.20952	0.08733	0.03638	0.01510	0.00614	0.00218	0.00000	8.75
	Q	-0.63385	-0.89238	-1.87885	-4.39798	-4.39798	-1.83339	-0.76437	-0.31888	-0.13350	-0.05703	-0.02709	-0.01924	
	V	0.00000	-0.00037	0.00003	0.00258	0.00258	0.00510	0.00539	0.00475	0.00372	0.00253	0.00128	0.00000	
	V'	-0.00478	-0.00141	0.01148	0.04438	0.04438	0.01089	-0.00308	-0.00890	-0.01132	-0.01232	-0.01271	-0.01281	
9.00	M	0.00000	-0.06899	-0.19773	-0.49774	0.50226	0.20420	0.08301	0.03373	0.01366	0.00543	0.00189	0.00000	9.00
	Q	-0.60485	-0.86680	-1.87956	-4.52034	-4.52034	-1.83786	-0.74730	-0.30402	-0.12407	-0.05159	-0.02379	-0.01660	
	V	0.00000	-0.00038	-0.00003	0.00244	0.00244	0.00489	0.00515	0.00452	0.00354	0.00240	0.00121	0.00000	
	V'	-0.00488	-0.00164	0.01086	0.04346	0.04346	0.01034	-0.00312	-0.00859	-0.01081	-0.01171	-0.01205	-0.01214	
9.25	M	0.00000	-0.06626	-0.19336	-0.49806	0.50194	0.19903	0.07892	0.03128	0.01236	0.00480	0.00164	0.00000	9.25
	Q	-0.57673	-0.84157	-1.87930	-4.64299	-4.64299	-1.84112	-0.73012	-0.28966	-0.11524	-0.04664	-0.02089	-0.01431	
	V	0.00000	-0.00039	-0.00008	0.00231	0.00231	0.00469	0.00492	0.00431	0.00336	0.00228	0.00115	0.00000	
	V'	-0.00495	-0.00185	0.01028	0.04258	0.04258	0.00983	-0.00315	-0.00830	-0.01034	-0.01114	-0.01144	-0.01152	
9.50	M	0.00000	-0.06360	-0.18904	-0.49833	0.50167	0.19402	0.07503	0.02900	0.01119	0.00424	0.00143	0.00000	9.50
	Q	-0.54952	-0.81671	-1.87812	-4.76590	-4.76590	-1.84319	-0.71288	-0.27582	-0.10697	-0.04216	-0.01833	-0.01233	
	V	0.00000	-0.00040	-0.00012	0.00220	0.00220	0.00450	0.00471	0.00411	0.00320	0.00217	0.00109	0.00000	
	V'	-0.00499	-0.00203	0.00973	0.04173	0.04173	0.00934	-0.00318	-0.00802	-0.00990	-0.01061	-0.01088	-0.01094	
9.75	M	0.00000	-0.06102	-0.18478	-0.49856	0.50144	0.18914	0.07134	0.02690	0.01012	0.00375	0.00124	0.00000	9.75
	Q	-0.52323	-0.79227	-1.87604	-4.88905	-4.88905	-1.84412	-0.69562	-0.26248	-0.09925	-0.03808	-0.01608	-0.01062	
	V	0.00000	-0.00041	-0.00016	0.00209	0.00209	0.00432	0.00451	0.00392	0.00305	0.00206	0.00104	0.00000	
	V'	-0.00502	-0.00219	0.00922	0.04091	0.04091	0.00888	-0.00320	-0.00776	-0.00948	-0.01012	-0.01035	-0.01041	
BETA	X/L =	0.00	0.10	0.20	L 0.30	R 0.30	0.40	0.50	0.60	0.70	0.80	0.90	1.00	BETA

XM/L = 0.30

FUNKTIONEN : F.MIM - F.MIQ - F.MIV - F.MIV'

FUNKTIONEN : F.MIM - F.MIQ - F.MIV - F.MIV'

XM/L = 0.30

BETA	X/L =	0.00	0.10	0.20	L 0.30	R 0.30	0.40	0.50	0.60	0.70	0.80	0.90	1.00	BETA
	M	0.00000	-0.05851	-0.18057	-0.49876	0.50124	0.18439	0.06783	0.02495	0.00916	0.00332	0.00107	0.00000	
10.00	Q	-0.49787	-0.76826	-1.87309	-5.01240	-5.01240	-1.84397	-0.67838	-0.24964	-0.09203	-0.03439	-0.01411	-0.00914	10.00
	V	0.00000	-0.00041	-0.00019	0.00199	0.00199	0.00416	0.00432	0.00375	0.00291	0.00197	0.00099	0.00000	
	V'	-0.00502	-0.00232	0.00873	0.04012	0.04012	0.00844	-0.00322	-0.00750	-0.00908	-0.00966	-0.00986	-0.00991	
	M	0.00000	-0.05608	-0.17643	-0.49893	0.50107	0.17978	0.06450	0.02314	0.00829	0.00293	0.00093	0.00000	
10.25	Q	-0.47344	-0.74470	-1.86931	-5.13594	-5.13594	-1.84276	-0.66120	-0.23729	-0.08530	-0.03105	-0.01237	-0.00786	10.25
	V	0.00000	-0.00042	-0.00022	0.00189	0.00189	0.00400	0.00415	0.00359	0.00278	0.00188	0.00094	0.00000	
	V'	-0.00501	-0.00243	0.00827	0.03937	0.03937	0.00802	-0.00322	-0.00726	-0.00871	-0.00922	-0.00940	-0.00944	
	M	0.00000	-0.05373	-0.17235	-0.49908	0.50092	0.17529	0.06134	0.02146	0.00750	0.00259	0.00081	0.00000	
10.50	Q	-0.44995	-0.72162	-1.86472	-5.25964	-5.25964	-1.84055	-0.64409	-0.22544	-0.07902	-0.02801	-0.01084	-0.00676	10.50
	V	0.00000	-0.00042	-0.00025	0.00181	0.00181	0.00385	0.00398	0.00343	0.00265	0.00179	0.00090	0.00000	
	V'	-0.00499	-0.00252	0.00784	0.03864	0.03864	0.00762	-0.00323	-0.00703	-0.00835	-0.00882	-0.00897	-0.00901	
	M	0.00000	-0.05146	-0.16833	-0.49921	0.50079	0.17092	0.05833	0.01991	0.00678	0.00229	0.00070	0.00000	
10.75	Q	-0.42737	-0.69903	-1.85937	-5.38350	-5.38350	-1.83738	-0.62711	-0.21406	-0.07316	-0.02527	-0.00950	-0.00581	10.75
	V	0.00000	-0.00042	-0.00027	0.00172	0.00172	0.00371	0.00382	0.00329	0.00254	0.00171	0.00086	0.00000	
	V'	-0.00496	-0.00260	0.00744	0.03793	0.03793	0.00725	-0.00323	-0.00680	-0.00802	-0.00843	-0.00857	-0.00860	
	M	0.00000	-0.04926	-0.16439	-0.49932	0.50068	0.16666	0.05548	0.01846	0.00614	0.00202	0.00061	0.00000	
11.00	Q	-0.40571	-0.67694	-1.85327	-5.50748	-5.50748	-1.83328	-0.61026	-0.20316	-0.06771	-0.02278	-0.00832	-0.00499	11.00
	V	0.00000	-0.00042	-0.00029	0.00165	0.00165	0.00358	0.00367	0.00315	0.00243	0.00164	0.00082	0.00000	
	V'	-0.00491	-0.00267	0.00705	0.03725	0.03725	0.00689	-0.00322	-0.00659	-0.00770	-0.00808	-0.00820	-0.00822	
	M	0.00000	-0.04715	-0.16052	-0.49941	0.50059	0.16252	0.05276	0.01713	0.00555	0.00179	0.00052	0.00000	
11.25	Q	-0.38495	-0.65536	-1.84646	-5.63159	-5.63159	-1.82831	-0.59357	-0.19273	-0.06263	-0.02054	-0.00729	-0.00428	11.25
	V	0.00000	-0.00042	-0.00031	0.00158	0.00158	0.00346	0.00353	0.00303	0.00233	0.00157	0.00079	0.00000	
	V'	-0.00486	-0.00272	0.00669	0.03660	0.03660	0.00654	-0.00321	-0.00638	-0.00741	-0.00774	-0.00784	-0.00787	
	M	0.00000	-0.04510	-0.15673	-0.49950	0.50050	0.15848	0.05018	0.01589	0.00503	0.00158	0.00045	0.00000	
11.50	Q	-0.36507	-0.63429	-1.83896	-5.75580	-5.75580	-1.82250	-0.57708	-0.18274	-0.05791	-0.01850	-0.00638	-0.00367	11.50
	V	0.00000	-0.00042	-0.00033	0.00151	0.00151	0.00334	0.00340	0.00290	0.00223	0.00150	0.00075	0.00000	
	V'	-0.00480	-0.00277	0.00634	0.03596	0.03596	0.00622	-0.00320	-0.00618	-0.00712	-0.00742	-0.00751	-0.00753	
	M	0.00000	-0.04314	-0.15301	-0.49957	0.50043	0.15454	0.04773	0.01474	0.00455	0.00139	0.00039	0.00000	
11.75	Q	-0.34606	-0.61373	-1.83081	-5.88010	-5.88010	-1.81589	-0.56078	-0.17319	-0.05353	-0.01667	-0.00559	-0.00315	11.75
	V	0.00000	-0.00041	-0.00034	0.00145	0.00145	0.00323	0.00328	0.00279	0.00214	0.00144	0.00072	0.00000	
	V'	-0.00474	-0.00280	0.00602	0.03535	0.03535	0.00591	-0.00318	-0.00599	-0.00686	-0.00712	-0.00720	-0.00722	
	M	0.00000	-0.04124	-0.14936	-0.49963	0.50037	0.15071	0.04539	0.01367	0.00411	0.00123	0.00034	0.00000	
12.00	Q	-0.32788	-0.59369	-1.82204	-6.00448	-6.00448	-1.80852	-0.54472	-0.16408	-0.04945	-0.01501	-0.00489	-0.00270	12.00
	V	0.00000	-0.00041	-0.00035	0.00139	0.00139	0.00312	0.00316	0.00268	0.00205	0.00138	0.00069	0.00000	
	V'	-0.00467	-0.00282	0.00571	0.03475	0.03475	0.00561	-0.00316	-0.00581	-0.00660	-0.00684	-0.00691	-0.00693	
	M	0.00000	-0.03942	-0.14579	-0.49968	0.50032	0.14697	0.04317	0.01268	0.00372	0.00109	0.00029	0.00000	
12.25	Q	-0.31053	-0.57416	-1.81266	-6.12894	-6.12894	-1.80042	-0.52889	-0.15537	-0.04567	-0.01351	-0.00428	-0.00231	12.25
	V	0.00000	-0.00040	-0.00036	0.00133	0.00133	0.00302	0.00304	0.00258	0.00197	0.00133	0.00066	0.00000	
	V'	-0.00459	-0.00284	0.00542	0.03418	0.03418	0.00533	-0.00314	-0.00563	-0.00636	-0.00657	-0.00664	-0.00665	
BETA	X/L =	0.00	0.10	0.20	L 0.30	R 0.30	0.40	0.50	0.60	0.70	0.80	0.90	1.00	BETA

XM/L = 0.30

FUNKTIONEN : F.MIM - F.MIQ - F.MIV - F.MIV'

Z U G S T A E B E -173-

FUNKTIONEN : F.MIM - F.MIQ - F.MIV - F.MIV'

XM/L = 0.30

BETA	X/L =	0.00	0.10	0.20	L 0.30	R 0.30	0.40	0.50	0.60	0.70	0.80	0.90	1.00	BETA
	M	0.00000	-0.03767	-0.14229	-0.49972	0.50028	0.14333	0.04107	0.01176	0.00337	0.00096	0.00025	0.00000	
12.50	Q	-0.29397	-0.55514	-1.80272	-6.25346	-6.25346	-1.79165	-0.51332	-0.14707	-0.04216	-0.01215	-0.00374	-0.00198	12.50
	V	0.00000	-0.00040	-0.00037	0.00128	0.00128	0.00292	0.00294	0.00248	0.00190	0.00127	0.00064	0.00000	
	V'	-0.00452	-0.00285	0.00514	0.03362	0.03362	0.00507	-0.00311	-0.00546	-0.00613	-0.00632	-0.00638	-0.00639	
	M	0.00000	-0.03599	-0.13886	-0.49976	0.50024	0.13978	0.03906	0.01091	0.00305	0.00085	0.00022	0.00000	
12.75	Q	-0.27819	-0.53664	-1.79223	-6.37803	-6.37803	-1.78222	-0.49801	-0.13916	-0.03890	-0.01093	-0.00327	-0.00170	12.75
	V	0.00000	-0.00039	-0.00038	0.00123	0.00123	0.00283	0.00284	0.00239	0.00183	0.00123	0.00061	0.00000	
	V'	-0.00444	-0.00285	0.00487	0.03308	0.03308	0.00481	-0.00309	-0.00530	-0.00591	-0.00608	-0.00613	-0.00614	
	M	0.00000	-0.03438	-0.13551	-0.49980	0.50020	0.13632	0.03715	0.01012	0.00276	0.00075	0.00019	0.00000	
13.00	Q	-0.26314	-0.51864	-1.78123	-6.50266	-6.50266	-1.77218	-0.48298	-0.13163	-0.03589	-0.00983	-0.00286	-0.00145	13.00
	V	0.00000	-0.00039	-0.00038	0.00118	0.00118	0.00274	0.00274	0.00231	0.00176	0.00118	0.00059	0.00000	
	V'	-0.00436	-0.00285	0.00462	0.03256	0.03256	0.00457	-0.00306	-0.00514	-0.00570	-0.00586	-0.00590	-0.00591	
	M	0.00000	-0.03283	-0.13224	-0.49982	0.50018	0.13295	0.03534	0.00939	0.00250	0.00066	0.00016	0.00000	
13.25	Q	-0.24883	-0.50113	-1.76973	-6.62734	-6.62734	-1.76157	-0.46823	-0.12446	-0.03309	-0.00884	-0.00250	-0.00124	13.25
	V	0.00000	-0.00038	-0.00039	0.00114	0.00114	0.00266	0.00265	0.00222	0.00169	0.00114	0.00057	0.00000	
	V'	-0.00428	-0.00284	0.00438	0.03205	0.03205	0.00434	-0.00303	-0.00499	-0.00551	-0.00565	-0.00568	-0.00569	
	M	0.00000	-0.03134	-0.12903	-0.49985	0.50015	0.12966	0.03361	0.00871	0.00226	0.00058	0.00014	0.00000	
13.50	Q	-0.23520	-0.48412	-1.75778	-6.75205	-6.75205	-1.75040	-0.45378	-0.11764	-0.03051	-0.00794	-0.00219	-0.00106	13.50
	V	0.00000	-0.00038	-0.00039	0.00110	0.00110	0.00258	0.00256	0.00215	0.00163	0.00109	0.00055	0.00000	
	V'	-0.00420	-0.00283	0.00416	0.03156	0.03156	0.00412	-0.00300	-0.00484	-0.00532	-0.00544	-0.00547	-0.00548	
	M	0.00000	-0.02992	-0.12590	-0.49987	0.50013	0.12645	0.03197	0.00808	0.00204	0.00051	0.00012	0.00000	
13.75	Q	-0.22225	-0.46760	-1.74538	-6.87680	-6.87680	-1.73873	-0.43962	-0.11115	-0.02811	-0.00713	-0.00191	-0.00091	13.75
	V	0.00000	-0.00037	-0.00039	0.00106	0.00106	0.00250	0.00248	0.00207	0.00158	0.00106	0.00053	0.00000	
	V'	-0.00411	-0.00282	0.00394	0.03108	0.03108	0.00391	-0.00296	-0.00470	-0.00514	-0.00525	-0.00528	-0.00528	
	M	0.00000	-0.02856	-0.12284	-0.49989	0.50011	0.12333	0.03041	0.00750	0.00185	0.00045	0.00011	0.00000	
14.00	Q	-0.20994	-0.45156	-1.73256	-7.00157	-7.00157	-1.72657	-0.42577	-0.10499	-0.02590	-0.00641	-0.00167	-0.00078	14.00
	V	0.00000	-0.00036	-0.00039	0.00102	0.00102	0.00243	0.00240	0.00200	0.00152	0.00102	0.00051	0.00000	
	V'	-0.00403	-0.00280	0.00374	0.03062	0.03062	0.00371	-0.00293	-0.00457	-0.00497	-0.00507	-0.00509	-0.00510	
	M	0.00000	-0.02725	-0.11985	-0.49990	0.50010	0.12028	0.02893	0.00696	0.00167	0.00040	0.00009	0.00000	
14.25	Q	-0.19825	-0.43598	-1.71936	-7.12638	-7.12638	-1.71395	-0.41222	-0.09914	-0.02385	-0.00575	-0.00146	-0.00066	14.25
	V	0.00000	-0.00036	-0.00039	0.00098	0.00098	0.00236	0.00232	0.00194	0.00147	0.00098	0.00049	0.00000	
	V'	-0.00395	-0.00278	0.00354	0.03017	0.03017	0.00352	-0.00289	-0.00444	-0.00481	-0.00490	-0.00492	-0.00492	
	M	0.00000	-0.02600	-0.11693	-0.49992	0.50008	0.11730	0.02752	0.00645	0.00151	0.00035	0.00008	0.00000	
14.50	Q	-0.18715	-0.42087	-1.70578	-7.25121	-7.25121	-1.70092	-0.39899	-0.09359	-0.02196	-0.00517	-0.00127	-0.00057	14.50
	V	0.00000	-0.00035	-0.00040	0.00095	0.00095	0.00230	0.00225	0.00187	0.00142	0.00095	0.00048	0.00000	
	V'	-0.00387	-0.00275	0.00336	0.02973	0.02973	0.00333	-0.00286	-0.00431	-0.00465	-0.00473	-0.00475	-0.00475	
	M	0.00000	-0.02480	-0.11408	-0.49993	0.50007	0.11441	0.02617	0.00599	0.00137	0.00031	0.00007	0.00000	
14.75	Q	-0.17662	-0.40621	-1.69187	-7.37606	-7.37606	-1.68749	-0.38606	-0.08832	-0.02021	-0.00464	-0.00111	-0.00048	14.75
	V	0.00000	-0.00035	-0.00039	0.00092	0.00092	0.00223	0.00218	0.00181	0.00137	0.00092	0.00046	0.00000	
	V'	-0.00378	-0.00273	0.00318	0.02931	0.02931	0.00316	-0.00282	-0.00419	-0.00450	-0.00458	-0.00459	-0.00459	
BETA	X/L =	0.00	0.10	0.20	L 0.30	R 0.30	0.40	0.50	0.60	0.70	0.80	0.90	1.00	BETA

XM/L = 0.30

FUNKTIONEN : F.MIM - F.MIQ - F.MIV - F.MIV'

FUNKTIONEN : F.MIM - F.MIQ - F.MIV - F.MIV'

XM/L = 0.30

BETA	X/L =	0.00	0.10	0.20	L 0.30	R 0.30	0.40	0.50	0.60	0.70	0.80	0.90	1.00	BETA
	M	0.00000	-0.02365	-0.11129	-0.49994	0.50006	0.11158	0.02490	0.00556	0.00124	0.00028	0.00006	0.00000	
15.00	Q	-0.16663	-0.39199	-1.67762	-7.50093	-7.50093	-1.67368	-0.37345	-0.08333	-0.01860	-0.00416	-0.00097	-0.00041	15.00
	V	0.00000	-0.00034	-0.00039	0.00089	0.00089	0.00217	0.00211	0.00175	0.00133	0.00089	0.00044	0.00000	
	V'	-0.00370	-0.00270	0.00301	0.02889	0.02889	0.00299	-0.00278	-0.00407	-0.00436	-0.00443	-0.00444	-0.00444	
	M	0.00000	-0.02256	-0.10857	-0.49995	0.50005	0.10882	0.02368	0.00515	0.00112	0.00024	0.00005	0.00000	
15.25	Q	-0.15717	-0.37821	-1.66308	-7.62581	-7.62581	-1.65954	-0.36115	-0.07859	-0.01711	-0.00373	-0.00085	-0.00035	15.25
	V	0.00000	-0.00033	-0.00039	0.00086	0.00086	0.00211	0.00205	0.00170	0.00129	0.00086	0.00043	0.00000	
	V'	-0.00362	-0.00267	0.00285	0.02849	0.02849	0.00284	-0.00275	-0.00396	-0.00423	-0.00428	-0.00430	-0.00430	
	M	0.00000	-0.02151	-0.10591	-0.49995	0.50005	0.10613	0.02253	0.00478	0.00101	0.00021	0.00004	0.00000	
15.50	Q	-0.14820	-0.36486	-1.64826	-7.75071	-7.75071	-1.64507	-0.34916	-0.07411	-0.01573	-0.00335	-0.00074	-0.00030	15.50
	V	0.00000	-0.00033	-0.00039	0.00083	0.00083	0.00206	0.00199	0.00165	0.00124	0.00083	0.00042	0.00000	
	V'	-0.00355	-0.00264	0.00270	0.02810	0.02810	0.00269	-0.00271	-0.00385	-0.00410	-0.00415	-0.00416	-0.00416	
	M	0.00000	-0.02051	-0.10331	-0.49996	0.50004	0.10351	0.02143	0.00444	0.00092	0.00019	0.00004	0.00000	
15.75	Q	-0.13971	-0.35192	-1.63318	-7.87562	-7.87562	-1.63031	-0.33749	-0.06986	-0.01446	-0.00300	-0.00065	-0.00026	15.75
	V	0.00000	-0.00032	-0.00039	0.00081	0.00081	0.00200	0.00193	0.00159	0.00121	0.00081	0.00040	0.00000	
	V'	-0.00347	-0.00261	0.00255	0.02772	0.02772	0.00254	-0.00267	-0.00375	-0.00397	-0.00402	-0.00403	-0.00403	
	M	0.00000	-0.01955	-0.10078	-0.49997	0.50003	0.10096	0.02038	0.00412	0.00083	0.00017	0.00003	0.00000	
16.00	Q	-0.13168	-0.33939	-1.61786	-8.00054	-8.00054	-1.61528	-0.32612	-0.06584	-0.01329	-0.00269	-0.00056	-0.00022	16.00
	V	0.00000	-0.00031	-0.00039	0.00078	0.00078	0.00195	0.00187	0.00155	0.00117	0.00078	0.00039	0.00000	
	V'	-0.00339	-0.00258	0.00241	0.02735	0.02735	0.00240	-0.00263	-0.00365	-0.00385	-0.00390	-0.00390	-0.00391	
	M	0.00000	-0.01864	-0.09831	-0.49997	0.50003	0.09846	0.01939	0.00382	0.00075	0.00015	0.00003	0.00000	
16.25	Q	-0.12407	-0.32726	-1.60231	-8.12547	-8.12547	-1.60000	-0.31506	-0.06204	-0.01222	-0.00241	-0.00049	-0.00019	16.25
	V	0.00000	-0.00031	-0.00039	0.00076	0.00076	0.00190	0.00182	0.00150	0.00113	0.00076	0.00038	0.00000	
	V'	-0.00332	-0.00255	0.00228	0.02698	0.02698	0.00227	-0.00259	-0.00355	-0.00374	-0.00378	-0.00379	-0.00379	
	M	0.00000	-0.01776	-0.09589	-0.49997	0.50003	0.09603	0.01844	0.00354	0.00068	0.00013	0.00002	0.00000	
16.50	Q	-0.11688	-0.31551	-1.58657	-8.25041	-8.25041	-1.58449	-0.30430	-0.05844	-0.01122	-0.00216	-0.00043	-0.00016	16.50
	V	0.00000	-0.00030	-0.00038	0.00073	0.00073	0.00185	0.00177	0.00146	0.00110	0.00073	0.00037	0.00000	
	V'	-0.00324	-0.00251	0.00215	0.02663	0.02663	0.00215	-0.00256	-0.00346	-0.00363	-0.00367	-0.00367	-0.00367	
	M	0.00000	-0.01693	-0.09354	-0.49998	0.50002	0.09366	0.01754	0.00329	0.00062	0.00012	0.00002	0.00000	
16.75	Q	-0.11007	-0.30414	-1.57064	-8.37536	-8.37536	-1.56877	-0.29384	-0.05504	-0.01031	-0.00193	-0.00037	-0.00014	16.75
	V	0.00000	-0.00030	-0.00038	0.00071	0.00071	0.00180	0.00172	0.00141	0.00107	0.00071	0.00036	0.00000	
	V'	-0.00317	-0.00248	0.00203	0.02629	0.02629	0.00203	-0.00252	-0.00337	-0.00353	-0.00356	-0.00356	-0.00356	
	M	0.00000	-0.01613	-0.09124	-0.49998	0.50002	0.09135	0.01669	0.00305	0.00056	0.00010	0.00002	0.00000	
17.00	Q	-0.10364	-0.29314	-1.55454	-8.50032	-8.50032	-1.55287	-0.28368	-0.05182	-0.00947	-0.00173	-0.00033	-0.00012	17.00
	V	0.00000	-0.00029	-0.00038	0.00069	0.00069	0.00176	0.00167	0.00137	0.00104	0.00069	0.00035	0.00000	
	V'	-0.00310	-0.00245	0.00192	0.02595	0.02595	0.00191	-0.00248	-0.00328	-0.00343	-0.00345	-0.00346	-0.00346	
	M	0.00000	-0.01537	-0.08900	-0.49998	0.50002	0.08909	0.01587	0.00283	0.00050	0.00009	0.00002	0.00000	
17.25	Q	-0.09757	-0.28250	-1.53829	-8.62528	-8.62528	-1.53679	-0.27381	-0.04879	-0.00869	-0.00155	-0.00028	-0.00010	17.25
	V	0.00000	-0.00028	-0.00037	0.00067	0.00067	0.00172	0.00163	0.00133	0.00101	0.00067	0.00034	0.00000	
	V'	-0.00303	-0.00241	0.00181	0.02563	0.02563	0.00180	-0.00244	-0.00320	-0.00333	-0.00336	-0.00336	-0.00336	

BETA | X/L = | 0.00 | 0.10 | 0.20 | L 0.30 | R 0.30 | 0.40 | 0.50 | 0.60 | 0.70 | 0.80 | 0.90 | 1.00 | BETA

XM/L = 0.30

FUNKTIONEN : F.MIM - F.MIQ - F.MIV - F.MIV'

FUNKTIONEN : F.MIM - F.MIQ - F.MIV - F.MIV'

XM/L = 0.30

BETA	X/L =	0.00	0.10	0.20	L 0.30	R 0.30	0.40	0.50	0.60	0.70	0.80	0.90	1.00	BETA
	M	0.00000	-0.01464	-0.08681	-0.49999	0.50001	0.08689	0.01510	0.00262	0.00046	0.00008	0.00001	0.00000	
17.50	Q	-0.09183	-0.27221	-1.52191	-8.75024	-8.75024	-1.52056	-0.26423	-0.04592	-0.00798	-0.00139	-0.00025	-0.00008	17.50
	V	0.00000	-0.00028	-0.00037	0.00065	0.00065	0.00168	0.00158	0.00130	0.00098	0.00065	0.00033	0.00000	
	V'	-0.00297	-0.00238	0.00170	0.02531	0.02531	0.00170	-0.00240	-0.00312	-0.00324	-0.00326	-0.00326	-0.00327	
	M	0.00000	-0.01395	-0.08467	-0.49999	0.50001	0.08474	0.01436	0.00243	0.00041	0.00007	0.00001	0.00000	
17.75	Q	-0.08641	-0.26225	-1.50541	-8.87521	-8.87521	-1.50420	-0.25494	-0.04321	-0.00732	-0.00124	-0.00022	-0.00007	17.75
	V	0.00000	-0.00027	-0.00037	0.00063	0.00063	0.00164	0.00154	0.00126	0.00095	0.00063	0.00032	0.00000	
	V'	-0.00290	-0.00234	0.00160	0.02500	0.02500	0.00160	-0.00236	-0.00304	-0.00315	-0.00317	-0.00317	-0.00317	
	M	0.00000	-0.01329	-0.08259	-0.49999	0.50001	0.08265	0.01366	0.00226	0.00037	0.00006	0.00001	0.00000	
18.00	Q	-0.08130	-0.25263	-1.48880	-9.00018	-9.00018	-1.48772	-0.24592	-0.04065	-0.00672	-0.00111	-0.00019	-0.00006	18.00
	V	0.00000	-0.00027	-0.00036	0.00062	0.00062	0.00160	0.00150	0.00123	0.00092	0.00062	0.00031	0.00000	
	V'	-0.00284	-0.00231	0.00151	0.02469	0.02469	0.00151	-0.00233	-0.00296	-0.00307	-0.00308	-0.00309	-0.00309	
	M	0.00000	-0.01266	-0.08055	-0.49999	0.50001	0.08061	0.01300	0.00210	0.00034	0.00005	0.00001	0.00000	
18.25	Q	-0.07647	-0.24333	-1.47210	-9.12516	-9.12516	-1.47114	-0.23717	-0.03824	-0.00616	-0.00099	-0.00016	-0.00005	18.25
	V	0.00000	-0.00026	-0.00036	0.00060	0.00060	0.00156	0.00146	0.00119	0.00090	0.00060	0.00030	-0.00000	
	V'	-0.00277	-0.00227	0.00142	0.02440	0.02440	0.00141	-0.00229	-0.00289	-0.00298	-0.00300	-0.00300	-0.00300	
	M	0.00000	-0.01206	-0.07857	-0.49999	0.50001	0.07862	0.01236	0.00194	0.00031	0.00005	0.00001	0.00000	
18.50	Q	-0.07192	-0.23435	-1.45533	-9.25014	-9.25014	-1.45447	-0.22870	-0.03596	-0.00565	-0.00089	-0.00014	-0.00004	18.50
	V	0.00000	-0.00026	-0.00035	0.00058	0.00058	0.00152	0.00142	0.00116	0.00088	0.00058	0.00029	0.00000	
	V'	-0.00271	-0.00224	0.00133	0.02411	0.02411	0.00133	-0.00225	-0.00282	-0.00291	-0.00292	-0.00292	-0.00292	
	M	0.00000	-0.01148	-0.07664	-0.49999	0.50001	0.07668	0.01176	0.00180	0.00028	0.00004	0.00001	0.00000	
18.75	Q	-0.06762	-0.22566	-1.43850	-9.37512	-9.37512	-1.43772	-0.22048	-0.03381	-0.00519	-0.00080	-0.00012	-0.00004	18.75
	V	0.00000	-0.00025	-0.00035	0.00057	0.00057	0.00149	0.00139	0.00113	0.00085	0.00057	0.00028	0.00000	
	V'	-0.00265	-0.00220	0.00125	0.02382	0.02382	0.00125	-0.00222	-0.00275	-0.00283	-0.00284	-0.00284	-0.00284	
	M	0.00000	-0.01094	-0.07475	-0.49999	0.50001	0.07479	0.01119	0.00167	0.00025	0.00004	0.00001	0.00000	
19.00	Q	-0.06357	-0.21728	-1.42161	-9.50011	-9.50011	-1.42092	-0.21252	-0.03179	-0.00475	-0.00071	-0.00011	-0.00003	19.00
	V	0.00000	-0.00025	-0.00035	0.00055	0.00055	0.00145	0.00135	0.00110	0.00083	0.00055	0.00028	0.00000	
	V'	-0.00259	-0.00217	0.00117	0.02355	0.02355	0.00117	-0.00218	-0.00268	-0.00276	-0.00277	-0.00277	-0.00277	
	M	0.00000	-0.01041	-0.07290	-0.50000	0.50000	0.07294	0.01064	0.00155	0.00023	0.00003	0.00000	0.00000	
19.25	Q	-0.05976	-0.20918	-1.40469	-9.62509	-9.62509	-1.40407	-0.20482	-0.02988	-0.00436	-0.00064	-0.00009	-0.00003	19.25
	V	0.00000	-0.00024	-0.00034	0.00054	0.00054	0.00142	0.00132	0.00108	0.00081	0.00054	0.00027	0.00000	
	V'	-0.00254	-0.00213	0.00109	0.02328	0.02328	0.00109	-0.00215	-0.00262	-0.00269	-0.00270	-0.00270	-0.00270	
	M	0.00000	-0.00992	-0.07111	-0.50000	0.50000	0.07114	0.01012	0.00144	0.00020	0.00003	0.00000	0.00000	
19.50	Q	-0.05616	-0.20135	-1.38774	-9.75008	-9.75008	-1.38718	-0.19736	-0.02808	-0.00399	-0.00057	-0.00008	-0.00002	19.50
	V	0.00000	-0.00024	-0.00034	0.00053	0.00053	0.00139	0.00129	0.00105	0.00079	0.00053	0.00026	0.00000	
	V'	-0.00248	-0.00210	0.00102	0.02301	0.02301	0.00102	-0.00211	-0.00256	-0.00262	-0.00263	-0.00263	-0.00263	
	M	0.00000	-0.00944	-0.06935	-0.50000	0.50000	0.06938	0.00963	0.00134	0.00019	0.00003	0.00000	0.00000	
19.75	Q	-0.05277	-0.19380	-1.37078	-9.87507	-9.87507	-1.37028	-0.19014	-0.02638	-0.00366	-0.00051	-0.00007	-0.00002	19.75
	V	0.00000	-0.00023	-0.00033	0.00051	0.00051	0.00136	0.00126	0.00102	0.00077	0.00051	0.00026	0.00000	
	V'	-0.00243	-0.00207	0.00095	0.02275	0.02275	0.00095	-0.00208	-0.00250	-0.00255	-0.00256	-0.00256	-0.00256	
BETA	X/L =	0.00	0.10	0.20	L 0.30	R 0.30	0.40	0.50	0.60	0.70	0.80	0.90	1.00	BETA

XM/L = 0.30

FUNKTIONEN : F.MIM - F.MIQ - F.MIV - F.MIV'

FUNKTIONEN : F.MIM - F.MIQ - F.MIV - F.MIV'

XM/L = 0.30

BETA	X/L =	0.00	0.10	0.20	L 0.30	R 0.30	0.40	0.50	0.60	0.70	0.80	0.90	1.00	BETA
	M	0.00000	-0.00899	-0.06764	-0.50000	0.50000	0.06767	0.00916	0.00124	0.00017	0.00002	0.00000	0.00000	
20.00	Q	-0.04958	-0.18651	-1.35381	-10.00006	-10.00006	-1.35336	-0.18316	-0.02479	-0.00335	-0.00045	-0.00006	-0.00002	20.00
	V	0.00000	-0.00023	-0.00033	0.00050	0.00050	0.00133	0.00123	0.00100	0.00075	0.00050	0.00025	0.00000	
	V'	-0.00238	-0.00203	0.00088	0.02250	0.02250	0.00088	-0.00204	-0.00244	-0.00249	-0.00250	-0.00250	-0.00250	
	M	0.00000	-0.00856	-0.06598	-0.50000	0.50000	0.06600	0.00871	0.00115	0.00015	0.00002	0.00000	0.00000	
20.25	Q	-0.04657	-0.17947	-1.33684	-10.12505	-10.12505	-1.33644	-0.17640	-0.02328	-0.00307	-0.00041	-0.00005	-0.00001	20.25
	V	0.00000	-0.00022	-0.00033	0.00049	0.00049	0.00130	0.00120	0.00097	0.00073	0.00049	0.00024	0.00000	
	V'	-0.00233	-0.00200	0.00082	0.02225	0.02225	0.00082	-0.00201	-0.00238	-0.00243	-0.00244	-0.00244	-0.00244	
	M	0.00000	-0.00815	-0.06435	-0.50000	0.50000	0.06437	0.00829	0.00107	0.00014	0.00002	0.00000	0.00000	
20.50	Q	-0.04374	-0.17269	-1.31990	-10.25005	-10.25005	-1.31954	-0.16987	-0.02187	-0.00282	-0.00036	-0.00005	-0.00001	20.50
	V	0.00000	-0.00022	-0.00032	0.00048	0.00048	0.00127	0.00117	0.00095	0.00071	0.00048	0.00024	0.00000	
	V'	-0.00228	-0.00197	0.00076	0.02201	0.02201	0.00076	-0.00198	-0.00233	-0.00237	-0.00238	-0.00238	-0.00238	
	M	0.00000	-0.00776	-0.06276	-0.50000	0.50000	0.06278	0.00788	0.00099	0.00012	0.00002	0.00000	0.00000	
20.75	Q	-0.04107	-0.16613	-1.30297	-10.37504	-10.37504	-1.30265	-0.16356	-0.02054	-0.00258	-0.00032	-0.00004	-0.00001	20.75
	V	0.00000	-0.00021	-0.00032	0.00046	0.00046	0.00125	0.00114	0.00093	0.00070	0.00046	0.00023	0.00000	
	V'	-0.00223	-0.00194	0.00070	0.02177	0.02177	0.00070	-0.00194	-0.00227	-0.00232	-0.00232	-0.00232	-0.00232	
	M	0.00000	-0.00739	-0.06121	-0.50000	0.50000	0.06123	0.00750	0.00092	0.00011	0.00001	0.00000	0.00000	
21.00	Q	-0.03856	-0.15981	-1.28608	-10.50004	-10.50004	-1.28580	-0.15745	-0.01928	-0.00236	-0.00029	-0.00004	-0.00001	21.00
	V	0.00000	-0.00021	-0.00031	0.00045	0.00045	0.00122	0.00112	0.00090	0.00068	0.00045	0.00023	0.00000	
	V'	-0.00218	-0.00191	0.00065	0.02154	0.02154	0.00065	-0.00191	-0.00222	-0.00226	-0.00227	-0.00227	-0.00227	
	M	0.00000	-0.00703	-0.05970	-0.50000	0.50000	0.05972	0.00713	0.00085	0.00010	0.00001	0.00000	0.00000	
21.25	Q	-0.03620	-0.15372	-1.26923	-10.62503	-10.62503	-1.26898	-0.15156	-0.01810	-0.00216	-0.00026	-0.00003	-0.00001	21.25
	V	0.00000	-0.00021	-0.00031	0.00044	0.00044	0.00120	0.00109	0.00088	0.00066	0.00044	0.00022	0.00000	
	V'	-0.00213	-0.00187	0.00060	0.02131	0.02131	0.00060	-0.00188	-0.00217	-0.00221	-0.00221	-0.00221	-0.00221	
	M	0.00000	-0.00669	-0.05823	-0.50000	0.50000	0.05824	0.00678	0.00079	0.00009	0.00001	0.00000	0.00000	
21.50	Q	-0.03398	-0.14784	-1.25244	-10.75003	-10.75003	-1.25221	-0.14586	-0.01699	-0.00198	-0.00023	-0.00003	-0.00001	21.50
	V	0.00000	-0.00020	-0.00031	0.00043	0.00043	0.00117	0.00107	0.00086	0.00065	0.00043	0.00022	0.00000	
	V'	-0.00209	-0.00184	0.00055	0.02109	0.02109	0.00055	-0.00185	-0.00213	-0.00216	-0.00216	-0.00216	-0.00216	
	M	0.00000	-0.00637	-0.05679	-0.50000	0.50000	0.05680	0.00645	0.00073	0.00008	0.00001	0.00000	0.00000	
21.75	Q	-0.03189	-0.14217	-1.23569	-10.87502	-10.87502	-1.23549	-0.14036	-0.01595	-0.00181	-0.00021	-0.00002	-0.00001	21.75
	V	0.00000	-0.00020	-0.00030	0.00042	0.00042	0.00115	0.00104	0.00084	0.00063	0.00042	0.00021	0.00000	
	V'	-0.00205	-0.00181	0.00050	0.02087	0.02087	0.00050	-0.00182	-0.00208	-0.00211	-0.00211	-0.00211	-0.00211	
	M	0.00000	-0.00606	-0.05539	-0.50000	0.50000	0.05540	0.00614	0.00068	0.00008	0.00001	0.00000	0.00000	
22.00	Q	-0.02993	-0.13671	-1.21902	-11.00002	-11.00002	-1.21884	-0.13505	-0.01496	-0.00166	-0.00018	-0.00002	-0.00000	22.00
	V	0.00000	-0.00019	-0.00030	0.00041	0.00041	0.00113	0.00102	0.00083	0.00062	0.00041	0.00021	0.00000	
	V'	-0.00200	-0.00178	0.00045	0.02066	0.02066	0.00045	-0.00179	-0.00204	-0.00206	-0.00207	-0.00207	-0.00207	
	M	0.00000	-0.00577	-0.05403	-0.50000	0.50000	0.05403	0.00584	0.00063	0.00007	0.00001	0.00000	0.00000	
22.25	Q	-0.02808	-0.13144	-1.20241	-11.12502	-11.12502	-1.20225	-0.12992	-0.01404	-0.00152	-0.00016	-0.00002	-0.00000	22.25
	V	0.00000	-0.00019	-0.00029	0.00040	0.00040	0.00110	0.00100	0.00081	0.00061	0.00040	0.00020	0.00000	
	V'	-0.00196	-0.00175	0.00041	0.02045	0.02045	0.00041	-0.00176	-0.00199	-0.00202	-0.00202	-0.00202	-0.00202	

| BETA | X/L = | 0.00 | 0.10 | 0.20 | L 0.30 | R 0.30 | 0.40 | 0.50 | 0.60 | 0.70 | 0.80 | 0.90 | 1.00 | BETA |

XM/L = 0.30

FUNKTIONEN : F.MIM - F.MIQ - F.MIV - F.MIV'

FUNKTIONEN : F.MIM - F.MIQ - F.MIV - F.MIV'

XM/L = 0.30

BETA	X/L =	0.00	0.10	0.20	L 0.30	R 0.30	0.40	0.50	0.60	0.70	0.80	0.90	1.00	BETA
22.50	M	0.00000	-0.00549	-0.05269	-0.50000	0.50000	0.05270	0.00555	0.00059	0.00006	0.00001	0.00000	0.00000	22.50
	Q	-0.02634	-0.12636	-1.18589	-11.25002	-11.25002	-1.18574	-0.12498	-0.01317	-0.00139	-0.00015	-0.00002	-0.00000	
	V	0.00000	-0.00019	-0.00029	0.00040	0.00040	0.00108	0.00098	0.00079	0.00059	0.00040	0.00020	0.00000	
	V'	-0.00192	-0.00173	0.00037	0.02025	0.02025	0.00037	-0.00173	-0.00195	-0.00197	-0.00198	-0.00198	-0.00198	
22.75	M	0.00000	-0.00523	-0.05139	-0.50000	0.50000	0.05140	0.00528	0.00054	0.00006	0.00001	0.00000	0.00000	22.75
	Q	-0.02471	-0.12147	-1.16945	-11.37501	-11.37501	-1.16932	-0.12020	-0.01236	-0.00127	-0.00013	-0.00001	-0.00000	
	V	0.00000	-0.00018	-0.00029	0.00039	0.00039	0.00106	0.00096	0.00077	0.00058	0.00039	0.00019	0.00000	
	V'	-0.00188	-0.00170	0.00033	0.02005	0.02005	0.00033	-0.00170	-0.00191	-0.00193	-0.00193	-0.00193	-0.00193	
23.00	M	0.00000	-0.00498	-0.05012	-0.50000	0.50000	0.05013	0.00503	0.00050	0.00005	0.00001	0.00000	0.00000	23.00
	Q	-0.02318	-0.11676	-1.15309	-11.50001	-11.50001	-1.15298	-0.11560	-0.01159	-0.00116	-0.00012	-0.00001	-0.00000	
	V	0.00000	-0.00018	-0.00028	0.00038	0.00038	0.00104	0.00094	0.00076	0.00057	0.00038	0.00019	0.00000	
	V'	-0.00185	-0.00167	0.00029	0.01985	0.01985	0.00029	-0.00167	-0.00187	-0.00189	-0.00189	-0.00189	-0.00189	
23.25	M	0.00000	-0.00474	-0.04889	-0.50000	0.50000	0.04889	0.00478	0.00047	0.00005	0.00000	0.00000	0.00000	23.25
	Q	-0.02174	-0.11222	-1.13684	-11.62501	-11.62501	-1.13673	-0.11115	-0.01087	-0.00106	-0.00010	-0.00001	-0.00000	
	V	0.00000	-0.00018	-0.00028	0.00037	0.00037	0.00102	0.00092	0.00074	0.00055	0.00037	0.00018	0.00000	
	V'	-0.00181	-0.00164	0.00025	0.01966	0.01966	0.00025	-0.00164	-0.00183	-0.00185	-0.00185	-0.00185	-0.00185	
23.50	M	0.00000	-0.00451	-0.04768	-0.50000	0.50000	0.04768	0.00455	0.00043	0.00004	0.00000	0.00000	0.00000	23.50
	Q	-0.02038	-0.10784	-1.12068	-11.75001	-11.75001	-1.12059	-0.10687	-0.01019	-0.00097	-0.00009	-0.00001	-0.00000	
	V	0.00000	-0.00017	-0.00028	0.00036	0.00036	0.00100	0.00090	0.00072	0.00054	0.00036	0.00018	0.00000	
	V'	-0.00177	-0.00162	0.00022	0.01947	0.01947	0.00022	-0.00162	-0.00179	-0.00181	-0.00181	-0.00181	-0.00181	
23.75	M	0.00000	-0.00429	-0.04650	-0.50000	0.50000	0.04651	0.00433	0.00040	0.00004	0.00000	0.00000	0.00000	23.75
	Q	-0.01911	-0.10363	-1.10463	-11.87501	-11.87501	-1.10455	-0.10274	-0.00956	-0.00089	-0.00008	-0.00001	-0.00000	
	V	0.00000	-0.00017	-0.00027	0.00035	0.00035	0.00098	0.00088	0.00071	0.00053	0.00035	0.00018	0.00000	
	V'	-0.00174	-0.00159	0.00019	0.01928	0.01928	0.00019	-0.00159	-0.00176	-0.00177	-0.00177	-0.00177	-0.00177	
24.00	M	0.00000	-0.00408	-0.04536	-0.50000	0.50000	0.04536	0.00411	0.00037	0.00003	0.00000	0.00000	0.00000	24.00
	Q	-0.01792	-0.09957	-1.08869	-12.00001	-12.00001	-1.08862	-0.09876	-0.00896	-0.00081	-0.00007	-0.00001	-0.00000	
	V	0.00000	-0.00017	-0.00027	0.00035	0.00035	0.00096	0.00086	0.00069	0.00052	0.00035	0.00017	0.00000	
	V'	-0.00171	-0.00156	0.00015	0.01910	0.01910	0.00015	-0.00156	-0.00172	-0.00173	-0.00174	-0.00174	-0.00174	
24.25	M	0.00000	-0.00388	-0.04424	-0.50000	0.50000	0.04424	0.00391	0.00035	0.00003	0.00000	0.00000	0.00000	24.25
	Q	-0.01680	-0.09566	-1.07286	-12.12501	-12.12501	-1.07280	-0.09492	-0.00840	-0.00074	-0.00007	-0.00001	-0.00000	
	V	0.00000	-0.00016	-0.00026	0.00034	0.00034	0.00095	0.00084	0.00068	0.00051	0.00034	0.00017	0.00000	
	V'	-0.00167	-0.00154	0.00012	0.01892	0.01892	0.00012	-0.00154	-0.00169	-0.00170	-0.00170	-0.00170	-0.00170	
24.50	M	0.00000	-0.00370	-0.04314	-0.50000	0.50000	0.04315	0.00372	0.00032	0.00003	0.00000	0.00000	0.00000	24.50
	Q	-0.01574	-0.09190	-1.05716	-12.25001	-12.25001	-1.05710	-0.09122	-0.00787	-0.00068	-0.00006	-0.00001	-0.00000	
	V	0.00000	-0.00016	-0.00026	0.00033	0.00033	0.00093	0.00083	0.00067	0.00050	0.00033	0.00017	0.00000	
	V'	-0.00164	-0.00151	0.00010	0.01874	0.01874	0.00010	-0.00151	-0.00165	-0.00166	-0.00167	-0.00167	-0.00167	
24.75	M	0.00000	-0.00352	-0.04208	-0.50000	0.50000	0.04208	0.00354	0.00030	0.00003	0.00000	0.00000	0.00000	24.75
	Q	-0.01475	-0.08828	-1.04157	-12.37500	-12.37500	-1.04152	-0.08766	-0.00738	-0.00062	-0.00005	-0.00000	-0.00000	
	V	0.00000	-0.00016	-0.00026	0.00033	0.00033	0.00091	0.00081	0.00065	0.00049	0.00033	0.00016	0.00000	
	V'	-0.00161	-0.00149	0.00007	0.01857	0.01857	0.00007	-0.00149	-0.00162	-0.00163	-0.00163	-0.00163	-0.00163	
BETA	X/L =	0.00	0.10	0.20	L 0.30	R 0.30	0.40	0.50	0.60	0.70	0.80	0.90	1.00	BETA

XM/L = 0.30

FUNKTIONEN : F.MIM - F.MIQ - F.MIV - F.MIV'

FUNKTIONEN : F.MIM - F.MIQ - F.MIV - F.MIV'

XM/L = 0.30

BETA	X/L =	0.00	0.10	0.20	L 0.30	R 0.30	0.40	0.50	0.60	0.70	0.80	0.90	1.00	BETA
	M	0.00000	-0.00335	-0.04104	-0.50000	0.50000	0.04104	0.00337	0.00028	0.00002	0.00000	0.00000	0.00000	
25.00	Q	-0.01383	-0.08479	-1.02611	-12.50000	-12.50000	-1.02606	-0.08422	-0.00691	-0.00057	-0.00005	-0.00000	-0.00000	25.00
	V	0.00000	-0.00015	-0.00025	0.00032	0.00032	0.00089	0.00079	0.00064	0.00048	0.00032	0.00016	0.00000	
	V'	-0.00158	-0.00146	0.00004	0.01840	0.01840	0.00004	-0.00147	-0.00159	-0.00160	-0.00160	-0.00160	-0.00160	
	M	0.00000	-0.00261	-0.03622	-0.50000	0.50000	0.03622	0.00262	0.00019	0.00001	0.00000	0.00000	0.00000	
26.25	Q	-0.00998	-0.06924	-0.95080	-13.12500	-13.12500	-0.95077	-0.06887	-0.00499	-0.00036	-0.00003	-0.00000	-0.00000	26.25
	V	0.00000	-0.00014	-0.00024	0.00029	0.00029	0.00082	0.00072	0.00058	0.00044	0.00029	0.00015	0.00000	
	V'	-0.00144	-0.00135	-0.00007	0.01760	0.01760	-0.00007	-0.00135	-0.00144	-0.00145	-0.00145	-0.00145	-0.00145	
	M	0.00000	-0.00204	-0.03196	-0.50000	0.50000	0.03196	0.00204	0.00013	0.00001	0.00000	0.00000	0.00000	
27.50	Q	-0.00718	-0.05642	-0.87902	-13.75000	-13.75000	-0.87901	-0.05619	-0.00359	-0.00023	-0.00001	-0.00000	-0.00000	27.50
	V	0.00000	-0.00013	-0.00022	0.00026	0.00026	0.00075	0.00065	0.00053	0.00040	0.00026	0.00013	0.00000	
	V'	-0.00131	-0.00125	-0.00016	0.01686	0.01686	-0.00016	-0.00125	-0.00132	-0.00132	-0.00132	-0.00132	-0.00132	
	M	0.00000	-0.00159	-0.02821	-0.50000	0.50000	0.02821	0.00159	0.00009	0.00001	0.00000	0.00000	0.00000	
28.75	Q	-0.00516	-0.04590	-0.81099	-14.37500	-14.37500	-0.81098	-0.04575	-0.00258	-0.00015	-0.00001	-0.00000	-0.00000	28.75
	V	0.00000	-0.00012	-0.00021	0.00024	0.00024	0.00069	0.00060	0.00049	0.00036	0.00024	0.00012	0.00000	
	V'	-0.00120	-0.00115	-0.00023	0.01618	0.01618	-0.00023	-0.00115	-0.00121	-0.00121	-0.00121	-0.00121	-0.00121	
	M	0.00000	-0.00124	-0.02489	-0.50000	0.50000	0.02489	0.00124	0.00006	0.00000	0.00000	0.00000	0.00000	
30.00	Q	-0.00370	-0.03727	-0.74681	-15.00000	-15.00000	-0.74681	-0.03718	-0.00185	-0.00009	-0.00000	-0.00000	-0.00000	30.00
	V	0.00000	-0.00011	-0.00019	0.00022	0.00022	0.00064	0.00055	0.00044	0.00033	0.00022	0.00011	0.00000	
	V'	-0.00111	-0.00107	-0.00028	0.01556	0.01556	-0.00028	-0.00107	-0.00111	-0.00111	-0.00111	-0.00111	-0.00111	
	M	0.00000	-0.00096	-0.02197	-0.50000	0.50000	0.02197	0.00097	0.00004	0.00000	0.00000	0.00000	0.00000	
31.25	Q	-0.00265	-0.03022	-0.68652	-15.62500	-15.62500	-0.68651	-0.03016	-0.00133	-0.00006	-0.00000	-0.00000	-0.00000	31.25
	V	0.00000	-0.00010	-0.00018	0.00020	0.00020	0.00059	0.00051	0.00041	0.00031	0.00020	0.00010	0.00000	
	V'	-0.00102	-0.00099	-0.00032	0.01498	0.01498	-0.00032	-0.00099	-0.00102	-0.00102	-0.00102	-0.00102	-0.00102	
	M	0.00000	-0.00075	-0.01939	-0.50000	0.50000	0.01939	0.00075	0.00003	0.00000	0.00000	0.00000	0.00000	
32.50	Q	-0.00189	-0.02447	-0.63008	-16.25000	-16.25000	-0.63008	-0.02443	-0.00095	-0.00004	-0.00000	-0.00000	-0.00000	32.50
	V	0.00000	-0.00009	-0.00017	0.00019	0.00019	0.00055	0.00047	0.00038	0.00028	0.00019	0.00009	0.00000	
	V'	-0.00094	-0.00092	-0.00035	0.01444	0.01444	-0.00035	-0.00092	-0.00095	-0.00095	-0.00095	-0.00095	-0.00095	
	M	0.00000	-0.00058	-0.01711	-0.50000	0.50000	0.01711	0.00059	0.00002	0.00000	0.00000	0.00000	0.00000	
33.75	Q	-0.00135	-0.01978	-0.57743	-16.87500	-16.87500	-0.57743	-0.01976	-0.00068	-0.00002	-0.00000	-0.00000	-0.00000	33.75
	V	0.00000	-0.00009	-0.00016	0.00018	0.00018	0.00051	0.00044	0.00035	0.00026	0.00018	0.00009	0.00000	
	V'	-0.00088	-0.00086	-0.00037	0.01394	0.01394	-0.00037	-0.00086	-0.00088	-0.00088	-0.00088	-0.00088	-0.00088	
	M	0.00000	-0.00046	-0.01510	-0.50000	0.50000	0.01510	0.00046	0.00001	0.00000	0.00000	0.00000	0.00000	
35.00	Q	-0.00096	-0.01597	-0.52845	-17.50000	-17.50000	-0.52845	-0.01596	-0.00048	-0.00001	-0.00000	-0.00000	-0.00000	35.00
	V	0.00000	-0.00008	-0.00015	0.00016	0.00016	0.00048	0.00041	0.00033	0.00024	0.00016	0.00008	0.00000	
	V'	-0.00082	-0.00080	-0.00038	0.01347	0.01347	-0.00038	-0.00080	-0.00082	-0.00082	-0.00082	-0.00082	-0.00082	
	M	0.00000	-0.00035	-0.01332	-0.50000	0.50000	0.01332	0.00036	0.00001	0.00000	0.00000	0.00000	0.00000	
36.25	Q	-0.00069	-0.01288	-0.48302	-18.12500	-18.12500	-0.48301	-0.01287	-0.00034	-0.00001	-0.00000	-0.00000	-0.00000	36.25
	V	0.00000	-0.00008	-0.00014	0.00015	0.00015	0.00045	0.00038	0.00030	0.00023	0.00015	0.00008	0.00000	
	V'	-0.00076	-0.00075	-0.00039	0.01303	0.01303	-0.00039	-0.00075	-0.00076	-0.00076	-0.00076	-0.00076	-0.00076	
BETA	X/L =	0.00	0.10	0.20	L 0.30	R 0.30	0.40	0.50	0.60	0.70	0.80	0.90	1.00	BETA

XM/L = 0.30

FUNKTIONEN : F.MIM - F.MIQ - F.MIV - F.MIV'

FUNKTIONEN : F.MIM - F.MIQ - F.MIV - F.MIV'

XM/L = 0.30

BETA	X/L =	0.00	0.10	0.20	L 0.30	R 0.30	0.40	0.50	0.60	0.70	0.80	0.90	1.00	BETA
	M	0.00000	-0.00028	-0.01176	-0.50000	0.50000	0.01176	0.00028	0.00001	0.00000	0.00000	0.00000	0.00000	
37.50	Q	-0.00049	-0.01038	-0.44096	-18.75000	-18.75000	-0.44096	-0.01037	-0.00024	-0.00001	-0.00000	-0.00000	-0.00000	37.50
	V	0.00000	-0.00007	-0.00013	0.00014	0.00014	0.00042	0.00036	0.00028	0.00021	0.00014	0.00007	0.00000	
	V'	-0.00071	-0.00070	-0.00040	0.01262	0.01262	-0.00040	-0.00070	-0.00071	-0.00071	-0.00071	-0.00071	-0.00071	
	M	0.00000	-0.00022	-0.01038	-0.50000	0.50000	0.01038	0.00022	0.00000	0.00000	0.00000	0.00000	0.00000	
38.75	Q	-0.00035	-0.00835	-0.40212	-19.37500	-19.37500	-0.40212	-0.00835	-0.00017	-0.00000	-0.00000	-0.00000	-0.00000	38.75
	V	0.00000	-0.00007	-0.00013	0.00013	0.00013	0.00039	0.00033	0.00027	0.00020	0.00013	0.00007	0.00000	
	V'	-0.00067	-0.00066	-0.00040	0.01224	0.01224	-0.00040	-0.00066	-0.00067	-0.00067	-0.00067	-0.00067	-0.00067	
	M	0.00000	-0.00017	-0.00916	-0.50000	0.50000	0.00916	0.00017	0.00000	0.00000	0.00000	0.00000	0.00000	
40.00	Q	-0.00025	-0.00671	-0.36631	-20.00000	-20.00000	-0.36631	-0.00671	-0.00012	-0.00000	-0.00000	-0.00000	-0.00000	40.00
	V	0.00000	-0.00006	-0.00012	0.00012	0.00012	0.00037	0.00031	0.00025	0.00019	0.00012	0.00006	0.00000	
	V'	-0.00062	-0.00062	-0.00040	0.01188	0.01188	-0.00040	-0.00062	-0.00062	-0.00062	-0.00062	-0.00062	-0.00062	
	M	0.00000	-0.00013	-0.00808	-0.50000	0.50000	0.00808	0.00013	0.00000	0.00000	0.00000	0.00000	0.00000	
41.25	Q	-0.00017	-0.00539	-0.33337	-20.62500	-20.62500	-0.33337	-0.00539	-0.00009	-0.00000	-0.00000	-0.00000	-0.00000	41.25
	V	0.00000	-0.00006	-0.00011	0.00012	0.00012	0.00035	0.00029	0.00024	0.00018	0.00012	0.00006	0.00000	
	V'	-0.00059	-0.00058	-0.00039	0.01153	0.01153	-0.00039	-0.00058	-0.00059	-0.00059	-0.00059	-0.00059	-0.00059	
	M	0.00000	-0.00010	-0.00713	-0.50000	0.50000	0.00713	0.00010	0.00000	0.00000	0.00000	0.00000	0.00000	
42.50	Q	-0.00012	-0.00432	-0.30311	-21.25000	-21.25000	-0.30311	-0.00432	-0.00006	-0.00000	-0.00000	-0.00000	-0.00000	42.50
	V	0.00000	-0.00006	-0.00011	0.00011	0.00011	0.00033	0.00028	0.00022	0.00017	0.00011	0.00006	0.00000	
	V'	-0.00055	-0.00055	-0.00039	0.01121	0.01121	-0.00039	-0.00055	-0.00055	-0.00055	-0.00055	-0.00055	-0.00055	
	M	0.00000	-0.00008	-0.00629	-0.50000	0.50000	0.00629	0.00008	0.00000	0.00000	0.00000	0.00000	0.00000	
43.75	Q	-0.00009	-0.00347	-0.27537	-21.87500	-21.87500	-0.27537	-0.00347	-0.00004	-0.00000	-0.00000	-0.00000	-0.00000	43.75
	V	0.00000	-0.00005	-0.00010	0.00010	0.00010	0.00031	0.00026	0.00021	0.00016	0.00010	0.00005	0.00000	
	V'	-0.00052	-0.00052	-0.00038	0.01091	0.01091	-0.00038	-0.00052	-0.00052	-0.00052	-0.00052	-0.00052	-0.00052	
	M	0.00000	-0.00006	-0.00555	-0.50000	0.50000	0.00555	0.00006	0.00000	0.00000	0.00000	0.00000	0.00000	
45.00	Q	-0.00006	-0.00278	-0.24995	-22.50000	-22.50000	-0.24995	-0.00278	-0.00003	-0.00000	-0.00000	-0.00000	-0.00000	45.00
	V	0.00000	-0.00005	-0.00010	0.00010	0.00010	0.00029	0.00025	0.00020	0.00015	0.00010	0.00005	0.00000	
	V'	-0.00049	-0.00049	-0.00037	0.01062	0.01062	-0.00037	-0.00049	-0.00049	-0.00049	-0.00049	-0.00049	-0.00049	
	M	0.00000	-0.00005	-0.00490	-0.50000	0.50000	0.00490	0.00005	0.00000	0.00000	0.00000	0.00000	0.00000	
46.25	Q	-0.00004	-0.00222	-0.22671	-23.12500	-23.12500	-0.22671	-0.00222	-0.00002	-0.00000	-0.00000	-0.00000	-0.00000	46.25
	V	0.00000	-0.00005	-0.00009	0.00009	0.00009	0.00028	0.00023	0.00019	0.00014	0.00009	0.00005	0.00000	
	V'	-0.00047	-0.00047	-0.00036	0.01034	0.01034	-0.00036	-0.00047	-0.00047	-0.00047	-0.00047	-0.00047	-0.00047	
	M	0.00000	-0.00004	-0.00433	-0.50000	0.50000	0.00433	0.00004	0.00000	0.00000	0.00000	0.00000	0.00000	
47.50	Q	-0.00003	-0.00178	-0.20548	-23.75000	-23.75000	-0.20548	-0.00178	-0.00002	-0.00000	-0.00000	-0.00000	-0.00000	47.50
	V	0.00000	-0.00004	-0.00009	0.00009	0.00009	0.00026	0.00022	0.00018	0.00013	0.00009	0.00004	0.00000	
	V'	-0.00044	-0.00044	-0.00035	0.01008	0.01008	-0.00035	-0.00044	-0.00044	-0.00044	-0.00044	-0.00044	-0.00044	
	M	0.00000	-0.00003	-0.00382	-0.50000	0.50000	0.00382	0.00003	0.00000	0.00000	0.00000	0.00000	0.00000	
48.75	Q	-0.00002	-0.00142	-0.18611	-24.37500	-24.37500	-0.18611	-0.00142	-0.00001	-0.00000	-0.00000	-0.00000	-0.00000	48.75
	V	0.00000	-0.00004	-0.00008	0.00008	0.00008	0.00025	0.00021	0.00017	0.00013	0.00008	0.00004	0.00000	
	V'	-0.00042	-0.00042	-0.00034	0.00984	0.00984	-0.00034	-0.00042	-0.00042	-0.00042	-0.00042	-0.00042	-0.00042	
BETA	X/L =	0.00	0.10	0.20	L 0.30	R 0.30	0.40	0.50	0.60	0.70	0.80	0.90	1.00	BETA

XM/L = 0.30

FUNKTIONEN : F.MIM - F.MIQ - F.MIV - F.MIV'

FUNKTIONEN : F.MIM - F.MIQ - F.MIV - F.MIV'

XM/L = 0.40

BETA	X/L =	0.00	0.10	0.20	0.30	L 0.40	R 0.40	0.50	0.60	0.70	0.80	0.90	1.00	BETA
0.00	M	0.00000	-0.10000	-0.20000	-0.30000	-0.40000	0.60000	0.50000	0.40000	0.30000	0.20000	0.10000	0.00000	0.00
	Q	-1.00000	-1.00000	-1.00000	-1.00000	-1.00000	-1.00000	-1.00000	-1.00000	-1.00000	-1.00000	-1.00000	-1.00000	
	V	0.00000	0.00150	0.00400	0.00850	0.01600	0.01600	0.02250	0.02400	0.02150	0.01600	0.00850	0.00000	
	V'	0.01333	0.01833	0.03333	0.05833	0.09333	0.09333	0.03833	-0.00667	-0.04167	-0.06667	-0.08167	-0.08667	
0.25	M	0.00000	-0.10009	-0.20025	-0.30053	-0.40099	0.59901	0.49860	0.39851	0.29866	0.19901	0.09947	0.00000	0.25
	Q	-1.00081	-1.00113	-1.00206	-1.00363	-1.00582	-1.00582	-1.00239	-0.99959	-0.99741	-0.99585	-0.99492	-0.99461	
	V	0.00000	0.00147	0.00394	0.00841	0.01589	0.01589	0.02237	0.02387	0.02139	0.01592	0.00846	0.00000	
	V'	0.01301	0.01802	0.03303	0.05807	0.09315	0.09315	0.03827	-0.00659	-0.04144	-0.06632	-0.08125	-0.08622	
0.50	M	0.00000	-0.10034	-0.20094	-0.30204	-0.40389	0.59611	0.49450	0.39412	0.29473	0.19608	0.09792	0.00000	0.50
	Q	-1.00302	-1.00427	-1.00804	-1.01433	-1.02315	-1.02315	-1.00952	-0.99841	-0.98980	-0.98367	-0.98000	-0.97877	
	V	0.00000	0.00138	0.00375	0.00814	0.01555	0.01555	0.02200	0.02350	0.02106	0.01568	0.00833	0.00000	
	V'	0.01208	0.01710	0.03216	0.05730	0.09259	0.09259	0.03807	-0.00635	-0.04079	-0.06532	-0.08002	-0.08491	
0.75	M	0.00000	-0.10069	-0.20195	-0.30434	-0.40845	0.59155	0.48796	0.38711	0.28844	0.19140	0.09543	0.00000	0.75
	Q	-1.00597	-1.00880	-1.01731	-1.03154	-1.05158	-1.05158	-1.02123	-0.99663	-0.97764	-0.96415	-0.95609	-0.95341	
	V	0.00000	0.00123	0.00347	0.00772	0.01503	0.01503	0.02141	0.02292	0.02055	0.01529	0.00812	0.00000	
	V'	0.01062	0.01565	0.03077	0.05608	0.09170	0.09170	0.03775	-0.00598	-0.03974	-0.06373	-0.07806	-0.08283	
1.00	M	0.00000	-0.10104	-0.20309	-0.30718	-0.41434	0.58566	0.47936	0.37785	0.28013	0.18521	0.09214	0.00000	1.00
	Q	-1.00873	-1.01378	-1.02898	-1.05447	-1.09051	-1.09051	-1.03731	-0.99448	-0.96161	-0.93836	-0.92451	-0.91990	
	V	0.00000	0.00104	0.00309	0.00718	0.01434	0.01434	0.02064	0.02215	0.01987	0.01479	0.00786	0.00000	
	V'	0.00873	0.01378	0.02898	0.05447	0.09051	0.09051	0.03731	-0.00552	-0.03839	-0.06164	-0.07549	-0.08010	
1.25	M	0.00000	-0.10129	-0.20416	-0.31023	-0.42115	0.57885	0.46916	0.36681	0.27020	0.17782	0.08822	0.00000	1.25
	Q	-1.01026	-1.01816	-1.04199	-1.08213	-1.13919	-1.13919	-1.05743	-0.99220	-0.94250	-0.90754	-0.88679	-0.87990	
	V	0.00000	0.00083	0.00266	0.00655	0.01354	0.01354	0.01974	0.02124	0.01907	0.01420	0.00754	0.00000	
	V'	0.00657	0.01162	0.02688	0.05256	0.08908	0.08908	0.03675	-0.00499	-0.03680	-0.05917	-0.07246	-0.07686	
1.50	M	0.00000	-0.10133	-0.20495	-0.31319	-0.42849	0.57151	0.45782	0.35445	0.25908	0.16954	0.08383	0.00000	1.50
	Q	-1.00956	-1.02094	-1.05533	-1.11351	-1.19680	-1.19680	-1.08121	-0.99000	-0.92111	-0.87298	-0.84453	-0.83512	
	V	0.00000	0.00059	0.00220	0.00586	0.01266	0.01266	0.01875	0.02024	0.01819	0.01354	0.00719	0.00000	
	V'	0.00425	0.00930	0.02459	0.05045	0.08746	0.08746	0.03609	-0.00444	-0.03506	-0.05645	-0.06910	-0.07328	
1.75	M	0.00000	-0.10110	-0.20530	-0.31580	-0.43600	0.56400	0.44577	0.34122	0.24715	0.16067	0.07912	0.00000	1.75
	Q	-1.00581	-1.02126	-1.06805	-1.14764	-1.26247	-1.26247	-1.10824	-0.98804	-0.89817	-0.83588	-0.79926	-0.78718	
	V	0.00000	0.00036	0.00173	0.00516	0.01175	0.01175	0.01771	0.01919	0.01726	0.01284	0.00682	0.00000	
	V'	0.00190	0.00694	0.02222	0.04821	0.08570	0.08570	0.03534	-0.00391	-0.03325	-0.05359	-0.06555	-0.06949	
2.00	M	0.00000	-0.10051	-0.20506	-0.31794	-0.44337	0.55663	0.43337	0.32750	0.23477	0.15147	0.07424	0.00000	2.00
	Q	-0.99847	-1.01851	-1.07942	-1.18365	-1.33539	-1.33539	-1.13805	-0.98638	-0.87430	-0.79731	-0.75232	-0.73752	
	V	0.00000	0.00013	0.00127	0.00446	0.01084	0.01084	0.01666	0.01813	0.01631	0.01213	0.00644	0.00000	
	V'	-0.00038	0.00463	0.01985	0.04591	0.08385	0.08385	0.03451	-0.00340	-0.03142	-0.05067	-0.06192	-0.06562	
2.25	M	0.00000	-0.09956	-0.20418	-0.31918	-0.45040	0.54960	0.42089	0.31359	0.22222	0.14216	0.06932	0.00000	2.25
	Q	-0.98723	-1.01232	-1.08888	-1.22080	-1.41478	-1.41478	-1.17016	-0.98502	-0.84997	-0.75812	-0.70482	-0.68734	
	V	0.00000	-0.00009	0.00083	0.00379	0.00996	0.00996	0.01563	0.01707	0.01536	0.01143	0.00606	0.00000	
	V'	-0.00252	0.00243	0.01756	0.04361	0.08193	0.08193	0.03361	-0.00295	-0.02964	-0.04778	-0.05831	-0.06176	
BETA	X/L =	0.00	0.10	0.20	0.30	L 0.40	R 0.40	0.50	0.60	0.70	0.80	0.90	1.00	BETA

XM/L = 0.40

FUNKTIONEN : F.MIM - F.MIQ - F.MIV - F.MIV'

FUNKTIONEN : F.M;M - F.M;Q - F.M;V - F.M;V'

XM/L = 0.40

BETA	X/L =	0.00	0.10	0.20	0.30	L 0.40	R 0.40	0.50	0.60	0.70	0.80	0.90	1.00	BETA
2.50	M	0.00000	-0.09822	-0.20261	-0.31973	-0.45694	0.54306	0.40856	0.29973	0.20973	0.13290	0.06443	0.00000	2.50
	Q	-0.97204	-1.00257	-1.09609	-1.25848	-1.49993	-1.49993	-1.20409	-0.98389	-0.82551	-0.71899	-0.65764	-0.63762	
	V	0.00000	-0.00028	0.00042	0.00316	0.00911	0.00911	0.01463	0.01604	0.01444	0.01074	0.00569	0.00000	
	V'	-0.00447	0.00041	0.01538	0.04136	0.07999	0.07999	0.03265	-0.00258	-0.02792	-0.04496	-0.05478	-0.05798	
2.75	M	0.00000	-0.09651	-0.20037	-0.31947	-0.46289	0.53711	0.39652	0.28610	0.19746	0.12384	0.05965	0.00000	2.75
	Q	-0.95305	-0.98932	-1.10087	-1.29621	-1.59019	-1.59019	-1.23937	-0.98286	-0.80116	-0.68043	-0.61148	-0.58906	
	V	0.00000	-0.00046	0.00005	0.00257	0.00832	0.00832	0.01368	0.01506	0.01356	0.01007	0.00534	0.00000	
	V'	-0.00621	-0.00141	0.01334	0.03917	0.07804	0.07804	0.03165	-0.00227	-0.02629	-0.04226	-0.05137	-0.05434	
3.00	M	0.00000	-0.09446	-0.19749	-0.31842	-0.46822	0.53178	0.38485	0.27282	0.18554	0.11507	0.05504	0.00000	3.00
	Q	-0.93058	-0.97277	-1.10317	-1.33360	-1.68496	-1.68496	-1.27554	-0.98179	-0.77706	-0.64279	-0.56681	-0.54223	
	V	0.00000	-0.00062	-0.00028	0.00205	0.00758	0.00758	0.01279	0.01413	0.01272	0.00944	0.00500	0.00000	
	V'	-0.00771	-0.00303	0.01146	0.03707	0.07611	0.07611	0.03062	-0.00202	-0.02477	-0.03969	-0.04813	-0.05086	
3.25	M	0.00000	-0.09210	-0.19402	-0.31661	-0.47294	0.52706	0.37361	0.25997	0.17404	0.10665	0.05063	0.00000	3.25
	Q	-0.90502	-0.95324	-1.10303	-1.37036	-1.78371	-1.78371	-1.31219	-0.98049	-0.75328	-0.60633	-0.52399	-0.49748	
	V	0.00000	-0.00075	-0.00057	0.00157	0.00691	0.00691	0.01197	0.01326	0.01193	0.00884	0.00467	0.00000	
	V'	-0.00899	-0.00443	0.00975	0.03506	0.07420	0.07420	0.02956	-0.00185	-0.02336	-0.03727	-0.04507	-0.04758	
3.50	M	0.00000	-0.08948	-0.19004	-0.31412	-0.47707	0.52293	0.36281	0.24760	0.16303	0.09863	0.04644	0.00000	3.50
	Q	-0.87683	-0.93109	-1.10057	-1.40626	-1.88598	-1.88598	-1.34893	-0.97882	-0.72985	-0.57120	-0.48323	-0.45508	
	V	0.00000	-0.00086	-0.00081	0.00115	0.00629	0.00629	0.01120	0.01244	0.01118	0.00827	0.00437	0.00000	
	V'	-0.01005	-0.00563	0.00821	0.03316	0.07232	0.07232	0.02848	-0.00173	-0.02205	-0.03500	-0.04218	-0.04448	
3.75	M	0.00000	-0.08665	-0.18562	-0.31101	-0.48065	0.51935	0.35246	0.23573	0.15253	0.09104	0.04250	0.00000	3.75
	Q	-0.84650	-0.90672	-1.09595	-1.44111	-1.99132	-1.99132	-1.38541	-0.97661	-0.70677	-0.53749	-0.44469	-0.41515	
	V	0.00000	-0.00095	-0.00102	0.00078	0.00574	0.00574	0.01049	0.01168	0.01049	0.00775	0.00409	0.00000	
	V'	-0.01092	-0.00663	0.00682	0.03137	0.07049	0.07049	0.02741	-0.00166	-0.02085	-0.03289	-0.03949	-0.04159	
4.00	M	0.00000	-0.08364	-0.18084	-0.30737	-0.48373	0.51627	0.34255	0.22437	0.14256	0.08388	0.03879	0.00000	4.00
	Q	-0.81451	-0.88054	-1.08935	-1.47479	-2.09936	-2.09936	-1.42132	-0.97374	-0.68405	-0.50527	-0.40842	-0.37779	
	V	0.00000	-0.00102	-0.00120	0.00046	0.00523	0.00523	0.00984	0.01098	0.00984	0.00726	0.00383	0.00000	
	V'	-0.01159	-0.00747	0.00558	0.02967	0.06871	0.06871	0.02633	-0.00164	-0.01975	-0.03092	-0.03697	-0.03889	
4.25	M	0.00000	-0.08050	-0.17577	-0.30326	-0.48636	0.51364	0.33304	0.21351	0.13313	0.07716	0.03534	0.00000	4.25
	Q	-0.78130	-0.85293	-1.08095	-1.50717	-2.20976	-2.20976	-1.45640	-0.97009	-0.66165	-0.47454	-0.37444	-0.34299	
	V	0.00000	-0.00108	-0.00134	0.00018	0.00478	0.00478	0.00924	0.01032	0.00924	0.00680	0.00358	0.00000	
	V'	-0.01211	-0.00814	0.00448	0.02808	0.06698	0.06698	0.02527	-0.00166	-0.01873	-0.02909	-0.03463	-0.03637	
4.50	M	0.00000	-0.07728	-0.17047	-0.29877	-0.48860	0.51140	0.32393	0.20316	0.12423	0.07088	0.03213	0.00000	4.50
	Q	-0.74730	-0.82425	-1.07094	-1.53819	-2.32220	-2.32220	-1.49042	-0.96557	-0.63958	-0.44530	-0.34272	-0.31073	
	V	0.00000	-0.00112	-0.00146	-0.00006	0.00438	0.00438	0.00869	0.00972	0.00868	0.00638	0.00335	0.00000	
	V'	-0.01248	-0.00868	0.00350	0.02658	0.06529	0.06529	0.02422	-0.00170	-0.01780	-0.02739	-0.03246	-0.03404	
4.75	M	0.00000	-0.07400	-0.16501	-0.29396	-0.49049	0.50951	0.31517	0.19329	0.11584	0.06503	0.02916	0.00000	4.75
	Q	-0.71288	-0.79483	-1.05950	-1.56776	-2.43644	-2.43644	-1.52320	-0.96014	-0.61781	-0.41752	-0.31322	-0.28093	
	V	0.00000	-0.00115	-0.00155	-0.00027	0.00401	0.00401	0.00819	0.00916	0.00816	0.00598	0.00314	0.00000	
	V'	-0.01273	-0.00909	0.00264	0.02516	0.06366	0.06366	0.02319	-0.00177	-0.01694	-0.02582	-0.03044	-0.03187	
BETA	X/L =	0.00	0.10	0.20	0.30	L 0.40	R 0.40	0.50	0.60	0.70	0.80	0.90	1.00	BETA

XM/L = 0.40

FUNKTIONEN : F.M;M - F.M;Q - F.M;V - F.M;V'

FUNKTIONEN : F.M:M - F.M:Q - F.M:V - F.M:V'

XM/L = 0.40

BETA	X/L =	0.00	0.10	0.20	0.30	L 0.40	R 0.40	0.50	0.60	0.70	0.80	0.90	1.00	BETA
	M	0.00000	-0.07070	-0.15945	-0.28889	-0.49208	0.50792	0.30675	0.18389	0.10796	0.05958	0.02642	0.00000	
5.00	Q	-0.67838	-0.76496	-1.04680	-1.59584	-2.55222	-2.55222	-1.55457	-0.95374	-0.59635	-0.39118	-0.28586	-0.25351	5.00
	V	0.00000	-0.00117	-0.00162	-0.00044	0.00368	0.00368	0.00773	0.00864	0.00768	0.00562	0.00294	0.00000	
	V'	-0.01286	-0.00940	0.00187	0.02383	0.06209	0.06209	0.02218	-0.00185	-0.01615	-0.02435	-0.02857	-0.02986	
	M	0.00000	-0.06741	-0.15383	-0.28363	-0.49342	0.50658	0.29865	0.17493	0.10056	0.05454	0.02390	0.00000	
5.25	Q	-0.64409	-0.73492	-1.03300	-1.62239	-2.66933	-2.66933	-1.58443	-0.94637	-0.57519	-0.36623	-0.26055	-0.22835	5.25
	V	0.00000	-0.00118	-0.00163	-0.00059	0.00339	0.00339	0.00731	0.00817	0.00724	0.00528	0.00276	0.00000	
	V'	-0.01291	-0.00962	0.00120	0.02258	0.06057	0.06057	0.02120	-0.00195	-0.01541	-0.02299	-0.02683	-0.02800	
	M	0.00000	-0.06415	-0.14820	-0.27822	-0.49454	0.50546	0.29083	0.16641	0.09362	0.04987	0.02159	0.00000	
5.50	Q	-0.61926	-0.70491	-1.01822	-1.64740	-2.78760	-2.78760	-1.61268	-0.93803	-0.55435	-0.34263	-0.23720	-0.20535	5.50
	V	0.00000	-0.00119	-0.00171	-0.00072	0.00313	0.00313	0.00691	0.00772	0.00632	0.00496	0.00259	0.00000	
	V'	-0.01288	-0.00976	0.00060	0.02140	0.05909	0.05909	0.02025	-0.00205	-0.01473	-0.02173	-0.02522	-0.02627	
	M	0.00000	-0.06094	-0.14259	-0.27270	-0.49548	0.50452	0.28328	0.15830	0.08713	0.04556	0.01947	0.00000	
5.75	Q	-0.57708	-0.67513	-1.00262	-1.67083	-2.90685	-2.90685	-1.63926	-0.92873	-0.53383	-0.32033	-0.21570	-0.18437	5.75
	V	0.00000	-0.00118	-0.00174	-0.00083	0.00289	0.00289	0.00655	0.00731	0.00644	0.00467	0.00244	0.00000	
	V'	-0.01279	-0.00983	0.00008	0.02029	0.05767	0.05767	0.01933	-0.00216	-0.01410	-0.02056	-0.02372	-0.02467	
	M	0.00000	-0.05780	-0.13704	-0.26711	-0.49626	0.50374	0.27598	0.15059	0.08105	0.04158	0.01754	0.00000	
6.00	Q	-0.54472	-0.64574	-0.98630	-1.69269	-3.02697	-3.02697	-1.66411	-0.91852	-0.51364	-0.29929	-0.19595	-0.16529	6.00
	V	0.00000	-0.00117	-0.00175	-0.00091	0.00267	0.00267	0.00622	0.00693	0.00608	0.00440	0.00229	0.00000	
	V'	-0.01265	-0.00984	-0.00038	0.01924	0.05630	0.05630	0.01845	-0.00226	-0.01351	-0.01946	-0.02233	-0.02319	
	M	0.00000	-0.05474	-0.13157	-0.26148	-0.49691	0.50309	0.26891	0.14325	0.07538	0.03793	0.01578	0.00000	
6.25	Q	-0.51332	-0.61688	-0.96936	-1.71298	-3.14781	-3.14781	-1.68722	-0.90744	-0.49381	-0.27944	-0.17783	-0.14798	6.25
	V	0.00000	-0.00116	-0.00175	-0.00099	0.00248	0.00248	0.00592	0.00657	0.00575	0.00415	0.00216	0.00000	
	V'	-0.01246	-0.00981	-0.00078	0.01825	0.05498	0.05498	0.01759	-0.00237	-0.01296	-0.01845	-0.02105	-0.02181	
	M	0.00000	-0.05177	-0.12620	-0.25584	-0.49745	0.50255	0.26207	0.13626	0.07008	0.03457	0.01418	0.00000	
6.50	Q	-0.48298	-0.58865	-0.95191	-1.73171	-3.26928	-3.26928	-1.70858	-0.89553	-0.47435	-0.26075	-0.16124	-0.13230	6.50
	V	0.00000	-0.00114	-0.00175	-0.00105	0.00231	0.00231	0.00563	0.00624	0.00544	0.00392	0.00203	0.00000	
	V'	-0.01224	-0.00974	-0.00114	0.01732	0.05371	0.05371	0.01677	-0.00247	-0.01244	-0.01750	-0.01985	-0.02054	
	M	0.00000	-0.04890	-0.12095	-0.25022	-0.49789	0.50211	0.25543	0.12962	0.06514	0.03149	0.01273	0.00000	
6.75	Q	-0.45378	-0.56114	-0.93402	-1.74887	-3.39128	-3.39128	-1.72819	-0.88286	-0.45529	-0.24316	-0.14608	-0.11813	6.75
	V	0.00000	-0.00112	-0.00174	-0.00109	0.00215	0.00215	0.00537	0.00593	0.00515	0.00370	0.00192	0.00000	
	V'	-0.01199	-0.00963	-0.00145	0.01644	0.05248	0.05248	0.01598	-0.00257	-0.01196	-0.01661	-0.01874	-0.01936	
	M	0.00000	-0.04614	-0.11583	-0.24462	-0.49826	0.50174	0.24898	0.12330	0.06053	0.02866	0.01142	0.00000	
7.00	Q	-0.42577	-0.53441	-0.91578	-1.76451	-3.51374	-3.51374	-1.74607	-0.86949	-0.43653	-0.22661	-0.13224	-0.10536	7.00
	V	0.00000	-0.00110	-0.00172	-0.00113	0.00201	0.00201	0.00512	0.00565	0.00489	0.00350	0.00181	0.00000	
	V'	-0.01172	-0.00950	-0.00172	0.01560	0.05130	0.05130	0.01523	-0.00266	-0.01150	-0.01578	-0.01771	-0.01826	
	M	0.00000	-0.04349	-0.11085	-0.23908	-0.49857	0.50143	0.24272	0.11728	0.05624	0.02608	0.01023	0.00000	
7.25	Q	-0.39899	-0.50852	-0.89725	-1.77863	-3.63658	-3.63658	-1.76224	-0.85547	-0.41841	-0.21107	-0.11962	-0.09386	7.25
	V	0.00000	-0.00108	-0.00170	-0.00116	0.00188	0.00188	0.00489	0.00538	0.00464	0.00331	0.00171	0.00000	
	V'	-0.01143	-0.00935	-0.00195	0.01481	0.05016	0.05016	0.01450	-0.00275	-0.01156	-0.01501	-0.01675	-0.01724	
BETA	X/L =	0.00	0.10	0.20	0.30	L 0.40	R 0.40	0.50	0.60	0.70	0.80	0.90	1.00	BETA

XM/L = 0.40

FUNKTIONEN : F.M:M - F.M:Q - F.M:V - F.M:V'

FUNKTIONEN : F.MIM - F.MIQ - F.MIV - F.MIV'

XM/L = 0.40

BETA	X/L =	0.00	0.10	0.20	0.30	L 0.40	R 0.40	0.50	0.60	0.70	0.80	0.90	1.00	BETA
	M	0.00000	-0.04095	-0.10602	-0.23359	-0.49882	0.50118	0.23664	0.11156	0.05224	0.02371	0.00916	0.00000	
7.50	Q	-0.37345	-0.48350	-0.87851	-1.79127	-3.75976	-3.75976	-1.77675	-0.84089	-0.40063	-0.19648	-0.10814	-0.08352	7.50
	V	0.00000	-0.00105	-0.00167	-0.00118	0.00176	0.00176	0.00468	0.00513	0.00440	0.00313	0.00161	0.00000	
	V'	-0.01114	-0.00918	-0.00216	0.01407	0.04906	0.04906	0.01381	-0.00283	-0.01066	-0.01428	-0.01586	-0.01629	
	M	0.00000	-0.03852	-0.10135	-0.22817	-0.49903	0.50097	0.23072	0.10612	0.04852	0.02155	0.00819	0.00000	
7.75	Q	-0.34916	-0.45938	-0.85959	-1.80246	-3.88322	-3.88322	-1.78962	-0.82580	-0.38331	-0.18280	-0.09769	-0.07425	7.75
	V	0.00000	-0.00102	-0.00164	-0.00120	0.00165	0.00165	0.00448	0.00489	0.00419	0.00297	0.00153	0.00000	
	V'	-0.01084	-0.00900	-0.00234	0.01336	0.04800	0.04800	0.01315	-0.00290	-0.01027	-0.01361	-0.01502	-0.01541	
	M	0.00000	-0.03620	-0.09684	-0.22283	-0.49920	0.50080	0.22496	0.10095	0.04506	0.01958	0.00732	0.00000	
8.00	Q	-0.32612	-0.43616	-0.84056	-1.81223	-4.00692	-4.00692	-1.80091	-0.81027	-0.36647	-0.16998	-0.08820	-0.06595	8.00
	V	0.00000	-0.00100	-0.00161	-0.00121	0.00155	0.00155	0.00430	0.00467	0.00398	0.00282	0.00145	0.00000	
	V'	-0.01053	-0.00881	-0.00249	0.01269	0.04698	0.04698	0.01251	-0.00296	-0.00990	-0.01297	-0.01425	-0.01459	
	M	0.00000	-0.03400	-0.09249	-0.21758	-0.49934	0.50066	0.21936	0.09602	0.04184	0.01779	0.00654	0.00000	
8.25	Q	-0.30430	-0.41387	-0.82147	-1.82062	-4.13082	-4.13082	-1.81065	-0.79436	-0.35011	-0.15797	-0.07959	-0.05852	8.25
	V	0.00000	-0.00097	-0.00158	-0.00121	0.00146	0.00146	0.00412	0.00447	0.00379	0.00268	0.00137	0.00000	
	V'	-0.01022	-0.00861	-0.00262	0.01206	0.04600	0.04600	0.01191	-0.00302	-0.00955	-0.01237	-0.01352	-0.01383	
	M	0.00000	-0.03191	-0.08830	-0.21241	-0.49946	0.50054	0.21390	0.09134	0.03885	0.01615	0.00584	0.00000	
8.50	Q	-0.28368	-0.39248	-0.80235	-1.82766	-4.25489	-4.25489	-1.81891	-0.77814	-0.33424	-0.14673	-0.07178	-0.05188	8.50
	V	0.00000	-0.00094	-0.00155	-0.00121	0.00138	0.00138	0.00396	0.00427	0.00361	0.00254	0.00130	0.00000	
	V'	-0.00991	-0.00841	-0.00274	0.01146	0.04505	0.04505	0.01133	-0.00307	-0.00921	-0.01181	-0.01285	-0.01312	
	M	0.00000	-0.02993	-0.08427	-0.20734	-0.49956	0.50044	0.20859	0.08689	0.03606	0.01466	0.00521	0.00000	
8.75	Q	-0.26423	-0.37201	-0.78324	-1.83339	-4.37911	-4.37911	-1.82572	-0.76165	-0.31888	-0.13623	-0.06470	-0.04596	8.75
	V	0.00000	-0.00092	-0.00151	-0.00121	0.00130	0.00130	0.00381	0.00409	0.00345	0.00242	0.00124	0.00000	
	V'	-0.00961	-0.00820	-0.00283	0.01089	0.04414	0.04414	0.01078	-0.00311	-0.00890	-0.01128	-0.01222	-0.01246	
	M	0.00000	-0.02805	-0.08039	-0.20237	-0.49964	0.50036	0.20341	0.08265	0.03348	0.01330	0.00464	0.00000	
9.00	Q	-0.24592	-0.35242	-0.76419	-1.83786	-4.50345	-4.50345	-1.83116	-0.74496	-0.30402	-0.12641	-0.05830	-0.04068	9.00
	V	0.00000	-0.00089	-0.00148	-0.00121	0.00123	0.00123	0.00366	0.00392	0.00329	0.00230	0.00118	0.00000	
	V'	-0.00931	-0.00799	-0.00291	0.01034	0.04325	0.04325	0.01026	-0.00315	-0.00859	-0.01079	-0.01163	-0.01184	
	M	0.00000	-0.02627	-0.07668	-0.19750	-0.49970	0.50030	0.19837	0.07862	0.03107	0.01206	0.00413	0.00000	
9.25	Q	-0.22870	-0.33371	-0.74521	-1.84112	-4.62790	-4.62790	-1.83526	-0.72811	-0.28966	-0.11724	-0.05250	-0.03598	9.25
	V	0.00000	-0.00086	-0.00144	-0.00120	0.00117	0.00117	0.00353	0.00376	0.00314	0.00220	0.00112	0.00000	
	V'	-0.00901	-0.00779	-0.00298	0.00983	0.04240	0.04240	0.00976	-0.00318	-0.00830	-0.01032	-0.01107	-0.01127	
	M	0.00000	-0.02460	-0.07311	-0.19273	-0.49976	0.50024	0.19345	0.07478	0.02884	0.01094	0.00368	0.00000	
9.50	Q	-0.21252	-0.31586	-0.72635	-1.84319	-4.75243	-4.75243	-1.83808	-0.71116	-0.27582	-0.10869	-0.04727	-0.03180	9.50
	V	0.00000	-0.00084	-0.00141	-0.00119	0.00111	0.00111	0.00340	0.00360	0.00300	0.00209	0.00107	0.00000	
	V'	-0.00873	-0.00758	-0.00303	0.00934	0.04158	0.04158	0.00929	-0.00320	-0.00802	-0.00988	-0.01056	-0.01073	
	M	0.00000	-0.02301	-0.06970	-0.18805	-0.49980	0.50020	0.18866	0.07114	0.02677	0.00992	0.00328	0.00000	
9.75	Q	-0.19736	-0.29884	-0.70763	-1.84412	-4.87704	-4.87704	-1.83967	-0.69415	-0.26248	-0.10072	-0.04253	-0.02809	9.75
	V	0.00000	-0.00081	-0.00137	-0.00118	0.00105	0.00105	0.00328	0.00346	0.00287	0.00200	0.00102	0.00000	
	V'	-0.00844	-0.00738	-0.00308	0.00888	0.04078	0.04078	0.00883	-0.00322	-0.00776	-0.00946	-0.01007	-0.01022	
BETA	X/L =	0.00	0.10	0.20	0.30	L 0.40	R 0.40	0.50	0.60	0.70	0.80	0.90	1.00	BETA

XM/L = 0.40

FUNKTIONEN : F.MIM - F.MIQ - F.MIV - F.MIV'

FUNKTIONEN : F.MIM - F.MIQ - F.MIV - F.MIV'

XM/L = 0.40

BETA	X/L =	0.00	0.10	0.20	0.30	L 0.40	R 0.40	0.50	0.60	0.70	0.80	0.90	1.00	BETA
	M	0.00000	-0.02152	-0.06643	-0.18348	-0.49984	0.50016	0.18399	0.06767	0.02484	0.00899	0.00291	0.00000	
10.00	Q	-0.18316	-0.28263	-0.68907	-1.84397	-5.00171	-5.00171	-1.84010	-0.67713	-0.24964	-0.09329	-0.03826	-0.02480	10.00
	V	0.00000	-0.00078	-0.00134	-0.00117	0.00100	0.00100	0.00316	0.00352	0.00275	0.00191	0.00097	0.00000	
	V'	-0.00817	-0.00717	-0.00311	0.00844	0.04002	0.04002	0.00840	-0.00323	-0.00750	-0.00907	-0.00962	-0.00975	
	M	0.00000	-0.02012	-0.06330	-0.17902	-0.49986	0.50014	0.17944	0.06437	0.02305	0.00815	0.00259	0.00000	
10.25	Q	-0.16987	-0.26720	-0.67070	-1.84276	-5.12643	-5.12643	-1.83940	-0.66013	-0.23729	-0.08637	-0.03441	-0.02187	10.25
	V	0.00000	-0.00076	-0.00130	-0.00115	0.00095	0.00095	0.00305	0.00319	0.00264	0.00183	0.00093	0.00000	
	V'	-0.00790	-0.00697	-0.00313	0.00802	0.03928	0.03928	0.00799	-0.00323	-0.00726	-0.00870	-0.00919	-0.00931	
	M	0.00000	-0.01880	-0.06031	-0.17465	-0.49989	0.50011	0.17500	0.06123	0.02139	0.00739	0.00230	0.00000	
10.50	Q	-0.15745	-0.25252	-0.65254	-1.84055	-5.25120	-5.25120	-1.83764	-0.64319	-0.22544	-0.07993	-0.03093	-0.01929	10.50
	V	0.00000	-0.00074	-0.00127	-0.00114	0.00091	0.00091	0.00295	0.00307	0.00253	0.00175	0.00089	0.00000	
	V'	-0.00764	-0.00678	-0.00315	0.00762	0.03856	0.03856	0.00760	-0.00324	-0.00703	-0.00835	-0.00879	-0.00890	
	M	0.00000	-0.01756	-0.05745	-0.17038	-0.49991	0.50009	0.17068	0.05824	0.01985	0.00669	0.00205	0.00000	
10.75	Q	-0.14586	-0.23858	-0.63460	-1.83738	-5.37600	-5.37600	-1.83485	-0.62633	-0.21406	-0.07393	-0.02780	-0.01699	10.75
	V	0.00000	-0.00071	-0.00123	-0.00112	0.00086	0.00086	0.00285	0.00296	0.00242	0.00167	0.00085	0.00000	
	V'	-0.00739	-0.00659	-0.00316	0.00725	0.03787	0.03787	0.00722	-0.00323	-0.00680	-0.00801	-0.00841	-0.00851	
	M	0.00000	-0.01640	-0.05472	-0.16621	-0.49993	0.50007	0.16646	0.05540	0.01842	0.00606	0.00182	0.00000	
11.00	Q	-0.13505	-0.22534	-0.61690	-1.83328	-5.50084	-5.50084	-1.83110	-0.60960	-0.20316	-0.06836	-0.02497	-0.01497	11.00
	V	0.00000	-0.00069	-0.00120	-0.00111	0.00083	0.00083	0.00276	0.00285	0.00233	0.00160	0.00081	0.00000	
	V'	-0.00715	-0.00640	-0.00317	0.00689	0.03720	0.03720	0.00687	-0.00323	-0.00659	-0.00770	-0.00806	-0.00814	
	M	0.00000	-0.01531	-0.05211	-0.16214	-0.49994	0.50006	0.16234	0.05270	0.01709	0.00549	0.00161	0.00000	
11.25	Q	-0.12498	-0.21276	-0.59946	-1.82831	-5.62570	-5.62570	-1.82642	-0.59302	-0.19273	-0.06319	-0.02243	-0.01317	11.25
	V	0.00000	-0.00067	-0.00117	-0.00109	0.00079	0.00079	0.00267	0.00274	0.00224	0.00154	0.00078	0.00000	
	V'	-0.00691	-0.00622	-0.00316	0.00654	0.03655	0.03655	0.00653	-0.00322	-0.00638	-0.00740	-0.00772	-0.00780	
	M	0.00000	-0.01428	-0.04963	-0.15816	-0.49995	0.50005	0.15833	0.05013	0.01586	0.00498	0.00143	0.00000	
11.50	Q	-0.11560	-0.20084	-0.58228	-1.82250	-5.75059	-5.75059	-1.82086	-0.57660	-0.18274	-0.05838	-0.02014	-0.01159	11.50
	V	0.00000	-0.00065	-0.00114	-0.00107	0.00076	0.00076	0.00258	0.00265	0.00215	0.00147	0.00075	0.00000	
	V'	-0.00669	-0.00604	-0.00316	0.00622	0.03592	0.03592	0.00621	-0.00320	-0.00618	-0.00712	-0.00741	-0.00747	
	M	0.00000	-0.01332	-0.04725	-0.15428	-0.49996	0.50004	0.15442	0.04768	0.01471	0.00451	0.00127	0.00000	
11.75	Q	-0.10687	-0.18953	-0.56539	-1.81589	-5.87549	-5.87549	-1.81448	-0.56039	-0.17319	-0.05393	-0.01808	-0.01019	11.75
	V	0.00000	-0.00063	-0.00111	-0.00106	0.00072	0.00072	0.00250	0.00255	0.00207	0.00142	0.00072	0.00000	
	V'	-0.00647	-0.00587	-0.00315	0.00591	0.03531	0.03531	0.00590	-0.00318	-0.00599	-0.00685	-0.00711	-0.00717	
	M	0.00000	-0.01242	-0.04499	-0.15048	-0.49997	0.50003	0.15061	0.04536	0.01365	0.00408	0.00113	0.00000	
12.00	Q	-0.09876	-0.17881	-0.54879	-1.80852	-6.00041	-6.00041	-1.80730	-0.54438	-0.16408	-0.04979	-0.01622	-0.00896	12.00
	V	0.00000	-0.00061	-0.00108	-0.00104	0.00069	0.00069	0.00243	0.00246	0.00199	0.00136	0.00069	0.00000	
	V'	-0.00626	-0.00570	-0.00313	0.00561	0.03473	0.03473	0.00561	-0.00316	-0.00581	-0.00660	-0.00683	-0.00688	
	M	0.00000	-0.01158	-0.04283	-0.14678	-0.49997	0.50003	0.14689	0.04315	0.01267	0.00370	0.00100	0.00000	
12.25	Q	-0.09122	-0.16866	-0.53248	-1.80042	-6.12534	-6.12534	-1.79937	-0.52861	-0.15537	-0.04595	-0.01456	-0.00787	12.25
	V	0.00000	-0.00059	-0.00105	-0.00102	0.00067	0.00067	0.00235	0.00238	0.00191	0.00131	0.00066	0.00000	
	V'	-0.00606	-0.00554	-0.00312	0.00533	0.03415	0.03415	0.00533	-0.00314	-0.00563	-0.00636	-0.00657	-0.00661	
BETA	X/L =	0.00	0.10	0.20	0.30	L 0.40	R 0.40	0.50	0.60	0.70	0.80	0.90	1.00	BETA

XM/L = 0.40

FUNKTIONEN : F.MIM - F.MIQ - F.MIV - F.MIV'

FUNKTIONEN : F.M;M - F.M;Q - F.M;V - F.M;V'

XM/L = 0.40

BETA	X/L =	0.00	0.10	0.20	0.30	L 0.40	R 0.40	0.50	0.60	0.70	0.80	0.90	1.00	BETA
	M	0.00000	-0.01079	-0.04077	-0.14317	-0.49998	0.50002	0.14326	0.04104	0.01175	0.00335	0.00089	0.00000	
12.50	Q	-0.08422	-0.15905	-0.51649	-1.79165	-6.25029	-6.25029	-1.79074	-0.51308	-0.14707	-0.04240	-0.01306	-0.00691	12.50
	V	0.00000	-0.00057	-0.00102	-0.00100	0.00064	0.00064	0.00228	0.00230	0.00184	0.00126	0.00063	0.00000	
	V'	-0.00586	-0.00538	-0.00309	0.00507	0.03360	0.03360	0.00506	-0.00312	-0.00546	-0.00613	-0.00632	-0.00636	
	M	0.00000	-0.01006	-0.03880	-0.13965	-0.49998	0.50002	0.13972	0.03904	0.01090	0.00303	0.00079	0.00000	
12.75	Q	-0.07773	-0.14995	-0.50081	-1.78222	-6.37524	-6.37524	-1.78144	-0.49781	-0.13916	-0.03911	-0.01171	-0.00607	12.75
	V	0.00000	-0.00055	-0.00099	-0.00099	0.00062	0.00062	0.00222	0.00222	0.00178	0.00121	0.00061	0.00000	
	V'	-0.00567	-0.00523	-0.00307	0.00481	0.03307	0.03307	0.00481	-0.00309	-0.00530	-0.00591	-0.00608	-0.00611	
	M	0.00000	-0.00937	-0.03693	-0.13621	-0.49998	0.50002	0.13627	0.03714	0.01012	0.00274	0.00070	0.00000	
13.00	Q	-0.07172	-0.14134	-0.48544	-1.77218	-6.50020	-6.50020	-1.77151	-0.48281	-0.13163	-0.03606	-0.01050	-0.00533	13.00
	V	0.00000	-0.00054	-0.00096	-0.00097	0.00059	0.00059	0.00215	0.00215	0.00172	0.00117	0.00059	0.00000	
	V'	-0.00549	-0.00508	-0.00304	0.00457	0.03255	0.03255	0.00457	-0.00306	-0.00514	-0.00570	-0.00586	-0.00589	
	M	0.00000	-0.00873	-0.03515	-0.13285	-0.49999	0.50001	0.13290	0.03533	0.00939	0.00248	0.00062	0.00000	
13.25	Q	-0.06614	-0.13320	-0.47040	-1.76157	-6.62517	-6.62517	-1.76099	-0.46809	-0.12446	-0.03324	-0.00941	-0.00467	13.25
	V	0.00000	-0.00052	-0.00094	-0.00095	0.00057	0.00057	0.00209	0.00208	0.00166	0.00113	0.00057	0.00000	
	V'	-0.00532	-0.00494	-0.00302	0.00434	0.03204	0.03204	0.00433	-0.00303	-0.00499	-0.00551	-0.00564	-0.00567	
	M	0.00000	-0.00813	-0.03345	-0.12958	-0.49999	0.50001	0.12962	0.03360	0.00871	0.00225	0.00055	0.00000	
13.50	Q	-0.06097	-0.12550	-0.45569	-1.75040	-6.75014	-6.75014	-1.74991	-0.45366	-0.11764	-0.03063	-0.00843	-0.00410	13.50
	V	0.00000	-0.00050	-0.00091	-0.00094	0.00055	0.00055	0.00203	0.00201	0.00160	0.00109	0.00055	0.00000	
	V'	-0.00515	-0.00480	-0.00299	0.00412	0.03155	0.03155	0.00411	-0.00300	-0.00484	-0.00532	-0.00544	-0.00546	
	M	0.00000	-0.00757	-0.03183	-0.12639	-0.49999	0.50001	0.12642	0.03196	0.00808	0.00204	0.00048	0.00000	
13.75	Q	-0.05619	-0.11823	-0.44130	-1.73873	-6.87512	-6.87512	-1.73830	-0.43952	-0.11115	-0.02821	-0.00756	-0.00359	13.75
	V	0.00000	-0.00049	-0.00089	-0.00092	0.00053	0.00053	0.00198	0.00195	0.00154	0.00105	0.00053	0.00000	
	V'	-0.00499	-0.00466	-0.00296	0.00391	0.03107	0.03107	0.00391	-0.00296	-0.00470	-0.00514	-0.00525	-0.00527	
	M	0.00000	-0.00704	-0.03029	-0.12327	-0.49999	0.50001	0.12330	0.03041	0.00750	0.00184	0.00043	0.00000	
14.00	Q	-0.05177	-0.11135	-0.42724	-1.72657	-7.00010	-7.00010	-1.72620	-0.42568	-0.10499	-0.02598	-0.00677	-0.00315	14.00
	V	0.00000	-0.00047	-0.00087	-0.00090	0.00051	0.00051	0.00192	0.00189	0.00149	0.00101	0.00051	0.00000	
	V'	-0.00484	-0.00453	-0.00292	0.00371	0.03061	0.03061	0.00371	-0.00293	-0.00457	-0.00497	-0.00507	-0.00509	
	M	0.00000	-0.00655	-0.02883	-0.12023	-0.49999	0.50001	0.12026	0.02892	0.00695	0.00167	0.00038	0.00000	
14.25	Q	-0.04768	-0.10486	-0.41352	-1.71395	-7.12508	-7.12508	-1.71364	-0.41215	-0.09914	-0.02392	-0.00607	-0.00276	14.25
	V	0.00000	-0.00046	-0.00084	-0.00089	0.00049	0.00049	0.00187	0.00183	0.00144	0.00098	0.00049	0.00000	
	V'	-0.00469	-0.00441	-0.00289	0.00352	0.03016	0.03016	0.00351	-0.00289	-0.00444	-0.00481	-0.00489	-0.00491	
	M	0.00000	-0.00610	-0.02743	-0.11727	-0.50000	0.50000	0.11729	0.02751	0.00645	0.00151	0.00034	0.00000	
14.50	Q	-0.04390	-0.09872	-0.40013	-1.70092	-7.25007	-7.25007	-1.70065	-0.39893	-0.09359	-0.02202	-0.00543	-0.00242	14.50
	V	0.00000	-0.00045	-0.00082	-0.00087	0.00048	0.00048	0.00182	0.00177	0.00140	0.00094	0.00047	0.00000	
	V'	-0.00455	-0.00429	-0.00285	0.00333	0.02973	0.02973	0.00333	-0.00286	-0.00431	-0.00465	-0.00473	-0.00474	
	M	0.00000	-0.00567	-0.02610	-0.11437	-0.50000	0.50000	0.11439	0.02617	0.00599	0.00137	0.00030	0.00000	
14.75	Q	-0.04041	-0.09293	-0.38706	-1.68749	-7.37506	-7.37506	-1.68726	-0.38601	-0.08832	-0.02026	-0.00486	-0.00211	14.75
	V	0.00000	-0.00043	-0.00080	-0.00085	0.00046	0.00046	0.00177	0.00172	0.00135	0.00091	0.00046	0.00000	
	V'	-0.00441	-0.00417	-0.00282	0.00316	0.02930	0.02930	0.00316	-0.00282	-0.00419	-0.00450	-0.00457	-0.00459	
BETA	X/L =	0.00	0.10	0.20	0.30	L 0.40	R 0.40	0.50	0.60	0.70	0.80	0.90	1.00	BETA

XM/L = 0.40

FUNKTIONEN : F.M;M - F.M;Q - F.M;V - F.M;V'

FUNKTIONEN : F.MIM - F.MIQ - F.MIV - F.MIV'

XM/L = 0.40

BETA	X/L =	0.00	0.10	0.20	0.30	L 0.40	R 0.40	0.50	0.60	0.70	0.80	0.90	1.00	BETA
	M	0.00000	-0.00528	-0.02483	-0.11155	-0.50000	0.50000	0.11157	0.02489	0.00555	0.00124	0.00026	0.00000	
15.00	Q	-0.03718	-0.08747	-0.37433	-1.67368	-7.50005	-7.50005	-1.67349	-0.37341	-0.08333	-0.01864	-0.00435	-0.00185	15.00
	V	0.00000	-0.00042	-0.00078	-0.00084	0.00044	0.00044	0.00173	0.00167	0.00131	0.00088	0.00044	0.00000	
	V'	-0.00428	-0.00406	-0.00278	0.00299	0.02889	0.02889	0.00299	-0.00278	-0.00407	-0.00436	-0.00443	-0.00444	
	M	0.00000	-0.00491	-0.02363	-0.10880	-0.50000	0.50000	0.10881	0.02368	0.00515	0.00112	0.00023	0.00000	
15.25	Q	-0.03420	-0.08231	-0.36192	-1.65954	-7.62504	-7.62504	-1.65937	-0.36112	-0.07559	-0.01714	-0.00390	-0.00162	15.25
	V	0.00000	-0.00041	-0.00076	-0.00082	0.00043	0.00043	0.00168	0.00162	0.00127	0.00086	0.00043	0.00000	
	V'	-0.00415	-0.00395	-0.00274	0.00284	0.02849	0.02849	0.00284	-0.00275	-0.00396	-0.00423	-0.00428	-0.00429	
	M	0.00000	-0.00457	-0.02248	-0.10611	-0.50000	0.50000	0.10612	0.02252	0.00478	0.00101	0.00021	0.00000	
15.50	Q	-0.03146	-0.07744	-0.34984	-1.64507	-7.75003	-7.75003	-1.64493	-0.34913	-0.07411	-0.01576	-0.00349	-0.00142	15.50
	V	0.00000	-0.00040	-0.00074	-0.00081	0.00042	0.00042	0.00164	0.00157	0.00123	0.00083	0.00042	0.00000	
	V'	-0.00403	-0.00384	-0.00271	0.00269	0.02810	0.02810	0.00268	-0.00271	-0.00385	-0.00410	-0.00415	-0.00416	
	M	0.00000	-0.00425	-0.02139	-0.10350	-0.50000	0.50000	0.10350	0.02143	0.00444	0.00092	0.00018	0.00000	
15.75	Q	-0.02892	-0.07285	-0.33805	-1.63031	-7.87503	-7.87503	-1.63019	-0.33746	-0.06986	-0.01449	-0.00312	-0.00124	15.75
	V	0.00000	-0.00039	-0.00072	-0.00079	0.00040	0.00040	0.00160	0.00153	0.00119	0.00080	0.00040	0.00000	
	V'	-0.00391	-0.00374	-0.00267	0.00254	0.02771	0.02771	0.00254	-0.00267	-0.00375	-0.00397	-0.00402	-0.00403	
	M	0.00000	-0.00395	-0.02035	-0.10094	-0.50000	0.50000	0.10095	0.02038	0.00411	0.00083	0.00016	0.00000	
16.00	Q	-0.02658	-0.06852	-0.32664	-1.61528	-8.00002	-8.00002	-1.61518	-0.32610	-0.06584	-0.01331	-0.00279	-0.00108	16.00
	V	0.00000	-0.00038	-0.00070	-0.00078	0.00039	0.00039	0.00156	0.00148	0.00116	0.00078	0.00039	0.00000	
	V'	-0.00380	-0.00364	-0.00263	0.00240	0.02734	0.02734	0.00240	-0.00263	-0.00365	-0.00385	-0.00390	-0.00390	
	M	0.00000	-0.00367	-0.01936	-0.09845	-0.50000	0.50000	0.09846	0.01939	0.00382	0.00075	0.00014	0.00000	
16.25	Q	-0.02443	-0.06444	-0.31551	-1.60000	-8.12502	-8.12502	-1.59991	-0.31504	-0.06204	-0.01223	-0.00250	-0.00095	16.25
	V	0.00000	-0.00036	-0.00068	-0.00076	0.00038	0.00038	0.00152	0.00144	0.00112	0.00075	0.00038	0.00000	
	V'	-0.00369	-0.00354	-0.00259	0.00227	0.02698	0.02698	0.00227	-0.00259	-0.00355	-0.00374	-0.00378	-0.00378	
	M	0.00000	-0.00341	-0.01842	-0.09602	-0.50000	0.50000	0.09603	0.01844	0.00354	0.00068	0.00013	0.00000	
16.50	Q	-0.02245	-0.06059	-0.30470	-1.58449	-8.25002	-8.25002	-1.58441	-0.30429	-0.05844	-0.01124	-0.00223	-0.00083	16.50
	V	0.00000	-0.00035	-0.00067	-0.00075	0.00037	0.00037	0.00148	0.00140	0.00109	0.00073	0.00037	0.00000	
	V'	-0.00359	-0.00345	-0.00255	0.00215	0.02663	0.02663	0.00215	-0.00256	-0.00346	-0.00363	-0.00366	-0.00367	
	M	0.00000	-0.00317	-0.01752	-0.09365	-0.50000	0.50000	0.09365	0.01754	0.00329	0.00061	0.00011	0.00000	
16.75	Q	-0.02062	-0.05697	-0.29419	-1.56877	-8.37501	-8.37501	-1.56871	-0.29383	-0.05504	-0.01032	-0.00200	-0.00072	16.75
	V	0.00000	-0.00035	-0.00065	-0.00074	0.00036	0.00036	0.00145	0.00136	0.00106	0.00071	0.00036	0.00000	
	V'	-0.00349	-0.00336	-0.00252	0.00203	0.02629	0.02629	0.00203	-0.00252	-0.00337	-0.00353	-0.00356	-0.00356	
	M	0.00000	-0.00295	-0.01667	-0.09134	-0.50000	0.50000	0.09134	0.01669	0.00305	0.00056	0.00010	0.00000	
17.00	Q	-0.01893	-0.05355	-0.28399	-1.55287	-8.50001	-8.50001	-1.55281	-0.28367	-0.05182	-0.00948	-0.00179	-0.00063	17.00
	V	0.00000	-0.00034	-0.00063	-0.00072	0.00035	0.00035	0.00141	0.00133	0.00103	0.00069	0.00035	0.00000	
	V'	-0.00339	-0.00327	-0.00248	0.00191	0.02595	0.02595	0.00191	-0.00248	-0.00328	-0.00343	-0.00345	-0.00346	
	M	0.00000	-0.00274	-0.01586	-0.08908	-0.50000	0.50000	0.08909	0.01587	0.00283	0.00050	0.00009	0.00000	
17.25	Q	-0.01738	-0.05033	-0.27408	-1.53679	-8.62501	-8.62501	-1.53674	-0.27341	-0.04679	-0.00870	-0.00160	-0.00055	17.25
	V	0.00000	-0.00033	-0.00062	-0.00071	0.00034	0.00034	0.00138	0.00129	0.00100	0.00067	0.00034	0.00000	
	V'	-0.00330	-0.00319	-0.00244	0.00180	0.02562	0.02562	0.00180	-0.00244	-0.00320	-0.00333	-0.00336	-0.00336	
BETA	X/L =	0.00	0.10	0.20	0.30	L 0.40	R 0.40	0.50	0.60	0.70	0.80	0.90	1.00	BETA

XM/L = 0.40

FUNKTIONEN : F.MIM - F.MIQ - F.MIV - F.MIV'

FUNKTIONEN : F.M;M - F.M;Q - F.M;V - F.M;V'

XM/L = 0.40

BETA	X/L =	0.00	0.10	0.20	0.30	L 0.40	R 0.40	0.50	0.60	0.70	0.80	0.90	1.00	BETA
	M	0.00000	-0.00254	-0.01508	-0.08688	-0.50000	0.50000	0.08689	0.01510	0.00262	0.00046	0.00008	0.00000	
17.50	Q	-0.01596	-0.04730	-0.26447	-1.52056	-8.75001	-8.75001	-1.52052	-0.26423	-0.04592	-0.00799	-0.00143	-0.00048	17.50
	V	0.00000	-0.00032	-0.00060	-0.00070	0.00033	0.00033	0.00135	0.00126	0.00097	0.00065	0.00033	0.00000	
	V'	-0.00321	-0.00311	-0.00240	0.00170	0.02531	0.02531	0.00170	-0.00240	-0.00312	-0.00324	-0.00326	-0.00326	
	M	0.00000	-0.00236	-0.01435	-0.08474	-0.50000	0.50000	0.08474	0.01436	0.00243	0.00041	0.00007	0.00000	
17.75	Q	-0.01465	-0.04445	-0.25514	-1.50420	-8.87501	-8.87501	-1.50417	-0.25493	-0.04321	-0.00733	-0.00128	-0.00042	17.75
	V	0.00000	-0.00031	-0.00059	-0.00068	0.00032	0.00032	0.00132	0.00122	0.00094	0.00063	0.00032	0.00000	
	V'	-0.00313	-0.00303	-0.00236	0.00160	0.02500	0.02500	0.00160	-0.00236	-0.00304	-0.00315	-0.00317	-0.00317	
	M	0.00000	-0.00220	-0.01365	-0.08265	-0.50000	0.50000	0.08265	0.01366	0.00226	0.00037	0.00006	0.00000	
18.00	Q	-0.01344	-0.04176	-0.24610	-1.48772	-9.00001	-9.00001	-1.48769	-0.24591	-0.04065	-0.00672	-0.00114	-0.00037	18.00
	V	0.00000	-0.00030	-0.00058	-0.00067	0.00031	0.00031	0.00129	0.00119	0.00092	0.00062	0.00031	0.00000	
	V'	-0.00304	-0.00296	-0.00233	0.00151	0.02469	0.02469	0.00151	-0.00233	-0.00296	-0.00307	-0.00308	-0.00309	
	M	0.00000	-0.00204	-0.01299	-0.08061	-0.50000	0.50000	0.08061	0.01300	0.00210	0.00034	0.00005	0.00000	
18.25	Q	-0.01233	-0.03923	-0.23733	-1.47114	-9.12500	-9.12500	-1.47111	-0.23717	-0.03824	-0.00617	-0.00102	-0.00032	18.25
	V	0.00000	-0.00029	-0.00056	-0.00066	0.00030	0.00030	0.00126	0.00116	0.00089	0.00060	0.00030	0.00000	
	V'	-0.00297	-0.00288	-0.00229	0.00141	0.02439	0.02439	0.00141	-0.00229	-0.00289	-0.00298	-0.00300	-0.00300	
	M	0.00000	-0.00190	-0.01235	-0.07862	-0.50000	0.50000	0.07862	0.01236	0.00194	0.00031	0.00005	0.00000	
18.50	Q	-0.01131	-0.03685	-0.22883	-1.45447	-9.25000	-9.25000	-1.45444	-0.22869	-0.03596	-0.00566	-0.00091	-0.00028	18.50
	V	0.00000	-0.00029	-0.00055	-0.00065	0.00029	0.00029	0.00123	0.00113	0.00087	0.00058	0.00029	0.00000	
	V'	-0.00289	-0.00281	-0.00225	0.00133	0.02411	0.02411	0.00133	-0.00225	-0.00282	-0.00291	-0.00292	-0.00292	
	M	0.00000	-0.00176	-0.01175	-0.07668	-0.50000	0.50000	0.07668	0.01176	0.00180	0.00028	0.00004	0.00000	
18.75	Q	-0.01037	-0.03461	-0.22060	-1.43772	-9.37500	-9.37500	-1.43770	-0.22048	-0.03381	-0.00519	-0.00081	-0.00024	18.75
	V	0.00000	-0.00028	-0.00054	-0.00064	0.00028	0.00028	0.00120	0.00110	0.00085	0.00057	0.00028	0.00000	
	V'	-0.00281	-0.00275	-0.00222	0.00125	0.02382	0.02382	0.00125	-0.00222	-0.00275	-0.00283	-0.00284	-0.00284	
	M	0.00000	-0.00164	-0.01118	-0.07478	-0.50000	0.50000	0.07478	0.01119	0.00167	0.00025	0.00004	0.00000	
19.00	Q	-0.00951	-0.03250	-0.21263	-1.42092	-9.50000	-9.50000	-1.42090	-0.21252	-0.03179	-0.00476	-0.00073	-0.00021	19.00
	V	0.00000	-0.00027	-0.00052	-0.00062	0.00028	0.00028	0.00118	0.00108	0.00083	0.00055	0.00028	0.00000	
	V'	-0.00274	-0.00268	-0.00218	0.00117	0.02355	0.02355	0.00117	-0.00218	-0.00268	-0.00276	-0.00277	-0.00277	
	M	0.00000	-0.00152	-0.01064	-0.07294	-0.50000	0.50000	0.07294	0.01064	0.00155	0.00023	0.00003	0.00000	
19.25	Q	-0.00872	-0.03051	-0.20491	-1.40407	-9.62500	-9.62500	-1.40405	-0.20482	-0.02988	-0.00436	-0.00065	-0.00019	19.25
	V	0.00000	-0.00027	-0.00051	-0.00061	0.00027	0.00027	0.00115	0.00105	0.00081	0.00054	0.00027	0.00000	
	V'	-0.00268	-0.00262	-0.00215	0.00109	0.02328	0.02328	0.00109	-0.00215	-0.00262	-0.00269	-0.00270	-0.00270	
	M	0.00000	-0.00141	-0.01012	-0.07114	-0.50000	0.50000	0.07114	0.01012	0.00144	0.00020	0.00003	0.00000	
19.50	Q	-0.00799	-0.02865	-0.19744	-1.38718	-9.75000	-9.75000	-1.38717	-0.19736	-0.02808	-0.00400	-0.00058	-0.00016	19.50
	V	0.00000	-0.00026	-0.00050	-0.00060	0.00026	0.00026	0.00113	0.00103	0.00079	0.00053	0.00026	0.00000	
	V'	-0.00261	-0.00255	-0.00211	0.00102	0.02301	0.02301	0.00102	-0.00211	-0.00256	-0.00262	-0.00263	-0.00263	
	M	0.00000	-0.00131	-0.00962	-0.06938	-0.50000	0.50000	0.06938	0.00963	0.00134	0.00019	0.00003	0.00000	
19.75	Q	-0.00732	-0.02689	-0.19021	-1.37028	-9.87500	-9.87500	-1.37027	-0.19014	-0.02638	-0.00366	-0.00052	-0.00014	19.75
	V	0.00000	-0.00025	-0.00049	-0.00059	0.00026	0.00026	0.00110	0.00100	0.00077	0.00051	0.00026	0.00000	
	V'	-0.00254	-0.00249	-0.00208	0.00095	0.02275	0.02275	0.00095	-0.00208	-0.00250	-0.00255	-0.00256	-0.00256	
BETA	X/L =	0.00	0.10	0.20	0.30	L 0.40	R 0.40	0.50	0.60	0.70	0.80	0.90	1.00	BETA

XM/L = 0.40

FUNKTIONEN : F.M;M - F.M;Q - F.M;V - F.M;V'

FUNKTIONEN : F.MIM - F.MIQ - F.MIV - F.MIV'

XM/L = 0.40

BETA	X/L =	0.00	0.10	0.20	0.30	L 0.40	R 0.40	0.50	0.60	0.70	0.80	0.90	1.00	BETA
	M	0.00000	-0.00122	-0.00915	-0.06767	-0.50000	0.50000	0.06767	0.00916	0.00124	0.00017	0.00002	0.00000	
20.00	Q	-0.00671	-0.02524	-0.18322	-1.35336	-10.00000	-10.00000	-1.35335	-0.18316	-0.02479	-0.00336	-0.00046	-0.00012	20.00
	V	0.00000	-0.00025	-0.00048	-0.00058	0.00025	0.00025	0.00108	0.00098	0.00075	0.00050	0.00025	0.00000	
	V'	-0.00248	-0.00244	-0.00204	0.00088	0.02250	0.02250	0.00088	-0.00204	-0.00244	-0.00249	-0.00250	-0.00250	
	M	0.00000	-0.00113	-0.00871	-0.06600	-0.50000	0.50000	0.06600	0.00871	0.00115	0.00015	0.00002	0.00000	
20.25	Q	-0.00615	-0.02369	-0.17646	-1.33644	-10.12500	-10.12500	-1.33644	-0.17640	-0.02328	-0.00307	-0.00041	-0.00011	20.25
	V	0.00000	-0.00024	-0.00047	-0.00057	0.00024	0.00024	0.00106	0.00095	0.00073	0.00049	0.00024	0.00000	
	V'	-0.00242	-0.00238	-0.00201	0.00082	0.02225	0.02225	0.00082	-0.00201	-0.00238	-0.00243	-0.00244	-0.00244	
	M	0.00000	-0.00105	-0.00829	-0.06437	-0.50000	0.50000	0.06437	0.00829	0.00107	0.00014	0.00002	0.00000	
20.50	Q	-0.00563	-0.02223	-0.16992	-1.31954	-10.25000	-10.25000	-1.31953	-0.16987	-0.02187	-0.00282	-0.00037	-0.00009	20.50
	V	0.00000	-0.00024	-0.00046	-0.00056	0.00024	0.00024	0.00104	0.00093	0.00071	0.00048	0.00024	0.00000	
	V'	-0.00237	-0.00233	-0.00198	0.00076	0.02201	0.02201	0.00076	-0.00198	-0.00233	-0.00237	-0.00238	-0.00238	
	M	0.00000	-0.00097	-0.00788	-0.06278	-0.50000	0.50000	0.06278	0.00788	0.00099	0.00012	0.00002	0.00000	
20.75	Q	-0.00516	-0.02086	-0.16360	-1.30265	-10.37500	-10.37500	-1.30265	-0.16356	-0.02054	-0.00258	-0.00033	-0.00008	20.75
	V	0.00000	-0.00023	-0.00045	-0.00055	0.00023	0.00023	0.00102	0.00091	0.00069	0.00046	0.00023	0.00000	
	V'	-0.00231	-0.00227	-0.00194	0.00070	0.02177	0.02177	0.00070	-0.00194	-0.00227	-0.00232	-0.00232	-0.00232	
	M	0.00000	-0.00090	-0.00750	-0.06123	-0.50000	0.50000	0.06123	0.00750	0.00092	0.00011	0.00001	0.00000	
21.00	Q	-0.00472	-0.01957	-0.15749	-1.28580	-10.50000	-10.50000	-1.28579	-0.15745	-0.01928	-0.00236	-0.00029	-0.00007	21.00
	V	0.00000	-0.00022	-0.00044	-0.00054	0.00023	0.00023	0.00099	0.00089	0.00068	0.00045	0.00023	0.00000	
	V'	-0.00226	-0.00222	-0.00191	0.00065	0.02154	0.02154	0.00065	-0.00191	-0.00222	-0.00226	-0.00227	-0.00227	
	M	0.00000	-0.00084	-0.00713	-0.05972	-0.50000	0.50000	0.05972	0.00713	0.00085	0.00010	0.00001	0.00000	
21.25	Q	-0.00432	-0.01836	-0.15159	-1.26898	-10.62500	-10.62500	-1.26898	-0.15156	-0.01810	-0.00216	-0.00026	-0.00006	21.25
	V	0.00000	-0.00022	-0.00043	-0.00053	0.00022	0.00022	0.00098	0.00087	0.00066	0.00044	0.00022	0.00000	
	V'	-0.00220	-0.00217	-0.00188	0.00060	0.02131	0.02131	0.00060	-0.00188	-0.00217	-0.00221	-0.00221	-0.00221	
	M	0.00000	-0.00078	-0.00678	-0.05824	-0.50000	0.50000	0.05824	0.00678	0.00079	0.00009	0.00001	0.00000	
21.50	Q	-0.00396	-0.01722	-0.14589	-1.25221	-10.75000	-10.75000	-1.25220	-0.14586	-0.01699	-0.00198	-0.00023	-0.00005	21.50
	V	0.00000	-0.00021	-0.00042	-0.00052	0.00022	0.00022	0.00096	0.00085	0.00065	0.00043	0.00022	0.00000	
	V'	-0.00215	-0.00213	-0.00185	0.00055	0.02109	0.02109	0.00055	-0.00185	-0.00213	-0.00216	-0.00216	-0.00216	
	M	0.00000	-0.00072	-0.00645	-0.05680	-0.50000	0.50000	0.05680	0.00645	0.00073	0.00008	0.00001	0.00000	
21.75	Q	-0.00362	-0.01615	-0.14038	-1.23549	-10.87500	-10.87500	-1.23549	-0.14035	-0.01595	-0.00181	-0.00021	-0.00005	21.75
	V	0.00000	-0.00021	-0.00041	-0.00051	0.00021	0.00021	0.00094	0.00083	0.00063	0.00042	0.00021	0.00000	
	V'	-0.00211	-0.00208	-0.00182	0.00050	0.02087	0.02087	0.00050	-0.00182	-0.00208	-0.00211	-0.00211	-0.00211	
	M	0.00000	-0.00067	-0.00614	-0.05540	-0.50000	0.50000	0.05540	0.00614	0.00068	0.00008	0.00001	0.00000	
22.00	Q	-0.00332	-0.01515	-0.13507	-1.21884	-11.00000	-11.00000	-1.21883	-0.13505	-0.01496	-0.00166	-0.00019	-0.00004	22.00
	V	0.00000	-0.00021	-0.00040	-0.00051	0.00021	0.00021	0.00092	0.00081	0.00062	0.00041	0.00021	0.00000	
	V'	-0.00206	-0.00203	-0.00179	0.00045	0.02066	0.02066	0.00045	-0.00179	-0.00204	-0.00206	-0.00207	-0.00207	
	M	0.00000	-0.00062	-0.00584	-0.05403	-0.50000	0.50000	0.05403	0.00584	0.00063	0.00007	0.00001	0.00000	
22.25	Q	-0.00303	-0.01420	-0.12994	-1.20225	-11.12500	-11.12500	-1.20225	-0.12992	-0.01404	-0.00152	-0.00017	-0.00004	22.25
	V	0.00000	-0.00020	-0.00039	-0.00050	0.00020	0.00020	0.00090	0.00060	0.00060	0.00040	0.00020	0.00000	
	V'	-0.00201	-0.00199	-0.00176	0.00041	0.02045	0.02045	0.00041	-0.00176	-0.00199	-0.00202	-0.00202	-0.00202	
BETA	X/L =	0.00	0.10	0.20	0.30	L 0.40	R 0.40	0.50	0.60	0.70	0.80	0.90	1.00	BETA

XM/L = 0.40

FUNKTIONEN : F.MIM - F.MIQ - F.MIV - F.MIV'

FUNKTIONEN : F.MIM - F.MIQ - F.MIV - F.MIV'

XM/L = 0.40

BETA	X/L =	0.00	0.10	0.20	0.30	L 0.40	R 0.40	0.50	0.60	0.70	0.80	0.90	1.00	BETA
22.50	M	0.00000	-0.00058	-0.00555	-0.05270	-0.50000	0.50000	0.05270	0.00555	0.00059	0.00006	0.00001	0.00000	22.50
	Q	-0.00278	-0.01332	-0.12499	-1.18574	-11.25000	-11.25000	-1.18574	-0.12498	-0.01317	-0.00139	-0.00015	-0.00003	
	V	0.00000	-0.00020	-0.00038	-0.00049	0.00020	0.00020	0.00088	0.00078	0.00059	0.00039	0.00020	0.00000	
	V'	-0.00197	-0.00195	-0.00173	0.00037	0.02025	0.02025	0.00037	-0.00173	-0.00195	-0.00197	-0.00198	-0.00198	
22.75	M	0.00000	-0.00054	-0.00528	-0.05140	-0.50000	0.50000	0.05140	0.00528	0.00054	0.00006	0.00001	0.00000	22.75
	Q	-0.00254	-0.01249	-0.12022	-1.16932	-11.37500	-11.37500	-1.16931	-0.12020	-0.01236	-0.00127	-0.00013	-0.00003	
	V	0.00000	-0.00019	-0.00038	-0.00048	0.00019	0.00019	0.00087	0.00076	0.00058	0.00039	0.00019	0.00000	
	V'	-0.00193	-0.00191	-0.00170	0.00033	0.02005	0.02005	0.00033	-0.00170	-0.00191	-0.00193	-0.00193	-0.00193	
23.00	M	0.00000	-0.00050	-0.00503	-0.05013	-0.50000	0.50000	0.05013	0.00503	0.00050	0.00005	0.00001	0.00000	23.00
	Q	-0.00232	-0.01171	-0.11561	-1.15298	-11.50000	-11.50000	-1.15298	-0.11560	-0.01159	-0.00116	-0.00012	-0.00002	
	V	0.00000	-0.00019	-0.00037	-0.00047	0.00019	0.00019	0.00085	0.00075	0.00057	0.00038	0.00019	0.00000	
	V'	-0.00189	-0.00187	-0.00167	0.00029	0.01985	0.01985	0.00029	-0.00167	-0.00187	-0.00189	-0.00189	-0.00189	
23.25	M	0.00000	-0.00046	-0.00478	-0.04889	-0.50000	0.50000	0.04889	0.00478	0.00047	0.00005	0.00000	0.00000	23.25
	Q	-0.00213	-0.01097	-0.11116	-1.13673	-11.62500	-11.62500	-1.13673	-0.11115	-0.01087	-0.00106	-0.00010	-0.00002	
	V	0.00000	-0.00018	-0.00036	-0.00046	0.00018	0.00018	0.00083	0.00073	0.00055	0.00037	0.00018	0.00000	
	V'	-0.00185	-0.00183	-0.00164	0.00025	0.01966	0.01966	0.00025	-0.00164	-0.00183	-0.00185	-0.00185	-0.00185	
23.50	M	0.00000	-0.00043	-0.00455	-0.04768	-0.50000	0.50000	0.04768	0.00455	0.00043	0.00004	0.00000	0.00000	23.50
	Q	-0.00194	-0.01028	-0.10688	-1.12059	-11.75000	-11.75000	-1.12059	-0.10687	-0.01019	-0.00097	-0.00009	-0.00002	
	V	0.00000	-0.00018	-0.00035	-0.00046	0.00018	0.00018	0.00082	0.00072	0.00054	0.00036	0.00018	0.00000	
	V'	-0.00181	-0.00179	-0.00162	0.00022	0.01947	0.01947	0.00022	-0.00162	-0.00179	-0.00181	-0.00181	-0.00181	
23.75	M	0.00000	-0.00040	-0.00433	-0.04651	-0.50000	0.50000	0.04651	0.00433	0.00040	0.00004	0.00000	0.00000	23.75
	Q	-0.00178	-0.00964	-0.10275	-1.10455	-11.87500	-11.87500	-1.10455	-0.10274	-0.00956	-0.00089	-0.00008	-0.00002	
	V	0.00000	-0.00018	-0.00035	-0.00045	0.00018	0.00018	0.00080	0.00070	0.00053	0.00035	0.00018	0.00000	
	V'	-0.00177	-0.00176	-0.00159	0.00019	0.01928	0.01928	0.00019	-0.00159	-0.00176	-0.00177	-0.00177	-0.00177	
24.00	M	0.00000	-0.00037	-0.00411	-0.04536	-0.50000	0.50000	0.04536	0.00411	0.00037	0.00003	0.00000	0.00000	24.00
	Q	-0.00163	-0.00903	-0.09876	-1.08862	-12.00000	-12.00000	-1.08862	-0.09876	-0.00896	-0.00081	-0.00007	-0.00001	
	V	0.00000	-0.00017	-0.00034	-0.00044	0.00017	0.00017	0.00079	0.00069	0.00052	0.00035	0.00017	0.00000	
	V'	-0.00173	-0.00172	-0.00156	0.00015	0.01910	0.01910	0.00015	-0.00156	-0.00172	-0.00173	-0.00174	-0.00174	
24.25	M	0.00000	-0.00034	-0.00391	-0.04424	-0.50000	0.50000	0.04424	0.00391	0.00035	0.00003	0.00000	0.00000	24.25
	Q	-0.00149	-0.00846	-0.09492	-1.07280	-12.12500	-12.12500	-1.07280	-0.09492	-0.00840	-0.00074	-0.00007	-0.00001	
	V	0.00000	-0.00017	-0.00033	-0.00043	0.00017	0.00017	0.00078	0.00067	0.00051	0.00034	0.00017	0.00000	
	V'	-0.00170	-0.00169	-0.00154	0.00012	0.01892	0.01892	0.00012	-0.00154	-0.00169	-0.00170	-0.00170	-0.00170	
24.50	M	0.00000	-0.00032	-0.00372	-0.04315	-0.50000	0.50000	0.04315	0.00372	0.00032	0.00003	0.00000	0.00000	24.50
	Q	-0.00136	-0.00793	-0.09123	-1.05710	-12.25000	-12.25000	-1.05710	-0.09122	-0.00787	-0.00068	-0.00006	-0.00001	
	V	0.00000	-0.00017	-0.00033	-0.00043	0.00017	0.00017	0.00076	0.00066	0.00050	0.00033	0.00017	0.00000	
	V'	-0.00166	-0.00165	-0.00151	0.00010	0.01874	0.01874	0.00010	-0.00151	-0.00165	-0.00166	-0.00167	-0.00167	
24.75	M	0.00000	-0.00030	-0.00354	-0.04208	-0.50000	0.50000	0.04208	0.00354	0.00030	0.00003	0.00000	0.00000	24.75
	Q	-0.00124	-0.00743	-0.08766	-1.04152	-12.37500	-12.37500	-1.04152	-0.08766	-0.00738	-0.00062	-0.00005	-0.00001	
	V	0.00000	-0.00016	-0.00032	-0.00042	0.00016	0.00016	0.00075	0.00065	0.00049	0.00033	0.00016	0.00000	
	V'	-0.00163	-0.00162	-0.00149	0.00007	0.01857	0.01857	0.00007	-0.00149	-0.00162	-0.00163	-0.00163	-0.00163	
BETA	X/L =	0.00	0.10	0.20	0.30	L 0.40	R 0.40	0.50	0.60	0.70	0.80	0.90	1.00	BETA

XM/L = 0.40

FUNKTIONEN : F.MIM - F.MIQ - F.MIV - F.MIV'

FUNKTIONEN : F.MIM - F.MIQ - F.MIV - F.MIV'

XM/L = 0.40

BETA	X/L =	0.00	0.10	0.20	0.30	L 0.40	R 0.40	0.50	0.60	0.70	0.80	0.90	1.00	BETA
	M	0.00000	-0.00027	-0.00337	-0.04104	-0.50000	0.50000	0.04104	0.00337	0.00028	0.00002	0.00000	0.00000	
25.00	Q	-0.00113	-0.00696	-0.08423	-1.02606	-12.50000	-12.50000	-1.02606	-0.08422	-0.00691	-0.00057	-0.00005	-0.00001	25.00
	V	0.00000	-0.00016	-0.00031	-0.00041	0.00016	0.00016	0.00073	0.00063	0.00048	0.00032	0.00016	0.00000	
	V'	-0.00160	-0.00159	-0.00147	0.00004	0.01840	0.01840	0.00004	-0.00147	-0.00159	-0.00160	-0.00160	-0.00160	
	M	0.00000	-0.00019	-0.00262	-0.03622	-0.50000	0.50000	0.03622	0.00262	0.00019	0.00001	0.00000	0.00000	
26.25	Q	-0.00072	-0.00502	-0.06888	-0.95077	-13.12500	-13.12500	-0.95077	-0.06887	-0.00499	-0.00036	-0.00003	-0.00000	26.25
	V	0.00000	-0.00014	-0.00029	-0.00038	0.00015	0.00015	0.00067	0.00058	0.00044	0.00029	0.00015	0.00000	
	V'	-0.00145	-0.00144	-0.00135	-0.00007	0.01760	0.01760	-0.00007	-0.00135	-0.00144	-0.00145	-0.00145	-0.00145	
	M	0.00000	-0.00013	-0.00204	-0.03196	-0.50000	0.50000	0.03196	0.00204	0.00013	0.00001	0.00000	0.00000	
27.50	Q	-0.00046	-0.00361	-0.05619	-0.87901	-13.75000	-13.75000	-0.87901	-0.05619	-0.00359	-0.00023	-0.00001	-0.00000	27.50
	V	0.00000	-0.00013	-0.00026	-0.00035	0.00013	0.00013	0.00062	0.00053	0.00040	0.00026	0.00013	0.00000	
	V'	-0.00132	-0.00132	-0.00125	-0.00016	0.01686	0.01686	-0.00016	-0.00125	-0.00132	-0.00132	-0.00132	-0.00132	
	M	0.00000	-0.00009	-0.00159	-0.02821	-0.50000	0.50000	0.02821	0.00159	0.00009	0.00001	0.00000	0.00000	
28.75	Q	-0.00029	-0.00259	-0.04575	-0.81098	-14.37500	-14.37500	-0.81098	-0.04575	-0.00258	-0.00015	-0.00001	-0.00000	28.75
	V	0.00000	-0.00012	-0.00024	-0.00033	0.00012	0.00012	0.00057	0.00048	0.00036	0.00024	0.00012	0.00000	
	V'	-0.00121	-0.00121	-0.00115	-0.00023	0.01618	0.01618	-0.00023	-0.00115	-0.00121	-0.00121	-0.00121	-0.00121	
	M	0.00000	-0.00006	-0.00124	-0.02489	-0.50000	0.50000	0.02489	0.00124	0.00006	0.00000	0.00000	0.00000	
30.00	Q	-0.00018	-0.00186	-0.03718	-0.74681	-15.00000	-15.00000	-0.74681	-0.03718	-0.00185	-0.00009	-0.00000	-0.00000	30.00
	V	0.00000	-0.00011	-0.00022	-0.00031	0.00011	0.00011	0.00053	0.00044	0.00033	0.00022	0.00011	0.00000	
	V'	-0.00111	-0.00111	-0.00107	-0.00028	0.01556	0.01556	-0.00028	-0.00107	-0.00111	-0.00111	-0.00111	-0.00111	
	M	0.00000	-0.00004	-0.00097	-0.02197	-0.50000	0.50000	0.02197	0.00097	0.00004	0.00000	0.00000	0.00000	
31.25	Q	-0.00012	-0.00133	-0.03016	-0.68651	-15.62500	-15.62500	-0.68651	-0.03016	-0.00133	-0.00006	-0.00000	-0.00000	31.25
	V	0.00000	-0.00010	-0.00020	-0.00028	0.00010	0.00010	0.00049	0.00041	0.00031	0.00020	0.00010	0.00000	
	V'	-0.00102	-0.00102	-0.00099	-0.00032	0.01498	0.01498	-0.00032	-0.00099	-0.00102	-0.00102	-0.00102	-0.00102	
	M	0.00000	-0.00003	-0.00075	-0.01939	-0.50000	0.50000	0.01939	0.00075	0.00003	0.00000	0.00000	0.00000	
32.50	Q	-0.00007	-0.00095	-0.02443	-0.63008	-16.25000	-16.25000	-0.63008	-0.02443	-0.00095	-0.00004	-0.00000	-0.00000	32.50
	V	0.00000	-0.00009	-0.00019	-0.00027	0.00009	0.00009	0.00046	0.00038	0.00028	0.00019	0.00009	0.00000	
	V'	-0.00095	-0.00095	-0.00092	-0.00035	0.01444	0.01444	-0.00035	-0.00092	-0.00095	-0.00095	-0.00095	-0.00095	
	M	0.00000	-0.00002	-0.00059	-0.01711	-0.50000	0.50000	0.01711	0.00059	0.00002	0.00000	0.00000	0.00000	
33.75	Q	-0.00005	-0.00068	-0.01976	-0.57743	-16.87500	-16.87500	-0.57743	-0.01976	-0.00068	-0.00002	-0.00000	-0.00000	33.75
	V	0.00000	-0.00009	-0.00018	-0.00025	0.00009	0.00009	0.00042	0.00035	0.00026	0.00018	0.00009	0.00000	
	V'	-0.00088	-0.00088	-0.00086	-0.00037	0.01394	0.01394	-0.00037	-0.00086	-0.00088	-0.00088	-0.00088	-0.00088	
	M	0.00000	-0.00001	-0.00046	-0.01510	-0.50000	0.50000	0.01510	0.00046	0.00001	0.00000	0.00000	0.00000	
35.00	Q	-0.00003	-0.00048	-0.01594	-0.52845	-17.50000	-17.50000	-0.52845	-0.01594	-0.00048	-0.00001	-0.00000	-0.00000	35.00
	V	0.00000	-0.00008	-0.00016	-0.00023	0.00008	0.00008	0.00040	0.00033	0.00024	0.00016	0.00008	0.00000	
	V'	-0.00082	-0.00082	-0.00080	-0.00038	0.01347	0.01347	-0.00038	-0.00080	-0.00082	-0.00082	-0.00082	-0.00082	
	M	0.00000	-0.00001	-0.00036	-0.01332	-0.50000	0.50000	0.01332	0.00036	0.00001	0.00000	0.00000	0.00000	
36.25	Q	-0.00002	-0.00034	-0.01287	-0.48301	-18.12500	-18.12500	-0.48301	-0.01287	-0.00034	-0.00001	-0.00000	-0.00000	36.25
	V	0.00000	-0.00008	-0.00015	-0.00022	0.00008	0.00008	0.00037	0.00030	0.00023	0.00015	0.00008	0.00000	
	V'	-0.00076	-0.00076	-0.00075	-0.00039	0.01303	0.01303	-0.00039	-0.00075	-0.00076	-0.00076	-0.00076	-0.00076	
BETA	X/L =	0.00	0.10	0.20	0.30	L 0.40	R 0.40	0.50	0.60	0.70	0.80	0.90	1.00	BETA

XM/L = 0.40

FUNKTIONEN : F.MIM - F.MIQ - F.MIV - F.MIV'

FUNKTIONEN : F.MIM - F.MIQ - F.MIV - F.MIV'

XM/L = 0.40

BETA	X/L =	0.00	0.10	0.20	0.30	L 0.40	R 0.40	0.50	0.60	0.70	0.80	0.90	1.00	BETA
37.50	M	0.00000	-0.00001	-0.00028	-0.01176	-0.50000	0.50000	0.01176	0.00028	0.00001	0.00000	0.00000	0.00000	37.50
	Q	-0.00001	-0.00024	-0.01037	-0.44096	-18.75000	-18.75000	-0.44096	-0.01037	-0.00024	-0.00001	-0.00000	-0.00000	
	V	0.00000	-0.00007	-0.00014	-0.00020	0.00007	0.00007	0.00035	0.00028	0.00021	0.00014	0.00007	0.00000	
	V'	-0.00071	-0.00071	-0.00070	-0.00040	0.01262	0.01262	-0.00040	-0.00070	-0.00071	-0.00071	-0.00071	-0.00071	
38.75	M	0.00000	-0.00000	-0.00022	-0.01038	-0.50000	0.50000	0.01038	0.00022	0.00000	0.00000	0.00000	0.00000	38.75
	Q	-0.00001	-0.00017	-0.00835	-0.40212	-19.37500	-19.37500	-0.40212	-0.00835	-0.00017	-0.00000	-0.00000	-0.00000	
	V	0.00000	-0.00007	-0.00013	-0.00019	0.00007	0.00007	0.00033	0.00027	0.00020	0.00013	0.00007	0.00000	
	V'	-0.00067	-0.00067	-0.00066	-0.00040	0.01224	0.01224	-0.00040	-0.00066	-0.00067	-0.00067	-0.00067	-0.00067	
40.00	M	0.00000	-0.00000	-0.00017	-0.00916	-0.50000	0.50000	0.00916	0.00017	0.00000	0.00000	0.00000	0.00000	40.00
	Q	-0.00000	-0.00012	-0.00671	-0.36631	-20.00000	-20.00000	-0.36631	-0.00671	-0.00012	-0.00000	-0.00000	-0.00000	
	V	0.00000	-0.00006	-0.00012	-0.00018	0.00006	0.00006	0.00031	0.00025	0.00019	0.00012	0.00006	0.00000	
	V'	-0.00062	-0.00062	-0.00062	-0.00040	0.01188	0.01188	-0.00040	-0.00062	-0.00062	-0.00062	-0.00062	-0.00062	
41.25	M	0.00000	-0.00000	-0.00013	-0.00808	-0.50000	0.50000	0.00808	0.00013	0.00000	0.00000	0.00000	0.00000	41.25
	Q	-0.00000	-0.00009	-0.00539	-0.33337	-20.62500	-20.62500	-0.33337	-0.00539	-0.00009	-0.00000	-0.00000	-0.00000	
	V	0.00000	-0.00006	-0.00012	-0.00017	0.00006	0.00006	0.00029	0.00024	0.00018	0.00012	0.00006	0.00000	
	V'	-0.00059	-0.00059	-0.00058	-0.00039	0.01153	0.01153	-0.00039	-0.00058	-0.00059	-0.00059	-0.00059	-0.00059	
42.50	M	0.00000	-0.00000	-0.00010	-0.00713	-0.50000	0.50000	0.00713	0.00010	0.00000	0.00000	0.00000	0.00000	42.50
	Q	-0.00000	-0.00006	-0.00432	-0.30311	-21.25000	-21.25000	-0.30311	-0.00432	-0.00006	-0.00000	-0.00000	-0.00000	
	V	0.00000	-0.00006	-0.00011	-0.00016	0.00006	0.00006	0.00027	0.00022	0.00017	0.00011	0.00006	0.00000	
	V'	-0.00055	-0.00055	-0.00055	-0.00039	0.01121	0.01121	-0.00039	-0.00055	-0.00055	-0.00055	-0.00055	-0.00055	
43.75	M	0.00000	-0.00000	-0.00008	-0.00629	-0.50000	0.50000	0.00629	0.00008	0.00000	0.00000	0.00000	0.00000	43.75
	Q	-0.00000	-0.00004	-0.00347	-0.27537	-21.87500	-21.87500	-0.27537	-0.00347	-0.00004	-0.00000	-0.00000	-0.00000	
	V	0.00000	-0.00005	-0.00010	-0.00015	0.00005	0.00005	0.00026	0.00021	0.00016	0.00010	0.00005	0.00000	
	V'	-0.00052	-0.00052	-0.00052	-0.00038	0.01091	0.01091	-0.00038	-0.00052	-0.00052	-0.00052	-0.00052	-0.00052	
45.00	M	0.00000	-0.00000	-0.00006	-0.00555	-0.50000	0.50000	0.00555	0.00006	0.00000	0.00000	0.00000	0.00000	45.00
	Q	-0.00000	-0.00003	-0.00278	-0.24995	-22.50000	-22.50000	-0.24995	-0.00278	-0.00003	-0.00000	-0.00000	-0.00000	
	V	0.00000	-0.00005	-0.00010	-0.00015	0.00005	0.00005	0.00024	0.00020	0.00015	0.00010	0.00005	0.00000	
	V'	-0.00049	-0.00049	-0.00049	-0.00037	0.01062	0.01062	-0.00037	-0.00049	-0.00049	-0.00049	-0.00049	-0.00049	
46.25	M	0.00000	-0.00000	-0.00005	-0.00490	-0.50000	0.50000	0.00490	0.00005	0.00000	0.00000	0.00000	0.00000	46.25
	Q	-0.00000	-0.00002	-0.00222	-0.22671	-23.12500	-23.12500	-0.22671	-0.00222	-0.00002	-0.00000	-0.00000	-0.00000	
	V	0.00000	-0.00005	-0.00009	-0.00014	0.00005	0.00005	0.00023	0.00019	0.00014	0.00009	0.00005	0.00000	
	V'	-0.00047	-0.00047	-0.00047	-0.00036	0.01034	0.01034	-0.00036	-0.00047	-0.00047	-0.00047	-0.00047	-0.00047	
47.50	M	0.00000	-0.00000	-0.00004	-0.00433	-0.50000	0.50000	0.00433	0.00004	0.00000	0.00000	0.00000	0.00000	47.50
	Q	-0.00000	-0.00002	-0.00178	-0.20548	-23.75000	-23.75000	-0.20548	-0.00178	-0.00002	-0.00000	-0.00000	-0.00000	
	V	0.00000	-0.00004	-0.00009	-0.00013	0.00004	0.00004	0.00022	0.00018	0.00013	0.00009	0.00004	0.00000	
	V'	-0.00044	-0.00044	-0.00044	-0.00035	0.01008	0.01008	-0.00035	-0.00044	-0.00044	-0.00044	-0.00044	-0.00044	
48.75	M	0.00000	-0.00000	-0.00003	-0.00382	-0.50000	0.50000	0.00382	0.00003	0.00000	0.00000	0.00000	0.00000	48.75
	Q	-0.00000	-0.00001	-0.00142	-0.18611	-24.37500	-24.37500	-0.18611	-0.00142	-0.00001	-0.00000	-0.00000	-0.00000	
	V	0.00000	-0.00004	-0.00008	-0.00012	0.00004	0.00004	0.00021	0.00017	0.00013	0.00008	0.00004	0.00000	
	V'	-0.00042	-0.00042	-0.00042	-0.00034	0.00984	0.00984	-0.00034	-0.00042	-0.00042	-0.00042	-0.00042	-0.00042	
BETA	X/L =	0.00	0.10	0.20	0.30	L 0.40	R 0.40	0.50	0.60	0.70	0.80	0.90	1.00	BETA

XM/L = 0.40

FUNKTIONEN : F.MIM - F.MIQ - F.MIV - F.MIV'

FUNKTIONEN : F.M;M - F.M;Q - F.M;V - F.M;V'

XM/L = 0.50

BETA	X/L =	0.00	0.10	0.20	0.30	0.40	L 0.50	R 0.50	0.60	0.70	0.80	0.90	1.00	BETA
	M	0.00000	-0.10000	-0.20000	-0.30000	-0.40000	-0.50000	0.50000	0.40000	0.30000	0.20000	0.10000	0.00000	
0.00	Q	-1.00000	-1.00000	-1.00000	-1.00000	-1.00000	-1.00000	-1.00000	-1.00000	-1.00000	-1.00000	-1.00000	-1.00000	0.00
	V	0.00000	-0.00400	-0.00700	-0.00800	-0.00600	0.00000	0.00000	0.00600	0.00800	0.00700	0.00400	0.00000	
	V'	-0.04167	-0.03667	-0.02167	0.00333	0.03833	0.08333	0.08333	0.03833	0.00333	-0.02167	-0.03667	-0.04167	
	M	0.00000	-0.09975	-0.19956	-0.29950	-0.39963	-0.50000	0.50000	0.39963	0.29950	0.19956	0.09975	0.00000	
0.25	Q	-0.99740	-0.99771	-0.99865	-1.00021	-1.00239	-1.00520	-1.00520	-1.00239	-1.00021	-0.99865	-0.99771	-0.99740	0.25
	V	0.00000	-0.00399	-0.00699	-0.00799	-0.00599	-0.00000	0.00000	0.00599	0.00799	0.00699	0.00399	0.00000	
	V'	-0.04159	-0.03660	-0.02164	0.00331	0.03827	0.08325	0.08325	0.03827	0.00331	-0.02164	-0.03660	-0.04159	
	M	0.00000	-0.09901	-0.19826	-0.29801	-0.39851	-0.50000	0.50000	0.39851	0.29801	0.19826	0.09901	0.00000	
0.50	Q	-0.98966	-0.99090	-0.99461	-1.00081	-1.00952	-1.02075	-1.02075	-1.00952	-1.00081	-0.99461	-0.99090	-0.98966	0.50
	V	0.00000	-0.00397	-0.00695	-0.00795	-0.00597	-0.00000	0.00000	0.00597	0.00795	0.00695	0.00397	0.00000	
	V'	-0.04136	-0.03642	-0.02156	0.00325	0.03807	0.08299	0.08299	0.03807	0.00325	-0.02156	-0.03642	-0.04136	
	M	0.00000	-0.09779	-0.19612	-0.29556	-0.39666	-0.50000	0.50000	0.39666	0.29556	0.19612	0.09779	0.00000	
0.75	Q	-0.97694	-0.97969	-0.98795	-1.00177	-1.02123	-1.04644	-1.04644	-1.02123	-1.00177	-0.98795	-0.97969	-0.97694	0.75
	V	0.00000	-0.00394	-0.00689	-0.00789	-0.00593	-0.00000	0.00000	0.00593	0.00789	0.00689	0.00394	0.00000	
	V'	-0.04099	-0.03611	-0.02142	0.00316	0.03775	0.08256	0.08256	0.03775	0.00316	-0.02142	-0.03611	-0.04099	
	M	0.00000	-0.09611	-0.19319	-0.29219	-0.39412	-0.50000	0.50000	0.39412	0.29219	0.19319	0.09611	0.00000	
1.00	Q	-0.95952	-0.96432	-0.97877	-1.00302	-1.03731	-1.08198	-1.08198	-1.03731	-1.00302	-0.97877	-0.96432	-0.95952	1.00
	V	0.00000	-0.00389	-0.00681	-0.00781	-0.00588	-0.00000	0.00000	0.00588	0.00781	0.00681	0.00389	0.00000	
	V'	-0.04048	-0.03568	-0.02123	0.00302	0.03731	0.08198	0.08198	0.03731	0.00302	-0.02123	-0.03568	-0.04048	
	M	0.00000	-0.09402	-0.18951	-0.28796	-0.39092	-0.50000	0.50000	0.39092	0.28796	0.18951	0.09402	0.00000	
1.25	Q	-0.93775	-0.94508	-0.96720	-1.00446	-1.05743	-1.12694	-1.12694	-1.05743	-1.00446	-0.96720	-0.94508	-0.93775	1.25
	V	0.00000	-0.00383	-0.00671	-0.00770	-0.00581	-0.00000	0.00000	0.00581	0.00770	0.00671	0.00383	0.00000	
	V'	-0.03984	-0.03515	-0.02099	0.00285	0.03675	0.08124	0.08124	0.03675	0.00285	-0.02099	-0.03515	-0.03984	
	M	0.00000	-0.09155	-0.18516	-0.28295	-0.38711	-0.50000	0.50000	0.38711	0.28295	0.18516	0.09155	0.00000	
1.50	Q	-0.91206	-0.92234	-0.95341	-1.00597	-1.08121	-1.18083	-1.18083	-1.08121	-1.00597	-0.95341	-0.92234	-0.91206	1.50
	V	0.00000	-0.00376	-0.00660	-0.00758	-0.00573	-0.00000	0.00000	0.00573	0.00758	0.00660	0.00376	0.00000	
	V'	-0.03909	-0.03452	-0.02071	0.00265	0.03609	0.08037	0.08037	0.03609	0.00265	-0.02071	-0.03452	-0.03909	
	M	0.00000	-0.08875	-0.18022	-0.27722	-0.38273	-0.50000	0.50000	0.38273	0.27722	0.18022	0.08875	0.00000	
1.75	Q	-0.88294	-0.89650	-0.93758	-1.00744	-1.10824	-1.24306	-1.24306	-1.10824	-1.00744	-0.93758	-0.89650	-0.88294	1.75
	V	0.00000	-0.00367	-0.00646	-0.00744	-0.00564	-0.00000	0.00000	0.00564	0.00744	0.00646	0.00367	0.00000	
	V'	-0.03822	-0.03380	-0.02038	0.00243	0.03534	0.07937	0.07937	0.03534	0.00243	-0.02038	-0.03380	-0.03822	
	M	0.00000	-0.08566	-0.17476	-0.27087	-0.37785	-0.50000	0.50000	0.37785	0.27087	0.17476	0.08566	0.00000	
2.00	Q	-0.85092	-0.86799	-0.91990	-1.00873	-1.13805	-1.31304	-1.31304	-1.13805	-1.00873	-0.91990	-0.86799	-0.85092	2.00
	V	0.00000	-0.00358	-0.00631	-0.00728	-0.00554	-0.00000	0.00000	0.00554	0.00728	0.00631	0.00358	0.00000	
	V'	-0.03727	-0.03300	-0.02002	0.00218	0.03451	0.07826	0.07826	0.03451	0.00218	-0.02002	-0.03300	-0.03727	
	M	0.00000	-0.08234	-0.16887	-0.26399	-0.37253	-0.50000	0.50000	0.37253	0.26399	0.16887	0.08234	0.00000	
2.25	Q	-0.81653	-0.83729	-0.90061	-1.00972	-1.17016	-1.39009	-1.39009	-1.17016	-1.00972	-0.90061	-0.83729	-0.81653	2.25
	V	0.00000	-0.00349	-0.00615	-0.00711	-0.00543	-0.00000	0.00000	0.00543	0.00711	0.00615	0.00349	0.00000	
	V'	-0.03624	-0.03214	-0.01963	0.00192	0.03361	0.07705	0.07705	0.03361	0.00192	-0.01963	-0.03214	-0.03624	
BETA	X/L =	0.00	0.10	0.20	0.30	0.40	L 0.50	R 0.50	0.60	0.70	0.80	0.90	1.00	BETA

XM/L = 0.50

FUNKTIONEN : F.M;M - F.M;Q - F.M;V - F.M;V'

FUNKTIONEN : F.MIM - F.MIQ - F.MIV - F.MIV'

XM/L = 0.50

BETA	X/L =	0.00	0.10	0.20	0.30	0.40	L 0.50	R 0.50	0.60	0.70	0.80	0.90	1.00	BETA
	M	0.00000	-0.07885	-0.16265	-0.25667	-0.36681	-0.50000	0.50000	0.36681	0.25667	0.16265	0.07885	0.00000	
2.50	Q	-0.78031	-0.80483	-0.87990	-1.01026	-1.20409	-1.47356	-1.47356	-1.20409	-1.01026	-0.87990	-0.80483	-0.78031	2.50
	V	0.00000	-0.00338	-0.00598	-0.00693	-0.00531	-0.00000	0.00000	0.00531	0.00693	0.00598	0.00338	0.00000	
	V'	-0.03515	-0.03123	-0.01922	0.00164	0.03265	0.07577	0.07577	0.03265	0.00164	-0.01922	-0.03123	-0.03515	
	M	0.00000	-0.07522	-0.15616	-0.24899	-0.36077	-0.50000	0.50000	0.36077	0.24899	0.15616	0.07522	0.00000	
2.75	Q	-0.74279	-0.77106	-0.85800	-1.01024	-1.23937	-1.56281	-1.56281	-1.23937	-1.01024	-0.85800	-0.77106	-0.74279	2.75
	V	0.00000	-0.00328	-0.00580	-0.00675	-0.00519	-0.00000	0.00000	0.00519	0.00675	0.00580	0.00328	0.00000	
	V'	-0.03401	-0.03027	-0.01878	0.00135	0.03165	0.07442	0.07442	0.03165	0.00135	-0.01878	-0.03027	-0.03401	
	M	0.00000	-0.07151	-0.14950	-0.24105	-0.35445	-0.50000	0.50000	0.35445	0.24105	0.14950	0.07151	0.00000	
3.00	Q	-0.70446	-0.73640	-0.83512	-1.00956	-1.27554	-1.65719	-1.65719	-1.27554	-1.00956	-0.83512	-0.73640	-0.70446	3.00
	V	0.00000	-0.00317	-0.00561	-0.00655	-0.00506	-0.00000	0.00000	0.00506	0.00655	0.00561	0.00317	0.00000	
	V'	-0.03284	-0.02929	-0.01832	0.00106	0.03062	0.07302	0.07302	0.03062	0.00106	-0.01832	-0.02929	-0.03284	
	M	0.00000	-0.06776	-0.14273	-0.23292	-0.34792	-0.50000	0.50000	0.34792	0.23292	0.14273	0.06776	0.00000	
3.25	Q	-0.66578	-0.70125	-0.81145	-1.00811	-1.31219	-1.75610	-1.75610	-1.31219	-1.00811	-0.81145	-0.70125	-0.66578	3.25
	V	0.00000	-0.00305	-0.00542	-0.00635	-0.00493	-0.00000	0.00000	0.00493	0.00635	0.00542	0.00305	0.00000	
	V'	-0.03164	-0.02828	-0.01785	0.00077	0.02956	0.07158	0.07158	0.02956	0.00077	-0.01785	-0.02828	-0.03164	
	M	0.00000	-0.06400	-0.13593	-0.22467	-0.34122	-0.50000	0.50000	0.34122	0.22467	0.13593	0.06400	0.00000	
3.50	Q	-0.62715	-0.66595	-0.78718	-1.00581	-1.34893	-1.85898	-1.85898	-1.34893	-1.00581	-0.78718	-0.66595	-0.62715	3.50
	V	0.00000	-0.00294	-0.00523	-0.00615	-0.00480	-0.00000	0.00000	0.00480	0.00615	0.00523	0.00294	0.00000	
	V'	-0.03044	-0.02727	-0.01737	0.00047	0.02848	0.07012	0.07012	0.02848	0.00047	-0.01737	-0.02727	-0.03044	
	M	0.00000	-0.06028	-0.12914	-0.21638	-0.33440	-0.50000	0.50000	0.33440	0.21638	0.12914	0.06028	0.00000	
3.75	Q	-0.58893	-0.63083	-0.76248	-1.00262	-1.38541	-1.96532	-1.96532	-1.38541	-1.00262	-0.76248	-0.63083	-0.58893	3.75
	V	0.00000	-0.00282	-0.00504	-0.00595	-0.00466	0.00000	0.00000	0.00466	0.00595	0.00504	0.00282	0.00000	
	V'	-0.02923	-0.02625	-0.01689	0.00019	0.02741	0.06864	0.06864	0.02741	0.00019	-0.01689	-0.02625	-0.02923	
	M	0.00000	-0.05663	-0.12243	-0.20809	-0.32750	-0.50000	0.50000	0.32750	0.20809	0.12243	0.05663	0.00000	
4.00	Q	-0.55144	-0.59615	-0.73752	-0.99847	-1.42132	-2.07463	-2.07463	-1.42132	-0.99847	-0.73752	-0.59615	-0.55144	4.00
	V	0.00000	-0.00271	-0.00485	-0.00574	-0.00453	-0.00000	0.00000	0.00453	0.00574	0.00485	0.00271	0.00000	
	V'	-0.02803	-0.02524	-0.01641	-0.00010	0.02633	0.06716	0.06716	0.02633	-0.00010	-0.01641	-0.02524	-0.02803	
	M	0.00000	-0.05306	-0.11584	-0.19987	-0.32055	-0.50000	0.50000	0.32055	0.19987	0.11584	0.05306	0.00000	
4.25	Q	-0.51494	-0.56214	-0.71243	-0.99334	-1.45640	-2.18650	-2.18650	-1.45640	-0.99334	-0.71243	-0.56214	-0.51494	4.25
	V	0.00000	-0.00260	-0.00466	-0.00554	-0.00440	-0.00000	0.00000	0.00440	0.00554	0.00466	0.00260	0.00000	
	V'	-0.02685	-0.02424	-0.01592	-0.00037	0.02527	0.06569	0.06569	0.02527	-0.00037	-0.01592	-0.02424	-0.02685	
	M	0.00000	-0.04960	-0.10941	-0.19175	-0.31359	-0.50000	0.50000	0.31359	0.19175	0.10941	0.04960	0.00000	
4.50	Q	-0.47962	-0.52901	-0.68734	-0.98723	-1.49042	-2.30055	-2.30055	-1.49042	-0.98723	-0.68734	-0.52901	-0.47962	4.50
	V	0.00000	-0.00249	-0.00447	-0.00535	-0.00427	-0.00000	0.00000	0.00427	0.00535	0.00447	0.00249	0.00000	
	V'	-0.02570	-0.02326	-0.01544	-0.00063	0.02422	0.06422	0.06422	0.02422	-0.00063	-0.01544	-0.02326	-0.02570	
	M	0.00000	-0.04626	-0.10316	-0.18378	-0.30664	-0.50000	0.50000	0.30664	0.18378	0.10316	0.04626	0.00000	
4.75	Q	-0.44567	-0.49690	-0.66237	-0.98012	-1.52320	-2.41645	-2.41645	-1.52320	-0.98012	-0.66237	-0.49690	-0.44567	4.75
	V	0.00000	-0.00238	-0.00429	-0.00515	-0.00414	-0.00000	0.00000	0.00414	0.00515	0.00429	0.00238	0.00000	
	V'	-0.02457	-0.02230	-0.01496	-0.00088	0.02319	0.06278	0.06278	0.02319	-0.00088	-0.01496	-0.02230	-0.02457	
BETA	X/L =	0.00	0.10	0.20	0.30	0.40	L 0.50	R 0.50	0.60	0.70	0.80	0.90	1.00	BETA

XM/L = 0.50

FUNKTIONEN : F.MIM - F.MIQ - F.MIV - F.MIV'

FUNKTIONEN : F.MIM - F.MIQ - F.MIV - F.MIV'

XM/L = 0.50

BETA	X/L =	0.00	0.10	0.20	0.30	0.40	L 0.50	R 0.50	0.60	0.70	0.80	0.90	1.00	BETA
	M	0.00000	-0.04306	-0.09712	-0.17597	-0.29973	-0.50000	0.50000	0.29973	0.17597	0.09712	0.04306	0.00000	
5.00	Q	-0.41321	-0.46595	-0.63762	-0.97204	-1.55457	-2.53392	-2.53392	-1.55457	-0.97204	-0.63762	-0.46595	-0.41321	5.00
	V	0.00000	-0.00228	-0.00412	-0.00496	-0.00401	0.00000	0.00000	0.00401	0.00496	0.00412	0.00228	0.00000	
	V'	-0.02347	-0.02136	-0.01450	-0.00112	0.02218	0.06136	0.06136	0.02218	-0.00112	-0.01450	-0.02136	-0.02347	
	M	0.00000	-0.04001	-0.09131	-0.16835	-0.29288	-0.50000	0.50000	0.29288	0.16835	0.09131	0.04001	0.00000	
5.25	Q	-0.38231	-0.43622	-0.61315	-0.96300	-1.58443	-2.65269	-2.65269	-1.58443	-0.96300	-0.61315	-0.43622	-0.38231	5.25
	V	0.00000	-0.00218	-0.00394	-0.00478	-0.00389	-0.00000	0.00000	0.00389	0.00478	0.00394	0.00218	0.00000	
	V'	-0.02241	-0.02045	-0.01404	-0.00134	0.02120	0.05996	0.05996	0.02120	-0.00134	-0.01404	-0.02045	-0.02241	
	M	0.00000	-0.03711	-0.08574	-0.16095	-0.28610	-0.50000	0.50000	0.28610	0.16095	0.08574	0.03711	0.00000	
5.50	Q	-0.35305	-0.40780	-0.58906	-0.95305	-1.61268	-2.77257	-2.77257	-1.61268	-0.95305	-0.58906	-0.40780	-0.35305	5.50
	V	0.00000	-0.00208	-0.00378	-0.00460	-0.00377	-0.00000	0.00000	0.00377	0.00460	0.00378	0.00208	0.00000	
	V'	-0.02139	-0.01958	-0.01358	-0.00155	0.02025	0.05860	0.05860	0.02025	-0.00155	-0.01358	-0.01958	-0.02139	
	M	0.00000	-0.03437	-0.08041	-0.15378	-0.27941	-0.50000	0.50000	0.27941	0.15378	0.08041	0.03437	0.00000	
5.75	Q	-0.32543	-0.38072	-0.56540	-0.94223	-1.63926	-2.89336	-2.89336	-1.63926	-0.94223	-0.56540	-0.38072	-0.32543	5.75
	V	0.00000	-0.00199	-0.00362	-0.00442	-0.00365	-0.00000	0.00000	0.00365	0.00442	0.00362	0.00199	0.00000	
	V'	-0.02040	-0.01873	-0.01314	-0.00175	0.01933	0.05727	0.05727	0.01933	-0.00175	-0.01314	-0.01873	-0.02040	
	M	0.00000	-0.03178	-0.07534	-0.14685	-0.27282	-0.50000	0.50000	0.27282	0.14685	0.07534	0.03178	0.00000	
6.00	Q	-0.29946	-0.35500	-0.54223	-0.93058	-1.66411	-3.01491	-3.01491	-1.66411	-0.93058	-0.54223	-0.35500	-0.29946	6.00
	V	0.00000	-0.00190	-0.00346	-0.00425	-0.00353	-0.00000	0.00000	0.00353	0.00425	0.00346	0.00190	0.00000	
	V'	-0.01946	-0.01792	-0.01272	-0.00193	0.01845	0.05597	0.05597	0.01845	-0.00193	-0.01272	-0.01792	-0.01946	
	M	0.00000	-0.02934	-0.07052	-0.14015	-0.26634	-0.50000	0.50000	0.26634	0.14015	0.07052	0.02934	0.00000	
6.25	Q	-0.27514	-0.33065	-0.51958	-0.91816	-1.68722	-3.13709	-3.13709	-1.68722	-0.91816	-0.51958	-0.33065	-0.27514	6.25
	V	0.00000	-0.00181	-0.00331	-0.00409	-0.00342	-0.00000	0.00000	0.00342	0.00409	0.00331	0.00181	0.00000	
	V'	-0.01856	-0.01714	-0.01230	-0.00210	0.01759	0.05471	0.05471	0.01759	-0.00210	-0.01230	-0.01714	-0.01856	
	M	0.00000	-0.02706	-0.06595	-0.13371	-0.25997	-0.50000	0.50000	0.25997	0.13371	0.06595	0.02706	0.00000	
6.50	Q	-0.25241	-0.30764	-0.49748	-0.90502	-1.70858	-3.25979	-3.25979	-1.70858	-0.90502	-0.49748	-0.30764	-0.25241	6.50
	V	0.00000	-0.00173	-0.00317	-0.00394	-0.00331	-0.00000	0.00000	0.00331	0.00394	0.00317	0.00173	0.00000	
	V'	-0.01769	-0.01639	-0.01189	-0.00225	0.01677	0.05349	0.05349	0.01677	-0.00225	-0.01189	-0.01639	-0.01769	
	M	0.00000	-0.02492	-0.06163	-0.12751	-0.25373	-0.50000	0.50000	0.25373	0.12751	0.06163	0.02492	0.00000	
6.75	Q	-0.23124	-0.28595	-0.47598	-0.89122	-1.72819	-3.38291	-3.38291	-1.72819	-0.89122	-0.47598	-0.28595	-0.23124	6.75
	V	0.00000	-0.00165	-0.00304	-0.00379	-0.00321	-0.00000	0.00000	0.00321	0.00379	0.00304	0.00165	0.00000	
	V'	-0.01687	-0.01567	-0.01150	-0.00239	0.01598	0.05230	0.05230	0.01598	-0.00239	-0.01150	-0.01567	-0.01687	
	M	0.00000	-0.02293	-0.05756	-0.12156	-0.24760	-0.50000	0.50000	0.24760	0.12156	0.05756	0.02293	0.00000	
7.00	Q	-0.21157	-0.26556	-0.45508	-0.87683	-1.74607	-3.50639	-3.50639	-1.74607	-0.87683	-0.45508	-0.26556	-0.21157	7.00
	V	0.00000	-0.00157	-0.00291	-0.00364	-0.00311	-0.00000	0.00000	0.00311	0.00364	0.00291	0.00157	0.00000	
	V'	-0.01609	-0.01499	-0.01112	-0.00251	0.01523	0.05115	0.05115	0.01523	-0.00251	-0.01112	-0.01499	-0.01609	
	M	0.00000	-0.02107	-0.05372	-0.11585	-0.24160	-0.50000	0.50000	0.24160	0.11585	0.05372	0.02107	0.00000	
7.25	Q	-0.19334	-0.24642	-0.43480	-0.86190	-1.76224	-3.63015	-3.63015	-1.76224	-0.86190	-0.43480	-0.24642	-0.19334	7.25
	V	0.00000	-0.00150	-0.00278	-0.00350	-0.00301	-0.00000	0.00000	0.00301	0.00350	0.00278	0.00150	0.00000	
	V'	-0.01535	-0.01434	-0.01075	-0.00263	0.01450	0.05004	0.05004	0.01450	-0.00263	-0.01075	-0.01434	-0.01535	
BETA	X/L =	0.00	0.10	0.20	0.30	0.40	L 0.50	R 0.50	0.60	0.70	0.80	0.90	1.00	BETA

XM/L = 0.50

FUNKTIONEN : F.MIM - F.MIQ - F.MIV - F.MIV'

FUNKTIONEN : F.MIM - F.MIQ - F.MIV - F.MIV'

XM/L = 0.50

BETA	X/L =	0.00	0.10	0.20	0.30	0.40	L 0.50	R 0.50	0.60	0.70	0.80	0.90	1.00	BETA
	M	0.00000	-0.01935	-0.05010	-0.11039	-0.23573	-0.50000	0.50000	0.23573	0.11039	0.05010	0.01935	0.00000	
7.50	Q	-0.17648	-0.22849	-0.41515	-0.84650	-1.77675	-3.75415	-3.75415	-1.77675	-0.84650	-0.41515	-0.22849	-0.17648	7.50
	V	0.00000	-0.00143	-0.00266	-0.00337	-0.00292	-0.00000	0.00000	0.00292	0.00337	0.00266	0.00143	0.00000	
	V'	-0.01464	-0.01372	-0.01040	-0.00273	0.01381	0.04896	0.04896	0.01381	-0.00273	-0.01040	-0.01372	-0.01464	
	M	0.00000	-0.01775	-0.04671	-0.10515	-0.22998	-0.50000	0.50000	0.22998	0.10515	0.04671	0.01775	0.00000	
7.75	Q	-0.16092	-0.21171	-0.39615	-0.83068	-1.78962	-3.87834	-3.87834	-1.78962	-0.83068	-0.39615	-0.21171	-0.16092	7.75
	V	0.00000	-0.00137	-0.00255	-0.00324	-0.00283	-0.00000	0.00000	0.00283	0.00324	0.00255	0.00137	0.00000	
	V'	-0.01397	-0.01312	-0.01005	-0.00282	0.01315	0.04792	0.04792	0.01315	-0.00282	-0.01005	-0.01312	-0.01397	
	M	0.00000	-0.01627	-0.04352	-0.10015	-0.22437	-0.50000	0.50000	0.22437	0.10015	0.04352	0.01627	0.00000	
8.00	Q	-0.14657	-0.19603	-0.37779	-0.81451	-1.80091	-4.00268	-4.00268	-1.80091	-0.81451	-0.37779	-0.19603	-0.14657	8.00
	V	0.00000	-0.00131	-0.00244	-0.00312	-0.00274	-0.00000	0.00000	0.00274	0.00312	0.00244	0.00131	0.00000	
	V'	-0.01333	-0.01256	-0.00972	-0.00290	0.01251	0.04692	0.04692	0.01251	-0.00290	-0.00972	-0.01256	-0.01333	
	M	0.00000	-0.01490	-0.04054	-0.09537	-0.21888	-0.50000	0.50000	0.21888	0.09537	0.04054	0.01490	0.00000	
8.25	Q	-0.13338	-0.18141	-0.36007	-0.79803	-1.81065	-4.12716	-4.12716	-1.81065	-0.79803	-0.36007	-0.18141	-0.13338	8.25
	V	0.00000	-0.00125	-0.00234	-0.00301	-0.00266	-0.00000	0.00000	0.00266	0.00301	0.00234	0.00125	0.00000	
	V'	-0.01273	-0.01203	-0.00940	-0.00297	0.01191	0.04595	0.04595	0.01191	-0.00297	-0.00940	-0.01203	-0.01273	
	M	0.00000	-0.01364	-0.03775	-0.09080	-0.21351	-0.50000	0.50000	0.21351	0.09080	0.03775	0.01364	0.00000	
8.50	Q	-0.12127	-0.16778	-0.34299	-0.78130	-1.81891	-4.25173	-4.25173	-1.81891	-0.78130	-0.34299	-0.16778	-0.12127	8.50
	V	0.00000	-0.00120	-0.00225	-0.00290	-0.00258	-0.00000	0.00000	0.00258	0.00290	0.00225	0.00120	0.00000	
	V'	-0.01216	-0.01152	-0.00909	-0.00303	0.01133	0.04501	0.04501	0.01133	-0.00303	-0.00909	-0.01152	-0.01216	
	M	0.00000	-0.01248	-0.03513	-0.08644	-0.20827	-0.50000	0.50000	0.20827	0.08644	0.03513	0.01248	0.00000	
8.75	Q	-0.11016	-0.15510	-0.32655	-0.76437	-1.82572	-4.37639	-4.37639	-1.82572	-0.76437	-0.32655	-0.15510	-0.11016	8.75
	V	0.00000	-0.00114	-0.00215	-0.00279	-0.00250	-0.00000	0.00000	0.00250	0.00279	0.00215	0.00114	0.00000	
	V'	-0.01162	-0.01104	-0.00880	-0.00308	0.01078	0.04410	0.04410	0.01078	-0.00308	-0.00880	-0.01104	-0.01162	
	M	0.00000	-0.01140	-0.03269	-0.08229	-0.20316	-0.50000	0.50000	0.20316	0.08229	0.03269	0.01140	0.00000	
9.00	Q	-0.09999	-0.14330	-0.31073	-0.74730	-1.83116	-4.50111	-4.50111	-1.83116	-0.74730	-0.31073	-0.14330	-0.09999	9.00
	V	0.00000	-0.00109	-0.00207	-0.00269	-0.00243	-0.00000	0.00000	0.00243	0.00269	0.00207	0.00109	0.00000	
	V'	-0.01111	-0.01058	-0.00851	-0.00312	0.01026	0.04322	0.04322	0.01026	-0.00312	-0.00851	-0.01058	-0.01111	
	M	0.00000	-0.01042	-0.03041	-0.07832	-0.19816	-0.50000	0.50000	0.19816	0.07832	0.03041	0.01042	0.00000	
9.25	Q	-0.09069	-0.13234	-0.29552	-0.73012	-1.83526	-4.62589	-4.62589	-1.83526	-0.73012	-0.29552	-0.13234	-0.09069	9.25
	V	0.00000	-0.00105	-0.00198	-0.00259	-0.00236	0.00000	-0.00000	0.00236	0.00259	0.00198	0.00105	0.00000	
	V'	-0.01063	-0.01014	-0.00823	-0.00315	0.00976	0.04238	0.04238	0.00976	-0.00315	-0.00823	-0.01014	-0.01063	
	M	0.00000	-0.00951	-0.02828	-0.07454	-0.19329	-0.50000	0.50000	0.19329	0.07454	0.02828	0.00951	0.00000	
9.50	Q	-0.08220	-0.12216	-0.28093	-0.71288	-1.83808	-4.75071	-4.75071	-1.83808	-0.71288	-0.28093	-0.12216	-0.08220	9.50
	V	0.00000	-0.00100	-0.00190	-0.00250	-0.00229	-0.00000	0.00000	0.00229	0.00250	0.00190	0.00100	0.00000	
	V'	-0.01017	-0.00973	-0.00797	-0.00318	0.00929	0.04156	0.04156	0.00929	-0.00318	-0.00797	-0.00973	-0.01017	
	M	0.00000	-0.00868	-0.02629	-0.07094	-0.18853	-0.50000	0.50000	0.18853	0.07094	0.02629	0.00868	0.00000	
9.75	Q	-0.07445	-0.11273	-0.26693	-0.69562	-1.83967	-4.87557	-4.87557	-1.83967	-0.69562	-0.26693	-0.11273	-0.07445	9.75
	V	0.00000	-0.00096	-0.00183	-0.00241	-0.00222	-0.00000	0.00000	0.00222	0.00241	0.00183	0.00096	0.00000	
	V'	-0.00974	-0.00933	-0.00771	-0.00320	0.00883	0.04077	0.04077	0.00883	-0.00320	-0.00771	-0.00933	-0.00974	
BETA	X/L =	0.00	0.10	0.20	0.30	0.40	L 0.50	R 0.50	0.60	0.70	0.80	0.90	1.00	BETA

XM/L = 0.50

FUNKTIONEN : F.MIM - F.MIQ - F.MIV - F.MIV'

Z Ü G S T A E B E -197-

FUNKTIONEN : F.M;M - F.M;Q - F.M;V - F.M;V'

XM/L = 0.50

BETA	X/L =	0.00	0.10	0.20	0.30	0.40	L 0.50	R 0.50	0.60	0.70	0.80	0.90	1.00	BETA
10.00	M	0.00000	-0.00792	-0.02444	-0.06750	-0.18389	-0.50000	0.50000	0.18389	0.06750	0.02444	0.00792	0.00000	10.00
	Q	-0.06738	-0.10398	-0.25351	-0.67838	-1.84010	-5.00045	-5.00045	-1.84010	-0.67838	-0.25351	-0.10398	-0.06738	
	V	0.00000	-0.00092	-0.00176	-0.00232	-0.00216	-0.00000	0.00000	0.00216	0.00232	0.00176	0.00092	0.00000	
	V'	-0.00933	-0.00896	-0.00746	-0.00322	0.00840	0.04000	0.04000	0.00840	-0.00322	-0.00746	-0.00896	-0.00933	
10.25	M	0.00000	-0.00722	-0.02271	-0.06423	-0.17936	-0.50000	0.50000	0.17936	0.06423	0.02271	0.00722	0.00000	10.25
	Q	-0.06095	-0.09587	-0.24065	-0.66120	-1.83940	-5.12536	-5.12536	-1.83940	-0.66120	-0.24065	-0.09587	-0.06095	
	V	0.00000	-0.00088	-0.00169	-0.00224	-0.00210	-0.00000	0.00000	0.00210	0.00224	0.00169	0.00088	0.00000	
	V'	-0.00894	-0.00861	-0.00723	-0.00322	0.00799	0.03927	0.03927	0.00799	-0.00322	-0.00723	-0.00861	-0.00894	
10.50	M	0.00000	-0.00658	-0.02111	-0.06112	-0.17493	-0.50000	0.50000	0.17493	0.06112	0.02111	0.00658	0.00000	10.50
	Q	-0.05510	-0.08837	-0.22835	-0.64409	-1.83764	-5.25029	-5.25029	-1.83764	-0.64409	-0.22835	-0.08837	-0.05510	
	V	0.00000	-0.00085	-0.00162	-0.00217	-0.00204	0.00000	-0.00000	0.00204	0.00217	0.00162	0.00085	0.00000	
	V'	-0.00857	-0.00827	-0.00700	-0.00323	0.00760	0.03855	0.03855	0.00760	-0.00323	-0.00700	-0.00827	-0.00857	
10.75	M	0.00000	-0.00599	-0.01961	-0.05815	-0.17062	-0.50000	0.50000	0.17062	0.05815	0.01961	0.00599	0.00000	10.75
	Q	-0.04978	-0.08143	-0.21659	-0.62711	-1.83485	-5.37523	-5.37523	-1.83485	-0.62711	-0.21659	-0.08143	-0.04978	
	V	0.00000	-0.00081	-0.00156	-0.00209	-0.00198	-0.00000	0.00000	0.00198	0.00209	0.00156	0.00081	0.00000	
	V'	-0.00822	-0.00795	-0.00678	-0.00323	0.00722	0.03786	0.03786	0.00722	-0.00323	-0.00678	-0.00795	-0.00822	
11.00	M	0.00000	-0.00546	-0.01822	-0.05533	-0.16641	-0.50000	0.50000	0.16641	0.05533	0.01822	0.00546	0.00000	11.00
	Q	-0.04496	-0.07501	-0.20535	-0.61026	-1.83110	-5.50018	-5.50018	-1.83110	-0.61026	-0.20535	-0.07501	-0.04496	
	V	0.00000	-0.00078	-0.00150	-0.00202	-0.00193	0.00000	0.00000	0.00193	0.00202	0.00150	0.00078	0.00000	
	V'	-0.00789	-0.00764	-0.00657	-0.00322	0.00687	0.03719	0.03719	0.00687	-0.00322	-0.00657	-0.00764	-0.00789	
11.25	M	0.00000	-0.00497	-0.01692	-0.05264	-0.16231	-0.50000	0.50000	0.16231	0.05264	0.01692	0.00497	0.00000	11.25
	Q	-0.04057	-0.06908	-0.19462	-0.59357	-1.82642	-5.62515	-5.62515	-1.82642	-0.59357	-0.19462	-0.06908	-0.04057	
	V	0.00000	-0.00075	-0.00145	-0.00195	-0.00188	-0.00000	0.00000	0.00188	0.00195	0.00145	0.00075	0.00000	
	V'	-0.00758	-0.00736	-0.00636	-0.00321	0.00653	0.03654	0.03654	0.00653	-0.00321	-0.00636	-0.00736	-0.00758	
11.50	M	0.00000	-0.00452	-0.01571	-0.05008	-0.15830	-0.50000	0.50000	0.15830	0.05008	0.01571	0.00452	0.00000	11.50
	Q	-0.03660	-0.06359	-0.18437	-0.57708	-1.82086	-5.75012	-5.75012	-1.82086	-0.57708	-0.18437	-0.06359	-0.03660	
	V	0.00000	-0.00072	-0.00139	-0.00189	-0.00183	-0.00000	0.00000	0.00183	0.00189	0.00139	0.00072	0.00000	
	V'	-0.00728	-0.00708	-0.00617	-0.00320	0.00621	0.03592	0.03592	0.00621	-0.00320	-0.00617	-0.00708	-0.00728	
11.75	M	0.00000	-0.00411	-0.01459	-0.04764	-0.15440	-0.50000	0.50000	0.15440	0.04764	0.01459	0.00411	0.00000	11.75
	Q	-0.03300	-0.05853	-0.17460	-0.56078	-1.81448	-5.87509	-5.87509	-1.81448	-0.56078	-0.17460	-0.05853	-0.03300	
	V	0.00000	-0.00069	-0.00134	-0.00183	-0.00178	-0.00000	0.00000	0.00178	0.00183	0.00134	0.00069	0.00000	
	V'	-0.00700	-0.00682	-0.00598	-0.00318	0.00590	0.03531	0.03531	0.00590	-0.00318	-0.00598	-0.00682	-0.00700	
12.00	M	0.00000	-0.00374	-0.01355	-0.04533	-0.15059	-0.50000	0.50000	0.15059	0.04533	0.01355	0.00374	0.00000	12.00
	Q	-0.02975	-0.05386	-0.16529	-0.54472	-1.80730	-6.00007	-6.00007	-1.80730	-0.54472	-0.16529	-0.05386	-0.02975	
	V	0.00000	-0.00067	-0.00129	-0.00177	-0.00173	-0.00000	0.00000	0.00173	0.00177	0.00129	0.00067	0.00000	
	V'	-0.00674	-0.00657	-0.00580	-0.00316	0.00561	0.03472	0.03472	0.00561	-0.00316	-0.00580	-0.00657	-0.00674	
12.25	M	0.00000	-0.00340	-0.01258	-0.04312	-0.14687	-0.50000	0.50000	0.14687	0.04312	0.01258	0.00340	0.00000	12.25
	Q	-0.02680	-0.04955	-0.15642	-0.52889	-1.79937	-6.12506	-6.12506	-1.79937	-0.52889	-0.15642	-0.04955	-0.02680	
	V	0.00000	-0.00064	-0.00125	-0.00171	-0.00169	-0.00000	0.00000	0.00169	0.00171	0.00125	0.00064	0.00000	
	V'	-0.00649	-0.00633	-0.00562	-0.00314	0.00533	0.03415	0.03415	0.00533	-0.00314	-0.00562	-0.00633	-0.00649	
BETA	X/L =	0.00	0.10	0.20	0.30	0.40	L 0.50	R 0.50	0.60	0.70	0.80	0.90	1.00	BETA

XM/L = 0.50

FUNKTIONEN : F.M;M - F.M;Q - F.M;V - F.M;V'

Z U G S T A E B E -197-

FUNKTIONEN : F.MIM - F.MIQ - F.MIV - F.MIV'

XM/L = 0.50

BETA	X/L =	0.00	0.10	0.20	0.30	0.40	L 0.50	R 0.50	0.60	0.70	0.80	0.90	1.00	BETA
	M	0.00000	-0.00309	-0.01168	-0.04102	-0.14325	-0.50000	0.50000	0.14325	0.04102	0.01168	0.00309	0.00000	
12.50	Q	-0.02413	-0.04557	-0.14798	-0.51332	-1.79074	-6.25005	-6.25005	-1.79074	-0.51332	-0.14798	-0.04557	-0.02413	12.50
	V	0.00000	-0.00062	-0.00121	-0.00166	-0.00164	-0.00000	0.00000	0.00164	0.00166	0.00121	0.00062	0.00000	
	V'	-0.00625	-0.00611	-0.00545	-0.00311	0.00506	0.03360	0.03360	0.00506	-0.00311	-0.00545	-0.00611	-0.00625	
	M	0.00000	-0.00281	-0.01084	-0.03902	-0.13971	-0.50000	0.50000	0.13971	0.03902	0.01084	0.00281	0.00000	
12.75	Q	-0.02172	-0.04190	-0.13994	-0.49801	-1.78144	-6.37504	-6.37504	-1.78144	-0.49801	-0.13994	-0.04190	-0.02172	12.75
	V	0.00000	-0.00060	-0.00116	-0.00161	-0.00160	-0.00000	0.00000	0.00160	0.00161	0.00116	0.00060	0.00000	
	V'	-0.00602	-0.00589	-0.00529	-0.00309	0.00481	0.03306	0.03306	0.00481	-0.00309	-0.00529	-0.00589	-0.00602	
	M	0.00000	-0.00255	-0.01007	-0.03712	-0.13626	-0.50000	0.50000	0.13626	0.03712	0.01007	0.00255	0.00000	
13.00	Q	-0.01954	-0.03852	-0.13230	-0.48298	-1.77151	-6.50003	-6.50003	-1.77151	-0.48298	-0.13230	-0.03852	-0.01954	13.00
	V	0.00000	-0.00058	-0.00112	-0.00156	-0.00156	-0.00000	0.00000	0.00156	0.00156	0.00112	0.00058	0.00000	
	V'	-0.00580	-0.00569	-0.00513	-0.00306	0.00457	0.03254	0.03254	0.00457	-0.00306	-0.00513	-0.00569	-0.00580	
	M	0.00000	-0.00232	-0.00934	-0.03531	-0.13290	-0.50000	0.50000	0.13290	0.03531	0.00934	0.00232	0.00000	
13.25	Q	-0.01758	-0.03541	-0.12503	-0.46823	-1.76099	-6.62502	-6.62502	-1.76099	-0.46823	-0.12503	-0.03541	-0.01758	13.25
	V	0.00000	-0.00056	-0.00109	-0.00151	-0.00152	-0.00000	0.00000	0.00152	0.00151	0.00109	0.00056	0.00000	
	V'	-0.00560	-0.00549	-0.00498	-0.00303	0.00433	0.03204	0.03204	0.00433	-0.00303	-0.00498	-0.00549	-0.00560	
	M	0.00000	-0.00211	-0.00867	-0.03359	-0.12962	-0.50000	0.50000	0.12962	0.03359	0.00867	0.00211	0.00000	
13.50	Q	-0.01581	-0.03254	-0.11813	-0.45378	-1.74991	-6.75002	-6.75002	-1.74991	-0.45378	-0.11813	-0.03254	-0.01581	13.50
	V	0.00000	-0.00054	-0.00105	-0.00146	-0.00148	-0.00000	0.00000	0.00148	0.00146	0.00105	0.00054	0.00000	
	V'	-0.00540	-0.00531	-0.00484	-0.00300	0.00411	0.03155	0.03155	0.00411	-0.00300	-0.00484	-0.00531	-0.00540	
	M	0.00000	-0.00191	-0.00805	-0.03196	-0.12642	-0.50000	0.50000	0.12642	0.03196	0.00805	0.00191	0.00000	
13.75	Q	-0.01421	-0.02989	-0.11158	-0.43962	-1.73830	-6.87501	-6.87501	-1.73830	-0.43962	-0.11158	-0.02989	-0.01421	13.75
	V	0.00000	-0.00052	-0.00102	-0.00142	-0.00145	-0.00000	0.00000	0.00145	0.00142	0.00102	0.00052	0.00000	
	V'	-0.00521	-0.00513	-0.00470	-0.00296	0.00391	0.03107	0.03107	0.00391	-0.00296	-0.00470	-0.00513	-0.00521	
	M	0.00000	-0.00174	-0.00747	-0.03040	-0.12330	-0.50000	0.50000	0.12330	0.03040	0.00747	0.00174	0.00000	
14.00	Q	-0.01277	-0.02746	-0.10536	-0.42577	-1.72620	-7.00001	-7.00001	-1.72620	-0.42577	-0.10536	-0.02746	-0.01277	14.00
	V	0.00000	-0.00050	-0.00098	-0.00138	-0.00141	-0.00000	0.00000	0.00141	0.00138	0.00098	0.00050	0.00000	
	V'	-0.00504	-0.00496	-0.00456	-0.00293	0.00371	0.03061	0.03061	0.00371	-0.00293	-0.00456	-0.00496	-0.00504	
	M	0.00000	-0.00158	-0.00693	-0.02892	-0.12025	-0.50000	0.50000	0.12025	0.02892	0.00693	0.00158	0.00000	
14.25	Q	-0.01147	-0.02522	-0.09946	-0.41222	-1.71364	-7.12501	-7.12501	-1.71364	-0.41222	-0.09946	-0.02522	-0.01147	14.25
	V	0.00000	-0.00048	-0.00095	-0.00133	-0.00138	-0.00000	0.00000	0.00138	0.00133	0.00095	0.00048	0.00000	
	V'	-0.00487	-0.00480	-0.00443	-0.00289	0.00351	0.03016	0.03016	0.00351	-0.00289	-0.00443	-0.00480	-0.00487	
	M	0.00000	-0.00143	-0.00643	-0.02751	-0.11728	-0.50000	0.50000	0.11728	0.02751	0.00643	0.00143	0.00000	
14.50	Q	-0.01030	-0.02316	-0.09386	-0.39899	-1.70065	-7.25001	-7.25001	-1.70065	-0.39899	-0.09386	-0.02316	-0.01030	14.50
	V	0.00000	-0.00047	-0.00092	-0.00130	-0.00134	-0.00000	0.00000	0.00134	0.00130	0.00092	0.00047	0.00000	
	V'	-0.00471	-0.00465	-0.00431	-0.00286	0.00333	0.02973	0.02973	0.00333	-0.00286	-0.00431	-0.00465	-0.00471	
	M	0.00000	-0.00130	-0.00597	-0.02617	-0.11439	-0.50000	0.50000	0.11439	0.02617	0.00597	0.00130	0.00000	
14.75	Q	-0.00924	-0.02126	-0.08855	-0.38606	-1.68726	-7.37501	-7.37501	-1.68726	-0.38606	-0.08855	-0.02126	-0.00924	14.75
	V	0.00000	-0.00045	-0.00089	-0.00126	-0.00131	-0.00000	0.00000	0.00131	0.00126	0.00089	0.00045	0.00000	
	V'	-0.00455	-0.00450	-0.00419	-0.00282	0.00316	0.02930	0.02930	0.00316	-0.00282	-0.00419	-0.00450	-0.00455	
BETA	X/L =	0.00	0.10	0.20	0.30	0.40	L 0.50	R 0.50	0.60	0.70	0.80	0.90	1.00	BETA

XM/L = 0.50

FUNKTIONEN : F.MIM - F.MIQ - F.MIV - F.MIV'

FUNKTIONEN : F.MIM - F.MIQ - F.MIV - F.MIV'

XM/L = 0.50

BETA	X/L =	0.00	0.10	0.20	0.30	0.40	L 0.50	R 0.50	0.60	0.70	0.80	0.90	1.00	BETA
	M	0.00000	-0.00118	-0.00554	-0.02489	-0.11156	-0.50000	0.50000	0.11156	0.02489	0.00554	0.00118	0.00000	
15.00	Q	-0.00830	-0.01952	-0.08352	-0.37345	-1.67349	-7.50000	-7.50000	-1.67349	-0.37345	-0.08352	-0.01952	-0.00830	15.00
	V	0.00000	-0.00044	-0.00086	-0.00122	-0.00128	-0.00000	0.00000	0.00128	0.00122	0.00086	0.00044	0.00000	
	V'	-0.00441	-0.00436	-0.00407	-0.00278	0.00299	0.02889	0.02889	0.00299	-0.00278	-0.00407	-0.00436	-0.00441	
	M	0.00000	-0.00107	-0.00514	-0.02368	-0.10881	-0.50000	0.50000	0.10881	0.02368	0.00514	0.00107	0.00000	
15.25	Q	-0.00744	-0.01791	-0.07876	-0.36115	-1.65937	-7.62500	-7.62500	-1.65937	-0.36115	-0.07876	-0.01791	-0.00744	15.25
	V	0.00000	-0.00043	-0.00084	-0.00119	-0.00125	-0.00000	0.00000	0.00125	0.00119	0.00084	0.00043	0.00000	
	V'	-0.00427	-0.00422	-0.00396	-0.00275	0.00284	0.02849	0.02849	0.00284	-0.00275	-0.00396	-0.00422	-0.00427	
	M	0.00000	-0.00097	-0.00477	-0.02252	-0.10612	-0.50000	0.50000	0.10612	0.02252	0.00477	0.00097	0.00000	
15.50	Q	-0.00668	-0.01644	-0.07425	-0.34916	-1.64493	-7.75000	-7.75000	-1.64493	-0.34916	-0.07425	-0.01644	-0.00668	15.50
	V	0.00000	-0.00041	-0.00081	-0.00115	-0.00122	-0.00000	0.00000	0.00122	0.00115	0.00081	0.00041	0.00000	
	V'	-0.00413	-0.00409	-0.00385	-0.00271	0.00268	0.02810	0.02810	0.00268	-0.00271	-0.00385	-0.00409	-0.00413	
	M	0.00000	-0.00088	-0.00443	-0.02142	-0.10350	-0.50000	0.50000	0.10350	0.02142	0.00443	0.00088	0.00000	
15.75	Q	-0.00599	-0.01508	-0.06999	-0.33749	-1.63019	-7.87500	-7.87500	-1.63019	-0.33749	-0.06999	-0.01508	-0.00599	15.75
	V	0.00000	-0.00040	-0.00079	-0.00112	-0.00120	-0.00000	0.00000	0.00120	0.00112	0.00079	0.00040	0.00000	
	V'	-0.00401	-0.00397	-0.00375	-0.00267	0.00254	0.02771	0.02771	0.00254	-0.00267	-0.00375	-0.00397	-0.00401	
	M	0.00000	-0.00080	-0.00411	-0.02038	-0.10095	-0.50000	0.50000	0.10095	0.02038	0.00411	0.00080	0.00000	
16.00	Q	-0.00537	-0.01383	-0.06595	-0.32612	-1.61518	-8.00000	-8.00000	-1.61518	-0.32612	-0.06595	-0.01383	-0.00537	16.00
	V	0.00000	-0.00039	-0.00077	-0.00109	-0.00117	-0.00000	0.00000	0.00117	0.00109	0.00077	0.00039	0.00000	
	V'	-0.00389	-0.00385	-0.00365	-0.00263	0.00240	0.02734	0.02734	0.00240	-0.00263	-0.00365	-0.00385	-0.00389	
	M	0.00000	-0.00072	-0.00381	-0.01939	-0.09846	-0.50000	0.50000	0.09846	0.01939	0.00381	0.00072	0.00000	
16.25	Q	-0.00481	-0.01269	-0.06213	-0.31506	-1.59991	-8.12500	-8.12500	-1.59991	-0.31506	-0.06213	-0.01269	-0.00481	16.25
	V	0.00000	-0.00038	-0.00074	-0.00106	-0.00114	-0.00000	0.00000	0.00114	0.00106	0.00074	0.00038	0.00000	
	V'	-0.00377	-0.00374	-0.00355	-0.00259	0.00227	0.02698	0.02698	0.00227	-0.00259	-0.00355	-0.00374	-0.00377	
	M	0.00000	-0.00066	-0.00354	-0.01844	-0.09602	-0.50000	0.50000	0.09602	0.01844	0.00354	0.00066	0.00000	
16.50	Q	-0.00431	-0.01164	-0.05852	-0.30430	-1.58441	-8.25000	-8.25000	-1.58441	-0.30430	-0.05852	-0.01164	-0.00431	16.50
	V	0.00000	-0.00036	-0.00072	-0.00103	-0.00112	-0.00000	0.00000	0.00112	0.00103	0.00072	0.00036	0.00000	
	V'	-0.00366	-0.00363	-0.00346	-0.00256	0.00215	0.02663	0.02663	0.00215	-0.00256	-0.00346	-0.00363	-0.00366	
	M	0.00000	-0.00059	-0.00328	-0.01754	-0.09365	-0.50000	0.50000	0.09365	0.01754	0.00328	0.00059	0.00000	
16.75	Q	-0.00386	-0.01067	-0.05510	-0.29384	-1.56871	-8.37500	-8.37500	-1.56871	-0.29384	-0.05510	-0.01067	-0.00386	16.75
	V	0.00000	-0.00035	-0.00070	-0.00101	-0.00109	-0.00000	0.00000	0.00109	0.00101	0.00070	0.00035	0.00000	
	V'	-0.00355	-0.00353	-0.00337	-0.00252	0.00203	0.02629	0.02629	0.00203	-0.00252	-0.00337	-0.00353	-0.00355	
	M	0.00000	-0.00054	-0.00304	-0.01669	-0.09134	-0.50000	0.50000	0.09134	0.01669	0.00304	0.00054	0.00000	
17.00	Q	-0.00346	-0.00978	-0.05188	-0.28368	-1.55281	-8.50000	-8.50000	-1.55281	-0.28368	-0.05188	-0.00978	-0.00346	17.00
	V	0.00000	-0.00034	-0.00068	-0.00098	-0.00107	-0.00000	0.00000	0.00107	0.00098	0.00068	0.00034	0.00000	
	V'	-0.00345	-0.00343	-0.00328	-0.00248	0.00191	0.02595	0.02595	0.00191	-0.00248	-0.00328	-0.00343	-0.00345	
	M	0.00000	-0.00049	-0.00283	-0.01587	-0.08909	-0.50000	0.50000	0.08909	0.01587	0.00283	0.00049	0.00000	
17.25	Q	-0.00310	-0.00897	-0.04883	-0.27381	-1.53674	-8.62500	-8.62500	-1.53674	-0.27381	-0.04883	-0.00897	-0.00310	17.25
	V	0.00000	-0.00033	-0.00066	-0.00095	-0.00104	-0.00000	0.00000	0.00104	0.00095	0.00066	0.00033	0.00000	
	V'	-0.00335	-0.00333	-0.00320	-0.00244	0.00180	0.02562	0.02562	0.00180	-0.00244	-0.00320	-0.00333	-0.00335	
BETA	X/L =	0.00	0.10	0.20	0.30	0.40	L 0.50	R 0.50	0.60	0.70	0.80	0.90	1.00	BETA

XM/L = 0.50

FUNKTIONEN : F.MIM - F.MIQ - F.MIV - F.MIV'

Z U G S T A E B E -199-

FUNKTIONEN : F.MIM - F.MIQ - F.MIV - F.MIV'

XM/L = 0.50

BETA	X/L =	0.00	0.10	0.20	0.30	0.40	L 0.50	R 0.50	0.60	0.70	0.80	0.90	1.00	BETA
	M	0.00000	-0.00044	-0.00262	-0.01510	-0.08689	-0.50000	0.50000	0.08689	0.01510	0.00262	0.00044	0.00000	
17.50	Q	-0.00277	-0.00822	-0.04596	-0.26423	-1.52052	-8.75000	-8.75000	-1.52052	-0.26423	-0.04596	-0.00822	-0.00277	17.50
	V	0.00000	-0.00033	-0.00064	-0.00093	-0.00102	-0.00000	0.00000	0.00102	0.00093	0.00064	0.00033	0.00000	
	V'	-0.00326	-0.00324	-0.00312	-0.00240	0.00170	0.02531	0.02531	0.00170	-0.00240	-0.00312	-0.00324	-0.00326	
	M	0.00000	-0.00040	-0.00243	-0.01436	-0.08474	-0.50000	0.50000	0.08474	0.01436	0.00243	0.00040	0.00000	
17.75	Q	-0.00248	-0.00753	-0.04324	-0.25494	-1.50417	-8.87500	-8.87500	-1.50417	-0.25494	-0.04324	-0.00753	-0.00248	17.75
	V	0.00000	-0.00032	-0.00063	-0.00091	-0.00100	-0.00000	0.00000	0.00100	0.00091	0.00063	0.00032	0.00000	
	V'	-0.00317	-0.00315	-0.00304	-0.00236	0.00160	0.02500	0.02500	0.00160	-0.00236	-0.00304	-0.00315	-0.00317	
	M	0.00000	-0.00036	-0.00226	-0.01366	-0.08265	-0.50000	0.50000	0.08265	0.01366	0.00226	0.00036	0.00000	
18.00	Q	-0.00222	-0.00690	-0.04068	-0.24592	-1.48769	-9.00000	-9.00000	-1.48769	-0.24592	-0.04068	-0.00690	-0.00222	18.00
	V	0.00000	-0.00031	-0.00061	-0.00088	-0.00098	-0.00000	0.00000	0.00098	0.00088	0.00061	0.00031	0.00000	
	V'	-0.00308	-0.00307	-0.00296	-0.00233	0.00151	0.02469	0.02469	0.00151	-0.00233	-0.00296	-0.00307	-0.00308	
	M	0.00000	-0.00033	-0.00209	-0.01300	-0.08061	-0.50000	0.50000	0.08061	0.01300	0.00209	0.00033	0.00000	
18.25	Q	-0.00199	-0.00632	-0.03826	-0.23717	-1.47111	-9.12500	-9.12500	-1.47111	-0.23717	-0.03826	-0.00632	-0.00199	18.25
	V	0.00000	-0.00030	-0.00059	-0.00086	-0.00096	0.00000	0.00000	0.00096	0.00086	0.00059	0.00030	0.00000	
	V'	-0.00300	-0.00298	-0.00289	-0.00229	0.00141	0.02439	0.02439	0.00141	-0.00229	-0.00289	-0.00298	-0.00300	
	M	0.00000	-0.00030	-0.00194	-0.01236	-0.07862	-0.50000	0.50000	0.07862	0.01236	0.00194	0.00030	0.00000	
18.50	Q	-0.00178	-0.00579	-0.03598	-0.22870	-1.45444	-9.25000	-9.25000	-1.45444	-0.22870	-0.03598	-0.00579	-0.00178	18.50
	V	0.00000	-0.00029	-0.00058	-0.00084	-0.00094	0.00000	0.00000	0.00094	0.00084	0.00058	0.00029	0.00000	
	V'	-0.00292	-0.00290	-0.00282	-0.00225	0.00133	0.02411	0.02411	0.00133	-0.00225	-0.00282	-0.00290	-0.00292	
	M	0.00000	-0.00027	-0.00180	-0.01176	-0.07668	-0.50000	0.50000	0.07668	0.01176	0.00180	0.00027	0.00000	
18.75	Q	-0.00159	-0.00531	-0.03383	-0.22048	-1.43770	-9.37500	-9.37500	-1.43770	-0.22048	-0.03383	-0.00531	-0.00159	18.75
	V	0.00000	-0.00028	-0.00056	-0.00082	-0.00092	0.00000	0.00000	0.00092	0.00082	0.00056	0.00028	0.00000	
	V'	-0.00284	-0.00283	-0.00275	-0.00222	0.00125	0.02382	0.02382	0.00125	-0.00222	-0.00275	-0.00283	-0.00284	
	M	0.00000	-0.00024	-0.00167	-0.01119	-0.07478	-0.50000	0.50000	0.07478	0.01119	0.00167	0.00024	0.00000	
19.00	Q	-0.00142	-0.00486	-0.03180	-0.21252	-1.42090	-9.50000	-9.50000	-1.42090	-0.21252	-0.03180	-0.00486	-0.00142	19.00
	V	0.00000	-0.00028	-0.00055	-0.00080	-0.00090	0.00000	0.00000	0.00090	0.00080	0.00055	0.00028	0.00000	
	V'	-0.00277	-0.00276	-0.00268	-0.00218	0.00117	0.02355	0.02355	0.00117	-0.00218	-0.00268	-0.00276	-0.00277	
	M	0.00000	-0.00022	-0.00155	-0.01064	-0.07294	-0.50000	0.50000	0.07294	0.01064	0.00155	0.00022	0.00000	
19.25	Q	-0.00127	-0.00445	-0.02989	-0.20482	-1.40405	-9.62500	-9.62500	-1.40405	-0.20482	-0.02989	-0.00445	-0.00127	19.25
	V	0.00000	-0.00027	-0.00054	-0.00078	-0.00088	0.00000	0.00000	0.00088	0.00078	0.00054	0.00027	0.00000	
	V'	-0.00270	-0.00269	-0.00262	-0.00215	0.00109	0.02328	0.02328	0.00109	-0.00215	-0.00262	-0.00269	-0.00270	
	M	0.00000	-0.00020	-0.00144	-0.01012	-0.07114	-0.50000	0.50000	0.07114	0.01012	0.00144	0.00020	0.00000	
19.50	Q	-0.00114	-0.00408	-0.02809	-0.19736	-1.38717	-9.75000	-9.75000	-1.38717	-0.19736	-0.02809	-0.00408	-0.00114	19.50
	V	0.00000	-0.00026	-0.00052	-0.00076	-0.00086	0.00000	0.00000	0.00086	0.00076	0.00052	0.00026	0.00000	
	V'	-0.00263	-0.00262	-0.00256	-0.00211	0.00102	0.02301	0.02301	0.00102	-0.00211	-0.00256	-0.00262	-0.00263	
	M	0.00000	-0.00018	-0.00134	-0.00963	-0.06938	-0.50000	0.50000	0.06938	0.00963	0.00134	0.00018	0.00000	
19.75	Q	-0.00102	-0.00373	-0.02639	-0.19014	-1.37027	-9.87500	-9.87500	-1.37027	-0.19014	-0.02639	-0.00373	-0.00102	19.75
	V	0.00000	-0.00026	-0.00051	-0.00074	-0.00085	0.00000	0.00000	0.00085	0.00074	0.00051	0.00026	0.00000	
	V'	-0.00256	-0.00255	-0.00250	-0.00208	0.00095	0.02275	0.02275	0.00095	-0.00208	-0.00250	-0.00255	-0.00256	
BETA	X/L =	0.00	0.10	0.20	0.30	0.40	L 0.50	R 0.50	0.60	0.70	0.80	0.90	1.00	BETA

XM/L = 0.50

FUNKTIONEN : F.MIM - F.MIQ - F.MIV - F.MIV'

FUNKTIONEN : F.MIM - F.MIQ - F.MIV - F.MIV'

XM/L = 0.50

BETA	X/L =	0.00	0.10	0.20	0.30	0.40	L 0.50	R 0.50	0.60	0.70	0.80	0.90	1.00	BETA
20.00	M	0.00000	-0.00016	-0.00124	-0.00916	-0.06767	-0.50000	0.50000	0.06767	0.00916	0.00124	0.00016	0.00000	20.00
	Q	-0.00091	-0.00342	-0.02480	-0.18316	-1.35335	-10.00000	-10.00000	-1.35335	-0.18316	-0.02480	-0.00342	-0.00091	
	V	0.00000	-0.00025	-0.00050	-0.00073	-0.00083	0.00000	0.00000	0.00083	0.00073	0.00050	0.00025	0.00000	
	V'	-0.00250	-0.00249	-0.00244	-0.00204	0.00088	0.02250	0.02250	0.00088	-0.00204	-0.00244	-0.00249	-0.00250	
20.25	M	0.00000	-0.00015	-0.00115	-0.00871	-0.06600	-0.50000	0.50000	0.06600	0.00871	0.00115	0.00015	0.00000	20.25
	Q	-0.00081	-0.00313	-0.02329	-0.17640	-1.33644	-10.12500	-10.12500	-1.33644	-0.17640	-0.02329	-0.00313	-0.00081	
	V	0.00000	-0.00024	-0.00048	-0.00071	-0.00081	0.00000	0.00000	0.00081	0.00071	0.00048	0.00024	0.00000	
	V'	-0.00244	-0.00243	-0.00238	-0.00201	0.00082	0.02225	0.02225	0.00082	-0.00201	-0.00238	-0.00243	-0.00244	
20.50	M	0.00000	-0.00014	-0.00107	-0.00829	-0.06437	-0.50000	0.50000	0.06437	0.00829	0.00107	0.00014	0.00000	20.50
	Q	-0.00072	-0.00286	-0.02187	-0.16987	-1.31953	-10.25000	-10.25000	-1.31953	-0.16987	-0.02187	-0.00286	-0.00072	
	V	0.00000	-0.00024	-0.00047	-0.00069	-0.00080	0.00000	0.00000	0.00080	0.00069	0.00047	0.00024	0.00000	
	V'	-0.00238	-0.00237	-0.00233	-0.00198	0.00076	0.02201	0.02201	0.00076	-0.00198	-0.00233	-0.00237	-0.00238	
20.75	M	0.00000	-0.00012	-0.00099	-0.00788	-0.06278	-0.50000	0.50000	0.06278	0.00788	0.00099	0.00012	0.00000	20.75
	Q	-0.00065	-0.00262	-0.02054	-0.16356	-1.30265	-10.37500	-10.37500	-1.30265	-0.16356	-0.02054	-0.00262	-0.00065	
	V	0.00000	-0.00023	-0.00046	-0.00068	-0.00078	0.00000	0.00000	0.00078	0.00068	0.00046	0.00023	0.00000	
	V'	-0.00232	-0.00232	-0.00227	-0.00194	0.00070	0.02177	0.02177	0.00070	-0.00194	-0.00227	-0.00232	-0.00232	
21.00	M	0.00000	-0.00011	-0.00092	-0.00750	-0.06123	-0.50000	0.50000	0.06123	0.00750	0.00092	0.00011	0.00000	21.00
	Q	-0.00058	-0.00240	-0.01929	-0.15745	-1.28579	-10.50000	-10.50000	-1.28579	-0.15745	-0.01929	-0.00240	-0.00058	
	V	0.00000	-0.00023	-0.00045	-0.00066	-0.00077	0.00000	0.00000	0.00077	0.00066	0.00045	0.00023	0.00000	
	V'	-0.00227	-0.00226	-0.00222	-0.00191	0.00065	0.02154	0.02154	0.00065	-0.00191	-0.00222	-0.00226	-0.00227	
21.25	M	0.00000	-0.00010	-0.00085	-0.00713	-0.05972	-0.50000	0.50000	0.05972	0.00713	0.00085	0.00010	0.00000	21.25
	Q	-0.00052	-0.00219	-0.01810	-0.15156	-1.26898	-10.62500	-10.62500	-1.26898	-0.15156	-0.01810	-0.00219	-0.00052	
	V	0.00000	-0.00022	-0.00044	-0.00065	-0.00075	0.00000	0.00000	0.00075	0.00065	0.00044	0.00022	0.00000	
	V'	-0.00221	-0.00221	-0.00217	-0.00188	0.00060	0.02131	0.02131	0.00060	-0.00188	-0.00217	-0.00221	-0.00221	
21.50	M	0.00000	-0.00009	-0.00079	-0.00678	-0.05824	-0.50000	0.50000	0.05824	0.00678	0.00079	0.00009	0.00000	21.50
	Q	-0.00046	-0.00201	-0.01699	-0.14586	-1.25220	-10.75000	-10.75000	-1.25220	-0.14586	-0.01699	-0.00201	-0.00046	
	V	0.00000	-0.00022	-0.00043	-0.00063	-0.00074	0.00000	0.00000	0.00074	0.00063	0.00043	0.00022	0.00000	
	V'	-0.00216	-0.00216	-0.00213	-0.00185	0.00055	0.02109	0.02109	0.00055	-0.00185	-0.00213	-0.00216	-0.00216	
21.75	M	0.00000	-0.00008	-0.00073	-0.00645	-0.05680	-0.50000	0.50000	0.05680	0.00645	0.00073	0.00008	0.00000	21.75
	Q	-0.00041	-0.00184	-0.01595	-0.14036	-1.23549	-10.87500	-10.87500	-1.23549	-0.14036	-0.01595	-0.00184	-0.00041	
	V	0.00000	-0.00021	-0.00042	-0.00062	-0.00073	0.00000	0.00000	0.00073	0.00062	0.00042	0.00021	0.00000	
	V'	-0.00211	-0.00211	-0.00208	-0.00182	0.00050	0.02087	0.02087	0.00050	-0.00182	-0.00208	-0.00211	-0.00211	
22.00	M	0.00000	-0.00007	-0.00068	-0.00614	-0.05540	-0.50000	0.50000	0.05540	0.00614	0.00068	0.00007	0.00000	22.00
	Q	-0.00037	-0.00168	-0.01497	-0.13505	-1.21883	-11.00000	-11.00000	-1.21883	-0.13505	-0.01497	-0.00168	-0.00037	
	V	0.00000	-0.00021	-0.00041	-0.00061	-0.00071	0.00000	0.00000	0.00071	0.00061	0.00041	0.00021	0.00000	
	V'	-0.00207	-0.00206	-0.00204	-0.00179	0.00045	0.02066	0.02066	0.00045	-0.00179	-0.00204	-0.00206	-0.00207	
22.25	M	0.00000	-0.00007	-0.00063	-0.00584	-0.05403	-0.50000	0.50000	0.05403	0.00584	0.00063	0.00007	0.00000	22.25
	Q	-0.00033	-0.00154	-0.01404	-0.12992	-1.20225	-11.12500	-11.12500	-1.20225	-0.12992	-0.01404	-0.00154	-0.00033	
	V	0.00000	-0.00020	-0.00040	-0.00059	-0.00070	0.00000	0.00000	0.00070	0.00059	0.00040	0.00020	0.00000	
	V'	-0.00202	-0.00202	-0.00199	-0.00176	0.00041	0.02045	0.02045	0.00041	-0.00176	-0.00199	-0.00202	-0.00202	
BETA	X/L =	0.00	0.10	0.20	0.30	0.40	L 0.50	R 0.50	0.60	0.70	0.80	0.90	1.00	BETA

XM/L = 0.50

FUNKTIONEN : F.MIM - F.MIQ - F.MIV - F.MIV'

FUNKTIONEN : F.M;M - F.M;Q - F.M;V - F.M;V'

XM/L = 0.50

BETA	X/L =	0.00	0.10	0.20	0.30	0.40	L 0.50	R 0.50	0.60	0.70	0.80	0.90	1.00	BETA
	M	0.00000	-0.00006	-0.00059	-0.00555	-0.05270	-0.50000	0.50000	0.05270	0.00555	0.00059	0.00006	0.00000	
22.50	Q	-0.00029	-0.00140	-0.01317	-0.12498	-1.18574	-11.25000	-11.25000	-1.18574	-0.12498	-0.01317	-0.00140	-0.00029	22.50
	V	0.00000	-0.00020	-0.00039	-0.00058	-0.00069	0.00000	0.00000	0.00069	0.00058	0.00039	0.00020	0.00000	
	V'	-0.00197	-0.00197	-0.00195	-0.00173	0.00037	0.02025	0.02025	0.00037	-0.00173	-0.00195	-0.00197	-0.00197	
	M	0.00000	-0.00006	-0.00054	-0.00528	-0.05140	-0.50000	0.50000	0.05140	0.00528	0.00054	0.00006	0.00000	
22.75	Q	-0.00026	-0.00128	-0.01236	-0.12020	-1.16931	-11.37500	-11.37500	-1.16931	-0.12020	-0.01236	-0.00128	-0.00026	22.75
	V	0.00000	-0.00019	-0.00039	-0.00057	-0.00067	0.00000	0.00000	0.00067	0.00057	0.00039	0.00019	0.00000	
	V'	-0.00193	-0.00193	-0.00191	-0.00170	0.00033	0.02005	0.02005	0.00033	-0.00170	-0.00191	-0.00193	-0.00193	
	M	0.00000	-0.00005	-0.00050	-0.00503	-0.05013	-0.50000	0.50000	0.05013	0.00503	0.00050	0.00005	0.00000	
23.00	Q	-0.00023	-0.00117	-0.01159	-0.11560	-1.15298	-11.50000	-11.50000	-1.15298	-0.11560	-0.01159	-0.00117	-0.00023	23.00
	V	0.00000	-0.00019	-0.00038	-0.00056	-0.00066	0.00000	0.00000	0.00066	0.00056	0.00038	0.00019	0.00000	
	V'	-0.00189	-0.00189	-0.00187	-0.00167	0.00029	0.01985	0.01985	0.00029	-0.00167	-0.00187	-0.00189	-0.00189	
	M	0.00000	-0.00005	-0.00047	-0.00478	-0.04889	-0.50000	0.50000	0.04889	0.00478	0.00047	0.00005	0.00000	
23.25	Q	-0.00021	-0.00107	-0.01087	-0.11115	-1.13673	-11.62500	-11.62500	-1.13673	-0.11115	-0.01087	-0.00107	-0.00021	23.25
	V	0.00000	-0.00018	-0.00037	-0.00055	-0.00065	0.00000	0.00000	0.00065	0.00055	0.00037	0.00018	0.00000	
	V'	-0.00185	-0.00185	-0.00183	-0.00164	0.00025	0.01966	0.01966	0.00025	-0.00164	-0.00183	-0.00185	-0.00185	
	M	0.00000	-0.00004	-0.00043	-0.00455	-0.04768	-0.50000	0.50000	0.04768	0.00455	0.00043	0.00004	0.00000	
23.50	Q	-0.00019	-0.00098	-0.01019	-0.10687	-1.12059	-11.75000	-11.75000	-1.12059	-0.10687	-0.01019	-0.00098	-0.00019	23.50
	V	0.00000	-0.00018	-0.00036	-0.00053	-0.00064	0.00000	0.00000	0.00064	0.00053	0.00036	0.00018	0.00000	
	V'	-0.00181	-0.00181	-0.00179	-0.00162	0.00022	0.01947	0.01947	0.00022	-0.00162	-0.00179	-0.00181	-0.00181	
	M	0.00000	-0.00004	-0.00040	-0.00433	-0.04651	-0.50000	0.50000	0.04651	0.00433	0.00040	0.00004	0.00000	
23.75	Q	-0.00017	-0.00090	-0.00956	-0.10274	-1.10455	-11.87500	-11.87500	-1.10455	-0.10274	-0.00956	-0.00090	-0.00017	23.75
	V	0.00000	-0.00018	-0.00035	-0.00052	-0.00063	0.00000	0.00000	0.00063	0.00052	0.00035	0.00018	0.00000	
	V'	-0.00177	-0.00177	-0.00176	-0.00159	0.00019	0.01928	0.01928	0.00019	-0.00159	-0.00176	-0.00177	-0.00177	
	M	0.00000	-0.00003	-0.00037	-0.00411	-0.04536	-0.50000	0.50000	0.04536	0.00411	0.00037	0.00003	0.00000	
24.00	Q	-0.00015	-0.00082	-0.00896	-0.09876	-1.08862	-12.00000	-12.00000	-1.08862	-0.09876	-0.00896	-0.00082	-0.00015	24.00
	V	0.00000	-0.00017	-0.00035	-0.00051	-0.00062	0.00000	0.00000	0.00062	0.00051	0.00035	0.00017	0.00000	
	V'	-0.00174	-0.00173	-0.00172	-0.00156	0.00015	0.01910	0.01910	0.00015	-0.00156	-0.00172	-0.00173	-0.00174	
	M	0.00000	-0.00003	-0.00035	-0.00391	-0.04424	-0.50000	0.50000	0.04424	0.00391	0.00035	0.00003	0.00000	
24.25	Q	-0.00013	-0.00075	-0.00840	-0.09492	-1.07280	-12.12500	-12.12500	-1.07280	-0.09492	-0.00840	-0.00075	-0.00013	24.25
	V	0.00000	-0.00017	-0.00034	-0.00050	-0.00060	0.00000	0.00000	0.00060	0.00050	0.00034	0.00017	0.00000	
	V'	-0.00170	-0.00170	-0.00169	-0.00154	0.00012	0.01892	0.01892	0.00012	-0.00154	-0.00169	-0.00170	-0.00170	
	M	0.00000	-0.00003	-0.00032	-0.00372	-0.04315	-0.50000	0.50000	0.04315	0.00372	0.00032	0.00003	0.00000	
24.50	Q	-0.00012	-0.00068	-0.00787	-0.09122	-1.05710	-12.25000	-12.25000	-1.05710	-0.09122	-0.00787	-0.00068	-0.00012	24.50
	V	0.00000	-0.00017	-0.00033	-0.00049	-0.00059	0.00000	0.00000	0.00059	0.00049	0.00033	0.00017	0.00000	
	V'	-0.00167	-0.00166	-0.00165	-0.00151	0.00010	0.01874	0.01874	0.00010	-0.00151	-0.00165	-0.00166	-0.00167	
	M	0.00000	-0.00002	-0.00030	-0.00354	-0.04208	-0.50000	0.50000	0.04208	0.00354	0.00030	0.00002	0.00000	
24.75	Q	-0.00010	-0.00063	-0.00738	-0.08766	-1.04152	-12.37500	-12.37500	-1.04152	-0.08766	-0.00738	-0.00063	-0.00010	24.75
	V	0.00000	-0.00016	-0.00033	-0.00048	-0.00058	0.00000	0.00000	0.00058	0.00048	0.00033	0.00016	0.00000	
	V'	-0.00163	-0.00163	-0.00162	-0.00149	0.00007	0.01857	0.01857	0.00007	-0.00149	-0.00162	-0.00163	-0.00163	
BETA	X/L =	0.00	0.10	0.20	0.30	0.40	L 0.50	R 0.50	0.60	0.70	0.80	0.90	1.00	BETA

XM/L = 0.50

FUNKTIONEN : F.M;M - F.M;Q - F.M;V - F.M;V'

FUNKTIONEN : F.M;M - F.M;Q - F.M;V - F.M;V'

XM/L = 0.50

BETA	X/L =	0.00	0.10	0.20	0.30	0.40	L 0.50	R 0.50	0.60	0.70	0.80	0.90	1.00	BETA
	M	0.00000	-0.00002	-0.00028	-0.00337	-0.04104	-0.50000	0.50000	0.04104	0.00337	0.00028	0.00002	0.00000	
25.00	Q	-0.00009	-0.00057	-0.00691	-0.08422	-1.02606	-12.50000	-12.50000	-1.02606	-0.08422	-0.00691	-0.00057	-0.00009	25.00
	V	0.00000	-0.00016	-0.00032	-0.00047	-0.00057	0.00000	0.00000	0.00057	0.00047	0.00032	0.00016	0.00000	
	V'	-0.00160	-0.00160	-0.00159	-0.00147	0.00004	0.01840	0.01840	0.00004	-0.00147	-0.00159	-0.00160	-0.00160	
	M	0.00000	-0.00001	-0.00019	-0.00262	-0.03622	-0.50000	0.50000	0.03622	0.00262	0.00019	0.00001	0.00000	
26.25	Q	-0.00005	-0.00036	-0.00499	-0.06887	-0.95077	-13.12500	-13.12500	-0.95077	-0.06887	-0.00499	-0.00036	-0.00005	26.25
	V	0.00000	-0.00015	-0.00029	-0.00043	-0.00053	0.00000	0.00000	0.00053	0.00043	0.00029	0.00015	0.00000	
	V'	-0.00145	-0.00145	-0.00144	-0.00135	-0.00007	0.01760	0.01760	-0.00007	-0.00135	-0.00144	-0.00145	-0.00145	
	M	0.00000	-0.00001	-0.00013	-0.00204	-0.03196	-0.50000	0.50000	0.03196	0.00204	0.00013	0.00001	0.00000	
27.50	Q	-0.00003	-0.00023	-0.00359	-0.05619	-0.87901	-13.75000	-13.75000	-0.87901	-0.05619	-0.00359	-0.00023	-0.00003	27.50
	V	0.00000	-0.00013	-0.00026	-0.00039	-0.00049	0.00000	0.00000	0.00049	0.00039	0.00026	0.00013	0.00000	
	V'	-0.00132	-0.00132	-0.00132	-0.00125	-0.00016	0.01686	0.01686	-0.00016	-0.00125	-0.00132	-0.00132	-0.00132	
	M	0.00000	-0.00001	-0.00009	-0.00159	-0.02821	-0.50000	0.50000	0.02821	0.00159	0.00009	0.00001	0.00000	
28.75	Q	-0.00002	-0.00015	-0.00258	-0.04575	-0.81098	-14.37500	-14.37500	-0.81098	-0.04575	-0.00258	-0.00015	-0.00002	28.75
	V	0.00000	-0.00012	-0.00024	-0.00036	-0.00045	0.00000	0.00000	0.00045	0.00036	0.00024	0.00012	0.00000	
	V'	-0.00121	-0.00121	-0.00121	-0.00115	-0.00023	0.01618	0.01618	-0.00023	-0.00115	-0.00121	-0.00121	-0.00121	
	M	0.00000	-0.00000	-0.00006	-0.00124	-0.02489	-0.50000	0.50000	0.02489	0.00124	0.00006	0.00000	0.00000	
30.00	Q	-0.00001	-0.00009	-0.00185	-0.03718	-0.74681	-15.00000	-15.00000	-0.74681	-0.03718	-0.00185	-0.00009	-0.00001	30.00
	V	0.00000	-0.00011	-0.00022	-0.00033	-0.00042	0.00000	0.00000	0.00042	0.00033	0.00022	0.00011	0.00000	
	V'	-0.00111	-0.00111	-0.00111	-0.00107	-0.00028	0.01556	0.01556	-0.00028	-0.00107	-0.00111	-0.00111	-0.00111	
	M	0.00000	-0.00000	-0.00004	-0.00097	-0.02197	-0.50000	0.50000	0.02197	0.00097	0.00004	0.00000	0.00000	
31.25	Q	-0.00001	-0.00006	-0.00133	-0.03016	-0.68651	-15.62500	-15.62500	-0.68651	-0.03016	-0.00133	-0.00006	-0.00001	31.25
	V	0.00000	-0.00010	-0.00020	-0.00031	-0.00039	0.00000	0.00000	0.00039	0.00031	0.00020	0.00010	0.00000	
	V'	-0.00102	-0.00102	-0.00102	-0.00099	-0.00032	0.01498	0.01498	-0.00032	-0.00099	-0.00102	-0.00102	-0.00102	
	M	0.00000	-0.00000	-0.00003	-0.00075	-0.01939	-0.50000	0.50000	0.01939	0.00075	0.00003	0.00000	0.00000	
32.50	Q	-0.00000	-0.00004	-0.00095	-0.02443	-0.63008	-16.25000	-16.25000	-0.63008	-0.02443	-0.00095	-0.00004	-0.00000	32.50
	V	0.00000	-0.00009	-0.00019	-0.00028	-0.00036	0.00000	0.00000	0.00036	0.00028	0.00019	0.00009	0.00000	
	V'	-0.00095	-0.00095	-0.00095	-0.00092	-0.00035	0.01444	0.01444	-0.00035	-0.00092	-0.00095	-0.00095	-0.00095	
	M	0.00000	-0.00000	-0.00002	-0.00059	-0.01711	-0.50000	0.50000	0.01711	0.00059	0.00002	0.00000	0.00000	
33.75	Q	-0.00000	-0.00002	-0.00068	-0.01976	-0.57743	-16.87500	-16.87500	-0.57743	-0.01976	-0.00068	-0.00002	-0.00000	33.75
	V	0.00000	-0.00009	-0.00018	-0.00026	-0.00034	0.00000	0.00000	0.00034	0.00026	0.00018	0.00009	0.00000	
	V'	-0.00088	-0.00088	-0.00088	-0.00086	-0.00037	0.01394	0.01394	-0.00037	-0.00086	-0.00088	-0.00088	-0.00088	
	M	0.00000	-0.00000	-0.00001	-0.00046	-0.01510	-0.50000	0.50000	0.01510	0.00046	0.00001	0.00000	0.00000	
35.00	Q	-0.00000	-0.00001	-0.00048	-0.01596	-0.52845	-17.50000	-17.50000	-0.52845	-0.01596	-0.00048	-0.00001	-0.00000	35.00
	V	0.00000	-0.00008	-0.00016	-0.00024	-0.00031	0.00000	0.00000	0.00031	0.00024	0.00016	0.00008	0.00000	
	V'	-0.00082	-0.00082	-0.00082	-0.00080	-0.00038	0.01347	0.01347	-0.00038	-0.00080	-0.00082	-0.00082	-0.00082	
	M	0.00000	-0.00000	-0.00001	-0.00036	-0.01332	-0.50000	0.50000	0.01332	0.00036	0.00001	0.00000	0.00000	
36.25	Q	-0.00000	-0.00001	-0.00034	-0.01287	-0.48301	-18.12500	-18.12500	-0.48301	-0.01287	-0.00034	-0.00001	-0.00000	36.25
	V	0.00000	-0.00008	-0.00015	-0.00023	-0.00029	0.00000	0.00000	0.00029	0.00023	0.00015	0.00008	0.00000	
	V'	-0.00076	-0.00076	-0.00076	-0.00075	-0.00039	0.01303	0.01303	-0.00039	-0.00075	-0.00076	-0.00076	-0.00076	
BETA	X/L =	0.00	0.10	0.20	0.30	0.40	L 0.50	R 0.50	0.60	0.70	0.80	0.90	1.00	BETA

XM/L = 0.50

FUNKTIONEN : F.M;M - F.M;Q - F.M;V - F.M;V'

FUNKTIONEN : F.MIM - F.MIQ - F.MIV - F.MIV'

XM/L = 0.50

BETA	X/L =	0.00	0.10	0.20	0.30	0.40	L 0.50	R 0.50	0.60	0.70	0.80	0.90	1.00	BETA
37.50	M	0.00000	-0.00000	-0.00001	-0.00028	-0.01176	-0.50000	0.50000	0.01176	0.00028	0.00001	0.00000	0.00000	37.50
	Q	-0.00000	-0.00001	-0.00024	-0.01037	-0.44096	-18.75000	-18.75000	-0.44096	-0.01037	-0.00024	-0.00001	-0.00000	
	V	0.00000	-0.00007	-0.00014	-0.00021	-0.00028	0.00000	0.00000	0.00028	0.00021	0.00014	0.00007	0.00000	
	V'	-0.00071	-0.00071	-0.00071	-0.00070	-0.00040	0.01262	0.01262	-0.00040	-0.00070	-0.00071	-0.00071	-0.00071	
38.75	M	0.00000	-0.00000	-0.00000	-0.00022	-0.01038	-0.50000	0.50000	0.01038	0.00022	0.00000	0.00000	0.00000	38.75
	Q	-0.00000	-0.00000	-0.00017	-0.00835	-0.40212	-19.37500	-19.37500	-0.40212	-0.00835	-0.00017	-0.00000	-0.00000	
	V	0.00000	-0.00007	-0.00013	-0.00020	-0.00026	0.00000	0.00000	0.00026	0.00020	0.00013	0.00007	0.00000	
	V'	-0.00067	-0.00067	-0.00067	-0.00066	-0.00040	0.01224	0.01224	-0.00040	-0.00066	-0.00067	-0.00067	-0.00067	
40.00	M	0.00000	-0.00000	-0.00000	-0.00017	-0.00916	-0.50000	0.50000	0.00916	0.00017	0.00000	0.00000	0.00000	40.00
	Q	-0.00000	-0.00000	-0.00012	-0.00671	-0.36631	-20.00000	-20.00000	-0.36631	-0.00671	-0.00012	-0.00000	-0.00000	
	V	0.00000	-0.00006	-0.00012	-0.00019	-0.00024	0.00000	0.00000	0.00024	0.00019	0.00012	0.00006	0.00000	
	V'	-0.00062	-0.00062	-0.00062	-0.00062	-0.00040	0.01187	0.01187	-0.00040	-0.00062	-0.00062	-0.00062	-0.00062	
41.25	M	0.00000	-0.00000	-0.00000	-0.00013	-0.00808	-0.50000	0.50000	0.00808	0.00013	0.00000	0.00000	0.00000	41.25
	Q	-0.00000	-0.00000	-0.00009	-0.00539	-0.33337	-20.62500	-20.62500	-0.33337	-0.00539	-0.00009	-0.00000	-0.00000	
	V	0.00000	-0.00006	-0.00012	-0.00018	-0.00023	0.00000	0.00000	0.00023	0.00018	0.00012	0.00006	0.00000	
	V'	-0.00059	-0.00059	-0.00059	-0.00058	-0.00039	0.01153	0.01153	-0.00039	-0.00058	-0.00059	-0.00059	-0.00059	
42.50	M	0.00000	-0.00000	-0.00000	-0.00010	-0.00713	-0.50000	0.50000	0.00713	0.00010	0.00000	0.00000	0.00000	42.50
	Q	-0.00000	-0.00000	-0.00006	-0.00432	-0.30311	-21.25000	-21.25000	-0.30311	-0.00432	-0.00006	-0.00000	-0.00000	
	V	0.00000	-0.00006	-0.00011	-0.00017	-0.00022	0.00000	0.00000	0.00022	0.00017	0.00011	0.00006	0.00000	
	V'	-0.00055	-0.00055	-0.00055	-0.00055	-0.00039	0.01121	0.01121	-0.00039	-0.00055	-0.00055	-0.00055	-0.00055	
43.75	M	0.00000	-0.00000	-0.00000	-0.00008	-0.00629	-0.50000	0.50000	0.00629	0.00008	0.00000	0.00000	0.00000	43.75
	Q	-0.00000	-0.00000	-0.00004	-0.00347	-0.27537	-21.87500	-21.87500	-0.27537	-0.00347	-0.00004	-0.00000	-0.00000	
	V	0.00000	-0.00005	-0.00010	-0.00016	-0.00021	0.00000	0.00000	0.00021	0.00016	0.00010	0.00005	0.00000	
	V'	-0.00052	-0.00052	-0.00052	-0.00052	-0.00038	0.01091	0.01091	-0.00038	-0.00052	-0.00052	-0.00052	-0.00052	
45.00	M	0.00000	-0.00000	-0.00000	-0.00006	-0.00555	-0.50000	0.50000	0.00555	0.00006	0.00000	0.00000	0.00000	45.00
	Q	-0.00000	-0.00000	-0.00003	-0.00278	-0.24995	-22.50000	-22.50000	-0.24995	-0.00278	-0.00003	-0.00000	-0.00000	
	V	0.00000	-0.00005	-0.00010	-0.00015	-0.00019	0.00000	0.00000	0.00019	0.00015	0.00010	0.00005	0.00000	
	V'	-0.00049	-0.00049	-0.00049	-0.00049	-0.00037	0.01062	0.01062	-0.00037	-0.00049	-0.00049	-0.00049	-0.00049	
46.25	M	0.00000	-0.00000	-0.00000	-0.00005	-0.00490	-0.50000	0.50000	0.00490	0.00005	0.00000	0.00000	0.00000	46.25
	Q	-0.00000	-0.00000	-0.00002	-0.00222	-0.22671	-23.12500	-23.12500	-0.22671	-0.00222	-0.00002	-0.00000	-0.00000	
	V	0.00000	-0.00005	-0.00009	-0.00014	-0.00018	0.00000	0.00000	0.00018	0.00014	0.00009	0.00005	0.00000	
	V'	-0.00047	-0.00047	-0.00047	-0.00047	-0.00036	0.01034	0.01034	-0.00036	-0.00047	-0.00047	-0.00047	-0.00047	
47.50	M	0.00000	-0.00000	-0.00000	-0.00004	-0.00433	-0.50000	0.50000	0.00433	0.00004	0.00000	0.00000	0.00000	47.50
	Q	-0.00000	-0.00000	-0.00002	-0.00178	-0.20548	-23.75000	-23.75000	-0.20548	-0.00178	-0.00002	-0.00000	-0.00000	
	V	0.00000	-0.00004	-0.00009	-0.00013	-0.00018	0.00000	0.00000	0.00018	0.00013	0.00009	0.00004	0.00000	
	V'	-0.00044	-0.00044	-0.00044	-0.00044	-0.00035	0.01008	0.01008	-0.00035	-0.00044	-0.00044	-0.00044	-0.00044	
48.75	M	0.00000	-0.00000	-0.00000	-0.00003	-0.00382	-0.50000	0.50000	0.00382	0.00003	0.00000	0.00000	0.00000	48.75
	Q	-0.00000	-0.00000	-0.00001	-0.00142	-0.18611	-24.37500	-24.37500	-0.18611	-0.00142	-0.00001	-0.00000	-0.00000	
	V	0.00000	-0.00004	-0.00008	-0.00013	-0.00017	0.00000	0.00000	0.00017	0.00013	0.00008	0.00004	0.00000	
	V'	-0.00042	-0.00042	-0.00042	-0.00042	-0.00034	0.00984	0.00984	-0.00034	-0.00042	-0.00042	-0.00042	-0.00042	
BETA	X/L =	0.00	0.10	0.20	0.30	0.40	L 0.50	R 0.50	0.60	0.70	0.80	0.90	1.00	BETA

XM/L = 0.50

FUNKTIONEN : F.MIM - F.MIQ - F.MIV - F.MIV'

FUNKTIONEN : F.M;M - F.M;Q - F.M;V - F.M;V'

XM/L = 0.60

BETA	X/L =	0.00	0.10	0.20	0.30	0.40	0.50	L 0.60	R 0.60	0.70	0.80	0.90	1.00	BETA
	M	0.00000	-0.10000	-0.20000	-0.30000	-0.40000	-0.50000	-0.60000	0.40000	0.30000	0.20000	0.10000	0.00000	
0.00	Q	-1.00000	-1.00000	-1.00000	-1.00000	-1.00000	-1.00000	-1.00000	-1.00000	-1.00000	-1.00000	-1.00000	-1.00000	0.00
	V	0.00000	-0.00850	-0.01600	-0.02150	-0.02400	-0.02250	-0.01600	-0.01600	-0.00850	-0.00400	-0.00150	0.00000	
	V'	-0.08667	-0.08167	-0.06667	-0.04167	-0.00667	0.03833	0.09333	0.09333	0.05833	0.03333	0.01833	0.01333	
	M	0.00000	-0.09947	-0.19901	-0.29866	-0.39851	-0.49860	-0.59901	0.40095	0.30053	0.20025	0.10009	0.00000	
0.25	Q	-0.99461	-0.99492	-0.99585	-0.99741	-0.99959	-1.00239	-1.00582	-1.00582	-1.00363	-1.00206	-1.00113	-1.00081	0.25
	V	0.00000	-0.00846	-0.01592	-0.02139	-0.02387	-0.02237	-0.01589	-0.01589	-0.00841	-0.00394	-0.00147	0.00000	
	V'	-0.08622	-0.08125	-0.06632	-0.04144	-0.00659	0.03827	0.09315	0.09315	0.05807	0.03303	0.01802	0.01301	
	M	0.00000	-0.09792	-0.19608	-0.29473	-0.39412	-0.49450	-0.59611	0.40389	0.30204	0.20094	0.10034	0.00000	
0.50	Q	-0.97877	-0.98000	-0.98367	-0.98980	-0.99841	-1.00952	-1.02315	-1.02315	-1.01433	-1.00804	-1.00427	-1.00302	0.50
	V	0.00000	-0.00833	-0.01568	-0.02106	-0.02350	-0.02200	-0.01555	-0.01555	-0.00814	-0.00375	-0.00138	0.00000	
	V'	-0.08491	-0.08002	-0.06532	-0.04079	-0.00635	0.03807	0.09259	0.09259	0.05730	0.03216	0.01710	0.01208	
	M	0.00000	-0.09543	-0.19140	-0.28844	-0.38711	-0.48796	-0.59155	0.40845	0.30434	0.20195	0.10069	0.00000	
0.75	Q	-0.95341	-0.95609	-0.96415	-0.97764	-0.99663	-1.02123	-1.05158	-1.05158	-1.03154	-1.01731	-1.00880	-1.00597	0.75
	V	0.00000	-0.00812	-0.01529	-0.02055	-0.02292	-0.02141	-0.01503	-0.01503	-0.00772	-0.00347	-0.00123	0.00000	
	V'	-0.08283	-0.07806	-0.06373	-0.03974	-0.00598	0.03775	0.09170	0.09170	0.05608	0.03077	0.01565	0.01062	
	M	0.00000	-0.09214	-0.18521	-0.28013	-0.37785	-0.47936	-0.58566	0.41434	0.30718	0.20309	0.10104	0.00000	
1.00	Q	-0.91990	-0.92451	-0.93836	-0.96161	-0.99448	-1.03731	-1.09051	-1.09051	-1.05447	-1.02898	-1.01378	-1.00873	1.00
	V	0.00000	-0.00786	-0.01479	-0.01987	-0.02215	-0.02064	-0.01434	-0.01434	-0.00718	-0.00309	-0.00104	0.00000	
	V'	-0.08010	-0.07549	-0.06164	-0.03839	-0.00552	0.03731	0.09051	0.09051	0.05447	0.02898	0.01378	0.00873	
	M	0.00000	-0.08822	-0.17782	-0.27020	-0.36681	-0.46916	-0.57885	0.42115	0.31023	0.20416	0.10129	0.00000	
1.25	Q	-0.87990	-0.88679	-0.90754	-0.94250	-0.99220	-1.05743	-1.13919	-1.13919	-1.08213	-1.04199	-1.01816	-1.01026	1.25
	V	0.00000	-0.00754	-0.01420	-0.01907	-0.02124	-0.01974	-0.01354	-0.01354	-0.00655	-0.00266	-0.00083	0.00000	
	V'	-0.07686	-0.07246	-0.05917	-0.03680	-0.00499	0.03675	0.08908	0.08908	0.05256	0.02688	0.01162	0.00657	
	M	0.00000	-0.08383	-0.16954	-0.25908	-0.35445	-0.45782	-0.57151	0.42849	0.31319	0.20495	0.10133	0.00000	
1.50	Q	-0.83512	-0.84453	-0.87298	-0.92111	-0.99000	-1.08121	-1.19680	-1.19680	-1.11351	-1.05533	-1.02094	-1.00956	1.50
	V	0.00000	-0.00719	-0.01354	-0.01819	-0.02024	-0.01875	-0.01266	-0.01266	-0.00586	-0.00220	-0.00059	0.00000	
	V'	-0.07328	-0.06910	-0.05645	-0.03506	-0.00444	0.03609	0.08746	0.08746	0.05045	0.02459	0.00930	0.00425	
	M	0.00000	-0.07912	-0.16067	-0.24715	-0.34122	-0.44577	-0.56400	0.43600	0.31580	0.20530	0.10110	0.00000	
1.75	Q	-0.78718	-0.79926	-0.83588	-0.89817	-0.98804	-1.10824	-1.26247	-1.26247	-1.14764	-1.06805	-1.02126	-1.00581	1.75
	V	0.00000	-0.00682	-0.01284	-0.01726	-0.01919	-0.01771	-0.01175	-0.01175	-0.00516	-0.00173	-0.00036	0.00000	
	V'	-0.06949	-0.06555	-0.05359	-0.03325	-0.00391	0.03534	0.08570	0.08570	0.04821	0.02222	0.00694	0.00190	
	M	0.00000	-0.07424	-0.15147	-0.23477	-0.32750	-0.43337	-0.55663	0.44337	0.31784	0.20506	0.10051	0.00000	
2.00	Q	-0.73752	-0.75232	-0.79731	-0.87430	-0.98638	-1.13805	-1.33539	-1.33539	-1.18365	-1.07942	-1.01851	-0.99847	2.00
	V	0.00000	-0.00644	-0.01213	-0.01631	-0.01813	-0.01666	-0.01084	-0.01084	-0.00446	-0.00127	-0.00013	0.00000	
	V'	-0.06562	-0.06192	-0.05067	-0.03142	-0.00340	0.03451	0.08385	0.08385	0.04591	0.01985	0.00463	-0.00038	
	M	0.00000	-0.06932	-0.14216	-0.22222	-0.31359	-0.42089	-0.54960	0.45040	0.31918	0.20418	0.09956	0.00000	
2.25	Q	-0.68734	-0.70482	-0.75817	-0.84997	-0.98502	-1.17016	-1.41478	-1.41478	-1.22080	-1.08888	-1.01232	-0.98723	2.25
	V	0.00000	-0.00606	-0.01143	-0.01536	-0.01707	-0.01563	-0.00996	-0.00996	-0.00379	-0.00083	0.00009	0.00000	
	V'	-0.06176	-0.05831	-0.04778	-0.02964	-0.00296	0.03361	0.08193	0.08193	0.04361	0.01756	0.00243	-0.00252	
BETA	X/L =	0.00	0.10	0.20	0.30	0.40	0.50	L 0.60	R 0.60	0.70	0.80	0.90	1.00	BETA

XM/L = 0.60

FUNKTIONEN : F.M;M - F.M;Q - F.M;V - F.M;V'

Z U G S T A E B E -206-

FUNKTIONEN : F.MIM - F.MIQ - F.MIV - F.MIV'

XM/L = 0.60

BETA	X/L =	0.00	0.10	0.20	0.30	0.40	0.50	L 0.60	R 0.60	0.70	0.80	0.90	1.00	BETA
	M	0.00000	-0.06443	-0.13290	-0.20973	-0.29973	-0.40856	-0.54306	0.45694	0.31973	0.20261	0.09822	0.00000	
2.50	Q	-0.63762	-0.65764	-0.71899	-0.82551	-0.98389	-1.20409	-1.49993	-1.49993	-1.25848	-1.09609	-1.00257	-0.97204	2.50
	V	0.00000	-0.00569	-0.01074	-0.01444	-0.01604	-0.01463	-0.00911	-0.00911	-0.00316	-0.00042	0.00028	0.00000	
	V'	-0.05798	-0.05478	-0.04496	-0.02792	-0.00258	0.03265	0.07999	0.07999	0.04136	0.01538	0.00041	-0.00447	
	M	0.00000	-0.05965	-0.12384	-0.19746	-0.28610	-0.39652	-0.53711	0.46289	0.31947	0.20037	0.09651	0.00000	
2.75	Q	-0.58906	-0.61148	-0.68043	-0.80116	-0.98286	-1.23937	-1.59019	-1.59019	-1.29621	-1.10087	-0.98932	-0.95305	2.75
	V	0.00000	-0.00534	-0.01007	-0.01356	-0.01506	-0.01368	-0.00832	-0.00832	-0.00257	-0.00005	0.00046	0.00000	
	V'	-0.05434	-0.05137	-0.04226	-0.02629	-0.00227	0.03165	0.07804	0.07804	0.03917	0.01334	-0.00141	-0.00621	
	M	0.00000	-0.05504	-0.11507	-0.18554	-0.27282	-0.38485	-0.53178	0.46822	0.31842	0.19749	0.09446	0.00000	
3.00	Q	-0.54223	-0.56681	-0.64279	-0.77706	-0.98179	-1.27554	-1.68496	-1.68496	-1.33360	-1.10317	-0.97277	-0.93058	3.00
	V	0.00000	-0.00500	-0.00944	-0.01272	-0.01413	-0.01279	-0.00758	-0.00758	-0.00205	0.00028	0.00062	0.00000	
	V'	-0.05086	-0.04813	-0.03969	-0.02477	-0.00202	0.03062	0.07611	0.07611	0.03707	0.01146	-0.00303	-0.00771	
	M	0.00000	-0.05063	-0.10665	-0.17404	-0.25997	-0.37361	-0.52706	0.47294	0.31661	0.19402	0.09210	0.00000	
3.25	Q	-0.49748	-0.52399	-0.60633	-0.75328	-0.98049	-1.31219	-1.78371	-1.78371	-1.37036	-1.10303	-0.95324	-0.90502	3.25
	V	0.00000	-0.00467	-0.00884	-0.01193	-0.01326	-0.01197	-0.00691	-0.00691	-0.00157	0.00057	0.00075	0.00000	
	V'	-0.04758	-0.04507	-0.03727	-0.02336	-0.00185	0.02956	0.07420	0.07420	0.03506	0.00975	-0.00443	-0.00899	
	M	0.00000	-0.04644	-0.09863	-0.16303	-0.24760	-0.36281	-0.52293	0.47707	0.31412	0.19004	0.08948	0.00000	
3.50	Q	-0.45508	-0.48323	-0.57120	-0.72985	-0.97882	-1.34893	-1.88598	-1.88598	-1.40626	-1.10057	-0.93109	-0.87683	3.50
	V	0.00000	-0.00437	-0.00827	-0.01118	-0.01244	-0.01120	-0.00629	-0.00629	-0.00115	0.00081	0.00086	0.00000	
	V'	-0.04448	-0.04218	-0.03500	-0.02205	-0.00173	0.02848	0.07232	0.07232	0.03316	0.00821	-0.00563	-0.01005	
	M	0.00000	-0.04250	-0.09104	-0.15253	-0.23573	-0.35246	-0.51935	0.48065	0.31101	0.18562	0.08665	0.00000	
3.75	Q	-0.41515	-0.44469	-0.53749	-0.70677	-0.97661	-1.38541	-1.99132	-1.99132	-1.44111	-1.09595	-0.90672	-0.84650	3.75
	V	0.00000	-0.00409	-0.00775	-0.01049	-0.01168	-0.01049	-0.00574	-0.00574	-0.00078	0.00102	0.00095	0.00000	
	V'	-0.04159	-0.03949	-0.03289	-0.02085	-0.00166	0.02741	0.07049	0.07049	0.03137	0.00682	-0.00663	-0.01092	
	M	0.00000	-0.03879	-0.08388	-0.14256	-0.22437	-0.34255	-0.51627	0.48373	0.30737	0.18084	0.08364	0.00000	
4.00	Q	-0.37779	-0.40842	-0.50527	-0.68405	-0.97374	-1.42132	-2.09936	-2.09936	-1.47479	-1.08935	-0.88054	-0.81451	4.00
	V	0.00000	-0.00383	-0.00726	-0.00984	-0.01098	-0.00984	-0.00523	-0.00523	-0.00046	0.00120	0.00102	0.00000	
	V'	-0.03889	-0.03697	-0.03092	-0.01975	-0.00164	0.02633	0.06871	0.06871	0.02967	0.00558	-0.00747	-0.01159	
	M	0.00000	-0.03534	-0.07716	-0.13313	-0.21351	-0.33304	-0.51364	0.48636	0.30326	0.17577	0.08050	0.00000	
4.25	Q	-0.34299	-0.37444	-0.47454	-0.66165	-0.97009	-1.45640	-2.20976	-2.20976	-1.50717	-1.08095	-0.85293	-0.78130	4.25
	V	0.00000	-0.00358	-0.00680	-0.00924	-0.01032	-0.00924	-0.00478	-0.00478	-0.00018	0.00134	0.00108	0.00000	
	V'	-0.03637	-0.03463	-0.02909	-0.01873	-0.00166	0.02527	0.06698	0.06698	0.02808	0.00448	-0.00814	-0.01211	
	M	0.00000	-0.03213	-0.07088	-0.12423	-0.20316	-0.32393	-0.51140	0.48860	0.29877	0.17047	0.07728	0.00000	
4.50	Q	-0.31073	-0.34272	-0.44530	-0.63958	-0.96557	-1.49042	-2.32220	-2.32220	-1.53819	-1.07094	-0.82425	-0.74730	4.50
	V	0.00000	-0.00335	-0.00638	-0.00868	-0.00972	-0.00869	-0.00438	-0.00438	0.00006	0.00146	0.00112	0.00000	
	V'	-0.03404	-0.03246	-0.02739	-0.01780	-0.00170	0.02422	0.06529	0.06529	0.02658	0.00350	-0.00868	-0.01248	
	M	0.00000	-0.02916	-0.06503	-0.11584	-0.19329	-0.31517	-0.50951	0.49049	0.29396	0.16501	0.07400	0.00000	
4.75	Q	-0.28093	-0.31322	-0.41752	-0.61781	-0.96014	-1.52320	-2.43644	-2.43644	-1.56776	-1.05950	-0.79483	-0.71288	4.75
	V	0.00000	-0.00314	-0.00598	-0.00816	-0.00916	-0.00819	-0.00401	-0.00401	0.00027	0.00155	0.00115	0.00000	
	V'	-0.03187	-0.03044	-0.02582	-0.01694	-0.00177	0.02319	0.06366	0.06366	0.02516	0.00264	-0.00909	-0.01273	
BETA	X/L =	0.00	0.10	0.20	0.30	0.40	0.50	L 0.60	R 0.60	0.70	0.80	0.90	1.00	BETA

XM/L = 0.60

FUNKTIONEN : F.MIM - F.MIQ - F.MIV - F.MIV'

Z U G S T A E B E -206-

FUNKTIONEN : F.MIM - F.MIQ - F.MIV - F.MIV'

XM/L = 0.60

BETA	X/L =	0.00	0.10	0.20	0.30	0.40	0.50	L 0.60	R 0.60	0.70	0.80	0.90	1.00	BETA
	M	0.00000	-0.02642	-0.05958	-0.10796	-0.18389	-0.30675	-0.50792	0.49208	0.28889	0.15945	0.07070	0.00000	
5.00	Q	-0.25351	-0.28586	-0.39118	-0.59635	-0.95374	-1.55457	-2.55222	-2.55222	-1.59584	-1.04680	-0.76496	-0.67838	5.00
	V	0.00000	-0.00294	-0.00562	-0.00768	-0.00864	-0.00773	-0.00368	-0.00368	0.00044	0.00162	0.00117	0.00000	
	V'	-0.02986	-0.02857	-0.02435	-0.01615	-0.00185	0.02218	0.06209	0.06209	0.02383	0.00187	-0.00940	-0.01286	
	M	0.00000	-0.02390	-0.05454	-0.10056	-0.17493	-0.29865	-0.50658	0.49342	0.28363	0.15383	0.06741	0.00000	
5.25	Q	-0.22835	-0.26055	-0.36623	-0.57519	-0.94637	-1.58443	-2.66933	-2.66933	-1.62239	-1.03300	-0.73492	-0.64409	5.25
	V	0.00000	-0.00276	-0.00528	-0.00724	-0.00817	-0.00731	-0.00339	-0.00339	0.00059	0.00168	0.00118	0.00000	
	V'	-0.02800	-0.02683	-0.02299	-0.01541	-0.00195	0.02120	0.06057	0.06057	0.02258	0.00120	-0.00962	-0.01291	
	M	0.00000	-0.02159	-0.04987	-0.09362	-0.16641	-0.29083	-0.50546	0.49454	0.27822	0.14820	0.06415	0.00000	
5.50	Q	-0.20535	-0.23720	-0.34263	-0.55435	-0.93803	-1.61268	-2.78760	-2.78760	-1.64740	-1.01822	-0.70491	-0.61026	5.50
	V	0.00000	-0.00259	-0.00496	-0.00682	-0.00772	-0.00691	-0.00313	-0.00313	0.00072	0.00171	0.00119	0.00000	
	V'	-0.02627	-0.02522	-0.02173	-0.01473	-0.00205	0.02025	0.05909	0.05909	0.02140	0.00060	-0.00976	-0.01288	
	M	0.00000	-0.01947	-0.04556	-0.08713	-0.15830	-0.28328	-0.50452	0.49548	0.27270	0.14259	0.06094	0.00000	
5.75	Q	-0.18437	-0.21570	-0.32033	-0.53383	-0.92873	-1.63926	-2.90685	-2.90685	-1.67083	-1.00262	-0.67513	-0.57708	5.75
	V	0.00000	-0.00244	-0.00467	-0.00644	-0.00731	-0.00655	-0.00289	-0.00289	0.00083	0.00174	0.00118	0.00000	
	V'	-0.02467	-0.02372	-0.02056	-0.01410	-0.00216	0.01933	0.05767	0.05767	0.02029	0.00008	-0.00983	-0.01279	
	M	0.00000	-0.01754	-0.04158	-0.08105	-0.15059	-0.27598	-0.50374	0.49626	0.26711	0.13704	0.05780	0.00000	
6.00	Q	-0.16529	-0.19595	-0.29929	-0.51364	-0.91852	-1.66411	-3.02697	-3.02697	-1.69269	-0.98630	-0.64574	-0.54472	6.00
	V	0.00000	-0.00229	-0.00440	-0.00608	-0.00693	-0.00622	-0.00267	-0.00267	0.00091	0.00175	0.00117	0.00000	
	V'	-0.02319	-0.02233	-0.01946	-0.01351	-0.00226	0.01845	0.05630	0.05630	0.01924	-0.00038	-0.00984	-0.01265	
	M	0.00000	-0.01578	-0.03793	-0.07538	-0.14325	-0.26891	-0.50309	0.49691	0.26148	0.13157	0.05474	0.00000	
6.25	Q	-0.14798	-0.17783	-0.27944	-0.49381	-0.90744	-1.68722	-3.14781	-3.14781	-1.71298	-0.96936	-0.61688	-0.51332	6.25
	V	0.00000	-0.00216	-0.00415	-0.00575	-0.00657	-0.00592	-0.00248	-0.00248	0.00099	0.00175	0.00116	0.00000	
	V'	-0.02181	-0.02105	-0.01845	-0.01296	-0.00237	0.01759	0.05498	0.05498	0.01825	-0.00078	-0.00981	-0.01246	
	M	0.00000	-0.01418	-0.03457	-0.07008	-0.13626	-0.26207	-0.50255	0.49745	0.25584	0.12620	0.05177	0.00000	
6.50	Q	-0.13230	-0.16124	-0.26075	-0.47435	-0.89553	-1.70858	-3.26928	-3.26928	-1.73171	-0.95191	-0.58865	-0.48298	6.50
	V	0.00000	-0.00203	-0.00392	-0.00544	-0.00624	-0.00563	-0.00231	-0.00231	0.00105	0.00175	0.00114	0.00000	
	V'	-0.02054	-0.01985	-0.01750	-0.01244	-0.00247	0.01677	0.05371	0.05371	0.01732	-0.00114	-0.00974	-0.01224	
	M	0.00000	-0.01273	-0.03149	-0.06514	-0.12962	-0.25543	-0.50211	0.49789	0.25022	0.12095	0.04890	0.00000	
6.75	Q	-0.11813	-0.14608	-0.24316	-0.45529	-0.88286	-1.72819	-3.39128	-3.39128	-1.74887	-0.93402	-0.56114	-0.45378	6.75
	V	0.00000	-0.00192	-0.00370	-0.00515	-0.00593	-0.00537	-0.00215	-0.00215	0.00109	0.00174	0.00112	0.00000	
	V'	-0.01936	-0.01874	-0.01661	-0.01196	-0.00257	0.01598	0.05248	0.05248	0.01644	-0.00145	-0.00963	-0.01199	
	M	0.00000	-0.01142	-0.02866	-0.06053	-0.12330	-0.24898	-0.50174	0.49826	0.24462	0.11583	0.04614	0.00000	
7.00	Q	-0.10536	-0.13224	-0.22661	-0.43663	-0.86949	-1.74607	-3.51374	-3.51374	-1.76451	-0.91578	-0.53441	-0.42577	7.00
	V	0.00000	-0.00181	-0.00350	-0.00489	-0.00565	-0.00512	-0.00201	-0.00201	0.00113	0.00172	0.00110	0.00000	
	V'	-0.01826	-0.01771	-0.01578	-0.01150	-0.00266	0.01523	0.05130	0.05130	0.01560	-0.00172	-0.00950	-0.01172	
	M	0.00000	-0.01023	-0.02608	-0.05624	-0.11728	-0.24272	-0.50143	0.49857	0.23908	0.11085	0.04349	0.00000	
7.25	Q	-0.09386	-0.11962	-0.21107	-0.41841	-0.85547	-1.76224	-3.63658	-3.63658	-1.77863	-0.89725	-0.50852	-0.39899	7.25
	V	0.00000	-0.00171	-0.00331	-0.00464	-0.00538	-0.00489	-0.00188	-0.00188	0.00116	0.00170	0.00108	0.00000	
	V'	-0.01724	-0.01675	-0.01501	-0.01106	-0.00275	0.01450	0.05016	0.05016	0.01481	-0.00195	-0.00935	-0.01143	
BETA	X/L =	0.00	0.10	0.20	0.30	0.40	0.50	L 0.60	R 0.60	0.70	0.80	0.90	1.00	BETA

XM/L = 0.60

FUNKTIONEN : F.MIM - F.MIQ - F.MIV - F.MIV'

FUNKTIONEN : F.M;M - F.M;Q - F.M;V - F.M;V'

XM/L = 0.60

BETA	X/L =	0.00	0.10	0.20	0.30	0.40	0.50	L 0.60	R 0.60	0.70	0.80	0.90	1.00	BETA
	M	0.00000	-0.00916	-0.02371	-0.05224	-0.11156	-0.23664	-0.50118	0.49882	0.23359	0.10602	0.04095	0.00000	
7.50	Q	-0.08352	-0.10814	-0.19648	-0.40063	-0.84089	-1.77675	-3.75976	-3.75976	-1.79127	-0.87851	-0.48350	-0.37345	7.50
	V	0.00000	-0.00161	-0.00313	-0.00440	-0.00513	-0.00468	-0.00176	-0.00176	0.00118	0.00167	0.00105	0.00000	
	V'	-0.01629	-0.01586	-0.01428	-0.01066	-0.00283	0.01381	0.04906	0.04906	0.01407	-0.00216	-0.00918	-0.01114	
	M	0.00000	-0.00819	-0.02155	-0.04852	-0.10612	-0.23072	-0.50097	0.49903	0.22817	0.10135	0.03852	0.00000	
7.75	Q	-0.07425	-0.09769	-0.18280	-0.38331	-0.82580	-1.78962	-3.88322	-3.88322	-1.80246	-0.85959	-0.45938	-0.34916	7.75
	V	0.00000	-0.00153	-0.00297	-0.00419	-0.00489	-0.00448	-0.00165	-0.00165	0.00120	0.00164	0.00102	0.00000	
	V'	-0.01541	-0.01502	-0.01361	-0.01027	-0.00290	0.01315	0.04800	0.04800	0.01336	-0.00234	-0.00900	-0.01084	
	M	0.00000	-0.00732	-0.01958	-0.04506	-0.10095	-0.22496	-0.50080	0.49920	0.22283	0.09684	0.03620	0.00000	
8.00	Q	-0.06595	-0.08820	-0.16998	-0.36647	-0.81027	-1.80091	-4.00692	-4.00692	-1.81223	-0.84056	-0.43616	-0.32612	8.00
	V	0.00000	-0.00145	-0.00282	-0.00398	-0.00467	-0.00430	-0.00155	-0.00155	0.00121	0.00161	0.00100	0.00000	
	V'	-0.01459	-0.01425	-0.01297	-0.00990	-0.00296	0.01251	0.04698	0.04698	0.01269	-0.00249	-0.00881	-0.01053	
	M	0.00000	-0.00654	-0.01779	-0.04184	-0.09602	-0.21936	-0.50066	0.49934	0.21758	0.09249	0.03400	0.00000	
8.25	Q	-0.05852	-0.07959	-0.15797	-0.35011	-0.79436	-1.81065	-4.13082	-4.13082	-1.82062	-0.82147	-0.41387	-0.30430	8.25
	V	0.00000	-0.00137	-0.00268	-0.00379	-0.00447	-0.00412	-0.00146	-0.00146	0.00121	0.00158	0.00097	0.00000	
	V'	-0.01383	-0.01352	-0.01237	-0.00955	-0.00302	0.01191	0.04600	0.04600	0.01206	-0.00262	-0.00861	-0.01022	
	M	0.00000	-0.00584	-0.01615	-0.03885	-0.09134	-0.21390	-0.50054	0.49946	0.21241	0.08880	0.03191	0.00000	
8.50	Q	-0.05188	-0.07178	-0.14673	-0.33424	-0.77814	-1.81891	-4.25489	-4.25489	-1.82766	-0.80235	-0.39248	-0.28368	8.50
	V	0.00000	-0.00130	-0.00254	-0.00361	-0.00427	-0.00396	-0.00138	-0.00138	0.00121	0.00155	0.00094	0.00000	
	V'	-0.01312	-0.01285	-0.01181	-0.00921	-0.00307	0.01133	0.04505	0.04505	0.01146	-0.00274	-0.00841	-0.00991	
	M	0.00000	-0.00521	-0.01466	-0.03606	-0.08689	-0.20859	-0.50044	0.49956	0.20734	0.08427	0.02993	0.00000	
8.75	Q	-0.04596	-0.06470	-0.13623	-0.31888	-0.76165	-1.82572	-4.37911	-4.37911	-1.83339	-0.78324	-0.37201	-0.26423	8.75
	V	0.00000	-0.00124	-0.00242	-0.00345	-0.00409	-0.00381	-0.00130	-0.00130	0.00121	0.00151	0.00092	0.00000	
	V'	-0.01246	-0.01222	-0.01128	-0.00890	-0.00311	0.01078	0.04414	0.04414	0.01089	-0.00283	-0.00820	-0.00961	
	M	0.00000	-0.00464	-0.01330	-0.03348	-0.08265	-0.20341	-0.50036	0.49964	0.20237	0.08039	0.02805	0.00000	
9.00	Q	-0.04068	-0.05830	-0.12641	-0.30402	-0.74496	-1.83116	-4.50345	-4.50345	-1.83786	-0.76419	-0.35242	-0.24592	9.00
	V	0.00000	-0.00118	-0.00230	-0.00329	-0.00392	-0.00366	-0.00123	-0.00123	0.00121	0.00148	0.00089	0.00000	
	V'	-0.01184	-0.01163	-0.01079	-0.00859	-0.00315	0.01026	0.04325	0.04325	0.01034	-0.00291	-0.00799	-0.00931	
	M	0.00000	-0.00413	-0.01206	-0.03107	-0.07862	-0.19837	-0.50030	0.49970	0.19750	0.07668	0.02627	0.00000	
9.25	Q	-0.03598	-0.05250	-0.11724	-0.28966	-0.72811	-1.83526	-4.62790	-4.62790	-1.84112	-0.74521	-0.33371	-0.22870	9.25
	V	0.00000	-0.00112	-0.00220	-0.00314	-0.00376	-0.00353	-0.00117	-0.00117	0.00120	0.00144	0.00086	0.00000	
	V'	-0.01127	-0.01107	-0.01032	-0.00830	-0.00318	0.00976	0.04240	0.04240	0.00983	-0.00298	-0.00779	-0.00901	
	M	0.00000	-0.00368	-0.01094	-0.02884	-0.07478	-0.19345	-0.50024	0.49976	0.19273	0.07311	0.02460	0.00000	
9.50	Q	-0.03180	-0.04727	-0.10869	-0.27582	-0.71116	-1.83808	-4.75243	-4.75243	-1.84319	-0.72635	-0.31586	-0.21252	9.50
	V	0.00000	-0.00107	-0.00209	-0.00300	-0.00360	-0.00340	-0.00111	-0.00111	0.00119	0.00141	0.00084	0.00000	
	V'	-0.01073	-0.01056	-0.00988	-0.00802	-0.00320	0.00929	0.04158	0.04158	0.00934	-0.00303	-0.00758	-0.00873	
	M	0.00000	-0.00328	-0.00992	-0.02677	-0.07114	-0.18866	-0.50020	0.49980	0.18805	0.06970	0.02301	0.00000	
9.75	Q	-0.02809	-0.04253	-0.10072	-0.26248	-0.69415	-1.83967	-4.87704	-4.87704	-1.84412	-0.70763	-0.29884	-0.19736	9.75
	V	0.00000	-0.00102	-0.00200	-0.00287	-0.00346	-0.00328	-0.00105	-0.00105	0.00118	0.00137	0.00081	0.00000	
	V'	-0.01022	-0.01007	-0.00946	-0.00776	-0.00322	0.00883	0.04078	0.04078	0.00888	-0.00308	-0.00738	-0.00844	
BETA	X/L =	0.00	0.10	0.20	0.30	0.40	0.50	L 0.60	R 0.60	0.70	0.80	0.90	1.00	BETA

XM/L = 0.60

FUNKTIONEN : F.M;M - F.M;Q - F.M;V - F.M;V'

FUNKTIONEN : F.M;M - F.M;Q - F.M;V - F.M;V'

XM/L = 0.60

BETA	X/L =	0.00	0.10	0.20	0.30	0.40	0.50	L 0.60	R 0.60	0.70	0.80	0.90	1.00	BETA
10.00	M	0.00000	-0.00291	-0.00899	-0.02484	-0.06767	-0.18399	-0.50016	0.49984	0.18348	0.06643	0.02152	0.00000	10.00
	Q	-0.02480	-0.03826	-0.09329	-0.24964	-0.67713	-1.84010	-5.00171	-5.00171	-1.84397	-0.68907	-0.28263	-0.18316	
	V	0.00000	-0.00097	-0.00191	-0.00275	-0.00332	-0.00316	-0.00100	-0.00100	0.00117	0.00134	0.00078	0.00000	
	V'	-0.00975	-0.00962	-0.00907	-0.00750	-0.00323	0.00840	0.04002	0.04002	0.00844	-0.00311	-0.00717	-0.00817	
10.25	M	0.00000	-0.00259	-0.00815	-0.02305	-0.06437	-0.17944	-0.50014	0.49986	0.17902	0.06330	0.02012	0.00000	10.25
	Q	-0.02187	-0.03441	-0.08637	-0.23729	-0.66013	-1.83940	-5.12643	-5.12643	-1.84276	-0.67070	-0.26720	-0.16987	
	V	0.00000	-0.00093	-0.00183	-0.00264	-0.00319	-0.00305	-0.00095	-0.00095	0.00115	0.00130	0.00076	0.00000	
	V'	-0.00931	-0.00919	-0.00870	-0.00726	-0.00323	0.00799	0.03928	0.03928	0.00802	-0.00313	-0.00697	-0.00790	
10.50	M	0.00000	-0.00230	-0.00739	-0.02139	-0.06123	-0.17500	-0.50011	0.49989	0.17465	0.06031	0.01880	0.00000	10.50
	Q	-0.01929	-0.03093	-0.07993	-0.22544	-0.64319	-1.83764	-5.25120	-5.25120	-1.84055	-0.65254	-0.25252	-0.15745	
	V	0.00000	-0.00089	-0.00175	-0.00253	-0.00307	-0.00295	-0.00091	-0.00091	0.00114	0.00127	0.00074	0.00000	
	V'	-0.00890	-0.00879	-0.00835	-0.00703	-0.00324	0.00760	0.03856	0.03856	0.00762	-0.00315	-0.00678	-0.00764	
10.75	M	0.00000	-0.00205	-0.00669	-0.01985	-0.05824	-0.17068	-0.50009	0.49991	0.17038	0.05745	0.01756	0.00000	10.75
	Q	-0.01699	-0.02780	-0.07393	-0.21406	-0.62633	-1.83485	-5.37600	-5.37600	-1.83738	-0.63460	-0.23858	-0.14586	
	V	0.00000	-0.00085	-0.00167	-0.00242	-0.00296	-0.00285	-0.00086	-0.00086	0.00112	0.00123	0.00071	0.00000	
	V'	-0.00851	-0.00841	-0.00801	-0.00680	-0.00323	0.00722	0.03787	0.03787	0.00725	-0.00316	-0.00659	-0.00739	
11.00	M	0.00000	-0.00182	-0.00606	-0.01842	-0.05540	-0.16646	-0.50007	0.49993	0.16621	0.05472	0.01640	0.00000	11.00
	Q	-0.01497	-0.02497	-0.06836	-0.20316	-0.60960	-1.83110	-5.50084	-5.50084	-1.83328	-0.61690	-0.22534	-0.13505	
	V	0.00000	-0.00081	-0.00160	-0.00233	-0.00285	-0.00276	-0.00083	-0.00083	0.00111	0.00120	0.00069	0.00000	
	V'	-0.00814	-0.00806	-0.00770	-0.00659	-0.00323	0.00687	0.03720	0.03720	0.00689	-0.00317	-0.00640	-0.00715	
11.25	M	0.00000	-0.00161	-0.00549	-0.01709	-0.05270	-0.16234	-0.50006	0.49994	0.16214	0.05211	0.01531	0.00000	11.25
	Q	-0.01317	-0.02243	-0.06319	-0.19273	-0.59302	-1.82642	-5.62570	-5.62570	-1.82831	-0.59946	-0.21276	-0.12498	
	V	0.00000	-0.00078	-0.00154	-0.00224	-0.00274	-0.00267	-0.00079	-0.00079	0.00109	0.00117	0.00067	0.00000	
	V'	-0.00780	-0.00772	-0.00740	-0.00638	-0.00322	0.00653	0.03655	0.03655	0.00654	-0.00316	-0.00622	-0.00691	
11.50	M	0.00000	-0.00143	-0.00498	-0.01586	-0.05013	-0.15833	-0.50005	0.49995	0.15816	0.04963	0.01428	0.00000	11.50
	Q	-0.01159	-0.02014	-0.05838	-0.18274	-0.57660	-1.82086	-5.75059	-5.75059	-1.82250	-0.58228	-0.20084	-0.11560	
	V	0.00000	-0.00075	-0.00147	-0.00215	-0.00265	-0.00258	-0.00076	-0.00076	0.00107	0.00114	0.00065	0.00000	
	V'	-0.00747	-0.00741	-0.00712	-0.00618	-0.00320	0.00621	0.03592	0.03592	0.00622	-0.00316	-0.00604	-0.00669	
11.75	M	0.00000	-0.00127	-0.00451	-0.01471	-0.04768	-0.15442	-0.50004	0.49996	0.15428	0.04725	0.01332	0.00000	11.75
	Q	-0.01019	-0.01808	-0.05393	-0.17319	-0.56039	-1.81448	-5.87549	-5.87549	-1.81589	-0.56539	-0.18953	-0.10687	
	V	0.00000	-0.00072	-0.00142	-0.00207	-0.00255	-0.00250	-0.00072	-0.00072	0.00106	0.00111	0.00063	0.00000	
	V'	-0.00717	-0.00711	-0.00685	-0.00599	-0.00318	0.00590	0.03531	0.03531	0.00591	-0.00315	-0.00587	-0.00647	
12.00	M	0.00000	-0.00113	-0.00408	-0.01365	-0.04536	-0.15061	-0.50003	0.49997	0.15048	0.04499	0.01242	0.00000	12.00
	Q	-0.00896	-0.01622	-0.04979	-0.16408	-0.54438	-1.80730	-6.00041	-6.00041	-1.80852	-0.54879	-0.17881	-0.09876	
	V	0.00000	-0.00069	-0.00136	-0.00199	-0.00246	-0.00243	-0.00069	-0.00069	0.00104	0.00108	0.00061	0.00000	
	V'	-0.00688	-0.00683	-0.00660	-0.00581	-0.00316	0.00561	0.03473	0.03473	0.00561	-0.00313	-0.00570	-0.00626	
12.25	M	0.00000	-0.00100	-0.00370	-0.01267	-0.04315	-0.14689	-0.50003	0.49997	0.14678	0.04283	0.01158	0.00000	12.25
	Q	-0.00787	-0.01456	-0.04595	-0.15537	-0.52861	-1.79937	-6.12534	-6.12534	-1.80042	-0.53248	-0.16866	-0.09122	
	V	0.00000	-0.00066	-0.00131	-0.00191	-0.00238	-0.00235	-0.00067	-0.00067	0.00102	0.00105	0.00059	0.00000	
	V'	-0.00661	-0.00657	-0.00636	-0.00563	-0.00314	0.00533	0.03415	0.03415	0.00533	-0.00312	-0.00554	-0.00606	
BETA	X/L =	0.00	0.10	0.20	0.30	0.40	0.50	L 0.60	R 0.60	0.70	0.80	0.90	1.00	BETA

XM/L = 0.60

FUNKTIONEN : F.M;M - F.M;Q - F.M;V - F.M;V'

FUNKTIONEN : F.M:M - F.M:Q - F.M:V - F.M:V'

XM/L = 0.60

BETA	X/L =	0.00	0.10	0.20	0.30	0.40	0.50	L 0.60	R 0.60	0.70	0.80	0.90	1.00	BETA
	M	0.00000	-0.00089	-0.00335	-0.01175	-0.04104	-0.14326	-0.50002	0.49998	0.14317	0.04077	0.01079	0.00000	
12.50	Q	-0.00691	-0.01306	-0.04240	-0.14707	-0.51308	-1.79074	-6.25029	-6.25029	-1.79165	-0.51649	-0.15905	-0.08422	12.50
	V	0.00000	-0.00063	-0.00126	-0.00184	-0.00230	-0.00228	-0.00064	-0.00064	0.00100	0.00102	0.00057	0.00000	
	V'	-0.00636	-0.00632	-0.00613	-0.00546	-0.00312	0.00506	0.03360	0.03360	0.00507	-0.00309	-0.00538	-0.00586	
	M	0.00000	-0.00079	-0.00303	-0.01090	-0.03904	-0.13972	-0.50002	0.49998	0.13965	0.03880	0.01006	0.00000	
12.75	Q	-0.00607	-0.01171	-0.03911	-0.13916	-0.49781	-1.78144	-6.37524	-6.37524	-1.78222	-0.50081	-0.14995	-0.07773	12.75
	V	0.00000	-0.00061	-0.00121	-0.00178	-0.00222	-0.00222	-0.00062	-0.00062	0.00099	0.00099	0.00055	0.00000	
	V'	-0.00611	-0.00608	-0.00591	-0.00530	-0.00309	0.00481	0.03307	0.03307	0.00481	-0.00307	-0.00523	-0.00567	
	M	0.00000	-0.00070	-0.00274	-0.01012	-0.03714	-0.13627	-0.50002	0.49998	0.13621	0.03693	0.00937	0.00000	
13.00	Q	-0.00533	-0.01050	-0.03606	-0.13163	-0.48281	-1.77151	-6.50020	-6.50020	-1.77218	-0.48544	-0.14134	-0.07172	13.00
	V	0.00000	-0.00059	-0.00117	-0.00172	-0.00215	-0.00215	-0.00059	-0.00059	0.00097	0.00096	0.00054	0.00000	
	V'	-0.00589	-0.00586	-0.00570	-0.00514	-0.00306	0.00457	0.03255	0.03255	0.00457	-0.00304	-0.00508	-0.00549	
	M	0.00000	-0.00062	-0.00248	-0.00939	-0.03533	-0.13290	-0.50001	0.49999	0.13285	0.03515	0.00873	0.00000	
13.25	Q	-0.00467	-0.00941	-0.03324	-0.12446	-0.46809	-1.76099	-6.62517	-6.62517	-1.76157	-0.47040	-0.13320	-0.06614	13.25
	V	0.00000	-0.00057	-0.00113	-0.00166	-0.00208	-0.00209	-0.00057	-0.00057	0.00095	0.00094	0.00052	0.00000	
	V'	-0.00567	-0.00564	-0.00551	-0.00499	-0.00303	0.00433	0.03204	0.03204	0.00434	-0.00302	-0.00494	-0.00532	
	M	0.00000	-0.00055	-0.00225	-0.00871	-0.03360	-0.12962	-0.50001	0.49999	0.12958	0.03345	0.00813	0.00000	
13.50	Q	-0.00410	-0.00843	-0.03063	-0.11764	-0.45366	-1.74991	-6.75014	-6.75014	-1.75040	-0.45569	-0.12550	-0.06097	13.50
	V	0.00000	-0.00055	-0.00109	-0.00160	-0.00201	-0.00203	-0.00055	-0.00055	0.00094	0.00091	0.00050	0.00000	
	V'	-0.00546	-0.00544	-0.00532	-0.00484	-0.00300	0.00411	0.03155	0.03155	0.00412	-0.00299	-0.00480	-0.00515	
	M	0.00000	-0.00048	-0.00204	-0.00808	-0.03196	-0.12642	-0.50001	0.49999	0.12639	0.03183	0.00757	0.00000	
13.75	Q	-0.00359	-0.00756	-0.02821	-0.11115	-0.43952	-1.73830	-6.87512	-6.87512	-1.73873	-0.44130	-0.11823	-0.05619	13.75
	V	0.00000	-0.00053	-0.00105	-0.00154	-0.00195	-0.00198	-0.00053	-0.00053	0.00092	0.00089	0.00049	0.00000	
	V'	-0.00527	-0.00525	-0.00514	-0.00470	-0.00296	0.00391	0.03107	0.03107	0.00391	-0.00296	-0.00466	-0.00499	
	M	0.00000	-0.00043	-0.00184	-0.00750	-0.03041	-0.12330	-0.50001	0.49999	0.12327	0.03029	0.00704	0.00000	
14.00	Q	-0.00315	-0.00677	-0.02598	-0.10499	-0.42568	-1.72620	-7.00010	-7.00010	-1.72657	-0.42724	-0.11135	-0.05177	14.00
	V	0.00000	-0.00051	-0.00101	-0.00149	-0.00189	-0.00192	-0.00051	-0.00051	0.00090	0.00087	0.00047	0.00000	
	V'	-0.00509	-0.00507	-0.00497	-0.00457	-0.00293	0.00371	0.03061	0.03061	0.00371	-0.00292	-0.00453	-0.00484	
	M	0.00000	-0.00038	-0.00167	-0.00695	-0.02892	-0.12026	-0.50001	0.49999	0.12023	0.02883	0.00655	0.00000	
14.25	Q	-0.00276	-0.00607	-0.02392	-0.09914	-0.41215	-1.71364	-7.12508	-7.12508	-1.71395	-0.41352	-0.10486	-0.04768	14.25
	V	0.00000	-0.00049	-0.00098	-0.00144	-0.00183	-0.00187	-0.00049	-0.00049	0.00089	0.00084	0.00046	0.00000	
	V'	-0.00491	-0.00489	-0.00481	-0.00444	-0.00289	0.00351	0.03016	0.03016	0.00352	-0.00289	-0.00441	-0.00469	
	M	0.00000	-0.00034	-0.00151	-0.00645	-0.02751	-0.11729	-0.50000	0.50000	0.11727	0.02743	0.00610	0.00000	
14.50	Q	-0.00242	-0.00543	-0.02202	-0.09359	-0.39893	-1.70065	-7.25007	-7.25007	-1.70092	-0.40013	-0.09872	-0.04390	14.50
	V	0.00000	-0.00047	-0.00094	-0.00140	-0.00177	-0.00182	-0.00048	-0.00048	0.00087	0.00082	0.00045	0.00000	
	V'	-0.00474	-0.00473	-0.00465	-0.00431	-0.00286	0.00333	0.02973	0.02973	0.00333	-0.00285	-0.00429	-0.00455	
	M	0.00000	-0.00030	-0.00137	-0.00599	-0.02617	-0.11439	-0.50000	0.50000	0.11437	0.02610	0.00567	0.00000	
14.75	Q	-0.00211	-0.00486	-0.02026	-0.08832	-0.38601	-1.68726	-7.37506	-7.37506	-1.68749	-0.38706	-0.09293	-0.04041	14.75
	V	0.00000	-0.00046	-0.00091	-0.00135	-0.00172	-0.00177	-0.00046	-0.00046	0.00085	0.00080	0.00043	0.00000	
	V'	-0.00459	-0.00457	-0.00450	-0.00419	-0.00282	0.00316	0.02930	0.02930	0.00316	-0.00282	-0.00417	-0.00441	
BETA	X/L =	0.00	0.10	0.20	0.30	0.40	0.50	L 0.60	R 0.60	0.70	0.80	0.90	1.00	BETA

XM/L = 0.60

FUNKTIONEN : F.M:M - F.M:Q - F.M:V - F.M:V'

FUNKTIONEN : F.M;M - F.M;Q - F.M;V - F.M;V'

XM/L = 0.60

BETA	X/L =	0.00	0.10	0.20	0.30	0.40	0.50	L 0.60	R 0.60	0.70	0.80	0.90	1.00	BETA
	M	0.00000	-0.00026	-0.00124	-0.00555	-0.02489	-0.11157	-0.50000	0.50000	0.11155	0.02483	0.00528	0.00000	
15.00	Q	-0.00185	-0.00435	-0.01864	-0.08333	-0.37341	-1.67349	-7.50005	-7.50005	-1.67368	-0.37433	-0.08747	-0.03718	15.00
	V	0.00000	-0.00044	-0.00088	-0.00131	-0.00167	-0.00173	-0.00044	-0.00044	0.00084	0.00078	0.00042	0.00000	
	V'	-0.00444	-0.00443	-0.00436	-0.00407	-0.00278	0.00299	0.02889	0.02889	0.00299	-0.00278	-0.00406	-0.00428	
	M	0.00000	-0.00023	-0.00112	-0.00515	-0.02368	-0.10881	-0.50000	0.50000	0.10880	0.02363	0.00491	0.00000	
15.25	Q	-0.00162	-0.00390	-0.01714	-0.07859	-0.36112	-1.65937	-7.62504	-7.62504	-1.65954	-0.36192	-0.08231	-0.03420	15.25
	V	0.00000	-0.00043	-0.00086	-0.00127	-0.00162	-0.00168	-0.00043	-0.00043	0.00082	0.00076	0.00041	0.00000	
	V'	-0.00429	-0.00428	-0.00423	-0.00396	-0.00275	0.00284	0.02849	0.02849	0.00284	-0.00274	-0.00395	-0.00415	
	M	0.00000	-0.00021	-0.00101	-0.00478	-0.02252	-0.10612	-0.50000	0.50000	0.10611	0.02248	0.00457	0.00000	
15.50	Q	-0.00142	-0.00349	-0.01576	-0.07411	-0.34913	-1.64493	-7.75003	-7.75003	-1.64507	-0.34984	-0.07744	-0.03146	15.50
	V	0.00000	-0.00042	-0.00083	-0.00123	-0.00157	-0.00164	-0.00042	-0.00042	0.00081	0.00074	0.00040	0.00000	
	V'	-0.00416	-0.00415	-0.00410	-0.00385	-0.00271	0.00268	0.02810	0.02810	0.00269	-0.00271	-0.00384	-0.00403	
	M	0.00000	-0.00018	-0.00092	-0.00444	-0.02143	-0.10350	-0.50000	0.50000	0.10350	0.02139	0.00425	0.00000	
15.75	Q	-0.00124	-0.00312	-0.01449	-0.06986	-0.33746	-1.63019	-7.87503	-7.87503	-1.63031	-0.33808	-0.07285	-0.02892	15.75
	V	0.00000	-0.00040	-0.00080	-0.00119	-0.00153	-0.00160	-0.00040	-0.00040	0.00079	0.00072	0.00039	0.00000	
	V'	-0.00403	-0.00402	-0.00397	-0.00375	-0.00267	0.00254	0.02771	0.02771	0.00254	-0.00267	-0.00374	-0.00391	
	M	0.00000	-0.00016	-0.00083	-0.00411	-0.02038	-0.10095	-0.50000	0.50000	0.10094	0.02035	0.00395	0.00000	
16.00	Q	-0.00108	-0.00279	-0.01331	-0.06584	-0.32610	-1.61518	-8.00002	-8.00002	-1.61528	-0.32664	-0.06852	-0.02658	16.00
	V	0.00000	-0.00039	-0.00078	-0.00116	-0.00148	-0.00156	-0.00039	-0.00039	0.00078	0.00070	0.00038	0.00000	
	V'	-0.00390	-0.00390	-0.00385	-0.00365	-0.00263	0.00240	0.02734	0.02734	0.00240	-0.00263	-0.00364	-0.00380	
	M	0.00000	-0.00014	-0.00075	-0.00382	-0.01939	-0.09846	-0.50000	0.50000	0.09845	0.01936	0.00367	0.00000	
16.25	Q	-0.00095	-0.00250	-0.01223	-0.06204	-0.31504	-1.59991	-8.12502	-8.12502	-1.60000	-0.31551	-0.06444	-0.02443	16.25
	V	0.00000	-0.00038	-0.00075	-0.00112	-0.00144	-0.00152	-0.00038	-0.00038	0.00076	0.00068	0.00036	0.00000	
	V'	-0.00378	-0.00378	-0.00374	-0.00355	-0.00259	0.00227	0.02698	0.02698	0.00227	-0.00259	-0.00354	-0.00369	
	M	0.00000	-0.00013	-0.00068	-0.00354	-0.01844	-0.09603	-0.50000	0.50000	0.09602	0.01842	0.00341	0.00000	
16.50	Q	-0.00083	-0.00223	-0.01124	-0.05844	-0.30429	-1.58441	-8.25002	-8.25002	-1.58449	-0.30470	-0.06059	-0.02245	16.50
	V	0.00000	-0.00037	-0.00073	-0.00109	-0.00140	-0.00148	-0.00037	-0.00037	0.00075	0.00067	0.00035	0.00000	
	V'	-0.00367	-0.00366	-0.00363	-0.00346	-0.00256	0.00215	0.02663	0.02663	0.00215	-0.00255	-0.00345	-0.00359	
	M	0.00000	-0.00011	-0.00061	-0.00329	-0.01754	-0.09365	-0.50000	0.50000	0.09365	0.01752	0.00317	0.00000	
16.75	Q	-0.00072	-0.00200	-0.01032	-0.05504	-0.29383	-1.56871	-8.37501	-8.37501	-1.56877	-0.29419	-0.05697	-0.02062	16.75
	V	0.00000	-0.00036	-0.00071	-0.00106	-0.00136	-0.00145	-0.00036	-0.00036	0.00074	0.00065	0.00035	0.00000	
	V'	-0.00356	-0.00356	-0.00353	-0.00337	-0.00252	0.00203	0.02629	0.02629	0.00203	-0.00252	-0.00336	-0.00349	
	M	0.00000	-0.00010	-0.00056	-0.00305	-0.01669	-0.09134	-0.50000	0.50000	0.09134	0.01667	0.00295	0.00000	
17.00	Q	-0.00063	-0.00179	-0.00948	-0.05182	-0.28367	-1.55281	-8.50001	-8.50001	-1.55287	-0.28399	-0.05355	-0.01893	17.00
	V	0.00000	-0.00035	-0.00069	-0.00103	-0.00133	-0.00141	-0.00035	-0.00035	0.00072	0.00063	0.00034	0.00000	
	V'	-0.00346	-0.00345	-0.00343	-0.00328	-0.00248	0.00191	0.02595	0.02595	0.00191	-0.00248	-0.00327	-0.00339	
	M	0.00000	-0.00009	-0.00050	-0.00283	-0.01587	-0.08909	-0.50000	0.50000	0.08908	0.01586	0.00274	0.00000	
17.25	Q	-0.00055	-0.00160	-0.00870	-0.04879	-0.27381	-1.53674	-8.62501	-8.62501	-1.53679	-0.27408	-0.05033	-0.01738	17.25
	V	0.00000	-0.00034	-0.00067	-0.00100	-0.00129	-0.00138	-0.00034	-0.00034	0.00071	0.00062	0.00033	0.00000	
	V'	-0.00336	-0.00336	-0.00333	-0.00320	-0.00244	0.00180	0.02562	0.02562	0.00180	-0.00244	-0.00319	-0.00330	
BETA	X/L =	0.00	0.10	0.20	0.30	0.40	0.50	L 0.60	R 0.60	0.70	0.80	0.90	1.00	BETA

XM/L = 0.60

FUNKTIONEN : F.M;M - F.M;Q - F.M;V - F.M;V'

FUNKTIONEN : F.MIM - F.MIQ - F.MIV - F.MIV'

XM/L = 0.60

BETA	X/L =	0.00	0.10	0.20	0.30	0.40	0.50	L 0.60	R 0.60	0.70	0.80	0.90	1.00	BETA
	M	0.00000	-0.00008	-0.00046	-0.00262	-0.01510	-0.08689	-0.50000	0.50000	0.08688	0.01508	0.00254	0.00000	
17.50	Q	-0.00048	-0.00143	-0.00799	-0.04592	-0.26423	-1.52052	-8.75001	-8.75001	-1.52056	-0.26447	-0.04730	-0.01596	17.50
	V	0.00000	-0.00033	-0.00065	-0.00097	-0.00126	-0.00135	-0.00033	-0.00033	0.00070	0.00060	0.00032	0.00000	
	V'	-0.00326	-0.00326	-0.00324	-0.00312	-0.00240	0.00170	0.02531	0.02531	0.00170	-0.00240	-0.00311	-0.00321	
	M	0.00000	-0.00007	-0.00041	-0.00243	-0.01436	-0.08474	-0.50000	0.50000	0.08474	0.01435	0.00236	0.00000	
17.75	Q	-0.00042	-0.00128	-0.00733	-0.04321	-0.25493	-1.50417	-8.87501	-8.87501	-1.50420	-0.25514	-0.04445	-0.01465	17.75
	V	0.00000	-0.00032	-0.00063	-0.00094	-0.00122	-0.00132	-0.00032	-0.00032	0.00068	0.00059	0.00031	0.00000	
	V'	-0.00317	-0.00317	-0.00315	-0.00304	-0.00236	0.00160	0.02500	0.02500	0.00160	-0.00236	-0.00303	-0.00313	
	M	0.00000	-0.00006	-0.00037	-0.00226	-0.01366	-0.08265	-0.50000	0.50000	0.08265	0.01365	0.00220	0.00000	
18.00	Q	-0.00037	-0.00114	-0.00672	-0.04065	-0.24591	-1.48769	-9.00001	-9.00001	-1.48772	-0.24610	-0.04176	-0.01344	18.00
	V	0.00000	-0.00031	-0.00062	-0.00092	-0.00119	-0.00129	-0.00031	-0.00031	0.00067	0.00058	0.00030	0.00000	
	V'	-0.00309	-0.00308	-0.00307	-0.00296	-0.00233	0.00151	0.02469	0.02469	0.00151	-0.00233	-0.00296	-0.00304	
	M	0.00000	-0.00005	-0.00034	-0.00210	-0.01300	-0.08061	-0.50000	0.50000	0.08061	0.01299	0.00204	0.00000	
18.25	Q	-0.00032	-0.00102	-0.00617	-0.03824	-0.23717	-1.47111	-9.12500	-9.12500	-1.47114	-0.23753	-0.03923	-0.01233	18.25
	V	0.00000	-0.00030	-0.00060	-0.00089	-0.00116	-0.00126	-0.00030	-0.00030	0.00066	0.00056	0.00029	0.00000	
	V'	-0.00300	-0.00300	-0.00298	-0.00289	-0.00229	0.00141	0.02439	0.02439	0.00141	-0.00229	-0.00288	-0.00297	
	M	0.00000	-0.00005	-0.00031	-0.00194	-0.01236	-0.07862	-0.50000	0.50000	0.07862	0.01235	0.00190	0.00000	
18.50	Q	-0.00028	-0.00091	-0.00566	-0.03596	-0.22869	-1.45444	-9.25000	-9.25000	-1.45447	-0.22883	-0.03685	-0.01131	18.50
	V	0.00000	-0.00029	-0.00058	-0.00087	-0.00113	-0.00123	-0.00029	-0.00029	0.00065	0.00055	0.00029	0.00000	
	V'	-0.00292	-0.00292	-0.00291	-0.00282	-0.00225	0.00133	0.02411	0.02411	0.00133	-0.00225	-0.00281	-0.00289	
	M	0.00000	-0.00004	-0.00028	-0.00180	-0.01176	-0.07668	-0.50000	0.50000	0.07668	0.01175	0.00176	0.00000	
18.75	Q	-0.00024	-0.00081	-0.00519	-0.03381	-0.22048	-1.43770	-9.37500	-9.37500	-1.43772	-0.22060	-0.03461	-0.01037	18.75
	V	0.00000	-0.00028	-0.00057	-0.00085	-0.00110	-0.00120	-0.00028	-0.00028	0.00064	0.00054	0.00028	0.00000	
	V'	-0.00284	-0.00284	-0.00283	-0.00275	-0.00222	0.00125	0.02382	0.02382	0.00125	-0.00222	-0.00275	-0.00281	
	M	0.00000	-0.00004	-0.00025	-0.00167	-0.01119	-0.07478	-0.50000	0.50000	0.07478	0.01118	0.00164	0.00000	
19.00	Q	-0.00021	-0.00073	-0.00476	-0.03179	-0.21252	-1.42090	-9.50000	-9.50000	-1.42092	-0.21263	-0.03250	-0.00951	19.00
	V	0.00000	-0.00028	-0.00055	-0.00083	-0.00108	-0.00118	-0.00028	-0.00028	0.00062	0.00052	0.00027	0.00000	
	V'	-0.00277	-0.00277	-0.00276	-0.00268	-0.00218	0.00117	0.02355	0.02355	0.00117	-0.00218	-0.00268	-0.00274	
	M	0.00000	-0.00003	-0.00023	-0.00155	-0.01064	-0.07294	-0.50000	0.50000	0.07294	0.01064	0.00152	0.00000	
19.25	Q	-0.00019	-0.00065	-0.00436	-0.02988	-0.20482	-1.40405	-9.62500	-9.62500	-1.40407	-0.20491	-0.03051	-0.00872	19.25
	V	0.00000	-0.00027	-0.00054	-0.00081	-0.00105	-0.00115	-0.00027	-0.00027	0.00061	0.00051	0.00027	0.00000	
	V'	-0.00270	-0.00270	-0.00269	-0.00262	-0.00215	0.00109	0.02328	0.02328	0.00109	-0.00215	-0.00262	-0.00268	
	M	0.00000	-0.00003	-0.00020	-0.00144	-0.01012	-0.07114	-0.50000	0.50000	0.07114	0.01012	0.00141	0.00000	
19.50	Q	-0.00016	-0.00058	-0.00400	-0.02808	-0.19736	-1.38717	-9.75000	-9.75000	-1.38718	-0.19744	-0.02865	-0.00799	19.50
	V	0.00000	-0.00026	-0.00053	-0.00079	-0.00103	-0.00113	-0.00026	-0.00026	0.00060	0.00050	0.00026	0.00000	
	V'	-0.00263	-0.00263	-0.00262	-0.00256	-0.00211	0.00102	0.02301	0.02301	0.00102	-0.00211	-0.00255	-0.00261	
	M	0.00000	-0.00003	-0.00019	-0.00134	-0.00963	-0.06938	-0.50000	0.50000	0.06938	0.00962	0.00131	0.00000	
19.75	Q	-0.00014	-0.00052	-0.00366	-0.02638	-0.19014	-1.37027	-9.87500	-9.87500	-1.37028	-0.19021	-0.02689	-0.00732	19.75
	V	0.00000	-0.00026	-0.00051	-0.00077	-0.00100	-0.00110	-0.00026	-0.00026	0.00059	0.00049	0.00025	0.00000	
	V'	-0.00256	-0.00256	-0.00255	-0.00250	-0.00208	0.00095	0.02275	0.02275	0.00095	-0.00208	-0.00249	-0.00254	
BETA	X/L =	0.00	0.10	0.20	0.30	0.40	0.50	L 0.60	R 0.60	0.70	0.80	0.90	1.00	BETA

XM/L = 0.60

FUNKTIONEN : F.MIM - F.MIQ - F.MIV - F.MIV'

Z U G S T A E B E -212-

FUNKTIONEN : F.M;M - F.M;Q - F.M;V - F.M;V'

XM/L = 0.60

BETA	X/L =	0.00	0.10	0.20	0.30	0.40	0.50	L 0.60	R 0.60	0.70	0.80	0.90	1.00	BETA
	M	0.00000	-0.00002	-0.00017	-0.00124	-0.00916	-0.06767	-0.50000	0.50000	0.06767	0.00915	0.00122	0.00000	
20.00	Q	-0.00012	-0.00046	-0.00336	-0.02479	-0.18316	-1.35335	-10.00000	-10.00000	-1.35336	-0.18322	-0.02524	-0.00671	20.00
	V	0.00000	-0.00025	-0.00050	-0.00075	-0.00098	-0.00108	-0.00025	-0.00025	0.00058	0.00048	0.00025	0.00000	
	V'	-0.00250	-0.00250	-0.00249	-0.00244	-0.00204	0.00088	0.02250	0.02250	0.00088	-0.00204	-0.00244	-0.00248	
	M	0.00000	-0.00002	-0.00015	-0.00115	-0.00871	-0.06600	-0.50000	0.50000	0.06600	0.00871	0.00113	0.00000	
20.25	Q	-0.00011	-0.00041	-0.00307	-0.02328	-0.17640	-1.33644	-10.12500	-10.12500	-1.33644	-0.17646	-0.02369	-0.00615	20.25
	V	0.00000	-0.00024	-0.00049	-0.00073	-0.00095	-0.00106	-0.00024	-0.00024	0.00057	0.00047	0.00024	0.00000	
	V'	-0.00244	-0.00244	-0.00243	-0.00238	-0.00201	0.00082	0.02225	0.02225	0.00082	-0.00201	-0.00238	-0.00242	
	M	0.00000	-0.00002	-0.00014	-0.00107	-0.00829	-0.06437	-0.50000	0.50000	0.06437	0.00828	0.00105	0.00000	
20.50	Q	-0.00009	-0.00037	-0.00282	-0.02187	-0.16987	-1.31953	-10.25000	-10.25000	-1.31954	-0.16992	-0.02223	-0.00563	20.50
	V	0.00000	-0.00024	-0.00048	-0.00071	-0.00093	-0.00104	-0.00024	-0.00024	0.00056	0.00046	0.00024	0.00000	
	V'	-0.00238	-0.00238	-0.00237	-0.00233	-0.00198	0.00076	0.02201	0.02201	0.00076	-0.00198	-0.00233	-0.00237	
	M	0.00000	-0.00002	-0.00012	-0.00099	-0.00788	-0.06278	-0.50000	0.50000	0.06278	0.00788	0.00097	0.00000	
20.75	Q	-0.00008	-0.00033	-0.00258	-0.02054	-0.16356	-1.30265	-10.37500	-10.37500	-1.30265	-0.16360	-0.02086	-0.00516	20.75
	V	0.00000	-0.00023	-0.00046	-0.00069	-0.00091	-0.00102	-0.00023	-0.00023	0.00055	0.00045	0.00023	0.00000	
	V'	-0.00232	-0.00232	-0.00232	-0.00227	-0.00194	0.00070	0.02177	0.02177	0.00070	-0.00194	-0.00227	-0.00231	
	M	0.00000	-0.00001	-0.00011	-0.00092	-0.00750	-0.06123	-0.50000	0.50000	0.06123	0.00750	0.00090	0.00000	
21.00	Q	-0.00007	-0.00029	-0.00236	-0.01928	-0.15745	-1.28579	-10.50000	-10.50000	-1.28580	-0.15749	-0.01957	-0.00472	21.00
	V	0.00000	-0.00023	-0.00045	-0.00068	-0.00089	-0.00099	-0.00023	-0.00023	0.00054	0.00044	0.00022	0.00000	
	V'	-0.00227	-0.00227	-0.00226	-0.00222	-0.00191	0.00065	0.02154	0.02154	0.00065	-0.00191	-0.00222	-0.00226	
	M	0.00000	-0.00001	-0.00010	-0.00085	-0.00713	-0.05972	-0.50000	0.50000	0.05972	0.00713	0.00084	0.00000	
21.25	Q	-0.00006	-0.00026	-0.00216	-0.01810	-0.15156	-1.26898	-10.62500	-10.62500	-1.26898	-0.15159	-0.01836	-0.00432	21.25
	V	0.00000	-0.00022	-0.00044	-0.00066	-0.00087	-0.00098	-0.00022	-0.00022	0.00053	0.00043	0.00022	0.00000	
	V'	-0.00221	-0.00221	-0.00221	-0.00217	-0.00188	0.00060	0.02131	0.02131	0.00060	-0.00188	-0.00217	-0.00220	
	M	0.00000	-0.00001	-0.00009	-0.00079	-0.00678	-0.05824	-0.50000	0.50000	0.05824	0.00678	0.00078	0.00000	
21.50	Q	-0.00005	-0.00023	-0.00198	-0.01699	-0.14586	-1.25220	-10.75000	-10.75000	-1.25221	-0.14589	-0.01722	-0.00396	21.50
	V	0.00000	-0.00022	-0.00043	-0.00065	-0.00085	-0.00096	-0.00022	-0.00022	0.00052	0.00042	0.00021	0.00000	
	V'	-0.00216	-0.00216	-0.00216	-0.00213	-0.00185	0.00055	0.02109	0.02109	0.00055	-0.00185	-0.00213	-0.00215	
	M	0.00000	-0.00001	-0.00008	-0.00073	-0.00645	-0.05680	-0.50000	0.50000	0.05680	0.00645	0.00072	0.00000	
21.75	Q	-0.00005	-0.00021	-0.00181	-0.01595	-0.14036	-1.23549	-10.87500	-10.87500	-1.23549	-0.14038	-0.01615	-0.00362	21.75
	V	0.00000	-0.00021	-0.00042	-0.00063	-0.00083	-0.00094	-0.00021	-0.00021	0.00051	0.00041	0.00021	0.00000	
	V'	-0.00211	-0.00211	-0.00211	-0.00208	-0.00182	0.00050	0.02087	0.02087	0.00050	-0.00182	-0.00208	-0.00211	
	M	0.00000	-0.00001	-0.00008	-0.00068	-0.00614	-0.05540	-0.50000	0.50000	0.05540	0.00614	0.00067	0.00000	
22.00	Q	-0.00004	-0.00019	-0.00166	-0.01496	-0.13505	-1.21883	-11.00000	-11.00000	-1.21884	-0.13507	-0.01515	-0.00332	22.00
	V	0.00000	-0.00021	-0.00041	-0.00062	-0.00081	-0.00092	-0.00021	-0.00021	0.00051	0.00040	0.00021	0.00000	
	V'	-0.00207	-0.00207	-0.00206	-0.00204	-0.00179	0.00045	0.02066	0.02066	0.00045	-0.00179	-0.00203	-0.00206	
	M	0.00000	-0.00001	-0.00007	-0.00063	-0.00584	-0.05403	-0.50000	0.50000	0.05403	0.00584	0.00062	0.00000	
22.25	Q	-0.00004	-0.00017	-0.00152	-0.01404	-0.12992	-1.20225	-11.12500	-11.12500	-1.20225	-0.12994	-0.01420	-0.00303	22.25
	V	0.00000	-0.00020	-0.00040	-0.00060	-0.00080	-0.00090	-0.00020	-0.00020	0.00050	0.00039	0.00020	0.00000	
	V'	-0.00202	-0.00202	-0.00202	-0.00199	-0.00176	0.00041	0.02045	0.02045	0.00041	-0.00176	-0.00199	-0.00201	
BETA	X/L =	0.00	0.10	0.20	0.30	0.40	0.50	L 0.60	R 0.60	0.70	0.80	0.90	1.00	BETA

XM/L = 0.60

FUNKTIONEN : F.M;M - F.M;Q - F.M;V - F.M;V'

FUNKTIONEN : F.M:M - F.M:Q - F.M:V - F.M:V'

XM/L = 0.60

BETA	X/L =	0.00	0.10	0.20	0.30	0.40	0.50	L 0.60	R 0.60	0.70	0.80	0.90	1.00	BETA
	M	0.00000	-0.00001	-0.00006	-0.00059	-0.00555	-0.05270	-0.50000	0.50000	0.05270	0.00555	0.00058	0.00000	
22.50	Q	-0.00003	-0.00015	-0.00139	-0.01317	-0.12498	-1.18574	-11.25000	-11.25000	-1.18574	-0.12499	-0.01332	-0.00278	22.50
	V	0.00000	-0.00020	-0.00039	-0.00059	-0.00078	-0.00088	-0.00020	-0.00020	0.00049	0.00038	0.00020	0.00000	
	V'	-0.00198	-0.00198	-0.00197	-0.00195	-0.00173	0.00037	0.02025	0.02025	0.00037	-0.00173	-0.00195	-0.00197	
	M	0.00000	-0.00001	-0.00006	-0.00054	-0.00528	-0.05140	-0.50000	0.50000	0.05140	0.00528	0.00054	0.00000	
22.75	Q	-0.00003	-0.00013	-0.00127	-0.01236	-0.12020	-1.16931	-11.37500	-11.37500	-1.16932	-0.12022	-0.01249	-0.00254	22.75
	V	0.00000	-0.00019	-0.00039	-0.00058	-0.00076	-0.00087	-0.00019	-0.00019	0.00048	0.00038	0.00019	0.00000	
	V'	-0.00193	-0.00193	-0.00193	-0.00191	-0.00170	0.00033	0.02005	0.02005	0.00033	-0.00170	-0.00191	-0.00193	
	M	0.00000	-0.00001	-0.00005	-0.00050	-0.00503	-0.05013	-0.50000	0.50000	0.05013	0.00503	0.00050	0.00000	
23.00	Q	-0.00002	-0.00012	-0.00116	-0.01159	-0.11560	-1.15298	-11.50000	-11.50000	-1.15298	-0.11561	-0.01171	-0.00232	23.00
	V	0.00000	-0.00019	-0.00038	-0.00057	-0.00075	-0.00085	-0.00019	-0.00019	0.00047	0.00037	0.00019	0.00000	
	V'	-0.00189	-0.00189	-0.00189	-0.00187	-0.00167	0.00029	0.01985	0.01985	0.00029	-0.00167	-0.00187	-0.00189	
	M	0.00000	-0.00000	-0.00005	-0.00047	-0.00478	-0.04889	-0.50000	0.50000	0.04889	0.00478	0.00046	0.00000	
23.25	Q	-0.00002	-0.00010	-0.00106	-0.01087	-0.11115	-1.13673	-11.62500	-11.62500	-1.13673	-0.11116	-0.01097	-0.00213	23.25
	V	0.00000	-0.00018	-0.00037	-0.00055	-0.00073	-0.00083	-0.00018	-0.00018	0.00046	0.00036	0.00018	0.00000	
	V'	-0.00185	-0.00185	-0.00185	-0.00183	-0.00164	0.00025	0.01966	0.01966	0.00025	-0.00164	-0.00183	-0.00185	
	M	0.00000	-0.00000	-0.00004	-0.00043	-0.00455	-0.04768	-0.50000	0.50000	0.04768	0.00455	0.00043	0.00000	
23.50	Q	-0.00002	-0.00009	-0.00097	-0.01019	-0.10687	-1.12059	-11.75000	-11.75000	-1.12059	-0.10688	-0.01028	-0.00194	23.50
	V	0.00000	-0.00018	-0.00036	-0.00054	-0.00072	-0.00082	-0.00018	-0.00018	0.00046	0.00035	0.00018	0.00000	
	V'	-0.00181	-0.00181	-0.00181	-0.00179	-0.00162	0.00022	0.01947	0.01947	0.00022	-0.00162	-0.00179	-0.00181	
	M	0.00000	-0.00000	-0.00004	-0.00040	-0.00433	-0.04651	-0.50000	0.50000	0.04651	0.00433	0.00040	0.00000	
23.75	Q	-0.00002	-0.00008	-0.00089	-0.00956	-0.10274	-1.10455	-11.87500	-11.87500	-1.10455	-0.10275	-0.00964	-0.00178	23.75
	V	0.00000	-0.00018	-0.00035	-0.00053	-0.00070	-0.00080	-0.00018	-0.00018	0.00045	0.00035	0.00018	0.00000	
	V'	-0.00177	-0.00177	-0.00177	-0.00176	-0.00159	0.00019	0.01928	0.01928	0.00019	-0.00159	-0.00176	-0.00177	
	M	0.00000	-0.00000	-0.00003	-0.00037	-0.00411	-0.04536	-0.50000	0.50000	0.04536	0.00411	0.00037	0.00000	
24.00	Q	-0.00001	-0.00007	-0.00081	-0.00896	-0.09876	-1.08862	-12.00000	-12.00000	-1.08862	-0.09876	-0.00903	-0.00163	24.00
	V	0.00000	-0.00017	-0.00035	-0.00052	-0.00069	-0.00079	-0.00017	-0.00017	0.00044	0.00034	0.00017	0.00000	
	V'	-0.00174	-0.00174	-0.00173	-0.00172	-0.00156	0.00015	0.01910	0.01910	0.00015	-0.00156	-0.00172	-0.00173	
	M	0.00000	-0.00000	-0.00003	-0.00035	-0.00391	-0.04424	-0.50000	0.50000	0.04424	0.00391	0.00034	0.00000	
24.25	Q	-0.00001	-0.00007	-0.00074	-0.00840	-0.09492	-1.07280	-12.12500	-12.12500	-1.07280	-0.09492	-0.00846	-0.00149	24.25
	V	0.00000	-0.00017	-0.00034	-0.00051	-0.00067	-0.00078	-0.00017	-0.00017	0.00043	0.00033	0.00017	0.00000	
	V'	-0.00170	-0.00170	-0.00170	-0.00169	-0.00154	0.00012	0.01892	0.01892	0.00012	-0.00154	-0.00169	-0.00170	
	M	0.00000	-0.00000	-0.00003	-0.00032	-0.00372	-0.04315	-0.50000	0.50000	0.04315	0.00372	0.00032	0.00000	
24.50	Q	-0.00001	-0.00006	-0.00068	-0.00787	-0.09122	-1.05710	-12.25000	-12.25000	-1.05710	-0.09123	-0.00793	-0.00136	24.50
	V	0.00000	-0.00017	-0.00033	-0.00050	-0.00066	-0.00076	-0.00017	-0.00017	0.00043	0.00033	0.00017	0.00000	
	V'	-0.00167	-0.00167	-0.00166	-0.00165	-0.00151	0.00010	0.01874	0.01874	0.00010	-0.00151	-0.00165	-0.00166	
	M	0.00000	-0.00000	-0.00003	-0.00030	-0.00354	-0.04208	-0.50000	0.50000	0.04208	0.00354	0.00030	0.00000	
24.75	Q	-0.00001	-0.00005	-0.00062	-0.00738	-0.08766	-1.04152	-12.37500	-12.37500	-1.04152	-0.08766	-0.00743	-0.00124	24.75
	V	0.00000	-0.00016	-0.00033	-0.00049	-0.00065	-0.00075	-0.00016	-0.00016	0.00042	0.00032	0.00016	0.00000	
	V'	-0.00163	-0.00163	-0.00163	-0.00162	-0.00149	0.00007	0.01857	0.01857	0.00007	-0.00149	-0.00162	-0.00163	

| BETA | X/L = | 0.00 | 0.10 | 0.20 | 0.30 | 0.40 | 0.50 | L 0.60 | R 0.60 | 0.70 | 0.80 | 0.90 | 1.00 | BETA |

XM/L = 0.60

FUNKTIONEN : F.M:M - F.M:Q - F.M:V - F.M:V'

FUNKTIONEN : F.MIM - F.MIQ - F.MIV - F.MIV'

XM/L = 0.60

BETA	X/L =	0.00	0.10	0.20	0.30	0.40	0.50	L 0.60	R 0.60	0.70	0.80	0.90	1.00	BETA
	M	0.00000	-0.00000	-0.00002	-0.00028	-0.00337	-0.04104	-0.50000	0.50000	0.04104	0.00337	0.00027	0.00000	
25.00	Q	-0.00001	-0.00005	-0.00057	-0.00691	-0.08422	-1.02606	-12.50000	-12.50000	-1.02606	-0.08423	-0.00696	-0.00113	25.00
	V	0.00000	-0.00016	-0.00032	-0.00048	-0.00063	-0.00073	-0.00016	-0.00016	0.00041	0.00031	0.00016	0.00000	
	V'	-0.00160	-0.00160	-0.00160	-0.00159	-0.00147	0.00004	0.01840	0.01840	0.00004	-0.00147	-0.00159	-0.00160	
	M	0.00000	-0.00000	-0.00001	-0.00019	-0.00262	-0.03622	-0.50000	0.50000	0.03622	0.00262	0.00019	0.00000	
26.25	Q	-0.00000	-0.00003	-0.00036	-0.00499	-0.06887	-0.95077	-13.12500	-13.12500	-0.95077	-0.06888	-0.00502	-0.00072	26.25
	V	0.00000	-0.00015	-0.00029	-0.00044	-0.00058	-0.00067	-0.00015	-0.00015	0.00038	0.00029	0.00014	0.00000	
	V'	-0.00145	-0.00145	-0.00145	-0.00144	-0.00135	-0.00007	0.01760	0.01760	-0.00007	-0.00135	-0.00144	-0.00145	
	M	0.00000	-0.00000	-0.00001	-0.00013	-0.00204	-0.03196	-0.50000	0.50000	0.03196	0.00204	0.00013	0.00000	
27.50	Q	-0.00000	-0.00001	-0.00023	-0.00359	-0.05619	-0.87901	-13.75000	-13.75000	-0.87901	-0.05619	-0.00361	-0.00046	27.50
	V	0.00000	-0.00013	-0.00026	-0.00040	-0.00053	-0.00062	-0.00013	-0.00013	0.00035	0.00026	0.00013	0.00000	
	V'	-0.00132	-0.00132	-0.00132	-0.00132	-0.00125	-0.00016	0.01686	0.01685	-0.00016	-0.00125	-0.00132	-0.00132	
	M	0.00000	-0.00000	-0.00001	-0.00009	-0.00159	-0.02821	-0.50000	0.50000	0.02821	0.00159	0.00009	0.00000	
28.75	Q	-0.00000	-0.00001	-0.00015	-0.00258	-0.04575	-0.81098	-14.37500	-14.37500	-0.81098	-0.04575	-0.00259	-0.00029	28.75
	V	0.00000	-0.00012	-0.00024	-0.00036	-0.00048	-0.00057	-0.00012	-0.00012	0.00033	0.00024	0.00012	0.00000	
	V'	-0.00121	-0.00121	-0.00121	-0.00121	-0.00115	-0.00023	0.01618	0.01613	-0.00023	-0.00115	-0.00121	-0.00121	
	M	0.00000	-0.00000	-0.00000	-0.00006	-0.00124	-0.02489	-0.50000	0.50000	0.02489	0.00124	0.00006	0.00000	
30.00	Q	-0.00000	-0.00000	-0.00009	-0.00185	-0.03718	-0.74681	-15.00000	-15.00000	-0.74681	-0.03718	-0.00185	-0.00018	30.00
	V	0.00000	-0.00011	-0.00022	-0.00033	-0.00044	-0.00053	-0.00011	-0.00011	0.00031	0.00022	0.00011	0.00000	
	V'	-0.00111	-0.00111	-0.00111	-0.00111	-0.00107	-0.00028	0.01556	0.01555	-0.00028	-0.00107	-0.00111	-0.00111	
	M	0.00000	-0.00000	-0.00000	-0.00004	-0.00097	-0.02197	-0.50000	0.50000	0.02197	0.00097	0.00004	0.00000	
31.25	Q	-0.00000	-0.00000	-0.00006	-0.00133	-0.03016	-0.68651	-15.62500	-15.62500	-0.68651	-0.03016	-0.00133	-0.00012	31.25
	V	0.00000	-0.00010	-0.00020	-0.00031	-0.00041	-0.00049	-0.00010	-0.00010	0.00028	0.00020	0.00010	0.00000	
	V'	-0.00102	-0.00102	-0.00102	-0.00102	-0.00099	-0.00032	0.01498	0.01493	-0.00032	-0.00099	-0.00102	-0.00102	
	M	0.00000	-0.00000	-0.00000	-0.00003	-0.00075	-0.01939	-0.50000	0.50000	0.01939	0.00075	0.00003	0.00000	
32.50	Q	-0.00000	-0.00000	-0.00004	-0.00095	-0.02443	-0.63008	-16.25000	-16.25000	-0.63008	-0.02443	-0.00095	-0.00007	32.50
	V	0.00000	-0.00009	-0.00019	-0.00028	-0.00038	-0.00046	-0.00009	-0.00009	0.00027	0.00019	0.00009	0.00000	
	V'	-0.00095	-0.00095	-0.00095	-0.00095	-0.00092	-0.00035	0.01444	0.01444	-0.00035	-0.00092	-0.00095	-0.00095	
	M	0.00000	-0.00000	-0.00000	-0.00002	-0.00059	-0.01711	-0.50000	0.50000	0.01711	0.00059	0.00002	0.00000	
33.75	Q	-0.00000	-0.00000	-0.00002	-0.00068	-0.01976	-0.57743	-16.87500	-16.87500	-0.57743	-0.01976	-0.00068	-0.00005	33.75
	V	0.00000	-0.00009	-0.00018	-0.00026	-0.00035	-0.00042	-0.00009	-0.00009	0.00025	0.00018	0.00009	0.00000	
	V'	-0.00088	-0.00088	-0.00088	-0.00088	-0.00086	-0.00037	0.01394	0.01394	-0.00037	-0.00086	-0.00088	-0.00088	
	M	0.00000	-0.00000	-0.00000	-0.00001	-0.00046	-0.01510	-0.50000	0.50000	0.01510	0.00046	0.00001	0.00000	
35.00	Q	-0.00000	-0.00000	-0.00001	-0.00048	-0.01596	-0.52845	-17.50000	-17.50000	-0.52845	-0.01596	-0.00048	-0.00003	35.00
	V	0.00000	-0.00008	-0.00016	-0.00024	-0.00033	-0.00040	-0.00008	-0.00003	0.00023	0.00016	0.00008	0.00000	
	V'	-0.00082	-0.00082	-0.00082	-0.00082	-0.00080	-0.00038	0.01347	0.01347	-0.00038	-0.00080	-0.00082	-0.00082	
	M	0.00000	-0.00000	-0.00000	-0.00001	-0.00036	-0.01332	-0.50000	0.50000	0.01332	0.00036	0.00001	0.00000	
36.25	Q	-0.00000	-0.00000	-0.00001	-0.00034	-0.01287	-0.48301	-18.12500	-18.12500	-0.48301	-0.01287	-0.00034	-0.00002	36.25
	V	0.00000	-0.00008	-0.00015	-0.00023	-0.00030	-0.00037	-0.00008	-0.00003	0.00022	0.00015	0.00008	0.00000	
	V'	-0.00076	-0.00076	-0.00076	-0.00076	-0.00075	-0.00039	0.01303	0.01303	-0.00039	-0.00075	-0.00076	-0.00076	
BETA	X/L =	0.00	0.10	0.20	0.30	0.40	0.50	L 0.60	R 0.60	0.70	0.80	0.90	1.00	BETA

XM/L = 0.60

FUNKTIONEN : F.MIM - F.MIQ - F.MIV - F.MIV'

FUNKTIONEN : F.M;M - F.M;Q - F.M;V - F.M;V'

XM/L = 0.60

BETA	X/L =	0.00	0.10	0.20	0.30	0.40	0.50	L 0.60	R 0.60	0.70	0.80	0.90	1.00	BETA
37.50	M	0.00000	-0.00000	-0.00000	-0.00001	-0.00028	-0.01176	-0.50000	0.50000	0.01176	0.00028	0.00001	0.00000	37.50
	Q	-0.00000	-0.00000	-0.00001	-0.00024	-0.01037	-0.44096	-18.75000	-18.75000	-0.44096	-0.01037	-0.00024	-0.00001	
	V	0.00000	-0.00007	-0.00014	-0.00021	-0.00028	-0.00035	-0.00007	-0.00007	0.00020	0.00014	0.00007	0.00000	
	V'	-0.00071	-0.00071	-0.00071	-0.00071	-0.00070	-0.00040	0.01262	0.01262	-0.00040	-0.00070	-0.00071	-0.00071	
38.75	M	0.00000	-0.00000	-0.00000	-0.00000	-0.00022	-0.01038	-0.50000	0.50000	0.01038	0.00022	0.00000	0.00000	38.75
	Q	-0.00000	-0.00000	-0.00000	-0.00017	-0.00835	-0.40212	-19.37500	-19.37500	-0.40212	-0.00835	-0.00017	-0.00001	
	V	0.00000	-0.00007	-0.00013	-0.00020	-0.00027	-0.00033	-0.00007	-0.00007	0.00019	0.00013	0.00007	0.00000	
	V'	-0.00067	-0.00067	-0.00067	-0.00067	-0.00066	-0.00040	0.01224	0.01224	-0.00040	-0.00066	-0.00067	-0.00067	
40.00	M	0.00000	-0.00000	-0.00000	-0.00000	-0.00017	-0.00916	-0.50000	0.50000	0.00916	0.00017	0.00000	0.00000	40.00
	Q	-0.00000	-0.00000	-0.00000	-0.00012	-0.00671	-0.36631	-20.00000	-20.00000	-0.36631	-0.00671	-0.00012	-0.00000	
	V	0.00000	-0.00006	-0.00012	-0.00019	-0.00025	-0.00031	-0.00006	-0.00006	0.00018	0.00012	0.00006	0.00000	
	V'	-0.00062	-0.00062	-0.00062	-0.00062	-0.00062	-0.00040	0.01188	0.01188	-0.00040	-0.00062	-0.00062	-0.00062	
41.25	M	0.00000	-0.00000	-0.00000	-0.00000	-0.00013	-0.00808	-0.50000	0.50000	0.00808	0.00013	0.00000	0.00000	41.25
	Q	-0.00000	-0.00000	-0.00000	-0.00009	-0.00539	-0.33337	-20.62500	-20.62500	-0.33337	-0.00539	-0.00009	-0.00000	
	V	0.00000	-0.00006	-0.00012	-0.00018	-0.00024	-0.00029	-0.00006	-0.00006	0.00017	0.00012	0.00006	0.00000	
	V'	-0.00059	-0.00059	-0.00059	-0.00059	-0.00058	-0.00039	0.01153	0.01153	-0.00039	-0.00058	-0.00059	-0.00059	
42.50	M	0.00000	-0.00000	-0.00000	-0.00000	-0.00010	-0.00713	-0.50000	0.50000	0.00713	0.00010	0.00000	0.00000	42.50
	Q	-0.00000	-0.00000	-0.00000	-0.00006	-0.00432	-0.30311	-21.25000	-21.25000	-0.30311	-0.00432	-0.00006	-0.00000	
	V	0.00000	-0.00006	-0.00011	-0.00017	-0.00022	-0.00027	-0.00006	-0.00006	0.00016	0.00011	0.00006	0.00000	
	V'	-0.00055	-0.00055	-0.00055	-0.00055	-0.00055	-0.00039	0.01121	0.01121	-0.00039	-0.00055	-0.00055	-0.00055	
43.75	M	0.00000	-0.00000	-0.00000	-0.00000	-0.00008	-0.00629	-0.50000	0.50000	0.00629	0.00008	0.00000	0.00000	43.75
	Q	-0.00000	-0.00000	-0.00000	-0.00004	-0.00347	-0.27537	-21.87500	-21.87500	-0.27537	-0.00347	-0.00004	-0.00000	
	V	0.00000	-0.00005	-0.00010	-0.00016	-0.00021	-0.00026	-0.00005	-0.00005	0.00015	0.00010	0.00005	0.00000	
	V'	-0.00052	-0.00052	-0.00052	-0.00052	-0.00052	-0.00038	0.01091	0.01091	-0.00038	-0.00052	-0.00052	-0.00052	
45.00	M	0.00000	-0.00000	-0.00000	-0.00000	-0.00006	-0.00555	-0.50000	0.50000	0.00555	0.00006	0.00000	0.00000	45.00
	Q	-0.00000	-0.00000	-0.00000	-0.00003	-0.00278	-0.24995	-22.50000	-22.50000	-0.24995	-0.00278	-0.00003	-0.00000	
	V	0.00000	-0.00005	-0.00010	-0.00015	-0.00020	-0.00024	-0.00005	-0.00005	0.00015	0.00010	0.00005	0.00000	
	V'	-0.00049	-0.00049	-0.00049	-0.00049	-0.00049	-0.00037	0.01062	0.01062	-0.00037	-0.00049	-0.00049	-0.00049	
46.25	M	0.00000	-0.00000	-0.00000	-0.00000	-0.00005	-0.00490	-0.50000	0.50000	0.00490	0.00005	0.00000	0.00000	46.25
	Q	-0.00000	-0.00000	-0.00000	-0.00002	-0.00222	-0.22671	-23.12500	-23.12500	-0.22671	-0.00222	-0.00002	-0.00000	
	V	0.00000	-0.00005	-0.00009	-0.00014	-0.00019	-0.00023	-0.00005	-0.00005	0.00014	0.00009	0.00005	0.00000	
	V'	-0.00047	-0.00047	-0.00047	-0.00047	-0.00047	-0.00036	0.01034	0.01034	-0.00036	-0.00047	-0.00047	-0.00047	
47.50	M	0.00000	-0.00000	-0.00000	-0.00000	-0.00004	-0.00433	-0.50000	0.50000	0.00433	0.00004	0.00000	0.00000	47.50
	Q	-0.00000	-0.00000	-0.00000	-0.00002	-0.00178	-0.20548	-23.75000	-23.75000	-0.20548	-0.00178	-0.00002	-0.00000	
	V	0.00000	-0.00004	-0.00009	-0.00013	-0.00018	-0.00022	-0.00004	-0.00004	0.00013	0.00009	0.00004	0.00000	
	V'	-0.00044	-0.00044	-0.00044	-0.00044	-0.00044	-0.00035	0.01008	0.01008	-0.00035	-0.00044	-0.00044	-0.00044	
48.75	M	0.00000	-0.00000	-0.00000	-0.00000	-0.00003	-0.00382	-0.50000	0.50000	0.00382	0.00003	0.00000	0.00000	48.75
	Q	-0.00000	-0.00000	-0.00000	-0.00001	-0.00142	-0.18611	-24.37500	-24.37500	-0.18611	-0.00142	-0.00001	-0.00000	
	V	0.00000	-0.00004	-0.00008	-0.00013	-0.00017	-0.00021	-0.00004	-0.00004	0.00012	0.00008	0.00004	0.00000	
	V'	-0.00042	-0.00042	-0.00042	-0.00042	-0.00042	-0.00034	0.00984	0.00984	-0.00034	-0.00042	-0.00042	-0.00042	
BETA	X/L =	0.00	0.10	0.20	0.30	0.40	0.50	L 0.60	R 0.60	0.70	0.80	0.90	1.00	BETA

XM/L = 0.60

FUNKTIONEN : F.M;M - F.M;Q - F.M;V - F.M;V'

FUNKTIONEN : F.MIM - F.MIQ - F.MIV - F.MIV'

XM/L = 0.70

BETA	X/L =	0.00	0.10	0.20	0.30	0.40	0.50	0.60	L 0.70	R 0.70	0.80	0.90	1.00	BETA
	M	0.00000	-0.10000	-0.20000	-0.30000	-0.40000	-0.50000	-0.60000	-0.70000	0.30000	0.20000	0.10000	0.00000	
0.00	Q	-1.00000	-1.00000	-1.00000	-1.00000	-1.00000	-1.00000	-1.00000	-1.00000	-1.00000	-1.00000	-1.00000	-1.00000	0.00
	V	0.00000	-0.01200	-0.02300	-0.03200	-0.03800	-0.04000	-0.03700	-0.02800	-0.02800	-0.01700	-0.00800	0.00000	
	V'	-0.12167	-0.11667	-0.10167	-0.07667	-0.04167	0.00333	0.05833	0.12333	0.12333	0.09833	0.08333	0.07833	
	M	0.00000	-0.09925	-0.19857	-0.29801	-0.39764	-0.49752	-0.59770	-0.69826	0.30174	0.20105	0.10050	0.00000	
0.25	Q	-0.99244	-0.99275	-0.99368	-0.99524	-0.99741	-1.00021	-1.00363	-1.00768	-1.00768	-1.00611	-1.00517	-1.00485	0.25
	V	0.00000	-0.01192	-0.02286	-0.03180	-0.03777	-0.03976	-0.03677	-0.02781	-0.02781	-0.01687	-0.00793	0.00000	
	V'	-0.12090	-0.11594	-0.10105	-0.07622	-0.04144	0.00331	0.05807	0.12287	0.12287	0.09773	0.08265	0.07763	
	M	0.00000	-0.09707	-0.19439	-0.29219	-0.39073	-0.49024	-0.59097	-0.69319	0.30681	0.20412	0.10193	0.00000	
0.50	Q	-0.97033	-0.97155	-0.97519	-0.98127	-0.98980	-1.00081	-1.01433	-1.03037	-1.03037	-1.02392	-1.02016	-1.01889	0.50
	V	0.00000	-0.01171	-0.02244	-0.03123	-0.03710	-0.03906	-0.03611	-0.02726	-0.02726	-0.01647	-0.00773	0.00000	
	V'	-0.11867	-0.11382	-0.09925	-0.07492	-0.04079	0.00325	0.05730	0.12150	0.12150	0.09596	0.08066	0.07556	
	M	0.00000	-0.09361	-0.18775	-0.28295	-0.37973	-0.47866	-0.58028	-0.68516	0.31484	0.20891	0.10416	0.00000	
0.75	Q	-0.93524	-0.93787	-0.94578	-0.95901	-0.97764	-1.00177	-1.03154	-1.06712	-1.06712	-1.05239	-1.04359	-1.04066	0.75
	V	0.00000	-0.01136	-0.02178	-0.03032	-0.03603	-0.03794	-0.03506	-0.02638	-0.02638	-0.01585	-0.00740	0.00000	
	V'	-0.11513	-0.11045	-0.09639	-0.07286	-0.03974	0.00316	0.05608	0.11932	0.11932	0.09314	0.07750	0.07229	
	M	0.00000	-0.08910	-0.17909	-0.27087	-0.36536	-0.46351	-0.56630	-0.67476	0.32524	0.21504	0.10698	0.00000	
1.00	Q	-0.88950	-0.89395	-0.90735	-0.92983	-0.96161	-1.00302	-1.05447	-1.11647	-1.11647	-1.08948	-1.07339	-1.06805	1.00
	V	0.00000	-0.01090	-0.02091	-0.02913	-0.03464	-0.03649	-0.03370	-0.02524	-0.02524	-0.01504	-0.00698	0.00000	
	V'	-0.11050	-0.10605	-0.09265	-0.07017	-0.03839	0.00302	0.05447	0.11647	0.11647	0.08948	0.07339	0.06805	
	M	0.00000	-0.08380	-0.16891	-0.25667	-0.34844	-0.44566	-0.54985	-0.66265	0.33735	0.22201	0.11014	0.00000	
1.25	Q	-0.83583	-0.84236	-0.86208	-0.89529	-0.94250	-1.00446	-1.08213	-1.17673	-1.17673	-1.13309	-1.10717	-1.09858	1.25
	V	0.00000	-0.01037	-0.01990	-0.02773	-0.03300	-0.03478	-0.03210	-0.02391	-0.02391	-0.01409	-0.00649	0.00000	
	V'	-0.10507	-0.10089	-0.08827	-0.06702	-0.03680	0.00285	0.05256	0.11311	0.11311	0.08518	0.06859	0.06309	
	M	0.00000	-0.07799	-0.15774	-0.24105	-0.32979	-0.42596	-0.53174	-0.64950	0.35050	0.22937	0.11341	0.00000	
1.50	Q	-0.77700	-0.78576	-0.81223	-0.85701	-0.92111	-1.00597	-1.11351	-1.24615	-1.24615	-1.18104	-1.14255	-1.12981	1.50
	V	0.00000	-0.00978	-0.01878	-0.02620	-0.03121	-0.03291	-0.03034	-0.02244	-0.02244	-0.01305	-0.00596	0.00000	
	V'	-0.09911	-0.09522	-0.08345	-0.06355	-0.03506	0.00265	0.05045	0.10940	0.10940	0.08046	0.06336	0.05770	
	M	0.00000	-0.07192	-0.14606	-0.22467	-0.31019	-0.40522	-0.51270	-0.63593	0.36407	0.23668	0.11655	0.00000	
1.75	Q	-0.71558	-0.72656	-0.75986	-0.81648	-0.89817	-1.00744	-1.14764	-1.32308	-1.32308	-1.23132	-1.17737	-1.15957	1.75
	V	0.00000	-0.00917	-0.01761	-0.02460	-0.02933	-0.03095	-0.02850	-0.02092	-0.02092	-0.01198	-0.00540	0.00000	
	V'	-0.09287	-0.08929	-0.07841	-0.05992	-0.03325	0.00243	0.04821	0.10550	0.10550	0.07553	0.05792	0.05210	
	M	0.00000	-0.06581	-0.13426	-0.20809	-0.29028	-0.38412	-0.49338	-0.62243	0.37757	0.24360	0.11940	0.00000	
2.00	Q	-0.65371	-0.66683	-0.70671	-0.77496	-0.87430	-1.00873	-1.18365	-1.40607	-1.40607	-1.28225	-1.20989	-1.18609	2.00
	V	0.00000	-0.00855	-0.01644	-0.02298	-0.02743	-0.02897	-0.02666	-0.01939	-0.01939	-0.01090	-0.00485	0.00000	
	V'	-0.08657	-0.08329	-0.07332	-0.05626	-0.03142	0.00218	0.04591	0.10152	0.10152	0.07056	0.05247	0.04652	
	M	0.00000	-0.05981	-0.12266	-0.19175	-0.27059	-0.36318	-0.47424	-0.60941	0.39059	0.24986	0.12183	0.00000	
2.25	Q	-0.59310	-0.60818	-0.65417	-0.73343	-0.84997	-1.00972	-1.22080	-1.49395	-1.49395	-1.33251	-1.23882	-1.20811	2.25
	V	0.00000	-0.00794	-0.01528	-0.02138	-0.02556	-0.02703	-0.02484	-0.01789	-0.01789	-0.00985	-0.00431	0.00000	
	V'	-0.08038	-0.07740	-0.06831	-0.05266	-0.02964	0.00192	0.04361	0.09757	0.09757	0.06568	0.04718	0.04111	
BETA	X/L =	0.00	0.10	0.20	0.30	0.40	0.50	0.60	L 0.70	R 0.70	0.80	0.90	1.00	BETA

XM/L = 0.70

FUNKTIONEN : F.MIM - F.MIQ - F.MIV - F.MIV'

Z U G S T A E B E -217-

FUNKTIONEN : F.M;M - F.M;Q - F.M;V - F.M;V'

XM/L = 0.70

BETA	X/L =	0.00	0.10	0.20	0.30	0.40	0.50	0.60	L 0.70	R 0.70	0.80	0.90	1.00	BETA
2.50	M	0.00000	-0.05406	-0.11151	-0.17597	-0.25148	-0.34279	-0.45564	-0.59712	0.40288	0.25530	0.12376	0.00000	2.50
	Q	-0.53498	-0.55178	-0.60325	-0.69262	-0.82551	-1.01026	-1.25848	-1.58577	-1.58577	-1.38115	-1.26331	-1.22483	
	V	0.00000	-0.00735	-0.01416	-0.01985	-0.02376	-0.02515	-0.02310	-0.01646	-0.01646	-0.00885	-0.00380	0.00000	
	V'	-0.07440	-0.07172	-0.06348	-0.04918	-0.02792	0.00164	0.04136	0.09372	0.09372	0.06098	0.04213	0.03597	
2.75	M	0.00000	-0.04862	-0.10095	-0.16095	-0.23321	-0.32321	-0.43782	-0.58574	0.41426	0.25982	0.12515	0.00000	2.75
	Q	-0.48016	-0.49843	-0.55464	-0.65305	-0.80116	-1.01024	-1.29621	-1.68082	-1.68082	-1.42752	-1.28287	-1.23584	
	V	0.00000	-0.00679	-0.01310	-0.01839	-0.02205	-0.02338	-0.02145	-0.01511	-0.01511	-0.00791	-0.00333	0.00000	
	V'	-0.06874	-0.06632	-0.05889	-0.04588	-0.02629	0.00135	0.03917	0.09003	0.09003	0.05653	0.03740	0.03119	
3.00	M	0.00000	-0.04356	-0.09108	-0.14685	-0.21593	-0.30460	-0.42089	-0.57534	0.42466	0.26338	0.12598	0.00000	3.00
	Q	-0.42916	-0.44862	-0.50875	-0.61502	-0.77706	-1.00956	-1.33360	-1.77857	-1.77857	-1.47125	-1.29734	-1.24108	
	V	0.00000	-0.00627	-0.01210	-0.01702	-0.02045	-0.02171	-0.01990	-0.01385	-0.01385	-0.00704	-0.00289	0.00000	
	V'	-0.06343	-0.06126	-0.05458	-0.04278	-0.02477	0.00106	0.03707	0.08651	0.08651	0.05236	0.03304	0.02679	
3.25	M	0.00000	-0.03890	-0.08194	-0.13371	-0.19973	-0.28703	-0.40492	-0.56595	0.43405	0.26598	0.12627	0.00000	3.25
	Q	-0.38220	-0.40256	-0.46582	-0.57871	-0.75328	-1.00811	-1.37036	-1.87863	-1.87863	-1.51215	-1.30680	-1.24069	
	V	0.00000	-0.00578	-0.01118	-0.01574	-0.01896	-0.02016	-0.01847	-0.01269	-0.01269	-0.00625	-0.00249	0.00000	
	V'	-0.05849	-0.05656	-0.05057	-0.03988	-0.02336	0.00077	0.03506	0.08318	0.08318	0.04849	0.02905	0.02279	
3.50	M	0.00000	-0.03463	-0.07354	-0.12156	-0.18462	-0.27053	-0.38992	-0.55756	0.44244	0.26768	0.12604	0.00000	3.50
	Q	-0.33932	-0.36032	-0.42591	-0.54420	-0.72985	-1.00581	-1.40626	-1.98073	-1.98073	-1.55017	-1.31145	-1.23503	
	V	0.00000	-0.00534	-0.01032	-0.01457	-0.01758	-0.01873	-0.01715	-0.01163	-0.01163	-0.00552	-0.00213	0.00000	
	V'	-0.05393	-0.05222	-0.04686	-0.03721	-0.02205	0.00047	0.03316	0.08006	0.08006	0.04491	0.02542	0.01919	
3.75	M	0.00000	-0.03075	-0.06588	-0.11039	-0.17060	-0.25508	-0.37585	-0.55010	0.44990	0.26852	0.12534	0.00000	3.75
	Q	-0.30045	-0.32182	-0.38898	-0.51149	-0.70677	-1.00262	-1.44111	-2.08465	-2.08465	-1.58536	-1.31162	-1.22451	
	V	0.00000	-0.00492	-0.00954	-0.01348	-0.01631	-0.01742	-0.01594	-0.01066	-0.01066	-0.00487	-0.00180	0.00000	
	V'	-0.04975	-0.04823	-0.04345	-0.03474	-0.02085	0.00019	0.03137	0.07713	0.07713	0.04163	0.02216	0.01597	
4.00	M	0.00000	-0.02725	-0.05892	-0.10015	-0.15762	-0.24064	-0.36268	-0.54352	0.45648	0.26857	0.12422	0.00000	4.00
	Q	-0.26540	-0.28691	-0.35495	-0.48054	-0.68405	-0.99847	-1.47479	-2.19024	-2.19024	-1.61781	-1.30771	-1.20964	
	V	0.00000	-0.00455	-0.00882	-0.01249	-0.01515	-0.01621	-0.01483	-0.00978	-0.00978	-0.00429	-0.00151	0.00000	
	V'	-0.04591	-0.04457	-0.04032	-0.03247	-0.01975	-0.00010	0.02967	0.07439	0.07439	0.03861	0.01923	0.01310	
4.25	M	0.00000	-0.02410	-0.05263	-0.09080	-0.14563	-0.22715	-0.35033	-0.53775	0.46225	0.26792	0.12271	0.00000	4.25
	Q	-0.23394	-0.25539	-0.32366	-0.45128	-0.66165	-0.99334	-1.50717	-2.29736	-2.29736	-1.64767	-1.30010	-1.19092	
	V	0.00000	-0.00420	-0.00816	-0.01158	-0.01408	-0.01511	-0.01382	-0.00898	-0.00898	-0.00376	-0.00126	0.00000	
	V'	-0.04241	-0.04122	-0.03744	-0.03038	-0.01873	-0.00037	0.02808	0.07183	0.07183	0.03586	0.01661	0.01057	
4.50	M	0.00000	-0.02128	-0.04695	-0.08229	-0.13457	-0.21456	-0.33875	-0.53269	0.46731	0.26664	0.12087	0.00000	4.50
	Q	-0.20582	-0.22701	-0.29496	-0.42365	-0.63958	-0.98723	-1.53819	-2.40592	-2.40592	-1.67509	-1.28923	-1.16887	
	V	0.00000	-0.00389	-0.00756	-0.01075	-0.01311	-0.01410	-0.01290	-0.00826	-0.00826	-0.00329	-0.00103	0.00000	
	V'	-0.03922	-0.03817	-0.03482	-0.02846	-0.01780	-0.00063	0.02658	0.06943	0.06943	0.03334	0.01428	0.00834	
4.75	M	0.00000	-0.01876	-0.04184	-0.07454	-0.12437	-0.20280	-0.32785	-0.52828	0.47172	0.26480	0.11875	0.00000	4.75
	Q	-0.18077	-0.20155	-0.26866	-0.39754	-0.61781	-0.98012	-1.56776	-2.51582	-2.51582	-1.70021	-1.27548	-1.14398	
	V	0.00000	-0.00360	-0.00701	-0.00999	-0.01222	-0.01317	-0.01206	-0.00761	-0.00761	-0.00287	-0.00083	0.00000	
	V'	-0.03631	-0.03539	-0.03241	-0.02670	-0.01694	-0.00088	0.02516	0.06718	0.06718	0.03103	0.01221	0.00638	
BETA	X/L =	0.00	0.10	0.20	0.30	0.40	0.50	0.60	L 0.70	R 0.70	0.80	0.90	1.00	BETA

XM/L = 0.70

FUNKTIONEN : F.M;M - F.M;Q - F.M;V - F.M;V'

FUNKTIONEN : F.MIM - F.MIQ - F.MIV - F.MIV'

XM/L = 0.70

BETA	X/L =	0.00	0.10	0.20	0.30	0.40	0.50	0.60	L 0.70	R 0.70	0.80	0.90	1.00	BETA
	M	0.00000	-0.01652	-0.03726	-0.06750	-0.11498	-0.19181	-0.31759	-0.52444	0.47556	0.26247	0.11638	0.00000	
5.00	Q	-0.15851	-0.17874	-0.24460	-0.37288	-0.59635	-0.97204	-1.59584	-2.62698	-2.62698	-1.72319	-1.25924	-1.11672	5.00
	V	0.00000	-0.00334	-0.00651	-0.00930	-0.01140	-0.01233	-0.01130	-0.00702	-0.00702	-0.00250	-0.00066	0.00000	
	V'	-0.03366	-0.03285	-0.03022	-0.02508	-0.01615	-0.00112	0.02383	0.06508	0.06508	0.02893	0.01037	0.00467	
	M	0.00000	-0.01453	-0.03315	-0.06112	-0.10632	-0.18151	-0.30789	-0.52111	0.47889	0.25973	0.11382	0.00000	
5.25	Q	-0.13879	-0.15836	-0.22259	-0.34960	-0.57519	-0.96300	-1.62239	-2.73932	-2.73932	-1.74416	-1.24087	-1.08752	5.25
	V	0.00000	-0.00310	-0.00605	-0.00867	-0.01065	-0.01156	-0.01060	-0.00649	-0.00649	-0.00217	-0.00050	0.00000	
	V'	-0.03125	-0.03054	-0.02821	-0.02360	-0.01541	-0.00134	0.02258	0.06310	0.06310	0.02700	0.00874	0.00318	
	M	0.00000	-0.01276	-0.02947	-0.05533	-0.09835	-0.17187	-0.29871	-0.51822	0.48178	0.25663	0.11109	0.00000	
5.50	Q	-0.12136	-0.14018	-0.20249	-0.32761	-0.55435	-0.95305	-1.64740	-2.85277	-2.85277	-1.76324	-1.22068	-1.05677	5.50
	V	0.00000	-0.00288	-0.00564	-0.00809	-0.00997	-0.01085	-0.00996	-0.00601	-0.00601	-0.00187	-0.00037	0.00000	
	V'	-0.02905	-0.02842	-0.02636	-0.02223	-0.01473	-0.00155	0.02140	0.06125	0.06125	0.02523	0.00730	0.00188	
	M	0.00000	-0.01119	-0.02619	-0.05008	-0.09099	-0.16283	-0.28999	-0.51571	0.48429	0.25323	0.10822	0.00000	
5.75	Q	-0.10598	-0.12398	-0.18413	-0.30684	-0.53383	-0.94223	-1.67083	-2.96725	-2.96725	-1.78056	-1.19897	-1.02483	5.75
	V	0.00000	-0.00269	-0.00526	-0.00756	-0.00935	-0.01020	-0.00938	-0.00557	-0.00557	-0.00161	-0.00025	0.00000	
	V'	-0.02704	-0.02650	-0.02468	-0.02097	-0.01410	-0.00175	0.02029	0.05950	0.05950	0.02361	0.00602	0.00075	
	M	0.00000	-0.00981	-0.02325	-0.04533	-0.08421	-0.15433	-0.28169	-0.51355	0.48645	0.24957	0.10526	0.00000	
6.00	Q	-0.09243	-0.10958	-0.16736	-0.28723	-0.51364	-0.93058	-1.69269	-3.08268	-3.08268	-1.79621	-1.17601	-0.99202	6.00
	V	0.00000	-0.00251	-0.00491	-0.00707	-0.00877	-0.00960	-0.00884	-0.00518	-0.00518	-0.00138	-0.00015	0.00000	
	V'	-0.02521	-0.02473	-0.02313	-0.01980	-0.01351	-0.00193	0.01924	0.05785	0.05785	0.02212	0.00489	-0.00022	
	M	0.00000	-0.00859	-0.02064	-0.04102	-0.07795	-0.14634	-0.27377	-0.51168	0.48832	0.24570	0.10223	0.00000	
6.25	Q	-0.08053	-0.09677	-0.15207	-0.26872	-0.49381	-0.91816	-1.71298	-3.19901	-3.19901	-1.81029	-1.15203	-0.95862	6.25
	V	0.00000	-0.00234	-0.00459	-0.00663	-0.00824	-0.00905	-0.00835	-0.00482	-0.00482	-0.00117	-0.00006	0.00000	
	V'	-0.02354	-0.02312	-0.02171	-0.01872	-0.01296	-0.00210	0.01825	0.05629	0.05629	0.02074	0.00389	-0.00106	
	M	0.00000	-0.00751	-0.01831	-0.03712	-0.07218	-0.13882	-0.26620	-0.51007	0.48993	0.24166	0.09914	0.00000	
6.50	Q	-0.07008	-0.08541	-0.13812	-0.25126	-0.47435	-0.90502	-1.73171	-3.31616	-3.31616	-1.82287	-1.12725	-0.92489	6.50
	V	0.00000	-0.00219	-0.00430	-0.00622	-0.00776	-0.00855	-0.00790	-0.00450	-0.00450	-0.00099	0.00002	0.00000	
	V'	-0.02201	-0.02165	-0.02040	-0.01772	-0.01244	-0.00225	0.01732	0.05482	0.05482	0.01948	0.00301	-0.00178	
	M	0.00000	-0.00657	-0.01624	-0.03359	-0.06684	-0.13172	-0.25894	-0.50867	0.49133	0.23749	0.09603	0.00000	
6.75	Q	-0.06092	-0.07533	-0.12539	-0.23479	-0.45529	-0.89122	-1.74887	-3.43408	-3.43408	-1.83404	-1.10184	-0.89103	6.75
	V	0.00000	-0.00205	-0.00403	-0.00585	-0.00731	-0.00808	-0.00749	-0.00420	-0.00420	-0.00082	0.00009	0.00000	
	V'	-0.02061	-0.02029	-0.01920	-0.01679	-0.01196	-0.00239	0.01644	0.05342	0.05342	0.01831	0.00224	-0.00239	
	M	0.00000	-0.00573	-0.01439	-0.03040	-0.06192	-0.12503	-0.25196	-0.50747	0.49253	0.23321	0.09290	0.00000	
7.00	Q	-0.05291	-0.06641	-0.11380	-0.21927	-0.43663	-0.87683	-1.76451	-3.55268	-3.55268	-1.84384	-1.07599	-0.85724	7.00
	V	0.00000	-0.00192	-0.00379	-0.00550	-0.00690	-0.00765	-0.00710	-0.00393	-0.00393	-0.00068	0.00014	0.00000	
	V'	-0.01933	-0.01905	-0.01809	-0.01593	-0.01150	-0.00251	0.01560	0.05210	0.05210	0.01722	0.00155	-0.00291	
	M	0.00000	-0.00500	-0.01275	-0.02751	-0.05736	-0.11871	-0.24525	-0.50643	0.49357	0.22885	0.08978	0.00000	
7.25	Q	-0.04591	-0.05851	-0.10323	-0.20464	-0.41841	-0.86190	-1.77863	-3.67193	-3.67193	-1.85235	-1.04982	-0.82369	7.25
	V	0.00000	-0.00181	-0.00356	-0.00518	-0.00652	-0.00725	-0.00675	-0.00368	-0.00368	-0.00055	0.00019	0.00000	
	V'	-0.01815	-0.01791	-0.01706	-0.01513	-0.01106	-0.00263	0.01481	0.05083	0.05083	0.01622	0.00095	-0.00335	
BETA	X/L =	0.00	0.10	0.20	0.30	0.40	0.50	0.60	L 0.70	R 0.70	0.80	0.90	1.00	BETA

XM/L = 0.70

FUNKTIONEN : F.MIM - F.MIQ - F.MIV - F.MIV'

FUNKTIONEN : F.MIM - F.MIQ - F.MIV - F.MIV'

XM/L = 0.70

BETA	X/L =	0.00	0.10	0.20	0.30	0.40	0.50	0.60	L 0.70	R 0.70	0.80	0.90	1.00	BETA
7.50	M	0.00000	-0.00436	-0.01130	-0.02489	-0.05315	-0.11274	-0.23878	-0.50554	0.49446	0.22443	0.08667	0.00000	7.50
	Q	-0.03979	-0.05152	-0.09361	-0.19087	-0.40063	-0.84650	-1.79127	-3.79176	-3.79176	-1.85962	-1.02347	-0.79052	
	V	0.00000	-0.00170	-0.00335	-0.00489	-0.00617	-0.00688	-0.00642	-0.00346	-0.00346	-0.00043	0.00024	0.00000	
	V'	-0.01707	-0.01686	-0.01611	-0.01438	-0.01066	-0.00273	0.01407	0.04963	0.04963	0.01528	0.00042	-0.00372	
7.75	M	0.00000	-0.00380	-0.01000	-0.02252	-0.04926	-0.10709	-0.23253	-0.50477	0.49523	0.21998	0.08360	0.00000	7.75
	Q	-0.03447	-0.04534	-0.08485	-0.17792	-0.38331	-0.83068	-1.80246	-3.91213	-3.91213	-1.86569	-0.99705	-0.75784	
	V	0.00000	-0.00160	-0.00316	-0.00462	-0.00584	-0.00654	-0.00612	-0.00325	-0.00325	-0.00033	0.00027	0.00000	
	V'	-0.01608	-0.01589	-0.01524	-0.01369	-0.01027	-0.00282	0.01336	0.04848	0.04848	0.01441	-0.00005	-0.00403	
8.00	M	0.00000	-0.00331	-0.00886	-0.02038	-0.04566	-0.10174	-0.22650	-0.50411	0.49589	0.21551	0.08057	0.00000	8.00
	Q	-0.02983	-0.03989	-0.07688	-0.16574	-0.36647	-0.81451	-1.81223	-4.03297	-4.03297	-1.87060	-0.97065	-0.72575	
	V	0.00000	-0.00151	-0.00299	-0.00437	-0.00554	-0.00622	-0.00584	-0.00306	-0.00306	-0.00024	0.00030	0.00000	
	V'	-0.01516	-0.01500	-0.01442	-0.01304	-0.00990	-0.00290	0.01269	0.04739	0.04739	0.01360	-0.00046	-0.00429	
8.25	M	0.00000	-0.00288	-0.00784	-0.01844	-0.04232	-0.09668	-0.22066	-0.50354	0.49646	0.21104	0.07758	0.00000	8.25
	Q	-0.02579	-0.03508	-0.06962	-0.15431	-0.35011	-0.79803	-1.82062	-4.15426	-4.15426	-1.87441	-0.94436	-0.69435	
	V	0.00000	-0.00143	-0.00282	-0.00414	-0.00526	-0.00593	-0.00557	-0.00289	-0.00289	-0.00016	0.00033	0.00000	
	V'	-0.01431	-0.01418	-0.01367	-0.01243	-0.00955	-0.00297	0.01206	0.04634	0.04634	0.01285	-0.00082	-0.00449	
8.50	M	0.00000	-0.00251	-0.00694	-0.01669	-0.03924	-0.09188	-0.21500	-0.50304	0.49696	0.20658	0.07466	0.00000	8.50
	Q	-0.02228	-0.03083	-0.06303	-0.14357	-0.33424	-0.78130	-1.82766	-4.27594	-4.27594	-1.87715	-0.91825	-0.66370	
	V	0.00000	-0.00135	-0.00267	-0.00392	-0.00499	-0.00565	-0.00533	-0.00273	-0.00273	-0.00009	0.00035	0.00000	
	V'	-0.01353	-0.01341	-0.01297	-0.01185	-0.00921	-0.00303	0.01146	0.04534	0.04534	0.01214	-0.00113	-0.00465	
8.75	M	0.00000	-0.00218	-0.00614	-0.01510	-0.03638	-0.08733	-0.20952	-0.50262	0.49738	0.20214	0.07179	0.00000	8.75
	Q	-0.01924	-0.02709	-0.05703	-0.13350	-0.31888	-0.76437	-1.83339	-4.39798	-4.39798	-1.87885	-0.89238	-0.63385	
	V	0.00000	-0.00128	-0.00253	-0.00372	-0.00475	-0.00539	-0.00510	-0.00258	-0.00258	-0.00003	0.00037	0.00000	
	V'	-0.01281	-0.01271	-0.01232	-0.01132	-0.00890	-0.00308	0.01089	0.04438	0.04438	0.01148	-0.00141	-0.00478	
9.00	M	0.00000	-0.00189	-0.00543	-0.01366	-0.03373	-0.08301	-0.20420	-0.50226	0.49774	0.19773	0.06899	0.00000	9.00
	Q	-0.01660	-0.02379	-0.05159	-0.12407	-0.30402	-0.74730	-1.83786	-4.52034	-4.52034	-1.87956	-0.86680	-0.60485	
	V	0.00000	-0.00121	-0.00240	-0.00354	-0.00452	-0.00515	-0.00489	-0.00244	-0.00244	0.00003	0.00038	0.00000	
	V'	-0.01214	-0.01205	-0.01171	-0.01081	-0.00859	-0.00312	0.01034	0.04346	0.04346	0.01086	-0.00164	-0.00488	
9.25	M	0.00000	-0.00164	-0.00480	-0.01236	-0.03128	-0.07892	-0.19903	-0.50194	0.49806	0.19336	0.06626	0.00000	9.25
	Q	-0.01431	-0.02089	-0.04664	-0.11524	-0.28966	-0.73012	-1.84112	-4.64299	-4.64299	-1.87930	-0.84157	-0.57673	
	V	0.00000	-0.00115	-0.00228	-0.00336	-0.00431	-0.00492	-0.00469	-0.00231	-0.00231	0.00008	0.00039	0.00000	
	V'	-0.01152	-0.01144	-0.01114	-0.01034	-0.00830	-0.00315	0.00983	0.04258	0.04258	0.01028	-0.00185	-0.00495	
9.50	M	0.00000	-0.00143	-0.00424	-0.01119	-0.02900	-0.07503	-0.19402	-0.50167	0.49833	0.18904	0.06360	0.00000	9.50
	Q	-0.01233	-0.01833	-0.04216	-0.10697	-0.27582	-0.71288	-1.84319	-4.76590	-4.76590	-1.87812	-0.81671	-0.54952	
	V	0.00000	-0.00109	-0.00217	-0.00320	-0.00411	-0.00471	-0.00450	-0.00220	-0.00220	0.00012	0.00040	0.00000	
	V'	-0.01094	-0.01088	-0.01061	-0.00990	-0.00802	-0.00318	0.00934	0.04173	0.04173	0.00973	-0.00203	-0.00499	
9.75	M	0.00000	-0.00124	-0.00375	-0.01012	-0.02690	-0.07134	-0.18914	-0.50144	0.49856	0.18478	0.06102	0.00000	9.75
	Q	-0.01062	-0.01608	-0.03808	-0.09925	-0.26248	-0.69562	-1.84412	-4.88905	-4.88905	-1.87604	-0.79227	-0.52323	
	V	0.00000	-0.00104	-0.00206	-0.00305	-0.00392	-0.00451	-0.00432	-0.00209	-0.00209	0.00016	0.00041	0.00000	
	V'	-0.01041	-0.01035	-0.01012	-0.00948	-0.00776	-0.00320	0.00888	0.04091	0.04091	0.00922	-0.00219	-0.00502	
BETA	X/L =	0.00	0.10	0.20	0.30	0.40	0.50	0.60	L 0.70	R 0.70	0.80	0.90	1.00	BETA

XM/L = 0.70

FUNKTIONEN : F.MIM - F.MIQ - F.MIV - F.MIV'

FUNKTIONEN : F.M;M - F.M;Q - F.M;V - F.M;V'

XM/L = 0.70

BETA	X/L =	0.00	0.10	0.20	0.30	0.40	0.50	0.60	L 0.70	R 0.70	0.80	0.90	1.00	BETA
	M	0.00000	-0.00107	-0.00332	-0.00916	-0.02495	-0.06783	-0.18439	-0.50124	0.49876	0.18057	0.05851	0.00000	
10.00	Q	-0.00914	-0.01411	-0.03439	-0.09203	-0.24964	-0.67838	-1.84397	-5.01240	-5.01240	-1.87309	-0.76826	-0.49787	10.00
	V	0.00000	-0.00099	-0.00197	-0.00291	-0.00375	-0.00432	-0.00416	-0.00199	-0.00199	0.00019	0.00041	0.00000	
	V'	-0.00991	-0.00986	-0.00966	-0.00908	-0.00750	-0.00322	0.00844	0.04012	0.04012	0.00873	-0.00232	-0.00502	
	M	0.00000	-0.00093	-0.00293	-0.00829	-0.02314	-0.06450	-0.17978	-0.50107	0.49893	0.17643	0.05608	0.00000	
10.25	Q	-0.00786	-0.01237	-0.03105	-0.08530	-0.23729	-0.66120	-1.84276	-5.13594	-5.13594	-1.86931	-0.74470	-0.47344	10.25
	V	0.00000	-0.00094	-0.00188	-0.00278	-0.00359	-0.00415	-0.00400	-0.00189	-0.00189	0.00022	0.00042	0.00000	
	V'	-0.00944	-0.00940	-0.00922	-0.00871	-0.00726	-0.00322	0.00802	0.03937	0.03937	0.00827	-0.00243	-0.00501	
	M	0.00000	-0.00081	-0.00259	-0.00750	-0.02146	-0.06134	-0.17529	-0.50092	0.49908	0.17235	0.05373	0.00000	
10.50	Q	-0.00676	-0.01084	-0.02801	-0.07902	-0.22544	-0.64409	-1.84055	-5.25964	-5.25964	-1.86472	-0.72162	-0.44995	10.50
	V	0.00000	-0.00090	-0.00179	-0.00265	-0.00343	-0.00398	-0.00385	-0.00181	-0.00181	0.00025	0.00042	0.00000	
	V'	-0.00901	-0.00897	-0.00882	-0.00835	-0.00703	-0.00323	0.00762	0.03864	0.03864	0.00784	-0.00252	-0.00499	
	M	0.00000	-0.00070	-0.00229	-0.00678	-0.01991	-0.05833	-0.17092	-0.50079	0.49921	0.16833	0.05146	0.00000	
10.75	Q	-0.00581	-0.00950	-0.02527	-0.07316	-0.21406	-0.62711	-1.83738	-5.38350	-5.38350	-1.85937	-0.69903	-0.42737	10.75
	V	0.00000	-0.00086	-0.00171	-0.00254	-0.00329	-0.00382	-0.00371	-0.00172	-0.00172	0.00027	0.00042	0.00000	
	V'	-0.00860	-0.00857	-0.00843	-0.00802	-0.00680	-0.00323	0.00725	0.03793	0.03793	0.00744	-0.00260	-0.00496	
	M	0.00000	-0.00061	-0.00202	-0.00614	-0.01846	-0.05548	-0.16666	-0.50068	0.49932	0.16439	0.04926	0.00000	
11.00	Q	-0.00499	-0.00832	-0.02278	-0.06771	-0.20316	-0.61026	-1.83328	-5.50748	-5.50748	-1.85327	-0.67694	-0.40571	11.00
	V	0.00000	-0.00082	-0.00164	-0.00243	-0.00315	-0.00367	-0.00358	-0.00165	-0.00165	0.00029	0.00042	0.00000	
	V'	-0.00822	-0.00820	-0.00808	-0.00770	-0.00659	-0.00322	0.00689	0.03725	0.03725	0.00705	-0.00267	-0.00491	
	M	0.00000	-0.00052	-0.00179	-0.00555	-0.01713	-0.05276	-0.16252	-0.50059	0.49941	0.16052	0.04715	0.00000	
11.25	Q	-0.00428	-0.00729	-0.02054	-0.06263	-0.19273	-0.59357	-1.82831	-5.63159	-5.63159	-1.84646	-0.65536	-0.38495	11.25
	V	0.00000	-0.00079	-0.00157	-0.00233	-0.00303	-0.00353	-0.00346	-0.00158	-0.00158	0.00031	0.00042	0.00000	
	V'	-0.00787	-0.00784	-0.00774	-0.00741	-0.00638	-0.00321	0.00654	0.03660	0.03660	0.00669	-0.00272	-0.00486	
	M	0.00000	-0.00045	-0.00158	-0.00503	-0.01589	-0.05018	-0.15848	-0.50050	0.49950	0.15673	0.04510	0.00000	
11.50	Q	-0.00367	-0.00638	-0.01850	-0.05791	-0.18274	-0.57708	-1.82250	-5.75580	-5.75580	-1.83896	-0.63429	-0.36507	11.50
	V	0.00000	-0.00075	-0.00150	-0.00223	-0.00290	-0.00340	-0.00334	-0.00151	-0.00151	0.00033	0.00042	0.00000	
	V'	-0.00753	-0.00751	-0.00742	-0.00712	-0.00618	-0.00320	0.00622	0.03596	0.03596	0.00634	-0.00277	-0.00480	
	M	0.00000	-0.00039	-0.00139	-0.00455	-0.01474	-0.04773	-0.15454	-0.50043	0.49957	0.15301	0.04314	0.00000	
11.75	Q	-0.00315	-0.00559	-0.01667	-0.05353	-0.17319	-0.56078	-1.81589	-5.88010	-5.88010	-1.83081	-0.61373	-0.34606	11.75
	V	0.00000	-0.00072	-0.00144	-0.00214	-0.00279	-0.00328	-0.00323	-0.00145	-0.00145	0.00034	0.00041	0.00000	
	V'	-0.00722	-0.00720	-0.00712	-0.00686	-0.00599	-0.00318	0.00591	0.03535	0.03535	0.00602	-0.00280	-0.00474	
	M	0.00000	-0.00034	-0.00123	-0.00411	-0.01367	-0.04539	-0.15071	-0.50037	0.49963	0.14936	0.04124	0.00000	
12.00	Q	-0.00270	-0.00489	-0.01501	-0.04945	-0.16408	-0.54472	-1.80852	-6.00448	-6.00448	-1.82204	-0.59369	-0.32788	12.00
	V	0.00000	-0.00069	-0.00138	-0.00205	-0.00268	-0.00316	-0.00312	-0.00139	-0.00139	0.00035	0.00041	0.00000	
	V'	-0.00693	-0.00691	-0.00684	-0.00660	-0.00581	-0.00316	0.00561	0.03475	0.03475	0.00571	-0.00282	-0.00467	
	M	0.00000	-0.00029	-0.00109	-0.00372	-0.01268	-0.04317	-0.14697	-0.50032	0.49968	0.14579	0.03942	0.00000	
12.25	Q	-0.00231	-0.00428	-0.01351	-0.04567	-0.15537	-0.52889	-1.80042	-6.12894	-6.12894	-1.81266	-0.57416	-0.31053	12.25
	V	0.00000	-0.00066	-0.00133	-0.00197	-0.00258	-0.00304	-0.00302	-0.00133	-0.00133	0.00036	0.00040	0.00000	
	V'	-0.00665	-0.00664	-0.00657	-0.00636	-0.00563	-0.00314	0.00533	0.03418	0.03418	0.00542	-0.00284	-0.00459	
BETA	X/L =	0.00	0.10	0.20	0.30	0.40	0.50	0.60	L 0.70	R 0.70	0.80	0.90	1.00	BETA

XM/L = 0.70

FUNKTIONEN : F.M;M - F.M;Q - F.M;V - F.M;V'

FUNKTIONEN : F.M;M - F.M;Q - F.M;V - F.M;V'

XM/L = 0.70

BETA	X/L =	0.00	0.10	0.20	0.30	0.40	0.50	0.60	L 0.70	R 0.70	0.80	0.90	1.00	BETA
	M	0.00000	-0.00025	-0.00096	-0.00337	-0.01176	-0.04107	-0.14333	-0.50028	0.49972	0.14229	0.03767	0.00000	
12.50	Q	-0.00198	-0.00374	-0.01215	-0.04216	-0.14707	-0.51332	-1.79165	-6.25346	-6.25346	-1.80272	-0.55514	-0.29397	12.50
	V	0.00000	-0.00064	-0.00127	-0.00190	-0.00248	-0.00294	-0.00292	-0.00128	-0.00128	0.00037	0.00040	0.00000	
	V'	-0.00639	-0.00638	-0.00632	-0.00613	-0.00546	-0.00311	0.00507	0.03362	0.03362	0.00514	-0.00285	-0.00452	
	M	0.00000	-0.00022	-0.00085	-0.00305	-0.01091	-0.03906	-0.13978	-0.50024	0.49976	0.13886	0.03599	0.00000	
12.75	Q	-0.00170	-0.00327	-0.01093	-0.03890	-0.13916	-0.49801	-1.78222	-6.37803	-6.37803	-1.79223	-0.53664	-0.27819	12.75
	V	0.00000	-0.00061	-0.00123	-0.00183	-0.00239	-0.00284	-0.00283	-0.00123	-0.00123	0.00038	0.00039	0.00000	
	V'	-0.00614	-0.00613	-0.00608	-0.00591	-0.00530	-0.00309	0.00481	0.03308	0.03308	0.00487	-0.00285	-0.00444	
	M	0.00000	-0.00019	-0.00075	-0.00276	-0.01012	-0.03715	-0.13632	-0.50020	0.49980	0.13551	0.03438	0.00000	
13.00	Q	-0.00145	-0.00286	-0.00983	-0.03589	-0.13163	-0.48298	-1.77218	-6.50266	-6.50266	-1.78123	-0.51864	-0.26314	13.00
	V	0.00000	-0.00059	-0.00118	-0.00176	-0.00231	-0.00274	-0.00274	-0.00118	-0.00118	0.00038	0.00039	0.00000	
	V'	-0.00591	-0.00590	-0,00586	-0.00570	-0.00514	-0.00306	0.00457	0.03256	0.03256	0.00462	-0.00285	-0.00436	
	M	0.00000	-0.00016	-0.00066	-0.00250	-0.00939	-0.03534	-0.13295	-0.50018	0.49982	0.13224	0.03283	0.00000	
13.25	Q	-0.00124	-0.00250	-0.00884	-0.03309	-0.12446	-0.46823	-1.76157	-6.62734	-6.62734	-1.76973	-0.50113	-0.24883	13.25
	V	0.00000	-0.00057	-0.00114	-0.00169	-0.00222	-0.00265	-0.00266	-0.00114	-0.00114	0.00039	0.00038	0.00000	
	V'	-0.00569	-0.00568	-0.00565	-0.00551	-0.00499	-0.00303	0.00434	0.03205	0.03205	0.00438	-0.00284	-0.00428	
	M	0.00000	-0.00014	-0.00058	-0.00226	-0.00871	-0.03361	-0.12966	-0.50015	0.49985	0.12903	0.03134	0.00000	
13.50	Q	-0.00106	-0.00219	-0.00794	-0.03051	-0.11764	-0.45378	-1.75040	-6.75205	-6.75205	-1.75778	-0.48412	-0.23520	13.50
	V	0.00000	-0.00055	-0.00109	-0.00163	-0.00215	-0.00256	-0.00258	-0.00110	-0.00110	0.00039	0.00038	0.00000	
	V'	-0.00548	-0.00547	-0.00544	-0.00532	-0.00484	-0.00300	0.00412	0.03156	0.03156	0.00416	-0.00283	-0.00420	
	M	0.00000	-0.00012	-0.00051	-0.00204	-0.00808	-0.03197	-0.12645	-0.50013	0.49987	0.12590	0.02992	0.00000	
13.75	Q	-0.00091	-0.00191	-0.00713	-0.02811	-0.11115	-0.43962	-1.73873	-6.87680	-6.87680	-1.74538	-0.46760	-0.22225	13.75
	V	0.00000	-0.00053	-0.00106	-0.00158	-0.00207	-0.00248	-0.00250	-0.00106	-0.00106	0.00039	0.00037	0.00000	
	V'	-0.00528	-0.00528	-0.00525	-0.00514	-0.00470	-0.00296	0.00391	0.03108	0.03108	0.00394	-0.00282	-0.00411	
	M	0.00000	-0.00011	-0.00045	-0.00185	-0.00750	-0.03041	-0.12333	-0.50011	0.49989	0.12284	0.02856	0.00000	
14.00	Q	-0.00078	-0.00167	-0.00641	-0.02590	-0.10499	-0.42577	-1.72657	-7.00157	-7.00157	-1.73256	-0.45156	-0.20994	14.00
	V	0.00000	-0.00051	-0.00102	-0.00152	-0.00200	-0.00240	-0.00243	-0.00102	-0.00102	0.00039	0.00036	0.00000	
	V'	-0.00510	-0.00509	-0.00507	-0.00497	-0.00457	-0.00293	0.00371	0.03062	0.03062	0.00374	-0.00280	-0.00403	
	M	0.00000	-0.00009	-0.00040	-0.00167	-0.00696	-0.02893	-0.12028	-0.50010	0.49990	0.11985	0.02725	0.00000	
14.25	Q	-0.00066	-0.00146	-0.00575	-0.02385	-0.09914	-0.41222	-1.71395	-7.12638	-7.12638	-1.71936	-0.43598	-0.19825	14.25
	V	0.00000	-0.00049	-0.00098	-0.00147	-0.00194	-0.00232	-0.00236	-0.00098	-0.00098	0.00039	0.00036	0.00000	
	V'	-0.00492	-0.00492	-0.00490	-0.00481	-0.00444	-0.00289	0.00352	0.03017	0.03017	0.00354	-0.00278	-0.00395	
	M	0.00000	-0.00008	-0.00035	-0.00151	-0.00645	-0.02752	-0.11730	-0.50008	0.49992	0.11693	0.02600	0.00000	
14.50	Q	-0.00057	-0.00127	-0.00517	-0.02196	-0.09359	-0.39899	-1.70092	-7.25121	-7.25121	-1.70578	-0.42087	-0.18715	14.50
	V	0.00000	-0.00048	-0.00095	-0.00142	-0.00187	-0.00225	-0.00230	-0.00095	-0.00095	0.00040	0.00035	0.00000	
	V'	-0.00475	-0.00475	-0.00473	-0.00465	-0.00431	-0.00286	0.00333	0.02973	0.02973	0.00336	-0.00275	-0.00387	
	M	0.00000	-0.00007	-0.00031	-0.00137	-0.00599	-0.02617	-0.11441	-0.50007	0.49993	0.11408	0.02480	0.00000	
14.75	Q	-0.00048	-0.00111	-0.00464	-0.02021	-0.08832	-0.38606	-1.68749	-7.37606	-7.37606	-1.69187	-0.40621	-0.17662	14.75
	V	0.00000	-0.00046	-0.00092	-0.00137	-0.00181	-0.00218	-0.00223	-0.00092	-0.00092	0.00039	0.00035	0.00000	
	V'	-0.00459	-0.00459	-0.00458	-0.00450	-0.00419	-0.00282	0.00316	0.02931	0.02931	0.00318	-0.00273	-0.00378	
BETA	X/L =	0.00	0.10	0.20	0.30	0.40	0.50	0.60	L 0.70	R 0.70	0.80	0.90	1.00	BETA

XM/L = 0.70

FUNKTIONEN : F.M;M - F.M;Q - F.M;V - F.M;V'

FUNKTIONEN : F.M;M - F.M;Q - F.M;V - F.M;V'

XM/L = 0.70

BETA	X/L =	0.00	0.10	0.20	0.30	0.40	0.50	0.60	L 0.70	R 0.70	0.80	0.90	1.00	BETA
15.00	M	0.00000	-0.00006	-0.00028	-0.00124	-0.00556	-0.02490	-0.11158	-0.50006	0.49994	0.11129	0.02365	0.00000	15.00
	Q	-0.00041	-0.00097	-0.00416	-0.01860	-0.08333	-0.37345	-1.67368	-7.50093	-7.50093	-1.67762	-0.39199	-0.16663	
	V	0.00000	-0.00044	-0.00089	-0.00133	-0.00175	-0.00211	-0.00217	-0.00089	-0.00089	0.00039	0.00034	0.00000	
	V'	-0.00444	-0.00444	-0.00443	-0.00436	-0.00407	-0.00278	0.00299	0.02889	0.02889	0.00301	-0.00270	-0.00370	
15.25	M	0.00000	-0.00005	-0.00024	-0.00112	-0.00515	-0.02368	-0.10882	-0.50005	0.49995	0.10857	0.02256	0.00000	15.25
	Q	-0.00035	-0.00085	-0.00373	-0.01711	-0.07859	-0.36115	-1.65954	-7.62581	-7.62581	-1.66308	-0.37821	-0.15717	
	V	0.00000	-0.00043	-0.00086	-0.00129	-0.00170	-0.00205	-0.00211	-0.00086	-0.00086	0.00039	0.00033	0.00000	
	V'	-0.00430	-0.00430	-0.00428	-0.00423	-0.00396	-0.00275	0.00284	0.02849	0.02849	0.00285	-0.00267	-0.00362	
15.50	M	0.00000	-0.00004	-0.00021	-0.00101	-0.00478	-0.02253	-0.10613	-0.50005	0.49995	0.10591	0.02151	0.00000	15.50
	Q	-0.00030	-0.00074	-0.00335	-0.01573	-0.07411	-0.34916	-1.64507	-7.75071	-7.75071	-1.64826	-0.36486	-0.14820	
	V	0.00000	-0.00042	-0.00083	-0.00124	-0.00165	-0.00199	-0.00206	-0.00083	-0.00083	0.00039	0.00033	0.00000	
	V'	-0.00416	-0.00416	-0.00415	-0.00410	-0.00385	-0.00271	0.00269	0.02810	0.02810	0.00270	-0.00264	-0.00355	
15.75	M	0.00000	-0.00004	-0.00019	-0.00092	-0.00444	-0.02143	-0.10351	-0.50004	0.49996	0.10331	0.02051	0.00000	15.75
	Q	-0.00026	-0.00065	-0.00300	-0.01446	-0.06986	-0.33749	-1.63031	-7.87562	-7.87562	-1.63318	-0.35192	-0.13971	
	V	0.00000	-0.00040	-0.00081	-0.00121	-0.00159	-0.00193	-0.00200	-0.00081	-0.00081	0.00039	0.00032	0.00000	
	V'	-0.00403	-0.00403	-0.00402	-0.00397	-0.00375	-0.00267	0.00254	0.02772	0.02772	0.00255	-0.00261	-0.00347	
16.00	M	0.00000	-0.00003	-0.00017	-0.00083	-0.00412	-0.02038	-0.10096	-0.50003	0.49997	0.10078	0.01955	0.00000	16.00
	Q	-0.00022	-0.00056	-0.00269	-0.01329	-0.06584	-0.32612	-1.61528	-8.00054	-8.00054	-1.61786	-0.33939	-0.13168	
	V	0.00000	-0.00039	-0.00078	-0.00117	-0.00155	-0.00187	-0.00195	-0.00078	-0.00078	0.00039	0.00031	0.00000	
	V'	-0.00391	-0.00390	-0.00390	-0.00385	-0.00365	-0.00263	0.00240	0.02735	0.02735	0.00241	-0.00258	-0.00339	
16.25	M	0.00000	-0.00003	-0.00015	-0.00075	-0.00382	-0.01939	-0.09846	-0.50003	0.49997	0.09831	0.01864	0.00000	16.25
	Q	-0.00019	-0.00049	-0.00241	-0.01222	-0.06204	-0.31506	-1.60000	-8.12547	-8.12547	-1.60231	-0.32726	-0.12407	
	V	0.00000	-0.00038	-0.00076	-0.00113	-0.00150	-0.00182	-0.00190	-0.00076	-0.00076	0.00039	0.00031	0.00000	
	V'	-0.00379	-0.00379	-0.00378	-0.00374	-0.00355	-0.00259	0.00227	0.02698	0.02698	0.00228	-0.00255	-0.00332	
16.50	M	0.00000	-0.00002	-0.00013	-0.00068	-0.00354	-0.01844	-0.09603	-0.50003	0.49997	0.09589	0.01776	0.00000	16.50
	Q	-0.00016	-0.00043	-0.00216	-0.01122	-0.05844	-0.30430	-1.58449	-8.25041	-8.25041	-1.58657	-0.31551	-0.11688	
	V	0.00000	-0.00037	-0.00073	-0.00110	-0.00146	-0.00177	-0.00185	-0.00073	-0.00073	0.00038	0.00030	0.00000	
	V'	-0.00367	-0.00367	-0.00367	-0.00363	-0.00346	-0.00256	0.00215	0.02663	0.02663	0.00215	-0.00251	-0.00324	
16.75	M	0.00000	-0.00002	-0.00012	-0.00062	-0.00329	-0.01754	-0.09366	-0.50002	0.49998	0.09354	0.01693	0.00000	16.75
	Q	-0.00014	-0.00037	-0.00193	-0.01031	-0.05504	-0.29384	-1.56877	-8.37536	-8.37536	-1.57064	-0.30414	-0.11007	
	V	0.00000	-0.00036	-0.00071	-0.00107	-0.00141	-0.00172	-0.00180	-0.00071	-0.00071	0.00038	0.00030	0.00000	
	V'	-0.00356	-0.00356	-0.00356	-0.00353	-0.00337	-0.00252	0.00203	0.02629	0.02629	0.00203	-0.00248	-0.00317	
17.00	M	0.00000	-0.00002	-0.00010	-0.00056	-0.00305	-0.01669	-0.09135	-0.50002	0.49998	0.09124	0.01613	0.00000	17.00
	Q	-0.00012	-0.00033	-0.00173	-0.00947	-0.05182	-0.28368	-1.55287	-8.50032	-8.50032	-1.55454	-0.29314	-0.10364	
	V	0.00000	-0.00035	-0.00069	-0.00104	-0.00137	-0.00167	-0.00176	-0.00069	-0.00069	0.00038	0.00029	0.00000	
	V'	-0.00346	-0.00346	-0.00345	-0.00343	-0.00328	-0.00248	0.00191	0.02595	0.02595	0.00192	-0.00245	-0.00310	
17.25	M	0.00000	-0.00002	-0.00009	-0.00050	-0.00283	-0.01587	-0.08909	-0.50002	0.49998	0.08900	0.01537	0.00000	17.25
	Q	-0.00010	-0.00028	-0.00155	-0.00869	-0.04879	-0.27381	-1.53679	-8.62528	-8.62528	-1.53829	-0.28250	-0.09757	
	V	0.00000	-0.00034	-0.00067	-0.00101	-0.00133	-0.00163	-0.00172	-0.00067	-0.00067	0.00037	0.00028	0.00000	
	V'	-0.00336	-0.00336	-0.00336	-0.00333	-0.00320	-0.00244	0.00180	0.02563	0.02563	0.00181	-0.00241	-0.00303	
BETA	X/L =	0.00	0.10	0.20	0.30	0.40	0.50	0.60	L 0.70	R 0.70	0.80	0.90	1.00	BETA

XM/L = 0.70

FUNKTIONEN : F.M;M - F.M;Q - F.M;V - F.M;V'

FUNKTIONEN : F.M;M - F.M;Q - F.M;V - F.M;V'

XM/L = 0.70

BETA	X/L =	0.00	0.10	0.20	0.30	0.40	0.50	0.60	L 0.70	R 0.70	0.80	0.90	1.00	BETA
	M	0.00000	-0.00001	-0.00008	-0.00046	-0.00262	-0.01510	-0.08689	-0.50001	0.49999	0.08681	0.01464	0.00000	
17.50	Q	-0.00008	-0.00025	-0.00139	-0.00798	-0.04592	-0.26423	-1.52056	-8.75024	-8.75024	-1.52191	-0.27221	-0.09183	17.50
	V	0.00000	-0.00033	-0.00065	-0.00098	-0.00130	-0.00158	-0.00168	-0.00065	-0.00065	0.00037	0.00028	0.00000	
	V'	-0.00327	-0.00326	-0.00326	-0.00324	-0.00312	-0.00240	0.00170	0.02531	0.02531	0.00170	-0.00238	-0.00297	
	M	0.00000	-0.00001	-0.00007	-0.00041	-0.00243	-0.01436	-0.08474	-0.50001	0.49999	0.08467	0.01395	0.00000	
17.75	Q	-0.00007	-0.00022	-0.00124	-0.00732	-0.04321	-0.25494	-1.50420	-8.87521	-8.87521	-1.50541	-0.26225	-0.08641	17.75
	V	0.00000	-0.00032	-0.00063	-0.00095	-0.00126	-0.00154	-0.00164	-0.00063	-0.00063	0.00037	0.00027	0.00000	
	V'	-0.00317	-0.00317	-0.00317	-0.00315	-0.00304	-0.00236	0.00160	0.02500	0.02500	0.00160	-0.00234	-0.00290	
	M	0.00000	-0.00001	-0.00006	-0.00037	-0.00226	-0.01366	-0.08265	-0.50001	0.49999	0.08259	0.01329	0.00000	
18.00	Q	-0.00006	-0.00019	-0.00111	-0.00672	-0.04065	-0.24592	-1.48772	-9.00018	-9.00018	-1.48880	-0.25263	-0.08130	18.00
	V	0.00000	-0.00031	-0.00062	-0.00092	-0.00123	-0.00150	-0.00160	-0.00062	-0.00062	0.00036	0.00027	0.00000	
	V'	-0.00309	-0.00309	-0.00308	-0.00307	-0.00296	-0.00233	0.00151	0.02469	0.02469	0.00151	-0.00231	-0.00284	
	M	0.00000	-0.00001	-0.00005	-0.00034	-0.00210	-0.01300	-0.08061	-0.50001	0.49999	0.08055	0.01266	0.00000	
18.25	Q	-0.00005	-0.00016	-0.00099	-0.00616	-0.03824	-0.23717	-1.47114	-9.12516	-9.12516	-1.47210	-0.24333	-0.07647	18.25
	V	0.00000	-0.00030	-0.00060	-0.00090	-0.00119	-0.00146	-0.00156	-0.00060	-0.00060	0.00036	0.00026	0.00000	
	V'	-0.00300	-0.00300	-0.00300	-0.00298	-0.00289	-0.00229	0.00141	0.02440	0.02440	0.00142	-0.00227	-0.00277	
	M	0.00000	-0.00001	-0.00005	-0.00031	-0.00194	-0.01236	-0.07862	-0.50001	0.49999	0.07857	0.01206	0.00000	
18.50	Q	-0.00004	-0.00014	-0.00089	-0.00565	-0.03596	-0.22870	-1.45447	-9.25014	-9.25014	-1.45533	-0.23435	-0.07192	18.50
	V	0.00000	-0.00029	-0.00058	-0.00088	-0.00116	-0.00142	-0.00152	-0.00058	-0.00058	0.00035	0.00026	0.00000	
	V'	-0.00292	-0.00292	-0.00292	-0.00291	-0.00282	-0.00225	0.00133	0.02411	0.02411	0.00133	-0.00224	-0.00271	
	M	0.00000	-0.00001	-0.00004	-0.00028	-0.00180	-0.01176	-0.07668	-0.50001	0.49999	0.07664	0.01148	0.00000	
18.75	Q	-0.00004	-0.00012	-0.00080	-0.00519	-0.03381	-0.22048	-1.43772	-9.37512	-9.37512	-1.43850	-0.22566	-0.06762	18.75
	V	0.00000	-0.00028	-0.00057	-0.00085	-0.00113	-0.00139	-0.00149	-0.00057	-0.00057	0.00035	0.00025	0.00000	
	V'	-0.00284	-0.00284	-0.00284	-0.00283	-0.00275	-0.00222	0.00125	0.02382	0.02382	0.00125	-0.00220	-0.00265	
	M	0.00000	-0.00001	-0.00004	-0.00025	-0.00167	-0.01119	-0.07479	-0.50001	0.49999	0.07475	0.01094	0.00000	
19.00	Q	-0.00003	-0.00011	-0.00071	-0.00475	-0.03179	-0.21252	-1.42092	-9.50011	-9.50011	-1.42161	-0.21728	-0.06357	19.00
	V	0.00000	-0.00028	-0.00055	-0.00083	-0.00110	-0.00135	-0.00145	-0.00055	-0.00055	0.00035	0.00025	0.00000	
	V'	-0.00277	-0.00277	-0.00277	-0.00276	-0.00268	-0.00218	0.00117	0.02355	0.02355	0.00117	-0.00217	-0.00259	
	M	0.00000	-0.00000	-0.00003	-0.00023	-0.00155	-0.01064	-0.07294	-0.50000	0.50000	0.07290	0.01041	0.00000	
19.25	Q	-0.00003	-0.00009	-0.00064	-0.00436	-0.02988	-0.20482	-1.40407	-9.62509	-9.62509	-1.40469	-0.20918	-0.05976	19.25
	V	0.00000	-0.00027	-0.00054	-0.00081	-0.00108	-0.00132	-0.00142	-0.00054	-0.00054	0.00034	0.00024	0.00000	
	V'	-0.00270	-0.00270	-0.00270	-0.00269	-0.00262	-0.00215	0.00109	0.02328	0.02328	0.00109	-0.00213	-0.00254	
	M	0.00000	-0.00000	-0.00003	-0.00020	-0.00144	-0.01012	-0.07114	-0.50000	0.50000	0.07111	0.00992	0.00000	
19.50	Q	-0.00002	-0.00008	-0.00057	-0.00399	-0.02808	-0.19736	-1.38718	-9.75008	-9.75008	-1.38774	-0.20135	-0.05616	19.50
	V	0.00000	-0.00026	-0.00053	-0.00079	-0.00105	-0.00129	-0.00139	-0.00053	-0.00053	0.00034	0.00024	0.00000	
	V'	-0.00263	-0.00263	-0.00263	-0.00262	-0.00256	-0.00211	0.00102	0.02301	0.02301	0.00102	-0.00210	-0.00248	
	M	0.00000	-0.00000	-0.00003	-0.00019	-0.00134	-0.00963	-0.06938	-0.50000	0.50000	0.06935	0.00944	0.00000	
19.75	Q	-0.00002	-0.00007	-0.00051	-0.00366	-0.02638	-0.19014	-1.37028	-9.87507	-9.87507	-1.37078	-0.19380	-0.05277	19.75
	V	0.00000	-0.00026	-0.00051	-0.00077	-0.00102	-0.00126	-0.00136	-0.00051	-0.00051	0.00033	0.00023	0.00000	
	V'	-0.00256	-0.00256	-0.00256	-0.00255	-0.00250	-0.00208	0.00095	0.02275	0.02275	0.00095	-0.00207	-0.00243	
BETA	X/L =	0.00	0.10	0.20	0.30	0.40	0.50	0.60	L 0.70	R 0.70	0.80	0.90	1.00	BETA

XM/L = 0.70

FUNKTIONEN : F.M;M - F.M;Q - F.M;V - F.M;V'

FUNKTIONEN : F.M;M - F.M;Q - F.M;V - F.M;V'

XM/L = 0.70

BETA	X/L =	0.00	0.10	0.20	0.30	0.40	0.50	0.60	L 0.70	R 0.70	0.80	0.90	1.00	BETA
20.00	M	0.00000	-0.00000	-0.00002	-0.00017	-0.00124	-0.00916	-0.06767	-0.50000	0.50000	0.06764	0.00899	0.00000	20.00
	Q	-0.00002	-0.00006	-0.00045	-0.00335	-0.02479	-0.18316	-1.35336	-10.00005	-10.00006	-1.35381	-0.18651	-0.04958	
	V	0.00000	-0.00025	-0.00050	-0.00075	-0.00100	-0.00123	-0.00133	-0.00050	-0.00050	0.00033	0.00023	0.00000	
	V'	-0.00250	-0.00250	-0.00250	-0.00249	-0.00244	-0.00204	0.00088	0.02250	0.02250	0.00088	-0.00203	-0.00238	
20.25	M	0.00000	-0.00000	-0.00002	-0.00015	-0.00115	-0.00871	-0.06600	-0.50000	0.50000	0.06598	0.00856	0.00000	20.25
	Q	-0.00001	-0.00005	-0.00041	-0.00307	-0.02328	-0.17640	-1.33644	-10.12505	-10.12505	-1.33684	-0.17947	-0.04657	
	V	0.00000	-0.00024	-0.00049	-0.00073	-0.00097	-0.00120	-0.00130	-0.00049	-0.00049	0.00033	0.00022	0.00000	
	V'	-0.00244	-0.00244	-0.00244	-0.00243	-0.00238	-0.00201	0.00082	0.02225	0.02225	0.00082	-0.00200	-0.00233	
20.50	M	0.00000	-0.00000	-0.00002	-0.00014	-0.00107	-0.00829	-0.06437	-0.50000	0.50000	0.06435	0.00815	0.00000	20.50
	Q	-0.00001	-0.00005	-0.00036	-0.00282	-0.02187	-0.16987	-1.31954	-10.25005	-10.25005	-1.31990	-0.17269	-0.04374	
	V	0.00000	-0.00024	-0.00048	-0.00071	-0.00095	-0.00117	-0.00127	-0.00048	-0.00048	0.00032	0.00022	0.00000	
	V'	-0.00238	-0.00238	-0.00238	-0.00237	-0.00233	-0.00198	0.00076	0.02201	0.02201	0.00076	-0.00197	-0.00228	
20.75	M	0.00000	-0.00000	-0.00002	-0.00012	-0.00099	-0.00788	-0.06278	-0.50000	0.50000	0.06276	0.00776	0.00000	20.75
	Q	-0.00001	-0.00004	-0.00032	-0.00258	-0.02054	-0.16356	-1.30265	-10.37504	-10.37504	-1.30297	-0.16613	-0.04107	
	V	0.00000	-0.00023	-0.00046	-0.00070	-0.00093	-0.00114	-0.00125	-0.00046	-0.00046	0.00032	0.00021	0.00000	
	V'	-0.00232	-0.00232	-0.00232	-0.00232	-0.00227	-0.00194	0.00070	0.02177	0.02177	0.00070	-0.00194	-0.00223	
21.00	M	0.00000	-0.00000	-0.00001	-0.00011	-0.00092	-0.00750	-0.06123	-0.50000	0.50000	0.06121	0.00739	0.00000	21.00
	Q	-0.00001	-0.00004	-0.00029	-0.00236	-0.01928	-0.15745	-1.28580	-10.50004	-10.50004	-1.28608	-0.15981	-0.03856	
	V	0.00000	-0.00023	-0.00045	-0.00068	-0.00090	-0.00112	-0.00122	-0.00045	-0.00045	0.00031	0.00021	0.00000	
	V'	-0.00227	-0.00227	-0.00227	-0.00226	-0.00222	-0.00191	0.00065	0.02154	0.02154	0.00065	-0.00191	-0.00218	
21.25	M	0.00000	-0.00000	-0.00001	-0.00010	-0.00085	-0.00713	-0.05972	-0.50000	0.50000	0.05970	0.00703	0.00000	21.25
	Q	-0.00001	-0.00003	-0.00026	-0.00216	-0.01810	-0.15156	-1.26898	-10.62503	-10.62503	-1.26923	-0.15372	-0.03620	
	V	0.00000	-0.00022	-0.00044	-0.00066	-0.00088	-0.00109	-0.00120	-0.00044	-0.00044	0.00031	0.00021	0.00000	
	V'	-0.00221	-0.00221	-0.00221	-0.00221	-0.00217	-0.00188	0.00060	0.02131	0.02131	0.00060	-0.00187	-0.00213	
21.50	M	0.00000	-0.00000	-0.00001	-0.00009	-0.00079	-0.00678	-0.05824	-0.50000	0.50000	0.05823	0.00669	0.00000	21.50
	Q	-0.00001	-0.00003	-0.00023	-0.00198	-0.01699	-0.14586	-1.25221	-10.75003	-10.75003	-1.25244	-0.14784	-0.03398	
	V	0.00000	-0.00022	-0.00043	-0.00065	-0.00086	-0.00107	-0.00117	-0.00043	-0.00043	0.00031	0.00020	0.00000	
	V'	-0.00216	-0.00216	-0.00216	-0.00216	-0.00213	-0.00185	0.00055	0.02109	0.02109	0.00055	-0.00184	-0.00209	
21.75	M	0.00000	-0.00000	-0.00001	-0.00008	-0.00073	-0.00645	-0.05680	-0.50000	0.50000	0.05679	0.00637	0.00000	21.75
	Q	-0.00001	-0.00002	-0.00021	-0.00181	-0.01595	-0.14036	-1.23549	-10.87502	-10.87502	-1.23569	-0.14217	-0.03189	
	V	0.00000	-0.00021	-0.00042	-0.00063	-0.00084	-0.00104	-0.00115	-0.00042	-0.00042	0.00030	0.00020	0.00000	
	V'	-0.00211	-0.00211	-0.00211	-0.00211	-0.00208	-0.00182	0.00050	0.02087	0.02087	0.00050	-0.00181	-0.00205	
22.00	M	0.00000	-0.00000	-0.00001	-0.00008	-0.00068	-0.00614	-0.05540	-0.50000	0.50000	0.05539	0.00606	0.00000	22.00
	Q	-0.00000	-0.00002	-0.00018	-0.00166	-0.01496	-0.13505	-1.21884	-11.00002	-11.00002	-1.21902	-0.13671	-0.02993	
	V	0.00000	-0.00021	-0.00041	-0.00062	-0.00083	-0.00102	-0.00113	-0.00041	-0.00041	0.00030	0.00019	0.00000	
	V'	-0.00207	-0.00207	-0.00207	-0.00206	-0.00204	-0.00179	0.00045	0.02066	0.02066	0.00045	-0.00178	-0.00200	
22.25	M	0.00000	-0.00000	-0.00001	-0.00007	-0.00063	-0.00584	-0.05403	-0.50000	0.50000	0.05403	0.00577	0.00000	22.25
	Q	-0.00000	-0.00002	-0.00016	-0.00152	-0.01404	-0.12992	-1.20225	-11.12502	-11.12502	-1.20241	-0.13144	-0.02808	
	V	0.00000	-0.00020	-0.00040	-0.00061	-0.00081	-0.00100	-0.00110	-0.00040	-0.00040	0.00029	0.00019	0.00000	
	V'	-0.00202	-0.00202	-0.00202	-0.00202	-0.00199	-0.00176	0.00041	0.02045	0.02045	0.00041	-0.00175	-0.00196	
BETA	X/L =	0.00	0.10	0.20	0.30	0.40	0.50	0.60	L 0.70	R 0.70	0.80	0.90	1.00	BETA

XM/L = 0.70

FUNKTIONEN : F.M;M - F.M;Q - F.M;V - F.M;V'

FUNKTIONEN : F.MIM - F.MIQ - F.MIV - F.MIV'

XM/L = 0.70

BETA	X/L =	0.00	0.10	0.20	0.30	0.40	0.50	0.60	L 0.70	R 0.70	0.80	0.90	1.00	BETA
	M	0.00000	-0.00000	-0.00001	-0.00006	-0.00059	-0.00555	-0.05270	-0.50000	0.50000	0.05269	0.00549	0.00000	
22.50	Q	-0.00000	-0.00002	-0.00015	-0.00139	-0.01317	-0.12498	-1.18574	-11.25002	-11.25002	-1.18589	-0.12636	-0.02634	22.50
	V	0.00000	-0.00020	-0.00040	-0.00059	-0.00079	-0.00098	-0.00108	-0.00040	-0.00040	0.00029	0.00019	0.00000	
	V'	-0.00198	-0.00198	-0.00198	-0.00197	-0.00195	-0.00173	0.00037	0.02025	0.02025	0.00037	-0.00173	-0.00192	
	M	0.00000	-0.00000	-0.00001	-0.00006	-0.00054	-0.00528	-0.05140	-0.50000	0.50000	0.05139	0.00523	0.00000	
22.75	Q	-0.00000	-0.00001	-0.00013	-0.00127	-0.01236	-0.12020	-1.16932	-11.37501	-11.37501	-1.16945	-0.12147	-0.02471	22.75
	V	0.00000	-0.00019	-0.00039	-0.00058	-0.00077	-0.00096	-0.00106	-0.00039	-0.00039	0.00029	0.00018	0.00000	
	V'	-0.00193	-0.00193	-0.00193	-0.00193	-0.00191	-0.00170	0.00033	0.02005	0.02005	0.00033	-0.00170	-0.00188	
	M	0.00000	-0.00000	-0.00001	-0.00005	-0.00050	-0.00503	-0.05013	-0.50000	0.50000	0.05012	0.00498	0.00000	
23.00	Q	-0.00000	-0.00001	-0.00012	-0.00116	-0.01159	-0.11560	-1.15298	-11.50001	-11.50001	-1.15309	-0.11676	-0.02318	23.00
	V	0.00000	-0.00019	-0.00038	-0.00057	-0.00076	-0.00094	-0.00104	-0.00038	-0.00038	0.00028	0.00018	0.00000	
	V'	-0.00189	-0.00189	-0.00189	-0.00189	-0.00187	-0.00167	0.00029	0.01985	0.01985	0.00029	-0.00167	-0.00185	
	M	0.00000	-0.00000	-0.00000	-0.00005	-0.00047	-0.00478	-0.04889	-0.50000	0.50000	0.04889	0.00474	0.00000	
23.25	Q	-0.00000	-0.00001	-0.00010	-0.00106	-0.01087	-0.11115	-1.13673	-11.62501	-11.62501	-1.13684	-0.11222	-0.02174	23.25
	V	0.00000	-0.00018	-0.00037	-0.00055	-0.00074	-0.00092	-0.00102	-0.00037	-0.00037	0.00028	0.00018	0.00000	
	V'	-0.00185	-0.00185	-0.00185	-0.00185	-0.00183	-0.00164	0.00025	0.01966	0.01966	0.00025	-0.00164	-0.00181	
	M	0.00000	-0.00000	-0.00000	-0.00004	-0.00043	-0.00455	-0.04768	-0.50000	0.50000	0.04768	0.00451	0.00000	
23.50	Q	-0.00000	-0.00001	-0.00009	-0.00097	-0.01019	-0.10687	-1.12059	-11.75001	-11.75001	-1.12068	-0.10784	-0.02038	23.50
	V	0.00000	-0.00018	-0.00036	-0.00054	-0.00072	-0.00090	-0.00100	-0.00036	-0.00036	0.00028	0.00017	0.00000	
	V'	-0.00181	-0.00181	-0.00181	-0.00181	-0.00179	-0.00162	0.00022	0.01947	0.01947	0.00022	-0.00162	-0.00177	
	M	0.00000	-0.00000	-0.00000	-0.00004	-0.00040	-0.00433	-0.04651	-0.50000	0.50000	0.04650	0.00429	0.00000	
23.75	Q	-0.00000	-0.00001	-0.00008	-0.00089	-0.00956	-0.10274	-1.10455	-11.87501	-11.87501	-1.10463	-0.10363	-0.01911	23.75
	V	0.00000	-0.00018	-0.00035	-0.00053	-0.00071	-0.00088	-0.00098	-0.00035	-0.00035	0.00027	0.00017	0.00000	
	V'	-0.00177	-0.00177	-0.00177	-0.00177	-0.00176	-0.00159	0.00019	0.01928	0.01928	0.00019	-0.00159	-0.00174	
	M	0.00000	-0.00000	-0.00000	-0.00003	-0.00037	-0.00411	-0.04536	-0.50000	0.50000	0.04536	0.00408	0.00000	
24.00	Q	-0.00000	-0.00001	-0.00007	-0.00081	-0.00896	-0.09876	-1.08862	-12.00001	-12.00001	-1.08869	-0.09957	-0.01792	24.00
	V	0.00000	-0.00017	-0.00035	-0.00052	-0.00069	-0.00086	-0.00096	-0.00035	-0.00035	0.00027	0.00017	0.00000	
	V'	-0.00174	-0.00174	-0.00174	-0.00173	-0.00172	-0.00156	0.00015	0.01910	0.01910	0.00015	-0.00156	-0.00171	
	M	0.00000	-0.00000	-0.00000	-0.00003	-0.00035	-0.00391	-0.04424	-0.50000	0.50000	0.04424	0.00388	0.00000	
24.25	Q	-0.00000	-0.00001	-0.00007	-0.00074	-0.00840	-0.09492	-1.07280	-12.12501	-12.12501	-1.07286	-0.09566	-0.01680	24.25
	V	0.00000	-0.00017	-0.00034	-0.00051	-0.00068	-0.00084	-0.00095	-0.00034	-0.00034	0.00026	0.00016	0.00000	
	V'	-0.00170	-0.00170	-0.00170	-0.00170	-0.00169	-0.00154	0.00012	0.01892	0.01892	0.00012	-0.00154	-0.00167	
	M	0.00000	-0.00000	-0.00000	-0.00003	-0.00032	-0.00372	-0.04315	-0.50000	0.50000	0.04314	0.00370	0.00000	
24.50	Q	-0.00000	-0.00001	-0.00006	-0.00068	-0.00787	-0.09122	-1.05710	-12.25001	-12.25001	-1.05716	-0.09190	-0.01574	24.50
	V	0.00000	-0.00017	-0.00033	-0.00050	-0.00067	-0.00083	-0.00093	-0.00033	-0.00033	0.00026	0.00016	0.00000	
	V'	-0.00167	-0.00167	-0.00167	-0.00166	-0.00165	-0.00151	0.00010	0.01874	0.01874	0.00010	-0.00151	-0.00164	
	M	0.00000	-0.00000	-0.00000	-0.00003	-0.00030	-0.00354	-0.04208	-0.50000	0.50000	0.04208	0.00352	0.00000	
24.75	Q	-0.00000	-0.00000	-0.00005	-0.00062	-0.00738	-0.08766	-1.04152	-12.37500	-12.37500	-1.04157	-0.08828	-0.01475	24.75
	V	0.00000	-0.00016	-0.00033	-0.00049	-0.00065	-0.00081	-0.00091	-0.00033	-0.00033	0.00026	0.00016	0.00000	
	V'	-0.00163	-0.00163	-0.00163	-0.00163	-0.00162	-0.00149	0.00007	0.01857	0.01857	0.00007	-0.00149	-0.00161	
BETA	X/L =	0.00	0.10	0.20	0.30	0.40	0.50	0.60	L 0.70	R 0.70	0.80	0.90	1.00	BETA

XM/L = 0.70

FUNKTIONEN : F.MIM - F.MIQ - F.MIV - F.MIV'

FUNKTIONEN : F.MIM - F.MIQ - F.MIV - F.MIV'

XM/L = 0.70

BETA	X/L =	0.00	0.10	0.20	0.30	0.40	0.50	0.60	L 0.70	R 0.70	0.80	0.90	1.00	BETA
	M	0.00000	-0.00000	-0.00000	-0.00002	-0.00028	-0.00337	-0.04104	-0.50000	0.50000	0.04104	0.00335	0.00000	
25.00	Q	-0.00000	-0.00000	-0.00005	-0.00057	-0.00691	-0.08422	-1.02606	-12.50000	-12.50000	-1.02611	-0.08479	-0.01383	25.00
	V	0.00000	-0.00016	-0.00032	-0.00048	-0.00064	-0.00079	-0.00089	-0.00032	-0.00032	0.00025	0.00015	0.00000	
	V'	-0.00160	-0.00160	-0.00160	-0.00160	-0.00159	-0.00147	0.00004	0.01840	0.01840	0.00004	-0.00146	-0.00158	
	M	0.00000	-0.00000	-0.00000	-0.00001	-0.00019	-0.00262	-0.03622	-0.50000	0.50000	0.03622	0.00261	0.00000	
26.25	Q	-0.00000	-0.00000	-0.00003	-0.00036	-0.00499	-0.06887	-0.95077	-13.12500	-13.12500	-0.95080	-0.06924	-0.00998	26.25
	V	0.00000	-0.00015	-0.00029	-0.00044	-0.00058	-0.00072	-0.00082	-0.00029	-0.00029	0.00024	0.00014	0.00000	
	V'	-0.00145	-0.00145	-0.00145	-0.00145	-0.00144	-0.00135	-0.00007	0.01760	0.01760	-0.00007	-0.00135	-0.00144	
	M	0.00000	-0.00000	-0.00000	-0.00001	-0.00013	-0.00204	-0.03196	-0.50000	0.50000	0.03196	0.00204	0.00000	
27.50	Q	-0.00000	-0.00000	-0.00001	-0.00023	-0.00359	-0.05619	-0.87901	-13.75000	-13.75000	-0.87902	-0.05642	-0.00718	27.50
	V	0.00000	-0.00013	-0.00026	-0.00040	-0.00053	-0.00066	-0.00075	-0.00026	-0.00026	0.00022	0.00013	0.00000	
	V'	-0.00132	-0.00132	-0.00132	-0.00132	-0.00132	-0.00125	-0.00016	0.01686	0.01686	-0.00016	-0.00125	-0.00131	
	M	0.00000	-0.00000	-0.00000	-0.00001	-0.00009	-0.00159	-0.02821	-0.50000	0.50000	0.02821	0.00159	0.00000	
28.75	Q	-0.00000	-0.00000	-0.00001	-0.00015	-0.00258	-0.04575	-0.81098	-14.37500	-14.37500	-0.81099	-0.04590	-0.00516	28.75
	V	0.00000	-0.00012	-0.00024	-0.00036	-0.00048	-0.00060	-0.00069	-0.00024	-0.00024	0.00021	0.00012	0.00000	
	V'	-0.00121	-0.00121	-0.00121	-0.00121	-0.00121	-0.00115	-0.00023	0.01618	0.01618	-0.00023	-0.00115	-0.00120	
	M	0.00000	-0.00000	-0.00000	-0.00000	-0.00006	-0.00124	-0.02489	-0.50000	0.50000	0.02489	0.00124	0.00000	
30.00	Q	-0.00000	-0.00000	-0.00000	-0.00009	-0.00185	-0.03718	-0.74681	-15.00000	-15.00000	-0.74681	-0.03727	-0.00370	30.00
	V	0.00000	-0.00011	-0.00022	-0.00033	-0.00044	-0.00055	-0.00064	-0.00022	-0.00022	0.00019	0.00011	0.00000	
	V'	-0.00111	-0.00111	-0.00111	-0.00111	-0.00111	-0.00107	-0.00028	0.01556	0.01556	-0.00028	-0.00107	-0.00111	
	M	0.00000	-0.00000	-0.00000	-0.00000	-0.00004	-0.00097	-0.02197	-0.50000	0.50000	0.02197	0.00096	0.00000	
31.25	Q	-0.00000	-0.00000	-0.00000	-0.00006	-0.00133	-0.03016	-0.68651	-15.62500	-15.62500	-0.68652	-0.03022	-0.00265	31.25
	V	0.00000	-0.00010	-0.00020	-0.00031	-0.00041	-0.00051	-0.00059	-0.00020	-0.00020	0.00018	0.00010	0.00000	
	V'	-0.00102	-0.00102	-0.00102	-0.00102	-0.00102	-0.00099	-0.00032	0.01498	0.01498	-0.00032	-0.00099	-0.00102	
	M	0.00000	-0.00000	-0.00000	-0.00000	-0.00003	-0.00075	-0.01939	-0.50000	0.50000	0.01939	0.00075	0.00000	
32.50	Q	-0.00000	-0.00000	-0.00000	-0.00004	-0.00095	-0.02443	-0.63008	-16.25000	-16.25000	-0.63008	-0.02447	-0.00189	32.50
	V	0.00000	-0.00009	-0.00019	-0.00028	-0.00038	-0.00047	-0.00055	-0.00019	-0.00019	0.00017	0.00009	0.00000	
	V'	-0.00095	-0.00095	-0.00095	-0.00095	-0.00095	-0.00092	-0.00035	0.01444	0.01444	-0.00035	-0.00092	-0.00094	
	M	0.00000	-0.00000	-0.00000	-0.00000	-0.00002	-0.00059	-0.01711	-0.50000	0.50000	0.01711	0.00058	0.00000	
33.75	Q	-0.00000	-0.00000	-0.00000	-0.00002	-0.00068	-0.01976	-0.57743	-16.87500	-16.87500	-0.57743	-0.01978	-0.00135	33.75
	V	0.00000	-0.00009	-0.00018	-0.00026	-0.00035	-0.00044	-0.00051	-0.00018	-0.00018	0.00016	0.00009	0.00000	
	V'	-0.00088	-0.00088	-0.00088	-0.00088	-0.00088	-0.00086	-0.00037	0.01394	0.01394	-0.00037	-0.00086	-0.00088	
	M	0.00000	-0.00000	-0.00000	-0.00000	-0.00001	-0.00046	-0.01510	-0.50000	0.50000	0.01510	0.00046	0.00000	
35.00	Q	-0.00000	-0.00000	-0.00000	-0.00001	-0.00048	-0.01596	-0.52845	-17.50000	-17.50000	-0.52845	-0.01597	-0.00096	35.00
	V	0.00000	-0.00008	-0.00016	-0.00024	-0.00033	-0.00041	-0.00048	-0.00016	-0.00016	0.00015	0.00008	0.00000	
	V'	-0.00082	-0.00082	-0.00082	-0.00082	-0.00082	-0.00080	-0.00038	0.01347	0.01347	-0.00038	-0.00080	-0.00082	
	M	0.00000	-0.00000	-0.00000	-0.00000	-0.00001	-0.00036	-0.01332	-0.50000	0.50000	0.01332	0.00035	0.00000	
36.25	Q	-0.00000	-0.00000	-0.00000	-0.00001	-0.00034	-0.01287	-0.48301	-18.12500	-18.12500	-0.48302	-0.01288	-0.00069	36.25
	V	0.00000	-0.00008	-0.00015	-0.00023	-0.00030	-0.00038	-0.00045	-0.00015	-0.00015	0.00014	0.00008	0.00000	
	V'	-0.00076	-0.00076	-0.00076	-0.00076	-0.00076	-0.00075	-0.00039	0.01303	0.01303	-0.00039	-0.00075	-0.00076	
BETA	X/L =	0.00	0.10	0.20	0.30	0.40	0.50	0.60	L 0.70	R 0.70	0.80	0.90	1.00	BETA

XM/L = 0.70

FUNKTIONEN : F.MIM - F.MIQ - F.MIV - F.MIV'

Z U G S T A E B E -228-

FUNKTIONEN : F.M;M - F.M;Q - F.M;V - F.M;V'

XM/L = 0.70

BETA	X/L =	0.00	0.10	0.20	0.30	0.40	0.50	0.60	L 0.70	R 0.70	0.80	0.90	1.00	BETA
	M	0.00000	-0.00000	-0.00000	-0.00000	-0.00001	-0.00028	-0.01176	-0.50000	0.50000	0.01176	0.00028	0.00000	
37.50	Q	-0.00000	-0.00000	-0.00000	-0.00001	-0.00024	-0.01037	-0.44096	-18.75000	-18.75000	-0.44096	-0.01038	-0.00049	37.50
	V	0.00000	-0.00007	-0.00014	-0.00021	-0.00028	-0.00036	-0.00042	-0.00014	-0.00014	0.00013	0.00007	0.00000	
	V'	-0.00071	-0.00071	-0.00071	-0.00071	-0.00071	-0.00070	-0.00040	0.01262	0.01262	-0.00040	-0.00070	-0.00071	
	M	0.00000	-0.00000	-0.00000	-0.00000	-0.00000	-0.00022	-0.01038	-0.50000	0.50000	0.01038	0.00022	0.00000	
38.75	Q	-0.00000	-0.00000	-0.00000	-0.00000	-0.00017	-0.00835	-0.40212	-19.37500	-19.37500	-0.40212	-0.00835	-0.00035	38.75
	V	0.00000	-0.00007	-0.00013	-0.00020	-0.00027	-0.00033	-0.00039	-0.00013	-0.00013	0.00013	0.00007	0.00000	
	V'	-0.00067	-0.00067	-0.00067	-0.00067	-0.00067	-0.00066	-0.00040	0.01224	0.01224	-0.00040	-0.00066	-0.00067	
	M	0.00000	-0.00000	-0.00000	-0.00000	-0.00000	-0.00017	-0.00916	-0.50000	0.50000	0.00916	0.00017	0.08000	
40.00	Q	-0.00000	-0.00000	-0.00000	-0.00000	-0.00012	-0.00671	-0.36631	-20.00000	-20.00000	-0.36631	-0.00671	-0.00025	40.00
	V	0.00000	-0.00006	-0.00012	-0.00019	-0.00025	-0.00031	-0.00037	-0.00012	-0.00012	0.00012	0.00006	0.00000	
	V'	-0.00062	-0.00062	-0.00062	-0.00062	-0.00062	-0.00062	-0.00040	0.01188	0.01188	-0.00040	-0.00062	-0.00062	
	M	0.00000	-0.00000	-0.00000	-0.00000	-0.00000	-0.00013	-0.00808	-0.50000	0.50000	0.00808	0.00013	0.00000	
41.25	Q	-0.00000	-0.00000	-0.00000	-0.00000	-0.00009	-0.00539	-0.33337	-20.62500	-20.62500	-0.33337	-0.00539	-0.00017	41.25
	V	0.00000	-0.00006	-0.00012	-0.00018	-0.00024	-0.00029	-0.00035	-0.00012	-0.00012	0.00011	0.00006	0.00000	
	V'	-0.00059	-0.00059	-0.00059	-0.00059	-0.00059	-0.00058	-0.00039	0.01153	0.01153	-0.00039	-0.00058	-0.00059	
	M	0.00000	-0.00000	-0.00000	-0.00000	-0.00000	-0.00010	-0.00713	-0.50000	0.50000	0.00713	0.00010	0.00000	
42.50	Q	-0.00000	-0.00000	-0.00000	-0.00000	-0.00006	-0.00432	-0.30311	-21.25000	-21.25000	-0.30311	-0.00432	-0.00012	42.50
	V	0.00000	-0.00006	-0.00011	-0.00017	-0.00022	-0.00028	-0.00033	-0.00011	-0.00011	0.00011	0.00006	0.00000	
	V'	-0.00055	-0.00055	-0.00055	-0.00055	-0.00055	-0.00055	-0.00039	0.01121	0.01121	-0.00039	-0.00055	-0.00055	
	M	0.00000	-0.00000	-0.00000	-0.00000	-0.00000	-0.00008	-0.00629	-0.50000	0.50000	0.00629	0.00008	0.00000	
43.75	Q	-0.00000	-0.00000	-0.00000	-0.00000	-0.00004	-0.00347	-0.27537	-21.87500	-21.87500	-0.27537	-0.00347	-0.00009	43.75
	V	0.00000	-0.00005	-0.00010	-0.00016	-0.00021	-0.00026	-0.00031	-0.00010	-0.00010	0.00010	0.00005	0.00000	
	V'	-0.00052	-0.00052	-0.00052	-0.00052	-0.00052	-0.00052	-0.00038	0.01091	0.01091	-0.00038	-0.00052	-0.00052	
	M	0.00000	-0.00000	-0.00000	-0.00000	-0.00000	-0.00006	-0.00555	-0.50000	0.50000	0.00555	0.00006	0.00000	
45.00	Q	-0.00000	-0.00000	-0.00000	-0.00000	-0.00003	-0.00278	-0.24995	-22.50000	-22.50000	-0.24995	-0.00278	-0.00006	45.00
	V	0.00000	-0.00005	-0.00010	-0.00015	-0.00020	-0.00025	-0.00029	-0.00010	-0.00010	0.00010	0.00005	0.00000	
	V'	-0.00049	-0.00049	-0.00049	-0.00049	-0.00049	-0.00049	-0.00037	0.01062	0.01062	-0.00037	-0.00049	-0.00049	
	M	0.00000	-0.00000	-0.00000	-0.00000	-0.00000	-0.00005	-0.00490	-0.50000	0.50000	0.00490	0.00005	0.00000	
46.25	Q	-0.00000	-0.00000	-0.00000	-0.00000	-0.00002	-0.00222	-0.22671	-23.12500	-23.12500	-0.22671	-0.00222	-0.00004	46.25
	V	0.00000	-0.00005	-0.00009	-0.00014	-0.00019	-0.00023	-0.00028	-0.00009	-0.00009	0.00009	0.00005	0.00000	
	V'	-0.00047	-0.00047	-0.00047	-0.00047	-0.00047	-0.00047	-0.00036	0.01034	0.01034	-0.00036	-0.00047	-0.00047	
	M	0.00000	-0.00000	-0.00000	-0.00000	-0.00000	-0.00004	-0.00433	-0.50000	0.50000	0.00433	0.00004	0.00000	
47.50	Q	-0.00000	-0.00000	-0.00000	-0.00000	-0.00002	-0.00178	-0.20548	-23.75000	-23.75000	-0.20548	-0.00178	-0.00003	47.50
	V	0.00000	-0.00004	-0.00009	-0.00013	-0.00018	-0.00022	-0.00026	-0.00009	-0.00009	0.00009	0.00004	0.00000	
	V'	-0.00044	-0.00044	-0.00044	-0.00044	-0.00044	-0.00044	-0.00035	0.01008	0.01008	-0.00035	-0.00044	-0.00044	
	M	0.00000	-0.00000	-0.00000	-0.00000	-0.00000	-0.00003	-0.00382	-0.50000	0.50000	0.00382	0.00003	0.00000	
48.75	Q	-0.00000	-0.00000	-0.00000	-0.00000	-0.00001	-0.00142	-0.18611	-24.37500	-24.37500	-0.18611	-0.00142	-0.00002	48.75
	V	0.00000	-0.00004	-0.00008	-0.00013	-0.00017	-0.00021	-0.00025	-0.00008	-0.00008	0.00008	0.00004	0.00000	
	V'	-0.00042	-0.00042	-0.00042	-0.00042	-0.00042	-0.00042	-0.00034	0.00984	0.00984	-0.00034	-0.00042	-0.00042	
BETA	X/L =	0.00	0.10	0.20	0.30	0.40	0.50	0.60	L 0.70	R 0.70	0.80	0.90	1.00	BETA

XM/L = 0.70

FUNKTIONEN : F.M;M - F.M;Q - F.M;V - F.M;V'

Z U G S T A E B E -228-

FUNKTIONEN : F.MIM - F.MIQ - F.MIV - F.MIV'

XM/L = 0.80

BETA	X/L =	0.00	0.10	0.20	0.30	0.40	0.50	0.60	0.70	L 0.80	R 0.80	0.90	1.00	BETA
	M	0.00000	-0.10000	-0.20000	-0.30000	-0.40000	-0.50000	-0.60000	-0.70000	-0.80000	0.20000	0.10000	0.00000	
0.00	Q	-1.00000	-1.00000	-1.00000	-1.00000	-1.00000	-1.00000	-1.00000	-1.00000	-1.00000	-1.00000	-1.00000	-1.00000	0.00
	V	0.00000	-0.01450	-0.02800	-0.03950	-0.04800	-0.05250	-0.05200	-0.04550	-0.03200	-0.03200	-0.01550	0.00000	
	V'	-0.14667	-0.14167	-0.12667	-0.10167	-0.06667	-0.02167	0.03333	0.09833	0.17333	0.17333	0.15833	0.15333	
	M	0.00000	-0.09910	-0.19826	-0.29755	-0.39702	-0.49674	-0.59677	-0.69717	-0.79801	0.20199	0.10096	0.00000	
0.25	Q	-0.99090	-0.99121	-0.99214	-0.99368	-0.99585	-0.99865	-1.00206	-1.00611	-1.01078	-1.01078	-1.00983	-1.00952	0.25
	V	0.00000	-0.01440	-0.02781	-0.03924	-0.04769	-0.05217	-0.05168	-0.04523	-0.03180	-0.03180	-0.01540	0.00000	
	V'	-0.14566	-0.14071	-0.12584	-0.10105	-0.06632	-0.02164	0.03303	0.09773	0.17248	0.17248	0.15734	0.15229	
	M	0.00000	-0.09647	-0.19319	-0.29038	-0.38830	-0.48720	-0.58731	-0.68889	-0.79219	0.20781	0.10377	0.00000	
0.50	Q	-0.96432	-0.96552	-0.96914	-0.97519	-0.98367	-0.99461	-1.00804	-1.02399	-1.04250	-1.04250	-1.03860	-1.03731	0.50
	V	0.00000	-0.01411	-0.02726	-0.03847	-0.04678	-0.05121	-0.05076	-0.04444	-0.03123	-0.03123	-0.01510	0.00000	
	V'	-0.14272	-0.13790	-0.12342	-0.09925	-0.06532	-0.02156	0.03216	0.09595	0.16999	0.16999	0.15442	0.14923	
	M	0.00000	-0.09232	-0.18516	-0.27904	-0.37449	-0.47205	-0.57227	-0.67571	-0.78295	0.21705	0.10822	0.00000	
0.75	Q	-0.92234	-0.92493	-0.93273	-0.94578	-0.96415	-0.98795	-1.01731	-1.05239	-1.09340	-1.09340	-1.08425	-1.08121	0.75
	V	0.00000	-0.01365	-0.02638	-0.03726	-0.04534	-0.04968	-0.04930	-0.04319	-0.03032	-0.03032	-0.01462	0.00000	
	V'	-0.13807	-0.13345	-0.11959	-0.09639	-0.06373	-0.02142	0.03077	0.09314	0.16604	0.16604	0.14979	0.14438	
	M	0.00000	-0.08694	-0.17476	-0.26432	-0.35653	-0.45231	-0.55261	-0.65845	-0.77087	0.22913	0.11399	0.00000	
1.00	Q	-0.86799	-0.87234	-0.88541	-0.90735	-0.93836	-0.97877	-1.02898	-1.08948	-1.16088	-1.16088	-1.14374	-1.13805	1.00
	V	0.00000	-0.01306	-0.02524	-0.03568	-0.04347	-0.04769	-0.04739	-0.04155	-0.02913	-0.02913	-0.01399	0.00000	
	V'	-0.13201	-0.12766	-0.11459	-0.09265	-0.06164	-0.02123	0.02898	0.08948	0.16088	0.16088	0.14374	0.13805	
	M	0.00000	-0.08069	-0.16265	-0.24715	-0.33551	-0.42913	-0.52946	-0.63807	-0.75667	0.24333	0.12072	0.00000	
1.25	Q	-0.80483	-0.81112	-0.83011	-0.86208	-0.90754	-0.96720	-1.04199	-1.13309	-1.24191	-1.24191	-1.21351	-1.20409	1.25
	V	0.00000	-0.01236	-0.02391	-0.03383	-0.04127	-0.04536	-0.04515	-0.03963	-0.02773	-0.02773	-0.01326	0.00000	
	V'	-0.12491	-0.12088	-0.10873	-0.08827	-0.05917	-0.02099	0.02688	0.08518	0.15482	0.15482	0.13664	0.13062	
	M	0.00000	-0.07392	-0.14950	-0.22845	-0.31256	-0.40370	-0.50395	-0.61556	-0.74105	0.25895	0.12803	0.00000	
1.50	Q	-0.73640	-0.74470	-0.76979	-0.81223	-0.87298	-0.95341	-1.05533	-1.18104	-1.33337	-1.33337	-1.28992	-1.27554	1.50
	V	0.00000	-0.01159	-0.02244	-0.03180	-0.03886	-0.04280	-0.04269	-0.03753	-0.02620	-0.02620	-0.01246	0.00000	
	V'	-0.11715	-0.11347	-0.10232	-0.08345	-0.05645	-0.02071	0.02459	0.08046	0.14817	0.14817	0.12885	0.12246	
	M	0.00000	-0.06694	-0.13593	-0.20909	-0.28868	-0.37712	-0.47715	-0.59182	-0.72467	0.27533	0.13558	0.00000	
1.75	Q	-0.66595	-0.67618	-0.70716	-0.75986	-0.83588	-0.93758	-1.06805	-1.23132	-1.43240	-1.43240	-1.36964	-1.34893	1.75
	V	0.00000	-0.01080	-0.02092	-0.02968	-0.03635	-0.04012	-0.04011	-0.03532	-0.02460	-0.02460	-0.01162	0.00000	
	V'	-0.10908	-0.10574	-0.09562	-0.07841	-0.05359	-0.02038	0.02222	0.07553	0.14119	0.14119	0.12070	0.11394	
	M	0.00000	-0.06001	-0.12243	-0.18977	-0.26472	-0.35030	-0.44993	-0.56762	-0.70809	0.29191	0.14308	0.00000	
2.00	Q	-0.59615	-0.60811	-0.64448	-0.70671	-0.79731	-0.91990	-1.07942	-1.28225	-1.53655	-1.53655	-1.44984	-1.42132	2.00
	V	0.00000	-0.01000	-0.01939	-0.02756	-0.03382	-0.03743	-0.03752	-0.03309	-0.02298	-0.02298	-0.01077	0.00000	
	V'	-0.10096	-0.09797	-0.08888	-0.07332	-0.05067	-0.02002	0.01985	0.07056	0.13414	0.13414	0.11246	0.10533	
	M	0.00000	-0.05335	-0.10941	-0.17103	-0.24135	-0.32394	-0.42300	-0.54356	-0.69175	0.30825	0.15030	0.00000	
2.25	Q	-0.52901	-0.54246	-0.58348	-0.65417	-0.75812	-0.90061	-1.08888	-1.33251	-1.64389	-1.64389	-1.52831	-1.49042	2.25
	V	0.00000	-0.00922	-0.01799	-0.02548	-0.03134	-0.03478	-0.03496	-0.03090	-0.02138	-0.02138	-0.00994	0.00000	
	V'	-0.09303	-0.09038	-0.08227	-0.06831	-0.04778	-0.01963	0.01756	0.06568	0.12719	0.12719	0.10436	0.09687	
BETA	X/L =	0.00	0.10	0.20	0.30	0.40	0.50	0.60	0.70	L 0.80	R 0.80	0.90	1.00	BETA

XM/L = 0.80

FUNKTIONEN : F.MIM - F.MIQ - F.MIV - F.MIV'

FUNKTIONEN : F.M;M - F.M;Q - F.M;V - F.M;V'

XM/L = 0.80

BETA	X/L =	0.00	0.10	0.20	0.30	0.40	0.50	0.60	0.70	L 0.80	R 0.80	0.90	1.00	BETA
	M	0.00000	-0.04708	-0.09712	-0.15326	-0.21903	-0.29856	-0.39685	-0.52007	-0.67597	0.32403	0.15708	0.00000	
2.50	Q	-0.46595	-0.48058	-0.52541	-0.60325	-0.71899	-0.87990	-1.09609	-1.38115	-1.75298	-1.75298	-1.60341	-1.55457	2.50
	V	0.00000	-0.00847	-0.01646	-0.02348	-0.02895	-0.03223	-0.03250	-0.02879	-0.01985	-0.01985	-0.00913	0.00000	
	V'	-0.08545	-0.08311	-0.07593	-0.06348	-0.04496	-0.01922	0.01538	0.06098	0.12048	0.12048	0.09655	0.08873	
	M	0.00000	-0.04130	-0.08574	-0.13670	-0.19807	-0.27451	-0.37184	-0.49747	-0.66095	0.33905	0.16331	0.00000	
2.75	Q	-0.40780	-0.42332	-0.47105	-0.55464	-0.68043	-0.85800	-1.10087	-1.42752	-1.86261	-1.86281	-1.67405	-1.61268	2.75
	V	0.00000	-0.00776	-0.01511	-0.02159	-0.02670	-0.02982	-0.03017	-0.02678	-0.01839	-0.01839	-0.00837	0.00000	
	V'	-0.07831	-0.07626	-0.06994	-0.05889	-0.04226	-0.01878	0.01334	0.05653	0.11409	0.11409	0.08913	0.08102	
	M	0.00000	-0.03604	-0.07534	-0.12147	-0.17862	-0.25197	-0.34816	-0.47593	-0.64685	0.35315	0.16892	0.00000	
3.00	Q	-0.35500	-0.37110	-0.42085	-0.50875	-0.64279	-0.83512	-1.10317	-1.47125	-1.97274	-1.97274	-1.73956	-1.66411	3.00
	V	0.00000	-0.00711	-0.01385	-0.01984	-0.02460	-0.02756	-0.02798	-0.02490	-0.01702	-0.01702	-0.00766	0.00000	
	V'	-0.07167	-0.06988	-0.06435	-0.05458	-0.03969	-0.01832	0.01146	0.05236	0.10808	0.10808	0.08217	0.07379	
	M	0.00000	-0.03131	-0.06595	-0.10762	-0.16077	-0.23104	-0.32593	-0.45555	-0.63371	0.36629	0.17388	0.00000	
3.25	Q	-0.30764	-0.32403	-0.37495	-0.46582	-0.60633	-0.81145	-1.10303	-1.51215	-2.08240	-2.08240	-1.79961	-1.70858	3.25
	V	0.00000	-0.00650	-0.01269	-0.01821	-0.02265	-0.02546	-0.02595	-0.02314	-0.01574	-0.01574	-0.00699	0.00000	
	V'	-0.06555	-0.06400	-0.05918	-0.05057	-0.03727	-0.01785	0.00975	0.04849	0.10248	0.10248	0.07570	0.06708	
	M	0.00000	-0.02710	-0.05756	-0.09514	-0.14449	-0.21172	-0.30516	-0.43636	-0.62156	0.37844	0.17819	0.00000	
3.50	Q	-0.26556	-0.28199	-0.33333	-0.42591	-0.57120	-0.78718	-1.10057	-1.55017	-2.19161	-2.19161	-1.85411	-1.74607	3.50
	V	0.00000	-0.00595	-0.01163	-0.01672	-0.02086	-0.02353	-0.02407	-0.02152	-0.01457	-0.01457	-0.00638	0.00000	
	V'	-0.05995	-0.05861	-0.05442	-0.04686	-0.03500	-0.01737	0.00821	0.04491	0.09727	0.09727	0.06972	0.06090	
	M	0.00000	-0.02339	-0.05010	-0.08395	-0.12974	-0.19398	-0.28583	-0.41835	-0.61039	0.38961	0.18187	0.00000	
3.75	Q	-0.22849	-0.24474	-0.29582	-0.38898	-0.53749	-0.76248	-1.09595	-1.58536	-2.30033	-2.30033	-1.90315	-1.77675	3.75
	V	0.00000	-0.00545	-0.01066	-0.01536	-0.01922	-0.02176	-0.02234	-0.02003	-0.01348	-0.01348	-0.00582	0.00000	
	V'	-0.05486	-0.05371	-0.05008	-0.04345	-0.03289	-0.01689	0.00682	0.04163	0.09247	0.09247	0.06422	0.05524	
	M	0.00000	-0.02013	-0.04352	-0.07398	-0.11642	-0.17775	-0.26789	-0.40147	-0.60015	0.39985	0.18493	0.00000	
4.00	Q	-0.19603	-0.21193	-0.26218	-0.35495	-0.50527	-0.73752	-1.08935	-1.61781	-2.40860	-2.40860	-1.94691	-1.80091	4.00
	V	0.00000	-0.00499	-0.00978	-0.01413	-0.01772	-0.02014	-0.02076	-0.01866	-0.01249	-0.01249	-0.00531	0.00000	
	V'	-0.05025	-0.04925	-0.04611	-0.04032	-0.03092	-0.01641	0.00558	0.03861	0.08804	0.08804	0.05918	0.05006	
	M	0.00000	-0.01729	-0.03775	-0.06512	-0.10444	-0.16292	-0.25126	-0.38567	-0.59080	0.40920	0.18742	0.00000	
4.25	Q	-0.16778	-0.18316	-0.23213	-0.32366	-0.47454	-0.71243	-1.08095	-1.64767	-2.51651	-2.51651	-1.98566	-1.81891	4.25
	V	0.00000	-0.00458	-0.00898	-0.01300	-0.01636	-0.01866	-0.01931	-0.01740	-0.01158	-0.01158	-0.00484	0.00000	
	V'	-0.04607	-0.04522	-0.04251	-0.03744	-0.02909	-0.01592	0.00448	0.03586	0.08396	0.08396	0.05457	0.04534	
	M	0.00000	-0.01482	-0.03269	-0.05729	-0.09369	-0.14939	-0.23585	-0.37088	-0.58229	0.41771	0.18936	0.00000	
4.50	Q	-0.14330	-0.15805	-0.20536	-0.29496	-0.44530	-0.68734	-1.07094	-1.67509	-2.62420	-2.62420	-2.01971	-1.83116	4.50
	V	0.00000	-0.00421	-0.00826	-0.01199	-0.01513	-0.01731	-0.01798	-0.01625	-0.01075	-0.01075	-0.00441	0.00000	
	V'	-0.04231	-0.04158	-0.03924	-0.03482	-0.02739	-0.01544	0.00350	0.03334	0.08021	0.08021	0.05036	0.04104	
	M	0.00000	-0.01268	-0.02828	-0.05037	-0.08405	-0.13705	-0.22157	-0.35701	-0.57454	0.42546	0.19080	0.00000	
4.75	Q	-0.12216	-0.13621	-0.18156	-0.26866	-0.41752	-0.66237	-1.05950	-1.70021	-2.73180	-2.73180	-2.04936	-1.83808	4.75
	V	0.00000	-0.00387	-0.00761	-0.01106	-0.01400	-0.01609	-0.01677	-0.01520	-0.00999	-0.00999	-0.00402	0.00000	
	V'	-0.03891	-0.03828	-0.03627	-0.03241	-0.02582	-0.01496	0.00264	0.03103	0.07676	0.07676	0.04651	0.03714	
BETA	X/L =	0.00	0.10	0.20	0.30	0.40	0.50	0.60	0.70	L 0.80	R 0.80	0.90	1.00	BETA

XM/L = 0.80

FUNKTIONEN : F.M;M - F.M;Q - F.M;V - F.M;V'

FUNKTIONEN : F.MIM - F.MIQ - F.MIV - F.MIV'

XM/L = 0.80

BETA	X/L =	0.00	0.10	0.20	0.30	0.40	0.50	0.60	0.70	L 0.80	R 0.80	0.90	1.00	BETA
5.00	M	0.00000	-0.01084	-0.02444	-0.04428	-0.07542	-0.12582	-0.20833	-0.34401	-0.56750	0.43250	0.19177	0.00000	5.00
	Q	-0.10398	-0.11725	-0.16044	-0.24460	-0.39118	-0.63762	-1.04680	-1.72319	-2.83942	-2.83942	-2.07494	-1.84010	
	V	0.00000	-0.00357	-0.00702	-0.01023	-0.01298	-0.01497	-0.01567	-0.01424	-0.00930	-0.00930	-0.00367	0.00000	
	V'	-0.03584	-0.03531	-0.03358	-0.03022	-0.02435	-0.01450	0.00187	0.02893	0.07358	0.07358	0.04300	0.03360	
5.25	M	0.00000	-0.00925	-0.02111	-0.03891	-0.06770	-0.11557	-0.19604	-0.33175	-0.56112	0.43888	0.19232	0.00000	5.25
	Q	-0.08837	-0.10083	-0.14173	-0.22259	-0.36623	-0.61315	-1.03300	-1.74416	-2.94719	-2.94719	-2.09676	-1.83764	
	V	0.00000	-0.00329	-0.00649	-0.00947	-0.01206	-0.01395	-0.01466	-0.01336	-0.00867	-0.00867	-0.00335	0.00000	
	V'	-0.03308	-0.03262	-0.03114	-0.02821	-0.02299	-0.01404	0.00120	0.02700	0.07065	0.07065	0.03979	0.03039	
5.50	M	0.00000	-0.00788	-0.01822	-0.03420	-0.06079	-0.10623	-0.18463	-0.32030	-0.55533	0.44467	0.19248	0.00000	5.50
	Q	-0.07501	-0.08664	-0.12515	-0.20249	-0.34263	-0.58906	-1.01822	-1.76324	-3.05522	-3.05522	-2.11510	-1.83110	
	V	0.00000	-0.00305	-0.00601	-0.00879	-0.01121	-0.01302	-0.01373	-0.01255	-0.00809	-0.00809	-0.00306	0.00000	
	V'	-0.03058	-0.03019	-0.02892	-0.02636	-0.02173	-0.01358	0.00060	0.02523	0.06794	0.06794	0.03686	0.02747	
5.75	M	0.00000	-0.00672	-0.01571	-0.03005	-0.05460	-0.09771	-0.17402	-0.30946	-0.55008	0.44992	0.19229	0.00000	5.75
	Q	-0.06359	-0.07440	-0.11049	-0.18413	-0.32033	-0.56540	-1.00262	-1.78056	-3.16360	-3.16360	-2.13026	-1.82086	
	V	0.00000	-0.00282	-0.00557	-0.00816	-0.01045	-0.01217	-0.01288	-0.01181	-0.00756	-0.00756	-0.00279	0.00000	
	V'	-0.02832	-0.02800	-0.02690	-0.02468	-0.02056	-0.01314	0.00008	0.02361	0.06544	0.06544	0.03419	0.02483	
6.00	M	0.00000	-0.00571	-0.01355	-0.02641	-0.04907	-0.08992	-0.16414	-0.29923	-0.54533	0.45467	0.19177	0.00000	6.00
	Q	-0.05386	-0.06385	-0.09752	-0.16736	-0.29929	-0.54223	-0.98630	-1.79621	-3.27240	-3.27240	-2.14249	-1.80730	
	V	0.00000	-0.00262	-0.00518	-0.00760	-0.00975	-0.01139	-0.01211	-0.01113	-0.00707	-0.00707	-0.00255	0.00000	
	V'	-0.02628	-0.02600	-0.02507	-0.02313	-0.01946	-0.01272	-0.00038	0.02212	0.06312	0.06312	0.03174	0.02242	
6.25	M	0.00000	-0.00486	-0.01168	-0.02321	-0.04411	-0.08281	-0.15493	-0.28955	-0.54102	0.45898	0.19096	0.00000	6.25
	Q	-0.04557	-0.05476	-0.08605	-0.15207	-0.27944	-0.51958	-0.96936	-1.81029	-3.38168	-3.38168	-2.15203	-1.79074	
	V	0.00000	-0.00244	-0.00482	-0.00709	-0.00911	-0.01068	-0.01139	-0.01051	-0.00663	-0.00663	-0.00233	0.00000	
	V'	-0.02443	-0.02420	-0.02340	-0.02171	-0.01845	-0.01230	-0.00078	0.02074	0.06097	0.06097	0.02949	0.02024	
6.50	M	0.00000	-0.00413	-0.01007	-0.02041	-0.03968	-0.07631	-0.14633	-0.28038	-0.53712	0.46288	0.18989	0.00000	6.50
	Q	-0.03852	-0.04695	-0.07592	-0.13812	-0.26075	-0.49748	-0.95191	-1.82287	-3.49150	-3.49150	-2.15911	-1.77151	
	V	0.00000	-0.00227	-0.00450	-0.00662	-0.00853	-0.01003	-0.01074	-0.00993	-0.00622	-0.00622	-0.00213	0.00000	
	V'	-0.02276	-0.02256	-0.02187	-0.02040	-0.01750	-0.01189	-0.00114	0.01948	0.05897	0.05897	0.02743	0.01826	
6.75	M	0.00000	-0.00351	-0.00867	-0.01794	-0.03570	-0.07035	-0.13829	-0.27167	-0.53359	0.46641	0.18859	0.00000	6.75
	Q	-0.03254	-0.04023	-0.06697	-0.12539	-0.24316	-0.47598	-0.93402	-1.83404	-3.60190	-3.60190	-2.16393	-1.74991	
	V	0.00000	-0.00212	-0.00420	-0.00619	-0.00800	-0.00943	-0.01013	-0.00940	-0.00585	-0.00585	-0.00194	0.00000	
	V'	-0.02123	-0.02106	-0.02048	-0.01920	-0.01661	-0.01150	-0.00145	0.01831	0.05711	0.05711	0.02555	0.01646	
7.00	M	0.00000	-0.00298	-0.00747	-0.01578	-0.03213	-0.06489	-0.13077	-0.26338	-0.53040	0.46960	0.18707	0.00000	7.00
	Q	-0.02746	-0.03447	-0.05906	-0.11380	-0.22661	-0.45508	-0.91578	-1.84384	-3.71289	-3.71289	-2.16668	-1.72620	
	V	0.00000	-0.00198	-0.00393	-0.00580	-0.00751	-0.00888	-0.00958	-0.00891	-0.00550	-0.00550	-0.00178	0.00000	
	V'	-0.01985	-0.01970	-0.01920	-0.01809	-0.01578	-0.01112	-0.00172	0.01722	0.05537	0.05537	0.02381	0.01482	
7.25	M	0.00000	-0.00252	-0.00643	-0.01388	-0.02894	-0.05989	-0.12372	-0.25548	-0.52751	0.47249	0.18536	0.00000	7.25
	Q	-0.02316	-0.02951	-0.05208	-0.10323	-0.21107	-0.43480	-0.89725	-1.85235	-3.82450	-3.82450	-2.16753	-1.70065	
	V	0.00000	-0.00185	-0.00368	-0.00544	-0.00706	-0.00837	-0.00906	-0.00846	-0.00518	-0.00518	-0.00162	0.00000	
	V'	-0.01858	-0.01846	-0.01803	-0.01706	-0.01501	-0.01075	-0.00195	0.01622	0.05374	0.05374	0.02221	0.01333	
BETA	X/L =	0.00	0.10	0.20	0.30	0.40	0.50	0.60	0.70	L 0.80	R 0.80	0.90	1.00	BETA

XM/L = 0.80

FUNKTIONEN : F.MIM - F.MIQ - F.MIV - F.MIV'

FUNKTIONEN : F.MIM - F.MIQ - F.MIV - F.MIV'

XM/L = 0.80

BETA	X/L =	0.00	0.10	0.20	0.30	0.40	0.50	0.60	0.70	L 0.80	R 0.80	0.90	1.00	BETA
	M	0.00000	-0.00214	-0.00554	-0.01221	-0.02607	-0.05529	-0.11711	-0.24794	-0.52489	0.47511	0.18348	0.00000	
7.50	Q	-0.01952	-0.02527	-0.04591	-0.09361	-0.19648	-0.41515	-0.87851	-1.85962	-3.93673	-3.93673	-2.16664	-1.67349	7.50
	V	0.00000	-0.00174	-0.00346	-0.00512	-0.00665	-0.00791	-0.00858	-0.00804	-0.00489	-0.00489	-0.00148	0.00000	
	V'	-0.01743	-0.01733	-0.01696	-0.01611	-0.01428	-0.01040	-0.00216	0.01528	0.05221	0.05221	0.02074	0.01197	
	M	0.00000	-0.00181	-0.00477	-0.01074	-0.02349	-0.05107	-0.11089	-0.24072	-0.52252	0.47748	0.18146	0.00000	
7.75	Q	-0.01644	-0.02162	-0.04046	-0.08485	-0.18280	-0.39615	-0.85959	-1.86569	-4.04958	-4.04958	-2.16415	-1.64493	7.75
	V	0.00000	-0.00163	-0.00325	-0.00482	-0.00627	-0.00747	-0.00814	-0.00765	-0.00462	-0.00462	-0.00136	0.00000	
	V'	-0.01638	-0.01629	-0.01598	-0.01524	-0.01361	-0.01005	-0.00234	0.01441	0.05077	0.05077	0.01938	0.01074	
	M	0.00000	-0.00154	-0.00411	-0.00945	-0.02118	-0.04719	-0.10506	-0.23382	-0.52038	0.47962	0.17931	0.00000	
8.00	Q	-0.01383	-0.01850	-0.03566	-0.07688	-0.16998	-0.37779	-0.84056	-1.87060	-4.16306	-4.16306	-2.16019	-1.61518	8.00
	V	0.00000	-0.00154	-0.00306	-0.00454	-0.00592	-0.00708	-0.00773	-0.00728	-0.00437	-0.00437	-0.00124	0.00000	
	V'	-0.01541	-0.01534	-0.01507	-0.01442	-0.01297	-0.00972	-0.00249	0.01360	0.04942	0.04942	0.01813	0.00961	
	M	0.00000	-0.00130	-0.00354	-0.00832	-0.01910	-0.04362	-0.09956	-0.22720	-0.51844	0.48156	0.17704	0.00000	
8.25	Q	-0.01164	-0.01583	-0.03141	-0.06962	-0.15797	-0.36007	-0.82147	-1.87441	-4.27715	-4.27715	-2.15490	-1.58441	8.25
	V	0.00000	-0.00145	-0.00289	-0.00429	-0.00560	-0.00671	-0.00735	-0.00695	-0.00414	-0.00414	-0.00113	0.00000	
	V'	-0.01452	-0.01446	-0.01423	-0.01367	-0.01237	-0.00940	-0.00262	0.01285	0.04815	0.04815	0.01697	0.00859	
	M	0.00000	-0.00110	-0.00304	-0.00733	-0.01722	-0.04034	-0.09439	-0.22084	-0.51669	0.48331	0.17467	0.00000	
8.50	Q	-0.00978	-0.01354	-0.02767	-0.06303	-0.14673	-0.34299	-0.80235	-1.87715	-4.39184	-4.39184	-2.14836	-1.55281	8.50
	V	0.00000	-0.00137	-0.00273	-0.00405	-0.00530	-0.00636	-0.00700	-0.00663	-0.00392	-0.00392	-0.00103	0.00000	
	V'	-0.01371	-0.01365	-0.01346	-0.01297	-0.01181	-0.00909	-0.00274	0.01214	0.04695	0.04695	0.01589	0.00765	
	M	0.00000	-0.00093	-0.00262	-0.00645	-0.01554	-0.03731	-0.08951	-0.21472	-0.51510	0.48490	0.17221	0.00000	
8.75	Q	-0.00822	-0.01157	-0.02437	-0.05703	-0.13623	-0.32655	-0.78324	-1.87885	-4.50712	-4.50712	-2.14070	-1.52052	8.75
	V	0.00000	-0.00129	-0.00258	-0.00383	-0.00502	-0.00604	-0.00667	-0.00634	-0.00372	-0.00372	-0.00094	0.00000	
	V'	-0.01295	-0.01291	-0.01274	-0.01232	-0.01128	-0.00880	-0.00283	0.01148	0.04581	0.04581	0.01490	0.00680	
	M	0.00000	-0.00079	-0.00226	-0.00568	-0.01402	-0.03452	-0.08491	-0.20884	-0.51366	0.48634	0.16968	0.00000	
9.00	Q	-0.00690	-0.00989	-0.02145	-0.05159	-0.12641	-0.31073	-0.76419	-1.87956	-4.62296	-4.62296	-2.13199	-1.48769	9.00
	V	0.00000	-0.00122	-0.00244	-0.00363	-0.00477	-0.00575	-0.00636	-0.00606	-0.00354	-0.00354	-0.00086	0.00000	
	V'	-0.01226	-0.01222	-0.01208	-0.01171	-0.01079	-0.00851	-0.00291	0.01086	0.04473	0.04473	0.01398	0.00602	
	M	0.00000	-0.00067	-0.00194	-0.00500	-0.01266	-0.03194	-0.08056	-0.20317	-0.51236	0.48764	0.16709	0.00000	
9.25	Q	-0.00579	-0.00845	-0.01888	-0.04664	-0.11724	-0.29552	-0.74521	-1.87930	-4.73935	-4.73935	-2.12232	-1.45444	9.25
	V	0.00000	-0.00116	-0.00231	-0.00345	-0.00453	-0.00547	-0.00607	-0.00581	-0.00336	-0.00336	-0.00078	0.00000	
	V'	-0.01162	-0.01159	-0.01147	-0.01114	-0.01032	-0.00823	-0.00298	0.01028	0.04370	0.04370	0.01312	0.00531	
	M	0.00000	-0.00056	-0.00167	-0.00441	-0.01143	-0.02957	-0.07646	-0.19770	-0.51119	0.48881	0.16445	0.00000	
9.50	Q	-0.00486	-0.00722	-0.01661	-0.04216	-0.10869	-0.28093	-0.72635	-1.87812	-4.85626	-4.85626	-2.11178	-1.42090	9.50
	V	0.00000	-0.00110	-0.00220	-0.00328	-0.00431	-0.00521	-0.00580	-0.00557	-0.00320	-0.00320	-0.00071	0.00000	
	V'	-0.01103	-0.01100	-0.01090	-0.01061	-0.00988	-0.00797	-0.00303	0.00973	0.04273	0.04273	0.01232	0.00466	
	M	0.00000	-0.00048	-0.00144	-0.00388	-0.01032	-0.02737	-0.07258	-0.19241	-0.51012	0.48988	0.16176	0.00000	
9.75	Q	-0.00408	-0.00617	-0.01461	-0.03808	-0.10072	-0.26693	-0.70763	-1.87604	-4.97368	-4.97368	-2.10043	-1.38717	9.75
	V	0.00000	-0.00105	-0.00209	-0.00311	-0.00410	-0.00497	-0.00555	-0.00534	-0.00305	-0.00305	-0.00065	0.00000	
	V'	-0.01048	-0.01045	-0.01037	-0.01012	-0.00946	-0.00771	-0.00308	0.00922	0.04180	0.04180	0.01158	0.00407	
BETA	X/L =	0.00	0.10	0.20	0.30	0.40	0.50	0.60	0.70	L 0.80	R 0.80	0.90	1.00	BETA

XM/L = 0.80

FUNKTIONEN : F.MIM - F.MIQ - F.MIV - F.MIV'

Z U G S T A E B E -233-

FUNKTIONEN : F.MIM - F.MIQ - F.MIV - F.MIV'

XM/L = 0.80

BETA	X/L =	0.00	0.10	0.20	0.30	0.40	0.50	0.60	0.70	L 0.80	R 0.80	0.90	1.00	BETA
	M	0.00000	-0.00040	-0.00124	-0.00342	-0.00932	-0.02535	-0.06891	-0.18731	-0.50916	0.49084	0.15905	0.00000	
10.00	Q	-0.00342	-0.00527	-0.01285	-0.03439	-0.09329	-0.25351	-0.68907	-1.87309	-5.09158	-5.09158	-2.08833	-1.35335	10.00
	V	0.00000	-0.00100	-0.00199	-0.00297	-0.00391	-0.00475	-0.00531	-0.00513	-0.00291	-0.00291	-0.00059	0.00000	
	V'	-0.00997	-0.00995	-0.00987	-0.00966	-0.00907	-0.00746	-0.00311	0.00873	0.04092	0.04092	0.01088	0.00353	
	M	0.00000	-0.00034	-0.00107	-0.00302	-0.00842	-0.02348	-0.06543	-0.18237	-0.50829	0.49171	0.15630	0.00000	
10.25	Q	-0.00286	-0.00450	-0.01130	-0.03105	-0.08637	-0.24065	-0.67070	-1.86931	-5.20994	-5.20994	-2.07555	-1.31953	10.25
	V	0.00000	-0.00095	-0.00189	-0.00283	-0.00373	-0.00454	-0.00509	-0.00493	-0.00278	-0.00278	-0.00054	0.00000	
	V'	-0.00949	-0.00948	-0.00941	-0.00922	-0.00870	-0.00723	-0.00313	0.00827	0.04007	0.04007	0.01024	0.00304	
	M	0.00000	-0.00029	-0.00092	-0.00266	-0.00761	-0.02175	-0.06215	-0.17759	-0.50750	0.49250	0.15354	0.00000	
10.50	Q	-0.00240	-0.00384	-0.00993	-0.02801	-0.07993	-0.22835	-0.65254	-1.86472	-5.32873	-5.32873	-2.06215	-1.28579	10.50
	V	0.00000	-0.00090	-0.00181	-0.00270	-0.00356	-0.00434	-0.00488	-0.00474	-0.00265	-0.00265	-0.00049	0.00000	
	V'	-0.00905	-0.00904	-0.00898	-0.00882	-0.00835	-0.00700	-0.00315	0.00784	0.03926	0.03926	0.00963	0.00259	
	M	0.00000	-0.00024	-0.00079	-0.00234	-0.00688	-0.02015	-0.05903	-0.17296	-0.50678	0.49322	0.15077	0.00000	
10.75	Q	-0.00201	-0.00328	-0.00873	-0.02527	-0.07393	-0.21659	-0.63460	-1.85937	-5.44793	-5.44793	-2.04816	-1.25220	10.75
	V	0.00000	-0.00086	-0.00172	-0.00258	-0.00340	-0.00415	-0.00468	-0.00456	-0.00254	-0.00254	-0.00044	0.00000	
	V'	-0.00864	-0.00862	-0.00858	-0.00843	-0.00801	-0.00678	-0.00316	0.00744	0.03849	0.03849	0.00907	0.00218	
	M	0.00000	-0.00020	-0.00068	-0.00207	-0.00621	-0.01867	-0.05608	-0.16848	-0.50614	0.49386	0.14799	0.00000	
11.00	Q	-0.00168	-0.00280	-0.00767	-0.02278	-0.06836	-0.20535	-0.61690	-1.85327	-5.56753	-5.56753	-2.03365	-1.21883	11.00
	V	0.00000	-0.00082	-0.00165	-0.00246	-0.00325	-0.00398	-0.00450	-0.00439	-0.00243	-0.00243	-0.00040	0.00000	
	V'	-0.00825	-0.00824	-0.00820	-0.00808	-0.00770	-0.00657	-0.00317	0.00705	0.03775	0.03775	0.00854	0.00181	
	M	0.00000	-0.00017	-0.00059	-0.00182	-0.00562	-0.01730	-0.05328	-0.16413	-0.50555	0.49445	0.14522	0.00000	
11.25	Q	-0.00140	-0.00239	-0.00673	-0.02054	-0.06319	-0.19462	-0.59946	-1.84646	-5.68749	-5.68749	-2.01865	-1.18574	11.25
	V	0.00000	-0.00079	-0.00158	-0.00236	-0.00312	-0.00381	-0.00432	-0.00423	-0.00233	-0.00233	-0.00036	0.00000	
	V'	-0.00789	-0.00788	-0.00785	-0.00774	-0.00740	-0.00636	-0.00316	0.00669	0.03704	0.03704	0.00805	0.00147	
	M	0.00000	-0.00014	-0.00050	-0.00161	-0.00508	-0.01603	-0.05063	-0.15991	-0.50503	0.49497	0.14245	0.00000	
11.50	Q	-0.00117	-0.00204	-0.00591	-0.01850	-0.05838	-0.18437	-0.58228	-1.83896	-5.80780	-5.80780	-2.00320	-1.15298	11.50
	V	0.00000	-0.00076	-0.00151	-0.00226	-0.00299	-0.00366	-0.00415	-0.00408	-0.00223	-0.00223	-0.00032	0.00000	
	V'	-0.00755	-0.00755	-0.00752	-0.00742	-0.00712	-0.00617	-0.00316	0.00634	0.03635	0.03635	0.00759	0.00116	
	M	0.00000	-0.00012	-0.00043	-0.00142	-0.00459	-0.01486	-0.04812	-0.15581	-0.50455	0.49545	0.13968	0.00000	
11.75	Q	-0.00098	-0.00174	-0.00519	-0.01667	-0.05393	-0.17460	-0.56539	-1.83081	-5.92843	-5.92843	-1.98734	-1.12059	11.75
	V	0.00000	-0.00072	-0.00145	-0.00216	-0.00286	-0.00351	-0.00400	-0.00394	-0.00214	-0.00214	-0.00029	0.00000	
	V'	-0.00724	-0.00723	-0.00721	-0.00712	-0.00685	-0.00598	-0.00315	0.00602	0.03570	0.03570	0.00715	0.00087	
	M	0.00000	-0.00010	-0.00037	-0.00125	-0.00415	-0.01377	-0.04573	-0.15184	-0.50411	0.49589	0.13694	0.00000	
12.00	Q	-0.00082	-0.00148	-0.00455	-0.01501	-0.04979	-0.16529	-0.54879	-1.82204	-6.04938	-6.04938	-1.97111	-1.08862	12.00
	V	0.00000	-0.00069	-0.00139	-0.00207	-0.00275	-0.00338	-0.00385	-0.00381	-0.00205	-0.00205	-0.00026	0.00000	
	V'	-0.00694	-0.00693	-0.00691	-0.00684	-0.00660	-0.00580	-0.00313	0.00571	0.03507	0.03507	0.00674	0.00062	
	M	0.00000	-0.00009	-0.00032	-0.00110	-0.00375	-0.01277	-0.04347	-0.14797	-0.50372	0.49628	0.13420	0.00000	
12.25	Q	-0.00068	-0.00127	-0.00399	-0.01351	-0.04595	-0.15642	-0.53248	-1.81266	-6.17061	-6.17061	-1.95453	-1.05710	12.25
	V	0.00000	-0.00067	-0.00133	-0.00199	-0.00264	-0.00325	-0.00371	-0.00368	-0.00197	-0.00197	-0.00023	0.00000	
	V'	-0.00666	-0.00666	-0.00664	-0.00657	-0.00636	-0.00562	-0.00312	0.00542	0.03446	0.03446	0.00636	0.00038	
BETA	X/L =	0.00	0.10	0.20	0.30	0.40	0.50	0.60	0.70	L 0.80	R 0.80	0.90	1.00	BETA

XM/L = 0.80

FUNKTIONEN : F.MIM - F.MIQ - F.MIV - F.MIV'

Z U G S T A E B E -233-

FUNKTIONEN : F.M;M - F.M;Q - F.M;V - F.M;V'

XM/L = 0.80

BETA	X/L =	0.00	0.10	0.20	0.30	0.40	0.50	0.60	0.70	L 0.80	R 0.80	0.90	1.00	BETA
12.50	M	0.00000	-0.00007	-0.00028	-0.00097	-0.00339	-0.01184	-0.04132	-0.14422	-0.50337	0.49663	0.13149	0.00000	12.50
	Q	-0.00057	-0.00108	-0.00350	-0.01215	-0.04240	-0.14798	-0.51649	-1.80272	-6.29211	-6.29211	-1.93764	-1.02606	
	V	0.00000	-0.00064	-0.00128	-0.00191	-0.00254	-0.00312	-0.00358	-0.00356	-0.00190	-0.00190	-0.00020	0.00000	
	V'	-0.00640	-0.00639	-0.00638	-0.00632	-0.00613	-0.00545	-0.00309	0.00514	0.03387	0.03387	0.00600	0.00017	
12.75	M	0.00000	-0.00006	-0.00024	-0.00086	-0.00307	-0.01098	-0.03928	-0.14057	-0.50305	0.49695	0.12881	0.00000	12.75
	Q	-0.00048	-0.00092	-0.00307	-0.01093	-0.03911	-0.13994	-0.50081	-1.79223	-6.41387	-6.41387	-1.92046	-0.99554	
	V	0.00000	-0.00061	-0.00123	-0.00184	-0.00244	-0.00301	-0.00345	-0.00344	-0.00183	-0.00183	-0.00018	0.00000	
	V'	-0.00615	-0.00615	-0.00613	-0.00608	-0.00591	-0.00529	-0.00307	0.00487	0.03330	0.03330	0.00566	-0.00003	
13.00	M	0.00000	-0.00005	-0.00020	-0.00076	-0.00277	-0.01018	-0.03734	-0.13702	-0.50276	0.49724	0.12614	0.00000	13.00
	Q	-0.00040	-0.00078	-0.00269	-0.00983	-0.03606	-0.13230	-0.48544	-1.78123	-6.53586	-6.53586	-1.90303	-0.96556	
	V	0.00000	-0.00059	-0.00118	-0.00177	-0.00235	-0.00290	-0.00333	-0.00333	-0.00176	-0.00176	-0.00015	0.00000	
	V'	-0.00591	-0.00591	-0.00590	-0.00586	-0.00570	-0.00513	-0.00304	0.00462	0.03276	0.03276	0.00534	-0.00020	
13.25	M	0.00000	-0.00004	-0.00018	-0.00067	-0.00251	-0.00944	-0.03550	-0.13356	-0.50250	0.49750	0.12351	0.00000	13.25
	Q	-0.00033	-0.00067	-0.00236	-0.00884	-0.03324	-0.12503	-0.47040	-1.76973	-6.65807	-6.65807	-1.88536	-0.93613	
	V	0.00000	-0.00057	-0.00114	-0.00170	-0.00226	-0.00279	-0.00322	-0.00323	-0.00169	-0.00169	-0.00013	0.00000	
	V'	-0.00569	-0.00569	-0.00568	-0.00565	-0.00551	-0.00498	-0.00302	0.00438	0.03223	0.03223	0.00504	-0.00036	
13.50	M	0.00000	-0.00004	-0.00015	-0.00059	-0.00227	-0.00875	-0.03375	-0.13021	-0.50226	0.49774	0.12091	0.00000	13.50
	Q	-0.00028	-0.00057	-0.00207	-0.00794	-0.03063	-0.11813	-0.45569	-1.75778	-6.78049	-6.78049	-1.86747	-0.90727	
	V	0.00000	-0.00055	-0.00110	-0.00164	-0.00218	-0.00270	-0.00311	-0.00313	-0.00163	-0.00163	-0.00011	0.00000	
	V'	-0.00549	-0.00548	-0.00548	-0.00544	-0.00532	-0.00484	-0.00299	0.00416	0.03172	0.03172	0.00476	-0.00051	
13.75	M	0.00000	-0.00003	-0.00013	-0.00052	-0.00205	-0.00811	-0.03209	-0.12694	-0.50204	0.49796	0.11834	0.00000	13.75
	Q	-0.00023	-0.00049	-0.00181	-0.00713	-0.02821	-0.11158	-0.44130	-1.74538	-6.90310	-6.90310	-1.84940	-0.87901	
	V	0.00000	-0.00053	-0.00106	-0.00158	-0.00210	-0.00260	-0.00300	-0.00303	-0.00158	-0.00158	-0.00010	0.00000	
	V'	-0.00529	-0.00529	-0.00528	-0.00525	-0.00514	-0.00470	-0.00296	0.00394	0.03122	0.03122	0.00449	-0.00064	
14.00	M	0.00000	-0.00003	-0.00011	-0.00046	-0.00186	-0.00753	-0.03052	-0.12375	-0.50185	0.49815	0.11580	0.00000	14.00
	Q	-0.00019	-0.00041	-0.00159	-0.00641	-0.02598	-0.10536	-0.42724	-1.73256	-7.02589	-7.02589	-1.83115	-0.85134	
	V	0.00000	-0.00051	-0.00102	-0.00153	-0.00203	-0.00251	-0.00291	-0.00294	-0.00152	-0.00152	-0.00008	0.00000	
	V'	-0.00510	-0.00510	-0.00509	-0.00507	-0.00497	-0.00456	-0.00292	0.00374	0.03074	0.03074	0.00424	-0.00076	
14.25	M	0.00000	-0.00002	-0.00010	-0.00040	-0.00168	-0.00698	-0.02902	-0.12066	-0.50167	0.49833	0.11330	0.00000	14.25
	Q	-0.00016	-0.00035	-0.00139	-0.00575	-0.02392	-0.09946	-0.41352	-1.71936	-7.14884	-7.14884	-1.81275	-0.82428	
	V	0.00000	-0.00049	-0.00098	-0.00148	-0.00196	-0.00243	-0.00281	-0.00285	-0.00147	-0.00147	-0.00007	0.00000	
	V'	-0.00492	-0.00492	-0.00492	-0.00490	-0.00481	-0.00443	-0.00289	0.00354	0.03028	0.03028	0.00400	-0.00087	
14.50	M	0.00000	-0.00002	-0.00008	-0.00036	-0.00152	-0.00647	-0.02759	-0.11764	-0.50151	0.49849	0.11083	0.00000	14.50
	Q	-0.00013	-0.00030	-0.00122	-0.00517	-0.02202	-0.09386	-0.40013	-1.70578	-7.27195	-7.27195	-1.79421	-0.79784	
	V	0.00000	-0.00048	-0.00095	-0.00143	-0.00190	-0.00235	-0.00272	-0.00277	-0.00142	-0.00142	-0.00005	0.00000	
	V'	-0.00476	-0.00475	-0.00475	-0.00473	-0.00465	-0.00431	-0.00285	0.00336	0.02983	0.02983	0.00378	-0.00096	
14.75	M	0.00000	-0.00002	-0.00007	-0.00031	-0.00137	-0.00600	-0.02624	-0.11470	-0.50137	0.49863	0.10840	0.00000	14.75
	Q	-0.00011	-0.00026	-0.00106	-0.00464	-0.02026	-0.08855	-0.38706	-1.69187	-7.39520	-7.39520	-1.77555	-0.77201	
	V	0.00000	-0.00046	-0.00092	-0.00138	-0.00183	-0.00227	-0.00264	-0.00269	-0.00137	-0.00137	-0.00004	0.00000	
	V'	-0.00460	-0.00460	-0.00459	-0.00458	-0.00450	-0.00419	-0.00282	0.00318	0.02939	0.02939	0.00356	-0.00105	
BETA	X/L =	0.00	0.10	0.20	0.30	0.40	0.50	0.60	0.70	L 0.80	R 0.80	0.90	1.00	BETA

XM/L = 0.80

FUNKTIONEN : F.M;M - F.M;Q - F.M;V - F.M;V'

FUNKTIONEN : F.MIM - F.MIQ - F.MIV - F.MIV'

XM/L = 0.80

BETA	X/L =	0.00	0.10	0.20	0.30	0.40	0.50	0.60	0.70	L 0.80	R 0.80	0.90	1.00	BETA
15.00	M	0.00000	-0.00001	-0.00006	-0.00028	-0.00124	-0.00557	-0.02496	-0.11184	-0.50124	0.49876	0.10601	0.00000	15.00
	Q	-0.00009	-0.00022	-0.00093	-0.00416	-0.01864	-0.08352	-0.37433	-1.67762	-7.51859	-7.51859	-1.75679	-0.74681	
	V	0.00000	-0.00044	-0.00089	-0.00133	-0.00177	-0.00220	-0.00256	-0.00261	-0.00133	-0.00133	-0.00003	0.00000	
	V'	-0.00444	-0.00444	-0.00444	-0.00443	-0.00436	-0.00407	-0.00278	0.00301	0.02897	0.02897	0.00336	-0.00113	
15.25	M	0.00000	-0.00001	-0.00005	-0.00024	-0.00112	-0.00516	-0.02373	-0.10905	-0.50112	0.49888	0.10366	0.00000	15.25
	Q	-0.00008	-0.00019	-0.00081	-0.00373	-0.01714	-0.07876	-0.36192	-1.66308	-7.64210	-7.64210	-1.73795	-0.72222	
	V	0.00000	-0.00043	-0.00086	-0.00129	-0.00172	-0.00213	-0.00248	-0.00254	-0.00129	-0.00129	-0.00002	0.00000	
	V'	-0.00430	-0.00430	-0.00430	-0.00428	-0.00423	-0.00396	-0.00274	0.00285	0.02856	0.02856	0.00317	-0.00119	
15.50	M	0.00000	-0.00001	-0.00005	-0.00022	-0.00102	-0.00479	-0.02257	-0.10634	-0.50101	0.49899	0.10134	0.00000	15.50
	Q	-0.00006	-0.00016	-0.00071	-0.00335	-0.01576	-0.07425	-0.34984	-1.64826	-7.76573	-7.76573	-1.71902	-0.69826	
	V	0.00000	-0.00042	-0.00083	-0.00125	-0.00166	-0.00206	-0.00240	-0.00247	-0.00124	-0.00124	-0.00001	0.00000	
	V'	-0.00416	-0.00416	-0.00416	-0.00415	-0.00410	-0.00385	-0.00271	0.00270	0.02816	0.02816	0.00299	-0.00126	
15.75	M	0.00000	-0.00001	-0.00004	-0.00019	-0.00092	-0.00444	-0.02147	-0.10369	-0.50092	0.49908	0.09907	0.00000	15.75
	Q	-0.00005	-0.00013	-0.00062	-0.00300	-0.01449	-0.06999	-0.33808	-1.63318	-7.88946	-7.88946	-1.70004	-0.67492	
	V	0.00000	-0.00040	-0.00081	-0.00121	-0.00161	-0.00200	-0.00233	-0.00240	-0.00121	-0.00121	0.00000	0.00000	
	V'	-0.00403	-0.00403	-0.00403	-0.00402	-0.00397	-0.00375	-0.00267	0.00255	0.02777	0.02777	0.00282	-0.00131	
16.00	M	0.00000	-0.00001	-0.00003	-0.00017	-0.00083	-0.00412	-0.02041	-0.10112	-0.50083	0.49917	0.09683	0.00000	16.00
	Q	-0.00004	-0.00011	-0.00054	-0.00269	-0.01331	-0.06595	-0.32664	-1.61786	-8.01329	-8.01329	-1.68101	-0.65220	
	V	0.00000	-0.00039	-0.00078	-0.00117	-0.00156	-0.00194	-0.00226	-0.00234	-0.00117	-0.00117	0.00001	0.00000	
	V'	-0.00391	-0.00391	-0.00390	-0.00390	-0.00385	-0.00365	-0.00263	0.00241	0.02740	0.02740	0.00266	-0.00136	
16.25	M	0.00000	-0.00001	-0.00003	-0.00015	-0.00075	-0.00382	-0.01942	-0.09860	-0.50075	0.49925	0.09464	0.00000	16.25
	Q	-0.00004	-0.00010	-0.00048	-0.00241	-0.01223	-0.06213	-0.31551	-1.60231	-8.13722	-8.13722	-1.66194	-0.63008	
	V	0.00000	-0.00038	-0.00076	-0.00114	-0.00151	-0.00188	-0.00220	-0.00228	-0.00113	-0.00113	0.00002	0.00000	
	V'	-0.00379	-0.00379	-0.00379	-0.00378	-0.00374	-0.00355	-0.00259	0.00228	0.02703	0.02703	0.00251	-0.00140	
16.50	M	0.00000	-0.00000	-0.00003	-0.00013	-0.00068	-0.00355	-0.01847	-0.09616	-0.50068	0.49932	0.09248	0.00000	16.50
	Q	-0.00003	-0.00008	-0.00042	-0.00216	-0.01124	-0.05852	-0.30470	-1.58657	-8.26122	-8.26122	-1.64285	-0.60857	
	V	0.00000	-0.00037	-0.00073	-0.00110	-0.00147	-0.00182	-0.00214	-0.00222	-0.00110	-0.00110	0.00003	0.00000	
	V'	-0.00367	-0.00367	-0.00367	-0.00367	-0.00363	-0.00346	-0.00255	0.00215	0.02667	0.02667	0.00236	-0.00144	
16.75	M	0.00000	-0.00000	-0.00002	-0.00012	-0.00062	-0.00329	-0.01756	-0.09377	-0.50062	0.49938	0.09037	0.00000	16.75
	Q	-0.00003	-0.00007	-0.00036	-0.00193	-0.01032	-0.05510	-0.29419	-1.57064	-8.38531	-8.38531	-1.62374	-0.58766	
	V	0.00000	-0.00036	-0.00071	-0.00107	-0.00142	-0.00177	-0.00208	-0.00216	-0.00107	-0.00107	0.00003	0.00000	
	V'	-0.00356	-0.00356	-0.00356	-0.00356	-0.00353	-0.00337	-0.00252	0.00203	0.02632	0.02632	0.00222	-0.00147	
17.00	M	0.00000	-0.00000	-0.00002	-0.00010	-0.00056	-0.00305	-0.01671	-0.09144	-0.50056	0.49944	0.08829	0.00000	17.00
	Q	-0.00002	-0.00006	-0.00032	-0.00173	-0.00948	-0.05188	-0.28399	-1.55454	-8.50947	-8.50947	-1.60463	-0.56735	
	V	0.00000	-0.00035	-0.00069	-0.00104	-0.00138	-0.00172	-0.00202	-0.00211	-0.00104	-0.00104	0.00004	0.00000	
	V'	-0.00346	-0.00346	-0.00346	-0.00345	-0.00343	-0.00328	-0.00248	0.00192	0.02598	0.02598	0.00209	-0.00150	
17.25	M	0.00000	-0.00000	-0.00002	-0.00009	-0.00050	-0.00283	-0.01589	-0.08918	-0.50050	0.49950	0.08626	0.00000	17.25
	Q	-0.00002	-0.00005	-0.00028	-0.00155	-0.00870	-0.04883	-0.27408	-1.53829	-8.63369	-8.63369	-1.58553	-0.54761	
	V	0.00000	-0.00034	-0.00067	-0.00101	-0.00134	-0.00167	-0.00196	-0.00205	-0.00101	-0.00101	0.00005	0.00000	
	V'	-0.00336	-0.00336	-0.00336	-0.00336	-0.00333	-0.00320	-0.00244	0.00181	0.02565	0.02565	0.00197	-0.00152	
BETA	X/L =	0.00	0.10	0.20	0.30	0.40	0.50	0.60	0.70	L 0.80	R 0.80	0.90	1.00	BETA

XM/L = 0.80

FUNKTIONEN : F.MIM - F.MIQ - F.MIV - F.MIV'

FUNKTIONEN : F.M;M - F.M;Q - F.M;V - F.M;V'

XM/L = 0.80

BETA	X/L =	0.00	0.10	0.20	0.30	0.40	0.50	0.60	0.70	L 0.80	R 0.80	0.90	1.00	BETA
17.50	M	0.00000	-0.00000	-0.00001	-0.00008	-0.00046	-0.00263	-0.01511	-0.08697	-0.50046	0.49954	0.08426	0.00000	17.50
	Q	-0.00001	-0.00004	-0.00024	-0.00139	-0.00799	-0.04596	-0.26447	-1.52191	-8.75798	-8.75798	-1.56644	-0.52845	
	V	0.00000	-0.00033	-0.00065	-0.00098	-0.00130	-0.00162	-0.00191	-0.00200	-0.00098	-0.00098	0.00005	0.00000	
	V'	-0.00327	-0.00327	-0.00326	-0.00326	-0.00324	-0.00312	-0.00240	0.00170	0.02533	0.02533	0.00185	-0.00154	
17.75	M	0.00000	-0.00000	-0.00001	-0.00007	-0.00041	-0.00244	-0.01437	-0.08481	-0.50041	0.49959	0.08231	0.00000	17.75
	Q	-0.00001	-0.00004	-0.00021	-0.00124	-0.00733	-0.04324	-0.25514	-1.50541	-8.88232	-8.88232	-1.54737	-0.50986	
	V	0.00000	-0.00032	-0.00063	-0.00095	-0.00127	-0.00158	-0.00186	-0.00195	-0.00095	-0.00095	0.00006	0.00000	
	V'	-0.00317	-0.00317	-0.00317	-0.00317	-0.00315	-0.00304	-0.00236	0.00160	0.02502	0.02502	0.00174	-0.00156	
18.00	M	0.00000	-0.00000	-0.00001	-0.00006	-0.00037	-0.00226	-0.01367	-0.08271	-0.50037	0.49963	0.08039	0.00000	18.00
	Q	-0.00001	-0.00003	-0.00018	-0.00111	-0.00672	-0.04068	-0.24610	-1.48880	-9.00672	-9.00672	-1.52834	-0.49183	
	V	0.00000	-0.00031	-0.00062	-0.00093	-0.00123	-0.00154	-0.00181	-0.00191	-0.00092	-0.00092	0.00006	0.00000	
	V'	-0.00309	-0.00309	-0.00309	-0.00308	-0.00307	-0.00296	-0.00233	0.00151	0.02471	0.02471	0.00163	-0.00157	
18.25	M	0.00000	-0.00000	-0.00001	-0.00005	-0.00034	-0.00210	-0.01300	-0.08066	-0.50034	0.49966	0.07851	0.00000	18.25
	Q	-0.00001	-0.00003	-0.00016	-0.00099	-0.00617	-0.03826	-0.23733	-1.47210	-9.13116	-9.13116	-1.50935	-0.47434	
	V	0.00000	-0.00030	-0.00060	-0.00090	-0.00120	-0.00149	-0.00176	-0.00186	-0.00090	-0.00090	0.00006	0.00000	
	V'	-0.00300	-0.00300	-0.00300	-0.00300	-0.00298	-0.00289	-0.00229	0.00142	0.02441	0.02441	0.00153	-0.00158	
18.50	M	0.00000	-0.00000	-0.00001	-0.00005	-0.00031	-0.00194	-0.01237	-0.07867	-0.50031	0.49969	0.07667	0.00000	18.50
	Q	-0.00001	-0.00002	-0.00014	-0.00089	-0.00566	-0.03598	-0.22883	-1.45533	-9.25565	-9.25565	-1.49040	-0.45739	
	V	0.00000	-0.00029	-0.00058	-0.00088	-0.00117	-0.00146	-0.00172	-0.00182	-0.00088	-0.00088	0.00007	0.00000	
	V'	-0.00292	-0.00292	-0.00292	-0.00292	-0.00291	-0.00282	-0.00225	0.00133	0.02412	0.02412	0.00143	-0.00159	
18.75	M	0.00000	-0.00000	-0.00001	-0.00004	-0.00028	-0.00180	-0.01177	-0.07672	-0.50028	0.49972	0.07487	0.00000	18.75
	Q	-0.00001	-0.00002	-0.00012	-0.00080	-0.00519	-0.03383	-0.22060	-1.43850	-9.38019	-9.38019	-1.47151	-0.44096	
	V	0.00000	-0.00028	-0.00057	-0.00085	-0.00114	-0.00142	-0.00167	-0.00177	-0.00085	-0.00085	0.00007	0.00000	
	V'	-0.00284	-0.00284	-0.00284	-0.00284	-0.00283	-0.00275	-0.00222	0.00125	0.02384	0.02384	0.00134	-0.00159	
19.00	M	0.00000	-0.00000	-0.00001	-0.00004	-0.00025	-0.00167	-0.01119	-0.07482	-0.50025	0.49975	0.07311	0.00000	19.00
	Q	-0.00000	-0.00002	-0.00011	-0.00071	-0.00476	-0.03180	-0.21263	-1.42161	-9.50475	-9.50475	-1.45269	-0.42504	
	V	0.00000	-0.00028	-0.00055	-0.00083	-0.00111	-0.00138	-0.00163	-0.00173	-0.00083	-0.00083	0.00007	0.00000	
	V'	-0.00277	-0.00277	-0.00277	-0.00277	-0.00276	-0.00268	-0.00218	0.00117	0.02356	0.02356	0.00125	-0.00159	
19.25	M	0.00000	-0.00000	-0.00000	-0.00003	-0.00023	-0.00155	-0.01064	-0.07297	-0.50023	0.49977	0.07139	0.00000	19.25
	Q	-0.00000	-0.00001	-0.00009	-0.00064	-0.00436	-0.02989	-0.20491	-1.40469	-9.62936	-9.62936	-1.43393	-0.40963	
	V	0.00000	-0.00027	-0.00054	-0.00081	-0.00108	-0.00135	-0.00159	-0.00169	-0.00081	-0.00081	0.00008	0.00000	
	V'	-0.00270	-0.00270	-0.00270	-0.00270	-0.00269	-0.00262	-0.00215	0.00109	0.02329	0.02329	0.00117	-0.00159	
19.50	M	0.00000	-0.00000	-0.00000	-0.00003	-0.00020	-0.00144	-0.01013	-0.07117	-0.50020	0.49980	0.06970	0.00000	19.50
	Q	-0.00000	-0.00001	-0.00008	-0.00057	-0.00400	-0.02809	-0.19744	-1.38774	-9.75399	-9.75399	-1.41525	-0.39472	
	V	0.00000	-0.00026	-0.00053	-0.00079	-0.00105	-0.00131	-0.00155	-0.00165	-0.00079	-0.00079	0.00008	0.00000	
	V'	-0.00263	-0.00263	-0.00263	-0.00263	-0.00262	-0.00256	-0.00211	0.00102	0.02302	0.02302	0.00109	-0.00159	
19.75	M	0.00000	-0.00000	-0.00000	-0.00003	-0.00019	-0.00134	-0.00963	-0.06941	-0.50019	0.49981	0.06804	0.00000	19.75
	Q	-0.00000	-0.00001	-0.00007	-0.00051	-0.00366	-0.02639	-0.19021	-1.37078	-9.87866	-9.87866	-1.39665	-0.38028	
	V	0.00000	-0.00026	-0.00051	-0.00077	-0.00103	-0.00128	-0.00151	-0.00162	-0.00077	-0.00077	0.00008	0.00000	
	V'	-0.00256	-0.00256	-0.00256	-0.00256	-0.00255	-0.00250	-0.00208	0.00095	0.02276	0.02276	0.00102	-0.00159	
BETA	X/L =	0.00	0.10	0.20	0.30	0.40	0.50	0.60	0.70	L 0.80	R 0.80	0.90	1.00	BETA

XM/L = 0.80

FUNKTIONEN : F.M;M - F.M;Q - F.M;V - F.M;V'

FUNKTIONEN : F.MIM - F.MIQ - F.MIV - F.MIV'

XM/L = 0.80

BETA	X/L =	0.00	0.10	0.20	0.30	0.40	0.50	0.60	0.70	L 0.80	R 0.80	0.90	1.00	BETA
	M	0.00000	-0.00000	-0.00000	-0.00002	-0.00017	-0.00124	-0.00916	-0.06769	-0.50017	0.49983	0.06643	0.00000	
20.00	Q	-0.00000	-0.00001	-0.00006	-0.00045	-0.00336	-0.02480	-0.18322	-1.35381	-10.00335	-10.00335	-1.37814	-0.36631	20.00
	V	0.00000	-0.00025	-0.00050	-0.00075	-0.00100	-0.00125	-0.00148	-0.00158	-0.00075	-0.00075	0.00008	0.00000	
	V'	-0.00250	-0.00250	-0.00250	-0.00250	-0.00249	-0.00244	-0.00204	0.00088	0.02251	0.02251	0.00095	-0.00158	
	M	0.00000	-0.00000	-0.00000	-0.00002	-0.00015	-0.00115	-0.00871	-0.06602	-0.50015	0.49985	0.06485	0.00000	
20.25	Q	-0.00000	-0.00001	-0.00005	-0.00041	-0.00307	-0.02329	-0.17646	-1.33684	-10.12807	-10.12807	-1.35972	-0.35280	20.25
	V	0.00000	-0.00024	-0.00049	-0.00073	-0.00098	-0.00122	-0.00144	-0.00155	-0.00073	-0.00073	0.00009	0.00000	
	V'	-0.00244	-0.00244	-0.00244	-0.00244	-0.00243	-0.00238	-0.00201	0.00082	0.02226	0.02226	0.00088	-0.00158	
	M	0.00000	-0.00000	-0.00000	-0.00002	-0.00014	-0.00107	-0.00829	-0.06439	-0.50014	0.49986	0.06330	0.00000	
20.50	Q	-0.00000	-0.00001	-0.00005	-0.00036	-0.00282	-0.02187	-0.16992	-1.31990	-10.25282	-10.25282	-1.34140	-0.33974	20.50
	V	0.00000	-0.00024	-0.00048	-0.00071	-0.00095	-0.00119	-0.00141	-0.00151	-0.00071	-0.00071	0.00009	0.00000	
	V'	-0.00238	-0.00238	-0.00238	-0.00238	-0.00237	-0.00233	-0.00198	0.00076	0.02202	0.02202	0.00081	-0.00157	
	M	0.00000	-0.00000	-0.00000	-0.00002	-0.00012	-0.00099	-0.00788	-0.06279	-0.50012	0.49988	0.06179	0.00000	
20.75	Q	-0.00000	-0.00001	-0.00004	-0.00032	-0.00258	-0.02054	-0.16360	-1.30297	-10.37758	-10.37758	-1.32318	-0.32711	20.75
	V	0.00000	-0.00023	-0.00046	-0.00070	-0.00093	-0.00116	-0.00138	-0.00148	-0.00070	-0.00070	0.00009	0.00000	
	V'	-0.00232	-0.00232	-0.00232	-0.00232	-0.00232	-0.00227	-0.00194	0.00070	0.02178	0.02178	0.00075	-0.00156	
	M	0.00000	-0.00000	-0.00000	-0.00001	-0.00011	-0.00092	-0.00750	-0.06124	-0.50011	0.49989	0.06031	0.00000	
21.00	Q	-0.00000	-0.00000	-0.00004	-0.00029	-0.00236	-0.01929	-0.15749	-1.28608	-10.50236	-10.50236	-1.30507	-0.31491	21.00
	V	0.00000	-0.00023	-0.00045	-0.00068	-0.00091	-0.00113	-0.00134	-0.00145	-0.00068	-0.00068	0.00009	0.00000	
	V'	-0.00227	-0.00227	-0.00227	-0.00227	-0.00226	-0.00222	-0.00191	0.00065	0.02155	0.02155	0.00069	-0.00155	
	M	0.00000	-0.00000	-0.00000	-0.00001	-0.00010	-0.00085	-0.00713	-0.05973	-0.50010	0.49990	0.05886	0.00000	
21.25	Q	-0.00000	-0.00000	-0.00003	-0.00026	-0.00216	-0.01810	-0.15159	-1.26923	-10.62716	-10.62716	-1.28708	-0.30311	21.25
	V	0.00000	-0.00022	-0.00044	-0.00066	-0.00089	-0.00111	-0.00131	-0.00142	-0.00066	-0.00066	0.00009	0.00000	
	V'	-0.00221	-0.00221	-0.00221	-0.00221	-0.00221	-0.00217	-0.00188	0.00060	0.02132	0.02132	0.00064	-0.00154	
	M	0.00000	-0.00000	-0.00000	-0.00001	-0.00009	-0.00079	-0.00679	-0.05825	-0.50009	0.49991	0.05745	0.00000	
21.50	Q	-0.00000	-0.00000	-0.00003	-0.00023	-0.00198	-0.01699	-0.14589	-1.25244	-10.75198	-10.75198	-1.26920	-0.29172	21.50
	V	0.00000	-0.00022	-0.00043	-0.00065	-0.00087	-0.00108	-0.00128	-0.00139	-0.00065	-0.00065	0.00009	0.00000	
	V'	-0.00216	-0.00216	-0.00216	-0.00216	-0.00216	-0.00213	-0.00185	0.00055	0.02110	0.02110	0.00058	-0.00153	
	M	0.00000	-0.00000	-0.00000	-0.00001	-0.00008	-0.00073	-0.00645	-0.05681	-0.50008	0.49992	0.05607	0.00000	
21.75	Q	-0.00000	-0.00000	-0.00002	-0.00021	-0.00181	-0.01595	-0.14038	-1.23569	-10.87681	-10.87681	-1.25143	-0.28072	21.75
	V	0.00000	-0.00021	-0.00042	-0.00063	-0.00085	-0.00106	-0.00125	-0.00136	-0.00063	-0.00063	0.00009	0.00000	
	V'	-0.00211	-0.00211	-0.00211	-0.00211	-0.00211	-0.00208	-0.00182	0.00050	0.02088	0.02088	0.00053	-0.00152	
	M	0.00000	-0.00000	-0.00000	-0.00001	-0.00008	-0.00068	-0.00614	-0.05541	-0.50008	0.49992	0.05472	0.00000	
22.00	Q	-0.00000	-0.00000	-0.00002	-0.00018	-0.00166	-0.01497	-0.13507	-1.21902	-11.00166	-11.00166	-1.23380	-0.27010	22.00
	V	0.00000	-0.00021	-0.00041	-0.00062	-0.00083	-0.00103	-0.00123	-0.00133	-0.00062	-0.00062	0.00009	0.00000	
	V'	-0.00207	-0.00207	-0.00207	-0.00207	-0.00206	-0.00204	-0.00179	0.00045	0.02066	0.02066	0.00048	-0.00151	
	M	0.00000	-0.00000	-0.00000	-0.00001	-0.00007	-0.00063	-0.00584	-0.05404	-0.50007	0.49993	0.05340	0.00000	
22.25	Q	-0.00000	-0.00000	-0.00002	-0.00016	-0.00152	-0.01404	-0.12994	-1.20241	-11.12652	-11.12652	-1.21629	-0.25985	22.25
	V	0.00000	-0.00020	-0.00040	-0.00061	-0.00081	-0.00101	-0.00120	-0.00130	-0.00061	-0.00061	0.00009	0.00000	
	V'	-0.00202	-0.00202	-0.00202	-0.00202	-0.00202	-0.00199	-0.00176	0.00041	0.02046	0.02046	0.00044	-0.00150	
BETA	X/L =	0.00	0.10	0.20	0.30	0.40	0.50	0.60	0.70	L 0.80	R 0.80	0.90	1.00	BETA

XM/L = 0.80

FUNKTIONEN : F.MIM - F.MIQ - F.MIV - F.MIV'

FUNKTIONEN : F.M;M - F.M;Q - F.M;V - F.M;V'

XM/L = 0.80

BETA	X/L =	0.00	0.10	0.20	0.30	0.40	0.50	0.60	0.70	L 0.80	R 0.80	0.90	1.00	BETA
	M	0.00000	-0.00000	-0.00000	-0.00001	-0.00006	-0.00059	-0.00556	-0.05271	-0.50006	0.49994	0.05211	0.00000	
22.50	Q	-0.00000	-0.00000	-0.00002	-0.00015	-0.00139	-0.01317	-0.12499	-1.18589	-11.25139	-11.25139	-1.19891	-0.24995	22.50
	V	0.00000	-0.00020	-0.00040	-0.00059	-0.00079	-0.00099	-0.00117	-0.00128	-0.00059	-0.00059	0.00009	0.00000	
	V'	-0.00198	-0.00198	-0.00198	-0.00198	-0.00197	-0.00195	-0.00173	0.00037	0.02025	0.02025	0.00039	-0.00148	
	M	0.00000	-0.00000	-0.00000	-0.00001	-0.00006	-0.00054	-0.00528	-0.05140	-0.50006	0.49994	0.05086	0.00000	
22.75	Q	-0.00000	-0.00000	-0.00001	-0.00013	-0.00127	-0.01236	-0.12022	-1.16945	-11.37627	-11.37627	-1.18167	-0.24040	22.75
	V	0.00000	-0.00019	-0.00039	-0.00058	-0.00077	-0.00097	-0.00115	-0.00125	-0.00058	-0.00058	0.00009	0.00000	
	V'	-0.00193	-0.00193	-0.00193	-0.00193	-0.00193	-0.00191	-0.00170	0.00033	0.02005	0.02005	0.00035	-0.00147	
	M	0.00000	-0.00000	-0.00000	-0.00001	-0.00005	-0.00050	-0.00503	-0.05013	-0.50005	0.49995	0.04963	0.00000	
23.00	Q	-0.00000	-0.00000	-0.00001	-0.00012	-0.00116	-0.01159	-0.11561	-1.15309	-11.50116	-11.50116	-1.16457	-0.23119	23.00
	V	0.00000	-0.00019	-0.00038	-0.00057	-0.00076	-0.00094	-0.00112	-0.00123	-0.00057	-0.00057	0.00010	0.00000	
	V'	-0.00189	-0.00189	-0.00189	-0.00189	-0.00189	-0.00187	-0.00167	0.00029	0.01985	0.01985	0.00031	-0.00145	
	M	0.00000	-0.00000	-0.00000	-0.00000	-0.00005	-0.00047	-0.00478	-0.04890	-0.50005	0.49995	0.04842	0.00000	
23.25	Q	-0.00000	-0.00000	-0.00001	-0.00010	-0.00106	-0.01087	-0.11116	-1.13684	-11.62606	-11.62606	-1.14760	-0.22231	23.25
	V	0.00000	-0.00018	-0.00037	-0.00055	-0.00074	-0.00092	-0.00110	-0.00120	-0.00055	-0.00055	0.00010	0.00000	
	V'	-0.00185	-0.00185	-0.00185	-0.00185	-0.00185	-0.00183	-0.00164	0.00025	0.01966	0.01966	0.00027	-0.00144	
	M	0.00000	-0.00000	-0.00000	-0.00000	-0.00004	-0.00043	-0.00455	-0.04769	-0.50004	0.49996	0.04725	0.00000	
23.50	Q	-0.00000	-0.00000	-0.00001	-0.00009	-0.00097	-0.01019	-0.10688	-1.12068	-11.75097	-11.75097	-1.13078	-0.21374	23.50
	V	0.00000	-0.00018	-0.00036	-0.00054	-0.00072	-0.00090	-0.00108	-0.00118	-0.00054	-0.00054	0.00010	0.00000	
	V'	-0.00181	-0.00181	-0.00181	-0.00181	-0.00181	-0.00179	-0.00162	0.00022	0.01947	0.01947	0.00024	-0.00142	
	M	0.00000	-0.00000	-0.00000	-0.00000	-0.00004	-0.00040	-0.00433	-0.04651	-0.50004	0.49996	0.04610	0.00000	
23.75	Q	-0.00000	-0.00000	-0.00001	-0.00008	-0.00089	-0.00956	-0.10275	-1.10463	-11.87589	-11.87589	-1.11410	-0.20548	23.75
	V	0.00000	-0.00018	-0.00035	-0.00053	-0.00071	-0.00089	-0.00106	-0.00116	-0.00053	-0.00053	0.00010	0.00000	
	V'	-0.00177	-0.00177	-0.00177	-0.00177	-0.00177	-0.00176	-0.00159	0.00019	0.01928	0.01928	0.00020	-0.00141	
	M	0.00000	-0.00000	-0.00000	-0.00000	-0.00003	-0.00037	-0.00412	-0.04536	-0.50003	0.49997	0.04499	0.00000	
24.00	Q	-0.00000	-0.00000	-0.00001	-0.00007	-0.00081	-0.00896	-0.09876	-1.08869	-12.00081	-12.00081	-1.09757	-0.19751	24.00
	V	0.00000	-0.00017	-0.00035	-0.00052	-0.00069	-0.00087	-0.00103	-0.00114	-0.00052	-0.00052	0.00010	0.00000	
	V'	-0.00174	-0.00174	-0.00174	-0.00174	-0.00173	-0.00172	-0.00156	0.00015	0.01910	0.01910	0.00017	-0.00139	
	M	0.00000	-0.00000	-0.00000	-0.00000	-0.00003	-0.00035	-0.00391	-0.04424	-0.50003	0.49997	0.04389	0.00000	
24.25	Q	-0.00000	-0.00000	-0.00001	-0.00007	-0.00074	-0.00840	-0.09492	-1.07286	-12.12574	-12.12574	-1.08120	-0.18984	24.25
	V	0.00000	-0.00017	-0.00034	-0.00051	-0.00068	-0.00085	-0.00101	-0.00112	-0.00051	-0.00051	0.00010	0.00000	
	V'	-0.00170	-0.00170	-0.00170	-0.00170	-0.00170	-0.00169	-0.00154	0.00012	0.01892	0.01892	0.00014	-0.00138	
	M	0.00000	-0.00000	-0.00000	-0.00000	-0.00003	-0.00032	-0.00372	-0.04315	-0.50003	0.49997	0.04283	0.00000	
24.50	Q	-0.00000	-0.00000	-0.00001	-0.00006	-0.00068	-0.00787	-0.09123	-1.05716	-12.25068	-12.25068	-1.06497	-0.18244	24.50
	V	0.00000	-0.00017	-0.00033	-0.00050	-0.00067	-0.00083	-0.00099	-0.00109	-0.00050	-0.00050	0.00010	0.00000	
	V'	-0.00167	-0.00167	-0.00167	-0.00167	-0.00166	-0.00165	-0.00151	0.00010	0.01874	0.01874	0.00011	-0.00136	
	M	0.00000	-0.00000	-0.00000	-0.00000	-0.00003	-0.00030	-0.00354	-0.04208	-0.50003	0.49997	0.04178	0.00000	
24.75	Q	-0.00000	-0.00000	-0.00000	-0.00005	-0.00062	-0.00738	-0.08766	-1.04157	-12.37562	-12.37562	-1.04889	-0.17531	24.75
	V	0.00000	-0.00016	-0.00033	-0.00049	-0.00065	-0.00082	-0.00097	-0.00107	-0.00049	-0.00049	0.00010	0.00000	
	V'	-0.00163	-0.00163	-0.00163	-0.00163	-0.00163	-0.00162	-0.00149	0.00007	0.01857	0.01857	0.00008	-0.00135	
BETA	X/L =	0.00	0.10	0.20	0.30	0.40	0.50	0.60	0.70	L 0.80	R 0.80	0.90	1.00	BETA

XM/L = 0.80

FUNKTIONEN : F.M;M - F.M;Q - F.M;V - F.M;V'

Z U G S T A E B E -238-

FUNKTIONEN : F.M;M - F.M;Q - F.M;V - F.M;V'

XM/L = 0.80

BETA	X/L =	0.00	0.10	0.20	0.30	0.40	0.50	0.60	0.70	L 0.80	R 0.80	0.90	1.00	BETA
	M	0.00000	-0.00000	-0.00000	-0.00000	-0.00002	-0.00028	-0.00337	-0.04104	-0.50002	0.49998	0.04077	0.00000	
25.00	Q	-0.00000	-0.00000	-0.00000	-0.00005	-0.00057	-0.00691	-0.08423	-1.02611	-12.50057	-12.50057	-1.03298	-0.16845	25.00
	V	0.00000	-0.00016	-0.00032	-0.00048	-0.00064	-0.00080	-0.00095	-0.00105	-0.00048	-0.00048	0.00009	0.00000	
	V'	-0.00160	-0.00160	-0.00160	-0.00160	-0.00160	-0.00159	-0.00147	0.00004	0.01840	0.01840	0.00005	-0.00133	
	M	0.00000	-0.00000	-0.00000	-0.00000	-0.00001	-0.00019	-0.00262	-0.03622	-0.50001	0.49999	0.03603	0.00000	
26.25	Q	-0.00000	-0.00000	-0.00000	-0.00003	-0.00036	-0.00499	-0.06888	-0.95080	-13.12536	-13.12536	-0.95576	-0.13775	26.25
	V	0.00000	-0.00015	-0.00029	-0.00044	-0.00058	-0.00073	-0.00087	-0.00096	-0.00044	-0.00044	0.00009	0.00000	
	V'	-0.00145	-0.00145	-0.00145	-0.00145	-0.00145	-0.00144	-0.00135	-0.00007	0.01760	0.01760	-0.00006	-0.00125	
	M	0.00000	-0.00000	-0.00000	-0.00000	-0.00001	-0.00013	-0.00204	-0.03196	-0.50001	0.49999	0.03183	0.00000	
27.50	Q	-0.00000	-0.00000	-0.00000	-0.00001	-0.00023	-0.00359	-0.05619	-0.87902	-13.75023	-13.75023	-0.88260	-0.11239	27.50
	V	0.00000	-0.00013	-0.00026	-0.00040	-0.00053	-0.00066	-0.00079	-0.00088	-0.00040	-0.00040	0.00009	0.00000	
	V'	-0.00132	-0.00132	-0.00132	-0.00132	-0.00132	-0.00132	-0.00125	-0.00016	0.01686	0.01686	-0.00016	-0.00117	
	M	0.00000	-0.00000	-0.00000	-0.00000	-0.00001	-0.00009	-0.00159	-0.02821	-0.50001	0.49999	0.02812	0.00000	
28.75	Q	-0.00000	-0.00000	-0.00000	-0.00001	-0.00015	-0.00258	-0.04575	-0.81099	-14.37515	-14.37515	-0.81356	-0.09150	28.75
	V	0.00000	-0.00012	-0.00024	-0.00036	-0.00048	-0.00060	-0.00072	-0.00081	-0.00036	-0.00036	0.00009	0.00000	
	V'	-0.00121	-0.00121	-0.00121	-0.00121	-0.00121	-0.00121	-0.00115	-0.00023	0.01618	0.01618	-0.00023	-0.00110	
	M	0.00000	-0.00000	-0.00000	-0.00000	-0.00000	-0.00006	-0.00124	-0.02489	-0.50000	0.50000	0.02483	0.00000	
30.00	Q	-0.00000	-0.00000	-0.00000	-0.00000	-0.00009	-0.00185	-0.03718	-0.74681	-15.00009	-15.00009	-0.74866	-0.07436	30.00
	V	0.00000	-0.00011	-0.00022	-0.00033	-0.00044	-0.00056	-0.00067	-0.00075	-0.00033	-0.00033	0.00008	0.00000	
	V'	-0.00111	-0.00111	-0.00111	-0.00111	-0.00111	-0.00111	-0.00107	-0.00028	0.01556	0.01556	-0.00028	-0.00103	
	M	0.00000	-0.00000	-0.00000	-0.00000	-0.00000	-0.00004	-0.00097	-0.02197	-0.50000	0.50000	0.02193	0.00000	
31.25	Q	-0.00000	-0.00000	-0.00000	-0.00000	-0.00006	-0.00133	-0.03016	-0.68652	-15.62506	-15.62506	-0.68784	-0.06033	31.25
	V	0.00000	-0.00010	-0.00020	-0.00031	-0.00041	-0.00051	-0.00061	-0.00069	-0.00031	-0.00031	0.00008	0.00000	
	V'	-0.00102	-0.00102	-0.00102	-0.00102	-0.00102	-0.00102	-0.00099	-0.00032	0.01498	0.01498	-0.00032	-0.00096	
	M	0.00000	-0.00000	-0.00000	-0.00000	-0.00000	-0.00003	-0.00075	-0.01939	-0.50000	0.50000	0.01936	0.00000	
32.50	Q	-0.00000	-0.00000	-0.00000	-0.00000	-0.00004	-0.00095	-0.02443	-0.63008	-16.25004	-16.25004	-0.63103	-0.04886	32.50
	V	0.00000	-0.00009	-0.00019	-0.00028	-0.00038	-0.00047	-0.00057	-0.00064	-0.00028	-0.00028	0.00008	0.00000	
	V'	-0.00095	-0.00095	-0.00095	-0.00095	-0.00095	-0.00095	-0.00092	-0.00035	0.01444	0.01444	-0.00035	-0.00090	
	M	0.00000	-0.00000	-0.00000	-0.00000	-0.00000	-0.00002	-0.00059	-0.01711	-0.50000	0.50000	0.01709	0.00000	
33.75	Q	-0.00000	-0.00000	-0.00000	-0.00000	-0.00002	-0.00068	-0.01976	-0.57743	-16.87502	-16.87502	-0.57811	-0.03952	33.75
	V	0.00000	-0.00009	-0.00018	-0.00026	-0.00035	-0.00044	-0.00053	-0.00060	-0.00026	-0.00026	0.00007	0.00000	
	V'	-0.00088	-0.00088	-0.00088	-0.00088	-0.00088	-0.00088	-0.00086	-0.00037	0.01394	0.01394	-0.00037	-0.00084	
	M	0.00000	-0.00000	-0.00000	-0.00000	-0.00000	-0.00001	-0.00046	-0.01510	-0.50000	0.50000	0.01508	0.00000	
35.00	Q	-0.00000	-0.00000	-0.00000	-0.00000	-0.00001	-0.00048	-0.01596	-0.52845	-17.50001	-17.50001	-0.52894	-0.03192	35.00
	V	0.00000	-0.00008	-0.00016	-0.00024	-0.00033	-0.00041	-0.00049	-0.00056	-0.00024	-0.00024	0.00007	0.00000	
	V'	-0.00082	-0.00082	-0.00082	-0.00082	-0.00082	-0.00082	-0.00080	-0.00038	0.01347	0.01347	-0.00038	-0.00079	
	M	0.00000	-0.00000	-0.00000	-0.00000	-0.00000	-0.00001	-0.00036	-0.01332	-0.50000	0.50000	0.01332	0.00000	
36.25	Q	-0.00000	-0.00000	-0.00000	-0.00000	-0.00001	-0.00034	-0.01287	-0.48302	-18.12501	-18.12501	-0.48336	-0.02574	36.25
	V	0.00000	-0.00008	-0.00015	-0.00023	-0.00030	-0.00038	-0.00046	-0.00052	-0.00023	-0.00023	0.00007	0.00000	
	V'	-0.00076	-0.00076	-0.00076	-0.00076	-0.00076	-0.00076	-0.00075	-0.00039	0.01303	0.01303	-0.00039	-0.00074	
BETA	X/L =	0.00	0.10	0.20	0.30	0.40	0.50	0.60	0.70	L 0.80	R 0.80	0.90	1.00	BETA

XM/L = 0.80

FUNKTIONEN : F.M;M - F.M;Q - F.M;V - F.M;V'

FUNKTIONEN : F.M;M - F.M;Q - F.M;V - F.M;V'

XM/L = 0.80

BETA	X/L =	0.00	0.10	0.20	0.30	0.40	0.50	0.60	0.70	L 0.80	R 0.80	0.90	1.00	BETA
	M	0.00000	-0.00000	-0.00000	-0.00000	-0.00000	-0.00001	-0.00028	-0.01176	-0.50000	0.50000	0.01175	0.00000	
37.50	Q	-0.00000	-0.00000	-0.00000	-0.00000	-0.00001	-0.00024	-0.01037	-0.44096	-18.75001	-18.75001	-0.44120	-0.02074	37.50
	V	0.00000	-0.00007	-0.00014	-0.00021	-0.00028	-0.00036	-0.00043	-0.00049	-0.00021	-0.00021	0.00006	0.00000	
	V'	-0.00071	-0.00071	-0.00071	-0.00071	-0.00071	-0.00071	-0.00070	-0.00040	0.01262	0.01262	-0.00040	-0.00070	
	M	0.00000	-0.00000	-0.00000	-0.00000	-0.00000	-0.00000	-0.00022	-0.01038	-0.50000	0.50000	0.01037	0.00000	
38.75	Q	-0.00000	-0.00000	-0.00000	-0.00000	-0.00000	-0.00017	-0.00835	-0.40212	-19.37500	-19.37500	-0.40229	-0.01669	38.75
	V	0.00000	-0.00007	-0.00013	-0.00020	-0.00027	-0.00033	-0.00040	-0.00046	-0.00020	-0.00020	0.00006	0.00000	
	V'	-0.00067	-0.00067	-0.00067	-0.00067	-0.00067	-0.00067	-0.00066	-0.00040	0.01224	0.01224	-0.00040	-0.00065	
	M	0.00000	-0.00000	-0.00000	-0.00000	-0.00000	-0.00000	-0.00017	-0.00916	-0.50000	0.50000	0.00915	0.00000	
40.00	Q	-0.00000	-0.00000	-0.00000	-0.00000	-0.00000	-0.00012	-0.00671	-0.36631	-20.00000	-20.00000	-0.36644	-0.01342	40.00
	V	0.00000	-0.00006	-0.00012	-0.00019	-0.00025	-0.00031	-0.00037	-0.00043	-0.00019	-0.00019	0.00006	0.00000	
	V'	-0.00062	-0.00062	-0.00062	-0.00062	-0.00062	-0.00062	-0.00062	-0.00040	0.01188	0.01188	-0.00040	-0.00062	
	M	0.00000	-0.00000	-0.00000	-0.00000	-0.00000	-0.00000	-0.00013	-0.00808	-0.50000	0.50000	0.00808	0.00000	
41.25	Q	-0.00000	-0.00000	-0.00000	-0.00000	-0.00000	-0.00009	-0.00539	-0.33337	-20.62500	-20.62500	-0.33346	-0.01078	41.25
	V	0.00000	-0.00006	-0.00012	-0.00018	-0.00024	-0.00029	-0.00035	-0.00041	-0.00018	-0.00018	0.00005	0.00000	
	V'	-0.00059	-0.00059	-0.00059	-0.00059	-0.00059	-0.00059	-0.00058	-0.00039	0.01153	0.01153	-0.00039	-0.00058	
	M	0.00000	-0.00000	-0.00000	-0.00000	-0.00000	-0.00000	-0.00010	-0.00713	-0.50000	0.50000	0.00713	0.00000	
42.50	Q	-0.00000	-0.00000	-0.00000	-0.00000	-0.00000	-0.00006	-0.00432	-0.30311	-21.25000	-21.25000	-0.30318	-0.00865	42.50
	V	0.00000	-0.00006	-0.00011	-0.00017	-0.00022	-0.00028	-0.00033	-0.00038	-0.00017	-0.00017	0.00005	0.00000	
	V'	-0.00055	-0.00055	-0.00055	-0.00055	-0.00055	-0.00055	-0.00055	-0.00039	0.01121	0.01121	-0.00039	-0.00055	
	M	0.00000	-0.00000	-0.00000	-0.00000	-0.00000	-0.00000	-0.00008	-0.00629	-0.50000	0.50000	0.00629	0.00000	
43.75	Q	-0.00000	-0.00000	-0.00000	-0.00000	-0.00000	-0.00004	-0.00347	-0.27537	-21.87500	-21.87500	-0.27541	-0.00693	43.75
	V	0.00000	-0.00005	-0.00010	-0.00016	-0.00021	-0.00026	-0.00031	-0.00036	-0.00016	-0.00016	0.00005	0.00000	
	V'	-0.00052	-0.00052	-0.00052	-0.00052	-0.00052	-0.00052	-0.00052	-0.00038	0.01091	0.01091	-0.00038	-0.00052	
	M	0.00000	-0.00000	-0.00000	-0.00000	-0.00000	-0.00000	-0.00006	-0.00555	-0.50000	0.50000	0.00555	0.00000	
45.00	Q	-0.00000	-0.00000	-0.00000	-0.00000	-0.00000	-0.00003	-0.00278	-0.24995	-22.50000	-22.50000	-0.24998	-0.00555	45.00
	V	0.00000	-0.00005	-0.00010	-0.00015	-0.00020	-0.00025	-0.00030	-0.00034	-0.00015	-0.00015	0.00005	0.00000	
	V'	-0.00049	-0.00049	-0.00049	-0.00049	-0.00049	-0.00049	-0.00049	-0.00037	0.01062	0.01062	-0.00037	-0.00049	
	M	0.00000	-0.00000	-0.00000	-0.00000	-0.00000	-0.00000	-0.00005	-0.00490	-0.50000	0.50000	0.00490	0.00000	
46.25	Q	-0.00000	-0.00000	-0.00000	-0.00000	-0.00000	-0.00002	-0.00222	-0.22671	-23.12500	-23.12500	-0.22673	-0.00445	46.25
	V	0.00000	-0.00005	-0.00009	-0.00014	-0.00019	-0.00023	-0.00028	-0.00032	-0.00014	-0.00014	0.00004	0.00000	
	V'	-0.00047	-0.00047	-0.00047	-0.00047	-0.00047	-0.00047	-0.00047	-0.00036	0.01034	0.01034	-0.00036	-0.00047	
	M	0.00000	-0.00000	-0.00000	-0.00000	-0.00000	-0.00000	-0.00004	-0.00433	-0.50000	0.50000	0.00433	0.00000	
47.50	Q	-0.00000	-0.00000	-0.00000	-0.00000	-0.00000	-0.00002	-0.00178	-0.20548	-23.75000	-23.75000	-0.20549	-0.00356	47.50
	V	0.00000	-0.00004	-0.00009	-0.00013	-0.00018	-0.00022	-0.00027	-0.00031	-0.00013	-0.00013	0.00004	0.00000	
	V'	-0.00044	-0.00044	-0.00044	-0.00044	-0.00044	-0.00044	-0.00044	-0.00035	0.01008	0.01008	-0.00035	-0.00044	
	M	0.00000	-0.00000	-0.00000	-0.00000	-0.00000	-0.00000	-0.00003	-0.00382	-0.50000	0.50000	0.00382	0.00000	
48.75	Q	-0.00000	-0.00000	-0.00000	-0.00000	-0.00000	-0.00001	-0.00142	-0.18611	-24.37500	-24.37500	-0.18612	-0.00284	48.75
	V	0.00000	-0.00004	-0.00008	-0.00013	-0.00017	-0.00021	-0.00025	-0.00029	-0.00013	-0.00013	0.00004	0.00000	
	V'	-0.00042	-0.00042	-0.00042	-0.00042	-0.00042	-0.00042	-0.00042	-0.00034	0.00984	0.00984	-0.00034	-0.00042	
BETA	X/L =	0.00	0.10	0.20	0.30	0.40	0.50	0.60	0.70	L 0.80	R 0.80	0.90	1.00	BETA

XM/L = 0.80

FUNKTIONEN : F.M;M - F.M;Q - F.M;V - F.M;V'

FUNKTIONEN : F.M;M - F.M;Q - F.M;V - F.M;V'

XM/L = 0.90

BETA	X/L =	0.00	0.10	0.20	0.30	0.40	0.50	0.60	0.70	0.80	L 0.90	R 0.90	1.00	BETA
0.00	M	0.00000	-0.10000	-0.20000	-0.30000	-0.40000	-0.50000	-0.60000	-0.70000	-0.80000	-0.90000	0.10000	0.00000	0.00
	Q	-1.00000	-1.00000	-1.00000	-1.00000	-1.00000	-1.00000	-1.00000	-1.00000	-1.00000	-1.00000	-1.00000	-1.00000	
	V	0.00000	-0.01600	-0.03100	-0.04400	-0.05400	-0.06000	-0.06100	-0.05600	-0.04400	-0.02400	-0.02400	0.00000	
	V'	-0.16167	-0.15667	-0.14167	-0.11667	-0.08167	-0.03667	0.01833	0.08333	0.15833	0.24333	0.24333	0.23833	
0.25	M	0.00000	-0.09901	-0.19808	-0.29727	-0.39665	-0.49627	-0.59621	-0.69652	-0.79726	-0.89851	0.10149	0.00000	0.25
	Q	-0.98997	-0.99028	-0.99121	-0.99275	-0.99492	-0.99771	-1.00113	-1.00517	-1.00983	-1.01513	-1.01513	-1.01482	
	V	0.00000	-0.01589	-0.03078	-0.04370	-0.05364	-0.05961	-0.06063	-0.05568	-0.04376	-0.02387	-0.02387	0.00000	
	V'	-0.16051	-0.15556	-0.14071	-0.11594	-0.08125	-0.03660	0.01802	0.08265	0.15734	0.24212	0.24212	0.23705	
0.50	M	0.00000	-0.09611	-0.19246	-0.28930	-0.38685	-0.48538	-0.58512	-0.68632	-0.78923	-0.89412	0.10588	0.00000	0.50
	Q	-0.96072	-0.96192	-0.96552	-0.97155	-0.98000	-0.99090	-1.00427	-1.02016	-1.03860	-1.05964	-1.05964	-1.05832	
	V	0.00000	-0.01555	-0.03014	-0.04281	-0.05258	-0.05849	-0.05954	-0.05473	-0.04307	-0.02350	-0.02350	0.00000	
	V'	-0.15713	-0.15233	-0.13790	-0.11382	-0.08002	-0.03642	0.01710	0.08066	0.15442	0.23857	0.23857	0.23328	
0.75	M	0.00000	-0.09155	-0.18361	-0.27671	-0.37136	-0.46811	-0.56748	-0.67006	-0.77640	-0.88711	0.11289	0.00000	0.75
	Q	-0.91462	-0.91720	-0.92493	-0.93787	-0.95609	-0.97969	-1.00880	-1.04359	-1.08425	-1.13102	-1.13102	-1.12785	
	V	0.00000	-0.01503	-0.02914	-0.04141	-0.05091	-0.05670	-0.05781	-0.05323	-0.04196	-0.02292	-0.02292	0.00000	
	V'	-0.15178	-0.14720	-0.13345	-0.11045	-0.07806	-0.03611	0.01565	0.07750	0.14979	0.23292	0.23292	0.22728	
1.00	M	0.00000	-0.08566	-0.17218	-0.26042	-0.35127	-0.44563	-0.54445	-0.64872	-0.75949	-0.87785	0.12215	0.00000	1.00
	Q	-0.85518	-0.85946	-0.87234	-0.89395	-0.92451	-0.96432	-1.01378	-1.07339	-1.14374	-1.22554	-1.22554	-1.21944	
	V	0.00000	-0.01434	-0.02782	-0.03958	-0.04873	-0.05437	-0.05555	-0.05128	-0.04051	-0.02215	-0.02215	0.00000	
	V'	-0.14482	-0.14054	-0.12766	-0.10605	-0.07549	-0.03568	0.01378	0.07339	0.14374	0.22554	0.22554	0.21944	
1.25	M	0.00000	-0.07885	-0.15893	-0.24149	-0.32784	-0.41931	-0.51735	-0.62348	-0.73936	-0.86681	0.13319	0.00000	1.25
	Q	-0.78642	-0.79257	-0.81112	-0.84236	-0.88679	-0.94508	-1.01816	-1.10717	-1.21351	-1.33883	-1.33883	-1.32843	
	V	0.00000	-0.01354	-0.02629	-0.03744	-0.04618	-0.05164	-0.05290	-0.04898	-0.03881	-0.02124	-0.02124	0.00000	
	V'	-0.13669	-0.13276	-0.12088	-0.10089	-0.07246	-0.03515	0.01162	0.06859	0.13664	0.21685	0.21685	0.21020	
1.50	M	0.00000	-0.07151	-0.14463	-0.22101	-0.30237	-0.39055	-0.48753	-0.59550	-0.71690	-0.85445	0.14555	0.00000	1.50
	Q	-0.71240	-0.72043	-0.74470	-0.78576	-0.84453	-0.92234	-1.02094	-1.14255	-1.28992	-1.46636	-1.46636	-1.45002	
	V	0.00000	-0.01266	-0.02461	-0.03511	-0.04339	-0.04865	-0.04999	-0.04644	-0.03693	-0.02024	-0.02024	0.00000	
	V'	-0.12782	-0.12425	-0.11347	-0.09522	-0.06910	-0.03452	0.00930	0.06336	0.12885	0.20727	0.20727	0.20001	
1.75	M	0.00000	-0.06400	-0.12997	-0.19993	-0.27603	-0.36060	-0.45624	-0.56589	-0.69292	-0.84122	0.15878	0.00000	1.75
	Q	-0.63677	-0.64655	-0.67618	-0.72656	-0.79926	-0.89650	-1.02126	-1.17737	-1.36964	-1.60396	-1.60396	-1.57970	
	V	0.00000	-0.01175	-0.02287	-0.03268	-0.04048	-0.04552	-0.04694	-0.04379	-0.03496	-0.01919	-0.01919	0.00000	
	V'	-0.11860	-0.11541	-0.10574	-0.08929	-0.06555	-0.03380	0.00694	0.05792	0.12070	0.19721	0.19721	0.18929	
2.00	M	0.00000	-0.05663	-0.11553	-0.17906	-0.24978	-0.33053	-0.42454	-0.53559	-0.66814	-0.82750	0.17250	0.00000	2.00
	Q	-0.56251	-0.57379	-0.60811	-0.66683	-0.75232	-0.86799	-1.01851	-1.20989	-1.44984	-1.74797	-1.74797	-1.71359	
	V	0.00000	-0.01084	-0.02112	-0.03023	-0.03755	-0.04237	-0.04386	-0.04110	-0.03297	-0.01813	-0.01813	0.00000	
	V'	-0.10937	-0.10655	-0.09797	-0.08329	-0.06192	-0.03300	0.00463	0.05247	0.11246	0.18699	0.18699	0.17840	
2.25	M	0.00000	-0.04960	-0.10172	-0.15901	-0.22438	-0.30116	-0.39325	-0.50534	-0.64312	-0.81359	0.18641	0.00000	2.25
	Q	-0.49182	-0.50432	-0.54246	-0.60818	-0.70482	-0.83729	-1.01232	-1.23882	-1.52831	-1.89549	-1.89549	-1.84850	
	V	0.00000	-0.00996	-0.01941	-0.02785	-0.03469	-0.03928	-0.04084	-0.03845	-0.03099	-0.01707	-0.01707	0.00000	
	V'	-0.10038	-0.09791	-0.09038	-0.07740	-0.05831	-0.03214	0.00243	0.04718	0.10436	0.17689	0.17689	0.16760	
BETA	X/L =	0.00	0.10	0.20	0.30	0.40	0.50	0.60	0.70	0.80	L 0.90	R 0.90	1.00	BETA

XM/L = 0.90

FUNKTIONEN : F.M;M - F.M;Q - F.M;V - F.M;V'

FUNKTIONEN : F.MIM - F.MIQ - F.MIV - F.MIV'

XM/L = 0.90

BETA	X/L =	0.00	0.10	0.20	0.30	0.40	0.50	0.60	0.70	0.80	L 0.90	R 0.90	1.00	BETA
	M	0.00000	-0.04306	-0.08883	-0.14019	-0.20034	-0.27309	-0.36299	-0.47570	-0.61829	-0.79973	0.20027	0.00000	
2.50	Q	-0.42619	-0.43958	-0.48058	-0.55178	-0.65764	-0.80483	-1.00257	-1.26331	-1.60341	-2.04425	-2.04425	-1.98199	2.50
	V	0.00000	-0.00911	-0.01779	-0.02557	-0.03195	-0.03631	-0.03792	-0.03589	-0.02907	-0.01604	-0.01604	0.00000	
	V'	-0.09181	-0.08967	-0.08311	-0.07172	-0.05478	-0.03123	0.00041	0.04213	0.09655	0.16708	0.16708	0.15712	
	M	0.00000	-0.03711	-0.07705	-0.12285	-0.17800	-0.24669	-0.33416	-0.44706	-0.59398	-0.78610	0.21390	0.00000	
2.75	Q	-0.36648	-0.38043	-0.42332	-0.49843	-0.61148	-0.77106	-0.98932	-1.28287	-1.67405	-2.19263	-2.19263	-2.11225	2.75
	V	0.00000	-0.00832	-0.01626	-0.02343	-0.02936	-0.03350	-0.03515	-0.03345	-0.02724	-0.01506	-0.01506	0.00000	
	V'	-0.08377	-0.08193	-0.07626	-0.06632	-0.05137	-0.03027	-0.00141	0.03740	0.08913	0.15770	0.15770	0.14707	
	M	0.00000	-0.03178	-0.06643	-0.10711	-0.15751	-0.22218	-0.30701	-0.41967	-0.57039	-0.77282	0.22718	0.00000	
3.00	Q	-0.31304	-0.32723	-0.37110	-0.44862	-0.56681	-0.73640	-0.97277	-1.29734	-1.73956	-2.33951	-2.33951	-2.23804	3.00
	V	0.00000	-0.00758	-0.01484	-0.02143	-0.02694	-0.03087	-0.03255	-0.03115	-0.02551	-0.01413	-0.01413	0.00000	
	V'	-0.07633	-0.07475	-0.06988	-0.06126	-0.04813	-0.02929	-0.00303	0.03304	0.08217	0.14883	0.14883	0.13756	
	M	0.00000	-0.02706	-0.05700	-0.09301	-0.13893	-0.19966	-0.28166	-0.39368	-0.54765	-0.75997	0.24003	0.00000	
3.25	Q	-0.26586	-0.28002	-0.32403	-0.40256	-0.52399	-0.70125	-0.95324	-1.30680	-1.79961	-2.48418	-2.48418	-2.35852	3.25
	V	0.00000	-0.00691	-0.01354	-0.01960	-0.02472	-0.02843	-0.03014	-0.02900	-0.02389	-0.01326	-0.01326	0.00000	
	V'	-0.06950	-0.06816	-0.06400	-0.05656	-0.04507	-0.02828	-0.00443	0.02905	0.07570	0.14051	0.14051	0.12862	
	M	0.00000	-0.02293	-0.04869	-0.08049	-0.12224	-0.17912	-0.25816	-0.36916	-0.52584	-0.74760	0.25240	0.00000	
3.50	Q	-0.22467	-0.23857	-0.28199	-0.36032	-0.48323	-0.66595	-0.93109	-1.31145	-1.85411	-2.62623	-2.62623	-2.47319	3.50
	V	0.00000	-0.00629	-0.01235	-0.01792	-0.02267	-0.02619	-0.02790	-0.02701	-0.02238	-0.01244	-0.01244	0.00000	
	V'	-0.06329	-0.06216	-0.05861	-0.05222	-0.04218	-0.02727	-0.00563	0.02542	0.06972	0.13275	0.13275	0.12026	
	M	0.00000	-0.01935	-0.04145	-0.06945	-0.10734	-0.16049	-0.23648	-0.34611	-0.50500	-0.73573	0.26427	0.00000	
3.75	Q	-0.18904	-0.20248	-0.24474	-0.32182	-0.44469	-0.63083	-0.90672	-1.31162	-1.90315	-2.76545	-2.76545	-2.58178	3.75
	V	0.00000	-0.00574	-0.01127	-0.01639	-0.02081	-0.02414	-0.02585	-0.02517	-0.02098	-0.01168	-0.01168	0.00000	
	V'	-0.05767	-0.05671	-0.05371	-0.04823	-0.03949	-0.02625	-0.00663	0.02216	0.06422	0.12554	0.12554	0.11248	
	M	0.00000	-0.01627	-0.03518	-0.05980	-0.09411	-0.14368	-0.21654	-0.32452	-0.48511	-0.72437	0.27563	0.00000	
4.00	Q	-0.15846	-0.17130	-0.21193	-0.28691	-0.40842	-0.59615	-0.88054	-1.30771	-1.94691	-2.90180	-2.90180	-2.68418	4.00
	V	0.00000	-0.00523	-0.01030	-0.01501	-0.01912	-0.02227	-0.02397	-0.02347	-0.01968	-0.01098	-0.01098	0.00000	
	V'	-0.05260	-0.05179	-0.04925	-0.04457	-0.03697	-0.02524	-0.00747	0.01923	0.05918	0.11886	0.11886	0.10526	
	M	0.00000	-0.01364	-0.02978	-0.05139	-0.08241	-0.12855	-0.19826	-0.30432	-0.46618	-0.71351	0.28649	0.00000	
4.25	Q	-0.13239	-0.14453	-0.18316	-0.25539	-0.37444	-0.56214	-0.85293	-1.30010	-1.98566	-3.03532	-3.03532	-2.78041	4.25
	V	0.00000	-0.00478	-0.00942	-0.01376	-0.01758	-0.02056	-0.02224	-0.02191	-0.01848	-0.01032	-0.01032	0.00000	
	V'	-0.04803	-0.04736	-0.04522	-0.04122	-0.03463	-0.02424	-0.00814	0.01661	0.05457	0.11268	0.11268	0.09857	
	M	0.00000	-0.01140	-0.02516	-0.04409	-0.07211	-0.11497	-0.18152	-0.28544	-0.44815	-0.70316	0.29684	0.00000	
4.50	Q	-0.11029	-0.12165	-0.15805	-0.22701	-0.34272	-0.52901	-0.82425	-1.28923	-2.01971	-3.16613	-3.16613	-2.87055	4.50
	V	0.00000	-0.00438	-0.00863	-0.01264	-0.01619	-0.01901	-0.02067	-0.02047	-0.01738	-0.00972	-0.00972	0.00000	
	V'	-0.04394	-0.04338	-0.04158	-0.03817	-0.03246	-0.02326	-0.00868	0.01428	0.05036	0.10697	0.10697	0.09237	
	M	0.00000	-0.00951	-0.02121	-0.03779	-0.06306	-0.10282	-0.16622	-0.26783	-0.43101	-0.69329	0.30671	0.00000	
4.75	Q	-0.09165	-0.10218	-0.13621	-0.20155	-0.31322	-0.49690	-0.79483	-1.27548	-2.04936	-3.29439	-3.29439	-2.95475	4.75
	V	0.00000	-0.00401	-0.00792	-0.01162	-0.01493	-0.01760	-0.01923	-0.01915	-0.01635	-0.00916	-0.00916	0.00000	
	V'	-0.04026	-0.03979	-0.03828	-0.03539	-0.03044	-0.02230	-0.00909	0.01221	0.04651	0.10169	0.10169	0.08664	
BETA	X/L =	0.00	0.10	0.20	0.30	0.40	0.50	0.60	0.70	0.80	L 0.90	R 0.90	1.00	BETA

XM/L = 0.90

FUNKTIONEN : F.MIM - F.MIQ - F.MIV - F.MIV'

FUNKTIONEN : F.M;M - F.M;Q - F.M;V - F.M;V'

XM/L = 0.90

BETA	X/L =	0.00	0.10	0.20	0.30	0.40	0.50	0.60	0.70	0.80	L 0.90	R 0.90	1.00	BETA
	M	0.00000	-0.00792	-0.01786	-0.03236	-0.05512	-0.09194	-0.15224	-0.25139	-0.41471	-0.68389	0.31611	0.00000	
5.00	Q	-0.07598	-0.08568	-0.11725	-0.17874	-0.28586	-0.46595	-0.76496	-1.25924	-2.07494	-3.42028	-3.42028	-3.03317	5.00
	V	0.00000	-0.00368	-0.00729	-0.01071	-0.01380	-0.01632	-0.01791	-0.01794	-0.01541	-0.00864	-0.00864	0.00000	
	V'	-0.03696	-0.03657	-0.03531	-0.03285	-0.02857	-0.02136	-0.00940	0.01037	0.04300	0.09681	0.09681	0.08133	
	M	0.00000	-0.00658	-0.01502	-0.02769	-0.04816	-0.08222	-0.13947	-0.23605	-0.39920	-0.67493	0.32507	0.00000	
5.25	Q	-0.06287	-0.07174	-0.10083	-0.15836	-0.26055	-0.43622	-0.73492	-1.24087	-2.09676	-3.54396	-3.54396	-3.10600	5.25
	V	0.00000	-0.00339	-0.00671	-0.00988	-0.01277	-0.01516	-0.01671	-0.01683	-0.01454	-0.00817	-0.00817	0.00000	
	V'	-0.03400	-0.03368	-0.03262	-0.03054	-0.02683	-0.02045	-0.00962	0.00874	0.03979	0.09230	0.09230	0.07641	
	M	0.00000	-0.00546	-0.01261	-0.02367	-0.04208	-0.07354	-0.12782	-0.22174	-0.38445	-0.66641	0.33359	0.00000	
5.50	Q	-0.05193	-0.05998	-0.08664	-0.14018	-0.23720	-0.40780	-0.70491	-1.22068	-2.11510	-3.66564	-3.66564	-3.17344	5.50
	V	0.00000	-0.00313	-0.00619	-0.00913	-0.01183	-0.01410	-0.01561	-0.01581	-0.01374	-0.00772	-0.00772	0.00000	
	V'	-0.03134	-0.03107	-0.03019	-0.02842	-0.02522	-0.01958	-0.00976	0.00730	0.03686	0.08812	0.08812	0.07185	
	M	0.00000	-0.00452	-0.01058	-0.02024	-0.03677	-0.06579	-0.11718	-0.20838	-0.37041	-0.65830	0.34170	0.00000	
5.75	Q	-0.04282	-0.05010	-0.07440	-0.12398	-0.21570	-0.38072	-0.67513	-1.19897	-2.13026	-3.78549	-3.78549	-3.23569	5.75
	V	0.00000	-0.00289	-0.00573	-0.00846	-0.01099	-0.01313	-0.01460	-0.01487	-0.01299	-0.00731	-0.00731	0.00000	
	V'	-0.02895	-0.02873	-0.02800	-0.02650	-0.02372	-0.01873	-0.00983	0.00602	0.03419	0.08425	0.08425	0.06762	
	M	0.00000	-0.00374	-0.00887	-0.01729	-0.03212	-0.05887	-0.10746	-0.19591	-0.35703	-0.65059	0.34941	0.00000	
6.00	Q	-0.03526	-0.04180	-0.06385	-0.10958	-0.19595	-0.35500	-0.64574	-1.17601	-2.14249	-3.90369	-3.90369	-3.29296	6.00
	V	0.00000	-0.00267	-0.00531	-0.00785	-0.01022	-0.01225	-0.01368	-0.01400	-0.01230	-0.00693	-0.00693	0.00000	
	V'	-0.02680	-0.02662	-0.02600	-0.02473	-0.02233	-0.01792	-0.00984	0.00489	0.03174	0.08066	0.08066	0.06369	
	M	0.00000	-0.00309	-0.00743	-0.01477	-0.02807	-0.05270	-0.09859	-0.18427	-0.34429	-0.64325	0.35675	0.00000	
6.25	Q	-0.02900	-0.03485	-0.05476	-0.09677	-0.17783	-0.33065	-0.61688	-1.15203	-2.15203	-4.02039	-4.02039	-3.34544	6.25
	V	0.00000	-0.00248	-0.00493	-0.00730	-0.00952	-0.01145	-0.01284	-0.01320	-0.01167	-0.00657	-0.00657	0.00000	
	V'	-0.02486	-0.02471	-0.02420	-0.02312	-0.02105	-0.01714	-0.00981	0.00389	0.02949	0.07732	0.07732	0.06004	
	M	0.00000	-0.00255	-0.00622	-0.01262	-0.02453	-0.04719	-0.09049	-0.17338	-0.33215	-0.63626	0.36374	0.00000	
6.50	Q	-0.02382	-0.02903	-0.04695	-0.08541	-0.16124	-0.30764	-0.58865	-1.12725	-2.15911	-4.13577	-4.13577	-3.39333	6.50
	V	0.00000	-0.00231	-0.00459	-0.00680	-0.00889	-0.01072	-0.01206	-0.01246	-0.01107	-0.00624	-0.00624	0.00000	
	V'	-0.02310	-0.02298	-0.02256	-0.02165	-0.01985	-0.01639	-0.00974	0.00301	0.02743	0.07422	0.07422	0.05665	
	M	0.00000	-0.00211	-0.00521	-0.01078	-0.02145	-0.04226	-0.08308	-0.16321	-0.32057	-0.62962	0.37038	0.00000	
6.75	Q	-0.01955	-0.02417	-0.04023	-0.07533	-0.14608	-0.28595	-0.56114	-1.10184	-2.16393	-4.24996	-4.24996	-3.43683	6.75
	V	0.00000	-0.00215	-0.00428	-0.00635	-0.00831	-0.01005	-0.01135	-0.01178	-0.01052	-0.00593	-0.00593	0.00000	
	V'	-0.02152	-0.02142	-0.02106	-0.02029	-0.01874	-0.01567	-0.00963	0.00224	0.02555	0.07133	0.07133	0.05348	
	M	0.00000	-0.00174	-0.00436	-0.00921	-0.01875	-0.03787	-0.07631	-0.15370	-0.30952	-0.62330	0.37670	0.00000	
7.00	Q	-0.01602	-0.02011	-0.03447	-0.06641	-0.13224	-0.26556	-0.53441	-1.07599	-2.16668	-4.36311	-4.36311	-3.47611	7.00
	V	0.00000	-0.00201	-0.00399	-0.00593	-0.00778	-0.00943	-0.01069	-0.01115	-0.01001	-0.00565	-0.00565	0.00000	
	V'	-0.02008	-0.02000	-0.01970	-0.01905	-0.01771	-0.01499	-0.00950	0.00155	0.02381	0.06863	0.06863	0.05053	
	M	0.00000	-0.00143	-0.00365	-0.00786	-0.01640	-0.03394	-0.07012	-0.14479	-0.29896	-0.61728	0.38272	0.00000	
7.25	Q	-0.01312	-0.01673	-0.02951	-0.05851	-0.11962	-0.24642	-0.50852	-1.04982	-2.16753	-4.47533	-4.47533	-3.51136	7.25
	V	0.00000	-0.00188	-0.00374	-0.00556	-0.00730	-0.00887	-0.01008	-0.01056	-0.00953	-0.00538	-0.00538	0.00000	
	V'	-0.01878	-0.01871	-0.01846	-0.01791	-0.01675	-0.01434	-0.00935	0.00095	0.02221	0.06612	0.06612	0.04778	
BETA	X/L =	0.00	0.10	0.20	0.30	0.40	0.50	0.60	0.70	0.80	L 0.90	R 0.90	1.00	BETA

XM/L = 0.90

FUNKTIONEN : F.M;M - F.M;Q - F.M;V - F.M;V'

FUNKTIONEN : F.M:M - F.M:Q - F.M:V - F.M:V'

XM/L = 0.90

BETA	X/L =	0.00	0.10	0.20	0.30	0.40	0.50	0.60	0.70	0.80	L 0.90	R 0.90	1.00	BETA
7.50	M	0.00000	-0.00118	-0.00305	-0.00672	-0.01435	-0.03043	-0.06445	-0.13645	-0.28888	-0.61156	0.38844	0.00000	7.50
	Q	-0.01074	-0.01391	-0.02527	-0.05152	-0.10814	-0.22849	-0.48350	-1.02347	-2.16664	-4.58675	-4.58675	-3.54276	
	V	0.00000	-0.00176	-0.00350	-0.00521	-0.00686	-0.00835	-0.00952	-0.01002	-0.00909	-0.00513	-0.00513	0.00000	
	V'	-0.01759	-0.01753	-0.01733	-0.01686	-0.01586	-0.01372	-0.00918	0.00042	0.02074	0.06376	0.06376	0.04520	
7.75	M	0.00000	-0.00097	-0.00255	-0.00574	-0.01255	-0.02729	-0.05926	-0.12865	-0.27924	-0.60612	0.39388	0.00000	7.75
	Q	-0.00878	-0.01156	-0.02162	-0.04534	-0.09769	-0.21171	-0.45938	-0.99705	-2.16415	-4.69747	-4.69747	-3.57046	
	V	0.00000	-0.00165	-0.00329	-0.00490	-0.00645	-0.00787	-0.00900	-0.00951	-0.00867	-0.00489	-0.00489	0.00000	
	V'	-0.01650	-0.01646	-0.01629	-0.01589	-0.01502	-0.01312	-0.00900	-0.00005	0.01938	0.06156	0.06156	0.04280	
8.00	M	0.00000	-0.00080	-0.00213	-0.00490	-0.01099	-0.02449	-0.05451	-0.12133	-0.27002	-0.60095	0.39905	0.00000	8.00
	Q	-0.00718	-0.00960	-0.01850	-0.03989	-0.08820	-0.19603	-0.43616	-0.97065	-2.16019	-4.80759	-4.80759	-3.59463	
	V	0.00000	-0.00155	-0.00309	-0.00461	-0.00608	-0.00743	-0.00852	-0.00904	-0.00828	-0.00467	-0.00467	0.00000	
	V'	-0.01551	-0.01547	-0.01534	-0.01500	-0.01425	-0.01256	-0.00881	-0.00046	0.01813	0.05949	0.05949	0.04054	
8.25	M	0.00000	-0.00066	-0.00178	-0.00419	-0.00962	-0.02198	-0.05016	-0.11447	-0.26120	-0.59602	0.40398	0.00000	8.25
	Q	-0.00586	-0.00797	-0.01583	-0.03508	-0.07959	-0.18141	-0.41387	-0.94436	-2.15490	-4.91721	-4.91721	-3.61544	
	V	0.00000	-0.00146	-0.00291	-0.00435	-0.00574	-0.00702	-0.00808	-0.00860	-0.00792	-0.00447	-0.00447	0.00000	
	V'	-0.01461	-0.01458	-0.01446	-0.01418	-0.01352	-0.01203	-0.00861	-0.00082	0.01697	0.05755	0.05755	0.03843	
8.50	M	0.00000	-0.00054	-0.00149	-0.00358	-0.00843	-0.01973	-0.04617	-0.10803	-0.25275	-0.59134	0.40866	0.00000	8.50
	Q	-0.00479	-0.00662	-0.01354	-0.03083	-0.07178	-0.16778	-0.39248	-0.91825	-2.14836	-5.02641	-5.02641	-3.63303	
	V	0.00000	-0.00138	-0.00275	-0.00410	-0.00542	-0.00665	-0.00767	-0.00819	-0.00757	-0.00427	-0.00427	0.00000	
	V'	-0.01377	-0.01375	-0.01365	-0.01341	-0.01285	-0.01152	-0.00841	-0.00113	0.01589	0.05573	0.05573	0.03644	
8.75	M	0.00000	-0.00044	-0.00125	-0.00306	-0.00738	-0.01772	-0.04251	-0.10199	-0.24465	-0.58689	0.41311	0.00000	8.75
	Q	-0.00390	-0.00550	-0.01157	-0.02709	-0.06470	-0.15510	-0.37201	-0.89238	-2.14070	-5.13526	-5.13526	-3.64754	
	V	0.00000	-0.00130	-0.00260	-0.00388	-0.00513	-0.00630	-0.00728	-0.00781	-0.00725	-0.00409	-0.00409	0.00000	
	V'	-0.01301	-0.01299	-0.01291	-0.01271	-0.01222	-0.01104	-0.00820	-0.00141	0.01490	0.05401	0.05401	0.03458	
9.00	M	0.00000	-0.00036	-0.00104	-0.00262	-0.00647	-0.01592	-0.03916	-0.09631	-0.23689	-0.58265	0.41735	0.00000	9.00
	Q	-0.00318	-0.00456	-0.00989	-0.02379	-0.05830	-0.14330	-0.35242	-0.86680	-2.13199	-5.24385	-5.24385	-3.65913	
	V	0.00000	-0.00123	-0.00246	-0.00367	-0.00486	-0.00598	-0.00692	-0.00745	-0.00695	-0.00392	-0.00392	0.00000	
	V'	-0.01231	-0.01229	-0.01222	-0.01205	-0.01163	-0.01058	-0.00799	-0.00164	0.01398	0.05239	0.05239	0.03283	
9.25	M	0.00000	-0.00030	-0.00087	-0.00224	-0.00567	-0.01430	-0.03608	-0.09098	-0.22944	-0.57862	0.42138	0.00000	9.25
	Q	-0.00259	-0.00379	-0.00845	-0.02089	-0.05250	-0.13234	-0.33371	-0.84157	-2.12232	-5.35222	-5.35222	-3.66792	
	V	0.00000	-0.00117	-0.00233	-0.00348	-0.00461	-0.00568	-0.00659	-0.00712	-0.00667	-0.00376	-0.00376	0.00000	
	V'	-0.01166	-0.01164	-0.01159	-0.01144	-0.01107	-0.01014	-0.00779	-0.00185	0.01312	0.05087	0.05087	0.03118	
9.50	M	0.00000	-0.00024	-0.00073	-0.00192	-0.00497	-0.01286	-0.03325	-0.08597	-0.22229	-0.57478	0.42522	0.00000	9.50
	Q	-0.00211	-0.00314	-0.00722	-0.01833	-0.04727	-0.12216	-0.31586	-0.81671	-2.11178	-5.46045	-5.46045	-3.67404	
	V	0.00000	-0.00111	-0.00221	-0.00330	-0.00438	-0.00540	-0.00628	-0.00680	-0.00640	-0.00360	-0.00360	0.00000	
	V'	-0.01106	-0.01105	-0.01100	-0.01088	-0.01056	-0.00973	-0.00758	-0.00203	0.01232	0.04942	0.04942	0.02963	
9.75	M	0.00000	-0.00020	-0.00061	-0.00164	-0.00436	-0.01156	-0.03065	-0.08126	-0.21543	-0.57114	0.42886	0.00000	9.75
	Q	-0.00172	-0.00261	-0.00617	-0.01608	-0.04253	-0.11273	-0.29884	-0.79227	-2.10043	-5.56859	-5.56859	-3.67763	
	V	0.00000	-0.00105	-0.00210	-0.00314	-0.00416	-0.00514	-0.00599	-0.00651	-0.00615	-0.00346	-0.00346	0.00000	
	V'	-0.01050	-0.01049	-0.01045	-0.01035	-0.01007	-0.00933	-0.00738	-0.00219	0.01158	0.04806	0.04806	0.02817	
BETA	X/L =	0.00	0.10	0.20	0.30	0.40	0.50	0.60	0.70	0.80	L 0.90	R 0.90	1.00	BETA

XM/L = 0.90

FUNKTIONEN : F.M:M - F.M:Q - F.M:V - F.M:V'

FUNKTIONEN : F.M;M - F.M;Q - F.M;V - F.M;V'

XM/L = 0.90

BETA	X/L =	0.00	0.10	0.20	0.30	0.40	0.50	0.60	0.70	0.80	L 0.90	R 0.90	1.00	BETA
	M	0.00000	-0.00016	-0.00051	-0.00140	-0.00382	-0.01040	-0.02826	-0.07683	-0.20883	-0.56767	0.43233	0.00000	
10.00	Q	-0.00140	-0.00216	-0.00527	-0.01411	-0.03826	-0.10398	-0.28263	-0.76826	-2.08833	-5.67668	-5.67668	-3.67879	10.00
	V	0.00000	-0.00100	-0.00199	-0.00299	-0.00396	-0.00490	-0.00572	-0.00623	-0.00591	-0.00332	-0.00332	0.00000	
	V'	-0.00999	-0.00998	-0.00995	-0.00986	-0.00962	-0.00896	-0.00717	-0.00232	0.01088	0.04677	0.04677	0.02679	
	M	0.00000	-0.00014	-0.00042	-0.00120	-0.00335	-0.00935	-0.02607	-0.07265	-0.20249	-0.56437	0.43563	0.00000	
10.25	Q	-0.00114	-0.00179	-0.00450	-0.01237	-0.03441	-0.09587	-0.26720	-0.74470	-2.07555	-5.78477	-5.78477	-3.67766	10.25
	V	0.00000	-0.00095	-0.00190	-0.00284	-0.00378	-0.00467	-0.00546	-0.00597	-0.00569	-0.00319	-0.00319	0.00000	
	V'	-0.00951	-0.00950	-0.00948	-0.00940	-0.00919	-0.00861	-0.00697	-0.00243	0.01024	0.04554	0.04554	0.02549	
	M	0.00000	-0.00011	-0.00036	-0.00103	-0.00294	-0.00842	-0.02405	-0.06873	-0.19639	-0.56123	0.43877	0.00000	
10.50	Q	-0.00093	-0.00149	-0.00384	-0.01084	-0.03093	-0.08837	-0.25252	-0.72162	-2.06215	-5.89290	-5.89290	-3.67435	10.50
	V	0.00000	-0.00091	-0.00181	-0.00271	-0.00360	-0.00446	-0.00522	-0.00573	-0.00547	-0.00307	-0.00307	0.00000	
	V'	-0.00906	-0.00906	-0.00904	-0.00897	-0.00879	-0.00827	-0.00678	-0.00252	0.00963	0.04438	0.04438	0.02426	
	M	0.00000	-0.00009	-0.00030	-0.00088	-0.00258	-0.00757	-0.02219	-0.06503	-0.19053	-0.55824	0.44176	0.00000	
10.75	Q	-0.00075	-0.00123	-0.00328	-0.00950	-0.02780	-0.08143	-0.23858	-0.69903	-2.04816	-6.00110	-6.00110	-3.66895	10.75
	V	0.00000	-0.00086	-0.00173	-0.00259	-0.00344	-0.00426	-0.00500	-0.00549	-0.00527	-0.00296	-0.00296	0.00000	
	V'	-0.00865	-0.00864	-0.00862	-0.00857	-0.00841	-0.00795	-0.00659	-0.00260	0.00907	0.04328	0.04328	0.02310	
	M	0.00000	-0.00007	-0.00025	-0.00075	-0.00227	-0.00682	-0.02048	-0.06154	-0.18488	-0.55540	0.44460	0.00000	
11.00	Q	-0.00061	-0.00102	-0.00280	-0.00832	-0.02497	-0.07501	-0.22534	-0.67694	-2.03365	-6.10942	-6.10942	-3.66158	11.00
	V	0.00000	-0.00083	-0.00165	-0.00247	-0.00329	-0.00408	-0.00479	-0.00528	-0.00508	-0.00285	-0.00285	0.00000	
	V'	-0.00826	-0.00826	-0.00824	-0.00820	-0.00806	-0.00764	-0.00640	-0.00267	0.00854	0.04223	0.04223	0.02200	
	M	0.00000	-0.00006	-0.00021	-0.00065	-0.00199	-0.00614	-0.01891	-0.05825	-0.17944	-0.55270	0.44730	0.00000	
11.25	Q	-0.00050	-0.00085	-0.00239	-0.00729	-0.02243	-0.06908	-0.21276	-0.65536	-2.01865	-6.21787	-6.21787	-3.65234	11.25
	V	0.00000	-0.00079	-0.00158	-0.00237	-0.00314	-0.00390	-0.00459	-0.00507	-0.00490	-0.00274	-0.00274	0.00000	
	V'	-0.00790	-0.00789	-0.00788	-0.00784	-0.00772	-0.00736	-0.00622	-0.00272	0.00805	0.04123	0.04123	0.02096	
	M	0.00000	-0.00005	-0.00017	-0.00055	-0.00175	-0.00553	-0.01746	-0.05516	-0.17419	-0.55013	0.44987	0.00000	
11.50	Q	-0.00040	-0.00070	-0.00204	-0.00638	-0.02014	-0.06359	-0.20084	-0.63429	-2.00320	-6.32649	-6.32649	-3.64132	11.50
	V	0.00000	-0.00076	-0.00151	-0.00226	-0.00301	-0.00374	-0.00440	-0.00488	-0.00473	-0.00265	-0.00265	0.00000	
	V'	-0.00756	-0.00756	-0.00755	-0.00751	-0.00741	-0.00708	-0.00604	-0.00277	0.00759	0.04028	0.04028	0.01997	
	M	0.00000	-0.00004	-0.00015	-0.00047	-0.00154	-0.00498	-0.01613	-0.05223	-0.16914	-0.54768	0.45232	0.00000	
11.75	Q	-0.00033	-0.00058	-0.00174	-0.00559	-0.01808	-0.05853	-0.18953	-0.61373	-1.98734	-6.43529	-6.43529	-3.62862	11.75
	V	0.00000	-0.00072	-0.00145	-0.00217	-0.00289	-0.00359	-0.00423	-0.00469	-0.00457	-0.00255	-0.00255	0.00000	
	V'	-0.00724	-0.00724	-0.00723	-0.00720	-0.00711	-0.00682	-0.00587	-0.00280	0.00715	0.03937	0.03937	0.01904	
	M	0.00000	-0.00003	-0.00012	-0.00041	-0.00135	-0.00449	-0.01490	-0.04947	-0.16426	-0.54536	0.45464	0.00000	
12.00	Q	-0.00027	-0.00048	-0.00148	-0.00489	-0.01622	-0.05386	-0.17881	-0.59369	-1.97111	-6.54431	-6.54431	-3.61433	12.00
	V	0.00000	-0.00069	-0.00139	-0.00208	-0.00277	-0.00344	-0.00406	-0.00452	-0.00441	-0.00246	-0.00246	0.00000	
	V'	-0.00694	-0.00694	-0.00693	-0.00691	-0.00683	-0.00657	-0.00570	-0.00282	0.00674	0.03850	0.03850	0.01816	
	M	0.00000	-0.00003	-0.00010	-0.00035	-0.00119	-0.00404	-0.01377	-0.04687	-0.15955	-0.54315	0.45685	0.00000	
12.25	Q	-0.00022	-0.00040	-0.00127	-0.00428	-0.01456	-0.04955	-0.16866	-0.57416	-1.95453	-6.65355	-6.65355	-3.59853	12.25
	V	0.00000	-0.00067	-0.00133	-0.00200	-0.00266	-0.00330	-0.00391	-0.00435	-0.00427	-0.00238	-0.00238	0.00000	
	V'	-0.00666	-0.00666	-0.00666	-0.00664	-0.00657	-0.00633	-0.00554	-0.00284	0.00636	0.03767	0.03767	0.01732	
BETA	X/L =	0.00	0.10	0.20	0.30	0.40	0.50	0.60	0.70	0.80	L 0.90	R 0.90	1.00	BETA

XM/L = 0.90

FUNKTIONEN : F.M;M - F.M;Q - F.M;V - F.M;V'

FUNKTIONEN : F.M;M - F.M;Q - F.M;V - F.M;V'

XM/L = 0.90

BETA	X/L =	0.00	0.10	0.20	0.30	0.40	0.50	0.60	0.70	0.80	L 0.90	R 0.90	1.00	BETA
	M	0.00000	-0.00002	-0.00009	-0.00030	-0.00104	-0.00365	-0.01272	-0.04441	-0.15501	-0.54104	0.45896	0.00000	
12.50	Q	-0.00018	-0.00033	-0.00108	-0.00374	-0.01306	-0.04557	-0.15905	-0.55514	-1.93764	-6.76303	-6.76303	-3.58131	12.50
	V	0.00000	-0.00064	-0.00128	-0.00192	-0.00255	-0.00318	-0.00376	-0.00420	-0.00413	-0.00230	-0.00230	0.00000	
	V'	-0.00640	-0.00640	-0.00639	-0.00638	-0.00632	-0.00611	-0.00538	-0.00285	0.00600	0.03688	0.03688	0.01652	
	M	0.00000	-0.00002	-0.00007	-0.00026	-0.00092	-0.00329	-0.01176	-0.04209	-0.15062	-0.53904	0.46096	0.00000	
12.75	Q	-0.00014	-0.00028	-0.00092	-0.00327	-0.01171	-0.04190	-0.14995	-0.53664	-1.92046	-6.87277	-6.87277	-3.56274	12.75
	V	0.00000	-0.00062	-0.00123	-0.00184	-0.00245	-0.00306	-0.00362	-0.00405	-0.00399	-0.00222	-0.00222	0.00000	
	V'	-0.00615	-0.00615	-0.00615	-0.00613	-0.00608	-0.00589	-0.00523	-0.00285	0.00566	0.03613	0.03613	0.01576	
	M	0.00000	-0.00002	-0.00006	-0.00022	-0.00081	-0.00296	-0.01087	-0.03990	-0.14639	-0.53714	0.46286	0.00000	
13.00	Q	-0.00012	-0.00023	-0.00078	-0.00286	-0.01050	-0.03852	-0.14134	-0.51864	-1.90303	-6.98278	-6.98278	-3.54291	13.00
	V	0.00000	-0.00059	-0.00118	-0.00177	-0.00236	-0.00294	-0.00349	-0.00391	-0.00387	-0.00215	-0.00215	0.00000	
	V'	-0.00592	-0.00592	-0.00591	-0.00590	-0.00586	-0.00569	-0.00508	-0.00285	0.00534	0.03540	0.03540	0.01505	
	M	0.00000	-0.00001	-0.00005	-0.00019	-0.00071	-0.00267	-0.01005	-0.03782	-0.14229	-0.53533	0.46467	0.00000	
13.25	Q	-0.00009	-0.00019	-0.00067	-0.00250	-0.00941	-0.03541	-0.13320	-0.50113	-1.88536	-7.09306	-7.09306	-3.52189	13.25
	V	0.00000	-0.00057	-0.00114	-0.00171	-0.00227	-0.00283	-0.00336	-0.00377	-0.00375	-0.00208	-0.00208	0.00000	
	V'	-0.00570	-0.00569	-0.00569	-0.00568	-0.00564	-0.00549	-0.00494	-0.00284	0.00504	0.03471	0.03471	0.01436	
	M	0.00000	-0.00001	-0.00004	-0.00016	-0.00062	-0.00241	-0.00930	-0.03586	-0.13833	-0.53360	0.46640	0.00000	
13.50	Q	-0.00008	-0.00016	-0.00057	-0.00219	-0.00843	-0.03254	-0.12550	-0.48412	-1.86747	-7.20364	-7.20364	-3.49974	13.50
	V	0.00000	-0.00055	-0.00110	-0.00165	-0.00219	-0.00273	-0.00324	-0.00364	-0.00363	-0.00201	-0.00201	0.00000	
	V'	-0.00549	-0.00549	-0.00548	-0.00547	-0.00544	-0.00531	-0.00480	-0.00283	0.00476	0.03404	0.03404	0.01372	
	M	0.00000	-0.00001	-0.00003	-0.00014	-0.00055	-0.00217	-0.00860	-0.03401	-0.13450	-0.53196	0.46804	0.00000	
13.75	Q	-0.00006	-0.00013	-0.00049	-0.00191	-0.00756	-0.02989	-0.11823	-0.46760	-1.84940	-7.31450	-7.31450	-3.47654	13.75
	V	0.00000	-0.00053	-0.00106	-0.00159	-0.00211	-0.00263	-0.00313	-0.00352	-0.00352	-0.00195	-0.00195	0.00000	
	V'	-0.00529	-0.00529	-0.00529	-0.00528	-0.00525	-0.00513	-0.00466	-0.00282	0.00449	0.03340	0.03340	0.01310	
	M	0.00000	-0.00001	-0.00003	-0.00012	-0.00048	-0.00196	-0.00795	-0.03225	-0.13080	-0.53041	0.46959	0.00000	
14.00	Q	-0.00005	-0.00011	-0.00041	-0.00167	-0.00677	-0.02746	-0.11135	-0.45156	-1.83115	-7.42567	-7.42567	-3.45236	14.00
	V	0.00000	-0.00051	-0.00102	-0.00153	-0.00204	-0.00254	-0.00302	-0.00341	-0.00341	-0.00189	-0.00189	0.00000	
	V'	-0.00510	-0.00510	-0.00510	-0.00509	-0.00507	-0.00496	-0.00453	-0.00280	0.00424	0.03278	0.03278	0.01251	
	M	0.00000	-0.00001	-0.00002	-0.00010	-0.00043	-0.00177	-0.00736	-0.03060	-0.12721	-0.52892	0.47108	0.00000	
14.25	Q	-0.00004	-0.00009	-0.00035	-0.00146	-0.00607	-0.02522	-0.10486	-0.43598	-1.81275	-7.53714	-7.53714	-3.42725	14.25
	V	0.00000	-0.00049	-0.00098	-0.00148	-0.00197	-0.00245	-0.00292	-0.00330	-0.00331	-0.00183	-0.00183	0.00000	
	V'	-0.00492	-0.00492	-0.00492	-0.00492	-0.00489	-0.00480	-0.00441	-0.00278	0.00400	0.03219	0.03219	0.01195	
	M	0.00000	-0.00000	-0.00002	-0.00009	-0.00037	-0.00160	-0.00681	-0.02903	-0.12374	-0.52751	0.47249	0.00000	
14.50	Q	-0.00003	-0.00007	-0.00030	-0.00127	-0.00543	-0.02316	-0.09872	-0.42087	-1.79421	-7.64892	-7.64892	-3.40127	14.50
	V	0.00000	-0.00048	-0.00095	-0.00143	-0.00190	-0.00237	-0.00282	-0.00319	-0.00322	-0.00177	-0.00177	0.00000	
	V'	-0.00476	-0.00476	-0.00475	-0.00475	-0.00473	-0.00465	-0.00429	-0.00275	0.00378	0.03162	0.03162	0.01142	
	M	0.00000	-0.00000	-0.00002	-0.00008	-0.00033	-0.00144	-0.00630	-0.02754	-0.12038	-0.52617	0.47383	0.00000	
14.75	Q	-0.00003	-0.00006	-0.00026	-0.00111	-0.00486	-0.02126	-0.09293	-0.40621	-1.77555	-7.76101	-7.76101	-3.37449	14.75
	V	0.00000	-0.00046	-0.00092	-0.00138	-0.00184	-0.00229	-0.00273	-0.00309	-0.00312	-0.00172	-0.00172	0.00000	
	V'	-0.00460	-0.00460	-0.00460	-0.00459	-0.00457	-0.00450	-0.00417	-0.00273	0.00356	0.03108	0.03108	0.01091	
BETA	X/L =	0.00	0.10	0.20	0.30	0.40	0.50	0.60	0.70	0.80	L 0.90	R 0.90	1.00	BETA

XM/L = 0.90

FUNKTIONEN : F.M;M - F.M;Q - F.M;V - F.M;V'

FUNKTIONEN : F.M;M - F.M;Q - F.M;V - F.M;V'

XM/L = 0.90

BETA	X/L =	0.00	0.10	0.20	0.30	0.40	0.50	0.60	0.70	0.80	L 0.90	R 0.90	1.00	BETA
	M	0.00000	-0.00000	-0.00001	-0.00006	-0.00029	-0.00130	-0.00583	-0.02613	-0.11712	-0.52489	0.47511	0.00000	
15.00	Q	-0.00002	-0.00005	-0.00022	-0.00097	-0.00435	-0.01952	-0.08747	-0.39199	-1.75679	-7.87340	-7.87340	-3.34695	15.00
	V	0.00000	-0.00044	-0.00089	-0.00133	-0.00178	-0.00222	-0.00264	-0.00299	-0.00304	-0.00167	-0.00167	0.00000	
	V'	-0.00444	-0.00444	-0.00444	-0.00444	-0.00443	-0.00436	-0.00406	-0.00270	0.00336	0.03055	0.03055	0.01043	
	M	0.00000	-0.00000	-0.00001	-0.00006	-0.00026	-0.00117	-0.00540	-0.02480	-0.11396	-0.52368	0.47632	0.00000	
15.25	Q	-0.00002	-0.00004	-0.00019	-0.00085	-0.00390	-0.01791	-0.08231	-0.37821	-1.73795	-7.98611	-7.98611	-3.31872	15.25
	V	0.00000	-0.00043	-0.00086	-0.00129	-0.00172	-0.00214	-0.00256	-0.00290	-0.00295	-0.00162	-0.00162	0.00000	
	V'	-0.00430	-0.00430	-0.00430	-0.00430	-0.00428	-0.00422	-0.00395	-0.00267	0.00317	0.03004	0.03004	0.00997	
	M	0.00000	-0.00000	-0.00001	-0.00005	-0.00023	-0.00106	-0.00500	-0.02354	-0.11090	-0.52252	0.47748	0.00000	
15.50	Q	-0.00001	-0.00003	-0.00016	-0.00074	-0.00349	-0.01644	-0.07744	-0.36486	-1.71902	-8.09913	-8.09913	-3.28984	15.50
	V	0.00000	-0.00042	-0.00083	-0.00125	-0.00166	-0.00208	-0.00248	-0.00282	-0.00287	-0.00157	-0.00157	0.00000	
	V'	-0.00416	-0.00416	-0.00416	-0.00416	-0.00415	-0.00409	-0.00384	-0.00264	0.00299	0.02955	0.02955	0.00953	
	M	0.00000	-0.00000	-0.00001	-0.00004	-0.00020	-0.00096	-0.00463	-0.02234	-0.10794	-0.52143	0.47857	0.00000	
15.75	Q	-0.00001	-0.00003	-0.00013	-0.00065	-0.00312	-0.01508	-0.07285	-0.35192	-1.70004	-8.21246	-8.21246	-3.26037	15.75
	V	0.00000	-0.00040	-0.00081	-0.00121	-0.00161	-0.00201	-0.00240	-0.00273	-0.00279	-0.00153	-0.00153	0.00000	
	V'	-0.00403	-0.00403	-0.00403	-0.00403	-0.00402	-0.00397	-0.00374	-0.00261	0.00282	0.02908	0.02908	0.00911	
	M	0.00000	-0.00000	-0.00001	-0.00004	-0.00017	-0.00086	-0.00428	-0.02121	-0.10506	-0.52038	0.47962	0.00000	
16.00	Q	-0.00001	-0.00002	-0.00011	-0.00056	-0.00279	-0.01383	-0.06852	-0.33939	-1.68101	-8.32610	-8.32610	-3.23034	16.00
	V	0.00000	-0.00039	-0.00078	-0.00117	-0.00156	-0.00195	-0.00233	-0.00265	-0.00271	-0.00148	-0.00148	0.00000	
	V'	-0.00391	-0.00391	-0.00391	-0.00390	-0.00390	-0.00385	-0.00364	-0.00258	0.00266	0.02862	0.02862	0.00871	
	M	0.00000	-0.00000	-0.00001	-0.00003	-0.00015	-0.00078	-0.00397	-0.02014	-0.10227	-0.51939	0.48061	0.00000	
16.25	Q	-0.00001	-0.00002	-0.00010	-0.00049	-0.00250	-0.01269	-0.06444	-0.32726	-1.66194	-8.44004	-8.44004	-3.19981	16.25
	V	0.00000	-0.00038	-0.00076	-0.00114	-0.00151	-0.00189	-0.00226	-0.00257	-0.00264	-0.00144	-0.00144	0.00000	
	V'	-0.00379	-0.00379	-0.00379	-0.00379	-0.00378	-0.00374	-0.00354	-0.00255	0.00251	0.02818	0.02818	0.00833	
	M	0.00000	-0.00000	-0.00000	-0.00003	-0.00014	-0.00071	-0.00367	-0.01912	-0.09957	-0.51844	0.48156	0.00000	
16.50	Q	-0.00001	-0.00002	-0.00008	-0.00043	-0.00223	-0.01164	-0.06059	-0.31551	-1.64285	-8.55429	-8.55429	-3.16882	16.50
	V	0.00000	-0.00037	-0.00073	-0.00110	-0.00147	-0.00183	-0.00219	-0.00250	-0.00257	-0.00140	-0.00140	0.00000	
	V'	-0.00367	-0.00367	-0.00367	-0.00367	-0.00366	-0.00363	-0.00345	-0.00251	0.00236	0.02775	0.02775	0.00797	
	M	0.00000	-0.00000	-0.00000	-0.00002	-0.00012	-0.00064	-0.00340	-0.01816	-0.09694	-0.51754	0.48246	0.00000	
16.75	Q	-0.00000	-0.00001	-0.00007	-0.00037	-0.00200	-0.01067	-0.05697	-0.30414	-1.62374	-8.66883	-8.66883	-3.13741	16.75
	V	0.00000	-0.00036	-0.00071	-0.00107	-0.00143	-0.00178	-0.00213	-0.00243	-0.00251	-0.00136	-0.00136	0.00000	
	V'	-0.00356	-0.00356	-0.00356	-0.00356	-0.00356	-0.00353	-0.00336	-0.00248	0.00222	0.02733	0.02733	0.00762	
	M	0.00000	-0.00000	-0.00000	-0.00002	-0.00011	-0.00058	-0.00315	-0.01724	-0.09439	-0.51669	0.48331	0.00000	
17.00	Q	-0.00000	-0.00001	-0.00006	-0.00033	-0.00179	-0.00978	-0.05355	-0.29314	-1.60463	-8.78367	-8.78367	-3.10562	17.00
	V	0.00000	-0.00035	-0.00069	-0.00104	-0.00138	-0.00173	-0.00207	-0.00236	-0.00244	-0.00133	-0.00133	0.00000	
	V'	-0.00346	-0.00346	-0.00346	-0.00346	-0.00345	-0.00343	-0.00327	-0.00245	0.00209	0.02693	0.02693	0.00729	
	M	0.00000	-0.00000	-0.00000	-0.00002	-0.00009	-0.00052	-0.00292	-0.01638	-0.09191	-0.51587	0.48413	0.00000	
17.25	Q	-0.00000	-0.00001	-0.00005	-0.00028	-0.00160	-0.00897	-0.05033	-0.28250	-1.58553	-8.89881	-8.89881	-3.07349	17.25
	V	0.00000	-0.00034	-0.00067	-0.00101	-0.00134	-0.00168	-0.00201	-0.00230	-0.00238	-0.00129	-0.00129	0.00000	
	V'	-0.00336	-0.00336	-0.00336	-0.00336	-0.00336	-0.00333	-0.00319	-0.00241	0.00197	0.02655	0.02655	0.00697	
BETA	X/L =	0.00	0.10	0.20	0.30	0.40	0.50	0.60	0.70	0.80	L 0.90	R 0.90	1.00	BETA

XM/L = 0.90

FUNKTIONEN : F.M;M - F.M;Q - F.M;V - F.M;V'

FUNKTIONEN : F.MIM - F.MIQ - F.MIV - F.MIV'

XM/L = 0.90

BETA	X/L =	0.00	0.10	0.20	0.30	0.40	0.50	0.60	0.70	0.80	L 0.90	R 0.90	1.00	BETA
	M	0.00000	-0.00000	-0.00000	-0.00001	-0.00008	-0.00047	-0.00270	-0.01555	-0.08951	-0.51510	0.48490	0.00000	
17.50	Q	-0.00000	-0.00001	-0.00004	-0.00025	-0.00143	-0.00822	-0.04730	-0.27221	-1.56644	-9.01423	-9.01423	-3.04104	17.50
	V	0.00000	-0.00033	-0.00065	-0.00098	-0.00131	-0.00163	-0.00195	-0.00223	-0.00232	-0.00126	-0.00126	0.00000	
	V'	-0.00327	-0.00327	-0.00327	-0.00326	-0.00326	-0.00324	-0.00311	-0.00238	0.00185	0.02617	0.02617	0.00666	
	M	0.00000	-0.00000	-0.00000	-0.00001	-0.00007	-0.00042	-0.00250	-0.01477	-0.08718	-0.51436	0.48564	0.00000	
17.75	Q	-0.00000	-0.00001	-0.00004	-0.00022	-0.00128	-0.00753	-0.04445	-0.26225	-1.54737	-9.12993	-9.12993	-3.00833	17.75
	V	0.00000	-0.00032	-0.00063	-0.00095	-0.00127	-0.00159	-0.00190	-0.00217	-0.00226	-0.00122	-0.00122	0.00000	
	V'	-0.00317	-0.00317	-0.00317	-0.00317	-0.00317	-0.00315	-0.00303	-0.00234	0.00174	0.02580	0.02580	0.00637	
	M	0.00000	-0.00000	-0.00000	-0.00001	-0.00006	-0.00038	-0.00232	-0.01404	-0.08491	-0.51366	0.48634	0.00000	
18.00	Q	-0.00000	-0.00001	-0.00003	-0.00019	-0.00114	-0.00690	-0.04176	-0.25263	-1.52834	-9.24591	-9.24591	-2.97538	18.00
	V	0.00000	-0.00031	-0.00062	-0.00093	-0.00123	-0.00154	-0.00184	-0.00212	-0.00221	-0.00119	-0.00119	0.00000	
	V'	-0.00309	-0.00309	-0.00309	-0.00309	-0.00308	-0.00307	-0.00296	-0.00231	0.00163	0.02545	0.02545	0.00610	
	M	0.00000	-0.00000	-0.00000	-0.00001	-0.00006	-0.00035	-0.00215	-0.01333	-0.08270	-0.51300	0.48700	0.00000	
18.25	Q	-0.00000	-0.00000	-0.00003	-0.00016	-0.00102	-0.00632	-0.03923	-0.24333	-1.50935	-9.36217	-9.36217	-2.94222	18.25
	V	0.00000	-0.00030	-0.00060	-0.00090	-0.00120	-0.00150	-0.00180	-0.00206	-0.00215	-0.00116	-0.00116	0.00000	
	V'	-0.00300	-0.00300	-0.00300	-0.00300	-0.00300	-0.00298	-0.00288	-0.00227	0.00153	0.02511	0.02511	0.00583	
	M	0.00000	-0.00000	-0.00000	-0.00001	-0.00005	-0.00031	-0.00199	-0.01267	-0.08056	-0.51236	0.48764	0.00000	
18.50	Q	-0.00000	-0.00000	-0.00002	-0.00014	-0.00091	-0.00579	-0.03685	-0.23435	-1.49040	-9.47869	-9.47869	-2.90889	18.50
	V	0.00000	-0.00029	-0.00058	-0.00088	-0.00117	-0.00146	-0.00175	-0.00201	-0.00210	-0.00113	-0.00113	0.00000	
	V'	-0.00292	-0.00292	-0.00292	-0.00292	-0.00292	-0.00290	-0.00281	-0.00224	0.00143	0.02477	0.02477	0.00558	
	M	0.00000	-0.00000	-0.00000	-0.00001	-0.00004	-0.00028	-0.00185	-0.01204	-0.07848	-0.51176	0.48824	0.00000	
18.75	Q	-0.00000	-0.00000	-0.00002	-0.00012	-0.00081	-0.00531	-0.03461	-0.22566	-1.47151	-9.59548	-9.59548	-2.87541	18.75
	V	0.00000	-0.00028	-0.00057	-0.00085	-0.00114	-0.00142	-0.00170	-0.00196	-0.00205	-0.00110	-0.00110	0.00000	
	V'	-0.00284	-0.00284	-0.00284	-0.00284	-0.00284	-0.00283	-0.00275	-0.00220	0.00134	0.02445	0.02445	0.00533	
	M	0.00000	-0.00000	-0.00000	-0.00001	-0.00004	-0.00026	-0.00171	-0.01144	-0.07646	-0.51119	0.48881	0.00000	
19.00	Q	-0.00000	-0.00000	-0.00002	-0.00011	-0.00073	-0.00486	-0.03250	-0.21728	-1.45269	-9.71252	-9.71252	-2.84180	19.00
	V	0.00000	-0.00028	-0.00055	-0.00083	-0.00111	-0.00138	-0.00166	-0.00191	-0.00200	-0.00108	-0.00108	0.00000	
	V'	-0.00277	-0.00277	-0.00277	-0.00277	-0.00277	-0.00276	-0.00268	-0.00217	0.00125	0.02413	0.02413	0.00510	
	M	0.00000	-0.00000	-0.00000	-0.00000	-0.00003	-0.00023	-0.00159	-0.01087	-0.07449	-0.51064	0.48936	0.00000	
19.25	Q	-0.00000	-0.00000	-0.00001	-0.00009	-0.00065	-0.00445	-0.03051	-0.20918	-1.43393	-9.82982	-9.82982	-2.80811	19.25
	V	0.00000	-0.00027	-0.00054	-0.00081	-0.00108	-0.00135	-0.00161	-0.00186	-0.00196	-0.00105	-0.00105	0.00000	
	V'	-0.00270	-0.00270	-0.00270	-0.00270	-0.00270	-0.00269	-0.00262	-0.00213	0.00117	0.02383	0.02383	0.00488	
	M	0.00000	-0.00000	-0.00000	-0.00000	-0.00003	-0.00021	-0.00147	-0.01033	-0.07258	-0.51012	0.48988	0.00000	
19.50	Q	-0.00000	-0.00000	-0.00001	-0.00008	-0.00058	-0.00408	-0.02865	-0.20135	-1.41525	-9.94736	-9.94736	-2.77434	19.50
	V	0.00000	-0.00026	-0.00053	-0.00079	-0.00105	-0.00131	-0.00157	-0.00181	-0.00191	-0.00103	-0.00103	0.00000	
	V'	-0.00263	-0.00263	-0.00263	-0.00263	-0.00263	-0.00262	-0.00255	-0.00210	0.00109	0.02353	0.02353	0.00467	
	M	0.00000	-0.00000	-0.00000	-0.00000	-0.00003	-0.00019	-0.00136	-0.00981	-0.07072	-0.50963	0.49037	0.00000	
19.75	Q	-0.00000	-0.00000	-0.00001	-0.00007	-0.00052	-0.00373	-0.02689	-0.19380	-1.39665	-10.06514	-10.06514	-2.74054	19.75
	V	0.00000	-0.00026	-0.00051	-0.00077	-0.00103	-0.00128	-0.00153	-0.00177	-0.00187	-0.00100	-0.00100	0.00000	
	V'	-0.00256	-0.00256	-0.00256	-0.00256	-0.00256	-0.00255	-0.00249	-0.00207	0.00102	0.02324	0.02324	0.00446	
BETA	X/L =	0.00	0.10	0.20	0.30	0.40	0.50	0.60	0.70	0.80	L 0.90	R 0.90	1.00	BETA

XM/L = 0.90

FUNKTIONEN : F.MIM - F.MIQ - F.MIV - F.MIV'

Z U G S T A E B E -249-

FUNKTIONEN : F.M;M - F.M;Q - F.M;V - F.M;V'

XM/L = 0.90

BETA	X/L =	0.00	0.10	0.20	0.30	0.40	0.50	0.60	0.70	0.80	L 0.90	R 0.90	1.00	BETA
	M	0.00000	-0.00000	-0.00000	-0.00000	-0.00002	-0.00017	-0.00126	-0.00933	-0.06891	-0.50916	0.49084	0.00000	
20.00	Q	-0.00000	-0.00000	-0.00001	-0.00006	-0.00046	-0.00342	-0.02524	-0.18651	-1.37814	-10.18316	-10.18316	-2.70671	20.00
	V	0.00000	-0.00025	-0.00050	-0.00075	-0.00100	-0.00125	-0.00150	-0.00173	-0.00183	-0.00098	-0.00098	0.00000	
	V'	-0.00250	-0.00250	-0.00250	-0.00250	-0.00250	-0.00249	-0.00244	-0.00203	0.00095	0.02296	0.02296	0.00427	
	M	0.00000	-0.00000	-0.00000	-0.00000	-0.00002	-0.00015	-0.00117	-0.00886	-0.06715	-0.50871	0.49129	0.00000	
20.25	Q	-0.00000	-0.00000	-0.00001	-0.00005	-0.00041	-0.00313	-0.02369	-0.17947	-1.35972	-10.30140	-10.30140	-2.67288	20.25
	V	0.00000	-0.00024	-0.00049	-0.00073	-0.00098	-0.00122	-0.00146	-0.00169	-0.00179	-0.00095	-0.00095	0.00000	
	V'	-0.00244	-0.00244	-0.00244	-0.00244	-0.00244	-0.00243	-0.00238	-0.00200	0.00088	0.02268	0.02268	0.00408	
	M	0.00000	-0.00000	-0.00000	-0.00000	-0.00002	-0.00014	-0.00108	-0.00842	-0.06543	-0.50829	0.49171	0.00000	
20.50	Q	-0.00000	-0.00000	-0.00001	-0.00005	-0.00037	-0.00286	-0.02223	-0.17269	-1.34140	-10.41987	-10.41987	-2.63907	20.50
	V	0.00000	-0.00024	-0.00048	-0.00071	-0.00095	-0.00119	-0.00143	-0.00165	-0.00175	-0.00093	-0.00093	0.00000	
	V'	-0.00238	-0.00238	-0.00238	-0.00238	-0.00238	-0.00237	-0.00233	-0.00197	0.00081	0.02241	0.02241	0.00390	
	M	0.00000	-0.00000	-0.00000	-0.00000	-0.00002	-0.00013	-0.00101	-0.00807	-0.06377	-0.50788	0.49212	0.00000	
20.75	Q	-0.00000	-0.00000	-0.00001	-0.00004	-0.00033	-0.00262	-0.02086	-0.16613	-1.32318	-10.53856	-10.53856	-2.60530	20.75
	V	0.00000	-0.00023	-0.00046	-0.00070	-0.00093	-0.00116	-0.00139	-0.00161	-0.00171	-0.00091	-0.00091	0.00000	
	V'	-0.00232	-0.00232	-0.00232	-0.00232	-0.00232	-0.00232	-0.00227	-0.00194	0.00075	0.02215	0.02215	0.00373	
	M	0.00000	-0.00000	-0.00000	-0.00000	-0.00001	-0.00011	-0.00093	-0.00769	-0.06215	-0.50750	0.49250	0.00000	
21.00	Q	-0.00000	-0.00000	-0.00000	-0.00004	-0.00029	-0.00240	-0.01957	-0.15981	-1.30507	-10.65745	-10.65745	-2.57158	21.00
	V	0.00000	-0.00023	-0.00045	-0.00068	-0.00091	-0.00113	-0.00136	-0.00157	-0.00167	-0.00089	-0.00089	0.00000	
	V'	-0.00227	-0.00227	-0.00227	-0.00227	-0.00227	-0.00226	-0.00222	-0.00191	0.00069	0.02190	0.02190	0.00356	
	M	0.00000	-0.00000	-0.00000	-0.00000	-0.00001	-0.00010	-0.00086	-0.00723	-0.06057	-0.50713	0.49287	0.00000	
21.25	Q	-0.00000	-0.00000	-0.00000	-0.00003	-0.00026	-0.00219	-0.01836	-0.15372	-1.28708	-10.77656	-10.77656	-2.53795	21.25
	V	0.00000	-0.00022	-0.00044	-0.00066	-0.00089	-0.00111	-0.00133	-0.00153	-0.00164	-0.00087	-0.00087	0.00000	
	V'	-0.00221	-0.00221	-0.00221	-0.00221	-0.00221	-0.00221	-0.00217	-0.00187	0.00064	0.02165	0.02165	0.00341	
	M	0.00000	-0.00000	-0.00000	-0.00000	-0.00001	-0.00009	-0.00080	-0.00688	-0.05903	-0.50678	0.49322	0.00000	
21.50	Q	-0.00000	-0.00000	-0.00000	-0.00003	-0.00023	-0.00201	-0.01722	-0.14784	-1.26920	-10.89586	-10.89586	-2.50441	21.50
	V	0.00000	-0.00022	-0.00043	-0.00065	-0.00087	-0.00108	-0.00130	-0.00150	-0.00160	-0.00085	-0.00085	0.00000	
	V'	-0.00216	-0.00216	-0.00216	-0.00216	-0.00216	-0.00216	-0.00213	-0.00184	0.00058	0.02141	0.02141	0.00325	
	M	0.00000	-0.00000	-0.00000	-0.00000	-0.00001	-0.00008	-0.00074	-0.00654	-0.05754	-0.50645	0.49355	0.00000	
21.75	Q	-0.00000	-0.00000	-0.00000	-0.00002	-0.00021	-0.00184	-0.01615	-0.14217	-1.25143	-11.01536	-11.01536	-2.47098	21.75
	V	0.00000	-0.00021	-0.00042	-0.00063	-0.00085	-0.00106	-0.00127	-0.00147	-0.00157	-0.00083	-0.00083	0.00000	
	V'	-0.00211	-0.00211	-0.00211	-0.00211	-0.00211	-0.00211	-0.00208	-0.00181	0.00053	0.02117	0.02117	0.00311	
	M	0.00000	-0.00000	-0.00000	-0.00000	-0.00001	-0.00008	-0.00069	-0.00621	-0.05608	-0.50614	0.49386	0.00000	
22.00	Q	-0.00000	-0.00000	-0.00000	-0.00002	-0.00019	-0.00168	-0.01515	-0.13671	-1.23380	-11.13505	-11.13505	-2.43767	22.00
	V	0.00000	-0.00021	-0.00041	-0.00062	-0.00083	-0.00103	-0.00124	-0.00143	-0.00154	-0.00081	-0.00081	0.00000	
	V'	-0.00207	-0.00207	-0.00207	-0.00207	-0.00207	-0.00206	-0.00203	-0.00178	0.00048	0.02094	0.02094	0.00297	
	M	0.00000	-0.00000	-0.00000	-0.00000	-0.00001	-0.00007	-0.00064	-0.00591	-0.05466	-0.50584	0.49416	0.00000	
22.25	Q	-0.00000	-0.00000	-0.00000	-0.00002	-0.00017	-0.00154	-0.01420	-0.13144	-1.21629	-11.25492	-11.25492	-2.40450	22.25
	V	0.00000	-0.00020	-0.00040	-0.00061	-0.00081	-0.00101	-0.00121	-0.00140	-0.00151	-0.00080	-0.00080	0.00000	
	V'	-0.00202	-0.00202	-0.00202	-0.00202	-0.00202	-0.00202	-0.00199	-0.00175	0.00044	0.02071	0.02071	0.00284	
BETA	X/L =	0.00	0.10	0.20	0.30	0.40	0.50	0.60	0.70	0.80	L 0.90	R 0.90	1.00	BETA

XM/L = 0.90

FUNKTIONEN : F.M;M - F.M;Q - F.M;V - F.M;V'

Z U G S T A E B E -249-

FUNKTIONEN : F.M;M - F.M;Q - F.M;V - F.M;V'

XM/L = 0.90

BETA	X/L =	0.00	0.10	0.20	0.30	0.40	0.50	0.60	0.70	0.80	L 0.90	R 0.90	1.00	BETA
	M	0.00000	-0.00000	-0.00000	-0.00000	-0.00001	-0.00006	-0.00059	-0.00562	-0.05329	-0.50555	0.49445	0.00000	
22.50	Q	-0.00000	-0.00000	-0.00000	-0.00002	-0.00015	-0.00140	-0.01332	-0.12636	-1.19891	-11.37498	-11.37498	-2.37148	22.50
	V	0.00000	-0.00020	-0.00040	-0.00059	-0.00079	-0.00099	-0.00118	-0.00137	-0.00147	-0.00078	-0.00078	0.00000	
	V'	-0.00198	-0.00198	-0.00198	-0.00198	-0.00198	-0.00197	-0.00195	-0.00173	0.00039	0.02049	0.02049	0.00271	
	M	0.00000	-0.00000	-0.00000	-0.00000	-0.00001	-0.00006	-0.00055	-0.00534	-0.05194	-0.50528	0.49472	0.00000	
22.75	Q	-0.00000	-0.00000	-0.00000	-0.00001	-0.00013	-0.00128	-0.01249	-0.12147	-1.18167	-11.49520	-11.49520	-2.33863	22.75
	V	0.00000	-0.00019	-0.00039	-0.00058	-0.00077	-0.00097	-0.00116	-0.00134	-0.00145	-0.00076	-0.00076	0.00000	
	V'	-0.00193	-0.00193	-0.00193	-0.00193	-0.00193	-0.00193	-0.00191	-0.00170	0.00035	0.02028	0.02028	0.00259	
	M	0.00000	-0.00000	-0.00000	-0.00000	-0.00001	-0.00005	-0.00051	-0.00508	-0.05063	-0.50503	0.49497	0.00000	
23.00	Q	-0.00000	-0.00000	-0.00000	-0.00001	-0.00012	-0.00117	-0.01171	-0.11676	-1.16457	-11.61560	-11.61560	-2.30595	23.00
	V	0.00000	-0.00019	-0.00038	-0.00057	-0.00076	-0.00095	-0.00113	-0.00131	-0.00142	-0.00075	-0.00075	0.00000	
	V'	-0.00189	-0.00189	-0.00189	-0.00189	-0.00189	-0.00189	-0.00187	-0.00167	0.00031	0.02007	0.02007	0.00247	
	M	0.00000	-0.00000	-0.00000	-0.00000	-0.00000	-0.00005	-0.00047	-0.00483	-0.04936	-0.50478	0.49522	0.00000	
23.25	Q	-0.00000	-0.00000	-0.00000	-0.00001	-0.00010	-0.00107	-0.01097	-0.11222	-1.14760	-11.73615	-11.73615	-2.27347	23.25
	V	0.00000	-0.00018	-0.00037	-0.00055	-0.00074	-0.00092	-0.00111	-0.00129	-0.00139	-0.00073	-0.00073	0.00000	
	V'	-0.00185	-0.00185	-0.00185	-0.00185	-0.00185	-0.00185	-0.00183	-0.00164	0.00027	0.01986	0.01986	0.00236	
	M	0.00000	-0.00000	-0.00000	-0.00000	-0.00000	-0.00004	-0.00044	-0.00459	-0.04812	-0.50455	0.49545	0.00000	
23.50	Q	-0.00000	-0.00000	-0.00000	-0.00001	-0.00009	-0.00098	-0.01028	-0.10784	-1.13078	-11.85687	-11.85687	-2.24118	23.50
	V	0.00000	-0.00018	-0.00036	-0.00054	-0.00072	-0.00091	-0.00109	-0.00126	-0.00136	-0.00072	-0.00072	0.00000	
	V'	-0.00181	-0.00181	-0.00181	-0.00181	-0.00181	-0.00181	-0.00179	-0.00162	0.00024	0.01966	0.01966	0.00225	
	M	0.00000	-0.00000	-0.00000	-0.00000	-0.00000	-0.00004	-0.00041	-0.00436	-0.04691	-0.50433	0.49567	0.00000	
23.75	Q	-0.00000	-0.00000	-0.00000	-0.00001	-0.00008	-0.00090	-0.00964	-0.10363	-1.11410	-11.97774	-11.97774	-2.20909	23.75
	V	0.00000	-0.00018	-0.00035	-0.00053	-0.00071	-0.00089	-0.00106	-0.00123	-0.00134	-0.00070	-0.00070	0.00000	
	V'	-0.00177	-0.00177	-0.00177	-0.00177	-0.00177	-0.00177	-0.00176	-0.00159	0.00020	0.01946	0.01946	0.00214	
	M	0.00000	-0.00000	-0.00000	-0.00000	-0.00000	-0.00003	-0.00038	-0.00415	-0.04573	-0.50411	0.49589	0.00000	
24.00	Q	-0.00000	-0.00000	-0.00000	-0.00001	-0.00007	-0.00082	-0.00903	-0.09957	-1.09757	-12.09876	-12.09876	-2.17723	24.00
	V	0.00000	-0.00017	-0.00035	-0.00052	-0.00069	-0.00087	-0.00104	-0.00121	-0.00131	-0.00069	-0.00069	0.00000	
	V'	-0.00174	-0.00174	-0.00174	-0.00174	-0.00174	-0.00173	-0.00172	-0.00156	0.00017	0.01927	0.01927	0.00204	
	M	0.00000	-0.00000	-0.00000	-0.00000	-0.00000	-0.00003	-0.00035	-0.00394	-0.04459	-0.50391	0.49609	0.00000	
24.25	Q	-0.00000	-0.00000	-0.00000	-0.00001	-0.00007	-0.00075	-0.00846	-0.09566	-1.08120	-12.21992	-12.21992	-2.14559	24.25
	V	0.00000	-0.00017	-0.00034	-0.00051	-0.00068	-0.00085	-0.00102	-0.00118	-0.00128	-0.00067	-0.00067	0.00000	
	V'	-0.00170	-0.00170	-0.00170	-0.00170	-0.00170	-0.00170	-0.00169	-0.00154	0.00014	0.01908	0.01908	0.00195	
	M	0.00000	-0.00000	-0.00000	-0.00000	-0.00000	-0.00003	-0.00032	-0.00375	-0.04347	-0.50372	0.49628	0.00000	
24.50	Q	-0.00000	-0.00000	-0.00000	-0.00001	-0.00006	-0.00068	-0.00793	-0.09190	-1.06497	-12.34122	-12.34122	-2.11419	24.50
	V	0.00000	-0.00017	-0.00033	-0.00050	-0.00067	-0.00083	-0.00100	-0.00116	-0.00126	-0.00066	-0.00066	0.00000	
	V'	-0.00167	-0.00167	-0.00167	-0.00167	-0.00167	-0.00166	-0.00165	-0.00151	0.00011	0.01889	0.01889	0.00186	
	M	0.00000	-0.00000	-0.00000	-0.00000	-0.00000	-0.00003	-0.00030	-0.00357	-0.04238	-0.50354	0.49646	0.00000	
24.75	Q	-0.00000	-0.00000	-0.00000	-0.00000	-0.00005	-0.00063	-0.00743	-0.08828	-1.04889	-12.46266	-12.46266	-2.08303	24.75
	V	0.00000	-0.00016	-0.00033	-0.00049	-0.00065	-0.00082	-0.00098	-0.00114	-0.00124	-0.00065	-0.00065	0.00000	
	V'	-0.00163	-0.00163	-0.00163	-0.00163	-0.00163	-0.00163	-0.00162	-0.00149	0.00008	0.01871	0.01871	0.00177	
BETA	X/L =	0.00	0.10	0.20	0.30	0.40	0.50	0.60	0.70	0.80	L 0.90	R 0.90	1.00	BETA

XM/L = 0.90

FUNKTIONEN : F.M;M - F.M;Q - F.M;V - F.M;V'

FUNKTIONEN : F.M;M - F.M;Q - F.M;V - F.M;V'

XM/L = 0.90

BETA	X/L =	0.00	0.10	0.20	0.30	0.40	0.50	0.60	0.70	0.80	L 0.90	R 0.90	1.00	BETA
	M	0.00000	-0.00000	-0.00000	-0.00000	-0.00000	-0.00002	-0.00028	-0.00339	-0.04132	-0.50337	0.49663	0.00000	
25.00	Q	-0.00000	-0.00000	-0.00000	-0.00000	-0.00005	-0.00057	-0.00696	-0.08479	-1.03298	-12.58422	-12.58422	-2.05212	25.00
	V	0.00000	-0.00016	-0.00032	-0.00048	-0.00064	-0.00080	-0.00096	-0.00111	-0.00121	-0.00063	-0.00063	0.00000	
	V'	-0.00160	-0.00160	-0.00160	-0.00160	-0.00160	-0.00160	-0.00159	-0.00146	0.00005	0.01853	0.01853	0.00168	
	M	0.00000	-0.00000	-0.00000	-0.00000	-0.00000	-0.00001	-0.00019	-0.00264	-0.03641	-0.50262	0.49738	0.00000	
26.25	Q	-0.00000	-0.00000	-0.00000	-0.00000	-0.00003	-0.00036	-0.00502	-0.06924	-0.95576	-13.19387	-13.19387	-1.90154	26.25
	V	0.00000	-0.00015	-0.00029	-0.00044	-0.00058	-0.00073	-0.00087	-0.00101	-0.00111	-0.00058	-0.00058	0.00000	
	V'	-0.00145	-0.00145	-0.00145	-0.00145	-0.00145	-0.00145	-0.00144	-0.00135	-0.00006	0.01770	0.01770	0.00131	
	M	0.00000	-0.00000	-0.00000	-0.00000	-0.00000	-0.00001	-0.00013	-0.00205	-0.03209	-0.50204	0.49796	0.00000	
27.50	Q	-0.00000	-0.00000	-0.00000	-0.00000	-0.00001	-0.00023	-0.00361	-0.05642	-0.88260	-13.80619	-13.80619	-1.75802	27.50
	V	0.00000	-0.00013	-0.00026	-0.00040	-0.00053	-0.00066	-0.00079	-0.00092	-0.00102	-0.00053	-0.00053	0.00000	
	V'	-0.00132	-0.00132	-0.00132	-0.00132	-0.00132	-0.00132	-0.00132	-0.00125	-0.00016	0.01693	0.01693	0.00100	
	M	0.00000	-0.00000	-0.00000	-0.00000	-0.00000	-0.00001	-0.00009	-0.00160	-0.02830	-0.50159	0.49841	0.00000	
28.75	Q	-0.00000	-0.00000	-0.00000	-0.00000	-0.00001	-0.00015	-0.00259	-0.04590	-0.81356	-14.42075	-14.42075	-1.62196	28.75
	V	0.00000	-0.00012	-0.00024	-0.00036	-0.00048	-0.00060	-0.00073	-0.00084	-0.00093	-0.00048	-0.00048	0.00000	
	V'	-0.00121	-0.00121	-0.00121	-0.00121	-0.00121	-0.00121	-0.00121	-0.00115	-0.00023	0.01624	0.01624	0.00075	
	M	0.00000	-0.00000	-0.00000	-0.00000	-0.00000	-0.00000	-0.00006	-0.00124	-0.02496	-0.50124	0.49876	0.00000	
30.00	Q	-0.00000	-0.00000	-0.00000	-0.00000	-0.00000	-0.00009	-0.00186	-0.03727	-0.74866	-15.03718	-15.03718	-1.49361	30.00
	V	0.00000	-0.00011	-0.00022	-0.00033	-0.00044	-0.00056	-0.00067	-0.00078	-0.00086	-0.00044	-0.00044	0.00000	
	V'	-0.00111	-0.00111	-0.00111	-0.00111	-0.00111	-0.00111	-0.00111	-0.00107	-0.00028	0.01560	0.01560	0.00055	
	M	0.00000	-0.00000	-0.00000	-0.00000	-0.00000	-0.00000	-0.00004	-0.00097	-0.02201	-0.50097	0.49903	0.00000	
31.25	Q	-0.00000	-0.00000	-0.00000	-0.00000	-0.00000	-0.00006	-0.00133	-0.03022	-0.68784	-15.65516	-15.65516	-1.37303	31.25
	V	0.00000	-0.00010	-0.00020	-0.00031	-0.00041	-0.00051	-0.00061	-0.00072	-0.00080	-0.00041	-0.00041	0.00000	
	V'	-0.00102	-0.00102	-0.00102	-0.00102	-0.00102	-0.00102	-0.00102	-0.00099	-0.00032	0.01501	0.01501	0.00038	
	M	0.00000	-0.00000	-0.00000	-0.00000	-0.00000	-0.00000	-0.00003	-0.00075	-0.01942	-0.50075	0.49925	0.00000	
32.50	Q	-0.00000	-0.00000	-0.00000	-0.00000	-0.00000	-0.00004	-0.00095	-0.02447	-0.63103	-16.27443	-16.27443	-1.26016	32.50
	V	0.00000	-0.00009	-0.00019	-0.00028	-0.00038	-0.00047	-0.00057	-0.00066	-0.00074	-0.00038	-0.00038	0.00000	
	V'	-0.00095	-0.00095	-0.00095	-0.00095	-0.00095	-0.00095	-0.00095	-0.00092	-0.00035	0.01446	0.01446	0.00025	
	M	0.00000	-0.00000	-0.00000	-0.00000	-0.00000	-0.00000	-0.00002	-0.00059	-0.01713	-0.50059	0.49941	0.00000	
33.75	Q	-0.00000	-0.00000	-0.00000	-0.00000	-0.00000	-0.00002	-0.00068	-0.01978	-0.57811	-16.89476	-16.89476	-1.15486	33.75
	V	0.00000	-0.00009	-0.00018	-0.00026	-0.00035	-0.00044	-0.00053	-0.00061	-0.00069	-0.00035	-0.00035	0.00000	
	V'	-0.00088	-0.00088	-0.00088	-0.00088	-0.00088	-0.00088	-0.00088	-0.00086	-0.00037	0.01395	0.01395	0.00014	
	M	0.00000	-0.00000	-0.00000	-0.00000	-0.00000	-0.00000	-0.00001	-0.00046	-0.01511	-0.50046	0.49954	0.00000	
35.00	Q	-0.00000	-0.00000	-0.00000	-0.00000	-0.00000	-0.00001	-0.00048	-0.01597	-0.52894	-17.51596	-17.51596	-1.05691	35.00
	V	0.00000	-0.00008	-0.00016	-0.00024	-0.00033	-0.00041	-0.00049	-0.00057	-0.00064	-0.00033	-0.00033	0.00000	
	V'	-0.00082	-0.00082	-0.00082	-0.00082	-0.00082	-0.00082	-0.00082	-0.00080	-0.00038	0.01348	0.01348	0.00005	
	M	0.00000	-0.00000	-0.00000	-0.00000	-0.00000	-0.00000	-0.00001	-0.00036	-0.01333	-0.50036	0.49964	0.00000	
36.25	Q	-0.00000	-0.00000	-0.00000	-0.00000	-0.00000	-0.00001	-0.00034	-0.01288	-0.48336	-18.13787	-18.13787	-0.96603	36.25
	V	0.00000	-0.00008	-0.00015	-0.00023	-0.00030	-0.00038	-0.00046	-0.00053	-0.00060	-0.00030	-0.00030	0.00000	
	V'	-0.00076	-0.00076	-0.00076	-0.00076	-0.00076	-0.00076	-0.00076	-0.00075	-0.00039	0.01304	0.01304	-0.00003	
BETA	X/L =	0.00	0.10	0.20	0.30	0.40	0.50	0.60	0.70	0.80	L 0.90	R 0.90	1.00	BETA

XM/L = 0.90

FUNKTIONEN : F.M;M - F.M;Q - F.M;V - F.M;V'

FUNKTIONEN : F.M;M - F.M;Q - F.M;V - F.M;V'

XM/L = 0.90

BETA	X/L =	0.00	0.10	0.20	0.30	0.40	0.50	0.60	0.70	0.80	L 0.90	R 0.90	1.00	BETA
	M	0.00000	-0.00000	-0.00000	-0.00000	-0.00000	-0.00000	-0.00001	-0.00028	-0.01177	-0.50028	0.49972	0.00000	
37.50	Q	-0.00000	-0.00000	-0.00000	-0.00000	-0.00000	-0.00001	-0.00024	-0.01038	-0.44120	-18.76037	-18.76037	-0.88192	37.50
	V	0.00000	-0.00007	-0.00014	-0.00021	-0.00028	-0.00036	-0.00043	-0.00050	-0.00056	-0.00028	-0.00028	0.00000	
	V'	-0.00071	-0.00071	-0.00071	-0.00071	-0.00071	-0.00071	-0.00071	-0.00070	-0.00040	0.01263	0.01263	-0.00008	
	M	0.00000	-0.00000	-0.00000	-0.00000	-0.00000	-0.00000	-0.00000	-0.00022	-0.01038	-0.50022	0.49978	0.00000	
38.75	Q	-0.00000	-0.00000	-0.00000	-0.00000	-0.00000	-0.00000	-0.00017	-0.00835	-0.40229	-19.38335	-19.38335	-0.80423	38.75
	V	0.00000	-0.00007	-0.00013	-0.00020	-0.00027	-0.00033	-0.00040	-0.00047	-0.00053	-0.00027	-0.00027	0.00000	
	V'	-0.00067	-0.00067	-0.00067	-0.00067	-0.00067	-0.00067	-0.00067	-0.00066	-0.00040	0.01224	0.01224	-0.00013	
	M	0.00000	-0.00000	-0.00000	-0.00000	-0.00000	-0.00000	-0.00000	-0.00017	-0.00916	-0.50017	0.49983	0.00000	
40.00	Q	-0.00000	-0.00000	-0.00000	-0.00000	-0.00000	-0.00000	-0.00012	-0.00671	-0.36644	-20.00671	-20.00671	-0.73263	40.00
	V	0.00000	-0.00006	-0.00012	-0.00019	-0.00025	-0.00031	-0.00037	-0.00044	-0.00049	-0.00025	-0.00025	0.00000	
	V'	-0.00062	-0.00062	-0.00062	-0.00062	-0.00062	-0.00062	-0.00062	-0.00062	-0.00040	0.01188	0.01188	-0.00017	
	M	0.00000	-0.00000	-0.00000	-0.00000	-0.00000	-0.00000	-0.00000	-0.00013	-0.00808	-0.50013	0.49987	0.00000	
41.25	Q	-0.00000	-0.00000	-0.00000	-0.00000	-0.00000	-0.00000	-0.00009	-0.00539	-0.33346	-20.63039	-20.63039	-0.66674	41.25
	V	0.00000	-0.00006	-0.00012	-0.00018	-0.00024	-0.00029	-0.00035	-0.00041	-0.00047	-0.00024	-0.00024	0.00000	
	V'	-0.00059	-0.00059	-0.00059	-0.00059	-0.00059	-0.00059	-0.00059	-0.00058	-0.00039	0.01154	0.01154	-0.00020	
	M	0.00000	-0.00000	-0.00000	-0.00000	-0.00000	-0.00000	-0.00000	-0.00010	-0.00713	-0.50010	0.49990	0.00000	
42.50	Q	-0.00000	-0.00000	-0.00000	-0.00000	-0.00000	-0.00000	-0.00006	-0.00432	-0.30318	-21.25432	-21.25432	-0.60623	42.50
	V	0.00000	-0.00006	-0.00011	-0.00017	-0.00022	-0.00028	-0.00033	-0.00039	-0.00044	-0.00022	-0.00022	0.00000	
	V'	-0.00055	-0.00055	-0.00055	-0.00055	-0.00055	-0.00055	-0.00055	-0.00055	-0.00039	0.01121	0.01121	-0.00022	
	M	0.00000	-0.00000	-0.00000	-0.00000	-0.00000	-0.00000	-0.00000	-0.00008	-0.00630	-0.50008	0.49992	0.00000	
43.75	Q	-0.00000	-0.00000	-0.00000	-0.00000	-0.00000	-0.00000	-0.00004	-0.00347	-0.27541	-21.87847	-21.87847	-0.55073	43.75
	V	0.00000	-0.00005	-0.00010	-0.00016	-0.00021	-0.00026	-0.00031	-0.00037	-0.00041	-0.00021	-0.00021	0.00000	
	V'	-0.00052	-0.00052	-0.00052	-0.00052	-0.00052	-0.00052	-0.00052	-0.00052	-0.00038	0.01091	0.01091	-0.00023	
	M	0.00000	-0.00000	-0.00000	-0.00000	-0.00000	-0.00000	-0.00000	-0.00006	-0.00556	-0.50006	0.49994	0.00000	
45.00	Q	-0.00000	-0.00000	-0.00000	-0.00000	-0.00000	-0.00000	-0.00003	-0.00278	-0.24998	-22.50278	-22.50278	-0.49990	45.00
	V	0.00000	-0.00005	-0.00010	-0.00015	-0.00020	-0.00025	-0.00030	-0.00035	-0.00039	-0.00020	-0.00020	0.00000	
	V'	-0.00049	-0.00049	-0.00049	-0.00049	-0.00049	-0.00049	-0.00049	-0.00049	-0.00037	0.01062	0.01062	-0.00025	
	M	0.00000	-0.00000	-0.00000	-0.00000	-0.00000	-0.00000	-0.00000	-0.00005	-0.00490	-0.50005	0.49995	0.00000	
46.25	Q	-0.00000	-0.00000	-0.00000	-0.00000	-0.00000	-0.00000	-0.00002	-0.00222	-0.22673	-23.12722	-23.12722	-0.45342	46.25
	V	0.00000	-0.00005	-0.00009	-0.00014	-0.00019	-0.00023	-0.00028	-0.00033	-0.00037	-0.00019	-0.00019	0.00000	
	V'	-0.00047	-0.00047	-0.00047	-0.00047	-0.00047	-0.00047	-0.00047	-0.00047	-0.00036	0.01034	0.01034	-0.00026	
	M	0.00000	-0.00000	-0.00000	-0.00000	-0.00000	-0.00000	-0.00000	-0.00004	-0.00433	-0.50004	0.49996	0.00000	
47.50	Q	-0.00000	-0.00000	-0.00000	-0.00000	-0.00000	-0.00000	-0.00002	-0.00178	-0.20549	-23.75178	-23.75178	-0.41096	47.50
	V	0.00000	-0.00004	-0.00009	-0.00013	-0.00018	-0.00022	-0.00027	-0.00031	-0.00035	-0.00018	-0.00018	0.00000	
	V'	-0.00044	-0.00044	-0.00044	-0.00044	-0.00044	-0.00044	-0.00044	-0.00044	-0.00035	0.01008	0.01008	-0.00026	
	M	0.00000	-0.00000	-0.00000	-0.00000	-0.00000	-0.00000	-0.00000	-0.00003	-0.00382	-0.50003	0.49997	0.00000	
48.75	Q	-0.00000	-0.00000	-0.00000	-0.00000	-0.00000	-0.00000	-0.00001	-0.00142	-0.18612	-24.37642	-24.37642	-0.37221	48.75
	V	0.00000	-0.00004	-0.00008	-0.00013	-0.00017	-0.00021	-0.00025	-0.00029	-0.00034	-0.00017	-0.00017	0.00000	
	V'	-0.00042	-0.00042	-0.00042	-0.00042	-0.00042	-0.00042	-0.00042	-0.00042	-0.00034	0.00984	0.00984	-0.00026	
BETA	X/L =	0.00	0.10	0.20	0.30	0.40	0.50	0.60	0.70	0.80	L 0.90	R 0.90	1.00	BETA

XM/L = 0.90

FUNKTIONEN : F.M;M - F.M;Q - F.M;V - F.M;V'

FUNKTIONEN : F.MIM - F.MIQ - F.MIV - F.MIV'

XM/L = 1.00

BETA	X/L =	0.00	0.10	0.20	0.30	0.40	0.50	0.60	0.70	0.80	0.90	L 1.00	R 1.00	BETA
	M	0.00000	-0.10000	-0.20000	-0.30000	-0.40000	-0.50000	-0.60000	-0.70000	-0.80000	-0.90000	-1.00000	0.00000	
0.00	Q	-1.00000	-1.00000	-1.00000	-1.00000	-1.00000	-1.00000	-1.00000	-1.00000	-1.00000	-1.00000	-1.00000	-1.00000	0.00
	V	0.00000	-0.01650	-0.03200	-0.04550	-0.05600	-0.06250	-0.06400	-0.05950	-0.04800	-0.02850	0.00000	0.00000	
	V'	-0.16667	-0.16167	-0.14667	-0.12167	-0.08667	-0.04167	0.01333	0.07833	0.15333	0.23833	0.33333	0.33333	
	M	0.00000	-0.09898	-0.19801	-0.29718	-0.39652	-0.49612	-0.59602	-0.69630	-0.79702	-0.89823	-1.00000	0.00000	
0.25	Q	-0.98966	-0.98997	-0.99090	-0.99244	-0.99461	-0.99740	-1.00081	-1.00485	-1.00952	-1.01482	-1.02075	-1.02075	0.25
	V	0.00000	-0.01638	-0.03177	-0.04518	-0.05562	-0.06210	-0.06361	-0.05916	-0.04775	-0.02837	0.00000	0.00000	
	V'	-0.16546	-0.16051	-0.14566	-0.12090	-0.08622	-0.04159	0.01301	0.07763	0.15229	0.23705	0.33195	0.33195	
	M	0.00000	-0.09599	-0.19222	-0.28894	-0.38637	-0.48477	-0.58439	-0.68546	-0.78825	-0.89301	-1.00000	0.00000	
0.50	Q	-0.95952	-0.96072	-0.96432	-0.97033	-0.97877	-0.98966	-1.00302	-1.01889	-1.03731	-1.05832	-1.08198	-1.08198	0.50
	V	0.00000	-0.01603	-0.03111	-0.04426	-0.05452	-0.06091	-0.06246	-0.05816	-0.04701	-0.02797	-0.00000	0.00000	
	V'	-0.16193	-0.15713	-0.14272	-0.11867	-0.08491	-0.04136	0.01208	0.07556	0.14923	0.23328	0.32791	0.32791	
	M	0.00000	-0.09129	-0.18310	-0.27593	-0.37032	-0.46679	-0.56589	-0.66818	-0.77422	-0.88462	-1.00000	0.00000	
0.75	Q	-0.91206	-0.91462	-0.92234	-0.93524	-0.95341	-0.97694	-1.00597	-1.04066	-1.08121	-1.12785	-1.18083	-1.18083	0.75
	V	0.00000	-0.01548	-0.03005	-0.04279	-0.05276	-0.05904	-0.06064	-0.05658	-0.04583	-0.02734	0.00000	0.00000	
	V'	-0.15634	-0.15178	-0.13807	-0.11513	-0.08283	-0.04099	0.01062	0.07229	0.14438	0.22728	0.32147	0.32147	
	M	0.00000	-0.08523	-0.17132	-0.25912	-0.34952	-0.44341	-0.54174	-0.64549	-0.75571	-0.87348	-1.00000	0.00000	
1.00	Q	-0.85092	-0.85518	-0.86799	-0.88950	-0.91990	-0.95952	-1.00873	-1.06805	-1.13805	-1.21944	-1.31304	-1.31304	1.00
	V	0.00000	-0.01477	-0.02868	-0.04088	-0.05048	-0.05659	-0.05826	-0.05451	-0.04429	-0.02652	-0.00000	0.00000	
	V'	-0.14908	-0.14482	-0.13201	-0.11050	-0.08010	-0.04048	0.00873	0.06805	0.13805	0.21944	0.31304	0.31304	
	M	0.00000	-0.07823	-0.15769	-0.23962	-0.32529	-0.41606	-0.51333	-0.61864	-0.73362	-0.86008	-1.00000	0.00000	
1.25	Q	-0.78031	-0.78642	-0.80483	-0.83583	-0.87990	-0.93775	-1.01026	-1.09858	-1.20409	-1.32843	-1.47356	-1.47356	1.25
	V	0.00000	-0.01393	-0.02708	-0.03864	-0.04781	-0.05372	-0.05547	-0.05207	-0.04248	-0.02555	-0.00000	0.00000	
	V'	-0.14060	-0.13669	-0.12491	-0.10507	-0.07686	-0.03984	0.00657	0.06309	0.13062	0.21020	0.30308	0.30308	
	M	0.00000	-0.07071	-0.14302	-0.21854	-0.29900	-0.38619	-0.48210	-0.58886	-0.70891	-0.84493	-1.00000	0.00000	
1.50	Q	-0.70446	-0.71240	-0.73640	-0.77700	-0.83512	-0.91206	-1.00956	-1.12981	-1.27554	-1.45002	-1.65719	-1.65719	1.50
	V	0.00000	-0.01302	-0.02533	-0.03620	-0.04489	-0.05058	-0.05240	-0.04939	-0.04049	-0.02448	-0.00000	0.00000	
	V'	-0.13135	-0.12782	-0.11715	-0.09911	-0.07328	-0.03909	0.00425	0.05770	0.12246	0.20001	0.29208	0.29208	
	M	0.00000	-0.06304	-0.12801	-0.19691	-0.27185	-0.35515	-0.44934	-0.55734	-0.68244	-0.82850	-1.00000	0.00000	
1.75	Q	-0.62715	-0.63677	-0.66595	-0.71558	-0.78718	-0.88294	-1.00581	-1.15957	-1.34893	-1.57970	-1.85898	-1.85898	1.75
	V	0.00000	-0.01207	-0.02351	-0.03366	-0.04184	-0.04730	-0.04919	-0.04658	-0.03839	-0.02335	-0.00000	0.00000	
	V'	-0.12175	-0.11860	-0.10908	-0.09287	-0.06949	-0.03822	0.00190	0.05210	0.11394	0.18929	0.28048	0.28048	
	M	0.00000	-0.05551	-0.11325	-0.17554	-0.24487	-0.32403	-0.41619	-0.52506	-0.65499	-0.81122	-1.00000	0.00000	
2.00	Q	-0.55144	-0.56251	-0.59615	-0.65371	-0.73752	-0.85092	-0.99847	-1.18609	-1.42132	-1.71359	-2.07463	-2.07463	2.00
	V	0.00000	-0.01112	-0.02169	-0.03112	-0.03878	-0.04399	-0.04595	-0.04374	-0.03625	-0.02220	-0.00000	0.00000	
	V'	-0.11214	-0.10937	-0.10096	-0.08657	-0.06562	-0.03727	-0.00038	0.04652	0.10533	0.17840	0.26866	0.26866	
	M	0.00000	-0.04837	-0.09920	-0.15507	-0.21882	-0.29370	-0.38351	-0.49281	-0.62717	-0.79342	-1.00000	0.00000	
2.25	Q	-0.47962	-0.49182	-0.52901	-0.59310	-0.68734	-0.81653	-0.98723	-1.20811	-1.49042	-1.84850	-2.30055	-2.30055	2.25
	V	0.00000	-0.01020	-0.01991	-0.02863	-0.03579	-0.04075	-0.04276	-0.04093	-0.03414	-0.02105	-0.00000	0.00000	
	V'	-0.10279	-0.10038	-0.09303	-0.08038	-0.06176	-0.03624	-0.00252	0.04111	0.09687	0.16760	0.25690	0.25690	
BETA	X/L =	0.00	0.10	0.20	0.30	0.40	0.50	0.60	0.70	0.80	0.90	L 1.00	R 1.00	BETA

XM/L = 1.00

FUNKTIONEN : F.MIM - F.MIQ - F.MIV - F.MIV'

FUNKTIONEN : F.M;M - F.M;Q - F.M;V - F.M;V'

XM/L = 1.00

BETA	X/L =	0.00	0.10	0.20	0.30	0.40	0.50	0.60	0.70	0.80	0.90	L 1.00	R 1.00	BETA
	M	0.00000	-0.04175	-0.08613	-0.13592	-0.19424	-0.26477	-0.35194	-0.46121	-0.59946	-0.77537	-1.00000	0.00000	
2.50	Q	-0.41321	-0.42619	-0.46595	-0.53498	-0.63762	-0.78031	-0.97204	-1.22483	-1.55457	-1.98199	-2.53392	-2.53392	2.50
	V	0.00000	-0.00932	-0.01822	-0.02625	-0.03292	-0.03764	-0.03969	-0.03821	-0.03209	-0.01994	-0.00000	0.00000	
	V'	-0.09389	-0.09181	-0.08545	-0.07440	-0.05798	-0.03515	-0.00447	0.03597	0.08873	0.15712	0.24543	0.24543	
	M	0.00000	-0.03575	-0.07422	-0.11834	-0.17147	-0.23765	-0.32191	-0.43067	-0.57220	-0.75729	-1.00000	0.00000	
2.75	Q	-0.35305	-0.36648	-0.40780	-0.48016	-0.58906	-0.74279	-0.95305	-1.23584	-1.61268	-2.11225	-2.77257	-2.77257	2.75
	V	0.00000	-0.00850	-0.01663	-0.02402	-0.03022	-0.03469	-0.03677	-0.03561	-0.03012	-0.01887	-0.00000	0.00000	
	V'	-0.08555	-0.08377	-0.07831	-0.06874	-0.05434	-0.03401	-0.00621	0.03119	0.08102	0.14707	0.23439	0.23439	
	M	0.00000	-0.03040	-0.06355	-0.10247	-0.15068	-0.21255	-0.29369	-0.40147	-0.54565	-0.73930	-1.00000	0.00000	
3.00	Q	-0.29946	-0.31304	-0.35500	-0.42916	-0.54223	-0.70446	-0.93058	-1.24108	-1.66411	-2.23804	-3.01491	-3.01491	3.00
	V	0.00000	-0.00773	-0.01516	-0.02195	-0.02770	-0.03194	-0.03403	-0.03317	-0.02826	-0.01786	-0.00000	0.00000	
	V'	-0.07784	-0.07633	-0.07167	-0.06343	-0.05086	-0.03284	-0.00771	0.02679	0.07379	0.13756	0.22388	0.22388	
	M	0.00000	-0.02569	-0.05411	-0.08830	-0.13191	-0.18956	-0.26742	-0.37377	-0.51995	-0.72153	-1.00000	0.00000	
3.25	Q	-0.25241	-0.26586	-0.30764	-0.38220	-0.49748	-0.66578	-0.90502	-1.24069	-1.70858	-2.35852	-3.25979	-3.25979	3.25
	V	0.00000	-0.00704	-0.01381	-0.02004	-0.02538	-0.02939	-0.03149	-0.03089	-0.02651	-0.01690	-0.00000	0.00000	
	V'	-0.07078	-0.06950	-0.06555	-0.05849	-0.04758	-0.03164	-0.00899	0.02279	0.06708	0.12862	0.21394	0.21394	
	M	0.00000	-0.02159	-0.04586	-0.07580	-0.11511	-0.16868	-0.24312	-0.34765	-0.49520	-0.70404	-1.00000	0.00000	
3.50	Q	-0.21157	-0.22467	-0.26556	-0.33932	-0.45508	-0.62715	-0.87683	-1.23503	-1.74607	-2.47319	-3.50639	-3.50639	3.50
	V	0.00000	-0.00640	-0.01258	-0.01830	-0.02326	-0.02705	-0.02913	-0.02876	-0.02488	-0.01600	-0.00000	0.00000	
	V'	-0.06436	-0.06329	-0.05995	-0.05393	-0.04448	-0.03044	-0.01005	0.01919	0.06090	0.12026	0.20460	0.20460	
	M	0.00000	-0.01806	-0.03870	-0.06484	-0.10021	-0.14983	-0.22077	-0.32313	-0.47146	-0.68686	-1.00000	0.00000	
3.75	Q	-0.17648	-0.18904	-0.22849	-0.30045	-0.41515	-0.58893	-0.84650	-1.22451	-1.77675	-2.58178	-3.75415	-3.75415	3.75
	V	0.00000	-0.00583	-0.01147	-0.01672	-0.02132	-0.02490	-0.02697	-0.02680	-0.02336	-0.01516	-0.00000	0.00000	
	V'	-0.05856	-0.05767	-0.05486	-0.04975	-0.04159	-0.02923	-0.01092	0.01597	0.05524	0.11248	0.19585	0.19585	
	M	0.00000	-0.01505	-0.03254	-0.05531	-0.08705	-0.13290	-0.20030	-0.30018	-0.44873	-0.67004	-1.00000	0.00000	
4.00	Q	-0.14657	-0.15846	-0.19603	-0.26540	-0.37779	-0.55144	-0.81451	-1.20964	-1.80091	-2.68418	-4.00268	-4.00268	4.00
	V	0.00000	-0.00531	-0.01047	-0.01529	-0.01956	-0.02294	-0.02498	-0.02499	-0.02195	-0.01437	-0.00000	0.00000	
	V'	-0.05334	-0.05260	-0.05025	-0.04591	-0.03889	-0.02803	-0.01159	0.01310	0.05006	0.10526	0.18767	0.18767	
	M	0.00000	-0.01250	-0.02728	-0.04707	-0.07549	-0.11775	-0.18161	-0.27876	-0.42703	-0.65359	-1.00000	0.00000	
4.25	Q	-0.12127	-0.13239	-0.16778	-0.23394	-0.34299	-0.51494	-0.78130	-1.19092	-1.81891	-2.78041	-4.25173	-4.25173	4.25
	V	0.00000	-0.00484	-0.00956	-0.01400	-0.01797	-0.02116	-0.02316	-0.02332	-0.02065	-0.01364	-0.00000	0.00000	
	V'	-0.04865	-0.04803	-0.04607	-0.04241	-0.03637	-0.02685	-0.01211	0.01057	0.04534	0.09857	0.18003	0.18003	
	M	0.00000	-0.01034	-0.02281	-0.03998	-0.06538	-0.10424	-0.16457	-0.25880	-0.40632	-0.63751	-1.00000	0.00000	
4.50	Q	-0.09999	-0.11029	-0.14330	-0.20582	-0.31073	-0.47962	-0.74730	-1.16887	-1.83116	-2.87055	-4.50111	-4.50111	4.50
	V	0.00000	-0.00443	-0.00875	-0.01284	-0.01652	-0.01954	-0.02150	-0.02179	-0.01944	-0.01296	0.00000	0.00000	
	V'	-0.04444	-0.04394	-0.04231	-0.03922	-0.03404	-0.02570	-0.01248	0.00834	0.04104	0.09237	0.17289	0.17289	
	M	0.00000	-0.00853	-0.01903	-0.03389	-0.05655	-0.09222	-0.14908	-0.24022	-0.38658	-0.62181	-1.00000	0.00000	
4.75	Q	-0.08220	-0.09165	-0.12216	-0.18077	-0.28093	-0.44567	-0.71288	-1.14398	-1.83808	-2.95475	-4.75071	-4.75071	4.75
	V	0.00000	-0.00405	-0.00802	-0.01179	-0.01522	-0.01807	-0.01999	-0.02038	-0.01832	-0.01233	-0.00000	0.00000	
	V'	-0.04068	-0.04026	-0.03891	-0.03631	-0.03187	-0.02457	-0.01273	0.00638	0.03714	0.08664	0.16624	0.16624	

BETA | X/L = | 0.00 | 0.10 | 0.20 | 0.30 | 0.40 | 0.50 | 0.60 | 0.70 | 0.80 | 0.90 | L 1.00 | R 1.00 | BETA

XM/L = 1.00

FUNKTIONEN : F.M;M - F.M;Q - F.M;V - F.M;V'

FUNKTIONEN : F.M;M - F.M;Q - F.M;V - F.M;V'

XM/L = 1.00

BETA	X/L =	0.00	0.10	0.20	0.30	0.40	0.50	0.60	0.70	0.80	0.90	L 1.00	R 1.00	BETA
	M	0.00000	-0.00702	-0.01584	-0.02870	-0.04888	-0.08154	-0.13501	-0.22294	-0.36777	-0.60648	-1.00000	0.00000	
5.00	Q	-0.06738	-0.07598	-0.10398	-0.15851	-0.25351	-0.41321	-0.67838	-1.11672	-1.84010	-3.03317	-5.00045	-5.00045	5.00
	V	0.00000	-0.00372	-0.00737	-0.01085	-0.01404	-0.01674	-0.01860	-0.01908	-0.01729	-0.01174	-0.00000	0.00000	
	V'	-0.03730	-0.03696	-0.03584	-0.03366	-0.02986	-0.02347	-0.01286	0.00467	0.03360	0.08133	0.16002	0.16002	
	M	0.00000	-0.00577	-0.01316	-0.02426	-0.04221	-0.07206	-0.12223	-0.20688	-0.34987	-0.59153	-1.00000	0.00000	
5.25	Q	-0.05510	-0.06287	-0.08837	-0.13879	-0.22835	-0.38231	-0.64409	-1.08752	-1.83764	-3.10600	-5.25029	-5.25029	5.25
	V	0.00000	-0.00342	-0.00678	-0.01000	-0.01298	-0.01553	-0.01733	-0.01789	-0.01633	-0.01119	-0.00000	0.00000	
	V'	-0.03428	-0.03400	-0.03308	-0.03125	-0.02800	-0.02241	-0.01291	0.00318	0.03039	0.07641	0.15421	0.15421	
	M	0.00000	-0.00473	-0.01092	-0.02050	-0.03643	-0.06367	-0.11065	-0.19197	-0.33283	-0.57693	-1.00000	0.00000	
5.50	Q	-0.04496	-0.05193	-0.07501	-0.12136	-0.20535	-0.35305	-0.61026	-1.05677	-1.83110	-3.17344	-5.50018	-5.50018	5.50
	V	0.00000	-0.00315	-0.00625	-0.00924	-0.01202	-0.01442	-0.01618	-0.01679	-0.01544	-0.01068	-0.00000	0.00000	
	V'	-0.03157	-0.03134	-0.03058	-0.02905	-0.02627	-0.02139	-0.01288	0.00188	0.02747	0.07185	0.14877	0.14877	
	M	0.00000	-0.00387	-0.00904	-0.01730	-0.03143	-0.05624	-0.10016	-0.17812	-0.31661	-0.56269	-1.00000	0.00000	
5.75	Q	-0.03660	-0.04282	-0.06359	-0.10598	-0.18437	-0.32543	-0.57708	-1.02483	-1.82086	-3.23569	-5.75012	-5.75012	5.75
	V	0.00000	-0.00291	-0.00578	-0.00855	-0.01115	-0.01342	-0.01512	-0.01578	-0.01462	-0.01020	-0.00000	0.00000	
	V'	-0.02914	-0.02895	-0.02832	-0.02704	-0.02467	-0.02040	-0.01279	0.00075	0.02483	0.06762	0.14367	0.14367	
	M	0.00000	-0.00316	-0.00748	-0.01459	-0.02710	-0.04966	-0.09065	-0.16526	-0.30118	-0.54880	-1.00000	0.00000	
6.00	Q	-0.02975	-0.03526	-0.05386	-0.09243	-0.16529	-0.29946	-0.54472	-0.99202	-1.80730	-3.29296	-6.00007	-6.00007	6.00
	V	0.00000	-0.00269	-0.00535	-0.00793	-0.01036	-0.01251	-0.01415	-0.01485	-0.01386	-0.00976	-0.00000	0.00000	
	V'	-0.02695	-0.02680	-0.02628	-0.02521	-0.02319	-0.01946	-0.01265	-0.00022	0.02242	0.06369	0.13889	0.13889	
	M	0.00000	-0.00257	-0.00618	-0.01229	-0.02336	-0.04385	-0.08204	-0.15333	-0.28649	-0.53526	-1.00000	0.00000	
6.25	Q	-0.02413	-0.02900	-0.04557	-0.08053	-0.14798	-0.27514	-0.51332	-0.95862	-1.79074	-3.34544	-6.25005	-6.25005	6.25
	V	0.00000	-0.00249	-0.00496	-0.00737	-0.00964	-0.01168	-0.01326	-0.01399	-0.01315	-0.00934	-0.00000	0.00000	
	V'	-0.02498	-0.02486	-0.02443	-0.02354	-0.02181	-0.01856	-0.01246	-0.00106	0.02024	0.06004	0.13440	0.13440	
	M	0.00000	-0.00210	-0.00511	-0.01035	-0.02013	-0.03872	-0.07424	-0.14226	-0.27252	-0.52204	-1.00000	0.00000	
6.50	Q	-0.01954	-0.02382	-0.03852	-0.07008	-0.13230	-0.25241	-0.48298	-0.92489	-1.77151	-3.39333	-6.50003	-6.50003	6.50
	V	0.00000	-0.00232	-0.00461	-0.00686	-0.00899	-0.01092	-0.01244	-0.01320	-0.01248	-0.00895	-0.00000	0.00000	
	V'	-0.02321	-0.02310	-0.02276	-0.02201	-0.02054	-0.01769	-0.01224	-0.00178	0.01826	0.05665	0.13018	0.13018	
	M	0.00000	-0.00170	-0.00421	-0.00872	-0.01734	-0.03418	-0.06719	-0.13198	-0.25924	-0.50915	-1.00000	0.00000	
6.75	Q	-0.01581	-0.01955	-0.03254	-0.06092	-0.11813	-0.23124	-0.45378	-0.89103	-1.74991	-3.43683	-6.75002	-6.75002	6.75
	V	0.00000	-0.00216	-0.00430	-0.00639	-0.00840	-0.01022	-0.01169	-0.01247	-0.01187	-0.00858	-0.00000	0.00000	
	V'	-0.02160	-0.02152	-0.02123	-0.02061	-0.01936	-0.01687	-0.01199	-0.00239	0.01646	0.05348	0.12620	0.12620	
	M	0.00000	-0.00138	-0.00347	-0.00733	-0.01494	-0.03017	-0.06080	-0.12245	-0.24659	-0.49658	-1.00000	0.00000	
7.00	Q	-0.01277	-0.01602	-0.02746	-0.05291	-0.10536	-0.21157	-0.42577	-0.85724	-1.72620	-3.47611	-7.00001	-7.00001	7.00
	V	0.00000	-0.00201	-0.00401	-0.00597	-0.00786	-0.00959	-0.01100	-0.01179	-0.01129	-0.00823	-0.00000	0.00000	
	V'	-0.02015	-0.02008	-0.01985	-0.01933	-0.01826	-0.01609	-0.01172	-0.00291	0.01482	0.05053	0.12245	0.12245	
	M	0.00000	-0.00112	-0.00286	-0.00617	-0.01287	-0.02663	-0.05501	-0.11360	-0.23457	-0.48432	-1.00000	0.00000	
7.25	Q	-0.01030	-0.01312	-0.02316	-0.04591	-0.09386	-0.19334	-0.39899	-0.82369	-1.70065	-3.51136	-7.25001	-7.25001	7.25
	V	0.00000	-0.00188	-0.00375	-0.00559	-0.00737	-0.00901	-0.01037	-0.01116	-0.01076	-0.00791	-0.00000	0.00000	
	V'	-0.01883	-0.01878	-0.01858	-0.01815	-0.01724	-0.01535	-0.01143	-0.00335	0.01333	0.04778	0.11891	0.11891	
BETA	X/L =	0.00	0.10	0.20	0.30	0.40	0.50	0.60	0.70	0.80	0.90	L 1.00	R 1.00	BETA

XM/L = 1.00

FUNKTIONEN : F.M;M - F.M;Q - F.M;V - F.M;V'

Z U G S T A E B E -255-

FUNKTIONEN : F.M;M - F.M;Q - F.M;V - F.M;V'

XM/L = 1.00

BETA	X/L =	0.00	0.10	0.20	0.30	0.40	0.50	0.60	0.70	0.80	0.90	L 1.00	R 1.00	BETA
	M	0.00000	-0.00091	-0.00236	-0.00519	-0.01108	-0.02350	-0.04978	-0.10540	-0.22313	-0.47237	-1.00000	0.00000	
7.50	Q	-0.00830	-0.01074	-0.01952	-0.03979	-0.08352	-0.17648	-0.37345	-0.79052	-1.67349	-3.54276	-7.50000	-7.50000	7.50
	V	0.00000	-0.00176	-0.00351	-0.00524	-0.00691	-0.00847	-0.00978	-0.01057	-0.01026	-0.00760	-0.00000	0.00000	
	V'	-0.01763	-0.01759	-0.01743	-0.01707	-0.01629	-0.01464	-0.01114	-0.00372	0.01197	0.04520	0.11556	0.11556	
	M	0.00000	-0.00074	-0.00194	-0.00436	-0.00954	-0.02075	-0.04505	-0.09778	-0.21225	-0.46070	-1.00000	0.00000	
7.75	Q	-0.00668	-0.00878	-0.01644	-0.03447	-0.07425	-0.16092	-0.34916	-0.75784	-1.64493	-3.57046	-7.75000	-7.75000	7.75
	V	0.00000	-0.00165	-0.00330	-0.00492	-0.00650	-0.00798	-0.00924	-0.01003	-0.00979	-0.00731	-0.00000	0.00000	
	V'	-0.01654	-0.01650	-0.01638	-0.01608	-0.01541	-0.01397	-0.01084	-0.00403	0.01074	0.04280	0.11238	0.11238	
	M	0.00000	-0.00060	-0.00159	-0.00367	-0.00822	-0.01831	-0.04076	-0.09072	-0.20190	-0.44933	-1.00000	0.00000	
8.00	Q	-0.00537	-0.00718	-0.01383	-0.02983	-0.06595	-0.14657	-0.32612	-0.72575	-1.61518	-3.59463	-8.00000	-8.00000	8.00
	V	0.00000	-0.00155	-0.00310	-0.00463	-0.00612	-0.00753	-0.00874	-0.00952	-0.00935	-0.00704	-0.00000	0.00000	
	V'	-0.01554	-0.01551	-0.01541	-0.01516	-0.01459	-0.01333	-0.01053	-0.00429	0.00961	0.04054	0.10938	0.10938	
	M	0.00000	-0.00048	-0.00131	-0.00308	-0.00707	-0.01616	-0.03688	-0.08416	-0.19205	-0.43823	-1.00000	0.00000	
8.25	Q	-0.00431	-0.00586	-0.01164	-0.02579	-0.05852	-0.13338	-0.30430	-0.69435	-1.58441	-3.61544	-8.25000	-8.25000	8.25
	V	0.00000	-0.00146	-0.00292	-0.00436	-0.00577	-0.00711	-0.00827	-0.00905	-0.00893	-0.00678	-0.00000	0.00000	
	V'	-0.01463	-0.01461	-0.01452	-0.01431	-0.01383	-0.01273	-0.01022	-0.00449	0.00859	0.03843	0.10652	0.10652	
	M	0.00000	-0.00039	-0.00108	-0.00259	-0.00609	-0.01426	-0.03337	-0.07808	-0.18268	-0.42741	-1.00000	0.00000	
8.50	Q	-0.00346	-0.00479	-0.00978	-0.02228	-0.05188	-0.12127	-0.28368	-0.66370	-1.55281	-3.63303	-8.50000	-8.50000	8.50
	V	0.00000	-0.00138	-0.00275	-0.00412	-0.00545	-0.00672	-0.00784	-0.00861	-0.00854	-0.00654	-0.00000	0.00000	
	V'	-0.01379	-0.01377	-0.01371	-0.01353	-0.01312	-0.01216	-0.00991	-0.00465	0.00765	0.03644	0.10381	0.10381	
	M	0.00000	-0.00031	-0.00088	-0.00218	-0.00524	-0.01259	-0.03020	-0.07244	-0.17377	-0.41686	-1.00000	0.00000	
8.75	Q	-0.00277	-0.00390	-0.00822	-0.01924	-0.04596	-0.11016	-0.26423	-0.63385	-1.52052	-3.64754	-8.75000	-8.75000	8.75
	V	0.00000	-0.00130	-0.00260	-0.00389	-0.00516	-0.00637	-0.00744	-0.00820	-0.00818	-0.00631	-0.00000	0.00000	
	V'	-0.01303	-0.01301	-0.01295	-0.01281	-0.01246	-0.01162	-0.00961	-0.00478	0.00680	0.03458	0.10122	0.10122	
	M	0.00000	-0.00025	-0.00073	-0.00183	-0.00451	-0.01111	-0.02732	-0.06721	-0.16530	-0.40657	-1.00000	0.00000	
9.00	Q	-0.00222	-0.00318	-0.00690	-0.01660	-0.04068	-0.09999	-0.24592	-0.60485	-1.48769	-3.65913	-9.00000	-9.00000	9.00
	V	0.00000	-0.00123	-0.00246	-0.00368	-0.00488	-0.00604	-0.00707	-0.00781	-0.00784	-0.00609	0.00000	0.00000	
	V'	-0.01232	-0.01231	-0.01226	-0.01214	-0.01184	-0.01111	-0.00931	-0.00488	0.00602	0.03283	0.09877	0.09877	
	M	0.00000	-0.00020	-0.00060	-0.00154	-0.00389	-0.00980	-0.02472	-0.06235	-0.15724	-0.39653	-1.00000	0.00000	
9.25	Q	-0.00178	-0.00259	-0.00579	-0.01431	-0.03598	-0.09069	-0.22870	-0.57673	-1.45444	-3.66792	-9.25000	-9.25000	9.25
	V	0.00000	-0.00117	-0.00233	-0.00349	-0.00463	-0.00573	-0.00672	-0.00745	-0.00751	-0.00588	-0.00000	0.00000	
	V'	-0.01167	-0.01166	-0.01162	-0.01152	-0.01127	-0.01063	-0.00901	-0.00495	0.00531	0.03118	0.09642	0.09642	
	M	0.00000	-0.00016	-0.00049	-0.00129	-0.00334	-0.00865	-0.02237	-0.05784	-0.14957	-0.38674	-1.00000	0.00000	
9.50	Q	-0.00142	-0.00211	-0.00486	-0.01233	-0.03180	-0.08220	-0.21252	-0.54952	-1.42090	-3.67404	-9.50000	-9.50000	9.50
	V	0.00000	-0.00111	-0.00221	-0.00331	-0.00440	-0.00544	-0.00640	-0.00712	-0.00721	-0.00569	-0.00000	0.00000	
	V'	-0.01106	-0.01106	-0.01103	-0.01094	-0.01073	-0.01017	-0.00873	-0.00499	0.00466	0.02963	0.09418	0.09418	
	M	0.00000	-0.00013	-0.00040	-0.00108	-0.00288	-0.00763	-0.02024	-0.05366	-0.14227	-0.37719	-1.00000	0.00000	
9.75	Q	-0.00114	-0.00172	-0.00408	-0.01062	-0.02809	-0.07445	-0.19736	-0.52323	-1.38717	-3.67763	-9.75000	-9.75000	9.75
	V	0.00000	-0.00105	-0.00210	-0.00314	-0.00418	-0.00518	-0.00610	-0.00680	-0.00692	-0.00550	-0.00000	0.00000	
	V'	-0.01051	-0.01050	-0.01048	-0.01041	-0.01022	-0.00974	-0.00844	-0.00502	0.00407	0.02817	0.09204	0.09204	
BETA	X/L =	0.00	0.10	0.20	0.30	0.40	0.50	0.60	0.70	0.80	0.90	L 1.00	R 1.00	BETA

XM/L = 1.00

FUNKTIONEN : F.M;M - F.M;Q - F.M;V - F.M;V'

FUNKTIONEN : F.MIM - F.MIQ - F.MIV - F.MIV'

XM/L = 1.00

BETA	X/L =	0.00	0.10	0.20	0.30	0.40	0.50	0.60	0.70	0.80	0.90	L 1.00	R 1.00	BETA
	M	0.00000	-0.00011	-0.00033	-0.00091	-0.00248	-0.00674	-0.01832	-0.04979	-0.13534	-0.36788	-1.00000	0.00000	
10.00	Q	-0.00091	-0.00140	-0.00342	-0.00914	-0.02480	-0.06738	-0.18316	-0.49787	-1.35335	-3.67879	-10.00000	-10.00000	10.00
	V	0.00000	-0.00100	-0.00200	-0.00299	-0.00398	-0.00493	-0.00582	-0.00650	-0.00665	-0.00532	-0.00000	0.00000	
	V'	-0.00999	-0.00999	-0.00997	-0.00991	-0.00975	-0.00933	-0.00817	-0.00502	0.00353	0.02679	0.09000	0.09000	
	M	0.00000	-0.00009	-0.00027	-0.00076	-0.00213	-0.00595	-0.01657	-0.04619	-0.12873	-0.35880	-1.00000	0.00000	
10.25	Q	-0.00072	-0.00114	-0.00286	-0.00786	-0.02187	-0.06095	-0.16987	-0.47344	-1.31953	-3.67766	-10.25000	-10.25000	10.25
	V	0.00000	-0.00095	-0.00190	-0.00285	-0.00379	-0.00470	-0.00555	-0.00622	-0.00639	-0.00515	-0.00000	0.00000	
	V'	-0.00951	-0.00951	-0.00949	-0.00944	-0.00931	-0.00894	-0.00790	-0.00501	0.00304	0.02549	0.08804	0.08804	
	M	0.00000	-0.00007	-0.00022	-0.00064	-0.00184	-0.00525	-0.01500	-0.04285	-0.12246	-0.34994	-1.00000	0.00000	
10.50	Q	-0.00058	-0.00093	-0.00240	-0.00676	-0.01929	-0.05510	-0.15745	-0.44995	-1.28579	-3.67435	-10.50000	-10.50000	10.50
	V	0.00000	-0.00091	-0.00181	-0.00272	-0.00361	-0.00449	-0.00531	-0.00596	-0.00615	-0.00499	-0.00000	0.00000	
	V'	-0.00907	-0.00906	-0.00905	-0.00901	-0.00890	-0.00857	-0.00764	-0.00499	0.00259	0.02426	0.08617	0.08617	
	M	0.00000	-0.00006	-0.00018	-0.00054	-0.00158	-0.00463	-0.01357	-0.03976	-0.11648	-0.34130	-1.00000	0.00000	
10.75	Q	-0.00046	-0.00075	-0.00201	-0.00581	-0.01699	-0.04978	-0.14586	-0.42737	-1.25220	-3.66895	-10.75000	-10.75000	10.75
	V	0.00000	-0.00086	-0.00173	-0.00259	-0.00345	-0.00429	-0.00507	-0.00571	-0.00591	-0.00483	-0.00000	0.00000	
	V'	-0.00865	-0.00865	-0.00864	-0.00860	-0.00851	-0.00822	-0.00739	-0.00496	0.00218	0.02310	0.08437	0.08437	
	M	0.00000	-0.00004	-0.00015	-0.00045	-0.00136	-0.00409	-0.01228	-0.03688	-0.11080	-0.33287	-1.00000	0.00000	
11.00	Q	-0.00037	-0.00061	-0.00168	-0.00499	-0.01497	-0.04496	-0.13505	-0.40571	-1.21883	-3.66158	-11.00000	-11.00000	11.00
	V	0.00000	-0.00083	-0.00165	-0.00248	-0.00329	-0.00410	-0.00486	-0.00548	-0.00570	-0.00469	-0.00000	0.00000	
	V'	-0.00826	-0.00826	-0.00825	-0.00822	-0.00814	-0.00789	-0.00715	-0.00491	0.00181	0.02200	0.08264	0.08264	
	M	0.00000	-0.00004	-0.00012	-0.00038	-0.00117	-0.00361	-0.01111	-0.03422	-0.10540	-0.32465	-1.00000	0.00000	
11.25	Q	-0.00029	-0.00050	-0.00140	-0.00428	-0.01317	-0.04057	-0.12498	-0.38495	-1.18574	-3.65234	-11.25000	-11.25000	11.25
	V	0.00000	-0.00079	-0.00158	-0.00237	-0.00315	-0.00392	-0.00465	-0.00526	-0.00549	-0.00455	-0.00000	0.00000	
	V'	-0.00790	-0.00790	-0.00789	-0.00787	-0.00780	-0.00758	-0.00691	-0.00486	0.00147	0.02096	0.08099	0.08099	
	M	0.00000	-0.00003	-0.00010	-0.00032	-0.00101	-0.00318	-0.01005	-0.03175	-0.10026	-0.31664	-1.00000	0.00000	
11.50	Q	-0.00023	-0.00040	-0.00117	-0.00367	-0.01159	-0.03660	-0.11560	-0.36507	-1.15298	-3.64132	-11.50000	-11.50000	11.50
	V	0.00000	-0.00076	-0.00151	-0.00227	-0.00302	-0.00376	-0.00446	-0.00505	-0.00529	-0.00441	-0.00000	0.00000	
	V'	-0.00756	-0.00756	-0.00755	-0.00753	-0.00747	-0.00728	-0.00669	-0.00480	0.00116	0.01997	0.07940	0.07940	
	M	0.00000	-0.00002	-0.00008	-0.00027	-0.00087	-0.00281	-0.00910	-0.02945	-0.09537	-0.30882	-1.00000	0.00000	
11.75	Q	-0.00019	-0.00033	-0.00098	-0.00315	-0.01019	-0.03300	-0.10687	-0.34606	-1.12059	-3.62862	-11.75000	-11.75000	11.75
	V	0.00000	-0.00072	-0.00145	-0.00217	-0.00289	-0.00360	-0.00428	-0.00486	-0.00510	-0.00428	-0.00000	0.00000	
	V'	-0.00724	-0.00724	-0.00724	-0.00722	-0.00717	-0.00700	-0.00647	-0.00474	0.00087	0.01904	0.07786	0.07786	
	M	0.00000	-0.00002	-0.00007	-0.00022	-0.00075	-0.00248	-0.00823	-0.02732	-0.09072	-0.30119	-1.00000	0.00000	
12.00	Q	-0.00015	-0.00027	-0.00082	-0.00270	-0.00896	-0.02975	-0.09876	-0.32788	-1.08862	-3.61433	-12.00000	-12.00000	12.00
	V	0.00000	-0.00069	-0.00139	-0.00208	-0.00277	-0.00346	-0.00411	-0.00467	-0.00493	-0.00416	-0.00000	0.00000	
	V'	-0.00694	-0.00694	-0.00694	-0.00693	-0.00688	-0.00674	-0.00626	-0.00467	0.00062	0.01816	0.07639	0.07639	
	M	0.00000	-0.00001	-0.00006	-0.00019	-0.00064	-0.00219	-0.00745	-0.02535	-0.08629	-0.29376	-1.00000	0.00000	
12.25	Q	-0.00012	-0.00022	-0.00068	-0.00231	-0.00787	-0.02680	-0.09122	-0.31053	-1.05710	-3.59853	-12.25000	-12.25000	12.25
	V	0.00000	-0.00067	-0.00133	-0.00200	-0.00266	-0.00332	-0.00395	-0.00450	-0.00476	-0.00404	-0.00000	0.00000	
	V'	-0.00666	-0.00666	-0.00666	-0.00665	-0.00661	-0.00649	-0.00606	-0.00459	0.00038	0.01732	0.07497	0.07497	
BETA	X/L =	0.00	0.10	0.20	0.30	0.40	0.50	0.60	0.70	0.80	0.90	L 1.00	R 1.00	BETA

XM/L = 1.00

FUNKTIONEN : F.MIM - F.MIQ - F.MIV - F.MIV'

FUNKTIONEN : F.M;M - F.M;Q - F.M;V - F.M;V'

XM/L = 1.00

BETA	X/L =	0.00	0.10	0.20	0.30	0.40	0.50	0.60	0.70	0.80	0.90	L 1.00	R 1.00	BETA
	M	0.00000	-0.00001	-0.00005	-0.00016	-0.00055	-0.00193	-0.00674	-0.02352	-0.08208	-0.28650	-1.00000	0.00000	
12.50	Q	-0.00009	-0.00018	-0.00057	-0.00198	-0.00691	-0.02413	-0.08422	-0.29397	-1.02606	-3.58131	-12.50000	-12.50000	12.50
	V	0.00000	-0.00064	-0.00128	-0.00192	-0.00256	-0.00319	-0.00380	-0.00433	-0.00459	-0.00393	-0.00000	0.00000	
	V'	-0.00640	-0.00640	-0.00640	-0.00639	-0.00636	-0.00625	-0.00586	-0.00452	0.00017	0.01652	0.07360	0.07360	
	M	0.00000	-0.00001	-0.00004	-0.00013	-0.00048	-0.00170	-0.00610	-0.02182	-0.07808	-0.27943	-1.00000	0.00000	
12.75	Q	-0.00007	-0.00014	-0.00048	-0.00170	-0.00607	-0.02172	-0.07773	-0.27819	-0.99554	-3.56274	-12.75000	-12.75000	12.75
	V	0.00000	-0.00062	-0.00123	-0.00184	-0.00246	-0.00307	-0.00365	-0.00417	-0.00444	-0.00382	-0.00000	0.00000	
	V'	-0.00615	-0.00615	-0.00615	-0.00614	-0.00611	-0.00602	-0.00567	-0.00444	-0.00003	0.01576	0.07228	0.07228	
	M	0.00000	-0.00001	-0.00003	-0.00011	-0.00041	-0.00150	-0.00552	-0.02024	-0.07427	-0.27253	-1.00000	0.00000	
13.00	Q	-0.00006	-0.00012	-0.00040	-0.00145	-0.00533	-0.01954	-0.07172	-0.26314	-0.96556	-3.54291	-13.00000	-13.00000	13.00
	V	0.00000	-0.00059	-0.00118	-0.00177	-0.00236	-0.00295	-0.00352	-0.00402	-0.00429	-0.00371	-0.00000	0.00000	
	V'	-0.00592	-0.00592	-0.00591	-0.00591	-0.00589	-0.00580	-0.00549	-0.00436	-0.00020	0.01505	0.07101	0.07101	
	M	0.00000	-0.00001	-0.00002	-0.00009	-0.00035	-0.00133	-0.00499	-0.01878	-0.07065	-0.26580	-1.00000	0.00000	
13.25	Q	-0.00005	-0.00009	-0.00033	-0.00124	-0.00467	-0.01758	-0.06614	-0.24883	-0.93613	-3.52189	-13.25000	-13.25000	13.25
	V	0.00000	-0.00057	-0.00114	-0.00171	-0.00228	-0.00284	-0.00339	-0.00388	-0.00415	-0.00361	-0.00000	0.00000	
	V'	-0.00570	-0.00570	-0.00569	-0.00569	-0.00567	-0.00560	-0.00532	-0.00428	-0.00036	0.01436	0.06978	0.06978	
	M	0.00000	-0.00000	-0.00002	-0.00008	-0.00030	-0.00117	-0.00452	-0.01742	-0.06721	-0.25924	-1.00000	0.00000	
13.50	Q	-0.00004	-0.00008	-0.00028	-0.00106	-0.00410	-0.01581	-0.06097	-0.23520	-0.90727	-3.49974	-13.50000	-13.50000	13.50
	V	0.00000	-0.00055	-0.00110	-0.00165	-0.00219	-0.00274	-0.00327	-0.00375	-0.00402	-0.00352	-0.00000	0.00000	
	V'	-0.00549	-0.00549	-0.00549	-0.00548	-0.00546	-0.00540	-0.00515	-0.00420	-0.00051	0.01372	0.06859	0.06859	
	M	0.00000	-0.00000	-0.00002	-0.00007	-0.00026	-0.00103	-0.00409	-0.01616	-0.06393	-0.25284	-1.00000	0.00000	
13.75	Q	-0.00003	-0.00006	-0.00023	-0.00091	-0.00359	-0.01421	-0.05619	-0.22225	-0.87901	-3.47654	-13.75000	-13.75000	13.75
	V	0.00000	-0.00053	-0.00106	-0.00159	-0.00211	-0.00264	-0.00315	-0.00362	-0.00389	-0.00342	-0.00000	0.00000	
	V'	-0.00529	-0.00529	-0.00529	-0.00528	-0.00527	-0.00521	-0.00499	-0.00411	-0.00064	0.01310	0.06744	0.06744	
	M	0.00000	-0.00000	-0.00001	-0.00006	-0.00022	-0.00091	-0.00370	-0.01500	-0.06081	-0.24660	-1.00000	0.00000	
14.00	Q	-0.00002	-0.00005	-0.00019	-0.00078	-0.00315	-0.01277	-0.05177	-0.20994	-0.85134	-3.45236	-14.00000	-14.00000	14.00
	V	0.00000	-0.00051	-0.00102	-0.00153	-0.00204	-0.00255	-0.00304	-0.00349	-0.00377	-0.00333	-0.00000	0.00000	
	V'	-0.00510	-0.00510	-0.00510	-0.00510	-0.00509	-0.00504	-0.00484	-0.00403	-0.00076	0.01251	0.06633	0.06633	
	M	0.00000	-0.00000	-0.00001	-0.00005	-0.00019	-0.00080	-0.00335	-0.01391	-0.05784	-0.24051	-1.00000	0.00000	
14.25	Q	-0.00002	-0.00004	-0.00016	-0.00066	-0.00276	-0.01147	-0.04768	-0.19825	-0.82428	-3.42725	-14.25000	-14.25000	14.25
	V	0.00000	-0.00049	-0.00098	-0.00148	-0.00197	-0.00246	-0.00294	-0.00338	-0.00365	-0.00325	-0.00000	0.00000	
	V'	-0.00492	-0.00492	-0.00492	-0.00492	-0.00491	-0.00487	-0.00469	-0.00395	-0.00087	0.01195	0.06525	0.06525	
	M	0.00000	-0.00000	-0.00001	-0.00004	-0.00017	-0.00071	-0.00303	-0.01291	-0.05502	-0.23457	-1.00000	0.00000	
14.50	Q	-0.00001	-0.00003	-0.00013	-0.00057	-0.00242	-0.01030	-0.04390	-0.18715	-0.79784	-3.40127	-14.50000	-14.50000	14.50
	V	0.00000	-0.00048	-0.00095	-0.00143	-0.00190	-0.00237	-0.00284	-0.00327	-0.00354	-0.00316	-0.00000	0.00000	
	V'	-0.00476	-0.00476	-0.00476	-0.00475	-0.00474	-0.00471	-0.00455	-0.00387	-0.00096	0.01142	0.06421	0.06421	
	M	0.00000	-0.00000	-0.00001	-0.00003	-0.00014	-0.00063	-0.00274	-0.01197	-0.05234	-0.22878	-1.00000	0.00000	
14.75	Q	-0.00001	-0.00003	-0.00011	-0.00048	-0.00211	-0.00924	-0.04041	-0.17662	-0.77201	-3.37449	-14.75000	-14.75000	14.75
	V	0.00000	-0.00046	-0.00092	-0.00138	-0.00184	-0.00230	-0.00275	-0.00316	-0.00344	-0.00309	-0.00000	0.00000	
	V'	-0.00460	-0.00460	-0.00460	-0.00459	-0.00459	-0.00455	-0.00441	-0.00378	-0.00105	0.01091	0.06320	0.06320	
BETA	X/L =	0.00	0.10	0.20	0.30	0.40	0.50	0.60	0.70	0.80	0.90	L 1.00	R 1.00	BETA

XM/L = 1.00

FUNKTIONEN : F.M;M - F.M;Q - F.M;V - F.M;V'

FUNKTIONEN : F.MIM - F.MIQ - F.MIV - F.MIV'

XM/L = 1.00

BETA	X/L =	0.00	0.10	0.20	0.30	0.40	0.50	0.60	0.70	0.80	0.90	L 1.00	R 1.00	BETA
	M	0.00000	-0.00000	-0.00001	-0.00003	-0.00012	-0.00055	-0.00248	-0.01111	-0.04979	-0.22313	-1.00000	0.00000	
15.00	Q	-0.00001	-0.00002	-0.00009	-0.00041	-0.00185	-0.00830	-0.03718	-0.16663	-0.74681	-3.34695	-15.00000	-15.00000	15.00
	V	0.00000	-0.00044	-0.00089	-0.00133	-0.00178	-0.00222	-0.00266	-0.00306	-0.00333	-0.00301	-0.00000	0.00000	
	V'	-0.00444	-0.00444	-0.00444	-0.00444	-0.00444	-0.00441	-0.00428	-0.00370	-0.00113	0.01043	0.06222	0.06222	
	M	0.00000	-0.00000	-0.00001	-0.00002	-0.00011	-0.00049	-0.00224	-0.01031	-0.04736	-0.21762	-1.00000	0.00000	
15.25	Q	-0.00001	-0.00002	-0.00008	-0.00035	-0.00162	-0.00744	-0.03420	-0.15717	-0.72222	-3.31872	-15.25000	-15.25000	15.25
	V	0.00000	-0.00043	-0.00086	-0.00129	-0.00172	-0.00215	-0.00257	-0.00297	-0.00324	-0.00293	-0.00000	0.00000	
	V'	-0.00430	-0.00430	-0.00430	-0.00430	-0.00429	-0.00427	-0.00415	-0.00362	-0.00119	0.00997	0.06127	0.06127	
	M	0.00000	-0.00000	-0.00000	-0.00002	-0.00009	-0.00043	-0.00203	-0.00956	-0.04505	-0.21225	-1.00000	0.00000	
15.50	Q	-0.00001	-0.00001	-0.00006	-0.00030	-0.00142	-0.00668	-0.03146	-0.14820	-0.69826	-3.28984	-15.50000	-15.50000	15.50
	V	0.00000	-0.00042	-0.00083	-0.00125	-0.00166	-0.00208	-0.00249	-0.00287	-0.00314	-0.00286	-0.00000	0.00000	
	V'	-0.00416	-0.00416	-0.00416	-0.00416	-0.00416	-0.00413	-0.00403	-0.00355	-0.00126	0.00953	0.06035	0.06035	
	M	0.00000	-0.00000	-0.00000	-0.00002	-0.00008	-0.00038	-0.00184	-0.00887	-0.04285	-0.20701	-1.00000	0.00000	
15.75	Q	-0.00000	-0.00001	-0.00005	-0.00026	-0.00124	-0.00599	-0.02892	-0.13971	-0.67492	-3.26037	-15.75000	-15.75000	15.75
	V	0.00000	-0.00040	-0.00081	-0.00121	-0.00161	-0.00201	-0.00241	-0.00279	-0.00305	-0.00279	-0.00000	0.00000	
	V'	-0.00403	-0.00403	-0.00403	-0.00403	-0.00403	-0.00401	-0.00391	-0.00347	-0.00131	0.00911	0.05946	0.05946	
	M	0.00000	-0.00000	-0.00000	-0.00001	-0.00007	-0.00034	-0.00166	-0.00823	-0.04076	-0.20190	-1.00000	0.00000	
16.00	Q	-0.00000	-0.00001	-0.00004	-0.00022	-0.00108	-0.00537	-0.02658	-0.13168	-0.65220	-3.23034	-16.00000	-16.00000	16.00
	V	0.00000	-0.00039	-0.00078	-0.00117	-0.00156	-0.00195	-0.00234	-0.00270	-0.00297	-0.00273	-0.00000	0.00000	
	V'	-0.00391	-0.00391	-0.00391	-0.00391	-0.00390	-0.00389	-0.00380	-0.00339	-0.00136	0.00871	0.05859	0.05859	
	M	0.00000	-0.00000	-0.00000	-0.00001	-0.00006	-0.00030	-0.00150	-0.00764	-0.03877	-0.19691	-1.00000	0.00000	
16.25	Q	-0.00000	-0.00001	-0.00004	-0.00019	-0.00095	-0.00481	-0.02443	-0.12407	-0.63008	-3.19981	-16.25000	-16.25000	16.25
	V	0.00000	-0.00038	-0.00076	-0.00114	-0.00151	-0.00189	-0.00227	-0.00262	-0.00288	-0.00266	-0.00000	0.00000	
	V'	-0.00379	-0.00379	-0.00379	-0.00379	-0.00378	-0.00377	-0.00369	-0.00332	-0.00140	0.00833	0.05775	0.05775	
	M	0.00000	-0.00000	-0.00000	-0.00001	-0.00005	-0.00026	-0.00136	-0.00708	-0.03688	-0.19205	-1.00000	0.00000	
16.50	Q	-0.00000	-0.00001	-0.00003	-0.00016	-0.00083	-0.00431	-0.02245	-0.11688	-0.60857	-3.16882	-16.50000	-16.50000	16.50
	V	0.00000	-0.00037	-0.00073	-0.00110	-0.00147	-0.00184	-0.00220	-0.00255	-0.00280	-0.00260	-0.00000	0.00000	
	V'	-0.00367	-0.00367	-0.00367	-0.00367	-0.00367	-0.00366	-0.00359	-0.00324	-0.00144	0.00797	0.05693	0.05693	
	M	0.00000	-0.00000	-0.00000	-0.00001	-0.00004	-0.00023	-0.00123	-0.00657	-0.03508	-0.18731	-1.00000	0.00000	
16.75	Q	-0.00000	-0.00000	-0.00003	-0.00014	-0.00072	-0.00386	-0.02062	-0.11007	-0.58766	-3.13741	-16.75000	-16.75000	16.75
	V	0.00000	-0.00036	-0.00071	-0.00107	-0.00143	-0.00178	-0.00213	-0.00247	-0.00273	-0.00254	-0.00000	0.00000	
	V'	-0.00356	-0.00356	-0.00356	-0.00356	-0.00356	-0.00355	-0.00349	-0.00317	-0.00147	0.00762	0.05614	0.05614	
	M	0.00000	-0.00000	-0.00000	-0.00001	-0.00004	-0.00020	-0.00111	-0.00610	-0.03337	-0.18268	-1.00000	0.00000	
17.00	Q	-0.00000	-0.00000	-0.00002	-0.00012	-0.00063	-0.00346	-0.01893	-0.10364	-0.56735	-3.10562	-17.00000	-17.00000	17.00
	V	0.00000	-0.00035	-0.00069	-0.00104	-0.00138	-0.00173	-0.00207	-0.00240	-0.00265	-0.00248	-0.00000	0.00000	
	V'	-0.00346	-0.00346	-0.00346	-0.00346	-0.00346	-0.00345	-0.00339	-0.00310	-0.00150	0.00729	0.05536	0.05536	
	M	0.00000	-0.00000	-0.00000	-0.00001	-0.00003	-0.00018	-0.00101	-0.00566	-0.03175	-0.17817	-1.00000	0.00000	
17.25	Q	-0.00000	-0.00000	-0.00002	-0.00010	-0.00055	-0.00310	-0.01738	-0.09757	-0.54761	-3.07349	-17.25000	-17.25000	17.25
	V	0.00000	-0.00034	-0.00067	-0.00101	-0.00134	-0.00168	-0.00201	-0.00233	-0.00258	-0.00243	-0.00000	0.00000	
	V'	-0.00336	-0.00336	-0.00336	-0.00336	-0.00336	-0.00335	-0.00330	-0.00303	-0.00152	0.00697	0.05461	0.05461	
BETA	X/L =	0.00	0.10	0.20	0.30	0.40	0.50	0.60	0.70	0.80	0.90	L 1.00	R 1.00	BETA

XM/L = 1.00

FUNKTIONEN : F.MIM - F.MIQ - F.MIV - F.MIV'

Z U G S T A E B E

FUNKTIONEN : F.MIM - F.MIQ - F.MIV - F.MIV'

XM/L = 1.00

BETA	X/L =	0.00	0.10	0.20	0.30	0.40	0.50	0.60	0.70	0.80	0.90	L 1.00	R 1.00	BETA
	M	0.00000	-0.00000	-0.00000	-0.00000	-0.00003	-0.00016	-0.00091	-0.00525	-0.03020	-0.17377	-1.00000	0.00000	
17.50	Q	-0.00000	-0.00000	-0.00001	-0.00008	-0.00048	-0.00277	-0.01596	-0.09183	-0.52845	-3.04104	-17.50000	-17.50000	17.50
	V	0.00000	-0.00033	-0.00065	-0.00098	-0.00131	-0.00163	-0.00196	-0.00227	-0.00251	-0.00237	-0.00000	0.00000	
	V'	-0.00327	-0.00327	-0.00327	-0.00327	-0.00326	-0.00326	-0.00321	-0.00297	-0.00154	0.00666	0.05388	0.05388	
	M	0.00000	-0.00000	-0.00000	-0.00000	-0.00002	-0.00014	-0.00083	-0.00487	-0.02872	-0.16948	-1.00000	0.00000	
17.75	Q	-0.00000	-0.00000	-0.00001	-0.00007	-0.00042	-0.00248	-0.01465	-0.08641	-0.50986	-3.00833	-17.75000	-17.75000	17.75
	V	0.00000	-0.00032	-0.00063	-0.00095	-0.00127	-0.00159	-0.00190	-0.00221	-0.00245	-0.00232	-0.00000	0.00000	
	V'	-0.00317	-0.00317	-0.00317	-0.00317	-0.00317	-0.00317	-0.00313	-0.00290	-0.00156	0.00637	0.05316	0.05316	
	M	0.00000	-0.00000	-0.00000	-0.00000	-0.00002	-0.00012	-0.00075	-0.00452	-0.02732	-0.16530	-1.00000	0.00000	
18.00	Q	-0.00000	-0.00000	-0.00001	-0.00006	-0.00037	-0.00222	-0.01344	-0.08130	-0.49183	-2.97538	-18.00000	-18.00000	18.00
	V	0.00000	-0.00031	-0.00062	-0.00093	-0.00123	-0.00154	-0.00185	-0.00215	-0.00238	-0.00227	-0.00000	0.00000	
	V'	-0.00309	-0.00309	-0.00309	-0.00309	-0.00309	-0.00308	-0.00304	-0.00284	-0.00157	0.00610	0.05247	0.05247	
	M	0.00000	-0.00000	-0.00000	-0.00000	-0.00002	-0.00011	-0.00068	-0.00419	-0.02599	-0.16122	-1.00000	0.00000	
18.25	Q	-0.00000	-0.00000	-0.00001	-0.00005	-0.00032	-0.00199	-0.01233	-0.07647	-0.47434	-2.94222	-18.25000	-18.25000	18.25
	V	0.00000	-0.00030	-0.00060	-0.00090	-0.00120	-0.00150	-0.00180	-0.00209	-0.00232	-0.00222	0.00000	0.00000	
	V'	-0.00300	-0.00300	-0.00300	-0.00300	-0.00300	-0.00300	-0.00297	-0.00277	-0.00158	0.00583	0.05179	0.05179	
	M	0.00000	-0.00000	-0.00000	-0.00000	-0.00002	-0.00010	-0.00061	-0.00389	-0.02472	-0.15724	-1.00000	0.00000	
18.50	Q	-0.00000	-0.00000	-0.00001	-0.00004	-0.00028	-0.00178	-0.01131	-0.07192	-0.45739	-2.90889	-18.50000	-18.50000	18.50
	V	0.00000	-0.00029	-0.00058	-0.00088	-0.00117	-0.00146	-0.00175	-0.00203	-0.00227	-0.00217	0.00000	0.00000	
	V'	-0.00292	-0.00292	-0.00292	-0.00292	-0.00292	-0.00292	-0.00289	-0.00271	-0.00159	0.00558	0.05113	0.05113	
	M	0.00000	-0.00000	-0.00000	-0.00000	-0.00001	-0.00008	-0.00055	-0.00361	-0.02352	-0.15335	-1.00000	0.00000	
18.75	Q	-0.00000	-0.00000	-0.00001	-0.00004	-0.00024	-0.00159	-0.01037	-0.06762	-0.44096	-2.87541	-18.75000	-18.75000	18.75
	V	0.00000	-0.00028	-0.00057	-0.00085	-0.00114	-0.00142	-0.00171	-0.00198	-0.00221	-0.00212	0.00000	0.00000	
	V'	-0.00284	-0.00284	-0.00284	-0.00284	-0.00284	-0.00284	-0.00281	-0.00265	-0.00159	0.00533	0.05049	0.05049	
	M	0.00000	-0.00000	-0.00000	-0.00000	-0.00001	-0.00007	-0.00050	-0.00335	-0.02237	-0.14957	-1.00000	0.00000	
19.00	Q	-0.00000	-0.00000	-0.00000	-0.00003	-0.00021	-0.00142	-0.00951	-0.06357	-0.42504	-2.84180	-19.00000	-19.00000	19.00
	V	0.00000	-0.00028	-0.00055	-0.00083	-0.00111	-0.00138	-0.00166	-0.00193	-0.00215	-0.00208	0.00000	0.00000	
	V'	-0.00277	-0.00277	-0.00277	-0.00277	-0.00277	-0.00277	-0.00274	-0.00259	-0.00159	0.00510	0.04986	0.04986	
	M	0.00000	-0.00000	-0.00000	-0.00000	-0.00001	-0.00007	-0.00045	-0.00310	-0.02128	-0.14588	-1.00000	0.00000	
19.25	Q	-0.00000	-0.00000	-0.00000	-0.00003	-0.00019	-0.00127	-0.00872	-0.05976	-0.40963	-2.80811	-19.25000	-19.25000	19.25
	V	0.00000	-0.00027	-0.00054	-0.00081	-0.00108	-0.00135	-0.00162	-0.00188	-0.00210	-0.00204	0.00000	0.00000	
	V'	-0.00270	-0.00270	-0.00270	-0.00270	-0.00270	-0.00270	-0.00268	-0.00254	-0.00159	0.00488	0.04925	0.04925	
	M	0.00000	-0.00000	-0.00000	-0.00000	-0.00001	-0.00006	-0.00041	-0.00288	-0.02024	-0.14227	-1.00000	0.00000	
19.50	Q	-0.00000	-0.00000	-0.00000	-0.00002	-0.00016	-0.00114	-0.00799	-0.05616	-0.39472	-2.77434	-19.50000	-19.50000	19.50
	V	0.00000	-0.00026	-0.00053	-0.00079	-0.00105	-0.00131	-0.00158	-0.00183	-0.00205	-0.00199	0.00000	0.00000	
	V'	-0.00263	-0.00263	-0.00263	-0.00263	-0.00263	-0.00263	-0.00261	-0.00248	-0.00159	0.00467	0.04865	0.04865	
	M	0.00000	-0.00000	-0.00000	-0.00000	-0.00001	-0.00005	-0.00037	-0.00267	-0.01925	-0.13876	-1.00000	0.00000	
19.75	Q	-0.00000	-0.00000	-0.00000	-0.00002	-0.00014	-0.00102	-0.00732	-0.05277	-0.38028	-2.74054	-19.75000	-19.75000	19.75
	V	0.00000	-0.00026	-0.00051	-0.00077	-0.00103	-0.00128	-0.00154	-0.00179	-0.00200	-0.00195	0.00000	0.00000	
	V'	-0.00256	-0.00256	-0.00256	-0.00256	-0.00256	-0.00256	-0.00254	-0.00243	-0.00159	0.00446	0.04807	0.04807	
BETA	X/L =	0.00	0.10	0.20	0.30	0.40	0.50	0.60	0.70	0.80	0.90	L 1.00	R 1.00	BETA

XM/L = 1.00

FUNKTIONEN : F.MIM - F.MIQ - F.MIV - F.MIV'

Z U G S T A E B E

FUNKTIONEN : F.M;M - F.M;Q - F.M;V - F.M;V'

XM/L = 1.00

BETA	X/L =	0.00	0.10	0.20	0.30	0.40	0.50	0.60	0.70	0.80	0.90	L 1.00	R 1.00	BETA
20.00	M	0.00000	-0.00000	-0.00000	-0.00000	-0.00001	-0.00005	-0.00034	-0.00243	-0.01832	-0.13534	-1.00000	0.00000	20.00
	Q	-0.00000	-0.00000	-0.00000	-0.00002	-0.00012	-0.00091	-0.00671	-0.04953	-0.36631	-2.70671	-20.00000	-20.00000	
	V	0.00000	-0.00025	-0.00050	-0.00075	-0.00100	-0.00125	-0.00150	-0.00174	-0.00195	-0.00191	0.00000	0.00000	
	V'	-0.00250	-0.00250	-0.00250	-0.00250	-0.00250	-0.00250	-0.00248	-0.00233	-0.00158	0.00427	0.04750	0.04750	
20.25	M	0.00000	-0.00000	-0.00000	-0.00000	-0.00001	-0.00004	-0.00030	-0.00230	-0.01742	-0.13199	-1.00000	0.00000	20.25
	Q	-0.00000	-0.00000	-0.00000	-0.00001	-0.00011	-0.00081	-0.00615	-0.04657	-0.35280	-2.67288	-20.25000	-20.25000	
	V	0.00000	-0.00024	-0.00049	-0.00073	-0.00098	-0.00122	-0.00146	-0.00170	-0.00191	-0.00187	0.00000	0.00000	
	V'	-0.00244	-0.00244	-0.00244	-0.00244	-0.00244	-0.00244	-0.00242	-0.00233	-0.00158	0.00408	0.04694	0.04694	
20.50	M	0.00000	-0.00000	-0.00000	-0.00000	-0.00000	-0.00004	-0.00027	-0.00213	-0.01657	-0.12873	-1.00000	0.00000	20.50
	Q	-0.00000	-0.00000	-0.00000	-0.00001	-0.00009	-0.00072	-0.00563	-0.04374	-0.33974	-2.63907	-20.50000	-20.50000	
	V	0.00000	-0.00024	-0.00048	-0.00071	-0.00095	-0.00119	-0.00143	-0.00166	-0.00186	-0.00184	0.00000	0.00000	
	V'	-0.00238	-0.00238	-0.00238	-0.00238	-0.00238	-0.00238	-0.00237	-0.00228	-0.00157	0.00390	0.04640	0.04640	
20.75	M	0.00000	-0.00000	-0.00000	-0.00000	-0.00000	-0.00003	-0.00025	-0.00198	-0.01576	-0.12556	-1.00000	0.00000	20.75
	Q	-0.00000	-0.00000	-0.00000	-0.00001	-0.00008	-0.00065	-0.00516	-0.04107	-0.32711	-2.60530	-20.75000	-20.75000	
	V	0.00000	-0.00023	-0.00046	-0.00070	-0.00093	-0.00116	-0.00139	-0.00162	-0.00182	-0.00180	0.00000	0.00000	
	V'	-0.00232	-0.00232	-0.00232	-0.00232	-0.00232	-0.00232	-0.00231	-0.00223	-0.00156	0.00373	0.04587	0.04587	
21.00	M	0.00000	-0.00000	-0.00000	-0.00000	-0.00000	-0.00003	-0.00022	-0.00184	-0.01500	-0.12246	-1.00000	0.00000	21.00
	Q	-0.00000	-0.00000	-0.00000	-0.00001	-0.00007	-0.00058	-0.00472	-0.03856	-0.31491	-2.57158	-21.00000	-21.00000	
	V	0.00000	-0.00023	-0.00045	-0.00068	-0.00091	-0.00113	-0.00136	-0.00158	-0.00178	-0.00176	0.00000	0.00000	
	V'	-0.00227	-0.00227	-0.00227	-0.00227	-0.00227	-0.00227	-0.00226	-0.00218	-0.00155	0.00356	0.04535	0.04535	
21.25	M	0.00000	-0.00000	-0.00000	-0.00000	-0.00000	-0.00002	-0.00020	-0.00170	-0.01426	-0.11943	-1.00000	0.00000	21.25
	Q	-0.00000	-0.00000	-0.00000	-0.00001	-0.00006	-0.00052	-0.00432	-0.03620	-0.30311	-2.53795	-21.25000	-21.25000	
	V	0.00000	-0.00022	-0.00044	-0.00066	-0.00089	-0.00111	-0.00133	-0.00155	-0.00174	-0.00173	0.00000	0.00000	
	V'	-0.00221	-0.00221	-0.00221	-0.00221	-0.00221	-0.00221	-0.00220	-0.00213	-0.00154	0.00341	0.04484	0.04484	
21.50	M	0.00000	-0.00000	-0.00000	-0.00000	-0.00000	-0.00002	-0.00018	-0.00158	-0.01357	-0.11648	-1.00000	0.00000	21.50
	Q	-0.00000	-0.00000	-0.00000	-0.00001	-0.00005	-0.00046	-0.00396	-0.03398	-0.29172	-2.50441	-21.50000	-21.50000	
	V	0.00000	-0.00022	-0.00043	-0.00065	-0.00087	-0.00108	-0.00130	-0.00151	-0.00170	-0.00170	0.00000	0.00000	
	V'	-0.00216	-0.00216	-0.00216	-0.00216	-0.00216	-0.00216	-0.00215	-0.00209	-0.00153	0.00325	0.04435	0.04435	
21.75	M	0.00000	-0.00000	-0.00000	-0.00000	-0.00000	-0.00002	-0.00017	-0.00147	-0.01291	-0.11361	-1.00000	0.00000	21.75
	Q	-0.00000	-0.00000	-0.00000	-0.00001	-0.00005	-0.00041	-0.00362	-0.03189	-0.28072	-2.47098	-21.75000	-21.75000	
	V	0.00000	-0.00021	-0.00042	-0.00063	-0.00085	-0.00106	-0.00127	-0.00148	-0.00166	-0.00166	0.00000	0.00000	
	V'	-0.00211	-0.00211	-0.00211	-0.00211	-0.00211	-0.00211	-0.00211	-0.00205	-0.00152	0.00311	0.04386	0.04386	
22.00	M	0.00000	-0.00000	-0.00000	-0.00000	-0.00000	-0.00002	-0.00015	-0.00136	-0.01228	-0.11080	-1.00000	0.00000	22.00
	Q	-0.00000	-0.00000	-0.00000	-0.00000	-0.00004	-0.00037	-0.00332	-0.02993	-0.27010	-2.43767	-22.00000	-22.00000	
	V	0.00000	-0.00021	-0.00041	-0.00062	-0.00083	-0.00103	-0.00124	-0.00144	-0.00163	-0.00163	0.00000	0.00000	
	V'	-0.00207	-0.00207	-0.00207	-0.00207	-0.00207	-0.00207	-0.00206	-0.00200	-0.00151	0.00297	0.04339	0.04339	
22.25	M	0.00000	-0.00000	-0.00000	-0.00000	-0.00000	-0.00001	-0.00014	-0.00126	-0.01168	-0.10807	-1.00000	0.00000	22.25
	Q	-0.00000	-0.00000	-0.00000	-0.00000	-0.00004	-0.00033	-0.00303	-0.02808	-0.25985	-2.40450	-22.25000	-22.25000	
	V	0.00000	-0.00020	-0.00040	-0.00061	-0.00081	-0.00101	-0.00121	-0.00141	-0.00159	-0.00160	0.00000	0.00000	
	V'	-0.00202	-0.00202	-0.00202	-0.00202	-0.00202	-0.00202	-0.00201	-0.00196	-0.00150	0.00284	0.04292	0.04292	
BETA	X/L =	0.00	0.10	0.20	0.30	0.40	0.50	0.60	0.70	0.80	0.90	L 1.00	R 1.00	BETA

XM/L = 1.00

FUNKTIONEN : F.M;M - F.M;Q - F.M;V - F.M;V'

Z U G S T A E B E -261-

FUNKTIONEN : F.M;M - F.M;Q - F.M;V - F.M;V'

XM/L = 1.00

BETA	X/L =	0.00	0.10	0.20	0.30	0.40	0.50	0.60	0.70	0.80	0.90	L 1.00	R 1.00	BETA
	M	0.00000	-0.00000	-0.00000	-0.00000	-0.00000	-0.00001	-0.00012	-0.00117	-0.01111	-0.10540	-1.00000	0.00000	
22.50	Q	-0.00000	-0.00000	-0.00000	-0.00000	-0.00003	-0.00029	-0.00278	-0.02634	-0.24995	-2.37148	-22.50000	-22.50000	22.50
	V	0.00000	-0.00020	-0.00040	-0.00059	-0.00079	-0.00099	-0.00118	-0.00138	-0.00156	-0.00157	0.00000	0.00000	
	V'	-0.00198	-0.00198	-0.00198	-0.00198	-0.00198	-0.00197	-0.00197	-0.00192	-0.00148	0.00271	0.04247	0.04247	
	M	0.00000	-0.00000	-0.00000	-0.00000	-0.00000	-0.00001	-0.00011	-0.00109	-0.01057	-0.10280	-1.00000	0.00000	
22.75	Q	-0.00000	-0.00000	-0.00000	-0.00000	-0.00003	-0.00026	-0.00254	-0.02471	-0.24040	-2.33863	-22.75000	-22.75000	22.75
	V	0.00000	-0.00019	-0.00039	-0.00058	-0.00077	-0.00097	-0.00116	-0.00135	-0.00153	-0.00154	0.00000	0.00000	
	V'	-0.00193	-0.00193	-0.00193	-0.00193	-0.00193	-0.00193	-0.00193	-0.00188	-0.00147	0.00259	0.04202	0.04202	
	M	0.00000	-0.00000	-0.00000	-0.00000	-0.00000	-0.00001	-0.00010	-0.00101	-0.01005	-0.10026	-1.00000	0.00000	
23.00	Q	-0.00000	-0.00000	-0.00000	-0.00000	-0.00002	-0.00023	-0.00232	-0.02318	-0.23119	-2.30595	-23.00000	-23.00000	23.00
	V	0.00000	-0.00019	-0.00038	-0.00057	-0.00076	-0.00095	-0.00113	-0.00132	-0.00149	-0.00151	0.00000	0.00000	
	V'	-0.00189	-0.00189	-0.00189	-0.00189	-0.00189	-0.00189	-0.00189	-0.00185	-0.00145	0.00247	0.04159	0.04159	
	M	0.00000	-0.00000	-0.00000	-0.00000	-0.00000	-0.00001	-0.00009	-0.00093	-0.00956	-0.09778	-1.00000	0.00000	
23.25	Q	-0.00000	-0.00000	-0.00000	-0.00000	-0.00002	-0.00021	-0.00213	-0.02174	-0.22231	-2.27347	-23.25000	-23.25000	23.25
	V	0.00000	-0.00018	-0.00037	-0.00055	-0.00074	-0.00092	-0.00111	-0.00129	-0.00146	-0.00148	0.00000	0.00000	
	V'	-0.00185	-0.00185	-0.00185	-0.00185	-0.00185	-0.00185	-0.00185	-0.00181	-0.00144	0.00236	0.04116	0.04116	
	M	0.00000	-0.00000	-0.00000	-0.00000	-0.00000	-0.00001	-0.00008	-0.00087	-0.00910	-0.09537	-1.00000	0.00000	
23.50	Q	-0.00000	-0.00000	-0.00000	-0.00000	-0.00002	-0.00019	-0.00194	-0.02038	-0.21374	-2.24118	-23.50000	-23.50000	23.50
	V	0.00000	-0.00018	-0.00036	-0.00054	-0.00072	-0.00091	-0.00109	-0.00127	-0.00143	-0.00146	0.00000	0.00000	
	V'	-0.00181	-0.00181	-0.00181	-0.00181	-0.00181	-0.00181	-0.00181	-0.00177	-0.00142	0.00225	0.04074	0.04074	
	M	0.00000	-0.00000	-0.00000	-0.00000	-0.00000	-0.00001	-0.00007	-0.00080	-0.00865	-0.09301	-1.00000	0.00000	
23.75	Q	-0.00000	-0.00000	-0.00000	-0.00000	-0.00002	-0.00017	-0.00178	-0.01911	-0.20548	-2.20909	-23.75000	-23.75000	23.75
	V	0.00000	-0.00018	-0.00035	-0.00053	-0.00071	-0.00089	-0.00106	-0.00124	-0.00140	-0.00143	0.00000	0.00000	
	V'	-0.00177	-0.00177	-0.00177	-0.00177	-0.00177	-0.00177	-0.00177	-0.00174	-0.00141	0.00214	0.04033	0.04033	
	M	0.00000	-0.00000	-0.00000	-0.00000	-0.00000	-0.00001	-0.00007	-0.00075	-0.00823	-0.09072	-1.00000	0.00000	
24.00	Q	-0.00000	-0.00000	-0.00000	-0.00000	-0.00001	-0.00015	-0.00163	-0.01792	-0.19751	-2.17723	-24.00000	-24.00000	24.00
	V	0.00000	-0.00017	-0.00035	-0.00052	-0.00069	-0.00087	-0.00104	-0.00121	-0.00137	-0.00141	0.00000	0.00000	
	V'	-0.00174	-0.00174	-0.00174	-0.00174	-0.00174	-0.00174	-0.00173	-0.00171	-0.00139	0.00204	0.03993	0.03993	
	M	0.00000	-0.00000	-0.00000	-0.00000	-0.00000	-0.00001	-0.00006	-0.00069	-0.00783	-0.08848	-1.00000	0.00000	
24.25	Q	-0.00000	-0.00000	-0.00000	-0.00000	-0.00001	-0.00013	-0.00149	-0.01680	-0.18984	-2.14559	-24.25000	-24.25000	24.25
	V	0.00000	-0.00017	-0.00034	-0.00051	-0.00068	-0.00085	-0.00102	-0.00119	-0.00135	-0.00138	0.00000	0.00000	
	V'	-0.00170	-0.00170	-0.00170	-0.00170	-0.00170	-0.00170	-0.00170	-0.00167	-0.00138	0.00195	0.03954	0.03954	
	M	0.00000	-0.00000	-0.00000	-0.00000	-0.00000	-0.00000	-0.00006	-0.00064	-0.00745	-0.08629	-1.00000	0.00000	
24.50	Q	-0.00000	-0.00000	-0.00000	-0.00000	-0.00001	-0.00012	-0.00136	-0.01574	-0.18244	-2.11419	-24.50000	-24.50000	24.50
	V	0.00000	-0.00017	-0.00033	-0.00050	-0.00067	-0.00083	-0.00100	-0.00117	-0.00132	-0.00136	0.00000	0.00000	
	V'	-0.00167	-0.00167	-0.00167	-0.00167	-0.00167	-0.00167	-0.00166	-0.00164	-0.00136	0.00186	0.03915	0.03915	
	M	0.00000	-0.00000	-0.00000	-0.00000	-0.00000	-0.00000	-0.00005	-0.00060	-0.00708	-0.08416	-1.00000	0.00000	
24.75	Q	-0.00000	-0.00000	-0.00000	-0.00000	-0.00001	-0.00010	-0.00124	-0.01475	-0.17531	-2.08303	-24.75000	-24.75000	24.75
	V	0.00000	-0.00016	-0.00033	-0.00049	-0.00065	-0.00082	-0.00098	-0.00114	-0.00129	-0.00133	0.00000	0.00000	
	V'	-0.00163	-0.00163	-0.00163	-0.00163	-0.00163	-0.00163	-0.00163	-0.00161	-0.00135	0.00177	0.03877	0.03877	
BETA	X/L =	0.00	0.10	0.20	0.30	0.40	0.50	0.60	0.70	0.80	0.90	L 1.00	R 1.00	BETA

XM/L = 1.00

FUNKTIONEN : F.M;M - F.M;Q - F.M;V - F.M;V'

FUNKTIONEN : F.M;M - F.M;Q - F.M;V - F.M;V'

XM/L = 1.00

BETA	X/L =	0.00	0.10	0.20	0.30	0.40	0.50	0.60	0.70	0.80	0.90	L 1.00	R 1.00	BETA
	M	0.00000	-0.00000	-0.00000	-0.00000	-0.00000	-0.00000	-0.00005	-0.00055	-0.00674	-0.08208	-1.00000	0.00000	
25.00	Q	-0.00000	-0.00000	-0.00000	-0.00000	-0.00001	-0.00009	-0.00113	-0.01383	-0.16845	-2.05212	-25.00000	-25.00000	25.00
	V	0.00000	-0.00016	-0.00032	-0.00048	-0.00064	-0.00080	-0.00096	-0.00112	-0.00127	-0.00131	0.00000	0.00000	
	V'	-0.00160	-0.00160	-0.00160	-0.00160	-0.00160	-0.00160	-0.00160	-0.00158	-0.00133	0.00168	0.03840	0.03840	
	M	0.00000	-0.00000	-0.00000	-0.00000	-0.00000	-0.00000	-0.00003	-0.00038	-0.00525	-0.07244	-1.00000	0.00000	
26.25	Q	-0.00000	-0.00000	-0.00000	-0.00000	-0.00000	-0.00005	-0.00072	-0.00998	-0.13775	-1.90154	-26.25000	-26.25000	26.25
	V	0.00000	-0.00015	-0.00029	-0.00044	-0.00058	-0.00073	-0.00087	-0.00102	-0.00115	-0.00120	0.00000	0.00000	
	V'	-0.00145	-0.00145	-0.00145	-0.00145	-0.00145	-0.00145	-0.00145	-0.00144	-0.00125	0.00131	0.03664	0.03664	
	M	0.00000	-0.00000	-0.00000	-0.00000	-0.00000	-0.00000	-0.00002	-0.00026	-0.00409	-0.06393	-1.00000	0.00000	
27.50	Q	-0.00000	-0.00000	-0.00000	-0.00000	-0.00000	-0.00003	-0.00046	-0.00718	-0.11239	-1.75802	-27.50000	-27.50000	27.50
	V	0.00000	-0.00013	-0.00026	-0.00040	-0.00053	-0.00066	-0.00079	-0.00093	-0.00105	-0.00111	0.00000	0.00000	
	V'	-0.00132	-0.00132	-0.00132	-0.00132	-0.00132	-0.00132	-0.00132	-0.00131	-0.00117	0.00100	0.03504	0.03504	
	M	0.00000	-0.00000	-0.00000	-0.00000	-0.00000	-0.00000	-0.00001	-0.00018	-0.00318	-0.05642	-1.00000	0.00000	
28.75	Q	-0.00000	-0.00000	-0.00000	-0.00000	-0.00000	-0.00002	-0.00029	-0.00516	-0.09150	-1.62196	-28.75000	-28.75000	28.75
	V	0.00000	-0.00012	-0.00024	-0.00036	-0.00048	-0.00060	-0.00073	-0.00085	-0.00096	-0.00102	0.00000	0.00000	
	V'	-0.00121	-0.00121	-0.00121	-0.00121	-0.00121	-0.00121	-0.00121	-0.00120	-0.00110	0.00075	0.03357	0.03357	
	M	0.00000	-0.00000	-0.00000	-0.00000	-0.00000	-0.00000	-0.00001	-0.00012	-0.00248	-0.04979	-1.00000	0.00000	
30.00	Q	-0.00000	-0.00000	-0.00000	-0.00000	-0.00000	-0.00001	-0.00018	-0.00370	-0.07436	-1.49361	-30.00000	-30.00000	30.00
	V	0.00000	-0.00011	-0.00022	-0.00033	-0.00044	-0.00056	-0.00067	-0.00078	-0.00089	-0.00094	0.00000	0.00000	
	V'	-0.00111	-0.00111	-0.00111	-0.00111	-0.00111	-0.00111	-0.00111	-0.00111	-0.00103	0.00055	0.03222	0.03222	
	M	0.00000	-0.00000	-0.00000	-0.00000	-0.00000	-0.00000	-0.00000	-0.00008	-0.00193	-0.04394	-1.00000	0.00000	
31.25	Q	-0.00000	-0.00000	-0.00000	-0.00000	-0.00000	-0.00001	-0.00012	-0.00265	-0.06033	-1.37303	-31.25000	-31.25000	31.25
	V	0.00000	-0.00010	-0.00020	-0.00031	-0.00041	-0.00051	-0.00061	-0.00072	-0.00082	-0.00088	0.00000	0.00000	
	V'	-0.00102	-0.00102	-0.00102	-0.00102	-0.00102	-0.00102	-0.00102	-0.00102	-0.00096	0.00038	0.03098	0.03098	
	M	0.00000	-0.00000	-0.00000	-0.00000	-0.00000	-0.00000	-0.00000	-0.00006	-0.00150	-0.03877	-1.00000	0.00000	
32.50	Q	-0.00000	-0.00000	-0.00000	-0.00000	-0.00000	-0.00000	-0.00007	-0.00189	-0.04886	-1.26016	-32.50000	-32.50000	32.50
	V	0.00000	-0.00009	-0.00019	-0.00028	-0.00038	-0.00047	-0.00057	-0.00066	-0.00076	-0.00082	0.00000	0.00000	
	V'	-0.00095	-0.00095	-0.00095	-0.00095	-0.00095	-0.00095	-0.00095	-0.00094	-0.00090	0.00025	0.02982	0.02982	
	M	0.00000	-0.00000	-0.00000	-0.00000	-0.00000	-0.00000	-0.00000	-0.00004	-0.00117	-0.03422	-1.00000	0.00000	
33.75	Q	-0.00000	-0.00000	-0.00000	-0.00000	-0.00000	-0.00000	-0.00005	-0.00135	-0.03952	-1.15486	-33.75000	-33.75000	33.75
	V	0.00000	-0.00009	-0.00018	-0.00026	-0.00035	-0.00044	-0.00053	-0.00061	-0.00070	-0.00076	0.00000	0.00000	
	V'	-0.00088	-0.00088	-0.00088	-0.00088	-0.00088	-0.00088	-0.00088	-0.00088	-0.00084	0.00014	0.02875	0.02875	
	M	0.00000	-0.00000	-0.00000	-0.00000	-0.00000	-0.00000	-0.00000	-0.00003	-0.00091	-0.03020	-1.00000	0.00000	
35.00	Q	-0.00000	-0.00000	-0.00000	-0.00000	-0.00000	-0.00000	-0.00003	-0.00096	-0.03192	-1.05691	-35.00000	-35.00000	35.00
	V	0.00000	-0.00008	-0.00016	-0.00024	-0.00033	-0.00041	-0.00049	-0.00057	-0.00065	-0.00071	0.00000	0.00000	
	V'	-0.00082	-0.00082	-0.00082	-0.00082	-0.00082	-0.00082	-0.00082	-0.00082	-0.00079	0.00005	0.02776	0.02776	
	M	0.00000	-0.00000	-0.00000	-0.00000	-0.00000	-0.00000	-0.00000	-0.00002	-0.00071	-0.02665	-1.00000	0.00000	
36.25	Q	-0.00000	-0.00000	-0.00000	-0.00000	-0.00000	-0.00000	-0.00002	-0.00069	-0.02574	-0.96603	-36.25000	-36.25000	36.25
	V	0.00000	-0.00008	-0.00015	-0.00023	-0.00030	-0.00038	-0.00046	-0.00053	-0.00061	-0.00066	0.00000	0.00000	
	V'	-0.00076	-0.00076	-0.00076	-0.00076	-0.00076	-0.00076	-0.00076	-0.00076	-0.00074	-0.00003	0.02683	0.02683	
BETA	X/L =	0.00	0.10	0.20	0.30	0.40	0.50	0.60	0.70	0.80	0.90	L 1.00	R 1.00	BETA

XM/L = 1.00

FUNKTIONEN : F.M;M - F.M;Q - F.M;V - F.M;V'

FUNKTIONEN : F.MIM - F.MIQ - F.MIV - F.MIV'

XM/L = 1.00

BETA	X/L =	0.00	0.10	0.20	0.30	0.40	0.50	0.60	0.70	0.80	0.90	L 1.00	R 1.00	BETA
	M	0.00000	-0.00000	-0.00000	-0.00000	-0.00000	-0.00000	-0.00000	-0.00001	-0.00055	-0.02352	-1.00000	0.00000	
37.50	Q	-0.00000	-0.00000	-0.00000	-0.00000	-0.00000	-0.00000	-0.00001	-0.00049	-0.02074	-0.88192	-37.50000	-37.50000	37.50
	V	0.00000	-0.00007	-0.00014	-0.00021	-0.00028	-0.00036	-0.00043	-0.00050	-0.00057	-0.00062	0.00000	0.00000	
	V'	-0.00071	-0.00071	-0.00071	-0.00071	-0.00071	-0.00071	-0.00071	-0.00071	-0.00070	-0.00008	0.02596	0.02596	
	M	0.00000	-0.00000	-0.00000	-0.00000	-0.00000	-0.00000	-0.00000	-0.00001	-0.00043	-0.02075	-1.00000	0.00000	
38.75	Q	-0.00000	-0.00000	-0.00000	-0.00000	-0.00000	-0.00000	-0.00001	-0.00035	-0.01669	-0.80423	-38.75000	-38.75000	38.75
	V	0.00000	-0.00007	-0.00013	-0.00020	-0.00027	-0.00033	-0.00040	-0.00047	-0.00053	-0.00059	0.00000	0.00000	
	V'	-0.00067	-0.00067	-0.00067	-0.00067	-0.00067	-0.00067	-0.00067	-0.00067	-0.00065	-0.00013	0.02514	0.02514	
	M	0.00000	-0.00000	-0.00000	-0.00000	-0.00000	-0.00000	-0.00000	-0.00001	-0.00034	-0.01832	-1.00000	0.00000	
40.00	Q	-0.00000	-0.00000	-0.00000	-0.00000	-0.00000	-0.00000	-0.00000	-0.00025	-0.01342	-0.73263	-40.00000	-40.00000	40.00
	V	0.00000	-0.00006	-0.00012	-0.00019	-0.00025	-0.00031	-0.00037	-0.00044	-0.00050	-0.00055	0.00000	0.00000	
	V'	-0.00062	-0.00062	-0.00062	-0.00062	-0.00062	-0.00062	-0.00062	-0.00062	-0.00062	-0.00017	0.02438	0.02438	
	M	0.00000	-0.00000	-0.00000	-0.00000	-0.00000	-0.00000	-0.00000	-0.00000	-0.00026	-0.01616	-1.00000	0.00000	
41.25	Q	-0.00000	-0.00000	-0.00000	-0.00000	-0.00000	-0.00000	-0.00000	-0.00017	-0.01078	-0.66674	-41.25000	-41.25000	41.25
	V	0.00000	-0.00006	-0.00012	-0.00018	-0.00024	-0.00029	-0.00035	-0.00041	-0.00047	-0.00052	0.00000	0.00000	
	V'	-0.00059	-0.00059	-0.00059	-0.00059	-0.00059	-0.00059	-0.00059	-0.00059	-0.00058	-0.00020	0.02365	0.02365	
	M	0.00000	-0.00000	-0.00000	-0.00000	-0.00000	-0.00000	-0.00000	-0.00000	-0.00020	-0.01426	-1.00000	0.00000	
42.50	Q	-0.00000	-0.00000	-0.00000	-0.00000	-0.00000	-0.00000	-0.00000	-0.00012	-0.00865	-0.60623	-42.50000	-42.50000	42.50
	V	0.00000	-0.00006	-0.00011	-0.00017	-0.00022	-0.00028	-0.00033	-0.00039	-0.00044	-0.00049	0.00000	0.00000	
	V'	-0.00055	-0.00055	-0.00055	-0.00055	-0.00055	-0.00055	-0.00055	-0.00055	-0.00055	-0.00022	0.02298	0.02298	
	M	0.00000	-0.00000	-0.00000	-0.00000	-0.00000	-0.00000	-0.00000	-0.00000	-0.00016	-0.01259	-1.00000	0.00000	
43.75	Q	-0.00000	-0.00000	-0.00000	-0.00000	-0.00000	-0.00000	-0.00000	-0.00009	-0.00693	-0.55073	-43.75000	-43.75000	43.75
	V	0.00000	-0.00005	-0.00010	-0.00016	-0.00021	-0.00026	-0.00031	-0.00037	-0.00042	-0.00046	0.00000	0.00000	
	V'	-0.00052	-0.00052	-0.00052	-0.00052	-0.00052	-0.00052	-0.00052	-0.00052	-0.00052	-0.00023	0.02233	0.02233	
	M	0.00000	-0.00000	-0.00000	-0.00000	-0.00000	-0.00000	-0.00000	-0.00000	-0.00012	-0.01111	-1.00000	0.00000	
45.00	Q	-0.00000	-0.00000	-0.00000	-0.00000	-0.00000	-0.00000	-0.00000	-0.00006	-0.00555	-0.49990	-45.00000	-45.00000	45.00
	V	0.00000	-0.00005	-0.00010	-0.00015	-0.00020	-0.00025	-0.00030	-0.00035	-0.00040	-0.00044	0.00000	0.00000	
	V'	-0.00049	-0.00049	-0.00049	-0.00049	-0.00049	-0.00049	-0.00049	-0.00049	-0.00049	-0.00025	0.02173	0.02173	
	M	0.00000	-0.00000	-0.00000	-0.00000	-0.00000	-0.00000	-0.00000	-0.00000	-0.00010	-0.00980	-1.00000	0.00000	
46.25	Q	-0.00000	-0.00000	-0.00000	-0.00000	-0.00000	-0.00000	-0.00000	-0.00004	-0.00445	-0.45342	-46.25000	-46.25000	46.25
	V	0.00000	-0.00005	-0.00009	-0.00014	-0.00019	-0.00023	-0.00028	-0.00033	-0.00037	-0.00042	0.00000	0.00000	
	V'	-0.00047	-0.00047	-0.00047	-0.00047	-0.00047	-0.00047	-0.00047	-0.00047	-0.00047	-0.00026	0.02115	0.02115	
	M	0.00000	-0.00000	-0.00000	-0.00000	-0.00000	-0.00000	-0.00000	-0.00000	-0.00007	-0.00865	-1.00000	0.00000	
47.50	Q	-0.00000	-0.00000	-0.00000	-0.00000	-0.00000	-0.00000	-0.00000	-0.00003	-0.00356	-0.41096	-47.50000	-47.50000	47.50
	V	0.00000	-0.00004	-0.00009	-0.00013	-0.00018	-0.00022	-0.00027	-0.00031	-0.00035	-0.00040	0.00000	0.00000	
	V'	-0.00044	-0.00044	-0.00044	-0.00044	-0.00044	-0.00044	-0.00044	-0.00044	-0.00044	-0.00026	0.02061	0.02061	
	M	0.00000	-0.00000	-0.00000	-0.00000	-0.00000	-0.00000	-0.00000	-0.00000	-0.00006	-0.00764	-1.00000	0.00000	
48.75	Q	-0.00000	-0.00000	-0.00000	-0.00000	-0.00000	-0.00000	-0.00000	-0.00002	-0.00284	-0.37221	-48.75000	-48.75000	48.75
	V	0.00000	-0.00004	-0.00008	-0.00013	-0.00017	-0.00021	-0.00025	-0.00029	-0.00034	-0.00038	0.00000	0.00000	
	V'	-0.00042	-0.00042	-0.00042	-0.00042	-0.00042	-0.00042	-0.00042	-0.00042	-0.00042	-0.00026	0.02009	0.02009	
BETA	X/L =	0.00	0.10	0.20	0.30	0.40	0.50	0.60	0.70	0.80	0.90	L 1.00	R 1.00	BETA

XM/L = 1.00

FUNKTIONEN : F.MIM - F.MIQ - F.MIV - F.MIV'

D.II

Zahlentafeln der Funktionen

$F(\epsilon,\chi)_{P;M}$ = F.P;M

$F(\epsilon,\chi)_{P;Q}$ = F.P;Q

$F(\epsilon,\chi)_{P;V}$ = F.P;V

$F(\epsilon,\chi)_{P;V'}$ = F.P;V'

Druckstäbe 265...372

Zugstäbe 373...480

FUNKTIONEN : F.P:M - F.P:Q - F.P:V - F.P:V'

XP/L = 0.10

ALPHA	X/L =	0.00	L 0.10	R 0.10	0.20	0.30	0.40	0.50	0.60	0.70	0.80	0.90	1.00	ALPHA
	M	0.00000	0.09000	0.09000	0.08000	0.07000	0.06000	0.05000	0.04000	0.03000	0.02000	0.01000	0.00000	
0.000	Q	0.90000	0.90000	-0.10000	-0.10000	-0.10000	-0.10000	-0.10000	-0.10000	-0.10000	-0.10000	-0.10000	-0.10000	0.000
	V	0.00000	0.00270	0.00270	0.00467	0.00583	0.00630	0.00617	0.00553	0.00450	0.00317	0.00163	0.00000	
	V'	0.02850	0.02400	0.02400	0.01550	0.00800	0.00150	-0.00400	-0.00850	-0.01200	-0.01450	-0.01600	-0.01650	
	M	0.00000	0.09000	0.09000	0.08000	0.07000	0.06000	0.05000	0.04000	0.03000	0.02000	0.01000	0.00000	
0.025	Q	0.90002	0.90002	-0.09998	-0.09999	-0.09999	-0.10000	-0.10000	-0.10001	-0.10001	-0.10001	-0.10001	-0.10001	0.025
	V	0.00000	0.00270	0.00270	0.00467	0.00583	0.00630	0.00617	0.00553	0.00450	0.00317	0.00163	0.00000	
	V'	0.02850	0.02400	0.02400	0.01550	0.00800	0.00150	-0.00400	-0.00850	-0.01200	-0.01450	-0.01600	-0.01650	
	M	0.00000	0.09001	0.09001	0.08001	0.07001	0.06002	0.05002	0.04001	0.03001	0.02001	0.01000	0.00000	
0.050	Q	0.90007	0.90006	-0.09994	-0.09996	-0.09998	-0.10000	-0.10001	-0.10002	-0.10003	-0.10004	-0.10004	-0.10004	0.050
	V	0.00000	0.00270	0.00270	0.00467	0.00583	0.00630	0.00617	0.00553	0.00450	0.00317	0.00163	0.00000	
	V'	0.02851	0.02401	0.02401	0.01550	0.00800	0.00150	-0.00400	-0.00850	-0.01200	-0.01450	-0.01600	-0.01650	
	M	0.00000	0.09002	0.09002	0.08003	0.07003	0.06004	0.05003	0.04003	0.03003	0.02002	0.01001	0.00000	
0.075	Q	0.90016	0.90014	-0.09986	-0.09991	-0.09995	-0.09999	-0.10002	-0.10005	-0.10007	-0.10008	-0.10009	-0.10009	0.075
	V	0.00000	0.00270	0.00270	0.00467	0.00584	0.00630	0.00617	0.00554	0.00450	0.00317	0.00163	0.00000	
	V'	0.02851	0.02401	0.02401	0.01551	0.00801	0.00150	-0.00400	-0.00850	-0.01201	-0.01451	-0.01601	-0.01651	
	M	0.00000	0.09003	0.09003	0.08005	0.07006	0.06006	0.05006	0.04006	0.03005	0.02003	0.01002	0.00000	
0.100	Q	0.90029	0.90024	-0.09976	-0.09984	-0.09992	-0.09998	-0.10004	-0.10009	-0.10012	-0.10015	-0.10016	-0.10017	0.100
	V	0.00000	0.00270	0.00270	0.00467	0.00584	0.00631	0.00617	0.00554	0.00451	0.00317	0.00164	0.00000	
	V'	0.02852	0.02402	0.02402	0.01552	0.00801	0.00151	-0.00400	-0.00851	-0.01201	-0.01452	-0.01602	-0.01652	
	M	0.00000	0.09004	0.09004	0.08007	0.07009	0.06010	0.05010	0.04009	0.03007	0.02005	0.01003	0.00000	
0.125	Q	0.90045	0.90038	-0.09962	-0.09976	-0.09987	-0.09998	-0.10006	-0.10013	-0.10019	-0.10023	-0.10025	-0.10026	0.125
	V	0.00000	0.00270	0.00270	0.00467	0.00584	0.00631	0.00618	0.00554	0.00451	0.00317	0.00164	0.00000	
	V'	0.02853	0.02403	0.02403	0.01553	0.00802	0.00151	-0.00400	-0.00851	-0.01202	-0.01452	-0.01603	-0.01653	
	M	0.00000	0.09006	0.09006	0.08011	0.07013	0.06014	0.05014	0.04012	0.03010	0.02007	0.01004	0.00000	
0.150	Q	0.90064	0.90054	-0.09946	-0.09965	-0.09982	-0.09997	-0.10009	-0.10019	-0.10027	-0.10033	-0.10036	-0.10037	0.150
	V	0.00000	0.00270	0.00270	0.00468	0.00585	0.00631	0.00618	0.00555	0.00451	0.00317	0.00164	0.00000	
	V'	0.02855	0.02405	0.02405	0.01554	0.00803	0.00151	-0.00400	-0.00852	-0.01203	-0.01454	-0.01604	-0.01654	
	M	0.00000	0.09008	0.09008	0.08014	0.07018	0.06019	0.05019	0.04017	0.03014	0.02010	0.01005	0.00000	
0.175	Q	0.90087	0.90074	-0.09926	-0.09952	-0.09975	-0.09995	-0.10012	-0.10026	-0.10037	-0.10045	-0.10049	-0.10051	0.175
	V	0.00000	0.00271	0.00271	0.00468	0.00585	0.00632	0.00619	0.00555	0.00452	0.00318	0.00164	0.00000	
	V'	0.02857	0.02406	0.02406	0.01555	0.00803	0.00152	-0.00400	-0.00852	-0.01204	-0.01455	-0.01606	-0.01656	
	M	0.00000	0.09011	0.09011	0.08019	0.07023	0.06025	0.05025	0.04022	0.03018	0.02013	0.01007	0.00000	
0.200	Q	0.90114	0.90096	-0.09904	-0.09938	-0.09968	-0.09994	-0.10016	-0.10034	-0.10048	-0.10058	-0.10064	-0.10066	0.200
	V	0.00000	0.00271	0.00271	0.00468	0.00585	0.00632	0.00619	0.00556	0.00452	0.00318	0.00164	0.00000	
	V'	0.02859	0.02408	0.02408	0.01557	0.00805	0.00152	-0.00400	-0.00853	-0.01205	-0.01456	-0.01607	-0.01658	
	M	0.00000	0.09014	0.09014	0.08024	0.07030	0.06032	0.05031	0.04028	0.03023	0.02016	0.01008	0.00000	
0.225	Q	0.90145	0.90122	-0.09878	-0.09921	-0.09959	-0.09992	-0.10020	-0.10043	-0.10061	-0.10074	-0.10081	-0.10084	0.225
	V	0.00000	0.00271	0.00271	0.00469	0.00586	0.00633	0.00620	0.00556	0.00453	0.00319	0.00164	0.00000	
	V'	0.02861	0.02410	0.02410	0.01558	0.00806	0.00153	-0.00401	-0.00854	-0.01206	-0.01458	-0.01609	-0.01660	
ALPHA	X/L =	0.00	L 0.10	R 0.10	0.20	0.30	0.40	0.50	0.60	0.70	0.80	0.90	1.00	ALPHA

XP/L = 0.10

FUNKTIONEN : F.P:M - F.P:Q - F.P:V - F.P:V'

FUNKTIONEN : F.P;M - F.P;Q - F.P;V - F.P;V'

XP/L = 0.10

ALPHA	X/L =	0.00	L 0.10	R 0.10	0.20	0.30	0.40	0.50	0.60	0.70	0.80	0.90	1.00	ALPHA
	M	0.00000	0.09017	0.09017	0.08029	0.07037	0.06040	0.05039	0.04035	0.03028	0.02020	0.01010	0.00000	
0.250	Q	0.90179	0.90151	-0.09849	-0.09902	-0.09950	-0.09990	-0.10025	-0.10053	-0.10075	-0.10091	-0.10101	-0.10104	0.250
	V	0.00000	0.00271	0.00271	0.00469	0.00587	0.00634	0.00621	0.00557	0.00453	0.00319	0.00165	0.00000	
	V'	0.02864	0.02413	0.02413	0.01560	0.00807	0.00153	-0.00401	-0.00854	-0.01208	-0.01460	-0.01612	-0.01662	
	M	0.00000	0.09021	0.09021	0.08036	0.07044	0.06048	0.05047	0.04042	0.03034	0.02024	0.01012	0.00000	
0.275	Q	0.90217	0.90183	-0.09817	-0.09882	-0.09939	-0.09988	-0.10030	-0.10065	-0.10091	-0.10111	-0.10122	-0.10126	0.275
	V	0.00000	0.00272	0.00272	0.00470	0.00587	0.00635	0.00622	0.00558	0.00454	0.00319	0.00165	0.00000	
	V'	0.02867	0.02415	0.02415	0.01563	0.00809	0.00154	-0.00401	-0.00855	-0.01209	-0.01462	-0.01614	-0.01665	
	M	0.00000	0.09024	0.09024	0.08042	0.07053	0.06057	0.05056	0.04050	0.03041	0.02029	0.01015	0.00000	
0.300	Q	0.90258	0.90218	-0.09782	-0.09859	-0.09927	-0.09986	-0.10036	-0.10077	-0.10109	-0.10132	-0.10146	-0.10150	0.300
	V	0.00000	0.00272	0.00272	0.00470	0.00588	0.00636	0.00622	0.00559	0.00455	0.00320	0.00165	0.00000	
	V'	0.02870	0.02418	0.02418	0.01565	0.00810	0.00155	-0.00401	-0.00856	-0.01211	-0.01464	-0.01617	-0.01667	
	M	0.00000	0.09029	0.09029	0.08050	0.07062	0.06067	0.05066	0.04059	0.03048	0.02034	0.01017	0.00000	
0.325	Q	0.90303	0.90256	-0.09744	-0.09834	-0.09914	-0.09984	-0.10042	-0.10091	-0.10128	-0.10155	-0.10171	-0.10176	0.325
	V	0.00000	0.00272	0.00272	0.00471	0.00589	0.00637	0.00624	0.00560	0.00455	0.00321	0.00165	0.00000	
	V'	0.02873	0.02422	0.02422	0.01568	0.00812	0.00155	-0.00401	-0.00858	-0.01213	-0.01467	-0.01620	-0.01670	
	M	0.00000	0.09033	0.09033	0.08058	0.07072	0.06078	0.05077	0.04069	0.03056	0.02039	0.01020	0.00000	
0.350	Q	0.90352	0.90297	-0.09703	-0.09808	-0.09900	-0.09981	-0.10049	-0.10105	-0.10149	-0.10180	-0.10199	-0.10205	0.350
	V	0.00000	0.00273	0.00273	0.00472	0.00590	0.00638	0.00625	0.00561	0.00456	0.00321	0.00166	0.00000	
	V'	0.02877	0.02425	0.02425	0.01571	0.00814	0.00156	-0.00401	-0.00859	-0.01215	-0.01470	-0.01623	-0.01674	
	M	0.00000	0.09038	0.09038	0.08066	0.07083	0.06090	0.05088	0.04079	0.03064	0.02045	0.01023	0.00000	
0.375	Q	0.90405	0.90342	-0.09658	-0.09779	-0.09885	-0.09978	-0.10056	-0.10121	-0.10171	-0.10207	-0.10229	-0.10236	0.375
	V	0.00000	0.00273	0.00273	0.00472	0.00591	0.00639	0.00626	0.00562	0.00457	0.00322	0.00166	0.00000	
	V'	0.02881	0.02429	0.02429	0.01574	0.00816	0.00157	-0.00402	-0.00860	-0.01217	-0.01473	-0.01626	-0.01677	
	M	0.00000	0.09044	0.09044	0.08076	0.07095	0.06102	0.05100	0.04090	0.03073	0.02052	0.01027	0.00000	
0.400	Q	0.90462	0.90389	-0.09611	-0.09748	-0.09869	-0.09975	-0.10064	-0.10138	-0.10195	-0.10236	-0.10261	-0.10269	0.400
	V	0.00000	0.00273	0.00273	0.00473	0.00592	0.00640	0.00627	0.00563	0.00458	0.00323	0.00166	0.00000	
	V'	0.02885	0.02433	0.02433	0.01577	0.00818	0.00158	-0.00402	-0.00861	-0.01220	-0.01476	-0.01630	-0.01681	
	M	0.00000	0.09049	0.09049	0.08086	0.07107	0.06116	0.05114	0.04102	0.03083	0.02058	0.01030	0.00000	
0.425	Q	0.90522	0.90440	-0.09560	-0.09715	-0.09852	-0.09971	-0.10073	-0.10156	-0.10221	-0.10267	-0.10295	-0.10304	0.425
	V	0.00000	0.00274	0.00274	0.00474	0.00593	0.00641	0.00628	0.00564	0.00459	0.00323	0.00167	0.00000	
	V'	0.02890	0.02437	0.02437	0.01580	0.00821	0.00159	-0.00402	-0.00863	-0.01222	-0.01479	-0.01634	-0.01685	
	M	0.00000	0.09056	0.09056	0.08096	0.07120	0.06130	0.05128	0.04115	0.03093	0.02066	0.01034	0.00000	
0.450	Q	0.90586	0.90494	-0.09506	-0.09679	-0.09833	-0.09967	-0.10081	-0.10175	-0.10248	-0.10300	-0.10332	-0.10342	0.450
	V	0.00000	0.00274	0.00274	0.00475	0.00594	0.00643	0.00630	0.00566	0.00460	0.00324	0.00167	0.00000	
	V'	0.02895	0.02442	0.02442	0.01584	0.00823	0.00161	-0.00402	-0.00865	-0.01225	-0.01483	-0.01638	-0.01690	
	M	0.00000	0.09062	0.09062	0.08107	0.07134	0.06145	0.05142	0.04128	0.03104	0.02073	0.01038	0.00000	
0.475	Q	0.90654	0.90552	-0.09448	-0.09642	-0.09814	-0.09963	-0.10091	-0.10195	-0.10277	-0.10335	-0.10371	-0.10382	0.475
	V	0.00000	0.00275	0.00275	0.00476	0.00596	0.00644	0.00631	0.00567	0.00462	0.00325	0.00168	0.00000	
	V'	0.02900	0.02447	0.02447	0.01588	0.00826	0.00162	-0.00403	-0.00866	-0.01228	-0.01487	-0.01642	-0.01694	
ALPHA	X/L =	0.00	L 0.10	R 0.10	0.20	0.30	0.40	0.50	0.60	0.70	0.80	0.90	1.00	ALPHA

XP/L = 0.10

FUNKTIONEN : F.P;M - F.P;Q - F.P;V - F.P;V'

FUNKTIONEN : F.P;M - F.P;Q - F.P;V - F.P;V'

XP/L = 0.10

ALPHA	X/L =	0.00	L 0.10	R 0.10	0.20	0.30	0.40	0.50	0.60	0.70	0.80	0.90	1.00	ALPHA
	M	0.00000	0.09069	0.09069	0.08119	0.07149	0.06161	0.05158	0.04142	0.03116	0.02081	0.01042	0.00000	
0.500	Q	0.90726	0.90613	-0.09387	-0.09602	-0.09793	-0.09959	-0.10101	-0.10217	-0.10308	-0.10373	-0.10412	-0.10425	0.500
	V	0.00000	0.00275	0.00275	0.00477	0.00597	0.00646	0.00633	0.00569	0.00463	0.00326	0.00168	0.00000	
	V'	0.02906	0.02452	0.02452	0.01592	0.00829	0.00163	-0.00403	-0.00868	-0.01231	-0.01491	-0.01647	-0.01699	
	M	0.00000	0.09076	0.09076	0.08132	0.07165	0.06178	0.05175	0.04157	0.03128	0.02090	0.01046	0.00000	
0.525	Q	0.90802	0.90677	-0.09323	-0.09560	-0.09771	-0.09955	-0.10111	-0.10240	-0.10340	-0.10412	-0.10455	-0.10470	0.525
	V	0.00000	0.00276	0.00276	0.00478	0.00599	0.00648	0.00635	0.00570	0.00464	0.00327	0.00169	0.00000	
	V'	0.02911	0.02458	0.02458	0.01597	0.00832	0.00165	-0.00403	-0.00870	-0.01234	-0.01495	-0.01652	-0.01704	
	M	0.00000	0.09084	0.09084	0.08145	0.07182	0.06196	0.05193	0.04173	0.03141	0.02099	0.01051	0.00000	
0.550	Q	0.90883	0.90745	-0.09255	-0.09515	-0.09747	-0.09950	-0.10122	-0.10264	-0.10374	-0.10454	-0.10501	-0.10517	0.550
	V	0.00000	0.00277	0.00277	0.00479	0.00600	0.00649	0.00637	0.00572	0.00466	0.00328	0.00169	0.00000	
	V'	0.02918	0.02463	0.02463	0.01602	0.00835	0.00166	-0.00403	-0.00872	-0.01238	-0.01500	-0.01657	-0.01710	
	M	0.00000	0.09092	0.09092	0.08159	0.07199	0.06215	0.05211	0.04190	0.03154	0.02109	0.01056	0.00000	
0.575	Q	0.90967	0.90816	-0.09184	-0.09469	-0.09723	-0.09945	-0.10134	-0.10289	-0.10410	-0.10497	-0.10550	-0.10567	0.575
	V	0.00000	0.00277	0.00277	0.00480	0.00602	0.00651	0.00639	0.00574	0.00467	0.00329	0.00170	0.00000	
	V'	0.02924	0.02469	0.02469	0.01607	0.00839	0.00168	-0.00404	-0.00874	-0.01241	-0.01505	-0.01663	-0.01716	
	M	0.00000	0.09100	0.09100	0.08173	0.07217	0.06235	0.05231	0.04207	0.03169	0.02119	0.01061	0.00000	
0.600	Q	0.91055	0.90891	-0.09109	-0.09420	-0.09697	-0.09939	-0.10146	-0.10315	-0.10448	-0.10543	-0.10601	-0.10620	0.600
	V	0.00000	0.00278	0.00278	0.00482	0.00603	0.00653	0.00641	0.00576	0.00469	0.00330	0.00170	0.00000	
	V'	0.02931	0.02476	0.02476	0.01612	0.00842	0.00169	-0.00404	-0.00876	-0.01245	-0.01510	-0.01669	-0.01722	
	M	0.00000	0.09109	0.09109	0.08189	0.07236	0.06256	0.05251	0.04226	0.03184	0.02129	0.01067	0.00000	
0.625	Q	0.91148	0.90970	-0.09030	-0.09368	-0.09670	-0.09933	-0.10158	-0.10343	-0.10488	-0.10592	-0.10654	-0.10675	0.625
	V	0.00000	0.00279	0.00279	0.00483	0.00605	0.00655	0.00643	0.00578	0.00470	0.00331	0.00171	0.00000	
	V'	0.02938	0.02483	0.02483	0.01617	0.00846	0.00171	-0.00405	-0.00879	-0.01249	-0.01515	-0.01675	-0.01728	
	M	0.00000	0.09118	0.09118	0.08205	0.07256	0.06278	0.05272	0.04245	0.03200	0.02141	0.01073	0.00000	
0.650	Q	0.91245	0.91052	-0.08948	-0.09314	-0.09641	-0.09927	-0.10171	-0.10372	-0.10530	-0.10642	-0.10710	-0.10733	0.650
	V	0.00000	0.00279	0.00279	0.00484	0.00607	0.00657	0.00645	0.00580	0.00472	0.00333	0.00172	0.00000	
	V'	0.02946	0.02490	0.02490	0.01623	0.00850	0.00173	-0.00405	-0.00881	-0.01253	-0.01520	-0.01681	-0.01735	
	M	0.00000	0.09128	0.09128	0.08221	0.07277	0.06301	0.05295	0.04265	0.03216	0.02152	0.01079	0.00000	
0.675	Q	0.91346	0.91138	-0.08862	-0.09258	-0.09611	-0.09920	-0.10185	-0.10403	-0.10573	-0.10695	-0.10769	-0.10794	0.675
	V	0.00000	0.00280	0.00280	0.00486	0.00609	0.00660	0.00647	0.00582	0.00474	0.00334	0.00172	0.00000	
	V'	0.02953	0.02497	0.02497	0.01629	0.00854	0.00175	-0.00405	-0.00883	-0.01258	-0.01526	-0.01688	-0.01742	
	M	0.00000	0.09138	0.09138	0.08239	0.07299	0.06324	0.05318	0.04286	0.03233	0.02164	0.01085	0.00000	
0.700	Q	0.91451	0.91227	-0.08773	-0.09199	-0.09580	-0.09913	-0.10199	-0.10434	-0.10619	-0.10751	-0.10830	-0.10857	0.700
	V	0.00000	0.00281	0.00281	0.00487	0.00611	0.00662	0.00650	0.00584	0.00476	0.00335	0.00173	0.00000	
	V'	0.02962	0.02505	0.02505	0.01635	0.00858	0.00177	-0.00406	-0.00886	-0.01262	-0.01532	-0.01695	-0.01749	
	M	0.00000	0.09148	0.09148	0.08257	0.07322	0.06349	0.05343	0.04308	0.03251	0.02177	0.01091	0.00000	
0.725	Q	0.91561	0.91321	-0.08679	-0.09137	-0.09547	-0.09906	-0.10213	-0.10467	-0.10666	-0.10809	-0.10895	-0.10923	0.725
	V	0.00000	0.00282	0.00282	0.00489	0.00613	0.00664	0.00652	0.00587	0.00478	0.00337	0.00174	0.00000	
	V'	0.02970	0.02513	0.02513	0.01642	0.00863	0.00179	-0.00406	-0.00889	-0.01267	-0.01539	-0.01702	-0.01757	
ALPHA	X/L =	0.00	L 0.10	R 0.10	0.20	0.30	0.40	0.50	0.60	0.70	0.80	0.90	1.00	ALPHA

XP/L = 0.10

FUNKTIONEN : F.P;M - F.P;Q - F.P;V - F.P;V'

FUNKTIONEN : F.P;M - F.P;Q - F.P;V - F.P;V'

XP/L = 0.10

ALPHA	X/L =	0.00	L 0.10	R 0.10	0.20	0.30	0.40	0.50	0.60	0.70	0.80	0.90	1.00	ALPHA
	M	0.00000	0.09159	0.09159	0.08276	0.07346	0.06375	0.05368	0.04331	0.03270	0.02190	0.01098	0.00000	
0.750	Q	0.91676	0.91418	-0.08582	-0.09073	-0.09512	-0.09898	-0.10229	-0.10502	-0.10716	-0.10869	-0.10962	-0.10993	0.750
	V	0.00000	0.00283	0.00283	0.00490	0.00615	0.00667	0.00655	0.00589	0.00480	0.00338	0.00175	0.00000	
	V'	0.02979	0.02521	0.02521	0.01649	0.00867	0.00181	-0.00407	-0.00892	-0.01272	-0.01545	-0.01710	-0.01765	
	M	0.00000	0.09170	0.09170	0.08296	0.07371	0.06402	0.05395	0.04355	0.03290	0.02204	0.01105	0.00000	
0.775	Q	0.91795	0.91519	-0.08481	-0.09005	-0.09476	-0.09890	-0.10244	-0.10537	-0.10767	-0.10932	-0.11032	-0.11065	0.775
	V	0.00000	0.00284	0.00284	0.00492	0.00618	0.00670	0.00658	0.00592	0.00482	0.00340	0.00175	0.00000	
	V'	0.02988	0.02530	0.02530	0.01656	0.00872	0.00183	-0.00407	-0.00895	-0.01277	-0.01552	-0.01718	-0.01773	
	M	0.00000	0.09182	0.09182	0.08316	0.07397	0.06430	0.05423	0.04380	0.03310	0.02219	0.01113	0.00000	
0.800	Q	0.91919	0.91625	-0.08375	-0.08935	-0.09439	-0.09881	-0.10261	-0.10575	-0.10821	-0.10998	-0.11105	-0.11140	0.800
	V	0.00000	0.00284	0.00284	0.00494	0.00620	0.00672	0.00661	0.00594	0.00484	0.00341	0.00176	0.00000	
	V'	0.02998	0.02539	0.02539	0.01663	0.00877	0.00186	-0.00407	-0.00898	-0.01283	-0.01559	-0.01726	-0.01782	
	M	0.00000	0.09194	0.09194	0.08337	0.07424	0.06460	0.05452	0.04406	0.03331	0.02234	0.01121	0.00000	
0.825	Q	0.92047	0.91734	-0.08266	-0.08863	-0.09399	-0.09872	-0.10278	-0.10613	-0.10877	-0.11066	-0.11181	-0.11219	0.825
	V	0.00000	0.00285	0.00285	0.00496	0.00623	0.00675	0.00664	0.00597	0.00487	0.00343	0.00177	0.00000	
	V'	0.03008	0.02548	0.02548	0.01671	0.00883	0.00188	-0.00408	-0.00901	-0.01288	-0.01567	-0.01734	-0.01791	
	M	0.00000	0.09207	0.09207	0.08360	0.07452	0.06490	0.05482	0.04434	0.03353	0.02249	0.01129	0.00000	
0.850	Q	0.92181	0.91848	-0.08152	-0.08787	-0.09358	-0.09862	-0.10295	-0.10654	-0.10935	-0.11138	-0.11260	-0.11300	0.850
	V	0.00000	0.00286	0.00286	0.00498	0.00625	0.00678	0.00667	0.00600	0.00489	0.00345	0.00178	0.00000	
	V'	0.03019	0.02558	0.02558	0.01679	0.00888	0.00191	-0.00408	-0.00905	-0.01294	-0.01574	-0.01743	-0.01800	
	M	0.00000	0.09220	0.09220	0.08383	0.07481	0.06522	0.05513	0.04462	0.03377	0.02265	0.01137	0.00000	
0.875	Q	0.92319	0.91966	-0.08034	-0.08708	-0.09316	-0.09852	-0.10313	-0.10695	-0.10995	-0.11212	-0.11342	-0.11385	0.875
	V	0.00000	0.00288	0.00288	0.00500	0.00628	0.00681	0.00670	0.00603	0.00492	0.00347	0.00179	0.00000	
	V'	0.03029	0.02568	0.02568	0.01687	0.00894	0.00193	-0.00409	-0.00908	-0.01300	-0.01582	-0.01753	-0.01810	
	M	0.00000	0.09234	0.09234	0.08406	0.07511	0.06555	0.05545	0.04491	0.03401	0.02282	0.01146	0.00000	
0.900	Q	0.92463	0.92089	-0.07911	-0.08626	-0.09271	-0.09841	-0.10332	-0.10738	-0.11058	-0.11289	-0.11428	-0.11474	0.900
	V	0.00000	0.00289	0.00289	0.00502	0.00631	0.00685	0.00673	0.00606	0.00494	0.00349	0.00180	0.00000	
	V'	0.03041	0.02579	0.02579	0.01696	0.00900	0.00196	-0.00409	-0.00912	-0.01306	-0.01591	-0.01762	-0.01820	
	M	0.00000	0.09248	0.09248	0.08431	0.07542	0.06589	0.05579	0.04522	0.03425	0.02300	0.01155	0.00000	
0.925	Q	0.92612	0.92216	-0.07784	-0.08541	-0.09225	-0.09830	-0.10351	-0.10783	-0.11123	-0.11369	-0.11517	-0.11566	0.925
	V	0.00000	0.00290	0.00290	0.00504	0.00634	0.00688	0.00677	0.00610	0.00497	0.00351	0.00181	0.00000	
	V'	0.03052	0.02590	0.02590	0.01705	0.00906	0.00199	-0.00410	-0.00915	-0.01313	-0.01600	-0.01772	-0.01830	
	M	0.00000	0.09263	0.09263	0.08457	0.07575	0.06624	0.05614	0.04553	0.03451	0.02318	0.01164	0.00000	
0.950	Q	0.92766	0.92347	-0.07653	-0.08453	-0.09177	-0.09818	-0.10371	-0.10830	-0.11191	-0.11452	-0.11609	-0.11662	0.950
	V	0.00000	0.00291	0.00291	0.00506	0.00637	0.00692	0.00680	0.00613	0.00500	0.00353	0.00182	0.00000	
	V'	0.03065	0.02601	0.02601	0.01714	0.00912	0.00202	-0.00411	-0.00919	-0.01320	-0.01609	-0.01783	-0.01841	
	M	0.00000	0.09278	0.09278	0.08483	0.07608	0.06661	0.05650	0.04586	0.03478	0.02337	0.01174	0.00000	
0.975	Q	0.92925	0.92484	-0.07516	-0.08361	-0.09126	-0.09805	-0.10391	-0.10878	-0.11261	-0.11538	-0.11705	-0.11761	0.975
	V	0.00000	0.00292	0.00292	0.00508	0.00640	0.00695	0.00684	0.00616	0.00503	0.00355	0.00183	0.00000	
	V'	0.03077	0.02613	0.02613	0.01724	0.00919	0.00205	-0.00411	-0.00923	-0.01327	-0.01618	-0.01794	-0.01852	
ALPHA	X/L =	0.00	L 0.10	R 0.10	0.20	0.30	0.40	0.50	0.60	0.70	0.80	0.90	1.00	ALPHA

XP/L = 0.10

FUNKTIONEN : F.P;M - F.P;Q - F.P;V - F.P;V'

FUNKTIONEN : F.P;M - F.P;Q - F.P;V - F.P;V'

XP/L = 0.10

ALPHA	X/L =	0.00	L 0.10	R 0.10	0.20	0.30	0.40	0.50	0.60	0.70	0.80	0.90	1.00	ALPHA
	M	0.00000	0.09294	0.09294	0.08511	0.07643	0.06699	0.05688	0.04620	0.03506	0.02357	0.01184	0.00000	
1.000	Q	0.93090	0.92625	-0.07375	-0.08266	-0.09074	-0.09792	-0.10412	-0.10928	-0.11334	-0.11628	-0.11805	-0.11864	1.000
	V	0.00000	0.00294	0.00294	0.00511	0.00643	0.00699	0.00688	0.00620	0.00506	0.00357	0.00184	0.00000	
	V'	0.03090	0.02625	0.02625	0.01734	0.00926	0.00208	-0.00412	-0.00928	-0.01334	-0.01628	-0.01805	-0.01864	
	M	0.00000	0.09310	0.09310	0.08539	0.07679	0.06738	0.05727	0.04655	0.03535	0.02378	0.01195	0.00000	
1.025	Q	0.93261	0.92771	-0.07229	-0.08167	-0.09020	-0.09778	-0.10433	-0.10979	-0.11410	-0.11721	-0.11908	-0.11971	1.025
	V	0.00000	0.00295	0.00295	0.00513	0.00646	0.00703	0.00692	0.00624	0.00509	0.00359	0.00186	0.00000	
	V'	0.03104	0.02638	0.02638	0.01745	0.00933	0.00211	-0.00412	-0.00932	-0.01342	-0.01638	-0.01817	-0.01876	
	M	0.00000	0.09327	0.09327	0.08569	0.07717	0.06779	0.05768	0.04692	0.03565	0.02399	0.01206	0.00000	
1.050	Q	0.93437	0.92923	-0.07077	-0.08065	-0.08963	-0.09763	-0.10455	-0.11032	-0.11488	-0.11817	-0.12016	-0.12083	1.050
	V	0.00000	0.00296	0.00296	0.00516	0.00650	0.00707	0.00696	0.00628	0.00513	0.00362	0.00187	0.00000	
	V'	0.03118	0.02651	0.02651	0.01755	0.00940	0.00215	-0.00413	-0.00936	-0.01350	-0.01648	-0.01829	-0.01889	
	M	0.00000	0.09344	0.09344	0.08599	0.07755	0.06822	0.05810	0.04730	0.03596	0.02421	0.01217	0.00000	
1.075	Q	0.93620	0.93079	-0.06921	-0.07958	-0.08904	-0.09747	-0.10478	-0.11088	-0.11569	-0.11917	-0.12128	-0.12198	1.075
	V	0.00000	0.00298	0.00298	0.00519	0.00654	0.00711	0.00701	0.00632	0.00516	0.00364	0.00188	0.00000	
	V'	0.03132	0.02665	0.02665	0.01767	0.00948	0.00219	-0.00414	-0.00941	-0.01358	-0.01659	-0.01841	-0.01902	
	M	0.00000	0.09362	0.09362	0.08631	0.07795	0.06866	0.05853	0.04770	0.03629	0.02444	0.01229	0.00000	
1.100	Q	0.93808	0.93241	-0.06759	-0.07848	-0.08843	-0.09731	-0.10501	-0.11145	-0.11653	-0.12021	-0.12243	-0.12318	1.100
	V	0.00000	0.00299	0.00299	0.00521	0.00657	0.00716	0.00705	0.00636	0.00520	0.00367	0.00190	0.00000	
	V'	0.03147	0.02679	0.02679	0.01778	0.00956	0.00222	-0.00414	-0.00946	-0.01366	-0.01670	-0.01854	-0.01916	
	M	0.00000	0.09380	0.09380	0.08663	0.07837	0.06911	0.05898	0.04811	0.03662	0.02468	0.01242	0.00000	
1.125	Q	0.94003	0.93409	-0.06591	-0.07734	-0.08780	-0.09714	-0.10525	-0.11204	-0.11740	-0.12129	-0.12364	-0.12442	1.125
	V	0.00000	0.00301	0.00301	0.00524	0.00661	0.00720	0.00710	0.00641	0.00523	0.00369	0.00191	0.00000	
	V'	0.03163	0.02693	0.02693	0.01790	0.00964	0.00226	-0.00415	-0.00951	-0.01375	-0.01682	-0.01868	-0.01930	
	M	0.00000	0.09400	0.09400	0.08697	0.07880	0.06958	0.05945	0.04853	0.03697	0.02492	0.01254	0.00000	
1.150	Q	0.94204	0.93582	-0.06418	-0.07616	-0.08713	-0.09696	-0.10550	-0.11265	-0.11831	-0.12240	-0.12488	-0.12571	1.150
	V	0.00000	0.00302	0.00302	0.00527	0.00665	0.00725	0.00715	0.00645	0.00527	0.00372	0.00192	0.00000	
	V'	0.03179	0.02709	0.02709	0.01803	0.00973	0.00230	-0.00416	-0.00956	-0.01384	-0.01694	-0.01882	-0.01944	
	M	0.00000	0.09419	0.09419	0.08732	0.07924	0.07007	0.05993	0.04897	0.03733	0.02518	0.01268	0.00000	
1.175	Q	0.94412	0.93761	-0.06239	-0.07493	-0.08645	-0.09676	-0.10575	-0.11328	-0.11924	-0.12356	-0.12618	-0.12705	1.175
	V	0.00000	0.00304	0.00304	0.00530	0.00669	0.00729	0.00720	0.00650	0.00531	0.00375	0.00194	0.00000	
	V'	0.03196	0.02724	0.02724	0.01816	0.00982	0.00234	-0.00416	-0.00962	-0.01394	-0.01706	-0.01896	-0.01959	
	M	0.00000	0.09440	0.09440	0.08768	0.07970	0.07058	0.06044	0.04943	0.03771	0.02544	0.01281	0.00000	
1.200	Q	0.94627	0.93946	-0.06054	-0.07366	-0.08573	-0.09656	-0.10601	-0.11393	-0.12021	-0.12476	-0.12752	-0.12844	1.200
	V	0.00000	0.00306	0.00306	0.00533	0.00674	0.00734	0.00725	0.00655	0.00535	0.00378	0.00195	0.00000	
	V'	0.03213	0.02740	0.02740	0.01829	0.00991	0.00239	-0.00417	-0.00967	-0.01403	-0.01719	-0.01911	-0.01975	
	M	0.00000	0.09461	0.09461	0.08805	0.08018	0.07110	0.06096	0.04990	0.03809	0.02572	0.01296	0.00000	
1.225	Q	0.94848	0.94138	-0.05862	-0.07235	-0.08499	-0.09635	-0.10627	-0.11460	-0.12121	-0.12600	-0.12891	-0.12988	1.225
	V	0.00000	0.00307	0.00307	0.00537	0.00678	0.00740	0.00730	0.00660	0.00539	0.00381	0.00197	0.00000	
	V'	0.03231	0.02757	0.02757	0.01843	0.01001	0.00243	-0.00418	-0.00973	-0.01413	-0.01733	-0.01926	-0.01991	
ALPHA	X/L =	0.00	L 0.10	R 0.10	0.20	0.30	0.40	0.50	0.60	0.70	0.80	0.90	1.00	ALPHA

XP/L = 0.10

FUNKTIONEN : F.P;M - F.P;Q - F.P;V - F.P;V'

FUNKTIONEN : F.PIM - F.PIQ - F.PIV - F.PIV'

XP/L = 0.10

ALPHA	X/L =	0.00	L 0.10	R 0.10	0.20	0.30	0.40	0.50	0.60	0.70	0.80	0.90	1.00	ALPHA
	M	0.00000	0.09483	0.09483	0.08844	0.08067	0.07164	0.06149	0.05039	0.03850	0.02600	0.01310	0.00000	
1.250	Q	0.95077	0.94335	-0.05665	-0.07098	-0.08421	-0.09613	-0.10654	-0.11529	-0.12225	-0.12729	-0.13035	-0.13138	1.250
	V	0.00000	0.00309	0.00309	0.00540	0.00683	0.00745	0.00736	0.00665	0.00544	0.00384	0.00199	0.00000	
	V'	0.03249	0.02775	0.02775	0.01857	0.01010	0.00248	-0.00419	-0.00979	-0.01424	-0.01747	-0.01943	-0.02008	
	M	0.00000	0.09506	0.09506	0.08884	0.08118	0.07220	0.06205	0.05090	0.03891	0.02630	0.01326	0.00000	
1.275	Q	0.95313	0.94540	-0.05460	-0.06957	-0.08341	-0.09589	-0.10682	-0.11601	-0.12332	-0.12863	-0.13185	-0.13293	1.275
	V	0.00000	0.00311	0.00311	0.00544	0.00688	0.00751	0.00741	0.00670	0.00548	0.00387	0.00200	0.00000	
	V'	0.03269	0.02793	0.02793	0.01872	0.01021	0.00253	-0.00419	-0.00985	-0.01435	-0.01761	-0.01959	-0.02026	
	M	0.00000	0.09529	0.09529	0.08925	0.08171	0.07278	0.06263	0.05142	0.03935	0.02661	0.01342	0.00000	
1.300	Q	0.95557	0.94751	-0.05249	-0.06811	-0.08257	-0.09564	-0.10710	-0.11675	-0.12443	-0.13002	-0.13340	-0.13454	1.300
	V	0.00000	0.00313	0.00313	0.00547	0.00693	0.00756	0.00747	0.00676	0.00553	0.00391	0.00202	0.00000	
	V'	0.03288	0.02811	0.02811	0.01887	0.01031	0.00258	-0.00420	-0.00991	-0.01446	-0.01776	-0.01976	-0.02044	
	M	0.00000	0.09553	0.09553	0.08968	0.08225	0.07338	0.06323	0.05197	0.03979	0.02692	0.01358	0.00000	
1.325	Q	0.95809	0.94969	-0.05031	-0.06659	-0.08170	-0.09538	-0.10739	-0.11752	-0.12559	-0.13145	-0.13501	-0.13621	1.325
	V	0.00000	0.00315	0.00315	0.00551	0.00698	0.00762	0.00754	0.00682	0.00558	0.00394	0.00204	0.00000	
	V'	0.03309	0.02831	0.02831	0.01903	0.01042	0.00263	-0.00421	-0.00998	-0.01457	-0.01791	-0.01994	-0.02062	
	M	0.00000	0.09578	0.09578	0.09012	0.08281	0.07401	0.06385	0.05253	0.04026	0.02725	0.01375	0.00000	
1.350	Q	0.96069	0.95195	-0.04805	-0.06501	-0.08080	-0.09511	-0.10769	-0.11831	-0.12678	-0.13294	-0.13668	-0.13794	1.350
	V	0.00000	0.00317	0.00317	0.00555	0.00703	0.00768	0.00760	0.00688	0.00563	0.00398	0.00206	0.00000	
	V'	0.03330	0.02851	0.02851	0.01920	0.01054	0.00268	-0.00422	-0.01005	-0.01469	-0.01807	-0.02013	-0.02082	
	M	0.00000	0.09603	0.09603	0.09057	0.08340	0.07465	0.06449	0.05312	0.04074	0.02760	0.01393	0.00000	
1.375	Q	0.96338	0.95428	-0.04572	-0.06338	-0.07986	-0.09482	-0.10799	-0.11913	-0.12802	-0.13449	-0.13842	-0.13974	1.375
	V	0.00000	0.00319	0.00319	0.00559	0.00709	0.00775	0.00767	0.00694	0.00568	0.00402	0.00208	0.00000	
	V'	0.03352	0.02871	0.02871	0.01937	0.01065	0.00274	-0.00423	-0.01012	-0.01482	-0.01824	-0.02032	-0.02102	
	M	0.00000	0.09630	0.09630	0.09104	0.08400	0.07532	0.06516	0.05373	0.04124	0.02795	0.01411	0.00000	
1.400	Q	0.96615	0.95670	-0.04330	-0.06169	-0.07888	-0.09452	-0.10830	-0.11997	-0.12930	-0.13609	-0.14022	-0.14160	1.400
	V	0.00000	0.00321	0.00321	0.00563	0.00714	0.00781	0.00773	0.00700	0.00574	0.00406	0.00210	0.00000	
	V'	0.03375	0.02893	0.02893	0.01954	0.01078	0.00280	-0.00424	-0.01019	-0.01495	-0.01841	-0.02052	-0.02123	
	M	0.00000	0.09657	0.09657	0.09153	0.08463	0.07601	0.06585	0.05436	0.04176	0.02832	0.01431	0.00000	
1.425	Q	0.96901	0.95919	-0.04081	-0.05994	-0.07786	-0.09419	-0.10862	-0.12085	-0.13062	-0.13775	-0.14209	-0.14354	1.425
	V	0.00000	0.00324	0.00324	0.00568	0.00720	0.00788	0.00781	0.00707	0.00579	0.00410	0.00212	0.00000	
	V'	0.03398	0.02915	0.02915	0.01973	0.01090	0.00286	-0.00425	-0.01027	-0.01508	-0.01859	-0.02073	-0.02144	
	M	0.00000	0.09686	0.09686	0.09203	0.08527	0.07672	0.06657	0.05501	0.04230	0.02870	0.01450	0.00000	
1.450	Q	0.97197	0.96177	-0.03823	-0.05813	-0.07680	-0.09386	-0.10895	-0.12175	-0.13200	-0.13948	-0.14403	-0.14555	1.450
	V	0.00000	0.00326	0.00326	0.00572	0.00726	0.00795	0.00788	0.00714	0.00585	0.00414	0.00214	0.00000	
	V'	0.03423	0.02938	0.02938	0.01992	0.01104	0.00292	-0.00426	-0.01034	-0.01522	-0.01878	-0.02094	-0.02167	
	M	0.00000	0.09715	0.09715	0.09255	0.08594	0.07747	0.06731	0.05569	0.04286	0.02910	0.01471	0.00000	
1.475	Q	0.97502	0.96443	-0.03557	-0.05624	-0.07569	-0.09350	-0.10928	-0.12268	-0.13342	-0.14126	-0.14604	-0.14764	1.475
	V	0.00000	0.00329	0.00329	0.00577	0.00733	0.00803	0.00796	0.00721	0.00591	0.00418	0.00217	0.00000	
	V'	0.03448	0.02962	0.02962	0.02011	0.01117	0.00299	-0.00426	-0.01043	-0.01536	-0.01897	-0.02116	-0.02190	
ALPHA	X/L =	0.00	L 0.10	R 0.10	0.20	0.30	0.40	0.50	0.60	0.70	0.80	0.90	1.00	ALPHA

XP/L = 0.10

FUNKTIONEN : F.PIM - F.PIQ - F.PIV - F.PIV'

FUNKTIONEN : F.PIM - F.PIQ - F.PIV - F.PIV'

XP/L = 0.10

ALPHA	X/L =	0.00	L 0.10	R 0.10	0.20	0.30	0.40	0.50	0.60	0.70	0.80	0.90	1.00	ALPHA
	M	0.00000	0.09745	0.09745	0.09309	0.08663	0.07824	0.06808	0.05639	0.04344	0.02952	0.01493	0.00000	
1.500	Q	0.97817	0.96719	-0.03281	-0.05429	-0.07454	-0.09313	-0.10962	-0.12365	-0.13490	-0.14312	-0.14813	-0.14981	1.500
	V	0.00000	0.00331	0.00331	0.00582	0.00739	0.00810	0.00804	0.00729	0.00597	0.00423	0.00219	0.00000	
	V'	0.03474	0.02986	0.02986	0.02032	0.01131	0.00306	-0.00427	-0.01051	-0.01551	-0.01917	-0.02139	-0.02214	
	M	0.00000	0.09776	0.09776	0.09364	0.08735	0.07903	0.06888	0.05712	0.04405	0.02994	0.01515	0.00000	
1.525	Q	0.98143	0.97004	-0.02996	-0.05226	-0.07335	-0.09273	-0.10996	-0.12464	-0.13643	-0.14505	-0.15030	-0.15207	1.525
	V	0.00000	0.00334	0.00334	0.00587	0.00746	0.00818	0.00812	0.00736	0.00604	0.00428	0.00221	0.00000	
	V'	0.03502	0.03012	0.03012	0.02053	0.01146	0.00313	-0.00428	-0.01060	-0.01566	-0.01937	-0.02163	-0.02239	
	M	0.00000	0.09809	0.09809	0.09422	0.08810	0.07986	0.06971	0.05788	0.04467	0.03039	0.01538	0.00000	
1.550	Q	0.98480	0.97299	-0.02701	-0.05015	-0.07210	-0.09231	-0.11032	-0.12567	-0.13802	-0.14705	-0.15256	-0.15441	1.550
	V	0.00000	0.00337	0.00337	0.00592	0.00753	0.00827	0.00820	0.00744	0.00611	0.00432	0.00224	0.00000	
	V'	0.03530	0.03038	0.03038	0.02075	0.01161	0.00320	-0.00429	-0.01069	-0.01582	-0.01959	-0.02188	-0.02265	
	M	0.00000	0.09842	0.09842	0.09482	0.08887	0.08072	0.07057	0.05867	0.04532	0.03085	0.01562	0.00000	
1.575	Q	0.98828	0.97605	-0.02395	-0.04797	-0.07080	-0.09187	-0.11068	-0.12674	-0.13967	-0.14913	-0.15491	-0.15685	1.575
	V	0.00000	0.00339	0.00339	0.00597	0.00761	0.00835	0.00829	0.00753	0.00618	0.00438	0.00227	0.00000	
	V'	0.03559	0.03066	0.03066	0.02098	0.01177	0.00328	-0.00430	-0.01078	-0.01599	-0.01981	-0.02214	-0.02292	
	M	0.00000	0.09877	0.09877	0.09543	0.08966	0.08160	0.07146	0.05949	0.04600	0.03134	0.01587	0.00000	
1.600	Q	0.99188	0.97921	-0.02079	-0.04570	-0.06944	-0.09141	-0.11105	-0.12784	-0.14137	-0.15129	-0.15735	-0.15939	1.600
	V	0.00000	0.00342	0.00342	0.00603	0.00768	0.00844	0.00838	0.00761	0.00625	0.00443	0.00229	0.00000	
	V'	0.03589	0.03094	0.03094	0.02121	0.01194	0.00336	-0.00431	-0.01088	-0.01616	-0.02004	-0.02240	-0.02320	
	M	0.00000	0.09912	0.09912	0.09607	0.09049	0.08253	0.07239	0.06034	0.04670	0.03184	0.01613	0.00000	
1.625	Q	0.99560	0.98249	-0.01751	-0.04334	-0.06803	-0.09092	-0.11142	-0.12898	-0.14315	-0.15354	-0.15989	-0.16202	1.625
	V	0.00000	0.00345	0.00345	0.00609	0.00776	0.00853	0.00848	0.00770	0.00633	0.00448	0.00232	0.00000	
	V'	0.03621	0.03124	0.03124	0.02146	0.01211	0.00344	-0.00433	-0.01098	-0.01634	-0.02028	-0.02268	-0.02349	
	M	0.00000	0.09949	0.09949	0.09674	0.09135	0.08349	0.07335	0.06123	0.04744	0.03236	0.01640	0.00000	
1.650	Q	0.99946	0.98538	-0.01412	-0.04089	-0.06655	-0.09041	-0.11181	-0.13017	-0.14499	-0.15588	-0.16253	-0.16477	1.650
	V	0.00000	0.00349	0.00349	0.00615	0.00784	0.00863	0.00858	0.00780	0.00640	0.00454	0.00235	0.00000	
	V'	0.03653	0.03154	0.03154	0.02171	0.01229	0.00352	-0.00434	-0.01108	-0.01653	-0.02052	-0.02297	-0.02379	
	M	0.00000	0.09988	0.09988	0.09742	0.09224	0.08448	0.07435	0.06215	0.04820	0.03290	0.01668	0.00000	
1.675	Q	1.00344	0.98940	-0.01060	-0.03835	-0.06501	-0.08986	-0.11220	-0.13139	-0.14691	-0.15831	-0.16528	-0.16763	1.675
	V	0.00000	0.00352	0.00352	0.00621	0.00793	0.00873	0.00868	0.00789	0.00649	0.00460	0.00238	0.00000	
	V'	0.03687	0.03186	0.03186	0.02198	0.01247	0.00361	-0.00435	-0.01119	-0.01672	-0.02078	-0.02327	-0.02410	
	M	0.00000	0.10027	0.10027	0.09813	0.09317	0.08551	0.07540	0.06310	0.04899	0.03347	0.01698	0.00000	
1.700	Q	1.00757	0.99304	-0.00696	-0.03570	-0.06341	-0.08929	-0.11260	-0.13266	-0.14889	-0.16084	-0.16815	-0.17060	1.700
	V	0.00000	0.00355	0.00355	0.00627	0.00802	0.00883	0.00879	0.00799	0.00657	0.00466	0.00241	0.00000	
	V'	0.03722	0.03219	0.03219	0.02225	0.01266	0.00371	-0.00436	-0.01130	-0.01692	-0.02105	-0.02358	-0.02443	
	M	0.00000	0.10068	0.10068	0.09887	0.09413	0.08659	0.07648	0.06410	0.04982	0.03406	0.01728	0.00000	
1.725	Q	1.01184	0.99682	-0.00318	-0.03294	-0.06173	-0.08868	-0.11300	-0.13397	-0.15096	-0.16347	-0.17113	-0.17371	1.725
	V	0.00000	0.00359	0.00359	0.00634	0.00811	0.00894	0.00890	0.00810	0.00666	0.00472	0.00245	0.00000	
	V'	0.03759	0.03254	0.03254	0.02254	0.01286	0.00380	-0.00437	-0.01142	-0.01713	-0.02133	-0.02390	-0.02477	
ALPHA	X/L =	0.00	L 0.10	R 0.10	0.20	0.30	0.40	0.50	0.60	0.70	0.80	0.90	1.00	ALPHA

XP/L = 0.10

FUNKTIONEN : F.PIM - F.PIQ - F.PIV - F.PIV'

FUNKTIONEN : F.P;M - F.P;Q - F.P;V - F.P;V'

XP/L = 0.10

ALPHA	X/L =	0.00	L 0.10	R 0.10	0.20	0.30	0.40	0.50	0.60	0.70	0.80	0.90	1.00	ALPHA
1.750	M	0.00000	0.10111	0.10111	0.09964	0.09512	0.08770	0.07761	0.06514	0.05068	0.03467	0.01760	0.00000	1.750
	Q	1.01627	1.00074	0.00074	-0.03007	-0.05997	-0.08804	-0.11342	-0.13533	-0.15311	-0.16621	-0.17424	-0.17694	
	V	0.00000	0.00363	0.00363	0.00641	0.00820	0.00905	0.00901	0.00821	0.00675	0.00479	0.00248	0.00000	
	V'	0.03796	0.03290	0.03290	0.02283	0.01307	0.00390	-0.00438	-0.01154	-0.01734	-0.02162	-0.02424	-0.02512	
1.775	M	0.00000	0.10155	0.10155	0.10043	0.09616	0.08887	0.07878	0.06622	0.05157	0.03531	0.01794	0.00000	1.775
	Q	1.02085	1.00481	0.00481	-0.02709	-0.05814	-0.08736	-0.11384	-0.13674	-0.15535	-0.16907	-0.17748	-0.18032	
	V	0.00000	0.00367	0.00367	0.00649	0.00830	0.00916	0.00913	0.00832	0.00685	0.00486	0.00252	0.00000	
	V'	0.03836	0.03327	0.03327	0.02314	0.01329	0.00401	-0.00439	-0.01166	-0.01757	-0.02192	-0.02459	-0.02549	
1.800	M	0.00000	0.10201	0.10201	0.10126	0.09724	0.09008	0.08000	0.06734	0.05251	0.03598	0.01828	0.00000	1.800
	Q	1.02561	1.00904	0.00904	-0.02398	-0.05622	-0.08665	-0.11428	-0.13821	-0.15768	-0.17205	-0.18087	-0.18384	
	V	0.00000	0.00371	0.00371	0.00656	0.00841	0.00928	0.00926	0.00844	0.00695	0.00493	0.00256	0.00000	
	V'	0.03877	0.03365	0.03365	0.02346	0.01351	0.00412	-0.00441	-0.01179	-0.01780	-0.02224	-0.02496	-0.02588	
1.825	M	0.00000	0.10248	0.10248	0.10212	0.09836	0.09134	0.08128	0.06852	0.05349	0.03668	0.01865	0.00000	1.825
	Q	1.03055	1.01343	0.01343	-0.02073	-0.05421	-0.08589	-0.11472	-0.13973	-0.16011	-0.17516	-0.18440	-0.18751	
	V	0.00000	0.00375	0.00375	0.00664	0.00851	0.00941	0.00939	0.00856	0.00705	0.00501	0.00260	0.00000	
	V'	0.03920	0.03406	0.03406	0.02380	0.01375	0.00424	-0.00442	-0.01193	-0.01805	-0.02257	-0.02534	-0.02628	
1.850	M	0.00000	0.10298	0.10298	0.10301	0.09953	0.09265	0.08261	0.06975	0.05450	0.03740	0.01903	0.00000	1.850
	Q	1.03567	1.01800	0.01800	-0.01735	-0.05211	-0.08509	-0.11517	-0.14131	-0.16263	-0.17841	-0.18809	-0.19136	
	V	0.00000	0.00379	0.00379	0.00672	0.00863	0.00954	0.00953	0.00869	0.00716	0.00509	0.00264	0.00000	
	V'	0.03964	0.03448	0.03448	0.02415	0.01399	0.00436	-0.00443	-0.01207	-0.01830	-0.02291	-0.02574	-0.02669	
1.875	M	0.00000	0.10349	0.10349	0.10394	0.10074	0.09402	0.08399	0.07103	0.05557	0.03817	0.01942	0.00000	1.875
	Q	1.04099	1.02275	0.02275	-0.01382	-0.04991	-0.08424	-0.11562	-0.14295	-0.16527	-0.18180	-0.19195	-0.19537	
	V	0.00000	0.00384	0.00384	0.00681	0.00874	0.00968	0.00967	0.00883	0.00727	0.00517	0.00268	0.00000	
	V'	0.04011	0.03492	0.03492	0.02451	0.01425	0.00448	-0.00444	-0.01222	-0.01857	-0.02327	-0.02615	-0.02713	
1.900	M	0.00000	0.10402	0.10402	0.10490	0.10201	0.09544	0.08544	0.07236	0.05668	0.03896	0.01984	0.00000	1.900
	Q	1.04653	1.02769	0.02769	-0.01013	-0.04759	-0.08334	-0.11609	-0.14466	-0.16802	-0.18534	-0.19598	-0.19958	
	V	0.00000	0.00388	0.00388	0.00690	0.00887	0.00982	0.00982	0.00897	0.00739	0.00525	0.00273	0.00000	
	V'	0.04059	0.03537	0.03537	0.02489	0.01452	0.00461	-0.00446	-0.01237	-0.01884	-0.02364	-0.02659	-0.02758	
1.925	M	0.00000	0.10458	0.10458	0.10591	0.10333	0.09693	0.08695	0.07376	0.05785	0.03979	0.02027	0.00000	1.925
	Q	1.05228	1.03284	0.03284	-0.00628	-0.04517	-0.08239	-0.11657	-0.14644	-0.17090	-0.18904	-0.20021	-0.20398	
	V	0.00000	0.00393	0.00393	0.00699	0.00899	0.00997	0.00997	0.00911	0.00751	0.00534	0.00277	0.00000	
	V'	0.04109	0.03585	0.03585	0.02529	0.01480	0.00475	-0.00447	-0.01253	-0.01913	-0.02403	-0.02704	-0.02806	
1.950	M	0.00000	0.10516	0.10516	0.10696	0.10471	0.09849	0.08854	0.07523	0.05907	0.04067	0.02073	0.00000	1.950
	Q	1.05826	1.03821	0.03821	-0.00225	-0.04262	-0.08138	-0.11705	-0.14829	-0.17390	-0.19292	-0.20463	-0.20858	
	V	0.00000	0.00399	0.00399	0.00709	0.00913	0.01012	0.01013	0.00926	0.00764	0.00544	0.00282	0.00000	
	V'	0.04162	0.03635	0.03635	0.02571	0.01509	0.00490	-0.00448	-0.01270	-0.01943	-0.02444	-0.02752	-0.02856	
1.975	M	0.00000	0.10576	0.10576	0.10805	0.10615	0.10012	0.09019	0.07676	0.06034	0.04158	0.02120	0.00000	1.975
	Q	1.06449	1.04380	0.04380	0.00196	-0.03995	-0.08031	-0.11755	-0.15021	-0.17704	-0.19698	-0.20927	-0.21342	
	V	0.00000	0.00404	0.00404	0.00719	0.00927	0.01028	0.01030	0.00942	0.00778	0.00553	0.00287	0.00000	
	V'	0.04217	0.03687	0.03687	0.02614	0.01540	0.00505	-0.00450	-0.01287	-0.01975	-0.02486	-0.02801	-0.02908	
ALPHA	X/L =	0.00	L 0.10	R 0.10	0.20	0.30	0.40	0.50	0.60	0.70	0.80	0.90	1.00	ALPHA

XP/L = 0.10

FUNKTIONEN : F.P;M - F.P;Q - F.P;V - F.P;V'

FUNKTIONEN : F.P;M - F.P;Q - F.P;V - F.P;V'

XP/L = 0.10

ALPHA	X/L =	0.00	L 0.10	R 0.10	0.20	0.30	0.40	0.50	0.60	0.70	0.80	0.90	1.00	ALPHA
	M	0.00000	0.10639	0.10639	0.10920	0.10765	0.10182	0.09193	0.07837	0.06168	0.04254	0.02170	0.00000	
2.000	Q	1.07099	1.04964	0.04964	0.00638	-0.03714	-0.07917	-0.11805	-0.15222	-0.18032	-0.20124	-0.21413	-0.21849	2.000
	V	0.00000	0.00410	0.00410	0.00730	0.00941	0.01045	0.01048	0.00959	0.00792	0.00564	0.00293	0.00000	
	V'	0.04275	0.03741	0.03741	0.02659	0.01572	0.00521	-0.00451	-0.01306	-0.02008	-0.02531	-0.02853	-0.02962	
	M	0.00000	0.10704	0.10704	0.11039	0.10923	0.10360	0.09374	0.08005	0.06309	0.04355	0.02223	0.00000	
2.025	Q	1.07776	1.05574	0.05574	0.01101	-0.03418	-0.07796	-0.11856	-0.15432	-0.18377	-0.20571	-0.21924	-0.22381	2.025
	V	0.00000	0.00416	0.00416	0.00741	0.00957	0.01063	0.01067	0.00977	0.00807	0.00574	0.00298	0.00000	
	V'	0.04335	0.03798	0.03798	0.02707	0.01605	0.00537	-0.00453	-0.01325	-0.02043	-0.02578	-0.02908	-0.03019	
	M	0.00000	0.10773	0.10773	0.11164	0.11088	0.10547	0.09565	0.08182	0.06457	0.04461	0.02278	0.00000	
2.050	Q	1.08483	1.06212	0.06212	0.01586	-0.03106	-0.07668	-0.11908	-0.15651	-0.18737	-0.21039	-0.22460	-0.22941	2.050
	V	0.00000	0.00422	0.00422	0.00753	0.00973	0.01082	0.01086	0.00995	0.00822	0.00586	0.00304	0.00000	
	V'	0.04398	0.03858	0.03858	0.02757	0.01641	0.00555	-0.00454	-0.01345	-0.02079	-0.02627	-0.02965	-0.03079	
	M	0.00000	0.10844	0.10844	0.11294	0.11260	0.10743	0.09765	0.08368	0.06612	0.04572	0.02336	0.00000	
2.075	Q	1.09222	1.06879	0.06879	0.02096	-0.02777	-0.07531	-0.11962	-0.15879	-0.19116	-0.21532	-0.23025	-0.23529	2.075
	V	0.00000	0.00428	0.00428	0.00765	0.00989	0.01102	0.01107	0.01014	0.00839	0.00597	0.00310	0.00000	
	V'	0.04464	0.03920	0.03920	0.02809	0.01678	0.00573	-0.00456	-0.01366	-0.02117	-0.02678	-0.03025	-0.03142	
	M	0.00000	0.10919	0.10919	0.11431	0.11441	0.10949	0.09975	0.08563	0.06775	0.04689	0.02397	0.00000	
2.100	Q	1.09995	1.07578	0.07578	0.02632	-0.02430	-0.07385	-0.12016	-0.16119	-0.19513	-0.22051	-0.23619	-0.24149	2.100
	V	0.00000	0.00435	0.00435	0.00778	0.01007	0.01122	0.01128	0.01035	0.00856	0.00610	0.00317	0.00000	
	V'	0.04534	0.03986	0.03986	0.02864	0.01717	0.00593	-0.00457	-0.01387	-0.02157	-0.02733	-0.03088	-0.03208	
	M	0.00000	0.10997	0.10997	0.11575	0.11632	0.11165	0.10196	0.08769	0.06947	0.04813	0.02462	0.00000	
2.125	Q	1.10804	1.08311	0.08311	0.03196	-0.02064	-0.07230	-0.12071	-0.16370	-0.19931	-0.22596	-0.24245	-0.24803	2.125
	V	0.00000	0.00442	0.00442	0.00792	0.01026	0.01144	0.01151	0.01056	0.00874	0.00623	0.00324	0.00000	
	V'	0.04607	0.04055	0.04055	0.02922	0.01758	0.00613	-0.00459	-0.01411	-0.02199	-0.02790	-0.03155	-0.03278	
	M	0.00000	0.11079	0.11079	0.11725	0.11831	0.11393	0.10429	0.08986	0.07128	0.04943	0.02530	0.00000	
2.150	Q	1.11651	1.09081	0.09081	0.03789	-0.01676	-0.07065	-0.12128	-0.16632	-0.20371	-0.23172	-0.24906	-0.25493	2.150
	V	0.00000	0.00450	0.00450	0.00806	0.01045	0.01167	0.01175	0.01079	0.00893	0.00637	0.00331	0.00000	
	V'	0.04684	0.04128	0.04128	0.02983	0.01801	0.00635	-0.00460	-0.01435	-0.02244	-0.02850	-0.03225	-0.03352	
	M	0.00000	0.11166	0.11166	0.11884	0.12042	0.11632	0.10675	0.09215	0.07320	0.05080	0.02602	0.00000	
2.175	Q	1.12540	1.09889	0.09889	0.04416	-0.01266	-0.06888	-0.12185	-0.16908	-0.20835	-0.23779	-0.25603	-0.26221	2.175
	V	0.00000	0.00458	0.00458	0.00821	0.01066	0.01191	0.01200	0.01102	0.00913	0.00651	0.00339	0.00000	
	V'	0.04765	0.04204	0.04204	0.03047	0.01846	0.00658	-0.00462	-0.01460	-0.02290	-0.02913	-0.03298	-0.03429	
	M	0.00000	0.11256	0.11256	0.12050	0.12263	0.11885	0.10934	0.09456	0.07522	0.05226	0.02677	0.00000	
2.200	Q	1.13475	1.10740	0.10740	0.05077	-0.00831	-0.06699	-0.12243	-0.17198	-0.21323	-0.24421	-0.26341	-0.26992	2.200
	V	0.00000	0.00466	0.00466	0.00837	0.01087	0.01216	0.01226	0.01127	0.00934	0.00667	0.00347	0.00000	
	V'	0.04850	0.04285	0.04285	0.03115	0.01894	0.00682	-0.00464	-0.01487	-0.02340	-0.02980	-0.03376	-0.03511	
	M	0.00000	0.11351	0.11351	0.12226	0.12497	0.12152	0.11208	0.09712	0.07737	0.05380	0.02758	0.00000	
2.225	Q	1.14457	1.11636	0.11636	0.05775	-0.00370	-0.06497	-0.12303	-0.17503	-0.21840	-0.25100	-0.27123	-0.27808	2.225
	V	0.00000	0.00475	0.00475	0.00854	0.01110	0.01243	0.01254	0.01154	0.00957	0.00683	0.00355	0.00000	
	V'	0.04940	0.04370	0.04370	0.03187	0.01945	0.00708	-0.00465	-0.01516	-0.02392	-0.03050	-0.03459	-0.03597	
ALPHA	X/L =	0.00	L 0.10	R 0.10	0.20	0.30	0.40	0.50	0.60	0.70	0.80	0.90	1.00	ALPHA

XP/L = 0.10

FUNKTIONEN : F.P;M - F.P;Q - F.P;V - F.P;V'

FUNKTIONEN : F.P;M - F.P;Q - F.P;V - F.P;V'

XP/L = 0.10

ALPHA	X/L =	0.00	L 0.10	R 0.10	0.20	0.30	0.40	0.50	0.60	0.70	0.80	0.90	1.00	ALPHA
	M	0.00000	0.11452	0.11452	0.12411	0.12744	0.12435	0.11499	0.09983	0.07964	0.05543	0.02843	0.00000	
2.250	Q	1.15492	1.12581	0.12581	0.06515	0.00121	-0.06280	-0.12364	-0.17824	-0.22386	-0.25820	-0.27951	-0.28674	2.250
	V	0.00000	0.00484	0.00484	0.00871	0.01135	0.01271	0.01284	0.01182	0.00980	0.00700	0.00364	0.00000	
	V'	0.05035	0.04460	0.04460	0.03262	0.01999	0.00735	-0.00467	-0.01546	-0.02447	-0.03125	-0.03546	-0.03689	
	M	0.00000	0.11558	0.11558	0.12606	0.13005	0.12734	0.11806	0.10270	0.08205	0.05717	0.02934	0.00000	
2.275	Q	1.16583	1.13579	0.13579	0.07299	0.00642	-0.06047	-0.12425	-0.18163	-0.22965	-0.26583	-0.28831	-0.29594	2.275
	V	0.00000	0.00494	0.00494	0.00890	0.01160	0.01301	0.01315	0.01211	0.01006	0.00718	0.00374	0.00000	
	V'	0.05136	0.04556	0.04556	0.03342	0.02056	0.00764	-0.00469	-0.01577	-0.02505	-0.03204	-0.03638	-0.03786	
	M	0.00000	0.11670	0.11670	0.12813	0.13282	0.13051	0.12133	0.10575	0.08461	0.05901	0.03030	0.00000	
2.300	Q	1.17736	1.14636	0.14636	0.08131	0.01198	-0.05798	-0.12488	-0.18521	-0.23579	-0.27394	-0.29767	-0.30572	2.300
	V	0.00000	0.00505	0.00505	0.00910	0.01188	0.01333	0.01348	0.01243	0.01032	0.00737	0.00384	0.00000	
	V'	0.05243	0.04657	0.04657	0.03427	0.02117	0.00794	-0.00470	-0.01611	-0.02567	-0.03288	-0.03737	-0.03889	
	M	0.00000	0.11789	0.11789	0.13033	0.13576	0.13388	0.12480	0.10900	0.08734	0.06097	0.03133	0.00000	
2.325	Q	1.18956	1.15755	0.15755	0.09016	0.01792	-0.05529	-0.12552	-0.18900	-0.24231	-0.28258	-0.30764	-0.31614	2.325
	V	0.00000	0.00516	0.00516	0.00931	0.01216	0.01367	0.01384	0.01276	0.01061	0.00758	0.00395	0.00000	
	V'	0.05357	0.04765	0.04765	0.03518	0.02181	0.00827	-0.00472	-0.01646	-0.02633	-0.03378	-0.03841	-0.03998	
	M	0.00000	0.11915	0.11915	0.13266	0.13888	0.13747	0.12850	0.11246	0.09025	0.06307	0.03243	0.00000	
2.350	Q	1.20249	1.16944	0.16944	0.09959	0.02426	-0.05240	-0.12618	-0.19302	-0.24925	-0.29178	-0.31827	-0.32727	2.350
	V	0.00000	0.00528	0.00528	0.00954	0.01247	0.01403	0.01421	0.01312	0.01091	0.00780	0.00406	0.00000	
	V'	0.05477	0.04879	0.04879	0.03614	0.02250	0.00862	-0.00474	-0.01684	-0.02703	-0.03473	-0.03952	-0.04115	
	M	0.00000	0.12048	0.12048	0.13514	0.14221	0.14129	0.13244	0.11616	0.09336	0.06531	0.03360	0.00000	
2.375	Q	1.21622	1.18208	0.18208	0.10965	0.03106	-0.04927	-0.12684	-0.19729	-0.25666	-0.30162	-0.32964	-0.33916	2.375
	V	0.00000	0.00540	0.00540	0.00978	0.01280	0.01441	0.01462	0.01350	0.01123	0.00803	0.00418	0.00000	
	V'	0.05606	0.05001	0.05001	0.03717	0.02323	0.00899	-0.00476	-0.01725	-0.02777	-0.03574	-0.04071	-0.04240	
	M	0.00000	0.12191	0.12191	0.13778	0.14576	0.14538	0.13666	0.12012	0.09669	0.06771	0.03485	0.00000	
2.400	Q	1.23083	1.19556	0.19556	0.12041	0.03835	-0.04590	-0.12752	-0.20183	-0.26457	-0.31214	-0.34182	-0.35191	2.400
	V	0.00000	0.00554	0.00554	0.01003	0.01315	0.01482	0.01505	0.01391	0.01158	0.00828	0.00431	0.00000	
	V'	0.05744	0.05131	0.05131	0.03826	0.02402	0.00939	-0.00478	-0.01768	-0.02857	-0.03683	-0.04198	-0.04373	
	M	0.00000	0.12342	0.12342	0.14060	0.14955	0.14975	0.14119	0.12436	0.10026	0.07029	0.03620	0.00000	
2.425	Q	1.24642	1.20995	0.20995	0.13193	0.04620	-0.04224	-0.12821	-0.20667	-0.27304	-0.32343	-0.35490	-0.36560	2.425
	V	0.00000	0.00568	0.00568	0.01031	0.01353	0.01526	0.01551	0.01435	0.01195	0.00855	0.00446	0.00000	
	V'	0.05891	0.05271	0.05271	0.03944	0.02486	0.00982	-0.00480	-0.01814	-0.02943	-0.03799	-0.04335	-0.04516	
	M	0.00000	0.12505	0.12505	0.14362	0.15362	0.15445	0.14604	0.12892	0.10410	0.07306	0.03765	0.00000	
2.450	Q	1.26307	1.22535	0.22535	0.14431	0.05465	-0.03827	-0.12891	-0.21185	-0.28213	-0.33557	-0.36897	-0.38032	2.450
	V	0.00000	0.00584	0.00584	0.01060	0.01393	0.01573	0.01600	0.01481	0.01234	0.00884	0.00461	0.00000	
	V'	0.06049	0.05420	0.05420	0.04070	0.02576	0.01028	-0.00482	-0.01863	-0.03034	-0.03925	-0.04481	-0.04670	
	M	0.00000	0.12679	0.12679	0.14687	0.15800	0.15950	0.15128	0.13383	0.10824	0.07605	0.03922	0.00000	
2.475	Q	1.28092	1.24189	0.24189	0.15764	0.06379	-0.03395	-0.12962	-0.21740	-0.29192	-0.34865	-0.38414	-0.39621	2.475
	V	0.00000	0.00601	0.00601	0.01092	0.01437	0.01624	0.01653	0.01532	0.01277	0.00915	0.00477	0.00000	
	V'	0.06218	0.05581	0.05581	0.04206	0.02674	0.01078	-0.00484	-0.01916	-0.03133	-0.04059	-0.04638	-0.04836	

ALPHA | X/L = | 0.00 | L 0.10 | R 0.10 | 0.20 | 0.30 | 0.40 | 0.50 | 0.60 | 0.70 | 0.80 | 0.90 | 1.00 | ALPHA

XP/L = 0.10

FUNKTIONEN : F.P;M - F.P;Q - F.P;V - F.P;V'

D R U C K S T A E B E -274-

FUNKTIONEN : F.P;M - F.P;Q - F.P;V - F.P;V'

XP/L = 0.10

ALPHA	X/L =	0.00	L 0.10	R 0.10	0.20	0.30	0.40	0.50	0.60	0.70	0.80	0.90	1.00	ALPHA
	M	0.00000	0.12866	0.12866	0.15036	0.16271	0.16494	0.15692	0.13914	0.11271	0.07928	0.04091	0.00000	
2.500	Q	1.30010	1.25968	0.25968	0.17203	0.07369	-0.02924	-0.13035	-0.22336	-0.30247	-0.36279	-0.40054	-0.41339	2.500
	V	0.00000	0.00619	0.00619	0.01126	0.01483	0.01679	0.01711	0.01586	0.01323	0.00948	0.00495	0.00000	
	V'	0.06402	0.05755	0.05755	0.04353	0.02779	0.01132	-0.00486	-0.01974	-0.03240	-0.04205	-0.04809	-0.05014	
	M	0.00000	0.13068	0.13068	0.15413	0.16780	0.17083	0.16303	0.14489	0.11756	0.08278	0.04275	0.00000	
2.525	Q	1.32076	1.27888	0.27888	0.18761	0.08444	-0.02409	-0.13109	-0.22978	-0.31389	-0.37810	-0.41833	-0.43203	2.525
	V	0.00000	0.00638	0.00638	0.01163	0.01534	0.01738	0.01773	0.01645	0.01373	0.00985	0.00514	0.00000	
	V'	0.06600	0.05943	0.05943	0.04511	0.02893	0.01191	-0.00488	-0.02036	-0.03355	-0.04362	-0.04993	-0.05208	
	M	0.00000	0.13286	0.13286	0.15821	0.17332	0.17723	0.16967	0.15114	0.12284	0.08659	0.04474	0.00000	
2.550	Q	1.34310	1.29967	0.29967	0.20452	0.09615	-0.01845	-0.13185	-0.23672	-0.32629	-0.39475	-0.43768	-0.45231	2.550
	V	0.00000	0.00659	0.00659	0.01203	0.01589	0.01803	0.01840	0.01709	0.01428	0.01024	0.00534	0.00000	
	V'	0.06814	0.06146	0.06146	0.04683	0.03016	0.01254	-0.00490	-0.02103	-0.03480	-0.04533	-0.05193	-0.05418	
	M	0.00000	0.13523	0.13523	0.16264	0.17933	0.18419	0.17691	0.15796	0.12859	0.09075	0.04692	0.00000	
2.575	Q	1.36734	1.32225	0.32225	0.22295	0.10895	-0.01224	-0.13262	-0.24425	-0.33978	-0.41291	-0.45880	-0.47445	2.575
	V	0.00000	0.00682	0.00682	0.01246	0.01649	0.01873	0.01914	0.01779	0.01487	0.01067	0.00557	0.00000	
	V'	0.07048	0.06368	0.06368	0.04871	0.03151	0.01324	-0.00492	-0.02176	-0.03616	-0.04719	-0.05411	-0.05647	
	M	0.00000	0.13781	0.13781	0.16747	0.18588	0.19180	0.18482	0.16542	0.13489	0.09531	0.04931	0.00000	
2.600	Q	1.39372	1.34688	0.34688	0.24311	0.12300	-0.00538	-0.13340	-0.25245	-0.35453	-0.43278	-0.48194	-0.49870	2.600
	V	0.00000	0.00707	0.00707	0.01294	0.01714	0.01950	0.01994	0.01855	0.01552	0.01114	0.00582	0.00000	
	V'	0.07304	0.06611	0.06611	0.05076	0.03299	0.01400	-0.00494	-0.02255	-0.03765	-0.04923	-0.05650	-0.05898	
	M	0.00000	0.14063	0.14063	0.17277	0.19307	0.20014	0.19351	0.17361	0.14182	0.10032	0.05194	0.00000	
2.625	Q	1.42257	1.37383	0.37383	0.26524	0.13847	0.00221	-0.13420	-0.26141	-0.37072	-0.45462	-0.50738	-0.52538	2.625
	V	0.00000	0.00735	0.00735	0.01346	0.01786	0.02034	0.02083	0.01939	0.01623	0.01166	0.00609	0.00000	
	V'	0.07584	0.06877	0.06877	0.05300	0.03461	0.01483	-0.00496	-0.02343	-0.03929	-0.05146	-0.05912	-0.06173	
	M	0.00000	0.14373	0.14373	0.17859	0.20098	0.20934	0.20309	0.18265	0.14947	0.10585	0.05484	0.00000	
2.650	Q	1.45424	1.40348	0.40348	0.28964	0.15558	0.01065	-0.13501	-0.27125	-0.38856	-0.47873	-0.53549	-0.55486	2.650
	V	0.00000	0.00765	0.00765	0.01404	0.01865	0.02127	0.02180	0.02031	0.01701	0.01222	0.00638	0.00000	
	V'	0.07892	0.07170	0.07170	0.05548	0.03639	0.01576	-0.00499	-0.02439	-0.04109	-0.05393	-0.06201	-0.06477	
	M	0.00000	0.14715	0.14715	0.18502	0.20974	0.21953	0.21371	0.19268	0.15795	0.11199	0.05806	0.00000	
2.675	Q	1.48921	1.43624	0.43624	0.31668	0.17460	0.02009	-0.13584	-0.28211	-0.40832	-0.50548	-0.56668	-0.58758	2.675
	V	0.00000	0.00799	0.00799	0.01468	0.01953	0.02229	0.02288	0.02134	0.01788	0.01286	0.00672	0.00000	
	V'	0.08234	0.07494	0.07494	0.05823	0.03838	0.01678	-0.00501	-0.02545	-0.04309	-0.05667	-0.06522	-0.06814	
	M	0.00000	0.15095	0.15095	0.19218	0.21947	0.23087	0.22554	0.20387	0.16742	0.11884	0.06166	0.00000	
2.700	Q	1.52801	1.47265	0.47265	0.34682	0.19585	0.03070	-0.13668	-0.29416	-0.43032	-0.53530	-0.60150	-0.62411	2.700
	V	0.00000	0.00836	0.00836	0.01539	0.02050	0.02344	0.02408	0.02248	0.01885	0.01356	0.00709	0.00000	
	V'	0.08615	0.07855	0.07855	0.06129	0.04058	0.01793	-0.00503	-0.02663	-0.04531	-0.05971	-0.06879	-0.07189	
	M	0.00000	0.15520	0.15520	0.20017	0.23038	0.24358	0.23881	0.21641	0.17804	0.12654	0.06569	0.00000	
2.725	Q	1.57134	1.51336	0.51336	0.38059	0.21974	0.04267	-0.13754	-0.30761	-0.45498	-0.56876	-0.64058	-0.66512	2.725
	V	0.00000	0.00878	0.00878	0.01618	0.02160	0.02472	0.02543	0.02376	0.01994	0.01435	0.00750	0.00000	
	V'	0.09041	0.08260	0.08260	0.06472	0.04306	0.01921	-0.00506	-0.02796	-0.04780	-0.06313	-0.07280	-0.07610	
ALPHA	X/L =	0.00	L 0.10	R 0.10	0.20	0.30	0.40	0.50	0.60	0.70	0.80	0.90	1.00	ALPHA

XP/L = 0.10

FUNKTIONEN : F.P;M - F.P;Q - F.P;V - F.P;V'

FUNKTIONEN : F.P;M - F.P;Q - F.P;V - F.P;V'

XP/L = 0.10

ALPHA	X/L =	0.00	L 0.10	R 0.10	0.20	0.30	0.40	0.50	0.60	0.70	0.80	0.90	1.00	ALPHA
	M	0.00000	0.15997	0.15997	0.20918	0.24266	0.25791	0.25378	0.23058	0.19004	0.13523	0.07026	0.00000	
2.750	Q	1.62005	1.55918	0.55918	0.41871	0.24677	0.05629	-0.13842	-0.32273	-0.48278	-0.60656	-0.68475	-0.71149	2.750
	V	0.00000	0.00925	0.00925	0.01708	0.02283	0.02617	0.02695	0.02520	0.02116	0.01524	0.00797	0.00000	
	V'	0.09521	0.08716	0.08716	0.06859	0.04585	0.02067	-0.00508	-0.02945	-0.05062	-0.06698	-0.07732	-0.08086	
	M	0.00000	0.16538	0.16538	0.21939	0.25661	0.27420	0.27081	0.24670	0.20371	0.14513	0.07545	0.00000	
2.775	Q	1.67526	1.61117	0.61117	0.46206	0.27760	0.07189	-0.13931	-0.33985	-0.51439	-0.64958	-0.73506	-0.76430	2.775
	V	0.00000	0.00979	0.00979	0.01810	0.02423	0.02782	0.02867	0.02684	0.02256	0.01625	0.00850	0.00000	
	V'	0.10067	0.09235	0.09235	0.07299	0.04903	0.02232	-0.00510	-0.03115	-0.05381	-0.07137	-0.08247	-0.08627	
	M	0.00000	0.17157	0.17157	0.23109	0.27260	0.29288	0.29035	0.26520	0.21940	0.15650	0.08142	0.00000	
2.800	Q	1.73836	1.67066	0.67066	0.51178	0.31304	0.08991	-0.14022	-0.35943	-0.55064	-0.69896	-0.79284	-0.82497	2.800
	V	0.00000	0.01040	0.01040	0.01927	0.02584	0.02970	0.03066	0.02872	0.02416	0.01741	0.00911	0.00000	
	V'	0.10693	0.09830	0.09830	0.07803	0.05268	0.02422	-0.00513	-0.03309	-0.05748	-0.07640	-0.08837	-0.09247	
	M	0.00000	0.17872	0.17872	0.24460	0.29109	0.31451	0.31298	0.28665	0.23759	0.16970	0.08835	0.00000	
2.825	Q	1.81124	1.73944	0.73944	0.56939	0.35420	0.11092	-0.14114	-0.38202	-0.59261	-0.75622	-0.85988	-0.89537	2.825
	V	0.00000	0.01112	0.01112	0.02063	0.02770	0.03189	0.03295	0.03091	0.02601	0.01876	0.00982	0.00000	
	V'	0.11418	0.10519	0.10519	0.08388	0.05691	0.02643	-0.00516	-0.03534	-0.06173	-0.08223	-0.09522	-0.09966	
	M	0.00000	0.18708	0.18708	0.26042	0.31275	0.33984	0.33952	0.31181	0.25894	0.18518	0.09648	0.00000	
2.850	Q	1.89639	1.81989	0.81989	0.63691	0.40255	0.13570	-0.14209	-0.40841	-0.64179	-0.82339	-0.93856	-0.97801	2.850
	V	0.00000	0.01195	0.01195	0.02221	0.02989	0.03445	0.03564	0.03346	0.02819	0.02034	0.01065	0.00000	
	V'	0.12267	0.11325	0.11325	0.09072	0.06187	0.02902	-0.00518	-0.03797	-0.06670	-0.08906	-0.10324	-0.10810	
	M	0.00000	0.19699	0.19699	0.27917	0.33845	0.36993	0.37106	0.34172	0.28433	0.20360	0.10616	0.00000	
2.875	Q	1.99727	1.91529	0.91529	0.71714	0.46011	0.16532	-0.14305	-0.43967	-0.70020	-0.90325	-1.03216	-1.07633	2.875
	V	0.00000	0.01294	0.01294	0.02410	0.03248	0.03750	0.03884	0.03650	0.03077	0.02221	0.01163	0.00000	
	V'	0.13275	0.12283	0.12283	0.09886	0.06776	0.03210	-0.00521	-0.04109	-0.07261	-0.09718	-0.11278	-0.11812	
	M	0.00000	0.20892	0.20892	0.30178	0.36944	0.40625	0.40914	0.37785	0.31501	0.22586	0.11785	0.00000	
2.900	Q	2.11874	2.03027	1.03027	0.81400	0.52976	0.20127	-0.14403	-0.47729	-0.77070	-0.99975	-1.14530	-1.19521	2.900
	V	0.00000	0.01414	0.01414	0.02637	0.03561	0.04117	0.04270	0.04017	0.03389	0.02448	0.01282	0.00000	
	V'	0.14492	0.13440	0.13440	0.10868	0.07488	0.03582	-0.00523	-0.04486	-0.07975	-0.10699	-0.12429	-0.13023	
	M	0.00000	0.22357	0.22357	0.32957	0.40758	0.45096	0.45603	0.42237	0.35282	0.25330	0.13227	0.00000	
2.925	Q	2.26793	2.17160	1.17160	0.93327	0.61567	0.24576	-0.14502	-0.52349	-0.85748	-1.11864	-1.28476	-1.34175	2.925
	V	0.00000	0.01561	0.01561	0.02917	0.03946	0.04570	0.04746	0.04469	0.03773	0.02727	0.01429	0.00000	
	V'	0.15989	0.14863	0.14863	0.12077	0.08365	0.04041	-0.00526	-0.04950	-0.08854	-0.11906	-0.13848	-0.14514	
	M	0.00000	0.24202	0.24202	0.36458	0.45564	0.50733	0.51519	0.47854	0.40055	0.28795	0.15048	0.00000	
2.950	Q	2.45568	2.34960	1.34960	1.08372	0.72421	0.30214	-0.14604	-0.58160	-0.96691	-1.26869	-1.46086	-1.52681	2.950
	V	0.00000	0.01747	0.01747	0.03270	0.04431	0.05140	0.05345	0.05039	0.04258	0.03079	0.01614	0.00000	
	V'	0.17876	0.16657	0.16657	0.13602	0.09471	0.04621	-0.00529	-0.05534	-0.09962	-0.13429	-0.15638	-0.16395	
	M	0.00000	0.26597	0.26597	0.41004	0.51809	0.58062	0.59214	0.55163	0.46267	0.33305	0.17418	0.00000	
2.975	Q	2.69933	2.58076	1.58076	1.27937	0.86559	0.37577	-0.14708	-0.65700	-1.10919	-1.46394	-1.69008	-1.76773	2.975
	V	0.00000	0.01988	0.01988	0.03729	0.05063	0.05882	0.06125	0.05781	0.04889	0.03537	0.01855	0.00000	
	V'	0.20330	0.18990	0.18990	0.15585	0.10910	0.05376	-0.00532	-0.06293	-0.11403	-0.15411	-0.17966	-0.18843	
ALPHA	X/L =	0.00	L 0.10	R 0.10	0.20	0.30	0.40	0.50	0.60	0.70	0.80	0.90	1.00	ALPHA

XP/L = 0.10

FUNKTIONEN : F.P;M - F.P;Q - F.P;V - F.P;V'

FUNKTIONEN : F.P;M - F.P;Q - F.P;V - F.P;V'

XP/L = 0.20

ALPHA	X/L =	0.00	0.10	L 0.20	R 0.20	0.30	0.40	0.50	0.60	0.70	0.80	0.90	1.00	ALPHA
0.000	M	0.00000	0.08000	0.16000	0.16000	0.14000	0.12000	0.10000	0.08000	0.06000	0.04000	0.02000	0.00000	0.000
	Q	0.80000	0.80000	0.80000	-0.20000	-0.20000	-0.20000	-0.20000	-0.20000	-0.20000	-0.20000	-0.20000	-0.20000	
	V	0.00000	0.00467	0.00853	0.00853	0.01097	0.01200	0.01183	0.01067	0.00870	0.00613	0.00317	0.00000	
	V'	0.04800	0.04400	0.03200	0.03200	0.01700	0.00400	-0.00700	-0.01600	-0.02300	-0.02800	-0.03100	-0.03200	
0.025	M	0.00000	0.08000	0.16001	0.16001	0.14001	0.12001	0.10001	0.08001	0.06001	0.04000	0.02000	0.00000	0.025
	Q	0.80003	0.80003	0.80002	-0.19998	-0.19999	-0.20000	-0.20000	-0.20001	-0.20001	-0.20002	-0.20002	-0.20002	
	V	0.00000	0.00467	0.00853	0.00853	0.01097	0.01200	0.01183	0.01067	0.00870	0.00613	0.00317	0.00000	
	V'	0.04800	0.04400	0.03200	0.03200	0.01700	0.00400	-0.00700	-0.01600	-0.02300	-0.02800	-0.03100	-0.03200	
0.050	M	0.00000	0.08001	0.16002	0.16002	0.14003	0.12003	0.10003	0.08003	0.06002	0.04002	0.02001	0.00000	0.050
	Q	0.80012	0.80011	0.80008	-0.19992	-0.19996	-0.19999	-0.20002	-0.20004	-0.20006	-0.20007	-0.20008	-0.20008	
	V	0.00000	0.00467	0.00854	0.00854	0.01097	0.01200	0.01184	0.01067	0.00870	0.00614	0.00317	0.00000	
	V'	0.04801	0.04401	0.03201	0.03201	0.01701	0.00400	-0.00700	-0.01600	-0.02301	-0.02801	-0.03101	-0.03201	
0.075	M	0.00000	0.08003	0.16005	0.16005	0.14006	0.12007	0.10007	0.08006	0.06005	0.04003	0.02002	0.00000	0.075
	Q	0.80027	0.80025	0.80018	-0.19982	-0.19990	-0.19998	-0.20004	-0.20009	-0.20013	-0.20016	-0.20017	-0.20018	
	V	0.00000	0.00467	0.00854	0.00854	0.01097	0.01201	0.01184	0.01067	0.00871	0.00614	0.00317	0.00000	
	V'	0.04802	0.04402	0.03202	0.03202	0.01701	0.00401	-0.00700	-0.01601	-0.02301	-0.02802	-0.03102	-0.03202	
0.100	M	0.00000	0.08005	0.16009	0.16009	0.14011	0.12012	0.10012	0.08011	0.06009	0.04006	0.02003	0.00000	0.100
	Q	0.80049	0.80044	0.80032	-0.19968	-0.19983	-0.19996	-0.20007	-0.20016	-0.20023	-0.20028	-0.20031	-0.20032	
	V	0.00000	0.00467	0.00854	0.00854	0.01098	0.01201	0.01185	0.01068	0.00871	0.00614	0.00317	0.00000	
	V'	0.04804	0.04404	0.03203	0.03203	0.01702	0.00401	-0.00700	-0.01601	-0.02302	-0.02803	-0.03104	-0.03204	
0.125	M	0.00000	0.08007	0.16013	0.16013	0.14017	0.12019	0.10019	0.08017	0.06014	0.04010	0.02005	0.00000	0.125
	Q	0.80075	0.80069	0.80050	-0.19950	-0.19973	-0.19994	-0.20011	-0.20025	-0.20036	-0.20044	-0.20049	-0.20050	
	V	0.00000	0.00467	0.00855	0.00855	0.01098	0.01202	0.01185	0.01068	0.00872	0.00614	0.00317	0.00000	
	V'	0.04806	0.04406	0.03205	0.03205	0.01703	0.00402	-0.00700	-0.01602	-0.02304	-0.02805	-0.03105	-0.03206	
0.150	M	0.00000	0.08011	0.16019	0.16019	0.14025	0.12027	0.10027	0.08024	0.06020	0.04014	0.02007	0.00000	0.150
	Q	0.80108	0.80099	0.80072	-0.19928	-0.19962	-0.19991	-0.20016	-0.20036	-0.20052	-0.20063	-0.20070	-0.20072	
	V	0.00000	0.00468	0.00855	0.00855	0.01099	0.01203	0.01186	0.01069	0.00872	0.00615	0.00317	0.00000	
	V'	0.04809	0.04409	0.03207	0.03207	0.01705	0.00402	-0.00700	-0.01603	-0.02305	-0.02807	-0.03108	-0.03208	
0.175	M	0.00000	0.08014	0.16026	0.16026	0.14034	0.12037	0.10036	0.08033	0.06027	0.04019	0.02010	0.00000	0.175
	Q	0.80147	0.80135	0.80098	-0.19902	-0.19948	-0.19988	-0.20021	-0.20049	-0.20071	-0.20086	-0.20095	-0.20098	
	V	0.00000	0.00468	0.00856	0.00856	0.01100	0.01204	0.01187	0.01070	0.00873	0.00615	0.00318	0.00000	
	V'	0.04812	0.04412	0.03210	0.03210	0.01707	0.00403	-0.00701	-0.01604	-0.02307	-0.02809	-0.03111	-0.03211	
0.200	M	0.00000	0.08019	0.16034	0.16034	0.14044	0.12048	0.10048	0.08043	0.06035	0.04025	0.02013	0.00000	0.200
	Q	0.80193	0.80177	0.80129	-0.19871	-0.19932	-0.19984	-0.20028	-0.20064	-0.20092	-0.20112	-0.20125	-0.20129	
	V	0.00000	0.00468	0.00856	0.00856	0.01101	0.01205	0.01188	0.01071	0.00874	0.00616	0.00318	0.00000	
	V'	0.04816	0.04415	0.03213	0.03213	0.01709	0.00404	-0.00701	-0.01605	-0.02309	-0.02812	-0.03114	-0.03215	
0.225	M	0.00000	0.08024	0.16043	0.16043	0.14056	0.12061	0.10060	0.08054	0.06044	0.04031	0.02016	0.00000	0.225
	Q	0.80244	0.80224	0.80163	-0.19837	-0.19913	-0.19979	-0.20035	-0.20081	-0.20117	-0.20143	-0.20158	-0.20163	
	V	0.00000	0.00469	0.00857	0.00857	0.01102	0.01206	0.01190	0.01072	0.00875	0.00617	0.00319	0.00000	
	V'	0.04821	0.04419	0.03216	0.03216	0.01711	0.00405	-0.00701	-0.01607	-0.02312	-0.02815	-0.03118	-0.03219	
ALPHA	X/L =	0.00	0.10	L 0.20	R 0.20	0.30	0.40	0.50	0.60	0.70	0.80	0.90	1.00	ALPHA

XP/L = 0.20

FUNKTIONEN : F.P;M - F.P;Q - F.P;V - F.P;V'

D R U C K S T A E B E -277-

FUNKTIONEN : F.P;M - F.P;Q - F.P;V - F.P;V'

XP/L = 0.20

ALPHA	X/L =	0.00	0.10	L 0.20	R 0.20	0.30	0.40	0.50	0.60	0.70	0.80	0.90	1.00	ALPHA
	M	0.00000	0.08029	0.16054	0.16054	0.14069	0.12075	0.10074	0.08067	0.06055	0.04039	0.02020	0.00000	
0.250	Q	0.80302	0.80277	0.80201	-0.19799	-0.19893	-0.19975	-0.20044	-0.20101	-0.20145	-0.20176	-0.20195	-0.20201	0.250
	V	0.00000	0.00469	0.00858	0.00858	0.01103	0.01207	0.01191	0.01074	0.00876	0.00618	0.00319	0.00000	
	V'	0.04826	0.04424	0.03220	0.03220	0.01714	0.00406	-0.00701	-0.01608	-0.02314	-0.02819	-0.03122	-0.03223	
	M	0.00000	0.08036	0.16065	0.16065	0.14084	0.12091	0.10090	0.08081	0.06066	0.04047	0.02024	0.00000	
0.275	Q	0.80365	0.80335	0.80244	-0.19756	-0.19870	-0.19969	-0.20053	-0.20122	-0.20175	-0.20214	-0.20236	-0.20244	0.275
	V	0.00000	0.00470	0.00859	0.00859	0.01104	0.01209	0.01193	0.01075	0.00877	0.00619	0.00319	0.00000	
	V'	0.04831	0.04429	0.03224	0.03224	0.01717	0.00408	-0.00701	-0.01610	-0.02318	-0.02823	-0.03127	-0.03228	
	M	0.00000	0.08042	0.16077	0.16077	0.14100	0.12109	0.10107	0.08097	0.06079	0.04056	0.02029	0.00000	
0.300	Q	0.80435	0.80399	0.80291	-0.19709	-0.19845	-0.19963	-0.20063	-0.20145	-0.20209	-0.20254	-0.20282	-0.20291	0.300
	V	0.00000	0.00470	0.00860	0.00860	0.01106	0.01211	0.01194	0.01077	0.00879	0.00620	0.00320	0.00000	
	V'	0.04837	0.04435	0.03229	0.03229	0.01720	0.00409	-0.00702	-0.01612	-0.02321	-0.02828	-0.03132	-0.03233	
	M	0.00000	0.08050	0.16091	0.16091	0.14117	0.12128	0.10126	0.08114	0.06093	0.04066	0.02034	0.00000	
0.325	Q	0.80512	0.80469	0.80342	-0.19658	-0.19818	-0.19957	-0.20074	-0.20170	-0.20246	-0.20299	-0.20331	-0.20342	0.325
	V	0.00000	0.00471	0.00861	0.00861	0.01108	0.01213	0.01196	0.01079	0.00880	0.00621	0.00321	0.00000	
	V'	0.04843	0.04441	0.03234	0.03234	0.01723	0.00411	-0.00702	-0.01614	-0.02325	-0.02832	-0.03137	-0.03239	
	M	0.00000	0.08058	0.16106	0.16106	0.14136	0.12149	0.10147	0.08132	0.06108	0.04076	0.02039	0.00000	
0.350	Q	0.80594	0.80545	0.80397	-0.19603	-0.19788	-0.19949	-0.20086	-0.20198	-0.20285	-0.20348	-0.20385	-0.20398	0.350
	V	0.00000	0.00472	0.00863	0.00863	0.01109	0.01215	0.01198	0.01081	0.00882	0.00622	0.00321	0.00000	
	V'	0.04850	0.04447	0.03239	0.03239	0.01727	0.00413	-0.00702	-0.01616	-0.02328	-0.02838	-0.03144	-0.03246	
	M	0.00000	0.08066	0.16122	0.16122	0.14156	0.12171	0.10169	0.08152	0.06124	0.04088	0.02045	0.00000	
0.375	Q	0.80683	0.80626	0.80456	-0.19544	-0.19757	-0.19942	-0.20099	-0.20228	-0.20328	-0.20400	-0.20443	-0.20457	0.375
	V	0.00000	0.00472	0.00864	0.00864	0.01111	0.01217	0.01201	0.01083	0.00884	0.00623	0.00322	0.00000	
	V'	0.04858	0.04455	0.03245	0.03245	0.01731	0.00414	-0.00703	-0.01619	-0.02333	-0.02843	-0.03150	-0.03252	
	M	0.00000	0.08076	0.16138	0.16138	0.14178	0.12195	0.10193	0.08174	0.06142	0.04100	0.02052	0.00000	
0.400	Q	0.80779	0.80714	0.80520	-0.19480	-0.19722	-0.19933	-0.20112	-0.20259	-0.20374	-0.20456	-0.20505	-0.20522	0.400
	V	0.00000	0.00473	0.00866	0.00866	0.01113	0.01219	0.01203	0.01085	0.00886	0.00625	0.00323	0.00000	
	V'	0.04866	0.04462	0.03251	0.03251	0.01735	0.00416	-0.00703	-0.01621	-0.02337	-0.02849	-0.03157	-0.03260	
	M	0.00000	0.08086	0.16157	0.16157	0.14201	0.12221	0.10218	0.08196	0.06160	0.04113	0.02058	0.00000	
0.425	Q	0.80880	0.80807	0.80588	-0.19412	-0.19686	-0.19924	-0.20127	-0.20293	-0.20423	-0.20516	-0.20572	-0.20590	0.425
	V	0.00000	0.00474	0.00867	0.00867	0.01115	0.01222	0.01206	0.01088	0.00888	0.00626	0.00323	0.00000	
	V'	0.04875	0.04470	0.03258	0.03258	0.01740	0.00419	-0.00703	-0.01624	-0.02342	-0.02856	-0.03165	-0.03268	
	M	0.00000	0.08096	0.16176	0.16176	0.14226	0.12248	0.10245	0.08221	0.06180	0.04127	0.02066	0.00000	
0.450	Q	0.80989	0.80907	0.80661	-0.19339	-0.19647	-0.19915	-0.20143	-0.20330	-0.20475	-0.20580	-0.20642	-0.20663	0.450
	V	0.00000	0.00475	0.00869	0.00869	0.01118	0.01224	0.01209	0.01090	0.00890	0.00628	0.00324	0.00000	
	V'	0.04884	0.04479	0.03265	0.03265	0.01745	0.00421	-0.00704	-0.01627	-0.02347	-0.02863	-0.03173	-0.03276	
	M	0.00000	0.08107	0.16196	0.16196	0.14253	0.12277	0.10273	0.08247	0.06201	0.04142	0.02073	0.00000	
0.475	Q	0.81104	0.81013	0.80738	-0.19262	-0.19605	-0.19904	-0.20159	-0.20368	-0.20531	-0.20648	-0.20718	-0.20741	0.475
	V	0.00000	0.00476	0.00871	0.00871	0.01120	0.01227	0.01212	0.01093	0.00892	0.00629	0.00325	0.00000	
	V'	0.04894	0.04488	0.03273	0.03273	0.01750	0.00423	-0.00704	-0.01630	-0.02353	-0.02870	-0.03181	-0.03285	
ALPHA	X/L =	0.00	0.10	L 0.20	R 0.20	0.30	0.40	0.50	0.60	0.70	0.80	0.90	1.00	ALPHA

XP/L = 0.20

FUNKTIONEN : F.P;M - F.P;Q - F.P;V - F.P;V'

FUNKTIONEN : F.P;M - F.P;Q - F.P;V - F.P;V'

XP/L = 0.20

ALPHA	X/L =	0.00	0.10	L 0.20	R 0.20	0.30	0.40	0.50	0.60	0.70	0.80	0.90	1.00	ALPHA
	M	0.00000	0.08119	0.16218	0.16218	0.14281	0.12308	0.10304	0.08274	0.06224	0.04158	0.02081	0.00000	
0.500	Q	0.81226	0.81125	0.80820	-0.19180	-0.19561	-0.19893	-0.20176	-0.20408	-0.20590	-0.20720	-0.20798	-0.20824	0.500
	V	0.00000	0.00477	0.00873	0.00873	0.01123	0.01230	0.01215	0.01096	0.00895	0.00631	0.00326	0.00000	
	V'	0.04904	0.04498	0.03281	0.03281	0.01756	0.00426	-0.00705	-0.01634	-0.02359	-0.02878	-0.03190	-0.03294	
	M	0.00000	0.08132	0.16241	0.16241	0.14310	0.12340	0.10336	0.08303	0.06247	0.04174	0.02090	0.00000	
0.525	Q	0.81355	0.81243	0.80907	-0.19093	-0.19514	-0.19882	-0.20194	-0.20451	-0.20652	-0.20796	-0.20882	-0.20911	0.525
	V	0.00000	0.00478	0.00875	0.00875	0.01126	0.01233	0.01218	0.01099	0.00897	0.00633	0.00327	0.00000	
	V'	0.04915	0.04508	0.03289	0.03289	0.01762	0.00429	-0.00705	-0.01637	-0.02365	-0.02886	-0.03200	-0.03304	
	M	0.00000	0.08145	0.16265	0.16265	0.14341	0.12374	0.10369	0.08333	0.06272	0.04192	0.02099	0.00000	
0.550	Q	0.81490	0.81367	0.80998	-0.19002	-0.19465	-0.19869	-0.20214	-0.20496	-0.20717	-0.20876	-0.20971	-0.21003	0.550
	V	0.00000	0.00479	0.00877	0.00877	0.01128	0.01237	0.01221	0.01102	0.00900	0.00635	0.00328	0.00000	
	V'	0.04927	0.04519	0.03298	0.03298	0.01768	0.00432	-0.00706	-0.01641	-0.02372	-0.02895	-0.03210	-0.03315	
	M	0.00000	0.08159	0.16291	0.16291	0.14374	0.12410	0.10405	0.08366	0.06299	0.04211	0.02109	0.00000	
0.575	Q	0.81633	0.81498	0.81094	-0.18906	-0.19413	-0.19856	-0.20234	-0.20544	-0.20786	-0.20960	-0.21065	-0.21100	0.575
	V	0.00000	0.00480	0.00879	0.00879	0.01132	0.01240	0.01225	0.01106	0.00903	0.00637	0.00329	0.00000	
	V'	0.04939	0.04531	0.03308	0.03308	0.01774	0.00435	-0.00706	-0.01645	-0.02379	-0.02904	-0.03220	-0.03326	
	M	0.00000	0.08173	0.16317	0.16317	0.14408	0.12448	0.10442	0.08399	0.06326	0.04230	0.02119	0.00000	
0.600	Q	0.81783	0.81635	0.81194	-0.18806	-0.19359	-0.19842	-0.20254	-0.20594	-0.20859	-0.21049	-0.21163	-0.21201	0.600
	V	0.00000	0.00482	0.00881	0.00881	0.01135	0.01244	0.01229	0.01109	0.00906	0.00639	0.00330	0.00000	
	V'	0.04952	0.04543	0.03318	0.03318	0.01781	0.00438	-0.00707	-0.01649	-0.02386	-0.02914	-0.03231	-0.03337	
	M	0.00000	0.08189	0.16345	0.16345	0.14445	0.12487	0.10482	0.08435	0.06355	0.04251	0.02129	0.00000	
0.625	Q	0.81939	0.81779	0.81300	-0.18700	-0.19301	-0.19828	-0.20276	-0.20646	-0.20935	-0.21142	-0.21267	-0.21308	0.625
	V	0.00000	0.00483	0.00884	0.00884	0.01138	0.01248	0.01233	0.01113	0.00909	0.00642	0.00331	0.00000	
	V'	0.04965	0.04555	0.03328	0.03328	0.01788	0.00441	-0.00708	-0.01654	-0.02393	-0.02924	-0.03243	-0.03349	
	M	0.00000	0.08205	0.16375	0.16375	0.14482	0.12529	0.10523	0.08472	0.06386	0.04272	0.02141	0.00000	
0.650	Q	0.82104	0.81930	0.81411	-0.18589	-0.19241	-0.19812	-0.20299	-0.20701	-0.21015	-0.21240	-0.21375	-0.21421	0.650
	V	0.00000	0.00484	0.00886	0.00886	0.01142	0.01252	0.01237	0.01117	0.00912	0.00644	0.00333	0.00000	
	V'	0.04979	0.04569	0.03339	0.03339	0.01796	0.00445	-0.00708	-0.01658	-0.02401	-0.02934	-0.03255	-0.03362	
	M	0.00000	0.08221	0.16405	0.16405	0.14522	0.12572	0.10566	0.08511	0.06417	0.04295	0.02152	0.00000	
0.675	Q	0.82275	0.82088	0.81527	-0.18473	-0.19178	-0.19796	-0.20323	-0.20758	-0.21098	-0.21342	-0.21489	-0.21538	0.675
	V	0.00000	0.00486	0.00889	0.00889	0.01145	0.01256	0.01242	0.01121	0.00916	0.00646	0.00334	0.00000	
	V'	0.04994	0.04583	0.03351	0.03351	0.01804	0.00449	-0.00709	-0.01663	-0.02410	-0.02945	-0.03268	-0.03376	
	M	0.00000	0.08239	0.16437	0.16437	0.14563	0.12618	0.10611	0.08552	0.06451	0.04318	0.02164	0.00000	
0.700	Q	0.82454	0.82253	0.81648	-0.18352	-0.19112	-0.19778	-0.20348	-0.20817	-0.21185	-0.21449	-0.21608	-0.21661	0.700
	V	0.00000	0.00487	0.00892	0.00892	0.01149	0.01261	0.01246	0.01126	0.00920	0.00649	0.00335	0.00000	
	V'	0.05009	0.04597	0.03363	0.03363	0.01812	0.00452	-0.00709	-0.01668	-0.02418	-0.02957	-0.03281	-0.03390	
	M	0.00000	0.08257	0.16470	0.16470	0.14606	0.12665	0.10658	0.08594	0.06485	0.04343	0.02177	0.00000	
0.725	Q	0.82641	0.82424	0.81774	-0.18226	-0.19043	-0.19760	-0.20373	-0.20879	-0.21276	-0.21561	-0.21732	-0.21789	0.725
	V	0.00000	0.00489	0.00895	0.00895	0.01153	0.01265	0.01251	0.01130	0.00923	0.00652	0.00337	0.00000	
	V'	0.05025	0.04612	0.03375	0.03375	0.01821	0.00457	-0.00710	-0.01673	-0.02427	-0.02969	-0.03295	-0.03404	
ALPHA	X/L =	0.00	0.10	L 0.20	R 0.20	0.30	0.40	0.50	0.60	0.70	0.80	0.90	1.00	ALPHA

XP/L = 0.20

FUNKTIONEN : F.P;M - F.P;Q - F.P;V - F.P;V'

D R U C K S T A E B E -279-

FUNKTIONEN : F.P;M - F.P;Q - F.P;V - F.P;V'

XP/L = 0.20

ALPHA	X/L =	0.00	0.10	L 0.20	R 0.20	0.30	0.40	0.50	0.60	0.70	0.80	0.90	1.00	ALPHA
	M	0.00000	0.08276	0.16505	0.16505	0.14651	0.12715	0.10707	0.08638	0.06522	0.04368	0.02190	0.00000	
0.750	Q	0.82836	0.82603	0.81906	-0.18094	-0.18971	-0.19741	-0.20400	-0.20944	-0.21371	-0.21677	-0.21862	-0.21923	0.750
	V	0.00000	0.00490	0.00898	0.00898	0.01157	0.01270	0.01256	0.01135	0.00927	0.00655	0.00338	0.00000	
	V'	0.05042	0.04628	0.03388	0.03388	0.01830	0.00461	-0.00711	-0.01679	-0.02437	-0.02982	-0.03310	-0.03419	
	M	0.00000	0.08296	0.16541	0.16541	0.14698	0.12766	0.10758	0.08685	0.06560	0.04395	0.02204	0.00000	
0.775	Q	0.83039	0.82789	0.82043	-0.17957	-0.18895	-0.19721	-0.20427	-0.21012	-0.21470	-0.21799	-0.21997	-0.22063	0.775
	V	0.00000	0.00492	0.00901	0.00901	0.01162	0.01275	0.01261	0.01140	0.00932	0.00658	0.00340	0.00000	
	V'	0.05059	0.04644	0.03402	0.03402	0.01839	0.00465	-0.00712	-0.01684	-0.02447	-0.02995	-0.03325	-0.03435	
	M	0.00000	0.08316	0.16579	0.16579	0.14746	0.12820	0.10811	0.08733	0.06599	0.04423	0.02219	0.00000	
0.800	Q	0.83250	0.82983	0.82186	-0.17814	-0.18817	-0.19699	-0.20456	-0.21082	-0.21573	-0.21925	-0.22138	-0.22209	0.800
	V	0.00000	0.00494	0.00905	0.00905	0.01166	0.01281	0.01267	0.01145	0.00936	0.00661	0.00341	0.00000	
	V'	0.05077	0.04661	0.03416	0.03416	0.01849	0.00470	-0.00712	-0.01690	-0.02457	-0.03008	-0.03341	-0.03452	
	M	0.00000	0.08337	0.16618	0.16618	0.14797	0.12875	0.10866	0.08783	0.06640	0.04452	0.02234	0.00000	
0.825	Q	0.83469	0.83185	0.82335	-0.17665	-0.18735	-0.19677	-0.20485	-0.21154	-0.21680	-0.22057	-0.22285	-0.22361	0.825
	V	0.00000	0.00496	0.00908	0.00908	0.01171	0.01286	0.01273	0.01150	0.00940	0.00664	0.00343	0.00000	
	V'	0.05096	0.04679	0.03431	0.03431	0.01859	0.00475	-0.00713	-0.01696	-0.02468	-0.03023	-0.03357	-0.03469	
	M	0.00000	0.08360	0.16659	0.16659	0.14850	0.12933	0.10924	0.08835	0.06683	0.04482	0.02249	0.00000	
0.850	Q	0.83696	0.83394	0.82490	-0.17510	-0.18649	-0.19654	-0.20516	-0.21230	-0.21791	-0.22195	-0.22438	-0.22519	0.850
	V	0.00000	0.00498	0.00912	0.00912	0.01176	0.01292	0.01278	0.01156	0.00945	0.00667	0.00345	0.00000	
	V'	0.05116	0.04698	0.03446	0.03446	0.01870	0.00480	-0.00714	-0.01703	-0.02479	-0.03037	-0.03374	-0.03487	
	M	0.00000	0.08383	0.16701	0.16701	0.14904	0.12994	0.10984	0.08889	0.06727	0.04514	0.02265	0.00000	
0.875	Q	0.83932	0.83611	0.82650	-0.17350	-0.18560	-0.19629	-0.20547	-0.21309	-0.21907	-0.22337	-0.22597	-0.22684	0.875
	V	0.00000	0.00500	0.00916	0.00916	0.01181	0.01298	0.01285	0.01162	0.00950	0.00671	0.00347	0.00000	
	V'	0.05136	0.04717	0.03462	0.03462	0.01881	0.00485	-0.00715	-0.01709	-0.02490	-0.03053	-0.03392	-0.03505	
	M	0.00000	0.08406	0.16745	0.16745	0.14961	0.13056	0.11046	0.08946	0.06774	0.04546	0.02282	0.00000	
0.900	Q	0.84177	0.83837	0.82817	-0.17183	-0.18467	-0.19603	-0.20580	-0.21390	-0.22027	-0.22486	-0.22763	-0.22855	0.900
	V	0.00000	0.00502	0.00919	0.00919	0.01186	0.01304	0.01291	0.01168	0.00955	0.00675	0.00349	0.00000	
	V'	0.05157	0.04737	0.03478	0.03478	0.01892	0.00490	-0.00716	-0.01716	-0.02502	-0.03069	-0.03411	-0.03525	
	M	0.00000	0.08431	0.16790	0.16790	0.15020	0.13121	0.11110	0.09004	0.06822	0.04580	0.02300	0.00000	
0.925	Q	0.84432	0.84071	0.82991	-0.17009	-0.18371	-0.19576	-0.20613	-0.21474	-0.22152	-0.22640	-0.22935	-0.23033	0.925
	V	0.00000	0.00504	0.00923	0.00923	0.01192	0.01310	0.01298	0.01174	0.00960	0.00678	0.00351	0.00000	
	V'	0.05179	0.04757	0.03495	0.03495	0.01904	0.00496	-0.00717	-0.01723	-0.02515	-0.03085	-0.03430	-0.03545	
	M	0.00000	0.08457	0.16837	0.16837	0.15081	0.13189	0.11177	0.09065	0.06871	0.04616	0.02318	0.00000	
0.950	Q	0.84695	0.84313	0.83171	-0.16829	-0.18271	-0.19547	-0.20648	-0.21562	-0.22281	-0.22800	-0.23113	-0.23218	0.950
	V	0.00000	0.00506	0.00928	0.00928	0.01198	0.01317	0.01305	0.01180	0.00966	0.00682	0.00353	0.00000	
	V'	0.05202	0.04779	0.03513	0.03513	0.01916	0.00502	-0.00718	-0.01730	-0.02528	-0.03103	-0.03450	-0.03566	
	M	0.00000	0.08483	0.16886	0.16886	0.15144	0.13259	0.11247	0.09128	0.06923	0.04652	0.02337	0.00000	
0.975	Q	0.84968	0.84564	0.83357	-0.16643	-0.18166	-0.19517	-0.20683	-0.21652	-0.22416	-0.22967	-0.23299	-0.23410	0.975
	V	0.00000	0.00508	0.00932	0.00932	0.01204	0.01324	0.01312	0.01187	0.00971	0.00686	0.00355	0.00000	
	V'	0.05226	0.04801	0.03532	0.03532	0.01929	0.00508	-0.00719	-0.01738	-0.02541	-0.03121	-0.03470	-0.03587	
ALPHA	X/L =	0.00	0.10	L 0.20	R 0.20	0.30	0.40	0.50	0.60	0.70	0.80	0.90	1.00	ALPHA

XP/L = 0.20

FUNKTIONEN : F.P;M - F.P;Q - F.P;V - F.P;V'

FUNKTIONEN : F.P;M - F.P;Q - F.P;V - F.P;V'

XP/L = 0.20

ALPHA	X/L =	0.00	0.10	L 0.20	R 0.20	0.30	0.40	0.50	0.60	0.70	0.80	0.90	1.00	ALPHA
	M	0.00000	0.08511	0.16937	0.16937	0.15210	0.13331	0.11319	0.09194	0.06977	0.04691	0.02357	0.00000	
1.000	Q	0.85250	0.84824	0.83551	-0.16449	-0.18058	-0.19486	-0.20720	-0.21746	-0.22555	-0.23139	-0.23492	-0.23610	1.000
	V	0.00000	0.00511	0.00937	0.00937	0.01210	0.01331	0.01319	0.01194	0.00977	0.00691	0.00357	0.00000	
	V'	0.05250	0.04824	0.03551	0.03551	0.01942	0.00514	-0.00720	-0.01746	-0.02555	-0.03139	-0.03492	-0.03610	
	M	0.00000	0.08539	0.16989	0.16989	0.15278	0.13406	0.11394	0.09262	0.07033	0.04730	0.02378	0.00000	
1.025	Q	0.85543	0.85094	0.83752	-0.16248	-0.17945	-0.19453	-0.20757	-0.21843	-0.22700	-0.23318	-0.23692	-0.23817	1.025
	V	0.00000	0.00513	0.00941	0.00941	0.01216	0.01338	0.01327	0.01201	0.00983	0.00695	0.00359	0.00000	
	V'	0.05276	0.04848	0.03571	0.03571	0.01956	0.00521	-0.00721	-0.01754	-0.02570	-0.03158	-0.03514	-0.03633	
	M	0.00000	0.08569	0.17043	0.17043	0.15348	0.13484	0.11472	0.09333	0.07091	0.04771	0.02399	0.00000	
1.050	Q	0.85845	0.85373	0.83959	-0.16041	-0.17828	-0.19419	-0.20796	-0.21943	-0.22850	-0.23504	-0.23900	-0.24032	1.050
	V	0.00000	0.00516	0.00946	0.00946	0.01223	0.01346	0.01335	0.01209	0.00990	0.00699	0.00362	0.00000	
	V'	0.05302	0.04873	0.03591	0.03591	0.01970	0.00527	-0.00722	-0.01763	-0.02585	-0.03178	-0.03537	-0.03657	
	M	0.00000	0.08599	0.17099	0.17099	0.15421	0.13565	0.11552	0.09406	0.07151	0.04814	0.02421	0.00000	
1.075	Q	0.86159	0.85661	0.84175	-0.15825	-0.17706	-0.19382	-0.20835	-0.22047	-0.23005	-0.23697	-0.24115	-0.24255	1.075
	V	0.00000	0.00519	0.00951	0.00951	0.01230	0.01354	0.01343	0.01217	0.00996	0.00704	0.00364	0.00000	
	V'	0.05329	0.04899	0.03613	0.03613	0.01985	0.00534	-0.00723	-0.01772	-0.02600	-0.03199	-0.03561	-0.03682	
	M	0.00000	0.08631	0.17157	0.17157	0.15497	0.13649	0.11635	0.09482	0.07213	0.04858	0.02444	0.00000	
1.100	Q	0.36483	0.85960	0.84398	-0.15602	-0.17579	-0.19345	-0.20876	-0.22155	-0.23166	-0.23897	-0.24339	-0.24487	1.100
	V	0.00000	0.00521	0.00956	0.00956	0.01237	0.01362	0.01352	0.01225	0.01003	0.00709	0.00367	0.00000	
	V'	0.05357	0.04926	0.03635	0.03635	0.02000	0.00542	-0.00724	-0.01781	-0.02616	-0.03220	-0.03586	-0.03708	
	M	0.00000	0.08663	0.17217	0.17217	0.15575	0.13735	0.11722	0.09560	0.07278	0.04904	0.02468	0.00000	
1.125	Q	0.86818	0.86269	0.84629	-0.15371	-0.17448	-0.19305	-0.20917	-0.22266	-0.23332	-0.24104	-0.24571	-0.24727	1.125
	V	0.00000	0.00524	0.00962	0.00962	0.01244	0.01371	0.01361	0.01233	0.01010	0.00714	0.00369	0.00000	
	V'	0.05387	0.04953	0.03658	0.03658	0.02016	0.00549	-0.00725	-0.01790	-0.02633	-0.03243	-0.03612	-0.03735	
	M	0.00000	0.08697	0.17280	0.17280	0.15656	0.13825	0.11811	0.09642	0.07345	0.04951	0.02492	0.00000	
1.150	Q	0.87164	0.86588	0.84869	-0.15131	-0.17312	-0.19263	-0.20960	-0.22380	-0.23505	-0.24319	-0.24812	-0.24977	1.150
	V	0.00000	0.00527	0.00967	0.00967	0.01252	0.01380	0.01370	0.01242	0.01017	0.00719	0.00372	0.00000	
	V'	0.05417	0.04982	0.03681	0.03681	0.02033	0.00557	-0.00726	-0.01800	-0.02650	-0.03266	-0.03638	-0.03763	
	M	0.00000	0.08732	0.17344	0.17344	0.15739	0.13918	0.11904	0.09727	0.07415	0.05001	0.02518	0.00000	
1.175	Q	0.87522	0.86919	0.85117	-0.14883	-0.17170	-0.19219	-0.21004	-0.22499	-0.23684	-0.24542	-0.25061	-0.25235	1.175
	V	0.00000	0.00530	0.00973	0.00973	0.01260	0.01389	0.01379	0.01251	0.01025	0.00725	0.00375	0.00000	
	V'	0.05448	0.05011	0.03706	0.03706	0.02050	0.00565	-0.00727	-0.01810	-0.02668	-0.03290	-0.03666	-0.03792	
	M	0.00000	0.08768	0.17410	0.17410	0.15826	0.14014	0.12000	0.09814	0.07487	0.05052	0.02544	0.00000	
1.200	Q	0.87892	0.87260	0.85373	-0.14627	-0.17023	-0.19174	-0.21049	-0.22621	-0.23869	-0.24773	-0.25320	-0.25504	1.200
	V	0.00000	0.00533	0.00979	0.00979	0.01268	0.01399	0.01389	0.01260	0.01033	0.00730	0.00378	0.00000	
	V'	0.05481	0.05042	0.03731	0.03731	0.02068	0.00574	-0.00728	-0.01820	-0.02687	-0.03314	-0.03695	-0.03822	
	M	0.00000	0.08805	0.17479	0.17479	0.15915	0.14113	0.12100	0.09905	0.07562	0.05105	0.02572	0.00000	
1.225	Q	0.88275	0.87614	0.85639	-0.14361	-0.16870	-0.19126	-0.21095	-0.22748	-0.24060	-0.25012	-0.25589	-0.25782	1.225
	V	0.00000	0.00537	0.00986	0.00986	0.01276	0.01408	0.01399	0.01269	0.01041	0.00736	0.00381	0.00000	
	V'	0.05514	0.05074	0.03758	0.03758	0.02086	0.00583	-0.00730	-0.01831	-0.02706	-0.03340	-0.03724	-0.03853	
ALPHA	X/L =	0.00	0.10	L 0.20	R 0.20	0.30	0.40	0.50	0.60	0.70	0.80	0.90	1.00	ALPHA

XP/L = 0.20

FUNKTIONEN : F.P;M - F.P;Q - F.P;V - F.P;V'

FUNKTIONEN : F.PIM - F.PIQ - F.PIV - F.PIV'

XP/L = 0.20

ALPHA	X/L =	0.00	0.10	L 0.20	R 0.20	0.30	0.40	0.50	0.60	0.70	0.80	0.90	1.00	ALPHA
	M	0.00000	0.08844	0.17550	0.17550	0.16008	0.14216	0.12203	0.09999	0.07639	0.05160	0.02600	0.00000	
1.250	Q	0.88671	0.87979	0.85914	-0.14086	-0.16711	-0.19075	-0.21142	-0.22879	-0.24259	-0.25260	-0.25867	-0.26070	1.250
	V	0.00000	0.00540	0.00992	0.00992	0.01285	0.01419	0.01410	0.01279	0.01049	0.00742	0.00384	0.00000	
	V'	0.05549	0.05106	0.03785	0.03785	0.02105	0.00592	-0.00731	-0.01843	-0.02726	-0.03366	-0.03755	-0.03885	
	M	0.00000	0.08884	0.17623	0.17623	0.16104	0.14323	0.12310	0.10097	0.07719	0.05217	0.02630	0.00000	
1.275	Q	0.89079	0.88356	0.86199	-0.13801	-0.16546	-0.19023	-0.21190	-0.23014	-0.24464	-0.25517	-0.26156	-0.26370	1.275
	V	0.00000	0.00544	0.00999	0.00999	0.01294	0.01429	0.01421	0.01290	0.01058	0.00749	0.00387	0.00000	
	V'	0.05585	0.05140	0.03813	0.03813	0.02125	0.00601	-0.00732	-0.01854	-0.02746	-0.03394	-0.03787	-0.03918	
	M	0.00000	0.08925	0.17699	0.17699	0.16203	0.14434	0.12420	0.10198	0.07803	0.05276	0.02661	0.00000	
1.300	Q	0.89502	0.88747	0.86494	-0.13506	-0.16375	-0.18967	-0.21240	-0.23154	-0.24677	-0.25784	-0.26455	-0.26680	1.300
	V	0.00000	0.00547	0.01006	0.01006	0.01304	0.01440	0.01432	0.01300	0.01067	0.00755	0.00391	0.00000	
	V'	0.05623	0.05176	0.03843	0.03843	0.02145	0.00611	-0.00734	-0.01866	-0.02767	-0.03422	-0.03820	-0.03953	
	M	0.00000	0.08968	0.17778	0.17778	0.16306	0.14548	0.12535	0.10302	0.07889	0.05338	0.02692	0.00000	
1.325	Q	0.89939	0.89150	0.86799	-0.13201	-0.16197	-0.18909	-0.21290	-0.23298	-0.24897	-0.26060	-0.26766	-0.27003	1.325
	V	0.00000	0.00551	0.01013	0.01013	0.01313	0.01451	0.01444	0.01311	0.01076	0.00762	0.00394	0.00000	
	V'	0.05661	0.05212	0.03873	0.03873	0.02166	0.00621	-0.00735	-0.01879	-0.02789	-0.03452	-0.03854	-0.03989	
	M	0.00000	0.09012	0.17859	0.17859	0.16412	0.14666	0.12654	0.10411	0.07979	0.05401	0.02725	0.00000	
1.350	Q	0.90390	0.89568	0.87115	-0.12885	-0.16012	-0.18849	-0.21342	-0.23447	-0.25125	-0.26346	-0.27088	-0.27337	1.350
	V	0.00000	0.00555	0.01020	0.01020	0.01324	0.01463	0.01456	0.01323	0.01086	0.00769	0.00398	0.00000	
	V'	0.05701	0.05250	0.03904	0.03904	0.02188	0.00632	-0.00736	-0.01891	-0.02812	-0.03482	-0.03889	-0.04026	
	M	0.00000	0.09057	0.17943	0.17943	0.16522	0.14789	0.12777	0.10524	0.08072	0.05467	0.02760	0.00000	
1.375	Q	0.90857	0.89999	0.87443	-0.12557	-0.15820	-0.18785	-0.21395	-0.23601	-0.25362	-0.26643	-0.27422	-0.27684	1.375
	V	0.00000	0.00559	0.01028	0.01028	0.01334	0.01475	0.01469	0.01335	0.01096	0.00776	0.00402	0.00000	
	V'	0.05742	0.05289	0.03937	0.03937	0.02211	0.00643	-0.00738	-0.01905	-0.02836	-0.03514	-0.03926	-0.04064	
	M	0.00000	0.09104	0.18030	0.18030	0.16636	0.14916	0.12904	0.10640	0.08168	0.05536	0.02795	0.00000	
1.400	Q	0.91339	0.90445	0.87782	-0.12218	-0.15621	-0.18718	-0.21449	-0.23760	-0.25606	-0.26951	-0.27769	-0.28044	1.400
	V	0.00000	0.00563	0.01036	0.01036	0.01345	0.01488	0.01482	0.01347	0.01106	0.00784	0.00406	0.00000	
	V'	0.05785	0.05329	0.03970	0.03970	0.02234	0.00654	-0.00739	-0.01918	-0.02860	-0.03547	-0.03964	-0.04104	
	M	0.00000	0.09153	0.18120	0.18120	0.16754	0.15048	0.13037	0.10761	0.08268	0.05607	0.02832	0.00000	
1.425	Q	0.91838	0.90907	0.88133	-0.11867	-0.15414	-0.18648	-0.21504	-0.23924	-0.25860	-0.27271	-0.28129	-0.28417	1.425
	V	0.00000	0.00568	0.01044	0.01044	0.01356	0.01501	0.01495	0.01360	0.01117	0.00791	0.00410	0.00000	
	V'	0.05830	0.05371	0.04005	0.04005	0.02259	0.00666	-0.00741	-0.01933	-0.02886	-0.03581	-0.04003	-0.04145	
	M	0.00000	0.09203	0.18213	0.18213	0.16875	0.15184	0.13174	0.10887	0.08372	0.05681	0.02870	0.00000	
1.450	Q	0.92353	0.91384	0.88497	-0.11503	-0.15198	-0.18574	-0.21561	-0.24094	-0.26123	-0.27602	-0.28503	-0.28805	1.450
	V	0.00000	0.00572	0.01052	0.01052	0.01368	0.01514	0.01509	0.01373	0.01128	0.00799	0.00414	0.00000	
	V'	0.05876	0.05415	0.04041	0.04041	0.02284	0.00678	-0.00742	-0.01947	-0.02912	-0.03616	-0.04044	-0.04188	
	M	0.00000	0.09255	0.18309	0.18309	0.17002	0.15325	0.13316	0.11017	0.08479	0.05757	0.02910	0.00000	
1.475	Q	0.92886	0.91878	0.88874	-0.11126	-0.14974	-0.18497	-0.21618	-0.24270	-0.26395	-0.27946	-0.28891	-0.29208	1.475
	V	0.00000	0.00577	0.01061	0.01061	0.01380	0.01528	0.01524	0.01387	0.01140	0.00808	0.00418	0.00000	
	V'	0.05923	0.05460	0.04079	0.04079	0.02310	0.00691	-0.00744	-0.01963	-0.02939	-0.03652	-0.04087	-0.04232	

ALPHA | X/L = | 0.00 | 0.10 | L 0.20 | R 0.20 | 0.30 | 0.40 | 0.50 | 0.60 | 0.70 | 0.80 | 0.90 | 1.00 | ALPHA

XP/L = 0.20

FUNKTIONEN : F.PIM - F.PIQ - F.PIV - F.PIV'

FUNKTIONEN : F.P;M - F.P;Q - F.P;V - F.P;V'

XP/L = 0.20

ALPHA	X/L =	0.00	0.10	L 0.20	R 0.20	0.30	0.40	0.50	0.60	0.70	0.80	0.90	1.00	ALPHA
	M	0.00000	0.09309	0.18409	0.18409	0.17132	0.15471	0.13463	0.11152	0.08591	0.05837	0.02952	0.00000	
1.500	Q	0.93438	0.92389	0.89265	-0.10735	-0.14741	-0.18416	-0.21677	-0.24452	-0.26677	-0.28303	-0.29294	-0.29626	1.500
	V	0.00000	0.00582	0.01070	0.01070	0.01392	0.01543	0.01539	0.01401	0.01152	0.00816	0.00423	0.00000	
	V'	0.05972	0.05506	0.04118	0.04118	0.02337	0.00704	-0.00745	-0.01978	-0.02967	-0.03690	-0.04130	-0.04278	
	M	0.00000	0.09364	0.18512	0.18512	0.17268	0.15623	0.13616	0.11292	0.08707	0.05919	0.02994	0.00000	
1.525	Q	0.94009	0.92917	0.89670	-0.10330	-0.14499	-0.18331	-0.21737	-0.24639	-0.26969	-0.28673	-0.29712	-0.30061	1.525
	V	0.00000	0.00587	0.01080	0.01080	0.01405	0.01558	0.01555	0.01416	0.01164	0.00825	0.00428	0.00000	
	V'	0.06024	0.05554	0.04158	0.04158	0.02365	0.00718	-0.00747	-0.01995	-0.02997	-0.03730	-0.04176	-0.04326	
	M	0.00000	0.09422	0.18618	0.18618	0.17408	0.15780	0.13774	0.11438	0.08827	0.06005	0.03039	0.00000	
1.550	Q	0.94599	0.93465	0.90090	-0.09910	-0.14247	-0.18241	-0.21799	-0.24833	-0.27273	-0.29058	-0.30147	-0.30512	1.550
	V	0.00000	0.00592	0.01090	0.01090	0.01418	0.01573	0.01571	0.01431	0.01177	0.00835	0.00432	0.00000	
	V'	0.06077	0.05604	0.04200	0.04200	0.02395	0.00732	-0.00749	-0.02012	-0.03027	-0.03770	-0.04223	-0.04376	
	M	0.00000	0.09482	0.18729	0.18729	0.17553	0.15943	0.13939	0.11589	0.08953	0.06094	0.03085	0.00000	
1.575	Q	0.95210	0.94031	0.90525	-0.09475	-0.13984	-0.18147	-0.21861	-0.25034	-0.27587	-0.29457	-0.30598	-0.30982	1.575
	V	0.00000	0.00597	0.01100	0.01100	0.01432	0.01590	0.01588	0.01447	0.01190	0.00844	0.00438	0.00000	
	V'	0.06131	0.05656	0.04243	0.04243	0.02425	0.00747	-0.00750	-0.02029	-0.03059	-0.03813	-0.04272	-0.04427	
	M	0.00000	0.09543	0.18843	0.18843	0.17704	0.16113	0.14110	0.11746	0.09083	0.06187	0.03134	0.00000	
1.600	Q	0.95842	0.94618	0.90977	-0.09023	-0.13711	-0.18049	-0.21925	-0.25242	-0.27914	-0.29873	-0.31068	-0.31470	1.600
	V	0.00000	0.00603	0.01111	0.01111	0.01447	0.01606	0.01605	0.01463	0.01204	0.00854	0.00443	0.00000	
	V'	0.06188	0.05710	0.04288	0.04288	0.02457	0.00762	-0.00752	-0.02048	-0.03091	-0.03856	-0.04323	-0.04480	
	M	0.00000	0.09607	0.18962	0.18962	0.17860	0.16288	0.14287	0.11909	0.09218	0.06284	0.03184	0.00000	
1.625	Q	0.96498	0.95226	0.91446	-0.08554	-0.13426	-0.17945	-0.21991	-0.25457	-0.28253	-0.30304	-0.31557	-0.31978	1.625
	V	0.00000	0.00609	0.01122	0.01122	0.01462	0.01624	0.01623	0.01480	0.01219	0.00865	0.00448	0.00000	
	V'	0.06248	0.05766	0.04335	0.04335	0.02489	0.00778	-0.00754	-0.02067	-0.03125	-0.03902	-0.04376	-0.04536	
	M	0.00000	0.09674	0.19084	0.19084	0.18022	0.16470	0.14471	0.12079	0.09358	0.06384	0.03236	0.00000	
1.650	Q	0.97176	0.95856	0.91933	-0.08067	-0.13130	-0.17836	-0.22057	-0.25680	-0.28604	-0.30752	-0.32065	-0.32506	1.650
	V	0.00000	0.00615	0.01133	0.01133	0.01477	0.01642	0.01642	0.01498	0.01234	0.00876	0.00454	0.00000	
	V'	0.06309	0.05824	0.04383	0.04383	0.02523	0.00795	-0.00756	-0.02086	-0.03160	-0.03949	-0.04431	-0.04594	
	M	0.00000	0.09742	0.19212	0.19212	0.18190	0.16660	0.14663	0.12255	0.09505	0.06488	0.03290	0.00000	
1.675	Q	0.97879	0.96510	0.92438	-0.07562	-0.12821	-0.17721	-0.22125	-0.25910	-0.28970	-0.31219	-0.32594	-0.33056	1.675
	V	0.00000	0.00621	0.01145	0.01145	0.01494	0.01661	0.01662	0.01517	0.01249	0.00887	0.00460	0.00000	
	V'	0.06373	0.05884	0.04433	0.04433	0.02559	0.00812	-0.00758	-0.02107	-0.03197	-0.03999	-0.04489	-0.04654	
	M	0.00000	0.09813	0.19344	0.19344	0.18365	0.16856	0.14862	0.12439	0.09657	0.06597	0.03347	0.00000	
1.700	Q	0.98608	0.97187	0.92964	-0.07036	-0.12499	-0.17600	-0.22195	-0.26149	-0.29350	-0.31704	-0.33144	-0.33629	1.700
	V	0.00000	0.00627	0.01157	0.01157	0.01510	0.01680	0.01682	0.01536	0.01265	0.00899	0.00466	0.00000	
	V'	0.06439	0.05947	0.04486	0.04486	0.02596	0.00830	-0.00759	-0.02128	-0.03235	-0.04050	-0.04548	-0.04716	
	M	0.00000	0.09887	0.19481	0.19481	0.18546	0.17061	0.15069	0.12630	0.09816	0.06710	0.03406	0.00000	
1.725	Q	0.99364	0.97890	0.93509	-0.06491	-0.12162	-0.17473	-0.22265	-0.26397	-0.29744	-0.32209	-0.33718	-0.34226	1.725
	V	0.00000	0.00634	0.01170	0.01170	0.01528	0.01701	0.01703	0.01556	0.01282	0.00911	0.00472	0.00000	
	V'	0.06508	0.06012	0.04540	0.04540	0.02634	0.00849	-0.00761	-0.02150	-0.03275	-0.04103	-0.04610	-0.04781	
ALPHA	X/L =	0.00	0.10	L 0.20	R 0.20	0.30	0.40	0.50	0.60	0.70	0.80	0.90	1.00	ALPHA

XP/L = 0.20

FUNKTIONEN : F.P;M - F.P;Q - F.P;V - F.P;V'

FUNKTIONEN : F.P;M - F.P;Q - F.P;V - F.P;V'

XP/L = 0.20

ALPHA	X/L =	0.00	0.10	L 0.20	R 0.20	0.30	0.40	0.50	0.60	0.70	0.80	0.90	1.00	ALPHA
	M	0.00000	0.09964	0.19623	0.19623	0.18734	0.17273	0.15284	0.12828	0.09981	0.06828	0.03467	0.00000	
1.750	Q	1.00149	0.98619	0.94077	-0.05923	-0.11812	-0.17339	-0.22337	-0.26653	-0.30155	-0.32735	-0.34316	-0.34848	1.750
	V	0.00000	0.00641	0.01183	0.01183	0.01546	0.01722	0.01725	0.01577	0.01300	0.00923	0.00479	0.00000	
	V'	0.06579	0.06080	0.04597	0.04597	0.02674	0.00869	-0.00763	-0.02172	-0.03316	-0.04158	-0.04674	-0.04848	
	M	0.00000	0.10043	0.19771	0.19771	0.18930	0.17494	0.15508	0.13035	0.10153	0.06951	0.03531	0.00000	
1.775	Q	1.00963	0.99377	0.94668	-0.05332	-0.11445	-0.17198	-0.22411	-0.26919	-0.30582	-0.33283	-0.34939	-0.35497	1.775
	V	0.00000	0.00649	0.01197	0.01197	0.01565	0.01744	0.01748	0.01598	0.01318	0.00937	0.00486	0.00000	
	V'	0.06654	0.06150	0.04655	0.04655	0.02715	0.00889	-0.00765	-0.02196	-0.03359	-0.04216	-0.04742	-0.04919	
	M	0.00000	0.10126	0.19925	0.19925	0.19134	0.17724	0.15742	0.13251	0.10332	0.07079	0.03598	0.00000	
1.800	Q	1.01808	1.00164	0.95282	-0.04718	-0.11062	-0.17050	-0.22486	-0.27195	-0.31026	-0.33855	-0.35589	-0.36173	1.800
	V	0.00000	0.00656	0.01211	0.01211	0.01584	0.01767	0.01772	0.01621	0.01337	0.00950	0.00493	0.00000	
	V'	0.06731	0.06223	0.04717	0.04717	0.02759	0.00911	-0.00767	-0.02221	-0.03403	-0.04276	-0.04811	-0.04992	
	M	0.00000	0.10212	0.20084	0.20084	0.19345	0.17964	0.15985	0.13476	0.10520	0.07213	0.03668	0.00000	
1.825	Q	1.02687	1.00981	0.95922	-0.04078	-0.10662	-0.16893	-0.22562	-0.27482	-0.31489	-0.34451	-0.36268	-0.36880	1.825
	V	0.00000	0.00664	0.01226	0.01226	0.01605	0.01791	0.01797	0.01644	0.01357	0.00965	0.00501	0.00000	
	V'	0.06812	0.06300	0.04781	0.04781	0.02804	0.00933	-0.00769	-0.02246	-0.03450	-0.04339	-0.04884	-0.05068	
	M	0.00000	0.10301	0.20250	0.20250	0.19566	0.18213	0.16239	0.13711	0.10715	0.07353	0.03740	0.00000	
1.850	Q	1.03600	1.01832	0.96589	-0.03411	-0.10244	-0.16727	-0.22640	-0.27780	-0.31972	-0.35073	-0.36976	-0.37618	1.850
	V	0.00000	0.00672	0.01242	0.01242	0.01626	0.01815	0.01823	0.01669	0.01378	0.00980	0.00509	0.00000	
	V'	0.06896	0.06379	0.04847	0.04847	0.02851	0.00956	-0.00771	-0.02273	-0.03498	-0.04404	-0.04960	-0.05148	
	M	0.00000	0.10394	0.20423	0.20423	0.19795	0.18474	0.16504	0.13956	0.10919	0.07499	0.03817	0.00000	
1.875	Q	1.04550	1.02717	0.97284	-0.02716	-0.09806	-0.16553	-0.22719	-0.28089	-0.32475	-0.35722	-0.37717	-0.38390	1.875
	V	0.00000	0.00681	0.01258	0.01258	0.01648	0.01841	0.01850	0.01694	0.01399	0.00995	0.00517	0.00000	
	V'	0.06983	0.06462	0.04916	0.04916	0.02900	0.00981	-0.00773	-0.02301	-0.03548	-0.04472	-0.05040	-0.05231	
	M	0.00000	0.10490	0.20603	0.20603	0.20035	0.18745	0.16781	0.14212	0.11133	0.07652	0.03896	0.00000	
1.900	Q	1.05538	1.03639	0.98010	-0.01990	-0.09348	-0.16368	-0.22800	-0.28411	-0.33000	-0.36401	-0.38492	-0.39197	1.900
	V	0.00000	0.00690	0.01275	0.01275	0.01672	0.01868	0.01878	0.01721	0.01422	0.01012	0.00525	0.00000	
	V'	0.07074	0.06548	0.04989	0.04989	0.02951	0.01006	-0.00776	-0.02330	-0.03601	-0.04543	-0.05122	-0.05318	
	M	0.00000	0.10591	0.20791	0.20791	0.20284	0.19028	0.17070	0.14480	0.11356	0.07812	0.03979	0.00000	
1.925	Q	1.06568	1.04600	0.98767	-0.01233	-0.08867	-0.16174	-0.22883	-0.28746	-0.33548	-0.37110	-0.39302	-0.40042	1.925
	V	0.00000	0.00699	0.01293	0.01293	0.01696	0.01897	0.01908	0.01749	0.01445	0.01029	0.00534	0.00000	
	V'	0.07170	0.06638	0.05064	0.05064	0.03004	0.01033	-0.00778	-0.02360	-0.03656	-0.04617	-0.05209	-0.05408	
	M	0.00000	0.10696	0.20987	0.20987	0.20545	0.19325	0.17372	0.14760	0.11589	0.07979	0.04067	0.00000	
1.950	Q	1.07641	1.05601	0.99558	-0.00442	-0.08363	-0.15967	-0.22967	-0.29095	-0.34121	-0.37853	-0.40151	-0.40926	1.950
	V	0.00000	0.00709	0.01311	0.01311	0.01721	0.01926	0.01939	0.01778	0.01470	0.01047	0.00544	0.00000	
	V'	0.07269	0.06733	0.05143	0.05143	0.03060	0.01061	-0.00780	-0.02392	-0.03714	-0.04695	-0.05299	-0.05503	
	M	0.00000	0.10805	0.21191	0.21191	0.20817	0.19634	0.17688	0.15054	0.11834	0.08155	0.04158	0.00000	
1.975	Q	1.08760	1.06646	1.00385	0.00385	-0.07834	-0.15749	-0.23052	-0.29458	-0.34719	-0.38631	-0.41040	-0.41854	1.975
	V	0.00000	0.00719	0.01331	0.01331	0.01748	0.01957	0.01971	0.01808	0.01496	0.01065	0.00553	0.00000	
	V'	0.07373	0.06831	0.05226	0.05226	0.03119	0.01090	-0.00782	-0.02425	-0.03774	-0.04776	-0.05394	-0.05603	
ALPHA	X/L =	0.00	0.10	L 0.20	R 0.20	0.30	0.40	0.50	0.60	0.70	0.80	0.90	1.00	ALPHA

XP/L = 0.20

FUNKTIONEN : F.P;M - F.P;Q - F.P;V - F.P;V'

FUNKTIONEN : F.P;M - F.P;Q - F.P;V - F.P;V'

XP/L = 0.20

ALPHA	X/L =	0.00	0.10	L 0.20	R 0.20	0.30	0.40	0.50	0.60	0.70	0.80	0.90	1.00	ALPHA
	M	0.00000	0.10920	0.21404	0.21404	0.21102	0.19958	0.18019	0.15361	0.12091	0.08339	0.04254	0.00000	
2.000	Q	1.09928	1.07737	1.01251	0.01251	-0.07279	-0.15518	-0.23139	-0.29837	-0.35346	-0.39446	-0.41973	-0.42826	2.000
	V	0.00000	0.00730	0.01351	0.01351	0.01775	0.01989	0.02005	0.01840	0.01523	0.01085	0.00564	0.00000	
	V'	0.07482	0.06934	0.05313	0.05313	0.03180	0.01120	-0.00785	-0.02459	-0.03837	-0.04861	-0.05493	-0.05707	
	M	0.00000	0.11039	0.21627	0.21627	0.21399	0.20297	0.18365	0.15683	0.12360	0.08532	0.04355	0.00000	
2.025	Q	1.11148	1.08877	1.02157	0.02157	-0.06695	-0.15274	-0.23228	-0.30233	-0.36002	-0.40300	-0.42952	-0.43848	2.025
	V	0.00000	0.00741	0.01372	0.01372	0.01804	0.02023	0.02040	0.01874	0.01551	0.01105	0.00574	0.00000	
	V'	0.07596	0.07042	0.05403	0.05403	0.03245	0.01153	-0.00787	-0.02495	-0.03902	-0.04951	-0.05597	-0.05816	
	M	0.00000	0.11164	0.21860	0.21860	0.21711	0.20652	0.18729	0.16021	0.12643	0.08735	0.04461	0.00000	
2.050	Q	1.12424	1.10070	1.03106	0.03106	-0.06081	-0.15014	-0.23318	-0.30646	-0.36690	-0.41198	-0.43980	-0.44921	2.050
	V	0.00000	0.00753	0.01394	0.01394	0.01835	0.02059	0.02077	0.01909	0.01581	0.01127	0.00586	0.00000	
	V'	0.07715	0.07155	0.05498	0.05498	0.03312	0.01186	-0.00790	-0.02533	-0.03971	-0.05044	-0.05706	-0.05930	
	M	0.00000	0.11294	0.22104	0.22104	0.22037	0.21025	0.19111	0.16377	0.12940	0.08948	0.04572	0.00000	
2.075	Q	1.13759	1.11318	1.04102	0.04102	-0.05435	-0.14739	-0.23410	-0.31078	-0.37412	-0.42141	-0.45062	-0.46049	2.075
	V	0.00000	0.00765	0.01418	0.01418	0.01867	0.02096	0.02116	0.01945	0.01612	0.01149	0.00597	0.00000	
	V'	0.07841	0.07274	0.05598	0.05598	0.03383	0.01222	-0.00792	-0.02573	-0.04044	-0.05142	-0.05821	-0.06050	
	M	0.00000	0.11431	0.22360	0.22360	0.22380	0.21416	0.19512	0.16750	0.13252	0.09172	0.04689	0.00000	
2.100	Q	1.15157	1.12627	1.05148	0.05148	-0.04753	-0.14446	-0.23504	-0.31529	-0.38169	-0.43132	-0.46200	-0.47238	2.100
	V	0.00000	0.00778	0.01442	0.01442	0.01900	0.02135	0.02157	0.01984	0.01645	0.01173	0.00610	0.00000	
	V'	0.07972	0.07398	0.05703	0.05703	0.03457	0.01259	-0.00795	-0.02614	-0.04120	-0.05245	-0.05941	-0.06176	
	M	0.00000	0.11575	0.22629	0.22629	0.22740	0.21828	0.19934	0.17143	0.13582	0.09409	0.04813	0.00000	
2.125	Q	1.16623	1.13999	1.06248	0.06248	-0.04034	-0.14135	-0.23600	-0.32003	-0.38966	-0.44176	-0.47399	-0.48490	2.125
	V	0.00000	0.00792	0.01468	0.01468	0.01935	0.02176	0.02200	0.02025	0.01679	0.01198	0.00623	0.00000	
	V'	0.08110	0.07529	0.05813	0.05813	0.03536	0.01299	-0.00797	-0.02658	-0.04200	-0.05354	-0.06068	-0.06309	
	M	0.00000	0.11725	0.22911	0.22911	0.23118	0.22261	0.20378	0.17558	0.13929	0.09658	0.04943	0.00000	
2.150	Q	1.18161	1.15441	1.07404	0.07404	-0.03275	-0.13804	-0.23697	-0.32499	-0.39804	-0.45277	-0.48665	-0.49811	2.150
	V	0.00000	0.00806	0.01495	0.01495	0.01973	0.02220	0.02245	0.02068	0.01715	0.01224	0.00637	0.00000	
	V'	0.08256	0.07667	0.05929	0.05929	0.03618	0.01340	-0.00800	-0.02704	-0.04284	-0.05468	-0.06201	-0.06449	
	M	0.00000	0.11884	0.23207	0.23207	0.23516	0.22717	0.20847	0.17995	0.14295	0.09921	0.05080	0.00000	
2.175	Q	1.19778	1.16956	1.08623	0.08623	-0.02472	-0.13451	-0.23796	-0.33020	-0.40687	-0.46438	-0.50001	-0.51207	2.175
	V	0.00000	0.00821	0.01524	0.01524	0.02012	0.02265	0.02293	0.02113	0.01753	0.01252	0.00651	0.00000	
	V'	0.08409	0.07812	0.06051	0.06051	0.03705	0.01384	-0.00802	-0.02752	-0.04373	-0.05589	-0.06342	-0.06597	
	M	0.00000	0.12050	0.23519	0.23519	0.23935	0.23198	0.21342	0.18457	0.14682	0.10200	0.05226	0.00000	
2.200	Q	1.21479	1.18551	1.09908	0.09908	-0.01622	-0.13075	-0.23897	-0.33567	-0.41619	-0.47665	-0.51413	-0.52683	2.200
	V	0.00000	0.00837	0.01554	0.01554	0.02053	0.02314	0.02343	0.02160	0.01794	0.01281	0.00667	0.00000	
	V'	0.08570	0.07965	0.06179	0.06179	0.03797	0.01431	-0.00805	-0.02803	-0.04467	-0.05716	-0.06490	-0.06753	
	M	0.00000	0.12226	0.23849	0.23849	0.24378	0.23705	0.21864	0.18945	0.15092	0.10495	0.05380	0.00000	
2.225	Q	1.23271	1.20232	1.11266	0.11266	-0.00721	-0.12673	-0.23999	-0.34143	-0.42603	-0.48963	-0.52909	-0.54246	2.225
	V	0.00000	0.00854	0.01585	0.01585	0.02096	0.02364	0.02397	0.02211	0.01837	0.01312	0.00683	0.00000	
	V'	0.08741	0.08127	0.06316	0.06316	0.03894	0.01480	-0.00808	-0.02857	-0.04566	-0.05850	-0.06647	-0.06917	
ALPHA	X/L =	0.00	0.10	L 0.20	R 0.20	0.30	0.40	0.50	0.60	0.70	0.80	0.90	1.00	ALPHA

XP/L = 0.20

FUNKTIONEN : F.P;M - F.P;Q - F.P;V - F.P;V'

FUNKTIONEN : F.P;M - F.P;Q - F.P;V - F.P;V'

XP/L = 0.20

ALPHA	X/L =	0.00	0.10	L 0.20	R 0.20	0.30	0.40	0.50	0.60	0.70	0.80	0.90	1.00	ALPHA
	M	0.00000	0.12411	0.24196	0.24196	0.24846	0.24243	0.22418	0.19462	0.15526	0.10807	0.05543	0.00000	
2.250	Q	1.25161	1.22007	1.12701	0.12701	0.00235	-0.12243	-0.24104	-0.34750	-0.43644	-0.50338	-0.54494	-0.55903	2.250
	V	0.00000	0.00871	0.01619	0.01619	0.02142	0.02418	0.02453	0.02264	0.01882	0.01345	0.00700	0.00000	
	V'	0.08921	0.08298	0.06460	0.06460	0.03997	0.01532	-0.00811	-0.02914	-0.04670	-0.05993	-0.06814	-0.07092	
	M	0.00000	0.12606	0.24563	0.24563	0.25340	0.24811	0.23004	0.20011	0.15987	0.11139	0.05717	0.00000	
2.275	Q	1.27158	1.23882	1.14221	0.14221	0.01251	-0.11783	-0.24210	-0.35390	-0.44746	-0.51796	-0.56177	-0.57663	2.275
	V	0.00000	0.00890	0.01655	0.01655	0.02191	0.02475	0.02513	0.02321	0.01930	0.01379	0.00718	0.00000	
	V'	0.09112	0.08479	0.06612	0.06612	0.04106	0.01588	-0.00814	-0.02974	-0.04781	-0.06143	-0.06990	-0.07277	
	M	0.00000	0.12813	0.24952	0.24952	0.25864	0.25415	0.23626	0.20594	0.16476	0.11491	0.05901	0.00000	
2.300	Q	1.29271	1.25867	1.15834	0.15834	0.02333	-0.11290	-0.24319	-0.36067	-0.45915	-0.53346	-0.57966	-0.59534	2.300
	V	0.00000	0.00910	0.01692	0.01692	0.02243	0.02536	0.02576	0.02381	0.01980	0.01416	0.00737	0.00000	
	V'	0.09314	0.08671	0.06774	0.06774	0.04222	0.01646	-0.00816	-0.03037	-0.04899	-0.06304	-0.07177	-0.07473	
	M	0.00000	0.13033	0.25364	0.25364	0.26421	0.26056	0.24288	0.21214	0.16998	0.11867	0.06097	0.00000	
2.325	Q	1.31511	1.27972	1.17547	0.17547	0.03487	-0.10761	-0.24429	-0.36783	-0.47158	-0.54995	-0.59872	-0.61527	2.325
	V	0.00000	0.00931	0.01732	0.01732	0.02298	0.02600	0.02643	0.02444	0.02034	0.01455	0.00758	0.00000	
	V'	0.09529	0.08874	0.06946	0.06946	0.04345	0.01709	-0.00819	-0.03105	-0.05024	-0.06474	-0.07376	-0.07682	
	M	0.00000	0.13266	0.25803	0.25803	0.27013	0.26738	0.24993	0.21874	0.17553	0.12267	0.06307	0.00000	
2.350	Q	1.33888	1.30208	1.19370	0.19370	0.04719	-0.10191	-0.24542	-0.37543	-0.48480	-0.56753	-0.61905	-0.63655	2.350
	V	0.00000	0.00954	0.01775	0.01775	0.02356	0.02669	0.02715	0.02512	0.02092	0.01497	0.00780	0.00000	
	V'	0.09758	0.09092	0.07129	0.07129	0.04476	0.01776	-0.00822	-0.03177	-0.05157	-0.06655	-0.07588	-0.07905	
	M	0.00000	0.13514	0.26269	0.26269	0.27643	0.27465	0.25745	0.22580	0.18147	0.12695	0.06531	0.00000	
2.375	Q	1.36416	1.32587	1.21314	0.21314	0.06037	-0.09578	-0.24656	-0.38350	-0.49890	-0.58630	-0.64078	-0.65929	2.375
	V	0.00000	0.00978	0.01821	0.01821	0.02419	0.02742	0.02791	0.02585	0.02154	0.01542	0.00803	0.00000	
	V'	0.10002	0.09323	0.07324	0.07324	0.04616	0.01848	-0.00825	-0.03253	-0.05299	-0.06849	-0.07814	-0.08143	
	M	0.00000	0.13778	0.26766	0.26766	0.28316	0.28242	0.26549	0.23335	0.18783	0.13154	0.06771	0.00000	
2.400	Q	1.39111	1.35124	1.23391	0.23391	0.07451	-0.08916	-0.24773	-0.39209	-0.51397	-0.60639	-0.66405	-0.68365	2.400
	V	0.00000	0.01003	0.01869	0.01869	0.02485	0.02820	0.02873	0.02662	0.02219	0.01589	0.00828	0.00000	
	V'	0.10262	0.09570	0.07533	0.07533	0.04766	0.01924	-0.00829	-0.03335	-0.05451	-0.07055	-0.08056	-0.08397	
	M	0.00000	0.14060	0.27298	0.27298	0.29035	0.29074	0.27411	0.24144	0.19465	0.13646	0.07029	0.00000	
2.425	Q	1.41990	1.37835	1.25615	0.25615	0.08969	-0.08201	-0.24891	-0.40125	-0.53010	-0.62794	-0.68903	-0.70980	2.425
	V	0.00000	0.01031	0.01921	0.01921	0.02557	0.02903	0.02961	0.02745	0.02290	0.01640	0.00855	0.00000	
	V'	0.10541	0.09835	0.07757	0.07757	0.04926	0.02006	-0.00832	-0.03422	-0.05613	-0.07277	-0.08316	-0.08669	
	M	0.00000	0.14362	0.27867	0.27867	0.29807	0.29967	0.28337	0.25014	0.20198	0.14175	0.07306	0.00000	
2.450	Q	1.45071	1.40739	1.28001	0.28001	0.10604	-0.07425	-0.25012	-0.41104	-0.54742	-0.65110	-0.71589	-0.73793	2.450
	V	0.00000	0.01060	0.01977	0.01977	0.02633	0.02993	0.03055	0.02835	0.02365	0.01695	0.00884	0.00000	
	V'	0.10841	0.10119	0.07997	0.07997	0.05099	0.02095	-0.00835	-0.03516	-0.05788	-0.07515	-0.08595	-0.08962	
	M	0.00000	0.14687	0.28478	0.28478	0.30636	0.30927	0.29333	0.25951	0.20988	0.14746	0.07605	0.00000	
2.475	Q	1.48378	1.43857	1.30568	0.30568	0.12369	-0.06583	-0.25135	-0.42154	-0.56605	-0.67606	-0.74486	-0.76827	2.475
	V	0.00000	0.01092	0.02037	0.02037	0.02716	0.03090	0.03156	0.02931	0.02447	0.01754	0.00915	0.00000	
	V'	0.11163	0.10424	0.08255	0.08255	0.05284	0.02190	-0.00838	-0.03617	-0.05976	-0.07772	-0.08895	-0.09277	
ALPHA	X/L =	0.00	0.10	L 0.20	R 0.20	0.30	0.40	0.50	0.60	0.70	0.80	0.90	1.00	ALPHA

XP/L = 0.20

FUNKTIONEN : F.P;M - F.P;Q - F.P;V - F.P;V'

FUNKTIONEN : F.PIM - F.PIQ - F.PIV - F.PIV'

XP/L = 0.20

ALPHA	X/L =	0.00	0.10	L 0.20	R 0.20	0.30	0.40	0.50	0.60	0.70	0.80	0.90	1.00	ALPHA
	M	0.00000	0.15036	0.29137	0.29137	0.31530	0.31963	0.30409	0.26964	0.21842	0.15362	0.07928	0.00000	
2.500	Q	1.51936	1.47213	1.33337	0.33337	0.14279	-0.05667	-0.25260	-0.43283	-0.58614	-0.70302	-0.77618	-0.80108	2.500
	V	0.00000	0.01126	0.02102	0.02102	0.02805	0.03194	0.03265	0.03034	0.02535	0.01818	0.00948	0.00000	
	V'	0.11510	0.10754	0.08534	0.08534	0.05485	0.02293	-0.00842	-0.03725	-0.06178	-0.08048	-0.09219	-0.09617	
	M	0.00000	0.15413	0.29848	0.29848	0.32496	0.33084	0.31573	0.28060	0.22767	0.16031	0.08278	0.00000	
2.525	Q	1.55777	1.50837	1.36332	0.36332	0.16352	-0.04666	-0.25387	-0.44499	-0.60788	-0.73223	-0.81013	-0.83666	2.525
	V	0.00000	0.01163	0.02172	0.02172	0.02901	0.03307	0.03384	0.03146	0.02630	0.01887	0.00985	0.00000	
	V'	0.11885	0.11111	0.08836	0.08836	0.05702	0.02405	-0.00845	-0.03843	-0.06398	-0.08348	-0.09570	-0.09986	
	M	0.00000	0.15821	0.30618	0.30618	0.33544	0.34300	0.32837	0.29251	0.23773	0.16758	0.08659	0.00000	
2.550	Q	1.59934	1.54763	1.39582	0.39582	0.18608	-0.03570	-0.25517	-0.45814	-0.63147	-0.76397	-0.84706	-0.87537	2.550
	V	0.00000	0.01203	0.02248	0.02248	0.03006	0.03429	0.03512	0.03268	0.02733	0.01962	0.01024	0.00000	
	V'	0.12293	0.11498	0.09163	0.09163	0.05937	0.02527	-0.00848	-0.03970	-0.06636	-0.08673	-0.09951	-0.10386	
	M	0.00000	0.16264	0.31455	0.31455	0.34683	0.35623	0.34215	0.30550	0.24871	0.17552	0.09075	0.00000	
2.575	Q	1.64451	1.59029	1.43120	0.43120	0.21072	-0.02367	-0.25649	-0.47240	-0.65716	-0.79859	-0.88735	-0.91761	2.575
	V	0.00000	0.01246	0.02331	0.02331	0.03119	0.03563	0.03652	0.03401	0.02846	0.02044	0.01067	0.00000	
	V'	0.12736	0.11919	0.09520	0.09520	0.06194	0.02659	-0.00852	-0.04108	-0.06895	-0.09028	-0.10366	-0.10823	
	M	0.00000	0.16747	0.32369	0.32369	0.35927	0.37070	0.35721	0.31971	0.26072	0.18420	0.09531	0.00000	
2.600	Q	1.69375	1.63683	1.46987	0.46987	0.23772	-0.01041	-0.25784	-0.48793	-0.68523	-0.83647	-0.93148	-0.96388	2.600
	V	0.00000	0.01294	0.02421	0.02421	0.03244	0.03709	0.03805	0.03546	0.02969	0.02133	0.01114	0.00000	
	V'	0.13221	0.12379	0.09909	0.09909	0.06475	0.02805	-0.00856	-0.04259	-0.07178	-0.09415	-0.10821	-0.11300	
	M	0.00000	0.17277	0.33370	0.33370	0.37291	0.38657	0.37375	0.33533	0.27393	0.19376	0.10032	0.00000	
2.625	Q	1.74767	1.68780	1.51230	0.51230	0.26744	0.00427	-0.25921	-0.50492	-0.71604	-0.87810	-0.98000	-1.01476	2.625
	V	0.00000	0.01346	0.02521	0.02521	0.03380	0.03869	0.03973	0.03705	0.03105	0.02231	0.01166	0.00800	
	V'	0.13753	0.12884	0.10337	0.10337	0.06784	0.02964	-0.00859	-0.04425	-0.07489	-0.09841	-0.11320	-0.11824	
	M	0.00000	0.17859	0.34471	0.34471	0.38793	0.40407	0.39199	0.35256	0.28850	0.20431	0.10585	0.00000	
2.650	Q	1.80696	1.74388	1.55906	0.55906	0.30029	0.02057	-0.26060	-0.52357	-0.74999	-0.92405	-1.03359	-1.07098	2.650
	V	0.00000	0.01404	0.02630	0.02630	0.03531	0.04045	0.04158	0.03881	0.03254	0.02340	0.01222	0.00000	
	V'	0.14339	0.13441	0.10809	0.10809	0.07124	0.03141	-0.00863	-0.04608	-0.07832	-0.10310	-0.11870	-0.12403	
	M	0.00000	0.18502	0.35689	0.35689	0.40455	0.42344	0.41221	0.37166	0.30467	0.21601	0.11199	0.00000	
2.675	Q	1.87249	1.80589	1.61084	0.61084	0.33678	0.03876	-0.26202	-0.54416	-0.78759	-0.97500	-1.09306	-1.13337	2.675
	V	0.00000	0.01468	0.02751	0.02751	0.03697	0.04241	0.04363	0.04076	0.03419	0.02460	0.01286	0.00000	
	V'	0.14988	0.14057	0.11332	0.11332	0.07501	0.03337	-0.00867	-0.04810	-0.08212	-0.10831	-0.12481	-0.13044	
	M	0.00000	0.19218	0.37043	0.37043	0.42305	0.44501	0.43474	0.39296	0.32271	0.22908	0.11884	0.00000	
2.700	Q	1.94530	1.87483	1.66850	0.66850	0.37751	0.05917	-0.26346	-0.56701	-0.82946	-1.03182	-1.15941	-1.20300	2.700
	V	0.00000	0.01539	0.02887	0.02887	0.03883	0.04458	0.04592	0.04293	0.03604	0.02594	0.01356	0.00000	
	V'	0.15711	0.14744	0.11914	0.11914	0.07922	0.03555	-0.00871	-0.05034	-0.08635	-0.11410	-0.13161	-0.13759	
	M	0.00000	0.20017	0.38557	0.38557	0.44375	0.46918	0.45999	0.41685	0.34295	0.24373	0.12654	0.00000	
2.725	Q	2.02672	1.95193	1.73310	0.73310	0.42327	0.08220	-0.26494	-0.59252	-0.87637	-1.09556	-1.23389	-1.28116	2.725
	V	0.00000	0.01618	0.03038	0.03038	0.04091	0.04702	0.04848	0.04536	0.03810	0.02744	0.01435	0.00000	
	V'	0.16520	0.15513	0.12566	0.12566	0.08393	0.03800	-0.00874	-0.05286	-0.09109	-0.12060	-0.13923	-0.14560	
ALPHA	X/L =	0.00	0.10	L 0.20	R 0.20	0.30	0.40	0.50	0.60	0.70	0.80	0.90	1.00	ALPHA

XP/L = 0.20

FUNKTIONEN : F.PIM - F.PIQ - F.PIV - F.PIV'

FUNKTIONEN : F.P;M - F.P;Q - F.P;V - F.P;V'

XP/L = 0.20

ALPHA	X/L =	0.00	0.10	L 0.20	R 0.20	0.30	0.40	0.50	0.60	0.70	0.80	0.90	1.00	ALPHA
	M	0.00000	0.20918	0.40263	0.40263	0.46709	0.49644	0.48849	0.44382	0.36581	0.26030	0.13523	0.00000	
2.750	Q	2.11836	2.03877	1.80596	0.80596	0.47500	0.10836	-0.26643	-0.62120	-0.92929	-1.16754	-1.31805	-1.36951	2.750
	V	0.00000	0.01708	0.03208	0.03208	0.04325	0.04978	0.05137	0.04811	0.04044	0.02913	0.01524	0.00000	
	V'	0.17433	0.16380	0.13302	0.13302	0.08926	0.04077	-0.00878	-0.05570	-0.09643	-0.12794	-0.14784	-0.15465	
	M	0.00000	0.21939	0.42200	0.42200	0.49359	0.52742	0.52090	0.47452	0.39183	0.27916	0.14513	0.00000	
2.775	Q	2.22233	2.13731	1.88876	0.88876	0.53395	0.13829	-0.26796	-0.65370	-0.98943	-1.24945	-1.41387	-1.47012	2.775
	V	0.00000	0.01810	0.03402	0.03402	0.04592	0.05291	0.05466	0.05123	0.04309	0.03106	0.01625	0.00000	
	V'	0.18470	0.17366	0.14139	0.14139	0.09531	0.04393	-0.00883	-0.05892	-0.10252	-0.13628	-0.15763	-0.16494	
	M	0.00000	0.23109	0.44417	0.44417	0.52396	0.56294	0.55808	0.50974	0.42170	0.30082	0.15650	0.00000	
2.800	Q	2.34132	2.25014	1.98370	0.98370	0.60169	0.17282	-0.26951	-0.69086	-1.05839	-1.34348	-1.52393	-1.58569	2.800
	V	0.00000	0.01927	0.03625	0.03625	0.04897	0.05650	0.05843	0.05481	0.04614	0.03327	0.01741	0.00000	
	V'	0.19660	0.18497	0.15098	0.15098	0.10226	0.04755	-0.00887	-0.06261	-0.10949	-0.14585	-0.16887	-0.17675	
	M	0.00000	0.24460	0.46982	0.46982	0.55911	0.60408	0.60116	0.55058	0.45635	0.32594	0.16970	0.00000	
2.825	Q	2.47889	2.38063	2.09364	1.09364	0.68031	0.21305	-0.27110	-0.73376	-1.13824	-1.45250	-1.65160	-1.71977	2.825
	V	0.00000	0.02063	0.03882	0.03882	0.05252	0.06066	0.06280	0.05896	0.04966	0.03583	0.01876	0.00000	
	V'	0.21037	0.19806	0.16210	0.16210	0.11031	0.05176	-0.00891	-0.06688	-0.11757	-0.15694	-0.18189	-0.19043	
	M	0.00000	0.26042	0.49983	0.49983	0.60026	0.65227	0.65165	0.59846	0.49699	0.35542	0.18518	0.00000	
2.850	Q	2.63979	2.53330	2.22244	1.22244	0.77262	0.26046	-0.27271	-0.78388	-1.23180	-1.58035	-1.80140	-1.87712	2.850
	V	0.00000	0.02221	0.04184	0.04184	0.05667	0.06553	0.06792	0.06383	0.05380	0.03883	0.02034	0.00000	
	V'	0.22651	0.21340	0.17512	0.17512	0.11974	0.05669	-0.00895	-0.07188	-0.12703	-0.16994	-0.19716	-0.20648	
	M	0.00000	0.27917	0.53543	0.53543	0.64911	0.70950	0.71165	0.65538	0.54532	0.39049	0.20360	0.00000	
2.875	Q	2.83058	2.71440	2.37540	1.37540	0.88245	0.31706	-0.27435	-0.84325	-1.34292	-1.73235	-1.97958	-2.06431	2.875
	V	0.00000	0.02410	0.04542	0.04542	0.06159	0.07132	0.07400	0.06961	0.05872	0.04240	0.02221	0.00000	
	V'	0.24567	0.23161	0.19060	0.19060	0.13096	0.06256	-0.00900	-0.07782	-0.13827	-0.18539	-0.21530	-0.22555	
	M	0.00000	0.30178	0.57836	0.57836	0.70804	0.77858	0.78411	0.72415	0.60371	0.43286	0.22586	0.00000	
2.900	Q	3.06054	2.93274	2.56002	1.56002	1.01527	0.38573	-0.27602	-0.91473	-1.47704	-1.91600	-2.19495	-2.29060	2.900
	V	0.00000	0.02637	0.04975	0.04975	0.06754	0.07831	0.08134	0.07659	0.06465	0.04671	0.02448	0.00000	
	V'	0.26879	0.25360	0.20928	0.20928	0.14450	0.06965	-0.00904	-0.08499	-0.15185	-0.20404	-0.23721	-0.24858	
	M	0.00000	0.32957	0.63115	0.63115	0.78053	0.86361	0.87332	0.80885	0.67567	0.48509	0.25330	0.00000	
2.925	Q	3.34320	3.20120	2.78727	1.78727	1.17903	0.47064	-0.27773	-1.00251	-1.64212	-2.14225	-2.46039	-2.56953	2.925
	V	0.00000	0.02917	0.05507	0.05507	0.07487	0.08691	0.09039	0.08519	0.07196	0.05202	0.02727	0.00000	
	V'	0.29726	0.28066	0.23228	0.23228	0.16118	0.07839	-0.00908	-0.09380	-0.16856	-0.22701	-0.26420	-0.27696	
	M	0.00000	0.36458	0.69766	0.69766	0.87191	0.97083	0.98587	0.91574	0.76650	0.55103	0.28795	0.00000	
2.950	Q	3.69920	3.53940	3.07381	2.07381	1.38586	0.57818	-0.27946	-1.11295	-1.85029	-2.42777	-2.79550	-2.92172	2.950
	V	0.00000	0.03270	0.06178	0.06178	0.08410	0.09777	0.10180	0.09603	0.08118	0.05872	0.03079	0.00000	
	V'	0.33315	0.31478	0.26128	0.26128	0.18223	0.08942	-0.00913	-0.10491	-0.18963	-0.25599	-0.29825	-0.31275	
	M	0.00000	0.41004	0.78406	0.78406	0.99066	1.11022	1.13225	1.05480	0.88468	0.63684	0.33305	0.00000	
2.975	Q	4.16151	3.97871	3.44635	2.44635	1.65514	0.71852	-0.28123	-1.25627	-2.12094	-2.79927	-3.23168	-3.38016	2.975
	V	0.00000	0.03729	0.07051	0.07051	0.09611	0.11188	0.11663	0.11014	0.09318	0.06744	0.03537	0.00000	
	V'	0.37981	0.35915	0.29900	0.29900	0.20961	0.10378	-0.00918	-0.11934	-0.21704	-0.29368	-0.34254	-0.35931	
ALPHA	X/L =	0.00	0.10	L 0.20	R 0.20	0.30	0.40	0.50	0.60	0.70	0.80	0.90	1.00	ALPHA

XP/L = 0.20

FUNKTIONEN : F.P;M - F.P;Q - F.P;V - F.P;V'

FUNKTIONEN : F.P;M - F.P;Q - F.P;V - F.P;V'

XP/L = 0.30

ALPHA	X/L =	0.00	0.10	0.20	L 0.30	R 0.30	0.40	0.50	0.60	0.70	0.80	0.90	1.00	ALPHA
	M	0.00000	0.07000	0.14000	0.21000	0.21000	0.18000	0.15000	0.12000	0.09000	0.06000	0.03000	0.00000	
0.000	Q	0.70000	0.70000	0.70000	0.70000	-0.30000	-0.30000	-0.30000	-0.30000	-0.30000	-0.30000	-0.30000	-0.30000	0.000
	V	0.00000	0.00583	0.01097	0.01470	0.01470	0.01650	0.01650	0.01500	0.01230	0.00870	0.00450	0.00000	
	V'	0.05950	0.05600	0.04550	0.02800	0.02800	0.00850	-0.00800	-0.02150	-0.03200	-0.03950	-0.04400	-0.04550	
	M	0.00000	0.07000	0.14001	0.21001	0.21001	0.18001	0.15001	0.12001	0.09001	0.06001	0.03000	0.00000	
0.025	Q	0.70004	0.70004	0.70003	0.70002	-0.29998	-0.29999	-0.30001	-0.30001	-0.30002	-0.30002	-0.30003	-0.30003	0.025
	V	0.00000	0.00583	0.01097	0.01470	0.01470	0.01650	0.01650	0.01500	0.01230	0.00870	0.00450	0.00000	
	V'	0.05950	0.05600	0.04550	0.02800	0.02800	0.00850	-0.00800	-0.02150	-0.03200	-0.03950	-0.04400	-0.04550	
	M	0.00000	0.07001	0.14003	0.21004	0.21004	0.18004	0.15004	0.12004	0.09003	0.06002	0.03001	0.00000	
0.050	Q	0.70015	0.70014	0.70011	0.70007	-0.29993	-0.29998	-0.30002	-0.30005	-0.30008	-0.30010	-0.30011	-0.30011	0.050
	V	0.00000	0.00583	0.01097	0.01470	0.01470	0.01650	0.01650	0.01500	0.01230	0.00870	0.00450	0.00000	
	V'	0.05951	0.05601	0.04551	0.02801	0.02801	0.00850	-0.00800	-0.02150	-0.03201	-0.03951	-0.04401	-0.04551	
	M	0.00000	0.07003	0.14006	0.21008	0.21008	0.18009	0.15009	0.12008	0.09007	0.06005	0.03003	0.00000	
0.075	Q	0.70034	0.70032	0.70026	0.70016	-0.29984	-0.29995	-0.30005	-0.30012	-0.30018	-0.30022	-0.30025	-0.30026	0.075
	V	0.00000	0.00584	0.01097	0.01471	0.01471	0.01651	0.01651	0.01501	0.01231	0.00871	0.00450	0.00000	
	V'	0.05953	0.05603	0.04552	0.02802	0.02802	0.00851	-0.00800	-0.02151	-0.03202	-0.03952	-0.04403	-0.04553	
	M	0.00000	0.07006	0.14011	0.21015	0.21015	0.18017	0.15017	0.12015	0.09012	0.06009	0.03005	0.00000	
0.100	Q	0.70060	0.70056	0.70046	0.70028	-0.29972	-0.29991	-0.30008	-0.30022	-0.30032	-0.30040	-0.30044	-0.30046	0.100
	V	0.00000	0.00584	0.01098	0.01471	0.01471	0.01652	0.01652	0.01502	0.01231	0.00871	0.00451	0.00000	
	V'	0.05955	0.05605	0.04554	0.02803	0.02803	0.00851	-0.00800	-0.02152	-0.03203	-0.03954	-0.04405	-0.04555	
	M	0.00000	0.07009	0.14017	0.21023	0.21023	0.18026	0.15026	0.12023	0.09019	0.06014	0.03007	0.00000	
0.125	Q	0.70093	0.70088	0.70071	0.70044	-0.29956	-0.29987	-0.30013	-0.30034	-0.30050	-0.30062	-0.30069	-0.30071	0.125
	V	0.00000	0.00584	0.01098	0.01472	0.01472	0.01653	0.01653	0.01502	0.01232	0.00872	0.00451	0.00000	
	V'	0.05959	0.05608	0.04557	0.02805	0.02805	0.00852	-0.00800	-0.02153	-0.03205	-0.03957	-0.04408	-0.04558	
	M	0.00000	0.07013	0.14025	0.21033	0.21033	0.18037	0.15037	0.12034	0.09028	0.06020	0.03010	0.00000	
0.150	Q	0.70134	0.70126	0.70103	0.70063	-0.29937	-0.29981	-0.30018	-0.30048	-0.30072	-0.30089	-0.30099	-0.30103	0.150
	V	0.00000	0.00585	0.01099	0.01473	0.01473	0.01654	0.01654	0.01504	0.01233	0.00872	0.00451	0.00000	
	V'	0.05962	0.05612	0.04560	0.02807	0.02807	0.00853	-0.00800	-0.02154	-0.03207	-0.03960	-0.04411	-0.04562	
	M	0.00000	0.07018	0.14034	0.21045	0.21045	0.18051	0.15051	0.12046	0.09038	0.06027	0.03014	0.00000	
0.175	Q	0.70183	0.70172	0.70140	0.70086	-0.29914	-0.29974	-0.30025	-0.30066	-0.30098	-0.30121	-0.30135	-0.30140	0.175
	V	0.00000	0.00585	0.01100	0.01474	0.01474	0.01655	0.01655	0.01505	0.01234	0.00873	0.00452	0.00000	
	V'	0.05967	0.05616	0.04563	0.02809	0.02809	0.00855	-0.00801	-0.02155	-0.03210	-0.03963	-0.04415	-0.04566	
	M	0.00000	0.07023	0.14044	0.21059	0.21059	0.18066	0.15066	0.12060	0.09049	0.06035	0.03018	0.00000	
0.200	Q	0.70239	0.70225	0.70183	0.70112	-0.29888	-0.29966	-0.30032	-0.30086	-0.30129	-0.30159	-0.30177	-0.30183	0.200
	V	0.00000	0.00585	0.01101	0.01476	0.01476	0.01657	0.01657	0.01506	0.01235	0.00874	0.00452	0.00000	
	V'	0.05972	0.05621	0.04567	0.02812	0.02812	0.00856	-0.00801	-0.02157	-0.03213	-0.03967	-0.04420	-0.04570	
	M	0.00000	0.07030	0.14056	0.21075	0.21075	0.18084	0.15084	0.12076	0.09063	0.06044	0.03023	0.00000	
0.225	Q	0.70303	0.70285	0.70231	0.70143	-0.29857	-0.29957	-0.30041	-0.30109	-0.30163	-0.30201	-0.30224	-0.30232	0.225
	V	0.00000	0.00586	0.01102	0.01477	0.01477	0.01658	0.01659	0.01508	0.01237	0.00875	0.00453	0.00000	
	V'	0.05978	0.05626	0.04572	0.02815	0.02815	0.00857	-0.00801	-0.02159	-0.03216	-0.03971	-0.04425	-0.04576	
ALPHA	X/L =	0.00	0.10	0.20	L 0.30	R 0.30	0.40	0.50	0.60	0.70	0.80	0.90	1.00	ALPHA

XP/L = 0.30

FUNKTIONEN : F.P;M - F.P;Q - F.P;V - F.P;V'

FUNKTIONEN : F.PIM - F.PIQ - F.PIV - F.PIV'

XP/L = 0.30

ALPHA	X/L =	0.00	0.10	0.20	L 0.30	R 0.30	0.40	0.50	0.60	0.70	0.80	0.90	1.00	ALPHA
	M	0.00000	0.07037	0.14069	0.21092	0.21092	0.18104	0.15104	0.12094	0.09077	0.06055	0.03028	0.00000	
0.250	Q	0.70374	0.70352	0.70286	0.70176	-0.29824	-0.29946	-0.30050	-0.30135	-0.30201	-0.30249	-0.30277	-0.30286	0.250
	V	0.00000	0.00587	0.01103	0.01479	0.01479	0.01660	0.01661	0.01510	0.01238	0.00876	0.00453	0.00000	
	V'	0.05984	0.05633	0.04577	0.02819	0.02819	0.00859	-0.00801	-0.02161	-0.03220	-0.03977	-0.04431	-0.04582	
	M	0.00000	0.07044	0.14084	0.21112	0.21112	0.18126	0.15126	0.12114	0.09094	0.06066	0.03034	0.00000	
0.275	Q	0.70453	0.70426	0.70347	0.70214	-0.29786	-0.29935	-0.30061	-0.30164	-0.30244	-0.30301	-0.30336	-0.30347	0.275
	V	0.00000	0.00587	0.01104	0.01481	0.01481	0.01662	0.01663	0.01512	0.01240	0.00877	0.00454	0.00000	
	V'	0.05992	0.05640	0.04583	0.02823	0.02823	0.00861	-0.00801	-0.02164	-0.03224	-0.03982	-0.04437	-0.04589	
	M	0.00000	0.07053	0.14100	0.21133	0.21133	0.18150	0.15150	0.12136	0.09112	0.06079	0.03041	0.00000	
0.300	Q	0.70540	0.70508	0.70413	0.70254	-0.29746	-0.29922	-0.30072	-0.30195	-0.30291	-0.30359	-0.30400	-0.30414	0.300
	V	0.00000	0.00588	0.01106	0.01483	0.01483	0.01665	0.01665	0.01514	0.01242	0.00879	0.00455	0.00000	
	V'	0.06000	0.05647	0.04589	0.02828	0.02828	0.00863	-0.00802	-0.02166	-0.03229	-0.03988	-0.04444	-0.04596	
	M	0.00000	0.07062	0.14117	0.21157	0.21157	0.18176	0.15176	0.12160	0.09131	0.06093	0.03048	0.00000	
0.325	Q	0.70635	0.70597	0.70485	0.70299	-0.29701	-0.29909	-0.30085	-0.30229	-0.30342	-0.30422	-0.30470	-0.30486	0.325
	V	0.00000	0.00589	0.01108	0.01485	0.01485	0.01667	0.01668	0.01517	0.01244	0.00880	0.00455	0.00000	
	V'	0.06009	0.05655	0.04596	0.02832	0.02832	0.00866	-0.00802	-0.02169	-0.03234	-0.03995	-0.04452	-0.04605	
	M	0.00000	0.07072	0.14136	0.21182	0.21182	0.18205	0.15205	0.12186	0.09153	0.06108	0.03056	0.00000	
0.350	Q	0.70737	0.70694	0.70564	0.70348	-0.29652	-0.29894	-0.30098	-0.30266	-0.30397	-0.30490	-0.30546	-0.30565	0.350
	V	0.00000	0.00590	0.01109	0.01487	0.01487	0.01670	0.01671	0.01520	0.01247	0.00882	0.00456	0.00000	
	V'	0.06018	0.05664	0.04604	0.02838	0.02838	0.00868	-0.00802	-0.02172	-0.03239	-0.04002	-0.04461	-0.04613	
	M	0.00000	0.07083	0.14156	0.21210	0.21210	0.18235	0.15235	0.12214	0.09176	0.06124	0.03064	0.00000	
0.375	Q	0.70848	0.70798	0.70649	0.70400	-0.29600	-0.29878	-0.30113	-0.30306	-0.30456	-0.30564	-0.30629	-0.30650	0.375
	V	0.00000	0.00591	0.01111	0.01490	0.01490	0.01673	0.01674	0.01523	0.01249	0.00884	0.00457	0.00000	
	V'	0.06028	0.05674	0.04612	0.02843	0.02843	0.00871	-0.00803	-0.02175	-0.03245	-0.04010	-0.04470	-0.04623	
	M	0.00000	0.07095	0.14178	0.21239	0.21239	0.18268	0.15268	0.12244	0.09200	0.06142	0.03073	0.00000	
0.400	Q	0.70966	0.70909	0.70739	0.70456	-0.29544	-0.29860	-0.30129	-0.30349	-0.30520	-0.30643	-0.30717	-0.30741	0.400
	V	0.00000	0.00592	0.01113	0.01493	0.01493	0.01676	0.01677	0.01526	0.01252	0.00886	0.00458	0.00000	
	V'	0.06039	0.05684	0.04621	0.02849	0.02849	0.00874	-0.00803	-0.02179	-0.03251	-0.04019	-0.04479	-0.04633	
	M	0.00000	0.07107	0.14201	0.21270	0.21270	0.18303	0.15304	0.12276	0.09227	0.06160	0.03083	0.00000	
0.425	Q	0.71093	0.71029	0.70836	0.70516	-0.29484	-0.29842	-0.30145	-0.30394	-0.30588	-0.30727	-0.30811	-0.30839	0.425
	V	0.00000	0.00593	0.01115	0.01496	0.01496	0.01680	0.01681	0.01529	0.01255	0.00888	0.00459	0.00000	
	V'	0.06051	0.05695	0.04630	0.02856	0.02856	0.00877	-0.00804	-0.02183	-0.03258	-0.04028	-0.04490	-0.04644	
	M	0.00000	0.07120	0.14226	0.21303	0.21303	0.18341	0.15341	0.12310	0.09255	0.06180	0.03093	0.00000	
0.450	Q	0.71228	0.71156	0.70940	0.70580	-0.29420	-0.29822	-0.30163	-0.30443	-0.30661	-0.30818	-0.30911	-0.30943	0.450
	V	0.00000	0.00594	0.01118	0.01499	0.01499	0.01683	0.01685	0.01533	0.01258	0.00890	0.00460	0.00000	
	V'	0.06063	0.05707	0.04640	0.02863	0.02863	0.00880	-0.00804	-0.02187	-0.03265	-0.04037	-0.04501	-0.04656	
	M	0.00000	0.07134	0.14253	0.21339	0.21339	0.18381	0.15381	0.12347	0.09284	0.06201	0.03104	0.00000	
0.475	Q	0.71371	0.71291	0.71049	0.70648	-0.29352	-0.29801	-0.30182	-0.30494	-0.30738	-0.30913	-0.31018	-0.31053	0.475
	V	0.00000	0.00596	0.01120	0.01502	0.01502	0.01687	0.01689	0.01537	0.01261	0.00892	0.00462	0.00000	
	V'	0.06077	0.05720	0.04650	0.02870	0.02870	0.00884	-0.00804	-0.02191	-0.03273	-0.04047	-0.04513	-0.04668	
ALPHA	X/L =	0.00	0.10	0.20	L 0.30	R 0.30	0.40	0.50	0.60	0.70	0.80	0.90	1.00	ALPHA

XP/L = 0.30

FUNKTIONEN : F.PIM - F.PIQ - F.PIV - F.PIV'

FUNKTIONEN : F.PIM - F.PIQ - F.PIV - F.PIV'

XP/L = 0.30

ALPHA	X/L =	0.00	0.10	0.20	L 0.30	R 0.30	0.40	0.50	0.60	0.70	0.80	0.90	1.00	ALPHA
	M	0.00000	0.07149	0.14281	0.21376	0.21376	0.18423	0.15423	0.12385	0.09316	0.06224	0.03116	0.00000	
0.500	Q	0.71523	0.71433	0.71165	0.70720	-0.29280	-0.29778	-0.30201	-0.30549	-0.30820	-0.31015	-0.31131	-0.31170	0.500
	V	0.00000	0.00597	0.01123	0.01506	0.01506	0.01692	0.01693	0.01541	0.01264	0.00895	0.00463	0.00000	
	V'	0.06091	0.05733	0.04661	0.02878	0.02878	0.00888	-0.00805	-0.02196	-0.03281	-0.04058	-0.04525	-0.04681	
	M	0.00000	0.07165	0.14310	0.21416	0.21416	0.18467	0.15468	0.12426	0.09349	0.06247	0.03128	0.00000	
0.525	Q	0.71683	0.71584	0.71288	0.70796	-0.29204	-0.29754	-0.30222	-0.30607	-0.30907	-0.31122	-0.31251	-0.31294	0.525
	V	0.00000	0.00599	0.01126	0.01509	0.01509	0.01696	0.01698	0.01545	0.01268	0.00897	0.00464	0.00000	
	V'	0.06105	0.05747	0.04673	0.02886	0.02886	0.00892	-0.00805	-0.02200	-0.03289	-0.04070	-0.04538	-0.04695	
	M	0.00000	0.07182	0.14341	0.21458	0.21458	0.18514	0.15515	0.12469	0.09385	0.06272	0.03141	0.00000	
0.550	Q	0.71852	0.71743	0.71417	0.70876	-0.29124	-0.29729	-0.30244	-0.30667	-0.30998	-0.31235	-0.31377	-0.31425	0.550
	V	0.00000	0.00600	0.01128	0.01513	0.01513	0.01700	0.01702	0.01549	0.01272	0.00900	0.00466	0.00000	
	V'	0.06121	0.05762	0.04685	0.02895	0.02895	0.00896	-0.00806	-0.02206	-0.03298	-0.04082	-0.04552	-0.04709	
	M	0.00000	0.07199	0.14374	0.21502	0.21502	0.18564	0.15565	0.12514	0.09422	0.06299	0.03154	0.00000	
0.575	Q	0.72029	0.71910	0.71553	0.70960	-0.29040	-0.29702	-0.30267	-0.30731	-0.31094	-0.31354	-0.31510	-0.31562	0.575
	V	0.00000	0.00602	0.01132	0.01518	0.01518	0.01705	0.01708	0.01554	0.01276	0.00903	0.00467	0.00000	
	V'	0.06137	0.05777	0.04698	0.02904	0.02904	0.00900	-0.00807	-0.02211	-0.03308	-0.04094	-0.04567	-0.04725	
	M	0.00000	0.07217	0.14408	0.21548	0.21548	0.18616	0.15617	0.12561	0.09461	0.06326	0.03169	0.00000	
0.600	Q	0.72216	0.72086	0.71696	0.71049	-0.28951	-0.29674	-0.30291	-0.30798	-0.31194	-0.31479	-0.31650	-0.31707	0.600
	V	0.00000	0.00603	0.01135	0.01522	0.01522	0.01710	0.01713	0.01559	0.01280	0.00906	0.00469	0.00000	
	V'	0.06155	0.05794	0.04712	0.02914	0.02914	0.00905	-0.00807	-0.02216	-0.03318	-0.04107	-0.04582	-0.04741	
	M	0.00000	0.07236	0.14445	0.21596	0.21596	0.18670	0.15671	0.12611	0.09502	0.06355	0.03184	0.00000	
0.625	Q	0.72411	0.72270	0.71846	0.71142	-0.28858	-0.29645	-0.30316	-0.30868	-0.31300	-0.31610	-0.31796	-0.31859	0.625
	V	0.00000	0.00605	0.01138	0.01527	0.01527	0.01716	0.01718	0.01564	0.01284	0.00909	0.00470	0.00000	
	V'	0.06173	0.05811	0.04726	0.02924	0.02924	0.00910	-0.00808	-0.02222	-0.03328	-0.04121	-0.04599	-0.04758	
	M	0.00000	0.07256	0.14482	0.21647	0.21647	0.18727	0.15728	0.12663	0.09545	0.06386	0.03200	0.00000	
0.650	Q	0.72616	0.72463	0.72003	0.71240	-0.28760	-0.29613	-0.30342	-0.30942	-0.31411	-0.31747	-0.31950	-0.32018	0.650
	V	0.00000	0.00607	0.01142	0.01531	0.01531	0.01721	0.01724	0.01570	0.01289	0.00912	0.00472	0.00000	
	V'	0.06192	0.05829	0.04741	0.02934	0.02934	0.00915	-0.00808	-0.02229	-0.03339	-0.04136	-0.04615	-0.04776	
	M	0.00000	0.07277	0.14522	0.21700	0.21700	0.18787	0.15788	0.12718	0.09589	0.06417	0.03216	0.00000	
0.675	Q	0.72830	0.72664	0.72168	0.71342	-0.28658	-0.29581	-0.30369	-0.31018	-0.31527	-0.31891	-0.32111	-0.32184	0.675
	V	0.00000	0.00609	0.01145	0.01536	0.01536	0.01727	0.01730	0.01576	0.01294	0.00916	0.00474	0.00000	
	V'	0.06212	0.05848	0.04757	0.02945	0.02945	0.00920	-0.00809	-0.02235	-0.03351	-0.04151	-0.04633	-0.04794	
	M	0.00000	0.07299	0.14563	0.21755	0.21755	0.18849	0.15851	0.12775	0.09636	0.06451	0.03233	0.00000	
0.700	Q	0.73054	0.72875	0.72339	0.71449	-0.28551	-0.29546	-0.30397	-0.31098	-0.31648	-0.32042	-0.32279	-0.32359	0.700
	V	0.00000	0.00611	0.01149	0.01542	0.01542	0.01733	0.01737	0.01582	0.01299	0.00920	0.00476	0.00000	
	V'	0.06232	0.05867	0.04774	0.02957	0.02957	0.00926	-0.00810	-0.02242	-0.03363	-0.04167	-0.04652	-0.04813	
	M	0.00000	0.07322	0.14606	0.21813	0.21813	0.18914	0.15916	0.12835	0.09685	0.06485	0.03251	0.00000	
0.725	Q	0.73287	0.73095	0.72518	0.71561	-0.28439	-0.29510	-0.30426	-0.31182	-0.31774	-0.32199	-0.32455	-0.32541	0.725
	V	0.00000	0.00613	0.01153	0.01547	0.01547	0.01740	0.01743	0.01588	0.01304	0.00923	0.00478	0.00000	
	V'	0.06254	0.05888	0.04791	0.02969	0.02969	0.00932	-0.00811	-0.02249	-0.03375	-0.04184	-0.04671	-0.04834	
ALPHA	X/L =	0.00	0.10	0.20	L 0.30	R 0.30	0.40	0.50	0.60	0.70	0.80	0.90	1.00	ALPHA

XP/L = 0.30

FUNKTIONEN : F.PIM - F.PIQ - F.PIV - F.PIV'

FUNKTIONEN : F.P;M - F.P;Q - F.P;V - F.P;V'

XP/L = 0.30

ALPHA	X/L =	0.00	0.10	0.20	L 0.30	R 0.30	0.40	0.50	0.60	0.70	0.80	0.90	1.00	ALPHA
0.750	M	0.00000	0.07346	0.14651	0.21874	0.21874	0.18982	0.15985	0.12897	0.09737	0.06522	0.03270	0.00000	0.750
	Q	0.73531	0.73324	0.72705	0.71677	-0.28323	-0.29472	-0.30456	-0.31269	-0.31906	-0.32363	-0.32639	-0.32731	
	V	0.00000	0.00615	0.01157	0.01553	0.01553	0.01746	0.01750	0.01594	0.01310	0.00927	0.00480	0.00000	
	V'	0.06277	0.05909	0.04809	0.02982	0.02982	0.00938	-0.00811	-0.02256	-0.03388	-0.04202	-0.04691	-0.04855	
0.775	M	0.00000	0.07371	0.14698	0.21936	0.21936	0.19053	0.16056	0.12962	0.09790	0.06560	0.03290	0.00000	0.775
	Q	0.73784	0.73563	0.72899	0.71799	-0.28201	-0.29433	-0.30488	-0.31360	-0.32043	-0.32534	-0.32830	-0.32929	
	V	0.00000	0.00618	0.01162	0.01559	0.01559	0.01753	0.01758	0.01601	0.01315	0.00932	0.00482	0.00000	
	V'	0.06300	0.05931	0.04827	0.02995	0.02995	0.00944	-0.00812	-0.02264	-0.03402	-0.04220	-0.04712	-0.04877	
0.800	M	0.00000	0.07397	0.14746	0.22002	0.22002	0.19127	0.16130	0.13029	0.09846	0.06599	0.03310	0.00000	0.800
	Q	0.74048	0.73811	0.73102	0.71925	-0.28075	-0.29391	-0.30520	-0.31454	-0.32186	-0.32713	-0.33030	-0.33136	
	V	0.00000	0.00620	0.01166	0.01565	0.01565	0.01761	0.01765	0.01608	0.01321	0.00936	0.00484	0.00000	
	V'	0.06325	0.05955	0.04847	0.03008	0.03008	0.00951	-0.00813	-0.02272	-0.03416	-0.04239	-0.04734	-0.04900	
0.825	M	0.00000	0.07424	0.14797	0.22070	0.22070	0.19204	0.16207	0.13100	0.09904	0.06640	0.03331	0.00000	0.825
	Q	0.74322	0.74069	0.73313	0.72057	-0.27943	-0.29348	-0.30554	-0.31552	-0.32335	-0.32898	-0.33238	-0.33351	
	V	0.00000	0.00623	0.01171	0.01572	0.01572	0.01768	0.01773	0.01616	0.01328	0.00940	0.00487	0.00000	
	V'	0.06350	0.05979	0.04867	0.03023	0.03023	0.00958	-0.00814	-0.02280	-0.03431	-0.04258	-0.04757	-0.04924	
0.850	M	0.00000	0.07452	0.14850	0.22140	0.22140	0.19283	0.16287	0.13173	0.09964	0.06683	0.03353	0.00000	0.850
	Q	0.74607	0.74338	0.73532	0.72195	-0.27805	-0.29303	-0.30588	-0.31653	-0.32490	-0.33091	-0.33454	-0.33575	
	V	0.00000	0.00625	0.01176	0.01578	0.01578	0.01776	0.01781	0.01623	0.01334	0.00945	0.00489	0.00000	
	V'	0.06377	0.06004	0.04888	0.03037	0.03037	0.00965	-0.00815	-0.02288	-0.03446	-0.04279	-0.04781	-0.04949	
0.875	M	0.00000	0.07481	0.14904	0.22214	0.22214	0.19366	0.16370	0.13249	0.10026	0.06727	0.03377	0.00000	0.875
	Q	0.74903	0.74617	0.73759	0.72337	-0.27663	-0.29255	-0.30624	-0.31759	-0.32650	-0.33292	-0.33679	-0.33809	
	V	0.00000	0.00628	0.01181	0.01585	0.01585	0.01784	0.01790	0.01631	0.01341	0.00950	0.00492	0.00000	
	V'	0.06404	0.06030	0.04910	0.03053	0.03053	0.00973	-0.00815	-0.02297	-0.03462	-0.04300	-0.04806	-0.04974	
0.900	M	0.00000	0.07511	0.14961	0.22290	0.22290	0.19452	0.16457	0.13328	0.10092	0.06774	0.03401	0.00000	0.900
	Q	0.75211	0.74906	0.73995	0.72486	-0.27514	-0.29206	-0.30661	-0.31868	-0.32817	-0.33501	-0.33913	-0.34051	
	V	0.00000	0.00631	0.01186	0.01593	0.01593	0.01793	0.01798	0.01640	0.01348	0.00955	0.00494	0.00000	
	V'	0.06433	0.06057	0.04933	0.03069	0.03069	0.00980	-0.00816	-0.02307	-0.03478	-0.04322	-0.04831	-0.05001	
0.925	M	0.00000	0.07542	0.15020	0.22369	0.22369	0.19541	0.16547	0.13410	0.10159	0.06822	0.03425	0.00000	0.925
	Q	0.75530	0.75207	0.74241	0.72640	-0.27360	-0.29154	-0.30699	-0.31982	-0.32991	-0.33718	-0.34157	-0.34303	
	V	0.00000	0.00634	0.01192	0.01600	0.01600	0.01802	0.01808	0.01648	0.01355	0.00960	0.00497	0.00000	
	V'	0.06463	0.06085	0.04956	0.03085	0.03085	0.00988	-0.00817	-0.02316	-0.03495	-0.04345	-0.04858	-0.05029	
0.950	M	0.00000	0.07575	0.15081	0.22451	0.22451	0.19634	0.16640	0.13496	0.10230	0.06871	0.03451	0.00000	0.950
	Q	0.75860	0.75518	0.74495	0.72800	-0.27200	-0.29100	-0.30738	-0.32099	-0.33171	-0.33943	-0.34409	-0.34565	
	V	0.00000	0.00637	0.01198	0.01608	0.01608	0.01811	0.01817	0.01657	0.01363	0.00966	0.00500	0.00000	
	V'	0.06493	0.06114	0.04981	0.03103	0.03103	0.00997	-0.00818	-0.02326	-0.03513	-0.04369	-0.04886	-0.05058	
0.975	M	0.00000	0.07608	0.15144	0.22536	0.22536	0.19730	0.16737	0.13584	0.10303	0.06923	0.03478	0.00000	0.975
	Q	0.76203	0.75841	0.74759	0.72967	-0.27033	-0.29044	-0.30779	-0.32221	-0.33357	-0.34177	-0.34672	-0.34837	
	V	0.00000	0.00640	0.01204	0.01616	0.01616	0.01820	0.01827	0.01667	0.01370	0.00971	0.00503	0.00000	
	V'	0.06525	0.06145	0.05006	0.03121	0.03121	0.01006	-0.00819	-0.02336	-0.03532	-0.04394	-0.04914	-0.05088	
ALPHA	X/L =	0.00	0.10	0.20	L 0.30	R 0.30	0.40	0.50	0.60	0.70	0.80	0.90	1.00	ALPHA

XP/L = 0.30

FUNKTIONEN : F.P;M - F.P;Q - F.P;V - F.P;V'

FUNKTIONEN : F.PIM - F.PIQ - F.PIV - F.PIV'

XP/L = 0.30

ALPHA	X/L =	0.00	0.10	0.20	L 0.30	R 0.30	0.40	0.50	0.60	0.70	0.80	0.90	1.00	ALPHA
	M	0.00000	0.07643	0.15210	0.22625	0.22625	0.19830	0.16837	0.13676	0.10379	0.06977	0.03506	0.00000	
1.000	Q	0.76559	0.76176	0.75032	0.73139	-0.26861	-0.28985	-0.30820	-0.32347	-0.33551	-0.34419	-0.34944	-0.35119	1.000
	V	0.00000	0.00643	0.01210	0.01625	0.01625	0.01830	0.01837	0.01676	0.01379	0.00977	0.00506	0.00000	
	V'	0.06559	0.06176	0.05032	0.03139	0.03139	0.01015	-0.00820	-0.02347	-0.03551	-0.04419	-0.04944	-0.05119	
	M	0.00000	0.07679	0.15278	0.22716	0.22716	0.19933	0.16941	0.13772	0.10457	0.07033	0.03535	0.00000	
1.025	Q	0.76927	0.76523	0.75316	0.73318	-0.26682	-0.28924	-0.30863	-0.32478	-0.33752	-0.34671	-0.35227	-0.35413	1.025
	V	0.00000	0.00646	0.01216	0.01633	0.01633	0.01840	0.01848	0.01686	0.01387	0.00983	0.00509	0.00000	
	V'	0.06593	0.06209	0.05060	0.03158	0.03158	0.01024	-0.00821	-0.02358	-0.03571	-0.04446	-0.04975	-0.05152	
	M	0.00000	0.07717	0.15348	0.22811	0.22811	0.20040	0.17049	0.13870	0.10539	0.07091	0.03565	0.00000	
1.050	Q	0.77308	0.76882	0.75610	0.73504	-0.26496	-0.28860	-0.30907	-0.32613	-0.33959	-0.34932	-0.35520	-0.35717	1.050
	V	0.00000	0.00650	0.01223	0.01642	0.01642	0.01851	0.01859	0.01697	0.01396	0.00990	0.00513	0.00000	
	V'	0.06629	0.06242	0.05088	0.03178	0.03178	0.01034	-0.00822	-0.02370	-0.03591	-0.04474	-0.05007	-0.05185	
	M	0.00000	0.07755	0.15421	0.22909	0.22909	0.20151	0.17161	0.13973	0.10623	0.07151	0.03596	0.00000	
1.075	Q	0.77703	0.77254	0.75914	0.73697	-0.26303	-0.28794	-0.30952	-0.32752	-0.34175	-0.35203	-0.35825	-0.36033	1.075
	V	0.00000	0.00654	0.01230	0.01652	0.01652	0.01862	0.01870	0.01707	0.01405	0.00996	0.00516	0.00000	
	V'	0.06665	0.06277	0.05117	0.03199	0.03199	0.01044	-0.00823	-0.02382	-0.03613	-0.04502	-0.05040	-0.05220	
	M	0.00000	0.07795	0.15497	0.23010	0.23010	0.20266	0.17277	0.14079	0.10711	0.07213	0.03629	0.00000	
1.100	Q	0.78111	0.77639	0.76229	0.73897	-0.26103	-0.28724	-0.30998	-0.32897	-0.34398	-0.35484	-0.36140	-0.36360	1.100
	V	0.00000	0.00657	0.01237	0.01662	0.01662	0.01873	0.01882	0.01718	0.01414	0.01003	0.00520	0.00000	
	V'	0.06704	0.06314	0.05148	0.03220	0.03220	0.01054	-0.00825	-0.02394	-0.03635	-0.04532	-0.05075	-0.05256	
	M	0.00000	0.07837	0.15575	0.23116	0.23116	0.20385	0.17397	0.14189	0.10802	0.07278	0.03662	0.00000	
1.125	Q	0.78535	0.78038	0.76555	0.74104	-0.25896	-0.28652	-0.31045	-0.33046	-0.34629	-0.35775	-0.36468	-0.36700	1.125
	V	0.00000	0.00661	0.01244	0.01672	0.01672	0.01885	0.01894	0.01730	0.01424	0.01010	0.00523	0.00000	
	V'	0.06743	0.06351	0.05179	0.03243	0.03243	0.01065	-0.00826	-0.02407	-0.03658	-0.04563	-0.05110	-0.05294	
	M	0.00000	0.07880	0.15656	0.23224	0.23224	0.20509	0.17522	0.14304	0.10896	0.07345	0.03697	0.00000	
1.150	Q	0.78972	0.78451	0.76893	0.74319	-0.25681	-0.28576	-0.31094	-0.33200	-0.34869	-0.36076	-0.36807	-0.37052	1.150
	V	0.00000	0.00665	0.01252	0.01682	0.01682	0.01897	0.01907	0.01742	0.01434	0.01017	0.00527	0.00000	
	V'	0.06784	0.06390	0.05212	0.03266	0.03266	0.01077	-0.00827	-0.02420	-0.03681	-0.04594	-0.05147	-0.05332	
	M	0.00000	0.07924	0.15739	0.23337	0.23337	0.20636	0.17651	0.14422	0.10994	0.07415	0.03733	0.00000	
1.175	Q	0.79425	0.78878	0.77242	0.74542	-0.25458	-0.28497	-0.31143	-0.33360	-0.35117	-0.36389	-0.37159	-0.37417	1.175
	V	0.00000	0.00669	0.01260	0.01693	0.01693	0.01909	0.01920	0.01754	0.01444	0.01025	0.00531	0.00000	
	V'	0.06827	0.06430	0.05246	0.03290	0.03290	0.01088	-0.00828	-0.02434	-0.03706	-0.04627	-0.05186	-0.05372	
	M	0.00000	0.07970	0.15826	0.23454	0.23454	0.20768	0.17784	0.14545	0.11095	0.07487	0.03771	0.00000	
1.200	Q	0.79894	0.79319	0.77604	0.74773	-0.25227	-0.28415	-0.31194	-0.33525	-0.35373	-0.36713	-0.37524	-0.37796	1.200
	V	0.00000	0.00674	0.01268	0.01704	0.01704	0.01923	0.01934	0.01767	0.01455	0.01033	0.00535	0.00000	
	V'	0.06871	0.06472	0.05281	0.03314	0.03314	0.01100	-0.00829	-0.02448	-0.03731	-0.04662	-0.05225	-0.05414	
	M	0.00000	0.08018	0.15915	0.23575	0.23575	0.20905	0.17923	0.14672	0.11201	0.07562	0.03809	0.00000	
1.225	Q	0.80379	0.79777	0.77979	0.75012	-0.24988	-0.28330	-0.31247	-0.33695	-0.35639	-0.37048	-0.37903	-0.38189	1.225
	V	0.00000	0.00678	0.01276	0.01716	0.01716	0.01936	0.01948	0.01780	0.01466	0.01041	0.00539	0.00000	
	V'	0.06916	0.06515	0.05317	0.03340	0.03340	0.01113	-0.00831	-0.02463	-0.03758	-0.04697	-0.05266	-0.05457	
ALPHA	X/L =	0.00	0.10	0.20	L 0.30	R 0.30	0.40	0.50	0.60	0.70	0.80	0.90	1.00	ALPHA

XP/L = 0.30

FUNKTIONEN : F.PIM - F.PIQ - F.PIV - F.PIV'

FUNKTIONEN : F.P;M - F.P;Q - F.P;V - F.P;V'

XP/L = 0.30

ALPHA	X/L =	0.00	0.10	0.20	L 0.30	R 0.30	0.40	0.50	0.60	0.70	0.80	0.90	1.00	ALPHA
	M	0.00000	0.08067	0.16008	0.23699	0.23699	0.21047	0.18066	0.14803	0.11309	0.07639	0.03850	0.00000	
1.250	Q	0.80880	0.80249	0.78366	0.75260	-0.24740	-0.28240	-0.31300	-0.33871	-0.35914	-0.37396	-0.38295	-0.38596	1.250
	V	0.00000	0.00683	0.01285	0.01728	0.01728	0.01950	0.01962	0.01794	0.01478	0.01049	0.00544	0.00000	
	V'	0.06964	0.06560	0.05354	0.03366	0.03366	0.01126	-0.00832	-0.02478	-0.03785	-0.04734	-0.05309	-0.05502	
	M	0.00000	0.08118	0.16104	0.23829	0.23829	0.21194	0.18214	0.14940	0.11422	0.07719	0.03891	0.00000	
1.275	Q	0.81399	0.80739	0.78767	0.75517	-0.24483	-0.28147	-0.31355	-0.34053	-0.36199	-0.37757	-0.38702	-0.39019	1.275
	V	0.00000	0.00688	0.01294	0.01740	0.01740	0.01965	0.01977	0.01808	0.01490	0.01058	0.00548	0.00000	
	V'	0.07012	0.06606	0.05393	0.03394	0.03394	0.01140	-0.00833	-0.02493	-0.03813	-0.04772	-0.05353	-0.05548	
	M	0.00000	0.08171	0.16203	0.23962	0.23962	0.21345	0.18368	0.15081	0.11539	0.07803	0.03935	0.00000	
1.300	Q	0.81936	0.81245	0.79182	0.75784	-0.24216	-0.28050	-0.31411	-0.34241	-0.36494	-0.38131	-0.39124	-0.39457	1.300
	V	0.00000	0.00693	0.01304	0.01753	0.01753	0.01980	0.01993	0.01823	0.01502	0.01067	0.00553	0.00000	
	V'	0.07063	0.06654	0.05433	0.03422	0.03422	0.01154	-0.00835	-0.02510	-0.03843	-0.04811	-0.05399	-0.05596	
	M	0.00000	0.08225	0.16306	0.24101	0.24101	0.21503	0.18527	0.15227	0.11660	0.07889	0.03979	0.00000	
1.325	Q	0.82492	0.81769	0.79612	0.76060	-0.23940	-0.27949	-0.31468	-0.34436	-0.36799	-0.38518	-0.39561	-0.39911	1.325
	V	0.00000	0.00698	0.01313	0.01766	0.01766	0.01995	0.02009	0.01838	0.01515	0.01076	0.00558	0.00000	
	V'	0.07115	0.06703	0.05475	0.03452	0.03452	0.01168	-0.00836	-0.02526	-0.03873	-0.04852	-0.05446	-0.05645	
	M	0.00000	0.08281	0.16412	0.24244	0.24244	0.21665	0.18692	0.15379	0.11786	0.07979	0.04026	0.00000	
1.350	Q	0.83066	0.82310	0.80057	0.76346	-0.23654	-0.27843	-0.31527	-0.34636	-0.37115	-0.38919	-0.40015	-0.40382	1.350
	V	0.00000	0.00703	0.01324	0.01780	0.01780	0.02011	0.02026	0.01854	0.01529	0.01086	0.00563	0.00000	
	V'	0.07169	0.06755	0.05518	0.03482	0.03482	0.01183	-0.00838	-0.02544	-0.03904	-0.04894	-0.05495	-0.05697	
	M	0.00000	0.08340	0.16522	0.24392	0.24392	0.21834	0.18863	0.15537	0.11917	0.08072	0.04074	0.00000	
1.375	Q	0.83661	0.82871	0.80517	0.76643	-0.23357	-0.27733	-0.31587	-0.34844	-0.37443	-0.39335	-0.40485	-0.40871	1.375
	V	0.00000	0.00709	0.01334	0.01794	0.01794	0.02028	0.02043	0.01871	0.01543	0.01096	0.00568	0.00000	
	V'	0.07226	0.06808	0.05563	0.03514	0.03514	0.01199	-0.00839	-0.02562	-0.03937	-0.04938	-0.05546	-0.05750	
	M	0.00000	0.08400	0.16636	0.24546	0.24546	0.22009	0.19040	0.15700	0.12052	0.08168	0.04124	0.00000	
1.400	Q	0.84276	0.83451	0.80994	0.76951	-0.23049	-0.27618	-0.31648	-0.35058	-0.37782	-0.39767	-0.40973	-0.41378	1.400
	V	0.00000	0.00714	0.01345	0.01809	0.01809	0.02045	0.02061	0.01888	0.01557	0.01106	0.00574	0.00000	
	V'	0.07284	0.06863	0.05609	0.03547	0.03547	0.01215	-0.00841	-0.02581	-0.03970	-0.04983	-0.05599	-0.05805	
	M	0.00000	0.08463	0.16754	0.24705	0.24705	0.22189	0.19224	0.15869	0.12192	0.08268	0.04176	0.00000	
1.425	Q	0.84913	0.84052	0.81487	0.77271	-0.22729	-0.27498	-0.31710	-0.35279	-0.38133	-0.40214	-0.41480	-0.41904	1.425
	V	0.00000	0.00720	0.01356	0.01825	0.01825	0.02063	0.02080	0.01905	0.01572	0.01117	0.00579	0.00000	
	V'	0.07344	0.06920	0.05657	0.03581	0.03581	0.01232	-0.00842	-0.02600	-0.04005	-0.05030	-0.05653	-0.05862	
	M	0.00000	0.08527	0.16875	0.24869	0.24869	0.22377	0.19414	0.16044	0.12337	0.08372	0.04230	0.00000	
1.450	Q	0.85572	0.84674	0.81998	0.77602	-0.22398	-0.27373	-0.31774	-0.35508	-0.38497	-0.40678	-0.42005	-0.42450	1.450
	V	0.00000	0.00726	0.01368	0.01840	0.01840	0.02082	0.02099	0.01923	0.01587	0.01128	0.00585	0.00000	
	V'	0.07406	0.06979	0.05707	0.03616	0.03616	0.01249	-0.00844	-0.02620	-0.04041	-0.05079	-0.05710	-0.05922	
	M	0.00000	0.08594	0.17002	0.25040	0.25040	0.22571	0.19611	0.16226	0.12488	0.08479	0.04286	0.00000	
1.475	Q	0.86254	0.85317	0.82528	0.77946	-0.22054	-0.27242	-0.31839	-0.35745	-0.38874	-0.41159	-0.42550	-0.43017	1.475
	V	0.00000	0.00733	0.01380	0.01857	0.01857	0.02101	0.02119	0.01942	0.01603	0.01140	0.00591	0.00000	
	V'	0.07471	0.07040	0.05758	0.03652	0.03652	0.01268	-0.00845	-0.02641	-0.04079	-0.05129	-0.05769	-0.05983	
ALPHA	X/L =	0.00	0.10	0.20	L 0.30	R 0.30	0.40	0.50	0.60	0.70	0.80	0.90	1.00	ALPHA

XP/L = 0.30

FUNKTIONEN : F.P;M - F.P;Q - F.P;V - F.P;V'

FUNKTIONEN : F.P;M - F.P;Q - F.P;V - F.P;V'

XP/L = 0.30

ALPHA	X/L =	0.00	0.10	0.20	L 0.30	R 0.30	0.40	0.50	0.60	0.70	0.80	0.90	1.00	ALPHA
	M	0.00000	0.08663	0.17132	0.25216	0.25216	0.22772	0.19816	0.16414	0.12645	0.08591	0.04344	0.00000	
1.500	Q	0.86960	0.85984	0.83076	0.78303	-0.21697	-0.27106	-0.31906	-0.35989	-0.39265	-0.41658	-0.43116	-0.43606	1.500
	V	0.00000	0.00739	0.01392	0.01874	0.01874	0.02121	0.02140	0.01962	0.01620	0.01152	0.00597	0.00000	
	V'	0.07538	0.07104	0.05812	0.03690	0.03690	0.01286	-0.00847	-0.02662	-0.04118	-0.05181	-0.05829	-0.06047	
	M	0.00000	0.08735	0.17268	0.25399	0.25399	0.22980	0.20028	0.16610	0.12807	0.08707	0.04405	0.00000	
1.525	Q	0.87692	0.86674	0.83644	0.78673	-0.21327	-0.26963	-0.31974	-0.36242	-0.39670	-0.42176	-0.43704	-0.44217	1.525
	V	0.00000	0.00746	0.01405	0.01892	0.01892	0.02141	0.02162	0.01982	0.01637	0.01164	0.00604	0.00000	
	V'	0.07607	0.07170	0.05867	0.03730	0.03730	0.01306	-0.00849	-0.02684	-0.04158	-0.05236	-0.05893	-0.06113	
	M	0.00000	0.08810	0.17408	0.25589	0.25589	0.23196	0.20248	0.16813	0.12976	0.08827	0.04467	0.00000	
1.550	Q	0.88449	0.87389	0.84233	0.79058	-0.20942	-0.26814	-0.32043	-0.36504	-0.40090	-0.42714	-0.44314	-0.44852	1.550
	V	0.00000	0.00753	0.01418	0.01910	0.01910	0.02163	0.02184	0.02003	0.01655	0.01177	0.00611	0.00000	
	V'	0.07679	0.07238	0.05924	0.03770	0.03770	0.01326	-0.00850	-0.02707	-0.04200	-0.05292	-0.05958	-0.06182	
	M	0.00000	0.08887	0.17553	0.25785	0.25785	0.23420	0.20476	0.17024	0.13151	0.08953	0.04532	0.00000	
1.575	Q	0.89235	0.88130	0.84844	0.79457	-0.20543	-0.26658	-0.32114	-0.36775	-0.40525	-0.43272	-0.44948	-0.45512	1.575
	V	0.00000	0.00761	0.01432	0.01929	0.01929	0.02185	0.02207	0.02025	0.01673	0.01190	0.00618	0.00000	
	V'	0.07754	0.07309	0.05984	0.03813	0.03813	0.01347	-0.00852	-0.02731	-0.04243	-0.05350	-0.06026	-0.06253	
	M	0.00000	0.08966	0.17704	0.25989	0.25989	0.23653	0.20713	0.17243	0.13333	0.09083	0.04600	0.00000	
1.600	Q	0.90048	0.88898	0.85477	0.79873	-0.20127	-0.26495	-0.32186	-0.37055	-0.40977	-0.43852	-0.45608	-0.46198	1.600
	V	0.00000	0.00768	0.01447	0.01949	0.01949	0.02208	0.02231	0.02048	0.01693	0.01204	0.00625	0.00000	
	V'	0.07831	0.07382	0.06046	0.03856	0.03856	0.01369	-0.00854	-0.02756	-0.04288	-0.05411	-0.06097	-0.06327	
	M	0.00000	0.09049	0.17860	0.26200	0.26200	0.23894	0.20959	0.17471	0.13522	0.09218	0.04670	0.00000	
1.625	Q	0.90892	0.89695	0.86134	0.80304	-0.19696	-0.26325	-0.32260	-0.37345	-0.41446	-0.44455	-0.46293	-0.46911	1.625
	V	0.00000	0.00776	0.01462	0.01969	0.01969	0.02232	0.02256	0.02072	0.01713	0.01219	0.00633	0.00000	
	V'	0.07912	0.07458	0.06110	0.03902	0.03902	0.01392	-0.00856	-0.02781	-0.04335	-0.05474	-0.06170	-0.06404	
	M	0.00000	0.09135	0.18022	0.26420	0.26420	0.24145	0.21214	0.17707	0.13719	0.09358	0.04744	0.00000	
1.650	Q	0.91767	0.90521	0.86816	0.80752	-0.19248	-0.26146	-0.32335	-0.37645	-0.41933	-0.45081	-0.47005	-0.47653	1.650
	V	0.00000	0.00784	0.01477	0.01991	0.01991	0.02257	0.02282	0.02096	0.01733	0.01234	0.00640	0.00000	
	V'	0.07995	0.07537	0.06177	0.03949	0.03949	0.01415	-0.00858	-0.02808	-0.04383	-0.05540	-0.06246	-0.06484	
	M	0.00000	0.09224	0.18190	0.26647	0.26647	0.24405	0.21479	0.17953	0.13924	0.09505	0.04820	0.00000	
1.675	Q	0.92675	0.91378	0.87523	0.81219	-0.18781	-0.25960	-0.32412	-0.37956	-0.42438	-0.45733	-0.47747	-0.48424	1.675
	V	0.00000	0.00793	0.01494	0.02013	0.02013	0.02283	0.02309	0.02122	0.01755	0.01249	0.00649	0.00000	
	V'	0.08082	0.07620	0.06246	0.03999	0.03999	0.01440	-0.00860	-0.02836	-0.04433	-0.05608	-0.06325	-0.06567	
	M	0.00000	0.09317	0.18365	0.26883	0.26883	0.24675	0.21755	0.18208	0.14136	0.09657	0.04899	0.00000	
1.700	Q	0.93617	0.92268	0.88258	0.81704	-0.18296	-0.25764	-0.32490	-0.38278	-0.42964	-0.46410	-0.48518	-0.49228	1.700
	V	0.00000	0.00802	0.01510	0.02036	0.02036	0.02310	0.02337	0.02148	0.01777	0.01265	0.00657	0.00000	
	V'	0.08172	0.07705	0.06318	0.04050	0.04050	0.01466	-0.00861	-0.02864	-0.04486	-0.05678	-0.06408	-0.06653	
	M	0.00000	0.09413	0.18546	0.27129	0.27129	0.24956	0.22042	0.18474	0.14358	0.09816	0.04982	0.00000	
1.725	Q	0.94596	0.93192	0.89022	0.82209	-0.17791	-0.25559	-0.32569	-0.38612	-0.43509	-0.47115	-0.49322	-0.50065	1.725
	V	0.00000	0.00811	0.01528	0.02060	0.02060	0.02338	0.02367	0.02176	0.01801	0.01282	0.00666	0.00000	
	V'	0.08266	0.07794	0.06392	0.04103	0.04103	0.01492	-0.00863	-0.02894	-0.04540	-0.05752	-0.06493	-0.06743	
ALPHA	X/L =	0.00	0.10	0.20	L 0.30	R 0.30	0.40	0.50	0.60	0.70	0.80	0.90	1.00	ALPHA

XP/L = 0.30

FUNKTIONEN : F.P;M - F.P;Q - F.P;V - F.P;V'

FUNKTIONEN : F.P;M - F.P;Q - F.P;V - F.P;V'

XP/L = 0.30

ALPHA	X/L =	0.00	0.10	0.20	L 0.30	R 0.30	0.40	0.50	0.60	0.70	0.80	0.90	1.00	ALPHA
1.750	M	0.00000	0.09512	0.18734	0.27384	0.27384	0.25248	0.22341	0.18751	0.14589	0.09981	0.05068	0.00000	1.750
	Q	0.95612	0.94151	0.89815	0.82735	-0.17265	-0.25345	-0.32650	-0.38959	-0.44077	-0.47849	-0.50159	-0.50937	
	V	0.00000	0.00820	0.01546	0.02085	0.02085	0.02367	0.02397	0.02204	0.01825	0.01300	0.00675	0.00000	
	V'	0.08363	0.07886	0.06470	0.04158	0.04158	0.01520	-0.00865	-0.02925	-0.04597	-0.05828	-0.06583	-0.06837	
1.775	M	0.00000	0.09616	0.18930	0.27649	0.27649	0.25552	0.22652	0.19039	0.14829	0.10153	0.05157	0.00000	1.775
	Q	0.96668	0.95149	0.90640	0.83283	-0.16717	-0.25120	-0.32733	-0.39318	-0.44668	-0.48613	-0.51031	-0.51846	
	V	0.00000	0.00830	0.01565	0.02110	0.02110	0.02397	0.02429	0.02234	0.01850	0.01318	0.00685	0.00000	
	V'	0.08464	0.07982	0.06551	0.04216	0.04216	0.01549	-0.00868	-0.02958	-0.04655	-0.05908	-0.06675	-0.06934	
1.800	M	0.00000	0.09724	0.19134	0.27925	0.27925	0.25868	0.22975	0.19340	0.15080	0.10332	0.05251	0.00000	1.800
	Q	0.97766	0.96186	0.91499	0.83855	-0.16145	-0.24883	-0.32817	-0.39691	-0.45282	-0.49410	-0.51941	-0.52794	
	V	0.00000	0.00841	0.01584	0.02137	0.02137	0.02428	0.02461	0.02265	0.01876	0.01337	0.00695	0.00000	
	V'	0.08570	0.08082	0.06635	0.04276	0.04276	0.01579	-0.00870	-0.02991	-0.04717	-0.05991	-0.06772	-0.07035	
1.825	M	0.00000	0.09836	0.19345	0.28212	0.28212	0.26197	0.23312	0.19653	0.15341	0.10520	0.05349	0.00000	1.825
	Q	0.98908	0.97266	0.92392	0.84451	-0.15549	-0.24635	-0.32903	-0.40078	-0.45922	-0.50241	-0.52891	-0.53784	
	V	0.00000	0.00851	0.01605	0.02165	0.02165	0.02461	0.02496	0.02298	0.01904	0.01357	0.00705	0.00000	
	V'	0.08679	0.08186	0.06723	0.04339	0.04339	0.01611	-0.00872	-0.03026	-0.04781	-0.06077	-0.06873	-0.07141	
1.850	M	0.00000	0.09953	0.19566	0.28511	0.28511	0.26540	0.23664	0.19980	0.15614	0.10715	0.05450	0.00000	1.850
	Q	1.00097	0.98389	0.93323	0.85073	-0.14927	-0.24375	-0.32991	-0.40481	-0.46589	-0.51107	-0.53882	-0.54817	
	V	0.00000	0.00863	0.01626	0.02195	0.02195	0.02495	0.02531	0.02332	0.01932	0.01378	0.00716	0.00000	
	V'	0.08794	0.08295	0.06815	0.04404	0.04404	0.01644	-0.00874	-0.03062	-0.04847	-0.06167	-0.06978	-0.07251	
1.875	M	0.00000	0.10074	0.19795	0.28823	0.28823	0.26898	0.24031	0.20321	0.15899	0.10919	0.05557	0.00000	1.875
	Q	1.01335	0.99559	0.94293	0.85722	-0.14278	-0.24101	-0.33080	-0.40899	-0.47284	-0.52012	-0.54917	-0.55897	
	V	0.00000	0.00874	0.01648	0.02225	0.02225	0.02531	0.02569	0.02367	0.01962	0.01399	0.00727	0.00000	
	V'	0.08913	0.08408	0.06910	0.04472	0.04472	0.01678	-0.00876	-0.03100	-0.04916	-0.06261	-0.07088	-0.07366	
1.900	M	0.00000	0.10201	0.20035	0.29147	0.29147	0.27271	0.24413	0.20677	0.16196	0.11133	0.05668	0.00000	1.900
	Q	1.02626	1.00779	0.95305	0.86401	-0.13599	-0.23814	-0.33171	-0.41334	-0.48010	-0.52958	-0.55999	-0.57025	
	V	0.00000	0.00887	0.01672	0.02257	0.02257	0.02568	0.02608	0.02404	0.01993	0.01422	0.00739	0.00000	
	V'	0.09038	0.08526	0.07010	0.04543	0.04543	0.01714	-0.00878	-0.03140	-0.04989	-0.06359	-0.07202	-0.07486	
1.925	M	0.00000	0.10333	0.20284	0.29486	0.29486	0.27661	0.24813	0.21049	0.16507	0.11356	0.05785	0.00000	1.925
	Q	1.03972	1.02051	0.96361	0.87110	-0.12890	-0.23511	-0.33263	-0.41787	-0.48767	-0.53946	-0.57131	-0.58206	
	V	0.00000	0.00899	0.01696	0.02290	0.02290	0.02607	0.02648	0.02442	0.02026	0.01445	0.00751	0.00000	
	V'	0.09168	0.08649	0.07114	0.04617	0.04617	0.01751	-0.00881	-0.03181	-0.05064	-0.06462	-0.07322	-0.07612	
1.950	M	0.00000	0.10471	0.20545	0.29840	0.29840	0.28068	0.25231	0.21438	0.16833	0.11589	0.05907	0.00000	1.950
	Q	1.05376	1.03379	0.97463	0.87853	-0.12147	-0.23192	-0.33357	-0.42259	-0.49558	-0.54979	-0.58316	-0.59443	
	V	0.00000	0.00913	0.01721	0.02325	0.02325	0.02648	0.02691	0.02482	0.02060	0.01470	0.00764	0.00000	
	V'	0.09303	0.08778	0.07222	0.04695	0.04695	0.01790	-0.00883	-0.03224	-0.05143	-0.06569	-0.07447	-0.07743	
1.975	M	0.00000	0.10615	0.20817	0.30210	0.30210	0.28493	0.25668	0.21846	0.17174	0.11834	0.06034	0.00000	1.975
	Q	1.06842	1.04765	0.98615	0.88631	-0.11369	-0.22856	-0.33453	-0.42750	-0.50385	-0.56061	-0.59557	-0.60738	
	V	0.00000	0.00927	0.01748	0.02361	0.02361	0.02690	0.02735	0.02524	0.02096	0.01496	0.00778	0.00000	
	V'	0.09445	0.08913	0.07336	0.04776	0.04776	0.01832	-0.00885	-0.03269	-0.05226	-0.06681	-0.07578	-0.07880	
ALPHA	X/L =	0.00	0.10	0.20	L 0.30	R 0.30	0.40	0.50	0.60	0.70	0.80	0.90	1.00	ALPHA

XP/L = 0.30

FUNKTIONEN : F.P;M - F.P;Q - F.P;V - F.P;V'

FUNKTIONEN : F.P;M - F.P;Q - F.P;V - F.P;V'

XP/L = 0.30

ALPHA	X/L =	0.00	0.10	0.20	L 0.30	R 0.30	0.40	0.50	0.60	0.70	0.80	0.90	1.00	ALPHA
	M	0.00000	0.10765	0.21102	0.30597	0.30597	0.28938	0.26126	0.22273	0.17531	0.12091	0.06168	0.00000	
2.000	Q	1.08375	1.06215	0.99820	0.89446	-0.10554	-0.22501	-0.33551	-0.43263	-0.51251	-0.57195	-0.60859	-0.62097	2.000
	V	0.00000	0.00941	0.01775	0.02399	0.02399	0.02735	0.02782	0.02568	0.02133	0.01523	0.00792	0.00000	
	V'	0.09594	0.09054	0.07455	0.04861	0.04861	0.01875	-0.00888	-0.03316	-0.05313	-0.06799	-0.07715	-0.08024	
	M	0.00000	0.10923	0.21399	0.31001	0.31001	0.29404	0.26606	0.22720	0.17906	0.12360	0.06309	0.00000	
2.025	Q	1.09978	1.07731	1.01081	0.90300	-0.09700	-0.22127	-0.33650	-0.43798	-0.52157	-0.58383	-0.62224	-0.63522	2.025
	V	0.00000	0.00957	0.01804	0.02439	0.02439	0.02781	0.02830	0.02614	0.02172	0.01551	0.00807	0.00000	
	V'	0.09749	0.09201	0.07580	0.04951	0.04951	0.01920	-0.00890	-0.03365	-0.05403	-0.06922	-0.07858	-0.08175	
	M	0.00000	0.11088	0.21711	0.31425	0.31425	0.29893	0.27109	0.23190	0.18299	0.12643	0.06457	0.00000	
2.050	Q	1.11656	1.09318	1.02402	0.91198	-0.08802	-0.21732	-0.33752	-0.44358	-0.53106	-0.59631	-0.63658	-0.65019	2.050
	V	0.00000	0.00973	0.01835	0.02481	0.02481	0.02830	0.02881	0.02663	0.02213	0.01581	0.00822	0.00000	
	V'	0.09912	0.09356	0.07710	0.05044	0.05044	0.01967	-0.00893	-0.03416	-0.05498	-0.07051	-0.08009	-0.08333	
	M	0.00000	0.11260	0.22037	0.31869	0.31869	0.30405	0.27637	0.23683	0.18713	0.12940	0.06612	0.00000	
2.075	Q	1.13414	1.10982	1.03787	0.92141	-0.07859	-0.21314	-0.33855	-0.44943	-0.54102	-0.60941	-0.65165	-0.66594	2.075
	V	0.00000	0.00989	0.01867	0.02524	0.02524	0.02881	0.02935	0.02713	0.02256	0.01612	0.00839	0.00000	
	V'	0.10083	0.09518	0.07847	0.05142	0.05142	0.02017	-0.00895	-0.03470	-0.05598	-0.07186	-0.08167	-0.08499	
	M	0.00000	0.11441	0.22380	0.32335	0.32335	0.30943	0.28191	0.24201	0.19147	0.13252	0.06775	0.00000	
2.100	Q	1.15259	1.12727	1.05241	0.93132	-0.06868	-0.20872	-0.33959	-0.45555	-0.55148	-0.62319	-0.66751	-0.68251	2.100
	V	0.00000	0.01007	0.01900	0.02570	0.02570	0.02935	0.02991	0.02767	0.02301	0.01645	0.00856	0.00000	
	V'	0.10263	0.09689	0.07991	0.05245	0.05245	0.02070	-0.00898	-0.03527	-0.05703	-0.07329	-0.08334	-0.08674	
	M	0.00000	0.11632	0.22740	0.32825	0.32825	0.31509	0.28775	0.24747	0.19605	0.13582	0.06947	0.00000	
2.125	Q	1.17195	1.14559	1.06769	0.94176	-0.05824	-0.20404	-0.34066	-0.46196	-0.56248	-0.63769	-0.68421	-0.69996	2.125
	V	0.00000	0.01026	0.01935	0.02619	0.02619	0.02992	0.03050	0.02823	0.02349	0.01679	0.00874	0.00000	
	V'	0.10452	0.09868	0.08143	0.05354	0.05354	0.02125	-0.00900	-0.03587	-0.05813	-0.07478	-0.08509	-0.08857	
	M	0.00000	0.11831	0.23118	0.33340	0.33340	0.32104	0.29389	0.25321	0.20087	0.13929	0.07128	0.00000	
2.150	Q	1.19230	1.16485	1.08376	0.95277	-0.04723	-0.19907	-0.34175	-0.46869	-0.57404	-0.65297	-0.70183	-0.71836	2.150
	V	0.00000	0.01045	0.01973	0.02670	0.02670	0.03051	0.03113	0.02882	0.02399	0.01715	0.00893	0.00000	
	V'	0.10650	0.10056	0.08302	0.05468	0.05468	0.02183	-0.00903	-0.03649	-0.05929	-0.07636	-0.08693	-0.09051	
	M	0.00000	0.12042	0.23516	0.33882	0.33882	0.32731	0.30037	0.25927	0.20596	0.14295	0.07320	0.00000	
2.175	Q	1.21372	1.18512	1.10068	0.96438	-0.03562	-0.19380	-0.34286	-0.47575	-0.58623	-0.66909	-0.72042	-0.73780	2.175
	V	0.00000	0.01066	0.02012	0.02723	0.02723	0.03114	0.03179	0.02944	0.02451	0.01753	0.00913	0.00000	
	V'	0.10859	0.10255	0.08470	0.05589	0.05589	0.02245	-0.00906	-0.03715	-0.06051	-0.07802	-0.08887	-0.09255	
	M	0.00000	0.12263	0.23935	0.34454	0.34454	0.33392	0.30720	0.26567	0.21134	0.14682	0.07522	0.00000	
2.200	Q	1.23628	1.20648	1.11852	0.97665	-0.02335	-0.18820	-0.34398	-0.48318	-0.59908	-0.68611	-0.74006	-0.75834	2.200
	V	0.00000	0.01087	0.02053	0.02780	0.02780	0.03180	0.03248	0.03010	0.02507	0.01794	0.00934	0.00000	
	V'	0.11080	0.10464	0.08647	0.05716	0.05716	0.02310	-0.00909	-0.03785	-0.06179	-0.07978	-0.09092	-0.09470	
	M	0.00000	0.12497	0.24378	0.35057	0.35057	0.34090	0.31442	0.27244	0.21703	0.15092	0.07737	0.00000	
2.225	Q	1.26008	1.22901	1.13736	0.98963	-0.01037	-0.18224	-0.34513	-0.49100	-0.61266	-0.70411	-0.76086	-0.78009	2.225
	V	0.00000	0.01110	0.02096	0.02839	0.02839	0.03250	0.03321	0.03079	0.02566	0.01837	0.00957	0.00000	
	V'	0.11313	0.10686	0.08834	0.05850	0.05850	0.02379	-0.00912	-0.03858	-0.06316	-0.08163	-0.09309	-0.09698	
ALPHA	X/L =	0.00	0.10	0.20	L 0.30	R 0.30	0.40	0.50	0.60	0.70	0.80	0.90	1.00	ALPHA

XP/L = 0.30

FUNKTIONEN : F.P;M - F.P;Q - F.P;V - F.P;V'

FUNKTIONEN : F.PIM - F.PIQ - F.PIV - F.PIV'

XP/L = 0.30

ALPHA	X/L =	0.00	0.10	0.20	L 0.30	R 0.30	0.40	0.50	0.60	0.70	0.80	0.90	1.00	ALPHA
	M	0.00000	0.12744	0.24846	0.35695	0.35695	0.34828	0.32206	0.27961	0.22306	0.15526	0.07964	0.00000	
2.250	Q	1.28521	1.25282	1.15727	1.00338	0.00338	-0.17589	-0.34629	-0.49924	-0.62701	-0.72318	-0.78289	-0.80313	2.250
	V	0.00000	0.01135	0.02142	0.02903	0.02903	0.03324	0.03399	0.03153	0.02628	0.01882	0.00980	0.00000	
	V'	0.11560	0.10920	0.09032	0.05993	0.05993	0.02452	-0.00914	-0.03936	-0.06460	-0.08359	-0.09539	-0.09938	
	M	0.00000	0.13005	0.25340	0.36369	0.36369	0.35610	0.33016	0.28721	0.22945	0.15987	0.08205	0.00000	
2.275	Q	1.31181	1.27801	1.17835	1.01796	0.01796	-0.16912	-0.34748	-0.50793	-0.64221	-0.74340	-0.80627	-0.82760	2.275
	V	0.00000	0.01160	0.02191	0.02970	0.02970	0.03403	0.03481	0.03231	0.02694	0.01930	0.01006	0.00000	
	V'	0.11821	0.11168	0.09242	0.06143	0.06143	0.02529	-0.00917	-0.04018	-0.06612	-0.08567	-0.09782	-0.10194	
	M	0.00000	0.13282	0.25864	0.37085	0.37085	0.36440	0.33876	0.29527	0.23624	0.16476	0.08461	0.00000	
2.300	Q	1.33998	1.30470	1.20069	1.03346	0.03346	-0.16188	-0.34869	-0.51713	-0.65834	-0.76487	-0.83113	-0.85360	2.300
	V	0.00000	0.01188	0.02243	0.03041	0.03041	0.03486	0.03568	0.03313	0.02764	0.01980	0.01032	0.00000	
	V'	0.12098	0.11431	0.09465	0.06304	0.06304	0.02611	-0.00920	-0.04105	-0.06774	-0.08788	-0.10040	-0.10465	
	M	0.00000	0.13576	0.26421	0.37844	0.37844	0.37321	0.34789	0.30386	0.24347	0.16998	0.08734	0.00000	
2.325	Q	1.36988	1.33302	1.22443	1.04995	0.04995	-0.15413	-0.34992	-0.52687	-0.67547	-0.78772	-0.85758	-0.88130	2.325
	V	0.00000	0.01216	0.02298	0.03116	0.03116	0.03574	0.03661	0.03401	0.02839	0.02034	0.01061	0.00000	
	V'	0.12392	0.11710	0.09702	0.06474	0.06474	0.02698	-0.00923	-0.04197	-0.06946	-0.09022	-0.10315	-0.10754	
	M	0.00000	0.13888	0.27013	0.38652	0.38652	0.38259	0.35762	0.31300	0.25117	0.17553	0.09025	0.00000	
2.350	Q	1.40167	1.36314	1.24968	1.06753	0.06753	-0.14583	-0.35117	-0.53720	-0.69370	-0.81207	-0.88580	-0.91083	2.350
	V	0.00000	0.01247	0.02356	0.03196	0.03196	0.03668	0.03760	0.03495	0.02918	0.02092	0.01091	0.00000	
	V'	0.12706	0.12008	0.09953	0.06655	0.06655	0.02792	-0.00926	-0.04295	-0.07129	-0.09272	-0.10607	-0.11061	
	M	0.00000	0.14221	0.27643	0.39513	0.39513	0.39259	0.36801	0.32276	0.25940	0.18147	0.09336	0.00000	
2.375	Q	1.43552	1.39522	1.27660	1.08630	0.08630	-0.13691	-0.35244	-0.54818	-0.71314	-0.83807	-0.91594	-0.94240	2.375
	V	0.00000	0.01280	0.02419	0.03282	0.03282	0.03769	0.03865	0.03595	0.03003	0.02154	0.01123	0.00000	
	V'	0.13040	0.12325	0.10222	0.06849	0.06849	0.02891	-0.00930	-0.04400	-0.07324	-0.09539	-0.10920	-0.11389	
	M	0.00000	0.14576	0.28316	0.40433	0.40433	0.40327	0.37911	0.33320	0.26820	0.18783	0.09669	0.00000	
2.400	Q	1.47165	1.42947	1.30534	1.10639	0.10639	-0.12732	-0.35373	-0.55987	-0.73391	-0.86588	-0.94822	-0.97620	2.400
	V	0.00000	0.01315	0.02485	0.03374	0.03374	0.03876	0.03978	0.03701	0.03094	0.02219	0.01158	0.00000	
	V'	0.13397	0.12664	0.10509	0.07055	0.07055	0.02998	-0.00933	-0.04512	-0.07533	-0.09824	-0.11254	-0.11740	
	M	0.00000	0.14955	0.29035	0.41416	0.41416	0.41471	0.39100	0.34440	0.27765	0.19465	0.10026	0.00000	
2.425	Q	1.51028	1.46609	1.33611	1.12794	0.12794	-0.11698	-0.35505	-0.57234	-0.75615	-0.89570	-0.98284	-1.01246	2.425
	V	0.00000	0.01353	0.02557	0.03472	0.03472	0.03991	0.04098	0.03816	0.03191	0.02290	0.01195	0.00000	
	V'	0.13779	0.13027	0.10817	0.07277	0.07277	0.03112	-0.00936	-0.04631	-0.07757	-0.10130	-0.11612	-0.12115	
	M	0.00000	0.15362	0.29807	0.42471	0.42471	0.42699	0.40377	0.35642	0.28780	0.20198	0.10410	0.00000	
2.450	Q	1.55170	1.50536	1.36912	1.15110	0.15110	-0.10580	-0.35639	-0.58569	-0.78001	-0.92774	-1.02007	-1.05146	2.450
	V	0.00000	0.01393	0.02633	0.03577	0.03577	0.04115	0.04228	0.03939	0.03295	0.02365	0.01234	0.00000	
	V'	0.14189	0.13417	0.11147	0.07515	0.07515	0.03235	-0.00939	-0.04760	-0.07997	-0.10458	-0.11996	-0.12519	
	M	0.00000	0.15800	0.30636	0.43606	0.43606	0.44020	0.41751	0.36938	0.29873	0.20988	0.10824	0.00000	
2.475	Q	1.59621	1.54757	1.40461	1.17606	0.17606	-0.09370	-0.35775	-0.60000	-0.80568	-0.96226	-1.06019	-1.09351	2.475
	V	0.00000	0.01437	0.02716	0.03690	0.03690	0.04248	0.04367	0.04071	0.03408	0.02447	0.01277	0.00000	
	V'	0.14630	0.13836	0.11503	0.07772	0.07772	0.03368	-0.00943	-0.04897	-0.08255	-0.10811	-0.12410	-0.12954	
ALPHA	X/L =	0.00	0.10	0.20	L 0.30	R 0.30	0.40	0.50	0.60	0.70	0.80	0.90	1.00	ALPHA

XP/L = 0.30

FUNKTIONEN : F.PIM - F.PIQ - F.PIV - F.PIV'

FUNKTIONEN : F.P;M - F.P;Q - F.P;V - F.P;V'

XP/L = 0.30

ALPHA	X/L =	0.00	0.10	0.20	L 0.30	R 0.30	0.40	0.50	0.60	0.70	0.80	0.90	1.00	ALPHA
	M	0.00000	0.16271	0.31530	0.44829	0.44829	0.45444	0.43234	0.38336	0.31055	0.21842	0.11271	0.00000	
2.500	Q	1.64416	1.59305	1.44289	1.20302	0.20302	-0.08057	-0.35914	-0.61539	-0.83337	-0.99954	-1.10356	-1.13896	2.500
	V	0.00000	0.01483	0.02805	0.03813	0.03813	0.04391	0.04518	0.04214	0.03529	0.02535	0.01323	0.00000	
	V'	0.15107	0.14289	0.11886	0.08048	0.08048	0.03511	-0.00946	-0.05046	-0.08534	-0.11193	-0.12857	-0.13423	
	M	0.00000	0.16780	0.32496	0.46151	0.46151	0.46986	0.44840	0.39851	0.32334	0.22767	0.11756	0.00000	
2.525	Q	1.69598	1.64220	1.48428	1.23223	0.23223	-0.06626	-0.36055	-0.63198	-0.86332	-1.03991	-1.15056	-1.18824	2.525
	V	0.00000	0.01534	0.02901	0.03945	0.03945	0.04546	0.04680	0.04368	0.03660	0.02630	0.01373	0.00000	
	V'	0.15622	0.14778	0.12301	0.08348	0.08348	0.03666	-0.00950	-0.05207	-0.08836	-0.11605	-0.13341	-0.13932	
	M	0.00000	0.17332	0.33544	0.47585	0.47585	0.48658	0.46583	0.41496	0.33725	0.23773	0.12284	0.00000	
2.550	Q	1.75215	1.69549	1.52918	1.26397	0.26397	-0.05065	-0.36199	-0.64992	-0.89582	-1.08378	-1.20165	-1.24181	2.550
	V	0.00000	0.01589	0.03006	0.04088	0.04088	0.04715	0.04857	0.04536	0.03802	0.02733	0.01428	0.00000	
	V'	0.16181	0.15309	0.12752	0.08673	0.08673	0.03835	-0.00953	-0.05381	-0.09163	-0.12054	-0.13866	-0.14484	
	M	0.00000	0.17935	0.34683	0.49146	0.49146	0.50479	0.48483	0.43290	0.35242	0.24871	0.12859	0.00000	
2.575	Q	1.81324	1.75346	1.57805	1.29859	0.29859	-0.03354	-0.36345	-0.66940	-0.93120	-1.13161	-1.25739	-1.30026	2.575
	V	0.00000	0.01649	0.03119	0.04245	0.04245	0.04898	0.05050	0.04719	0.03958	0.02846	0.01487	0.00000	
	V'	0.16789	0.15883	0.13242	0.09028	0.09028	0.04019	-0.00957	-0.05571	-0.09520	-0.12542	-0.14439	-0.15085	
	M	0.00000	0.18588	0.35927	0.50851	0.50851	0.52469	0.50559	0.45252	0.36902	0.26072	0.13489	0.00000	
2.600	Q	1.87994	1.81675	1.63144	1.33647	0.33647	-0.01473	-0.36494	-0.69062	-0.96987	-1.18393	-1.31841	-1.36426	2.600
	V	0.00000	0.01714	0.03244	0.04416	0.04416	0.05099	0.05260	0.04919	0.04128	0.02969	0.01552	0.00000	
	V'	0.17455	0.16520	0.13779	0.09415	0.09415	0.04220	-0.00961	-0.05778	-0.09909	-0.13076	-0.15065	-0.15744	
	M	0.00000	0.19307	0.37291	0.52720	0.52720	0.54652	0.52839	0.47407	0.38726	0.27393	0.14182	0.00000	
2.625	Q	1.95304	1.88613	1.69001	1.37810	0.37810	0.00603	-0.36645	-0.71383	-1.01230	-1.24142	-1.38548	-1.43463	2.625
	V	0.00000	0.01786	0.03380	0.04603	0.04603	0.05319	0.05491	0.05138	0.04314	0.03105	0.01623	0.00000	
	V'	0.18185	0.17214	0.14367	0.09841	0.09841	0.04441	-0.00964	-0.06006	-0.10337	-0.13662	-0.15753	-0.16466	
	M	0.00000	0.20098	0.38793	0.54780	0.54780	0.57058	0.55354	0.49784	0.40739	0.28850	0.14947	0.00000	
2.650	Q	2.03352	1.96254	1.75454	1.42405	0.42405	0.02904	-0.36799	-0.73933	-1.05906	-1.30484	-1.45953	-1.51233	2.650
	V	0.00000	0.01865	0.03531	0.04810	0.04810	0.05562	0.05746	0.05380	0.04520	0.03254	0.01701	0.00000	
	V'	0.18989	0.17978	0.15017	0.10310	0.10310	0.04686	-0.00968	-0.06256	-0.10809	-0.14309	-0.16512	-0.17263	
	M	0.00000	0.20974	0.40455	0.57059	0.57059	0.59723	0.58140	0.52420	0.42972	0.30467	0.15795	0.00000	
2.675	Q	2.12258	2.04709	1.82599	1.47500	0.47500	0.05467	-0.36956	-0.76750	-1.11084	-1.37517	-1.54169	-1.59854	2.675
	V	0.00000	0.01953	0.03697	0.05039	0.05039	0.05831	0.06029	0.05649	0.04748	0.03419	0.01788	0.00000	
	V'	0.19881	0.18826	0.15736	0.10831	0.10831	0.04956	-0.00972	-0.06533	-0.11332	-0.15026	-0.17353	-0.18147	
	M	0.00000	0.21947	0.42305	0.59597	0.59597	0.62691	0.61243	0.55358	0.45461	0.32271	0.16742	0.00000	
2.700	Q	2.22164	2.14116	1.90552	1.53182	0.53182	0.08335	-0.37115	-0.79877	-1.16850	-1.45357	-1.63332	-1.69472	2.700
	V	0.00000	0.02050	0.03883	0.05294	0.05294	0.06130	0.06343	0.05948	0.05002	0.03604	0.01885	0.00000	
	V'	0.20873	0.19769	0.16537	0.11410	0.11410	0.05259	-0.00976	-0.06842	-0.11914	-0.15824	-0.18290	-0.19132	
	M	0.00000	0.23038	0.44375	0.62438	0.62438	0.66016	0.64723	0.58653	0.48254	0.34295	0.17804	0.00000	
2.725	Q	2.33252	2.24646	1.99461	1.59556	0.59556	0.11566	-0.37278	-0.83370	-1.23310	-1.54150	-1.73614	-1.80265	2.725
	V	0.00000	0.02160	0.04091	0.05580	0.05580	0.06466	0.06696	0.06283	0.05286	0.03810	0.01994	0.00000	
	V'	0.21985	0.20826	0.17434	0.12060	0.12060	0.05598	-0.00980	-0.07187	-0.12566	-0.16719	-0.19340	-0.20236	
ALPHA	X/L =	0.00	0.10	0.20	L 0.30	R 0.30	0.40	0.50	0.60	0.70	0.80	0.90	1.00	ALPHA

XP/L = 0.30

FUNKTIONEN : F.P;M - F.P;Q - F.P;V - F.P;V'

FUNKTIONEN : F.P;M - F.P;Q - F.P;V - F.P;V'

XP/L = 0.30

ALPHA	X/L =	0.00	0.10	0.20	L 0.30	R 0.30	0.40	0.50	0.60	0.70	0.80	0.90	1.00	ALPHA
	M	0.00000	0.24266	0.46709	0.65641	0.65641	0.69766	0.68649	0.62372	0.51408	0.36581	0.19004	0.00000	
2.750	Q	2.45748	2.36514	2.09506	1.66754	0.66754	0.15228	-0.37443	-0.87299	-1.30596	-1.64078	-1.85229	-1.92461	2.750
	V	0.00000	0.02283	0.04325	0.05903	0.05903	0.06845	0.07094	0.06661	0.05608	0.04044	0.02116	0.00000	
	V'	0.23239	0.22018	0.18447	0.12794	0.12794	0.05981	-0.00984	-0.07577	-0.13302	-0.17729	-0.20526	-0.21482	
	M	0.00000	0.25661	0.49359	0.69281	0.69281	0.74029	0.73113	0.66603	0.54997	0.39183	0.20371	0.00000	
2.775	Q	2.59937	2.49993	2.20921	1.74945	0.74945	0.19410	-0.37611	-0.91754	-1.38876	-1.75373	-1.98451	-2.06345	2.775
	V	0.00000	0.02423	0.04592	0.06270	0.06270	0.07276	0.07547	0.07091	0.05973	0.04309	0.02256	0.00000	
	V'	0.24665	0.23374	0.19599	0.13628	0.13628	0.06416	-0.00988	-0.08019	-0.14139	-0.18878	-0.21875	-0.22900	
	M	0.00000	0.27260	0.52396	0.73452	0.73452	0.78916	0.78234	0.71458	0.59117	0.42170	0.21940	0.00000	
2.800	Q	2.76192	2.65436	2.34005	1.84348	0.84348	0.24227	-0.37782	-0.96848	-1.48370	-1.88336	-2.13632	-2.22289	2.800
	V	0.00000	0.02584	0.04897	0.06690	0.06690	0.07770	0.08066	0.07584	0.06392	0.04614	0.02416	0.00000	
	V'	0.26300	0.24928	0.20919	0.14585	0.14585	0.06917	-0.00993	-0.08526	-0.15098	-0.20196	-0.23423	-0.24527	
	M	0.00000	0.29109	0.55911	0.78280	0.78280	0.84576	0.84167	0.77085	0.63893	0.45635	0.23759	0.00000	
2.825	Q	2.95002	2.83308	2.49155	1.95250	0.95250	0.29829	-0.37956	-1.02732	-1.59364	-2.03362	-2.31238	-2.40782	2.825
	V	0.00000	0.02770	0.05252	0.07177	0.07177	0.08342	0.08667	0.08155	0.06878	0.04966	0.02601	0.00000	
	V'	0.28193	0.26728	0.22449	0.15694	0.15694	0.07497	-0.00997	-0.09114	-0.16210	-0.21723	-0.25216	-0.26412	
	M	0.00000	0.31275	0.60026	0.83935	0.83935	0.91207	0.91121	0.83683	0.69495	0.49699	0.25894	0.00000	
2.850	Q	3.17021	3.04233	2.66901	2.08035	1.08035	0.36420	-0.38133	-1.09610	-1.72244	-2.20982	-2.51892	-2.62480	2.850
	V	0.00000	0.02989	0.05667	0.07748	0.07748	0.09013	0.09372	0.08825	0.07448	0.05380	0.02819	0.00000	
	V'	0.30412	0.28838	0.24241	0.16994	0.16994	0.08177	-0.01001	-0.09801	-0.17512	-0.23513	-0.27318	-0.28622	
	M	0.00000	0.33845	0.64911	0.90649	0.90649	0.99083	0.99383	0.91525	0.76154	0.54532	0.28433	0.00000	
2.875	Q	3.43154	3.29069	2.87972	2.23235	1.23235	0.44278	-0.38313	-1.17760	-1.87540	-2.41925	-2.76451	-2.88283	2.875
	V	0.00000	0.03248	0.06159	0.08426	0.08426	0.09810	0.10209	0.09621	0.08125	0.05872	0.03077	0.00000	
	V'	0.33047	0.31343	0.26371	0.18539	0.18539	0.08986	-0.01006	-0.10617	-0.19060	-0.25639	-0.29816	-0.31248	
	M	0.00000	0.36944	0.70804	0.98750	0.98750	1.08589	1.09359	1.00997	0.84200	0.60371	0.31501	0.00000	
2.900	Q	3.74674	3.59029	3.13401	2.41600	1.41600	0.53798	-0.38497	-1.27577	-2.06002	-2.67224	-3.06130	-3.19470	2.900
	V	0.00000	0.03561	0.06754	0.09245	0.09245	0.10772	0.11220	0.10582	0.08942	0.06465	0.03389	0.00000	
	V'	0.36228	0.34367	0.28942	0.20404	0.20404	0.09964	-0.01010	-0.11602	-0.20928	-0.28207	-0.32834	-0.34420	
	M	0.00000	0.40758	0.78053	1.08718	1.08718	1.20290	1.21643	1.12663	0.94112	0.67567	0.35282	0.00000	
2.925	Q	4.13448	3.95887	3.44696	2.64225	1.64225	0.65555	-0.38684	-1.39636	-2.28727	-2.98388	-3.42701	-3.57902	2.925
	V	0.00000	0.03946	0.07487	0.10253	0.10253	0.11956	0.12465	0.11766	0.09948	0.07196	0.03773	0.00000	
	V'	0.40143	0.38090	0.32107	0.22701	0.22701	0.11169	-0.01015	-0.12815	-0.23228	-0.31370	-0.36549	-0.38326	
	M	0.00000	0.45564	0.87191	1.21285	1.21285	1.35045	1.37138	1.27382	1.06622	0.76650	0.40055	0.00000	
2.950	Q	4.62312	4.42341	3.84154	2.92777	1.92777	0.80426	-0.38874	-1.54815	-2.57381	-3.37711	-3.88863	-4.06420	2.950
	V	0.00000	0.04431	0.08410	0.11524	0.11524	0.13450	0.14035	0.13259	0.11218	0.08118	0.04258	0.00000	
	V'	0.45080	0.42786	0.36099	0.25599	0.25599	0.12689	-0.01020	-0.14342	-0.26128	-0.35359	-0.41237	-0.43254	
	M	0.00000	0.51809	0.99066	1.37619	1.37619	1.54229	1.57289	1.46530	1.22898	0.88468	0.46267	0.00000	
2.975	Q	5.25808	5.02711	4.35447	3.29927	2.29927	0.99815	-0.39068	-1.74517	-2.94635	-3.88867	-4.48935	-4.69562	2.975
	V	0.00000	0.05063	0.09611	0.13176	0.13176	0.15392	0.16077	0.15200	0.12869	0.09318	0.04889	0.00000	
	V'	0.51500	0.48890	0.41291	0.29368	0.29368	0.14667	-0.01025	-0.16329	-0.29900	-0.40547	-0.47334	-0.49665	
ALPHA	X/L =	0.00	0.10	0.20	L 0.30	R 0.30	0.40	0.50	0.60	0.70	0.80	0.90	1.00	ALPHA

XP/L = 0.30

FUNKTIONEN : F.P;M - F.P;Q - F.P;V - F.P;V'

FUNKTIONEN : F.PIM - F.PIQ - F.PIV - F.PIV'

XP/L = 0.40

ALPHA	X/L =	0.00	0.10	0.20	0.30	L 0.40	R 0.40	0.50	0.60	0.70	0.80	0.90	1.00	ALPHA
0.000	M	0.00000	0.06000	0.12000	0.18000	0.24000	0.24000	0.20000	0.16000	0.12000	0.08000	0.04000	0.00000	0.000
	Q	0.60000	0.60000	0.60000	0.60000	0.60000	-0.40000	-0.40000	-0.40000	-0.40000	-0.40000	-0.40000	-0.40000	
	V	0.00000	0.00630	0.01200	0.01650	0.01920	0.01920	0.01967	0.01813	0.01500	0.01067	0.00553	0.00000	
	V'	0.06400	0.06100	0.05200	0.03700	0.01600	0.01600	-0.00600	-0.02400	-0.03800	-0.04800	-0.05400	-0.05600	
0.025	M	0.00000	0.06000	0.12001	0.18001	0.24001	0.24001	0.20001	0.16001	0.12001	0.08001	0.04000	0.00000	0.025
	Q	0.60004	0.60004	0.60003	0.60002	0.60001	-0.39999	-0.40000	-0.40002	-0.40002	-0.40003	-0.40003	-0.40004	
	V	0.00000	0.00630	0.01200	0.01650	0.01920	0.01920	0.01967	0.01813	0.01500	0.01067	0.00553	0.00000	
	V'	0.06400	0.06100	0.05200	0.03700	0.01600	0.01600	-0.00600	-0.02400	-0.03800	-0.04800	-0.05400	-0.05600	
0.050	M	0.00000	0.06002	0.12003	0.18004	0.24005	0.24005	0.20005	0.16005	0.12004	0.08003	0.04001	0.00000	0.050
	Q	0.60016	0.60015	0.60013	0.60009	0.60004	-0.39996	-0.40002	-0.40006	-0.40010	-0.40012	-0.40014	-0.40014	
	V	0.00000	0.00630	0.01200	0.01650	0.01920	0.01920	0.01967	0.01814	0.01500	0.01067	0.00553	0.00000	
	V'	0.06402	0.06101	0.05201	0.03701	0.01600	0.01600	-0.00600	-0.02401	-0.03801	-0.04801	-0.05401	-0.05602	
0.075	M	0.00000	0.06004	0.12007	0.18009	0.24011	0.24011	0.20011	0.16010	0.12008	0.08006	0.04003	0.00000	0.075
	Q	0.60036	0.60034	0.60029	0.60021	0.60009	-0.39991	-0.40003	-0.40014	-0.40021	-0.40027	-0.40030	-0.40032	
	V	0.00000	0.00630	0.01201	0.01651	0.01921	0.01921	0.01968	0.01814	0.01501	0.01067	0.00554	0.00000	
	V'	0.06404	0.06103	0.05203	0.03702	0.01601	0.01601	-0.00600	-0.02401	-0.03802	-0.04803	-0.05403	-0.05603	
0.100	M	0.00000	0.06006	0.12012	0.18017	0.24019	0.24019	0.20020	0.16018	0.12015	0.08011	0.04006	0.00000	0.100
	Q	0.60064	0.60061	0.60052	0.60037	0.60016	-0.39984	-0.40006	-0.40024	-0.40038	-0.40048	-0.40054	-0.40056	
	V	0.00000	0.00631	0.01201	0.01652	0.01922	0.01922	0.01969	0.01815	0.01502	0.01068	0.00554	0.00000	
	V'	0.06406	0.06106	0.05205	0.03704	0.01602	0.01602	-0.00600	-0.02402	-0.03804	-0.04805	-0.05406	-0.05606	
0.125	M	0.00000	0.06010	0.12019	0.18026	0.24030	0.24030	0.20031	0.16028	0.12023	0.08017	0.04009	0.00000	0.125
	Q	0.60100	0.60095	0.60081	0.60058	0.60025	-0.39975	-0.40009	-0.40038	-0.40059	-0.40075	-0.40085	-0.40088	
	V	0.00000	0.00631	0.01202	0.01653	0.01923	0.01923	0.01970	0.01816	0.01502	0.01068	0.00554	0.00000	
	V'	0.06410	0.06109	0.05208	0.03706	0.01603	0.01603	-0.00600	-0.02403	-0.03806	-0.04808	-0.05409	-0.05610	
0.150	M	0.00000	0.06014	0.12027	0.18037	0.24043	0.24043	0.20044	0.16041	0.12034	0.08024	0.04012	0.00000	0.150
	Q	0.60144	0.60138	0.60117	0.60083	0.60036	-0.39964	-0.40014	-0.40054	-0.40086	-0.40108	-0.40122	-0.40126	
	V	0.00000	0.00631	0.01203	0.01654	0.01924	0.01924	0.01971	0.01818	0.01504	0.01069	0.00555	0.00000	
	V'	0.06414	0.06114	0.05211	0.03708	0.01604	0.01604	-0.00600	-0.02405	-0.03808	-0.04811	-0.05413	-0.05614	
0.175	M	0.00000	0.06019	0.12037	0.18051	0.24059	0.24059	0.20060	0.16056	0.12046	0.08033	0.04017	0.00000	0.175
	Q	0.60197	0.60187	0.60160	0.60114	0.60049	-0.39951	-0.40018	-0.40074	-0.40117	-0.40147	-0.40166	-0.40172	
	V	0.00000	0.00632	0.01204	0.01655	0.01926	0.01926	0.01973	0.01819	0.01505	0.01070	0.00555	0.00000	
	V'	0.06419	0.06118	0.05216	0.03711	0.01606	0.01606	-0.00600	-0.02406	-0.03811	-0.04815	-0.05418	-0.05619	
0.200	M	0.00000	0.06025	0.12048	0.18066	0.24077	0.24077	0.20079	0.16073	0.12060	0.08043	0.04022	0.00000	0.200
	Q	0.60257	0.60245	0.60209	0.60149	0.60064	-0.39936	-0.40024	-0.40096	-0.40153	-0.40193	-0.40217	-0.40225	
	V	0.00000	0.00632	0.01205	0.01657	0.01928	0.01928	0.01975	0.01821	0.01506	0.01071	0.00556	0.00000	
	V'	0.06425	0.06124	0.05220	0.03715	0.01607	0.01607	-0.00601	-0.02408	-0.03815	-0.04820	-0.05423	-0.05624	
0.225	M	0.00000	0.06032	0.12061	0.18084	0.24098	0.24098	0.20100	0.16092	0.12076	0.08054	0.04028	0.00000	0.225
	Q	0.60326	0.60310	0.60265	0.60188	0.60081	-0.39919	-0.40030	-0.40122	-0.40193	-0.40244	-0.40275	-0.40285	
	V	0.00000	0.00633	0.01206	0.01658	0.01930	0.01930	0.01977	0.01823	0.01508	0.01072	0.00556	0.00000	
	V'	0.06432	0.06131	0.05226	0.03719	0.01609	0.01609	-0.00601	-0.02410	-0.03819	-0.04825	-0.05430	-0.05631	
ALPHA	X/L =	0.00	0.10	0.20	0.30	L 0.40	R 0.40	0.50	0.60	0.70	0.80	0.90	1.00	ALPHA

XP/L = 0.40

FUNKTIONEN : F.PIM - F.PIQ - F.PIV - F.PIV'

FUNKTIONEN : F.P;M - F.P;Q - F.P;V - F.P;V'

XP/L = 0.40

ALPHA	X/L =	0.00	0.10	0.20	0.30	L 0.40	R 0.40	0.50	0.60	0.70	0.80	0.90	1.00	ALPHA
	M	0.00000	0.06040	0.12075	0.18104	0.24121	0.24121	0.20124	0.16114	0.12094	0.08067	0.04035	0.00000	
0.250	Q	0.60402	0.60384	0.60327	0.60233	0.60101	-0.39899	-0.40038	-0.40151	-0.40239	-0.40302	-0.40340	-0.40352	0.250
	V	0.00000	0.00634	0.01207	0.01660	0.01932	0.01932	0.01979	0.01825	0.01510	0.01074	0.00557	0.00000	
	V'	0.06440	0.06138	0.05232	0.03723	0.01612	0.01612	-0.00601	-0.02413	-0.03823	-0.04831	-0.05437	-0.05638	
	M	0.00000	0.06048	0.12091	0.18126	0.24146	0.24146	0.20150	0.16138	0.12114	0.08081	0.04042	0.00000	
0.275	Q	0.60488	0.60465	0.60396	0.60282	0.60122	-0.39878	-0.40045	-0.40183	-0.40290	-0.40366	-0.40412	-0.40427	0.275
	V	0.00000	0.00635	0.01209	0.01662	0.01934	0.01934	0.01982	0.01828	0.01512	0.01075	0.00558	0.00000	
	V'	0.06448	0.06146	0.05239	0.03728	0.01614	0.01614	-0.00601	-0.02415	-0.03828	-0.04838	-0.05444	-0.05646	
	M	0.00000	0.06057	0.12109	0.18150	0.24174	0.24174	0.20179	0.16165	0.12136	0.08097	0.04050	0.00000	
0.300	Q	0.60581	0.60554	0.60472	0.60336	0.60146	-0.39854	-0.40054	-0.40218	-0.40345	-0.40436	-0.40491	-0.40509	0.300
	V	0.00000	0.00636	0.01211	0.01665	0.01937	0.01937	0.01985	0.01830	0.01514	0.01077	0.00559	0.00000	
	V'	0.06457	0.06154	0.05246	0.03733	0.01617	0.01617	-0.00601	-0.02418	-0.03834	-0.04845	-0.05453	-0.05655	
	M	0.00000	0.06067	0.12128	0.18176	0.24205	0.24205	0.20210	0.16194	0.12160	0.08114	0.04059	0.00000	
0.325	Q	0.60683	0.60651	0.60555	0.60395	0.60171	-0.39829	-0.40064	-0.40256	-0.40406	-0.40513	-0.40577	-0.40598	0.325
	V	0.00000	0.00637	0.01213	0.01667	0.01940	0.01940	0.01988	0.01833	0.01517	0.01079	0.00560	0.00000	
	V'	0.06467	0.06164	0.05254	0.03739	0.01620	0.01620	-0.00601	-0.02422	-0.03840	-0.04853	-0.05462	-0.05665	
	M	0.00000	0.06078	0.12149	0.18205	0.24238	0.24238	0.20244	0.16225	0.12186	0.08132	0.04069	0.00000	
0.350	Q	0.60794	0.60756	0.60645	0.60459	0.60199	-0.39801	-0.40074	-0.40297	-0.40471	-0.40596	-0.40670	-0.40695	0.350
	V	0.00000	0.00638	0.01215	0.01670	0.01943	0.01943	0.01991	0.01837	0.01520	0.01081	0.00561	0.00000	
	V'	0.06478	0.06174	0.05263	0.03745	0.01623	0.01623	-0.00602	-0.02425	-0.03846	-0.04862	-0.05472	-0.05675	
	M	0.00000	0.06090	0.12171	0.18235	0.24274	0.24274	0.20281	0.16259	0.12214	0.08152	0.04079	0.00000	
0.375	Q	0.60913	0.60870	0.60741	0.60528	0.60229	-0.39771	-0.40085	-0.40342	-0.40542	-0.40685	-0.40771	-0.40800	0.375
	V	0.00000	0.00639	0.01217	0.01673	0.01947	0.01947	0.01995	0.01840	0.01523	0.01083	0.00562	0.00000	
	V'	0.06490	0.06186	0.05272	0.03752	0.01626	0.01626	-0.00602	-0.02429	-0.03853	-0.04871	-0.05483	-0.05687	
	M	0.00000	0.06102	0.12195	0.18268	0.24312	0.24312	0.20320	0.16295	0.12244	0.08174	0.04090	0.00000	
0.400	Q	0.61040	0.60992	0.60845	0.60601	0.60261	-0.39739	-0.40096	-0.40389	-0.40618	-0.40781	-0.40879	-0.40912	0.400
	V	0.00000	0.00640	0.01219	0.01676	0.01951	0.01951	0.01999	0.01844	0.01526	0.01085	0.00563	0.00000	
	V'	0.06503	0.06198	0.05283	0.03759	0.01630	0.01630	-0.00602	-0.02433	-0.03860	-0.04881	-0.05494	-0.05699	
	M	0.00000	0.06116	0.12221	0.18303	0.24353	0.24353	0.20362	0.16334	0.12276	0.08196	0.04102	0.00000	
0.425	Q	0.61177	0.61122	0.60956	0.60680	0.60295	-0.39705	-0.40109	-0.40440	-0.40699	-0.40884	-0.40995	-0.41032	0.425
	V	0.00000	0.00641	0.01222	0.01680	0.01955	0.01955	0.02003	0.01848	0.01529	0.01088	0.00564	0.00000	
	V'	0.06516	0.06210	0.05293	0.03767	0.01634	0.01634	-0.00602	-0.02437	-0.03868	-0.04892	-0.05507	-0.05712	
	M	0.00000	0.06130	0.12248	0.18341	0.24397	0.24397	0.20407	0.16375	0.12310	0.08221	0.04115	0.00000	
0.450	Q	0.61322	0.61260	0.61074	0.60764	0.60332	-0.39668	-0.40122	-0.40494	-0.40785	-0.40993	-0.41118	-0.41159	0.450
	V	0.00000	0.00643	0.01224	0.01683	0.01959	0.01959	0.02008	0.01852	0.01533	0.01090	0.00566	0.00000	
	V'	0.06531	0.06224	0.05305	0.03775	0.01638	0.01638	-0.00603	-0.02442	-0.03876	-0.04903	-0.05520	-0.05726	
	M	0.00000	0.06145	0.12277	0.18381	0.24443	0.24443	0.20454	0.16419	0.12347	0.08247	0.04128	0.00000	
0.475	Q	0.61477	0.61408	0.61200	0.60854	0.60371	-0.39629	-0.40136	-0.40552	-0.40877	-0.41109	-0.41249	-0.41295	0.475
	V	0.00000	0.00644	0.01227	0.01687	0.01964	0.01964	0.02012	0.01857	0.01537	0.01093	0.00567	0.00000	
	V'	0.06546	0.06238	0.05317	0.03784	0.01642	0.01642	-0.00603	-0.02447	-0.03885	-0.04915	-0.05534	-0.05741	
ALPHA	X/L =	0.00	0.10	0.20	0.30	L 0.40	R 0.40	0.50	0.60	0.70	0.80	0.90	1.00	ALPHA

XP/L = 0.40

FUNKTIONEN : F.P;M - F.P;Q - F.P;V - F.P;V'

D R U C K S T A E B E -302-

FUNKTIONEN : F.PIM - F.PIQ - F.PIV - F.PIV'

XP/L = 0.40

ALPHA	X/L =	0.00	0.10	0.20	0.30	L 0.40	R 0.40	0.50	0.60	0.70	0.80	0.90	1.00	ALPHA
	M	0.00000	0.06161	0.12308	0.18423	0.24492	0.24492	0.20504	0.16465	0.12385	0.08274	0.04142	0.00000	
0.500	Q	0.61640	0.61563	0.61333	0.60948	0.60412	-0.39588	-0.40151	-0.40613	-0.40974	-0.41232	-0.41387	-0.41439	0.500
	V	0.00000	0.00646	0.01230	0.01692	0.01969	0.01969	0.02017	0.01861	0.01541	0.01096	0.00569	0.00000	
	V'	0.06562	0.06254	0.05330	0.03793	0.01647	0.01647	-0.00603	-0.02452	-0.03895	-0.04928	-0.05549	-0.05756	
	M	0.00000	0.06178	0.12340	0.18467	0.24544	0.24544	0.20558	0.16514	0.12426	0.08303	0.04157	0.00000	
0.525	Q	0.61813	0.61728	0.61473	0.61048	0.60455	-0.39545	-0.40166	-0.40677	-0.41076	-0.41362	-0.41534	-0.41591	0.525
	V	0.00000	0.00648	0.01233	0.01696	0.01974	0.01974	0.02023	0.01866	0.01545	0.01099	0.00570	0.00000	
	V'	0.06579	0.06270	0.05344	0.03803	0.01652	0.01652	-0.00604	-0.02458	-0.03905	-0.04942	-0.05565	-0.05773	
	M	0.00000	0.06196	0.12374	0.18514	0.24599	0.24599	0.20614	0.16566	0.12469	0.08333	0.04173	0.00000	
0.550	Q	0.61996	0.61902	0.61621	0.61154	0.60501	-0.39499	-0.40183	-0.40745	-0.41184	-0.41499	-0.41688	-0.41751	0.550
	V	0.00000	0.00649	0.01237	0.01700	0.01979	0.01979	0.02028	0.01872	0.01549	0.01102	0.00572	0.00000	
	V'	0.06597	0.06287	0.05358	0.03814	0.01657	0.01657	-0.00604	-0.02463	-0.03915	-0.04956	-0.05581	-0.05790	
	M	0.00000	0.06215	0.12410	0.18564	0.24656	0.24656	0.20673	0.16621	0.12514	0.08366	0.04190	0.00000	
0.575	Q	0.62187	0.62085	0.61777	0.61264	0.60550	-0.39450	-0.40200	-0.40816	-0.41298	-0.41643	-0.41851	-0.41920	0.575
	V	0.00000	0.00651	0.01240	0.01705	0.01985	0.01985	0.02034	0.01877	0.01554	0.01106	0.00574	0.00000	
	V'	0.06616	0.06305	0.05374	0.03824	0.01663	0.01663	-0.00604	-0.02469	-0.03927	-0.04971	-0.05599	-0.05808	
	M	0.00000	0.06235	0.12448	0.18616	0.24717	0.24717	0.20735	0.16678	0.12561	0.08399	0.04207	0.00000	
0.600	Q	0.62389	0.62277	0.61940	0.61381	0.60601	-0.39399	-0.40218	-0.40891	-0.41418	-0.41795	-0.42022	-0.42098	0.600
	V	0.00000	0.00653	0.01244	0.01710	0.01991	0.01991	0.02041	0.01883	0.01559	0.01109	0.00576	0.00000	
	V'	0.06636	0.06324	0.05390	0.03836	0.01669	0.01669	-0.00605	-0.02476	-0.03938	-0.04987	-0.05617	-0.05828	
	M	0.00000	0.06256	0.12487	0.18670	0.24780	0.24780	0.20800	0.16738	0.12611	0.08435	0.04226	0.00000	
0.625	Q	0.62600	0.62478	0.62112	0.61503	0.60654	-0.39346	-0.40236	-0.40970	-0.41543	-0.41954	-0.42202	-0.42284	0.625
	V	0.00000	0.00655	0.01248	0.01716	0.01997	0.01997	0.02047	0.01889	0.01564	0.01113	0.00578	0.00000	
	V'	0.06657	0.06344	0.05406	0.03848	0.01675	0.01675	-0.00605	-0.02483	-0.03950	-0.05003	-0.05636	-0.05848	
	M	0.00000	0.06278	0.12529	0.18727	0.24847	0.24847	0.20868	0.16801	0.12663	0.08472	0.04245	0.00000	
0.650	Q	0.62822	0.62689	0.62292	0.61631	0.60710	-0.39290	-0.40256	-0.41052	-0.41674	-0.42121	-0.42390	-0.42480	0.650
	V	0.00000	0.00657	0.01252	0.01721	0.02004	0.02004	0.02054	0.01896	0.01570	0.01117	0.00580	0.00000	
	V'	0.06679	0.06365	0.05424	0.03861	0.01681	0.01681	-0.00605	-0.02490	-0.03963	-0.05020	-0.05656	-0.05869	
	M	0.00000	0.06301	0.12572	0.18787	0.24916	0.24916	0.20939	0.16867	0.12718	0.08511	0.04265	0.00000	
0.675	Q	0.63053	0.62910	0.62480	0.61765	0.60769	-0.39231	-0.40276	-0.41138	-0.41812	-0.42296	-0.42587	-0.42684	0.675
	V	0.00000	0.00660	0.01256	0.01727	0.02010	0.02010	0.02061	0.01903	0.01576	0.01121	0.00582	0.00000	
	V'	0.06701	0.06386	0.05442	0.03874	0.01688	0.01688	-0.00606	-0.02497	-0.03977	-0.05039	-0.05678	-0.05891	
	M	0.00000	0.06324	0.12618	0.18849	0.24989	0.24989	0.21014	0.16936	0.12775	0.08552	0.04286	0.00000	
0.700	Q	0.63295	0.63140	0.62676	0.61905	0.60830	-0.39170	-0.40297	-0.41227	-0.41955	-0.42478	-0.42793	-0.42898	0.700
	V	0.00000	0.00662	0.01261	0.01733	0.02018	0.02018	0.02069	0.01910	0.01582	0.01126	0.00584	0.00000	
	V'	0.06725	0.06409	0.05462	0.03888	0.01695	0.01695	-0.00606	-0.02505	-0.03991	-0.05057	-0.05700	-0.05914	
	M	0.00000	0.06349	0.12665	0.18914	0.25064	0.25064	0.21092	0.17008	0.12835	0.08594	0.04308	0.00000	
0.725	Q	0.63548	0.63381	0.62881	0.62051	0.60895	-0.39105	-0.40319	-0.41321	-0.42105	-0.42669	-0.43008	-0.43121	0.725
	V	0.00000	0.00664	0.01265	0.01740	0.02025	0.02025	0.02077	0.01917	0.01588	0.01130	0.00587	0.00000	
	V'	0.06750	0.06433	0.05482	0.03902	0.01702	0.01702	-0.00607	-0.02513	-0.04005	-0.05077	-0.05723	-0.05938	
ALPHA	X/L =	0.00	0.10	0.20	0.30	L 0.40	R 0.40	0.50	0.60	0.70	0.80	0.90	1.00	ALPHA

XP/L = 0.40

FUNKTIONEN : F.PIM - F.PIQ - F.PIV - F.PIV'

FUNKTIONEN : F.P;M - F.P;Q - F.P;V - F.P;V'

XP/L = 0.40

ALPHA	X/L =	0.00	0.10	0.20	0.30	L 0.40	R 0.40	0.50	0.60	0.70	0.80	0.90	1.00	ALPHA
	M	0.00000	0.06375	0.12715	0.18982	0.25144	0.25144	0.21173	0.17083	0.12897	0.08638	0.04331	0.00000	
0.750	Q	0.63812	0.63632	0.63095	0.62203	0.60962	-0.39038	-0.40342	-0.41418	-0.42262	-0.42868	-0.43232	-0.43354	0.750
	V	0.00000	0.00667	0.01270	0.01746	0.02033	0.02033	0.02085	0.01925	0.01594	0.01135	0.00589	0.00000	
	V'	0.06776	0.06458	0.05503	0.03917	0.01710	0.01710	-0.00607	-0.02521	-0.04021	-0.05098	-0.05747	-0.05963	
	M	0.00000	0.06402	0.12766	0.19053	0.25226	0.25226	0.21257	0.17161	0.12962	0.08685	0.04355	0.00000	
0.775	Q	0.64086	0.63894	0.63318	0.62362	0.61032	-0.38968	-0.40365	-0.41519	-0.42424	-0.43075	-0.43467	-0.43597	0.775
	V	0.00000	0.00670	0.01275	0.01753	0.02041	0.02041	0.02093	0.01933	0.01601	0.01140	0.00592	0.00000	
	V'	0.06804	0.06483	0.05524	0.03933	0.01718	0.01718	-0.00608	-0.02530	-0.04037	-0.05119	-0.05772	-0.05990	
	M	0.00000	0.06430	0.12820	0.19127	0.25312	0.25312	0.21345	0.17243	0.13029	0.08733	0.04380	0.00000	
0.800	Q	0.64372	0.64166	0.63550	0.62527	0.61105	-0.38895	-0.40389	-0.41625	-0.42594	-0.43291	-0.43711	-0.43851	0.800
	V	0.00000	0.00672	0.01281	0.01761	0.02050	0.02050	0.02102	0.01941	0.01608	0.01145	0.00594	0.00000	
	V'	0.06832	0.06510	0.05547	0.03949	0.01726	0.01726	-0.00608	-0.02539	-0.04053	-0.05142	-0.05798	-0.06017	
	M	0.00000	0.06460	0.12875	0.19204	0.25401	0.25401	0.21437	0.17327	0.13100	0.08783	0.04406	0.00000	
0.825	Q	0.64670	0.64450	0.63792	0.62699	0.61181	-0.38819	-0.40414	-0.41734	-0.42770	-0.43515	-0.43965	-0.44115	0.825
	V	0.00000	0.00675	0.01286	0.01768	0.02058	0.02058	0.02111	0.01950	0.01616	0.01150	0.00597	0.00000	
	V'	0.06861	0.06538	0.05571	0.03966	0.01734	0.01734	-0.00609	-0.02548	-0.04070	-0.05165	-0.05825	-0.06045	
	M	0.00000	0.06490	0.12933	0.19283	0.25494	0.25494	0.21532	0.17416	0.13173	0.08835	0.04434	0.00000	
0.850	Q	0.64979	0.64745	0.64043	0.62878	0.61260	-0.38740	-0.40440	-0.41848	-0.42954	-0.43749	-0.44229	-0.44389	0.850
	V	0.00000	0.00678	0.01292	0.01776	0.02068	0.02068	0.02121	0.01959	0.01623	0.01156	0.00600	0.00000	
	V'	0.06892	0.06567	0.05595	0.03984	0.01743	0.01743	-0.00609	-0.02558	-0.04088	-0.05189	-0.05853	-0.06075	
	M	0.00000	0.06522	0.12994	0.19366	0.25590	0.25590	0.21632	0.17507	0.13249	0.08889	0.04462	0.00000	
0.875	Q	0.65301	0.65051	0.64304	0.63064	0.61342	-0.38658	-0.40467	-0.41966	-0.43144	-0.43992	-0.44504	-0.44675	0.875
	V	0.00000	0.00681	0.01298	0.01784	0.02077	0.02077	0.02131	0.01969	0.01631	0.01162	0.00603	0.00000	
	V'	0.06924	0.06597	0.05621	0.04002	0.01753	0.01753	-0.00610	-0.02568	-0.04107	-0.05215	-0.05883	-0.06106	
	M	0.00000	0.06555	0.13056	0.19452	0.25691	0.25691	0.21735	0.17603	0.13328	0.08946	0.04491	0.00000	
0.900	Q	0.65635	0.65369	0.64575	0.63257	0.61428	-0.38572	-0.40494	-0.42089	-0.43342	-0.44245	-0.44790	-0.44972	0.900
	V	0.00000	0.00685	0.01304	0.01793	0.02087	0.02087	0.02141	0.01978	0.01640	0.01168	0.00606	0.00000	
	V'	0.06957	0.06629	0.05648	0.04021	0.01762	0.01762	-0.00610	-0.02579	-0.04126	-0.05241	-0.05913	-0.06138	
	M	0.00000	0.06589	0.13121	0.19541	0.25795	0.25795	0.21841	0.17702	0.13410	0.09004	0.04522	0.00000	
0.925	Q	0.65982	0.65700	0.64856	0.63457	0.61517	-0.38483	-0.40523	-0.42216	-0.43548	-0.44507	-0.45086	-0.45280	0.925
	V	0.00000	0.00688	0.01310	0.01802	0.02097	0.02097	0.02152	0.01989	0.01648	0.01174	0.00610	0.00000	
	V'	0.06991	0.06661	0.05675	0.04041	0.01772	0.01772	-0.00611	-0.02590	-0.04146	-0.05268	-0.05945	-0.06171	
	M	0.00000	0.06624	0.13189	0.19634	0.25903	0.25903	0.21952	0.17804	0.13496	0.09065	0.04553	0.00000	
0.950	Q	0.66342	0.66042	0.65148	0.63665	0.61609	-0.38391	-0.40552	-0.42347	-0.43761	-0.44780	-0.45395	-0.45600	0.950
	V	0.00000	0.00692	0.01317	0.01811	0.02108	0.02108	0.02163	0.01999	0.01657	0.01180	0.00613	0.00000	
	V'	0.07027	0.06695	0.05704	0.04061	0.01783	0.01783	-0.00612	-0.02601	-0.04167	-0.05296	-0.05978	-0.06205	
	M	0.00000	0.06661	0.13259	0.19730	0.26015	0.26015	0.22068	0.17911	0.13584	0.09128	0.04586	0.00000	
0.975	Q	0.66715	0.66398	0.65450	0.63881	0.61705	-0.38295	-0.40582	-0.42484	-0.43982	-0.45062	-0.45715	-0.45933	0.975
	V	0.00000	0.00695	0.01324	0.01820	0.02119	0.02119	0.02175	0.02010	0.01667	0.01187	0.00616	0.00000	
	V'	0.07064	0.06730	0.05733	0.04083	0.01794	0.01794	-0.00612	-0.02613	-0.04189	-0.05325	-0.06012	-0.06241	
ALPHA	X/L =	0.00	0.10	0.20	0.30	L 0.40	R 0.40	0.50	0.60	0.70	0.80	0.90	1.00	ALPHA

XP/L = 0.40

FUNKTIONEN : F.P;M - F.P;Q - F.P;V - F.P;V'

FUNKTIONEN : F.P;M - F.P;Q - F.P;V - F.P;V'

XP/L = 0.40

ALPHA	X/L =	0.00	0.10	0.20	0.30	L 0.40	R 0.40	0.50	0.60	0.70	0.80	0.90	1.00	ALPHA
	M	0.00000	0.06699	0.13331	0.19830	0.26131	0.26131	0.22187	0.18022	0.13676	0.09194	0.04620	0.00000	
1.000	Q	0.67102	0.66767	0.65764	0.64105	0.61805	-0.38195	-0.40613	-0.42625	-0.44211	-0.45356	-0.46047	-0.46278	1.000
	V	0.00000	0.00699	0.01331	0.01830	0.02131	0.02131	0.02187	0.02022	0.01676	0.01194	0.00620	0.00000	
	V'	0.07102	0.06767	0.05764	0.04105	0.01805	0.01805	-0.00613	-0.02625	-0.04211	-0.05356	-0.06047	-0.06278	
	M	0.00000	0.06738	0.13406	0.19933	0.26251	0.26251	0.22311	0.18136	0.13772	0.09262	0.04655	0.00000	
1.025	Q	0.67503	0.67149	0.66090	0.64337	0.61908	-0.38092	-0.40645	-0.42771	-0.44449	-0.45660	-0.46392	-0.46637	1.025
	V	0.00000	0.00703	0.01338	0.01840	0.02143	0.02143	0.02199	0.02033	0.01686	0.01201	0.00624	0.00000	
	V'	0.07142	0.06804	0.05796	0.04128	0.01817	0.01817	-0.00614	-0.02638	-0.04235	-0.05387	-0.06084	-0.06317	
	M	0.00000	0.06779	0.13484	0.20040	0.26376	0.26376	0.22439	0.18255	0.13870	0.09333	0.04692	0.00000	
1.050	Q	0.67919	0.67545	0.66427	0.64577	0.62016	-0.37984	-0.40677	-0.42923	-0.44695	-0.45976	-0.46749	-0.47008	1.050
	V	0.00000	0.00707	0.01346	0.01851	0.02155	0.02155	0.02212	0.02046	0.01697	0.01209	0.00628	0.00000	
	V'	0.07183	0.06843	0.05829	0.04152	0.01829	0.01829	-0.00614	-0.02651	-0.04259	-0.05420	-0.06122	-0.06357	
	M	0.00000	0.06822	0.13565	0.20151	0.26505	0.26505	0.22572	0.18379	0.13973	0.09406	0.04730	0.00000	
1.075	Q	0.68350	0.67955	0.66776	0.64826	0.62128	-0.37872	-0.40711	-0.43079	-0.44950	-0.46303	-0.47120	-0.47394	1.075
	V	0.00000	0.00711	0.01354	0.01862	0.02168	0.02168	0.02226	0.02058	0.01707	0.01217	0.00632	0.00000	
	V'	0.07225	0.06884	0.05864	0.04176	0.01841	0.01841	-0.00615	-0.02665	-0.04284	-0.05454	-0.06161	-0.06398	
	M	0.00000	0.06866	0.13649	0.20266	0.26639	0.26639	0.22710	0.18507	0.14079	0.09482	0.04770	0.00000	
1.100	Q	0.68796	0.68380	0.67138	0.65084	0.62243	-0.37757	-0.40745	-0.43241	-0.45215	-0.46642	-0.47505	-0.47794	1.100
	V	0.00000	0.00716	0.01362	0.01873	0.02181	0.02181	0.02240	0.02071	0.01718	0.01225	0.00636	0.00000	
	V'	0.07270	0.06926	0.05899	0.04202	0.01854	0.01854	-0.00616	-0.02679	-0.04310	-0.05489	-0.06202	-0.06441	
	M	0.00000	0.06911	0.13735	0.20385	0.26778	0.26778	0.22853	0.18639	0.14189	0.09560	0.04811	0.00000	
1.125	Q	0.69259	0.68821	0.67513	0.65351	0.62364	-0.37636	-0.40780	-0.43409	-0.45488	-0.46993	-0.47903	-0.48208	1.125
	V	0.00000	0.00720	0.01371	0.01885	0.02195	0.02195	0.02254	0.02085	0.01730	0.01233	0.00641	0.00000	
	V'	0.07315	0.06969	0.05936	0.04228	0.01868	0.01868	-0.00617	-0.02693	-0.04337	-0.05525	-0.06245	-0.06485	
	M	0.00000	0.06958	0.13825	0.20509	0.26922	0.26922	0.23001	0.18776	0.14304	0.09642	0.04853	0.00000	
1.150	Q	0.69737	0.69277	0.67901	0.65628	0.62488	-0.37512	-0.40816	-0.43582	-0.45772	-0.47357	-0.48317	-0.48638	1.150
	V	0.00000	0.00725	0.01380	0.01897	0.02209	0.02209	0.02269	0.02099	0.01742	0.01242	0.00645	0.00000	
	V'	0.07363	0.07015	0.05974	0.04256	0.01882	0.01882	-0.00617	-0.02709	-0.04364	-0.05563	-0.06288	-0.06531	
	M	0.00000	0.07007	0.13918	0.20636	0.27070	0.27070	0.23154	0.18918	0.14422	0.09727	0.04897	0.00000	
1.175	Q	0.70233	0.69749	0.68303	0.65915	0.62618	-0.37382	-0.40853	-0.43761	-0.46065	-0.47734	-0.48745	-0.49083	1.175
	V	0.00000	0.00729	0.01389	0.01909	0.02224	0.02224	0.02284	0.02114	0.01754	0.01251	0.00650	0.00000	
	V'	0.07412	0.07061	0.06014	0.04284	0.01896	0.01896	-0.00618	-0.02724	-0.04393	-0.05602	-0.06334	-0.06579	
	M	0.00000	0.07058	0.14014	0.20768	0.27224	0.27224	0.23313	0.19066	0.14545	0.09814	0.04943	0.00000	
1.200	Q	0.70746	0.70238	0.68719	0.66211	0.62752	-0.37248	-0.40891	-0.43946	-0.46369	-0.48125	-0.49189	-0.49545	1.200
	V	0.00000	0.00734	0.01399	0.01923	0.02239	0.02239	0.02300	0.02129	0.01767	0.01260	0.00655	0.00000	
	V'	0.07463	0.07110	0.06055	0.04313	0.01911	0.01911	-0.00619	-0.02740	-0.04423	-0.05642	-0.06381	-0.06629	
	M	0.00000	0.07110	0.14113	0.20905	0.27384	0.27384	0.23477	0.19218	0.14672	0.09905	0.04990	0.00000	
1.225	Q	0.71278	0.70744	0.69149	0.66519	0.62891	-0.37109	-0.40930	-0.44138	-0.46684	-0.48530	-0.49649	-0.50024	1.225
	V	0.00000	0.00740	0.01408	0.01936	0.02255	0.02255	0.02317	0.02145	0.01780	0.01269	0.00660	0.00000	
	V'	0.07516	0.07160	0.06097	0.04344	0.01926	0.01926	-0.00620	-0.02757	-0.04454	-0.05684	-0.06430	-0.06680	
ALPHA	X/L =	0.00	0.10	0.20	0.30	L 0.40	R 0.40	0.50	0.60	0.70	0.80	0.90	1.00	ALPHA

XP/L = 0.40

FUNKTIONEN : F.P;M - F.P;Q - F.P;V - F.P;V'

FUNKTIONEN : F.P;M - F.P;Q - F.P;V - F.P;V'

XP/L = 0.40

ALPHA	X/L =	0.00	0.10	0.20	0.30	L 0.40	R 0.40	0.50	0.60	0.70	0.80	0.90	1.00	ALPHA
	M	0.00000	0.07164	0.14216	0.21047	0.27549	0.27549	0.23647	0.19376	0.14803	0.09999	0.05039	0.00000	
1.250	Q	0.71828	0.71268	0.69595	0.66837	0.63035	-0.36965	-0.40970	-0.44335	-0.47009	-0.48949	-0.50126	-0.50520	1.250
	V	0.00000	0.00745	0.01419	0.01950	0.02271	0.02271	0.02334	0.02161	0.01794	0.01279	0.00665	0.00000	
	V'	0.07570	0.07211	0.06141	0.04375	0.01943	0.01943	-0.00621	-0.02775	-0.04486	-0.05728	-0.06480	-0.06733	
	M	0.00000	0.07220	0.14323	0.21194	0.27720	0.27720	0.23823	0.19540	0.14940	0.10097	0.05090	0.00000	
1.275	Q	0.72398	0.71810	0.70057	0.67166	0.63185	-0.36815	-0.41010	-0.44540	-0.47346	-0.49384	-0.50620	-0.51034	1.275
	V	0.00000	0.00751	0.01429	0.01965	0.02288	0.02288	0.02352	0.02178	0.01808	0.01290	0.00670	0.00000	
	V'	0.07627	0.07265	0.06186	0.04408	0.01959	0.01959	-0.00621	-0.02793	-0.04519	-0.05772	-0.06533	-0.06788	
	M	0.00000	0.07278	0.14434	0.21345	0.27897	0.27897	0.24006	0.19710	0.15081	0.10198	0.05142	0.00000	
1.300	Q	0.72988	0.72372	0.70535	0.67507	0.63340	-0.36660	-0.41052	-0.44751	-0.47695	-0.49834	-0.51132	-0.51567	1.300
	V	0.00000	0.00756	0.01440	0.01980	0.02306	0.02306	0.02370	0.02195	0.01823	0.01300	0.00676	0.00000	
	V'	0.07685	0.07321	0.06234	0.04442	0.01976	0.01976	-0.00622	-0.02811	-0.04553	-0.05819	-0.06587	-0.06845	
	M	0.00000	0.07338	0.14548	0.21503	0.28080	0.28080	0.24195	0.19886	0.15227	0.10302	0.05197	0.00000	
1.325	Q	0.73598	0.72953	0.71029	0.67860	0.63501	-0.36499	-0.41094	-0.44969	-0.48056	-0.50300	-0.51663	-0.52120	1.325
	V	0.00000	0.00762	0.01451	0.01995	0.02324	0.02324	0.02389	0.02213	0.01838	0.01311	0.00682	0.00000	
	V'	0.07746	0.07378	0.06282	0.04477	0.01994	0.01994	-0.00623	-0.02831	-0.04589	-0.05867	-0.06643	-0.06903	
	M	0.00000	0.07401	0.14666	0.21665	0.28270	0.28270	0.24391	0.20068	0.15379	0.10411	0.05253	0.00000	
1.350	Q	0.74231	0.73555	0.71541	0.68226	0.63668	-0.36332	-0.41138	-0.45195	-0.48430	-0.50784	-0.52213	-0.52693	1.350
	V	0.00000	0.00768	0.01463	0.02011	0.02343	0.02343	0.02409	0.02232	0.01854	0.01323	0.00688	0.00000	
	V'	0.07808	0.07438	0.06333	0.04513	0.02013	0.02013	-0.00624	-0.02851	-0.04626	-0.05917	-0.06701	-0.06965	
	M	0.00000	0.07465	0.14789	0.21834	0.28467	0.28467	0.24594	0.20256	0.15537	0.10524	0.05312	0.00000	
1.375	Q	0.74886	0.74179	0.72072	0.68604	0.63842	-0.36158	-0.41182	-0.45428	-0.48817	-0.51285	-0.52784	-0.53287	1.375
	V	0.00000	0.00775	0.01475	0.02028	0.02363	0.02363	0.02430	0.02251	0.01871	0.01335	0.00694	0.00000	
	V'	0.07873	0.07500	0.06385	0.04551	0.02032	0.02032	-0.00625	-0.02871	-0.04664	-0.05969	-0.06762	-0.07028	
	M	0.00000	0.07532	0.14916	0.22009	0.28670	0.28670	0.24804	0.20452	0.15700	0.10640	0.05373	0.00000	
1.400	Q	0.75564	0.74824	0.72621	0.68996	0.64022	-0.35978	-0.41227	-0.45670	-0.49218	-0.51804	-0.53376	-0.53903	1.400
	V	0.00000	0.00781	0.01488	0.02045	0.02383	0.02383	0.02451	0.02271	0.01888	0.01347	0.00700	0.00000	
	V'	0.07941	0.07564	0.06439	0.04590	0.02052	0.02052	-0.00626	-0.02893	-0.04703	-0.06022	-0.06824	-0.07093	
	M	0.00000	0.07601	0.15048	0.22189	0.28881	0.28881	0.25021	0.20654	0.15869	0.10761	0.05436	0.00000	
1.425	Q	0.76266	0.75493	0.73190	0.69403	0.64209	-0.35791	-0.41273	-0.45919	-0.49633	-0.52342	-0.53989	-0.54542	1.425
	V	0.00000	0.00788	0.01501	0.02063	0.02404	0.02404	0.02473	0.02292	0.01905	0.01360	0.00707	0.00000	
	V'	0.08010	0.07630	0.06495	0.04630	0.02073	0.02073	-0.00627	-0.02915	-0.04744	-0.06078	-0.06889	-0.07161	
	M	0.00000	0.07672	0.15184	0.22377	0.29100	0.29100	0.25247	0.20864	0.16044	0.10887	0.05501	0.00000	
1.450	Q	0.76994	0.76186	0.73779	0.69824	0.64403	-0.35597	-0.41321	-0.46177	-0.50063	-0.52900	-0.54625	-0.55205	1.450
	V	0.00000	0.00795	0.01514	0.02082	0.02426	0.02426	0.02496	0.02314	0.01923	0.01373	0.00714	0.00000	
	V'	0.08083	0.07698	0.06554	0.04672	0.02094	0.02094	-0.00628	-0.02938	-0.04786	-0.06135	-0.06956	-0.07232	
	M	0.00000	0.07747	0.15325	0.22571	0.29326	0.29326	0.25481	0.21082	0.16226	0.11017	0.05569	0.00000	
1.475	Q	0.77748	0.76904	0.74389	0.70260	0.64604	-0.35396	-0.41369	-0.46443	-0.50509	-0.53478	-0.55285	-0.55892	1.475
	V	0.00000	0.00803	0.01528	0.02101	0.02448	0.02448	0.02519	0.02336	0.01942	0.01387	0.00721	0.00000	
	V'	0.08158	0.07770	0.06614	0.04716	0.02116	0.02116	-0.00629	-0.02962	-0.04830	-0.06195	-0.07026	-0.07305	
ALPHA	X/L =	0.00	0.10	0.20	0.30	L 0.40	R 0.40	0.50	0.60	0.70	0.80	0.90	1.00	ALPHA

XP/L = 0.40

FUNKTIONEN : F.P;M - F.P;Q - F.P;V - F.P;V'

FUNKTIONEN : F.PIM - F.PIQ - F.PIV - F.PIV'

XP/L = 0.40

ALPHA	X/L =	0.00	0.10	0.20	0.30	L 0.40	R 0.40	0.50	0.60	0.70	0.80	0.90	1.00	ALPHA
	M	0.00000	0.07824	0.15471	0.22772	0.29561	0.29561	0.25723	0.21308	0.16414	0.11152	0.05639	0.00000	
1.500	Q	0.78529	0.77648	0.75022	0.70712	0.64813	-0.35187	-0.41418	-0.46719	-0.50971	-0.54078	-0.55970	-0.56606	1.500
	V	0.00000	0.00810	0.01543	0.02121	0.02471	0.02471	0.02544	0.02359	0.01962	0.01401	0.00729	0.00000	
	V'	0.08235	0.07843	0.06676	0.04761	0.02139	0.02139	-0.00630	-0.02986	-0.04876	-0.06257	-0.07098	-0.07380	
	M	0.00000	0.07903	0.15623	0.22980	0.29804	0.29804	0.25975	0.21542	0.16610	0.11292	0.05712	0.00000	
1.525	Q	0.79339	0.78419	0.75678	0.71180	0.65030	-0.34970	-0.41468	-0.47004	-0.51449	-0.54700	-0.56681	-0.57347	1.525
	V	0.00000	0.00818	0.01558	0.02141	0.02496	0.02496	0.02569	0.02383	0.01982	0.01416	0.00736	0.00000	
	V'	0.08316	0.07920	0.06741	0.04807	0.02163	0.02163	-0.00631	-0.03012	-0.04923	-0.06321	-0.07173	-0.07459	
	M	0.00000	0.07986	0.15780	0.23196	0.30056	0.30056	0.26235	0.21785	0.16813	0.11438	0.05788	0.00000	
1.550	Q	0.80179	0.79218	0.76357	0.71666	0.65256	-0.34744	-0.41519	-0.47299	-0.51945	-0.55346	-0.57419	-0.58116	1.550
	V	0.00000	0.00827	0.01573	0.02163	0.02521	0.02521	0.02595	0.02403	0.02003	0.01431	0.00744	0.00000	
	V'	0.08399	0.07999	0.06809	0.04856	0.02188	0.02188	-0.00632	-0.03038	-0.04972	-0.06387	-0.07251	-0.07541	
	M	0.00000	0.08072	0.15943	0.23420	0.30318	0.30318	0.26506	0.22038	0.17024	0.11589	0.05867	0.00000	
1.575	Q	0.81050	0.80047	0.77062	0.72170	0.65491	-0.34509	-0.41572	-0.47605	-0.52460	-0.56016	-0.58186	-0.58915	1.575
	V	0.00000	0.00835	0.01590	0.02185	0.02547	0.02547	0.02623	0.02434	0.02025	0.01447	0.00753	0.00000	
	V'	0.08486	0.08082	0.06878	0.04906	0.02214	0.02214	-0.00634	-0.03066	-0.05023	-0.06457	-0.07331	-0.07625	
	M	0.00000	0.08160	0.16113	0.23653	0.30589	0.30589	0.26787	0.22300	0.17243	0.11746	0.05949	0.00000	
1.600	Q	0.81954	0.80907	0.77794	0.72693	0.65735	-0.34265	-0.41625	-0.47921	-0.52994	-0.56712	-0.58982	-0.59745	1.600
	V	0.00000	0.00844	0.01606	0.02208	0.02574	0.02574	0.02651	0.02461	0.02048	0.01463	0.00761	0.00000	
	V'	0.08576	0.08167	0.06951	0.04958	0.02240	0.02240	-0.00635	-0.03094	-0.05076	-0.06528	-0.07415	-0.07713	
	M	0.00000	0.08253	0.16288	0.23894	0.30871	0.30871	0.27078	0.22572	0.17471	0.11909	0.06034	0.00000	
1.625	Q	0.82892	0.81800	0.78553	0.73236	0.65989	-0.34011	-0.41679	-0.48249	-0.53547	-0.57435	-0.59809	-0.60608	1.625
	V	0.00000	0.00853	0.01624	0.02232	0.02602	0.02602	0.02680	0.02489	0.02072	0.01480	0.00770	0.00000	
	V'	0.08669	0.08256	0.07026	0.05012	0.02268	0.02268	-0.00636	-0.03124	-0.05130	-0.06603	-0.07502	-0.07804	
	M	0.00000	0.08349	0.16470	0.24145	0.31163	0.31163	0.27381	0.22854	0.17707	0.12079	0.06123	0.00000	
1.650	Q	0.83866	0.82726	0.79340	0.73799	0.66253	-0.33747	-0.41734	-0.48588	-0.54122	-0.58186	-0.60669	-0.61505	1.650
	V	0.00000	0.00863	0.01642	0.02257	0.02631	0.02631	0.02711	0.02518	0.02096	0.01498	0.00780	0.00000	
	V'	0.08766	0.08348	0.07104	0.05069	0.02297	0.02297	-0.00637	-0.03154	-0.05187	-0.06680	-0.07592	-0.07899	
	M	0.00000	0.08448	0.16660	0.24405	0.31467	0.31467	0.27695	0.23148	0.17953	0.12255	0.06215	0.00000	
1.675	Q	0.84877	0.83689	0.80158	0.74384	0.66528	-0.33472	-0.41791	-0.48940	-0.54719	-0.58966	-0.61563	-0.62437	1.675
	V	0.00000	0.00873	0.01661	0.02283	0.02661	0.02661	0.02743	0.02548	0.02122	0.01517	0.00789	0.00000	
	V'	0.08867	0.08443	0.07185	0.05127	0.02327	0.02327	-0.00638	-0.03186	-0.05246	-0.06760	-0.07686	-0.07997	
	M	0.00000	0.08551	0.16856	0.24675	0.31783	0.31783	0.28022	0.23453	0.18208	0.12439	0.06310	0.00000	
1.700	Q	0.85927	0.84688	0.81008	0.74992	0.66815	-0.33185	-0.41848	-0.49304	-0.55339	-0.59778	-0.62494	-0.63408	1.700
	V	0.00000	0.00883	0.01680	0.02310	0.02693	0.02693	0.02776	0.02579	0.02148	0.01536	0.00799	0.00000	
	V'	0.08971	0.08543	0.07269	0.05188	0.02358	0.02358	-0.00639	-0.03219	-0.05308	-0.06844	-0.07783	-0.08100	
	M	0.00000	0.08659	0.17061	0.24956	0.32111	0.32111	0.28362	0.23771	0.18474	0.12630	0.06410	0.00000	
1.725	Q	0.87019	0.85727	0.81891	0.75624	0.67113	-0.32887	-0.41907	-0.49682	-0.55983	-0.60622	-0.63462	-0.64418	1.725
	V	0.00000	0.00894	0.01701	0.02338	0.02726	0.02726	0.02810	0.02611	0.02176	0.01556	0.00810	0.00000	
	V'	0.09080	0.08646	0.07357	0.05251	0.02390	0.02390	-0.00641	-0.03254	-0.05371	-0.06930	-0.07885	-0.08206	
ALPHA	X/L =	0.00	0.10	0.20	0.30	L 0.40	R 0.40	0.50	0.60	0.70	0.80	0.90	1.00	ALPHA

XP/L = 0.40

FUNKTIONEN : F.PIM - F.PIQ - F.PIV - F.PIV'

D R U C K S T A E B E -307-

FUNKTIONEN : F.P:M - F.P:Q - F.P:V - F.P:V'

XP/L = 0.40

ALPHA	X/L =	0.00	0.10	0.20	0.30	L 0.40	R 0.40	0.50	0.60	0.70	0.80	0.90	1.00	ALPHA
	M	0.00000	0.08770	0.17273	0.25248	0.32452	0.32452	0.28715	0.24101	0.18751	0.12828	0.06514	0.00000	
1.750	Q	0.88154	0.86808	0.82809	0.76282	0.67424	-0.32576	-0.41966	-0.50074	-0.56653	-0.61501	-0.64470	-0.65470	1.750
	V	0.00000	0.00905	0.01722	0.02367	0.02760	0.02760	0.02846	0.02645	0.02204	0.01577	0.00821	0.00000	
	V'	0.09193	0.08754	0.07448	0.05317	0.02424	0.02424	-0.00642	-0.03290	-0.05438	-0.07021	-0.07990	-0.08317	
	M	0.00000	0.08887	0.17494	0.25552	0.32807	0.32807	0.29083	0.24445	0.19039	0.13035	0.06622	0.00000	
1.775	Q	0.89335	0.87931	0.83765	0.76966	0.67748	-0.32252	-0.42027	-0.50481	-0.57350	-0.62416	-0.65521	-0.66566	1.775
	V	0.00000	0.00916	0.01744	0.02397	0.02795	0.02795	0.02883	0.02680	0.02234	0.01598	0.00832	0.00000	
	V'	0.09311	0.08865	0.07543	0.05385	0.02459	0.02459	-0.00643	-0.03327	-0.05507	-0.07115	-0.08100	-0.08432	
	M	0.00000	0.09008	0.17724	0.25868	0.33176	0.33176	0.29466	0.24804	0.19340	0.13251	0.06734	0.00000	
1.800	Q	0.90564	0.89101	0.84759	0.77678	0.68087	-0.31913	-0.42089	-0.50904	-0.58075	-0.63369	-0.66615	-0.67709	1.800
	V	0.00000	0.00928	0.01767	0.02428	0.02832	0.02832	0.02922	0.02717	0.02265	0.01621	0.00844	0.00000	
	V'	0.09433	0.08982	0.07642	0.05456	0.02496	0.02496	-0.00645	-0.03365	-0.05579	-0.07213	-0.08215	-0.08552	
	M	0.00000	0.09134	0.17964	0.26197	0.33561	0.33561	0.29865	0.25177	0.19653	0.13476	0.06852	0.00000	
1.825	Q	0.91844	0.90319	0.85794	0.78419	0.68440	-0.31560	-0.42152	-0.51343	-0.58830	-0.64362	-0.67757	-0.68901	1.825
	V	0.00000	0.00941	0.01791	0.02461	0.02871	0.02871	0.02962	0.02755	0.02298	0.01644	0.00856	0.00000	
	V'	0.09561	0.09103	0.07744	0.05530	0.02534	0.02534	-0.00646	-0.03406	-0.05654	-0.07315	-0.08334	-0.08677	
	M	0.00000	0.09265	0.18213	0.26540	0.33962	0.33962	0.30281	0.25567	0.19980	0.13711	0.06975	0.00000	
1.850	Q	0.93178	0.91588	0.86873	0.79192	0.68809	-0.31191	-0.42216	-0.51800	-0.59616	-0.65398	-0.68948	-0.70145	1.850
	V	0.00000	0.00954	0.01815	0.02495	0.02911	0.02911	0.03004	0.02795	0.02332	0.01669	0.00869	0.00000	
	V'	0.09694	0.09230	0.07852	0.05608	0.02574	0.02574	-0.00647	-0.03448	-0.05732	-0.07421	-0.08458	-0.08808	
	M	0.00000	0.09402	0.18474	0.26898	0.34380	0.34380	0.30715	0.25973	0.20321	0.13956	0.07103	0.00000	
1.875	Q	0.94569	0.92911	0.87997	0.79998	0.69195	-0.30805	-0.42281	-0.52275	-0.60436	-0.66479	-0.70192	-0.71444	1.875
	V	0.00000	0.00968	0.01841	0.02531	0.02952	0.02952	0.03048	0.02837	0.02367	0.01694	0.00883	0.00000	
	V'	0.09833	0.09361	0.07964	0.05688	0.02615	0.02615	-0.00649	-0.03492	-0.05813	-0.07532	-0.08588	-0.08944	
	M	0.00000	0.09544	0.18745	0.27271	0.34816	0.34816	0.31167	0.26397	0.20677	0.14212	0.07236	0.00000	
1.900	Q	0.96020	0.94292	0.89170	0.80839	0.69598	-0.30402	-0.42347	-0.52769	-0.61292	-0.67608	-0.71491	-0.72802	1.900
	V	0.00000	0.00982	0.01868	0.02568	0.02996	0.02996	0.03093	0.02880	0.02404	0.01721	0.00897	0.00000	
	V'	0.09978	0.09499	0.08080	0.05773	0.02659	0.02659	-0.00650	-0.03537	-0.05898	-0.07648	-0.08723	-0.09086	
	M	0.00000	0.09693	0.19028	0.27661	0.35271	0.35271	0.31640	0.26840	0.21049	0.14480	0.07376	0.00000	
1.925	Q	0.97534	0.95733	0.90394	0.81717	0.70021	-0.29979	-0.42415	-0.53284	-0.62185	-0.68788	-0.72850	-0.74221	1.925
	V	0.00000	0.00997	0.01897	0.02607	0.03042	0.03042	0.03141	0.02925	0.02442	0.01749	0.00911	0.00000	
	V'	0.10129	0.09643	0.08202	0.05861	0.02704	0.02704	-0.00652	-0.03585	-0.05987	-0.07769	-0.08865	-0.09235	
	M	0.00000	0.09849	0.19325	0.28068	0.35747	0.35747	0.32134	0.27304	0.21438	0.14760	0.07523	0.00000	
1.950	Q	0.99116	0.97238	0.91674	0.82634	0.70463	-0.29537	-0.42484	-0.53821	-0.63117	-0.70021	-0.74271	-0.75706	1.950
	V	0.00000	0.01012	0.01926	0.02648	0.03089	0.03089	0.03191	0.02973	0.02482	0.01778	0.00926	0.00000	
	V'	0.10287	0.09793	0.08330	0.05953	0.02752	0.02752	-0.00653	-0.03635	-0.06079	-0.07895	-0.09013	-0.09390	
	M	0.00000	0.10012	0.19634	0.28493	0.36244	0.36244	0.32651	0.27789	0.21846	0.15054	0.07676	0.00000	
1.975	Q	1.00770	0.98811	0.93011	0.83594	0.70927	-0.29073	-0.42554	-0.54380	-0.64092	-0.71312	-0.75759	-0.77261	1.975
	V	0.00000	0.01028	0.01957	0.02690	0.03139	0.03139	0.03243	0.03022	0.02524	0.01808	0.00942	0.00000	
	V'	0.10452	0.09950	0.08463	0.06049	0.02801	0.02801	-0.00655	-0.03687	-0.06176	-0.08027	-0.09168	-0.09553	
ALPHA	X/L =	0.00	0.10	0.20	0.30	L 0.40	R 0.40	0.50	0.60	0.70	0.80	0.90	1.00	ALPHA

XP/L = 0.40

FUNKTIONEN : F.P:M - F.P:Q - F.P:V - F.P:V'

FUNKTIONEN : F.P,M - F.P,Q - F.P,V - F.P,V'

XP/L = 0.40

ALPHA	X/L =	0.00	0.10	0.20	0.30	L 0.40	R 0.40	0.50	0.60	0.70	0.80	0.90	1.00	ALPHA
	M	0.00000	0.10182	0.19958	0.28938	0.36765	0.36765	0.33192	0.28297	0.22273	0.15361	0.07837	0.00000	
2.000	Q	1.02501	1.00458	0.94410	0.84598	0.71413	-0.28587	-0.42625	-0.54964	-0.65112	-0.72664	-0.77319	-0.78891	2.000
	V	0.00000	0.01045	0.01989	0.02735	0.03191	0.03191	0.03298	0.03074	0.02568	0.01840	0.00959	0.00000	
	V'	0.10625	0.10114	0.08602	0.06149	0.02853	0.02853	-0.00656	-0.03741	-0.06278	-0.08166	-0.09330	-0.09723	
	M	0.00000	0.10360	0.20297	0.29404	0.37310	0.37310	0.33759	0.28829	0.22720	0.15683	0.08005	0.00000	
2.025	Q	1.04313	1.02182	0.95874	0.85649	0.71924	-0.28076	-0.42698	-0.55574	-0.66179	-0.74080	-0.78954	-0.80601	2.025
	V	0.00000	0.01063	0.02023	0.02781	0.03246	0.03246	0.03355	0.03128	0.02614	0.01874	0.00977	0.00000	
	V'	0.10806	0.10287	0.08749	0.06255	0.02908	0.02908	-0.00658	-0.03798	-0.06384	-0.08311	-0.09499	-0.09901	
	M	0.00000	0.10547	0.20652	0.29893	0.37881	0.37881	0.34353	0.29387	0.23190	0.16021	0.08182	0.00000	
2.050	Q	1.06212	1.03988	0.97410	0.86751	0.72460	-0.27540	-0.42771	-0.56212	-0.67298	-0.75567	-0.80670	-0.82395	2.050
	V	0.00000	0.01082	0.02059	0.02830	0.03303	0.03303	0.03415	0.03185	0.02663	0.01909	0.00995	0.00000	
	V'	0.10996	0.10467	0.08902	0.06366	0.02965	0.02965	-0.00659	-0.03858	-0.06496	-0.08463	-0.09678	-0.10088	
	M	0.00000	0.10743	0.21025	0.30405	0.38481	0.38481	0.34977	0.29973	0.23683	0.16377	0.08368	0.00000	
2.075	Q	1.08205	1.05884	0.99020	0.87908	0.73025	-0.26975	-0.42846	-0.56879	-0.68472	-0.77127	-0.82473	-0.84281	2.075
	V	0.00000	0.01102	0.02096	0.02881	0.03363	0.03363	0.03478	0.03245	0.02713	0.01945	0.01014	0.00000	
	V'	0.11196	0.10657	0.09063	0.06482	0.03025	0.03025	-0.00661	-0.03920	-0.06613	-0.08623	-0.09865	-0.10284	
	M	0.00000	0.10949	0.21416	0.30943	0.39110	0.39110	0.35632	0.30589	0.24201	0.16750	0.08563	0.00000	
2.100	Q	1.10297	1.07873	1.00711	0.89123	0.73619	-0.26381	-0.42923	-0.57578	-0.69704	-0.78767	-0.84369	-0.86264	2.100
	V	0.00000	0.01122	0.02135	0.02935	0.03426	0.03426	0.03545	0.03308	0.02767	0.01984	0.01035	0.00000	
	V'	0.11405	0.10856	0.09231	0.06604	0.03088	0.03088	-0.00663	-0.03986	-0.06736	-0.08791	-0.10061	-0.10491	
	M	0.00000	0.11165	0.21828	0.31509	0.39772	0.39772	0.36321	0.31237	0.24747	0.17143	0.08769	0.00000	
2.125	Q	1.12495	1.09965	1.02488	0.90400	0.74245	-0.25755	-0.43000	-0.58311	-0.70999	-0.80493	-0.86365	-0.88353	2.125
	V	0.00000	0.01144	0.02176	0.02992	0.03493	0.03493	0.03614	0.03374	0.02823	0.02025	0.01056	0.00000	
	V'	0.11625	0.11065	0.09409	0.06732	0.03155	0.03155	-0.00664	-0.04055	-0.06865	-0.08967	-0.10268	-0.10708	
	M	0.00000	0.11393	0.22261	0.32104	0.40468	0.40468	0.37047	0.31919	0.25321	0.17558	0.08986	0.00000	
2.150	Q	1.14809	1.12166	1.04357	0.91744	0.74906	-0.25094	-0.43079	-0.59081	-0.72361	-0.82310	-0.88469	-0.90554	2.150
	V	0.00000	0.01167	0.02220	0.03051	0.03563	0.03563	0.03688	0.03444	0.02882	0.02068	0.01079	0.00000	
	V'	0.11857	0.11285	0.09596	0.06867	0.03225	0.03225	-0.00666	-0.04128	-0.07001	-0.09153	-0.10485	-0.10936	
	M	0.00000	0.11632	0.22717	0.32731	0.41202	0.41202	0.37811	0.32638	0.25927	0.17995	0.09215	0.00000	
2.175	Q	1.17246	1.14484	1.06327	0.93160	0.75603	-0.24397	-0.43160	-0.59889	-0.73796	-0.84227	-0.90688	-0.92876	2.175
	V	0.00000	0.01191	0.02265	0.03114	0.03636	0.03636	0.03765	0.03517	0.02944	0.02113	0.01102	0.00000	
	V'	0.12101	0.11517	0.09793	0.07010	0.03298	0.03298	-0.00668	-0.04204	-0.07144	-0.09349	-0.10715	-0.11177	
	M	0.00000	0.11885	0.23193	0.33392	0.41976	0.41976	0.38618	0.33397	0.26567	0.18457	0.09456	0.00000	
2.200	Q	1.19817	1.16929	1.08405	0.94654	0.76341	-0.23659	-0.43241	-0.60740	-0.75310	-0.86250	-0.93032	-0.95330	2.200
	V	0.00000	0.01216	0.02314	0.03180	0.03714	0.03714	0.03847	0.03595	0.03010	0.02160	0.01127	0.00000	
	V'	0.12359	0.11762	0.10001	0.07160	0.03376	0.03376	-0.00670	-0.04285	-0.07295	-0.09556	-0.10957	-0.11432	
	M	0.00000	0.12152	0.23705	0.34090	0.42794	0.42794	0.39470	0.34200	0.27244	0.18945	0.09712	0.00000	
2.225	Q	1.22532	1.19511	1.10598	0.96233	0.77123	-0.22877	-0.43324	-0.61636	-0.76908	-0.88389	-0.95512	-0.97926	2.225
	V	0.00000	0.01243	0.02364	0.03250	0.03796	0.03796	0.03933	0.03676	0.03079	0.02211	0.01154	0.00000	
	V'	0.12631	0.12021	0.10221	0.07319	0.03459	0.03459	-0.00671	-0.04370	-0.07455	-0.09774	-0.11213	-0.11701	
ALPHA	X/L =	0.00	0.10	0.20	0.30	L 0.40	R 0.40	0.50	0.60	0.70	0.80	0.90	1.00	ALPHA

XP/L = 0.40

FUNKTIONEN : F.P,M - F.P,Q - F.P,V - F.P,V'

FUNKTIONEN : F.P;M - F.P;Q - F.P;V - F.P;V'

XP/L = 0.40

ALPHA	X/L =	0.00	0.10	0.20	0.30	L 0.40	R 0.40	0.50	0.60	0.70	0.80	0.90	1.00	ALPHA
	M	0.00000	0.12435	0.24243	0.34828	0.43658	0.43658	0.40372	0.35050	0.27961	0.19462	0.09983	0.00000	
2.250	Q	1.25403	1.22242	1.12918	0.97903	0.77951	-0.22049	-0.43409	-0.62581	-0.78598	-0.90653	-0.98138	-1.00675	2.250
	V	0.00000	0.01271	0.02418	0.03324	0.03883	0.03883	0.04024	0.03763	0.03153	0.02264	0.01182	0.00000	
	V'	0.12919	0.12295	0.10453	0.07487	0.03546	0.03546	-0.00673	-0.04460	-0.07624	-0.10005	-0.11484	-0.11985	
	M	0.00000	0.12734	0.24811	0.35610	0.44574	0.44574	0.41327	0.35950	0.28721	0.20011	0.10270	0.00000	
2.275	Q	1.28443	1.25133	1.15375	0.99671	0.78831	-0.21169	-0.43495	-0.63579	-0.80387	-0.93053	-1.00923	-1.03592	2.275
	V	0.00000	0.01301	0.02475	0.03403	0.03975	0.03975	0.04121	0.03855	0.03231	0.02321	0.01211	0.00000	
	V'	0.13224	0.12585	0.10699	0.07665	0.03638	0.03638	-0.00675	-0.04556	-0.07803	-0.10251	-0.11771	-0.12287	
	M	0.00000	0.13051	0.25415	0.36440	0.45546	0.45546	0.42341	0.36906	0.29527	0.20594	0.10575	0.00000	
2.300	Q	1.31668	1.28200	1.17981	1.01548	0.79767	-0.20233	-0.43582	-0.64636	-0.82285	-0.95601	-1.03882	-1.06691	2.300
	V	0.00000	0.01333	0.02536	0.03486	0.04073	0.04073	0.04223	0.03952	0.03313	0.02381	0.01243	0.00000	
	V'	0.13548	0.12892	0.10961	0.07854	0.03737	0.03737	-0.00677	-0.04657	-0.07993	-0.10511	-0.12076	-0.12607	
	M	0.00000	0.13388	0.26056	0.37321	0.46578	0.46578	0.43418	0.37922	0.30386	0.21214	0.10900	0.00000	
2.325	Q	1.35094	1.31459	1.20750	1.03543	0.80764	-0.19236	-0.43671	-0.65755	-0.84301	-0.98311	-1.07030	-1.09989	2.325
	V	0.00000	0.01367	0.02600	0.03574	0.04177	0.04177	0.04332	0.04055	0.03401	0.02444	0.01276	0.00000	
	V'	0.13892	0.13219	0.11238	0.08055	0.03841	0.03841	-0.00679	-0.04765	-0.08195	-0.10787	-0.12400	-0.12947	
	M	0.00000	0.13747	0.26738	0.38259	0.47677	0.47677	0.44566	0.39005	0.31300	0.21874	0.11246	0.00000	
2.350	Q	1.38740	1.34927	1.23696	1.05666	0.81827	-0.18173	-0.43761	-0.66944	-0.86447	-1.01197	-1.10385	-1.13505	2.350
	V	0.00000	0.01403	0.02669	0.03668	0.04287	0.04287	0.04448	0.04166	0.03495	0.02512	0.01312	0.00000	
	V'	0.14258	0.13568	0.11534	0.08269	0.03952	0.03952	-0.00681	-0.04879	-0.08410	-0.11081	-0.12745	-0.13310	
	M	0.00000	0.14129	0.27465	0.39259	0.48849	0.48849	0.45790	0.40160	0.32276	0.22580	0.11616	0.00000	
2.375	Q	1.42628	1.38625	1.26838	1.07931	0.82964	-0.17036	-0.43853	-0.68208	-0.88734	-1.04279	-1.13968	-1.17260	2.375
	V	0.00000	0.01441	0.02742	0.03769	0.04405	0.04405	0.04572	0.04283	0.03595	0.02585	0.01350	0.00000	
	V'	0.14649	0.13939	0.11849	0.08497	0.04071	0.04071	-0.00683	-0.05001	-0.08640	-0.11396	-0.13114	-0.13697	
	M	0.00000	0.14538	0.28242	0.40327	0.50101	0.50101	0.47098	0.41396	0.33320	0.23335	0.12012	0.00000	
2.400	Q	1.46782	1.42575	1.30195	1.10352	0.84182	-0.15818	-0.43946	-0.69556	-0.91178	-1.07573	-1.17802	-1.21278	2.400
	V	0.00000	0.01482	0.02820	0.03876	0.04531	0.04531	0.04705	0.04409	0.03701	0.02662	0.01391	0.00000	
	V'	0.15066	0.14336	0.12187	0.08742	0.04198	0.04198	-0.00685	-0.05131	-0.08885	-0.11731	-0.13507	-0.14111	
	M	0.00000	0.14975	0.29074	0.41471	0.51442	0.51442	0.48500	0.42720	0.34440	0.24144	0.12436	0.00000	
2.425	Q	1.51229	1.46804	1.33789	1.12944	0.85490	-0.14510	-0.44041	-0.70995	-0.93794	-1.11105	-1.21913	-1.25588	2.425
	V	0.00000	0.01526	0.02903	0.03991	0.04667	0.04667	0.04846	0.04544	0.03816	0.02745	0.01435	0.00000	
	V'	0.15514	0.14761	0.12548	0.09003	0.04335	0.04335	-0.00687	-0.05271	-0.09148	-0.12091	-0.13929	-0.14554	
	M	0.00000	0.15445	0.29967	0.42699	0.52881	0.52881	0.50005	0.44142	0.35642	0.25014	0.12892	0.00000	
2.450	Q	1.56002	1.51343	1.37646	1.15727	0.86897	-0.13103	-0.44138	-0.72535	-0.96601	-1.14897	-1.26331	-1.30220	2.450
	V	0.00000	0.01573	0.02993	0.04115	0.04812	0.04812	0.04999	0.04688	0.03939	0.02835	0.01481	0.00000	
	V'	0.15994	0.15218	0.12936	0.09284	0.04481	0.04481	-0.00689	-0.05420	-0.09430	-0.12478	-0.14383	-0.15030	
	M	0.00000	0.15950	0.30927	0.44020	0.54430	0.54430	0.51624	0.45673	0.36938	0.25951	0.13383	0.00000	
2.475	Q	1.61136	1.56226	1.41795	1.18722	0.88414	-0.11586	-0.44236	-0.74189	-0.99621	-1.18982	-1.31091	-1.35211	2.475
	V	0.00000	0.01624	0.03090	0.04248	0.04968	0.04968	0.05163	0.04844	0.04071	0.02931	0.01532	0.00000	
	V'	0.16510	0.15709	0.13353	0.09586	0.04638	0.04638	-0.00691	-0.05581	-0.09733	-0.12894	-0.14870	-0.15543	
ALPHA	X/L =	0.00	0.10	0.20	0.30	L 0.40	R 0.40	0.50	0.60	0.70	0.80	0.90	1.00	ALPHA

XP/L = 0.40

FUNKTIONEN : F.P;M - F.P;Q - F.P;V - F.P;V'

FUNKTIONEN : F.P;M - F.P;Q - F.P;V - F.P;V'

XP/L = 0.40

ALPHA	X/L =	0.00	0.10	0.20	0.30	L 0.40	R 0.40	0.50	0.60	0.70	0.80	0.90	1.00	ALPHA
	M	0.00000	0.16494	0.31963	0.45444	0.56100	0.56100	0.53372	0.47325	0.38336	0.26964	0.13914	0.00000	
2.500	Q	1.66674	1.61492	1.46270	1.21953	0.90054	-0.09946	-0.44335	-0.75968	-1.02878	-1.23391	-1.36232	-1.40603	2.500
	V	0.00000	0.01679	0.03194	0.04391	0.05136	0.05136	0.05340	0.05012	0.04214	0.03034	0.01586	0.00000	
	V'	0.17068	0.16239	0.13803	0.09913	0.04809	0.04809	-0.00694	-0.05755	-0.10060	-0.13343	-0.15397	-0.16097	
	M	0.00000	0.17083	0.33084	0.46986	0.57908	0.57908	0.55264	0.49115	0.39851	0.28060	0.14489	0.00000	
2.525	Q	1.72564	1.67189	1.51111	1.25450	0.91833	-0.08167	-0.44437	-0.77888	-1.06401	-1.28165	-1.41802	-1.46445	2.525
	V	0.00000	0.01738	0.03307	0.04546	0.05318	0.05318	0.05531	0.05194	0.04368	0.03146	0.01645	0.00000	
	V'	0.17671	0.16812	0.14291	0.10266	0.04993	0.04993	-0.00696	-0.05943	-0.10415	-0.13828	-0.15967	-0.16696	
	M	0.00000	0.17723	0.34300	0.48658	0.59869	0.59869	0.57317	0.51058	0.41496	0.29251	0.15114	0.00000	
2.550	Q	1.79164	1.73370	1.56364	1.29246	0.93768	-0.06232	-0.44540	-0.79967	-1.10223	-1.33350	-1.47853	-1.52794	2.550
	V	0.00000	0.01803	0.03429	0.04715	0.05516	0.05516	0.05739	0.05391	0.04536	0.03268	0.01709	0.00000	
	V'	0.18326	0.17435	0.14820	0.10649	0.05193	0.05193	-0.00698	-0.06146	-0.10799	-0.14356	-0.16586	-0.17346	
	M	0.00000	0.18419	0.35623	0.50479	0.62005	0.62005	0.59554	0.53175	0.43290	0.30550	0.15796	0.00000	
2.575	Q	1.86241	1.80100	1.62084	1.33380	0.95880	-0.04120	-0.44645	-0.82225	-1.14384	-1.39001	-1.54451	-1.59717	2.575
	V	0.00000	0.01873	0.03563	0.04898	0.05732	0.05732	0.05965	0.05607	0.04719	0.03401	0.01779	0.00000	
	V'	0.19039	0.18113	0.15396	0.11067	0.05411	0.05411	-0.00700	-0.06368	-0.11218	-0.14931	-0.17261	-0.18055	
	M	0.00000	0.19180	0.37070	0.52469	0.64340	0.64340	0.61999	0.55490	0.45252	0.31971	0.16542	0.00000	
2.600	Q	1.93975	1.87455	1.68335	1.37899	0.98194	-0.01806	-0.44751	-0.84688	-1.18932	-1.45181	-1.61672	-1.67294	2.600
	V	0.00000	0.01950	0.03709	0.05099	0.05967	0.05967	0.06213	0.05842	0.04919	0.03546	0.01855	0.00000	
	V'	0.19819	0.18854	0.16026	0.11524	0.05650	0.05650	-0.00703	-0.06611	-0.11676	-0.15559	-0.17999	-0.18831	
	M	0.00000	0.20014	0.38657	0.54652	0.66902	0.66902	0.64683	0.58033	0.47407	0.33533	0.17361	0.00000	
2.625	Q	2.02460	1.95525	1.75194	1.42860	1.00738	0.00738	-0.44859	-0.87383	-1.23921	-1.51968	-1.69604	-1.75620	2.625
	V	0.00000	0.02034	0.03869	0.05319	0.06226	0.06226	0.06485	0.06100	0.05138	0.03705	0.01939	0.00000	
	V'	0.20674	0.19668	0.16717	0.12025	0.05912	0.05912	-0.00705	-0.06877	-0.12179	-0.16249	-0.18809	-0.19682	
	M	0.00000	0.20934	0.40407	0.57058	0.69726	0.69726	0.67643	0.60837	0.49784	0.35256	0.18265	0.00000	
2.650	Q	2.11812	2.04418	1.82753	1.48328	1.03549	0.03549	-0.44969	-0.90348	-1.29419	-1.59455	-1.78358	-1.84809	2.650
	V	0.00000	0.02127	0.04045	0.05562	0.06511	0.06511	0.06784	0.06385	0.05380	0.03881	0.02031	0.00000	
	V'	0.21618	0.20565	0.17480	0.12578	0.06201	0.06201	-0.00708	-0.07170	-0.12733	-0.17010	-0.19702	-0.20621	
	M	0.00000	0.21953	0.42344	0.59723	0.72855	0.72855	0.70922	0.63946	0.52420	0.37166	0.19268	0.00000	
2.675	Q	2.22168	2.14267	1.91124	1.54387	1.06668	0.06668	-0.45081	-0.93624	-1.35508	-1.67753	-1.88065	-1.95000	2.675
	V	0.00000	0.02229	0.04241	0.05831	0.06827	0.06827	0.07116	0.06700	0.05649	0.04076	0.02134	0.00000	
	V'	0.22663	0.21559	0.18325	0.13191	0.06522	0.06522	-0.00710	-0.07494	-0.13347	-0.17853	-0.20692	-0.21661	
	M	0.00000	0.23087	0.44501	0.62691	0.76339	0.76339	0.74576	0.67409	0.55358	0.39296	0.20387	0.00000	
2.700	Q	2.33701	2.25234	2.00447	1.61136	1.10150	0.10150	-0.45195	-0.97265	-1.42288	-1.77000	-1.98888	-2.06364	2.700
	V	0.00000	0.02344	0.04458	0.06130	0.07180	0.07180	0.07486	0.07052	0.05948	0.04293	0.02248	0.00000	
	V'	0.23827	0.22666	0.19266	0.13873	0.06879	0.06879	-0.00713	-0.07855	-0.14031	-0.18793	-0.21795	-0.22821	
	M	0.00000	0.24358	0.46918	0.66016	0.80242	0.80242	0.78670	0.71292	0.58653	0.41685	0.21641	0.00000	
2.725	Q	2.46620	2.37520	2.10891	1.68700	1.14058	0.14058	-0.45311	-1.01336	-1.49882	-1.87368	-2.11026	-2.19111	2.725
	V	0.00000	0.02472	0.04702	0.06466	0.07574	0.07574	0.07901	0.07446	0.06283	0.04536	0.02376	0.00000	
	V'	0.25132	0.23906	0.20320	0.14638	0.07280	0.07280	-0.00715	-0.08260	-0.14798	-0.19846	-0.23032	-0.24121	
ALPHA	X/L =	0.00	0.10	0.20	0.30	L 0.40	R 0.40	0.50	0.60	0.70	0.80	0.90	1.00	ALPHA

XP/L = 0.40

FUNKTIONEN : F.P;M - F.P;Q - F.P;V - F.P;V'

FUNKTIONEN : F.P;M - F.P;Q - F.P;V - F.P;V'

XP/L = 0.40

ALPHA	X/L =	0.00	0.10	0.20	0.30	L 0.40	R 0.40	0.50	0.60	0.70	0.80	0.90	1.00	ALPHA
	M	0.00000	0.25791	0.49644	0.69766	0.84646	0.84646	0.83289	0.75674	0.62372	0.44382	0.23058	0.00000	
2.750	Q	2.61191	2.51377	2.22672	1.77233	1.18475	0.18475	-0.45428	-1.05918	-1.58448	-1.99071	-2.24734	-2.33508	2.750
	V	0.00000	0.02617	0.04978	0.06845	0.08019	0.08019	0.08369	0.07891	0.06661	0.04811	0.02520	0.00000	
	V'	0.26604	0.25306	0.21510	0.15502	0.07732	0.07732	-0.00718	-0.08716	-0.15663	-0.21034	-0.24428	-0.25588	
	M	0.00000	0.27420	0.52742	0.74029	0.89651	0.89651	0.88542	0.80658	0.66603	0.47452	0.24670	0.00000	
2.775	Q	2.77752	2.67126	2.36062	1.86935	1.23506	0.23506	-0.45548	-1.11117	-1.68183	-2.12382	-2.40330	-2.49890	2.775
	V	0.00000	0.02782	0.05291	0.07276	0.08525	0.08525	0.08901	0.08396	0.07091	0.05123	0.02684	0.00000	
	V'	0.28277	0.26897	0.22863	0.16484	0.08247	0.08247	-0.00720	-0.09235	-0.16646	-0.22385	-0.26015	-0.27256	
	M	0.00000	0.29288	0.56294	0.78916	0.95391	0.95391	0.94567	0.86376	0.71458	0.50974	0.26520	0.00000	
2.800	Q	2.96740	2.85183	2.51414	1.98063	1.29284	0.29284	-0.45670	-1.17066	-1.79345	-2.27654	-2.58232	-2.68696	2.800
	V	0.00000	0.02970	0.05650	0.07770	0.09106	0.09106	0.09511	0.08977	0.07584	0.05481	0.02872	0.00000	
	V'	0.30196	0.28722	0.24415	0.17610	0.08837	0.08837	-0.00723	-0.09830	-0.17774	-0.23935	-0.27836	-0.29170	
	M	0.00000	0.31451	0.60408	0.84576	1.02039	1.02039	1.01546	0.93002	0.77085	0.55058	0.28665	0.00000	
2.825	Q	3.18728	3.06094	2.69194	2.10953	1.35988	0.35988	-0.45793	-1.23944	-1.92270	-2.45352	-2.78984	-2.90499	2.825
	V	0.00000	0.03189	0.06066	0.08342	0.09779	0.09779	0.10218	0.09649	0.08155	0.05896	0.03091	0.00000	
	V'	0.32419	0.30836	0.26213	0.18915	0.09522	0.09522	-0.00726	-0.10519	-0.19080	-0.25731	-0.29946	-0.31388	
	M	0.00000	0.33984	0.65227	0.91207	1.09829	1.09829	1.09725	1.00769	0.83683	0.59846	0.31181	0.00000	
2.850	Q	3.44488	3.30592	2.90025	2.26059	1.43856	0.43856	-0.45919	-1.31989	-2.07411	-2.66100	-3.03321	-3.16071	2.850
	V	0.00000	0.03445	0.06553	0.09013	0.10567	0.10567	0.11047	0.10436	0.08825	0.06383	0.03346	0.00000	
	V'	0.35025	0.33314	0.28319	0.20444	0.10324	0.10324	-0.00729	-0.11325	-0.20611	-0.27836	-0.32419	-0.33988	
	M	0.00000	0.36993	0.70950	0.99083	1.19082	1.19082	1.19443	1.09999	0.91525	0.65538	0.34172	0.00000	
2.875	Q	3.75080	3.59685	3.14765	2.44005	1.53216	0.53216	-0.46047	-1.41529	-2.25394	-2.90756	-3.32250	-3.46471	2.875
	V	0.00000	0.03750	0.07132	0.09810	0.11503	0.11503	0.12031	0.11372	0.09621	0.06961	0.03650	0.00000	
	V'	0.38119	0.36257	0.30822	0.22261	0.11278	0.11278	-0.00732	-0.12283	-0.22429	-0.30337	-0.35357	-0.37078	
	M	0.00000	0.40625	0.77858	1.08589	1.30251	1.30251	1.31175	1.21144	1.00997	0.72415	0.37785	0.00000	
2.900	Q	4.12005	3.94801	3.44627	2.65672	1.64530	0.64530	-0.46177	-1.53027	-2.47097	-3.20532	-3.67199	-3.83200	2.900
	V	0.00000	0.04117	0.07831	0.10772	0.12634	0.12634	0.13219	0.12502	0.10582	0.07659	0.04017	0.00000	
	V'	0.41856	0.39810	0.33844	0.24456	0.12429	0.12429	-0.00734	-0.13440	-0.24625	-0.33357	-0.38906	-0.40809	
	M	0.00000	0.45096	0.86361	1.20290	1.44000	1.44000	1.45620	1.34870	1.12663	0.80885	0.42237	0.00000	
2.925	Q	4.57454	4.38024	3.81385	2.92348	1.78476	0.78476	-0.46309	-1.67160	-2.73812	-3.57203	-4.10251	-4.28449	2.925
	V	0.00000	0.04570	0.08691	0.11956	0.14026	0.14026	0.14683	0.13894	0.11766	0.08519	0.04469	0.00000	
	V'	0.46455	0.44184	0.37564	0.27157	0.13848	0.13848	-0.00737	-0.14863	-0.27328	-0.37075	-0.43276	-0.45403	
	M	0.00000	0.50733	0.97083	1.35045	1.61340	1.61340	1.63840	1.52185	1.27382	0.91574	0.47854	0.00000	
2.950	Q	5.14763	4.92526	4.27737	3.25994	1.96086	0.96086	-0.46443	-1.84960	-3.07497	-4.03467	-4.64580	-4.85555	2.950
	V	0.00000	0.05140	0.09777	0.13450	0.15782	0.15782	0.16529	0.15649	0.13259	0.09603	0.05039	0.00000	
	V'	0.52257	0.49701	0.42256	0.30565	0.15638	0.15638	-0.00740	-0.16657	-0.30738	-0.41766	-0.48788	-0.51198	
	M	0.00000	0.58062	1.11022	1.54229	1.83886	1.83886	1.87534	1.74707	1.46530	1.05480	0.55163	0.00000	
2.975	Q	5.89270	5.63385	4.88003	3.69748	2.19008	1.19008	-0.46580	-2.08076	-3.51291	-4.63643	-5.35262	-5.59855	2.975
	V	0.00000	0.05882	0.11188	0.15392	0.18065	0.18065	0.18929	0.17932	0.15200	0.11014	0.05781	0.00000	
	V'	0.59800	0.56876	0.48359	0.34997	0.17966	0.17966	-0.00743	-0.18990	-0.35172	-0.47866	-0.55958	-0.58737	

ALPHA X/L = 0.00 0.10 0.20 0.30 L 0.40 R 0.40 0.50 0.60 0.70 0.80 0.90 1.00 ALPHA

XP/L = 0.40

FUNKTIONEN : F.P;M - F.P;Q - F.P;V - F.P;V'

FUNKTIONEN : F.P;M - F.P;Q - F.P;V - F.P;V'

XP/L = 0.50

ALPHA	X/L =	0.00	0.10	0.20	0.30	0.40	L 0.50	R 0.50	0.60	0.70	0.80	0.90	1.00	ALPHA
	M	0.00000	0.05000	0.10000	0.15000	0.20000	0.25000	0.25000	0.20000	0.15000	0.10000	0.05000	0.00000	
0.000	Q	0.50000	0.50000	0.50000	0.50000	0.50000	0.50000	-0.50000	-0.50000	-0.50000	-0.50000	-0.50000	-0.50000	0.000
	V	0.00000	0.00617	0.01183	0.01650	0.01967	0.02083	0.02083	0.01967	0.01650	0.01183	0.00617	0.00000	
	V'	0.06250	0.06000	0.05250	0.04000	0.02250	0.00000	0.00000	-0.02250	-0.04000	-0.05250	-0.06000	-0.06250	
	M	0.00000	0.05000	0.10001	0.15001	0.20001	0.25001	0.25001	0.20001	0.15001	0.10001	0.05000	0.00000	
0.025	Q	0.50004	0.50004	0.50003	0.50003	0.50001	0.50000	-0.50000	-0.50001	-0.50003	-0.50003	-0.50004	-0.50004	0.025
	V	0.00000	0.00617	0.01183	0.01650	0.01967	0.02083	0.02083	0.01967	0.01650	0.01183	0.00617	0.00000	
	V'	0.06250	0.06000	0.05250	0.04000	0.02250	0.00000	0.00000	-0.02250	-0.04000	-0.05250	-0.06000	-0.06250	
	M	0.00000	0.05002	0.10003	0.15004	0.20005	0.25005	0.25005	0.20005	0.15004	0.10003	0.05002	0.00000	
0.050	Q	0.50016	0.50015	0.50013	0.50010	0.50006	0.50000	-0.50000	-0.50006	-0.50010	-0.50013	-0.50015	-0.50016	0.050
	V	0.00000	0.00617	0.01184	0.01650	0.01967	0.02084	0.02084	0.01967	0.01650	0.01184	0.00617	0.00000	
	V'	0.06252	0.06002	0.05251	0.04001	0.02251	0.00000	0.00000	-0.02251	-0.04001	-0.05251	-0.06002	-0.06252	
	M	0.00000	0.05003	0.10007	0.15009	0.20011	0.25012	0.25012	0.20011	0.15009	0.10007	0.05003	0.00000	
0.075	Q	0.50035	0.50034	0.50030	0.50023	0.50013	0.50000	-0.50000	-0.50013	-0.50023	-0.50030	-0.50034	-0.50035	0.075
	V	0.00000	0.00617	0.01184	0.01651	0.01968	0.02085	0.02085	0.01968	0.01651	0.01184	0.00617	0.00000	
	V'	0.06254	0.06003	0.05253	0.04002	0.02251	0.00000	0.00000	-0.02251	-0.04002	-0.05253	-0.06003	-0.06254	
	M	0.00000	0.05006	0.10012	0.15017	0.20020	0.25021	0.25021	0.20020	0.15017	0.10012	0.05006	0.00000	
0.100	Q	0.50063	0.50060	0.50053	0.50040	0.50023	0.50000	-0.50000	-0.50023	-0.50040	-0.50053	-0.50060	-0.50063	0.100
	V	0.00000	0.00617	0.01185	0.01652	0.01969	0.02085	0.02085	0.01969	0.01652	0.01185	0.00617	0.00000	
	V'	0.06257	0.06006	0.05255	0.04004	0.02252	0.00000	0.00000	-0.02252	-0.04004	-0.05255	-0.06006	-0.06257	
	M	0.00000	0.05010	0.10019	0.15026	0.20031	0.25033	0.25033	0.20031	0.15026	0.10019	0.05010	0.00000	
0.125	Q	0.50098	0.50094	0.50082	0.50063	0.50035	0.50000	-0.50000	-0.50035	-0.50063	-0.50082	-0.50094	-0.50098	0.125
	V	0.00000	0.00618	0.01185	0.01653	0.01970	0.02087	0.02087	0.01970	0.01653	0.01185	0.00618	0.00000	
	V'	0.06260	0.06010	0.05258	0.04006	0.02253	-0.00000	0.00000	-0.02253	-0.04006	-0.05258	-0.06010	-0.06260	
	M	0.00000	0.05014	0.10027	0.15037	0.20044	0.25047	0.25047	0.20044	0.15037	0.10027	0.05014	0.00000	
0.150	Q	0.50141	0.50135	0.50118	0.50090	0.50051	0.50000	-0.50000	-0.50051	-0.50090	-0.50118	-0.50135	-0.50141	0.150
	V	0.00000	0.00618	0.01186	0.01654	0.01971	0.02088	0.02088	0.01971	0.01654	0.01186	0.00618	0.00000	
	V'	0.06265	0.06014	0.05262	0.04009	0.02255	-0.00000	0.00000	-0.02255	-0.04009	-0.05262	-0.06014	-0.06265	
	M	0.00000	0.05019	0.10036	0.15051	0.20060	0.25064	0.25064	0.20060	0.15051	0.10036	0.05019	0.00000	
0.175	Q	0.50192	0.50184	0.50161	0.50123	0.50069	0.50000	-0.50000	-0.50069	-0.50123	-0.50161	-0.50184	-0.50192	0.175
	V	0.00000	0.00619	0.01187	0.01655	0.01973	0.02090	0.02090	0.01973	0.01655	0.01187	0.00619	0.00000	
	V'	0.06270	0.06019	0.05266	0.04012	0.02256	-0.00000	0.00000	-0.02256	-0.04012	-0.05266	-0.06019	-0.06270	
	M	0.00000	0.05025	0.10048	0.15066	0.20079	0.25084	0.25084	0.20079	0.15066	0.10048	0.05025	0.00000	
0.200	Q	0.50251	0.50241	0.50211	0.50161	0.50090	0.50000	-0.50000	-0.50090	-0.50161	-0.50211	-0.50241	-0.50251	0.200
	V	0.00000	0.00619	0.01188	0.01657	0.01975	0.02092	0.02092	0.01975	0.01657	0.01188	0.00619	0.00000	
	V'	0.06276	0.06025	0.05271	0.04016	0.02258	-0.00000	0.00000	-0.02258	-0.04016	-0.05271	-0.06025	-0.06276	
	M	0.00000	0.05031	0.10060	0.15084	0.20100	0.25106	0.25106	0.20100	0.15084	0.10060	0.05031	0.00000	
0.225	Q	0.50318	0.50305	0.50267	0.50203	0.50114	0.50000	-0.50000	-0.50114	-0.50203	-0.50267	-0.50305	-0.50318	0.225
	V	0.00000	0.00620	0.01190	0.01659	0.01977	0.02094	0.02094	0.01977	0.01659	0.01190	0.00620	0.00000	
	V'	0.06283	0.06032	0.05277	0.04020	0.02260	-0.00000	0.00000	-0.02260	-0.04020	-0.05277	-0.06032	-0.06283	
ALPHA	X/L =	0.00	0.10	0.20	0.30	0.40	L 0.50	R 0.50	0.60	0.70	0.80	0.90	1.00	ALPHA

XP/L = 0.50

FUNKTIONEN : F.P;M - F.P;Q - F.P;V - F.P;V'

FUNKTIONEN : F.P;M - F.P;Q - F.P;V - F.P;V'

XP/L = 0.50

ALPHA	X/L =	0.00	0.10	0.20	0.30	0.40	L 0.50	R 0.50	0.60	0.70	0.80	0.90	1.00	ALPHA
	M	0.00000	0.05039	0.10074	0.15104	0.20124	0.25131	0.25131	0.20124	0.15104	0.10074	0.05039	0.00000	
0.250	Q	0.50393	0.50377	0.50330	0.50252	0.50141	0.50000	-0.50000	-0.50141	-0.50252	-0.50330	-0.50377	-0.50393	0.250
	V	0.00000	0.00621	0.01191	0.01661	0.01979	0.02096	0.02096	0.01979	0.01661	0.01191	0.00621	0.00000	
	V'	0.06291	0.06039	0.05283	0.04024	0.02263	-0.00000	0.00000	-0.02263	-0.04024	-0.05283	-0.06039	-0.06291	
	M	0.00000	0.05047	0.10090	0.15126	0.20150	0.25159	0.25159	0.20150	0.15126	0.10090	0.05047	0.00000	
0.275	Q	0.50476	0.50457	0.50400	0.50305	0.50171	0.50000	-0.50000	-0.50171	-0.50305	-0.50400	-0.50457	-0.50476	0.275
	V	0.00000	0.00622	0.01193	0.01663	0.01982	0.02099	0.02099	0.01982	0.01663	0.01193	0.00622	0.00000	
	V'	0.06300	0.06047	0.05290	0.04029	0.02266	-0.00000	0.00000	-0.02266	-0.04029	-0.05290	-0.06047	-0.06300	
	M	0.00000	0.05056	0.10107	0.15150	0.20179	0.25189	0.25189	0.20179	0.15150	0.10107	0.05056	0.00000	
0.300	Q	0.50568	0.50545	0.50477	0.50363	0.50204	0.50000	-0.50000	-0.50204	-0.50363	-0.50477	-0.50545	-0.50568	0.300
	V	0.00000	0.00622	0.01194	0.01665	0.01985	0.02102	0.02102	0.01985	0.01665	0.01194	0.00622	0.00000	
	V'	0.06309	0.06056	0.05298	0.04035	0.02269	-0.00000	0.00000	-0.02269	-0.04035	-0.05298	-0.06056	-0.06309	
	M	0.00000	0.05066	0.10126	0.15176	0.20210	0.25222	0.25222	0.20210	0.15176	0.10126	0.05066	0.00000	
0.325	Q	0.50667	0.50641	0.50561	0.50427	0.50240	0.50000	-0.50000	-0.50240	-0.50427	-0.50561	-0.50641	-0.50667	0.325
	V	0.00000	0.00624	0.01196	0.01668	0.01988	0.02106	0.02106	0.01988	0.01668	0.01196	0.00624	0.00000	
	V'	0.06320	0.06066	0.05307	0.04041	0.02272	-0.00000	0.00000	-0.02272	-0.04041	-0.05307	-0.06066	-0.06320	
	M	0.00000	0.05077	0.10147	0.15205	0.20244	0.25258	0.25258	0.20244	0.15205	0.10147	0.05077	0.00000	
0.350	Q	0.50776	0.50744	0.50651	0.50496	0.50279	0.50000	-0.50000	-0.50279	-0.50496	-0.50651	-0.50744	-0.50776	0.350
	V	0.00000	0.00625	0.01198	0.01671	0.01991	0.02109	0.02109	0.01991	0.01671	0.01198	0.00625	0.00000	
	V'	0.06331	0.06077	0.05316	0.04048	0.02275	-0.00000	0.00000	-0.02275	-0.04048	-0.05316	-0.06077	-0.06331	
	M	0.00000	0.05088	0.10169	0.15235	0.20281	0.25297	0.25297	0.20281	0.15235	0.10169	0.05088	0.00000	
0.375	Q	0.50892	0.50856	0.50749	0.50570	0.50321	0.50000	-0.50000	-0.50321	-0.50570	-0.50749	-0.50856	-0.50892	0.375
	V	0.00000	0.00626	0.01201	0.01674	0.01995	0.02113	0.02113	0.01995	0.01674	0.01201	0.00626	0.00000	
	V'	0.06343	0.06088	0.05326	0.04055	0.02279	-0.00000	0.00000	-0.02279	-0.04055	-0.05326	-0.06088	-0.06343	
	M	0.00000	0.05100	0.10193	0.15268	0.20320	0.25339	0.25339	0.20320	0.15268	0.10193	0.05100	0.00000	
0.400	Q	0.51017	0.50976	0.50854	0.50650	0.50365	0.50000	-0.50000	-0.50365	-0.50650	-0.50854	-0.50976	-0.51017	0.400
	V	0.00000	0.00627	0.01203	0.01677	0.01999	0.02117	0.02117	0.01999	0.01677	0.01203	0.00627	0.00000	
	V'	0.06356	0.06101	0.05336	0.04063	0.02283	-0.00000	0.00000	-0.02283	-0.04063	-0.05336	-0.06101	-0.06356	
	M	0.00000	0.05114	0.10218	0.15304	0.20362	0.25383	0.25383	0.20362	0.15304	0.10218	0.05114	0.00000	
0.425	Q	0.51151	0.51104	0.50966	0.50735	0.50413	0.50000	-0.50000	-0.50413	-0.50735	-0.50966	-0.51104	-0.51151	0.425
	V	0.00000	0.00628	0.01206	0.01681	0.02003	0.02122	0.02122	0.02003	0.01681	0.01206	0.00628	0.00000	
	V'	0.06370	0.06114	0.05347	0.04071	0.02288	0.00000	0.00000	-0.02288	-0.04071	-0.05347	-0.06114	-0.06370	
	M	0.00000	0.05128	0.10245	0.15341	0.20407	0.25431	0.25431	0.20407	0.15341	0.10245	0.05128	0.00000	
0.450	Q	0.51293	0.51241	0.51085	0.50826	0.50464	0.50000	-0.50000	-0.50464	-0.50826	-0.51085	-0.51241	-0.51293	0.450
	V	0.00000	0.00630	0.01209	0.01685	0.02008	0.02126	0.02126	0.02008	0.01685	0.01209	0.00630	0.00000	
	V'	0.06385	0.06128	0.05359	0.04080	0.02292	0.00000	-0.00000	-0.02292	-0.04080	-0.05359	-0.06128	-0.06385	
	M	0.00000	0.05142	0.10273	0.15381	0.20454	0.25481	0.25481	0.20454	0.15381	0.10273	0.05142	0.00000	
0.475	Q	0.51444	0.51386	0.51212	0.50923	0.50518	0.50000	-0.50000	-0.50518	-0.50923	-0.51212	-0.51386	-0.51444	0.475
	V	0.00000	0.00631	0.01212	0.01689	0.02012	0.02131	0.02131	0.02012	0.01689	0.01212	0.00631	0.00000	
	V'	0.06400	0.06143	0.05372	0.04089	0.02297	0.00000	-0.00000	-0.02297	-0.04089	-0.05372	-0.06143	-0.06400	
ALPHA	X/L =	0.00	0.10	0.20	0.30	0.40	L 0.50	R 0.50	0.60	0.70	0.80	0.90	1.00	ALPHA

XP/L = 0.50

FUNKTIONEN : F.P;M - F.P;Q - F.P;V - F.P;V'

FUNKTIONEN : F.P;M - F.P;Q - F.P;V - F.P;V'

XP/L = 0.50

ALPHA	X/L =	0.00	0.10	0.20	0.30	0.40	L 0.50	R 0.50	0.60	0.70	0.80	0.90	1.00	ALPHA
	M	0.00000	0.05158	0.10304	0.15423	0.20504	0.25534	0.25534	0.20504	0.15423	0.10304	0.05158	0.00000	
0.500	Q	0.51604	0.51540	0.51346	0.51025	0.50576	0.50000	-0.50000	-0.50576	-0.51025	-0.51346	-0.51540	-0.51604	0.500
	V	0.00000	0.00633	0.01215	0.01693	0.02017	0.02137	0.02137	0.02017	0.01693	0.01215	0.00633	0.00000	
	V'	0.06417	0.06159	0.05386	0.04099	0.02302	-0.00000	0.00000	-0.02302	-0.04099	-0.05386	-0.06159	-0.06417	
	M	0.00000	0.05175	0.10336	0.15468	0.20558	0.25590	0.25590	0.20558	0.15468	0.10336	0.05175	0.00000	
0.525	Q	0.51774	0.51702	0.51488	0.51133	0.50636	0.50000	-0.50000	-0.50636	-0.51133	-0.51488	-0.51702	-0.51774	0.525
	V	0.00000	0.00635	0.01218	0.01698	0.02023	0.02142	0.02142	0.02023	0.01698	0.01218	0.00635	0.00000	
	V'	0.06435	0.06176	0.05400	0.04110	0.02308	-0.00000	0.00000	-0.02308	-0.04110	-0.05400	-0.06176	-0.06435	
	M	0.00000	0.05193	0.10369	0.15515	0.20614	0.25650	0.25650	0.20614	0.15515	0.10369	0.05193	0.00000	
0.550	Q	0.51952	0.51874	0.51638	0.51246	0.50700	0.50000	-0.50000	-0.50700	-0.51246	-0.51638	-0.51874	-0.51952	0.550
	V	0.00000	0.00637	0.01221	0.01702	0.02028	0.02148	0.02148	0.02028	0.01702	0.01221	0.00637	0.00000	
	V'	0.06453	0.06193	0.05415	0.04121	0.02314	-0.00000	0.00000	-0.02314	-0.04121	-0.05415	-0.06193	-0.06453	
	M	0.00000	0.05211	0.10405	0.15565	0.20673	0.25712	0.25712	0.20673	0.15565	0.10405	0.05211	0.00000	
0.575	Q	0.52140	0.52054	0.51796	0.51366	0.50767	0.50000	-0.50000	-0.50767	-0.51366	-0.51796	-0.52054	-0.52140	0.575
	V	0.00000	0.00639	0.01225	0.01708	0.02034	0.02155	0.02155	0.02034	0.01708	0.01225	0.00639	0.00000	
	V'	0.06473	0.06212	0.05431	0.04132	0.02320	-0.00000	0.00000	-0.02320	-0.04132	-0.05431	-0.06212	-0.06473	
	M	0.00000	0.05231	0.10442	0.15617	0.20735	0.25778	0.25778	0.20735	0.15617	0.10442	0.05231	0.00000	
0.600	Q	0.52338	0.52243	0.51961	0.51492	0.50837	0.50000	-0.50000	-0.50837	-0.51492	-0.51961	-0.52243	-0.52338	0.600
	V	0.00000	0.00641	0.01229	0.01713	0.02041	0.02161	0.02161	0.02041	0.01713	0.01229	0.00641	0.00000	
	V'	0.06493	0.06232	0.05448	0.04144	0.02326	-0.00000	0.00000	-0.02326	-0.04144	-0.05448	-0.06232	-0.06493	
	M	0.00000	0.05251	0.10482	0.15671	0.20800	0.25847	0.25847	0.20800	0.15671	0.10482	0.05251	0.00000	
0.625	Q	0.52545	0.52442	0.52135	0.51624	0.50911	0.50000	-0.50000	-0.50911	-0.51624	-0.52135	-0.52442	-0.52545	0.625
	V	0.00000	0.00643	0.01233	0.01718	0.02047	0.02168	0.02168	0.02047	0.01718	0.01233	0.00643	0.00000	
	V'	0.06515	0.06252	0.05465	0.04157	0.02333	-0.00000	0.00000	-0.02333	-0.04157	-0.05465	-0.06252	-0.06515	
	M	0.00000	0.05272	0.10523	0.15728	0.20868	0.25919	0.25919	0.20868	0.15728	0.10523	0.05272	0.00000	
0.650	Q	0.52762	0.52651	0.52317	0.51762	0.50989	0.50000	-0.50000	-0.50989	-0.51762	-0.52317	-0.52651	-0.52762	0.650
	V	0.00000	0.00645	0.01237	0.01724	0.02054	0.02175	0.02175	0.02054	0.01724	0.01237	0.00645	0.00000	
	V'	0.06537	0.06274	0.05484	0.04171	0.02340	-0.00000	0.00000	-0.02340	-0.04171	-0.05484	-0.06274	-0.06537	
	M	0.00000	0.05295	0.10566	0.15788	0.20939	0.25995	0.25995	0.20939	0.15788	0.10566	0.05295	0.00000	
0.675	Q	0.52989	0.52869	0.52507	0.51907	0.51070	0.50000	-0.50000	-0.51070	-0.51907	-0.52507	-0.52869	-0.52989	0.675
	V	0.00000	0.00647	0.01242	0.01730	0.02061	0.02183	0.02183	0.02061	0.01730	0.01242	0.00647	0.00000	
	V'	0.06561	0.06296	0.05503	0.04185	0.02348	0.00000	-0.00000	-0.02348	-0.04185	-0.05503	-0.06296	-0.06561	
	M	0.00000	0.05318	0.10611	0.15851	0.21014	0.26073	0.26073	0.21014	0.15851	0.10611	0.05318	0.00000	
0.700	Q	0.53227	0.53097	0.52706	0.52058	0.51154	0.50000	-0.50000	-0.51154	-0.52058	-0.52706	-0.53097	-0.53227	0.700
	V	0.00000	0.00650	0.01246	0.01737	0.02069	0.02191	0.02191	0.02069	0.01737	0.01246	0.00650	0.00000	
	V'	0.06586	0.06320	0.05523	0.04199	0.02355	-0.00000	0.00000	-0.02355	-0.04199	-0.05523	-0.06320	-0.06586	
	M	0.00000	0.05343	0.10658	0.15916	0.21092	0.26156	0.26156	0.21092	0.15916	0.10658	0.05343	0.00000	
0.725	Q	0.53475	0.53335	0.52914	0.52215	0.51242	0.50000	-0.50000	-0.51242	-0.52215	-0.52914	-0.53335	-0.53475	0.725
	V	0.00000	0.00652	0.01251	0.01743	0.02077	0.02199	0.02199	0.02077	0.01743	0.01251	0.00652	0.00000	
	V'	0.06612	0.06344	0.05544	0.04215	0.02363	-0.00000	0.00000	-0.02363	-0.04215	-0.05544	-0.06344	-0.06612	
ALPHA	X/L =	0.00	0.10	0.20	0.30	0.40	L 0.50	R 0.50	0.60	0.70	0.80	0.90	1.00	ALPHA

XP/L = 0.50

FUNKTIONEN : F.P;M - F.P;Q - F.P;V - F.P;V'

FUNKTIONEN : F.PIM - F.PIQ - F.PIV - F.PIV'

XP/L = 0.50

ALPHA	X/L =	0.00	0.10	0.20	0.30	0.40	L 0.50	R 0.50	0.60	0.70	0.80	0.90	1.00	ALPHA
	M	0.00000	0.05368	0.10707	0.15985	0.21173	0.26242	0.26242	0.21173	0.15985	0.10707	0.05368	0.00000	
0.750	Q	0.53734	0.53583	0.53131	0.52380	0.51334	0.50000	-0.50000	-0.51334	-0.52380	-0.53131	-0.53583	-0.53734	0.750
	V	0.00000	0.00655	0.01256	0.01750	0.02085	0.02208	0.02208	0.02085	0.01750	0.01256	0.00655	0.00000	
	V'	0.06638	0.06370	0.05566	0.04231	0.02372	-0.00000	0.00000	-0.02372	-0.04231	-0.05566	-0.06370	-0.06638	
	M	0.00000	0.05395	0.10758	0.16056	0.21257	0.26331	0.26331	0.21257	0.16056	0.10758	0.05395	0.00000	
0.775	Q	0.54004	0.53842	0.53357	0.52551	0.51430	0.50000	-0.50000	-0.51430	-0.52551	-0.53357	-0.53842	-0.54004	0.775
	V	0.00000	0.00658	0.01261	0.01758	0.02093	0.02217	0.02217	0.02093	0.01758	0.01261	0.00658	0.00000	
	V'	0.06666	0.06397	0.05589	0.04247	0.02381	0.00000	0.00000	-0.02381	-0.04247	-0.05589	-0.06397	-0.06666	
	M	0.00000	0.05423	0.10811	0.16130	0.21345	0.26425	0.26425	0.21345	0.16130	0.10811	0.05423	0.00000	
0.800	Q	0.54285	0.54112	0.53592	0.52729	0.51529	0.50000	-0.50000	-0.51529	-0.52729	-0.53592	-0.54112	-0.54285	0.800
	V	0.00000	0.00661	0.01267	0.01765	0.02102	0.02226	0.02226	0.02102	0.01765	0.01267	0.00661	0.00000	
	V'	0.06696	0.06424	0.05612	0.04265	0.02390	-0.00000	0.00000	-0.02390	-0.04265	-0.05612	-0.06424	-0.06696	
	M	0.00000	0.05452	0.10866	0.16207	0.21437	0.26522	0.26522	0.21437	0.16207	0.10866	0.05452	0.00000	
0.825	Q	0.54578	0.54392	0.53837	0.52915	0.51633	0.50000	-0.50000	-0.51633	-0.52915	-0.53837	-0.54392	-0.54578	0.825
	V	0.00000	0.00664	0.01273	0.01773	0.02111	0.02236	0.02236	0.02111	0.01773	0.01273	0.00664	0.00000	
	V'	0.06726	0.06453	0.05637	0.04283	0.02399	-0.00000	0.00000	-0.02399	-0.04283	-0.05637	-0.06453	-0.06726	
	M	0.00000	0.05482	0.10924	0.16287	0.21532	0.26623	0.26623	0.21532	0.16287	0.10924	0.05482	0.00000	
0.850	Q	0.54882	0.54684	0.54091	0.53108	0.51741	0.50000	-0.50000	-0.51741	-0.53108	-0.54091	-0.54684	-0.54882	0.850
	V	0.00000	0.00667	0.01278	0.01781	0.02121	0.02246	0.02246	0.02121	0.01781	0.01278	0.00667	0.00000	
	V'	0.06758	0.06483	0.05663	0.04301	0.02409	0.00000	-0.00000	-0.02409	-0.04301	-0.05663	-0.06483	-0.06758	
	M	0.00000	0.05513	0.10984	0.16370	0.21632	0.26727	0.26727	0.21632	0.16370	0.10984	0.05513	0.00000	
0.875	Q	0.55199	0.54988	0.54356	0.53308	0.51852	0.50000	-0.50000	-0.51852	-0.53308	-0.54356	-0.54988	-0.55199	0.875
	V	0.00000	0.00670	0.01285	0.01790	0.02131	0.02256	0.02256	0.02131	0.01790	0.01285	0.00670	0.00000	
	V'	0.06791	0.06515	0.05689	0.04321	0.02419	0.00000	0.00000	-0.02419	-0.04321	-0.05689	-0.06515	-0.06791	
	M	0.00000	0.05545	0.11046	0.16457	0.21735	0.26836	0.26836	0.21735	0.16457	0.11046	0.05545	0.00000	
0.900	Q	0.55528	0.55303	0.54631	0.53516	0.51968	0.50000	-0.50000	-0.51968	-0.53516	-0.54631	-0.55303	-0.55528	0.900
	V	0.00000	0.00673	0.01291	0.01798	0.02141	0.02267	0.02267	0.02141	0.01798	0.01291	0.00673	0.00000	
	V'	0.06825	0.06547	0.05717	0.04341	0.02430	-0.00000	0.00000	-0.02430	-0.04341	-0.05717	-0.06547	-0.06825	
	M	0.00000	0.05579	0.11110	0.16547	0.21841	0.26950	0.26950	0.21841	0.16547	0.11110	0.05579	0.00000	
0.925	Q	0.55870	0.55631	0.54916	0.53732	0.52089	0.50000	-0.50000	-0.52089	-0.53732	-0.54916	-0.55631	-0.55870	0.925
	V	0.00000	0.00677	0.01298	0.01808	0.02152	0.02278	0.02278	0.02152	0.01808	0.01298	0.00677	0.00000	
	V'	0.06860	0.06581	0.05746	0.04362	0.02441	-0.00000	0.00000	-0.02441	-0.04362	-0.05746	-0.06581	-0.06860	
	M	0.00000	0.05614	0.11177	0.16640	0.21952	0.27067	0.27067	0.21952	0.16640	0.11177	0.05614	0.00000	
0.950	Q	0.56224	0.55971	0.55213	0.53956	0.52214	0.50000	-0.50000	-0.52214	-0.53956	-0.55213	-0.55971	-0.56224	0.950
	V	0.00000	0.00680	0.01305	0.01817	0.02163	0.02290	0.02290	0.02163	0.01817	0.01305	0.00680	0.00000	
	V'	0.06897	0.06616	0.05776	0.04384	0.02453	0.00000	-0.00000	-0.02453	-0.04384	-0.05776	-0.06616	-0.06897	
	M	0.00000	0.05650	0.11247	0.16737	0.22068	0.27189	0.27189	0.22068	0.16737	0.11247	0.05650	0.00000	
0.975	Q	0.56593	0.56324	0.55520	0.54189	0.52343	0.50000	-0.50000	-0.52343	-0.54189	-0.55520	-0.56324	-0.56593	0.975
	V	0.00000	0.00684	0.01312	0.01827	0.02175	0.02302	0.02302	0.02175	0.01827	0.01312	0.00684	0.00000	
	V'	0.06935	0.06652	0.05807	0.04407	0.02465	-0.00000	0.00000	-0.02465	-0.04407	-0.05807	-0.06652	-0.06935	
ALPHA	X/L =	0.00	0.10	0.20	0.30	0.40	L 0.50	R 0.50	0.60	0.70	0.80	0.90	1.00	ALPHA

XP/L = 0.50

FUNKTIONEN : F.PIM - F.PIQ - F.PIV - F.PIV'

D R U C K S T A E B E -316-

FUNKTIONEN : F.PIM - F.PIQ - F.PIV - F.PIV'

XP/L = 0.50

ALPHA	X/L =	0.00	0.10	0.20	0.30	0.40	L 0.50	R 0.50	0.60	0.70	0.80	0.90	1.00	ALPHA
	M	0.00000	0.05688	0.11319	0.16837	0.22187	0.27315	0.27315	0.22187	0.16837	0.11319	0.05688	0.00000	
1.000	Q	0.56975	0.56690	0.55839	0.54430	0.52477	0.50000	-0.50000	-0.52477	-0.54430	-0.55839	-0.56690	-0.56975	1.000
	V	0.00000	0.00688	0.01319	0.01837	0.02187	0.02315	0.02315	0.02187	0.01837	0.01319	0.00688	0.00000	
	V'	0.06975	0.06690	0.05839	0.04430	0.02477	0.00000	-0.00000	-0.02477	-0.04430	-0.05839	-0.06690	-0.06975	
	M	0.00000	0.05727	0.11394	0.16941	0.22311	0.27446	0.27446	0.22311	0.16941	0.11394	0.05727	0.00000	
1.025	Q	0.57371	0.57070	0.56170	0.54680	0.52616	0.50000	-0.50000	-0.52616	-0.54680	-0.56170	-0.57070	-0.57371	1.025
	V	0.00000	0.00692	0.01327	0.01848	0.02199	0.02328	0.02328	0.02199	0.01848	0.01327	0.00692	0.00000	
	V'	0.07016	0.06729	0.05872	0.04454	0.02490	-0.00000	0.00000	-0.02490	-0.04454	-0.05872	-0.06729	-0.07016	
	M	0.00000	0.05768	0.11472	0.17049	0.22439	0.27582	0.27582	0.22439	0.17049	0.11472	0.05768	0.00000	
1.050	Q	0.57782	0.57464	0.56512	0.54939	0.52760	0.50000	-0.50000	-0.52760	-0.54939	-0.56512	-0.57464	-0.57782	1.050
	V	0.00000	0.00696	0.01335	0.01859	0.02212	0.02342	0.02342	0.02212	0.01859	0.01335	0.00696	0.00000	
	V'	0.07058	0.06770	0.05907	0.04480	0.02503	-0.00000	0.00000	-0.02503	-0.04480	-0.05907	-0.06770	-0.07058	
	M	0.00000	0.05810	0.11552	0.17161	0.22572	0.27723	0.27723	0.22572	0.17161	0.11552	0.05810	0.00000	
1.075	Q	0.58208	0.57872	0.56868	0.55207	0.52909	0.50000	-0.50000	-0.52909	-0.55207	-0.56868	-0.57872	-0.58208	1.075
	V	0.00000	0.00701	0.01343	0.01870	0.02226	0.02356	0.02356	0.02226	0.01870	0.01343	0.00701	0.00000	
	V'	0.07102	0.06812	0.05943	0.04506	0.02517	-0.00000	0.00000	-0.02517	-0.04506	-0.05943	-0.06812	-0.07102	
	M	0.00000	0.05853	0.11635	0.17277	0.22710	0.27868	0.27868	0.22710	0.17277	0.11635	0.05853	0.00000	
1.100	Q	0.58649	0.58295	0.57236	0.55485	0.53063	0.50000	-0.50000	-0.53063	-0.55485	-0.57236	-0.58295	-0.58649	1.100
	V	0.00000	0.00705	0.01352	0.01882	0.02240	0.02371	0.02371	0.02240	0.01882	0.01352	0.00705	0.00000	
	V'	0.07148	0.06855	0.05980	0.04533	0.02531	0.00000	-0.00000	-0.02531	-0.04533	-0.05980	-0.06855	-0.07148	
	M	0.00000	0.05898	0.11722	0.17397	0.22853	0.28019	0.28019	0.22853	0.17397	0.11722	0.05898	0.00000	
1.125	Q	0.59107	0.58733	0.57617	0.55772	0.53223	0.50000	-0.50000	-0.53223	-0.55772	-0.57617	-0.58733	-0.59107	1.125
	V	0.00000	0.00710	0.01361	0.01894	0.02254	0.02386	0.02386	0.02254	0.01894	0.01361	0.00710	0.00000	
	V'	0.07196	0.06900	0.06018	0.04561	0.02546	-0.00000	0.00000	-0.02546	-0.04561	-0.06018	-0.06900	-0.07196	
	M	0.00000	0.05945	0.11811	0.17522	0.23001	0.28176	0.28176	0.23001	0.17522	0.11811	0.05945	0.00000	
1.150	Q	0.59581	0.59188	0.58012	0.56070	0.53388	0.50000	-0.50000	-0.53388	-0.56070	-0.58012	-0.59188	-0.59581	1.150
	V	0.00000	0.00715	0.01370	0.01907	0.02269	0.02401	0.02401	0.02269	0.01907	0.01370	0.00715	0.00000	
	V'	0.07245	0.06947	0.06058	0.04590	0.02562	-0.00000	0.00000	-0.02562	-0.04590	-0.06058	-0.06947	-0.07245	
	M	0.00000	0.05993	0.11904	0.17651	0.23154	0.28338	0.28338	0.23154	0.17651	0.11904	0.05993	0.00000	
1.175	Q	0.60072	0.59658	0.58421	0.56379	0.53559	0.50000	-0.50000	-0.53559	-0.56379	-0.58421	-0.59658	-0.60072	1.175
	V	0.00000	0.00720	0.01379	0.01920	0.02284	0.02418	0.02418	0.02284	0.01920	0.01379	0.00720	0.00000	
	V'	0.07296	0.06996	0.06100	0.04620	0.02578	0.00000	0.00000	-0.02578	-0.04620	-0.06100	-0.06996	-0.07296	
	M	0.00000	0.06044	0.12000	0.17784	0.23313	0.28506	0.28506	0.23313	0.17784	0.12000	0.06044	0.00000	
1.200	Q	0.60581	0.60146	0.58845	0.56698	0.53735	0.50000	-0.50000	-0.53735	-0.56698	-0.58845	-0.60146	-0.60581	1.200
	V	0.00000	0.00725	0.01389	0.01934	0.02300	0.02435	0.02435	0.02300	0.01934	0.01389	0.00725	0.00000	
	V'	0.07348	0.07046	0.06142	0.04651	0.02594	0.00000	-0.00000	-0.02594	-0.04651	-0.06142	-0.07046	-0.07348	
	M	0.00000	0.06096	0.12100	0.17923	0.23477	0.28679	0.28679	0.23477	0.17923	0.12100	0.06096	0.00000	
1.225	Q	0.61109	0.60651	0.59284	0.57028	0.53918	0.50000	-0.50000	-0.53918	-0.57028	-0.59284	-0.60651	-0.61109	1.225
	V	0.00000	0.00730	0.01399	0.01948	0.02317	0.02452	0.02452	0.02317	0.01948	0.01399	0.00730	0.00000	
	V'	0.07403	0.07098	0.06187	0.04684	0.02611	-0.00000	0.00000	-0.02611	-0.04684	-0.06187	-0.07098	-0.07403	
ALPHA	X/L =	0.00	0.10	0.20	0.30	0.40	L 0.50	R 0.50	0.60	0.70	0.80	0.90	1.00	ALPHA

XP/L = 0.50

FUNKTIONEN : F.PIM - F.PIQ - F.PIV - F.PIV'

D R U C K S T A E B E -317-

D R U C K S T A E B E -318-

FUNKTIONEN : F.P;M - F.P;Q - F.P;V - F.P;V'

XP/L = 0.50

ALPHA	X/L =	0.00	0.10	0.20	0.30	0.40	L 0.50	R 0.50	0.60	0.70	0.80	0.90	1.00	ALPHA
	M	0.00000	0.06149	0.12203	0.18066	0.23647	0.28859	0.28859	0.23647	0.18066	0.12203	0.06149	0.00000	
1.250	Q	0.61655	0.61174	0.59738	0.57371	0.54107	0.50000	-0.50000	-0.54107	-0.57371	-0.59738	-0.61174	-0.61655	1.250
	V	0.00000	0.00736	0.01410	0.01962	0.02334	0.02470	0.02470	0.02334	0.01962	0.01410	0.00736	0.00000	
	V'	0.07459	0.07151	0.06233	0.04717	0.02629	-0.00000	0.00000	-0.02629	-0.04717	-0.06233	-0.07151	-0.07459	
	M	0.00000	0.06205	0.12310	0.18214	0.23823	0.29046	0.29046	0.23823	0.18214	0.12310	0.06205	0.00000	
1.275	Q	0.62221	0.61716	0.60209	0.57725	0.54303	0.50000	-0.50000	-0.54303	-0.57725	-0.60209	-0.61716	-0.62221	1.275
	V	0.00000	0.00741	0.01421	0.01977	0.02352	0.02489	0.02489	0.02352	0.01977	0.01421	0.00741	0.00000	
	V'	0.07518	0.07207	0.06280	0.04752	0.02647	-0.00000	0.00000	-0.02647	-0.04752	-0.06280	-0.07207	-0.07518	
	M	0.00000	0.06263	0.12420	0.18368	0.24006	0.29239	0.29239	0.24006	0.18368	0.12420	0.06263	0.00000	
1.300	Q	0.62807	0.62277	0.60696	0.58091	0.54506	0.50000	-0.50000	-0.54506	-0.58091	-0.60696	-0.62277	-0.62807	1.300
	V	0.00000	0.00747	0.01432	0.01993	0.02370	0.02508	0.02508	0.02370	0.01993	0.01432	0.00747	0.00000	
	V'	0.07578	0.07265	0.06329	0.04788	0.02666	0.00000	-0.00000	-0.02666	-0.04788	-0.06329	-0.07265	-0.07578	
	M	0.00000	0.06323	0.12535	0.18527	0.24195	0.29438	0.29438	0.24195	0.18527	0.12535	0.06323	0.00000	
1.325	Q	0.63415	0.62859	0.61201	0.58471	0.54715	0.50000	-0.50000	-0.54715	-0.58471	-0.61201	-0.62859	-0.63415	1.325
	V	0.00000	0.00754	0.01444	0.02009	0.02389	0.02528	0.02528	0.02389	0.02009	0.01444	0.00754	0.00000	
	V'	0.07641	0.07325	0.06380	0.04825	0.02686	0.00000	-0.00000	-0.02686	-0.04825	-0.06380	-0.07325	-0.07641	
	M	0.00000	0.06385	0.12654	0.18692	0.24391	0.29645	0.29645	0.24391	0.18692	0.12654	0.06385	0.00000	
1.350	Q	0.64045	0.63462	0.61724	0.58863	0.54932	0.50000	-0.50000	-0.54932	-0.58863	-0.61724	-0.63462	-0.64045	1.350
	V	0.00000	0.00760	0.01456	0.02026	0.02409	0.02549	0.02549	0.02409	0.02026	0.01456	0.00760	0.00000	
	V'	0.07706	0.07386	0.06433	0.04863	0.02706	0.00000	0.00000	-0.02706	-0.04863	-0.06433	-0.07386	-0.07706	
	M	0.00000	0.06449	0.12777	0.18863	0.24594	0.29860	0.29860	0.24594	0.18863	0.12777	0.06449	0.00000	
1.375	Q	0.64697	0.64086	0.62266	0.59270	0.55156	0.50000	-0.50000	-0.55156	-0.59270	-0.62266	-0.64086	-0.64697	1.375
	V	0.00000	0.00767	0.01469	0.02043	0.02430	0.02570	0.02570	0.02430	0.02043	0.01469	0.00767	0.00000	
	V'	0.07774	0.07451	0.06488	0.04903	0.02727	0.00000	-0.00000	-0.02727	-0.04903	-0.06488	-0.07451	-0.07774	
	M	0.00000	0.06516	0.12904	0.19040	0.24804	0.30082	0.30082	0.24804	0.19040	0.12904	0.06516	0.00000	
1.400	Q	0.65373	0.64733	0.62827	0.59691	0.55388	0.50000	-0.50000	-0.55388	-0.59691	-0.62827	-0.64733	-0.65373	1.400
	V	0.00000	0.00773	0.01482	0.02061	0.02451	0.02593	0.02593	0.02451	0.02061	0.01482	0.00773	0.00000	
	V'	0.07843	0.07517	0.06544	0.04945	0.02749	0.00000	0.00000	-0.02749	-0.04945	-0.06544	-0.07517	-0.07843	
	M	0.00000	0.06585	0.13037	0.19224	0.25021	0.30312	0.30312	0.25021	0.19224	0.13037	0.06585	0.00000	
1.425	Q	0.66074	0.65404	0.63408	0.60127	0.55628	0.50000	-0.50000	-0.55628	-0.60127	-0.63408	-0.65404	-0.66074	1.425
	V	0.00000	0.00781	0.01495	0.02080	0.02473	0.02616	0.02616	0.02473	0.02080	0.01495	0.00781	0.00000	
	V'	0.07916	0.07586	0.06603	0.04987	0.02771	0.00000	0.00000	-0.02771	-0.04987	-0.06603	-0.07586	-0.07916	
	M	0.00000	0.06657	0.13174	0.19414	0.25247	0.30550	0.30550	0.25247	0.19414	0.13174	0.06657	0.00000	
1.450	Q	0.66800	0.66099	0.64011	0.60579	0.55876	0.50000	-0.50000	-0.55876	-0.60579	-0.64011	-0.66099	-0.66800	1.450
	V	0.00000	0.00788	0.01509	0.02099	0.02496	0.02640	0.02640	0.02496	0.02099	0.01509	0.00788	0.00000	
	V'	0.07991	0.07657	0.06664	0.05032	0.02795	0.00000	-0.00000	-0.02795	-0.05032	-0.06664	-0.07657	-0.07991	
	M	0.00000	0.06731	0.13316	0.19611	0.25481	0.30797	0.30797	0.25481	0.19611	0.13316	0.06731	0.00000	
1.475	Q	0.67554	0.66820	0.64636	0.61047	0.56133	0.50000	-0.50000	-0.56133	-0.61047	-0.64636	-0.66820	-0.67554	1.475
	V	0.00000	0.00796	0.01524	0.02119	0.02519	0.02665	0.02665	0.02519	0.02119	0.01524	0.00796	0.00000	
	V'	0.08068	0.07731	0.06727	0.05078	0.02819	0.00000	0.00000	-0.02819	-0.05078	-0.06727	-0.07731	-0.08068	
ALPHA	X/L =	0.00	0.10	0.20	0.30	0.40	L 0.50	R 0.50	0.60	0.70	0.80	0.90	1.00	ALPHA

XP/L = 0.50

FUNKTIONEN : F.P;M - F.P;Q - F.P;V - F.P;V'

D R U C K S T A E B E -318-

FUNKTIONEN : F.P;M - F.P;Q - F.P;V - F.P;V'

XP/L = 0.50

ALPHA	X/L =	0.00	0.10	0.20	0.30	0.40	L 0.50	R 0.50	0.60	0.70	0.80	0.90	1.00	ALPHA
	M	0.00000	0.06808	0.13463	0.19816	0.25723	0.31053	0.31053	0.25723	0.19816	0.13463	0.06808	0.00000	
1.500	Q	0.68335	0.67568	0.65283	0.61532	0.56399	0.50000	-0.50000	-0.56399	-0.61532	-0.65283	-0.67568	-0.68335	1.500
	V	0.00000	0.00804	0.01539	0.02140	0.02544	0.02690	0.02690	0.02544	0.02140	0.01539	0.00804	0.00000	
	V'	0.08149	0.07808	0.06792	0.05125	0.02844	0.00000	-0.00000	-0.02844	-0.05125	-0.06792	-0.07808	-0.08149	
	M	0.00000	0.06888	0.13616	0.20028	0.25975	0.31319	0.31319	0.25975	0.20028	0.13616	0.06888	0.00000	
1.525	Q	0.69146	0.68343	0.65954	0.62035	0.56675	0.50000	-0.50000	-0.56675	-0.62035	-0.65954	-0.68343	-0.69146	1.525
	V	0.00000	0.00812	0.01555	0.02162	0.02569	0.02717	0.02717	0.02569	0.02162	0.01555	0.00812	0.00000	
	V'	0.08232	0.07887	0.06860	0.05175	0.02870	0.00000	-0.00000	-0.02870	-0.05175	-0.06860	-0.07887	-0.08232	
	M	0.00000	0.06971	0.13774	0.20248	0.26235	0.31594	0.31594	0.26235	0.20248	0.13774	0.06971	0.00000	
1.550	Q	0.69987	0.69148	0.66651	0.62556	0.56961	0.50000	-0.50000	-0.56961	-0.62556	-0.66651	-0.69148	-0.69987	1.550
	V	0.00000	0.00820	0.01571	0.02184	0.02595	0.02745	0.02745	0.02595	0.02184	0.01571	0.00820	0.00000	
	V'	0.08319	0.07970	0.06931	0.05226	0.02897	0.00000	-0.00000	-0.02897	-0.05226	-0.06931	-0.07970	-0.08319	
	M	0.00000	0.07057	0.13939	0.20476	0.26506	0.31880	0.31880	0.26506	0.20476	0.13939	0.07057	0.00000	
1.575	Q	0.70860	0.69983	0.67373	0.63096	0.57257	0.50000	-0.50000	-0.57257	-0.63096	-0.67373	-0.69983	-0.70860	1.575
	V	0.00000	0.00829	0.01588	0.02207	0.02623	0.02773	0.02773	0.02623	0.02207	0.01588	0.00829	0.00000	
	V'	0.08409	0.08056	0.07004	0.05279	0.02925	0.00000	-0.00000	-0.02925	-0.05279	-0.07004	-0.08056	-0.08409	
	M	0.00000	0.07146	0.14110	0.20713	0.26787	0.32176	0.32176	0.26787	0.20713	0.14110	0.07146	0.00000	
1.600	Q	0.71766	0.70850	0.68123	0.63656	0.57563	0.50000	-0.50000	-0.57563	-0.63656	-0.68123	-0.70850	-0.71766	1.600
	V	0.00000	0.00838	0.01605	0.02231	0.02651	0.02803	0.02803	0.02651	0.02231	0.01605	0.00838	0.00000	
	V'	0.08502	0.08144	0.07079	0.05334	0.02954	0.00000	-0.00000	-0.02954	-0.05334	-0.07079	-0.08144	-0.08502	
	M	0.00000	0.07239	0.14287	0.20959	0.27078	0.32484	0.32484	0.27078	0.20959	0.14287	0.07239	0.00000	
1.625	Q	0.72708	0.71750	0.68901	0.64238	0.57881	0.50000	-0.50000	-0.57881	-0.64238	-0.68901	-0.71750	-0.72708	1.625
	V	0.00000	0.00848	0.01623	0.02256	0.02680	0.02834	0.02834	0.02680	0.02256	0.01623	0.00848	0.00000	
	V'	0.08599	0.08237	0.07158	0.05392	0.02985	0.00000	-0.00000	-0.02985	-0.05392	-0.07158	-0.08237	-0.08599	
	M	0.00000	0.07335	0.14471	0.21214	0.27381	0.32803	0.32803	0.27381	0.21214	0.14471	0.07335	0.00000	
1.650	Q	0.73686	0.72685	0.69710	0.64841	0.58211	0.50000	-0.50000	-0.58211	-0.64841	-0.69710	-0.72685	-0.73686	1.650
	V	0.00000	0.00858	0.01642	0.02282	0.02711	0.02866	0.02866	0.02711	0.02282	0.01642	0.00858	0.00000	
	V'	0.08700	0.08332	0.07240	0.05451	0.03016	0.00000	-0.00000	-0.03016	-0.05451	-0.07240	-0.08332	-0.08700	
	M	0.00000	0.07435	0.14663	0.21479	0.27695	0.33135	0.33135	0.27695	0.21479	0.14663	0.07435	0.00000	
1.675	Q	0.74702	0.73657	0.70550	0.65468	0.58553	0.50000	-0.50000	-0.58553	-0.65468	-0.70550	-0.73657	-0.74702	1.675
	V	0.00000	0.00868	0.01662	0.02309	0.02743	0.02900	0.02900	0.02743	0.02309	0.01662	0.00868	0.00000	
	V'	0.08805	0.08432	0.07324	0.05513	0.03049	0.00000	-0.00000	-0.03049	-0.05513	-0.07324	-0.08432	-0.08805	
	M	0.00000	0.07540	0.14862	0.21755	0.28022	0.33480	0.33480	0.28022	0.21755	0.14862	0.07540	0.00000	
1.700	Q	0.75760	0.74667	0.71423	0.66119	0.58909	0.50000	-0.50000	-0.58909	-0.66119	-0.71423	-0.74667	-0.75760	1.700
	V	0.00000	0.00879	0.01682	0.02337	0.02776	0.02934	0.02934	0.02776	0.02337	0.01682	0.00879	0.00000	
	V'	0.08913	0.08535	0.07413	0.05577	0.03083	0.00000	-0.00000	-0.03083	-0.05577	-0.07413	-0.08535	-0.08913	
	M	0.00000	0.07648	0.15069	0.22042	0.28362	0.33839	0.33839	0.28362	0.22042	0.15069	0.07648	0.00000	
1.725	Q	0.76859	0.75718	0.72330	0.66795	0.59277	0.50000	-0.50000	-0.59277	-0.66795	-0.72330	-0.75718	-0.76859	1.725
	V	0.00000	0.00890	0.01703	0.02367	0.02810	0.02970	0.02970	0.02810	0.02367	0.01703	0.00890	0.00000	
	V'	0.09026	0.08643	0.07504	0.05644	0.03118	0.00000	0.00000	-0.03118	-0.05644	-0.07504	-0.08643	-0.09026	
ALPHA	X/L =	0.00	0.10	0.20	0.30	0.40	L 0.50	R 0.50	0.60	0.70	0.80	0.90	1.00	ALPHA

XP/L = 0.50

FUNKTIONEN : F.P;M - F.P;Q - F.P;V - F.P;V'

FUNKTIONEN : F.P;M - F.P;Q - F.P;V - F.P;V'

XP/L = 0.50

ALPHA	X/L =	0.00	0.10	0.20	0.30	0.40	L 0.50	R 0.50	0.60	0.70	0.80	0.90	1.00	ALPHA
	M	0.00000	0.07761	0.15284	0.22341	0.28715	0.34212	0.34212	0.28715	0.22341	0.15284	0.07761	0.00000	
1.750	Q	0.78004	0.76812	0.73274	0.67498	0.59660	0.50000	-0.50000	-0.59660	-0.67498	-0.73274	-0.76812	-0.78004	1.750
	V	0.00000	0.00901	0.01725	0.02397	0.02846	0.03008	0.03008	0.02846	0.02397	0.01725	0.00901	0.00000	
	V'	0.09144	0.08755	0.07600	0.05714	0.03154	-0.00000	0.00000	-0.03154	-0.05714	-0.07600	-0.08755	-0.09144	
	M	0.00000	0.07878	0.15508	0.22652	0.29083	0.34600	0.34600	0.29083	0.22652	0.15508	0.07878	0.00000	
1.775	Q	0.79195	0.77951	0.74257	0.68230	0.60058	0.50000	-0.50000	-0.60058	-0.68230	-0.74257	-0.77951	-0.79195	1.775
	V	0.00000	0.00913	0.01748	0.02429	0.02883	0.03047	0.03047	0.02883	0.02429	0.01748	0.00913	0.00000	
	V'	0.09266	0.08871	0.07699	0.05786	0.03193	0.00000	0.00000	-0.03193	-0.05786	-0.07699	-0.08871	-0.09266	
	M	0.00000	0.08000	0.15742	0.22975	0.29466	0.35004	0.35004	0.29466	0.22975	0.15742	0.08000	0.00000	
1.800	Q	0.80436	0.79137	0.75280	0.68991	0.60472	0.50000	-0.50000	-0.60472	-0.68991	-0.75280	-0.79137	-0.80436	1.800
	V	0.00000	0.00926	0.01772	0.02461	0.02922	0.03088	0.03088	0.02922	0.02461	0.01772	0.00926	0.00000	
	V'	0.09394	0.08993	0.07802	0.05861	0.03232	0.00000	-0.00000	-0.03232	-0.05861	-0.07802	-0.08993	-0.09394	
	M	0.00000	0.08128	0.15985	0.23312	0.29865	0.35425	0.35425	0.29865	0.23312	0.15985	0.08128	0.00000	
1.825	Q	0.81730	0.80373	0.76346	0.69783	0.60903	0.50000	-0.50000	-0.60903	-0.69783	-0.76346	-0.80373	-0.81730	1.825
	V	0.00000	0.00939	0.01797	0.02496	0.02962	0.03130	0.03130	0.02962	0.02496	0.01797	0.00939	0.00000	
	V'	0.09527	0.09119	0.07910	0.05940	0.03274	0.00000	0.00000	-0.03274	-0.05940	-0.07910	-0.09119	-0.09527	
	M	0.00000	0.08261	0.16239	0.23664	0.30281	0.35864	0.35864	0.30281	0.23664	0.16239	0.08261	0.00000	
1.850	Q	0.83079	0.81662	C.77457	0.70609	0.61351	0.50000	-0.50000	-0.61351	-0.70609	-0.77457	-0.81662	-0.83079	1.850
	V	0.00000	0.00953	0.01823	0.02531	0.03004	0.03174	0.03174	0.03004	0.02531	0.01823	0.00953	0.00000	
	V'	0.09665	0.09251	0.08023	0.06022	0.03317	0.00000	0.00000	-0.03317	-0.06022	-0.08023	-0.09251	-0.09665	
	M	0.00000	0.08399	0.16504	0.24031	0.30715	0.36322	0.36322	0.30715	0.24031	0.16504	0.08399	0.00000	
1.875	Q	0.84487	0.83006	0.78616	0.71470	0.61818	0.50000	-0.50000	-0.61818	-0.71470	-0.78616	-0.83006	-0.84487	1.875
	V	0.00000	0.00967	0.01850	0.02569	0.03048	0.03220	0.03220	0.03048	0.02569	0.01850	0.00967	0.00000	
	V'	0.09810	0.09389	0.08140	0.06107	0.03362	0.00000	-0.00000	-0.03362	-0.06107	-0.08140	-0.09389	-0.09810	
	M	0.00000	0.08544	0.16781	0.24413	0.31167	0.36800	0.36800	0.31167	0.24413	0.16781	0.08544	0.00000	
1.900	Q	0.85957	0.84411	0.79826	0.72368	0.62305	0.50000	-0.50000	-0.62305	-0.72368	-0.79826	-0.84411	-0.85957	1.900
	V	0.00000	0.00982	0.01878	0.02608	0.03093	0.03269	0.03269	0.03093	0.02608	0.01878	0.00982	0.00000	
	V'	0.09961	0.09532	0.08262	0.06196	0.03409	0.00000	0.00000	-0.03409	-0.06196	-0.08262	-0.09532	-0.09961	
	M	0.00000	0.08695	0.17070	0.24813	0.31640	0.37298	0.37298	0.31640	0.24813	0.17070	0.08695	0.00000	
1.925	Q	0.87494	0.85878	0.81089	0.73305	0.62813	0.50000	-0.50000	-0.62813	-0.73305	-0.81089	-0.85878	-0.87494	1.925
	V	0.00000	0.00997	0.01908	0.02648	0.03141	0.03319	0.03319	0.03141	0.02648	0.01908	0.00997	0.00000	
	V'	0.10118	0.09682	0.08390	0.06289	0.03458	0.00000	-0.00000	-0.03458	-0.06289	-0.08390	-0.09682	-0.10118	
	M	0.00000	0.08854	0.17372	0.25231	0.32134	0.37820	0.37820	0.32134	0.25231	0.17372	0.08854	0.00000	
1.950	Q	0.89100	0.87411	0.82409	0.74284	0.63342	0.50000	-0.50000	-0.63342	-0.74284	-0.82409	-0.87411	-0.89100	1.950
	V	0.00000	0.01013	0.01939	0.02691	0.03191	0.03371	0.03371	0.03191	0.02691	0.01939	0.01013	0.00000	
	V'	0.10283	0.09839	0.08523	0.06386	0.03509	-0.00000	0.00000	-0.03509	-0.06386	-0.08523	-0.09839	-0.10283	
	M	0.00000	0.09019	0.17688	0.25668	0.32651	0.38365	0.38365	0.32651	0.25668	0.17688	0.09019	0.00000	
1.975	Q	0.90781	0.89016	0.83790	0.75307	0.63896	0.50000	-0.50000	-0.63896	-0.75307	-0.83790	-0.89016	-0.90781	1.975
	V	0.00000	0.01030	0.01971	0.02735	0.03243	0.03426	0.03426	0.03243	0.02735	0.01971	0.01030	0.00000	
	V'	0.10455	0.10002	0.08663	0.06488	0.03562	-0.00000	0.00000	-0.03562	-0.06488	-0.08663	-0.10002	-0.10455	
ALPHA	X/L =	0.00	0.10	0.20	0.30	0.40	L 0.50	R 0.50	0.60	0.70	0.80	0.90	1.00	ALPHA

XP/L = 0.50

FUNKTIONEN : F.P;M - F.P;Q - F.P;V - F.P;V'

FUNKTIONEN : F.P;M - F.P;Q - F.P;V - F.P;V'

XP/L = 0.50

ALPHA	X/L =	0.00	0.10	0.20	0.30	0.40	L 0.50	R 0.50	0.60	0.70	0.80	0.90	1.00	ALPHA
	M	0.00000	0.09193	0.18019	0.26126	0.33192	0.38935	0.38935	0.33192	0.26126	0.18019	0.09193	0.00000	
2.000	Q	0.92541	0.90696	0.85236	0.76377	0.64474	0.50000	-0.50000	-0.64474	-0.76377	-0.85236	-0.90696	-0.92541	2.000
	V	0.00000	0.01048	0.02005	0.02782	0.03298	0.03484	0.03484	0.03298	0.02782	0.02005	0.01048	0.00000	
	V'	0.10635	0.10174	0.08809	0.06594	0.03618	-0.00000	0.00000	-0.03618	-0.06594	-0.08809	-0.10174	-0.10635	
	M	0.00000	0.09374	0.18365	0.26606	0.33759	0.39533	0.39533	0.33759	0.26606	0.18365	0.09374	0.00000	
2.025	Q	0.94386	0.92457	0.86750	0.77498	0.65079	0.50000	-0.50000	-0.65079	-0.77498	-0.86750	-0.92457	-0.94386	2.025
	V	0.00000	0.01067	0.02040	0.02830	0.03355	0.03544	0.03544	0.03355	0.02830	0.02040	0.01067	0.00000	
	V'	0.10824	0.10354	0.08962	0.06706	0.03677	0.00000	0.00000	-0.03677	-0.06706	-0.08962	-0.10354	-0.10824	
	M	0.00000	0.09565	0.18729	0.27109	0.34353	0.40159	0.40159	0.34353	0.27109	0.18729	0.09565	0.00000	
2.050	Q	0.96321	0.94304	0.88338	0.78672	0.65712	0.50000	-0.50000	-0.65712	-0.78672	-0.88338	-0.94304	-0.96321	2.050
	V	0.00000	0.01086	0.02077	0.02881	0.03415	0.03607	0.03607	0.03415	0.02881	0.02077	0.01086	0.00000	
	V'	0.11022	0.10542	0.09123	0.06823	0.03739	0.00000	0.00000	-0.03739	-0.06823	-0.09123	-0.10542	-0.11022	
	M	0.00000	0.09765	0.19111	0.27637	0.34977	0.40817	0.40817	0.34977	0.27637	0.19111	0.09765	0.00000	
2.075	Q	0.98353	0.96243	0.90004	0.79904	0.66376	0.50000	-0.50000	-0.66376	-0.79904	-0.90004	-0.96243	-0.98353	2.075
	V	0.00000	0.01107	0.02116	0.02935	0.03478	0.03674	0.03674	0.03478	0.02935	0.02116	0.01107	0.00000	
	V'	0.11230	0.10740	0.09291	0.06945	0.03803	-0.00000	0.00000	-0.03803	-0.06945	-0.09291	-0.10740	-0.11230	
	M	0.00000	0.09975	0.19512	0.28191	0.35632	0.41508	0.41508	0.35632	0.28191	0.19512	0.09975	0.00000	
2.100	Q	1.00488	0.98281	0.91755	0.81197	0.67072	0.50000	-0.50000	-0.67072	-0.81197	-0.91755	-0.98281	-1.00488	2.100
	V	0.00000	0.01128	0.02157	0.02991	0.03545	0.03743	0.03743	0.03545	0.02991	0.02157	0.01128	0.00000	
	V'	0.11449	0.10948	0.09468	0.07074	0.03871	0.00000	-0.00000	-0.03871	-0.07074	-0.09468	-0.10948	-0.11449	
	M	0.00000	0.10196	0.19934	0.28775	0.36321	0.42234	0.42234	0.36321	0.28775	0.19934	0.10196	0.00000	
2.125	Q	1.02735	1.00424	0.93595	0.82556	0.67803	0.50000	-0.50000	-0.67803	-0.82556	-0.93595	-1.00424	-1.02735	2.125
	V	0.00000	0.01151	0.02200	0.03050	0.03614	0.03816	0.03816	0.03614	0.03050	0.02200	0.01151	0.00000	
	V'	0.11678	0.11167	0.09654	0.07210	0.03943	0.00000	0.00000	-0.03943	-0.07210	-0.09654	-0.11167	-0.11678	
	M	0.00000	0.10429	0.20378	0.29389	0.37047	0.42998	0.42998	0.37047	0.29389	0.20378	0.10429	0.00000	
2.150	Q	1.05101	1.02681	0.95533	0.83986	0.68572	0.50000	-0.50000	-0.68572	-0.83986	-0.95533	-1.02681	-1.05101	2.150
	V	0.00000	0.01175	0.02245	0.03113	0.03688	0.03894	0.03894	0.03688	0.03113	0.02245	0.01175	0.00000	
	V'	0.11920	0.11397	0.09850	0.07352	0.04018	0.00000	-0.00000	-0.04018	-0.07352	-0.09850	-0.11397	-0.11920	
	M	0.00000	0.10675	0.20847	0.30037	0.37811	0.43804	0.43804	0.37811	0.30037	0.20847	0.10675	0.00000	
2.175	Q	1.07596	1.05061	0.97576	0.85493	0.69381	0.50000	-0.50000	-0.69381	-0.85493	-0.97576	-1.05061	-1.07596	2.175
	V	0.00000	0.01200	0.02293	0.03179	0.03765	0.03975	0.03975	0.03765	0.03179	0.02293	0.01200	0.00000	
	V'	0.12175	0.11639	0.10057	0.07503	0.04097	-0.00000	0.00000	-0.04097	-0.07503	-0.10057	-0.11639	-0.12175	
	M	0.00000	0.10934	0.21342	0.30720	0.38618	0.44654	0.44654	0.38618	0.30720	0.21342	0.10934	0.00000	
2.200	Q	1.10230	1.07573	0.99731	0.87081	0.70233	0.50000	-0.50000	-0.70233	-0.87081	-0.99731	-1.07573	-1.10230	2.200
	V	0.00000	0.01226	0.02343	0.03248	0.03847	0.04061	0.04061	0.03847	0.03248	0.02343	0.01226	0.00000	
	V'	0.12444	0.11895	0.10275	0.07661	0.04180	0.00000	0.00000	-0.04180	-0.07661	-0.10275	-0.11895	-0.12444	
	M	0.00000	0.11208	0.21864	0.31442	0.39470	0.45552	0.45552	0.39470	0.31442	0.21864	0.11208	0.00000	
2.225	Q	1.13015	1.10229	1.02008	0.88758	0.71133	0.50000	-0.50000	-0.71133	-0.88758	-1.02008	-1.10229	-1.13015	2.225
	V	0.00000	0.01254	0.02397	0.03321	0.03933	0.04151	0.04151	0.03933	0.03321	0.02397	0.01254	0.00000	
	V'	0.12729	0.12166	0.10505	0.07829	0.04269	0.00000	0.00000	-0.04269	-0.07829	-0.10505	-0.12166	-0.12729	
ALPHA	X/L =	0.00	0.10	0.20	0.30	0.40	L 0.50	R 0.50	0.60	0.70	0.80	0.90	1.00	ALPHA

XP/L = 0.50

FUNKTIONEN : F.P;M - F.P;Q - F.P;V - F.P;V'

FUNKTIONEN : F.P;M - F.P;Q - F.P;V - F.P;V'

XP/L = 0.50

ALPHA	X/L =	0.00	0.10	0.20	0.30	0.40	L 0.50	R 0.50	0.60	0.70	0.80	0.90	1.00	ALPHA
	M	0.00000	0.11499	0.22418	0.32206	0.40372	0.46502	0.46502	0.40372	0.32206	0.22418	0.11499	0.00000	
2.250	Q	1.15962	1.13039	1.04417	0.90532	0.72083	0.50000	-0.50000	-0.72083	-0.90532	-1.04417	-1.13039	-1.15962	2.250
	V	0.00000	0.01284	0.02453	0.03399	0.04024	0.04247	0.04247	0.04024	0.03399	0.02453	0.01284	0.00000	
	V'	0.13029	0.12452	0.10749	0.08006	0.04362	0.00000	-0.00000	-0.04362	-0.08006	-0.10749	-0.12452	-0.13029	
	M	0.00000	0.11806	0.23004	0.33016	0.41327	0.47508	0.47508	0.41327	0.33016	0.23004	0.11806	0.00000	
2.275	Q	1.19086	1.16018	1.06970	0.92411	0.73089	0.50000	-0.50000	-0.73089	-0.92411	-1.06970	-1.16018	-1.19086	2.275
	V	0.00000	0.01315	0.02513	0.03481	0.04121	0.04349	0.04349	0.04121	0.03481	0.02513	0.01315	0.00000	
	V'	0.13348	0.12755	0.11007	0.08194	0.04461	-0.00000	0.00000	-0.04461	-0.08194	-0.11007	-0.12755	-0.13348	
	M	0.00000	0.12133	0.23626	0.33876	0.42341	0.48576	0.48576	0.42341	0.33876	0.23626	0.12133	0.00000	
2.300	Q	1.22403	1.19179	1.09679	0.94403	0.74154	0.50000	-0.50000	-0.74154	-0.94403	-1.09679	-1.19179	-1.22403	2.300
	V	0.00000	0.01348	0.02576	0.03568	0.04223	0.04457	0.04457	0.04223	0.03568	0.02576	0.01348	0.00000	
	V'	0.13687	0.13077	0.11282	0.08394	0.04566	0.00000	0.00000	-0.04566	-0.08394	-0.11282	-0.13077	-0.13687	
	M	0.00000	0.12480	0.24288	0.34789	0.43418	0.49711	0.49711	0.43418	0.34789	0.24288	0.12480	0.00000	
2.325	Q	1.25930	1.22542	1.12559	0.96519	0.75285	0.50000	-0.50000	-0.75285	-0.96519	-1.12559	-1.22542	-1.25930	2.325
	V	0.00000	0.01384	0.02643	0.03661	0.04332	0.04571	0.04571	0.04332	0.03661	0.02643	0.01384	0.00000	
	V'	0.14046	0.13420	0.11573	0.08606	0.04678	0.00000	-0.00000	-0.04678	-0.08606	-0.11573	-0.13420	-0.14046	
	M	0.00000	0.12850	0.24993	0.35762	0.44566	0.50920	0.50920	0.44566	0.35762	0.24993	0.12850	0.00000	
2.350	Q	1.29687	1.26123	1.15625	0.98771	0.76488	0.50000	-0.50000	-0.76488	-0.98771	-1.15625	-1.26123	-1.29687	2.350
	V	0.00000	0.01421	0.02715	0.03760	0.04448	0.04693	0.04693	0.04448	0.03760	0.02715	0.01421	0.00000	
	V'	0.14430	0.13784	0.11883	0.08831	0.04796	-0.00000	0.00000	-0.04796	-0.08831	-0.11883	-0.13784	-0.14430	
	M	0.00000	0.13244	0.25745	0.36801	0.45790	0.52209	0.52209	0.45790	0.36801	0.25745	0.13244	0.00000	
2.375	Q	1.33697	1.29944	1.18896	1.01173	0.77769	0.50000	-0.50000	-0.77769	-1.01173	-1.18896	-1.29944	-1.33697	2.375
	V	0.00000	0.01462	0.02791	0.03865	0.04572	0.04824	0.04824	0.04572	0.03865	0.02791	0.01462	0.00000	
	V'	0.14838	0.14173	0.12214	0.09072	0.04923	0.00000	0.00000	-0.04923	-0.09072	-0.12214	-0.14173	-0.14838	
	M	0.00000	0.13666	0.26549	0.37911	0.47098	0.53586	0.53586	0.47098	0.37911	0.26549	0.13666	0.00000	
2.400	Q	1.37985	1.34030	1.22392	1.03738	0.79137	0.50000	-0.50000	-0.79137	-1.03738	-1.22392	-1.34030	-1.37985	2.400
	V	0.00000	0.01505	0.02873	0.03978	0.04705	0.04963	0.04963	0.04705	0.03978	0.02873	0.01505	0.00000	
	V'	0.15275	0.14589	0.12568	0.09330	0.05059	0.00000	0.00000	-0.05059	-0.09330	-0.12568	-0.14589	-0.15275	
	M	0.00000	0.14119	0.27411	0.39100	0.48500	0.55062	0.55062	0.48500	0.39100	0.27411	0.14119	0.00000	
2.425	Q	1.42580	1.38409	1.26137	1.06485	0.80601	0.50000	-0.50000	-0.80601	-1.06485	-1.26137	-1.38409	-1.42580	2.425
	V	0.00000	0.01551	0.02961	0.04098	0.04846	0.05112	0.05112	0.04846	0.04098	0.02961	0.01551	0.00000	
	V'	0.15743	0.15034	0.12947	0.09605	0.05204	-0.00000	0.00000	-0.05204	-0.09605	-0.12947	-0.15034	-0.15743	
	M	0.00000	0.14604	0.28337	0.40377	0.50005	0.56647	0.56647	0.50005	0.40377	0.28337	0.14604	0.00000	
2.450	Q	1.47516	1.43111	1.30158	1.09432	0.82170	0.50000	-0.50000	-0.82170	-1.09432	-1.30158	-1.43111	-1.47516	2.450
	V	0.00000	0.01600	0.03055	0.04228	0.04999	0.05272	0.05272	0.04999	0.04228	0.03055	0.01600	0.00000	
	V'	0.16246	0.15512	0.13354	0.09901	0.05359	-0.00000	0.00000	-0.05359	-0.09901	-0.13354	-0.15512	-0.16246	
	M	0.00000	0.15128	0.29333	0.41751	0.51624	0.58352	0.58352	0.51624	0.41751	0.29333	0.15128	0.00000	
2.475	Q	1.52831	1.48173	1.34486	1.12603	0.83857	0.50000	-0.50000	-0.83857	-1.12603	-1.34486	-1.48173	-1.52831	2.475
	V	0.00000	0.01653	0.03156	0.04367	0.05163	0.05445	0.05445	0.05163	0.04367	0.03156	0.01653	0.00000	
	V'	0.16787	0.16027	0.13792	0.10220	0.05527	0.00000	-0.00000	-0.05527	-0.10220	-0.13792	-0.16027	-0.16787	
ALPHA	X/L =	0.00	0.10	0.20	0.30	0.40	L 0.50	R 0.50	0.60	0.70	0.80	0.90	1.00	ALPHA

XP/L = 0.50

FUNKTIONEN : F.P;M - F.P;Q - F.P;V - F.P;V'

FUNKTIONEN : F.P;M - F.P;Q - F.P;V - F.P;V'

XP/L = 0.50

ALPHA	X/L =	0.00	0.10	0.20	0.30	0.40	L 0.50	R 0.50	0.60	0.70	0.80	0.90	1.00	ALPHA
	M	0.00000	0.15692	0.30409	0.43234	0.53372	0.60191	0.60191	0.53372	0.43234	0.30409	0.15692	0.00000	
2.500	Q	1.58568	1.53638	1.39156	1.16022	0.85675	0.50000	-0.50000	-0.85675	-1.16022	-1.39156	-1.53638	-1.58568	2.500
	V	0.00000	0.01711	0.03265	0.04518	0.05340	0.05631	0.05631	0.05340	0.04518	0.03265	0.01711	0.00000	
	V'	0.17371	0.16582	0.14265	0.10564	0.05708	-0.00000	0.00000	-0.05708	-0.10564	-0.14265	-0.16582	-0.17371	
	M	0.00000	0.16303	0.31573	0.44840	0.55264	0.62182	0.62182	0.55264	0.44840	0.31573	0.16303	0.00000	
2.525	Q	1.64780	1.59555	1.44211	1.19722	0.87640	0.50000	-0.50000	-0.87640	-1.19722	-1.44211	-1.59555	-1.64780	2.525
	V	0.00000	0.01773	0.03384	0.04680	0.05531	0.05832	0.05832	0.05531	0.04680	0.03384	0.01773	0.00000	
	V'	0.18003	0.17183	0.14777	0.10936	0.05904	0.00000	-0.00000	-0.05904	-0.10936	-0.14777	-0.17183	-0.18003	
	M	0.00000	0.16967	0.32837	0.46583	0.57317	0.64344	0.64344	0.57317	0.46583	0.32837	0.16967	0.00000	
2.550	Q	1.71526	1.65979	1.49698	1.23736	0.89771	0.50000	-0.50000	-0.89771	-1.23736	-1.49698	-1.65979	-1.71526	2.550
	V	0.00000	0.01840	0.03512	0.04857	0.05739	0.06051	0.06051	0.05739	0.04857	0.03512	0.01840	0.00000	
	V'	0.18689	0.17836	0.15332	0.11340	0.06116	-0.00000	0.00000	-0.06116	-0.11340	-0.15332	-0.17836	-0.18689	
	M	0.00000	0.17691	0.34215	0.48483	0.59554	0.66698	0.66698	0.59554	0.48483	0.34215	0.17691	0.00000	
2.575	Q	1.78877	1.72979	1.55675	1.28106	0.92089	0.50000	-0.50000	-0.92089	-1.28106	-1.55675	-1.72979	-1.78877	2.575
	V	0.00000	0.01914	0.03652	0.05050	0.05965	0.06289	0.06289	0.05965	0.05050	0.03652	0.01914	0.00000	
	V'	0.19437	0.18547	0.15937	0.11780	0.06348	0.00000	0.00000	-0.06348	-0.11780	-0.15937	-0.18547	-0.19437	
	M	0.00000	0.18482	0.35721	0.50559	0.61999	0.69271	0.69271	0.61999	0.50559	0.35721	0.18482	0.00000	
2.600	Q	1.86917	1.80634	1.62210	1.32882	0.94621	0.50000	-0.50000	-0.94621	-1.32882	-1.62210	-1.80634	-1.86917	2.600
	V	0.00000	0.01994	0.03805	0.05260	0.06213	0.06549	0.06549	0.06213	0.05260	0.03805	0.01994	0.00000	
	V'	0.20254	0.19325	0.16599	0.12261	0.06601	0.00000	-0.00000	-0.06601	-0.12261	-0.16599	-0.19325	-0.20254	
	M	0.00000	0.19351	0.37375	0.52839	0.64683	0.72096	0.72096	0.64683	0.52839	0.37375	0.19351	0.00000	
2.625	Q	1.95745	1.89040	1.69383	1.38122	0.97397	0.50000	-0.50000	-0.97397	-1.38122	-1.69383	-1.89040	-1.95745	2.625
	V	0.00000	0.02083	0.03973	0.05491	0.06485	0.06835	0.06835	0.06485	0.05491	0.03973	0.02083	0.00000	
	V'	0.21151	0.20178	0.17325	0.12789	0.06879	0.00000	-0.00000	-0.06879	-0.12789	-0.17325	-0.20178	-0.21151	
	M	0.00000	0.20309	0.39199	0.55354	0.67643	0.75210	0.75210	0.67643	0.55354	0.39199	0.20309	0.00000	
2.650	Q	2.05483	1.98310	1.77292	1.43897	1.00455	0.50000	-0.50000	-1.00455	-1.43897	-1.77292	-1.98310	-2.05483	2.650
	V	0.00000	0.02180	0.04158	0.05746	0.06784	0.07150	0.07150	0.06784	0.05746	0.04158	0.02180	0.00000	
	V'	0.22141	0.21119	0.18126	0.13371	0.07185	0.00000	-0.00000	-0.07185	-0.13371	-0.18126	-0.21119	-0.22141	
	M	0.00000	0.21371	0.41221	0.58140	0.70922	0.78661	0.78661	0.70922	0.58140	0.41221	0.21371	0.00000	
2.675	Q	2.16276	2.08584	1.86056	1.50293	1.03839	0.50000	-0.50000	-1.03839	-1.50293	-1.86056	-2.08584	-2.16276	2.675
	V	0.00000	0.02288	0.04363	0.06029	0.07116	0.07499	0.07499	0.07116	0.06029	0.04363	0.02288	0.00000	
	V'	0.23237	0.22162	0.19014	0.14016	0.07524	0.00000	-0.00000	-0.07524	-0.14016	-0.19014	-0.22162	-0.23237	
	M	0.00000	0.22554	0.43474	0.61243	0.74576	0.82504	0.82504	0.74576	0.61243	0.43474	0.22554	0.00000	
2.700	Q	2.28304	2.20032	1.95818	1.57415	1.07606	0.50000	-0.50000	-1.07606	-1.57415	-1.95818	-2.20032	-2.28304	2.700
	V	0.00000	0.02408	0.04592	0.06343	0.07486	0.07888	0.07888	0.07486	0.06343	0.04592	0.02408	0.00000	
	V'	0.24459	0.23324	0.20002	0.14735	0.07902	0.00000	-0.00000	-0.07902	-0.14735	-0.20002	-0.23324	-0.24459	
	M	0.00000	0.23881	0.45999	0.64723	0.78670	0.86811	0.86811	0.78670	0.64723	0.45999	0.23881	0.00000	
2.725	Q	2.41787	2.32866	2.06759	1.65394	1.11823	0.50000	-0.50000	-1.11823	-1.65394	-2.06759	-2.32866	-2.41787	2.725
	V	0.00000	0.02543	0.04848	0.06696	0.07901	0.08324	0.08324	0.07901	0.06696	0.04848	0.02543	0.00000	
	V'	0.25828	0.24626	0.21111	0.15540	0.08326	0.00000	0.00000	-0.08326	-0.15540	-0.21111	-0.24626	-0.25828	
ALPHA	X/L =	0.00	0.10	0.20	0.30	0.40	L 0.50	R 0.50	0.60	0.70	0.80	0.90	1.00	ALPHA

XP/L = 0.50

FUNKTIONEN : F.P;M - F.P;Q - F.P;V - F.P;V'

FUNKTIONEN : F.P;M - F.P;Q - F.P;V - F.P;V'

XP/L = 0.50

ALPHA	X/L =	0.00	0.10	0.20	0.30	0.40	L 0.50	R 0.50	0.60	0.70	0.80	0.90	1.00	ALPHA
	M	0.00000	0.25378	0.48849	0.68649	0.83289	0.91671	0.91671	0.83289	0.68649	0.48849	0.25378	0.00000	
2.750	Q	2.57006	2.47349	2.19104	1.74393	1.16577	0.50000	-0.50000	-1.16577	-1.74393	-2.19104	-2.47349	-2.57006	2.750
	V	0.00000	0.02695	0.05137	0.07094	0.08369	0.08816	0.08816	0.08369	0.07094	0.05137	0.02695	0.00000	
	V'	0.27373	0.26096	0.22361	0.16449	0.08804	0.00000	-0.00000	-0.08804	-0.16449	-0.22361	-0.26096	-0.27373	
	M	0.00000	0.27081	0.52090	0.73113	0.88542	0.97197	0.97197	0.88542	0.73113	0.52090	0.27081	0.00000	
2.775	Q	2.74316	2.63821	2.33141	1.84622	1.21978	0.50000	-0.50000	-1.21978	-1.84622	-2.33141	-2.63821	-2.74316	2.775
	V	0.00000	0.02867	0.05466	0.07547	0.08901	0.09375	0.09375	0.08901	0.07547	0.05466	0.02867	0.00000	
	V'	0.29130	0.27767	0.23783	0.17482	0.09347	-0.00000	0.00000	-0.09347	-0.17482	-0.23783	-0.27767	-0.29130	
	M	0.00000	0.29035	0.55808	0.78234	0.94567	1.03534	1.03534	0.94567	0.78234	0.55808	0.29035	0.00000	
2.800	Q	2.94175	2.82718	2.49241	1.96351	1.28167	0.50000	-0.50000	-1.28167	-1.96351	-2.49241	-2.82718	-2.94175	2.800
	V	0.00000	0.03066	0.05843	0.08066	0.09511	0.10017	0.10017	0.09511	0.08066	0.05843	0.03066	0.00000	
	V'	0.31145	0.29683	0.25413	0.18667	0.09970	0.00000	-0.00000	-0.09970	-0.18667	-0.25413	-0.29683	-0.31145	
	M	0.00000	0.31298	0.60116	0.84167	1.01546	1.10875	1.10875	1.01546	0.84167	0.60116	0.31298	0.00000	
2.825	Q	3.17186	3.04614	2.67892	2.09933	1.35331	0.50000	-0.50000	-1.35331	-2.09933	-2.67892	-3.04614	-3.17186	2.825
	V	0.00000	0.03295	0.06280	0.08667	0.10218	0.10760	0.10760	0.10218	0.08667	0.06280	0.03295	0.00000	
	V'	0.33479	0.31904	0.27303	0.20040	0.10692	-0.00000	0.00000	-0.10692	-0.20040	-0.27303	-0.31904	-0.33479	
	M	0.00000	0.33952	0.65165	0.91121	1.09725	1.19477	1.19477	1.09725	0.91121	0.65165	0.33952	0.00000	
2.850	Q	3.44162	3.30279	2.89750	2.25846	1.43720	0.50000	-0.50000	-1.43720	-2.25846	-2.89750	-3.30279	-3.44162	2.850
	V	0.00000	0.03564	0.06792	0.09372	0.11047	0.11632	0.11632	0.11047	0.09372	0.06792	0.03564	0.00000	
	V'	0.36216	0.34507	0.29517	0.21649	0.11538	0.00000	0.00000	-0.11538	-0.21649	-0.29517	-0.34507	-0.36216	
	M	0.00000	0.37106	0.71165	0.99383	1.19443	1.29697	1.29697	1.19443	0.99383	0.71165	0.37106	0.00000	
2.875	Q	3.76217	3.60776	3.15719	2.44745	1.53680	0.50000	-0.50000	-1.53680	-2.44745	-3.15719	-3.60776	-3.76217	2.875
	V	0.00000	0.03884	0.07400	0.10209	0.12031	0.12667	0.12667	0.12031	0.10209	0.07400	0.03884	0.00000	
	V'	0.39467	0.37599	0.32147	0.23561	0.12544	-0.00000	0.00000	-0.12544	-0.23561	-0.32147	-0.37599	-0.39467	
	M	0.00000	0.40914	0.78411	1.09359	1.31175	1.42036	1.42036	1.31175	1.09359	0.78411	0.40914	0.00000	
2.900	Q	4.14928	3.97602	3.47072	2.67557	1.65697	0.50000	-0.50000	-1.65697	-2.67557	-3.47072	-3.97602	-4.14928	2.900
	V	0.00000	0.04270	0.08134	0.11220	0.13219	0.13916	0.13916	0.13219	0.11220	0.08134	0.04270	0.00000	
	V'	0.43392	0.41332	0.35324	0.25869	0.13757	0.00000	-0.00000	-0.13757	-0.25869	-0.35324	-0.41332	-0.43392	
	M	0.00000	0.45603	0.87332	1.21643	1.45620	1.57227	1.57227	1.45620	1.21643	0.87332	0.45603	0.00000	
2.925	Q	4.62600	4.42951	3.85675	2.95636	1.80484	0.50000	-0.50000	-1.80484	-2.95636	-3.85675	-4.42951	-4.62600	2.925
	V	0.00000	0.04746	0.09039	0.12465	0.14683	0.15455	0.15455	0.14683	0.12465	0.09039	0.04746	0.00000	
	V'	0.48226	0.45929	0.39234	0.28711	0.15251	-0.00000	0.00000	-0.15251	-0.28711	-0.39234	-0.45929	-0.48226	
	M	0.00000	0.51519	0.98587	1.37138	1.63840	1.76387	1.76387	1.63840	1.37138	0.98587	0.51519	0.00000	
2.950	Q	5.22740	5.00159	4.34366	3.31046	1.99125	0.50000	-0.50000	-1.99125	-3.31046	-4.34366	-5.00159	-5.22740	2.950
	V	0.00000	0.05345	0.10180	0.14035	0.16529	0.17396	0.17396	0.16529	0.14035	0.10180	0.05345	0.00000	
	V'	0.54322	0.51728	0.44167	0.32295	0.17136	0.00000	-0.00000	-0.17136	-0.32295	-0.44167	-0.51728	-0.54322	
	M	0.00000	0.59214	1.13225	1.57289	1.87534	2.01303	2.01303	1.87534	1.57289	1.13225	0.59214	0.00000	
2.975	Q	6.00961	5.74562	4.97685	3.77084	2.23353	0.50000	-0.50000	-2.23353	-3.77084	-4.97685	-5.74562	-6.00961	2.975
	V	0.00000	0.06125	0.11663	0.16077	0.18929	0.19920	0.19920	0.18929	0.16077	0.11663	0.06125	0.00000	
	V'	0.62251	0.59268	0.50582	0.36956	0.19587	-0.00000	0.00000	-0.19587	-0.36956	-0.50582	-0.59268	-0.62251	
ALPHA	X/L =	0.00	0.10	0.20	0.30	0.40	L 0.50	R 0.50	0.60	0.70	0.80	0.90	1.00	ALPHA

XP/L = 0.50

FUNKTIONEN : F.P;M - F.P;Q - F.P;V - F.P;V'

D R U C K S T A E B E -324-

FUNKTIONEN : F.P;M - F.P;Q - F.P;V - F.P;V'

XP/L = 0.60

ALPHA	X/L =	0.00	0.10	0.20	0.30	0.40	0.50	L 0.60	R 0.60	0.70	0.80	0.90	1.00	ALPHA
	M	0.00000	0.04000	0.08000	0.12000	0.16000	0.20000	0.24000	0.24000	0.18000	0.12000	0.06000	0.00000	
0.000	Q	0.40000	0.40000	0.40000	0.40000	0.40000	0.40000	0.40000	-0.60000	-0.60000	-0.60000	-0.60000	-0.60000	0.000
	V	0.00000	0.00553	0.01067	0.01500	0.01813	0.01967	0.01920	0.01920	0.01650	0.01200	0.00630	0.00000	
	V'	0.05600	0.05400	0.04800	0.03800	0.02400	0.00600	-0.01600	-0.01600	-0.03700	-0.05200	-0.06100	-0.06400	
	M	0.00000	0.04000	0.08001	0.12001	0.16001	0.20001	0.24001	0.24001	0.18001	0.12001	0.06000	0.00000	
0.025	Q	0.40004	0.40003	0.40003	0.40002	0.40002	0.40000	0.39999	-0.60001	-0.60002	-0.60003	-0.60004	-0.60004	0.025
	V	0.00000	0.00553	0.01067	0.01500	0.01813	0.01967	0.01920	0.01920	0.01650	0.01200	0.00630	0.00000	
	V'	0.05600	0.05400	0.04800	0.03800	0.02400	0.00600	-0.01600	-0.01600	-0.03700	-0.05200	-0.06100	-0.06400	
	M	0.00000	0.04001	0.08003	0.12004	0.16005	0.20005	0.24005	0.24005	0.18004	0.12003	0.06002	0.00000	
0.050	Q	0.40014	0.40014	0.40012	0.40010	0.40006	0.40002	0.39996	-0.60004	-0.60009	-0.60013	-0.60015	-0.60016	0.050
	V	0.00000	0.00553	0.01067	0.01500	0.01814	0.01967	0.01920	0.01920	0.01650	0.01200	0.00630	0.00000	
	V'	0.05602	0.05401	0.04801	0.03801	0.02401	0.00600	-0.01600	-0.01600	-0.03701	-0.05201	-0.06101	-0.06402	
	M	0.00000	0.04003	0.08006	0.12008	0.16010	0.20011	0.24011	0.24011	0.18009	0.12007	0.06004	0.00000	
0.075	Q	0.40032	0.40030	0.40027	0.40021	0.40014	0.40003	0.39991	-0.60009	-0.60021	-0.60029	-0.60034	-0.60036	0.075
	V	0.00000	0.00554	0.01067	0.01501	0.01814	0.01968	0.01921	0.01921	0.01651	0.01201	0.00630	0.00000	
	V'	0.05603	0.05403	0.04803	0.03802	0.02401	0.00600	-0.01601	-0.01601	-0.03702	-0.05203	-0.06103	-0.06404	
	M	0.00000	0.04006	0.08011	0.12015	0.16018	0.20020	0.24019	0.24019	0.18017	0.12012	0.06006	0.00000	
0.100	Q	0.40056	0.40054	0.40048	0.40038	0.40024	0.40006	0.39984	-0.60016	-0.60037	-0.60052	-0.60061	-0.60064	0.100
	V	0.00000	0.00554	0.01068	0.01502	0.01815	0.01969	0.01922	0.01922	0.01652	0.01201	0.00631	0.00000	
	V'	0.05606	0.05406	0.04805	0.03804	0.02402	0.00600	-0.01602	-0.01602	-0.03704	-0.05205	-0.06106	-0.06406	
	M	0.00000	0.04009	0.08017	0.12023	0.16028	0.20031	0.24030	0.24030	0.18026	0.12019	0.06010	0.00000	
0.125	Q	0.40088	0.40085	0.40075	0.40059	0.40038	0.40009	0.39975	-0.60025	-0.60058	-0.60081	-0.60095	-0.60100	0.125
	V	0.00000	0.00554	0.01068	0.01502	0.01816	0.01970	0.01923	0.01923	0.01653	0.01202	0.00631	0.00000	
	V'	0.05610	0.05409	0.04808	0.03806	0.02403	0.00600	-0.01603	-0.01603	-0.03706	-0.05208	-0.06109	-0.06410	
	M	0.00000	0.04012	0.08024	0.12034	0.16041	0.20044	0.24043	0.24043	0.18037	0.12027	0.06014	0.00000	
0.150	Q	0.40126	0.40122	0.40108	0.40086	0.40054	0.40014	0.39964	-0.60036	-0.60083	-0.60117	-0.60138	-0.60144	0.150
	V	0.00000	0.00555	0.01069	0.01504	0.01818	0.01971	0.01924	0.01924	0.01654	0.01203	0.00631	0.00000	
	V'	0.05614	0.05413	0.04811	0.03808	0.02405	0.00600	-0.01604	-0.01604	-0.03708	-0.05211	-0.06114	-0.06414	
	M	0.00000	0.04017	0.08033	0.12046	0.16056	0.20060	0.24059	0.24059	0.18051	0.12037	0.06019	0.00000	
0.175	Q	0.40172	0.40166	0.40147	0.40117	0.40074	0.40018	0.39951	-0.60049	-0.60114	-0.60160	-0.60187	-0.60197	0.175
	V	0.00000	0.00555	0.01070	0.01505	0.01819	0.01973	0.01926	0.01926	0.01655	0.01204	0.00632	0.00000	
	V'	0.05619	0.05418	0.04815	0.03811	0.02406	0.00600	-0.01606	-0.01606	-0.03711	-0.05216	-0.06118	-0.06419	
	M	0.00000	0.04022	0.08043	0.12060	0.16073	0.20079	0.24077	0.24077	0.18066	0.12048	0.06025	0.00000	
0.200	Q	0.40225	0.40217	0.40193	0.40153	0.40096	0.40024	0.39936	-0.60064	-0.60149	-0.60209	-0.60245	-0.60257	0.200
	V	0.00000	0.00556	0.01071	0.01506	0.01821	0.01975	0.01928	0.01928	0.01657	0.01205	0.00632	0.00000	
	V'	0.05624	0.05423	0.04820	0.03815	0.02408	0.00601	-0.01607	-0.01607	-0.03715	-0.05220	-0.06124	-0.06425	
	M	0.00000	0.04028	0.08054	0.12076	0.16092	0.20100	0.24098	0.24098	0.18084	0.12061	0.06032	0.00000	
0.225	Q	0.40285	0.40275	0.40244	0.40193	0.40122	0.40030	0.39919	-0.60081	-0.60188	-0.60265	-0.60310	-0.60326	0.225
	V	0.00000	0.00556	0.01072	0.01508	0.01823	0.01977	0.01930	0.01930	0.01658	0.01206	0.00633	0.00000	
	V'	0.05631	0.05430	0.04825	0.03819	0.02410	0.00601	-0.01609	-0.01609	-0.03719	-0.05226	-0.06131	-0.06432	
ALPHA	X/L =	0.00	0.10	0.20	0.30	0.40	0.50	L 0.60	R 0.60	0.70	0.80	0.90	1.00	ALPHA

XP/L = 0.60

FUNKTIONEN : F.P;M - F.P;Q - F.P;V - F.P;V'

D R U C K S T A E B E -325-

FUNKTIONEN : F.P;M - F.P;Q - F.P;V - F.P;V'

XP/L = 0.60

ALPHA	X/L =	0.00	0.10	0.20	0.30	0.40	0.50	L 0.60	R 0.60	0.70	0.80	0.90	1.00	ALPHA
	M	0.00000	0.04035	0.08067	0.12094	0.16114	0.20124	0.24121	0.24121	0.18104	0.12075	0.06040	0.00000	
0.250	Q	0.40352	0.40340	0.40302	0.40239	0.40151	0.40038	0.39899	-0.60101	-0.60233	-0.60327	-0.60384	-0.60402	0.250
	V	0.00000	0.00557	0.01074	0.01510	0.01825	0.01979	0.01932	0.01932	0.01660	0.01207	0.00634	0.00000	
	V'	0.05638	0.05437	0.04831	0.03823	0.02413	0.00601	-0.01612	-0.01612	-0.03723	-0.05232	-0.06138	-0.06440	
	M	0.00000	0.04042	0.08081	0.12114	0.16138	0.20150	0.24146	0.24146	0.18126	0.12091	0.06048	0.00000	
0.275	Q	0.40427	0.40412	0.40366	0.40290	0.40183	0.40045	0.39878	-0.60122	-0.60282	-0.60396	-0.60465	-0.60488	0.275
	V	0.00000	0.00558	0.01075	0.01512	0.01828	0.01982	0.01934	0.01934	0.01662	0.01209	0.00635	0.00000	
	V'	0.05646	0.05444	0.04838	0.03828	0.02415	0.00601	-0.01614	-0.01614	-0.03728	-0.05239	-0.06146	-0.06448	
	M	0.00000	0.04050	0.08097	0.12136	0.16165	0.20179	0.24174	0.24174	0.18150	0.12109	0.06057	0.00000	
0.300	Q	0.40509	0.40491	0.40436	0.40345	0.40218	0.40054	0.39854	-0.60146	-0.60336	-0.60472	-0.60554	-0.60581	0.300
	V	0.00000	0.00559	0.01077	0.01514	0.01830	0.01985	0.01937	0.01937	0.01665	0.01211	0.00636	0.00000	
	V'	0.05655	0.05453	0.04845	0.03834	0.02418	0.00601	-0.01617	-0.01617	-0.03733	-0.05246	-0.06154	-0.06457	
	M	0.00000	0.04059	0.08114	0.12160	0.16194	0.20210	0.24205	0.24205	0.18176	0.12128	0.06067	0.00000	
0.325	Q	0.40598	0.40577	0.40513	0.40406	0.40256	0.40064	0.39829	-0.60171	-0.60395	-0.60555	-0.60651	-0.60683	0.325
	V	0.00000	0.00560	0.01079	0.01517	0.01833	0.01988	0.01940	0.01940	0.01667	0.01213	0.00637	0.00000	
	V'	0.05665	0.05462	0.04853	0.03840	0.02422	0.00601	-0.01620	-0.01620	-0.03739	-0.05254	-0.06164	-0.06467	
	M	0.00000	0.04069	0.08132	0.12186	0.16225	0.20244	0.24238	0.24238	0.18205	0.12149	0.06078	0.00000	
0.350	Q	0.40695	0.40670	0.40596	0.40471	0.40297	0.40074	0.39801	-0.60199	-0.60459	-0.60645	-0.60756	-0.60794	0.350
	V	0.00000	0.00561	0.01081	0.01520	0.01837	0.01991	0.01943	0.01943	0.01670	0.01215	0.00638	0.00000	
	V'	0.05675	0.05472	0.04862	0.03846	0.02425	0.00602	-0.01623	-0.01623	-0.03745	-0.05263	-0.06174	-0.06478	
	M	0.00000	0.04079	0.08152	0.12214	0.16259	0.20281	0.24274	0.24274	0.18235	0.12171	0.06090	0.00000	
0.375	Q	0.40800	0.40771	0.40685	0.40542	0.40342	0.40085	0.39771	-0.60229	-0.60528	-0.60741	-0.60870	-0.60913	0.375
	V	0.00000	0.00562	0.01083	0.01523	0.01840	0.01995	0.01947	0.01947	0.01673	0.01217	0.00639	0.00000	
	V'	0.05687	0.05483	0.04871	0.03853	0.02429	0.00602	-0.01626	-0.01626	-0.03752	-0.05272	-0.06186	-0.06490	
	M	0.00000	0.04090	0.08174	0.12244	0.16295	0.20320	0.24312	0.24312	0.18268	0.12195	0.06102	0.00000	
0.400	Q	0.40912	0.40879	0.40781	0.40618	0.40389	0.40096	0.39739	-0.60261	-0.60601	-0.60845	-0.60992	-0.61040	0.400
	V	0.00000	0.00563	0.01085	0.01526	0.01844	0.01999	0.01951	0.01951	0.01676	0.01219	0.00640	0.00000	
	V'	0.05699	0.05494	0.04881	0.03860	0.02433	0.00602	-0.01630	-0.01630	-0.03759	-0.05283	-0.06198	-0.06503	
	M	0.00000	0.04102	0.08196	0.12276	0.16334	0.20362	0.24353	0.24353	0.18303	0.12221	0.06116	0.00000	
0.425	Q	0.41032	0.40995	0.40884	0.40699	0.40440	0.40109	0.39705	-0.60295	-0.60680	-0.60956	-0.61122	-0.61177	0.425
	V	0.00000	0.00564	0.01088	0.01529	0.01848	0.02003	0.01955	0.01955	0.01680	0.01222	0.00641	0.00000	
	V'	0.05712	0.05507	0.04892	0.03868	0.02437	0.00602	-0.01634	-0.01634	-0.03767	-0.05293	-0.06210	-0.06516	
	M	0.00000	0.04115	0.08221	0.12310	0.16375	0.20407	0.24397	0.24397	0.18341	0.12248	0.06130	0.00000	
0.450	Q	0.41159	0.41118	0.40993	0.40785	0.40494	0.40122	0.39668	-0.60332	-0.60764	-0.61074	-0.61260	-0.61322	0.450
	V	0.00000	0.00566	0.01090	0.01533	0.01852	0.02008	0.01959	0.01959	0.01683	0.01224	0.00643	0.00000	
	V'	0.05726	0.05520	0.04903	0.03876	0.02442	0.00603	-0.01638	-0.01638	-0.03775	-0.05305	-0.06224	-0.06531	
	M	0.00000	0.04128	0.08247	0.12347	0.16419	0.20454	0.24443	0.24443	0.18381	0.12277	0.06145	0.00000	
0.475	Q	0.41295	0.41249	0.41109	0.40877	0.40552	0.40136	0.39629	-0.60371	-0.60854	-0.61200	-0.61408	-0.61477	0.475
	V	0.00000	0.00567	0.01093	0.01537	0.01857	0.02012	0.01964	0.01964	0.01687	0.01227	0.00644	0.00000	
	V'	0.05741	0.05534	0.04915	0.03885	0.02447	0.00603	-0.01642	-0.01642	-0.03784	-0.05317	-0.06238	-0.06546	
ALPHA	X/L =	0.00	0.10	0.20	0.30	0.40	0.50	L 0.60	R 0.60	0.70	0.80	0.90	1.00	ALPHA

XP/L = 0.60

FUNKTIONEN : F.P;M - F.P;Q - F.P;V - F.P;V'

FUNKTIONEN : F.P;M - F.P;Q - F.P;V - F.P;V'

XP/L = 0.60

ALPHA	X/L =	0.00	0.10	0.20	0.30	0.40	0.50	L 0.60	R 0.60	0.70	0.80	0.90	1.00	ALPHA
	M	0.00000	0.04142	0.08274	0.12385	0.16465	0.20504	0.24492	0.24492	0.18423	0.12308	0.06161	0.00000	
0.500	Q	0.41439	0.41397	0.41232	0.40974	0.40613	0.40151	0.39588	-0.60412	-0.60948	-0.61333	-0.61563	-0.61640	0.500
	V	0.00000	0.00569	0.01096	0.01541	0.01861	0.02017	0.01969	0.01969	0.01692	0.01230	0.00646	0.00000	
	V'	0.05756	0.05549	0.04928	0.03895	0.02452	0.00603	-0.01647	-0.01647	-0.03793	-0.05330	-0.06254	-0.06562	
	M	0.00000	0.04157	0.08303	0.12426	0.16514	0.20558	0.24544	0.24544	0.18467	0.12340	0.06178	0.00000	
0.525	Q	0.41591	0.41534	0.41362	0.41076	0.40677	0.40166	0.39545	-0.60455	-0.61048	-0.61473	-0.61728	-0.61813	0.525
	V	0.00000	0.00570	0.01099	0.01545	0.01866	0.02023	0.01974	0.01974	0.01696	0.01233	0.00648	0.00000	
	V'	0.05773	0.05565	0.04942	0.03905	0.02458	0.00604	-0.01652	-0.01652	-0.03803	-0.05344	-0.06270	-0.06579	
	M	0.00000	0.04173	0.08333	0.12469	0.16566	0.20614	0.24599	0.24599	0.18514	0.12374	0.06196	0.00000	
0.550	Q	0.41751	0.41698	0.41499	0.41184	0.40745	0.40183	0.39499	-0.60501	-0.61154	-0.61621	-0.61902	-0.61996	0.550
	V	0.00000	0.00572	0.01102	0.01549	0.01872	0.02028	0.01979	0.01979	0.01700	0.01237	0.00649	0.00000	
	V'	0.05790	0.05581	0.04956	0.03915	0.02463	0.00604	-0.01657	-0.01657	-0.03814	-0.05358	-0.06287	-0.06597	
	M	0.00000	0.04190	0.08366	0.12514	0.16621	0.20673	0.24656	0.24656	0.18564	0.12410	0.06215	0.00000	
0.575	Q	0.41920	0.41851	0.41643	0.41298	0.40816	0.40200	0.39450	-0.60550	-0.61264	-0.61777	-0.62085	-0.62187	0.575
	V	0.00000	0.00574	0.01106	0.01554	0.01877	0.02034	0.01985	0.01985	0.01705	0.01240	0.00651	0.00000	
	V'	0.05808	0.05599	0.04971	0.03927	0.02469	0.00604	-0.01663	-0.01663	-0.03824	-0.05374	-0.06305	-0.06616	
	M	0.00000	0.04207	0.08399	0.12561	0.16678	0.20735	0.24717	0.24717	0.18616	0.12448	0.06235	0.00000	
0.600	Q	0.42098	0.42022	0.41795	0.41418	0.40891	0.40218	0.39399	-0.60601	-0.61381	-0.61940	-0.62277	-0.62389	0.600
	V	0.00000	0.00576	0.01109	0.01559	0.01883	0.02041	0.01991	0.01991	0.01710	0.01244	0.00653	0.00000	
	V'	0.05828	0.05617	0.04987	0.03938	0.02476	0.00605	-0.01669	-0.01669	-0.03836	-0.05390	-0.06324	-0.06636	
	M	0.00000	0.04226	0.08435	0.12611	0.16738	0.20800	0.24780	0.24780	0.18670	0.12487	0.06256	0.00000	
0.625	Q	0.42284	0.42202	0.41954	0.41543	0.40970	0.40236	0.39346	-0.60654	-0.61503	-0.62112	-0.62478	-0.62600	0.625
	V	0.00000	0.00578	0.01113	0.01564	0.01889	0.02047	0.01997	0.01997	0.01716	0.01248	0.00655	0.00000	
	V'	0.05848	0.05636	0.05003	0.03950	0.02483	0.00605	-0.01675	-0.01675	-0.03848	-0.05406	-0.06344	-0.06657	
	M	0.00000	0.04245	0.08472	0.12663	0.16801	0.20868	0.24847	0.24847	0.18727	0.12529	0.06278	0.00000	
0.650	Q	0.42480	0.42390	0.42121	0.41674	0.41052	0.40256	0.39290	-0.60710	-0.61631	-0.62292	-0.62689	-0.62822	0.650
	V	0.00000	0.00580	0.01117	0.01570	0.01896	0.02054	0.02004	0.02004	0.01721	0.01252	0.00657	0.00000	
	V'	0.05869	0.05656	0.05020	0.03963	0.02490	0.00605	-0.01681	-0.01681	-0.03861	-0.05424	-0.06365	-0.06679	
	M	0.00000	0.04265	0.08511	0.12718	0.16867	0.20939	0.24916	0.24916	0.18787	0.12572	0.06301	0.00000	
0.675	Q	0.42684	0.42587	0.42296	0.41812	0.41138	0.40276	0.39231	-0.60769	-0.61765	-0.62480	-0.62910	-0.63053	0.675
	V	0.00000	0.00582	0.01121	0.01576	0.01903	0.02061	0.02010	0.02010	0.01727	0.01256	0.00660	0.00000	
	V'	0.05891	0.05678	0.05039	0.03977	0.02497	0.00606	-0.01688	-0.01688	-0.03874	-0.05442	-0.06386	-0.06701	
	M	0.00000	0.04286	0.08552	0.12775	0.16936	0.21014	0.24989	0.24989	0.18849	0.12618	0.06324	0.00000	
0.700	Q	0.42898	0.42793	0.42478	0.41955	0.41227	0.40297	0.39170	-0.60830	-0.61905	-0.62676	-0.63140	-0.63295	0.700
	V	0.00000	0.00584	0.01126	0.01582	0.01910	0.02069	0.02018	0.02018	0.01733	0.01261	0.00662	0.00000	
	V'	0.05914	0.05700	0.05057	0.03991	0.02505	0.00606	-0.01695	-0.01695	-0.03888	-0.05462	-0.06409	-0.06725	
	M	0.00000	0.04308	0.08594	0.12835	0.17008	0.21092	0.25064	0.25064	0.18914	0.12665	0.06349	0.00000	
0.725	Q	0.43121	0.43008	0.42669	0.42105	0.41321	0.40319	0.39105	-0.60895	-0.62051	-0.62881	-0.63381	-0.63548	0.725
	V	0.00000	0.00587	0.01130	0.01588	0.01917	0.02077	0.02025	0.02025	0.01740	0.01265	0.00664	0.00000	
	V'	0.05938	0.05723	0.05077	0.04005	0.02513	0.00607	-0.01702	-0.01702	-0.03902	-0.05482	-0.06433	-0.06750	
ALPHA	X/L =	0.00	0.10	0.20	0.30	0.40	0.50	L 0.60	R 0.60	0.70	0.80	0.90	1.00	ALPHA

XP/L = 0.60

FUNKTIONEN : F.P;M - F.P;Q - F.P;V - F.P;V'

D R U C K S T A E B E -328-

FUNKTIONEN : F.PIM - F.PIQ - F.PIV - F.PIV'

XP/L = 0.60

ALPHA	X/L =	0.00	0.10	0.20	0.30	0.40	0.50	L 0.60	R 0.60	0.70	0.80	0.90	1.00	ALPHA
	M	0.00000	0.04331	0.08638	0.12897	0.17083	0.21173	0.25144	0.25144	0.18982	0.12715	0.06375	0.00000	
0.750	Q	0.43354	0.43232	0.42868	0.42262	0.41418	0.40342	0.39038	-0.60962	-0.62203	-0.63095	-0.63632	-0.63812	0.750
	V	0.00000	0.00589	0.01135	0.01594	0.01925	0.02085	0.02033	0.02033	0.01746	0.01270	0.00667	0.00000	
	V'	0.05963	0.05747	0.05098	0.04021	0.02521	0.00607	-0.01710	-0.01710	-0.03917	-0.05503	-0.06458	-0.06776	
	M	0.00000	0.04355	0.08685	0.12962	0.17161	0.21257	0.25226	0.25226	0.19053	0.12766	0.06402	0.00000	
0.775	Q	0.43597	0.43467	0.43075	0.42424	0.41519	0.40365	0.38968	-0.61032	-0.62362	-0.63318	-0.63894	-0.64086	0.775
	V	0.00000	0.00592	0.01140	0.01601	0.01933	0.02093	0.02041	0.02041	0.01753	0.01275	0.00670	0.00000	
	V'	0.05990	0.05772	0.05119	0.04037	0.02530	0.00608	-0.01718	-0.01718	-0.03933	-0.05524	-0.06483	-0.06804	
	M	0.00000	0.04380	0.08733	0.13029	0.17243	0.21345	0.25312	0.25312	0.19127	0.12820	0.06430	0.00000	
0.800	Q	0.43851	0.43711	0.43291	0.42594	0.41625	0.40389	0.38895	-0.61105	-0.62527	-0.63550	-0.64166	-0.64372	0.800
	V	0.00000	0.00594	0.01145	0.01608	0.01941	0.02102	0.02050	0.02050	0.01761	0.01281	0.00672	0.00000	
	V'	0.06017	0.05798	0.05142	0.04053	0.02539	0.00608	-0.01726	-0.01726	-0.03949	-0.05547	-0.06510	-0.06832	
	M	0.00000	0.04406	0.08783	0.13100	0.17327	0.21437	0.25401	0.25401	0.19204	0.12875	0.06460	0.00000	
0.825	Q	0.44115	0.43965	0.43515	0.42770	0.41734	0.40414	0.38819	-0.61181	-0.62699	-0.63792	-0.64450	-0.64670	0.825
	V	0.00000	0.00597	0.01150	0.01616	0.01950	0.02111	0.02058	0.02058	0.01768	0.01286	0.00675	0.00000	
	V'	0.06045	0.05825	0.05165	0.04070	0.02548	0.00609	-0.01734	-0.01734	-0.03966	-0.05571	-0.06538	-0.06861	
	M	0.00000	0.04434	0.08835	0.13173	0.17416	0.21532	0.25494	0.25494	0.19283	0.12933	0.06490	0.00000	
0.850	Q	0.44389	0.44229	0.43749	0.42954	0.41848	0.40440	0.38740	-0.61260	-0.62878	-0.64043	-0.64745	-0.64979	0.850
	V	0.00000	0.00600	0.01156	0.01623	0.01959	0.02121	0.02068	0.02068	0.01776	0.01292	0.00678	0.00000	
	V'	0.06075	0.05853	0.05189	0.04088	0.02558	0.00609	-0.01743	-0.01743	-0.03984	-0.05595	-0.06567	-0.06892	
	M	0.00000	0.04462	0.08889	0.13249	0.17507	0.21632	0.25590	0.25590	0.19366	0.12994	0.06522	0.00000	
0.875	Q	0.44675	0.44504	0.43992	0.43144	0.41966	0.40467	0.38658	-0.61342	-0.63064	-0.64304	-0.65051	-0.65301	0.875
	V	0.00000	0.00603	0.01162	0.01631	0.01969	0.02131	0.02077	0.02077	0.01784	0.01298	0.00681	0.00000	
	V'	0.06106	0.05883	0.05215	0.04107	0.02568	0.00610	-0.01753	-0.01753	-0.04002	-0.05621	-0.06597	-0.06924	
	M	0.00000	0.04491	0.08946	0.13328	0.17603	0.21735	0.25691	0.25691	0.19452	0.13056	0.06555	0.00000	
0.900	Q	0.44972	0.44790	0.44245	0.43342	0.42089	0.40494	0.38572	-0.61428	-0.63257	-0.64575	-0.65369	-0.65635	0.900
	V	0.00000	0.00606	0.01168	0.01640	0.01978	0.02141	0.02087	0.02087	0.01793	0.01304	0.00685	0.00000	
	V'	0.06138	0.05913	0.05241	0.04126	0.02579	0.00610	-0.01762	-0.01762	-0.04021	-0.05648	-0.06629	-0.06957	
	M	0.00000	0.04522	0.09004	0.13410	0.17702	0.21841	0.25795	0.25795	0.19541	0.13121	0.06589	0.00000	
0.925	Q	0.45280	0.45086	0.44507	0.43548	0.42216	0.40523	0.38483	-0.61517	-0.63457	-0.64856	-0.65700	-0.65982	0.925
	V	0.00000	0.00610	0.01174	0.01648	0.01989	0.02152	0.02097	0.02097	0.01802	0.01310	0.00688	0.00000	
	V'	0.06171	0.05945	0.05268	0.04146	0.02590	0.00611	-0.01772	-0.01772	-0.04041	-0.05675	-0.06661	-0.06991	
	M	0.00000	0.04553	0.09065	0.13496	0.17804	0.21952	0.25903	0.25903	0.19634	0.13189	0.06624	0.00000	
0.950	Q	0.45600	0.45395	0.44780	0.43761	0.42347	0.40552	0.38391	-0.61609	-0.63665	-0.65148	-0.66042	-0.66342	0.950
	V	0.00000	0.00613	0.01180	0.01657	0.01999	0.02163	0.02108	0.02108	0.01811	0.01317	0.00692	0.00000	
	V'	0.06205	0.05978	0.05296	0.04167	0.02601	0.00612	-0.01783	-0.01783	-0.04061	-0.05704	-0.06695	-0.07027	
	M	0.00000	0.04586	0.09128	0.13584	0.17911	0.22068	0.26015	0.26015	0.19730	0.13259	0.06661	0.00000	
0.975	Q	0.45933	0.45715	0.45062	0.43982	0.42484	0.40582	0.38295	-0.61705	-0.63881	-0.65450	-0.66398	-0.66715	0.975
	V	0.00000	0.00616	0.01187	0.01667	0.02010	0.02175	0.02119	0.02119	0.01820	0.01324	0.00695	0.00000	
	V'	0.06241	0.06012	0.05325	0.04189	0.02613	0.00612	-0.01794	-0.01794	-0.04083	-0.05733	-0.06730	-0.07064	
ALPHA	X/L =	0.00	0.10	0.20	0.30	0.40	0.50	L 0.60	R 0.60	0.70	0.80	0.90	1.00	ALPHA

XP/L = 0.60

FUNKTIONEN : F.PIM - F.PIQ - F.PIV - F.PIV'

D R U C K S T A E B E -328-

FUNKTIONEN : F.P;M - F.P;Q - F.P;V - F.P;V'

XP/L = 0.60

ALPHA	X/L =	0.00	0.10	0.20	0.30	0.40	0.50	L 0.60	R 0.60	0.70	0.80	0.90	1.00	ALPHA
	M	0.00000	0.04620	0.09194	0.13676	0.18022	0.22187	0.26131	0.26131	0.19830	0.13331	0.06699	0.00000	
1.000	Q	0.46278	0.46047	0.45356	0.44211	0.42625	0.40613	0.38195	-0.61805	-0.64105	-0.65764	-0.66767	-0.67102	1.000
	V	0.00000	0.00620	0.01194	0.01676	0.02022	0.02187	0.02131	0.02131	0.01830	0.01331	0.00699	0.00000	
	V'	0.06278	0.06047	0.05356	0.04211	0.02625	0.00613	-0.01805	-0.01805	-0.04105	-0.05764	-0.06767	-0.07102	
	M	0.00000	0.04655	0.09262	0.13772	0.18136	0.22311	0.26251	0.26251	0.19933	0.13406	0.06738	0.00000	
1.025	Q	0.46637	0.46392	0.45660	0.44449	0.42771	0.40645	0.38092	-0.61908	-0.64337	-0.66090	-0.67149	-0.67503	1.025
	V	0.00000	0.00624	0.01201	0.01686	0.02033	0.02199	0.02143	0.02143	0.01840	0.01338	0.00703	0.00000	
	V'	0.06317	0.06084	0.05387	0.04235	0.02638	0.00614	-0.01817	-0.01817	-0.04128	-0.05796	-0.06804	-0.07142	
	M	0.00000	0.04692	0.09333	0.13870	0.18255	0.22439	0.26376	0.26376	0.20040	0.13484	0.06779	0.00000	
1.050	Q	0.47008	0.46749	0.45976	0.44695	0.42923	0.40677	0.37984	-0.62016	-0.64577	-0.66427	-0.67545	-0.67919	1.050
	V	0.00000	0.00628	0.01209	0.01697	0.02046	0.02212	0.02155	0.02155	0.01851	0.01346	0.00707	0.00000	
	V'	0.06357	0.06122	0.05420	0.04259	0.02651	0.00614	-0.01829	-0.01829	-0.04152	-0.05829	-0.06843	-0.07183	
	M	0.00000	0.04730	0.09406	0.13973	0.18379	0.22572	0.26505	0.26505	0.20151	0.13565	0.06822	0.00000	
1.075	Q	0.47394	0.47120	0.46303	0.44950	0.43079	0.40711	0.37872	-0.62128	-0.64826	-0.66776	-0.67955	-0.68350	1.075
	V	0.00000	0.00632	0.01217	0.01707	0.02058	0.02226	0.02168	0.02168	0.01862	0.01354	0.00711	0.00000	
	V'	0.06398	0.06161	0.05454	0.04284	0.02665	0.00615	-0.01841	-0.01841	-0.04176	-0.05864	-0.06884	-0.07225	
	M	0.00000	0.04770	0.09482	0.14079	0.18507	0.22710	0.26639	0.26639	0.20266	0.13649	0.06866	0.00000	
1.100	Q	0.47794	0.47505	0.46642	0.45215	0.43241	0.40745	0.37757	-0.62243	-0.65084	-0.67138	-0.68380	-0.68796	1.100
	V	0.00000	0.00636	0.01225	0.01718	0.02071	0.02240	0.02181	0.02181	0.01873	0.01362	0.00716	0.00000	
	V'	0.06441	0.06202	0.05489	0.04310	0.02679	0.00616	-0.01854	-0.01854	-0.04202	-0.05899	-0.06926	-0.07270	
	M	0.00000	0.04811	0.09560	0.14189	0.18639	0.22853	0.26778	0.26778	0.20385	0.13735	0.06911	0.00000	
1.125	Q	0.48208	0.47903	0.46993	0.45488	0.43409	0.40780	0.37636	-0.62364	-0.65351	-0.67513	-0.68821	-0.69259	1.125
	V	0.00000	0.00641	0.01233	0.01730	0.02085	0.02254	0.02195	0.02195	0.01885	0.01371	0.00720	0.00000	
	V'	0.06485	0.06245	0.05525	0.04337	0.02693	0.00617	-0.01868	-0.01868	-0.04228	-0.05936	-0.06969	-0.07315	
	M	0.00000	0.04853	0.09642	0.14304	0.18776	0.23001	0.26922	0.26922	0.20509	0.13825	0.06958	0.00000	
1.150	Q	0.48638	0.48317	0.47357	0.45772	0.43582	0.40816	0.37512	-0.62488	-0.65628	-0.67901	-0.69277	-0.69737	1.150
	V	0.00000	0.00645	0.01242	0.01742	0.02099	0.02269	0.02209	0.02209	0.01897	0.01380	0.00725	0.00000	
	V'	0.06531	0.06288	0.05563	0.04364	0.02709	0.00617	-0.01882	-0.01882	-0.04256	-0.05974	-0.07015	-0.07363	
	M	0.00000	0.04897	0.09727	0.14422	0.18918	0.23154	0.27070	0.27070	0.20636	0.13918	0.07007	0.00000	
1.175	Q	0.49083	0.48745	0.47734	0.46065	0.43761	0.40853	0.37382	-0.62618	-0.65915	-0.68303	-0.69749	-0.70233	1.175
	V	0.00000	0.00650	0.01251	0.01754	0.02114	0.02284	0.02224	0.02224	0.01909	0.01389	0.00729	0.00000	
	V'	0.06579	0.06334	0.05602	0.04393	0.02724	0.00618	-0.01896	-0.01896	-0.04284	-0.06014	-0.07061	-0.07412	
	M	0.00000	0.04943	0.09814	0.14545	0.19066	0.23313	0.27224	0.27224	0.20768	0.14014	0.07058	0.00000	
1.200	Q	0.49545	0.49189	0.48125	0.46369	0.43946	0.40891	0.37248	-0.62752	-0.66211	-0.68719	-0.70238	-0.70746	1.200
	V	0.00000	0.00655	0.01260	0.01767	0.02129	0.02300	0.02239	0.02239	0.01923	0.01399	0.00734	0.00000	
	V'	0.06629	0.06381	0.05642	0.04423	0.02740	0.00619	-0.01911	-0.01911	-0.04313	-0.06055	-0.07110	-0.07463	
	M	0.00000	0.04990	0.09905	0.14672	0.19218	0.23477	0.27384	0.27384	0.20905	0.14113	0.07110	0.00000	
1.225	Q	0.50024	0.49649	0.48530	0.46684	0.44138	0.40930	0.37109	-0.62891	-0.66519	-0.69149	-0.70744	-0.71278	1.225
	V	0.00000	0.00660	0.01269	0.01780	0.02145	0.02317	0.02255	0.02255	0.01936	0.01408	0.00740	0.00000	
	V'	0.06680	0.06430	0.05684	0.04454	0.02757	0.00620	-0.01926	-0.01926	-0.04344	-0.06097	-0.07160	-0.07516	
ALPHA	X/L =	0.00	0.10	0.20	0.30	0.40	0.50	L 0.60	R 0.60	0.70	0.80	0.90	1.00	ALPHA

XP/L = 0.60

FUNKTIONEN : F.P;M - F.P;Q - F.P;V - F.P;V'

FUNKTIONEN : F.P;M - F.P;Q - F.P;V - F.P;V'

XP/L = 0.60

ALPHA	X/L =	0.00	0.10	0.20	0.30	0.40	0.50	L 0.60	R 0.60	0.70	0.80	0.90	1.00	ALPHA
	M	0.00000	0.05039	0.09999	0.14803	0.19376	0.23647	0.27549	0.27549	0.21047	0.14216	0.07164	0.00000	
1.250	Q	0.50520	0.50126	0.48949	0.47009	0.44335	0.40970	0.36965	-0.63035	-0.66837	-0.69595	-0.71268	-0.71828	1.250
	V	0.00000	0.00665	0.01279	0.01794	0.02164	0.02334	0.02271	0.02271	0.01950	0.01419	0.00745	0.00000	
	V'	0.06733	0.06480	0.05728	0.04486	0.02775	0.00621	-0.01943	-0.01943	-0.04375	-0.06141	-0.07211	-0.07570	
	M	0.00000	0.05090	0.10097	0.14940	0.19540	0.23823	0.27720	0.27720	0.21194	0.14323	0.07220	0.00000	
1.275	Q	0.51034	0.50620	0.49384	0.47346	0.44540	0.41010	0.36815	-0.63185	-0.67166	-0.70057	-0.71810	-0.72398	1.275
	V	0.00000	0.00670	0.01290	0.01808	0.02178	0.02352	0.02288	0.02288	0.01965	0.01429	0.00751	0.00000	
	V'	0.06788	0.06533	0.05772	0.04519	0.02793	0.00621	-0.01959	-0.01959	-0.04408	-0.06186	-0.07265	-0.07627	
	M	0.00000	0.05142	0.10198	0.15081	0.19710	0.24006	0.27897	0.27897	0.21345	0.14434	0.07278	0.00000	
1.300	Q	0.51567	0.51132	0.49834	0.47695	0.44751	0.41052	0.36660	-0.63340	-0.67507	-0.70535	-0.72372	-0.72988	1.300
	V	0.00000	0.00676	0.01300	0.01823	0.02195	0.02370	0.02306	0.02306	0.01980	0.01440	0.00756	0.00000	
	V'	0.06845	0.06587	0.05819	0.04553	0.02811	0.00622	-0.01976	-0.01976	-0.04442	-0.06234	-0.07321	-0.07685	
	M	0.00000	0.05197	0.10302	0.15227	0.19886	0.24195	0.28080	0.28080	0.21503	0.14548	0.07338	0.00000	
1.325	Q	0.52120	0.51663	0.50300	0.48056	0.44969	0.41094	0.36499	-0.63501	-0.67860	-0.71029	-0.72953	-0.73598	1.325
	V	0.00000	0.00682	0.01311	0.01838	0.02213	0.02389	0.02324	0.02324	0.01995	0.01451	0.00762	0.00000	
	V'	0.06903	0.06643	0.05867	0.04589	0.02831	0.00623	-0.01994	-0.01994	-0.04477	-0.06282	-0.07378	-0.07746	
	M	0.00000	0.05253	0.10411	0.15379	0.20068	0.24391	0.28270	0.28270	0.21665	0.14666	0.07401	0.00000	
1.350	Q	0.52693	0.52213	0.50784	0.48430	0.45195	0.41138	0.36332	-0.63668	-0.68226	-0.71541	-0.73555	-0.74231	1.350
	V	0.00000	0.00688	0.01323	0.01854	0.02232	0.02409	0.02343	0.02343	0.02011	0.01463	0.00768	0.00000	
	V'	0.06965	0.06701	0.05917	0.04626	0.02851	0.00624	-0.02013	-0.02013	-0.04513	-0.06333	-0.07438	-0.07808	
	M	0.00000	0.05312	0.10524	0.15537	0.20256	0.24594	0.28467	0.28467	0.21834	0.14789	0.07465	0.00000	
1.375	Q	0.53287	0.52784	0.51285	0.48817	0.45428	0.41182	0.36158	-0.63842	-0.68604	-0.72072	-0.74179	-0.74886	1.375
	V	0.00000	0.00694	0.01335	0.01871	0.02251	0.02430	0.02363	0.02363	0.02028	0.01475	0.00775	0.00000	
	V'	0.07028	0.06762	0.05969	0.04664	0.02871	0.00625	-0.02032	-0.02032	-0.04551	-0.06385	-0.07500	-0.07873	
	M	0.00000	0.05373	0.10640	0.15700	0.20452	0.24804	0.28670	0.28670	0.22009	0.14916	0.07532	0.00000	
1.400	Q	0.53903	0.53376	0.51804	0.49218	0.45670	0.41227	0.35978	-0.64022	-0.68996	-0.72621	-0.74824	-0.75564	1.400
	V	0.00000	0.00700	0.01347	0.01888	0.02271	0.02451	0.02383	0.02383	0.02045	0.01488	0.00781	0.00000	
	V'	0.07093	0.06824	0.06022	0.04703	0.02893	0.00626	-0.02052	-0.02052	-0.04590	-0.06439	-0.07564	-0.07941	
	M	0.00000	0.05436	0.10761	0.15869	0.20654	0.25021	0.28881	0.28881	0.22189	0.15048	0.07601	0.00000	
1.425	Q	0.54542	0.53989	0.52342	0.49633	0.45919	0.41273	0.35791	-0.64209	-0.69403	-0.73190	-0.75493	-0.76266	1.425
	V	0.00000	0.00707	0.01360	0.01905	0.02292	0.02473	0.02404	0.02404	0.02063	0.01501	0.00788	0.00000	
	V'	0.07161	0.06889	0.06078	0.04744	0.02915	0.00627	-0.02073	-0.02073	-0.04630	-0.06495	-0.07630	-0.08010	
	M	0.00000	0.05501	0.10887	0.16044	0.20864	0.25247	0.29100	0.29100	0.22377	0.15184	0.07672	0.00000	
1.450	Q	0.55205	0.54625	0.52900	0.50063	0.46177	0.41321	0.35597	-0.64403	-0.69824	-0.73779	-0.76186	-0.76994	1.450
	V	0.00000	0.00714	0.01373	0.01923	0.02314	0.02496	0.02426	0.02426	0.02082	0.01514	0.00795	0.00000	
	V'	0.07232	0.06956	0.06135	0.04786	0.02938	0.00628	-0.02094	-0.02094	-0.04672	-0.06554	-0.07698	-0.08083	
	M	0.00000	0.05569	0.11017	0.16226	0.21082	0.25481	0.29326	0.29326	0.22571	0.15325	0.07747	0.00000	
1.475	Q	0.55892	0.55285	0.53478	0.50509	0.46443	0.41369	0.35396	-0.64604	-0.70260	-0.74389	-0.76904	-0.77748	1.475
	V	0.00000	0.00721	0.01387	0.01942	0.02336	0.02519	0.02448	0.02448	0.02101	0.01528	0.00803	0.00000	
	V'	0.07305	0.07026	0.06195	0.04830	0.02962	0.00629	-0.02116	-0.02116	-0.04716	-0.06614	-0.07770	-0.08158	

| ALPHA | X/L = | 0.00 | 0.10 | 0.20 | 0.30 | 0.40 | 0.50 | L 0.60 | R 0.60 | 0.70 | 0.80 | 0.90 | 1.00 | ALPHA |

XP/L = 0.60

FUNKTIONEN : F.P;M - F.P;Q - F.P;V - F.P;V'

FUNKTIONEN : F.PIM - F.PIQ - F.PIV - F.PIV'

XP/L = 0.60

ALPHA	X/L =	0.00	0.10	0.20	0.30	0.40	0.50	L 0.60	R 0.60	0.70	0.80	0.90	1.00	ALPHA
1.500	M	0.00000	0.05639	0.11152	0.16414	0.21308	0.25723	0.29561	0.29561	0.22772	0.15471	0.07824	0.00000	1.500
	Q	0.56606	0.55970	0.54078	0.50971	0.46719	0.41418	0.35187	-0.64813	-0.70712	-0.75022	-0.77648	-0.78529	
	V	0.00000	0.00729	0.01401	0.01962	0.02359	0.02544	0.02471	0.02471	0.02121	0.01543	0.00810	0.00000	
	V'	0.07380	0.07098	0.06257	0.04876	0.02986	0.00630	-0.02139	-0.02139	-0.04761	-0.06676	-0.07843	-0.08235	
1.525	M	0.00000	0.05712	0.11292	0.16610	0.21542	0.25975	0.29804	0.29804	0.22980	0.15623	0.07903	0.00000	1.525
	Q	0.57347	0.56681	0.54700	0.51449	0.47004	0.41468	0.34970	-0.65030	-0.71180	-0.75678	-0.78419	-0.79339	
	V	0.00000	0.00736	0.01416	0.01982	0.02383	0.02569	0.02496	0.02496	0.02141	0.01558	0.00818	0.00000	
	V'	0.07459	0.07173	0.06321	0.04923	0.03012	0.00631	-0.02163	-0.02163	-0.04807	-0.06741	-0.07920	-0.08316	
1.550	M	0.00000	0.05788	0.11438	0.16813	0.21785	0.26235	0.30056	0.30056	0.23196	0.15780	0.07986	0.00000	1.550
	Q	0.58116	0.57419	0.55346	0.51945	0.47299	0.41519	0.34744	-0.65256	-0.71666	-0.76357	-0.79218	-0.80179	
	V	0.00000	0.00744	0.01431	0.02003	0.02408	0.02595	0.02521	0.02521	0.02163	0.01573	0.00827	0.00000	
	V'	0.07541	0.07251	0.06387	0.04972	0.03038	0.00632	-0.02188	-0.02188	-0.04856	-0.06809	-0.07999	-0.08399	
1.575	M	0.00000	0.05867	0.11589	0.17024	0.22038	0.26506	0.30318	0.30318	0.23420	0.15943	0.08072	0.00000	1.575
	Q	0.58915	0.58186	0.56016	0.52460	0.47605	0.41572	0.34509	-0.65491	-0.72170	-0.77062	-0.80047	-0.81050	
	V	0.00000	0.00753	0.01447	0.02025	0.02434	0.02623	0.02547	0.02547	0.02185	0.01590	0.00835	0.00000	
	V'	0.07625	0.07331	0.06457	0.05023	0.03066	0.00634	-0.02214	-0.02214	-0.04906	-0.06878	-0.08082	-0.08486	
1.600	M	0.00000	0.05949	0.11746	0.17243	0.22300	0.26787	0.30589	0.30589	0.23653	0.16113	0.08160	0.00000	1.600
	Q	0.59745	0.58982	0.56712	0.52994	0.47921	0.41625	0.34265	-0.65735	-0.72693	-0.77794	-0.80907	-0.81954	
	V	0.00000	0.00761	0.01463	0.02048	0.02461	0.02651	0.02574	0.02574	0.02208	0.01606	0.00844	0.00000	
	V'	0.07713	0.07415	0.06528	0.05076	0.03094	0.00635	-0.02240	-0.02240	-0.04958	-0.06951	-0.08167	-0.08576	
1.625	M	0.00000	0.06034	0.11909	0.17471	0.22572	0.27078	0.30871	0.30871	0.23894	0.16288	0.08253	0.00000	1.625
	Q	0.60608	0.59809	0.57435	0.53547	0.48249	0.41679	0.34011	-0.65989	-0.73236	-0.78553	-0.81800	-0.82892	
	V	0.00000	0.00770	0.01480	0.02072	0.02489	0.02680	0.02602	0.02602	0.02232	0.01624	0.00853	0.00000	
	V'	0.07804	0.07502	0.06603	0.05130	0.03124	0.00636	-0.02268	-0.02268	-0.05012	-0.07026	-0.08256	-0.08669	
1.650	M	0.00000	0.06123	0.12079	0.17707	0.22854	0.27381	0.31163	0.31163	0.24145	0.16470	0.08349	0.00000	1.650
	Q	0.61505	0.60669	0.58186	0.54122	0.48588	0.41734	0.33747	-0.66253	-0.73799	-0.79340	-0.82726	-0.83866	
	V	0.00000	0.00780	0.01498	0.02096	0.02518	0.02711	0.02631	0.02631	0.02257	0.01642	0.00863	0.00000	
	V'	0.07899	0.07592	0.06680	0.05187	0.03154	0.00637	-0.02297	-0.02297	-0.05069	-0.07104	-0.08348	-0.08766	
1.675	M	0.00000	0.06215	0.12255	0.17953	0.23148	0.27695	0.31467	0.31467	0.24405	0.16660	0.08448	0.00000	1.675
	Q	0.62437	0.61563	0.58966	0.54719	0.48940	0.41791	0.33472	-0.66528	-0.74384	-0.80158	-0.83689	-0.84877	
	V	0.00000	0.00789	0.01517	0.02122	0.02548	0.02743	0.02661	0.02661	0.02283	0.01661	0.00873	0.00000	
	V'	0.07997	0.07686	0.06760	0.05246	0.03186	0.00638	-0.02327	-0.02327	-0.05127	-0.07185	-0.08443	-0.08867	
1.700	M	0.00000	0.06310	0.12439	0.18208	0.23453	0.28022	0.31783	0.31783	0.24675	0.16856	0.08551	0.00000	1.700
	Q	0.63408	0.62494	0.59778	0.55339	0.49304	0.41848	0.33185	-0.66815	-0.74992	-0.81008	-0.84688	-0.85927	
	V	0.00000	0.00799	0.01536	0.02148	0.02579	0.02776	0.02693	0.02693	0.02310	0.01680	0.00883	0.00000	
	V'	0.08100	0.07783	0.06844	0.05308	0.03219	0.00639	-0.02358	-0.02358	-0.05188	-0.07269	-0.08543	-0.08971	
1.725	M	0.00000	0.06410	0.12630	0.18474	0.23771	0.28362	0.32111	0.32111	0.24956	0.17061	0.08659	0.00000	1.725
	Q	0.64418	0.63462	0.60622	0.55983	0.49682	0.41907	0.32887	-0.67113	-0.75624	-0.81891	-0.85727	-0.87019	
	V	0.00000	0.00810	0.01556	0.02176	0.02611	0.02810	0.02726	0.02726	0.02338	0.01701	0.00894	0.00000	
	V'	0.08206	0.07885	0.06930	0.05371	0.03254	0.00641	-0.02390	-0.02390	-0.05251	-0.07357	-0.08646	-0.09080	
ALPHA	X/L =	0.00	0.10	0.20	0.30	0.40	0.50	L 0.60	R 0.60	0.70	0.80	0.90	1.00	ALPHA

XP/L = 0.60

FUNKTIONEN : F.PIM - F.PIQ - F.PIV - F.PIV'

FUNKTIONEN : F.P;M - F.P;Q - F.P;V - F.P;V'

XP/L = 0.60

ALPHA	X/L =	0.00	0.10	0.20	0.30	0.40	0.50	L 0.60	R 0.60	0.70	0.80	0.90	1.00	ALPHA
	M	0.00000	0.06514	0.12828	0.18751	0.24101	0.28715	0.32452	0.32452	0.25248	0.17273	0.08770	0.00000	
1.750	Q	0.65470	0.64470	0.61501	0.56653	0.50074	0.41966	0.32576	-0.67424	-0.76262	-0.82809	-0.86808	-0.88154	1.750
	V	0.00000	0.00821	0.01577	0.02204	0.02645	0.02846	0.02760	0.02760	0.02367	0.01722	0.00905	0.00000	
	V'	0.08317	0.07990	0.07021	0.05438	0.03290	0.00642	-0.02424	-0.02424	-0.05317	-0.07448	-0.08754	-0.09193	
	M	0.00000	0.06622	0.13035	0.19039	0.24445	0.29083	0.32807	0.32807	0.25552	0.17494	0.08887	0.00000	
1.775	Q	0.66566	0.65521	0.62416	0.57350	0.50481	0.42027	0.32252	-0.67748	-0.76966	-0.83765	-0.87931	-0.89335	1.775
	V	0.00000	0.00832	0.01598	0.02234	0.02680	0.02883	0.02795	0.02795	0.02397	0.01744	0.00916	0.00000	
	V'	0.08432	0.08100	0.07115	0.05507	0.03327	0.00643	-0.02459	-0.02459	-0.05385	-0.07543	-0.08865	-0.09311	
	M	0.00000	0.06734	0.13251	0.19340	0.24804	0.29466	0.33176	0.33176	0.25868	0.17724	0.09008	0.00000	
1.800	Q	0.67709	0.66615	0.63369	0.58075	0.50904	0.42089	0.31913	-0.68087	-0.77678	-0.84759	-0.89101	-0.90564	1.800
	V	0.00000	0.00844	0.01621	0.02265	0.02717	0.02922	0.02832	0.02832	0.02428	0.01767	0.00928	0.00000	
	V'	0.08552	0.08215	0.07213	0.05579	0.03365	0.00645	-0.02496	-0.02496	-0.05456	-0.07642	-0.08982	-0.09433	
	M	0.00000	0.06852	0.13476	0.19653	0.25177	0.29865	0.33561	0.33561	0.26197	0.17964	0.09134	0.00000	
1.825	Q	0.68901	0.67757	0.64362	0.58830	0.51343	0.42152	0.31560	-0.68440	-0.78419	-0.85794	-0.90319	-0.91844	1.825
	V	0.00000	0.00856	0.01644	0.02298	0.02755	0.02962	0.02871	0.02871	0.02461	0.01791	0.00941	0.00000	
	V'	0.08677	0.08334	0.07315	0.05654	0.03406	0.00646	-0.02534	-0.02534	-0.05530	-0.07744	-0.09103	-0.09561	
	M	0.00000	0.06975	0.13711	0.19980	0.25567	0.30281	0.33962	0.33962	0.26540	0.18213	0.09265	0.00000	
1.850	Q	0.70145	0.68948	0.65398	0.59616	0.51800	0.42216	0.31191	-0.68809	-0.79192	-0.86873	-0.91588	-0.93178	1.850
	V	0.00000	0.00869	0.01669	0.02332	0.02795	0.03004	0.02911	0.02911	0.02495	0.01815	0.00954	0.00000	
	V'	0.08808	0.08458	0.07421	0.05732	0.03448	0.00647	-0.02574	-0.02574	-0.05608	-0.07852	-0.09230	-0.09694	
	M	0.00000	0.07103	0.13956	0.20321	0.25973	0.30715	0.34380	0.34380	0.26898	0.18474	0.09402	0.00000	
1.875	Q	0.71444	0.70192	0.66479	0.60436	0.52275	0.42281	0.30805	-0.69195	-0.79998	-0.87997	-0.92911	-0.94569	1.875
	V	0.00000	0.00883	0.01694	0.02367	0.02837	0.03048	0.02952	0.02952	0.02531	0.01841	0.00968	0.00000	
	V'	0.08944	0.08588	0.07532	0.05813	0.03492	0.00649	-0.02615	-0.02615	-0.05688	-0.07964	-0.09361	-0.09833	
	M	0.00000	0.07236	0.14212	0.20677	0.26397	0.31167	0.34816	0.34816	0.27271	0.18745	0.09544	0.00000	
1.900	Q	0.72802	0.71491	0.67608	0.61292	0.52769	0.42347	0.30402	-0.69598	-0.80839	-0.89170	-0.94292	-0.96020	1.900
	V	0.00000	0.00897	0.01721	0.02404	0.02880	0.03093	0.02996	0.02996	0.02568	0.01868	0.00982	0.00000	
	V'	0.09086	0.08723	0.07648	0.05898	0.03537	0.00650	-0.02659	-0.02659	-0.05773	-0.08080	-0.09499	-0.09978	
	M	0.00000	0.07376	0.14480	0.21049	0.26840	0.31640	0.35271	0.35271	0.27661	0.19028	0.09693	0.00000	
1.925	Q	0.74221	0.72850	0.68788	0.62185	0.53284	0.42415	0.29979	-0.70021	-0.81717	-0.90394	-0.95733	-0.97534	1.925
	V	0.00000	0.00911	0.01749	0.02442	0.02925	0.03141	0.03042	0.03042	0.02607	0.01897	0.00997	0.00000	
	V'	0.09235	0.08865	0.07769	0.05987	0.03585	0.00652	-0.02704	-0.02704	-0.05861	-0.08202	-0.09643	-0.10129	
	M	0.00000	0.07523	0.14760	0.21438	0.27304	0.32134	0.35747	0.35747	0.28068	0.19325	0.09849	0.00000	
1.950	Q	0.75706	0.74271	0.70021	0.63117	0.53821	0.42484	0.29537	-0.70463	-0.82634	-0.91674	-0.97238	-0.99116	1.950
	V	0.00000	0.00926	0.01778	0.02482	0.02973	0.03191	0.03089	0.03089	0.02648	0.01926	0.01012	0.00000	
	V'	0.09390	0.09013	0.07895	0.06079	0.03635	0.00653	-0.02752	-0.02752	-0.05953	-0.08330	-0.09793	-0.10287	
	M	0.00000	0.07676	0.15054	0.21846	0.27789	0.32651	0.36244	0.36244	0.28493	0.19634	0.10012	0.00000	
1.975	Q	0.77261	0.75759	0.71312	0.64092	0.54380	0.42554	0.29073	-0.70927	-0.83594	-0.93011	-0.98811	-1.00770	1.975
	V	0.00000	0.00942	0.01808	0.02524	0.03022	0.03243	0.03139	0.03139	0.02690	0.01957	0.01028	0.00000	
	V'	0.09553	0.09168	0.08027	0.06176	0.03687	0.00655	-0.02801	-0.02801	-0.06049	-0.08463	-0.09950	-0.10452	
ALPHA	X/L =	0.00	0.10	0.20	0.30	0.40	0.50	L 0.60	R 0.60	0.70	0.80	0.90	1.00	ALPHA

XP/L = 0.60

FUNKTIONEN : F.P;M - F.P;Q - F.P;V - F.P;V'

FUNKTIONEN : F.P;M - F.P;Q - F.P;V - F.P;V'

XP/L = 0.60

ALPHA	X/L =	0.00	0.10	0.20	0.30	0.40	0.50	L 0.60	R 0.60	0.70	0.80	0.90	1.00	ALPHA
	M	0.00000	0.07837	0.15361	0.22273	0.28297	0.33192	0.36765	0.36765	0.28938	0.19958	0.10182	0.00000	
2.000	Q	0.78891	0.77319	0.72664	0.65112	0.54964	0.42625	0.28587	-0.71413	-0.84598	-0.94410	-1.00458	-1.02501	2.000
	V	0.00000	0.00959	0.01840	0.02568	0.03074	0.03298	0.03191	0.03191	0.02735	0.01989	0.01045	0.00000	
	V'	0.09723	0.09330	0.08166	0.06278	0.03741	0.00656	-0.02853	-0.02853	-0.06149	-0.08602	-0.10114	-0.10625	
	M	0.00000	0.08005	0.15683	0.22720	0.28829	0.33759	0.37310	0.37310	0.29404	0.20297	0.10360	0.00000	
2.025	Q	0.80601	0.78954	0.74080	0.66179	0.55574	0.42698	0.28076	-0.71924	-0.85649	-0.95874	-1.02182	-1.04313	2.025
	V	0.00000	0.00977	0.01874	0.02614	0.03128	0.03355	0.03246	0.03246	0.02781	0.02023	0.01063	0.00000	
	V'	0.09901	0.09499	0.08311	0.06384	0.03798	0.00658	-0.02908	-0.02908	-0.06255	-0.08749	-0.10287	-0.10806	
	M	0.00000	0.08182	0.16021	0.23190	0.29387	0.34353	0.37881	0.37881	0.29893	0.20652	0.10547	0.00000	
2.050	Q	0.82395	0.80670	0.75567	0.67298	0.56212	0.42771	0.27540	-0.72460	-0.86751	-0.97410	-1.03988	-1.06212	2.050
	V	0.00000	0.00995	0.01909	0.02663	0.03185	0.03415	0.03303	0.03303	0.02830	0.02059	0.01082	0.00000	
	V'	0.10088	0.09678	0.08463	0.06496	0.03858	0.00659	-0.02965	-0.02965	-0.06366	-0.08902	-0.10467	-0.10996	
	M	0.00000	0.08368	0.16377	0.23683	0.29973	0.34977	0.38481	0.38481	0.30405	0.21025	0.10743	0.00000	
2.075	Q	0.84281	0.82473	0.77127	0.68472	0.56879	0.42846	0.26975	-0.73025	-0.87908	-0.99020	-1.05884	-1.08205	2.075
	V	0.00000	0.01014	0.01945	0.02713	0.03245	0.03478	0.03363	0.03363	0.02881	0.02096	0.01102	0.00000	
	V'	0.10284	0.09865	0.08623	0.06613	0.03920	0.00661	-0.03025	-0.03025	-0.06482	-0.09063	-0.10657	-0.11196	
	M	0.00000	0.08563	0.16750	0.24201	0.30589	0.35632	0.39110	0.39110	0.30943	0.21416	0.10949	0.00000	
2.100	Q	0.86264	0.84369	0.78767	0.69704	0.57578	0.42923	0.26381	-0.73619	-0.89123	-1.00711	-1.07873	-1.10297	2.100
	V	0.00000	0.01035	0.01984	0.02767	0.03308	0.03545	0.03426	0.03426	0.02935	0.02135	0.01122	0.00000	
	V'	0.10491	0.10061	0.08791	0.06736	0.03986	0.00663	-0.03088	-0.03088	-0.06604	-0.09231	-0.10856	-0.11405	
	M	0.00000	0.08769	0.17143	0.24747	0.31237	0.36321	0.39772	0.39772	0.31509	0.21828	0.11165	0.00000	
2.125	Q	0.88353	0.86365	0.80493	0.70999	0.58311	0.43000	0.25755	-0.74245	-0.90400	-1.02488	-1.09965	-1.12495	2.125
	V	0.00000	0.01056	0.02025	0.02823	0.03374	0.03614	0.03493	0.03493	0.02992	0.02176	0.01144	0.00000	
	V'	0.10708	0.10268	0.08967	0.06865	0.04055	0.00664	-0.03155	-0.03155	-0.06732	-0.09409	-0.11065	-0.11625	
	M	0.00000	0.08986	0.17558	0.25321	0.31919	0.37047	0.40468	0.40468	0.32104	0.22261	0.11393	0.00000	
2.150	Q	0.90554	0.88469	0.82310	0.72361	0.59081	0.43079	0.25094	-0.74906	-0.91744	-1.04357	-1.12166	-1.14809	2.150
	V	0.00000	0.01079	0.02068	0.02882	0.03444	0.03688	0.03563	0.03563	0.03051	0.02220	0.01167	0.00000	
	V'	0.10936	0.10485	0.09153	0.07001	0.04128	0.00666	-0.03225	-0.03225	-0.06867	-0.09596	-0.11285	-0.11857	
	M	0.00000	0.09215	0.17995	0.25927	0.32638	0.37811	0.41202	0.41202	0.32731	0.22717	0.11632	0.00000	
2.175	Q	0.92876	0.90688	0.84227	0.73796	0.59889	0.43160	0.24397	-0.75603	-0.93160	-1.06327	-1.14484	-1.17246	2.175
	V	0.00000	0.01102	0.02113	0.02944	0.03517	0.03765	0.03636	0.03636	0.03114	0.02265	0.01191	0.00000	
	V'	0.11177	0.10715	0.09349	0.07144	0.04204	0.00668	-0.03298	-0.03298	-0.07010	-0.09793	-0.11517	-0.12101	
	M	0.00000	0.09456	0.18457	0.26567	0.33397	0.38618	0.41976	0.41976	0.33392	0.23198	0.11885	0.00000	
2.200	Q	0.95330	0.93032	0.86250	0.75310	0.60740	0.43241	0.23659	-0.76341	-0.94654	-1.08405	-1.16929	-1.19817	2.200
	V	0.00000	0.01127	0.02160	0.03010	0.03595	0.03847	0.03714	0.03714	0.03180	0.02314	0.01216	0.00000	
	V'	0.11432	0.10957	0.09556	0.07295	0.04285	0.00670	-0.03376	-0.03376	-0.07160	-0.10001	-0.11762	-0.12359	
	M	0.00000	0.09712	0.18945	0.27244	0.34200	0.39470	0.42794	0.42794	0.34090	0.23705	0.12152	0.00000	
2.225	Q	0.97926	0.95512	0.88389	0.76908	0.61636	0.43324	0.22877	-0.77123	-0.96233	-1.10598	-1.19511	-1.22532	2.225
	V	0.00000	0.01154	0.02211	0.03079	0.03676	0.03933	0.03796	0.03796	0.03250	0.02364	0.01243	0.00000	
	V'	0.11701	0.11213	0.09774	0.07455	0.04370	0.00671	-0.03459	-0.03459	-0.07319	-0.10221	-0.12021	-0.12631	
ALPHA	X/L =	0.00	0.10	0.20	0.30	0.40	0.50	L 0.60	R 0.60	0.70	0.80	0.90	1.00	ALPHA

XP/L = 0.60

FUNKTIONEN : F.P;M - F.P;Q - F.P;V - F.P;V'

FUNKTIONEN : F.P;M - F.P;Q - F.P;V - F.P;V'

XP/L = 0.60

ALPHA	X/L =	0.00	0.10	0.20	0.30	0.40	0.50	L 0.60	R 0.60	0.70	0.80	0.90	1.00	ALPHA
	M	0.00000	0.09983	0.19462	0.27961	0.35050	0.40372	0.43658	0.43658	0.34828	0.24243	0.12435	0.00000	
2.250	Q	1.00675	0.98138	0.90653	0.78598	0.62581	0.43409	0.22049	-0.77951	-0.97903	-1.12918	-1.22242	-1.25403	2.250
	V	0.00000	0.01182	0.02264	0.03153	0.03763	0.04024	0.03883	0.03883	0.03324	0.02418	0.01271	0.00000	
	V'	0.11985	0.11484	0.10005	0.07624	0.04460	0.00673	-0.03546	-0.03546	-0.07487	-0.10453	-0.12295	-0.12919	
	M	0.00000	0.10270	0.20011	0.28721	0.35950	0.41327	0.44574	0.44574	0.35610	0.24811	0.12734	0.00000	
2.275	Q	1.03592	1.00923	0.93053	0.80387	0.63579	0.43495	0.21169	-0.78831	-0.99671	-1.15375	-1.25133	-1.28443	2.275
	V	0.00000	0.01211	0.02321	0.03231	0.03855	0.04121	0.03975	0.03975	0.03403	0.02475	0.01301	0.00000	
	V'	0.12287	0.11771	0.10251	0.07803	0.04556	0.00675	-0.03638	-0.03638	-0.07665	-0.10699	-0.12585	-0.13224	
	M	0.00000	0.10575	0.20594	0.29527	0.36906	0.42341	0.45546	0.45546	0.36440	0.25415	0.13051	0.00000	
2.300	Q	1.06691	1.03882	0.95601	0.82285	0.64636	0.43582	0.20233	-0.79767	-1.01548	-1.17981	-1.28200	-1.31668	2.300
	V	0.00000	0.01243	0.02381	0.03313	0.03952	0.04223	0.04073	0.04073	0.03486	0.02536	0.01333	0.00000	
	V'	0.12607	0.12076	0.10511	0.07993	0.04657	0.00677	-0.03737	-0.03737	-0.07854	-0.10961	-0.12892	-0.13548	
	M	0.00000	0.10900	0.21214	0.30386	0.37922	0.43418	0.46578	0.46578	0.37321	0.26056	0.13388	0.00000	
2.325	Q	1.09989	1.07030	0.98311	0.84301	0.65755	0.43671	0.19236	-0.80764	-1.03543	-1.20750	-1.31459	-1.35094	2.325
	V	0.00000	0.01276	0.02444	0.03401	0.04055	0.04332	0.04177	0.04177	0.03574	0.02600	0.01367	0.00000	
	V'	0.12947	0.12400	0.10787	0.08195	0.04765	0.00679	-0.03841	-0.03841	-0.08055	-0.11238	-0.13219	-0.13892	
	M	0.00000	0.11246	0.21874	0.31300	0.39005	0.44566	0.47677	0.47677	0.38259	0.26738	0.13747	0.00000	
2.350	Q	1.13505	1.10385	1.01197	0.86447	0.66944	0.43761	0.18173	-0.81827	-1.05666	-1.23696	-1.34927	-1.38740	2.350
	V	0.00000	0.01312	0.02512	0.03495	0.04166	0.04448	0.04287	0.04287	0.03668	0.02669	0.01403	0.00000	
	V'	0.13310	0.12745	0.11081	0.08410	0.04879	0.00681	-0.03952	-0.03952	-0.08269	-0.11534	-0.13568	-0.14258	
	M	0.00000	0.11616	0.22580	0.32276	0.40160	0.45790	0.48849	0.48849	0.39259	0.27465	0.14129	0.00000	
2.375	Q	1.17260	1.13968	1.04279	0.88734	0.68208	0.43853	0.17036	-0.82964	-1.07931	-1.26838	-1.38625	-1.42628	2.375
	V	0.00000	0.01350	0.02585	0.03595	0.04283	0.04572	0.04405	0.04405	0.03769	0.02742	0.01441	0.00000	
	V'	0.13697	0.13114	0.11396	0.08640	0.05001	0.00683	-0.04071	-0.04071	-0.08497	-0.11849	-0.13939	-0.14649	
	M	0.00000	0.12012	0.23335	0.33320	0.41396	0.47098	0.50101	0.50101	0.40327	0.28242	0.14538	0.00000	
2.400	Q	1.21278	1.17802	1.07573	0.91178	0.69556	0.43946	0.15818	-0.84182	-1.10352	-1.30195	-1.42575	-1.46782	2.400
	V	0.00000	0.01391	0.02662	0.03701	0.04409	0.04705	0.04531	0.04531	0.03876	0.02820	0.01482	0.00000	
	V'	0.14111	0.13507	0.11731	0.08885	0.05131	0.00685	-0.04198	-0.04198	-0.08742	-0.12187	-0.14336	-0.15066	
	M	0.00000	0.12436	0.24144	0.34440	0.42720	0.48500	0.51442	0.51442	0.41471	0.29074	0.14975	0.00000	
2.425	Q	1.25588	1.21913	1.11105	0.93794	0.70995	0.44041	0.14510	-0.85490	-1.12944	-1.33789	-1.46804	-1.51229	2.425
	V	0.00000	0.01435	0.02745	0.03816	0.04544	0.04846	0.04667	0.04667	0.03991	0.02903	0.01526	0.00000	
	V'	0.14554	0.13929	0.12091	0.09148	0.05271	0.00687	-0.04335	-0.04335	-0.09003	-0.12548	-0.14761	-0.15514	
	M	0.00000	0.12892	0.25014	0.35642	0.44142	0.50005	0.52881	0.52881	0.42699	0.29967	0.15445	0.00000	
2.450	Q	1.30220	1.26331	1.14897	0.96601	0.72535	0.44138	0.13103	-0.86897	-1.15727	-1.37646	-1.51343	-1.56002	2.450
	V	0.00000	0.01481	0.02835	0.03939	0.04688	0.04999	0.04812	0.04812	0.04115	0.02993	0.01573	0.00000	
	V'	0.15030	0.14383	0.12478	0.09430	0.05420	0.00689	-0.04481	-0.04481	-0.09284	-0.12936	-0.15218	-0.15994	
	M	0.00000	0.13383	0.25951	0.36938	0.45673	0.51624	0.54430	0.54430	0.44020	0.30927	0.15950	0.00000	
2.475	Q	1.35211	1.31091	1.18982	0.99621	0.74189	0.44236	0.11586	-0.88414	-1.18722	-1.41795	-1.56226	-1.61136	2.475
	V	0.00000	0.01532	0.02931	0.04071	0.04844	0.05163	0.04968	0.04968	0.04248	0.03090	0.01624	0.00000	
	V'	0.15543	0.14870	0.12894	0.09733	0.05581	0.00691	-0.04638	-0.04638	-0.09586	-0.13353	-0.15709	-0.16510	
ALPHA	X/L =	0.00	0.10	0.20	0.30	0.40	0.50	L 0.60	R 0.60	0.70	0.80	0.90	1.00	ALPHA

XP/L = 0.60

FUNKTIONEN : F.P;M - F.P;Q - F.P;V - F.P;V'

FUNKTIONEN : F.P;M - F.P;Q - F.P;V - F.P;V'

XP/L = 0.60

ALPHA	X/L =	0.00	0.10	0.20	0.30	0.40	0.50	L 0.60	R 0.60	0.70	0.80	0.90	1.00	ALPHA
	M	0.00000	0.13914	0.26964	0.38336	0.47325	0.53372	0.56100	0.56100	0.45444	0.31963	0.16494	0.00000	
2.500	Q	1.40603	1.36232	1.23391	1.02878	0.75968	0.44335	0.09946	-0.90054	-1.21953	-1.46270	-1.61492	-1.66674	2.500
	V	0.00000	0.01586	0.03034	0.04214	0.05012	0.05340	0.05136	0.05136	0.04391	0.03194	0.01679	0.00000	
	V'	0.16097	0.15397	0.13343	0.10060	0.05755	0.00694	-0.04809	-0.04809	-0.09913	-0.13803	-0.16239	-0.17068	
	M	0.00000	0.14489	0.28060	0.39851	0.49115	0.55264	0.57908	0.57908	0.46986	0.33084	0.17083	0.00000	
2.525	Q	1.46445	1.41802	1.28165	1.06401	0.77888	0.44437	0.08167	-0.91833	-1.25450	-1.51111	-1.67189	-1.72664	2.525
	V	0.00000	0.01645	0.03146	0.04368	0.05194	0.05531	0.05318	0.05318	0.04546	0.03307	0.01738	0.00000	
	V'	0.16696	0.15967	0.13828	0.10415	0.05943	0.00696	-0.04993	-0.04993	-0.10266	-0.14291	-0.16812	-0.17671	
	M	0.00000	0.15114	0.29251	0.41496	0.51058	0.57317	0.59869	0.59869	0.48658	0.34300	0.17723	0.00000	
2.550	Q	1.52794	1.47853	1.33350	1.10223	0.79967	0.44540	0.06232	-0.93768	-1.29246	-1.56364	-1.73370	-1.79164	2.550
	V	0.00000	0.01709	0.03268	0.04536	0.05391	0.05739	0.05516	0.05516	0.04715	0.03429	0.01803	0.00000	
	V'	0.17346	0.16586	0.14356	0.10799	0.06146	0.00698	-0.05193	-0.05193	-0.10649	-0.14820	-0.17435	-0.18326	
	M	0.00000	0.15796	0.30550	0.43290	0.53175	0.59554	0.62005	0.62005	0.50479	0.35623	0.18419	0.00000	
2.575	Q	1.59717	1.54451	1.39001	1.14384	0.82225	0.44645	0.04120	-0.95880	-1.33380	-1.62084	-1.80100	-1.86241	2.575
	V	0.00000	0.01779	0.03401	0.04719	0.05607	0.05965	0.05732	0.05732	0.04898	0.03563	0.01873	0.00000	
	V'	0.18055	0.17261	0.14931	0.11218	0.06368	0.00700	-0.05411	-0.05411	-0.11067	-0.15396	-0.18113	-0.19039	
	M	0.00000	0.16542	0.31971	0.45252	0.55490	0.61999	0.64340	0.64340	0.52469	0.37070	0.19180	0.00000	
2.600	Q	1.67294	1.61672	1.45181	1.18932	0.84688	0.44751	0.01806	-0.98194	-1.37899	-1.68335	-1.87455	-1.93975	2.600
	V	0.00000	0.01855	0.03546	0.04919	0.05842	0.06213	0.05967	0.05967	0.05099	0.03709	0.01950	0.00000	
	V'	0.18831	0.17999	0.15559	0.11676	0.06611	0.00703	-0.05650	-0.05650	-0.11524	-0.16026	-0.18854	-0.19819	
	M	0.00000	0.17361	0.33533	0.47407	0.58033	0.64683	0.66902	0.66902	0.54652	0.38657	0.20014	0.00000	
2.625	Q	1.75620	1.69604	1.51968	1.23921	0.87383	0.44859	-0.00738	-1.00738	-1.42860	-1.75194	-1.95525	-2.02460	2.625
	V	0.00000	0.01939	0.03705	0.05138	0.06100	0.06485	0.06226	0.06226	0.05319	0.03869	0.02034	0.00000	
	V'	0.19682	0.18809	0.16249	0.12179	0.06877	0.00705	-0.05912	-0.05912	-0.12025	-0.16717	-0.19668	-0.20674	
	M	0.00000	0.18265	0.35256	0.49784	0.60837	0.67643	0.69726	0.69726	0.57058	0.40407	0.20934	0.00000	
2.650	Q	1.84809	1.78358	1.59455	1.29419	0.90348	0.44969	-0.03549	-1.03549	-1.48328	-1.82753	-2.04418	-2.11812	2.650
	V	0.00000	0.02031	0.03881	0.05380	0.06385	0.06784	0.06511	0.06511	0.05562	0.04045	0.02127	0.00000	
	V'	0.20621	0.19702	0.17010	0.12733	0.07170	0.00708	-0.06201	-0.06201	-0.12578	-0.17480	-0.20565	-0.21618	
	M	0.00000	0.19268	0.37166	0.52420	0.63946	0.70922	0.72855	0.72855	0.59723	0.42344	0.21953	0.00000	
2.675	Q	1.95000	1.88065	1.67753	1.35508	0.93624	0.45081	-0.06668	-1.06668	-1.54387	-1.91124	-2.14267	-2.22168	2.675
	V	0.00000	0.02134	0.04076	0.05649	0.06700	0.07116	0.06827	0.06827	0.05831	0.04241	0.02229	0.00000	
	V'	0.21661	0.20692	0.17853	0.13347	0.07494	0.00710	-0.06522	-0.06522	-0.13191	-0.18325	-0.21559	-0.22663	
	M	0.00000	0.20387	0.39296	0.55358	0.67409	0.74576	0.76339	0.76339	0.62691	0.44501	0.23087	0.00000	
2.700	Q	2.06364	1.98888	1.77000	1.42288	0.97265	0.45195	-0.10150	-1.10150	-1.61136	-2.00447	-2.25234	-2.33701	2.700
	V	0.00000	0.02248	0.04293	0.05948	0.07052	0.07486	0.07180	0.07180	0.06130	0.04458	0.02344	0.00000	
	V'	0.22821	0.21795	0.18793	0.14031	0.07855	0.00713	-0.06879	-0.06879	-0.13873	-0.19266	-0.22666	-0.23827	
	M	0.00000	0.21641	0.41685	0.58653	0.71292	0.78670	0.80242	0.80242	0.66016	0.46918	0.24358	0.00000	
2.725	Q	2.19111	2.11026	1.87368	1.49882	1.01336	0.45311	-0.14058	-1.14058	-1.68700	-2.10891	-2.37520	-2.46620	2.725
	V	0.00000	0.02376	0.04536	0.06283	0.07446	0.07901	0.07574	0.07574	0.06466	0.04702	0.02472	0.00000	
	V'	0.24121	0.23032	0.19846	0.14798	0.08260	0.00715	-0.07280	-0.07280	-0.14638	-0.20320	-0.23906	-0.25132	
ALPHA	X/L =	0.00	0.10	0.20	0.30	0.40	0.50	L 0.60	R 0.60	0.70	0.80	0.90	1.00	ALPHA

XP/L = 0.60

FUNKTIONEN : F.P;M - F.P;Q - F.P;V - F.P;V'

FUNKTIONEN : F.P;M - F.P;Q - F.P;V - F.P;V'

XP/L = 0.60

ALPHA	X/L =	0.00	0.10	0.20	0.30	0.40	0.50	L 0.60	R 0.60	0.70	0.80	0.90	1.00	ALPHA
	M	0.00000	0.23058	0.44382	0.62372	0.75674	0.83289	0.84646	0.84646	0.69766	0.49644	0.25791	0.00000	
2.750	Q	2.33508	2.24734	1.99071	1.58448	1.05918	0.45428	-0.18475	-1.18475	-1.77233	-2.22672	-2.51377	-2.61191	2.750
	V	0.00000	0.02520	0.04811	0.06661	0.07891	0.08369	0.08019	0.08019	0.06845	0.04978	0.02617	0.00000	
	V'	0.25588	0.24428	0.21034	0.15663	0.08716	0.00718	-0.07732	-0.07732	-0.15502	-0.21510	-0.25306	-0.26604	
	M	0.00000	0.24670	0.47452	0.66603	0.80658	0.88542	0.89651	0.89651	0.74029	0.52742	0.27420	0.00000	
2.775	Q	2.49890	2.40330	2.12382	1.68183	1.11117	0.45548	-0.23506	-1.23506	-1.86935	-2.36062	-2.67126	-2.77752	2.775
	V	0.00000	0.02684	0.05123	0.07091	0.08396	0.08901	0.08525	0.08525	0.07276	0.05291	0.02782	0.00000	
	V'	0.27256	0.26015	0.22385	0.16646	0.09235	0.00720	-0.08247	-0.08247	-0.16484	-0.22863	-0.26897	-0.28277	
	M	0.00000	0.26520	0.50974	0.71458	0.86376	0.94567	0.95391	0.95391	0.78916	0.56294	0.29288	0.00000	
2.800	Q	2.68696	2.58232	2.27654	1.79345	1.17066	0.45670	-0.29284	-1.29284	-1.98063	-2.51414	-2.85183	-2.96740	2.800
	V	0.00000	0.02872	0.05481	0.07584	0.08977	0.09511	0.09106	0.09106	0.07770	0.05650	0.02970	0.00000	
	V'	0.29170	0.27836	0.23935	0.17774	0.09830	0.00723	-0.08837	-0.08837	-0.17610	-0.24415	-0.28722	-0.30196	
	M	0.00000	0.28665	0.55058	0.77085	0.93002	1.01546	1.02039	1.02039	0.84576	0.60408	0.31451	0.00000	
2.825	Q	2.90499	2.78984	2.45352	1.92270	1.23944	0.45793	-0.35988	-1.35988	-2.10953	-2.69194	-3.06094	-3.18728	2.625
	V	0.00000	0.03091	0.05896	0.08155	0.09649	0.10218	0.09779	0.09779	0.08342	0.06066	0.03189	0.00000	
	V'	0.31388	0.29946	0.25731	0.19080	0.10519	0.00726	-0.09522	-0.09522	-0.18915	-0.26213	-0.30836	-0.32419	
	M	0.00000	0.31181	0.59846	0.83683	1.00769	1.09725	1.09829	1.09829	0.91207	0.65227	0.33984	0.00000	
2.850	Q	3.16071	3.03321	2.66100	2.07411	1.31989	0.45919	-0.43856	-1.43856	-2.26059	-2.90025	-3.30592	-3.44488	2.850
	V	0.00000	0.03346	0.06383	0.08825	0.10436	0.11047	0.10567	0.10567	0.09013	0.06553	0.03445	0.00000	
	V'	0.33988	0.32419	0.27836	0.20611	0.11325	0.00729	-0.10324	-0.10324	-0.20444	-0.28319	-0.33314	-0.35025	
	M	0.00000	0.34172	0.65538	0.91525	1.09999	1.19443	1.19082	1.19082	0.99083	0.70950	0.36993	0.00000	
2.875	Q	3.46471	3.32250	2.90756	2.25394	1.41529	0.46047	-0.53216	-1.53216	-2.44005	-3.14765	-3.59685	-3.75080	2.875
	V	0.00000	0.03650	0.06961	0.09621	0.11372	0.12031	0.11503	0.11503	0.09810	0.07132	0.03750	0.00000	
	V'	0.37078	0.35357	0.30337	0.22429	0.12283	0.00732	-0.11278	-0.11278	-0.22261	-0.30822	-0.36257	-0.38119	
	M	0.00000	0.37785	0.72415	1.00997	1.21144	1.31175	1.30251	1.30251	1.08589	0.77858	0.40625	0.00000	
2.900	Q	3.83200	3.67199	3.20532	2.47097	1.53027	0.46177	-0.64530	-1.64530	-2.65672	-3.44627	-3.94801	-4.12005	2.900
	V	0.00000	0.04017	0.07659	0.10582	0.12502	0.13219	0.12634	0.12634	0.10772	0.07831	0.04117	0.00000	
	V'	0.40809	0.38906	0.33357	0.24625	0.13440	0.00734	-0.12429	-0.12429	-0.24456	-0.33844	-0.39810	-0.41856	
	M	0.00000	0.42237	0.80885	1.12663	1.34870	1.45620	1.44000	1.44000	1.20290	0.86361	0.45096	0.00000	
2.925	Q	4.28449	4.10251	3.57203	2.73812	1.67160	0.46309	-0.78476	-1.78476	-2.92348	-3.81385	-4.38024	-4.57454	2.925
	V	0.00000	0.04469	0.08519	0.11766	0.13894	0.14683	0.14026	0.14026	0.11956	0.08691	0.04570	0.00000	
	V'	0.45403	0.43276	0.37075	0.27328	0.14863	0.00737	-0.13848	-0.13848	-0.27157	-0.37564	-0.44184	-0.46455	
	M	0.00000	0.47854	0.91574	1.27382	1.52185	1.63840	1.61340	1.61340	1.35045	0.97083	0.50733	0.00000	
2.950	Q	4.85555	4.64580	4.03467	3.07497	1.84960	0.46443	-0.96086	-1.96086	-3.25994	-4.27737	-4.92526	-5.14763	2.950
	V	0.00000	0.05039	0.09603	0.13259	0.15649	0.16529	0.15782	0.15782	0.13450	0.09777	0.05140	0.00000	
	V'	0.51198	0.48788	0.41766	0.30738	0.16657	0.00740	-0.15638	-0.15638	-0.30565	-0.42256	-0.49701	-0.52257	
	M	0.00000	0.55163	1.05480	1.46530	1.74707	1.87534	1.83886	1.83886	1.54229	1.11022	0.58062	0.00000	
2.975	Q	5.59855	5.35262	4.63643	3.51291	2.08076	0.46580	-1.19008	-2.19008	-3.69748	-4.88003	-5.63385	-5.89270	2.975
	V	0.00000	0.05781	0.11014	0.15200	0.17932	0.18929	0.18065	0.18065	0.15392	0.11188	0.05882	0.00000	
	V'	0.58737	0.55958	0.47866	0.35172	0.18990	0.00743	-0.17966	-0.17966	-0.34997	-0.48359	-0.56876	-0.59800	
ALPHA	X/L =	0.00	0.10	0.20	0.30	0.40	0.50	L 0.60	R 0.60	0.70	0.80	0.90	1.00	ALPHA

XP/L = 0.60

FUNKTIONEN : F.P;M - F.P;Q - F.P;V - F.P;V'

FUNKTIONEN : F.P;M - F.P;Q - F.P;V - F.P;V'

XP/L = 0.70

ALPHA	X/L =	0.00	0.10	0.20	0.30	0.40	0.50	0.60	L 0.70	R 0.70	0.80	0.90	1.00	ALPHA
	M	0.00000	0.03000	0.06000	0.09000	0.12000	0.15000	0.18000	0.21000	0.21000	0.14000	0.07000	0.00000	
0.000	Q	0.30000	0.30000	0.30000	0.30000	0.30000	0.30000	0.30000	0.30000	-0.70000	-0.70000	-0.70000	-0.70000	0.000
	V	0.00000	0.00450	0.00870	0.01230	0.01500	0.01650	0.01650	0.01470	0.01470	0.01097	0.00583	0.00000	
	V'	0.04550	0.04400	0.03950	0.03200	0.02150	0.00800	-0.00850	-0.02800	-0.02800	-0.04550	-0.05600	-0.05950	
	M	0.00000	0.03000	0.06001	0.09001	0.12001	0.15001	0.18001	0.21001	0.21001	0.14001	0.07000	0.00000	
0.025	Q	0.30003	0.30003	0.30002	0.30002	0.30001	0.30001	0.29999	0.29998	-0.70002	-0.70003	-0.70004	-0.70004	0.025
	V	0.00000	0.00450	0.00870	0.01230	0.01500	0.01650	0.01650	0.01470	0.01470	0.01097	0.00583	0.00000	
	V'	0.04550	0.04400	0.03950	0.03200	0.02150	0.00800	-0.00850	-0.02800	-0.02800	-0.04550	-0.05600	-0.05950	
	M	0.00000	0.03001	0.06002	0.09003	0.12004	0.15004	0.18004	0.21004	0.21004	0.14003	0.07001	0.00000	
0.050	Q	0.30011	0.30011	0.30010	0.30008	0.30005	0.30002	0.29998	0.29993	-0.70007	-0.70011	-0.70014	-0.70015	0.050
	V	0.00000	0.00450	0.00870	0.01230	0.01500	0.01650	0.01650	0.01470	0.01470	0.01097	0.00583	0.00000	
	V'	0.04551	0.04401	0.03951	0.03201	0.02150	0.00800	-0.00850	-0.02801	-0.02801	-0.04551	-0.05601	-0.05951	
	M	0.00000	0.03003	0.06005	0.09007	0.12008	0.15009	0.18009	0.21008	0.21008	0.14006	0.07003	0.00000	
0.075	Q	0.30026	0.30025	0.30022	0.30018	0.30012	0.30005	0.29995	0.29984	-0.70016	-0.70026	-0.70032	-0.70034	0.075
	V	0.00000	0.00450	0.00871	0.01231	0.01501	0.01651	0.01651	0.01471	0.01471	0.01097	0.00584	0.00000	
	V'	0.04553	0.04403	0.03952	0.03202	0.02151	0.00800	-0.00851	-0.02802	-0.02802	-0.04552	-0.05603	-0.05953	
	M	0.00000	0.03005	0.06009	0.09012	0.12015	0.15017	0.18017	0.21015	0.21015	0.14011	0.07006	0.00000	
0.100	Q	0.30046	0.30044	0.30040	0.30032	0.30022	0.30008	0.29991	0.29972	-0.70028	-0.70046	-0.70056	-0.70060	0.100
	V	0.00000	0.00451	0.00871	0.01231	0.01502	0.01652	0.01652	0.01471	0.01471	0.01098	0.00584	0.00000	
	V'	0.04555	0.04405	0.03954	0.03203	0.02152	0.00800	-0.00851	-0.02803	-0.02803	-0.04554	-0.05605	-0.05955	
	M	0.00000	0.03007	0.06014	0.09019	0.12023	0.15026	0.18026	0.21023	0.21023	0.14017	0.07009	0.00000	
0.125	Q	0.30071	0.30069	0.30062	0.30050	0.30034	0.30013	0.29987	0.29956	-0.70044	-0.70071	-0.70088	-0.70093	0.125
	V	0.00000	0.00451	0.00872	0.01232	0.01502	0.01653	0.01653	0.01472	0.01472	0.01098	0.00584	0.00000	
	V'	0.04558	0.04408	0.03957	0.03205	0.02153	0.00800	-0.00852	-0.02805	-0.02805	-0.04557	-0.05608	-0.05959	
	M	0.00000	0.03010	0.06020	0.09028	0.12034	0.15037	0.18037	0.21033	0.21033	0.14025	0.07013	0.00000	
0.150	Q	0.30103	0.30099	0.30089	0.30072	0.30048	0.30018	0.29981	0.29937	-0.70063	-0.70103	-0.70126	-0.70134	0.150
	V	0.00000	0.00451	0.00872	0.01233	0.01504	0.01654	0.01654	0.01473	0.01473	0.01099	0.00585	0.00000	
	V'	0.04562	0.04411	0.03960	0.03207	0.02154	0.00800	-0.00853	-0.02807	-0.02807	-0.04560	-0.05612	-0.05962	
	M	0.00000	0.03014	0.06027	0.09038	0.12046	0.15051	0.18051	0.21045	0.21045	0.14034	0.07018	0.00000	
0.175	Q	0.30140	0.30135	0.30121	0.30098	0.30066	0.30025	0.29974	0.29914	-0.70086	-0.70140	-0.70172	-0.70183	0.175
	V	0.00000	0.00452	0.00873	0.01234	0.01505	0.01655	0.01655	0.01474	0.01474	0.01100	0.00585	0.00000	
	V'	0.04566	0.04415	0.03963	0.03210	0.02155	0.00801	-0.00855	-0.02809	-0.02809	-0.04563	-0.05616	-0.05967	
	M	0.00000	0.03018	0.06035	0.09049	0.12060	0.15066	0.18066	0.21059	0.21059	0.14044	0.07023	0.00000	
0.200	Q	0.30183	0.30177	0.30159	0.30129	0.30086	0.30032	0.29966	0.29888	-0.70112	-0.70183	-0.70225	-0.70239	0.200
	V	0.00000	0.00452	0.00874	0.01235	0.01506	0.01657	0.01657	0.01476	0.01476	0.01101	0.00585	0.00000	
	V'	0.04570	0.04420	0.03967	0.03213	0.02157	0.00801	-0.00856	-0.02812	-0.02812	-0.04567	-0.05621	-0.05972	
	M	0.00000	0.03023	0.06044	0.09063	0.12076	0.15084	0.18084	0.21075	0.21075	0.14056	0.07030	0.00000	
0.225	Q	0.30232	0.30224	0.30201	0.30163	0.30109	0.30041	0.29957	0.29857	-0.70143	-0.70231	-0.70285	-0.70303	0.225
	V	0.00000	0.00453	0.00875	0.01237	0.01508	0.01659	0.01658	0.01477	0.01477	0.01102	0.00586	0.00000	
	V'	0.04576	0.04425	0.03971	0.03216	0.02159	0.00801	-0.00857	-0.02815	-0.02815	-0.04572	-0.05626	-0.05978	
ALPHA	X/L =	0.00	0.10	0.20	0.30	0.40	0.50	0.60	L 0.70	R 0.70	0.80	0.90	1.00	ALPHA

XP/L = 0.70

FUNKTIONEN : F.P;M - F.P;Q - F.P;V - F.P;V'

FUNKTIONEN : F.P;M - F.P;Q - F.P;V - F.P;V'

XP/L = 0.70

ALPHA	X/L =	0.00	0.10	0.20	0.30	0.40	0.50	0.60	L 0.70	R 0.70	0.80	0.90	1.00	ALPHA
	M	0.00000	0.03028	0.06055	0.09077	0.12094	0.15104	0.18104	0.21092	0.21092	0.14069	0.07037	0.00000	
0.250	Q	0.30286	0.30277	0.30249	0.30201	0.30135	0.30050	0.29946	0.29824	-0.70176	-0.70286	-0.70352	-0.70374	0.250
	V	0.00000	0.00453	0.00876	0.01238	0.01510	0.01661	0.01660	0.01479	0.01479	0.01103	0.00587	0.00000	
	V'	0.04582	0.04431	0.03977	0.03220	0.02161	0.00801	-0.00859	-0.02819	-0.02819	-0.04577	-0.05633	-0.05984	
	M	0.00000	0.03034	0.06066	0.09094	0.12114	0.15126	0.18126	0.21112	0.21112	0.14084	0.07044	0.00000	
0.275	Q	0.30347	0.30336	0.30301	0.30244	0.30164	0.30061	0.29935	0.29786	-0.70214	-0.70347	-0.70426	-0.70453	0.275
	V	0.00000	0.00454	0.00877	0.01240	0.01512	0.01663	0.01662	0.01481	0.01481	0.01104	0.00587	0.00000	
	V'	0.04589	0.04437	0.03982	0.03224	0.02164	0.00801	-0.00861	-0.02823	-0.02823	-0.04583	-0.05640	-0.05992	
	M	0.00000	0.03041	0.06079	0.09112	0.12136	0.15150	0.18150	0.21133	0.21133	0.14100	0.07053	0.00000	
0.300	Q	0.30414	0.30400	0.30359	0.30291	0.30195	0.30072	0.29922	0.29746	-0.70254	-0.70413	-0.70508	-0.70540	0.300
	V	0.00000	0.00455	0.00879	0.01242	0.01514	0.01665	0.01665	0.01483	0.01483	0.01106	0.00588	0.00000	
	V'	0.04596	0.04444	0.03988	0.03229	0.02166	0.00802	-0.00863	-0.02828	-0.02828	-0.04589	-0.05647	-0.06000	
	M	0.00000	0.03048	0.06093	0.09131	0.12160	0.15176	0.18176	0.21157	0.21157	0.14117	0.07062	0.00000	
0.325	Q	0.30486	0.30470	0.30422	0.30342	0.30229	0.30085	0.29909	0.29701	-0.70299	-0.70485	-0.70597	-0.70635	0.325
	V	0.00000	0.00455	0.00880	0.01244	0.01517	0.01668	0.01667	0.01485	0.01485	0.01108	0.00589	0.00000	
	V'	0.04605	0.04452	0.03995	0.03234	0.02169	0.00802	-0.00866	-0.02832	-0.02832	-0.04596	-0.05655	-0.06009	
	M	0.00000	0.03056	0.06108	0.09153	0.12186	0.15205	0.18205	0.21182	0.21182	0.14136	0.07072	0.00000	
0.350	Q	0.30565	0.30546	0.30490	0.30397	0.30266	0.30098	0.29894	0.29652	-0.70348	-0.70564	-0.70694	-0.70737	0.350
	V	0.00000	0.00456	0.00882	0.01247	0.01520	0.01671	0.01670	0.01487	0.01487	0.01109	0.00590	0.00000	
	V'	0.04613	0.04461	0.04002	0.03239	0.02172	0.00802	-0.00868	-0.02838	-0.02838	-0.04604	-0.05664	-0.06018	
	M	0.00000	0.03064	0.06124	0.09176	0.12214	0.15235	0.18235	0.21210	0.21210	0.14156	0.07083	0.00000	
0.375	Q	0.30650	0.30629	0.30564	0.30456	0.30306	0.30113	0.29878	0.29600	-0.70400	-0.70649	-0.70798	-0.70848	0.375
	V	0.00000	0.00457	0.00884	0.01249	0.01523	0.01674	0.01673	0.01490	0.01490	0.01111	0.00591	0.00000	
	V'	0.04623	0.04470	0.04010	0.03245	0.02175	0.00803	-0.00871	-0.02843	-0.02843	-0.04612	-0.05674	-0.06028	
	M	0.00000	0.03073	0.06142	0.09200	0.12244	0.15268	0.18268	0.21239	0.21239	0.14178	0.07095	0.00000	
0.400	Q	0.30741	0.30717	0.30643	0.30520	0.30349	0.30129	0.29860	0.29544	-0.70456	-0.70739	-0.70909	-0.70966	0.400
	V	0.00000	0.00458	0.00886	0.01252	0.01526	0.01677	0.01676	0.01493	0.01493	0.01113	0.00592	0.00000	
	V'	0.04633	0.04479	0.04019	0.03251	0.02179	0.00803	-0.00874	-0.02849	-0.02849	-0.04621	-0.05684	-0.06039	
	M	0.00000	0.03083	0.06160	0.09227	0.12276	0.15304	0.18303	0.21270	0.21270	0.14201	0.07107	0.00000	
0.425	Q	0.30839	0.30811	0.30727	0.30588	0.30394	0.30145	0.29842	0.29484	-0.70516	-0.70836	-0.71029	-0.71093	0.425
	V	0.00000	0.00459	0.00888	0.01255	0.01529	0.01681	0.01680	0.01496	0.01496	0.01115	0.00593	0.00000	
	V'	0.04644	0.04490	0.04028	0.03258	0.02183	0.00804	-0.00877	-0.02856	-0.02856	-0.04630	-0.05695	-0.06051	
	M	0.00000	0.03093	0.06180	0.09255	0.12310	0.15341	0.18341	0.21303	0.21303	0.14226	0.07120	0.00000	
0.450	Q	0.30943	0.30911	0.30818	0.30661	0.30443	0.30163	0.29822	0.29420	-0.70580	-0.70940	-0.71156	-0.71228	0.450
	V	0.00000	0.00460	0.00890	0.01258	0.01533	0.01685	0.01683	0.01499	0.01499	0.01118	0.00594	0.00000	
	V'	0.04656	0.04501	0.04037	0.03265	0.02187	0.00804	-0.00880	-0.02863	-0.02863	-0.04640	-0.05707	-0.06063	
	M	0.00000	0.03104	0.06201	0.09284	0.12347	0.15381	0.18381	0.21339	0.21339	0.14253	0.07134	0.00000	
0.475	Q	0.31053	0.31018	0.30913	0.30738	0.30494	0.30182	0.29801	0.29352	-0.70648	-0.71049	-0.71291	-0.71371	0.475
	V	0.00000	0.00462	0.00892	0.01261	0.01537	0.01689	0.01687	0.01502	0.01502	0.01120	0.00596	0.00000	
	V'	0.04668	0.04513	0.04047	0.03273	0.02191	0.00804	-0.00884	-0.02870	-0.02870	-0.04650	-0.05720	-0.06077	
ALPHA	X/L =	0.00	0.10	0.20	0.30	0.40	0.50	0.60	L 0.70	R 0.70	0.80	0.90	1.00	ALPHA

XP/L = 0.70

FUNKTIONEN : F.P;M - F.P;Q - F.P;V - F.P;V'

FUNKTIONEN : F.PIM - F.PIQ - F.PIV - F.PIV'

XP/L = 0.70

ALPHA	X/L =	0.00	0.10	0.20	0.30	0.40	0.50	0.60	L 0.70	R 0.70	0.80	0.90	1.00	ALPHA
	M	0.00000	0.03116	0.06224	0.09316	0.12385	0.15423	0.18423	0.21376	0.21376	0.14281	0.07149	0.00000	
0.500	Q	0.31170	0.31131	0.31015	0.30820	0.30549	0.30201	0.29778	0.29280	-0.70720	-0.71165	-0.71433	-0.71523	0.500
	V	0.00000	0.00463	0.00895	0.01264	0.01541	0.01693	0.01692	0.01506	0.01506	0.01123	0.00597	0.00000	
	V'	0.04681	0.04525	0.04058	0.03281	0.02196	0.00805	-0.00888	-0.02878	-0.02878	-0.04661	-0.05733	-0.06091	
	M	0.00000	0.03128	0.06247	0.09349	0.12426	0.15468	0.18467	0.21416	0.21416	0.14310	0.07165	0.00000	
0.525	Q	0.31294	0.31251	0.31122	0.30907	0.30607	0.30222	0.29754	0.29204	-0.70796	-0.71288	-0.71584	-0.71683	0.525
	V	0.00000	0.00464	0.00897	0.01268	0.01545	0.01698	0.01696	0.01509	0.01509	0.01126	0.00599	0.00000	
	V'	0.04695	0.04538	0.04070	0.03289	0.02200	0.00805	-0.00892	-0.02886	-0.02886	-0.04673	-0.05747	-0.06105	
	M	0.00000	0.03141	0.06272	0.09385	0.12469	0.15515	0.18514	0.21458	0.21458	0.14341	0.07182	0.00000	
0.550	Q	0.31425	0.31377	0.31235	0.30998	0.30667	0.30244	0.29729	0.29124	-0.70876	-0.71417	-0.71743	-0.71852	0.550
	V	0.00000	0.00466	0.00900	0.01272	0.01549	0.01702	0.01700	0.01513	0.01513	0.01128	0.00600	0.00000	
	V'	0.04709	0.04552	0.04082	0.03298	0.02206	0.00806	-0.00896	-0.02895	-0.02895	-0.04685	-0.05762	-0.06121	
	M	0.00000	0.03154	0.06299	0.09422	0.12514	0.15565	0.18564	0.21502	0.21502	0.14374	0.07199	0.00000	
0.575	Q	0.31562	0.31510	0.31354	0.31094	0.30731	0.30267	0.29702	0.29040	-0.70960	-0.71553	-0.71910	-0.72029	0.575
	V	0.00000	0.00467	0.00903	0.01276	0.01554	0.01708	0.01705	0.01518	0.01518	0.01132	0.00602	0.00000	
	V'	0.04725	0.04567	0.04094	0.03308	0.02211	0.00807	-0.00900	-0.02904	-0.02904	-0.04698	-0.05777	-0.06137	
	M	0.00000	0.03169	0.06326	0.09461	0.12561	0.15617	0.18616	0.21548	0.21548	0.14408	0.07217	0.00000	
0.600	Q	0.31707	0.31650	0.31479	0.31194	0.30798	0.30291	0.29674	0.28951	-0.71049	-0.71696	-0.72086	-0.72216	0.600
	V	0.00000	0.00469	0.00906	0.01280	0.01559	0.01713	0.01710	0.01522	0.01522	0.01135	0.00603	0.00000	
	V'	0.04741	0.04582	0.04107	0.03318	0.02216	0.00807	-0.00905	-0.02914	-0.02914	-0.04712	-0.05794	-0.06155	
	M	0.00000	0.03184	0.06355	0.09502	0.12611	0.15671	0.18670	0.21596	0.21596	0.14445	0.07236	0.00000	
0.625	Q	0.31859	0.31796	0.31610	0.31300	0.30868	0.30316	0.29645	0.28858	-0.71142	-0.71846	-0.72270	-0.72411	0.625
	V	0.00000	0.00470	0.00909	0.01284	0.01564	0.01718	0.01716	0.01527	0.01527	0.01138	0.00605	0.00000	
	V'	0.04758	0.04599	0.04121	0.03328	0.02222	0.00808	-0.00910	-0.02924	-0.02924	-0.04726	-0.05811	-0.06173	
	M	0.00000	0.03200	0.06386	0.09545	0.12663	0.15728	0.18727	0.21647	0.21647	0.14482	0.07256	0.00000	
0.650	Q	0.32018	0.31950	0.31747	0.31411	0.30942	0.30342	0.29613	0.28760	-0.71240	-0.72003	-0.72463	-0.72616	0.650
	V	0.00000	0.00472	0.00912	0.01289	0.01570	0.01724	0.01721	0.01531	0.01531	0.01142	0.00607	0.00000	
	V'	0.04776	0.04615	0.04136	0.03339	0.02229	0.00808	-0.00915	-0.02934	-0.02934	-0.04741	-0.05829	-0.06192	
	M	0.00000	0.03216	0.06417	0.09589	0.12718	0.15788	0.18787	0.21700	0.21700	0.14522	0.07277	0.00000	
0.675	Q	0.32184	0.32111	0.31891	0.31527	0.31018	0.30369	0.29581	0.28658	-0.71342	-0.72168	-0.72664	-0.72830	0.675
	V	0.00000	0.00474	0.00916	0.01294	0.01576	0.01730	0.01727	0.01536	0.01536	0.01145	0.00609	0.00000	
	V'	0.04794	0.04633	0.04151	0.03351	0.02235	0.00809	-0.00920	-0.02945	-0.02945	-0.04757	-0.05848	-0.06212	
	M	0.00000	0.03233	0.06451	0.09636	0.12775	0.15851	0.18849	0.21755	0.21755	0.14563	0.07299	0.00000	
0.700	Q	0.32359	0.32279	0.32042	0.31648	0.31098	0.30397	0.29546	0.28551	-0.71449	-0.72339	-0.72875	-0.73054	0.700
	V	0.00000	0.00476	0.00920	0.01299	0.01582	0.01737	0.01733	0.01542	0.01542	0.01149	0.00611	0.00000	
	V'	0.04813	0.04652	0.04167	0.03363	0.02242	0.00810	-0.00926	-0.02957	-0.02957	-0.04774	-0.05867	-0.06232	
	M	0.00000	0.03251	0.06485	0.09685	0.12835	0.15916	0.18914	0.21813	0.21813	0.14606	0.07322	0.00000	
0.725	Q	0.32541	0.32455	0.32199	0.31774	0.31182	0.30426	0.29510	0.28439	-0.71561	-0.72518	-0.73095	-0.73287	0.725
	V	0.00000	0.00478	0.00923	0.01304	0.01588	0.01743	0.01740	0.01547	0.01547	0.01153	0.00613	0.00000	
	V'	0.04834	0.04671	0.04184	0.03375	0.02249	0.00811	-0.00932	-0.02969	-0.02969	-0.04791	-0.05888	-0.06254	
ALPHA	X/L =	0.00	0.10	0.20	0.30	0.40	0.50	0.60	L 0.70	R 0.70	0.80	0.90	1.00	ALPHA

XP/L = 0.70

FUNKTIONEN : F.PIM - F.PIQ - F.PIV - F.PIV'

FUNKTIONEN : F.PIM - F.PIQ - F.PIV - F.PIV'

XP/L = 0.70

ALPHA	X/L =	0.00	0.10	0.20	0.30	0.40	0.50	0.60	L 0.70	R 0.70	0.80	0.90	1.00	ALPHA
	M	0.00000	0.03270	0.06522	0.09737	0.12897	0.15985	0.18982	0.21874	0.21874	0.14651	0.07346	0.00000	
0.750	Q	0.32731	0.32639	0.32363	0.31906	0.31269	0.30456	0.29472	0.28323	-0.71677	-0.72705	-0.73324	-0.73531	0.750
	V	0.00000	0.00480	0.00927	0.01310	0.01594	0.01750	0.01746	0.01553	0.01553	0.01157	0.00615	0.00000	
	V'	0.04855	0.04691	0.04202	0.03388	0.02256	0.00811	-0.00938	-0.02982	-0.02982	-0.04809	-0.05909	-0.06277	
	M	0.00000	0.03290	0.06560	0.09790	0.12962	0.16056	0.19053	0.21936	0.21936	0.14698	0.07371	0.00000	
0.775	Q	0.32929	0.32830	0.32534	0.32043	0.31360	0.30488	0.29433	0.28201	-0.71799	-0.72899	-0.73563	-0.73784	0.775
	V	0.00000	0.00482	0.00932	0.01315	0.01601	0.01758	0.01753	0.01559	0.01559	0.01162	0.00618	0.00000	
	V'	0.04877	0.04712	0.04220	0.03402	0.02264	0.00812	-0.00944	-0.02995	-0.02995	-0.04827	-0.05931	-0.06300	
	M	0.00000	0.03310	0.06599	0.09846	0.13029	0.16130	0.19127	0.22002	0.22002	0.14746	0.07397	0.00000	
0.800	Q	0.33136	0.33030	0.32713	0.32186	0.31454	0.30520	0.29391	0.28075	-0.71925	-0.73102	-0.73811	-0.74048	0.800
	V	0.00000	0.00484	0.00936	0.01321	0.01608	0.01765	0.01761	0.01565	0.01565	0.01166	0.00620	0.00000	
	V'	0.04900	0.04734	0.04239	0.03416	0.02272	0.00813	-0.00951	-0.03008	-0.03008	-0.04847	-0.05955	-0.06325	
	M	0.00000	0.03331	0.06640	0.09904	0.13100	0.16207	0.19204	0.22070	0.22070	0.14797	0.07424	0.00000	
0.825	Q	0.33351	0.33238	0.32898	0.32335	0.31552	0.30554	0.29348	0.27943	-0.72057	-0.73313	-0.74069	-0.74322	0.825
	V	0.00000	0.00487	0.00940	0.01328	0.01616	0.01773	0.01768	0.01572	0.01572	0.01171	0.00623	0.00000	
	V'	0.04924	0.04757	0.04258	0.03431	0.02280	0.00814	-0.00958	-0.03023	-0.03023	-0.04867	-0.05979	-0.06350	
	M	0.00000	0.03353	0.06683	0.09964	0.13173	0.16287	0.19283	0.22140	0.22140	0.14850	0.07452	0.00000	
0.850	Q	0.33575	0.33454	0.33091	0.32490	0.31653	0.30588	0.29303	0.27805	-0.72195	-0.73532	-0.74338	-0.74607	0.850
	V	0.00000	0.00489	0.00945	0.01334	0.01623	0.01781	0.01776	0.01578	0.01578	0.01176	0.00625	0.00000	
	V'	0.04949	0.04781	0.04279	0.03446	0.02288	0.00815	-0.00965	-0.03037	-0.03037	-0.04888	-0.06004	-0.06377	
	M	0.00000	0.03377	0.06727	0.10026	0.13249	0.16370	0.19366	0.22214	0.22214	0.14904	0.07481	0.00000	
0.875	Q	0.33809	0.33679	0.33292	0.32650	0.31759	0.30624	0.29255	0.27663	-0.72337	-0.73759	-0.74617	-0.74903	0.875
	V	0.00000	0.00492	0.00950	0.01341	0.01631	0.01790	0.01784	0.01585	0.01585	0.01181	0.00628	0.00000	
	V'	0.04974	0.04806	0.04300	0.03462	0.02297	0.00815	-0.00973	-0.03053	-0.03053	-0.04910	-0.06030	-0.06404	
	M	0.00000	0.03401	0.06774	0.10092	0.13328	0.16457	0.19452	0.22290	0.22290	0.14961	0.07511	0.00000	
0.900	Q	0.34051	0.33913	0.33501	0.32817	0.31868	0.30661	0.29206	0.27514	-0.72486	-0.73995	-0.74906	-0.75211	0.900
	V	0.00000	0.00494	0.00955	0.01348	0.01640	0.01798	0.01793	0.01593	0.01593	0.01186	0.00631	0.00000	
	V'	0.05001	0.04831	0.04322	0.03478	0.02307	0.00816	-0.00980	-0.03069	-0.03069	-0.04933	-0.06057	-0.06433	
	M	0.00000	0.03425	0.06822	0.10159	0.13410	0.16547	0.19541	0.22369	0.22369	0.15020	0.07542	0.00000	
0.925	Q	0.34303	0.34157	0.33718	0.32991	0.31982	0.30699	0.29154	0.27360	-0.72640	-0.74241	-0.75207	-0.75530	0.925
	V	0.00000	0.00497	0.00960	0.01355	0.01648	0.01808	0.01802	0.01600	0.01600	0.01192	0.00634	0.00000	
	V'	0.05029	0.04858	0.04345	0.03495	0.02316	0.00817	-0.00988	-0.03085	-0.03085	-0.04956	-0.06085	-0.06463	
	M	0.00000	0.03451	0.06871	0.10230	0.13496	0.16640	0.19634	0.22451	0.22451	0.15081	0.07575	0.00000	
0.950	Q	0.34565	0.34409	0.33943	0.33171	0.32099	0.30738	0.29100	0.27200	-0.72800	-0.74495	-0.75518	-0.75860	0.950
	V	0.00000	0.00500	0.00966	0.01363	0.01657	0.01817	0.01811	0.01608	0.01608	0.01198	0.00637	0.00000	
	V'	0.05058	0.04886	0.04369	0.03513	0.02326	0.00818	-0.00997	-0.03103	-0.03103	-0.04981	-0.06114	-0.06493	
	M	0.00000	0.03478	0.06923	0.10303	0.13584	0.16737	0.19730	0.22536	0.22536	0.15144	0.07608	0.00000	
0.975	Q	0.34837	0.34672	0.34177	0.33357	0.32221	0.30779	0.29044	0.27033	-0.72967	-0.74759	-0.75841	-0.76203	0.975
	V	0.00000	0.00503	0.00971	0.01370	0.01667	0.01827	0.01820	0.01616	0.01616	0.01204	0.00640	0.00000	
	V'	0.05088	0.04914	0.04394	0.03532	0.02336	0.00819	-0.01006	-0.03121	-0.03121	-0.05006	-0.06145	-0.06525	
ALPHA	X/L =	0.00	0.10	0.20	0.30	0.40	0.50	0.60	L 0.70	R 0.70	0.80	0.90	1.00	ALPHA

XP/L = 0.70

FUNKTIONEN : F.PIM - F.PIQ - F.PIV - F.PIV'

FUNKTIONEN : F.PIM - F.PIQ - F.PIV - F.PIV'

XP/L = 0.70

ALPHA	X/L =	0.00	0.10	0.20	0.30	0.40	0.50	0.60	L 0.70	R 0.70	0.80	0.90	1.00	ALPHA
	M	0.00000	0.03506	0.06977	0.10379	0.13676	0.16837	0.19830	0.22625	0.22625	0.15210	0.07643	0.00000	
1.000	Q	0.35119	0.34944	0.34419	0.33551	0.32347	0.30820	0.28985	0.26861	-0.73139	-0.75032	-0.76176	-0.76559	1.000
	V	0.00000	0.00506	0.00977	0.01379	0.01676	0.01837	0.01830	0.01625	0.01625	0.01210	0.00643	0.00000	
	V'	0.05119	0.04944	0.04419	0.03551	0.02347	0.00820	-0.01015	-0.03139	-0.03139	-0.05032	-0.06176	-0.06559	
	M	0.00000	0.03535	0.07033	0.10457	0.13772	0.16941	0.19933	0.22716	0.22716	0.15278	0.07679	0.00000	
1.025	Q	0.35413	0.35227	0.34671	0.33752	0.32478	0.30863	0.28924	0.26682	-0.73318	-0.75316	-0.76523	-0.76927	1.025
	V	0.00000	0.00509	0.00983	0.01387	0.01686	0.01848	0.01840	0.01633	0.01633	0.01216	0.00646	0.00000	
	V'	0.05152	0.04975	0.04446	0.03571	0.02358	0.00821	-0.01024	-0.03158	-0.03158	-0.05060	-0.06209	-0.06593	
	M	0.00000	0.03565	0.07091	0.10539	0.13870	0.17049	0.20040	0.22811	0.22811	0.15348	0.07717	0.00000	
1.050	Q	0.35717	0.35520	0.34932	0.33959	0.32613	0.30907	0.28860	0.26496	-0.73504	-0.75610	-0.76882	-0.77308	1.050
	V	0.00000	0.00513	0.00990	0.01396	0.01697	0.01859	0.01851	0.01642	0.01642	0.01223	0.00650	0.00000	
	V'	0.05185	0.05007	0.04474	0.03591	0.02370	0.00822	-0.01034	-0.03178	-0.03178	-0.05088	-0.06242	-0.06629	
	M	0.00000	0.03596	0.07151	0.10623	0.13973	0.17161	0.20151	0.22909	0.22909	0.15421	0.07755	0.00000	
1.075	Q	0.36033	0.35825	0.35203	0.34175	0.32752	0.30952	0.28794	0.26303	-0.73697	-0.75914	-0.77254	-0.77703	1.075
	V	0.00000	0.00516	0.00996	0.01405	0.01707	0.01870	0.01862	0.01652	0.01652	0.01230	0.00654	0.00000	
	V'	0.05220	0.05040	0.04502	0.03613	0.02382	0.00823	-0.01044	-0.03199	-0.03199	-0.05117	-0.06277	-0.06665	
	M	0.00000	0.03629	0.07213	0.10711	0.14079	0.17277	0.20266	0.23010	0.23010	0.15497	0.07795	0.00000	
1.100	Q	0.36360	0.36140	0.35484	0.34398	0.32897	0.30998	0.28724	0.26103	-0.73897	-0.76229	-0.77639	-0.78111	1.100
	V	0.00000	0.00520	0.01003	0.01414	0.01718	0.01882	0.01873	0.01662	0.01662	0.01237	0.00657	0.00000	
	V'	0.05256	0.05075	0.04532	0.03635	0.02394	0.00825	-0.01054	-0.03220	-0.03220	-0.05148	-0.06314	-0.06704	
	M	0.00000	0.03662	0.07278	0.10802	0.14189	0.17397	0.20385	0.23116	0.23116	0.15575	0.07837	0.00000	
1.125	Q	0.36700	0.36468	0.35775	0.34629	0.33046	0.31045	0.28652	0.25896	-0.74104	-0.76555	-0.78038	-0.78535	1.125
	V	0.00000	0.00523	0.01010	0.01424	0.01730	0.01894	0.01885	0.01672	0.01672	0.01244	0.00661	0.00000	
	V'	0.05294	0.05110	0.04563	0.03658	0.02407	0.00826	-0.01065	-0.03243	-0.03243	-0.05179	-0.06351	-0.06743	
	M	0.00000	0.03697	0.07345	0.10896	0.14304	0.17522	0.20509	0.23224	0.23224	0.15656	0.07880	0.00000	
1.150	Q	0.37052	0.36807	0.36076	0.34869	0.33200	0.31094	0.28576	0.25681	-0.74319	-0.76893	-0.78451	-0.78972	1.150
	V	0.00000	0.00527	0.01017	0.01434	0.01742	0.01907	0.01897	0.01682	0.01682	0.01252	0.00665	0.00000	
	V'	0.05332	0.05147	0.04594	0.03681	0.02420	0.00827	-0.01077	-0.03266	-0.03266	-0.05212	-0.06390	-0.06784	
	M	0.00000	0.03733	0.07415	0.10994	0.14422	0.17651	0.20636	0.23337	0.23337	0.15739	0.07924	0.00000	
1.175	Q	0.37417	0.37159	0.36389	0.35117	0.33360	0.31143	0.28497	0.25458	-0.74542	-0.77242	-0.78878	-0.79425	1.175
	V	0.00000	0.00531	0.01025	0.01444	0.01754	0.01920	0.01909	0.01693	0.01693	0.01260	0.00669	0.00000	
	V'	0.05372	0.05186	0.04627	0.03706	0.02434	0.00828	-0.01088	-0.03290	-0.03290	-0.05246	-0.06430	-0.06827	
	M	0.00000	0.03771	0.07487	0.11095	0.14545	0.17784	0.20768	0.23454	0.23454	0.15826	0.07970	0.00000	
1.200	Q	0.37796	0.37524	0.36713	0.35373	0.33525	0.31194	0.28415	0.25227	-0.74773	-0.77604	-0.79319	-0.79894	1.200
	V	0.00000	0.00535	0.01033	0.01455	0.01767	0.01934	0.01923	0.01704	0.01704	0.01268	0.00674	0.00000	
	V'	0.05414	0.05225	0.04662	0.03731	0.02448	0.00829	-0.01100	-0.03314	-0.03314	-0.05281	-0.06472	-0.06871	
	M	0.00000	0.03809	0.07562	0.11201	0.14672	0.17923	0.20905	0.23575	0.23575	0.15915	0.08018	0.00000	
1.225	Q	0.38189	0.37903	0.37048	0.35639	0.33695	0.31247	0.28330	0.24988	-0.75012	-0.77979	-0.79777	-0.80379	1.225
	V	0.00000	0.00539	0.01041	0.01466	0.01780	0.01948	0.01936	0.01716	0.01716	0.01276	0.00678	0.00000	
	V'	0.05457	0.05266	0.04697	0.03758	0.02463	0.00831	-0.01113	-0.03340	-0.03340	-0.05317	-0.06515	-0.06916	
ALPHA	X/L =	0.00	0.10	0.20	0.30	0.40	0.50	0.60	L 0.70	R 0.70	0.80	0.90	1.00	ALPHA

XP/L = 0.70

FUNKTIONEN : F.PIM - F.PIQ - F.PIV - F.PIV'

FUNKTIONEN : F.PIM - F.PIQ - F.PIV - F.PIV'

XP/L = 0.70

ALPHA	X/L =	0.00	0.10	0.20	0.30	0.40	0.50	0.60	L 0.70	R 0.70	0.80	0.90	1.00	ALPHA
	M	0.00000	0.03850	0.07639	0.11309	0.14803	0.18066	0.21047	0.23699	0.23699	0.16008	0.08067	0.00000	
1.250	Q	0.38596	0.38295	0.37396	0.35914	0.33871	0.31300	0.28240	0.24740	-0.75260	-0.78366	-0.80249	-0.80880	1.250
	V	0.00000	0.00544	0.01049	0.01478	0.01794	0.01962	0.01950	0.01728	0.01728	0.01285	0.00683	0.00000	
	V'	0.05502	0.05309	0.04734	0.03785	0.02478	0.00832	-0.01126	-0.03366	-0.03366	-0.05354	-0.06560	-0.06964	
	M	0.00000	0.03891	0.07719	0.11422	0.14940	0.18214	0.21194	0.23829	0.23829	0.16104	0.08118	0.00000	
1.275	Q	0.39019	0.38702	0.37757	0.36199	0.34053	0.31355	0.28147	0.24483	-0.75517	-0.78767	-0.80739	-0.81399	1.275
	V	0.00000	0.00548	0.01058	0.01490	0.01808	0.01977	0.01965	0.01740	0.01740	0.01294	0.00688	0.00000	
	V'	0.05548	0.05353	0.04772	0.03813	0.02493	0.00833	-0.01140	-0.03394	-0.03394	-0.05393	-0.06606	-0.07012	
	M	0.00000	0.03935	0.07803	0.11539	0.15081	0.18368	0.21345	0.23962	0.23962	0.16203	0.08171	0.00000	
1.300	Q	0.39457	0.39124	0.38131	0.36494	0.34241	0.31411	0.28050	0.24216	-0.75784	-0.79182	-0.81245	-0.81936	1.300
	V	0.00000	0.00553	0.01067	0.01502	0.01823	0.01993	0.01980	0.01753	0.01753	0.01304	0.00693	0.00000	
	V'	0.05596	0.05399	0.04811	0.03843	0.02510	0.00835	-0.01154	-0.03422	-0.03422	-0.05433	-0.06654	-0.07063	
	M	0.00000	0.03979	0.07889	0.11660	0.15227	0.18527	0.21503	0.24101	0.24101	0.16306	0.08225	0.00000	
1.325	Q	0.39911	0.39561	0.38518	0.36799	0.34436	0.31468	0.27949	0.23940	-0.76060	-0.79612	-0.81769	-0.82492	1.325
	V	0.00000	0.00558	0.01076	0.01515	0.01838	0.02009	0.01995	0.01766	0.01766	0.01313	0.00698	0.00000	
	V'	0.05645	0.05446	0.04852	0.03873	0.02526	0.00836	-0.01168	-0.03452	-0.03452	-0.05475	-0.06703	-0.07115	
	M	0.00000	0.04026	0.07979	0.11786	0.15379	0.18692	0.21665	0.24244	0.24244	0.16412	0.08281	0.00000	
1.350	Q	0.40382	0.40015	0.38919	0.37115	0.34636	0.31527	0.27843	0.23654	-0.76346	-0.80057	-0.82310	-0.83066	1.350
	V	0.00000	0.00563	0.01086	0.01529	0.01854	0.02026	0.02011	0.01780	0.01780	0.01324	0.00703	0.00000	
	V'	0.05697	0.05495	0.04894	0.03904	0.02544	0.00838	-0.01183	-0.03482	-0.03482	-0.05518	-0.06755	-0.07169	
	M	0.00000	0.04074	0.08072	0.11917	0.15537	0.18863	0.21834	0.24392	0.24392	0.16522	0.08340	0.00000	
1.375	Q	0.40871	0.40485	0.39335	0.37443	0.34844	0.31587	0.27733	0.23357	-0.76643	-0.80517	-0.82871	-0.83661	1.375
	V	0.00000	0.00568	0.01096	0.01543	0.01871	0.02043	0.02028	0.01794	0.01794	0.01334	0.00709	0.00000	
	V'	0.05750	0.05546	0.04938	0.03937	0.02562	0.00839	-0.01199	-0.03514	-0.03514	-0.05563	-0.06808	-0.07226	
	M	0.00000	0.04124	0.08168	0.12052	0.15700	0.19040	0.22009	0.24546	0.24546	0.16636	0.08400	0.00000	
1.400	Q	0.41378	0.40973	0.39767	0.37782	0.35058	0.31648	0.27618	0.23049	-0.76951	-0.80994	-0.83451	-0.84276	1.400
	V	0.00000	0.00574	0.01106	0.01557	0.01888	0.02061	0.02045	0.01809	0.01809	0.01345	0.00714	0.00000	
	V'	0.05805	0.05599	0.04983	0.03970	0.02581	0.00841	-0.01215	-0.03547	-0.03547	-0.05609	-0.06863	-0.07284	
	M	0.00000	0.04176	0.08268	0.12192	0.15869	0.19224	0.22189	0.24705	0.24705	0.16754	0.08463	0.00000	
1.425	Q	0.41904	0.41480	0.40214	0.38133	0.35279	0.31710	0.27498	0.22729	-0.77271	-0.81487	-0.84052	-0.84913	1.425
	V	0.00000	0.00579	0.01117	0.01572	0.01905	0.02080	0.02063	0.01825	0.01825	0.01356	0.00720	0.00000	
	V'	0.05862	0.05653	0.05030	0.04005	0.02600	0.00842	-0.01232	-0.03581	-0.03581	-0.05657	-0.06920	-0.07344	
	M	0.00000	0.04230	0.08372	0.12337	0.16044	0.19414	0.22377	0.24869	0.24869	0.16875	0.08527	0.00000	
1.450	Q	0.42450	0.42005	0.40678	0.38497	0.35508	0.31774	0.27373	0.22398	-0.77602	-0.81998	-0.84674	-0.85572	1.450
	V	0.00000	0.00585	0.01128	0.01587	0.01923	0.02099	0.02082	0.01840	0.01840	0.01368	0.00726	0.00000	
	V'	0.05922	0.05710	0.05079	0.04041	0.02620	0.00844	-0.01249	-0.03616	-0.03616	-0.05707	-0.06979	-0.07406	
	M	0.00000	0.04286	0.08479	0.12488	0.16226	0.19611	0.22571	0.25040	0.25040	0.17002	0.08594	0.00000	
1.475	Q	0.43017	0.42550	0.41159	0.38874	0.35745	0.31839	0.27242	0.22054	-0.77946	-0.82528	-0.85317	-0.86254	1.475
	V	0.00000	0.00591	0.01140	0.01603	0.01942	0.02119	0.02101	0.01857	0.01857	0.01380	0.00733	0.00000	
	V'	0.05983	0.05769	0.05129	0.04079	0.02641	0.00845	-0.01268	-0.03652	-0.03652	-0.05758	-0.07040	-0.07471	
ALPHA	X/L =	0.00	0.10	0.20	0.30	0.40	0.50	0.60	L 0.70	R 0.70	0.80	0.90	1.00	ALPHA

XP/L = 0.70

FUNKTIONEN : F.PIM - F.PIQ - F.PIV - F.PIV'

FUNKTIONEN : F.PIM - F.PIQ - F.PIV - F.PIV'

XP/L = 0.70

ALPHA	X/L =	0.00	0.10	0.20	0.30	0.40	0.50	0.60	L 0.70	R 0.70	0.80	0.90	1.00	ALPHA
1.500	M	0.00000	0.04344	0.08591	0.12645	0.16414	0.19816	0.22772	0.25216	0.25216	0.17132	0.08663	0.00000	1.500
	Q	0.43606	0.43116	0.41658	0.39265	0.35989	0.31906	0.27106	0.21697	-0.78303	-0.83076	-0.85984	-0.86960	
	V	0.00000	0.00597	0.01152	0.01620	0.01962	0.02140	0.02121	0.01874	0.01874	0.01392	0.00739	0.00000	
	V'	0.06047	0.05829	0.05181	0.04118	0.02662	0.00847	-0.01286	-0.03690	-0.03690	-0.05812	-0.07104	-0.07538	
1.525	M	0.00000	0.04405	0.08707	0.12807	0.16610	0.20028	0.22980	0.25399	0.25399	0.17268	0.08735	0.00000	1.525
	Q	0.44217	0.43704	0.42176	0.39670	0.36242	0.31974	0.26963	0.21327	-0.78673	-0.83644	-0.86674	-0.87692	
	V	0.00000	0.00604	0.01164	0.01637	0.01982	0.02162	0.02141	0.01892	0.01892	0.01405	0.00746	0.00000	
	V'	0.06113	0.05893	0.05236	0.04158	0.02684	0.00849	-0.01306	-0.03730	-0.03730	-0.05867	-0.07170	-0.07607	
1.550	M	0.00000	0.04467	0.08827	0.12976	0.16813	0.20248	0.23196	0.25589	0.25589	0.17408	0.08810	0.00000	1.550
	Q	0.44852	0.44314	0.42714	0.40090	0.36504	0.32043	0.26814	0.20942	-0.79058	-0.84233	-0.87389	-0.88449	
	V	0.00000	0.00611	0.01177	0.01655	0.02003	0.02184	0.02163	0.01910	0.01910	0.01418	0.00753	0.00000	
	V'	0.06182	0.05958	0.05292	0.04200	0.02707	0.00850	-0.01326	-0.03770	-0.03770	-0.05924	-0.07238	-0.07679	
1.575	M	0.00000	0.04532	0.08953	0.13151	0.17024	0.20476	0.23420	0.25785	0.25785	0.17553	0.08887	0.00000	1.575
	Q	0.45512	0.44948	0.43272	0.40525	0.36775	0.32114	0.26658	0.20543	-0.79457	-0.84844	-0.88130	-0.89235	
	V	0.00000	0.00618	0.01190	0.01673	0.02025	0.02207	0.02185	0.01929	0.01929	0.01432	0.00761	0.00000	
	V'	0.06253	0.06026	0.05350	0.04243	0.02731	0.00852	-0.01347	-0.03813	-0.03813	-0.05984	-0.07309	-0.07754	
1.600	M	0.00000	0.04600	0.09083	0.13333	0.17243	0.20713	0.23653	0.25989	0.25989	0.17704	0.08966	0.00000	1.600
	Q	0.46198	0.45608	0.43852	0.40977	0.37055	0.32186	0.26495	0.20127	-0.79873	-0.85477	-0.88898	-0.90048	
	V	0.00000	0.00625	0.01204	0.01693	0.02048	0.02231	0.02208	0.01949	0.01949	0.01447	0.00768	0.00000	
	V'	0.06327	0.06097	0.05411	0.04288	0.02756	0.00854	-0.01369	-0.03856	-0.03856	-0.06046	-0.07382	-0.07831	
1.625	M	0.00000	0.04670	0.09218	0.13522	0.17471	0.20959	0.23894	0.26200	0.26200	0.17860	0.09049	0.00000	1.625
	Q	0.46911	0.46293	0.44455	0.41446	0.37345	0.32260	0.26325	0.19696	-0.80304	-0.86134	-0.89695	-0.90892	
	V	0.00000	0.00633	0.01219	0.01713	0.02072	0.02256	0.02232	0.01969	0.01969	0.01462	0.00776	0.00000	
	V'	0.06404	0.06170	0.05474	0.04335	0.02781	0.00856	-0.01392	-0.03902	-0.03902	-0.06110	-0.07458	-0.07912	
1.650	M	0.00000	0.04744	0.09358	0.13719	0.17707	0.21214	0.24145	0.26420	0.26420	0.18022	0.09135	0.00000	1.650
	Q	0.-7653	0.47005	0.45081	0.41933	0.37645	0.32335	0.26146	0.19248	-0.80752	-0.86816	-0.90521	-0.91767	
	V	0.00000	0.00640	0.01234	0.01733	0.02096	0.02282	0.02257	0.01991	0.01991	0.01477	0.00784	0.00000	
	V'	0.06484	0.06246	0.05540	0.04383	0.02808	0.00858	-0.01415	-0.03949	-0.03949	-0.06177	-0.07537	-0.07995	
1.675	M	0.00000	0.04820	0.09505	0.13924	0.17953	0.21479	0.24405	0.26647	0.26647	0.18190	0.09224	0.00000	1.675
	Q	0.48424	0.47747	0.45733	0.42438	0.37956	0.32412	0.25960	0.18781	-0.81219	-0.87523	-0.91378	-0.92675	
	V	0.00000	0.00649	0.01249	0.01755	0.02122	0.02309	0.02283	0.02013	0.02013	0.01494	0.00793	0.00000	
	V'	0.06567	0.06325	0.05608	0.04433	0.02836	0.00860	-0.01440	-0.03999	-0.03999	-0.06246	-0.07620	-0.08082	
1.700	M	0.00000	0.04899	0.09657	0.14136	0.18208	0.21755	0.24675	0.26883	0.26883	0.18365	0.09317	0.00000	1.700
	Q	0.49228	0.48518	0.46410	0.42964	0.38278	0.32490	0.25764	0.18296	-0.81704	-0.88258	-0.92268	-0.93617	
	V	0.00000	0.00657	0.01265	0.01777	0.02148	0.02337	0.02310	0.02036	0.02036	0.01510	0.00802	0.00000	
	V'	0.06653	0.06408	0.05678	0.04486	0.02864	0.00861	-0.01466	-0.04050	-0.04050	-0.06318	-0.07705	-0.08172	
1.725	M	0.00000	0.04982	0.09816	0.14358	0.18474	0.22042	0.24956	0.27129	0.27129	0.18546	0.09413	0.00000	1.725
	Q	0.50065	0.49322	0.47115	0.43509	0.38612	0.32569	0.25559	0.17791	-0.82209	-0.89022	-0.93192	-0.94596	
	V	0.00000	0.00666	0.01282	0.01801	0.02176	0.02367	0.02338	0.02060	0.02060	0.01528	0.00811	0.00000	
	V'	0.06743	0.06493	0.05752	0.04540	0.02894	0.00863	-0.01492	-0.04103	-0.04103	-0.06392	-0.07794	-0.08266	
ALPHA	X/L =	0.00	0.10	0.20	0.30	0.40	0.50	0.60	L 0.70	R 0.70	0.80	0.90	1.00	ALPHA

XP/L = 0.70

FUNKTIONEN : F.PIM - F.PIQ - F.PIV - F.PIV'

FUNKTIONEN : F.PIM - F.PIQ - F.PIV - F.PIV'

XP/L = 0.70

ALPHA	X/L =	0.00	0.10	0.20	0.30	0.40	0.50	0.60	L 0.70	R 0.70	0.80	0.90	1.00	ALPHA
	M	0.00000	0.05068	0.09981	0.14589	0.18751	0.22341	0.25248	0.27384	0.27384	0.18734	0.09512	0.00000	
1.750	Q	0.50937	0.50159	0.47849	0.44077	0.38959	0.32650	0.25345	0.17265	-0.82735	-0.89815	-0.94151	-0.95612	1.750
	V	0.00000	0.00675	0.01300	0.01825	0.02204	0.02397	0.02367	0.02085	0.02085	0.01546	0.00820	0.00000	
	V'	0.06837	0.06583	0.05828	0.04597	0.02925	0.00865	-0.01520	-0.04158	-0.04158	-0.06470	-0.07886	-0.08363	
	M	0.00000	0.05157	0.10153	0.14829	0.19039	0.22652	0.25552	0.27649	0.27649	0.18930	0.09616	0.00000	
1.775	Q	0.51846	0.51031	0.48613	0.44668	0.39318	0.32733	0.25120	0.16717	-0.83283	-0.90640	-0.95149	-0.96668	1.775
	V	0.00000	0.00685	0.01318	0.01850	0.02234	0.02429	0.02397	0.02110	0.02110	0.01565	0.00830	0.00000	
	V'	0.06934	0.06675	0.05908	0.04655	0.02958	0.00868	-0.01549	-0.04216	-0.04216	-0.06551	-0.07982	-0.08464	
	M	0.00000	0.05251	0.10332	0.15080	0.19340	0.22975	0.25868	0.27925	0.27925	0.19134	0.09724	0.00000	
1.800	Q	0.52794	0.51941	0.49410	0.45282	0.39691	0.32817	0.24883	0.16145	-0.83855	-0.91499	-0.96186	-0.97766	1.800
	V	0.00000	0.00695	0.01337	0.01876	0.02265	0.02461	0.02428	0.02137	0.02137	0.01584	0.00841	0.00000	
	V'	0.07035	0.06772	0.05991	0.04717	0.02991	0.00870	-0.01579	-0.04276	-0.04276	-0.06635	-0.08082	-0.08570	
	M	0.00000	0.05349	0.10520	0.15341	0.19653	0.23312	0.26197	0.28212	0.28212	0.19345	0.09836	0.00000	
1.825	Q	0.53784	0.52891	0.50241	0.45922	0.40078	0.32903	0.24635	0.15549	-0.84451	-0.92392	-0.97266	-0.98908	1.825
	V	0.00000	0.00705	0.01357	0.01904	0.02298	0.02496	0.02461	0.02165	0.02165	0.01605	0.00851	0.00000	
	V'	0.07141	0.06873	0.06077	0.04781	0.03026	0.00872	-0.01611	-0.04339	-0.04339	-0.06723	-0.08186	-0.08679	
	M	0.00000	0.05450	0.10715	0.15614	0.19980	0.23664	0.26540	0.28511	0.28511	0.19566	0.09953	0.00000	
1.850	Q	0.54817	0.53882	0.51107	0.46589	0.40481	0.32991	0.24375	0.14927	-0.85073	-0.93323	-0.98389	-1.00097	1.850
	V	0.00000	0.00716	0.01378	0.01932	0.02332	0.02531	0.02495	0.02195	0.02195	0.01626	0.00863	0.00000	
	V'	0.07251	0.06978	0.06167	0.04847	0.03062	0.00874	-0.01644	-0.04404	-0.04404	-0.06815	-0.08295	-0.08794	
	M	0.00000	0.05557	0.10919	0.15899	0.20321	0.24031	0.26898	0.28823	0.28823	0.19795	0.10074	0.00000	
1.875	Q	0.55897	0.54917	0.52012	0.47284	0.40899	0.33080	0.24101	0.14278	-0.85722	-0.94293	-0.99559	-1.01335	1.875
	V	0.00000	0.00727	0.01399	0.01962	0.02367	0.02569	0.02531	0.02225	0.02225	0.01648	0.00874	0.00000	
	V'	0.07366	0.07088	0.06261	0.04916	0.03100	0.00876	-0.01678	-0.04472	-0.04472	-0.06910	-0.08408	-0.08913	
	M	0.00000	0.05668	0.11133	0.16196	0.20677	0.24413	0.27271	0.29147	0.29147	0.20035	0.10201	0.00000	
1.900	Q	0.57025	0.55999	0.52958	0.48010	0.41334	0.33171	0.23814	0.13599	-0.86401	-0.95305	-1.00779	-1.02626	1.900
	V	0.00000	0.00739	0.01422	0.01993	0.02404	0.02608	0.02568	0.02257	0.02257	0.01672	0.00887	0.00000	
	V'	0.07486	0.07202	0.06359	0.04989	0.03140	0.00878	-0.01714	-0.04543	-0.04543	-0.07010	-0.08526	-0.09038	
	M	0.00000	0.05785	0.11356	0.16507	0.21049	0.24813	0.27661	0.29486	0.29486	0.20284	0.10333	0.00000	
1.925	Q	0.58206	0.57131	0.53946	0.48767	0.41787	0.33263	0.23511	0.12890	-0.87110	-0.96361	-1.02051	-1.03972	1.925
	V	0.00000	0.00751	0.01445	0.02026	0.02442	0.02648	0.02607	0.02290	0.02290	0.01696	0.00899	0.00000	
	V'	0.07612	0.07322	0.06462	0.05064	0.03181	0.00881	-0.01751	-0.04617	-0.04617	-0.07114	-0.08649	-0.09168	
	M	0.00000	0.05907	0.11589	0.16833	0.21438	0.25231	0.28068	0.29840	0.29840	0.20545	0.10471	0.00000	
1.950	Q	0.59443	0.58316	0.54979	0.49558	0.42259	0.33357	0.23192	0.12147	-0.87853	-0.97463	-1.03379	-1.05376	1.950
	V	0.00000	0.00764	0.01470	0.02060	0.02482	0.02691	0.02648	0.02325	0.02325	0.01721	0.00913	0.00000	
	V'	0.07743	0.07447	0.06569	0.05143	0.03224	0.00883	-0.01790	-0.04695	-0.04695	-0.07222	-0.08778	-0.09303	
	M	0.00000	0.06034	0.11834	0.17174	0.21846	0.25668	0.28493	0.30210	0.30210	0.20817	0.10615	0.00000	
1.975	Q	0.60738	0.59557	0.56061	0.50385	0.42750	0.33453	0.22856	0.11369	-0.88631	-0.98615	-1.04765	-1.06842	1.975
	V	0.00000	0.00778	0.01496	0.02096	0.02524	0.02735	0.02690	0.02361	0.02361	0.01748	0.00927	0.00000	
	V'	0.07880	0.07578	0.06681	0.05226	0.03269	0.00885	-0.01832	-0.04776	-0.04776	-0.07336	-0.08913	-0.09445	
ALPHA	X/L =	0.00	0.10	0.20	0.30	0.40	0.50	0.60	L 0.70	R 0.70	0.80	0.90	1.00	ALPHA

XP/L = 0.70

FUNKTIONEN : F.PIM - F.PIQ - F.PIV - F.PIV'

FUNKTIONEN : F.P;M - F.P;Q - F.P;V - F.P;V'

XP/L = 0.70

ALPHA	X/L =	0.00	0.10	0.20	0.30	0.40	0.50	0.60	L 0.70	R 0.70	0.80	0.90	1.00	ALPHA
	M	0.00000	0.06168	0.12091	0.17531	0.22273	0.26126	0.28938	0.30597	0.30597	0.21102	0.10765	0.00000	
2.000	Q	0.62097	0.60859	0.57195	0.51251	0.43263	0.33551	0.22501	0.10554	-0.89446	-0.99820	-1.06215	-1.08375	2.000
	V	0.00000	0.00792	0.01523	0.02133	0.02568	0.02782	0.02735	0.02399	0.02399	0.01775	0.00941	0.00000	
	V'	0.08024	0.07715	0.06799	0.05313	0.03316	0.00888	-0.01875	-0.04861	-0.04861	-0.07455	-0.09054	-0.09594	
	M	0.00000	0.06309	0.12360	0.17906	0.22720	0.26606	0.29404	0.31001	0.31001	0.21399	0.10923	0.00000	
2.025	Q	0.63522	0.62224	0.58383	0.52157	0.43798	0.33650	0.22127	0.09700	-0.90300	-1.01081	-1.07731	-1.09978	2.025
	V	0.00000	0.00807	0.01551	0.02172	0.02614	0.02830	0.02781	0.02439	0.02439	0.01804	0.00957	0.00000	
	V'	0.08175	0.07858	0.06922	0.05403	0.03365	0.00890	-0.01920	-0.04951	-0.04951	-0.07580	-0.09201	-0.09749	
	M	0.00000	0.06457	0.12643	0.18299	0.23190	0.27109	0.29893	0.31425	0.31425	0.21711	0.11088	0.00000	
2.050	Q	0.65019	0.63658	0.59631	0.53106	0.44358	0.33752	0.21732	0.08802	-0.91198	-1.02402	-1.09318	-1.11656	2.050
	V	0.00000	0.00822	0.01581	0.02213	0.02663	0.02881	0.02830	0.02481	0.02481	0.01835	0.00973	0.00000	
	V'	0.08333	0.08009	0.07051	0.05498	0.03416	0.00893	-0.01967	-0.05044	-0.05044	-0.07710	-0.09356	-0.09912	
	M	0.00000	0.06612	0.12940	0.18713	0.23683	0.27637	0.30405	0.31869	0.31869	0.22037	0.11260	0.00000	
2.075	Q	0.66594	0.65165	0.60941	0.54102	0.44943	0.33855	0.21314	0.07859	-0.92141	-1.03787	-1.10982	-1.13414	2.075
	V	0.00000	0.00839	0.01612	0.02256	0.02713	0.02935	0.02881	0.02524	0.02524	0.01867	0.00989	0.00000	
	V'	0.08499	0.08167	0.07186	0.05598	0.03470	0.00895	-0.02017	-0.05142	-0.05142	-0.07847	-0.09518	-0.10083	
	M	0.00000	0.06775	0.13252	0.19147	0.24201	0.28191	0.30943	0.32335	0.32335	0.22380	0.11441	0.00000	
2.100	Q	0.68251	0.66751	0.62319	0.55148	0.45555	0.33959	0.20872	0.06868	-0.93132	-1.05241	-1.12727	-1.15259	2.100
	V	0.00000	0.00856	0.01645	0.02301	0.02767	0.02991	0.02935	0.02570	0.02570	0.01900	0.01007	0.00000	
	V'	0.08674	0.08334	0.07329	0.05703	0.03527	0.00898	-0.02070	-0.05245	-0.05245	-0.07991	-0.09689	-0.10263	
	M	0.00000	0.06947	0.13582	0.19605	0.24747	0.28775	0.31509	0.32825	0.32825	0.22740	0.11632	0.00000	
2.125	Q	0.69996	0.68421	0.63769	0.56248	0.46196	0.34066	0.20404	0.05824	-0.94176	-1.06769	-1.14559	-1.17195	2.125
	V	0.00000	0.00874	0.01679	0.02349	0.02823	0.03050	0.02992	0.02619	0.02619	0.01935	0.01026	0.00000	
	V'	0.08857	0.08509	0.07478	0.05813	0.03587	0.00900	-0.02125	-0.05354	-0.05354	-0.08143	-0.09868	-0.10452	
	M	0.00000	0.07128	0.13929	0.20087	0.25321	0.29389	0.32104	0.33340	0.33340	0.23118	0.11831	0.00000	
2.150	Q	0.71836	0.70183	0.65297	0.57404	0.46869	0.34175	0.19907	0.04723	-0.95277	-1.08376	-1.16485	-1.19230	2.150
	V	0.00000	0.00893	0.01715	0.02399	0.02882	0.03113	0.03051	0.02670	0.02670	0.01973	0.01045	0.00000	
	V'	0.09051	0.08693	0.07636	0.05929	0.03649	0.00903	-0.02183	-0.05468	-0.05468	-0.08302	-0.10056	-0.10650	
	M	0.00000	0.07320	0.14295	0.20596	0.25927	0.30037	0.32731	0.33882	0.33882	0.23516	0.12042	0.00000	
2.175	Q	0.73780	0.72042	0.66909	0.58623	0.47575	0.34286	0.19380	0.03562	-0.96438	-1.10068	-1.18512	-1.21372	2.175
	V	0.00000	0.00913	0.01753	0.02451	0.02944	0.03179	0.03114	0.02723	0.02723	0.02012	0.01066	0.00000	
	V'	0.09255	0.08887	0.07802	0.06051	0.03715	0.00906	-0.02245	-0.05589	-0.05589	-0.08470	-0.10255	-0.10859	
	M	0.00000	0.07522	0.14682	0.21134	0.26567	0.30720	0.33392	0.34454	0.34454	0.23935	0.12263	0.00000	
2.200	Q	0.75834	0.74006	0.68611	0.59908	0.48318	0.34398	0.18820	0.02335	-0.97665	-1.11852	-1.20648	-1.23628	2.200
	V	0.00000	0.00934	0.01794	0.02507	0.03010	0.03248	0.03180	0.02780	0.02780	0.02053	0.01087	0.00000	
	V'	0.09470	0.09092	0.07978	0.06179	0.03785	0.00909	-0.02310	-0.05716	-0.05716	-0.08647	-0.10464	-0.11080	
	M	0.00000	0.07737	0.15092	0.21703	0.27244	0.31442	0.34090	0.35057	0.35057	0.24378	0.12497	0.00000	
2.225	Q	0.78009	0.76086	0.70411	0.61266	0.49100	0.34513	0.18224	0.01037	-0.98963	-1.13736	-1.22901	-1.26008	2.225
	V	0.00000	0.00957	0.01837	0.02566	0.03079	0.03321	0.03250	0.02839	0.02839	0.02096	0.01110	0.00000	
	V'	0.09698	0.09309	0.08163	0.06316	0.03858	0.00912	-0.02379	-0.05850	-0.05850	-0.08834	-0.10686	-0.11313	
ALPHA	X/L =	0.00	0.10	0.20	0.30	0.40	0.50	0.60	L 0.70	R 0.70	0.80	0.90	1.00	ALPHA

XP/L = 0.70

FUNKTIONEN : F.P;M - F.P;Q - F.P;V - F.P;V'

FUNKTIONEN : F.P;M - F.P;Q - F.P;V - F.P;V'

XP/L = 0.70

ALPHA	X/L =	0.00	0.10	0.20	0.30	0.40	0.50	0.60	L 0.70	R 0.70	0.80	0.90	1.00	ALPHA
	M	0.00000	0.07964	0.15526	0.22306	0.27961	0.32206	0.34828	0.35695	0.35695	0.24846	0.12744	0.00000	
2.250	Q	0.80313	0.78289	0.72318	0.62701	0.49924	0.34629	0.17589	-0.00338	-1.00338	-1.15727	-1.25282	-1.28521	2.250
	V	0.00000	0.00980	0.01882	0.02628	0.03153	0.03399	0.03324	0.02903	0.02903	0.02142	0.01135	0.00000	
	V'	0.09938	0.09539	0.08359	0.06460	0.03936	0.00914	-0.02452	-0.05993	-0.05993	-0.09032	-0.10920	-0.11560	
	M	0.00000	0.08205	0.15987	0.22945	0.28721	0.33016	0.35610	0.36369	0.36369	0.25340	0.13005	0.00000	
2.275	Q	0.82760	0.80627	0.74340	0.64221	0.50793	0.34748	0.16912	-0.01796	-1.01796	-1.17835	-1.27801	-1.31181	2.275
	V	0.00000	0.01006	0.01930	0.02694	0.03231	0.03481	0.03403	0.02970	0.02970	0.02191	0.01160	0.00000	
	V'	0.10194	0.09782	0.08567	0.06612	0.04018	0.00917	-0.02529	-0.06143	-0.06143	-0.09242	-0.11168	-0.11821	
	M	0.00000	0.08461	0.16476	0.23624	0.29527	0.33876	0.36440	0.37085	0.37085	0.25864	0.13282	0.00000	
2.300	Q	0.85360	0.83113	0.76487	0.65834	0.51713	0.34869	0.16188	-0.03346	-1.03346	-1.20069	-1.30470	-1.33998	2.300
	V	0.00000	0.01032	0.01980	0.02764	0.03313	0.03568	0.03486	0.03041	0.03041	0.02243	0.01188	0.00000	
	V'	0.10465	0.10040	0.08788	0.06774	0.04105	0.00920	-0.02611	-0.06304	-0.06304	-0.09465	-0.11431	-0.12098	
	M	0.00000	0.08734	0.16998	0.24347	0.30386	0.34789	0.37321	0.37844	0.37844	0.26421	0.13576	0.00000	
2.325	Q	0.88130	0.85758	0.78772	0.67547	0.52687	0.34992	0.15413	-0.04995	-1.04995	-1.22443	-1.33302	-1.36988	2.325
	V	0.00000	0.01061	0.02034	0.02839	0.03401	0.03661	0.03574	0.03116	0.03116	0.02298	0.01216	0.00000	
	V'	0.10754	0.10315	0.09022	0.06946	0.04197	0.00923	-0.02698	-0.06474	-0.06474	-0.09702	-0.11710	-0.12392	
	M	0.00000	0.09025	0.17553	0.25117	0.31300	0.35762	0.38259	0.38652	0.38652	0.27013	0.13888	0.00000	
2.350	Q	0.91083	0.88580	0.81207	0.69370	0.53720	0.35117	0.14583	-0.06753	-1.06753	-1.24968	-1.36314	-1.40167	2.350
	V	0.00000	0.01091	0.02092	0.02918	0.03495	0.03760	0.03668	0.03196	0.03196	0.02356	0.01247	0.00000	
	V'	0.11061	0.10607	0.09272	0.07129	0.04295	0.00926	-0.02792	-0.06655	-0.06655	-0.09953	-0.12008	-0.12706	
	M	0.00000	0.09336	0.18147	0.25940	0.32276	0.36801	0.39259	0.39513	0.39513	0.27643	0.14221	0.00000	
2.375	Q	0.94240	0.91594	0.83807	0.71314	0.54818	0.35244	0.13691	-0.08630	-1.08630	-1.27660	-1.39522	-1.43552	2.375
	V	0.00000	0.01123	0.02154	0.03003	0.03595	0.03865	0.03769	0.03282	0.03282	0.02419	0.01280	0.00000	
	V'	0.11389	0.10920	0.09539	0.07324	0.04400	0.00930	-0.02891	-0.06849	-0.06849	-0.10222	-0.12325	-0.13040	
	M	0.00000	0.09669	0.18783	0.26820	0.33320	0.37911	0.40327	0.40433	0.40433	0.28316	0.14576	0.00000	
2.400	Q	0.97620	0.94822	0.86588	0.73391	0.55987	0.35373	0.12732	-0.10639	-1.10639	-1.30534	-1.42947	-1.47165	2.400
	V	0.00000	0.01158	0.02219	0.03094	0.03701	0.03978	0.03876	0.03374	0.03374	0.02485	0.01315	0.00000	
	V'	0.11740	0.11254	0.09824	0.07533	0.04512	0.00933	-0.02998	-0.07055	-0.07055	-0.10509	-0.12664	-0.13397	
	M	0.00000	0.10026	0.19465	0.27765	0.34440	0.39100	0.41471	0.41416	0.41416	0.29035	0.14955	0.00000	
2.425	Q	1.01246	0.98284	0.89570	0.75615	0.57234	0.35505	0.11698	-0.12794	-1.12794	-1.33611	-1.46609	-1.51028	2.425
	V	0.00000	0.01195	0.02290	0.03191	0.03816	0.04098	0.03991	0.03472	0.03472	0.02557	0.01353	0.00000	
	V'	0.12115	0.11612	0.10130	0.07757	0.04631	0.00936	-0.03112	-0.07277	-0.07277	-0.10817	-0.13027	-0.13779	
	M	0.00000	0.10410	0.20198	0.28780	0.35642	0.40377	0.42699	0.42471	0.42471	0.29807	0.15362	0.00000	
2.450	Q	1.05146	1.02007	0.92774	0.78001	0.58569	0.35639	0.10580	-0.15110	-1.15110	-1.36912	-1.50536	-1.55170	2.450
	V	0.00000	0.01234	0.02365	0.03295	0.03939	0.04228	0.04115	0.03577	0.03577	0.02633	0.01393	0.00000	
	V'	0.12519	0.11996	0.10458	0.07997	0.04760	0.00939	-0.03235	-0.07515	-0.07515	-0.11147	-0.13417	-0.14189	
	M	0.00000	0.10824	0.20988	0.29873	0.36938	0.41751	0.44020	0.43606	0.43606	0.30636	0.15800	0.00000	
2.475	Q	1.09351	1.06019	0.96226	0.80568	0.60000	0.35775	0.09370	-0.17606	-1.17606	-1.40461	-1.54757	-1.59621	2.475
	V	0.00000	0.01277	0.02447	0.03408	0.04071	0.04367	0.04248	0.03690	0.03690	0.02716	0.01437	0.00000	
	V'	0.12954	0.12410	0.10811	0.08255	0.04897	0.00943	-0.03368	-0.07772	-0.07772	-0.11503	-0.13836	-0.14630	
ALPHA	X/L =	0.00	0.10	0.20	0.30	0.40	0.50	0.60	L 0.70	R 0.70	0.80	0.90	1.00	ALPHA

XP/L = 0.70

FUNKTIONEN : F.P;M - F.P;Q - F.P;V - F.P;V'

FUNKTIONEN : F.PIM - F.PIQ - F.PIV - F.PIV'

XP/L = 0.70

ALPHA	X/L =	0.00	0.10	0.20	0.30	0.40	0.50	0.60	L 0.70	R 0.70	0.80	0.90	1.00	ALPHA
	M	0.00000	0.11271	0.21842	0.31055	0.38336	0.43234	0.45444	0.44829	0.44829	0.31530	0.16271	0.00000	
2.500	Q	1.13896	1.10356	0.99954	0.83337	0.61539	0.35914	0.08057	-0.20302	-1.20302	-1.44289	-1.59305	-1.64416	2.500
	V	0.00000	0.01323	0.02535	0.03529	0.04214	0.04518	0.04391	0.03813	0.03813	0.02805	0.01483	0.00000	
	V'	0.13423	0.12857	0.11193	0.08534	0.05046	0.00946	-0.03511	-0.08048	-0.08048	-0.11886	-0.14289	-0.15107	
	M	0.00000	0.11756	0.22767	0.32334	0.39851	0.44840	0.46986	0.46151	0.46151	0.32496	0.16780	0.00000	
2.525	Q	1.18824	1.15056	1.03991	0.86332	0.63198	0.36055	0.06626	-0.23223	-1.23223	-1.48428	-1.64220	-1.69598	2.525
	V	0.00000	0.01373	0.02630	0.03660	0.04368	0.04680	0.04546	0.03945	0.03945	0.02901	0.01534	0.00000	
	V'	0.13932	0.13341	0.11605	0.08836	0.05207	0.00950	-0.03666	-0.08348	-0.08348	-0.12301	-0.14778	-0.15622	
	M	0.00000	0.12284	0.23773	0.33725	0.41496	0.46583	0.48658	0.47585	0.47585	0.33544	0.17332	0.00000	
2.550	Q	1.24181	1.20165	1.08378	0.89582	0.64992	0.36199	0.05065	-0.26397	-1.26397	-1.52918	-1.69549	-1.75215	2.550
	V	0.00000	0.01428	0.02733	0.03802	0.04536	0.04857	0.04715	0.04088	0.04088	0.03006	0.01589	0.00000	
	V'	0.14484	0.13866	0.12054	0.09163	0.05381	0.00953	-0.03835	-0.08673	-0.08673	-0.12752	-0.15309	-0.16181	
	M	0.00000	0.12859	0.24871	0.35242	0.43290	0.48483	0.50479	0.49146	0.49146	0.34683	0.17933	0.00000	
2.575	Q	1.30026	1.25739	1.13161	0.93120	0.66940	0.36345	0.03354	-0.29859	-1.29859	-1.57805	-1.75346	-1.81324	2.575
	V	0.00000	0.01487	0.02846	0.03958	0.04719	0.05050	0.04898	0.04245	0.04245	0.03119	0.01649	0.00000	
	V'	0.15085	0.14439	0.12542	0.09520	0.05571	0.00957	-0.04019	-0.09028	-0.09028	-0.13242	-0.15888	-0.16789	
	M	0.00000	0.13489	0.26072	0.36902	0.45252	0.50559	0.52469	0.50851	0.50851	0.35927	0.18588	0.00000	
2.600	Q	1.36426	1.31841	1.18393	0.96987	0.69062	0.36494	0.01473	-0.33647	-1.33647	-1.63144	-1.81675	-1.87994	2.600
	V	0.00000	0.01552	0.02969	0.04128	0.04919	0.05260	0.05099	0.04416	0.04416	0.03244	0.01714	0.00000	
	V'	0.15744	0.15065	0.13076	0.09909	0.05778	0.00961	-0.04220	-0.09415	-0.09415	-0.13779	-0.16520	-0.17455	
	M	0.00000	0.14182	0.27393	0.38726	0.47407	0.52839	0.54652	0.52720	0.52720	0.37291	0.19307	0.00000	
2.625	Q	1.43463	1.38548	1.24142	1.01230	0.71383	0.36645	-0.00603	-0.37810	-1.37810	-1.69001	-1.88613	-1.95304	2.625
	V	0.00000	0.01623	0.03105	0.04314	0.05138	0.05491	0.05319	0.04603	0.04603	0.03380	0.01786	0.00000	
	V'	0.16466	0.15753	0.13662	0.10337	0.06006	0.00964	-0.04441	-0.09841	-0.09841	-0.14367	-0.17214	-0.18185	
	M	0.00000	0.14947	0.28850	0.40739	0.49784	0.55354	0.57058	0.54780	0.54780	0.38793	0.20098	0.00000	
2.650	Q	1.51233	1.45953	1.30484	1.05906	0.73933	0.36799	-0.02904	-0.42405	-1.42405	-1.75454	-1.96254	-2.03352	2.650
	V	0.00000	0.01701	0.03254	0.04520	0.05380	0.05746	0.05562	0.04810	0.04810	0.03531	0.01865	0.00000	
	V'	0.17263	0.16512	0.14309	0.10809	0.06256	0.00968	-0.04686	-0.10310	-0.10310	-0.15017	-0.17978	-0.18989	
	M	0.00000	0.15795	0.30467	0.42972	0.52420	0.58140	0.59723	0.57059	0.57059	0.40455	0.20974	0.00000	
2.675	Q	1.59854	1.54169	1.37517	1.11084	0.76750	0.36956	-0.05467	-0.47500	-1.47500	-1.82599	-2.04709	-2.12258	2.675
	V	0.00000	0.01788	0.03419	0.04748	0.05649	0.06029	0.05831	0.05039	0.05039	0.03697	0.01953	0.00000	
	V'	0.18147	0.17353	0.15026	0.11332	0.06533	0.00972	-0.04956	-0.10831	-0.10831	-0.15736	-0.18826	-0.19881	
	M	0.00000	0.16742	0.32271	0.45461	0.55358	0.61243	0.62691	0.59597	0.59597	0.42305	0.21947	0.00000	
2.700	Q	1.69472	1.63332	1.45357	1.16850	0.79877	0.37115	-0.08335	-0.53182	-1.53182	-1.90552	-2.14116	-2.22164	2.700
	V	0.00000	0.01885	0.03604	0.05002	0.05948	0.06343	0.06130	0.05294	0.05294	0.03883	0.02050	0.00000	
	V'	0.19132	0.18290	0.15824	0.11914	0.06842	0.00976	-0.05259	-0.11410	-0.11410	-0.16537	-0.19769	-0.20873	
	M	0.00000	0.17804	0.34295	0.48254	0.58653	0.64723	0.66016	0.62438	0.62438	0.44375	0.23038	0.00000	
2.725	Q	1.80265	1.73614	1.54150	1.23310	0.83370	0.37278	-0.11566	-0.59556	-1.59556	-1.99461	-2.24646	-2.33252	2.725
	V	0.00000	0.01994	0.03810	0.05286	0.06283	0.06696	0.06466	0.05580	0.05580	0.04091	0.02160	0.00000	
	V'	0.20236	0.19340	0.16719	0.12566	0.07187	0.00980	-0.05598	-0.12060	-0.12060	-0.17434	-0.20826	-0.21985	
ALPHA	X/L =	0.00	0.10	0.20	0.30	0.40	0.50	0.60	L 0.70	R 0.70	0.80	0.90	1.00	ALPHA

XP/L = 0.70

FUNKTIONEN : F.PIM - F.PIQ - F.PIV - F.PIV'

FUNKTIONEN : F.PIM - F.PIQ - F.PIV - F.PIV'

XP/L = 0.70

ALPHA	X/L =	0.00	0.10	0.20	0.30	0.40	0.50	0.60	L 0.70	R 0.70	0.80	0.90	1.00	ALPHA
2.750	M	0.00000	0.19004	0.36581	0.51408	0.62372	0.68649	0.69766	0.65641	0.65641	0.46709	0.24266	0.00000	2.750
	Q	1.92461	1.85229	1.64078	1.30596	0.87299	0.37443	-0.15228	-0.66754	-1.66754	-2.09506	-2.36514	-2.45748	
	V	0.00000	0.02116	0.04044	0.05608	0.06661	0.07094	0.06845	0.05903	0.05903	0.04325	0.02283	0.00000	
	V'	0.21482	0.20526	0.17729	0.13302	0.07577	0.00984	-0.05981	-0.12794	-0.12794	-0.18447	-0.22018	-0.23239	
2.775	M	0.00000	0.20371	0.39183	0.54997	0.66603	0.73113	0.74029	0.69281	0.69281	0.49359	0.25661	0.00000	2.775
	Q	2.06345	1.98451	1.75373	1.38876	0.91754	0.37611	-0.19410	-0.74945	-1.74945	-2.20921	-2.49993	-2.59937	
	V	0.00000	0.02256	0.04309	0.05973	0.07091	0.07547	0.07276	0.06270	0.06270	0.04592	0.02423	0.00000	
	V'	0.22900	0.21875	0.18878	0.14139	0.08019	0.00988	-0.06416	-0.13628	-0.13628	-0.19599	-0.23374	-0.24665	
2.800	M	0.00000	0.21940	0.42170	0.59117	0.71458	0.78234	0.78916	0.73452	0.73452	0.52396	0.27260	0.00000	2.800
	Q	2.22289	2.13632	1.88336	1.48370	0.96848	0.37782	-0.24227	-0.84348	-1.84348	-2.34005	-2.65436	-2.76192	
	V	0.00000	0.02416	0.04614	0.06392	0.07584	0.08066	0.07770	0.06690	0.06690	0.04897	0.02584	0.00000	
	V'	0.24527	0.23423	0.20196	0.15098	0.08526	0.00993	-0.06917	-0.14585	-0.14585	-0.20919	-0.24928	-0.26300	
2.825	M	0.00000	0.23759	0.45635	0.63893	0.77085	0.84167	0.84576	0.78280	0.78280	0.55911	0.29109	0.00000	2.825
	Q	2.40782	2.31238	2.03362	1.59364	1.02732	0.37956	-0.29829	-0.95250	-1.95250	-2.49155	-2.83308	-2.95002	
	V	0.00000	0.02601	0.04966	0.06878	0.08155	0.08667	0.08342	0.07177	0.07177	0.05252	0.02770	0.00000	
	V'	0.26412	0.25216	0.21723	0.16210	0.09114	0.00997	-0.07497	-0.15694	-0.15694	-0.22449	-0.26728	-0.28193	
2.850	M	0.00000	0.25894	0.49699	0.69495	0.83683	0.91121	0.91207	0.83935	0.83935	0.60026	0.31275	0.00000	2.850
	Q	2.62480	2.51892	2.20982	1.72244	1.09610	0.38133	-0.36420	-1.08035	-2.08035	-2.66901	-3.04233	-3.17021	
	V	0.00000	0.02819	0.05380	0.07448	0.08825	0.09372	0.09013	0.07748	0.07748	0.05667	0.02989	0.00000	
	V'	0.28622	0.27318	0.23513	0.17512	0.09801	0.01001	-0.08177	-0.16994	-0.16994	-0.24241	-0.28838	-0.30412	
2.875	M	0.00000	0.28433	0.54532	0.76154	0.91525	0.99383	0.99083	0.90649	0.90649	0.64911	0.33845	0.00000	2.875
	Q	2.88283	2.76451	2.41925	1.87540	1.17760	0.38313	-0.44278	-1.23235	-2.23235	-2.87972	-3.29069	-3.43154	
	V	0.00000	0.03077	0.05872	0.08125	0.09621	0.10209	0.09810	0.08426	0.08426	0.06159	0.03248	0.00000	
	V'	0.31248	0.29816	0.25639	0.19060	0.10617	0.01006	-0.08986	-0.18539	-0.18539	-0.26371	-0.31343	-0.33047	
2.900	M	0.00000	0.31501	0.60371	0.84200	1.00997	1.09359	1.08589	0.98750	0.98750	0.70804	0.36944	0.00000	2.900
	Q	3.19470	3.06130	2.67224	2.06002	1.27577	0.38497	-0.53798	-1.41600	-2.41600	-3.13401	-3.59029	-3.74674	
	V	0.00000	0.03389	0.06465	0.08942	0.10582	0.11220	0.10772	0.09245	0.09245	0.06754	0.03561	0.00000	
	V'	0.34420	0.32834	0.28207	0.20928	0.11602	0.01010	-0.09964	-0.20404	-0.20404	-0.28942	-0.34367	-0.36228	
2.925	M	0.00000	0.35282	0.67567	0.94112	1.12663	1.21643	1.20290	1.08718	1.08718	0.78053	0.40758	0.00000	2.925
	Q	3.57902	3.42701	2.98388	2.28727	1.39636	0.38684	-0.65555	-1.64225	-2.64225	-3.44696	-3.95887	-4.13448	
	V	0.00000	0.03773	0.07196	0.09948	0.11766	0.12465	0.11956	0.10253	0.10253	0.07487	0.03946	0.00000	
	V'	0.38326	0.36549	0.31370	0.23228	0.12815	0.01015	-0.11169	-0.22701	-0.22701	-0.32107	-0.38090	-0.40143	
2.950	M	0.00000	0.40055	0.76650	1.06622	1.27382	1.37138	1.35045	1.21285	1.21285	0.87191	0.45564	0.00000	2.950
	Q	4.06420	3.88863	3.37711	2.57381	1.54815	0.38874	-0.80426	-1.92777	-2.92777	-3.84154	-4.42341	-4.62312	
	V	0.00000	0.04258	0.08118	0.11218	0.13259	0.14035	0.13450	0.11524	0.11524	0.08410	0.04431	0.00000	
	V'	0.43254	0.41237	0.35359	0.26128	0.14342	0.01020	-0.12689	-0.25599	-0.25599	-0.36099	-0.42786	-0.45080	
2.975	M	0.00000	0.46267	0.88468	1.22898	1.46530	1.57289	1.54229	1.37619	1.37619	0.99066	0.51809	0.00000	2.975
	Q	4.69562	4.48935	3.88867	2.94635	1.74517	0.39068	-0.99815	-2.29927	-3.29927	-4.35447	-5.02711	-5.25808	
	V	0.00000	0.04889	0.09318	0.12869	0.15200	0.16077	0.15392	0.13176	0.13176	0.09611	0.05063	0.00000	
	V'	0.49665	0.47334	0.40547	0.29900	0.16329	0.01025	-0.14667	-0.29368	-0.29368	-0.41291	-0.48890	-0.51500	
ALPHA	X/L =	0.00	0.10	0.20	0.30	0.40	0.50	0.60	L 0.70	R 0.70	0.80	0.90	1.00	ALPHA

XP/L = 0.70

FUNKTIONEN : F.PIM - F.PIQ - F.PIV - F.PIV'

FUNKTIONEN : F.PIM - F.PIQ - F.PIV - F.PIV'

XP/L = 0.80

ALPHA	X/L =	0.00	0.10	0.20	0.30	0.40	0.50	0.60	0.70	L 0.80	R 0.80	0.90	1.00	ALPHA
	M	0.00000	0.02000	0.04000	0.06000	0.08000	0.10000	0.12000	0.14000	0.16000	0.16000	0.08000	0.00000	
0.000	Q	0.20000	0.20000	0.20000	0.20000	0.20000	0.20000	0.20000	0.20000	0.20000	-0.80000	-0.80000	-0.80000	0.000
	V	0.00000	0.00317	0.00613	0.00870	0.01067	0.01183	0.01200	0.01097	0.00853	0.00853	0.00467	0.00000	
	V'	0.03200	0.03100	0.02800	0.02300	0.01600	0.00700	-0.00400	-0.01700	-0.03200	-0.03200	-0.04400	-0.04800	
	M	0.00000	0.02000	0.04000	0.06001	0.08001	0.10001	0.12001	0.14001	0.16001	0.16001	0.08000	0.00000	
0.025	Q	0.20002	0.20002	0.20002	0.20001	0.20001	0.20000	0.20000	0.19999	0.19998	-0.80002	-0.80003	-0.80003	0.025
	V	0.00000	0.00317	0.00613	0.00870	0.01067	0.01183	0.01200	0.01097	0.00853	0.00853	0.00467	0.00000	
	V'	0.03200	0.03100	0.02800	0.02300	0.01600	0.00700	-0.00400	-0.01700	-0.03200	-0.03200	-0.04400	-0.04800	
	M	0.00000	0.02001	0.04002	0.06002	0.08003	0.10003	0.12003	0.14003	0.16002	0.16002	0.08001	0.00000	
0.050	Q	0.20008	0.20008	0.20007	0.20006	0.20004	0.20002	0.19999	0.19996	0.19992	-0.80008	-0.80011	-0.80012	0.050
	V	0.00000	0.00317	0.00614	0.00870	0.01067	0.01184	0.01200	0.01097	0.00854	0.00854	0.00467	0.00000	
	V'	0.03201	0.03101	0.02801	0.02301	0.01600	0.00700	-0.00400	-0.01701	-0.03201	-0.03201	-0.04401	-0.04801	
	M	0.00000	0.02002	0.04003	0.06005	0.08006	0.10007	0.12007	0.14006	0.16005	0.16005	0.08003	0.00000	
0.075	Q	0.20018	0.20017	0.20016	0.20013	0.20009	0.20004	0.19998	0.19990	0.19982	-0.80018	-0.80025	-0.80027	0.075
	V	0.00000	0.00317	0.00614	0.00871	0.01067	0.01184	0.01201	0.01097	0.00854	0.00854	0.00467	0.00000	
	V'	0.03202	0.03102	0.02802	0.02301	0.01601	0.00700	-0.00401	-0.01701	-0.03202	-0.03202	-0.04402	-0.04802	
	M	0.00000	0.02003	0.04006	0.06009	0.08011	0.10012	0.12012	0.14011	0.16009	0.16009	0.08005	0.00000	
0.100	Q	0.20032	0.20031	0.20028	0.20023	0.20016	0.20007	0.19996	0.19983	0.19968	-0.80032	-0.80044	-0.80048	0.100
	V	0.00000	0.00317	0.00614	0.00871	0.01068	0.01185	0.01201	0.01098	0.00854	0.00854	0.00467	0.00000	
	V'	0.03204	0.03104	0.02803	0.02302	0.01601	0.00700	-0.00401	-0.01702	-0.03203	-0.03203	-0.04404	-0.04804	
	M	0.00000	0.02005	0.04010	0.06014	0.08017	0.10019	0.12019	0.14017	0.16013	0.16013	0.08007	0.00000	
0.125	Q	0.20050	0.20049	0.20044	0.20036	0.20025	0.20011	0.19994	0.19973	0.19950	-0.80050	-0.80069	-0.80075	0.125
	V	0.00000	0.00317	0.00614	0.00872	0.01068	0.01185	0.01202	0.01098	0.00855	0.00855	0.00467	0.00000	
	V'	0.03206	0.03105	0.02805	0.02304	0.01602	0.00700	-0.00402	-0.01703	-0.03205	-0.03205	-0.04406	-0.04806	
	M	0.00000	0.02007	0.04014	0.06020	0.08024	0.10027	0.12027	0.14025	0.16019	0.16019	0.08011	0.00000	
0.150	Q	0.20072	0.20070	0.20063	0.20052	0.20036	0.20016	0.19991	0.19962	0.19928	-0.80072	-0.80099	-0.80108	0.150
	V	0.00000	0.00317	0.00615	0.00872	0.01069	0.01186	0.01203	0.01099	0.00855	0.00855	0.00468	0.00000	
	V'	0.03208	0.03108	0.02807	0.02305	0.01603	0.00700	-0.00402	-0.01705	-0.03207	-0.03207	-0.04409	-0.04809	
	M	0.00000	0.02010	0.04019	0.06027	0.08033	0.10036	0.12037	0.14034	0.16026	0.16026	0.08014	0.00000	
0.175	Q	0.20098	0.20095	0.20086	0.20071	0.20049	0.20021	0.19988	0.19948	0.19902	-0.80098	-0.80135	-0.80147	0.175
	V	0.00000	0.00318	0.00615	0.00873	0.01070	0.01187	0.01204	0.01100	0.00856	0.00856	0.00468	0.00000	
	V'	0.03211	0.03111	0.02809	0.02307	0.01604	0.00701	-0.00403	-0.01707	-0.03210	-0.03210	-0.04412	-0.04812	
	M	0.00000	0.02013	0.04025	0.06035	0.08043	0.10048	0.12048	0.14044	0.16034	0.16034	0.08019	0.00000	
0.200	Q	0.20129	0.20125	0.20112	0.20092	0.20064	0.20028	0.19984	0.19932	0.19871	-0.80129	-0.80177	-0.80193	0.200
	V	0.00000	0.00318	0.00616	0.00874	0.01071	0.01188	0.01205	0.01101	0.00856	0.00856	0.00468	0.00000	
	V'	0.03215	0.03114	0.02812	0.02309	0.01605	0.00701	-0.00404	-0.01709	-0.03213	-0.03213	-0.04415	-0.04816	
	M	0.00000	0.02016	0.04031	0.06044	0.08054	0.10060	0.12061	0.14056	0.16043	0.16043	0.08024	0.00000	
0.225	Q	0.20163	0.20158	0.20143	0.20117	0.20081	0.20035	0.19979	0.19913	0.19837	-0.80163	-0.80224	-0.80244	0.225
	V	0.00000	0.00319	0.00617	0.00875	0.01072	0.01190	0.01206	0.01102	0.00857	0.00857	0.00469	0.00000	
	V'	0.03219	0.03118	0.02815	0.02312	0.01607	0.00701	-0.00405	-0.01711	-0.03216	-0.03216	-0.04419	-0.04821	

ALPHA X/L = 0.00 0.10 0.20 0.30 0.40 0.50 0.60 0.70 L 0.80 R 0.80 0.90 1.00 ALPHA

XP/L = 0.80

FUNKTIONEN : F.PIM - F.PIQ - F.PIV - F.PIV'

FUNKTIONEN : F.PIM - F.PIQ - F.PIV - F.PIV'

XP/L = 0.80

ALPHA	X/L =	0.00	0.10	0.20	0.30	0.40	0.50	0.60	0.70	L 0.80	R 0.80	0.90	1.00	ALPHA
	M	0.00000	0.02020	0.04039	0.06055	0.08067	0.10074	0.12075	0.14069	0.16054	0.16054	0.08029	0.00000	
0.250	Q	0.20201	0.20195	0.20176	0.20145	0.20101	0.20044	0.19975	0.19893	0.19799	-0.80201	-0.80277	-0.80302	0.250
	V	0.00000	0.00319	0.00618	0.00876	0.01074	0.01191	0.01207	0.01103	0.00858	0.00858	0.00469	0.00000	
	V'	0.03223	0.03122	0.02819	0.02314	0.01608	0.00701	-0.00406	-0.01714	-0.03220	-0.03220	-0.04424	-0.04826	
	M	0.00000	0.02024	0.04047	0.06066	0.08081	0.10090	0.12091	0.14084	0.16065	0.16065	0.08036	0.00000	
0.275	Q	0.20244	0.20236	0.20214	0.20175	0.20122	0.20053	0.19969	0.19870	0.19756	-0.80244	-0.80335	-0.80365	0.275
	V	0.00000	0.00319	0.00619	0.00877	0.01075	0.01193	0.01209	0.01104	0.00859	0.00859	0.00470	0.00000	
	V'	0.03228	0.03127	0.02823	0.02318	0.01610	0.00701	-0.00408	-0.01717	-0.03224	-0.03224	-0.04429	-0.04831	
	M	0.00000	0.02029	0.04056	0.06079	0.08097	0.10107	0.12109	0.14100	0.16077	0.16077	0.08042	0.00000	
0.300	Q	0.20291	0.20282	0.20254	0.20209	0.20145	0.20063	0.19963	0.19845	0.19709	-0.80291	-0.80399	-0.80435	0.300
	V	0.00000	0.00320	0.00620	0.00879	0.01077	0.01194	0.01211	0.01106	0.00860	0.00860	0.00470	0.00000	
	V'	0.03233	0.03132	0.02828	0.02321	0.01612	0.00702	-0.00409	-0.01720	-0.03229	-0.03229	-0.04435	-0.04837	
	M	0.00000	0.02034	0.04066	0.06093	0.08114	0.10126	0.12128	0.14117	0.16091	0.16091	0.08050	0.00000	
0.325	Q	0.20342	0.20331	0.20299	0.20246	0.20170	0.20074	0.19957	0.19818	0.19658	-0.80342	-0.80469	-0.80512	0.325
	V	0.00000	0.00321	0.00621	0.00880	0.01079	0.01196	0.01213	0.01108	0.00861	0.00861	0.00471	0.00000	
	V'	0.03239	0.03137	0.02832	0.02325	0.01614	0.00702	-0.00411	-0.01723	-0.03234	-0.03234	-0.04441	-0.04843	
	M	0.00000	0.02039	0.04076	0.06108	0.08132	0.10147	0.12149	0.14136	0.16106	0.16106	0.08058	0.00000	
0.350	Q	0.20398	0.20385	0.20348	0.20285	0.20198	0.20086	0.19949	0.19788	0.19603	-0.80397	-0.80545	-0.80594	0.350
	V	0.00000	0.00321	0.00622	0.00882	0.01081	0.01198	0.01215	0.01109	0.00863	0.00863	0.00472	0.00000	
	V'	0.03246	0.03144	0.02838	0.02328	0.01616	0.00702	-0.00413	-0.01727	-0.03239	-0.03239	-0.04447	-0.04850	
	M	0.00000	0.02045	0.04088	0.06124	0.08152	0.10169	0.12171	0.14156	0.16122	0.16122	0.08066	0.00000	
0.375	Q	0.20457	0.20443	0.20400	0.20328	0.20228	0.20099	0.19942	0.19757	0.19544	-0.80456	-0.80626	-0.80683	0.375
	V	0.00000	0.00322	0.00623	0.00884	0.01083	0.01201	0.01217	0.01111	0.00864	0.00864	0.00472	0.00000	
	V'	0.03252	0.03150	0.02843	0.02333	0.01619	0.00703	-0.00414	-0.01731	-0.03245	-0.03245	-0.04455	-0.04858	
	M	0.00000	0.02052	0.04100	0.06142	0.08174	0.10193	0.12195	0.14178	0.16138	0.16138	0.08076	0.00000	
0.400	Q	0.20522	0.20505	0.20456	0.20374	0.20259	0.20112	0.19933	0.19722	0.19480	-0.80520	-0.80714	-0.80779	0.400
	V	0.00000	0.00323	0.00625	0.00886	0.01085	0.01203	0.01219	0.01113	0.00866	0.00866	0.00473	0.00000	
	V'	0.03260	0.03157	0.02849	0.02337	0.01621	0.00703	-0.00416	-0.01735	-0.03251	-0.03251	-0.04462	-0.04866	
	M	0.00000	0.02058	0.04113	0.06160	0.08196	0.10218	0.12221	0.14201	0.16157	0.16157	0.08086	0.00000	
0.425	Q	0.20590	0.20572	0.20516	0.20423	0.20293	0.20127	0.19924	0.19686	0.19412	-0.80588	-0.80807	-0.80880	0.425
	V	0.00000	0.00323	0.00626	0.00888	0.01088	0.01206	0.01222	0.01115	0.00867	0.00867	0.00474	0.00000	
	V'	0.03268	0.03165	0.02856	0.02342	0.01624	0.00703	-0.00419	-0.01740	-0.03258	-0.03258	-0.04470	-0.04875	
	M	0.00000	0.02066	0.04127	0.06180	0.08221	0.10245	0.12248	0.14226	0.16176	0.16176	0.08096	0.00000	
0.450	Q	0.20663	0.20642	0.20580	0.20475	0.20330	0.20143	0.19915	0.19647	0.19339	-0.80661	-0.80907	-0.80989	0.450
	V	0.00000	0.00324	0.00628	0.00890	0.01090	0.01209	0.01224	0.01118	0.00869	0.00869	0.00475	0.00000	
	V'	0.03276	0.03173	0.02863	0.02347	0.01627	0.00704	-0.00421	-0.01745	-0.03265	-0.03265	-0.04479	-0.04884	
	M	0.00000	0.02073	0.04142	0.06201	0.08247	0.10273	0.12277	0.14253	0.16196	0.16196	0.08107	0.00000	
0.475	Q	0.20741	0.20718	0.20648	0.20531	0.20368	0.20159	0.19904	0.19605	0.19262	-0.80738	-0.81013	-0.81104	0.475
	V	0.00000	0.00325	0.00629	0.00892	0.01093	0.01212	0.01227	0.01120	0.00871	0.00871	0.00476	0.00000	
	V'	0.03285	0.03181	0.02870	0.02353	0.01630	0.00704	-0.00423	-0.01750	-0.03273	-0.03273	-0.04488	-0.04894	
ALPHA	X/L =	0.00	0.10	0.20	0.30	0.40	0.50	0.60	0.70	L 0.80	R 0.80	0.90	1.00	ALPHA

XP/L = 0.80

FUNKTIONEN : F.PIM - F.PIQ - F.PIV - F.PIV'

FUNKTIONEN : F.P;M - F.P;Q - F.P;V - F.P;V'

XP/L = 0.80

ALPHA	X/L =	0.00	0.10	0.20	0.30	0.40	0.50	0.60	0.70	L 0.80	R 0.80	0.90	1.00	ALPHA
	M	0.00000	0.02081	0.04158	0.06224	0.08274	0.10304	0.12308	0.14281	0.16218	0.16218	0.08119	0.00000	
0.500	Q	0.20824	0.20798	0.20720	0.20590	0.20408	0.20176	0.19893	0.19561	0.19180	-0.80820	-0.81125	-0.81226	0.500
	V	0.00000	0.00326	0.00631	0.00895	0.01096	0.01215	0.01230	0.01123	0.00873	0.00873	0.00477	0.00000	
	V'	0.03294	0.03190	0.02878	0.02359	0.01634	0.00705	-0.00426	-0.01756	-0.03281	-0.03281	-0.04498	-0.04904	
	M	0.00000	0.02090	0.04174	0.06247	0.08303	0.10336	0.12340	0.14310	0.16241	0.16241	0.08132	0.00000	
0.525	Q	0.20911	0.20882	0.20796	0.20652	0.20451	0.20194	0.19882	0.19514	0.19093	-0.80907	-0.81243	-0.81355	0.525
	V	0.00000	0.00327	0.00633	0.00897	0.01099	0.01218	0.01233	0.01126	0.00875	0.00875	0.00478	0.00000	
	V'	0.03304	0.03200	0.02886	0.02365	0.01637	0.00705	-0.00429	-0.01762	-0.03289	-0.03289	-0.04508	-0.04915	
	M	0.00000	0.02099	0.04192	0.06272	0.08333	0.10369	0.12374	0.14341	0.16265	0.16265	0.08145	0.00000	
0.550	Q	0.21003	0.20971	0.20876	0.20717	0.20496	0.20214	0.19869	0.19465	0.19002	-0.80998	-0.81367	-0.81490	0.550
	V	0.00000	0.00328	0.00635	0.00900	0.01102	0.01221	0.01237	0.01128	0.00877	0.00877	0.00479	0.00000	
	V'	0.03315	0.03210	0.02895	0.02372	0.01641	0.00706	-0.00432	-0.01768	-0.03298	-0.03298	-0.04519	-0.04927	
	M	0.00000	0.02109	0.04211	0.06299	0.08366	0.10405	0.12410	0.14374	0.16291	0.16291	0.08159	0.00000	
0.575	Q	0.21100	0.21065	0.20960	0.20786	0.20544	0.20234	0.19856	0.19413	0.18906	-0.81094	-0.81498	-0.81633	0.575
	V	0.00000	0.00329	0.00637	0.00903	0.01106	0.01225	0.01240	0.01132	0.00879	0.00879	0.00480	0.00000	
	V'	0.03326	0.03220	0.02904	0.02379	0.01645	0.00706	-0.00435	-0.01774	-0.03308	-0.03308	-0.04531	-0.04939	
	M	0.00000	0.02119	0.04230	0.06326	0.08399	0.10442	0.12448	0.14408	0.16317	0.16317	0.08173	0.00000	
0.600	Q	0.21201	0.21163	0.21049	0.20859	0.20594	0.20254	0.19842	0.19359	0.18806	-0.81194	-0.81635	-0.81783	0.600
	V	0.00000	0.00330	0.00639	0.00906	0.01109	0.01229	0.01244	0.01135	0.00881	0.00881	0.00482	0.00000	
	V'	0.03337	0.03231	0.02914	0.02386	0.01649	0.00707	-0.00438	-0.01781	-0.03318	-0.03318	-0.04543	-0.04952	
	M	0.00000	0.02129	0.04251	0.06355	0.08435	0.10482	0.12487	0.14445	0.16345	0.16345	0.08189	0.00000	
0.625	Q	0.21308	0.21267	0.21142	0.20935	0.20646	0.20276	0.19828	0.19301	0.18700	-0.81300	-0.81779	-0.81939	0.625
	V	0.00000	0.00331	0.00642	0.00909	0.01113	0.01233	0.01248	0.01138	0.00884	0.00884	0.00483	0.00000	
	V'	0.03349	0.03243	0.02924	0.02393	0.01654	0.00708	-0.00441	-0.01788	-0.03328	-0.03328	-0.04555	-0.04965	
	M	0.00000	0.02141	0.04272	0.06386	0.08472	0.10523	0.12529	0.14482	0.16375	0.16375	0.08205	0.00000	
0.650	Q	0.21421	0.21375	0.21240	0.21015	0.20701	0.20299	0.19812	0.19241	0.18589	-0.81411	-0.81930	-0.82104	0.650
	V	0.00000	0.00333	0.00644	0.00912	0.01117	0.01237	0.01252	0.01142	0.00886	0.00886	0.00484	0.00000	
	V'	0.03362	0.03255	0.02934	0.02401	0.01658	0.00708	-0.00445	-0.01796	-0.03339	-0.03339	-0.04569	-0.04979	
	M	0.00000	0.02152	0.04295	0.06417	0.08511	0.10566	0.12572	0.14522	0.16405	0.16405	0.08221	0.00000	
0.675	Q	0.21538	0.21489	0.21342	0.21098	0.20758	0.20323	0.19796	0.19178	0.18473	-0.81527	-0.82088	-0.82275	0.675
	V	0.00000	0.00334	0.00646	0.00916	0.01121	0.01242	0.01256	0.01145	0.00889	0.00889	0.00486	0.00000	
	V'	0.03376	0.03268	0.02945	0.02410	0.01663	0.00709	-0.00449	-0.01804	-0.03351	-0.03351	-0.04583	-0.04994	
	M	0.00000	0.02164	0.04318	0.06451	0.08552	0.10611	0.12618	0.14563	0.16437	0.16437	0.08239	0.00000	
0.700	Q	0.21661	0.21608	0.21449	0.21185	0.20817	0.20348	0.19778	0.19112	0.18352	-0.81648	-0.82253	-0.82454	0.700
	V	0.00000	0.00335	0.00649	0.00920	0.01126	0.01246	0.01261	0.01149	0.00892	0.00892	0.00487	0.00000	
	V'	0.03390	0.03281	0.02957	0.02418	0.01668	0.00709	-0.00452	-0.01812	-0.03363	-0.03363	-0.04597	-0.05009	
	M	0.00000	0.02177	0.04343	0.06485	0.08594	0.10658	0.12665	0.14606	0.16470	0.16470	0.08257	0.00000	
0.725	Q	0.21789	0.21732	0.21561	0.21276	0.20879	0.20373	0.19760	0.19043	0.18226	-0.81774	-0.82424	-0.82641	0.725
	V	0.00000	0.00337	0.00652	0.00923	0.01130	0.01251	0.01265	0.01153	0.00895	0.00895	0.00489	0.00000	
	V'	0.03404	0.03295	0.02969	0.02427	0.01673	0.00710	-0.00457	-0.01821	-0.03375	-0.03375	-0.04612	-0.05025	
ALPHA	X/L =	0.00	0.10	0.20	0.30	0.40	0.50	0.60	0.70	L 0.80	R 0.80	0.90	1.00	ALPHA

XP/L = 0.80

FUNKTIONEN : F.P;M - F.P;Q - F.P;V - F.P;V'

FUNKTIONEN : F.P;M - F.P;Q - F.P;V - F.P;V'

XP/L = 0.80

ALPHA	X/L =	0.00	0.10	0.20	0.30	0.40	0.50	0.60	0.70	L 0.80	R 0.80	0.90	1.00	ALPHA
	M	0.00000	0.02190	0.04368	0.06522	0.08638	0.10707	0.12715	0.14651	0.16505	0.16505	0.08276	0.00000	
0.750	Q	0.21923	0.21862	0.21677	0.21371	0.20944	0.20400	0.19741	0.18971	0.18094	-0.81906	-0.82603	-0.82836	0.750
	V	0.00000	0.00338	0.00655	0.00927	0.01135	0.01256	0.01270	0.01157	0.00898	0.00898	0.00490	0.00000	
	V'	0.03419	0.03310	0.02982	0.02437	0.01679	0.00711	-0.00461	-0.01830	-0.03388	-0.03388	-0.04628	-0.05042	
	M	0.00000	0.02204	0.04395	0.06560	0.08685	0.10758	0.12766	0.14698	0.16541	0.16541	0.08296	0.00000	
0.775	Q	0.22063	0.21997	0.21799	0.21470	0.21012	0.20427	0.19721	0.18895	0.17957	-0.82043	-0.82789	-0.83039	0.775
	V	0.00000	0.00340	0.00658	0.00932	0.01140	0.01261	0.01275	0.01162	0.00901	0.00901	0.00492	0.00000	
	V'	0.03435	0.03325	0.02995	0.02447	0.01684	0.00712	-0.00465	-0.01839	-0.03402	-0.03402	-0.04644	-0.05059	
	M	0.00000	0.02219	0.04423	0.06599	0.08733	0.10811	0.12820	0.14746	0.16579	0.16579	0.08316	0.00000	
0.800	Q	0.22209	0.22138	0.21925	0.21573	0.21082	0.20456	0.19699	0.18817	0.17814	-0.82186	-0.82983	-0.83250	0.800
	V	0.00000	0.00341	0.00661	0.00936	0.01145	0.01267	0.01281	0.01166	0.00905	0.00905	0.00494	0.00000	
	V'	0.03452	0.03341	0.03008	0.02457	0.01690	0.00712	-0.00470	-0.01849	-0.03416	-0.03416	-0.04661	-0.05077	
	M	0.00000	0.02234	0.04452	0.06640	0.08783	0.10866	0.12875	0.14797	0.16618	0.16618	0.08337	0.00000	
0.825	Q	0.22361	0.22285	0.22057	0.21680	0.21154	0.20485	0.19677	0.18735	0.17665	-0.82335	-0.83185	-0.83469	0.825
	V	0.00000	0.00343	0.00664	0.00940	0.01150	0.01273	0.01286	0.01171	0.00908	0.00908	0.00496	0.00000	
	V'	0.03469	0.03357	0.03023	0.02468	0.01696	0.00713	-0.00475	-0.01859	-0.03431	-0.03431	-0.04679	-0.05096	
	M	0.00000	0.02249	0.04482	0.06683	0.08835	0.10924	0.12933	0.14850	0.16659	0.16659	0.08360	0.00000	
0.850	Q	0.22519	0.22438	0.22195	0.21791	0.21230	0.20516	0.19654	0.18649	0.17510	-0.82490	-0.83394	-0.83696	0.850
	V	0.00000	0.00345	0.00667	0.00945	0.01156	0.01278	0.01292	0.01176	0.00912	0.00912	0.00498	0.00000	
	V'	0.03487	0.03374	0.03037	0.02479	0.01703	0.00714	-0.00480	-0.01870	-0.03446	-0.03446	-0.04698	-0.05116	
	M	0.00000	0.02265	0.04514	0.06727	0.08889	0.10984	0.12994	0.14904	0.16701	0.16701	0.08383	0.00000	
0.875	Q	0.22684	0.22597	0.22337	0.21907	0.21309	0.20547	0.19629	0.18560	0.17350	-0.82650	-0.83611	-0.83932	0.875
	V	0.00000	0.00347	0.00671	0.00950	0.01162	0.01285	0.01298	0.01181	0.00916	0.00916	0.00500	0.00000	
	V'	0.03505	0.03392	0.03053	0.02490	0.01709	0.00715	-0.00485	-0.01881	-0.03462	-0.03462	-0.04717	-0.05136	
	M	0.00000	0.02282	0.04546	0.06774	0.08946	0.11046	0.13056	0.14961	0.16745	0.16745	0.08406	0.00000	
0.900	Q	0.22855	0.22763	0.22486	0.22027	0.21390	0.20580	0.19603	0.18467	0.17183	-0.82817	-0.83837	-0.84177	0.900
	V	0.00000	0.00349	0.00675	0.00955	0.01168	0.01291	0.01304	0.01186	0.00919	0.00919	0.00502	0.00000	
	V'	0.03525	0.03411	0.03069	0.02502	0.01716	0.00716	-0.00490	-0.01892	-0.03478	-0.03478	-0.04737	-0.05157	
	M	0.00000	0.02300	0.04580	0.06822	0.09004	0.11110	0.13121	0.15020	0.16790	0.16790	0.08431	0.00000	
0.925	Q	0.23033	0.22935	0.22640	0.22152	0.21474	0.20613	0.19576	0.18371	0.17009	-0.82991	-0.84071	-0.84432	0.925
	V	0.00000	0.00351	0.00678	0.00960	0.01174	0.01298	0.01310	0.01192	0.00923	0.00923	0.00504	0.00000	
	V'	0.03545	0.03430	0.03085	0.02515	0.01723	0.00717	-0.00496	-0.01904	-0.03495	-0.03495	-0.04757	-0.05179	
	M	0.00000	0.02318	0.04616	0.06871	0.09065	0.11177	0.13189	0.15081	0.16837	0.16837	0.08457	0.00000	
0.950	Q	0.23218	0.23113	0.22800	0.22281	0.21562	0.20648	0.19547	0.18271	0.16829	-0.83171	-0.84313	-0.84695	0.950
	V	0.00000	0.00353	0.00682	0.00966	0.01180	0.01305	0.01317	0.01198	0.00928	0.00928	0.00506	0.00000	
	V'	0.03566	0.03450	0.03103	0.02528	0.01730	0.00718	-0.00502	-0.01916	-0.03513	-0.03513	-0.04779	-0.05202	
	M	0.00000	0.02337	0.04652	0.06923	0.09128	0.11247	0.13259	0.15144	0.16886	0.16886	0.08483	0.00000	
0.975	Q	0.23410	0.23299	0.22967	0.22416	0.21652	0.20683	0.19517	0.18166	0.16643	-0.83357	-0.84564	-0.84968	0.975
	V	0.00000	0.00355	0.00686	0.00971	0.01187	0.01312	0.01324	0.01204	0.00932	0.00932	0.00508	0.00000	
	V'	0.03587	0.03470	0.03121	0.02541	0.01738	0.00719	-0.00508	-0.01929	-0.03532	-0.03532	-0.04801	-0.05226	
ALPHA	X/L =	0.00	0.10	0.20	0.30	0.40	0.50	0.60	0.70	L 0.80	R 0.80	0.90	1.00	ALPHA

XP/L = 0.80

FUNKTIONEN : F.P;M - F.P;Q - F.P;V - F.P;V'

FUNKTIONEN : F.P,M - F.P,Q - F.P,V - F.P,V'

XP/L = 0.80

ALPHA	X/L =	0.00	0.10	0.20	0.30	0.40	0.50	0.60	0.70	L 0.80	R 0.80	0.90	1.00	ALPHA
1.000	M	0.00000	0.02357	0.04691	0.06977	0.09194	0.11319	0.13331	0.15210	0.16937	0.16937	0.08511	0.00000	1.000
	Q	0.23610	0.23492	0.23139	0.22555	0.21746	0.20720	0.19486	0.18058	0.16449	-0.83551	-0.84824	-0.85250	
	V	0.00000	0.00357	0.00691	0.00977	0.01194	0.01319	0.01331	0.01210	0.00937	0.00937	0.00511	0.00000	
	V'	0.03610	0.03492	0.03139	0.02555	0.01746	0.00720	-0.00514	-0.01942	-0.03551	-0.03551	-0.04824	-0.05250	
1.025	M	0.00000	0.02378	0.04730	0.07033	0.09262	0.11394	0.13406	0.15278	0.16989	0.16989	0.08539	0.00000	1.025
	Q	0.23817	0.23692	0.23318	0.22700	0.21843	0.20757	0.19453	0.17945	0.16248	-0.83752	-0.85094	-0.85543	
	V	0.00000	0.00359	0.00695	0.00983	0.01201	0.01327	0.01338	0.01216	0.00941	0.00941	0.00513	0.00000	
	V'	0.03633	0.03514	0.03158	0.02570	0.01754	0.00721	-0.00521	-0.01956	-0.03571	-0.03571	-0.04848	-0.05276	
1.050	M	0.00000	0.02399	0.04771	0.07091	0.09333	0.11472	0.13484	0.15348	0.17043	0.17043	0.08569	0.00000	1.050
	Q	0.24032	0.23900	0.23504	0.22850	0.21943	0.20796	0.19419	0.17828	0.16041	-0.83959	-0.85373	-0.85845	
	V	0.00000	0.00362	0.00699	0.00990	0.01209	0.01335	0.01346	0.01223	0.00946	0.00946	0.00516	0.00000	
	V'	0.03657	0.03537	0.03178	0.02585	0.01763	0.00722	-0.00527	-0.01970	-0.03591	-0.03591	-0.04873	-0.05302	
1.075	M	0.00000	0.02421	0.04814	0.07151	0.09406	0.11552	0.13565	0.15421	0.17099	0.17099	0.08599	0.00000	1.075
	Q	0.24255	0.24115	0.23697	0.23005	0.22047	0.20835	0.19382	0.17706	0.15825	-0.84175	-0.85661	-0.86159	
	V	0.00000	0.00364	0.00704	0.00996	0.01217	0.01343	0.01354	0.01230	0.00951	0.00951	0.00519	0.00000	
	V'	0.03682	0.03561	0.03199	0.02600	0.01772	0.00723	-0.00534	-0.01985	-0.03613	-0.03613	-0.04899	-0.05329	
1.100	M	0.00000	0.02444	0.04858	0.07213	0.09482	0.11635	0.13649	0.15497	0.17157	0.17157	0.08631	0.00000	1.100
	Q	0.24487	0.24339	0.23897	0.23166	0.22155	0.20876	0.19345	0.17579	0.15602	-0.84398	-0.85960	-0.86483	
	V	0.00000	0.00367	0.00709	0.01003	0.01225	0.01352	0.01362	0.01237	0.00956	0.00956	0.00521	0.00000	
	V'	0.03708	0.03586	0.03220	0.02616	0.01781	0.00724	-0.00542	-0.02000	-0.03635	-0.03635	-0.04926	-0.05357	
1.125	M	0.00000	0.02468	0.04904	0.07278	0.09560	0.11722	0.13735	0.15575	0.17217	0.17217	0.08663	0.00000	1.125
	Q	0.24727	0.24571	0.24104	0.23332	0.22266	0.20917	0.19305	0.17448	0.15371	-0.84629	-0.86269	-0.86818	
	V	0.00000	0.00369	0.00714	0.01010	0.01233	0.01361	0.01371	0.01244	0.00962	0.00962	0.00524	0.00000	
	V'	0.03735	0.03612	0.03243	0.02633	0.01790	0.00725	-0.00549	-0.02016	-0.03658	-0.03658	-0.04953	-0.05387	
1.150	M	0.00000	0.02492	0.04951	0.07345	0.09642	0.11811	0.13825	0.15656	0.17280	0.17280	0.08697	0.00000	1.150
	Q	0.24977	0.24812	0.24319	0.23505	0.22380	0.20960	0.19263	0.17312	0.15131	-0.84869	-0.86588	-0.87164	
	V	0.00000	0.00372	0.00719	0.01017	0.01242	0.01370	0.01380	0.01252	0.00967	0.00967	0.00527	0.00000	
	V'	0.03763	0.03638	0.03266	0.02650	0.01800	0.00726	-0.00557	-0.02033	-0.03681	-0.03681	-0.04982	-0.05417	
1.175	M	0.00000	0.02518	0.05001	0.07415	0.09727	0.11904	0.13918	0.15739	0.17344	0.17344	0.08732	0.00000	1.175
	Q	0.25235	0.25061	0.24542	0.23684	0.22499	0.21004	0.19219	0.17170	0.14883	-0.85117	-0.86919	-0.87522	
	V	0.00000	0.00375	0.00725	0.01025	0.01251	0.01379	0.01389	0.01260	0.00973	0.00973	0.00530	0.00000	
	V'	0.03792	0.03666	0.03290	0.02668	0.01810	0.00727	-0.00565	-0.02050	-0.03706	-0.03706	-0.05011	-0.05448	
1.200	M	0.00000	0.02544	0.05052	0.07487	0.09814	0.12000	0.14014	0.15826	0.17410	0.17410	0.08768	0.00000	1.200
	Q	0.25504	0.25320	0.24773	0.23869	0.22621	0.21049	0.19174	0.17023	0.14627	-0.85373	-0.87260	-0.87892	
	V	0.00000	0.00378	0.00730	0.01033	0.01260	0.01389	0.01399	0.01268	0.00979	0.00979	0.00533	0.00000	
	V'	0.03822	0.03695	0.03314	0.02687	0.01820	0.00728	-0.00574	-0.02068	-0.03731	-0.03731	-0.05042	-0.05481	
1.225	M	0.00000	0.02572	0.05105	0.07562	0.09905	0.12100	0.14113	0.15915	0.17479	0.17479	0.08805	0.00000	1.225
	Q	0.25782	0.25589	0.25012	0.24060	0.22748	0.21095	0.19126	0.16870	0.14361	-0.85639	-0.87614	-0.88275	
	V	0.00000	0.00381	0.00736	0.01041	0.01269	0.01399	0.01408	0.01276	0.00986	0.00986	0.00537	0.00000	
	V'	0.03853	0.03724	0.03340	0.02706	0.01831	0.00730	-0.00583	-0.02086	-0.03758	-0.03758	-0.05074	-0.05514	
ALPHA	X/L =	0.00	0.10	0.20	0.30	0.40	0.50	0.60	0.70	L 0.80	R 0.80	0.90	1.00	ALPHA

XP/L = 0.80

FUNKTIONEN : F.P,M - F.P,Q - F.P,V - F.P,V'

D R U C K S T A E B E -353-

FUNKTIONEN : F.P,M - F.P,Q - F.P,V - F.P,V'

XP/L = 0.80

ALPHA	X/L =	0.00	0.10	0.20	0.30	0.40	0.50	0.60	0.70	L 0.80	R 0.80	0.90	1.00	ALPHA
	M	0.00000	0.02600	0.05160	0.07639	0.09999	0.12203	0.14216	0.16008	0.17550	0.17550	0.08844	0.00000	
1.250	Q	0.26070	0.25867	0.25260	0.24259	0.22879	0.21142	0.19075	0.16711	0.14086	-0.85914	-0.87979	-0.88671	1.250
	V	0.00000	0.00384	0.00742	0.01049	0.01279	0.01410	0.01419	0.01285	0.00992	0.00992	0.00540	0.00000	
	V'	0.03885	0.03755	0.03366	0.02726	0.01843	0.00731	-0.00592	-0.02105	-0.03785	-0.03785	-0.05106	-0.05549	
	M	0.00000	0.02630	0.05217	0.07719	0.10097	0.12310	0.14323	0.16104	0.17623	0.17623	0.08884	0.00000	
1.275	Q	0.26370	0.26156	0.25517	0.24464	0.23014	0.21190	0.19023	0.16546	0.13801	-0.86199	-0.88356	-0.89079	1.275
	V	0.00000	0.00387	0.00749	0.01058	0.01290	0.01421	0.01429	0.01294	0.00999	0.00999	0.00544	0.00000	
	V'	0.03918	0.03787	0.03394	0.02746	0.01854	0.00732	-0.00601	-0.02125	-0.03813	-0.03813	-0.05140	-0.05585	
	M	0.00000	0.02661	0.05276	0.07803	0.10198	0.12420	0.14434	0.16203	0.17699	0.17699	0.08925	0.00000	
1.300	Q	0.26680	0.26455	0.25784	0.24677	0.23154	0.21240	0.18967	0.16375	0.13506	-0.86494	-0.88747	-0.89502	1.300
	V	0.00000	0.00391	0.00755	0.01067	0.01300	0.01432	0.01440	0.01304	0.01006	0.01006	0.00547	0.00000	
	V'	0.03953	0.03820	0.03422	0.02767	0.01866	0.00734	-0.00611	-0.02145	-0.03843	-0.03843	-0.05176	-0.05623	
	M	0.00000	0.02692	0.05338	0.07889	0.10302	0.12535	0.14548	0.16306	0.17778	0.17778	0.08968	0.00000	
1.325	Q	0.27003	0.26766	0.26060	0.24897	0.23298	0.21290	0.18909	0.16197	0.13201	-0.86799	-0.89150	-0.89939	1.325
	V	0.00000	0.00394	0.00762	0.01076	0.01311	0.01444	0.01451	0.01313	0.01013	0.01013	0.00551	0.00000	
	V'	0.03989	0.03854	0.03452	0.02789	0.01879	0.00735	-0.00621	-0.02166	-0.03873	-0.03873	-0.05212	-0.05661	
	M	0.00000	0.02725	0.05401	0.07979	0.10411	0.12654	0.14666	0.16412	0.17859	0.17859	0.09012	0.00000	
1.350	Q	0.27337	0.27088	0.26346	0.25125	0.23447	0.21342	0.18849	0.16012	0.12885	-0.87115	-0.89568	-0.90390	1.350
	V	0.00000	0.00398	0.00769	0.01086	0.01323	0.01456	0.01463	0.01324	0.01020	0.01020	0.00555	0.00000	
	V'	0.04026	0.03889	0.03482	0.02812	0.01891	0.00736	-0.00632	-0.02188	-0.03904	-0.03904	-0.05250	-0.05701	
	M	0.00000	0.02760	0.05467	0.08072	0.10524	0.12777	0.14789	0.16522	0.17943	0.17943	0.09057	0.00000	
1.375	Q	0.27684	0.27422	0.26643	0.25362	0.23601	0.21395	0.18785	0.15820	0.12557	-0.87443	-0.89999	-0.90857	1.375
	V	0.00000	0.00402	0.00776	0.01096	0.01335	0.01469	0.01475	0.01334	0.01028	0.01028	0.00559	0.00000	
	V'	0.04064	0.03926	0.03514	0.02836	0.01905	0.00738	-0.00643	-0.02211	-0.03937	-0.03937	-0.05289	-0.05742	
	M	0.00000	0.02795	0.05536	0.08168	0.10640	0.12904	0.14916	0.16636	0.18030	0.18030	0.09104	0.00000	
1.400	Q	0.28044	0.27769	0.26951	0.25606	0.23760	0.21449	0.18718	0.15621	0.12218	-0.87782	-0.90445	-0.91339	1.400
	V	0.00000	0.00406	0.00784	0.01106	0.01347	0.01482	0.01488	0.01345	0.01036	0.01036	0.00563	0.00000	
	V'	0.04104	0.03964	0.03547	0.02860	0.01918	0.00739	-0.00654	-0.02234	-0.03970	-0.03970	-0.05329	-0.05785	
	M	0.00000	0.02832	0.05607	0.08268	0.10761	0.13037	0.15048	0.16754	0.18120	0.18120	0.09153	0.00000	
1.425	Q	0.28417	0.28129	0.27271	0.25860	0.23924	0.21504	0.18648	0.15414	0.11867	-0.88133	-0.90907	-0.91838	1.425
	V	0.00000	0.00410	0.00791	0.01117	0.01360	0.01495	0.01501	0.01356	0.01044	0.01044	0.00568	0.00000	
	V'	0.04145	0.04003	0.03581	0.02886	0.01933	0.00741	-0.00666	-0.02259	-0.04005	-0.04005	-0.05371	-0.05830	
	M	0.00000	0.02870	0.05681	0.08372	0.10887	0.13174	0.15184	0.16875	0.18213	0.18213	0.09203	0.00000	
1.450	Q	0.28805	0.28503	0.27602	0.26123	0.24094	0.21561	0.18574	0.15198	0.11503	-0.88497	-0.91384	-0.92353	1.450
	V	0.00000	0.00414	0.00799	0.01128	0.01373	0.01509	0.01514	0.01368	0.01052	0.01052	0.00572	0.00000	
	V'	0.04188	0.04044	0.03616	0.02912	0.01947	0.00742	-0.00678	-0.02284	-0.04041	-0.04041	-0.05415	-0.05876	
	M	0.00000	0.02910	0.05757	0.08479	0.11017	0.13316	0.15325	0.17002	0.18309	0.18309	0.09255	0.00000	
1.475	Q	0.29208	0.28891	0.27946	0.26395	0.24270	0.21618	0.18497	0.14974	0.11126	-0.88874	-0.91878	-0.92886	1.475
	V	0.00000	0.00418	0.00808	0.01140	0.01387	0.01524	0.01528	0.01380	0.01061	0.01061	0.00577	0.00000	
	V'	0.04232	0.04087	0.03652	0.02939	0.01963	0.00744	-0.00691	-0.02310	-0.04079	-0.04079	-0.05460	-0.05923	
ALPHA	X/L =	0.00	0.10	0.20	0.30	0.40	0.50	0.60	0.70	L 0.80	R 0.80	0.90	1.00	ALPHA

XP/L = 0.80

FUNKTIONEN : F.P,M - F.P,Q - F.P,V - F.P,V'

FUNKTIONEN : F.PIM - F.PIQ - F.PIV - F.PIV'

XP/L = 0.80

ALPHA	X/L =	0.00	0.10	0.20	0.30	0.40	0.50	0.60	0.70	L 0.80	R 0.80	0.90	1.00	ALPHA
	M	0.00000	0.02952	0.05837	0.08591	0.11152	0.13463	0.15471	0.17132	0.18409	0.18409	0.09309	0.00000	
1.500	Q	0.29626	0.29294	0.28303	0.26677	0.24452	0.21677	0.18416	0.14741	0.10735	-0.89265	-0.92389	-0.93438	1.500
	V	0.00000	0.00423	0.00816	0.01152	0.01401	0.01539	0.01543	0.01392	0.01070	0.01070	0.00582	0.00000	
	V'	0.04278	0.04130	0.03690	0.02967	0.01978	0.00745	-0.00704	-0.02337	-0.04118	-0.04118	-0.05506	-0.05972	
	M	0.00000	0.02994	0.05919	0.08707	0.11292	0.13616	0.15623	0.17268	0.18512	0.18512	0.09364	0.00000	
1.525	Q	0.30061	0.29712	0.28673	0.26969	0.24639	0.21737	0.18331	0.14499	0.10330	-0.89670	-0.92917	-0.94009	1.525
	V	0.00000	0.00428	0.00825	0.01164	0.01416	0.01555	0.01558	0.01405	0.01080	0.01080	0.00587	0.00000	
	V'	0.04326	0.04176	0.03730	0.02997	0.01995	0.00747	-0.00718	-0.02365	-0.04158	-0.04158	-0.05554	-0.06024	
	M	0.00000	0.03039	0.06005	0.08827	0.11438	0.13774	0.15780	0.17408	0.18618	0.18618	0.09422	0.00000	
1.550	Q	0.30512	0.30147	0.29058	0.27273	0.24833	0.21799	0.18241	0.14247	0.09910	-0.90090	-0.93465	-0.94599	1.550
	V	0.00000	0.00432	0.00835	0.01177	0.01431	0.01571	0.01573	0.01418	0.01090	0.01090	0.00592	0.00000	
	V'	0.04376	0.04223	0.03770	0.03027	0.02012	0.00749	-0.00732	-0.02395	-0.04200	-0.04200	-0.05604	-0.06077	
	M	0.00000	0.03085	0.06094	0.08953	0.11589	0.13939	0.15943	0.17553	0.18729	0.18729	0.09482	0.00000	
1.575	Q	0.30982	0.30598	0.29457	0.27587	0.25034	0.21861	0.18147	0.13984	0.09475	-0.90525	-0.94031	-0.95210	1.575
	V	0.00000	0.00438	0.00844	0.01190	0.01447	0.01588	0.01590	0.01432	0.01100	0.01100	0.00597	0.00000	
	V'	0.04427	0.04272	0.03813	0.03059	0.02029	0.00750	-0.00747	-0.02425	-0.04243	-0.04243	-0.05656	-0.06131	
	M	0.00000	0.03134	0.06187	0.09083	0.11746	0.14110	0.16113	0.17704	0.18843	0.18843	0.09543	0.00000	
1.600	Q	0.31470	0.31068	0.29873	0.27914	0.25242	0.21925	0.18049	0.13711	0.09023	-0.90977	-0.94618	-0.95842	1.600
	V	0.00000	0.00443	0.00854	0.01204	0.01463	0.01605	0.01606	0.01447	0.01111	0.01111	0.00603	0.00000	
	V'	0.04480	0.04323	0.03856	0.03091	0.02048	0.00752	-0.00762	-0.02457	-0.04288	-0.04288	-0.05710	-0.06188	
	M	0.00000	0.03184	0.06284	0.09218	0.11909	0.14287	0.16288	0.17860	0.18962	0.18962	0.09607	0.00000	
1.625	Q	0.31978	0.31557	0.30304	0.28253	0.25457	0.21991	0.17945	0.13426	0.08554	-0.91446	-0.95226	-0.96498	1.625
	V	0.00000	0.00448	0.00865	0.01219	0.01480	0.01623	0.01624	0.01462	0.01122	0.01122	0.00609	0.00000	
	V'	0.04536	0.04376	0.03902	0.03125	0.02067	0.00754	-0.00778	-0.02489	-0.04335	-0.04335	-0.05766	-0.06248	
	M	0.00000	0.03236	0.06384	0.09358	0.12079	0.14471	0.16470	0.18022	0.19084	0.19084	0.09674	0.00000	
1.650	Q	0.32506	0.32065	0.30752	0.28604	0.25680	0.22057	0.17836	0.13130	0.08067	-0.91933	-0.95856	-0.97176	1.650
	V	0.00000	0.00454	0.00876	0.01234	0.01498	0.01642	0.01642	0.01477	0.01133	0.01133	0.00615	0.00000	
	V'	0.04594	0.04431	0.03949	0.03160	0.02086	0.00756	-0.00795	-0.02523	-0.04383	-0.04383	-0.05824	-0.06309	
	M	0.00000	0.03290	0.06488	0.09505	0.12255	0.14663	0.16660	0.18190	0.19212	0.19212	0.09742	0.00000	
1.675	Q	0.33056	0.32594	0.31219	0.28970	0.25910	0.22125	0.17721	0.12821	0.07562	-0.92438	-0.96510	-0.97879	1.675
	V	0.00000	0.00460	0.00887	0.01249	0.01517	0.01662	0.01661	0.01494	0.01145	0.01145	0.00621	0.00000	
	V'	0.04654	0.04489	0.03999	0.03197	0.02107	0.00758	-0.00812	-0.02559	-0.04433	-0.04433	-0.05884	-0.06373	
	M	0.00000	0.03347	0.06597	0.09657	0.12439	0.14862	0.16856	0.18365	0.19344	0.19344	0.09813	0.00000	
1.700	Q	0.33629	0.33144	0.31704	0.29350	0.26149	0.22195	0.17600	0.12499	0.07036	-0.92964	-0.97187	-0.98608	1.700
	V	0.00000	0.00466	0.00899	0.01265	0.01536	0.01682	0.01680	0.01510	0.01157	0.01157	0.00627	0.00000	
	V'	0.04716	0.04548	0.04050	0.03235	0.02128	0.00759	-0.00830	-0.02596	-0.04486	-0.04486	-0.05947	-0.06439	
	M	0.00000	0.03406	0.06710	0.09816	0.12630	0.15069	0.17061	0.18546	0.19481	0.19481	0.09887	0.00000	
1.725	Q	0.34226	0.33718	0.32209	0.29744	0.26397	0.22265	0.17473	0.12162	0.06491	-0.93509	-0.97890	-0.99364	1.725
	V	0.00000	0.00472	0.00911	0.01282	0.01556	0.01703	0.01701	0.01528	0.01170	0.01170	0.00634	0.00000	
	V'	0.04781	0.04610	0.04103	0.03275	0.02150	0.00761	-0.00849	-0.02634	-0.04540	-0.04540	-0.06012	-0.06508	
ALPHA	X/L =	0.00	0.10	0.20	0.30	0.40	0.50	0.60	0.70	L 0.80	R 0.80	0.90	1.00	ALPHA

XP/L = 0.80

FUNKTIONEN : F.PIM - F.PIQ - F.PIV - F.PIV'

FUNKTIONEN : F.PIM - F.PIQ - F.PIV - F.PIV'

XP/L = 0.80

ALPHA	X/L =	0.00	0.10	0.20	0.30	0.40	0.50	0.60	0.70	L 0.80	R 0.80	0.90	1.00	ALPHA
	M	0.00000	0.03467	0.06828	0.09981	0.12828	0.15284	0.17273	0.18734	0.19623	0.19623	0.09964	0.00000	
1.750	Q	0.34848	0.34316	0.32735	0.30155	0.26653	0.22337	0.17339	0.11812	0.05923	-0.94077	-0.98619	-1.00149	1.750
	V	0.00000	0.00479	0.00923	0.01300	0.01577	0.01725	0.01722	0.01546	0.01183	0.01183	0.00641	0.00000	
	V'	0.04848	0.04674	0.04158	0.03316	0.02172	0.00763	-0.00869	-0.02674	-0.04597	-0.04597	-0.06080	-0.06579	
	M	0.00000	0.03531	0.06951	0.10153	0.13035	0.15508	0.17494	0.18930	0.19771	0.19771	0.10043	0.00000	
1.775	Q	0.35497	0.34939	0.33283	0.30582	0.26919	0.22411	0.17198	0.11445	0.05332	-0.94668	-0.99377	-1.00963	1.775
	V	0.00000	0.00486	0.00937	0.01318	0.01598	0.01748	0.01744	0.01565	0.01197	0.01197	0.00649	0.00000	
	V'	0.04919	0.04742	0.04216	0.03359	0.02196	0.00765	-0.00889	-0.02715	-0.04655	-0.04655	-0.06150	-0.06654	
	M	0.00000	0.03598	0.07079	0.10332	0.13251	0.15742	0.17724	0.19134	0.19925	0.19925	0.10126	0.00000	
1.800	Q	0.36173	0.35589	0.33855	0.31026	0.27195	0.22486	0.17050	0.11062	0.04718	-0.95282	-1.00164	-1.01808	1.800
	V	0.00000	0.00493	0.00950	0.01337	0.01621	0.01772	0.01767	0.01584	0.01211	0.01211	0.00656	0.00000	
	V'	0.04992	0.04811	0.04276	0.03403	0.02221	0.00767	-0.00911	-0.02759	-0.04717	-0.04717	-0.06223	-0.06731	
	M	0.00000	0.03668	0.07213	0.10520	0.13476	0.15985	0.17964	0.19345	0.20084	0.20084	0.10212	0.00000	
1.825	Q	0.36880	0.36268	0.34451	0.31489	0.27482	0.22562	0.16893	0.10662	0.04078	-0.95922	-1.00981	-1.02687	1.825
	V	0.00000	0.00501	0.00965	0.01357	0.01644	0.01797	0.01791	0.01605	0.01226	0.01226	0.00664	0.00000	
	V'	0.05068	0.04884	0.04339	0.03450	0.02246	0.00769	-0.00933	-0.02804	-0.04781	-0.04781	-0.06300	-0.06812	
	M	0.00000	0.03740	0.07353	0.10715	0.13711	0.16239	0.18213	0.19566	0.20250	0.20250	0.10301	0.00000	
1.850	Q	0.37618	0.36976	0.35073	0.31972	0.27780	0.22640	0.16727	0.10244	0.03411	-0.96589	-1.01832	-1.03600	1.850
	V	0.00000	0.00509	0.00980	0.01378	0.01669	0.01823	0.01815	0.01626	0.01242	0.01242	0.00672	0.00000	
	V'	0.05148	0.04960	0.04404	0.03498	0.02273	0.00771	-0.00956	-0.02851	-0.04847	-0.04847	-0.06379	-0.06896	
	M	0.00000	0.03817	0.07499	0.10919	0.13956	0.16504	0.18474	0.19795	0.20423	0.20423	0.10394	0.00000	
1.875	Q	0.38390	0.37717	0.35722	0.32475	0.28089	0.22719	0.16553	0.09806	0.02716	-0.97284	-1.02717	-1.04550	1.875
	V	0.00000	0.00517	0.00995	0.01399	0.01694	0.01850	0.01841	0.01648	0.01258	0.01258	0.00681	0.00000	
	V'	0.05231	0.05040	0.04472	0.03548	0.02301	0.00773	-0.00981	-0.02900	-0.04916	-0.04916	-0.06462	-0.06983	
	M	0.00000	0.03896	0.07652	0.11133	0.14212	0.16781	0.18745	0.20035	0.20603	0.20603	0.10490	0.00000	
1.900	Q	0.39197	0.38492	0.36401	0.33000	0.28411	0.22800	0.16368	0.09348	0.01990	-0.98010	-1.03639	-1.05538	1.900
	V	0.00000	0.00525	0.01012	0.01422	0.01721	0.01878	0.01868	0.01672	0.01275	0.01275	0.00690	0.00000	
	V'	0.05318	0.05122	0.04543	0.03601	0.02330	0.00776	-0.01006	-0.02951	-0.04989	-0.04989	-0.06548	-0.07074	
	M	0.00000	0.03979	0.07812	0.11356	0.14480	0.17070	0.19028	0.20284	0.20791	0.20791	0.10591	0.00000	
1.925	Q	0.40042	0.39302	0.37110	0.33548	0.28746	0.22883	0.16174	0.08867	0.01233	-0.98767	-1.04600	-1.06568	1.925
	V	0.00000	0.00534	0.01029	0.01445	0.01749	0.01908	0.01897	0.01696	0.01293	0.01293	0.00699	0.00000	
	V'	0.05408	0.05209	0.04617	0.03656	0.02360	0.00778	-0.01033	-0.03004	-0.05064	-0.05064	-0.06638	-0.07170	
	M	0.00000	0.04067	0.07979	0.11589	0.14760	0.17372	0.19325	0.20545	0.20987	0.20987	0.10696	0.00000	
1.950	Q	0.40926	0.40151	0.37853	0.34121	0.29095	0.22967	0.15967	0.08363	0.00442	-0.99558	-1.05601	-1.07641	1.950
	V	0.00000	0.00544	0.01047	0.01470	0.01778	0.01939	0.01926	0.01721	0.01311	0.01311	0.00709	0.00000	
	V'	0.05503	0.05299	0.04695	0.03714	0.02392	0.00780	-0.01061	-0.03060	-0.05143	-0.05143	-0.06733	-0.07269	
	M	0.00000	0.04158	0.08155	0.11834	0.15054	0.17688	0.19634	0.20817	0.21191	0.21191	0.10805	0.00000	
1.975	Q	0.41854	0.41040	0.38631	0.34719	0.29458	0.23052	0.15749	0.07834	-0.00385	-1.00385	-1.06646	-1.08760	1.975
	V	0.00000	0.00553	0.01065	0.01496	0.01808	0.01971	0.01957	0.01748	0.01331	0.01331	0.00719	0.00000	
	V'	0.05603	0.05394	0.04776	0.03774	0.02425	0.00782	-0.01090	-0.03119	-0.05226	-0.05226	-0.06831	-0.07373	
ALPHA	X/L =	0.00	0.10	0.20	0.30	0.40	0.50	0.60	0.70	L 0.80	R 0.80	0.90	1.00	ALPHA

XP/L = 0.80

FUNKTIONEN : F.PIM - F.PIQ - F.PIV - F.PIV'

FUNKTIONEN : F.PIM - F.PIQ - F.PIV - F.PIV'

XP/L = 0.80

ALPHA	X/L =	0.00	0.10	0.20	0.30	0.40	0.50	0.60	0.70	L 0.80	R 0.80	0.90	1.00	ALPHA
	M	0.00000	0.04254	0.08339	0.12091	0.15361	0.18019	0.19958	0.21102	0.21404	0.21404	0.10920	0.00000	
2.000	Q	0.42826	0.41973	0.39446	0.35346	0.29837	0.23139	0.15518	0.07279	-0.01251	-1.01251	-1.07737	-1.09928	2.000
	V	0.00000	0.00564	0.01085	0.01523	0.01840	0.02005	0.01989	0.01775	0.01351	0.01351	0.00730	0.00000	
	V'	0.05707	0.05493	0.04861	0.03837	0.02459	0.00785	-0.01120	-0.03180	-0.05313	-0.05313	-0.06934	-0.07482	
	M	0.00000	0.04355	0.08532	0.12360	0.15683	0.18365	0.20297	0.21399	0.21627	0.21627	0.11039	0.00000	
2.025	Q	0.43848	0.42952	0.40300	0.36002	0.30233	0.23228	0.15274	0.06695	-0.02157	-1.02157	-1.08877	-1.11148	2.025
	V	0.00000	0.00574	0.01105	0.01551	0.01874	0.02040	0.02023	0.01804	0.01372	0.01372	0.00741	0.00000	
	V'	0.05816	0.05597	0.04951	0.03902	0.02495	0.00787	-0.01153	-0.03245	-0.05403	-0.05403	-0.07042	-0.07596	
	M	0.00000	0.04461	0.08735	0.12643	0.16021	0.18729	0.20652	0.21711	0.21860	0.21860	0.11164	0.00000	
2.050	Q	0.44921	0.43980	0.41198	0.36690	0.30646	0.23318	0.15014	0.06081	-0.03106	-1.03106	-1.10070	-1.12424	2.050
	V	0.00000	0.00586	0.01127	0.01581	0.01909	0.02077	0.02059	0.01835	0.01394	0.01394	0.00753	0.00000	
	V'	0.05930	0.05706	0.05044	0.03971	0.02533	0.00790	-0.01186	-0.03312	-0.05498	-0.05498	-0.07155	-0.07715	
	M	0.00000	0.04572	0.08948	0.12940	0.16377	0.19111	0.21025	0.22037	0.22104	0.22104	0.11294	0.00000	
2.075	Q	0.46049	0.45062	0.42141	0.37412	0.31078	0.23410	0.14739	0.05435	-0.04102	-1.04102	-1.11318	-1.13759	2.075
	V	0.00000	0.00597	0.01149	0.01612	0.01945	0.02116	0.02096	0.01867	0.01418	0.01418	0.00765	0.00000	
	V'	0.06050	0.05821	0.05142	0.04044	0.02573	0.00792	-0.01222	-0.03383	-0.05598	-0.05598	-0.07274	-0.07841	
	M	0.00000	0.04689	0.09172	0.13252	0.16750	0.19512	0.21416	0.22380	0.22360	0.22360	0.11431	0.00000	
2.100	Q	0.47238	0.46200	0.43132	0.38169	0.31529	0.23504	0.14446	0.04753	-0.05148	-1.05148	-1.12627	-1.15157	2.100
	V	0.00000	0.00610	0.01173	0.01645	0.01984	0.02157	0.02135	0.01900	0.01442	0.01442	0.00778	0.00000	
	V'	0.06176	0.05941	0.05245	0.04120	0.02614	0.00795	-0.01259	-0.03457	-0.05703	-0.05703	-0.07398	-0.07972	
	M	0.00000	0.04813	0.09409	0.13582	0.17143	0.19934	0.21828	0.22740	0.22629	0.22629	0.11575	0.00000	
2.125	Q	0.48490	0.47399	0.44176	0.38966	0.32003	0.23600	0.14135	0.04034	-0.06248	-1.06248	-1.13999	-1.16623	2.125
	V	0.00000	0.00623	0.01198	0.01679	0.02025	0.02200	0.02176	0.01935	0.01468	0.01468	0.00792	0.00000	
	V'	0.06309	0.06068	0.05354	0.04200	0.02658	0.00797	-0.01299	-0.03536	-0.05813	-0.05813	-0.07529	-0.08110	
	M	0.00000	0.04943	0.09658	0.13929	0.17558	0.20378	0.22261	0.23118	0.22911	0.22911	0.11725	0.00000	
2.150	Q	0.49811	0.48665	0.45277	0.39804	0.32499	0.23697	0.13804	0.03275	-0.07404	-1.07404	-1.15441	-1.18161	2.150
	V	0.00000	0.00637	0.01224	0.01715	0.02068	0.02245	0.02220	0.01973	0.01495	0.01495	0.00806	0.00000	
	V'	0.06449	0.06201	0.05468	0.04284	0.02704	0.00800	-0.01340	-0.03618	-0.05929	-0.05929	-0.07667	-0.08256	
	M	0.00000	0.05080	0.09921	0.14295	0.17995	0.20847	0.22717	0.23516	0.23207	0.23207	0.11884	0.00000	
2.175	Q	0.51207	0.50001	0.46438	0.40687	0.33020	0.23796	0.13451	0.02472	-0.08623	-1.08623	-1.16956	-1.19778	2.175
	V	0.00000	0.00651	0.01252	0.01753	0.02113	0.02293	0.02265	0.02012	0.01524	0.01524	0.00821	0.00000	
	V'	0.06597	0.06342	0.05589	0.04373	0.02752	0.00802	-0.01384	-0.03705	-0.06051	-0.06051	-0.07812	-0.08409	
	M	0.00000	0.05226	0.10200	0.14682	0.18457	0.21342	0.23198	0.23935	0.23519	0.23519	0.12050	0.00000	
2.200	Q	0.52683	0.51413	0.47665	0.41619	0.33567	0.23897	0.13075	0.01622	-0.09908	-1.09908	-1.18551	-1.21479	2.200
	V	0.00000	0.00667	0.01281	0.01794	0.02160	0.02343	0.02314	0.02053	0.01554	0.01554	0.00837	0.00000	
	V'	0.06753	0.06490	0.05716	0.04467	0.02803	0.00805	-0.01431	-0.03797	-0.06179	-0.06179	-0.07965	-0.08570	
	M	0.00000	0.05380	0.10495	0.15092	0.18945	0.21864	0.23705	0.24378	0.23849	0.23849	0.12226	0.00000	
2.225	Q	0.54246	0.52909	0.48963	0.42603	0.34143	0.23999	0.12673	0.00721	-0.11266	-1.11266	-1.20232	-1.23271	2.225
	V	0.00000	0.00683	0.01312	0.01837	0.02211	0.02397	0.02364	0.02096	0.01585	0.01585	0.00854	0.00000	
	V'	0.06917	0.06647	0.05850	0.04566	0.02857	0.00808	-0.01480	-0.03894	-0.06316	-0.06316	-0.08127	-0.08741	
ALPHA	X/L =	0.00	0.10	0.20	0.30	0.40	0.50	0.60	0.70	L 0.80	R 0.80	0.90	1.00	ALPHA

XP/L = 0.80

FUNKTIONEN : F.PIM - F.PIQ - F.PIV - F.PIV'

FUNKTIONEN : F.PIM - F.PIQ - F.PIV - F.PIV'

XP/L = 0.80

ALPHA	X/L =	0.00	0.10	0.20	0.30	0.40	0.50	0.60	0.70	L 0.80	R 0.80	0.90	1.00	ALPHA
	M	0.00000	0.05543	0.10807	0.15526	0.19462	0.22418	0.24243	0.24846	0.24196	0.24196	0.12411	0.00000	
2.250	Q	0.55903	0.54494	0.50338	0.43644	0.34750	0.24104	0.12243	-0.00235	-0.12701	-1.12701	-1.22007	-1.25161	2.250
	V	0.00000	0.00700	0.01345	0.01882	0.02264	0.02453	0.02418	0.02142	0.01619	0.01619	0.00871	0.00000	
	V'	0.07092	0.06814	0.05993	0.04670	0.02914	0.00811	-0.01532	-0.03997	-0.06460	-0.06460	-0.08298	-0.08921	
	M	0.00000	0.05717	0.11139	0.15987	0.20011	0.23004	0.24811	0.25340	0.24563	0.24563	0.12606	0.00000	
2.275	Q	0.57663	0.56177	0.51796	0.44746	0.35390	0.24210	0.11783	-0.01251	-0.14221	-1.14221	-1.23882	-1.27158	2.275
	V	0.00000	0.00718	0.01379	0.01930	0.02321	0.02513	0.02475	0.02191	0.01655	0.01655	0.00890	0.00000	
	V'	0.07277	0.06990	0.06143	0.04781	0.02974	0.00814	-0.01588	-0.04106	-0.06612	-0.06612	-0.08479	-0.09112	
	M	0.00000	0.05901	0.11491	0.16476	0.20594	0.23626	0.25415	0.25864	0.24952	0.24952	0.12813	0.00000	
2.300	Q	0.59534	0.57966	0.53346	0.45915	0.36067	0.24319	0.11290	-0.02333	-0.15834	-1.15834	-1.25867	-1.29271	2.300
	V	0.00000	0.00737	0.01416	0.01980	0.02381	0.02576	0.02536	0.02243	0.01692	0.01692	0.00910	0.00000	
	V'	0.07473	0.07177	0.06304	0.04899	0.03037	0.00816	-0.01646	-0.04222	-0.06774	-0.06774	-0.08671	-0.09314	
	M	0.00000	0.06097	0.11867	0.16998	0.21214	0.24288	0.26056	0.26421	0.25364	0.25364	0.13033	0.00000	
2.325	Q	0.61527	0.59872	0.54995	0.47158	0.36783	0.24429	0.10761	-0.03487	-0.17547	-1.17547	-1.27972	-1.31511	2.325
	V	0.00000	0.00758	0.01455	0.02034	0.02444	0.02643	0.02600	0.02298	0.01732	0.01732	0.00931	0.00000	
	V'	0.07682	0.07376	0.06474	0.05024	0.03105	0.00819	-0.01709	-0.04345	-0.06946	-0.06946	-0.08874	-0.09529	
	M	0.00000	0.06307	0.12267	0.17553	0.21874	0.24993	0.26738	0.27013	0.25803	0.25803	0.13266	0.00000	
2.350	Q	0.63655	0.61905	0.56753	0.48480	0.37543	0.24542	0.10191	-0.04719	-0.19370	-1.19370	-1.30208	-1.33888	2.350
	V	0.00000	0.00780	0.01497	0.02092	0.02512	0.02715	0.02669	0.02356	0.01775	0.01775	0.00954	0.00000	
	V'	0.07905	0.07588	0.06655	0.05157	0.03177	0.00822	-0.01776	-0.04476	-0.07129	-0.07129	-0.09092	-0.09758	
	M	0.00000	0.06531	0.12695	0.18147	0.22580	0.25745	0.27465	0.27643	0.26269	0.26269	0.13514	0.00000	
2.375	Q	0.65929	0.64078	0.58630	0.49890	0.38350	0.24656	0.09578	-0.06037	-0.21314	-1.21314	-1.32587	-1.36416	2.375
	V	0.00000	0.00803	0.01542	0.02154	0.02585	0.02791	0.02742	0.02419	0.01821	0.01821	0.00978	0.00000	
	V'	0.08143	0.07814	0.06849	0.05299	0.03253	0.00825	-0.01848	-0.04616	-0.07324	-0.07324	-0.09323	-0.10002	
	M	0.00000	0.06771	0.13154	0.18783	0.23335	0.26549	0.28242	0.28316	0.26766	0.26766	0.13778	0.00000	
2.400	Q	0.68365	0.66405	0.60639	0.51397	0.39209	0.24773	0.08916	-0.07451	-0.23391	-1.23391	-1.35124	-1.39111	2.400
	V	0.00000	0.00828	0.01589	0.02219	0.02662	0.02873	0.02820	0.02485	0.01869	0.01869	0.01003	0.00000	
	V'	0.08397	0.08056	0.07055	0.05451	0.03335	0.00829	-0.01924	-0.04766	-0.07533	-0.07533	-0.09570	-0.10262	
	M	0.00000	0.07029	0.13646	0.19465	0.24144	0.27411	0.29074	0.29035	0.27298	0.27298	0.14060	0.00000	
2.425	Q	0.70980	0.68903	0.62794	0.53010	0.40125	0.24891	0.08201	-0.08969	-0.25615	-1.25615	-1.37835	-1.41990	2.425
	V	0.00000	0.00855	0.01640	0.02290	0.02745	0.02961	0.02903	0.02557	0.01921	0 01921	0.01031	0.00000	
	V'	0.08669	0.08316	0.07277	0.05613	0.03422	0.00832	-0.02006	-0.04926	-0.07757	-0.07757	-0.09835	-0.10541	
	M	0.00000	0.07306	0.14175	0.20198	0.25014	0.28337	0.29967	0.29807	0.27867	0.27867	0.14362	0.00000	
2.450	Q	0.73793	0.71589	0.65110	0.54742	0.41104	0.25012	0.07425	-0.10604	-0.28001	-1.28001	-1.40739	-1.45071	2.450
	V	0.00000	0.00884	0.01695	0.02365	0.02835	0.03055	0.02993	0.02633	0.01977	0.01977	0.01060	0.00000	
	V'	0.08962	0.08595	0.07515	0.05788	0.03516	0.00835	-0.02095	-0.05099	-0.07997	-0.07997	-0.10119	-0.10841	
	M	0.00000	0.07605	0.14746	0.20988	0.25951	0.29333	0.30927	0.30636	0.28478	0.28478	0.14687	0.00000	
2.475	Q	0.76827	0.74486	0.67606	0.56605	0.42154	0.25135	0.06583	-0.12369	-0.30568	-1.30568	-1.43857	-1.48378	2.475
	V	0.00000	0.00915	0.01754	0.02447	0.02931	0.03156	0.03090	0.02716	0.02037	0.02037	0.01092	0.00000	
	V'	0.09277	0.08895	0.07772	0.05976	0.03617	0.00838	-0.02190	-0.05284	-0.08255	-0.08255	-0.10424	-0.11163	
ALPHA	X/L =	0.00	0.10	0.20	0.30	0.40	0.50	0.60	0.70	L 0.80	R 0.80	0.90	1.00	ALPHA

XP/L = 0.80

FUNKTIONEN : F.PIM - F.PIQ - F.PIV - F.PIV'

FUNKTIONEN : F.P;M - F.P;Q - F.P;V - F.P;V'

XP/L = 0.80

ALPHA	X/L =	0.00	0.10	0.20	0.30	0.40	0.50	0.60	0.70	L 0.80	R 0.80	0.90	1.00	ALPHA
	M	0.00000	0.07928	0.15362	0.21842	0.26964	0.30409	0.31963	0.31530	0.29137	0.29137	0.15036	0.00000	
2.500	Q	0.80108	0.77618	0.70302	0.58614	0.43283	0.25260	0.05667	-0.14279	-0.33337	-1.33337	-1.47213	-1.51936	2.500
	V	0.00000	0.00948	0.01818	0.02535	0.03034	0.03265	0.03194	0.02805	0.02102	0.02102	0.01126	0.00000	
	V'	0.09617	0.09219	0.08048	0.06178	0.03725	0.00842	-0.02293	-0.05485	-0.08534	-0.08534	-0.10754	-0.11510	
	M	0.00000	0.08278	0.16031	0.22767	0.28060	0.31573	0.33084	0.32496	0.29848	0.29848	0.15413	0.00000	
2.525	Q	0.83666	0.81013	0.73223	0.60788	0.44499	0.25387	0.04666	-0.16352	-0.36332	-1.36332	-1.50837	-1.55777	2.525
	V	0.00000	0.00985	0.01887	0.02630	0.03146	0.03384	0.03307	0.02901	0.02172	0.02172	0.01163	0.00000	
	V'	0.09986	0.09570	0.08348	0.06398	0.03843	0.00845	-0.02405	-0.05702	-0.08836	-0.08836	-0.11111	-0.11885	
	M	0.00000	0.08659	0.16758	0.23773	0.29251	0.32837	0.34300	0.33544	0.30618	0.30618	0.15821	0.00000	
2.550	Q	0.87537	0.84706	0.76397	0.63147	0.45814	0.25517	0.03570	-0.18608	-0.39582	-1.39582	-1.54763	-1.59934	2.550
	V	0.00000	0.01024	0.01962	0.02733	0.03268	0.03512	0.03429	0.03006	0.02248	0.02248	0.01203	0.00000	
	V'	0.10386	0.09951	0.08673	0.06636	0.03970	0.00848	-0.02527	-0.05937	-0.09163	-0.09163	-0.11498	-0.12293	
	M	0.00000	0.09075	0.17552	0.24871	0.30550	0.34215	0.35623	0.34683	0.31455	0.31455	0.16264	0.00000	
2.575	Q	0.91761	0.88735	0.79859	0.65716	0.47240	0.25649	0.02367	-0.21072	-0.43120	-1.43120	-1.59029	-1.64451	2.575
	V	0.00000	0.01067	0.02044	0.02846	0.03401	0.03652	0.03563	0.03119	0.02331	0.02331	0.01246	0.00000	
	V'	0.10823	0.10366	0.09028	0.06895	0.04108	0.00852	-0.02659	-0.06194	-0.09520	-0.09520	-0.11919	-0.12736	
	M	0.00000	0.09531	0.18420	0.26072	0.31971	0.35721	0.37070	0.35927	0.32369	0.32369	0.16747	0.00000	
2.600	Q	0.96388	0.93148	0.83647	0.68523	0.48793	0.25784	0.01041	-0.23772	-0.46987	-1.46987	-1.63683	-1.69375	2.600
	V	0.00000	0.01114	0.02133	0.02969	0.03546	0.03805	0.03709	0.03244	0.02421	0.02421	0.01294	0.00000	
	V'	0.11300	0.10821	0.09415	0.07178	0.04259	0.00856	-0.02805	-0.06475	-0.09909	-0.09909	-0.12379	-0.13221	
	M	0.00000	0.10032	0.19376	0.27393	0.33533	0.37375	0.38657	0.37291	0.33370	0.33370	0.17277	0.00000	
2.625	Q	1.01476	0.98000	0.87810	0.71604	0.50492	0.25921	-0.00427	-0.26744	-0.51230	-1.51230	-1.68780	-1.74767	2.625
	V	0.00000	0.01166	0.02231	0.03105	0.03705	0.03973	0.03869	0.03380	0.02521	0.02521	0.01346	0.00000	
	V'	0.11824	0.11320	0.09841	0.07489	0.04425	0.00859	-0.02964	-0.06784	-0.10337	-0.10337	-0.12884	-0.13753	
	M	0.00000	0.10585	0.20431	0.28850	0.35256	0.39199	0.40407	0.38793	0.34471	0.34471	0.17859	0.00000	
2.650	Q	1.07098	1.03359	0.92405	0.74999	0.52357	0.26060	-0.02057	-0.30029	-0.55906	-1.55906	-1.74388	-1.80696	2.650
	V	0.00000	0.01222	0.02340	0.03254	0.03881	0.04158	0.04045	0.03531	0.02630	0.02630	0.01404	0.00000	
	V'	0.12403	0.11870	0.10310	0.07832	0.04608	0.00863	-0.03141	-0.07124	-0.10809	-0.10809	-0.13441	-0.14339	
	M	0.00000	0.11199	0.21601	0.30467	0.37166	0.41221	0.42344	0.40455	0.35689	0.35689	0.18502	0.00000	
2.675	Q	1.13337	1.09306	0.97500	0.78759	0.54416	0.26202	-0.03876	-0.33678	-0.61084	-1.61084	-1.80589	-1.87249	2.675
	V	0.00000	0.01286	0.02460	0.03419	0.04076	0.04363	0.04241	0.03697	0.02751	0.02751	0.01468	0.00000	
	V'	0.13044	0.12481	0.10831	0.08212	0.04810	0.00867	-0.03337	-0.07501	-0.11332	-0.11332	-0.14057	-0.14988	
	M	0.00000	0.11884	0.22908	0.32271	0.39296	0.43474	0.44501	0.42305	0.37043	0.37043	0.19218	0.00000	
2.700	Q	1.20300	1.15941	1.03182	0.82946	0.56701	0.26346	-0.05917	-0.37751	-0.66850	-1.66850	-1.87483	-1.94530	2.700
	V	0.00000	0.01356	0.02594	0.03604	0.04293	0.04592	0.04458	0.03883	0.02887	0.02887	0.01539	0.00000	
	V'	0.13759	0.13161	0.11410	0.08635	0.05034	0.00871	-0.03555	-0.07922	-0.11914	-0.11914	-0.14744	-0.15711	
	M	0.00000	0.12654	0.24373	0.34295	0.41685	0.45999	0.46918	0.44375	0.38557	0.38557	0.20017	0.00000	
2.725	Q	1.28116	1.23389	1.09556	0.87637	0.59252	0.26494	-0.08220	-0.42327	-0.73310	-1.73310	-1.95193	-2.02672	2.725
	V	0.00000	0.01435	0.02744	0.03810	0.04536	0.04848	0.04702	0.04091	0.03038	0.03038	0.01618	0.00000	
	V'	0.14560	0.13923	0.12060	0.09109	0.05286	0.00874	-0.03800	-0.08393	-0.12566	-0.12566	-0.15513	-0.16520	
ALPHA	X/L =	0.00	0.10	0.20	0.30	0.40	0.50	0.60	0.70	L 0.80	R 0.80	0.90	1.00	ALPHA

XP/L = 0.80

FUNKTIONEN : F.P;M - F.P;Q - F.P;V - F.P;V'

FUNKTIONEN : F.P;M - F.P;Q - F.P;V - F.P;V'

XP/L = 0.80

ALPHA	X/L =	0.00	0.10	0.20	0.30	0.40	0.50	0.60	0.70	L 0.80	R 0.80	0.90	1.00	ALPHA
	M	0.00000	0.13523	0.26030	0.36581	0.44382	0.48849	0.49644	0.46709	0.40263	0.40263	0.20918	0.00000	
2.750	Q	1.36951	1.31805	1.16754	0.92929	0.62120	0.26643	-0.10836	-0.47500	-0.80596	-1.80596	-2.03877	-2.11836	2.750
	V	0.00000	0.01524	0.02913	0.04044	0.04811	0.05137	0.04978	0.04325	0.03208	0.03208	0.01708	0.00000	
	V'	0.15465	0.14784	0.12794	0.09643	0.05570	0.00878	-0.04077	-0.08926	-0.13302	-0.13302	-0.16380	-0.17433	
	M	0.00000	0.14513	0.27916	0.39183	0.47452	0.52090	0.52742	0.49359	0.42200	0.42200	0.21939	0.00000	
2.775	Q	1.47012	1.41387	1.24945	0.98943	0.65370	0.26796	-0.13829	-0.53395	-0.88876	-1.88876	-2.13731	-2.22233	2.775
	V	0.00000	0.01625	0.03106	0.04309	0.05123	0.05466	0.05291	0.04592	0.03402	0.03402	0.01810	0.00000	
	V'	0.16494	0.15763	0.13628	0.10252	0.05892	0.00883	-0.04393	-0.09531	-0.14139	-0.14139	-0.17366	-0.18470	
	M	0.00000	0.15650	0.30082	0.42170	0.50974	0.55808	0.56294	0.52396	0.44417	0.44417	0.23109	0.00000	
2.800	Q	1.58569	1.52393	1.34348	1.05839	0.69086	0.26951	-0.17282	-0.60169	-0.98370	-1.98370	-2.25014	-2.34132	2.800
	V	0.00000	0.01741	0.03327	0.04614	0.05481	0.05843	0.05650	0.04897	0.03625	0.03625	0.01927	0.00000	
	V'	0.17675	0.16887	0.14585	0.10949	0.06261	0.00887	-0.04755	-0.10226	-0.15098	-0.15098	-0.18497	-0.19660	
	M	0.00000	0.16970	0.32594	0.45635	0.55058	0.60116	0.60408	0.55911	0.46982	0.46982	0.24460	0.00000	
2.825	Q	1.71977	1.65160	1.45250	1.13824	0.73376	0.27110	-0.21305	-0.68031	-1.09364	-2.09364	-2.38063	-2.47889	2.825
	V	0.00000	0,01876	0.03583	0.04966	0.05896	0.06280	0.06066	0.05252	0.03882	0.03882	0.02063	0.00000	
	V'	0.19043	0.18189	0.15694	0.11757	0.06688	0.00891	-0.05176	-0.11031	-0.16210	-0.16210	-0.19806	-0.21037	
	M	0.00000	0.18518	0.35542	0.49699	0.59846	0.65165	0.65227	0.60026	0.49983	0.49983	0.26042	0.00000	
2.850	Q	1.87712	1.80140	1.58035	1.23180	0.78388	0.27271	-0.26046	-0.77262	-1.22244	-2.22244	-2.53330	-2.63979	2.850
	V	0.00000	0.02034	0.03883	0.05380	0.06383	0.06792	0.06553	0.05667	0.04184	0.04184	0.02221	0.00000	
	V'	0.20648	0.19716	0.16994	0.12703	0.07188	0.00895	-0.05669	-0.11974	-0.17512	-0.17512	-0.21340	-0.22651	
	M	0.00000	0.20360	0.39049	0.54532	0.65538	0.71165	0.70950	0.64911	0.53543	0.53543	0.27917	0.00000	
2.875	Q	2.06431	1.97958	1.73235	1.34292	0.84325	0.27435	-0.31706	-0.88245	-1.37540	-2.37540	-2.71440	-2.83058	2.875
	V	0.00000	0.02221	0.04240	0.05872	0.06961	0.07400	0.07132	0.06159	0.04542	0.04542	0.02410	0.00000	
	V'	0.22555	0.21530	0.18539	0.13827	0.07782	0.00900	-0.06256	-0.13096	-0.19060	-0.19060	-0.23161	-0.24567	
	M	0.00000	0.22586	0.43286	0.60371	0.72415	0.78411	0.77858	0.70804	0.57836	0.57836	0.30178	0.00000	
2.900	Q	2.29060	2.19495	1.91600	1.47704	0.91473	0.27602	-0.38573	-1.01527	-1.56002	-2.56002	-2.93274	-3.06054	2.900
	V	0.00000	0.02448	0.04671	0.06465	0.07659	0.08134	0.07831	0.06754	0.04975	0.04975	0.02637	0.00000	
	V'	0.24858	0.23721	0.20404	0.15185	0.08499	0.00904	-0.06965	-0.14450	-0.20928	-0.20928	-0.25360	-0.26879	
	M	0.00000	0.25330	0.48509	0.67567	0.80885	0.87332	0.86361	0.78053	0.63115	0.63115	0.32957	0.00000	
2.925	Q	2.56953	2.46039	2.14225	1.64212	1.00251	0.27773	-0.47064	-1.17903	-1.78727	-2.78727	-3.20120	-3.34320	2.925
	V	0.00000	0.02727	0.05202	0.07196	0.08519	0.09039	0.08691	0.07487	0.05507	0.05507	0.02917	0.00000	
	V'	0.27696	0.26420	0.22701	0.16856	0.09380	0.00908	-0.07839	-0.16118	-0.23228	-0.23228	-0.28066	-0.29726	
	M	0.00000	0.28795	0.55103	0.76650	0.91574	0.98587	0.97083	0.87191	0.69766	0.69766	0.36458	0.00000	
2.950	Q	2.92172	2.79550	2.42777	1.85029	1.11295	0.27946	-0.57818	-1.38586	-2.07381	-3.07381	-3.53940	-3.69920	2.950
	V	0.00000	0.03079	0.05872	0.08118	0.09603	0.10180	0.09777	0.08410	0.06178	0.06178	0.03270	0.00000	
	V'	0.31275	0.29825	0.25599	0.18963	0.10491	0.00913	-0.08942	-0.18223	-0.26128	-0.26128	-0.31478	-0.33315	
	M	0.00000	0.33305	0.63684	0.88468	1.05480	1.13225	1.11022	0.99066	0.78406	0.78406	0.41004	0.00000	
2.975	Q	3.38016	3.23168	2.79927	2.12094	1.25627	0.28123	-0.71852	-1.65514	-2.44635	-3.44635	-3.97871	-4.16151	2.975
	V	0.00000	0.03537	0.06744	0.09318	0.11014	0.11663	0.11188	0.09611	0.07051	0.07051	0.03729	0.00000	
	V'	0.35931	0.34254	0.29368	0.21704	0.11934	0.00918	-0.10378	-0.20961	-0.29900	-0.29900	-0.35915	-0.37981	
ALPHA	X/L =	0.00	0.10	0.20	0.30	0.40	0.50	0.60	0.70	L 0.80	R 0.80	0.90	1.00	ALPHA

XP/L = 0.80

FUNKTIONEN : F.P;M - F.P;Q - F.P;V - F.P;V'

FUNKTIONEN : F,P;M - F,P;Q - F,P;V - F,P;V'

XP/L = 0.90

ALPHA	X/L =	0.00	0.10	0.20	0.30	0.40	0.50	0.60	0.70	0.80	L 0.90	R 0.90	1.00	ALPHA
	M	0.00000	0.01000	0.02000	0.03000	0.04000	0.05000	0.06000	0.07000	0.08000	0.09000	0.09000	0.00000	
0.000	Q	0.10000	0.10000	0.10000	0.10000	0.10000	0.10000	0.10000	0.10000	0.10000	0.10000	-0.90000	-0.90000	0.000
	V	0.00000	0.00163	0.00317	0.00450	0.00553	0.00617	0.00630	0.00583	0.00467	0.00270	0.00270	0.00000	
	V'	0.01650	0.01600	0.01450	0.01200	0.00850	0.00400	-0.00150	-0.00800	-0.01550	-0.02400	-0.02400	-0.02850	
	M	0.00000	0.01000	0.02000	0.03000	0.04000	0.05000	0.06000	0.07000	0.08000	0.09000	0.09000	0.00000	
0.025	Q	0.10001	0.10001	0.10001	0.10001	0.10001	0.10000	0.10000	0.09999	0.09999	0.09998	-0.90002	-0.90002	0.025
	V	0.00000	0.00163	0.00317	0.00450	0.00553	0.00617	0.00630	0.00583	0.00467	0.00270	0.00270	0.00000	
	V'	0.01650	0.01600	0.01450	0.01200	0.00850	0.00400	-0.00150	-0.00800	-0.01550	-0.02400	-0.02400	-0.02850	
	M	0.00000	0.01000	0.02001	0.03001	0.04001	0.05002	0.06002	0.07001	0.08001	0.09001	0.09001	0.00000	
0.050	Q	0.10004	0.10004	0.10004	0.10003	0.10002	0.10001	0.10000	0.09998	0.09996	0.09994	-0.90006	-0.90007	0.050
	V	0.00000	0.00163	0.00317	0.00450	0.00553	0.00617	0.00630	0.00583	0.00467	0.00270	0.00270	0.00000	
	V'	0.01650	0.01600	0.01450	0.01200	0.00850	0.00400	-0.00150	-0.00800	-0.01550	-0.02401	-0.02401	-0.02851	
	M	0.00000	0.01001	0.02002	0.03003	0.04003	0.05003	0.06004	0.07003	0.08003	0.09002	0.09002	0.00000	
0.075	Q	0.10009	0.10009	0.10008	0.10007	0.10005	0.10002	0.09999	0.09995	0.09991	0.09986	-0.90014	-0.90016	0.075
	V	0.00000	0.00163	0.00317	0.00450	0.00554	0.00617	0.00630	0.00584	0.00467	0.00270	0.00270	0.00000	
	V'	0.01651	0.01601	0.01451	0.01201	0.00850	0.00400	-0.00150	-0.00801	-0.01551	-0.02401	-0.02401	-0.02851	
	M	0.00000	0.01002	0.02003	0.03005	0.04006	0.05006	0.06006	0.07006	0.08005	0.09003	0.09003	0.00000	
0.100	Q	0.10017	0.10016	0.10015	0.10012	0.10009	0.10004	0.09998	0.09992	0.09984	0.09976	-0.90024	-0.90029	0.100
	V	0.00000	0.00164	0.00317	0.00451	0.00554	0.00617	0.00631	0.00584	0.00467	0.00270	0.00270	0.00000	
	V'	0.01652	0.01602	0.01452	0.01201	0.00851	0.00400	-0.00151	-0.00801	-0.01552	-0.02402	-0.02402	-0.02852	
	M	0.00000	0.01003	0.02005	0.03007	0.04009	0.05010	0.06010	0.07009	0.08007	0.09004	0.09004	0.00000	
0.125	Q	0.10026	0.10025	0.10023	0.10019	0.10013	0.10006	0.09998	0.09987	0.09976	0.09962	-0.90038	-0.90045	0.125
	V	0.00000	0.00164	0.00317	0.00451	0.00554	0.00618	0.00631	0.00584	0.00467	0.00270	0.00270	0.00000	
	V'	0.01653	0.01603	0.01452	0.01202	0.00851	0.00400	-0.00151	-0.00802	-0.01553	-0.02403	-0.02403	-0.02853	
	M	0.00000	0.01004	0.02007	0.03010	0.04012	0.05014	0.06014	0.07013	0.08011	0.09006	0.09006	0.00000	
0.150	Q	0.10037	0.10036	0.10033	0.10027	0.10019	0.10009	0.09997	0.09982	0.09965	0.09946	-0.90054	-0.90064	0.150
	V	0.00000	0.00164	0.00317	0.00451	0.00555	0.00618	0.00631	0.00585	0.00468	0.00270	0.00270	0.00000	
	V'	0.01654	0.01604	0.01454	0.01203	0.00852	0.00400	-0.00151	-0.00803	-0.01554	-0.02405	-0.02405	-0.02855	
	M	0.00000	0.01005	0.02010	0.03014	0.04017	0.05019	0.06019	0.07018	0.08014	0.09008	0.09008	0.00000	
0.175	Q	0.10051	0.10049	0.10045	0.10037	0.10026	0.10012	0.09995	0.09975	0.09952	0.09926	-0.90074	-0.90087	0.175
	V	0.00000	0.00164	0.00318	0.00452	0.00555	0.00619	0.00632	0.00585	0.00468	0.00271	0.00271	0.00000	
	V'	0.01656	0.01606	0.01455	0.01204	0.00852	0.00400	-0.00152	-0.00803	-0.01555	-0.02406	-0.02406	-0.02857	
	M	0.00000	0.01007	0.02013	0.03018	0.04022	0.05025	0.06025	0.07023	0.08019	0.09011	0.09011	0.00000	
0.200	Q	0.10066	0.10064	0.10058	0.10048	0.10034	0.10016	0.09994	0.09968	0.09938	0.09904	-0.90096	-0.90114	0.200
	V	0.00000	0.00164	0.00318	0.00452	0.00556	0.00619	0.00632	0.00585	0.00468	0.00271	0.00271	0.00000	
	V'	0.01658	0.01607	0.01456	0.01205	0.00853	0.00400	-0.00152	-0.00805	-0.01557	-0.02408	-0.02408	-0.02859	
	M	0.00000	0.01008	0.02016	0.03023	0.04028	0.05031	0.06032	0.07030	0.08024	0.09014	0.09014	0.00000	
0.225	Q	0.10084	0.10081	0.10074	0.10061	0.10043	0.10020	0.09992	0.09959	0.09921	0.09878	-0.90122	-0.90145	0.225
	V	0.00000	0.00164	0.00319	0.00453	0.00556	0.00620	0.00633	0.00586	0.00469	0.00271	0.00271	0.00000	
	V'	0.01660	0.01609	0.01458	0.01206	0.00854	0.00401	-0.00153	-0.00806	-0.01558	-0.02410	-0.02410	-0.02861	
ALPHA	X/L =	0.00	0.10	0.20	0.30	0.40	0.50	0.60	0.70	0.80	L 0.90	R 0.90	1.00	ALPHA

XP/L = 0.90

FUNKTIONEN : F,P;M - F,P;Q - F,P;V - F,P;V'

FUNKTIONEN : F.P;M - F.P;Q - F.P;V - F.P;V'

XP/L = 0.90

ALPHA	X/L =	0.00	0.10	0.20	0.30	0.40	0.50	0.60	0.70	0.80	L 0.90	R 0.90	1.00	ALPHA
	M	0.00000	0.01010	0.02020	0.03028	0.04035	0.05039	0.06040	0.07037	0.08029	0.09017	0.09017	0.00000	
0.250	Q	0.10104	0.10101	0.10091	0.10075	0.10053	0.10025	0.09990	0.09950	0.09902	0.09849	-0.90151	-0.90179	0.250
	V	0.00000	0.00165	0.00319	0.00453	0.00557	0.00621	0.00634	0.00587	0.00469	0.00271	0.00271	0.00000	
	V'	0.01662	0.01612	0.01460	0.01208	0.00854	0.00401	-0.00153	-0.00807	-0.01560	-0.02413	-0.02413	-0.02864	
	M	0.00000	0.01012	0.02024	0.03034	0.04042	0.05047	0.06048	0.07044	0.08036	0.09021	0.09021	0.00000	
0.275	Q	0.10126	0.10122	0.10111	0.10091	0.10065	0.10030	0.09988	0.09939	0.09882	0.09817	-0.90183	-0.90217	0.275
	V	0.00000	0.00165	0.00319	0.00454	0.00558	0.00622	0.00635	0.00587	0.00470	0.00272	0.00272	0.00000	
	V'	0.01665	0.01614	0.01462	0.01209	0.00855	0.00401	-0.00154	-0.00809	-0.01563	-0.02415	-0.02415	-0.02867	
	M	0.00000	0.01015	0.02029	0.03041	0.04050	0.05056	0.06057	0.07053	0.08042	0.09024	0.09024	0.00000	
0.300	Q	0.10150	0.10146	0.10132	0.10109	0.10077	0.10036	0.09986	0.09927	0.09859	0.09782	-0.90218	-0.90258	0.300
	V	0.00000	0.00165	0.00320	0.00455	0.00559	0.00622	0.00636	0.00588	0.00470	0.00272	0.00272	0.00000	
	V'	0.01667	0.01617	0.01464	0.01211	0.00856	0.00401	-0.00155	-0.00810	-0.01565	-0.02418	-0.02418	-0.02870	
	M	0.00000	0.01017	0.02034	0.03048	0.04059	0.05066	0.06067	0.07062	0.08050	0.09029	0.09029	0.00000	
0.325	Q	C.10176	0.10171	0.10155	0.10128	0.10091	0.10042	0.09984	0.09914	0.09834	0.09744	-0.90256	-0.90303	0.325
	V	0.00000	0.00165	0.00321	0.00455	0.00560	0.00624	0.00637	0.00589	0.00471	0.00272	0.00272	0.00000	
	V'	0.01670	0.01620	0.01467	0.01213	0.00858	0.00401	-0.00155	-0.00812	-0.01568	-0.02422	-0.02422	-0.02873	
	M	0.00000	0.01020	0.02039	0.03056	0.04069	0.05077	0.06078	0.07072	0.08058	0.09033	0.09033	0.00000	
0.350	Q	0.10205	0.10199	0.10180	0.10149	0.10105	0.10049	0.09981	0.09900	0.09808	0.09703	-0.90297	-0.90352	0.350
	V	0.00000	0.00166	0.00321	0.00456	0.00561	0.00625	0.00638	0.00590	0.00472	0.00273	0.00273	0.00000	
	V'	0.01674	0.01623	0.01470	0.01215	0.00859	0.00401	-0.00156	-0.00814	-0.01571	-0.02425	-0.02425	-0.02877	
	M	0.00000	0.01023	0.02045	0.03064	0.04079	0.05088	0.06090	0.07083	0.08066	0.09038	0.09038	0.00000	
0.375	Q	0.10236	0.10229	0.10207	0.10171	0.10121	0.10056	0.09978	0.09885	0.09779	0.09658	-0.90342	-0.90405	0.375
	V	0.00000	0.00166	0.00322	0.00457	0.00562	0.00626	0.00639	0.00591	0.00472	0.00273	0.00273	0.00000	
	V'	0.01677	0.01626	0.01473	0.01217	0.00860	0.00402	-0.00157	-0.00816	-0.01574	-0.02429	-0.02429	-0.02881	
	M	0.00000	0.01027	0.02052	0.03073	0.04090	0.05100	0.06102	0.07095	0.08076	0.09044	0.09044	0.00000	
0.400	Q	0.10269	0.10261	0.10236	0.10195	0.10138	0.10064	0.09975	0.09869	0.09748	0.09611	-0.90389	-0.90462	0.400
	V	0.00000	0.00166	0.00323	0.00458	0.00563	0.00627	0.00640	0.00592	0.00473	0.00273	0.00273	0.00000	
	V'	0.01681	0.01630	0.01476	0.01220	0.00861	0.00402	-0.00158	-0.00818	-0.01577	-0.02433	-0.02433	-0.02885	
	M	0.00000	0.01030	0.02058	0.03083	0.04102	0.05114	0.06116	0.07107	0.08086	0.09049	0.09049	0.00000	
0.425	Q	0.10304	0.10295	0.10267	0.10221	0.10156	0.10073	0.09971	0.09852	0.09715	0.09560	-0.90440	-0.90522	0.425
	V	0.00000	0.00167	0.00323	0.00459	0.00564	0.00628	0.00641	0.00593	0.00474	0.00274	0.00274	0.00000	
	V'	0.01685	0.01634	0.01479	0.01222	0.00863	0.00402	-0.00159	-0.00821	-0.01580	-0.02437	-0.02437	-0.02890	
	M	0.00000	0.01034	0.02066	0.03093	0.04115	0.05128	0.06130	0.07120	0.08096	0.09056	0.09056	0.00000	
0.450	Q	0.10342	0.10332	0.10300	0.10248	0.10175	0.10081	0.09967	0.09833	0.09679	0.09506	-0.90494	-0.90586	0.450
	V	0.00000	0.00167	0.00324	0.00460	0.00566	0.00630	0.00643	0.00594	0.00475	0.00274	0.00274	0.00000	
	V'	0.01690	0.01638	0.01483	0.01225	0.00865	0.00402	-0.00161	-0.00823	-0.01584	-0.02442	-0.02442	-0.02895	
	M	0.00000	0.01038	0.02073	0.03104	0.04128	0.05142	0.06145	0.07134	0.08107	0.09062	0.09062	0.00000	
0.475	Q	0.10382	0.10371	0.10335	0.10277	0.10195	0.10091	0.09963	0.09814	0.09642	0.09448	-0.90552	-0.90654	0.475
	V	0.00000	0.00168	0.00325	0.00462	0.00567	0.00631	0.00644	0.00596	0.00476	0.00275	0.00275	0.00000	
	V'	0.01694	0.01642	0.01487	0.01228	0.00866	0.00403	-0.00162	-0.00826	-0.01588	-0.02447	-0.02447	-0.02900	
ALPHA	X/L =	0.00	0.10	0.20	0.30	0.40	0.50	0.60	0.70	0.80	L 0.90	R 0.90	1.00	ALPHA

XP/L = 0.90

FUNKTIONEN : F.P;M - F.P;Q - F.P;V - F.P;V'

FUNKTIONEN : F.P;M - F.P;Q - F.P;V - F.P;V'

XP/L = 0.90

ALPHA	X/L =	0.00	0.10	0.20	0.30	0.40	0.50	0.60	0.70	0.80	L 0.90	R 0.90	1.00	ALPHA
	M	0.00000	0.01042	0.02081	0.03116	0.04142	0.05158	0.06161	0.07149	0.08119	0.09069	0.09069	0.00000	
0.500	Q	0.10425	0.10412	0.10373	0.10308	0.10217	0.10101	0.09959	0.09793	0.09602	0.09387	-0.90613	-0.90726	0.500
	V	0.00000	0.00168	0.00326	0.00463	0.00569	0.00633	0.00646	0.00597	0.00477	0.00275	0.00275	0.00000	
	V'	0.01699	0.01647	0.01491	0.01231	0.00868	0.00403	-0.00163	-0.00829	-0.01592	-0.02452	-0.02452	-0.02906	
	M	0.00000	0.01046	0.02090	0.03128	0.04157	0.05175	0.06178	0.07165	0.08132	0.09076	0.09076	0.00000	
0.525	Q	0.10470	0.10455	0.10412	0.10340	0.10240	0.10111	0.09955	0.09771	0.09560	0.09323	-0.90677	-0.90802	0.525
	V	0.00000	0.00169	0.00327	0.00464	0.00570	0.00635	0.00648	0.00599	0.00478	0.00276	0.00276	0.00000	
	V'	0.01704	0.01652	0.01495	0.01234	0.00870	0.00403	-0.00165	-0.00832	-0.01597	-0.02458	-0.02458	-0.02911	
	M	0.00000	0.01051	0.02099	0.03141	0.04173	0.05193	0.06196	0.07182	0.08145	0.09084	0.09084	0.00000	
0.550	Q	0.10517	0.10501	0.10454	0.10374	0.10264	0.10122	0.09950	0.09747	0.09515	0.09255	-0.90745	-0.90883	0.550
	V	0.00000	0.00169	0.00328	0.00466	0.00572	0.00637	0.00649	0.00600	0.00479	0.00277	0.00277	0.00000	
	V'	0.01710	0.01657	0.01500	0.01238	0.00872	0.00403	-0.00166	-0.00835	-0.01602	-0.02463	-0.02463	-0.02918	
	M	0.00000	0.01056	0.02109	0.03154	0.04190	0.05211	0.06215	0.07199	0.08159	0.09092	0.09092	0.00000	
0.575	Q	0.10567	0.10550	0.10497	0.10410	0.10289	0.10134	0.09945	0.09723	0.09469	0.09184	-0.90816	-0.90967	0.575
	V	0.00000	0.00170	0.00329	0.00467	0.00574	0.00639	0.00651	0.00602	0.00480	0.00277	0.00277	0.00000	
	V'	0.01716	0.01663	0.01505	0.01241	0.00874	0.00404	-0.00168	-0.00839	-0.01607	-0.02469	-0.02469	-0.02924	
	M	0.00000	0.01061	0.02119	0.03169	0.04207	0.05231	0.06235	0.07217	0.08173	0.09100	0.09100	0.00000	
0.600	Q	0.10620	0.10601	0.10543	0.10448	0.10315	0.10146	0.09939	0.09697	0.09420	0.09109	-0.90891	-0.91055	0.600
	V	0.00000	0.00170	0.00330	0.00469	0.00576	0.00641	0.00653	0.00603	0.00482	0.00278	0.00278	0.00000	
	V'	0.01722	0.01669	0.01510	0.01245	0.00876	0.00404	-0.00169	-0.00842	-0.01612	-0.02476	-0.02476	-0.02931	
	M	0.00000	0.01067	0.02129	0.03184	0.04226	0.05251	0.06256	0.07236	0.08189	0.09109	0.09109	0.00000	
0.625	Q	0.10675	0.10654	0.10592	0.10488	0.10343	0.10158	0.09933	0.09670	0.09368	0.09030	-0.90970	-0.91148	0.625
	V	0.00000	0.00171	0.00331	0.00470	0.00578	0.00643	0.00655	0.00605	0.00483	0.00279	0.00279	0.00000	
	V'	0.01728	0.01675	0.01515	0.01249	0.00879	0.00405	-0.00171	-0.00846	-0.01617	-0.02483	-0.02483	-0.02938	
	M	0.00000	0.01073	0.02141	0.03200	0.04245	0.05272	0.06278	0.07256	0.08205	0.09118	0.09118	0.00000	
0.650	Q	0.10733	0.10710	0.10642	0.10530	0.10372	0.10171	0.09927	0.09641	0.09314	0.08948	-0.91052	-0.91245	0.650
	V	0.00000	0.00172	0.00333	0.00472	0.00580	0.00645	0.00657	0.00607	0.00484	0.00279	0.00279	0.00000	
	V'	0.01735	0.01681	0.01520	0.01253	0.00881	0.00405	-0.00173	-0.00850	-0.01623	-0.02490	-0.02490	-0.02946	
	M	0.00000	0.01079	0.02152	0.03216	0.04265	0.05295	0.06301	0.07277	0.08221	0.09128	0.09128	0.00000	
0.675	Q	0.10794	0.10769	0.10695	0.10573	0.10403	0.10185	0.09920	0.09611	0.09258	0.08862	-0.91138	-0.91346	0.675
	V	0.00000	0.00172	0.00334	0.00474	0.00582	0.00647	0.00660	0.00609	0.00486	0.00280	0.00280	0.00000	
	V'	0.01742	0.01688	0.01526	0.01258	0.00883	0.00405	-0.00175	-0.00854	-0.01629	-0.02497	-0.02497	-0.02953	
	M	0.00000	0.01085	0.02164	0.03233	0.04286	0.05318	0.06324	0.07299	0.08239	0.09138	0.09138	0.00000	
0.700	Q	0.10857	0.10830	0.10751	0.10619	0.10434	0.10199	0.09913	0.09580	0.09199	0.08773	-0.91227	-0.91451	0.700
	V	0.00000	0.00173	0.00335	0.00476	0.00584	0.00650	0.00662	0.00611	0.00487	0.00281	0.00281	0.00000	
	V'	0.01749	0.01695	0.01532	0.01262	0.00886	0.00406	-0.00177	-0.00858	-0.01635	-0.02505	-0.02505	-0.02962	
	M	0.00000	0.01091	0.02177	0.03251	0.04308	0.05343	0.06349	0.07322	0.08257	0.09148	0.09148	0.00000	
0.725	Q	0.10923	0.10895	0.10809	0.10666	0.10467	0.10213	0.09906	0.09547	0.09137	0.08679	-0.91321	-0.91561	0.725
	V	0.00000	0.00174	0.00337	0.00478	0.00587	0.00652	0.00664	0.00613	0.00489	0.00282	0.00282	0.00000	
	V'	0.01757	0.01702	0.01539	0.01267	0.00889	0.00406	-0.00179	-0.00863	-0.01642	-0.02513	-0.02513	-0.02970	
ALPHA	X/L =	0.00	0.10	0.20	0.30	0.40	0.50	0.60	0.70	0.80	L 0.90	R 0.90	1.00	ALPHA

XP/L = 0.90

FUNKTIONEN : F.P;M - F.P;Q - F.P;V - F.P;V'

FUNKTIONEN : F.P;M - F.P;Q - F.P;V - F.P;V'

XP/L = 0.90

ALPHA	X/L =	0.00	0.10	0.20	0.30	0.40	0.50	0.60	0.70	0.80	L 0.90	R 0.90	1.00	ALPHA
	M	0.00000	0.01098	0.02190	0.03270	0.04331	0.05368	0.06375	0.07346	0.08276	0.09159	0.09159	0.00000	
0.750	Q	0.10993	0.10962	0.10869	0.10716	0.10502	0.10229	0.09898	0.09512	0.09073	0.08582	-0.91418	-0.91676	0.750
	V	0.00000	0.00175	0.00338	0.00480	0.00589	0.00655	0.00667	0.00615	0.00490	0.00283	0.00283	0.00000	
	V'	0.01765	0.01710	0.01545	0.01272	0.00892	0.00407	-0.00181	-0.00867	-0.01649	-0.02521	-0.02521	-0.02979	
	M	0.00000	0.01105	0.02204	0.03290	0.04355	0.05395	0.06402	0.07371	0.08296	0.09170	0.09170	0.00000	
0.775	Q	0.11065	0.11032	0.10932	0.10767	0.10537	0.10244	0.09890	0.09476	0.09005	0.08481	-0.91519	-0.91795	0.775
	V	0.00000	0.00175	0.00340	0.00482	0.00592	0.00658	0.00670	0.00618	0.00492	0.00284	0.00284	0.00000	
	V'	0.01773	0.01718	0.01552	0.01277	0.00895	0.00407	-0.00183	-0.00872	-0.01656	-0.02530	-0.02530	-0.02988	
	M	0.00000	0.01113	0.02219	0.03310	0.04380	0.05423	0.06430	0.07397	0.08316	0.09182	0.09182	0.00000	
0.800	Q	0.11140	0.11105	0.10998	0.10821	0.10575	0.10261	0.09881	0.09439	0.08935	0.08375	-0.91625	-0.91919	0.800
	V	0.00000	0.00176	0.00341	0.00484	0.00594	0.00661	0.00672	0.00620	0.00494	0.00284	0.00284	0.00000	
	V'	0.01782	0.01726	0.01559	0.01283	0.00898	0.00407	-0.00186	-0.00877	-0.01663	-0.02539	-0.02539	-0.02998	
	M	0.00000	0.01121	0.02234	0.03331	0.04406	0.05452	0.06460	0.07424	0.08337	0.09194	0.09194	0.00000	
0.825	Q	0.11219	0.11181	0.11066	0.10877	0.10613	0.10278	0.09872	0.09399	0.08863	0.08266	-0.91734	-0.92047	0.825
	V	0.00000	0.00177	0.00343	0.00487	0.00597	0.00664	0.00675	0.00623	0.00496	0.00285	0.00285	0.00000	
	V'	0.01791	0.01734	0.01567	0.01288	0.00901	0.00408	-0.00188	-0.00883	-0.01671	-0.02548	-0.02548	-0.03008	
	M	0.00000	0.01129	0.02249	0.03353	0.04434	0.05482	0.06490	0.07452	0.08360	0.09207	0.09207	0.00000	
0.850	Q	0.11300	0.11260	0.11138	0.10935	0.10654	0.10295	0.09862	0.09358	0.08787	0.08152	-0.91848	-0.92181	0.850
	V	0.00000	0.00178	0.00345	0.00489	0.00600	0.00667	0.00678	0.00625	0.00498	0.00286	0.00286	0.00000	
	V'	0.01800	0.01743	0.01574	0.01294	0.00905	0.00408	-0.00191	-0.00888	-0.01679	-0.02558	-0.02558	-0.03019	
	M	0.00000	0.01137	0.02265	0.03377	0.04462	0.05513	0.06522	0.07481	0.08383	0.09220	0.09220	0.00000	
0.875	Q	0.11385	0.11342	0.11212	0.10995	0.10695	0.10313	0.09852	0.09316	0.08708	0.08034	-0.91966	-0.92319	0.875
	V	0.00000	0.00179	0.00347	0.00492	0.00603	0.00670	0.00681	0.00628	0.00500	0.00288	0.00288	0.00000	
	V'	0.01810	0.01753	0.01582	0.01300	0.00908	0.00409	-0.00193	-0.00894	-0.01687	-0.02568	-0.02568	-0.03029	
	M	0.00000	0.01146	0.02282	0.03401	0.04491	0.05545	0.06555	0.07511	0.08406	0.09234	0.09234	0.00000	
0.900	Q	0.11474	0.11428	0.11289	0.11058	0.10738	0.10332	0.09841	0.09271	0.08626	0.07911	-0.92089	-0.92463	0.900
	V	0.00000	0.00180	0.00349	0.00494	0.00606	0.00673	0.00685	0.00631	0.00502	0.00289	0.00289	0.00000	
	V'	0.01820	0.01762	0.01591	0.01306	0.00912	0.00409	-0.00196	-0.00900	-0.01696	-0.02579	-0.02579	-0.03041	
	M	0.00000	0.01155	0.02300	0.03425	0.04522	0.05579	0.06589	0.07542	0.08431	0.09248	0.09248	0.00000	
0.925	Q	0.11566	0.11517	0.11369	0.11123	0.10783	0.10351	0.09830	0.09225	0.08541	0.07784	-0.92216	-0.92612	0.925
	V	0.00000	0.00181	0.00351	0.00497	0.00610	0.00677	0.00688	0.00634	0.00504	0.00290	0.00290	0,00000	
	V'	0.01830	0.01772	0.01600	0.01313	0.00915	0.00410	-0.00199	-0.00906	-0.01705	-0.02590	-0.02590	-0.03052	
	M	0.00000	0.01164	0.02318	0.03451	0.04553	0.05614	0.06624	0.07575	0.08457	0.09263	0.09263	0.00000	
0.950	Q	0.11662	0.11609	0.11452	0.11191	0.10830	0.10371	0.09818	0.09177	0.08453	0.07653	-0.92347	-0.92766	0.950
	V	0.00000	0.00182	0.00353	0.00500	0.00613	0.00680	0.00692	0.00637	0.00506	0.00291	0.00291	0.00000	
	V'	0.01841	0.01783	0.01609	0.01320	0.00919	0.00411	-0.00202	-0.00912	-0.01714	-0.02601	-0.02601	-0.03065	
	M	0.00000	0.01174	0.02337	0.03478	0.04586	0.05650	0.06661	0.07608	0.08483	0.09278	0.09278	0.00000	
0.975	Q	0.11761	0.11705	0.11538	0.11261	0.10878	0.10391	0.09805	0.09126	0.08361	0.07516	-0.92484	-0.92925	0.975
	V	0.00000	0.00183	0.00355	0.00503	0.00616	0.00684	0.00695	0.00640	0.00508	0.00292	0.00292	0.00000	
	V'	0.01852	0.01794	0.01618	0.01327	0.00923	0.00411	-0.00205	-0.00919	-0.01724	-0.02613	-0.02613	-0.03077	
ALPHA	X/L =	0.00	0.10	0.20	0.30	0.40	0.50	0.60	0.70	0.80	L 0.90	R 0.90	1.00	ALPHA

XP/L = 0.90

FUNKTIONEN : F.P;M - F.P;Q - F.P;V - F.P;V'

FUNKTIONEN : F.PIM - F.PIQ - F.PIV - F.PIV'

XP/L = 0.90

ALPHA	X/L =	0.00	0.10	0.20	0.30	0.40	0.50	0.60	0.70	0.80	L 0.90	R 0.90	1.00	ALPHA
	M	0.00000	0.01184	0.02357	0.03506	0.04620	0.05688	0.06699	0.07643	0.08511	0.09294	0.09294	0.00000	
1.000	Q	0.11864	0.11805	0.11628	0.11334	0.10928	0.10412	0.09792	0.09074	0.08266	0.07375	-0.92625	-0.93090	1.000
	V	0.00000	0.00184	0.00357	0.00506	0.00620	0.00688	0.00699	0.00643	0.00511	0.00294	0.00294	0.00000	
	V'	0.01864	0.01805	0.01628	0.01334	0.00928	0.00412	-0.00208	-0.00926	-0.01734	-0.02625	-0.02625	-0.03090	
	M	0.00000	0.01195	0.02378	0.03535	0.04655	0.05727	0.06738	0.07679	0.08539	0.09310	0.09310	0.00000	
1.025	Q	0.11971	0.11908	0.11721	0.11410	0.10979	0.10433	0.09778	0.09020	0.08167	0.07229	-0.92771	-0.93261	1.025
	V	0.00000	0.00186	0.00359	0.00509	0.00624	0.00692	0.00703	0.00646	0.00513	0.00295	0.00295	0.00000	
	V'	0.01876	0.01817	0.01638	0.01342	0.00932	0.00412	-0.00211	-0.00933	-0.01745	-0.02638	-0.02638	-0.03104	
	M	0.00000	0.01206	0.02399	0.03565	0.04692	0.05768	0.06779	0.07717	0.08569	0.09327	0.09327	0.00000	
1.050	Q	0.12083	0.12016	0.11817	0.11488	0.11032	0.10455	0.09763	0.08963	0.08065	0.07077	-0.92923	-0.93437	1.050
	V	0.00000	0.00187	0.00362	0.00513	0.00628	0.00696	0.00707	0.00650	0.00516	0.00296	0.00296	0.00000	
	V'	0.01889	0.01829	0.01648	0.01350	0.00936	0.00413	-0.00215	-0.00940	-0.01755	-0.02651	-0.02651	-0.03118	
	M	0.00000	0.01217	0.02421	0.03596	0.04730	0.05810	0.06822	0.07755	0.08599	0.09344	0.09344	0.00000	
1.075	Q	0.12198	0.12128	0.11917	0.11569	0.11088	0.10478	0.09747	0.08904	0.07958	0.06921	-0.93079	-0.93620	1.075
	V	0.00000	0.00188	0.00364	0.00516	0.00632	0.00701	0.00711	0.00654	0.00519	0.00298	0.00298	0.00000	
	V'	0.01902	0.01841	0.01659	0.01358	0.00941	0.00414	-0.00219	-0.00948	-0.01767	-0.02665	-0.02665	-0.03132	
	M	0.00000	0.01229	0.02444	0.03629	0.04770	0.05853	0.06866	0.07795	0.08631	0.09362	0.09362	0.00000	
1.100	Q	0.12318	0.12243	0.12021	0.11653	0.11145	0.10501	0.09731	0.08843	0.07848	0.06759	-0.93241	-0.93808	1.100
	V	0.00000	0.00190	0.00367	0.00520	0.00636	0.00705	0.00716	0.00657	0.00521	0.00299	0.00299	0.00000	
	V'	0.01916	0.01854	0.01670	0.01366	0.00946	0.00414	-0.00222	-0.00956	-0.01778	-0.02679	-0.02679	-0.03147	
	M	0.00000	0.01242	0.02468	0.03662	0.04811	0.05898	0.06911	0.07837	0.08663	0.09380	0.09380	0.00000	
1.125	Q	0.12442	0.12364	0.12129	0.11740	0.11204	0.10525	0.09714	0.08780	0.07734	0.06591	-0.93409	-0.94003	1.125
	V	0.00000	0.00191	0.00369	0.00523	0.00641	0.00710	0.00720	0.00661	0.00524	0.00301	0.00301	0.00000	
	V'	0.01930	0.01868	0.01682	0.01375	0.00951	0.00415	-0.00226	-0.00964	-0.01790	-0.02693	-0.02693	-0.03163	
	M	0.00000	0.01254	0.02492	0.03697	0.04853	0.05945	0.06958	0.07880	0.08697	0.09400	0.09400	0.00000	
1.150	Q	0.12571	0.12488	0.12240	0.11831	0.11265	0.10550	0.09696	0.08713	0.07616	0.06418	-0.93582	-0.94204	1.150
	V	0.00000	0.00192	0.00372	0.00527	0.00645	0.00715	0.00725	0.00665	0.00527	0.00302	0.00302	0.00000	
	V'	0.01944	0.01882	0.01694	0.01384	0.00956	0.00416	-0.00230	-0.00973	-0.01803	-0.02709	-0.02709	-0.03179	
	M	0.00000	0.01268	0.02518	0.03733	0.04897	0.05993	0.07007	0.07924	0.08732	0.09419	0.09419	0.00000	
1.175	Q	0.12705	0.12618	0.12356	0.11924	0.11328	0.10575	0.09676	0.08645	0.07493	0.06239	-0.93761	-0.94412	1.175
	V	0.00000	0.00194	0.00375	0.00531	0.00650	0.00720	0.00729	0.00669	0.00530	0.00304	0.00304	0.00000	
	V'	0.01959	0.01896	0.01706	0.01394	0.00962	0.00416	-0.00234	-0.00982	-0.01816	-0.02724	-0.02724	-0.03196	
	M	0.00000	0.01281	0.02544	0.03771	0.04943	0.06044	0.07058	0.07970	0.08768	0.09440	0.09440	0.00000	
1.200	Q	0.12844	0.12752	0.12476	0.12021	0.11393	0.10601	0.09656	0.08573	0.07366	0.06054	-0.93946	-0.94627	1.200
	V	0.00000	0.00195	0.00378	0.00535	0.00655	0.00725	0.00734	0.00674	0.00533	0.00306	0.00306	0.00000	
	V'	0.01975	0.01911	0.01719	0.01403	0.00967	0.00417	-0.00239	-0.00991	-0.01829	-0.02740	-0.02740	-0.03213	
	M	0.00000	0.01296	0.02572	0.03809	0.04990	0.06096	0.07110	0.08018	0.08805	0.09461	0.09461	0.00000	
1.225	Q	0.12988	0.12891	0.12600	0.12121	0.11460	0.10627	0.09635	0.08499	0.07235	0.05862	-0.94138	-0.94848	1.225
	V	0.00000	0.00197	0.00381	0.00539	0.00660	0.00730	0.00740	0.00678	0.00537	0.00307	0.00307	0.00000	
	V'	0.01991	0.01926	0.01733	0.01413	0.00973	0.00418	-0.00243	-0.01001	-0.01843	-0.02757	-0.02757	-0.03231	
ALPHA	X/L =	0.00	0.10	0.20	0.30	0.40	0.50	0.60	0.70	0.80	L 0.90	R 0.90	1.00	ALPHA

XP/L = 0.90

FUNKTIONEN : F.PIM - F.PIQ - F.PIV - F.PIV'

FUNKTIONEN : F.P;M - F.P;Q - F.P;V - F.P;V'

XP/L = 0.90

ALPHA	X/L =	0.00	0.10	0.20	0.30	0.40	0.50	0.60	0.70	0.80	L 0.90	R 0.90	1.00	ALPHA
	M	0.00000	0.01310	0.02600	0.03850	0.05039	0.06149	0.07164	0.08067	0.08844	0.09483	0.09483	0.00000	
1.250	Q	0.13138	0.13035	0.12729	0.12225	0.11529	0.10654	0.09613	0.08421	0.07098	0.05665	-0.94335	-0.95077	1.250
	V	0.00000	0.00199	0.00384	0.00544	0.00665	0.00736	0.00745	0.00683	0.00540	0.00309	0.00309	0.00000	
	V'	0.02008	0.01943	0.01747	0.01424	0.00979	0.00419	-0.00248	-0.01010	-0.01857	-0.02775	-0.02775	-0.03249	
	M	0.00000	0.01326	0.02630	0.03891	0.05090	0.06205	0.07220	0.08118	0.08884	0.09506	0.09506	0.00000	
1.275	Q	0.13293	0.13185	0.12863	0.12332	0.11601	0.10682	0.09589	0.08341	0.06957	0.05460	-0.94540	-0.95313	1.275
	V	0.00000	0.00200	0.00387	0.00548	0.00670	0.00741	0.00751	0.00688	0.00544	0.00311	0.00311	0.00000	
	V'	0.02026	0.01959	0.01761	0.01435	0.00985	0.00419	-0.00253	-0.01021	-0.01872	-0.02793	-0.02793	-0.03269	
	M	0.00000	0.01342	0.02661	0.03935	0.05142	0.06263	0.07278	0.08171	0.08925	0.09529	0.09529	0.00000	
1.300	Q	0.13454	0.13340	0.13002	0.12443	0.11675	0.10710	0.09564	0.08257	0.06811	0.05249	-0.94751	-0.95557	1.300
	V	0.00000	0.00202	0.00391	0.00553	0.00676	0.00747	0.00756	0.00693	0.00547	0.00313	0.00313	0.00000	
	V'	0.02044	0.01976	0.01776	0.01446	0.00991	0.00420	-0.00258	-0.01031	-0.01887	-0.02811	-0.02811	-0.03288	
	M	0.00000	0.01358	0.02692	0.03979	0.05197	0.06323	0.07338	0.08225	0.08968	0.09553	0.09553	0.00000	
1.325	Q	0.13621	0.13501	0.13145	0.12559	0.11752	0.10739	0.09538	0.08170	0.06659	0.05031	-0.94969	-0.95809	1.325
	V	0.00000	0.00204	0.00394	0.00558	0.00682	0.00754	0.00762	0.00698	0.00551	0.00315	0.00315	0.00000	
	V'	0.02062	0.01994	0.01791	0.01457	0.00998	0.00421	-0.00263	-0.01042	-0.01903	-0.02831	-0.02831	-0.03309	
	M	0.00000	0.01375	0.02725	0.04026	0.05253	0.06385	0.07401	0.08281	0.09012	0.09578	0.09578	0.00000	
1.350	Q	0.13794	0.13668	0.13294	0.12678	0.11831	0.10769	0.09511	0.08080	0.06501	0.04805	-0.95195	-0.96069	1.350
	V	0.00000	0.00206	0.00398	0.00563	0.00688	0.00760	0.00768	0.00703	0.00555	0.00317	0.00317	0.00000	
	V'	0.02082	0.02013	0.01807	0.01469	0.01005	0.00422	-0.00268	-0.01054	-0.01920	-0.02851	-0.02851	-0.03330	
	M	0.00000	0.01393	0.02760	0.04074	0.05312	0.06449	0.07465	0.08340	0.09057	0.09603	0.09603	0.00000	
1.375	Q	0.13974	0.13842	0.13449	0.12802	0.11913	0.10799	0.09482	0.07986	0.06338	0.04572	-0.95428	-0.96338	1.375
	V	0.00000	0.00208	0.00402	0.00568	0.00694	0.00767	0.00775	0.00709	0.00559	0.00319	0.00319	0.00000	
	V'	0.02102	0.02032	0.01824	0.01482	0.01012	0.00423	-0.00274	-0.01065	-0.01937	-0.02871	-0.02871	-0.03352	
	M	0.00000	0.01411	0.02795	0.04124	0.05373	0.06516	0.07532	0.08400	0.09104	0.09630	0.09630	0.00000	
1.400	Q	0.14160	0.14022	0.13609	0.12930	0.11997	0.10830	0.09452	0.07888	0.06169	0.04330	-0.95670	-0.96615	1.400
	V	0.00000	0.00210	0.00406	0.00574	0.00700	0.00773	0.00781	0.00714	0.00563	0.00321	0.00321	0.00000	
	V'	0.02123	0.02052	0.01841	0.01495	0.01019	0.00424	-0.00280	-0.01078	-0.01954	-0.02893	-0.02893	-0.03375	
	M	0.00000	0.01431	0.02832	0.04176	0.05436	0.06585	0.07601	0.08463	0.09153	0.09657	0.09657	0.00000	
1.425	Q	0.14354	0.14209	0.13775	0.13062	0.12085	0.10862	0.09419	0.07786	0.05994	0.04081	-0.95919	-0.96901	1.425
	V	0.00000	0.00212	0.00410	0.00579	0.00707	0.00781	0.00788	0.00720	0.00568	0.00324	0.00324	0.00000	
	V'	0.02144	0.02073	0.01859	0.01508	0.01027	0.00425	-0.00286	-0.01090	-0.01973	-0.02915	-0.02915	-0.03398	
	M	0.00000	0.01450	0.02870	0.04230	0.05501	0.06657	0.07672	0.08527	0.09203	0.09686	0.09686	0.00000	
1.450	Q	0.14555	0.14403	0.13948	0.13200	0.12175	0.10895	0.09386	0.07680	0.05813	0.03823	-0.96177	-0.97197	1.450
	V	0.00000	0.00214	0.00414	0.00585	0.00714	0.00788	0.00795	0.00726	0.00572	0.00326	0.00326	0.00000	
	V'	0.02167	0.02094	0.01878	0.01522	0.01034	0.00426	-0.00292	-0.01104	-0.01992	-0.02938	-0.02938	-0.03423	
	M	0.00000	0.01471	0.02910	0.04286	0.05569	0.06731	0.07747	0.08594	0.09255	0.09715	0.09715	0.00000	
1.475	Q	0.14764	0.14604	0.14126	0.13342	0.12268	0.10928	0.09350	0.07569	0.05624	0.03557	-0.96443	-0.97502	1.475
	V	0.00000	0.00217	0.00418	0.00591	0.00721	0.00796	0.00803	0.00733	0.00577	0.00329	0.00329	0.00000	
	V'	0.02190	0.02116	0.01897	0.01536	0.01043	0.00426	-0.00299	-0.01117	-0.02011	-0.02962	-0.02962	-0.03448	
ALPHA	X/L =	0.00	0.10	0.20	0.30	0.40	0.50	0.60	0.70	0.80	L 0.90	R 0.90	1.00	ALPHA

XP/L = 0.90

FUNKTIONEN : F.P;M - F.P;Q - F.P;V - F.P;V'

D R U C K S T A E B E -366-

FUNKTIONEN : F.P;M - F.P;Q - F.P;V - F.P;V'

XP/L = 0.90

ALPHA	X/L =	0.00	0.10	0.20	0.30	0.40	0.50	0.60	0.70	0.80	L 0.90	R 0.90	1.00	ALPHA
	M	0.00000	0.01493	0.02952	0.04344	0.05639	0.06808	0.07824	0.08663	0.09309	0.09745	0.09745	0.00000	
1.500	Q	0.14981	0.14813	0.14312	0.13490	0.12365	0.10962	0.09313	0.07454	0.05429	0.03281	-0.96719	-0.97817	1.500
	V	0.00000	0.00219	0.00423	0.00597	0.00729	0.00804	0.00810	0.00739	0.00582	0.00331	0.00331	0.00000	
	V'	0.02214	0.02139	0.01917	0.01551	0.01051	0.00427	-0.00306	-0.01131	-0.02032	-0.02986	-0.02986	-0.03474	
	M	0.00000	0.01515	0.02994	0.04405	0.05712	0.06888	0.07903	0.08735	0.09364	0.09776	0.09776	0.00000	
1.525	Q	0.15207	0.15030	0.14505	0.13643	0.12464	0.10996	0.09273	0.07335	0.05226	0.02996	-0.97004	-0.98143	1.525
	V	0.00000	0.00221	0.00428	0.00604	0.00736	0.00812	0.00818	0.00746	0.00587	0.00334	0.00334	0.00000	
	V'	0.02239	0.02163	0.01937	0.01566	0.01060	0.00428	-0.00313	-0.01146	-0.02053	-0.03012	-0.03012	-0.03502	
	M	0.00000	0.01538	0.03039	0.04467	0.05788	0.06971	0.07986	0.08810	0.09422	0.09809	0.09809	0.00000	
1.550	Q	0.15441	0.15256	0.14705	0.13802	0.12567	0.11032	0.09231	0.07210	0.05015	0.02701	-0.97299	-0.98480	1.550
	V	0.00000	0.00224	0.00432	0.00611	0.00744	0.00820	0.00827	0.00753	0.00592	0.00337	0.00337	0.00000	
	V'	0.02265	0.02188	0.01959	0.01582	0.01069	0.00429	-0.00320	-0.01161	-0.02075	-0.03038	-0.03038	-0.03530	
	M	0.00000	0.01562	0.03085	0.04532	0.05867	0.07057	0.08072	0.08887	0.09482	0.09842	0.09842	0.00000	
1.575	Q	0.15685	0.15491	0.14913	0.13967	0.12674	0.11068	0.09187	0.07080	0.04797	0.02395	-0.97605	-0.98828	1.575
	V	0.00000	0.00227	0.00438	0.00618	0.00753	0.00829	0.00835	0.00761	0.00597	0.00339	0.00339	0.00000	
	V'	0.02292	0.02214	0.01981	0.01599	0.01078	0.00430	-0.00328	-0.01177	-0.02098	-0.03066	-0.03066	-0.03559	
	M	0.00000	0.01587	0.03134	0.04600	0.05949	0.07146	0.08160	0.08966	0.09543	0.09877	0.09877	0.00000	
1.600	Q	0.15939	0.15735	0.15129	0.14137	0.12784	0.11105	0.09141	0.06944	0.04570	0.02079	-0.97921	-0.99188	1.600
	V	0.00000	0.00229	0.00443	0.00625	0.00761	0.00838	0.00844	0.00768	0.00603	0.00342	0.00342	0.00000	
	V'	0.02320	0.02240	0.02004	0.01616	0.01088	0.00431	-0.00336	-0.01194	-0.02121	-0.03094	-0.03094	-0.03589	
	M	0.00000	0.01613	0.03184	0.04670	0.06034	0.07239	0.08253	0.09049	0.09607	0.09912	0.09912	0.00000	
1.625	Q	0.16202	0.15989	0.15354	0.14315	0.12898	0.11142	0.09092	0.06803	0.04334	0.01751	-0.98249	-0.99560	1.625
	V	0.00000	0.00232	0.00448	0.00633	0.00770	0.00848	0.00853	0.00776	0.00609	0.00345	0.00345	0.00000	
	V'	0.02349	0.02268	0.02025	0.01634	0.01098	0.00433	-0.00344	-0.01211	-0.02146	-0.03124	-0.03124	-0.03621	
	M	0.00000	0.01640	0.03236	0.04744	0.06123	0.07335	0.08349	0.09135	0.09674	0.09949	0.09949	0.00000	
1.650	Q	0.16477	0.16253	0.15588	0.14499	0.13017	0.11181	0.09041	0.06655	0.04089	0.01412	-0.98588	-0.99946	1.650
	V	0.00000	0.00235	0.00454	0.00640	0.00780	0.00858	0.00863	0.00784	0.00615	0.00349	0.00349	0.00000	
	V'	0.02379	0.02297	0.02052	0.01653	0.01108	0.00434	-0.00352	-0.01229	-0.02171	-0.03154	-0.03154	-0.03653	
	M	0.00000	0.01668	0.03290	0.04820	0.06215	0.07435	0.08448	0.09224	0.09742	0.09988	0.09988	0.00000	
1.675	Q	0.16763	0.16528	0.15831	0.14691	0.13139	0.11220	0.08986	0.06501	0.03835	0.01060	-0.98940	-1.00344	1.675
	V	0.00000	0.00238	0.00460	0.00649	0.00789	0.00868	0.00873	0.00793	0.00621	0.00352	0.00352	0.00000	
	V'	0.02410	0.02327	0.02078	0.01672	0.01119	0.00435	-0.00361	-0.01247	-0.02198	-0.03186	-0.03186	-0.03687	
	M	0.00000	0.01698	0.03347	0.04899	0.06310	0.07540	0.08551	0.09317	0.09813	0.10027	0.10027	0.00000	
1.700	Q	0.17060	0.16815	0.16084	0.14889	0.13266	0.11260	0.08929	0.06341	0.03570	0.00696	-0.99304	-1.00757	1.700
	V	0.00000	0.00241	0.00466	0.00657	0.00799	0.00879	0.00883	0.00802	0.00627	0.00355	0.00355	0.00000	
	V'	0.02443	0.02358	0.02105	0.01692	0.01130	0.00436	-0.00371	-0.01266	-0.02225	-0.03219	-0.03219	-0.03722	
	M	0.00000	0.01728	0.03406	0.04982	0.06410	0.07648	0.08659	0.09413	0.09887	0.10068	0.10068	0.00000	
1.725	Q	0.17371	0.17113	0.16347	0.15096	0.13397	0.11300	0.08868	0.06173	0.03294	0.00318	-0.99682	-1.01184	1.725
	V	0.00000	0.00245	0.00472	0.00666	0.00810	0.00890	0.00894	0.00811	0.00634	0.00359	0.00359	0.00000	
	V'	0.02477	0.02390	0.02133	0.01713	0.01142	0.00437	-0.00380	-0.01286	-0.02254	-0.03254	-0.03254	-0.03759	
ALPHA	X/L =	0.00	0.10	0.20	0.30	0.40	0.50	0.60	0.70	0.80	L 0.90	R 0.90	1.00	ALPHA

XP/L = 0.90

FUNKTIONEN : F.P;M - F.P;Q - F.P;V - F.P;V'

FUNKTIONEN : F.PIM - F.PIQ - F.PIV - F.PIV'

XP/L = 0.90

ALPHA	X/L =	0.00	0.10	0.20	0.30	0.40	0.50	0.60	0.70	0.80	L 0.90	R 0.90	1.00	ALPHA
	M	0.00000	0.01760	0.03467	0.05068	0.06514	0.07761	0.08770	0.09512	0.09964	0.10111	0.10111	0.00000	
1.750	Q	0.17694	0.17424	0.16621	0.15311	0.13533	0.11342	0.08804	0.05997	0.03007	-0.00074	-1.00074	-1.01627	1.750
	V	0.00000	0.00248	0.00479	0.00675	0.00821	0.00901	0.00905	0.00820	0.00641	0.00363	0.00363	0.00000	
	V'	0.02512	0.02424	0.02162	0.01734	0.01154	0.00438	-0.00390	-0.01307	-0.02283	-0.03290	-0.03290	-0.03796	
	M	0.00000	0.01794	0.03531	0.05157	0.06622	0.07878	0.08887	0.09616	0.10043	0.10155	0.10155	0.00000	
1.775	Q	0.18032	0.17748	0.16907	0.15535	0.13674	0.11384	0.08736	0.05814	0.02709	-0.00481	-1.00481	-1.02085	1.775
	V	0.00000	0.00252	0.00486	0.00685	0.00832	0.00913	0.00916	0.00830	0.00649	0.00367	0.00367	0.00000	
	V'	0.02549	0.02459	0.02192	0.01757	0.01166	0.00439	-0.00401	-0.01329	-0.02314	-0.03327	-0.03327	-0.03836	
	M	0.00000	0.01828	0.03598	0.05251	0.06734	0.08000	0.09008	0.09724	0.10126	0.10201	0.10201	0.00000	
1.800	Q	0.18384	0.18087	0.17205	0.15768	0.13821	0.11428	0.08665	0.05622	0.02398	-0.00904	-1.00904	-1.02561	1.800
	V	0.00000	0.00256	0.00493	0.00695	0.00844	0.00926	0.00928	0.00841	0.00656	0.00371	0.00371	0.00000	
	V'	0.02588	0.02496	0.02224	0.01780	0.01179	0.00441	-0.00412	-0.01351	-0.02346	-0.03365	-0.03365	-0.03877	
	M	0.00000	0.01865	0.03668	0.05349	0.06852	0.08128	0.09134	0.09836	0.10212	0.10248	0.10248	0.00000	
1.825	Q	0.18751	0.18440	0.17516	0.16011	0.13973	0.11472	0.08589	0.05421	0.02073	-0.01343	-1.01343	-1.03055	1.825
	V	0.00000	0.00260	0.00501	0.00705	0.00856	0.00939	0.00941	0.00851	0.00664	0.00375	0.00375	0.00000	
	V'	0.02628	0.02534	0.02257	0.01805	0.01193	0.00442	-0.00424	-0.01375	-0.02380	-0.03406	-0.03406	-0.03920	
	M	0.00000	0.01903	0.03740	0.05450	0.06975	0.08261	0.09265	0.09953	0.10301	0.10298	0.10298	0.00000	
1.850	Q	0.19136	0.18809	0.17841	0.16263	0.14131	0.11517	0.08509	0.05211	0.01735	-0.01800	-1.01800	-1.03567	1.850
	V	0.00000	0.00264	0.00509	0.00716	0.00869	0.00953	0.00954	0.00863	0.00672	0.00379	0.00379	0.00000	
	V'	0.02669	0.02574	0.02291	0.01830	0.01207	0.00443	-0.00436	-0.01399	-0.02415	-0.03448	-0.03448	-0.03964	
	M	0.00000	0.01942	0.03817	0.05557	0.07103	0.08399	0.09402	0.10074	0.10394	0.10349	0.10349	0.00000	
1.875	Q	0.19537	0.19195	0.18180	0.16527	0.14295	0.11562	0.08424	0.04991	0.01382	-0.02275	-1.02275	-1.04099	1.875
	V	0.00000	0.00268	0.00517	0.00727	0.00883	0.00967	0.00968	0.00874	0.00681	0.00384	0.00384	0.00000	
	V'	0.02713	0.02615	0.02327	0.01857	0.01222	0.00444	-0.00448	-0.01425	-0.02451	-0.03492	-0.03492	-0.04011	
	M	0.00000	0.01984	0.03896	0.05668	0.07236	0.08544	0.09544	0.10201	0.10490	0.10402	0.10402	0.00000	
1.900	Q	0.19958	0.19598	0.18534	0.16802	0.14466	0.11609	0.08334	0.04759	0.01013	-0.02769	-1.02769	-1.04653	1.900
	V	0.00000	0.00273	0.00525	0.00739	0.00897	0.00982	0.00982	0.00887	0.00690	0.00388	0.00388	0.00000	
	V'	0.02758	0.02659	0.02364	0.01884	0.01237	0.00446	-0.00461	-0.01452	-0.02489	-0.03537	-0.03537	-0.04059	
	M	0.00000	0.02027	0.03979	0.05785	0.07376	0.08695	0.09693	0.10333	0.10591	0.10458	0.10458	0.00000	
1.925	Q	0.20398	0.20021	0.18904	0.17090	0.14644	0.11657	0.08239	0.04517	0.00628	-0.03284	-1.03284	-1.05228	1.925
	V	0.00000	0.00277	0.00534	0.00751	0.00911	0.00997	0.00997	0.00899	0.00699	0.00393	0.00393	0.00000	
	V'	0.02806	0.02704	0.02403	0.01913	0.01253	0.00447	-0.00475	-0.01480	-0.02529	-0.03585	-0.03585	-0.04109	
	M	0.00000	0.02073	0.04067	0.05907	0.07523	0.08854	0.09849	0.10471	0.10696	0.10516	0.10516	0.00000	
1.950	Q	0.20858	0.20463	0.19292	0.17390	0.14829	0.11705	0.08138	0.04262	0.00225	-0.03821	-1.03821	-1.05826	1.950
	V	0.00000	0.00282	0.00544	0.00764	0.00926	0.01013	0.01012	0.00913	0.00709	0.00399	0.00399	0.00000	
	V'	0.02856	0.02752	0.02444	0.01943	0.01270	0.00448	-0.00490	-0.01509	-0.02571	-0.03635	-0.03635	-0.04162	
	M	0.00000	0.02120	0.04158	0.06034	0.07676	0.09019	0.10012	0.10615	0.10805	0.10576	0.10576	0.00000	
1.975	Q	0.21342	0.20927	0.19698	0.17704	0.15021	0.11755	0.08031	0.03995	-0.00196	-0.04380	-1.04380	-1.06449	1.975
	V	0.00000	0.00287	0.00553	0.00778	0.00942	0.01030	0.01028	0.00927	0.00719	0.00404	0.00404	0.00000	
	V'	0.02908	0.02801	0.02486	0.01975	0.01287	0.00450	-0.00505	-0.01540	-0.02614	-0.03687	-0.03687	-0.04217	
ALPHA	X/L =	0.00	0.10	0.20	0.30	0.40	0.50	0.60	0.70	0.80	L 0.90	R 0.90	1.00	ALPHA

XP/L = 0.90

FUNKTIONEN : F.PIM - F.PIQ - F.PIV - F.PIV'

FUNKTIONEN : F.P;M - F.P;Q - F.P;V - F.P;V'

XP/L = 0.90

ALPHA	X/L =	0.00	0.10	0.20	0.30	0.40	0.50	0.60	0.70	0.80	L 0.90	R 0.90	1.00	ALPHA
2.000	M	0.00000	0.02170	0.04254	0.06168	0.07837	0.09193	0.10182	0.10765	0.10920	0.10639	0.10639	0.00000	2.000
	Q	0.21849	0.21413	0.20124	0.18032	0.15222	0.11805	0.07917	0.03714	-0.00638	-0.04964	-1.04964	-1.07099	
	V	0.00000	0.00293	0.00564	0.00792	0.00959	0.01048	0.01045	0.00941	0.00730	0.00410	0.00410	0.00000	
	V'	0.02962	0.02853	0.02531	0.02008	0.01306	0.00451	-0.00521	-0.01572	-0.02659	-0.03741	-0.03741	-0.04275	
2.025	M	0.00000	0.02225	0.04355	0.06309	0.08005	0.09374	0.10360	0.10923	0.11039	0.10704	0.10704	0.00000	2.025
	Q	0.22381	0.21924	0.20571	0.18377	0.15432	0.11856	0.07796	0.03418	-0.01101	-0.05574	-1.05574	-1.07776	
	V	0.00000	0.00298	0.00574	0.00807	0.00977	0.01067	0.01063	0.00957	0.00741	0.00416	0.00416	0.00000	
	V'	0.03019	0.02908	0.02578	0.02043	0.01325	0.00453	-0.00537	-0.01605	-0.02707	-0.03798	-0.03798	-0.04335	
2.050	M	0.00000	0.02278	0.04461	0.06457	0.08182	0.09565	0.10547	0.11088	0.11164	0.10773	0.10773	0.00000	2.050
	Q	0.22941	0.22460	0.21039	0.18737	0.15651	0.11908	0.07668	0.03106	-0.01586	-0.06212	-1.06212	-1.08483	
	V	0.00000	0.00304	0.00585	0.00822	0.00995	0.01086	0.01082	0.00973	0.00753	0.00422	0.00422	0.00000	
	V'	0.03079	0.02965	0.02627	0.02079	0.01345	0.00454	-0.00555	-0.01641	-0.02757	-0.03858	-0.03858	-0.04398	
2.075	M	0.00000	0.02336	0.04572	0.06612	0.08368	0.09765	0.10743	0.11260	0.11294	0.10844	0.10844	0.00000	2.075
	Q	0.23529	0.23025	0.21532	0.19116	0.15879	0.11962	0.07531	0.02777	-0.02096	-0.06879	-1.06879	-1.09222	
	V	0.00000	0.00310	0.00597	0.00839	0.01014	0.01107	0.01102	0.00989	0.00765	0.00428	0.00428	0.00000	
	V'	0.03142	0.03025	0.02678	0.02117	0.01366	0.00456	-0.00573	-0.01678	-0.02809	-0.03920	-0.03920	-0.04464	
2.100	M	0.00000	0.02397	0.04689	0.06775	0.08563	0.09975	0.10949	0.11441	0.11431	0.10919	0.10919	0.00000	2.100
	Q	0.24149	0.23619	0.22051	0.19513	0.16119	0.12016	0.07385	0.02430	-0.02632	-0.07578	-1.07578	-1.09995	
	V	0.00000	0.00317	0.00610	0.00856	0.01035	0.01128	0.01122	0.01007	0.00778	0.00435	0.00435	0.00000	
	V'	0.03208	0.03088	0.02733	0.02157	0.01387	0.00457	-0.00593	-0.01717	-0.02864	-0.03986	-0.03986	-0.04534	
2.125	M	0.00000	0.02462	0.04813	0.06947	0.08769	0.10196	0.11165	0.11632	0.11575	0.10997	0.10997	0.00000	2.125
	Q	0.24803	0.24245	0.22596	0.19931	0.16370	0.12071	0.07230	0.02064	-0.03196	-0.08311	-1.08311	-1.10804	
	V	0.00000	0.00324	0.00623	0.00874	0.01056	0.01151	0.01144	0.01026	0.00792	0.00442	0.00442	0.00000	
	V'	0.03278	0.03155	0.02790	0.02199	0.01411	0.00459	-0.00613	-0.01758	-0.02922	-0.04055	-0.04055	-0.04607	
2.150	M	0.00000	0.02530	0.04943	0.07128	0.08986	0.10429	0.11393	0.11831	0.11725	0.11079	0.11079	0.00000	2.150
	Q	0.25493	0.24906	0.23172	0.20371	0.16632	0.12128	0.07065	0.01676	-0.03789	-0.09081	-1.09081	-1.11651	
	V	0.00000	0.00331	0.00637	0.00893	0.01079	0.01175	0.01167	0.01045	0.00806	0.00450	0.00450	0.00000	
	V'	0.03352	0.03225	0.02850	0.02244	0.01435	0.00460	-0.00635	-0.01801	-0.02983	-0.04128	-0.04128	-0.04684	
2.175	M	0.00000	0.02602	0.05080	0.07320	0.09215	0.10675	0.11632	0.12042	0.11884	0.11166	0.11166	0.00000	2.175
	Q	0.26221	0.25603	0.23779	0.20835	0.16908	0.12185	0.06888	0.01266	-0.04416	-0.09889	-1.09889	-1.12540	
	V	0.00000	0.00339	0.00651	0.00913	0.01102	0.01200	0.01191	0.01066	0.00821	0.00458	0.00458	0.00000	
	V'	0.03429	0.03298	0.02913	0.02290	0.01460	0.00462	-0.00658	-0.01846	-0.03047	-0.04204	-0.04204	-0.04765	
2.200	M	0.00000	0.02677	0.05226	0.07522	0.09456	0.10934	0.11885	0.12263	0.12050	0.11256	0.11256	0.00000	2.200
	Q	0.26992	0.26341	0.24421	0.21323	0.17198	0.12243	0.06699	0.00831	-0.05077	-0.10740	-1.10740	-1.13475	
	V	0.00000	0.00347	0.00667	0.00934	0.01127	0.01226	0.01216	0.01087	0.00837	0.00466	0.00466	0.00000	
	V'	0.03511	0.03376	0.02980	0.02340	0.01487	0.00464	-0.00682	-0.01894	-0.03115	-0.04285	-0.04285	-0.04850	
2.225	M	0.00000	0.02758	0.05380	0.07737	0.09712	0.11208	0.12152	0.12497	0.12226	0.11351	0.11351	0.00000	2.225
	Q	0.27808	0.27123	0.25100	0.21840	0.17503	0.12303	0.06497	0.00370	-0.05775	-0.11636	-1.11636	-1.14457	
	V	0.00000	0.00355	0.00683	0.00957	0.01154	0.01254	0.01243	0.01110	0.00854	0.00475	0.00475	0.00000	
	V'	0.03597	0.03459	0.03050	0.02392	0.01516	0.00465	-0.00708	-0.01945	-0.03187	-0.04370	-0.04370	-0.04940	
ALPHA	X/L =	0.00	0.10	0.20	0.30	0.40	0.50	0.60	0.70	0.80	L 0.90	R 0.90	1.00	ALPHA

XP/L = 0.90

FUNKTIONEN : F.P;M - F.P;Q - F.P;V - F.P;V'

FUNKTIONEN : F.P;M - F.P;Q - F.P;V - F.P;V'

XP/L = 0.90

ALPHA	X/L =	0.00	0.10	0.20	0.30	0.40	0.50	0.60	0.70	0.80	L 0.90	R 0.90	1.00	ALPHA
2.250	M	0.00000	0.02643	0.05543	0.07964	0.09983	0.11499	0.12435	0.12744	0.12411	0.11452	0.11452	0.00000	2.250
	Q	0.28674	0.27951	0.25820	0.22386	0.17824	0.12364	0.06280	-0.00121	-0.06515	-0.12581	-1.12581	-1.15492	
	V	0.00000	0.00364	0.00700	0.00980	0.01182	0.01284	0.01271	0.01135	0.00871	0.00484	0.00484	0.00000	
	V'	0.03689	0.03546	0.03125	0.02447	0.01546	0.00467	-0.00735	-0.01999	-0.03262	-0.04460	-0.04460	-0.05035	
2.275	M	0.00000	0.02934	0.05717	0.08205	0.10270	0.11806	0.12734	0.13005	0.12606	0.11558	0.11558	0.00000	2.275
	Q	0.29594	0.28831	0.26583	0.22965	0.18163	0.12425	0.06047	-0.00642	-0.07299	-0.13579	-1.13579	-1.16583	
	V	0.00000	0.00374	0.00718	0.01006	0.01211	0.01315	0.01301	0.01160	0.00890	0.00494	0.00494	0.00000	
	V'	0.03786	0.03638	0.03204	0.02505	0.01577	0.00469	-0.00764	-0.02056	-0.03342	-0.04556	-0.04556	-0.05136	
2.300	M	0.00000	0.03030	0.05901	0.08461	0.10575	0.12133	0.13051	0.13282	0.12813	0.11670	0.11670	0.00000	2.300
	Q	0.30572	0.29767	0.27394	0.23579	0.18521	0.12488	0.05798	-0.01198	-0.08131	-0.14636	-1.14636	-1.17736	
	V	0.00000	0.00384	0.00737	0.01032	0.01243	0.01348	0.01333	0.01188	0.00910	0.00505	0.00505	0.00000	
	V'	0.03889	0.03737	0.03288	0.02567	0.01611	0.00470	-0.00794	-0.02117	-0.03427	-0.04657	-0.04657	-0.05243	
2.325	M	0.00000	0.03133	0.06097	0.08734	0.10900	0.12480	0.13388	0.13576	0.13033	0.11789	0.11789	0.00000	2.325
	Q	0.31614	0.30764	0.28258	0.24231	0.18900	0.12552	0.05529	-0.01792	-0.09016	-0.15755	-1.15755	-1.18956	
	V	0.00000	0.00395	0.00758	0.01061	0.01276	0.01384	0.01367	0.01216	0.00931	0.00516	0.00516	0.00000	
	V'	0.03998	0.03841	0.03378	0.02633	0.01646	0.00472	-0.00827	-0.02181	-0.03518	-0.04765	-0.04765	-0.05357	
2.350	M	0.00000	0.03243	0.06307	0.09025	0.11246	0.12850	0.13747	0.13888	0.13266	0.11915	0.11915	0.00000	2.350
	Q	0.32727	0.31827	0.29178	0.24925	0.19302	0.12618	0.05240	-0.02426	-0.09959	-0.16944	-1.16944	-1.20249	
	V	0.00000	0.00406	0.00780	0.01091	0.01312	0.01421	0.01403	0.01247	0.00954	0.00528	0.00528	0.00000	
	V'	0.04115	0.03952	0.03473	0.02703	0.01684	0.00474	-0.00862	-0.02250	-0.03614	-0.04879	-0.04879	-0.05477	
2.375	M	0.00000	0.03360	0.06531	0.09336	0.11616	0.13244	0.14129	0.14221	0.13514	0.12048	0.12048	0.00000	2.375
	Q	0.33916	0.32964	0.30162	0.25666	0.19729	0.12684	0.04927	-0.03106	-0.10965	-0.18208	-1.18208	-1.21622	
	V	0.00000	0.00418	0.00803	0.01123	0.01350	0.01462	0.01441	0.01280	0.00978	0.00540	0.00540	0.00000	
	V'	0.04240	0.04071	0.03574	0.02777	0.01725	0.00476	-0.00899	-0.02323	-0.03717	-0.05001	-0.05001	-0.05606	
2.400	M	0.00000	0.03485	0.06771	0.09669	0.12012	0.13666	0.14538	0.14576	0.13778	0.12191	0.12191	0.00000	2.400
	Q	0.35191	0.34182	0.31214	0.26457	0.20183	0.12752	0.04590	-0.03835	-0.12041	-0.19556	-1.19556	-1.23083	
	V	0.00000	0.00431	0.00828	0.01158	0.01391	0.01505	0.01482	0.01315	0.01003	0.00554	0.00554	0.00000	
	V'	0.04373	0.04198	0.03683	0.02857	0.01768	0.00478	-0.00939	-0.02402	-0.03826	-0.05131	-0.05131	-0.05744	
2.425	M	0.00000	0.03620	0.07029	0.10026	0.12436	0.14119	0.14975	0.14955	0.14060	0.12342	0.12342	0.00000	2.425
	Q	0.36560	0.35490	0.32343	0.27304	0.20667	0.12821	0.04224	-0.04620	-0.13193	-0.20995	-1.20995	-1.24642	
	V	0.00000	0.00446	0.00855	0.01195	0.01435	0.01551	0.01526	0.01353	0.01031	0.00568	0.00568	0.00000	
	V'	0.04516	0.04335	0.03799	0.02943	0.01814	0.00480	-0.00982	-0.02486	-0.03944	-0.05271	-0.05271	-0.05891	
2.450	M	0.00000	0.03765	0.07306	0.10410	0.12892	0.14604	0.15445	0.15362	0.14362	0.12505	0.12505	0.00000	2.450
	Q	0.38032	0.36897	0.33557	0.28213	0.21185	0.12891	0.03827	-0.05465	-0.14431	-0.22535	-1.22535	-1.26307	
	V	0.00000	0.00461	0.00884	0.01234	0.01481	0.01600	0.01573	0.01393	0.01060	0.00584	0.00584	0.00000	
	V'	0.04670	0.04481	0.03925	0.03034	0.01863	0.00482	-0.01028	-0.02576	-0.04070	-0.05420	-0.05420	-0.06049	
2.475	M	0.00000	0.03922	0.07605	0.10824	0.13383	0.15128	0.15950	0.15800	0.14687	0.12679	0.12679	0.00000	2.475
	Q	0.39621	0.38414	0.34865	0.29192	0.21740	0.12962	0.03395	-0.06379	-0.15764	-0.24189	-1.24189	-1.28092	
	V	0.00000	0.00477	0.00915	0.01277	0.01532	0.01653	0.01624	0.01437	0.01092	0.00601	0.00601	0.00000	
	V'	0.04836	0.04638	0.04059	0.03133	0.01916	0.00484	-0.01078	-0.02674	-0.04206	-0.05581	-0.05581	-0.06218	
ALPHA	X/L =	0.00	0.10	0.20	0.30	0.40	0.50	0.60	0.70	0.80	L 0.90	R 0.90	1.00	ALPHA

XP/L = 0.90

FUNKTIONEN : F.P;M - F.P;Q - F.P;V - F.P;V'

D R U C K S T A E B E -370-

FUNKTIONEN : F.P;M - F.P;Q - F.P;V - F.P;V'

XP/L = 0.90

ALPHA	X/L =	0.00	0.10	0.20	0.30	0.40	0.50	0.60	0.70	0.80	L 0.90	R 0.90	1.00	ALPHA
	M	0.00000	0.04091	0.07928	0.11271	0.13914	0.15692	0.16494	0.16271	0.15036	0.12866	0.12866	0.00000	
2.500	Q	0.41339	0.40054	0.36279	0.30247	0.22336	0.13035	0.02924	-0.07369	-0.17203	-0.25968	-1.25968	-1.30010	2.500
	V	0.00000	0.00495	0.00948	0.01323	0.01586	0.01711	0.01679	0.01483	0.01126	0.00619	0.00619	0.00000	
	V'	0.05014	0.04809	0.04205	0.03240	0.01974	0.00486	-0.01132	-0.02779	-0.04353	-0.05755	-0.05755	-0.06402	
	M	0.00000	0.04275	0.08278	0.11756	0.14489	0.16303	0.17083	0.16780	0.15413	0.13068	0.13068	0.00000	
2.525	Q	0.43203	0.41833	0.37810	0.31389	0.22978	0.13109	0.02409	-0.08444	-0.18761	-0.27888	-1.27888	-1.32076	2.525
	V	0.00000	0.00514	0.00985	0.01373	0.01645	0.01773	0.01738	0.01534	0.01163	0.00638	0.00638	0.00000	
	V'	0.05208	0.04993	0.04362	0.03355	0.02036	0.00488	-0.01191	-0.02893	-0.04511	-0.05943	-0.05943	-0.06600	
	M	0.00000	0.04474	0.08659	0.12284	0.15114	0.16967	0.17723	0.17332	0.15821	0.13286	0.13286	0.00000	
2.550	Q	0.45231	0.43768	0.39475	0.32629	0.23672	0.13185	0.01845	-0.09615	-0.20452	-0.29967	-1.29967	-1.34310	2.550
	V	0.00000	0.00534	0.01024	0.01428	0.01709	0.01840	0.01803	0.01589	0.01203	0.00659	0.00659	0.00000	
	V'	0.05418	0.05193	0.04533	0.03480	0.02103	0.00490	-0.01254	-0.03016	-0.04683	-0.06146	-0.06146	-0.06814	
	M	0.00000	0.04692	0.09075	0.12859	0.15796	0.17691	0.18419	0.17933	0.16264	0.13523	0.13523	0.00000	
2.575	Q	0.47445	0.45880	0.41291	0.33978	0.24425	0.13262	0.01224	-0.10895	-0.22295	-0.32225	-1.32225	-1.36734	2.575
	V	0.00000	0.00557	0.01067	0.01487	0.01779	0.01914	0.01873	0.01649	0.01246	0.00682	0.00682	0.00000	
	V'	0.05647	0.05411	0.04719	0.03616	0.02176	0.00492	-0.01324	-0.03151	-0.04871	-0.06368	-0.06368	-0.07048	
	M	0.00000	0.04931	0.09531	0.13489	0.16542	0.18482	0.19180	0.18588	0.16747	0.13781	0.13781	0.00000	
2.600	Q	0.49870	0.48194	0.43278	0.35453	0.25245	0.13340	0.00538	-0.12300	-0.24311	-0.34688	-1.34688	-1.39372	2.600
	V	0.00000	0.00582	0.01114	0.01552	0.01855	0.01994	0.01950	0.01714	0.01294	0.00707	0.00707	0.00000	
	V'	0.05898	0.05650	0.04923	0.03765	0.02255	0.00494	-0.01400	-0.03299	-0.05076	-0.06611	-0.06611	-0.07304	
	M	0.00000	0.05194	0.10032	0.14182	0.17361	0.19351	0.20014	0.19307	0.17277	0.14063	0.14063	0.00000	
2.625	Q	0.52538	0.50738	0.45462	0.37072	0.26141	0.13420	-0.00221	-0.13847	-0.26524	-0.37383	-1.37383	-1.42257	2.625
	V	0.00000	0.00609	0.01166	0.01623	0.01939	0.02083	0.02034	0.01786	0.01346	0.00735	0.00735	0.00000	
	V'	0.06173	0.05912	0.05146	0.03929	0.02343	0.00496	-0.01483	-0.03461	-0.05300	-0.06877	-0.06877	-0.07584	
	M	0.00000	0.05484	0.10585	0.14947	0.18265	0.20309	0.20934	0.20098	0.17859	0.14373	0.14373	0.00000	
2.650	Q	0.55486	0.53549	0.47873	0.38856	0.27125	0.13501	-0.01065	-0.15558	-0.28964	-0.40348	-1.40348	-1.45424	2.650
	V	0.00000	0.00638	0.01222	0.01701	0.02031	0.02180	0.02127	0.01865	0.01404	0.00765	0.00765	0.00000	
	V'	0.06477	0.06201	0.05393	0.04109	0.02439	0.00499	-0.01576	-0.03639	-0.05548	-0.07170	-0.07170	-0.07892	
	M	0.00000	0.05806	0.11199	0.15795	0.19268	0.21371	0.21953	0.20974	0.18502	0.14715	0.14715	0.00000	
2.675	Q	0.58758	0.56668	0.50548	0.40832	0.28211	0.13584	-0.02009	-0.17460	-0.31668	-0.43624	-1.43624	-1.48921	2.675
	V	0.00000	0.00672	0.01286	0.01788	0.02134	0.02288	0.02229	0.01953	0.01468	0.00799	0.00799	0.00000	
	V'	0.06814	0.06522	0.05667	0.04309	0.02545	0.00501	-0.01678	-0.03838	-0.05823	-0.07494	-0.07494	-0.08234	
	M	0.00000	0.06166	0.11884	0.16742	0.20387	0.22554	0.23087	0.21947	0.19218	0.15095	0.15095	0.00000	
2.700	Q	0.62411	0.60150	0.53530	0.43032	0.29416	0.13668	-0.03070	-0.19585	-0.34682	-0.47265	-1.47265	-1.52801	2.700
	V	0.00000	0.00709	0.01356	0.01885	0.02248	0.02408	0.02344	0.02050	0.01539	0.00836	0.00836	0.00000	
	V'	0.07189	0.06879	0.05971	0.04531	0.02663	0.00503	-0.01793	-0.04058	-0.06129	-0.07855	-0.07855	-0.08615	
	M	0.00000	0.06569	0.12654	0.17804	0.21641	0.23881	0.24358	0.23038	0.20017	0.15520	0.15520	0.00000	
2.725	Q	0.66512	0.64058	0.56876	0.45498	0.30761	0.13754	-0.04267	-0.21974	-0.38059	-0.51336	-1.51336	-1.57134	2.725
	V	0.00000	0.00750	0.01435	0.01994	0.02376	0.02543	0.02472	0.02160	0.01618	0.00878	0.00878	0.00000	
	V'	0.07610	0.07280	0.06313	0.04780	0.02796	0.00506	-0.01921	-0.04306	-0.06472	-0.08260	-0.08260	-0.09041	
ALPHA	X/L =	0.00	0.10	0.20	0.30	0.40	0.50	0.60	0.70	0.80	L 0.90	R 0.90	1.00	ALPHA

XP/L = 0.90

FUNKTIONEN : F.P;M - F.P;Q - F.P;V - F.P;V'

FUNKTIONEN : F.PIM - F.PIQ - F.PIV - F.PIV'

XP/L = 0.90

ALPHA	X/L =	0.00	0.10	0.20	0.30	0.40	0.50	0.60	0.70	0.80	L 0.90	R 0.90	1.00	ALPHA
	M	0.00000	0.07026	0.13523	0.19004	0.23058	0.25378	0.25791	0.24266	0.20918	0.15997	0.15997	0.00000	
2.750	Q	0.71149	0.68475	0.60656	0.48278	0.32273	0.13842	-0.05629	-0.24677	-0.41871	-0.55918	-1.55918	-1.62005	2.750
	V	0.00000	0.00797	0.01524	0.02116	0.02520	0.02695	0.02617	0.02283	0.01708	0.00925	0.00925	0.00000	
	V'	0.08086	0.07732	0.06698	0.05062	0.02945	0.00508	-0.02067	-0.04585	-0.06859	-0.08716	-0.08716	-0.09521	
	M	0.00000	0.07545	0.14513	0.20371	0.24670	0.27081	0.27420	0.25661	0.21939	0.16538	0.16538	0.00000	
2.775	Q	0.76430	0.73506	0.64958	0.51439	0.33985	0.13931	-0.07189	-0.27760	-0.46206	-0.61117	-1.61117	-1.67526	2.775
	V	0.00000	0.00850	0.01625	0.02256	0.02684	0.02867	0.02782	0.02423	0.01810	0.00979	0.00979	0.00000	
	V'	0.08627	0.08247	0.07137	0.05381	0.03115	0.00510	-0.02232	-0.04903	-0.07299	-0.09235	-0.09235	-0.10067	
	M	0.00000	0.08142	0.15650	0.21940	0.26520	0.29035	0.29288	0.27260	0.23109	0.17157	0.17157	0.00000	
2.800	Q	0.82497	0.79284	0.69896	0.55064	0.35943	0.14022	-0.08991	-0.31304	-0.51178	-0.67066	-1.67066	-1.73836	2.800
	V	0.00000	0.00911	0.01741	0.02416	0.02872	0.03066	0.02970	0.02584	0.01927	0.01040	0.01040	0.00000	
	V'	0.09247	0.08837	0.07640	0.05748	0.03309	0.00513	-0.02422	-0.05268	-0.07803	-0.09830	-0.09830	-0.10693	
	M	0.00000	0.08835	0.16970	0.23759	0.28665	0.31298	0.31451	0.29109	0.24460	0.17872	0.17872	0.00000	
2.825	Q	0.89537	0.85988	0.75622	0.59261	0.38202	0.14114	-0.11092	-0.35420	-0.56939	-0.73944	-1.73944	-1.81124	2.825
	V	0.00000	0.00982	0.01876	0.02601	0.03091	0.03295	0.03189	0.02770	0.02063	0.01112	0.01112	0.00000	
	V'	0.09966	0.09522	0.08223	0.06173	0.03534	0.00516	-0.02643	-0.05691	-0.08388	-0.10519	-0.10519	-0.11418	
	M	0.00000	0.09648	0.18518	0.25894	0.31181	0.33952	0.33984	0.31275	0.26042	0.18708	0.18708	0.00000	
2.850	Q	0.97801	0.93856	0.82339	0.64179	0.40841	0.14209	-0.13570	-0.40255	-0.63691	-0.81989	-1.81989	-1.89639	2.850
	V	0.00000	0.01065	0.02034	0.02819	0.03346	0.03564	0.03445	0.02989	0.02221	0.01195	0.01195	0.00000	
	V'	0.10810	0.10324	0.08906	0.06670	0.03797	0.00518	-0.02902	-0.06187	-0.09072	-0.11325	-0.11325	-0.12267	
	M	0.00000	0.10616	0.20360	0.28433	0.34172	0.37106	0.36993	0.33845	0.27917	0.19699	0.19699	0.00000	
2.875	Q	1.07633	1.03216	0.90325	0.70020	0.43967	0.14305	-0.16532	-0.46011	-0.71714	-0.91529	-1.91529	-1.99727	2.875
	V	0.00000	0.01163	0.02221	0.03077	0.03650	0.03884	0.03750	0.03248	0.02410	0.01294	0.01294	0.00000	
	V'	0.11812	0.11278	0.09718	0.07261	0.04109	0.00521	-0.03210	-0.06776	-0.09886	-0.12283	-0.12283	-0.13275	
	M	0.00000	0.11785	0.22586	0.31501	0.37785	0.40914	0.40625	0.36944	0.30178	0.20892	0.20892	0.00000	
2.900	Q	1.19521	1.14530	0.99975	0.77070	0.47729	0.14403	-0.20127	-0.52976	-0.81400	-1.03027	-2.03027	-2.11874	2.900
	V	0.00000	0.01282	0.02448	0.03389	0.04017	0.04270	0.04117	0.03561	0.02637	0.01414	0.01414	0.00000	
	V'	0.13023	0.12429	0.10699	0.07975	0.04486	0.00523	-0.03582	-0.07488	-0.10868	-0.13440	-0.13440	-0.14492	
	M	0.00000	0.13227	0.25330	0.35282	0.42237	0.45603	0.45096	0.40758	0.32957	0.22357	0.22357	0.00000	
2.925	Q	1.34175	1.28476	1.11864	0.85748	0.52349	0.14502	-0.24576	-0.61567	-0.93327	-1.17160	-2.17160	-2.26793	2.925
	V	0.00000	0.01429	0.02727	0.03773	0.04469	0.04746	0.04570	0.03946	0.02917	0.01561	0.01561	0.00000	
	V'	0.14514	0.13848	0.11906	0.08854	0.04950	0.00526	-0.04041	-0.08365	-0.12077	-0.14863	-0.14863	-0.15989	
	M	0.00000	0.15048	0.28795	0.40055	0.47854	0.51519	0.50733	0.45564	0.36458	0.24202	0.24202	0.00000	
2.950	Q	1.52681	1.46086	1.26869	0.96691	0.58160	0.14604	-0.30214	-0.72421	-1.08372	-1.34960	-2.34960	-2.45568	2.950
	V	0.00000	0.01614	0.03079	0.04258	0.05039	0.05345	0.05140	0.04431	0.03270	0.01747	0.01747	0.00000	
	V'	0.16395	0.15638	0.13429	0.09962	0.05534	0.00529	-0.04621	-0.09471	-0.13602	-0.16657	-0.16657	-0.17876	
	M	0.00000	0.17418	0.33305	0.46267	0.55163	0.59214	0.58062	0.51809	0.41004	0.26597	0.26597	0.00000	
2.975	Q	1.76773	1.69008	1.46394	1.10919	0.65700	0.14708	-0.37577	-0.86559	-1.27937	-1.58076	-2.58076	-2.69933	2.975
	V	0.00000	0.01855	0.03537	0.04889	0.05781	0.06125	0.05882	0.05063	0.03729	0.01988	0.01988	0.00000	
	V'	0.18843	0.17966	0.15411	0.11403	0.06293	0.00532	-0.05376	-0.10910	-0.15585	-0.18990	-0.18990	-0.20330	
ALPHA	X/L =	0.00	0.10	0.20	0.30	0.40	0.50	0.60	0.70	0.80	L 0.90	R 0.90	1.00	ALPHA

XP/L = 0.90

FUNKTIONEN : F.PIM - F.PIQ - F.PIV - F.PIV'

FUNKTIONEN : F.PIM - F.PIQ - F.PIV - F.PIV'

XP/L = 0.10

BETA	X/L =	0.00	L 0.10	R 0.10	0.20	0.30	0.40	0.50	0.60	0.70	0.80	0.90	1.00	BETA
0.00	M	0.00000	0.09000	0.09000	0.08000	0.07000	0.06000	0.05000	0.04000	0.03000	0.02000	0.01000	0.00000	0.00
	Q	0.90000	0.90000	-0.10000	-0.10000	-0.10000	-0.10000	-0.10000	-0.10000	-0.10000	-0.10000	-0.10000	-0.10000	
	V	0.00000	0.00270	0.00270	0.00467	0.00583	0.00630	0.00617	0.00553	0.00450	0.00317	0.00163	0.00000	
	V'	0.02850	0.02400	0.02400	0.01550	0.00800	0.00150	-0.00400	-0.00850	-0.01200	-0.01450	-0.01600	-0.01650	
0.25	M	0.00000	0.08983	0.08983	0.07971	0.06964	0.05961	0.04962	0.03966	0.02972	0.01980	0.00990	0.00000	0.25
	Q	0.89823	0.89851	-0.10149	-0.10096	-0.10050	-0.10009	-0.09975	-0.09947	-0.09925	-0.09910	-0.09901	-0.09898	
	V	0.00000	0.00269	0.00269	0.00464	0.00580	0.00626	0.00613	0.00550	0.00447	0.00314	0.00162	0.00000	
	V'	0.02837	0.02387	0.02387	0.01540	0.00793	0.00147	-0.00399	-0.00846	-0.01192	-0.01440	-0.01589	-0.01638	
0.50	M	0.00000	0.08934	0.08934	0.07886	0.06857	0.05846	0.04850	0.03865	0.02891	0.01923	0.00960	0.00000	0.50
	Q	0.89301	0.89412	-0.10588	-0.10377	-0.10193	-0.10034	-0.09901	-0.09792	-0.09707	-0.09647	-0.09611	-0.09599	
	V	0.00000	0.00265	0.00265	0.00457	0.00570	0.00615	0.00601	0.00539	0.00438	0.00308	0.00159	0.00000	
	V'	0.02797	0.02350	0.02350	0.01510	0.00773	0.00138	-0.00397	-0.00833	-0.01171	-0.01411	-0.01555	-0.01603	
0.75	M	0.00000	0.08855	0.08855	0.07749	0.06688	0.05664	0.04672	0.03707	0.02762	0.01833	0.00914	0.00000	0.75
	Q	0.88462	0.88711	-0.11289	-0.10822	-0.10416	-0.10069	-0.09779	-0.09543	-0.09361	-0.09232	-0.09155	-0.09129	
	V	0.00000	0.00259	0.00259	0.00445	0.00555	0.00597	0.00583	0.00521	0.00423	0.00297	0.00153	0.00000	
	V'	0.02734	0.02292	0.02292	0.01462	0.00740	0.00123	-0.00394	-0.00812	-0.01136	-0.01365	-0.01503	-0.01548	
1.00	M	0.00000	0.08749	0.08749	0.07570	0.06466	0.05426	0.04441	0.03501	0.02596	0.01716	0.00854	0.00000	1.00
	Q	0.87348	0.87785	-0.12215	-0.11399	-0.10698	-0.10104	-0.09611	-0.09214	-0.08910	-0.08694	-0.08566	-0.08523	
	V	0.00000	0.00251	0.00251	0.00430	0.00534	0.00574	0.00559	0.00499	0.00404	0.00284	0.00146	0.00000	
	V'	0.02652	0.02215	0.02215	0.01399	0.00698	0.00104	-0.00389	-0.00786	-0.01090	-0.01306	-0.01434	-0.01477	
1.25	M	0.00000	0.08623	0.08623	0.07355	0.06202	0.05147	0.04171	0.03261	0.02402	0.01581	0.00784	0.00000	1.25
	Q	0.86008	0.86681	-0.13319	-0.12072	-0.11014	-0.10129	-0.09402	-0.08822	-0.08380	-0.08069	-0.07885	-0.07823	
	V	0.00000	0.00241	0.00241	0.00413	0.00510	0.00546	0.00530	0.00473	0.00382	0.00268	0.00138	0.00000	
	V'	0.02555	0.02124	0.02124	0.01326	0.00649	0.00083	-0.00383	-0.00754	-0.01037	-0.01236	-0.01354	-0.01393	
1.50	M	0.00000	0.08481	0.08481	0.07116	0.05911	0.04839	0.03876	0.03001	0.02194	0.01436	0.00710	0.00000	1.50
	Q	0.84493	0.85445	-0.14555	-0.12803	-0.11341	-0.10133	-0.09155	-0.08383	-0.07799	-0.07392	-0.07151	-0.07071	
	V	0.00000	0.00231	0.00231	0.00393	0.00484	0.00516	0.00499	0.00444	0.00358	0.00251	0.00129	0.00000	
	V'	0.02448	0.02024	0.02024	0.01246	0.00596	0.00059	-0.00376	-0.00719	-0.00978	-0.01159	-0.01266	-0.01302	
1.75	M	0.00000	0.08327	0.08327	0.06859	0.05602	0.04516	0.03570	0.02732	0.01979	0.01287	0.00634	0.00000	1.75
	Q	0.82850	0.84122	-0.15878	-0.13558	-0.11655	-0.10110	-0.08875	-0.07912	-0.07192	-0.06694	-0.06400	-0.06304	
	V	0.00000	0.00220	0.00220	0.00372	0.00457	0.00484	0.00467	0.00414	0.00333	0.00233	0.00120	0.00000	
	V'	0.02335	0.01919	0.01919	0.01162	0.00540	0.00036	-0.00367	-0.00682	-0.00917	-0.01080	-0.01175	-0.01207	
2.00	M	0.00000	0.08166	0.08166	0.06594	0.05286	0.04190	0.03262	0.02465	0.01767	0.01140	0.00559	0.00000	2.00
	Q	0.81122	0.82750	-0.17250	-0.14308	-0.11940	-0.10051	-0.08566	-0.07424	-0.06581	-0.06001	-0.05663	-0.05551	
	V	0.00000	0.00208	0.00208	0.00352	0.00429	0.00453	0.00435	0.00384	0.00308	0.00215	0.00110	0.00000	
	V'	0.02220	0.01813	0.01813	0.01077	0.00485	0.00013	-0.00358	-0.00644	-0.00855	-0.01000	-0.01084	-0.01112	
2.25	M	0.00000	0.08001	0.08001	0.06325	0.04970	0.03868	0.02962	0.02207	0.01564	0.01000	0.00488	0.00000	2.25
	Q	0.79342	0.81359	-0.18641	-0.15030	-0.12183	-0.09956	-0.08234	-0.06932	-0.05981	-0.05335	-0.04960	-0.04837	
	V	0.00000	0.00197	0.00197	0.00331	0.00401	0.00421	0.00403	0.00354	0.00284	0.00197	0.00101	0.00000	
	V'	0.02105	0.01707	0.01707	0.00994	0.00431	-0.00009	-0.00349	-0.00606	-0.00794	-0.00922	-0.00996	-0.01020	

BETA | X/L = | 0.00 | L 0.10 | R 0.10 | 0.20 | 0.30 | 0.40 | 0.50 | 0.60 | 0.70 | 0.80 | 0.90 | 1.00 | BETA

XP/L = 0.10

FUNKTIONEN : F.PIM - F.PIQ - F.PIV - F.PIV'

FUNKTIONEN : F.P;M - F.P;Q - F.P;V - F.P;V'

XP/L = 0.10

BETA	X/L =	0.00	L 0.10	R 0.10	0.20	0.30	0.40	0.50	0.60	0.70	0.80	0.90	1.00	BETA
2.50	M	0.00000	0.07835	0.07835	0.06057	0.04660	0.03556	0.02675	0.01963	0.01373	0.00870	0.00422	0.00000	2.50
	Q	0.77537	0.79973	-0.20027	-0.15708	-0.12376	-0.09822	-0.07885	-0.06443	-0.05406	-0.04708	-0.04306	-0.04175	
	V	0.00000	0.00186	0.00186	0.00311	0.00374	0.00391	0.00372	0.00326	0.00260	0.00181	0.00092	0.00000	
	V'	0.01994	0.01604	0.01604	0.00913	0.00380	-0.00028	-0.00338	-0.00569	-0.00735	-0.00847	-0.00911	-0.00932	
2.75	M	0.00000	0.07669	0.07669	0.05794	0.04361	0.03260	0.02407	0.01736	0.01198	0.00752	0.00362	0.00000	2.75
	Q	0.75729	0.78610	-0.21390	-0.16331	-0.12515	-0.09651	-0.07522	-0.05965	-0.04862	-0.04130	-0.03711	-0.03575	
	V	0.00000	0.00176	0.00176	0.00292	0.00349	0.00362	0.00343	0.00299	0.00238	0.00165	0.00084	0.0000	
	V'	0.01887	0.01506	0.01506	0.00837	0.00333	-0.00046	-0.00328	-0.00534	-0.00679	-0.00776	-0.00832	-0.00850	
3.00	M	0.00000	0.07504	0.07504	0.05539	0.04075	0.02981	0.02158	0.01529	0.01040	0.00645	0.00309	0.00000	3.00
	Q	0.73930	0.77282	-0.22718	-0.16892	-0.12598	-0.09446	-0.07151	-0.05504	-0.04356	-0.03604	-0.03178	-0.03040	
	V	0.00000	0.00166	0.00166	0.00273	0.00325	0.00335	0.00316	0.00275	0.00218	0.00151	0.00077	0.00000	
	V'	0.01786	0.01413	0.01413	0.00766	0.00289	-0.00062	-0.00317	-0.00500	-0.00627	-0.00711	-0.00758	-0.00773	
3.25	M	0.00000	0.07343	0.07343	0.05291	0.03804	0.02721	0.01929	0.01342	0.00899	0.00551	0.00261	0.00000	3.25
	Q	0.72153	0.75997	-0.24003	-0.17388	-0.12627	-0.09210	-0.06776	-0.05063	-0.03890	-0.03131	-0.02706	-0.02569	
	V	0.00000	0.00157	0.00157	0.00256	0.00303	0.00310	0.00291	0.00252	0.00199	0.00137	0.00070	0.00000	
	V'	0.01690	0.01326	0.01326	0.00699	0.00249	-0.00075	-0.00305	-0.00467	-0.00578	-0.00650	-0.00691	-0.00704	
3.50	M	0.00000	0.07185	0.07185	0.05054	0.03548	0.02481	0.01721	0.01175	0.00774	0.00468	0.00220	0.00000	3.50
	Q	0.70404	0.74760	-0.25240	-0.17819	-0.12604	-0.08948	-0.06400	-0.04644	-0.03463	-0.02710	-0.02293	-0.02159	
	V	0.00000	0.00148	0.00148	0.00241	0.00282	0.00287	0.00268	0.00231	0.00182	0.00125	0.00064	0.00000	
	V'	0.01600	0.01244	0.01244	0.00638	0.00213	-0.00086	-0.00294	-0.00437	-0.00534	-0.00595	-0.00629	-0.00640	
3.75	M	0.00000	0.07031	0.07031	0.04826	0.03308	0.02260	0.01534	0.01026	0.00664	0.00396	0.00185	0.00000	3.75
	Q	0.68686	0.73573	-0.26427	-0.18187	-0.12534	-0.08665	-0.06028	-0.04250	-0.03075	-0.02339	-0.01935	-0.01806	
	V	0.00000	0.00140	0.00140	0.00226	0.00263	0.00266	0.00246	0.00212	0.00166	0.00114	0.00058	0.00000	
	V'	0.01516	0.01168	0.01168	0.00582	0.00180	-0.00095	-0.00282	-0.00409	-0.00492	-0.00545	-0.00574	-0.00583	
4.00	M	0.00000	0.06881	0.06881	0.04608	0.03083	0.02057	0.01365	0.00894	0.00568	0.00334	0.00155	0.00000	4.00
	Q	0.67004	0.72437	-0.27563	-0.18493	-0.12422	-0.08364	-0.05663	-0.03879	-0.02725	-0.02013	-0.01627	-0.01505	
	V	0.00000	0.00132	0.00132	0.00212	0.00245	0.00246	0.00227	0.00194	0.00152	0.00104	0.00053	0.00000	
	V'	0.01437	0.01098	0.01098	0.00531	0.00151	-0.00102	-0.00271	-0.00383	-0.00455	-0.00499	-0.00523	-0.00531	
4.25	M	0.00000	0.06734	0.06734	0.04400	0.02872	0.01871	0.01213	0.00778	0.00485	0.00281	0.00129	0.00000	4.25
	Q	0.65359	0.71351	-0.28649	-0.18742	-0.12271	-0.08050	-0.05306	-0.03534	-0.02410	-0.01729	-0.01364	-0.01250	
	V	0.00000	0.00125	0.00125	0.00199	0.00229	0.00229	0.00210	0.00178	0.00139	0.00095	0.00048	0.00000	
	V'	0.01364	0.01032	0.01032	0.00484	0.00126	-0.00108	-0.00260	-0.00358	-0.00420	-0.00458	-0.00478	-0.00484	
4.50	M	0.00000	0.06592	0.06592	0.04202	0.02676	0.01702	0.01078	0.00676	0.00413	0.00236	0.00107	0.00000	4.50
	Q	0.63751	0.70316	-0.29684	-0.18936	-0.12087	-0.07728	-0.04960	-0.03213	-0.02128	-0.01482	-0.01140	-0.01034	
	V	0.00000	0.00119	0.00119	0.00188	0.00214	0.00212	0.00194	0.00164	0.00128	0.00087	0.00044	0.00000	
	V'	0.01296	0.00972	0.00972	0.00441	0.00103	-0.00112	-0.00249	-0.00335	-0.00389	-0.00421	-0.00438	-0.00443	
4.75	M	0.00000	0.06455	0.06455	0.04013	0.02494	0.01547	0.00957	0.00587	0.00352	0.00197	0.00089	0.00000	4.75
	Q	0.62181	0.69329	-0.30671	-0.19080	-0.11875	-0.07400	-0.04626	-0.02916	-0.01876	-0.01268	-0.00951	-0.00853	
	V	0.00000	0.00113	0.00113	0.00177	0.00200	0.00197	0.00179	0.00151	0.00117	0.00080	0.00040	0.00000	
	V'	0.01233	0.00916	0.00916	0.00402	0.00083	-0.00115	-0.00238	-0.00314	-0.00360	-0.00387	-0.00401	-0.00405	

BETA | X/L = 0.00 L 0.10 R 0.10 0.20 0.30 0.40 0.50 0.60 0.70 0.80 0.90 1.00 | BETA

XP/L = 0.10

FUNKTIONEN : F.P;M - F.P;Q - F.P;V - F.P;V'

FUNKTIONEN : F.PIM - F.PIQ - F.PIV - F.PIV'

XP/L = 0.10

BETA	X/L =	0.00	L 0.10	R 0.10	0.20	0.30	0.40	0.50	0.60	0.70	0.80	0.90	1.00	BETA
	M	0.00000	0.06321	0.06321	0.03833	0.02323	0.01407	0.00850	0.00509	0.00299	0.00165	0.00073	0.00000	
5.00	Q	0.60648	0.68389	-0.31611	-0.19177	-0.11638	-0.07070	-0.04306	-0.02642	-0.01652	-0.01084	-0.00792	-0.00702	5.00
	V	0.00000	0.00107	0.00107	0.00167	0.00187	0.00184	0.00166	0.00140	0.00108	0.00073	0.00037	0.00000	
	V'	0.01174	0.00864	0.00864	0.00367	0.00066	-0.00117	-0.00228	-0.00294	-0.00334	-0.00357	-0.00368	-0.00372	
	M	0.00000	0.06191	0.06191	0.03662	0.02165	0.01279	0.00754	0.00442	0.00254	0.00138	0.00060	0.00000	
5.25	Q	0.59153	0.67493	-0.32507	-0.19232	-0.11382	-0.06741	-0.04001	-0.02390	-0.01453	-0.00925	-0.00658	-0.00577	5.25
	V	0.00000	0.00102	0.00102	0.00157	0.00175	0.00171	0.00154	0.00129	0.00100	0.00068	0.00034	0.00000	
	V'	0.01119	0.00817	0.00817	0.00335	0.00050	-0.00118	-0.00218	-0.00276	-0.00310	-0.00329	-0.00339	-0.00342	
	M	0.00000	0.06065	0.06065	0.03499	0.02018	0.01163	0.00669	0.00383	0.00215	0.00115	0.00050	0.00000	
5.50	Q	0.57693	0.66641	-0.33359	-0.19248	-0.11109	-0.06415	-0.03711	-0.02159	-0.01276	-0.00788	-0.00546	-0.00473	5.50
	V	0.00000	0.00097	0.00097	0.00149	0.00165	0.00160	0.00143	0.00120	0.00092	0.00062	0.00031	0.00000	
	V'	0.01068	0.00772	0.00772	0.00306	0.00037	-0.00119	-0.00208	-0.00259	-0.00288	-0.00305	-0.00313	-0.00315	
	M	0.00000	0.05942	0.05942	0.03343	0.01881	0.01058	0.00594	0.00332	0.00183	0.00096	0.00041	0.00000	
5.75	Q	0.56269	0.65830	-0.34170	-0.19229	-0.10822	-0.06094	-0.03437	-0.01947	-0.01119	-0.00672	-0.00452	-0.00387	5.75
	V	0.00000	0.00092	0.00092	0.00141	0.00155	0.00149	0.00133	0.00111	0.00085	0.00058	0.00029	0.00000	
	V'	0.01020	0.00731	0.00731	0.00279	0.00025	-0.00118	-0.00199	-0.00244	-0.00269	-0.00282	-0.00289	-0.00291	
	M	0.00000	0.05823	0.05823	0.03196	0.01754	0.00962	0.00527	0.00288	0.00155	0.00079	0.00033	0.00000	
6.00	Q	0.54880	0.65059	-0.34941	-0.19177	-0.10526	-0.05780	-0.03178	-0.01754	-0.00981	-0.00571	-0.00374	-0.00316	6.00
	V	0.00000	0.00088	0.00088	0.00133	0.00146	0.00140	0.00124	0.00103	0.00079	0.00053	0.00027	0.00000	
	V'	0.00976	0.00693	0.00693	0.00255	0.00015	-0.00117	-0.00190	-0.00229	-0.00251	-0.00262	-0.00267	-0.00269	
	M	0.00000	0.05708	0.05708	0.03055	0.01635	0.00875	0.00468	0.00249	0.00131	0.00066	0.00027	0.00000	
6.25	Q	0.53526	0.64325	-0.35675	-0.19096	-0.10223	-0.05474	-0.02934	-0.01578	-0.00859	-0.00486	-0.00309	-0.00257	6.25
	V	0.00000	0.00084	0.00084	0.00127	0.00137	0.00131	0.00116	0.00096	0.00073	0.00050	0.00025	0.00000	
	V'	0.00934	0.00657	0.00657	0.00233	0.00006	-0.00116	-0.00181	-0.00216	-0.00234	-0.00244	-0.00248	-0.00249	
	M	0.00000	0.05596	0.05596	0.02921	0.01525	0.00796	0.00415	0.00216	0.00111	0.00055	0.00022	0.00000	
6.50	Q	0.52204	0.63626	-0.36374	-0.18989	-0.09914	-0.05177	-0.02706	-0.01418	-0.00751	-0.00413	-0.00255	-0.00210	6.50
	V	0.00000	0.00081	0.00081	0.00120	0.00130	0.00123	0.00109	0.00090	0.00068	0.00046	0.00023	0.00000	
	V'	0.00895	0.00624	0.00624	0.00213	-0.00002	-0.00114	-0.00173	-0.00203	-0.00219	-0.00227	-0.00231	-0.00232	
	M	0.00000	0.05487	0.05487	0.02794	0.01422	0.00724	0.00368	0.00187	0.00094	0.00045	0.00018	0.00000	
6.75	Q	0.50915	0.62962	-0.37038	-0.18859	-0.09603	-0.04890	-0.02492	-0.01273	-0.00657	-0.00351	-0.00211	-0.00170	6.75
	V	0.00000	0.00077	0.00077	0.00114	0.00122	0.00116	0.00102	0.00084	0.00064	0.00043	0.00022	0.00000	
	V'	0.00858	0.00593	0.00593	0.00194	-0.00009	-0.00112	-0.00165	-0.00192	-0.00205	-0.00212	-0.00215	-0.00216	
	M	0.00000	0.05381	0.05381	0.02672	0.01327	0.00659	0.00327	0.00162	0.00079	0.00038	0.00015	0.00000	
7.00	Q	0.49658	0.62330	-0.37670	-0.18707	-0.09290	-0.04614	-0.02293	-0.01142	-0.00573	-0.00298	-0.00174	-0.00138	7.00
	V	0.00000	0.00074	0.00074	0.00109	0.00116	0.00109	0.00095	0.00078	0.00060	0.00040	0.00020	0.00000	
	V'	0.00823	0.00565	0.00565	0.00178	-0.00014	-0.00110	-0.00157	-0.00181	-0.00192	-0.00198	-0.00201	-0.00201	
	M	0.00000	0.05279	0.05279	0.02557	0.01238	0.00600	0.00290	0.00140	0.00067	0.00031	0.00012	0.00000	
7.25	Q	0.48432	0.61728	-0.38272	-0.18536	-0.08978	-0.04349	-0.02107	-0.01023	-0.00500	-0.00252	-0.00143	-0.00112	7.25
	V	0.00000	0.00071	0.00071	0.00104	0.00110	0.00103	0.00090	0.00073	0.00056	0.00037	0.00019	0.00000	
	V'	0.00791	0.00538	0.00538	0.00162	-0.00019	-0.00108	-0.00150	-0.00171	-0.00181	-0.00185	-0.00188	-0.00188	
BETA	X/L =	0.00	L 0.10	R 0.10	0.20	0.30	0.40	0.50	0.60	0.70	0.80	0.90	1.00	BETA

XP/L = 0.10

FUNKTIONEN : F.PIM - F.PIQ - F.PIV - F.PIV'

FUNKTIONEN : F.P;M - F.P;Q - F.P;V - F.P;V'

XP/L = 0.10

BETA	X/L =	0.00	L 0.10	R 0.10	0.20	0.30	0.40	0.50	0.60	0.70	0.80	0.90	1.00	BETA
7.50	M	0.00000	0.05179	0.05179	0.02446	0.01156	0.00546	0.00258	0.00121	0.00057	0.00026	0.00010	0.00000	7.50
	Q	0.47237	0.61156	-0.38844	-0.18348	-0.08667	-0.04095	-0.01935	-0.00916	-0.00436	-0.00214	-0.00118	-0.00091	
	V	0.00000	0.00068	0.00068	0.00099	0.00104	0.00097	0.00084	0.00069	0.00052	0.00035	0.00018	0.00000	
	V'	0.00760	0.00513	0.00513	0.00148	-0.00024	-0.00105	-0.00143	-0.00161	-0.00170	-0.00174	-0.00176	-0.00176	
7.75	M	0.00000	0.05082	0.05082	0.02341	0.01079	0.00497	0.00229	0.00105	0.00048	0.00021	0.00008	0.00000	7.75
	Q	0.46070	0.60612	-0.39388	-0.18146	-0.08360	-0.03852	-0.01775	-0.00819	-0.00380	-0.00181	-0.00097	-0.00074	
	V	0.00000	0.00065	0.00065	0.00094	0.00099	0.00092	0.00079	0.00065	0.00049	0.00033	0.00017	0.00000	
	V'	0.00731	0.00489	0.00489	0.00136	-0.00027	-0.00102	-0.00137	-0.00153	-0.00160	-0.00163	-0.00165	-0.00165	
8.00	M	0.00000	0.04988	0.04988	0.02241	0.01007	0.00452	0.00203	0.00091	0.00041	0.00018	0.00007	0.00000	8.00
	Q	0.44933	0.60095	-0.39905	-0.17931	-0.08057	-0.03620	-0.01627	-0.00732	-0.00331	-0.00154	-0.00080	-0.00060	
	V	0.00000	0.00063	0.00063	0.00090	0.00094	0.00087	0.00075	0.00061	0.00046	0.00031	0.00016	0.00000	
	V'	0.00704	0.00467	0.00467	0.00124	-0.00030	-0.00100	-0.00131	-0.00145	-0.00151	-0.00154	-0.00155	-0.00155	
8.25	M	0.00000	0.04897	0.04897	0.02146	0.00940	0.00412	0.00181	0.00079	0.00034	0.00015	0.00005	0.00000	8.25
	Q	0.43823	0.59602	-0.40398	-0.17704	-0.07758	-0.03400	-0.01490	-0.00654	-0.00288	-0.00130	-0.00066	-0.00048	
	V	0.00000	0.00060	0.00060	0.00086	0.00089	0.00082	0.00071	0.00058	0.00044	0.00029	0.00015	0.00000	
	V'	0.00678	0.00447	0.00447	0.00113	-0.00033	-0.00097	-0.00125	-0.00137	-0.00143	-0.00145	-0.00146	-0.00146	
8.50	M	0.00000	0.04808	0.04808	0.02055	0.00878	0.00375	0.00160	0.00069	0.00029	0.00012	0.00004	0.00000	8.50
	Q	0.42741	0.59134	-0.40866	-0.17467	-0.07466	-0.03191	-0.01364	-0.00584	-0.00251	-0.00110	-0.00054	-0.00039	
	V	0.00000	0.00058	0.00058	0.00082	0.00085	0.00078	0.00067	0.00054	0.00041	0.00028	0.00014	0.00000	
	V'	0.00654	0.00427	0.00427	0.00103	-0.00035	-0.00094	-0.00120	-0.00130	-0.00135	-0.00137	-0.00138	-0.00138	
8.75	M	0.00000	0.04721	0.04721	0.01968	0.00820	0.00342	0.00143	0.00059	0.00025	0.00010	0.00004	0.00000	8.75
	Q	0.41686	0.58689	-0.41311	-0.17221	-0.07179	-0.02993	-0.01248	-0.00521	-0.00218	-0.00093	-0.00044	-0.00031	
	V	0.00000	0.00056	0.00056	0.00079	0.00081	0.00074	0.00063	0.00051	0.00039	0.00026	0.00013	0.00000	
	V'	0.00631	0.00409	0.00409	0.00094	-0.00037	-0.00092	-0.00114	-0.00124	-0.00128	-0.00129	-0.00130	-0.00130	
9.00	M	0.00000	0.04637	0.04637	0.01885	0.00767	0.00312	0.00127	0.00051	0.00021	0.00008	0.00003	0.00000	9.00
	Q	0.40657	0.58265	-0.41735	-0.16968	-0.06899	-0.02805	-0.01140	-0.00464	-0.00189	-0.00079	-0.00036	-0.00025	
	V	0.00000	0.00054	0.00054	0.00075	0.00077	0.00070	0.00060	0.00049	0.00037	0.00025	0.00012	0.00000	
	V'	0.00609	0.00392	0.00392	0.00086	-0.00038	-0.00089	-0.00109	-0.00118	-0.00121	-0.00122	-0.00123	-0.00123	
9.25	M	0.00000	0.04555	0.04555	0.01806	0.00716	0.00284	0.00113	0.00045	0.00018	0.00007	0.00002	0.00000	9.25
	Q	0.39653	0.57862	-0.42138	-0.16709	-0.06626	-0.02627	-0.01042	-0.00413	-0.00164	-0.00067	-0.00030	-0.00020	
	V	0.00000	0.00052	0.00052	0.00072	0.00073	0.00067	0.00057	0.00046	0.00035	0.00023	0.00012	0.00000	
	V'	0.00588	0.00376	0.00376	0.00078	-0.00039	-0.00086	-0.00105	-0.00112	-0.00115	-0.00116	-0.00117	-0.00117	
9.50	M	0.00000	0.04476	0.04476	0.01731	0.00669	0.00259	0.00100	0.00039	0.00015	0.00006	0.00002	0.00000	9.50
	Q	0.38674	0.57478	-0.42522	-0.16445	-0.06360	-0.02460	-0.00951	-0.00368	-0.00143	-0.00056	-0.00024	-0.00016	
	V	0.00000	0.00050	0.00050	0.00069	0.00070	0.00064	0.00054	0.00044	0.00033	0.00022	0.00011	0.00000	
	V'	0.00569	0.00360	0.00360	0.00071	-0.00040	-0.00084	-0.00100	-0.00107	-0.00109	-0.00110	-0.00111	-0.00111	
9.75	M	0.00000	0.04399	0.04399	0.01659	0.00626	0.00236	0.00089	0.00034	0.00013	0.00005	0.00002	0.00000	9.75
	Q	0.37719	0.57114	-0.42886	-0.16176	-0.06102	-0.02301	-0.00868	-0.00328	-0.00124	-0.00048	-0.00020	-0.00013	
	V	0.00000	0.00048	0.00048	0.00067	0.00067	0.00061	0.00052	0.00042	0.00031	0.00021	0.00011	0.00000	
	V'	0.00550	0.00346	0.00346	0.00065	-0.00041	-0.00081	-0.00096	-0.00102	-0.00104	-0.00105	-0.00105	-0.00105	

| BETA | X/L = | 0.00 | L 0.10 | R 0.10 | 0.20 | 0.30 | 0.40 | 0.50 | 0.60 | 0.70 | 0.80 | 0.90 | 1.00 | BETA |

XP/L = 0.10

FUNKTIONEN : F.P;M - F.P;Q - F.P;V - F.P;V'

FUNKTIONEN : F.PIM - F.PIQ - F.PIV - F.PIV'

XP/L = 0.10

BETA	X/L =	0.00	L 0.10	R 0.10	0.20	0.30	0.40	0.50	0.60	0.70	0.80	0.90	1.00	BETA
	M	0.00000	0.04323	0.04323	0.01590	0.00585	0.00215	0.00079	0.00029	0.00011	0.00004	0.00001	0.00000	
10.00	Q	0.36788	0.56767	-0.43233	-0.15905	-0.05851	-0.02152	-0.00792	-0.00291	-0.00107	-0.00040	-0.00016	-0.00011	10.00
	V	0.00000	0.00047	0.00047	0.00064	0.00064	0.00058	0.00049	0.00040	0.00030	0.00020	0.00010	0.00000	
	V'	0.00532	0.00332	0.00332	0.00059	-0.00041	-0.00078	-0.00092	-0.00097	-0.00099	-0.00100	-0.00100	-0.00100	
	M	0.00000	0.04250	0.04250	0.01525	0.00547	0.00196	0.00070	0.00025	0.00009	0.00003	0.00001	0.00000	
10.25	Q	0.35880	0.56437	-0.43563	-0.15630	-0.05608	-0.02012	-0.00722	-0.00259	-0.00093	-0.00034	-0.00014	-0.00009	10.25
	V	0.00000	0.00045	0.00045	0.00062	0.00061	0.00055	0.00047	0.00038	0.00028	0.00019	0.00010	0.00000	
	V'	0.00515	0.00319	0.00319	0.00054	-0.00042	-0.00076	-0.00088	-0.00093	-0.00094	-0.00095	-0.00095	-0.00095	
	M	0.00000	0.04179	0.04179	0.01462	0.00512	0.00179	0.00063	0.00022	0.00008	0.00003	0.00001	0.00000	
10.50	Q	0.34994	0.56123	-0.43877	-0.15354	-0.05373	-0.01880	-0.00658	-0.00230	-0.00081	-0.00029	-0.00011	-0.00007	10.50
	V	0.00000	0.00044	0.00044	0.00059	0.00059	0.00053	0.00045	0.00036	0.00027	0.00018	0.00009	0.00000	
	V'	0.00499	0.00307	0.00307	0.00049	-0.00042	-0.00074	-0.00085	-0.00089	-0.00090	-0.00090	-0.00091	-0.00091	
	M	0.00000	0.04109	0.04109	0.01403	0.00479	0.00163	0.00056	0.00019	0.00006	0.00002	0.00001	0.00000	
10.75	Q	0.34130	0.55824	-0.44176	-0.15077	-0.05146	-0.01756	-0.00599	-0.00205	-0.00070	-0.00024	-0.00009	-0.00006	10.75
	V	0.00000	0.00042	0.00042	0.00057	0.00056	0.00051	0.00043	0.00034	0.00026	0.00017	0.00009	0.00000	
	V'	0.00483	0.00296	0.00296	0.00044	-0.00042	-0.00071	-0.00081	-0.00085	-0.00086	-0.00086	-0.00086	-0.00086	
	M	0.00000	0.04042	0.04042	0.01345	0.00448	0.00149	0.00050	0.00017	0.00005	0.00002	0.00001	0.00000	
11.00	Q	0.33287	0.55540	-0.44460	-0.14799	-0.04926	-0.01640	-0.00546	-0.00182	-0.00061	-0.00020	-0.00007	-0.00004	11.00
	V	0.00000	0.00041	0.00041	0.00055	0.00054	0.00048	0.00041	0.00033	0.00025	0.00017	0.00008	0.00000	
	V'	0.00469	0.00285	0.00285	0.00040	-0.00042	-0.00069	-0.00078	-0.00081	-0.00082	-0.00082	-0.00083	-0.00083	
	M	0.00000	0.03976	0.03976	0.01291	0.00419	0.00136	0.00044	0.00014	0.00005	0.00001	0.00000	0.00000	
11.25	Q	0.32465	0.55270	-0.44730	-0.14522	-0.04715	-0.01531	-0.00497	-0.00161	-0.00052	-0.00017	-0.00006	-0.00004	11.25
	V	0.00000	0.00040	0.00040	0.00053	0.00052	0.00046	0.00039	0.00031	0.00024	0.00016	0.00008	0.00000	
	V'	0.00455	0.00274	0.00274	0.00036	-0.00042	-0.00067	-0.00075	-0.00078	-0.00079	-0.00079	-0.00079	-0.00079	
	M	0.00000	0.03912	0.03912	0.01239	0.00392	0.00124	0.00039	0.00012	0.00004	0.00001	0.00000	0.00000	
11.50	Q	0.31664	0.55013	-0.44987	-0.14245	-0.04510	-0.01428	-0.00452	-0.00143	-0.00045	-0.00014	-0.00005	-0.00003	11.50
	V	0.00000	0.00038	0.00038	0.00051	0.00050	0.00044	0.00038	0.00030	0.00023	0.00015	0.00008	0.00000	
	V'	0.00441	0.00265	0.00265	0.00032	-0.00042	-0.00065	-0.00072	-0.00075	-0.00075	-0.00076	-0.00076	-0.00076	
	M	0.00000	0.03849	0.03849	0.01189	0.00367	0.00113	0.00035	0.00011	0.00003	0.00001	0.00000	0.00000	
11.75	Q	0.30882	0.54768	-0.45232	-0.13968	-0.04314	-0.01332	-0.00411	-0.00127	-0.00039	-0.00012	-0.00004	-0.00002	11.75
	V	0.00000	0.00037	0.00037	0.00049	0.00048	0.00043	0.00036	0.00029	0.00022	0.00014	0.00007	0.00000	
	V'	0.00428	0.00255	0.00255	0.00029	-0.00041	-0.00063	-0.00069	-0.00072	-0.00072	-0.00072	-0.00072	-0.00072	
	M	0.00000	0.03789	0.03789	0.01141	0.00344	0.00104	0.00031	0.00009	0.00003	0.00001	0.00000	0.00000	
12.00	Q	0.30119	0.54536	-0.45464	-0.13694	-0.04124	-0.01242	-0.00374	-0.00113	-0.00034	-0.00010	-0.00003	-0.00002	12.00
	V	0.00000	0.00036	0.00036	0.00048	0.00046	0.00041	0.00035	0.00028	0.00021	0.00014	0.00007	0.00000	
	V'	0.00416	0.00246	0.00246	0.00026	-0.00041	-0.00061	-0.00067	-0.00069	-0.00069	-0.00069	-0.00069	-0.00069	
	M	0.00000	0.03729	0.03729	0.01096	0.00322	0.00095	0.00028	0.00008	0.00002	0.00001	0.00000	0.00000	
12.25	Q	0.29376	0.54315	-0.45685	-0.13420	-0.03942	-0.01158	-0.00340	-0.00100	-0.00029	-0.00009	-0.00003	-0.00001	12.25
	V	0.00000	0.00035	0.00035	0.00046	0.00045	0.00039	0.00033	0.00027	0.00020	0.00013	0.00007	0.00000	
	V'	0.00404	0.00238	0.00238	0.00023	-0.00040	-0.00059	-0.00064	-0.00066	-0.00066	-0.00067	-0.00067	-0.00067	
BETA	X/L =	0.00	L 0.10	R 0.10	0.20	0.30	0.40	0.50	0.60	0.70	0.80	0.90	1.00	BETA

XP/L = 0.10

FUNKTIONEN : F.PIM - F.PIQ - F.PIV - F.PIV'

Z U G S T A E B E -377-

FUNKTIONEN : F.P;M - F.P;Q - F.P;V - F.P;V'

XP/L = 0.10

BETA	X/L =	0.00	L 0.10	R 0.10	0.20	0.30	0.40	0.50	0.60	0.70	0.80	0.90	1.00	BETA
	M	0.00000	0.03672	0.03672	0.01052	0.00301	0.00086	0.00025	0.00007	0.00002	0.00001	0.00000	0.00000	
12.50	Q	0.28650	0.54104	-0.45896	-0.13149	-0.03767	-0.01079	-0.00309	-0.00089	-0.00025	-0.00007	-0.00002	-0.00001	12.50
	V	0.00000	0.00034	0.00034	0.00044	0.00043	0.00038	0.00032	0.00026	0.00019	0.00013	0.00006	0.00000	
	V'	0.00393	0.00230	0.00230	0.00020	-0.00040	-0.00057	-0.00062	-0.00063	-0.00064	-0.00064	-0.00064	-0.00064	
	M	0.00000	0.03615	0.03615	0.01010	0.00282	0.00079	0.00022	0.00006	0.00002	0.00000	0.00000	0.00000	
12.75	Q	0.27943	0.53904	-0.46096	-0.12881	-0.03599	-0.01006	-0.00281	-0.00079	-0.00022	-0.00006	-0.00002	-0.00001	12.75
	V	0.00000	0.00033	0.00033	0.00043	0.00041	0.00036	0.00031	0.00025	0.00018	0.00012	0.00006	0.00000	
	V'	0.00382	0.00222	0.00222	0.00018	-0.00039	-0.00055	-0.00060	-0.00061	-0.00061	-0.00061	-0.00062	-0.00062	
	M	0.00000	0.03560	0.03560	0.00970	0.00264	0.00072	0.00020	0.00005	0.00001	0.00000	0.00000	0.00000	
13.00	Q	0.27253	0.53714	-0.46286	-0.12614	-0.03438	-0.00937	-0.00255	-0.00070	-0.00019	-0.00005	-0.00002	-0.00001	13.00
	V	0.00000	0.00032	0.00032	0.00042	0.00040	0.00035	0.00029	0.00024	0.00018	0.00012	0.00006	0.00000	
	V'	0.00371	0.00215	0.00215	0.00015	-0.00039	-0.00054	-0.00058	-0.00059	-0.00059	-0.00059	-0.00059	-0.00059	
	M	0.00000	0.03507	0.03507	0.00932	0.00248	0.00066	0.00018	0.00005	0.00001	0.00000	0.00000	0.00000	
13.25	Q	0.26580	0.53533	-0.46467	-0.12351	-0.03283	-0.00873	-0.00232	-0.00062	-0.00016	-0.00004	-0.00001	-0.00001	13.25
	V	0.00000	0.00031	0.00031	0.00040	0.00038	0.00034	0.00028	0.00023	0.00017	0.00011	0.00006	0.00000	
	V'	0.00361	0.00208	0.00208	0.00013	-0.00038	-0.00052	-0.00056	-0.00057	-0.00057	-0.00057	-0.00057	-0.00057	
	M	0.00000	0.03455	0.03455	0.00896	0.00232	0.00060	0.00016	0.00004	0.00001	0.00000	0.00000	0.00000	
13.50	Q	0.25924	0.53360	-0.46640	-0.12091	-0.03134	-0.00813	-0.00211	-0.00055	-0.00014	-0.00004	-0.00001	-0.00000	13.50
	V	0.00000	0.00030	0.00030	0.00039	0.00037	0.00033	0.00027	0.00022	0.00016	0.00011	0.00005	0.00000	
	V'	0.00352	0.00201	0.00201	0.00011	-0.00038	-0.00050	-0.00054	-0.00055	-0.00055	-0.00055	-0.00055	-0.00055	
	M	0.00000	0.03404	0.03404	0.00861	0.00218	0.00055	0.00014	0.00004	0.00001	0.00000	0.00000	0.00000	
13.75	Q	0.25284	0.53196	-0.46804	-0.11834	-0.02992	-0.00757	-0.00191	-0.00048	-0.00012	-0.00003	-0.00001	-0.00000	13.75
	V	0.00000	0.00030	0.00030	0.00038	0.00036	0.00031	0.00026	0.00021	0.00016	0.00011	0.00005	0.00000	
	V'	0.00342	0.00195	0.00195	0.00010	-0.00037	-0.00049	-0.00052	-0.00053	-0.00053	-0.00053	-0.00053	-0.00053	
	M	0.00000	0.03354	0.03354	0.00827	0.00204	0.00050	0.00012	0.00003	0.00001	0.00000	0.00000	0.00000	
14.00	Q	0.24660	0.53041	-0.46959	-0.11580	-0.02856	-0.00704	-0.00174	-0.00043	-0.00011	-0.00003	-0.00001	-0.00000	14.00
	V	0.00000	0.00029	0.00029	0.00037	0.00035	0.00030	0.00025	0.00020	0.00015	0.00010	0.00005	0.00000	
	V'	0.00333	0.00189	0.00189	0.00008	-0.00036	-0.00047	-0.00050	-0.00051	-0.00051	-0.00051	-0.00051	-0.00051	
	M	0.00000	0.03306	0.03306	0.00795	0.00191	0.00046	0.00011	0.00003	0.00001	0.00000	0.00000	0.00000	
14.25	Q	0.24051	0.52892	-0.47108	-0.11330	-0.02725	-0.00655	-0.00158	-0.00038	-0.00009	-0.00002	-0.00001	-0.00000	14.25
	V	0.00000	0.00028	0.00028	0.00035	0.00034	0.00029	0.00025	0.00020	0.00015	0.00010	0.00005	0.00000	
	V'	0.00325	0.00183	0.00183	0.00007	-0.00036	-0.00046	-0.00048	-0.00049	-0.00049	-0.00049	-0.00049	-0.00049	
	M	0.00000	0.03259	0.03259	0.00764	0.00179	0.00042	0.00010	0.00002	0.00001	0.00000	0.00000	0.00000	
14.50	Q	0.23457	0.52751	-0.47249	-0.11083	-0.02600	-0.00610	-0.00143	-0.00034	-0.00008	-0.00002	-0.00000	-0.00000	14.50
	V	0.00000	0.00027	0.00027	0.00034	0.00032	0.00028	0.00024	0.00019	0.00014	0.00010	0.00005	0.00000	
	V'	0.00316	0.00177	0.00177	0.00005	-0.00035	-0.00045	-0.00047	-0.00047	-0.00048	-0.00048	-0.00048	-0.00048	
	M	0.00000	0.03212	0.03212	0.00735	0.00168	0.00038	0.00009	0.00002	0.00000	0.00000	0.00000	0.00000	
14.75	Q	0.22878	0.52617	-0.47383	-0.10840	-0.02480	-0.00567	-0.00130	-0.00030	-0.00007	-0.00002	-0.00000	-0.00000	14.75
	V	0.00000	0.00027	0.00027	0.00033	0.00031	0.00027	0.00023	0.00018	0.00014	0.00009	0.00005	0.00000	
	V'	0.00309	0.00172	0.00172	0.00004	-0.00035	-0.00043	-0.00045	-0.00046	-0.00046	-0.00046	-0.00046	-0.00046	
BETA	X/L =	0.00	L 0.10	R 0.10	0.20	0.30	0.40	0.50	0.60	0.70	0.80	0.90	1.00	BETA

XP/L = 0.10

FUNKTIONEN : F.P;M - F.P;Q - F.P;V - F.P;V'

FUNKTIONEN : F.PIM - F.PIQ - F.PIV - F.PIV'

XP/L = 0.10

BETA	X/L =	0.00	L 0.10	R 0.10	0.20	0.30	0.40	0.50	0.60	0.70	0.80	0.90	1.00	BETA
	M	0.00000	0.03167	0.03167	0.00707	0.00158	0.00035	0.00008	0.00002	0.00000	0.00000	0.00000	0.00000	
15.00	Q	0.22313	0.52489	-0.47511	-0.10601	-0.02365	-0.00528	-0.00118	-0.00026	-0.00006	-0.00001	-0.00000	-0.00000	15.00
	V	0.00000	0.00026	0.00026	0.00032	0.00030	0.00027	0.00022	0.00018	0.00013	0.00009	0.00004	0.00000	
	V'	0.00301	0.00167	0.00167	0.00003	-0.00034	-0.00042	-0.00044	-0.00044	-0.00044	-0.00044	-0.00044	-0.00044	
	M	0.00000	0.03123	0.03123	0.00680	0.00148	0.00032	0.00007	0.00002	0.00000	0.00000	0.00000	0.00000	
15.25	Q	0.21762	0.52368	-0.47632	-0.10366	-0.02256	-0.00491	-0.00107	-0.00023	-0.00005	-0.00001	-0.00000	-0.00000	15.25
	V	0.00000	0.00025	0.00025	0.00031	0.00029	0.00026	0.00021	0.00017	0.00013	0.00009	0.00004	0.00000	
	V'	0.00293	0.00162	0.00162	0.00002	-0.00033	-0.00041	-0.00043	-0.00043	-0.00043	-0.00043	-0.00043	-0.00043	
	M	0.00000	0.03080	0.03080	0.00654	0.00139	0.00029	0.00006	0.00001	0.00000	0.00000	0.00000	0.00000	
15.50	Q	0.21225	0.52252	-0.47748	-0.10134	-0.02151	-0.00457	-0.00097	-0.00021	-0.00004	-0.00001	-0.00000	-0.00000	15.50
	V	0.00000	0.00025	0.00025	0.00031	0.00029	0.00025	0.00021	0.00017	0.00012	0.00008	0.00004	0.00000	
	V'	0.00286	0.00157	0.00157	0.00001	-0.00033	-0.00040	-0.00041	-0.00042	-0.00042	-0.00042	-0.00042	-0.00042	
	M	0.00000	0.03039	0.03039	0.00629	0.00130	0.00027	0.00006	0.00001	0.00000	0.00000	0.00000	0.00000	
15.75	Q	0.20701	0.52143	-0.47857	-0.09907	-0.02051	-0.00425	-0.00088	-0.00018	-0.00004	-0.00001	-0.00000	-0.00000	15.75
	V	0.00000	0.00024	0.00024	0.00030	0.00028	0.00024	0.00020	0.00016	0.00012	0.00008	0.00004	0.00000	
	V'	0.00279	0.00153	0.00153	-0.00000	-0.00032	-0.00039	-0.00040	-0.00040	-0.00040	-0.00040	-0.00040	-0.00040	
	M	0.00000	0.02998	0.02998	0.00605	0.00122	0.00025	0.00005	0.00001	0.00000	0.00000	0.00000	0.00000	
16.00	Q	0.20190	0.52038	-0.47962	-0.09683	-0.01955	-0.00395	-0.00080	-0.00016	-0.00003	-0.00001	-0.00000	-0.00000	16.00
	V	0.00000	0.00023	0.00023	0.00029	0.00027	0.00023	0.00020	0.00016	0.00012	0.00008	0.00004	0.00000	
	V'	0.00273	0.00148	0.00148	-0.00001	-0.00031	-0.00038	-0.00039	-0.00039	-0.00039	-0.00039	-0.00039	-0.00039	
	M	0.00000	0.02958	0.02958	0.00582	0.00115	0.00023	0.00004	0.00001	0.00000	0.00000	0.00000	0.00000	
16.25	Q	0.19691	0.51939	-0.48061	-0.09464	-0.01864	-0.00367	-0.00072	-0.00014	-0.00003	-0.00001	-0.00000	-0.00000	16.25
	V	0.00000	0.00023	0.00023	0.00028	0.00026	0.00023	0.00019	0.00015	0.00011	0.00008	0.00004	0.00000	
	V'	0.00266	0.00144	0.00144	-0.00002	-0.00031	-0.00036	-0.00038	-0.00038	-0.00038	-0.00038	-0.00038	-0.00038	
	M	0.00000	0.02919	0.02919	0.00561	0.00108	0.00021	0.00004	0.00001	0.00000	0.00000	0.00000	0.00000	
16.50	Q	0.19205	0.51844	-0.48156	-0.09248	-0.01776	-0.00341	-0.00066	-0.00013	-0.00002	-0.00000	-0.00000	-0.00000	16.50
	V	0.00000	0.00022	0.00022	0.00027	0.00025	0.00022	0.00018	0.00015	0.00011	0.00007	0.00004	0.00000	
	V'	0.00260	0.00140	0.00140	-0.00003	-0.00030	-0.00035	-0.00036	-0.00037	-0.00037	-0.00037	-0.00037	-0.00037	
	M	0.00000	0.02880	0.02880	0.00540	0.00101	0.00019	0.00004	0.00001	0.00000	0.00000	0.00000	0.00000	
16.75	Q	0.18731	0.51754	-0.48246	-0.09037	-0.01693	-0.00317	-0.00059	-0.00011	-0.00002	-0.00000	-0.00000	-0.00000	16.75
	V	0.00000	0.00022	0.00022	0.00027	0.00025	0.00021	0.00018	0.00014	0.00011	0.00007	0.00004	0.00000	
	V'	0.00254	0.00136	0.00136	-0.00003	-0.00030	-0.00035	-0.00035	-0.00036	-0.00036	-0.00036	-0.00036	-0.00036	
	M	0.00000	0.02843	0.02843	0.00519	0.00095	0.00017	0.00003	0.00001	0.00000	0.00000	0.00000	0.00000	
17.00	Q	0.18268	0.51669	-0.48331	-0.08829	-0.01613	-0.00295	-0.00054	-0.00010	-0.00002	-0.00000	-0.00000	-0.00000	17.00
	V	0.00000	0.00021	0.00021	0.00026	0.00024	0.00021	0.00017	0.00014	0.00010	0.00007	0.00003	0.00000	
	V'	0.00248	0.00133	0.00133	-0.00004	-0.00029	-0.00034	-0.00034	-0.00035	-0.00035	-0.00035	-0.00035	-0.00035	
	M	0.00000	0.02807	0.02807	0.00500	0.00089	0.00016	0.00003	0.00001	0.00000	0.00000	0.00000	0.00000	
17.25	Q	0.17817	0.51587	-0.48413	-0.08626	-0.01537	-0.00274	-0.00049	-0.00009	-0.00002	-0.00000	-0.00000	-0.00000	17.25
	V	0.00000	0.00021	0.00021	0.00025	0.00023	0.00020	0.00017	0.00013	0.00010	0.00007	0.00003	0.00000	
	V'	0.00243	0.00129	0.00129	-0.00005	-0.00028	-0.00033	-0.00033	-0.00034	-0.00034	-0.00034	-0.00034	-0.00034	
BETA	X/L =	0.00	L 0.10	R 0.10	0.20	0.30	0.40	0.50	0.60	0.70	0.80	0.90	1.00	BETA

XP/L = 0.10

FUNKTIONEN : F.PIM - F.PIQ - F.PIV - F.PIV'

FUNKTIONEN : F.P;M - F.P;Q - F.P;V - F.P;V'

XP/L = 0.10

BETA	X/L =	0.00	L 0.10	R 0.10	0.20	0.30	0.40	0.50	0.60	0.70	0.80	0.90	1.00	BETA
	M	0.00000	0.02771	0.02771	0.00482	0.00084	0.00015	0.00003	0.00000	0.00000	0.00000	0.00000	0.00000	
17.50	Q	0.17377	0.51510	-0.48490	-0.08426	-0.01464	-0.00254	-0.00044	-0.00008	-0.00001	-0.00000	-0.00000	-0.00000	17.50
	V	0.00000	0.00020	0.00020	0.00025	0.00023	0.00020	0.00016	0.00013	0.00010	0.00007	0.00003	0.00000	
	V'	0.00237	0.00126	0.00126	-0.00005	-0.00028	-0.00032	-0.00033	-0.00033	-0.00033	-0.00033	-0.00033	-0.00033	
	M	0.00000	0.02736	0.02736	0.00464	0.00079	0.00013	0.00002	0.00000	0.00000	0.00000	0.00000	0.00000	
17.75	Q	0.16948	0.51436	-0.48564	-0.08231	-0.01395	-0.00236	-0.00040	-0.00007	-0.00001	-0.00000	-0.00000	-0.00000	17.75
	V	0.00000	0.00020	0.00020	0.00024	0.00022	0.00019	0.00016	0.00013	0.00010	0.00006	0.00003	0.00000	
	V'	0.00232	0.00122	0.00122	-0.00006	-0.00027	-0.00031	-0.00032	-0.00032	-0.00032	-0.00032	-0.00032	-0.00032	
	M	0.00000	0.02702	0.02702	0.00447	0.00074	0.00012	0.00002	0.00000	0.00000	0.00000	0.00000	0.00000	
18.00	Q	0.16530	0.51366	-0.48634	-0.08039	-0.01329	-0.00220	-0.00036	-0.00006	-0.00001	-0.00000	-0.00000	-0.00000	18.00
	V	0.00000	0.00019	0.00019	0.00023	0.00021	0.00018	0.00015	0.00012	0.00009	0.00006	0.00003	0.00000	
	V'	0.00227	0.00119	0.00119	-0.00006	-0.00027	-0.00030	-0.00031	-0.00031	-0.00031	-0.00031	-0.00031	-0.00031	
	M	0.00000	0.02669	0.02669	0.00430	0.00069	0.00011	0.00002	0.00000	0.00000	0.00000	0.00000	0.00000	
18.25	Q	0.16122	0.51300	-0.48700	-0.07851	-0.01266	-0.00204	-0.00033	-0.00005	-0.00001	-0.00000	-0.00000	-0.00000	18.25
	V	0.00000	0.00019	0.00019	0.00023	0.00021	0.00018	0.00015	0.00012	0.00009	0.00006	0.00003	0.00000	
	V'	0.00222	0.00116	0.00116	-0.00006	-0.00026	-0.00029	-0.00030	-0.00030	-0.00030	-0.00030	-0.00030	-0.00030	
	M	0.00000	0.02636	0.02636	0.00414	0.00065	0.00010	0.00002	0.00000	0.00000	0.00000	0.00000	0.00000	
18.50	Q	0.15724	0.51236	-0.48764	-0.07667	-0.01206	-0.00190	-0.00030	-0.00005	-0.00001	-0.00000	-0.00000	-0.00000	18.50
	V	0.00000	0.00019	0.00019	0.00022	0.00020	0.00018	0.00015	0.00012	0.00009	0.00006	0.00003	0.00000	
	V'	0.00217	0.00113	0.00113	-0.00007	-0.00026	-0.00029	-0.00029	-0.00029	-0.00029	-0.00029	-0.00029	-0.00029	
	M	0.00000	0.02604	0.02604	0.00399	0.00061	0.00009	0.00001	0.00000	0.00000	0.00000	0.00000	0.00000	
18.75	Q	0.15335	0.51176	-0.48824	-0.07487	-0.01148	-0.00176	-0.00027	-0.00004	-0.00001	-0.00000	-0.00000	-0.00000	18.75
	V	0.00000	0.00018	0.00018	0.00022	0.00020	0.00017	0.00014	0.00011	0.00009	0.00006	0.00003	0.00000	
	V'	0.00212	0.00110	0.00110	-0.00007	-0.00025	-0.00028	-0.00028	-0.00028	-0.00028	-0.00028	-0.00028	-0.00028	
	M	0.00000	0.02573	0.02573	0.00385	0.00058	0.00009	0.00001	0.00000	0.00000	0.00000	0.00000	0.00000	
19.00	Q	0.14957	0.51119	-0.48881	-0.07311	-0.01094	-0.00164	-0.00024	-0.00004	-0.00001	-0.00000	-0.00000	-0.00000	19.00
	V	0.00000	0.00018	0.00018	0.00021	0.00019	0.00017	0.00014	0.00011	0.00008	0.00006	0.00003	0.00000	
	V'	0.00208	0.00108	0.00108	-0.00007	-0.00025	-0.00027	-0.00028	-0.00028	-0.00028	-0.00028	-0.00028	-0.00028	
	M	0.00000	0.02542	0.02542	0.00371	0.00054	0.00008	0.00001	0.00000	0.00000	0.00000	0.00000	0.00000	
19.25	Q	0.14588	0.51064	-0.48936	-0.07139	-0.01041	-0.00152	-0.00022	-0.00003	-0.00000	-0.00000	-0.00000	-0.00000	19.25
	V	0.00000	0.00017	0.00017	0.00021	0.00019	0.00016	0.00013	0.00011	0.00008	0.00005	0.00003	0.00000	
	V'	0.00204	0.00105	0.00105	-0.00008	-0.00024	-0.00027	-0.00027	-0.00027	-0.00027	-0.00027	-0.00027	-0.00027	
	M	0.00000	0.02512	0.02512	0.00357	0.00051	0.00007	0.00001	0.00000	0.00000	0.00000	0.00000	0.00000	
19.50	Q	0.14227	0.51012	-0.48988	-0.06970	-0.00992	-0.00141	-0.00020	-0.00003	-0.00000	-0.00000	-0.00000	-0.00000	19.50
	V	0.00000	0.00017	0.00017	0.00020	0.00018	0.00016	0.00013	0.00011	0.00008	0.00005	0.00003	0.00000	
	V'	0.00199	0.00103	0.00103	-0.00008	-0.00024	-0.00026	-0.00026	-0.00026	-0.00026	-0.00026	-0.00026	-0.00026	
	M	0.00000	0.02483	0.02483	0.00345	0.00048	0.00007	0.00001	0.00000	0.00000	0.00000	0.00000	0.00000	
19.75	Q	0.13876	0.50963	-0.49037	-0.06804	-0.00944	-0.00131	-0.00018	-0.00003	-0.00000	-0.00000	-0.00000	-0.00000	19.75
	V	0.00000	0.00017	0.00017	0.00020	0.00018	0.00015	0.00013	0.00010	0.00008	0.00005	0.00003	0.00000	
	V'	0.00195	0.00100	0.00100	-0.00008	-0.00023	-0.00025	-0.00026	-0.00026	-0.00026	-0.00026	-0.00026	-0.00026	
BETA	X/L =	0.00	L 0.10	R 0.10	0.20	0.30	0.40	0.50	0.60	0.70	0.80	0.90	1.00	BETA

XP/L = 0.10

FUNKTIONEN : F.P;M - F.P;Q - F.P;V - F.P;V'

Z U G S T A E B E -381-

FUNKTIONEN : F.P;M - F.P;Q - F.P;V - F.P;V'

XP/L = 0.10

BETA	X/L =	0.00	L 0.10	R 0.10	0.20	0.30	0.40	0.50	0.60	0.70	0.80	0.90	1.00	BETA
	M	0.00000	0.02454	0.02454	0.00332	0.00045	0.00006	0.00001	0.00000	0.00000	0.00000	0.00000	0.00000	
20.00	Q	0.13534	0.50916	-0.49084	-0.06643	-0.00899	-0.00122	-0.00016	-0.00002	-0.00000	-0.00000	-0.00000	-0.00000	20.00
	V	0.00000	0.00016	0.00016	0.00019	0.00017	0.00015	0.00012	0.00010	0.00007	0.00005	0.00002	0.00000	
	V'	0.00191	0.00098	0.00098	-0.00008	-0.00023	-0.00025	-0.00025	-0.00025	-0.00025	-0.00025	-0.00025	-0.00025	
	M	0.00000	0.02426	0.02426	0.00320	0.00042	0.00006	0.00001	0.00000	0.00000	0.00000	0.00000	0.00000	
20.25	Q	0.13199	0.50871	-0.49129	-0.06485	-0.00856	-0.00113	-0.00015	-0.00002	-0.00000	-0.00000	-0.00000	-0.00000	20.25
	V	0.00000	0.00016	0.00016	0.00019	0.00017	0.00015	0.00012	0.00010	0.00007	0.00005	0.00002	0.00000	
	V'	0.00187	0.00095	0.00095	-0.00009	-0.00022	-0.00024	-0.00024	-0.00024	-0.00024	-0.00024	-0.00024	-0.00024	
	M	0.00000	0.02399	0.02399	0.00309	0.00040	0.00005	0.00001	0.00000	0.00000	0.00000	0.00000	0.00000	
20.50	Q	0.12873	0.50829	-0.49171	-0.06330	-0.00815	-0.00105	-0.00014	-0.00002	-0.00000	-0.00000	-0.00000	-0.00000	20.50
	V	0.00000	0.00016	0.00016	0.00018	0.00017	0.00014	0.00012	0.00010	0.00007	0.00005	0.00002	0.00000	
	V'	0.00184	0.00093	0.00093	-0.00009	-0.00022	-0.00024	-0.00024	-0.00024	-0.00024	-0.00024	-0.00024	-0.00024	
	M	0.00000	0.02372	0.02372	0.00298	0.00037	0.00005	0.00001	0.00000	0.00000	0.00000	0.00000	0.00000	
20.75	Q	0.12556	0.50788	-0.49212	-0.06179	-0.00776	-0.00097	-0.00012	-0.00002	-0.00000	-0.00000	-0.00000	-0.00000	20.75
	V	0.00000	0.00015	0.00015	0.00018	0.00016	0.00014	0.00012	0.00009	0.00007	0.00005	0.00002	0.00000	
	V'	0.00180	0.00091	0.00091	-0.00009	-0.00021	-0.00023	-0.00023	-0.00023	-0.00023	-0.00023	-0.00023	-0.00023	
	M	0.00000	0.02345	0.02345	0.00287	0.00035	0.00004	0.00001	0.00000	0.00000	0.00000	0.00000	0.00000	
21.00	Q	0.12246	0.50750	-0.49250	-0.06031	-0.00739	-0.00090	-0.00011	-0.00001	-0.00000	-0.00000	-0.00000	-0.00000	21.00
	V	0.00000	0.00015	0.00015	0.00017	0.00016	0.00014	0.00011	0.00009	0.00007	0.00005	0.00002	0.00000	
	V'	0.00176	0.00089	0.00089	-0.00009	-0.00021	-0.00022	-0.00023	-0.00023	-0.00023	-0.00023	-0.00023	-0.00023	
	M	0.00000	0.02319	0.02319	0.00277	0.00033	0.00004	0.00000	0.00000	0.00000	0.00000	0.00000	0.00000	
21.25	Q	0.11943	0.50713	-0.49287	-0.05886	-0.00703	-0.00084	-0.00010	-0.00001	-0.00000	-0.00000	-0.00000	-0.00000	21.25
	V	0.00000	0.00015	0.00015	0.00017	0.00015	0.00013	0.00011	0.00009	0.00007	0.00004	0.00002	0.00000	
	V'	0.00173	0.00087	0.00087	-0.00009	-0.00021	-0.00022	-0.00022	-0.00022	-0.00022	-0.00022	-0.00022	-0.00022	
	M	0.00000	0.02294	0.02294	0.00267	0.00031	0.00004	0.00000	0.00000	0.00000	0.00000	0.00000	0.00000	
21.50	Q	0.11648	0.50678	-0.49322	-0.05745	-0.00669	-0.00078	-0.00009	-0.00001	-0.00000	-0.00000	-0.00000	-0.00000	21.50
	V	0.00000	0.00015	0.00015	0.00017	0.00015	0.00013	0.00011	0.00009	0.00006	0.00004	0.00002	0.00000	
	V'	0.00170	0.00085	0.00085	-0.00009	-0.00020	-0.00021	-0.00022	-0.00022	-0.00022	-0.00022	-0.00022	-0.00022	
	M	0.00000	0.02269	0.02269	0.00258	0.00029	0.00003	0.00000	0.00000	0.00000	0.00000	0.00000	0.00000	
21.75	Q	0.11361	0.50645	-0.49355	-0.05607	-0.00637	-0.00072	-0.00008	-0.00001	-0.00000	-0.00000	-0.00000	-0.00000	21.75
	V	0.00000	0.00014	0.00014	0.00016	0.00015	0.00013	0.00011	0.00008	0.00006	0.00004	0.00002	0.00000	
	V'	0.00166	0.00083	0.00083	-0.00009	-0.00020	-0.00021	-0.00021	-0.00021	-0.00021	-0.00021	-0.00021	-0.00021	
	M	0.00000	0.02245	0.02245	0.00249	0.00028	0.00003	0.00000	0.00000	0.00000	0.00000	0.00000	0.00000	
22.00	Q	0.11080	0.50614	-0.49386	-0.05472	-0.00606	-0.00067	-0.00007	-0.00001	-0.00000	-0.00000	-0.00000	-0.00000	22.00
	V	0.00000	0.00014	0.00014	0.00016	0.00014	0.00012	0.00010	0.00008	0.00006	0.00004	0.00002	0.00000	
	V'	0.00163	0.00081	0.00081	-0.00009	-0.00019	-0.00021	-0.00021	-0.00021	-0.00021	-0.00021	-0.00021	-0.00021	
	M	0.00000	0.02221	0.02221	0.00240	0.00026	0.00003	0.00000	0.00000	0.00000	0.00000	0.00000	0.00000	
22.25	Q	0.10807	0.50584	-0.49416	-0.05340	-0.00577	-0.00062	-0.00007	-0.00001	-0.00000	-0.00000	-0.00000	-0.00000	22.25
	V	0.00000	0.00014	0.00014	0.00016	0.00014	0.00012	0.00010	0.00008	0.00006	0.00004	0.00002	0.00000	
	V'	0.00160	0.00080	0.00080	-0.00009	-0.00019	-0.00020	-0.00020	-0.00020	-0.00020	-0.00020	-0.00020	-0.00020	

BETA | X/L = 0.00 L 0.10 R 0.10 0.20 0.30 0.40 0.50 0.60 0.70 0.80 0.90 1.00 | BETA

XP/L = 0.10

FUNKTIONEN : F.P;M - F.P;Q - F.P;V - F.P;V'

Z U G S T A E B E -381-

FUNKTIONEN : F.PIM - F.PIQ - F.PIV - F.PIV'

XP/L = 0.10

BETA	X/L =	0.00	L 0.10	R 0.10	0.20	0.30	0.40	0.50	0.60	0.70	0.80	0.90	1.00	BETA
	M	0.00000	0.02198	0.02198	0.00232	0.00024	0.00003	0.00000	0.00000	0.00000	0.00000	0.00000	0.00000	
22.50	Q	0.10540	0.50555	-0.49445	-0.05211	-0.00549	-0.00058	-0.00006	-0.00001	-0.00000	-0.00000	-0.00000	-0.00000	22.50
	V	0.00000	0.00013	0.00013	0.00015	0.00014	0.00012	0.00010	0.00008	0.00006	0.00004	0.00002	0.00000	
	V'	0.00157	0.00078	0.00078	-0.00009	-0.00019	-0.00020	-0.00020	-0.00020	-0.00020	-0.00020	-0.00020	-0.00020	
	M	0.00000	0.02175	0.02175	0.00224	0.00023	0.00002	0.00000	0.00000	0.00000	0.00000	0.00000	0.00000	
22.75	Q	0.10280	0.50528	-0.49472	-0.05086	-0.00523	-0.00054	-0.00006	-0.00001	-0.00000	-0.00000	-0.00000	-0.00000	22.75
	V	0.00000	0.00013	0.00013	0.00015	0.00013	0.00012	0.00010	0.00008	0.00006	0.00004	0.00002	0.00000	
	V'	0.00154	0.00076	0.00076	-0.00009	-0.00018	-0.00019	-0.00019	-0.00019	-0.00019	-0.00019	-0.00019	-0.00019	
	M	0.00000	0.02152	0.02152	0.00216	0.00022	0.00002	0.00000	0.00000	0.00000	0.00000	0.00000	0.00000	
23.00	Q	0.10026	0.50503	-0.49497	-0.04963	-0.00498	-0.00050	-0.00005	-0.00001	-0.00000	-0.00000	-0.00000	-0.00000	23.00
	V	0.00000	0.00013	0.00013	0.00015	0.00013	0.00011	0.00009	0.00008	0.00006	0.00004	0.00002	0.00000	
	V'	0.00151	0.00075	0.00075	-0.00010	-0.00018	-0.00019	-0.00019	-0.00019	-0.00019	-0.00019	-0.00019	-0.00019	
	M	0.00000	0.02130	0.02130	0.00208	0.00020	0.00002	0.00000	0.00000	0.00000	0.00000	0.00000	0.00000	
23.25	Q	0.09778	0.50478	-0.49522	-0.04842	-0.00474	-0.00046	-0.00005	-0.00000	-0.00000	-0.00000	-0.00000	-0.00000	23.25
	V	0.00000	0.00013	0.00013	0.00014	0.00013	0.00011	0.00009	0.00007	0.00006	0.00004	0.00002	0.00000	
	V'	0.00148	0.00073	0.00073	-0.00010	-0.00018	-0.00018	-0.00018	-0.00018	-0.00018	-0.00018	-0.00018	-0.00018	
	M	0.00000	0.02108	0.02108	0.00201	0.00019	0.00002	0.00000	0.00000	0.00000	0.00000	0.00000	0.00000	
23.50	Q	0.09537	0.50455	-0.49545	-0.04725	-0.00451	-0.00043	-0.00004	-0.00000	-0.00000	-0.00000	-0.00000	-0.00000	23.50
	V	0.00000	0.00012	0.00012	0.00014	0.00013	0.00011	0.00009	0.00007	0.00005	0.00004	0.00002	0.00000	
	V'	0.00146	0.00072	0.00072	-0.00010	-0.00017	-0.00018	-0.00018	-0.00018	-0.00018	-0.00018	-0.00018	-0.00018	
	M	0.00000	0.02087	0.02087	0.00194	0.00018	0.00002	0.00000	0.00000	0.00000	0.00000	0.00000	0.00000	
23.75	Q	0.09301	0.50433	-0.49567	-0.04610	-0.00429	-0.00040	-0.00004	-0.00000	-0.00000	-0.00000	-0.00000	-0.00000	23.75
	V	0.00000	0.00012	0.00012	0.00014	0.00012	0.00011	0.00009	0.00007	0.00005	0.00004	0.00002	0.00000	
	V'	0.00143	0.00070	0.00070	-0.00010	-0.00017	-0.00018	-0.00018	-0.00018	-0.00018	-0.00018	-0.00018	-0.00018	
	M	0.00000	0.02066	0.02066	0.00187	0.00017	0.00002	0.00000	0.00000	0.00000	0.00000	0.00000	0.00000	
24.00	Q	0.09072	0.50411	-0.49589	-0.04499	-0.00408	-0.00037	-0.00003	-0.00000	-0.00000	-0.00000	-0.00000	-0.00000	24.00
	V	0.00000	0.00012	0.00012	0.00014	0.00012	0.00010	0.00009	0.00007	0.00005	0.00003	0.00002	0.00000	
	V'	0.00141	0.00069	0.00069	-0.00010	-0.00017	-0.00017	-0.00017	-0.00017	-0.00017	-0.00017	-0.00017	-0.00017	
	M	0.00000	0.02046	0.02046	0.00181	0.00016	0.00001	0.00000	0.00000	0.00000	0.00000	0.00000	0.00000	
24.25	Q	0.08848	0.50391	-0.49609	-0.04389	-0.00388	-0.00034	-0.00003	-0.00000	-0.00000	-0.00000	-0.00000	-0.00000	24.25
	V	0.00000	0.00012	0.00012	0.00013	0.00012	0.00010	0.00009	0.00007	0.00005	0.00003	0.00002	0.00000	
	V'	0.00138	0.00067	0.00067	-0.00010	-0.00016	-0.00017	-0.00017	-0.00017	-0.00017	-0.00017	-0.00017	-0.00017	
	M	0.00000	0.02026	0.02026	0.00175	0.00015	0.00001	0.00000	0.00000	0.00000	0.00000	0.00000	0.00000	
24.50	Q	0.08629	0.50372	-0.49628	-0.04283	-0.00370	-0.00032	-0.00003	-0.00000	-0.00000	-0.00000	-0.00000	-0.00000	24.50
	V	0.00000	0.00012	0.00012	0.00013	0.00012	0.00010	0.00008	0.00007	0.00005	0.00003	0.00002	0.00000	
	V'	0.00136	0.00066	0.00066	-0.00010	-0.00016	-0.00017	-0.00017	-0.00017	-0.00017	-0.00017	-0.00017	-0.00017	
	M	0.00000	0.02006	0.02006	0.00169	0.00014	0.00001	0.00000	0.00000	0.00000	0.00000	0.00000	0.00000	
24.75	Q	0.08416	0.50354	-0.49646	-0.04178	-0.00352	-0.00030	-0.00002	-0.00000	-0.00000	-0.00000	-0.00000	-0.00000	24.75
	V	0.00000	0.00011	0.00011	0.00013	0.00011	0.00010	0.00008	0.00007	0.00005	0.00003	0.00002	0.00000	
	V'	0.00133	0.00065	0.00065	-0.00010	-0.00016	-0.00016	-0.00016	-0.00016	-0.00016	-0.00016	-0.00016	-0.00016	
BETA	X/L =	0.00	L 0.10	R 0.10	0.20	0.30	0.40	0.50	0.60	0.70	0.80	0.90	1.00	BETA

XP/L = 0.10

FUNKTIONEN : F.PIM - F.PIQ - F.PIV - F.PIV'

FUNKTIONEN : F.P;M - F.P;Q - F.P;V - F.P;V'

XP/L = 0.10

BETA	X/L =	0.00	L 0.10	R 0.10	0.20	0.30	0.40	0.50	0.60	0.70	0.80	0.90	1.00	BETA
	M	0.00000	0.01987	0.01987	0.00163	0.00013	0.00001	0.00000	0.00000	0.00000	0.00000	0.00000	0.00000	
25.00	Q	0.08208	0.50337	-0.49663	-0.04077	-0.00335	-0.00027	-0.00002	-0.00000	-0.00000	-0.00000	-0.00000	-0.00000	25.00
	V	0.00000	0.00011	0.00011	0.00013	0.00011	0.00010	0.00008	0.00006	0.00005	0.00003	0.00002	0.00000	
	V'	0.00131	0.00063	0.00063	-0.00009	-0.00015	-0.00016	-0.00016	-0.00016	-0.00016	-0.00016	-0.00016	-0.00016	
	M	0.00000	0.01895	0.01895	0.00137	0.00010	0.00001	0.00000	0.00000	0.00000	0.00000	0.00000	0.00000	
26.25	Q	0.07244	0.50262	-0.49738	-0.03603	-0.00261	-0.00019	-0.00001	-0.00000	-0.00000	-0.00000	-0.00000	-0.00000	26.25
	V	0.00000	0.00010	0.00010	0.00011	0.00010	0.00009	0.00007	0.00006	0.00004	0.00003	0.00001	0.00000	
	V'	0.00120	0.00058	0.00058	-0.00009	-0.00014	-0.00014	-0.00015	-0.00015	-0.00015	-0.00015	-0.00015	-0.00015	
	M	0.00000	0.01811	0.01811	0.00116	0.00007	0.00000	0.00000	0.00000	0.00000	0.00000	0.00000	0.00000	
27.50	Q	0.06393	0.50204	-0.49796	-0.03183	-0.00204	-0.00013	-0.00001	-0.00000	-0.00000	-0.00000	-0.00000	-0.00000	27.50
	V	0.00000	0.00010	0.00010	0.00010	0.00009	0.00008	0.00007	0.00005	0.00004	0.00003	0.00001	0.00000	
	V'	0.00111	0.00053	0.00053	-0.00009	-0.00013	-0.00013	-0.00013	-0.00013	-0.00013	-0.00013	-0.00013	-0.00013	
	M	0.00000	0.01734	0.01734	0.00098	0.00006	0.00000	0.00000	0.00000	0.00000	0.00000	0.00000	0.00000	
28.75	Q	0.05642	0.50159	-0.49841	-0.02812	-0.00159	-0.00009	-0.00001	-0.00000	-0.00000	-0.00000	-0.00000	-0.00000	28.75
	V	0.00000	0.00009	0.00009	0.00010	0.00008	0.00007	0.00006	0.00005	0.00004	0.00002	0.00001	0.00000	
	V'	0.00102	0.00048	0.00048	-0.00009	-0.00012	-0.00012	-0.00012	-0.00012	-0.00012	-0.00012	-0.00012	-0.00012	
	M	0.00000	0.01663	0.01663	0.00083	0.00004	0.00000	0.00000	0.00000	0.00000	0.00000	0.00000	0.00000	
30.00	Q	0.04979	0.50124	-0.49876	-0.02483	-0.00124	-0.00006	-0.00000	-0.00000	-0.00000	-0.00000	-0.00000	-0.00000	30.00
	V	0.00000	0.00008	0.00008	0.00009	0.00008	0.00007	0.00006	0.00004	0.00003	0.00002	0.00001	0.00000	
	V'	0.00094	0.00044	0.00044	-0.00008	-0.00011	-0.00011	-0.00011	-0.00011	-0.00011	-0.00011	-0.00011	-0.00011	
	M	0.00000	0.01597	0.01597	0.00070	0.00003	0.00000	0.00000	0.00000	0.00000	0.00000	0.00000	0.00000	
31.25	Q	0.04394	0.50097	-0.49903	-0.02193	-0.00096	-0.00004	-0.00000	-0.00000	-0.00000	-0.00000	-0.00000	-0.00000	31.25
	V	0.00000	0.00008	0.00008	0.00008	0.00007	0.00006	0.00005	0.00004	0.00003	0.00002	0.00001	0.00000	
	V'	0.00088	0.00041	0.00041	-0.00008	-0.00010	-0.00010	-0.00010	-0.00010	-0.00010	-0.00010	-0.00010	-0.00010	
	M	0.00000	0.01536	0.01536	0.00060	0.00002	0.00000	0.00000	0.00000	0.00000	0.00000	0.00000	0.00000	
32.50	Q	0.03877	0.50075	-0.49925	-0.01936	-0.00075	-0.00003	-0.00000	-0.00000	-0.00000	-0.00000	-0.00000	-0.00000	32.50
	V	0.00000	0.00007	0.00007	0.00008	0.00007	0.00006	0.00005	0.00004	0.00003	0.00002	0.00001	0.00000	
	V'	0.00082	0.00038	0.00038	-0.00008	-0.00009	-0.00009	-0.00009	-0.00009	-0.00009	-0.00009	-0.00009	-0.00009	
	M	0.00000	0.01480	0.01480	0.00051	0.00002	0.00000	0.00000	0.00000	0.00000	0.00000	0.00000	0.00000	
33.75	Q	0.03422	0.50059	-0.49941	-0.01709	-0.00058	-0.00002	-0.00000	-0.00000	-0.00000	-0.00000	-0.00000	-0.00000	33.75
	V	0.00000	0.00007	0.00007	0.00007	0.00006	0.00005	0.00004	0.00004	0.00003	0.00002	0.00001	0.00000	
	V'	0.00076	0.00035	0.00035	-0.00007	-0.00009	-0.00009	-0.00009	-0.00009	-0.00009	-0.00009	-0.00009	-0.00009	
	M	0.00000	0.01427	0.01427	0.00043	0.00001	0.00000	0.00000	0.00000	0.00000	0.00000	0.00000	0.00000	
35.00	Q	0.03020	0.50046	-0.49954	-0.01508	-0.00046	-0.00001	-0.00000	-0.00000	-0.00000	-0.00000	-0.00000	-0.00000	35.00
	V	0.00000	0.00006	0.00006	0.00006	0.00006	0.00005	0.00004	0.00003	0.00002	0.00002	0.00001	0.00000	
	V'	0.00071	0.00033	0.00033	-0.00007	-0.00008	-0.00008	-0.00008	-0.00008	-0.00008	-0.00008	-0.00008	-0.00008	
	M	0.00000	0.01378	0.01378	0.00037	0.00001	0.00000	0.00000	0.00000	0.00000	0.00000	0.00000	0.00000	
36.25	Q	0.02665	0.50036	-0.49964	-0.01332	-0.00035	-0.00001	-0.00000	-0.00000	-0.00000	-0.00000	-0.00000	-0.00000	36.25
	V	0.00000	0.00006	0.00006	0.00006	0.00005	0.00005	0.00004	0.00003	0.00002	0.00002	0.00001	0.00000	
	V'	0.00066	0.00030	0.00030	-0.00007	-0.00008	-0.00008	-0.00008	-0.00008	-0.00008	-0.00008	-0.00008	-0.00008	

BETA X/L = 0.00 L 0.10 R 0.10 0.20 0.30 0.40 0.50 0.60 0.70 0.80 0.90 1.00 BETA

XP/L = 0.10

FUNKTIONEN : F.P;M - F.P;Q - F.P;V - F.P;V'

FUNKTIONEN : F.PIM - F.PIQ - F.PIV - F.PIV'

XP/L = 0.10

BETA	X/L =	0.00	L 0.10	R 0.10	0.20	0.30	0.40	0.50	0.60	0.70	0.80	0.90	1.00	BETA
	M	0.00000	0.01333	0.01333	0.00031	0.00001	0.00000	0.00000	0.00000	0.00000	0.00000	0.00000	0.00000	
37.50	Q	0.02352	0.50028	-0.49972	-0.01175	-0.00028	-0.00001	-0.00000	-0.00000	-0.00000	-0.00000	-0.00000	-0.00000	37.50
	V	0.00000	0.00005	0.00005	0.00006	0.00005	0.00004	0.00004	0.00003	0.00002	0.00001	0.00001	0.00000	
	V'	0.00062	0.00028	0.00028	-0.00006	-0.00007	-0.00007	-0.00007	-0.00007	-0.00007	-0.00007	-0.00007	-0.00007	
	M	0.00000	0.01290	0.01290	0.00027	0.00001	0.00000	0.00000	0.00000	0.00000	0.00000	0.00000	0.00000	
38.75	Q	0.02075	0.50022	-0.49978	-0.01037	-0.00022	-0.00000	-0.00000	-0.00000	-0.00000	-0.00000	-0.00000	-0.00000	38.75
	V	0.00000	0.00005	0.00005	0.00005	0.00005	0.00004	0.00003	0.00003	0.00002	0.00001	0.00001	0.00000	
	V'	0.00059	0.00027	0.00027	-0.00006	-0.00007	-0.00007	-0.00007	-0.00007	-0.00007	-0.00007	-0.00007	-0.00007	
	M	0.00000	0.01250	0.01250	0.00023	0.00000	0.00000	0.00000	0.00000	0.00000	0.00000	0.00000	0.00000	
40.00	Q	0.01832	0.50017	-0.49983	-0.00915	-0.00017	-0.00000	-0.00000	-0.00000	-0.00000	-0.00000	-0.00000	-0.00000	40.00
	V	0.00000	0.00005	0.00005	0.00005	0.00004	0.00004	0.00003	0.00002	0.00002	0.00001	0.00001	0.00000	
	V'	0.00055	0.00025	0.00025	-0.00006	-0.00006	-0.00006	-0.00006	-0.00006	-0.00006	-0.00006	-0.00006	-0.00006	
	M	0.00000	0.01212	0.01212	0.00020	0.00000	0.00000	0.00000	0.00000	0.00000	0.00000	0.00000	0.00000	
41.25	Q	0.01616	0.50013	-0.49987	-0.00808	-0.00013	-0.00000	-0.00000	-0.00000	-0.00000	-0.00000	-0.00000	-0.00000	41.25
	V	0.00000	0.00005	0.00005	0.00005	0.00004	0.00004	0.00003	0.00002	0.00002	0.00001	0.00001	0.00000	
	V'	0.00052	0.00024	0.00024	-0.00005	-0.00006	-0.00006	-0.00006	-0.00006	-0.00006	-0.00006	-0.00006	-0.00006	
	M	0.00000	0.01176	0.01176	0.00017	0.00000	0.00000	0.00000	0.00000	0.00000	0.00000	0.00000	0.00000	
42.50	Q	0.01426	0.50010	-0.49990	-0.00713	-0.00010	-0.00000	-0.00000	-0.00000	-0.00000	-0.00000	-0.00000	-0.00000	42.50
	V	0.00000	0.00004	0.00004	0.00004	0.00004	0.00003	0.00003	0.00002	0.00002	0.00001	0.00001	0.00000	
	V'	0.00049	0.00022	0.00022	-0.00005	-0.00006	-0.00006	-0.00006	-0.00006	-0.00006	-0.00006	-0.00006	-0.00006	
	M	0.00000	0.01143	0.01143	0.00014	0.00000	0.00000	0.00000	0.00000	0.00000	0.00000	0.00000	0.00000	
43.75	Q	0.01259	0.50008	-0.49992	-0.00629	-0.00008	-0.00000	-0.00000	-0.00000	-0.00000	-0.00000	-0.00000	-0.00000	43.75
	V	0.00000	0.00004	0.00004	0.00004	0.00004	0.00003	0.00003	0.00002	0.00002	0.00001	0.00001	0.00000	
	V'	0.00046	0.00021	0.00021	-0.00005	-0.00005	-0.00005	-0.00005	-0.00005	-0.00005	-0.00005	-0.00005	-0.00005	
	M	0.00000	0.01111	0.01111	0.00012	0.00000	0.00000	0.00000	0.00000	0.00000	0.00000	0.00000	0.00000	
45.00	Q	0.01111	0.50006	-0.49994	-0.00555	-0.00006	-0.00000	-0.00000	-0.00000	-0.00000	-0.00000	-0.00000	-0.00000	45.00
	V	0.00000	0.00004	0.00004	0.00004	0.00003	0.00003	0.00002	0.00002	0.00001	0.00001	0.00000	0.00000	
	V'	0.00044	0.00020	0.00020	-0.00005	-0.00005	-0.00005	-0.00005	-0.00005	-0.00005	-0.00005	-0.00005	-0.00005	
	M	0.00000	0.01081	0.01081	0.00011	0.00000	0.00000	0.00000	0.00000	0.00000	0.00000	0.00000	0.00000	
46.25	Q	0.00980	0.50005	-0.49995	-0.00490	-0.00005	-0.00000	-0.00000	-0.00000	-0.00000	-0.00000	-0.00000	-0.00000	46.25
	V	0.00000	0.00004	0.00004	0.00004	0.00003	0.00003	0.00002	0.00002	0.00001	0.00001	0.00000	0.00000	
	V'	0.00042	0.00019	0.00019	-0.00004	-0.00005	-0.00005	-0.00005	-0.00005	-0.00005	-0.00005	-0.00005	-0.00005	
	M	0.00000	0.01053	0.01053	0.00009	0.00000	0.00000	0.00000	0.00000	0.00000	0.00000	0.00000	0.00000	
47.50	Q	0.00865	0.50004	-0.49996	-0.00433	-0.00004	-0.00000	-0.00000	-0.00000	-0.00000	-0.00000	-0.00000	-0.00000	47.50
	V	0.00000	0.00004	0.00004	0.00004	0.00003	0.00003	0.00002	0.00002	0.00001	0.00001	0.00000	0.00000	
	V'	0.00040	0.00018	0.00018	-0.00004	-0.00004	-0.00004	-0.00004	-0.00004	-0.00004	-0.00004	-0.00004	-0.00004	
	M	0.00000	0.01026	0.01026	0.00008	0.00000	0.00000	0.00000	0.00000	0.00000	0.00000	0.00000	0.00000	
48.75	Q	0.00764	0.50003	-0.49997	-0.00382	-0.00003	-0.00000	-0.00000	-0.00000	-0.00000	-0.00000	-0.00000	-0.00000	48.75
	V	0.00000	0.00003	0.00003	0.00003	0.00003	0.00003	0.00002	0.00002	0.00001	0.00001	0.00000	0.00000	
	V'	0.00038	0.00017	0.00017	-0.00004	-0.00004	-0.00004	-0.00004	-0.00004	-0.00004	-0.00004	-0.00004	-0.00004	
BETA	X/L =	0.00	L 0.10	R 0.10	0.20	0.30	0.40	0.50	0.60	0.70	0.80	0.90	1.00	BETA

XP/L = 0.10

FUNKTIONEN : F.PIM - F.PIQ - F.PIV - F.PIV'

FUNKTIONEN : F.P;M - F.P;Q - F.P;V - F.P;V'

XP/L = 0.20

BETA	X/L =	0.00	0.10	L 0.20	R 0.20	0.30	0.40	0.50	0.60	0.70	0.80	0.90	1.00	BETA
	M	0.00000	0.08000	0.16000	0.16000	0.14000	0.12000	0.10000	0.08000	0.06000	0.04000	0.02000	0.00000	
0.00	Q	0.80000	0.80000	0.80000	-0.20000	-0.20000	-0.20000	-0.20000	-0.20000	-0.20000	-0.20000	-0.20000	-0.20000	0.00
	V	0.00000	0.00467	0.00853	0.00853	0.01097	0.01200	0.01183	0.01067	0.00870	0.00613	0.00317	0.00000	
	V'	0.04800	0.04400	0.03200	0.03200	0.01700	0.00400	-0.00700	-0.01600	-0.02300	-0.02800	-0.03100	-0.03200	
	M	0.00000	0.07971	0.15947	0.15947	0.13932	0.11925	0.09927	0.07934	0.05946	0.03962	0.01980	0.00000	
0.25	Q	0.79702	0.79726	0.79801	-0.20199	-0.20105	-0.20025	-0.19956	-0.19901	-0.19857	-0.19826	-0.19808	-0.19801	0.25
	V	0.00000	0.00464	0.00849	0.00849	0.01090	0.01193	0.01176	0.01060	0.00864	0.00609	0.00314	0.00000	
	V'	0.04775	0.04376	0.03180	0.03180	0.01687	0.00394	-0.00699	-0.01592	-0.02286	-0.02781	-0.03078	-0.03177	
	M	0.00000	0.07886	0.15791	0.15791	0.13732	0.11707	0.09712	0.07740	0.05788	0.03851	0.01923	0.00000	
0.50	Q	0.78825	0.78923	0.79219	-0.20781	-0.20412	-0.20094	-0.19826	-0.19608	-0.19439	-0.19319	-0.19246	-0.19222	0.50
	V	0.00000	0.00457	0.00835	0.00835	0.01072	0.01171	0.01154	0.01039	0.00847	0.00596	0.00308	0.00000	
	V'	0.04701	0.04307	0.03123	0.03123	0.01647	0.00375	-0.00695	-0.01568	-0.02244	-0.02726	-0.03014	-0.03111	
	M	0.00000	0.07749	0.15543	0.15543	0.13414	0.11360	0.09371	0.07434	0.05539	0.03676	0.01833	0.00000	
0.75	Q	0.77422	0.77640	0.78295	-0.21705	-0.20891	-0.20195	-0.19612	-0.19140	-0.18775	-0.18516	-0.18361	-0.18310	0.75
	V	0.00000	0.00445	0.00813	0.00813	0.01042	0.01137	0.01118	0.01006	0.00819	0.00577	0.00297	0.00000	
	V'	0.04583	0.04196	0.03032	0.03032	0.01585	0.00347	-0.00689	-0.01529	-0.02178	-0.02638	-0.02914	-0.03005	
	M	0.00000	0.07570	0.15215	0.15215	0.12996	0.10907	0.08927	0.07037	0.05217	0.03449	0.01716	0.00000	
1.00	Q	0.75571	0.75949	0.77087	-0.22913	-0.21504	-0.20309	-0.19319	-0.18521	-0.17909	-0.17476	-0.17218	-0.17132	1.00
	V	0.00000	0.00430	0.00785	0.00785	0.01004	0.01093	0.01073	0.00963	0.00783	0.00551	0.00284	0.00000	
	V'	0.04429	0.04051	0.02913	0.02913	0.01504	0.00309	-0.00681	-0.01479	-0.02091	-0.02524	-0.02782	-0.02868	
	M	0.00000	0.07355	0.14826	0.14826	0.12502	0.10374	0.08408	0.06574	0.04842	0.03187	0.01581	0.00000	
1.25	Q	0.73362	0.73936	0.75667	-0.24333	-0.22201	-0.20416	-0.18951	-0.17782	-0.16891	-0.16265	-0.15893	-0.15769	1.25
	V	0.00000	0.00413	0.00752	0.00752	0.00959	0.01041	0.01019	0.00913	0.00741	0.00520	0.00268	0.00000	
	V'	0.04248	0.03881	0.02773	0.02773	0.01409	0.00266	-0.00671	-0.01420	-0.01990	-0.02391	-0.02629	-0.02708	
	M	0.00000	0.07116	0.14392	0.14392	0.11955	0.09787	0.07840	0.06070	0.04437	0.02903	0.01436	0.00000	
1.50	Q	0.70891	0.71690	0.74105	-0.25895	-0.22937	-0.20495	-0.18516	-0.16954	-0.15774	-0.14950	-0.14463	-0.14302	1.50
	V	0.00000	0.00393	0.00715	0.00715	0.00909	0.00983	0.00960	0.00858	0.00695	0.00487	0.00251	0.00000	
	V'	0.04049	0.03693	0.02620	0.02620	0.01305	0.00220	-0.00660	-0.01354	-0.01878	-0.02244	-0.02461	-0.02533	
	M	0.00000	0.06859	0.13929	0.13929	0.11376	0.09171	0.07249	0.05549	0.04019	0.02613	0.01287	0.00000	
1.75	Q	0.68244	0.69292	0.72467	-0.27533	-0.23668	-0.20530	-0.18022	-0.16067	-0.14606	-0.13593	-0.12997	-0.12801	1.75
	V	0.00000	0.00372	0.00676	0.00676	0.00857	0.00924	0.00898	0.00800	0.00647	0.00453	0.00233	0.00000	
	V'	0.03839	0.03496	0.02460	0.02460	0.01198	0.00173	-0.00646	-0.01284	-0.01761	-0.02092	-0.02287	-0.02351	
	M	0.00000	0.06594	0.13452	0.13452	0.10783	0.08548	0.06655	0.05029	0.03605	0.02326	0.01140	0.00000	
2.00	Q	0.65499	0.66814	0.70809	-0.29191	-0.24360	-0.20506	-0.17476	-0.15147	-0.13426	-0.12243	-0.11553	-0.11325	2.00
	V	0.00000	0.00352	0.00637	0.00637	0.00804	0.00863	0.00836	0.00743	0.00599	0.00419	0.00215	0.00000	
	V'	0.03625	0.03297	0.02298	0.02298	0.01090	0.00127	-0.00631	-0.01213	-0.01644	-0.01939	-0.02112	-0.02169	
	M	0.00000	0.06325	0.12971	0.12971	0.10192	0.07932	0.06074	0.04526	0.03207	0.02052	0.01000	0.00000	
2.25	Q	0.62717	0.64312	0.69175	-0.30825	-0.24986	-0.20418	-0.16887	-0.14216	-0.12266	-0.10941	-0.10172	-0.09920	2.25
	V	0.00000	0.00331	0.00598	0.00598	0.00752	0.00804	0.00775	0.00686	0.00552	0.00385	0.00197	0.00000	
	V'	0.03414	0.03099	0.02138	0.02138	0.00985	0.00083	-0.00615	-0.01143	-0.01528	-0.01789	-0.01941	-0.01991	
BETA	X/L =	0.00	0.10	L 0.20	R 0.20	0.30	0.40	0.50	0.60	0.70	0.80	0.90	1.00	BETA

XP/L = 0.20

FUNKTIONEN : F.P;M - F.P;Q - F.P;V - F.P;V'

Z U G S T A E B E -385-

FUNKTIONEN : F.P:M - F.P:Q - F.P:V - F.P:V'

XP/L = 0.20

BETA	X/L =	0.00	0.10	L 0.20	R 0.20	0.30	0.40	0.50	0.60	0.70	0.80	0.90	1.00	BETA
	M	0.00000	0.06057	0.12495	0.12495	0.09613	0.07336	0.05519	0.04049	0.02833	0.01795	0.00870	0.00000	
2.50	Q	0.59946	0.61829	0.67597	-0.32403	-0.25530	-0.20261	-0.16265	-0.13290	-0.11151	-0.09712	-0.08883	-0.08613	2.50
	V	0.00000	0.00311	0.00561	0.00561	0.00702	0.00746	0.00717	0.00632	0.00507	0.00353	0.00181	0.00000	
	V'	0.03209	0.02907	0.01985	0.01985	0.00885	0.00042	-0.00598	-0.01074	-0.01416	-0.01646	-0.01779	-0.01822	
	M	0.00000	0.05794	0.12030	0.12030	0.09054	0.06768	0.04996	0.03605	0.02488	0.01560	0.00752	0.00000	
2.75	Q	0.57220	0.59398	0.66095	-0.33905	-0.25982	-0.20037	-0.15616	-0.12384	-0.10095	-0.08574	-0.07705	-0.07422	2.75
	V	0.00000	0.00292	0.00525	0.00525	0.00654	0.00692	0.00662	0.00581	0.00464	0.00323	0.00165	0.00000	
	V'	0.03012	0.02724	0.01839	0.01839	0.00791	0.00005	-0.00580	-0.01007	-0.01310	-0.01511	-0.01626	-0.01663	
	M	0.00000	0.05539	0.11580	0.11580	0.08520	0.06233	0.04511	0.03198	0.02175	0.01349	0.00645	0.00000	
3.00	Q	0.54565	0.57039	0.64685	-0.35315	-0.26338	-0.19749	-0.14950	-0.11507	-0.09108	-0.07534	-0.06643	-0.06355	3.00
	V	0.00000	0.00273	0.00491	0.00491	0.00609	0.00641	0.00610	0.00534	0.00425	0.00295	0.00151	0.00000	
	V'	0.02826	0.02551	0.01702	0.01702	0.00704	-0.00028	-0.00561	-0.00944	-0.01210	-0.01385	-0.01484	-0.01516	
	M	0.00000	0.05291	0.11147	0.11147	0.08013	0.05733	0.04064	0.02828	0.01893	0.01160	0.00551	0.00000	
3.25	Q	0.51995	0.54765	0.63371	-0.36629	-0.26598	-0.19402	-0.14273	-0.10665	-0.08194	-0.06595	-0.05700	-0.05411	3.25
	V	0.00000	0.00256	0.00459	0.00459	0.00567	0.00593	0.00562	0.00490	0.00389	0.00269	0.00137	0.00000	
	V'	0.02651	0.02389	0.01574	0.01574	0.00625	-0.00057	-0.00542	-0.00884	-0.01118	-0.01269	-0.01354	-0.01381	
	M	0.00000	0.05054	0.10733	0.10733	0.07535	0.05269	0.03656	0.02495	0.01643	0.00994	0.00468	0.00000	
3.50	Q	0.49520	0.52584	0.62156	-0.37844	-0.26768	-0.19004	-0.13593	-0.09863	-0.07354	-0.05756	-0.04869	-0.04586	3.50
	V	0.00000	0.00241	0.00430	0.00430	0.00528	0.00549	0.00518	0.00449	0.00356	0.00245	0.00125	0.00000	
	V'	0.02488	0.02238	0.01457	0.01457	0.00552	-0.00081	-0.00523	-0.00827	-0.01032	-0.01163	-0.01235	-0.01258	
	M	0.00000	0.04826	0.10338	0.10338	0.07086	0.04841	0.03286	0.02197	0.01422	0.00849	0.00396	0.00000	
3.75	Q	0.47146	0.50500	0.61039	-0.38961	-0.26852	-0.18562	-0.12914	-0.09104	-0.06588	-0.05010	-0.04145	-0.03870	3.75
	V	0.00000	0.00226	0.00403	0.00403	0.00492	0.00509	0.00477	0.00413	0.00326	0.00224	0.00114	0.00000	
	V'	0.02336	0.02098	0.01348	0.01348	0.00487	-0.00102	-0.00504	-0.00775	-0.00954	-0.01066	-0.01127	-0.01147	
	M	0.00000	0.04608	0.09963	0.09963	0.06665	0.04447	0.02951	0.01933	0.01228	0.00723	0.00334	0.00000	
4.00	Q	0.44873	0.48511	0.60015	-0.39985	-0.26857	-0.18084	-0.12243	-0.08388	-0.05892	-0.04352	-0.03518	-0.03254	4.00
	V	0.00000	0.00212	0.00377	0.00377	0.00458	0.00472	0.00441	0.00379	0.00298	0.00205	0.00104	0.00000	
	V'	0.02195	0.01968	0.01249	0.01249	0.00429	-0.00120	-0.00485	-0.00726	-0.00882	-0.00978	-0.01030	-0.01047	
	M	0.00000	0.04400	0.09607	0.09607	0.06271	0.04086	0.02649	0.01698	0.01059	0.00614	0.00281	0.00000	
4.25	Q	0.42703	0.46618	0.59080	-0.40920	-0.26792	-0.17577	-0.11584	-0.07716	-0.05263	-0.03775	-0.02978	-0.02728	4.25
	V	0.00000	0.00199	0.00354	0.00354	0.00428	0.00438	0.00407	0.00349	0.00274	0.00187	0.00095	0.00000	
	V'	0.02065	0.01848	0.01158	0.01158	0.00376	-0.00134	-0.00466	-0.00680	-0.00816	-0.00898	-0.00942	-0.00956	
	M	0.00000	0.04202	0.09269	0.09269	0.05904	0.03754	0.02378	0.01491	0.00912	0.00520	0.00236	0.00000	
4.50	Q	0.40632	0.44815	0.58229	-0.41771	-0.26664	-0.17047	-0.10941	-0.07088	-0.04695	-0.03269	-0.02516	-0.02281	4.50
	V	0.00000	0.00188	0.00332	0.00332	0.00400	0.00407	0.00376	0.00321	0.00251	0.00172	0.00087	0.00000	
	V'	0.01944	0.01738	0.01075	0.01075	0.00329	-0.00146	-0.00447	-0.00638	-0.00756	-0.00826	-0.00863	-0.00875	
	M	0.00000	0.04013	0.08948	0.08948	0.05560	0.03451	0.02135	0.01309	0.00785	0.00440	0.00197	0.00000	
4.75	Q	0.38658	0.43101	0.57454	-0.42546	-0.26480	-0.16501	-0.10316	-0.06503	-0.04184	-0.02828	-0.02121	-0.01903	4.75
	V	0.00000	0.00177	0.00313	0.00313	0.00374	0.00379	0.00349	0.00297	0.00231	0.00158	0.00080	0.00000	
	V'	0.01832	0.01635	0.00999	0.00999	0.00287	-0.00155	-0.00429	-0.00598	-0.00701	-0.00761	-0.00792	-0.00802	
BETA	X/L =	0.00	0.10	L 0.20	R 0.20	0.30	0.40	0.50	0.60	0.70	0.80	0.90	1.00	BETA

XP/L = 0.20

FUNKTIONEN : F.P:M - F.P:Q - F.P:V - F.P:V'

FUNKTIONEN : F.P,M - F.P,Q - F.P,V - F.P,V'

XP/L = 0.20

BETA	X/L =	0.00	0.10	L 0.20	R 0.20	0.30	0.40	0.50	0.60	0.70	0.80	0.90	1.00	BETA
	M	0.00000	0.03833	0.08644	0.08644	0.05240	0.03173	0.01916	0.01149	0.00674	0.00372	0.00165	0.00000	
5.00	Q	0.36777	0.41471	0.56750	-0.43250	-0.26247	-0.15945	-0.09712	-0.05958	-0.03726	-0.02444	-0.01786	-0.01584	5.00
	V	0.00000	0.00167	0.00294	0.00294	0.00350	0.00353	0.00323	0.00274	0.00213	0.00145	0.00073	0.00000	
	V'	0.01729	0.01541	0.00930	0.00930	0.00250	-0.00162	-0.00412	-0.00562	-0.00651	-0.00702	-0.00729	-0.00737	
	M	0.00000	0.03662	0.08356	0.08356	0.04941	0.02919	0.01721	0.01008	0.00579	0.00314	0.00138	0.00000	
5.25	Q	0.34987	0.39920	0.56112	-0.43888	-0.25973	-0.15383	-0.09131	-0.05454	-0.03315	-0.02111	-0.01502	-0.01316	5.25
	V	0.00000	0.00157	0.00277	0.00277	0.00329	0.00329	0.00300	0.00254	0.00197	0.00134	0.00068	0.00000	
	V'	0.01633	0.01454	0.00867	0.00867	0.00217	-0.00168	-0.00394	-0.00528	-0.00605	-0.00649	-0.00671	-0.00678	
	M	0.00000	0.03499	0.08083	0.08083	0.04662	0.02687	0.01546	0.00885	0.00498	0.00265	0.00115	0.00000	
5.50	Q	0.33283	0.38445	0.55533	-0.44467	-0.25663	-0.14820	-0.08574	-0.04987	-0.02947	-0.01822	-0.01261	-0.01092	5.50
	V	0.00000	0.00149	0.00262	0.00262	0.00309	0.00308	0.00279	0.00235	0.00182	0.00123	0.00062	0.00000	
	V'	0.01544	0.01374	0.00809	0.00809	0.00187	-0.00171	-0.00378	-0.00496	-0.00564	-0.00601	-0.00619	-0.00625	
	M	0.00000	0.03343	0.07823	0.07823	0.04401	0.02475	0.01390	0.00777	0.00427	0.00223	0.00096	0.00000	
5.75	Q	0.31661	0.37041	0.55008	-0.44992	-0.25323	-0.14259	-0.08041	-0.04556	-0.02619	-0.01571	-0.01058	-0.00904	5.75
	V	0.00000	0.00141	0.00247	0.00247	0.00290	0.00288	0.00260	0.00218	0.00169	0.00114	0.00058	0.00000	
	V'	0.01462	0.01299	0.00756	0.00756	0.00161	-0.00174	-0.00362	-0.00467	-0.00526	-0.00557	-0.00573	-0.00578	
	M	0.00000	0.03196	0.07577	0.07577	0.04158	0.02281	0.01249	0.00682	0.00367	0.00188	0.00079	0.00000	
6.00	Q	0.30118	0.35703	0.54533	-0.45467	-0.24957	-0.13704	-0.07534	-0.04158	-0.02325	-0.01355	-0.00887	-0.00748	6.00
	V	0.00000	0.00133	0.00234	0.00234	0.00273	0.00270	0.00243	0.00203	0.00156	0.00106	0.00053	0.00000	
	V'	0.01386	0.01230	0.00707	0.00707	0.00138	-0.00175	-0.00346	-0.00440	-0.00491	-0.00518	-0.00531	-0.00535	
	M	0.00000	0.03055	0.07343	0.07343	0.03930	0.02103	0.01124	0.00599	0.00315	0.00159	0.00066	0.00000	
6.25	Q	0.28649	0.34429	0.54102	-0.45898	-0.24570	-0.13157	-0.07052	-0.03793	-0.02064	-0.01168	-0.00743	-0.00618	6.25
	V	0.00000	0.00127	0.00222	0.00222	0.00258	0.00253	0.00227	0.00189	0.00146	0.00098	0.00050	0.00000	
	V'	0.01315	0.01167	0.00663	0.00663	0.00117	-0.00175	-0.00331	-0.00415	-0.00459	-0.00482	-0.00493	-0.00496	
	M	0.00000	0.02921	0.07121	0.07121	0.03717	0.01940	0.01012	0.00526	0.00271	0.00133	0.00055	0.00000	
6.50	Q	0.27252	0.33215	0.53712	-0.46288	-0.24166	-0.12620	-0.06595	-0.03457	-0.01831	-0.01007	-0.00622	-0.00511	6.50
	V	0.00000	0.00120	0.00210	0.00210	0.00243	0.00238	0.00213	0.00177	0.00136	0.00092	0.00046	0.00000	
	V'	0.01248	0.01107	0.00622	0.00622	0.00099	-0.00175	-0.00317	-0.00392	-0.00430	-0.00450	-0.00459	-0.00461	
	M	0.00000	0.02794	0.06909	0.06909	0.03518	0.01791	0.00911	0.00462	0.00232	0.00112	0.00045	0.00000	
6.75	Q	0.25924	0.32057	0.53359	-0.46641	-0.23749	-0.12095	-0.06163	-0.03149	-0.01624	-0.00867	-0.00521	-0.00421	6.75
	V	0.00000	0.00114	0.00200	0.00200	0.00230	0.00224	0.00199	0.00165	0.00127	0.00085	0.00043	0.00000	
	V'	0.01187	0.01052	0.00585	0.00585	0.00082	-0.00174	-0.00304	-0.00370	-0.00403	-0.00420	-0.00428	-0.00430	
	M	0.00000	0.02672	0.06708	0.06708	0.03331	0.01654	0.00821	0.00406	0.00200	0.00094	0.00038	0.00000	
7.00	Q	0.24659	0.30952	0.53040	-0.46960	-0.23321	-0.11583	-0.05756	-0.02866	-0.01439	-0.00747	-0.00436	-0.00347	7.00
	V	0.00000	0.00109	0.00190	0.00190	0.00218	0.00211	0.00187	0.00155	0.00118	0.00080	0.00040	0.00000	
	V'	0.01129	0.01001	0.00550	0.00550	0.00068	-0.00172	-0.00291	-0.00350	-0.00379	-0.00393	-0.00399	-0.00401	
	M	0.00000	0.02557	0.06517	0.06517	0.03156	0.01528	0.00740	0.00358	0.00171	0.00079	0.00031	0.00000	
7.25	Q	0.23457	0.29896	0.52751	-0.47249	-0.22885	-0.11085	-0.05372	-0.02608	-0.01275	-0.00643	-0.00365	-0.00286	7.25
	V	0.00000	0.00104	0.00180	0.00180	0.00206	0.00199	0.00176	0.00145	0.00111	0.00075	0.00037	0.00000	
	V'	0.01076	0.00953	0.00518	0.00518	0.00055	-0.00170	-0.00278	-0.00331	-0.00356	-0.00368	-0.00374	-0.00375	

BETA X/L = 0.00 0.10 L 0.20 R 0.20 0.30 0.40 0.50 0.60 0.70 0.80 0.90 1.00 BETA

XP/L = 0.20

FUNKTIONEN : F.P,M - F.P,Q - F.P,V - F.P,V'

Z U G S T A E B E -387-

FUNKTIONEN : F.P;M - F.P;Q - F.P;V - F.P;V'

XP/L = 0.20

BETA	X/L =	0.00	0.10	L 0.20	R 0.20	0.30	0.40	0.50	0.60	0.70	0.80	0.90	1.00	BETA
7.50	M	0.00000	0.02446	0.06335	0.06335	0.02992	0.01413	0.00667	0.00315	0.00147	0.00067	0.00026	0.00000	7.50
	Q	0.22313	0.28888	0.52489	-0.47511	-0.22443	-0.10602	-0.05010	-0.02371	-0.01130	-0.00554	-0.00305	-0.00236	
	V	0.00000	0.00099	0.00172	0.00172	0.00196	0.00188	0.00166	0.00137	0.00104	0.00070	0.00035	0.00000	
	V'	0.01026	0.00909	0.00489	0.00489	0.00043	-0.00167	-0.00266	-0.00313	-0.00335	-0.00346	-0.00350	-0.00351	
7.75	M	0.00000	0.02341	0.06161	0.06161	0.02838	0.01308	0.00602	0.00277	0.00127	0.00056	0.00021	0.00000	7.75
	Q	0.21225	0.27924	0.52252	-0.47748	-0.21998	-0.10135	-0.04671	-0.02155	-0.01000	-0.00477	-0.00255	-0.00194	
	V	0.00000	0.00094	0.00164	0.00164	0.00186	0.00178	0.00156	0.00129	0.00098	0.00066	0.00033	0.00000	
	V'	0.00979	0.00867	0.00462	0.00462	0.00033	-0.00164	-0.00255	-0.00297	-0.00316	-0.00325	-0.00329	-0.00330	
8.00	M	0.00000	0.02241	0.05995	0.05995	0.02694	0.01210	0.00544	0.00244	0.00109	0.00047	0.00018	0.00000	8.00
	Q	0.20190	0.27002	0.52038	-0.47962	-0.21551	-0.09684	-0.04352	-0.01958	-0.00886	-0.00411	-0.00213	-0.00159	
	V	0.00000	0.00090	0.00156	0.00156	0.00177	0.00169	0.00148	0.00121	0.00092	0.00062	0.00031	0.00000	
	V'	0.00935	0.00828	0.00437	0.00437	0.00024	-0.00161	-0.00244	-0.00282	-0.00299	-0.00306	-0.00309	-0.00310	
8.25	M	0.00000	0.02146	0.05837	0.05837	0.02558	0.01121	0.00491	0.00215	0.00094	0.00040	0.00015	0.00000	8.25
	Q	0.19205	0.26120	0.51844	-0.48156	-0.21104	-0.09249	-0.04054	-0.01779	-0.00784	-0.00354	-0.00178	-0.00131	
	V	0.00000	0.00086	0.00149	0.00149	0.00168	0.00160	0.00140	0.00114	0.00087	0.00058	0.00029	0.00000	
	V'	0.00893	0.00792	0.00414	0.00414	0.00016	-0.00158	-0.00234	-0.00268	-0.00282	-0.00289	-0.00291	-0.00292	
8.50	M	0.00000	0.02055	0.05686	0.05686	0.02430	0.01039	0.00444	0.00190	0.00081	0.00034	0.00012	0.00000	8.50
	Q	0.18268	0.25275	0.51669	-0.48331	-0.20658	-0.08830	-0.03775	-0.01615	-0.00694	-0.00304	-0.00149	-0.00108	
	V	0.00000	0.00082	0.00143	0.00143	0.00160	0.00152	0.00132	0.00108	0.00082	0.00055	0.00028	0.00000	
	V'	0.00854	0.00757	0.00392	0.00392	0.00009	-0.00155	-0.00225	-0.00254	-0.00267	-0.00273	-0.00275	-0.00275	
8.75	M	0.00000	0.01968	0.05542	0.05542	0.02310	0.00963	0.00401	0.00167	0.00069	0.00028	0.00010	0.00000	8.75
	Q	0.17377	0.24465	0.51510	-0.48490	-0.20214	-0.08427	-0.03513	-0.01466	-0.00614	-0.00262	-0.00125	-0.00088	
	V	0.00000	0.00079	0.00137	0.00137	0.00153	0.00144	0.00125	0.00102	0.00077	0.00052	0.00026	0.00000	
	V'	0.00818	0.00725	0.00372	0.00372	0.00003	-0.00151	-0.00215	-0.00242	-0.00253	-0.00258	-0.00260	-0.00260	
9.00	M	0.00000	0.01885	0.05404	0.05404	0.02197	0.00893	0.00363	0.00148	0.00060	0.00024	0.00008	0.00000	9.00
	Q	0.16530	0.23689	0.51366	-0.48634	-0.19773	-0.08039	-0.03269	-0.01330	-0.00543	-0.00226	-0.00104	-0.00073	
	V	0.00000	0.00075	0.00131	0.00131	0.00146	0.00137	0.00119	0.00097	0.00073	0.00049	0.00025	0.00000	
	V'	0.00784	0.00695	0.00354	0.00354	-0.00003	-0.00148	-0.00207	-0.00230	-0.00240	-0.00244	-0.00246	-0.00246	
9.25	M	0.00000	0.01806	0.05272	0.05272	0.02090	0.00829	0.00329	0.00130	0.00051	0.00020	0.00007	0.00000	9.25
	Q	0.15724	0.22944	0.51236	-0.48764	-0.19336	-0.07668	-0.03041	-0.01206	-0.00480	-0.00194	-0.00087	-0.00060	
	V	0.00000	0.00072	0.00125	0.00125	0.00139	0.00131	0.00113	0.00092	0.00070	0.00047	0.00023	0.00000	
	V'	0.00751	0.00667	0.00336	0.00336	-0.00008	-0.00144	-0.00198	-0.00220	-0.00228	-0.00231	-0.00233	-0.00233	
9.50	M	0.00000	0.01731	0.05145	0.05145	0.01990	0.00770	0.00298	0.00115	0.00044	0.00017	0.00006	0.00000	9.50
	Q	0.14957	0.22229	0.51119	-0.48881	-0.18904	-0.07311	-0.02828	-0.01094	-0.00424	-0.00167	-0.00073	-0.00049	
	V	0.00000	0.00069	0.00120	0.00120	0.00133	0.00124	0.00108	0.00087	0.00066	0.00044	0.00022	0.00000	
	V'	0.00721	0.00640	0.00320	0.00320	-0.00012	-0.00141	-0.00190	-0.00209	-0.00217	-0.00220	-0.00221	-0.00221	
9.75	M	0.00000	0.01659	0.05024	0.05024	0.01895	0.00715	0.00270	0.00102	0.00038	0.00014	0.00005	0.00000	9.75
	Q	0.14227	0.21543	0.51012	-0.48988	-0.18478	-0.06970	-0.02629	-0.00992	-0.00375	-0.00144	-0.00061	-0.00040	
	V	0.00000	0.00067	0.00115	0.00115	0.00127	0.00119	0.00102	0.00083	0.00063	0.00042	0.00021	0.00000	
	V'	0.00692	0.00615	0.00305	0.00305	-0.00016	-0.00137	-0.00183	-0.00200	-0.00206	-0.00209	-0.00210	-0.00210	
BETA	X/L =	0.00	0.10	L 0.20	R 0.20	0.30	0.40	0.50	0.60	0.70	0.80	0.90	1.00	BETA

XP/L = 0.20

FUNKTIONEN : F.P;M - F.P;Q - F.P;V - F.P;V'

FUNKTIONEN : F.P;M - F.P;Q - F.P;V - F.P;V'

XP/L = 0.20

BETA	X/L =	0.00	0.10	L 0.20	R 0.20	0.30	0.40	0.50	0.60	0.70	0.80	0.90	1.00	BETA
	M	0.00000	0.01590	0.04908	0.04908	0.01806	0.00664	0.00244	0.00090	0.00033	0.00012	0.00004	0.00000	
10.00	Q	0.13534	0.20883	0.50916	-0.49084	-0.18057	-0.06643	-0.02444	-0.00899	-0.00332	-0.00124	-0.00051	-0.00033	10.00
	V	0.00000	0.00064	0.00111	0.00111	0.00122	0.00113	0.00098	0.00079	0.00060	0.00040	0.00020	0.00000	
	V'	0.00665	0.00591	0.00291	0.00291	-0.00019	-0.00134	-0.00176	-0.00191	-0.00197	-0.00199	-0.00199	-0.00200	
	M	0.00000	0.01525	0.04797	0.04797	0.01721	0.00618	0.00222	0.00079	0.00028	0.00010	0.00003	0.00000	
10.25	Q	0.12873	0.20249	0.50829	-0.49171	-0.17643	-0.06330	-0.02271	-0.00815	-0.00293	-0.00107	-0.00042	-0.00027	10.25
	V	0.00000	0.00062	0.00107	0.00107	0.00117	0.00108	0.00093	0.00075	0.00057	0.00038	0.00019	0.00000	
	V'	0.00639	0.00569	0.00278	0.00278	-0.00022	-0.00130	-0.00169	-0.00183	-0.00188	-0.00189	-0.00190	-0.00190	
	M	0.00000	0.01462	0.04690	0.04690	0.01641	0.00574	0.00201	0.00070	0.00025	0.00008	0.00003	0.00000	
10.50	Q	0.12246	0.19639	0.50750	-0.49250	-0.17235	-0.06031	-0.02111	-0.00739	-0.00259	-0.00092	-0.00036	-0.00022	10.50
	V	0.00000	0.00059	0.00103	0.00103	0.00112	0.00104	0.00089	0.00072	0.00054	0.00036	0.00018	0.00000	
	V'	0.00615	0.00547	0.00265	0.00265	-0.00025	-0.00127	-0.00162	-0.00175	-0.00179	-0.00181	-0.00181	-0.00181	
	M	0.00000	0.01403	0.04588	0.04588	0.01566	0.00534	0.00182	0.00062	0.00021	0.00007	0.00002	0.00000	
10.75	Q	0.11648	0.19053	0.50678	-0.49322	-0.16833	-0.05745	-0.01961	-0.00669	-0.00229	-0.00079	-0.00030	-0.00018	10.75
	V	0.00000	0.00057	0.00099	0.00099	0.00108	0.00099	0.00085	0.00069	0.00052	0.00035	0.00017	0.00000	
	V'	0.00591	0.00527	0.00254	0.00254	-0.00027	-0.00123	-0.00156	-0.00167	-0.00171	-0.00172	-0.00173	-0.00173	
	M	0.00000	0.01345	0.04490	0.04490	0.01494	0.00497	0.00166	0.00055	0.00018	0.00006	0.00002	0.00000	
11.00	Q	0.11080	0.18488	0.50614	-0.49386	-0.16439	-0.05472	-0.01822	-0.00606	-0.00202	-0.00068	-0.00025	-0.00015	11.00
	V	0.00000	0.00055	0.00095	0.00095	0.00103	0.00095	0.00081	0.00066	0.00049	0.00033	0.00017	0.00000	
	V'	0.00570	0.00508	0.00243	0.00243	-0.00029	-0.00120	-0.00150	-0.00160	-0.00164	-0.00165	-0.00165	-0.00165	
	M	0.00000	0.01291	0.04395	0.04395	0.01427	0.00463	0.00150	0.00049	0.00016	0.00005	0.00001	0.00000	
11.25	Q	0.10540	0.17944	0.50555	-0.49445	-0.16052	-0.05211	-0.01692	-0.00549	-0.00179	-0.00059	-0.00021	-0.00012	11.25
	V	0.00000	0.00053	0.00092	0.00092	0.00099	0.00091	0.00078	0.00063	0.00047	0.00032	0.00016	0.00000	
	V'	0.00549	0.00490	0.00233	0.00233	-0.00031	-0.00117	-0.00145	-0.00154	-0.00157	-0.00158	-0.00158	-0.00158	
	M	0.00000	0.01239	0.04304	0.04304	0.01363	0.00432	0.00137	0.00043	0.00014	0.00004	0.00001	0.00000	
11.50	Q	0.10026	0.17419	0.50503	-0.49497	-0.15673	-0.04963	-0.01571	-0.00498	-0.00158	-0.00050	-0.00017	-0.00010	11.50
	V	0.00000	0.00051	0.00088	0.00088	0.00096	0.00087	0.00075	0.00060	0.00045	0.00030	0.00015	0.00000	
	V'	0.00529	0.00473	0.00223	0.00223	-0.00033	-0.00114	-0.00139	-0.00147	-0.00150	-0.00151	-0.00151	-0.00151	
	M	0.00000	0.01189	0.04217	0.04217	0.01302	0.00402	0.00124	0.00038	0.00012	0.00004	0.00001	0.00000	
11.75	Q	0.09537	0.16914	0.50455	-0.49545	-0.15301	-0.04725	-0.01459	-0.00451	-0.00139	-0.00043	-0.00015	-0.00008	11.75
	V	0.00000	0.00049	0.00085	0.00085	0.00092	0.00084	0.00072	0.00058	0.00043	0.00029	0.00014	0.00000	
	V'	0.00510	0.00457	0.00214	0.00214	-0.00034	-0.00111	-0.00134	-0.00142	-0.00144	-0.00145	-0.00145	-0.00145	
	M	0.00000	0.01141	0.04132	0.04132	0.01245	0.00375	0.00113	0.00034	0.00010	0.00003	0.00001	0.00000	
12.00	Q	0.09072	0.16426	0.50411	-0.49589	-0.14936	-0.04499	-0.01355	-0.00408	-0.00123	-0.00037	-0.00012	-0.00007	12.00
	V	0.00000	0.00048	0.00082	0.00082	0.00089	0.00081	0.00069	0.00055	0.00042	0.00028	0.00014	0.00000	
	V'	0.00493	0.00441	0.00205	0.00205	-0.00035	-0.00108	-0.00129	-0.00136	-0.00138	-0.00139	-0.00139	-0.00139	
	M	0.00000	0.01096	0.04051	0.04051	0.01190	0.00350	0.00103	0.00030	0.00009	0.00003	0.00001	0.00000	
12.25	Q	0.08629	0.15955	0.50372	-0.49628	-0.14579	-0.04283	-0.01258	-0.00370	-0.00109	-0.00032	-0.00010	-0.00006	12.25
	V	0.00000	0.00046	0.00080	0.00080	0.00085	0.00078	0.00066	0.00053	0.00040	0.00027	0.00013	0.00000	
	V'	0.00476	0.00427	0.00197	0.00197	-0.00036	-0.00105	-0.00125	-0.00131	-0.00133	-0.00133	-0.00133	-0.00133	
BETA	X/L =	0.00	0.10	L 0.20	R 0.20	0.30	0.40	0.50	0.60	0.70	0.80	0.90	1.00	BETA

XP/L = 0.20

FUNKTIONEN : F.P;M - F.P;Q - F.P;V - F.P;V'

Z U G S T A E B E -390-

FUNKTIONEN : F.P;M - F.P;Q - F.P;V - F.P;V'

XP/L = 0.20

BETA	X/L =	0.00	0.10	L 0.20	R 0.20	0.30	0.40	0.50	0.60	0.70	0.80	0.90	1.00	BETA
	M	0.00000	0.01052	0.03973	0.03973	0.01138	0.00326	0.00093	0.00027	0.00008	0.00002	0.00001	0.00000	
12.50	Q	0.08208	0.15501	0.50337	-0.49663	-0.14229	-0.04077	-0.01168	-0.00335	-0.00096	-0.00028	-0.00009	-0.00005	12.50
	V	0.00000	0.00044	0.00077	0.00077	0.00082	0.00075	0.00063	0.00051	0.00038	0.00026	0.00013	0.00000	
	V'	0.00459	0.00413	0.00190	0.00190	-0.00037	-0.00102	-0.00121	-0.00126	-0.00127	-0.00128	-0.00128	-0.00128	
	M	0.00000	0.01010	0.03898	0.03898	0.01089	0.00304	0.00085	0.00024	0.00007	0.00002	0.00000	0.00000	
12.75	Q	0.07808	0.15062	0.50305	-0.49695	-0.13886	-0.03880	-0.01084	-0.00303	-0.00085	-0.00024	-0.00007	-0.00004	12.75
	V	0.00000	0.00043	0.00074	0.00074	0.00079	0.00072	0.00061	0.00049	0.00037	0.00025	0.00012	0.00000	
	V'	0.00444	0.00399	0.00183	0.00183	-0.00038	-0.00099	-0.00116	-0.00121	-0.00123	-0.00123	-0.00123	-0.00123	
	M	0.00000	0.00970	0.03825	0.03825	0.01042	0.00284	0.00077	0.00021	0.00006	0.00002	0.00000	0.00000	
13.00	Q	0.07427	0.14639	0.50276	-0.49724	-0.13551	-0.03693	-0.01007	-0.00274	-0.00075	-0.00020	-0.00006	-0.00003	13.00
	V	0.00000	0.00042	0.00072	0.00072	0.00077	0.00069	0.00059	0.00047	0.00035	0.00024	0.00012	0.00000	
	V'	0.00429	0.00387	0.00176	0.00176	-0.00038	-0.00096	-0.00112	-0.00117	-0.00118	-0.00118	-0.00118	-0.00118	
	M	0.00000	0.00932	0.03755	0.03755	0.00998	0.00265	0.00071	0.00019	0.00005	0.00001	0.00000	0.00000	
13.25	Q	0.07065	0.14229	0.50250	-0.49750	-0.13224	-0.03515	-0.00934	-0.00248	-0.00066	-0.00018	-0.00005	-0.00002	13.25
	V	0.00000	0.00040	0.00070	0.00070	0.00074	0.00067	0.00057	0.00045	0.00034	0.00023	0.00011	0.00000	
	V'	0.00415	0.00375	0.00169	0.00169	-0.00039	-0.00094	-0.00109	-0.00113	-0.00114	-0.00114	-0.00114	-0.00114	
	M	0.00000	0.00896	0.03687	0.03687	0.00956	0.00248	0.00064	0.00017	0.00004	0.00001	0.00000	0.00000	
13.50	Q	0.06721	0.13835	0.50226	-0.49774	-0.12903	-0.03345	-0.00867	-0.00225	-0.00058	-0.00015	-0.00004	-0.00002	13.50
	V	0.00000	0.00039	0.00068	0.00068	0.00072	0.00064	0.00055	0.00044	0.00033	0.00022	0.00011	0.00000	
	V'	0.00402	0.00363	0.00163	0.00163	-0.00039	-0.00091	-0.00105	-0.00109	-0.00109	-0.00110	-0.00110	-0.00110	
	M	0.00000	0.00861	0.03622	0.03622	0.00916	0.00232	0.00059	0.00015	0.00004	0.00001	0.00000	0.00000	
13.75	Q	0.06393	0.13450	0.50204	-0.49796	-0.12590	-0.03183	-0.00805	-0.00204	-0.00051	-0.00013	-0.00003	-0.00002	13.75
	V	0.00000	0.00038	0.00065	0.00065	0.00069	0.00062	0.00053	0.00042	0.00032	0.00021	0.00011	0.00000	
	V'	0.00389	0.00352	0.00158	0.00158	-0.00039	-0.00089	-0.00102	-0.00105	-0.00106	-0.00106	-0.00106	-0.00106	
	M	0.00000	0.00827	0.03558	0.03558	0.00877	0.00216	0.00053	0.00013	0.00003	0.00001	0.00000	0.00000	
14.00	Q	0.06081	0.13080	0.50185	-0.49815	-0.12284	-0.03029	-0.00747	-0.00184	-0.00045	-0.00011	-0.00003	-0.00001	14.00
	V	0.00000	0.00037	0.00063	0.00063	0.00067	0.00060	0.00051	0.00041	0.00031	0.00020	0.00010	0.00000	
	V'	0.00377	0.00341	0.00152	0.00152	-0.00039	-0.00087	-0.00098	-0.00101	-0.00102	-0.00102	-0.00102	-0.00102	
	M	0.00000	0.00795	0.03497	0.03497	0.00841	0.00202	0.00049	0.00012	0.00003	0.00001	0.00000	0.00000	
14.25	Q	0.05784	0.12721	0.50167	-0.49833	-0.11985	-0.02883	-0.00693	-0.00167	-0.00040	-0.00010	-0.00002	-0.00001	14.25
	V	0.00000	0.00035	0.00062	0.00062	0.00065	0.00058	0.00049	0.00039	0.00030	0.00020	0.00010	0.00000	
	V'	0.00365	0.00331	0.00147	0.00147	-0.00039	-0.00084	-0.00095	-0.00098	-0.00098	-0.00098	-0.00098	-0.00098	
	M	0.00000	0.00764	0.03438	0.03438	0.00806	0.00189	0.00044	0.00010	0.00002	0.00001	0.00000	0.00000	
14.50	Q	0.05502	0.12374	0.50151	-0.49849	-0.11693	-0.02743	-0.00643	-0.00151	-0.00035	-0.00008	-0.00002	-0.00001	14.50
	V	0.00000	0.00034	0.00060	0.00060	0.00063	0.00056	0.00047	0.00038	0.00029	0.00019	0.00010	0.00000	
	V'	0.00354	0.00322	0.00142	0.00142	-0.00040	-0.00082	-0.00092	-0.00094	-0.00095	-0.00095	-0.00095	-0.00095	
	M	0.00000	0.00735	0.03381	0.03381	0.00773	0.00177	0.00040	0.00009	0.00002	0.00000	0.00000	0.00000	
14.75	Q	0.05234	0.12038	0.50137	-0.49863	-0.11408	-0.02610	-0.00597	-0.00137	-0.00031	-0.00007	-0.00002	-0.00001	14.75
	V	0.00000	0.00033	0.00058	0.00058	0.00061	0.00054	0.00046	0.00037	0.00028	0.00018	0.00009	0.00000	
	V'	0.00344	0.00312	0.00137	0.00137	-0.00039	-0.00080	-0.00089	-0.00091	-0.00092	-0.00092	-0.00092	-0.00092	

BETA X/L = 0.00 0.10 L 0.20 R 0.20 0.30 0.40 0.50 0.60 0.70 0.80 0.90 1.00 BETA

XP/L = 0.20

FUNKTIONEN : F.P;M - F.P;Q - F.P;V - F.P;V'

Z U G S T A E B E -390-

FUNKTIONEN : F.P;M - F.P;Q - F.P;V - F.P;V'

XP/L = 0.20

BETA	X/L =	0.00	0.10	L 0.20	R 0.20	0.30	0.40	0.50	0.60	0.70	0.80	0.90	1.00	BETA
	M	0.00000	0.00707	0.03325	0.03325	0.00742	0.00166	0.00037	0.00008	0.00002	0.00000	0.00000	0.00000	
15.00	Q	0.04979	0.11712	0.50124	-0.49876	-0.11129	-0.02483	-0.00554	-0.00124	-0.00028	-0.00006	-0.00001	-0.00001	15.00
	V	0.00000	0.00032	0.00056	0.00056	0.00059	0.00053	0.00044	0.00036	0.00027	0.00018	0.00009	0.00000	
	V'	0.00333	0.00304	0.00133	0.00133	-0.00039	-0.00078	-0.00086	-0.00088	-0.00089	-0.00089	-0.00089	-0.00089	
	M	0.00000	0.00680	0.03271	0.03271	0.00712	0.00155	0.00034	0.00007	0.00002	0.00000	0.00000	0.00000	
15.25	Q	0.04736	0.11396	0.50112	-0.49888	-0.10857	-0.02363	-0.00514	-0.00112	-0.00024	-0.00005	-0.00001	-0.00001	15.25
	V	0.00000	0.00031	0.00055	0.00055	0.00057	0.00051	0.00043	0.00034	0.00026	0.00017	0.00009	0.00000	
	V'	0.00324	0.00295	0.00129	0.00129	-0.00039	-0.00076	-0.00084	-0.00086	-0.00086	-0.00086	-0.00086	-0.00086	
	M	0.00000	0.00654	0.03219	0.03219	0.00683	0.00145	0.00031	0.00007	0.00001	0.00000	0.00000	0.00000	
15.50	Q	0.04505	0.11090	0.50101	-0.49899	-0.10591	-0.02248	-0.00477	-0.00101	-0.00021	-0.00005	-0.00001	-0.00000	15.50
	V	0.00000	0.00031	0.00053	0.00053	0.00055	0.00049	0.00041	0.00033	0.00025	0.00017	0.00008	0.00000	
	V'	0.00314	0.00287	0.00124	0.00124	-0.00039	-0.00074	-0.00081	-0.00083	-0.00083	-0.00083	-0.00083	-0.00083	
	M	0.00000	0.00629	0.03169	0.03169	0.00656	0.00136	0.00028	0.00006	0.00001	0.00000	0.00000	0.00000	
15.75	Q	0.04285	0.10794	0.50092	-0.49908	-0.10331	-0.02139	-0.00443	-0.00092	-0.00019	-0.00004	-0.00001	-0.00000	15.75
	V	0.00000	0.00030	0.00052	0.00052	0.00054	0.00048	0.00040	0.00032	0.00024	0.00016	0.00008	0.00000	
	V'	0.00305	0.00279	0.00121	0.00121	-0.00039	-0.00072	-0.00079	-0.00080	-0.00081	-0.00081	-0.00081	-0.00081	
	M	0.00000	0.00605	0.03120	0.03120	0.00630	0.00127	0.00026	0.00005	0.00001	0.00000	0.00000	0.00000	
16.00	Q	0.04076	0.10506	0.50083	-0.49917	-0.10078	-0.02035	-0.00411	-0.00083	-0.00017	-0.00003	-0.00001	-0.00000	16.00
	V	0.00000	0.00029	0.00050	0.00050	0.00052	0.00046	0.00039	0.00031	0.00023	0.00016	0.00008	0.00000	
	V'	0.00297	0.00271	0.00117	0.00117	-0.00039	-0.00070	-0.00077	-0.00078	-0.00078	-0.00078	-0.00078	-0.00078	
	M	0.00000	0.00582	0.03072	0.03072	0.00605	0.00119	0.00023	0.00005	0.00001	0.00000	0.00000	0.00000	
16.25	Q	0.03877	0.10227	0.50075	-0.49925	-0.09831	-0.01936	-0.00381	-0.00075	-0.00015	-0.00003	-0.00001	-0.00000	16.25
	V	0.00000	0.00028	0.00049	0.00049	0.00051	0.00045	0.00038	0.00030	0.00023	0.00015	0.00008	0.00000	
	V'	0.00288	0.00264	0.00113	0.00113	-0.00039	-0.00068	-0.00074	-0.00075	-0.00076	-0.00076	-0.00076	-0.00076	
	M	0.00000	0.00561	0.03026	0.03026	0.00581	0.00112	0.00021	0.00004	0.00001	0.00000	0.00000	0.00000	
16.50	Q	0.03688	0.09957	0.50068	-0.49932	-0.09589	-0.01842	-0.00354	-0.00068	-0.00013	-0.00003	-0.00000	-0.00000	16.50
	V	0.00000	0.00027	0.00048	0.00048	0.00049	0.00044	0.00037	0.00029	0.00022	0.00015	0.00007	0.00000	
	V'	0.00280	0.00257	0.00110	0.00110	-0.00038	-0.00067	-0.00072	-0.00073	-0.00073	-0.00073	-0.00073	-0.00073	
	M	0.00000	0.00540	0.02981	0.02981	0.00558	0.00105	0.00020	0.00004	0.00001	0.00000	0.00000	0.00000	
16.75	Q	0.03508	0.09694	0.50062	-0.49938	-0.09354	-0.01752	-0.00328	-0.00061	-0.00012	-0.00002	-0.00000	-0.00000	16.75
	V	0.00000	0.00027	0.00046	0.00046	0.00048	0.00042	0.00036	0.00029	0.00021	0.00014	0.00007	0.00000	
	V'	0.00273	0.00251	0.00107	0.00107	-0.00038	-0.00065	-0.00070	-0.00071	-0.00071	-0.00071	-0.00071	-0.00071	
	M	0.00000	0.00519	0.02938	0.02938	0.00537	0.00098	0.00018	0.00003	0.00001	0.00000	0.00000	0.00000	
17.00	Q	0.03337	0.09439	0.50056	-0.49944	-0.09124	-0.01667	-0.00304	-0.00056	-0.00010	-0.00002	-0.00000	-0.00000	17.00
	V	0.00000	0.00026	0.00045	0.00045	0.00047	0.00041	0.00035	0.00028	0.00021	0.00014	0.00007	0.00000	
	V'	0.00265	0.00244	0.00104	0.00104	-0.00038	-0.00063	-0.00068	-0.00069	-0.00069	-0.00069	-0.00069	-0.00069	
	M	0.00000	0.00500	0.02896	0.02896	0.00516	0.00092	0.00016	0.00003	0.00001	0.00000	0.00000	0.00000	
17.25	Q	0.03175	0.09191	0.50050	-0.49950	-0.08900	-0.01586	-0.00283	-0.00050	-0.00009	-0.00002	-0.00000	-0.00000	17.25
	V	0.00000	0.00025	0.00044	0.00044	0.00045	0.00040	0.00034	0.00027	0.00020	0.00013	0.00007	0.00000	
	V'	0.00258	0.00238	0.00101	0.00101	-0.00037	-0.00062	-0.00066	-0.00067	-0.00067	-0.00067	-0.00067	-0.00067	
BETA	X/L =	0.00	0.10	L 0.20	R 0.20	0.30	0.40	0.50	0.60	0.70	0.80	0.90	1.00	BETA

XP/L = 0.20

FUNKTIONEN : F.P;M - F.P;Q - F.P;V - F.P;V'

FUNKTIONEN : F.P;M - F.P;Q - F.P;V - F.P;V'

XP/L = 0.20

BETA	X/L =	0.00	0.10	L 0.20	R 0.20	0.30	0.40	0.50	0.60	0.70	0.80	0.90	1.00	BETA
	M	0.00000	0.00482	0.02855	0.02855	0.00496	0.00086	0.00015	0.00003	0.00000	0.00000	0.00000	0.00000	
17.50	Q	0.03020	0.08951	0.50046	-0.49954	-0.08681	-0.01508	-0.00262	-0.00046	-0.00008	-0.00001	-0.00000	-0.00000	17.50
	V	0.00000	0.00025	0.00043	0.00043	0.00044	0.00039	0.00033	0.00026	0.00020	0.00013	0.00007	0.00000	
	V'	0.00251	0.00232	0.00098	0.00098	-0.00037	-0.00060	-0.00064	-0.00065	-0.00065	-0.00065	-0.00065	-0.00065	
	M	0.00000	0.00464	0.02815	0.02815	0.00477	0.00081	0.00014	0.00002	0.00000	0.00000	0.00000	0.00000	
17.75	Q	0.02872	0.08718	0.50041	-0.49959	-0.08467	-0.01435	-0.00243	-0.00041	-0.00007	-0.00001	-0.00000	-0.00000	17.75
	V	0.00000	0.00024	0.00042	0.00042	0.00043	0.00038	0.00032	0.00025	0.00019	0.00013	0.00006	0.00000	
	V'	0.00245	0.00226	0.00095	0.00095	-0.00037	-0.00059	-0.00063	-0.00063	-0.00063	-0.00063	-0.00063	-0.00063	
	M	0.00000	0.00447	0.02776	0.02776	0.00459	0.00076	0.00013	0.00002	0.00000	0.00000	0.00000	0.00000	
18.00	Q	0.02732	0.08491	0.50037	-0.49963	-0.08259	-0.01365	-0.00226	-0.00037	-0.00006	-0.00001	-0.00000	-0.00000	18.00
	V	0.00000	0.00023	0.00041	0.00041	0.00042	0.00037	0.00031	0.00025	0.00019	0.00012	0.00006	0.00000	
	V'	0.00238	0.00221	0.00092	0.00092	-0.00036	-0.00058	-0.00061	-0.00062	-0.00062	-0.00062	-0.00062	-0.00062	
	M	0.00000	0.00430	0.02738	0.02738	0.00441	0.00071	0.00011	0.00002	0.00000	0.00000	0.00000	0.00000	
18.25	Q	0.02599	0.08270	0.50034	-0.49966	-0.08055	-0.01299	-0.00209	-0.00034	-0.00005	-0.00001	-0.00000	-0.00000	18.25
	V	0.00000	0.00023	0.00040	0.00040	0.00041	0.00036	0.00030	0.00024	0.00018	0.00012	0.00006	0.00000	
	V'	0.00232	0.00215	0.00090	0.00090	-0.00036	-0.00056	-0.00059	-0.00060	-0.00060	-0.00060	-0.00060	-0.00060	
	M	0.00000	0.00414	0.02701	0.02701	0.00425	0.00067	0.00011	0.00002	0.00000	0.00000	0.00000	0.00000	
18.50	Q	0.02472	0.08056	0.50031	-0.49969	-0.07857	-0.01235	-0.00194	-0.00031	-0.00005	-0.00001	-0.00000	-0.00000	18.50
	V	0.00000	0.00022	0.00039	0.00039	0.00040	0.00035	0.00029	0.00023	0.00018	0.00012	0.00006	0.00000	
	V'	0.00227	0.00210	0.00088	0.00088	-0.00035	-0.00055	-0.00058	-0.00058	-0.00058	-0.00058	-0.00058	-0.00058	
	M	0.00000	0.00399	0.02665	0.02665	0.00409	0.00063	0.00010	0.00001	0.00000	0.00000	0.00000	0.00000	
18.75	Q	0.02352	0.07848	0.50028	-0.49972	-0.07664	-0.01175	-0.00180	-0.00028	-0.00004	-0.00001	-0.00000	-0.00000	18.75
	V	0.00000	0.00022	0.00038	0.00038	0.00039	0.00034	0.00028	0.00023	0.00017	0.00011	0.00006	0.00000	
	V'	0.00221	0.00205	0.00085	0.00085	-0.00035	-0.00054	-0.00056	-0.00057	-0.00057	-0.00057	-0.00057	-0.00057	
	M	0.00000	0.00385	0.02630	0.02630	0.00393	0.00059	0.00009	0.00001	0.00000	0.00000	0.00000	0.00000	
19.00	Q	0.02237	0.07646	0.50025	-0.49975	-0.07475	-0.01118	-0.00167	-0.00025	-0.00004	-0.00001	-0.00000	-0.00000	19.00
	V	0.00000	0.00021	0.00037	0.00037	0.00038	0.00033	0.00028	0.00022	0.00017	0.00011	0.00006	0.00000	
	V'	0.00215	0.00200	0.00083	0.00083	-0.00035	-0.00052	-0.00055	-0.00055	-0.00055	-0.00055	-0.00055	-0.00055	
	M	0.00000	0.00371	0.02596	0.02596	0.00379	0.00055	0.00008	0.00001	0.00000	0.00000	0.00000	0.00000	
19.25	Q	0.02128	0.07449	0.50023	-0.49977	-0.07290	-0.01064	-0.00155	-0.00023	-0.00003	-0.00000	-0.00000	-0.00000	19.25
	V	0.00000	0.00021	0.00036	0.00036	0.00037	0.00032	0.00027	0.00022	0.00016	0.00011	0.00005	0.00000	
	V'	0.00210	0.00196	0.00081	0.00081	-0.00034	-0.00051	-0.00054	-0.00054	-0.00054	-0.00054	-0.00054	-0.00054	
	M	0.00000	0.00357	0.02563	0.02563	0.00365	0.00052	0.00007	0.00001	0.00000	0.00000	0.00000	0.00000	
19.50	Q	0.02024	0.07258	0.50020	-0.49980	-0.07111	-0.01012	-0.00144	-0.00020	-0.00003	-0.00000	-0.00000	-0.00000	19.50
	V	0.00000	0.00020	0.00035	0.00035	0.00036	0.00031	0.00026	0.00021	0.00016	0.00011	0.00005	0.00000	
	V'	0.00205	0.00191	0.00079	0.00079	-0.00034	-0.00050	-0.00052	-0.00053	-0.00053	-0.00053	-0.00053	-0.00053	
	M	0.00000	0.00345	0.02531	0.02531	0.00351	0.00049	0.00007	0.00001	0.00000	0.00000	0.00000	0.00000	
19.75	Q	0.01925	0.07072	0.50019	-0.49981	-0.06935	-0.00962	-0.00134	-0.00019	-0.00003	-0.00000	-0.00000	-0.00000	19.75
	V	0.00000	0.00020	0.00035	0.00035	0.00035	0.00031	0.00026	0.00021	0.00015	0.00010	0.00005	0.00000	
	V'	0.00200	0.00187	0.00077	0.00077	-0.00033	-0.00049	-0.00051	-0.00051	-0.00051	-0.00051	-0.00051	-0.00051	
BETA	X/L =	0.00	0.10	L 0.20	R 0.20	0.30	0.40	0.50	0.60	0.70	0.80	0.90	1.00	BETA

XP/L = 0.20

FUNKTIONEN : F.P;M - F.P;Q - F.P;V - F.P;V'

FUNKTIONEN : F.P;M - F.P;Q - F.P;V - F.P;V'

XP/L = 0.20

BETA	X/L =	0.00	0.10	L 0.20	R 0.20	0.30	0.40	0.50	0.60	0.70	0.80	0.90	1.00	BETA
	M	0.00000	0.00332	0.02499	0.02499	0.00338	0.00046	0.00006	0.00001	0.00000	0.00000	0.00000	0.00000	
20.00	Q	0.01832	0.06891	0.50017	-0.49983	-0.06764	-0.00915	-0.00124	-0.00017	-0.00002	-0.00000	-0.00000	-0.00000	20.00
	V	0.00000	0.00019	0.00034	0.00034	0.00034	0.00030	0.00025	0.00020	0.00015	0.00010	0.00005	0.00000	
	V'	0.00195	0.00183	0.00075	0.00075	-0.00033	-0.00048	-0.00050	-0.00050	-0.00050	-0.00050	-0.00050	-0.00050	
	M	0.00000	0.00320	0.02468	0.02468	0.00326	0.00043	0.00006	0.00001	0.00000	0.00000	0.00000	0.00000	
20.25	Q	0.01742	0.06715	0.50015	-0.49985	-0.06598	-0.00871	-0.00115	-0.00015	-0.00002	-0.00000	-0.00000	-0.00000	20.25
	V	0.00000	0.00019	0.00033	0.00033	0.00033	0.00029	0.00024	0.00020	0.00015	0.00010	0.00005	0.00000	
	V'	0.00191	0.00179	0.00073	0.00073	-0.00033	-0.00047	-0.00048	-0.00049	-0.00049	-0.00049	-0.00049	-0.00049	
	M	0.00000	0.00309	0.02438	0.02438	0.00314	0.00040	0.00005	0.00001	0.00000	0.00000	0.00000	0.00000	
20.50	Q	0.01657	0.06543	0.50014	-0.49986	-0.06435	-0.00828	-0.00107	-0.00014	-0.00002	-0.00000	-0.00000	-0.00000	20.50
	V	0.00000	0.00018	0.00032	0.00032	0.00033	0.00028	0.00024	0.00019	0.00014	0.00010	0.00005	0.00000	
	V'	0.00186	0.00175	0.00071	0.00071	-0.00032	-0.00046	-0.00047	-0.00048	-0.00048	-0.00048	-0.00048	-0.00048	
	M	0.00000	0.00298	0.02409	0.02409	0.00302	0.00038	0.00005	0.00001	0.00000	0.00000	0.00000	0.00000	
20.75	Q	0.01576	0.06377	0.50012	-0.49988	-0.06276	-0.00788	-0.00099	-0.00012	-0.00002	-0.00000	-0.00000	-0.00000	20.75
	V	0.00000	0.00018	0.00032	0.00032	0.00032	0.00028	0.00023	0.00019	0.00014	0.00009	0.00005	0.00000	
	V'	0.00182	0.00171	0.00070	0.00070	-0.00032	-0.00045	-0.00046	-0.00046	-0.00046	-0.00046	-0.00046	-0.00046	
	M	0.00000	0.00287	0.02380	0.02380	0.00291	0.00036	0.00004	0.00001	0.00000	0.00000	0.00000	0.00000	
21.00	Q	0.01500	0.06215	0.50011	-0.49989	-0.06121	-0.00750	-0.00092	-0.00011	-0.00001	-0.00000	-0.00000	-0.00000	21.00
	V	0.00000	0.00017	0.00031	0.00031	0.00031	0.00027	0.00023	0.00018	0.00014	0.00009	0.00005	0.00000	
	V'	0.00178	0.00167	0.00068	0.00068	-0.00031	-0.00044	-0.00045	-0.00045	-0.00045	-0.00045	-0.00045	-0.00045	
	M	0.00000	0.00277	0.02352	0.02352	0.00281	0.00034	0.00004	0.00000	0.00000	0.00000	0.00000	0.00000	
21.25	Q	0.01426	0.06057	0.50010	-0.49990	-0.05970	-0.00713	-0.00085	-0.00010	-0.00001	-0.00000	-0.00000	-0.00000	21.25
	V	0.00000	0.00017	0.00030	0.00030	0.00030	0.00027	0.00022	0.00018	0.00013	0.00009	0.00004	0.00000	
	V'	0.00174	0.00164	0.00066	0.00066	-0.00031	-0.00043	-0.00044	-0.00044	-0.00044	-0.00044	-0.00044	-0.00044	
	M	0.00000	0.00267	0.02325	0.02325	0.00271	0.00032	0.00004	0.00000	0.00000	0.00000	0.00000	0.00000	
21.50	Q	0.01357	0.05903	0.50009	-0.49991	-0.05823	-0.00678	-0.00079	-0.00009	-0.00001	-0.00000	-0.00000	-0.00000	21.50
	V	0.00000	0.00017	0.00030	0.00030	0.00030	0.00026	0.00022	0.00017	0.00013	0.00009	0.00004	0.00000	
	V'	0.00170	0.00160	0.00065	0.00065	-0.00031	-0.00042	-0.00043	-0.00043	-0.00043	-0.00043	-0.00043	-0.00043	
	M	0.00000	0.00258	0.02298	0.02298	0.00261	0.00030	0.00003	0.00000	0.00000	0.00000	0.00000	0.00000	
21.75	Q	0.01291	0.05754	0.50008	-0.49992	-0.05679	-0.00645	-0.00073	-0.00008	-0.00001	-0.00000	-0.00000	-0.00000	21.75
	V	0.00000	0.00016	0.00029	0.00029	0.00029	0.00025	0.00021	0.00017	0.00013	0.00008	0.00004	0.00000	
	V'	0.00166	0.00157	0.00063	0.00063	-0.00030	-0.00041	-0.00042	-0.00042	-0.00042	-0.00042	-0.00042	-0.00042	
	M	0.00000	0.00249	0.02272	0.02272	0.00252	0.00028	0.00003	0.00000	0.00000	0.00000	0.00000	0.00000	
22.00	Q	0.01228	0.05608	0.50008	-0.49992	-0.05539	-0.00614	-0.00068	-0.00008	-0.00001	-0.00000	-0.00000	-0.00000	22.00
	V	0.00000	0.00016	0.00028	0.00028	0.00028	0.00025	0.00021	0.00017	0.00012	0.00008	0.00004	0.00000	
	V'	0.00163	0.00154	0.00062	0.00062	-0.00030	-0.00040	-0.00041	-0.00041	-0.00041	-0.00041	-0.00041	-0.00041	
	M	0.00000	0.00240	0.02247	0.02247	0.00243	0.00026	0.00003	0.00000	0.00000	0.00000	0.00000	0.00000	
22.25	Q	0.01168	0.05466	0.50007	-0.49993	-0.05403	-0.00584	-0.00063	-0.00007	-0.00001	-0.00000	-0.00000	-0.00000	22.25
	V	0.00000	0.00016	0.00028	0.00028	0.00028	0.00024	0.00020	0.00016	0.00012	0.00008	0.00004	0.00000	
	V'	0.00159	0.00151	0.00061	0.00061	-0.00029	-0.00039	-0.00040	-0.00040	-0.00040	-0.00040	-0.00040	-0.00040	
BETA	X/L =	0.00	0.10	L 0.20	R 0.20	0.30	0.40	0.50	0.60	0.70	0.80	0.90	1.00	BETA

XP/L = 0.20

FUNKTIONEN : F.P;M - F.P;Q - F.P;V - F.P;V'

Z U G S T A E B E -394-

FUNKTIONEN : F.P;M - F.P;Q - F.P;V - F.P;V'

XP/L = 0.20

BETA	X/L =	0.00	0.10	L 0.20	R 0.20	0.30	0.40	0.50	0.60	0.70	0.80	0.90	1.00	BETA
	M	0.00000	0.00232	0.02222	0.02222	0.00234	0.00025	0.00003	0.00000	0.00000	0.00000	0.00000	0.00000	
22.50	Q	0.01111	0.05329	0.50006	-0.49994	-0.05269	-0.00555	-0.00059	-0.00006	-0.00001	-0.00000	-0.00000	-0.00000	22.50
	V	0.00000	0.00015	0.00027	0.00027	0.00027	0.00024	0.00020	0.00016	0.00012	0.00008	0.00004	0.00000	
	V'	0.00156	0.00147	0.00059	0.00059	-0.00029	-0.00038	-0.00039	-0.00039	-0.00040	-0.00040	-0.00040	-0.00040	
	M	0.00000	0.00224	0.02198	0.02198	0.00226	0.00023	0.00002	0.00000	0.00000	0.00000	0.00000	0.00000	
22.75	Q	0.01057	0.05194	0.50006	-0.49994	-0.05139	-0.00528	-0.00054	-0.00006	-0.00001	-0.00000	-0.00000	-0.00000	22.75
	V	0.00000	0.00015	0.00027	0.00027	0.00027	0.00023	0.00019	0.00015	0.00012	0.00008	0.00004	0.00000	
	V'	0.00153	0.00145	0.00058	0.00058	-0.00029	-0.00038	-0.00039	-0.00039	-0.00039	-0.00039	-0.00039	-0.00039	
	M	0.00000	0.00216	0.02174	0.02174	0.00218	0.00022	0.00002	0.00000	0.00000	0.00000	0.00000	0.00000	
23.00	Q	0.01005	0.05063	0.50005	-0.49995	-0.05012	-0.00503	-0.00050	-0.00005	-0.00001	-0.00000	-0.00000	-0.00000	23.00
	V	0.00000	0.00015	0.00026	0.00026	0.00026	0.00023	0.00019	0.00015	0.00011	0.00008	0.00004	0.00000	
	V'	0.00149	0.00142	0.00057	0.00057	-0.00028	-0.00037	-0.00038	-0.00038	-0.00038	-0.00038	-0.00038	-0.00038	
	M	0.00000	0.00208	0.02150	0.02150	0.00210	0.00021	0.00002	0.00000	0.00000	0.00000	0.00000	0.00000	
23.25	Q	0.00956	0.04936	0.50005	-0.49995	-0.04889	-0.00478	-0.00047	-0.00005	-0.00000	-0.00000	-0.00000	-0.00000	23.25
	V	0.00000	0.00014	0.00026	0.00026	0.00026	0.00022	0.00018	0.00015	0.00011	0.00007	0.00004	0.00000	
	V'	0.00146	0.00139	0.00055	0.00055	-0.00028	-0.00036	-0.00037	-0.00037	-0.00037	-0.00037	-0.00037	-0.00037	
	M	0.00000	0.00201	0.02127	0.02127	0.00203	0.00019	0.00002	0.00000	0.00000	0.00000	0.00000	0.00000	
23.50	Q	0.00910	0.04812	0.50004	-0.49996	-0.04768	-0.00455	-0.00043	-0.00004	-0.00000	-0.00000	-0.00000	-0.00000	23.50
	V	0.00000	0.00014	0.00025	0.00025	0.00025	0.00022	0.00018	0.00014	0.00011	0.00007	0.00004	0.00000	
	V'	0.00143	0.00136	0.00054	0.00054	-0.00028	-0.00035	-0.00036	-0.00036	-0.00036	-0.00036	-0.00036	-0.00036	
	M	0.00000	0.00194	0.02105	0.02105	0.00196	0.00018	0.00002	0.00000	0.00000	0.00000	0.00000	0.00000	
23.75	Q	0.00865	0.04691	0.50004	-0.49996	-0.04650	-0.00433	-0.00040	-0.00004	-0.00000	-0.00000	-0.00000	-0.00000	23.75
	V	0.00000	0.00014	0.00025	0.00025	0.00024	0.00021	0.00018	0.00014	0.00011	0.00007	0.00004	0.00000	
	V'	0.00140	0.00134	0.00053	0.00053	-0.00027	-0.00035	-0.00035	-0.00035	-0.00035	-0.00035	-0.00035	-0.00035	
	M	0.00000	0.00187	0.02083	0.02083	0.00189	0.00017	0.00002	0.00000	0.00000	0.00000	0.00000	0.00000	
24.00	Q	0.00823	0.04573	0.50003	-0.49997	-0.04536	-0.00411	-0.00037	-0.00003	-0.00000	-0.00000	-0.00000	-0.00000	24.00
	V	0.00000	0.00014	0.00024	0.00024	0.00024	0.00021	0.00017	0.00014	0.00010	0.00007	0.00003	0.00000	
	V'	0.00137	0.00131	0.00052	0.00052	-0.00027	-0.00034	-0.00035	-0.00035	-0.00035	-0.00035	-0.00035	-0.00035	
	M	0.00000	0.00181	0.02062	0.02062	0.00182	0.00016	0.00001	0.00000	0.00000	0.00000	0.00000	0.00000	
24.25	Q	0.00783	0.04459	0.50003	-0.49997	-0.04424	-0.00391	-0.00035	-0.00003	-0.00000	-0.00000	-0.00000	-0.00000	24.25
	V	0.00000	0.00013	0.00024	0.00024	0.00023	0.00020	0.00017	0.00014	0.00010	0.00007	0.00003	0.00000	
	V'	0.00135	0.00128	0.00051	0.00051	-0.00026	-0.00033	-0.00034	-0.00034	-0.00034	-0.00034	-0.00034	-0.00034	
	M	0.00000	0.00175	0.02041	0.02041	0.00176	0.00015	0.00001	0.00000	0.00000	0.00000	0.00000	0.00000	
24.50	Q	0.00745	0.04347	0.50003	-0.49997	-0.04314	-0.00372	-0.00032	-0.00003	-0.00000	-0.00000	-0.00000	-0.00000	24.50
	V	0.00000	0.00013	0.00023	0.00023	0.00023	0.00020	0.00017	0.00013	0.00010	0.00007	0.00003	0.00000	
	V'	0.00132	0.00126	0.00050	0.00050	-0.00026	-0.00033	-0.00033	-0.00033	-0.00033	-0.00033	-0.00033	-0.00033	
	M	0.00000	0.00169	0.02020	0.02020	0.00170	0.00014	0.00001	0.00000	0.00000	0.00000	0.00000	0.00000	
24.75	Q	0.00708	0.04238	0.50003	-0.49997	-0.04208	-0.00354	-0.00030	-0.00003	-0.00000	-0.00000	-0.00000	-0.00000	24.75
	V	0.00000	0.00013	0.00023	0.00023	0.00023	0.00020	0.00016	0.00013	0.00010	0.00007	0.00003	0.00000	
	V'	0.00129	0.00124	0.00049	0.00049	-0.00026	-0.00032	-0.00033	-0.00033	-0.00033	-0.00033	-0.00033	-0.00033	
BETA	X/L =	0.00	0.10	L 0.20	R 0.20	0.30	0.40	0.50	0.60	0.70	0.80	0.90	1.00	BETA

XP/L = 0.20

FUNKTIONEN : F.P;M - F.P;Q - F.P;V - F.P;V'

Z U G S T A E B E -394-

FUNKTIONEN : F.P,M - F.P,Q - F.P,V - F.P,V'

XP/L = 0.20

BETA	X/L =	0.00	0.10	L 0.20	R 0.20	0.30	0.40	0.50	0.60	0.70	0.80	0.90	1.00	BETA
	M	0.00000	0.00163	0.02000	0.02000	0.00164	0.00013	0.00001	0.00000	0.00000	0.00000	0.00000	0.00000	
25.00	Q	0.00674	0.04132	0.50002	-0.49998	-0.04104	-0.00337	-0.00028	-0.00002	-0.00000	-0.00000	-0.00000	-0.00000	25.00
	V	0.00000	0.00013	0.00022	0.00022	0.00022	0.00019	0.00016	0.00013	0.00010	0.00006	0.00003	0.00000	
	V'	0.00127	0.00121	0.00048	0.00048	-0.00025	-0.00031	-0.00032	-0.00032	-0.00032	-0.00032	-0.00032	-0.00032	
	M	0.00000	0.00137	0.01905	0.01905	0.00138	0.00010	0.00001	0.00000	0.00000	0.00000	0.00000	0.00000	
26.25	Q	0.00525	0.03641	0.50001	-0.49999	-0.03622	-0.00262	-0.00019	-0.00001	-0.00000	-0.00000	-0.00000	-0.00000	26.25
	V	0.00000	0.00011	0.00020	0.00020	0.00020	0.00017	0.00015	0.00012	0.00009	0.00006	0.00003	0.00000	
	V'	0.00115	0.00111	0.00044	0.00044	-0.00024	-0.00029	-0.00029	-0.00029	-0.00029	-0.00029	-0.00029	-0.00029	
	M	0.00000	0.00116	0.01818	0.01818	0.00116	0.00007	0.00000	0.00000	0.00000	0.00000	0.00000	0.00000	
27.50	Q	0.00409	0.03209	0.50001	-0.49999	-0.03196	-0.00204	-0.00013	-0.00001	-0.00000	-0.00000	-0.00000	-0.00000	27.50
	V	0.00000	0.00010	0.00019	0.00019	0.00018	0.00016	0.00013	0.00011	0.00008	0.00005	0.00003	0.00000	
	V'	0.00105	0.00102	0.00040	0.00040	-0.00022	-0.00026	-0.00026	-0.00026	-0.00026	-0.00026	-0.00026	-0.00026	
	M	0.00000	0.00098	0.01739	0.01739	0.00098	0.00006	0.00000	0.00000	0.00000	0.00000	0.00000	0.00000	
28.75	Q	0.00318	0.02830	0.50001	-0.49999	-0.02821	-0.00159	-0.00009	-0.00001	-0.00000	-0.00000	-0.00000	-0.00000	28.75
	V	0.00000	0.00010	0.00017	0.00017	0.00017	0.00015	0.00012	0.00010	0.00007	0.00005	0.00002	0.00000	
	V'	0.00096	0.00093	0.00036	0.00036	-0.00021	-0.00024	-0.00024	-0.00024	-0.00024	-0.00024	-0.00024	-0.00024	
	M	0.00000	0.00083	0.01667	0.01667	0.00083	0.00004	0.00000	0.00000	0.00000	0.00000	0.00000	0.00000	
30.00	Q	0.00248	0.02496	0.50000	-0.50000	-0.02489	-0.00124	-0.00006	-0.00000	-0.00000	-0.00000	-0.00000	-0.00000	30.00
	V	0.00000	0.00009	0.00016	0.00016	0.00015	0.00013	0.00011	0.00009	0.00007	0.00004	0.00002	0.00000	
	V'	0.00089	0.00086	0.00033	0.00033	-0.00019	-0.00022	-0.00022	-0.00022	-0.00022	-0.00022	-0.00022	-0.00022	
	M	0.00000	0.00070	0.01600	0.01600	0.00070	0.00003	0.00000	0.00000	0.00000	0.00000	0.00000	0.00000	
31.25	Q	0.00193	0.02201	0.50000	-0.50000	-0.02197	-0.00097	-0.00004	-0.00000	-0.00000	-0.00000	-0.00000	-0.00000	31.25
	V	0.00000	0.00008	0.00015	0.00015	0.00014	0.00012	0.00010	0.00008	0.00006	0.00004	0.00002	0.00000	
	V'	0.00082	0.00080	0.00031	0.00031	-0.00018	-0.00020	-0.00020	-0.00020	-0.00020	-0.00020	-0.00020	-0.00020	
	M	0.00000	0.00060	0.01538	0.01538	0.00060	0.00002	0.00000	0.00000	0.00000	0.00000	0.00000	0.00000	
32.50	Q	0.00150	0.01942	0.50000	-0.50000	-0.01939	-0.00075	-0.00003	-0.00000	-0.00000	-0.00000	-0.00000	-0.00000	32.50
	V	0.00000	0.00008	0.00014	0.00014	0.00013	0.00011	0.00009	0.00008	0.00006	0.00004	0.00002	0.00000	
	V'	0.00076	0.00074	0.00028	0.00028	-0.00017	-0.00019	-0.00019	-0.00019	-0.00019	-0.00019	-0.00019	-0.00019	
	M	0.00000	0.00051	0.01481	0.01481	0.00051	0.00002	0.00000	0.00000	0.00000	0.00000	0.00000	0.00000	
33.75	Q	0.00117	0.01713	0.50000	-0.50000	-0.01711	-0.00059	-0.00002	-0.00000	-0.00000	-0.00000	-0.00000	-0.00000	33.75
	V	0.00000	0.00007	0.00013	0.00013	0.00012	0.00011	0.00009	0.00007	0.00005	0.00004	0.00002	0.00000	
	V'	0.00070	0.00069	0.00026	0.00026	-0.00016	-0.00018	-0.00018	-0.00018	-0.00018	-0.00018	-0.00018	-0.00018	
	M	0.00000	0.00043	0.01429	0.01429	0.00043	0.00001	0.00000	0.00000	0.00000	0.00000	0.00000	0.00000	
35.00	Q	0.00091	0.01511	0.50000	-0.50000	-0.01510	-0.00046	-0.00001	-0.00000	-0.00000	-0.00000	-0.00000	-0.00000	35.00
	V	0.00000	0.00006	0.00012	0.00012	0.00011	0.00010	0.00008	0.00007	0.00005	0.00003	0.00002	0.00000	
	V'	0.00065	0.00064	0.00024	0.00024	-0.00015	-0.00016	-0.00016	-0.00016	-0.00016	-0.00016	-0.00016	-0.00016	
	M	0.00000	0.00037	0.01379	0.01379	0.00037	0.00001	0.00000	0.00000	0.00000	0.00000	0.00000	0.00000	
36.25	Q	0.00071	0.01333	0.50000	-0.50000	-0.01332	-0.00036	-0.00001	-0.00000	-0.00000	-0.00000	-0.00000	-0.00000	36.25
	V	0.00000	0.00006	0.00011	0.00011	0.00011	0.00009	0.00008	0.00006	0.00005	0.00003	0.00002	0.00000	
	V'	0.00061	0.00060	0.00023	0.00023	-0.00014	-0.00015	-0.00015	-0.00015	-0.00015	-0.00015	-0.00015	-0.00015	
BETA	X/L =	0.00	0.10	L 0.20	R 0.20	0.30	0.40	0.50	0.60	0.70	0.80	0.90	1.00	BETA

XP/L = 0.20

FUNKTIONEN : F.P,M - F.P,Q - F.P,V - F.P,V'

FUNKTIONEN : F.P;M - F.P;Q - F.P;V - F.P;V'

XP/L = 0.20

BETA	X/L =	0.00	0.10	L 0.20	R 0.20	0.30	0.40	0.50	0.60	0.70	0.80	0.90	1.00	BETA
	M	0.00000	0.00031	0.01333	0.01333	0.00031	0.00001	0.00000	0.00000	0.00000	0.00000	0.00000	0.00000	
37.50	Q	0.00055	0.01177	0.50000	-0.50000	-0.01176	-0.00028	-0.00001	-0.00000	-0.00000	-0.00000	-0.00000	-0.00000	37.50
	V	0.00000	0.00006	0.00010	0.00010	0.00010	0.00009	0.00007	0.00006	0.00004	0.00003	0.00001	0.00000	
	V'	0.00057	0.00056	0.00021	0.00021	-0.00013	-0.00014	-0.00014	-0.00014	-0.00014	-0.00014	-0.00014	-0.00014	
	M	0.00000	0.00027	0.01290	0.01290	0.00027	0.00001	0.00000	0.00000	0.00000	0.00000	0.00000	0.00000	
38.75	Q	0.00043	0.01038	0.50000	-0.50000	-0.01038	-0.00022	-0.00000	-0.00000	-0.00000	-0.00000	-0.00000	-0.00000	38.75
	V	0.00000	0.00005	0.00010	0.00010	0.00009	0.00008	0.00007	0.00005	0.00004	0.00003	0.00001	0.00000	
	V'	0.00053	0.00053	0.00020	0.00020	-0.00013	-0.00013	-0.00013	-0.00013	-0.00013	-0.00013	-0.00013	-0.00013	
	M	0.00000	0.00023	0.01250	0.01250	0.00023	0.00000	0.00000	0.00000	0.00000	0.00000	0.00000	0.00000	
40.00	Q	0.00034	0.00916	0.50000	-0.50000	-0.00916	-0.00017	-0.00000	-0.00000	-0.00000	-0.00000	-0.00000	-0.00000	40.00
	V	0.00000	0.00005	0.00009	0.00009	0.00009	0.00007	0.00006	0.00005	0.00004	0.00002	0.00001	0.00000	
	V'	0.00050	0.00049	0.00019	0.00019	-0.00012	-0.00012	-0.00012	-0.00012	-0.00012	-0.00012	-0.00012	-0.00012	
	M	0.00000	0.00020	0.01212	0.01212	0.00020	0.00000	0.00000	0.00000	0.00000	0.00000	0.00000	0.00000	
41.25	Q	0.00026	0.00808	0.50000	-0.50000	-0.00808	-0.00013	-0.00000	-0.00000	-0.00000	-0.00000	-0.00000	-0.00000	41.25
	V	0.00000	0.00005	0.00009	0.00009	0.00008	0.00007	0.00006	0.00005	0.00004	0.00002	0.00001	0.00000	
	V'	0.00047	0.00047	0.00018	0.00018	-0.00011	-0.00012	-0.00012	-0.00012	-0.00012	-0.00012	-0.00012	-0.00012	
	M	0.00000	0.00017	0.01176	0.01176	0.00017	0.00000	0.00000	0.00000	0.00000	0.00000	0.00000	0.00000	
42.50	Q	0.00020	0.00713	0.50000	-0.50000	-0.00713	-0.00010	-0.00000	-0.00000	-0.00000	-0.00000	-0.00000	-0.00000	42.50
	V	0.00000	0.00004	0.00008	0.00008	0.00008	0.00007	0.00006	0.00004	0.00003	0.00002	0.00001	0.00000	
	V'	0.00044	0.00044	0.00017	0.00017	-0.00011	-0.00011	-0.00011	-0.00011	-0.00011	-0.00011	-0.00011	-0.00011	
	M	0.00000	0.00014	0.01143	0.01143	0.00014	0.00000	0.00000	0.00000	0.00000	0.00000	0.00000	0.00000	
43.75	Q	0.00016	0.00630	0.50000	-0.50000	-0.00629	-0.00008	-0.00000	-0.00000	-0.00000	-0.00000	-0.00000	-0.00000	43.75
	V	0.00000	0.00004	0.00008	0.00008	0.00007	0.00006	0.00005	0.00004	0.00003	0.00002	0.00001	0.00000	
	V'	0.00042	0.00041	0.00016	0.00016	-0.00010	-0.00010	-0.00010	-0.00010	-0.00010	-0.00010	-0.00010	-0.00010	
	M	0.00000	0.00012	0.01111	0.01111	0.00012	0.00000	0.00000	0.00000	0.00000	0.00000	0.00000	0.00000	
45.00	Q	0.00012	0.00556	0.50000	-0.50000	-0.00555	-0.00006	-0.00000	-0.00000	-0.00000	-0.00000	-0.00000	-0.00000	45.00
	V	0.00000	0.00004	0.00007	0.00007	0.00007	0.00006	0.00005	0.00004	0.00003	0.00002	0.00001	0.00000	
	V'	0.00040	0.00039	0.00015	0.00015	-0.00010	-0.00010	-0.00010	-0.00010	-0.00010	-0.00010	-0.00010	-0.00010	
	M	0.00000	0.00011	0.01081	0.01081	0.00011	0.00000	0.00000	0.00000	0.00000	0.00000	0.00000	0.00000	
46.25	Q	0.00010	0.00490	0.50000	-0.50000	-0.00490	-0.00005	-0.00000	-0.00000	-0.00000	-0.00000	-0.00000	-0.00000	46.25
	V	0.00000	0.00004	0.00007	0.00007	0.00007	0.00006	0.00005	0.00004	0.00003	0.00002	0.00001	0.00000	
	V'	0.00037	0.00037	0.00014	0.00014	-0.00009	-0.00009	-0.00009	-0.00009	-0.00009	-0.00009	-0.00009	-0.00009	
	M	0.00000	0.00009	0.01053	0.01053	0.00009	0.00000	0.00000	0.00000	0.00000	0.00000	0.00000	0.00000	
47.50	Q	0.00007	0.00433	0.50000	-0.50000	-0.00433	-0.00004	-0.00000	-0.00000	-0.00000	-0.00000	-0.00000	-0.00000	47.50
	V	0.00000	0.00004	0.00007	0.00007	0.00006	0.00005	0.00004	0.00004	0.00003	0.00002	0.00001	0.00000	
	V'	0.00035	0.00035	0.00013	0.00013	-0.00009	-0.00009	-0.00009	-0.00009	-0.00009	-0.00009	-0.00009	-0.00009	
	M	0.00000	0.00008	0.01026	0.01026	0.00008	0.00000	0.00000	0.00000	0.00000	0.00000	0.00000	0.00000	
48.75	Q	0.00006	0.00382	0.50000	-0.50000	-0.00382	-0.00003	-0.00000	-0.00000	-0.00000	-0.00000	-0.00000	-0.00000	48.75
	V	0.00000	0.00003	0.00006	0.00006	0.00006	0.00005	0.00004	0.00003	0.00003	0.00002	0.00001	0.00000	
	V'	0.00034	0.00034	0.00013	0.00013	-0.00008	-0.00008	-0.00008	-0.00008	-0.00008	-0.00008	-0.00008	-0.00008	
BETA	X/L =	0.00	0.10	L 0.20	R 0.20	0.30	0.40	0.50	0.60	0.70	0.80	0.90	1.00	BETA

XP/L = 0.20

FUNKTIONEN : F.P;M - F.P;Q - F.P;V - F.P;V'

Z U G S T A E B E -396-

FUNKTIONEN : F.P;M - F.P;Q - F.P;V - F.P;V'

XP/L = 0.30

BETA	X/L =	0.00	0.10	0.20	L 0.30	R 0.30	0.40	0.50	0.60	0.70	0.80	0.90	1.00	BETA
	M	0.00000	0.07000	0.14000	0.21000	0.21000	0.18000	0.15000	0.12000	0.09000	0.06000	0.03000	0.00000	
0.00	Q	0.70000	0.70000	0.70000	0.70000	-0.30000	-0.30000	-0.30000	-0.30000	-0.30000	-0.30000	-0.30000	-0.30000	0.00
	V	0.00000	0.00583	0.01097	0.01470	0.01470	0.01650	0.01650	0.01500	0.01230	0.00870	0.00450	0.00000	
	V'	0.05950	0.05600	0.04550	0.02800	0.02800	0.00850	-0.00800	-0.02150	-0.03200	-0.03950	-0.04400	-0.04550	
	M	0.00000	0.06964	0.13932	0.20909	0.20909	0.17898	0.14898	0.11907	0.08924	0.05946	0.02972	0.00000	
0.25	Q	0.69630	0.69652	0.69717	0.69826	-0.30174	-0.30053	-0.29950	-0.29866	-0.29801	-0.29755	-0.29727	-0.29718	0.25
	V	0.00000	0.00580	0.01090	0.01461	0.01461	0.01640	0.01640	0.01490	0.01222	0.00864	0.00447	0.00000	
	V'	0.05916	0.05568	0.04523	0.02781	0.02781	0.00841	-0.00799	-0.02139	-0.03180	-0.03924	-0.04370	-0.04518	
	M	0.00000	0.06857	0.13732	0.20641	0.20641	0.17597	0.14598	0.11635	0.08701	0.05788	0.02891	0.00000	
0.50	Q	0.68546	0.68632	0.68889	0.69319	-0.30681	-0.30204	-0.29801	-0.29473	-0.29219	-0.29038	-0.28930	-0.28894	0.50
	V	0.00000	0.00570	0.01072	0.01436	0.01436	0.01611	0.01609	0.01461	0.01198	0.00847	0.00438	0.00000	
	V'	0.05816	0.05473	0.04444	0.02726	0.02726	0.00814	-0.00795	-0.02106	-0.03123	-0.03847	-0.04281	-0.04426	
	M	0.00000	0.06688	0.13414	0.20215	0.20215	0.17120	0.14122	0.11204	0.08348	0.05539	0.02762	0.00000	
0.75	Q	0.66818	0.67006	0.67571	0.68516	-0.31484	-0.30434	-0.29556	-0.28844	-0.28295	-0.27904	-0.27671	-0.27593	0.75
	V	0.00000	0.00555	0.01042	0.01396	0.01396	0.01564	0.01560	0.01416	0.01159	0.00819	0.00423	0.00000	
	V'	0.05658	0.05323	0.04319	0.02638	0.02638	0.00772	-0.00789	-0.02055	-0.03032	-0.03726	-0.04141	-0.04279	
	M	0.00000	0.06466	0.12996	0.19657	0.19657	0.16497	0.13503	0.10643	0.07891	0.05217	0.02596	0.00000	
1.00	Q	0.64549	0.64872	0.65845	0.67476	-0.32524	-0.30718	-0.29219	-0.28013	-0.27087	-0.26432	-0.26042	-0.25912	1.00
	V	0.00000	0.00534	0.01004	0.01343	0.01343	0.01503	0.01497	0.01357	0.01109	0.00783	0.00404	0.00000	
	V'	0.05451	0.05128	0.04155	0.02524	0.02524	0.00718	-0.00781	-0.01987	-0.02913	-0.03568	-0.03958	-0.04088	
	M	0.00000	0.06202	0.12502	0.18997	0.18997	0.15763	0.12776	0.09989	0.07358	0.04842	0.02402	0.00000	
1.25	Q	0.61864	0.62348	0.63807	0.66265	-0.33735	-0.31023	-0.28796	-0.27020	-0.25667	-0.24715	-0.24149	-0.23962	1.25
	V	0.00000	0.00510	0.00959	0.01282	0.01282	0.01431	0.01423	0.01287	0.01051	0.00741	0.00382	0.00000	
	V'	0.05207	0.04898	0.03963	0.02391	0.02391	0.00655	-0.00770	-0.01907	-0.02773	-0.03383	-0.03744	-0.03864	
	M	0.00000	0.05911	0.11955	0.18268	0.18268	0.14956	0.11981	0.09276	0.06780	0.04437	0.02194	0.00000	
1.50	Q	0.58886	0.59550	0.61556	0.64950	-0.35050	-0.31319	-0.28295	-0.25908	-0.24105	-0.22845	-0.22101	-0.21854	1.50
	V	0.00000	0.00484	0.00909	0.01214	0.01214	0.01353	0.01342	0.01211	0.00987	0.00695	0.00358	0.00000	
	V'	0.04939	0.04644	0.03753	0.02244	0.02244	0.00586	-0.00758	-0.01819	-0.02620	-0.03180	-0.03511	-0.03620	
	M	0.00000	0.05602	0.11376	0.17499	0.17499	0.14108	0.11151	0.08535	0.06182	0.04019	0.01979	0.00000	
1.75	Q	0.55734	0.56589	0.59182	0.63593	-0.36407	-0.31580	-0.27722	-0.24715	-0.22467	-0.20909	-0.19993	-0.19691	1.75
	V	0.00000	0.00457	0.00857	0.01143	0.01143	0.01271	0.01257	0.01131	0.00920	0.00647	0.00333	0.00000	
	V'	0.04658	0.04379	0.03532	0.02092	0.02092	0.00516	-0.00744	-0.01726	-0.02460	-0.02968	-0.03268	-0.03366	
	M	0.00000	0.05286	0.10783	0.16714	0.16714	0.13248	0.10315	0.07795	0.05588	0.03605	0.01767	0.00000	
2.00	Q	0.52506	0.53559	0.56762	0.62243	-0.37757	-0.31784	-0.27087	-0.23477	-0.20809	-0.18977	-0.17906	-0.17554	2.00
	V	0.00000	0.00429	0.00804	0.01072	0.01072	0.01188	0.01171	0.01051	0.00853	0.00599	0.00308	0.00000	
	V'	0.04374	0.04110	0.03309	0.01939	0.01939	0.00446	-0.00728	-0.01631	-0.02298	-0.02756	-0.03023	-0.03112	
	M	0.00000	0.04970	0.10192	0.15933	0.15933	0.12399	0.09495	0.07075	0.05013	0.03207	0.01564	0.00000	
2.25	Q	0.49281	0.50534	0.54356	0.60941	-0.39059	-0.31918	-0.26399	-0.22222	-0.19175	-0.17103	-0.15901	-0.15507	2.25
	V	0.00000	0.00401	0.00752	0.01001	0.01001	0.01106	0.01087	0.00973	0.00787	0.00552	0.00284	0.00000	
	V'	0.04093	0.03845	0.03090	0.01789	0.01789	0.00379	-0.00711	-0.01536	-0.02138	-0.02548	-0.02785	-0.02863	
BETA	X/L =	0.00	0.10	0.20	L 0.30	R 0.30	0.40	0.50	0.60	0.70	0.80	0.90	1.00	BETA

XP/L = 0.30

FUNKTIONEN : F.P;M - F.P;Q - F.P;V - F.P;V'

FUNKTIONEN : F.P;M - F.P;Q - F.P;V - F.P;V'

XP/L = 0.30

BETA	X/L =	0.00	0.10	0.20	L 0.30	R 0.30	0.40	0.50	0.60	0.70	0.80	0.90	1.00	BETA
	M	0.00000	0.04660	0.09613	0.15170	0.15170	0.11576	0.08709	0.06389	0.04471	0.02833	0.01373	0.00000	
2.50	Q	0.46121	0.47570	0.52007	0.59712	-0.40288	-0.31973	-0.25667	-0.20973	-0.17597	-0.15326	-0.14019	-0.13592	2.50
	V	0.00000	0.00374	0.00702	0.00933	0.00933	0.01028	0.01007	0.00898	0.00725	0.00507	0.00260	0.00000	
	V'	0.03821	0.03589	0.02879	0.01646	0.01646	0.00316	-0.00693	-0.01444	-0.01985	-0.02348	-0.02557	-0.02625	
	M	0.00000	0.04361	0.09054	0.14436	0.14436	0.10791	0.07966	0.05748	0.03967	0.02488	0.01198	0.00000	
2.75	Q	0.43067	0.44706	0.49747	0.58574	-0.41426	-0.31947	-0.24899	-0.19746	-0.16095	-0.13670	-0.12285	-0.11834	2.75
	V	0.00000	0.00349	0.00654	0.00868	0.00868	0.00953	0.00930	0.00827	0.00666	0.00464	0.00238	0.00000	
	V'	0.03561	0.03345	0.02678	0.01511	0.01511	0.00257	-0.00675	-0.01356	-0.01839	-0.02159	-0.02343	-0.02402	
	M	0.00000	0.04075	0.08520	0.13737	0.13737	0.10049	0.07273	0.05156	0.03506	0.02175	0.01040	0.00000	
3.00	Q	0.40147	0.41967	0.47593	0.57534	-0.42466	-0.31842	-0.24105	-0.18554	-0.14685	-0.12147	-0.10711	-0.10247	3.00
	V	0.00000	0.00325	0.00609	0.00807	0.00807	0.00883	0.00859	0.00760	0.00610	0.00425	0.00218	0.00000	
	V'	0.03317	0.03115	0.02490	0.01385	0.01385	0.00205	-0.00655	-0.01272	-0.01702	-0.01984	-0.02143	-0.02195	
	M	0.00000	0.03804	0.08013	0.13076	0.13076	0.09355	0.06632	0.04615	0.03089	0.01893	0.00899	0.00000	
3.25	Q	0.37377	0.39368	0.45555	0.56595	-0.43405	-0.31661	-0.23292	-0.17404	-0.13371	-0.10762	-0.09301	-0.08830	3.25
	V	0.00000	0.00303	0.00567	0.00750	0.00750	0.00818	0.00792	0.00699	0.00560	0.00389	0.00199	0.00000	
	V'	0.03089	0.02900	0.02314	0.01269	0.01269	0.00157	-0.00635	-0.01193	-0.01574	-0.01821	-0.01960	-0.02004	
	M	0.00000	0.03548	0.07535	0.12454	0.12454	0.08710	0.06043	0.04124	0.02715	0.01643	0.00774	0.00000	
3.50	Q	0.34765	0.36916	0.43636	0.55756	-0.44244	-0.31412	-0.22467	-0.16303	-0.12156	-0.09514	-0.08049	-0.07580	3.50
	V	0.00000	0.00282	0.00528	0.00698	0.00698	0.00758	0.00731	0.00643	0.00513	0.00356	0.00182	0.00000	
	V'	0.02876	0.02701	0.02152	0.01163	0.01163	0.00115	-0.00615	-0.01118	-0.01457	-0.01672	-0.01792	-0.01830	
	M	0.00000	0.03308	0.07086	0.11872	0.11872	0.08111	0.05505	0.03682	0.02382	0.01422	0.00664	0.00000	
3.75	Q	0.32313	0.34611	0.41835	0.55010	-0.44990	-0.31101	-0.21638	-0.15253	-0.11039	-0.08395	-0.06945	-0.06484	3.75
	V	0.00000	0.00263	0.00492	0.00649	0.00649	0.00703	0.00675	0.00592	0.00471	0.00326	0.00166	0.00000	
	V'	0.02680	0.02517	0.02003	0.01066	0.01066	0.00078	-0.00595	-0.01049	-0.01348	-0.01536	-0.01639	-0.01672	
	M	0.00000	0.03083	0.06665	0.11328	0.11328	0.07559	0.05015	0.03285	0.02087	0.01228	0.00568	0.00000	
4.00	Q	0.30018	0.32452	0.40147	0.54352	-0.45648	-0.30737	-0.20809	-0.14256	-0.10015	-0.07398	-0.05980	-0.05531	4.00
	V	0.00000	0.00245	0.00458	0.00605	0.00605	0.00653	0.00624	0.00545	0.00432	0.00298	0.00152	0.00000	
	V'	0.02499	0.02347	0.01866	0.00978	0.00978	0.00046	-0.00574	-0.00984	-0.01249	-0.01413	-0.01501	-0.01529	
	M	0.00000	0.02872	0.06271	0.10820	0.10820	0.07049	0.04571	0.02930	0.01827	0.01059	0.00485	0.00000	
4.25	Q	0.27876	0.30432	0.38567	0.53775	-0.46225	-0.30326	-0.19987	-0.13313	-0.09080	-0.06512	-0.05139	-0.04707	4.25
	V	0.00000	0.00229	0.00428	0.00564	0.00564	0.00606	0.00577	0.00502	0.00397	0.00274	0.00139	0.00000	
	V'	0.02332	0.02191	0.01740	0.00898	0.00898	0.00018	-0.00554	-0.00924	-0.01158	-0.01300	-0.01376	-0.01400	
	M	0.00000	0.02676	0.05904	0.10347	0.10347	0.06580	0.04168	0.02614	0.01598	0.00912	0.00413	0.00000	
4.50	Q	0.25880	0.28544	0.37088	0.53269	-0.46731	-0.29877	-0.19175	-0.12423	-0.08229	-0.05729	-0.04409	-0.03998	4.50
	V	0.00000	0.00214	0.00400	0.00526	0.00526	0.00564	0.00535	0.00464	0.00366	0.00251	0.00128	0.00000	
	V'	0.02179	0.02047	0.01625	0.00826	0.00826	-0.00006	-0.00535	-0.00868	-0.01075	-0.01199	-0.01264	-0.01284	
	M	0.00000	0.02494	0.05560	0.09905	0.09905	0.06147	0.03803	0.02332	0.01398	0.00785	0.00352	0.00000	
4.75	Q	0.24022	0.26783	0.35701	0.52828	-0.47172	-0.29396	-0.18378	-0.11584	-0.07454	-0.05037	-0.03779	-0.03389	4.75
	V	0.00000	0.00200	0.00374	0.00492	0.00492	0.00525	0.00496	0.00428	0.00337	0.00231	0.00117	0.00000	
	V'	0.02038	0.01915	0.01520	0.00761	0.00761	-0.00027	-0.00515	-0.00816	-0.00999	-0.01106	-0.01162	-0.01179	
BETA	X/L =	0.00	0.10	0.20	L 0.30	R 0.30	0.40	0.50	0.60	0.70	0.80	0.90	1.00	BETA

XP/L = 0.30

FUNKTIONEN : F.P;M - F.P;Q - F.P;V - F.P;V'

FUNKTIONEN : F.P;M - F.P;Q - F.P;V - F.P;V'

XP/L = 0.30

BETA	X/L =	0.00	0.10	0.20	L 0.30	R 0.30	0.40	0.50	0.60	0.70	0.80	0.90	1.00	BETA
	M	0.00000	0.02323	0.05240	0.09494	0.09494	0.05749	0.03472	0.02081	0.01222	0.00674	0.00299	0.00000	
5.00	Q	0.22294	0.25139	0.34401	0.52444	-0.47556	-0.28889	-0.17597	-0.10796	-0.06750	-0.04428	-0.03236	-0.02870	5.00
	V	0.00000	0.00187	0.00350	0.00460	0.00460	0.00490	0.00461	0.00397	0.00311	0.00213	0.00108	0.00000	
	V'	0.01968	0.01794	0.01424	0.00702	0.00702	-0.00044	-0.00496	-0.00768	-0.00930	-0.01023	-0.01071	-0.01085	
	M	0.00000	0.02165	0.04941	0.09110	0.09110	0.05383	0.03173	0.01859	0.01068	0.00579	0.00254	0.00000	
5.25	Q	0.20688	0.23605	0.33179	0.52111	-0.47889	-0.28363	-0.16835	-0.10056	-0.06112	-0.03891	-0.02769	-0.02426	5.25
	V	0.00000	0.00175	0.00329	0.00431	0.00431	0.00458	0.00429	0.00368	0.00288	0.00197	0.00100	0.00000	
	V'	0.01789	0.01683	0.01336	0.00649	0.00649	-0.00059	-0.00478	-0.00724	-0.00867	-0.00947	-0.00988	-0.01000	
	M	0.00000	0.02018	0.04662	0.08752	0.08752	0.05045	0.02903	0.01661	0.00934	0.00498	0.00215	0.00000	
5.50	Q	0.19197	0.22174	0.32030	0.51822	-0.48178	-0.27822	-0.16095	-0.09362	-0.05533	-0.03420	-0.02367	-0.02050	5.50
	V	0.00000	0.00165	0.00309	0.00405	0.00405	0.00428	0.00400	0.00342	0.00267	0.00182	0.00092	0.00000	
	V'	0.01679	0.01581	0.01255	0.00601	0.00601	-0.00072	-0.00460	-0.00682	-0.00809	-0.00879	-0.00913	-0.00924	
	M	0.00000	0.01881	0.04401	0.08417	0.08417	0.04733	0.02657	0.01485	0.00817	0.00427	0.00183	0.00000	
5.75	Q	0.17812	0.20838	0.30946	0.51571	-0.48429	-0.27270	-0.15378	-0.08713	-0.05008	-0.03005	-0.02024	-0.01730	5.75
	V	0.00000	0.00155	0.00290	0.00381	0.00381	0.00401	0.00373	0.00318	0.00247	0.00169	0.00085	0.00000	
	V'	0.01578	0.01487	0.01181	0.00557	0.00557	-0.00083	-0.00442	-0.00644	-0.00756	-0.00816	-0.00846	-0.00855	
	M	0.00000	0.01754	0.04158	0.08104	0.08104	0.04445	0.02435	0.01329	0.00715	0.00367	0.00155	0.00000	
6.00	Q	0.16526	0.19591	0.29923	0.51355	-0.48645	-0.26711	-0.14685	-0.08105	-0.04533	-0.02641	-0.01729	-0.01459	6.00
	V	0.00000	0.00146	0.00273	0.00358	0.00358	0.00377	0.00349	0.00296	0.00230	0.00156	0.00079	0.00000	
	V'	0.01485	0.01400	0.01113	0.00518	0.00518	-0.00091	-0.00425	-0.00608	-0.00707	-0.00760	-0.00785	-0.00793	
	M	0.00000	0.01635	0.03930	0.07811	0.07811	0.04179	0.02234	0.01190	0.00626	0.00315	0.00131	0.00000	
6.25	Q	0.15333	0.18427	0.28955	0.51168	-0.48832	-0.26148	-0.14015	-0.07538	-0.04102	-0.02321	-0.01477	-0.01229	6.25
	V	0.00000	0.00137	0.00258	0.00338	0.00338	0.00354	0.00327	0.00277	0.00214	0.00146	0.00073	0.00000	
	V'	0.01399	0.01320	0.01051	0.00482	0.00482	-0.00099	-0.00409	-0.00575	-0.00663	-0.00709	-0.00730	-0.00737	
	M	0.00000	0.01525	0.03717	0.07536	0.07536	0.03933	0.02051	0.01066	0.00548	0.00271	0.00111	0.00000	
6.50	Q	0.14226	0.17338	0.28038	0.51007	-0.48993	-0.25584	-0.13371	-0.07008	-0.03712	-0.02041	-0.01262	-0.01035	6.50
	V	0.00000	0.00130	0.00243	0.00319	0.00319	0.00333	0.00306	0.00259	0.00200	0.00136	0.00068	0.00000	
	V'	0.01320	0.01246	0.00993	0.00450	0.00450	-0.00105	-0.00394	-0.00544	-0.00622	-0.00662	-0.00680	-0.00686	
	M	0.00000	0.01422	0.03518	0.07278	0.07278	0.03705	0.01885	0.00956	0.00481	0.00232	0.00094	0.00000	
6.75	Q	0.13198	0.16321	0.27167	0.50867	-0.49133	-0.25022	-0.12751	-0.06514	-0.03359	-0.01794	-0.01078	-0.00872	6.75
	V	0.00000	0.00122	0.00230	0.00301	0.00301	0.00314	0.00288	0.00242	0.00187	0.00127	0.00064	0.00000	
	V'	0.01247	0.01178	0.00940	0.00420	0.00420	-0.00109	-0.00379	-0.00515	-0.00585	-0.00619	-0.00635	-0.00639	
	M	0.00000	0.01327	0.03331	0.07035	0.07035	0.03493	0.01733	0.00858	0.00421	0.00200	0.00079	0.00000	
7.00	Q	0.12245	0.15370	0.26338	0.50747	-0.49253	-0.24462	-0.12156	-0.06053	-0.03040	-0.01578	-0.00921	-0.00733	7.00
	V	0.00000	0.00116	0.00218	0.00285	0.00285	0.00296	0.00271	0.00227	0.00175	0.00118	0.00060	0.00000	
	V'	0.01179	0.01115	0.00891	0.00393	0.00393	-0.00113	-0.00364	-0.00489	-0.00550	-0.00580	-0.00593	-0.00597	
	M	0.00000	0.01238	0.03156	0.06807	0.06807	0.03297	0.01596	0.00771	0.00370	0.00171	0.00067	0.00000	
7.25	Q	0.11360	0.14479	0.25548	0.50643	-0.49357	-0.23908	-0.11585	-0.05624	-0.02751	-0.01388	-0.00786	-0.00617	7.25
	V	0.00000	0.00110	0.00206	0.00270	0.00270	0.00280	0.00255	0.00214	0.00164	0.00111	0.00056	0.00000	
	V'	0.01116	0.01056	0.00846	0.00368	0.00368	-0.00116	-0.00350	-0.00464	-0.00518	-0.00544	-0.00556	-0.00559	
BETA	X/L =	0.00	0.10	0.20	L 0.30	R 0.30	0.40	0.50	0.60	0.70	0.80	0.90	1.00	BETA

XP/L = 0.30

FUNKTIONEN : F.P;M - F.P;Q - F.P;V - F.P;V'

ZUGSTAEBE -399-

FUNKTIONEN : F.PIM - F.PIQ - F.PIV - F.PIV'

XP/L = 0.30

BETA	X/L =	0.00	0.10	0.20	L 0.30	R 0.30	0.40	0.50	0.60	0.70	0.80	0.90	1.00	BETA
	M	0.00000	0.01156	0.02992	0.06592	0.06592	0.03114	0.01470	0.00693	0.00325	0.00147	0.00057	0.00000	
7.50	Q	0.10540	0.13645	0.24794	0.50554	-0.49446	-0.23359	-0.11039	-0.05224	-0.02489	-0.01221	-0.00672	-0.00519	7.50
	V	0.00000	0.00104	0.00196	0.00256	0.00256	0.00265	0.00241	0.00201	0.00154	0.00104	0.00052	0.00000	
	V'	0.01057	0.01002	0.00804	0.00346	0.00346	-0.00118	-0.00337	-0.00440	-0.00489	-0.00512	-0.00521	-0.00524	
	M	0.00000	0.01079	0.02838	0.06390	0.06390	0.02944	0.01356	0.00624	0.00285	0.00127	0.00048	0.00000	
7.75	Q	0.09778	0.12865	0.24072	0.50477	-0.49523	-0.22817	-0.10515	-0.04852	-0.02252	-0.01074	-0.00574	-0.00436	7.75
	V	0.00000	0.00099	0.00186	0.00243	0.00243	0.00251	0.00227	0.00189	0.00145	0.00098	0.00049	0.00000	
	V'	0.01003	0.00951	0.00765	0.00325	0.00325	-0.00120	-0.00324	-0.00419	-0.00462	-0.00482	-0.00490	-0.00492	
	M	0.00000	0.01007	0.02694	0.06198	0.06198	0.02785	0.01251	0.00561	0.00251	0.00109	0.00041	0.00000	
8.00	Q	0.09072	0.12133	0.23382	0.50411	-0.49589	-0.22283	-0.10015	-0.04506	-0.02038	-0.00945	-0.00490	-0.00367	8.00
	V	0.00000	0.00094	0.00177	0.00231	0.00231	0.00238	0.00215	0.00179	0.00137	0.00092	0.00046	0.00000	
	V'	0.00952	0.00904	0.00728	0.00306	0.00306	-0.00121	-0.00312	-0.00398	-0.00437	-0.00454	-0.00461	-0.00463	
	M	0.00000	0.00940	0.02558	0.06018	0.06018	0.02637	0.01155	0.00506	0.00220	0.00094	0.00034	0.00000	
8.25	Q	0.08416	0.11447	0.22720	0.50354	-0.49646	-0.21758	-0.09537	-0.04184	-0.01844	-0.00832	-0.00419	-0.00308	8.25
	V	0.00000	0.00089	0.00168	0.00220	0.00220	0.00226	0.00203	0.00169	0.00129	0.00087	0.00044	0.00000	
	V'	0.00905	0.00860	0.00695	0.00289	0.00289	-0.00121	-0.00301	-0.00379	-0.00414	-0.00429	-0.00435	-0.00436	
	M	0.00000	0.00878	0.02430	0.05846	0.05846	0.02499	0.01068	0.00456	0.00194	0.00081	0.00029	0.00000	
8.50	Q	0.07808	0.10803	0.22084	0.50304	-0.49696	-0.21241	-0.09080	-0.03885	-0.01669	-0.00733	-0.00358	-0.00259	8.50
	V	0.00000	0.00085	0.00160	0.00210	0.00210	0.00215	0.00193	0.00160	0.00122	0.00082	0.00041	0.00000	
	V'	0.00861	0.00819	0.00663	0.00273	0.00273	-0.00121	-0.00290	-0.00361	-0.00392	-0.00405	-0.00410	-0.00412	
	M	0.00000	0.00820	0.02310	0.05684	0.05684	0.02370	0.00988	0.00411	0.00171	0.00069	0.00025	0.00000	
8.75	Q	0.07244	0.10199	0.21472	0.50262	-0.49738	-0.20734	-0.08644	-0.03606	-0.01510	-0.00645	-0.00306	-0.00218	8.75
	V	0.00000	0.00081	0.00153	0.00200	0.00200	0.00204	0.00183	0.00151	0.00115	0.00077	0.00039	0.00000	
	V'	0.00820	0.00781	0.00634	0.00258	0.00258	-0.00121	-0.00279	-0.00345	-0.00372	-0.00383	-0.00388	-0.00389	
	M	0.00000	0.00767	0.02197	0.05530	0.05530	0.02248	0.00914	0.00371	0.00150	0.00060	0.00021	0.00000	
9.00	Q	0.06721	0.09631	0.20884	0.50226	-0.49774	-0.20237	-0.08229	-0.03348	-0.01366	-0.00568	-0.00262	-0.00183	9.00
	V	0.00000	0.00077	0.00146	0.00191	0.00191	0.00194	0.00174	0.00144	0.00109	0.00073	0.00037	0.00000	
	V'	0.00781	0.00745	0.00606	0.00244	0.00244	-0.00121	-0.00269	-0.00329	-0.00354	-0.00363	-0.00367	-0.00368	
	M	0.00000	0.00716	0.02090	0.05384	0.05384	0.02135	0.00847	0.00336	0.00133	0.00051	0.00018	0.00000	
9.25	Q	0.06235	0.09098	0.20317	0.50194	-0.49806	-0.19750	-0.07832	-0.03107	-0.01236	-0.00500	-0.00224	-0.00154	9.25
	V	0.00000	0.00073	0.00139	0.00183	0.00183	0.00185	0.00165	0.00136	0.00104	0.00070	0.00035	0.00000	
	V'	0.00745	0.00712	0.00581	0.00231	0.00231	-0.00120	-0.00259	-0.00314	-0.00336	-0.00345	-0.00348	-0.00349	
	M	0.00000	0.00669	0.01990	0.05246	0.05246	0.02029	0.00785	0.00303	0.00117	0.00044	0.00015	0.00000	
9.50	Q	0.05784	0.08597	0.19770	0.50167	-0.49833	-0.19273	-0.07454	-0.02884	-0.01119	-0.00441	-0.00192	-0.00129	9.50
	V	0.00000	0.00070	0.00133	0.00175	0.00175	0.00177	0.00158	0.00130	0.00098	0.00066	0.00033	0.00000	
	V'	0.00712	0.00680	0.00557	0.00220	0.00220	-0.00119	-0.00250	-0.00300	-0.00320	-0.00328	-0.00330	-0.00331	
	M	0.00000	0.00626	0.01895	0.05113	0.05113	0.01929	0.00727	0.00274	0.00103	0.00038	0.00013	0.00000	
9.75	Q	0.05366	0.08126	0.19241	0.50144	-0.49856	-0.18805	-0.07094	-0.02677	-0.01012	-0.00388	-0.00164	-0.00108	9.75
	V	0.00000	0.00067	0.00127	0.00167	0.00167	0.00169	0.00150	0.00123	0.00094	0.00063	0.00031	0.00000	
	V'	0.00680	0.00651	0.00534	0.00209	0.00209	-0.00118	-0.00241	-0.00287	-0.00305	-0.00311	-0.00314	-0.00314	
BETA	X/L =	0.00	0.10	0.20	L 0.30	R 0.30	0.40	0.50	0.60	0.70	0.80	0.90	1.00	BETA

XP/L = 0.30

FUNKTIONEN : F.PIM - F.PIQ - F.PIV - F.PIV'

FUNKTIONEN : F.PIM - F.PIQ - F.PIV - F.PIV'

XP/L = 0.30

BETA	X/L =	0.00	0.10	0.20	L 0.30	R 0.30	0.40	0.50	0.60	0.70	0.80	0.90	1.00	BETA
	M	0.00000	0.00585	0.01806	0.04988	0.04988	0.01835	0.00675	0.00248	0.00091	0.00033	0.00011	0.00000	
10.00	Q	0.04979	0.07683	0.18731	0.50124	-0.49876	-0.18348	-0.06750	-0.02484	-0.00916	-0.00342	-0.00140	-0.00091	10.00
	V	0.00000	0.00064	0.00122	0.00160	0.00160	0.00162	0.00143	0.00118	0.00089	0.00060	0.00030	0.00000	
	V'	0.00650	0.00623	0.00513	0.00199	0.00199	-0.00117	-0.00232	-0.00275	-0.00291	-0.00297	-0.00299	-0.00299	
	M	0.00000	0.00547	0.01721	0.04868	0.04868	0.01746	0.00627	0.00225	0.00080	0.00028	0.00009	0.00000	
10.25	Q	0.04619	0.07265	0.18237	0.50107	-0.49893	-0.17902	-0.06423	-0.02305	-0.00829	-0.00302	-0.00120	-0.00076	10.25
	V	0.00000	0.00061	0.00117	0.00154	0.00154	0.00155	0.00137	0.00112	0.00085	0.00057	0.00028	0.00000	
	V'	0.00622	0.00597	0.00493	0.00189	0.00189	-0.00115	-0.00224	-0.00264	-0.00278	-0.00283	-0.00284	-0.00285	
	M	0.00000	0.00512	0.01641	0.04753	0.04753	0.01663	0.00582	0.00204	0.00071	0.00025	0.00008	0.00000	
10.50	Q	0.04285	0.06873	0.17759	0.50092	-0.49908	-0.17465	-0.06112	-0.02139	-0.00750	-0.00266	-0.00103	-0.00064	10.50
	V	0.00000	0.00059	0.00112	0.00147	0.00147	0.00148	0.00131	0.00107	0.00081	0.00054	0.00027	0.00000	
	V'	0.00596	0.00573	0.00474	0.00181	0.00181	-0.00114	-0.00217	-0.00253	-0.00265	-0.00270	-0.00271	-0.00272	
	M	0.00000	0.00479	0.01566	0.04644	0.04644	0.01585	0.00541	0.00185	0.00063	0.00021	0.00006	0.00000	
10.75	Q	0.03976	0.06503	0.17296	0.50079	-0.49921	-0.17038	-0.05815	-0.01985	-0.00678	-0.00234	-0.00088	-0.00054	10.75
	V	0.00000	0.00056	0.00108	0.00142	0.00142	0.00142	0.00125	0.00102	0.00077	0.00052	0.00026	0.00000	
	V'	0.00571	0.00549	0.00456	0.00172	0.00172	-0.00112	-0.00209	-0.00242	-0.00254	-0.00258	-0.00259	-0.00259	
	M	0.00000	0.00448	0.01494	0.04539	0.04539	0.01511	0.00503	0.00167	0.00056	0.00018	0.00005	0.00000	
11.00	Q	0.03688	0.06154	0.16848	0.50068	-0.49932	-0.16621	-0.05533	-0.01842	-0.00614	-0.00207	-0.00075	-0.00045	11.00
	V	0.00000	0.00054	0.00103	0.00136	0.00136	0.00136	0.00120	0.00098	0.00074	0.00049	0.00025	0.00000	
	V'	0.00548	0.00528	0.00439	0.00165	0.00165	-0.00111	-0.00202	-0.00233	-0.00243	-0.00246	-0.00247	-0.00248	
	M	0.00000	0.00419	0.01427	0.04439	0.04439	0.01441	0.00468	0.00152	0.00049	0.00016	0.00005	0.00000	
11.25	Q	0.03422	0.05825	0.16413	0.50059	-0.49941	-0.16214	-0.05264	-0.01709	-0.00555	-0.00182	-0.00065	-0.00038	11.25
	V	0.00000	0.00052	0.00099	0.00131	0.00131	0.00131	0.00115	0.00094	0.00071	0.00047	0.00024	0.00000	
	V'	0.00526	0.00507	0.00423	0.00158	0.00158	-0.00109	-0.00195	-0.00224	-0.00233	-0.00236	-0.00237	-0.00237	
	M	0.00000	0.00392	0.01363	0.04343	0.04343	0.01375	0.00435	0.00138	0.00044	0.00014	0.00004	0.00000	
11.50	Q	0.03175	0.05516	0.15991	0.50050	-0.49950	-0.15816	-0.05008	-0.01586	-0.00503	-0.00161	-0.00055	-0.00032	11.50
	V	0.00000	0.00050	0.00096	0.00126	0.00126	0.00126	0.00110	0.00090	0.00068	0.00045	0.00023	0.00000	
	V'	0.00505	0.00488	0.00408	0.00151	0.00151	-0.00107	-0.00189	-0.00215	-0.00223	-0.00226	-0.00226	-0.00227	
	M	0.00000	0.00367	0.01302	0.04252	0.04252	0.01313	0.00405	0.00125	0.00039	0.00012	0.00003	0.00000	
11.75	Q	0.02945	0.05223	0.15581	0.50043	-0.49957	-0.15428	-0.04764	-0.01471	-0.00455	-0.00142	-0.00047	-0.00027	11.75
	V	0.00000	0.00048	0.00092	0.00121	0.00121	0.00121	0.00106	0.00086	0.00065	0.00043	0.00022	0.00000	
	V'	0.00486	0.00469	0.00394	0.00145	0.00145	-0.00106	-0.00183	-0.00207	-0.00214	-0.00216	-0.00217	-0.00217	
	M	0.00000	0.00344	0.01245	0.04164	0.04164	0.01254	0.00378	0.00114	0.00034	0.00010	0.00003	0.00000	
12.00	Q	0.02732	0.04947	0.15184	0.50037	-0.49963	-0.15048	-0.04533	-0.01365	-0.00411	-0.00125	-0.00041	-0.00022	12.00
	V	0.00000	0.00046	0.00089	0.00117	0.00117	0.00116	0.00102	0.00083	0.00062	0.00042	0.00021	0.00000	
	V'	0.00467	0.00452	0.00381	0.00139	0.00139	-0.00104	-0.00177	-0.00199	-0.00205	-0.00207	-0.00208	-0.00208	
	M	0.00000	0.00322	0.01190	0.04079	0.04079	0.01198	0.00352	0.00103	0.00030	0.00009	0.00002	0.00000	
12.25	Q	0.02535	0.04687	0.14797	0.50032	-0.49968	-0.14678	-0.04312	-0.01267	-0.00372	-0.00110	-0.00035	-0.00019	12.25
	V	0.00000	0.00045	0.00085	0.00113	0.00113	0.00112	0.00098	0.00079	0.00060	0.00040	0.00020	0.00000	
	V'	0.00450	0.00435	0.00368	0.00133	0.00133	-0.00102	-0.00171	-0.00191	-0.00197	-0.00199	-0.00200	-0.00200	
BETA	X/L =	0.00	0.10	0.20	L 0.30	R 0.30	0.40	0.50	0.60	0.70	0.80	0.90	1.00	BETA

XP/L = 0.30

FUNKTIONEN : F.PIM - F.PIQ - F.PIV - F.PIV'

FUNKTIONEN : F.PIM - F.PIQ - F.PIV - F.PIV'

XP/L = 0.30

BETA	X/L =	0.00	0.10	0.20	L 0.30	R 0.30	0.40	0.50	0.60	0.70	0.80	0.90	1.00	BETA
	M	0.00000	0.00301	0.01138	0.03998	0.03998	0.01145	0.00328	0.00094	0.00027	0.00008	0.00002	0.00000	
12.50	Q	0.02352	0.04441	0.14422	0.50028	-0.49972	-0.14317	-0.04102	-0.01175	-0.00337	-0.00097	-0.00030	-0.00016	12.50
	V	0.00000	0.00043	0.00082	0.00109	0.00109	0.00108	0.00094	0.00076	0.00057	0.00038	0.00019	0.00000	
	V'	0.00433	0.00420	0.00356	0.00128	0.00128	-0.00100	-0.00166	-0.00184	-0.00190	-0.00191	-0.00192	-0.00192	
	M	0.00000	0.00282	0.01089	0.03920	0.03920	0.01095	0.00306	0.00086	0.00024	0.00007	0.00002	0.00000	
12.75	Q	0.02182	0.04209	0.14057	0.50024	-0.49976	-0.13965	-0.03902	-0.01090	-0.00305	-0.00086	-0.00026	-0.00013	12.75
	V	0.00000	0.00041	0.00079	0.00105	0.00105	0.00104	0.00090	0.00073	0.00055	0.00037	0.00018	0.00000	
	V'	0.00417	0.00405	0.00344	0.00123	0.00123	-0.00099	-0.00161	-0.00178	-0.00183	-0.00184	-0.00184	-0.00184	
	M	0.00000	0.00264	0.01042	0.03845	0.03845	0.01048	0.00286	0.00078	0.00021	0.00006	0.00001	0.00000	
13.00	Q	0.02024	0.03990	0.13702	0.50020	-0.49980	-0.13621	-0.03712	-0.01012	-0.00276	-0.00076	-0.00022	-0.00011	13.00
	V	0.00000	0.00040	0.00077	0.00102	0.00102	0.00100	0.00087	0.00071	0.00053	0.00035	0.00018	0.00000	
	V'	0.00402	0.00391	0.00333	0.00118	0.00118	-0.00097	-0.00156	-0.00172	-0.00176	-0.00177	-0.00177	-0.00177	
	M	0.00000	0.00248	0.00998	0.03772	0.03772	0.01003	0.00267	0.00071	0.00019	0.00005	0.00001	0.00000	
13.25	Q	0.01878	0.03782	0.13356	0.50018	-0.49982	-0.13285	-0.03531	-0.00939	-0.00250	-0.00067	-0.00019	-0.00009	13.25
	V	0.00000	0.00038	0.00074	0.00098	0.00098	0.00097	0.00084	0.00068	0.00051	0.00034	0.00017	0.00000	
	V'	0.00388	0.00377	0.00323	0.00114	0.00114	-0.00095	-0.00151	-0.00166	-0.00169	-0.00170	-0.00171	-0.00171	
	M	0.00000	0.00232	0.00956	0.03703	0.03703	0.00960	0.00249	0.00065	0.00017	0.00004	0.00001	0.00000	
13.50	Q	0.01742	0.03586	0.13021	0.50015	-0.49985	-0.12958	-0.03359	-0.00871	-0.00226	-0.00059	-0.00016	-0.00008	13.50
	V	0.00000	0.00037	0.00072	0.00095	0.00095	0.00093	0.00081	0.00065	0.00049	0.00033	0.00016	0.00000	
	V'	0.00375	0.00364	0.00313	0.00110	0.00110	-0.00094	-0.00146	-0.00160	-0.00163	-0.00164	-0.00165	-0.00165	
	M	0.00000	0.00218	0.00916	0.03635	0.03635	0.00919	0.00232	0.00059	0.00015	0.00004	0.00001	0.00000	
13.75	Q	0.01616	0.03401	0.12694	0.50013	-0.49987	-0.12639	-0.03196	-0.00808	-0.00204	-0.00052	-0.00014	-0.00007	13.75
	V	0.00000	0.00036	0.00069	0.00092	0.00092	0.00090	0.00078	0.00063	0.00048	0.00032	0.00016	0.00000	
	V'	0.00362	0.00352	0.00303	0.00106	0.00106	-0.00092	-0.00142	-0.00154	-0.00158	-0.00158	-0.00159	-0.00159	
	M	0.00000	0.00204	0.00877	0.03571	0.03571	0.00881	0.00217	0.00054	0.00013	0.00003	0.00001	0.00000	
14.00	Q	0.01500	0.03225	0.12375	0.50011	-0.49989	-0.12327	-0.03040	-0.00750	-0.00185	-0.00046	-0.00012	-0.00006	14.00
	V	0.00000	0.00035	0.00067	0.00089	0.00089	0.00087	0.00075	0.00061	0.00046	0.00031	0.00015	0.00000	
	V'	0.00349	0.00341	0.00294	0.00102	0.00102	-0.00090	-0.00138	-0.00149	-0.00152	-0.00153	-0.00153	-0.00153	
	M	0.00000	0.00191	0.00841	0.03508	0.03508	0.00844	0.00203	0.00049	0.00012	0.00003	0.00001	0.00000	
14.25	Q	0.01391	0.03060	0.12066	0.50010	-0.49990	-0.12023	-0.02892	-0.00695	-0.00167	-0.00040	-0.00010	-0.00005	14.25
	V	0.00000	0.00034	0.00065	0.00086	0.00086	0.00084	0.00073	0.00059	0.00044	0.00030	0.00015	0.00000	
	V'	0.00338	0.00330	0.00285	0.00098	0.00098	-0.00089	-0.00133	-0.00144	-0.00147	-0.00148	-0.00148	-0.00148	
	M	0.00000	0.00179	0.00806	0.03448	0.03448	0.00809	0.00190	0.00044	0.00010	0.00002	0.00001	0.00000	
14.50	Q	0.01291	0.02903	0.11764	0.50008	-0.49992	-0.11727	-0.02751	-0.00645	-0.00151	-0.00036	-0.00009	-0.00004	14.50
	V	0.00000	0.00032	0.00063	0.00083	0.00083	0.00082	0.00070	0.00057	0.00043	0.00029	0.00014	0.00000	
	V'	0.00327	0.00319	0.00277	0.00095	0.00095	-0.00087	-0.00130	-0.00140	-0.00142	-0.00143	-0.00143	-0.00143	
	M	0.00000	0.00168	0.00773	0.03389	0.03389	0.00775	0.00177	0.00041	0.00009	0.00002	0.00000	0.00000	
14.75	Q	0.01197	0.02754	0.11470	0.50007	-0.49993	-0.11437	-0.02617	-0.00599	-0.00137	-0.00031	-0.00008	-0.00003	14.75
	V	0.00000	0.00031	0.00061	0.00081	0.00081	0.00079	0.00068	0.00055	0.00041	0.00028	0.00014	0.00000	
	V'	0.00316	0.00309	0.00269	0.00092	0.00092	-0.00085	-0.00126	-0.00135	-0.00137	-0.00138	-0.00138	-0.00138	
BETA	X/L =	0.00	0.10	0.20	L 0.30	R 0.30	0.40	0.50	0.60	0.70	0.80	0.90	1.00	BETA

XP/L = 0.30

FUNKTIONEN : F.PIM - F.PIQ - F.PIV - F.PIV'

FUNKTIONEN : F.P;M - F.P;Q - F.P;V - F.P;V'

XP/L = 0.30

BETA	X/L =	0.00	0.10	0.20	L 0.30	R 0.30	0.40	0.50	0.60	0.70	0.80	0.90	1.00	BETA
15.00	M	0.00000	0.00158	0.00742	0.03333	0.03333	0.00744	0.00166	0.00037	0.00008	0.00002	0.00000	0.00000	15.00
	Q	0.01111	0.02613	0.11184	0.50006	-0.49994	-0.11155	-0.02489	-0.00555	-0.00124	-0.00028	-0.00006	-0.00003	
	V	0.00000	0.00030	0.00059	0.00079	0.00079	0.00077	0.00066	0.00053	0.00040	0.00027	0.00013	0.00000	
	V'	0.00306	0.00299	0.00261	0.00089	0.00089	-0.00084	-0.00122	-0.00131	-0.00133	-0.00133	-0.00133	-0.00133	
15.25	M	0.00000	0.00148	0.00712	0.03278	0.03278	0.00713	0.00155	0.00034	0.00007	0.00002	0.00000	0.00000	15.25
	Q	0.01031	0.02480	0.10905	0.50005	-0.49995	-0.10880	-0.02368	-0.00515	-0.00112	-0.00024	-0.00006	-0.00002	
	V	0.00000	0.00029	0.00057	0.00076	0.00076	0.00074	0.00064	0.00051	0.00039	0.00026	0.00013	0.00000	
	V'	0.00297	0.00290	0.00254	0.00086	0.00086	-0.00082	-0.00119	-0.00127	-0.00129	-0.00129	-0.00129	-0.00129	
15.50	M	0.00000	0.00139	0.00683	0.03226	0.03226	0.00685	0.00145	0.00031	0.00007	0.00001	0.00000	0.00000	15.50
	Q	0.00956	0.02354	0.10634	0.50005	-0.49995	-0.10611	-0.02252	-0.00478	-0.00101	-0.00022	-0.00005	-0.00002	
	V	0.00000	0.00029	0.00055	0.00074	0.00074	0.00072	0.00062	0.00050	0.00037	0.00025	0.00012	0.00000	
	V'	0.00287	0.00282	0.00247	0.00083	0.00083	-0.00081	-0.00115	-0.00123	-0.00124	-0.00125	-0.00125	-0.00125	
15.75	M	0.00000	0.00130	0.00656	0.03174	0.03174	0.00657	0.00136	0.00028	0.00006	0.00001	0.00000	0.00000	15.75
	Q	0.00887	0.02234	0.10369	0.50004	-0.49996	-0.10350	-0.02142	-0.00444	-0.00092	-0.00019	-0.00004	-0.00002	
	V	0.00000	0.00028	0.00054	0.00072	0.00072	0.00070	0.00060	0.00048	0.00036	0.00024	0.00012	0.00000	
	V'	0.00279	0.00273	0.00240	0.00081	0.00081	-0.00079	-0.00112	-0.00119	-0.00121	-0.00121	-0.00121	-0.00121	
16.00	M	0.00000	0.00122	0.00630	0.03125	0.03125	0.00631	0.00127	0.00026	0.00005	0.00001	0.00000	0.00000	16.00
	Q	0.00823	0.02121	0.10112	0.50003	-0.49997	-0.10094	-0.02038	-0.00411	-0.00083	-0.00017	-0.00004	-0.00001	
	V	0.00000	0.00027	0.00052	0.00070	0.00070	0.00068	0.00058	0.00047	0.00035	0.00023	0.00012	0.00000	
	V'	0.00270	0.00265	0.00234	0.00078	0.00078	-0.00078	-0.00109	-0.00116	-0.00117	-0.00117	-0.00117	-0.00117	
16.25	M	0.00000	0.00115	0.00605	0.03077	0.03077	0.00606	0.00119	0.00023	0.00005	0.00001	0.00000	0.00000	16.25
	Q	0.00764	0.02014	0.09860	0.50003	-0.49997	-0.09845	-0.01939	-0.00382	-0.00075	-0.00015	-0.00003	-0.00001	
	V	0.00000	0.00026	0.00051	0.00068	0.00068	0.00066	0.00056	0.00045	0.00034	0.00023	0.00011	0.00000	
	V'	0.00262	0.00257	0.00228	0.00076	0.00076	-0.00076	-0.00106	-0.00112	-0.00113	-0.00114	-0.00114	-0.00114	
16.50	M	0.00000	0.00108	0.00581	0.03030	0.03030	0.00582	0.00112	0.00021	0.00004	0.00001	0.00000	0.00000	16.50
	Q	0.00708	0.01912	0.09616	0.50003	-0.49997	-0.09602	-0.01844	-0.00354	-0.00068	-0.00013	-0.00003	-0.00001	
	V	0.00000	0.00025	0.00049	0.00066	0.00066	0.00064	0.00055	0.00044	0.00033	0.00022	0.00011	0.00000	
	V'	0.00255	0.00250	0.00222	0.00073	0.00073	-0.00075	-0.00103	-0.00109	-0.00110	-0.00110	-0.00110	-0.00110	
16.75	M	0.00000	0.00101	0.00558	0.02985	0.02985	0.00559	0.00105	0.00020	0.00004	0.00001	0.00000	0.00000	16.75
	Q	0.00657	0.01816	0.09377	0.50002	-0.49998	-0.09365	-0.01754	-0.00329	-0.00062	-0.00012	-0.00002	-0.00001	
	V	0.00000	0.00025	0.00048	0.00064	0.00064	0.00062	0.00053	0.00043	0.00032	0.00021	0.00011	0.00000	
	V'	0.00247	0.00243	0.00216	0.00071	0.00071	-0.00074	-0.00101	-0.00106	-0.00107	-0.00107	-0.00107	-0.00107	
17.00	M	0.00000	0.00095	0.00537	0.02941	0.02941	0.00537	0.00098	0.00018	0.00003	0.00001	0.00000	0.00000	17.00
	Q	0.00610	0.01724	0.09144	0.50002	-0.49998	-0.09134	-0.01669	-0.00305	-0.00056	-0.00010	-0.00002	-0.00001	
	V	0.00000	0.00024	0.00047	0.00062	0.00062	0.00060	0.00052	0.00041	0.00031	0.00021	0.00010	0.00000	
	V'	0.00240	0.00236	0.00211	0.00069	0.00069	-0.00072	-0.00098	-0.00103	-0.00104	-0.00104	-0.00104	-0.00104	
17.25	M	0.00000	0.00089	0.00516	0.02898	0.02898	0.00516	0.00092	0.00016	0.00003	0.00001	0.00000	0.00000	17.25
	Q	0.00566	0.01638	0.08918	0.50002	-0.49998	-0.08908	-0.01587	-0.00283	-0.00050	-0.00009	-0.00002	-0.00001	
	V	0.00000	0.00023	0.00045	0.00061	0.00061	0.00059	0.00050	0.00040	0.00030	0.00020	0.00010	0.00000	
	V'	0.00233	0.00230	0.00205	0.00067	0.00067	-0.00071	-0.00095	-0.00100	-0.00101	-0.00101	-0.00101	-0.00101	
BETA	X/L =	0.00	0.10	0.20	L 0.30	R 0.30	0.40	0.50	0.60	0.70	0.80	0.90	1.00	BETA

XP/L = 0.30

FUNKTIONEN : F.P;M - F.P;Q - F.P;V - F.P;V'

FUNKTIONEN : F.P;M - F.P;Q - F.P;V - F.P;V'

XP/L = 0.30

BETA	X/L =	0.00	0.10	0.20	L 0.30	R 0.30	0.40	0.50	0.60	0.70	0.80	0.90	1.00	BETA
	M	0.00000	0.00084	0.00496	0.02857	0.02857	0.00496	0.00086	0.00015	0.00003	0.00000	0.00000	0.00000	
17.50	Q	0.00525	0.01555	0.08697	0.50001	-0.49999	-0.08688	-0.01510	-0.00262	-0.00046	-0.00008	-0.00001	-0.00000	17.50
	V	0.00000	0.00023	0.00044	0.00059	0.00059	0.00057	0.00049	0.00039	0.00029	0.00020	0.00010	0.00000	
	V'	0.00227	0.00223	0.00200	0.00065	0.00065	-0.00070	-0.00093	-0.00097	-0.00098	-0.00098	-0.00098	-0.00098	
	M	0.00000	0.00079	0.00477	0.02817	0.02817	0.00477	0.00081	0.00014	0.00002	0.00000	0.00000	0.00000	
17.75	Q	0.00487	0.01477	0.08481	0.50001	-0.49999	-0.08474	-0.01436	-0.00243	-0.00041	-0.00007	-0.00001	-0.00000	17.75
	V	0.00000	0.00022	0.00043	0.00058	0.00058	0.00056	0.00047	0.00038	0.00029	0.00019	0.00010	0.00000	
	V'	0.00221	0.00217	0.00195	0.00063	0.00063	-0.00068	-0.00091	-0.00094	-0.00095	-0.00095	-0.00095	-0.00095	
	M	0.00000	0.00074	0.00459	0.02778	0.02778	0.00459	0.00076	0.00013	0.00002	0.00000	0.00000	0.00000	
18.00	Q	0.00452	0.01404	0.08271	0.50001	-0.49999	-0.08265	-0.01366	-0.00226	-0.00037	-0.00006	-0.00001	-0.00000	18.00
	V	0.00000	0.00021	0.00042	0.00056	0.00056	0.00054	0.00046	0.00037	0.00028	0.00019	0.00009	0.00000	
	V'	0.00215	0.00212	0.00191	0.00062	0.00062	-0.00067	-0.00088	-0.00092	-0.00092	-0.00093	-0.00093	-0.00093	
	M	0.00000	0.00069	0.00441	0.02740	0.02740	0.00442	0.00071	0.00011	0.00002	0.00000	0.00000	0.00000	
18.25	Q	0.00419	0.01333	0.08066	0.50001	-0.49999	-0.08061	-0.01300	-0.00210	-0.00034	-0.00005	-0.00001	-0.00000	18.25
	V	0.00000	0.00021	0.00041	0.00055	0.00055	0.00053	0.00045	0.00036	0.00027	0.00018	0.00009	0.00000	
	V'	0.00209	0.00206	0.00186	0.00060	0.00060	-0.00066	-0.00086	-0.00089	-0.00090	-0.00090	-0.00090	-0.00090	
	M	0.00000	0.00065	0.00425	0.02703	0.02703	0.00425	0.00067	0.00011	0.00002	0.00000	0.00000	0.00000	
18.50	Q	0.00389	0.01267	0.07867	0.50001	-0.49999	-0.07862	-0.01236	-0.00194	-0.00031	-0.00005	-0.00001	-0.00000	18.50
	V	0.00000	0.00020	0.00040	0.00053	0.00053	0.00051	0.00044	0.00035	0.00026	0.00018	0.00009	0.00000	
	V'	0.00203	0.00201	0.00182	0.00058	0.00058	-0.00065	-0.00084	-0.00087	-0.00088	-0.00088	-0.00088	-0.00088	
	M	0.00000	0.00061	0.00409	0.02667	0.02667	0.00409	0.00063	0.00010	0.00001	0.00000	0.00000	0.00000	
18.75	Q	0.00361	0.01204	0.07672	0.50001	-0.49999	-0.07668	-0.01176	-0.00180	-0.00028	-0.00004	-0.00001	-0.00000	18.75
	V	0.00000	0.00020	0.00039	0.00052	0.00052	0.00050	0.00042	0.00034	0.00026	0.00017	0.00009	0.00000	
	V'	0.00198	0.00196	0.00177	0.00057	0.00057	-0.00064	-0.00082	-0.00085	-0.00085	-0.00085	-0.00085	-0.00085	
	M	0.00000	0.00058	0.00393	0.02632	0.02632	0.00394	0.00059	0.00009	0.00001	0.00000	0.00000	0.00000	
19.00	Q	0.00335	0.01144	0.07482	0.50001	-0.49999	-0.07478	-0.01119	-0.00167	-0.00025	-0.00004	-0.00001	-0.00000	19.00
	V	0.00000	0.00019	0.00038	0.00051	0.00051	0.00049	0.00041	0.00033	0.00025	0.00017	0.00008	0.00000	
	V'	0.00193	0.00191	0.00173	0.00055	0.00055	-0.00062	-0.00080	-0.00083	-0.00083	-0.00083	-0.00083	-0.00083	
	M	0.00000	0.00054	0.00379	0.02597	0.02597	0.00379	0.00055	0.00008	0.00001	0.00000	0.00000	0.00000	
19.25	Q	0.00310	0.01087	0.07297	0.50000	-0.50000	-0.07294	-0.01064	-0.00155	-0.00023	-0.00003	-0.00000	-0.00000	19.25
	V	0.00000	0.00019	0.00037	0.00050	0.00050	0.00048	0.00040	0.00032	0.00024	0.00016	0.00008	0.00000	
	V'	0.00188	0.00186	0.00169	0.00054	0.00054	-0.00061	-0.00078	-0.00081	-0.00081	-0.00081	-0.00081	-0.00081	
	M	0.00000	0.00051	0.00365	0.02564	0.02564	0.00365	0.00052	0.00007	0.00001	0.00000	0.00000	0.00000	
19.50	Q	0.00288	0.01033	0.07117	0.50000	-0.50000	-0.07114	-0.01012	-0.00144	-0.00020	-0.00003	-0.00000	-0.00000	19.50
	V	0.00000	0.00018	0.00036	0.00048	0.00048	0.00046	0.00039	0.00032	0.00024	0.00016	0.00008	0.00000	
	V'	0.00183	0.00181	0.00165	0.00053	0.00053	-0.00060	-0.00076	-0.00079	-0.00079	-0.00079	-0.00079	-0.00079	
	M	0.00000	0.00048	0.00351	0.02532	0.02532	0.00351	0.00049	0.00007	0.00001	0.00000	0.00000	0.00000	
19.75	Q	0.00267	0.00981	0.06941	0.50000	-0.50000	-0.06938	-0.00963	-0.00134	-0.00019	-0.00003	-0.00000	-0.00000	19.75
	V	0.00000	0.00018	0.00035	0.00047	0.00047	0.00045	0.00038	0.00031	0.00023	0.00015	0.00008	0.00000	
	V'	0.00179	0.00177	0.00162	0.00051	0.00051	-0.00059	-0.00074	-0.00077	-0.00077	-0.00077	-0.00077	-0.00077	
BETA	X/L =	0.00	0.10	0.20	L 0.30	R 0.30	0.40	0.50	0.60	0.70	0.80	0.90	1.00	BETA

XP/L = 0.30

FUNKTIONEN : F.P;M - F.P;Q - F.P;V - F.P;V'

FUNKTIONEN : F.P;M - F.P;Q - F.P;V - F.P;V'

XP/L = 0.30

BETA	X/L =	0.00	0.10	0.20	L 0.30	R 0.30	0.40	0.50	0.60	0.70	0.80	0.90	1.00	BETA
	M	0.00000	0.00045	0.00338	0.02500	0.02500	0.00338	0.00046	0.00006	0.00001	0.00000	0.00000	0.00000	
20.00	Q	0.00248	0.00933	0.06769	0.50000	-0.50000	-0.06767	-0.00916	-0.00124	-0.00017	-0.00002	-0.00000	-0.00000	20.00
	V	0.00000	0.00017	0.00034	0.00046	0.00046	0.00044	0.00037	0.00030	0.00022	0.00015	0.00007	0.00000	
	V'	0.00174	0.00173	0.00158	0.00050	0.00050	-0.00058	-0.00073	-0.00075	-0.00075	-0.00075	-0.00075	-0.00075	
	M	0.00000	0.00042	0.00326	0.02469	0.02469	0.00326	0.00043	0.00006	0.00001	0.00000	0.00000	0.00000	
20.25	Q	0.00230	0.00886	0.06602	0.50000	-0.50000	-0.06600	-0.00871	-0.00115	-0.00015	-0.00002	-0.00000	-0.00000	20.25
	V	0.00000	0.00017	0.00033	0.00045	0.00045	0.00043	0.00036	0.00029	0.00022	0.00015	0.00007	0.00000	
	V'	0.00170	0.00169	0.00155	0.00049	0.00049	-0.00057	-0.00071	-0.00073	-0.00073	-0.00073	-0.00073	-0.00073	
	M	0.00000	0.00040	0.00314	0.02439	0.02439	0.00314	0.00040	0.00005	0.00001	0.00000	0.00000	0.00000	
20.50	Q	0.00213	0.00842	0.06439	0.50000	-0.50000	-0.06437	-0.00829	-0.00107	-0.00014	-0.00002	-0.00000	-0.00000	20.50
	V	0.00000	0.00017	0.00033	0.00044	0.00044	0.00042	0.00036	0.00029	0.00021	0.00014	0.00007	0.00000	
	V'	0.00166	0.00165	0.00151	0.00048	0.00048	-0.00056	-0.00069	-0.00071	-0.00071	-0.00071	-0.00071	-0.00071	
	M	0.00000	0.00037	0.00302	0.02410	0.02410	0.00303	0.00038	0.00005	0.00001	0.00000	0.00000	0.00000	
20.75	Q	0.00198	0.00801	0.06279	0.50000	-0.50000	-0.06278	-0.00788	-0.00099	-0.00012	-0.00002	-0.00000	-0.00000	20.75
	V	0.00000	0.00016	0.00032	0.00043	0.00043	0.00041	0.00035	0.00028	0.00021	0.00014	0.00007	0.00000	
	V'	0.00162	0.00161	0.00148	0.00046	0.00046	-0.00055	-0.00068	-0.00069	-0.00070	-0.00070	-0.00070	-0.00070	
	M	0.00000	0.00035	0.00291	0.02381	0.02381	0.00292	0.00036	0.00004	0.00001	0.00000	0.00000	0.00000	
21.00	Q	0.00184	0.00761	0.06124	0.50000	-0.50000	-0.06123	-0.00750	-0.00092	-0.00011	-0.00001	-0.00000	-0.00000	21.00
	V	0.00000	0.00016	0.00031	0.00042	0.00042	0.00040	0.00034	0.00027	0.00020	0.00014	0.00007	0.00000	
	V'	0.00158	0.00157	0.00145	0.00045	0.00045	-0.00054	-0.00066	-0.00068	-0.00068	-0.00068	-0.00068	-0.00068	
	M	0.00000	0.00033	0.00281	0.02353	0.02353	0.00281	0.00034	0.00004	0.00000	0.00000	0.00000	0.00000	
21.25	Q	0.00170	0.00723	0.05973	0.50000	-0.50000	-0.05972	-0.00713	-0.00085	-0.00010	-0.00001	-0.00000	-0.00000	21.25
	V	0.00000	0.00015	0.00030	0.00041	0.00041	0.00039	0.00033	0.00027	0.00020	0.00013	0.00007	0.00000	
	V'	0.00155	0.00153	0.00142	0.00044	0.00044	-0.00053	-0.00065	-0.00066	-0.00066	-0.00066	-0.00066	-0.00066	
	M	0.00000	0.00031	0.00271	0.02326	0.02326	0.00271	0.00032	0.00004	0.00000	0.00000	0.00000	0.00000	
21.50	Q	0.00158	0.00688	0.05825	0.50000	-0.50000	-0.05824	-0.00678	-0.00079	-0.00009	-0.00001	-0.00000	-0.00000	21.50
	V	0.00000	0.00015	0.00030	0.00040	0.00040	0.00038	0.00032	0.00026	0.00019	0.00013	0.00006	0.00000	
	V'	0.00151	0.00150	0.00139	0.00043	0.00043	-0.00052	-0.00063	-0.00065	-0.00065	-0.00065	-0.00065	-0.00065	
	M	0.00000	0.00029	0.00261	0.02299	0.02299	0.00261	0.00030	0.00003	0.00000	0.00000	0.00000	0.00000	
21.75	Q	0.00147	0.00654	0.05681	0.50000	-0.50000	-0.05680	-0.00645	-0.00073	-0.00008	-0.00001	-0.00000	-0.00000	21.75
	V	0.00000	0.00015	0.00029	0.00040	0.00040	0.00037	0.00032	0.00025	0.00019	0.00013	0.00006	0.00000	
	V'	0.00148	0.00147	0.00136	0.00042	0.00042	-0.00051	-0.00062	-0.00063	-0.00063	-0.00063	-0.00063	-0.00063	
	M	0.00000	0.00028	0.00252	0.02273	0.02273	0.00252	0.00028	0.00003	0.00000	0.00000	0.00000	0.00000	
22.00	Q	0.00136	0.00621	0.05541	0.50000	-0.50000	-0.05540	-0.00614	-0.00068	-0.00008	-0.00001	-0.00000	-0.00000	22.00
	V	0.00000	0.00014	0.00028	0.00039	0.00039	0.00037	0.00031	0.00025	0.00019	0.00012	0.00006	0.00000	
	V'	0.00144	0.00143	0.00133	0.00041	0.00041	-0.00051	-0.00061	-0.00062	-0.00062	-0.00062	-0.00062	-0.00062	
	M	0.00000	0.00026	0.00243	0.02247	0.02247	0.00243	0.00026	0.00003	0.00000	0.00000	0.00000	0.00000	
22.25	Q	0.00126	0.00591	0.05404	0.50000	-0.50000	-0.05403	-0.00584	-0.00063	-0.00007	-0.00001	-0.00000	-0.00000	22.25
	V	0.00000	0.00014	0.00028	0.00038	0.00038	0.00036	0.00030	0.00024	0.00018	0.00012	0.00006	0.00000	
	V'	0.00141	0.00140	0.00130	0.00040	0.00040	-0.00050	-0.00059	-0.00060	-0.00061	-0.00061	-0.00061	-0.00061	
BETA	X/L =	0.00	0.10	0.20	L 0.30	R 0.30	0.40	0.50	0.60	0.70	0.80	0.90	1.00	BETA

XP/L = 0.30

FUNKTIONEN : F.P;M - F.P;Q - F.P;V - F.P;V'

ZUGSTAEBE -405-

FUNKTIONEN : F.P;M - F.P;Q - F.P;V - F.P;V'

XP/L = 0.30

BETA	X/L =	0.00	0.10	0.20	L 0.30	R 0.30	0.40	0.50	0.60	0.70	0.80	0.90	1.00	BETA
	M	0.00000	0.00024	0.00234	0.02222	0.02222	0.00234	0.00025	0.00003	0.00000	0.00000	0.00000	0.00000	
22.50	Q	0.00117	0.00562	0.05271	0.50000	-0.50000	-0.05270	-0.00555	-0.00059	-0.00006	-0.00001	-0.00000	-0.00000	22.50
	V	0.00000	0.00014	0.00027	0.00037	0.00037	0.00035	0.00030	0.00024	0.00018	0.00012	0.00006	0.00000	
	V'	0.00138	0.00137	0.00128	0.00040	0.00040	-0.00049	-0.00058	-0.00059	-0.00059	-0.00059	-0.00059	-0.00059	
	M	0.00000	0.00023	0.00226	0.02198	0.02198	0.00226	0.00023	0.00002	0.00000	0.00000	0.00000	0.00000	
22.75	Q	0.00109	0.00534	0.05140	0.50000	-0.50000	-0.05140	-0.00528	-0.00054	-0.00006	-0.00001	-0.00000	-0.00000	22.75
	V	0.00000	0.00013	0.00027	0.00036	0.00036	0.00034	0.00029	0.00023	0.00017	0.00012	0.00006	0.00000	
	V'	0.00135	0.00134	0.00125	0.00039	0.00039	-0.00048	-0.00057	-0.00058	-0.00058	-0.00058	-0.00058	-0.00058	
	M	0.00000	0.00022	0.00218	0.02174	0.02174	0.00218	0.00022	0.00002	0.00000	0.00000	0.00000	0.00000	
23.00	Q	0.00101	0.00508	0.05013	0.50000	-0.50000	-0.05013	-0.00503	-0.00050	-0.00005	-0.00001	-0.00000	-0.00000	23.00
	V	0.00000	0.00013	0.00026	0.00036	0.00036	0.00034	0.00028	0.00023	0.00017	0.00011	0.00006	0.00000	
	V'	0.00132	0.00131	0.00123	0.00038	0.00038	-0.00047	-0.00056	-0.00057	-0.00057	-0.00057	-0.00057	-0.00057	
	M	0.00000	0.00020	0.00210	0.02151	0.02151	0.00210	0.00021	0.00002	0.00000	0.00000	0.00000	0.00000	
23.25	Q	0.00093	0.00483	0.04890	0.50000	-0.50000	-0.04889	-0.00478	-0.00047	-0.00005	-0.00000	-0.00000	-0.00000	23.25
	V	0.00000	0.00013	0.00026	0.00035	0.00035	0.00033	0.00028	0.00022	0.00017	0.00011	0.00006	0.00000	
	V'	0.00129	0.00129	0.00120	0.00037	0.00037	-0.00046	-0.00055	-0.00055	-0.00055	-0.00055	-0.00055	-0.00055	
	M	0.00000	0.00019	0.00203	0.02128	0.02128	0.00203	0.00019	0.00002	0.00000	0.00000	0.00000	0.00000	
23.50	Q	0.00087	0.00459	0.04769	0.50000	-0.50000	-0.04768	-0.00455	-0.00043	-0.00004	-0.00000	-0.00000	-0.00000	23.50
	V	0.00000	0.00013	0.00025	0.00034	0.00034	0.00032	0.00027	0.00022	0.00016	0.00011	0.00005	0.00000	
	V'	0.00127	0.00126	0.00118	0.00036	0.00036	-0.00046	-0.00053	-0.00054	-0.00054	-0.00054	-0.00054	-0.00054	
	M	0.00000	0.00018	0.00196	0.02105	0.02105	0.00196	0.00018	0.00002	0.00000	0.00000	0.00000	0.00000	
23.75	Q	0.00080	0.00436	0.04651	0.50000	-0.50000	-0.04651	-0.00433	-0.00040	-0.00004	-0.00000	-0.00000	-0.00000	23.75
	V	0.00000	0.00012	0.00024	0.00033	0.00033	0.00032	0.00027	0.00021	0.00016	0.00011	0.00005	0.00000	
	V'	0.00124	0.00123	0.00116	0.00035	0.00035	-0.00045	-0.00052	-0.00053	-0.00053	-0.00053	-0.00053	-0.00053	
	M	0.00000	0.00017	0.00189	0.02083	0.02083	0.00189	0.00017	0.00002	0.00000	0.00000	0.00000	0.00000	
24.00	Q	0.00075	0.00415	0.04536	0.50000	-0.50000	-0.04536	-0.00411	-0.00037	-0.00003	-0.00000	-0.00000	-0.00000	24.00
	V	0.00000	0.00012	0.00024	0.00033	0.00033	0.00031	0.00026	0.00021	0.00016	0.00010	0.00005	0.00000	
	V'	0.00121	0.00121	0.00114	0.00035	0.00035	-0.00044	-0.00051	-0.00052	-0.00052	-0.00052	-0.00052	-0.00052	
	M	0.00000	0.00016	0.00182	0.02062	0.02062	0.00182	0.00016	0.00001	0.00000	0.00000	0.00000	0.00000	
24.25	Q	0.00069	0.00394	0.04424	0.50000	-0.50000	-0.04424	-0.00391	-0.00035	-0.00003	-0.00000	-0.00000	-0.00000	24.25
	V	0.00000	0.00012	0.00023	0.00032	0.00032	0.00030	0.00025	0.00020	0.00015	0.00010	0.00005	0.00000	
	V'	0.00119	0.00118	0.00112	0.00034	0.00034	-0.00043	-0.00050	-0.00051	-0.00051	-0.00051	-0.00051	-0.00051	
	M	0.00000	0.00015	0.00176	0.02041	0.02041	0.00176	0.00015	0.00001	0.00000	0.00000	0.00000	0.00000	
24.50	Q	0.00064	0.00375	0.04315	0.50000	-0.50000	-0.04315	-0.00372	-0.00032	-0.00003	-0.00000	-0.00000	-0.00000	24.50
	V	0.00000	0.00012	0.00023	0.00032	0.00032	0.00030	0.00025	0.00020	0.00015	0.00010	0.00005	0.00000	
	V'	0.00117	0.00116	0.00109	0.00033	0.00033	-0.00043	-0.00049	-0.00050	-0.00050	-0.00050	-0.00050	-0.00050	
	M	0.00000	0.00014	0.00170	0.02020	0.02020	0.00170	0.00014	0.00001	0.00000	0.00000	0.00000	0.00000	
24.75	Q	0.00060	0.00357	0.04208	0.50000	-0.50000	-0.04208	-0.00354	-0.00030	-0.00003	-0.00000	-0.00000	-0.00000	24.75
	V	0.00000	0.00011	0.00023	0.00031	0.00031	0.00029	0.00024	0.00020	0.00015	0.00010	0.00005	0.00000	
	V'	0.00114	0.00114	0.00107	0.00033	0.00033	-0.00042	-0.00048	-0.00049	-0.00049	-0.00049	-0.00049	-0.00049	
BETA	X/L =	0.00	0.10	0.20	L 0.30	R 0.30	0.40	0.50	0.60	0.70	0.80	0.90	1.00	BETA

XP/L = 0.30

FUNKTIONEN : F.P;M - F.P;Q - F.P;V - F.P;V'

FUNKTIONEN : F.PIM - F.PIQ - F.PIV - F.PIV'

XP/L = 0.30

BETA	X/L =	0.00	0.10	0.20	L 0.30	R 0.30	0.40	0.50	0.60	0.70	0.80	0.90	1.00	BETA
	M	0.00000	0.00013	0.00164	0.02000	0.02000	0.00164	0.00013	0.00001	0.00000	0.00000	0.00000	0.00000	
25.00	Q	0.00055	0.00339	0.04104	0.50000	-0.50000	-0.04104	-0.00337	-0.00028	-0.00002	-0.00000	-0.00000	-0.00000	25.00
	V	0.00000	0.00011	0.00022	0.00030	0.00030	0.00029	0.00024	0.00019	0.00014	0.00010	0.00005	0.00000	
	V'	0.00112	0.00111	0.00105	0.00032	0.00032	-0.00041	-0.00047	-0.00048	-0.00048	-0.00048	-0.00048	-0.00048	
	M	0.00000	0.00010	0.00138	0.01905	0.01905	0.00138	0.00010	0.00001	0.00000	0.00000	0.00000	0.00000	
26.25	Q	0.00038	0.00264	0.03622	0.50000	-0.50000	-0.03622	-0.00262	-0.00019	-0.00001	-0.00000	-0.00000	-0.00000	26.25
	V	0.00000	0.00010	0.00020	0.00028	0.00028	0.00026	0.00022	0.00017	0.00013	0.00009	0.00004	0.00000	
	V'	0.00102	0.00101	0.00096	0.00029	0.00029	-0.00038	-0.00043	-0.00044	-0.00044	-0.00044	-0.00044	-0.00044	
	M	0.00000	0.00007	0.00116	0.01818	0.01818	0.00116	0.00007	0.00000	0.00000	0.00000	0.00000	0.00000	
27.50	Q	0.00026	0.00205	0.03196	0.50000	-0.50000	-0.03196	-0.00204	-0.00013	-0.00001	-0.00000	-0.00000	-0.00000	27.50
	V	0.00000	0.00009	0.00018	0.00025	0.00025	0.00024	0.00020	0.00016	0.00012	0.00008	0.00004	0.00000	
	V'	0.00093	0.00092	0.00088	0.00026	0.00026	-0.00035	-0.00039	-0.00040	-0.00040	-0.00040	-0.00040	-0.00040	
	M	0.00000	0.00006	0.00098	0.01739	0.01739	0.00098	0.00006	0.00000	0.00000	0.00000	0.00000	0.00000	
28.75	Q	0.00018	0.00160	0.02821	0.50000	-0.50000	-0.02821	-0.00159	-0.00009	-0.00001	-0.00000	-0.00000	-0.00000	28.75
	V	0.00000	0.00008	0.00017	0.00023	0.00023	0.00022	0.00018	0.00015	0.00011	0.00007	0.00004	0.00000	
	V'	0.00085	0.00084	0.00081	0.00024	0.00024	-0.00033	-0.00036	-0.00036	-0.00036	-0.00036	-0.00036	-0.00036	
	M	0.00000	0.00004	0.00083	0.01667	0.01667	0.00083	0.00004	0.00000	0.00000	0.00000	0.00000	0.00000	
30.00	Q	0.00012	0.00124	0.02489	0.50000	-0.50000	-0.02489	-0.00124	-0.00006	-0.00000	-0.00000	-0.00000	-0.00000	30.00
	V	0.00000	0.00008	0.00015	0.00021	0.00021	0.00020	0.00017	0.00013	0.00010	0.00007	0.00003	0.00000	
	V'	0.00078	0.00078	0.00075	0.00022	0.00022	-0.00031	-0.00033	-0.00033	-0.00033	-0.00033	-0.00033	-0.00033	
	M	0.00000	0.00003	0.00070	0.01600	0.01600	0.00070	0.00003	0.00000	0.00000	0.00000	0.00000	0.00000	
31.25	Q	0.00008	0.00097	0.02197	0.50000	-0.50000	-0.02197	-0.00097	-0.00004	-0.00000	-0.00000	-0.00000	-0.00000	31.25
	V	0.00000	0.00007	0.00014	0.00020	0.00020	0.00018	0.00015	0.00012	0.00009	0.00006	0.00003	0.00000	
	V'	0.00072	0.00072	0.00069	0.00020	0.00020	-0.00028	-0.00031	-0.00031	-0.00031	-0.00031	-0.00031	-0.00031	
	M	0.00000	0.00002	0.00060	0.01538	0.01538	0.00060	0.00002	0.00000	0.00000	0.00000	0.00000	0.00000	
32.50	Q	0.00006	0.00075	0.01939	0.50000	-0.50000	-0.01939	-0.00075	-0.00003	-0.00000	-0.00000	-0.00000	-0.00000	32.50
	V	0.00000	0.00007	0.00013	0.00018	0.00018	0.00017	0.00014	0.00011	0.00009	0.00006	0.00003	0.00000	
	V'	0.00066	0.00066	0.00064	0.00019	0.00019	-0.00027	-0.00028	-0.00028	-0.00028	-0.00028	-0.00028	-0.00028	
	M	0.00000	0.00002	0.00051	0.01481	0.01481	0.00051	0.00002	0.00000	0.00000	0.00000	0.00000	0.00000	
33.75	Q	0.00004	0.00059	0.01711	0.50000	-0.50000	-0.01711	-0.00059	-0.00002	-0.00000	-0.00000	-0.00000	-0.00000	33.75
	V	0.00000	0.00006	0.00012	0.00017	0.00017	0.00016	0.00013	0.00011	0.00008	0.00005	0.00003	0.00000	
	V'	0.00061	0.00061	0.00060	0.00018	0.00018	-0.00025	-0.00026	-0.00026	-0.00026	-0.00026	-0.00026	-0.00026	
	M	0.00000	0.00001	0.00043	0.01429	0.01429	0.00043	0.00001	0.00000	0.00000	0.00000	0.00000	0.00000	
35.00	Q	0.00003	0.00046	0.01510	0.50000	-0.50000	-0.01510	-0.00046	-0.00001	-0.00000	-0.00000	-0.00000	-0.00000	35.00
	V	0.00000	0.00006	0.00011	0.00016	0.00016	0.00015	0.00012	0.00010	0.00007	0.00005	0.00002	0.00000	
	V'	0.00057	0.00057	0.00056	0.00016	0.00016	-0.00023	-0.00024	-0.00024	-0.00024	-0.00024	-0.00024	-0.00024	
	M	0.00000	0.00001	0.00037	0.01379	0.01379	0.00037	0.00001	0.00000	0.00000	0.00000	0.00000	0.00000	
36.25	Q	0.00002	0.00036	0.01332	0.50000	-0.50000	-0.01332	-0.00036	-0.00001	-0.00000	-0.00000	-0.00000	-0.00000	36.25
	V	0.00000	0.00005	0.00011	0.00015	0.00015	0.00014	0.00011	0.00009	0.00007	0.00005	0.00002	0.00000	
	V'	0.00053	0.00053	0.00052	0.00015	0.00015	-0.00022	-0.00023	-0.00023	-0.00023	-0.00023	-0.00023	-0.00023	
BETA	X/L =	0.00	0.10	0.20	L 0.30	R 0.30	0.40	0.50	0.60	0.70	0.80	0.90	1.00	BETA

XP/L = 0.30

FUNKTIONEN : F.PIM - F.PIQ - F.PIV - F.PIV'

FUNKTIONEN : F.P;M - F.P;Q - F.P;V - F.P;V'

XP/L = 0.30

BETA	X/L =	0.00	0.10	0.20	L 0.30	R 0.30	0.40	0.50	0.60	0.70	0.80	0.90	1.00	BETA
	M	0.00000	0.00001	0.00031	0.01333	0.01333	0.00031	0.00001	0.00000	0.00000	0.00000	0.00000	0.00000	
37.50	Q	0.00001	0.00028	0.01176	0.50000	-0.50000	-0.01176	-0.00028	-0.00001	-0.00000	-0.00000	-0.00000	-0.00000	37.50
	V	0.00000	0.00005	0.00010	0.00014	0.00014	0.00013	0.00011	0.00009	0.00006	0.00004	0.00002	0.00000	
	V'	0.00050	0.00050	0.00049	0.00014	0.00014	-0.00020	-0.00021	-0.00021	-0.00021	-0.00021	-0.00021	-0.00021	
	M	0.00000	0.00001	0.00027	0.01290	0.01290	0.00027	0.00001	0.00000	0.00000	0.00000	0.00000	0.00000	
38.75	Q	0.00001	0.00022	0.01038	0.50000	-0.50000	-0.01038	-0.00022	-0.00000	-0.00000	-0.00000	-0.00000	-0.00000	38.75
	V	0.00000	0.00005	0.00009	0.00013	0.00013	0.00012	0.00010	0.00008	0.00006	0.00004	0.00002	0.00000	
	V'	0.00047	0.00047	0.00046	0.00013	0.00013	-0.00019	-0.00020	-0.00020	-0.00020	-0.00020	-0.00020	-0.00020	
	M	0.00000	0.00000	0.00023	0.01250	0.01250	0.00023	0.00000	0.00000	0.00000	0.00000	0.00000	0.00000	
40.00	Q	0.00001	0.00017	0.00916	0.50000	-0.50000	-0.00916	-0.00017	-0.00000	-0.00000	-0.00000	-0.00000	-0.00000	40.00
	V	0.00000	0.00004	0.00009	0.00012	0.00012	0.00011	0.00009	0.00007	0.00006	0.00004	0.00002	0.00000	
	V'	0.00044	0.00044	0.00043	0.00012	0.00012	-0.00018	-0.00019	-0.00019	-0.00019	-0.00019	-0.00019	-0.00019	
	M	0.00000	0.00000	0.00020	0.01212	0.01212	0.00020	0.00000	0.00000	0.00000	0.00000	0.00000	0.00000	
41.25	Q	0.00000	0.00013	0.00808	0.50000	-0.50000	-0.00808	-0.00013	-0.00000	-0.00000	-0.00000	-0.00000	-0.00000	41.25
	V	0.00000	0.00004	0.00008	0.00012	0.00012	0.00011	0.00009	0.00007	0.00005	0.00004	0.00002	0.00000	
	V'	0.00041	0.00041	0.00041	0.00012	0.00012	-0.00017	-0.00018	-0.00018	-0.00018	-0.00018	-0.00018	-0.00018	
	M	0.00000	0.00000	0.00017	0.01176	0.01176	0.00017	0.00000	0.00000	0.00000	0.00000	0.00000	0.00000	
42.50	Q	0.00000	0.00010	0.00713	0.50000	-0.50000	-0.00713	-0.00010	-0.00000	-0.00000	-0.00000	-0.00000	-0.00000	42.50
	V	0.00000	0.00004	0.00008	0.00011	0.00011	0.00010	0.00008	0.00007	0.00005	0.00003	0.00002	0.00000	
	V'	0.00039	0.00039	0.00038	0.00011	0.00011	-0.00016	-0.00017	-0.00017	-0.00017	-0.00017	-0.00017	-0.00017	
	M	0.00000	0.00000	0.00014	0.01143	0.01143	0.00014	0.00000	0.00000	0.00000	0.00000	0.00000	0.00000	
43.75	Q	0.00000	0.00008	0.00629	0.50000	-0.50000	-0.00629	-0.00008	-0.00000	-0.00000	-0.00000	-0.00000	-0.00000	43.75
	V	0.00000	0.00004	0.00007	0.00010	0.00010	0.00009	0.00008	0.00006	0.00005	0.00003	0.00002	0.00000	
	V'	0.00037	0.00037	0.00036	0.00010	0.00010	-0.00015	-0.00016	-0.00016	-0.00016	-0.00016	-0.00016	-0.00016	
	M	0.00000	0.00000	0.00012	0.01111	0.01111	0.00012	0.00000	0.00000	0.00000	0.00000	0.00000	0.00000	
45.00	Q	0.00000	0.00006	0.00555	0.50000	-0.50000	-0.00555	-0.00006	-0.00000	-0.00000	-0.00000	-0.00000	-0.00000	45.00
	V	0.00000	0.00003	0.00007	0.00010	0.00010	0.00009	0.00007	0.00006	0.00004	0.00003	0.00001	0.00000	
	V'	0.00035	0.00035	0.00034	0.00010	0.00010	-0.00015	-0.00015	-0.00015	-0.00015	-0.00015	-0.00015	-0.00015	
	M	0.00000	0.00000	0.00011	0.01081	0.01081	0.00011	0.00000	0.00000	0.00000	0.00000	0.00000	0.00000	
46.25	Q	0.00000	0.00005	0.00490	0.50000	-0.50000	-0.00490	-0.00005	-0.00000	-0.00000	-0.00000	-0.00000	-0.00000	46.25
	V	0.00000	0.00003	0.00007	0.00009	0.00009	0.00008	0.00007	0.00006	0.00004	0.00003	0.00001	0.00000	
	V'	0.00033	0.00033	0.00032	0.00009	0.00009	-0.00014	-0.00014	-0.00014	-0.00014	-0.00014	-0.00014	-0.00014	
	M	0.00000	0.00000	0.00009	0.01053	0.01053	0.00009	0.00000	0.00000	0.00000	0.00000	0.00000	0.00000	
47.50	Q	0.00000	0.00004	0.00433	0.50000	-0.50000	-0.00433	-0.00004	-0.00000	-0.00000	-0.00000	-0.00000	-0.00000	47.50
	V	0.00000	0.00003	0.00006	0.00009	0.00009	0.00008	0.00007	0.00005	0.00004	0.00003	0.00001	0.00000	
	V'	0.00031	0.00031	0.00031	0.00009	0.00009	-0.00013	-0.00013	-0.00013	-0.00013	-0.00013	-0.00013	-0.00013	
	M	0.00000	0.00000	0.00008	0.01026	0.01026	0.00008	0.00000	0.00000	0.00000	0.00000	0.00000	0.00000	
48.75	Q	0.00000	0.00003	0.00382	0.50000	-0.50000	-0.00382	-0.00003	-0.00000	-0.00000	-0.00000	-0.00000	-0.00000	48.75
	V	0.00000	0.00003	0.00006	0.00008	0.00008	0.00008	0.00006	0.00005	0.00004	0.00003	0.00001	0.00000	
	V'	0.00029	0.00029	0.00029	0.00008	0.00008	-0.00012	-0.00013	-0.00013	-0.00013	-0.00013	-0.00013	-0.00013	
BETA	X/L =	0.00	0.10	0.20	L 0.30	R 0.30	0.40	0.50	0.60	0.70	0.80	0.90	1.00	BETA

XP/L = 0.30

FUNKTIONEN : F.P;M - F.P;Q - F.P;V - F.P;V'

FUNKTIONEN : F.PIM - F.PIQ - F.PIV - F.PIV'

XP/L = 0.40

BETA	X/L =	0.00	0.10	0.20	0.30	L 0.40	R 0.40	0.50	0.60	0.70	0.80	0.90	1.00	BETA
	M	0.00000	0.06000	0.12000	0.18000	0.24000	0.24000	0.20000	0.16000	0.12000	0.08000	0.04000	0.00000	
0.00	Q	0.60000	0.60000	0.60000	0.60000	0.60000	-0.40000	-0.40000	-0.40000	-0.40000	-0.40000	-0.40000	-0.40000	0.00
	V	0.00000	0.00630	0.01200	0.01650	0.01920	0.01920	0.01967	0.01813	0.01500	0.01067	0.00553	0.00000	
	V'	0.06400	0.06100	0.05200	0.03700	0.01600	0.01600	-0.00600	-0.02400	-0.03800	-0.04800	-0.05400	-0.05600	
	M	0.00000	0.05961	0.11925	0.17898	0.23881	0.23881	0.19878	0.15887	0.11907	0.07934	0.03966	0.00000	
0.25	Q	0.59602	0.59621	0.59677	0.59770	0.59901	-0.40099	-0.39963	-0.39851	-0.39764	-0.39702	-0.39665	-0.39652	0.25
	V	0.00000	0.00626	0.01193	0.01640	0.01908	0.01908	0.01954	0.01802	0.01490	0.01060	0.00550	0.00000	
	V'	0.06361	0.06063	0.05168	0.03677	0.01589	0.01589	-0.00599	-0.02387	-0.03777	-0.04769	-0.05364	-0.05562	
	M	0.00000	0.05846	0.11707	0.17597	0.23532	0.23532	0.19520	0.15558	0.11635	0.07740	0.03865	0.00000	
0.50	Q	0.58439	0.58512	0.58731	0.59097	0.59611	-0.40389	-0.39851	-0.39412	-0.39073	-0.38830	-0.38685	-0.38637	0.50
	V	0.00000	0.00615	0.01171	0.01611	0.01874	0.01874	0.01918	0.01768	0.01461	0.01039	0.00539	0.00000	
	V'	0.06246	0.05954	0.05076	0.03611	0.01555	0.01555	-0.00597	-0.02350	-0.03710	-0.04678	-0.05258	-0.05452	
	M	0.00000	0.05664	0.11360	0.17120	0.22977	0.22977	0.18953	0.15036	0.11204	0.07434	0.03707	0.00000	
0.75	Q	0.56589	0.56748	0.57227	0.58028	0.59155	-0.40845	-0.39666	-0.38711	-0.37973	-0.37449	-0.37136	-0.37032	0.75
	V	0.00000	0.00597	0.01137	0.01564	0.01819	0.01819	0.01861	0.01714	0.01416	0.01006	0.00521	0.00000	
	V'	0.06064	0.05781	0.04930	0.03506	0.01503	0.01503	-0.00593	-0.02292	-0.03603	-0.04534	-0.05091	-0.05276	
	M	0.00000	0.05426	0.10907	0.16497	0.22252	0.22252	0.18213	0.14356	0.10643	0.07037	0.03501	0.00000	
1.00	Q	0.54174	0.54445	0.55261	0.56630	0.58566	-0.41434	-0.39412	-0.37785	-0.36536	-0.35653	-0.35127	-0.34952	1.00
	V	0.00000	0.00574	0.01093	0.01503	0.01748	0.01748	0.01787	0.01644	0.01357	0.00963	0.00499	0.00000	
	V'	0.05826	0.05555	0.04739	0.03370	0.01434	0.01434	-0.00588	-0.02215	-0.03464	-0.04347	-0.04873	-0.05048	
	M	0.00000	0.05147	0.10374	0.15763	0.21400	0.21400	0.17344	0.13561	0.09989	0.06574	0.03261	0.00000	
1.25	Q	0.51333	0.51735	0.52946	0.54985	0.57885	-0.42115	-0.39092	-0.36681	-0.34844	-0.33551	-0.32784	-0.32529	1.25
	V	0.00000	0.00546	0.01041	0.01431	0.01664	0.01664	0.01700	0.01561	0.01287	0.00913	0.00473	0.00000	
	V'	0.05547	0.05290	0.04515	0.03210	0.01354	0.01354	-0.00581	-0.02124	-0.03300	-0.04127	-0.04618	-0.04781	
	M	0.00000	0.04839	0.09787	0.14956	0.20462	0.20462	0.16391	0.12691	0.09276	0.06070	0.03001	0.00000	
1.50	Q	0.48210	0.48753	0.50395	0.53174	0.57151	-0.42849	-0.38711	-0.35445	-0.32979	-0.31256	-0.30237	-0.29900	1.50
	V	0.00000	0.00516	0.00983	0.01353	0.01573	0.01573	0.01604	0.01471	0.01211	0.00858	0.00444	0.00000	
	V'	0.05240	0.04999	0.04269	0.03034	0.01266	0.01266	-0.00573	-0.02024	-0.03121	-0.03886	-0.04339	-0.04489	
	M	0.00000	0.04516	0.09171	0.14108	0.19478	0.19478	0.15395	0.11784	0.08535	0.05549	0.02732	0.00000	
1.75	Q	0.44934	0.45624	0.47715	0.51270	0.56400	-0.43600	-0.38273	-0.34122	-0.31019	-0.28868	-0.27603	-0.27185	1.75
	V	0.00000	0.00484	0.00924	0.01271	0.01477	0.01477	0.01504	0.01377	0.01131	0.00800	0.00414	0.00000	
	V'	0.04919	0.04694	0.04011	0.02850	0.01175	0.01175	-0.00564	-0.01919	-0.02933	-0.03635	-0.04048	-0.04184	
	M	0.00000	0.04190	0.08548	0.13248	0.18481	0.18481	0.14389	0.10873	0.07795	0.05029	0.02465	0.00000	
2.00	Q	0.41619	0.42454	0.44993	0.49338	0.55663	-0.44337	-0.37785	-0.32750	-0.29028	-0.26472	-0.24978	-0.24487	2.00
	V	0.00000	0.00453	0.00863	0.01188	0.01380	0.01380	0.01403	0.01282	0.01051	0.00743	0.00384	0.00000	
	V'	0.04595	0.04386	0.03752	0.02666	0.01084	0.01084	-0.00554	-0.01813	-0.02743	-0.03382	-0.03755	-0.03878	
	M	0.00000	0.03868	0.07932	0.12399	0.17497	0.17497	0.13399	0.09983	0.07075	0.04526	0.02207	0.00000	
2.25	Q	0.38351	0.39325	0.42300	0.47424	0.54960	-0.45040	-0.37253	-0.31359	-0.27059	-0.24135	-0.22438	-0.21882	2.25
	V	0.00000	0.00421	0.00804	0.01106	0.01285	0.01285	0.01304	0.01189	0.00973	0.00686	0.00354	0.00000	
	V'	0.04276	0.04084	0.03496	0.02484	0.00996	0.00996	-0.00543	-0.01707	-0.02556	-0.03134	-0.03469	-0.03579	
BETA	X/L =	0.00	0.10	0.20	0.30	L 0.40	R 0.40	0.50	0.60	0.70	0.80	0.90	1.00	BETA

XP/L = 0.40

FUNKTIONEN : F.PIM - F.PIQ - F.PIV - F.PIV'

FUNKTIONEN : F.P;M - F.P;Q - F.P;V - F.P;V'

XP/L = 0.40

BETA	X/L =	0.00	0.10	0.20	0.30	L 0.40	R 0.40	0.50	0.60	0.70	0.80	0.90	1.00	BETA
2.50	M	0.00000	0.03556	0.07336	0.11576	0.16544	0.16544	0.12446	0.09131	0.06389	0.04049	0.01963	0.00000	2.50
	Q	0.35194	0.36299	0.39685	0.45564	0.54306	-0.45694	-0.36681	-0.29973	-0.25148	-0.21903	-0.20034	-0.19424	
	V	0.00000	0.00391	0.00746	0.01028	0.01193	0.01193	0.01209	0.01099	0.00898	0.00632	0.00326	0.00000	
	V'	0.03969	0.03792	0.03250	0.02310	0.00911	0.00911	-0.00531	-0.01604	-0.02376	-0.02895	-0.03195	-0.03292	
2.75	M	0.00000	0.03260	0.06768	0.10791	0.15635	0.15635	0.11542	0.08328	0.05748	0.03605	0.01736	0.00000	2.75
	Q	0.32191	0.33416	0.37184	0.43782	0.53711	-0.46289	-0.36077	-0.28610	-0.23321	-0.19807	-0.17800	-0.17147	
	V	0.00000	0.00362	0.00692	0.00953	0.01106	0.01106	0.01118	0.01014	0.00827	0.00581	0.00299	0.00000	
	V'	0.03677	0.03515	0.03017	0.02145	0.00832	0.00832	-0.00519	-0.01506	-0.02205	-0.02670	-0.02936	-0.03022	
3.00	M	0.00000	0.02981	0.06233	0.10049	0.14777	0.14777	0.10694	0.07581	0.05156	0.03198	0.01529	0.00000	3.00
	Q	0.29369	0.30701	0.34816	0.42089	0.53178	-0.46822	-0.35445	-0.27282	-0.21593	-0.17862	-0.15751	-0.15068	
	V	0.00000	0.00335	0.00641	0.00883	0.01025	0.01025	0.01034	0.00935	0.00760	0.00534	0.00275	0.00000	
	V'	0.03403	0.03255	0.02798	0.01990	0.00758	0.00758	-0.00506	-0.01413	-0.02045	-0.02460	-0.02694	-0.02770	
3.25	M	0.00000	0.02721	0.05733	0.09355	0.13975	0.13975	0.09906	0.06893	0.04615	0.02828	0.01342	0.00000	3.25
	Q	0.26742	0.28166	0.32593	0.40492	0.52706	-0.47294	-0.34792	-0.25997	-0.19973	-0.16077	-0.13893	-0.13191	
	V	0.00000	0.00310	0.00593	0.00818	0.00949	0.00949	0.00956	0.00862	0.00699	0.00490	0.00252	0.00000	
	V'	0.03149	0.03014	0.02595	0.01847	0.00691	0.00691	-0.00493	-0.01326	-0.01896	-0.02265	-0.02472	-0.02538	
3.50	M	0.00000	0.02481	0.05269	0.08710	0.13228	0.13228	0.09178	0.06263	0.04124	0.02495	0.01175	0.00000	3.50
	Q	0.24312	0.25816	0.30516	0.38992	0.52293	-0.47707	-0.34122	-0.24760	-0.18462	-0.14449	-0.12224	-0.11511	
	V	0.00000	0.00287	0.00549	0.00758	0.00879	0.00879	0.00883	0.00795	0.00643	0.00449	0.00231	0.00000	
	V'	0.02913	0.02790	0.02407	0.01715	0.00629	0.00629	-0.00480	-0.01244	-0.01758	-0.02086	-0.02267	-0.02326	
3.75	M	0.00000	0.02260	0.04841	0.08111	0.12536	0.12536	0.08508	0.05690	0.03682	0.02197	0.01026	0.00000	3.75
	Q	0.22077	0.23648	0.28583	0.37585	0.51935	-0.48065	-0.33440	-0.23573	-0.17060	-0.12974	-0.10734	-0.10021	
	V	0.00000	0.00266	0.00509	0.00703	0.00815	0.00815	0.00817	0.00733	0.00592	0.00413	0.00212	0.00000	
	V'	0.02697	0.02585	0.02234	0.01594	0.00574	0.00574	-0.00466	-0.01168	-0.01631	-0.01922	-0.02081	-0.02132	
4.00	M	0.00000	0.02057	0.04447	0.07559	0.11896	0.11896	0.07893	0.05170	0.03285	0.01933	0.00894	0.00000	4.00
	Q	0.20030	0.21654	0.26789	0.36268	0.51627	-0.48373	-0.32750	-0.22437	-0.15762	-0.11642	-0.09411	-0.08705	
	V	0.00000	0.00246	0.00472	0.00653	0.00757	0.00757	0.00757	0.00677	0.00545	0.00379	0.00194	0.00000	
	V'	0.02498	0.02397	0.02076	0.01483	0.00523	0.00523	-0.00453	-0.01098	-0.01515	-0.01772	-0.01912	-0.01956	
4.25	M	0.00000	0.01871	0.04086	0.07049	0.11305	0.11305	0.07330	0.04699	0.02930	0.01698	0.00778	0.00000	4.25
	Q	0.18161	0.19826	0.25126	0.35033	0.51364	-0.48636	-0.32055	-0.21351	-0.14563	-0.10444	-0.08241	-0.07549	
	V	0.00000	0.00229	0.00438	0.00606	0.00703	0.00703	0.00701	0.00626	0.00502	0.00349	0.00178	0.00000	
	V'	0.02316	0.02224	0.01931	0.01382	0.00478	0.00478	-0.00440	-0.01032	-0.01408	-0.01636	-0.01758	-0.01797	
4.50	M	0.00000	0.01702	0.03754	0.06580	0.10760	0.10760	0.06815	0.04274	0.02614	0.01491	0.00676	0.00000	4.50
	Q	0.16457	0.18152	0.23585	0.33875	0.51140	-0.48860	-0.31359	-0.20316	-0.13457	-0.09369	-0.07211	-0.06538	
	V	0.00000	0.00212	0.00407	0.00564	0.00654	0.00654	0.00651	0.00579	0.00464	0.00321	0.00164	0.00000	
	V'	0.02150	0.02067	0.01798	0.01290	0.00438	0.00438	-0.00427	-0.00972	-0.01311	-0.01513	-0.01619	-0.01652	
4.75	M	0.00000	0.01547	0.03451	0.06147	0.10257	0.10257	0.06345	0.03891	0.02332	0.01309	0.00587	0.00000	4.75
	Q	0.14908	0.16622	0.22157	0.32785	0.50951	-0.49049	-0.30664	-0.19329	-0.12437	-0.08405	-0.06306	-0.05655	
	V	0.00000	0.00197	0.00379	0.00525	0.00609	0.00609	0.00605	0.00537	0.00428	0.00297	0.00151	0.00000	
	V'	0.01999	0.01923	0.01677	0.01206	0.00401	0.00401	-0.00414	-0.00916	-0.01222	-0.01400	-0.01493	-0.01522	
BETA	X/L =	0.00	0.10	0.20	0.30	L 0.40	R 0.40	0.50	0.60	0.70	0.80	0.90	1.00	BETA

XP/L = 0.40

FUNKTIONEN : F.P;M - F.P;Q - F.P;V - F.P;V'

FUNKTIONEN : F.P;M - F.P;Q - F.P;V - F.P;V'

XP/L = 0.40

BETA	X/L =	0.00	0.10	0.20	0.30	L 0.40	R 0.40	0.50	0.60	0.70	0.80	0.90	1.00	BETA
	M	0.00000	0.01407	0.03173	0.05749	0.09793	0.09793	0.05914	0.03545	0.02081	0.01149	0.00509	0.00000	
5.00	Q	0.13501	0.15224	0.20833	0.31759	0.50792	-0.49208	-0.29973	-0.18387	-0.11498	-0.07542	-0.05512	-0.04888	5.00
	V	0.00000	0.00184	0.00353	0.00490	0.00568	0.00568	0.00563	0.00493	0.00397	0.00274	0.00140	0.00000	
	V'	0.01860	0.01791	0.01567	0.01130	0.00368	0.00368	-0.00401	-0.00864	-0.01140	-0.01298	-0.01380	-0.01404	
	M	0.00000	0.01279	0.02919	0.05383	0.09364	0.09364	0.05520	0.03234	0.01859	0.01008	0.00442	0.00000	
5.25	Q	0.12223	0.13947	0.19604	0.30789	0.50658	-0.49342	-0.29288	-0.17493	-0.10632	-0.06770	-0.04816	-0.04221	5.25
	V	0.00000	0.00171	0.00329	0.00458	0.00531	0.00531	0.00525	0.00463	0.00368	0.00254	0.00129	0.00000	
	V'	0.01733	0.01671	0.01466	0.01060	0.00339	0.00339	-0.00389	-0.00817	-0.01065	-0.01206	-0.01277	-0.01298	
	M	0.00000	0.01163	0.02687	0.05045	0.08967	0.08967	0.05160	0.02952	0.01661	0.00885	0.00383	0.00000	
5.50	Q	0.11065	0.12782	0.18463	0.29871	0.50546	-0.49454	-0.28610	-0.16641	-0.09835	-0.06079	-0.04208	-0.03643	5.50
	V	0.00000	0.00160	0.00308	0.00428	0.00497	0.00497	0.00491	0.00431	0.00342	0.00235	0.00120	0.00000	
	V'	0.01618	0.01561	0.01373	0.00996	0.00313	0.00313	-0.00377	-0.00772	-0.00997	-0.01121	-0.01183	-0.01202	
	M	0.00000	0.01058	0.02475	0.04733	0.08600	0.08600	0.04829	0.02693	0.01485	0.00777	0.00332	0.00000	
5.75	Q	0.10016	0.11718	0.17402	0.28999	0.50452	-0.49548	-0.27941	-0.15833	-0.09099	-0.05460	-0.03677	-0.03143	5.75
	V	0.00000	0.00149	0.00288	0.00401	0.00466	0.00466	0.00459	0.00402	0.00318	0.00218	0.00111	0.00000	
	V'	0.01512	0.01460	0.01288	0.00938	0.00289	0.00289	-0.00365	-0.00731	-0.00935	-0.01045	-0.01099	-0.01115	
	M	0.00000	0.00962	0.02281	0.04445	0.08259	0.08259	0.04525	0.02469	0.01329	0.00682	0.00288	0.00000	
6.00	Q	0.09065	0.10746	0.16414	0.28169	0.50374	-0.49626	-0.27282	-0.15059	-0.08421	-0.04907	-0.03212	-0.02710	6.00
	V	0.00000	0.00140	0.00270	0.00377	0.00437	0.00437	0.00430	0.00374	0.00296	0.00203	0.00103	0.00000	
	V'	0.01415	0.01368	0.01211	0.00884	0.00267	0.00267	-0.00353	-0.00693	-0.00877	-0.00975	-0.01022	-0.01036	
	M	0.00000	0.00875	0.02103	0.04179	0.07942	0.07942	0.04245	0.0226	0.01190	0.00599	0.00249	0.00000	
6.25	Q	0.08204	0.09859	0.15493	0.27377	0.50309	-0.49691	-0.26634	-0.14325	-0.07795	-0.04411	-0.02807	-0.02336	6.25
	V	0.00000	0.00131	0.00253	0.00354	0.00411	0.00411	0.00403	0.00352	0.00277	0.00189	0.00096	0.00000	
	V'	0.01326	0.01284	0.01139	0.00835	0.00248	0.00248	-0.00342	-0.00657	-0.00824	-0.00911	-0.00952	-0.00964	
	M	0.00000	0.00796	0.01940	0.03933	0.07647	0.07647	0.03988	0.02073	0.01066	0.00526	0.00216	0.00000	
6.50	Q	0.07424	0.09049	0.14633	0.26620	0.50255	-0.49745	-0.25997	-0.1362[illegible]	-0.07218	-0.03968	-0.02453	-0.02013	6.50
	V	0.00000	0.00123	0.00238	0.00333	0.00387	0.00387	0.00379	0.0033[illegible]	0.00259	0.00177	0.00090	0.00000	
	V'	0.01244	0.01206	0.01074	0.00790	0.00231	0.00231	-0.00331	-0.0062[illegible]	-0.00776	-0.00853	-0.00889	-0.00899	
	M	0.00000	0.00724	0.01791	0.03705	0.07372	0.07372	0.03750	0.01903	0.00956	0.00462	0.00187	0.00000	
6.75	Q	0.06719	0.08308	0.13829	0.25894	0.50211	-0.49789	-0.25373	-0.12962	-0.06684	-0.03570	-0.02145	-0.01734	6.75
	V	0.00000	0.00116	0.00224	0.00314	0.00365	0.00365	0.00357	0.00305	0.00242	0.00165	0.00084	0.00000	
	V'	0.01169	0.01135	0.01013	0.00749	0.00215	0.00215	-0.00321	-0.00593	-0.00731	-0.00800	-0.00831	-0.00840	
	M	0.00000	0.00659	0.01654	0.03493	0.07115	0.07115	0.03531	0.01748	0.00858	0.00406	0.00162	0.00000	
7.00	Q	0.06080	0.07631	0.13077	0.25196	0.50174	-0.49826	-0.24760	-0.12336	-0.06192	-0.03213	-0.01875	-0.01494	7.00
	V	0.00000	0.00109	0.00211	0.00296	0.00345	0.00345	0.00336	0.0029[illegible]	0.00227	0.00155	0.00078	0.00000	
	V'	0.01100	0.01069	0.00958	0.00710	0.00201	0.00201	-0.00311	-0.00565	-0.00690	-0.00751	-0.00778	-0.00786	
	M	0.00000	0.00600	0.01528	0.03297	0.06875	0.06875	0.03328	0.01608	0.00771	0.00358	0.00140	0.00000	
7.25	Q	0.05501	0.07012	0.12372	0.24525	0.50143	-0.49857	-0.24160	-0.11728	-0.05736	-0.02894	-0.01640	-0.01287	7.25
	V	0.00000	0.00103	0.00199	0.00280	0.00326	0.00326	0.00317	0.00278	0.00214	0.00145	0.00073	0.00000	
	V'	0.01037	0.01008	0.00906	0.00675	0.00188	0.00188	-0.00301	-0.00538	-0.00652	-0.00706	-0.00730	-0.00737	

BETA | X/L = | 0.00 | 0.10 | 0.20 | 0.30 | L 0.40 | R 0.40 | 0.50 | 0.60 | 0.70 | 0.80 | 0.90 | 1.00 | BETA

XP/L = 0.40

FUNKTIONEN : F.P;M - F.P;Q - F.P;V - F.P;V'

FUNKTIONEN : F.P;M - F.P;Q - F.P;V - F.P;V'

XP/L = 0.40

BETA	X/L =	0.00	0.10	0.20	0.30	L 0.40	R 0.40	0.50	0.60	0.70	0.80	0.90	1.00	BETA
	M	0.00000	0.00546	0.01413	0.03114	0.06649	0.06649	0.03140	0.01480	0.00693	0.00315	0.00121	0.00000	
7.50	Q	0.04978	0.06445	0.11711	0.23878	0.50118	-0.49882	-0.23573	-0.11156	-0.05315	-0.02607	-0.01435	-0.01108	7.50
	V	0.00000	0.00097	0.00188	0.00265	0.00308	0.00308	0.00300	0.00258	0.00201	0.00137	0.00069	0.00000	
	V'	0.00978	0.00952	0.00858	0.00642	0.00176	0.00176	-0.00292	-0.00513	-0.00617	-0.00665	-0.00686	-0.00691	
	M	0.00000	0.00497	0.01308	0.02944	0.06438	0.06438	0.02965	0.01364	0.00624	0.00277	0.00105	0.00000	
7.75	Q	0.04505	0.05926	0.11089	0.23253	0.50097	-0.49903	-0.22998	-0.10612	-0.04926	-0.02349	-0.01255	-0.00954	7.75
	V	0.00000	0.00092	0.00178	0.00251	0.00292	0.00292	0.00284	0.00244	0.00189	0.00129	0.00065	0.00000	
	V'	0.00924	0.00900	0.00814	0.00612	0.00165	0.00165	-0.00283	-0.00489	-0.00584	-0.00627	-0.00645	-0.00650	
	M	0.00000	0.00452	0.01210	0.02785	0.06239	0.06239	0.02803	0.01258	0.00561	0.00244	0.00091	0.00000	
8.00	Q	0.04076	0.05451	0.10506	0.22650	0.50080	-0.49920	-0.22437	-0.10095	-0.04566	-0.02118	-0.01099	-0.00822	8.00
	V	0.00000	0.00087	0.00169	0.00238	0.00278	0.00278	0.00269	0.00230	0.00179	0.00121	0.00061	0.00000	
	V'	0.00874	0.00852	0.00773	0.00584	0.00155	0.00155	-0.00274	-0.00467	-0.00554	-0.00592	-0.00608	-0.00612	
	M	0.00000	0.00412	0.01121	0.02637	0.06052	0.06052	0.02652	0.01161	0.00506	0.00215	0.00079	0.00000	
8.25	Q	0.03688	0.05016	0.09956	0.22066	0.50066	-0.49934	-0.21888	-0.09602	-0.04232	-0.01910	-0.00962	-0.00707	8.25
	V	0.00000	0.00082	0.00160	0.00226	0.00264	0.00264	0.00255	0.00218	0.00169	0.00114	0.00058	0.00000	
	V'	0.00827	0.00808	0.00735	0.00557	0.00146	0.00146	-0.00266	-0.00447	-0.00526	-0.00560	-0.00574	-0.00577	
	M	0.00000	0.00375	0.01039	0.02499	0.05876	0.05876	0.02511	0.01072	0.00456	0.00190	0.00069	0.00000	
8.50	Q	0.03337	0.04617	0.09439	0.21500	0.50054	-0.49946	-0.21351	-0.09134	-0.03924	-0.01722	-0.00843	-0.00609	8.50
	V	0.00000	0.00078	0.00152	0.00215	0.00251	0.00251	0.00242	0.00207	0.00160	0.00108	0.00054	0.00000	
	V'	0.00784	0.00767	0.00700	0.00533	0.00138	0.00138	-0.00258	-0.00427	-0.00499	-0.00530	-0.00542	-0.00545	
	M	0.00000	0.00342	0.00963	0.02370	0.05709	0.05709	0.02380	0.00991	0.00411	0.00167	0.00059	0.00000	
8.75	Q	0.03020	0.04251	0.08951	0.20952	0.50044	-0.49956	-0.20827	-0.08689	-0.03638	-0.01554	-0.00738	-0.00524	8.75
	V	0.00000	0.00074	0.00144	0.00204	0.00239	0.00239	0.00230	0.00196	0.00151	0.00102	0.00051	0.00000	
	V'	0.00744	0.00728	0.00667	0.00510	0.00130	0.00130	-0.00250	-0.00409	-0.00475	-0.00502	-0.00513	-0.00516	
	M	0.00000	0.00312	0.00893	0.02248	0.05551	0.05551	0.02257	0.00917	0.00371	0.00148	0.00051	0.00000	
9.00	Q	0.02732	0.03916	0.08491	0.20420	0.50036	-0.49964	-0.20316	-0.08265	-0.03373	-0.01402	-0.00647	-0.00451	9.00
	V	0.00000	0.00070	0.00137	0.00194	0.00228	0.00228	0.00219	0.00186	0.00144	0.00097	0.00049	0.00000	
	V'	0.00707	0.00692	0.00636	0.00489	0.00123	0.00123	-0.00243	-0.00392	-0.00452	-0.00477	-0.00486	-0.00488	
	M	0.00000	0.00284	0.00829	0.02135	0.05402	0.05402	0.02142	0.00849	0.00336	0.00130	0.00045	0.00000	
9.25	Q	0.02472	0.03608	0.08056	0.19903	0.50030	-0.49970	-0.19816	-0.07862	-0.03128	-0.01266	-0.00567	-0.00389	9.25
	V	0.00000	0.00067	0.00131	0.00185	0.00217	0.00217	0.00209	0.00177	0.00136	0.00092	0.00046	0.00000	
	V'	0.00672	0.00659	0.00607	0.00469	0.00117	0.00117	-0.00236	-0.00376	-0.00431	-0.00453	-0.00461	-0.00463	
	M	0.00000	0.00259	0.00770	0.02029	0.05260	0.05260	0.02034	0.00786	0.00303	0.00115	0.00039	0.00000	
9.50	Q	0.02237	0.03325	0.07646	0.19402	0.50024	-0.49976	-0.19329	-0.07478	-0.02900	-0.01143	-0.00497	-0.00334	9.50
	V	0.00000	0.00064	0.00124	0.00177	0.00208	0.00208	0.00199	0.00169	0.00130	0.00087	0.00044	0.00000	
	V'	0.00640	0.00628	0.00580	0.00450	0.00111	0.00111	-0.00229	-0.00360	-0.00411	-0.00431	-0.00438	-0.00440	
	M	0.00000	0.00236	0.00715	0.01929	0.05126	0.05126	0.01933	0.00729	0.00274	0.00102	0.00034	0.00000	
9.75	Q	0.02024	0.03065	0.07258	0.18914	0.50020	-0.49980	-0.18853	-0.07114	-0.02690	-0.01032	-0.00436	-0.00288	9.75
	V	0.00000	0.00061	0.00119	0.00169	0.00199	0.00199	0.00190	0.00161	0.00123	0.00083	0.00042	0.00000	
	V'	0.00610	0.00599	0.00555	0.00432	0.00105	0.00105	-0.00222	-0.00346	-0.00392	-0.00410	-0.00416	-0.00418	
BETA	X/L =	0.00	0.10	0.20	0.30	L 0.40	R 0.40	0.50	0.60	0.70	0.80	0.90	1.00	BETA

XP/L = 0.40

FUNKTIONEN : F.P;M - F.P;Q - F.P;V - F.P;V'

FUNKTIONEN : F.P;M - F.P;Q - F.P;V - F.P;V'

XP/L = 0.40

BETA	X/L =	0.00	0.10	0.20	0.30	L 0.40	R 0.40	0.50	0.60	0.70	0.80	0.90	1.00	BETA
10.00	M	0.00000	0.00215	0.00664	0.01835	0.04998	0.04998	0.01839	0.00676	0.00248	0.00090	0.00029	0.00000	10.00
	Q	0.01832	0.02826	0.06891	0.18439	0.50016	-0.49984	-0.18389	-0.06767	-0.02495	-0.00932	-0.00382	-0.00248	
	V	0.00000	0.00058	0.00113	0.00162	0.00190	0.00190	0.00182	0.00153	0.00118	0.00079	0.00040	0.00000	
	V'	0.00582	0.00572	0.00531	0.00416	0.00100	0.00100	-0.00216	-0.00332	-0.00375	-0.00391	-0.00396	-0.00398	
10.25	M	0.00000	0.00196	0.00618	0.01746	0.04877	0.04877	0.01750	0.00628	0.00225	0.00079	0.00025	0.00000	10.25
	Q	0.01657	0.02607	0.06543	0.17978	0.50014	-0.49986	-0.17936	-0.06437	-0.02314	-0.00842	-0.00335	-0.00213	
	V	0.00000	0.00055	0.00108	0.00155	0.00182	0.00182	0.00174	0.00146	0.00112	0.00075	0.00038	0.00000	
	V'	0.00555	0.00546	0.00509	0.00400	0.00095	0.00095	-0.00210	-0.00319	-0.00359	-0.00373	-0.00378	-0.00379	
10.50	M	0.00000	0.00179	0.00574	0.01663	0.04761	0.04761	0.01666	0.00583	0.00204	0.00070	0.00022	0.00000	10.50
	Q	0.01500	0.02405	0.06215	0.17529	0.50011	-0.49989	-0.17493	-0.06123	-0.02146	-0.00761	-0.00294	-0.00184	
	V	0.00000	0.00053	0.00104	0.00148	0.00175	0.00175	0.00166	0.00140	0.00107	0.00072	0.00036	0.00000	
	V'	0.00531	0.00522	0.00488	0.00385	0.00091	0.00091	-0.00204	-0.00307	-0.00343	-0.00356	-0.00360	-0.00361	
10.75	M	0.00000	0.00163	0.00534	0.01585	0.04650	0.04650	0.01587	0.00542	0.00185	0.00062	0.00019	0.00000	10.75
	Q	0.01357	0.02219	0.05903	0.17092	0.50009	-0.49991	-0.17062	-0.05824	-0.01991	-0.00688	-0.00258	-0.00158	
	V	0.00000	0.00051	0.00099	0.00142	0.00167	0.00167	0.00159	0.00134	0.00102	0.00069	0.00034	0.00000	
	V'	0.00507	0.00500	0.00468	0.00371	0.00086	0.00086	-0.00198	-0.00296	-0.00329	-0.00340	-0.00344	-0.00345	
11.00	M	0.00000	0.00149	0.00497	0.01511	0.04545	0.04545	0.01513	0.00503	0.00167	0.00055	0.00017	0.00000	11.00
	Q	0.01228	0.02048	0.05608	0.16666	0.50007	-0.49993	-0.16641	-0.05540	-0.01846	-0.00621	-0.00227	-0.00136	
	V	0.00000	0.00048	0.00095	0.00136	0.00161	0.00161	0.00153	0.00128	0.00098	0.00066	0.00033	0.00000	
	V'	0.00486	0.00479	0.00450	0.00358	0.00083	0.00083	-0.00193	-0.00285	-0.00315	-0.00325	-0.00329	-0.00329	
11.25	M	0.00000	0.00136	0.00463	0.01441	0.04444	0.04444	0.01443	0.00468	0.00152	0.00049	0.00014	0.00000	11.25
	Q	0.01111	0.01891	0.05328	0.16252	0.50006	-0.49994	-0.16231	-0.05270	-0.01713	-0.00562	-0.00199	-0.00117	
	V	0.00000	0.00046	0.00091	0.00131	0.00155	0.00155	0.00147	0.00123	0.00094	0.00063	0.00031	0.00000	
	V'	0.00465	0.00459	0.00432	0.00346	0.00079	0.00079	-0.00188	-0.00274	-0.00303	-0.00312	-0.00314	-0.00315	
11.50	M	0.00000	0.00124	0.00432	0.01375	0.04347	0.04347	0.01377	0.00436	0.00138	0.00043	0.00012	0.00000	11.50
	Q	0.01005	0.01746	0.05063	0.15848	0.50005	-0.49995	-0.15830	-0.05013	-0.01589	-0.00508	-0.00175	-0.00101	
	V	0.00000	0.00044	0.00087	0.00126	0.00149	0.00149	0.00141	0.00118	0.00090	0.00060	0.00030	0.00000	
	V'	0.00446	0.00440	0.00415	0.00334	0.00076	0.00076	-0.00183	-0.00265	-0.00290	-0.00299	-0.00301	-0.00302	
11.75	M	0.00000	0.00113	0.00402	0.01313	0.04255	0.04255	0.01314	0.00406	0.00125	0.00038	0.00011	0.00000	11.75
	Q	0.00910	0.01613	0.04812	0.15454	0.50004	-0.49996	-0.15440	-0.04768	-0.01474	-0.00459	-0.00154	-0.00087	
	V	0.00000	0.00043	0.00084	0.00121	0.00143	0.00143	0.00135	0.00113	0.00086	0.00058	0.00029	0.00000	
	V'	0.00428	0.00423	0.00400	0.00323	0.00072	0.00072	-0.00178	-0.00255	-0.00279	-0.00286	-0.00289	-0.00289	
12.00	M	0.00000	0.00104	0.00375	0.01254	0.04166	0.04166	0.01255	0.00378	0.00114	0.00034	0.00009	0.00000	12.00
	Q	0.00823	0.01490	0.04573	0.15071	0.50003	-0.49997	-0.15059	-0.04536	-0.01367	-0.00415	-0.00135	-0.00075	
	V	0.00000	0.00041	0.00081	0.00116	0.00138	0.00138	0.00130	0.00108	0.00083	0.00055	0.00028	0.00000	
	V'	0.00411	0.00406	0.00385	0.00312	0.00069	0.00069	-0.00173	-0.00246	-0.00268	-0.00275	-0.00277	-0.00277	
12.25	M	0.00000	0.00095	0.00350	0.01198	0.04081	0.04081	0.01199	0.00352	0.00103	0.00030	0.00008	0.00000	12.25
	Q	0.00745	0.01377	0.04347	0.14697	0.50003	-0.49997	-0.14687	-0.04315	-0.01268	-0.00375	-0.00119	-0.00064	
	V	0.00000	0.00039	0.00078	0.00112	0.00133	0.00133	0.00125	0.00104	0.00079	0.00053	0.00027	0.00000	
	V'	0.00395	0.00391	0.00371	0.00302	0.00067	0.00067	-0.00169	-0.00238	-0.00258	-0.00264	-0.00266	-0.00266	
BETA	X/L =	0.00	0.10	0.20	0.30	L 0.40	R 0.40	0.50	0.60	0.70	0.80	0.90	1.00	BETA

XP/L = 0.40

FUNKTIONEN : F.P;M - F.P;Q - F.P;V - F.P;V'

FUNKTIONEN : F.P;M - F.P;Q - F.P;V - F.P;V'

XP/L = 0.40

BETA	X/L =	0.00	0.10	0.20	0.30	L 0.40	R 0.40	0.50	0.60	0.70	0.80	0.90	1.00	BETA
	M	0.00000	0.00086	0.00326	0.01145	0.04000	0.04000	0.01146	0.00328	0.00094	0.00027	0.00007	0.00000	
12.50	Q	0.00674	0.01272	0.04132	0.14333	0.50002	-0.49998	-0.14325	-0.04104	-0.01176	-0.00339	-0.00104	-0.00055	12.50
	V	0.00000	0.00038	0.00075	0.00108	0.00128	0.00128	0.00121	0.00100	0.00076	0.00051	0.00026	0.00000	
	V'	0.00380	0.00376	0.00358	0.00292	0.00064	0.00064	-0.00164	-0.00230	-0.00248	-0.00254	-0.00255	-0.00256	
	M	0.00000	0.00079	0.00304	0.01095	0.03921	0.03921	0.01096	0.00306	0.00086	0.00024	0.00006	0.00000	
12.75	Q	0.00610	0.01176	0.03928	0.13978	0.50002	-0.49998	-0.13971	-0.03904	-0.01091	-0.00307	-0.00092	-0.00048	12.75
	V	0.00000	0.00036	0.00072	0.00104	0.00124	0.00124	0.00116	0.00097	0.00073	0.00049	0.00025	0.00000	
	V'	0.00365	0.00362	0.00345	0.00283	0.00062	0.00062	-0.00160	-0.00222	-0.00239	-0.00244	-0.00245	-0.00246	
	M	0.00000	0.00072	0.00284	0.01048	0.03846	0.03846	0.01048	0.00286	0.00078	0.00021	0.00005	0.00000	
13.00	Q	0.00552	0.01087	0.03734	0.13632	0.50002	-0.49998	-0.13626	-0.03714	-0.01012	-0.00277	-0.00081	-0.00041	13.00
	V	0.00000	0.00035	0.00069	0.00100	0.00119	0.00119	0.00112	0.00093	0.00071	0.00047	0.00024	0.00000	
	V'	0.00352	0.00349	0.00333	0.00274	0.00059	0.00059	-0.00156	-0.00215	-0.00231	-0.00235	-0.00236	-0.00236	
	M	0.00000	0.00066	0.00265	0.01003	0.03773	0.03773	0.01003	0.00267	0.00071	0.00019	0.00005	0.00000	
13.25	Q	0.00499	0.01005	0.03550	0.13295	0.50001	-0.49999	-0.13290	-0.03533	-0.00939	-0.00251	-0.00071	-0.00035	13.25
	V	0.00000	0.00034	0.00067	0.00097	0.00115	0.00115	0.00108	0.00090	0.00068	0.00045	0.00023	0.00000	
	V'	0.00339	0.00336	0.00322	0.00266	0.00057	0.00057	-0.00152	-0.00208	-0.00222	-0.00226	-0.00227	-0.00228	
	M	0.00000	0.00060	0.00248	0.00960	0.03704	0.03704	0.00960	0.00249	0.00065	0.00017	0.00004	0.00000	
13.50	Q	0.00452	0.00930	0.03375	0.12966	0.50001	-0.49999	-0.12962	-0.03360	-0.00871	-0.00227	-0.00062	-0.00030	13.50
	V	0.00000	0.00033	0.00064	0.00093	0.00111	0.00111	0.00104	0.00086	0.00065	0.00044	0.00022	0.00000	
	V'	0.00327	0.00324	0.00311	0.00258	0.00055	0.00055	-0.00148	-0.00201	-0.00215	-0.00218	-0.00219	-0.00219	
	M	0.00000	0.00055	0.00232	0.00919	0.03636	0.03636	0.00919	0.00232	0.00059	0.00015	0.00004	0.00000	
13.75	Q	0.00409	0.00860	0.03209	0.12645	0.50001	-0.49999	-0.12642	-0.03196	-0.00808	-0.00205	-0.00055	-0.00026	13.75
	V	0.00000	0.00031	0.00062	0.00090	0.00108	0.00108	0.00101	0.00083	0.00063	0.00042	0.00021	0.00000	
	V'	0.00315	0.00313	0.00300	0.00250	0.00053	0.00053	-0.00145	-0.00195	-0.00207	-0.00210	-0.00211	-0.00211	
	M	0.00000	0.00050	0.00216	0.00881	0.03571	0.03571	0.00881	0.00217	0.00054	0.00013	0.00003	0.00000	
14.00	Q	0.00370	0.00795	0.03052	0.12333	0.50001	-0.49999	-0.12330	-0.03041	-0.00750	-0.00186	-0.00048	-0.00022	14.00
	V	0.00000	0.00030	0.00060	0.00087	0.00104	0.00104	0.00098	0.00081	0.00061	0.00041	0.00020	0.00000	
	V'	0.00304	0.00302	0.00291	0.00243	0.00051	0.00051	-0.00141	-0.00189	-0.00200	-0.00203	-0.00204	-0.00204	
	M	0.00000	0.00046	0.00202	0.00644	0.03509	0.03509	0.00844	0.00203	0.00049	0.00012	0.00003	0.00000	
14.25	Q	0.00335	0.00736	0.02902	0.12028	0.50001	-0.49999	-0.12025	-0.02892	-0.00696	-0.00168	-0.00043	-0.00019	14.25
	V	0.00000	0.00029	0.00058	0.00084	0.00101	0.00101	0.00094	0.00078	0.00059	0.00039	0.00020	0.00000	
	V'	0.00294	0.00292	0.00281	0.00236	0.00049	0.00049	-0.00138	-0.00183	-0.00194	-0.00196	-0.00197	-0.00197	
	M	0.00000	0.00042	0.00189	0.00809	0.03448	0.03448	0.00809	0.00190	0.00044	0.00010	0.00002	0.00000	
14.50	Q	0.00303	0.00681	0.02759	0.11730	0.50000	-0.50000	-0.11728	-0.02751	-0.00645	-0.00152	-0.00037	-0.00017	14.50
	V	0.00000	0.00028	0.00056	0.00082	0.00098	0.00098	0.00091	0.00075	0.00057	0.00038	0.00019	0.00000	
	V'	0.00284	0.00282	0.00272	0.00230	0.00048	0.00048	-0.00134	-0.00177	-0.00187	-0.00190	-0.00190	-0.00190	
	M	0.00000	0.00038	0.00177	0.00775	0.03390	0.03390	0.00776	0.00177	0.00041	0.00009	0.00002	0.00000	
14.75	Q	0.00274	0.00630	0.02624	0.11441	0.50000	-0.50000	-0.11439	-0.02617	-0.00599	-0.00137	-0.00033	-0.00014	14.75
	V	0.00000	0.00027	0.00054	0.00079	0.00095	0.00095	0.00088	0.00073	0.00055	0.00037	0.00018	0.00000	
	V'	0.00275	0.00273	0.00264	0.00223	0.00046	0.00046	-0.00131	-0.00172	-0.00181	-0.00183	-0.00184	-0.00184	
BETA	X/L =	0.00	0.10	0.20	0.30	L 0.40	R 0.40	0.50	0.60	0.70	0.80	0.90	1.00	BETA

XP/L = 0.40

FUNKTIONEN : F.P;M - F.P;Q - F.P;V - F.P;V'

FUNKTIONEN : F.PIM - F.PIQ - F.PIV - F.PIV'

XP/L = 0.40

BETA	X/L =	0.00	0.10	0.20	0.30	L 0.40	R 0.40	0.50	0.60	0.70	0.80	0.90	1.00	BETA
	M	0.00000	0.00035	0.00166	0.00744	0.03333	0.03333	0.00744	0.00166	0.00037	0.00008	0.00002	0.00000	
15.00	Q	0.00248	0.00583	0.02496	0.11158	0.50000	-0.50000	-0.11156	-0.02489	-0.00556	-0.00124	-0.00029	-0.00012	15.00
	V	0.00000	0.00027	0.00053	0.00077	0.00092	0.00092	0.00086	0.00070	0.00053	0.00036	0.00018	0.00000	
	V'	0.00266	0.00264	0.00256	0.00217	0.00044	0.00044	-0.00128	-0.00167	-0.00175	-0.00177	-0.00178	-0.00178	
	M	0.00000	0.00032	0.00155	0.00713	0.03279	0.03279	0.00714	0.00155	0.00034	0.00007	0.00002	0.00000	
15.25	Q	0.00224	0.00540	0.02373	0.10882	0.50000	-0.50000	-0.10881	-0.02368	-0.00515	-0.00112	-0.00026	-0.00011	15.25
	V	0.00000	0.00026	0.00051	0.00074	0.00089	0.00089	0.00083	0.00068	0.00051	0.00034	0.00017	0.00000	
	V'	0.00257	0.00256	0.00248	0.00211	0.00043	0.00043	-0.00125	-0.00162	-0.00170	-0.00172	-0.00172	-0.00172	
	M	0.00000	0.00029	0.00145	0.00685	0.03226	0.03226	0.00685	0.00145	0.00031	0.00007	0.00001	0.00000	
15.50	Q	0.00203	0.00500	0.02257	0.10613	0.50000	-0.50000	-0.10612	-0.02252	-0.00478	-0.00102	-0.00023	-0.00009	15.50
	V	0.00000	0.00025	0.00049	0.00072	0.00086	0.00086	0.00080	0.00066	0.00050	0.00033	0.00017	0.00000	
	V'	0.00249	0.00248	0.00240	0.00206	0.00042	0.00042	-0.00122	-0.00157	-0.00165	-0.00166	-0.00166	-0.00166	
	M	0.00000	0.00027	0.00136	0.00657	0.03175	0.03175	0.00657	0.00136	0.00028	0.00006	0.00001	0.00000	
15.75	Q	0.00184	0.00463	0.02147	0.10351	0.50000	-0.50000	-0.10350	-0.02143	-0.00444	-0.00092	-0.00020	-0.00008	15.75
	V	0.00000	0.00024	0.00048	0.00070	0.00084	0.00084	0.00078	0.00064	0.00048	0.00032	0.00016	0.00000	
	V'	0.00241	0.00240	0.00233	0.00200	0.00040	0.00040	-0.00120	-0.00153	-0.00159	-0.00161	-0.00161	-0.00161	
	M	0.00000	0.00025	0.00127	0.00631	0.03125	0.03125	0.00631	0.00127	0.00026	0.00005	0.00001	0.00000	
16.00	Q	0.00166	0.00428	0.02041	0.10096	0.50000	-0.50000	-0.10095	-0.02038	-0.00412	-0.00083	-0.00017	-0.00007	16.00
	V	0.00000	0.00023	0.00046	0.00068	0.00082	0.00082	0.00076	0.00062	0.00047	0.00031	0.00016	0.00000	
	V'	0.00234	0.00233	0.00226	0.00195	0.00039	0.00039	-0.00117	-0.00148	-0.00155	-0.00156	-0.00156	-0.00156	
	M	0.00000	0.00023	0.00119	0.00606	0.03077	0.03077	0.00606	0.00119	0.00023	0.00005	0.00001	0.00000	
16.25	Q	0.00150	0.00397	0.01942	0.09846	0.50000	-0.50000	-0.09846	-0.01939	-0.00382	-0.00075	-0.00015	-0.00006	16.25
	V	0.00000	0.00023	0.00045	0.00066	0.00079	0.00079	0.00073	0.00060	0.00045	0.00030	0.00015	0.00000	
	V'	0.00227	0.00226	0.00220	0.00190	0.00038	0.00038	-0.00114	-0.00144	-0.00150	-0.00151	-0.00151	-0.00151	
	M	0.00000	0.00021	0.00112	0.00582	0.03030	0.03030	0.00582	0.00112	0.00021	0.00004	0.00001	0.00000	
16.50	Q	0.00136	0.00367	0.01847	0.09603	0.50000	-0.50000	-0.09602	-0.01844	-0.00354	-0.00068	-0.00014	-0.00005	16.50
	V	0.00000	0.00022	0.00044	0.00064	0.00077	0.00077	0.00071	0.00058	0.00044	0.00029	0.00015	0.00000	
	V'	0.00220	0.00219	0.00214	0.00185	0.00037	0.00037	-0.00112	-0.00140	-0.00146	-0.00147	-0.00147	-0.00147	
	M	0.00000	0.00019	0.00105	0.00559	0.02985	0.02985	0.00559	0.00105	0.00020	0.00004	0.00001	0.00000	
16.75	Q	0.00123	0.00340	0.01756	0.09366	0.50000	-0.50000	-0.09365	-0.01754	-0.00329	-0.00062	-0.00012	-0.00004	16.75
	V	0.00000	0.00021	0.00042	0.00062	0.00075	0.00075	0.00069	0.00057	0.00043	0.00029	0.00014	0.00000	
	V'	0.00213	0.00213	0.00208	0.00180	0.00036	0.00036	-0.00109	-0.00136	-0.00141	-0.00142	-0.00143	-0.00143	
	M	0.00000	0.00017	0.00098	0.00537	0.02941	0.02941	0.00537	0.00098	0.00018	0.00003	0.00001	0.00000	
17.00	Q	0.00111	0.00315	0.01671	0.09135	0.50000	-0.50000	-0.09134	-0.01669	-0.00305	-0.00056	-0.00011	-0.00004	17.00
	V	0.00000	0.00021	0.00041	0.00060	0.00073	0.00073	0.00067	0.00055	0.00041	0.00028	0.00014	0.00000	
	V'	0.00207	0.00207	0.00202	0.00176	0.00035	0.00035	-0.00107	-0.00133	-0.00137	-0.00138	-0.00138	-0.00138	
	M	0.00000	0.00016	0.00092	0.00516	0.02899	0.02899	0.00516	0.00092	0.00016	0.00003	0.00001	0.00000	
17.25	Q	0.00101	0.00292	0.01589	0.08909	0.50000	-0.50000	-0.08909	-0.01587	-0.00283	-0.00050	-0.00009	-0.00003	17.25
	V	0.00000	0.00020	0.00040	0.00059	0.00071	0.00071	0.00065	0.00053	0.00040	0.00027	0.00013	0.00000	
	V'	0.00201	0.00201	0.00196	0.00172	0.00034	0.00034	-0.00104	-0.00129	-0.00133	-0.00134	-0.00134	-0.00134	
BETA	X/L =	0.00	0.10	0.20	0.30	L 0.40	R 0.40	0.50	0.60	0.70	0.80	0.90	1.00	BETA

XP/L = 0.40

FUNKTIONEN : F.PIM - F.PIQ - F.PIV - F.PIV'

FUNKTIONEN : F.PIM - F.PIQ - F.PIV - F.PIV'

XP/L = 0.40

BETA	X/L =	0.00	0.10	0.20	0.30	L 0.40	R 0.40	0.50	0.60	0.70	0.80	0.90	1.00	BETA
	M	0.00000	0.00015	0.00086	0.00496	0.02857	0.02857	0.00496	0.00086	0.00015	0.00003	0.00000	0.00000	
17.50	Q	0.00091	0.00270	0.01511	0.08689	0.50000	-0.50000	-0.08689	-0.01510	-0.00262	-0.00046	-0.00008	-0.00003	17.50
	V	0.00000	0.00020	0.00039	0.00057	0.00069	0.00069	0.00064	0.00052	0.00039	0.00026	0.00013	0.00000	
	V'	0.00196	0.00195	0.00191	0.00168	0.00033	0.00033	-0.00102	-0.00126	-0.00130	-0.00130	-0.00131	-0.00131	
	M	0.00000	0.00013	0.00081	0.00477	0.02817	0.02817	0.00477	0.00081	0.00014	0.00002	0.00000	0.00000	
17.75	Q	0.00083	0.00250	0.01437	0.08474	0.50000	-0.50000	-0.08474	-0.01436	-0.00243	-0.00041	-0.00007	-0.00002	17.75
	V	0.00000	0.00019	0.00038	0.00056	0.00067	0.00067	0.00062	0.00051	0.00038	0.00025	0.00013	0.00000	
	V'	0.00190	0.00190	0.00186	0.00164	0.00032	0.00032	-0.00100	-0.00122	-0.00126	-0.00127	-0.00127	-0.00127	
	M	0.00000	0.00012	0.00076	0.00459	0.02778	0.02778	0.00459	0.00076	0.00013	0.00002	0.00000	0.00000	
18.00	Q	0.00075	0.00232	0.01367	0.08265	0.50000	-0.50000	-0.08265	-0.01366	-0.00226	-0.00037	-0.00006	-0.00002	18.00
	V	0.00000	0.00018	0.00037	0.00054	0.00066	0.00066	0.00060	0.00049	0.00037	0.00025	0.00012	0.00000	
	V'	0.00185	0.00184	0.00181	0.00160	0.00031	0.00031	-0.00098	-0.00119	-0.00123	-0.00123	-0.00123	-0.00123	
	M	0.00000	0.00011	0.00071	0.00442	0.02740	0.02740	0.00442	0.00071	0.00011	0.00002	0.00000	0.00000	
18.25	Q	0.00068	0.00215	0.01300	0.08061	0.50000	-0.50000	-0.08061	-0.01300	-0.00210	-0.00034	-0.00006	-0.00002	18.25
	V	0.00000	0.00018	0.00036	0.00053	0.00064	0.00064	0.00059	0.00048	0.00036	0.00024	0.00012	0.00000	
	V'	0.00180	0.00180	0.00176	0.00156	0.00030	0.00030	-0.00096	-0.00116	-0.00119	-0.00120	-0.00120	-0.00120	
	M	0.00000	0.00010	0.00067	0.00425	0.02703	0.02703	0.00425	0.00067	0.00011	0.00002	0.00000	0.00000	
18.50	Q	0.00061	0.00199	0.01237	0.07862	0.50000	-0.50000	-0.07862	-0.01236	-0.00194	-0.00031	-0.00005	-0.00002	18.50
	V	0.00000	0.00018	0.00035	0.00051	0.00062	0.00062	0.00057	0.00047	0.00035	0.00023	0.00012	0.00000	
	V'	0.00175	0.00175	0.00172	0.00152	0.00029	0.00029	-0.00094	-0.00113	-0.00116	-0.00117	-0.00117	-0.00117	
	M	0.00000	0.00009	0.00063	0.00409	0.02667	0.02667	0.00409	0.00063	0.00010	0.00001	0.00000	0.00000	
18.75	Q	0.00055	0.00185	0.01177	0.07668	0.50000	-0.50000	-0.07668	-0.01176	-0.00180	-0.00028	-0.00004	-0.00001	18.75
	V	0.00000	0.00017	0.00034	0.00050	0.00061	0.00061	0.00056	0.00045	0.00034	0.00023	0.00011	0.00000	
	V'	0.00171	0.00170	0.00167	0.00149	0.00028	0.00028	-0.00092	-0.00110	-0.00113	-0.00114	-0.00114	-0.00114	
	M	0.00000	0.00009	0.00059	0.00394	0.02632	0.02632	0.00394	0.00059	0.00009	0.00001	0.00000	0.00000	
19.00	Q	0.00050	0.00171	0.01119	0.07479	0.50000	-0.50000	-0.07478	-0.01119	-0.00167	-0.00025	-0.00004	-0.00001	19.00
	V	0.00000	0.00017	0.00033	0.00049	0.00059	0.00059	0.00054	0.00044	0.00033	0.00022	0.00011	0.00000	
	V'	0.00166	0.00166	0.00163	0.00145	0.00028	0.00028	-0.00090	-0.00108	-0.00110	-0.00111	-0.00111	-0.00111	
	M	0.00000	0.00008	0.00055	0.00379	0.02597	0.02597	0.00379	0.00055	0.00008	0.00001	0.00000	0.00000	
19.25	Q	0.00045	0.00159	0.01064	0.07294	0.50000	-0.50000	-0.07294	-0.01064	-0.00155	-0.00023	-0.00003	-0.00001	19.25
	V	0.00000	0.00016	0.00032	0.00048	0.00058	0.00058	0.00053	0.00043	0.00032	0.00022	0.00011	0.00000	
	V'	0.00162	0.00161	0.00159	0.00142	0.00027	0.00027	-0.00088	-0.00105	-0.00108	-0.00108	-0.00108	-0.00108	
	M	0.00000	0.00007	0.00052	0.00365	0.02564	0.02564	0.00365	0.00052	0.00007	0.00001	0.00000	0.00000	
19.50	Q	0.00041	0.00147	0.01013	0.07114	0.50000	-0.50000	-0.07114	-0.01012	-0.00144	-0.00020	-0.00003	-0.00001	19.50
	V	0.00000	0.00016	0.00031	0.00046	0.00056	0.00056	0.00052	0.00042	0.00032	0.00021	0.00011	0.00000	
	V'	0.00158	0.00157	0.00155	0.00139	0.00026	0.00026	-0.00086	-0.00103	-0.00105	-0.00105	-0.00105	-0.00105	
	M	0.00000	0.00007	0.00049	0.00351	0.02532	0.02532	0.00351	0.00049	0.00007	0.00001	0.00000	0.00000	
19.75	Q	0.00037	0.00136	0.00963	0.06938	0.50000	-0.50000	-0.06938	-0.00963	-0.00134	-0.00019	-0.00003	-0.00001	19.75
	V	0.00000	0.00015	0.00031	0.00045	0.00055	0.00055	0.00050	0.00041	0.00031	0.00021	0.00010	0.00000	
	V'	0.00154	0.00153	0.00151	0.00136	0.00026	0.00026	-0.00085	-0.00100	-0.00102	-0.00103	-0.00103	-0.00103	
BETA	X/L =	0.00	0.10	0.20	0.30	L 0.40	R 0.40	0.50	0.60	0.70	0.80	0.90	1.00	BETA

XP/L = 0.40

FUNKTIONEN : F.PIM - F.PIQ - F.PIV - F.PIV'

FUNKTIONEN : F.P;M - F.P;Q - F.P;V - F.P;V'

XP/L = 0.40

BETA	X/L =	0.00	0.10	0.20	0.30	L 0.40	R 0.40	0.50	0.60	0.70	0.80	0.90	1.00	BETA
	M	0.00000	0.00006	0.00046	0.00338	0.02500	0.02500	0.00338	0.00046	0.00006	0.00001	0.00000	0.00000	
20.00	Q	0.00034	0.00126	0.00916	0.06767	0.50000	-0.50000	-0.06767	-0.00916	-0.00124	-0.00017	-0.00002	-0.00001	20.00
	V	0.00000	0.00015	0.00030	0.00044	0.00054	0.00054	0.00049	0.00040	0.00030	0.00020	0.00010	0.00000	
	V'	0.00150	0.00150	0.00148	0.00133	0.00025	0.00025	-0.00083	-0.00098	-0.00100	-0.00100	-0.00100	-0.00100	
	M	0.00000	0.00006	0.00043	0.00326	0.02469	0.02469	0.00326	0.00043	0.00006	0.00001	0.00000	0.00000	
20.25	Q	0.00030	0.00117	0.00871	0.06600	0.50000	-0.50000	-0.06600	-0.00871	-0.00115	-0.00015	-0.00002	-0.00001	20.25
	V	0.00000	0.00015	0.00029	0.00043	0.00053	0.00053	0.00048	0.00039	0.00029	0.00020	0.00010	0.00000	
	V'	0.00146	0.00146	0.00144	0.00130	0.00024	0.00024	-0.00081	-0.00095	-0.00097	-0.00098	-0.00098	-0.00098	
	M	0.00000	0.00005	0.00040	0.00314	0.02439	0.02439	0.00314	0.00040	0.00005	0.00001	0.00000	0.00000	
20.50	Q	0.00027	0.00108	0.00829	0.06437	0.50000	-0.50000	-0.06437	-0.00829	-0.00107	-0.00014	-0.00002	-0.00000	20.50
	V	0.00000	0.00014	0.00028	0.00042	0.00051	0.00051	0.00047	0.00038	0.00029	0.00019	0.00010	0.00000	
	V'	0.00143	0.00143	0.00141	0.00127	0.00024	0.00024	-0.00080	-0.00093	-0.00095	-0.00095	-0.00095	-0.00095	
	M	0.00000	0.00005	0.00038	0.00303	0.02410	0.02410	0.00303	0.00038	0.00005	0.00001	0.00000	0.00000	
20.75	Q	0.00025	0.00101	0.00788	0.06278	0.50000	-0.50000	-0.06278	-0.00788	-0.00099	-0.00012	-0.00002	-0.00000	20.75
	V	0.00000	0.00014	0.00028	0.00041	0.00050	0.00050	0.00046	0.00037	0.00028	0.00019	0.00009	0.00000	
	V'	0.00139	0.00139	0.00138	0.00125	0.00023	0.00023	-0.00078	-0.00091	-0.00093	-0.00093	-0.00093	-0.00093	
	M	0.00000	0.00004	0.00036	0.00292	0.02381	0.02381	0.00292	0.00036	0.00004	0.00001	0.00000	0.00000	
21.00	Q	0.00022	0.00093	0.00750	0.06123	0.50000	-0.50000	-0.06123	-0.00750	-0.00092	-0.00011	-0.00001	-0.00000	21.00
	V	0.00000	0.00014	0.00027	0.00040	0.00049	0.00049	0.00045	0.00036	0.00027	0.00018	0.00009	0.00000	
	V'	0.00136	0.00136	0.00134	0.00122	0.00023	0.00023	-0.00077	-0.00089	-0.00090	-0.00091	-0.00091	-0.00091	
	M	0.00000	0.00004	0.00034	0.00281	0.02353	0.02353	0.00281	0.00034	0.00004	0.00000	0.00000	0.00000	
21.25	Q	0.00020	0.00086	0.00713	0.05972	0.50000	-0.50000	-0.05972	-0.00713	-0.00085	-0.00010	-0.00001	-0.00000	21.25
	V	0.00000	0.00013	0.00027	0.00039	0.00048	0.00048	0.00044	0.00035	0.00027	0.00018	0.00009	0.00000	
	V'	0.00133	0.00133	0.00131	0.00120	0.00022	0.00022	-0.00075	-0.00087	-0.00088	-0.00089	-0.00089	-0.00089	
	M	0.00000	0.00004	0.00032	0.00271	0.02326	0.02326	0.00271	0.00032	0.00004	0.00000	0.00000	0.00000	
21.50	Q	0.00018	0.00080	0.00679	0.05824	0.50000	-0.50000	-0.05824	-0.00678	-0.00079	-0.00009	-0.00001	-0.00000	21.50
	V	0.00000	0.00013	0.00026	0.00038	0.00047	0.00047	0.00043	0.00035	0.00026	0.00017	0.00009	0.00000	
	V'	0.00130	0.00130	0.00128	0.00117	0.00022	0.00022	-0.00074	-0.00085	-0.00086	-0.00087	-0.00087	-0.00087	
	M	0.00000	0.00003	0.00030	0.00261	0.02299	0.02299	0.00261	0.00030	0.00003	0.00000	0.00000	0.00000	
21.75	Q	0.00017	0.00074	0.00645	0.05680	0.50000	-0.50000	-0.05680	-0.00645	-0.00073	-0.00008	-0.00001	-0.00000	21.75
	V	0.00000	0.00013	0.00025	0.00037	0.00046	0.00046	0.00042	0.00034	0.00025	0.00017	0.00008	0.00000	
	V'	0.00127	0.00127	0.00125	0.00115	0.00021	0.00021	-0.00073	-0.00083	-0.00084	-0.00085	-0.00085	-0.00085	
	M	0.00000	0.00003	0.00028	0.00252	0.02273	0.02273	0.00252	0.00028	0.00003	0.00000	0.00000	0.00000	
22.00	Q	0.00015	0.00069	0.00614	0.05540	0.50000	-0.50000	-0.05540	-0.00614	-0.00068	-0.00008	-0.00001	-0.00000	22.00
	V	0.00000	0.00012	0.00025	0.00037	0.00045	0.00045	0.00041	0.00033	0.00025	0.00017	0.00008	0.00000	
	V'	0.00124	0.00124	0.00123	0.00113	0.00021	0.00021	-0.00071	-0.00081	-0.00083	-0.00083	-0.00083	-0.00083	
	M	0.00000	0.00003	0.00026	0.00243	0.02247	0.02247	0.00243	0.00026	0.00003	0.00000	0.00000	0.00000	
22.25	Q	0.00014	0.00064	0.00584	0.05403	0.50000	-0.50000	-0.05403	-0.00584	-0.00063	-0.00007	-0.00001	-0.00000	22.25
	V	0.00000	0.00012	0.00024	0.00036	0.00044	0.00044	0.00040	0.00032	0.00024	0.00016	0.00008	0.00000	
	V'	0.00121	0.00121	0.00120	0.00110	0.00020	0.00020	-0.00070	-0.00080	-0.00081	-0.00081	-0.00081	-0.00081	
BETA	X/L =	0.00	0.10	0.20	0.30	L 0.40	R 0.40	0.50	0.60	0.70	0.80	0.90	1.00	BETA

XP/L = 0.40

FUNKTIONEN : F.P;M - F.P;Q - F.P;V - F.P;V'

ZUGSTAEBE -418-

FUNKTIONEN : F.PIM - F.PIQ - F.PIV - F.PIV'

XP/L = 0.40

BETA	X/L =	0.00	0.10	0.20	0.30	L 0.40	R 0.40	0.50	0.60	0.70	0.80	0.90	1.00	BETA
22.50	M	0.00000	0.00003	0.00025	0.00234	0.02222	0.02222	0.00234	0.00025	0.00003	0.00000	0.00000	0.00000	22.50
	Q	0.00012	0.00059	0.00556	0.05270	0.50000	-0.50000	-0.05270	-0.00555	-0.00059	-0.00006	-0.00001	-0.00000	
	V	0.00000	0.00012	0.00024	0.00035	0.00043	0.00043	0.00039	0.00032	0.00024	0.00016	0.00008	0.00000	
	V'	0.00118	0.00118	0.00117	0.00108	0.00020	0.00020	-0.00069	-0.00078	-0.00079	-0.00079	-0.00079	-0.00079	
22.75	M	0.00000	0.00002	0.00023	0.00226	0.02198	0.02198	0.00226	0.00023	0.00002	0.00000	0.00000	0.00000	22.75
	Q	0.00011	0.00055	0.00528	0.05140	0.50000	-0.50000	-0.05140	-0.00528	-0.00054	-0.00006	-0.00001	-0.00000	
	V	0.00000	0.00012	0.00023	0.00034	0.00042	0.00042	0.00038	0.00031	0.00023	0.00015	0.00008	0.00000	
	V'	0.00116	0.00116	0.00115	0.00106	0.00019	0.00019	-0.00067	-0.00076	-0.00077	-0.00077	-0.00077	-0.00077	
23.00	M	0.00000	0.00002	0.00022	0.00218	0.02174	0.02174	0.00218	0.00022	0.00002	0.00000	0.00000	0.00000	23.00
	Q	0.00010	0.00051	0.00503	0.05013	0.50000	-0.50000	-0.05013	-0.00503	-0.00050	-0.00005	-0.00001	-0.00000	
	V	0.00000	0.00011	0.00023	0.00034	0.00041	0.00041	0.00037	0.00030	0.00023	0.00015	0.00008	0.00000	
	V'	0.00113	0.00113	0.00112	0.00104	0.00019	0.00019	-0.00066	-0.00075	-0.00076	-0.00076	-0.00076	-0.00076	
23.25	M	0.00000	0.00002	0.00021	0.00210	0.02151	0.02151	0.00210	0.00021	0.00002	0.00000	0.00000	0.00000	23.25
	Q	0.00009	0.00047	0.00478	0.04889	0.50000	-0.50000	-0.04889	-0.00478	-0.00047	-0.00005	-0.00000	-0.00000	
	V	0.00000	0.00011	0.00022	0.00033	0.00040	0.00040	0.00037	0.00030	0.00022	0.00015	0.00007	0.00000	
	V'	0.00111	0.00111	0.00110	0.00102	0.00018	0.00018	-0.00065	-0.00073	-0.00074	-0.00074	-0.00074	-0.00074	
23.50	M	0.00000	0.00002	0.00019	0.00203	0.02128	0.02128	0.00203	0.00019	0.00002	0.00000	0.00000	0.00000	23.50
	Q	0.00008	0.00044	0.00455	0.04768	0.50000	-0.50000	-0.04768	-0.00455	-0.00043	-0.00004	-0.00000	-0.00000	
	V	0.00000	0.00011	0.00022	0.00032	0.00040	0.00040	0.00036	0.00029	0.00022	0.00014	0.00007	0.00000	
	V'	0.00109	0.00109	0.00108	0.00100	0.00018	0.00018	-0.00064	-0.00072	-0.00072	-0.00072	-0.00072	-0.00072	
23.75	M	0.00000	0.00002	0.00018	0.00196	0.02105	0.02105	0.00196	0.00018	0.00002	0.00000	0.00000	0.00000	23.75
	Q	0.00007	0.00041	0.00433	0.04651	0.50000	-0.50000	-0.04651	-0.00433	-0.00040	-0.00004	-0.00000	-0.00000	
	V	0.00000	0.00011	0.00021	0.00032	0.00039	0.00039	0.00035	0.00028	0.00021	0.00014	0.00007	0.00000	
	V'	0.00106	0.00106	0.00106	0.00098	0.00018	0.00018	-0.00063	-0.00070	-0.00071	-0.00071	-0.00071	-0.00071	
24.00	M	0.00000	0.00002	0.00017	0.00189	0.02083	0.02083	0.00189	0.00017	0.00002	0.00000	0.00000	0.00000	24.00
	Q	0.00007	0.00038	0.00412	0.04536	0.50000	-0.50000	-0.04536	-0.00411	-0.00037	-0.00003	-0.00000	-0.00000	
	V	0.00000	0.00010	0.00021	0.00031	0.00038	0.00038	0.00034	0.00028	0.00021	0.00014	0.00007	0.00000	
	V'	0.00104	0.00104	0.00103	0.00096	0.00017	0.00017	-0.00062	-0.00069	-0.00069	-0.00069	-0.00069	-0.00069	
24.25	M	0.00000	0.00001	0.00016	0.00182	0.02062	0.02062	0.00182	0.00016	0.00001	0.00000	0.00000	0.00000	24.25
	Q	0.00006	0.00035	0.00391	0.04424	0.50000	-0.50000	-0.04424	-0.00391	-0.00035	-0.00003	-0.00000	-0.00000	
	V	0.00000	0.00010	0.00020	0.00030	0.00037	0.00037	0.00034	0.00027	0.00020	0.00014	0.00007	0.00000	
	V'	0.00102	0.00102	0.00101	0.00095	0.00017	0.00017	-0.00060	-0.00067	-0.00068	-0.00068	-0.00068	-0.00068	
24.50	M	0.00000	0.00001	0.00015	0.00176	0.02041	0.02041	0.00176	0.00015	0.00001	0.00000	0.00000	0.00000	24.50
	Q	0.00006	0.00032	0.00372	0.04315	0.50000	-0.50000	-0.04315	-0.00372	-0.00032	-0.00003	-0.00000	-0.00000	
	V	0.00000	0.00010	0.00020	0.00030	0.00037	0.00037	0.00033	0.00027	0.00020	0.00013	0.00007	0.00000	
	V'	0.00100	0.00100	0.00099	0.00093	0.00017	0.00017	-0.00059	-0.00066	-0.00067	-0.00067	-0.00067	-0.00067	
24.75	M	0.00000	0.00001	0.00014	0.00170	0.02020	0.02020	0.00170	0.00014	0.00001	0.00000	0.00000	0.00000	24.75
	Q	0.00005	0.00030	0.00354	0.04208	0.50000	-0.50000	-0.04208	-0.00354	-0.00030	-0.00003	-0.00000	-0.00000	
	V	0.00000	0.00010	0.00020	0.00029	0.00036	0.00036	0.00032	0.00026	0.00020	0.00013	0.00007	0.00000	
	V'	0.00098	0.00098	0.00097	0.00091	0.00016	0.00016	-0.00058	-0.00065	-0.00065	-0.00065	-0.00065	-0.00065	
BETA	X/L =	0.00	0.10	0.20	0.30	L 0.40	R 0.40	0.50	0.60	0.70	0.80	0.90	1.00	BETA

XP/L = 0.40

FUNKTIONEN : F.PIM - F.PIQ - F.PIV - F.PIV'

ZUGSTAEBE -418-

Z U G S T A E B E -419-

FUNKTIONEN : F.PIM - F.PIQ - F.PIV - F.PIV'

XP/L = 0.40

BETA	X/L =	0.00	0.10	0.20	0.30	L 0.40	R 0.40	0.50	0.60	0.70	0.80	0.90	1.00	BETA
	M	0.00000	0.00001	0.00013	0.00164	0.02000	0.02000	0.00164	0.00013	0.00001	0.00000	0.00000	0.00000	
25.00	Q	0.00005	0.00028	0.00337	0.04104	0.50000	-0.50000	-0.04104	-0.00337	-0.00028	-0.00002	-0.00000	-0.00000	25.00
	V	0.00000	0.00010	0.00019	0.00029	0.00035	0.00035	0.00032	0.00026	0.00019	0.00013	0.00006	0.00000	
	V'	0.00096	0.00096	0.00095	0.00089	0.00016	0.00016	-0.00057	-0.00063	-0.00064	-0.00064	-0.00064	-0.00064	
	M	0.00000	0.00001	0.00010	0.00138	0.01905	0.01905	0.00138	0.00010	0.00001	0.00000	0.00000	0.00000	
26.25	Q	0.00003	0.00019	0.00262	0.03622	0.50000	-0.50000	-0.03622	-0.00262	-0.00019	-0.00001	-0.00000	-0.00000	26.25
	V	0.00000	0.00009	0.00017	0.00026	0.00032	0.00032	0.00029	0.00023	0.00017	0.00012	0.00006	0.00000	
	V'	0.00087	0.00087	0.00087	0.00082	0.00015	0.00015	-0.00053	-0.00058	-0.00058	-0.00058	-0.00058	-0.00058	
	M	0.00000	0.00000	0.00007	0.00116	0.01818	0.01818	0.00116	0.00007	0.00000	0.00000	0.00000	0.00000	
27.50	Q	0.00002	0.00013	0.00204	0.03196	0.50000	-0.50000	-0.03196	-0.00204	-0.00013	-0.00001	-0.00000	-0.00000	27.50
	V	0.00000	0.00008	0.00016	0.00024	0.00029	0.00029	0.00026	0.00021	0.00016	0.00011	0.00005	0.00000	
	V'	0.00079	0.00079	0.00079	0.00075	0.00013	0.00013	-0.00049	-0.00053	-0.00053	-0.00053	-0.00053	-0.00053	
	M	0.00000	0.00000	0.00006	0.00098	0.01739	0.01739	0.00098	0.00006	0.00000	0.00000	0.00000	0.00000	
28.75	Q	0.00001	0.00009	0.00159	0.02821	0.50000	-0.50000	-0.02821	-0.00159	-0.00009	-0.00001	-0.00000	-0.00000	28.75
	V	0.00000	0.00007	0.00015	0.00022	0.00027	0.00027	0.00024	0.00019	0.00015	0.00010	0.00005	0.00000	
	V'	0.00073	0.00073	0.00072	0.00069	0.00012	0.00012	-0.00045	-0.00048	-0.00048	-0.00048	-0.00048	-0.00048	
	M	0.00000	0.00000	0.00004	0.00083	0.01667	0.01667	0.00083	0.00004	0.00000	0.00000	0.00000	0.00000	
30.00	Q	0.00001	0.00006	0.00124	0.02489	0.50000	-0.50000	-0.02489	-0.00124	-0.00006	-0.00000	-0.00000	-0.00000	30.00
	V	0.00000	0.00007	0.00013	0.00020	0.00025	0.00025	0.00022	0.00018	0.00013	0.00009	0.00004	0.00000	
	V'	0.00067	0.00067	0.00067	0.00064	0.00011	0.00011	-0.00042	-0.00044	-0.00044	-0.00044	-0.00044	-0.00044	
	M	0.00000	0.00000	0.00003	0.00070	0.01600	0.01600	0.00070	0.00003	0.00000	0.00000	0.00000	0.00000	
31.25	Q	0.00000	0.00004	0.00097	0.02197	0.50000	-0.50000	-0.02197	-0.00097	-0.00004	-0.00000	-0.00000	-0.00000	31.25
	V	0.00000	0.00006	0.00012	0.00018	0.00023	0.00023	0.00020	0.00016	0.00012	0.00008	0.00004	0.00000	
	V'	0.00061	0.00061	0.00061	0.00059	0.00010	0.00010	-0.00039	-0.00041	-0.00041	-0.00041	-0.00041	-0.00041	
	M	0.00000	0.00000	0.00002	0.00060	0.01538	0.01538	0.00060	0.00002	0.00000	0.00000	0.00000	0.00000	
32.50	Q	0.00000	0.00003	0.00075	0.01939	0.50000	-0.50000	-0.01939	-0.00075	-0.00003	-0.00000	-0.00000	-0.00000	32.50
	V	0.00000	0.00006	0.00011	0.00017	0.00021	0.00021	0.00019	0.00015	0.00011	0.00008	0.00004	0.00000	
	V'	0.00057	0.00057	0.00057	0.00055	0.00009	0.00009	-0.00036	-0.00038	-0.00038	-0.00038	-0.00038	-0.00038	
	M	0.00000	0.00000	0.00002	0.00051	0.01481	0.01481	0.00051	0.00002	0.00000	0.00000	0.00000	0.00000	
33.75	Q	0.00000	0.00002	0.00059	0.01711	0.50000	-0.50000	-0.01711	-0.00059	-0.00002	-0.00000	-0.00000	-0.00000	33.75
	V	0.00000	0.00005	0.00011	0.00016	0.00020	0.00020	0.00018	0.00014	0.00011	0.00007	0.00004	0.00000	
	V'	0.00053	0.00053	0.00053	0.00051	0.00009	0.00009	-0.00034	-0.00035	-0.00035	-0.00035	-0.00035	-0.00035	
	M	0.00000	0.00000	0.00001	0.00043	0.01429	0.01429	0.00043	0.00001	0.00000	0.00000	0.00000	0.00000	
35.00	Q	0.00000	0.00001	0.00046	0.01510	0.50000	-0.50000	-0.01510	-0.00046	-0.00001	-0.00000	-0.00000	-0.00000	35.00
	V	0.00000	0.00005	0.00010	0.00015	0.00018	0.00018	0.00016	0.00013	0.00010	0.00007	0.00003	0.00000	
	V'	0.00049	0.00049	0.00049	0.00048	0.00008	0.00008	-0.00031	-0.00033	-0.00033	-0.00033	-0.00033	-0.00033	
	M	0.00000	0.00000	0.00001	0.00037	0.01379	0.01379	0.00037	0.00001	0.00000	0.00000	0.00000	0.00000	
36.25	Q	0.00000	0.00001	0.00036	0.01332	0.50000	-0.50000	-0.01332	-0.00036	-0.00001	-0.00000	-0.00000	-0.00000	36.25
	V	0.00000	0.00005	0.00009	0.00014	0.00017	0.00017	0.00015	0.00012	0.00009	0.00006	0.00003	0.00000	
	V'	0.00046	0.00046	0.00046	0.00045	0.00008	0.00008	-0.00029	-0.00030	-0.00030	-0.00030	-0.00030	-0.00030	
BETA	X/L =	0.00	0.10	0.20	0.30	L 0.40	R 0.40	0.50	0.60	0.70	0.80	0.90	1.00	BETA

XP/L = 0.40

FUNKTIONEN : F.PIM - F.PIQ - F.PIV - F.PIV'

Z U G S T A E B E -419-

FUNKTIONEN : F.PIM - F.PIQ - F.PIV - F.PIV'

XP/L = 0.40

BETA	X/L =	0.00	0.10	0.20	0.30	L 0.40	R 0.40	0.50	0.60	0.70	0.80	0.90	1.00	BETA
	M	0.00000	0.00000	0.00001	0.00031	0.01333	0.01333	0.00031	0.00001	0.00000	0.00000	0.00000	0.00000	
37.50	Q	0.00000	0.00001	0.00028	0.01176	0.50000	-0.50000	-0.01176	-0.00028	-0.00001	-0.00000	-0.00000	-0.00000	37.50
	V	0.00000	0.00004	0.00009	0.00013	0.00016	0.00016	0.00014	0.00011	0.00009	0.00006	0.00003	0.00000	
	V'	0.00043	0.00043	0.00043	0.00042	0.00007	0.00007	-0.00028	-0.00028	-0.00028	-0.00028	-0.00028	-0.00028	
	M	0.00000	0.00000	0.00001	0.00027	0.01290	0.01290	0.00027	0.00001	0.00000	0.00000	0.00000	0.00000	
38.75	Q	0.00000	0.00000	0.00022	0.01038	0.50000	-0.50000	-0.01038	-0.00022	-0.00000	-0.00000	-0.00000	-0.00000	38.75
	V	0.00000	0.00004	0.00008	0.00012	0.00015	0.00015	0.00013	0.00011	0.00008	0.00005	0.00003	0.00000	
	V'	0.00040	0.00040	0.00040	0.00039	0.00007	0.00007	-0.00026	-0.00027	-0.00027	-0.00027	-0.00027	-0.00027	
	M	0.00000	0.00000	0.00000	0.00023	0.01250	0.01250	0.00023	0.00000	0.00000	0.00000	0.00000	0.00000	
40.00	Q	0.00000	0.00000	0.00017	0.00916	0.50000	-0.50000	-0.00916	-0.00017	-0.00000	-0.00000	-0.00000	-0.00000	40.00
	V	0.00000	0.00004	0.00007	0.00011	0.00014	0.00014	0.00012	0.00010	0.00007	0.00005	0.00002	0.00000	
	V'	0.00037	0.00037	0.00037	0.00037	0.00006	0.00006	-0.00024	-0.00025	-0.00025	-0.00025	-0.00025	-0.00025	
	M	0.00000	0.00000	0.00000	0.00020	0.01212	0.01212	0.00020	0.00000	0.00000	0.00000	0.00000	0.00000	
41.25	Q	0.00000	0.00000	0.00013	0.00808	0.50000	-0.50000	-0.00808	-0.00013	-0.00000	-0.00000	-0.00000	-0.00000	41.25
	V	0.00000	0.00004	0.00007	0.00011	0.00013	0.00013	0.00012	0.00009	0.00007	0.00005	0.00002	0.00000	
	V'	0.00035	0.00035	0.00035	0.00035	0.00006	0.00006	-0.00023	-0.00024	-0.00024	-0.00024	-0.00024	-0.00024	
	M	0.00000	0.00000	0.00000	0.00017	0.01176	0.01176	0.00017	0.00000	0.00000	0.00000	0.00000	0.00000	
42.50	Q	0.00000	0.00000	0.00010	0.00713	0.50000	-0.50000	-0.00713	-0.00010	-0.00000	-0.00000	-0.00000	-0.00000	42.50
	V	0.00000	0.00003	0.00007	0.00010	0.00013	0.00013	0.00011	0.00009	0.00007	0.00004	0.00002	0.00000	
	V'	0.00033	0.00033	0.00033	0.00033	0.00006	0.00006	-0.00022	-0.00022	-0.00022	-0.00022	-0.00022	-0.00022	
	M	0.00000	0.00000	0.00000	0.00014	0.01143	0.01143	0.00014	0.00000	0.00000	0.00000	0.00000	0.00000	
43.75	Q	0.00000	0.00000	0.00008	0.00629	0.50000	-0.50000	-0.00629	-0.00008	-0.00000	-0.00000	-0.00000	-0.00000	43.75
	V	0.00000	0.00003	0.00006	0.00009	0.00012	0.00012	0.00010	0.00008	0.00006	0.00004	0.00002	0.00000	
	V'	0.00031	0.00031	0.00031	0.00031	0.00005	0.00005	-0.00021	-0.00021	-0.00021	-0.00021	-0.00021	-0.00021	
	M	0.00000	0.00000	0.00000	0.00012	0.01111	0.01111	0.00012	0.00000	0.00000	0.00000	0.00000	0.00000	
45.00	Q	0.00000	0.00000	0.00006	0.00555	0.50000	-0.50000	-0.00555	-0.00006	-0.00000	-0.00000	-0.00000	-0.00000	45.00
	V	0.00000	0.00003	0.00006	0.00009	0.00011	0.00011	0.00010	0.00008	0.00006	0.00004	0.00002	0.00000	
	V'	0.00030	0.00030	0.00030	0.00029	0.00005	0.00005	-0.00019	-0.00020	-0.00020	-0.00020	-0.00020	-0.00020	
	M	0.00000	0.00000	0.00000	0.00011	0.01081	0.01081	0.00011	0.00000	0.00000	0.00000	0.00000	0.00000	
46.25	Q	0.00000	0.00000	0.00005	0.00490	0.50000	-0.50000	-0.00490	-0.00005	-0.00000	-0.00000	-0.00000	-0.00000	46.25
	V	0.00000	0.00003	0.00006	0.00008	0.00011	0.00011	0.00009	0.00007	0.00006	0.00004	0.00002	0.00000	
	V'	0.00028	0.00028	0.00028	0.00028	0.00005	0.00005	-0.00018	-0.00019	-0.00019	-0.00019	-0.00019	-0.00019	
	M	0.00000	0.00000	0.00000	0.00009	0.01053	0.01053	0.00009	0.00000	0.00000	0.00000	0.00000	0.00000	
47.50	Q	0.00000	0.00000	0.00004	0.00433	0.50000	-0.50000	-0.00433	-0.00004	-0.00000	-0.00000	-0.00000	-0.00000	47.50
	V	0.00000	0.00003	0.00005	0.00008	0.00010	0.00010	0.00009	0.00007	0.00005	0.00004	0.00002	0.00000	
	V'	0.00027	0.00027	0.00027	0.00026	0.00004	0.00004	-0.00018	-0.00018	-0.00018	-0.00018	-0.00018	-0.00018	
	M	0.00000	0.00000	0.00000	0.00008	0.01026	0.01026	0.00008	0.00000	0.00000	0.00000	0.00000	0.00000	
48.75	Q	0.00000	0.00000	0.00003	0.00382	0.50000	-0.50000	-0.00382	-0.00003	-0.00000	-0.00000	-0.00000	-0.00000	48.75
	V	0.00000	0.00003	0.00005	0.00008	0.00010	0.00010	0.00008	0.00007	0.00005	0.00003	0.00002	0.00000	
	V'	0.00025	0.00025	0.00025	0.00025	0.00004	0.00004	-0.00017	-0.00017	-0.00017	-0.00017	-0.00017	-0.00017	

| BETA | X/L = | 0.00 | 0.10 | 0.20 | 0.30 | L 0.40 | R 0.40 | 0.50 | 0.60 | 0.70 | 0.80 | 0.90 | 1.00 | BETA |

XP/L = 0.40

FUNKTIONEN : F.PIM - F.PIQ - F.PIV - F.PIV'

FUNKTIONEN : F.P;M - F.P;Q - F.P;V - F.P;V'

XP/L = 0.50

BETA	X/L =	0.00	0.10	0.20	0.30	0.40	L 0.50	R 0.50	0.60	0.70	0.80	0.90	1.00	BETA
	M	0.00000	0.05000	0.10000	0.15000	0.20000	0.25000	0.25000	0.20000	0.15000	0.10000	0.05000	0.00000	
0.00	Q	0.50000	0.50000	0.50000	0.50000	0.50000	0.50000	-0.50000	-0.50000	-0.50000	-0.50000	-0.50000	-0.50000	0.00
	V	0.00000	0.00617	0.01183	0.01650	0.01967	0.02083	0.02083	0.01967	0.01650	0.01183	0.00617	0.00000	
	V'	0.06250	0.06000	0.05250	0.04000	0.02250	0.00000	0.00000	-0.02250	-0.04000	-0.05250	-0.06000	-0.06250	
	M	0.00000	0.04962	0.09927	0.14898	0.19878	0.24871	0.24871	0.19878	0.14898	0.09927	0.04962	0.00000	
0.25	Q	0.49612	0.49627	0.49674	0.49752	0.49860	0.50000	-0.50000	-0.49860	-0.49752	-0.49674	-0.49627	-0.49612	0.25
	V	0.00000	0.00613	0.01176	0.01640	0.01954	0.02070	0.02070	0.01954	0.01640	0.01176	0.00613	0.00000	
	V'	0.06210	0.05961	0.05217	0.03976	0.02237	0.00000	-0.00000	-0.02237	-0.03976	-0.05217	-0.05961	-0.06210	
	M	0.00000	0.04850	0.09712	0.14598	0.19520	0.24492	0.24492	0.19520	0.14598	0.09712	0.04850	0.00000	
0.50	Q	0.48477	0.48538	0.48720	0.49024	0.49450	0.50000	-0.50000	-0.49450	-0.49024	-0.48720	-0.48538	-0.48477	0.50
	V	0.00000	0.00601	0.01154	0.01609	0.01918	0.02033	0.02033	0.01918	0.01609	0.01154	0.00601	0.00000	
	V'	0.06091	0.05849	0.05121	0.03906	0.02200	0.00000	0.00000	-0.02200	-0.03906	-0.05121	-0.05849	-0.06091	
	M	0.00000	0.04672	0.09371	0.14122	0.18953	0.23890	0.23890	0.18953	0.14122	0.09371	0.04672	0.00000	
0.75	Q	0.46679	0.46811	0.47205	0.47866	0.48796	0.50000	-0.50000	-0.48796	-0.47866	-0.47205	-0.46811	-0.46679	0.75
	V	0.00000	0.00583	0.01118	0.01560	0.01861	0.01972	0.01972	0.01861	0.01560	0.01118	0.00583	0.00000	
	V'	0.05904	0.05670	0.04968	0.03794	0.02141	0.00000	-0.00000	-0.02141	-0.03794	-0.04968	-0.05670	-0.05904	
	M	0.00000	0.04441	0.08927	0.13503	0.18213	0.23106	0.23106	0.18213	0.13503	0.08927	0.04441	0.00000	
1.00	Q	0.44341	0.44563	0.45231	0.46351	0.47936	0.50000	-0.50000	-0.47936	-0.46351	-0.45231	-0.44563	-0.44341	1.00
	V	0.00000	0.00559	0.01073	0.01497	0.01787	0.01894	0.01894	0.01787	0.01497	0.01073	0.00559	0.00000	
	V'	0.05659	0.05437	0.04769	0.03649	0.02064	0.00000	-0.00000	-0.02064	-0.03649	-0.04769	-0.05437	-0.05659	
	M	0.00000	0.04171	0.08408	0.12776	0.17344	0.22184	0.22184	0.17344	0.12776	0.08408	0.04171	0.00000	
1.25	Q	0.41606	0.41931	0.42913	0.44566	0.46916	0.50000	-0.50000	-0.46916	-0.44566	-0.42913	-0.41931	-0.41606	1.25
	V	0.00000	0.00530	0.01019	0.01423	0.01700	0.01802	0.01802	0.01700	0.01423	0.01019	0.00530	0.00000	
	V'	0.05372	0.05164	0.04536	0.03478	0.01974	0.00000	-0.00000	-0.01974	-0.03478	-0.04536	-0.05164	-0.05372	
	M	0.00000	0.03876	0.07840	0.11981	0.16391	0.21172	0.21172	0.16391	0.11981	0.07840	0.03876	0.00000	
1.50	Q	0.38619	0.39055	0.40370	0.42596	0.45782	0.50000	-0.50000	-0.45782	-0.42596	-0.40370	-0.39055	-0.38619	1.50
	V	0.00000	0.00499	0.00960	0.01342	0.01604	0.01701	0.01701	0.01604	0.01342	0.00960	0.00499	0.00000	
	V'	0.05058	0.04865	0.04280	0.03291	0.01875	0.00000	-0.00000	-0.01875	-0.03291	-0.04280	-0.04865	-0.05058	
	M	0.00000	0.03570	0.07249	0.11151	0.15395	0.20112	0.20112	0.15395	0.11151	0.07249	0.03570	0.00000	
1.75	Q	0.35515	0.36060	0.37712	0.40522	0.44577	0.50000	-0.50000	-0.44577	-0.40522	-0.37712	-0.36060	-0.35515	1.75
	V	0.00000	0.00467	0.00898	0.01257	0.01504	0.01596	0.01596	0.01504	0.01257	0.00898	0.00467	0.00000	
	V'	0.04730	0.04552	0.04012	0.03095	0.01771	0.00000	-0.00000	-0.01771	-0.03095	-0.04012	-0.04552	-0.04730	
	M	0.00000	0.03262	0.06655	0.10315	0.14389	0.19040	0.19040	0.14389	0.10315	0.06655	0.03262	0.00000	
2.00	Q	0.32403	0.33053	0.35030	0.38412	0.43337	0.50000	-0.50000	-0.43337	-0.38412	-0.35030	-0.33053	-0.32403	2.00
	V	0.00000	0.00435	0.00836	0.01171	0.01403	0.01490	0.01490	0.01403	0.01171	0.00836	0.00435	0.00000	
	V'	0.04399	0.04237	0.03743	0.02897	0.01666	0.00000	-0.00000	-0.01666	-0.02897	-0.03743	-0.04237	-0.04399	
	M	0.00000	0.02962	0.06074	0.09495	0.13399	0.17984	0.17984	0.13399	0.09495	0.06074	0.02962	0.00000	
2.25	Q	0.29370	0.30116	0.32394	0.36318	0.42089	0.50000	-0.50000	-0.42089	-0.36318	-0.32394	-0.30116	-0.29370	2.25
	V	0.00000	0.00403	0.00775	0.01087	0.01304	0.01386	0.01386	0.01304	0.01087	0.00775	0.00403	0.00000	
	V'	0.04075	0.03928	0.03478	0.02703	0.01563	0.00000	-0.00000	-0.01563	-0.02703	-0.03478	-0.03928	-0.04075	
BETA	X/L =	0.00	0.10	0.20	0.30	0.40	L 0.50	R 0.50	0.60	0.70	0.80	0.90	1.00	BETA

XP/L = 0.50

FUNKTIONEN : F.P;M - F.P;Q - F.P;V - F.P;V'

FUNKTIONEN : F.P;M - F.P;Q - F.P;V - F.P;V'

XP/L = 0.50

BETA	X/L =	0.00	0.10	0.20	0.30	0.40	L 0.50	R 0.50	0.60	0.70	0.80	0.90	1.00	BETA
2.50	M	0.00000	0.02675	0.05519	0.08709	0.12446	0.16966	0.16966	0.12446	0.08709	0.05519	0.02675	0.00000	2.50
	Q	0.26477	0.27309	0.29856	0.34279	0.40856	0.50000	-0.50000	-0.40856	-0.34279	-0.29856	-0.27309	-0.26477	
	V	0.00000	0.00372	0.00717	0.01007	0.01209	0.01285	0.01285	0.01209	0.01007	0.00717	0.00372	0.00000	
	V'	0.03764	0.03631	0.03223	0.02515	0.01463	0.00000	-0.00000	-0.01463	-0.02515	-0.03223	-0.03631	-0.03764	
2.75	M	0.00000	0.02407	0.04996	0.07966	0.11542	0.15997	0.15997	0.11542	0.07966	0.04996	0.02407	0.00000	2.75
	Q	0.23765	0.24669	0.27451	0.32321	0.39652	0.50000	-0.50000	-0.39652	-0.32321	-0.27451	-0.24669	-0.23765	
	V	0.00000	0.00343	0.00662	0.00930	0.01118	0.01190	0.01190	0.01118	0.00930	0.00662	0.00343	0.00000	
	V'	0.03469	0.03350	0.02982	0.02338	0.01368	0.00000	-0.00000	-0.01368	-0.02338	-0.02982	-0.03350	-0.03469	
3.00	M	0.00000	0.02158	0.04511	0.07273	0.10694	0.15086	0.15086	0.10694	0.07273	0.04511	0.02158	0.00000	3.00
	Q	0.21255	0.22218	0.25197	0.30460	0.38485	0.50000	-0.50000	-0.38485	-0.30460	-0.25197	-0.22218	-0.21255	
	V	0.00000	0.00316	0.00610	0.00859	0.01034	0.01102	0.01102	0.01034	0.00859	0.00610	0.00316	0.00000	
	V'	0.03194	0.03087	0.02756	0.02171	0.01279	0.00000	-0.00000	-0.01279	-0.02171	-0.02756	-0.03087	-0.03194	
3.25	M	0.00000	0.01929	0.04064	0.06632	0.09906	0.14236	0.14236	0.09906	0.06632	0.04064	0.01929	0.00000	3.25
	Q	0.18956	0.19966	0.23104	0.28703	0.37361	0.50000	-0.50000	-0.37361	-0.28703	-0.23104	-0.19966	-0.18956	
	V	0.00000	0.00291	0.00562	0.00792	0.00956	0.01019	0.01019	0.00956	0.00792	0.00562	0.00291	0.00000	
	V'	0.02939	0.02843	0.02546	0.02016	0.01197	0.00000	-0.00000	-0.01197	-0.02016	-0.02546	-0.02843	-0.02939	
3.50	M	0.00000	0.01721	0.03656	0.06043	0.09178	0.13448	0.13448	0.09178	0.06043	0.03656	0.01721	0.00000	3.50
	Q	0.16868	0.17912	0.21172	0.27053	0.36281	0.50000	-0.50000	-0.36281	-0.27053	-0.21172	-0.17912	-0.16868	
	V	0.00000	0.00268	0.00518	0.00731	0.00883	0.00943	0.00943	0.00883	0.00731	0.00518	0.00268	0.00000	
	V'	0.02705	0.02619	0.02353	0.01873	0.01120	0.00000	-0.00000	-0.01120	-0.01873	-0.02353	-0.02619	-0.02705	
3.75	M	0.00000	0.01534	0.03286	0.05505	0.08508	0.12721	0.12721	0.08508	0.05505	0.03286	0.01534	0.00000	3.75
	Q	0.14983	0.16049	0.19398	0.25508	0.35246	0.50000	-0.50000	-0.35246	-0.25508	-0.19398	-0.16049	-0.14983	
	V	0.00000	0.00246	0.00477	0.00675	0.00817	0.00873	0.00873	0.00817	0.00675	0.00477	0.00246	0.00000	
	V'	0.02490	0.02414	0.02176	0.01742	0.01049	0.00000	0.00000	-0.01049	-0.01742	-0.02176	-0.02414	-0.02490	
4.00	M	0.00000	0.01365	0.02951	0.05015	0.07893	0.12050	0.12050	0.07893	0.05015	0.02951	0.01365	0.00000	4.00
	Q	0.13290	0.14368	0.17775	0.24064	0.34255	0.50000	-0.50000	-0.34255	-0.24064	-0.17775	-0.14368	-0.13290	
	V	0.00000	0.00227	0.00441	0.00624	0.00757	0.00809	0.00809	0.00757	0.00624	0.00441	0.00227	0.00000	
	V'	0.02294	0.02227	0.02014	0.01621	0.00984	0.00000	-0.00000	-0.00984	-0.01621	-0.02014	-0.02227	-0.02294	
4.25	M	0.00000	0.01213	0.02649	0.04571	0.07330	0.11434	0.11434	0.07330	0.04571	0.02649	0.01213	0.00000	4.25
	Q	0.11775	0.12855	0.16292	0.22715	0.33304	0.50000	-0.50000	-0.33304	-0.22715	-0.16292	-0.12855	-0.11775	
	V	0.00000	0.00210	0.00407	0.00577	0.00701	0.00751	0.00751	0.00701	0.00577	0.00407	0.00210	0.00000	
	V'	0.02116	0.02056	0.01866	0.01511	0.00924	0.00000	-0.00000	-0.00924	-0.01511	-0.01866	-0.02056	-0.02116	
4.50	M	0.00000	0.01078	0.02378	0.04168	0.06815	0.10867	0.10867	0.06815	0.04168	0.02378	0.01078	0.00000	4.50
	Q	0.10424	0.11497	0.14939	0.21456	0.32393	0.50000	-0.50000	-0.32393	-0.21456	-0.14939	-0.11497	-0.10424	
	V	0.00000	0.00194	0.00376	0.00535	0.00651	0.00698	0.00698	0.00651	0.00535	0.00376	0.00194	0.00000	
	V'	0.01954	0.01901	0.01731	0.01410	0.00869	0.00000	-0.00000	-0.00869	-0.01410	-0.01731	-0.01901	-0.01954	
4.75	M	0.00000	0.00957	0.02135	0.03803	0.06345	0.10346	0.10346	0.06345	0.03803	0.02135	0.00957	0.00000	4.75
	Q	0.09222	0.10282	0.13705	0.20280	0.31517	0.50000	-0.50000	-0.31517	-0.20280	-0.13705	-0.10282	-0.09222	
	V	0.00000	0.00179	0.00349	0.00496	0.00605	0.00649	0.00649	0.00605	0.00496	0.00349	0.00179	0.00000	
	V'	0.01807	0.01760	0.01609	0.01317	0.00819	0.00000	-0.00000	-0.00819	-0.01317	-0.01609	-0.01760	-0.01807	
BETA	X/L =	0.00	0.10	0.20	0.30	0.40	L 0.50	R 0.50	0.60	0.70	0.80	0.90	1.00	BETA

XP/L = 0.50

FUNKTIONEN : F.P;M - F.P;Q - F.P;V - F.P;V'

FUNKTIONEN : F.PIM - F.PIQ - F.PIV - F.PIV'

XP/L = 0.50

BETA	X/L =	0.00	0.10	0.20	0.30	0.40	L 0.50	R 0.50	0.60	0.70	0.80	0.90	1.00	BETA
	M	0.00000	0.00850	0.01916	0.03472	0.05914	0.09866	0.09866	0.05914	0.03472	0.01916	0.00850	0.00000	
5.00	Q	0.08154	0.09194	0.12582	0.19181	0.30675	0.50000	-0.50000	-0.30675	-0.19181	-0.12582	-0.09194	-0.08154	5.00
	V	0.00000	0.00166	0.00323	0.00461	0.00563	0.00605	0.00605	0.00563	0.00461	0.00323	0.00166	0.00000	
	V'	0.01674	0.01632	0.01497	0.01233	0.00773	0.00000	0.00000	-0.00773	-0.01233	-0.01497	-0.01632	-0.01674	
	M	0.00000	0.00754	0.01721	0.03173	0.05520	0.09424	0.09424	0.05520	0.03173	0.01721	0.00754	0.00000	
5.25	Q	0.07206	0.08222	0.11557	0.18151	0.29865	0.50000	-0.50000	-0.29865	-0.18151	-0.11557	-0.08222	-0.07206	5.25
	V	0.00000	0.00154	0.00300	0.00429	0.00525	0.00565	0.00565	0.00525	0.00429	0.00300	0.00154	0.00000	
	V'	0.01553	0.01516	0.01395	0.01156	0.00731	0.00000	-0.00000	-0.00731	-0.01156	-0.01395	-0.01516	-0.01553	
	M	0.00000	0.00669	0.01546	0.02903	0.05160	0.09017	0.09017	0.05160	0.02903	0.01546	0.00669	0.00000	
5.50	Q	0.06367	0.07354	0.10623	0.17187	0.29083	0.50000	-0.50000	-0.29083	-0.17187	-0.10623	-0.07354	-0.06367	5.50
	V	0.00000	0.00143	0.00279	0.00400	0.00491	0.00528	0.00528	0.00491	0.00400	0.00279	0.00143	0.00000	
	V'	0.01442	0.01410	0.01302	0.01085	0.00691	0.00000	-0.00000	-0.00691	-0.01085	-0.01302	-0.01410	-0.01442	
	M	0.00000	0.00594	0.01390	0.02657	0.04829	0.08640	0.08640	0.04829	0.02657	0.01390	0.00594	0.00000	
5.75	Q	0.05624	0.06579	0.09771	0.16283	0.28328	0.50000	-0.50000	-0.28328	-0.16283	-0.09771	-0.06579	-0.05624	5.75
	V	0.00000	0.00133	0.00260	0.00373	0.00459	0.00495	0.00495	0.00459	0.00373	0.00260	0.00133	0.00000	
	V'	0.01342	0.01313	0.01217	0.01020	0.00655	0.00000	-0.00000	-0.00655	-0.01020	-0.01217	-0.01313	-0.01342	
	M	0.00000	0.00527	0.01249	0.02435	0.04525	0.08292	0.08292	0.04525	0.02435	0.01249	0.00527	0.00000	
6.00	Q	0.04966	0.05887	0.08992	0.15433	0.27598	0.50000	-0.50000	-0.27598	-0.15433	-0.08992	-0.05887	-0.04966	6.00
	V	0.00000	0.00124	0.00243	0.00349	0.00430	0.00464	0.00464	0.00430	0.00349	0.00243	0.00124	0.00000	
	V'	0.01251	0.01225	0.01139	0.00960	0.00622	0.00000	-0.00000	-0.00622	-0.00960	-0.01139	-0.01225	-0.01251	
	M	0.00000	0.00468	0.01124	0.02234	0.04245	0.07969	0.07969	0.04245	0.02234	0.01124	0.00468	0.00000	
6.25	Q	0.04385	0.05270	0.08281	0.14634	0.26891	0.50000	-0.50000	-0.26891	-0.14634	-0.08281	-0.05270	-0.04385	6.25
	V	0.00000	0.00116	0.00227	0.00327	0.00403	0.00436	0.00436	0.00403	0.00327	0.00227	0.00116	0.00000	
	V'	0.01168	0.01145	0.01068	0.00905	0.00592	0.00000	-0.00000	-0.00592	-0.00905	-0.01068	-0.01145	-0.01168	
	M	0.00000	0.00415	0.01012	0.02051	0.03988	0.07669	0.07669	0.03988	0.02051	0.01012	0.00415	0.00000	
6.50	Q	0.03872	0.04719	0.07631	0.13882	0.26207	0.50000	-0.50000	-0.26207	-0.13882	-0.07631	-0.04719	-0.03872	6.50
	V	0.00000	0.00109	0.00213	0.00306	0.00379	0.00410	0.00410	0.00379	0.00306	0.00213	0.00109	0.00000	
	V'	0.01092	0.01072	0.01003	0.00855	0.00563	0.00000	-0.00000	-0.00563	-0.00855	-0.01003	-0.01072	-0.01092	
	M	0.00000	0.00368	0.00911	0.01885	0.03750	0.07390	0.07390	0.03750	0.01885	0.00911	0.00368	0.00000	
6.75	Q	0.03418	0.04226	0.07035	0.13172	0.25543	0.50000	-0.50000	-0.25543	-0.13172	-0.07035	-0.04226	-0.03418	6.75
	V	0.00000	0.00102	0.00199	0.00288	0.00357	0.00387	0.00387	0.00357	0.00288	0.00199	0.00102	0.00000	
	V'	0.01022	0.01005	0.00943	0.00808	0.00537	0.00000	-0.00000	-0.00537	-0.00808	-0.00943	-0.01005	-0.01022	
	M	0.00000	0.00327	0.00821	0.01733	0.03531	0.07130	0.07130	0.03531	0.01733	0.00821	0.00327	0.00000	
7.00	Q	0.03017	0.03787	0.06489	0.12503	0.24898	0.50000	-0.50000	-0.24898	-0.12503	-0.06489	-0.03787	-0.03017	7.00
	V	0.00000	0.00095	0.00187	0.00271	0.00336	0.00365	0.00365	0.00336	0.00271	0.00187	0.00095	0.00000	
	V'	0.00959	0.00943	0.00888	0.00765	0.00512	0.00000	-0.00000	-0.00512	-0.00765	-0.00888	-0.00943	-0.00959	
	M	0.00000	0.00290	0.00740	0.01596	0.03328	0.06887	0.06887	0.03328	0.01596	0.00740	0.00290	0.00000	
7.25	Q	0.02663	0.03394	0.05989	0.11871	0.24272	0.50000	-0.50000	-0.24272	-0.11871	-0.05989	-0.03394	-0.02663	7.25
	V	0.00000	0.00090	0.00176	0.00255	0.00317	0.00345	0.00345	0.00317	0.00255	0.00176	0.00090	0.00000	
	V'	0.00901	0.00887	0.00837	0.00725	0.00489	0.00000	-0.00000	-0.00489	-0.00725	-0.00837	-0.00887	-0.00901	
BETA	X/L =	0.00	0.10	0.20	0.30	0.40	L 0.50	R 0.50	0.60	0.70	0.80	0.90	1.00	BETA

XP/L = 0.50

FUNKTIONEN : F.PIM - F.PIQ - F.PIV - F.PIV'

FUNKTIONEN : F.P;M - F.P;Q - F.P;V - F.P;V'

XP/L = 0.50

BETA	X/L =	0.00	0.10	0.20	0.30	0.40	L 0.50	R 0.50	0.60	0.70	0.80	0.90	1.00	BETA
7.50	M	0.00000	0.00258	0.00667	0.01470	0.03140	0.06659	0.06659	0.03140	0.01470	0.00667	0.00258	0.00000	7.50
	Q	0.02350	0.03043	0.05529	0.11274	0.23664	0.50000	-0.50000	-0.23664	-0.11274	-0.05529	-0.03043	-0.02350	
	V	0.00000	0.00084	0.00166	0.00241	0.00300	0.00326	0.00326	0.00300	0.00241	0.00166	0.00084	0.00000	
	V'	0.00847	0.00835	0.00791	0.00688	0.00468	0.00000	-0.00000	-0.00468	-0.00688	-0.00791	-0.00835	-0.00847	
7.75	M	0.00000	0.00229	0.00602	0.01356	0.02965	0.06446	0.06446	0.02965	0.01356	0.00602	0.00229	0.00000	7.75
	Q	0.02075	0.02729	0.05107	0.10709	0.23072	0.50000	-0.50000	-0.23072	-0.10709	-0.05107	-0.02729	-0.02075	
	V	0.00000	0.00079	0.00156	0.00227	0.00284	0.00309	0.00309	0.00284	0.00227	0.00156	0.00079	0.00000	
	V'	0.00798	0.00787	0.00747	0.00654	0.00448	0.00000	-0.00000	-0.00448	-0.00654	-0.00747	-0.00787	-0.00798	
8.00	M	0.00000	0.00203	0.00544	0.01251	0.02803	0.06246	0.06246	0.02803	0.01251	0.00544	0.00203	0.00000	8.00
	Q	0.01831	0.02449	0.04719	0.10174	0.22496	0.50000	-0.50000	-0.22496	-0.10174	-0.04719	-0.02449	-0.01831	
	V	0.00000	0.00075	0.00148	0.00215	0.00269	0.00293	0.00293	0.00269	0.00215	0.00148	0.00075	0.00000	
	V'	0.00753	0.00743	0.00708	0.00622	0.00430	0.00000	-0.00000	-0.00430	-0.00622	-0.00708	-0.00743	-0.00753	
8.25	M	0.00000	0.00181	0.00491	0.01155	0.02652	0.06057	0.06057	0.02652	0.01155	0.00491	0.00181	0.00000	8.25
	Q	0.01616	0.02198	0.04362	0.09668	0.21936	0.50000	-0.50000	-0.21936	-0.09668	-0.04362	-0.02198	-0.01616	
	V	0.00000	0.00071	0.00140	0.00203	0.00255	0.00278	0.00278	0.00255	0.00203	0.00140	0.00071	0.00000	
	V'	0.00711	0.00702	0.00671	0.00593	0.00412	0.00000	-0.00000	-0.00412	-0.00593	-0.00671	-0.00702	-0.00711	
8.50	M	0.00000	0.00160	0.00444	0.01068	0.02511	0.05880	0.05880	0.02511	0.01068	0.00444	0.00160	0.00000	8.50
	Q	0.01426	0.01973	0.04034	0.09188	0.21390	0.50000	-0.50000	-0.21390	-0.09188	-0.04034	-0.01973	-0.01426	
	V	0.00000	0.00067	0.00132	0.00193	0.00242	0.00265	0.00265	0.00242	0.00193	0.00132	0.00067	0.00000	
	V'	0.00672	0.00665	0.00636	0.00565	0.00396	0.00000	-0.00000	-0.00396	-0.00565	-0.00636	-0.00665	-0.00672	
8.75	M	0.00000	0.00143	0.00401	0.00988	0.02380	0.05712	0.05712	0.02380	0.00988	0.00401	0.00143	0.00000	8.75
	Q	0.01259	0.01772	0.03731	0.08733	0.20859	0.50000	-0.50000	-0.20859	-0.08733	-0.03731	-0.01772	-0.01259	
	V	0.00000	0.00063	0.00125	0.00183	0.00230	0.00252	0.00252	0.00230	0.00183	0.00125	0.00063	0.00000	
	V'	0.00637	0.00630	0.00604	0.00539	0.00381	0.00000	-0.00000	-0.00381	-0.00539	-0.00604	-0.00630	-0.00637	
9.00	M	0.00000	0.00127	0.00363	0.00914	0.02257	0.05554	0.05554	0.02257	0.00914	0.00363	0.00127	0.00000	9.00
	Q	0.01111	0.01592	0.03452	0.08301	0.20341	0.50000	-0.50000	-0.20341	-0.08301	-0.03452	-0.01592	-0.01111	
	V	0.00000	0.00060	0.00119	0.00174	0.00219	0.00240	0.00240	0.00219	0.00174	0.00119	0.00060	0.00000	
	V'	0.00604	0.00598	0.00575	0.00515	0.00366	0.00000	-0.00000	-0.00366	-0.00515	-0.00575	-0.00598	-0.00604	
9.25	M	0.00000	0.00113	0.00329	0.00847	0.02142	0.05404	0.05404	0.02142	0.00847	0.00329	0.00113	0.00000	9.25
	Q	0.00980	0.01430	0.03194	0.07892	0.19837	0.50000	-0.50000	-0.19837	-0.07892	-0.03194	-0.01430	-0.00980	
	V	0.00000	0.00057	0.00113	0.00165	0.00209	0.00229	0.00229	0.00209	0.00165	0.00113	0.00057	0.00000	
	V'	0.00573	0.00568	0.00547	0.00492	0.00353	-0.00000	0.00000	-0.00353	-0.00492	-0.00547	-0.00568	-0.00573	
9.50	M	0.00000	0.00100	0.00298	0.00785	0.02034	0.05262	0.05262	0.02034	0.00785	0.00298	0.00100	0.00000	9.50
	Q	0.00865	0.01286	0.02957	0.07503	0.19345	0.50000	-0.50000	-0.19345	-0.07503	-0.02957	-0.01286	-0.00865	
	V	0.00000	0.00054	0.00108	0.00158	0.00199	0.00219	0.00219	0.00199	0.00158	0.00108	0.00054	0.00000	
	V'	0.00544	0.00540	0.00521	0.00471	0.00340	0.00000	-0.00000	-0.00340	-0.00471	-0.00521	-0.00540	-0.00544	
9.75	M	0.00000	0.00089	0.00270	0.00727	0.01933	0.05128	0.05128	0.01933	0.00727	0.00270	0.00089	0.00000	9.75
	Q	0.00763	0.01156	0.02737	0.07134	0.18866	0.50000	-0.50000	-0.18866	-0.07134	-0.02737	-0.01156	-0.00763	
	V	0.00000	0.00052	0.00102	0.00150	0.00190	0.00209	0.00209	0.00190	0.00150	0.00102	0.00052	0.00000	
	V'	0.00518	0.00514	0.00497	0.00451	0.00328	0.00000	-0.00000	-0.00328	-0.00451	-0.00497	-0.00514	-0.00518	

BETA X/L = 0.00 0.10 0.20 0.30 0.40 L 0.50 R 0.50 0.60 0.70 0.80 0.90 1.00 BETA

XP/L = 0.50

FUNKTIONEN : F.P;M - F.P;Q - F.P;V - F.P;V'

FUNKTIONEN : F.P;M - F.P;Q - F.P;V - F.P;V'

XP/L = 0.50

BETA	X/L =	0.00	0.10	0.20	0.30	0.40	L 0.50	R 0.50	0.60	0.70	0.80	0.90	1.00	BETA
	M	0.00000	0.00079	0.00244	0.00675	0.01839	0.05000	0.05000	0.01839	0.00675	0.00244	0.00079	0.00000	
10.00	Q	0.00674	0.01040	0.02535	0.06783	0.18399	0.50000	-0.50000	-0.18399	-0.06783	-0.02535	-0.01040	-0.00674	10.00
	V	0.00000	0.00049	0.00098	0.00143	0.00182	0.00200	0.00200	0.00182	0.00143	0.00098	0.00049	0.00000	
	V'	0.00493	0.00490	0.00475	0.00432	0.00316	0.00000	-0.00000	-0.00316	-0.00432	-0.00475	-0.00490	-0.00493	
	M	0.00000	0.00070	0.00222	0.00627	0.01750	0.04878	0.04878	0.01750	0.00627	0.00222	0.00070	0.00000	
10.25	Q	0.00595	0.00935	0.02348	0.06450	0.17944	0.50000	-0.50000	-0.17944	-0.06450	-0.02348	-0.00935	-0.00595	10.25
	V	0.00000	0.00047	0.00093	0.00137	0.00174	0.00192	0.00192	0.00174	0.00137	0.00093	0.00047	0.00000	
	V'	0.00470	0.00467	0.00454	0.00415	0.00305	0.00000	-0.00000	-0.00305	-0.00415	-0.00454	-0.00467	-0.00470	
	M	0.00000	0.00063	0.00201	0.00582	0.01666	0.04762	0.04762	0.01666	0.00582	0.00201	0.00063	0.00000	
10.50	Q	0.00525	0.00842	0.02175	0.06134	0.17500	0.50000	-0.50000	-0.17500	-0.06134	-0.02175	-0.00842	-0.00525	10.50
	V	0.00000	0.00045	0.00089	0.00131	0.00166	0.00184	0.00184	0.00166	0.00131	0.00089	0.00045	0.00000	
	V'	0.00449	0.00446	0.00434	0.00398	0.00295	-0.00000	0.00000	-0.00295	-0.00398	-0.00434	-0.00446	-0.00449	
	M	0.00000	0.00056	0.00182	0.00541	0.01587	0.04651	0.04651	0.01587	0.00541	0.00182	0.00056	0.00000	
10.75	Q	0.00463	0.00757	0.02015	0.05833	0.17068	0.50000	-0.50000	-0.17068	-0.05833	-0.02015	-0.00757	-0.00463	10.75
	V	0.00000	0.00043	0.00085	0.00125	0.00159	0.00176	0.00176	0.00159	0.00125	0.00085	0.00043	0.00000	
	V'	0.00429	0.00426	0.00415	0.00382	0.00285	0.00000	-0.00000	-0.00285	-0.00382	-0.00415	-0.00426	-0.00429	
	M	0.00000	0.00050	0.00166	0.00503	0.01513	0.04545	0.04545	0.01513	0.00503	0.00166	0.00050	0.00000	
11.00	Q	0.00409	0.00682	0.01867	0.05548	0.16646	0.50000	-0.50000	-0.16646	-0.05548	-0.01867	-0.00682	-0.00409	11.00
	V	0.00000	0.00041	0.00081	0.00120	0.00153	0.00169	0.00169	0.00153	0.00120	0.00081	0.00041	0.00000	
	V'	0.00410	0.00408	0.00398	0.00367	0.00276	0.00000	0.00000	-0.00276	-0.00367	-0.00398	-0.00408	-0.00410	
	M	0.00000	0.00044	0.00150	0.00468	0.01443	0.04444	0.04444	0.01443	0.00468	0.00150	0.00044	0.00000	
11.25	Q	0.00361	0.00614	0.01730	0.05276	0.16234	0.50000	-0.50000	-0.16234	-0.05276	-0.01730	-0.00614	-0.00361	11.25
	V	0.00000	0.00039	0.00078	0.00115	0.00147	0.00162	0.00162	0.00147	0.00115	0.00078	0.00039	0.00000	
	V'	0.00392	0.00390	0.00381	0.00353	0.00267	0.00000	-0.00000	-0.00267	-0.00353	-0.00381	-0.00390	-0.00392	
	M	0.00000	0.00039	0.00137	0.00435	0.01377	0.04348	0.04348	0.01377	0.00435	0.00137	0.00039	0.00000	
11.50	Q	0.00318	0.00553	0.01603	0.05018	0.15833	0.50000	-0.50000	-0.15833	-0.05018	-0.01603	-0.00553	-0.00318	11.50
	V	0.00000	0.00038	0.00075	0.00110	0.00141	0.00156	0.00156	0.00141	0.00110	0.00075	0.00038	0.00000	
	V'	0.00376	0.00374	0.00366	0.00340	0.00258	0.00000	-0.00000	-0.00258	-0.00340	-0.00366	-0.00374	-0.00376	
	M	0.00000	0.00035	0.00124	0.00405	0.01314	0.04255	0.04255	0.01314	0.00405	0.00124	0.00035	0.00000	
11.75	Q	0.00281	0.00498	0.01486	0.04773	0.15442	0.50000	-0.50000	-0.15442	-0.04773	-0.01486	-0.00498	-0.00281	11.75
	V	0.00000	0.00036	0.00072	0.00106	0.00135	0.00150	0.00150	0.00135	0.00106	0.00072	0.00036	0.00000	
	V'	0.00360	0.00359	0.00351	0.00328	0.00250	0.00000	-0.00000	-0.00250	-0.00328	-0.00351	-0.00359	-0.00360	
	M	0.00000	0.00031	0.00113	0.00378	0.01255	0.04167	0.04167	0.01255	0.00378	0.00113	0.00031	0.00000	
12.00	Q	0.00248	0.00449	0.01377	0.04539	0.15061	0.50000	-0.50000	-0.15061	-0.04539	-0.01377	-0.00449	-0.00248	12.00
	V	0.00000	0.00035	0.00069	0.00102	0.00130	0.00145	0.00145	0.00130	0.00102	0.00069	0.00035	0.00000	
	V'	0.00346	0.00344	0.00338	0.00316	0.00243	0.00000	-0.00000	-0.00243	-0.00316	-0.00338	-0.00344	-0.00346	
	M	0.00000	0.00028	0.00103	0.00352	0.01199	0.04082	0.04082	0.01199	0.00352	0.00103	0.00028	0.00000	
12.25	Q	0.00219	0.00404	0.01277	0.04317	0.14689	0.50000	-0.50000	-0.14689	-0.04317	-0.01277	-0.00404	-0.00219	12.25
	V	0.00000	0.00033	0.00066	0.00098	0.00125	0.00139	0.00139	0.00125	0.00098	0.00066	0.00033	0.00000	
	V'	0.00332	0.00330	0.00325	0.00304	0.00235	0.00000	-0.00000	-0.00235	-0.00304	-0.00325	-0.00330	-0.00332	
BETA	X/L =	0.00	0.10	0.20	0.30	0.40	L 0.50	R 0.50	0.60	0.70	0.80	0.90	1.00	BETA

XP/L = 0.50

FUNKTIONEN : F.P;M - F.P;Q - F.P;V - F.P;V'

FUNKTIONEN : F.P;M - F.P;Q - F.P;V - F.P;V'

XP/L = 0.50

BETA	X/L =	0.00	0.10	0.20	0.30	0.40	L 0.50	R 0.50	0.60	0.70	0.80	0.90	1.00	BETA
12.50	M	0.00000	0.00025	0.00093	0.00328	0.01146	0.04000	0.04000	0.01146	0.00328	0.00093	0.00025	0.00000	12.50
	Q	0.00193	0.00365	0.01184	0.04107	0.14326	0.50000	-0.50000	-0.14326	-0.04107	-0.01184	-0.00365	-0.00193	
	V	0.00000	0.00032	0.00063	0.00094	0.00121	0.00134	0.00134	0.00121	0.00094	0.00063	0.00032	0.00000	
	V'	0.00319	0.00318	0.00312	0.00294	0.00228	0.00000	-0.00000	-0.00228	-0.00294	-0.00312	-0.00318	-0.00319	
12.75	M	0.00000	0.00022	0.00085	0.00306	0.01096	0.03922	0.03922	0.01096	0.00306	0.00085	0.00022	0.00000	12.75
	Q	0.00170	0.00329	0.01098	0.03906	0.13972	0.50000	-0.50000	-0.13972	-0.03906	-0.01098	-0.00329	-0.00170	
	V	0.00000	0.00031	0.00061	0.00090	0.00116	0.00130	0.00130	0.00116	0.00090	0.00061	0.00031	0.00000	
	V'	0.00307	0.00306	0.00301	0.00284	0.00222	0.00000	-0.00000	-0.00222	-0.00284	-0.00301	-0.00306	-0.00307	
13.00	M	0.00000	0.00020	0.00077	0.00286	0.01048	0.03846	0.03846	0.01048	0.00286	0.00077	0.00020	0.00000	13.00
	Q	0.00150	0.00296	0.01018	0.03715	0.13627	0.50000	-0.50000	-0.13627	-0.03715	-0.01018	-0.00296	-0.00150	
	V	0.00000	0.00029	0.00059	0.00087	0.00112	0.00125	0.00125	0.00112	0.00087	0.00059	0.00029	0.00000	
	V'	0.00295	0.00294	0.00290	0.00274	0.00215	0.00000	-0.00000	-0.00215	-0.00274	-0.00290	-0.00294	-0.00295	
13.25	M	0.00000	0.00018	0.00071	0.00267	0.01003	0.03774	0.03774	0.01003	0.00267	0.00071	0.00018	0.00000	13.25
	Q	0.00133	0.00267	0.00944	0.03534	0.13290	0.50000	-0.50000	-0.13290	-0.03534	-0.00944	-0.00267	-0.00133	
	V	0.00000	0.00028	0.00057	0.00084	0.00108	0.00121	0.00121	0.00108	0.00084	0.00057	0.00028	0.00000	
	V'	0.00284	0.00283	0.00279	0.00265	0.00209	0.00000	-0.00000	-0.00209	-0.00265	-0.00279	-0.00283	-0.00284	
13.50	M	0.00000	0.00016	0.00064	0.00249	0.00960	0.03704	0.03704	0.00960	0.00249	0.00064	0.00016	0.00000	13.50
	Q	0.00117	0.00241	0.00875	0.03361	0.12962	0.50000	-0.50000	-0.12962	-0.03361	-0.00875	-0.00241	-0.00117	
	V	0.00000	0.00027	0.00055	0.00081	0.00104	0.00117	0.00117	0.00104	0.00081	0.00055	0.00027	0.00000	
	V'	0.00274	0,00273	0.00270	0.00256	0.00203	0.00000	-0.00000	-0.00203	-0.00256	-0.00270	-0.00273	-0.00274	
13.75	M	0.00000	0.00014	0.00059	0.00232	0.00919	0.03636	0.03636	0.00919	0.00232	0.00059	0.00014	0.00000	13.75
	Q	0.00103	0.00217	0.00811	0.03197	0.12642	0.50000	-0.50000	-0.12642	-0.03197	-0.00811	-0.00217	-0.00103	
	V	0.00000	0.00026	0.00053	0.00078	0.00101	0.00113	0.00113	0.00101	0.00078	0.00053	0.00026	0.00000	
	V'	0.00264	0.00263	0.00260	0.00248	0.00198	0.00000	-0.00000	-0.00198	-0.00248	-0.00260	-0.00263	-0.00264	
14.00	M	0.00000	0.00012	0.00053	0.00217	0.00881	0.03571	0.03571	0.00881	0.00217	0.00053	0.00012	0.00000	14.00
	Q	0.00091	0.00196	0.00753	0.03041	0.12330	0.50000	-0.50000	-0.12330	-0.03041	-0.00753	-0.00196	-0.00091	
	V	0.00000	0.00025	0.00051	0.00075	0.00098	0.00109	0.00109	0.00098	0.00075	0.00051	0.00025	0.00000	
	V'	0.00255	0.00254	0.00251	0.00240	0.00192	0.00000	-0.00000	-0.00192	-0.00240	-0.00251	-0.00254	-0.00255	
14.25	M	0.00000	0.00011	0.00049	0.00203	0.00844	0.03509	0.03509	0.00844	0.00203	0.00049	0.00011	0.00000	14.25
	Q	0.00080	0.00177	0.00698	0.02893	0.12026	0.50000	-0.50000	-0.12026	-0.02893	-0.00698	-0.00177	-0.00080	
	V	0.00000	0.00025	0.00049	0.00073	0.00094	0.00106	0.00106	0.00094	0.00073	0.00049	0.00025	0.00000	
	V'	0.00246	0.00245	0.00243	0.00232	0.00187	0.00000	-0.00000	-0.00187	-0.00232	-0.00243	-0.00245	-0.00246	
14.50	M	0.00000	0.00010	0.00044	0.00190	0.00809	0.03448	0.03448	0.00809	0.00190	0.00044	0.00010	0.00000	14.50
	Q	0.00071	0.00160	0.00647	0.02752	0.11729	0.50000	-0.50000	-0.11729	-0.02752	-0.00647	-0.00160	-0.00071	
	V	0.00000	0.00024	0.00047	0.00070	0.00091	0.00103	0.00103	0.00091	0.00070	0.00047	0.00024	0.00000	
	V'	0.00237	0.00237	0.00235	0.00225	0.00182	0.00000	-0.00000	-0.00182	-0.00225	-0.00235	-0.00237	-0.00237	
14.75	M	0.00000	0.00009	0.00040	0.00177	0.00776	0.03390	0.03390	0.00776	0.00177	0.00040	0.00009	0.00000	14.75
	Q	0.00063	0.00144	0.00600	0.02617	0.11439	0.50000	-0.50000	-0.11439	-0.02617	-0.00600	-0.00144	-0.00063	
	V	0.00000	0.00023	0.00046	0.00068	0.00088	0.00099	0.00099	0.00088	0.00068	0.00046	0.00023	0.00000	
	V'	0.00230	0.00229	0.00227	0.00218	0.00177	0.00000	-0.00000	-0.00177	-0.00218	-0.00227	-0.00229	-0.00230	
BETA	X/L =	0.00	0.10	0.20	0.30	0.40	L 0.50	R 0.50	0.60	0.70	0.80	0.90	1.00	BETA

XP/L = 0.50

FUNKTIONEN : F.P;M - F.P;Q - F.P;V - F.P;V'

FUNKTIONEN : F.P;M - F.P;Q - F.P;V - F.P;V'

XP/L = 0.50

BETA	X/L =	0.00	0.10	0.20	0.30	0.40	L 0.50	R 0.50	0.60	0.70	0.80	0.90	1.00	BETA
	M	0.00000	0.00008	0.00037	0.00166	0.00744	0.03333	0.03333	0.00744	0.00166	0.00037	0.00008	0.00000	
15.00	Q	0.00055	0.00130	0.00557	0.02490	0.11157	0.50000	-0.50000	-0.11157	-0.02490	-0.00557	-0.00130	-0.00055	15.00
	V	0.00000	0.00022	0.00044	0.00066	0.00086	0.00096	0.00096	0.00086	0.00066	0.00044	0.00022	0.00000	
	V'	0.00222	0.00222	0.00220	0.00211	0.00173	0.00000	-0.00000	-0.00173	-0.00211	-0.00220	-0.00222	-0.00222	
	M	0.00000	0.00007	0.00034	0.00155	0.00714	0.03279	0.03279	0.00714	0.00155	0.00034	0.00007	0.00000	
15.25	Q	0.00049	0.00117	0.00516	0.02368	0.10881	0.50000	-0.50000	-0.10881	-0.02368	-0.00516	-0.00117	-0.00049	15.25
	V	0.00000	0.00021	0.00043	0.00064	0.00083	0.00093	0.00093	0.00083	0.00064	0.00043	0.00021	0.00000	
	V'	0.00215	0.00214	0.00213	0.00205	0.00168	0.00000	-0.00000	-0.00168	-0.00205	-0.00213	-0.00214	-0.00215	
	M	0.00000	0.00006	0.00031	0.00145	0.00685	0.03226	0.03226	0.00685	0.00145	0.00031	0.00006	0.00000	
15.50	Q	0.00043	0.00106	0.00479	0.02253	0.10612	0.50000	-0.50000	-0.10612	-0.02253	-0.00479	-0.00106	-0.00043	15.50
	V	0.00000	0.00021	0.00041	0.00062	0.00080	0.00091	0.00091	0.00080	0.00062	0.00041	0.00021	0.00000	
	V'	0.00208	0.00208	0.00206	0.00199	0.00164	0.00000	-0.00000	-0.00164	-0.00199	-0.00206	-0.00208	-0.00208	
	M	0.00000	0.00006	0.00028	0.00136	0.00657	0.03175	0.03175	0.00657	0.00136	0.00028	0.00006	0.00000	
15.75	Q	0.00038	0.00096	0.00444	0.02143	0.10350	0.50000	-0.50000	-0.10350	-0.02143	-0.00444	-0.00096	-0.00038	15.75
	V	0.00000	0.00020	0.00040	0.00060	0.00078	0.00088	0.00088	0.00078	0.00060	0.00040	0.00020	0.00000	
	V'	0.00201	0.00201	0.00200	0.00193	0.00160	0.00000	-0.00000	-0.00160	-0.00193	-0.00200	-0.00201	-0.00201	
	M	0.00000	0.00005	0.00026	0.00127	0.00631	0.03125	0.03125	0.00631	0.00127	0.00026	0.00005	0.00000	
16.00	Q	0.00034	0.00086	0.00412	0.02038	0.10095	0.50000	-0.50000	-0.10095	-0.02038	-0.00412	-0.00086	-0.00034	16.00
	V	0.00000	0.00020	0.00039	0.00058	0.00076	0.00085	0.00085	0.00076	0.00058	0.00039	0.00020	0.00000	
	V'	0.00195	0.00195	0.00194	0.00187	0.00156	0.00000	-0.00000	-0.00156	-0.00187	-0.00194	-0.00195	-0.00195	
	M	0.00000	0.00004	0.00023	0.00119	0.00606	0.03077	0.03077	0.00606	0.00119	0.00023	0.00004	0.00000	
16.25	Q	0.00030	0.00078	0.00382	0.01939	0.09846	0.50000	-0.50000	-0.09846	-0.01939	-0.00382	-0.00078	-0.00030	16.25
	V	0.00000	0.00019	0.00038	0.00056	0.00073	0.00083	0.00083	0.00073	0.00056	0.00038	0.00019	0.00000	
	V'	0.00189	0.00189	0.00188	0.00182	0.00152	0.00000	-0.00000	-0.00152	-0.00182	-0.00188	-0.00189	-0.00189	
	M	0.00000	0.00004	0.00021	0.00112	0.00582	0.03030	0.03030	0.00582	0.00112	0.00021	0.00004	0.00000	
16.50	Q	0.00026	0.00071	0.00355	0.01844	0.09603	0.50000	-0.50000	-0.09603	-0.01844	-0.00355	-0.00071	-0.00026	16.50
	V	0.00000	0.00018	0.00037	0.00055	0.00071	0.00081	0.00081	0.00071	0.00055	0.00037	0.00018	0.00000	
	V'	0.00184	0.00183	0.00182	0.00177	0.00148	0.00000	-0.00000	-0.00148	-0.00177	-0.00182	-0.00183	-0.00184	
	M	0.00000	0.00004	0.00020	0.00105	0.00559	0.02985	0.02985	0.00559	0.00105	0.00020	0.00004	0.00000	
16.75	Q	0.00023	0.00064	0.00329	0.01754	0.09365	0.50000	-0.50000	-0.09365	-0.01754	-0.00329	-0.00064	-0.00023	16.75
	V	0.00000	0.00018	0.00036	0.00053	0.00069	0.00078	0.00078	0.00069	0.00053	0.00036	0.00018	0.00000	
	V'	0.00178	0.00178	0.00177	0.00172	0.00145	0.00000	-0.00000	-0.00145	-0.00172	-0.00177	-0.00178	-0.00178	
	M	0.00000	0.00003	0.00018	0.00098	0.00537	0.02941	0.02941	0.00537	0.00098	0.00018	0.00003	0.00000	
17.00	Q	0.00020	0.00058	0.00305	0.01669	0.09134	0.50000	-0.50000	-0.09134	-0.01669	-0.00305	-0.00058	-0.00020	17.00
	V	0.00000	0.00017	0.00035	0.00052	0.00067	0.00076	0.00076	0.00067	0.00052	0.00035	0.00017	0.00000	
	V'	0.00173	0.00173	0.00172	0.00167	0.00141	0.00000	-0.00000	-0.00141	-0.00167	-0.00172	-0.00173	-0.00173	
	M	0.00000	0.00003	0.00016	0.00092	0.00516	0.02899	0.02899	0.00516	0.00092	0.00016	0.00003	0.00000	
17.25	Q	0.00018	0.00052	0.00283	0.01587	0.08909	0.50000	-0.50000	-0.08909	-0.01587	-0.00283	-0.00052	-0.00018	17.25
	V	0.00000	0.00017	0.00034	0.00050	0.00065	0.00074	0.00074	0.00065	0.00050	0.00034	0.00017	0.00000	
	V'	0.00168	0.00168	0.00167	0.00163	0.00138	0.00000	-0.00000	-0.00138	-0.00163	-0.00167	-0.00168	-0.00168	
BETA	X/L =	0.00	0.10	0.20	0.30	0.40	L 0.50	R 0.50	0.60	0.70	0.80	0.90	1.00	BETA

XP/L = 0.50

FUNKTIONEN : F.P;M - F.P;Q - F.P;V - F.P;V'

FUNKTIONEN : F.P;M - F.P;Q - F.P;V - F.P;V'

XP/L = 0.50

BETA	X/L =	0.00	0.10	0.20	0.30	0.40	L 0.50	R 0.50	0.60	0.70	0.80	0.90	1.00	BETA
	M	0.00000	0.00003	0.00015	0.00086	0.00496	0.02857	0.02857	0.00496	0.00086	0.00015	0.00003	0.00000	
17.50	Q	0.00016	0.00047	0.00263	0.01510	0.08689	0.50000	-0.50000	-0.08689	-0.01510	-0.00263	-0.00047	-0.00016	17.50
	V	0.00000	0.00016	0.00033	0.00049	0.00064	0.00072	0.00072	0.00064	0.00049	0.00033	0.00016	0.00000	
	V'	0.00163	0.00163	0.00162	0.00158	0.00135	0.00000	-0.00000	-0.00135	-0.00158	-0.00162	-0.00163	-0.00163	
	M	0.00000	0.00002	0.00014	0.00081	0.00477	0.02817	0.02817	0.00477	0.00081	0.00014	0.00002	0.00000	
17.75	Q	0.00014	0.00042	0.00244	0.01436	0.08474	0.50000	-0.50000	-0.08474	-0.01436	-0.00244	-0.00042	-0.00014	17.75
	V	0.00000	0.00016	0.00032	0.00047	0.00062	0.00070	0.00070	0.00062	0.00047	0.00032	0.00016	0.00000	
	V'	0.00159	0.00159	0.00158	0.00154	0.00132	0.00000	-0.00000	-0.00132	-0.00154	-0.00158	-0.00159	-0.00159	
	M	0.00000	0.00002	0.00013	0.00076	0.00459	0.02778	0.02778	0.00459	0.00076	0.00013	0.00002	0.00000	
18.00	Q	0.00012	0.00038	0.00226	0.01366	0.08265	0.50000	-0.50000	-0.08265	-0.01366	-0.00226	-0.00038	-0.00012	18.00
	V	0.00000	0.00015	0.00031	0.00046	0.00060	0.00069	0.00069	0.00060	0.00046	0.00031	0.00015	0.00000	
	V'	0.00154	0.00154	0.00154	0.00150	0.00129	0.00000	-0.00000	-0.00129	-0.00150	-0.00154	-0.00154	-0.00154	
	M	0.00000	0.00002	0.00011	0.00071	0.00442	0.02740	0.02740	0.00442	0.00071	0.00011	0.00002	0.00000	
18.25	Q	0.00011	0.00035	0.00210	0.01300	0.08061	0.50000	-0.50000	-0.08061	-0.01300	-0.00210	-0.00035	-0.00011	18.25
	V	0.00000	0.00015	0.00030	0.00045	0.00059	0.00067	0.00067	0.00059	0.00045	0.00030	0.00015	0.00000	
	V'	0.00150	0.00150	0.00149	0.00146	0.00126	0.00000	0.00000	-0.00126	-0.00146	-0.00149	-0.00150	-0.00150	
	M	0.00000	0.00002	0.00011	0.00067	0.00425	0.02703	0.02703	0.00425	0.00067	0.00011	0.00002	0.00000	
18.50	Q	0.00010	0.00031	0.00194	0.01236	0.07862	0.50000	-0.50000	-0.07862	-0.01236	-0.00194	-0.00031	-0.00010	18.50
	V	0.00000	0.00015	0.00029	0.00044	0.00057	0.00065	0.00065	0.00057	0.00044	0.00029	0.00015	0.00000	
	V'	0.00146	0.00146	0.00146	0.00142	0.00123	0.00000	0.00000	-0.00123	-0.00142	-0.00146	-0.00146	-0.00146	
	M	0.00000	0.00001	0.00010	0.00063	0.00409	0.02667	0.02667	0.00409	0.00063	0.00010	0.00001	0.00000	
18.75	Q	0.00008	0.00028	0.00180	0.01176	0.07668	0.50000	-0.50000	-0.07668	-0.01176	-0.00180	-0.00028	-0.00008	18.75
	V	0.00000	0.00014	0.00028	0.00042	0.00056	0.00064	0.00064	0.00056	0.00042	0.00028	0.00014	0.00000	
	V'	0.00142	0.00142	0.00142	0.00139	0.00120	0.00000	0.00000	-0.00120	-0.00139	-0.00142	-0.00142	-0.00142	
	M	0.00000	0.00001	0.00009	0.00059	0.00394	0.02632	0.02632	0.00394	0.00059	0.00009	0.00001	0.00000	
19.00	Q	0.00007	0.00026	0.00167	0.01119	0.07478	0.50000	-0.50000	-0.07478	-0.01119	-0.00167	-0.00026	-0.00007	19.00
	V	0.00000	0.00014	0.00028	0.00041	0.00054	0.00062	0.00062	0.00054	0.00041	0.00028	0.00014	0.00000	
	V'	0.00138	0.00138	0.00138	0.00135	0.00118	0.00000	0.00000	-0.00118	-0.00135	-0.00138	-0.00138	-0.00138	
	M	0.00000	0.00001	0.00008	0.00055	0.00379	0.02597	0.02597	0.00379	0.00055	0.00008	0.00001	0.00000	
19.25	Q	0.00007	0.00023	0.00155	0.01064	0.07294	0.50000	-0.50000	-0.07294	-0.01064	-0.00155	-0.00023	-0.00007	19.25
	V	0.00000	0.00013	0.00027	0.00040	0.00053	0.00060	0.00060	0.00053	0.00040	0.00027	0.00013	0.00000	
	V'	0.00135	0.00135	0.00135	0.00132	0.00115	0.00000	0.00000	-0.00115	-0.00132	-0.00135	-0.00135	-0.00135	
	M	0.00000	0.00001	0.00007	0.00052	0.00365	0.02564	0.02564	0.00365	0.00052	0.00007	0.00001	0.00000	
19.50	Q	0.00006	0.00021	0.00144	0.01012	0.07114	0.50000	-0.50000	-0.07114	-0.01012	-0.00144	-0.00021	-0.00006	19.50
	V	0.00000	0.00013	0.00026	0.00039	0.00052	0.00059	0.00059	0.00052	0.00039	0.00026	0.00013	0.00000	
	V'	0.00131	0.00131	0.00131	0.00129	0.00113	0.00000	0.00000	-0.00113	-0.00129	-0.00131	-0.00131	-0.00131	
	M	0.00000	0.00001	0.00007	0.00049	0.00351	0.02532	0.02532	0.00351	0.00049	0.00007	0.00001	0.00000	
19.75	Q	0.00005	0.00019	0.00134	0.00963	0.06938	0.50000	-0.50000	-0.06938	-0.00963	-0.00134	-0.00019	-0.00005	19.75
	V	0.00000	0.00013	0.00026	0.00038	0.00050	0.00058	0.00058	0.00050	0.00038	0.00026	0.00013	0.00000	
	V'	0.00128	0.00128	0.00128	0.00126	0.00110	0.00000	0.00000	-0.00110	-0.00126	-0.00128	-0.00128	-0.00128	
BETA	X/L =	0.00	0.10	0.20	0.30	0.40	L 0.50	R 0.50	0.60	0.70	0.80	0.90	1.00	BETA

XP/L = 0.50

FUNKTIONEN : F.P;M - F.P;Q - F.P;V - F.P;V'

FUNKTIONEN : F.P;M - F.P;Q - F.P;V - F.P;V'

XP/L = 0.50

BETA	X/L =	0.00	0.10	0.20	0.30	0.40	L 0.50	R 0.50	0.60	0.70	0.80	0.90	1.00	BETA
20.00	M	0.00000	0.00001	0.00006	0.00046	0.00338	0.02500	0.02500	0.00338	0.00046	0.00006	0.00001	0.00000	20.00
	Q	0.00005	0.00017	0.00124	0.00916	0.06767	0.50000	-0.50000	-0.06767	-0.00916	-0.00124	-0.00017	-0.00005	
	V	0.00000	0.00012	0.00025	0.00037	0.00049	0.00056	0.00056	0.00049	0.00037	0.00025	0.00012	0.00000	
	V'	0.00125	0.00125	0.00125	0.00123	0.00108	0.00000	0.00000	-0.00108	-0.00123	-0.00125	-0.00125	-0.00125	
20.25	M	0.00000	0.00001	0.00006	0.00043	0.00326	0.02469	0.02469	0.00326	0.00043	0.00006	0.00001	0.00000	20.25
	Q	0.00004	0.00015	0.00115	0.00871	0.06600	0.50000	-0.50000	-0.06600	-0.00871	-0.00115	-0.00015	-0.00004	
	V	0.00000	0.00012	0.00024	0.00036	0.00048	0.00055	0.00055	0.00048	0.00036	0.00024	0.00012	0.00000	
	V'	0.00122	0.00122	0.00122	0.00120	0.00106	0.00000	0.00000	-0.00106	-0.00120	-0.00122	-0.00122	-0.00122	
20.50	M	0.00000	0.00001	0.00005	0.00040	0.00314	0.02439	0.02439	0.00314	0.00040	0.00005	0.00001	0.00000	20.50
	Q	0.00004	0.00014	0.00107	0.00829	0.06437	0.50000	-0.50000	-0.06437	-0.00829	-0.00107	-0.00014	-0.00004	
	V	0.00000	0.00012	0.00024	0.00036	0.00047	0.00054	0.00054	0.00047	0.00036	0.00024	0.00012	0.00000	
	V'	0.00119	0.00119	0.00119	0.00117	0.00104	0.00000	0.00000	-0.00104	-0.00117	-0.00119	-0.00119	-0.00119	
20.75	M	0.00000	0.00001	0.00005	0.00038	0.00303	0.02410	0.02410	0.00303	0.00038	0.00005	0.00001	0.00000	20.75
	Q	0.00003	0.00013	0.00099	0.00788	0.06278	0.50000	-0.50000	-0.06278	-0.00788	-0.00099	-0.00013	-0.00003	
	V	0.00000	0.00012	0.00023	0.00035	0.00046	0.00052	0.00052	0.00046	0.00035	0.00023	0.00012	0.00000	
	V'	0.00116	0.00116	0.00116	0.00114	0.00102	0.00000	0.00000	-0.00102	-0.00114	-0.00116	-0.00116	-0.00116	
21.00	M	0.00000	0.00001	0.00004	0.00036	0.00292	0.02381	0.02381	0.00292	0.00036	0.00004	0.00001	0.00000	21.00
	Q	0.00003	0.00011	0.00092	0.00750	0.06123	0.50000	-0.50000	-0.06123	-0.00750	-0.00092	-0.00011	-0.00003	
	V	0.00000	0.00011	0.00023	0.00034	0.00045	0.00051	0.00051	0.00045	0.00034	0.00023	0.00011	0.00000	
	V'	0.00113	0.00113	0.00113	0.00112	0.00099	0.00000	0.00000	-0.00099	-0.00112	-0.00113	-0.00113	-0.00113	
21.25	M	0.00000	0.00000	0.00004	0.00034	0.00281	0.02353	0.02353	0.00281	0.00034	0.00004	0.00000	0.00000	21.25
	Q	0.00002	0.00010	0.00085	0.00713	0.05972	0.50000	-0.50000	-0.05972	-0.00713	-0.00085	-0.00010	-0.00002	
	V	0.00000	0.00011	0.00022	0.00033	0.00044	0.00050	0.00050	0.00044	0.00033	0.00022	0.00011	0.00000	
	V'	0.00111	0.00111	0.00111	0.00109	0.00098	0.00000	0.00000	-0.00098	-0.00109	-0.00111	-0.00111	-0.00111	
21.50	M	0.00000	0.00000	0.00004	0.00032	0.00271	0.02326	0.02326	0.00271	0.00032	0.00004	0.00000	0.00000	21.50
	Q	0.00002	0.00009	0.00079	0.00678	0.05824	0.50000	-0.50000	-0.05824	-0.00678	-0.00079	-0.00009	-0.00002	
	V	0.00000	0.00011	0.00022	0.00032	0.00043	0.00049	0.00049	0.00043	0.00032	0.00022	0.00011	0.00000	
	V'	0.00108	0.00108	0.00108	0.00107	0.00096	0.00000	0.00000	-0.00096	-0.00107	-0.00108	-0.00108	-0.00108	
21.75	M	0.00000	0.00000	0.00003	0.00030	0.00261	0.02299	0.02299	0.00261	0.00030	0.00003	0.00000	0.00000	21.75
	Q	0.00002	0.00008	0.00073	0.00645	0.05680	0.50000	-0.50000	-0.05680	-0.00645	-0.00073	-0.00008	-0.00002	
	V	0.00000	0.00011	0.00021	0.00032	0.00042	0.00048	0.00048	0.00042	0.00032	0.00021	0.00011	0.00000	
	V'	0.00106	0.00106	0.00106	0.00104	0.00094	0.00000	0.00000	-0.00094	-0.00104	-0.00106	-0.00106	-0.00106	
22.00	M	0.00000	0.00000	0.00003	0.00028	0.00252	0.02273	0.02273	0.00252	0.00028	0.00003	0.00000	0.00000	22.00
	Q	0.00002	0.00008	0.00068	0.00614	0.05540	0.50000	-0.50000	-0.05540	-0.00614	-0.00068	-0.00008	-0.00002	
	V	0.00000	0.00010	0.00021	0.00031	0.00041	0.00047	0.00047	0.00041	0.00031	0.00021	0.00010	0.00000	
	V'	0.00103	0.00103	0.00103	0.00102	0.00092	0.00000	0.00000	-0.00092	-0.00102	-0.00103	-0.00103	-0.00103	
22.25	M	0.00000	0.00000	0.00003	0.00026	0.00243	0.02247	0.02247	0.00243	0.00026	0.00003	0.00000	0.00000	22.25
	Q	0.00001	0.00007	0.00063	0.00584	0.05403	0.50000	-0.50000	-0.05403	-0.00584	-0.00063	-0.00007	-0.00001	
	V	0.00000	0.00010	0.00020	0.00030	0.00040	0.00046	0.00046	0.00040	0.00030	0.00020	0.00010	0.00000	
	V'	0.00101	0.00101	0.00101	0.00100	0.00090	0.00000	0.00000	-0.00090	-0.00100	-0.00101	-0.00101	-0.00101	
BETA	X/L =	0.00	0.10	0.20	0.30	0.40	L 0.50	R 0.50	0.60	0.70	0.80	0.90	1.00	BETA

XP/L = 0.50

FUNKTIONEN : F.P;M - F.P;Q - F.P;V - F.P;V'

FUNKTIONEN : F.PIM - F.PIQ - F.PIV - F.PIV'

XP/L = 0.50

BETA	X/L =	0.00	0.10	0.20	0.30	0.40	L 0.50	R 0.50	0.60	0.70	0.80	0.90	1.00	BETA
22.50	M	0.00000	0.00000	0.00003	0.00025	0.00234	0.02222	0.02222	0.00234	0.00025	0.00003	0.00000	0.00000	22.50
	Q	0.00001	0.00006	0.00059	0.00555	0.05270	0.50000	-0.50000	-0.05270	-0.00555	-0.00059	-0.00006	-0.00001	
	V	0.00000	0.00010	0.00020	0.00030	0.00039	0.00045	0.00045	0.00039	0.00030	0.00020	0.00010	0.00000	
	V'	0.00099	0.00099	0.00099	0.00098	0.00088	0.00000	0.00000	-0.00088	-0.00098	-0.00099	-0.00099	-0.00099	
22.75	M	0.00000	0.00000	0.00002	0.00023	0.00226	0.02198	0.02198	0.00226	0.00023	0.00002	0.00000	0.00000	22.75
	Q	0.00001	0.00006	0.00054	0.00528	0.05140	0.50000	-0.50000	-0.05140	-0.00528	-0.00054	-0.00006	-0.00001	
	V	0.00000	0.00010	0.00019	0.00029	0.00038	0.00044	0.00044	0.00038	0.00029	0.00019	0.00010	0.00000	
	V'	0.00097	0.00097	0.00097	0.00096	0.00087	0.00000	0.00000	-0.00087	-0.00096	-0.00097	-0.00097	-0.00097	
23.00	M	0.00000	0.00000	0.00002	0.00022	0.00218	0.02174	0.02174	0.00218	0.00022	0.00002	0.00000	0.00000	23.00
	Q	0.00001	0.00005	0.00050	0.00503	0.05013	0.50000	-0.50000	-0.05013	-0.00503	-0.00050	-0.00005	-0.00001	
	V	0.00000	0.00009	0.00019	0.00028	0.00037	0.00043	0.00043	0.00037	0.00028	0.00019	0.00009	0.00000	
	V'	0.00095	0.00095	0.00094	0.00094	0.00085	0.00000	0.00000	-0.00085	-0.00094	-0.00094	-0.00095	-0.00095	
23.25	M	0.00000	0.00000	0.00002	0.00021	0.00210	0.02151	0.02151	0.00210	0.00021	0.00002	0.00000	0.00000	23.25
	Q	0.00001	0.00005	0.00047	0.00478	0.04889	0.50000	-0.50000	-0.04889	-0.00478	-0.00047	-0.00005	-0.00001	
	V	0.00000	0.00009	0.00018	0.00028	0.00037	0.00042	0.00042	0.00037	0.00028	0.00018	0.00009	0.00000	
	V'	0.00092	0.00092	0.00092	0.00092	0.00083	0.00000	0.00000	-0.00083	-0.00092	-0.00092	-0.00092	-0.00092	
23.50	M	0.00000	0.00000	0.00002	0.00019	0.00203	0.02128	0.02128	0.00203	0.00019	0.00002	0.00000	0.00000	23.50
	Q	0.00001	0.00004	0.00043	0.00455	0.04768	0.50000	-0.50000	-0.04768	-0.00455	-0.00043	-0.00004	-0.00001	
	V	0.00000	0.00009	0.00018	0.00027	0.00036	0.00041	0.00041	0.00036	0.00027	0.00018	0.00009	0.00000	
	V'	0.00091	0.00091	0.00090	0.00090	0.00082	0.00000	0.00000	-0.00082	-0.00090	-0.00090	-0.00091	-0.00091	
23.75	M	0.00000	0.00000	0.00002	0.00018	0.00196	0.02105	0.02105	0.00196	0.00018	0.00002	0.00000	0.00000	23.75
	Q	0.00001	0.00004	0.00040	0.00433	0.04651	0.50000	-0.50000	-0.04651	-0.00433	-0.00040	-0.00004	-0.00001	
	V	0.00000	0.00009	0.00018	0.00027	0.00035	0.00041	0.00041	0.00035	0.00027	0.00018	0.00009	0.00000	
	V'	0.00089	0.00089	0.00089	0.00088	0.00080	0.00000	0.00000	-0.00080	-0.00088	-0.00089	-0.00089	-0.00089	
24.00	M	0.00000	0.00000	0.00002	0.00017	0.00189	0.02083	0.02083	0.00189	0.00017	0.00002	0.00000	0.00000	24.00
	Q	0.00001	0.00003	0.00037	0.00411	0.04536	0.50000	-0.50000	-0.04536	-0.00411	-0.00037	-0.00003	-0.00001	
	V	0.00000	0.00009	0.00017	0.00026	0.00034	0.00040	0.00040	0.00034	0.00026	0.00017	0.00009	0.00000	
	V'	0.00087	0.00087	0.00087	0.00086	0.00079	0.00000	0.00000	-0.00079	-0.00086	-0.00087	-0.00087	-0.00087	
24.25	M	0.00000	0.00000	0.00001	0.00016	0.00182	0.02062	0.02062	0.00182	0.00016	0.00001	0.00000	0.00000	24.25
	Q	0.00001	0.00003	0.00035	0.00391	0.04424	0.50000	-0.50000	-0.04424	-0.00391	-0.00035	-0.00003	-0.00001	
	V	0.00000	0.00009	0.00017	0.00025	0.00034	0.00039	0.00039	0.00034	0.00025	0.00017	0.00009	0.00000	
	V'	0.00085	0.00085	0.00085	0.00084	0.00078	0.00000	0.00000	-0.00078	-0.00084	-0.00085	-0.00085	-0.00085	
24.50	M	0.00000	0.00000	0.00001	0.00015	0.00176	0.02041	0.02041	0.00176	0.00015	0.00001	0.00000	0.00000	24.50
	Q	0.00000	0.00003	0.00032	0.00372	0.04315	0.50000	-0.50000	-0.04315	-0.00372	-0.00032	-0.00003	-0.00000	
	V	0.00000	0.00008	0.00017	0.00025	0.00033	0.00038	0.00038	0.00033	0.00025	0.00017	0.00008	0.00000	
	V'	0.00083	0.00083	0.00083	0.00083	0.00076	0.00000	0.00000	-0.00076	-0.00083	-0.00083	-0.00083	-0.00083	
24.75	M	0.00000	0.00000	0.00001	0.00014	0.00170	0.02020	0.02020	0.00170	0.00014	0.00001	0.00000	0.00000	24.75
	Q	0.00000	0.00003	0.00030	0.00354	0.04208	0.50000	-0.50000	-0.04208	-0.00354	-0.00030	-0.00003	-0.00000	
	V	0.00000	0.00008	0.00016	0.00024	0.00032	0.00038	0.00038	0.00032	0.00024	0.00016	0.00008	0.00000	
	V'	0.00082	0.00082	0.00082	0.00081	0.00075	0.00000	0.00000	-0.00075	-0.00081	-0.00082	-0.00082	-0.00082	
BETA	X/L =	0.00	0.10	0.20	0.30	0.40	L 0.50	R 0.50	0.60	0.70	0.80	0.90	1.00	BETA

XP/L = 0.50

FUNKTIONEN : F.PIM - F.PIQ - F.PIV - F.PIV'

FUNKTIONEN : F.PIM - F.PIQ - F.PIV - F.PIV'

XP/L = 0.50

BETA	X/L =	0.00	0.10	0.20	0.30	0.40	L 0.50	R 0.50	0.60	0.70	0.80	0.90	1.00	BETA
25.00	M	0.00000	0.00000	0.00001	0.00013	0.00164	0.02000	0.02000	0.00164	0.00013	0.00001	0.00000	0.00000	25.00
	Q	0.00000	0.00002	0.00028	0.00337	0.04104	0.50000	-0.50000	-0.04104	-0.00337	-0.00028	-0.00002	-0.00000	
	V	0.00000	0.00008	0.00016	0.00024	0.00032	0.00037	0.00037	0.00032	0.00024	0.00016	0.00008	0.00000	
	V'	0.00080	0.00080	0.00080	0.00079	0.00073	0.00000	0.00000	-0.00073	-0.00079	-0.00080	-0.00080	-0.00080	
26.25	M	0.00000	0.00000	0.00001	0.00010	0.00138	0.01905	0.01905	0.00138	0.00010	0.00001	0.00000	0.00000	26.25
	Q	0.00000	0.00001	0.00019	0.00262	0.03622	0.50000	-0.50000	-0.03622	-0.00262	-0.00019	-0.00001	-0.00000	
	V	0.00000	0.00007	0.00015	0.00022	0.00029	0.00034	0.00034	0.00029	0.00022	0.00015	0.00007	0.00000	
	V'	0.00073	0.00073	0.00073	0.00072	0.00067	0.00000	0.00000	-0.00067	-0.00072	-0.00073	-0.00073	-0.00073	
27.50	M	0.00000	0.00000	0.00000	0.00007	0.00116	0.01818	0.01818	0.00116	0.00007	0.00000	0.00000	0.00000	27.50
	Q	0.00000	0.00001	0.00013	0.00204	0.03196	0.50000	-0.50000	-0.03196	-0.00204	-0.00013	-0.00001	-0.00000	
	V	0.00000	0.00007	0.00013	0.00020	0.00026	0.00031	0.00031	0.00026	0.00020	0.00013	0.00007	0.00000	
	V'	0.00066	0.00066	0.00066	0.00066	0.00062	0.00000	0.00000	-0.00062	-0.00066	-0.00066	-0.00066	-0.00066	
28.75	M	0.00000	0.00000	0.00000	0.00006	0.00098	0.01739	0.01739	0.00098	0.00006	0.00000	0.00000	0.00000	28.75
	Q	0.00000	0.00001	0.00009	0.00159	0.02821	0.50000	-0.50000	-0.02821	-0.00159	-0.00009	-0.00001	-0.00000	
	V	0.00000	0.00006	0.00012	0.00018	0.00024	0.00028	0.00028	0.00024	0.00018	0.00012	0.00006	0.00000	
	V'	0.00060	0.00060	0.00060	0.00060	0.00057	0.00000	0.00000	-0.00057	-0.00060	-0.00060	-0.00060	-0.00060	
30.00	M	0.00000	0.00000	0.00000	0.00004	0.00083	0.01667	0.01667	0.00083	0.00004	0.00000	0.00000	0.00000	30.00
	Q	0.00000	0.00000	0.00006	0.00124	0.02489	0.50000	-0.50000	-0.02489	-0.00124	-0.00006	-0.00000	-0.00000	
	V	0.00000	0.00006	0.00011	0.00017	0.00022	0.00026	0.00026	0.00022	0.00017	0.00011	0.00006	0.00000	
	V'	0.00056	0.00056	0.00056	0.00055	0.00053	0.00000	0.00000	-0.00053	-0.00055	-0.00056	-0.00056	-0.00056	
31.25	M	0.00000	0.00000	0.00000	0.00003	0.00070	0.01600	0.01600	0.00070	0.00003	0.00000	0.00000	0.00000	31.25
	Q	0.00000	0.00000	0.00004	0.00097	0.02197	0.50000	-0.50000	-0.02197	-0.00097	-0.00004	-0.00000	-0.00000	
	V	0.00000	0.00005	0.00010	0.00015	0.00020	0.00024	0.00024	0.00020	0.00015	0.00010	0.00005	0.00000	
	V'	0.00051	0.00051	0.00051	0.00051	0.00049	0.00000	0.00000	-0.00049	-0.00051	-0.00051	-0.00051	-0.00051	
32.50	M	0.00000	0.00000	0.00000	0.00002	0.00060	0.01538	0.01538	0.00060	0.00002	0.00000	0.00000	0.00000	32.50
	Q	0.00000	0.00000	0.00003	0.00075	0.01939	0.50000	-0.50000	-0.01939	-0.00075	-0.00003	-0.00000	-0.00000	
	V	0.00000	0.00005	0.00009	0.00014	0.00019	0.00022	0.00022	0.00019	0.00014	0.00009	0.00005	0.00000	
	V'	0.00047	0.00047	0.00047	0.00047	0.00046	0.00000	0.00000	-0.00046	-0.00047	-0.00047	-0.00047	-0.00047	
33.75	M	0.00000	0.00000	0.00000	0.00002	0.00051	0.01481	0.01481	0.00051	0.00002	0.00000	0.00000	0.00000	33.75
	Q	0.00000	0.00000	0.00002	0.00059	0.01711	0.50000	-0.50000	-0.01711	-0.00059	-0.00002	-0.00000	-0.00000	
	V	0.00000	0.00004	0.00009	0.00013	0.00018	0.00021	0.00021	0.00018	0.00013	0.00009	0.00004	0.00000	
	V'	0.00044	0.00044	0.00044	0.00044	0.00042	0.00000	0.00000	-0.00042	-0.00044	-0.00044	-0.00044	-0.00044	
35.00	M	0.00000	0.00000	0.00000	0.00001	0.00043	0.01429	0.01429	0.00043	0.00001	0.00000	0.00000	0.00000	35.00
	Q	0.00000	0.00000	0.00001	0.00046	0.01510	0.50000	-0.50000	-0.01510	-0.00046	-0.00001	-0.00000	-0.00000	
	V	0.00000	0.00004	0.00008	0.00012	0.00016	0.00019	0.00019	0.00016	0.00012	0.00008	0.00004	0.00000	
	V'	0.00041	0.00041	0.00041	0.00041	0.00040	0.00000	0.00000	-0.00040	-0.00041	-0.00041	-0.00041	-0.00041	
36.25	M	0.00000	0.00000	0.00000	0.00001	0.00037	0.01379	0.01379	0.00037	0.00001	0.00000	0.00000	0.00000	36.25
	Q	0.00000	0.00000	0.00001	0.00036	0.01332	0.50000	-0.50000	-0.01332	-0.00036	-0.00001	-0.00000	-0.00000	
	V	0.00000	0.00004	0.00008	0.00011	0.00015	0.00018	0.00018	0.00015	0.00011	0.00008	0.00004	0.00000	
	V'	0.00038	0.00038	0.00038	0.00038	0.00037	0.00000	0.00000	-0.00037	-0.00038	-0.00038	-0.00038	-0.00038	
BETA	X/L =	0.00	0.10	0.20	0.30	0.40	L 0.50	R 0.50	0.60	0.70	0.80	0.90	1.00	BETA

XP/L = 0.50

FUNKTIONEN : F.PIM - F.PIQ - F.PIV - F.PIV'

FUNKTIONEN : F.P;M - F.P;Q - F.P;V - F.P;V'

XP/L = 0.50

BETA	X/L =	0.00	0.10	0.20	0.30	0.40	L 0.50	R 0.50	0.60	0.70	0.80	0.90	1.00	BETA
	M	0.00000	0.00000	0.00000	0.00001	0.00031	0.01333	0.01333	0.00031	0.00001	0.00000	0.00000	0.00000	
37.50	Q	0.00000	0.00000	0.00001	0.00028	0.01176	0.50000	-0.50000	-0.01176	-0.00028	-0.00001	-0.00000	-0.00000	37.50
	V	0.00000	0.00004	0.00007	0.00011	0.00014	0.00017	0.00017	0.00014	0.00011	0.00007	0.00004	0.00000	
	V'	0.00036	0.00036	0.00036	0.00036	0.00035	0.00000	0.00000	-0.00035	-0.00036	-0.00036	-0.00036	-0.00036	
	M	0.00000	0.00000	0.00000	0.00001	0.00027	0.01290	0.01290	0.00027	0.00001	0.00000	0.00000	0.00000	
38.75	Q	0.00000	0.00000	0.00000	0.00022	0.01038	0.50000	-0.50000	-0.01038	-0.00022	-0.00000	-0.00000	-0.00000	38.75
	V	0.00000	0.00003	0.00007	0.00010	0.00013	0.00016	0.00016	0.00013	0.00010	0.00007	0.00003	0.00000	
	V'	0.00033	0.00033	0.00033	0.00033	0.00033	0.00000	0.00000	-0.00033	-0.00033	-0.00033	-0.00033	-0.00033	
	M	0.00000	0.00000	0.00000	0.00000	0.00023	0.01250	0.01250	0.00023	0.00000	0.00000	0.00000	0.00000	
40.00	Q	0.00000	0.00000	0.00000	0.00017	0.00916	0.50000	-0.50000	-0.00916	-0.00017	-0.00000	-0.00000	-0.00000	40.00
	V	0.00000	0.00003	0.00006	0.00009	0.00012	0.00015	0.00015	0.00012	0.00009	0.00006	0.00003	0.00000	
	V'	0.00031	0.00031	0.00031	0.00031	0.00031	0.00000	0.00000	-0.00031	-0.00031	-0.00031	-0.00031	-0.00031	
	M	0.00000	0.00000	0.00000	0.00000	0.00020	0.01212	0.01212	0.00020	0.00000	0.00000	0.00000	0.00000	
41.25	Q	0.00000	0.00000	0.00000	0.00013	0.00808	0.50000	-0.50000	-0.00808	-0.00013	-0.00000	-0.00000	-0.00000	41.25
	V	0.00000	0.00003	0.00006	0.00009	0.00012	0.00014	0.00014	0.00012	0.00009	0.00006	0.00003	0.00000	
	V'	0.00029	0.00029	0.00029	0.00029	0.00029	0.00000	0.00000	-0.00029	-0.00029	-0.00029	-0.00029	-0.00029	
	M	0.00000	0.00000	0.00000	0.00000	0.00017	0.01176	0.01176	0.00017	0.00000	0.00000	0.00000	0.00000	
42.50	Q	0.00000	0.00000	0.00000	0.00010	0.00713	0.50000	-0.50000	-0.00713	-0.00010	-0.00000	-0.00000	-0.00000	42.50
	V	0.00000	0.00003	0.00006	0.00008	0.00011	0.00013	0.00013	0.00011	0.00008	0.00006	0.00003	0.00000	
	V'	0.00028	0.00028	0.00028	0.00028	0.00027	0.00000	0.00000	-0.00027	-0.00028	-0.00028	-0.00028	-0.00028	
	M	0.00000	0.00000	0.00000	0.00000	0.00014	0.01143	0.01143	0.00014	0.00000	0.00000	0.00000	0.00000	
43.75	Q	0.00000	0.00000	0.00000	0.00008	0.00629	0.50000	-0.50000	-0.00629	-0.00008	-0.00000	-0.00000	-0.00000	43.75
	V	0.00000	0.00003	0.00005	0.00008	0.00010	0.00012	0.00012	0.00010	0.00008	0.00005	0.00003	0.00000	
	V'	0.00026	0.00026	0.00026	0.00026	0.00026	0.00000	0.00000	-0.00026	-0.00026	-0.00026	-0.00026	-0.00026	
	M	0.00000	0.00000	0.00000	0.00000	0.00012	0.01111	0.01111	0.00012	0.00000	0.00000	0.00000	0.00000	
45.00	Q	0.00000	0.00000	0.00000	0.00006	0.00555	0.50000	-0.50000	-0.00555	-0.00006	-0.00000	-0.00000	-0.00000	45.00
	V	0.00000	0.00002	0.00005	0.00007	0.00010	0.00012	0.00012	0.00010	0.00007	0.00005	0.00002	0.00000	
	V'	0.00025	0.00025	0.00025	0.00025	0.00024	0.00000	0.00000	-0.00024	-0.00025	-0.00025	-0.00025	-0.00025	
	M	0.00000	0.00000	0.00000	0.00000	0.00011	0.01081	0.01081	0.00011	0.00000	0.00000	-0.00000	0.00000	
46.25	Q	0.00000	0.00000	0.00000	0.00005	0.00490	0.50000	-0.50000	-0.00490	-0.00005	-0.00000	-0.00000	-0.00000	46.25
	V	0.00000	0.00002	0.00005	0.00007	0.00009	0.00011	0.00011	0.00009	0.00007	0.00005	0.00002	0.00000	
	V'	0.00023	0.00023	0.00023	0.00023	0.00023	0.00000	0.00000	-0.00023	-0.00023	-0.00023	-0.00023	-0.00023	
	M	0.00000	0.00000	0.00000	0.00000	0.00009	0.01053	0.01053	0.00009	0.00000	0.00000	0.00000	0.00000	
47.50	Q	0.00000	0.00000	0.00000	0.00004	0.00433	0.50000	-0.50000	-0.00433	-0.00004	-0.00000	-0.00000	-0.00000	47.50
	V	0.00000	0.00002	0.00004	0.00007	0.00009	0.00011	0.00011	0.00009	0.00007	0.00004	0.00002	0.00000	
	V'	0.00022	0.00022	0.00022	0.00022	0.00022	0.00000	0.00000	-0.00022	-0.00022	-0.00022	-0.00022	-0.00022	
	M	0.00000	0.00000	0.00000	0.00000	0.00008	0.01026	0.01026	0.00008	0.00000	0.00000	0.00000	0.00000	
48.75	Q	0.00000	0.00000	0.00000	0.00003	0.00382	0.50000	-0.50000	-0.00382	-0.00003	-0.00000	-0.00000	-0.00000	48.75
	V	0.00000	0.00002	0.00004	0.00006	0.00008	0.00010	0.00010	0.00008	0.00006	0.00004	0.00002	0.00000	
	V'	0.00021	0.00021	0.00021	0.00021	0.00021	0.00000	0.00000	-0.00021	-0.00021	-0.00021	-0.00021	-0.00021	
BETA	X/L =	0.00	0.10	0.20	0.30	0.40	L 0.50	R 0.50	0.60	0.70	0.80	0.90	1.00	BETA

XP/L = 0.50

FUNKTIONEN : F.P;M - F.P;Q - F.P;V - F.P;V'

FUNKTIONEN : F.PIM - F.PIQ - F.PIV - F.PIV'

XP/L = 0.60

BETA	X/L =	0.00	0.10	0.20	0.30	0.40	0.50	L 0.60	R 0.60	0.70	0.80	0.90	1.00	BETA
0.00	M	0.00000	0.04000	0.08000	0.12000	0.16000	0.20000	0.24000	0.24000	0.18000	0.12000	0.06000	0.00000	0.00
	Q	0.40000	0.40000	0.40000	0.40000	0.40000	0.40000	0.40000	-0.60000	-0.60000	-0.60000	-0.60000	-0.60000	
	V	0.00000	0.00553	0.01067	0.01500	0.01813	0.01967	0.01920	0.01920	0.01650	0.01200	0.00630	0.00000	
	V'	0.05600	0.05400	0.04800	0.03800	0.02400	0.00600	-0.01600	-0.01600	-0.03700	-0.05200	-0.06100	-0.06400	
0.25	M	0.00000	0.03966	0.07934	0.11907	0.15887	0.19878	0.23881	0.23881	0.17898	0.11925	0.05961	0.00000	0.25
	Q	0.39652	0.39665	0.39702	0.39764	0.39851	0.39963	0.40099	-0.59901	-0.59770	-0.59677	-0.59621	-0.59602	
	V	0.00000	0.00550	0.01060	0.01490	0.01802	0.01954	0.01908	0.01908	0.01640	0.01193	0.00626	0.00000	
	V'	0.05562	0.05364	0.04769	0.03777	0.02387	0.00599	-0.01589	-0.01589	-0.03677	-0.05168	-0.06063	-0.06361	
0.50	M	0.00000	0.03865	0.07740	0.11635	0.15558	0.19520	0.23532	0.23532	0.17597	0.11707	0.05846	0.00000	0.50
	Q	0.38637	0.38685	0.38830	0.39073	0.39412	0.39851	0.40389	-0.59611	-0.59097	-0.58731	-0.58512	-0.58439	
	V	0.00000	0.00539	0.01039	0.01461	0.01768	0.01918	0.01874	0.01874	0.01611	0.01171	0.00615	0.00000	
	V'	0.05452	0.05258	0.04678	0.03710	0.02350	0.00597	-0.01555	-0.01555	-0.03611	-0.05076	-0.05954	-0.06246	
0.75	M	0.00000	0.03707	0.07434	0.11204	0.15036	0.18953	0.22977	0.22977	0.17120	0.11360	0.05664	0.00000	0.75
	Q	0.37032	0.37136	0.37449	0.37973	0.38711	0.39666	0.40845	-0.59155	-0.58028	-0.57227	-0.56748	-0.56589	
	V	0.00000	0.00521	0.01006	0.01416	0.01714	0.01861	0.01819	0.01819	0.01564	0.01137	0.00597	0.00000	
	V'	0.05276	0.05091	0.04534	0.03603	0.02292	0.00593	-0.01503	-0.01503	-0.03506	-0.04930	-0.05781	-0.06064	
1.00	M	0.00000	0.03501	0.07037	0.10643	0.14356	0.18213	0.22252	0.22252	0.16497	0.10907	0.05426	0.00000	1.00
	Q	0.34952	0.35127	0.35653	0.36536	0.37785	0.39412	0.41434	-0.58566	-0.56630	-0.55261	-0.54445	-0.54174	
	V	0.00000	0.00499	0.00963	0.01357	0.01644	0.01787	0.01748	0.01748	0.01503	0.01093	0.00574	0.00000	
	V'	0.05048	0.04873	0.04347	0.03464	0.02215	0.00588	-0.01434	-0.01434	-0.03370	-0.04739	-0.05555	-0.05826	
1.25	M	0.00000	0.03261	0.06574	0.09989	0.13561	0.17344	0.21400	0.21400	0.15763	0.10374	0.05147	0.00000	1.25
	Q	0.32529	0.32784	0.33551	0.34844	0.36681	0.39092	0.42115	-0.57885	-0.54985	-0.52946	-0.51735	-0.51333	
	V	0.00000	0.00473	0.00913	0.01287	0.01561	0.01700	0.01664	0.01664	0.01431	0.01041	0.00546	0.00000	
	V'	0.04781	0.04618	0.04127	0.03300	0.02124	0.00581	-0.01354	-0.01354	-0.03210	-0.04515	-0.05290	-0.05547	
1.50	M	0.00000	0.03001	0.06070	0.09276	0.12691	0.16391	0.20462	0.20462	0.14956	0.09787	0.04839	0.00000	1.50
	Q	0.29900	0.30237	0.31256	0.32979	0.35445	0.38711	0.42849	-0.57151	-0.53174	-0.50395	-0.48753	-0.48210	
	V	0.00000	0.00444	0.00858	0.01211	0.01471	0.01604	0.01573	0.01573	0.01353	0.00983	0.00516	0.00000	
	V'	0.04489	0.04339	0.03886	0.03121	0.02024	0.00573	-0.01266	-0.01266	-0.03034	-0.04269	-0.04999	-0.05240	
1.75	M	0.00000	0.02732	0.05549	0.08535	0.11784	0.15395	0.19478	0.19478	0.14108	0.09171	0.04516	0.00000	1.75
	Q	0.27185	0.27603	0.28868	0.31019	0.34122	0.38273	0.43600	-0.56400	-0.51270	-0.47715	-0.45624	-0.44934	
	V	0.00000	0.00414	0.00800	0.01131	0.01377	0.01504	0.01477	0.01477	0.01271	0.00924	0.00484	0.00000	
	V'	0.04184	0.04048	0.03635	0.02933	0.01919	0.00564	-0.01175	-0.01175	-0.02850	-0.04011	-0.04694	-0.04919	
2.00	M	0.00000	0.02465	0.05029	0.07795	0.10873	0.14389	0.18481	0.18481	0.13248	0.08548	0.04190	0.00000	2.00
	Q	0.24487	0.24978	0.26472	0.29028	0.32750	0.37785	0.44337	-0.55663	-0.49338	-0.44993	-0.42454	-0.41619	
	V	0.00000	0.00384	0.00743	0.01051	0.01282	0.01403	0.01380	0.01380	0.01188	0.00863	0.00453	0.00000	
	V'	0.03878	0.03755	0.03382	0.02743	0.01813	0.00554	-0.01084	-0.01084	-0.02666	-0.03752	-0.04386	-0.04595	
2.25	M	0.00000	0.02207	0.04526	0.07075	0.09983	0.13399	0.17497	0.17497	0.12399	0.07932	0.03868	0.00000	2.25
	Q	0.21882	0.22438	0.24135	0.27059	0.31359	0.37253	0.45040	-0.54960	-0.47424	-0.42300	-0.39325	-0.38351	
	V	0.00000	0.00354	0.00686	0.00973	0.01189	0.01304	0.01285	0.01285	0.01106	0.00804	0.00421	0.00000	
	V'	0.03579	0.03469	0.03134	0.02556	0.01707	0.00543	-0.00996	-0.00996	-0.02484	-0.03496	-0.04084	-0.04276	
BETA	X/L =	0.00	0.10	0.20	0.30	0.40	0.50	L 0.60	R 0.60	0.70	0.80	0.90	1.00	BETA

XP/L = 0.60

FUNKTIONEN : F.PIM - F.PIQ - F.PIV - F.PIV'

FUNKTIONEN : F.PIM - F.PIQ - F.PIV - F.PIV'

XP/L = 0.60

BETA	X/L =	0.00	0.10	0.20	0.30	0.40	0.50	L 0.60	R 0.60	0.70	0.80	0.90	1.00	BETA
	M	0.00000	0.01963	0.04049	0.06389	0.09131	0.12446	0.16544	0.16544	0.11576	0.07336	0.03556	0.00000	
2.50	Q	0.19424	0.20034	0.21903	0.25148	0.29973	0.36681	0.45694	-0.54306	-0.45564	-0.39685	-0.36299	-0.35194	2.50
	V	0.00000	0.00326	0.00632	0.00898	0.01099	0.01209	0.01193	0.01193	0.01028	0.00746	0.00391	0.00000	
	V'	0.03292	0.03195	0.02895	0.02376	0.01604	0.00531	-0.00911	-0.00911	-0.02310	-0.03250	-0.03792	-0.03969	
	M	0.00000	0.01736	0.03605	0.05748	0.08328	0.11542	0.15635	0.15635	0.10791	0.06768	0.03260	0.00000	
2.75	Q	0.17147	0.17800	0.19807	0.23321	0.28610	0.36077	0.46289	-0.53711	-0.43782	-0.37184	-0.33416	-0.32191	2.75
	V	0.00000	0.00299	0.00581	0.00827	0.01014	0.01118	0.01106	0.01106	0.00953	0.00692	0.00362	0.00000	
	V'	0.03022	0.02936	0.02670	0.02205	0.01506	0.00519	-0.00832	-0.00832	-0.02145	-0.03017	-0.03515	-0.03677	
	M	0.00000	0.01529	0.03198	0.05156	0.07581	0.10694	0.14777	0.14777	0.10049	0.06233	0.02981	0.00000	
3.00	Q	0.15068	0.15751	0.17862	0.21593	0.27282	0.35445	0.46822	-0.53178	-0.42089	-0.34816	-0.30701	-0.29369	3.00
	V	0.00000	0.00275	0.00534	0.00760	0.00935	0.01034	0.01025	0.01025	0.00883	0.00641	0.00335	0.00000	
	V'	0.02770	0.02694	0.02460	0.02045	0.01413	0.00506	-0.00758	-0.00758	-0.01990	-0.02798	-0.03255	-0.03403	
	M	0.00000	0.01342	0.02828	0.04615	0.06893	0.09906	0.13975	0.13975	0.09355	0.05733	0.02721	0.00000	
3.25	Q	0.13191	0.13893	0.16077	0.19973	0.25997	0.34792	0.47294	-0.52706	-0.40492	-0.32593	-0.28166	-0.26742	3.25
	V	0.00000	0.00252	0.00490	0.00699	0.00862	0.00956	0.00949	0.00949	0.00818	0.00593	0.00310	0.00000	
	V'	0.02538	0.02472	0.02265	0.01896	0.01326	0.00493	-0.00691	-0.00691	-0.01847	-0.02595	-0.03014	-0.03149	
	M	0.00000	0.01175	0.02495	0.04124	0.06263	0.09178	0.13228	0.13228	0.08710	0.05269	0.02481	0.00000	
3.50	Q	0.11511	0.12224	0.14449	0.18462	0.24760	0.34122	0.47707	-0.52293	-0.38992	-0.30516	-0.25816	-0.24312	3.50
	V	0.00000	0.00231	0.00449	0.00643	0.00795	0.00883	0.00879	0.00879	0.00758	0.00549	0.00287	0.00000	
	V'	0.02326	0.02267	0.02086	0.01758	0.01244	0.00480	-0.00629	-0.00629	-0.01715	-0.02407	-0.02790	-0.02913	
	M	0.00000	0.01026	0.02197	0.03682	0.05690	0.08508	0.12536	0.12536	0.08111	0.04841	0.02260	0.00000	
3.75	Q	0.10021	0.10734	0.12974	0.17060	0.23573	0.33440	0.48065	-0.51935	-0.37585	-0.28583	-0.23648	-0.22077	3.75
	V	0.00000	0.00212	0.00413	0.00592	0.00733	0.00817	0.00815	0.00815	0.00703	0.00509	0.00266	0.00000	
	V'	0.02132	0.02081	0.01922	0.01631	0.01168	0.00466	-0.00574	-0.00574	-0.01594	-0.02234	-0.02585	-0.02697	
	M	0.00000	0.00894	0.01933	0.03285	0.05170	0.07893	0.11896	0.11896	0.07559	0.04447	0.02057	0.00000	
4.00	Q	0.08705	0.09411	0.11642	0.15762	0.22437	0.32750	0.48373	-0.51627	-0.36268	-0.26789	-0.21654	-0.20030	4.00
	V	0.00000	0.00194	0.00379	0.00545	0.00677	0.00757	0.00757	0.00757	0.00653	0.00472	0.00246	0.00000	
	V'	0.01956	0.01912	0.01772	0.01515	0.01098	0.00453	-0.00523	-0.00523	-0.01483	-0.02076	-0.02397	-0.02498	
	M	0.00000	0.00778	0.01698	0.02930	0.04699	0.07330	0.11305	0.11305	0.07049	0.04086	0.01871	0.00000	
4.25	Q	0.07549	0.08241	0.10444	0.14563	0.21351	0.32055	0.48636	-0.51364	-0.35033	-0.25126	-0.19826	-0.18161	4.25
	V	0.00000	0.00178	0.00349	0.00502	0.00626	0.00701	0.00703	0.00703	0.00606	0.00438	0.00229	0.00000	
	V'	0.01797	0.01758	0.01636	0.01408	0.01032	0.00440	-0.00478	-0.00478	-0.01382	-0.01931	-0.02224	-0.02316	
	M	0.00000	0.00676	0.01491	0.02614	0.04274	0.06815	0.10760	0.10760	0.06580	0.03754	0.01702	0.00000	
4.50	Q	0.06538	0.07211	0.09369	0.13457	0.20316	0.31359	0.48860	-0.51140	-0.33875	-0.23585	-0.18152	-0.16457	4.50
	V	0.00000	0.00164	0.00321	0.00464	0.00579	0.00651	0.00654	0.00654	0.00564	0.00407	0.00212	0.00000	
	V'	0.01652	0.01619	0.01513	0.01311	0.00972	0.00427	-0.00438	-0.00438	-0.01290	-0.01798	-0.02067	-0.02150	
	M	0.00000	0.00587	0.01309	0.02332	0.03891	0.06345	0.10257	0.10257	0.06147	0.03451	0.01547	0.00000	
4.75	Q	0.05655	0.06306	0.08405	0.12437	0.19329	0.30664	0.49049	-0.50951	-0.32785	-0.22157	-0.16622	-0.14908	4.75
	V	0.00000	0.00151	0.00297	0.00428	0.00537	0.00605	0.00609	0.00609	0.00525	0.00379	0.00197	0.00000	
	V'	0.01522	0.01493	0.01400	0.01222	0.00916	0.00414	-0.00401	-0.00401	-0.01206	-0.01677	-0.01923	-0.01999	
BETA	X/L =	0.00	0.10	0.20	0.30	0.40	0.50	L 0.60	R 0.60	0.70	0.80	0.90	1.00	BETA

XP/L = 0.60

FUNKTIONEN : F.PIM - F.PIQ - F.PIV - F.PIV'

FUNKTIONEN : F.PIM - F.PIQ - F.PIV - F.PIV'

XP/L = 0.60

BETA	X/L =	0.00	0.10	0.20	0.30	0.40	0.50	L 0.60	R 0.60	0.70	0.80	0.90	1.00	BETA
	M	0.00000	0.00509	0.01149	0.02081	0.03545	0.05914	0.09793	0.09793	0.05749	0.03173	0.01407	0.00000	
5.00	Q	0.04888	0.05512	0.07542	0.11498	0.18389	0.29973	0.49208	-0.50792	-0.31759	-0.20833	-0.15224	-0.13501	5.00
	V	0.00000	0.00140	0.00274	0.00397	0.00498	0.00563	0.00568	0.00568	0.00490	0.00353	0.00184	0.00000	
	V'	0.01404	0.01380	0.01298	0.01140	0.00864	0.00401	-0.00368	-0.00368	-0.01130	-0.01567	-0.01791	-0.01860	
	M	0.00000	0.00442	0.01008	0.01859	0.03234	0.05520	0.09364	0.09364	0.05383	0.02919	0.01279	0.00000	
5.25	Q	0.04221	0.04816	0.06770	0.10632	0.17493	0.29288	0.49342	-0.50658	-0.30789	-0.19604	-0.13947	-0.12223	5.25
	V	0.00000	0.00129	0.00254	0.00368	0.00463	0.00525	0.00531	0.00531	0.00458	0.00329	0.00171	0.00000	
	V'	0.01298	0.01277	0.01206	0.01065	0.00817	0.00389	-0.00339	-0.00339	-0.01060	-0.01466	-0.01671	-0.01733	
	M	0.00000	0.00383	0.00885	0.01661	0.02952	0.05160	0.08967	0.08967	0.05045	0.02687	0.01163	0.00000	
5.50	Q	0.03643	0.04208	0.06079	0.09835	0.16641	0.28610	0.49454	-0.50546	-0.29871	-0.18463	-0.12782	-0.11065	5.50
	V	0.00000	0.00120	0.00235	0.00342	0.00431	0.00491	0.00497	0.00497	0.00428	0.00308	0.00160	0.00000	
	V'	0.01202	0.01183	0.01121	0.00997	0.00772	0.00377	-0.00313	-0.00313	-0.00996	-0.01373	-0.01561	-0.01618	
	M	0.00000	0.00332	0.00777	0.01485	0.02698	0.04829	0.08600	0.08600	0.04733	0.02475	0.01058	0.00000	
5.75	Q	0.03143	0.03677	0.05460	0.09099	0.15830	0.27941	0.49548	-0.50452	-0.28999	-0.17402	-0.11718	-0.10016	5.75
	V	0.00000	0.00111	0.00218	0.00318	0.00402	0.00459	0.00466	0.00466	0.00401	0.00288	0.00149	0.00000	
	V'	0.01115	0.01099	0.01045	0.00935	0.00731	0.00365	-0.00289	-0.00289	-0.00938	-0.01288	-0.01460	-0.01512	
	M	0.00000	0.00288	0.00682	0.01329	0.02469	0.04525	0.08259	0.08259	0.04445	0.02281	0.00962	0.00000	
6.00	Q	0.02710	0.03212	0.04907	0.08421	0.15059	0.27282	0.49626	-0.50374	-0.28169	-0.16414	-0.10746	-0.09065	6.00
	V	0.00000	0.00103	0.00203	0.00296	0.00376	0.00430	0.00437	0.00437	0.00377	0.00270	0.00140	0.00000	
	V'	0.01036	0.01022	0.00975	0.00877	0.00693	0.00353	-0.00267	-0.00267	-0.00884	-0.01211	-0.01368	-0.01415	
	M	0.00000	0.00249	0.00599	0.01190	0.02261	0.04245	0.07942	0.07942	0.04179	0.02103	0.00875	0.00000	
6.25	Q	0.02336	0.02807	0.04411	0.07795	0.14325	0.26634	0.49691	-0.50309	-0.27377	-0.15493	-0.09859	-0.08204	6.25
	V	0.00000	0.00096	0.00189	0.00277	0.00352	0.00403	0.00411	0.00411	0.00354	0.00253	0.00131	0.00000	
	V'	0.00964	0.00952	0.00911	0.00824	0.00657	0.00342	-0.00248	-0.00248	-0.00835	-0.01139	-0.01284	-0.01326	
	M	0.00000	0.00216	0.00526	0.01066	0.02073	0.03988	0.07647	0.07647	0.03933	0.01940	0.00796	0.00000	
6.50	Q	0.02013	0.02453	0.03968	0.07218	0.13626	0.25997	0.49745	-0.50255	-0.26620	-0.14633	-0.09049	-0.07424	6.50
	V	0.00000	0.00090	0.00177	0.00259	0.00330	0.00379	0.00387	0.00387	0.00333	0.00238	0.00123	0.00000	
	V'	0.00899	0.00889	0.00853	0.00776	0.00624	0.00331	-0.00231	-0.00231	-0.00790	-0.01074	-0.01206	-0.01244	
	M	0.00000	0.00187	0.00462	0.00956	0.01903	0.03750	0.07372	0.07372	0.03705	0.01791	0.00724	0.00000	
6.75	Q	0.01734	0.02145	0.03570	0.06684	0.12962	0.25373	0.49789	-0.50211	-0.25894	-0.13829	-0.08308	-0.06719	6.75
	V	0.00000	0.00084	0.00165	0.00242	0.00309	0.00357	0.00365	0.00365	0.00314	0.00224	0.00116	0.00000	
	V'	0.00840	0.00831	0.00800	0.00731	0.00593	0.00321	-0.00215	-0.00215	-0.00749	-0.01013	-0.01135	-0.01169	
	M	0.00000	0.00162	0.00406	0.00858	0.01748	0.03531	0.07115	0.07115	0.03493	0.01654	0.00659	0.00000	
7.00	Q	0.01494	0.01875	0.03213	0.06192	0.12330	0.24760	0.49826	-0.50174	-0.25196	-0.13077	-0.07631	-0.06080	7.00
	V	0.00000	0.00078	0.00155	0.00227	0.00291	0.00336	0.00345	0.00345	0.00296	0.00211	0.00109	0.00000	
	V'	0.00786	0.00778	0.00751	0.00690	0.00565	0.00311	-0.00201	-0.00201	-0.00710	-0.00958	-0.01069	-0.01100	
	M	0.00000	0.00140	0.00358	0.00771	0.01608	0.03328	0.06875	0.06875	0.03297	0.01528	0.00600	0.00000	
7.25	Q	0.01287	0.01640	0.02894	0.05736	0.11728	0.24160	0.49857	-0.50143	-0.24525	-0.12372	-0.07012	-0.05501	7.25
	V	0.00000	0.00073	0.00145	0.00214	0.00274	0.00317	0.00326	0.00326	0.00280	0.00199	0.00103	0.00000	
	V'	0.00737	0.00730	0.00706	0.00652	0.00538	0.00301	-0.00188	-0.00188	-0.00675	-0.00906	-0.01008	-0.01037	
BETA	X/L =	0.00	0.10	0.20	0.30	0.40	0.50	L 0.60	R 0.60	0.70	0.80	0.90	1.00	BETA

XP/L = 0.60

FUNKTIONEN : F.PIM - F.PIQ - F.PIV - F.PIV'

Z U G S T A E B E -435-

FUNKTIONEN : F.PIM - F.PIQ - F.PIV - F.PIV'

XP/L = 0.60

BETA	X/L =	0.00	0.10	0.20	0.30	0.40	0.50	L 0.60	R 0.60	0.70	0.80	0.90	1.00	BETA
7.50	M	0.00000	0.00121	0.00315	0.00693	0.01480	0.03140	0.06649	0.06649	0.03114	0.01413	0.00546	0.00000	7.50
	Q	0.01108	0.01435	0.02607	0.05315	0.11156	0.23573	0.49882	-0.50118	-0.23878	-0.11711	-0.06445	-0.04978	
	V	0.00000	0.00069	0.00137	0.00201	0.00258	0.00300	0.00308	0.00308	0.00265	0.00188	0.00097	0.00000	
	V'	0.00691	0.00686	0.00665	0.00617	0.00513	0.00292	-0.00176	-0.00176	-0.00642	-0.00858	-0.00952	-0.00978	
7.75	M	0.00000	0.00105	0.00277	0.00624	0.01364	0.02965	0.06438	0.06438	0.02944	0.01308	0.00497	0.00000	7.75
	Q	0.00954	0.01255	0.02349	0.04926	0.10612	0.22998	0.49903	-0.50097	-0.23253	-0.11089	-0.05926	-0.04505	
	V	0.00000	0.00065	0.00129	0.00189	0.00244	0.00284	0.00292	0.00292	0.00251	0.00178	0.00092	0.00000	
	V'	0.00650	0.00645	0.00627	0.00584	0.00489	0.00283	-0.00165	-0.00165	-0.00612	-0.00814	-0.00900	-0.00924	
8.00	M	0.00000	0.00091	0.00244	0.00561	0.01258	0.02803	0.06239	0.06239	0.02785	0.01210	0.00452	0.00000	8.00
	Q	0.00822	0.01099	0.02118	0.04566	0.10095	0.22437	0.49920	-0.50080	-0.22650	-0.10506	-0.05451	-0.04076	
	V	0.00000	0.00061	0.00121	0.00179	0.00230	0.00269	0.00278	0.00278	0.00238	0.00169	0.00087	0.00000	
	V'	0.00612	0.00608	0.00592	0.00554	0.00467	0.00274	-0.00155	-0.00155	-0.00584	-0.00773	-0.00852	-0.00874	
8.25	M	0.00000	0.00079	0.00215	0.00506	0.01161	0.02652	0.06052	0.06052	0.02637	0.01121	0.00412	0.00000	8.25
	Q	0.00707	0.00962	0.01910	0.04232	0.09602	0.21888	0.49934	-0.50066	-0.22066	-0.09956	-0.05016	-0.03688	
	V	0.00000	0.00058	0.00114	0.00169	0.00218	0.00255	0.00264	0.00264	0.00226	0.00160	0.00082	0.00000	
	V'	0.00577	0.00574	0.00560	0.00526	0.00447	0.00266	-0.00146	-0.00146	-0.00557	-0.00735	-0.00808	-0.00827	
8.50	M	0.00000	0.00069	0.00190	0.00456	0.01072	0.02511	0.05876	0.05876	0.02499	0.01039	0.00375	0.00000	8.50
	Q	0.00609	0.00843	0.01722	0.03924	0.09134	0.21351	0.49946	-0.50054	-0.21500	-0.09439	-0.04617	-0.03337	
	V	0.00000	0.00054	0.00108	0.00160	0.00207	0.00242	0.00251	0.00251	0.00215	0.00152	0.00078	0.00000	
	V'	0.00545	0.00542	0.00530	0.00499	0.00427	0.00258	-0.00138	-0.00138	-0.00533	-0.00700	-0.00767	-0.00784	
8.75	M	0.00000	0.00059	0.00167	0.00411	0.00991	0.02380	0.05709	0.05709	0.02370	0.00963	0.00342	0.00000	8.75
	Q	0.00524	0.00738	0.01554	0.03638	0.08689	0.20827	0.49956	-0.50044	-0.20952	-0.08951	-0.04251	-0.03020	
	V	0.00000	0.00051	0.00102	0.00151	0.00196	0.00230	0.00239	0.00239	0.00204	0.00144	0.00074	0.00000	
	V'	0.00516	0.00513	0.00502	0.00475	0.00409	0.00250	-0.00130	-0.00130	-0.00510	-0.00667	-0.00728	-0.00744	
9.00	M	0.00000	0.00051	0.00148	0.00371	0.00917	0.02257	0.05551	0.05551	0.02248	0.00893	0.00312	0.00000	9.00
	Q	0.00451	0.00647	0.01402	0.03373	0.08265	0.20316	0.49964	-0.50036	-0.20420	-0.08491	-0.03916	-0.02732	
	V	0.00000	0.00049	0.00097	0.00144	0.00186	0.00219	0.00228	0.00228	0.00194	0.00137	0.00070	0.00000	
	V'	0.00488	0.00486	0.00477	0.00452	0.00392	0.00243	-0.00123	-0.00123	-0.00489	-0.00636	-0.00692	-0.00707	
9.25	M	0.00000	0.00045	0.00130	0.00336	0.00849	0.02142	0.05402	0.05402	0.02135	0.00829	0.00284	0.00000	9.25
	Q	0.00389	0.00567	0.01266	0.03128	0.07862	0.19816	0.49970	-0.50030	-0.19903	-0.08056	-0.03608	-0.02472	
	V	0.00000	0.00046	0.00092	0.00136	0.00177	0.00209	0.00217	0.00217	0.00185	0.00131	0.00067	0.00000	
	V'	0.00463	0.00461	0.00453	0.00431	0.00376	0.00236	-0.00117	-0.00117	-0.00469	-0.00607	-0.00659	-0.00672	
9.50	M	0.00000	0.00039	0.00115	0.00303	0.00786	0.02034	0.05260	0.05260	0.02029	0.00770	0.00259	0.00000	9.50
	Q	0.00334	0.00497	0.01143	0.02900	0.07478	0.19329	0.49976	-0.50024	-0.19402	-0.07646	-0.03325	-0.02237	
	V	0.00000	0.00044	0.00087	0.00130	0.00169	0.00199	0.00208	0.00208	0.00177	0.00124	0.00064	0.00000	
	V'	0.00440	0.00438	0.00431	0.00411	0.00360	0.00229	-0.00111	-0.00111	-0.00450	-0.00580	-0.00628	-0.00640	
9.75	M	0.00000	0.00034	0.00102	0.00274	0.00729	0.01933	0.05126	0.05126	0.01929	0.00715	0.00236	0.00000	9.75
	Q	0.00288	0.00436	0.01032	0.02690	0.07114	0.18853	0.49980	-0.50020	-0.18914	-0.07258	-0.03065	-0.02024	
	V	0.00000	0.00042	0.00083	0.00123	0.00161	0.00190	0.00199	0.00199	0.00169	0.00119	0.00061	0.00000	
	V'	0.00418	0.00416	0.00410	0.00392	0.00346	0.00222	-0.00105	-0.00105	-0.00432	-0.00555	-0.00599	-0.00610	
BETA	X/L =	0.00	0.10	0.20	0.30	0.40	0.50	L 0.60	R 0.60	0.70	0.80	0.90	1.00	BETA

XP/L = 0.60

FUNKTIONEN : F.PIM - F.PIQ - F.PIV - F.PIV'

FUNKTIONEN : F.PIM - F.PIQ - F.PIV - F.PIV'

XP/L = 0.60

BETA	X/L =	0.00	0.10	0.20	0.30	0.40	0.50	L 0.60	R 0.60	0.70	0.80	0.90	1.00	BETA
	M	0.00000	0.00029	0.00090	0.00248	0.00676	0.01839	0.04998	0.04998	0.01835	0.00664	0.00215	0.00000	
10.00	Q	0.00248	0.00382	0.00932	0.02495	0.06767	0.18389	0.49984	-0.50016	-0.18439	-0.06891	-0.02826	-0.01832	10.00
	V	0.00000	0.00040	0.00079	0.00118	0.00153	0.00182	0.00190	0.00190	0.00162	0.00113	0.00058	0.00000	
	V'	0.00398	0.00396	0.00391	0.00375	0.00332	0.00216	-0.00100	-0.00100	-0.00416	-0.00531	-0.00572	-0.00582	
	M	0.00000	0.00025	0.00079	0.00225	0.00628	0.01750	0.04877	0.04877	0.01746	0.00618	0.00196	0.00000	
10.25	Q	0.00213	0.00335	0.00842	0.02314	0.06437	0.17936	0.49986	-0.50014	-0.17978	-0.06543	-0.02607	-0.01657	10.25
	V	0.00000	0.00038	0.00075	0.00112	0.00146	0.00174	0.00182	0.00182	0.00155	0.00108	0.00055	0.00000	
	V'	0.00379	0.00378	0.00373	0.00359	0.00319	0.00210	-0.00095	-0.00095	-0.00400	-0.00509	-0.00546	-0.00555	
	M	0.00000	0.00022	0.00070	0.00204	0.00583	0.01666	0.04761	0.04761	0.01663	0.00574	0.00179	0.00000	
10.50	Q	0.00184	0.00294	0.00761	0.02146	0.06123	0.17493	0.49989	-0.50011	-0.17529	-0.06215	-0.02405	-0.01500	10.50
	V	0.00000	0.00036	0.00072	0.00107	0.00140	0.00166	0.00175	0.00175	0.00148	0.00104	0.00053	0.00000	
	V'	0.00361	0.00360	0.00356	0.00343	0.00307	0.00204	-0.00091	-0.00091	-0.00385	-0.00488	-0.00522	-0.00531	
	M	0.00000	0.00019	0.00062	0.00185	0.00542	0.01587	0.04650	0.04650	0.01585	0.00534	0.00163	0.00000	
10.75	Q	0.00158	0.00258	0.00688	0.01991	0.05824	0.17062	0.49991	-0.50009	-0.17092	-0.05903	-0.02219	-0.01357	10.75
	V	0.00000	0.00034	0.00069	0.00102	0.00134	0.00159	0.00167	0.00167	0.00142	0.00099	0.00051	0.00000	
	V'	0.00345	0.00344	0.00340	0.00329	0.00296	0.00198	-0.00086	-0.00086	-0.00371	-0.00468	-0.00500	-0.00507	
	M	0.00000	0.00017	0.00055	0.00167	0.00503	0.01513	0.04545	0.04545	0.01511	0.00497	0.00149	0.00000	
11.00	Q	0.00136	0.00227	0.00621	0.01846	0.05540	0.16641	0.49993	-0.50007	-0.16666	-0.05608	-0.02048	-0.01228	11.00
	V	0.00000	0.00033	0.00066	0.00098	0.00128	0.00153	0.00161	0.00161	0.00136	0.00095	0.00048	0.00000	
	V'	0.00329	0.00329	0.00325	0.00315	0.00285	0.00193	-0.00083	-0.00083	-0.00358	-0.00450	-0.00479	-0.00486	
	M	0.00000	0.00014	0.00049	0.00152	0.00468	0.01443	0.04444	0.04444	0.01441	0.00463	0.00136	0.00000	
11.25	Q	0.00117	0.00199	0.00562	0.01713	0.05270	0.16231	0.49994	-0.50006	-0.16252	-0.05328	-0.01891	-0.01111	11.25
	V	0.00000	0.00031	0.00063	0.00094	0.00123	0.00147	0.00155	0.00155	0.00131	0.00091	0.00046	0.00000	
	V'	0.00315	0.00314	0.00312	0.00303	0.00274	0.00188	-0.00079	-0.00079	-0.00346	-0.00432	-0.00459	-0.00465	
	M	0.00000	0.00012	0.00043	0.00138	0.00436	0.01377	0.04347	0.04347	0.01375	0.00432	0.00124	0.00000	
11.50	Q	0.00101	0.00175	0.00508	0.01589	0.05013	0.15830	0.49995	-0.50005	-0.15848	-0.05063	-0.01746	-0.01005	11.50
	V	0.00000	0.00030	0.00060	0.00090	0.00118	0.00141	0.00149	0.00149	0.00126	0.00087	0.00044	0.00000	
	V'	0.00302	0.00301	0.00299	0.00290	0.00265	0.00183	-0.00076	-0.00076	-0.00334	-0.00415	-0.00440	-0.00446	
	M	0.00000	0.00011	0.00038	0.00125	0.00406	0.01314	0.04255	0.04255	0.01313	0.00402	0.00113	0.00000	
11.75	Q	0.00087	0.00154	0.00459	0.01474	0.04768	0.15440	0.49996	-0.50004	-0.15454	-0.04812	-0.01613	-0.00910	11.75
	V	0.00000	0.00029	0.00058	0.00086	0.00113	0.00135	0.00143	0.00143	0.00121	0.00084	0.00043	0.00000	
	V'	0.00289	0.00289	0.00286	0.00279	0.00255	0.00178	-0.00072	-0.00072	-0.00323	-0.00400	-0.00423	-0.00428	
	M	0.00000	0.00009	0.00034	0.00114	0.00378	0.01255	0.04166	0.04166	0.01254	0.00375	0.00104	0.00000	
12.00	Q	0.00075	0.00135	0.00415	0.01367	0.04536	0.15059	0.49997	-0.50003	-0.15071	-0.04573	-0.01490	-0.00823	12.00
	V	0.00000	0.00028	0.00055	0.00083	0.00108	0.00130	0.00138	0.00138	0.00116	0.00081	0.00041	0.00000	
	V'	0.00277	0.00277	0.00275	0.00268	0.00246	0.00173	-0.00069	-0.00069	-0.00312	-0.00385	-0.00406	-0.00411	
	M	0.00000	0.00008	0.00030	0.00103	0.00352	0.01199	0.04081	0.04081	0.01198	0.00350	0.00095	0.00000	
12.25	Q	0.00064	0.00119	0.00375	0.01268	0.04315	0.14687	0.49997	-0.50003	-0.14697	-0.04347	-0.01377	-0.00745	12.25
	V	0.00000	0.00027	0.00053	0.00079	0.00104	0.00125	0.00133	0.00133	0.00112	0.00078	0.00039	0.00000	
	V'	0.00266	0.00266	0.00264	0.00258	0.00238	0.00169	-0.00067	-0.00067	-0.00302	-0.00371	-0.00391	-0.00395	
BETA	X/L =	0.00	0.10	0.20	0.30	0.40	0.50	L 0.60	R 0.60	0.70	0.80	0.90	1.00	BETA

XP/L = 0.60

FUNKTIONEN : F.PIM - F.PIQ - F.PIV - F.PIV'

FUNKTIONEN : F.P;M - F.P;Q - F.P;V - F.P;V'

XP/L = 0.60

BETA	X/L =	0.00	0.10	0.20	0.30	0.40	0.50	L 0.60	R 0.60	0.70	0.80	0.90	1.00	BETA
	M	0.00000	0.00007	0.00027	0.00094	0.00328	0.01146	0.04000	0.04000	0.01145	0.00326	0.00086	0.00000	
12.50	Q	0.00055	0.00104	0.00339	0.01176	0.04104	0.14325	0.49998	-0.50002	-0.14333	-0.04132	-0.01272	-0.00674	12.50
	V	0.00000	0.00026	0.00051	0.00076	0.00100	0.00121	0.00128	0.00128	0.00108	0.00075	0.00038	0.00000	
	V'	0.00256	0.00255	0.00254	0.00248	0.00230	0.00164	-0.00064	-0.00064	-0.00292	-0.00358	-0.00376	-0.00380	
	M	0.00000	0.00006	0.00024	0.00086	0.00306	0.01096	0.03921	0.03921	0.01095	0.00304	0.00079	0.00000	
12.75	Q	0.00048	0.00092	0.00307	0.01091	0.03904	0.13971	0.49998	-0.50002	-0.13978	-0.03928	-0.01176	-0.00610	12.75
	V	0.00000	0.00025	0.00049	0.00073	0.00097	0.00116	0.00124	0.00124	0.00104	0.00072	0.00036	0.00000	
	V'	0.00246	0.00245	0.00244	0.00239	0.00222	0.00160	-0.00062	-0.00062	-0.00283	-0.00345	-0.00362	-0.00365	
	M	0.00000	0.00005	0.00021	0.00078	0.00286	0.01048	0.03846	0.03846	0.01048	0.00284	0.00072	0.00000	
13.00	Q	0.00041	0.00081	0.00277	0.01012	0.03714	0.13626	0.49998	-0.50002	-0.13632	-0.03734	-0.01087	-0.00552	13.00
	V	0.00000	0.00024	0.00047	0.00071	0.00093	0.00112	0.00119	0.00119	0.00100	0.00069	0.00035	0.00000	
	V'	0.00236	0.00236	0.00235	0.00231	0.00215	0.00156	-0.00059	-0.00059	-0.00274	-0.00333	-0.00349	-0.00352	
	M	0.00000	0.00005	0.00019	0.00071	0.00267	0.01003	0.03773	0.03773	0.01003	0.00265	0.00066	0.00000	
13.25	Q	0.00035	0.00071	0.00251	0.00939	0.03533	0.13290	0.49999	-0.50001	-0.13295	-0.03550	-0.01005	-0.00499	13.25
	V	0.00000	0.00023	0.00045	0.00068	0.00090	0.00108	0.00115	0.00115	0.00097	0.00067	0.00034	0.00000	
	V'	0.00228	0.00227	0.00226	0.00222	0.00208	0.00152	-0.00057	-0.00057	-0.00266	-0.00322	-0.00336	-0.00339	
	M	0.00000	0.00004	0.00017	0.00065	0.00249	0.00960	0.03704	0.03704	0.00960	0.00248	0.00060	0.00000	
13.50	Q	0.00030	0.00062	0.00227	0.00871	0.03360	0.12962	0.49999	-0.50001	-0.12966	-0.03375	-0.00930	-0.00452	13.50
	V	0.00000	0.00022	0.00044	0.00065	0.00086	0.00104	0.00111	0.00111	0.00093	0.00064	0.00033	0.00000	
	V'	0.00219	0.00219	0.00218	0.00215	0.00201	0.00148	-0.00055	-0.00055	-0.00258	-0.00311	-0.00324	-0.00327	
	M	0.00000	0.00004	0.00015	0.00059	0.00232	0.00919	0.03636	0.03636	0.00919	0.00232	0.00055	0.00000	
13.75	Q	0.00026	0.00055	0.00205	0.00808	0.03196	0.12642	0.49999	-0.50001	-0.12645	-0.03209	-0.00860	-0.00409	13.75
	V	0.00000	0.00021	0.00042	0.00063	0.00083	0.00101	0.00108	0.00108	0.00090	0.00062	0.00031	0.00000	
	V'	0.00211	0.00211	0.00210	0.00207	0.00195	0.00145	-0.00053	-0.00053	-0.00250	-0.00300	-0.00313	-0.00315	
	M	0.00000	0.00003	0.00013	0.00054	0.00217	0.00881	0.03571	0.03571	0.00881	0.00216	0.00050	0.00000	
14.00	Q	0.00022	0.00048	0.00186	0.00750	0.03041	0.12330	0.49999	-0.50001	-0.12333	-0.03052	-0.00795	-0.00370	14.00
	V	0.00000	0.00020	0.00041	0.00061	0.00081	0.00098	0.00104	0.00104	0.00087	0.00060	0.00030	0.00000	
	V'	0.00204	0.00204	0.00203	0.00200	0.00189	0.00141	-0.00051	-0.00051	-0.00243	-0.00291	-0.00302	-0.00304	
	M	0.00000	0.00003	0.00012	0.00049	0.00203	0.00844	0.03509	0.03509	0.00844	0.00202	0.00046	0.00000	
14.25	Q	0.00019	0.00043	0.00168	0.00696	0.02892	0.12025	0.49999	-0.50001	-0.12028	-0.02902	-0.00736	-0.00335	14.25
	V	0.00000	0.00020	0.00039	0.00059	0.00078	0.00094	0.00101	0.00101	0.00084	0.00058	0.00029	0.00000	
	V'	0.00197	0.00197	0.00196	0.00194	0.00183	0.00138	-0.00049	-0.00049	-0.00236	-0.00281	-0.00292	-0.00294	
	M	0.00000	0.00002	0.00010	0.00044	0.00190	0.00809	0.03448	0.03448	0.00809	0.00189	0.00042	0.00000	
14.50	Q	0.00017	0.00037	0.00152	0.00645	0.02751	0.11728	0.50000	-0.50000	-0.11730	-0.02759	-0.00681	-0.00303	14.50
	V	0.00000	0.00019	0.00038	0.00057	0.00075	0.00091	0.00098	0.00098	0.00082	0.00056	0.00028	0.00000	
	V'	0.00190	0.00190	0.00190	0.00187	0.00177	0.00134	-0.00048	-0.00048	-0.00230	-0.00272	-0.00282	-0.00284	
	M	0.00000	0.00002	0.00009	0.00041	0.00177	0.00776	0.03390	0.03390	0.00775	0.00177	0.00038	0.00000	
14.75	Q	0.00014	0.00033	0.00137	0.00599	0.02617	0.11439	0.50000	-0.50000	-0.11441	-0.02624	-0.00630	-0.00274	14.75
	V	0.00000	0.00018	0.00037	0.00055	0.00073	0.00088	0.00095	0.00095	0.00079	0.00054	0.00027	0.00000	
	V'	0.00184	0.00184	0.00183	0.00181	0.00172	0.00131	-0.00046	-0.00046	-0.00223	-0.00264	-0.00273	-0.00275	
BETA	X/L =	0.00	0.10	0.20	0.30	0.40	0.50	L 0.60	R 0.60	0.70	0.80	0.90	1.00	BETA

XP/L = 0.60

FUNKTIONEN : F.P;M - F.P;Q - F.P;V - F.P;V'

FUNKTIONEN : F.P;M - F.P;Q - F.P;V - F.P;V'

XP/L = 0.60

BETA	X/L =	0.00	0.10	0.20	0.30	0.40	0.50	L 0.60	R 0.60	0.70	0.80	0.90	1.00	BETA
	M	0.00000	0.00002	0.00008	0.00037	0.00166	0.00744	0.03333	0.03333	0.00744	0.00166	0.00035	0.00000	
15.00	Q	0.00012	0.00029	0.00124	0.00556	0.02489	0.11156	0.50000	-0.50000	-0.11158	-0.02496	-0.00583	-0.00248	15.00
	V	0.00000	0.00018	0.00036	0.00053	0.00070	0.00086	0.00092	0.00092	0.00077	0.00053	0.00027	0.00000	
	V'	0.00178	0.00178	0.00177	0.00175	0.00167	0.00128	-0.00044	-0.00044	-0.00217	-0.00256	-0.00264	-0.00266	
	M	0.00000	0.00002	0.00007	0.00034	0.00155	0.00714	0.03279	0.03279	0.00713	0.00155	0.00032	0.00000	
15.25	Q	0.00011	0.00026	0.00112	0.00515	0.02368	0.10881	0.50000	-0.50000	-0.10882	-0.02373	-0.00540	-0.00224	15.25
	V	0.00000	0.00017	0.00034	0.00051	0.00068	0.00083	0.00089	0.00089	0.00074	0.00051	0.00026	0.00000	
	V'	0.00172	0.00172	0.00172	0.00170	0.00162	0.00125	-0.00043	-0.00043	-0.00211	-0.00248	-0.00256	-0.00257	
	M	0.00000	0.00001	0.00007	0.00031	0.00145	0.00685	0.03226	0.03226	0.00685	0.00145	0.00029	0.00000	
15.50	Q	0.00009	0.00023	0.00102	0.00478	0.02252	0.10612	0.50000	-0.50000	-0.10613	-0.02257	-0.00500	-0.00203	15.50
	V	0.00000	0.00017	0.00033	0.00050	0.00066	0.00080	0.00086	0.00086	0.00072	0.00049	0.00025	0.00000	
	V'	0.00166	0.00166	0.00166	0.00165	0.00157	0.00122	-0.00042	-0.00042	-0.00206	-0.00240	-0.00248	-0.00249	
	M	0.00000	0.00001	0.00006	0.00028	0.00136	0.00657	0.03175	0.03175	0.00657	0.00136	0.00027	0.00000	
15.75	Q	0.00008	0.00020	0.00092	0.00444	0.02143	0.10350	0.50000	-0.50000	-0.10351	-0.02147	-0.00463	-0.00184	15.75
	V	0.00000	0.00016	0.00032	0.00048	0.00064	0.00078	0.00084	0.00084	0.00070	0.00048	0.00024	0.00000	
	V'	0.00161	0.00161	0.00161	0.00159	0.00153	0.00120	-0.00040	-0.00040	-0.00200	-0.00233	-0.00240	-0.00241	
	M	0.00000	0.00001	0.00005	0.00026	0.00127	0.00631	0.03125	0.03125	0.00631	0.00127	0.00025	0.00000	
16.00	Q	0.00007	0.00017	0.00083	0.00412	0.02038	0.10095	0.50000	-0.50000	-0.10096	-0.02041	-0.00428	-0.00166	16.00
	V	0.00000	0.00016	0.00031	0.00047	0.00062	0.00076	0.00082	0.00082	0.00068	0.00046	0.00023	0.00000	
	V'	0.00156	0.00156	0.00156	0.00155	0.00148	0.00117	-0.00039	-0.00039	-0.00195	-0.00226	-0.00233	-0.00234	
	M	0.00000	0.00001	0.00005	0.00023	0.00119	0.00606	0.03077	0.03077	0.00606	0.00119	0.00023	0.00000	
16.25	Q	0.00006	0.00015	0.00075	0.00382	0.01939	0.09846	0.50000	-0.50000	-0.09846	-0.01942	-0.00397	-0.00150	16.25
	V	0.00000	0.00015	0.00030	0.00045	0.00060	0.00073	0.00079	0.00079	0.00066	0.00045	0.00023	0.00000	
	V'	0.00151	0.00151	0.00151	0.00150	0.00144	0.00114	-0.00038	-0.00038	-0.00190	-0.00220	-0.00226	-0.00227	
	M	0.00000	0.00001	0.00004	0.00021	0.00112	0.00582	0.03030	0.03030	0.00582	0.00112	0.00021	0.00000	
16.50	Q	0.00005	0.00014	0.00068	0.00354	0.01844	0.09602	0.50000	-0.50000	-0.09603	-0.01847	-0.00367	-0.00136	16.50
	V	0.00000	0.00015	0.00029	0.00044	0.00058	0.00071	0.00077	0.00077	0.00064	0.00044	0.00022	0.00000	
	V'	0.00147	0.00147	0.00147	0.00146	0.00140	0.00112	-0.00037	-0.00037	-0.00185	-0.00214	-0.00219	-0.00220	
	M	0.00000	0.00001	0.00004	0.00020	0.00105	0.00559	0.02985	0.02985	0.00559	0.00105	0.00019	0.00000	
16.75	Q	0.00004	0.00012	0.00062	0.00329	0.01754	0.09365	0.50000	-0.50000	-0.09366	-0.01756	-0.00340	-0.00123	16.75
	V	0.00000	0.00014	0.00029	0.00043	0.00057	0.00069	0.00075	0.00075	0.00062	0.00042	0.00021	0.00000	
	V'	0.00143	0.00143	0.00142	0.00141	0.00136	0.00109	-0.00036	-0.00036	-0.00180	-0.00208	-0.00213	-0.00213	
	M	0.00000	0.00001	0.00003	0.00018	0.00098	0.00537	0.02941	0.02941	0.00537	0.00098	0.00017	0.00000	
17.00	Q	0.00004	0.00011	0.00056	0.00305	0.01669	0.09134	0.50000	-0.50000	-0.09135	-0.01671	-0.00315	-0.00111	17.00
	V	0.00000	0.00014	0.00028	0.00041	0.00055	0.00067	0.00073	0.00073	0.00060	0.00041	0.00021	0.00000	
	V'	0.00138	0.00138	0.00138	0.00137	0.00133	0.00107	-0.00035	-0.00035	-0.00176	-0.00202	-0.00207	-0.00207	
	M	0.00000	0.00001	0.00003	0.00016	0.00092	0.00516	0.02899	0.02899	0.00516	0.00092	0.00016	0.00000	
17.25	Q	0.00003	0.00009	0.00050	0.00283	0.01587	0.08909	0.50000	-0.50000	-0.08909	-0.01589	-0.00292	-0.00101	17.25
	V	0.00000	0.00013	0.00027	0.00040	0.00053	0.00065	0.00071	0.00071	0.00059	0.00040	0.00020	0.00000	
	V'	0.00134	0.00134	0.00134	0.00133	0.00129	0.00104	-0.00034	-0.00034	-0.00172	-0.00196	-0.00201	-0.00201	
BETA	X/L =	0.00	0.10	0.20	0.30	0.40	0.50	L 0.60	R 0.60	0.70	0.80	0.90	1.00	BETA

XP/L = 0.60

FUNKTIONEN : F.P;M - F.P;Q - F.P;V - F.P;V'

FUNKTIONEN : F.P;M - F.P;Q - F.P;V - F.P;V'

XP/L = 0.60

BETA	X/L =	0.00	0.10	0.20	0.30	0.40	0.50	L 0.60	R 0.60	0.70	0.80	0.90	1.00	BETA
	M	0.00000	0.00000	0.00003	0.00015	0.00086	0.00496	0.02857	0.02857	0.00496	0.00086	0.00015	0.00000	
17.50	Q	0.00003	0.00008	0.00046	0.00262	0.01510	0.08689	0.50000	-0.50000	-0.08689	-0.01511	-0.00270	-0.00091	17.50
	V	0.00000	0.00013	0.00026	0.00039	0.00052	0.00064	0.00069	0.00069	0.00057	0.00039	0.00020	0.00000	
	V'	0.00131	0.00131	0.00130	0.00130	0.00126	0.00102	-0.00033	-0.00033	-0.00168	-0.00191	-0.00195	-0.00196	
	M	0.00000	0.00000	0.00002	0.00014	0.00081	0.00477	0.02817	0.02817	0.00477	0.00081	0.00013	0.00000	
17.75	Q	0.00002	0.00007	0.00041	0.00243	0.01436	0.08474	0.50000	-0.50000	-0.08474	-0.01437	-0.00250	-0.00083	17.75
	V	0.00000	0.00013	0.00025	0.00038	0.00051	0.00062	0.00067	0.00067	0.00056	0.00038	0.00019	0.00000	
	V'	0.00127	0.00127	0.00127	0.00126	0.00122	0.00100	-0.00032	-0.00032	-0.00164	-0.00186	-0.00190	-0.00190	
	M	0.00000	0.00000	0.00002	0.00013	0.00076	0.00459	0.02778	0.02778	0.00459	0.00076	0.00012	0.00000	
18.00	Q	0.00002	0.00006	0.00037	0.00226	0.01366	0.08265	0.50000	-0.50000	-0.08265	-0.01367	-0.00232	-0.00075	18.00
	V	0.00000	0.00012	0.00025	0.00037	0.00049	0.00060	0.00066	0.00066	0.00054	0.00037	0.00018	0.00000	
	V'	0.00123	0.00123	0.00123	0.00123	0.00119	0.00098	-0.00031	-0.00031	-0.00160	-0.00181	-0.00184	-0.00185	
	M	0.00000	0.00000	0.00002	0.00011	0.00071	0.00442	0.02740	0.02740	0.00442	0.00071	0.00011	0.00000	
18.25	Q	0.00002	0.00006	0.00034	0.00210	0.01300	0.08061	0.50000	-0.50000	-0.08061	-0.01300	-0.00215	-0.00068	18.25
	V	0.00000	0.00012	0.00024	0.00036	0.00048	0.00059	0.00064	0.00064	0.00053	0.00036	0.00018	0.00000	
	V'	0.00120	0.00120	0.00120	0.00119	0.00116	0.00096	-0.00030	-0.00030	-0.00156	-0.00176	-0.00180	-0.00180	
	M	0.00000	0.00000	0.00002	0.00011	0.00067	0.00425	0.02703	0.02703	0.00425	0.00067	0.00010	0.00000	
18.50	Q	0.00002	0.00005	0.00031	0.00194	0.01236	0.07862	0.50000	-0.50000	-0.07862	-0.01237	-0.00199	-0.00061	18.50
	V	0.00000	0.00012	0.00023	0.00035	0.00047	0.00057	0.00062	0.00062	0.00051	0.00035	0.00018	0.00000	
	V'	0.00117	0.00117	0.00117	0.00116	0.00113	0.00094	-0.00029	-0.00029	-0.00152	-0.00172	-0.00175	-0.00175	
	M	0.00000	0.00000	0.00001	0.00010	0.00063	0.00409	0.02667	0.02667	0.00409	0.00063	0.00009	0.00000	
18.75	Q	0.00001	0.00004	0.00028	0.00180	0.01176	0.07668	0.50000	-0.50000	-0.07668	-0.01177	-0.00185	-0.00055	18.75
	V	0.00000	0.00011	0.00023	0.00034	0.00045	0.00056	0.00061	0.00061	0.00050	0.00034	0.00017	0.00000	
	V'	0.00114	0.00114	0.00114	0.00113	0.00110	0.00092	-0.00028	-0.00028	-0.00149	-0.00167	-0.00170	-0.00171	
	M	0.00000	0.00000	0.00001	0.00009	0.00059	0.00394	0.02632	0.02632	0.00394	0.00059	0.00009	0.00000	
19.00	Q	0.00001	0.00004	0.00025	0.00167	0.01119	0.07478	0.50000	-0.50000	-0.07479	-0.01119	-0.00171	-0.00050	19.00
	V	0.00000	0.00011	0.00022	0.00033	0.00044	0.00054	0.00059	0.00059	0.00049	0.00033	0.00017	0.00000	
	V'	0.00111	0.00111	0.00111	0.00110	0.00108	0.00090	-0.00028	-0.00028	-0.00145	-0.00163	-0.00166	-0.00166	
	M	0.00000	0.00000	0.00001	0.00008	0.00055	0.00379	0.02597	0.02597	0.00379	0.00055	0.00008	0.00000	
19.25	Q	0.00001	0.00003	0.00023	0.00155	0.01064	0.07294	0.50000	-0.50000	-0.07294	-0.01064	-0.00159	-0.00045	19.25
	V	0.00000	0.00011	0.00022	0.00032	0.00043	0.00053	0.00058	0.00058	0.00048	0.00032	0.00016	0.00000	
	V'	0.00108	0.00108	0.00108	0.00108	0.00105	0.00088	-0.00027	-0.00027	-0.00142	-0.00159	-0.00161	-0.00162	
	M	0.00000	0.00000	0.00001	0.00007	0.00052	0.00365	0.02564	0.02564	0.00365	0.00052	0.00007	0.00000	
19.50	Q	0.00001	0.00003	0.00020	0.00144	0.01012	0.07114	0.50000	-0.50000	-0.07114	-0.01013	-0.00147	-0.00041	19.50
	V	0.00000	0.00011	0.00021	0.00032	0.00042	0.00052	0.00056	0.00056	0.00046	0.00031	0.00016	0.00000	
	V'	0.00105	0.00105	0.00105	0.00105	0.00103	0.00086	-0.00026	-0.00026	-0.00139	-0.00155	-0.00157	-0.00158	
	M	0.00000	0.00000	0.00001	0.00007	0.00049	0.00351	0.02532	0.02532	0.00351	0.00049	0.00007	0.00000	
19.75	Q	0.00001	0.00003	0.00019	0.00134	0.00963	0.06938	0.50000	-0.50000	-0.06938	-0.00963	-0.00136	-0.00037	19.75
	V	0.00000	0.00010	0.00021	0.00031	0.00041	0.00050	0.00055	0.00055	0.00045	0.00031	0.00015	0.00000	
	V'	0.00103	0.00103	0.00103	0.00102	0.00100	0.00085	-0.00026	-0.00026	-0.00136	-0.00151	-0.00153	-0.00154	
BETA	X/L =	0.00	0.10	0.20	0.30	0.40	0.50	L 0.60	R 0.60	0.70	0.80	0.90	1.00	BETA

XP/L = 0.60

FUNKTIONEN : F.P;M - F.P;Q - F.P;V - F.P;V'

FUNKTIONEN : F.P;M - F.P;Q - F.P;V - F.P;V'

XP/L = 0.60

BETA	X/L =	0.00	0.10	0.20	0.30	0.40	0.50	L 0.60	R 0.60	0.70	0.80	0.90	1.00	BETA
	M	0.00000	0.00000	0.00001	0.00006	0.00046	0.00338	0.02500	0.02500	0.00338	0.00046	0.00006	0.00000	
20.00	Q	0.00001	0.00002	0.00017	0.00124	0.00916	0.06767	0.50000	-0.50000	-0.06767	-0.00916	-0.00126	-0.00034	20.00
	V	0.00000	0.00010	0.00020	0.00030	0.00040	0.00049	0.00054	0.00054	0.00044	0.00030	0.00015	0.00000	
	V'	0.00100	0.00100	0.00100	0.00100	0.00098	0.00083	-0.00025	-0.00025	-0.00133	-0.00148	-0.00150	-0.00150	
	M	0.00000	0.00000	0.00001	0.00006	0.00043	0.00326	0.02469	0.02469	0.00326	0.00043	0.00006	0.00000	
20.25	Q	0.00001	0.00002	0.00015	0.00115	0.00871	0.06600	0.50000	-0.50000	-0.06600	-0.00871	-0.00117	-0.00030	20.25
	V	0.00000	0.00010	0.00020	0.00029	0.00039	0.00048	0.00053	0.00053	0.00043	0.00029	0.00015	0.00000	
	V'	0.00098	0.00098	0.00098	0.00097	0.00095	0.00081	-0.00024	-0.00024	-0.00130	-0.00144	-0.00146	-0.00146	
	M	0.00000	0.00000	0.00001	0.00005	0.00040	0.00314	0.02439	0.02439	0.00314	0.00040	0.00005	0.00000	
20.50	Q	0.00000	0.00002	0.00014	0.00107	0.00829	0.06437	0.50000	-0.50000	-0.06437	-0.00829	-0.00108	-0.00027	20.50
	V	0.00000	0.00010	0.00019	0.00029	0.00038	0.00047	0.00051	0.00051	0.00042	0.00028	0.00014	0.00000	
	V'	0.00095	0.00095	0.00095	0.00095	0.00093	0.00080	-0.00024	-0.00024	-0.00127	-0.00141	-0.00143	-0.00143	
	M	0.00000	0.00000	0.00001	0.00005	0.00038	0.00303	0.02410	0.02410	0.00303	0.00038	0.00005	0.00000	
20.75	Q	0.00000	0.00002	0.00012	0.00099	0.00788	0.06278	0.50000	-0.50000	-0.06278	-0.00788	-0.00101	-0.00025	20.75
	V	0.00000	0.00009	0.00019	0.00028	0.00037	0.00046	0.00050	0.00050	0.00041	0.00028	0.00014	0.00000	
	V'	0.00093	0.00093	0.00093	0.00093	0.00091	0.00078	-0.00023	-0.00023	-0.00125	-0.00138	-0.00139	-0.00139	
	M	0.00000	0.00000	0.00001	0.00004	0.00036	0.00292	0.02381	0.02381	0.00292	0.00036	0.00004	0.00000	
21.00	Q	0.00000	0.00001	0.00011	0.00092	0.00750	0.06123	0.50000	-0.50000	-0.06123	-0.00750	-0.00093	-0.00022	21.00
	V	0.00000	0.00009	0.00018	0.00027	0.00036	0.00045	0.00049	0.00049	0.00040	0.00027	0.00014	0.00000	
	V'	0.00091	0.00091	0.00091	0.00090	0.00089	0.00077	-0.00023	-0.00023	-0.00122	-0.00134	-0.00136	-0.00136	
	M	0.00000	0.00000	0.00000	0.00004	0.00034	0.00281	0.02353	0.02353	0.00281	0.00034	0.00004	0.00000	
21.25	Q	0.00000	0.00001	0.00010	0.00085	0.00713	0.05972	0.50000	-0.50000	-0.05972	-0.00713	-0.00086	-0.00020	21.25
	V	0.00000	0.00009	0.00018	0.00027	0.00035	0.00044	0.00048	0.00048	0.00039	0.00027	0.00013	0.00000	
	V'	0.00089	0.00089	0.00089	0.00088	0.00087	0.00075	-0.00022	-0.00022	-0.00120	-0.00131	-0.00133	-0.00133	
	M	0.00000	0.00000	0.00000	0.00004	0.00032	0.00271	0.02326	0.02326	0.00271	0.00032	0.00004	0.00000	
21.50	Q	0.00000	0.00001	0.00009	0.00079	0.00678	0.05824	0.50000	-0.50000	-0.05824	-0.00679	-0.00080	-0.00018	21.50
	V	0.00000	0.00009	0.00017	0.00026	0.00035	0.00043	0.00047	0.00047	0.00038	0.00026	0.00013	0.00000	
	V'	0.00087	0.00087	0.00087	0.00086	0.00085	0.00074	-0.00022	-0.00022	-0.00117	-0.00128	-0,00130	-0.00130	
	M	0.00000	0.00000	0.00000	0.00003	0.00030	0.00261	0.02299	0.02299	0.00261	0.00030	0.00003	0.00000	
21.75	Q	0.00000	0.00001	0.00008	0.00073	0.00645	0.05680	0.50000	-0.50000	-0.05680	-0.00645	-0.00074	-0.00017	21.75
	V	0.00000	0.00008	0.00017	0.00025	0.00034	0.00042	0.00046	0.00046	0.00037	0.00025	0.00013	0.00000	
	V'	0.00085	0.00085	0.00085	0.00084	0.00083	0.00073	-0.00021	-0.00021	-0.00115	-0.00125	-0.00127	-0.00127	
	M	0.00000	0.00000	0.00000	0.00003	0.00028	0.00252	0.02273	0.02273	0.00252	0.00028	0.00003	0.00000	
22.00	Q	0.00000	0.00001	0.00008	0.00068	0.00614	0.05540	0.50000	-0.50000	-0.05540	-0.00614	-0.00069	-0.00015	22.00
	V	0.00000	0.00008	0.00017	0.00025	0.00033	0.00041	0.00045	0.00045	0.00037	0.00025	0.00012	0.00000	
	V'	0.00083	0.00083	0.00083	0.00083	0.00081	0.00071	-0.00021	-0.00021	-0.00113	-0.00123	-0.00124	-0.00124	
	M	0.00000	0.00000	0.00000	0.00003	0.00026	0.00243	0.02247	0.02247	0.00243	0.00026	0.00003	0.00000	
22.25	Q	0.00000	0.00001	0.00007	0.00063	0.00584	0.05403	0.50000	-0.50000	-0.05403	-0.00584	-0.00064	-0.00014	22.25
	V	0.00000	0.00008	0.00016	0.00024	0.00032	0.00040	0.00044	0.00044	0.00036	0.00024	0.00012	0.00000	
	V'	0.00081	0.00081	0.00081	0.00081	0.00080	0.00070	-0.00020	-0.00020	-0.00110	-0.00120	-0.00121	-0.00121	

BETA | X/L = | 0.00 | 0.10 | 0.20 | 0.30 | 0.40 | 0.50 | L 0.60 | R 0.60 | 0.70 | 0.80 | 0.90 | 1.00 | BETA

XP/L = 0.60

FUNKTIONEN : F.P;M - F.P;Q - F.P;V - F.P;V'

Z U G S T A E B E -441-

FUNKTIONEN : F.P;M - F.P;Q - F.P;V - F.P;V'

XP/L = 0.60

BETA	X/L =	0.00	0.10	0.20	0.30	0.40	0.50	L 0.60	R 0.60	0.70	0.80	0.90	1.00	BETA
	M	0.00000	0.00000	0.00000	0.00003	0.00025	0.00234	0.02222	0.02222	0.00234	0.00025	0.00003	0.00000	
22.50	Q	0.00000	0.00001	0.00006	0.00059	0.00555	0.05270	0.50000	-0.50000	-0.05270	-0.00556	-0.00059	-0.00012	22.50
	V	0.00000	0.00008	0.00016	0.00024	0.00032	0.00039	0.00043	0.00043	0.00035	0.00024	0.00012	0.00000	
	V'	0.00079	0.00079	0.00079	0.00079	0.00078	0.00069	-0.00020	-0.00020	-0.00108	-0.00117	-0.00118	-0.00118	
	M	0.00000	0.00000	0.00000	0.00002	0.00023	0.00226	0.02198	0.02198	0.00226	0.00023	0.00002	0.00000	
22.75	Q	0.00000	0.00001	0.00006	0.00054	0.00528	0.05140	0.50000	-0.50000	-0.05140	-0.00528	-0.00055	-0.00011	22.75
	V	0.00000	0.00008	0.00015	0.00023	0.00031	0.00038	0.00042	0.00042	0.00034	0.00023	0.00012	0.00000	
	V'	0.00077	0.00077	0.00077	0.00077	0.00076	0.00067	-0.00019	-0.00019	-0.00106	-0.00115	-0.00116	-0.00116	
	M	0.00000	0.00000	0.00000	0.00002	0.00022	0.00218	0.02174	0.02174	0.00218	0.00022	0.00002	0.00000	
23.00	Q	0.00000	0.00001	0.00005	0.00050	0.00503	0.05013	0.50000	-0.50000	-0.05013	-0.00503	-0.00051	-0.00010	23.00
	V	0.00000	0.00008	0.00015	0.00023	0.00030	0.00037	0.00041	0.00041	0.00034	0.00023	0.00011	0.00000	
	V'	0.00076	0.00076	0.00076	0.00076	0.00075	0.00066	-0.00019	-0.00019	-0.00104	-0.00112	-0.00113	-0.00113	
	M	0.00000	0.00000	0.00000	0.00002	0.00021	0.00210	0.02151	0.02151	0.00210	0.00021	0.00002	0.00000	
23.25	Q	0.00000	0.00000	0.00005	0.00047	0.00478	0.04889	0.50000	-0.50000	-0.04889	-0.00478	-0.00047	-0.00009	23.25
	V	0.00000	0.00007	0.00015	0.00022	0.00030	0.00037	0.00040	0.00040	0.00033	0.00022	0.00011	0.00000	
	V'	0.00074	0.00074	0.00074	0.00074	0.00073	0.00065	-0.00018	-0.00018	-0.00102	-0.00110	-0.00111	-0.00111	
	M	0.00000	0.00000	0.00000	0.00002	0.00019	0.00203	0.02128	0.02128	0.00203	0.00019	0.00002	0.00000	
23.50	Q	0.00000	0.00000	0.00004	0.00043	0.00455	0.04768	0.50000	-0.50000	-0.04768	-0.00455	-0.00044	-0.00008	23.50
	V	0.00000	0.00007	0.00014	0.00022	0.00029	0.00036	0.00040	0.00040	0.00032	0.00022	0.00011	0.00000	
	V'	0.00072	0.00072	0.00072	0.00072	0.00072	0.00064	-0.00018	-0.00018	-0.00100	-0.00108	-0.00109	-0.00109	
	M	0.00000	0.00000	0.00000	0.00002	0.00018	0.00196	0.02105	0.02105	0.00196	0.00018	0.00002	0.00000	
23.75	Q	0.00000	0.00000	0.00004	0.00040	0.00433	0.04651	0.50000	-0.50000	-0.04651	-0.00433	-0.00041	-0.00007	23.75
	V	0.00000	0.00007	0.00014	0.00021	0.00028	0.00035	0.00039	0.00039	0.00032	0.00021	0.00011	0.00000	
	V'	0.00071	0.00071	0.00071	0.00071	0.00070	0.00063	-0.00018	-0.00018	-0.00098	-0.00106	-0.00106	-0.00106	
	M	0.00000	0.00000	0.00000	0.00002	0.00017	0.00189	0.02083	0.02083	0.00189	0.00017	0.00002	0.00000	
24.00	Q	0.00000	0.00000	0.00003	0.00037	0.00411	0.04536	0.50000	-0.50000	-0.04536	-0.00412	-0.00038	-0.00007	24.00
	V	0.00000	0.00007	0.00014	0.00021	0.00028	0.00034	0.00038	0.00038	0.00031	0.00021	0.00010	0.00000	
	V'	0.00069	0.00069	0.00069	0.00069	0.00069	0.00062	-0.00017	-0.00017	-0.00096	-0.00103	-0.00104	-0.00104	
	M	0.00000	0.00000	0.00000	0.00001	0.00016	0.00182	0.02062	0.02062	0.00182	0.00016	0.00001	0.00000	
24.25	Q	0.00000	0.00000	0.00003	0.00035	0.00391	0.04424	0.50000	-0.50000	-0.04424	-0.00391	-0.00035	-0.00006	24.25
	V	0.00000	0.00007	0.00014	0.00020	0.00027	0.00034	0.00037	0.00037	0.00030	0.00020	0.00010	0.00000	
	V'	0.00068	0.00068	0.00068	0.00068	0.00067	0.00060	-0.00017	-0.00017	-0.00095	-0.00101	-0.00102	-0.00102	
	M	0.00000	0.00000	0.00000	0.00001	0.00015	0.00176	0.02041	0.02041	0.00176	0.00015	0.00001	0.00000	
24.50	Q	0.00000	0.00000	0.00003	0.00032	0.00372	0.04315	0.50000	-0.50000	-0.04315	-0.00372	-0.00032	-0.00006	24.50
	V	0.00000	0.00007	0.00013	0.00020	0.00027	0.00033	0.00037	0.00037	0.00030	0.00020	0.00010	0.00000	
	V'	0.00067	0.00067	0.00067	0.00067	0.00066	0.00059	-0.00017	-0.00017	-0.00093	-0.00099	-0.00100	-0.00100	
	M	0.00000	0.00000	0.00000	0.00001	0.00014	0.00170	0.02020	0.02020	0.00170	0.00014	0.00001	0.00000	
24.75	Q	0.00000	0.00000	0.00003	0.00030	0.00354	0.04208	0.50000	-0.50000	-0.04208	-0.00354	-0.00030	-0.00005	24.75
	V	0.00000	0.00007	0.00013	0.00020	0.00026	0.00032	0.00036	0.00036	0.00029	0.00020	0.00010	0.00000	
	V'	0.00065	0.00065	0.00065	0.00065	0.00065	0.00058	-0.00016	-0.00016	-0.00091	-0.00097	-0.00098	-0.00098	
BETA	X/L =	0.00	0.10	0.20	0.30	0.40	0.50	L 0.60	R 0.60	0.70	0.80	0.90	1.00	BETA

XP/L = 0.60

FUNKTIONEN : F.P;M - F.P;Q - F.P;V - F.P;V'

FUNKTIONEN : F.P;M - F.P;Q - F.P;V - F.P;V'

XP/L = 0.60

BETA	X/L =	0.00	0.10	0.20	0.30	0.40	0.50	L 0.60	R 0.60	0.70	0.80	0.90	1.00	BETA
	M	0.00000	0.00000	0.00000	0.00001	0.00013	0.00164	0.02000	0.02000	0.00164	0.00013	0.00001	0.00000	
25.00	Q	0.00000	0.00000	0.00002	0.00028	0.00337	0.04104	0.50000	-0.50000	-0.04104	-0.00337	-0.00028	-0.00005	25.00
	V	0.00000	0.00006	0.00013	0.00019	0.00026	0.00032	0.00035	0.00035	0.00029	0.00019	0.00010	0.00000	
	V'	0.00064	0.00064	0.00064	0.00064	0.00063	0.00057	-0.00016	-0.00016	-0.00089	-0.00095	-0.00096	-0.00096	
	M	0.00000	0.00000	0.00000	0.00001	0.00010	0.00138	0.01905	0.01905	0.00138	0.00010	0.00001	0.00000	
26.25	Q	0.00000	0.00000	0.00001	0.00019	0.00262	0.03622	0.50000	-0.50000	-0.03622	-0.00262	-0.00019	-0.00003	26.25
	V	0.00000	0.00006	0.00012	0.00017	0.00023	0.00029	0.00032	0.00032	0.00026	0.00017	0.00009	0.00000	
	V'	0.00058	0.00058	0.00058	0.00058	0.00058	0.00053	-0.00015	-0.00015	-0.00082	-0.00087	-0.00087	-0.00087	
	M	0.00000	0.00000	0.00000	0.00000	0.00007	0.00116	0.01818	0.01818	0.00116	0.00007	0.00000	0.00000	
27.50	Q	0.00000	0.00000	0.00001	0.00013	0.00204	0.03196	0.50000	-0.50000	-0.03196	-0.00204	-0.00013	-0.00002	27.50
	V	0.00000	0.00005	0.00011	0.00016	0.00021	0.00026	0.00029	0.00029	0.00024	0.00016	0.00008	0.00000	
	V'	0.00053	0.00053	0.00053	0.00053	0.00053	0.00049	-0.00013	-0.00013	-0.00075	-0.00079	-0.00079	-0.00079	
	M	0.00000	0.00000	0.00000	0.00000	0.00006	0.00098	0.01739	0.01739	0.00098	0.00006	0.00000	0.00000	
28.75	Q	0.00000	0.00000	0.00001	0.00009	0.00159	0.02821	0.50000	-0.50000	-0.02821	-0.00159	-0.00009	-0.00001	28.75
	V	0.00000	0.00005	0.00010	0.00015	0.00019	0.00024	0.00027	0.00027	0.00022	0.00015	0.00007	0.00000	
	V'	0.00048	0.00048	0.00048	0.00048	0.00048	0.00045	-0.00012	-0.00012	-0.00069	-0.00072	-0.00073	-0.00073	
	M	0.00000	0.00000	0.00000	0.00000	0.00004	0.00083	0.01667	0.01667	0.00083	0.00004	0.00000	0.00000	
30.00	Q	0.00000	0.00000	0.00000	0.00006	0.00124	0.02489	0.50000	-0.50000	-0.02489	-0.00124	-0.00006	-0.00001	30.00
	V	0.00000	0.00004	0.00009	0.00013	0.00018	0.00022	0.00025	0.00025	0.00020	0.00013	0.00007	0.00000	
	V'	0.00044	0.00044	0.00044	0.00044	0.00044	0.00042	-0.00011	-0.00011	-0.00064	-0.00067	-0.00067	-0.00067	
	M	0.00000	0.00000	0.00000	0.00000	0.00003	0.00070	0.01600	0.01600	0.00070	0.00003	0.00000	0.00000	
31.25	Q	0.00000	0.00000	0.00000	0.00004	0.00097	0.02197	0.50000	-0.50000	-0.02197	-0.00097	-0.00004	-0.00000	31.25
	V	0.00000	0.00004	0.00008	0.00012	0.00016	0.00020	0.00023	0.00023	0.00018	0.00012	0.00006	0.00000	
	V'	0.00041	0.00041	0.00041	0.00041	0.00041	0.00039	-0.00010	-0.00010	-0.00059	-0.00061	-0.00061	-0.00061	
	M	0.00000	0.00000	0.00000	0.00000	0.00002	0.00060	0.01538	0.01538	0.00060	0.00002	0.00000	0.00000	
32.50	Q	0.00000	0.00000	0.00000	0.00003	0.00075	0.01939	0.50000	-0.50000	-0.01939	-0.00075	-0.00003	-0.00000	32.50
	V	0.00000	0.00004	0.00008	0.00011	0.00015	0.00019	0.00021	0.00021	0.00017	0.00011	0.00006	0.00000	
	V'	0.00038	0.00038	0.00038	0.00038	0.00038	0.00036	-0.00009	-0.00009	-0.00055	-0.00057	-0.00057	-0.00057	
	M	0.00000	0.00000	0.00000	0.00000	0.00002	0.00051	0.01481	0.01481	0.00051	0.00002	0.00000	0.00000	
33.75	Q	0.00000	0.00000	0.00000	0.00002	0.00059	0.01711	0.50000	-0.50000	-0.01711	-0.00059	-0.00002	-0.00000	33.75
	V	0.00000	0.00004	0.00007	0.00011	0.00014	0.00018	0.00020	0.00020	0.00016	0.00011	0.00005	0.00000	
	V'	0.00035	0.00035	0.00035	0.00035	0.00035	0.00034	-0.00009	-0.00009	-0.00051	-0.00053	-0.00053	-0.00053	
	M	0.00000	0.00000	0.00000	0.00000	0.00001	0.00043	0.01429	0.01429	0.00043	0.00001	0.00000	0.00000	
35.00	Q	0.00000	0.00000	0.00000	0.00001	0.00046	0.01510	0.50000	-0.50000	-0.01510	-0.00046	-0.00001	-0.00000	35.00
	V	0.00000	0.00003	0.00007	0.00010	0.00013	0.00016	0.00018	0.00018	0.00015	0.00010	0.00005	0.00000	
	V'	0.00033	0.00033	0.00033	0.00033	0.00033	0.00031	-0.00008	-0.00008	-0.00048	-0.00049	-0.00049	-0.00049	
	M	0.00000	0.00000	0.00000	0.00000	0.00001	0.00037	0.01379	0.01379	0.00037	0.00001	0.00000	0.00000	
36.25	Q	0.00000	0.00000	0.00000	0.00001	0.00036	0.01332	0.50000	-0.50000	-0.01332	-0.00036	-0.00001	-0.00000	36.25
	V	0.00000	0.00003	0.00006	0.00009	0.00012	0.00015	0.00017	0.00017	0.00014	0.00009	0.00005	0.00000	
	V'	0.00030	0.00030	0.00030	0.00030	0.00030	0.00029	-0.00008	-0.00008	-0.00045	-0.00046	-0.00046	-0.00046	
BETA	X/L =	0.00	0.10	0.20	0.30	0.40	0.50	L 0.60	R 0.60	0.70	0.80	0.90	1.00	BETA

XP/L = 0.60

FUNKTIONEN : F.P;M - F.P;Q - F.P;V - F.P;V'

FUNKTIONEN : F.PiM - F.PiQ - F.PiV - F.PiV'

XP/L = 0.60

BETA	X/L =	0.00	0.10	0.20	0.30	0.40	0.50	L 0.60	R 0.60	0.70	0.80	0.90	1.00	BETA
37.50	M	0.00000	0.00000	0.00000	0.00000	0.00001	0.00031	0.01333	0.01333	0.00031	0.00001	0.00000	0.00000	37.50
	Q	0.00000	0.00000	0.00000	0.00001	0.00028	0.01176	0.50000	-0.50000	-0.01176	-0.00028	-0.00001	-0.00000	
	V	0.00000	0.00003	0.00006	0.00009	0.00011	0.00014	0.00016	0.00016	0.00013	0.00009	0.00004	0.00000	
	V'	0.00028	0.00028	0.00028	0.00028	0.00028	0.00028	-0.00007	-0.00007	-0.00042	-0.00043	-0.00043	-0.00043	
38.75	M	0.00000	0.00000	0.00000	0.00000	0.00001	0.00027	0.01290	0.01290	0.00027	0.00001	0.00000	0.00000	38.75
	Q	0.00000	0.00000	0.00000	0.00000	0.00022	0.01038	0.50000	-0.50000	-0.01038	-0.00022	-0.00000	-0.00000	
	V	0.00000	0.00003	0.00005	0.00008	0.00011	0.00013	0.00015	0.00015	0.00012	0.00008	0.00004	0.00000	
	V'	0.00027	0.00027	0.00027	0.00027	0.00027	0.00026	-0.00007	-0.00007	-0.00039	-0.00040	-0.00040	-0.00040	
40.00	M	0.00000	0.00000	0.00000	0.00000	0.00000	0.00023	0.01250	0.01250	0.00023	0.00000	0.00000	0.00000	40.00
	Q	0.00000	0.00000	0.00000	0.00000	0.00017	0.00916	0.50000	-0.50000	-0.00916	-0.00017	-0.00000	-0.00000	
	V	0.00000	0.00002	0.00005	0.00007	0.00010	0.00012	0.00014	0.00014	0.00011	0.00007	0.00004	0.00000	
	V'	0.00025	0.00025	0.00025	0.00025	0.00025	0.00024	-0.00006	-0.00006	-0.00037	-0.00037	-0.00037	-0.00037	
41.25	M	0.00000	0.00000	0.00000	0.00000	0.00000	0.00020	0.01212	0.01212	0.00020	0.00000	0.00000	0.00000	41.25
	Q	0.00000	0.00000	0.0000	0.00000	0.00013	0.00808	0.50000	-0.50000	-0.00808	-0.00013	-0.0000	-0.00000	
	V	0.00000	0.00002	0.00005	0.00007	0.00009	0.00012	0.00013	0.00013	0.00011	0.00007	0.00004	0.00000	
	V'	0.00024	0.00024	0.00024	0.00024	0.00024	0.00023	-0.00006	-0.00006	-0.00035	-0.00035	-0.00035	-0.00035	
42.50	M	0.00000	0.00000	0.00000	0.00000	0.00000	0.00017	0.01176	0.01176	0.00017	0.00000	0.00000	0.00000	42.50
	Q	0.00000	0.00000	0.00000	0.00000	0.00010	0.00713	0.50000	-0.50000	-0.00713	-0.00010	-0.00000	-0.00000	
	V	0.00000	0.00002	0.00004	0.00007	0.00009	0.00011	0.00013	0.00013	0.00010	0.00007	0.00003	0.00000	
	V'	0.00022	0.00022	0.00022	0.00022	0.00022	0.00022	-0.00006	-0.00006	-0.00033	-0.00033	-0.00033	-0.00033	
43.75	M	0.00000	0.00000	0.00000	0.00000	0.00000	0.00014	0.01143	0.01143	0.00014	0.00000	0.00000	0.00000	43.75
	Q	0.00000	0.00000	0.00000	0.00000	0.00008	0.00629	0.50000	-0.50000	-0.00629	-0.00008	-0.00000	-0.00000	
	V	0.00000	0.00002	0.00004	0.00006	0.00008	0.00010	0.00012	0.00012	0.00009	0.00006	0.00003	0.00000	
	V'	0.00021	0.00021	0.00021	0.00021	0.00021	0.00021	-0.00005	-0.00005	-0.00031	-0.00031	-0.00031	-0.00031	
45.00	M	0.00000	0.00000	0.00000	0.00000	0.00000	0.00012	0.01111	0.01111	0.00012	0.00000	0.00000	0.00000	45.00
	Q	0.00000	0.00000	0.00000	0.00000	0.00006	0.00555	0.50000	-0.50000	-0.00555	-0.00006	-0.00000	-0.00000	
	V	0.00000	0.00002	0.00004	0.00006	0.00008	0.00010	0.00011	0.00011	0.00009	0.00006	0.00003	0.00000	
	V'	0.00020	0.00020	0.00020	0.00020	0.00020	0.00019	-0.00005	-0.00005	-0.00029	-0.00030	-0.00030	-0.00030	
46.25	M	0.00000	0.00000	0.00000	0.00000	0.00000	0.00011	0.01081	0.01081	0.00011	0.00000	0.00000	0.00000	46.25
	Q	0.00000	0.00000	0.00000	0.00000	0.00005	0.00490	0.50000	-0.50000	-0.00490	-0.00005	-0.00000	-0.00000	
	V	0.00000	0.00002	0.00004	0.00006	0.00007	0.00009	0.00011	0.00011	0.00008	0.00006	0.00003	0.00000	
	V'	0.00019	0.00019	0.00019	0.00019	0.00019	0.00018	-0.00005	-0.00005	-0.00028	-0.00028	-0.00028	-0.00028	
47.50	M	0.00000	0.00000	0.00000	0.00000	0.00000	0.00009	0.01053	0.01053	0.00009	0.00000	0.00000	0.00000	47.50
	Q	0.00000	0.00000	0.00000	0.00000	0.00004	0.00433	0.50000	-0.50000	-0.00433	-0.00004	-0.00000	-0.00000	
	V	0.00000	0.00002	0.00004	0.00005	0.00007	0.00009	0.00010	0.00010	0.00008	0.00005	0.00003	0.00000	
	V'	0.00018	0.00018	0.00018	0.00018	0.00018	0.00018	-0.00004	-0.00004	-0.00026	-0.00027	-0.00027	-0.00027	
48.75	M	0.00000	0.00000	0.00000	0.00000	0.00000	0.00008	0.01026	0.01026	0.00008	0.00000	0.00000	0.00000	48.75
	Q	0.00000	0.00000	0.00000	0.00000	0.00003	0.00382	0.50000	-0.50000	-0.00382	-0.00003	-0.00000	-0.00000	
	V	0.00000	0.00002	0.00003	0.00005	0.00007	0.00008	0.00010	0.00010	0.00008	0.00005	0.00003	0.00000	
	V'	0.00017	0.00017	0.00017	0.00017	0.00017	0.00017	-0.00004	-0.00004	-0.00025	-0.00025	-0.00025	-0.00025	
BETA	X/L =	0.00	0.10	0.20	0.30	0.40	0.50	L 0.60	R 0.60	0.70	0.80	0.90	1.00	BETA

XP/L = 0.60

FUNKTIONEN : F.PiM - F.PiQ - F.PiV - F.PiV'

FUNKTIONEN : F.P;M - F.P;Q - F.P;V - F.P;V'

XP/L = 0.70

BETA	X/L =	0.00	0.10	0.20	0.30	0.40	0.50	0.60	L 0.70	R 0.70	0.80	0.90	1.00	BETA
	M	0.00000	0.03000	0.06000	0.09000	0.12000	0.15000	0.18000	0.21000	0.21000	0.14000	0.07000	0.00000	
0.00	Q	0.30000	0.30000	0.30000	0.30000	0.30000	0.30000	0.30000	0.30000	-0.70000	-0.70000	-0.70000	-0.70000	0.00
	V	0.00000	0.00450	0.00870	0.01230	0.01500	0.01650	0.01650	0.01470	0.01470	0.01097	0.00583	0.00000	
	V'	0.04550	0.04400	0.03950	0.03200	0.02150	0.00800	-0.00850	-0.02800	-0.02800	-0.04550	-0.05600	-0.05950	
	M	0.00000	0.02972	0.05946	0.08924	0.11907	0.14898	0.17898	0.20909	0.20909	0.13932	0.06964	0.00000	
0.25	Q	0.29718	0.29727	0.29755	0.29801	0.29866	0.29950	0.30053	0.30174	-0.69826	-0.69717	-0.69652	-0.69630	0.25
	V	0.00000	0.00447	0.00864	0.01222	0.01490	0.01640	0.01640	0.01461	0.01461	0.01090	0.00580	0.00000	
	V'	0.04518	0.04370	0.03924	0.03180	0.02139	0.00799	-0.00841	-0.02781	-0.02781	-0.04523	-0.05568	-0.05916	
	M	0.00000	0.02891	0.05788	0.08701	0.11635	0.14598	0.17597	0.20641	0.20641	0.13732	0.06857	0.00000	
0.50	Q	0.28894	0.28930	0.29038	0.29219	0.29473	0.29801	0.30204	0.30681	-0.69319	-0.68889	-0.68632	-0.68546	0.50
	V	0.00000	0.00438	0.00847	0.01198	0.01461	0.01609	0.01611	0.01436	0.01436	0.01072	0.00570	0.00000	
	V'	0.04426	0.04281	0.03847	0.03123	0.02106	0.00795	-0.00814	-0.02726	-0.02726	-0.04444	-0.05473	-0.05816	
	M	0.00000	0.02762	0.05539	0.08348	0.11204	0.14122	0.17120	0.20215	0.20215	0.13414	0.06688	0.00000	
0.75	Q	0.27593	0.27671	0.27904	0.28295	0.28844	0.29556	0.30434	0.31484	-0.68516	-0.67571	-0.67006	-0.66818	0.75
	V	0.00000	0.00423	0.00819	0.01159	0.01416	0.01560	0.01564	0.01396	0.01396	0.01042	0.00555	0.00000	
	V'	0.04279	0.04141	0.03726	0.03032	0.02055	0.00789	-0.00772	-0.02638	-0.02638	-0.04319	-0.05323	-0.05658	
	M	0.00000	0.02596	0.05217	0.07891	0.10643	0.13503	0.16497	0.19657	0.19657	0.12996	0.06466	0.00000	
1.00	Q	0.25912	0.26042	0.26432	0.27087	0.28013	0.29219	0.30718	0.32524	-0.67476	-0.65845	-0.64872	-0.64549	1.00
	V	0.00000	0.00404	0.00783	0.01109	0.01357	0.01497	0.01503	0.01343	0.01343	0.01004	0.00534	0.00000	
	V'	0.04088	0.03958	0.03568	0.02913	0.01987	0.00781	-0.00718	-0.02524	-0.02524	-0.04155	-0.05128	-0.05451	
	M	0.00000	0.02402	0.04842	0.07358	0.09989	0.12776	0.15763	0.18997	0.18997	0.12502	0.06202	0.00000	
1.25	Q	0.23962	0.24149	0.24715	0.25667	0.27020	0.28796	0.31023	0.33735	-0.66265	-0.63807	-0.62348	-0.61864	1.25
	V	0.00000	0.00382	0.00741	0.01051	0.01287	0.01423	0.01431	0.01282	0.01282	0.00959	0.00510	0.00000	
	V'	0.03864	0.03744	0.03383	0.02773	0.01907	0.00770	-0.00655	-0.02391	-0.02391	-0.03963	-0.04898	-0.05207	
	M	0.00000	0.02194	0.04437	0.06780	0.09276	0.11981	0.14956	0.18268	0.18268	0.11955	0.05911	0.00000	
1.50	Q	0.21854	0.22101	0.22845	0.24105	0.25908	0.28295	0.31319	0.35050	-0.64950	-0.61556	-0.59550	-0.58886	1.50
	V	0.00000	0.00358	0.00695	0.00987	0.01211	0.01342	0.01353	0.01214	0.01214	0.00909	0.00484	0.00000	
	V'	0.03620	0.03511	0.03180	0.02620	0.01819	0.00758	-0.00586	-0.02244	-0.02244	-0.03753	-0.04644	-0.04939	
	M	0.00000	0.01979	0.04019	0.06182	0.08535	0.11151	0.14108	0.17499	0.17499	0.11376	0.05602	0.00000	
1.75	Q	0.19691	0.19993	0.20909	0.22467	0.24715	0.27722	0.31580	0.36407	-0.63593	-0.59182	-0.56589	-0.55734	1.75
	V	0.00000	0.00333	0.00647	0.00920	0.01131	0.01257	0.01271	0.01143	0.01143	0.00857	0.00457	0.00000	
	V'	0.03366	0.03268	0.02968	0.02460	0.01726	0.00744	-0.00516	-0.02092	-0.02092	-0.03532	-0.04379	-0.04658	
	M	0.00000	0.01767	0.03605	0.05588	0.07795	0.10315	0.13248	0.16714	0.16714	0.10783	0.05286	0.00000	
2.00	Q	0.17554	0.17906	0.18977	0.20809	0.23477	0.27087	0.31784	0.37757	-0.62243	-0.56762	-0.53559	-0.52506	2.00
	V	0.00000	0.00308	0.00599	0.00853	0.01051	0.01171	0.01188	0.01072	0.01072	0.00804	0.00429	0.00000	
	V'	0.03112	0.03023	0.02756	0.02298	0.01631	0.00728	-0.00446	-0.01939	-0.01939	-0.03309	-0.04110	-0.04374	
	M	0.00000	0.01564	0.03207	0.05013	0.07075	0.09495	0.12399	0.15933	0.15933	0.10192	0.04970	0.00000	
2.25	Q	0.15507	0.15901	0.17103	0.19175	0.22222	0.26399	0.31918	0.39059	-0.60941	-0.54356	-0.50534	-0.49281	2.25
	V	0.00000	0.00284	0.00552	0.00787	0.00973	0.01087	0.01106	0.01001	0.01001	0.00752	0.00401	0.00000	
	V'	0.02863	0.02785	0.02548	0.02138	0.01536	0.00711	-0.00379	-0.01789	-0.01789	-0.03090	-0.03845	-0.04093	
BETA	X/L =	0.00	0.10	0.20	0.30	0.40	0.50	0.60	L 0.70	R 0.70	0.80	0.90	1.00	BETA

XP/L = 0.70

FUNKTIONEN : F.P;M - F.P;Q - F.P;V - F.P;V'

FUNKTIONEN : F.P;M - F.P;Q - F.P;V - F.P;V'

XP/L = 0.70

BETA	X/L =	0.00	0.10	0.20	0.30	0.40	0.50	0.60	L 0.70	R 0.70	0.80	0.90	1.00	BETA
	M	0.00000	0.01373	0.02833	0.04471	0.06389	0.08709	0.11576	0.15170	0.15170	0.09613	0.04660	0.00000	
2.50	Q	0.13592	0.14019	0.15326	0.17597	0.20973	0.25667	0.31973	0.40288	-0.59712	-0.52007	-0.47570	-0.46121	2.50
	V	0.00000	0.00260	0.00507	0.00725	0.00898	0.01007	0.01028	0.00933	0.00933	0.00702	0.00374	0.00000	
	V'	0.02625	0.02557	0.02348	0.01985	0.01444	0.00693	-0.00316	-0.01646	-0.01646	-0.02879	-0.03589	-0.03821	
	M	0.00000	0.01198	0.02488	0.03967	0.05748	0.07966	0.10791	0.14436	0.14436	0.09054	0.04361	0.00000	
2.75	Q	0.11834	0.12285	0.13670	0.16095	0.19746	0.24899	0.31947	0.41426	-0.58574	-0.49747	-0.44706	-0.43067	2.75
	V	0.00000	0.00238	0.00464	0.00666	0.00827	0.00930	0.00953	0.00868	0.00868	0.00654	0.00349	0.00000	
	V'	0.02402	0.02343	0.02159	0.01839	0.01356	0.00675	-0.00257	-0.01511	-0.01511	-0.02678	-0.03345	-0.03561	
	M	0.00000	0.01040	0.02175	0.03506	0.05156	0.07273	0.10049	0.13737	0.13737	0.08520	0.04075	0.00000	
3.00	Q	0.10247	0.10711	0.12147	0.14685	0.18554	0.24105	0.31842	0.42466	-0.57534	-0.47593	-0.41967	-0.40147	3.00
	V	0.00000	0.00218	0.00425	0.00610	0.00760	0.00859	0.00883	0.00807	0.00807	0.00609	0.00325	0.00000	
	V'	0.02195	0.02143	0.01984	0.01702	0.01272	0.00655	-0.00205	-0.01385	-0.01385	-0.02490	-0.03115	-0.03317	
	M	0.00000	0.00899	0.01893	0.03089	0.04615	0.06632	0.09355	0.13076	0.13076	0.08013	0.03804	0.00000	
3.25	Q	0.08830	0.09301	0.10762	0.13371	0.17404	0.23292	0.31661	0.43405	-0.56595	-0.45555	-0.39368	-0.37377	3.25
	V	0.00000	0.00199	0.00389	0.00560	0.00699	0.00792	0.00818	0.00750	0.00750	0.00567	0.00303	0.00000	
	V'	0.02004	0.01960	0.01821	0.01574	0.01193	0.00635	-0.00157	-0.01269	-0.01269	-0.02314	-0.02900	-0.03089	
	M	0.00000	0.00774	0.01643	0.02715	0.04124	0.06043	0.08710	0.12454	0.12454	0.07535	0.03548	0.00000	
3.50	Q	0.07580	0.08049	0.09514	0.12156	0.16303	0.22467	0.31412	0.44244	-0.55756	-0.43636	-0.36916	-0.34765	3.50
	V	0.00000	0.00182	0.00356	0.00513	0.00643	0.00731	0.00758	0.00698	0.00698	0.00528	0.00282	0.00000	
	V'	0.01830	0.01792	0.01672	0.01457	0.01118	0.00615	-0.00115	-0.01163	-0.01163	-0.02152	-0.02701	-0.02876	
	M	0.00000	0.00664	0.01422	0.02382	0.03682	0.05505	0.08111	0.11872	0.11872	0.07086	0.03308	0.00000	
3.75	Q	0.06484	0.06945	0.08395	0.11039	0.15253	0.21638	0.31101	0.44990	-0.55010	-0.41835	-0.34611	-0.32313	3.75
	V	0.00000	0.00166	0.00326	0.00471	0.00592	0.00675	0.00703	0.00649	0.00649	0.00492	0.00263	0.00000	
	V'	0.01672	0.01639	0.01536	0.01348	0.01049	0.00595	-0.00078	-0.01066	-0.01066	-0.02003	-0.02517	-0.02680	
	M	0.00000	0.00568	0.01228	0.02087	0.03285	0.05015	0.07559	0.11328	0.11328	0.06665	0.03083	0.00000	
4.00	Q	0.05531	0.05980	0.07398	0.10015	0.14256	0.20809	0.30737	0.45648	-0.54352	-0.40147	-0.32452	-0.30018	4.00
	V	0.00000	0.00152	0.00298	0.00432	0.00545	0.00624	0.00653	0.00605	0.00605	0.00458	0.00245	0.00000	
	V'	0.01529	0.01501	0.01413	0.01249	0.00984	0.00574	-0.00046	-0.00978	-0.00978	-0.01866	-0.02347	-0.02499	
	M	0.00000	0.00485	0.01059	0.01827	0.02930	0.04571	0.07049	0.10820	0.10820	0.06271	0.02872	0.00000	
4.25	Q	0.04707	0.05139	0.06512	0.09080	0.13313	0.19987	0.30326	0.46225	-0.53775	-0.38567	-0.30432	-0.27876	4.25
	V	0.00000	0.00139	0.00274	0.00397	0.00502	0.00577	0.00606	0.00564	0.00564	0.00428	0.00229	0.00000	
	V'	0.01400	0.01376	0.01300	0.01158	0.00924	0.00554	-0.00018	-0.00898	-0.00898	-0.01740	-0.02191	-0.02332	
	M	0.00000	0.00413	0.00912	0.01598	0.02614	0.04168	0.06580	0.10347	0.10347	0.05904	0.02676	0.00000	
4.50	Q	0.03998	0.04409	0.05729	0.08229	0.12423	0.19175	0.29877	0.46731	-0.53269	-0.37088	-0.28544	-0.25880	4.50
	V	0.00000	0.00128	0.00251	0.00366	0.00464	0.00535	0.00564	0.00526	0.00526	0.00400	0.00214	0.00000	
	V'	0.01284	0.01264	0.01199	0.01075	0.00868	0.00535	0.00006	-0.00826	-0.00826	-0.01625	-0.02047	-0.02179	
	M	0.00000	0.00352	0.00785	0.01398	0.02332	0.03803	0.06147	0.09905	0.09905	0.05560	0.02494	0.00000	
4.75	Q	0.03389	0.03779	0.05037	0.07454	0.11584	0.18378	0.29396	0.47172	-0.52828	-0.35701	-0.26783	-0.24022	4.75
	V	0.00000	0.00117	0.00231	0.00337	0.00428	0.00496	0.00525	0.00492	0.00492	0.00374	0.00200	0.00000	
	V'	0.01179	0.01162	0.01106	0.00999	0.00816	0.00515	0.00027	-0.00761	-0.00761	-0.01520	-0.01915	-0.02038	
BETA	X/L =	0.00	0.10	0.20	0.30	0.40	0.50	0.60	L 0.70	R 0.70	0.80	0.90	1.00	BETA

XP/L = 0.70

FUNKTIONEN : F.P;M - F.P;Q - F.P;V - F.P;V'

FUNKTIONEN : F.P;M - F.P;Q - F.P;V - F.P;V'

XP/L = 0.70

BETA	X/L =	0.00	0.10	0.20	0.30	0.40	0.50	0.60	L 0.70	R 0.70	0.80	0.90	1.00	BETA
	M	0.00000	0.00299	0.00674	0.01222	0.02081	0.03472	0.05749	0.09494	0.09494	0.05240	0.02323	0.00000	
5.00	Q	0.02870	0.03236	0.04428	0.06750	0.10796	0.17597	0.28889	0.47556	-0.52444	-0.34401	-0.25139	-0.22294	5.00
	V	0.00000	0.00108	0.00213	0.00311	0.00397	0.00461	0.00490	0.00460	0.00460	0.00350	0.00187	0.00000	
	V'	0.01085	0.01071	0.01023	0.00930	0.00768	0.00496	0.00044	-0.00702	-0.00702	-0.01424	-0.01794	-0.01908	
	M	0.00000	0.00254	0.00579	0.01068	0.01859	0.03173	0.05383	0.09110	0.09110	0.04941	0.02165	0.00000	
5.25	Q	0.02426	0.02769	0.03891	0.06112	0.10056	0.16835	0.28363	0.47889	-0.52111	-0.33179	-0.23605	-0.20688	5.25
	V	0.00000	0.00100	0.00197	0.00288	0.00368	0.00429	0.00458	0.00431	0.00431	0.00329	0.00175	0.00000	
	V'	0.01000	0.00988	0.00947	0.00867	0.00724	0.00478	0.00059	-0.00649	-0.00649	-0.01336	-0.01683	-0.01789	
	M	0.00000	0.00215	0.00498	0.00934	0.01661	0.02903	0.05045	0.08752	0.08752	0.04662	0.02018	0.00000	
5.50	Q	0.02050	0.02367	0.03420	0.05533	0.09362	0.16095	0.27822	0.48178	-0.51822	-0.32030	-0.22174	-0.19197	5.50
	V	0.00000	0.00092	0.00182	0.00267	0.00342	0.00400	0.00428	0.00405	0.00405	0.00309	0.00165	0.00000	
	V'	0.00924	0.00913	0.00879	0.00809	0.00682	0.00460	0.00072	-0.00601	-0.00601	-0.01255	-0.01581	-0.01679	
	M	0.00000	0.00183	0.00427	0.00817	0.01485	0.02657	0.04733	0.08417	0.08417	0.04401	0.01881	0.00000	
5.75	Q	0.01730	0.02024	0.03005	0.05008	0.08713	0.15378	0.27270	0.48429	-0.51571	-0.30946	-0.20838	-0.17812	5.75
	V	0.00000	0.00085	0.00169	0.00247	0.00318	0.00373	0.00401	0.00381	0.00381	0.00290	0.00155	0.00000	
	V'	0.00855	0.00846	0.00816	0.00756	0.00644	0.00442	0.00083	-0.00557	-0.00557	-0.01181	-0.01487	-0.01578	
	M	0.00000	0.00155	0.00367	0.00715	0.01329	0.02435	0.04445	0.08104	0.08104	0.04158	0.01754	0.00000	
6.00	Q	0.01459	0.01729	0.02641	0.04533	0.08105	0.14685	0.26711	0.48645	-0.51355	-0.29923	-0.19591	-0.16526	6.00
	V	0.00000	0.00079	0.00156	0.00230	0.00296	0.00349	0.00377	0.00358	0.00358	0.00273	0.00146	0.00000	
	V'	0.00793	0.00785	0.00760	0.00707	0.00608	0.00425	0.00091	-0.00518	-0.00518	-0.01113	-0.01400	-0.01485	
	M	0.00000	0.00131	0.00315	0.00626	0.01190	0.02234	0.04179	0.07811	0.07811	0.03930	0.01635	0.00000	
6.25	Q	0.01229	0.01477	0.02321	0.04102	0.07538	0.14015	0.26148	0.48832	-0.51168	-0.28955	-0.18427	-0.15333	6.25
	V	0.00000	0.00073	0.00146	0.00214	0.00277	0.00327	0.00354	0.00338	0.00338	0.00258	0.00137	0.00000	
	V'	0.00737	0.00730	0.00709	0.00663	0.00575	0.00409	0.00099	-0.00482	-0.00482	-0.01051	-0.01320	-0.01399	
	M	0.00000	0.00111	0.00271	0.00548	0.01066	0.02051	0.03933	0.07536	0.07536	0.03717	0.01525	0.00000	
6.50	Q	0.01035	0.01262	0.02041	0.03712	0.07008	0.13371	0.25584	0.48993	-0.51007	-0.28038	-0.17338	-0.14226	6.50
	V	0.00000	0.00068	0.00136	0.00200	0.00259	0.00306	0.00333	0.00319	0.00319	0.00243	0.00130	0.00000	
	V'	0.00686	0.00680	0.00662	0.00622	0.00544	0.00394	0.00105	-0.00450	-0.00450	-0.00993	-0.01246	-0.01320	
	M	0.00000	0.00094	0.00232	0.00481	0.00956	0.01885	0.03705	0.07278	0.07278	0.03518	0.01422	0.00000	
6.75	Q	0.00872	0.01078	0.01794	0.03359	0.06514	0.12751	0.25022	0.49133	-0.50867	-0.27167	-0.16321	-0.13198	6.75
	V	0.00000	0.00064	0.00127	0.00187	0.00242	0.00288	0.00314	0.00301	0.00301	0.00230	0.00122	0.00000	
	V'	0.00639	0.00635	0.00619	0.00585	0.00515	0.00379	0.00109	-0.00420	-0.00420	-0.00940	-0.01178	-0.01247	
	M	0.00000	0.00079	0.00200	0.00421	0.00858	0.01733	0.03493	0.07035	0.07035	0.03331	0.01327	0.00000	
7.00	Q	0.00733	0.00921	0.01578	0.03040	0.06053	0.12156	0.24462	0.49253	-0.50747	-0.26338	-0.15370	-0.12245	7.00
	V	0.00000	0.00060	0.00118	0.00175	0.00227	0.00271	0.00296	0.00285	0.00285	0.00218	0.00116	0.00000	
	V'	0.00597	0.00593	0.00580	0.00550	0.00489	0.00364	0.00113	-0.00393	-0.00393	-0.00891	-0.01115	-0.01179	
	M	0.00000	0.00067	0.00171	0.00370	0.00771	0.01596	0.03297	0.06807	0.06807	0.03156	0.01238	0.00000	
7.25	Q	0.00617	0.00786	0.01388	0.02751	0.05624	0.11585	0.23908	0.49357	-0.50643	-0.25548	-0.14479	-0.11360	7.25
	V	0.00000	0.00056	0.00111	0.00164	0.00214	0.00255	0.00280	0.00270	0.00270	0.00206	0.00110	0.00000	
	V'	0.00559	0.00556	0.00544	0.00518	0.00464	0.00350	0.00116	-0.00368	-0.00368	-0.00846	-0.01056	-0.01116	
BETA	X/L =	0.00	0.10	0.20	0.30	0.40	0.50	0.60	L 0.70	R 0.70	0.80	0.90	1.00	BETA

XP/L = 0.70

FUNKTIONEN : F.P;M - F.P;Q - F.P;V - F.P;V'

FUNKTIONEN : F.P;M - F.P;Q - F.P;V - F.P;V'

XP/L = 0.70

BETA	X/L =	0.00	0.10	0.20	0.30	0.40	0.50	0.60	L 0.70	R 0.70	0.80	0.90	1.00	BETA
7.50	M	0.00000	0.00057	0.00147	0.00325	0.00693	0.01470	0.03114	0.06592	0.06592	0.02992	0.01156	0.00000	7.50
	Q	0.00519	0.00672	0.01221	0.02489	0.05224	0.11039	0.23359	0.49446	-0.50554	-0.24794	-0.13645	-0.10540	
	V	0.00000	0.00052	0.00104	0.00154	0.00201	0.00241	0.00265	0.00256	0.00256	0.00196	0.00104	0.00000	
	V'	0.00524	0.00521	0.00512	0.00489	0.00440	0.00337	0.00118	-0.00346	-0.00346	-0.00804	-0.01002	-0.01057	
7.75	M	0.00000	0.00048	0.00127	0.00285	0.00624	0.01356	0.02944	0.06390	0.06390	0.02838	0.01079	0.00000	7.75
	Q	0.00436	0.00574	0.01074	0.02252	0.04852	0.10515	0.22817	0.49523	-0.50477	-0.24072	-0.12865	-0.09778	
	V	0.00000	0.00049	0.00098	0.00145	0.00189	0.00227	0.00251	0.00243	0.00243	0.00186	0.00099	0.00000	
	V'	0.00492	0.00490	0.00482	0.00462	0.00419	0.00324	0.00120	-0.00325	-0.00325	-0.00765	-0.00951	-0.01003	
8.00	M	0.00000	0.00041	0.00109	0.00251	0.00561	0.01251	0.02785	0.06198	0.06198	0.02694	0.01007	0.00000	8.00
	Q	0.00367	0.00490	0.00945	0.02038	0.04506	0.10015	0.22283	0.49589	-0.50411	-0.23382	-0.12133	-0.09072	
	V	0.00000	0.00046	0.00092	0.00137	0.00179	0.00215	0.00238	0.00231	0.00231	0.00177	0.00094	0.00000	
	V'	0.00463	0.00461	0.00454	0.00437	0.00398	0.00312	0.00121	-0.00306	-0.00306	-0.00728	-0.00904	-0.00952	
8.25	M	0.00000	0.00034	0.00094	0.00220	0.00506	0.01155	0.02637	0.06018	0.06018	0.02558	0.00940	0.00000	8.25
	Q	0.00308	0.00419	0.00832	0.01844	0.04184	0.09537	0.21758	0.49646	-0.50354	-0.22720	-0.11447	-0.08416	
	V	0.00000	0.00044	0.00087	0.00129	0.00169	0.00203	0.00226	0.00220	0.00220	0.00168	0.00089	0.00000	
	V'	0.00436	0.00435	0.00429	0.00414	0.00379	0.00301	0.00121	-0.00289	-0.00289	-0.00695	-0.00860	-0.00905	
8.50	M	0.00000	0.00029	0.00081	0.00194	0.00456	0.01068	0.02499	0.05846	0.05846	0.02430	0.00878	0.00000	8.50
	Q	0.00259	0.00358	0.00733	0.01669	0.03885	0.09080	0.21241	0.49696	-0.50304	-0.22084	-0.10803	-0.07808	
	V	0.00000	0.00041	0.00082	0.00122	0.00160	0.00193	0.00215	0.00210	0.00210	0.00160	0.00085	0.00000	
	V'	0.00412	0.00410	0.00405	0.00392	0.00361	0.00290	0.00121	-0.00273	-0.00273	-0.00663	-0.00819	-0.00861	
8.75	M	0.00000	0.00025	0.00069	0.00171	0.00411	0.00988	0.02370	0.05684	0.05684	0.02310	0.00820	0.00000	8.75
	Q	0.00218	0.00306	0.00645	0.01510	0.03606	0.08644	0.20734	0.49738	-0.50262	-0.21472	-0.10199	-0.07244	
	V	0.00000	0.00039	0.00077	0.00115	0.00151	0.00183	0.00204	0.00200	0.00200	0.00153	0.00081	0.00000	
	V'	0.00389	0.00388	0.00383	0.00372	0.00345	0.00279	0.00121	-0.00258	-0.00258	-0.00634	-0.00781	-0.00820	
9.00	M	0.00000	0.00021	0.00060	0.00150	0.00371	0.00914	0.02248	0.05530	0.05530	0.02197	0.00767	0.00000	9.00
	Q	0.00183	0.00262	0.00568	0.01366	0.03348	0.08229	0.20237	0.49774	-0.50226	-0.20884	-0.09631	-0.06721	
	V	0.00000	0.00037	0.00073	0.00109	0.00144	0.00174	0.00194	0.00191	0.00191	0.00146	0.00077	0.00000	
	V'	0.00368	0.00367	0.00363	0.00354	0.00329	0.00269	0.00121	-0.00244	-0.00244	-0.00606	-0.00745	-0.00781	
9.25	M	0.00000	0.00018	0.00051	0.00133	0.00336	0.00847	0.02135	0.05384	0.05384	0.02090	0.00716	0.00000	9.25
	Q	0.00154	0.00224	0.00500	0.01236	0.03107	0.07832	0.19750	0.49806	-0.50194	-0.20317	-0.09098	-0.06235	
	V	0.00000	0.00035	0.00070	0.00104	0.00136	0.00165	0.00185	0.00183	0.00183	0.00139	0.00073	0.00000	
	V'	0.00349	0.00348	0.00345	0.00336	0.00314	0.00259	0.00120	-0.00231	-0.00231	-0.00581	-0.00712	-0.00745	
9.50	M	0.00000	0.00015	0.00044	0.00117	0.00303	0.00785	0.02029	0.05246	0.05246	0.01990	0.00669	0.00000	9.50
	Q	0.00129	0.00192	0.00441	0.01119	0.02884	0.07454	0.19273	0.49833	-0.50167	-0.19770	-0.08597	-0.05784	
	V	0.00000	0.00033	0.00066	0.00098	0.00130	0.00158	0.00177	0.00175	0.00175	0.00133	0.00070	0.00000	
	V'	0.00331	0.00330	0.00328	0.00320	0.00300	0.00250	0.00119	-0.00220	-0.00220	-0.00557	-0.00680	-0.00712	
9.75	M	0.00000	0.00013	0.00038	0.00103	0.00274	0.00727	0.01929	0.05113	0.05113	0.01895	0.00626	0.00000	9.75
	Q	0.00108	0.00164	0.00388	0.01012	0.02677	0.07094	0.18805	0.49856	-0.50144	-0.19241	-0.08126	-0.05366	
	V	0.00000	0.00031	0.00063	0.00094	0.00123	0.00150	0.00169	0.00167	0.00167	0.00127	0.00067	0.00000	
	V'	0.00314	0.00314	0.00311	0.00305	0.00287	0.00241	0.00118	-0.00209	-0.00209	-0.00534	-0.00651	-0.00680	
BETA	X/L =	0.00	0.10	0.20	0.30	0.40	0.50	0.60	L 0.70	R 0.70	0.80	0.90	1.00	BETA

XP/L = 0.70

FUNKTIONEN : F.P;M - F.P;Q - F.P;V - F.P;V'

FUNKTIONEN : F.PIM - F.PIQ - F.PIV - F.PIV'

XP/L = 0.70

BETA	X/L =	0.00	0.10	0.20	0.30	0.40	0.50	0.60	L 0.70	R 0.70	0.80	0.90	1.00	BETA
	M	0.00000	0.00011	0.00033	0.00091	0.00248	0.00675	0.01835	0.04988	0.04988	0.01806	0.00585	0.00000	
10.00	Q	0.00091	0.00140	0.00342	0.00916	0.02484	0.06750	0.18348	0.49876	-0.50124	-0.18731	-0.07683	-0.04979	10.00
	V	0.00000	0.00030	0.00060	0.00089	0.00118	0.00143	0.00162	0.00160	0.00160	0.00122	0.00064	0.00000	
	V'	0.00299	0.00299	0.00297	0.00291	0.00275	0.00232	0.00117	-0.00199	-0.00199	-0.00513	-0.00623	-0.00650	
	M	0.00000	0.00009	0.00028	0.00080	0.00225	0.00627	0.01746	0.04868	0.04868	0.01721	0.00547	0.00000	
10.25	Q	0.00076	0.00120	0.00302	0.00829	0.02305	0.06423	0.17902	0.49893	-0.50107	-0.18237	-0.07265	-0.04619	10.25
	V	0.00000	0.00028	0.00057	0.00085	0.00112	0.00137	0.00155	0.00154	0.00154	0.00117	0.00061	0.00000	
	V'	0.00285	0.00284	0.00283	0.00278	0.00264	0.00224	0.00115	-0.00189	-0.00189	-0.00493	-0.00597	-0.00622	
	M	0.00000	0.00008	0.00025	0.00071	0.00204	0.00582	0.01663	0.04753	0.04753	0.01641	0.00512	0.00000	
10.50	Q	0.00064	0.00103	0.00266	0.00750	0.02139	0.06112	0.17465	0.49908	-0.50092	-0.17759	-0.06873	-0.04285	10.50
	V	0.00000	0.00027	0.00054	0.00081	0.00107	0.00131	0.00148	0.00147	0.00147	0.00112	0.00059	0.00000	
	V'	0.00272	0.00271	0.00270	0.00265	0.00253	0.00217	0.00114	-0.00181	-0.00181	-0.00474	-0.00573	-0.00596	
	M	0.00000	0.00006	0.00021	0.00063	0.00185	0.00541	0.01585	0.04644	0.04644	0.01566	0.00479	0.00000	
10.75	Q	0.00054	0.00088	0.00234	0.00678	0.01985	0.05815	0.17038	0.49921	-0.50079	-0.17296	-0.06503	-0.03976	10.75
	V	0.00000	0.00026	0.00052	0.00077	0.00102	0.00125	0.00142	0.00142	0.00142	0.00108	0.00056	0.00000	
	V'	0.00259	0.00259	0.00258	0.00254	0.00242	0.00209	0.00112	-0.00172	-0.00172	-0.00456	-0.00549	-0.00571	
	M	0.00000	0.00005	0.00018	0.00056	0.00167	0.00503	0.01511	0.04539	0.04539	0.01494	0.00448	0.00000	
11.00	Q	0.00045	0.00075	0.00207	0.00614	0.01842	0.05533	0.16621	0.49932	-0.50068	-0.16848	-0.06154	-0.03688	11.00
	V	0.00000	0.00025	0.00049	0.00074	0.00098	0.00120	0.00136	0.00136	0.00136	0.00103	0.00054	0.00000	
	V'	0.00248	0.00247	0.00246	0.00243	0.00233	0.00202	0.00111	-0.00165	-0.00165	-0.00439	-0.00528	-0.00548	
	M	0.00000	0.00005	0.00016	0.00049	0.00152	0.00468	0.01441	0.04439	0.04439	0.01427	0.00419	0.00000	
11.25	Q	0.00038	0.00065	0.00182	0.00555	0.01709	0.05264	0.16214	0.49941	-0.50059	-0.16413	-0.05825	-0.03422	11.25
	V	0.00000	0.00024	0.00047	0.00071	0.00094	0.00115	0.00131	0.00131	0.00131	0.00099	0.00052	0.00000	
	V'	0.00237	0.00237	0.00236	0.00233	0.00224	0.00195	0.00109	-0.00158	-0.00158	-0.00423	-0.00507	-0.00526	
	M	0.00000	0.00004	0.00014	0.00044	0.00138	0.00435	0.01375	0.04343	0.04343	0.01363	0.00392	0.00000	
11.50	Q	0.00032	0.00055	0.00161	0.00503	0.01586	0.05008	0.15816	0.49950	-0.50050	-0.15991	-0.05516	-0.03175	11.50
	V	0.00000	0.00023	0.00045	0.00068	0.00090	0.00110	0.00126	0.00126	0.00126	0.00096	0.00050	0.00000	
	V'	0.00227	0.00226	0.00226	0.00223	0.00215	0.00189	0.00107	-0.00151	-0.00151	-0.00408	-0.00488	-0.00505	
	M	0.00000	0.00003	0.00012	0.00039	0.00125	0.00405	0.01313	0.04252	0.04252	0.01302	0.00367	0.00000	
11.75	Q	0.00027	0.00047	0.00142	0.00455	0.01471	0.04764	0.15428	0.49957	-0.50043	-0.15581	-0.05223	-0.02945	11.75
	V	0.00000	0.00022	0.00043	0.00065	0.00086	0.00106	0.00121	0.00121	0.00121	0.00092	0.00048	0.00000	
	V'	0.00217	0.00217	0.00216	0.00214	0.00207	0.00183	0.00106	-0.00145	-0.00145	-0.00394	-0.00469	-0.00486	
	M	0.00000	0.00003	0.00010	0.00034	0.00114	0.00378	0.01254	0.04164	0.04164	0.01245	0.00344	0.00000	
12.00	Q	0.00022	0.00041	0.00125	0.00411	0.01365	0.04533	0.15048	0.49963	-0.50037	-0.15184	-0.04947	-0.02732	12.00
	V	0.00000	0.00021	0.00042	0.00062	0.00083	0.00102	0.00116	0.00117	0.00117	0.00089	0.00046	0.00000	
	V'	0.00208	0.00208	0.00207	0.00205	0.00199	0.00177	0.00104	-0.00139	-0.00139	-0.00381	-0.00452	-0.00467	
	M	0.00000	0.00002	0.00009	0.00030	0.00103	0.00352	0.01198	0.04079	0.04079	0.01190	0.00322	0.00000	
12.25	Q	0.00019	0.00035	0.00110	0.00372	0.01267	0.04312	0.14678	0.49968	-0.50032	-0.14797	-0.04687	-0.02535	12.25
	V	0.00000	0.00020	0.00040	0.00060	0.00079	0.00098	0.00112	0.00113	0.00113	0.00085	0.00045	0.00000	
	V'	0.00200	0.00200	0.00199	0.00197	0.00191	0.00171	0.00102	-0.00133	-0.00133	-0.00368	-0.00435	-0.00450	
BETA	X/L =	0.00	0.10	0.20	0.30	0.40	0.50	0.60	L 0.70	R 0.70	0.80	0.90	1.00	BETA

XP/L = 0.70

FUNKTIONEN : F.PIM - F.PIQ - F.PIV - F.PIV'

FUNKTIONEN : F.P;M - F.P;Q - F.P;V - F.P;V'

XP/L = 0.70

BETA	X/L =	0.00	0.10	0.20	0.30	0.40	0.50	0.60	L 0.70	R 0.70	0.80	0.90	1.00	BETA
	M	0.00000	0.00002	0.00008	0.00027	0.00094	0.00328	0.01145	0.03998	0.03998	0.01138	0.00301	0.00000	
12.50	Q	0.00016	0.00030	0.00097	0.00337	0.01175	0.04102	0.14317	0.49972	-0.50028	-0.14422	-0.04441	-0.02352	12.50
	V	0.00000	0.00019	0.00038	0.00057	0.00076	0.00094	0.00108	0.00109	0.00109	0.00082	0.00043	0.00000	
	V'	0.00192	0.00192	0.00191	0.00190	0.00184	0.00166	0.00100	-0.00128	-0.00128	-0.00356	-0.00420	-0.00433	
	M	0.00000	0.00002	0.00007	0.00024	0.00086	0.00306	0.01095	0.03920	0.03920	0.01089	0.00282	0.00000	
12.75	Q	0.00013	0.00026	0.00086	0.00305	0.01090	0.03902	0.13965	0.49976	-0.50024	-0.14057	-0.04209	-0.02182	12.75
	V	0.00000	0.00018	0.00037	0.00055	0.00073	0.00090	0.00104	0.00105	0.00105	0.00079	0.00041	0.00000	
	V'	0.00184	0.00184	0.00184	0.00183	0.00178	0.00161	0.00099	-0.00123	-0.00123	-0.00344	-0.00405	-0.00417	
	M	0.00000	0.00001	0.00006	0.00021	0.00078	0.00286	0.01048	0.03845	0.03845	0.01042	0.00264	0.00000	
13.00	Q	0.00011	0.00022	0.00076	0.00276	0.01012	0.03712	0.13621	0.49980	-0.50020	-0.13702	-0.03990	-0.02024	13.00
	V	0.00000	0.00018	0.00035	0.00053	0.00071	0.00087	0.00100	0.00102	0.00102	0.00077	0.00040	0.00000	
	V'	0.00177	0.00177	0.00177	0.00176	0.00172	0.00156	0.00097	-0.00118	-0.00118	-0.00333	-0.00391	-0.00402	
	M	0.00000	0.00001	0.00005	0.00019	0.00071	0.00267	0.01003	0.03772	0.03772	0.00998	0.00248	0.00000	
13.25	Q	0.00009	0.00019	0.00067	0.00250	0.00939	0.03531	0.13285	0.49982	-0.50018	-0.13356	-0.03782	-0.01878	13.25
	V	0.00000	0.00017	0.00034	0.00051	0.00068	0.00084	0.00097	0.00098	0.00098	0.00074	0.00038	0.00000	
	V'	0.00171	0.00171	0.00170	0.00169	0.00166	0.00151	0.00095	-0.00114	-0.00114	-0.00323	-0.00377	-0.00388	
	M	0.00000	0.00001	0.00004	0.00017	0.00065	0.00249	0.00960	0.03703	0.03703	0.00956	0.00232	0.00000	
13.50	Q	0.00008	0.00016	0.00059	0.00226	0.00871	0.03359	0.12958	0.49985	-0.50015	-0.13021	-0.03586	-0.01742	13.50
	V	0.00000	0.00016	0.00033	0.00049	0.00065	0.00081	0.00093	0.00095	0.00095	0.00072	0.00037	0.00000	
	V'	0.00165	0.00165	0.00164	0.00163	0.00160	0.00146	0.00094	-0.00110	-0.00110	-0.00313	-0.00364	-0.00375	
	M	0.00000	0.00001	0.00004	0.00015	0.00059	0.00232	0.00919	0.03635	0.03635	0.00916	0.00218	0.00000	
13.75	Q	0.00007	0.00014	0.00052	0.00204	0.00808	0.03196	0.12639	0.49987	-0.50013	-0.12694	-0.03401	-0.01616	13.75
	V	0.00000	0.00016	0.00032	0.00048	0.00063	0.00078	0.00090	0.00092	0.00092	0.00069	0.00036	0.00000	
	V'	0.00159	0.00159	0.00158	0.00158	0.00154	0.00142	0.00092	-0.00106	-0.00106	-0.00303	-0.00352	-0.00362	
	M	0.00000	0.00001	0.00003	0.00013	0.00054	0.00217	0.00881	0.03571	0.03571	0.00877	0.00204	0.00000	
14.00	Q	0.00006	0.00012	0.00046	0.00185	0.00750	0.03040	0.12327	0.49989	-0.50011	-0.12375	-0.03225	-0.01500	14.00
	V	0.00000	0.00015	0.00031	0.00046	0.00061	0.00075	0.00087	0.00089	0.00089	0.00067	0.00035	0.00000	
	V'	0.00153	0.00153	0.00153	0.00152	0.00149	0.00138	0.00090	-0.00102	-0.00102	-0.00294	-0.00341	-0.00349	
	M	0.00000	0.00001	0.00003	0.00012	0.00049	0.00203	0.00844	0.03508	0.03508	0.00841	0.00191	0.00000	
14.25	Q	0.00005	0.00010	0.00040	0.00167	0.00695	0.02892	0.12023	0.49990	-0.50010	-0.12066	-0.03060	-0.01391	14.25
	V	0.00000	0.00015	0.00030	0.00044	0.00059	0.00073	0.00084	0.00086	0.00086	0.00065	0.00034	0.00000	
	V'	0.00148	0.00148	0.00148	0.00147	0.00144	0.00133	0.00089	-0.00098	-0.00098	-0.00285	-0.00330	-0.00338	
	M	0.00000	0.00001	0.00002	0.00010	0.00044	0.00190	0.00809	0.03448	0.03448	0.00806	0.00179	0.00000	
14.50	Q	0.00004	0.00009	0.00036	0.00151	0.00645	0.02751	0.11727	0.49992	-0.50008	-0.11764	-0.02903	-0.01291	14.50
	V	0.00000	0.00014	0.00029	0.00043	0.00057	0.00070	0.00082	0.00083	0.00083	0.00063	0.00032	0.00000	
	V'	0.00143	0.00143	0.00143	0.00142	0.00140	0.00130	0.00087	-0.00095	-0.00095	-0.00277	-0.00319	-0.00327	
	M	0.00000	0.00000	0.00002	0.00009	0.00041	0.00177	0.00775	0.03389	0.03389	0.00773	0.00168	0.00000	
14.75	Q	0.00003	0.00008	0.00031	0.00137	0.00599	0.02617	0.11437	0.49993	-0.50007	-0.11470	-0.02754	-0.01197	14.75
	V	0.00000	0.00014	0.00028	0.00041	0.00055	0.00068	0.00079	0.00081	0.00081	0.00061	0.00031	0.00000	
	V'	0.00138	0.00138	0.00138	0.00137	0.00135	0.00126	0.00085	-0.00092	-0.00092	-0.00269	-0.00309	-0.00316	
BETA	X/L =	0.00	0.10	0.20	0.30	0.40	0.50	0.60	L 0.70	R 0.70	0.80	0.90	1.00	BETA

XP/L = 0.70

FUNKTIONEN : F.P;M - F.P;Q - F.P;V - F.P;V'

FUNKTIONEN : F.P;M - F.P;Q - F.P;V - F.P;V'

XP/L = 0.70

BETA	X/L =	0.00	0.10	0.20	0.30	0.40	0.50	0.60	L 0.70	R 0.70	0.80	0.90	1.00	BETA
	M	0.00000	0.00000	0.00002	0.00008	0.00037	0.00166	0.00744	0.03333	0.03333	0.00762	0.00158	0.00000	
15.00	Q	0.00003	0.00006	0.00028	0.00124	0.00555	0.02489	0.11155	0.49994	-0.50006	-0.11184	-0.02613	-0.01111	15.00
	V	0.00000	0.00013	0.00027	0.00040	0.00053	0.00066	0.00077	0.00079	0.00079	0.00059	0.00030	0.00000	
	V'	0.00133	0.00133	0.00133	0.00133	0.00131	0.00122	0.00084	-0.00089	-0.00089	-0.00261	-0.00299	-0.00306	
	M	0.00000	0.00000	0.00002	0.00007	0.00034	0.00155	0.00713	0.03278	0.03278	0.00712	0.00148	0.00000	
15.25	Q	0.00002	0.00006	0.00024	0.00112	0.00515	0.02368	0.10880	0.49995	-0.50005	-0.10905	-0.02480	-0.01031	15.25
	V	0.00000	0.00013	0.00026	0.00039	0.00051	0.00064	0.00074	0.00076	0.00076	0.00057	0.00029	0.00000	
	V'	0.00129	0.00129	0.00129	0.00129	0.00127	0.00119	0.00082	-0.00086	-0.00086	-0.00254	-0.00290	-0.00297	
	M	0.00000	0.00000	0.00001	0.00007	0.00031	0.00145	0.00685	0.03226	0.03226	0.00683	0.00139	0.00000	
15.50	Q	0.00002	0.00005	0.00022	0.00101	0.00478	0.02252	0.10611	0.49995	-0.50005	-0.10634	-0.02354	-0.00956	15.50
	V	0.00000	0.00012	0.00025	0.00037	0.00050	0.00062	0.00072	0.00074	0.00074	0.00055	0.00029	0.00000	
	V'	0.00125	0.00125	0.00125	0.00124	0.00123	0.00115	0.00081	-0.00083	-0.00083	-0.00247	-0.00282	-0.00287	
	M	0.00000	0.00000	0.00001	0.00006	0.00028	0.00136	0.00657	0.03174	0.03174	0.00656	0.00130	0.00000	
15.75	Q	0.00002	0.00004	0.00019	0.00092	0.00444	0.02142	0.10350	0.49996	-0.50004	-0.10369	-0.02234	-0.00887	15.75
	V	0.00000	0.00012	0.00024	0.00036	0.00048	0.00060	0.00070	0.00072	0.00072	0.00054	0.00028	0.00000	
	V'	0.00121	0.00121	0.00121	0.00121	0.00119	0.00112	0.00079	-0.00081	-0.00081	-0.00240	-0.00273	-0.00279	
	M	0.00000	0.00000	0.00001	0.00005	0.00026	0.00127	0.00631	0.03125	0.03125	0.00630	0.00122	0.00000	
16.00	Q	0.00001	0.00004	0.00017	0.00083	0.00411	0.02038	0.10094	0.49997	-0.50003	-0.10112	-0.02121	-0.00823	16.00
	V	0.00000	0.00012	0.00023	0.00035	0.00047	0.00058	0.00068	0.00070	0.00070	0.00052	0.00027	0.00000	
	V'	0.00117	0.00117	0.00117	0.00117	0.00116	0.00109	0.00078	-0.00078	-0.00078	-0.00234	-0.00265	-0.00270	
	M	0.00000	0.00000	0.00001	0.00005	0.00023	0.00119	0.00606	0.03077	0.03077	0.00605	0.00115	0.00000	
16.25	Q	0.00001	0.00003	0.00015	0.00075	0.00382	0.01939	0.09845	0.49997	-0.50003	-0.09860	-0.02014	-0.00764	16.25
	V	0.00000	0.00011	0.00023	0.00034	0.00045	0.00056	0.00066	0.00068	0.00068	0.00051	0.00026	0.00000	
	V'	0.00114	0.00114	0.00114	0.00113	0.00112	0.00106	0.00076	-0.00076	-0.00076	-0.00228	-0.00257	-0.00262	
	M	0.00000	0.00000	0.00001	0.00004	0.00021	0.00112	0.00582	0.03030	0.03030	0.00581	0.00108	0.00000	
16.50	Q	0.00001	0.00003	0.00013	0.00068	0.00354	0.01844	0.09602	0.49997	-0.50003	-0.09616	-0.01912	-0.00708	16.50
	V	0.00000	0.00011	0.00022	0.00033	0.00044	0.00055	0.00064	0.00066	0.00066	0.00049	0.00025	0.00000	
	V'	0.00110	0.00110	0.00110	0.00110	0.00109	0.00103	0.00075	-0.00073	-0.00073	-0.00222	-0.00250	-0.00255	
	M	0.00000	0.00000	0.00001	0.00004	0.00020	0.00105	0.00559	0.02985	0.02985	0.00558	0.00101	0.00000	
16.75	Q	0.00001	0.00002	0.00012	0.00062	0.00329	0.01754	0.09365	0.49998	-0.50002	-0.09377	-0.01816	-0.00657	16.75
	V	0.00000	0.00011	0.00021	0.00032	0.00043	0.00053	0.00062	0.00064	0.00064	0.00048	0.00025	0.00000	
	V'	0.00107	0.00107	0.00107	0.00107	0.00106	0.00101	0.00074	-0.00071	-0.00071	-0.00216	-0.00243	-0.00247	
	M	0.00000	0.00000	0.00001	0.00003	0.00018	0.00098	0.00537	0.02941	0.02941	0.00537	0.00095	0.00000	
17.00	Q	0.00001	0.00002	0.00010	0.00056	0.00305	0.01669	0.09134	0.49998	-0.50002	-0.09144	-0.01724	-0.00610	17.00
	V	0.00000	0.00010	0.00021	0.00031	0.00041	0.00052	0.00060	0.00062	0.00062	0.00047	0.00024	0.00000	
	V'	0.00104	0.00104	0.00104	0.00104	0.00103	0.00098	0.00072	-0.00069	-0.00069	-0.00211	-0.00236	-0.00240	
	M	0.00000	0.00000	0.00001	0.00003	0.00016	0.00092	0.00516	0.02898	0.02898	0.00516	0.00089	0.00000	
17.25	Q	0.00001	0.00002	0.00009	0.00050	0.00283	0.01587	0.08908	0.49998	-0.50002	-0.08918	-0.01638	-0.00566	17.25
	V	0.00000	0.00010	0.00020	0.00030	0.00040	0.00050	0.00059	0.00061	0.00061	0.00045	0.00023	0.00000	
	V'	0.00101	0.00101	0.00101	0.00101	0.00100	0.00095	0.00071	-0.00067	-0.00067	-0.00205	-0.00230	-0.00233	
BETA	X/L =	0.00	0.10	0.20	0.30	0.40	0.50	0.60	L 0.70	R 0.70	0.80	0.90	1.00	BETA

XP/L = 0.70

FUNKTIONEN : F.P;M - F.P;Q - F.P;V - F.P;V'

FUNKTIONEN : F.PIM - F.PIQ - F.PIV - F.PIV'

XP/L = 0.70

BETA	X/L =	0.00	0.10	0.20	0.30	0.40	0.50	0.60	L 0.70	R 0.70	0.80	0.90	1.00	BETA
17.50	M	0.00000	0.00000	0.00000	0.00003	0.00015	0.00086	0.00496	0.02857	0.02857	0.00496	0.00084	0.00000	17.50
	Q	0.00000	0.00001	0.00008	0.00046	0.00262	0.01510	0.08688	0.49999	-0.50001	-0.08697	-0.01555	-0.00525	
	V	0.00000	0.00010	0.00020	0.00029	0.00039	0.00049	0.00057	0.00059	0.00059	0.00044	0.00023	0.00000	
	V'	0.00098	0.00098	0.00098	0.00098	0.00097	0.00093	0.00070	-0.00065	-0.00065	-0.00200	-0.00223	-0.00227	
17.75	M	0.00000	0.00000	0.00000	0.00002	0.00014	0.00081	0.00477	0.02817	0.02817	0.00477	0.00079	0.00000	17.75
	Q	0.00000	0.00001	0.00007	0.00041	0.00243	0.01436	0.08474	0.49999	-0.50001	-0.08481	-0.01477	-0.00487	
	V	0.00000	0.00010	0.00019	0.00029	0.00038	0.00047	0.00056	0.00058	0.00058	0.00043	0.00022	0.00000	
	V'	0.00095	0.00095	0.00095	0.00095	0.00094	0.00091	0.00068	-0.00063	-0.00063	-0.00195	-0.00217	-0.00221	
18.00	M	0.00000	0.00000	0.00000	0.00002	0.00013	0.00076	0.00459	0.02778	0.02778	0.00459	0.00074	0.00000	18.00
	Q	0.00000	0.00001	0.00006	0.00037	0.00226	0.01366	0.08265	0.49999	-0.50001	-0.08271	-0.01404	-0.00452	
	V	0.00000	0.00009	0.00019	0.00028	0.00037	0.00046	0.00054	0.00056	0.00056	0.00042	0.00021	0.00000	
	V'	0.00093	0.00093	0.00093	0.00092	0.00092	0.00088	0.00067	-0.00062	-0.00062	-0.00191	-0.00212	-0.00215	
18.25	M	0.00000	0.00000	0.00000	0.00002	0.00011	0.00071	0.00442	0.02740	0.02740	0.00441	0.00069	0.00000	18.25
	Q	0.00000	0.00001	0.00005	0.00034	0.00210	0.01300	0.08061	0.49999	-0.50001	-0.08066	-0.01333	-0.00419	
	V	0.00000	0.00009	0.00018	0.00027	0.00036	0.00045	0.00053	0.00055	0.00055	0.00041	0.00021	0.00000	
	V'	0.00090	0.00090	0.00090	0.00090	0.00089	0.00086	0.00066	-0.00060	-0.00060	-0.00186	-0.00206	-0.00209	
18.50	M	0.00000	0.00000	0.00000	0.00002	0.00011	0.00067	0.00425	0.02703	0.02703	0.00425	0.00065	0.00000	18.50
	Q	0.00000	0.00001	0.00005	0.00031	0.00194	0.01236	0.07862	0.49999	-0.50001	-0.07867	-0.01267	-0.00389	
	V	0.00000	0.00009	0.00018	0.00026	0.00035	0.00044	0.00051	0.00053	0.00053	0.00040	0.00020	0.00000	
	V'	0.00088	0.00088	0.00088	0.00088	0.00087	0.00084	0.00065	-0.00058	-0.00058	-0.00182	-0.00201	-0.00203	
18.75	M	0.00000	0.00000	0.00000	0.00001	0.00010	0.00063	0.00409	0.02667	0.02667	0.00409	0.00061	0.00000	18.75
	Q	0.00000	0.00001	0.00004	0.00028	0.00180	0.01176	0.07668	0.49999	-0.50001	-0.07672	-0.01204	-0.00361	
	V	0.00000	0.00009	0.00017	0.00026	0.00034	0.00042	0.00050	0.00052	0.00052	0.00039	0.00020	0.00000	
	V'	0.00085	0.00085	0.00085	0.00085	0.00085	0.00082	0.00064	-0.00057	-0.00057	-0.00177	-0.00196	-0.00198	
19.00	M	0.00000	0.00000	0.00000	0.00001	0.00009	0.00059	0.00394	0.02632	0.02632	0.00393	0.00058	0.00000	19.00
	Q	0.00000	0.00001	0.00004	0.00025	0.00167	0.01119	0.07478	0.49999	-0.50001	-0.07482	-0.01144	-0.00335	
	V	0.00000	0.00008	0.00017	0.00025	0.00033	0.00041	0.00049	0.00051	0.00051	0.00038	0.00019	0.00000	
	V'	0.00083	0.00083	0.00083	0.00083	0.00083	0.00080	0.00062	-0.00055	-0.00055	-0.00173	-0.00191	-0.00193	
19.25	M	0.00000	0.00000	0.00000	0.00001	0.00008	0.00055	0.00379	0.02597	0.02597	0.00379	0.00054	0.00000	19.25
	Q	0.00000	0.00000	0.00003	0.00023	0.00155	0.01064	0.07294	0.50000	-0.50000	-0.07297	-0.01087	-0.00310	
	V	0.00000	0.00008	0.00016	0.00024	0.00032	0.00040	0.00048	0.00050	0.00050	0.00037	0.00019	0.00000	
	V'	0.00081	0.00081	0.00081	0.00081	0.00081	0.00078	0.00061	-0.00054	-0.00054	-0.00169	-0.00186	-0.00188	
19.50	M	0.00000	0.00000	0.00000	0.00001	0.00007	0.00052	0.00365	0.02564	0.02564	0.00365	0.00051	0.00000	19.50
	Q	0.00000	0.00000	0.00003	0.00020	0.00144	0.01012	0.07114	0.50000	-0.50000	-0.07117	-0.01033	-0.00288	
	V	0.00000	0.00008	0.00016	0.00024	0.00032	0.00039	0.00046	0.00048	0.00048	0.00036	0.00018	0.00000	
	V'	0.00079	0.00079	0.00079	0.00079	0.00079	0.00076	0.00060	-0.00053	-0.00053	-0.00165	-0.00181	-0.00183	
19.75	M	0.00000	0.00000	0.00000	0.00001	0.00007	0.00049	0.00351	0.02532	0.02532	0.00351	0.00048	0.00000	19.75
	Q	0.00000	0.00000	0.00003	0.00019	0.00134	0.00963	0.06938	0.50000	-0.50000	-0.06941	-0.00981	-0.00267	
	V	0.00000	0.00008	0.00015	0.00023	0.00031	0.00038	0.00045	0.00047	0.00047	0.00035	0.00018	0.00000	
	V'	0.00077	0.00077	0.00077	0.00077	0.00077	0.00074	0.00059	-0.00051	-0.00051	-0.00162	-0.00177	-0.00179	
BETA	X/L =	0.00	0.10	0.20	0.30	0.40	0.50	0.60	L 0.70	R 0.70	0.80	0.90	1.00	BETA

XP/L = 0.70

FUNKTIONEN : F.PIM - F.PIQ - F.PIV - F.PIV'

FUNKTIONEN : F.PIM - F.PIQ - F.PIV - F.PIV'

XP/L = 0.70

BETA	X/L =	0.00	0.10	0.20	0.30	0.40	0.50	0.60	L 0.70	R 0.70	0.80	0.90	1.00	BETA
	M	0.00000	0.00000	0.00000	0.00001	0.00006	0.00046	0.00338	0.02500	0.02500	0.00338	0.00045	0.00000	
20.00	Q	0.00000	0.00000	0.00002	0.00017	0.00124	0.00916	0.06767	0.50000	-0.50000	-0.06769	-0.00933	-0.00248	20.00
	V	0.00000	0.00007	0.00015	0.00022	0.00030	0.00037	0.00044	0.00046	0.00046	0.00034	0.00017	0.00000	
	V'	0.00075	0.00075	0.00075	0.00075	0.00075	0.00073	0.00058	-0.00050	-0.00050	-0.00158	-0.00173	-0.00174	
	M	0.00000	0.00000	0.00000	0.00001	0.00006	0.00043	0.00326	0.02469	0.02469	0.00326	0.00042	0.00000	
20.25	Q	0.00000	0.00000	0.00002	0.00015	0.00115	0.00871	0.06600	0.50000	-0.50000	-0.06602	-0.00886	-0.00230	20.25
	V	0.00000	0.00007	0.00015	0.00022	0.00029	0.00036	0.00043	0.00045	0.00045	0.00033	0.00017	0.00000	
	V'	0.00073	0.00073	0.00073	0.00073	0.00073	0.00071	0.00057	-0.00049	-0.00049	-0.00155	-0.00169	-0.00170	
	M	0.00000	0.00000	0.00000	0.00001	0.00005	0.00040	0.00314	0.02439	0.02439	0.00314	0.00040	0.00000	
20.50	Q	0.00000	0.00000	0.00002	0.00014	0.00107	0.00829	0.06437	0.50000	-0.50000	-0.06439	-0.00842	-0.00213	20.50
	V	0.00000	0.00007	0.00014	0.00021	0.00029	0.00036	0.00042	0.00044	0.00044	0.00033	0.00017	0.00000	
	V'	0.00071	0.00071	0.00071	0.00071	0.00071	0.00069	0.00056	-0.00048	-0.00048	-0.00151	-0.00165	-0.00166	
	M	0.00000	0.00000	0.00000	0.00001	0.00005	0.00038	0.00303	0.02410	0.02410	0.00302	0.00037	0.00000	
20.75	Q	0.00000	0.00000	0.00002	0.00012	0.00099	0.00788	0.06278	0.50000	-0.50000	-0.06279	-0.00801	-0.00198	20.75
	V	0.00000	0.00007	0.00014	0.00021	0.00028	0.00035	0.00041	0.00043	0.00043	0.00032	0.00016	0.00000	
	V'	0.00070	0.00070	0.00070	0.00070	0.00069	0.00068	0.00055	-0.00046	-0.00046	-0.00148	-0.00161	-0.00162	
	M	0.00000	0.00000	0.00000	0.00001	0.00004	0.00036	0.00292	0.02381	0.02381	0.00291	0.00035	0.00000	
21.00	Q	0.00000	0.00000	0.00001	0.00011	0.00092	0.00750	0.06123	0.50000	-0.50000	-0.06124	-0.00761	-0.00184	21.00
	V	0.00000	0.00007	0.00014	0.00020	0.00027	0.00034	0.00040	0.00042	0.00042	0.00031	0.00016	0.00000	
	V'	0.00068	0.00068	0.00068	0.00068	0.00068	0.00066	0.00054	-0.00045	-0.00045	-0.00145	-0.00157	-0.00158	
	M	0.00000	0.00000	0.00000	0.00000	0.00004	0.00034	0.00281	0.02353	0.02353	0.00281	0.00033	0.00000	
21.25	Q	0.00000	0.00000	0.00001	0.00010	0.00085	0.00713	0.05972	0.50000	-0.50000	-0.05973	-0.00723	-0.00170	21.25
	V	0.00000	0.00007	0.00013	0.00020	0.00027	0.00033	0.00039	0.00041	0.00041	0.00030	0.00015	0.00000	
	V'	0.00066	0.00066	0.00066	0.00066	0.00066	0.00065	0.00053	-0.00044	-0.00044	-0.00142	-0.00153	-0.00155	
	M	0.00000	0.00000	0.00000	0.00000	0.00004	0.00032	0.00271	0.02326	0.02326	0.00271	0.00031	0.00000	
21.50	Q	0.00000	0.00000	0.00001	0.00009	0.00079	0.00678	0.05824	0.50000	-0.50000	-0.05825	-0.00688	-0.00158	21.50
	V	0.00000	0.00006	0.00013	0.00019	0.00026	0.00032	0.00038	0.00040	0.00040	0.00030	0.00015	0.00000	
	V'	0.00065	0.00065	0.00065	0.00065	0.00065	0.00063	0.00052	-0.00043	-0.00043	-0.00139	-0.00150	-0.00151	
	M	0.00000	0.00000	0.00000	0.00000	0.00003	0.00030	0.00261	0.02299	0.02299	0.00261	0.00029	0.00000	
21.75	Q	0.00000	0.00000	0.00001	0.00008	0.00073	0.00645	0.05680	0.50000	-0.50000	-0.05681	-0.00654	-0.00147	21.75
	V	0.00000	0.00006	0.00013	0.00019	0.00025	0.00032	0.00037	0.00040	0.00040	0.00029	0.00015	0.00000	
	V'	0.00063	0.00063	0.00063	0.00063	0.00063	0.00062	0.00051	-0.00042	-0.00042	-0.00136	-0.00147	-0.00148	
	M	0.00000	0.00000	0.00000	0.00000	0.00003	0.00028	0.00252	0.02273	0.02273	0.00252	0.00028	0.00000	
22.00	Q	0.00000	0.00000	0.00001	0.00008	0.00068	0.00614	0.05540	0.50000	-0.50000	-0.05541	-0.00621	-0.00136	22.00
	V	0.00000	0.00006	0.00012	0.00019	0.00025	0.00031	0.00037	0.00039	0.00039	0.00028	0.00014	0.00000	
	V'	0.00062	0.00062	0.00062	0.00062	0.00062	0.00061	0.00051	-0.00041	-0.00041	-0.00133	-0.00143	-0.00144	
	M	0.00000	0.00000	0.00000	0.00000	0.00003	0.00026	0.00243	0.02247	0.02247	0.00243	0.00026	0.00000	
22.25	Q	0.00000	0.00000	0.00001	0.00007	0.00063	0.00584	0.05403	0.50000	-0.50000	-0.05404	-0.00591	-0.00126	22.25
	V	0.00000	0.00006	0.00012	0.00018	0.00024	0.00030	0.00036	0.00038	0.00038	0.00028	0.00014	0.00000	
	V'	0.00061	0.00061	0.00061	0.00061	0.00060	0.00059	0.00050	-0.00040	-0.00040	-0.00130	-0.00140	-0.00141	
BETA	X/L =	0.00	0.10	0.20	0.30	0.40	0.50	0.60	L 0.70	R 0.70	0.80	0.90	1.00	BETA

XP/L = 0.70

FUNKTIONEN : F.PIM - F.PIQ - F.PIV - F.PIV'

FUNKTIONEN : F.P;M - F.P;Q - F.P;V - F.P;V'

XP/L = 0.70

BETA	X/L =	0.00	0.10	0.20	0.30	0.40	0.50	0.60	L 0.70	R 0.70	0.80	0.90	1.00	BETA
22.50	M	0.00000	0.00000	0.00000	0.00000	0.00003	0.00025	0.00234	0.02222	0.02222	0.00234	0.00024	0.00000	22.50
	Q	0.00000	0.00000	0.00001	0.00006	0.00059	0.00555	0.05270	0.50000	-0.50000	-0.05271	-0.00562	-0.00117	
	V	0.00000	0.00006	0.00012	0.00018	0.00024	0.00030	0.00035	0.00037	0.00037	0.00027	0.00014	0.00000	
	V'	0.00059	0.00059	0.00059	0.00059	0.00059	0.00058	0.00049	-0.00040	-0.00040	-0.00128	-0.00137	-0.00138	
22.75	M	0.00000	0.00000	0.00000	0.00000	0.00002	0.00023	0.00226	0.02198	0.02198	0.00226	0.00023	0.00000	22.75
	Q	0.00000	0.00000	0.00001	0.00006	0.00054	0.00528	0.05140	0.50000	-0.50000	-0.05140	-0.00534	-0.00109	
	V	0.00000	0.00006	0.00012	0.00017	0.00023	0.00029	0.00034	0.00036	0.00036	0.00027	0.00013	0.00000	
	V'	0.00058	0.00058	0.00058	0.00058	0.00058	0.00057	0.00048	-0.00039	-0.00039	-0.00125	-0.00134	-0.00135	
23.00	M	0.00000	0.00000	0.00000	0.00000	0.00002	0.00022	0.00218	0.02174	0.02174	0.00218	0.00022	0.00000	23.00
	Q	0.00000	0.00000	0.00001	0.00005	0.00050	0.00503	0.05013	0.50000	-0.50000	-0.05013	-0.00508	-0.00101	
	V	0.00000	0.00006	0.00011	0.00017	0.00023	0.00028	0.00034	0.00036	0.00036	0.00026	0.00013	0.00000	
	V'	0.00057	0.00057	0.00057	0.00057	0.00057	0.00056	0.00047	-0.00038	-0.00038	-0.00123	-0.00131	-0.00132	
23.25	M	0.00000	0.00000	0.00000	0.00000	0.00002	0.00021	0.00210	0.02151	0.02151	0.00210	0.00020	0.00000	23.25
	Q	0.00000	0.00000	0.00000	0.00005	0.00047	0.00478	0.04889	0.50000	-0.50000	-0.04890	-0.00483	-0.00093	
	V	0.00000	0.00006	0.00011	0.00017	0.00022	0.00028	0.00033	0.00035	0.00035	0.00026	0.00013	0.00000	
	V'	0.00055	0.00055	0.00055	0.00055	0.00055	0.00055	0.00046	-0.00037	-0.00037	-0.00120	-0.00129	-0.00129	
23.50	M	0.00000	0.00000	0.00000	0.00000	0.00002	0.00019	0.00203	0.02128	0.02128	0.00203	0.00019	0.00000	23.50
	Q	0.00000	0.00000	0.00000	0.00004	0.00043	0.00455	0.04768	0.50000	-0.50000	-0.04769	-0.00459	-0.00087	
	V	0.00000	0.00005	0.00011	0.00016	0.00022	0.00027	0.00032	0.00034	0.00034	0.00025	0.00013	0.00000	
	V'	0.00054	0.00054	0.00054	0.00054	0.00054	0.00053	0.00046	-0.00036	-0.00036	-0.00118	-0.00126	-0.00127	
23.75	M	0.00000	0.00000	0.00000	0.00000	0.00002	0.00018	0.00196	0.02105	0.02105	0.00196	0.00018	0.00000	23.75
	Q	0.00000	0.00000	0.00000	0.00004	0.00040	0.00433	0.04651	0.50000	-0.50000	-0.04651	-0.00436	-0.00080	
	V	0.00000	0.00005	0.00011	0.00016	0.00021	0.00027	0.00032	0.00033	0.00033	0.00024	0.00012	0.00000	
	V'	0.00053	0.00053	0.00053	0.00053	0.00053	0.00052	0.00045	-0.00035	-0.00035	-0.00116	-0.00123	-0.00124	
24.00	M	0.00000	0.00000	0.00000	0.00000	0.00002	0.00017	0.00189	0.02083	0.02083	0.00189	0.00017	0.00000	24.00
	Q	0.00000	0.00000	0.00000	0.00003	0.00037	0.00411	0.04536	0.50000	-0.50000	-0.04536	-0.00415	-0.00075	
	V	0.00000	0.00005	0.00010	0.00016	0.00021	0.00026	0.00031	0.00033	0.00033	0.00024	0.00012	0.00000	
	V'	0.00052	0.00052	0.00052	0.00052	0.00052	0.00051	0.00044	-0.00035	-0.00035	-0.00114	-0.00121	-0.00121	
24.25	M	0.00000	0.00000	0.00000	0.00000	0.00001	0.00016	0.00182	0.02062	0.02062	0.00182	0.00016	0.00000	24.25
	Q	0.00000	0.00000	0.00000	0.00003	0.00035	0.00391	0.04424	0.50000	-0.50000	-0.04424	-0.00394	-0.00069	
	V	0.00000	0.00005	0.00010	0.00015	0.00020	0.00025	0.00030	0.00032	0.00032	0.00023	0.00012	0.00000	
	V'	0.00051	0.00051	0.00051	0.00051	0.00051	0.00050	0.00043	-0.00034	-0.00034	-0.00112	-0.00118	-0.00119	
24.50	M	0.00000	0.00000	0.00000	0.00000	0.00001	0.00015	0.00176	0.02041	0.02041	0.00176	0.00015	0.00000	24.50
	Q	0.00000	0.00000	0.00000	0.00003	0.00032	0.00372	0.04315	0.50000	-0.50000	-0.04315	-0.00375	-0.00064	
	V	0.00000	0.00005	0.00010	0.00015	0.00020	0.00025	0.00030	0.00032	0.00032	0.00023	0.00012	0.00000	
	V'	0.00050	0.00050	0.00050	0.00050	0.00050	0.00049	0.00043	-0.00033	-0.00033	-0.00109	-0.00116	-0.00117	
24.75	M	0.00000	0.00000	0.00000	0.00000	0.00001	0.00014	0.00170	0.02020	0.02020	0.00170	0.00014	0.00000	24.75
	Q	0.00000	0.00000	0.00000	0.00003	0.00030	0.00354	0.04208	0.50000	-0.50000	-0.04208	-0.00357	-0.00060	
	V	0.00000	0.00005	0.00010	0.00015	0.00020	0.00024	0.00029	0.00031	0.00031	0.00023	0.00011	0.00000	
	V'	0.00049	0.00049	0.00049	0.00049	0.00049	0.00048	0.00042	-0.00033	-0.00033	-0.00107	-0.00114	-0.00114	
BETA	X/L =	0.00	0.10	0.20	0.30	0.40	0.50	0.60	L 0.70	R 0.70	0.80	0.90	1.00	BETA

XP/L = 0.70

FUNKTIONEN : F.P;M - F.P;Q - F.P;V - F.P;V'

FUNKTIONEN : F.P;M - F.P;Q - F.P;V - F.P;V'

XP/L = 0.70

BETA	X/L =	0.00	0.10	0.20	0.30	0.40	0.50	0.60	L 0.70	R 0.70	0.80	0.90	1.00	BETA
	M	0.00000	0.00000	0.00000	0.00000	0.00001	0.00013	0.00164	0.02000	0.02000	0.00164	0.00013	0.00000	
25.00	Q	0.00000	0.00000	0.00000	0.00002	0.00028	0.00337	0.04104	0.50000	-0.50000	-0.04104	-0.00339	-0.00055	25.00
	V	0.00000	0.00005	0.00010	0.00014	0.00019	0.00024	0.00029	0.00030	0.00030	0.00022	0.00011	0.00000	
	V'	0.00048	0.00048	0.00048	0.00048	0.00048	0.00047	0.00041	-0.00032	-0.00032	-0.00105	-0.00111	-0.00112	
	M	0.00000	0.00000	0.00000	0.00000	0.00001	0.00010	0.00138	0.01905	0.01905	0.00138	0.00010	0.00000	
26.25	Q	0.00000	0.00000	0.00000	0.00001	0.00019	0.00262	0.03622	0.50000	-0.50000	-0.03622	-0.00264	-0.00038	26.25
	V	0.00000	0.00004	0.00009	0.00013	0.00017	0.00022	0.00026	0.00028	0.00028	0.00020	0.00010	0.00000	
	V'	0.00044	0.00044	0.00044	0.00044	0.00044	0.00043	0.00038	-0.00029	-0.00029	-0.00096	-0.00101	-0.00102	
	M	0.00000	0.00000	0.00000	0.00000	0.00000	0.00007	0.00116	0.01818	0.01818	0.00116	0.00007	0.00000	
27.50	Q	0.00000	0.00000	0.00000	0.00001	0.00013	0.00204	0.03196	0.50000	-0.50000	-0.03196	-0.00205	-0.00026	27.50
	V	0.00000	0.00004	0.00008	0.00012	0.00016	0.00020	0.00024	0.00025	0.00025	0.00018	0.00009	0.00000	
	V'	0.00040	0.00040	0.00040	0.00040	0.00040	0.00039	0.00035	-0.00026	-0.00026	-0.00088	-0.00092	-0.00093	
	M	0.00000	0.00000	0.00000	0.00000	0.00000	0.00006	0.00098	0.01739	0.01739	0.00098	0.00006	0.00000	
28.75	Q	0.00000	0.00000	0.00000	0.00001	0.00009	0.00159	0.02821	0.50000	-0.50000	-0.02821	-0.00160	-0.00018	28.75
	V	0.00000	0.00004	0.00007	0.00011	0.00015	0.00018	0.00022	0.00023	0.00023	0.00017	0.00008	0.00000	
	V'	0.00036	0.00036	0.00036	0.00036	0.00036	0.00036	0.00033	-0.00024	-0.00024	-0.00081	-0.00084	-0.00085	
	M	0.00000	0.00000	0.00000	0.00000	0.00000	0.00004	0.00083	0.01667	0.01667	0.00083	0.00004	0.00000	
30.00	Q	0.00000	0.00000	0.00000	0.00000	0.00006	0.00124	0.02489	0.50000	-0.50000	-0.02489	-0.00124	-0.00012	30.00
	V	0.00000	0.00003	0.00007	0.00010	0.00013	0.00017	0.00020	0.00021	0.00021	0.00015	0.00008	0.00000	
	V'	0.00033	0.00033	0.00033	0.00033	0.00033	0.00033	0.00031	-0.00022	-0.00022	-0.00075	-0.00078	-0.00078	
	M	0.00000	0.00000	0.00000	0.00000	0.00000	0.00003	0.00070	0.01600	0.01600	0.00070	0.00003	0.00000	
31.25	Q	0.00000	0.00000	0.00000	0.00000	0.00004	0.00097	0.02197	0.50000	-0.50000	-0.02197	-0.00097	-0.00008	31.25
	V	0.00000	0.00003	0.00006	0.00009	0.00012	0.00015	0.00018	0.00020	0.00020	0.00014	0.00007	0.00000	
	V'	0.00031	0.00031	0.00031	0.00031	0.00031	0.00031	0.00028	-0.00020	-0.00020	-0.00069	-0.00072	-0.00072	
	M	0.00000	0.00000	0.00000	0.00000	0.00000	0.00002	0.00060	0.01538	0.01538	0.00060	0.00002	0.00000	
32.50	Q	0.00000	0.00000	0.00000	0.00000	0.00003	0.00075	0.01939	0.50000	-0.50000	-0.01939	-0.00075	-0.00006	32.50
	V	0.00000	0.00003	0.00006	0.00009	0.00011	0.00014	0.00017	0.00018	0.00018	0.00013	0.00007	0.00000	
	V'	0.00028	0.00028	0.00028	0.00028	0.00028	0.00028	0.00027	-0.00019	-0.00019	-0.00064	-0.00066	-0.00066	
	M	0.00000	0.00000	0.00000	0.00000	0.00000	0.00002	0.00051	0.01481	0.01481	0.00051	0.00002	0.00000	
33.75	Q	0.00000	0.00000	0.00000	0.00000	0.00002	0.00059	0.01711	0.50000	-0.50000	-0.01711	-0.00059	-0.00004	33.75
	V	0.00000	0.00003	0.00005	0.00008	0.00011	0.00013	0.00016	0.00017	0.00017	0.00012	0.00006	0.00000	
	V'	0.00026	0.00026	0.00026	0.00026	0.00026	0.00026	0.00025	-0.00018	-0.00018	-0.00060	-0.00061	-0.00061	
	M	0.00000	0.00000	0.00000	0.00000	0.00000	0.00001	0.00043	0.01429	0.01429	0.00043	0.00001	0.00000	
35.00	Q	0.00000	0.00000	0.00000	0.00000	0.00001	0.00046	0.01510	0.50000	-0.50000	-0.01510	-0.00046	-0.00003	35.00
	V	0.00000	0.00002	0.00005	0.00007	0.00010	0.00012	0.00015	0.00016	0.00016	0.00011	0.00006	0.00000	
	V'	0.00024	0.00024	0.00024	0.00024	0.00024	0.00024	0.00023	-0.00016	-0.00016	-0.00056	-0.00057	-0.00057	
	M	0.00000	0.00000	0.00000	0.00000	0.00000	0.00001	0.00037	0.01379	0.01379	0.00037	0.00001	0.00000	
36.25	Q	0.00000	0.00000	0.00000	0.00000	0.00001	0.00036	0.01332	0.50000	-0.50000	-0.01332	-0.00036	-0.00002	36.25
	V	0.00000	0.00002	0.00005	0.00007	0.00009	0.00011	0.00014	0.00015	0.00015	0.00011	0.00005	0.00000	
	V'	0.00023	0.00023	0.00023	0.00023	0.00023	0.00023	0.00022	-0.00015	-0.00015	-0.00052	-0.00053	-0.00053	
BETA	X/L =	0.00	0.10	0.20	0.30	0.40	0.50	0.60	L 0.70	R 0.70	0.80	0.90	1.00	BETA

XP/L = 0.70

FUNKTIONEN : F.P;M - F.P;Q - F.P;V - F.P;V'

FUNKTIONEN : F.P;M - F.P;Q - F.P;V - F.P;V'

XP/L = 0.70

BETA	X/L =	0.00	0.10	0.20	0.30	0.40	0.50	0.60	L 0.70	R 0.70	0.80	0.90	1.00	BETA
	M	0.00000	0.00000	0.00000	0.00000	0.00000	0.00001	0.00031	0.01333	0.01333	0.00031	0.00001	0.00000	
37.50	Q	0.00000	0.00000	0.00000	0.00000	0.00001	0.00028	0.01176	0.50000	-0.50000	-0.01176	-0.00028	-0.00001	37.50
	V	0.00000	0.00002	0.00004	0.00006	0.00009	0.00011	0.00013	0.00014	0.00014	0.00010	0.00005	0.00000	
	V'	0.00021	0.00021	0.00021	0.00021	0.00021	0.00021	0.00020	-0.00014	-0.00014	-0.00049	-0.00050	-0.00050	
	M	0.00000	0.00000	0.00000	0.00000	0.00000	0.00001	0.00027	0.01290	0.01290	0.00027	0.00001	0.00000	
38.75	Q	0.00000	0.00000	0.00000	0.00000	0.00000	0.00022	0.01038	0.50000	-0.50000	-0.01038	-0.00022	-0.00001	38.75
	V	0.00000	0.00002	0.00004	0.00006	0.00008	0.00010	0.00012	0.00013	0.00013	0.00009	0.00005	0.00000	
	V'	0.00020	0.00020	0.00020	0.00020	0.00020	0.00020	0.00019	-0.00013	-0.00013	-0.00046	-0.00047	-0.00047	
	M	0.00000	0.00000	0.00000	0.00000	0.00000	0.00000	0.00023	0.01250	0.01250	0.00023	0.00000	0.00000	
40.00	Q	0.00000	0.00000	0.00000	0.00000	0.00000	0.00017	0.00916	0.50000	-0.50000	-0.00916	-0.00017	-0.00001	40.00
	V	0.00000	0.00002	0.00004	0.00006	0.00007	0.00009	0.00011	0.00012	0.00012	0.00009	0.00004	0.00000	
	V'	0.00019	0.00019	0.00019	0.00019	0.00019	0.00019	0.00018	-0.00012	-0.00012	-0.00043	-0.00044	-0.00044	
	M	0.00000	0.00000	0.00000	0.00000	0.00000	0.00000	0.00020	0.01212	0.01212	0.00020	0.00000	0.00000	
41.25	Q	0.00000	0.00000	0.00000	0.00000	0.00000	0.00013	0.00808	0.50000	-0.50000	-0.00808	-0.00013	-0.00000	41.25
	V	0.00000	0.00002	0.00004	0.00005	0.00007	0.00009	0.00011	0.00012	0.00012	0.00008	0.00004	0.00000	
	V'	0.00018	0.00018	0.00018	0.00018	0.00018	0.00018	0.00017	-0.00012	-0.00012	-0.00041	-0.00041	-0.00041	
	M	0.00000	0.00000	0.00000	0.00000	0.00000	0.00000	0.00017	0.01176	0.01176	0.00017	0.00000	0.00000	
42.50	Q	0.00000	0.00000	0.00000	0.00000	0.00000	0.00010	0.00713	0.50000	-0.50000	-0.00713	-0.00010	-0.00000	42.50
	V	0.00000	0.00002	0.00003	0.00005	0.00007	0.00008	0.00010	0.00011	0.00011	0.00008	0.00004	0.00000	
	V'	0.00017	0.00017	0.00017	0.00017	0.00017	0.00017	0.00016	-0.00011	-0.00011	-0.00038	-0.00039	-0.00039	
	M	0.00000	0.00000	0.00000	0.00000	0.00000	0.00000	0.00014	0.01143	0.01143	0.00014	0.00000	0.00000	
43.75	Q	0.00000	0.00000	0.00000	0.00000	0.00000	0.00008	0.00629	0.50000	-0.50000	-0.00629	-0.00008	-0.00000	43.75
	V	0.00000	0.00002	0.00003	0.00005	0.00006	0.00008	0.00009	0.00010	0.00010	0.00007	0.00004	0.00000	
	V'	0.00016	0.00016	0.00016	0.00016	0.00016	0.00016	0.00015	-0.00010	-0.00010	-0.00036	-0.00037	-0.00037	
	M	0.00000	0.00000	0.00000	0.00000	0.00000	0.00000	0.00012	0.01111	0.01111	0.00012	0.00000	0.00000	
45.00	Q	0.00000	0.00000	0.00000	0.00000	0.00000	0.00006	0.00555	0.50000	-0.50000	-0.00555	-0.00006	-0.00000	45.00
	V	0.00000	0.00001	0.00003	0.00004	0.00006	0.00007	0.00009	0.00010	0.00010	0.00007	0.00003	0.00000	
	V'	0.00015	0.00015	0.00015	0.00015	0.00015	0.00015	0.00015	-0.00010	-0.00010	-0.00034	-0.00035	-0.00035	
	M	0.00000	0.00000	0.00000	0.00000	0.00000	0.00000	0.00011	0.01081	0.01081	0.00011	0.00000	0.00000	
46.25	Q	0.00000	0.00000	0.00000	0.00000	0.00000	0.00005	0.00490	0.50000	-0.50000	-0.00490	-0.00005	-0.00000	46.25
	V	0.00000	0.00001	0.00003	0.00004	0.00006	0.00007	0.00008	0.00009	0.00009	0.00007	0.00003	0.00000	
	V'	0.00014	0.00014	0.00014	0.00014	0.00014	0.00014	0.00014	-0.00009	-0.00009	-0.00032	-0.00033	-0.00033	
	M	0.00000	0.00000	0.00000	0.00000	0.00000	0.00000	0.00009	0.01053	0.01053	0.00009	0.00000	0.00000	
47.50	Q	0.00000	0.00000	0.00000	0.00000	0.00000	0.00004	0.00433	0.50000	-0.50000	-0.00433	-0.00004	-0.00000	47.50
	V	0.00000	0.00001	0.00003	0.00004	0.00005	0.00007	0.00008	0.00009	0.00009	0.00006	0.00003	0.00000	
	V'	0.00013	0.00013	0.00013	0.00013	0.00013	0.00013	0.00013	-0.00009	-0.00009	-0.00031	-0.00031	-0.00031	
	M	0.00000	0.00000	0.00000	0.00000	0.00000	0.00000	0.00008	0.01026	0.01026	0.00008	0.00000	0.00000	
48.75	Q	0.00000	0.00000	0.00000	0.00000	0.00000	0.00003	0.00382	0.50000	-0.50000	-0.00382	-0.00003	-0.00000	48.75
	V	0.00000	0.00001	0.00003	0.00004	0.00005	0.00006	0.00008	0.00008	0.00008	0.00006	0.00003	0.00000	
	V'	0.00013	0.00013	0.00013	0.00013	0.00013	0.00013	0.00012	-0.00008	-0.00008	-0.00029	-0.00029	-0.00029	
BETA	X/L =	0.00	0.10	0.20	0.30	0.40	0.50	0.60	L 0.70	R 0.70	0.80	0.90	1.00	BETA

XP/L = 0.70

FUNKTIONEN : F.P;M - F.P;Q - F.P;V - F.P;V'

FUNKTIONEN : F.P;M - F.P;Q - F.P;V - F.P;V'

XP/L = 0.80

BETA	X/L =	0.00	0.10	0.20	0.30	0.40	0.50	0.60	0.70	L 0.80	R 0.80	0.90	1.00	BETA
	M	0.00000	0.02000	0.04000	0.06000	0.08000	0.10000	0.12000	0.14000	0.16000	0.16000	0.08000	0.00000	
0.00	Q	0.20000	0.20000	0.20000	0.20000	0.20000	0.20000	0.20000	0.20000	0.20000	-0.80000	-0.80000	-0.80000	0.00
	V	0.00000	0.00317	0.00613	0.00870	0.01067	0.01183	0.01200	0.01097	0.00853	0.00853	0.00467	0.00000	
	V'	0.03200	0.03100	0.02800	0.02300	0.01600	0.00700	-0.00400	-0.01700	-0.03200	-0.03200	-0.04400	-0.04800	
	M	0.00000	0.01980	0.03962	0.05946	0.07934	0.09927	0.11925	0.13932	0.15947	0.15947	0.07971	0.00000	
0.25	Q	0.19801	0.19808	0.19826	0.19857	0.19901	0.19956	0.20025	0.20105	0.20199	-0.79801	-0.79726	-0.79702	0.25
	V	0.00000	0.00314	0.00609	0.00864	0.01060	0.01176	0.01193	0.01090	0.00849	0.00849	0.00464	0.00000	
	V'	0.03177	0.03078	0.02781	0.02286	0.01592	0.00699	-0.00394	-0.01687	-0.03180	-0.03180	-0.04376	-0.04775	
	M	0.00000	0.01923	0.03851	0.05788	0.07740	0.09712	0.11707	0.13732	0.15791	0.15791	0.07886	0.00000	
0.50	Q	0.19222	0.19246	0.19319	0.19439	0.19608	0.19826	0.20094	0.20412	0.20781	-0.79219	-0.78923	-0.78825	0.50
	V	0.00000	0.00308	0.00596	0.00847	0.01039	0.01154	0.01171	0.01072	0.00835	0.00835	0.00457	0.00000	
	V'	0.03111	0.03014	0.02726	0.02244	0.01568	0.00695	-0.00375	-0.01647	-0.03123	-0.03123	-0.04307	-0.04701	
	M	0.00000	0.01833	0.03676	0.05539	0.07434	0.09371	0.11360	0.13414	0.15543	0.15543	0.07749	0.00000	
0.75	Q	0.18310	0.18361	0.18516	0.18775	0.19140	0.19612	0.20195	0.20891	0.21705	-0.78295	-0.77640	-0.77422	0.75
	V	0.00000	0.00297	0.00577	0.00819	0.01006	0.01118	0.01137	0.01042	0.00813	0.00813	0.00445	0.00000	
	V'	0.03005	0.02914	0.02638	0.02178	0.01529	0.00689	-0.00347	-0.01585	-0.03032	-0.03032	-0.04196	-0.04583	
	M	0.00000	0.01716	0.03449	0.05217	0.07037	0.08927	0.10907	0.12996	0.15215	0.15215	0.07570	0.00000	
1.00	Q	0.17132	0.17218	0.17476	0.17909	0.18521	0.19319	0.20309	0.21504	0.22913	-0.77087	-0.75949	-0.75571	1.00
	V	0.00000	0.00284	0.00551	0.00783	0.00963	0.01073	0.01093	0.01004	0.00785	0.00785	0.00430	0.00000	
	V'	0.02868	0.02782	0.02524	0.02091	0.01479	0.00681	-0.00309	-0.01504	-0.02913	-0.02913	-0.04051	-0.04429	
	M	0.00000	0.01581	0.03187	0.04842	0.06574	0.08408	0.10374	0.12502	0.14826	0.14826	0.07355	0.00000	
1.25	Q	0.15769	0.15893	0.16265	0.16891	0.17782	0.18951	0.20416	0.22201	0.24333	-0.75667	-0.73936	-0.73362	1.25
	V	0.00000	0.00268	0.00520	0.00741	0.00913	0.01019	0.01041	0.00959	0.00752	0.00752	0.00413	0.00000	
	V'	0.02708	0.02629	0.02391	0.01990	0.01420	0.00671	-0.00266	-0.01409	-0.02773	-0.02773	-0.03881	-0.04248	
	M	0.00000	0.01436	0.02903	0.04437	0.06070	0.07840	0.09787	0.11955	0.14392	0.14392	0.07116	0.00000	
1.50	Q	0.14302	0.14463	0.14950	0.15774	0.16954	0.18516	0.20495	0.22937	0.25895	-0.74105	-0.71690	-0.70891	1.50
	V	0.00000	0.00251	0.00487	0.00695	0.00858	0.00960	0.00983	0.00909	0.00715	0.00715	0.00393	0.00000	
	V'	0.02533	0.02461	0.02244	0.01878	0.01354	0.00660	-0.00220	-0.01305	-0.02620	-0.02620	-0.03693	-0.04049	
	M	0.00000	0.01287	0.02613	0.04019	0.05549	0.07249	0.09171	0.11376	0.13929	0.13929	0.06859	0.00000	
1.75	Q	0.12801	0.12997	0.13593	0.14606	0.16067	0.18022	0.20530	0.23668	0.27533	-0.72467	-0.69292	-0.68244	1.75
	V	0.00000	0.00233	0.00453	0.00647	0.00800	0.00898	0.00924	0.00857	0.00676	0.00676	0.00372	0.00000	
	V'	0.02351	0.02287	0.02092	0.01761	0.01284	0.00646	-0.00173	-0.01198	-0.02460	-0.02460	-0.03496	-0.03839	
	M	0.00000	0.01140	0.02326	0.03605	0.05029	0.06655	0.08548	0.10783	0.13452	0.13452	0.06594	0.00000	
2.00	Q	0.11325	0.11553	0.12243	0.13426	0.15147	0.17476	0.20506	0.24360	0.29191	-0.70809	-0.66814	-0.65499	2.00
	V	0.00000	0.00215	0.00419	0.00599	0.00743	0.00836	0.00863	0.00804	0.00637	0.00637	0.00352	0.00000	
	V'	0.02169	0.02112	0.01939	0.01644	0.01213	0.00631	-0.00127	-0.01090	-0.02298	-0.02298	-0.03297	-0.03625	
	M	0.00000	0.01000	0.02052	0.03207	0.04526	0.06074	0.07932	0.10192	0.12971	0.12971	0.06325	0.00000	
2.25	Q	0.09920	0.10172	0.10941	0.12266	0.14216	0.16887	0.20418	0.24986	0.30825	-0.69175	-0.64312	-0.62717	2.25
	V	0.00000	0.00197	0.00385	0.00552	0.00686	0.00775	0.00804	0.00752	0.00598	0.00598	0.00331	0.00000	
	V'	0.01991	0.01941	0.01789	0.01528	0.01143	0.00615	-0.00083	-0.00985	-0.02138	-0.02138	-0.03099	-0.03414	
BETA	X/L =	0.00	0.10	0.20	0.30	0.40	0.50	0.60	0.70	L 0.80	R 0.80	0.90	1.00	BETA

XP/L = 0.80

FUNKTIONEN : F.P;M - F.P;Q - F.P;V - F.P;V'

FUNKTIONEN : F.P;M - F.P;Q - F.P;V - F.P;V'

XP/L = 0.80

BETA	X/L =	0.00	0.10	0.20	0.30	0.40	0.50	0.60	0.70	L 0.80	R 0.80	0.90	1.00	BETA
	M	0.00000	0.00870	0.01795	0.02833	0.04049	0.05519	0.07336	0.09613	0.12495	0.12495	0.06057	0.00000	
2.50	Q	0.08613	0.08883	0.09712	0.11151	0.13290	0.16265	0.20261	0.25530	0.32403	-0.67597	-0.61829	-0.59946	2.50
	V	0.00000	0.00181	0.00353	0.00507	0.00632	0.00717	0.00746	0.00702	0.00561	0.00561	0.00311	0.00000	
	V'	0.01822	0.01779	0.01646	0.01416	0.01074	0.00598	-0.00042	-0.00885	-0.01985	-0.01985	-0.02907	-0.03209	
	M	0.00000	0.00752	0.01560	0.02488	0.03605	0.04996	0.06768	0.09054	0.12030	0.12030	0.05794	0.00000	
2.75	Q	0.07422	0.07705	0.08574	0.10095	0.12384	0.15616	0.20037	0.25982	0.33905	-0.66095	-0.59398	-0.57220	2.75
	V	0.00000	0.00165	0.00323	0.00464	0.00581	0.00662	0.00692	0.00654	0.00525	0.00525	0.00292	0.00000	
	V'	0.01663	0.01626	0.01511	0.01310	0.01007	0.00580	-0.00005	-0.00791	-0.01839	-0.01839	-0.02724	-0.03012	
	M	0.00000	0.00645	0.01349	0.02175	0.03198	0.04511	0.06233	0.08520	0.11580	0.11580	0.05539	0.00000	
3.00	Q	0.06355	0.06643	0.07534	0.09108	0.11507	0.14950	0.19749	0.26338	0.35315	-0.64685	-0.57039	-0.54565	3.00
	V	0.00000	0.00151	0.00295	0.00425	0.00534	0.00610	0.00641	0.00609	0.00491	0.00491	0.00273	0.00000	
	V'	0.01516	0.01484	0.01385	0.01210	0.00944	0.00561	0.00028	-0.00704	-0.01702	-0.01702	-0.02551	-0.02826	
	M	0.00000	0.00551	0.01160	0.01893	0.02828	0.04064	0.05733	0.08013	0.11147	0.11147	0.05291	0.00000	
3.25	Q	0.05411	0.05700	0.06595	0.08194	0.10665	0.14273	0.19402	0.26598	0.36629	-0.63371	-0.54765	-0.51995	3.25
	V	0.00000	0.00137	0.00269	0.00389	0.00490	0.00562	0.00593	0.00567	0.00459	0.00459	0.00256	0.00000	
	V'	0.01381	0.01354	0.01269	0.01118	0.00884	0.00542	0.00057	-0.00625	-0.01574	-0.01574	-0.02389	-0.02651	
	M	0.00000	0.00468	0.00994	0.01643	0.02495	0.03656	0.05269	0.07535	0.10733	0.10733	0.05054	0.00000	
3.50	Q	0.04586	0.04869	0.05756	0.07354	0.09863	0.13593	0.19004	0.26768	0.37844	-0.62156	-0.52584	-0.49520	3.50
	V	0.00000	0.00125	0.00245	0.00356	0.00449	0.00518	0.00549	0.00528	0.00430	0.00430	0.00241	0.00000	
	V'	0.01258	0.01235	0.01163	0.01032	0.00827	0.00523	0.00081	-0.00552	-0.01457	-0.01457	-0.02238	-0.02488	
	M	0.00000	0.00396	0.00849	0.01422	0.02197	0.03286	0.04841	0.07086	0.10338	0.10338	0.04826	0.00000	
3.75	Q	0.03870	0.04145	0.05010	0.06588	0.09104	0.12914	0.18562	0.26852	0.38961	-0.61039	-0.50500	-0.47146	3.75
	V	0.00000	0.00114	0.00224	0.00326	0.00413	0.00477	0.00509	0.00492	0.00403	0.00403	0.00226	0.00000	
	V'	0.01147	0.01127	0.01066	0.00954	0.00775	0.00504	0.00102	-0.00487	-0.01348	-0.01348	-0.02098	-0.02336	
	M	0.00000	0.00334	0.00723	0.01228	0.01933	0.02951	0.04447	0.06665	0.09963	0.09963	0.04608	0.00000	
4.00	Q	0.03254	0.03518	0.04352	0.05892	0.08388	0.12243	0.18084	0.26857	0.39985	-0.60015	-0.48511	-0.44873	4.00
	V	0.00000	0.00104	0.00205	0.00298	0.00379	0.00441	0.00472	0.00458	0.00377	0.00377	0.00212	0.00000	
	V'	0.01047	0.01030	0.00978	0.00882	0.00726	0.00485	0.00120	-0.00429	-0.01249	-0.01249	-0.01968	-0.02195	
	M	0.00000	0.00281	0.00614	0.01059	0.01698	0.02649	0.04086	0.06271	0.09607	0.09607	0.04400	0.00000	
4.25	Q	0.02728	0.02978	0.03775	0.05263	0.07716	0.11584	0.17577	0.26792	0.40920	-0.59080	-0.46618	-0.42703	4.25
	V	0.00000	0.00095	0.00187	0.00274	0.00349	0.00407	0.00438	0.00428	0.00354	0.00354	0.00199	0.00000	
	V'	0.00956	0.00942	0.00898	0.00816	0.00680	0.00466	0.00134	-0.00376	-0.01158	-0.01158	-0.01848	-0.02065	
	M	0.00000	0.00236	0.00520	0.00912	0.01491	0.02378	0.03754	0.05904	0.09269	0.09269	0.04202	0.00000	
4.50	Q	0.02281	0.02516	0.03269	0.04695	0.07088	0.10941	0.17047	0.26664	0.41771	-0.58229	-0.44815	-0.40632	4.50
	V	0.00000	0.00087	0.00172	0.00251	0.00321	0.00376	0.00407	0.00400	0.00332	0.00332	0.00188	0.00000	
	V'	0.00875	0.00863	0.00826	0.00756	0.00638	0.00447	0.00146	-0.00329	-0.01075	-0.01075	-0.01738	-0.01944	
	M	0.00000	0.00197	0.00440	0.00785	0.01309	0.02135	0.03451	0.05560	0.08948	0.08948	0.04013	0.00000	
4.75	Q	0.01903	0.02121	0.02828	0.04184	0.06503	0.10316	0.16501	0.26480	0.42546	-0.57454	-0.43101	-0.38658	4.75
	V	0.00000	0.00080	0.00158	0.00231	0.00297	0.00349	0.00379	0.00374	0.00313	0.00313	0.00177	0.00000	
	V'	0.00802	0.00792	0.00761	0.00701	0.00598	0.00429	0.00155	-0.00287	-0.00999	-0.00999	-0.01635	-0.01832	

BETA | X/L = | 0.00 | 0.10 | 0.20 | 0.30 | 0.40 | 0.50 | 0.60 | 0.70 | L 0.80 | R 0.80 | 0.90 | 1.00 | BETA

XP/L = 0.80

FUNKTIONEN : F.P;M - F.P;Q - F.P;V - F.P;V'

FUNKTIONEN : F.P;M - F.P;Q - F.P;V - F.P;V'

XP/L = 0.80

BETA	X/L =	0.00	0.10	0.20	0.30	0.40	0.50	0.60	0.70	L 0.80	R 0.80	0.90	1.00	BETA
	M	0.00000	0.00165	0.00372	0.00674	0.01149	0.01916	0.03173	0.05240	0.08644	0.08644	0.03833	0.00000	
5.00	Q	0.01584	0.01786	0.02444	0.03726	0.05958	0.09712	0.15945	0.26247	0.43250	-0.56750	-0.41471	-0.36777	5.00
	V	0.00000	0.00073	0.00145	0.00213	0.00274	0.00323	0.00353	0.00350	0.00294	0.00294	0.00167	0.00000	
	V'	0.00737	0.00729	0.00702	0.00651	0.00562	0.00412	0.00162	-0.00250	-0.00930	-0.00930	-0.01541	-0.01729	
	M	0.00000	0.00138	0.00314	0.00579	0.01008	0.01721	0.02919	0.04941	0.08356	0.08356	0.03662	0.00000	
5.25	Q	0.01316	0.01502	0.02111	0.03315	0.05454	0.09131	0.15383	0.25973	0.43888	-0.56112	-0.39920	-0.34987	5.25
	V	0.00000	0.00068	0.00134	0.00197	0.00254	0.00300	0.00329	0.00329	0.00277	0.00277	0.00157	0.00000	
	V'	0.00678	0.00671	0.00649	0.00605	0.00528	0.00394	0.00168	-0.00217	-0.00867	-0.00867	-0.01454	-0.01633	
	M	0.00000	0.00115	0.00265	0.00498	0.00885	0.01546	0.02687	0.04662	0.08083	0.08083	0.03499	0.00000	
5.50	Q	0.01092	0.01261	0.01822	0.02947	0.04987	0.08574	0.14820	0.25663	0.44467	-0.55533	-0.38445	-0.33283	5.50
	V	0.00000	0.00062	0.00123	0.00182	0.00235	0.00279	0.00308	0.00309	0.00262	0.00262	0.00149	0.00000	
	V'	0.00625	0.00619	0.00601	0.00564	0.00496	0.00378	0.00171	-0.00187	-0.00809	-0.00809	-0.01374	-0.01544	
	M	0.00000	0.00096	0.00223	0.00427	0.00777	0.01390	0.02475	0.04401	0.07823	0.07823	0.03343	0.00000	
5.75	Q	0.00904	0.01058	0.01571	0.02619	0.04556	0.08041	0.14259	0.25323	0.44992	-0.55008	-0.37041	-0.31661	5.75
	V	0.00000	0.00058	0.00114	0.00169	0.00218	0.00260	0.00288	0.00290	0.00247	0.00247	0.00141	0.00000	
	V'	0.00578	0.00573	0.00557	0.00526	0.00467	0.00362	0.00174	-0.00161	-0.00756	-0.00756	-0.01299	-0.01462	
	M	0.00000	0.00079	0.00188	0.00367	0.00682	0.01249	0.02281	0.04158	0.07577	0.07577	0.03196	0.00000	
6.00	Q	0.00748	0.00887	0.01355	0.02325	0.04158	0.07534	0.13704	0.24957	0.45467	-0.54533	-0.35703	-0.30118	6.00
	V	0.00000	0.00053	0.00106	0.00156	0.00203	0.00243	0.00270	0.00273	0.00234	0.00234	0.00133	0.00000	
	V'	0.00535	0.00531	0.00518	0.00491	0.00440	0.00346	0.00175	-0.00138	-0.00707	-0.00707	-0.01230	-0.01386	
	M	0.00000	0.00066	0.00159	0.00315	0.00599	0.01124	0.02103	0.03930	0.07343	0.07343	0.03055	0.00000	
6.25	Q	0.00618	0.00743	0.01168	0.02064	0.03793	0.07052	0.13157	0.24570	0.45898	-0.54102	-0.34429	-0.28649	6.25
	V	0.00000	0.00050	0.00098	0.00146	0.00189	0.00227	0.00253	0.00258	0.00222	0.00222	0.00127	0.00000	
	V'	0.00496	0.00493	0.00482	0.00459	0.00415	0.00331	0.00175	-0.00117	-0.00663	-0.00663	-0.01167	-0.01315	
	M	0.00000	0.00055	0.00133	0.00271	0.00526	0.01012	0.01940	0.03717	0.07121	0.07121	0.02921	0.00000	
6.50	Q	0.00511	0.00622	0.01007	0.01831	0.03457	0.06595	0.12620	0.24166	0.46288	-0.53712	-0.33215	-0.27252	6.50
	V	0.00000	0.00046	0.00092	0.00136	0.00177	0.00213	0.00238	0.00243	0.00210	0.00210	0.00120	0.00000	
	V'	0.00461	0.00459	0.00450	0.00430	0.00392	0.00317	0.00175	-0.00099	-0.00622	-0.00622	-0.01107	-0.01248	
	M	0.00000	0.00045	0.00112	0.00232	0.00462	0.00911	0.01791	0.03518	0.06909	0.06909	0.02794	0.00000	
6.75	Q	0.00421	0.00521	0.00867	0.01624	0.03149	0.06163	0.12095	0.23749	0.46641	-0.53359	-0.32057	-0.25924	6.75
	V	0.00000	0.00043	0.00085	0.00127	0.00165	0.00199	0.00224	0.00230	0.00200	0.00200	0.00114	0.00000	
	V'	0.00430	0.00428	0.00420	0.00403	0.00370	0.00304	0.00174	-0.00082	-0.00585	-0.00585	-0.01052	-0.01187	
	M	0.00000	0.00038	0.00094	0.00200	0.00406	0.00821	0.01654	0.03331	0.06708	0.06708	0.02672	0.00000	
7.00	Q	0.00347	0.00436	0.00747	0.01439	0.02866	0.05756	0.11583	0.23321	0.46960	-0.53040	-0.30952	-0.24659	7.00
	V	0.00000	0.00040	0.00080	0.00118	0.00155	0.00187	0.00211	0.00218	0.00190	0.00190	0.00109	0.00000	
	V'	0.00401	0.00399	0.00393	0.00379	0.00350	0.00291	0.00172	-0.00068	-0.00550	-0.00550	-0.01001	-0.01129	
	M	0.00000	0.00031	0.00079	0.00171	0.00358	0.00740	0.01528	0.03156	0.06517	0.06517	0.02557	0.00000	
7.25	Q	0.00286	0.00365	0.00643	0.01275	0.02608	0.05372	0.11085	0.22885	0.47249	-0.52751	-0.29896	-0.23457	7.25
	V	0.00000	0.00037	0.00075	0.00111	0.00145	0.00176	0.00199	0.00206	0.00180	0.00180	0.00104	0.00000	
	V'	0.00375	0.00374	0.00368	0.00356	0.00331	0.00278	0.00170	-0.00055	-0.00518	-0.00518	-0.00953	-0.01076	
BETA	X/L =	0.00	0.10	0.20	0.30	0.40	0.50	0.60	0.70	L 0.80	R 0.80	0.90	1.00	BETA

XP/L = 0.80

FUNKTIONEN : F.P;M - F.P;Q - F.P;V - F.P;V'

FUNKTIONEN : F.P;M - F.P;Q - F.P;V - F.P;V'

XP/L = 0.80

BETA	X/L =	0.00	0.10	0.20	0.30	0.40	0.50	0.60	0.70	L 0.80	R 0.80	0.90	1.00	BETA
7.50	M	0.00000	0.00026	0.00067	0.00147	0.00315	0.00667	0.01413	0.02992	0.06335	0.06335	0.02446	0.00000	7.50
	Q	0.00236	0.00305	0.00554	0.01130	0.02371	0.05010	0.10602	0.22443	0.47511	-0.52489	-0.28888	-0.22313	
	V	0.00000	0.00035	0.00070	0.00104	0.00137	0.00166	0.00188	0.00196	0.00172	0.00172	0.00099	0.00000	
	V'	0.00351	0.00350	0.00346	0.00335	0.00313	0.00266	0.00167	-0.00043	-0.00489	-0.00489	-0.00909	-0.01026	
7.75	M	0.00000	0.00021	0.00056	0.00127	0.00277	0.00602	0.01308	0.02838	0.06161	0.06161	0.02341	0.00000	7.75
	Q	0.00194	0.00255	0.00477	0.01000	0.02155	0.04671	0.10135	0.21998	0.47748	-0.52252	-0.27924	-0.21225	
	V	0.00000	0.00033	0.00066	0.00098	0.00129	0.00156	0.00178	0.00186	0.00164	0.00164	0.00094	0.00000	
	V'	0.00330	0.00329	0.00325	0.00316	0.00297	0.00255	0.00164	-0.00033	-0.00462	-0.00462	-0.00867	-0.00979	
8.00	M	0.00000	0.00018	0.00047	0.00109	0.00244	0.00544	0.01210	0.02694	0.05995	0.05995	0.02241	0.00000	8.00
	Q	0.00159	0.00213	0.00411	0.00886	0.01958	0.04352	0.09684	0.21551	0.47962	-0.52038	-0.27002	-0.20190	
	V	0.00000	0.00031	0.00062	0.00092	0.00121	0.00148	0.00169	0.00177	0.00156	0.00156	0.00090	0.00000	
	V'	0.00310	0.00309	0.00306	0.00299	0.00282	0.00244	0.00161	-0.00024	-0.00437	-0.00437	-0.00828	-0.00935	
8.25	M	0.00000	0.00015	0.00040	0.00094	0.00215	0.00491	0.01121	0.02558	0.05837	0.05837	0.02146	0.00000	8.25
	Q	0.00131	0.00178	0.00354	0.00784	0.01779	0.04054	0.09249	0.21104	0.48156	-0.51844	-0.26120	-0.19205	
	V	0.00000	0.00029	0.00058	0.00087	0.00114	0.00140	0.00160	0.00168	0.00149	0.00149	0.00086	0.00000	
	V'	0.00292	0.00291	0.00289	0.00282	0.00268	0.00234	0.00158	-0.00016	-0.00414	-0.00414	-0.00792	-0.00893	
8.50	M	0.00000	0.00012	0.00034	0.00081	0.00190	0.00444	0.01039	0.02430	0.05686	0.05686	0.02055	0.00000	8.50
	Q	0.00108	0.00149	0.00304	0.00694	0.01615	0.03775	0.08830	0.20658	0.48331	-0.51669	-0.25275	-0.18268	
	V	0.00000	0.00028	0.00055	0.00082	0.00108	0.00132	0.00152	0.00160	0.00143	0.00143	0.00082	0.00000	
	V'	0.00275	0.00275	0.00273	0.00267	0.00254	0.00225	0.00155	-0.00009	-0.00392	-0.00392	-0.00757	-0.00854	
8.75	M	0.00000	0.00010	0.00028	0.00069	0.00167	0.00401	0.00963	0.02310	0.05542	0.05542	0.01968	0.00000	8.75
	Q	0.00088	0.00125	0.00262	0.00614	0.01466	0.03513	0.08427	0.20214	0.48490	-0.51510	-0.24465	-0.17377	
	V	0.00000	0.00026	0.00052	0.00077	0.00102	0.00125	0.00144	0.00153	0.00137	0.00137	0.00079	0.00000	
	V'	0.00260	0.00260	0.00258	0.00253	0.00242	0.00215	0.00151	-0.00003	-0.00372	-0.00372	-0.00725	-0.00818	
9.00	M	0.00000	0.00008	0.00024	0.00060	0.00148	0.00363	0.00893	0.02197	0.05404	0.05404	0.01885	0.00000	9.00
	Q	0.00073	0.00104	0.00226	0.00543	0.01330	0.03269	0.08039	0.19773	0.48634	-0.51366	-0.23689	-0.16530	
	V	0.00000	0.00025	0.00049	0.00073	0.00097	0.00119	0.00137	0.00146	0.00131	0.00131	0.00075	0.00000	
	V'	0.00246	0.00246	0.00244	0.00240	0.00230	0.00207	0.00148	0.00003	-0.00354	-0.00354	-0.00695	-0.00784	
9.25	M	0.00000	0.00007	0.00020	0.00051	0.00130	0.00329	0.00829	0.02090	0.05272	0.05272	0.01806	0.00000	9.25
	Q	0.00060	0.00087	0.00194	0.00480	0.01206	0.03041	0.07668	0.19336	0.48764	-0.51236	-0.22944	-0.15724	
	V	0.00000	0.00023	0.00047	0.00070	0.00092	0.00113	0.00131	0.00139	0.00125	0.00125	0.00072	0.00000	
	V'	0.00233	0.00233	0.00231	0.00228	0.00220	0.00198	0.00144	0.00008	-0.00336	-0.00336	-0.00667	-0.00751	
9.50	M	0.00000	0.00006	0.00017	0.00044	0.00115	0.00298	0.00770	0.01990	0.05145	0.05145	0.01731	0.00000	9.50
	Q	0.00049	0.00073	0.00167	0.00424	0.01094	0.02828	0.07311	0.18904	0.48881	-0.51119	-0.22229	-0.14957	
	V	0.00000	0.00022	0.00044	0.00066	0.00087	0.00108	0.00124	0.00133	0.00120	0.00120	0.00069	0.00000	
	V'	0.00221	0.00221	0.00220	0.00217	0.00209	0.00190	0.00141	0.00012	-0.00320	-0.00320	-0.00640	-0.00721	
9.75	M	0.00000	0.00005	0.00014	0.00038	0.00102	0.00270	0.00715	0.01895	0.05024	0.05024	0.01659	0.00000	9.75
	Q	0.00040	0.00061	0.00144	0.00375	0.00992	0.02629	0.06970	0.18478	0.48988	-0.51012	-0.21543	-0.14227	
	V	0.00000	0.00021	0.00042	0.00063	0.00083	0.00102	0.00119	0.00127	0.00115	0.00115	0.00067	0.00000	
	V'	0.00210	0.00210	0.00209	0.00206	0.00200	0.00183	0.00137	0.00016	-0.00305	-0.00305	-0.00615	-0.00692	
BETA	X/L =	0.00	0.10	0.20	0.30	0.40	0.50	0.60	0.70	L 0.80	R 0.80	0.90	1.00	BETA

XP/L = 0.80

FUNKTIONEN : F.P;M - F.P;Q - F.P;V - F.P;V'

FUNKTIONEN : F.P;M - F.P;Q - F.P;V - F.P;V'

XP/L = 0.80

BETA	X/L =	0.00	0.10	0.20	0.30	0.40	0.50	0.60	0.70	L 0.80	R 0.80	0.90	1.00	BETA
	M	0.00000	0.00004	0.00012	0.00033	0.00090	0.00244	0.00664	0.01806	0.04908	0.04908	0.01590	0.00000	
10.00	Q	0.00033	0.00051	0.00124	0.00332	0.00899	0.02444	0.06643	0.18057	0.49084	-0.50916	-0.20883	-0.13534	10.00
	V	0.00000	0.00020	0.00040	0.00060	0.00079	0.00098	0.00113	0.00122	0.00111	0.00111	0.00064	0.00000	
	V'	0.00200	0.00199	0.00199	0.00197	0.00191	0.00176	0.00134	0.00019	-0.00291	-0.00291	-0.00591	-0.00665	
	M	0.00000	0.00003	0.00010	0.00028	0.00079	0.00222	0.00618	0.01721	0.04797	0.04797	0.01525	0.00000	
10.25	Q	0.00027	0.00042	0.00107	0.00293	0.00815	0.02271	0.06330	0.17643	0.49171	-0.50829	-0.20249	-0.12873	10.25
	V	0.00000	0.00019	0.00038	0.00057	0.00075	0.00093	0.00108	0.00117	0.00107	0.00107	0.00062	0.00000	
	V'	0.00190	0.00190	0.00189	0.00188	0.00183	0.00169	0.00130	0.00022	-0.00278	-0.00278	-0.00569	-0.00639	
	M	0.00000	0.00003	0.00008	0.00025	0.00070	0.00201	0.00574	0.01641	0.04690	0.04690	0.01462	0.00000	
10.50	Q	0.00022	0.00036	0.00092	0.00259	0.00739	0.02111	0.06031	0.17235	0.49250	-0.50750	-0.19639	-0.12246	10.50
	V	0.00000	0.00018	0.00036	0.00054	0.00072	0.00089	0.00104	0.00112	0.00103	0.00103	0.00059	0.00000	
	V'	0.00181	0.00181	0.00181	0.00179	0.00175	0.00162	0.00127	0.00025	-0.00265	-0.00265	-0.00547	-0.00615	
	M	0.00000	0.00002	0.00007	0.00021	0.00062	0.00182	0.00534	0.01566	0.04588	0.04588	0.01403	0.00000	
10.75	Q	0.00018	0.00030	0.00079	0.00229	0.00669	0.01961	0.05745	0.16833	0.49322	-0.50678	-0.19053	-0.11648	10.75
	V	0.00000	0.00017	0.00035	0.00052	0.00069	0.00085	0.00099	0.00108	0.00099	0.00099	0.00057	0.00000	
	V'	0.00173	0.00173	0.00172	0.00171	0.00167	0.00156	0.00123	0.00027	-0.00254	-0.00254	-0.00527	-0.00591	
	M	0.00000	0.00002	0.00006	0.00018	0.00055	0.00166	0.00497	0.01494	0.04490	0.04490	0.01345	0.00000	
11.00	Q	0.00015	0.00025	0.00068	0.00202	0.00606	0.01822	0.05472	0.16439	0.49386	-0.50614	-0.18488	-0.11080	11.00
	V	0.00000	0.00017	0.00033	0.00049	0.00066	0.00081	0.00095	0.00103	0.00095	0.00095	0.00055	0.00000	
	V'	0.00165	0.00165	0.00165	0.00164	0.00160	0.00150	0.00120	0.00029	-0.00243	-0.00243	-0.00508	-0.00570	
	M	0.00000	0.00001	0.00005	0.00016	0.00049	0.00150	0.00463	0.01427	0.04395	0.04395	0.01291	0.00000	
11.25	Q	0.00012	0.00021	0.00059	0.00179	0.00549	0.01692	0.05211	0.16052	0.49445	-0.50555	-0.17944	-0.10540	11.25
	V	0.00000	0.00016	0.00032	0.00047	0.00063	0.00078	0.00091	0.00099	0.00092	0.00092	0.00053	0.00000	
	V'	0.00158	0.00158	0.00158	0.00157	0.00154	0.00145	0.00117	0.00031	-0.00233	-0.00233	-0.00490	-0.00549	
	M	0.00000	0.00001	0.00004	0.00014	0.00043	0.00137	0.00432	0.01363	0.04304	0.04304	0.01239	0.00000	
11.50	Q	0.00010	0.00017	0.00050	0.00158	0.00498	0.01571	0.04963	0.15673	0.49497	-0.50503	-0.17419	-0.10026	11.50
	V	0.00000	0.00015	0.00030	0.00045	0.00060	0.00075	0.00087	0.00096	0.00088	0.00088	0.00051	0.00000	
	V'	0.00151	0.00151	0.00151	0.00150	0.00147	0.00139	0.00114	0.00033	-0.00223	-0.00223	-0.00473	-0.00529	
	M	0.00000	0.00001	0.00004	0.00012	0.00038	0.00124	0.00402	0.01302	0.04217	0.04217	0.01189	0.00000	
11.75	Q	0.00008	0.00015	0.00043	0.00139	0.00451	0.01459	0.04725	0.15301	0.49545	-0.50455	-0.16914	-0.09537	11.75
	V	0.00000	0.00014	0.00029	0.00043	0.00058	0.00072	0.00084	0.00092	0.00085	0.00085	0.00049	0.00000	
	V'	0.00145	0.00145	0.00145	0.00144	0.00142	0.00134	0.00111	0.00034	-0.00214	-0.00214	-0.00457	-0.00510	
	M	0.00000	0.00001	0.00003	0.00010	0.00034	0.00113	0.00375	0.01245	0.04132	0.04132	0.01141	0.00000	
12.00	Q	0.00007	0.00012	0.00037	0.00123	0.00408	0.01355	0.04499	0.14936	0.49589	-0.50411	-0.16426	-0.09072	12.00
	V	0.00000	0.00014	0.00028	0.00042	0.00055	0.00069	0.00081	0.00089	0.00082	0.00082	0.00048	0.00000	
	V'	0.00139	0.00139	0.00139	0.00138	0.00136	0.00129	0.00108	0.00035	-0.00205	-0.00205	-0.00441	-0.00493	
	M	0.00000	0.00001	0.00003	0.00009	0.00030	0.00103	0.00350	0.01190	0.04051	0.04051	0.01096	0.00000	
12.25	Q	0.00006	0.00010	0.00032	0.00109	0.00370	0.01258	0.04283	0.14579	0.49628	-0.50372	-0.15955	-0.08629	12.25
	V	0.00000	0.00013	0.00027	0.00040	0.00053	0.00066	0.00078	0.00085	0.00080	0.00080	0.00046	0.00000	
	V'	0.00133	0.00133	0.00133	0.00133	0.00131	0.00125	0.00105	0.00036	-0.00197	-0.00197	-0.00427	-0.00476	
BETA	X/L =	0.00	0.10	0.20	0.30	0.40	0.50	0.60	0.70	L 0.80	R 0.80	0.90	1.00	BETA

XP/L = 0.80

FUNKTIONEN : F.P;M - F.P;Q - F.P;V - F.P;V'

FUNKTIONEN : F.P;M - F.P;Q - F.P;V - F.P;V'

XP/L = 0.80

BETA	X/L =	0.00	0.10	0.20	0.30	0.40	0.50	0.60	0.70	L 0.80	R 0.80	0.90	1.00	BETA
	M	0.00000	0.00001	0.00002	0.00008	0.00027	0.00093	0.00326	0.01138	0.03973	0.03973	0.01052	0.00000	
12.50	Q	0.00005	0.00009	0.00028	0.00096	0.00335	0.01168	0.04077	0.14229	0.49663	-0.50337	-0.15501	-0.08208	12.50
	V	0.00000	0.00013	0.00026	0.00038	0.00051	0.00063	0.00075	0.00082	0.00077	0.00077	0.00044	0.00000	
	V'	0.00128	0.00128	0.00128	0.00127	0.00126	0.00121	0.00102	0.00037	-0.00190	-0.00190	-0.00413	-0.00459	
	M	0.00000	0.00000	0.00002	0.00007	0.00024	0.00085	0.00304	0.01089	0.03898	0.03898	0.01010	0.00000	
12.75	Q	0.00004	0.00007	0.00024	0.00085	0.00303	0.01084	0.03880	0.13886	0.49695	-0.50305	-0.15062	-0.07808	12.75
	V	0.00000	0.00012	0.00025	0.00037	0.00049	0.00061	0.00072	0.00079	0.00074	0.00074	0.00043	0.00000	
	V'	0.00123	0.00123	0.00123	0.00123	0.00121	0.00116	0.00099	0.00038	-0.00183	-0.00183	-0.00399	-0.00444	
	M	0.00000	0.00000	0.00002	0.00006	0.00021	0.00077	0.00284	0.01042	0.03825	0.03825	0.00970	0.00000	
13.00	Q	0.00003	0.00006	0.00020	0.00075	0.00274	0.01007	0.03693	0.13551	0.49724	-0.50276	-0.14639	-0.07427	13.00
	V	0.00000	0.00012	0.00024	0.00035	0.00047	0.00059	0.00069	0.00077	0.00072	0.00072	0.00042	0.00000	
	V'	0.00118	0.00118	0.00118	0.00118	0.00117	0.00112	0.00096	0.00038	-0.00176	-0.00176	-0.00387	-0.00429	
	M	0.00000	0.00000	0.00001	0.00005	0.00019	0.00071	0.00265	0.00998	0.03755	0.03755	0.00932	0.00000	
13.25	Q	0.00002	0.00005	0.00018	0.00066	0.00248	0.00934	0.03515	0.13224	0.49750	-0.50250	-0.14229	-0.07065	13.25
	V	0.00000	0.00011	0.00023	0.00034	0.00045	0.00057	0.00067	0.00074	0.00070	0.00070	0.00040	0.00000	
	V'	0.00114	0.00114	0.00114	0.00114	0.00113	0.00109	0.00094	0.00039	-0.00169	-0.00169	-0.00375	-0.00415	
	M	0.00000	0.00000	0.00001	0.00004	0.00017	0.00064	0.00248	0.00956	0.03687	0.03687	0.00896	0.00000	
13.50	Q	0.00002	0.00004	0.00015	0.00058	0.00225	0.00867	0.03345	0.12903	0.49774	-0.50226	-0.13833	-0.06721	13.50
	V	0.00000	0.00011	0.00022	0.00033	0.00044	0.00055	0.00064	0.00072	0.00068	0.00068	0.00039	0.00000	
	V'	0.00110	0.00110	0.00110	0.00109	0.00109	0.00105	0.00091	0.00039	-0.00163	-0.00163	-0.00363	-0.00402	
	M	0.00000	0.00000	0.00001	0.00004	0.00015	0.00059	0.00232	0.00916	0.03622	0.03622	0.00861	0.00000	
13.75	Q	0.00002	0.00003	0.00013	0.00051	0.00204	0.00805	0.03183	0.12590	0.49796	-0.50204	-0.13450	-0.06393	13.75
	V	0.00000	0.00011	0.00021	0.00032	0.00042	0.00053	0.00062	0.00069	0.00065	0.00065	0.00038	0.00000	
	V'	0.00106	0.00106	0.00106	0.00106	0.00105	0.00102	0.00089	0.00039	-0.00158	-0.00158	-0.00352	-0.00389	
	M	0.00000	0.00000	0.00001	0.00003	0.00013	0.00053	0.00216	0.00877	0.03558	0.03558	0.00827	0.00000	
14.00	Q	0.00001	0.00003	0.00011	0.00045	0.00184	0.00747	0.03029	0.12284	0.49815	-0.50185	-0.13080	-0.06081	14.00
	V	0.00000	0.00010	0.00020	0.00031	0.00041	0.00051	0.00060	0.00067	0.00063	0.00063	0.00037	0.00000	
	V'	0.00102	0.00102	0.00102	0.00102	0.00101	0.00098	0.00087	0.00039	-0.00152	-0.00152	-0.00341	-0.00377	
	M	0.00000	0.00000	0.00001	0.00003	0.00012	0.00049	0.00202	0.00841	0.03497	0.03497	0.00795	0.00000	
14.25	Q	0.00001	0.00002	0.00010	0.00040	0.00167	0.00693	0.02883	0.11985	0.49833	-0.50167	-0.12721	-0.05784	14.25
	V	0.00000	0.00010	0.00020	0.00030	0.00039	0.00049	0.00058	0.00065	0.00062	0.00062	0.00035	0.00000	
	V'	0.00098	0.00098	0.00098	0.00098	0.00098	0.00095	0.00084	0.00039	-0.00147	-0.00147	-0.00331	-0.00365	
	M	0.00000	0.00000	0.00001	0.00002	0.00010	0.00044	0.00189	0.00806	0.03438	0.03438	0.00764	0.00000	
14.50	Q	0.00001	0.00002	0.00008	0.00035	0.00151	0.00643	0.02743	0.11693	0.49849	-0.50151	-0.12374	-0.05502	14.50
	V	0.00000	0.00010	0.00019	0.00029	0.00038	0.00047	0.00056	0.00063	0.00060	0.00060	0.00034	0.00000	
	V'	0.00095	0.00095	0.00095	0.00095	0.00094	0.00092	0.00082	0.00040	-0.00142	-0.00142	-0.00322	-0.00354	
	M	0.00000	0.00000	0.00000	0.00002	0.00009	0.00040	0.00177	0.00773	0.03381	0.03381	0.00735	0.00000	
14.75	Q	0.00001	0.00002	0.00007	0.00031	0.00137	0.00597	0.02610	0.11408	0.49863	-0.50137	-0.12038	-0.05234	14.75
	V	0.00000	0.00009	0.00018	0.00028	0.00037	0.00046	0.00054	0.00061	0.00058	0.00058	0.00033	0.00000	
	V'	0.00092	0.00092	0.00092	0.00092	0.00091	0.00089	0.00080	0.00039	-0.00137	-0.00137	-0.00312	-0.00344	
BETA	X/L =	0.00	0.10	0.20	0.30	0.40	0.50	0.60	0.70	L 0.80	R 0.80	0.90	1.00	BETA

XP/L = 0.80

FUNKTIONEN : F.P;M - F.P;Q - F.P;V - F.P;V'

FUNKTIONEN : F.P;M - F.P;Q - F.P;V - F.P;V'

XP/L = 0.80

BETA	X/L =	0.00	0.10	0.20	0.30	0.40	0.50	0.60	0.70	L 0.80	R 0.80	0.90	1.00	BETA
	M	0.00000	0.00000	0.00000	0.00002	0.00008	0.00037	0.00166	0.00742	0.03325	0.03325	0.00707	0.00000	
15.00	Q	0.00001	0.00001	0.00006	0.00028	0.00124	0.00554	0.02483	0.11129	0.49876	-0.50124	-0.11712	-0.04979	15.00
	V	0.00000	0.00009	0.00018	0.00027	0.00036	0.00044	0.00053	0.00059	0.00056	0.00056	0.00032	0.00000	
	V'	0.00089	0.00089	0.00089	0.00089	0.00088	0.00086	0.00078	0.00039	-0.00133	-0.00133	-0.00304	-0.00333	
	M	0.00000	0.00000	0.00000	0.00002	0.00007	0.00034	0.00155	0.00712	0.03271	0.03271	0.00680	0.00000	
15.25	Q	0.00001	0.00001	0.00005	0.00024	0.00112	0.00514	0.02363	0.10857	0.49888	-0.50112	-0.11396	-0.04736	15.25
	V	0.00000	0.00009	0.00017	0.00026	0.00034	0.00043	0.00051	0.00057	0.00055	0.00055	0.00031	0.00000	
	V'	0.00086	0.00086	0.00086	0.00086	0.00086	0.00084	0.00076	0.00039	-0.00129	-0.00129	-0.00295	-0.00324	
	M	0.00000	0.00000	0.00000	0.00001	0.00007	0.00031	0.00145	0.00683	0.03219	0.03219	0.00654	0.00000	
15.50	Q	0.00000	0.00001	0.00005	0.00021	0.00101	0.00477	0.02248	0.10591	0.49899	-0.50101	-0.11090	-0.04505	15.50
	V	0.00000	0.00008	0.00017	0.00025	0.00033	0.00041	0.00049	0.00055	0.00053	0.00053	0.00031	0.00000	
	V'	0.00083	0.00083	0.00083	0.00083	0.00083	0.00081	0.00074	0.00039	-0.00124	-0.00124	-0.00287	-0.00314	
	M	0.00000	0.00000	0.00000	0.00001	0.00006	0.00028	0.00136	0.00656	0.03169	0.03169	0.00629	0.00000	
15.75	Q	0.00000	0.00001	0.00004	0.00019	0.00092	0.00443	0.02139	0.10331	0.49908	-0.50092	-0.10794	-0.04285	15.75
	V	0.00000	0.00008	0.00016	0.00024	0.00032	0.00040	0.00048	0.00054	0.00052	0.00052	0.00030	0.00000	
	V'	0.00081	0.00081	0.00081	0.00081	0.00080	0.00079	0.00072	0.00039	-0.00121	-0.00121	-0.00279	-0.00305	
	M	0.00000	0.00000	0.00000	0.00001	0.00005	0.00026	0.00127	0.00630	0.03120	0.03120	0.00605	0.00000	
16.00	Q	0.00000	0.00001	0.00003	0.00017	0.00083	0.00411	0.02035	0.10078	0.49917	-0.50083	-0.10506	-0.04076	16.00
	V	0.00000	0.00008	0.00016	0.00023	0.00031	0.00039	0.00046	0.00052	0.00050	0.00050	0.00029	0.00000	
	V'	0.00078	0.00078	0.00078	0.00078	0.00078	0.00077	0.00070	0.00039	-0.00117	-0.00117	-0.00271	-0.00297	
	M	0.00000	0.00000	0.00000	0.00001	0.00005	0.00023	0.00119	0.00605	0.03072	0.03072	0.00582	0.00000	
16.25	Q	0.00000	0.00001	0.00003	0.00015	0.00075	0.00381	0.01936	0.09831	0.49925	-0.50075	-0.10227	-0.03877	16.25
	V	0.00000	0.00008	0.00015	0.00023	0.00030	0.00038	0.00045	0.00051	0.00049	0.00049	0.00028	0.00000	
	V'	0.00076	0.00076	0.00076	0.00076	0.00075	0.00074	0.00068	0.00039	-0.00113	-0.00113	-0.00264	-0.00288	
	M	0.00000	0.00000	0.00000	0.00001	0.00004	0.00021	0.00112	0.00581	0.03026	0.03026	0.00561	0.00000	
16.50	Q	0.00000	0.00000	0.00003	0.00013	0.00068	0.00354	0.01842	0.09589	0.49932	-0.50068	-0.09957	-0.03688	16.50
	V	0.00000	0.00007	0.00015	0.00022	0.00029	0.00037	0.00044	0.00049	0.00048	0.00048	0.00027	0.00000	
	V'	0.00073	0.00073	0.00073	0.00073	0.00073	0.00072	0.00067	0.00038	-0.00110	-0.00110	-0.00257	-0.00280	
	M	0.00000	0.00000	0.00000	0.00001	0.00004	0.00020	0.00105	0.00558	0.02981	0.02981	0.00540	0.00000	
16.75	Q	0.00000	0.00000	0.00002	0.00012	0.00061	0.00328	0.01752	0.09354	0.49938	-0.50062	-0.09694	-0.03508	16.75
	V	0.00000	0.00007	0.00014	0.00021	0.00029	0.00036	0.00042	0.00048	0.00046	0.00046	0.00027	0.00000	
	V'	0.00071	0.00071	0.00071	0.00071	0.00071	0.00070	0.00065	0.00038	-0.00107	-0.00107	-0.00251	-0.00273	
	M	0.00000	0.00000	0.00000	0.00001	0.00003	0.00018	0.00098	0.00537	0.02938	0.02938	0.00519	0.00000	
17.00	Q	0.00000	0.00000	0.00002	0.00010	0.00056	0.00304	0.01667	0.09124	0.49944	-0.50056	-0.09439	-0.03337	17.00
	V	0.00000	0.00007	0.00014	0.00021	0.00028	0.00035	0.00041	0.00047	0.00045	0.00045	0.00026	0.00000	
	V'	0.00069	0.00069	0.00069	0.00069	0.00069	0.00068	0.00063	0.00038	-0.00104	-0.00104	-0.00244	-0.00265	
	M	0.00000	0.00000	0.00000	0.00001	0.00003	0.00016	0.00092	0.00516	0.02896	0.02896	0.00500	0.00000	
17.25	Q	0.00000	0.00000	0.00002	0.00009	0.00050	0.00283	0.01586	0.08900	0.49950	-0.50050	-0.09191	-0.03175	17.25
	V	0.00000	0.00007	0.00013	0.00020	0.00027	0.00034	0.00040	0.00045	0.00044	0.00044	0.00025	0.00000	
	V'	0.00067	0.00067	0.00067	0.00067	0.00067	0.00066	0.00062	0.00037	-0.00101	-0.00101	-0.00238	-0.00258	
BETA	X/L =	0.00	0.10	0.20	0.30	0.40	0.50	0.60	0.70	L 0.80	R 0.80	0.90	1.00	BETA

XP/L = 0.80

FUNKTIONEN : F.P;M - F.P;Q - F.P;V - F.P;V'

FUNKTIONEN : F.P;M - F.P;Q - F.P;V - F.P;V'

XP/L = 0.80

BETA	X/L =	0.00	0.10	0.20	0.30	0.40	0.50	0.60	0.70	L 0.80	R 0.80	0.90	1.00	BETA
	M	0.00000	0.00000	0.00000	0.00000	0.00003	0.00015	0.00086	0.00496	0.02855	0.02855	0.00482	0.00000	
17.50	Q	0.00000	0.00000	0.00001	0.00008	0.00046	0.00262	0.01508	0.08681	0.49954	-0.50046	-0.08951	-0.03020	17.50
	V	0.00000	0.00007	0.00013	0.00020	0.00026	0.00033	0.00039	0.00044	0.00043	0.00043	0.00025	0.00000	
	V'	0.00065	0.00065	0.00065	0.00065	0.00065	0.00064	0.00060	0.00037	-0.00098	-0.00098	-0.00232	-0.00251	
	M	0.00000	0.00000	0.00000	0.00000	0.00002	0.00014	0.00081	0.00477	0.02815	0.02815	0.00464	0.00000	
17.75	Q	0.00000	0.00000	0.00001	0.00007	0.00041	0.00243	0.01435	0.08467	0.49959	-0.50041	-0.08718	-0.02872	17.75
	V	0.00000	0.00006	0.00013	0.00019	0.00025	0.00032	0.00038	0.00043	0.00042	0.00042	0.00024	0.00000	
	V'	0.00063	0.00063	0.00063	0.00063	0.00063	0.00063	0.00059	0.00037	-0.00095	-0.00095	-0.00226	-0.00245	
	M	0.00000	0.00000	0.00000	0.00000	0.00002	0.00013	0.00076	0.00459	0.02776	0.02776	0.00447	0.00000	
18.00	Q	0.00000	0.00000	0.00001	0.00006	0.00037	0.00226	0.01365	0.08259	0.49963	-0.50037	-0.08491	-0.02732	18.00
	V	0.00000	0.00006	0.00012	0.00019	0.00025	0.00031	0.00037	0.00042	0.00041	0.00041	0.00023	0.00000	
	V'	0.00062	0.00062	0.00062	0.00062	0.00062	0.00061	0.00058	0.00036	-0.00092	-0.00092	-0.00221	-0.00238	
	M	0.00000	0.00000	0.00000	0.00000	0.00002	0.00011	0.00071	0.00441	0.02738	0.02738	0.00430	0.00000	
18.25	Q	0.00000	0.00000	0.00001	0.00005	0.00034	0.00209	0.01299	0.08055	0.49966	-0.50034	-0.08270	-0.02599	18.25
	V	0.00000	0.00006	0.00012	0.00018	0.00024	0.00030	0.00036	0.00041	0.00040	0.00040	0.00023	0.00000	
	V'	0.00060	0.00060	0.00060	0.00060	0.00060	0.00059	0.00056	0.00036	-0.00090	-0.00090	-0.00215	-0.00232	
	M	0.00000	0.00000	0.00000	0.00000	0.00002	0.00011	0.00067	0.00425	0.02701	0.02701	0.00414	0.00000	
18.50	Q	0.00000	0.00000	0.00001	0.00005	0.00031	0.00194	0.01235	0.07857	0.49969	-0.50031	-0.08056	-0.02472	18.50
	V	0.00000	0.00006	0.00012	0.00018	0.00023	0.00029	0.00035	0.00040	0.00039	0.00039	0.00022	0.00000	
	V'	0.00058	0.00058	0.00058	0.00058	0.00058	0.00058	0.00055	0.00035	-0.00088	-0.00088	-0.00210	-0.00227	
	M	0.00000	0.00000	0.00000	0.00000	0.00001	0.00010	0.00063	0.00409	0.02665	0.02665	0.00399	0.00000	
18.75	Q	0.00000	0.00000	0.00001	0.00004	0.00028	0.00180	0.01175	0.07664	0.49972	-0.50028	-0.07848	-0.02352	18.75
	V	0.00000	0.00006	0.00011	0.00017	0.00023	0.00028	0.00034	0.00039	0.00038	0.00038	0.00022	0.00000	
	V'	0.00057	0.00057	0.00057	0.00057	0.00057	0.00056	0.00054	0.00035	-0.00085	-0.00085	-0.00205	-0.00221	
	M	0.00000	0.00000	0.00000	0.00000	0.00001	0.00009	0.00059	0.00393	0.02630	0.02630	0.00385	0.00000	
19.00	Q	0.00000	0.00000	0.00001	0.00004	0.00025	0.00167	0.01118	0.07475	0.49975	-0.50025	-0.07646	-0.02237	19.00
	V	0.00000	0.00006	0.00011	0.00017	0.00022	0.00028	0.00033	0.00038	0.00037	0.00037	0.00021	0.00000	
	V'	0.00055	0.00055	0.00055	0.00055	0.00055	0.00055	0.00052	0.00035	-0.00083	-0.00083	-0.00200	-0.00215	
	M	0.00000	0.00000	0.00000	0.00000	0.00001	0.00008	0.00055	0.00379	0.02596	0.02596	0.00371	0.00000	
19.25	Q	0.00000	0.00000	0.00000	0.00003	0.00023	0.00155	0.01064	0.07290	0.49977	-0.50023	-0.07449	-0.02128	19.25
	V	0.00000	0.00005	0.00011	0.00016	0.00022	0.00027	0.00032	0.00037	0.00036	0.00036	0.00021	0.00000	
	V'	0.00054	0.00054	0.00054	0.00054	0.00054	0.00054	0.00051	0.00034	-0.00081	-0.00081	-0.00196	-0.00210	
	M	0.00000	0.00000	0.00000	0.00000	0.00001	0.00007	0.00052	0.00365	0.02563	0.02563	0.00357	0.00000	
19.50	Q	0.00000	0.00000	0.00000	0.00003	0.00020	0.00144	0.01012	0.07111	0.49980	-0.50020	-0.07258	-0.02024	19.50
	V	0.00000	0.00005	0.00011	0.00016	0.00021	0.00026	0.00031	0.00036	0.00035	0.00035	0.00020	0.00000	
	V'	0.00053	0.00053	0.00053	0.00053	0.00053	0.00052	0.00050	0.00034	-0.00079	-0.00079	-0.00191	-0.00205	
	M	0.00000	0.00000	0.00000	0.00000	0.00001	0.00007	0.00049	0.00351	0.02531	0.02531	0.00345	0.00000	
19.75	Q	0.00000	0.00000	0.00000	0.00003	0.00019	0.00134	0.00962	0.06935	0.49981	-0.50019	-0.07072	-0.01925	19.75
	V	0.00000	0.00005	0.00010	0.00015	0.00021	0.00026	0.00031	0.00035	0.00035	0.00035	0.00020	0.00000	
	V'	0.00051	0.00051	0.00051	0.00051	0.00051	0.00051	0.00049	0.00033	-0.00077	-0.00077	-0.00187	-0.00200	
BETA	X/L =	0.00	0.10	0.20	0.30	0.40	0.50	0.60	0.70	L 0.80	R 0.80	0.90	1.00	BETA

XP/L = 0.80

FUNKTIONEN : F.P;M - F.P;Q - F.P;V - F.P;V'

Z U G S T A E B E -464-

FUNKTIONEN : F.PIM - F.PIQ - F.PIV - F.PIV'

XP/L = 0.80

BETA	X/L =	0.00	0.10	0.20	0.30	0.40	0.50	0.60	0.70	L 0.80	R 0.80	0.90	1.00	BETA
20.00	M	0.00000	0.00000	0.00000	0.00000	0.00001	0.00006	0.00046	0.00338	0.02499	0.02499	0.00332	0.00000	20.00
	Q	0.00000	0.00000	0.00000	0.00002	0.00017	0.00124	0.00915	0.06764	0.49983	-0.50017	-0.06891	-0.01832	
	V	0.00000	0.00005	0.00010	0.00015	0.00020	0.00025	0.00030	0.00034	0.00034	0.00034	0.00019	0.00000	
	V'	0.00050	0.00050	0.00050	0.00050	0.00050	0.00050	0.00048	0.00033	-0.00075	-0.00075	-0.00183	-0.00195	
20.25	M	0.00000	0.00000	0.00000	0.00000	0.00001	0.00006	0.00043	0.00326	0.02468	0.02468	0.00320	0.00000	20.25
	Q	0.00000	0.00000	0.00000	0.00002	0.00015	0.00115	0.00871	0.06598	0.49985	-0.50015	-0.06715	-0.01742	
	V	0.00000	0.00005	0.00010	0.00015	0.00020	0.00024	0.00029	0.00033	0.00033	0.00033	0.00019	0.00000	
	V'	0.00049	0.00049	0.00049	0.00049	0.00049	0.00048	0.00047	0.00033	-0.00073	-0.00073	-0.00179	-0.00191	
20.50	M	0.00000	0.00000	0.00000	0.00000	0.00001	0.00005	0.00040	0.00314	0.02438	0.02438	0.00309	0.00000	20.50
	Q	0.00000	0.00000	0.00000	0.00002	0.00014	0.00107	0.00828	0.06435	0.49986	-0.50014	-0.06543	-0.01657	
	V	0.00000	0.00005	0.00010	0.00014	0.00019	0.00024	0.00028	0.00033	0.00032	0.00032	0.00018	0.00000	
	V'	0.00048	0.00048	0.00048	0.00048	0.00048	0.00047	0.00046	0.00032	-0.00071	-0.00071	-0.00175	-0.00186	
20.75	M	0.00000	0.00000	0.00000	0.00000	0.00001	0.00005	0.00038	0.00302	0.02409	0.02409	0.00298	0.00000	20.75
	Q	0.00000	0.00000	0.00000	0.00002	0.00012	0.00099	0.00788	0.06276	0.49988	-0.50012	-0.06377	-0.01576	
	V	0.00000	0.00005	0.00009	0.00014	0.00019	0.00023	0.00028	0.00032	0.00032	0.00032	0.00018	0.00000	
	V'	0.00046	0.00046	0.00046	0.00046	0.00046	0.00046	0.00045	0.00032	-0.00070	-0.00070	-0.00171	-0.00182	
21.00	M	0.00000	0.00000	0.00000	0.00000	0.00001	0.00004	0.00036	0.00291	0.02380	0.02380	0.00287	0.00000	21.00
	Q	0.00000	0.00000	0.00000	0.00001	0.00011	0.00092	0.00750	0.06121	0.49989	-0.50011	-0.06215	-0.01500	
	V	0.00000	0.00005	0.00009	0.00014	0.00018	0.00023	0.00027	0.00031	0.00031	0.00031	0.00017	0.00000	
	V'	0.00045	0.00045	0.00045	0.00045	0.00045	0.00045	0.00044	0.00031	-0.00068	-0.00068	-0.00167	-0.00178	
21.25	M	0.00000	0.00000	0.00000	0.00000	0.00000	0.00004	0.00034	0.00281	0.02352	0.02352	0.00277	0.00000	21.25
	Q	0.00000	0.00000	0.00000	0.00001	0.00010	0.00085	0.00713	0.05970	0.49990	-0.50010	-0.06057	-0.01426	
	V	0.00000	0.00004	0.00009	0.00013	0.00018	0.00022	0.00027	0.00030	0.00030	0.00030	0.00017	0.00000	
	V'	0.00044	0.00044	0.00044	0.00044	0.00044	0.00044	0.00043	0.00031	-0.00066	-0.00066	-0.00164	-0.00174	
21.50	M	0.00000	0.00000	0.00000	0.00000	0.00000	0.00004	0.00032	0.00271	0.02325	0.02325	0.00267	0.00000	21.50
	Q	0.00000	0.00000	0.00000	0.00001	0.00009	0.00079	0.00678	0.05823	0.49991	-0.50009	-0.05903	-0.01357	
	V	0.00000	0.00004	0.00009	0.00013	0.00017	0.00022	0.00026	0.00030	0.00030	0.00030	0.00017	0.00000	
	V'	0.00043	0.00043	0.00043	0.00043	0.00043	0.00043	0.00042	0.00031	-0.00065	-0.00065	-0.00160	-0.00170	
21.75	M	0.00000	0.00000	0.00000	0.00000	0.00000	0.00003	0.00030	0.00261	0.02298	0.02298	0.00258	0.00000	21.75
	Q	0.00000	0.00000	0.00000	0.00001	0.00008	0.00073	0.00645	0.05679	0.49992	-0.50008	-0.05754	-0.01291	
	V	0.00000	0.00004	0.00008	0.00013	0.00017	0.00021	0.00025	0.00029	0.00029	0.00029	0.00016	0.00000	
	V'	0.00042	0.00042	0.00042	0.00042	0.00042	0.00042	0.00041	0.00030	-0.00063	-0.00063	-0.00157	-0.00166	
22.00	M	0.00000	0.00000	0.00000	0.00000	0.00000	0.00003	0.00028	0.00252	0.02272	0.02272	0.00249	0.00000	22.00
	Q	0.00000	0.00000	0.00000	0.00001	0.00008	0.00068	0.00614	0.05539	0.49992	-0.50008	-0.05608	-0.01228	
	V	0.00000	0.00004	0.00008	0.00012	0.00017	0.00021	0.00025	0.00028	0.00028	0.00028	0.00016	0.00000	
	V'	0.00041	0.00041	0.00041	0.00041	0.00041	0.00041	0.00040	0.00030	-0.00062	-0.00062	-0.00154	-0.00163	
22.25	M	0.00000	0.00000	0.00000	0.00000	0.00000	0.00003	0.00026	0.00243	0.02247	0.02247	0.00240	0.00000	22.25
	Q	0.00000	0.00000	0.00000	0.00001	0.00007	0.00063	0.00584	0.05403	0.49993	-0.50007	-0.05466	-0.01168	
	V	0.00000	0.00004	0.00008	0.00012	0.00016	0.00020	0.00024	0.00028	0.00028	0.00028	0.00016	0.00000	
	V'	0.00040	0.00040	0.00040	0.00040	0.00040	0.00040	0.00039	0.00029	-0.00061	-0.00061	-0.00151	-0.00159	
BETA	X/L =	0.00	0.10	0.20	0.30	0.40	0.50	0.60	0.70	L 0.80	R 0.80	0.90	1.00	BETA

XP/L = 0.80

FUNKTIONEN : F.PIM - F.PIQ - F.PIV - F.PIV'

Z U G S T A E B E -465-

FUNKTIONEN : F.PIM - F.PIQ - F.PIV - F.PIV'

XP/L = 0.80

BETA	X/L =	0.00	0.10	0.20	0.30	0.40	0.50	0.60	0.70	L 0.80	R 0.80	0.90	1.00	BETA
	M	0.00000	0.00000	0.00000	0.00000	0.00000	0.00003	0.00025	0.00234	0.02222	0.02222	0.00232	0.00000	
22.50	Q	0.00000	0.00000	0.00000	0.00001	0.00006	0.00059	0.00555	0.05269	0.49994	-0.50006	-0.05329	-0.01111	22.50
	V	0.00000	0.00004	0.00008	0.00012	0.00016	0.00020	0.00024	0.00027	0.00027	0.00027	0.00015	0.00000	
	V'	0.00040	0.00040	0.00040	0.00040	0.00039	0.00039	0.00038	0.00029	-0.00059	-0.00059	-0.00147	-0.00156	
	M	0.00000	0.00000	0.00000	0.00000	0.00000	0.00002	0.00023	0.00226	0.02198	0.02198	0.00224	0.00000	
22.75	Q	0.00000	0.00000	0.00000	0.00001	0.00006	0.00054	0.00528	0.05139	0.49994	-0.50006	-0.05194	-0.01057	22.75
	V	0.00000	0.00004	0.00008	0.00012	0.00015	0.00019	0.00023	0.00027	0.00027	0.00027	0.00015	0.00000	
	V'	0.00039	0.00039	0.00039	0.00039	0.00039	0.00039	0.00038	0.00029	-0.00058	-0.00058	-0.00145	-0.00153	
	M	0.00000	0.00000	0.00000	0.00000	0.00000	0.00002	0.00022	0.00218	0.02174	0.02174	0.00216	0.00000	
23.00	Q	0.00000	0.00000	0.00000	0.00001	0.00005	0.00050	0.00503	0.05012	0.49995	-0.50005	-0.05063	-0.01005	23.00
	V	0.00000	0.00004	0.00008	0.00011	0.00015	0.00019	0.00023	0.00026	0.00026	0.00026	0.00015	0.00000	
	V'	0.00038	0.00038	0.00038	0.00038	0.00038	0.00038	0.00037	0.00028	-0.00057	-0.00057	-0.00142	-0.00149	
	M	0.00000	0.00000	0.00000	0.00000	0.00000	0.00002	0.00021	0.00210	0.02150	0.02150	0.00208	0.00000	
23.25	Q	0.00000	0.00000	0.00000	0.00000	0.00005	0.00047	0.00478	0.04889	0.49995	-0.50005	-0.04936	-0.00956	23.25
	V	0.00000	0.00004	0.00007	0.00011	0.00015	0.00018	0.00022	0.00026	0.00026	0.00026	0.00014	0.00000	
	V'	0.00037	0.00037	0.00037	0.00037	0.00037	0.00037	0.00036	0.00028	-0.00055	-0.00055	-0.00139	-0.00146	
	M	0.00000	0.00000	0.00000	0.00000	0.00000	0.00002	0.00019	0.00203	0.02127	0.02127	0.00201	0.00000	
23.50	Q	0.00000	0.00000	0.00000	0.00000	0.00004	0.00043	0.00455	0.04768	0.49996	-0.50004	-0.04812	-0.00910	23.50
	V	0.00000	0.00004	0.00007	0.00011	0.00014	0.00018	0.00022	0.00025	0.00025	0.00025	0.00014	0.00000	
	V'	0.00036	0.00036	0.00036	0.00036	0.00036	0.00036	0.00035	0.00028	-0.00054	-0.00054	-0.00136	-0.00143	
	M	0.00000	0.00000	0.00000	0.00000	0.00000	0.00002	0.00018	0.00196	0.02105	0.02105	0.00194	0.00000	
23.75	Q	0.00000	0.00000	0.00000	0.00000	0.00004	0.00040	0.00433	0.04650	0.49996	-0.50004	-0.04691	-0.00865	23.75
	V	0.00000	0.00004	0.00007	0.00011	0.00014	0.00018	0.00021	0.00024	0.00025	0.00025	0.00014	0.00000	
	V'	0.00035	0.00035	0.00035	0.00035	0.00035	0.00035	0.00035	0.00027	-0.00053	-0.00053	-0.00134	-0.00140	
	M	0.00000	0.00000	0.00000	0.00000	0.00000	0.00002	0.00017	0.00189	0.02083	0.02083	0.00187	0.00000	
24.00	Q	0.00000	0.00000	0.00000	0.00000	0.00003	0.00037	0.00411	0.04536	0.49997	-0.50003	-0.04573	-0.00823	24.00
	V	0.00000	0.00003	0.00007	0.00010	0.00014	0.00017	0.00021	0.00024	0.00024	0.00024	0.00014	0.00000	
	V'	0.00035	0.00035	0.00035	0.00035	0.00035	0.00035	0.00034	0.00027	-0.00052	-0.00052	-0.00131	-0.00137	
	M	0.00000	0.00000	0.00000	0.00000	0.00000	0.00001	0.00016	0.00182	0.02062	0.02062	0.00181	0.00000	
24.25	Q	0.00000	0.00000	0.00000	0.00000	0.00003	0.00035	0.00391	0.04424	0.49997	-0.50003	-0.04459	-0.00783	24.25
	V	0.00000	0.00003	0.00007	0.00010	0.00014	0.00017	0.00020	0.00023	0.00024	0.00024	0.00013	0.00000	
	V'	0.00034	0.00034	0.00034	0.00034	0.00034	0.00034	0.00033	0.00026	-0.00051	-0.00051	-0.00128	-0.00135	
	M	0.00000	0.00000	0.00000	0.00000	0.00000	0.00001	0.00015	0.00176	0.02041	0.02041	0.00175	0.00000	
24.50	Q	0.00000	0.00000	0.00000	0.00000	0.00003	0.00032	0.00372	0.04314	0.49997	-0.50003	-0.04347	-0.00745	24.50
	V	0.00000	0.00003	0.00007	0.00010	0.00013	0.00017	0.00020	0.00023	0.00023	0.00023	0.00013	0.00000	
	V'	0.00033	0.00033	0.00033	0.00033	0.00033	0.00033	0.00033	0.00026	-0.00050	-0.00050	-0.00126	-0.00132	
	M	0.00000	0.00000	0.00000	0.00000	0.00000	0.00001	0.00014	0.00170	0.02020	0.02020	0.00169	0.00000	
24.75	Q	0.00000	0.00000	0.00000	0.00000	0.00003	0.00030	0.00354	0.04208	0.49997	-0.50003	-0.04238	-0.00708	24.75
	V	0.00000	0.00003	0.00007	0.00010	0.00013	0.00016	0.00020	0.00023	0.00023	0.00023	0.00013	0.00000	
	V'	0.00033	0.00033	0.00033	0.00033	0.00033	0.00033	0.00032	0.00026	-0.00049	-0.00049	-0.00124	-0.00129	
BETA	X/L =	0.00	0.10	0.20	0.30	0.40	0.50	0.60	0.70	L 0.80	R 0.80	0.90	1.00	BETA

XP/L = 0.80

FUNKTIONEN : F.PIM - F.PIQ - F.PIV - F.PIV'

Z U G S T A E B E -467-

FUNKTIONEN : F.P;M - F.P;Q - F.P;V - F.P;V'

XP/L = 0.80

BETA	X/L =	0.00	0.10	0.20	0.30	0.40	0.50	0.60	0.70	L 0.80	R 0.80	0.90	1.00	BETA
	M	0.00000	0.00000	0.00000	0.00000	0.00000	0.00001	0.00013	0.00164	0.02000	0.02000	0.00163	0.00000	
25.00	Q	0.00000	0.00000	0.00000	0.00000	0.00002	0.00028	0.00337	0.04104	0.49998	-0.50002	-0.04132	-0.00674	25.00
	V	0.00000	0.00003	0.00006	0.00010	0.00013	0.00016	0.00019	0.00022	0.00022	0.00022	0.00013	0.00000	
	V'	0.00032	0.00032	0.00032	0.00032	0.00032	0.00032	0.00031	0.00025	-0.00048	-0.00048	-0.00121	-0.00127	
	M	0.00000	0.00000	0.00000	0.00000	0.00000	0.00001	0.00010	0.00138	0.01905	0.01905	0.00137	0.00000	
26.25	Q	0.00000	0.00000	0.00000	0.00000	0.00001	0.00019	0.00262	0.03622	0.49999	-0.50001	-0.03641	-0.00525	26.25
	V	0.00000	0.00003	0.00006	0.00009	0.00012	0.00015	0.00017	0.00020	0.00020	0.00020	0.00011	0.00000	
	V'	0.00029	0.00029	0.00029	0.00029	0.00029	0.00029	0.00029	0.00024	-0.00044	-0.00044	-0.00111	-0.00115	
	M	0.00000	0.00000	0.00000	0.00000	0.00000	0.00000	0.00007	0.00116	0.01818	0.01818	0.00116	0.00000	
27.50	Q	0.00000	0.00000	0.00000	0.00000	0.00001	0.00013	0.00204	0.03196	0.49999	-0.50001	-0.03209	-0.00409	27.50
	V	0.00000	0.00003	0.00005	0.00008	0.00011	0.00013	0.00016	0.00018	0.00019	0.00019	0.00010	0.00000	
	V'	0.00026	0.00026	0.00026	0.00026	0.00026	0.00026	0.00026	0.00022	-0.00040	-0.00040	-0.00102	-0.00105	
	M	0.00000	0.00000	0.00000	0.00000	0.00000	0.00000	0.00006	0.00098	0.01739	0.01739	0.00098	0.00000	
28.75	Q	0.00000	0.00000	0.00000	0.00000	0.00001	0.00009	0.00159	0.02821	0.49999	-0.50001	-0.02830	-0.00318	28.75
	V	0.00000	0.00002	0.00005	0.00007	0.00010	0.00012	0.00015	0.00017	0.00017	0.00017	0.00010	0.00000	
	V'	0.00024	0.00024	0.00024	0.00024	0.00024	0.00024	0.00024	0.00021	-0.00036	-0.00036	-0.00093	-0.00096	
	M	0.00000	0.00000	0.00000	0.00000	0.00000	0.00000	0.00004	0.00083	0.01667	0.01667	0.00083	0.00000	
30.00	Q	0.00000	0.00000	0.00000	0.00000	0.00000	0.00006	0.00124	0.02489	0.50000	-0.50000	-0.02496	-0.00248	30.00
	V	0.00000	0.00002	0.00004	0.00007	0.00009	0.00011	0.00013	0.00015	0.00016	0.00016	0.00009	0.00000	
	V'	0.00022	0.00022	0.00022	0.00022	0.00022	0.00022	0.00022	0.00019	-0.00033	-0.00033	-0.00086	-0.00089	
	M	0.00000	0.00000	0.00000	0.00000	0.00000	0.00000	0.00003	0.00070	0.01600	0.01600	0.00070	0.00000	
31.25	Q	0.00000	0.00000	0.00000	0.00000	0.00000	0.00004	0.00097	0.02197	0.50000	-0.50000	-0.02201	-0.00193	31.25
	V	0.00000	0.00002	0.00004	0.00006	0.00008	0.00010	0.00012	0.00014	0.00015	0.00015	0.00008	0.00000	
	V'	0.00020	0.00020	0.00020	0.00020	0.00020	0.00020	0.00020	0.00018	-0.00031	-0.00031	-0.00080	-0.00082	
	M	0.00000	0.00000	0.00000	0.00000	0.00000	0.00000	0.00002	0.00060	0.01538	0.01538	0.00060	0.00000	
32.50	Q	0.00000	0.00000	0.00000	0.00000	0.00000	0.00003	0.00075	0.01939	0.50000	-0.50000	-0.01942	-0.00150	32.50
	V	0.00000	0.00002	0.00004	0.00006	0.00008	0.00009	0.00011	0.00013	0.00014	0.00014	0.00008	0.00000	
	V'	0.00019	0.00019	0.00019	0.00019	0.00019	0.00019	0.00019	0.00017	-0.00028	-0.00028	-0.00074	-0.00076	
	M	0.00000	0.00000	0.00000	0.00000	0.00000	0.00000	0.00002	0.00051	0.01481	0.01481	0.00051	0.00000	
33.75	Q	0.00000	0.00000	0.00000	0.00000	0.00000	0.00002	0.00059	0.01711	0.50000	-0.50000	-0.01713	-0.00117	33.75
	V	0.00000	0.00002	0.00004	0.00005	0.00007	0.00009	0.00011	0.00012	0.00013	0.00013	0.00007	0.00000	
	V'	0.00018	0.00018	0.00018	0.00018	0.00018	0.00018	0.00018	0.00016	-0.00026	-0.00026	-0.00069	-0.00070	
	M	0.00000	0.00000	0.00000	0.00000	0.00000	0.00000	0.00001	0.00043	0.01429	0.01429	0.00043	0.00000	
35.00	Q	0.00000	0.00000	0.00000	0.00000	0.00000	0.00001	0.00046	0.01510	0.50000	-0.50000	-0.01511	-0.00091	35.00
	V	0.00000	0.00002	0.00003	0.00005	0.00007	0.00008	0.00010	0.00011	0.00012	0.00012	0.00006	0.00000	
	V'	0.00016	0.00016	0.00016	0.00016	0.00016	0.00016	0.00016	0.00015	-0.00024	-0.00024	-0.00064	-0.00065	
	M	0.00000	0.00000	0.00000	0.00000	0.00000	0.00000	0.00001	0.00037	0.01379	0.01379	0.00037	0.00000	
36.25	Q	0.00000	0.00000	0.00000	0.00000	0.00000	0.00001	0.00036	0.01332	0.50000	-0.50000	-0.01333	-0.00071	36.25
	V	0.00000	0.00002	0.00003	0.00005	0.00006	0.00008	0.00009	0.00011	0.00011	0.00011	0.00006	0.00000	
	V'	0.00015	0.00015	0.00015	0.00015	0.00015	0.00015	0.00015	0.00014	-0.00023	-0.00023	-0.00060	-0.00061	
BETA	X/L =	0.00	0.10	0.20	0.30	0.40	0.50	0.60	0.70	L 0.80	R 0.80	0.90	1.00	BETA

XP/L = 0.80

FUNKTIONEN : F.P;M - F.P;Q - F.P;V - F.P;V'

Z U G S T A E B E -467-

FUNKTIONEN : F.P;M - F.P;Q - F.P;V - F.P;V'

XP/L = 0.80

BETA	X/L =	0.00	0.10	0.20	0.30	0.40	0.50	0.60	0.70	L 0.80	R 0.80	0.90	1.00	BETA
37.50	M	0.00000	0.00000	0.00000	0.00000	0.00000	0.00000	0.00001	0.00031	0.01333	0.01333	0.00031	0.00000	37.50
	Q	0.00000	0.00000	0.00000	0.00000	0.00000	0.00001	0.00028	0.01176	0.50000	-0.50000	-0.01177	-0.00055	
	V	0.00000	0.00001	0.00003	0.00004	0.00006	0.00007	0.00009	0.00010	0.00010	0.00010	0.00006	0.00000	
	V'	0.00014	0.00014	0.00014	0.00014	0.00014	0.00014	0.00014	0.00013	-0.00021	-0.00021	-0.00056	-0.00057	
38.75	M	0.00000	0.00000	0.00000	0.00000	0.00000	0.00000	0.00001	0.00027	0.01290	0.01290	0.00027	0.00000	38.75
	Q	0.00000	0.00000	0.00000	0.00000	0.00000	0.00000	0.00022	0.01038	0.50000	-0.50000	-0.01038	-0.00043	
	V	0.00000	0.00001	0.00003	0.00004	0.00005	0.00007	0.00008	0.00009	0.00010	0.00010	0.00005	0.00000	
	V'	0.00013	0.00013	0.00013	0.00013	0.00013	0.00013	0.00013	0.00013	-0.00020	-0.00020	-0.00053	-0.00053	
40.00	M	0.00000	0.00000	0.00000	0.00000	0.00000	0.00000	0.00000	0.00023	0.01250	0.01250	0.00023	0.00000	40.00
	Q	0.00000	0.00000	0.00000	0.00000	0.00000	0.00000	0.00017	0.00916	0.50000	-0.50000	-0.00916	-0.00034	
	V	0.00000	0.00001	0.00002	0.00004	0.00005	0.00006	0.00007	0.00009	0.00009	0.00009	0.00005	0.00000	
	V'	0.00012	0.00012	0.00012	0.00012	0.00012	0.00012	0.00012	0.00012	-0.00019	-0.00019	-0.00049	-0.00050	
41.25	M	0.00000	0.00000	0.00000	0.00000	0.00000	0.00000	0.00000	0.00020	0.01212	0.01212	0.00020	0.00000	41.25
	Q	0.00000	0.00000	0.00000	0.00000	0.00000	0.00000	0.00013	0.00808	0.50000	-0.50000	-0.00808	-0.00026	
	V	0.00000	0.00001	0.00002	0.00004	0.00005	0.00006	0.00007	0.00008	0.00009	0.00009	0.00005	0.00000	
	V'	0.00012	0.00012	0.00012	0.00012	0.00012	0.00012	0.00012	0.00011	-0.00018	-0.00018	-0.00047	-0.00047	
42.50	M	0.00000	0.00000	0.00000	0.00000	0.00000	0.00000	0.00000	0.00017	0.01176	0.01176	0.00017	0.00000	42.50
	Q	0.00000	0.00000	0.00000	0.00000	0.00000	0.00000	0.00010	0.00713	0.50000	-0.50000	-0.00713	-0.00020	
	V	0.00000	0.00001	0.00002	0.00003	0.00004	0.00006	0.00007	0.00008	0.00008	0.00008	0.00004	0.00000	
	V'	0.00011	0.00011	0.00011	0.00011	0.00011	0.00011	0.00011	0.00011	-0.00017	-0.00017	-0.00044	-0.00044	
43.75	M	0.00000	0.00000	0.00000	0.00000	0.00000	0.00000	0.00000	0.00014	0.01143	0.01143	0.00014	0.00000	43.75
	Q	0.00000	0.00000	0.00000	0.00000	0.00000	0.00000	0.00008	0.00629	0.50000	-0.50000	-0.00630	-0.00016	
	V	0.00000	0.00001	0.00002	0.00003	0.00004	0.00005	0.00006	0.00007	0.00008	0.00008	0.00004	0.00000	
	V'	0.00010	0.00010	0.00010	0.00010	0.00010	0.00010	0.00010	0.00010	-0.00016	-0.00016	-0.00041	-0.00042	
45.00	M	0.00000	0.00000	0.00000	0.00000	0.00000	0.00000	0.00000	0.00012	0.01111	0.01111	0.00012	0.00000	45.00
	Q	0.00000	0.00000	0.00000	0.00000	0.00000	0.00000	0.00006	0.00555	0.50000	-0.50000	-0.00556	-0.00012	
	V	0.00000	0.00001	0.00002	0.00003	0.00004	0.00005	0.00006	0.00007	0.00007	0.00007	0.00004	0.00000	
	V'	0.00010	0.00010	0.00010	0.00010	0.00010	0.00010	0.00010	0.00010	-0.00015	-0.00015	-0.00039	-0.00040	
46.25	M	0.00000	0.00000	0.00000	0.00000	0.00000	0.00000	0.00000	0.00011	0.01081	0.01081	0.00011	0.00000	46.25
	Q	0.00000	0.00000	0.00000	0.00000	0.00000	0.00000	0.00005	0.00490	0.50000	-0.50000	-0.00490	-0.00010	
	V	0.00000	0.00001	0.00002	0.00003	0.00004	0.00005	0.00006	0.00007	0.00007	0.00007	0.00004	0.00000	
	V'	0.00009	0.00009	0.00009	0.00009	0.00009	0.00009	0.00009	0.00009	-0.00014	-0.00014	-0.00037	-0.00037	
47.50	M	0.00000	0.00000	0.00000	0.00000	0.00000	0.00000	0.00000	0.00009	0.01053	0.01053	0.00009	0.00000	47.50
	Q	0.00000	0.00000	0.00000	0.00000	0.00000	0.00000	0.00004	0.00433	0.50000	-0.50000	-0.00433	-0.00007	
	V	0.00000	0.00001	0.00002	0.00003	0.00004	0.00004	0.00005	0.00006	0.00007	0.00007	0.00004	0.00000	
	V'	0.00009	0.00009	0.00009	0.00009	0.00009	0.00009	0.00009	0.00009	-0.00013	-0.00013	-0.00035	-0.00035	
48.75	M	0.00000	0.00000	0.00000	0.00000	0.00000	0.00000	0.00000	0.00008	0.01026	0.01026	0.00008	0.00000	48.75
	Q	0.00000	0.00000	0.00000	0.00000	0.00000	0.00000	0.00003	0.00382	0.50000	-0.50000	-0.00382	-0.00006	
	V	0.00000	0.00001	0.00002	0.00003	0.00003	0.00004	0.00005	0.00006	0.00006	0.00006	0.00003	0.00000	
	V'	0.00008	0.00008	0.00008	0.00008	0.00008	0.00008	0.00008	0.00008	-0.00013	-0.00013	-0.00034	-0.00034	
BETA	X/L =	0.00	0.10	0.20	0.30	0.40	0.50	0.60	0.70	L 0.80	R 0.80	0.90	1.00	BETA

XP/L = 0.80

FUNKTIONEN : F.P;M - F.P;Q - F.P;V - F.P;V'

FUNKTIONEN : F.P,M - F.P,Q - F.P,V - F.P,V'

XP/L = 0.90

BETA	X/L =	0.00	0.10	0.20	0.30	0.40	0.50	0.60	0.70	0.80	L 0.90	R 0.90	1.00	BETA
	M	0.00000	0.01000	0.02000	0.03000	0.04000	0.05000	0.06000	0.07000	0.08000	0.09000	0.09000	0.00000	
0.00	Q	0.10000	0.10000	0.10000	0.10000	0.10000	0.10000	0.10000	0.10000	0.10000	0.10000	-0.90000	-0.90000	0.00
	V	0.00000	0.00163	0.00317	0.00450	0.00553	0.00617	0.00630	0.00583	0.00467	0.00270	0.00270	0.00000	
	V'	0.01650	0.01600	0.01450	0.01200	0.00850	0.00400	-0.00150	-0.00800	-0.01550	-0.02400	-0.02400	-0.02850	
	M	0.00000	0.00990	0.01980	0.02972	0.03966	0.04962	0.05961	0.06964	0.07971	0.08983	0.08983	0.00000	
0.25	Q	0.09898	0.09901	0.09910	0.09925	0.09947	0.09975	0.10009	0.10050	0.10096	0.10149	-0.89851	-0.89823	0.25
	V	0.00000	0.00162	0.00314	0.00447	0.00550	0.00613	0.00626	0.00580	0.00464	0.00269	0.00269	0.00000	
	V'	0.01638	0.01589	0.01440	0.01192	0.00846	0.00399	-0.00147	-0.00793	-0.01540	-0.02387	-0.02387	-0.02837	
	M	0.00000	0.00960	0.01923	0.02891	0.03865	0.04850	0.05846	0.06857	0.07886	0.08934	0.08934	0.00000	
0.50	Q	0.09599	0.09611	0.09647	0.09707	0.09792	0.09901	0.10034	0.10193	0.10377	0.10588	-0.89412	-0.89301	0.50
	V	0.00000	0.00159	0.00308	0.00438	0.00539	0.00601	0.00615	0.00570	0.00457	0.00265	0.00265	0.00000	
	V'	0.01603	0.01555	0.01411	0.01171	0.00833	0.00397	-0.00138	-0.00773	-0.01510	-0.02350	-0.02350	-0.02797	
	M	0.00000	0.00914	0.01833	0.02762	0.03707	0.04672	0.05664	0.06688	0.07749	0.08855	0.08855	0.00000	
0.75	Q	0.09129	0.09155	0.09232	0.09361	0.09543	0.09779	0.10069	0.10416	0.10822	0.11289	-0.88711	-0.88462	0.75
	V	0.00000	0.00153	0.00297	0.00423	0.00521	0.00583	0.00597	0.00555	0.00445	0.00259	0.00259	0.00000	
	V'	0.01548	0.01503	0.01365	0.01136	0.00812	0.00394	-0.00123	-0.00740	-0.01462	-0.02292	-0.02292	-0.02734	
	M	0.00000	0.00854	0.01716	0.02596	0.03501	0.04441	0.05426	0.06466	0.07570	0.08749	0.08749	0.00000	
1.00	Q	0.08523	0.08566	0.08694	0.08910	0.09214	0.09611	0.10104	0.10698	0.11399	0.12215	-0.87785	-0.87348	1.00
	V	0.00000	0.00146	0.00284	0.00404	0.00499	0.00559	0.00574	0.00534	0.00430	0.00251	0.00251	0.00000	
	V'	0.01477	0.01434	0.01306	0.01090	0.00786	0.00389	-0.00104	-0.00698	-0.01399	-0.02215	-0.02215	-0.02652	
	M	0.00000	0.00784	0.01581	0.02402	0.03261	0.04171	0.05147	0.06202	0.07355	0.08623	0.08623	0.00000	
1.25	Q	0.07823	0.07885	0.08069	0.08380	0.08822	0.09402	0.10129	0.11014	0.12072	0.13319	-0.86681	-0.86008	1.25
	V	0.00000	0.00138	0.00268	0.00382	0.00473	0.00530	0.00546	0.00510	0.00413	0.00241	0.00241	0.00000	
	V'	0.01393	0.01354	0.01236	0.01037	0.00754	0.00383	-0.00083	-0.00649	-0.01326	-0.02124	-0.02124	-0.02555	
	M	0.00000	0.00710	0.01436	0.02194	0.03001	0.03876	0.04839	0.05911	0.07116	0.08481	0.08481	0.00000	
1.50	Q	0.07071	0.07151	0.07392	0.07799	0.08383	0.09155	0.10133	0.11341	0.12803	0.14555	-0.85445	-0.84493	1.50
	V	0.00000	0.00129	0.00251	0.00358	0.00444	0.00499	0.00516	0.00484	0.00393	0.00231	0.00231	0.00000	
	V'	0.01302	0.01266	0.01159	0.00978	0.00719	0.00376	-0.00059	-0.00596	-0.01246	-0.02024	-0.02024	-0.02448	
	M	0.00000	0.00634	0.01287	0.01979	0.02732	0.03570	0.04516	0.05602	0.06859	0.08327	0.08327	0.00000	
1.75	Q	0.06304	0.06400	0.06694	0.07192	0.07912	0.08875	0.10110	0.11655	0.13558	0.15878	-0.84122	-0.82850	1.75
	V	0.00000	0.00120	0.00233	0.00333	0.00414	0.00467	0.00484	0.00457	0.00372	0.00220	0.00220	0.00000	
	V'	0.01207	0.01175	0.01080	0.00917	0.00682	0.00367	-0.00036	-0.00540	-0.01162	-0.01919	-0.01919	-0.02335	
	M	0.00000	0.00559	0.01140	0.01767	0.02465	0.03262	0.04190	0.05286	0.06594	0.08166	0.08166	0.00000	
2.00	Q	0.05551	0.05663	0.06001	0.06581	0.07424	0.08566	0.10051	0.11940	0.14308	0.17250	-0.82750	-0.81122	2.00
	V	0.00000	0.00110	0.00215	0.00308	0.00384	0.00435	0.00453	0.00429	0.00352	0.00208	0.00208	0.00000	
	V'	0.01112	0.01084	0.01000	0.00855	0.00644	0.00358	-0.00013	-0.00485	-0.01077	-0.01813	-0.01813	-0.02220	
	M	0.00000	0.00488	0.01000	0.01564	0.02207	0.02962	0.03868	0.04970	0.06325	0.08001	0.08001	0.00000	
2.25	Q	0.04837	0.04960	0.05335	0.05981	0.06932	0.08234	0.09956	0.12183	0.15030	0.18641	-0.81359	-0.79342	2.25
	V	0.00000	0.00101	0.00197	0.00284	0.00354	0.00403	0.00421	0.00401	0.00331	0.00197	0.00197	0.00000	
	V'	0.01020	0.00996	0.00922	0.00794	0.00606	0.00349	0.00009	-0.00431	-0.00994	-0.01707	-0.01707	-0.02105	
BETA	X/L =	0.00	0.10	0.20	0.30	0.40	0.50	0.60	0.70	0.80	L 0.90	R 0.90	1.00	BETA

XP/L = 0.90

FUNKTIONEN : F.P,M - F.P,Q - F.P,V - F.P,V'

Z U G S T A E B E -469-

FUNKTIONEN : F.P;M - F.P;Q - F.P;V - F.P;V'

XP/L = 0.90

BETA	X/L =	0.00	0.10	0.20	0.30	0.40	0.50	0.60	0.70	0.80	L 0.90	R 0.90	1.00	BETA
2.50	M	0.00000	0.00422	0.00870	0.01373	0.01963	0.02675	0.03556	0.04660	0.06057	0.07835	0.07835	0.00000	2.50
	Q	0.04175	0.04306	0.04708	0.05406	0.06443	0.07885	0.09822	0.12376	0.15708	0.20027	-0.79973	-0.77537	
	V	0.00000	0.00092	0.00181	0.00260	0.00326	0.00372	0.00391	0.00374	0.00311	0.00186	0.00186	0.00000	
	V'	0.00932	0.00911	0.00847	0.00735	0.00569	0.00338	0.00028	-0.00380	-0.00913	-0.01604	-0.01604	-0.01994	
2.75	M	0.00000	0.00362	0.00752	0.01198	0.01736	0.02407	0.03260	0.04361	0.05794	0.07669	0.07669	0.00000	2.75
	Q	0.03575	0.03711	0.04130	0.04862	0.05965	0.07522	0.09651	0.12515	0.16331	0.21390	-0.78610	-0.75729	
	V	0.00000	0.00084	0.00165	0.00238	0.00299	0.00343	0.00362	0.00349	0.00292	0.00176	0.00176	0.00000	
	V'	0.00850	0.00832	0.00776	0.00679	0.00534	0.00328	0.00046	-0.00333	-0.00837	-0.01506	-0.01506	-0.01887	
3.00	M	0.00000	0.00309	0.00645	0.01040	0.01529	0.02158	0.02981	0.04075	0.05539	0.07504	0.07504	0.00000	3.00
	Q	0.03040	0.03178	0.03604	0.04356	0.05504	0.07151	0.09446	0.12598	0.16892	0.22718	-0.77282	-0.73930	
	V	0.00000	0.00077	0.00151	0.00218	0.00275	0.00316	0.00335	0.00325	0.00273	0.00166	0.00166	0.00000	
	V'	0.00773	0.00758	0.00711	0.00627	0.00500	0.00317	0.00062	-0.00289	-0.00766	-0.01413	-0.01413	-0.01786	
3.25	M	0.00000	0.00261	0.00551	0.00899	0.01342	0.01929	0.02721	0.03804	0.05291	0.07343	0.07343	0.00000	3.25
	Q	0.02569	0.02706	0.03131	0.03890	0.05063	0.06776	0.09210	0.12627	0.17388	0.24003	-0.75997	-0.72153	
	V	0.00000	0.00070	0.00137	0.00199	0.00252	0.00291	0.00310	0.00303	0.00256	0.00157	0.00157	0.00000	
	V'	0.00704	0.00691	0.00650	0.00578	0.00467	0.00305	0.00075	-0.00249	-0.00699	-0.01326	-0.01326	-0.01690	
3.50	M	0.00000	0.00220	0.00468	0.00774	0.01175	0.01721	0.02481	0.03548	0.05054	0.07185	0.07185	0.00000	3.50
	Q	0.02159	0.02293	0.02710	0.03463	0.04644	0.06400	0.08948	0.12604	0.17819	0.25240	-0.74760	-0.70404	
	V	0.00000	0.00064	0.00125	0.00182	0.00231	0.00268	0.00287	0.00282	0.00241	0.00148	0.00148	0.00000	
	V'	0.00640	0.00629	0.00595	0.00534	0.00437	0.00294	0.00086	-0.00213	-0.00638	-0.01244	-0.01244	-0.01600	
3.75	M	0.00000	0.00185	0.00396	0.00664	0.01026	0.01534	0.02260	0.03308	0.04826	0.07031	0.07031	0.00000	3.75
	Q	0.01806	0.01935	0.02339	0.03075	0.04250	0.06028	0.08665	0.12534	0.18187	0.26427	-0.73573	-0.68686	
	V	0.00000	0.00058	0.00114	0.00166	0.00212	0.00246	0.00266	0.00263	0.00226	0.00140	0.00140	0.00000	
	V'	0.00583	0.00574	0.00545	0.00492	0.00409	0.00282	0.00095	-0.00180	-0.00582	-0.01168	-0.01168	-0.01516	
4.00	M	0.00000	0.00155	0.00334	0.00568	0.00894	0.01365	0.02057	0.03083	0.04608	0.06881	0.06881	0.00000	4.00
	Q	0.01505	0.01627	0.02013	0.02725	0.03879	0.05663	0.08364	0.12422	0.18493	0.27563	-0.72437	-0.67004	
	V	0.00000	0.00053	0.00104	0.00152	0.00194	0.00227	0.00246	0.00245	0.00212	0.00132	0.00132	0.00000	
	V'	0.00531	0.00523	0.00499	0.00455	0.00383	0.00271	0.00102	-0.00151	-0.00531	-0.01098	-0.01098	-0.01437	
4.25	M	0.00000	0.00129	0.00281	0.00485	0.00778	0.01213	0.01871	0.02872	0.04400	0.06734	0.06734	0.00000	4.25
	Q	0.01250	0.01364	0.01729	0.02410	0.03534	0.05306	0.08050	0.12271	0.18742	0.28649	-0.71351	-0.65359	
	V	0.00000	0.00048	0.00095	0.00139	0.00178	0.00210	0.00229	0.00229	0.00199	0.00125	0.00125	0.00000	
	V'	0.00484	0.00478	0.00458	0.00420	0.00358	0.00260	0.00108	-0.00126	-0.00484	-0.01032	-0.01032	-0.01364	
4.50	M	0.00000	0.00107	0.00236	0.00413	0.00676	0.01078	0.01702	0.02676	0.04202	0.06592	0.06592	0.00000	4.50
	Q	0.01034	0.01140	0.01482	0.02128	0.03213	0.04960	0.07728	0.12087	0.18936	0.29684	-0.70316	-0.63751	
	V	0.00000	0.00044	0.00087	0.00128	0.00164	0.00194	0.00212	0.00214	0.00188	0.00119	0.00119	0.00000	
	V'	0.00443	0.00438	0.00421	0.00389	0.00335	0.00249	0.00112	-0.00103	-0.00441	-0.00972	-0.00972	-0.01296	
4.75	M	0.00000	0.00089	0.00197	0.00352	0.00587	0.00957	0.01547	0.02494	0.04013	0.06455	0.06455	0.00000	4.75
	Q	0.00853	0.00951	0.01268	0.01876	0.02916	0.04626	0.07400	0.11875	0.19080	0.30671	-0.69329	-0.62181	
	V	0.00000	0.00040	0.00080	0.00117	0.00151	0.00179	0.00197	0.00200	0.00177	0.00113	0.00113	0.00000	
	V'	0.00405	0.00401	0.00387	0.00360	0.00314	0.00238	0.00115	-0.00083	-0.00402	-0.00916	-0.00916	-0.01233	
BETA	X/L =	0.00	0.10	0.20	0.30	0.40	0.50	0.60	0.70	0.80	L 0.90	R 0.90	1.00	BETA

XP/L = 0.90

FUNKTIONEN : F.P;M - F.P;Q - F.P;V - F.P;V'

FUNKTIONEN : F.PIM - F.PIQ - F.PIV - F.PIV'

XP/L = 0.90

BETA	X/L =	0.00	0.10	0.20	0.30	0.40	0.50	0.60	0.70	0.80	L 0.90	R 0.90	1.00	BETA
	M	0.00000	0.00073	0.00165	0.00299	0.00509	0.00850	0.01407	0.02323	0.03833	0.06321	0.06321	0.00000	
5.00	Q	0.00702	0.00792	0.01084	0.01652	0.02642	0.04306	0.07070	0.11638	0.19177	0.31611	-0.68389	-0.60648	5.00
	V	0.00000	0.00037	0.00073	0.00108	0.00140	0.00166	0.00184	0.00187	0.00167	0.00107	0.00107	0.00000	
	V'	0.00372	0.00368	0.00357	0.00334	0.00294	0.00228	0.00117	-0.00066	-0.00367	-0.00864	-0.00864	-0.01174	
	M	0.00000	0.00060	0.00138	0.00254	0.00442	0.00754	0.01279	0.02165	0.03662	0.06191	0.06191	0.00000	
5.25	Q	0.00577	0.00658	0.00925	0.01453	0.02390	0.04001	0.06741	0.11382	0.19232	0.32507	-0.67493	-0.59153	5.25
	V	0.00000	0.00034	0.00068	0.00100	0.00129	0.00154	0.00171	0.00175	0.00157	0.00102	0.00102	0.00000	
	V'	0.00342	0.00339	0.00329	0.00310	0.00276	0.00218	0.00118	-0.00050	-0.00335	-0.00817	-0.00817	-0.01119	
	M	0.00000	0.00050	0.00115	0.00215	0.00383	0.00669	0.01163	0.02018	0.03499	0.06065	0.06065	0.00000	
5.50	Q	0.00473	0.00546	0.00788	0.01276	0.02159	0.03711	0.06415	0.11109	0.19248	0.33359	-0.66641	-0.57693	5.50
	V	0.00000	0.00031	0.00062	0.00092	0.00120	0.00143	0.00160	0.00165	0.00149	0.00097	0.00097	0.00000	
	V'	0.00315	0.00313	0.00305	0.00288	0.00259	0.00208	0.00119	-0.00037	-0.00306	-0.00772	-0.00772	-0.01068	
	M	0.00000	0.00041	0.00096	0.00183	0.00332	0.00594	0.01058	0.01881	0.03343	0.05942	0.05942	0.00000	
5.75	Q	0.00387	0.00452	0.00672	0.01119	0.01947	0.03437	0.06094	0.10822	0.19229	0.34170	-0.65830	-0.56269	5.75
	V	0.00000	0.00029	0.00058	0.00085	0.00111	0.00133	0.00149	0.00155	0.00141	0.00092	0.00092	0.00000	
	V'	0.00291	0.00289	0.00282	0.00269	0.00244	0.00199	0.00118	-0.00025	-0.00279	-0.00731	-0.00731	-0.01020	
	M	0.00000	0.00033	0.00079	0.00155	0.00288	0.00527	0.00962	0.01754	0.03196	0.05823	0.05823	0.00000	
6.00	Q	0.00316	0.00374	0.00571	0.00981	0.01754	0.03178	0.05780	0.10526	0.19177	0.34941	-0.65059	-0.54880	6.00
	V	0.00000	0.00027	0.00053	0.00079	0.00103	0.00124	0.00140	0.00146	0.00133	0.00088	0.00088	0.00000	
	V'	0.00269	0.00267	0.00262	0.00251	0.00229	0.00190	0.00117	-0.00015	-0.00255	-0.00693	-0.00693	-0.00976	
	M	0.00000	0.00027	0.00066	0.00131	0.00249	0.00468	0.00875	0.01635	0.03055	0.05708	0.05708	0.00000	
6.25	Q	0.00257	0.00309	0.00486	0.00859	0.01578	0.02934	0.05474	0.10223	0.19096	0.35675	-0.64325	-0.53526	6.25
	V	0.00000	0.00025	0.00050	0.00073	0.00096	0.00116	0.00131	0.00137	0.00127	0.00084	0.00084	0.00000	
	V'	0.00249	0.00248	0.00244	0.00234	0.00216	0.00181	0.00116	-0.00006	-0.00233	-0.00657	-0.00657	-0.00934	
	M	0.00000	0.00022	0.00055	0.00111	0.00216	0.00415	0.00796	0.01525	0.02921	0.05596	0.05596	0.00000	
6.50	Q	0.00210	0.00255	0.00413	0.00751	0.01418	0.02706	0.05177	0.09914	0.18989	0.36374	-0.63626	-0.52204	6.50
	V	0.00000	0.00023	0.00046	0.00068	0.00090	0.00109	0.00123	0.00130	0.00120	0.00081	0.00081	0.00000	
	V'	0.00232	0.00231	0.00227	0.00219	0.00203	0.00173	0.00114	0.00002	-0.00213	-0.00624	-0.00624	-0.00895	
	M	0.00000	0.00018	0.00045	0.00094	0.00187	0.00368	0.00724	0.01422	0.02794	0.05487	0.05487	0.00000	
6.75	Q	0.00170	0.00211	0.00351	0.00657	0.01273	0.02492	0.04890	0.09603	0.18859	0.37038	-0.62962	-0.50915	6.75
	V	0.00000	0.00022	0.00043	0.00064	0.00084	0.00102	0.00116	0.00122	0.00114	0.00077	0.00077	0.00000	
	V'	0.00216	0.00215	0.00212	0.00205	0.00192	0.00165	0.00112	0.00009	-0.00194	-0.00593	-0.00593	-0.00858	
	M	0.00000	0.00015	0.00038	0.00079	0.00162	0.00327	0.00659	0.01327	0.02672	0.05381	0.05381	0.00000	
7.00	Q	0.00138	0.00174	0.00298	0.00573	0.01142	0.02293	0.04614	0.09290	0.18707	0.37670	-0.62330	-0.49658	7.00
	V	0.00000	0.00020	0.00040	0.00060	0.00078	0.00095	0.00109	0.00116	0.00109	0.00074	0.00074	0.00000	
	V'	0.00201	0.00201	0.00198	0.00192	0.00181	0.00157	0.00110	0.00014	-0.00178	-0.00565	-0.00565	-0.00823	
	M	0.00000	0.00012	0.00031	0.00067	0.00140	0.00290	0.00600	0.01238	0.02557	0.05279	0.05279	0.00000	
7.25	Q	0.00112	0.00143	0.00252	0.00500	0.01023	0.02107	0.04349	0.08978	0.18536	0.38272	-0.61728	-0.48432	7.25
	V	0.00000	0.00019	0.00037	0.00056	0.00073	0.00090	0.00103	0.00110	0.00104	0.00071	0.00071	0.00000	
	V'	0.00188	0.00188	0.00185	0.00181	0.00171	0.00150	0.00108	0.00019	-0.00162	-0.00538	-0.00538	-0.00791	
BETA	X/L =	0.00	0.10	0.20	0.30	0.40	0.50	0.60	0.70	0.80	L 0.90	R 0.90	1.00	BETA

XP/L = 0.90

FUNKTIONEN : F.PIM - F.PIQ - F.PIV - F.PIV'

FUNKTIONEN : F.PIM - F.PIQ - F.PIV - F.PIV'

XP/L = 0.90

BETA	X/L =	0.00	0.10	0.20	0.30	0.40	0.50	0.60	0.70	0.80	L 0.90	R 0.90	1.00	BETA
	M	0.00000	0.00010	0.00026	0.00057	0.00121	0.00258	0.00546	0.01156	0.02446	0.05179	0.05179	0.00000	
7.50	Q	0.00091	0.00118	0.00214	0.00436	0.00916	0.01935	0.04095	0.08667	0.18348	0.38844	-0.61156	-0.47237	7.50
	V	0.00000	0.00018	0.00035	0.00052	0.00069	0.00084	0.00097	0.00104	0.00099	0.00068	0.00068	0.00000	
	V'	0.00176	0.00176	0.00174	0.00170	0.00161	0.00143	0.00105	0.00024	-0.00148	-0.00513	-0.00513	-0.00760	
	M	0.00000	0.00008	0.00021	0.00048	0.00105	0.00229	0.00497	0.01079	0.02341	0.05082	0.05082	0.00000	
7.75	Q	0.00074	0.00097	0.00181	0.00380	0.00819	0.01775	0.03852	0.08360	0.18146	0.39388	-0.60612	-0.46070	7.75
	V	0.00000	0.00017	0.00033	0.00049	0.00065	0.00079	0.00092	0.00099	0.00094	0.00065	0.00065	0.00000	
	V'	0.00165	0.00165	0.00163	0.00160	0.00153	0.00137	0.00102	0.00027	-0.00136	-0.00489	-0.00489	-0.00731	
	M	0.00000	0.00007	0.00018	0.00041	0.00091	0.00203	0.00452	0.01007	0.02241	0.04988	0.04988	0.00000	
8.00	Q	0.00060	0.00080	0.00154	0.00331	0.00732	0.01627	0.03620	0.08057	0.17931	0.39905	-0.60095	-0.44933	8.00
	V	0.00000	0.00016	0.00031	0.00046	0.00061	0.00075	0.00087	0.00094	0.00090	0.00063	0.00063	0.00000	
	V'	0.00155	0.00155	0.00154	0.00151	0.00145	0.00131	0.00100	0.00030	-0.00124	-0.00467	-0.00467	-0.00704	
	M	0.00000	0.00005	0.00015	0.00034	0.00079	0.00181	0.00412	0.00940	0.02146	0.04897	0.04897	0.00000	
8.25	Q	0.00048	0.00066	0.00130	0.00288	0.00654	0.01490	0.03400	0.07758	0.17704	0.40398	-0.59602	-0.43823	8.25
	V	0.00000	0.00015	0.00029	0.00044	0.00058	0.00071	0.00082	0.00089	0.00086	0.00060	0.00060	0.00000	
	V'	0.00146	0.00146	0.00145	0.00143	0.00137	0.00125	0.00097	0.00033	-0.00113	-0.00447	-0.00447	-0.00678	
	M	0.00000	0.00004	0.00012	0.00029	0.00069	0.00160	0.00375	0.00878	0.02055	0.04808	0.04808	0.00000	
8.50	Q	0.00039	0.00054	0.00110	0.00251	0.00584	0.01364	0.03191	0.07466	0.17467	0.40866	-0.59134	-0.42741	8.50
	V	0.00000	0.00014	0.00028	0.00041	0.00054	0.00067	0.00078	0.00085	0.00082	0.00058	0.00058	0.00000	
	V'	0.00138	0.00138	0.00137	0.00135	0.00130	0.00120	0.00094	0.00035	-0.00103	-0.00427	-0.00427	-0.00654	
	M	0.00000	0.00004	0.00010	0.00025	0.00059	0.00143	0.00342	0.00820	0.01968	0.04721	0.04721	0.00000	
8.75	Q	0.00031	0.00044	0.00093	0.00218	0.00521	0.01248	0.02993	0.07179	0.17221	0.41311	-0.58689	-0.41686	8.75
	V	0.00000	0.00013	0.00026	0.00039	0.00051	0.00063	0.00074	0.00081	0.00079	0.00056	0.00056	0.00000	
	V'	0.00130	0.00130	0.00129	0.00128	0.00124	0.00114	0.00092	0.00037	-0.00094	-0.00409	-0.00409	-0.00631	
	M	0.00000	0.00003	0.00008	0.00021	0.00051	0.00127	0.00312	0.00767	0.01885	0.04637	0.04637	0.00000	
9.00	Q	0.00025	0.00036	0.00079	0.00189	0.00464	0.01140	0.02805	0.06899	0.16968	0.41735	-0.58265	-0.40657	9.00
	V	0.00000	0.00012	0.00025	0.00037	0.00049	0.00060	0.00070	0.00077	0.00075	0.00054	0.00054	0.00000	
	V'	0.00123	0.00123	0.00122	0.00121	0.00118	0.00109	0.00089	0.00038	-0.00086	-0.00392	-0.00392	-0.00609	
	M	0.00000	0.00002	0.00007	0.00018	0.00045	0.00113	0.00284	0.00716	0.01806	0.04555	0.04555	0.00000	
9.25	Q	0.00020	0.00030	0.00067	0.00164	0.00413	0.01042	0.02627	0.06626	0.16709	0.42138	-0.57862	-0.39653	9.25
	V	0.00000	0.00012	0.00023	0.00035	0.00046	0.00057	0.00067	0.00073	0.00072	0.00052	0.00052	0.00000	
	V'	0.00117	0.00117	0.00116	0.00115	0.00112	0.00105	0.00086	0.00039	-0.00078	-0.00376	-0.00376	-0.00588	
	M	0.00000	0.00002	0.00006	0.00015	0.00039	0.00100	0.00259	0.00669	0.01731	0.04476	0.04476	0.00000	
9.50	Q	0.00016	0.00024	0.00056	0.00143	0.00368	0.00951	0.02460	0.06360	0.16445	0.42522	-0.57478	-0.38674	9.50
	V	0.00000	0.00011	0.00022	0.00033	0.00044	0.00054	0.00064	0.00070	0.00069	0.00050	0.00050	0.00000	
	V'	0.00111	0.00111	0.00110	0.00109	0.00107	0.00100	0.00084	0.00040	-0.00071	-0.00360	-0.00360	-0.00569	
	M	0.00000	0.00002	0.00005	0.00013	0.00034	0.00089	0.00236	0.00626	0.01659	0.04399	0.04399	0.00000	
9.75	Q	0.00013	0.00020	0.00048	0.00124	0.00328	0.00868	0.02301	0.06102	0.16176	0.42886	-0.57114	-0.37719	9.75
	V	0.00000	0.00011	0.00021	0.00031	0.00042	0.00052	0.00061	0.00067	0.00067	0.00048	0.00048	0.00000	
	V'	0.00105	0.00105	0.00105	0.00104	0.00102	0.00096	0.00081	0.00041	-0.00065	-0.00346	-0.00346	-0.00550	

BETA X/L = 0.00 0.10 0.20 0.30 0.40 0.50 0.60 0.70 0.80 L 0.90 R 0.90 1.00 BETA

XP/L = 0.90

FUNKTIONEN : F.PIM - F.PIQ - F.PIV - F.PIV'

FUNKTIONEN : F.P;M - F.P;Q - F.P;V - F.P;V'

XP/L = 0.90

BETA	X/L =	0.00	0.10	0.20	0.30	0.40	0.50	0.60	0.70	0.80	L 0.90	R 0.90	1.00	BETA
	M	0.00000	0.00001	0.00004	0.00011	0.00029	0.00079	0.00215	0.00585	0.01590	0.04323	0.04323	0.00000	
10.00	Q	0.00011	0.00016	0.00040	0.00107	0.00291	0.00792	0.02152	0.05851	0.15905	0.43233	-0.56767	-0.36788	10.00
	V	0.00000	0.00010	0.00020	0.00030	0.00040	0.00049	0.00058	0.00064	0.00064	0.00047	0.00047	0.00000	
	V'	0.00100	0.00100	0.00100	0.00099	0.00097	0.00092	0.00078	0.00041	-0.00059	-0.00332	-0.00332	-0.00532	
	M	0.00000	0.00001	0.00003	0.00009	0.00025	0.00070	0.00196	0.00547	0.01525	0.04250	0.04250	0.00000	
10.25	Q	0.00009	0.00014	0.00034	0.00093	0.00259	0.00722	0.02012	0.05608	0.15630	0.43563	-0.56437	-0.35880	10.25
	V	0.00000	0.00010	0.00019	0.00028	0.00038	0.00047	0.00055	0.00061	0.00062	0.00045	0.00045	0.00000	
	V'	0.00095	0.00095	0.00095	0.00094	0.00093	0.00088	0.00076	0.00042	-0.00054	-0.00319	-0.00319	-0.00515	
	M	0.00000	0.00001	0.00003	0.00008	0.00022	0.00063	0.00179	0.00512	0.01462	0.04179	0.04179	0.00000	
10.50	Q	0.00007	0.00011	0.00029	0.00081	0.00230	0.00658	0.01880	0.05373	0.15354	0.43877	-0.56123	-0.34994	10.50
	V	0.00000	0.00009	0.00018	0.00027	0.00036	0.00045	0.00053	0.00059	0.00059	0.00044	0.00044	0.00000	
	V'	0.00091	0.00091	0.00090	0.00090	0.00089	0.00085	0.00074	0.00042	-0.00049	-0.00307	-0.00307	-0.00499	
	M	0.00000	0.00001	0.00002	0.00006	0.00019	0.00056	0.00163	0.00479	0.01403	0.04109	0.04109	0.00000	
10.75	Q	0.00006	0.00009	0.00024	0.00070	0.00205	0.00599	0.01756	0.05146	0.15077	0.44176	-0.55824	-0.34130	10.75
	V	0.00000	0.00009	0.00017	0.00026	0.00034	0.00043	0.00051	0.00056	0.00057	0.00042	0.00042	0.00000	
	V'	0.00086	0.00086	0.00086	0.00086	0.00085	0.00081	0.00071	0.00042	-0.00044	-0.00296	-0.00296	-0.00483	
	M	0.00000	0.00001	0.00002	0.00005	0.00017	0.00050	0.00149	0.00448	0.01345	0.04042	0.04042	0.00000	
11.00	Q	0.00004	0.00007	0.00020	0.00061	0.00182	0.00546	0.01640	0.04926	0.14799	0.44460	-0.55540	-0.33287	11.00
	V	0.00000	0.00008	0.00017	0.00025	0.00033	0.00041	0.00048	0.00054	0.00055	0.00041	0.00041	0.00000	
	V'	0.00083	0.00083	0.00082	0.00082	0.00081	0.00078	0.00069	0.00042	-0.00040	-0.00285	-0.00285	-0.00469	
	M	0.00000	0.00000	0.00001	0.00005	0.00014	0.00044	0.00136	0.00419	0.01291	0.03976	0.03976	0.00000	
11.25	Q	0.00004	0.00006	0.00017	0.00052	0.00161	0.00497	0.01531	0.04715	0.14522	0.44730	-0.55270	-0.32465	11.25
	V	0.00000	0.00008	0.00016	0.00024	0.00031	0.00039	0.00046	0.00052	0.00053	0.00040	0.00040	0.00000	
	V'	0.00079	0.00079	0.00079	0.00079	0.00078	0.00075	0.00067	0.00042	-0.00036	-0.00274	-0.00274	-0.00455	
	M	0.00000	0.00000	0.00001	0.00004	0.00012	0.00039	0.00124	0.00392	0.01239	0.03912	0.03912	0.00000	
11.50	Q	0.00003	0.00005	0.00014	0.00045	0.00143	0.00452	0.01428	0.04510	0.14245	0.44987	-0.55013	-0.31664	11.50
	V	0.00000	0.00008	0.00015	0.00023	0.00030	0.00038	0.00044	0.00050	0.00051	0.00038	0.00038	0.00000	
	V'	0.00076	0.00076	0.00076	0.00075	0.00075	0.00072	0.00065	0.00042	-0.00032	-0.00265	-0.00265	-0.00441	
	M	0.00000	0.00000	0.00001	0.00003	0.00011	0.00035	0.00113	0.00367	0.01189	0.03849	0.03849	0.00000	
11.75	Q	0.00002	0.00004	0.00012	0.00039	0.00127	0.00411	0.01332	0.04314	0.13968	0.45232	-0.54768	-0.30882	11.75
	V	0.00000	0.00007	0.00014	0.00022	0.00029	0.00036	0.00043	0.00048	0.00049	0.00037	0.00037	0.00000	
	V'	0.00072	0.00072	0.00072	0.00072	0.00072	0.00069	0.00063	0.00041	-0.00029	-0.00255	-0.00255	-0.00428	
	M	0.00000	0.00000	0.00001	0.00003	0.00009	0.00031	0.00104	0.00344	0.01141	0.03789	0.03789	0.00000	
12.00	Q	0.00002	0.00003	0.00010	0.00034	0.00113	0.00374	0.01242	0.04124	0.13694	0.45464	-0.54536	-0.30119	12.00
	V	0.00000	0.00007	0.00014	0.00021	0.00028	0.00035	0.00041	0.00046	0.00048	0.00036	0.00036	0.00000	
	V'	0.00069	0.00069	0.00069	0.00069	0.00069	0.00067	0.00061	0.00041	-0.00026	-0.00246	-0.00246	-0.00416	
	M	0.00000	0.00000	0.00001	0.00002	0.00008	0.00028	0.00095	0.00322	0.01096	0.03729	0.03729	0.00000	
12.25	Q	0.00001	0.00003	0.00009	0.00029	0.00100	0.00340	0.01158	0.03942	0.13420	0.45685	-0.54315	-0.29376	12.25
	V	0.00000	0.00007	0.00013	0.00020	0.00027	0.00033	0.00039	0.00045	0.00046	0.00035	0.00035	0.00000	
	V'	0.00067	0.00067	0.00067	0.00066	0.00066	0.00064	0.00059	0.00040	-0.00023	-0.00238	-0.00238	-0.00404	
BETA	X/L =	0.00	0.10	0.20	0.30	0.40	0.50	0.60	0.70	0.80	L 0.90	R 0.90	1.00	BETA

XP/L = 0.90

FUNKTIONEN : F.P;M - F.P;Q - F.P;V - F.P;V'

FUNKTIONEN : F.P;M - F.P;Q - F.P;V - F.P;V'

XP/L = 0.90

BETA	X/L =	0.00	0.10	0.20	0.30	0.40	0.50	0.60	0.70	0.80	L 0.90	R 0.90	1.00	BETA
	M	0.00000	0.00000	0.00001	0.00002	0.00007	0.00025	0.00086	0.00301	0.01052	0.03672	0.03672	0.00000	
12.50	Q	0.00001	0.00002	0.00007	0.00025	0.00089	0.00309	0.01079	0.03767	0.13149	0.45896	-0.54104	-0.28650	12.50
	V	0.00000	0.00006	0.00013	0.00019	0.00026	0.00032	0.00038	0.00043	0.00044	0.00034	0.00034	0.00000	
	V'	0.00064	0.00064	0.00064	0.00064	0.00063	0.00062	0.00057	0.00040	-0.00020	-0.00230	-0.00230	-0.00393	
	M	0.00000	0.00000	0.00000	0.00002	0.00006	0.00022	0.00079	0.00282	0.01010	0.03615	0.03615	0.00000	
12.75	Q	0.00001	0.00002	0.00006	0.00022	0.00079	0.00281	0.01006	0.03599	0.12881	0.46096	-0.53904	-0.27943	12.75
	V	0.00000	0.00006	0.00012	0.00018	0.00025	0.00031	0.00036	0.00041	0.00043	0.00033	0.00033	0.00000	
	V'	0.00062	0.00062	0.00061	0.00061	0.00061	0.00060	0.00055	0.00039	-0.00018	-0.00222	-0.00222	-0.00382	
	M	0.00000	0.00000	0.00000	0.00001	0.00005	0.00020	0.00072	0.00264	0.00970	0.03560	0.03560	0.00000	
13.00	Q	0.00001	0.00002	0.00005	0.00019	0.00070	0.00255	0.00937	0.03438	0.12614	0.46286	-0.53714	-0.27253	13.00
	V	0.00000	0.00006	0.00012	0.00018	0.00024	0.00029	0.00035	0.00040	0.00042	0.00032	0.00032	0.00000	
	V'	0.00059	0.00059	0.00059	0.00059	0.00059	0.00058	0.00054	0.00039	-0.00015	-0.00215	-0.00215	-0.00371	
	M	0.00000	0.00000	0.00000	0.00001	0.00005	0.00018	0.00066	0.00248	0.00932	0.03507	0.03507	0.00000	
13.25	Q	0.00001	0.00001	0.00004	0.00016	0.00062	0.00232	0.00873	0.03283	0.12351	0.46467	-0.53533	-0.26580	13.25
	V	0.00000	0.00006	0.00011	0.00017	0.00023	0.00028	0.00034	0.00038	0.00040	0.00031	0.00031	0.00000	
	V'	0.00057	0.00057	0.00057	0.00057	0.00057	0.00056	0.00052	0.00038	-0.00013	-0.00208	-0.00208	-0.00361	
	M	0.00000	0.00000	0.00000	0.00001	0.00004	0.00016	0.00060	0.00232	0.00896	0.03455	0.03455	0.00000	
13.50	Q	0.00000	0.00001	0.00004	0.00014	0.00055	0.00211	0.00813	0.03134	0.12091	0.46640	-0.53360	-0.25924	13.50
	V	0.00000	0.00005	0.00011	0.00016	0.00022	0.00027	0.00033	0.00037	0.00039	0.00030	0.00030	0.00000	
	V'	0.00055	0.00055	0.00055	0.00055	0.00055	0.00054	0.00050	0.00038	-0.00011	-0.00201	-0.00201	-0.00352	
	M	0.00000	0.00000	0.00000	0.00001	0.00004	0.00014	0.00055	0.00218	0.00861	0.03404	0.03404	0.00000	
13.75	Q	0.00000	0.00001	0.00003	0.00012	0.00048	0.00191	0.00757	0.02992	0.11834	0.46804	-0.53196	-0.25284	13.75
	V	0.00000	0.00005	0.00011	0.00016	0.00021	0.00026	0.00031	0.00036	0.00038	0.00030	0.00030	0.00000	
	V'	0.00053	0.00053	0.00053	0.00053	0.00053	0.00052	0.00049	0.00037	-0.00010	-0.00195	-0.00195	-0.00342	
	M	0.00000	0.00000	0.00000	0.00001	0.00003	0.00012	0.00050	0.00204	0.00827	0.03354	0.03354	0.00000	
14.00	Q	0.00000	0.00001	0.00003	0.00011	0.00043	0.00174	0.00704	0.02856	0.11580	0.46959	-0.53041	-0.24660	14.00
	V	0.00000	0.00005	0.00010	0.00015	0.00020	0.00025	0.00030	0.00035	0.00037	0.00029	0.00029	0.00000	
	V'	0.00051	0.00051	0.00051	0.00051	0.00051	0.00050	0.00047	0.00036	-0.00008	-0.00189	-0.00189	-0.00333	
	M	0.00000	0.00000	0.00000	0.00001	0.00003	0.00011	0.00046	0.00191	0.00795	0.03306	0.03306	0.00000	
14.25	Q	0.00000	0.00001	0.00002	0.00009	0.00038	0.00158	0.00655	0.02725	0.11330	0.47108	-0.52892	-0.24051	14.25
	V	0.00000	0.00005	0.00010	0.00015	0.00020	0.00025	0.00029	0.00034	0.00035	0.00028	0.00028	0.00000	
	V'	0.00049	0.00049	0.00049	0.00049	0.00049	0.00048	0.00046	0.00036	-0.00007	-0.00183	-0.00183	-0.00325	
	M	0.00000	0.00000	0.00000	0.00001	0.00002	0.00010	0.00042	0.00179	0.00764	0.03259	0.03259	0.00000	
14.50	Q	0.00000	0.00000	0.00002	0.00008	0.00034	0.00143	0.00610	0.02600	0.11083	0.47249	-0.52751	-0.23457	14.50
	V	0.00000	0.00005	0.00010	0.00014	0.00019	0.00024	0.00028	0.00032	0.00034	0.00027	0.00027	0.00000	
	V'	0.00048	0.00048	0.00048	0.00048	0.00047	0.00047	0.00045	0.00035	-0.00005	-0.00177	-0.00177	-0.00316	
	M	0.00000	0.00000	0.00000	0.00000	0.00002	0.00009	0.00038	0.00168	0.00735	0.03212	0.03212	0.00000	
14.75	Q	0.00000	0.00000	0.00002	0.00007	0.00030	0.00130	0.00567	0.02480	0.10840	0.47383	-0.52617	-0.22878	14.75
	V	0.00000	0.00005	0.00009	0.00014	0.00018	0.00023	0.00027	0.00031	0.00033	0.00027	0.00027	0.00000	
	V'	0.00046	0.00046	0.00046	0.00046	0.00046	0.00045	0.00043	0.00035	-0.00004	-0.00172	-0.00172	-0.00309	
BETA	X/L =	0.00	0.10	0.20	0.30	0.40	0.50	0.60	0.70	0.80	L 0.90	R 0.90	1.00	BETA

XP/L = 0.90

FUNKTIONEN : F.P;M - F.P;Q - F.P;V - F.P;V'

FUNKTIONEN : F.PIM - F.PIQ - F.PIV - F.PIV'

XP/L = 0.90

BETA	X/L =	0.00	0.10	0.20	0.30	0.40	0.50	0.60	0.70	0.80	L 0.90	R 0.90	1.00	BETA
15.00	M	0.00000	0.00000	0.00000	0.00000	0.00002	0.00008	0.00035	0.00158	0.00707	0.03167	0.03167	0.00000	15.00
	Q	0.00000	0.00000	0.00001	0.00006	0.00026	0.00118	0.00528	0.02365	0.10601	0.47511	-0.52489	-0.22313	
	V	0.00000	0.00004	0.00009	0.00013	0.00018	0.00022	0.00027	0.00030	0.00032	0.00026	0.00026	0.00000	
	V'	0.00044	0.00044	0.00044	0.00044	0.00044	0.00044	0.00042	0.00034	-0.00003	-0.00167	-0.00167	-0.00301	
15.25	M	0.00000	0.00000	0.00000	0.00000	0.00002	0.00007	0.00032	0.00148	0.00680	0.03123	0.03123	0.00000	15.25
	Q	0.00000	0.00000	0.00001	0.00005	0.00023	0.00107	0.00491	0.02256	0.10366	0.47632	-0.52368	-0.21762	
	V	0.00000	0.00004	0.00009	0.00013	0.00017	0.00021	0.00026	0.00029	0.00031	0.00025	0.00025	0.00000	
	V'	0.00043	0.00043	0.00043	0.00043	0.00043	0.00043	0.00041	0.00033	-0.00002	-0.00162	-0.00162	-0.00293	
15.50	M	0.00000	0.00000	0.00000	0.00000	0.00001	0.00006	0.00029	0.00139	0.00654	0.03080	0.03080	0.00000	15.50
	Q	0.00000	0.00000	0.00001	0.00004	0.00021	0.00097	0.00457	0.02151	0.10134	0.47748	-0.52252	-0.21225	
	V	0.00000	0.00004	0.00008	0.00012	0.00017	0.00021	0.00025	0.00029	0.00031	0.00025	0.00025	0.00000	
	V'	0.00042	0.00042	0.00042	0.00042	0.00042	0.00041	0.00040	0.00033	-0.00001	-0.00157	-0.00157	-0.00286	
15.75	M	0.00000	0.00000	0.00000	0.00000	0.00001	0.00006	0.00027	0.00130	0.00629	0.03039	0.03039	0.00000	15.75
	Q	0.00000	0.00000	0.00001	0.00004	0.00018	0.00088	0.00425	0.02051	0.09907	0.47857	-0.52143	-0.20701	
	V	0.00000	0.00004	0.00008	0.00012	0.00016	0.00020	0.00024	0.00028	0.00030	0.00024	0.00024	0.00000	
	V'	0.00040	0.00040	0.00040	0.00040	0.00040	0.00040	0.00039	0.00032	0.00000	-0.00153	-0.00153	-0.00279	
16.00	M	0.00000	0.00000	0.00000	0.00000	0.00001	0.00005	0.00025	0.00122	0.00605	0.02998	0.02998	0.00000	16.00
	Q	0.00000	0.00000	0.00001	0.00003	0.00016	0.00080	0.00395	0.01955	0.09683	0.47962	-0.52038	-0.20190	
	V	0.00000	0.00004	0.00008	0.00012	0.00016	0.00020	0.00023	0.00027	0.00029	0.00023	0.00023	0.00000	
	V'	0.00039	0.00039	0.00039	0.00039	0.00039	0.00039	0.00038	0.00031	0.00001	-0.00148	-0.00148	-0.00273	
16.25	M	0.00000	0.00000	0.00000	0.00000	0.00001	0.00004	0.00023	0.00115	0.00582	0.02958	0.02958	0.00000	16.25
	Q	0.00000	0.00000	0.00001	0.00003	0.00014	0.00072	0.00367	0.01864	0.09464	0.48061	-0.51939	-0.19691	
	V	0.00000	0.00004	0.00008	0.00011	0.00015	0.00019	0.00023	0.00026	0.00028	0.00023	0.00023	0.00000	
	V'	0.00038	0.00038	0.00038	0.00038	0.00038	0.00038	0.00036	0.00031	0.00002	-0.00144	-0.00144	-0.00266	
16.50	M	0.00000	0.00000	0.00000	0.00000	0.00001	0.00004	0.00021	0.00108	0.00561	0.02919	0.02919	0.00000	16.50
	Q	0.00000	0.00000	0.00000	0.00002	0.00013	0.00066	0.00341	0.01776	0.09248	0.48156	-0.51844	-0.19205	
	V	0.00000	0.00004	0.00007	0.00011	0.00015	0.00018	0.00022	0.00025	0.00027	0.00022	0.00022	0.00000	
	V'	0.00037	0.00037	0.00037	0.00037	0.00037	0.00036	0.00035	0.00030	0.00003	-0.00140	-0.00140	-0.00260	
16.75	M	0.00000	0.00000	0.00000	0.00000	0.00001	0.00004	0.00019	0.00101	0.00540	0.02880	0.02880	0.00000	16.75
	Q	0.00000	0.00000	0.00000	0.00002	0.00011	0.00059	0.00317	0.01693	0.09037	0.48246	-0.51754	-0.18731	
	V	0.00000	0.00004	0.00007	0.00011	0.00014	0.00018	0.00021	0.00025	0.00027	0.00022	0.00022	0.00000	
	V'	0.00036	0.00036	0.00036	0.00036	0.00036	0.00035	0.00035	0.00030	0.00003	-0.00136	-0.00136	-0.00254	
17.00	M	0.00000	0.00000	0.00000	0.00000	0.00001	0.00003	0.00017	0.00095	0.00519	0.02843	0.02843	0.00000	17.00
	Q	0.00000	0.00000	0.00000	0.00002	0.00010	0.00054	0.00295	0.01613	0.08829	0.48331	-0.51669	-0.18268	
	V	0.00000	0.00003	0.00007	0.00010	0.00014	0.00017	0.00021	0.00024	0.00026	0.00021	0.00021	0.00000	
	V'	0.00035	0.00035	0.00035	0.00035	0.00035	0.00034	0.00034	0.00029	0.00004	-0.00133	-0.00133	-0.00248	
17.25	M	0.00000	0.00000	0.00000	0.00000	0.00001	0.00003	0.00016	0.00089	0.00500	0.02807	0.02807	0.00000	17.25
	Q	0.00000	0.00000	0.00000	0.00002	0.00009	0.00049	0.00274	0.01537	0.08626	0.48413	-0.51587	-0.17817	
	V	0.00000	0.00003	0.00007	0.00010	0.00013	0.00017	0.00020	0.00023	0.00025	0.00021	0.00021	0.00000	
	V'	0.00034	0.00034	0.00034	0.00034	0.00034	0.00033	0.00033	0.00028	0.00005	-0.00129	-0.00129	-0.00243	
BETA	X/L =	0.00	0.10	0.20	0.30	0.40	0.50	0.60	0.70	0.80	L 0.90	R 0.90	1.00	BETA

XP/L = 0.90

FUNKTIONEN : F.PIM - F.PIQ - F.PIV - F.PIV'

FUNKTIONEN : F.P;M - F.P;Q - F.P;V - F.P;V'

XP/L = 0.90

BETA	X/L =	0.00	0.10	0.20	0.30	0.40	0.50	0.60	0.70	0.80	L 0.90	R 0.90	1.00	BETA
	M	0.00000	0.00000	0.00000	0.00000	0.00000	0.00003	0.00015	0.00084	0.00482	0.02771	0.02771	0.00000	
17.50	Q	0.00000	0.00000	0.00000	0.00001	0.00008	0.00044	0.00254	0.01464	0.08426	0.48490	-0.51510	-0.17377	17.50
	V	0.00000	0.00003	0.00007	0.00010	0.00013	0.00016	0.00020	0.00023	0.00025	0.00020	0.00020	0.00000	
	V'	0.00033	0.00033	0.00033	0.00033	0.00033	0.00033	0.00032	0.00028	0.00005	-0.00126	-0.00126	-0.00237	
	M	0.00000	0.00000	0.00000	0.00000	0.00000	0.00002	0.00013	0.00079	0.00464	0.02736	0.02736	0.00000	
17.75	Q	0.00000	0.00000	0.00000	0.00001	0.00007	0.00040	0.00236	0.01395	0.08231	0.48564	-0.51436	-0.16948	17.75
	V	0.00000	0.00003	0.00006	0.00010	0.00013	0.00016	0.00019	0.00022	0.00024	0.00020	0.00020	0.00000	
	V'	0.00032	0.00032	0.00032	0.00032	0.00032	0.00032	0.00031	0.00027	0.00006	-0.00122	-0.00122	-0.00232	
	M	0.00000	0.00000	0.00000	0.00000	0.00000	0.00002	0.00012	0.00074	0.00447	0.02702	0.02702	0.00000	
18.00	Q	0.00000	0.00000	0.00000	0.00001	0.00006	0.00036	0.00220	0.01329	0.08039	0.48634	-0.51366	-0.16530	18.00
	V	0.00000	0.00003	0.00006	0.00009	0.00012	0.00015	0.00018	0.00021	0.00023	0.00019	0.00019	0.00000	
	V'	0.00031	0.00031	0.00031	0.00031	0.00031	0.00031	0.00030	0.00027	0.00006	-0.00119	-0.00119	-0.00227	
	M	0.00000	0.00000	0.00000	0.00000	0.00000	0.00002	0.00011	0.00069	0.00430	0.02669	0.02669	0.00000	
18.25	Q	0.00000	0.00000	0.00000	0.00001	0.00005	0.00033	0.00204	0.01266	0.07851	0.48700	-0.51300	-0.16122	18.25
	V	0.00000	0.00003	0.00006	0.00009	0.00012	0.00015	0.00018	0.00021	0.00023	0.00019	0.00019	0.00000	
	V'	0.00030	0.00030	0.00030	0.00030	0.00030	0.00030	0.00029	0.00026	0.00006	-0.00116	-0.00116	-0.00222	
	M	0.00000	0.00000	0.00000	0.00000	0.00000	0.00002	0.00010	0.00065	0.00414	0.02636	0.02636	0.00000	
18.50	Q	0.00000	0.00000	0.00000	0.00001	0.00005	0.00030	0.00190	0.01206	0.07667	0.48764	-0.51236	-0.15724	18.50
	V	0.00000	0.00003	0.00006	0.00009	0.00012	0.00015	0.00018	0.00020	0.00022	0.00019	0.00019	0.00000	
	V'	0.00029	0.00029	0.00029	0.00029	0.00029	0.00029	0.00029	0.00026	0.00007	-0.00113	-0.00113	-0.00217	
	M	0.00000	0.00000	0.00000	0.00000	0.00000	0.00001	0.00009	0.00061	0.00399	0.02604	0.02604	0.00000	
18.75	Q	0.00000	0.00000	0.00000	0.00001	0.00004	0.00027	0.00176	0.01148	0.07487	0.48824	-0.51176	-0.15335	18.75
	V	0.00000	0.00003	0.00006	0.00009	0.00011	0.00014	0.00017	0.00020	0.00022	0.00018	0.00018	0.00000	
	V'	0.00028	0.00028	0.00028	0.00028	0.00028	0.00028	0.00028	0.00025	0.00007	-0.00110	-0.00110	-0.00212	
	M	0.00000	0.00000	0.00000	0.00000	0.00000	0.00001	0.00009	0.00058	0.00385	0.02573	0.02573	0.00000	
19.00	Q	0.00000	0.00000	0.00000	0.00001	0.00004	0.00024	0.00164	0.01094	0.07311	0.48881	-0.51119	-0.14957	19.00
	V	0.00000	0.00003	0.00006	0.00008	0.00011	0.00014	0.00017	0.00019	0.00021	0.00018	0.00018	0.00000	
	V'	0.00028	0.00028	0.00028	0.00028	0.00028	0.00028	0.00027	0.00025	0.00007	-0.00108	-0.00108	-0.00208	
	M	0.00000	0.00000	0.00000	0.00000	0.00000	0.00001	0.00008	0.00054	0.00371	0.02542	0.02542	0.00000	
19.25	Q	0.00000	0.00000	0.00000	0.00000	0.00003	0.00022	0.00152	0.01041	0.07139	0.48936	-0.51064	-0.14588	19.25
	V	0.00000	0.00003	0.00005	0.00008	0.00011	0.00013	0.00016	0.00019	0.00021	0.00017	0.00017	0.00000	
	V'	0.00027	0.00027	0.00027	0.00027	0.00027	0.00027	0.00027	0.00024	0.00008	-0.00105	-0.00105	-0.00204	
	M	0.00000	0.00000	0.00000	0.00000	0.00000	0.00001	0.00007	0.00051	0.00357	0.02512	0.02512	0.00000	
19.50	Q	0.00000	0.00000	0.00000	0.00000	0.00003	0.00020	0.00141	0.00992	0.06970	0.48988	-0.51012	-0.14227	19.50
	V	0.00000	0.00003	0.00005	0.00008	0.00011	0.00013	0.00016	0.00018	0.00020	0.00017	0.00017	0.00000	
	V'	0.00026	0.00026	0.00026	0.00026	0.00026	0.00026	0.00026	0.00024	0.00008	-0.00103	-0.00103	-0.00199	
	M	0.00000	0.00000	0.00000	0.00000	0.00000	0.00001	0.00007	0.00048	0.00345	0.02483	0.02483	0.00000	
19.75	Q	0.00000	0.00000	0.00000	0.00000	0.00003	0.00018	0.00131	0.00944	0.06804	0.49037	-0.50963	-0.13876	19.75
	V	0.00000	0.00003	0.00005	0.00008	0.00010	0.00013	0.00015	0.00018	0.00020	0.00017	0.00017	0.00000	
	V'	0.00026	0.00026	0.00026	0.00026	0.00026	0.00026	0.00025	0.00023	0.00008	-0.00100	-0.00100	-0.00195	
BETA	X/L =	0.00	0.10	0.20	0.30	0.40	0.50	0.60	0.70	0.80	L 0.90	R 0.90	1.00	BETA

XP/L = 0.90

FUNKTIONEN : F.P;M - F.P;Q - F.P;V - F.P;V'

FUNKTIONEN : F.P;M - F.P;Q - F.P;V - F.P;V'

XP/L = 0.90

BETA	X/L =	0.00	0.10	0.20	0.30	0.40	0.50	0.60	0.70	0.80	L 0.90	R 0.90	1.00	BETA
	M	0.00000	0.00000	0.00000	0.00000	0.00000	0.00001	0.00006	0.00045	0.00332	0.02454	0.02454	0.00000	
20.00	Q	0.00000	0.00000	0.00000	0.00000	0.00002	0.00016	0.00122	0.00899	0.06643	0.49084	-0.50916	-0.13534	20.00
	V	0.00000	0.00002	0.00005	0.00007	0.00010	0.00012	0.00015	0.00017	0.00019	0.00016	0.00016	0.00000	
	V'	0.00025	0.00025	0.00025	0.00025	0.00025	0.00025	0.00025	0.00023	0.00008	-0.00098	-0.00098	-0.00191	
	M	0.00000	0.00000	0.00000	0.00000	0.00000	0.00001	0.00006	0.00042	0.00320	0.02426	0.02426	0.00000	
20.25	Q	0.00000	0.00000	0.00000	0.00000	0.00002	0.00015	0.00113	0.00856	0.06485	0.49129	-0.50871	-0.13199	20.25
	V	0.00000	0.00002	0.00005	0.00007	0.00010	0.00012	0.00015	0.00017	0.00019	0.00016	0.00016	0.00000	
	V'	0.00024	0.00024	0.00024	0.00024	0.00024	0.00024	0.00024	0.00022	0.00009	-0.00095	-0.00095	-0.00187	
	M	0.00000	0.00000	0.00000	0.00000	0.00000	0.00001	0.00005	0.00040	0.00309	0.02399	0.02399	0.00000	
20.50	Q	0.00000	0.00000	0.00000	0.00000	0.00002	0.00014	0.00105	0.00815	0.06330	0.49171	-0.50829	-0.12873	20.50
	V	0.00000	0.00002	0.00005	0.00007	0.00010	0.00012	0.00014	0.00017	0.00018	0.00016	0.00016	0.00000	
	V'	0.00024	0.00024	0.00024	0.00024	0.00024	0.00024	0.00024	0.00022	0.00009	-0.00093	-0.00093	-0.00184	
	M	0.00000	0.00000	0.00000	0.00000	0.00000	0.00001	0.00005	0.00037	0.00298	0.02372	0.02372	0.00000	
20.75	Q	0.00000	0.00000	0.00000	0.00000	0.00002	0.00012	0.00097	0.00776	0.06179	0.49212	-0.50788	-0.12556	20.75
	V	0.00000	0.00002	0.00005	0.00007	0.00009	0.00012	0.00014	0.00016	0.00018	0.00015	0.00015	0.00000	
	V'	0.00023	0.00023	0.00023	0.00023	0.00023	0.00023	0.00023	0.00021	0.00009	-0.00091	-0.00091	-0.00180	
	M	0.00000	0.00000	0.00000	0.00000	0.00000	0.00001	0.00004	0.00035	0.00287	0.02345	0.02345	0.00000	
21.00	Q	0.00000	0.00000	0.00000	0.00000	0.00001	0.00011	0.00090	0.00739	0.06031	0.49250	-0.50750	-0.12246	21.00
	V	0.00000	0.00002	0.00005	0.00007	0.00009	0.00011	0.00014	0.00016	0.00017	0.00015	0.00015	0.00000	
	V'	0.00023	0.00023	0.00023	0.00023	0.00023	0.00023	0.00022	0.00021	0.00009	-0.00089	-0.00089	-0.00176	
	M	0.00000	0.00000	0.00000	0.00000	0.00000	0.00000	0.00004	0.00033	0.00277	0.02319	0.02319	0.00000	
21.25	Q	0.00000	0.00000	0.00000	0.00000	0.00001	0.00010	0.00084	0.00703	0.05886	0.49287	-0.50713	-0.11943	21.25
	V	0.00000	0.00002	0.00004	0.00007	0.00009	0.00011	0.00013	0.00015	0.00017	0.00015	0.00015	0.00000	
	V'	0.00022	0.00022	0.00022	0.00022	0.00022	0.00022	0.00022	0.00021	0.00009	-0.00087	-0.00087	-0.00173	
	M	0.00000	0.00000	0.00000	0.00000	0.00000	0.00000	0.00004	0.00031	0.00267	0.02294	0.02294	0.00000	
21.50	Q	0.00000	0.00000	0.00000	0.00000	0.00001	0.00009	0.00078	0.00669	0.05745	0.49322	-0.50678	-0.11648	21.50
	V	0.00000	0.00002	0.00004	0.00006	0.00009	0.00011	0.00013	0.00015	0.00017	0.00015	0.00015	0.00000	
	V'	0.00022	0.00022	0.00022	0.00022	0.00022	0.00022	0.00021	0.00020	0.00009	-0.00085	-0.00085	-0.00170	
	M	0.00000	0.00000	0.00000	0.00000	0.00000	0.00000	0.00003	0.00029	0.00258	0.02269	0.02269	0.00000	
21.75	Q	0.00000	0.00000	0.00000	0.00000	0.00001	0.00008	0.00072	0.00637	0.05607	0.49355	-0.50645	-0.11361	21.75
	V	0.00000	0.00002	0.00004	0.00006	0.00008	0.00011	0.00013	0.00015	0.00016	0.00014	0.00014	0.00000	
	V'	0.00021	0.00021	0.00021	0.00021	0.00021	0.00021	0.00021	0.00020	0.00009	-0.00083	-0.00083	-0.00166	
	M	0.00000	0.00000	0.00000	0.00000	0.00000	0.00000	0.00003	0.00028	0.00249	0.02245	0.02245	0.00000	
22.00	Q	0.00000	0.00000	0.00000	0.00000	0.00001	0.00007	0.00067	0.00606	0.05472	0.49386	-0.50614	-0.11080	22.00
	V	0.00000	0.00002	0.00004	0.00006	0.00008	0.00010	0.00012	0.00014	0.00016	0.00014	0.00014	0.00000	
	V'	0.00021	0.00021	0.00021	0.00021	0.00021	0.00021	0.00021	0.00019	0.00009	-0.00081	-0.00081	-0.00163	
	M	0.00000	0.00000	0.00000	0.00000	0.00000	0.00000	0.00003	0.00026	0.00240	0.02221	0.02221	0.00000	
22.25	Q	0.00000	0.00000	0.00000	0.00000	0.00001	0.00007	0.00062	0.00577	0.05340	0.49416	-0.50584	-0.10807	22.25
	V	0.00000	0.00002	0.00004	0.00006	0.00008	0.00010	0.00012	0.00014	0.00016	0.00014	0.00014	0.00000	
	V'	0.00020	0.00020	0.00020	0.00020	0.00020	0.00020	0.00020	0.00019	0.00009	-0.00080	-0.00080	-0.00160	

BETA | X/L = | 0.00 | 0.10 | 0.20 | 0.30 | 0.40 | 0.50 | 0.60 | 0.70 | 0.80 | L 0.90 | R 0.90 | 1.00 | BETA

XP/L = 0.90

FUNKTIONEN : F.P;M - F.P;Q - F.P;V - F.P;V'

FUNKTIONEN : F.P;M - F.P;Q - F.P;V - F.P;V'

XP/L = 0.90

BETA	X/L =	0.00	0.10	0.20	0.30	0.40	0.50	0.60	0.70	0.80	L 0.90	R 0.90	1.00	BETA
	M	0.00000	0.00000	0.00000	0.00000	0.00000	0.00000	0.00003	0.00024	0.00232	0.02198	0.02198	0.00000	
22.50	Q	0.00000	0.00000	0.00000	0.00000	0.00001	0.00006	0.00058	0.00549	0.05211	0.49445	-0.50555	-0.10540	22.50
	V	0.00000	0.00002	0.00004	0.00006	0.00008	0.00010	0.00012	0.00014	0.00015	0.00013	0.00013	0.00000	
	V'	0.00020	0.00020	0.00020	0.00020	0.00020	0.00020	0.00020	0.00019	0.00009	-0.00078	-0.00078	-0.00157	
	M	0.00000	0.00000	0.00000	0.00000	0.00000	0.00000	0.00002	0.00023	0.00224	0.02175	0.02175	0.00000	
22.75	Q	0.00000	0.00000	0.00000	0.00000	0.00001	0.00006	0.00054	0.00523	0.05086	0.49472	-0.50528	-0.10280	22.75
	V	0.00000	0.00002	0.00004	0.00006	0.00008	0.00010	0.00012	0.00013	0.00015	0.00013	0.00013	0.00000	
	V'	0.00019	0.00019	0.00019	0.00019	0.00019	0.00019	0.00019	0.00018	0.00009	-0.00076	-0.00076	-0.00154	
	M	0.00000	0.00000	0.00000	0.00000	0.00000	0.00000	0.00002	0.00022	0.00216	0.02152	0.02152	0.00000	
23.00	Q	0.00000	0.00000	0.00000	0.00000	0.00001	0.00005	0.00050	0.00498	0.04963	0.49497	-0.50503	-0.10026	23.00
	V	0.00000	0.00002	0.00004	0.00006	0.00008	0.00009	0.00011	0.00013	0.00015	0.00013	0.00013	0.00000	
	V'	0.00019	0.00019	0.00019	0.00019	0.00019	0.00019	0.00019	0.00018	0.00010	-0.00075	-0.00075	-0.00151	
	M	0.00000	0.00000	0.00000	0.00000	0.00000	0.00000	0.00002	0.00020	0.00208	0.02130	0.02130	0.00000	
23.25	Q	0.00000	0.00000	0.00000	0.00000	0.00000	0.00005	0.00046	0.00474	0.04842	0.49522	-0.50478	-0.09778	23.25
	V	0.00000	0.00002	0.00004	0.00006	0.00007	0.00009	0.00011	0.00013	0.00014	0.00013	0.00013	0.00000	
	V'	0.00018	0.00018	0.00018	0.00018	0.00018	0.00018	0.00018	0.00018	0.00010	-0.00073	-0.00073	-0.00148	
	M	0.00000	0.00000	0.00000	0.00000	0.00000	0.00000	0.00002	0.00019	0.00201	0.02108	0.02108	0.00000	
23.50	Q	0.00000	0.00000	0.00000	0.00000	0.00000	0.00004	0.00043	0.00451	0.04725	0.49545	-0.50455	-0.09537	23.50
	V	0.00000	0.00002	0.00004	0.00005	0.00007	0.00009	0.00011	0.00013	0.00014	0.00012	0.00012	0.00000	
	V'	0.00018	0.00018	0.00018	0.00018	0.00018	0.00018	0.00018	0.00017	0.00010	-0.00072	-0.00072	-0.00146	
	M	0.00000	0.00000	0.00000	0.00000	0.00000	0.00000	0.00002	0.00018	0.00194	0.02087	0.02087	0.00000	
23.75	Q	0.00000	0.00000	0.00000	0.00000	0.00000	0.00004	0.00040	0.00429	0.04610	0.49567	-0.50433	-0.09301	23.75
	V	0.00000	0.00002	0.00004	0.00005	0.00007	0.00009	0.00011	0.00012	0.00014	0.00012	0.00012	0.00000	
	V'	0.00018	0.00018	0.00018	0.00018	0.00018	0.00018	0.00018	0.00017	0.00010	-0.00070	-0.00070	-0.00143	
	M	0.00000	0.00000	0.00000	0.00000	0.00000	0.00000	0.00002	0.00017	0.00187	0.02066	0.02066	0.00000	
24.00	Q	0.00000	0.00000	0.00000	0.00000	0.00000	0.00003	0.00037	0.00408	0.04499	0.49589	-0.50411	-0.09072	24.00
	V	0.00000	0.00002	0.00003	0.00005	0.00007	0.00009	0.00010	0.00012	0.00014	0.00012	0.00012	0.00000	
	V'	0.00017	0.00017	0.00017	0.00017	0.00017	0.00017	0.00017	0.00017	0.00010	-0.00069	-0.00069	-0.00141	
	M	0.00000	0.00000	0.00000	0.00000	0.00000	0.00000	0.00001	0.00016	0.00181	0.02046	0.02046	0.00000	
24.25	Q	0.00000	0.00000	0.00000	0.00000	0.00000	0.00003	0.00034	0.00388	0.04389	0.49609	-0.50391	-0.08848	24.25
	V	0.00000	0.00002	0.00003	0.00005	0.00007	0.00009	0.00010	0.00012	0.00013	0.00012	0.00012	0.00000	
	V'	0.00017	0.00017	0.00017	0.00017	0.00017	0.00017	0.00017	0.00016	0.00010	-0.00067	-0.00067	-0.00138	
	M	0.00000	0.00000	0.00000	0.00000	0.00000	0.00000	0.00001	0.00015	0.00175	0.02026	0.02026	0.00000	
24.50	Q	0.00000	0.00000	0.00000	0.00000	0.00000	0.00003	0.00032	0.00370	0.04283	0.49628	-0.50372	-0.08629	24.50
	V	0.00000	0.00002	0.00003	0.00005	0.00007	0.00008	0.00010	0.00012	0.00013	0.00012	0.00012	0.00000	
	V'	0.00017	0.00017	0.00017	0.00017	0.00017	0.00017	0.00017	0.00016	0.00010	-0.00066	-0.00066	-0.00136	
	M	0.00000	0.00000	0.00000	0.00000	0.00000	0.00000	0.00001	0.00014	0.00169	0.02006	0.02006	0.00000	
24.75	Q	0.00000	0.00000	0.00000	0.00000	0.00000	0.00002	0.00030	0.00352	0.04178	0.49646	-0.50354	-0.08416	24.75
	V	0.00000	0.00002	0.00003	0.00005	0.00007	0.00008	0.00010	0.00011	0.00013	0.00011	0.00011	0.00000	
	V'	0.00016	0.00016	0.00016	0.00016	0.00016	0.00016	0.00016	0.00016	0.00010	-0.00065	-0.00065	-0.00133	
BETA	X/L =	0.00	0.10	0.20	0.30	0.40	0.50	0.60	0.70	0.80	L 0.90	R 0.90	1.00	BETA

XP/L = 0.90

FUNKTIONEN : F.P;M - F.P;Q - F.P;V - F.P;V'

FUNKTIONEN : F.P;M - F.P;Q - F.P;V - F.P;V'

XP/L = 0.90

BETA	X/L =	0.00	0.10	0.20	0.30	0.40	0.50	0.60	0.70	0.80	L 0.90	R 0.90	1.00	BETA
	M	0.00000	0.00000	0.00000	0.00000	0.00000	0.00000	0.00001	0.00013	0.00163	0.01987	0.01987	0.00000	
25.00	Q	0.00000	0.00000	0.00000	0.00000	0.00000	0.00002	0.00027	0.00335	0.04077	0.49663	-0.50337	-0.08208	25.00
	V	0.00000	0.00002	0.00003	0.00005	0.00006	0.00008	0.00010	0.00011	0.00013	0.00011	0.00011	0.00000	
	V'	0.00016	0.00016	0.00016	0.00016	0.00016	0.00016	0.00016	0.00015	0.00009	-0.00063	-0.00063	-0.00131	
	M	0.00000	0.00000	0.00000	0.00000	0.00000	0.00000	0.00001	0.00010	0.00137	0.01895	0.01895	0.00000	
26.25	Q	0.00000	0.00000	0.00000	0.00000	0.00000	0.00001	0.00019	0.00261	0.03603	0.49738	-0.50262	-0.07244	26.25
	V	0.00000	0.00001	0.00003	0.00004	0.00006	0.00007	0.00009	0.00010	0.00011	0.00010	0.00010	0.00000	
	V'	0.00015	0.00015	0.00015	0.00015	0.00015	0.00015	0.00014	0.00014	0.00009	-0.00058	-0.00058	-0.00120	
	M	0.00000	0.00000	0.00000	0.00000	0.00000	0.00000	0.00000	0.00007	0.00116	0.01811	0.01811	0.00000	
27.50	Q	0.00000	0.00000	0.00000	0.00000	0.00000	0.00001	0.00013	0.00204	0.03183	0.49796	-0.50204	-0.06393	27.50
	V	0.00000	0.00001	0.00003	0.00004	0.00005	0.00007	0.00008	0.00009	0.00010	0.00010	0.00010	0.00000	
	V'	0.00013	0.00013	0.00013	0.00013	0.00013	0.00013	0.00013	0.00013	0.00009	-0.00053	-0.00053	-0.00111	
	M	0.00000	0.00000	0.00000	0.00000	0.00000	0.00000	0.00000	0.00006	0.00098	0.01734	0.01734	0.00000	
28.75	Q	0.00000	0.00000	0.00000	0.00000	0.00000	0.00001	0.00009	0.00159	0.02812	0.49841	-0.50159	-0.05642	28.75
	V	0.00000	0.00001	0.00002	0.00004	0.00005	0.00006	0.00007	0.00008	0.00010	0.00009	0.00009	0.00000	
	V'	0.00012	0.00012	0.00012	0.00012	0.00012	0.00012	0.00012	0.00012	0.00009	-0.00048	-0.00048	-0.00102	
	M	0.00000	0.00000	0.00000	0.00000	0.00000	0.00000	0.00000	0.00004	0.00083	0.01663	0.01663	0.00000	
30.00	Q	0.00000	0.00000	0.00000	0.00000	0.00000	0.00000	0.00006	0.00124	0.02483	0.49876	-0.50124	-0.04979	30.00
	V	0.00000	0.00001	0.00002	0.00003	0.00004	0.00006	0.00007	0.00008	0.00009	0.00008	0.00008	0.00000	
	V'	0.00011	0.00011	0.00011	0.00011	0.00011	0.00011	0.00011	0.00011	0.00008	-0.00044	-0.00044	-0.00094	
	M	0.00000	0.00000	0.00000	0.00000	0.00000	0.00000	0.00000	0.00003	0.00070	0.01597	0.01597	0.00000	
31.25	Q	0.00000	0.00000	0.00000	0.00000	0.00000	0.00000	0.00004	0.00096	0.02193	0.49903	-0.50097	-0.04394	31.25
	V	0.00000	0.00001	0.00002	0.00003	0.00004	0.00005	0.00006	0.00007	0.00008	0.00008	0.00008	0.00000	
	V'	0.00010	0.00010	0.00010	0.00010	0.00010	0.00010	0.00010	0.00010	0.00008	-0.00041	-0.00041	-0.00088	
	M	0.00000	0.00000	0.00000	0.00000	0.00000	0.00000	0.00000	0.00002	0.00060	0.01536	0.01536	0.00000	
32.50	Q	0.00000	0.00000	0.00000	0.00000	0.00000	0.00000	0.00003	0.00075	0.01936	0.49925	-0.50075	-0.03877	32.50
	V	0.00000	0.00001	0.00002	0.00003	0.00004	0.00005	0.00006	0.00007	0.00008	0.00007	0.00007	0.00000	
	V'	0.00009	0.00009	0.00009	0.00009	0.00009	0.00009	0.00009	0.00009	0.00008	-0.00038	-0.00038	-0.00082	
	M	0.00000	0.00000	0.00000	0.00000	0.00000	0.00000	0.00000	0.00002	0.00051	0.01480	0.01480	0.00000	
33.75	Q	0.00000	0.00000	0.00000	0.00000	0.00000	0.00000	0.00002	0.00058	0.01709	0.49941	-0.50059	-0.03422	33.75
	V	0.00000	0.00001	0.00002	0.00003	0.00004	0.00004	0.00005	0.00006	0.00007	0.00007	0.00007	0.00000	
	V'	0.00009	0.00009	0.00009	0.00009	0.00009	0.00009	0.00009	0.00009	0.00007	-0.00035	-0.00035	-0.00076	
	M	0.00000	0.00000	0.00000	0.00000	0.00000	0.00000	0.00000	0.00001	0.00043	0.01427	0.01427	0.00000	
35.00	Q	0.00000	0.00000	0.00000	0.00000	0.00000	0.00000	0.00001	0.00046	0.01508	0.49954	-0.50046	-0.03020	35.00
	V	0.00000	0.00001	0.00002	0.00002	0.00003	0.00004	0.00005	0.00006	0.00006	0.00006	0.00006	0.00000	
	V'	0.00008	0.00008	0.00008	0.00008	0.00008	0.00008	0.00008	0.00008	0.00007	-0.00033	-0.00033	-0.00071	
	M	0.00000	0.00000	0.00000	0.00000	0.00000	0.00000	0.00000	0.00001	0.00037	0.01378	0.01378	0.00000	
36.25	Q	0.00000	0.00000	0.00000	0.00000	0.00000	0.00000	0.00001	0.00035	0.01332	0.49964	-0.50036	-0.02665	36.25
	V	0.00000	0.00001	0.00002	0.00002	0.00003	0.00004	0.00005	0.00005	0.00006	0.00006	0.00006	0.00000	
	V'	0.00008	0.00008	0.00008	0.00008	0.00008	0.00008	0.00008	0.00008	0.00007	-0.00030	-0.00030	-0.00066	
BETA	X/L =	0.00	0.10	0.20	0.30	0.40	0.50	0.60	0.70	0.80	L 0.90	R 0.90	1.00	BETA

XP/L = 0.90

FUNKTIONEN : F.P;M - F.P;Q - F.P;V - F.P;V'

Z U G S T A E B E -479-

FUNKTIONEN : F.P;M - F.P;Q - F.P;V - F.P;V'

XP/L = 0.90

BETA	X/L =	0.00	0.10	0.20	0.30	0.40	0.50	0.60	0.70	0.80	L 0.90	R 0.90	1.00	BETA
	M	0.00000	0.00000	0.00000	0.00000	0.00000	0.00000	0.00000	0.00001	0.00031	0.01333	0.01333	0.00000	
37.50	Q	0.00000	0.00000	0.00000	0.00000	0.00000	0.00000	0.00001	0.00028	0.01175	0.49972	-0.50028	-0.02352	37.50
	V	0.00000	0.00001	0.00001	0.00002	0.00003	0.00004	0.00004	0.00005	0.00006	0.00005	0.00005	0.00000	
	V'	0.00007	0.00007	0.00007	0.00007	0.00007	0.00007	0.00007	0.00007	0.00006	-0.00028	-0.00028	-0.00062	
	M	0.00000	0.00000	0.00000	0.00000	0.00000	0.00000	0.00000	0.00001	0.00027	0.01290	0.01290	0.00000	
38.75	Q	0.00000	0.00000	0.00000	0.00000	0.00000	0.00000	0.00000	0.00022	0.01037	0.49978	-0.50022	-0.02075	38.75
	V	0.00000	0.00001	0.00001	0.00002	0.00003	0.00003	0.00004	0.00005	0.00005	0.00005	0.00005	0.00000	
	V'	0.00007	0.00007	0.00007	0.00007	0.00007	0.00007	0.00007	0.00007	0.00006	-0.00027	-0.00027	-0.00059	
	M	0.00000	0.00000	0.00000	0.00000	0.00000	0.00000	0.00000	0.00000	0.00023	0.01250	0.01250	0.00000	
40.00	Q	0.00000	0.00000	0.00000	0.00000	0.00000	0.00000	0.00000	0.00017	0.00915	0.49983	-0.50017	-0.01832	40.00
	V	0.00000	0.00001	0.00001	0.00002	0.00002	0.00003	0.00004	0.00004	0.00005	0.00005	0.00005	0.00000	
	V'	0.00006	0.00006	0.00006	0.00006	0.00006	0.00006	0.00006	0.00006	0.00006	-0.00025	-0.00025	-0.00055	
	M	0.00000	0.00000	0.00000	0.00000	0.00000	0.00000	0.00000	0.00000	0.00020	0.01212	0.01212	0.00000	
41.25	Q	0.00000	0.00000	0.00000	0.00000	0.00000	0.00000	0.00000	0.00013	0.00808	0.49987	-0.50013	-0.01616	41.25
	V	0.00000	0.00001	0.00001	0.00002	0.00002	0.00003	0.00004	0.00004	0.00005	0.00005	0.00005	0.00000	
	V'	0.00006	0.00006	0.00006	0.00006	0.00006	0.00006	0.00006	0.00006	0.00005	-0.00024	-0.00024	-0.00052	
	M	0.00000	0.00000	0.00000	0.00000	0.00000	0.00000	0.00000	0.00000	0.00017	0.01176	0.01176	0.00000	
42.50	Q	0.00000	0.00000	0.00000	0.00000	0.00000	0.00000	0.00000	0.00010	0.00713	0.49990	-0.50010	-0.01426	42.50
	V	0.00000	0.00001	0.00001	0.00002	0.00002	0.00003	0.00003	0.00004	0.00004	0.00004	0.00004	0.00000	
	V'	0.00006	0.00006	0.00006	0.00006	0.00006	0.00006	0.00006	0.00006	0.00005	-0.00022	-0.00022	-0.00049	
	M	0.00000	0.00000	0.00000	0.00000	0.00000	0.00000	0.00000	0.00000	0.00014	0.01143	0.01143	0.00000	
43.75	Q	0.00000	0.00000	0.00000	0.00000	0.00000	0.00000	0.00000	0.00008	0.00629	0.49992	-0.50008	-0.01259	43.75
	V	0.00000	0.00001	0.00001	0.00002	0.00002	0.00003	0.00003	0.00004	0.00004	0.00004	0.00004	0.00000	
	V'	0.00005	0.00005	0.00005	0.00005	0.00005	0.00005	0.00005	0.00005	0.00005	-0.00021	-0.00021	-0.00046	
	M	0.00000	0.00000	0.00000	0.00000	0.00000	0.00000	0.00000	0.00000	0.00012	0.01111	0.01111	0.00000	
45.00	Q	0.00000	0.00000	0.00000	0.00000	0.00000	0.00000	0.00000	0.00006	0.00555	0.49994	-0.50006	-0.01111	45.00
	V	0.00000	0.00000	0.00001	0.00001	0.00002	0.00002	0.00003	0.00003	0.00004	0.00004	0.00004	0.00000	
	V'	0.00005	0.00005	0.00005	0.00005	0.00005	0.00005	0.00005	0.00005	0.00005	-0.00020	-0.00020	-0.00044	
	M	0.00000	0.00000	0.00000	0.00000	0.00000	0.00000	0.00000	0.00000	0.00011	0.01081	0.01081	0.00000	
46.25	Q	0.00000	0.00000	0.00000	0.00000	0.00000	0.00000	0.00000	0.00005	0.00490	0.49995	-0.50005	-0.00980	46.25
	V	0.00000	0.00000	0.00001	0.00001	0.00002	0.00002	0.00003	0.00003	0.00004	0.00004	0.00004	0.00000	
	V'	0.00005	0.00005	0.00005	0.00005	0.00005	0.00005	0.00005	0.00005	0.00004	-0.00019	-0.00019	-0.00042	
	M	0.00000	0.00000	0.00000	0.00000	0.00000	0.00000	0.00000	0.00000	0.00009	0.01053	0.01053	0.00000	
47.50	Q	0.00000	0.00000	0.00000	0.00000	0.00000	0.00000	0.00000	0.00004	0.00433	0.49996	-0.50004	-0.00865	47.50
	V	0.00000	0.00000	0.00001	0.00001	0.00002	0.00002	0.00003	0.00003	0.00004	0.00004	0.00004	0.00000	
	V'	0.00004	0.00004	0.00004	0.00004	0.00004	0.00004	0.00004	0.00004	0.00004	-0.00018	-0.00018	-0.00040	
	M	0.00000	0.00000	0.00000	0.00000	0.00000	0.00000	0.00000	0.00000	0.00008	0.01026	0.01026	0.00000	
48.75	Q	0.00000	0.00000	0.00000	0.00000	0.00000	0.00000	0.00000	0.00003	0.00382	0.49997	-0.50003	-0.00764	48.75
	V	0.00000	0.00000	0.00001	0.00001	0.00002	0.00002	0.00003	0.00003	0.00003	0.00003	0.00003	0.00000	
	V'	0.00004	0.00004	0.00004	0.00004	0.00004	0.00004	0.00004	0.00004	0.00004	-0.00017	-0.00017	-0.00038	
BETA	X/L =	0.00	0.10	0.20	0.30	0.40	0.50	0.60	0.70	0.80	L 0.90	R 0.90	1.00	BETA

XP/L = 0.90

FUNKTIONEN : F.P;M - F.P;Q - F.P;V - F.P;V'

D.III

Zahlentafeln der Funktionen

$F(\epsilon,\chi)_{q;M} = F.Q;M$

$F(\epsilon,\chi)_{q;Q} = F.Q;Q$

$F(\epsilon,\chi)_{q;V} = F.Q;V$

$F(\epsilon,\chi)_{q;V'} = F.Q;V'$

Druckstäbe 481...492

Zugstäbe 493...504

FUNKTIONEN : F.Q;M - F.Q;Q - F.Q;V - F.Q;V'

ALPHA	X/L =	0.00	0.10	0.20	0.30	0.40	0.50	0.60	0.70	0.80	0.90	1.00	ALPHA
	M	0.00000	0.04500	0.08000	0.10500	0.12000	0.12500	0.12000	0.10500	0.08000	0.04500	0.00000	
0.000	Q	0.50000	0.40000	0.30000	0.20000	0.10000	0.00000	-0.10000	-0.20000	-0.30000	-0.40000	-0.50000	0.000
	V	0.00000	0.00409	0.00773	0.01059	0.01240	0.01302	0.01240	0.01059	0.00773	0.00409	0.00000	
	V'	0.04167	0.03933	0.03300	0.02367	0.01233	0.00000	-0.01233	-0.02367	-0.03300	-0.03933	-0.04167	
	M	0.00000	0.04500	0.08000	0.10501	0.12001	0.12501	0.12001	0.10501	0.08000	0.04500	0.00000	
0.025	Q	0.50003	0.40002	0.30002	0.20001	0.10001	0.00000	-0.10001	-0.20001	-0.30002	-0.40002	-0.50003	0.025
	V	0.00000	0.00409	0.00773	0.01059	0.01240	0.01302	0.01240	0.01059	0.00773	0.00409	0.00000	
	V'	0.04167	0.03934	0.03300	0.02367	0.01233	0.00000	-0.01233	-0.02367	-0.03300	-0.03934	-0.04167	
	M	0.00000	0.04501	0.08002	0.10503	0.12003	0.12503	0.12003	0.10503	0.08002	0.04501	0.00000	
0.050	Q	0.50010	0.40010	0.30008	0.20006	0.10003	0.00000	-0.10003	-0.20006	-0.30008	-0.40010	-0.50010	0.050
	V	0.00000	0.00409	0.00774	0.01059	0.01240	0.01302	0.01240	0.01059	0.00774	0.00409	0.00000	
	V'	0.04168	0.03934	0.03301	0.02367	0.01234	0.00000	-0.01234	-0.02367	-0.03301	-0.03934	-0.04168	
	M	0.00000	0.04502	0.08004	0.10506	0.12007	0.12507	0.12007	0.10506	0.08004	0.04502	0.00000	
0.075	Q	0.50023	0.40022	0.30019	0.20013	0.10007	0.00000	-0.10007	-0.20013	-0.30019	-0.40022	-0.50023	0.075
	V	0.00000	0.00409	0.00774	0.01059	0.01241	0.01303	0.01241	0.01059	0.00774	0.00409	0.00000	
	V'	0.04169	0.03936	0.03302	0.02368	0.01234	0.00000	-0.01234	-0.02368	-0.03302	-0.03936	-0.04169	
	M	0.00000	0.04504	0.08008	0.10511	0.12012	0.12513	0.12012	0.10511	0.08008	0.04504	0.00000	
0.100	Q	0.50042	0.40039	0.30033	0.20024	0.10012	0.00000	-0.10012	-0.20024	-0.30033	-0.40039	-0.50042	0.100
	V	0.00000	0.00409	0.00774	0.01060	0.01241	0.01303	0.01241	0.01060	0.00774	0.00409	0.00000	
	V'	0.04171	0.03937	0.03303	0.02369	0.01235	0.00000	-0.01235	-0.02369	-0.03303	-0.03937	-0.04171	
	M	0.00000	0.04506	0.08012	0.10517	0.12019	0.12520	0.12019	0.10517	0.08012	0.04506	0.00000	
0.125	Q	0.50065	0.40062	0.30052	0.20037	0.10019	0.00000	-0.10019	-0.20037	-0.30052	-0.40062	-0.50065	0.125
	V	0.00000	0.00409	0.00775	0.01060	0.01242	0.01304	0.01242	0.01060	0.00775	0.00409	0.00000	
	V'	0.04173	0.03940	0.03305	0.02370	0.01235	0.00000	-0.01235	-0.02370	-0.03305	-0.03940	-0.04173	
	M	0.00000	0.04509	0.08017	0.10524	0.12028	0.12529	0.12028	0.10524	0.08017	0.04509	0.00000	
0.150	Q	0.50094	0.40089	0.30074	0.20053	0.10028	0.00000	-0.10028	-0.20053	-0.30074	-0.40089	-0.50094	0.150
	V	0.00000	0.00410	0.00775	0.01061	0.01243	0.01305	0.01243	0.01061	0.00775	0.00410	0.00000	
	V'	0.04176	0.03942	0.03308	0.02372	0.01236	0.00000	-0.01236	-0.02372	-0.03308	-0.03942	-0.04176	
	M	0.00000	0.04513	0.08024	0.10533	0.12038	0.12540	0.12038	0.10533	0.08024	0.04513	0.00000	
0.175	Q	0.50128	0.40121	0.30101	0.20073	0.10038	0.00000	-0.10038	-0.20073	-0.30101	-0.40121	-0.50128	0.175
	V	0.00000	0.00410	0.00776	0.01062	0.01244	0.01306	0.01244	0.01062	0.00776	0.00410	0.00000	
	V'	0.04179	0.03945	0.03310	0.02374	0.01237	0.00000	-0.01237	-0.02374	-0.03310	-0.03945	-0.04179	
	M	0.00000	0.04516	0.08031	0.10543	0.12050	0.12552	0.12050	0.10543	0.08031	0.04516	0.00000	
0.200	Q	0.50167	0.40158	0.30133	0.20095	0.10050	0.00000	-0.10050	-0.20095	-0.30133	-0.40158	-0.50167	0.200
	V	0.00000	0.00410	0.00776	0.01063	0.01245	0.01307	0.01245	0.01063	0.00776	0.00410	0.00000	
	V'	0.04183	0.03949	0.03314	0.02376	0.01238	0.00000	-0.01238	-0.02376	-0.03314	-0.03949	-0.04183	
	M	0.00000	0.04521	0.08039	0.10554	0.12063	0.12566	0.12063	0.10554	0.08039	0.04521	0.00000	
0.225	Q	0.50212	0.40200	0.30168	0.20120	0.10063	0.00000	-0.10063	-0.20120	-0.30168	-0.40200	-0.50212	0.225
	V	0.00000	0.00411	0.00777	0.01064	0.01246	0.01309	0.01246	0.01064	0.00777	0.00411	0.00000	
	V'	0.04188	0.03953	0.03317	0.02379	0.01240	0.00000	-0.01240	-0.02379	-0.03317	-0.03953	-0.04188	
ALPHA	X/L =	0.00	0.10	0.20	0.30	0.40	0.50	0.60	0.70	0.80	0.90	1.00	ALPHA

FUNKTIONEN : F.Q;M - F.Q;Q - F.Q;V - F.Q;V'

DRUCKSTAEBE -482-

FUNKTIONEN : F.Q;M - F.Q;Q - F.Q;V - F.Q;V'

ALPHA	X/L =	0.00	0.10	0.20	0.30	0.40	0.50	0.60	0.70	0.80	0.90	1.00	ALPHA
	M	0.00000	0.04526	0.08049	0.10567	0.12078	0.12582	0.12078	0.10567	0.08049	0.04526	0.00000	
0.250	Q	0.50262	0.40247	0.30208	0.20149	0.10078	-0.00000	-0.10078	-0.20149	-0.30208	-0.40247	-0.50262	0.250
	V	0.00000	0.00411	0.00778	0.01065	0.01248	0.01310	0.01248	0.01065	0.00778	0.00411	0.00000	
	V'	0.04193	0.03958	0.03321	0.02382	0.01241	-0.00000	-0.01241	-0.02382	-0.03321	-0.03958	-0.04193	
	M	0.00000	0.04531	0.08059	0.10581	0.12095	0.12599	0.12095	0.10581	0.08059	0.04531	0.00000	
0.275	Q	0.50318	0.40300	0.30252	0.20180	0.10094	0.00000	-0.10094	-0.20180	-0.30252	-0.40300	-0.50318	0.275
	V	0.00000	0.00412	0.00779	0.01067	0.01250	0.01312	0.01250	0.01067	0.00779	0.00412	0.00000	
	V'	0.04198	0.03964	0.03326	0.02385	0.01243	0.00000	-0.01243	-0.02385	-0.03326	-0.03964	-0.04198	
	M	0.00000	0.04537	0.08070	0.10596	0.12113	0.12618	0.12113	0.10596	0.08070	0.04537	0.00000	
0.300	Q	0.50378	0.40357	0.30300	0.20215	0.10112	0.00000	-0.10112	-0.20215	-0.30300	-0.40357	-0.50378	0.300
	V	0.00000	0.00412	0.00780	0.01068	0.01251	0.01314	0.01251	0.01068	0.00780	0.00412	0.00000	
	V'	0.04205	0.03969	0.03331	0.02389	0.01245	0.00000	-0.01245	-0.02389	-0.03331	-0.03969	-0.04205	
	M	0.00000	0.04544	0.08083	0.10613	0.12132	0.12639	0.12132	0.10613	0.08083	0.04544	-0.00000	
0.325	Q	0.50445	0.40420	0.30352	0.20253	0.10132	0.00000	-0.10132	-0.20253	-0.30352	-0.40420	-0.50445	0.325
	V	0.00000	0.00413	0.00782	0.01070	0.01253	0.01316	0.01253	0.01070	0.00782	0.00413	-0.00000	
	V'	0.04211	0.03976	0.03336	0.02393	0.01247	0.00000	-0.01247	-0.02393	-0.03336	-0.03976	-0.04211	
	M	0.00000	0.04551	0.08096	0.10631	0.12154	0.12662	0.12154	0.10631	0.08096	0.04551	-0.00000	
0.350	Q	0.50517	0.40488	0.30409	0.20294	0.10153	-0.00000	-0.10153	-0.20294	-0.30409	-0.40488	-0.50517	0.350
	V	0.00000	0.00414	0.00783	0.01072	0.01256	0.01319	0.01256	0.01072	0.00783	0.00414	-0.00000	
	V'	0.04218	0.03982	0.03342	0.02397	0.01249	-0.00000	-0.01249	-0.02397	-0.03342	-0.03982	-0.04218	
	M	0.00000	0.04558	0.08110	0.10651	0.12177	0.12686	0.12177	0.10651	0.08110	0.04558	0.00000	
0.375	Q	0.50594	0.40561	0.30471	0.20338	0.10176	0.00000	-0.10176	-0.20338	-0.30471	-0.40561	-0.50594	0.375
	V	0.00000	0.00415	0.00784	0.01074	0.01258	0.01321	0.01258	0.01074	0.00784	0.00415	0.00000	
	V'	0.04226	0.03990	0.03348	0.02401	0.01252	0.00000	-0.01252	-0.02401	-0.03348	-0.03990	-0.04226	
	M	0.00000	0.04566	0.08126	0.10672	0.12202	0.12712	0.12202	0.10672	0.08126	0.04566	0.00000	
0.400	Q	0.50678	0.40640	0.30537	0.20385	0.10201	0.00000	-0.10201	-0.20385	-0.30537	-0.40640	-0.50678	0.400
	V	0.00000	0.00415	0.00786	0.01076	0.01260	0.01324	0.01260	0.01076	0.00786	0.00415	0.00000	
	V'	0.04234	0.03998	0.03355	0.02406	0.01254	0.00000	-0.01254	-0.02406	-0.03355	-0.03998	-0.04234	
	M	0.00000	0.04575	0.08142	0.10695	0.12228	0.12740	0.12228	0.10695	0.08142	0.04575	0.00000	
0.425	Q	0.50766	0.40724	0.30607	0.20436	0.10227	0.00000	-0.10227	-0.20436	-0.30607	-0.40724	-0.50766	0.425
	V	0.00000	0.00416	0.00788	0.01078	0.01263	0.01326	0.01263	0.01078	0.00788	0.00416	0.00000	
	V'	0.04243	0.04006	0.03362	0.02412	0.01257	0.00000	-0.01257	-0.02412	-0.03362	-0.04006	-0.04243	
	M	0.00000	0.04584	0.08160	0.10719	0.12256	0.12769	0.12256	0.10719	0.08160	0.04584	0.00000	
0.450	Q	0.50861	0.40813	0.30682	0.20489	0.10255	0.00000	-0.10255	-0.20489	-0.30682	-0.40813	-0.50861	0.450
	V	0.00000	0.00417	0.00789	0.01081	0.01266	0.01329	0.01266	0.01081	0.00789	0.00417	0.00000	
	V'	0.04253	0.04015	0.03370	0.02417	0.01260	0.00000	-0.01260	-0.02417	-0.03370	-0.04015	-0.04253	
	M	0.00000	0.04594	0.08179	0.10744	0.12286	0.12801	0.12286	0.10744	0.08179	0.04594	0.00000	
0.475	Q	0.50962	0.40908	0.30762	0.20547	0.10285	-0.00000	-0.10285	-0.20547	-0.30762	-0.40908	-0.50962	0.475
	V	0.00000	0.00418	0.00791	0.01083	0.01269	0.01333	0.01269	0.01083	0.00791	0.00418	0.00000	
	V'	0.04263	0.04025	0.03378	0.02423	0.01263	-0.00000	-0.01263	-0.02423	-0.03378	-0.04025	-0.04263	
ALPHA	X/L =	0.00	0.10	0.20	0.30	0.40	0.50	0.60	0.70	0.80	0.90	1.00	ALPHA

FUNKTIONEN : F.Q;M - F.Q;Q - F.Q;V - F.Q;V'

DRUCKSTAEBE -482-

FUNKTIONEN : F.Q;M - F.Q;Q - F.Q;V - F.Q;V'

ALPHA	X/L =	0.00	0.10	0.20	0.30	0.40	0.50	0.60	0.70	0.80	0.90	1.00	ALPHA
	M	0.00000	0.04605	0.08198	0.10772	0.12318	0.12834	0.12318	0.10772	0.08198	0.04605	0.00000	
0.500	Q	0.51068	0.41009	0.30847	0.20607	0.10317	-0.00000	-0.10317	-0.20607	-0.30847	-0.41009	-0.51068	0.500
	V	0.00000	0.00419	0.00793	0.01086	0.01272	0.01336	0.01272	0.01086	0.00793	0.00419	0.00000	
	V'	0.04274	0.04035	0.03386	0.02429	0.01266	-0.00000	-0.01266	-0.02429	-0.03386	-0.04035	-0.04274	
	M	0.00000	0.04616	0.08219	0.10800	0.12352	0.12869	0.12352	0.10800	0.08219	0.04616	0.00000	
0.525	Q	0.51181	0.41115	0.30936	0.20671	0.10350	0.00000	-0.10350	-0.20671	-0.30936	-0.41115	-0.51181	0.525
	V	0.00000	0.00420	0.00795	0.01089	0.01276	0.01340	0.01276	0.01089	0.00795	0.00420	0.00000	
	V'	0.04285	0.04046	0.03395	0.02436	0.01270	0.00000	-0.01270	-0.02436	-0.03395	-0.04046	-0.04285	
	M	0.00000	0.04628	0.08241	0.10830	0.12387	0.12906	0.12387	0.10830	0.08241	0.04628	0.00000	
0.550	Q	0.51300	0.41227	0.31030	0.20739	0.10385	0.00000	-0.10385	-0.20739	-0.31030	-0.41227	-0.51300	0.550
	V	0.00000	0.00422	0.00798	0.01092	0.01279	0.01343	0.01279	0.01092	0.00798	0.00422	0.00000	
	V'	0.04297	0.04057	0.03405	0.02443	0.01273	0.00000	-0.01273	-0.02443	-0.03405	-0.04057	-0.04297	
	M	0.00000	0.04640	0.08264	0.10862	0.12424	0.12945	0.12424	0.10862	0.08264	0.04640	0.00000	
0.575	Q	0.51425	0.41345	0.31129	0.20810	0.10422	0.00000	-0.10422	-0.20810	-0.31129	-0.41345	-0.51425	0.575
	V	0.00000	0.00423	0.00800	0.01095	0.01283	0.01347	0.01283	0.01095	0.00800	0.00423	0.00000	
	V'	0.04309	0.04069	0.03415	0.02450	0.01277	0.00000	-0.01277	-0.02450	-0.03415	-0.04069	-0.04309	
	M	0.00000	0.04653	0.08289	0.10896	0.12463	0.12987	0.12463	0.10896	0.08289	0.04653	-0.00000	
0.600	Q	0.51556	0.41469	0.31233	0.20885	0.10461	-0.00000	-0.10461	-0.20885	-0.31233	-0.41469	-0.51556	0.600
	V	0.00000	0.00424	0.00802	0.01099	0.01287	0.01352	0.01287	0.01099	0.00802	0.00424	-0.00000	
	V'	0.04322	0.04081	0.03426	0.02458	0.01281	-0.00000	-0.01281	-0.02458	-0.03426	-0.04081	-0.04322	
	M	0.00000	0.04666	0.08314	0.10931	0.12504	0.13030	0.12504	0.10931	0.08314	0.04666	0.00000	
0.625	Q	0.51694	0.41599	0.31343	0.20963	0.10502	0.00000	-0.10502	-0.20963	-0.31343	-0.41599	-0.51694	0.625
	V	0.00000	0.00425	0.00805	0.01102	0.01291	0.01356	0.01291	0.01102	0.00805	0.00425	0.00000	
	V'	0.04336	0.04094	0.03437	0.02466	0.01285	0.00000	-0.01285	-0.02466	-0.03437	-0.04094	-0.04336	
	M	0.00000	0.04680	0.08341	0.10967	0.12547	0.13075	0.12547	0.10967	0.08341	0.04680	0.00000	
0.650	Q	0.51838	0.41736	0.31457	0.21045	0.10545	0.00000	-0.10545	-0.21045	-0.31457	-0.41736	-0.51838	0.650
	V	0.00000	0.00427	0.00808	0.01106	0.01296	0.01361	0.01296	0.01106	0.00808	0.00427	0.00000	
	V'	0.04351	0.04108	0.03448	0.02474	0.01290	0.00000	-0.01290	-0.02474	-0.03448	-0.04108	-0.04351	
	M	0.00000	0.04695	0.08369	0.11006	0.12592	0.13122	0.12592	0.11006	0.08369	0.04695	0.00000	
0.675	Q	0.51989	0.41878	0.31577	0.21131	0.10590	0.00000	-0.10590	-0.21131	-0.31577	-0.41878	-0.51989	0.675
	V	0.00000	0.00428	0.00811	0.01110	0.01300	0.01365	0.01300	0.01110	0.00811	0.00428	0.00000	
	V'	0.04366	0.04123	0.03461	0.02483	0.01295	0.00000	-0.01295	-0.02483	-0.03461	-0.04123	-0.04366	
	M	0.00000	0.04711	0.08399	0.11046	0.12639	0.13171	0.12639	0.11046	0.08399	0.04711	0.00000	
0.700	Q	0.52147	0.42027	0.31702	0.21221	0.10637	0.00000	-0.10637	-0.21221	-0.31702	-0.42027	-0.52147	0.700
	V	0.00000	0.00430	0.00813	0.01114	0.01305	0.01370	0.01305	0.01114	0.00813	0.00430	0.00000	
	V'	0.04381	0.04138	0.03473	0.02492	0.01299	0.00000	-0.01299	-0.02492	-0.03473	-0.04138	-0.04381	
	M	0.00000	0.04727	0.08429	0.11088	0.12689	0.13223	0.12689	0.11088	0.08429	0.04727	0.00000	
0.725	Q	0.52312	0.42183	0.31833	0.21315	0.10686	0.00000	-0.10686	-0.21315	-0.31833	-0.42183	-0.52312	0.725
	V	0.00000	0.00431	0.00817	0.01118	0.01310	0.01376	0.01310	0.01118	0.00817	0.00431	0.00000	
	V'	0.04398	0.04153	0.03487	0.02502	0.01304	0.00000	-0.01304	-0.02502	-0.03487	-0.04153	-0.04398	
ALPHA	X/L =	0.00	0.10	0.20	0.30	0.40	0.50	0.60	0.70	0.80	0.90	1.00	ALPHA

FUNKTIONEN : F.Q;M - F.Q;Q - F.Q;V - F.Q;V'

FUNKTIONEN : F.Q:M - F.Q:Q - F.Q:V - F.Q:V'

ALPHA	X/L =	0.00	0.10	0.20	0.30	0.40	0.50	0.60	0.70	0.80	0.90	1.00	ALPHA
	M	0.00000	0.04744	0.08461	0.11132	0.12740	0.13277	0.12740	0.11132	0.08461	0.04744	0.00000	
0.750	Q	0.52484	0.42345	0.31969	0.21413	0.10737	0.00000	-0.10737	-0.21413	-0.31969	-0.42345	-0.52484	0.750
	V	0.00000	0.00433	0.00820	0.01123	0.01315	0.01381	0.01315	0.01123	0.00820	0.00433	0.00000	
	V'	0.04415	0.04170	0.03501	0.02512	0.01310	0.00000	-0.01310	-0.02512	-0.03501	-0.04170	-0.04415	
	M	0.00000	0.04761	0.08494	0.11177	0.12793	0.13333	0.12793	0.11177	0.08494	0.04761	0.00000	
0.775	Q	0.52663	0.42515	0.32111	0.21515	0.10790	0.00000	-0.10790	-0.21515	-0.32111	-0.42515	-0.52663	0.775
	V	0.00000	0.00435	0.00823	0.01127	0.01321	0.01387	0.01321	0.01127	0.00823	0.00435	0.00000	
	V'	0.04433	0.04187	0.03515	0.02523	0.01315	0.00000	-0.01315	-0.02523	-0.03515	-0.04187	-0.04433	
	M	0.00000	0.04780	0.08529	0.11225	0.12849	0.13391	0.12849	0.11225	0.08529	0.04780	0.00000	
0.800	Q	0.52849	0.42691	0.32259	0.21622	0.10845	0.00000	-0.10845	-0.21622	-0.32259	-0.42691	-0.52849	0.800
	V	0.00000	0.00437	0.00827	0.01132	0.01326	0.01393	0.01326	0.01132	0.00827	0.00437	0.00000	
	V'	0.04452	0.04204	0.03530	0.02534	0.01321	0.00000	-0.01321	-0.02534	-0.03530	-0.04204	-0.04452	
	M	0.00000	0.04799	0.08565	0.11274	0.12907	0.13452	0.12907	0.11274	0.08565	0.04799	0.00000	
0.825	Q	0.53043	0.42874	0.32413	0.21732	0.10903	-0.00000	-0.10903	-0.21732	-0.32413	-0.42874	-0.53043	0.825
	V	0.00000	0.00439	0.00830	0.01137	0.01332	0.01399	0.01332	0.01137	0.00830	0.00439	0.00000	
	V'	0.04471	0.04223	0.03546	0.02545	0.01327	-0.00000	-0.01327	-0.02545	-0.03546	-0.04223	-0.04471	
	M	0.00000	0.04818	0.08603	0.11325	0.12967	0.13515	0.12967	0.11325	0.08603	0.04818	0.00000	
0.850	Q	0.53245	0.43065	0.32574	0.21847	0.10963	0.00000	-0.10963	-0.21847	-0.32574	-0.43065	-0.53245	0.850
	V	0.00000	0.00441	0.00834	0.01142	0.01338	0.01405	0.01338	0.01142	0.00834	0.00441	0.00000	
	V'	0.04491	0.04242	0.03562	0.02557	0.01333	0.00000	-0.01333	-0.02557	-0.03562	-0.04242	-0.04491	
	M	0.00000	0.04839	0.08642	0.11379	0.13029	0.13581	0.13029	0.11379	0.08642	0.04839	0.00000	
0.875	Q	0.53455	0.43263	0.32740	0.21967	0.11026	0.00000	-0.11026	-0.21967	-0.32740	-0.43263	-0.53455	0.875
	V	0.00000	0.00443	0.00838	0.01148	0.01345	0.01412	0.01345	0.01148	0.00838	0.00443	0.00000	
	V'	0.04512	0.04262	0.03579	0.02569	0.01340	0.00000	-0.01340	-0.02569	-0.03579	-0.04262	-0.04512	
	M	0.00000	0.04860	0.08682	0.11434	0.13094	0.13649	0.13094	0.11434	0.08682	0.04860	0.00000	
0.900	Q	0.53673	0.43469	0.32913	0.22091	0.11091	0.00000	-0.11091	-0.22091	-0.32913	-0.43469	-0.53673	0.900
	V	0.00000	0.00445	0.00842	0.01153	0.01351	0.01419	0.01351	0.01153	0.00842	0.00445	0.00000	
	V'	0.04534	0.04283	0.03597	0.02582	0.01346	0.00000	-0.01346	-0.02582	-0.03597	-0.04283	-0.04534	
	M	0.00000	0.04883	0.08724	0.11492	0.13162	0.13720	0.13162	0.11492	0.08724	0.04883	0.00000	
0.925	Q	0.53899	0.43683	0.33093	0.22221	0.11158	0.00000	-0.11158	-0.22221	-0.33093	-0.43683	-0.53899	0.925
	V	0.00000	0.00447	0.00846	0.01159	0.01358	0.01426	0.01358	0.01159	0.00846	0.00447	0.00000	
	V'	0.04557	0.04304	0.03615	0.02595	0.01353	0.00000	-0.01353	-0.02595	-0.03615	-0.04304	-0.04557	
	M	0.00000	0.04906	0.08768	0.11552	0.13232	0.13794	0.13232	0.11552	0.08768	0.04906	0.00000	
0.950	Q	0.54134	0.43905	0.33280	0.22355	0.11228	0.00000	-0.11228	-0.22355	-0.33280	-0.43905	-0.54134	0.950
	V	0.00000	0.00449	0.00851	0.01165	0.01365	0.01434	0.01365	0.01165	0.00851	0.00449	0.00000	
	V'	0.04581	0.04327	0.03634	0.02609	0.01361	0.00000	-0.01361	-0.02609	-0.03634	-0.04327	-0.04581	
	M	0.00000	0.04930	0.08813	0.11614	0.13305	0.13870	0.13305	0.11614	0.08813	0.04930	0.00000	
0.975	Q	0.54378	0.44135	0.33473	0.22494	0.11301	-0.00000	-0.11301	-0.22494	-0.33473	-0.44135	-0.54378	0.975
	V	0.00000	0.00452	0.00855	0.01171	0.01372	0.01441	0.01372	0.01171	0.00855	0.00452	0.00000	
	V'	0.04605	0.04350	0.03654	0.02623	0.01368	-0.00000	-0.01368	-0.02623	-0.03654	-0.04350	-0.04605	
ALPHA	X/L =	0.00	0.10	0.20	0.30	0.40	0.50	0.60	0.70	0.80	0.90	1.00	ALPHA

FUNKTIONEN : F.Q:M - F.Q:Q - F.Q:V - F.Q:V'

FUNKTIONEN : F.Q;M - F.Q;Q - F.Q;V - F.Q;V'

ALPHA	X/L =	0.00	0.10	0.20	0.30	0.40	0.50	0.60	0.70	0.80	0.90	1.00	ALPHA
	M	0.00000	0.04954	0.08860	0.11678	0.13380	0.13949	0.13380	0.11678	0.08860	0.04954	0.00000	
1.000	Q	0.54630	0.44374	0.33674	0.22638	0.11376	0.00000	-0.11376	-0.22638	-0.33674	-0.44374	-0.54630	1.000
	V	0.00000	0.00454	0.00860	0.01178	0.01380	0.01449	0.01380	0.01178	0.00860	0.00454	0.00000	
	V'	0.04630	0.04374	0.03674	0.02638	0.01376	0.00000	-0.01376	-0.02638	-0.03674	-0.04374	-0.04630	
	M	0.00000	0.04980	0.08909	0.11745	0.13458	0.14032	0.13458	0.11745	0.08909	0.04980	0.00000	
1.025	Q	0.54892	0.44622	0.33883	0.22788	0.11454	0.00000	-0.11454	-0.22788	-0.33883	-0.44622	-0.54892	1.025
	V	0.00000	0.00457	0.00865	0.01185	0.01388	0.01458	0.01388	0.01185	0.00865	0.00457	0.00000	
	V'	0.04657	0.04399	0.03696	0.02654	0.01384	0.00000	-0.01384	-0.02654	-0.03696	-0.04399	-0.04657	
	M	0.00000	0.05007	0.08959	0.11814	0.13539	0.14117	0.13539	0.11814	0.08959	0.05007	0.00000	
1.050	Q	0.55164	0.44878	0.34099	0.22943	0.11535	-0.00000	-0.11535	-0.22943	-0.34099	-0.44878	-0.55164	1.050
	V	0.00000	0.00460	0.00870	0.01192	0.01396	0.01466	0.01396	0.01192	0.00870	0.00460	0.00000	
	V'	0.04684	0.04425	0.03718	0.02670	0.01392	-0.00000	-0.01392	-0.02670	-0.03718	-0.04425	-0.04684	
	M	0.00000	0.05034	0.09012	0.11886	0.13623	0.14205	0.13623	0.11886	0.09012	0.05034	0.00000	
1.075	Q	0.55445	0.45144	0.34322	0.23104	0.11619	0.00000	-0.11619	-0.23104	-0.34322	-0.45144	-0.55445	1.075
	V	0.00000	0.00462	0.00875	0.01199	0.01405	0.01475	0.01405	0.01199	0.00875	0.00462	0.00000	
	V'	0.04712	0.04452	0.03740	0.02686	0.01401	0.00000	-0.01401	-0.02686	-0.03740	-0.04452	-0.04712	
	M	0.00000	0.05063	0.09066	0.11960	0.13711	0.14296	0.13711	0.11960	0.09066	0.05063	0.00000	
1.100	Q	0.55737	0.45420	0.34554	0.23271	0.11706	0.00000	-0.11706	-0.23271	-0.34554	-0.45420	-0.55737	1.100
	V	0.00000	0.00465	0.00881	0.01207	0.01414	0.01485	0.01414	0.01207	0.00881	0.00465	0.00000	
	V'	0.04741	0.04479	0.03764	0.02703	0.01410	0.00000	-0.01410	-0.02703	-0.03764	-0.04479	-0.04741	
	M	0.00000	0.05093	0.09122	0.12037	0.13801	0.14391	0.13801	0.12037	0.09122	0.05093	0.00000	
1.125	Q	0.56039	0.45706	0.34795	0.23444	0.11796	0.00000	-0.11796	-0.23444	-0.34795	-0.45706	-0.56039	1.125
	V	0.00000	0.00468	0.00886	0.01214	0.01423	0.01494	0.01423	0.01214	0.00886	0.00468	0.00000	
	V'	0.04771	0.04508	0.03788	0.02721	0.01419	0.00000	-0.01419	-0.02721	-0.03788	-0.04508	-0.04771	
	M	0.00000	0.05123	0.09180	0.12117	0.13894	0.14489	0.13894	0.12117	0.09180	0.05123	0.00000	
1.150	Q	0.56352	0.46002	0.35044	0.23623	0.11890	-0.00000	-0.11890	-0.23623	-0.35044	-0.46002	-0.56352	1.150
	V	0.00000	0.00471	0.00892	0.01222	0.01432	0.01504	0.01432	0.01222	0.00892	0.00471	0.00000	
	V'	0.04803	0.04538	0.03814	0.02739	0.01429	-0.00000	-0.01429	-0.02739	-0.03814	-0.04538	-0.04803	
	M	0.00000	0.05155	0.09240	0.12199	0.13991	0.14591	0.13991	0.12199	0.09240	0.05155	0.00000	
1.175	Q	0.56676	0.46308	0.35302	0.23808	0.11987	-0.00000	-0.11987	-0.23808	-0.35302	-0.46308	-0.56676	1.175
	V	0.00000	0.00475	0.00898	0.01231	0.01442	0.01515	0.01442	0.01231	0.00898	0.00475	0.00000	
	V'	0.04835	0.04569	0.03840	0.02758	0.01439	-0.00000	-0.01439	-0.02758	-0.03840	-0.04569	-0.04835	
	M	0.00000	0.05188	0.09303	0.12285	0.14091	0.14696	0.14091	0.12285	0.09303	0.05188	0.00000	
1.200	Q	0.57011	0.46625	0.35569	0.24001	0.12087	0.00000	-0.12087	-0.24001	-0.35569	-0.46625	-0.57011	1.200
	V	0.00000	0.00478	0.00905	0.01239	0.01452	0.01525	0.01452	0.01239	0.00905	0.00478	0.00000	
	V'	0.04869	0.04601	0.03867	0.02778	0.01449	0.00000	-0.01449	-0.02778	-0.03867	-0.04601	-0.04869	
	M	0.00000	0.05222	0.09367	0.12373	0.14195	0.14806	0.14195	0.12373	0.09367	0.05222	-0.00000	
1.225	Q	0.57359	0.46954	0.35845	0.24200	0.12191	-0.00000	-0.12191	-0.24200	-0.35845	-0.46954	-0.57359	1.225
	V	0.00000	0.00481	0.00911	0.01248	0.01463	0.01536	0.01463	0.01248	0.00911	0.00481	-0.00000	
	V'	0.04904	0.04634	0.03895	0.02799	0.01460	-0.00000	-0.01460	-0.02799	-0.03895	-0.04634	-0.04904	
ALPHA	X/L =	0.00	0.10	0.20	0.30	0.40	0.50	0.60	0.70	0.80	0.90	1.00	ALPHA

FUNKTIONEN : F.Q;M - F.Q;Q - F.Q;V - F.Q;V'

FUNKTIONEN : F.Q;M - F.Q;Q - F.Q;V - F.Q;V'

ALPHA	X/L =	0.00	0.10	0.20	0.30	0.40	0.50	0.60	0.70	0.80	0.90	1.00	ALPHA
	M	0.00000	0.05258	0.09434	0.12465	0.14303	0.14919	0.14303	0.12465	0.09434	0.05258	0.00000	
1.250	Q	0.57719	0.47294	0.36132	0.24406	0.12299	0.00000	-0.12299	-0.24406	-0.36132	-0.47294	-0.57719	1.250
	V	0.00000	0.00485	0.00918	0.01258	0.01474	0.01548	0.01474	0.01258	0.00918	0.00485	0.00000	
	V'	0.04940	0.04668	0.03925	0.02820	0.01471	0.00000	-0.01471	-0.02820	-0.03925	-0.04668	-0.04940	
	M	0.00000	0.05294	0.09504	0.12560	0.14414	0.15036	0.14414	0.12560	0.09504	0.05294	0.00000	
1.275	Q	0.58091	0.47647	0.36429	0.24620	0.12411	0.00000	-0.12411	-0.24620	-0.36429	-0.47647	-0.58091	1.275
	V	0.00000	0.00488	0.00925	0.01267	0.01485	0.01560	0.01485	0.01267	0.00925	0.00488	0.00000	
	V'	0.04977	0.04704	0.03955	0.02842	0.01483	0.00000	-0.01483	-0.02842	-0.03955	-0.04704	-0.04977	
	M	0.00000	0.05332	0.09575	0.12659	0.14530	0.15157	0.14530	0.12659	0.09575	0.05332	0.00000	
1.300	Q	0.58477	0.48012	0.36736	0.24841	0.12526	0.00000	-0.12526	-0.24841	-0.36736	-0.48012	-0.58477	1.300
	V	0.00000	0.00492	0.00932	0.01277	0.01497	0.01572	0.01497	0.01277	0.00932	0.00492	0.00000	
	V'	0.05016	0.04741	0.03986	0.02864	0.01495	0.00000	-0.01495	-0.02864	-0.03986	-0.04741	-0.05016	
	M	0.00000	0.05371	0.09650	0.12761	0.14649	0.15282	0.14649	0.12761	0.09650	0.05371	0.00000	
1.325	Q	0.58877	0.48390	0.37055	0.25070	0.12646	0.00000	-0.12646	-0.25070	-0.37055	-0.48390	-0.58877	1.325
	V	0.00000	0.00496	0.00940	0.01288	0.01509	0.01585	0.01509	0.01288	0.00940	0.00496	0.00000	
	V'	0.05056	0.04779	0.04018	0.02888	0.01507	0.00000	-0.01507	-0.02888	-0.04018	-0.04779	-0.05056	
	M	0.00000	0.05412	0.09727	0.12866	0.14773	0.15412	0.14773	0.12866	0.09727	0.05412	0.00000	
1.350	Q	0.59291	0.48782	0.37385	0.25308	0.12770	0.00000	-0.12770	-0.25308	-0.37385	-0.48782	-0.59291	1.350
	V	0.00000	0.00500	0.00947	0.01298	0.01521	0.01598	0.01521	0.01298	0.00947	0.00500	0.00000	
	V'	0.05098	0.04818	0.04052	0.02912	0.01520	0.00000	-0.01520	-0.02912	-0.04052	-0.04818	-0.05098	
	M	0.00000	0.05454	0.09806	0.12975	0.14901	0.15547	0.14901	0.12975	0.09806	0.05454	0.00000	
1.375	Q	0.59719	0.49187	0.37727	0.25554	0.12899	0.00000	-0.12899	-0.25554	-0.37727	-0.49187	-0.59719	1.375
	V	0.00000	0.00505	0.00955	0.01309	0.01534	0.01612	0.01534	0.01309	0.00955	0.00505	0.00000	
	V'	0.05141	0.04859	0.04087	0.02938	0.01533	0.00000	-0.01533	-0.02938	-0.04087	-0.04859	-0.05141	
	M	0.00000	0.05498	0.09889	0.13089	0.15034	0.15687	0.15034	0.13089	0.09889	0.05498	0.00000	
1.400	Q	0.60163	0.49607	0.38081	0.25809	0.13032	0.00000	-0.13032	-0.25809	-0.38081	-0.49607	-0.60163	1.400
	V	0.00000	0.00509	0.00964	0.01321	0.01548	0.01626	0.01548	0.01321	0.00964	0.00509	0.00000	
	V'	0.05185	0.04902	0.04123	0.02964	0.01547	0.00000	-0.01547	-0.02964	-0.04123	-0.04902	-0.05185	
	M	0.00000	0.05543	0.09975	0.13206	0.15172	0.15831	0.15172	0.13206	0.09975	0.05543	0.00000	
1.425	Q	0.60624	0.50043	0.38448	0.26073	0.13170	0.00000	-0.13170	-0.26073	-0.38448	-0.50043	-0.60624	1.425
	V	0.00000	0.00513	0.00972	0.01333	0.01562	0.01641	0.01562	0.01333	0.00972	0.00513	0.00000	
	V'	0.05232	0.04946	0.04160	0.02991	0.01561	0.00000	-0.01561	-0.02991	-0.04160	-0.04946	-0.05232	
	M	0.00000	0.05590	0.10063	0.13328	0.15314	0.15981	0.15314	0.13328	0.10063	0.05590	0.00000	
1.450	Q	0.61100	0.50494	0.38828	0.26347	0.13313	0.00000	-0.13313	-0.26347	-0.38828	-0.50494	-0.61100	1.450
	V	0.00000	0.00518	0.00981	0.01345	0.01576	0.01656	0.01576	0.01345	0.00981	0.00518	0.00000	
	V'	0.05280	0.04991	0.04199	0.03019	0.01576	0.00000	-0.01576	-0.03019	-0.04199	-0.04991	-0.05280	
	M	0.00000	0.05638	0.10155	0.13454	0.15462	0.16137	0.15462	0.13454	0.10155	0.05638	0.00000	
1.475	Q	0.61594	0.50962	0.39222	0.26631	0.13462	0.00000	-0.13462	-0.26631	-0.39222	-0.50962	-0.61594	1.475
	V	0.00000	0.00523	0.00991	0.01358	0.01591	0.01672	0.01591	0.01358	0.00991	0.00523	0.00000	
	V'	0.05329	0.05038	0.04239	0.03048	0.01591	0.00000	-0.01591	-0.03048	-0.04239	-0.05038	-0.05329	
ALPHA	X/L =	0.00	0.10	0.20	0.30	0.40	0.50	0.60	0.70	0.80	0.90	1.00	ALPHA

FUNKTIONEN : F.Q;M - F.Q;Q - F.Q;V - F.Q;V'

FUNKTIONEN : F.Q;M - F.Q;Q - F.Q;V - F.Q;V'

ALPHA	X/L =	0.00	0.10	0.20	0.30	0.40	0.50	0.60	0.70	0.80	0.90	1.00	ALPHA
	M	0.00000	0.05688	0.10251	0.13585	0.15616	0.16298	0.15616	0.13585	0.10251	0.05688	0.00000	
1.500	Q	0.62106	0.51447	0.39631	0.26926	0.13616	0.00000	-0.13616	-0.26926	-0.39631	-0.51447	-0.62106	1.500
	V	0.00000	0.00528	0.01000	0.01371	0.01607	0.01688	0.01607	0.01371	0.01000	0.00528	0.00000	
	V'	0.05381	0.05087	0.04281	0.03078	0.01607	0.00000	-0.01607	-0.03078	-0.04281	-0.05087	-0.05381	
	M	0.00000	0.05740	0.10350	0.13720	0.15775	0.16465	0.15775	0.13720	0.10350	0.05740	0.00000	
1.525	Q	0.62637	0.51949	0.40055	0.27231	0.13776	0.00000	-0.13776	-0.27231	-0.40055	-0.51949	-0.62637	1.525
	V	0.00000	0.00533	0.01010	0.01385	0.01623	0.01705	0.01623	0.01385	0.01010	0.00533	0.00000	
	V'	0.05434	0.05138	0.04324	0.03109	0.01623	0.00000	-0.01623	-0.03109	-0.04324	-0.05138	-0.05434	
	M	0.00000	0.05795	0.10452	0.13861	0.15940	0.16638	0.15940	0.13861	0.10452	0.05795	0.00000	
1.550	Q	0.63188	0.52471	0.40495	0.27548	0.13941	0.00000	-0.13941	-0.27548	-0.40495	-0.52471	-0.63188	1.550
	V	0.00000	0.00539	0.01021	0.01399	0.01640	0.01722	0.01640	0.01399	0.01021	0.00539	0.00000	
	V'	0.05489	0.05191	0.04368	0.03142	0.01641	0.00000	-0.01641	-0.03142	-0.04368	-0.05191	-0.05489	
	M	0.00000	0.05851	0.10559	0.14007	0.16111	0.16818	0.16111	0.14007	0.10559	0.05851	-0.00000	
1.575	Q	0.63760	0.53012	0.40951	0.27877	0.14113	-0.00000	-0.14113	-0.27877	-0.40951	-0.53012	-0.63760	1.575
	V	0.00000	0.00544	0.01031	0.01414	0.01657	0.01741	0.01657	0.01414	0.01031	0.00544	-0.00000	
	V'	0.05547	0.05245	0.04415	0.03176	0.01658	-0.00000	-0.01658	-0.03176	-0.04415	-0.05245	-0.05547	
	M	0.00000	0.05909	0.10669	0.14159	0.16289	0.17005	0.16289	0.14159	0.10669	0.05909	-0.00000	
1.600	Q	0.64352	0.53573	0.41425	0.28219	0.14292	-0.00000	-0.14292	-0.28219	-0.41425	-0.53573	-0.64352	1.600
	V	0.00000	0.00550	0.01043	0.01429	0.01675	0.01760	0.01675	0.01429	0.01043	0.00550	-0.00000	
	V'	0.05606	0.05302	0.04463	0.03211	0.01677	-0.00000	-0.01677	-0.03211	-0.04463	-0.05302	-0.05606	
	M	0.00000	0.05969	0.10784	0.14316	0.16473	0.17199	0.16473	0.14316	0.10784	0.05969	-0.00000	
1.625	Q	0.64968	0.54156	0.41917	0.28574	0.14478	-0.00000	-0.14478	-0.28574	-0.41917	-0.54156	-0.64968	1.625
	V	0.00000	0.00556	0.01054	0.01445	0.01694	0.01779	0.01694	0.01445	0.01054	0.00556	-0.00000	
	V'	0.05668	0.05361	0.04513	0.03247	0.01696	-0.00000	-0.01696	-0.03247	-0.04513	-0.05361	-0.05668	
	M	0.00000	0.06032	0.10903	0.14479	0.16665	0.17400	0.16665	0.14479	0.10903	0.06032	-0.00000	
1.650	Q	0.65607	0.54761	0.42428	0.28942	0.14670	-0.00000	-0.14670	-0.28942	-0.42428	-0.54761	-0.65607	1.650
	V	0.00000	0.00563	0.01066	0.01462	0.01713	0.01800	0.01713	0.01462	0.01066	0.00563	-0.00000	
	V'	0.05733	0.05422	0.04565	0.03285	0.01715	-0.00000	-0.01715	-0.03285	-0.04565	-0.05422	-0.05733	
	M	0.00000	0.06097	0.11026	0.14649	0.16864	0.17609	0.16864	0.14649	0.11026	0.06097	-0.00000	
1.675	Q	0.66271	0.55390	0.42959	0.29325	0.14871	-0.00000	-0.14871	-0.29325	-0.42959	-0.55390	-0.66271	1.675
	V	0.00000	0.00569	0.01079	0.01479	0.01734	0.01821	0.01734	0.01479	0.01079	0.00569	-0.00000	
	V'	0.05799	0.05485	0.04619	0.03324	0.01736	-0.00000	-0.01736	-0.03324	-0.04619	-0.05485	-0.05799	
	M	0.00000	0.06165	0.11155	0.14825	0.17071	0.17827	0.17071	0.14825	0.11155	0.06165	-0.00000	
1.700	Q	0.66961	0.56044	0.43511	0.29723	0.15079	-0.00000	-0.15079	-0.29723	-0.43511	-0.56044	-0.66961	1.700
	V	0.00000	0.00576	0.01092	0.01497	0.01755	0.01843	0.01755	0.01497	0.01092	0.00576	-0.00000	
	V'	0.05869	0.05551	0.04675	0.03364	0.01757	-0.00000	-0.01757	-0.03364	-0.04675	-0.05551	-0.05869	
	M	0.00000	0.06236	0.11288	0.15009	0.17286	0.18053	0.17286	0.15009	0.11288	0.06236	-0.00000	
1.725	Q	0.67678	0.56723	0.44085	0.30137	0.15296	-0.00000	-0.15296	-0.30137	-0.44085	-0.56723	-0.67678	1.725
	V	0.00000	0.00583	0.01105	0.01515	0.01776	0.01866	0.01776	0.01515	0.01105	0.00583	-0.00000	
	V'	0.05941	0.05620	0.04733	0.03407	0.01780	-0.00000	-0.01780	-0.03407	-0.04733	-0.05620	-0.05941	
ALPHA	X/L =	0.00	0.10	0.20	0.30	0.40	0.50	0.60	0.70	0.80	0.90	1.00	ALPHA

FUNKTIONEN : F.Q;M - F.Q;Q - F.Q;V - F.Q;V'

FUNKTIONEN : F.Q;M - F.Q;Q - F.Q;V - F.Q;V'

ALPHA	X/L =	0.00	0.10	0.20	0.30	0.40	0.50	0.60	0.70	0.80	0.90	1.00	ALPHA
1.750	M	0.00000	0.06309	0.11427	0.15200	0.17510	0.18288	0.17510	0.15200	0.11427	0.06309	-0.00000	1.750
	Q	0.68424	0.57430	0.44682	0.30568	0.15521	-0.00000	-0.15521	-0.30568	-0.44682	-0.57430	-0.68424	
	V	0.00000	0.00591	0.01119	0.01535	0.01799	0.01890	0.01799	0.01535	0.01119	0.00591	-0.00000	
	V'	0.06016	0.05691	0.04794	0.03451	0.01803	-0.00000	-0.01803	-0.03451	-0.04794	-0.05691	-0.06016	
1.775	M	0.00000	0.06385	0.11572	0.15398	0.17743	0.18533	0.17743	0.15398	0.11572	0.06385	-0.00000	1.775
	Q	0.69200	0.58166	0.45303	0.31017	0.15756	-0.00000	-0.15756	-0.31017	-0.45303	-0.58166	-0.69200	
	V	0.00000	0.00598	0.01134	0.01555	0.01823	0.01915	0.01823	0.01555	0.01134	0.00598	-0.00000	
	V'	0.06094	0.05766	0.04857	0.03497	0.01827	-0.00000	-0.01827	-0.03497	-0.04857	-0.05766	-0.06094	
1.800	M	0.00000	0.06464	0.11723	0.15605	0.17986	0.18788	0.17986	0.15605	0.11723	0.06464	-0.00000	1.800
	Q	0.70009	0.58932	0.45950	0.31484	0.16001	-0.00000	-0.16001	-0.31484	-0.45950	-0.58932	-0.70009	
	V	0.00000	0.00606	0.01149	0.01576	0.01847	0.01941	0.01847	0.01576	0.01149	0.00606	-0.00000	
	V'	0.06176	0.05843	0.04923	0.03544	0.01852	-0.00000	-0.01852	-0.03544	-0.04923	-0.05843	-0.06176	
1.825	M	0.00000	0.06547	0.11880	0.15820	0.18238	0.19054	0.18238	0.15820	0.11880	0.06547	-0.00000	1.825
	Q	0.70851	0.59730	0.46625	0.31971	0.16255	-0.00000	-0.16255	-0.31971	-0.46625	-0.59730	-0.70851	
	V	0.00000	0.00615	0.01165	0.01597	0.01873	0.01968	0.01873	0.01597	0.01165	0.00615	-0.00000	
	V'	0.06260	0.05924	0.04991	0.03594	0.01878	-0.00000	-0.01878	-0.03594	-0.04991	-0.05924	-0.06260	
1.850	M	0.00000	0.06633	0.12043	0.16045	0.18502	0.19330	0.18502	0.16045	0.12043	0.06633	-0.00000	1.850
	Q	0.71728	0.60561	0.47328	0.32479	0.16521	-0.00000	-0.16521	-0.32479	-0.47328	-0.60561	-0.71728	
	V	0.00000	0.00623	0.01181	0.01620	0.01900	0.01996	0.01900	0.01620	0.01181	0.00623	-0.00000	
	V'	0.06349	0.06008	0.05063	0.03646	0.01905	-0.00000	-0.01905	-0.03646	-0.05063	-0.06008	-0.06349	
1.875	M	0.00000	0.06723	0.12214	0.16279	0.18777	0.19619	0.18777	0.16279	0.12214	0.06723	-0.00000	1.875
	Q	0.72644	0.61429	0.48061	0.33008	0.16799	-0.00000	-0.16799	-0.33008	-0.48061	-0.61429	-0.72644	
	V	0.00000	0.00632	0.01199	0.01644	0.01928	0.02025	0.01928	0.01644	0.01199	0.00632	-0.00000	
	V'	0.06441	0.06095	0.05137	0.03700	0.01934	-0.00000	-0.01934	-0.03700	-0.05137	-0.06095	-0.06441	
1.900	M	0.00000	0.06817	0.12392	0.16524	0.19064	0.19921	0.19064	0.16524	0.12392	0.06817	-0.00000	1.900
	Q	0.73599	0.62335	0.48827	0.33561	0.17088	-0.00000	-0.17088	-0.33561	-0.48827	-0.62335	-0.73599	
	V	0.00000	0.00642	0.01217	0.01669	0.01957	0.02056	0.01957	0.01669	0.01217	0.00642	-0.00000	
	V'	0.06537	0.06187	0.05215	0.03757	0.01964	-0.00000	-0.01964	-0.03757	-0.05215	-0.06187	-0.06537	
1.925	M	0.00000	0.06915	0.12578	0.16779	0.19364	0.20236	0.19364	0.16779	0.12578	0.06915	-0.00000	1.925
	Q	0.74597	0.63280	0.49626	0.34139	0.17391	-0.00000	-0.17391	-0.34139	-0.49626	-0.63280	-0.74597	
	V	0.00000	0.00652	0.01235	0.01695	0.01987	0.02088	0.01987	0.01695	0.01235	0.00652	-0.00000	
	V'	0.06638	0.06282	0.05296	0.03816	0.01994	-0.00000	-0.01994	-0.03816	-0.05296	-0.06282	-0.06638	
1.950	M	0.00000	0.07018	0.12772	0.17046	0.19677	0.20565	0.19677	0.17046	0.12772	0.07018	-0.00000	1.950
	Q	0.75639	0.64269	0.50462	0.34743	0.17707	-0.00000	-0.17707	-0.34743	-0.50462	-0.64269	-0.75639	
	V	0.00000	0.00662	0.01255	0.01722	0.02019	0.02121	0.02019	0.01722	0.01255	0.00662	-0.00000	
	V'	0.06743	0.06382	0.05381	0.03877	0.02027	-0.00000	-0.02027	-0.03877	-0.05381	-0.06382	-0.06743	
1.975	M	0.00000	0.07125	0.12976	0.17326	0.20005	0.20910	0.20005	0.17326	0.12976	0.07125	-0.00000	1.975
	Q	0.76729	0.65303	0.51337	0.35375	0.18038	-0.00000	-0.18038	-0.35375	-0.51337	-0.65303	-0.76729	
	V	0.00000	0.00673	0.01276	0.01750	0.02052	0.02156	0.02052	0.01750	0.01276	0.00673	-0.00000	
	V'	0.06853	0.06487	0.05470	0.03942	0.02061	-0.00000	-0.02061	-0.03942	-0.05470	-0.06487	-0.06853	
ALPHA	X/L =	0.00	0.10	0.20	0.30	0.40	0.50	0.60	0.70	0.80	0.90	1.00	ALPHA

FUNKTIONEN : F.Q;M - F.Q;Q - F.Q;V - F.Q;V'

D R U C K S T A E B E -488-

FUNKTIONEN : F.Q;M - F.Q;Q - F.Q;V - F.Q;V'

ALPHA	X/L =	0.00	0.10	0.20	0.30	0.40	0.50	0.60	0.70	0.80	0.90	1.00	ALPHA
	M	0.00000	0.07237	0.13189	0.17618	0.20348	0.21270	0.20348	0.17618	0.13189	0.07237	-0.00000	
2.000	Q	0.77870	0.66385	0.52252	0.36037	0.18385	-0.00000	-0.18385	-0.36037	-0.52252	-0.66385	-0.77870	2.000
	V	0.00000	0.00684	0.01297	0.01779	0.02087	0.02193	0.02087	0.01779	0.01297	0.00684	-0.00000	
	V'	0.06968	0.06596	0.05563	0.04009	0.02096	-0.00000	-0.02096	-0.04009	-0.05563	-0.06596	-0.06968	
	M	0.00000	0.07354	0.13412	0.17924	0.20708	0.21648	0.20708	0.17924	0.13412	0.07354	-0.00000	
2.025	Q	0.79066	0.67518	0.53212	0.36731	0.18748	-0.00000	-0.18748	-0.36731	-0.53212	-0.67518	-0.79066	2.025
	V	0.00000	0.00696	0.01320	0.01810	0.02123	0.02231	0.02123	0.01810	0.01320	0.00696	-0.00000	
	V'	0.07088	0.06711	0.05661	0.04080	0.02133	-0.00000	-0.02133	-0.04080	-0.05661	-0.06711	-0.07088	
	M	0.00000	0.07477	0.13645	0.18245	0.21085	0.22044	0.21085	0.18245	0.13645	0.07477	-0.00000	
2.050	Q	0.80319	0.68707	0.54218	0.37458	0.19130	-0.00000	-0.19130	-0.37458	-0.54218	-0.68707	-0.80319	2.050
	V	0.00000	0.00709	0.01343	0.01843	0.02162	0.02271	0.02162	0.01843	0.01343	0.00709	-0.00000	
	V'	0.07214	0.06831	0.05763	0.04154	0.02172	-0.00000	-0.02172	-0.04154	-0.05763	-0.06831	-0.07214	
	M	0.00000	0.07607	0.13891	0.18582	0.21480	0.22460	0.21480	0.18582	0.13891	0.07607	-0.00000	
2.075	Q	0.81634	0.69954	0.55274	0.38221	0.19530	-0.00000	-0.19530	-0.38221	-0.55274	-0.69954	-0.81634	2.075
	V	0.00000	0.00722	0.01368	0.01877	0.02202	0.02313	0.02202	0.01877	0.01368	0.00722	-0.00000	
	V'	0.07347	0.06957	0.05870	0.04232	0.02213	-0.00000	-0.02213	-0.04232	-0.05870	-0.06957	-0.07347	
	M	0.00000	0.07742	0.14148	0.18936	0.21896	0.22897	0.21896	0.18936	0.14148	0.07742	-0.00000	
2.100	Q	0.83015	0.71265	0.56383	0.39024	0.19950	-0.00000	-0.19950	-0.39024	-0.56383	-0.71265	-0.83015	2.100
	V	0.00000	0.00735	0.01394	0.01913	0.02244	0.02358	0.02244	0.01913	0.01394	0.00735	-0.00000	
	V'	0.07486	0.07089	0.05983	0.04314	0.02256	-0.00000	-0.02256	-0.04314	-0.05983	-0.07089	-0.07486	
	M	0.00000	0.07885	0.14419	0.19309	0.22333	0.23357	0.22333	0.19309	0.14419	0.07885	-0.00000	
2.125	Q	0.84467	0.72643	0.57550	0.39868	0.20393	-0.00000	-0.20393	-0.39868	-0.57550	-0.72643	-0.84467	2.125
	V	0.00000	0.00750	0.01422	0.01951	0.02288	0.02404	0.02288	0.01951	0.01422	0.00750	-0.00000	
	V'	0.07633	0.07229	0.06101	0.04400	0.02301	-0.00000	-0.02301	-0.04400	-0.06101	-0.07229	-0.07633	
	M	0.00000	0.08035	0.14705	0.19701	0.22793	0.23840	0.22793	0.19701	0.14705	0.08035	-0.00000	
2.150	Q	0.85996	0.74093	0.58778	0.40757	0.20859	-0.00000	-0.20859	-0.40757	-0.58778	-0.74093	-0.85996	2.150
	V	0.00000	0.00765	0.01450	0.01990	0.02335	0.02453	0.02335	0.01990	0.01450	0.00765	-0.00000	
	V'	0.07787	0.07375	0.06226	0.04490	0.02349	-0.00000	-0.02349	-0.04490	-0.06226	-0.07375	-0.07787	
	M	0.00000	0.08194	0.15005	0.20114	0.23279	0.24350	0.23279	0.20114	0.15005	0.08194	-0.00000	
2.175	Q	0.87607	0.75622	0.60073	0.41694	0.21350	-0.00000	-0.21350	-0.41694	-0.60073	-0.75622	-0.87607	2.175
	V	0.00000	0.00781	0.01481	0.02032	0.02384	0.02505	0.02384	0.02032	0.01481	0.00781	-0.00000	
	V'	0.07950	0.07530	0.06357	0.04586	0.02399	-0.00000	-0.02399	-0.04586	-0.06357	-0.07530	-0.07950	
	M	0.00000	0.08361	0.15323	0.20550	0.23791	0.24889	0.23791	0.20550	0.15323	0.08361	-0.00000	
2.200	Q	0.89307	0.77235	0.61440	0.42683	0.21869	-0.00000	-0.21869	-0.42683	-0.61440	-0.77235	-0.89307	2.200
	V	0.00000	0.00798	0.01513	0.02076	0.02436	0.02560	0.02436	0.02076	0.01513	0.00798	-0.00000	
	V'	0.08121	0.07693	0.06496	0.04687	0.02452	-0.00000	-0.02452	-0.04687	-0.06496	-0.07693	-0.08121	
	M	0.00000	0.08537	0.15658	0.21011	0.24332	0.25457	0.24332	0.21011	0.15658	0.08537	-0.00000	
2.225	Q	0.91103	0.78940	0.62884	0.43729	0.22417	-0.00000	-0.22417	-0.43729	-0.62884	-0.78940	-0.91103	2.225
	V	0.00000	0.00816	0.01547	0.02123	0.02491	0.02617	0.02491	0.02123	0.01547	0.00816	-0.00000	
	V'	0.08303	0.07866	0.06642	0.04793	0.02508	-0.00000	-0.02508	-0.04793	-0.06642	-0.07866	-0.08303	
ALPHA	X/L =	0.00	0.10	0.20	0.30	0.40	0.50	0.60	0.70	0.80	0.90	1.00	ALPHA

FUNKTIONEN : F.Q;M - F.Q;Q - F.Q;V - F.Q;V'

FUNKTIONEN : F.QIM - F.QIQ - F.QIV - F.QIV'

ALPHA	X/L =	0.00	0.10	0.20	0.30	0.40	0.50	0.60	0.70	0.80	0.90	1.00	ALPHA
	M	0.00000	0.08724	0.16013	0.21498	0.24904	0.26059	0.24904	0.21498	0.16013	0.08724	-0.00000	
2.250	Q	0.93003	0.80743	0.64413	0.44835	0.22997	-0.00000	-0.22997	-0.44835	-0.64413	-0.80743	-0.93003	2.250
	V	0.00000	0.00834	0.01583	0.02172	0.02549	0.02678	0.02549	0.02172	0.01583	0.00834	-0.00000	
	V'	0.08494	0.08048	0.06798	0.04906	0.02567	-0.00000	-0.02567	-0.04906	-0.06798	-0.08048	-0.08494	
	M	0.00000	0.08922	0.16389	0.22015	0.25511	0.26697	0.25511	0.22015	0.16389	0.08922	-0.00000	
2.275	Q	0.95016	0.82654	0.66032	0.46008	0.23612	-0.00000	-0.23612	-0.46008	-0.66032	-0.82654	-0.95016	2.275
	V	0.00000	0.00854	0.01621	0.02225	0.02610	0.02743	0.02610	0.02225	0.01621	0.00854	-0.00000	
	V'	0.08698	0.08241	0.06962	0.05025	0.02630	-0.00000	-0.02630	-0.05025	-0.06962	-0.08241	-0.08698	
	M	0.00000	0.09132	0.16787	0.22563	0.26155	0.27373	0.26155	0.22563	0.16787	0.09132	-0.00000	
2.300	Q	0.97152	0.84682	0.67751	0.47253	0.24265	-0.00000	-0.24265	-0.47253	-0.67751	-0.84682	-0.97152	2.300
	V	0.00000	0.00876	0.01661	0.02280	0.02676	0.02812	0.02676	0.02280	0.01661	0.00876	-0.00000	
	V'	0.08913	0.08446	0.07136	0.05152	0.02697	-0.00000	-0.02697	-0.05152	-0.07136	-0.08446	-0.08913	
	M	0.00000	0.09355	0.17211	0.23146	0.26839	0.28093	0.26839	0.23146	0.17211	0.09355	-0.00000	
2.325	Q	0.99422	0.86837	0.69579	0.48576	0.24960	-0.00000	-0.24960	-0.48576	-0.69579	-0.86837	-0.99422	2.325
	V	0.00000	0.00898	0.01704	0.02339	0.02745	0.02885	0.02745	0.02339	0.01704	0.00898	-0.00000	
	V'	0.09143	0.08664	0.07322	0.05286	0.02767	-0.00000	-0.02767	-0.05286	-0.07322	-0.08664	-0.09143	
	M	0.00000	0.09593	0.17663	0.23766	0.27568	0.28859	0.27568	0.23766	0.17663	0.09593	-0.00000	
2.350	Q	1.01839	0.89132	0.71525	0.49986	0.25699	-0.00000	-0.25699	-0.49986	-0.71525	-0.89132	-1.01839	2.350
	V	0.00000	0.00922	0.01750	0.02402	0.02819	0.02962	0.02819	0.02402	0.01750	0.00922	-0.00000	
	V'	0.09387	0.08897	0.07519	0.05430	0.02843	-0.00000	-0.02843	-0.05430	-0.07519	-0.08897	-0.09387	
	M	0.00000	0.09846	0.18144	0.24428	0.28346	0.29677	0.28346	0.24428	0.18144	0.09846	-0.00000	
2.375	Q	1.04417	0.91580	0.73601	0.51490	0.26489	-0.00000	-0.26489	-0.51490	-0.73601	-0.91580	-1.04417	2.375
	V	0.00000	0.00948	0.01798	0.02469	0.02898	0.03045	0.02898	0.02469	0.01798	0.00948	-0.00000	
	V'	0.09647	0.09144	0.07730	0.05583	0.02923	-0.00000	-0.02923	-0.05583	-0.07730	-0.09144	-0.09647	
	M	0.00000	0.10117	0.18659	0.25136	0.29177	0.30550	0.29177	0.25136	0.18659	0.10117	-0.00000	
2.400	Q	1.07173	0.94197	0.75821	0.53099	0.27333	-0.00000	-0.27333	-0.53099	-0.75821	-0.94197	-1.07173	2.400
	V	0.00000	0.00975	0.01851	0.02541	0.02982	0.03134	0.02982	0.02541	0.01851	0.00975	-0.00000	
	V'	0.09926	0.09409	0.07955	0.05746	0.03009	-0.00000	-0.03009	-0.05746	-0.07955	-0.09409	-0.09926	
	M	0.00000	0.10407	0.19210	0.25894	0.30068	0.31487	0.30068	0.25894	0.19210	0.10407	-0.00000	
2.425	Q	1.10124	0.97000	0.78199	0.54822	0.28237	-0.00000	-0.28237	-0.54822	-0.78199	-0.97000	-1.10124	2.425
	V	0.00000	0.01005	0.01906	0.02618	0.03072	0.03229	0.03072	0.02618	0.01906	0.01005	-0.00000	
	V'	0.10224	0.09693	0.08196	0.05922	0.03101	-0.00000	-0.03101	-0.05922	-0.08196	-0.09693	-0.10224	
	M	0.00000	0.10719	0.19802	0.26708	0.31024	0.32492	0.31024	0.26708	0.19802	0.10719	-0.00000	
2.450	Q	1.13293	1.00010	0.80753	0.56673	0.29209	-0.00000	-0.29209	-0.56673	-0.80753	-1.00010	-1.13293	2.450
	V	0.00000	0.01036	0.01966	0.02700	0.03169	0.03331	0.03169	0.02700	0.01966	0.01036	-0.00000	
	V'	0.10544	0.09997	0.08455	0.06110	0.03200	-0.00000	-0.03200	-0.06110	-0.08455	-0.09997	-0.10544	
	M	0.00000	0.11054	0.20440	0.27584	0.32053	0.33574	0.32053	0.27584	0.20440	0.11054	-0.00000	
2.475	Q	1.16703	1.03249	0.83502	0.58666	0.30255	-0.00000	-0.30255	-0.58666	-0.83502	-1.03249	-1.16703	2.475
	V	0.00000	0.01070	0.02031	0.02789	0.03274	0.03440	0.03274	0.02789	0.02031	0.01070	-0.00000	
	V'	0.10889	0.10325	0.08734	0.06312	0.03307	-0.00000	-0.03307	-0.06312	-0.08734	-0.10325	-0.10889	
ALPHA	X/L =	0.00	0.10	0.20	0.30	0.40	0.50	0.60	0.70	0.80	0.90	1.00	ALPHA

FUNKTIONEN : F.QIM - F.QIQ - F.QIV - F.QIV'

FUNKTIONEN : F.Q;M - F.Q;Q - F.Q;V - F.Q;V'

ALPHA	X/L =	0.00	0.10	0.20	0.30	0.40	0.50	0.60	0.70	0.80	0.90	1.00	ALPHA
	M	0.00000	0.11416	0.21127	0.28530	0.33164	0.34742	0.33164	0.28530	0.21127	0.11416	-0.00000	
2.500	Q	1.20383	1.06744	0.86469	0.60817	0.31384	-0.00000	-0.31384	-0.60817	-0.86469	-1.06744	-1.20383	2.500
	V	0.00000	0.01107	0.02100	0.02885	0.03386	0.03559	0.03386	0.02885	0.02100	0.01107	-0.00000	
	V'	0.11261	0.10679	0.09035	0.06531	0.03421	-0.00000	-0.03421	-0.06531	-0.09035	-0.10679	-0.11261	
	M	0.00000	0.11807	0.21871	0.29553	0.34367	0.36006	0.34367	0.29553	0.21871	0.11807	-0.00000	
2.525	Q	1.24365	1.10527	0.89680	0.63146	0.32607	-0.00000	-0.32607	-0.63146	-0.89680	-1.10527	-1.24365	2.525
	V	0.00000	0.01146	0.02176	0.02988	0.03508	0.03687	0.03508	0.02988	0.02176	0.01146	-0.00000	
	V'	0.11664	0.11062	0.09361	0.06767	0.03546	-0.00000	-0.03546	-0.06767	-0.09361	-0.11062	-0.11664	
	M	0.00000	0.12232	0.22679	0.30665	0.35672	0.37378	0.35672	0.30665	0.22679	0.12232	-0.00000	
2.550	Q	1.28687	1.14634	0.93167	0.65674	0.33935	-0.00000	-0.33935	-0.65674	-0.93167	-1.14634	-1.28687	2.550
	V	0.00000	0.01189	0.02257	0.03101	0.03640	0.03826	0.03640	0.03101	0.02257	0.01189	-0.00000	
	V'	0.12101	0.11478	0.09714	0.07024	0.03681	-0.00000	-0.03681	-0.07024	-0.09714	-0.11478	-0.12101	
	M	0.00000	0.12695	0.23559	0.31875	0.37094	0.38873	0.37094	0.31875	0.23559	0.12695	-0.00000	
2.575	Q	1.33395	1.19107	0.96965	0.68430	0.35381	-0.00000	-0.35381	-0.68430	-0.96965	-1.19107	-1.33395	2.575
	V	0.00000	0.01236	0.02347	0.03224	0.03785	0.03977	0.03785	0.03224	0.02347	0.01236	-0.00000	
	V'	0.12577	0.11931	0.10099	0.07304	0.03828	-0.00000	-0.03828	-0.07304	-0.10099	-0.11931	-0.12577	
	M	0.00000	0.13201	0.24521	0.33198	0.38649	0.40508	0.38649	0.33198	0.24521	0.13201	-0.00000	
2.600	Q	1.38542	1.23998	1.01119	0.71442	0.36964	-0.00000	-0.36964	-0.71442	-1.01119	-1.23998	-1.38542	2.600
	V	0.00000	0.01287	0.02444	0.03358	0.03942	0.04143	0.03942	0.03358	0.02444	0.01287	-0.00000	
	V'	0.13098	0.12426	0.10521	0.07610	0.03989	-0.00000	-0.03989	-0.07610	-0.10521	-0.12426	-0.13098	
	M	0.00000	0.13757	0.25577	0.34651	0.40356	0.42303	0.40356	0.34651	0.25577	0.13757	-0.00000	
2.625	Q	1.44192	1.29367	1.05679	0.74751	0.38701	-0.00000	-0.38701	-0.74751	-1.05679	-1.29367	-1.44192	2.625
	V	0.00000	0.01343	0.02551	0.03505	0.04115	0.04325	0.04115	0.03505	0.02551	0.01343	-0.00000	
	V'	0.13670	0.12969	0.10983	0.07946	0.04165	-0.00000	-0.04165	-0.07946	-0.10983	-0.12969	-0.13670	
	M	0.00000	0.14370	0.26742	0.36253	0.42239	0.44281	0.42239	0.36253	0.26742	0.14370	-0.00000	
2.650	Q	1.50421	1.35286	1.10707	0.78399	0.40617	-0.00000	-0.40617	-0.78399	-1.10707	-1.35286	-1.50421	2.650
	V	0.00000	0.01405	0.02669	0.03667	0.04306	0.04526	0.04306	0.03667	0.02669	0.01405	-0.00000	
	V'	0.14300	0.13569	0.11493	0.08316	0.04360	-0.00000	-0.04360	-0.08316	-0.11493	-0.13569	-0.14300	
	M	0.00000	0.15048	0.28032	0.38028	0.44324	0.46474	0.44324	0.38028	0.28032	0.15048	-0.00000	
2.675	Q	1.57321	1.41845	1.16279	0.82442	0.42741	-0.00000	-0.42741	-0.82442	-1.16279	-1.41845	-1.57321	2.675
	V	0.00000	0.01474	0.02799	0.03847	0.04517	0.04748	0.04517	0.03847	0.02799	0.01474	-0.00000	
	V'	0.14998	0.14233	0.12058	0.08726	0.04576	-0.00000	-0.04576	-0.08726	-0.12058	-0.14233	-0.14998	
	M	0.00000	0.15804	0.29469	0.40005	0.46648	0.48917	0.46648	0.40005	0.29469	0.15804	-0.00000	
2.700	Q	1.65008	1.49151	1.22487	0.86947	0.45108	-0.00000	-0.45108	-0.86947	-1.22487	-1.49151	-1.65008	2.700
	V	0.00000	0.01551	0.02945	0.04047	0.04753	0.04996	0.04753	0.04047	0.02945	0.01551	-0.00000	
	V'	0.15776	0.14973	0.12687	0.09183	0.04816	-0.00000	-0.04816	-0.09183	-0.12687	-0.14973	-0.15776	
	M	0.00000	0.16651	0.31080	0.42221	0.49253	0.51656	0.49253	0.42221	0.31080	0.16651	-0.00000	
2.725	Q	1.73623	1.57340	1.29445	0.91998	0.47761	-0.00000	-0.47761	-0.91998	-1.29445	-1.57340	-1.73623	2.725
	V	0.00000	0.01636	0.03108	0.04272	0.05017	0.05273	0.05017	0.04272	0.03108	0.01636	-0.00000	
	V'	0.16648	0.15802	0.13392	0.09696	0.05085	-0.00000	-0.05085	-0.09696	-0.13392	-0.15802	-0.16648	
ALPHA	X/L =	0.00	0.10	0.20	0.30	0.40	0.50	0.60	0.70	0.80	0.90	1.00	ALPHA

FUNKTIONEN : F.Q;M - F.Q;Q - F.Q;V - F.Q;V'

FUNKTIONEN : F.Q;M - F.Q;Q - F.Q;V - F.Q;V'

ALPHA	X/L =	0.00	0.10	0.20	0.30	0.40	0.50	0.60	0.70	0.80	0.90	1.00	ALPHA
	M	0.00000	0.17607	0.32897	0.44722	0.52192	0.54745	0.52192	0.44722	0.32897	0.17607	-0.00000	
2.750	Q	1.83342	1.66579	1.37297	0.97697	0.50756	-0.00000	-0.50756	-0.97697	-1.37297	-1.66579	-1.83342	2.750
	V	0.00000	0.01733	0.03292	0.04525	0.05315	0.05586	0.05315	0.04525	0.03292	0.01733	-0.00000	
	V'	0.17632	0.16738	0.14188	0.10274	0.05389	-0.00000	-0.05389	-0.10274	-0.14188	-0.16738	-0.17632	
	M	0.00000	0.18694	0.34964	0.47565	0.55534	0.58259	0.55534	0.47565	0.34964	0.18694	-0.00000	
2.775	Q	1.94393	1.77084	1.46226	1.04179	0.54162	-0.00000	-0.54162	-1.04179	-1.46226	-1.77084	-1.94393	2.775
	V	0.00000	0.01843	0.03502	0.04813	0.05653	0.05942	0.05653	0.04813	0.03502	0.01843	-0.00000	
	V'	0.18751	0.17802	0.15093	0.10931	0.05735	-0.00000	-0.05735	-0.10931	-0.15093	-0.17802	-0.18751	
	M	0.00000	0.19940	0.37334	0.50827	0.59367	0.62289	0.59367	0.50827	0.37334	0.19940	-0.00000	
2.800	Q	2.07067	1.89133	1.56468	1.11615	0.58069	-0.00000	-0.58069	-1.11615	-1.56468	-1.89133	-2.07067	2.800
	V	0.00000	0.01969	0.03742	0.05144	0.06042	0.06351	0.06042	0.05144	0.03742	0.01969	-0.00000	
	V'	0.20034	0.19022	0.16131	0.11686	0.06131	-0.00000	-0.06131	-0.11686	-0.16131	-0.19022	-0.20034	
	M	0.00000	0.21384	0.40080	0.54605	0.63808	0.66959	0.63808	0.54605	0.40080	0.21384	-0.00000	
2.825	Q	2.21749	2.03092	1.68334	1.20231	0.62597	-0.00000	-0.62597	-1.20231	-1.68334	-2.03092	-2.21749	2.825
	V	0.00000	0.02116	0.04020	0.05527	0.06492	0.06824	0.06492	0.05527	0.04020	0.02116	-0.00000	
	V'	0.21521	0.20436	0.17334	0.12559	0.06591	-0.00000	-0.06591	-0.12559	-0.17334	-0.20436	-0.21521	
	M	0.00000	0.23077	0.43298	0.59034	0.69013	0.72431	0.69013	0.59034	0.43298	0.23077	-0.00000	
2.850	Q	2.38955	2.19451	1.82242	1.30330	0.67904	-0.00000	-0.67904	-1.30330	-1.82242	-2.19451	-2.38955	2.850
	V	0.00000	0.02287	0.04346	0.05975	0.07019	0.07378	0.07019	0.05975	0.04346	0.02287	-0.00000	
	V'	0.23263	0.22093	0.18743	0.13583	0.07129	-0.00000	-0.07129	-0.13583	-0.18743	-0.22093	-0.23263	
	M	0.00000	0.25087	0.47122	0.64295	0.75197	0.78933	0.75197	0.64295	0.47122	0.25087	-0.00000	
2.875	Q	2.59395	2.38885	1.98766	1.42330	0.74211	-0.00000	-0.74211	-1.42330	-1.98766	-2.38885	-2.59395	2.875
	V	0.00000	0.02491	0.04733	0.06508	0.07646	0.08037	0.07646	0.06508	0.04733	0.02491	-0.00000	
	V'	0.25333	0.24062	0.20418	0.14800	0.07768	-0.00000	-0.07768	-0.14800	-0.20418	-0.24062	-0.25333	
	M	0.00000	0.27514	0.51738	0.70647	0.82664	0.86784	0.82664	0.70647	0.51738	0.27514	-0.00000	
2.900	Q	2.84072	2.62350	2.18718	1.56821	0.81827	0.00000	-0.81827	-1.56821	-2.18718	-2.62350	-2.84072	2.900
	V	0.00000	0.02737	0.05201	0.07152	0.08402	0.08833	0.08402	0.07152	0.05201	0.02737	-0.00000	
	V'	0.27833	0.26439	0.22440	0.16269	0.08541	0.00000	-0.08541	-0.16269	-0.22440	-0.26439	-0.27833	
	M	0.00000	0.30503	0.57421	0.78469	0.91858	0.96451	0.91858	0.78469	0.57421	0.30503	-0.00000	
2.925	Q	3.14455	2.91240	2.43286	1.74665	0.91206	-0.00000	-0.91206	-1.74665	-2.43286	-2.91240	-3.14455	2.925
	V	0.00000	0.03039	0.05776	0.07944	0.09334	0.09812	0.09334	0.07944	0.05776	0.03039	-0.00000	
	V'	0.30910	0.29366	0.24929	0.18078	0.09492	-0.00000	-0.09492	-0.18078	-0.24929	-0.29366	-0.30910	
	M	0.00000	0.34272	0.64590	0.88335	1.03455	1.08645	1.03455	0.88335	0.64590	0.34272	-0.00000	
2.950	Q	3.52775	3.27680	2.74275	1.97174	1.03038	-0.00000	-1.03038	-1.97174	-2.74275	-3.27680	-3.52775	2.950
	V	0.00000	0.03421	0.06503	0.08944	0.10509	0.11048	0.10509	0.08944	0.06503	0.03421	-0.00000	
	V'	0.34792	0.33057	0.28070	0.20359	0.10691	-0.00000	-0.10691	-0.20359	-0.28070	-0.33057	-0.34792	
	M	0.00000	0.39173	0.73912	1.01165	1.18537	1.24502	1.18537	1.01165	0.73912	0.39173	-0.00000	
2.975	Q	4.02607	3.75068	3.14578	2.26450	1.18427	-0.00000	-1.18427	-2.26450	-3.14578	-3.75068	-4.02607	2.975
	V	0.00000	0.03918	0.07447	0.10244	0.12037	0.12655	0.12037	0.10244	0.07447	0.03918	-0.00000	
	V'	0.39840	0.37858	0.32153	0.23326	0.12251	-0.00000	-0.12251	-0.23326	-0.32153	-0.37858	-0.39840	
ALPHA	X/L =	0.00	0.10	0.20	0.30	0.40	0.50	0.60	0.70	0.80	0.90	1.00	ALPHA

FUNKTIONEN : F.Q;M - F.Q;Q - F.Q;V - F.Q;V'

FUNKTIONEN : F.Q:M - F.Q:Q - F.Q:V - F.Q:V'

BETA	X/L =	0.00	0.10	0.20	0.30	0.40	0.50	0.60	0.70	0.80	0.90	1.00	BETA
	M	0.00000	0.04500	0.08000	0.10500	0.12000	0.12500	0.12000	0.10500	0.08000	0.04500	0.00000	
0.00	Q	0.50000	0.40000	0.30000	0.20000	0.10000	0.00000	-0.10000	-0.20000	-0.30000	-0.40000	-0.50000	0.00
	V	0.00000	0.00409	0.00773	0.01059	0.01240	0.01302	0.01240	0.01059	0.00773	0.00409	0.00000	
	V'	0.04167	0.03933	0.03300	0.02367	0.01233	0.00000	-0.01233	-0.02367	-0.03300	-0.03933	-0.04167	
	M	0.00000	0.04475	0.07952	0.10434	0.11923	0.12419	0.11923	0.10434	0.07952	0.04475	-0.00000	
0.25	Q	0.49741	0.39756	0.29795	0.19853	0.09923	-0.00000	-0.09923	-0.19853	-0.29795	-0.39756	-0.49741	0.25
	V	0.00000	0.00406	0.00768	0.01052	0.01232	0.01294	0.01232	0.01052	0.00768	0.00406	0.00000	
	V'	0.04141	0.03909	0.03279	0.02352	0.01225	0.00000	-0.01225	-0.02352	-0.03279	-0.03909	-0.04141	
	M	0.00000	0.04400	0.07811	0.10242	0.11698	0.12183	0.11698	0.10242	0.07811	0.04400	-0.00000	
0.50	Q	0.48984	0.39041	0.29196	0.19423	0.09699	-0.00000	-0.09699	-0.19423	-0.29196	-0.39041	-0.48984	0.50
	V	0.00000	0.00399	0.00754	0.01033	0.01209	0.01270	0.01209	0.01033	0.00754	0.00399	0.00000	
	V'	0.04065	0.03837	0.03218	0.02307	0.01202	0.00000	-0.01202	-0.02307	-0.03218	-0.03837	-0.04065	
	M	0.00000	0.04282	0.07588	0.09937	0.11340	0.11807	0.11340	0.09937	0.07588	0.04282	-0.00000	
0.75	Q	0.47781	0.37906	0.28244	0.18742	0.09345	-0.00000	-0.09345	-0.18742	-0.28244	-0.37906	-0.47781	0.75
	V	0.00000	0.00387	0.00732	0.01002	0.01173	0.01232	0.01173	0.01002	0.00732	0.00387	0.00000	
	V'	0.03945	0.03723	0.03121	0.02237	0.01165	0.00000	-0.01165	-0.02237	-0.03121	-0.03723	-0.03945	
	M	0.00000	0.04128	0.07297	0.09539	0.10874	0.11318	0.10874	0.09539	0.07297	0.04128	-0.00000	
1.00	Q	0.46212	0.36426	0.27005	0.17855	0.08883	0.00000	-0.08883	-0.17855	-0.27005	-0.36426	-0.46212	1.00
	V	0.00000	0.00372	0.00703	0.00961	0.01126	0.01182	0.01126	0.00961	0.00703	0.00372	0.00000	
	V'	0.03788	0.03574	0.02995	0.02145	0.01117	0.00000	-0.01117	-0.02145	-0.02995	-0.03574	-0.03788	
	M	0.00000	0.03948	0.06956	0.09072	0.10328	0.10744	0.10328	0.09072	0.06956	0.03948	-0.00000	
1.25	Q	0.44368	0.34689	0.25553	0.16816	0.08343	-0.00000	-0.08343	-0.16816	-0.25553	-0.34689	-0.44368	1.25
	V	0.00000	0.00353	0.00668	0.00914	0.01070	0.01124	0.01070	0.00914	0.00668	0.00353	0.00000	
	V'	0.03604	0.03399	0.02846	0.02038	0.01061	0.00000	-0.01061	-0.02038	-0.02846	-0.03399	-0.03604	
	M	0.00000	0.03749	0.06581	0.08560	0.09729	0.10116	0.09729	0.08560	0.06581	0.03749	-0.00000	
1.50	Q	0.42343	0.32783	0.23962	0.15681	0.07753	-0.00000	-0.07753	-0.15681	-0.23962	-0.32783	-0.42343	1.50
	V	0.00000	0.00334	0.00631	0.00862	0.01009	0.01060	0.01009	0.00862	0.00631	0.00334	0.00000	
	V'	0.03403	0.03208	0.02684	0.01920	0.00999	0.00000	-0.00999	-0.01920	-0.02684	-0.03208	-0.03403	
	M	0.00000	0.03542	0.06189	0.08025	0.09104	0.09460	0.09104	0.08025	0.06189	0.03542	-0.00000	
1.75	Q	0.40223	0.30790	0.22301	0.14498	0.07139	-0.00000	-0.07139	-0.14498	-0.22301	-0.30790	-0.40223	1.75
	V	0.00000	0.00313	0.00591	0.00808	0.00946	0.00993	0.00946	0.00808	0.00591	0.00313	0.00000	
	V'	0.03192	0.03007	0.02514	0.01797	0.00934	0.00000	-0.00934	-0.01797	-0.02514	-0.03007	-0.03192	
	M	0.00000	0.03332	0.05794	0.07485	0.08474	0.08799	0.08474	0.07485	0.05794	0.03332	-0.00000	
2.00	Q	0.38080	0.28777	0.20629	0.13309	0.06524	-0.00000	-0.06524	-0.13309	-0.20629	-0.28777	-0.38080	2.00
	V	0.00000	0.00292	0.00552	0.00754	0.00882	0.00925	0.00882	0.00754	0.00552	0.00292	0.00000	
	V'	0.02980	0.02806	0.02343	0.01673	0.00869	0.00000	-0.00869	-0.01673	-0.02343	-0.02806	-0.02980	
	M	0.00000	0.03125	0.05405	0.06955	0.07855	0.08150	0.07855	0.06955	0.05405	0.03125	-0.00000	
2.25	Q	0.35969	0.26799	0.18991	0.12148	0.05924	-0.00000	-0.05924	-0.12148	-0.18991	-0.26799	-0.35969	2.25
	V	0.00000	0.00272	0.00513	0.00700	0.00819	0.00859	0.00819	0.00700	0.00513	0.00272	0.00000	
	V'	0.02772	0.02608	0.02175	0.01551	0.00805	0.00000	-0.00805	-0.01551	-0.02175	-0.02608	-0.02772	
BETA	X/L =	0.00	0.10	0.20	0.30	0.40	0.50	0.60	0.70	0.80	0.90	1.00	BETA

FUNKTIONEN : F.Q:M - F.Q:Q - F.Q:V - F.Q:V'

FUNKTIONEN : F.Q:M - F.Q:Q - F.Q:V - F.Q:V'

BETA	X/L =	0.00	0.10	0.20	0.30	0.40	0.50	0.60	0.70	0.80	0.90	1.00	BETA
	M	0.00000	0.02926	0.05031	0.06446	0.07261	0.07527	0.07261	0.06446	0.05031	0.02926	-0.00000	
2.50	Q	0.33931	0.24893	0.17418	0.11038	0.05351	-0.00000	-0.05351	-0.11038	-0.17418	-0.24893	-0.33931	2.50
	V	0.00000	0.00252	0.00475	0.00649	0.00758	0.00796	0.00758	0.00649	0.00475	0.00252	0.00000	
	V'	0.02571	0.02417	0.02013	0.01434	0.00744	0.00000	-0.00744	-0.01434	-0.02013	-0.02417	-0.02571	
	M	0.00000	0.02737	0.04675	0.05963	0.06699	0.06938	0.06699	0.05963	0.04675	0.02737	-0.00000	
2.75	Q	0.31994	0.23085	0.15932	0.09992	0.04813	-0.00000	-0.04813	-0.09992	-0.15932	-0.23085	-0.31994	2.75
	V	0.00000	0.00233	0.00440	0.00600	0.00701	0.00735	0.00701	0.00600	0.00440	0.00233	0.00000	
	V'	0.02381	0.02237	0.01860	0.01323	0.00686	0.00000	-0.00686	-0.01323	-0.01860	-0.02237	-0.02381	
	M	0.00000	0.02559	0.04342	0.05512	0.06174	0.06388	0.06174	0.05512	0.04342	0.02559	-0.00000	
3.00	Q	0.30172	0.21389	0.14546	0.09021	0.04315	-0.00000	-0.04315	-0.09021	-0.14546	-0.21389	-0.30172	3.00
	V	0.00000	0.00216	0.00406	0.00554	0.00647	0.00679	0.00647	0.00554	0.00406	0.00216	0.00000	
	V'	0.02203	0.02068	0.01717	0.01220	0.00632	0.00000	-0.00632	-0.01220	-0.01717	-0.02068	-0.02203	
	M	0.00000	0.02393	0.04033	0.05093	0.05687	0.05878	0.05687	0.05093	0.04033	0.02393	-0.00000	
3.25	Q	0.28472	0.19812	0.13263	0.08128	0.03858	-0.00000	-0.03858	-0.08128	-0.13263	-0.19812	-0.28472	3.25
	V	0.00000	0.00199	0.00376	0.00512	0.00598	0.00627	0.00598	0.00512	0.00376	0.00199	0.00000	
	V'	0.02038	0.01911	0.01585	0.01124	0.00581	0.00000	-0.00581	-0.01124	-0.01585	-0.01911	-0.02038	
	M	0.00000	0.02240	0.03746	0.04707	0.05239	0.05409	0.05239	0.04707	0.03746	0.02240	-0.00000	
3.50	Q	0.26896	0.18355	0.12086	0.07312	0.03443	-0.00000	-0.03443	-0.07312	-0.12086	-0.18355	-0.26896	3.50
	V	0.00000	0.00185	0.00347	0.00473	0.00552	0.00579	0.00552	0.00473	0.00347	0.00185	0.00000	
	V'	0.01886	0.01767	0.01462	0.01036	0.00535	0.00000	-0.00535	-0.01036	-0.01462	-0.01767	-0.01886	
	M	0.00000	0.02098	0.03483	0.04352	0.04829	0.04980	0.04829	0.04352	0.03483	0.02098	-0.00000	
3.75	Q	0.25441	0.17015	0.11010	0.06571	0.03067	-0.00000	-0.03067	-0.06571	-0.11010	-0.17015	-0.25441	3.75
	V	0.00000	0.00171	0.00321	0.00437	0.00510	0.00535	0.00510	0.00437	0.00321	0.00171	0.00000	
	V'	0.01746	0.01634	0.01350	0.00955	0.00493	0.00000	-0.00493	-0.00955	-0.01350	-0.01634	-0.01746	
	M	0.00000	0.01968	0.03242	0.04028	0.04454	0.04589	0.04454	0.04028	0.03242	0.01968	-0.00000	
4.00	Q	0.24101	0.15786	0.10030	0.05902	0.02729	-0.00000	-0.02729	-0.05902	-0.10030	-0.15786	-0.24101	4.00
	V	0.00000	0.00158	0.00297	0.00404	0.00472	0.00494	0.00472	0.00404	0.00297	0.00158	0.00000	
	V'	0.01619	0.01513	0.01248	0.00881	0.00454	0.00000	-0.00454	-0.00881	-0.01248	-0.01513	-0.01619	
	M	0.00000	0.01849	0.03021	0.03732	0.04113	0.04232	0.04113	0.03732	0.03021	0.01849	-0.00000	
4.25	Q	0.22868	0.14660	0.09141	0.05298	0.02427	-0.00000	-0.02427	-0.05298	-0.09141	-0.14660	-0.22868	4.25
	V	0.00000	0.00147	0.00276	0.00375	0.00437	0.00458	0.00437	0.00375	0.00276	0.00147	0.00000	
	V'	0.01502	0.01403	0.01155	0.00814	0.00419	0.00000	-0.00419	-0.00814	-0.01155	-0.01403	-0.01502	
	M	0.00000	0.01739	0.02819	0.03463	0.03803	0.03909	0.03803	0.03463	0.02819	0.01739	-0.00000	
4.50	Q	0.21734	0.13631	0.08335	0.04756	0.02156	-0.00000	-0.02156	-0.04756	-0.08335	-0.13631	-0.21734	4.50
	V	0.00000	0.00136	0.00256	0.00348	0.00405	0.00424	0.00405	0.00348	0.00256	0.00136	0.00000	
	V'	0.01396	0.01302	0.01070	0.00753	0.00387	0.00000	-0.00387	-0.00753	-0.01070	-0.01302	-0.01396	
	M	0.00000	0.01638	0.02634	0.03217	0.03521	0.03615	0.03521	0.03217	0.02634	0.01638	-0.00000	
4.75	Q	0.20691	0.12690	0.07605	0.04269	0.01914	-0.00000	-0.01914	-0.04269	-0.07605	-0.12690	-0.20691	4.75
	V	0.00000	0.00127	0.00238	0.00323	0.00376	0.00394	0.00376	0.00323	0.00238	0.00127	0.00000	
	V'	0.01299	0.01210	0.00993	0.00697	0.00358	0.00000	-0.00358	-0.00697	-0.00993	-0.01210	-0.01299	
BETA	X/L =	0.00	0.10	0.20	0.30	0.40	0.50	0.60	0.70	0.80	0.90	1.00	BETA

FUNKTIONEN : F.Q:M - F.Q:Q - F.Q:V - F.Q:V'

FUNKTIONEN : F.Q;M - F.Q;Q - F.Q;V - F.Q;V'

BETA	X/L =	0.00	0.10	0.20	0.30	0.40	0.50	0.60	0.70	0.80	0.90	1.00	BETA
	M	0.00000	0.01546	0.02466	0.02993	0.03264	0.03348	0.03264	0.02993	0.02466	0.01546	-0.00000	
5.00	Q	0.19732	0.11829	0.06944	0.03833	0.01700	-0.00000	-0.01700	-0.03833	-0.06944	-0.11829	-0.19732	5.00
	V	0.00000	0.00118	0.00221	0.00300	0.00349	0.00366	0.00349	0.00300	0.00221	0.00118	0.00000	
	V'	0.01211	0.01127	0.00922	0.00647	0.00332	0.00000	-0.00332	-0.00647	-0.00922	-0.01127	-0.01211	
	M	0.00000	0.01461	0.02311	0.02790	0.03031	0.03105	0.03031	0.02790	0.02311	0.01461	-0.00000	
5.25	Q	0.18849	0.11041	0.06347	0.03442	0.01508	-0.00000	-0.01508	-0.03442	-0.06347	-0.11041	-0.18849	5.25
	V	0.00000	0.00110	0.00206	0.00280	0.00325	0.00341	0.00325	0.00280	0.00206	0.00110	0.00000	
	V'	0.01130	0.01051	0.00858	0.00601	0.00308	0.00000	-0.00308	-0.00601	-0.00858	-0.01051	-0.01130	
	M	0.00000	0.01383	0.02169	0.02603	0.02820	0.02885	0.02820	0.02603	0.02169	0.01383	-0.00000	
5.50	Q	0.18034	0.10319	0.05805	0.03092	0.01339	-0.00000	-0.01339	-0.03092	-0.05805	-0.10319	-0.18034	5.50
	V	0.00000	0.00103	0.00193	0.00261	0.00303	0.00318	0.00303	0.00261	0.00193	0.00103	0.00000	
	V'	0.01057	0.00981	0.00800	0.00559	0.00286	0.00000	-0.00286	-0.00559	-0.00800	-0.00981	-0.01057	
	M	0.00000	0.01311	0.02040	0.02434	0.02627	0.02684	0.02627	0.02434	0.02040	0.01311	-0.00000	
5.75	Q	0.17281	0.09657	0.05315	0.02779	0.01188	-0.00000	-0.01188	-0.02779	-0.05315	-0.09657	-0.17281	5.75
	V	0.00000	0.00096	0.00180	0.00244	0.00284	0.00297	0.00284	0.00244	0.00180	0.00096	0.00000	
	V'	0.00990	0.00918	0.00747	0.00521	0.00267	0.00000	-0.00267	-0.00521	-0.00747	-0.00918	-0.00990	
	M	0.00000	0.01245	0.01920	0.02278	0.02451	0.02502	0.02451	0.02278	0.01920	0.01245	-0.00000	
6.00	Q	0.16584	0.09049	0.04871	0.02499	0.01054	-0.00000	-0.01054	-0.02499	-0.04871	-0.09049	-0.16584	6.00
	V	0.00000	0.00090	0.00169	0.00228	0.00265	0.00278	0.00265	0.00228	0.00169	0.00090	0.00000	
	V'	0.00928	0.00860	0.00698	0.00486	0.00249	0.00000	-0.00249	-0.00486	-0.00698	-0.00860	-0.00928	
	M	0.00000	0.01183	0.01811	0.02136	0.02290	0.02335	0.02290	0.02136	0.01811	0.01183	-0.00000	
6.25	Q	0.15938	0.08490	0.04468	0.02248	0.00935	-0.00000	-0.00935	-0.02248	-0.04468	-0.08490	-0.15938	6.25
	V	0.00000	0.00085	0.00158	0.00214	0.00249	0.00260	0.00249	0.00214	0.00158	0.00085	0.00000	
	V'	0.00872	0.00807	0.00654	0.00454	0.00232	0.00000	-0.00232	-0.00454	-0.00654	-0.00807	-0.00872	
	M	0.00000	0.01126	0.01710	0.02006	0.02143	0.02184	0.02143	0.02006	0.01710	0.01126	-0.00000	
6.50	Q	0.15338	0.07975	0.04102	0.02023	0.00830	-0.00000	-0.00830	-0.02023	-0.04102	-0.07975	-0.15338	6.50
	V	0.00000	0.00080	0.00149	0.00201	0.00233	0.00244	0.00233	0.00201	0.00149	0.00080	0.00000	
	V'	0.00820	0.00758	0.00613	0.00425	0.00217	0.00000	-0.00217	-0.00425	-0.00613	-0.00758	-0.00820	
	M	0.00000	0.01074	0.01617	0.01886	0.02009	0.02045	0.02009	0.01886	0.01617	0.01074	-0.00000	
6.75	Q	0.14780	0.07500	0.03769	0.01822	0.00737	-0.00000	-0.00737	-0.01822	-0.03769	-0.07500	-0.14780	6.75
	V	0.00000	0.00075	0.00140	0.00189	0.00219	0.00229	0.00219	0.00189	0.00140	0.00075	0.00000	
	V'	0.00773	0.00713	0.00576	0.00399	0.00203	0.00000	-0.00203	-0.00399	-0.00576	-0.00713	-0.00773	
	M	0.00000	0.01025	0.01530	0.01776	0.01886	0.01918	0.01886	0.01776	0.01530	0.01025	-0.00000	
7.00	Q	0.14260	0.07061	0.03467	0.01642	0.00654	-0.00000	-0.00654	-0.01642	-0.03467	-0.07061	-0.14260	7.00
	V	0.00000	0.00071	0.00132	0.00178	0.00206	0.00216	0.00206	0.00178	0.00132	0.00071	0.00000	
	V'	0.00729	0.00672	0.00541	0.00375	0.00191	0.00000	-0.00191	-0.00375	-0.00541	-0.00672	-0.00729	
	M	0.00000	0.00979	0.01451	0.01675	0.01773	0.01801	0.01773	0.01675	0.01451	0.00979	-0.00000	
7.25	Q	0.13774	0.06655	0.03191	0.01480	0.00581	-0.00000	-0.00581	-0.01480	-0.03191	-0.06655	-0.13774	7.25
	V	0.00000	0.00067	0.00125	0.00168	0.00195	0.00204	0.00195	0.00168	0.00125	0.00067	0.00000	
	V'	0.00689	0.00634	0.00510	0.00352	0.00179	0.00000	-0.00179	-0.00352	-0.00510	-0.00634	-0.00689	
BETA	X/L =	0.00	0.10	0.20	0.30	0.40	0.50	0.60	0.70	0.80	0.90	1.00	BETA

FUNKTIONEN : F.Q;M - F.Q;Q - F.Q;V - F.Q;V'

FUNKTIONEN : F.QIM - F.QIQ - F.QIV - F.QIV'

BETA	X/L =	0.00	0.10	0.20	0.30	0.40	0.50	0.60	0.70	0.80	0.90	1.00	BETA
7.50	M	0.00000	0.00936	0.01377	0.01581	0.01670	0.01694	0.01670	0.01581	0.01377	0.00936	-0.00000	7.50
	Q	0.13319	0.06279	0.02940	0.01335	0.00515	-0.00000	-0.00515	-0.01335	-0.02940	-0.06279	-0.13319	
	V	0.00000	0.00063	0.00118	0.00159	0.00184	0.00192	0.00184	0.00159	0.00118	0.00063	0.00000	
	V'	0.00652	0.00599	0.00481	0.00332	0.00169	0.00000	-0.00169	-0.00332	-0.00481	-0.00599	-0.00652	
7.75	M	0.00000	0.00897	0.01308	0.01495	0.01574	0.01596	0.01574	0.01495	0.01308	0.00897	-0.00000	7.75
	Q	0.12892	0.05930	0.02711	0.01204	0.00458	-0.00000	-0.00458	-0.01204	-0.02711	-0.05930	-0.12892	
	V	0.00000	0.00060	0.00111	0.00150	0.00174	0.00182	0.00174	0.00150	0.00111	0.00060	0.00000	
	V'	0.00618	0.00567	0.00454	0.00313	0.00159	0.00000	-0.00159	-0.00313	-0.00454	-0.00567	-0.00618	
8.00	M	0.00000	0.00859	0.01245	0.01415	0.01486	0.01505	0.01486	0.01415	0.01245	0.00859	-0.00000	8.00
	Q	0.12492	0.05605	0.02502	0.01087	0.00407	-0.00000	-0.00407	-0.01087	-0.02502	-0.05605	-0.12492	
	V	0.00000	0.00057	0.00106	0.00142	0.00164	0.00172	0.00164	0.00142	0.00106	0.00057	0.00000	
	V'	0.00586	0.00537	0.00430	0.00296	0.00150	0.00000	-0.00150	-0.00296	-0.00430	-0.00537	-0.00586	
8.25	M	0.00000	0.00825	0.01185	0.01341	0.01405	0.01422	0.01405	0.01341	0.01185	0.00825	-0.00000	8.25
	Q	0.12115	0.05303	0.02311	0.00982	0.00361	-0.00000	-0.00361	-0.00982	-0.02311	-0.05303	-0.12115	
	V	0.00000	0.00054	0.00100	0.00135	0.00156	0.00163	0.00156	0.00135	0.00100	0.00054	0.00000	
	V'	0.00557	0.00510	0.00407	0.00279	0.00142	0.00000	-0.00142	-0.00279	-0.00407	-0.00510	-0.00557	
8.50	M	0.00000	0.00792	0.01130	0.01272	0.01329	0.01345	0.01329	0.01272	0.01130	0.00792	-0.00000	8.50
	Q	0.11760	0.05022	0.02136	0.00888	0.00321	-0.00000	-0.00321	-0.00888	-0.02136	-0.05022	-0.11760	
	V	0.00000	0.00051	0.00095	0.00128	0.00148	0.00154	0.00148	0.00128	0.00095	0.00051	0.00000	
	V'	0.00529	0.00484	0.00386	0.00265	0.00134	0.00000	-0.00134	-0.00265	-0.00386	-0.00484	-0.00529	
8.75	M	0.00000	0.00761	0.01078	0.01209	0.01260	0.01273	0.01260	0.01209	0.01078	0.00761	-0.00000	8.75
	Q	0.11425	0.04759	0.01975	0.00803	0.00285	-0.00000	-0.00285	-0.00803	-0.01975	-0.04759	-0.11425	
	V	0.00000	0.00049	0.00090	0.00121	0.00140	0.00147	0.00140	0.00121	0.00090	0.00049	0.00000	
	V'	0.00504	0.00460	0.00366	0.00251	0.00127	0.00000	-0.00127	-0.00251	-0.00366	-0.00460	-0.00504	
9.00	M	0.00000	0.00732	0.01030	0.01149	0.01195	0.01207	0.01195	0.01149	0.01030	0.00732	-0.00000	9.00
	Q	0.11108	0.04514	0.01828	0.00726	0.00253	-0.00000	-0.00253	-0.00726	-0.01828	-0.04514	-0.11108	
	V	0.00000	0.00047	0.00086	0.00115	0.00133	0.00139	0.00133	0.00115	0.00086	0.00047	0.00000	
	V'	0.00480	0.00438	0.00348	0.00238	0.00120	0.00000	-0.00120	-0.00238	-0.00348	-0.00438	-0.00480	
9.25	M	0.00000	0.00705	0.00984	0.01094	0.01135	0.01146	0.01135	0.01094	0.00984	0.00705	-0.00000	9.25
	Q	0.10809	0.04284	0.01693	0.00657	0.00225	-0.00000	-0.00225	-0.00657	-0.01693	-0.04284	-0.10809	
	V	0.00000	0.00044	0.00082	0.00110	0.00127	0.00133	0.00127	0.00110	0.00082	0.00044	0.00000	
	V'	0.00458	0.00417	0.00331	0.00226	0.00114	0.00000	-0.00114	-0.00226	-0.00331	-0.00417	-0.00458	
9.50	M	0.00000	0.00679	0.00942	0.01043	0.01080	0.01089	0.01080	0.01043	0.00942	0.00679	-0.00000	9.50
	Q	0.10525	0.04069	0.01569	0.00595	0.00200	-0.00000	-0.00200	-0.00595	-0.01569	-0.04069	-0.10525	
	V	0.00000	0.00042	0.00078	0.00105	0.00121	0.00126	0.00121	0.00105	0.00078	0.00042	0.00000	
	V'	0.00437	0.00398	0.00315	0.00215	0.00109	0.00000	-0.00109	-0.00215	-0.00315	-0.00398	-0.00437	
9.75	M	0.00000	0.00655	0.00902	0.00994	0.01028	0.01036	0.01028	0.00994	0.00902	0.00655	-0.00000	9.75
	Q	0.10255	0.03867	0.01455	0.00539	0.00178	-0.00000	-0.00178	-0.00539	-0.01455	-0.03867	-0.10255	
	V	0.00000	0.00040	0.00075	0.00100	0.00115	0.00121	0.00115	0.00100	0.00075	0.00040	0.00000	
	V'	0.00418	0.00380	0.00300	0.00205	0.00103	0.00000	-0.00103	-0.00205	-0.00300	-0.00380	-0.00418	
BETA	X/L =	0.00	0.10	0.20	0.30	0.40	0.50	0.60	0.70	0.80	0.90	1.00	BETA

FUNKTIONEN : F.QIM - F.QIQ - F.QIV - F.QIV'

FUNKTIONEN : F.Q;M - F.Q;Q - F.Q;V - F.Q;V'

BETA	X/L =	0.00	0.10	0.20	0.30	0.40	0.50	0.60	0.70	0.80	0.90	1.00	BETA
10.00	M	0.00000	0.00632	0.00864	0.00949	0.00979	0.00987	0.00979	0.00949	0.00864	0.00632	-0.00000	10.00
	Q	0.09999	0.03677	0.01350	0.00489	0.00158	-0.00000	-0.00158	-0.00489	-0.01350	-0.03677	-0.09999	
	V	0.00000	0.00039	0.00071	0.00096	0.00110	0.00115	0.00110	0.00096	0.00071	0.00039	0.00000	
	V'	0.00400	0.00363	0.00287	0.00195	0.00098	0.00000	-0.00098	-0.00195	-0.00287	-0.00363	-0.00400	
10.25	M	0.00000	0.00610	0.00829	0.00907	0.00934	0.00940	0.00934	0.00907	0.00829	0.00610	-0.00000	10.25
	Q	0.09755	0.03499	0.01253	0.00443	0.00141	-0.00000	-0.00141	-0.00443	-0.01253	-0.03499	-0.09755	
	V	0.00000	0.00037	0.00068	0.00091	0.00105	0.00110	0.00105	0.00091	0.00068	0.00037	0.00000	
	V'	0.00383	0.00347	0.00274	0.00186	0.00094	0.00000	-0.00094	-0.00186	-0.00274	-0.00347	-0.00383	
10.50	M	0.00000	0.00590	0.00796	0.00868	0.00892	0.00898	0.00892	0.00868	0.00796	0.00590	-0.00000	10.50
	Q	0.09523	0.03332	0.01164	0.00402	0.00125	-0.00000	-0.00125	-0.00402	-0.01164	-0.03332	-0.09523	
	V	0.00000	0.00035	0.00065	0.00087	0.00101	0.00105	0.00101	0.00087	0.00065	0.00035	0.00000	
	V'	0.00367	0.00333	0.00262	0.00178	0.00090	0.00000	-0.00090	-0.00178	-0.00262	-0.00333	-0.00367	
10.75	M	0.00000	0.00570	0.00764	0.00830	0.00852	0.00857	0.00852	0.00830	0.00764	0.00570	-0.00000	10.75
	Q	0.09302	0.03174	0.01082	0.00365	0.00112	-0.00000	-0.00112	-0.00365	-0.01082	-0.03174	-0.09302	
	V	0.00000	0.00034	0.00063	0.00084	0.00096	0.00101	0.00096	0.00084	0.00063	0.00034	0.00000	
	V'	0.00352	0.00319	0.00250	0.00170	0.00086	0.00000	-0.00086	-0.00170	-0.00250	-0.00319	-0.00352	
11.00	M	0.00000	0.00551	0.00735	0.00796	0.00815	0.00820	0.00815	0.00796	0.00735	0.00551	-0.00000	11.00
	Q	0.09091	0.03026	0.01006	0.00331	0.00099	-0.00000	-0.00099	-0.00331	-0.01006	-0.03026	-0.09091	
	V	0.00000	0.00033	0.00060	0.00080	0.00092	0.00097	0.00092	0.00080	0.00060	0.00033	0.00000	
	V'	0.00338	0.00306	0.00240	0.00163	0.00082	0.00000	-0.00082	-0.00163	-0.00240	-0.00306	-0.00338	
11.25	M	0.00000	0.00534	0.00707	0.00763	0.00780	0.00784	0.00780	0.00763	0.00707	0.00534	-0.00000	11.25
	Q	0.08889	0.02885	0.00936	0.00301	0.00088	-0.00000	-0.00088	-0.00301	-0.00936	-0.02885	-0.08889	
	V	0.00000	0.00031	0.00058	0.00077	0.00089	0.00093	0.00089	0.00077	0.00058	0.00031	0.00000	
	V'	0.00325	0.00293	0.00230	0.00156	0.00078	0.00000	-0.00078	-0.00156	-0.00230	-0.00293	-0.00325	
11.50	M	0.00000	0.00517	0.00680	0.00732	0.00748	0.00751	0.00748	0.00732	0.00680	0.00517	-0.00000	11.50
	Q	0.08695	0.02753	0.00871	0.00273	0.00079	-0.00000	-0.00079	-0.00273	-0.00871	-0.02753	-0.08695	
	V	0.00000	0.00030	0.00055	0.00074	0.00085	0.00089	0.00085	0.00074	0.00055	0.00030	0.00000	
	V'	0.00312	0.00282	0.00220	0.00149	0.00075	0.00000	-0.00075	-0.00149	-0.00220	-0.00282	-0.00312	
11.75	M	0.00000	0.00501	0.00655	0.00703	0.00717	0.00720	0.00717	0.00703	0.00655	0.00501	-0.00000	11.75
	Q	0.08511	0.02628	0.00811	0.00248	0.00070	-0.00000	-0.00070	-0.00248	-0.00811	-0.02628	-0.08511	
	V	0.00000	0.00029	0.00053	0.00071	0.00082	0.00085	0.00082	0.00071	0.00053	0.00029	0.00000	
	V'	0.00301	0.00271	0.00211	0.00143	0.00072	0.00000	-0.00072	-0.00143	-0.00211	-0.00271	-0.00301	
12.00	M	0.00000	0.00485	0.00631	0.00675	0.00688	0.00691	0.00688	0.00675	0.00631	0.00485	-0.00000	12.00
	Q	0.08333	0.02510	0.00755	0.00226	0.00062	-0.00000	-0.00062	-0.00226	-0.00755	-0.02510	-0.08333	
	V	0.00000	0.00028	0.00051	0.00068	0.00079	0.00082	0.00079	0.00068	0.00051	0.00028	0.00000	
	V'	0.00289	0.00260	0.00203	0.00137	0.00069	0.00000	-0.00069	-0.00137	-0.00203	-0.00260	-0.00289	
12.25	M	0.00000	0.00471	0.00609	0.00649	0.00661	0.00663	0.00661	0.00649	0.00609	0.00471	-0.00000	12.25
	Q	0.08163	0.02398	0.00704	0.00205	0.00056	-0.00000	-0.00056	-0.00205	-0.00704	-0.02398	-0.08163	
	V	0.00000	0.00027	0.00049	0.00066	0.00076	0.00079	0.00076	0.00066	0.00049	0.00027	0.00000	
	V'	0.00279	0.00251	0.00195	0.00132	0.00066	0.00000	-0.00066	-0.00132	-0.00195	-0.00251	-0.00279	
BETA	X/L =	0.00	0.10	0.20	0.30	0.40	0.50	0.60	0.70	0.80	0.90	1.00	BETA

FUNKTIONEN : F.Q;M - F.Q;Q - F.Q;V - F.Q;V'

FUNKTIONEN : F.Q:M - F.Q:Q - F.Q:V - F.Q:V'

BETA	X/L =	0.00	0.10	0.20	0.30	0.40	0.50	0.60	0.70	0.80	0.90	1.00	BETA
	M	0.00000	0.00457	0.00587	0.00625	0.00635	0.00638	0.00635	0.00625	0.00587	0.00457	-0.00000	
12.50	Q	0.08000	0.02292	0.00656	0.00187	0.00049	-0.00000	-0.00049	-0.00187	-0.00656	-0.02292	-0.08000	12.50
	V	0.00000	0.00026	0.00047	0.00063	0.00073	0.00076	0.00073	0.00063	0.00047	0.00026	0.00000	
	V'	0.00269	0.00241	0.00188	0.00127	0.00064	0.00000	-0.00064	-0.00127	-0.00188	-0.00241	-0.00269	
	M	0.00000	0.00443	0.00567	0.00602	0.00611	0.00613	0.00611	0.00602	0.00567	0.00443	-0.00000	
12.75	Q	0.07843	0.02192	0.00612	0.00170	0.00044	-0.00000	-0.00044	-0.00170	-0.00612	-0.02192	-0.07843	12.75
	V	0.00000	0.00025	0.00046	0.00061	0.00070	0.00073	0.00070	0.00061	0.00046	0.00025	0.00000	
	V'	0.00259	0.00233	0.00181	0.00122	0.00061	0.00000	-0.00061	-0.00122	-0.00181	-0.00233	-0.00259	
	M	0.00000	0.00430	0.00548	0.00580	0.00588	0.00590	0.00588	0.00580	0.00548	0.00430	-0.00000	
13.00	Q	0.07692	0.02096	0.00571	0.00155	0.00039	-0.00000	-0.00039	-0.00155	-0.00571	-0.02096	-0.07692	13.00
	V	0.00000	0.00024	0.00044	0.00059	0.00068	0.00070	0.00068	0.00059	0.00044	0.00024	0.00000	
	V'	0.00250	0.00224	0.00174	0.00117	0.00059	0.00000	-0.00059	-0.00117	-0.00174	-0.00224	-0.00250	
	M	0.00000	0.00418	0.00529	0.00559	0.00567	0.00568	0.00567	0.00559	0.00529	0.00418	-0.00000	
13.25	Q	0.07547	0.02006	0.00533	0.00141	0.00035	-0.00000	-0.00035	-0.00141	-0.00533	-0.02006	-0.07547	13.25
	V	0.00000	0.00023	0.00043	0.00057	0.00065	0.00068	0.00065	0.00057	0.00043	0.00023	0.00000	
	V'	0.00242	0.00216	0.00168	0.00113	0.00057	0.00000	-0.00057	-0.00113	-0.00168	-0.00216	-0.00242	
	M	0.00000	0.00406	0.00512	0.00539	0.00546	0.00547	0.00546	0.00539	0.00512	0.00406	-0.00000	
13.50	Q	0.07407	0.01920	0.00498	0.00128	0.00031	-0.00000	-0.00031	-0.00128	-0.00498	-0.01920	-0.07407	13.50
	V	0.00000	0.00022	0.00041	0.00055	0.00063	0.00066	0.00063	0.00055	0.00041	0.00022	0.00000	
	V'	0.00234	0.00209	0.00162	0.00109	0.00055	0.00000	-0.00055	-0.00109	-0.00162	-0.00209	-0.00234	
	M	0.00000	0.00395	0.00495	0.00520	0.00527	0.00528	0.00527	0.00520	0.00495	0.00395	-0.00000	
13.75	Q	0.07273	0.01839	0.00465	0.00117	0.00028	-0.00000	-0.00028	-0.00117	-0.00465	-0.01839	-0.07273	13.75
	V	0.00000	0.00022	0.00040	0.00053	0.00061	0.00063	0.00061	0.00053	0.00040	0.00022	0.00000	
	V'	0.00226	0.00202	0.00156	0.00105	0.00053	0.00000	-0.00053	-0.00105	-0.00156	-0.00202	-0.00226	
	M	0.00000	0.00384	0.00479	0.00503	0.00508	0.00509	0.00508	0.00503	0.00479	0.00384	-0.00000	
14.00	Q	0.07143	0.01761	0.00434	0.00107	0.00025	-0.00000	-0.00025	-0.00107	-0.00434	-0.01761	-0.07143	14.00
	V	0.00000	0.00021	0.00038	0.00051	0.00059	0.00061	0.00059	0.00051	0.00038	0.00021	0.00000	
	V'	0.00219	0.00195	0.00151	0.00101	0.00051	0.00000	-0.00051	-0.00101	-0.00151	-0.00195	-0.00219	
	M	0.00000	0.00374	0.00464	0.00486	0.00491	0.00492	0.00491	0.00486	0.00464	0.00374	-0.00000	
14.25	Q	0.07018	0.01688	0.00406	0.00097	0.00022	-0.00000	-0.00022	-0.00097	-0.00406	-0.01688	-0.07018	14.25
	V	0.00000	0.00020	0.00037	0.00049	0.00057	0.00059	0.00057	0.00049	0.00037	0.00020	0.00000	
	V'	0.00212	0.00189	0.00146	0.00098	0.00049	0.00000	-0.00049	-0.00098	-0.00146	-0.00189	-0.00212	
	M	0.00000	0.00364	0.00449	0.00469	0.00474	0.00475	0.00474	0.00469	0.00449	0.00364	-0.00000	
14.50	Q	0.06897	0.01618	0.00379	0.00089	0.00020	-0.00000	-0.00020	-0.00089	-0.00379	-0.01618	-0.06897	14.50
	V	0.00000	0.00020	0.00036	0.00048	0.00055	0.00057	0.00055	0.00048	0.00036	0.00020	0.00000	
	V'	0.00205	0.00183	0.00141	0.00095	0.00047	0.00000	-0.00047	-0.00095	-0.00141	-0.00183	-0.00205	
	M	0.00000	0.00354	0.00436	0.00454	0.00458	0.00459	0.00458	0.00454	0.00436	0.00354	-0.00000	
14.75	Q	0.06780	0.01551	0.00355	0.00081	0.00018	-0.00000	-0.00018	-0.00081	-0.00355	-0.01551	-0.06780	14.75
	V	0.00000	0.00019	0.00035	0.00046	0.00053	0.00055	0.00053	0.00046	0.00035	0.00019	0.00000	
	V'	0.00199	0.00177	0.00136	0.00092	0.00046	0.00000	-0.00046	-0.00092	-0.00136	-0.00177	-0.00199	

BETA X/L = 0.00 0.10 0.20 0.30 0.40 0.50 0.60 0.70 0.80 0.90 1.00 BETA

FUNKTIONEN : F.Q:M - F.Q:Q - F.Q:V - F.Q:V'

Z U G S T A E B E -498-

FUNKTIONEN : F.Q;M - F.Q;Q - F.Q;V - F.Q;V'

BETA	X/L =	0.00	0.10	0.20	0.30	0.40	0.50	0.60	0.70	0.80	0.90	1.00	BETA
	M	0.00000	0.00345	0.00422	0.00439	0.00443	0.00444	0.00443	0.00439	0.00422	0.00345	-0.00000	
15.00	Q	0.06667	0.01488	0.00332	0.00074	0.00016	-0.00000	-0.00016	-0.00074	-0.00332	-0.01488	-0.06667	15.00
	V	0.00000	0.00018	0.00034	0.00045	0.00051	0.00054	0.00051	0.00045	0.00034	0.00018	0.00000	
	V'	0.00193	0.00171	0.00132	0.00089	0.00044	0.00000	-0.00044	-0.00089	-0.00132	-0.00171	-0.00193	
	M	0.00000	0.00336	0.00410	0.00426	0.00429	0.00430	0.00429	0.00426	0.00410	0.00336	-0.00000	
15.25	Q	0.06557	0.01427	0.00311	0.00067	0.00014	-0.00000	-0.00014	-0.00067	-0.00311	-0.01427	-0.06557	15.25
	V	0.00000	0.00018	0.00033	0.00043	0.00050	0.00052	0.00050	0.00043	0.00033	0.00018	0.00000	
	V'	0.00187	0.00166	0.00128	0.00086	0.00043	0.00000	-0.00043	-0.00086	-0.00128	-0.00166	-0.00187	
	M	0.00000	0.00328	0.00397	0.00412	0.00415	0.00416	0.00415	0.00412	0.00397	0.00328	-0.00000	
15.50	Q	0.06452	0.01369	0.00291	0.00062	0.00013	-0.00000	-0.00013	-0.00062	-0.00291	-0.01369	-0.06452	15.50
	V	0.00000	0.00017	0.00032	0.00042	0.00048	0.00050	0.00048	0.00042	0.00032	0.00017	0.00000	
	V'	0.00181	0.00161	0.00124	0.00083	0.00042	0.00000	-0.00042	-0.00083	-0.00124	-0.00161	-0.00181	
	M	0.00000	0.00320	0.00386	0.00400	0.00402	0.00403	0.00402	0.00400	0.00386	0.00320	-0.00000	
15.75	Q	0.06349	0.01314	0.00272	0.00056	0.00011	-0.00000	-0.00011	-0.00056	-0.00272	-0.01314	-0.06349	15.75
	V	0.00000	0.00017	0.00031	0.00041	0.00047	0.00049	0.00047	0.00041	0.00031	0.00017	0.00000	
	V'	0.00176	0.00156	0.00120	0.00080	0.00040	0.00000	-0.00040	-0.00080	-0.00120	-0.00156	-0.00176	
	M	0.00000	0.00312	0.00375	0.00387	0.00390	0.00390	0.00390	0.00387	0.00375	0.00312	-0.00000	
16.00	Q	0.06250	0.01262	0.00255	0.00051	0.00010	-0.00000	-0.00010	-0.00051	-0.00255	-0.01262	-0.06250	16.00
	V	0.00000	0.00016	0.00030	0.00040	0.00045	0.00047	0.00045	0.00040	0.00030	0.00016	0.00000	
	V'	0.00171	0.00151	0.00116	0.00078	0.00039	0.00000	-0.00039	-0.00078	-0.00116	-0.00151	-0.00171	
	M	0.00000	0.00304	0.00364	0.00376	0.00378	0.00378	0.00378	0.00376	0.00364	0.00304	-0.00000	
16.25	Q	0.06154	0.01212	0.00239	0.00047	0.00009	-0.00000	-0.00009	-0.00047	-0.00239	-0.01212	-0.06154	16.25
	V	0.00000	0.00016	0.00029	0.00038	0.00044	0.00046	0.00044	0.00038	0.00029	0.00016	0.00000	
	V'	0.00166	0.00147	0.00113	0.00076	0.00038	0.00000	-0.00038	-0.00076	-0.00113	-0.00147	-0.00166	
	M	0.00000	0.00297	0.00354	0.00365	0.00367	0.00367	0.00367	0.00365	0.00354	0.00297	-0.00000	
16.50	Q	0.06061	0.01164	0.00224	0.00043	0.00008	-0.00000	-0.00008	-0.00043	-0.00224	-0.01164	-0.06061	16.50
	V	0.00000	0.00015	0.00028	0.00037	0.00043	0.00045	0.00043	0.00037	0.00028	0.00015	0.00000	
	V'	0.00161	0.00143	0.00109	0.00073	0.00037	0.00000	-0.00037	-0.00073	-0.00109	-0.00143	-0.00161	
	M	0.00000	0.00290	0.00344	0.00354	0.00356	0.00356	0.00356	0.00354	0.00344	0.00290	-0.00000	
16.75	Q	0.05970	0.01118	0.00209	0.00039	0.00007	-0.00000	-0.00007	-0.00039	-0.00209	-0.01118	-0.05970	16.75
	V	0.00000	0.00015	0.00027	0.00036	0.00042	0.00043	0.00042	0.00036	0.00027	0.00015	0.00000	
	V'	0.00157	0.00139	0.00106	0.00071	0.00036	0.00000	-0.00036	-0.00071	-0.00106	-0.00139	-0.00157	
	M	0.00000	0.00283	0.00334	0.00344	0.00346	0.00346	0.00346	0.00344	0.00334	0.00283	-0.00000	
17.00	Q	0.05882	0.01075	0.00196	0.00036	0.00006	-0.00000	-0.00006	-0.00036	-0.00196	-0.01075	-0.05882	17.00
	V	0.00000	0.00015	0.00027	0.00035	0.00040	0.00042	0.00040	0.00035	0.00027	0.00015	0.00000	
	V'	0.00153	0.00135	0.00103	0.00069	0.00035	0.00000	-0.00035	-0.00069	-0.00103	-0.00135	-0.00153	
	M	0.00000	0.00276	0.00325	0.00334	0.00336	0.00336	0.00336	0.00334	0.00325	0.00276	-0.00000	
17.25	Q	0.05797	0.01033	0.00184	0.00033	0.00006	-0.00000	-0.00006	-0.00033	-0.00184	-0.01033	-0.05797	17.25
	V	0.00000	0.00014	0.00026	0.00034	0.00039	0.00041	0.00039	0.00034	0.00026	0.00014	0.00000	
	V'	0.00149	0.00131	0.00100	0.00067	0.00034	0.00000	-0.00034	-0.00067	-0.00100	-0.00131	-0.00149	
BETA	X/L =	0.00	0.10	0.20	0.30	0.40	0.50	0.60	0.70	0.80	0.90	1.00	BETA

FUNKTIONEN : F.Q;M - F.Q;Q - F.Q;V - F.Q;V'

FUNKTIONEN : F.Q;M - F.Q;Q - F.Q;V - F.Q;V'

BETA	X/L =	0.00	0.10	0.20	0.30	0.40	0.50	0.60	0.70	0.80	0.90	1.00	BETA
	M	0.00000	0.00270	0.00317	0.00325	0.00326	0.00326	0.00326	0.00325	0.00317	0.00270	-0.00000	
17.50	Q	0.05714	0.00993	0.00173	0.00030	0.00005	-0.00000	-0.00005	-0.00030	-0.00173	-0.00993	-0.05714	17.50
	V	0.00000	0.00014	0.00025	0.00033	0.00038	0.00040	0.00038	0.00033	0.00025	0.00014	0.00000	
	V'	0.00145	0.00127	0.00097	0.00065	0.00033	0.00000	-0.00033	-0.00065	-0.00097	-0.00127	-0.00145	
	M	0.00000	0.00264	0.00308	0.00316	0.00317	0.00317	0.00317	0.00316	0.00308	0.00264	-0.00000	
17.75	Q	0.05634	0.00955	0.00162	0.00027	0.00005	-0.00000	-0.00005	-0.00027	-0.00162	-0.00955	-0.05634	17.75
	V	0.00000	0.00013	0.00024	0.00032	0.00037	0.00039	0.00037	0.00032	0.00024	0.00013	0.00000	
	V'	0.00141	0.00124	0.00095	0.00063	0.00032	0.00000	-0.00032	-0.00063	-0.00095	-0.00124	-0.00141	
	M	0.00000	0.00258	0.00300	0.00307	0.00308	0.00309	0.00308	0.00307	0.00300	0.00258	-0.00000	
18.00	Q	0.05556	0.00918	0.00152	0.00025	0.00004	-0.00000	-0.00004	-0.00025	-0.00152	-0.00918	-0.05556	18.00
	V	0.00000	0.00013	0.00024	0.00031	0.00036	0.00038	0.00036	0.00031	0.00024	0.00013	0.00000	
	V'	0.00137	0.00121	0.00092	0.00062	0.00031	0.00000	-0.00031	-0.00062	-0.00092	-0.00121	-0.00137	
	M	0.00000	0.00252	0.00292	0.00299	0.00300	0.00300	0.00300	0.00299	0.00292	0.00252	-0.00000	
18.25	Q	0.05479	0.00883	0.00142	0.00023	0.00004	-0.00000	-0.00004	-0.00023	-0.00142	-0.00883	-0.05479	18.25
	V	0.00000	0.00013	0.00023	0.00031	0.00035	0.00037	0.00035	0.00031	0.00023	0.00013	0.00000	
	V'	0.00134	0.00117	0.00090	0.00060	0.00030	0.00000	-0.00030	-0.00060	-0.00090	-0.00117	-0.00134	
	M	0.00000	0.00246	0.00285	0.00291	0.00292	0.00292	0.00292	0.00291	0.00285	0.00246	-0.00000	
18.50	Q	0.05405	0.00850	0.00134	0.00021	0.00003	-0.00000	-0.00003	-0.00021	-0.00134	-0.00850	-0.05405	18.50
	V	0.00000	0.00012	0.00023	0.00030	0.00034	0.00036	0.00034	0.00030	0.00023	0.00012	0.00000	
	V'	0.00130	0.00114	0.00087	0.00058	0.00029	0.00000	-0.00029	-0.00058	-0.00087	-0.00114	-0.00130	
	M	0.00000	0.00241	0.00278	0.00283	0.00284	0.00284	0.00284	0.00283	0.00278	0.00241	-0.00000	
18.75	Q	0.05333	0.00818	0.00125	0.00019	0.00003	-0.00000	-0.00003	-0.00019	-0.00125	-0.00818	-0.05333	18.75
	V	0.00000	0.00012	0.00022	0.00029	0.00033	0.00035	0.00033	0.00029	0.00022	0.00012	0.00000	
	V'	0.00127	0.00111	0.00085	0.00057	0.00028	0.00000	-0.00028	-0.00057	-0.00085	-0.00111	-0.00127	
	M	0.00000	0.00236	0.00271	0.00276	0.00277	0.00277	0.00277	0.00276	0.00271	0.00236	-0.00000	
19.00	Q	0.05263	0.00787	0.00118	0.00018	0.00003	-0.00000	-0.00003	-0.00018	-0.00118	-0.00787	-0.05263	19.00
	V	0.00000	0.00012	0.00021	0.00028	0.00032	0.00034	0.00032	0.00028	0.00021	0.00012	0.00000	
	V'	0.00124	0.00109	0.00083	0.00055	0.00028	0.00000	-0.00028	-0.00055	-0.00083	-0.00109	-0.00124	
	M	0.00000	0.00230	0.00264	0.00269	0.00270	0.00270	0.00270	0.00269	0.00264	0.00230	-0.00000	
19.25	Q	0.05195	0.00758	0.00111	0.00016	0.00002	-0.00000	-0.00002	-0.00016	-0.00111	-0.00758	-0.05195	19.25
	V	0.00000	0.00012	0.00021	0.00028	0.00032	0.00033	0.00032	0.00028	0.00021	0.00012	0.00000	
	V'	0.00121	0.00106	0.00081	0.00054	0.00027	0.00000	-0.00027	-0.00054	-0.00081	-0.00106	-0.00121	
	M	0.00000	0.00226	0.00258	0.00262	0.00263	0.00263	0.00263	0.00262	0.00258	0.00226	-0.00000	
19.50	Q	0.05128	0.00730	0.00104	0.00015	0.00002	-0.00000	-0.00002	-0.00015	-0.00104	-0.00730	-0.05128	19.50
	V	0.00000	0.00011	0.00020	0.00027	0.00031	0.00032	0.00031	0.00027	0.00020	0.00011	0.00000	
	V'	0.00118	0.00103	0.00079	0.00053	0.00026	0.00000	-0.00026	-0.00053	-0.00079	-0.00103	-0.00118	
	M	0.00000	0.00221	0.00251	0.00256	0.00256	0.00256	0.00256	0.00256	0.00251	0.00221	-0.00000	
19.75	Q	0.05063	0.00703	0.00097	0.00014	0.00002	-0.00000	-0.00002	-0.00014	-0.00097	-0.00703	-0.05063	19.75
	V	0.00000	0.00011	0.00020	0.00026	0.00030	0.00031	0.00030	0.00026	0.00020	0.00011	0.00000	
	V'	0.00115	0.00101	0.00077	0.00051	0.00026	0.00000	-0.00026	-0.00051	-0.00077	-0.00101	-0.00115	
BETA	X/L =	0.00	0.10	0.20	0.30	0.40	0.50	0.60	0.70	0.80	0.90	1.00	BETA

FUNKTIONEN : F.Q;M - F.Q;Q - F.Q;V - F.Q;V'

FUNKTIONEN : F.Q;M - F.Q;Q - F.Q;V - F.Q;V'

BETA	X/L =	0.00	0.10	0.20	0.30	0.40	0.50	0.60	0.70	0.80	0.90	1.00	BETA
	M	0.00000	0.00216	0.00245	0.00249	0.00250	0.00250	0.00250	0.00249	0.00245	0.00216	-0.00000	
20.00	Q	0.05000	0.00677	0.00092	0.00012	0.00002	-0.00000	-0.00002	-0.00012	-0.00092	-0.00677	-0.05000	20.00
	V	0.00000	0.00011	0.00019	0.00026	0.00029	0.00031	0.00029	0.00026	0.00019	0.00011	0.00000	
	V'	0.00113	0.00098	0.00075	0.00050	0.00025	0.00000	-0.00025	-0.00050	-0.00075	-0.00098	-0.00113	
	M	0.00000	0.00212	0.00240	0.00243	0.00244	0.00244	0.00244	0.00243	0.00240	0.00212	-0.00000	
20.25	Q	0.04938	0.00652	0.00086	0.00011	0.00001	-0.00000	-0.00001	-0.00011	-0.00086	-0.00652	-0.04938	20.25
	V	0.00000	0.00010	0.00019	0.00025	0.00029	0.00030	0.00029	0.00025	0.00019	0.00010	0.00000	
	V'	0.00110	0.00096	0.00073	0.00049	0.00024	0.00000	-0.00024	-0.00049	-0.00073	-0.00096	-0.00110	
	M	0.00000	0.00207	0.00234	0.00237	0.00238	0.00238	0.00238	0.00237	0.00234	0.00207	-0.00000	
20.50	Q	0.04878	0.00628	0.00081	0.00010	0.00001	-0.00000	-0.00001	-0.00010	-0.00081	-0.00628	-0.04878	20.50
	V	0.00000	0.00010	0.00018	0.00024	0.00028	0.00029	0.00028	0.00024	0.00018	0.00010	0.00000	
	V'	0.00107	0.00094	0.00071	0.00048	0.00024	0.00000	-0.00024	-0.00048	-0.00071	-0.00094	-0.00107	
	M	0.00000	0.00203	0.00229	0.00232	0.00232	0.00232	0.00232	0.00232	0.00229	0.00203	-0.00000	
20.75	Q	0.04819	0.00605	0.00076	0.00010	0.00001	-0.00000	-0.00001	-0.00010	-0.00076	-0.00605	-0.04819	20.75
	V	0.00000	0.00010	0.00018	0.00024	0.00027	0.00028	0.00027	0.00024	0.00018	0.00010	0.00000	
	V'	0.00105	0.00091	0.00069	0.00046	0.00023	0.00000	-0.00023	-0.00046	-0.00069	-0.00091	-0.00105	
	M	0.00000	0.00199	0.00223	0.00226	0.00227	0.00227	0.00227	0.00226	0.00223	0.00199	-0.00000	
21.00	Q	0.04762	0.00583	0.00071	0.00009	0.00001	-0.00000	-0.00001	-0.00009	-0.00071	-0.00583	-0.04762	21.00
	V	0.00000	0.00010	0.00018	0.00023	0.00027	0.00028	0.00027	0.00023	0.00018	0.00010	0.00000	
	V'	0.00103	0.00089	0.00068	0.00045	0.00023	0.00000	-0.00023	-0.00045	-0.00068	-0.00089	-0.00103	
	M	0.00000	0.00195	0.00218	0.00221	0.00221	0.00221	0.00221	0.00221	0.00218	0.00195	-0.00000	
21.25	Q	0.04706	0.00562	0.00067	0.00008	0.00001	-0.00000	-0.00001	-0.00008	-0.00067	-0.00562	-0.04706	21.25
	V	0.00000	0.00010	0.00017	0.00023	0.00026	0.00027	0.00026	0.00023	0.00017	0.00010	0.00000	
	V'	0.00100	0.00087	0.00066	0.00044	0.00022	0.00000	-0.00022	-0.00044	-0.00066	-0.00087	-0.00100	
	M	0.00000	0.00191	0.00213	0.00216	0.00216	0.00216	0.00216	0.00216	0.00213	0.00191	-0.00000	
21.50	Q	0.04651	0.00542	0.00063	0.00007	0.00001	-0.00000	-0.00001	-0.00007	-0.00063	-0.00542	-0.04651	21.50
	V	0.00000	0.00009	0.00017	0.00022	0.00025	0.00027	0.00025	0.00022	0.00017	0.00009	0.00000	
	V'	0.00098	0.00085	0.00065	0.00043	0.00022	0.00000	-0.00022	-0.00043	-0.00065	-0.00085	-0.00098	
	M	0.00000	0.00187	0.00209	0.00211	0.00211	0.00211	0.00211	0.00211	0.00209	0.00187	-0.00000	
21.75	Q	0.04598	0.00522	0.00059	0.00007	0.00001	-0.00000	-0.00001	-0.00007	-0.00059	-0.00522	-0.04598	21.75
	V	0.00000	0.00009	0.00016	0.00022	0.00025	0.00026	0.00025	0.00022	0.00016	0.00009	0.00000	
	V'	0.00096	0.00083	0.00063	0.00042	0.00021	0.00000	-0.00021	-0.00042	-0.00063	-0.00083	-0.00096	
	M	0.00000	0.00184	0.00204	0.00206	0.00207	0.00207	0.00207	0.00206	0.00204	0.00184	-0.00000	
22.00	Q	0.04545	0.00504	0.00056	0.00006	0.00001	-0.00000	-0.00001	-0.00006	-0.00056	-0.00504	-0.04545	22.00
	V	0.00000	0.00009	0.00016	0.00021	0.00024	0.00025	0.00024	0.00021	0.00016	0.00009	0.00000	
	V'	0.00094	0.00082	0.00062	0.00041	0.00021	0.00000	-0.00021	-0.00041	-0.00062	-0.00082	-0.00094	
	M	0.00000	0.00180	0.00200	0.00202	0.00202	0.00202	0.00202	0.00202	0.00200	0.00180	-0.00000	
22.25	Q	0.04494	0.00486	0.00052	0.00006	0.00001	-0.00000	-0.00001	-0.00006	-0.00052	-0.00486	-0.04494	22.25
	V	0.00000	0.00009	0.00016	0.00021	0.00024	0.00025	0.00024	0.00021	0.00016	0.00009	0.00000	
	V'	0.00092	0.00080	0.00060	0.00040	0.00020	0.00000	-0.00020	-0.00040	-0.00060	-0.00080	-0.00092	
BETA	X/L =	0.00	0.10	0.20	0.30	0.40	0.50	0.60	0.70	0.80	0.90	1.00	BETA

FUNKTIONEN : F.Q;M - F.Q;Q F.Q;V - F.Q;V'

FUNKTIONEN : F.Q;M - F.Q;Q - F.Q;V - F.Q;V'

BETA	X/L =	0.00	0.10	0.20	0.30	0.40	0.50	0.60	0.70	0.80	0.90	1.00	BETA
	M	0.00000	0.00177	0.00195	0.00197	0.00198	0.00198	0.00198	0.00197	0.00195	0.00177	-0.00000	
22.50	Q	0.04444	0.00468	0.00049	0.00005	0.00001	-0.00000	-0.00001	-0.00005	-0.00049	-0.00468	-0.04444	22.50
	V	0.00000	0.00009	0.00015	0.00020	0.00023	0.00024	0.00023	0.00020	0.00015	0.00009	0.00000	
	V'	0.00090	0.00078	0.00059	0.00039	0.00020	0.00000	-0.00020	-0.00039	-0.00059	-0.00078	-0.00090	
	M	0.00000	0.00173	0.00191	0.00193	0.00193	0.00193	0.00193	0.00193	0.00191	0.00173	-0.00000	
22.75	Q	0.04396	0.00452	0.00046	0.00005	0.00000	-0.00000	-0.00000	-0.00005	-0.00046	-0.00452	-0.04396	22.75
	V	0.00000	0.00008	0.00015	0.00020	0.00023	0.00024	0.00023	0.00020	0.00015	0.00008	0.00000	
	V'	0.00088	0.00076	0.00058	0.00039	0.00019	0.00000	-0.00019	-0.00039	-0.00058	-0.00076	-0.00088	
	M	0.00000	0.00170	0.00187	0.00189	0.00189	0.00189	0.00189	0.00189	0.00187	0.00170	-0.00000	
23.00	Q	0.04348	0.00436	0.00044	0.00004	0.00000	-0.00000	-0.00000	-0.00004	-0.00044	-0.00436	-0.04348	23.00
	V	0.00000	0.00008	0.00015	0.00019	0.00022	0.00023	0.00022	0.00019	0.00015	0.00008	0.00000	
	V'	0.00086	0.00075	0.00057	0.00038	0.00019	0.00000	-0.00019	-0.00038	-0.00057	-0.00075	-0.00086	
	M	0.00000	0.00167	0.00183	0.00185	0.00185	0.00185	0.00185	0.00185	0.00183	0.00167	-0.00000	
23.25	Q	0.04301	0.00421	0.00041	0.00004	0.00000	-0.00000	-0.00000	-0.00004	-0.00041	-0.00421	-0.04301	23.25
	V	0.00000	0.00008	0.00014	0.00019	0.00022	0.00023	0.00022	0.00019	0.00014	0.00008	0.00000	
	V'	0.00085	0.00073	0.00055	0.00037	0.00018	0.00000	-0.00018	-0.00037	-0.00055	-0.00073	-0.00085	
	M	0.00000	0.00164	0.00179	0.00181	0.00181	0.00181	0.00181	0.00181	0.00179	0.00164	-0.00000	
23.50	Q	0.04255	0.00406	0.00039	0.00004	0.00000	-0.00000	-0.00000	-0.00004	-0.00039	-0.00406	-0.04255	23.50
	V	0.00000	0.00008	0.00014	0.00019	0.00021	0.00022	0.00021	0.00019	0.00014	0.00008	0.00000	
	V'	0.00083	0.00072	0.00054	0.00036	0.00018	0.00000	-0.00018	-0.00036	-0.00054	-0.00072	-0.00083	
	M	0.00000	0.00161	0.00176	0.00177	0.00177	0.00177	0.00177	0.00177	0.00176	0.00161	-0.00000	
23.75	Q	0.04211	0.00392	0.00036	0.00003	0.00000	-0.00000	-0.00000	-0.00003	-0.00036	-0.00392	-0.04211	23.75
	V	0.00000	0.00008	0.00014	0.00018	0.00021	0.00022	0.00021	0.00018	0.00014	0.00008	0.00000	
	V'	0.00081	0.00070	0.00053	0.00035	0.00018	0.00000	-0.00018	-0.00035	-0.00053	-0.00070	-0.00081	
	M	0.00000	0.00158	0.00172	0.00173	0.00174	0.00174	0.00174	0.00173	0.00172	0.00158	-0.00000	
24.00	Q	0.04167	0.00378	0.00034	0.00003	0.00000	-0.00000	-0.00000	-0.00003	-0.00034	-0.00378	-0.04167	24.00
	V	0.00000	0.00008	0.00014	0.00018	0.00021	0.00021	0.00021	0.00018	0.00014	0.00008	0.00000	
	V'	0.00080	0.00069	0.00052	0.00035	0.00017	0.00000	-0.00017	-0.00035	-0.00052	-0.00069	-0.00080	
	M	0.00000	0.00155	0.00169	0.00170	0.00170	0.00170	0.00170	0.00170	0.00169	0.00155	-0.00000	
24.25	Q	0.04124	0.00365	0.00032	0.00003	0.00000	-0.00000	-0.00000	-0.00003	-0.00032	-0.00365	-0.04124	24.25
	V	0.00000	0.00007	0.00013	0.00018	0.00020	0.00021	0.00020	0.00018	0.00013	0.00007	0.00000	
	V'	0.00078	0.00067	0.00051	0.00034	0.00017	0.00000	-0.00017	-0.00034	-0.00051	-0.00067	-0.00078	
	M	0.00000	0.00152	0.00165	0.00166	0.00167	0.00167	0.00167	0.00166	0.00165	0.00152	-0.00000	
24.50	Q	0.04082	0.00352	0.00030	0.00003	0.00000	-0.00000	-0.00000	-0.00003	-0.00030	-0.00352	-0.04082	24.50
	V	0.00000	0.00007	0.00013	0.00017	0.00020	0.00021	0.00020	0.00017	0.00013	0.00007	0.00000	
	V'	0.00076	0.00066	0.00050	0.00033	0.00017	0.00000	-0.00017	-0.00033	-0.00050	-0.00066	-0.00076	
	M	0.00000	0.00150	0.00162	0.00163	0.00163	0.00163	0.00163	0.00163	0.00162	0.00150	-0.00000	
24.75	Q	0.04040	0.00340	0.00029	0.00002	0.00000	-0.00000	-0.00000	-0.00002	-0.00029	-0.00340	-0.04040	24.75
	V	0.00000	0.00007	0.00013	0.00017	0.00019	0.00020	0.00019	0.00017	0.00013	0.00007	0.00000	
	V'	0.00075	0.00065	0.00049	0.00033	0.00016	0.00000	-0.00016	-0.00033	-0.00049	-0.00065	-0.00075	
BETA	X/L =	0.00	0.10	0.20	0.30	0.40	0.50	0.60	0.70	0.80	0.90	1.00	BETA

FUNKTIONEN : F.Q;M - F.Q;Q - F.Q;V - F.Q;V'

FUNKTIONEN : F.QIM - F.QIQ - F.QIV - F.QIV'

BETA	X/L =	0.00	0.10	0.20	0.30	0.40	0.50	0.60	0.70	0.80	0.90	1.00	BETA
	M	0.00000	0.00147	0.00159	0.00160	0.00160	0.00160	0.00160	0.00160	0.00159	0.00147	-0.00000	
25.00	Q	0.04000	0.00328	0.00027	0.00002	0.00000	-0.00000	-0.00000	-0.00002	-0.00027	-0.00328	-0.04000	25.00
	V	0.00000	0.00007	0.00013	0.00017	0.00019	0.00020	0.00019	0.00017	0.00013	0.00007	0.00000	
	V'	0.00074	0.00063	0.00048	0.00032	0.00016	0.00000	-0.00016	-0.00032	-0.00048	-0.00063	-0.00074	
	M	0.00000	0.00135	0.00144	0.00145	0.00145	0.00145	0.00145	0.00145	0.00144	0.00135	-0.00000	
26.25	Q	0.03810	0.00276	0.00020	0.00001	0.00000	-0.00000	-0.00000	-0.00001	-0.00020	-0.00276	-0.03810	26.25
	V	0.00000	0.00006	0.00011	0.00015	0.00017	0.00018	0.00017	0.00015	0.00011	0.00006	0.00000	
	V'	0.00067	0.00058	0.00044	0.00029	0.00015	0.00000	-0.00015	-0.00029	-0.00044	-0.00058	-0.00067	
	M	0.00000	0.00124	0.00132	0.00132	0.00132	0.00132	0.00132	0.00132	0.00132	0.00124	-0.00000	
27.50	Q	0.03636	0.00232	0.00015	0.00001	0.00000	-0.00000	-0.00000	-0.00001	-0.00015	-0.00232	-0.03636	27.50
	V	0.00000	0.00006	0.00010	0.00014	0.00016	0.00016	0.00016	0.00014	0.00010	0.00006	0.00000	
	V'	0.00061	0.00053	0.00040	0.00026	0.00013	0.00000	-0.00013	-0.00026	-0.00040	-0.00053	-0.00061	
	M	0.00000	0.00114	0.00121	0.00121	0.00121	0.00121	0.00121	0.00121	0.00121	0.00114	-0.00000	
28.75	Q	0.03478	0.00196	0.00011	0.00001	0.00000	-0.00000	-0.00000	-0.00001	-0.00011	-0.00196	-0.03478	28.75
	V	0.00000	0.00005	0.00010	0.00013	0.00014	0.00015	0.00014	0.00013	0.00010	0.00005	0.00000	
	V'	0.00056	0.00048	0.00036	0.00024	0.00012	0.00000	-0.00012	-0.00024	-0.00036	-0.00048	-0.00056	
	M	0.00000	0.00106	0.00111	0.00111	0.00111	0.00111	0.00111	0.00111	0.00111	0.00106	-0.00000	
30.00	Q	0.03333	0.00166	0.00008	0.00000	0.00000	-0.00000	-0.00000	-0.00000	-0.00008	-0.00166	-0.03333	30.00
	V	0.00000	0.00005	0.00009	0.00012	0.00013	0.00014	0.00013	0.00012	0.00009	0.00005	0.00000	
	V'	0.00052	0.00044	0.00033	0.00022	0.00011	0.00000	-0.00011	-0.00022	-0.00033	-0.00044	-0.00052	
	M	0.00000	0.00098	0.00102	0.00102	0.00102	0.00102	0.00102	0.00102	0.00102	0.00098	-0.00000	
31.25	Q	0.03200	0.00141	0.00006	0.00000	0.00000	-0.00000	-0.00000	-0.00000	-0.00006	-0.00141	-0.03200	31.25
	V	0.00000	0.00005	0.00008	0.00011	0.00012	0.00013	0.00012	0.00011	0.00008	0.00005	0.00000	
	V'	0.00048	0.00041	0.00031	0.00020	0.00010	0.00000	-0.00010	-0.00020	-0.00031	-0.00041	-0.00048	
	M	0.00000	0.00091	0.00095	0.00095	0.00095	0.00095	0.00095	0.00095	0.00095	0.00091	-0.00000	
32.50	Q	0.03077	0.00119	0.00005	0.00000	0.00000	-0.00000	-0.00000	-0.00000	-0.00005	-0.00119	-0.03077	32.50
	V	0.00000	0.00004	0.00007	0.00010	0.00011	0.00012	0.00011	0.00010	0.00007	0.00004	0.00000	
	V'	0.00044	0.00038	0.00028	0.00019	0.00009	0.00000	-0.00009	-0.00019	-0.00028	-0.00038	-0.00044	
	M	0.00000	0.00085	0.00088	0.00088	0.00088	0.00088	0.00088	0.00088	0.00088	0.00085	-0.00000	
33.75	Q	0.02963	0.00101	0.00003	0.00000	0.00000	-0.00000	-0.00000	-0.00000	-0.00003	-0.00101	-0.02963	33.75
	V	0.00000	0.00004	0.00007	0.00009	0.00010	0.00011	0.00010	0.00009	0.00007	0.00004	0.00000	
	V'	0.00041	0.00035	0.00026	0.00018	0.00009	0.00000	-0.00009	-0.00018	-0.00026	-0.00035	-0.00041	
	M	0.00000	0.00079	0.00082	0.00082	0.00082	0.00082	0.00082	0.00082	0.00082	0.00079	-0.00000	
35.00	Q	0.02857	0.00086	0.00003	0.00000	0.00000	-0.00000	-0.00000	-0.00000	-0.00003	-0.00086	-0.02857	35.00
	V	0.00000	0.00004	0.00006	0.00009	0.00010	0.00010	0.00010	0.00009	0.00006	0.00004	0.00000	
	V'	0.00038	0.00033	0.00024	0.00016	0.00008	0.00000	-0.00008	-0.00016	-0.00024	-0.00033	-0.00038	
	M	0.00000	0.00074	0.00076	0.00076	0.00076	0.00076	0.00076	0.00076	0.00076	0.00074	0.00000	
36.25	Q	0.02759	0.00074	0.00002	0.00000	0.00000	-0.00000	-0.00000	-0.00000	-0.00002	-0.00074	-0.02759	36.25
	V	0.00000	0.00003	0.00006	0.00008	0.00009	0.00009	0.00009	0.00008	0.00006	0.00003	0.00000	
	V'	0.00036	0.00030	0.00023	0.00015	0.00008	0.00000	-0.00008	-0.00015	-0.00023	-0.00030	-0.00036	
BETA	X/L =	0.00	0.10	0.20	0.30	0.40	0.50	0.60	0.70	0.80	0.90	1.00	BETA

FUNKTIONEN : F.QIM - F.QIQ - F.QIV - F.QIV'

FUNKTIONEN : F.Q;M - F.Q;Q - F.Q;V - F.Q;V'

BETA	X/L =	0.00	0.10	0.20	0.30	0.40	0.50	0.60	0.70	0.80	0.90	1.00	BETA
	M	0.00000	0.00069	0.00071	0.00071	0.00071	0.00071	0.00071	0.00071	0.00071	0.00069	0.00000	
37.50	Q	0.02667	0.00063	0.00001	0.00000	0.00000	-0.00000	-0.00000	-0.00000	-0.00001	-0.00063	-0.02667	37.50
	V	0.00000	0.00003	0.00006	0.00007	0.00008	0.00009	0.00008	0.00007	0.00006	0.00003	0.00000	
	V'	0.00034	0.00028	0.00021	0.00014	0.00007	0.00000	-0.00007	-0.00014	-0.00021	-0.00028	-0.00034	
	M	0.00000	0.00065	0.00067	0.00067	0.00067	0.00067	0.00067	0.00067	0.00067	0.00065	0.00000	
38.75	Q	0.02581	0.00054	0.00001	0.00000	0.00000	-0.00000	-0.00000	-0.00000	-0.00001	-0.00054	-0.02581	38.75
	V	0.00000	0.00003	0.00005	0.00007	0.00008	0.00008	0.00008	0.00007	0.00005	0.00003	0.00000	
	V'	0.00032	0.00027	0.00020	0.00013	0.00007	0.00000	-0.00007	-0.00013	-0.00020	-0.00027	-0.00032	
	M	0.00000	0.00061	0.00062	0.00062	0.00062	0.00062	0.00062	0.00062	0.00062	0.00061	0.00000	
40.00	Q	0.02500	0.00046	0.00001	0.00000	0.00000	-0.00000	-0.00000	-0.00000	-0.00001	-0.00046	-0.02500	40.00
	V	0.00000	0.00003	0.00005	0.00007	0.00007	0.00008	0.00007	0.00007	0.00005	0.00003	0.00000	
	V'	0.00030	0.00025	0.00019	0.00012	0.00006	0.00000	-0.00006	-0.00012	-0.00019	-0.00025	-0.00030	
	M	0.00000	0.00058	0.00059	0.00059	0.00059	0.00059	0.00059	0.00059	0.00059	0.00058	0.00000	
41.25	Q	0.02424	0.00039	0.00001	0.00000	0.00000	-0.00000	-0.00000	-0.00000	-0.00001	-0.00039	-0.02424	41.25
	V	0.00000	0.00003	0.00005	0.00006	0.00007	0.00007	0.00007	0.00006	0.00005	0.00003	0.00000	
	V'	0.00028	0.00023	0.00018	0.00012	0.00006	0.00000	-0.00006	-0.00012	-0.00018	-0.00023	-0.00028	
	M	0.00000	0.00055	0.00055	0.00055	0.00055	0.00055	0.00055	0.00055	0.00055	0.00055	0.00000	
42.50	Q	0.02353	0.00034	0.00000	0.00000	0.00000	-0.00000	-0.00000	-0.00000	-0.00000	-0.00034	-0.02353	42.50
	V	0.00000	0.00002	0.00004	0.00006	0.00007	0.00007	0.00007	0.00006	0.00004	0.00002	0.00000	
	V'	0.00026	0.00022	0.00017	0.00011	0.00006	0.00000	-0.00006	-0.00011	-0.00017	-0.00022	-0.00026	
	M	0.00000	0.00052	0.00052	0.00052	0.00052	0.00052	0.00052	0.00052	0.00052	0.00052	0.00000	
43.75	Q	0.02286	0.00029	0.00000	0.00000	0.00000	-0.00000	-0.00000	-0.00000	-0.00000	-0.00029	-0.02286	43.75
	V	0.00000	0.00002	0.00004	0.00005	0.00006	0.00007	0.00006	0.00005	0.00004	0.00002	0.00000	
	V'	0.00025	0.00021	0.00016	0.00010	0.00005	0.00000	-0.00005	-0.00010	-0.00016	-0.00021	-0.00025	
	M	0.00000	0.00049	0.00049	0.00049	0.00049	0.00049	0.00049	0.00049	0.00049	0.00049	0.00000	
45.00	Q	0.02222	0.00025	0.00000	0.00000	0.00000	-0.00000	-0.00000	-0.00000	-0.00000	-0.00025	-0.02222	45.00
	V	0.00000	0.00002	0.00004	0.00005	0.00006	0.00006	0.00006	0.00005	0.00004	0.00002	0.00000	
	V'	0.00024	0.00020	0.00015	0.00010	0.00005	0.00000	-0.00005	-0.00010	-0.00015	-0.00020	-0.00024	
	M	0.00000	0.00046	0.00047	0.00047	0.00047	0.00047	0.00047	0.00047	0.00047	0.00046	0.00000	
46.25	Q	0.02162	0.00021	0.00000	0.00000	0.00000	-0.00000	-0.00000	-0.00000	-0.00000	-0.00021	-0.02162	46.25
	V	0.00000	0.00002	0.00004	0.00005	0.00006	0.00006	0.00006	0.00005	0.00004	0.00002	0.00000	
	V'	0.00022	0.00019	0.00014	0.00009	0.00005	0.00000	-0.00005	-0.00009	-0.00014	-0.00019	-0.00022	
	M	0.00000	0.00044	0.00044	0.00044	0.00044	0.00044	0.00044	0.00044	0.00044	0.00044	0.00000	
47.50	Q	0.02105	0.00018	0.00000	0.00000	0.00000	-0.00000	-0.00000	-0.00000	-0.00000	-0.00018	-0.02105	47.50
	V	0.00000	0.00002	0.00004	0.00005	0.00005	0.00006	0.00005	0.00005	0.00004	0.00002	0.00000	
	V'	0.00021	0.00018	0.00013	0.00009	0.00004	0.00000	-0.00004	-0.00009	-0.00013	-0.00018	-0.00021	
	M	0.00000	0.00042	0.00042	0.00042	0.00042	0.00042	0.00042	0.00042	0.00042	0.00042	0.00000	
48.75	Q	0.02051	0.00016	0.00000	0.00000	0.00000	-0.00000	-0.00000	-0.00000	-0.00000	-0.00016	-0.02051	48.75
	V	0.00000	0.00002	0.00003	0.00004	0.00005	0.00005	0.00005	0.00004	0.00003	0.00002	0.00000	
	V'	0.00020	0.00017	0.00013	0.00008	0.00004	0.00000	-0.00004	-0.00008	-0.00013	-0.00017	-0.00020	
BETA	X/L =	0.00	0.10	0.20	0.30	0.40	0.50	0.60	0.70	0.80	0.90	1.00	BETA

FUNKTIONEN : F.Q;M - F.Q;Q - F.Q;V - F.Q;V'

D.IV

Zahlentafeln der Funktionen

$F(\epsilon,\chi)_{q';M} = F.Q';M$
$F(\epsilon,\chi)_{q';Q} = F.Q';Q$
$F(\epsilon,\chi)_{q';V} = F.Q';V$
$F(\epsilon,\chi)_{q';V'} = F.Q';V'$

FUNKTIONEN : F.Q';M - F.Q';Q - F.Q';V - F.Q';V'

ALPHA	X/L =	0.00	0.10	0.20	0.30	0.40	0.50	0.60	0.70	0.80	0.90	1.00	ALPHA
0.000	M	0.00000	0.01200	0.01600	0.01400	0.00800	0.00000	-0.00800	-0.01400	-0.01600	-0.01200	0.00000	0.000
	Q	0.16667	0.07667	0.00667	-0.04333	-0.07333	-0.08333	-0.07333	-0.04333	0.00667	0.07667	0.16667	
	V	0.00000	0.00025	0.00039	0.00038	0.00023	0.00000	-0.00023	-0.00038	-0.00039	-0.00025	0.00000	
	V'	0.00278	0.00210	0.00064	-0.00090	-0.00202	-0.00243	-0.00202	-0.00090	0.00064	0.00210	0.00278	
0.025	M	0.00000	0.01200	0.01600	0.01400	0.00800	0.00000	-0.00800	-0.01400	-0.01600	-0.01200	0.00000	0.025
	Q	0.16670	0.07668	0.00667	-0.04334	-0.07335	-0.08335	-0.07335	-0.04334	0.00667	0.07668	0.16670	
	V	0.00000	0.00025	0.00039	0.00038	0.00023	0.00000	-0.00023	-0.00038	-0.00039	-0.00025	0.00000	
	V'	0.00278	0.00210	0.00064	-0.00090	-0.00202	-0.00243	-0.00202	-0.00090	0.00064	0.00210	0.00278	
0.050	M	0.00000	0.01201	0.01601	0.01401	0.00801	0.00000	-0.00801	-0.01401	-0.01601	-0.01201	0.00000	0.050
	Q	0.16680	0.07673	0.00667	-0.04337	-0.07339	-0.08340	-0.07339	-0.04337	0.00667	0.07673	0.16680	
	V	0.00000	0.00025	0.00039	0.00038	0.00023	0.00000	-0.00023	-0.00038	-0.00039	-0.00025	0.00000	
	V'	0.00278	0.00210	0.00064	-0.00090	-0.00202	-0.00243	-0.00202	-0.00090	0.00064	0.00210	0.00278	
0.075	M	0.00000	0.01202	0.01603	0.01402	0.00801	0.00000	-0.00801	-0.01402	-0.01603	-0.01202	0.00000	0.075
	Q	0.16696	0.07680	0.00668	-0.04341	-0.07346	-0.08348	-0.07346	-0.04341	0.00668	0.07680	0.16696	
	V	0.00000	0.00025	0.00039	0.00038	0.00023	0.00000	-0.00023	-0.00038	-0.00039	-0.00025	0.00000	
	V'	0.00278	0.00210	0.00064	-0.00090	-0.00202	-0.00243	-0.00202	-0.00090	0.00064	0.00210	0.00278	
0.100	M	0.00000	0.01204	0.01605	0.01404	0.00802	0.00000	-0.00802	-0.01404	-0.01605	-0.01204	0.00000	0.100
	Q	0.16720	0.07690	0.00668	-0.04347	-0.07356	-0.08359	-0.07356	-0.04347	0.00668	0.07690	0.16720	
	V	0.00000	0.00025	0.00039	0.00038	0.00023	0.00000	-0.00023	-0.00038	-0.00039	-0.00025	0.00000	
	V'	0.00278	0.00210	0.00064	-0.00090	-0.00202	-0.00243	-0.00202	-0.00090	0.00064	0.00210	0.00278	
0.125	M	0.00000	0.01200	0.01601	0.01401	0.00800	0.00000	-0.00800	-0.01401	-0.01601	-0.01200	0.00000	0.125
	Q	0.16671	0.07670	0.00668	-0.04335	-0.07336	-0.08337	-0.07336	-0.04335	0.00668	0.07670	0.16671	
	V	0.00000	0.00025	0.00039	0.00038	0.00023	0.00000	-0.00023	-0.00038	-0.00039	-0.00025	0.00000	
	V'	0.00278	0.00210	0.00064	-0.00090	-0.00202	-0.00243	-0.00202	-0.00090	0.00064	0.00210	0.00278	
0.150	M	0.00000	0.01201	0.01601	0.01401	0.00801	0.00000	-0.00801	-0.01401	-0.01601	-0.01201	0.00000	0.150
	Q	0.16673	0.07671	0.00668	-0.04335	-0.07338	-0.08339	-0.07338	-0.04335	0.00668	0.07671	0.16673	
	V	0.00000	0.00025	0.00039	0.00038	0.00023	0.00000	-0.00023	-0.00038	-0.00039	-0.00025	0.00000	
	V'	0.00278	0.00210	0.00064	-0.00090	-0.00202	-0.00243	-0.00202	-0.00090	0.00064	0.00210	0.00278	
0.175	M	0.00000	0.01201	0.01601	0.01401	0.00801	0.00000	-0.00801	-0.01401	-0.01601	-0.01201	0.00000	0.175
	Q	0.16675	0.07673	0.00669	-0.04336	-0.07340	-0.08341	-0.07340	-0.04336	0.00669	0.07673	0.16675	
	V	0.00000	0.00025	0.00039	0.00038	0.00023	0.00000	-0.00023	-0.00038	-0.00039	-0.00025	0.00000	
	V'	0.00278	0.00210	0.00065	-0.00090	-0.00202	-0.00243	-0.00202	-0.00090	0.00065	0.00210	0.00278	
0.200	M	0.00000	0.01201	0.01602	0.01402	0.00801	0.00000	-0.00801	-0.01402	-0.01602	-0.01201	0.00000	0.200
	Q	0.16678	0.07675	0.00669	-0.04337	-0.07341	-0.08343	-0.07341	-0.04337	0.00669	0.07675	0.16678	
	V	0.00000	0.00025	0.00040	0.00038	0.00023	0.00000	-0.00023	-0.00038	-0.00040	-0.00025	0.00000	
	V'	0.00278	0.00210	0.00065	-0.00090	-0.00202	-0.00243	-0.00202	-0.00090	0.00065	0.00210	0.00278	
0.225	M	0.00000	0.01201	0.01602	0.01402	0.00801	0.00000	-0.00801	-0.01402	-0.01602	-0.01201	0.00000	0.225
	Q	0.16681	0.07677	0.00670	-0.04338	-0.07344	-0.08346	-0.07344	-0.04338	0.00670	0.07677	0.16681	
	V	0.00000	0.00025	0.00040	0.00038	0.00023	0.00000	-0.00023	-0.00038	-0.00040	-0.00025	0.00000	
	V'	0.00278	0.00211	0.00065	-0.00090	-0.00202	-0.00243	-0.00202	-0.00090	0.00065	0.00211	0.00278	
ALPHA	X/L =	0.00	0.10	0.20	0.30	0.40	0.50	0.60	0.70	0.80	0.90	1.00	ALPHA

FUNKTIONEN : F.Q';M - F.Q';Q - F.Q';V - F.Q';V'

FUNKTIONEN : F.Q';M - F.Q';Q - F.Q';V - F.Q';V'

ALPHA	X/L =	0.00	0.10	0.20	0.30	0.40	0.50	0.60	0.70	0.80	0.90	1.00	ALPHA
	M	0.00000	0.01202	0.01602	0.01402	0.00801	0.00000	-0.00801	-0.01402	-0.01602	-0.01202	0.00000	
0.250	Q	0.16684	0.07680	0.00671	-0.04339	-0.07346	-0.08349	-0.07346	-0.04339	0.00671	0.07680	0.16684	0.250
	V	0.00000	0.00025	0.00040	0.00038	0.00023	0.00000	-0.00023	-0.00038	-0.00040	-0.00025	0.00000	
	V'	0.00278	0.00211	0.00065	-0.00090	-0.00203	-0.00243	-0.00203	-0.00090	0.00065	0.00211	0.00278	
	M	0.00000	0.01202	0.01603	0.01403	0.00802	0.00000	-0.00802	-0.01403	-0.01603	-0.01202	0.00000	
0.275	Q	0.16688	0.07683	0.00672	-0.04340	-0.07349	-0.08352	-0.07349	-0.04340	0.00672	0.07683	0.16688	0.275
	V	0.00000	0.00025	0.00040	0.00038	0.00023	0.00000	-0.00023	-0.00038	-0.00040	-0.00025	0.00000	
	V'	0.00278	0.00211	0.00065	-0.00090	-0.00203	-0.00244	-0.00203	-0.00090	0.00065	0.00211	0.00278	
	M	0.00000	0.01202	0.01604	0.01403	0.00802	0.00000	-0.00802	-0.01403	-0.01604	-0.01202	0.00000	
0.300	Q	0.16692	0.07686	0.00672	-0.04341	-0.07352	-0.08355	-0.07352	-0.04341	0.00672	0.07686	0.16692	0.300
	V	0.00000	0.00025	0.00040	0.00038	0.00023	0.00000	-0.00023	-0.00038	-0.00040	-0.00025	0.00000	
	V'	0.00278	0.00211	0.00065	-0.00090	-0.00203	-0.00244	-0.00203	-0.00090	0.00065	0.00211	0.00278	
	M	0.00000	0.01203	0.01604	0.01404	0.00802	0.00000	-0.00802	-0.01404	-0.01604	-0.01203	0.00000	
0.325	Q	0.16696	0.07689	0.00673	-0.04343	-0.07355	-0.08359	-0.07355	-0.04343	0.00673	0.07689	0.16696	0.325
	V	0.00000	0.00025	0.00040	0.00038	0.00023	0.00000	-0.00023	-0.00038	-0.00040	-0.00025	0.00000	
	V'	0.00278	0.00211	0.00065	-0.00090	-0.00203	-0.00244	-0.00203	-0.00090	0.00065	0.00211	0.00278	
	M	0.00000	0.01203	0.01605	0.01405	0.00803	0.00000	-0.00803	-0.01405	-0.01605	-0.01203	0.00000	
0.350	Q	0.16701	0.07693	0.00675	-0.04344	-0.07358	-0.08363	-0.07358	-0.04344	0.00675	0.07693	0.16701	0.350
	V	0.00000	0.00025	0.00040	0.00038	0.00023	0.00000	-0.00023	-0.00038	-0.00040	-0.00025	0.00000	
	V'	0.00279	0.00211	0.00065	-0.00090	-0.00203	-0.00244	-0.00203	-0.00090	0.00065	0.00211	0.00279	
	M	0.00000	0.01204	0.01606	0.01405	0.00803	0.00000	-0.00803	-0.01405	-0.01606	-0.01204	0.00000	
0.375	Q	0.16706	0.07696	0.00676	-0.04346	-0.07362	-0.08368	-0.07362	-0.04346	0.00676	0.07696	0.16706	0.375
	V	0.00000	0.00025	0.00040	0.00038	0.00023	0.00000	-0.00023	-0.00038	-0.00040	-0.00025	0.00000	
	V'	0.00279	0.00211	0.00065	-0.00090	-0.00203	-0.00244	-0.00203	-0.00090	0.00065	0.00211	0.00279	
	M	0.00000	0.01204	0.01606	0.01406	0.00804	0.00000	-0.00804	-0.01406	-0.01606	-0.01204	0.00000	
0.400	Q	0.16711	0.07700	0.00677	-0.04348	-0.07366	-0.08372	-0.07366	-0.04348	0.00677	0.07700	0.16711	0.400
	V	0.00000	0.00025	0.00040	0.00038	0.00023	0.00000	-0.00023	-0.00038	-0.00040	-0.00025	0.00000	
	V'	0.00279	0.00211	0.00065	-0.00090	-0.00203	-0.00244	-0.00203	-0.00090	0.00065	0.00211	0.00279	
	M	0.00000	0.01205	0.01607	0.01407	0.00804	0.00000	-0.00804	-0.01407	-0.01607	-0.01205	0.00000	
0.425	Q	0.16717	0.07705	0.00678	-0.04350	-0.07370	-0.08377	-0.07370	-0.04350	0.00678	0.07705	0.16717	0.425
	V	0.00000	0.00026	0.00040	0.00038	0.00023	0.00000	-0.00023	-0.00038	-0.00040	-0.00026	0.00000	
	V'	0.00279	0.00211	0.00065	-0.00090	-0.00203	-0.00244	-0.00203	-0.00090	0.00065	0.00211	0.00279	
	M	0.00000	0.01205	0.01608	0.01408	0.00805	0.00000	-0.00805	-0.01408	-0.01608	-0.01205	0.00000	
0.450	Q	0.16723	0.07709	0.00680	-0.04352	-0.07374	-0.08383	-0.07374	-0.04352	0.00680	0.07709	0.16723	0.450
	V	0.00000	0.00026	0.00040	0.00038	0.00023	0.00000	-0.00023	-0.00038	-0.00040	-0.00026	0.00000	
	V'	0.00279	0.00211	0.00065	-0.00090	-0.00203	-0.00244	-0.00203	-0.00090	0.00065	0.00211	0.00279	
	M	0.00000	0.01206	0.01609	0.01409	0.00805	0.00000	-0.00805	-0.01409	-0.01609	-0.01206	0.00000	
0.475	Q	0.16730	0.07714	0.00681	-0.04354	-0.07379	-0.08389	-0.07379	-0.04354	0.00681	0.07714	0.16730	0.475
	V	0.00000	0.00026	0.00040	0.00038	0.00023	0.00000	-0.00023	-0.00038	-0.00040	-0.00026	0.00000	
	V'	0.00279	0.00211	0.00065	-0.00090	-0.00203	-0.00245	-0.00203	-0.00090	0.00065	0.00211	0.00279	
ALPHA	X/L =	0.00	0.10	0.20	0.30	0.40	0.50	0.60	0.70	0.80	0.90	1.00	ALPHA

FUNKTIONEN : F.Q';M - F.Q';Q - F.Q';V - F.Q';V'

FUNKTIONEN : F.Q'¦M - F.Q'¦Q - F.Q'¦V - F.Q'¦V'

ALPHA	X/L =	0.00	0.10	0.20	0.30	0.40	0.50	0.60	0.70	0.80	0.90	1.00	ALPHA
0.500	M	0.00000	0.01206	0.01610	0.01410	0.00806	0.00000	-0.00806	-0.01410	-0.01610	-0.01206	0.00000	0.500
	Q	0.16737	0.07720	0.00683	-0.04356	-0.07384	-0.08395	-0.07384	-0.04356	0.00683	0.07720	0.16737	
	V	0.00000	0.00026	0.00040	0.00038	0.00023	0.00000	-0.00023	-0.00038	-0.00040	-0.00026	0.00000	
	V'	0.00279	0.00212	0.00065	-0.00090	-0.00204	-0.00245	-0.00204	-0.00090	0.00065	0.00212	0.00279	
0.525	M	0.00000	0.01207	0.01611	0.01411	0.00806	0.00000	-0.00806	-0.01411	-0.01611	-0.01207	0.00000	0.525
	Q	0.16744	0.07725	0.00685	-0.04358	-0.07389	-0.08401	-0.07389	-0.04358	0.00685	0.07725	0.16744	
	V	0.00000	0.00026	0.00040	0.00038	0.00023	0.00000	-0.00023	-0.00038	-0.00040	-0.00026	0.00000	
	V'	0.00280	0.00212	0.00065	-0.00090	-0.00204	-0.00245	-0.00204	-0.00090	0.00065	0.00212	0.00280	
0.550	M	0.00000	0.01208	0.01612	0.01412	0.00807	0.00000	-0.00807	-0.01412	-0.01612	-0.01208	0.00000	0.550
	Q	0.16751	0.07731	0.00686	-0.04361	-0.07395	-0.08407	-0.07395	-0.04361	0.00686	0.07731	0.16751	
	V	0.00000	0.00026	0.00040	0.00038	0.00023	0.00000	-0.00023	-0.00038	-0.00040	-0.00026	0.00000	
	V'	0.00280	0.00212	0.00065	-0.00090	-0.00204	-0.00245	-0.00204	-0.00090	0.00065	0.00212	0.00280	
0.575	M	0.00000	0.01208	0.01613	0.01413	0.00808	0.00000	-0.00808	-0.01413	-0.01613	-0.01208	0.00000	0.575
	Q	0.16759	0.07737	0.00688	-0.04363	-0.07401	-0.08414	-0.07401	-0.04363	0.00688	0.07737	0.16759	
	V	0.00000	0.00026	0.00040	0.00038	0.00023	0.00000	-0.00023	-0.00038	-0.00040	-0.00026	0.00000	
	V'	0.00280	0.00212	0.00065	-0.00090	-0.00204	-0.00245	-0.00204	-0.00090	0.00065	0.00212	0.00280	
0.600	M	0.00000	0.01209	0.01614	0.01414	0.00808	0.00000	-0.00808	-0.01414	-0.01614	-0.01209	0.00000	0.600
	Q	0.16768	0.07743	0.00690	-0.04366	-0.07407	-0.08422	-0.07407	-0.04366	0.00690	0.07743	0.16768	
	V	0.00000	0.00026	0.00040	0.00038	0.00023	0.00000	-0.00023	-0.00038	-0.00040	-0.00026	0.00000	
	V'	0.00280	0.00212	0.00065	-0.00090	-0.00204	-0.00245	-0.00204	-0.00090	0.00065	0.00212	0.00280	
0.625	M	0.00000	0.01210	0.01616	0.01415	0.00809	0.00000	-0.00809	-0.01415	-0.01616	-0.01210	0.00000	0.625
	Q	0.16776	0.07750	0.00692	-0.04369	-0.07413	-0.08429	-0.07413	-0.04369	0.00692	0.07750	0.16776	
	V	0.00000	0.00026	0.00040	0.00038	0.00023	0.00000	-0.00023	-0.00038	-0.00040	-0.00026	0.00000	
	V'	0.00280	0.00212	0.00065	-0.00091	-0.00204	-0.00246	-0.00204	-0.00091	0.00065	0.00212	0.00280	
0.650	M	0.00000	0.01211	0.01617	0.01416	0.00810	0.00000	-0.00810	-0.01416	-0.01617	-0.01211	0.00000	0.650
	Q	0.16785	0.07756	0.00694	-0.04372	-0.07420	-0.08437	-0.07420	-0.04372	0.00694	0.07756	0.16785	
	V	0.00000	0.00026	0.00040	0.00038	0.00023	0.00000	-0.00023	-0.00038	-0.00040	-0.00026	0.00000	
	V'	0.00281	0.00213	0.00065	-0.00091	-0.00204	-0.00246	-0.00204	-0.00091	0.00065	0.00213	0.00281	
0.675	M	0.00000	0.01212	0.01618	0.01418	0.00811	0.00000	-0.00811	-0.01418	-0.01618	-0.01212	0.00000	0.675
	Q	0.16795	0.07764	0.00696	-0.04375	-0.07427	-0.08445	-0.07427	-0.04375	0.00696	0.07764	0.16795	
	V	0.00000	0.00026	0.00040	0.00038	0.00023	0.00000	-0.00023	-0.00038	-0.00040	-0.00026	0.00000	
	V'	0.00281	0.00213	0.00065	-0.00091	-0.00205	-0.00246	-0.00205	-0.00091	0.00065	0.00213	0.00281	
0.700	M	0.00000	0.01213	0.01620	0.01419	0.00811	0.00000	-0.00811	-0.01419	-0.01620	-0.01213	0.00000	0.700
	Q	0.16804	0.07771	0.00699	-0.04378	-0.07434	-0.08454	-0.07434	-0.04378	0.00699	0.07771	0.16804	
	V	0.00000	0.00026	0.00040	0.00039	0.00023	0.00000	-0.00023	-0.00039	-0.00040	-0.00026	0.00000	
	V'	0.00281	0.00213	0.00065	-0.00091	-0.00205	-0.00246	-0.00205	-0.00091	0.00065	0.00213	0.00281	
0.725	M	0.00000	0.01214	0.01621	0.01420	0.00812	0.00000	-0.00812	-0.01420	-0.01621	-0.01214	0.00000	0.725
	Q	0.16815	0.07779	0.00701	-0.04381	-0.07441	-0.08463	-0.07441	-0.04381	0.00701	0.07779	0.16815	
	V	0.00000	0.00026	0.00040	0.00039	0.00023	0.00000	-0.00023	-0.00039	-0.00040	-0.00026	0.00000	
	V'	0.00281	0.00213	0.00065	-0.00091	-0.00205	-0.00246	-0.00205	-0.00091	0.00065	0.00213	0.00281	
ALPHA	X/L =	0.00	0.10	0.20	0.30	0.40	0.50	0.60	0.70	0.80	0.90	1.00	ALPHA

FUNKTIONEN : F.Q'¦M - F.Q'¦Q - F.Q'¦V - F.Q'¦V'

FUNKTIONEN : F.Q';M - F.Q';Q - F.Q';V - F.Q';V'

ALPHA	X/L =	0.00	0.10	0.20	0.30	0.40	0.50	0.60	0.70	0.80	0.90	1.00	ALPHA
0.750	M	0.00000	0.01214	0.01623	0.01422	0.00813	0.00000	-0.00813	-0.01422	-0.01623	-0.01214	0.00000	0.750
	Q	0.16825	0.07787	0.00704	-0.04384	-0.07449	-0.08472	-0.07449	-0.04384	0.00704	0.07787	0.16825	
	V	0.00000	0.00026	0.00040	0.00039	0.00023	0.00000	-0.00023	-0.00039	-0.00040	-0.00026	0.00000	
	V'	0.00282	0.00213	0.00066	-0.00091	-0.00205	-0.00247	-0.00205	-0.00091	0.00066	0.00213	0.00282	
0.775	M	0.00000	0.01215	0.01624	0.01423	0.00814	0.00000	-0.00814	-0.01423	-0.01624	-0.01215	0.00000	0.775
	Q	0.16836	0.07795	0.00706	-0.04388	-0.07457	-0.08482	-0.07457	-0.04388	0.00706	0.07795	0.16836	
	V	0.00000	0.00026	0.00040	0.00039	0.00023	0.00000	-0.00023	-0.00039	-0.00040	-0.00026	0.00000	
	V'	0.00282	0.00214	0.00066	-0.00091	-0.00205	-0.00247	-0.00205	-0.00091	0.00066	0.00214	0.00282	
0.800	M	0.00000	0.01217	0.01626	0.01425	0.00815	0.00000	-0.00815	-0.01425	-0.01626	-0.01217	0.00000	0.800
	Q	0.16847	0.07803	0.00709	-0.04392	-0.07465	-0.08492	-0.07465	-0.04392	0.00709	0.07803	0.16847	
	V	0.00000	0.00026	0.00040	0.00039	0.00023	0.00000	-0.00023	-0.00039	-0.00040	-0.00026	0.00000	
	V'	0.00282	0.00214	0.00066	-0.00091	-0.00206	-0.00247	-0.00206	-0.00091	0.00066	0.00214	0.00282	
0.825	M	0.00000	0.01218	0.01627	0.01426	0.00816	0.00000	-0.00816	-0.01426	-0.01627	-0.01218	0.00000	0.825
	Q	0.16859	0.07812	0.00711	-0.04395	-0.07473	-0.08502	-0.07473	-0.04395	0.00711	0.07812	0.16859	
	V	0.00000	0.00026	0.00040	0.00039	0.00023	0.00000	-0.00023	-0.00039	-0.00040	-0.00026	0.00000	
	V'	0.00282	0.00214	0.00066	-0.00091	-0.00206	-0.00247	-0.00206	-0.00091	0.00066	0.00214	0.00282	
0.850	M	0.00000	0.01219	0.01629	0.01428	0.00817	0.00000	-0.00817	-0.01428	-0.01629	-0.01219	0.00000	0.850
	Q	0.16871	0.07821	0.00714	-0.04399	-0.07482	-0.08512	-0.07482	-0.04399	0.00714	0.07821	0.16871	
	V	0.00000	0.00026	0.00040	0.00039	0.00023	0.00000	-0.00023	-0.00039	-0.00040	-0.00026	0.00000	
	V'	0.00283	0.00214	0.00066	-0.00091	-0.00206	-0.00248	-0.00206	-0.00091	0.00066	0.00214	0.00283	
0.875	M	0.00000	0.01220	0.01631	0.01430	0.00818	0.00000	-0.00818	-0.01430	-0.01631	-0.01220	0.00000	0.875
	Q	0.16883	0.07831	0.00717	-0.04403	-0.07491	-0.08523	-0.07491	-0.04403	0.00717	0.07831	0.16883	
	V	0.00000	0.00026	0.00040	0.00039	0.00023	0.00000	-0.00023	-0.00039	-0.00040	-0.00026	0.00000	
	V'	0.00283	0.00214	0.00066	-0.00091	-0.00206	-0.00248	-0.00206	-0.00091	0.00066	0.00214	0.00283	
0.900	M	0.00000	0.01221	0.01633	0.01431	0.00819	0.00000	-0.00819	-0.01431	-0.01633	-0.01221	0.00000	0.900
	Q	0.16896	0.07841	0.00720	-0.04407	-0.07501	-0.08535	-0.07501	-0.04407	0.00720	0.07841	0.16896	
	V	0.00000	0.00026	0.00040	0.00039	0.00023	0.00000	-0.00023	-0.00039	-0.00040	-0.00026	0.00000	
	V'	0.00283	0.00215	0.00066	-0.00091	-0.00207	-0.00248	-0.00207	-0.00091	0.00066	0.00215	0.00283	
0.925	M	0.00000	0.01222	0.01635	0.01433	0.00820	0.00000	-0.00820	-0.01433	-0.01635	-0.01222	0.00000	0.925
	Q	0.16909	0.07851	0.00723	-0.04412	-0.07510	-0.08546	-0.07510	-0.04412	0.00723	0.07851	0.16909	
	V	0.00000	0.00026	0.00040	0.00039	0.00023	0.00000	-0.00023	-0.00039	-0.00040	-0.00026	0.00000	
	V'	0.00284	0.00215	0.00066	-0.00092	-0.00207	-0.00249	-0.00207	-0.00092	0.00066	0.00215	0.00284	
0.950	M	0.00000	0.01223	0.01636	0.01435	0.00821	0.00000	-0.00821	-0.01435	-0.01636	-0.01223	0.00000	0.950
	Q	0.16923	0.07861	0.00726	-0.04416	-0.07520	-0.08558	-0.07520	-0.04416	0.00726	0.07861	0.16923	
	V	0.00000	0.00026	0.00040	0.00039	0.00023	0.00000	-0.00023	-0.00039	-0.00040	-0.00026	0.00000	
	V'	0.00284	0.00215	0.00066	-0.00092	-0.00207	-0.00249	-0.00207	-0.00092	0.00066	0.00215	0.00284	
0.975	M	0.00000	0.01225	0.01638	0.01437	0.00822	0.00000	-0.00822	-0.01437	-0.01638	-0.01225	0.00000	0.975
	Q	0.16937	0.07871	0.00730	-0.04421	-0.07530	-0.08570	-0.07530	-0.04421	0.00730	0.07871	0.16937	
	V	0.00000	0.00026	0.00040	0.00039	0.00024	0.00000	-0.00024	-0.00039	-0.00040	-0.00026	0.00000	
	V'	0.00284	0.00215	0.00066	-0.00092	-0.00207	-0.00249	-0.00207	-0.00092	0.00066	0.00215	0.00284	
ALPHA	X/L =	0.00	0.10	0.20	0.30	0.40	0.50	0.60	0.70	0.80	0.90	1.00	ALPHA

FUNKTIONEN : F.Q';M - F.Q';Q - F.Q';V - F.Q';V'

FUNKTIONEN : F.Q'*M - F.Q'*Q - F.Q'*V - F.Q'*V'

ALPHA	X/L =	0.00	0.10	0.20	0.30	0.40	0.50	0.60	0.70	0.80	0.90	1.00	ALPHA
	M	0.00000	0.01226	0.01640	0.01439	0.00824	0.00000	-0.00824	-0.01439	-0.01640	-0.01226	0.00000	
1.000	Q	0.16951	0.07882	0.00733	-0.04425	-0.07541	-0.08583	-0.07541	-0.04425	0.00733	0.07882	0.16951	1.000
	V	0.00000	0.00026	0.00040	0.00039	0.00024	0.00000	-0.00024	-0.00039	-0.00040	-0.00026	0.00000	
	V'	0.00285	0.00216	0.00066	-0.00092	-0.00208	-0.00250	-0.00208	-0.00092	0.00066	0.00216	0.00285	
	M	0.00000	0.01227	0.01643	0.01441	0.00825	0.00000	-0.00825	-0.01441	-0.01643	-0.01227	0.00000	
1.025	Q	0.16966	0.07894	0.00737	-0.04430	-0.07552	-0.08596	-0.07552	-0.04430	0.00737	0.07894	0.16966	1.025
	V	0.00000	0.00026	0.00041	0.00039	0.00024	0.00000	-0.00024	-0.00039	-0.00041	-0.00026	0.00000	
	V'	0.00285	0.00216	0.00067	-0.00092	-0.00208	-0.00250	-0.00208	-0.00092	0.00067	0.00216	0.00285	
	M	0.00000	0.01229	0.01645	0.01443	0.00826	0.00000	-0.00826	-0.01443	-0.01645	-0.01229	0.00000	
1.050	Q	0.16981	0.07905	0.00740	-0.04435	-0.07563	-0.08609	-0.07563	-0.04435	0.00740	0.07905	0.16981	1.050
	V	0.00000	0.00026	0.00041	0.00039	0.00024	0.00000	-0.00024	-0.00039	-0.00041	-0.00026	0.00000	
	V'	0.00285	0.00216	0.00067	-0.00092	-0.00208	-0.00250	-0.00208	-0.00092	0.00067	0.00216	0.00285	
	M	0.00000	0.01230	0.01647	0.01445	0.00827	0.00000	-0.00827	-0.01445	-0.01647	-0.01230	0.00000	
1.075	Q	0.16997	0.07917	0.00744	-0.04440	-0.07574	-0.08623	-0.07574	-0.04440	0.00744	0.07917	0.16997	1.075
	V	0.00000	0.00026	0.00041	0.00039	0.00024	0.00000	-0.00024	-0.00039	-0.00041	-0.00026	0.00000	
	V'	0.00286	0.00217	0.00067	-0.00092	-0.00208	-0.00251	-0.00208	-0.00092	0.00067	0.00217	0.00286	
	M	0.00000	0.01232	0.01649	0.01447	0.00829	0.00000	-0.00829	-0.01447	-0.01649	-0.01232	0.00000	
1.100	Q	0.17013	0.07929	0.00748	-0.04445	-0.07586	-0.08637	-0.07586	-0.04445	0.00748	0.07929	0.17013	1.100
	V	0.00000	0.00026	0.00041	0.00039	0.00024	0.00000	-0.00024	-0.00039	-0.00041	-0.00026	0.00000	
	V'	0.00286	0.00217	0.00067	-0.00092	-0.00209	-0.00251	-0.00209	-0.00092	0.00067	0.00217	0.00286	
	M	0.00000	0.01233	0.01652	0.01450	0.00830	0.00000	-0.00830	-0.01450	-0.01652	-0.01233	0.00000	
1.125	Q	0.17029	0.07942	0.00751	-0.04450	-0.07598	-0.08652	-0.07598	-0.04450	0.00751	0.07942	0.17029	1.125
	V	0.00000	0.00026	0.00041	0.00039	0.00024	0.00000	-0.00024	-0.00039	-0.00041	-0.00026	0.00000	
	V'	0.00286	0.00217	0.00067	-0.00092	-0.00209	-0.00251	-0.00209	-0.00092	0.00067	0.00217	0.00286	
	M	0.00000	0.01235	0.01654	0.01452	0.00831	0.00000	-0.00831	-0.01452	-0.01654	-0.01235	0.00000	
1.150	Q	0.17046	0.07954	0.00755	-0.04456	-0.07610	-0.08666	-0.07610	-0.04456	0.00755	0.07954	0.17046	1.150
	V	0.00000	0.00026	0.00041	0.00039	0.00024	0.00000	-0.00024	-0.00039	-0.00041	-0.00026	0.00000	
	V'	0.00287	0.00218	0.00067	-0.00093	-0.00209	-0.00252	-0.00209	-0.00093	0.00067	0.00218	0.00287	
	M	0.00000	0.01236	0.01656	0.01454	0.00833	0.00000	-0.00833	-0.01454	-0.01656	-0.01236	0.00000	
1.175	Q	0.17063	0.07967	0.00759	-0.04461	-0.07623	-0.08682	-0.07623	-0.04461	0.00759	0.07967	0.17063	1.175
	V	0.00000	0.00026	0.00041	0.00039	0.00024	0.00000	-0.00024	-0.00039	-0.00041	-0.00026	0.00000	
	V'	0.00287	0.00218	0.00067	-0.00093	-0.00210	-0.00252	-0.00210	-0.00093	0.00067	0.00218	0.00287	
	M	0.00000	0.01238	0.01659	0.01457	0.00834	0.00000	-0.00834	-0.01457	-0.01659	-0.01238	0.00000	
1.200	Q	0.17081	0.07981	0.00764	-0.04467	-0.07636	-0.08697	-0.07636	-0.04467	0.00764	0.07981	0.17081	1.200
	V	0.00000	0.00026	0.00041	0.00039	0.00024	0.00000	-0.00024	-0.00039	-0.00041	-0.00026	0.00000	
	V'	0.00288	0.00218	0.00067	-0.00093	-0.00210	-0.00253	-0.00210	-0.00093	0.00067	0.00218	0.00288	
	M	0.00000	0.01240	0.01662	0.01459	0.00836	0.00000	-0.00836	-0.01459	-0.01662	-0.01240	0.00000	
1.225	Q	0.17099	0.07995	0.00768	-0.04473	-0.07649	-0.08713	-0.07649	-0.04473	0.00768	0.07995	0.17099	1.225
	V	0.00000	0.00026	0.00041	0.00040	0.00024	0.00000	-0.00024	-0.00040	-0.00041	-0.00026	0.00000	
	V'	0.00288	0.00219	0.00067	-0.00093	-0.00210	-0.00253	-0.00210	-0.00093	0.00067	0.00219	0.00288	
ALPHA	X/L =	0.00	0.10	0.20	0.30	0.40	0.50	0.60	0.70	0.80	0.90	1.00	ALPHA

FUNKTIONEN : F.Q'*M - F.Q'*Q - F.Q'*V - F.Q'*V'

FUNKTIONEN : F.Q';M - F.Q';Q - F.Q';V - F.Q';V'

ALPHA	X/L =	0.00	0.10	0.20	0.30	0.40	0.50	0.60	0.70	0.80	0.90	1.00	ALPHA
	M	0.00000	0.01241	0.01664	0.01462	0.00837	0.00000	-0.00837	-0.01462	-0.01664	-0.01241	0.00000	
1.250	Q	0.17117	0.08009	0.00772	-0.04479	-0.07663	-0.08729	-0.07663	-0.04479	0.00772	0.08009	0.17117	1.250
	V	0.00000	0.00026	0.00041	0.00040	0.00024	0.00000	-0.00024	-0.00040	-0.00041	-0.00026	0.00000	
	V'	0.00289	0.00219	0.00068	-0.00093	-0.00211	-0.00253	-0.00211	-0.00093	0.00068	0.00219	0.00289	
	M	0.00000	0.01243	0.01667	0.01465	0.00839	0.00000	-0.00839	-0.01465	-0.01667	-0.01243	0.00000	
1.275	Q	0.17136	0.08023	0.00777	-0.04485	-0.07676	-0.08746	-0.07676	-0.04485	0.00777	0.08023	0.17136	1.275
	V	0.00000	0.00026	0.00041	0.00040	0.00024	0.00000	-0.00024	-0.00040	-0.00041	-0.00026	0.00000	
	V'	0.00289	0.00219	0.00068	-0.00093	-0.00211	-0.00254	-0.00211	-0.00093	0.00068	0.00219	0.00289	
	M	0.00000	0.01245	0.01670	0.01467	0.00841	0.00000	-0.00841	-0.01467	-0.01670	-0.01245	0.00000	
1.300	Q	0.17156	0.08038	0.00781	-0.04491	-0.07691	-0.08763	-0.07691	-0.04491	0.00781	0.08038	0.17156	1.300
	V	0.00000	0.00026	0.00041	0.00040	0.00024	0.00000	-0.00024	-0.00040	-0.00041	-0.00026	0.00000	
	V'	0.00289	0.00220	0.00068	-0.00093	-0.00211	-0.00254	-0.00211	-0.00093	0.00068	0.00220	0.00289	
	M	0.00000	0.01247	0.01672	0.01470	0.00842	0.00000	-0.00842	-0.01470	-0.01672	-0.01247	0.00000	
1.325	Q	0.17176	0.08053	0.00786	-0.04498	-0.07705	-0.08781	-0.07705	-0.04498	0.00786	0.08053	0.17176	1.325
	V	0.00000	0.00027	0.00041	0.00040	0.00024	0.00000	-0.00024	-0.00040	-0.00041	-0.00027	0.00000	
	V'	0.00290	0.00220	0.00068	-0.00094	-0.00212	-0.00255	-0.00212	-0.00094	0.00068	0.00220	0.00290	
	M	0.00000	0.01248	0.01675	0.01473	0.00844	0.00000	-0.00844	-0.01473	-0.01675	-0.01248	0.00000	
1.350	Q	0.17196	0.08068	0.00791	-0.04504	-0.07720	-0.08799	-0.07720	-0.04504	0.00791	0.08068	0.17196	1.350
	V	0.00000	0.00027	0.00041	0.00040	0.00024	0.00000	-0.00024	-0.00040	-0.00041	-0.00027	0.00000	
	V'	0.00290	0.00220	0.00068	-0.00094	-0.00212	-0.00255	-0.00212	-0.00094	0.00068	0.00220	0.00290	
	M	0.00000	0.01250	0.01678	0.01476	0.00846	0.00000	-0.00846	-0.01476	-0.01678	-0.01250	0.00000	
1.375	Q	0.17217	0.08084	0.00796	-0.04511	-0.07735	-0.08817	-0.07735	-0.04511	0.00796	0.08084	0.17217	1.375
	V	0.00000	0.00027	0.00041	0.00040	0.00024	0.00000	-0.00024	-0.00040	-0.00041	-0.00027	0.00000	
	V'	0.00291	0.00221	0.00068	-0.00094	-0.00213	-0.00256	-0.00213	-0.00094	0.00068	0.00221	0.00291	
	M	0.00000	0.01252	0.01681	0.01479	0.00847	0.00000	-0.00847	-0.01479	-0.01681	-0.01252	0.00000	
1.400	Q	0.17238	0.08100	0.00801	-0.04518	-0.07751	-0.08836	-0.07751	-0.04518	0.00801	0.08100	0.17238	1.400
	V	0.00000	0.00027	0.00042	0.00040	0.00024	0.00000	-0.00024	-0.00040	-0.00042	-0.00027	0.00000	
	V'	0.00291	0.00221	0.00068	-0.00094	-0.00213	-0.00256	-0.00213	-0.00094	0.00068	0.00221	0.00291	
	M	0.00000	0.01254	0.01684	0.01481	0.00849	0.00000	-0.00849	-0.01481	-0.01684	-0.01254	0.00000	
1.425	Q	0.17259	0.08117	0.00806	-0.04525	-0.07767	-0.08855	-0.07767	-0.04525	0.00806	0.08117	0.17259	1.425
	V	0.00000	0.00027	0.00042	0.00040	0.00024	0.00000	-0.00024	-0.00040	-0.00042	-0.00027	0.00000	
	V'	0.00292	0.00222	0.00069	-0.00094	-0.00213	-0.00257	-0.00213	-0.00094	0.00069	0.00222	0.00292	
	M	0.00000	0.01256	0.01688	0.01485	0.00851	0.00000	-0.00851	-0.01485	-0.01688	-0.01256	0.00000	
1.450	Q	0.17282	0.08133	0.00811	-0.04532	-0.07783	-0.08874	-0.07783	-0.04532	0.00811	0.08133	0.17282	1.450
	V	0.00000	0.00027	0.00042	0.00040	0.00024	0.00000	-0.00024	-0.00040	-0.00042	-0.00027	0.00000	
	V'	0.00292	0.00222	0.00069	-0.00094	-0.00214	-0.00257	-0.00214	-0.00094	0.00069	0.00222	0.00292	
	M	0.00000	0.01258	0.01691	0.01488	0.00853	0.00000	-0.00853	-0.01488	-0.01691	-0.01258	0.00000	
1.475	Q	0.17304	0.08151	0.00817	-0.04539	-0.07799	-0.08894	-0.07799	-0.04539	0.00817	0.08151	0.17304	1.475
	V	0.00000	0.00027	0.00042	0.00040	0.00024	0.00000	-0.00024	-0.00040	-0.00042	-0.00027	0.00000	
	V'	0.00293	0.00222	0.00069	-0.00095	-0.00214	-0.00258	-0.00214	-0.00095	0.00069	0.00222	0.00293	
ALPHA	X/L =	0.00	0.10	0.20	0.30	0.40	0.50	0.60	0.70	0.80	0.90	1.00	ALPHA

FUNKTIONEN : F.Q';M - F.Q';Q - F.Q';V - F.Q';V'

FUNKTIONEN : F.Q';M - F.Q';Q - F.Q';V - F.Q';V'

ALPHA	X/L =	0.00	0.10	0.20	0.30	0.40	0.50	0.60	0.70	0.80	0.90	1.00	ALPHA
1.500	M	0.00000	0.01260	0.01694	0.01491	0.00855	0.00000	-0.00855	-0.01491	-0.01694	-0.01260	0.00000	1.500
	Q	0.17327	0.08168	0.00822	-0.04546	-0.07816	-0.08915	-0.07816	-0.04546	0.00822	0.08168	0.17327	
	V	0.00000	0.00027	0.00042	0.00040	0.00024	0.00000	-0.00024	-0.00040	-0.00042	-0.00027	0.00000	
	V'	0.00294	0.00223	0.00069	-0.00095	-0.00215	-0.00258	-0.00215	-0.00095	0.00069	0.00223	0.00294	
1.525	M	0.00000	0.01263	0.01697	0.01494	0.00857	0.00000	-0.00857	-0.01494	-0.01697	-0.01263	0.00000	1.525
	Q	0.17351	0.08186	0.00828	-0.04554	-0.07834	-0.08935	-0.07834	-0.04554	0.00828	0.08186	0.17351	
	V	0.00000	0.00027	0.00042	0.00040	0.00024	0.00000	-0.00024	-0.00040	-0.00042	-0.00027	0.00000	
	V'	0.00294	0.00223	0.00069	-0.00095	-0.00215	-0.00259	-0.00215	-0.00095	0.00069	0.00223	0.00294	
1.550	M	0.00000	0.01265	0.01701	0.01497	0.00859	0.00000	-0.00859	-0.01497	-0.01701	-0.01265	0.00000	1.550
	Q	0.17375	0.08204	0.00833	-0.04562	-0.07851	-0.08957	-0.07851	-0.04562	0.00833	0.08204	0.17375	
	V	0.00000	0.00027	0.00042	0.00041	0.00024	0.00000	-0.00024	-0.00041	-0.00042	-0.00027	0.00000	
	V'	0.00295	0.00224	0.00069	-0.00095	-0.00216	-0.00259	-0.00216	-0.00095	0.00069	0.00224	0.00295	
1.575	M	0.00000	0.01267	0.01704	0.01501	0.00861	0.00000	-0.00861	-0.01501	-0.01704	-0.01267	0.00000	1.575
	Q	0.17399	0.08223	0.00839	-0.04570	-0.07869	-0.08978	-0.07869	-0.04570	0.00839	0.08223	0.17399	
	V	0.00000	0.00027	0.00042	0.00041	0.00025	0.00000	-0.00025	-0.00041	-0.00042	-0.00027	0.00000	
	V'	0.00295	0.00224	0.00070	-0.00095	-0.00216	-0.00260	-0.00216	-0.00095	0.00070	0.00224	0.00295	
1.600	M	0.00000	0.01269	0.01708	0.01504	0.00863	0.00000	-0.00863	-0.01504	-0.01708	-0.01269	0.00000	1.600
	Q	0.17424	0.08242	0.00845	-0.04578	-0.07888	-0.09000	-0.07888	-0.04578	0.00845	0.08242	0.17424	
	V	0.00000	0.00027	0.00042	0.00041	0.00025	0.00000	-0.00025	-0.00041	-0.00042	-0.00027	0.00000	
	V'	0.00296	0.00225	0.00070	-0.00095	-0.00217	-0.00261	-0.00217	-0.00095	0.00070	0.00225	0.00296	
1.625	M	0.00000	0.01272	0.01712	0.01508	0.00865	0.00000	-0.00865	-0.01508	-0.01712	-0.01272	0.00000	1.625
	Q	0.17450	0.08261	0.00851	-0.04586	-0.07906	-0.09023	-0.07906	-0.04586	0.00851	0.08261	0.17450	
	V	0.00000	0.00027	0.00042	0.00041	0.00025	0.00000	-0.00025	-0.00041	-0.00042	-0.00027	0.00000	
	V'	0.00296	0.00225	0.00070	-0.00096	-0.00217	-0.00261	-0.00217	-0.00096	0.00070	0.00225	0.00296	
1.650	M	0.00000	0.01274	0.01715	0.01511	0.00867	0.00000	-0.00867	-0.01511	-0.01715	-0.01274	0.00000	1.650
	Q	0.17476	0.08281	0.00857	-0.04594	-0.07926	-0.09046	-0.07926	-0.04594	0.00857	0.08281	0.17476	
	V	0.00000	0.00027	0.00042	0.00041	0.00025	0.00000	-0.00025	-0.00041	-0.00042	-0.00027	0.00000	
	V'	0.00297	0.00226	0.00070	-0.00096	-0.00218	-0.00262	-0.00218	-0.00096	0.00070	0.00226	0.00297	
1.675	M	0.00000	0.01276	0.01719	0.01515	0.00869	0.00000	-0.00869	-0.01515	-0.01719	-0.01276	0.00000	1.675
	Q	0.17502	0.08301	0.00864	-0.04603	-0.07945	-0.09070	-0.07945	-0.04603	0.00864	0.08301	0.17502	
	V	0.00000	0.00027	0.00042	0.00041	0.00025	0.00000	-0.00025	-0.00041	-0.00042	-0.00027	0.00000	
	V'	0.00298	0.00226	0.00070	-0.00096	-0.00218	-0.00262	-0.00218	-0.00096	0.00070	0.00226	0.00298	
1.700	M	0.00000	0.01279	0.01723	0.01519	0.00872	0.00000	-0.00872	-0.01519	-0.01723	-0.01279	0.00000	1.700
	Q	0.17529	0.08322	0.00870	-0.04611	-0.07965	-0.09094	-0.07965	-0.04611	0.00870	0.08322	0.17529	
	V	0.00000	0.00027	0.00043	0.00041	0.00025	0.00000	-0.00025	-0.00041	-0.00043	-0.00027	0.00000	
	V'	0.00298	0.00227	0.00070	-0.00096	-0.00219	-0.00263	-0.00219	-0.00096	0.00070	0.00227	0.00298	
1.725	M	0.00000	0.01281	0.01727	0.01523	0.00874	0.00000	-0.00874	-0.01523	-0.01727	-0.01281	0.00000	1.725
	Q	0.17557	0.08343	0.00877	-0.04620	-0.07985	-0.09118	-0.07985	-0.04620	0.00877	0.08343	0.17557	
	V	0.00000	0.00027	0.00043	0.00041	0.00025	0.00000	-0.00025	-0.00041	-0.00043	-0.00027	0.00000	
	V'	0.00299	0.00227	0.00071	-0.00096	-0.00219	-0.00264	-0.00219	-0.00096	0.00071	0.00227	0.00299	
ALPHA	X/L =	0.00	0.10	0.20	0.30	0.40	0.50	0.60	0.70	0.80	0.90	1.00	ALPHA

FUNKTIONEN : F.Q';M - F.Q';Q - F.Q';V - F.Q';V'

FUNKTIONEN : F.Q';M - F.Q';Q - F.Q';V - F.Q';V'

ALPHA	X/L =	0.00	0.10	0.20	0.30	0.40	0.50	0.60	0.70	0.80	0.90	1.00	ALPHA
	M	0.00000	0.01284	0.01731	0.01526	0.00876	0.00000	-0.00876	-0.01526	-0.01731	-0.01284	0.00000	
1.750	Q	0.17585	0.08364	0.00884	-0.04629	-0.08006	-0.09143	-0.08006	-0.04629	0.00884	0.08364	0.17585	1.750
	V	0.00000	0.00027	0.00043	0.00041	0.00025	0.00000	-0.00025	-0.00041	-0.00043	-0.00027	0.00000	
	V'	0.00300	0.00228	0.00071	-0.00097	-0.00220	-0.00264	-0.00220	-0.00097	0.00071	0.00228	0.00300	
	M	0.00000	0.01287	0.01735	0.01530	0.00879	0.00000	-0.00879	-0.01530	-0.01735	-0.01287	0.00000	
1.775	Q	0.17613	0.08386	0.00890	-0.04638	-0.08027	-0.09168	-0.08027	-0.04638	0.00890	0.08386	0.17613	1.775
	V	0.00000	0.00028	0.00043	0.00041	0.00025	0.00000	-0.00025	-0.00041	-0.00043	-0.00028	0.00000	
	V'	0.00300	0.00228	0.00071	-0.00097	-0.00220	-0.00265	-0.00220	-0.00097	0.00071	0.00228	0.00300	
	M	0.00000	0.01289	0.01739	0.01534	0.00881	0.00000	-0.00881	-0.01534	-0.01739	-0.01289	0.00000	
1.800	Q	0.17642	0.08408	0.00897	-0.04648	-0.08048	-0.09194	-0.08048	-0.04648	0.00897	0.08408	0.17642	1.800
	V	0.00000	0.00028	0.00043	0.00041	0.00025	0.00000	-0.00025	-0.00041	-0.00043	-0.00028	0.00000	
	V'	0.00301	0.00229	0.00071	-0.00097	-0.00221	-0.00266	-0.00221	-0.00097	0.00071	0.00229	0.00301	
	M	0.00000	0.01292	0.01743	0.01539	0.00884	0.00000	-0.00884	-0.01539	-0.01743	-0.01292	0.00000	
1.825	Q	0.17672	0.08431	0.00905	-0.04657	-0.08070	-0.09221	-0.08070	-0.04657	0.00905	0.08431	0.17672	1.825
	V	0.00000	0.00028	0.00043	0.00042	0.00025	0.00000	-0.00025	-0.00042	-0.00043	-0.00028	0.00000	
	V'	0.00302	0.00230	0.00071	-0.00097	-0.00221	-0.00266	-0.00221	-0.00097	0.00071	0.00230	0.00302	
	M	0.00000	0.01295	0.01748	0.01543	0.00886	0.00000	-0.00886	-0.01543	-0.01748	-0.01295	0.00000	
1.850	Q	0.17702	0.08454	0.00912	-0.04667	-0.08092	-0.09247	-0.08092	-0.04667	0.00912	0.08454	0.17702	1.850
	V	0.00000	0.00028	0.00043	0.00042	0.00025	0.00000	-0.00025	-0.00042	-0.00043	-0.00028	0.00000	
	V'	0.00303	0.00230	0.00072	-0.00098	-0.00222	-0.00267	-0.00222	-0.00098	0.00072	0.00230	0.00303	
	M	0.00000	0.01298	0.01752	0.01547	0.00889	0.00000	-0.00889	-0.01547	-0.01752	-0.01298	0.00000	
1.875	Q	0.17733	0.08478	0.00919	-0.04677	-0.08115	-0.09275	-0.08115	-0.04677	0.00919	0.08478	0.17733	1.875
	V	0.00000	0.00028	0.00043	0.00042	0.00025	0.00000	-0.00025	-0.00042	-0.00043	-0.00028	0.00000	
	V'	0.00303	0.00231	0.00072	-0.00098	-0.00222	-0.00268	-0.00222	-0.00098	0.00072	0.00231	0.00303	
	M	0.00000	0.01301	0.01757	0.01551	0.00891	0.00000	-0.00891	-0.01551	-0.01757	-0.01301	0.00000	
1.900	Q	0.17764	0.08502	0.00927	-0.04687	-0.08138	-0.09303	-0.08138	-0.04687	0.00927	0.08502	0.17764	1.900
	V	0.00000	0.00028	0.00043	0.00042	0.00025	0.00000	-0.00025	-0.00042	-0.00043	-0.00028	0.00000	
	V'	0.00304	0.00231	0.00072	-0.00098	-0.00223	-0.00269	-0.00223	-0.00098	0.00072	0.00231	0.00304	
	M	0.00000	0.01303	0.01761	0.01556	0.00894	0.00000	-0.00894	-0.01556	-0.01761	-0.01303	0.00000	
1.925	Q	0.17796	0.08526	0.00935	-0.04697	-0.08162	-0.09331	-0.08162	-0.04697	0.00935	0.08526	0.17796	1.925
	V	0.00000	0.00028	0.00044	0.00042	0.00025	0.00000	-0.00025	-0.00042	-0.00044	-0.00028	0.00000	
	V'	0.00305	0.00232	0.00072	-0.00098	-0.00224	-0.00269	-0.00224	-0.00098	0.00072	0.00232	0.00305	
	M	0.00000	0.01306	0.01766	0.01560	0.00897	0.00000	-0.00897	-0.01560	-0.01766	-0.01306	0.00000	
1.950	Q	0.17829	0.08551	0.00943	-0.04708	-0.08186	-0.09360	-0.08186	-0.04708	0.00943	0.08551	0.17829	1.950
	V	0.00000	0.00028	0.00044	0.00042	0.00025	0.00000	-0.00025	-0.00042	-0.00044	-0.00028	0.00000	
	V'	0.00306	0.00233	0.00073	-0.00098	-0.00224	-0.00270	-0.00224	-0.00098	0.00073	0.00233	0.00306	
	M	0.00000	0.01309	0.01771	0.01565	0.00900	0.00000	-0.00900	-0.01565	-0.01771	-0.01309	0.00000	
1.975	Q	0.17862	0.08576	0.00951	-0.04718	-0.08210	-0.09390	-0.08210	-0.04718	0.00951	0.08576	0.17862	1.975
	V	0.00000	0.00028	0.00044	0.00042	0.00026	0.00000	-0.00026	-0.00042	-0.00044	-0.00028	0.00000	
	V'	0.00306	0.00233	0.00073	-0.00099	-0.00225	-0.00271	-0.00225	-0.00099	0.00073	0.00233	0.00306	
ALPHA	X/L =	0.00	0.10	0.20	0.30	0.40	0.50	0.60	0.70	0.80	0.90	1.00	ALPHA

FUNKTIONEN : F.Q';M - F.Q';Q - F.Q';V - F.Q';V'

FUNKTIONEN : F.Q'JM - F.Q'JQ - F.Q'JV - F.Q'JV'

ALPHA	X/L =	0.00	0.10	0.20	0.30	0.40	0.50	0.60	0.70	0.80	0.90	1.00	ALPHA
	M	0.00000	0.01313	0.01775	0.01570	0.00902	0.00000	-0.00902	-0.01570	-0.01775	-0.01313	0.00000	
2.000	Q	0.17895	0.08602	0.00959	-0.04729	-0.08235	-0.09420	-0.08235	-0.04729	0.00959	0.08602	0.17895	2.000
	V	0.00000	0.00028	0.00044	0.00042	0.00026	0.00000	-0.00026	-0.00042	-0.00044	-0.00028	0.00000	
	V'	0.00307	0.00234	0.00073	-0.00099	-0.00225	-0.00272	-0.00225	-0.00099	0.00073	0.00234	0.00307	
	M	0.00000	0.01316	0.01780	0.01574	0.00905	0.00000	-0.00905	-0.01574	-0.01780	-0.01316	0.00000	
2.025	Q	0.17930	0.08628	0.00967	-0.04740	-0.08261	-0.09450	-0.08261	-0.04740	0.00967	0.08628	0.17930	2.025
	V	0.00000	0.00028	0.00044	0.00043	0.00026	0.00000	-0.00026	-0.00043	-0.00044	-0.00028	0.00000	
	V'	0.00308	0.00234	0.00073	-0.00099	-0.00226	-0.00272	-0.00226	-0.00099	0.00073	0.00234	0.00308	
	M	0.00000	0.01319	0.01785	0.01579	0.00908	0.00000	-0.00908	-0.01579	-0.01785	-0.01319	0.00000	
2.050	Q	0.17965	0.08655	0.00976	-0.04751	-0.08287	-0.09482	-0.08287	-0.04751	0.00976	0.08655	0.17965	2.050
	V	0.00000	0.00028	0.00044	0.00043	0.00026	0.00000	-0.00026	-0.00043	-0.00044	-0.00028	0.00000	
	V'	0.00309	0.00235	0.00074	-0.00099	-0.00227	-0.00273	-0.00227	-0.00099	0.00074	0.00235	0.00309	
	M	0.00000	0.01322	0.01790	0.01584	0.00911	0.00000	-0.00911	-0.01584	-0.01790	-0.01322	0.00000	
2.075	Q	0.18000	0.08682	0.00984	-0.04763	-0.08313	-0.09513	-0.08313	-0.04763	0.00984	0.08682	0.18000	2.075
	V	0.00000	0.00028	0.00044	0.00043	0.00026	0.00000	-0.00026	-0.00043	-0.00044	-0.00028	0.00000	
	V'	0.00310	0.00236	0.00074	-0.00100	-0.00227	-0.00274	-0.00227	-0.00100	0.00074	0.00236	0.00310	
	M	0.00000	0.01325	0.01796	0.01589	0.00914	0.00000	-0.00914	-0.01589	-0.01796	-0.01325	0.00000	
2.100	Q	0.18036	0.08710	0.00993	-0.04774	-0.08340	-0.09546	-0.08340	-0.04774	0.00993	0.08710	0.18036	2.100
	V	0.00000	0.00028	0.00044	0.00043	0.00026	0.00000	-0.00026	-0.00043	-0.00044	-0.00028	0.00000	
	V'	0.00311	0.00237	0.00074	-0.00100	-0.00228	-0.00275	-0.00228	-0.00100	0.00074	0.00237	0.00311	
	M	0.00000	0.01329	0.01801	0.01594	0.00917	0.00000	-0.00917	-0.01594	-0.01801	-0.01329	0.00000	
2.125	Q	0.18073	0.08738	0.01002	-0.04786	-0.08367	-0.09579	-0.08367	-0.04786	0.01002	0.08738	0.18073	2.125
	V	0.00000	0.00029	0.00045	0.00043	0.00026	0.00000	-0.00026	-0.00043	-0.00045	-0.00029	0.00000	
	V'	0.00311	0.00237	0.00074	-0.00100	-0.00229	-0.00276	-0.00229	-0.00100	0.00074	0.00237	0.00311	
	M	0.00000	0.01332	0.01806	0.01600	0.00921	0.00000	-0.00921	-0.01600	-0.01806	-0.01332	0.00000	
2.150	Q	0.18111	0.08767	0.01011	-0.04798	-0.08395	-0.09612	-0.08395	-0.04798	0.01011	0.08767	0.18111	2.150
	V	0.00000	0.00029	0.00045	0.00043	0.00026	0.00000	-0.00026	-0.00043	-0.00045	-0.00029	0.00000	
	V'	0.00312	0.00238	0.00075	-0.00101	-0.00230	-0.00277	-0.00230	-0.00101	0.00075	0.00238	0.00312	
	M	0.00000	0.01336	0.01812	0.01605	0.00924	0.00000	-0.00924	-0.01605	-0.01812	-0.01336	0.00000	
2.175	Q	0.18149	0.08796	0.01021	-0.04811	-0.08423	-0.09646	-0.08423	-0.04811	0.01021	0.08796	0.18149	2.175
	V	0.00000	0.00029	0.00045	0.00043	0.00026	0.00000	-0.00026	-0.00043	-0.00045	-0.00029	0.00000	
	V'	0.00313	0.00239	0.00075	-0.00101	-0.00230	-0.00278	-0.00230	-0.00101	0.00075	0.00239	0.00313	
	M	0.00000	0.01339	0.01817	0.01610	0.00927	-0.00000	-0.00927	-0.01610	-0.01817	-0.01339	0.00000	
2.200	Q	0.18187	0.08825	0.01030	-0.04823	-0.08452	-0.09681	-0.08452	-0.04823	0.01030	0.08825	0.18187	2.200
	V	0.00000	0.00029	0.00045	0.00043	0.00026	-0.00000	-0.00026	-0.00043	-0.00045	-0.00029	0.00000	
	V'	0.00314	0.00239	0.00075	-0.00101	-0.00231	-0.00278	-0.00231	-0.00101	0.00075	0.00239	0.00314	
	M	0.00000	0.01343	0.01823	0.01616	0.00930	0.00000	-0.00930	-0.01616	-0.01823	-0.01343	0.00000	
2.225	Q	0.18227	0.08856	0.01040	-0.04836	-0.08481	-0.09716	-0.08481	-0.04836	0.01040	0.08856	0.18227	2.225
	V	0.00000	0.00029	0.00045	0.00044	0.00026	0.00000	-0.00026	-0.00044	-0.00045	-0.00029	0.00000	
	V'	0.00315	0.00240	0.00075	-0.00101	-0.00232	-0.00279	-0.00232	-0.00101	0.00075	0.00240	0.00315	
ALPHA	X/L =	0.00	0.10	0.20	0.30	0.40	0.50	0.60	0.70	0.80	0.90	1.00	ALPHA

FUNKTIONEN : F.Q'JM - F.Q'JQ - F.Q'JV - F.Q'JV'

FUNKTIONEN : F.Q'1M - F.Q'1Q - F.Q'1V - F.Q'1V'

ALPHA	X/L =	0.00	0.10	0.20	0.30	0.40	0.50	0.60	0.70	0.80	0.90	1.00	ALPHA
2.250	M	0.00000	0.01347	0.01829	0.01621	0.00934	0.00000	-0.00934	-0.01621	-0.01829	-0.01347	0.00000	2.250
	Q	0.18267	0.08887	0.01050	-0.04849	-0.08511	-0.09752	-0.08511	-0.04849	0.01050	0.08887	0.18267	
	V	0.00000	0.00029	0.00045	0.00044	0.00026	0.00000	-0.00026	-0.00044	-0.00045	-0.00029	0.00000	
	V'	0.00316	0.00241	0.00076	-0.00102	-0.00233	-0.00280	-0.00233	-0.00102	0.00076	0.00241	0.00316	
2.275	M	0.00000	0.01350	0.01835	0.01627	0.00937	0.00000	-0.00937	-0.01627	-0.01835	-0.01350	0.00000	2.275
	Q	0.18308	0.08918	0.01060	-0.04862	-0.08541	-0.09789	-0.08541	-0.04862	0.01060	0.08918	0.18308	
	V	0.00000	0.00029	0.00045	0.00044	0.00027	0.00000	-0.00027	-0.00044	-0.00045	-0.00029	0.00000	
	V'	0.00317	0.00242	0.00076	-0.00102	-0.00233	-0.00281	-0.00233	-0.00102	0.00076	0.00242	0.00317	
2.300	M	0.00000	0.01354	0.01841	0.01633	0.00941	0.00000	-0.00941	-0.01633	-0.01841	-0.01354	0.00000	2.300
	Q	0.18349	0.08950	0.01070	-0.04875	-0.08572	-0.09826	-0.08572	-0.04875	0.01070	0.08950	0.18349	
	V	0.00000	0.00029	0.00046	0.00044	0.00027	0.00000	-0.00027	-0.00044	-0.00046	-0.00029	0.00000	
	V'	0.00318	0.00243	0.00076	-0.00102	-0.00234	-0.00282	-0.00234	-0.00102	0.00076	0.00243	0.00318	
2.325	M	0.00000	0.01358	0.01847	0.01639	0.00944	0.00000	-0.00944	-0.01639	-0.01847	-0.01358	0.00000	2.325
	Q	0.18392	0.08982	0.01080	-0.04889	-0.08604	-0.09864	-0.08604	-0.04889	0.01080	0.08982	0.18392	
	V	0.00000	0.00029	0.00046	0.00044	0.00027	0.00000	-0.00027	-0.00044	-0.00046	-0.00029	0.00000	
	V'	0.00319	0.00243	0.00077	-0.00103	-0.00235	-0.00283	-0.00235	-0.00103	0.00077	0.00243	0.00319	
2.350	M	0.00000	0.01362	0.01853	0.01645	0.00948	0.00000	-0.00948	-0.01645	-0.01853	-0.01362	0.00000	2.350
	Q	0.18435	0.09015	0.01091	-0.04902	-0.08636	-0.09903	-0.08636	-0.04902	0.01091	0.09015	0.18435	
	V	0.00000	0.00029	0.00046	0.00044	0.00027	0.00000	-0.00027	-0.00044	-0.00046	-0.00029	0.00000	
	V'	0.00320	0.00244	0.00077	-0.00103	-0.00236	-0.00284	-0.00236	-0.00103	0.00077	0.00244	0.00320	
2.375	M	0.00000	0.01366	0.01859	0.01651	0.00952	0.00000	-0.00952	-0.01651	-0.01859	-0.01366	0.00000	2.375
	Q	0.18479	0.09049	0.01102	-0.04916	-0.08668	-0.09943	-0.08668	-0.04916	0.01102	0.09049	0.18479	
	V	0.00000	0.00029	0.00046	0.00044	0.00027	0.00000	-0.00027	-0.00044	-0.00046	-0.00029	0.00000	
	V'	0.00321	0.00245	0.00077	-0.00103	-0.00237	-0.00285	-0.00237	-0.00103	0.00077	0.00245	0.00321	
2.400	M	0.00000	0.01370	0.01866	0.01657	0.00955	0.00000	-0.00955	-0.01657	-0.01866	-0.01370	0.00000	2.400
	Q	0.18523	0.09083	0.01113	-0.04931	-0.08701	-0.09983	-0.08701	-0.04931	0.01113	0.09083	0.18523	
	V	0.00000	0.00030	0.00046	0.00045	0.00027	0.00000	-0.00027	-0.00045	-0.00046	-0.00030	0.00000	
	V'	0.00322	0.00246	0.00077	-0.00104	-0.00237	-0.00286	-0.00237	-0.00104	0.00077	0.00246	0.00322	
2.425	M	0.00000	0.01374	0.01872	0.01663	0.00959	0.00000	-0.00959	-0.01663	-0.01872	-0.01374	0.00000	2.425
	Q	0.18568	0.09118	0.01124	-0.04945	-0.08735	-0.10023	-0.08735	-0.04945	0.01124	0.09118	0.18568	
	V	0.00000	0.00030	0.00046	0.00045	0.00027	0.00000	-0.00027	-0.00045	-0.00046	-0.00030	0.00000	
	V'	0.00323	0.00247	0.00078	-0.00104	-0.00238	-0.00287	-0.00238	-0.00104	0.00078	0.00247	0.00323	
2.450	M	0.00000	0.01379	0.01879	0.01670	0.00963	0.00000	-0.00963	-0.01670	-0.01879	-0.01379	0.00000	2.450
	Q	0.18614	0.09153	0.01136	-0.04960	-0.08769	-0.10065	-0.08769	-0.04960	0.01136	0.09153	0.18614	
	V	0.00000	0.00030	0.00046	0.00045	0.00027	0.00000	-0.00027	-0.00045	-0.00046	-0.00030	0.00000	
	V'	0.00324	0.00248	0.00078	-0.00104	-0.00239	-0.00288	-0.00239	-0.00104	0.00078	0.00248	0.00324	
2.475	M	0.00000	0.01383	0.01886	0.01676	0.00967	0.00000	-0.00967	-0.01676	-0.01886	-0.01383	0.00000	2.475
	Q	0.18661	0.09189	0.01147	-0.04975	-0.08804	-0.10107	-0.08804	-0.04975	0.01147	0.09189	0.18661	
	V	0.00000	0.00030	0.00047	0.00045	0.00027	0.00000	-0.00027	-0.00045	-0.00047	-0.00030	0.00000	
	V'	0.00326	0.00249	0.00078	-0.00105	-0.00240	-0.00290	-0.00240	-0.00105	0.00078	0.00249	0.00326	
ALPHA	X/L =	0.00	0.10	0.20	0.30	0.40	0.50	0.60	0.70	0.80	0.90	1.00	ALPHA

FUNKTIONEN : F.Q'1M - F.Q'1Q - F.Q'1V - F.Q'1V'

FUNKTIONEN : F.Q';M - F.Q';Q - F.Q';V - F.Q';V'

ALPHA	X/L =	0.00	0.10	0.20	0.30	0.40	0.50	0.60	0.70	0.80	0.90	1.00	ALPHA
	M	0.00000	0.01387	0.01893	0.01683	0.00971	0.00000	-0.00971	-0.01683	-0.01893	-0.01387	0.00000	
2.500	Q	0.18709	0.09226	0.01159	-0.04990	-0.08840	-0.10150	-0.08840	-0.04990	0.01159	0.09226	0.18709	2.500
	V	0.00000	0.00030	0.00047	0.00045	0.00027	0.00000	-0.00027	-0.00045	-0.00047	-0.00030	0.00000	
	V'	0.00327	0.00250	0.00079	-0.00105	-0.00241	-0.00291	-0.00241	-0.00105	0.00079	0.00250	0.00327	
	M	0.00000	0.01392	0.01900	0.01690	0.00975	0.00000	-0.00975	-0.01690	-0.01900	-0.01392	0.00000	
2.525	Q	0.18758	0.09263	0.01171	-0.05006	-0.08876	-0.10194	-0.08876	-0.05006	0.01171	0.09263	0.18758	2.525
	V	0.00000	0.00030	0.00047	0.00045	0.00028	0.00000	-0.00028	-0.00045	-0.00047	-0.00030	0.00000	
	V'	0.00328	0.00250	0.00079	-0.00105	-0.00242	-0.00292	-0.00242	-0.00105	0.00079	0.00250	0.00328	
	M	0.00000	0.01396	0.01907	0.01697	0.00980	0.00000	-0.00980	-0.01697	-0.01907	-0.01396	0.00000	
2.550	Q	0.18807	0.09301	0.01184	-0.05022	-0.08913	-0.10239	-0.08913	-0.05022	0.01184	0.09301	0.18807	2.550
	V	0.00000	0.00030	0.00047	0.00046	0.00028	0.00000	-0.00028	-0.00046	-0.00047	-0.00030	0.00000	
	V'	0.00329	0.00251	0.00079	-0.00106	-0.00243	-0.00293	-0.00243	-0.00106	0.00079	0.00251	0.00329	
	M	0.00000	0.01401	0.01914	0.01704	0.00984	0.00000	-0.00984	-0.01704	-0.01914	-0.01401	0.00000	
2.575	Q	0.18857	0.09340	0.01196	-0.05038	-0.08951	-0.10284	-0.08951	-0.05038	0.01196	0.09340	0.18857	2.575
	V	0.00000	0.00030	0.00047	0.00046	0.00028	0.00000	-0.00028	-0.00046	-0.00047	-0.00030	0.00000	
	V'	0.00330	0.00252	0.00080	-0.00106	-0.00244	-0.00294	-0.00244	-0.00106	0.00080	0.00252	0.00330	
	M	0.00000	0.01406	0.01921	0.01711	0.00988	-0.00000	-0.00988	-0.01711	-0.01921	-0.01406	0.00000	
2.600	Q	0.18908	0.09379	0.01209	-0.05054	-0.08989	-0.10330	-0.08989	-0.05054	0.01209	0.09379	0.18908	2.600
	V	0.00000	0.00030	0.00048	0.00046	0.00028	-0.00000	-0.00028	-0.00046	-0.00048	-0.00030	0.00000	
	V'	0.00332	0.00253	0.00080	-0.00107	-0.00245	-0.00295	-0.00245	-0.00107	0.00080	0.00253	0.00332	
	M	0.00000	0.01410	0.01929	0.01718	0.00993	-0.00000	-0.00993	-0.01718	-0.01929	-0.01410	0.00000	
2.625	Q	0.18960	0.09419	0.01222	-0.05071	-0.09028	-0.10377	-0.09028	-0.05071	0.01222	0.09419	0.18960	2.625
	V	0.00000	0.00031	0.00048	0.00046	0.00028	-0.00000	-0.00028	-0.00046	-0.00048	-0.00031	0.00000	
	V'	0.00333	0.00254	0.00081	-0.00107	-0.00246	-0.00297	-0.00246	-0.00107	0.00081	0.00254	0.00333	
	M	0.00000	0.01415	0.01936	0.01726	0.00997	0.00000	-0.00997	-0.01726	-0.01936	-0.01415	0.00000	
2.650	Q	0.19013	0.09460	0.01235	-0.05088	-0.09067	-0.10425	-0.09067	-0.05088	0.01235	0.09460	0.19013	2.650
	V	0.00000	0.00031	0.00048	0.00046	0.00028	0.00000	-0.00028	-0.00046	-0.00048	-0.00031	0.00000	
	V'	0.00334	0.00255	0.00081	-0.00107	-0.00247	-0.00298	-0.00247	-0.00107	0.00081	0.00255	0.00334	
	M	0.00000	0.01420	0.01944	0.01733	0.01002	0.00000	-0.01002	-0.01733	-0.01944	-0.01420	0.00000	
2.675	Q	0.19067	0.09502	0.01249	-0.05105	-0.09107	-0.10474	-0.09107	-0.05105	0.01249	0.09502	0.19067	2.675
	V	0.00000	0.00031	0.00048	0.00047	0.00028	0.00000	-0.00028	-0.00047	-0.00048	-0.00031	0.00000	
	V'	0.00335	0.00256	0.00081	-0.00108	-0.00248	-0.00299	-0.00248	-0.00108	0.00081	0.00256	0.00335	
	M	0.00000	0.01425	0.01952	0.01741	0.01006	0.00000	-0.01006	-0.01741	-0.01952	-0.01425	0.00000	
2.700	Q	0.19122	0.09544	0.01262	-0.05183	-0.09148	-0.10524	-0.09148	-0.05123	0.01262	0.09544	0.19122	2.700
	V	0.00000	0.00031	0.00048	0.00047	0.00028	0.00000	-0.00028	-0.00047	-0.00048	-0.00031	0.00000	
	V'	0.00337	0.00258	0.00082	-0.00108	-0.00249	-0.00300	-0.00249	-0.00108	0.00082	0.00258	0.00337	
	M	0.00000	0.01430	0.01960	0.01749	0.01011	0.00000	-0.01011	-0.01749	-0.01960	-0.01430	0.00000	
2.725	Q	0.19177	0.09587	0.01277	-0.05140	-0.09190	-0.10574	-0.09190	-0.05140	0.01277	0.09587	0.19177	2.725
	V	0.00000	0.00031	0.00049	0.00047	0.00028	0.00000	-0.00028	-0.00047	-0.00049	-0.00031	0.00000	
	V'	0.00338	0.00259	0.00082	-0.00109	-0.00250	-0.00302	-0.00250	-0.00109	0.00082	0.00259	0.00338	
ALPHA	X/L =	0.00	0.10	0.20	0.30	0.40	0.50	0.60	0.70	0.80	0.90	1.00	ALPHA

FUNKTIONEN : F.Q';M - F.Q';Q - F.Q';V - F.Q';V'

FUNKTIONEN : F.Q'JM - F.Q'JQ - F.Q'JV - F.Q'JV'

ALPHA	X/L =	0.00	0.10	0.20	0.30	0.40	0.50	0.60	0.70	0.80	0.90	1.00	ALPHA
	M	0.00000	0.01436	0.01968	0.01757	0.01016	0.00000	-0.01016	-0.01757	-0.01968	-0.01436	0.00000	
2.750	Q	0.19234	0.09631	0.01291	-0.05158	-0.09233	-0.10626	-0.09233	-0.05158	0.01291	0.09631	0.19234	2.750
	V	0.00000	0.00031	0.00049	0.00047	0.00029	0.00000	-0.00029	-0.00047	-0.00049	-0.00031	0.00000	
	V'	0.00339	0.00260	0.00083	-0.00109	-0.00251	-0.00303	-0.00251	-0.00109	0.00083	0.00260	0.00339	
	M	0.00000	0.01441	0.01977	0.01765	0.01021	-0.00000	-0.01021	-0.01765	-0.01977	-0.01441	0.00000	
2.775	Q	0.19292	0.09675	0.01305	-0.05177	-0.09276	-0.10678	-0.09276	-0.05177	0.01305	0.09675	0.19292	2.775
	V	0.00000	0.00031	0.00049	0.00047	0.00029	-0.00000	-0.00029	-0.00047	-0.00049	-0.00031	0.00000	
	V'	0.00341	0.00261	0.00083	-0.00110	-0.00252	-0.00304	-0.00252	-0.00110	0.00083	0.00261	0.00341	
	M	0.00000	0.01446	0.01985	0.01773	0.01026	0.00000	-0.01026	-0.01773	-0.01985	-0.01446	0.00000	
2.800	Q	0.19350	0.09720	0.01320	-0.05196	-0.09320	-0.10731	-0.09320	-0.05196	0.01320	0.09720	0.19350	2.800
	V	0.00000	0.00031	0.00049	0.00048	0.00029	0.00000	-0.00029	-0.00048	-0.00049	-0.00031	0.00000	
	V'	0.00342	0.00262	0.00083	-0.00110	-0.00253	-0.00306	-0.00253	-0.00110	0.00083	0.00262	0.00342	
	M	0.00000	0.01452	0.01994	0.01782	0.01031	-0.00000	-0.01031	-0.01782	-0.01994	-0.01452	0.00000	
2.825	Q	0.19410	0.09766	0.01335	-0.05215	-0.09365	-0.10786	-0.09365	-0.05215	0.01335	0.09766	0.19410	2.825
	V	0.00000	0.00032	0.00049	0.00048	0.00029	-0.00000	-0.00029	-0.00048	-0.00049	-0.00032	0.00000	
	V'	0.00344	0.00263	0.00084	-0.00110	-0.00255	-0.00307	-0.00255	-0.00110	0.00084	0.00263	0.00344	
	M	0.00000	0.01457	0.02003	0.01790	0.01036	-0.00000	-0.01036	-0.01790	-0.02003	-0.01457	0.00000	
2.850	Q	0.19471	0.09813	0.01351	-0.05234	-0.09410	-0.10841	-0.09410	-0.05234	0.01351	0.09813	0.19471	2.850
	V	0.00000	0.00032	0.00050	0.00048	0.00029	-0.00000	-0.00029	-0.00048	-0.00050	-0.00032	0.00000	
	V'	0.00345	0.00264	0.00084	-0.00111	-0.00256	-0.00309	-0.00256	-0.00111	0.00084	0.00264	0.00345	
	M	0.00000	0.01463	0.02012	0.01799	0.01042	-0.00000	-0.01042	-0.01799	-0.02012	-0.01463	0.00000	
2.875	Q	0.19533	0.09861	0.01367	-0.05254	-0.09457	-0.10897	-0.09457	-0.05254	0.01367	0.09861	0.19533	2.875
	V	0.00000	0.00032	0.00050	0.00048	0.00029	-0.00000	-0.00029	-0.00048	-0.00050	-0.00032	0.00000	
	V'	0.00347	0.00265	0.00085	-0.00111	-0.00257	-0.00310	-0.00257	-0.00111	0.00085	0.00265	0.00347	
	M	0.00000	0.01469	0.02021	0.01808	0.01047	-0.00000	-0.01047	-0.01808	-0.02021	-0.01469	0.00000	
2.900	Q	0.19595	0.09910	0.01383	-0.05274	-0.09504	-0.10955	-0.09504	-0.05274	0.01383	0.09910	0.19595	2.900
	V	0.00000	0.00032	0.00050	0.00049	0.00029	-0.00000	-0.00029	-0.00049	-0.00050	-0.00032	0.00000	
	V'	0.00348	0.00267	0.00085	-0.00112	-0.00258	-0.00312	-0.00258	-0.00112	0.00085	0.00267	0.00348	
	M	0.00000	0.01475	0.02030	0.01817	0.01052	-0.00000	-0.01052	-0.01817	-0.02030	-0.01475	0.00000	
2.925	Q	0.19659	0.09959	0.01399	-0.05295	-0.09552	-0.11013	-0.09552	-0.05295	0.01399	0.09959	0.19659	2.925
	V	0.00000	0.00032	0.00050	0.00049	0.00030	-0.00000	-0.00030	-0.00049	-0.00050	-0.00032	0.00000	
	V'	0.00350	0.00268	0.00086	-0.00112	-0.00259	-0.00313	-0.00259	-0.00112	0.00086	0.00268	0.00350	
	M	0.00000	0.01481	0.02039	0.01826	0.01058	0.00000	-0.01058	-0.01826	-0.02039	-0.01481	0.00000	
2.950	Q	0.19725	0.10010	0.01416	-0.05315	-0.09601	-0.11073	-0.09601	-0.05315	0.01416	0.10010	0.19725	2.950
	V	0.00000	0.00032	0.00050	0.00049	0.00030	0.00000	-0.00030	-0.00049	-0.00050	-0.00032	0.00000	
	V'	0.00351	0.00269	0.00086	-0.00113	-0.00261	-0.00315	-0.00261	-0.00113	0.00086	0.00269	0.00351	
	M	0.00000	0.01487	0.02049	0.01836	0.01064	-0.00000	-0.01064	-0.01836	-0.02049	-0.01487	0.00000	
2.975	Q	0.19791	0.10061	0.01433	-0.05337	-0.09651	-0.11133	-0.09651	-0.05337	0.01433	0.10061	0.19791	2.975
	V	0.00000	0.00032	0.00051	0.00049	0.00030	-0.00000	-0.00030	-0.00049	-0.00051	-0.00032	0.00000	
	V'	0.00353	0.00271	0.00087	-0.00113	-0.00262	-0.00316	-0.00262	-0.00113	0.00087	0.00271	0.00353	
ALPHA	X/L =	0.00	0.10	0.20	0.30	0.40	0.50	0.60	0.70	0.80	0.90	1.00	ALPHA

FUNKTIONEN : F.Q'JM - F.Q'JQ - F.Q'JV - F.Q'JV'

FUNKTIONEN : F.Q'$M - F.Q'$Q - F.Q'$V - F.Q'$V'

BETA	X/L =	0.00	0.10	0.20	0.30	0.40	0.50	0.60	0.70	0.80	0.90	1.00	BETA
	M	0.00000	0.01200	0.01600	0.01400	0.00800	0.00000	-0.00800	-0.01400	-0.01600	-0.01200	0.00000	
0.00	Q	0.16667	0.07667	0.00667	-0.04333	-0.07333	-0.08333	-0.07333	-0.04333	0.00667	0.07667	0.16667	0.00
	V	0.00000	0.00025	0.00039	0.00038	0.00023	0.00000	-0.00023	-0.00038	-0.00039	-0.00025	0.00000	
	V'	0.00278	0.00210	0.00064	-0.00090	-0.00202	-0.00243	-0.00202	-0.00090	0.00064	0.00210	0.00278	
	M	0.00000	0.01198	0.01598	0.01398	0.00799	-0.00000	-0.00799	-0.01398	-0.01598	-0.01198	-0.00000	
0.25	Q	0.16649	0.07654	0.00663	-0.04328	-0.07321	-0.08318	-0.07321	-0.04328	0.00663	0.07654	0.16649	0.25
	V	0.00000	0.00025	0.00039	0.00038	0.00023	0.00000	-0.00023	-0.00038	-0.00039	-0.00025	0.00000	
	V'	0.00277	0.00210	0.00064	-0.00090	-0.00202	-0.00243	-0.00202	-0.00090	0.00064	0.00210	0.00277	
	M	0.00000	0.01194	0.01590	0.01391	0.00794	0.00000	-0.00794	-0.01391	-0.01590	-0.01194	-0.00000	
0.50	Q	0.16598	0.07614	0.00651	-0.04311	-0.07283	-0.08273	-0.07283	-0.04311	0.00651	0.07614	0.16598	0.50
	V	0.00000	0.00025	0.00039	0.00038	0.00023	-0.00000	-0.00023	-0.00038	-0.00039	-0.00025	0.00000	
	V'	0.00276	0.00209	0.00064	-0.00089	-0.00201	-0.00241	-0.00201	-0.00089	0.00064	0.00209	0.00276	
	M	0.00000	0.01186	0.01578	0.01379	0.00787	0.00000	-0.00787	-0.01379	-0.01578	-0.01186	-0.00000	
0.75	Q	0.16512	0.07550	0.00631	-0.04284	-0.07221	-0.08199	-0.07221	-0.04284	0.00631	0.07550	0.16512	0.75
	V	0.00000	0.00025	0.00039	0.00037	0.00023	0.00000	-0.00023	-0.00037	-0.00039	-0.00025	0.00000	
	V'	0.00274	0.00207	0.00063	-0.00089	-0.00199	-0.00240	-0.00199	-0.00089	0.00063	0.00207	0.00274	
	M	0.00000	0.01175	0.01561	0.01363	0.00778	-0.00000	-0.00778	-0.01363	-0.01561	-0.01175	-0.00000	
1.00	Q	0.16395	0.07462	0.00604	-0.04246	-0.07136	-0.08097	-0.07136	-0.04246	0.00604	0.07462	0.16395	1.00
	V	0.00000	0.00025	0.00039	0.00037	0.00022	0.00000	-0.00022	-0.00037	-0.00039	-0.00025	0.00000	
	V'	0.00271	0.00205	0.00063	-0.00088	-0.00197	-0.00237	-0.00197	-0.00088	0.00063	0.00205	0.00271	
	M	0.00000	0.01162	0.01541	0.01343	0.00766	0.00000	-0.00766	-0.01343	-0.01541	-0.01162	-0.00000	
1.25	Q	0.16248	0.07351	0.00570	-0.04198	-0.07030	-0.07969	-0.07030	-0.04198	0.00570	0.07351	0.16248	1.25
	V	0.00000	0.00024	0.00038	0.00037	0.00022	0.00000	-0.00022	-0.00037	-0.00038	-0.00024	0.00000	
	V'	0.00268	0.00202	0.00062	-0.00087	-0.00194	-0.00233	-0.00194	-0.00087	0.00062	0.00202	0.00268	
	M	0.00000	0.01146	0.01516	0.01319	0.00751	0.00000	-0.00751	-0.01319	-0.01516	-0.01146	-0.00000	
1.50	Q	0.16073	0.07219	0.00531	-0.04141	-0.06903	-0.07817	-0.06903	-0.04141	0.00531	0.07219	0.16073	1.50
	V	0.00000	0.00024	0.00037	0.00036	0.00022	0.00000	-0.00022	-0.00036	-0.00037	-0.00024	0.00000	
	V'	0.00264	0.00199	0.00060	-0.00085	-0.00191	-0.00229	-0.00191	-0.00085	0.00060	0.00199	0.00264	
	M	0.00000	0.01128	0.01488	0.01292	0.00735	0.00000	-0.00735	-0.01292	-0.01488	-0.01128	-0.00000	
1.75	Q	0.15874	0.07069	0.00486	-0.04077	-0.06759	-0.07645	-0.06759	-0.04077	0.00486	0.07069	0.15874	1.75
	V	0.00000	0.00024	0.00037	0.00035	0.00021	0.00000	-0.00021	-0.00035	-0.00037	-0.00024	0.00000	
	V'	0.00259	0.00195	0.00059	-0.00084	-0.00187	-0.00225	-0.00187	-0.00084	0.00059	0.00195	0.00259	
	M	0.00000	0.01107	0.01456	0.01262	0.00717	-0.00000	-0.00717	-0.01262	-0.01456	-0.01107	-0.00000	
2.00	Q	0.15652	0.06902	0.00437	-0.04005	-0.06600	-0.07454	-0.06600	-0.04005	0.00437	0.06902	0.15652	2.00
	V	0.00000	0.00023	0.00036	0.00034	0.00021	0.00000	-0.00021	-0.00034	-0.00036	-0.00023	0.00000	
	V'	0.00254	0.00191	0.00057	-0.00082	-0.00183	-0.00220	-0.00183	-0.00082	0.00057	0.00191	0.00254	
	M	0.00000	0.01085	0.01423	0.01230	0.00698	-0.00000	-0.00698	-0.01230	-0.01423	-0.01085	-0.00000	
2.25	Q	0.15411	0.06722	0.00384	-0.03927	-0.06428	-0.07248	-0.06428	-0.03927	0.00384	0.06722	0.15411	2.25
	V	0.00000	0.00023	0.00035	0.00034	0.00020	0.00000	-0.00020	-0.00034	-0.00035	-0.00023	0.00000	
	V'	0.00248	0.00187	0.00056	-0.00080	-0.00179	-0.00214	-0.00179	-0.00080	0.00056	0.00187	0.00248	
BETA	X/L =	0.00	0.10	0.20	0.30	0.40	0.50	0.60	0.70	0.80	0.90	1.00	BETA

FUNKTIONEN : F.Q'$M - F.Q'$Q - F.Q'$V - F.Q'$V'

FUNKTIONEN : F.Q'¦M - F.Q'¦Q - F.Q'¦V - F.Q'¦V'

BETA	X/L =	0.00	0.10	0.20	0.30	0.40	0.50	0.60	0.70	0.80	0.90	1.00	BETA
2.50	M	0.00000	0.01062	0.01387	0.01195	0.00677	-0.00000	-0.00677	-0.01195	-0.01387	-0.01062	-0.00000	2.50
	Q	0.15154	0.06531	0.00328	-0.03843	-0.06246	-0.07030	-0.06246	-0.03843	0.00328	0.06531	0.15154	
	V	0.00000	0.00022	0.00034	0.00033	0.00020	0.00000	-0.00020	-0.00033	-0.00034	-0.00022	0.00000	
	V'	0.00242	0.00182	0.00054	-0.00078	-0.00174	-0.00209	-0.00174	-0.00078	0.00054	0.00182	0.00242	
2.75	M	0.00000	0.01038	0.01349	0.01159	0.00655	-0.00000	-0.00655	-0.01159	-0.01349	-0.01038	-0.00000	2.75
	Q	0.14884	0.06330	0.00271	-0.03755	-0.06055	-0.06802	-0.06055	-0.03755	0.00271	0.06330	0.14884	
	V	0.00000	0.00021	0.00033	0.00032	0.00019	0.00000	-0.00019	-0.00032	-0.00033	-0.00021	0.00000	
	V'	0.00236	0.00177	0.00052	-0.00076	-0.00169	-0.00202	-0.00169	-0.00076	0.00052	0.00177	0.00236	
3.00	M	0.00000	0.01012	0.01310	0.01122	0.00633	-0.00000	-0.00633	-0.01122	-0.01310	-0.01012	-0.00000	3.00
	Q	0.14604	0.06123	0.00212	-0.03664	-0.05858	-0.06567	-0.05858	-0.03664	0.00212	0.06123	0.14604	
	V	0.00000	0.00021	0.00032	0.00031	0.00019	0.00000	-0.00019	-0.00031	-0.00032	-0.00021	0.00000	
	V'	0.00229	0.00172	0.00050	-0.00074	-0.00164	-0.00196	-0.00164	-0.00074	0.00050	0.00172	0.00229	
3.25	M	0.00000	0.00986	0.01270	0.01084	0.00611	-0.00000	-0.00611	-0.01084	-0.01270	-0.00986	-0.00000	3.25
	Q	0.14317	0.05911	0.00154	-0.03570	-0.05657	-0.06328	-0.05657	-0.03570	0.00154	0.05911	0.14317	
	V	0.00000	0.00020	0.00031	0.00030	0.00018	0.00000	-0.00018	-0.00030	-0.00031	-0.00020	0.00000	
	V'	0.00222	0.00166	0.00049	-0.00072	-0.00159	-0.00190	-0.00159	-0.00072	0.00049	0.00166	0.00222	
3.50	M	0.00000	0.00960	0.01230	0.01046	0.00588	-0.00000	-0.00588	-0.01046	-0.01230	-0.00960	-0.00000	3.50
	Q	0.14024	0.05697	0.00095	-0.03475	-0.05454	-0.06087	-0.05454	-0.03475	0.00095	0.05697	0.14024	
	V	0.00000	0.00020	0.00030	0.00029	0.00017	0.00000	-0.00017	-0.00029	-0.00030	-0.00020	0.00000	
	V'	0.00216	0.00161	0.00047	-0.00070	-0.00153	-0.00183	-0.00153	-0.00070	0.00047	0.00161	0.00216	
3.75	M	0.00000	0.00933	0.01189	0.01008	0.00565	-0.00000	-0.00565	-0.01008	-0.01189	-0.00933	-0.00000	3.75
	Q	0.13729	0.05481	0.00037	-0.03378	-0.05250	-0.05846	-0.05250	-0.03378	0.00037	0.05481	0.13729	
	V	0.00000	0.00019	0.00029	0.00028	0.00017	0.00000	-0.00017	-0.00028	-0.00029	-0.00019	0.00000	
	V'	0.00209	0.00155	0.00045	-0.00068	-0.00148	-0.00177	-0.00148	-0.00068	0.00045	0.00155	0.00209	
4.00	M	0.00000	0.00906	0.01149	0.00970	0.00542	-0.00000	-0.00542	-0.00970	-0.01149	-0.00906	-0.00000	4.00
	Q	0.13433	0.05266	-0.00019	-0.03281	-0.05048	-0.05607	-0.05048	-0.03281	-0.00019	0.05266	0.13433	
	V	0.00000	0.00018	0.00028	0.00027	0.00016	0.00000	-0.00016	-0.00027	-0.00028	-0.00018	0.00000	
	V'	0.00202	0.00150	0.00043	-0.00066	-0.00143	-0.00170	-0.00143	-0.00066	0.00043	0.00150	0.00202	
4.25	M	0.00000	0.00880	0.01109	0.00932	0.00520	-0.00000	-0.00520	-0.00932	-0.01109	-0.00880	-0.00000	4.25
	Q	0.13138	0.05054	-0.00074	-0.03184	-0.04848	-0.05371	-0.04848	-0.03184	-0.00074	0.05054	0.13138	
	V	0.00000	0.00018	0.00027	0.00026	0.00016	0.00000	-0.00016	-0.00026	-0.00027	-0.00018	0.00000	
	V'	0.00195	0.00145	0.00041	-0.00064	-0.00138	-0.00164	-0.00138	-0.00064	0.00041	0.00145	0.00195	
4.50	M	0.00000	0.00853	0.01069	0.00895	0.00498	-0.00000	-0.00498	-0.00895	-0.01069	-0.00853	-0.00000	4.50
	Q	0.12845	0.04844	-0.00126	-0.03088	-0.04652	-0.05140	-0.04652	-0.03088	-0.00126	0.04844	0.12845	
	V	0.00000	0.00017	0.00026	0.00025	0.00015	0.00000	-0.00015	-0.00025	-0.00026	-0.00017	0.00000	
	V'	0.00189	0.00139	0.00039	-0.00061	-0.00132	-0.00158	-0.00132	-0.00061	0.00039	0.00139	0.00189	
4.75	M	0.00000	0.00828	0.01030	0.00858	0.00476	-0.00000	-0.00476	-0.00858	-0.01030	-0.00828	-0.00000	4.75
	Q	0.12556	0.04638	-0.00176	-0.02993	-0.04460	-0.04914	-0.04460	-0.02993	-0.00176	0.04638	0.12556	
	V	0.00000	0.00017	0.00025	0.00024	0.00014	0.00000	-0.00014	-0.00024	-0.00025	-0.00017	0.00000	
	V'	0.00182	0.00134	0.00037	-0.00059	-0.00127	-0.00152	-0.00127	-0.00059	0.00037	0.00134	0.00182	
BETA	X/L =	0.00	0.10	0.20	0.30	0.40	0.50	0.60	0.70	0.80	0.90	1.00	BETA

FUNKTIONEN : F.Q'¦M - F.Q'¦Q - F.Q'¦V - F.Q'¦V'

FUNKTIONEN : F.Q';M - F.Q';Q - F.Q';V - F.Q';V'

BETA	X/L =	0.00	0.10	0.20	0.30	0.40	0.50	0.60	0.70	0.80	0.90	1.00	BETA
	M	0.00000	0.00802	0.00992	0.00823	0.00455	-0.00000	-0.00455	-0.00823	-0.00992	-0.00802	-0.00000	
5.00	Q	0.12271	0.04437	-0.00224	-0.02899	-0.04272	-0.04694	-0.04272	-0.02899	-0.00224	0.04437	0.12271	5.00
	V	0.00000	0.00016	0.00024	0.00023	0.00014	0.00000	-0.00014	-0.00023	-0.00024	-0.00016	0.00000	
	V'	0.00176	0.00129	0.00036	-0.00057	-0.00122	-0.00146	-0.00122	-0.00057	0.00036	0.00129	0.00176	
	M	0.00000	0.00777	0.00955	0.00789	0.00435	-0.00000	-0.00435	-0.00789	-0.00955	-0.00777	-0.00000	
5.25	Q	0.11992	0.04241	-0.00268	-0.02807	-0.04091	-0.04482	-0.04091	-0.02807	-0.00268	0.04241	0.11992	5.25
	V	0.00000	0.00015	0.00023	0.00022	0.00013	0.00000	-0.00013	-0.00022	-0.00023	-0.00015	0.00000	
	V'	0.00170	0.00124	0.00034	-0.00055	-0.00118	-0.00140	-0.00118	-0.00055	0.00034	0.00124	0.00170	
	M	0.00000	0.00753	0.00919	0.00755	0.00416	-0.00000	-0.00416	-0.00755	-0.00919	-0.00753	-0.00000	
5.50	Q	0.11719	0.04051	-0.00310	-0.02717	-0.03915	-0.04277	-0.03915	-0.02717	-0.00310	0.04051	0.11719	5.50
	V	0.00000	0.00015	0.00023	0.00021	0.00013	0.00000	-0.00013	-0.00021	-0.00023	-0.00015	0.00000	
	V'	0.00164	0.00120	0.00032	-0.00053	-0.00113	-0.00134	-0.00113	-0.00053	0.00052	0.00120	0.00164	
	M	0.00000	0.00729	0.00884	0.00723	0.00397	-0.00000	-0.00397	-0.00723	-0.00884	-0.00729	-0.00000	
5.75	Q	0.11453	0.03867	-0.00349	-0.02629	-0.03746	-0.04081	-0.03746	-0.02629	-0.00349	0.03867	0.11453	5.75
	V	0.00000	0.00014	0.00022	0.00020	0.00012	0.00000	-0.00012	-0.00020	-0.00022	-0.00014	0.00000	
	V'	0.00158	0.00115	0.00031	-0.00052	-0.00108	-0.00129	-0.00108	-0.00052	0.00031	0.00115	0.00158	
	M	0.00000	0.00707	0.00851	0.00693	0.00379	-0.00000	-0.00379	-0.00693	-0.00851	-0.00707	-0.00000	
6.00	Q	0.11194	0.03689	-0.00386	-0.02543	-0.03583	-0.03892	-0.03583	-0.02543	-0.00386	0.03689	0.11194	6.00
	V	0.00000	0.00014	0.00021	0.00020	0.00012	0.00000	-0.00012	-0.00020	-0.00021	-0.00014	0.00000	
	V'	0.00152	0.00110	0.00029	-0.00050	-0.00104	-0.00123	-0.00104	-0.00050	0.00029	0.00110	0.00152	
	M	0.00000	0.00684	0.00818	0.00663	0.00362	-0.00000	-0.00362	-0.00663	-0.00818	-0.00684	-0.00000	
6.25	Q	0.10942	0.03519	-0.00419	-0.02460	-0.03427	-0.03711	-0.03427	-0.02460	-0.00419	0.03519	0.10942	6.25
	V	0.00000	0.00013	0.00020	0.00019	0.00011	0.00000	-0.00011	-0.00019	-0.00020	-0.00013	0.00000	
	V'	0.00147	0.00106	0.00028	-0.00048	-0.00100	-0.00118	-0.00100	-0.00048	0.00028	0.00106	0.00147	
	M	0.00000	0.00663	0.00787	0.00635	0.00345	-0.00000	-0.00345	-0.00635	-0.00787	-0.00663	-0.00000	
6.50	Q	0.10697	0.03354	-0.00450	-0.02379	-0.03277	-0.03539	-0.03277	-0.02379	-0.00450	0.03354	0.10697	6.50
	V	0.00000	0.00013	0.00019	0.00018	0.00011	0.00000	-0.00011	-0.00018	-0.00019	-0.00013	0.00000	
	V'	0.00141	0.00102	0.00026	-0.00046	-0.00096	-0.00113	-0.00096	-0.00046	0.00026	0.00102	0.00141	
	M	0.00000	0.00642	0.00757	0.00607	0.00330	-0.00000	-0.00330	-0.00607	-0.00757	-0.00642	-0.00000	
6.75	Q	0.10460	0.03196	-0.00477	-0.02300	-0.03134	-0.03375	-0.03134	-0.02300	-0.00477	0.03196	0.10460	6.75
	V	0.00000	0.00012	0.00018	0.00017	0.00010	0.00000	-0.00010	-0.00017	-0.00018	-0.00012	0.00000	
	V'	0.00136	0.00098	0.00025	-0.00045	-0.00092	-0.00109	-0.00092	-0.00045	0.00025	0.00098	0.00136	
	M	0.00000	0.00622	0.00728	0.00581	0.00315	-0.00000	-0.00315	-0.00581	-0.00728	-0.00622	-0.00000	
7.00	Q	0.10230	0.03045	-0.00503	-0.02224	-0.02998	-0.03218	-0.02998	-0.02224	-0.00503	0.03045	0.10230	7.00
	V	0.00000	0.00012	0.00018	0.00017	0.00010	0.00000	-0.00010	-0.00017	-0.00018	-0.00012	0.00000	
	V'	0.00131	0.00094	0.00024	-0.00043	-0.00088	-0.00104	-0.00088	-0.00043	0.00024	0.00094	0.00131	
	M	0.00000	0.00603	0.00701	0.00557	0.00300	-0.00000	-0.00300	-0.00557	-0.00701	-0.00603	-0.00000	
7.25	Q	0.10008	0.02900	-0.00525	-0.02151	-0.02867	-0.03069	-0.02867	-0.02151	-0.00525	0.02900	0.10008	7.25
	V	0.00000	0.00011	0.00017	0.00016	0.00010	0.00000	-0.00010	-0.00016	-0.00017	-0.00011	0.00000	
	V'	0.00127	0.00091	0.00023	-0.00042	-0.00085	-0.00100	-0.00085	-0.00042	0.00023	0.00091	0.00127	
BETA	X/L =	0.00	0.10	0.20	0.30	0.40	0.50	0.60	0.70	0.80	0.90	1.00	BETA

FUNKTIONEN : F.Q';M - F.Q';Q - F.Q';V - F.Q';V'

FUNKTIONEN : F.Q'ıM - F.Q'ıQ - F.Q'ıV - F.Q'ıV'

BETA	X/L =	0.00	0.10	0.20	0.30	0.40	0.50	0.60	0.70	0.80	0.90	1.00	BETA
	M	0.00000	0.00584	0.00674	0.00533	0.00287	-0.00000	-0.00287	-0.00533	-0.00674	-0.00584	-0.00000	
7.50	Q	0.09793	0.02762	-0.00546	-0.02079	-0.02743	-0.02928	-0.02743	-0.02079	-0.00546	0.02762	0.09793	7.50
	V	0.00000	0.00011	0.00016	0.00015	0.00009	0.00000	-0.00009	-0.00015	-0.00016	-0.00011	0.00000	
	V'	0.00122	0.00087	0.00022	-0.00040	-0.00082	-0.00096	-0.00082	-0.00040	0.00022	0.00087	0.00122	
	M	0.00000	0.00566	0.00649	0.00510	0.00274	0.00000	-0.00274	-0.00510	-0.00649	-0.00566	-0.00000	
7.75	Q	0.09584	0.02629	-0.00564	-0.02011	-0.02625	-0.02794	-0.02625	-0.02011	-0.00564	0.02629	0.09584	7.75
	V	0.00000	0.00011	0.00016	0.00015	0.00009	0.00000	-0.00009	-0.00015	-0.00016	-0.00011	0.00000	
	V'	0.00118	0.00084	0.00020	-0.00039	-0.00078	-0.00092	-0.00078	-0.00039	0.00020	0.00084	0.00118	
	M	0.00000	0.00549	0.00625	0.00489	0.00262	-0.00000	-0.00262	-0.00489	-0.00625	-0.00549	-0.00000	
8.00	Q	0.09383	0.02503	-0.00580	-0.01944	-0.02512	-0.02667	-0.02512	-0.01944	-0.00580	0.02503	0.09383	8.00
	V	0.00000	0.00010	0.00015	0.00014	0.00008	0.00000	-0.00008	-0.00014	-0.00015	-0.00010	0.00000	
	V'	0.00114	0.00081	0.00019	-0.00037	-0.00075	-0.00089	-0.00075	-0.00037	0.00019	0.00081	0.00114	
	M	0.00000	0.00532	0.00601	0.00469	0.00250	-0.00000	-0.00250	-0.00469	-0.00601	-0.00532	-0.00000	
8.25	Q	0.09189	0.02382	-0.00593	-0.01880	-0.02405	-0.02547	-0.02405	-0.01880	-0.00593	0.02382	0.09189	8.25
	V	0.00000	0.00010	0.00015	0.00014	0.00008	0.00000	-0.00008	-0.00014	-0.00015	-0.00010	0.00000	
	V'	0.00110	0.00078	0.00019	-0.00036	-0.00072	-0.00085	-0.00072	-0.00036	0.00019	0.00078	0.00110	
	M	0.00000	0.00516	0.00579	0.00449	0.00239	-0.00000	-0.00239	-0.00449	-0.00579	-0.00516	-0.00000	
8.50	Q	0.09001	0.02267	-0.00605	-0.01819	-0.02304	-0.02432	-0.02304	-0.01819	-0.00605	0.02267	0.09001	8.50
	V	0.00000	0.00009	0.00014	0.00013	0.00008	0.00000	-0.00008	-0.00013	-0.00014	-0.00009	0.00000	
	V'	0.00106	0.00075	0.00018	-0.00035	-0.00070	-0.00082	-0.00070	-0.00035	0.00018	0.00075	0.00106	
	M	0.00000	0.00501	0.00558	0.00431	0.00229	-0.00000	-0.00229	-0.00431	-0.00558	-0.00501	-0.00000	
8.75	Q	0.08820	0.02157	-0.00616	-0.01759	-0.02207	-0.02324	-0.02207	-0.01759	-0.00616	0.02157	0.08820	8.75
	V	0.00000	0.00009	0.00014	0.00013	0.00007	0.00000	-0.00007	-0.00013	-0.00014	-0.00009	0.00000	
	V'	0.00102	0.00072	0.00017	-0.00034	-0.00067	-0.00078	-0.00067	-0.00034	0.00017	0.00072	0.00102	
	M	0.00000	0.00486	0.00538	0.00413	0.00219	-0.00000	-0.00219	-0.00413	-0.00538	-0.00486	-0.00000	
9.00	Q	0.08645	0.02052	-0.00624	-0.01702	-0.02115	-0.02222	-0.02115	-0.01702	-0.00624	0.02052	0.08645	9.00
	V	0.00000	0.00009	0.00013	0.00012	0.00007	0.00000	-0.00007	-0.00012	-0.00013	-0.00009	0.00000	
	V'	0.00099	0.00069	0.00016	-0.00032	-0.00064	-0.00075	-0.00064	-0.00032	0.00016	0.00069	0.00099	
	M	0.00000	0.00472	0.00518	0.00396	0.00209	-0.00000	-0.00209	-0.00396	-0.00518	-0.00472	-0.00000	
9.25	Q	0.08475	0.01952	-0.00631	-0.01647	-0.02028	-0.02125	-0.02028	-0.01647	-0.00631	0.01952	0.08475	9.25
	V	0.00000	0.00009	0.00013	0.00012	0.00007	0.00000	-0.00007	-0.00012	-0.00013	-0.00009	0.00000	
	V'	0.00096	0.00067	0.00015	-0.00031	-0.00062	-0.00073	-0.00062	-0.00031	0.00015	0.00067	0.00096	
	M	0.00000	0.00458	0.00500	0.00381	0.00201	-0.00000	-0.00201	-0.00381	-0.00500	-0.00458	-0.00000	
9.50	Q	0.08312	0.01857	-0.00636	-0.01594	-0.01945	-0.02034	-0.01945	-0.01594	-0.00636	0.01857	0.08312	9.50
	V	0.00000	0.00008	0.00012	0.00011	0.00007	0.00000	-0.00007	-0.00011	-0.00012	-0.00008	0.00000	
	V'	0.00093	0.00064	0.00014	-0.00030	-0.00060	-0.00070	-0.00060	-0.00030	0.00014	0.00064	0.00093	
	M	0.00000	0.00445	0.00482	0.00365	0.00192	-0.00000	-0.00192	-0.00365	-0.00482	-0.00445	-0.00000	
9.75	Q	0.08154	0.01767	-0.00640	-0.01542	-0.01867	-0.01947	-0.01867	-0.01542	-0.00640	0.01767	0.08154	9.75
	V	0.00000	0.00008	0.00012	0.00011	0.00006	0.00000	-0.00006	-0.00011	-0.00012	-0.00008	0.00000	
	V'	0.00090	0.00062	0.00014	-0.00029	-0.00058	-0.00067	-0.00058	-0.00029	0.00014	0.00062	0.00090	
BETA	X/L =	0.00	0.10	0.20	0.30	0.40	0.50	0.60	0.70	0.80	0.90	1.00	BETA

FUNKTIONEN : F.Q'ıM - F.Q'ıQ - F.Q'ıV - F.Q'ıV'

FUNKTIONEN : F.Q'
;M - F.Q';Q - F.Q';V - F.Q';V'

BETA	X/L =	0.00	0.10	0.20	0.30	0.40	0.50	0.60	0.70	0.80	0.90	1.00	BETA
	M	0.00000	0.00432	0.00465	0.00351	0.00184	-0.00000	-0.00184	-0.00351	-0.00465	-0.00432	-0.00000	
10.00	Q	0.08001	0.01680	-0.00643	-0.01493	-0.01792	-0.01865	-0.01792	-0.01493	-0.00643	0.01680	0.08001	10.00
	V	0.00000	0.00008	0.00011	0.00010	0.00006	0.00000	-0.00006	-0.00010	-0.00011	-0.00008	0.00000	
	V'	0.00087	0.00060	0.00013	-0.00028	-0.00055	-0.00065	-0.00055	-0.00028	0.00013	0.00060	0.00087	
	M	0.00000	0.00420	0.00449	0.00337	0.00177	-0.00000	-0.00177	-0.00337	-0.00449	-0.00420	-0.00000	
10.25	Q	0.07853	0.01598	-0.00645	-0.01446	-0.01721	-0.01788	-0.01721	-0.01446	-0.00645	0.01598	0.07853	10.25
	V	0.00000	0.00007	0.00011	0.00010	0.00006	0.00000	-0.00006	-0.00010	-0.00011	-0.00007	0.00000	
	V'	0.00084	0.00058	0.00012	-0.00027	-0.00053	-0.00062	-0.00053	-0.00027	0.00012	0.00058	0.00084	
	M	0.00000	0.00408	0.00433	0.00325	0.00169	-0.00000	-0.00169	-0.00325	-0.00433	-0.00408	-0.00000	
10.50	Q	0.07710	0.01520	-0.00646	-0.01400	-0.01654	-0.01714	-0.01654	-0.01400	-0.00646	0.01520	0.07710	10.50
	V	0.00000	0.00007	0.00011	0.00010	0.00006	0.00000	-0.00006	-0.00010	-0.00011	-0.00007	0.00000	
	V'	0.00081	0.00056	0.00012	-0.00027	-0.00052	-0.00060	-0.00052	-0.00027	0.00012	0.00056	0.00081	
	M	0.00000	0.00397	0.00419	0.00312	0.00163	-0.00000	-0.00163	-0.00312	-0.00419	-0.00397	-0.00000	
10.75	Q	0.07572	0.01445	-0.00645	-0.01356	-0.01590	-0.01645	-0.01590	-0.01356	-0.00645	0.01445	0.07572	10.75
	V	0.00000	0.00007	0.00010	0.00009	0.00006	0.00000	-0.00006	-0.00009	-0.00010	-0.00007	0.00000	
	V'	0.00079	0.00054	0.00011	-0.00026	-0.00050	-0.00058	-0.00050	-0.00026	0.00011	0.00054	0.00079	
	M	0.00000	0.00386	0.00404	0.00300	0.00156	-0.00000	-0.00156	-0.00300	-0.00404	-0.00386	-0.00000	
11.00	Q	0.07438	0.01374	-0.00644	-0.01313	-0.01529	-0.01579	-0.01529	-0.01313	-0.00644	0.01374	0.07438	11.00
	V	0.00000	0.00007	0.00010	0.00009	0.00005	0.00000	-0.00005	-0.00009	-0.00010	-0.00007	0.00000	
	V'	0.00076	0.00052	0.00011	-0.00025	-0.00048	-0.00056	-0.00048	-0.00025	0.00011	0.00052	0.00076	
	M	0.00000	0.00376	0.00391	0.00289	0.00150	-0.00000	-0.00150	-0.00289	-0.00391	-0.00376	-0.00000	
11.25	Q	0.07309	0.01306	-0.00642	-0.01273	-0.01471	-0.01516	-0.01471	-0.01273	-0.00642	0.01306	0.07309	11.25
	V	0.00000	0.00007	0.00010	0.00009	0.00005	0.00000	-0.00005	-0.00009	-0.00010	-0.00007	0.00000	
	V'	0.00074	0.00050	0.00010	-0.00024	-0.00046	-0.00054	-0.00046	-0.00024	0.00010	0.00050	0.00074	
	M	0.00000	0.00366	0.00378	0.00279	0.00144	-0.00000	-0.00144	-0.00279	-0.00378	-0.00366	-0.00000	
11.50	Q	0.07184	0.01241	-0.00640	-0.01233	-0.01416	-0.01457	-0.01416	-0.01233	-0.00640	0.01241	0.07184	11.50
	V	0.00000	0.00006	0.00009	0.00008	0.00005	0.00000	-0.00005	-0.00008	-0.00009	-0.00006	0.00000	
	V'	0.00072	0.00049	0.00010	-0.00023	-0.00045	-0.00052	-0.00045	-0.00023	0.00010	0.00049	0.00072	
	M	0.00000	0.00356	0.00366	0.00269	0.00139	0.00000	-0.00139	-0.00269	-0.00366	-0.00356	-0.00000	
11.75	Q	0.07062	0.01180	-0.00636	-0.01196	-0.01364	-0.01401	-0.01364	-0.01196	-0.00636	0.01180	0.07062	11.75
	V	0.00000	0.00006	0.00009	0.00008	0.00005	0.00000	-0.00005	-0.00008	-0.00009	-0.00006	0.00000	
	V'	0.00070	0.00047	0.00009	-0.00023	-0.00043	-0.00050	-0.00043	-0.00023	0.00009	0.00047	0.00070	
	M	0.00000	0.00346	0.00354	0.00259	0.00134	0.00000	-0.00134	-0.00259	-0.00354	-0.00346	-0.00000	
12.00	Q	0.06945	0.01121	-0.00632	-0.01159	-0.01314	-0.01348	-0.01314	-0.01159	-0.00632	0.01121	0.06945	12.00
	V	0.00000	0.00006	0.00009	0.00008	0.00005	0.00000	-0.00005	-0.00008	-0.00009	-0.00006	0.00000	
	V'	0.00068	0.00045	0.00009	-0.00022	-0.00042	-0.00049	-0.00042	-0.00022	0.00009	0.00045	0.00068	
	M	0.00000	0.00337	0.00342	0.00250	0.00129	-0.00000	-0.00129	-0.00250	-0.00342	-0.00337	-0.00000	
12.25	Q	0.06831	0.01065	-0.00628	-0.01124	-0.01267	-0.01297	-0.01267	-0.01124	-0.00628	0.01065	0.06831	12.25
	V	0.00000	0.00006	0.00008	0.00008	0.00004	0.00000	-0.00004	-0.00008	-0.00008	-0.00006	0.00000	
	V'	0.00066	0.00044	0.00009	-0.00021	-0.00040	-0.00047	-0.00040	-0.00021	0.00009	0.00044	0.00066	
BETA	X/L =	0.00	0.10	0.20	0.30	0.40	0.50	0.60	0.70	0.80	0.90	1.00	BETA

FUNKTIONEN : F.Q';M - F.Q';Q - F.Q';V - F.Q';V'

FUNKTIONEN : F.Q';M - F.Q';Q - F.Q';V - F.Q';V'

BETA	X/L =	0.00	0.10	0.20	0.30	0.40	0.50	0.60	0.70	0.80	0.90	1.00	BETA
	M	0.00000	0.00329	0.00331	0.00241	0.00124	-0.00000	-0.00124	-0.00241	-0.00331	-0.00329	-0.00000	
12.50	Q	0.06720	0.01012	-0.00623	-0.01091	-0.01222	-0.01249	-0.01222	-0.01091	-0.00623	0.01012	0.06720	12.50
	V	0.00000	0.00006	0.00008	0.00007	0.00004	0.00000	-0.00004	-0.00007	-0.00008	-0.00006	0.00000	
	V'	0.00064	0.00043	0.00008	-0.00021	-0.00039	-0.00045	-0.00039	-0.00021	0.00008	0.00043	0.00064	
	M	0.00000	0.00320	0.00321	0.00233	0.00120	-0.00000	-0.00120	-0.00233	-0.00321	-0.00320	-0.00000	
12.75	Q	0.06613	0.00961	-0.00618	-0.01058	-0.01179	-0.01204	-0.01179	-0.01058	-0.00618	0.00961	0.06613	12.75
	V	0.00000	0.00005	0.00008	0.00007	0.00004	0.00000	-0.00004	-0.00007	-0.00008	-0.00005	0.00000	
	V'	0.00062	0.00041	0.00008	-0.00020	-0.00038	-0.00044	-0.00038	-0.00020	0.00008	0.00041	0.00062	
	M	0.00000	0.00312	0.00311	0.00225	0.00115	-0.00000	-0.00115	-0.00225	-0.00311	-0.00312	-0.00000	
13.00	Q	0.06509	0.00913	-0.00612	-0.01027	-0.01138	-0.01160	-0.01138	-0.01027	-0.00612	0.00913	0.06509	13.00
	V	0.00000	0.00005	0.00008	0.00007	0.00004	0.00000	-0.00004	-0.00007	-0.00008	-0.00005	0.00000	
	V'	0.00060	0.00040	0.00008	-0.00020	-0.00037	-0.00042	-0.00037	-0.00020	0.00008	0.00040	0.00060	
	M	0.00000	0.00304	0.00302	0.00217	0.00111	-0.00000	-0.00111	-0.00217	-0.00302	-0.00304	-0.00000	
13.25	Q	0.06408	0.00867	-0.00606	-0.00997	-0.01099	-0.01119	-0.01099	-0.00997	-0.00606	0.00867	0.06408	13.25
	V	0.00000	0.00005	0.00007	0.00007	0.00004	0.00000	-0.00004	-0.00007	-0.00007	-0.00005	0.00000	
	V'	0.00058	0.00039	0.00007	-0.00019	-0.00036	-0.00041	-0.00036	-0.00019	0.00007	0.00039	0.00058	
	M	0.00000	0.00297	0.00292	0.00210	0.00107	-0.00000	-0.00107	-0.00210	-0.00292	-0.00297	-0.00000	
13.50	Q	0.06310	0.00823	-0.00599	-0.00968	-0.01062	-0.01080	-0.01062	-0.00968	-0.00599	0.00823	0.06310	13.50
	V	0.00000	0.00005	0.00007	0.00007	0.00004	0.00000	-0.00004	-0.00007	-0.00007	-0.00005	0.00000	
	V'	0.00057	0.00038	0.00007	-0.00018	-0.00034	-0.00040	-0.00034	-0.00018	0.00007	0.00038	0.00057	
	M	0.00000	0.00289	0.00284	0.00203	0.00104	-0.00000	-0.00104	-0.00203	-0.00284	-0.00289	-0.00000	
13.75	Q	0.06215	0.00781	-0.00593	-0.00940	-0.01026	-0.01043	-0.01026	-0.00940	-0.00593	0.00781	0.06215	13.75
	V	0.00000	0.00005	0.00007	0.00006	0.00004	0.00000	-0.00004	-0.00006	-0.00007	-0.00005	0.00000	
	V'	0.00055	0.00036	0.00007	-0.00018	-0.00033	-0.00039	-0.00033	-0.00018	0.00007	0.00036	0.00055	
	M	0.00000	0.00282	0.00275	0.00196	0.00100	-0.00000	-0.00100	-0.00196	-0.00275	-0.00282	-0.00000	
14.00	Q	0.06122	0.00741	-0.00586	-0.00913	-0.00992	-0.01007	-0.00992	-0.00913	-0.00586	0.00741	0.06122	14.00
	V	0.00000	0.00005	0.00007	0.00006	0.00004	0.00000	-0.00004	-0.00006	-0.00007	-0.00005	0.00000	
	V'	0.00054	0.00035	0.00006	-0.00017	-0.00032	-0.00037	-0.00032	-0.00017	0.00006	0.00035	0.00054	
	M	0.00000	0.00276	0.00267	0.00190	0.00097	-0.00000	-0.00097	-0.00190	-0.00267	-0.00276	-0.00000	
14.25	Q	0.06033	0.00703	-0.00579	-0.00887	-0.00960	-0.00974	-0.00960	-0.00887	-0.00579	0.00703	0.06033	14.25
	V	0.00000	0.00005	0.00007	0.00006	0.00003	0.00000	-0.00003	-0.00006	-0.00007	-0.00005	0.00000	
	V'	0.00052	0.00034	0.00006	-0.00017	-0.00031	-0.00036	-0.00031	-0.00017	0.00006	0.00034	0.00052	
	M	0.00000	0.00269	0.00259	0.00184	0.00094	-0.00000	-0.00094	-0.00184	-0.00259	-0.00269	-0.00000	
14.50	Q	0.05945	0.00666	-0.00572	-0.00862	-0.00929	-0.00941	-0.00929	-0.00862	-0.00572	0.00666	0.05945	14.50
	V	0.00000	0.00004	0.00006	0.00006	0.00003	0.00000	-0.00003	-0.00006	-0.00006	-0.00004	0.00000	
	V'	0.00051	0.00033	0.00006	-0.00017	-0.00030	-0.00035	-0.00030	-0.00017	0.00006	0.00033	0.00051	
	M	0.00000	0.00263	0.00252	0.00178	0.00091	-0.00000	-0.00091	-0.00178	-0.00252	-0.00263	-0.00000	
14.75	Q	0.05860	0.00632	-0.00564	-0.00838	-0.00900	-0.00911	-0.00900	-0.00838	-0.00564	0.00632	0.05860	14.75
	V	0.00000	0.00004	0.00006	0.00006	0.00003	0.00000	-0.00003	-0.00006	-0.00006	-0.00004	0.00000	
	V'	0.00050	0.00032	0.00006	-0.00016	-0.00030	-0.00034	-0.00030	-0.00016	0.00006	0.00032	0.00050	
BETA	X/L =	0.00	0.10	0.20	0.30	0.40	0.50	0.60	0.70	0.80	0.90	1.00	BETA

FUNKTIONEN : F.Q';M - F.Q';Q - F.Q';V - F.Q';V'

FUNKTIONEN : F.Q'|M - F.Q'|Q - F.Q'|V - F.Q'|V'

BETA	X/L =	0.00	0.10	0.20	0.30	0.40	0.50	0.60	0.70	0.80	0.90	1.00	BETA
	M	0.00000	0.00256	0.00245	0.00173	0.00088	-0.00000	-0.00088	-0.00173	-0.00245	-0.00256	-0.00000	
15.00	Q	0.05778	0.00599	-0.00557	-0.00815	-0.00872	-0.00882	-0.00872	-0.00815	-0.00557	0.00599	0.05778	15.00
	V	0.00000	0.00004	0.00006	0.00005	0.00003	0.00000	-0.00003	-0.00005	-0.00006	-0.00004	0.00000	
	V'	0.00048	0.00031	0.00005	-0.00016	-0.00029	-0.00033	-0.00029	-0.00016	0.00005	0.00031	0.00048	
	M	0.00000	0.00250	0.00238	0.00168	0.00085	-0.00000	-0.00085	-0.00168	-0.00238	-0.00250	-0.00000	
15.25	Q	0.05697	0.00567	-0.00549	-0.00792	-0.00845	-0.00854	-0.00845	-0.00792	-0.00549	0.00567	0.05697	15.25
	V	0.00000	0.00004	0.00006	0.00005	0.00003	0.00000	-0.00003	-0.00005	-0.00006	-0.00004	0.00000	
	V'	0.00047	0.00031	0.00005	-0.00015	-0.00028	-0.00032	-0.00028	-0.00015	0.00005	0.00031	0.00047	
	M	0.00000	0.00245	0.00231	0.00163	0.00082	-0.00000	-0.00082	-0.00163	-0.00231	-0.00245	-0.00000	
15.50	Q	0.05619	0.00537	-0.00542	-0.00771	-0.00819	-0.00827	-0.00819	-0.00771	-0.00542	0.00537	0.05619	15.50
	V	0.00000	0.00004	0.00006	0.00005	0.00003	0.00000	-0.00003	-0.00005	-0.00006	-0.00004	0.00000	
	V'	0.00046	0.00030	0.00005	-0.00015	-0.00027	-0.00031	-0.00027	-0.00015	0.00005	0.00030	0.00046	
	M	0.00000	0.00239	0.00225	0.00158	0.00080	-0.00000	-0.00080	-0.00158	-0.00225	-0.00239	-0.00000	
15.75	Q	0.05543	0.00508	-0.00534	-0.00750	-0.00794	-0.00801	-0.00794	-0.00750	-0.00534	0.00508	0.05543	15.75
	V	0.00000	0.00004	0.00006	0.00005	0.00003	0.00000	-0.00003	-0.00005	-0.00006	-0.00004	0.00000	
	V'	0.00045	0.00029	0.00005	-0.00014	-0.00026	-0.00030	-0.00026	-0.00014	0.00005	0.00029	0.00045	
	M	0.00000	0.00234	0.00218	0.00153	0.00078	-0.00000	-0.00078	-0.00153	-0.00218	-0.00234	-0.00000	
16.00	Q	0.05469	0.00481	-0.00526	-0.00730	-0.00770	-0.00777	-0.00770	-0.00730	-0.00526	0.00481	0.05469	16.00
	V	0.00000	0.00004	0.00005	0.00005	0.00003	0.00000	-0.00003	-0.00005	-0.00005	-0.00004	0.00000	
	V'	0.00044	0.00028	0.00005	-0.00014	-0.00026	-0.00030	-0.00026	-0.00014	0.00005	0.00028	0.00044	
	M	0.00000	0.00228	0.00213	0.00149	0.00075	-0.00000	-0.00075	-0.00149	-0.00213	-0.00228	-0.00000	
16.25	Q	0.05396	0.00454	-0.00519	-0.00710	-0.00748	-0.00754	-0.00748	-0.00710	-0.00519	0.00454	0.05396	16.25
	V	0.00000	0.00004	0.00005	0.00005	0.00003	0.00000	-0.00003	-0.00005	-0.00005	-0.00004	0.00000	
	V'	0.00043	0.00027	0.00004	-0.00014	-0.00025	-0.00029	-0.00025	-0.00014	0.00004	0.00027	0.00043	
	M	0.00000	0.00223	0.00207	0.00144	0.00073	-0.00000	-0.00073	-0.00144	-0.00207	-0.00223	-0.00000	
16.50	Q	0.05326	0.00429	-0.00511	-0.00692	-0.00726	-0.00731	-0.00726	-0.00692	-0.00511	0.00429	0.05326	16.50
	V	0.00000	0.00004	0.00005	0.00005	0.00003	0.00000	-0.00003	-0.00005	-0.00005	-0.00004	0.00000	
	V'	0.00042	0.00027	0.00004	-0.00013	-0.00024	-0.00028	-0.00024	-0.00013	0.00004	0.00027	0.00042	
	M	0.00000	0.00218	0.00201	0.00140	0.00071	-0.00000	-0.00071	-0.00140	-0.00201	-0.00218	-0.00000	
16.75	Q	0.05257	0.00405	-0.00503	-0.00674	-0.00705	-0.00710	-0.00705	-0.00674	-0.00503	0.00405	0.05257	16.75
	V	0.00000	0.00003	0.00005	0.00004	0.00003	0.00000	-0.00003	-0.00004	-0.00005	-0.00003	0.00000	
	V'	0.00041	0.00026	0.00004	-0.00013	-0.00024	-0.00027	-0.00024	-0.00013	0.00004	0.00026	0.00041	
	M	0.00000	0.00214	0.00196	0.00136	0.00069	-0.00000	-0.00069	-0.00136	-0.00196	-0.00214	-0.00000	
17.00	Q	0.05190	0.00383	-0.00496	-0.00656	-0.00685	-0.00690	-0.00685	-0.00656	-0.00496	0.00383	0.05190	17.00
	V	0.00000	0.00003	0.00005	0.00004	0.00003	0.00000	-0.00003	-0.00004	-0.00005	-0.00003	0.00000	
	V'	0.00040	0.00025	0.00004	-0.00013	-0.00023	-0.00026	-0.00023	-0.00013	0.00004	0.00025	0.00040	
	M	0.00000	0.00209	0.00191	0.00133	0.00067	-0.00000	-0.00067	-0.00133	-0.00191	-0.00209	-0.00000	
17.25	Q	0.05125	0.00361	-0.00488	-0.00639	-0.00666	-0.00670	-0.00666	-0.00639	-0.00488	0.00361	0.05125	17.25
	V	0.00000	0.00003	0.00005	0.00004	0.00002	0.00000	-0.00002	-0.00004	-0.00005	-0.00003	0.00000	
	V'	0.00039	0.00025	0.00004	-0.00012	-0.00022	-0.00026	-0.00022	-0.00012	0.00004	0.00025	0.00039	

BETA | X/L = 0.00 0.10 0.20 0.30 0.40 0.50 0.60 0.70 0.80 0.90 1.00 | BETA

FUNKTIONEN : F.Q'|M - F.Q'|Q - F.Q'|V - F.Q'|V'

FUNKTIONEN : F.Q'¦M - F.Q'¦Q - F.Q'¦V - F.Q'¦V'

BETA	X/L =	0.00	0.10	0.20	0.30	0.40	0.50	0.60	0.70	0.80	0.90	1.00	BETA
	M	0.00000	0.00204	0.00186	0.00129	0.00065	-0.00000	-0.00065	-0.00129	-0.00186	-0.00204	-0.00000	
17.50	Q	0.05061	0.00340	-0.00480	-0.00623	-0.00648	-0.00651	-0.00648	-0.00623	-0.00480	0.00340	0.05061	17.50
	V	0.00000	0.00003	0.00005	0.00004	0.00002	0.00000	-0.00002	-0.00004	-0.00005	-0.00003	0.00000	
	V'	0.00038	0.00024	0.00004	-0.00012	-0.00022	-0.00025	-0.00022	-0.00012	0.00004	0.00024	0.00038	
	M	0.00000	0.00200	0.00181	0.00125	0.00063	-0.00000	-0.00063	-0.00125	-0.00181	-0.00200	-0.00000	
17.75	Q	0.04999	0.00320	-0.00473	-0.00607	-0.00630	-0.00633	-0.00630	-0.00607	-0.00473	0.00320	0.04999	17.75
	V	0.00000	0.00003	0.00005	0.00004	0.00002	0.00000	-0.00002	-0.00004	-0.00005	-0.00003	0.00000	
	V'	0.00037	0.00023	0.00004	-0.00012	-0.00021	-0.00024	-0.00021	-0.00012	0.00004	0.00023	0.00037	
	M	0.00000	0.00196	0.00177	0.00122	0.00062	-0.00000	-0.00062	-0.00122	-0.00177	-0.00196	-0.00000	
18.00	Q	0.04938	0.00301	-0.00465	-0.00592	-0.00613	-0.00616	-0.00613	-0.00592	-0.00465	0.00301	0.04938	18.00
	V	0.00000	0.00003	0.00004	0.00004	0.00002	0.00000	-0.00002	-0.00004	-0.00004	-0.00003	0.00000	
	V'	0.00036	0.00023	0.00003	-0.00012	-0.00021	-0.00024	-0.00021	-0.00012	0.00003	0.00023	0.00036	
	M	0.00000	0.00192	0.00172	0.00119	0.00060	-0.00000	-0.00060	-0.00119	-0.00172	-0.00192	-0.00000	
18.25	Q	0.04879	0.00283	-0.00458	-0.00578	-0.00597	-0.00599	-0.00597	-0.00578	-0.00458	0.00283	0.04879	18.25
	V	0.00000	0.00003	0.00004	0.00004	0.00002	0.00000	-0.00002	-0.00004	-0.00004	-0.00003	0.00000	
	V'	0.00035	0.00022	0.00003	-0.00011	-0.00020	-0.00023	-0.00020	-0.00011	0.00003	0.00022	0.00035	
	M	0.00000	0.00188	0.00168	0.00116	0.00058	-0.00000	-0.00058	-0.00116	-0.00168	-0.00188	-0.00000	
18.50	Q	0.04821	0.00266	-0.00451	-0.00563	-0.00581	-0.00583	-0.00581	-0.00563	-0.00451	0.00266	0.04821	18.50
	V	0.00000	0.00003	0.00004	0.00004	0.00002	0.00000	-0.00002	-0.00004	-0.00004	-0.00003	0.00000	
	V'	0.00035	0.00022	0.00003	-0.00011	-0.00020	-0.00023	-0.00020	-0.00011	0.00003	0.00022	0.00035	
	M	0.00000	0.00184	0.00164	0.00113	0.00057	-0.00000	-0.00057	-0.00113	-0.00164	-0.00184	-0.00000	
18.75	Q	0.04764	0.00249	-0.00443	-0.00550	-0.00566	-0.00568	-0.00566	-0.00550	-0.00443	0.00249	0.04764	18.75
	V	0.00000	0.00003	0.00004	0.00004	0.00002	0.00000	-0.00002	-0.00004	-0.00004	-0.00003	0.00000	
	V'	0.00034	0.00021	0.00003	-0.00011	-0.00019	-0.00022	-0.00019	-0.00011	0.00003	0.00021	0.00034	
	M	0.00000	0.00180	0.00160	0.00110	0.00055	-0.00000	-0.00055	-0.00110	-0.00160	-0.00180	-0.00000	
19.00	Q	0.04709	0.00233	-0.00436	-0.00536	-0.00551	-0.00553	-0.00551	-0.00536	-0.00436	0.00233	0.04709	19.00
	V	0.00000	0.00003	0.00004	0.00004	0.00002	0.00000	-0.00002	-0.00004	-0.00004	-0.00003	0.00000	
	V'	0.00033	0.00021	0.00003	-0.00011	-0.00019	-0.00022	-0.00019	-0.00011	0.00003	0.00021	0.00033	
	M	0.00000	0.00177	0.00156	0.00107	0.00054	-0.00000	-0.00054	-0.00107	-0.00156	-0.00177	-0.00000	
19.25	Q	0.04655	0.00218	-0.00429	-0.00524	-0.00537	-0.00539	-0.00537	-0.00524	-0.00429	0.00218	0.04655	19.25
	V	0.00000	0.00003	0.00004	0.00003	0.00002	0.00000	-0.00002	-0.00003	-0.00004	-0.00003	0.00000	
	V'	0.00032	0.00020	0.00003	-0.00010	-0.00018	-0.00021	-0.00018	-0.00010	0.00003	0.00020	0.00032	
	M	0.00000	0.00173	0.00152	0.00104	0.00052	-0.00000	-0.00052	-0.00104	-0.00152	-0.00173	-0.00000	
19.50	Q	0.04602	0.00204	-0.00422	-0.00511	-0.00524	-0.00525	-0.00524	-0.00511	-0.00422	0.00204	0.04602	19.50
	V	0.00000	0.00003	0.00004	0.00003	0.00002	0.00000	-0.00002	-0.00003	-0.00004	-0.00003	0.00000	
	V'	0.00032	0.00020	0.00003	-0.00010	-0.00018	-0.00021	-0.00018	-0.00010	0.00003	0.00020	0.00032	
	M	0.00000	0.00170	0.00149	0.00102	0.00051	-0.00000	-0.00051	-0.00102	-0.00149	-0.00170	-0.00000	
19.75	Q	0.04551	0.00190	-0.00415	-0.00499	-0.00511	-0.00512	-0.00511	-0.00499	-0.00415	0.00190	0.04551	19.75
	V	0.00000	0.00003	0.00004	0.00003	0.00002	0.00000	-0.00002	-0.00003	-0.00004	-0.00003	0.00000	
	V'	0.00031	0.00019	0.00003	-0.00010	-0.00017	-0.00020	-0.00017	-0.00010	0.00003	0.00019	0.00031	

BETA ¦X/L = 0.00 0.10 0.20 0.30 0.40 0.50 0.60 0.70 0.80 0.90 1.00 BETA
FUNKTIONEN : F.Q'¦M - F.Q'¦Q - F.Q'¦V - F.Q'¦V'
Z U G S T A E B E -524-

Z U G S T A E B E -525-

FUNKTIONEN : F.Q';M - F.Q';Q - F.Q';V - F.Q';V'

BETA	X/L =	0.00	0.10	0.20	0.30	0.40	0.50	0.60	0.70	0.80	0.90	1.00	BETA
	M	0.00000	0.00166	0.00145	0.00099	0.00050	-0.00000	-0.00050	-0.00099	-0.00145	-0.00166	-0.00000	
20.00	Q	0.04500	0.00177	-0.00408	-0.00488	-0.00498	-0.00500	-0.00498	-0.00488	-0.00408	0.00177	0.04500	20.00
	V	0.00000	0.00003	0.00004	0.00003	0.00002	0.00000	-0.00002	-0.00003	-0.00004	-0.00003	0.00000	
	V'	0.00030	0.00019	0.00003	-0.00010	-0.00017	-0.00020	-0.00017	-0.00010	0.00003	0.00019	0.00030	
	M	0.00000	0.00163	0.00142	0.00097	0.00049	-0.00000	-0.00049	-0.00097	-0.00142	-0.00163	-0.00000	
20.25	Q	0.04451	0.00164	-0.00402	-0.00476	-0.00486	-0.00487	-0.00486	-0.00476	-0.00402	0.00164	0.04451	20.25
	V	0.00000	0.00003	0.00004	0.00003	0.00002	0.00000	-0.00002	-0.00003	-0.00004	-0.00003	0.00000	
	V'	0.00030	0.00018	0.00003	-0.00009	-0.00017	-0.00019	-0.00017	-0.00009	0.00003	0.00018	0.00030	
	M	0.00000	0.00160	0.00139	0.00095	0.00048	-0.00000	-0.00048	-0.00095	-0.00139	-0.00160	-0.00000	
20.50	Q	0.04402	0.00152	-0.00395	-0.00465	-0.00475	-0.00476	-0.00475	-0.00465	-0.00395	0.00152	0.04402	20.50
	V	0.00000	0.00002	0.00003	0.00003	0.00002	0.00000	-0.00002	-0.00003	-0.00003	-0.00002	0.00000	
	V'	0.00029	0.00018	0.00003	-0.00009	-0.00016	-0.00019	-0.00016	-0.00009	0.00003	0.00018	0.00029	
	M	0.00000	0.00157	0.00136	0.00092	0.00046	-0.00000	-0.00046	-0.00092	-0.00136	-0.00157	-0.00000	
20.75	Q	0.04355	0.00141	-0.00389	-0.00455	-0.00463	-0.00464	-0.00463	-0.00455	-0.00389	0.00141	0.04355	20.75
	V	0.00000	0.00002	0.00003	0.00003	0.00002	0.00000	-0.00002	-0.00003	-0.00003	-0.00002	0.00000	
	V'	0.00029	0.00017	0.00002	-0.00009	-0.00016	-0.00018	-0.00016	-0.00009	0.00002	0.00017	0.00029	
	M	0.00000	0.00154	0.00133	0.00090	0.00045	-0.00000	-0.00045	-0.00090	-0.00133	-0.00154	-0.00000	
21.00	Q	0.04308	0.00130	-0.00382	-0.00445	-0.00452	-0.00453	-0.00452	-0.00445	-0.00382	0.00130	0.04308	21.00
	V	0.00000	0.00002	0.00003	0.00003	0.00002	0.00000	-0.00002	-0.00003	-0.00003	-0.00002	0.00000	
	V'	0.00028	0.00017	0.00002	-0.00009	-0.00016	-0.00018	-0.00016	-0.00009	0.00002	0.00017	0.00028	
	M	0.00000	0.00151	0.00130	0.00088	0.00044	-0.00000	-0.00044	-0.00088	-0.00130	-0.00151	-0.00000	
21.25	Q	0.04263	0.00119	-0.00376	-0.00435	-0.00442	-0.00443	-0.00442	-0.00435	-0.00376	0.00119	0.04263	21.25
	V	0.00000	0.00002	0.00003	0.00003	0.00002	0.00000	-0.00002	-0.00003	-0.00003	-0.00002	0.00000	
	V'	0.00027	0.00017	0.00002	-0.00009	-0.00015	-0.00017	-0.00015	-0.00009	0.00002	0.00017	0.00027	
	M	0.00000	0.00148	0.00127	0.00086	0.00043	-0.00000	-0.00043	-0.00086	-0.00127	-0.00148	-0.00000	
21.50	Q	0.04218	0.00109	-0.00370	-0.00425	-0.00432	-0.00432	-0.00432	-0.00425	-0.00370	0.00109	0.04218	21.50
	V	0.00000	0.00002	0.00003	0.00003	0.00002	0.00000	-0.00002	-0.00003	-0.00003	-0.00002	0.00000	
	V'	0.00027	0.00016	0.00002	-0.00008	-0.00015	-0.00017	-0.00015	-0.00008	0.00002	0.00016	0.00027	
	M	0.00000	0.00145	0.00124	0.00084	0.00042	-0.00000	-0.00042	-0.00084	-0.00124	-0.00145	-0.00000	
21.75	Q	0.04175	0.00100	-0.00363	-0.00416	-0.00422	-0.00423	-0.00422	-0.00416	-0.00363	0.00100	0.04175	21.75
	V	0.00000	0.00002	0.00003	0.00003	0.00002	0.00000	-0.00002	-0.00003	-0.00003	-0.00002	0.00000	
	V'	0.00026	0.00016	0.00002	-0.00008	-0.00015	-0.00017	-0.00015	-0.00008	0.00002	0.00016	0.00026	
	M	0.00000	0.00142	0.00121	0.00082	0.00041	-0.00000	-0.00041	-0.00082	-0.00121	-0.00142	-0.00000	
22.00	Q	0.04132	0.00090	-0.00357	-0.00407	-0.00413	-0.00413	-0.00413	-0.00407	-0.00357	0.00090	0.04132	22.00
	V	0.00000	0.00002	0.00003	0.00003	0.00002	0.00000	-0.00002	-0.00003	-0.00003	-0.00002	0.00000	
	V'	0.00026	0.00016	0.00002	-0.00008	-0.00014	-0.00016	-0.00014	-0.00008	0.00002	0.00016	0.00026	
	M	0.00000	0.00140	0.00119	0.00081	0.00040	-0.00000	-0.00040	-0.00081	-0.00119	-0.00140	-0.00000	
22.25	Q	0.04090	0.00082	-0.00352	-0.00398	-0.00403	-0.00404	-0.00403	-0.00398	-0.00352	0.00082	0.04090	22.25
	V	0.00000	0.00002	0.00003	0.00003	0.00002	0.00000	-0.00002	-0.00003	-0.00003	-0.00002	0.00000	
	V'	0.00025	0.00015	0.00002	-0.00008	-0.00014	-0.00016	-0.00014	-0.00008	0.00002	0.00015	0.00025	
BETA	X/L =	0.00	0.10	0.20	0.30	0.40	0.50	0.60	0.70	0.80	0.90	1.00	BETA

FUNKTIONEN : F.Q';M - F.Q';Q - F.Q';V - F.Q';V'

Z U G S T A E B E -525-

FUNKTIONEN : F.Q';M - F.Q';Q - F.Q';V - F.Q';V'

BETA	X/L =	0.00	0.10	0.20	0.30	0.40	0.50	0.60	0.70	0.80	0.90	1.00	BETA
22.50	M	0.00000	0.00137	0.00116	0.00079	0.00039	-0.00000	-0.00039	-0.00079	-0.00116	-0.00137	-0.00000	22.50
	Q	0.04049	0.00073	-0.00346	-0.00390	-0.00395	-0.00395	-0.00395	-0.00390	-0.00346	0.00073	0.04049	
	V	0.00000	0.00002	0.00003	0.00003	0.00002	0.00000	-0.00002	-0.00003	-0.00003	-0.00002	0.00000	
	V'	0.00025	0.00015	0.00002	-0.00008	-0.00014	-0.00016	-0.00014	-0.00008	0.00002	0.00015	0.00025	
22.75	M	0.00000	0.00135	0.00114	0.00077	0.00039	-0.00000	-0.00039	-0.00077	-0.00114	-0.00135	-0.00000	22.75
	Q	0.04009	0.00065	-0.00340	-0.00382	-0.00386	-0.00386	-0.00386	-0.00382	-0.00340	0.00065	0.04009	
	V	0.00000	0.00002	0.00003	0.00003	0.00001	0.00000	-0.00001	-0.00003	-0.00003	-0.00002	0.00000	
	V'	0.00024	0.00015	0.00002	-0.00008	-0.00013	-0.00015	-0.00013	-0.00008	0.00002	0.00015	0.00024	
23.00	M	0.00000	0.00132	0.00112	0.00075	0.00038	-0.00000	-0.00038	-0.00075	-0.00112	-0.00132	-0.00000	23.00
	Q	0.03970	0.00058	-0.00334	-0.00374	-0.00378	-0.00378	-0.00378	-0.00374	-0.00334	0.00058	0.03970	
	V	0.00000	0.00002	0.00003	0.00003	0.00001	0.00000	-0.00001	-0.00003	-0.00003	-0.00002	0.00000	
	V'	0.00024	0.00014	0.00002	-0.00007	-0.00013	-0.00015	-0.00013	-0.00007	0.00002	0.00014	0.00024	
23.25	M	0.00000	0.00130	0.00109	0.00074	0.00037	-0.00000	-0.00037	-0.00074	-0.00109	-0.00130	-0.00000	23.25
	Q	0.03931	0.00051	-0.00329	-0.00366	-0.00370	-0.00370	-0.00370	-0.00366	-0.00329	0.00051	0.03931	
	V	0.00000	0.00002	0.00003	0.00002	0.00001	0.00000	-0.00001	-0.00002	-0.00003	-0.00002	0.00000	
	V'	0.00024	0.00014	0.00002	-0.00007	-0.00013	-0.00015	-0.00013	-0.00007	0.00002	0.00014	0.00024	
23.50	M	0.00000	0.00128	0.00107	0.00072	0.00036	-0.00000	-0.00036	-0.00072	-0.00107	-0.00128	-0.00000	23.50
	Q	0.03893	0.00044	-0.00323	-0.00358	-0.00362	-0.00362	-0.00362	-0.00358	-0.00323	0.00044	0.03893	
	V	0.00000	0.00002	0.00003	0.00002	0.00001	0.00000	-0.00001	-0.00002	-0.00003	-0.00002	0.00000	
	V'	0.00023	0.00014	0.00002	-0.00007	-0.00013	-0.00014	-0.00013	-0.00007	0.00002	0.00014	0.00023	
23.75	M	0.00000	0.00125	0.00105	0.00071	0.00035	-0.00000	-0.00035	-0.00071	-0.00105	-0.00125	-0.00000	23.75
	Q	0.03856	0.00037	-0.00318	-0.00351	-0.00354	-0.00355	-0.00354	-0.00351	-0.00318	0.00037	0.03856	
	V	0.00000	0.00002	0.00003	0.00002	0.00001	0.00000	-0.00001	-0.00002	-0.00003	-0.00002	0.00000	
	V'	0.00023	0.00014	0.00002	-0.00007	-0.00012	-0.00014	-0.00012	-0.00007	0.00002	0.00014	0.00023	
24.00	M	0.00000	0.00123	0.00103	0.00069	0.00035	-0.00000	-0.00035	-0.00069	-0.00103	-0.00123	-0.00000	24.00
	Q	0.03819	0.00031	-0.00313	-0.00344	-0.00347	-0.00347	-0.00347	-0.00344	-0.00313	0.00031	0.03819	
	V	0.00000	0.00002	0.00003	0.00002	0.00001	0.00000	-0.00001	-0.00002	-0.00003	-0.00002	0.00000	
	V'	0.00022	0.00013	0.00002	-0.00007	-0.00012	-0.00014	-0.00012	-0.00007	0.00002	0.00013	0.00022	
24.25	M	0.00000	0.00121	0.00101	0.00068	0.00034	0.00000	-0.00034	-0.00068	-0.00101	-0.00121	-0.00000	24.25
	Q	0.03784	0.00025	-0.00308	-0.00337	-0.00340	-0.00340	-0.00340	-0.00337	-0.00308	0.00025	0.03784	
	V	0.00000	0.00002	0.00003	0.00002	0.00001	0.00000	-0.00001	-0.00002	-0.00003	-0.00002	0.00000	
	V'	0.00022	0.00013	0.00002	-0.00007	-0.00012	-0.00014	-0.00012	-0.00007	0.00002	0.00013	0.00022	
24.50	M	0.00000	0.00119	0.00099	0.00067	0.00033	0.00000	-0.00033	-0.00067	-0.00099	-0.00119	-0.00000	24.50
	Q	0.03748	0.00019	-0.00303	-0.00331	-0.00333	-0.00333	-0.00333	-0.00331	-0.00303	0.00019	0.03748	
	V	0.00000	0.00002	0.00003	0.00002	0.00001	0.00000	-0.00001	-0.00002	-0.00003	-0.00002	0.00000	
	V'	0.00022	0.00013	0.00002	-0.00007	-0.00012	-0.00013	-0.00012	-0.00007	0.00002	0.00013	0.00022	
24.75	M	0.00000	0.00117	0.00097	0.00065	0.00033	0.00000	-0.00033	-0.00065	-0.00097	-0.00117	-0.00000	24.75
	Q	0.03714	0.00014	-0.00298	-0.00324	-0.00326	-0.00326	-0.00326	-0.00324	-0.00298	0.00014	0.03714	
	V	0.00000	0.00002	0.00002	0.00002	0.00001	0.00000	-0.00001	-0.00002	-0.00002	-0.00002	0.00000	
	V'	0.00021	0.00012	0.00002	-0.00007	-0.00011	-0.00013	-0.00011	-0.00007	0.00002	0.00012	0.00021	
BETA	X/L =	0.00	0.10	0.20	0.30	0.40	0.50	0.60	0.70	0.80	0.90	1.00	BETA

FUNKTIONEN : F.Q';M - F.Q';Q - F.Q';V - F.Q';V'

FUNKTIONEN : F.Q'‚M - F.Q'‚Q - F.Q'‚V - F.Q'‚V'

BETA	X/L =	0.00	0.10	0.20	0.30	0.40	0.50	0.60	0.70	0.80	0.90	1.00	BETA
	M	0.00000	0.00115	0.00095	0.00064	0.00032	0.00000	-0.00032	-0.00064	-0.00095	-0.00115	-0.00000	
25.00	Q	0.03680	0.00008	-0.00293	-0.00318	-0.00320	-0.00320	-0.00320	-0.00318	-0.00293	0.00008	0.03680	25.00
	V	0.00000	0.00002	0.00002	0.00002	0.00001	0.00000	-0.00001	-0.00002	-0.00002	-0.00002	0.00000	
	V'	0.00021	0.00012	0.00002	-0.00006	-0.00011	-0.00013	-0.00011	-0.00006	0.00002	0.00012	0.00021	
	M	0.00000	0.00106	0.00086	0.00058	0.00029	0.00000	-0.00029	-0.00058	-0.00086	-0.00106	-0.00000	
26.25	Q	0.03519	-0.00014	-0.00270	-0.00289	-0.00290	-0.00290	-0.00290	-0.00289	-0.00270	-0.00014	0.03519	26.25
	V	0.00000	0.00002	0.00002	0.00002	0.00001	0.00000	-0.00001	-0.00002	-0.00002	-0.00002	0.00000	
	V'	0.00019	0.00011	0.00001	-0.00006	-0.00010	-0.00012	-0.00010	-0.00006	0.00001	0.00011	0.00019	
	M	0.00000	0.00097	0.00079	0.00053	0.00026	0.00000	-0.00026	-0.00053	-0.00079	-0.00097	-0.00000	
27.50	Q	0.03372	-0.00032	-0.00250	-0.00264	-0.00264	-0.00264	-0.00264	-0.00264	-0.00250	-0.00032	0.03372	27.50
	V	0.00000	0.00001	0.00002	0.00002	0.00001	0.00000	-0.00001	-0.00002	-0.00002	-0.00001	0.00000	
	V'	0.00018	0.00010	0.00001	-0.00005	-0.00009	-0.00011	-0.00009	-0.00005	0.00001	0.00010	0.00018	
	M	0.00000	0.00090	0.00072	0.00048	0.00024	0.00000	-0.00024	-0.00048	-0.00072	-0.00090	-0.00000	
28.75	Q	0.03236	-0.00046	-0.00231	-0.00241	-0.00242	-0.00242	-0.00242	-0.00241	-0.00231	-0.00046	0.03236	28.75
	V	0.00000	0.00001	0.00002	0.00002	0.00001	0.00000	-0.00001	-0.00002	-0.00002	-0.00001	0.00000	
	V'	0.00016	0.00009	0.00001	-0.00005	-0.00009	-0.00010	-0.00009	-0.00005	0.00001	0.00009	0.00016	
	M	0.00000	0.00083	0.00066	0.00044	0.00022	0.00000	-0.00022	-0.00044	-0.00066	-0.00083	-0.00000	
30.00	Q	0.03111	-0.00056	-0.00214	-0.00222	-0.00222	-0.00222	-0.00222	-0.00222	-0.00214	-0.00056	0.03111	30.00
	V	0.00000	0.00001	0.00002	0.00002	0.00001	0.00000	-0.00001	-0.00002	-0.00002	-0.00001	0.00000	
	V'	0.00015	0.00009	0.00001	-0.00005	-0.00008	-0.00009	-0.00008	-0.00005	0.00001	0.00009	0.00015	
	M	0.00000	0.00077	0.00061	0.00041	0.00020	0.00000	-0.00020	-0.00041	-0.00061	-0.00077	-0.00000	
31.25	Q	0.02995	-0.00064	-0.00199	-0.00205	-0.00205	-0.00205	-0.00205	-0.00205	-0.00199	-0.00064	0.02995	31.25
	V	0.00000	0.00001	0.00002	0.00001	0.00001	0.00000	-0.00001	-0.00001	-0.00002	-0.00001	0.00000	
	V'	0.00014	0.00008	0.00001	-0.00004	-0.00007	-0.00008	-0.00007	-0.00004	0.00001	0.00008	0.00014	
	M	0.00000	0.00072	0.00057	0.00038	0.00019	0.00000	-0.00019	-0.00038	-0.00057	-0.00072	-0.00000	
32.50	Q	0.02888	-0.00070	-0.00185	-0.00189	-0.00189	-0.00189	-0.00189	-0.00189	-0.00185	-0.00070	0.02888	32.50
	V	0.00000	0.00001	0.00001	0.00001	0.00001	0.00000	-0.00001	-0.00001	-0.00001	-0.00001	0.00000	
	V'	0.00013	0.00007	0.00001	-0.00004	-0.00007	-0.00008	-0.00007	-0.00004	0.00001	0.00007	0.00013	
	M	0.00000	0.00067	0.00053	0.00035	0.00018	0.00000	-0.00018	-0.00035	-0.00053	-0.00067	-0.00000	
33.75	Q	0.02787	-0.00074	-0.00172	-0.00175	-0.00176	-0.00176	-0.00176	-0.00175	-0.00172	-0.00074	0.02787	33.75
	V	0.00000	0.00001	0.00001	0.00001	0.00001	0.00000	-0.00001	-0.00001	-0.00001	-0.00001	0.00000	
	V'	0.00012	0.00007	0.00001	-0.00004	-0.00006	-0.00007	-0.00006	-0.00004	0.00001	0.00007	0.00012	
	M	0.00000	0.00063	0.00049	0.00033	0.00016	0.00000	-0.00016	-0.00033	-0.00049	-0.00063	-0.00000	
35.00	Q	0.02694	-0.00077	-0.00161	-0.00163	-0.00163	-0.00163	-0.00163	-0.00163	-0.00161	-0.00077	0.02694	35.00
	V	0.00000	0.00001	0.00001	0.00001	0.00001	0.00000	-0.00001	-0.00001	-0.00001	-0.00001	0.00000	
	V'	0.00011	0.00006	0.00001	-0.00003	-0.00006	-0.00007	-0.00006	-0.00003	0.00001	0.00006	0.00011	
	M	0.00000	0.00059	0.00046	0.00030	0.00015	0.00000	-0.00015	-0.00030	-0.00046	-0.00059	0.00000	
36.25	Q	0.02606	-0.00079	-0.00150	-0.00152	-0.00152	-0.00152	-0.00152	-0.00152	-0.00150	-0.00079	0.02606	36.25
	V	0.00000	0.00001	0.00001	0.00001	0.00001	0.00000	-0.00001	-0.00001	-0.00001	-0.00001	0.00000	
	V'	0.00011	0.00006	0.00001	-0.00003	-0.00005	-0.00006	-0.00005	-0.00003	0.00001	0.00006	0.00011	
BETA	X/L =	0.00	0.10	0.20	0.30	0.40	0.50	0.60	0.70	0.80	0.90	1.00	BETA

FUNKTIONEN : F.Q'‚M - F.Q'‚Q - F.Q'‚V - F.Q'‚V'

FUNKTIONEN : F.Q'¦M - F.Q'¦Q - F.Q'¦V - F.Q'¦V'

BETA	X/L =	0.00	0.10	0.20	0.30	0.40	0.50	0.60	0.70	0.80	0.90	1.00	BETA
	M	0.00000	0.00055	0.00043	0.00028	0.00014	0.00000	-0.00014	-0.00028	-0.00043	-0.00055	0.00000	
37.50	Q	0.02524	-0.00080	-0.00141	-0.00142	-0.00142	-0.00142	-0.00142	-0.00142	-0.00141	-0.00080	0.02524	37.50
	V	0.00000	0.00001	0.00001	0.00001	0.00001	0.00000	-0.00001	-0.00001	-0.00001	-0.00001	0.00000	
	V'	0.00010	0.00006	0.00001	-0.00003	-0.00005	-0.00006	-0.00005	-0.00003	0.00001	0.00006	0.00010	
	M	0.00000	0.00052	0.00040	0.00027	0.00013	0.00000	-0.00013	-0.00027	-0.00040	-0.00052	0.00000	
38.75	Q	0.02447	-0.00080	-0.00132	-0.00133	-0.00133	-0.00133	-0.00133	-0.00133	-0.00132	-0.00080	0.02447	38.75
	V	0.00000	0.00001	0.00001	0.00001	0.00001	0.00000	-0.00001	-0.00001	-0.00001	-0.00001	0.00000	
	V'	0.00009	0.00005	0.00001	-0.00003	-0.00005	-0.00005	-0.00005	-0.00003	0.00001	0.00005	0.00009	
	M	0.00000	0.00049	0.00037	0.00025	0.00012	0.00000	-0.00012	-0.00025	-0.00037	-0.00049	0.00000	
40.00	Q	0.02375	-0.00079	-0.00124	-0.00125	-0.00125	-0.00125	-0.00125	-0.00125	-0.00124	-0.00079	0.02375	40.00
	V	0.00000	0.00001	0.00001	0.00001	0.00000	0.00000	-0.00000	-0.00001	-0.00001	-0.00001	0.00000	
	V'	0.00009	0.00005	0.00000	-0.00003	-0.00005	-0.00005	-0.00005	-0.00003	0.00000	0.00005	0.00009	
	M	0.00000	0.00046	0.00035	0.00024	0.00012	0.00000	-0.00012	-0.00024	-0.00035	-0.00046	0.00000	
41.25	Q	0.02307	-0.00078	-0.00117	-0.00118	-0.00118	-0.00118	-0.00118	-0.00118	-0.00117	-0.00078	0.02307	41.25
	V	0.00000	0.00001	0.00001	0.00001	0.00000	0.00000	-0.00000	-0.00001	-0.00001	-0.00001	0.00000	
	V'	0.00008	0.00005	0.00000	-0.00002	-0.00004	-0.00005	-0.00004	-0.00002	0.00000	0.00005	0.00008	
	M	0.00000	0.00044	0.00033	0.00022	0.00011	0.00000	-0.00011	-0.00022	-0.00033	-0.00044	0.00000	
42.50	Q	0.02242	-0.00077	-0.00110	-0.00111	-0.00111	-0.00111	-0.00111	-0.00111	-0.00110	-0.00077	0.02242	42.50
	V	0.00000	0.00001	0.00001	0.00001	0.00000	0.00000	-0.00000	-0.00001	-0.00001	-0.00001	0.00000	
	V'	0.00008	0.00004	0.00000	-0.00002	-0.00004	-0.00005	-0.00004	-0.00002	0.00000	0.00004	0.00008	
	M	0.00000	0.00041	0.00031	0.00021	0.00010	0.00000	-0.00010	-0.00021	-0.00031	-0.00041	0.00000	
43.75	Q	0.02181	-0.00076	-0.00104	-0.00104	-0.00104	-0.00104	-0.00104	-0.00104	-0.00104	-0.00076	0.02181	43.75
	V	0.00000	0.00001	0.00001	0.00001	0.00000	0.00000	-0.00000	-0.00001	-0.00001	-0.00001	0.00000	
	V'	0.00008	0.00004	0.00000	-0.00002	-0.00004	-0.00004	-0.00004	-0.00002	0.00000	0.00004	0.00008	
	M	0.00000	0.00039	0.00030	0.00020	0.00010	0.00000	-0.00010	-0.00020	-0.00030	-0.00039	0.00000	
45.00	Q	0.02123	-0.00074	-0.00098	-0.00099	-0.00099	-0.00099	-0.00099	-0.00099	-0.00098	-0.00074	0.02123	45.00
	V	0.00000	0.00001	0.00001	0.00001	0.00000	0.00000	-0.00000	-0.00001	-0.00001	-0.00001	0.00000	
	V'	0.00007	0.00004	0.00000	-0.00002	-0.00004	-0.00004	-0.00004	-0.00002	0.00000	0.00004	0.00007	
	M	0.00000	0.00037	0.00028	0.00019	0.00009	0.00000	-0.00009	-0.00019	-0.00028	-0.00037	0.00000	
46.25	Q	0.02069	-0.00072	-0.00093	-0.00093	-0.00093	-0.00093	-0.00093	-0.00093	-0.00093	-0.00072	0.02069	46.25
	V	0.00000	0.00001	0.00001	0.00001	0.00000	0.00000	-0.00000	-0.00001	-0.00001	-0.00001	0.00000	
	V'	0.00007	0.00004	0.00000	-0.00002	-0.00003	-0.00004	-0.00003	-0.00002	0.00000	0.00004	0.00007	
	M	0.00000	0.00035	0.00027	0.00018	0.00009	0.00000	-0.00009	-0.00018	-0.00027	-0.00035	0.00000	
47.50	Q	0.02017	-0.00070	-0.00088	-0.00089	-0.00089	-0.00089	-0.00089	-0.00089	-0.00088	-0.00070	0.02017	47.50
	V	0.00000	0.00001	0.00001	0.00001	0.00000	0.00000	-0.00000	-0.00001	-0.00001	-0.00001	0.00000	
	V'	0.00006	0.00003	0.00000	-0.00002	-0.00003	-0.00004	-0.00003	-0.00002	0.00000	0.00003	0.00006	
	M	0.00000	0.00033	0.00025	0.00017	0.00008	0.00000	-0.00008	-0.00017	-0.00025	-0.00033	0.00000	
48.75	Q	0.01967	-0.00068	-0.00084	-0.00084	-0.00084	-0.00084	-0.00084	-0.00084	-0.00084	-0.00068	0.01967	48.75
	V	0.00000	0.00000	0.00001	0.00001	0.00000	0.00000	-0.00000	-0.00001	-0.00001	-0.00000	0.00000	
	V'	0.00006	0.00003	0.00000	-0.00002	-0.00003	-0.00003	-0.00003	-0.00002	0.00000	0.00003	0.00006	
BETA	X/L =	0.00	0.10	0.20	0.30	0.40	0.50	0.60	0.70	0.80	0.90	1.00	BETA

FUNKTIONEN : F.Q'¦M - F.Q'¦Q - F.Q'¦V - F.Q'¦V'

D.V

Zahlentafeln der Funktionen

$F(\epsilon,\chi)_{\Delta t;M} = F.T;M$

$F(\epsilon,\chi)_{\Delta t;Q} = F.T;Q$

$F(\epsilon,\chi)_{\Delta t;V} = F.T;V$

$F(\epsilon,\chi)_{\Delta t;V'} = F.T;V'$

Druckstäbe 529...540

Zugstäbe 541...552

FUNKTIONEN : F.T;M - F.T;Q - F.T;V - F.T;V'

ALPHA	X/L =	0.00	0.10	0.20	0.30	0.40	0.50	0.60	0.70	0.80	0.90	1.00	ALPHA
0.000	M	0.00000	0.00000	0.00000	0.00000	0.00000	0.00000	0.00000	0.00000	0.00000	0.00000	0.00000	0.000
	Q	0.00000	0.00000	0.00000	0.00000	0.00000	0.00000	0.00000	0.00000	0.00000	0.00000	0.00000	
	V	0.00000	0.04500	0.08000	0.10500	0.12000	0.12500	0.12000	0.10500	0.08000	0.04500	0.00000	
	V'	0.50000	0.40000	0.30000	0.20000	0.10000	0.00000	-0.10000	-0.20000	-0.30000	-0.40000	-0.50000	
0.025	M	0.00000	0.00003	0.00005	0.00007	0.00008	0.00008	0.00008	0.00007	0.00005	0.00003	0.00000	0.025
	Q	0.00031	0.00025	0.00019	0.00013	0.00006	0.00000	-0.00006	-0.00013	-0.00019	-0.00025	-0.00031	
	V	0.00000	0.04500	0.08000	0.10501	0.12001	0.12501	0.12001	0.10501	0.08000	0.04500	0.00000	
	V'	0.50003	0.40002	0.30002	0.20001	0.10001	0.00000	-0.10001	-0.20001	-0.30002	-0.40002	-0.50003	
0.050	M	0.00000	0.00011	0.00020	0.00026	0.00030	0.00031	0.00030	0.00026	0.00020	0.00011	0.00000	0.050
	Q	0.00125	0.00100	0.00075	0.00050	0.00025	0.00000	-0.00025	-0.00050	-0.00075	-0.00100	-0.00125	
	V	0.00000	0.04501	0.08002	0.10503	0.12003	0.12503	0.12003	0.10503	0.08002	0.04501	0.00000	
	V'	0.50010	0.40010	0.30008	0.20006	0.10003	0.00000	-0.10003	-0.20006	-0.30008	-0.40010	-0.50010	
0.075	M	0.00000	0.00025	0.00045	0.00059	0.00068	0.00070	0.00068	0.00059	0.00045	0.00025	0.00000	0.075
	Q	0.00281	0.00225	0.00169	0.00113	0.00056	0.00000	-0.00056	-0.00113	-0.00169	-0.00225	-0.00281	
	V	0.00000	0.04502	0.08004	0.10506	0.12007	0.12507	0.12007	0.10506	0.08004	0.04502	0.00000	
	V'	0.50023	0.40022	0.30019	0.20043	0.10007	0.00000	-0.10007	-0.20013	-0.30019	-0.40022	-0.50023	
0.100	M	0.00000	0.00045	0.00080	0.00105	0.00120	0.00125	0.00120	0.00105	0.00080	0.00045	0.00000	0.100
	Q	0.00500	0.00400	0.00300	0.00200	0.00100	0.00000	-0.00100	-0.00200	-0.00300	-0.00400	-0.00500	
	V	0.00000	0.04504	0.08008	0.10511	0.12012	0.12513	0.12012	0.10511	0.08008	0.04504	0.00000	
	V'	0.50042	0.40039	0.30033	0.20024	0.10012	0.00000	-0.10012	-0.20024	-0.30033	-0.40039	-0.50042	
0.125	M	0.00000	0.00070	0.00125	0.00164	0.00188	0.00196	0.00188	0.00164	0.00125	0.00070	0.00000	0.125
	Q	0.00782	0.00626	0.00470	0.00313	0.00157	0.00000	-0.00157	-0.00313	-0.00470	-0.00626	-0.00782	
	V	0.00000	0.04506	0.08012	0.10517	0.12019	0.12520	0.12019	0.10517	0.08012	0.04506	0.00000	
	V'	0.50065	0.40062	0.30052	0.20037	0.10019	0.00000	-0.10019	-0.20037	-0.30052	-0.40062	-0.50065	
0.150	M	0.00000	0.00101	0.00180	0.00237	0.00271	0.00282	0.00271	0.00237	0.00180	0.00101	0.00000	0.150
	Q	0.01127	0.00902	0.00677	0.00451	0.00226	0.00000	-0.00226	-0.00451	-0.00677	-0.00902	-0.01127	
	V	0.00000	0.04509	0.08017	0.10524	0.12028	0.12529	0.12028	0.10524	0.08017	0.04509	0.00000	
	V'	0.50094	0.40089	0.30074	0.20053	0.10028	0.00000	-0.10028	-0.20053	-0.30074	-0.40089	-0.50094	
0.175	M	0.00000	0.00138	0.00246	0.00323	0.00369	0.00384	0.00369	0.00323	0.00246	0.00138	0.00000	0.175
	Q	0.01535	0.01229	0.00922	0.00615	0.00307	0.00000	-0.00307	-0.00615	-0.00922	-0.01229	-0.01535	
	V	0.00000	0.04513	0.08024	0.10533	0.12038	0.12540	0.12038	0.10533	0.08024	0.04513	0.00000	
	V'	0.50128	0.40121	0.30101	0.20073	0.10038	0.00000	-0.10038	-0.20073	-0.30101	-0.40121	-0.50128	
0.200	M	0.00000	0.00181	0.00321	0.00422	0.00482	0.00502	0.00482	0.00422	0.00321	0.00181	0.00000	0.200
	Q	0.02007	0.01606	0.01205	0.00804	0.00402	0.00000	-0.00402	-0.00804	-0.01205	-0.01606	-0.02007	
	V	0.00000	0.04516	0.08031	0.10543	0.12050	0.12552	0.12050	0.10543	0.08031	0.04516	0.00000	
	V'	0.50167	0.40158	0.30133	0.20095	0.10050	0.00000	-0.10050	-0.20095	-0.30133	-0.40158	-0.50167	
0.225	M	0.00000	0.00229	0.00407	0.00534	0.00611	0.00636	0.00611	0.00534	0.00407	0.00229	0.00000	0.225
	Q	0.02542	0.02035	0.01527	0.01019	0.00509	0.00000	-0.00509	-0.01019	-0.01527	-0.02035	-0.02542	
	V	0.00000	0.04521	0.08039	0.10554	0.12063	0.12566	0.12063	0.10554	0.08039	0.04521	0.00000	
	V'	0.50212	0.40200	0.30168	0.20120	0.10063	0.00000	-0.10063	-0.20120	-0.30168	-0.40200	-0.50212	
ALPHA	X/L =	0.00	0.10	0.20	0.30	0.40	0.50	0.60	0.70	0.80	0.90	1.00	ALPHA

FUNKTIONEN : F.T;M - F.T;Q - F.T;V - F.T;V'

FUNKTIONEN : F.T;M - F.T;Q - F.T;V - F.T;V'

ALPHA	X/L =	0.00	0.10	0.20	0.30	0.40	0.50	0.60	0.70	0.80	0.90	1.00	ALPHA
0.250	M	0.00000	0.00283	0.00503	0.00660	0.00755	0.00786	0.00755	0.00660	0.00503	0.00283	0.00000	0.250
	Q	0.03141	0.02515	0.01888	0.01259	0.00630	-0.00000	-0.00630	-0.01259	-0.01888	-0.02515	-0.03141	
	V	0.00000	0.04526	0.08049	0.10567	0.12078	0.12582	0.12078	0.10567	0.08049	0.04526	0.00000	
	V'	0.50262	0.40247	0.30208	0.20149	0.10078	-0.00000	-0.10078	-0.20149	-0.30208	-0.40247	-0.50262	
0.275	M	0.00000	0.00343	0.00609	0.00800	0.00915	0.00953	0.00915	0.00800	0.00609	0.00343	0.00000	0.275
	Q	0.03805	0.03048	0.02288	0.01526	0.00763	0.00000	-0.00763	-0.01526	-0.02288	-0.03048	-0.03805	
	V	0.00000	0.04531	0.08059	0.10581	0.12095	0.12599	0.12095	0.10581	0.08059	0.04531	0.00000	
	V'	0.50318	0.40300	0.30252	0.20180	0.10094	0.00000	-0.10094	-0.20180	-0.30252	-0.40300	-0.50318	
0.300	M	0.00000	0.00408	0.00726	0.00954	0.01090	0.01136	0.01090	0.00954	0.00726	0.00408	0.00000	0.300
	Q	0.04534	0.03632	0.02727	0.01819	0.00910	0.00000	-0.00910	-0.01819	-0.02727	-0.03632	-0.04534	
	V	0.00000	0.04537	0.08070	0.10596	0.12113	0.12618	0.12113	0.10596	0.08070	0.04537	0.00000	
	V'	0.50378	0.40357	0.30300	0.20215	0.10112	0.00000	-0.10112	-0.20215	-0.30300	-0.40357	-0.50378	
0.325	M	0.00000	0.00480	0.00854	0.01121	0.01281	0.01335	0.01281	0.01121	0.00854	0.00480	-0.00000	0.325
	Q	0.05328	0.04269	0.03206	0.02139	0.01070	0.00000	-0.01070	-0.02139	-0.03206	-0.04269	-0.05328	
	V	0.00000	0.04544	0.08083	0.10613	0.12132	0.12639	0.12132	0.10613	0.08083	0.04544	-0.00000	
	V'	0.50445	0.40420	0.30352	0.20253	0.10132	0.00000	-0.10132	-0.20253	-0.30352	-0.40420	-0.50445	
0.350	M	0.00000	0.00557	0.00992	0.01302	0.01489	0.01551	0.01489	0.01302	0.00992	0.00557	-0.00000	0.350
	Q	0.06188	0.04960	0.03725	0.02486	0.01244	-0.00000	-0.01244	-0.02486	-0.03725	-0.04960	-0.06188	
	V	0.00000	0.04551	0.08096	0.10631	0.12154	0.12662	0.12154	0.10631	0.08096	0.04551	-0.00000	
	V'	0.50517	0.40488	0.30409	0.20294	0.10153	-0.00000	-0.10153	-0.20294	-0.30409	-0.40488	-0.50517	
0.375	M	0.00000	0.00641	0.01141	0.01498	0.01712	0.01784	0.01712	0.01498	0.01141	0.00641	0.00000	0.375
	Q	0.07115	0.05704	0.04285	0.02860	0.01431	0.00000	-0.01431	-0.02860	-0.04285	-0.05704	-0.07115	
	V	0.00000	0.04558	0.08110	0.10651	0.12177	0.12686	0.12177	0.10651	0.08110	0.04558	0.00000	
	V'	0.50594	0.40561	0.30471	0.20338	0.10176	0.00000	-0.10176	-0.20338	-0.30471	-0.40561	-0.50594	
0.400	M	0.00000	0.00731	0.01300	0.01708	0.01952	0.02034	0.01952	0.01708	0.01300	0.00731	0.00000	0.400
	Q	0.08108	0.06502	0.04886	0.03262	0.01632	0.00000	-0.01632	-0.03262	-0.04886	-0.06502	-0.08108	
	V	0.00000	0.04566	0.08126	0.10672	0.12202	0.12712	0.12202	0.10672	0.08126	0.04566	0.00000	
	V'	0.50678	0.40640	0.30537	0.20385	0.10201	0.00000	-0.10201	-0.20385	-0.30537	-0.40640	-0.50678	
0.425	M	0.00000	0.00826	0.01471	0.01932	0.02209	0.02301	0.02209	0.01932	0.01471	0.00826	0.00000	0.425
	Q	0.09170	0.07356	0.05528	0.03691	0.01847	0.00000	-0.01847	-0.03691	-0.05528	-0.07356	-0.09170	
	V	0.00000	0.04575	0.08142	0.10695	0.12228	0.12740	0.12228	0.10695	0.08142	0.04575	0.00000	
	V'	0.50766	0.40724	0.30607	0.20436	0.10227	0.00000	-0.10227	-0.20436	-0.30607	-0.40724	-0.50766	
0.450	M	0.00000	0.00928	0.01652	0.02171	0.02482	0.02586	0.02482	0.02171	0.01652	0.00928	0.00000	0.450
	Q	0.10299	0.08265	0.06213	0.04149	0.02077	0.00000	-0.02077	-0.04149	-0.06213	-0.08265	-0.10299	
	V	0.00000	0.04584	0.08160	0.10719	0.12256	0.12769	0.12256	0.10719	0.08160	0.04584	0.00000	
	V'	0.50861	0.40813	0.30682	0.20489	0.10255	0.00000	-0.10255	-0.20489	-0.30682	-0.40813	-0.50861	
0.475	M	0.00000	0.01037	0.01845	0.02424	0.02772	0.02888	0.02772	0.02424	0.01845	0.01037	0.00000	0.475
	Q	0.11498	0.09230	0.06941	0.04636	0.02321	-0.00000	-0.02321	-0.04636	-0.06941	-0.09230	-0.11498	
	V	0.00000	0.04594	0.08179	0.10744	0.12286	0.12801	0.12286	0.10744	0.08179	0.04594	0.00000	
	V'	0.50962	0.40908	0.30762	0.20547	0.10285	-0.00000	-0.10285	-0.20547	-0.30762	-0.40908	-0.50962	

ALPHA X/L = 0.00 0.10 0.20 0.30 0.40 0.50 0.60 0.70 0.80 0.90 1.00 ALPHA
FUNKTIONEN : F.T;M - F.T;Q - F.T;V - F.T;V'
D R U C K S T A E B E -530-

FUNKTIONEN : F.TIM - F.TIQ - F.TIV - F.TIV'

ALPHA	X/L =	0.00	0.10	0.20	0.30	0.40	0.50	0.60	0.70	0.80	0.90	1.00	ALPHA
	M	0.00000	0.01151	0.02050	0.02693	0.03080	0.03209	0.03080	0.02693	0.02050	0.01151	0.00000	
0.500	Q	0.12767	0.10252	0.07712	0.05152	0.02579	-0.00000	-0.02579	-0.05152	-0.07712	-0.10252	-0.12767	0.500
	V	0.00000	0.04605	0.08198	0.10772	0.12318	0.12834	0.12318	0.10772	0.08198	0.04605	0.00000	
	V'	0.51068	0.41009	0.30847	0.20607	0.10317	-0.00000	-0.10317	-0.20607	-0.30847	-0.41009	-0.51068	
	M	0.00000	0.01272	0.02265	0.02977	0.03404	0.03547	0.03404	0.02977	0.02265	0.01272	0.00000	
0.525	Q	0.14107	0.11332	0.08527	0.05698	0.02853	0.00000	-0.02853	-0.05698	-0.08527	-0.11332	-0.14107	0.525
	V	0.00000	0.04616	0.08219	0.10800	0.12352	0.12869	0.12352	0.10800	0.08219	0.04616	0.00000	
	V'	0.51181	0.41115	0.30936	0.20671	0.10350	0.00000	-0.10350	-0.20671	-0.30936	-0.41115	-0.51181	
	M	0.00000	0.01400	0.02493	0.03276	0.03747	0.03904	0.03747	0.03276	0.02493	0.01400	0.00000	
0.550	Q	0.15518	0.12471	0.09387	0.06274	0.03142	0.00000	-0.03142	-0.06274	-0.09387	-0.12471	-0.15518	0.550
	V	0.00000	0.04628	0.08241	0.10830	0.12387	0.12906	0.12387	0.10830	0.08241	0.04628	0.00000	
	V'	0.51300	0.41227	0.31030	0.20739	0.10385	0.00000	-0.10385	-0.20739	-0.31030	-0.41227	-0.51300	
	M	0.00000	0.01534	0.02732	0.03591	0.04108	0.04280	0.04108	0.03591	0.02732	0.01534	0.00000	
0.575	Q	0.17002	0.13670	0.10292	0.06880	0.03446	0.00000	-0.03446	-0.06880	-0.10292	-0.13670	-0.17002	0.575
	V	0.00000	0.04640	0.08264	0.10862	0.12424	0.12945	0.12424	0.10862	0.08264	0.04640	0.00000	
	V'	0.51425	0.41345	0.31129	0.20810	0.10422	0.00000	-0.10422	-0.20810	-0.31129	-0.41345	-0.51425	
	M	0.00000	0.01675	0.02984	0.03922	0.04487	0.04675	0.04487	0.03922	0.02984	0.01675	-0.00000	
0.600	Q	0.18560	0.14929	0.11244	0.07519	0.03766	-0.00000	-0.03766	-0.07519	-0.11244	-0.14929	-0.18560	0.600
	V	0.00000	0.04653	0.08289	0.10896	0.12463	0.12987	0.12463	0.10896	0.08289	0.04653	-0.00000	
	V'	0.51556	0.41469	0.31233	0.20885	0.10461	-0.00000	-0.10461	-0.20885	-0.31233	-0.41469	-0.51556	
	M	0.00000	0.01823	0.03248	0.04270	0.04885	0.05090	0.04885	0.04270	0.03248	0.01823	0.00000	
0.625	Q	0.20193	0.16250	0.12243	0.08189	0.04102	0.00000	-0.04102	-0.08189	-0.12243	-0.16250	-0.20193	0.625
	V	0.00000	0.04666	0.08314	0.10931	0.12504	0.13030	0.12504	0.10931	0.08314	0.04666	0.00000	
	V'	0.51694	0.41599	0.31343	0.20963	0.10502	0.00000	-0.10502	-0.20963	-0.31343	-0.41599	-0.51694	
	M	0.00000	0.01977	0.03524	0.04634	0.05301	0.05524	0.05301	0.04634	0.03524	0.01977	0.00000	
0.650	Q	0.21902	0.17633	0.13291	0.08892	0.04455	0.00000	-0.04455	-0.08892	-0.13291	-0.17633	-0.21902	0.650
	V	0.00000	0.04680	0.08341	0.10967	0.12547	0.13075	0.12547	0.10967	0.08341	0.04680	0.00000	
	V'	0.51838	0.41736	0.31457	0.21045	0.10545	0.00000	-0.10545	-0.21045	-0.31457	-0.41736	-0.51838	
	M	0.00000	0.02139	0.03813	0.05014	0.05737	0.05979	0.05737	0.05014	0.03813	0.02139	0.00000	
0.675	Q	0.23688	0.19081	0.14387	0.09628	0.04825	0.00000	-0.04825	-0.09628	-0.14387	-0.19081	-0.23688	0.675
	V	0.00000	0.04695	0.08369	0.11006	0.12592	0.13122	0.12592	0.11006	0.08369	0.04695	0.00000	
	V'	0.51989	0.41878	0.31577	0.21131	0.10590	0.00000	-0.10590	-0.21131	-0.31577	-0.41878	-0.51989	
	M	0.00000	0.02308	0.04115	0.05412	0.06193	0.06454	0.06193	0.05412	0.04115	0.02308	0.00000	
0.700	Q	0.25552	0.20593	0.15534	0.10398	0.05212	0.00000	-0.05212	-0.10398	-0.15534	-0.20593	-0.25552	0.700
	V	0.00000	0.04711	0.08399	0.11046	0.12639	0.13171	0.12639	0.11046	0.08399	0.04711	0.00000	
	V'	0.52147	0.42027	0.31702	0.21221	0.10637	0.00000	-0.10637	-0.21221	-0.31702	-0.42027	-0.52147	
	M	0.00000	0.02485	0.04431	0.05828	0.06669	0.06950	0.06669	0.05828	0.04431	0.02485	0.00000	
0.725	Q	0.27496	0.22172	0.16732	0.11204	0.05617	0.00000	-0.05617	-0.11204	-0.16732	-0.22172	-0.27496	0.725
	V	0.00000	0.04727	0.08429	0.11088	0.12689	0.13223	0.12689	0.11088	0.08429	0.04727	0.00000	
	V'	0.52312	0.42183	0.31833	0.21315	0.10686	0.00000	-0.10686	-0.21315	-0.31833	-0.42183	-0.52312	
ALPHA	X/L =	0.00	0.10	0.20	0.30	0.40	0.50	0.60	0.70	0.80	0.90	1.00	ALPHA

FUNKTIONEN : F.TIM - F.TIQ - F.TIV - F.TIV'

FUNKTIONEN : F.T;M - F.T;Q - F.T;V - F.T;V'

ALPHA	X/L =	0.00	0.10	0.20	0.30	0.40	0.50	0.60	0.70	0.80	0.90	1.00	ALPHA
0.750	M	0.00000	0.02668	0.04759	0.06261	0.07166	0.07468	0.07166	0.06261	0.04759	0.02668	0.00000	0.750
	Q	0.29522	0.23819	0.17983	0.12045	0.06039	0.00000	-0.06039	-0.12045	-0.17983	-0.23819	-0.29522	
	V	0.00000	0.04744	0.08461	0.11132	0.12740	0.13277	0.12740	0.11132	0.08461	0.04744	0.00000	
	V'	0.52484	0.42345	0.31969	0.21413	0.10737	0.00000	-0.10737	-0.21413	-0.31969	-0.42345	-0.52484	
0.775	M	0.00000	0.02860	0.05102	0.06713	0.07684	0.08008	0.07684	0.06713	0.05102	0.02860	0.00000	0.775
	Q	0.31631	0.25535	0.19287	0.12923	0.06481	0.00000	-0.06481	-0.12923	-0.19287	-0.25535	-0.31631	
	V	0.00000	0.04761	0.08494	0.11177	0.12793	0.13333	0.12793	0.11177	0.08494	0.04761	0.00000	
	V'	0.52663	0.42515	0.32111	0.21515	0.10790	0.00000	-0.10790	-0.21515	-0.32111	-0.42515	-0.52663	
0.800	M	0.00000	0.03059	0.05459	0.07184	0.08223	0.08570	0.08223	0.07184	0.05459	0.03059	0.00000	0.800
	Q	0.33823	0.27322	0.20646	0.13838	0.06941	0.00000	-0.06941	-0.13838	-0.20646	-0.27322	-0.33823	
	V	0.00000	0.04780	0.08529	0.11225	0.12849	0.13391	0.12849	0.11225	0.08529	0.04780	0.00000	
	V'	0.52849	0.42691	0.32259	0.21622	0.10845	0.00000	-0.10845	-0.21622	-0.32259	-0.42691	-0.52849	
0.825	M	0.00000	0.03266	0.05830	0.07673	0.08785	0.09156	0.08785	0.07673	0.05830	0.03266	0.00000	0.825
	Q	0.36103	0.29181	0.22061	0.14792	0.07421	-0.00000	-0.07421	-0.14792	-0.22061	-0.29181	-0.36103	
	V	0.00000	0.04799	0.08565	0.11274	0.12907	0.13452	0.12907	0.11274	0.08565	0.04799	0.00000	
	V'	0.53043	0.42874	0.32413	0.21732	0.10903	-0.00000	-0.10903	-0.21732	-0.32413	-0.42874	-0.53043	
0.850	M	0.00000	0.03481	0.06215	0.08183	0.09369	0.09765	0.09369	0.08183	0.06215	0.03481	0.00000	0.850
	Q	0.38470	0.31114	0.23535	0.15785	0.07921	0.00000	-0.07921	-0.15785	-0.23535	-0.31114	-0.38470	
	V	0.00000	0.04818	0.08603	0.11325	0.12967	0.13515	0.12967	0.11325	0.08603	0.04818	0.00000	
	V'	0.53245	0.43065	0.32574	0.21847	0.10963	0.00000	-0.10963	-0.21847	-0.32574	-0.43065	-0.53245	
0.875	M	0.00000	0.03705	0.06616	0.08712	0.09976	0.10398	0.09976	0.08712	0.06616	0.03705	0.00000	0.875
	Q	0.40926	0.33123	0.25067	0.16819	0.08442	0.00000	-0.08442	-0.16819	-0.25067	-0.33123	-0.40926	
	V	0.00000	0.04839	0.08642	0.11379	0.13029	0.13581	0.13029	0.11379	0.08642	0.04839	0.00000	
	V'	0.53455	0.43263	0.32740	0.21967	0.11026	0.00000	-0.11026	-0.21967	-0.32740	-0.43263	-0.53455	
0.900	M	0.00000	0.03937	0.07032	0.09262	0.10606	0.11056	0.10606	0.09262	0.07032	0.03937	0.00000	0.900
	Q	0.43475	0.35210	0.26660	0.17894	0.08983	0.00000	-0.08983	-0.17894	-0.26660	-0.35210	-0.43475	
	V	0.00000	0.04860	0.08682	0.11434	0.13094	0.13649	0.13094	0.11434	0.08682	0.04860	0.00000	
	V'	0.53673	0.43469	0.32913	0.22091	0.11091	0.00000	-0.11091	-0.22091	-0.32913	-0.43469	-0.53673	
0.925	M	0.00000	0.04178	0.07465	0.09833	0.11262	0.11739	0.11262	0.09833	0.07465	0.04178	0.00000	0.925
	Q	0.46117	0.37376	0.28315	0.19013	0.09547	0.00000	-0.09547	-0.19013	-0.28315	-0.37376	-0.46117	
	V	0.00000	0.04883	0.08724	0.11492	0.13162	0.13720	0.13162	0.11492	0.08724	0.04883	0.00000	
	V'	0.53899	0.43683	0.33093	0.22221	0.11158	0.00000	-0.11158	-0.22221	-0.33093	-0.43683	-0.53899	
0.950	M	0.00000	0.04427	0.07913	0.10425	0.11942	0.12449	0.11942	0.10425	0.07913	0.04427	0.00000	0.950
	Q	0.48856	0.39624	0.30035	0.20175	0.10133	0.00000	-0.10133	-0.20175	-0.30035	-0.39624	-0.48856	
	V	0.00000	0.04906	0.08768	0.11552	0.13232	0.13794	0.13232	0.11552	0.08768	0.04906	0.00000	
	V'	0.54134	0.43905	0.33280	0.22355	0.11228	0.00000	-0.11228	-0.22355	-0.33280	-0.43905	-0.54134	
0.975	M	0.00000	0.04686	0.08378	0.11040	0.12648	0.13185	0.12648	0.11040	0.08378	0.04686	0.00000	0.975
	Q	0.51693	0.41956	0.31821	0.21383	0.10743	-0.00000	-0.10743	-0.21383	-0.31821	-0.41956	-0.51693	
	V	0.00000	0.04930	0.08813	0.11614	0.13305	0.13870	0.13305	0.11614	0.08813	0.04930	0.00000	
	V'	0.54378	0.44135	0.33473	0.22494	0.11301	-0.00000	-0.11301	-0.22494	-0.33473	-0.44135	-0.54378	
ALPHA	X/L =	0.00	0.10	0.20	0.30	0.40	0.50	0.60	0.70	0.80	0.90	1.00	ALPHA

FUNKTIONEN : F.T;M - F.T;Q - F.T;V - F.T;V'

FUNKTIONEN : F.T;M - F.T;Q - F.T;V - F.T;V'

ALPHA	X/L =	0.00	0.10	0.20	0.30	0.40	0.50	0.60	0.70	0.80	0.90	1.00	ALPHA
	M	0.00000	0.04954	0.08860	0.11678	0.13380	0.13949	0.13380	0.11678	0.08860	0.04954	0.00000	
1.000	Q	0.54630	0.44374	0.33674	0.22638	0.11376	0.00000	-0.11376	-0.22638	-0.33674	-0.44374	-0.54630	1.000
	V	0.00000	0.04954	0.08860	0.11678	0.13380	0.13949	0.13380	0.11678	0.08860	0.04954	0.00000	
	V'	0.54630	0.44374	0.33674	0.22638	0.11376	0.00000	-0.11376	-0.22638	-0.33674	-0.44374	-0.54630	
	M	0.00000	0.05232	0.09360	0.12339	0.14140	0.14742	0.14140	0.12339	0.09360	0.05232	0.00000	
1.025	Q	0.57671	0.46881	0.35598	0.23942	0.12034	0.00000	-0.12034	-0.23942	-0.35598	-0.46881	-0.57671	1.025
	V	0.00000	0.04980	0.08909	0.11745	0.13458	0.14032	0.13458	0.11745	0.08909	0.04980	0.00000	
	V'	0.54892	0.44622	0.33883	0.22788	0.11454	0.00000	-0.11454	-0.22788	-0.33883	-0.44622	-0.54892	
	M	0.00000	0.05520	0.09878	0.13025	0.14927	0.15564	0.14927	0.13025	0.09878	0.05520	0.00000	
1.050	Q	0.60818	0.49478	0.37594	0.25295	0.12717	-0.00000	-0.12717	-0.25295	-0.37594	-0.49478	-0.60818	1.050
	V	0.00000	0.05007	0.08959	0.11814	0.13539	0.14117	0.13539	0.11814	0.08959	0.05007	0.00000	
	V'	0.55164	0.44878	0.34099	0.22943	0.11535	-0.00000	-0.11535	-0.22943	-0.34099	-0.44878	-0.55164	
	M	0.00000	0.05818	0.10414	0.13735	0.15744	0.16416	0.15744	0.13735	0.10414	0.05818	0.00000	
1.075	Q	0.64074	0.52170	0.39664	0.26700	0.13427	0.00000	-0.13427	-0.26700	-0.39664	-0.52170	-0.64074	1.075
	V	0.00000	0.05034	0.09012	0.11886	0.13623	0.14205	0.13623	0.11886	0.09012	0.05034	0.00000	
	V'	0.55445	0.45144	0.34322	0.23104	0.11619	0.00000	-0.11619	-0.23104	-0.34322	-0.45144	-0.55445	
	M	0.00000	0.06126	0.10970	0.14471	0.16590	0.17299	0.16590	0.14471	0.10970	0.06126	0.00000	
1.100	Q	0.67442	0.54958	0.41811	0.28158	0.14165	0.00000	-0.14165	-0.28158	-0.41811	-0.54958	-0.67442	1.100
	V	0.00000	0.05063	0.09066	0.11960	0.13711	0.14296	0.13711	0.11960	0.09066	0.05063	0.00000	
	V'	0.55737	0.45420	0.34554	0.23271	0.11706	0.00000	-0.11706	-0.23271	-0.34554	-0.45420	-0.55737	
	M	0.00000	0.06445	0.11545	0.15234	0.17467	0.18214	0.17467	0.15234	0.11545	0.06445	0.00000	
1.125	Q	0.70924	0.57846	0.44037	0.29671	0.14930	0.00000	-0.14930	-0.29671	-0.44037	-0.57846	-0.70924	1.125
	V	0.00000	0.05093	0.09122	0.12037	0.13801	0.14391	0.13801	0.12037	0.09122	0.05093	0.00000	
	V'	0.56039	0.45706	0.34795	0.23444	0.11796	0.00000	-0.11796	-0.23444	-0.34795	-0.45706	-0.56039	
	M	0.00000	0.06776	0.12141	0.16024	0.18375	0.19162	0.18375	0.16024	0.12141	0.06776	0.00000	
1.150	Q	0.74525	0.60837	0.46345	0.31241	0.15724	-0.00000	-0.15724	-0.31241	-0.46345	-0.60837	-0.74525	1.150
	V	0.00000	0.05123	0.09180	0.12117	0.13894	0.14489	0.13894	0.12117	0.09180	0.05123	0.00000	
	V'	0.56352	0.46002	0.35044	0.23623	0.11890	-0.00000	-0.11890	-0.23623	-0.35044	-0.46002	-0.56352	
	M	0.00000	0.07117	0.12757	0.16843	0.19316	0.20145	0.19316	0.16843	0.12757	0.07117	0.00000	
1.175	Q	0.78248	0.63934	0.48738	0.32870	0.16549	-0.00000	-0.16549	-0.32870	-0.48738	-0.63934	-0.78248	1.175
	V	0.00000	0.05155	0.09240	0.12199	0.13991	0.14591	0.13991	0.12199	0.09240	0.05155	0.00000	
	V'	0.56676	0.46308	0.35302	0.23808	0.11987	-0.00000	-0.11987	-0.23808	-0.35302	-0.46308	-0.56676	
	M	0.00000	0.07471	0.13396	0.17690	0.20292	0.21163	0.20292	0.17690	0.13396	0.07471	0.00000	
1.200	Q	0.82096	0.67141	0.51219	0.34561	0.17406	0.00000	-0.17406	-0.34561	-0.51219	-0.67141	-0.82096	1.200
	V	0.00000	0.05188	0.09303	0.12285	0.14091	0.14696	0.14091	0.12285	0.09303	0.05188	0.00000	
	V'	0.57011	0.46625	0.35569	0.24001	0.12087	0.00000	-0.12087	-0.24001	-0.35569	-0.46625	-0.57011	
	M	0.00000	0.07837	0.14057	0.18568	0.21302	0.22218	0.21302	0.18568	0.14057	0.07837	-0.00000	
1.225	Q	0.86074	0.70460	0.53791	0.36315	0.18294	-0.00000	-0.18294	-0.36315	-0.53791	-0.70460	-0.86074	1.225
	V	0.00000	0.05222	0.09367	0.12373	0.14195	0.14806	0.14195	0.12373	0.09367	0.05222	-0.00000	
	V'	0.57359	0.46954	0.35845	0.24200	0.12191	-0.00000	-0.12191	-0.24200	-0.35845	-0.46954	-0.57359	
ALPHA	X/L =	0.00	0.10	0.20	0.30	0.40	0.50	0.60	0.70	0.80	0.90	1.00	ALPHA

FUNKTIONEN : F.T;M - F.T;Q - F.T;V - F.T;V'

FUNKTIONEN : F.T;M - F.T;Q - F.T;V - F.T;V'

ALPHA	X/L =	0.00	0.10	0.20	0.30	0.40	0.50	0.60	0.70	0.80	0.90	1.00	ALPHA
1.250	M	0.00000	0.08215	0.14741	0.19477	0.22348	0.23310	0.22348	0.19477	0.14741	0.08215	0.00000	1.250
	Q	0.90186	0.73898	0.56456	0.38134	0.19217	0.00000	-0.19217	-0.38134	-0.56456	-0.73898	-0.90186	
	V	0.00000	0.05258	0.09434	0.12465	0.14303	0.14919	0.14303	0.12465	0.09434	0.05258	0.00000	
	V'	0.57719	0.47294	0.36132	0.24406	0.12299	0.00000	-0.12299	-0.24406	-0.36132	-0.47294	-0.57719	
1.275	M	0.00000	0.08606	0.15449	0.20418	0.23432	0.24442	0.23432	0.20418	0.15449	0.08606	0.00000	1.275
	Q	0.94435	0.77456	0.59220	0.40022	0.20175	0.00000	-0.20175	-0.40022	-0.59220	-0.77456	-0.94435	
	V	0.00000	0.05294	0.09504	0.12560	0.14414	0.15036	0.14414	0.12560	0.09504	0.05294	0.00000	
	V'	0.58091	0.47647	0.36429	0.24620	0.12411	0.00000	-0.12411	-0.24620	-0.36429	-0.47647	-0.58091	
1.300	M	0.00000	0.09011	0.16182	0.21393	0.24555	0.25615	0.24555	0.21393	0.16182	0.09011	0.00000	1.300
	Q	0.98827	0.81140	0.62085	0.41981	0.21169	0.00000	-0.21169	-0.41981	-0.62085	-0.81140	-0.98827	
	V	0.00000	0.05332	0.09575	0.12659	0.14530	0.15157	0.14530	0.12659	0.09575	0.05332	0.00000	
	V'	0.58477	0.48012	0.36736	0.24841	0.12526	0.00000	-0.12526	-0.24841	-0.36736	-0.48012	-0.58477	
1.325	M	0.00000	0.09430	0.16941	0.22403	0.25718	0.26830	0.25718	0.22403	0.16941	0.09430	0.00000	1.325
	Q	1.03366	0.84955	0.65054	0.44014	0.22201	0.00000	-0.22201	-0.44014	-0.65054	-0.84955	-1.03366	
	V	0.00000	0.05371	0.09650	0.12761	0.14649	0.15282	0.14649	0.12761	0.09650	0.05371	0.00000	
	V'	0.58877	0.48390	0.37055	0.25070	0.12646	0.00000	-0.12646	-0.25070	-0.37055	-0.48390	-0.58877	
1.350	M	0.00000	0.09863	0.17727	0.23448	0.26924	0.28089	0.26924	0.23448	0.17727	0.09863	0.00000	1.350
	Q	1.08057	0.88904	0.68134	0.46123	0.23273	0.00000	-0.23273	-0.46123	-0.68134	-0.88904	-1.08057	
	V	0.00000	0.05412	0.09727	0.12866	0.14773	0.15412	0.14773	0.12866	0.09727	0.05412	0.00000	
	V'	0.59291	0.48782	0.37385	0.25308	0.12770	0.00000	-0.12770	-0.25308	-0.37385	-0.48782	-0.59291	
1.375	M	0.00000	0.10311	0.18540	0.24532	0.28172	0.29394	0.28172	0.24532	0.18540	0.10311	0.00000	1.375
	Q	1.12907	0.92995	0.71327	0.48313	0.24386	0.00000	-0.24386	-0.48313	-0.71327	-0.92995	-1.12907	
	V	0.00000	0.05454	0.09806	0.12975	0.14901	0.15547	0.14901	0.12975	0.09806	0.05454	0.00000	
	V'	0.59719	0.49187	0.37727	0.25554	0.12899	0.00000	-0.12899	-0.25554	-0.37727	-0.49187	-0.59719	
1.400	M	0.00000	0.10775	0.19383	0.25654	0.29467	0.30746	0.29467	0.25654	0.19383	0.10775	0.00000	1.400
	Q	1.17920	0.97231	0.74638	0.50585	0.25543	0.00000	-0.25543	-0.50585	-0.74638	-0.97231	-1.17920	
	V	0.00000	0.05498	0.09889	0.13089	0.15034	0.15687	0.15034	0.13089	0.09889	0.05498	0.00000	
	V'	0.60163	0.49607	0.38081	0.25809	0.13032	0.00000	-0.13032	-0.25809	-0.38081	-0.49607	-0.60163	
1.425	M	0.00000	0.11255	0.20255	0.26817	0.30808	0.32148	0.30808	0.26817	0.20255	0.11255	0.00000	1.425
	Q	1.23104	1.01618	0.78073	0.52945	0.26743	0.00000	-0.26743	-0.52945	-0.78073	-1.01618	-1.23104	
	V	0.00000	0.05543	0.09975	0.13206	0.15172	0.15831	0.15172	0.13206	0.09975	0.05543	0.00000	
	V'	0.60624	0.50043	0.38448	0.26073	0.13170	0.00000	-0.13170	-0.26073	-0.38448	-0.50043	-0.60624	
1.450	M	0.00000	0.11752	0.21158	0.28022	0.32199	0.33601	0.32199	0.28022	0.21158	0.11752	0.00000	1.450
	Q	1.28463	1.06164	0.81636	0.55395	0.27991	0.00000	-0.27991	-0.55395	-0.81636	-1.06164	-1.28463	
	V	0.00000	0.05590	0.10063	0.13328	0.15314	0.15981	0.15314	0.13328	0.10063	0.05590	0.00000	
	V'	0.61100	0.50494	0.38828	0.26347	0.13313	0.00000	-0.13313	-0.26347	-0.38828	-0.50494	-0.61100	
1.475	M	0.00000	0.12266	0.22094	0.29271	0.33640	0.35107	0.33640	0.29271	0.22094	0.12266	0.00000	1.475
	Q	1.34006	1.10874	0.85333	0.57940	0.29288	0.00000	-0.29288	-0.57940	-0.85333	-1.10874	-1.34006	
	V	0.00000	0.05638	0.10155	0.13454	0.15462	0.16137	0.15462	0.13454	0.10155	0.05638	0.00000	
	V'	0.61594	0.50962	0.39222	0.26631	0.13462	0.00000	-0.13462	-0.26631	-0.39222	-0.50962	-0.61594	

ALPHA X/L = 0.00 0.10 0.20 0.30 0.40 0.50 0.60 0.70 0.80 0.90 1.00 ALPHA

FUNKTIONEN : F.T;M - F.T;Q - F.T;V - F.T;V'

FUNKTIONEN : F.T;M - F.T;Q - F.T;V - F.T;V'

ALPHA	X/L =	0.00	0.10	0.20	0.30	0.40	0.50	0.60	0.70	0.80	0.90	1.00	ALPHA
	M	0.00000	0.12799	0.23064	0.30566	0.35135	0.36670	0.35135	0.30566	0.23064	0.12799	0.00000	
1.500	Q	1.39739	1.15755	0.89170	0.60583	0.30636	0.00000	-0.30636	-0.60583	-0.89170	-1.15755	-1.39739	1.500
	V	0.00000	0.05688	0.10251	0.13585	0.15616	0.16298	0.15616	0.13585	0.10251	0.05688	0.00000	
	V'	0.62106	0.51447	0.39631	0.26926	0.13616	0.00000	-0.13616	-0.26926	-0.39631	-0.51447	-0.62106	
	M	0.00000	0.13350	0.24069	0.31909	0.36686	0.38291	0.36686	0.31909	0.24069	0.13350	0.00000	
1.525	Q	1.45671	1.20814	0.93153	0.63330	0.32037	0.00000	-0.32037	-0.63330	-0.93153	-1.20814	-1.45671	1.525
	V	0.00000	0.05740	0.10350	0.13720	0.15775	0.16465	0.15775	0.13720	0.10350	0.05740	0.00000	
	V'	0.62637	0.51949	0.40055	0.27231	0.13776	0.00000	-0.13776	-0.27231	-0.40055	-0.51949	-0.62637	
	M	0.00000	0.13921	0.25111	0.33301	0.38295	0.39973	0.38295	0.33301	0.25111	0.13921	0.00000	
1.550	Q	1.51810	1.26061	0.97289	0.66185	0.33494	0.00000	-0.33494	-0.66185	-0.97289	-1.26061	-1.51810	1.550
	V	0.00000	0.05795	0.10452	0.13861	0.15940	0.16638	0.15940	0.13861	0.10452	0.05795	0.00000	
	V'	0.63188	0.52471	0.40495	0.27548	0.13941	0.00000	-0.13941	-0.27548	-0.40495	-0.52471	-0.63188	
	M	0.00000	0.14513	0.26192	0.34746	0.39965	0.41720	0.39965	0.34746	0.26192	0.14513	-0.00000	
1.575	Q	1.58163	1.31502	1.01585	0.69154	0.35010	-0.00000	-0.35010	-0.69154	-1.01585	-1.31502	-1.58163	1.575
	V	0.00000	0.05851	0.10559	0.14007	0.16111	0.16818	0.16111	0.14007	0.10559	0.05851	-0.00000	
	V'	0.63760	0.53012	0.40951	0.27877	0.14113	-0.00000	-0.14113	-0.27877	-0.40951	-0.53012	-0.63760	
	M	0.00000	0.15127	0.27313	0.36246	0.41699	0.43532	0.41699	0.36246	0.27313	0.15127	-0.00000	
1.600	Q	1.64742	1.37147	1.06048	0.72241	0.36588	-0.00000	-0.36588	-0.72241	-1.06048	-1.37147	-1.64742	1.600
	V	0.00000	0.05909	0.10669	0.14159	0.16289	0.17005	0.16289	0.14159	0.10669	0.05909	-0.00000	
	V'	0.64352	0.53573	0.41425	0.28219	0.14292	-0.00000	-0.14292	-0.28219	-0.41425	-0.53573	-0.64352	
	M	0.00000	0.15763	0.28475	0.37803	0.43500	0.45415	0.43500	0.37803	0.28475	0.15763	-0.00000	
1.625	Q	1.71556	1.43005	1.10687	0.75453	0.38230	-0.00000	-0.38230	-0.75453	-1.10687	-1.43005	-1.71556	1.625
	V	0.00000	0.05969	0.10784	0.14316	0.16473	0.17199	0.16473	0.14316	0.10784	0.05969	-0.00000	
	V'	0.64968	0.54156	0.41917	0.28574	0.14478	-0.00000	-0.14478	-0.28574	-0.41917	-0.54156	-0.64968	
	M	0.00000	0.16422	0.29682	0.39420	0.45370	0.47372	0.45370	0.39420	0.29682	0.16422	-0.00000	
1.650	Q	1.78615	1.49087	1.15510	0.78795	0.39940	-0.00000	-0.39940	-0.78795	-1.15510	-1.49087	-1.78615	1.650
	V	0.00000	0.06032	0.10903	0.14479	0.16665	0.17400	0.16665	0.14479	0.10903	0.06032	-0.00000	
	V'	0.65607	0.54761	0.42428	0.28942	0.14670	-0.00000	-0.14670	-0.28942	-0.42428	-0.54761	-0.65607	
	M	0.00000	0.17107	0.30936	0.41099	0.47314	0.49405	0.47314	0.41099	0.30936	0.17107	-0.00000	
1.675	Q	1.85931	1.55404	1.20526	0.82276	0.41722	-0.00000	-0.41722	-0.82276	-1.20526	-1.55404	-1.85931	1.675
	V	0.00000	0.06097	0.11026	0.14649	0.16864	0.17609	0.16864	0.14649	0.11026	0.06097	-0.00000	
	V'	0.66271	0.55390	0.42959	0.29325	0.14871	-0.00000	-0.14871	-0.29325	-0.42959	-0.55390	-0.66271	
	M	0.00000	0.17817	0.32237	0.42845	0.49335	0.51519	0.49335	0.42845	0.32237	0.17817	-0.00000	
1.700	Q	1.93517	1.61966	1.25746	0.85900	0.43578	-0.00000	-0.43578	-0.85900	-1.25746	-1.61966	-1.93517	1.700
	V	0.00000	0.06165	0.11155	0.14825	0.17071	0.17827	0.17071	0.14825	0.11155	0.06165	-0.00000	
	V'	0.66961	0.56044	0.43511	0.29723	0.15079	-0.00000	-0.15079	-0.29723	-0.43511	-0.56044	-0.66961	
	M	0.00000	0.18555	0.33590	0.44660	0.51437	0.53718	0.51437	0.44660	0.33590	0.18555	-0.00000	
1.725	Q	2.01384	1.68787	1.31179	0.89678	0.45514	-0.00000	-0.45514	-0.89678	-1.31179	-1.68787	-2.01384	1.725
	V	0.00000	0.06236	0.11288	0.15009	0.17286	0.18053	0.17286	0.15009	0.11288	0.06236	-0.00000	
	V'	0.67678	0.56723	0.44085	0.30137	0.15296	-0.00000	-0.15296	-0.30137	-0.44085	-0.56723	-0.67678	
ALPHA	X/L =	0.00	0.10	0.20	0.30	0.40	0.50	0.60	0.70	0.80	0.90	1.00	ALPHA

FUNKTIONEN : F.T;M - F.T;Q - F.T;V - F.T;V'

FUNKTIONEN : F.T;M - F.T;Q - F.T;V - F.T;V'

ALPHA	X/L =	0.00	0.10	0.20	0.30	0.40	0.50	0.60	0.70	0.80	0.90	1.00	ALPHA
	M	0.00000	0.19321	0.34997	0.46549	0.53624	0.56007	0.53624	0.46549	0.34997	0.19321	-0.00000	
1.750	Q	2.09549	1.75879	1.36837	0.93615	0.47534	-0.00000	-0.47534	-0.93615	-1.36837	-1.75879	-2.09549	1.750
	V	0.00000	0.06309	0.11427	0.15200	0.17510	0.18288	0.17510	0.15200	0.11427	0.06309	-0.00000	
	V'	0.68424	0.57430	0.44682	0.30568	0.15521	-0.00000	-0.15521	-0.30568	-0.44682	-0.57430	-0.68424	
	M	0.00000	0.20117	0.36459	0.48514	0.55901	0.58390	0.55901	0.48514	0.36459	0.20117	-0.00000	
1.775	Q	2.18025	1.83258	1.42733	0.97722	0.49641	-0.00000	-0.49641	-0.97722	-1.42733	-1.83258	-2.18025	1.775
	V	0.00000	0.06385	0.11572	0.15398	0.17743	0.18533	0.17743	0.15398	0.11572	0.06385	-0.00000	
	V'	0.69200	0.58166	0.45303	0.31017	0.15756	-0.00000	-0.15756	-0.31017	-0.45303	-0.58166	-0.69200	
	M	0.00000	0.20945	0.37982	0.50560	0.58273	0.60873	0.58273	0.50560	0.37982	0.20945	-0.00000	
1.800	Q	2.26828	1.90938	1.48879	1.02008	0.51842	-0.00000	-0.51842	-1.02008	-1.48879	-1.90938	-2.26828	1.800
	V	0.00000	0.06464	0.11723	0.15605	0.17986	0.18788	0.17986	0.15605	0.11723	0.06464	-0.00000	
	V'	0.70009	0.58932	0.45950	0.31484	0.16001	-0.00000	-0.16001	-0.31484	-0.45950	-0.58932	-0.70009	
	M	0.00000	0.21806	0.39567	0.52692	0.60746	0.63460	0.60746	0.52692	0.39567	0.21806	-0.00000	
1.825	Q	2.35978	1.98937	1.55289	1.06483	0.54141	-0.00000	-0.54141	-1.06483	-1.55289	-1.98937	-2.35978	1.825
	V	0.00000	0.06547	0.11880	0.15820	0.18238	0.19054	0.18238	0.15820	0.11880	0.06547	-0.00000	
	V'	0.70851	0.59730	0.46625	0.31971	0.16255	-0.00000	-0.16255	-0.31971	-0.46625	-0.59730	-0.70851	
	M	0.00000	0.22703	0.41218	0.54914	0.63323	0.66159	0.63323	0.54914	0.41218	0.22703	-0.00000	
1.850	Q	2.45491	2.07272	1.61979	1.11158	0.56544	-0.00000	-0.56544	-1.11158	-1.61979	-2.07272	-2.45491	1.850
	V	0.00000	0.06633	0.12043	0.16045	0.18502	0.19330	0.18502	0.16045	0.12043	0.06633	-0.00000	
	V'	0.71728	0.60561	0.47328	0.32479	0.16521	-0.00000	-0.16521	-0.32479	-0.47328	-0.60561	-0.71728	
	M	0.00000	0.23637	0.42940	0.57232	0.66013	0.68975	0.66013	0.57232	0.42940	0.23637	-0.00000	
1.875	Q	2.55388	2.15962	1.68965	1.16045	0.59058	-0.00000	-0.59058	-1.16045	-1.68965	-2.15962	-2.55388	1.875
	V	0.00000	0.06723	0.12214	0.16279	0.18777	0.19619	0.18777	0.16279	0.12214	0.06723	-0.00000	
	V'	0.72644	0.61429	0.48061	0.33008	0.16799	-0.00000	-0.16799	-0.33008	-0.48061	-0.61429	-0.72644	
	M	0.00000	0.24610	0.44735	0.59651	0.68821	0.71915	0.68821	0.59651	0.44735	0.24610	-0.00000	
1.900	Q	2.65693	2.25028	1.76265	1.21157	0.61689	-0.00000	-0.61689	-1.21157	-1.76265	-2.25028	-2.65693	1.900
	V	0.00000	0.06817	0.12392	0.16524	0.19064	0.19921	0.19064	0.16524	0.12392	0.06817	-0.00000	
	V'	0.73599	0.62335	0.48827	0.33561	0.17088	-0.00000	-0.17088	-0.33561	-0.48827	-0.62335	-0.73599	
	M	0.00000	0.25625	0.46610	0.62178	0.71755	0.74987	0.71755	0.62178	0.46610	0.25625	-0.00000	
1.925	Q	2.76427	2.34493	1.83897	1.26507	0.64444	-0.00000	-0.64444	-1.26507	-1.83897	-2.34493	-2.76427	1.925
	V	0.00000	0.06915	0.12578	0.16779	0.19364	0.20236	0.19364	0.16779	0.12578	0.06915	-0.00000	
	V'	0.74597	0.63280	0.49626	0.34139	0.17391	-0.00000	-0.17391	-0.34139	-0.49626	-0.63280	-0.74597	
	M	0.00000	0.26685	0.48567	0.64819	0.74822	0.78200	0.74822	0.64819	0.48567	0.26685	-0.00000	
1.950	Q	2.87618	2.44382	1.91883	1.32111	0.67332	-0.00000	-0.67332	-1.32111	-1.91883	-2.44382	-2.87618	1.950
	V	0.00000	0.07018	0.12772	0.17046	0.19677	0.20565	0.19677	0.17046	0.12772	0.07018	-0.00000	
	V'	0.75639	0.64269	0.50462	0.34743	0.17707	-0.00000	-0.17707	-0.34743	-0.50462	-0.64269	-0.75639	
	M	0.00000	0.27791	0.50614	0.67580	0.78032	0.81561	0.78032	0.67580	0.50614	0.27791	-0.00000	
1.975	Q	2.99292	2.54721	2.00246	1.37986	0.70361	-0.00000	-0.70361	-1.37986	-2.00246	-2.54721	-2.99292	1.975
	V	0.00000	0.07125	0.12976	0.17326	0.20005	0.20910	0.20005	0.17326	0.12976	0.07125	-0.00000	
	V'	0.76729	0.65303	0.51337	0.35375	0.18038	-0.00000	-0.18038	-0.35375	-0.51337	-0.65303	-0.76729	
ALPHA	X/L =	0.00	0.10	0.20	0.30	0.40	0.50	0.60	0.70	0.80	0.90	1.00	ALPHA

FUNKTIONEN : F.T;M - F.T;Q - F.T;V - F.T;V'

FUNKTIONEN : F.TIM - F.TIQ - F.TIV - F.TIV'

ALPHA	X/L =	0.00	0.10	0.20	0.30	0.40	0.50	0.60	0.70	0.80	0.90	1.00	ALPHA
	M	0.00000	0.28948	0.52754	0.70471	0.81392	0.85082	0.81392	0.70471	0.52754	0.28948	-0.00000	
2.000	Q	3.11482	2.65539	2.09010	1.44148	0.73540	-0.00000	-0.73540	-1.44148	-2.09010	-2.65539	-3.11482	2.000
	V	0.00000	0.07237	0.13189	0.17618	0.20348	0.21270	0.20348	0.17618	0.13189	0.07237	-0.00000	
	V'	0.77870	0.66385	0.52252	0.36037	0.18385	-0.00000	-0.18385	-0.36037	-0.52252	-0.66385	-0.77870	
	M	0.00000	0.30157	0.54996	0.73500	0.84914	0.88771	0.84914	0.73500	0.54996	0.30157	-0.00000	
2.025	Q	3.24219	2.76867	2.18201	1.50618	0.76880	-0.00000	-0.76880	-1.50618	-2.18201	-2.76867	-3.24219	2.025
	V	0.00000	0.07354	0.13412	0.17924	0.20708	0.21648	0.20708	0.17924	0.13412	0.07354	-0.00000	
	V'	0.79066	0.67518	0.53212	0.36731	0.18748	-0.00000	-0.18748	-0.36731	-0.53212	-0.67518	-0.79066	
	M	0.00000	0.31424	0.57344	0.76676	0.88608	0.92642	0.88608	0.76676	0.57344	0.31424	-0.00000	
2.050	Q	3.37540	2.88741	2.27850	1.57417	0.80392	-0.00000	-0.80392	-1.57417	-2.27850	-2.88741	-3.37540	2.050
	V	0.00000	0.07477	0.13645	0.18245	0.21085	0.22044	0.21085	0.18245	0.13645	0.07477	-0.00000	
	V'	0.80319	0.68707	0.54218	0.37458	0.19130	-0.00000	-0.19130	-0.37458	-0.54218	-0.68707	-0.80319	
	M	0.00000	0.32752	0.59808	0.80008	0.92486	0.96705	0.92486	0.80008	0.59808	0.32752	-0.00000	
2.075	Q	3.51484	3.01197	2.37987	1.64567	0.84087	-0.00000	-0.84087	-1.64567	-2.37987	-3.01197	-3.51484	2.075
	V	0.00000	0.07607	0.13891	0.18582	0.21480	0.22460	0.21480	0.18582	0.13891	0.07607	-0.00000	
	V'	0.81634	0.69954	0.55274	0.38221	0.19530	-0.00000	-0.19530	-0.38221	-0.55274	-0.69954	-0.81634	
	M	0.00000	0.34144	0.62394	0.83509	0.96561	1.00976	0.96561	0.83509	0.62394	0.34144	-0.00000	
2.100	Q	3.66096	3.14277	2.48649	1.72095	0.87981	-0.00000	-0.87981	-1.72095	-2.48649	-3.14277	-3.66096	2.100
	V	0.00000	0.07742	0.14148	0.18936	0.21896	0.22897	0.21896	0.18936	0.14148	0.07742	-0.00000	
	V'	0.83015	0.71265	0.56383	0.39024	0.19950	-0.00000	-0.19950	-0.39024	-0.56383	-0.71265	-0.83015	
	M	0.00000	0.35607	0.65113	0.87191	1.00848	1.05470	1.00848	0.87191	0.65113	0.35607	-0.00000	
2.125	Q	3.81423	3.28026	2.59873	1.80029	0.92086	-0.00000	-0.92086	-1.80029	-2.59873	-3.28026	-3.81423	2.125
	V	0.00000	0.07885	0.14419	0.19309	0.22333	0.23357	0.22333	0.19309	0.14419	0.07885	-0.00000	
	V'	0.84467	0.72643	0.57550	0.39868	0.20393	-0.00000	-0.20393	-0.39868	-0.57550	-0.72643	-0.84467	
	M	0.00000	0.37144	0.67973	0.91067	1.05363	1.10202	1.05363	0.91067	0.67973	0.37144	-0.00000	
2.150	Q	3.97517	3.42495	2.71703	1.88398	0.96419	-0.00000	-0.96419	-1.88398	-2.71703	-3.42495	-3.97517	2.150
	V	0.00000	0.08035	0.14705	0.19701	0.22793	0.23840	0.22793	0.19701	0.14705	0.08035	-0.00000	
	V'	0.85996	0.74093	0.58778	0.40757	0.20859	-0.00000	-0.20859	-0.40757	-0.58778	-0.74093	-0.85996	
	M	0.00000	0.38762	0.70985	0.95152	1.10122	1.15192	1.10122	0.95152	0.70985	0.38762	-0.00000	
2.175	Q	4.14437	3.57739	2.84184	1.97238	1.00999	-0.00000	-1.00999	-1.97238	-2.84184	-3.57739	-4.14437	2.175
	V	0.00000	0.08194	0.15005	0.20114	0.23279	0.24350	0.23279	0.20114	0.15005	0.08194	-0.00000	
	V'	0.87607	0.75622	0.60073	0.41694	0.21350	-0.00000	-0.21350	-0.41694	-0.60073	-0.75622	-0.87607	
	M	0.00000	0.40467	0.74162	0.99462	1.15147	1.20460	1.15147	0.99462	0.74162	0.40467	-0.00000	
2.200	Q	4.32247	3.73818	2.97370	2.06586	1.05844	-0.00000	-1.05844	-2.06586	-2.97370	-3.73818	-4.32247	2.200
	V	0.00000	0.08361	0.15323	0.20550	0.23791	0.24889	0.23791	0.20550	0.15323	0.08361	-0.00000	
	V'	0.89307	0.77235	0.61440	0.42683	0.21869	-0.00000	-0.21869	-0.42683	-0.61440	-0.77235	-0.89307	
	M	0.00000	0.42265	0.77517	1.04016	1.20457	1.26029	1.20457	1.04016	0.77517	0.42265	-0.00000	
2.225	Q	4.51018	3.90801	3.11317	2.16484	1.10978	-0.00000	-1.10978	-2.16484	-3.11317	-3.90801	-4.51018	2.225
	V	0.00000	0.08537	0.15658	0.21011	0.24332	0.25457	0.24332	0.21011	0.15658	0.08537	-0.00000	
	V'	0.91103	0.78940	0.62884	0.43729	0.22417	-0.00000	-0.22417	-0.43729	-0.62884	-0.78940	-0.91103	
ALPHA	X/L =	0.00	0.10	0.20	0.30	0.40	0.50	0.60	0.70	0.80	0.90	1.00	ALPHA

FUNKTIONEN : F.TIM - F.TIQ - F.TIV - F.TIV'

FUNKTIONEN : F.T:M - F.T:Q - F.T:V - F.T:V'

ALPHA	X/L =	0.00	0.10	0.20	0.30	0.40	0.50	0.60	0.70	0.80	0.90	1.00	ALPHA
	M	0.00000	0.44166	0.81064	1.08835	1.26078	1.31924	1.26078	1.08835	0.81064	0.44166	-0.00000	
2.250	Q	4.70829	4.08762	3.26089	2.26977	1.16423	-0.00000	-1.16423	-2.26977	-3.26089	-4.08762	-4.70829	2.250
	V	0.00000	0.08724	0.16013	0.21498	0.24904	0.26059	0.24904	0.21498	0.16013	0.08724	-0.00000	
	V'	0.93003	0.80743	0.64413	0.44835	0.22997	-0.00000	-0.22997	-0.44835	-0.64413	-0.80743	-0.93003	
	M	0.00000	0.46177	0.84821	1.13941	1.32035	1.38172	1.32035	1.13941	0.84821	0.46177	-0.00000	
2.275	Q	4.91768	4.27786	3.41758	2.38119	1.22208	-0.00000	-1.22208	-2.38119	-3.41758	-4.27786	-4.91768	2.275
	V	0.00000	0.08922	0.16389	0.22015	0.25511	0.26697	0.25511	0.22015	0.16389	0.08922	-0.00000	
	V'	0.95016	0.82654	0.66032	0.46008	0.23612	-0.00000	-0.23612	-0.46008	-0.66032	-0.82654	-0.95016	
	M	0.00000	0.48308	0.88805	1.19359	1.38359	1.44806	1.38359	1.19359	0.88805	0.48308	-0.00000	
2.300	Q	5.13934	4.47966	3.58404	2.49966	1.28363	-0.00000	-1.28363	-2.49966	-3.58404	-4.47966	-5.13934	2.300
	V	0.00000	0.09132	0.16787	0.22563	0.26155	0.27373	0.26155	0.22563	0.16787	0.09132	-0.00000	
	V'	0.97152	0.84682	0.67751	0.47253	0.24265	-0.00000	-0.24265	-0.47253	-0.67751	-0.84682	-0.97152	
	M	0.00000	0.50570	0.93038	1.25118	1.45083	1.51860	1.45083	1.25118	0.93038	0.50570	-0.00000	
2.325	Q	5.37439	4.69408	3.76116	2.62585	1.34923	-0.00000	-1.34923	-2.62585	-3.76116	-4.69408	-5.37439	2.325
	V	0.00000	0.09355	0.17211	0.23146	0.26839	0.28093	0.26839	0.23146	0.17211	0.09355	-0.00000	
	V'	0.99422	0.86837	0.69579	0.48576	0.24960	-0.00000	-0.24960	-0.48576	-0.69579	-0.86837	-0.99422	
	M	0.00000	0.52976	0.97543	1.31250	1.52245	1.59374	1.52245	1.31250	0.97543	0.52976	-0.00000	
2.350	Q	5.62407	4.92231	3.94996	2.76048	1.41925	-0.00000	-1.41925	-2.76048	-3.94996	-4.92231	-5.62407	2.350
	V	0.00000	0.09593	0.17663	0.23766	0.27568	0.28859	0.27568	0.23766	0.17663	0.09593	-0.00000	
	V'	1.01839	0.89132	0.71525	0.49986	0.25699	-0.00000	-0.25699	-0.49986	-0.71525	-0.89132	-1.01839	
	M	0.00000	0.55539	1.02345	1.37792	1.59888	1.67394	1.59888	1.37792	1.02345	0.55539	-0.00000	
2.375	Q	5.88979	5.16569	4.15157	2.90438	1.49413	-0.00000	-1.49413	-2.90438	-4.15157	-5.16569	-5.88979	2.375
	V	0.00000	0.09846	0.18144	0.24428	0.28346	0.29677	0.28346	0.24428	0.18144	0.09846	-0.00000	
	V'	1.04417	0.91580	0.73601	0.51490	0.26489	-0.00000	-0.26489	-0.51490	-0.73601	-0.91580	-1.04417	
	M	0.00000	0.58275	1.07476	1.44784	1.68060	1.75970	1.68060	1.44784	1.07476	0.58275	-0.00000	
2.400	Q	6.17316	5.42574	4.36730	3.05850	1.57437	-0.00000	-1.57437	-3.05850	-4.36730	-5.42574	-6.17316	2.400
	V	0.00000	0.10117	0.18659	0.25136	0.29177	0.30550	0.29177	0.25136	0.18659	0.10117	-0.00000	
	V'	1.07173	0.94197	0.75821	0.53099	0.27333	-0.00000	-0.27333	-0.53099	-0.75821	-0.94197	-1.07173	
	M	0.00000	0.61201	1.12969	1.52275	1.76817	1.85161	1.76817	1.52275	1.12969	0.61201	-0.00000	
2.425	Q	6.47601	5.70421	4.59861	3.22390	1.66054	-0.00000	-1.66054	-3.22390	-4.59861	-5.70421	-6.47601	2.425
	V	0.00000	0.10407	0.19210	0.25894	0.30068	0.31487	0.30068	0.25894	0.19210	0.10407	-0.00000	
	V'	1.10124	0.97000	0.78199	0.54822	0.28237	-0.00000	-0.28237	-0.54822	-0.78199	-0.97000	-1.10124	
	M	0.00000	0.64340	1.18864	1.60317	1.86222	1.95032	1.86222	1.60317	1.18864	0.64340	-0.00000	
2.450	Q	6.80042	6.00308	4.84720	3.40182	1.75327	-0.00000	-1.75327	-3.40182	-4.84720	-6.00308	-6.80042	2.450
	V	0.00000	0.10719	0.19802	0.26708	0.31024	0.32492	0.31024	0.26708	0.19802	0.10719	-0.00000	
	V'	1.13293	1.00010	0.80753	0.56673	0.29209	-0.00000	-0.29209	-0.56673	-0.80753	-1.00010	-1.13293	
	M	0.00000	0.67713	1.25205	1.68972	1.96347	2.05661	1.96347	1.68972	1.25205	0.67713	-0.00000	
2.475	Q	7.14880	6.32463	5.11501	3.59367	1.85331	-0.00000	-1.85331	-3.59367	-5.11501	-6.32463	-7.14880	2.475
	V	0.00000	0.11054	0.20440	0.27584	0.32053	0.33574	0.32053	0.27584	0.20440	0.11054	-0.00000	
	V'	1.16703	1.03249	0.83502	0.58666	0.30255	-0.00000	-0.30255	-0.58666	-0.83502	-1.03249	-1.16703	
ALPHA	X/L =	0.00	0.10	0.20	0.30	0.40	0.50	0.60	0.70	0.80	0.90	1.00	ALPHA

FUNKTIONEN : F.T:M - F.T:Q - F.T:V - F.T:V'

FUNKTIONEN : F.TIM - F.TIQ - F.TIV - F.TIV'

ALPHA	X/L =	0.00	0.10	0.20	0.30	0.40	0.50	0.60	0.70	0.80	0.90	1.00	ALPHA
	M	0.00000	0.71349	1.32045	1.78313	2.07277	2.17136	2.07277	1.78313	1.32045	0.71349	-0.00000	
2.500	Q	7.52392	6.67151	5.40430	3.80107	1.96152	-0.00000	-1.96152	-3.80107	-5.40430	-6.67151	-7.52392	2.500
	V	0.00000	0.11416	0.21127	0.28530	0.33164	0.34742	0.33164	0.28530	0.21127	0.11416	-0.00000	
	V'	1.20383	1.06744	0.86469	0.60817	0.31384	-0.00000	-0.31384	-0.60817	-0.86469	-1.06744	-1.20383	
	M	0.00000	0.75280	1.39443	1.88422	2.19109	2.29559	2.19109	1.88422	1.39443	0.75280	-0.00000	
2.525	Q	7.92903	7.04680	5.71767	4.02594	2.07889	-0.00000	-2.07889	-4.02594	-5.71767	-7.04680	-7.92903	2.525
	V	0.00000	0.11807	0.21871	0.29553	0.34367	0.36006	0.34367	0.29553	0.21871	0.11807	-0.00000	
	V'	1.24365	1.10527	0.89680	0.63146	0.32607	-0.00000	-0.32607	-0.63146	-0.89680	-1.10527	-1.24365	
	M	0.00000	0.79541	1.47471	1.99396	2.31958	2.43051	2.31958	1.99396	1.47471	0.79541	-0.00000	
2.550	Q	8.36789	7.45408	6.05818	4.27048	2.20659	-0.00000	-2.20659	-4.27048	-6.05818	-7.45408	-8.36789	2.550
	V	0.00000	0.12232	0.22679	0.30665	0.35672	0.37378	0.35672	0.30665	0.22679	0.12232	-0.00000	
	V'	1.28687	1.14634	0.93167	0.65674	0.33935	-0.00000	-0.33935	-0.65674	-0.93167	-1.14634	-1.28687	
	M	0.00000	0.84178	1.56212	2.11350	2.45958	2.57753	2.45958	2.11350	1.56212	0.84178	-0.00000	
2.575	Q	8.84495	7.89757	6.42942	4.53731	2.34600	-0.00000	-2.34600	-4.53731	-6.42942	-7.89757	-8.84495	2.575
	V	0.00000	0.12695	0.23559	0.31875	0.37094	0.38873	0.37094	0.31875	0.23559	0.12695	-0.00000	
	V'	1.33395	1.19107	0.96965	0.68430	0.35381	-0.00000	-0.35381	-0.68430	-0.96965	-1.19107	-1.33395	
	M	0.00000	0.89242	1.65763	2.24420	2.61269	2.73833	2.61269	2.24420	1.65763	0.89242	-0.00000	
2.600	Q	9.36547	8.38228	6.83564	4.82951	2.49874	-0.00000	-2.49874	-4.82951	-6.83564	-8.38228	-9.36547	2.600
	V	0.00000	0.13201	0.24521	0.33198	0.38649	0.40508	0.38649	0.33198	0.24521	0.13201	-0.00000	
	V'	1.38542	1.23998	1.01119	0.71442	0.36964	-0.00000	-0.36964	-0.71442	-1.01119	-1.23998	-1.38542	
	M	0.00000	0.94795	1.76243	2.38766	2.78080	2.91491	2.78080	2.38766	1.76243	0.94795	-0.00000	
2.625	Q	9.93573	8.91419	7.28194	5.15078	2.66674	-0.00000	-2.66674	-5.15078	-7.28194	-8.91419	-9.93573	2.625
	V	0.00000	0.13757	0.25577	0.34651	0.40356	0.42303	0.40356	0.34651	0.25577	0.13757	-0.00000	
	V'	1.44192	1.29367	1.05679	0.74751	0.38701	-0.00000	-0.38701	-0.74751	-1.05679	-1.29367	-1.44192	
	M	0.00000	1.00910	1.87794	2.54585	2.96621	3.10967	2.96621	2.54585	1.87794	1.00910	-0.00000	
2.650	Q	10.56328	9.50049	7.77441	5.50557	2.85235	-0.00000	-2.85235	-5.50557	-7.77441	-9.50049	-10.56328	2.650
	V	0.00000	0.14370	0.26742	0.36253	0.42239	0.44281	0.42239	0.36253	0.26742	0.14370	-0.00000	
	V'	1.50421	1.35286	1.10707	0.78399	0.40617	-0.00000	-0.40617	-0.78399	-1.10707	-1.35286	-1.50421	
	M	0.00000	1.07679	2.00586	2.72111	3.17169	3.32553	3.17169	2.72111	2.00586	1.07679	-0.00000	
2.675	Q	11.25732	10.14989	8.32050	5.89926	3.05840	-0.00000	-3.05840	-5.89926	-8.32050	-10.14989	-11.25732	2.675
	V	0.00000	0.15048	0.28032	0.38028	0.44324	0.46474	0.44324	0.38028	0.28032	0.15048	-0.00000	
	V'	1.57321	1.41845	1.16279	0.82442	0.42741	-0.00000	-0.42741	-0.82442	-1.16279	-1.41845	-1.57321	
	M	0.00000	1.15212	2.14830	2.91636	3.40065	3.56607	3.40065	2.91636	2.14830	1.15212	-0.00000	
2.700	Q	12.02910	10.87312	8.92930	6.33847	3.28837	-0.00000	-3.28837	-6.33847	-8.92930	-10.87312	-12.02910	2.700
	V	0.00000	0.15804	0.29469	0.40005	0.46648	0.48917	0.46648	0.40005	0.29469	0.15804	-0.00000	
	V'	1.65008	1.49151	1.22487	0.86947	0.45108	-0.00000	-0.45108	-0.86947	-1.22487	-1.49151	-1.65008	
	M	0.00000	1.23646	2.30788	3.13518	3.65731	3.83575	3.65731	3.13518	2.30788	1.23646	-0.00000	
2.725	Q	12.89257	11.68344	9.61210	6.83141	3.54657	-0.00000	-3.54657	-6.83141	-9.61210	-11.68344	-12.89257	2.725
	V	0.00000	0.16651	0.31080	0.42221	0.49253	0.51656	0.49253	0.42221	0.31080	0.16651	-0.00000	
	V'	1.73623	1.57340	1.29445	0.91998	0.47761	-0.00000	-0.47761	-0.91998	-1.29445	-1.57340	-1.73623	
ALPHA	X/L =	0.00	0.10	0.20	0.30	0.40	0.50	0.60	0.70	0.80	0.90	1.00	ALPHA

FUNKTIONEN : F.TIM - F.TIQ - F.TIV - F.TIV'

FUNKTIONEN : F.T;M - F.T;Q - F.T;V - F.T;V'

ALPHA	X/L =	0.00	0.10	0.20	0.30	0.40	0.50	0.60	0.70	0.80	0.90	1.00	ALPHA
	M	0.00000	1.33154	2.48787	3.38208	3.94699	4.14013	3.94699	3.38208	2.48787	1.33154	-0.00000	
2.750	Q	13.86527	12.59753	10.38309	7.38837	3.83841	-0.00000	-3.83841	-7.38837	-10.38309	-12.59753	-13.86527	2.750
	V	0.00000	0.17607	0.32897	0.44722	0.52192	0.54745	0.52192	0.44722	0.32897	0.17607	-0.00000	
	V'	1.83342	1.66579	1.37297	0.97697	0.50756	-0.00000	-0.50756	-0.97697	-1.37297	-1.66579	-1.83342	
	M	0.00000	1.43955	2.69245	3.66282	4.27643	4.48632	4.27643	3.66282	2.69245	1.43955	-0.00000	
2.775	Q	14.96949	13.63659	11.26031	8.02246	4.17079	-0.00000	-4.17079	-8.02246	-11.26031	-13.63659	-14.96949	2.775
	V	0.00000	0.18694	0.34964	0.47565	0.55534	0.58259	0.55534	0.47565	0.34964	0.18694	-0.00000	
	V'	1.94393	1.77084	1.46226	1.04179	0.54162	-0.00000	-0.54162	-1.04179	-1.46226	-1.77084	-1.94393	
	M	0.00000	1.56333	2.92701	3.98482	4.65436	4.88349	4.65436	3.98482	2.92701	1.56333	-0.00000	
2.800	Q	16.23407	14.82805	12.26708	8.75064	4.55262	-0.00000	-4.55262	-8.75064	-12.26708	-14.82805	-16.23407	2.800
	V	0.00000	0.19940	0.37334	0.50827	0.59367	0.62289	0.59367	0.50827	0.37334	0.19940	-0.00000	
	V'	2.07067	1.89133	1.56468	1.11615	0.58069	-0.00000	-0.58069	-1.11615	-1.56468	-1.89133	-2.07067	
	M	0.00000	1.70661	3.19865	4.35784	5.09227	5.34373	5.09227	4.35784	3.19865	1.70661	-0.00000	
2.825	Q	17.69696	16.20799	13.43410	9.59520	4.99562	-0.00000	-4.99562	-9.59520	-13.43410	-16.20799	-17.69696	2.825
	V	0.00000	0.21384	0.40080	0.54605	0.63808	0.66959	0.63808	0.54605	0.40080	0.21384	-0.00000	
	V'	2.21749	2.03092	1.68334	1.20231	0.62597	-0.00000	-0.62597	-1.20231	-1.68334	-2.03092	-2.21749	
	M	0.00000	1.87440	3.51691	4.79501	5.60558	5.88324	5.60558	4.79501	3.51691	1.87440	-0.00000	
2.850	Q	19.40911	17.82488	14.80260	10.58609	5.51553	-0.00000	-5.51553	-10.58609	-14.80260	-17.82488	-19.40911	2.850
	V	0.00000	0.23077	0.43298	0.59034	0.69013	0.72431	0.69013	0.59034	0.43298	0.23077	-0.00000	
	V'	2.38955	2.19451	1.82242	1.30330	0.67904	-0.00000	-0.67904	-1.30330	-1.82242	-2.19451	-2.38955	
	M	0.00000	2.07360	3.89489	5.31437	6.21551	6.52434	6.21551	5.31437	3.89489	2.07360	-0.00000	
2.875	Q	21.44059	19.74536	16.42926	11.76450	6.13402	-0.00000	-6.13402	-11.76450	-16.42926	-19.74536	-21.44059	2.875
	V	0.00000	0.25087	0.47122	0.64295	0.75197	0.78933	0.75197	0.64295	0.47122	0.25087	-0.00000	
	V'	2.59395	2.38885	1.98766	1.42330	0.74211	-0.00000	-0.74211	-1.42330	-1.98766	-2.38885	-2.59395	
	M	0.00000	2.31394	4.35113	5.94144	6.95205	7.29856	6.95205	5.94144	4.35113	2.31394	-0.00000	
2.900	Q	23.89047	22.06363	18.39422	13.18865	6.88168	0.00000	-6.88168	-13.18865	-18.39422	-22.06363	-23.89047	2.900
	V	0.00000	0.27514	0.51738	0.70647	0.82664	0.86784	0.82664	0.70647	0.51738	0.27514	-0.00000	
	V'	2.84072	2.62350	2.18718	1.56821	0.81827	0.00000	-0.81827	-1.56821	-2.18718	-2.62350	-2.84072	
	M	0.00000	2.60968	4.91273	6.71350	7.85903	8.25200	7.85903	6.71350	4.91273	2.60968	-0.00000	
2.925	Q	26.90355	24.91744	20.81464	14.94367	7.80327	-0.00000	-7.80327	-14.94367	-20.81464	-24.91744	-26.90355	2.925
	V	0.00000	0.30503	0.57421	0.78469	0.91858	0.96451	0.91858	0.78469	0.57421	0.30503	-0.00000	
	V'	3.14455	2.91240	2.43286	1.74665	0.91206	-0.00000	-0.91206	-1.74665	-2.43286	-2.91240	-3.14455	
	M	0.00000	2.98249	5.62091	7.68732	9.00317	9.45480	9.00317	7.68732	5.62091	2.98249	-0.00000	
2.950	Q	30.70024	28.51638	23.86882	17.15909	8.96690	-0.00000	-8.96690	-17.15909	-23.86882	-28.51638	-30.70024	2.950
	V	0.00000	0.34272	0.64590	0.88335	1.03455	1.08645	1.03455	0.88335	0.64590	0.34272	-0.00000	
	V'	3.52775	3.27680	2.74275	1.97174	1.03038	-0.00000	-1.03038	-1.97174	-2.74275	-3.27680	-3.52775	
	M	0.00000	3.46706	6.54167	8.95370	10.49125	11.01923	10.49125	8.95370	6.54167	3.46706	-0.00000	
2.975	Q	35.63322	33.19587	27.84208	20.04222	10.48154	-0.00000	-10.48154	-20.04222	-27.84208	-33.19587	-35.63322	2.975
	V	0.00000	0.39173	0.73912	1.01165	1.18537	1.24502	1.18537	1.01165	0.73912	0.39173	-0.00000	
	V'	4.02607	3.75068	3.14578	2.26450	1.18427	-0.00000	-1.18427	-2.26450	-3.14578	-3.75068	-4.02607	

| ALPHA | X/L = | 0.00 | 0.10 | 0.20 | 0.30 | 0.40 | 0.50 | 0.60 | 0.70 | 0.80 | 0.90 | 1.00 | ALPHA |

FUNKTIONEN : F.T;M - F.T;Q - F.T;V - F.T;V'

FUNKTIONEN : F.T;M - F.T;Q - F.T;V - F.T;V'

BETA	X/L =	0.00	0.10	0.20	0.30	0.40	0.50	0.60	0.70	0.80	0.90	1.00	BETA
0.00	M	0.00000	0.00000	0.00000	0.00000	0.00000	0.00000	0.00000	0.00000	0.00000	0.00000	0.00000	0.00
	Q	0.00000	0.00000	0.00000	0.00000	0.00000	0.00000	0.00000	0.00000	0.00000	0.00000	0.00000	
	V	0.00000	0.04500	0.08000	0.10500	0.12000	0.12500	0.12000	0.10500	0.08000	0.04500	0.00000	
	V'	0.50000	0.40000	0.30000	0.20000	0.10000	0.00000	-0.10000	-0.20000	-0.30000	-0.40000	-0.50000	
0.25	M	0.00000	-0.00280	-0.00497	-0.00652	-0.00745	-0.00776	-0.00745	-0.00652	-0.00497	-0.00280	0.00000	0.25
	Q	-0.03109	-0.02485	-0.01862	-0.01241	-0.00620	0.00000	0.00620	0.01241	0.01862	0.02485	0.03109	
	V	0.00000	0.04475	0.07952	0.10434	0.11923	0.12419	0.11923	0.10434	0.07952	0.04475	-0.00000	
	V'	0.49741	0.39756	0.29795	0.19853	0.09923	-0.00000	-0.09923	-0.19853	-0.29795	-0.39756	-0.49741	
0.50	M	0.00000	-0.01100	-0.01953	-0.02560	-0.02924	-0.03046	-0.02924	-0.02560	-0.01953	-0.01100	0.00000	0.50
	Q	-0.12246	-0.09760	-0.07299	-0.04856	-0.02425	0.00000	0.02425	0.04856	0.07299	0.09760	0.12246	
	V	0.00000	0.04400	0.07811	0.10242	0.11698	0.12183	0.11698	0.10242	0.07811	0.04400	-0.00000	
	V'	0.48984	0.39041	0.29196	0.19423	0.09699	-0.00000	-0.09699	-0.19423	-0.29196	-0.39041	-0.48984	
0.75	M	0.00000	-0.02409	-0.04268	-0.05589	-0.06379	-0.06642	-0.06379	-0.05589	-0.04268	-0.02409	0.00000	0.75
	Q	-0.26877	-0.21322	-0.15888	-0.10542	-0.05256	0.00000	0.05256	0.10542	0.15888	0.21322	0.26877	
	V	0.00000	0.04282	0.07588	0.09937	0.11340	0.11807	0.11340	0.09937	0.07588	0.04282	-0.00000	
	V'	0.47781	0.37906	0.28244	0.18742	0.09345	-0.00000	-0.09345	-0.18742	-0.28244	-0.37906	-0.47781	
1.00	M	0.00000	-0.04128	-0.07297	-0.09539	-0.10874	-0.11318	-0.10874	-0.09539	-0.07297	-0.04128	0.00000	1.00
	Q	-0.46212	-0.36426	-0.27005	-0.17855	-0.08883	0.00000	0.08883	0.17855	0.27005	0.36426	0.46212	
	V	0.00000	0.04128	0.07297	0.09539	0.10874	0.11318	0.10874	0.09539	0.07297	0.04128	-0.00000	
	V'	0.46212	0.36426	0.27005	0.17855	0.08883	0.00000	-0.08883	-0.17855	-0.27005	-0.36426	-0.46212	
1.25	M	0.00000	-0.06168	-0.10869	-0.14174	-0.16137	-0.16788	-0.16137	-0.14174	-0.10869	-0.06168	0.00000	1.25
	Q	-0.69325	-0.54202	-0.39926	-0.26275	-0.13036	0.00000	0.13036	0.26275	0.39926	0.54202	0.69325	
	V	0.00000	0.03948	0.06956	0.09072	0.10328	0.10744	0.10328	0.09072	0.06956	0.03948	-0.00000	
	V'	0.44368	0.34689	0.25553	0.16816	0.08343	-0.00000	-0.08343	-0.16816	-0.25553	-0.34689	-0.44368	
1.50	M	0.00000	-0.08436	-0.14808	-0.19259	-0.21890	-0.22761	-0.21890	-0.19259	-0.14808	-0.08436	0.00000	1.50
	Q	-0.95272	-0.73762	-0.53914	-0.35281	-0.17444	0.00000	0.17444	0.35281	0.53914	0.73762	0.95272	
	V	0.00000	0.03749	0.06581	0.08560	0.09729	0.10116	0.09729	0.08560	0.06581	0.03749	-0.00000	
	V'	0.42343	0.32783	0.23962	0.15681	0.07753	-0.00000	-0.07753	-0.15681	-0.23962	-0.32783	-0.42343	
1.75	M	0.00000	-0.10846	-0.18955	-0.24576	-0.27880	-0.28971	-0.27880	-0.24576	-0.18955	-0.10846	0.00000	1.75
	Q	-1.23183	-0.94293	-0.68298	-0.44399	-0.21864	0.00000	0.21864	0.44399	0.68298	0.94293	1.23183	
	V	0.00000	0.03542	0.06189	0.08025	0.09104	0.09460	0.09104	0.08025	0.06189	0.03542	-0.00000	
	V'	0.40223	0.30790	0.22301	0.14498	0.07139	-0.00000	-0.07139	-0.14498	-0.22301	-0.30790	-0.40223	
2.00	M	0.00000	-0.13327	-0.23175	-0.29941	-0.33894	-0.35195	-0.33894	-0.29941	-0.23175	-0.13327	0.00000	2.00
	Q	-1.52319	-1.15108	-0.82517	-0.53238	-0.26095	0.00000	0.26095	0.53238	0.82517	1.15108	1.52319	
	V	0.00000	0.03332	0.05794	0.07485	0.08474	0.08799	0.08474	0.07485	0.05794	0.03332	-0.00000	
	V'	0.38080	0.28777	0.20629	0.13309	0.06524	-0.00000	-0.06524	-0.13309	-0.20629	-0.28777	-0.38080	
2.25	M	0.00000	-0.15821	-0.27363	-0.35212	-0.39767	-0.41261	-0.39767	-0.35212	-0.27363	-0.15821	0.00000	2.25
	Q	-1.82093	-1.35668	-0.96141	-0.61501	-0.29988	0.00000	0.29988	0.61501	0.96141	1.35668	1.82093	
	V	0.00000	0.03125	0.05405	0.06955	0.07855	0.08150	0.07855	0.06955	0.05405	0.03125	-0.00000	
	V'	0.35969	0.26799	0.18991	0.12148	0.05924	-0.00000	-0.05924	-0.12148	-0.18991	-0.26799	-0.35969	
BETA	X/L =	0.00	0.10	0.20	0.30	0.40	0.50	0.60	0.70	0.80	0.90	1.00	BETA

FUNKTIONEN : F.T;M - F.T;Q - F.T;V - F.T;V'

FUNKTIONEN : F.T;M - F.T;Q - F.T;V - F.T;V'

BETA	X/L =	0.00	0.10	0.20	0.30	0.40	0.50	0.60	0.70	0.80	0.90	1.00	BETA
	M	0.00000	-0.18287	-0.31441	-0.40287	-0.45382	-0.47046	-0.45382	-0.40287	-0.31441	-0.18287	0.00000	
2.50	Q	-2.12071	-1.55580	-1.08863	-0.68985	-0.33442	0.00000	0.33442	0.68985	1.08863	1.55580	2.12071	2.50
	V	0.00000	0.02926	0.05031	0.06446	0.07261	0.07527	0.07261	0.06446	0.05031	0.02926	-0.00000	
	V'	0.33931	0.24893	0.17418	0.11038	0.05351	-0.00000	-0.05351	-0.11038	-0.17418	-0.24893	-0.33931	
	M	0.00000	-0.20696	-0.35357	-0.45099	-0.50662	-0.52471	-0.50662	-0.45099	-0.35357	-0.20696	0.00000	
2.75	Q	-2.41952	-1.74577	-1.20488	-0.75568	-0.36399	0.00000	0.36399	0.75568	1.20488	1.74577	2.41952	2.75
	V	0.00000	0.02737	0.04675	0.05963	0.06699	0.06938	0.06699	0.05963	0.04675	0.02737	-0.00000	
	V'	0.31994	0.23085	0.15932	0.09992	0.04813	-0.00000	-0.04813	-0.09992	-0.15932	-0.23085	-0.31994	
	M	0.00000	-0.23030	-0.39080	-0.49606	-0.55563	-0.57490	-0.55563	-0.49606	-0.39080	-0.23030	0.00000	
3.00	Q	-2.71544	-1.92500	-1.30910	-0.81192	-0.38835	0.00000	0.38835	0.81192	1.30910	1.92500	2.71544	3.00
	V	0.00000	0.02559	0.04342	0.05512	0.06174	0.06388	0.06174	0.05512	0.04342	0.02559	-0.00000	
	V'	0.30172	0.21389	0.14546	0.09021	0.04315	-0.00000	-0.04315	-0.09021	-0.14546	-0.21389	-0.30172	
	M	0.00000	-0.25278	-0.42594	-0.53793	-0.60068	-0.62088	-0.60068	-0.53793	-0.42594	-0.25278	0.00000	
3.25	Q	-3.00738	-2.09266	-1.40094	-0.85850	-0.40754	0.00000	0.40754	0.85850	1.40094	2.09266	3.00738	3.25
	V	0.00000	0.02393	0.04033	0.05093	0.05687	0.05878	0.05687	0.05093	0.04033	0.02393	-0.00000	
	V'	0.28472	0.19812	0.13263	0.08128	0.03858	-0.00000	-0.03858	-0.08128	-0.13263	-0.19812	-0.28472	
	M	0.00000	-0.27437	-0.45894	-0.57656	-0.64176	-0.66264	-0.64176	-0.57656	-0.45894	-0.27437	0.00000	
3.50	Q	-3.29481	-2.24853	-1.48051	-0.89571	-0.42176	0.00000	0.42176	0.89571	1.48051	2.24853	3.29481	3.50
	V	0.00000	0.02240	0.03746	0.04707	0.05239	0.05409	0.05239	0.04707	0.03746	0.02240	-0.00000	
	V'	0.26896	0.18355	0.12086	0.07312	0.03443	-0.00000	-0.03443	-0.07312	-0.12086	-0.18355	-0.26896	
	M	0.00000	-0.29507	-0.48984	-0.61203	-0.67902	-0.70034	-0.67902	-0.61203	-0.48984	-0.29507	0.00000	
3.75	Q	-3.57767	-2.39274	-1.54826	-0.92407	-0.43135	0.00000	0.43135	0.92407	1.54826	2.39274	3.57767	3.75
	V	0.00000	0.02098	0.03483	0.04352	0.04829	0.04980	0.04829	0.04352	0.03483	0.02098	-0.00000	
	V'	0.25441	0.17015	0.11010	0.06571	0.03067	-0.00000	-0.03067	-0.06571	-0.11010	-0.17015	-0.25441	
	M	0.00000	-0.31490	-0.51872	-0.64451	-0.71265	-0.73420	-0.71265	-0.64451	-0.51872	-0.31490	0.00000	
4.00	Q	-3.85611	-2.52573	-1.60487	-0.94424	-0.43672	0.00000	0.43672	0.94424	1.60487	2.52573	3.85611	4.00
	V	0.00000	0.01968	0.03242	0.04028	0.04454	0.04589	0.04454	0.04028	0.03242	0.01968	-0.00000	
	V'	0.24101	0.15786	0.10030	0.05902	0.02729	-0.00000	-0.02729	-0.05902	-0.10030	-0.15786	-0.24101	
	M	0.00000	-0.33391	-0.54569	-0.67417	-0.74290	-0.76449	-0.74290	-0.67417	-0.54569	-0.33391	0.00000	
4.25	Q	-4.13046	-2.64802	-1.65113	-0.95698	-0.43831	0.00000	0.43831	0.95698	1.65113	2.64802	4.13046	4.25
	V	0.00000	0.01849	0.03021	0.03732	0.04113	0.04232	0.04113	0.03732	0.03021	0.01849	-0.00000	
	V'	0.22868	0.14660	0.09141	0.05298	0.02427	-0.00000	-0.02427	-0.05298	-0.09141	-0.14660	-0.22868	
	M	0.00000	-0.35215	-0.57087	-0.70123	-0.77005	-0.79152	-0.77005	-0.70123	-0.57087	-0.35215	0.00000	
4.50	Q	-4.40112	-2.76026	-1.68786	-0.96305	-0.43657	0.00000	0.43657	0.96305	1.68786	2.76026	4.40112	4.50
	V	0.00000	0.01739	0.02819	0.03463	0.03803	0.03909	0.03803	0.03463	0.02819	0.01739	-0.00000	
	V'	0.21734	0.13631	0.08335	0.04756	0.02156	-0.00000	-0.02156	-0.04756	-0.08335	-0.13631	-0.21734	
	M	0.00000	-0.36966	-0.59440	-0.72589	-0.79437	-0.81557	-0.79437	-0.72589	-0.59440	-0.36966	0.00000	
4.75	Q	-4.66851	-2.86310	-1.71591	-0.96321	-0.43195	0.00000	0.43195	0.96321	1.71591	2.86310	4.66851	4.75
	V	0.00000	0.01638	0.02634	0.03217	0.03521	0.03615	0.03521	0.03217	0.02634	0.01638	-0.00000	
	V'	0.20691	0.12690	0.07605	0.04269	0.01914	-0.00000	-0.01914	-0.04269	-0.07605	-0.12690	-0.20691	
BETA	X/L =	0.00	0.10	0.20	0.30	0.40	0.50	0.60	0.70	0.80	0.90	1.00	BETA

FUNKTIONEN : F.T;M - F.T;Q - F.T;V - F.T;V'

FUNKTIONEN : F.T:M - F.T:Q - F.T:V - F.T:V'

BETA	X/L =	0.00	0.10	0.20	0.30	0.40	0.50	0.60	0.70	0.80	0.90	1.00	BETA
	M	0.00000	-0.38649	-0.61639	-0.74837	-0.81612	-0.83693	-0.81612	-0.74837	-0.61639	-0.38649	0.00000	
5.00	Q	-4.93307	-2.95718	-1.73612	-0.95821	-0.42488	0.00000	0.42488	0.95821	1.73612	2.95718	4.93307	5.00
	V	0.00000	0.01546	0.02466	0.02993	0.03264	0.03348	0.03264	0.02993	0.02466	0.01546	-0.00000	
	V'	0.19732	0.11829	0.06944	0.03833	0.01700	-0.00000	-0.01700	-0.03833	-0.06944	-0.11829	-0.19732	
	M	0.00000	-0.40271	-0.63697	-0.76886	-0.83555	-0.85588	-0.83555	-0.76886	-0.63697	-0.40271	0.00000	
5.25	Q	-5.19519	-3.04313	-1.74927	-0.94873	-0.41574	0.00000	0.41574	0.94873	1.74927	3.04313	5.19519	5.25
	V	0.00000	0.01461	0.02311	0.02790	0.03031	0.03105	0.03031	0.02790	0.02311	0.01461	-0.00000	
	V'	0.18849	0.11041	0.06347	0.03442	0.01508	-0.00000	-0.01508	-0.03442	-0.06347	-0.11041	-0.18849	
	M	0.00000	-0.41834	-0.65626	-0.78754	-0.85291	-0.87266	-0.85291	-0.78754	-0.65626	-0.41834	0.00000	
5.50	Q	-5.45523	-3.12151	-1.75609	-0.93541	-0.40491	0.00000	0.40491	0.93541	1.75609	3.12151	5.45523	5.50
	V	0.00000	0.01383	0.02169	0.02603	0.02820	0.02885	0.02820	0.02603	0.02169	0.01383	-0.00000	
	V'	0.18034	0.10319	0.05805	0.03092	0.01339	-0.00000	-0.01339	-0.03092	-0.05805	-0.10319	-0.18034	
	M	0.00000	-0.43344	-0.67435	-0.80459	-0.86841	-0.88753	-0.86841	-0.80459	-0.67435	-0.43344	0.00000	
5.75	Q	-5.71351	-3.19287	-1.75727	-0.91886	-0.39270	0.00000	0.39270	0.91886	1.75727	3.19287	5.71351	5.75
	V	0.00000	0.01311	0.02040	0.02434	0.02627	0.02684	0.02627	0.02434	0.02040	0.01311	-0.00000	
	V'	0.17281	0.09657	0.05315	0.02779	0.01188	-0.00000	-0.01188	-0.02779	-0.05315	-0.09657	-0.17281	
	M	0.00000	-0.44804	-0.69134	-0.82015	-0.88225	-0.90067	-0.88225	-0.82015	-0.69134	-0.44804	0.00000	
6.00	Q	-5.97033	-3.25770	-1.75344	-0.89959	-0.37942	0.00000	0.37942	0.89959	1.75344	3.25770	5.97033	6.00
	V	0.00000	0.01245	0.01920	0.02278	0.02451	0.02502	0.02451	0.02278	0.01920	0.01245	-0.00000	
	V'	0.16584	0.09049	0.04871	0.02499	0.01054	-0.00000	-0.01054	-0.02499	-0.04871	-0.09049	-0.16584	
	M	0.00000	-0.46217	-0.70732	-0.83438	-0.89460	-0.91230	-0.89460	-0.83438	-0.70732	-0.46217	0.00000	
6.25	Q	-6.22592	-3.31644	-1.74517	-0.87810	-0.36534	0.00000	0.36534	0.87810	1.74517	3.31644	6.22592	6.25
	V	0.00000	0.01183	0.01811	0.02136	0.02290	0.02335	0.02290	0.02136	0.01811	0.01183	-0.00000	
	V'	0.15938	0.08490	0.04468	0.02248	0.00935	-0.00000	-0.00935	-0.02248	-0.04468	-0.08490	-0.15938	
	M	0.00000	-0.47586	-0.72237	-0.84739	-0.90563	-0.92257	-0.90563	-0.84739	-0.72237	-0.47586	0.00000	
6.50	Q	-6.48048	-3.36951	-1.73299	-0.85481	-0.35068	0.00000	0.35068	0.85481	1.73299	3.36951	6.48048	6.50
	V	0.00000	0.01126	0.01710	0.02006	0.02143	0.02184	0.02143	0.02006	0.01710	0.01126	-0.00000	
	V'	0.15338	0.07975	0.04102	0.02023	0.00830	-0.00000	-0.00830	-0.02023	-0.04102	-0.07975	-0.15338	
	M	0.00000	-0.48914	-0.73655	-0.85930	-0.91547	-0.93164	-0.91547	-0.85930	-0.73655	-0.48914	0.00000	
6.75	Q	-6.73421	-3.41728	-1.71737	-0.83011	-0.33564	0.00000	0.33564	0.83011	1.71737	3.41728	6.73421	6.75
	V	0.00000	0.01074	0.01617	0.01886	0.02009	0.02045	0.02009	0.01886	0.01617	0.01074	-0.00000	
	V'	0.14780	0.07500	0.03769	0.01822	0.00737	-0.00000	-0.00737	-0.01822	-0.03769	-0.07500	-0.14780	
	M	0.00000	-0.50203	-0.74993	-0.87022	-0.92426	-0.93966	-0.92426	-0.87022	-0.74993	-0.50203	0.00000	
7.00	Q	-6.98725	-3.46009	-1.69874	-0.80434	-0.32041	0.00000	0.32041	0.80434	1.69874	3.46009	6.98725	7.00
	V	0.00000	0.01025	0.01530	0.01776	0.01886	0.01918	0.01886	0.01776	0.01530	0.01025	-0.00000	
	V'	0.14260	0.07061	0.03467	0.01642	0.00654	-0.00000	-0.00654	-0.01642	-0.03467	-0.07061	-0.14260	
	M	0.00000	-0.51455	-0.76257	-0.88023	-0.93212	-0.94674	-0.93212	-0.88023	-0.76257	-0.51455	0.00000	
7.25	Q	-7.23971	-3.49824	-1.67749	-0.77779	-0.30513	0.00000	0.30513	0.77779	1.67749	3.49824	7.23971	7.25
	V	0.00000	0.00979	0.01451	0.01675	0.01773	0.01801	0.01773	0.01675	0.01451	0.00979	-0.00000	
	V'	0.13774	0.06655	0.03191	0.01480	0.00581	-0.00000	-0.00581	-0.01480	-0.03191	-0.06655	-0.13774	
BETA	X/L =	0.00	0.10	0.20	0.30	0.40	0.50	0.60	0.70	0.80	0.90	1.00	BETA

FUNKTIONEN : F.T:M - F.T:Q - F.T:V - F.T:V'

ZUGSTAEBE -544-

FUNKTIONEN : F.T;M - F.T;Q - F.T;V - F.T;V'

BETA	X/L =	0.00	0.10	0.20	0.30	0.40	0.50	0.60	0.70	0.80	0.90	1.00	BETA
	M	0.00000	-0.52672	-0.77452	-0.88941	-0.93914	-0.95299	-0.93914	-0.88941	-0.77452	-0.52672	0.00000	
7.50	Q	-7.49171	-3.53201	-1.65397	-0.75072	-0.28993	0.00000	0.28993	0.75072	1.65397	3.53201	7.49171	7.50
	V	0.00000	0.00936	0.01377	0.01581	0.01670	0.01694	0.01670	0.01581	0.01377	0.00936	-0.00000	
	V'	0.13319	0.06279	0.02940	0.01335	0.00515	-0.00000	-0.00515	-0.01335	-0.02940	-0.06279	-0.13319	
	M	0.00000	-0.53856	-0.78581	-0.89786	-0.94541	-0.95851	-0.94541	-0.89786	-0.78581	-0.53856	0.00000	
7.75	Q	-7.74333	-3.56167	-1.62849	-0.72337	-0.27491	0.00000	0.27491	0.72337	1.62849	3.56167	7.74333	7.75
	V	0.00000	0.00897	0.01308	0.01495	0.01574	0.01596	0.01574	0.01495	0.01308	0.00897	-0.00000	
	V'	0.12892	0.05930	0.02711	0.01204	0.00458	-0.00000	-0.00458	-0.01204	-0.02711	-0.05930	-0.12892	
	M	0.00000	-0.55008	-0.79651	-0.90562	-0.95102	-0.96338	-0.95102	-0.90562	-0.79651	-0.55008	0.00000	
8.00	Q	-7.99463	-3.58746	-1.60134	-0.69593	-0.26017	0.00000	0.26017	0.69593	1.60134	3.58746	7.99463	8.00
	V	0.00000	0.00859	0.01245	0.01415	0.01486	0.01505	0.01486	0.01415	0.01245	0.00859	-0.00000	
	V'	0.12492	0.05605	0.02502	0.01087	0.00407	-0.00000	-0.00407	-0.01087	-0.02502	-0.05605	-0.12492	
	M	0.00000	-0.56128	-0.80664	-0.91276	-0.95604	-0.96768	-0.95604	-0.91276	-0.80664	-0.56128	0.00000	
8.25	Q	-8.24569	-3.60958	-1.57278	-0.66856	-0.24578	0.00000	0.24578	0.66856	1.57278	3.60958	8.24569	8.25
	V	0.00000	0.00825	0.01185	0.01341	0.01405	0.01422	0.01405	0.01341	0.01185	0.00825	-0.00000	
	V'	0.12115	0.05303	0.02311	0.00982	0.00361	-0.00000	-0.00361	-0.00982	-0.02311	-0.05303	-0.12115	
	M	0.00000	-0.57220	-0.81624	-0.91933	-0.96054	-0.97148	-0.96054	-0.91933	-0.81624	-0.57220	0.00000	
8.50	Q	-8.49654	-3.62824	-1.54303	-0.64141	-0.23180	0.00000	0.23180	0.64141	1.54303	3.62824	8.49654	8.50
	V	0.00000	0.00792	0.01130	0.01272	0.01329	0.01345	0.01329	0.01272	0.01130	0.00792	-0.00000	
	V'	0.11760	0.05022	0.02136	0.00888	0.00321	-0.00000	-0.00321	-0.00888	-0.02136	-0.05022	-0.11760	
	M	0.00000	-0.58282	-0.82534	-0.92538	-0.96456	-0.97483	-0.96456	-0.92538	-0.82534	-0.58282	0.00000	
8.75	Q	-8.74723	-3.64364	-1.51230	-0.61461	-0.21828	0.00000	0.21828	0.61461	1.51230	3.64364	8.74723	8.75
	V	0.00000	0.00761	0.01078	0.01209	0.01260	0.01273	0.01260	0.01209	0.01078	0.00761	-0.00000	
	V'	0.11425	0.04759	0.01975	0.00803	0.00285	-0.00000	-0.00285	-0.00803	-0.01975	-0.04759	-0.11425	
	M	0.00000	-0.59318	-0.83398	-0.93097	-0.96816	-0.97778	-0.96816	-0.93097	-0.83398	-0.59318	0.00000	
9.00	Q	-8.99778	-3.65594	-1.48079	-0.58825	-0.20524	0.00000	0.20524	0.58825	1.48079	3.65594	8.99778	9.00
	V	0.00000	0.00732	0.01030	0.01149	0.01195	0.01207	0.01195	0.01149	0.01030	0.00732	-0.00000	
	V'	0.11108	0.04514	0.01828	0.00726	0.00253	-0.00000	-0.00253	-0.00726	-0.01828	-0.04514	-0.11108	
	M	0.00000	-0.60326	-0.84217	-0.93612	-0.97139	-0.98039	-0.97139	-0.93612	-0.84217	-0.60326	0.00000	
9.25	Q	-9.24822	-3.66532	-1.44865	-0.56242	-0.19272	0.00000	0.19272	0.56242	1.44865	3.66532	9.24822	9.25
	V	0.00000	0.00705	0.00984	0.01094	0.01135	0.01146	0.01135	0.01094	0.00984	0.00705	-0.00000	
	V'	0.10809	0.04284	0.01693	0.00657	0.00225	-0.00000	-0.00225	-0.00657	-0.01693	-0.04284	-0.10809	
	M	0.00000	-0.61309	-0.84994	-0.94087	-0.97429	-0.98270	-0.97429	-0.94087	-0.84994	-0.61309	0.00000	
9.50	Q	-9.49858	-3.67193	-1.41604	-0.53719	-0.18072	0.00000	0.18072	0.53719	1.41604	3.67193	9.49858	9.50
	V	0.00000	0.00679	0.00942	0.01043	0.01080	0.01089	0.01080	0.01043	0.00942	0.00679	-0.00000	
	V'	0.10525	0.04069	0.01569	0.00595	0.00200	-0.00000	-0.00200	-0.00595	-0.01569	-0.04069	-0.10525	
	M	0.00000	-0.62268	-0.85732	-0.94525	-0.97688	-0.98473	-0.97688	-0.94525	-0.85732	-0.62268	0.00000	
9.75	Q	-9.74886	-3.67590	-1.38310	-0.51261	-0.16927	0.00000	0.16927	0.51261	1.38310	3.67590	9.74886	9.75
	V	0.00000	0.00655	0.00902	0.00994	0.01028	0.01036	0.01028	0.00994	0.00902	0.00655	-0.00000	
	V'	0.10255	0.03867	0.01455	0.00539	0.00178	-0.00000	-0.00178	-0.00539	-0.01455	-0.03867	-0.10255	
BETA	X/L =	0.00	0.10	0.20	0.30	0.40	0.50	0.60	0.70	0.80	0.90	1.00	BETA

FUNKTIONEN : F.T;M - F.T;Q - F.T;V - F.T;V'

ZUGSTAEBE -544-

FUNKTIONEN : F.T;M - F.T;Q - F.T;V - F.T;V'

BETA	X/L =	0.00	0.10	0.20	0.30	0.40	0.50	0.60	0.70	0.80	0.90	1.00	BETA
	M	0.00000	-0.63201	-0.86434	-0.94930	-0.97921	-0.98652	-0.97921	-0.94930	-0.86434	-0.63201	0.00000	
10.00	Q	-9.99909	-3.67739	-1.34994	-0.48873	-0.15836	0.00000	0.15836	0.48873	1.34994	3.67739	9.99909	10.00
	V	0.00000	0.00632	0.00864	0.00949	0.00979	0.00987	0.00979	0.00949	0.00864	0.00632	-0.00000	
	V'	0.09999	0.03677	0.01350	0.00489	0.00158	-0.00000	-0.00158	-0.00489	-0.01350	-0.03677	-0.09999	
	M	0.00000	-0.64112	-0.87100	-0.95305	-0.98129	-0.98811	-0.98129	-0.95305	-0.87100	-0.64112	0.00000	
10.25	Q	-10.24928	-3.67652	-1.31667	-0.46558	-0.14800	0.00000	0.14800	0.46558	1.31667	3.67652	10.24928	10.25
	V	0.00000	0.00610	0.00829	0.00907	0.00934	0.00940	0.00934	0.00907	0.00829	0.00610	-0.00000	
	V'	0.09755	0.03499	0.01253	0.00443	0.00141	-0.00000	-0.00141	-0.00443	-0.01253	-0.03499	-0.09755	
	M	0.00000	-0.64999	-0.87732	-0.95651	-0.98317	-0.98951	-0.98317	-0.95651	-0.87732	-0.64999	0.00000	
10.50	Q	-10.49942	-3.67342	-1.28340	-0.44319	-0.13817	0.00000	0.13817	0.44319	1.28340	3.67342	10.49942	10.50
	V	0.00000	0.00590	0.00796	0.00868	0.00892	0.00898	0.00892	0.00868	0.00796	0.00590	-0.00000	
	V'	0.09523	0.03332	0.01164	0.00402	0.00125	-0.00000	-0.00125	-0.00402	-0.01164	-0.03332	-0.09523	
	M	0.00000	-0.65865	-0.88333	-0.95971	-0.98485	-0.99074	-0.98485	-0.95971	-0.88333	-0.65865	0.00000	
10.75	Q	-10.74954	-3.66820	-1.25020	-0.42157	-0.12887	0.00000	0.12887	0.42157	1.25020	3.66820	10.74954	10.75
	V	0.00000	0.00570	0.00764	0.00830	0.00852	0.00857	0.00852	0.00830	0.00764	0.00570	-0.00000	
	V'	0.09302	0.03174	0.01082	0.00365	0.00112	-0.00000	-0.00112	-0.00365	-0.01082	-0.03174	-0.09302	
	M	0.00000	-0.66708	-0.88905	-0.96266	-0.98636	-0.99183	-0.98636	-0.96266	-0.88905	-0.66708	0.00000	
11.00	Q	-10.99963	-3.66097	-1.21716	-0.40073	-0.12008	0.00000	0.12008	0.40073	1.21716	3.66097	10.99963	11.00
	V	0.00000	0.00551	0.00735	0.00796	0.00815	0.00820	0.00815	0.00796	0.00735	0.00551	-0.00000	
	V'	0.09091	0.03026	0.01006	0.00331	0.00099	-0.00000	-0.00099	-0.00331	-0.01006	-0.03026	-0.09091	
	M	0.00000	-0.67531	-0.89448	-0.96540	-0.98772	-0.99279	-0.98772	-0.96540	-0.89448	-0.67531	0.00000	
11.25	Q	-11.24971	-3.65184	-1.18434	-0.38067	-0.11180	0.00000	0.11180	0.38067	1.18434	3.65184	11.24971	11.25
	V	0.00000	0.00534	0.00707	0.00763	0.00780	0.00784	0.00780	0.00763	0.00707	0.00534	-0.00000	
	V'	0.08889	0.02885	0.00936	0.00301	0.00088	-0.00000	-0.00088	-0.00301	-0.00936	-0.02885	-0.08889	
	M	0.00000	-0.68333	-0.89964	-0.96794	-0.98894	-0.99363	-0.98894	-0.96794	-0.89964	-0.68333	0.00000	
11.50	Q	-11.49977	-3.64092	-1.15180	-0.36140	-0.10401	0.00000	0.10401	0.36140	1.15180	3.64092	11.49977	11.50
	V	0.00000	0.00517	0.00680	0.00732	0.00748	0.00751	0.00748	0.00732	0.00680	0.00517	-0.00000	
	V'	0.08695	0.02753	0.00871	0.00273	0.00079	-0.00000	-0.00079	-0.00273	-0.00871	-0.02753	-0.08695	
	M	0.00000	-0.69116	-0.90455	-0.97028	-0.99004	-0.99438	-0.99004	-0.97028	-0.90455	-0.69116	0.00000	
11.75	Q	-11.74981	-3.62829	-1.11961	-0.34291	-0.09668	0.00000	0.09668	0.34291	1.11961	3.62829	11.74981	11.75
	V	0.00000	0.00501	0.00655	0.00703	0.00717	0.00720	0.00717	0.00703	0.00655	0.00501	-0.00000	
	V'	0.08511	0.02628	0.00811	0.00248	0.00070	-0.00000	-0.00070	-0.00248	-0.00811	-0.02628	-0.08511	
	M	0.00000	-0.69879	-0.90921	-0.97245	-0.99102	-0.99504	-0.99102	-0.97245	-0.90921	-0.69879	0.00000	
12.00	Q	-11.99985	-3.61406	-1.08780	-0.32518	-0.08980	0.00000	0.08980	0.32518	1.08780	3.61406	11.99985	12.00
	V	0.00000	0.00485	0.00631	0.00675	0.00688	0.00691	0.00688	0.00675	0.00631	0.00485	-0.00000	
	V'	0.08333	0.02510	0.00755	0.00226	0.00062	-0.00000	-0.00062	-0.00226	-0.00755	-0.02510	-0.08333	
	M	0.00000	-0.70623	-0.91365	-0.97446	-0.99191	-0.99563	-0.99191	-0.97446	-0.91365	-0.70623	0.00000	
12.25	Q	-12.24988	-3.59832	-1.05641	-0.30822	-0.08335	0.00000	0.08335	0.30822	1.05641	3.59832	12.24988	12.25
	V	0.00000	0.00471	0.00609	0.00649	0.00661	0.00663	0.00661	0.00649	0.00609	0.00471	-0.00000	
	V'	0.08163	0.02398	0.00704	0.00205	0.00056	-0.00000	-0.00056	-0.00205	-0.00704	-0.02398	-0.08163	
BETA	X/L =	0.00	0.10	0.20	0.30	0.40	0.50	0.60	0.70	0.80	0.90	1.00	BETA

FUNKTIONEN : F.T;M - F.T;Q - F.T;V - F.T;V'

FUNKTIONEN : F.T;M - F.T;Q - F.T;V - F.T;V'

BETA	X/L =	0.00	0.10	0.20	0.30	0.40	0.50	0.60	0.70	0.80	0.90	1.00	BETA
12.50	M	0.00000	-0.71348	-0.91787	-0.97632	-0.99271	-0.99614	-0.99271	-0.97632	-0.91787	-0.71348	0.00000	12.50
	Q	-12.49991	-3.58113	-1.02549	-0.29199	-0.07731	0.00000	0.07731	0.29199	1.02549	3.58113	12.49991	
	V	0.00000	0.00457	0.00587	0.00625	0.00635	0.00638	0.00635	0.00625	0.00587	0.00457	-0.00000	
	V'	0.08000	0.02292	0.00656	0.00187	0.00049	-0.00000	-0.00049	-0.00187	-0.00656	-0.02292	-0.08000	
12.75	M	0.00000	-0.72056	-0.92188	-0.97805	-0.99343	-0.99659	-0.99343	-0.97805	-0.92188	-0.72056	0.00000	12.75
	Q	-12.74993	-3.56260	-0.99506	-0.27649	-0.07166	0.00000	0.07166	0.27649	0.99506	3.56260	12.74993	
	V	0.00000	0.00443	0.00567	0.00602	0.00611	0.00613	0.00611	0.00602	0.00567	0.00443	-0.00000	
	V'	0.07843	0.02192	0.00612	0.00170	0.00044	-0.00000	-0.00044	-0.00170	-0.00612	-0.02192	-0.07843	
13.00	M	0.00000	-0.72746	-0.92570	-0.97965	-0.99407	-0.99699	-0.99407	-0.97965	-0.92570	-0.72746	0.00000	13.00
	Q	-12.99994	-3.54280	-0.96516	-0.26169	-0.06639	0.00000	0.06639	0.26169	0.96516	3.54280	12.99994	
	V	0.00000	0.00430	0.00548	0.00580	0.00588	0.00590	0.00588	0.00580	0.00548	0.00430	-0.00000	
	V'	0.07692	0.02096	0.00571	0.00155	0.00039	-0.00000	-0.00039	-0.00155	-0.00571	-0.02096	-0.07692	
13.25	M	0.00000	-0.73419	-0.92932	-0.98113	-0.99466	-0.99735	-0.99466	-0.98113	-0.92932	-0.73419	0.00000	13.25
	Q	-13.24995	-3.52180	-0.93580	-0.24758	-0.06147	0.00000	0.06147	0.24758	0.93580	3.52180	13.24995	
	V	0.00000	0.00418	0.00529	0.00559	0.00567	0.00568	0.00567	0.00559	0.00529	0.00418	-0.00000	
	V'	0.07547	0.02006	0.00533	0.00141	0.00035	-0.00000	-0.00035	-0.00141	-0.00533	-0.02006	-0.07547	
13.50	M	0.00000	-0.74075	-0.93277	-0.98250	-0.99518	-0.99766	-0.99518	-0.98250	-0.93277	-0.74075	0.00000	13.50
	Q	-13.49996	-3.49967	-0.90700	-0.23414	-0.05688	0.00000	0.05688	0.23414	0.90700	3.49967	13.49996	
	V	0.00000	0.00406	0.00512	0.00539	0.00546	0.00547	0.00546	0.00539	0.00512	0.00406	-0.00000	
	V'	0.07407	0.01920	0.00498	0.00128	0.00031	-0.00000	-0.00031	-0.00128	-0.00498	-0.01920	-0.07407	
13.75	M	0.00000	-0.74716	-0.93606	-0.98377	-0.99565	-0.99793	-0.99565	-0.98377	-0.93606	-0.74716	0.00000	13.75
	Q	-13.74997	-3.47648	-0.87878	-0.22134	-0.05260	0.00000	0.05260	0.22134	0.87878	3.47648	13.74997	
	V	0.00000	0.00395	0.00495	0.00520	0.00527	0.00528	0.00527	0.00520	0.00495	0.00395	-0.00000	
	V'	0.07273	0.01839	0.00465	0.00117	0.00028	-0.00000	-0.00028	-0.00117	-0.00465	-0.01839	-0.07273	
14.00	M	0.00000	-0.75340	-0.93918	-0.98495	-0.99608	-0.99818	-0.99608	-0.98495	-0.93918	-0.75340	0.00000	14.00
	Q	-13.99998	-3.45231	-0.85115	-0.20916	-0.04862	0.00000	0.04862	0.20916	0.85115	3.45231	13.99998	
	V	0.00000	0.00384	0.00479	0.00503	0.00508	0.00509	0.00508	0.00503	0.00479	0.00384	-0.00000	
	V'	0.07143	0.01761	0.00434	0.00107	0.00025	-0.00000	-0.00025	-0.00107	-0.00434	-0.01761	-0.07143	
14.25	M	0.00000	-0.75949	-0.94214	-0.98604	-0.99646	-0.99839	-0.99646	-0.98604	-0.94214	-0.75949	0.00000	14.25
	Q	-14.24998	-3.42721	-0.82412	-0.19758	-0.04492	0.00000	0.04492	0.19758	0.82412	3.42721	14.24998	
	V	0.00000	0.00374	0.00464	0.00486	0.00491	0.00492	0.00491	0.00486	0.00464	0.00374	-0.00000	
	V'	0.07018	0.01688	0.00406	0.00097	0.00022	-0.00000	-0.00022	-0.00097	-0.00406	-0.01688	-0.07018	
14.50	M	0.00000	-0.76543	-0.94497	-0.98705	-0.99681	-0.99858	-0.99681	-0.98705	-0.94497	-0.76543	0.00000	14.50
	Q	-14.49999	-3.40124	-0.79770	-0.18658	-0.04148	0.00000	0.04148	0.18658	0.79770	3.40124	14.49999	
	V	0.00000	0.00364	0.00449	0.00469	0.00474	0.00475	0.00474	0.00469	0.00449	0.00364	-0.00000	
	V'	0.06897	0.01618	0.00379	0.00089	0.00020	-0.00000	-0.00020	-0.00089	-0.00379	-0.01618	-0.06897	
14.75	M	0.00000	-0.77122	-0.94765	-0.98799	-0.99712	-0.99875	-0.99712	-0.98799	-0.94765	-0.77122	0.00000	14.75
	Q	-14.74999	-3.37446	-0.77190	-0.17614	-0.03829	0.00000	0.03829	0.17614	0.77190	3.37446	14.74999	
	V	0.00000	0.00354	0.00436	0.00454	0.00458	0.00459	0.00458	0.00454	0.00436	0.00354	-0.00000	
	V'	0.06780	0.01551	0.00355	0.00081	0.00018	-0.00000	-0.00018	-0.00081	-0.00355	-0.01551	-0.06780	
BETA	X/L =	0.00	0.10	0.20	0.30	0.40	0.50	0.60	0.70	0.80	0.90	1.00	BETA

FUNKTIONEN : F.T;M - F.T;Q - F.T;V - F.T;V'

FUNKTIONEN : F.T;M - F.T;Q - F.T;V - F.T;V'

BETA	X/L =	0.00	0.10	0.20	0.30	0.40	0.50	0.60	0.70	0.80	0.90	1.00	BETA
	M	0.00000	-0.77687	-0.95021	-0.98886	-0.99740	-0.99889	-0.99740	-0.98886	-0.95021	-0.77687	0.00000	
15.00	Q	-14.99999	-3.34693	-0.74671	-0.16622	-0.03533	0.00000	0.03533	0.16622	0.74671	3.34693	14.99999	15.00
	V	0.00000	0.00345	0.00422	0.00439	0.00443	0.00444	0.00443	0.00439	0.00422	0.00345	-0.00000	
	V'	0.06667	0.01488	0.00332	0.00074	0.00016	-0.00000	-0.00016	-0.00074	-0.00332	-0.01488	-0.06667	
	M	0.00000	-0.78238	-0.95264	-0.98967	-0.99765	-0.99902	-0.99765	-0.98967	-0.95264	-0.78238	0.00000	
15.25	Q	-15.24999	-3.31870	-0.72215	-0.15682	-0.03258	0.00000	0.03258	0.15682	0.72215	3.31870	15.24999	15.25
	V	0.00000	0.00336	0.00410	0.00426	0.00429	0.00430	0.00429	0.00426	0.00410	0.00336	-0.00000	
	V'	0.06557	0.01427	0.00311	0.00067	0.00014	-0.00000	-0.00014	-0.00067	-0.00311	-0.01427	-0.06557	
	M	0.00000	-0.78775	-0.95495	-0.99042	-0.99788	-0.99914	-0.99788	-0.99042	-0.95495	-0.78775	0.00000	
15.50	Q	-15.49999	-3.28983	-0.69820	-0.14790	-0.03004	0.00000	0.03004	0.14790	0.69820	3.28983	15.49999	15.50
	V	0.00000	0.00328	0.00397	0.00412	0.00415	0.00416	0.00415	0.00412	0.00397	0.00328	-0.00000	
	V'	0.06452	0.01369	0.00291	0.00062	0.00013	-0.00000	-0.00013	-0.00062	-0.00291	-0.01369	-0.06452	
	M	0.00000	-0.79299	-0.95714	-0.99111	-0.99809	-0.99924	-0.99809	-0.99111	-0.95714	-0.79299	0.00000	
15.75	Q	-15.75000	-3.26036	-0.67487	-0.13946	-0.02768	0.00000	0.02768	0.13946	0.67487	3.26036	15.75000	15.75
	V	0.00000	0.00320	0.00386	0.00400	0.00402	0.00403	0.00402	0.00400	0.00386	0.00320	-0.00000	
	V'	0.06349	0.01314	0.00272	0.00056	0.00011	-0.00000	-0.00011	-0.00056	-0.00272	-0.01314	-0.06349	
	M	0.00000	-0.79810	-0.95924	-0.99176	-0.99827	-0.99933	-0.99827	-0.99176	-0.95924	-0.79810	0.00000	
16.00	Q	-16.00000	-3.23034	-0.65215	-0.13146	-0.02550	0.00000	0.02550	0.13146	0.65215	3.23034	16.00000	16.00
	V	0.00000	0.00312	0.00375	0.00387	0.00390	0.00390	0.00390	0.00387	0.00375	0.00312	-0.00000	
	V'	0.06250	0.01262	0.00255	0.00051	0.00010	-0.00000	-0.00010	-0.00051	-0.00255	-0.01262	-0.06250	
	M	0.00000	-0.80309	-0.96122	-0.99235	-0.99844	-0.99941	-0.99844	-0.99235	-0.96122	-0.80309	0.00000	
16.25	Q	-16.25000	-3.19981	-0.63004	-0.12388	-0.02348	0.00000	0.02348	0.12388	0.63004	3.19981	16.25000	16.25
	V	0.00000	0.00304	0.00364	0.00376	0.00378	0.00378	0.00378	0.00376	0.00364	0.00304	-0.00000	
	V'	0.06154	0.01212	0.00239	0.00047	0.00009	-0.00000	-0.00009	-0.00047	-0.00239	-0.01212	-0.06154	
	M	0.00000	-0.80795	-0.96311	-0.99291	-0.99859	-0.99948	-0.99859	-0.99291	-0.96311	-0.80795	0.00000	
16.50	Q	-16.50000	-3.16882	-0.60854	-0.11672	-0.02162	0.00000	0.02162	0.11672	0.60854	3.16882	16.50000	16.50
	V	0.00000	0.00297	0.00354	0.00365	0.00367	0.00367	0.00367	0.00365	0.00354	0.00297	-0.00000	
	V'	0.06061	0.01164	0.00224	0.00043	0.00008	-0.00000	-0.00008	-0.00043	-0.00224	-0.01164	-0.06061	
	M	0.00000	-0.81269	-0.96491	-0.99342	-0.99873	-0.99954	-0.99873	-0.99342	-0.96491	-0.81269	0.00000	
16.75	Q	-16.75000	-3.13741	-0.58764	-0.10994	-0.01989	0.00000	0.01989	0.10994	0.58764	3.13741	16.75000	16.75
	V	0.00000	0.00290	0.00344	0.00354	0.00356	0.00356	0.00356	0.00354	0.00344	0.00290	-0.00000	
	V'	0.05970	0.01118	0.00209	0.00039	0.00007	-0.00000	-0.00007	-0.00039	-0.00209	-0.01118	-0.05970	
	M	0.00000	-0.81732	-0.96663	-0.99390	-0.99885	-0.99959	-0.99885	-0.99390	-0.96663	-0.81732	0.00000	
17.00	Q	-17.00000	-3.10562	-0.56732	-0.10353	-0.01830	0.00000	0.01830	0.10353	0.56732	3.10562	17.00000	17.00
	V	0.00000	0.00283	0.00334	0.00344	0.00346	0.00346	0.00346	0.00344	0.00334	0.00283	-0.00000	
	V'	0.05882	0.01075	0.00196	0.00036	0.00006	-0.00000	-0.00006	-0.00036	-0.00196	-0.01075	-0.05882	
	M	0.00000	-0.82183	-0.96825	-0.99434	-0.99896	-0.99964	-0.99896	-0.99434	-0.96825	-0.82183	0.00000	
17.25	Q	-17.25000	-3.07348	-0.54759	-0.09747	-0.01683	0.00000	0.01683	0.09747	0.54759	3.07348	17.25000	17.25
	V	0.00000	0.00276	0.00325	0.00334	0.00336	0.00336	0.00336	0.00334	0.00325	0.00276	-0.00000	
	V'	0.05797	0.01033	0.00184	0.00033	0.00006	-0.00000	-0.00006	-0.00033	-0.00184	-0.01033	-0.05797	
BETA	X/L =	0.00	0.10	0.20	0.30	0.40	0.50	0.60	0.70	0.80	0.90	1.00	BETA

FUNKTIONEN : F.T;M - F.T;Q - F.T;V - F.T;V'

FUNKTIONEN : F.T;M - F.T;Q - F.T;V - F.T;V'

BETA	X/L =	0.00	0.10	0.20	0.30	0.40	0.50	0.60	0.70	0.80	0.90	1.00	BETA
	M	0.00000	-0.82623	-0.96980	-0.99475	-0.99906	-0.99968	-0.99906	-0.99475	-0.96980	-0.82623	0.00000	
17.50	Q	-17.50000	-3.04104	-0.52844	-0.09175	-0.01548	0.00000	0.01548	0.09175	0.52844	3.04104	17.50000	17.50
	V	0.00000	0.00270	0.00317	0.00325	0.00326	0.00326	0.00326	0.00325	0.00317	0.00270	-0.00000	
	V'	0.05714	0.00993	0.00173	0.00030	0.00005	-0.00000	-0.00005	-0.00030	-0.00173	-0.00993	-0.05714	
	M	0.00000	-0.83052	-0.97127	-0.99513	-0.99915	-0.99972	-0.99915	-0.99513	-0.97127	-0.83052	0.00000	
17.75	Q	-17.75000	-3.00833	-0.50985	-0.08634	-0.01422	0.00000	0.01422	0.08634	0.50985	3.00833	17.75000	17.75
	V	0.00000	0.00264	0.00308	0.00316	0.00317	0.00317	0.00317	0.00316	0.00308	0.00264	-0.00000	
	V'	0.05634	0.00955	0.00162	0.00027	0.00005	-0.00000	-0.00005	-0.00027	-0.00162	-0.00955	-0.05634	
	M	0.00000	-0.83470	-0.97268	-0.99548	-0.99923	-0.99975	-0.99923	-0.99548	-0.97268	-0.83470	0.00000	
18.00	Q	-18.00000	-2.97538	-0.49182	-0.08124	-0.01307	0.00000	0.01307	0.08124	0.49182	2.97538	18.00000	18.00
	V	0.00000	0.00258	0.00300	0.00307	0.00308	0.00309	0.00308	0.00307	0.00300	0.00258	-0.00000	
	V'	0.05556	0.00918	0.00152	0.00025	0.00004	-0.00000	-0.00004	-0.00025	-0.00152	-0.00918	-0.05556	
	M	0.00000	-0.83878	-0.97401	-0.99581	-0.99931	-0.99978	-0.99931	-0.99581	-0.97401	-0.83878	0.00000	
18.25	Q	-18.25000	-2.94222	-0.47433	-0.07642	-0.01201	0.00000	0.01201	0.07642	0.47433	2.94222	18.25000	18.25
	V	0.00000	0.00252	0.00292	0.00299	0.00300	0.00300	0.00300	0.00299	0.00292	0.00252	-0.00000	
	V'	0.05479	0.00883	0.00142	0.00023	0.00004	-0.00000	-0.00004	-0.00023	-0.00142	-0.00883	-0.05479	
	M	0.00000	-0.84276	-0.97528	-0.99611	-0.99937	-0.99981	-0.99937	-0.99611	-0.97528	-0.84276	0.00000	
18.50	Q	-18.50000	-2.90889	-0.45738	-0.07187	-0.01103	0.00000	0.01103	0.07187	0.45738	2.90889	18.50000	18.50
	V	0.00000	0.00246	0.00285	0.00291	0.00292	0.00292	0.00292	0.00291	0.00285	0.00246	-0.00000	
	V'	0.05405	0.00850	0.00134	0.00021	0.00003	-0.00000	-0.00003	-0.00021	-0.00134	-0.00850	-0.05405	
	M	0.00000	-0.84664	-0.97648	-0.99639	-0.99943	-0.99983	-0.99943	-0.99639	-0.97648	-0.84664	0.00000	
18.75	Q	-18.75000	-2.87540	-0.44095	-0.06759	-0.01013	0.00000	0.01013	0.06759	0.44095	2.87540	18.75000	18.75
	V	0.00000	0.00241	0.00278	0.00283	0.00284	0.00284	0.00284	0.00283	0.00278	0.00241	-0.00000	
	V'	0.05333	0.00818	0.00125	0.00019	0.00003	-0.00000	-0.00003	-0.00019	-0.00125	-0.00818	-0.05333	
	M	0.00000	-0.85043	-0.97763	-0.99665	-0.99949	-0.99985	-0.99949	-0.99665	-0.97763	-0.85043	0.00000	
19.00	Q	-19.00000	-2.84180	-0.42504	-0.06354	-0.00930	0.00000	0.00930	0.06354	0.42504	2.84180	19.00000	19.00
	V	0.00000	0.00236	0.00271	0.00276	0.00277	0.00277	0.00277	0.00276	0.00271	0.00236	-0.00000	
	V'	0.05263	0.00787	0.00118	0.00018	0.00003	-0.00000	-0.00003	-0.00018	-0.00118	-0.00787	-0.05263	
	M	0.00000	-0.85412	-0.97872	-0.99689	-0.99954	-0.99987	-0.99954	-0.99689	-0.97872	-0.85412	0.00000	
19.25	Q	-19.25000	-2.80811	-0.40963	-0.05973	-0.00853	0.00000	0.00853	0.05973	0.40963	2.80811	19.25000	19.25
	V	0.00000	0.00230	0.00264	0.00269	0.00270	0.00270	0.00270	0.00269	0.00264	0.00230	-0.00000	
	V'	0.05195	0.00758	0.00111	0.00016	0.00002	-0.00000	-0.00002	-0.00016	-0.00111	-0.00758	-0.05195	
	M	0.00000	-0.85773	-0.97976	-0.99712	-0.99958	-0.99988	-0.99958	-0.99712	-0.97976	-0.85773	0.00000	
19.50	Q	-19.50000	-2.77434	-0.39471	-0.05614	-0.00783	0.00000	0.00783	0.05614	0.39471	2.77434	19.50000	19.50
	V	0.00000	0.00226	0.00258	0.00262	0.00263	0.00263	0.00263	0.00262	0.00258	0.00226	-0.00000	
	V'	0.05128	0.00730	0.00104	0.00015	0.00002	-0.00000	-0.00002	-0.00015	-0.00104	-0.00730	-0.05128	
	M	0.00000	-0.86124	-0.98075	-0.99733	-0.99962	-0.99990	-0.99962	-0.99733	-0.98075	-0.86124	0.00000	
19.75	Q	-19.75000	-2.74054	-0.38028	-0.05275	-0.00718	0.00000	0.00718	0.05275	0.38028	2.74054	19.75000	19.75
	V	0.00000	0.00221	0.00251	0.00256	0.00256	0.00256	0.00256	0.00256	0.00251	0.00221	-0.00000	
	V'	0.05063	0.00703	0.00097	0.00014	0.00002	-0.00000	-0.00002	-0.00014	-0.00097	-0.00703	-0.05063	
BETA	X/L =	0.00	0.10	0.20	0.30	0.40	0.50	0.60	0.70	0.80	0.90	1.00	BETA

FUNKTIONEN : F.T;M - F.T;Q - F.T;V - F.T;V'

FUNKTIONEN : F.T;M - F.T;Q - F.T;V - F.T;V'

BETA	X/L =	0.00	0.10	0.20	0.30	0.40	0.50	0.60	0.70	0.80	0.90	1.00	BETA
	M	0.00000	-0.86466	-0.98168	-0.99752	-0.99966	-0.99991	-0.99966	-0.99752	-0.98168	-0.86466	0.00000	
20.00	Q	-20.00000	-2.70671	-0.36631	-0.04956	-0.00659	0.00000	0.00659	0.04956	0.36631	2.70671	20.00000	20.00
	V	0.00000	0.00216	0.00245	0.00249	0.00250	0.00250	0.00250	0.00249	0.00245	0.00216	-0.00000	
	V'	0.05000	0.00677	0.00092	0.00012	0.00002	-0.00000	-0.00002	-0.00012	-0.00092	-0.00677	-0.05000	
	M	0.00000	-0.86801	-0.98258	-0.99770	-0.99969	-0.99992	-0.99969	-0.99770	-0.98258	-0.86801	0.00000	
20.25	Q	-20.25000	-2.67288	-0.35280	-0.04655	-0.00604	0.00000	0.00604	0.04655	0.35280	2.67288	20.25000	20.25
	V	0.00000	0.00212	0.00240	0.00243	0.00244	0.00244	0.00244	0.00243	0.00240	0.00212	-0.00000	
	V'	0.04938	0.00652	0.00086	0.00011	0.00001	-0.00000	-0.00001	-0.00011	-0.00086	-0.00652	-0.04938	
	M	0.00000	-0.87127	-0.98343	-0.99787	-0.99972	-0.99993	-0.99972	-0.99787	-0.98343	-0.87127	0.00000	
20.50	Q	-20.50000	-2.63907	-0.33974	-0.04372	-0.00554	0.00000	0.00554	0.04372	0.33974	2.63907	20.50000	20.50
	V	0.00000	0.00207	0.00234	0.00237	0.00238	0.00238	0.00238	0.00237	0.00234	0.00207	-0.00000	
	V'	0.04878	0.00628	0.00081	0.00010	0.00001	-0.00000	-0.00001	-0.00010	-0.00081	-0.00628	-0.04878	
	M	0.00000	-0.87444	-0.98424	-0.99802	-0.99975	-0.99994	-0.99975	-0.99802	-0.98424	-0.87444	0.00000	
20.75	Q	-20.75000	-2.60530	-0.32711	-0.04106	-0.00508	0.00000	0.00508	0.04106	0.32711	2.60530	20.75000	20.75
	V	0.00000	0.00203	0.00229	0.00232	0.00232	0.00232	0.00232	0.00232	0.00229	0.00203	-0.00000	
	V'	0.04819	0.00605	0.00076	0.00010	0.00001	-0.00000	-0.00001	-0.00010	-0.00076	-0.00605	-0.04819	
	M	0.00000	-0.87754	-0.98500	-0.99816	-0.99977	-0.99994	-0.99977	-0.99816	-0.98500	-0.87754	0.00000	
21.00	Q	-21.00000	-2.57158	-0.31491	-0.03855	-0.00465	0.00000	0.00465	0.03855	0.31491	2.57158	21.00000	21.00
	V	0.00000	0.00199	0.00223	0.00226	0.00227	0.00227	0.00227	0.00226	0.00223	0.00199	-0.00000	
	V'	0.04762	0.00583	0.00071	0.00009	0.00001	-0.00000	-0.00001	-0.00009	-0.00071	-0.00583	-0.04762	
	M	0.00000	-0.88057	-0.98574	-0.99830	-0.99979	-0.99995	-0.99979	-0.99830	-0.98574	-0.88057	0.00000	
21.25	Q	-21.25000	-2.53795	-0.30311	-0.03619	-0.00426	0.00000	0.00426	0.03619	0.30311	2.53795	21.25000	21.25
	V	0.00000	0.00195	0.00218	0.00221	0.00221	0.00221	0.00221	0.00221	0.00218	0.00195	-0.00000	
	V'	0.04706	0.00562	0.00067	0.00008	0.00001	-0.00000	-0.00001	-0.00008	-0.00067	-0.00562	-0.04706	
	M	0.00000	-0.88352	-0.98643	-0.99842	-0.99981	-0.99996	-0.99981	-0.99842	-0.98643	-0.88352	0.00000	
21.50	Q	-21.50000	-2.50441	-0.29172	-0.03397	-0.00390	0.00000	0.00390	0.03397	0.29172	2.50441	21.50000	21.50
	V	0.00000	0.00191	0.00213	0.00216	0.00216	0.00216	0.00216	0.00216	0.00213	0.00191	-0.00000	
	V'	0.04651	0.00542	0.00063	0.00007	0.00001	-0.00000	-0.00001	-0.00007	-0.00063	-0.00542	-0.04651	
	M	0.00000	-0.88639	-0.98709	-0.99853	-0.99983	-0.99996	-0.99983	-0.99853	-0.98709	-0.88639	0.00000	
21.75	Q	-21.75000	-2.47098	-0.28072	-0.03189	-0.00358	0.00000	0.00358	0.03189	0.28072	2.47098	21.75000	21.75
	V	0.00000	0.00187	0.00209	0.00211	0.00211	0.00211	0.00211	0.00211	0.00209	0.00187	-0.00000	
	V'	0.04598	0.00522	0.00059	0.00007	0.00001	-0.00000	-0.00001	-0.00007	-0.00059	-0.00522	-0.04598	
	M	0.00000	-0.88920	-0.98772	-0.99864	-0.99985	-0.99997	-0.99985	-0.99864	-0.98772	-0.88920	0.00000	
22.00	Q	-22.00000	-2.43767	-0.27010	-0.02992	-0.00328	0.00000	0.00328	0.02992	0.27010	2.43767	22.00000	22.00
	V	0.00000	0.00184	0.00204	0.00206	0.00207	0.00207	0.00207	0.00206	0.00204	0.00184	-0.00000	
	V'	0.04545	0.00504	0.00056	0.00006	0.00001	-0.00000	-0.00001	-0.00006	-0.00056	-0.00504	-0.04545	
	M	0.00000	-0.89193	-0.98832	-0.99874	-0.99986	-0.99997	-0.99986	-0.99874	-0.98832	-0.89193	0.00000	
22.25	Q	-22.25000	-2.40450	-0.25985	-0.02808	-0.00300	0.00000	0.00300	0.02808	0.25985	2.40450	22.25000	22.25
	V	0.00000	0.00180	0.00200	0.00202	0.00202	0.00202	0.00202	0.00202	0.00200	0.00180	-0.00000	
	V'	0.04494	0.00486	0.00052	0.00006	0.00001	-0.00000	-0.00001	-0.00006	-0.00052	-0.00486	-0.04494	
BETA	X/L =	0.00	0.10	0.20	0.30	0.40	0.50	0.60	0.70	0.80	0.90	1.00	BETA

FUNKTIONEN : F.T;M - F.T;Q - F.T;V - F.T;V'

FUNKTIONEN : F.TIM - F.TIQ - F.TIV - F.TIV'

BETA	X/L =	0.00	0.10	0.20	0.30	0.40	0.50	0.60	0.70	0.80	0.90	1.00	BETA
	M	0.00000	-0.89460	-0.98889	-0.99883	-0.99988	-0.99997	-0.99988	-0.99883	-0.98889	-0.89460	0.00000	
22.50	Q	-22.50000	-2.37148	-0.24995	-0.02634	-0.00275	0.00000	0.00275	0.02634	0.24995	2.37148	22.50000	22.50
	V	0.00000	0.00177	0.00195	0.00197	0.00198	0.00198	0.00198	0.00197	0.00195	0.00177	-0.00000	
	V'	0.04444	0.00468	0.00049	0.00005	0.00001	-0.00000	-0.00001	-0.00005	-0.00049	-0.00468	-0.04444	
	M	0.00000	-0.89720	-0.98943	-0.99891	-0.99989	-0.99998	-0.99989	-0.99891	-0.98943	-0.89720	0.00000	
22.75	Q	-22.75000	-2.33863	-0.24040	-0.02471	-0.00251	0.00000	0.00251	0.02471	0.24040	2.33863	22.75000	22.75
	V	0.00000	0.00173	0.00191	0.00193	0.00193	0.00193	0.00193	0.00193	0.00191	0.00173	-0.00000	
	V'	0.04396	0.00452	0.00046	0.00005	0.00000	-0.00000	-0.00000	-0.00005	-0.00046	-0.00452	-0.04396	
	M	0.00000	-0.89974	-0.98995	-0.99899	-0.99990	-0.99998	-0.99990	-0.99899	-0.98995	-0.89974	0.00000	
23.00	Q	-23.00000	-2.30595	-0.23119	-0.02318	-0.00230	0.00000	0.00230	0.02318	0.23119	2.30595	23.00000	23.00
	V	0.00000	0.00170	0.00187	0.00189	0.00189	0.00189	0.00189	0.00189	0.00187	0.00170	-0.00000	
	V'	0.04348	0.00436	0.00044	0.00004	0.00000	-0.00000	-0.00000	-0.00004	-0.00044	-0.00436	-0.04348	
	M	0.00000	-0.90222	-0.99044	-0.99906	-0.99991	-0.99998	-0.99991	-0.99906	-0.99044	-0.90222	0.00000	
23.25	Q	-23.25000	-2.27347	-0.22231	-0.02174	-0.00211	0.00000	0.00211	0.02174	0.22231	2.27347	23.25000	23.25
	V	0.00000	0.00167	0.00183	0.00185	0.00185	0.00185	0.00185	0.00185	0.00183	0.00167	-0.00000	
	V'	0.04301	0.00421	0.00041	0.00004	0.00000	-0.00000	-0.00000	-0.00004	-0.00041	-0.00421	-0.04301	
	M	0.00000	-0.90463	-0.99090	-0.99913	-0.99992	-0.99998	-0.99992	-0.99913	-0.99090	-0.90463	0.00000	
23.50	Q	-23.50000	-2.24118	-0.21374	-0.02038	-0.00193	0.00000	0.00193	0.02038	0.21374	2.24118	23.50000	23.50
	V	0.00000	0.00164	0.00179	0.00181	0.00181	0.00181	0.00181	0.00181	0.00179	0.00164	-0.00000	
	V'	0.04255	0.00406	0.00039	0.00004	0.00000	-0.00000	-0.00000	-0.00004	-0.00039	-0.00406	-0.04255	
	M	0.00000	-0.90699	-0.99135	-0.99920	-0.99992	-0.99999	-0.99992	-0.99920	-0.99135	-0.90699	0.00000	
23.75	Q	-23.75000	-2.20909	-0.20548	-0.01911	-0.00176	0.00000	0.00176	0.01911	0.20548	2.20909	23.75000	23.75
	V	0.00000	0.00161	0.00176	0.00177	0.00177	0.00177	0.00177	0.00177	0.00176	0.00161	-0.00000	
	V'	0.04211	0.00392	0.00036	0.00003	0.00000	-0.00000	-0.00000	-0.00003	-0.00036	-0.00392	-0.04211	
	M	0.00000	-0.90928	-0.99177	-0.99925	-0.99993	-0.99999	-0.99993	-0.99925	-0.99177	-0.90928	0.00000	
24.00	Q	-24.00000	-2.17723	-0.19751	-0.01792	-0.00161	0.00000	0.00161	0.01792	0.19751	2.17723	24.00000	24.00
	V	0.00000	0.00158	0.00172	0.00173	0.00174	0.00174	0.00174	0.00173	0.00172	0.00158	-0.00000	
	V'	0.04167	0.00378	0.00034	0.00003	0.00000	-0.00000	-0.00000	-0.00003	-0.00034	-0.00378	-0.04167	
	M	0.00000	-0.91152	-0.99217	-0.99931	-0.99994	-0.99999	-0.99994	-0.99931	-0.99217	-0.91152	0.00000	
24.25	Q	-24.25000	-2.14559	-0.18984	-0.01680	-0.00147	0.00000	0.00147	0.01680	0.18984	2.14559	24.25000	24.25
	V	0.00000	0.00155	0.00169	0.00170	0.00170	0.00170	0.00170	0.00170	0.00169	0.00155	-0.00000	
	V'	0.04124	0.00365	0.00032	0.00003	0.00000	-0.00000	-0.00000	-0.00003	-0.00032	-0.00365	-0.04124	
	M	0.00000	-0.91371	-0.99255	-0.99936	-0.99994	-0.99999	-0.99994	-0.99936	-0.99255	-0.91371	0.00000	
24.50	Q	-24.50000	-2.11419	-0.18244	-0.01574	-0.00135	0.00000	0.00135	0.01574	0.18244	2.11419	24.50000	24.50
	V	0.00000	0.00152	0.00165	0.00166	0.00167	0.00167	0.00167	0.00166	0.00165	0.00152	-0.00000	
	V'	0.04082	0.00352	0.00030	0.00003	0.00000	-0.00000	-0.00000	-0.00003	-0.00030	-0.00352	-0.04082	
	M	0.00000	-0.91584	-0.99292	-0.99940	-0.99995	-0.99999	-0.99995	-0.99940	-0.99292	-0.91584	0.00000	
24.75	Q	-24.75000	-2.08303	-0.17531	-0.01475	-0.00123	0.00000	0.00123	0.01475	0.17531	2.08303	24.75000	24.75
	V	0.00000	0.00150	0.00162	0.00163	0.00163	0.00163	0.00163	0.00163	0.00162	0.00150	-0.00000	
	V'	0.04040	0.00340	0.00029	0.00002	0.00000	-0.00000	-0.00000	-0.00002	-0.00029	-0.00340	-0.04040	
BETA	X/L =	0.00	0.10	0.20	0.30	0.40	0.50	0.60	0.70	0.80	0.90	1.00	BETA

FUNKTIONEN : F.TIM - F.TIQ - F.TIV - F.TIV'

Z U G S T A E B E -551-

FUNKTIONEN : F.T:M - F.T:Q - F.T:V - F.T:V'

BETA	X/L =	0.00	0.10	0.20	0.30	0.40	0.50	0.60	0.70	0.80	0.90	1.00	BETA
	M	0.00000	-0.91792	-0.99326	-0.99945	-0.99995	-0.99999	-0.99995	-0.99945	-0.99326	-0.91792	0.00000	
25.00	Q	-25.00000	-2.05212	-0.16845	-0.01383	-0.00113	0.00000	0.00113	0.01383	0.16845	2.05212	25.00000	25.00
	V	0.00000	0.00147	0.00159	0.00160	0.00160	0.00160	0.00160	0.00160	0.00159	0.00147	-0.00000	
	V'	0.04000	0.00328	0.00027	0.00002	0.00000	-0.00000	-0.00000	-0.00002	-0.00027	-0.00328	-0.04000	
	M	0.00000	-0.92756	-0.99475	-0.99962	-0.99997	-1.00000	-0.99997	-0.99962	-0.99475	-0.92756	0.00000	
26.25	Q	-26.25000	-1.90154	-0.13775	-0.00998	-0.00072	0.00000	0.00072	0.00998	0.13775	1.90154	26.25000	26.25
	V	0.00000	0.00135	0.00144	0.00145	0.00145	0.00145	0.00145	0.00145	0.00144	0.00135	-0.00000	
	V'	0.03810	0.00276	0.00020	0.00001	0.00000	-0.00000	-0.00000	-0.00001	-0.00020	-0.00276	-0.03810	
	M	0.00000	-0.93607	-0.99591	-0.99974	-0.99998	-1.00000	-0.99998	-0.99974	-0.99591	-0.93607	0.00000	
27.50	Q	-27.50000	-1.75802	-0.11239	-0.00718	-0.00046	0.00000	0.00046	0.00718	0.11239	1.75802	27.50000	27.50
	V	0.00000	0.00124	0.00132	0.00132	0.00132	0.00132	0.00132	0.00132	0.00132	0.00124	-0.00000	
	V'	0.03636	0.00232	0.00015	0.00001	0.00000	-0.00000	-0.00000	-0.00001	-0.00015	-0.00232	-0.03636	
	M	0.00000	-0.94358	-0.99682	-0.99982	-0.99999	-1.00000	-0.99999	-0.99982	-0.99682	-0.94358	0.00000	
28.75	Q	-28.75000	-1.62196	-0.09150	-0.00516	-0.00029	0.00000	0.00029	0.00516	0.09150	1.62196	28.75000	28.75
	V	0.00000	0.00114	0.00121	0.00121	0.00121	0.00121	0.00121	0.00121	0.00121	0.00114	-0.00000	
	V'	0.03478	0.00196	0.00011	0.00001	0.00000	-0.00000	-0.00000	-0.00001	-0.00011	-0.00196	-0.03478	
	M	0.00000	-0.95021	-0.99752	-0.99988	-0.99999	-1.00000	-0.99999	-0.99988	-0.99752	-0.95021	0.00000	
30.00	Q	-30.00000	-1.49361	-0.07436	-0.00370	-0.00018	0.00000	0.00018	0.00370	0.07436	1.49361	30.00000	30.00
	V	0.00000	0.00106	0.00111	0.00111	0.00111	0.00111	0.00111	0.00111	0.00111	0.00106	-0.00000	
	V'	0.03333	0.00166	0.00008	0.00000	0.00000	-0.00000	-0.00000	-0.00000	-0.00008	-0.00166	-0.03333	
	M	0.00000	-0.95606	-0.99807	-0.99992	-1.00000	-1.00000	-1.00000	-0.99992	-0.99807	-0.95606	0.00000	
31.25	Q	-31.25000	-1.37303	-0.06033	-0.00265	-0.00012	0.00000	0.00012	0.00265	0.06033	1.37303	31.25000	31.25
	V	0.00000	0.00098	0.00102	0.00102	0.00102	0.00102	0.00102	0.00102	0.00102	0.00098	-0.00000	
	V'	0.03200	0.00141	0.00006	0.00000	0.00000	-0.00000	-0.00000	-0.00000	-0.00006	-0.00141	-0.03200	
	M	0.00000	-0.96123	-0.99850	-0.99994	-1.00000	-1.00000	-1.00000	-0.99994	-0.99850	-0.96123	0.00000	
32.50	Q	-32.50000	-1.26016	-0.04886	-0.00189	-0.00007	0.00000	0.00007	0.00189	0.04886	1.26016	32.50000	32.50
	V	0.00000	0.00091	0.00095	0.00095	0.00095	0.00095	0.00095	0.00095	0.00095	0.00091	-0.00000	
	V'	0.03077	0.00119	0.00005	0.00000	0.00000	-0.00000	-0.00000	-0.00000	-0.00005	-0.00119	-0.03077	
	M	0.00000	-0.96578	-0.99883	-0.99996	-1.00000	-1.00000	-1.00000	-0.99996	-0.99883	-0.96578	0.00000	
33.75	Q	-33.75000	-1.15486	-0.03952	-0.00135	-0.00005	0.00000	0.00005	0.00135	0.03952	1.15486	33.75000	33.75
	V	0.00000	0.00085	0.00088	0.00088	0.00088	0.00088	0.00088	0.00088	0.00088	0.00085	-0.00000	
	V'	0.02963	0.00101	0.00003	0.00000	0.00000	-0.00000	-0.00000	-0.00000	-0.00003	-0.00101	-0.02963	
	M	0.00000	-0.96980	-0.99909	-0.99997	-1.00000	-1.00000	-1.00000	-0.99997	-0.99909	-0.96980	0.00000	
35.00	Q	-35.00000	-1.05691	-0.03192	-0.00096	-0.00003	0.00000	0.00003	0.00096	0.03192	1.05691	35.00000	35.00
	V	0.00000	0.00079	0.00082	0.00082	0.00082	0.00082	0.00082	0.00082	0.00082	0.00079	-0.00000	
	V'	0.02857	0.00086	0.00003	0.00000	0.00000	-0.00000	-0.00000	-0.00000	-0.00003	-0.00086	-0.02857	
	M	0.00000	-0.97335	-0.99929	-0.99998	-1.00000	-1.00000	-1.00000	-0.99998	-0.99929	-0.97335	0.00000	
36.25	Q	-36.25000	-0.96603	-0.02574	-0.00069	-0.00002	0.00000	0.00002	0.00069	0.02574	0.96603	36.25000	36.25
	V	0.00000	0.00074	0.00076	0.00076	0.00076	0.00076	0.00076	0.00076	0.00076	0.00074	0.00000	
	V'	0.02759	0.00074	0.00002	0.00000	0.00000	-0.00000	-0.00000	-0.00000	-0.00002	-0.00074	-0.02759	

| BETA | X/L = | 0.00 | 0.10 | 0.20 | 0.30 | 0.40 | 0.50 | 0.60 | 0.70 | 0.80 | 0.90 | 1.00 | BETA |

FUNKTIONEN : F.T:M - F.T:Q - F.T:V - F.T:V'

Z U G S T A E B E -551-

FUNKTIONEN : F.T:M - F.T:Q - F.T:V - F.T:V'

BETA	X/L =	0.00	0.10	0.20	0.30	0.40	0.50	0.60	0.70	0.80	0.90	1.00	BETA
	M	0.00000	-0.97648	-0.99945	-0.99999	-1.00000	-1.00000	-1.00000	-0.99999	-0.99945	-0.97648	0.00000	
37.50	Q	-37.50000	-0.88192	-0.02074	-0.00049	-0.00001	0.00000	0.00001	0.00049	0.02074	0.88192	37.50000	37.50
	V	0.00000	0.00069	0.00071	0.00071	0.00071	0.00071	0.00071	0.00071	0.00071	0.00069	0.00000	
	V'	0.02667	0.00063	0.00001	0.00000	0.00000	-0.00000	-0.00000	-0.00000	-0.00001	-0.00063	-0.02667	
	M	0.00000	-0.97925	-0.99957	-0.99999	-1.00000	-1.00000	-1.00000	-0.99999	-0.99957	-0.97925	0.00000	
38.75	Q	-38.75000	-0.80423	-0.01669	-0.00035	-0.00001	0.00000	0.00001	0.00035	0.01669	0.80423	38.75000	38.75
	V	0.00000	0.00065	0.00067	0.00067	0.00067	0.00067	0.00067	0.00067	0.00067	0.00065	0.00000	
	V'	0.02581	0.00054	0.00001	0.00000	0.00000	-0.00000	-0.00000	-0.00000	-0.00001	-0.00054	-0.02581	
	M	0.00000	-0.98168	-0.99966	-0.99999	-1.00000	-1.00000	-1.00000	-0.99999	-0.99966	-0.98168	0.00000	
40.00	Q	-40.00000	-0.73263	-0.01342	-0.00025	-0.00000	0.00000	0.00000	0.00025	0.01342	0.73263	40.00000	40.00
	V	0.00000	0.00061	0.00062	0.00062	0.00062	0.00062	0.00062	0.00062	0.00062	0.00061	0.00000	
	V'	0.02500	0.00046	0.00001	0.00000	0.00000	-0.00000	-0.00000	-0.00000	-0.00001	-0.00046	-0.02500	
	M	0.00000	-0.98384	-0.99974	-1.00000	-1.00000	-1.00000	-1.00000	-1.00000	-0.99974	-0.98384	0.00000	
41.25	Q	-41.25000	-0.66674	-0.01078	-0.00017	-0.00000	0.00000	0.00000	0.00017	0.01078	0.66674	41.25000	41.25
	V	0.00000	0.00058	0.00059	0.00059	0.00059	0.00059	0.00059	0.00059	0.00059	0.00058	0.00000	
	V'	0.02424	0.00039	0.00001	0.00000	0.00000	-0.00000	-0.00000	-0.00000	-0.00001	-0.00039	-0.02424	
	M	0.00000	-0.98574	-0.99980	-1.00000	-1.00000	-1.00000	-1.00000	-1.00000	-0.99980	-0.98574	0.00000	
42.50	Q	-42.50000	-0.60623	-0.00865	-0.00012	-0.00000	0.00000	0.00000	0.00012	0.00865	0.60623	42.50000	42.50
	V	0.00000	0.00055	0.00055	0.00055	0.00055	0.00055	0.00055	0.00055	0.00055	0.00055	0.00000	
	V'	0.02353	0.00034	0.00000	0.00000	0.00000	-0.00000	-0.00000	-0.00000	-0.00000	-0.00034	-0.02353	
	M	0.00000	-0.98741	-0.99984	-1.00000	-1.00000	-1.00000	-1.00000	-1.00000	-0.99984	-0.98741	0.00000	
43.75	Q	-43.75000	-0.55073	-0.00693	-0.00009	-0.00000	0.00000	0.00000	0.00009	0.00693	0.55073	43.75000	43.75
	V	0.00000	0.00052	0.00052	0.00052	0.00052	0.00052	0.00052	0.00052	0.00052	0.00052	0.00000	
	V'	0.02286	0.00029	0.00000	0.00000	0.00000	-0.00000	-0.00000	-0.00000	-0.00000	-0.00029	-0.02286	
	M	0.00000	-0.98889	-0.99988	-1.00000	-1.00000	-1.00000	-1.00000	-1.00000	-0.99988	-0.98889	0.00000	
45.00	Q	-45.00000	-0.49990	-0.00555	-0.00006	-0.00000	0.00000	0.00000	0.00006	0.00555	0.49990	45.00000	45.00
	V	0.00000	0.00049	0.00049	0.00049	0.00049	0.00049	0.00049	0.00049	0.00049	0.00049	0.00000	
	V'	0.02222	0.00025	0.00000	0.00000	0.00000	-0.00000	-0.00000	-0.00000	-0.00000	-0.00025	-0.02222	
	M	0.00000	-0.99020	-0.99990	-1.00000	-1.00000	-1.00000	-1.00000	-1.00000	-0.99990	-0.99020	0.00000	
46.25	Q	-46.25000	-0.45342	-0.00445	-0.00004	-0.00000	0.00000	0.00000	0.00004	0.00445	0.45342	46.25000	46.25
	V	0.00000	0.00046	0.00047	0.00047	0.00047	0.00047	0.00047	0.00047	0.00047	0.00046	0.00000	
	V'	0.02162	0.00021	0.00000	0.00000	0.00000	-0.00000	-0.00000	-0.00000	-0.00000	-0.00021	-0.02162	
	M	0.00000	-0.99135	-0.99993	-1.00000	-1.00000	-1.00000	-1.00000	-1.00000	-0.99993	-0.99135	0.00000	
47.50	Q	-47.50000	-0.41096	-0.00356	-0.00003	-0.00000	0.00000	0.00000	0.00003	0.00356	0.41096	47.50000	47.50
	V	0.00000	0.00044	0.00044	0.00044	0.00044	0.00044	0.00044	0.00044	0.00044	0.00044	0.00000	
	V'	0.02105	0.00018	0.00000	0.00000	0.00000	-0.00000	-0.00000	-0.00000	-0.00000	-0.00018	-0.02105	
	M	0.00000	-0.99236	-0.99994	-1.00000	-1.00000	-1.00000	-1.00000	-1.00000	-0.99994	-0.99236	0.00000	
48.75	Q	-48.75000	-0.37221	-0.00284	-0.00002	-0.00000	0.00000	0.00000	0.00002	0.00284	0.37221	48.75000	48.75
	V	0.00000	0.00042	0.00042	0.00042	0.00042	0.00042	0.00042	0.00042	0.00042	0.00042	0.00000	
	V'	0.02051	0.00016	0.00000	0.00000	0.00000	-0.00000	-0.00000	-0.00000	-0.00000	-0.00016	-0.02051	
BETA	X/L =	0.00	0.10	0.20	0.30	0.40	0.50	0.60	0.70	0.80	0.90	1.00	BETA

FUNKTIONEN : F.T:M - F.T:Q - F.T:V - F.T:V'

D.VI

Zahlentafeln der Funktionen

$F_1(\epsilon) = F1$

$F_2(\epsilon) = F2$

$F_3(\epsilon) = F3$

$F_4(\epsilon) = F4$

$F_5(\epsilon) = F5$

$F_6(\epsilon) = F6$

$F_7(\epsilon) = F7$

$$\frac{F_2(\epsilon)}{F_1(\epsilon)} = \frac{F2}{F1}$$

$$1 + \frac{F_2(\epsilon)}{F_1(\epsilon)} = 1 + \frac{F2}{F1}$$

Druckstäbe 553...584

Zugstäbe 585...599

ALPHA	F1	F2	F3	F4	F5	F6	F7	F2/F1	1+F2/F1	ALPHA
0.000	4.000000	2.000000	6.000000	12.000000	3.000000	3.000000	0.000000	0.500000	1.500000	0.000
0.005	3.999997	2.000001	5.999997	11.999970	2.999995	2.999970	-0.000025	0.500001	1.500001	0.005
0.010	3.999987	2.000003	5.999990	11.999880	2.999980	2.999880	-0.000100	0.500003	1.500003	0.010
0.015	3.999970	2.000008	5.999977	11.999730	2.999955	2.999730	-0.000225	0.500006	1.500006	0.015
0.020	3.999947	2.000013	5.999960	11.999520	2.999920	2.999520	-0.000400	0.500010	1.500010	0.020
0.025	3.999917	2.000021	5.999937	11.999250	2.999875	2.999250	-0.000625	0.500016	1.500016	0.025
0.030	3.999880	2.000030	5.999910	11.998920	2.999820	2.998920	-0.000900	0.500023	1.500023	0.030
0.035	3.999837	2.000041	5.999877	11.998530	2.999755	2.998530	-0.001225	0.500031	1.500031	0.035
0.040	3.999787	2.000053	5.999840	11.998080	2.999680	2.998080	-0.001600	0.500040	1.500040	0.040
0.045	3.999730	2.000068	5.999797	11.997570	2.999595	2.997570	-0.002025	0.500051	1.500051	0.045
0.050	3.999667	2.000083	5.999750	11.996999	2.999500	2.996999	-0.002500	0.500063	1.500063	0.050
0.055	3.999597	2.000101	5.999697	11.996369	2.999395	2.996369	-0.003025	0.500076	1.500076	0.055
0.060	3.999520	2.000120	5.999640	11.995679	2.999280	2.995678	-0.003600	0.500090	1.500090	0.060
0.065	3.999437	2.000141	5.999577	11.994929	2.999155	2.994928	-0.004225	0.500106	1.500106	0.065
0.070	3.999346	2.000163	5.999510	11.994118	2.999020	2.994117	-0.004900	0.500123	1.500123	0.070
0.075	3.999250	2.000188	5.999437	11.993247	2.998874	2.993246	-0.005625	0.500141	1.500141	0.075
0.080	3.999146	2.000213	5.999360	11.992317	2.998719	2.992315	-0.006400	0.500160	1.500160	0.080
0.085	3.999036	2.000241	5.999277	11.991326	2.998554	2.991324	-0.007225	0.500181	1.500181	0.085
0.090	3.998919	2.000270	5.999190	11.990275	2.998379	2.990272	-0.008100	0.500203	1.500203	0.090
0.095	3.998796	2.000301	5.999097	11.989163	2.998193	2.989160	-0.009025	0.500226	1.500226	0.095
0.100	3.998666	2.000334	5.998999	11.987992	2.997998	2.987988	-0.010000	0.500250	1.500250	0.100
0.105	3.998530	2.000368	5.998897	11.986770	2.997794	2.986769	-0.011025	0.500276	1.500276	0.105
0.110	3.998386	2.000403	5.998790	11.985480	2.997579	2.985479	-0.012100	0.500303	1.500303	0.110
0.115	3.998236	2.000441	5.998677	11.984130	2.997354	2.984129	-0.013225	0.500331	1.500331	0.115
0.120	3.998080	2.000480	5.998560	11.982720	2.997119	2.982719	-0.014400	0.500360	1.500360	0.120
0.125	3.997916	2.000521	5.998437	11.981250	2.996874	2.981249	-0.015625	0.500391	1.500391	0.125
0.130	3.997746	2.000564	5.998310	11.979720	2.996618	2.979718	-0.016900	0.500423	1.500423	0.130
0.135	3.997569	2.000608	5.998177	11.978130	2.996353	2.978128	-0.018225	0.500456	1.500456	0.135
0.140	3.997386	2.000654	5.998040	11.976479	2.996078	2.976478	-0.019600	0.500491	1.500491	0.140
0.145	3.997196	2.000701	5.997897	11.974769	2.995792	2.974767	-0.021025	0.500526	1.500526	0.145
0.150	3.996999	2.000751	5.997750	11.972999	2.995497	2.972997	-0.022500	0.500563	1.500563	0.150
0.155	3.996796	2.000801	5.997597	11.971169	2.995192	2.971167	-0.024025	0.500601	1.500601	0.155
0.160	3.996586	2.000854	5.997440	11.969279	2.994876	2.969276	-0.025600	0.500641	1.500641	0.160
0.165	3.996369	2.000908	5.997277	11.967329	2.994551	2.967326	-0.027225	0.500682	1.500682	0.165
0.170	3.996145	2.000964	5.997109	11.965319	2.994215	2.965315	-0.028900	0.500724	1.500724	0.170
0.175	3.995915	2.001022	5.996937	11.963249	2.993870	2.963245	-0.030625	0.500767	1.500767	0.175
0.180	3.995678	2.001081	5.996759	11.961118	2.993514	2.961114	-0.032400	0.500811	1.500811	0.180
0.185	3.995435	2.001142	5.996577	11.958928	2.993148	2.958923	-0.034225	0.500857	1.500857	0.185
0.190	3.995184	2.001205	5.996389	11.956678	2.992773	2.956673	-0.036100	0.500904	1.500904	0.190
0.195	3.994927	2.001269	5.996196	11.954368	2.992387	2.954362	-0.038025	0.500953	1.500953	0.195
ALPHA	F1	F2	F3	F4	F5	F6	F7	F2/F1	1+F2/F1	ALPHA

ALPHA	F1	F2	F3	F4	F5	F6	F7	F2/F1	1+F2/F1	ALPHA
0.200	3.994664	2.001335	5.995999	11.951998	2.991991	2.951991	-0.040000	0.501002	1.501002	0.200
0.205	3.994394	2.001403	5.995796	11.949567	2.991585	2.949560	-0.042025	0.501053	1.501053	0.205
0.210	3.994117	2.001472	5.995589	11.947077	2.991169	2.947069	-0.044100	0.501105	1.501105	0.210
0.215	3.993833	2.001543	5.995376	11.944527	2.990743	2.944518	-0.046225	0.501158	1.501158	0.215
0.220	3.993543	2.001616	5.995158	11.941917	2.990307	2.941907	-0.048400	0.501213	1.501213	0.220
0.225	3.993246	2.001690	5.994936	11.939246	2.989860	2.939235	-0.050625	0.501269	1.501269	0.225
0.230	3.992942	2.001766	5.994708	11.936516	2.989404	2.936504	-0.052900	0.501326	1.501326	0.230
0.235	3.992631	2.001844	5.994475	11.933726	2.988938	2.933713	-0.055225	0.501385	1.501385	0.235
0.240	3.992314	2.001923	5.994238	11.930875	2.988461	2.930861	-0.057600	0.501444	1.501444	0.240
0.245	3.991990	2.002005	5.993995	11.927965	2.987974	2.927949	-0.060025	0.501505	1.501505	0.245
0.250	3.991660	2.002087	5.993747	11.924994	2.987478	2.924978	-0.062500	0.501568	1.501568	0.250
0.255	3.991323	2.002172	5.993494	11.921964	2.986971	2.921946	-0.065025	0.501631	1.501631	0.255
0.260	3.990979	2.002258	5.993237	11.918873	2.986454	2.918854	-0.067600	0.501696	1.501696	0.260
0.265	3.990628	2.002346	5.992974	11.915723	2.985927	2.915702	-0.070225	0.501762	1.501762	0.265
0.270	3.990271	2.002435	5.992706	11.912512	2.985390	2.912490	-0.072900	0.501829	1.501829	0.270
0.275	3.989907	2.002527	5.992433	11.909242	2.984842	2.909217	-0.075625	0.501898	1.501898	0.275
0.280	3.989536	2.002620	5.992156	11.905911	2.984285	2.905885	-0.078400	0.501968	1.501968	0.280
0.285	3.989158	2.002714	5.991873	11.902521	2.983717	2.902492	-0.081225	0.502039	1.502039	0.285
0.290	3.988774	2.002811	5.991585	11.899070	2.983139	2.899039	-0.084100	0.502112	1.502112	0.290
0.295	3.988383	2.002909	5.991292	11.895559	2.982552	2.895527	-0.087025	0.502186	1.502186	0.295
0.300	3.987986	2.003008	5.990994	11.891988	2.981954	2.891954	-0.090000	0.502261	1.502261	0.300
0.305	3.987582	2.003110	5.990691	11.888358	2.981345	2.888320	-0.093025	0.502337	1.502337	0.305
0.310	3.987171	2.003213	5.990383	11.884667	2.980727	2.884627	-0.096100	0.502415	1.502415	0.310
0.315	3.986753	2.003318	5.990070	11.880916	2.980098	2.880873	-0.099225	0.502494	1.502494	0.315
0.320	3.986328	2.003424	5.989753	11.877105	2.979460	2.877060	-0.102400	0.502574	1.502574	0.320
0.325	3.985897	2.003532	5.989430	11.873234	2.978811	2.873186	-0.105625	0.502655	1.502655	0.325
0.330	3.985459	2.003642	5.989102	11.869303	2.978152	2.869252	-0.108900	0.502738	1.502738	0.330
0.335	3.985015	2.003754	5.988768	11.865312	2.977483	2.865258	-0.112225	0.502822	1.502822	0.335
0.340	3.984563	2.003867	5.988430	11.861261	2.976803	2.861203	-0.115600	0.502908	1.502908	0.340
0.345	3.984105	2.003982	5.988087	11.857150	2.976114	2.857089	-0.119025	0.502994	1.502994	0.345
0.350	3.983640	2.004099	5.987739	11.852979	2.975414	2.852914	-0.122500	0.503082	1.503082	0.350
0.355	3.983169	2.004217	5.987386	11.848747	2.974704	2.848679	-0.126025	0.503172	1.503172	0.355
0.360	3.982691	2.004337	5.987028	11.844456	2.973983	2.844383	-0.129600	0.503262	1.503262	0.360
0.365	3.982206	2.004459	5.986665	11.840105	2.973253	2.840028	-0.133225	0.503354	1.503354	0.365
0.370	3.981714	2.004583	5.986297	11.835693	2.972512	2.835612	-0.136900	0.503447	1.503447	0.370
0.375	3.981215	2.004708	5.985923	11.831222	2.971761	2.831136	-0.140625	0.503542	1.503542	0.375
0.380	3.980710	2.004835	5.985545	11.826690	2.971000	2.826600	-0.144400	0.503638	1.503638	0.380
0.385	3.980198	2.004964	5.985162	11.822099	2.970229	2.822004	-0.148225	0.503735	1.503735	0.385
0.390	3.979679	2.005094	5.984773	11.817447	2.969447	2.817347	-0.152100	0.503833	1.503833	0.390
0.395	3.979154	2.005226	5.984380	11.812735	2.968655	2.812630	-0.156025	0.503933	1.503933	0.395

ALPHA F1 F2 F3 F4 F5 F6 F7 F2/F1 1+F2/F1 ALPHA

D R U C K S T A E B E -554-

ALPHA	F1	F2	F3	F4	F5	F6	F7	F2/F1	1+F2/F1	ALPHA
0.400	3.978622	2.005360	5.983982	11.807963	2.967853	2.807853	-0.160000	0.504034	1.504034	0.400
0.405	3.978083	2.005495	5.983578	11.803131	2.967040	2.803015	-0.164025	0.504136	1.504136	0.405
0.410	3.977537	2.005633	5.983170	11.798240	2.966217	2.798117	-0.168100	0.504240	1.504240	0.410
0.415	3.976985	2.005772	5.982756	11.793288	2.965384	2.793159	-0.172225	0.504345	1.504345	0.415
0.420	3.976425	2.005912	5.982338	11.788275	2.964541	2.788141	-0.176400	0.504451	1.504451	0.420
0.425	3.975859	2.006055	5.981914	11.783203	2.963687	2.783062	-0.180625	0.504559	1.504559	0.425
0.430	3.975287	2.006199	5.981486	11.778071	2.962823	2.777923	-0.184900	0.504668	1.504668	0.430
0.435	3.974707	2.006345	5.981052	11.772879	2.961949	2.772724	-0.189225	0.504778	1.504778	0.435
0.440	3.974121	2.006492	5.980613	11.767626	2.961064	2.767464	-0.193600	0.504890	1.504890	0.440
0.445	3.973528	2.006642	5.980169	11.762314	2.960169	2.762144	-0.198025	0.505002	1.505002	0.445
0.450	3.972928	2.006793	5.979721	11.756941	2.959264	2.756764	-0.202500	0.505117	1.505117	0.450
0.455	3.972322	2.006945	5.979267	11.751509	2.958348	2.751323	-0.207025	0.505232	1.505232	0.455
0.460	3.971708	2.007100	5.978808	11.746016	2.957422	2.745822	-0.211600	0.505349	1.505349	0.460
0.465	3.971088	2.007256	5.978344	11.740463	2.956485	2.740260	-0.216225	0.505468	1.505468	0.465
0.470	3.970461	2.007414	5.977875	11.734850	2.955538	2.734638	-0.220900	0.505587	1.505587	0.470
0.475	3.969827	2.007574	5.977401	11.729177	2.954581	2.728956	-0.225625	0.505708	1.505708	0.475
0.480	3.969187	2.007735	5.976922	11.723444	2.953614	2.723214	-0.230400	0.505830	1.505830	0.480
0.485	3.968540	2.007898	5.976438	11.717651	2.952635	2.717410	-0.235225	0.505954	1.505954	0.485
0.490	3.967885	2.008063	5.975949	11.711797	2.951647	2.711547	-0.240100	0.506079	1.506079	0.490
0.495	3.967225	2.008230	5.975454	11.705884	2.950648	2.705623	-0.245025	0.506205	1.506205	0.495
0.500	3.966557	2.008398	5.974955	11.699910	2.949639	2.699639	-0.250000	0.506333	1.506333	0.500
0.505	3.965882	2.008568	5.974451	11.693877	2.948619	2.693594	-0.255025	0.506462	1.506462	0.505
0.510	3.965201	2.008740	5.973942	11.687783	2.947589	2.687489	-0.260100	0.506592	1.506592	0.510
0.515	3.964513	2.008914	5.973427	11.681629	2.946548	2.681323	-0.265225	0.506724	1.506724	0.515
0.520	3.963818	2.009089	5.972908	11.675415	2.945497	2.675097	-0.270400	0.506857	1.506857	0.520
0.525	3.963117	2.009266	5.972383	11.669141	2.944436	2.668811	-0.275625	0.506992	1.506992	0.525
0.530	3.962408	2.009445	5.971853	11.662807	2.943363	2.662463	-0.280900	0.507127	1.507127	0.530
0.535	3.961693	2.009626	5.971319	11.656413	2.942281	2.656056	-0.286225	0.507264	1.507264	0.535
0.540	3.960971	2.009808	5.970779	11.649958	2.941188	2.649588	-0.291600	0.507403	1.507403	0.540
0.545	3.960242	2.009993	5.970234	11.643444	2.940084	2.643059	-0.297025	0.507543	1.507543	0.545
0.550	3.959506	2.010179	5.969684	11.636869	2.938970	2.636470	-0.302500	0.507684	1.507684	0.550
0.555	3.958763	2.010366	5.969129	11.630234	2.937845	2.629820	-0.308025	0.507827	1.507827	0.555
0.560	3.958014	2.010556	5.968570	11.623539	2.936710	2.623110	-0.313600	0.507971	1.507971	0.560
0.565	3.957258	2.010747	5.968004	11.616784	2.935564	2.616339	-0.319225	0.508116	1.508116	0.565
0.570	3.956494	2.010940	5.967434	11.609969	2.934408	2.609508	-0.324900	0.508263	1.508263	0.570
0.575	3.955724	2.011135	5.966859	11.603093	2.933241	2.602616	-0.330625	0.508411	1.508411	0.575
0.580	3.954948	2.011331	5.966279	11.596158	2.932064	2.595664	-0.336400	0.508561	1.508561	0.580
0.585	3.954164	2.011530	5.965694	11.589162	2.930875	2.588650	-0.342225	0.508712	1.508712	0.585
0.590	3.953374	2.011730	5.965103	11.582106	2.929677	2.581577	-0.348100	0.508864	1.508864	0.590
0.595	3.952576	2.011931	5.964508	11.574990	2.928467	2.574442	-0.354025	0.509018	1.509018	0.595

| ALPHA | F1 | F2 | F3 | F4 | F5 | F6 | F7 | F2/F1 | 1+F2/F1 | ALPHA |

ALPHA	F1	F2	F3	F4	F5	F6	F7	F2/F1	1+F2/F1	ALPHA
0.600	3.951772	2.012135	5.963907	11.567814	2.927247	2.567247	-0.360000	0.509173	1.509173	0.600
0.605	3.950961	2.012341	5.963301	11.560578	2.926017	2.559992	-0.366025	0.509329	1.509329	0.605
0.610	3.950143	2.012548	5.962691	11.553281	2.924775	2.552675	-0.372100	0.509487	1.509487	0.610
0.615	3.949318	2.012757	5.962075	11.545925	2.923524	2.545299	-0.378225	0.509647	1.509647	0.615
0.620	3.948487	2.012967	5.961454	11.538508	2.922261	2.537861	-0.384400	0.509807	1.509807	0.620
0.625	3.947648	2.013180	5.960828	11.531031	2.920988	2.530363	-0.390625	0.509969	1.509969	0.625
0.630	3.946803	2.013394	5.960197	11.523494	2.919704	2.522804	-0.396900	0.510133	1.510133	0.630
0.635	3.945950	2.013611	5.959561	11.515897	2.918409	2.515184	-0.403225	0.510298	1.510298	0.635
0.640	3.945091	2.013828	5.958920	11.508239	2.917103	2.507503	-0.409600	0.510464	1.510464	0.640
0.645	3.944225	2.014048	5.958273	11.500522	2.915787	2.499762	-0.416025	0.510632	1.510632	0.645
0.650	3.943352	2.014270	5.957622	11.492744	2.914460	2.491960	-0.422500	0.510801	1.510801	0.650
0.655	3.942472	2.014493	5.956965	11.484906	2.913123	2.484098	-0.429025	0.510972	1.510972	0.655
0.660	3.941586	2.014718	5.956304	11.477008	2.911774	2.476174	-0.435600	0.511144	1.511144	0.660
0.665	3.940692	2.014945	5.955637	11.469049	2.910415	2.468190	-0.442225	0.511318	1.511318	0.665
0.670	3.939791	2.015174	5.954965	11.461031	2.909045	2.460145	-0.448900	0.511493	1.511493	0.670
0.675	3.938884	2.015404	5.954288	11.452952	2.907664	2.452039	-0.455625	0.511669	1.511669	0.675
0.680	3.937970	2.015637	5.953606	11.444813	2.906273	2.443873	-0.462400	0.511847	1.511847	0.680
0.685	3.937048	2.015871	5.952919	11.436614	2.904870	2.435645	-0.469225	0.512026	1.512026	0.685
0.690	3.936120	2.016107	5.952227	11.428354	2.903457	2.427357	-0.476100	0.512207	1.512207	0.690
0.695	3.935185	2.016345	5.951530	11.420035	2.902032	2.419007	-0.483025	0.512389	1.512389	0.695
0.700	3.934243	2.016585	5.950828	11.411655	2.900597	2.410597	-0.490000	0.512572	1.512572	0.700
0.705	3.933294	2.016826	5.950120	11.403215	2.899151	2.402126	-0.497025	0.512757	1.512757	0.705
0.710	3.932338	2.017069	5.949407	11.394715	2.897695	2.393595	-0.504100	0.512944	1.512944	0.710
0.715	3.931375	2.017314	5.948690	11.386155	2.896227	2.385002	-0.511225	0.513132	1.513132	0.715
0.720	3.930406	2.017561	5.947967	11.377534	2.894748	2.376348	-0.518400	0.513321	1.513321	0.720
0.725	3.929429	2.017810	5.947239	11.368853	2.893258	2.367633	-0.525625	0.513512	1.513512	0.725
0.730	3.928445	2.018061	5.946506	11.360112	2.891758	2.358858	-0.532900	0.513705	1.513705	0.730
0.735	3.927455	2.018313	5.945768	11.351311	2.890246	2.350021	-0.540225	0.513899	1.513899	0.735
0.740	3.926457	2.018568	5.945024	11.342449	2.888724	2.341124	-0.547600	0.514094	1.514094	0.740
0.745	3.925452	2.018824	5.944276	11.333527	2.887190	2.332165	-0.555025	0.514291	1.514291	0.745
0.750	3.924441	2.019082	5.943523	11.324545	2.885646	2.323146	-0.562500	0.514489	1.514489	0.750
0.755	3.923422	2.019342	5.942764	11.315503	2.884090	2.314065	-0.570025	0.514689	1.514689	0.755
0.760	3.922397	2.019603	5.942000	11.306400	2.882523	2.304923	-0.577600	0.514890	1.514890	0.760
0.765	3.921364	2.019867	5.941231	11.297238	2.880946	2.295721	-0.585225	0.515093	1.515093	0.765
0.770	3.920325	2.020132	5.940457	11.288014	2.879357	2.286457	-0.592900	0.515297	1.515297	0.770
0.775	3.919279	2.020399	5.939678	11.278731	2.877757	2.277132	-0.600625	0.515503	1.515503	0.775
0.780	3.918225	2.020669	5.938894	11.269388	2.876146	2.267746	-0.608400	0.515710	1.515710	0.780
0.785	3.917165	2.020940	5.938104	11.259984	2.874524	2.258299	-0.616225	0.515919	1.515919	0.785
0.790	3.916097	2.021212	5.937310	11.250520	2.872891	2.248791	-0.624100	0.516129	1.516129	0.790
0.795	3.915023	2.021487	5.936510	11.240995	2.871246	2.239221	-0.632025	0.516341	1.516341	0.795

ALPHA F1 F2 F3 F4 F5 F6 F7 F2/F1 1+F2/F1 ALPHA

D R U C K S T A E B E -556-

ALPHA	F1	F2	F3	F4	F5	F6	F7	F2/F1	1+F2/F1	ALPHA
0.800	3.913942	2.021764	5.935705	11.231411	2.869591	2.229591	-0.640000	0.516554	1.516554	0.800
0.805	3.912853	2.022042	5.934895	11.221766	2.867924	2.219899	-0.648025	0.516769	1.516769	0.805
0.810	3.911758	2.022322	5.934080	11.212061	2.866246	2.210146	-0.656100	0.516986	1.516986	0.810
0.815	3.910655	2.022605	5.933260	11.202295	2.864557	2.200332	-0.664225	0.517204	1.517204	0.815
0.820	3.909546	2.022889	5.932435	11.192469	2.862857	2.190457	-0.672400	0.517423	1.517423	0.820
0.825	3.908429	2.023175	5.931604	11.182583	2.861145	2.180520	-0.680625	0.517644	1.517644	0.825
0.830	3.907306	2.023463	5.930768	11.172637	2.859422	2.170522	-0.688900	0.517866	1.517866	0.830
0.835	3.906175	2.023752	5.929928	11.162630	2.857688	2.160463	-0.697225	0.518091	1.518091	0.835
0.840	3.905037	2.024044	5.929082	11.152563	2.855943	2.150343	-0.705600	0.518316	1.518316	0.840
0.845	3.903893	2.024338	5.928230	11.142436	2.854186	2.140161	-0.714025	0.518543	1.518543	0.845
0.850	3.902741	2.024633	5.927374	11.132248	2.852418	2.129918	-0.722500	0.518772	1.518772	0.850
0.855	3.901582	2.024930	5.926513	11.122000	2.850638	2.119613	-0.731025	0.519002	1.519002	0.855
0.860	3.900416	2.025230	5.925646	11.111692	2.848848	2.109248	-0.739600	0.519234	1.519234	0.860
0.865	3.899243	2.025531	5.924774	11.101324	2.847046	2.098821	-0.748225	0.519468	1.519468	0.865
0.870	3.898063	2.025834	5.923897	11.090895	2.845232	2.088332	-0.756900	0.519703	1.519703	0.870
0.875	3.896876	2.026139	5.923015	11.080405	2.843407	2.077782	-0.765625	0.519939	1.519939	0.875
0.880	3.895682	2.026446	5.922128	11.069856	2.841571	2.067171	-0.774400	0.520177	1.520177	0.880
0.885	3.894481	2.026755	5.921235	11.059246	2.839723	2.056498	-0.783225	0.520417	1.520417	0.885
0.890	3.893272	2.027065	5.920338	11.048576	2.837864	2.045764	-0.792100	0.520659	1.520659	0.890
0.895	3.892057	2.027378	5.919435	11.037845	2.835993	2.034968	-0.801025	0.520901	1.520901	0.895
0.900	3.890834	2.027693	5.918527	11.027054	2.834110	2.024110	-0.810000	0.521146	1.521146	0.900
0.905	3.889605	2.028009	5.917614	11.016203	2.832217	2.013192	-0.819025	0.521392	1.521392	0.905
0.910	3.888368	2.028328	5.916696	11.005291	2.830311	2.002211	-0.828100	0.521640	1.521640	0.910
0.915	3.887124	2.028648	5.915772	10.994319	2.828394	1.991169	-0.837225	0.521889	1.521889	0.915
0.920	3.885873	2.028971	5.914843	10.983287	2.826466	1.980066	-0.846400	0.522140	1.522140	0.920
0.925	3.884615	2.029295	5.913910	10.972194	2.824526	1.968901	-0.855625	0.522393	1.522393	0.925
0.930	3.883349	2.029621	5.912970	10.961041	2.822574	1.957674	-0.864900	0.522647	1.522647	0.930
0.935	3.882077	2.029949	5.912026	10.949827	2.820611	1.946386	-0.874225	0.522903	1.522903	0.935
0.940	3.880797	2.030279	5.911077	10.938554	2.818636	1.935036	-0.883600	0.523160	1.523160	0.940
0.945	3.879511	2.030612	5.910122	10.927219	2.816649	1.923624	-0.893025	0.523420	1.523420	0.945
0.950	3.878217	2.030946	5.909162	10.915825	2.814651	1.912151	-0.902500	0.523680	1.523680	0.950
0.955	3.876916	2.031282	5.908197	10.904370	2.812640	1.900615	-0.912025	0.523943	1.523943	0.955
0.960	3.875607	2.031620	5.907227	10.892854	2.810619	1.889019	-0.921600	0.524207	1.524207	0.960
0.965	3.874292	2.031960	5.906252	10.881278	2.808585	1.877360	-0.931225	0.524473	1.524473	0.965
0.970	3.872969	2.032302	5.905271	10.869642	2.806540	1.865640	-0.940900	0.524740	1.524740	0.970
0.975	3.871640	2.032646	5.904285	10.857945	2.804482	1.853857	-0.950625	0.525009	1.525009	0.975
0.980	3.870303	2.032991	5.903294	10.846188	2.802413	1.842013	-0.960400	0.525280	1.525280	0.980
0.985	3.868958	2.033339	5.902298	10.834371	2.800333	1.830108	-0.970225	0.525552	1.525552	0.985
0.990	3.867607	2.033689	5.901296	10.822493	2.798240	1.818140	-0.980100	0.525826	1.525826	0.990
0.995	3.866248	2.034041	5.900290	10.810554	2.796135	1.806110	-0.990025	0.526102	1.526102	0.995

ALPHA F1 F2 F3 F4 F5 F6 F7 F2/F1 1+F2/F1 ALPHA

ALPHA	F1	F2	F3	F4	F5	F6	F7	F2/F1	1+F2/F1	ALPHA
1.000	3.864883	2.034395	5.899278	10.798555	2.794019	1.794019	-1.000000	0.526379	1.526379	1.000
1.005	3.863510	2.034751	5.898261	10.786496	2.791891	1.781866	-1.010025	0.526659	1.526659	1.005
1.010	3.862129	2.035109	5.897238	10.774376	2.789750	1.769650	-1.020100	0.526940	1.526940	1.010
1.015	3.860742	2.035469	5.896211	10.762196	2.787598	1.757373	-1.030225	0.527222	1.527222	1.015
1.020	3.859347	2.035831	5.895178	10.749956	2.785434	1.745034	-1.040400	0.527506	1.527506	1.020
1.025	3.857945	2.036194	5.894140	10.737654	2.783257	1.732632	-1.050625	0.527792	1.527792	1.025
1.030	3.856536	2.036560	5.893096	10.725293	2.781069	1.720169	-1.060900	0.528080	1.528080	1.030
1.035	3.855120	2.036928	5.892048	10.712871	2.778869	1.707644	-1.071225	0.528370	1.528370	1.035
1.040	3.853696	2.037298	5.890994	10.700388	2.776656	1.695056	-1.081600	0.528661	1.528661	1.040
1.045	3.852265	2.037670	5.889935	10.687845	2.774432	1.682407	-1.092025	0.528954	1.528954	1.045
1.050	3.850827	2.038044	5.888871	10.675242	2.772195	1.669695	-1.102500	0.529249	1.529249	1.050
1.055	3.849381	2.038420	5.887802	10.662578	2.769946	1.656921	-1.113025	0.529545	1.529545	1.055
1.060	3.847928	2.038798	5.886727	10.649854	2.767685	1.644085	-1.123600	0.529843	1.529843	1.060
1.065	3.846468	2.039179	5.885647	10.637069	2.765412	1.631187	-1.134225	0.530143	1.530143	1.065
1.070	3.845001	2.039561	5.884562	10.624223	2.763126	1.618226	-1.144900	0.530445	1.530445	1.070
1.075	3.843526	2.039945	5.883471	10.611317	2.760829	1.605204	-1.155625	0.530748	1.530748	1.075
1.080	3.842044	2.040331	5.882375	10.598351	2.758519	1.592119	-1.166400	0.531054	1.531054	1.080
1.085	3.840555	2.040720	5.881274	10.585324	2.756197	1.578972	-1.177225	0.531361	1.531361	1.085
1.090	3.839058	2.041110	5.880168	10.572236	2.753862	1.565762	-1.188100	0.531670	1.531670	1.090
1.095	3.837554	2.041503	5.879057	10.559088	2.751515	1.552490	-1.199025	0.531980	1.531980	1.095
1.100	3.836043	2.041897	5.877940	10.545880	2.749156	1.539156	-1.210000	0.532293	1.532293	1.100
1.105	3.834524	2.042294	5.876818	10.532611	2.746784	1.525759	-1.221025	0.532607	1.532607	1.105
1.110	3.832998	2.042693	5.875691	10.519281	2.744400	1.512300	-1.232100	0.532923	1.532923	1.110
1.115	3.831465	2.043093	5.874558	10.505891	2.742004	1.498779	-1.243225	0.533241	1.533241	1.115
1.120	3.829924	2.043496	5.873420	10.492440	2.739595	1.485195	-1.254400	0.533561	1.533561	1.120
1.125	3.828376	2.043901	5.872277	10.478929	2.737174	1.471549	-1.265625	0.533882	1.533882	1.125
1.130	3.826820	2.044308	5.871129	10.465357	2.734740	1.457840	-1.276900	0.534205	1.534205	1.130
1.135	3.825257	2.044717	5.869975	10.451725	2.732293	1.444068	-1.288225	0.534531	1.534531	1.135
1.140	3.823687	2.045129	5.868816	10.438032	2.729834	1.430234	-1.299600	0.534858	1.534858	1.140
1.145	3.822109	2.045542	5.867652	10.424278	2.727363	1.416338	-1.311025	0.535187	1.535187	1.145
1.150	3.820524	2.045958	5.866482	10.410464	2.724878	1.402378	-1.322500	0.535517	1.535517	1.150
1.155	3.818932	2.046375	5.865307	10.396589	2.722381	1.388356	-1.334025	0.535850	1.535850	1.155
1.160	3.817332	2.046795	5.864127	10.382654	2.719872	1.374272	-1.345600	0.536185	1.536185	1.160
1.165	3.815725	2.047217	5.862942	10.368658	2.717350	1.360125	-1.357225	0.536521	1.536521	1.165
1.170	3.814110	2.047641	5.861751	10.354602	2.714815	1.345915	-1.368900	0.536859	1.536859	1.170
1.175	3.812488	2.048067	5.860555	10.340484	2.712267	1.331642	-1.380625	0.537200	1.537200	1.175
1.180	3.810858	2.048495	5.859353	10.326307	2.709706	1.317306	-1.392400	0.537542	1.537542	1.180
1.185	3.809221	2.048926	5.858147	10.312068	2.707133	1.302908	-1.404225	0.537886	1.537886	1.185
1.190	3.807576	2.049358	5.856935	10.297769	2.704547	1.288447	-1.416100	0.538232	1.538232	1.190
1.195	3.805924	2.049793	5.855717	10.283410	2.701948	1.273923	-1.428025	0.538580	1.538580	1.195

| ALPHA | F1 | F2 | F3 | F4 | F5 | F6 | F7 | F2/F1 | 1+F2/F1 | ALPHA |

ALPHA	F1	F2	F3	F4	F5	F6	F7	F2/F1	1+F2/F1	ALPHA
1.200	3.804265	2.050230	5.854495	10.268989	2.699336	1.259336	-1.440000	0.538929	1.538929	1.200
1.205	3.802598	2.050669	5.853267	10.254509	2.696711	1.244686	-1.452025	0.539281	1.539281	1.205
1.210	3.800923	2.051110	5.852034	10.239967	2.694073	1.229973	-1.464100	0.539635	1.539635	1.210
1.215	3.799242	2.051553	5.850795	10.225365	2.691423	1.215198	-1.476225	0.539990	1.539990	1.215
1.220	3.797552	2.051999	5.849551	10.210702	2.688759	1.200359	-1.488400	0.540348	1.540348	1.220
1.225	3.795855	2.052447	5.848302	10.195978	2.686082	1.185457	-1.500625	0.540707	1.540707	1.225
1.230	3.794151	2.052897	5.847047	10.181194	2.683392	1.170492	-1.512900	0.541069	1.541069	1.230
1.235	3.792439	2.053349	5.845787	10.166349	2.680689	1.155464	-1.525225	0.541432	1.541432	1.235
1.240	3.790719	2.053803	5.844522	10.151444	2.677973	1.140373	-1.537600	0.541798	1.541798	1.240
1.245	3.788992	2.054259	5.843251	10.136478	2.675244	1.125219	-1.550025	0.542165	1.542165	1.245
1.250	3.787257	2.054718	5.841975	10.121451	2.672502	1.110002	-1.562500	0.542535	1.542535	1.250
1.255	3.785515	2.055179	5.840694	10.106363	2.669746	1.094721	-1.575025	0.542906	1.542906	1.255
1.260	3.783765	2.055642	5.839407	10.091215	2.666977	1.079377	-1.587600	0.543280	1.543280	1.260
1.265	3.782008	2.056107	5.838115	10.076006	2.664195	1.063970	-1.600225	0.543655	1.543655	1.265
1.270	3.780243	2.056575	5.836818	10.060736	2.661399	1.048499	-1.612900	0.544032	1.544032	1.270
1.275	3.778470	2.057045	5.835515	10.045405	2.658590	1.032965	-1.625625	0.544412	1.544412	1.275
1.280	3.776690	2.057517	5.834207	10.030014	2.655768	1.017368	-1.638400	0.544794	1.544794	1.280
1.285	3.774903	2.057991	5.832894	10.014562	2.652933	1.001708	-1.651225	0.545177	1.545177	1.285
1.290	3.773107	2.058467	5.831575	9.999049	2.650084	0.985984	-1.664100	0.545563	1.545563	1.290
1.295	3.771304	2.058946	5.830250	9.983476	2.647221	0.970196	-1.677025	0.545951	1.545951	1.295
1.300	3.769494	2.059427	5.828921	9.967842	2.644345	0.954345	-1.690000	0.546341	1.546341	1.300
1.305	3.767675	2.059910	5.827586	9.952147	2.641455	0.938430	-1.703025	0.546732	1.546732	1.305
1.310	3.765850	2.060396	5.826245	9.936391	2.638552	0.922452	-1.716100	0.547126	1.547126	1.310
1.315	3.764016	2.060884	5.824900	9.920574	2.635636	0.906411	-1.729225	0.547523	1.547523	1.315
1.320	3.762175	2.061374	5.823549	9.904697	2.632705	0.890305	-1.742400	0.547921	1.547921	1.320
1.325	3.760326	2.061866	5.822192	9.888759	2.629761	0.874136	-1.755625	0.548321	1.548321	1.325
1.330	3.758469	2.062361	5.820830	9.872760	2.626803	0.857903	-1.768900	0.548724	1.548724	1.330
1.335	3.756605	2.062858	5.819463	9.856701	2.623832	0.841607	-1.782225	0.549128	1.549128	1.335
1.340	3.754733	2.063357	5.818090	9.840580	2.620847	0.825247	-1.795600	0.549535	1.549535	1.340
1.345	3.752854	2.063858	5.816712	9.824399	2.617848	0.808823	-1.809025	0.549944	1.549944	1.345
1.350	3.750966	2.064362	5.815328	9.808157	2.614835	0.792335	-1.822500	0.550355	1.550355	1.350
1.355	3.749071	2.064868	5.813939	9.791854	2.611808	0.775783	-1.836025	0.550768	1.550768	1.355
1.360	3.747168	2.065377	5.812545	9.775490	2.608767	0.759167	-1.849600	0.551183	1.551183	1.360
1.365	3.745258	2.065887	5.811145	9.759066	2.605713	0.742488	-1.863225	0.551601	1.551601	1.365
1.370	3.743340	2.066400	5.809740	9.742580	2.602644	0.725744	-1.876900	0.552021	1.552021	1.370
1.375	3.741414	2.066916	5.808329	9.726034	2.599561	0.708936	-1.890625	0.552443	1.552443	1.375
1.380	3.739480	2.067434	5.806913	9.709427	2.596465	0.692065	-1.904400	0.552867	1.552867	1.380
1.385	3.737538	2.067954	5.805492	9.692759	2.593354	0.675129	-1.918225	0.553293	1.553293	1.385
1.390	3.735589	2.068476	5.804065	9.676030	2.590229	0.658129	-1.932100	0.553722	1.553722	1.390
1.395	3.733632	2.069001	5.802633	9.659240	2.587090	0.641065	-1.946025	0.554152	1.554152	1.395
ALPHA	F1	F2	F3	F4	F5	F6	F7	F2/F1	1+F2/F1	ALPHA

ALPHA	F1	F2	F3	F4	F5	F6	F7	F2/F1	1+F2/F1	ALPHA
1.400	3.731667	2.069528	5.801195	9.642390	2.583936	0.623936	-1.960000	0.554585	1.554585	1.400
1.405	3.729694	2.070058	5.799752	9.625478	2.580769	0.606744	-1.974025	0.555021	1.555021	1.405
1.410	3.727713	2.070590	5.798303	9.608506	2.577587	0.589487	-1.988100	0.555458	1.555458	1.410
1.415	3.725725	2.071124	5.796849	9.591472	2.574391	0.572166	-2.002225	0.555898	1.555898	1.415
1.420	3.723729	2.071660	5.795389	9.574378	2.571180	0.554780	-2.016400	0.556340	1.556340	1.420
1.425	3.721725	2.072199	5.793924	9.557223	2.567956	0.537331	-2.030625	0.556785	1.556785	1.425
1.430	3.719713	2.072741	5.792454	9.540007	2.564716	0.519816	-2.044900	0.557231	1.557231	1.430
1.435	3.717693	2.073285	5.790978	9.522730	2.561462	0.502237	-2.059225	0.557680	1.557680	1.435
1.440	3.715665	2.073831	5.789496	9.505392	2.558194	0.484594	-2.073600	0.558132	1.558132	1.440
1.445	3.713630	2.074380	5.788009	9.487993	2.554911	0.466886	-2.088025	0.558586	1.558586	1.445
1.450	3.711586	2.074931	5.786517	9.470534	2.551614	0.449114	-2.102500	0.559042	1.559042	1.450
1.455	3.709535	2.075484	5.785019	9.453013	2.548302	0.431277	-2.117025	0.559500	1.559500	1.455
1.460	3.707475	2.076040	5.783516	9.435431	2.544975	0.413375	-2.131600	0.559961	1.559961	1.460
1.465	3.705408	2.076599	5.782007	9.417789	2.541633	0.395408	-2.146225	0.560424	1.560424	1.465
1.470	3.703333	2.077159	5.780492	9.400085	2.538277	0.377377	-2.160900	0.560889	1.560889	1.470
1.475	3.701250	2.077723	5.778973	9.382320	2.534906	0.359281	-2.175625	0.561357	1.561357	1.475
1.480	3.699159	2.078288	5.777447	9.364495	2.531520	0.341120	-2.190400	0.561827	1.561827	1.480
1.485	3.697060	2.078857	5.775916	9.346608	2.528119	0.322894	-2.205225	0.562300	1.562300	1.485
1.490	3.694953	2.079427	5.774380	9.328660	2.524703	0.304603	-2.220100	0.562775	1.562775	1.490
1.495	3.692838	2.080000	5.772838	9.310652	2.521273	0.286248	-2.235025	0.563253	1.563253	1.495
1.500	3.690715	2.080576	5.771291	9.292582	2.517827	0.267827	-2.250000	0.563732	1.563732	1.500
1.505	3.688584	2.081154	5.769738	9.274451	2.514366	0.249341	-2.265025	0.564215	1.564215	1.505
1.510	3.686445	2.081735	5.768180	9.256260	2.510890	0.230790	-2.280100	0.564700	1.564700	1.510
1.515	3.684298	2.082318	5.766616	9.238007	2.507399	0.212174	-2.295225	0.565187	1.565187	1.515
1.520	3.682143	2.082903	5.765047	9.219693	2.503893	0.193493	-2.310400	0.565677	1.565677	1.520
1.525	3.679980	2.083491	5.763472	9.201318	2.500372	0.174747	-2.325625	0.566169	1.566169	1.525
1.530	3.677809	2.084082	5.761891	9.182882	2.496835	0.155935	-2.340900	0.566664	1.566664	1.530
1.535	3.675630	2.084675	5.760305	9.164385	2.493283	0.137058	-2.356225	0.567161	1.567161	1.535
1.540	3.673443	2.085271	5.758714	9.145827	2.489715	0.118115	-2.371600	0.567661	1.567661	1.540
1.545	3.671247	2.085869	5.757116	9.127208	2.486133	0.099108	-2.387025	0.568164	1.568164	1.545
1.550	3.669044	2.086470	5.755514	9.108528	2.482534	0.080034	-2.402500	0.568669	1.568669	1.550
1.555	3.666832	2.087073	5.753906	9.089786	2.478921	0.060896	-2.418025	0.569176	1.569176	1.555
1.560	3.664613	2.087679	5.752292	9.070984	2.475291	0.041691	-2.433600	0.569686	1.569686	1.560
1.565	3.662385	2.088287	5.750673	9.052120	2.471646	0.022421	-2.449225	0.570199	1.570199	1.565
1.570	3.660149	2.088898	5.749048	9.033195	2.467986	0.003086	-2.464900	0.570714	1.570714	1.570
1.575	3.657905	2.089512	5.747417	9.014210	2.464309	-0.016316	-2.480625	0.571232	1.571232	1.575
1.580	3.655653	2.090128	5.745781	8.995163	2.460617	-0.035783	-2.496400	0.571752	1.571752	1.580
1.585	3.653393	2.090747	5.744140	8.976054	2.456909	-0.055316	-2.512225	0.572275	1.572275	1.585
1.590	3.651124	2.091368	5.742493	8.956885	2.453186	-0.074914	-2.528100	0.572801	1.572801	1.590
1.595	3.648847	2.091992	5.740840	8.937655	2.449446	-0.094579	-2.544025	0.573330	1.573330	1.595
ALPHA	F1	F2	F3	F4	F5	F6	F7	F2/F1	1+F2/F1	ALPHA

D R U C K S T A E B E -561-

ALPHA	F1	F2	F3	F4	F5	F6	F7	F2/F1	1+F2/F1	ALPHA
1.600	3.646562	2.092619	5.739181	8.918363	2.445690	-0.114310	-2.560000	0.573861	1.573861	1.600
1.605	3.644269	2.093248	5.737518	8.899010	2.441919	-0.134106	-2.576025	0.574395	1.574395	1.605
1.610	3.641968	2.093880	5.735848	8.879596	2.438131	-0.153969	-2.592100	0.574931	1.574931	1.610
1.615	3.639658	2.094515	5.734173	8.860121	2.434328	-0.173897	-2.608225	0.575470	1.575470	1.615
1.620	3.637340	2.095152	5.732492	8.840584	2.430508	-0.193892	-2.624400	0.576012	1.576012	1.620
1.625	3.635014	2.095792	5.730806	8.820987	2.426672	-0.213953	-2.640625	0.576557	1.576557	1.625
1.630	3.632680	2.096434	5.729114	8.801328	2.422820	-0.234080	-2.656900	0.577104	1.577104	1.630
1.635	3.630337	2.097079	5.727416	8.781608	2.418951	-0.254274	-2.673225	0.577654	1.577654	1.635
1.640	3.627986	2.097727	5.725713	8.761827	2.415066	-0.274534	-2.689600	0.578207	1.578207	1.640
1.645	3.625627	2.098377	5.724005	8.741984	2.411165	-0.294860	-2.706025	0.578763	1.578763	1.645
1.650	3.623260	2.099031	5.722290	8.722080	2.407247	-0.315253	-2.722500	0.579321	1.579321	1.650
1.655	3.620884	2.099686	5.720570	8.702115	2.403313	-0.335712	-2.739025	0.579882	1.579882	1.655
1.660	3.618499	2.100345	5.718844	8.682089	2.399362	-0.356238	-2.755600	0.580446	1.580446	1.660
1.665	3.616107	2.101006	5.717113	8.662001	2.395394	-0.376831	-2.772225	0.581013	1.581013	1.665
1.670	3.613706	2.101670	5.715376	8.641852	2.391410	-0.397490	-2.788900	0.581583	1.581583	1.670
1.675	3.611297	2.102337	5.713634	8.621642	2.387409	-0.418216	-2.805625	0.582156	1.582156	1.675
1.680	3.608879	2.103006	5.711885	8.601371	2.383391	-0.439009	-2.822400	0.582731	1.582731	1.680
1.685	3.606453	2.103679	5.710131	8.581038	2.379357	-0.459868	-2.839225	0.583310	1.583310	1.685
1.690	3.604018	2.104354	5.708372	8.560644	2.375305	-0.480795	-2.856100	0.583891	1.583891	1.690
1.695	3.601575	2.105031	5.706607	8.540188	2.371237	-0.501788	-2.873025	0.584475	1.584475	1.695
1.700	3.599124	2.105712	5.704836	8.519672	2.367151	-0.522849	-2.890000	0.585062	1.585062	1.700
1.705	3.596664	2.106395	5.703059	8.499093	2.363049	-0.543976	-2.907025	0.585652	1.585652	1.705
1.710	3.594196	2.107081	5.701277	8.478454	2.358929	-0.565171	-2.924100	0.586245	1.586245	1.710
1.715	3.591719	2.107770	5.699489	8.457753	2.354792	-0.586433	-2.941225	0.586841	1.586841	1.715
1.720	3.589234	2.108461	5.697695	8.436991	2.350638	-0.607762	-2.958400	0.587441	1.587441	1.720
1.725	3.586740	2.109156	5.695896	8.416167	2.346467	-0.629158	-2.975625	0.588043	1.588043	1.725
1.730	3.584238	2.109853	5.694091	8.395282	2.342278	-0.650622	-2.992900	0.588648	1.588648	1.730
1.735	3.581727	2.110553	5.692280	8.374336	2.338072	-0.672153	-3.010225	0.589256	1.589256	1.735
1.740	3.579208	2.111256	5.690464	8.353328	2.333848	-0.693752	-3.027600	0.589867	1.589867	1.740
1.745	3.576680	2.111962	5.688642	8.332259	2.329607	-0.715418	-3.045025	0.590481	1.590481	1.745
1.750	3.574144	2.112670	5.686814	8.311128	2.325348	-0.737152	-3.062500	0.591098	1.591098	1.750
1.755	3.571599	2.113382	5.684981	8.289936	2.321071	-0.758954	-3.080025	0.591719	1.591719	1.755
1.760	3.569045	2.114096	5.683141	8.268683	2.316777	-0.780823	-3.097600	0.592342	1.592342	1.760
1.765	3.566483	2.114813	5.681296	8.247368	2.312465	-0.802760	-3.115225	0.592969	1.592969	1.765
1.770	3.563912	2.115533	5.679446	8.225991	2.308135	-0.824765	-3.132900	0.593599	1.593599	1.770
1.775	3.561333	2.116256	5.677589	8.204553	2.303787	-0.846838	-3.150625	0.594231	1.594231	1.775
1.780	3.558745	2.116982	5.675727	8.183054	2.299421	-0.868979	-3.168400	0.594868	1.594868	1.780
1.785	3.556148	2.117711	5.673859	8.161493	2.295037	-0.891188	-3.186225	0.595507	1.595507	1.785
1.790	3.553543	2.118442	5.671985	8.139871	2.290635	-0.913465	-3.204100	0.596149	1.596149	1.790
1.795	3.550929	2.119177	5.670106	8.118187	2.286215	-0.935810	-3.222025	0.596795	1.596795	1.795

| ALPHA | F1 | F2 | F3 | F4 | F5 | F6 | F7 | F2/F1 | 1+F2/F1 | ALPHA |

D R U C K S T A E B E -561-

ALPHA	F1	F2	F3	F4	F5	F6	F7	F2/F1	1+F2/F1	ALPHA
1.800	3.548306	2.119914	5.668221	8.096442	2.281776	-0.958224	-3.240000	0.597444	1.597444	1.800
1.805	3.545675	2.120655	5.666330	8.074635	2.277319	-0.980706	-3.258025	0.598096	1.598096	1.805
1.810	3.543035	2.121398	5.664443	8.052766	2.272844	-1.003256	-3.276100	0.598752	1.598752	1.810
1.815	3.540386	2.122145	5.662531	8.030836	2.268350	-1.025875	-3.294225	0.599410	1.599410	1.815
1.820	3.537729	2.122894	5.660622	8.008845	2.263838	-1.048562	-3.312400	0.600073	1.600073	1.820
1.825	3.535062	2.123646	5.658708	7.986792	2.259307	-1.071318	-3.330625	0.600738	1.600738	1.825
1.830	3.532387	2.124401	5.656789	7.964677	2.254758	-1.094142	-3.348900	0.601407	1.601407	1.830
1.835	3.529703	2.125160	5.654863	7.942501	2.250189	-1.117036	-3.367225	0.602079	1.602079	1.835
1.840	3.527011	2.125921	5.652932	7.920263	2.245602	-1.139998	-3.385600	0.602754	1.602754	1.840
1.845	3.524309	2.126685	5.650994	7.897964	2.240996	-1.163029	-3.404025	0.603433	1.603433	1.845
1.850	3.521599	2.127453	5.649051	7.875603	2.236371	-1.186129	-3.422500	0.604116	1.604116	1.850
1.855	3.518880	2.128223	5.647103	7.853180	2.231727	-1.209298	-3.441025	0.604801	1.604801	1.855
1.860	3.516152	2.128996	5.645148	7.830696	2.227064	-1.232536	-3.459600	0.605491	1.605491	1.860
1.865	3.513415	2.129773	5.643187	7.808150	2.222382	-1.255843	-3.478225	0.606183	1.606183	1.865
1.870	3.510669	2.130552	5.641221	7.785542	2.217681	-1.279219	-3.496900	0.606879	1.606879	1.870
1.875	3.507914	2.131335	5.639249	7.762873	2.212960	-1.302665	-3.515625	0.607579	1.607579	1.875
1.880	3.505151	2.132121	5.637271	7.740142	2.208220	-1.326180	-3.534400	0.608282	1.608282	1.880
1.885	3.502378	2.132909	5.635287	7.717350	2.203460	-1.349765	-3.553225	0.608989	1.608989	1.885
1.890	3.499597	2.133701	5.633298	7.694496	2.198681	-1.373419	-3.572100	0.609699	1.609699	1.890
1.895	3.496806	2.134496	5.631302	7.671580	2.193882	-1.397143	-3.591025	0.610413	1.610413	1.895
1.900	3.494007	2.135294	5.629301	7.648602	2.189063	-1.420937	-3.610000	0.611131	1.611131	1.900
1.905	3.491198	2.136095	5.627294	7.625563	2.184225	-1.444800	-3.629025	0.611852	1.611852	1.905
1.910	3.488381	2.136900	5.625281	7.602462	2.179367	-1.468733	-3.648100	0.612576	1.612576	1.910
1.915	3.485555	2.137707	5.623262	7.579299	2.174489	-1.492736	-3.667225	0.613305	1.613305	1.915
1.920	3.482719	2.138518	5.621237	7.556074	2.169590	-1.516810	-3.686400	0.614037	1.614037	1.920
1.925	3.479875	2.139332	5.619206	7.532788	2.164672	-1.540953	-3.705625	0.614773	1.614773	1.925
1.930	3.477021	2.140149	5.617170	7.509440	2.159734	-1.565166	-3.724900	0.615512	1.615512	1.930
1.935	3.474159	2.140969	5.615128	7.486030	2.154775	-1.589450	-3.744225	0.616255	1.616255	1.935
1.940	3.471287	2.141792	5.613079	7.462558	2.149796	-1.613804	-3.763600	0.617002	1.617002	1.940
1.945	3.468406	2.142619	5.611025	7.439025	2.144796	-1.638229	-3.783025	0.617753	1.617753	1.945
1.950	3.465516	2.143449	5.608965	7.415430	2.139776	-1.662724	-3.802500	0.618508	1.618508	1.950
1.955	3.462617	2.144282	5.606899	7.391773	2.134736	-1.687289	-3.822025	0.619266	1.619266	1.955
1.960	3.459709	2.145118	5.604827	7.368054	2.129675	-1.711925	-3.841600	0.620028	1.620028	1.960
1.965	3.456791	2.145958	5.602749	7.344273	2.124592	-1.736633	-3.861225	0.620795	1.620795	1.965
1.970	3.453865	2.146800	5.600665	7.320431	2.119490	-1.761410	-3.880900	0.621565	1.621565	1.970
1.975	3.450929	2.147646	5.598576	7.296526	2.114366	-1.786259	-3.900625	0.622339	1.622339	1.975
1.980	3.447984	2.148496	5.596480	7.272560	2.109221	-1.811179	-3.920400	0.623117	1.623117	1.980
1.985	3.445030	2.149348	5.594378	7.248532	2.104055	-1.836170	-3.940225	0.623898	1.623898	1.985
1.990	3.442066	2.150204	5.592271	7.224442	2.098868	-1.861232	-3.960100	0.624684	1.624684	1.990
1.995	3.439094	2.151064	5.590157	7.200290	2.093659	-1.886366	-3.980025	0.625474	1.625474	1.995
ALPHA	F1	F2	F3	F4	F5	F6	F7	F2/F1	1+F2/F1	ALPHA

ALPHA	F1	F2	F3	F4	F5	F6	F7	F2/F1	1+F2/F1	ALPHA
2.000	3.436112	2.151926	5.588038	7.176076	2.088429	-1.911571	-4.000000	0.626268	1.626268	2.000
2.005	3.433120	2.152792	5.585912	7.151800	2.083178	-1.936847	-4.020025	0.627066	1.627066	2.005
2.010	3.430120	2.153662	5.583781	7.127462	2.077905	-1.962195	-4.040100	0.627868	1.627868	2.010
2.015	3.427110	2.154534	5.581644	7.103062	2.072610	-1.987615	-4.060225	0.628674	1.628674	2.015
2.020	3.424090	2.155410	5.579500	7.078601	2.067294	-2.013106	-4.080400	0.629484	1.629484	2.020
2.025	3.421062	2.156290	5.577351	7.054077	2.061956	-2.038669	-4.100625	0.630298	1.630298	2.025
2.030	3.418023	2.157172	5.575196	7.029492	2.056595	-2.064305	-4.120900	0.631117	1.631117	2.030
2.035	3.414976	2.158059	5.573034	7.004844	2.051213	-2.090012	-4.141225	0.631940	1.631940	2.035
2.040	3.411919	2.158948	5.570867	6.980134	2.045809	-2.115791	-4.161600	0.632767	1.632767	2.040
2.045	3.408853	2.159841	5.568694	6.955363	2.040382	-2.141643	-4.182025	0.633598	1.633598	2.045
2.050	3.405777	2.160738	5.566515	6.930529	2.034933	-2.167567	-4.202500	0.634433	1.634433	2.050
2.055	3.402692	2.161638	5.564329	6.905634	2.029462	-2.193563	-4.223025	0.635273	1.635273	2.055
2.060	3.399597	2.162541	5.562138	6.880676	2.023968	-2.219632	-4.243600	0.636117	1.636117	2.060
2.065	3.396493	2.163448	5.559941	6.855656	2.018452	-2.245773	-4.264225	0.636965	1.636965	2.065
2.070	3.393379	2.164358	5.557737	6.830574	2.012912	-2.271988	-4.284900	0.637818	1.637818	2.070
2.075	3.390256	2.165272	5.555528	6.805430	2.007350	-2.298275	-4.305625	0.638675	1.638675	2.075
2.080	3.387123	2.166189	5.553312	6.780224	2.001765	-2.324635	-4.326400	0.639537	1.639537	2.080
2.085	3.383980	2.167110	5.551091	6.754956	1.996157	-2.351068	-4.347225	0.640403	1.640403	2.085
2.090	3.380828	2.168035	5.548863	6.729626	1.990526	-2.377574	-4.368100	0.641273	1.641273	2.090
2.095	3.377667	2.168963	5.546629	6.704234	1.984871	-2.404154	-4.389025	0.642148	1.642148	2.095
2.100	3.374496	2.169894	5.544390	6.678779	1.979193	-2.430807	-4.410000	0.643028	1.643028	2.100
2.105	3.371315	2.170829	5.542144	6.653263	1.973492	-2.457533	-4.431025	0.643912	1.643912	2.105
2.110	3.368124	2.171768	5.539892	6.627684	1.967767	-2.484333	-4.452100	0.644800	1.644800	2.110
2.115	3.364924	2.172710	5.537634	6.602043	1.962019	-2.511206	-4.473225	0.645694	1.645694	2.115
2.120	3.361714	2.173656	5.535370	6.576340	1.956246	-2.538154	-4.494400	0.646592	1.646592	2.120
2.125	3.358494	2.174606	5.533100	6.550575	1.950450	-2.565175	-4.515625	0.647494	1.647494	2.125
2.130	3.355265	2.175559	5.530824	6.524747	1.944630	-2.592270	-4.536900	0.648401	1.648401	2.130
2.135	3.352026	2.176515	5.528541	6.498857	1.938785	-2.619440	-4.558225	0.649313	1.649313	2.135
2.140	3.348777	2.177476	5.526253	6.472906	1.932916	-2.646684	-4.579600	0.650230	1.650230	2.140
2.145	3.345518	2.178440	5.523958	6.446891	1.927023	-2.674002	-4.601025	0.651152	1.651152	2.145
2.150	3.342250	2.179408	5.521657	6.420815	1.921106	-2.701394	-4.622500	0.652078	1.652078	2.150
2.155	3.338971	2.180379	5.519351	6.394676	1.915164	-2.728861	-4.644025	0.653009	1.653009	2.155
2.160	3.335683	2.181354	5.517038	6.368475	1.909197	-2.756403	-4.665600	0.653945	1.653945	2.160
2.165	3.332385	2.182333	5.514718	6.342212	1.903205	-2.784020	-4.687225	0.654886	1.654886	2.165
2.170	3.329077	2.183316	5.512393	6.315886	1.897188	-2.811712	-4.708900	0.655832	1.655832	2.170
2.175	3.325759	2.184302	5.510062	6.289498	1.891147	-2.839478	-4.730625	0.656783	1.656783	2.175
2.180	3.322432	2.185293	5.507724	6.263048	1.885080	-2.867320	-4.752400	0.657739	1.657739	2.180
2.185	3.319094	2.186286	5.505380	6.236536	1.878987	-2.895238	-4.774225	0.658700	1.658700	2.185
2.190	3.315746	2.187284	5.503030	6.209961	1.872870	-2.923230	-4.796100	0.659666	1.659666	2.190
2.195	3.312389	2.188286	5.500674	6.183324	1.866727	-2.951298	-4.818025	0.660637	1.660637	2.195
ALPHA	F1	F2	F3	F4	F5	F6	F7	F2/F1	1+F2/F1	ALPHA

ALPHA	F1	F2	F3	F4	F5	F6	F7	F2/F1	1+F2/F1	ALPHA
2.200	3.309021	2.189291	5.498312	6.156624	1.860558	-2.979442	-4.840000	0.661613	1.661613	2.200
2.205	3.305643	2.190300	5.495943	6.129862	1.854363	-3.007662	-4.862025	0.662594	1.662594	2.205
2.210	3.302255	2.191313	5.493569	6.103037	1.848142	-3.035958	-4.884100	0.663581	1.663581	2.210
2.215	3.298858	2.192330	5.491188	6.076151	1.841895	-3.064330	-4.906225	0.664573	1.664573	2.215
2.220	3.295450	2.193351	5.488801	6.049201	1.835622	-3.092778	-4.928400	0.665569	1.665569	2.220
2.225	3.292032	2.194376	5.486407	6.022190	1.829323	-3.121302	-4.950625	0.666572	1.666572	2.225
2.230	3.288604	2.195404	5.484008	5.995116	1.822997	-3.149903	-4.972900	0.667579	1.667579	2.230
2.235	3.285165	2.196437	5.481602	5.967979	1.816645	-3.178580	-4.995225	0.668592	1.668592	2.235
2.240	3.281717	2.197473	5.479190	5.940780	1.810266	-3.207334	-5.017600	0.669611	1.669611	2.240
2.245	3.278258	2.198513	5.476772	5.913518	1.803860	-3.236165	-5.040025	0.670634	1.670634	2.245
2.250	3.274790	2.199557	5.474347	5.886194	1.797427	-3.265073	-5.062500	0.671664	1.671664	2.250
2.255	3.271311	2.200606	5.471916	5.858808	1.790966	-3.294059	-5.085025	0.672698	1.672698	2.255
2.260	3.267821	2.201658	5.469479	5.831359	1.784479	-3.323121	-5.107600	0.673739	1.673739	2.260
2.265	3.264322	2.202714	5.467036	5.803847	1.777964	-3.352261	-5.130225	0.674785	1.674785	2.265
2.270	3.260812	2.203774	5.464586	5.776273	1.771422	-3.381478	-5.152900	0.675836	1.675836	2.270
2.275	3.257292	2.204839	5.462130	5.748636	1.764851	-3.410774	-5.175625	0.676893	1.676893	2.275
2.280	3.253761	2.205907	5.459668	5.720937	1.758253	-3.440147	-5.198400	0.677956	1.677956	2.280
2.285	3.250220	2.206979	5.457200	5.693175	1.751627	-3.469598	-5.221225	0.679025	1.679025	2.285
2.290	3.246669	2.208056	5.454725	5.665350	1.744973	-3.499127	-5.244100	0.680099	1.680099	2.290
2.295	3.243108	2.209136	5.452244	5.637463	1.738290	-3.528735	-5.267025	0.681179	1.681179	2.295
2.300	3.239536	2.210221	5.449757	5.609513	1.731579	-3.558421	-5.290000	0.682265	1.682265	2.300
2.305	3.235953	2.211310	5.447263	5.581501	1.724840	-3.588185	-5.313025	0.683357	1.683357	2.305
2.310	3.232360	2.212403	5.444763	5.553426	1.718071	-3.618029	-5.336100	0.684454	1.684454	2.310
2.315	3.228757	2.213500	5.442256	5.525288	1.711274	-3.647951	-5.359225	0.685558	1.685558	2.315
2.320	3.225143	2.214601	5.439744	5.497088	1.704448	-3.677952	-5.382400	0.686668	1.686668	2.320
2.325	3.221518	2.215706	5.437225	5.468824	1.697592	-3.708033	-5.405625	0.687783	1.687783	2.325
2.330	3.217883	2.216816	5.434699	5.440499	1.690707	-3.738193	-5.428900	0.688905	1.688905	2.330
2.335	3.214238	2.217930	5.432167	5.412110	1.683793	-3.768432	-5.452225	0.690033	1.690033	2.335
2.340	3.210581	2.219048	5.429629	5.383659	1.676849	-3.798751	-5.475600	0.691167	1.691167	2.340
2.345	3.206915	2.220170	5.427085	5.355145	1.669874	-3.829151	-5.499025	0.692307	1.692307	2.345
2.350	3.203237	2.221297	5.424534	5.326568	1.662870	-3.859630	-5.522500	0.693454	1.693454	2.350
2.355	3.199549	2.222428	5.421977	5.297928	1.655836	-3.890189	-5.546025	0.694607	1.694607	2.355
2.360	3.195850	2.223563	5.419413	5.269226	1.648771	-3.920829	-5.569600	0.695766	1.695766	2.360
2.365	3.192140	2.224702	5.416843	5.240461	1.641676	-3.951549	-5.593225	0.696931	1.696931	2.365
2.370	3.188420	2.225846	5.414266	5.211632	1.634550	-3.982350	-5.616900	0.698103	1.698103	2.370
2.375	3.184689	2.226994	5.411683	5.182742	1.627393	-4.013232	-5.640625	0.699282	1.699282	2.375
2.380	3.180947	2.228147	5.409094	5.153788	1.620205	-4.044195	-5.664400	0.700466	1.700466	2.380
2.385	3.177195	2.229304	5.406498	5.124771	1.612986	-4.075239	-5.688225	0.701658	1.701658	2.385
2.390	3.173431	2.230465	5.403896	5.095692	1.605736	-4.106364	-5.712100	0.702856	1.702856	2.390
2.395	3.169657	2.231630	5.401287	5.066549	1.598454	-4.137571	-5.736025	0.704061	1.704061	2.395
ALPHA	F1	F2	F3	F4	F5	F6	F7	F2/F1	1+F2/F1	ALPHA

ALPHA	F1	F2	F3	F4	F5	F6	F7	F2/F1	1+F2/F1	ALPHA
2.400	3.165872	2.232801	5.398672	5.037344	1.591140	-4.168860	-5.760000	0.705272	1.705272	2.400
2.405	3.162075	2.233975	5.396051	5.008076	1.583794	-4.200231	-5.784025	0.706490	1.706490	2.405
2.410	3.158268	2.235154	5.393422	4.978745	1.576416	-4.231684	-5.808100	0.707715	1.707715	2.410
2.415	3.154450	2.236338	5.390788	4.949351	1.569006	-4.263219	-5.832225	0.708947	1.708947	2.415
2.420	3.150621	2.237526	5.388147	4.919894	1.561563	-4.294837	-5.856400	0.710186	1.710186	2.420
2.425	3.146781	2.238718	5.385499	4.890374	1.554088	-4.326537	-5.880625	0.711431	1.711431	2.425
2.430	3.142930	2.239915	5.382845	4.860791	1.546579	-4.358321	-5.904900	0.712684	1.712684	2.430
2.435	3.139068	2.241117	5.380185	4.831145	1.539038	-4.390187	-5.929225	0.713943	1.713943	2.435
2.440	3.135195	2.242323	5.377518	4.801436	1.531463	-4.422137	-5.953600	0.715210	1.715210	2.440
2.445	3.131311	2.243534	5.374844	4.771664	1.523855	-4.454170	-5.978025	0.716484	1.716484	2.445
2.450	3.127415	2.244749	5.372164	4.741828	1.516213	-4.486287	-6.002500	0.717765	1.717765	2.450
2.455	3.123509	2.245969	5.369478	4.711930	1.508538	-4.518487	-6.027025	0.719053	1.719053	2.455
2.460	3.119591	2.247194	5.366785	4.681969	1.500828	-4.550772	-6.051600	0.720349	1.720349	2.460
2.465	3.115662	2.248423	5.364085	4.651945	1.493084	-4.583141	-6.076225	0.721652	1.721652	2.465
2.470	3.111722	2.249657	5.361379	4.621857	1.485305	-4.615595	-6.100900	0.722962	1.722962	2.470
2.475	3.107770	2.250895	5.358666	4.591707	1.477492	-4.648133	-6.125625	0.724280	1.724280	2.475
2.480	3.103808	2.252139	5.355946	4.561493	1.469644	-4.680756	-6.150400	0.725605	1.725605	2.480
2.485	3.099834	2.253387	5.353220	4.531216	1.461761	-4.713464	-6.175225	0.726938	1.726938	2.485
2.490	3.095848	2.254640	5.350488	4.500876	1.453843	-4.746257	-6.200100	0.728279	1.728279	2.490
2.495	3.091851	2.255897	5.347749	4.470473	1.445889	-4.779136	-6.225025	0.729627	1.729627	2.495
2.500	3.087843	2.257160	5.345003	4.440006	1.437899	-4.812101	-6.250000	0.730983	1.730983	2.500
2.505	3.083824	2.258427	5.342251	4.409476	1.429873	-4.845152	-6.275025	0.732346	1.732346	2.505
2.510	3.079793	2.259699	5.339492	4.378883	1.421811	-4.878289	-6.300100	0.733718	1.733718	2.510
2.515	3.075750	2.260976	5.336726	4.348227	1.413713	-4.911512	-6.325225	0.735097	1.735097	2.515
2.520	3.071696	2.262258	5.333954	4.317508	1.405578	-4.944822	-6.350400	0.736485	1.736485	2.520
2.525	3.067631	2.263544	5.331175	4.286725	1.397406	-4.978219	-6.375625	0.737880	1.737880	2.525
2.530	3.063554	2.264836	5.328390	4.255879	1.389197	-5.011703	-6.400900	0.739284	1.739284	2.530
2.535	3.059465	2.266132	5.325597	4.224970	1.380951	-5.045274	-6.426225	0.740696	1.740696	2.535
2.540	3.055365	2.267434	5.322799	4.193997	1.372667	-5.078933	-6.451600	0.742116	1.742116	2.540
2.545	3.051253	2.268740	5.319993	4.162961	1.364345	-5.112680	-6.477025	0.743544	1.743544	2.545
2.550	3.047129	2.270052	5.317181	4.131862	1.355985	-5.146515	-6.502500	0.744980	1.744980	2.550
2.555	3.042994	2.271368	5.314362	4.100699	1.347587	-5.180438	-6.528025	0.746425	1.746425	2.555
2.560	3.038847	2.272690	5.311536	4.069473	1.339150	-5.214450	-6.553600	0.747879	1.747879	2.560
2.565	3.034688	2.274016	5.308704	4.038183	1.330675	-5.248550	-6.579225	0.749341	1.749341	2.565
2.570	3.030518	2.275348	5.305865	4.006830	1.322160	-5.282740	-6.604900	0.750812	1.750812	2.570
2.575	3.026335	2.276684	5.303020	3.975414	1.313607	-5.317018	-6.630625	0.752291	1.752291	2.575
2.580	3.022141	2.278026	5.300167	3.943934	1.305013	-5.351387	-6.656400	0.753779	1.753779	2.580
2.585	3.017935	2.279373	5.297308	3.912391	1.296380	-5.385845	-6.682225	0.755276	1.755276	2.585
2.590	3.013717	2.280725	5.294442	3.880784	1.287707	-5.420393	-6.708100	0.756781	1.756781	2.590
2.595	3.009487	2.282082	5.291569	3.849114	1.278993	-5.455032	-6.734025	0.758296	1.758296	2.595
ALPHA	F1	F2	F3	F4	F5	F6	F7	F2/F1	1+F2/F1	ALPHA

ALPHA	F1	F2	F3	F4	F5	F6	F7	F2/F1	1+F2/F1	ALPHA
2.600	3.005245	2.283445	5.288690	3.817380	1.270239	-5.489761	-6.760000	0.759820	1.759820	2.600
2.605	3.000992	2.284812	5.285804	3.785583	1.261444	-5.524581	-6.786025	0.761352	1.761352	2.605
2.610	2.996726	2.286185	5.282911	3.753722	1.252608	-5.559492	-6.812100	0.762894	1.762894	2.610
2.615	2.992448	2.287563	5.280011	3.721797	1.243730	-5.594495	-6.838225	0.764446	1.764446	2.615
2.620	2.988158	2.288947	5.277105	3.689809	1.234811	-5.629589	-6.864400	0.766006	1.766006	2.620
2.625	2.983856	2.290336	5.274191	3.657758	1.225849	-5.664776	-6.890625	0.767576	1.767576	2.625
2.630	2.979541	2.291730	5.271271	3.625642	1.216846	-5.700054	-6.916900	0.769155	1.769155	2.630
2.635	2.975215	2.293129	5.268344	3.593463	1.207800	-5.735425	-6.943225	0.770744	1.770744	2.635
2.640	2.970876	2.294534	5.265410	3.561221	1.198711	-5.770889	-6.969600	0.772342	1.772342	2.640
2.645	2.966526	2.295944	5.262470	3.528915	1.189578	-5.806447	-6.996025	0.773951	1.773951	2.645
2.650	2.962163	2.297360	5.259522	3.496545	1.180403	-5.842097	-7.022500	0.775568	1.775568	2.650
2.655	2.957787	2.298781	5.256568	3.464111	1.171183	-5.877842	-7.049025	0.777196	1.777196	2.655
2.660	2.953399	2.300207	5.253607	3.431614	1.161920	-5.913680	-7.075600	0.778834	1.778834	2.660
2.665	2.948999	2.301639	5.250639	3.399053	1.152612	-5.949613	-7.102225	0.780482	1.780482	2.665
2.670	2.944587	2.303077	5.247664	3.366428	1.143260	-5.985640	-7.128900	0.782139	1.782139	2.670
2.675	2.940162	2.304520	5.244682	3.333739	1.133862	-6.021763	-7.155625	0.783807	1.783807	2.675
2.680	2.935725	2.305969	5.241693	3.300987	1.124420	-6.057980	-7.182400	0.785485	1.785485	2.680
2.685	2.931275	2.307423	5.238698	3.268171	1.114931	-6.094294	-7.209225	0.787174	1.787174	2.685
2.690	2.926812	2.308883	5.235695	3.235290	1.105397	-6.130703	-7.236100	0.788873	1.788873	2.690
2.695	2.922337	2.310348	5.232686	3.202347	1.095817	-6.167208	-7.263025	0.790582	1.790582	2.695
2.700	2.917850	2.311819	5.229669	3.169339	1.086190	-6.203810	-7.290000	0.792302	1.792302	2.700
2.705	2.913350	2.313296	5.226646	3.136267	1.076516	-6.240509	-7.317025	0.794033	1.794033	2.705
2.710	2.908837	2.314779	5.223616	3.103132	1.066795	-6.277305	-7.344100	0.795775	1.795775	2.710
2.715	2.904312	2.316267	5.220579	3.069932	1.057026	-6.314199	-7.371225	0.797527	1.797527	2.715
2.720	2.899773	2.317761	5.217534	3.036669	1.047209	-6.351191	-7.398400	0.799290	1.799290	2.720
2.725	2.895222	2.319261	5.214483	3.003342	1.037344	-6.388281	-7.425625	0.801065	1.801065	2.725
2.730	2.890659	2.320767	5.211425	2.969950	1.027430	-6.425470	-7.452900	0.802850	1.802850	2.730
2.735	2.886082	2.322278	5.208360	2.936495	1.017468	-6.462757	-7.480225	0.804647	1.804647	2.735
2.740	2.881493	2.323795	5.205288	2.902976	1.007456	-6.500144	-7.507600	0.806455	1.806455	2.740
2.745	2.876890	2.325318	5.202209	2.869393	0.997394	-6.537631	-7.535025	0.808275	1.808275	2.745
2.750	2.872275	2.326847	5.199123	2.835745	0.987282	-6.575218	-7.562500	0.810106	1.810106	2.750
2.755	2.667647	2.328383	5.196029	2.802034	0.977120	-6.612905	-7.590025	0.811949	1.811949	2.755
2.760	2.863006	2.329923	5.192929	2.768258	0.966906	-6.650694	-7.617600	0.813803	1.813803	2.760
2.765	2.658351	2.331470	5.189822	2.734419	0.956642	-6.688583	-7.645225	0.815670	1.815670	2.765
2.770	2.853684	2.333023	5.186708	2.700515	0.946326	-6.726574	-7.672900	0.817548	1.817548	2.770
2.775	2.849004	2.334582	5.183586	2.666547	0.935958	-6.764667	-7.700625	0.819438	1.819438	2.775
2.780	2.844310	2.336148	5.180458	2.632515	0.925537	-6.802863	-7.728400	0.821341	1.821341	2.780
2.785	2.839603	2.337719	5.177322	2.598419	0.915064	-6.841161	-7.756225	0.823255	1.823255	2.785
2.790	2.834884	2.339296	5.174180	2.564259	0.904538	-6.879562	-7.784100	0.825182	1.825182	2.790
2.795	2.830150	2.340879	5.171030	2.530035	0.893958	-6.918067	-7.812025	0.827122	1.827122	2.795

| ALPHA | F1 | F2 | F3 | F4 | F5 | F6 | F7 | F2/F1 | 1+F2/F1 | ALPHA |

DRUCKSTAEBE -566-

ALPHA	F1	F2	F3	F4	F5	F6	F7	F2/F1	1+F2/F1	ALPHA
2.800	2.825404	2.342469	5.167873	2.495746	0.883324	-6.956676	-7.840000	0.829074	1.829074	2.800
2.805	2.820644	2.344065	5.164709	2.461393	0.872635	-6.995390	-7.868025	0.831039	1.831039	2.805
2.810	2.815871	2.345667	5.161538	2.426976	0.861892	-7.034208	-7.896100	0.833016	1.833016	2.810
2.815	2.811084	2.347275	5.158360	2.392494	0.851093	-7.073132	-7.924225	0.835007	1.835007	2.815
2.820	2.806284	2.348890	5.155174	2.357948	0.840239	-7.112161	-7.952400	0.837011	1.837011	2.820
2.825	2.801471	2.350511	5.151982	2.323338	0.829328	-7.151297	-7.980625	0.839027	1.839027	2.825
2.830	2.796644	2.352138	5.148782	2.288664	0.818361	-7.190539	-8.008900	0.841057	1.841057	2.830
2.835	2.791803	2.353772	5.145575	2.253925	0.807337	-7.229888	-8.037225	0.843101	1.843101	2.835
2.840	2.786949	2.355412	5.142361	2.219122	0.796255	-7.269345	-8.065600	0.845158	1.845158	2.840
2.845	2.782081	2.357058	5.139140	2.184254	0.785115	-7.308910	-8.094025	0.847228	1.847228	2.845
2.850	2.777200	2.358711	5.135911	2.149322	0.773917	-7.348583	-8.122500	0.849313	1.849313	2.850
2.855	2.772305	2.360370	5.132675	2.114326	0.762660	-7.388365	-8.151025	0.851411	1.851411	2.855
2.860	2.767396	2.362036	5.129432	2.079265	0.751343	-7.428257	-8.179600	0.853523	1.853523	2.860
2.865	2.762473	2.363709	5.126182	2.044139	0.739967	-7.468258	-8.208225	0.855649	1.855649	2.865
2.870	2.757537	2.365388	5.122925	2.008949	0.728530	-7.508370	-8.236900	0.857790	1.857790	2.870
2.875	2.752586	2.367074	5.119660	1.973695	0.717033	-7.548592	-8.265625	0.859945	1.859945	2.875
2.880	2.747622	2.368766	5.116388	1.938376	0.705474	-7.588926	-8.294400	0.862115	1.862115	2.880
2.885	2.742644	2.370465	5.113109	1.902993	0.693853	-7.629372	-8.323225	0.864299	1.864299	2.885
2.890	2.737652	2.372170	5.109822	1.867544	0.682170	-7.669930	-8.352100	0.866498	1.866498	2.890
2.895	2.732646	2.373883	5.106528	1.832032	0.670424	-7.710601	-8.381025	0.868712	1.868712	2.895
2.900	2.727625	2.375602	5.103227	1.796455	0.658615	-7.751385	-8.410000	0.870941	1.870941	2.900
2.905	2.722591	2.377328	5.099919	1.760813	0.646742	-7.792283	-8.439025	0.873186	1.873186	2.905
2.910	2.717542	2.379061	5.096603	1.725106	0.634804	-7.833296	-8.468100	0.875446	1.875446	2.910
2.915	2.712480	2.380800	5.093280	1.689335	0.622801	-7.874424	-8.497225	0.877721	1.877721	2.915
2.920	2.707403	2.382547	5.089949	1.653499	0.610733	-7.915667	-8.526400	0.880012	1.880012	2.920
2.925	2.702311	2.384300	5.086612	1.617598	0.598598	-7.957027	-8.555625	0.882319	1.882319	2.925
2.930	2.697206	2.386061	5.083266	1.581633	0.586397	-7.998503	-8.584900	0.884642	1.884642	2.930
2.935	2.692086	2.387828	5.079914	1.545603	0.574128	-8.040097	-8.614225	0.886981	1.886981	2.935
2.940	2.686951	2.389602	5.076554	1.509508	0.561792	-8.081808	-8.643600	0.889336	1.889336	2.940
2.945	2.681803	2.391384	5.073186	1.473348	0.549387	-8.123638	-8.673025	0.891708	1.891708	2.945
2.950	2.676639	2.393172	5.069812	1.437123	0.536913	-8.165587	-8.702500	0.894096	1.894096	2.950
2.955	2.671461	2.394968	5.066429	1.400834	0.524370	-8.207655	-8.732025	0.896501	1.896501	2.955
2.960	2.666269	2.396771	5.063040	1.364480	0.511756	-8.249844	-8.761600	0.898923	1.898923	2.960
2.965	2.661062	2.398581	5.059643	1.328061	0.499072	-8.292153	-8.791225	0.901362	1.901362	2.965
2.970	2.655840	2.400398	5.056238	1.291576	0.486316	-8.334584	-8.820900	0.903819	1.903819	2.970
2.975	2.650604	2.402222	5.052826	1.255027	0.473487	-8.377138	-8.850625	0.906293	1.906293	2.975
2.980	2.645353	2.404054	5.049407	1.218414	0.460586	-8.419814	-8.880400	0.908784	1.908784	2.980
2.985	2.640087	2.405893	5.045980	1.181735	0.447612	-8.462613	-8.910225	0.911293	1.911293	2.985
2.990	2.634806	2.407740	5.042545	1.144991	0.434564	-8.505536	-8.940100	0.913821	1.913821	2.990
2.995	2.629510	2.409593	5.039103	1.108182	0.421440	-8.548585	-8.970025	0.916366	1.916366	2.995
ALPHA	F1	F2	F3	F4	F5	F6	F7	F2/F1	1+F2/F1	ALPHA

ALPHA	F1	F2	F3	F4	F5	F6	F7	F2/F1	1+F2/F1	ALPHA
3.000	2.624199	2.411455	5.035654	1.071308	0.408242	-8.591758	-9.000000	0.918930	1.918930	3.000
3.005	2.618874	2.413323	5.032197	1.034369	0.394967	-8.635058	-9.030025	0.921512	1.921512	3.005
3.010	2.613533	2.415200	5.028732	0.997365	0.381616	-8.678484	-9.060100	0.924113	1.924113	3.010
3.015	2.608177	2.417083	5.025260	0.960296	0.368186	-8.722039	-9.090225	0.926733	1.926733	3.015
3.020	2.602806	2.418975	5.021781	0.923161	0.354679	-8.765721	-9.120400	0.929372	1.929372	3.020
3.025	2.597420	2.420873	5.018293	0.885962	0.341093	-8.809532	-9.150625	0.932030	1.932030	3.025
3.030	2.592019	2.422780	5.014799	0.848697	0.327427	-8.853473	-9.180900	0.934708	1.934708	3.030
3.035	2.586602	2.424694	5.011296	0.811367	0.313681	-8.897544	-9.211225	0.937405	1.937405	3.035
3.040	2.581170	2.426616	5.007786	0.773972	0.299853	-8.941747	-9.241600	0.940123	1.940123	3.040
3.045	2.575723	2.428546	5.004269	0.736512	0.285944	-8.986081	-9.272025	0.942860	1.942860	3.045
3.050	2.570260	2.430483	5.000743	0.698987	0.271952	-9.030548	-9.302500	0.945618	1.945618	3.050
3.055	2.564782	2.432429	4.997210	0.661396	0.257876	-9.075149	-9.333025	0.948396	1.948396	3.055
3.060	2.559288	2.434382	4.993670	0.623740	0.243716	-9.119884	-9.363600	0.951195	1.951195	3.060
3.065	2.553779	2.436343	4.990122	0.586018	0.229471	-9.164754	-9.394225	0.954015	1.954015	3.065
3.070	2.548254	2.438312	4.986566	0.548231	0.215140	-9.209760	-9.424900	0.956856	1.956856	3.070
3.075	2.542713	2.440289	4.983002	0.510379	0.200722	-9.254903	-9.455625	0.959719	1.959719	3.075
3.080	2.537157	2.442274	4.979431	0.472462	0.186217	-9.300183	-9.486400	0.962603	1.962603	3.080
3.085	2.531585	2.444267	4.975852	0.434479	0.171623	-9.345602	-9.517225	0.965509	1.965509	3.085
3.090	2.525997	2.446268	4.972265	0.396430	0.156940	-9.391160	-9.548100	0.968437	1.968437	3.090
3.095	2.520393	2.448278	4.968671	0.358317	0.142167	-9.436858	-9.579025	0.971387	1.971387	3.095
3.100	2.514773	2.450295	4.965069	0.320137	0.127303	-9.482697	-9.610000	0.974360	1.974360	3.100
3.105	2.509138	2.452321	4.961459	0.281892	0.112346	-9.528679	-9.641025	0.977356	1.977356	3.105
3.110	2.503486	2.454355	4.957841	0.243582	0.097297	-9.574803	-9.672100	0.980375	1.980375	3.110
3.115	2.497818	2.456398	4.954216	0.205206	0.082154	-9.621071	-9.703225	0.983417	1.983417	3.115
3.120	2.492134	2.458448	4.950582	0.166765	0.066916	-9.667484	-9.734400	0.986483	1.986483	3.120
3.125	2.486434	2.460507	4.946941	0.128257	0.051583	-9.714042	-9.765625	0.989573	1.989573	3.125
3.130	2.480718	2.462575	4.943292	0.089685	0.036153	-9.760747	-9.796900	0.992687	1.992687	3.130
3.135	2.474985	2.464651	4.939636	0.051046	0.020625	-9.807600	-9.828225	0.995825	1.995825	3.135
3.140	2.469236	2.466735	4.935971	0.012342	0.004998	-9.854602	-9.859600	0.998987	1.998987	3.140
π	2.467401	2.467401	4.934802	0.000000	0.000000	-9.869604	-9.869604	1.000000	2.000000	π
3.145	2.463470	2.468828	4.932299	-0.026428	-0.010728	-9.901753	-9.891025	1.002175	2.002175	3.145
3.150	2.457688	2.470930	4.928618	-0.065263	-0.026555	-9.949055	-9.922500	1.005388	2.005388	3.150
3.155	2.451890	2.473040	4.924930	-0.104164	-0.042483	-9.996508	-9.954025	1.008626	2.008626	3.155
3.160	2.446075	2.475159	4.921234	-0.143131	-0.058515	-10.044115	-9.985600	1.011890	2.011890	3.160
3.165	2.440243	2.477287	4.917530	-0.182164	-0.074650	-10.091875	-10.017225	1.015180	2.015180	3.165
3.170	2.434395	2.479424	4.913819	-0.221263	-0.090890	-10.139790	-10.048900	1.018497	2.018497	3.170
3.175	2.428530	2.481569	4.910099	-0.260427	-0.107237	-10.187862	-10.080625	1.021840	2.021840	3.175
3.180	2.422648	2.483723	4.906371	-0.299658	-0.123690	-10.236090	-10.112400	1.025210	2.025210	3.180
3.185	2.416749	2.485886	4.902636	-0.338954	-0.140252	-10.284477	-10.144225	1.028607	2.028607	3.185
3.190	2.410834	2.488058	4.898892	-0.378316	-0.156923	-10.333023	-10.176100	1.032032	2.032032	3.190
3.195	2.404901	2.490239	4.895140	-0.417744	-0.173705	-10.381730	-10.208025	1.035485	2.035485	3.195
ALPHA	F1	F2	F3	F4	F5	F6	F7	F2/F1	1+F2/F1	ALPHA

ALPHA	F1	F2	F3	F4	F5	F6	F7	F2/F1	1+F2/F1	ALPHA
3.200	2.398951	2.492430	4.891381	-0.457238	-0.190599	-10.430599	-10.240000	1.038966	2.038966	3.200
3.205	2.392985	2.494629	4.887613	-0.496793	-0.207606	-10.479631	-10.272025	1.042476	2.042476	3.205
3.210	2.387001	2.496837	4.883838	-0.536424	-0.224727	-10.528827	-10.304100	1.046014	2.046014	3.210
3.215	2.380999	2.499055	4.880054	-0.576116	-0.241964	-10.578189	-10.336225	1.049582	2.049582	3.215
3.220	2.374981	2.501282	4.876263	-0.615875	-0.259318	-10.627718	-10.368400	1.053180	2.053180	3.220
3.225	2.368945	2.503518	4.872463	-0.655699	-0.276789	-10.677414	-10.400625	1.056807	2.056807	3.225
3.230	2.362892	2.505763	4.868655	-0.695589	-0.294380	-10.727280	-10.432900	1.060464	2.060464	3.230
3.235	2.356822	2.508018	4.864840	-0.735546	-0.312092	-10.777317	-10.465225	1.064153	2.064153	3.235
3.240	2.350734	2.510282	4.861016	-0.775569	-0.329926	-10.827526	-10.497600	1.067872	2.067872	3.240
3.245	2.344628	2.512556	4.857184	-0.815658	-0.347884	-10.877909	-10.530025	1.071622	2.071622	3.245
3.250	2.338504	2.514839	4.853344	-0.855813	-0.365966	-10.928466	-10.562500	1.075405	2.075405	3.250
3.255	2.332363	2.517132	4.849495	-0.896034	-0.384174	-10.979199	-10.595025	1.079219	2.079219	3.255
3.260	2.326205	2.519434	4.845639	-0.936322	-0.402511	-11.030111	-10.627600	1.083067	2.083067	3.260
3.265	2.320028	2.521747	4.841775	-0.976676	-0.420976	-11.081201	-10.660225	1.086947	2.086947	3.265
3.270	2.313833	2.524068	4.837902	-1.017096	-0.439572	-11.132472	-10.692900	1.090860	2.090860	3.270
3.275	2.307621	2.526400	4.834021	-1.057583	-0.458300	-11.183925	-10.725625	1.094807	2.094807	3.275
3.280	2.301390	2.528742	4.830132	-1.098136	-0.477162	-11.235562	-10.758400	1.098789	2.098789	3.280
3.285	2.295142	2.531093	4.826235	-1.138755	-0.496159	-11.287384	-10.791225	1.102805	2.102805	3.285
3.290	2.288875	2.533454	4.822329	-1.179441	-0.515293	-11.339393	-10.824100	1.106856	2.106856	3.290
3.295	2.282590	2.535826	4.818416	-1.220194	-0.534565	-11.391590	-10.857025	1.110942	2.110942	3.295
3.300	2.276287	2.538207	4.814494	-1.261012	-0.553978	-11.443978	-10.890000	1.115065	2.115065	3.300
3.305	2.269965	2.540598	4.810564	-1.301898	-0.573532	-11.496557	-10.923025	1.119223	2.119223	3.305
3.310	2.263625	2.543000	4.806625	-1.342850	-0.593230	-11.549330	-10.956100	1.123419	2.123419	3.310
3.315	2.257267	2.545412	4.802678	-1.383868	-0.613073	-11.602298	-10.989225	1.127652	2.127652	3.315
3.320	2.250890	2.547834	4.798723	-1.424953	-0.633062	-11.655462	-11.022400	1.131923	2.131923	3.320
3.325	2.244494	2.550266	4.794760	-1.466105	-0.653201	-11.708826	-11.055625	1.136232	2.136232	3.325
3.330	2.238079	2.552709	4.790788	-1.507323	-0.673490	-11.762390	-11.088900	1.140580	2.140580	3.330
3.335	2.231646	2.555162	4.786808	-1.548608	-0.693931	-11.816156	-11.122225	1.144967	2.144967	3.335
3.340	2.225194	2.557626	4.782620	-1.589960	-0.714526	-11.870126	-11.155600	1.149394	2.149394	3.340
3.345	2.218723	2.560100	4.7783[illegible]3	-1.631379	-0.735278	-11.924303	-11.189025	1.153862	2.153862	3.345
3.350	2.212233	2.562585	4.774818	-1.672864	-0.756188	-11.978688	-11.222500	1.158370	2.158370	3.350
3.355	2.205724	2.565080	4.770805	-1.714416	-0.777257	-12.033282	-11.256025	1.162920	2.162920	3.355
3.360	2.199196	2.567586	4.766783	-1.756035	-0.798489	-12.088089	-11.289600	1.167511	2.167511	3.360
3.365	2.192649	2.570103	4.762752	-1.797720	-0.819885	-12.143110	-11.323225	1.172145	2.172145	3.365
3.370	2.186083	2.572631	4.758714	-1.839473	-0.841447	-12.198347	-11.356900	1.176822	2.176822	3.370
3.375	2.179497	2.575170	4.754666	-1.881292	-0.863177	-12.253802	-11.390625	1.181543	2.181543	3.375
3.380	2.172891	2.577719	4.[illegible]0[illegible]11	-1.923179	-0.885078	-12.309478	-11.424400	1.186308	2.186308	3.380
3.385	2.166267	2.580280	4.746546	-1.965132	-0.907152	-12.365377	-11.458225	1.191118	2.191118	3.385
3.390	2.159622	2.582851	4.742474	-2.007152	-0.929400	-12.421500	-11.492100	1.195974	2.195974	3.390
3.395	2.152958	2.585434	4.738393	-2.049240	-0.951825	-12.477850	-11.526025	1.200875	2.200875	3.395
ALPHA	F1	F2	F3	F4	F5	F6	F7	F2/F1	1+F2/F1	ALPHA

ALPHA	F1	F2	F3	F4	F5	F6	F7	F2/F1	1+F2/F1	ALPHA
3.400	2.146275	2.588028	4.734303	-2.091394	-0.974430	-12.534430	-11.560000	1.205823	2.205823	3.400
3.405	2.139571	2.590633	4.730205	-2.133616	-0.997216	-12.591241	-11.594025	1.210819	2.210819	3.405
3.410	2.132848	2.593250	4.726098	-2.175904	-1.020187	-12.648287	-11.628100	1.215862	2.215862	3.410
3.415	2.126105	2.595878	4.721982	-2.218260	-1.043345	-12.705570	-11.662225	1.220955	2.220955	3.415
3.420	2.119341	2.598517	4.717858	-2.260683	-1.066691	-12.763091	-11.696400	1.226096	2.226096	3.420
3.425	2.112558	2.601168	4.713726	-2.303173	-1.090230	-12.820855	-11.730625	1.231288	2.231288	3.425
3.430	2.105754	2.603830	4.709585	-2.345730	-1.113962	-12.878862	-11.764900	1.236531	2.236531	3.430
3.435	2.098931	2.606504	4.705435	-2.388355	-1.137891	-12.937116	-11.799225	1.241825	2.241825	3.435
3.440	2.092087	2.609190	4.701277	-2.431047	-1.162020	-12.995620	-11.833600	1.247171	2.247171	3.440
3.445	2.085222	2.611888	4.697110	-2.473806	-1.186351	-13.054376	-11.868025	1.252571	2.252571	3.445
3.450	2.078337	2.614597	4.692934	-2.516632	-1.210888	-13.113388	-11.902500	1.258024	2.258024	3.450
3.455	2.071431	2.617318	4.688749	-2.559526	-1.235632	-13.172657	-11.937025	1.263531	2.263531	3.455
3.460	2.064505	2.620051	4.684556	-2.602488	-1.260587	-13.232187	-11.971600	1.269094	2.269094	3.460
3.465	2.057558	2.622796	4.680354	-2.645516	-1.285755	-13.291980	-12.006225	1.274713	2.274713	3.465
3.470	2.050590	2.625554	4.676144	-2.688612	-1.311141	-13.352041	-12.040900	1.280389	2.280389	3.470
3.475	2.043601	2.628323	4.671924	-2.731776	-1.336746	-13.412371	-12.075625	1.286123	2.286123	3.475
3.480	2.036592	2.631105	4.667696	-2.775007	-1.362574	-13.472974	-12.110400	1.291916	2.291916	3.480
3.485	2.029561	2.633899	4.663459	-2.818306	-1.388629	-13.533854	-12.145225	1.297768	2.297768	3.485
3.490	2.022509	2.636705	4.659214	-2.861672	-1.414912	-13.595012	-12.180100	1.303680	2.303680	3.490
3.495	2.015435	2.639524	4.654959	-2.905106	-1.441429	-13.656454	-12.215025	1.309654	2.309654	3.495
3.500	2.008341	2.642355	4.650696	-2.948608	-1.468181	-13.718181	-12.250000	1.315691	2.315691	3.500
3.505	2.001225	2.645199	4.646424	-2.992177	-1.495173	-13.780198	-12.285025	1.321790	2.321790	3.505
3.510	1.994087	2.648056	4.642143	-3.035814	-1.522408	-13.842508	-12.320100	1.327954	2.327954	3.510
3.515	1.986928	2.650925	4.637853	-3.079519	-1.549889	-13.905114	-12.355225	1.334183	2.334183	3.515
3.520	1.979747	2.653807	4.633554	-3.123291	-1.577621	-13.968021	-12.390400	1.340478	2.340478	3.520
3.525	1.972545	2.656702	4.629247	-3.167132	-1.605607	-14.031232	-12.425625	1.346840	2.346840	3.525
3.530	1.965320	2.659610	4.624930	-3.211040	-1.633851	-14.094751	-12.460900	1.353270	2.353270	3.530
3.535	1.958074	2.662531	4.620605	-3.255016	-1.662356	-14.158581	-12.496225	1.359770	2.359770	3.535
3.540	1.950805	2.665465	4.616270	-3.299060	-1.691127	-14.222727	-12.531600	1.366341	2.366341	3.540
3.545	1.943515	2.668412	4.611927	-3.343172	-1.720168	-14.287193	-12.567025	1.372982	2.372982	3.545
3.550	1.936202	2.671372	4.607574	-3.387351	-1.749482	-14.351982	-12.602500	1.379697	2.379697	3.550
3.555	1.928867	2.674346	4.603213	-3.431599	-1.779075	-14.417100	-12.638025	1.386486	2.386486	3.555
3.560	1.921509	2.677333	4.598842	-3.475915	-1.808950	-14.482550	-12.673600	1.393349	2.393349	3.560
3.565	1.914129	2.680334	4.594463	-3.520299	-1.839112	-14.548337	-12.709225	1.400289	2.400289	3.565
3.570	1.906726	2.683348	4.590075	-3.564751	-1.869566	-14.614466	-12.744900	1.407306	2.407306	3.570
3.575	1.899301	2.686376	4.585677	-3.609271	-1.900315	-14.680940	-12.780625	1.414402	2.414402	3.575
3.580	1.891853	2.689418	4.581270	-3.653859	-1.931365	-14.747765	-12.816400	1.421579	2.421579	3.580
3.585	1.884382	2.692473	4.576855	-3.698516	-1.962721	-14.814946	-12.852225	1.428836	2.428836	3.585
3.590	1.876888	2.695542	4.572430	-3.743240	-1.994387	-14.882487	-12.888100	1.436177	2.436177	3.590
3.595	1.869370	2.698625	4.567996	-3.788033	-2.026369	-14.950394	-12.924025	1.443601	2.443601	3.595

| ALPHA | F1 | F2 | F3 | F4 | F5 | F6 | F7 | F2/F1 | 1+F2/F1 | ALPHA |

D R U C K S T A E B E -571-

ALPHA	F1	F2	F3	F4	F5	F6	F7	F2/F1	1+F2/F1	ALPHA
3.600	1.861830	2.701723	4.563553	-3.832895	-2.058671	-15.018671	-12.960000	1.451111	2.451111	3.600
3.605	1.854266	2.704834	4.559100	-3.877824	-2.091299	-15.087324	-12.996025	1.458709	2.458709	3.605
3.610	1.846679	2.707960	4.554639	-3.922822	-2.124258	-15.156358	-13.032100	1.466394	2.466394	3.610
3.615	1.839069	2.711100	4.550168	-3.967889	-2.157553	-15.225778	-13.068225	1.474170	2.474170	3.615
3.620	1.831434	2.714254	4.545688	-4.013023	-2.191192	-15.295592	-13.104400	1.482037	2.482037	3.620
3.625	1.823776	2.717423	4.541199	-4.058227	-2.225178	-15.365803	-13.140625	1.489998	2.489998	3.625
3.630	1.816095	2.720606	4.536701	-4.103498	-2.259518	-15.436418	-13.176900	1.498053	2.498053	3.630
3.635	1.808389	2.723804	4.532193	-4.148839	-2.294218	-15.507443	-13.213225	1.506205	2.506205	3.635
3.640	1.800659	2.727017	4.527676	-4.194247	-2.329284	-15.578884	-13.249600	1.514455	2.514455	3.640
3.645	1.792906	2.730245	4.523150	-4.239725	-2.364723	-15.650748	-13.286025	1.522804	2.522804	3.645
3.650	1.785128	2.733487	4.518615	-4.285271	-2.400540	-15.723040	-13.322500	1.531256	2.531256	3.650
3.655	1.777325	2.736745	4.514070	-4.330886	-2.436743	-15.795768	-13.359025	1.539811	2.539811	3.655
3.660	1.769498	2.740017	4.509515	-4.376569	-2.473339	-15.868939	-13.395600	1.548471	2.548471	3.660
3.665	1.761647	2.743305	4.504952	-4.422321	-2.510333	-15.942558	-13.432225	1.557239	2.557239	3.665
3.670	1.753771	2.746608	4.500379	-4.468142	-2.547734	-16.016634	-13.468900	1.566115	2.566115	3.670
3.675	1.745870	2.749926	4.495797	-4.514032	-2.585548	-16.091173	-13.505625	1.575104	2.575104	3.675
3.680	1.737945	2.753260	4.491205	-4.559991	-2.623784	-16.166184	-13.542400	1.584205	2.584205	3.680
3.685	1.729994	2.756610	4.486603	-4.606018	-2.662448	-16.241673	-13.579225	1.593422	2.593422	3.685
3.690	1.722018	2.759975	4.481993	-4.652115	-2.701548	-16.317648	-13.616100	1.602756	2.602756	3.690
3.695	1.714017	2.763356	4.477373	-4.698280	-2.741093	-16.394118	-13.653025	1.612210	2.612210	3.695
3.700	1.705991	2.766752	4.472743	-4.744514	-2.781091	-16.471091	-13.690000	1.621786	2.621786	3.700
3.705	1.697939	2.770165	4.468104	-4.790818	-2.821549	-16.548574	-13.727025	1.631487	2.631487	3.705
3.710	1.689861	2.773594	4.463455	-4.837190	-2.862478	-16.626578	-13.764100	1.641314	2.641314	3.710
3.715	1.681758	2.777038	4.458797	-4.883632	-2.903885	-16.705110	-13.801225	1.651271	2.651271	3.715
3.720	1.673629	2.780499	4.454129	-4.930142	-2.945779	-16.784179	-13.838400	1.661359	2.661359	3.720
3.725	1.665474	2.783977	4.449451	-4.976722	-2.988171	-16.863796	-13.875625	1.671582	2.671582	3.725
3.730	1.657294	2.787471	4.444764	-5.023371	-3.031069	-16.943969	-13.912900	1.681941	2.681941	3.730
3.735	1.649086	2.790981	4.440068	-5.070090	-3.074484	-17.024709	-13.950225	1.692441	2.692441	3.735
3.740	1.640853	2.794508	4.435361	-5.116877	-3.118425	-17.106025	-13.987600	1.703083	2.703083	3.740
3.745	1.632593	2.798052	4.430645	-5.163734	-3.162903	-17.187928	-14.025025	1.713870	2.713870	3.745
3.750	1.624307	2.801613	4.425920	-5.210661	-3.207928	-17.270428	-14.062500	1.724805	2.724805	3.750
3.755	1.615994	2.805190	4.421184	-5.257656	-3.253512	-17.353537	-14.100025	1.735892	2.735892	3.755
3.760	1.607654	2.808785	4.416439	-5.304721	-3.299666	-17.437266	-14.137600	1.747133	2.747133	3.760
3.765	1.599288	2.812397	4.411684	-5.351856	-3.346400	-17.521625	-14.175225	1.758531	2.758531	3.765
3.770	1.590894	2.816026	4.406920	-5.399060	-3.393728	-17.606628	-14.212900	1.770091	2.770091	3.770
3.775	1.582473	2.819673	4.402146	-5.446334	-3.441660	-17.692285	-14.250625	1.781814	2.781814	3.775
3.780	1.574025	2.823337	4.397361	-5.493677	-3.490210	-17.778610	-14.288400	1.793706	2.793706	3.780
3.785	1.565549	2.827019	4.392568	-5.541090	-3.539391	-17.865616	-14.326225	1.805768	2.805768	3.785
3.790	1.557046	2.830718	4.387764	-5.588573	-3.589215	-17.953315	-14.364100	1.818006	2.818006	3.790
3.795	1.548515	2.834435	4.382950	-5.636125	-3.639697	-18.041722	-14.402025	1.830422	2.830422	3.795

D R U C K S T A E B E -571-

ALPHA	F1	F2	F3	F4	F5	F6	F7	F2/F1	1+F2/F1	ALPHA
3.800	1.539956	2.838170	4.378127	-5.683747	-3.690850	-18.130850	-14.440000	1.843020	2.843020	3.800
3.805	1.531369	2.841924	4.373293	-5.731439	-3.742688	-18.220713	-14.478025	1.855806	2.855806	3.805
3.810	1.522755	2.845695	4.368450	-5.779200	-3.795228	-18.311328	-14.516100	1.868781	2.868781	3.810
3.815	1.514112	2.849485	4.363597	-5.827032	-3.848482	-18.402707	-14.554225	1.881952	2.881952	3.815
3.820	1.505440	2.853293	4.358733	-5.874933	-3.902469	-18.494869	-14.592400	1.895322	2.895322	3.820
3.825	1.496740	2.857120	4.353860	-5.922904	-3.957203	-18.587828	-14.630625	1.908895	2.908895	3.825
3.830	1.488012	2.860966	4.348977	-5.970946	-4.012701	-18.681601	-14.668900	1.922677	2.922677	3.830
3.835	1.479254	2.864830	4.344084	-6.019057	-4.068981	-18.776206	-14.707225	1.936672	2.936672	3.835
3.840	1.470468	2.868713	4.339181	-6.067238	-4.126060	-18.871660	-14.745600	1.950884	2.950884	3.840
3.845	1.461652	2.872615	4.334268	-6.115490	-4.183956	-18.967981	-14.784025	1.965320	2.965320	3.845
3.850	1.452808	2.876536	4.329344	-6.163811	-4.242689	-19.065189	-14.822500	1.979984	2.979984	3.850
3.855	1.443934	2.880477	4.324411	-6.212203	-4.302277	-19.163302	-14.861025	1.994882	2.994882	3.855
3.860	1.435030	2.884437	4.319467	-6.260665	-4.362741	-19.262341	-14.899600	2.010018	3.010018	3.860
3.865	1.426097	2.888417	4.314514	-6.309197	-4.424101	-19.362326	-14.938225	2.025400	3.025400	3.865
3.870	1.417134	2.892416	4.309550	-6.357800	-4.486378	-19.463278	-14.976900	2.041032	3.041032	3.870
3.875	1.408141	2.896435	4.304576	-6.406473	-4.549596	-19.565221	-15.015625	2.056921	3.056921	3.875
3.880	1.399118	2.900474	4.299592	-6.455216	-4.613775	-19.668175	-15.054400	2.073073	3.073073	3.880
3.885	1.390065	2.904533	4.294597	-6.504030	-4.678940	-19.772165	-15.093225	2.089494	3.089494	3.885
3.890	1.380981	2.908612	4.289593	-6.552914	-4.745115	-19.877215	-15.132100	2.106192	3.106192	3.890
3.895	1.371867	2.912711	4.284578	-6.601869	-4.812326	-19.983351	-15.171025	2.123174	3.123174	3.895
3.900	1.362722	2.916831	4.279553	-6.650894	-4.880597	-20.090597	-15.210000	2.140445	3.140445	3.900
3.905	1.353546	2.920972	4.274517	-6.699990	-4.949955	-20.198980	-15.249025	2.158015	3.158015	3.905
3.910	1.344339	2.925133	4.269472	-6.749157	-5.020429	-20.308529	-15.288100	2.175890	3.175890	3.910
3.915	1.335100	2.929315	4.264416	-6.798394	-5.092047	-20.419272	-15.327225	2.194079	3.194079	3.915
3.920	1.325831	2.933518	4.259349	-6.847702	-5.164838	-20.531238	-15.366400	2.212589	3.212589	3.920
3.925	1.316530	2.937743	4.254272	-6.897081	-5.238834	-20.644459	-15.405625	2.231429	3.231429	3.925
3.930	1.307197	2.941988	4.249185	-6.946530	-5.314066	-20.758966	-15.444900	2.250608	3.250608	3.930
3.935	1.297832	2.946255	4.244087	-6.996050	-5.390566	-20.874791	-15.484225	2.270136	3.270136	3.935
3.940	1.288435	2.950544	4.238979	-7.045642	-5.468370	-20.991970	-15.523600	2.290020	3.290020	3.940
3.945	1.279007	2.954854	4.233861	-7.095304	-5.547512	-21.110537	-15.563025	2.310273	3.310273	3.945
3.950	1.269545	2.959186	4.228731	-7.145037	-5.628029	-21.230529	-15.602500	2.330902	3.330902	3.950
3.955	1.260051	2.963540	4.223592	-7.194841	-5.709958	-21.351983	-15.642025	2.351920	3.351920	3.955
3.960	1.250525	2.967917	4.218442	-7.244717	-5.793340	-21.474940	-15.681600	2.373337	3.373337	3.960
3.965	1.240966	2.972315	4.213281	-7.294663	-5.878216	-21.599441	-15.721225	2.395163	3.395163	3.965
3.970	1.231373	2.976737	4.208110	-7.344681	-5.964627	-21.725527	-15.760900	2.417412	3.417412	3.970
3.975	1.221747	2.981180	4.202928	-7.394770	-6.052617	-21.853242	-15.800625	2.440096	3.440096	3.975
3.980	1.212088	2.985647	4.197735	-7.444930	-6.142234	-21.982634	-15.840400	2.463226	3.463226	3.980
3.985	1.202396	2.990136	4.192532	-7.495161	-6.233523	-22.113748	-15.880225	2.486816	3.486816	3.985
3.990	1.192669	2.994649	4.187318	-7.545464	-6.326536	-22.246636	-15.920100	2.510880	3.510880	3.990
3.995	1.182909	2.999185	4.182094	-7.595838	-6.421322	-22.381347	-15.960025	2.535432	3.535432	3.995
ALPHA	F1	F2	F3	F4	F5	F6	F7	F2/F1	1+F2/F1	ALPHA

ALPHA	F1	F2	F3	F4	F5	F6	F7	F2/F1	1+F2/F1	ALPHA
4.000	1.173114	3.003744	4.176858	-7.646283	-6.517937	-22.517937	-16.000000	2.560488	3.560488	4.000
4.005	1.163285	3.008327	4.171612	-7.696800	-6.616434	-22.656459	-16.040025	2.586062	3.586062	4.005
4.010	1.153422	3.012934	4.166356	-7.747389	-6.716874	-22.796974	-16.080100	2.612170	3.612170	4.010
4.015	1.143524	3.017564	4.161088	-7.798049	-6.819316	-22.939541	-16.120225	2.638830	3.638830	4.015
4.020	1.133591	3.022219	4.155810	-7.848781	-6.923823	-23.084223	-16.160400	2.666059	3.666059	4.020
4.025	1.123623	3.026898	4.150521	-7.899584	-7.030460	-23.231085	-16.200625	2.693874	3.693874	4.025
4.030	1.113619	3.031601	4.145221	-7.950459	-7.139298	-23.380198	-16.240900	2.722296	3.722296	4.030
4.035	1.103580	3.036329	4.139910	-8.001406	-7.250406	-23.531631	-16.281225	2.751344	3.751344	4.035
4.040	1.093506	3.041082	4.134588	-8.052424	-7.363861	-23.685461	-16.321600	2.781039	3.781039	4.040
4.045	1.083395	3.045860	4.129255	-8.103515	-7.479739	-23.841764	-16.362025	2.811402	3.811402	4.045
4.050	1.073249	3.050662	4.123911	-8.154677	-7.598123	-24.000623	-16.402500	2.842455	3.842455	4.050
4.055	1.063066	3.055490	4.118557	-8.205912	-7.719097	-24.162122	-16.443025	2.874224	3.874224	4.055
4.060	1.052847	3.060344	4.113191	-8.257218	-7.842752	-24.326352	-16.483600	2.906732	3.906732	4.060
4.065	1.042591	3.065223	4.107814	-8.308596	-7.969180	-24.493405	-16.524225	2.940005	3.940005	4.065
4.070	1.032298	3.070128	4.102427	-8.360047	-8.098479	-24.663379	-16.564900	2.974070	3.974070	4.070
4.075	1.021969	3.075059	4.097028	-8.411570	-8.230752	-24.836377	-16.605625	3.008957	4.008957	4.075
4.080	1.011601	3.080016	4.091613	-8.463164	-8.366106	-25.012506	-16.646400	3.044694	4.044694	4.080
4.085	1.001197	3.085000	4.086197	-8.514831	-8.504654	-25.191879	-16.687225	3.081313	4.081313	4.085
4.090	0.990754	3.090010	4.080765	-8.566571	-8.646515	-25.374615	-16.728100	3.118847	4.118847	4.090
4.095	0.980274	3.095048	4.075321	-8.618382	-8.791811	-25.560836	-16.769025	3.157330	4.157330	4.095
4.100	0.969755	3.100112	4.069867	-8.670266	-8.940675	-25.750675	-16.810000	3.196798	4.196798	4.100
4.105	0.959198	3.105203	4.064401	-8.722223	-9.093243	-25.944268	-16.851025	3.237290	4.237290	4.105
4.110	0.948603	3.110321	4.058924	-8.774252	-9.249660	-26.141760	-16.892100	3.278845	4.278845	4.110
4.115	0.937968	3.115468	4.053436	-8.826353	-9.410077	-26.343302	-16.933225	3.321506	4.321506	4.115
4.120	0.927295	3.120641	4.047956	-8.878527	-9.574655	-26.549055	-16.974400	3.365318	4.365318	4.120
4.125	0.916582	3.125843	4.042425	-8.930774	-9.743563	-26.759188	-17.015625	3.410326	4.410326	4.125
4.130	0.905830	3.131073	4.036903	-8.983094	-9.916978	-26.973878	-17.056900	3.456581	4.456581	4.130
4.135	0.895038	3.136332	4.031370	-9.035486	-10.095090	-27.193315	-17.098225	3.504134	4.504134	4.135
4.140	0.884206	3.141619	4.025825	-9.087951	-10.278037	-27.417697	-17.139600	3.553041	4.553041	4.140
4.145	0.873333	3.146935	4.020268	-9.140488	-10.466209	-27.647234	-17.181025	3.603361	4.603361	4.145
4.150	0.862421	3.152280	4.014700	-9.193099	-10.659648	-27.882148	-17.222500	3.655154	4.655154	4.150
4.155	0.851467	3.157654	4.009121	-9.245783	-10.858650	-28.122675	-17.264025	3.708486	4.708486	4.155
4.160	0.840473	3.163058	4.003530	-9.298539	-11.063464	-28.369064	-17.305600	3.763427	4.763427	4.160
4.165	0.829437	3.168491	3.997928	-9.351369	-11.274357	-28.621582	-17.347225	3.820050	4.820050	4.165
4.170	0.818360	3.173954	3.992314	-9.404272	-11.491608	-28.880508	-17.388900	3.878433	4.878433	4.170
4.175	0.807241	3.179447	3.986689	-9.457248	-11.715516	-29.146141	-17.430625	3.938658	4.938658	4.175
4.180	0.796081	3.184971	3.981052	-9.510297	-11.946401	-29.418801	-17.472400	4.000815	5.000815	4.180
4.185	0.784878	3.190525	3.975403	-9.563419	-12.184600	-29.698825	-17.514225	4.064997	5.064997	4.185
4.190	0.773632	3.196110	3.969743	-9.616615	-12.430474	-29.986574	-17.556100	4.131305	5.131305	4.190
4.195	0.762344	3.201726	3.964071	-9.669884	-12.684408	-30.282433	-17.598025	4.199844	5.199844	4.195
ALPHA	F1	F2	F3	F4	F5	F6	F7	F2/F1	1+F2/F1	ALPHA

ALPHA	F1	F2	F3	F4	F5	F6	F7	F2/F1	1+F2/F1	ALPHA
4.200	0.751013	3.207374	3.958387	-9.723226	-12.946814	-30.586814	-17.640000	4.270730	5.270730	4.200
4.205	0.739639	3.213053	3.952691	-9.776642	-13.218132	-30.900157	-17.682025	4.344084	5.344084	4.205
4.210	0.728221	3.218763	3.946984	-9.830132	-13.498833	-31.222933	-17.724100	4.420037	5.420037	4.210
4.215	0.716759	3.224506	3.941265	-9.883695	-13.789420	-31.555645	-17.766225	4.498729	5.498729	4.215
4.220	0.705254	3.230281	3.935534	-9.937331	-14.090437	-31.898837	-17.808400	4.580311	5.580311	4.220
4.225	0.693704	3.236088	3.929792	-9.991042	-14.402466	-32.253091	-17.850625	4.664944	5.664944	4.225
4.230	0.682109	3.241928	3.924037	-10.044826	-14.726131	-32.619031	-17.892900	4.752801	5.752801	4.230
4.235	0.670469	3.247801	3.918271	-10.098684	-15.062108	-32.997333	-17.935225	4.844070	5.844070	4.235
4.240	0.658785	3.253708	3.912492	-10.152615	-15.411126	-33.388726	-17.977600	4.938954	5.938954	4.240
4.245	0.647055	3.259647	3.906702	-10.206621	-15.773970	-33.793995	-18.020025	5.037669	6.037669	4.245
4.250	0.635279	3.265621	3.900900	-10.260701	-16.151492	-34.213992	-18.062500	5.140453	6.140453	4.250
4.255	0.623457	3.271628	3.895085	-10.314854	-16.544614	-34.649639	-18.105025	5.247561	6.247561	4.255
4.260	0.611589	3.277670	3.889259	-10.369082	-16.954338	-35.101938	-18.147600	5.359272	6.359272	4.260
4.265	0.599674	3.283747	3.883421	-10.423384	-17.381754	-35.571979	-18.190225	5.475888	6.475888	4.265
4.270	0.587712	3.289858	3.877570	-10.477760	-17.828048	-36.060948	-18.232900	5.597737	6.597737	4.270
4.275	0.575703	3.296004	3.871707	-10.532210	-18.294515	-36.570140	-18.275625	5.725180	6.725180	4.275
4.280	0.563647	3.302186	3.865833	-10.586735	-18.782573	-37.100973	-18.318400	5.858610	6.858610	4.280
4.285	0.551542	3.308403	3.859946	-10.641334	-19.293775	-37.655000	-18.361225	5.998458	6.998458	4.285
4.290	0.539390	3.314657	3.854046	-10.696007	-19.829825	-38.233925	-18.404100	6.145196	7.145196	4.290
4.295	0.527189	3.320946	3.848135	-10.750755	-20.392603	-38.839628	-18.447025	6.299347	7.299347	4.295
4.300	0.514939	3.327272	3.842211	-10.805577	-20.984178	-39.474178	-18.490000	6.461485	7.461485	4.300
4.305	0.502640	3.333635	3.836275	-10.860474	-21.606844	-40.139869	-18.533025	6.632245	7.632245	4.305
4.310	0.490292	3.340035	3.830327	-10.915446	-22.263141	-40.839241	-18.576100	6.812334	7.812334	4.310
4.315	0.477894	3.346472	3.824366	-10.970492	-22.955895	-41.575120	-18.619225	7.002536	8.002536	4.315
4.320	0.465446	3.352947	3.818393	-11.025613	-23.688260	-42.350660	-18.662400	7.203724	8.203724	4.320
4.325	0.452948	3.359460	3.812408	-11.080809	-24.463761	-43.169386	-18.705625	7.416879	8.416879	4.325
4.330	0.440399	3.366011	3.806410	-11.136080	-25.286357	-44.035257	-18.748900	7.643099	8.643099	4.330
4.335	0.427799	3.372601	3.800400	-11.191426	-26.160506	-44.952731	-18.792225	7.883620	8.883620	4.335
4.340	0.415147	3.379230	3.794377	-11.246847	-27.091247	-45.926847	-18.835600	8.139841	9.139841	4.340
4.345	0.402443	3.385898	3.788341	-11.302343	-28.084299	-46.963324	-18.879025	8.413350	9.413350	4.345
4.350	0.389688	3.392605	3.782293	-11.357914	-29.146177	-48.068677	-18.922500	8.705954	9.705954	4.350
4.355	0.376880	3.399353	3.776233	-11.413560	-30.284339	-49.250364	-18.966025	9.019723	10.019723	4.355
4.360	0.364019	3.406140	3.770159	-11.469281	-31.507360	-50.516960	-19.009600	9.357037	10.357037	4.360
4.365	0.351105	3.412968	3.764073	-11.525078	-32.825150	-51.878375	-19.053225	9.720646	10.720646	4.365
4.370	0.338138	3.419837	3.757975	-11.580950	-34.249228	-53.346128	-19.096900	10.113746	11.113746	4.370
4.375	0.325116	3.426747	3.751864	-11.636898	-35.793054	-54.933679	-19.140625	10.540074	11.540074	4.375
4.380	0.312040	3.433699	3.745740	-11.692921	-37.472467	-56.656867	-19.184400	11.004024	12.004024	4.380
4.385	0.298910	3.440693	3.739603	-11.749020	-39.306223	-58.534448	-19.228225	11.510802	12.510802	4.385
4.390	0.285724	3.447729	3.733453	-11.805194	-41.316708	-60.588808	-19.272100	12.066621	13.066621	4.390
4.395	0.272484	3.454807	3.727291	-11.861444	-43.530859	-62.846884	-19.316025	12.678955	13.678955	4.395
ALPHA	F1	F2	F3	F4	F5	F6	F7	F2/F1	1+F2/F1	ALPHA

ALPHA	F1	F2	F3	F4	F5	F6	F7	F2/F1	1+F2/F1	ALPHA
4.400	0.259187	3.461928	3.721115	-11.917770	-45.981378	-65.341378	-19.360000	13.356881	14.356881	4.400
4.405	0.245834	3.469093	3.714927	-11.974171	-48.708364	-68.112389	-19.404025	14.111527	15.111527	4.405
4.410	0.232424	3.476301	3.708726	-12.030649	-51.761535	-71.209635	-19.448100	14.956690	15.956690	4.410
4.415	0.218958	3.483553	3.702511	-12.087202	-55.203288	-74.695513	-19.492225	15.909687	16.909687	4.415
4.420	0.205434	3.490850	3.696284	-12.143831	-59.113019	-78.649419	-19.536400	16.992552	17.992552	4.420
4.425	0.191852	3.498192	3.690044	-12.200537	-63.593337	-83.173962	-19.580625	18.233761	19.233761	4.425
4.430	0.178213	3.505578	3.683791	-12.257319	-68.779215	-88.404115	-19.624900	19.670772	20.670772	4.430
4.435	0.164514	3.513010	3.677524	-12.314176	-74.851842	-94.521067	-19.669225	21.353868	22.353868	4.435
4.440	0.150756	3.520488	3.671245	-12.371111	-82.060257	-101.773857	-19.713600	23.352162	24.352162	4.440
4.445	0.136939	3.528013	3.664952	-12.428121	-90.756386	-110.514411	-19.758025	25.763322	26.763322	4.445
4.450	0.123062	3.535584	3.658646	-12.485208	-101.454297	-121.256797	-19.802500	28.730011	29.730011	4.450
4.455	0.109125	3.543202	3.652327	-12.542371	-114.935738	-134.782763	-19.847025	32.469181	33.469181	4.455
4.460	0.095127	3.550868	3.645995	-12.599611	-132.450436	-152.342036	-19.891600	37.327656	38.327656	4.460
4.465	0.081068	3.558581	3.639649	-12.656927	-156.127913	-176.064138	-19.936225	43.896423	44.896423	4.465
4.470	0.066947	3.566343	3.633290	-12.714321	-189.917064	-209.897964	-19.980900	53.271379	54.271379	4.470
4.475	0.052764	3.574154	3.626917	-12.771790	-242.056849	-262.082474	-20.025625	67.739005	68.739005	4.475
4.480	0.038518	3.582014	3.620531	-12.829337	-333.074518	-353.144918	-20.070400	92.996030	93.996030	4.480
4.485	0.024209	3.589923	3.614132	-12.886961	-532.316752	-552.431977	-20.115225	148.287573	149.287573	4.485
4.490	0.009837	3.597882	3.607719	-12.944661	-1315.920299	-1336.080399	-20.160100	365.751289	366.751289	4.490
4.495	-0.004599	3.605892	3.601293	-13.002439	2827.078361	2806.873336	-20.205025	-784.017563	-783.017563	4.495
4.500	-0.019100	3.613953	3.594853	-13.060293	683.787732	663.537732	-20.250000	-189.212971	-188.212971	4.500
4.505	-0.033666	3.622065	3.588400	-13.118225	389.663285	369.368260	-20.295025	-107.589703	-106.589703	4.505
4.510	-0.048297	3.630230	3.581933	-13.176234	272.819145	252.479045	-20.340100	-75.165341	-74.165341	4.510
4.515	-0.062994	3.638446	3.575452	-13.234320	210.090045	189.704820	-20.385225	-57.759012	-56.759012	4.515
4.520	-0.077757	3.646715	3.568958	-13.292484	170.949121	150.518721	-20.430400	-46.898888	-45.898888	4.520
4.525	-0.092587	3.655037	3.562450	-13.350725	144.196093	123.720468	-20.475625	-39.476665	-38.476665	4.525
4.530	-0.107485	3.663413	3.555928	-13.409044	124.752635	104.231735	-20.520900	-34.083002	-33.083002	4.530
4.535	-0.122451	3.671843	3.549393	-13.467440	109.982479	89.416254	-20.566225	-29.986281	-28.986281	4.535
4.540	-0.137485	3.680328	3.542843	-13.525914	98.381032	77.769432	-20.611600	-26.768949	-25.768949	4.540
4.545	-0.152588	3.688868	3.536280	-13.584465	89.026983	68.369958	-20.657025	-24.175321	-23.175321	4.545
4.550	-0.167761	3.697464	3.529703	-13.643094	81.324628	60.622128	-20.702500	-22.040078	-21.040078	4.550
4.555	-0.183004	3.706115	3.523112	-13.701802	74.871702	54.123677	-20.748025	-20.251583	-19.251583	4.555
4.560	-0.198317	3.714824	3.516507	-13.760587	69.386758	48.593158	-20.793600	-18.731729	-17.731729	4.560
4.565	-0.213702	3.723589	3.509888	-13.819450	64.666977	43.827752	-20.839225	-17.424230	-16.424230	4.565
4.570	-0.229158	3.732413	3.503255	-13.878391	60.562499	39.677599	-20.884900	-16.287496	-15.287496	4.570
4.575	-0.244687	3.741294	3.496607	-13.937410	56.960201	36.029576	-20.930625	-15.290134	-14.290134	4.575
4.580	-0.260288	3.750234	3.489946	-13.996508	53.773088	32.796688	-20.976400	-14.408900	-13.408030	4.580
4.585	-0.275963	3.759234	3.483271	-14.055684	50.933161	29.910936	-21.022225	-13.622224	-12.622224	4.585
4.590	-0.291712	3.768293	3.476581	-14.114938	48.386501	27.318401	-21.068100	-12.917841	-11.917841	4.590
4.595	-0.307536	3.777413	3.469877	-14.174271	46.089803	24.975778	-21.114025	-12.282834	-11.282834	4.595
ALPHA	F1	F2	F3	F4	F5	F6	F7	F2/F1	1+F2/F1	ALPHA

ALPHA	F1	F2	F3	F4	F5	F6	F7	F2/F1	1+F2/F1	ALPHA
4.600	-0.323435	3.786594	3.463159	-14.233682	44.007888	22.847888	-21.160000	-11.707441	-10.707441	4.600
4.605	-0.339409	3.795836	3.456427	-14.293172	42.111884	20.905859	-21.206025	-11.183648	-10.183648	4.605
4.610	-0.355461	3.805140	3.449680	-14.352741	40.377869	19.125769	-21.252100	-10.704817	-9.704817	4.610
4.615	-0.371589	3.814507	3.442919	-14.412388	38.785857	17.487632	-21.298225	-10.265401	-9.265401	4.615
4.620	-0.387795	3.823938	3.436143	-14.472114	37.319019	15.974619	-21.344400	-9.860729	-8.860729	4.620
4.625	-0.404079	3.833432	3.429353	-14.531919	35.963085	14.572460	-21.390625	-9.486843	-8.486843	4.625
4.630	-0.420442	3.842990	3.422548	-14.591803	34.705873	13.268973	-21.436900	-9.140360	-8.140360	4.630
4.635	-0.436885	3.852614	3.415729	-14.651766	33.536923	12.053698	-21.483225	-8.818378	-7.818378	4.635
4.640	-0.453408	3.862303	3.408896	-14.711809	32.447200	10.917600	-21.529600	-8.518390	-7.518390	4.640
4.645	-0.470012	3.872059	3.402047	-14.771930	31.428865	9.852840	-21.576025	-8.238221	-7.238221	4.645
4.650	-0.486697	3.881882	3.395185	-14.832131	30.475075	8.852575	-21.622500	-7.975970	-6.975970	4.650
4.655	-0.503465	3.891772	3.388307	-14.892411	29.579838	7.910813	-21.669025	-7.729976	-6.729976	4.655
4.660	-0.520316	3.901730	3.381415	-14.952771	28.737881	7.022281	-21.715600	-7.498775	-6.498775	4.660
4.665	-0.537250	3.911758	3.374507	-15.013210	27.944542	6.182317	-21.762225	-7.281073	-6.281073	4.665
4.670	-0.554269	3.921855	3.367586	-15.073729	27.195692	5.386792	-21.808900	-7.075724	-6.075724	4.670
4.675	-0.571373	3.932022	3.360649	-15.134327	26.487653	4.632028	-21.855625	-6.881708	-5.881708	4.675
4.680	-0.588563	3.942260	3.353697	-15.195006	25.817143	3.914743	-21.902400	-6.698114	-5.698114	4.680
4.685	-0.605839	3.952569	3.346730	-15.255764	25.181221	3.231996	-21.949225	-6.524126	-5.524126	4.685
4.690	-0.623202	3.962951	3.339749	-15.316602	24.577249	2.581149	-21.996100	-6.359011	-5.359011	4.690
4.695	-0.640654	3.973406	3.332752	-15.377520	24.002845	1.959820	-22.043025	-6.202109	-5.202109	4.695
4.700	-0.658194	3.983935	3.325741	-15.438519	23.455863	1.365863	-22.090000	-6.052824	-5.052824	4.700
4.705	-0.675824	3.994538	3.318714	-15.499597	22.934356	0.797331	-22.137025	-5.910616	-4.910616	4.705
4.710	-0.693545	4.005217	3.311672	-15.560756	22.436559	0.252459	-22.184100	-5.774994	-4.774994	4.710
4.715	-0.711356	4.015971	3.304615	-15.621995	21.960865	-0.270360	-22.231225	-5.645514	-4.645514	4.715
4.720	-0.729259	4.026802	3.297543	-15.683315	21.505810	-0.772590	-22.278400	-5.521769	-4.521769	4.720
4.725	-0.747256	4.037710	3.290455	-15.744715	21.070056	-1.255569	-22.325625	-5.403387	-4.403387	4.725
4.730	-0.765345	4.048697	3.283352	-15.806196	20.652377	-1.720523	-22.372900	-5.290028	-4.290028	4.730
4.735	-0.783529	4.059763	3.276234	-15.867757	20.251649	-2.168576	-22.420225	-5.181381	-4.181381	4.735
4.740	-0.801808	4.070909	3.269100	-15.929400	19.866842	-2.600758	-22.467600	-5.077159	-4.077159	4.740
4.745	-0.820184	4.082135	3.261951	-15.991123	19.497003	-3.018022	-22.515025	-4.977098	-3.977098	4.745
4.750	-0.838656	4.093442	3.254787	-16.052927	19.141256	-3.421244	-22.562500	-4.880956	-3.880956	4.750
4.755	-0.857226	4.104832	3.247606	-16.114812	18.798793	-3.811232	-22.610025	-4.788507	-3.788507	4.755
4.760	-0.875895	4.116305	3.240411	-16.176778	18.468864	-4.188736	-22.657600	-4.699544	-3.699544	4.760
4.765	-0.894663	4.127862	3.233199	-16.238826	18.150777	-4.554448	-22.705225	-4.613875	-3.613875	4.765
4.770	-0.913532	4.139504	3.225973	-16.300955	17.843886	-4.909014	-22.752900	-4.531320	-3.531320	4.770
4.775	-0.932502	4.151232	3.218730	-16.363165	17.547596	-5.253029	-22.800625	-4.451714	-3.451714	4.775
4.780	-0.951574	4.163046	3.211472	-16.425457	17.261350	-5.587050	-22.848400	-4.374904	-3.374904	4.780
4.785	-0.970750	4.174947	3.204197	-16.487830	16.984629	-5.911596	-22.896225	-4.300744	-3.300744	4.785
4.790	-0.990030	4.186937	3.196907	-16.550285	16.716952	-6.227148	-22.944100	-4.229101	-3.229101	4.790
4.795	-1.009415	4.199017	3.189601	-16.612822	16.457867	-6.534158	-22.992025	-4.159851	-3.159851	4.795
ALPHA	F1	F2	F3	F4	F5	F6	F7	F2/F1	1+F2/F1	ALPHA

ALPHA	F1	F2	F3	F4	F5	F6	F7	F2/F1	1+F2/F1	ALPHA
4.800	-1.028907	4.211186	3.182280	-16.675441	16.206952	-6.833048	-23.040000	-4.092875	-3.092875	4.800
4.805	-1.048505	4.223447	3.174942	-16.738141	15.963813	-7.124212	-23.088025	-4.028065	-3.028065	4.805
4.810	-1.068212	4.235800	3.167588	-16.800924	15.728082	-7.408018	-23.136100	-3.965318	-2.965318	4.810
4.815	-1.088028	4.248246	3.160219	-16.863789	15.499410	-7.684815	-23.184225	-3.904538	-2.904538	4.815
4.820	-1.107954	4.260786	3.152832	-16.926736	15.277472	-7.954928	-23.232400	-3.845635	-2.845635	4.820
4.825	-1.127991	4.273421	3.145430	-16.989765	15.061964	-8.218661	-23.280625	-3.788523	-2.788523	4.825
4.830	-1.148141	4.286153	3.138012	-17.052877	14.852597	-8.476303	-23.328900	-3.733124	-2.733124	4.830
4.835	-1.168404	4.298981	3.130577	-17.116071	14.649101	-8.728124	-23.377225	-3.679361	-2.679361	4.835
4.840	-1.188782	4.311908	3.123126	-17.179348	14.451220	-8.974380	-23.425600	-3.627165	-2.627165	4.840
4.845	-1.209275	4.324934	3.115659	-17.242707	14.258713	-9.215312	-23.474025	-3.576468	-2.576468	4.845
4.850	-1.229885	4.338060	3.108175	-17.306150	14.071355	-9.451145	-23.522500	-3.527208	-2.527208	4.850
4.855	-1.250613	4.351288	3.100675	-17.369675	13.888930	-9.682095	-23.571025	-3.479324	-2.479324	4.855
4.860	-1.271460	4.364618	3.093159	-17.433283	13.711234	-9.908366	-23.619600	-3.432762	-2.432762	4.860
4.865	-1.292427	4.378052	3.085625	-17.496974	13.538078	-10.130147	-23.668225	-3.387466	-2.387466	4.865
4.870	-1.313515	4.391591	3.078076	-17.560749	13.369277	-10.347623	-23.716900	-3.343388	-2.343388	4.870
4.875	-1.334726	4.405236	3.070509	-17.624606	13.204661	-10.560964	-23.765625	-3.300479	-2.300479	4.875
4.880	-1.356061	4.418987	3.062926	-17.688547	13.044066	-10.770334	-23.814400	-3.258694	-2.258694	4.880
4.885	-1.377521	4.432847	3.055327	-17.752572	12.887336	-10.975889	-23.863225	-3.217990	-2.217990	4.885
4.890	-1.399107	4.446817	3.047710	-17.816680	12.734326	-11.177774	-23.912100	-3.178326	-2.178326	4.890
4.895	-1.420820	4.460897	3.040077	-17.880872	12.584894	-11.376131	-23.961025	-3.139663	-2.139663	4.895
4.900	-1.442663	4.475089	3.032426	-17.945147	12.438908	-11.571092	-24.010000	-3.101965	-2.101965	4.900
4.905	-1.464635	4.489394	3.024759	-18.009506	12.296241	-11.762784	-24.059025	-3.065197	-2.065197	4.905
4.910	-1.486739	4.503814	3.017075	-18.073950	12.156773	-11.951327	-24.108100	-3.029324	-2.029324	4.910
4.915	-1.508976	4.518350	3.009374	-18.138477	12.020389	-12.136836	-24.157225	-2.994316	-1.994316	4.915
4.920	-1.531347	4.533002	3.001656	-18.203089	11.886980	-12.319420	-24.206400	-2.960141	-1.960141	4.920
4.925	-1.553853	4.547774	2.993920	-18.267784	11.756441	-12.499184	-24.255625	-2.926772	-1.926772	4.925
4.930	-1.576497	4.562664	2.986168	-18.332565	11.628673	-12.676227	-24.304900	-2.894179	-1.894179	4.930
4.935	-1.599278	4.577676	2.978398	-18.397429	11.503581	-12.850644	-24.354225	-2.862338	-1.862338	4.935
4.940	-1.622200	4.592811	2.970611	-18.462378	11.381073	-13.022527	-24.403600	-2.831223	-1.831223	4.940
4.945	-1.645263	4.608069	2.962806	-18.527412	11.261064	-13.191961	-24.453025	-2.800810	-1.800810	4.945
4.950	-1.668469	4.623453	2.954984	-18.592531	11.143470	-13.359030	-24.502500	-2.771076	-1.771076	4.950
4.955	-1.691819	4.638964	2.947145	-18.657735	11.028212	-13.523813	-24.552025	-2.741998	-1.741998	4.955
4.960	-1.715314	4.654603	2.939288	-18.723023	10.915214	-13.686386	-24.601600	-2.713557	-1.713557	4.960
4.965	-1.738958	4.670372	2.931414	-18.788397	10.804402	-13.846823	-24.651225	-2.685731	-1.685731	4.965
4.970	-1.762750	4.686272	2.923522	-18.853856	10.695708	-14.005192	-24.700900	-2.658501	-1.658501	4.970
4.975	-1.786692	4.702305	2.915612	-18.919400	10.589065	-14.161560	-24.750625	-2.631849	-1.631849	4.975
4.980	-1.810787	4.718472	2.907685	-18.985030	10.484407	-14.315993	-24.800400	-2.605758	-1.605758	4.980
4.985	-1.835036	4.734776	2.899740	-19.050745	10.381675	-14.468550	-24.850225	-2.580209	-1.580209	4.985
4.990	-1.859440	4.751217	2.891777	-19.116546	10.280809	-14.619291	-24.900100	-2.555187	-1.555187	4.990
4.995	-1.884001	4.767798	2.883796	-19.182432	10.181751	-14.768274	-24.950025	-2.530676	-1.530676	4.995
ALPHA	F1	F2	F3	F4	F5	F6	F7	F2/F1	1+F2/F1	ALPHA

ALPHA	F1	F2	F3	F4	F5	F6	F7	F2/F1	1+F2/F1	ALPHA
5.000	-1.908722	4.784519	2.875798	-19.248405	10.084449	-14.915551	-25.000000	-2.506662	-1.506662	5.000
5.005	-1.933603	4.801383	2.867781	-19.314463	9.988849	-15.061176	-25.050025	-2.483128	-1.483128	5.005
5.010	-1.958646	4.818392	2.859746	-19.380608	9.894901	-15.205199	-25.100100	-2.460063	-1.460063	5.010
5.015	-1.983854	4.835547	2.851693	-19.446839	9.802557	-15.347668	-25.150225	-2.437451	-1.437451	5.015
5.020	-2.009228	4.852850	2.843622	-19.513156	9.711770	-15.488630	-25.200400	-2.415281	-1.415281	5.020
5.025	-2.034769	4.870302	2.835533	-19.579559	9.622495	-15.628130	-25.250625	-2.393540	-1.393540	5.025
5.030	-2.060481	4.887907	2.827425	-19.646049	9.534690	-15.766210	-25.300900	-2.372216	-1.372216	5.030
5.035	-2.086365	4.905664	2.819300	-19.712626	9.448312	-15.902913	-25.351225	-2.351298	-1.351298	5.035
5.040	-2.112422	4.923578	2.811155	-19.779289	9.363322	-16.038278	-25.401600	-2.330774	-1.330774	5.040
5.045	-2.138655	4.941648	2.802993	-19.846039	9.279682	-16.172343	-25.452025	-2.310633	-1.310633	5.045
5.050	-2.165066	4.959878	2.794812	-19.912877	9.197353	-16.305147	-25.502500	-2.290867	-1.290867	5.050
5.055	-2.191657	4.978269	2.786612	-19.979801	9.116300	-16.436725	-25.553025	-2.271464	-1.271464	5.055
5.060	-2.218429	4.996823	2.778394	-20.046813	9.036489	-16.567111	-25.603600	-2.252415	-1.252415	5.060
5.065	-2.245386	5.015543	2.770157	-20.113911	8.957885	-16.696340	-25.654225	-2.233711	-1.233711	5.065
5.070	-2.272529	5.034430	2.761901	-20.181098	8.880458	-16.824442	-25.704900	-2.215343	-1.215343	5.070
5.075	-2.299860	5.053487	2.753627	-20.248372	8.804175	-16.951450	-25.755625	-2.197302	-1.197302	5.075
5.080	-2.327382	5.072715	2.745333	-20.315734	8.729006	-17.077394	-25.806400	-2.179580	-1.179580	5.080
5.085	-2.355097	5.092118	2.737021	-20.383183	8.654923	-17.202302	-25.857225	-2.162169	-1.162169	5.085
5.090	-2.383007	5.111697	2.728690	-20.450720	8.581898	-17.326202	-25.908100	-2.145062	-1.145062	5.090
5.095	-2.411114	5.131454	2.720340	-20.518346	8.509902	-17.449123	-25.959025	-2.128250	-1.128250	5.095
5.100	-2.439422	5.151392	2.711970	-20.586060	8.438910	-17.571090	-26.010000	-2.111727	-1.111727	5.100
5.105	-2.467931	5.171513	2.703582	-20.653862	8.368897	-17.692128	-26.061025	-2.095485	-1.095485	5.105
5.110	-2.496646	5.191820	2.695174	-20.721752	8.299837	-17.812263	-26.112100	-2.079518	-1.079518	5.110
5.115	-2.525567	5.212314	2.686747	-20.789731	8.231707	-17.931518	-26.163225	-2.063819	-1.063819	5.115
5.120	-2.554699	5.233000	2.678301	-20.857799	8.164484	-18.049916	-26.214400	-2.048382	-1.048382	5.120
5.125	-2.584043	5.253878	2.669835	-20.925955	8.098146	-18.167479	-26.265625	-2.033201	-1.033201	5.125
5.130	-2.613602	5.274952	2.661350	-20.994200	8.032670	-18.284230	-26.316900	-2.018269	-1.018269	5.130
5.135	-2.643378	5.296224	2.652845	-21.062535	7.968036	-18.400189	-26.368225	-2.003581	-1.003581	5.135
5.140	-2.673376	5.317696	2.644321	-21.130958	7.904224	-18.515376	-26.419600	-1.989132	-0.989132	5.140
5.145	-2.703596	5.339373	2.635777	-21.199471	7.841213	-18.629812	-26.471025	-1.974915	-0.974915	5.145
5.150	-2.734042	5.361255	2.627213	-21.268073	7.778985	-18.743515	-26.522500	-1.960926	-0.960926	5.150
5.155	-2.764717	5.383347	2.618630	-21.336765	7.717521	-18.856504	-26.574025	-1.947160	-0.947160	5.155
5.160	-2.795624	5.405651	2.610027	-21.405547	7.656803	-18.968797	-26.625600	-1.933611	-0.933611	5.160
5.165	-2.826766	5.428170	2.601403	-21.474418	7.596814	-19.080411	-26.677225	-1.920275	-0.920275	5.165
5.170	-2.858146	5.450906	2.592760	-21.543380	7.537537	-19.191363	-26.728900	-1.907148	-0.907148	5.170
5.175	-2.889766	5.473863	2.584097	-21.612431	7.478954	-19.301671	-26.780625	-1.894224	-0.894224	5.175
5.180	-2.921631	5.497045	2.575414	-21.681573	7.421051	-19.411349	-26.832400	-1.881499	-0.881499	5.180
5.185	-2.953743	5.520453	2.566710	-21.750804	7.363812	-19.520413	-26.884225	-1.868969	-0.868969	5.185
5.190	-2.986105	5.544091	2.557987	-21.820127	7.307221	-19.628879	-26.936100	-1.856630	-0.856630	5.190
5.195	-3.018721	5.567963	2.549243	-21.889540	7.251264	-19.736761	-26.988025	-1.844478	-0.844478	5.195
ALPHA	F1	F2	F3	F4	F5	F6	F7	F2/F1	1+F2/F1	ALPHA

DRUCKSTAEBE -579-

ALPHA	F1	F2	F3	F4	F5	F6	F7	F2/F1	1+F2/F1	ALPHA
5.200	-3.051594	5.592072	2.540478	-21.959044	7.195926	-19.844074	-27.040000	-1.832509	-0.832509	5.200
5.205	-3.084727	5.616421	2.531693	-22.028638	7.141195	-19.950830	-27.092025	-1.820719	-0.820719	5.205
5.210	-3.118125	5.641013	2.522888	-22.098324	7.087055	-20.057045	-27.144100	-1.809104	-0.809104	5.210
5.215	-3.151790	5.665852	2.514062	-22.168101	7.033495	-20.162730	-27.196225	-1.797662	-0.797662	5.215
5.220	-3.185727	5.690942	2.505216	-22.237969	6.980501	-20.267899	-27.248400	-1.786387	-0.786387	5.220
5.225	-3.219938	5.716286	2.496348	-22.307929	6.928061	-20.372564	-27.300625	-1.775278	-0.775278	5.225
5.230	-3.254428	5.741888	2.487460	-22.377980	6.876163	-20.476737	-27.352900	-1.764331	-0.764331	5.230
5.235	-3.289201	5.767752	2.478551	-22.448122	6.824795	-20.580430	-27.405225	-1.753542	-0.753542	5.235
5.240	-3.324260	5.793881	2.469621	-22.518357	6.773946	-20.683654	-27.457600	-1.742909	-0.742909	5.240
5.245	-3.359609	5.820280	2.460671	-22.588684	6.723604	-20.786421	-27.510025	-1.732428	-0.732428	5.245
5.250	-3.395253	5.846952	2.451699	-22.659103	6.673759	-20.888741	-27.562500	-1.722096	-0.722096	5.250
5.255	-3.431196	5.873901	2.442706	-22.729614	6.624400	-20.990625	-27.615025	-1.711911	-0.711911	5.255
5.260	-3.467441	5.901132	2.433691	-22.800217	6.575517	-21.092083	-27.667600	-1.701870	-0.701870	5.260
5.265	-3.503993	5.928649	2.424656	-22.870913	6.527100	-21.193125	-27.720225	-1.691969	-0.691969	5.265
5.270	-3.540857	5.956456	2.415599	-22.941702	6.479138	-21.293762	-27.772900	-1.682207	-0.682207	5.270
5.275	-3.578037	5.984558	2.406521	-23.012583	6.431623	-21.394002	-27.825625	-1.672581	-0.672581	5.275
5.280	-3.615537	6.012958	2.397421	-23.083558	6.384544	-21.493856	-27.878400	-1.663088	-0.663088	5.280
5.285	-3.653363	6.041662	2.388300	-23.154626	6.337894	-21.593331	-27.931225	-1.653726	-0.653726	5.285
5.290	-3.691518	6.070675	2.379157	-23.225787	6.291663	-21.692437	-27.984100	-1.644493	-0.644493	5.290
5.295	-3.730008	6.100000	2.369992	-23.297041	6.245842	-21.791183	-28.037025	-1.635385	-0.635385	5.295
5.300	-3.768838	6.129644	2.360805	-23.368389	6.200423	-21.889577	-28.090000	-1.626401	-0.626401	5.300
5.305	-3.808013	6.159610	2.351597	-23.439831	6.155397	-21.987628	-28.143025	-1.617539	-0.617539	5.305
5.310	-3.847537	6.189904	2.342367	-23.511367	6.110758	-22.085342	-28.196100	-1.608796	-0.608796	5.310
5.315	-3.887416	6.220531	2.333114	-23.582996	6.066496	-22.182729	-28.249225	-1.600171	-0.600171	5.315
5.320	-3.927656	6.251496	2.323840	-23.654720	6.022605	-22.279795	-28.302400	-1.591661	-0.591661	5.320
5.325	-3.968262	6.282805	2.314543	-23.726538	5.979076	-22.376549	-28.355625	-1.583264	-0.583264	5.325
5.330	-4.009239	6.314463	2.305224	-23.798451	5.935902	-22.472998	-28.408900	-1.574978	-0.574978	5.330
5.335	-4.050593	6.346477	2.295883	-23.870459	5.893077	-22.569148	-28.462225	-1.566802	-0.566802	5.335
5.340	-4.092331	6.378850	2.286520	-23.942561	5.850593	-22.665007	-28.515600	-1.558733	-0.558733	5.340
5.345	-4.134457	6.411590	2.277134	-24.014758	5.808443	-22.760582	-28.569025	-1.550770	-0.550770	5.345
5.350	-4.176978	6.444703	2.267725	-24.087050	5.766621	-22.855879	-28.622500	-1.542910	-0.542910	5.350
5.355	-4.219900	6.478194	2.258294	-24.159438	5.725120	-22.950905	-28.676025	-1.535153	-0.535153	5.355
5.360	-4.263230	6.512070	2.248840	-24.231921	5.683934	-23.045666	-28.729600	-1.527497	-0.527497	5.360
5.365	-4.306974	6.546337	2.239363	-24.304500	5.643057	-23.140168	-28.783225	-1.519939	-0.519939	5.365
5.370	-4.351138	6.581001	2.229863	-24.377174	5.602482	-23.234418	-28.836900	-1.512478	-0.512478	5.370
5.375	-4.395730	6.616070	2.220340	-24.449944	5.562203	-23.328422	-28.890625	-1.505113	-0.505113	5.375
5.380	-4.440756	6.651550	2.210795	-24.522811	5.522216	-23.422184	-28.944400	-1.497842	-0.497842	5.380
5.385	-4.486223	6.687449	2.201226	-24.595773	5.482513	-23.515712	-28.998225	-1.490663	-0.490663	5.385
5.390	-4.532138	6.723772	2.191634	-24.668833	5.443089	-23.609011	-29.052100	-1.483576	-0.483576	5.390
5.395	-4.578510	6.760528	2.182018	-24.741988	5.403939	-23.702086	-29.106025	-1.476578	-0.476578	5.395

ALPHA F1 F2 F3 F4 F5 F6 F7 F2/F1 1+F2/F1 ALPHA

DRUCKSTAEBE -579-

DRUCKSTAEBE -580-

ALPHA	F1	F2	F3	F4	F5	F6	F7	F2/F1	1+F2/F1	ALPHA
5.400	-4.625344	6.797724	2.172380	-24.815241	5.365058	-23.794942	-29.160000	-1.469669	-0.469669	5.400
5.405	-4.672650	6.835367	2.162717	-24.888590	5.326440	-23.887585	-29.214025	-1.462846	-0.462846	5.405
5.410	-4.720435	6.873466	2.153032	-24.962037	5.288080	-23.980020	-29.268100	-1.456109	-0.456109	5.410
5.415	-4.768706	6.912029	2.143322	-25.035580	5.249973	-24.072252	-29.322225	-1.449456	-0.449456	5.415
5.420	-4.817473	6.951062	2.133589	-25.109221	5.212114	-24.164286	-29.376400	-1.442886	-0.442886	5.420
5.425	-4.866744	6.990576	2.123832	-25.182960	5.174499	-24.256126	-29.430625	-1.436397	-0.436397	5.425
5.430	-4.916527	7.030578	2.114052	-25.256797	5.137122	-24.347778	-29.484900	-1.429989	-0.429989	5.430
5.435	-4.966831	7.071078	2.104247	-25.330731	5.099979	-24.439246	-29.539225	-1.423660	-0.423660	5.435
5.440	-5.017665	7.112083	2.094418	-25.404764	5.063065	-24.530535	-29.593600	-1.417409	-0.417409	5.440
5.445	-5.069039	7.153604	2.084565	-25.478895	5.026376	-24.621649	-29.648025	-1.411235	-0.411235	5.445
5.450	-5.120961	7.195649	2.074688	-25.553124	4.989908	-24.712592	-29.702500	-1.405136	-0.405136	5.450
5.455	-5.173442	7.238229	2.064787	-25.627452	4.953656	-24.803369	-29.757025	-1.399113	-0.399113	5.455
5.460	-5.226492	7.281353	2.054861	-25.701879	4.917615	-24.893985	-29.811600	-1.393162	-0.393162	5.460
5.465	-5.280121	7.325031	2.044910	-25.776405	4.881783	-24.984442	-29.866225	-1.387285	-0.387285	5.465
5.470	-5.334339	7.369274	2.034935	-25.851030	4.846154	-25.074746	-29.920900	-1.381478	-0.381478	5.470
5.475	-5.389157	7.414092	2.024936	-25.925754	4.810726	-25.164899	-29.975625	-1.375743	-0.375743	5.475
5.480	-5.444585	7.459496	2.014911	-26.000578	4.775493	-25.254907	-30.030400	-1.370076	-0.370076	5.480
5.485	-5.500636	7.505498	2.004862	-26.075501	4.740452	-25.344773	-30.085225	-1.364478	-0.364478	5.485
5.490	-5.557320	7.552108	1.994788	-26.150525	4.705600	-25.434500	-30.140100	-1.358948	-0.358948	5.490
5.495	-5.614650	7.599339	1.984688	-26.225649	4.670932	-25.524093	-30.195025	-1.353484	-0.353484	5.495
5.500	-5.672638	7.647202	1.974564	-26.300872	4.636445	-25.613555	-30.250000	-1.348086	-0.348086	5.500
5.505	-5.731295	7.695709	1.964414	-26.376197	4.602135	-25.702890	-30.305025	-1.342752	-0.342752	5.505
5.510	-5.790635	7.744874	1.954239	-26.451622	4.568000	-25.792100	-30.360100	-1.337483	-0.337483	5.510
5.515	-5.850671	7.794710	1.944039	-26.527148	4.534035	-25.881190	-30.415225	-1.332276	-0.332276	5.515
5.520	-5.911416	7.845229	1.933813	-26.602775	4.500237	-25.970163	-30.470400	-1.327132	-0.327132	5.520
5.525	-5.972884	7.896445	1.923561	-26.678503	4.466603	-26.059022	-30.525625	-1.322049	-0.322049	5.525
5.530	-6.035089	7.948373	1.913284	-26.754332	4.433130	-26.147770	-30.580900	-1.317027	-0.317027	5.530
5.535	-6.098046	8.001027	1.902981	-26.830263	4.399813	-26.236412	-30.636225	-1.312064	-0.312064	5.535
5.540	-6.161769	8.054421	1.892652	-26.906296	4.366651	-26.324949	-30.691600	-1.307160	-0.307160	5.540
5.545	-6.226274	8.108571	1.882297	-26.982431	4.333640	-26.413385	-30.747025	-1.302315	-0.302315	5.545
5.550	-6.291576	8.163492	1.871916	-27.058669	4.300777	-26.501723	-30.802500	-1.297527	-0.297527	5.550
5.555	-6.357692	8.219201	1.861508	-27.135008	4.268059	-26.589966	-30.858025	-1.292796	-0.292796	5.555
5.560	-6.424638	8.275713	1.851075	-27.211450	4.235484	-26.678116	-30.913600	-1.288121	-0.288121	5.560
5.565	-6.492432	8.333047	1.840615	-27.287995	4.203047	-26.766178	-30.969225	-1.283502	-0.283502	5.565
5.570	-6.561090	8.391219	1.830128	-27.364643	4.170746	-26.854154	-31.024900	-1.278937	-0.278937	5.570
5.575	-6.630631	8.450246	1.819615	-27.441395	4.138579	-26.942046	-31.080625	-1.274426	-0.274426	5.575
5.580	-6.701074	8.510149	1.809075	-27.518249	4.106543	-27.029857	-31.136400	-1.269968	-0.269968	5.580
5.585	-6.772436	8.570945	1.798509	-27.595207	4.074635	-27.117590	-31.192225	-1.265563	-0.265563	5.585
5.590	-6.844739	8.632655	1.787915	-27.672269	4.042852	-27.205248	-31.248100	-1.261210	-0.261210	5.590
5.595	-6.918002	8.695297	1.777295	-27.749435	4.011192	-27.292833	-31.304025	-1.256909	-0.256909	5.595
ALPHA	F1	F2	F3	F4	F5	F6	F7	F2/F1	1+F2/F1	ALPHA

DRUCKSTAEBE -580-

ALPHA	F1	F2	F3	F4	F5	F6	F7	F2/F1	1+F2/F1	ALPHA
5.600	-6.992246	8.758893	1.766647	-27.826706	3.979652	-27.380348	-31.360000	-1.252658	-0.252658	5.600
5.605	-7.067492	8.823465	1.755972	-27.904080	3.948229	-27.467796	-31.416025	-1.248458	-0.248458	5.605
5.610	-7.143763	8.889033	1.745270	-27.981560	3.916922	-27.555178	-31.472100	-1.244307	-0.244307	5.610
5.615	-7.221081	8.955621	1.734540	-28.059144	3.885726	-27.642499	-31.528225	-1.240205	-0.240205	5.615
5.620	-7.299469	9.023252	1.723783	-28.136833	3.854641	-27.729759	-31.584400	-1.236152	-0.236152	5.620
5.625	-7.378951	9.091949	1.712999	-28.214628	3.823664	-27.816961	-31.640625	-1.232147	-0.232147	5.625
5.630	-7.459553	9.161739	1.702186	-28.292528	3.792792	-27.904108	-31.696900	-1.228189	-0.228189	5.630
5.635	-7.541299	9.232644	1.691346	-28.370534	3.762022	-27.991203	-31.753225	-1.224278	-0.224278	5.635
5.640	-7.624216	9.304693	1.680477	-28.448646	3.731353	-28.078247	-31.809600	-1.220413	-0.220413	5.640
5.645	-7.708332	9.377913	1.669581	-28.526864	3.700783	-28.165242	-31.866025	-1.216594	-0.216594	5.645
5.650	-7.793674	9.452330	1.658656	-28.605188	3.670308	-28.252192	-31.922500	-1.212821	-0.212821	5.650
5.655	-7.880271	9.527974	1.647703	-28.683619	3.639928	-28.339097	-31.979025	-1.209092	-0.209092	5.655
5.660	-7.968154	9.604875	1.636722	-28.762157	3.609639	-28.425961	-32.035600	-1.205408	-0.205408	5.660
5.665	-8.057352	9.683064	1.625712	-28.840802	3.579439	-28.512786	-32.092225	-1.201767	-0.201767	5.665
5.670	-8.147898	9.762571	1.614673	-28.919554	3.549327	-28.599573	-32.148900	-1.198171	-0.198171	5.670
5.675	-8.239825	9.843431	1.603606	-28.998413	3.519300	-28.686325	-32.205625	-1.194616	-0.194616	5.675
5.680	-8.333166	9.925676	1.592510	-29.077381	3.489356	-28.773044	-32.262400	-1.191105	-0.191105	5.680
5.685	-8.427957	10.009341	1.581384	-29.156456	3.459493	-28.859732	-32.319225	-1.187636	-0.187636	5.685
5.690	-8.524234	10.094464	1.570230	-29.235640	3.429709	-28.946391	-32.376100	-1.184208	-0.184208	5.690
5.695	-8.622034	10.181080	1.559047	-29.314932	3.400002	-29.033023	-32.433025	-1.180821	-0.180821	5.695
5.700	-8.721396	10.269230	1.547834	-29.394332	3.370370	-29.119630	-32.490000	-1.177475	-0.177475	5.700
5.705	-8.822360	10.358952	1.536592	-29.473842	3.340811	-29.206214	-32.547025	-1.174170	-0.174170	5.705
5.710	-8.924969	10.450288	1.525320	-29.553461	3.311324	-29.292776	-32.604100	-1.170905	-0.170905	5.710
5.715	-9.029264	10.543282	1.514018	-29.633189	3.281905	-29.379320	-32.661225	-1.167679	-0.167679	5.715
5.720	-9.135290	10.637977	1.502687	-29.713026	3.252554	-29.465846	-32.718400	-1.164493	-0.164493	5.720
5.725	-9.243094	10.734419	1.491325	-29.792974	3.223269	-29.552356	-32.775625	-1.161345	-0.161345	5.725
5.730	-9.352723	10.832657	1.479934	-29.873032	3.194047	-29.638853	-32.832900	-1.158236	-0.158236	5.730
5.735	-9.464226	10.932739	1.468513	-29.953200	3.164886	-29.725339	-32.890225	-1.155165	-0.155165	5.735
5.740	-9.577655	11.034716	1.457061	-30.033478	3.135786	-29.811814	-32.947600	-1.152131	-0.152131	5.740
5.745	-9.693064	11.138642	1.445579	-30.113868	3.106744	-29.898281	-33.005025	-1.149135	-0.149135	5.745
5.750	-9.810507	11.244573	1.434066	-30.194368	3.077758	-29.984742	-33.062500	-1.146177	-0.146177	5.750
5.755	-9.930042	11.352564	1.422522	-30.274980	3.048827	-30.071198	-33.120025	-1.143254	-0.143254	5.755
5.760	-10.051727	11.462675	1.410948	-30.355704	3.019949	-30.157651	-33.177600	-1.140369	-0.140369	5.760
5.765	-10.175626	11.574969	1.399343	-30.436539	2.991122	-30.244103	-33.235225	-1.137519	-0.137519	5.765
5.770	-10.301802	11.689509	1.387707	-30.517487	2.962344	-30.330556	-33.292900	-1.134705	-0.134705	5.770
5.775	-10.430322	11.806361	1.376039	-30.598547	2.933615	-30.417010	-33.350625	-1.131927	-0.131927	5.775
5.780	-10.561255	11.925596	1.364340	-30.679719	2.904931	-30.503469	-33.408400	-1.129184	-0.129184	5.780
5.785	-10.694674	12.047284	1.352610	-30.761005	2.876292	-30.589933	-33.466225	-1.126475	-0.126475	5.785
5.790	-10.830653	12.171501	1.340848	-30.842403	2.847696	-30.676404	-33.524100	-1.123801	-0.123801	5.790
5.795	-10.969270	12.298325	1.329055	-30.923915	2.819141	-30.762884	-33.582025	-1.121162	-0.121162	5.795
ALPHA	F1	F2	F3	F4	F5	F6	F7	F2/F1	1+F2/F1	ALPHA

ALPHA	F1	F2	F3	F4	F5	F6	F7	F2/F1	1+F2/F1	ALPHA
5.800	-11.110608	12.427838	1.317230	-31.005541	2.790625	-30.849375	-33.640000	-1.118556	-0.118556	5.800
5.805	-11.254750	12.560123	1.305372	-31.087280	2.762147	-30.935878	-33.698025	-1.115984	-0.115984	5.805
5.810	-11.401786	12.695269	1.293483	-31.169134	2.733706	-31.022394	-33.756100	-1.113446	-0.113446	5.810
5.815	-11.551807	12.833369	1.281561	-31.251102	2.705300	-31.108925	-33.814225	-1.110940	-0.110940	5.815
5.820	-11.704909	12.974517	1.269608	-31.333185	2.676927	-31.195473	-33.872400	-1.108468	-0.108468	5.820
5.825	-11.861193	13.118814	1.257621	-31.415383	2.648585	-31.282040	-33.930625	-1.106028	-0.106028	5.825
5.830	-12.020764	13.266366	1.245602	-31.497696	2.620274	-31.368626	-33.988900	-1.103621	-0.103621	5.830
5.835	-12.183730	13.417280	1.233550	-31.580125	2.591991	-31.455234	-34.047225	-1.101246	-0.101246	5.835
5.840	-12.350207	13.571672	1.221465	-31.662670	2.563736	-31.541864	-34.105600	-1.098902	-0.098902	5.840
5.845	-12.520313	13.729660	1.209347	-31.745331	2.535506	-31.628519	-34.164025	-1.096591	-0.096591	5.845
5.850	-12.694174	13.891370	1.197196	-31.828108	2.507300	-31.715200	-34.222500	-1.094311	-0.094311	5.850
5.855	-12.871921	14.056932	1.185012	-31.911002	2.479117	-31.801908	-34.281025	-1.092062	-0.092062	5.855
5.860	-13.053690	14.226484	1.172794	-31.994013	2.450955	-31.888645	-34.339600	-1.089844	-0.089844	5.860
5.865	-13.239626	14.400168	1.160542	-32.077141	2.422813	-31.975412	-34.398225	-1.087657	-0.087657	5.865
5.870	-13.429878	14.578135	1.148257	-32.160387	2.394689	-32.062211	-34.456900	-1.085500	-0.085500	5.870
5.875	-13.624606	14.760544	1.135937	-32.243750	2.366582	-32.149043	-34.515625	-1.083374	-0.083374	5.875
5.880	-13.823975	14.947559	1.123584	-32.327232	2.338490	-32.235910	-34.574400	-1.081278	-0.081278	5.880
5.885	-14.028158	15.139354	1.111196	-32.410832	2.310413	-32.322812	-34.633225	-1.079212	-0.079212	5.885
5.890	-14.237339	15.336114	1.098774	-32.494551	2.282347	-32.409753	-34.692100	-1.077176	-0.077176	5.890
5.895	-14.451711	15.538028	1.086318	-32.578389	2.254293	-32.496732	-34.751025	-1.075169	-0.075169	5.895
5.900	-14.671475	15.745301	1.073827	-32.662347	2.226248	-32.583752	-34.810000	-1.073191	-0.073191	5.900
5.905	-14.896844	15.958145	1.061301	-32.746424	2.198212	-32.670813	-34.869025	-1.071243	-0.071243	5.905
5.910	-15.128045	16.176784	1.048740	-32.830620	2.170183	-32.757917	-34.928100	-1.069324	-0.069324	5.910
5.915	-15.365312	16.401456	1.036144	-32.914938	2.142159	-32.845066	-34.987225	-1.067434	-0.067434	5.915
5.920	-15.608896	16.632409	1.023512	-32.999375	2.114139	-32.932261	-35.046400	-1.065572	-0.065572	5.920
5.925	-15.859061	16.869907	1.010846	-33.083934	2.086122	-33.019503	-35.105625	-1.063739	-0.063739	5.925
5.930	-16.116085	17.114228	0.998143	-33.168613	2.058106	-33.106794	-35.164900	-1.061935	-0.061935	5.930
5.935	-16.380263	17.365668	0.985405	-33.253415	2.030090	-33.194135	-35.224225	-1.060158	-0.060158	5.935
5.940	-16.651907	17.624538	0.972631	-33.338338	2.002073	-33.281527	-35.283600	-1.058410	-0.058410	5.940
5.945	-16.931346	17.891167	0.959821	-33.423383	1.974053	-33.368972	-35.343025	-1.056689	-0.056689	5.945
5.950	-17.218932	18.165907	0.946975	-33.508550	1.946030	-33.456470	-35.402500	-1.054996	-0.054996	5.950
5.955	-17.515035	18.449127	0.934092	-33.593841	1.918000	-33.544025	-35.462025	-1.053331	-0.053331	5.955
5.960	-17.820050	18.741223	0.921173	-33.679254	1.889964	-33.631636	-35.521600	-1.051693	-0.051693	5.960
5.965	-18.134397	19.042614	0.908217	-33.764791	1.861920	-33.719305	-35.581225	-1.050083	-0.050083	5.965
5.970	-18.458520	19.353744	0.895224	-33.850452	1.833866	-33.807034	-35.640900	-1.048499	-0.048499	5.970
5.975	-18.792895	19.675089	0.882194	-33.936236	1.805801	-33.894824	-35.700625	-1.046943	-0.046943	5.975
5.980	-19.138028	20.007155	0.869127	-34.022145	1.777725	-33.982675	-35.760400	-1.045414	-0.045414	5.980
5.985	-19.494459	20.350482	0.856023	-34.108179	1.749635	-34.070590	-35.820225	-1.043911	-0.043911	5.985
5.990	-19.862766	20.705647	0.842881	-34.194338	1.721530	-34.158570	-35.880100	-1.042435	-0.042435	5.990
5.995	-20.243564	21.073266	0.829701	-34.280623	1.693408	-34.246617	-35.940025	-1.040986	-0.040986	5.995

ALPHA F1 F2 F3 F4 F5 F6 F7 F2/F1 1+F2/F1 ALPHA

ALPHA	F1	F2	F3	F4	F5	F6	F7	F2/F1	1+F2/F1	ALPHA
6.000	-20.637516	21.453999	0.816484	-34.367033	1.665270	-34.334730	-36.000000	-1.039563	-0.039563	6.000
6.005	-21.045328	21.848556	0.803228	-34.453569	1.637112	-34.422913	-36.060025	-1.038167	-0.038167	6.005
6.010	-21.467761	22.257695	0.789934	-34.540232	1.608935	-34.511165	-36.120100	-1.036796	-0.036796	6.010
6.015	-21.905632	22.682233	0.776602	-34.627021	1.580736	-34.599489	-36.180225	-1.035452	-0.035452	6.015
6.020	-22.359818	23.123049	0.763231	-34.713938	1.552514	-34.687886	-36.240400	-1.034134	-0.034134	6.020
6.025	-22.831267	23.581088	0.749822	-34.800982	1.524269	-34.776356	-36.300625	-1.032842	-0.032842	6.025
6.030	-23.321000	24.057373	0.736373	-34.888154	1.495997	-34.864903	-36.360900	-1.031576	-0.031576	6.030
6.035	-23.830120	24.553006	0.722885	-34.975454	1.467699	-34.953526	-36.421225	-1.030335	-0.030335	6.035
6.040	-24.359824	25.069182	0.709358	-35.062883	1.439373	-35.042227	-36.481600	-1.029120	-0.029120	6.040
6.045	-24.911404	25.607196	0.695792	-35.150441	1.411018	-35.131007	-36.542025	-1.027931	-0.027931	6.045
6.050	-25.486267	26.168453	0.682186	-35.238128	1.382632	-35.219868	-36.602500	-1.026767	-0.026767	6.050
6.055	-26.085942	26.754482	0.668540	-35.325945	1.354214	-35.308811	-36.663025	-1.025628	-0.025628	6.055
6.060	-26.712096	27.366950	0.654854	-35.413892	1.325762	-35.397838	-36.723600	-1.024515	-0.024515	6.060
6.065	-27.366546	28.007674	0.641128	-35.501969	1.297276	-35.486949	-36.784225	-1.023427	-0.023427	6.065
6.070	-28.051283	28.678644	0.627362	-35.590177	1.268754	-35.576146	-36.844900	-1.022365	-0.022365	6.070
6.075	-28.768486	29.382041	0.613554	-35.678516	1.240194	-35.665431	-36.905625	-1.021327	-0.021327	6.075
6.080	-29.520552	30.120259	0.599707	-35.766987	1.211596	-35.754804	-36.966400	-1.020315	-0.020315	6.080
6.085	-30.310117	30.895934	0.585818	-35.855590	1.182958	-35.844267	-37.027225	-1.019327	-0.019327	6.085
6.090	-31.140090	31.711978	0.571888	-35.944325	1.154278	-35.933822	-37.088100	-1.018365	-0.018365	6.090
6.095	-32.013691	32.571608	0.557916	-36.033192	1.125556	-36.023469	-37.149025	-1.017427	-0.017427	6.095
6.100	-32.934491	33.478394	0.543903	-36.122193	1.096789	-36.113211	-37.210000	-1.016515	-0.016515	6.100
6.105	-33.906460	34.436309	0.529849	-36.211328	1.067977	-36.203048	-37.271025	-1.015627	-0.015627	6.105
6.110	-34.934029	35.449781	0.515752	-36.300596	1.039119	-36.292981	-37.332100	-1.014764	-0.014764	6.110
6.115	-36.022154	36.523767	0.501613	-36.389998	1.010212	-36.383013	-37.393225	-1.013925	-0.013925	6.115
6.120	-37.176399	37.663831	0.487432	-36.479536	0.981255	-36.473145	-37.454400	-1.013111	-0.013111	6.120
6.125	-38.403032	38.876240	0.473208	-36.569208	0.952248	-36.563377	-37.515625	-1.012322	-0.012322	6.125
6.130	-39.709139	40.168081	0.458942	-36.659016	0.923188	-36.653712	-37.576900	-1.011558	-0.011558	6.130
6.135	-41.102762	41.547395	0.444633	-36.748960	0.894075	-36.744150	-37.638225	-1.010818	-0.010818	6.135
6.140	-42.593067	43.023347	0.430280	-36.839040	0.864907	-36.834693	-37.699600	-1.010102	-0.010102	6.140
6.145	-44.190545	44.606429	0.415884	-36.929257	0.835682	-36.925343	-37.761025	-1.009411	-0.009411	6.145
6.150	-45.907265	46.308709	0.401445	-37.019611	0.806400	-37.016100	-37.822500	-1.008745	-0.008745	6.150
6.155	-47.757176	48.144138	0.386961	-37.110102	0.777058	-37.106967	-37.884025	-1.008103	-0.008103	6.155
6.160	-49.756496	50.128930	0.372434	-37.200732	0.747656	-37.197944	-37.945600	-1.007485	-0.007485	6.160
6.165	-51.924182	52.282044	0.357862	-37.291500	0.718191	-37.289034	-38.007225	-1.006892	-0.006892	6.165
6.170	-54.282544	54.625791	0.343247	-37.382407	0.688664	-37.380236	-38.068900	-1.006323	-0.006323	6.170
6.175	-56.858017	57.186603	0.328586	-37.473453	0.659071	-37.471554	-38.130625	-1.005779	-0.005779	6.175
6.180	-59.682158	59.996038	0.313840	-37.564639	0.629412	-37.562988	-38.192400	-1.005259	-0.005259	6.180
6.185	-62.792952	63.092082	0.299130	-37.655965	0.599685	-37.654540	-38.254225	-1.004764	-0.004764	6.185
6.190	-66.236539	66.520873	0.284334	-37.747432	0.569888	-37.746212	-38.316100	-1.004293	-0.004293	6.190
6.195	-70.069520	70.339012	0.269492	-37.839040	0.540021	-37.838004	-38.378025	-1.003846	-0.003846	6.195
ALPHA	F1	F2	F3	F4	F5	F6	F7	F2/F1	1+F2/F1	ALPHA

D R U C K S T A E B E -584-

ALPHA	F1	F2	F3	F4	F5	F6	F7	F2/F1	1+F2/F1	ALPHA
6.200	-74.362106	74.616712	0.254605	-37.930789	0.510082	-37.929918	-38.440000	-1.003424	-0.003424	6.200
6.205	-79.202469	79.442141	0.239672	-38.022681	0.480069	-38.021956	-38.502025	-1.003026	-0.003026	6.205
6.210	-84.702874	84.927567	0.224693	-38.114715	0.449981	-38.114119	-38.564100	-1.002653	-0.002653	6.210
6.215	-91.008519	91.218185	0.209667	-38.206891	0.419817	-38.206408	-38.626225	-1.002304	-0.002304	6.215
6.220	-98.310557	98.505151	0.194594	-38.299211	0.389574	-38.298826	-38.688400	-1.001979	-0.001979	6.220
6.225	-106.865849	107.045324	0.179475	-38.391675	0.359251	-38.391374	-38.750625	-1.001679	-0.001679	6.225
6.230	-117.027847	117.192155	0.164308	-38.484283	0.328847	-38.484053	-38.812900	-1.001404	-0.001404	6.230
6.235	-129.296706	129.445800	0.149094	-38.577036	0.298361	-38.576864	-38.875225	-1.001153	-0.001153	6.235
6.240	-144.404215	144.538048	0.133833	-38.669935	0.267790	-38.669810	-38.937600	-1.000927	-0.000927	6.240
6.245	-163.465445	163.583968	0.118523	-38.762978	0.237133	-38.762892	-39.000025	-1.000725	-0.000725	6.245
6.250	-188.267494	188.370660	0.103166	-38.856168	0.206388	-38.856112	-39.062500	-1.000548	-0.000548	6.250
6.255	-221.865566	221.953326	0.087760	-38.949505	0.175555	-38.949470	-39.125025	-1.000396	-0.000396	6.255
6.260	-269.950332	270.022637	0.072305	-39.042989	0.144630	-39.042970	-39.187600	-1.000268	-0.000268	6.260
6.265	-344.470995	344.527797	0.056802	-39.136621	0.113614	-39.136611	-39.250225	-1.000165	-0.000165	6.265
6.270	-475.501794	475.543044	0.041250	-39.230400	0.082503	-39.230397	-39.312900	-1.000087	-0.000087	6.270
6.275	-766.600429	766.626077	0.025648	-39.324329	0.051297	-39.324328	-39.375625	-1.000033	-0.000033	6.275
6.280	-1971.545730	1971.555727	0.009997	-39.418406	0.019994	-39.418406	-39.438400	-1.000005	-0.000005	6.280
2π	-∞	∞	0.000000	-39.478418	0.000000	-39.478418	-39.478418	-1.000000	0.000000	2π
ALPHA	F1	F2	F3	F4	F5	F6	F7	F2/F1	1+F2/F1	ALPHA

D R U C K S T A E B E -584-

Z U G S T A E B E

BETA	F1	F2	F3	F4	F5	F6	F7	F2/F1	1+F2/F1	BETA
0.000	4.000000	2.000000	6.000000	12.000000	3.000000	3.000000	0.000000	0.500000	1.500000	0.000
0.050	4.000333	1.999917	6.000250	12.003000	3.000500	3.002999	0.002500	0.499938	1.499938	0.050
0.100	4.001332	1.999667	6.000999	12.011992	3.001998	3.011988	0.010000	0.499750	1.499750	0.100
0.150	4.002999	1.999251	6.002250	12.026999	3.004497	3.026997	0.022500	0.499438	1.499438	0.150
0.200	4.005331	1.998668	6.003999	12.047998	3.007991	3.047991	0.040000	0.499002	1.499002	0.200
0.250	4.008327	1.997921	6.006247	12.074994	3.012478	3.074978	0.062500	0.498443	1.498443	0.250
0.300	4.011986	1.997008	6.008994	12.107988	3.017954	3.107954	0.090000	0.497761	1.497761	0.300
0.350	4.016307	1.995932	6.012239	12.146979	3.024415	3.146915	0.122500	0.496957	1.496957	0.350
0.400	4.021289	1.994693	6.015982	12.191963	3.031855	3.191855	0.160000	0.496033	1.496033	0.400
0.450	4.026929	1.993292	6.020221	12.242942	3.040268	3.242768	0.202500	0.494991	1.494991	0.450
0.500	4.033225	1.991731	6.024955	12.299911	3.049647	3.299647	0.250000	0.493831	1.493831	0.500
0.550	4.040175	1.990010	6.030185	12.362870	3.059984	3.362484	0.302500	0.492556	1.492556	0.550
0.600	4.047775	1.988132	6.035908	12.431816	3.071271	3.431271	0.360000	0.491167	1.491167	0.600
0.650	4.056024	1.986099	6.042123	12.506746	3.083499	3.505999	0.422500	0.489666	1.489666	0.650
0.700	4.064918	1.983911	6.048829	12.587659	3.096657	3.586657	0.490000	0.488057	1.488057	0.700
0.750	4.074454	1.981571	6.056025	12.674551	3.110736	3.673236	0.562500	0.486340	1.486340	0.750
0.800	4.084628	1.979082	6.063709	12.767419	3.125724	3.765724	0.640000	0.484519	1.484519	0.800
0.850	4.095436	1.976444	6.071880	12.866260	3.141610	3.864110	0.722500	0.482597	1.482597	0.850
0.900	4.106874	1.973662	6.080536	12.971071	3.158381	3.968381	0.810000	0.480575	1.480575	0.900
0.950	4.118938	1.970736	6.089674	13.081848	3.176025	4.078525	0.902500	0.478457	1.478457	0.950
1.000	4.131623	1.967670	6.099294	13.198587	3.194528	4.194528	1.000000	0.476246	1.476246	1.000
1.050	4.144926	1.964466	6.109392	13.321285	3.213877	4.316377	1.102500	0.473945	1.473945	1.050
1.100	4.158841	1.961127	6.119968	13.449936	3.234059	4.444059	1.210000	0.471556	1.471556	1.100
1.150	4.173363	1.957656	6.131019	13.584538	3.255058	4.577558	1.322500	0.469084	1.469084	1.150
1.200	4.188486	1.954056	6.142542	13.725084	3.276860	4.716860	1.440000	0.466530	1.466530	1.200
1.250	4.204207	1.950329	6.154536	13.871572	3.299450	4.861950	1.562500	0.463899	1.463899	1.250
1.300	4.220518	1.946479	6.166997	14.023995	3.322813	5.012813	1.690000	0.461194	1.461194	1.300
1.350	4.237416	1.942509	6.179925	14.182349	3.346934	5.169434	1.822500	0.458418	1.458418	1.350
1.400	4.254892	1.938422	6.193314	14.346629	3.371796	5.331796	1.960000	0.455575	1.455575	1.400
1.450	4.272943	1.934221	6.207164	14.516829	3.397384	5.499884	2.102500	0.452667	1.452667	1.450
1.500	4.291561	1.929911	6.221472	14.692944	3.423683	5.673683	2.250000	0.449699	1.449699	1.500
1.550	4.310741	1.925493	6.236234	14.874968	3.450675	5.853175	2.402500	0.446673	1.446673	1.550
1.600	4.330477	1.920971	6.251448	15.062896	3.478346	6.038346	2.560000	0.443594	1.443594	1.600
1.650	4.350761	1.916350	6.267111	15.256722	3.506679	6.229179	2.722500	0.440463	1.440463	1.650
1.700	4.371587	1.911632	6.283219	15.456439	3.535658	6.425658	2.890000	0.437286	1.437286	1.700
1.750	4.392950	1.906821	6.299771	15.662041	3.565268	6.627768	3.062500	0.434064	1.434064	1.750
1.800	4.414841	1.901920	6.316762	15.873523	3.595491	6.835491	3.240000	0.430801	1.430801	1.800
1.850	4.437255	1.896934	6.334189	16.090878	3.626313	7.048813	3.422500	0.427502	1.427502	1.850
1.900	4.460185	1.891864	6.352049	16.314098	3.657718	7.267718	3.610000	0.424167	1.424167	1.900
1.950	4.483623	1.886716	6.370339	16.543179	3.689690	7.492190	3.802500	0.420802	1.420802	1.950
BETA	F1	F2	F3	F4	F5	F6	F7	F2/F1	1+F2/F1	BETA

Z U G S T A E B E

-585-

BETA	F1	F2	F3	F4	F5	F6	F7	F2/F1	1+F2/F1	BETA
2.000	4.507563	1.881493	6.389056	16.778112	3.722213	7.722213	4.000000	0.417408	1.417408	2.000
2.050	4.531998	1.876197	6.408196	17.018892	3.755273	7.957773	4.202500	0.413989	1.413989	2.050
2.100	4.556921	1.870834	6.427755	17.265510	3.788854	8.198854	4.410000	0.410548	1.410548	2.100
2.150	4.582325	1.865406	6.447730	17.517960	3.822942	8.445442	4.622500	0.407087	1.407087	2.150
2.200	4.608202	1.859916	6.468118	17.776236	3.857521	8.697521	4.840000	0.403610	1.403610	2.200
2.250	4.634546	1.854369	6.488914	18.040329	3.892578	8.955078	5.062500	0.400119	1.400119	2.250
2.300	4.661349	1.848767	6.510116	18.310232	3.928097	9.218097	5.290000	0.396616	1.396616	2.300
2.350	4.688604	1.843115	6.531719	18.585939	3.964066	9.486566	5.522500	0.393105	1.393105	2.350
2.400	4.716305	1.837415	6.553720	18.867441	4.000471	9.760471	5.760000	0.389588	1.389588	2.400
2.450	4.744444	1.831671	6.576115	19.154731	4.037297	10.039797	6.002500	0.386067	1.386067	2.450
2.500	4.773014	1.825887	6.598901	19.447801	4.074533	10.324533	6.250000	0.382544	1.382544	2.500
2.550	4.802008	1.820065	6.622072	19.746645	4.112164	10.614664	6.502500	0.379022	1.379022	2.550
2.600	4.831419	1.814208	6.645627	20.051253	4.150179	10.910179	6.760000	0.375502	1.375502	2.600
2.650	4.861239	1.808321	6.669560	20.361619	4.188566	11.211066	7.022500	0.371988	1.371988	2.650
2.700	4.891462	1.802406	6.693868	20.677735	4.227312	11.517312	7.290000	0.368480	1.368480	2.700
2.750	4.922081	1.796465	6.718546	20.999592	4.266405	11.828905	7.562500	0.364981	1.364981	2.750
2.800	4.953089	1.790503	6.743592	21.327184	4.305835	12.145835	7.840000	0.361492	1.361492	2.800
2.850	4.984478	1.784523	6.769001	21.660501	4.345591	12.468091	8.122500	0.358016	1.358016	2.850
2.900	5.016243	1.778526	6.794768	21.999537	4.385660	12.795660	8.410000	0.354553	1.354553	2.900
2.950	5.048375	1.772516	6.820891	22.344282	4.426034	13.128534	8.702500	0.351106	1.351106	2.950
3.000	5.080870	1.766496	6.847365	22.694730	4.466702	13.466702	9.000000	0.347676	1.347676	3.000
3.050	5.113719	1.760468	6.874186	23.050873	4.507654	13.810154	9.302500	0.344264	1.344264	3.050
3.100	5.146916	1.754435	6.901350	23.412701	4.548880	14.158880	9.610000	0.340871	1.340871	3.100
3.150	5.180454	1.748399	6.928854	23.780207	4.590371	14.512871	9.922500	0.337499	1.337499	3.150
3.200	5.214328	1.742364	6.956692	24.153384	4.632118	14.872118	10.240000	0.334149	1.334149	3.200
3.250	5.248530	1.736331	6.984862	24.532223	4.674113	15.236613	10.562500	0.330822	1.330822	3.250
3.300	5.283055	1.730303	7.013358	24.916716	4.716346	15.606346	10.890000	0.327520	1.327520	3.300
3.350	5.317895	1.724283	7.042178	25.306855	4.758811	15.981311	11.222500	0.324242	1.324242	3.350
3.400	5.353045	1.718272	7.071316	25.702633	4.801498	16.361498	11.560000	0.320990	1.320990	3.400
3.450	5.388498	1.712272	7.100770	26.104041	4.844400	16.746900	11.902500	0.317764	1.317764	3.450
3.500	5.424249	1.706286	7.130535	26.511070	4.887509	17.137509	12.250000	0.314566	1.314566	3.500
3.550	5.460292	1.700315	7.160607	26.923714	4.930820	17.533320	12.602500	0.311396	1.311396	3.550
3.600	5.496620	1.694363	7.190982	27.341965	4.974323	17.934323	12.960000	0.308255	1.308255	3.600
3.650	5.533228	1.688429	7.221657	27.765814	5.018014	18.340514	13.322500	0.305144	1.305144	3.650
3.700	5.570109	1.682517	7.252627	28.195253	5.061885	18.751885	13.690000	0.302062	1.302062	3.700
3.750	5.607259	1.676628	7.283888	28.630275	5.105930	19.168430	14.062500	0.299010	1.299010	3.750
3.800	5.644672	1.670764	7.315436	29.070872	5.150144	19.590144	14.440000	0.295990	1.295990	3.800
3.850	5.682342	1.664926	7.347268	29.517036	5.194519	20.017019	14.822500	0.293000	1.293000	3.850
3.900	5.720264	1.659115	7.379380	29.968759	5.239052	20.449052	15.210000	0.290042	1.290042	3.900
3.950	5.758433	1.653334	7.411767	30.426034	5.283735	20.886235	15.602500	0.287115	1.287115	3.950
BETA	F1	F2	F3	F4	F5	F6	F7	F2/F1	1+F2/F1	BETA

BETA	F1	F2	F3	F4	F5	F6	F7	F2/F1	1+F2/F1	BETA
4.000	5.796843	1.647584	7.444427	30.888853	5.328565	21.328565	16.000000	0.284221	1.284221	4.000
4.050	5.835489	1.641865	7.477354	31.357209	5.373536	21.776036	16.402500	0.281359	1.281359	4.050
4.100	5.874366	1.636180	7.510546	31.831093	5.418643	22.228643	16.810000	0.278529	1.278529	4.100
4.150	5.913470	1.630529	7.543999	32.310498	5.463882	22.686382	17.222500	0.275731	1.275731	4.150
4.200	5.952795	1.624914	7.577709	32.795417	5.509247	23.149247	17.640000	0.272967	1.272967	4.200
4.250	5.992336	1.619335	7.611671	33.285843	5.554736	23.617236	18.062500	0.270234	1.270234	4.250
4.300	6.032089	1.613795	7.645884	33.781767	5.600343	24.090343	18.490000	0.267535	1.267535	4.300
4.350	6.072050	1.608292	7.680342	34.283184	5.646064	24.568564	18.922500	0.264868	1.264868	4.350
4.400	6.112213	1.602829	7.715042	34.790085	5.691897	25.051897	19.360000	0.262234	1.262234	4.400
4.450	6.152574	1.597407	7.749981	35.302463	5.737836	25.540336	19.802500	0.259632	1.259632	4.450
4.500	6.193130	1.592026	7.785155	35.820311	5.783879	26.033879	20.250000	0.257063	1.257063	4.500
4.550	6.233875	1.586686	7.820561	36.343622	5.830021	26.532521	20.702500	0.254526	1.254526	4.550
4.600	6.274805	1.581389	7.856195	36.872390	5.876260	27.036260	21.160000	0.252022	1.252022	4.600
4.650	6.315917	1.576136	7.892053	37.406606	5.922593	27.545093	21.622500	0.249550	1.249550	4.650
4.700	6.357206	1.570926	7.928133	37.946265	5.969016	28.059016	22.090000	0.247110	1.247110	4.700
4.750	6.398669	1.565761	7.964430	38.491360	6.015526	28.578026	22.562500	0.244701	1.244701	4.750
4.800	6.440301	1.560640	8.000941	39.041883	6.062121	29.102121	23.040000	0.242324	1.242324	4.800
4.850	6.482099	1.555565	8.037664	39.597828	6.108797	29.631297	23.522500	0.239979	1.239979	4.850
4.900	6.524059	1.550535	8.074594	40.159189	6.155552	30.165552	24.010000	0.237664	1.237664	4.900
4.950	6.566178	1.545552	8.111729	40.725958	6.202385	30.704885	24.502500	0.235381	1.235381	4.950
5.000	6.608451	1.540614	8.149065	41.298130	6.249291	31.249291	25.000000	0.233128	1.233128	5.000
5.050	6.650876	1.535724	8.186599	41.875699	6.296269	31.798769	25.502500	0.230905	1.230905	5.050
5.100	6.693448	1.530880	8.224328	42.458657	6.343316	32.353316	26.010000	0.228713	1.228713	5.100
5.150	6.736166	1.526083	8.262249	43.046998	6.390430	32.912930	26.522500	0.226551	1.226551	5.150
5.200	6.779025	1.521334	8.300359	43.640717	6.437610	33.477610	27.040000	0.224418	1.224418	5.200
5.250	6.822022	1.516632	8.338654	44.239808	6.484853	34.047353	27.562500	0.222314	1.222314	5.250
5.300	6.865154	1.511978	8.377132	44.844264	6.532157	34.622157	28.090000	0.220239	1.220239	5.300
5.350	6.908418	1.507371	8.415789	45.454079	6.579520	35.202020	28.622500	0.218193	1.218193	5.350
5.400	6.951812	1.502812	8.454624	46.069247	6.626941	35.786941	29.160000	0.216176	1.216176	5.400
5.450	6.995332	1.498300	8.493632	46.689763	6.674417	36.376917	29.702500	0.214186	1.214186	5.450
5.500	7.038975	1.493836	8.532811	47.315622	6.721948	36.971948	30.250000	0.212224	1.212224	5.500
5.550	7.082739	1.489419	8.572158	47.946816	6.769531	37.572031	30.802500	0.210289	1.210289	5.550
5.600	7.126620	1.485050	8.611671	48.583341	6.817164	38.177164	31.360000	0.208381	1.208381	5.600
5.650	7.170617	1.480729	8.651346	49.225192	6.864847	38.787347	31.922500	0.206500	1.206500	5.650
5.700	7.214727	1.476455	8.691181	49.872362	6.912578	39.402578	32.490000	0.204645	1.204645	5.700
5.750	7.258946	1.472227	8.731174	50.524847	6.960356	40.022856	33.062500	0.202816	1.202816	5.750
5.800	7.303274	1.468047	8.771321	51.182642	7.008178	40.648178	33.640000	0.201012	1.201012	5.800
5.850	7.347706	1.463914	8.811610	51.845740	7.056044	41.278544	34.222500	0.199234	1.199234	5.850
5.900	7.392241	1.459827	8.852068	52.514137	7.103953	41.913953	34.810000	0.197481	1.197481	5.900
5.950	7.436877	1.455787	8.892664	53.187828	7.151903	42.554403	35.402500	0.195752	1.195752	5.950

| BETA | F1 | F2 | F3 | F4 | F5 | F6 | F7 | F2/F1 | 1+F2/F1 | BETA |

Z U G S T A E B E -587-

BETA	F1	F2	F3	F4	F5	F6	F7	F2/F1	1+F2/F1	BETA
6.000	7.481611	1.451792	8.933404	53.866808	7.199894	43.199894	36.000000	0.194048	1.194048	6.000
6.050	7.526442	1.447844	8.974286	54.551072	7.247923	43.850423	36.602500	0.192368	1.192368	6.050
6.100	7.571366	1.443941	9.015307	55.240615	7.295991	44.505991	37.210000	0.190711	1.190711	6.100
6.150	7.616382	1.440084	9.056466	55.935432	7.344095	45.166595	37.822500	0.189077	1.189077	6.150
6.200	7.661488	1.436272	9.097759	56.635519	7.392235	45.832235	38.440000	0.187466	1.187466	6.200
6.250	7.706681	1.432504	9.139186	57.340871	7.440410	46.502910	39.062500	0.185878	1.185878	6.250
6.300	7.751961	1.428781	9.180742	58.051484	7.488619	47.178619	39.690000	0.184312	1.184312	6.300
6.350	7.797324	1.425102	9.222426	58.767353	7.536861	47.859361	40.322500	0.182768	1.182768	6.350
6.400	7.842770	1.421467	9.264237	59.488473	7.585136	48.545136	40.960000	0.181245	1.181245	6.400
6.450	7.888296	1.417875	9.306170	60.214841	7.633441	49.235941	41.602500	0.179744	1.179744	6.450
6.500	7.933900	1.414326	9.348226	60.946452	7.681777	49.931777	42.250000	0.178264	1.178264	6.500
6.550	7.979581	1.410820	9.390401	61.683302	7.730143	50.632643	42.902500	0.176804	1.176804	6.550
6.600	8.025337	1.407356	9.432693	62.425386	7.778537	51.338537	43.560000	0.175364	1.175364	6.600
6.650	8.071167	1.403934	9.475101	63.172701	7.826960	52.049460	44.222500	0.173944	1.173944	6.650
6.700	8.117068	1.400553	9.517621	63.925243	7.875411	52.765411	44.890000	0.172544	1.172544	6.700
6.750	8.163040	1.397214	9.560254	64.683007	7.923888	53.486388	45.562500	0.171163	1.171163	6.750
6.800	8.209080	1.393916	9.602995	65.445991	7.972391	54.212391	46.240000	0.169802	1.169802	6.800
6.850	8.255187	1.390657	9.645845	66.214189	8.020919	54.943419	46.922500	0.168459	1.168459	6.850
6.900	8.301360	1.387439	9.688800	66.987599	8.069472	55.679472	47.610000	0.167134	1.167134	6.900
6.950	8.347598	1.384260	9.731858	67.766216	8.118050	56.420550	48.302500	0.165827	1.165827	6.950
7.000	8.393898	1.381120	9.775019	68.550038	8.166651	57.166651	49.000000	0.164539	1.164539	7.000
7.050	8.440261	1.378019	9.818280	69.339060	8.215275	57.917775	49.702500	0.163267	1.163267	7.050
7.100	8.486683	1.374957	9.861639	70.133279	8.263921	58.673921	50.410000	0.162013	1.162013	7.100
7.150	8.533164	1.371932	9.905096	70.932691	8.312590	59.435090	51.122500	0.160776	1.160776	7.150
7.200	8.579703	1.368944	9.948647	71.737294	8.361279	60.201279	51.840000	0.159556	1.159556	7.200
7.250	8.626298	1.365993	9.992292	72.547083	8.409990	60.972490	52.562500	0.158352	1.158352	7.250
7.300	8.672949	1.363079	10.036028	73.362056	8.458721	61.748721	53.290000	0.157164	1.157164	7.300
7.350	8.719654	1.360201	10.079855	74.182210	8.507472	62.529972	54.022500	0.155993	1.155993	7.350
7.400	8.766411	1.357359	10.123770	75.007540	8.556243	63.316243	54.760000	0.154836	1.154836	7.400
7.450	8.813221	1.354552	10.167773	75.838045	8.605032	64.107532	55.502500	0.153695	1.153695	7.450
7.500	8.860081	1.351780	10.211861	76.673721	8.653840	64.903840	56.250000	0.152570	1.152570	7.500
7.550	8.906990	1.349042	10.256033	77.514565	8.702666	65.705166	57.002500	0.151459	1.151459	7.550
7.600	8.953949	1.346338	10.300287	78.360574	8.751510	66.511510	57.760000	0.150363	1.150363	7.600
7.650	9.000955	1.343668	10.344623	79.211746	8.800371	67.322871	58.522500	0.149281	1.149281	7.650
7.700	9.048008	1.341031	10.389038	80.068077	8.849250	68.139250	59.290000	0.148213	1.148213	7.700
7.750	9.095106	1.338426	10.433532	80.929564	8.898144	68.960644	60.062500	0.147159	1.147159	7.750
7.800	9.142249	1.335854	10.478103	81.796206	8.947055	69.787055	60.840000	0.146119	1.146119	7.800
7.850	9.189436	1.333314	10.522750	82.667999	8.995982	70.618482	61.622500	0.145092	1.145092	7.850
7.900	9.236665	1.330805	10.567470	83.544941	9.044925	71.454925	62.410000	0.144079	1.144079	7.900
7.950	9.283937	1.328327	10.612264	84.427029	9.093882	72.296382	63.202500	0.143078	1.143078	7.950
BETA	F1	F2	F3	F4	F5	F6	F7	F2/F1	1+F2/F1	BETA

ZUGSTAEBE

BETA	F1	F2	F3	F4	F5	F6	F7	F2/F1	1+F2/F1	BETA
8.000	9.331250	1.325880	10.657130	85.314260	9.142855	73.142855	64.000000	0.142090	1.142090	8.000
8.050	9.378603	1.323463	10.702066	86.206632	9.191842	73.994342	64.802500	0.141115	1.141115	8.050
8.100	9.425995	1.321076	10.747072	87.104143	9.240843	74.850843	65.610000	0.140152	1.140152	8.100
8.150	9.473427	1.318719	10.792145	88.006791	9.289858	75.712358	66.422500	0.139202	1.139202	8.150
8.200	9.520896	1.316390	10.837286	88.914572	9.338887	76.578887	67.240000	0.138263	1.138263	8.200
8.250	9.568402	1.314090	10.882492	89.827484	9.387930	77.450430	68.062500	0.137336	1.137336	8.250
8.300	9.615945	1.311818	10.927763	90.745526	9.436985	78.326985	68.890000	0.136421	1.136421	8.300
6.350	9.663523	1.309574	10.973098	91.668695	9.486053	79.208553	69.722500	0.135517	1.135517	8.350
8.400	9.711137	1.307358	11.018495	92.596989	9.535134	80.095134	70.560000	0.134625	1.134625	8.400
8.450	9.758784	1.305169	11.063953	93.530406	9.584227	80.986727	71.402500	0.133743	1.133743	8.450
8.500	9.806466	1.303006	11.109472	94.468943	9.633332	81.883332	72.250000	0.132872	1.132872	8.500
8.550	9.854180	1.300870	11.155049	95.412599	9.682450	82.784950	73.102500	0.132012	1.132012	8.550
8.600	9.901926	1.298759	11.200686	96.361371	9.731578	83.691578	73.960000	0.131162	1.131162	8.600
8.650	9.949705	1.296674	11.246379	97.315258	9.780718	84.603218	74.822500	0.130323	1.130323	8.650
8.700	9.997514	1.294615	11.292129	98.274258	9.829870	85.519870	75.690000	0.129494	1.129494	8.700
8.750	10.045354	1.292580	11.337934	99.238368	9.879032	86.441532	76.562500	0.128674	1.128674	8.750
8.800	10.093223	1.290570	11.383793	100.207587	9.928205	87.368205	77.440000	0.127865	1.127865	8.800
8.850	10.141122	1.288584	11.429706	101.181913	9.977388	88.299888	78.322500	0.127065	1.127065	8.850
5.900	10.189050	1.286622	11.475672	102.161344	10.026582	89.236582	79.210000	0.126275	1.126275	8.900
8.950	10.237006	1.284683	11.521689	103.145878	10.075786	90.178286	80.102500	0.125494	1.125494	8.950
9.000	10.284989	1.282768	11.567757	104.135514	10.125000	91.125000	81.000000	0.124722	1.124722	9.000
9.050	10.333000	1.280875	11.613875	105.130250	10.174223	92.076723	81.902500	0.123960	1.123960	9.050
9.100	10.381037	1.279005	11.660042	106.130085	10.223457	93.033457	82.810000	0.123206	1.123206	9.100
9.150	10.429101	1.277157	11.706258	107.135015	10.272699	93.995199	83.722500	0.122461	1.122461	9.150
9.200	10.477190	1.275331	11.752521	108.145041	10.321951	94.961951	84.640000	0.121724	1.121724	9.200
9.250	10.525304	1.273526	11.798830	109.160160	10.371212	95.933712	85.562500	0.120997	1.120997	9.250
9.300	10.573443	1.271743	11.845186	110.180371	10.420482	96.910482	86.490000	0.120277	1.120277	9.300
9.350	10.621606	1.269980	11.891586	111.205673	10.469760	97.892260	87.422500	0.119566	1.119566	9.350
9.400	10.669793	1.268238	11.938031	112.236063	10.519047	98.879047	88.360000	0.118862	1.118862	9.400
9.450	10.718004	1.266516	11.984520	113.271540	10.568343	99.870843	89.302500	0.118167	1.118167	9.450
9.500	10.766237	1.264815	12.031052	114.312104	10.617647	100.867647	90.250000	0.117480	1.117480	9.500
9.550	10.814493	1.263133	12.077626	115.357751	10.666959	101.869459	91.202500	0.116800	1.116800	9.550
9.600	10.862771	1.261470	12.124241	116.408482	10.716279	102.876279	92.160000	0.116128	1.116128	9.600
9.650	10.911070	1.259827	12.170897	117.464295	10.765607	103.888107	93.122500	0.115463	1.115463	9.650
9.700	10.959391	1.258203	12.217594	118.525188	10.814942	104.904942	94.090000	0.114806	1.114806	9.700
9.750	11.007733	1.256597	12.264330	119.591160	10.864286	105.926786	95.062500	0.114156	1.114156	9.750
9.800	11.056096	1.255009	12.311105	120.662210	10.913636	106.953636	96.040000	0.113513	1.113513	9.800
9.850	11.104479	1.253440	12.357918	121.738336	10.962994	107.985494	97.022500	0.112877	1.112877	9.850
9.900	11.152881	1.251888	12.404769	122.819538	11.012359	109.022359	98.010000	0.112248	1.112248	9.900
9.950	11.201303	1.250354	12.451657	123.905814	11.061732	110.064232	99.002500	0.111626	1.111626	9.950
BETA	F1	F2	F3	F4	F5	F6	F7	F2/F1	1+F2/F1	BETA

BETA	F1	F2	F3	F4	F5	F6	F7	F2/F1	1+F2/F1	BETA
10.000	11.249745	1.248837	12.498581	124.997163	11.111111	111.111111	100.000000	0.111010	1.111010	10.000
10.050	11.298205	1.247337	12.545542	126.093583	11.160497	112.162997	101.002500	0.110401	1.110401	10.050
10.100	11.346683	1.245854	12.592537	127.195074	11.209890	113.219890	102.010000	0.109799	1.109799	10.100
10.150	11.395180	1.244387	12.639567	128.301635	11.259290	114.281790	103.022500	0.109203	1.109203	10.150
10.200	11.443695	1.242937	12.686632	129.413263	11.308696	115.348696	104.040000	0.108613	1.108613	10.200
10.250	11.492227	1.241502	12.733730	130.529959	11.358108	116.420608	105.062500	0.108030	1.108030	10.250
10.300	11.540777	1.240084	12.780861	131.651722	11.407527	117.497527	106.090000	0.107452	1.107452	10.300
10.350	11.589343	1.238681	12.828024	132.778549	11.456952	118.579452	107.122500	0.106881	1.106881	10.350
10.400	11.637927	1.237294	12.875220	133.910440	11.506383	119.666383	108.160000	0.106316	1.106316	10.400
10.450	11.686526	1.235921	12.922448	135.047395	11.555820	120.758320	109.202500	0.105756	1.105756	10.450
10.500	11.735142	1.234564	12.969706	136.189412	11.605263	121.855263	110.250000	0.105202	1.105202	10.500
10.550	11.783774	1.233221	13.016995	137.336490	11.654712	122.957212	111.302500	0.104654	1.104654	10.550
10.600	11.832421	1.231893	13.064314	138.488628	11.704167	124.064167	112.360000	0.104112	1.104112	10.600
10.650	11.881084	1.230579	13.111663	139.645825	11.753627	125.176127	113.422500	0.103575	1.103575	10.650
10.700	11.929761	1.229279	13.159040	140.808081	11.803093	126.293093	114.490000	0.103043	1.103043	10.700
10.750	11.978454	1.227993	13.206447	141.975394	11.852564	127.415064	115.562500	0.102517	1.102517	10.750
10.800	12.027161	1.226721	13.253882	143.147764	11.902041	128.542041	116.640000	0.101996	1.101996	10.800
10.850	12.075883	1.225462	13.301345	144.325189	11.951523	129.674023	117.722500	0.101480	1.101480	10.850
10.900	12.124619	1.224216	13.348835	145.507669	12.001010	130.811010	118.810000	0.100969	1.100969	10.900
10.950	12.173368	1.222984	13.396352	146.695204	12.050503	131.953003	119.902500	0.100464	1.100464	10.950
11.000	12.222132	1.221764	13.443896	147.887791	12.100000	133.100000	121.000000	0.099963	1.099963	11.000
11.050	12.270908	1.220557	13.491466	149.085431	12.149502	134.252002	122.102500	0.099468	1.099468	11.050
11.100	12.319698	1.219363	13.539061	150.288123	12.199010	135.409010	123.210000	0.098977	1.098977	11.100
11.150	12.368502	1.218181	13.586682	151.495865	12.248522	136.571022	124.322500	0.098491	1.098491	11.150
11.200	12.417317	1.217011	13.634329	152.708657	12.298039	137.738039	125.440000	0.098009	1.098009	11.200
11.250	12.466146	1.215853	13.682000	153.926499	12.347561	138.910061	126.562500	0.097532	1.097532	11.250
11.300	12.514987	1.214708	13.729695	155.149389	12.397087	140.087087	127.690000	0.097060	1.097060	11.300
11.350	12.563840	1.213573	13.777414	156.377328	12.446618	141.269118	128.822500	0.096593	1.096593	11.350
11.400	12.612706	1.212451	13.825156	157.610313	12.496154	142.456154	129.960000	0.096129	1.096129	11.400
11.450	12.661583	1.211339	13.872922	158.848345	12.545694	143.648194	131.102500	0.095670	1.095670	11.450
11.500	12.710472	1.210239	13.920711	160.091422	12.595238	144.845238	132.250000	0.095216	1.095216	11.500
11.550	12.759373	1.209150	13.968523	161.339545	12.644787	146.047287	133.402500	0.094766	1.094766	11.550
11.600	12.808284	1.208072	14.016356	162.592712	12.694340	147.254340	134.560000	0.094320	1.094320	11.600
11.650	12.857207	1.207004	14.064212	163.850923	12.743897	148.466397	135.722500	0.093878	1.093878	11.650
11.700	12.906141	1.205947	14.112089	165.114178	12.793458	149.683458	136.890000	0.093440	1.093440	11.700
11.750	12.955086	1.204901	14.159987	166.382474	12.843023	150.905523	138.062500	0.093006	1.093006	11.750
11.800	13.004042	1.203865	14.207906	167.655813	12.892593	152.132593	139.240000	0.092576	1.092576	11.800
11.850	13.053008	1.202839	14.255847	168.934193	12.942166	153.364666	140.422500	0.092150	1.092150	11.850
11.900	13.101984	1.201823	14.303807	170.217614	12.991743	154.601743	141.610000	0.091728	1.091728	11.900
11.950	13.150971	1.200817	14.351787	171.506075	13.041324	155.843824	142.802500	0.091310	1.091310	11.950
BETA	F1	F2	F3	F4	F5	F6	F7	F2/F1	1+F2/F1	BETA

BETA	F1	F2	F3	F4	F5	F6	F7	F2/F1	1+F2/F1	BETA
12.000	13.199968	1.199820	14.399788	172.799575	13.090909	157.090909	144.000000	0.090896	1.090896	12.000
12.050	13.248974	1.198833	14.447807	174.098115	13.140498	158.342998	145.202500	0.090485	1.090485	12.050
12.100	13.297991	1.197856	14.495847	175.401693	13.190090	159.600090	146.410000	0.090078	1.090078	12.100
12.150	13.347017	1.196888	14.543905	176.710309	13.239686	160.862186	147.622500	0.089675	1.089675	12.150
12.200	13.396052	1.195929	14.591981	178.023963	13.289286	162.129286	148.840000	0.089275	1.089275	12.200
12.250	13.445097	1.194980	14.640076	179.342653	13.338889	163.401389	150.062500	0.088878	1.088878	12.250
12.300	13.494151	1.194039	14.688190	180.666380	13.388496	164.678496	151.290000	0.088486	1.088486	12.300
12.350	13.543214	1.193107	14.736321	181.995142	13.438106	165.960606	152.522500	0.088096	1.088096	12.350
12.400	13.592286	1.192184	14.784470	183.328940	13.487719	167.247719	153.760000	0.087710	1.087710	12.400
12.450	13.641367	1.191270	14.832637	184.667773	13.537336	168.539836	155.002500	0.087328	1.087328	12.450
12.500	13.690457	1.190364	14.880820	186.011641	13.586957	169.836957	156.250000	0.086948	1.086948	12.500
12.550	13.739555	1.189466	14.929021	187.360542	13.636580	171.139080	157.502500	0.086572	1.086572	12.550
12.600	13.788662	1.188577	14.977238	188.714477	13.686207	172.446207	158.760000	0.086200	1.086200	12.600
12.650	13.837777	1.187696	15.025472	190.073445	13.735837	173.758337	160.022500	0.085830	1.085830	12.650
12.700	13.886900	1.186823	15.073723	191.437445	13.785470	175.075470	161.290000	0.085463	1.085463	12.700
12.750	13.936031	1.185957	15.121989	192.806478	13.835106	176.397606	162.562500	0.085100	1.085100	12.750
12.800	13.985171	1.185100	15.170271	194.180542	13.884746	177.724746	163.840000	0.084740	1.084740	12.800
12.850	14.034318	1.184251	15.218569	195.559638	13.934388	179.056888	165.122500	0.084382	1.084382	12.850
12.900	14.083473	1.183409	15.266882	196.943764	13.984034	180.394034	166.410000	0.084028	1.084028	12.900
12.950	14.132636	1.182575	15.315211	198.332921	14.033682	181.736182	167.702500	0.083677	1.083677	12.950
13.000	14.181807	1.181748	15.363554	199.727109	14.083333	183.083333	169.000000	0.083328	1.083328	13.000
13.050	14.230984	1.180928	15.411913	201.126325	14.132988	184.435488	170.302500	0.082983	1.082983	13.050
13.100	14.280170	1.180116	15.460286	202.530571	14.182645	185.792645	171.610000	0.082640	1.082640	13.100
13.150	14.329362	1.179311	15.508673	203.939846	14.232305	187.154805	172.922500	0.082300	1.082300	13.150
13.200	14.378562	1.178513	15.557075	205.354150	14.281967	188.521967	174.240000	0.081963	1.081963	13.200
13.250	14.427769	1.177722	15.605491	206.773482	14.331633	189.894133	175.562500	0.081629	1.081629	13.250
13.300	14.476983	1.176938	15.653921	208.197841	14.381301	191.271301	176.890000	0.081297	1.081297	13.300
13.350	14.526203	1.176161	15.702364	209.627228	14.430972	192.653472	178.222500	0.080968	1.080968	13.350
13.400	14.575431	1.175390	15.750821	211.061642	14.480645	194.040645	179.560000	0.080642	1.080642	13.400
13.450	14.624665	1.174626	15.799291	212.501083	14.530321	195.432821	180.902500	0.080318	1.080318	13.450
13.500	14.673906	1.173869	15.847775	213.945550	14.580000	196.830000	182.250000	0.079997	1.079997	13.500
13.550	14.723154	1.173118	15.896272	215.395043	14.629681	198.232181	183.602500	0.079678	1.079678	13.550
13.600	14.772407	1.172374	15.944781	216.849562	14.679365	199.639365	184.960000	0.079362	1.079362	13.600
13.650	14.821668	1.171636	15.993303	218.309107	14.729051	201.051551	186.322500	0.079049	1.079049	13.650
13.700	14.870934	1.170904	16.041838	219.773676	14.778740	202.468740	187.690000	0.078738	1.078738	13.700
13.750	14.920207	1.170178	16.090385	221.243271	14.828431	203.890931	189.062500	0.078429	1.078429	13.750
13.800	14.969486	1.169458	16.138945	222.717889	14.878125	205.318125	190.440000	0.078123	1.078123	13.800
13.850	15.018771	1.168745	16.187516	224.197532	14.927821	206.750321	191.822500	0.077819	1.077819	13.850
13.900	15.068063	1.168037	16.236100	225.682199	14.977519	208.187519	193.210000	0.077517	1.077517	13.900
13.950	15.117360	1.167335	16.284695	227.171890	15.027220	209.629720	194.602500	0.077218	1.077218	13.950
BETA	F1	F2	F3	F4	F5	F6	F7	F2/F1	1+F2/F1	BETA

BETA	F1	F2	F3	F4	F5	F6	F7	F2/F1	1+F2/F1	BETA
14.000	15.166662	1.166639	16.333302	228.666603	15.076923	211.076923	196.000000	0.076921	1.076921	14.000
14.050	15.215971	1.165949	16.381920	230.166340	15.126628	212.529128	197.402500	0.076627	1.076627	14.050
14.100	15.265285	1.165264	16.430550	231.671099	15.176336	213.986336	198.810000	0.076334	1.076334	14.100
14.150	15.314605	1.164585	16.479191	233.180881	15.226046	215.448546	200.222500	0.076044	1.076044	14.150
14.200	15.363931	1.163912	16.527843	234.695685	15.275758	216.915758	201.640000	0.075756	1.075756	14.200
14.250	15.413262	1.163244	16.576506	236.215511	15.325472	218.387972	203.062500	0.075470	1.075470	14.250
14.300	15.462599	1.162581	16.625179	237.740359	15.375188	219.865188	204.490000	0.075187	1.075187	14.300
14.350	15.511940	1.161924	16.673864	239.270228	15.424906	221.347406	205.922500	0.074905	1.074905	14.350
14.400	15.561288	1.161271	16.722559	240.805118	15.474627	222.834627	207.360000	0.074626	1.074626	14.400
14.450	15.610640	1.160625	16.771264	242.345029	15.524349	224.326849	208.802500	0.074348	1.074348	14.450
14.500	15.659997	1.159983	16.819980	243.889961	15.574074	225.824074	210.250000	0.074073	1.074073	14.500
14.550	15.709360	1.159346	16.868706	245.439913	15.623801	227.326301	211.702500	0.073800	1.073800	14.550
14.600	15.758728	1.158715	16.917442	246.994885	15.673529	228.833529	213.160000	0.073528	1.073528	14.600
14.650	15.808101	1.158088	16.966188	248.554877	15.723260	230.345760	214.622500	0.073259	1.073259	14.650
14.700	15.857478	1.157466	17.014944	250.119889	15.772993	231.862993	216.090000	0.072992	1.072992	14.700
14.750	15.906861	1.156849	17.063710	251.689920	15.822727	233.385227	217.562500	0.072726	1.072726	14.750
14.800	15.956248	1.156237	17.112485	253.264970	15.872464	234.912464	219.040000	0.072463	1.072463	14.800
14.850	16.005640	1.155630	17.161270	254.845040	15.922202	236.444702	220.522500	0.072201	1.072201	14.850
14.900	16.055037	1.155027	17.210064	256.430128	15.971942	237.981942	222.010000	0.071942	1.071942	14.900
14.950	16.104439	1.154429	17.258867	258.020235	16.021685	239.524185	223.502500	0.071684	1.071684	14.950
15.000	16.153845	1.153835	17.307680	259.615360	16.071429	241.071429	225.000000	0.071428	1.071428	15.000
15.050	16.203255	1.153247	17.356502	261.215504	16.121174	242.623674	226.502500	0.071174	1.071174	15.050
15.100	16.252670	1.152662	17.405332	262.820665	16.170922	244.180922	228.010000	0.070921	1.070921	15.100
15.150	16.302090	1.152082	17.454172	264.430844	16.220671	245.743171	229.522500	0.070671	1.070671	15.150
15.200	16.351514	1.151506	17.503020	266.046040	16.270423	247.310423	231.040000	0.070422	1.070422	15.200
15.250	16.400942	1.150935	17.551877	267.666254	16.320175	248.882675	232.562500	0.070175	1.070175	15.250
15.300	16.450375	1.150368	17.600743	269.291485	16.369930	250.459930	234.090000	0.069930	1.069930	15.300
15.350	16.499812	1.149805	17.649617	270.921733	16.419686	252.042186	235.622500	0.069686	1.069686	15.350
15.400	16.549253	1.149246	17.698499	272.556998	16.469444	253.629444	237.160000	0.069444	1.069444	15.400
15.450	16.598698	1.148692	17.747390	274.197280	16.519204	255.221704	238.702500	0.069204	1.069204	15.450
15.500	16.648147	1.148141	17.796289	275.842577	16.568966	256.818966	240.250000	0.068965	1.068965	15.500
15.550	16.697601	1.147595	17.845196	277.492891	16.618729	258.421229	241.802500	0.068728	1.068728	15.550
15.600	16.747058	1.147053	17.894111	279.148222	16.668493	260.028493	243.360000	0.068493	1.068493	15.600
15.650	16.796519	1.146514	17.943034	280.808567	16.718259	261.640759	244.922500	0.068259	1.068259	15.650
15.700	16.845985	1.145980	17.991965	282.473929	16.768027	263.258027	246.490000	0.068027	1.068027	15.700
15.750	16.895454	1.145449	18.040903	284.144306	16.817797	264.880297	248.062500	0.067796	1.067796	15.750
15.800	16.944927	1.144923	18.089849	285.819699	16.867568	266.507568	249.640000	0.067567	1.067567	15.800
15.850	16.994404	1.144400	18.138803	287.500106	16.917340	268.139840	251.222500	0.067340	1.067340	15.850
15.900	17.043884	1.143880	18.187765	289.185529	16.967114	269.777114	252.810000	0.067114	1.067114	15.900
15.950	17.093369	1.143365	18.236733	290.875967	17.016890	271.419390	254.402500	0.066889	1.066889	15.950
BETA	F1	F2	F3	F4	F5	F6	F7	F2/F1	1+F2/F1	BETA

BETA	F1	F2	F3	F4	F5	F6	F7	F2/F1	1+F2/F1	BETA
16.000	17.142857	1.142853	18.285710	292.571419	17.066667	273.066667	256.000000	0.066666	1.066666	16.000
16.050	17.192349	1.142349	18.334698	294.271895	17.116445	274.718945	257.602500	0.066445	1.066445	16.050
16.100	17.241844	1.141844	18.383688	295.977376	17.166225	276.376225	259.210000	0.066225	1.066225	16.100
16.150	17.291343	1.141343	18.432686	297.687871	17.216007	278.038507	260.822500	0.066007	1.066007	16.150
16.200	17.340845	1.140845	18.481690	299.403380	17.265789	279.705789	262.440000	0.065789	1.065789	16.200
16.250	17.390351	1.140351	18.530702	307.123904	17.315574	281.378074	264.062500	0.065574	1.065574	16.250
16.300	17.439860	1.139860	18.579720	302.849441	17.365359	283.055359	265.690000	0.065359	1.065359	16.300
16.350	17.489373	1.139373	18.628746	304.579991	17.415147	284.737647	267.322500	0.065147	1.065147	16.350
16.400	17.538889	1.138889	18.677778	306.315556	17.464935	286.424935	268.960000	0.064935	1.064935	16.400
16.450	17.588408	1.138408	18.726817	308.056133	17.514725	288.117225	270.602500	0.064725	1.064725	16.450
16.500	17.637931	1.137931	18.775862	309.801724	17.564516	289.814516	272.250000	0.064516	1.064516	16.500
16.550	17.687457	1.137457	18.824914	311.552328	17.614309	291.516809	273.902500	0.064309	1.064309	16.550
16.600	17.736986	1.136986	18.873973	313.307945	17.664103	293.224103	275.560000	0.064103	1.064103	16.600
16.650	17.786519	1.136519	18.923038	315.068575	17.713898	294.936398	277.222500	0.063898	1.063898	16.650
16.700	17.836054	1.136054	18.972109	316.834218	17.763694	296.653694	278.890000	0.063694	1.063694	16.700
16.750	17.885593	1.135593	19.021186	318.604873	17.813492	298.375992	280.562500	0.063492	1.063492	16.750
16.800	17.935135	1.135135	19.070270	320.380541	17.863291	300.103291	282.240000	0.063291	1.063291	16.800
16.850	17.984680	1.134680	19.119360	322.161221	17.913091	301.835591	283.922500	0.063091	1.063091	16.850
16.900	18.034228	1.134228	19.168456	323.946913	17.962893	303.572893	285.610000	0.062893	1.062893	16.900
16.950	18.083779	1.133779	19.217559	325.737617	18.012696	305.315196	287.302500	0.062696	1.062696	16.950
17.000	18.133333	1.133333	19.266667	327.533333	18.062500	307.062500	289.000000	0.062500	1.062500	17.000
17.050	18.182890	1.132890	19.315781	329.334061	18.112305	308.814805	290.702500	0.062305	1.062305	17.050
17.100	18.232450	1.132450	19.364901	331.139801	18.162112	310.572112	292.410000	0.062112	1.062112	17.100
17.150	18.282013	1.132013	19.414026	332.950553	18.211920	312.334420	294.122500	0.061920	1.061920	17.150
17.200	18.331579	1.131579	19.463158	334.766316	18.261728	314.101728	295.840000	0.061728	1.061728	17.200
17.250	18.381148	1.131148	19.512295	336.587090	18.311538	315.874038	297.562500	0.061538	1.061538	17.250
17.300	18.430719	1.130719	19.561438	338.412876	18.361350	317.651350	299.290000	0.061350	1.061350	17.300
17.350	18.480293	1.130293	19.610586	340.243673	18.411162	319.433662	301.022500	0.061162	1.061162	17.350
17.400	18.529870	1.129870	19.659740	342.079481	18.460976	321.220976	302.760000	0.060976	1.060976	17.400
17.450	18.579450	1.129450	19.708900	343.920299	18.510790	323.013290	304.502500	0.060790	1.060790	17.450
17.500	18.629032	1.129032	19.758065	345.766129	18.560606	324.810606	306.250000	0.060606	1.060606	17.500
17.550	18.678617	1.128617	19.807235	347.616969	18.610423	326.612923	308.002500	0.060423	1.060423	17.550
17.600	18.728205	1.128205	19.856410	349.472821	18.660241	328.420241	309.760000	0.060241	1.060241	17.600
17.650	18.777796	1.127796	19.905591	351.333682	18.710060	330.232560	311.522500	0.060060	1.060060	17.650
17.700	18.827389	1.127389	19.954777	353.199554	18.759880	332.049880	313.290000	0.059880	1.059880	17.700
17.750	18.876984	1.126984	20.003968	355.070437	18.809701	333.872201	315.062500	0.059701	1.059701	17.750
17.800	18.926582	1.126582	20.053165	356.946329	18.859524	335.699524	316.840000	0.059524	1.059524	17.800
17.850	18.976183	1.126183	20.102366	358.827232	18.909347	337.531847	318.622500	0.059347	1.059347	17.850
17.900	19.025786	1.125786	20.151572	360.713145	18.959172	339.369172	320.410000	0.059172	1.059172	17.900
17.950	19.075392	1.125392	20.200784	362.604067	19.008997	341.211497	322.202500	0.058997	1.058997	17.950
BETA	F1	F2	F3	F4	F5	F6	F7	F2/F1	1+F2/F1	BETA

BETA	F1	F2	F3	F4	F5	F6	F7	F2/F1	1+F2/F1	BETA
18.000	19.125000	1.125000	20.250000	364.500000	19.058824	343.058824	324.000000	0.058824	1.058824	18.000
18.050	19.174611	1.124611	20.299221	366.400942	19.108651	344.911151	325.802500	0.058651	1.058651	18.050
18.100	19.224224	1.124224	20.348447	368.306894	19.158480	346.768480	327.610000	0.058480	1.058480	18.100
18.150	19.273839	1.123839	20.397678	370.217856	19.208309	348.630809	329.422500	0.058309	1.058309	18.150
18.200	19.323457	1.123457	20.446914	372.133827	19.258140	350.498140	331.240000	0.058140	1.058140	18.200
18.250	19.373077	1.123077	20.496154	374.054808	19.307971	352.370471	333.062500	0.057971	1.057971	18.250
18.300	19.422699	1.122699	20.545399	375.980798	19.357803	354.247803	334.890000	0.057803	1.057803	18.300
18.350	19.472324	1.122324	20.594648	377.911797	19.407637	356.130137	336.722500	0.057637	1.057637	18.350
18.400	19.521951	1.121951	20.643902	379.847805	19.457471	358.017471	338.560000	0.057471	1.057471	18.400
18.450	19.571581	1.121581	20.693161	381.788822	19.507307	359.909807	340.402500	0.057307	1.057307	18.450
18.500	19.621212	1.121212	20.742424	383.734848	19.557143	361.807143	342.250000	0.057143	1.057143	18.500
18.550	19.670846	1.120846	20.791692	385.685884	19.606980	363.709480	344.102500	0.056980	1.056980	18.550
18.600	19.720482	1.120482	20.840964	387.641928	19.656818	365.616818	345.960000	0.056818	1.056818	18.600
18.650	19.770120	1.120120	20.890240	389.602980	19.706657	367.529157	347.822500	0.056657	1.056657	18.650
18.700	19.819760	1.119760	20.939521	391.569042	19.756497	369.446497	349.690000	0.056497	1.056497	18.700
18.750	19.869403	1.119403	20.988806	393.540112	19.806338	371.368838	351.562500	0.056338	1.056338	18.750
18.800	19.919048	1.119048	21.038095	395.516190	19.856180	373.296180	353.440000	0.056180	1.056180	18.800
18.850	19.968694	1.118694	21.087389	397.497277	19.906022	375.228522	355.322500	0.056022	1.056022	18.850
18.900	20.018343	1.118343	21.136686	399.483373	19.955866	377.165866	357.210000	0.055866	1.055866	18.900
18.950	20.067994	1.117994	21.185988	401.474476	20.005710	379.108210	359.102500	0.055710	1.055710	18.950
19.000	20.117647	1.117647	21.235294	403.470588	20.055556	381.055556	361.000000	0.055556	1.055556	19.000
19.050	20.167302	1.117302	21.284604	405.471708	20.105402	383.007902	362.902500	0.055402	1.055402	19.050
19.100	20.216959	1.116959	21.333918	407.477836	20.155249	384.965249	364.810000	0.055249	1.055249	19.100
19.150	20.266618	1.116618	21.383236	409.488972	20.205096	386.927596	366.722500	0.055096	1.055096	19.150
19.200	20.316279	1.116279	21.432558	411.505116	20.254945	388.894945	368.640000	0.054945	1.054945	19.200
19.250	20.365942	1.115942	21.481884	413.526268	20.304795	390.867295	370.562500	0.054795	1.054795	19.250
19.300	20.415607	1.115607	21.531214	415.552428	20.354645	392.844645	372.490000	0.054645	1.054645	19.300
19.350	20.465274	1.115274	21.580548	417.583595	20.404496	394.826996	374.422500	0.054496	1.054496	19.350
19.400	20.514943	1.114943	21.629885	419.619770	20.454348	396.814348	376.360000	0.054348	1.054348	19.400
19.450	20.564613	1.114613	21.679226	421.660953	20.504201	398.806701	378.302500	0.054201	1.054201	19.450
19.500	20.614286	1.114286	21.728571	423.707143	20.554054	400.804054	380.250000	0.054054	1.054054	19.500
19.550	20.663960	1.113960	21.777920	425.758340	20.603908	402.806408	382.202500	0.053908	1.053908	19.550
19.600	20.713636	1.113636	21.827273	427.814545	20.653763	404.813763	384.160000	0.053763	1.053763	19.600
19.650	20.763314	1.113314	21.876629	429.875758	20.703619	406.826119	386.122500	0.053619	1.053619	19.650
19.700	20.812994	1.112994	21.925989	431.941977	20.753476	408.843476	388.090000	0.053476	1.053476	19.700
19.750	20.862676	1.112676	21.975352	434.013204	20.803333	410.865833	390.062500	0.053333	1.053333	19.750
19.800	20.912360	1.112360	22.024719	436.089438	20.853191	412.893191	392.040000	0.053191	1.053191	19.800
19.850	20.962045	1.112045	22.074090	438.170679	20.903050	414.925550	394.022500	0.053050	1.053050	19.850
19.900	21.011732	1.111732	22.123464	440.256927	20.952910	416.962910	396.010000	0.052910	1.052910	19.900
19.950	21.061421	1.111421	22.172841	442.348182	21.002770	419.005270	398.002500	0.052770	1.052770	19.950

| BETA | F1 | F2 | F3 | F4 | F5 | F6 | F7 | F2/F1 | 1+F2/F1 | BETA |

BETA	F1	F2	F3	F4	F5	F6	F7	F2/F1	1+F2/F1	BETA
20.000	21.111111	1.111111	22.222222	444.444444	21.052632	421.052632	400.000000	0.052632	1.052632	20.000
20.050	21.160803	1.110803	22.271607	446.545713	21.102493	423.104993	402.002500	0.052493	1.052493	20.050
20.100	21.210497	1.110497	22.320994	448.651989	21.152356	425.162356	404.010000	0.052356	1.052356	20.100
20.150	21.260193	1.110193	22.370386	450.763271	21.202219	427.224719	406.022500	0.052219	1.052219	20.150
20.200	21.309890	1.109890	22.419780	452.879560	21.252083	429.292083	408.040000	0.052083	1.052083	20.200
20.250	21.359589	1.109589	22.469178	455.000856	21.301948	431.364448	410.062500	0.051948	1.051948	20.250
20.300	21.409290	1.109290	22.518579	457.127158	21.351813	433.441813	412.090000	0.051813	1.051813	20.300
20.350	21.458992	1.108992	22.567984	459.258467	21.401680	435.524180	414.122500	0.051680	1.051680	20.350
20.400	21.508696	1.108696	22.617391	461.394783	21.451546	437.611546	416.160000	0.051546	1.051546	20.400
20.450	21.558401	1.108401	22.666802	463.536104	21.501414	439.703914	418.202500	0.051414	1.051414	20.450
20.500	21.608108	1.108108	22.716216	465.682432	21.551282	441.801282	420.250000	0.051282	1.051282	20.500
20.550	21.657817	1.107817	22.765633	467.833767	21.601151	443.903651	422.302500	0.051151	1.051151	20.550
20.600	21.707527	1.107527	22.815054	469.990108	21.651020	446.011020	424.360000	0.051020	1.051020	20.600
20.650	21.757239	1.107239	22.864477	472.151454	21.700891	448.123391	426.422500	0.050891	1.050891	20.650
20.700	21.806952	1.106952	22.913904	474.317807	21.750761	450.240761	428.490000	0.050761	1.050761	20.700
20.750	21.856667	1.106667	22.963333	476.489167	21.800633	452.363133	430.562500	0.050633	1.050633	20.750
20.800	21.906383	1.106383	23.012766	478.665532	21.850505	454.490505	432.640000	0.050505	1.050505	20.800
20.850	21.956101	1.106101	23.062202	480.846903	21.900378	456.622878	434.722500	0.050378	1.050378	20.850
20.900	22.005820	1.105820	23.111640	483.033280	21.950251	458.760251	436.810000	0.050251	1.050251	20.900
20.950	22.055541	1.105541	23.161082	485.224664	22.000125	460.902625	438.902500	0.050125	1.050125	20.950
21.000	22.105263	1.105263	23.210526	487.421053	22.050000	463.050000	441.000000	0.050000	1.050000	21.000
21.050	22.154987	1.104987	23.259974	489.622448	22.099875	465.202375	443.102500	0.049875	1.049875	21.050
21.100	22.204712	1.104712	23.309424	491.828848	22.149751	467.359751	445.210000	0.049751	1.049751	21.100
21.150	22.254439	1.104439	23.358877	494.040255	22.199628	469.522128	447.322500	0.049628	1.049628	21.150
21.200	22.304167	1.104167	23.408333	496.256667	22.249505	471.689505	449.440000	0.049505	1.049505	21.200
21.250	22.353896	1.103896	23.457792	498.478084	22.299383	473.861883	451.562500	0.049383	1.049383	21.250
21.300	22.403627	1.103627	23.507254	500.704508	22.349261	476.039261	453.690000	0.049261	1.049261	21.300
21.350	22.453359	1.103359	23.556718	502.935937	22.399140	478.221640	455.822500	0.049140	1.049140	21.350
21.400	22.503093	1.103093	23.606186	505.172371	22.449020	480.409020	457.960000	0.049020	1.049020	21.400
21.450	22.552828	1.102828	23.655656	507.413811	22.498900	482.601400	460.102500	0.048900	1.048900	21.450
21.500	22.602564	1.102564	23.705128	509.660256	22.548780	484.798780	462.250000	0.048780	1.048780	21.500
21.550	22.652302	1.102302	23.754604	511.911707	22.598662	487.001162	464.402500	0.048662	1.048662	21.550
21.600	22.702041	1.102041	23.804082	514.168163	22.648544	489.208544	466.560000	0.048544	1.048544	21.600
21.650	22.751781	1.101781	23.853562	516.429625	22.698426	491.420926	468.722500	0.048426	1.048426	21.650
21.700	22.801523	1.101523	23.903046	518.696091	22.748309	493.638309	470.890000	0.048309	1.048309	21.700
21.750	22.851266	1.101266	23.952532	520.967563	22.798193	495.860693	473.062500	0.048193	1.048193	21.750
21.800	22.901010	1.101010	24.002020	523.244040	22.848077	498.088077	475.240000	0.048077	1.048077	21.800
21.850	22.950756	1.100756	24.051511	525.525523	22.897962	500.320462	477.422500	0.047962	1.047962	21.850
21.900	23.000503	1.100503	24.101005	527.812010	22.947847	502.557847	479.610000	0.047847	1.047847	21.900
21.950	23.050251	1.100251	24.150501	530.103503	22.997733	504.800233	481.802500	0.047733	1.047733	21.950

| BETA | F1 | F2 | F3 | F4 | F5 | F6 | F7 | F2/F1 | 1+F2/F1 | BETA |

Z U G S T A E B E -595-

BETA	F1	F2	F3	F4	F5	F6	F7	F2/F1	1+F2/F1	BETA
22.000	23.100000	1.100000	24.200000	532.400000	23.047619	507.047619	484.000000	0.047619	1.047619	22.000
22.050	23.149751	1.099751	24.249501	534.701502	23.097506	509.300006	486.202500	0.047506	1.047506	22.050
22.100	23.199502	1.099502	24.299005	537.008010	23.147393	511.557393	488.410000	0.047393	1.047393	22.100
22.150	23.249256	1.099256	24.348511	539.319522	23.197281	513.819781	490.622500	0.047281	1.047281	22.150
22.200	23.299010	1.099010	24.398020	541.636040	23.247170	516.087170	492.840000	0.047170	1.047170	22.200
22.250	23.348765	1.098765	24.447531	543.957562	23.297059	518.359559	495.062500	0.047059	1.047059	22.250
22.300	23.398522	1.098522	24.497044	546.284089	23.346948	520.636948	497.290000	0.046948	1.046948	22.300
22.350	23.448280	1.098280	24.546560	548.615620	23.396838	522.919338	499.522500	0.046838	1.046838	22.350
22.400	23.498039	1.098039	24.596078	550.952157	23.446729	525.206729	501.760000	0.046729	1.046729	22.400
22.450	23.547800	1.097800	24.645599	553.293698	23.496620	527.499120	504.002500	0.046620	1.046620	22.450
22.500	23.597561	1.097561	24.695122	555.640244	23.546512	529.796512	506.250000	0.046512	1.046512	22.500
22.550	23.647324	1.097324	24.744647	557.991794	23.596404	532.098904	508.502500	0.046404	1.046404	22.550
22.600	23.697087	1.097087	24.794175	560.348350	23.646296	534.406296	510.760000	0.046296	1.046296	22.600
22.650	23.746852	1.096852	24.843705	562.709909	23.696189	536.718689	513.022500	0.046189	1.046189	22.650
22.700	23.796618	1.096618	24.893237	565.076473	23.746083	539.036083	515.290000	0.046083	1.046083	22.700
22.750	23.846386	1.096386	24.942771	567.448042	23.795977	541.358477	517.562500	0.045977	1.045977	22.750
22.800	23.896154	1.096154	24.992308	569.824615	23.845872	543.685872	519.840000	0.045872	1.045872	22.800
22.850	23.945923	1.095923	25.041847	572.206193	23.895767	546.018267	522.122500	0.045767	1.045767	22.850
22.900	23.995694	1.095694	25.091388	574.592775	23.945662	548.355662	524.410000	0.045662	1.045662	22.900
22.950	24.045465	1.095465	25.140931	576.984362	23.995558	550.698058	526.702500	0.045558	1.045558	22.950
23.000	24.095238	1.095238	25.190476	579.380952	24.045455	553.045455	529.000000	0.045455	1.045455	23.000
23.050	24.145012	1.095012	25.240024	581.782548	24.095351	555.397851	531.302500	0.045351	1.045351	23.050
23.100	24.194787	1.094787	25.289573	584.189147	24.145249	557.755249	533.610000	0.045249	1.045249	23.100
23.150	24.244563	1.094563	25.339125	586.600751	24.195147	560.117647	535.922500	0.045147	1.045147	23.150
23.200	24.294340	1.094340	25.388679	589.017358	24.245045	562.485045	538.240000	0.045045	1.045045	23.200
23.250	24.344118	1.094118	25.438235	591.438971	24.294944	564.857444	540.562500	0.044944	1.044944	23.250
23.300	24.393897	1.093897	25.487793	593.865587	24.344843	567.234843	542.890000	0.044843	1.044843	23.300
23.350	24.443677	1.093677	25.537354	596.297207	24.394743	569.617243	545.222500	0.044743	1.044743	23.350
23.400	24.493458	1.093458	25.586916	598.733832	24.444643	572.004643	547.560000	0.044643	1.044643	23.400
23.450	24.543240	1.093240	25.636480	601.175460	24.494543	574.397043	549.902500	0.044543	1.044543	23.450
23.500	24.593023	1.093023	25.686047	603.622093	24.544444	576.794444	552.250000	0.044444	1.044444	23.500
23.550	24.642807	1.092807	25.735615	606.073730	24.594346	579.196846	554.602500	0.044346	1.044346	23.550
23.600	24.692593	1.092593	25.785185	608.530370	24.644248	581.604248	556.960000	0.044248	1.044248	23.600
23.650	24.742379	1.092379	25.834758	610.992015	24.694150	584.016650	559.322500	0.044150	1.044150	23.650
23.700	24.792166	1.092166	25.884332	613.458664	24.744053	586.434053	561.690000	0.044053	1.044053	23.700
23.750	24.841954	1.091954	25.933908	615.930316	24.793956	588.856456	564.062500	0.043956	1.043956	23.750
23.800	24.891743	1.091743	25.983486	618.406972	24.843860	591.283860	566.440000	0.043860	1.043860	23.800
23.850	24.941533	1.091533	26.033066	620.888633	24.893764	593.716264	568.822500	0.043764	1.043764	23.850
23.900	24.991324	1.091324	26.082648	623.375297	24.943668	596.153668	571.210000	0.043668	1.043668	23.900
23.950	25.041116	1.091116	26.132232	625.866965	24.993573	598.596073	573.602500	0.043573	1.043573	23.950
BETA	F1	F2	F3	F4	F5	F6	F7	F2/F1	1+F2/F1	BETA

BETA	F1	F2	F3	F4	F5	F6	F7	F2/F1	1+F2/F1	BETA
24.000	25.090909	1.090909	26.181818	628.363636	25.043478	601.043478	576.000000	0.043478	1.043478	24.000
24.050	25.140703	1.090703	26.231406	630.865312	25.093384	603.495884	578.402500	0.043384	1.043384	24.050
24.100	25.190498	1.090498	26.280995	633.371991	25.143290	605.953290	580.810000	0.043290	1.043290	24.100
24.150	25.240293	1.090293	26.330587	635.883674	25.193197	608.415697	583.222500	0.043197	1.043197	24.150
24.200	25.290090	1.090090	26.380180	638.400360	25.243103	610.883103	585.640000	0.043103	1.043103	24.200
24.250	25.339888	1.089888	26.429775	640.922051	25.293011	613.355511	588.062500	0.043011	1.043011	24.250
24.300	25.389686	1.089686	26.479372	643.448744	25.342918	615.832918	590.490000	0.042918	1.042918	24.300
24.350	25.439485	1.089485	26.528971	645.980442	25.392827	618.315327	592.922500	0.042827	1.042827	24.350
24.400	25.489286	1.089286	26.578571	648.517143	25.442735	620.802735	595.360000	0.042735	1.042735	24.400
24.450	25.539087	1.089087	26.628174	651.058847	25.492644	623.295144	597.802500	0.042644	1.042644	24.450
24.500	25.588889	1.088889	26.677778	653.605556	25.542553	625.792553	600.250000	0.042553	1.042553	24.500
24.550	25.638692	1.088692	26.727384	656.157267	25.592463	628.294963	602.702500	0.042463	1.042463	24.550
24.600	25.688496	1.088496	26.776991	658.713982	25.642373	630.802373	605.160000	0.042373	1.042373	24.600
24.650	25.738300	1.088300	26.826600	661.275701	25.692283	633.314783	607.622500	0.042283	1.042283	24.650
24.700	25.788106	1.088106	26.876211	663.842423	25.742194	635.832194	610.090000	0.042194	1.042194	24.700
24.750	25.837912	1.087912	26.925824	666.414148	25.792105	638.354605	612.562500	0.042105	1.042105	24.750
24.800	25.887719	1.087719	26.975439	668.990877	25.842017	640.882017	615.040000	0.042017	1.042017	24.800
24.850	25.937527	1.087527	27.025055	671.572609	25.891929	643.414429	617.522500	0.041929	1.041929	24.850
24.900	25.987336	1.087336	27.074672	674.159345	25.941841	645.951841	620.010000	0.041841	1.041841	24.900
24.950	26.037146	1.087146	27.124292	676.751084	25.991754	648.494254	622.502500	0.041754	1.041754	24.950
25.000	26.086957	1.086957	27.173913	679.347826	26.041667	651.041667	625.000000	0.041667	1.041667	25.000
25.250	26.336022	1.086022	27.422043	692.406586	26.291237	663.853737	637.562500	0.041237	1.041237	25.250
25.500	26.585106	1.085106	27.670213	705.590426	26.540816	676.790816	650.250000	0.040816	1.040816	25.500
25.750	26.834211	1.084211	27.918421	718.899342	26.790404	689.852904	663.062500	0.040404	1.040404	25.750
26.000	27.083333	1.083333	28.166667	732.333333	27.040000	703.040000	676.000000	0.040000	1.040000	26.000
26.250	27.332474	1.082474	28.414948	745.892397	27.289604	716.352104	689.062500	0.039604	1.039604	26.250
26.500	27.581633	1.081633	28.663265	759.576531	27.539216	729.789216	702.250000	0.039216	1.039216	26.500
26.750	27.830808	1.080808	28.911616	773.385732	27.788835	743.351335	715.562500	0.038835	1.038835	26.750
27.000	28.080000	1.080000	29.160000	787.320000	28.038462	757.038462	729.000000	0.038462	1.038462	27.000
27.250	28.329208	1.079208	29.408416	801.379332	28.288095	770.850595	742.562500	0.038095	1.038095	27.250
27.500	28.578431	1.078431	29.656863	815.563725	28.537736	784.787736	756.250000	0.037736	1.037736	27.500
27.750	28.827670	1.077670	29.905340	829.873180	28.787383	798.849883	770.062500	0.037383	1.037383	27.750
28.000	29.076923	1.076923	30.153846	844.307692	29.037037	813.037037	784.000000	0.037037	1.037037	28.000
28.250	29.326190	1.076190	30.402381	858.867262	29.286697	827.349197	798.062500	0.036697	1.036697	28.250
28.500	29.575472	1.075472	30.650943	873.551887	29.536364	841.786364	812.250000	0.036364	1.036364	28.500
28.750	29.824766	1.074766	30.899533	888.361565	29.786036	856.348536	826.562500	0.036036	1.036036	28.750
29.000	30.074074	1.074074	31.148148	903.296296	30.035714	871.035714	841.000000	0.035714	1.035714	29.000
29.250	30.323394	1.073394	31.396789	918.356078	30.285398	885.847898	855.562500	0.035398	1.035398	29.250
29.500	30.572727	1.072727	31.645455	933.540909	30.535088	900.785088	870.250000	0.035088	1.035088	29.500
29.750	30.822072	1.072072	31.894144	948.850788	30.784783	915.847283	885.062500	0.034783	1.034783	29.750
BETA	F1	F2	F3	F4	F5	F6	F7	F2/F1	1+F2/F1	BETA

BETA	F1	F2	F3	F4	F5	F6	F7	F2/F1	1+F2/F1	BETA
30.000	31.071429	1.071429	32.142857	964.285714	31.034483	931.034483	900.000000	0.034483	1.034483	30.000
30.250	31.320796	1.070796	32.391593	979.845686	31.284188	946.346688	915.062500	0.034188	1.034188	30.250
30.500	31.570175	1.070175	32.640351	995.530702	31.533898	961.783898	930.250000	0.033898	1.033898	30.500
30.750	31.819565	1.069565	32.889130	1011.340761	31.783613	977.346113	945.562500	0.033613	1.033613	30.750
31.000	32.068966	1.068966	33.137931	1027.275862	32.033333	993.033333	961.000000	0.033333	1.033333	31.000
31.250	32.318376	1.068376	33.386752	1043.336004	32.283058	1008.845558	976.562500	0.033058	1.033058	31.250
31.500	32.567797	1.067797	33.635593	1059.521186	32.532787	1024.782787	992.250000	0.032787	1.032787	31.500
31.750	32.817227	1.067227	33.884454	1075.831408	32.782520	1040.845020	1008.062500	0.032520	1.032520	31.750
32.000	33.066667	1.066667	34.133333	1092.266667	33.032258	1057.032258	1024.000000	0.032258	1.032258	32.000
32.250	33.316116	1.066116	34.382231	1108.826963	33.282000	1073.344500	1040.062500	0.032000	1.032000	32.250
32.500	33.565574	1.065574	34.631148	1125.512295	33.531746	1089.781746	1056.250000	0.031746	1.031746	32.500
32.750	33.815041	1.065041	34.880081	1142.322663	33.781496	1106.343996	1072.562500	0.031496	1.031496	32.750
33.000	34.064516	1.064516	35.129032	1159.258065	34.031250	1123.031250	1089.000000	0.031250	1.031250	33.000
33.250	34.314000	1.064000	35.378000	1176.318500	34.281008	1139.843508	1105.562500	0.031008	1.031008	33.250
33.500	34.563492	1.063492	35.626984	1193.503968	34.530769	1156.780769	1122.250000	0.030769	1.030769	33.500
33.750	34.812992	1.062992	35.875984	1210.814469	34.780534	1173.843034	1139.062500	0.030534	1.030534	33.750
34.000	35.062500	1.062500	36.125000	1228.250000	35.030303	1191.030303	1156.000000	0.030303	1.030303	34.000
34.250	35.312016	1.062016	36.374031	1245.810562	35.280075	1208.342575	1173.062500	0.030075	1.030075	34.250
34.500	35.561538	1.061538	36.623077	1263.496154	35.529851	1225.779851	1190.250000	0.029851	1.029851	34.500
34.750	35.811069	1.061069	36.872137	1281.306775	35.779630	1243.342130	1207.562500	0.029630	1.029630	34.750
35.000	36.060606	1.060606	37.121212	1299.242424	36.029412	1261.029412	1225.000000	0.029412	1.029412	35.000
35.250	36.310150	1.060150	37.370301	1317.303102	36.279197	1278.841697	1242.562500	0.029197	1.029197	35.250
35.500	36.559701	1.059701	37.619403	1335.488806	36.528986	1296.778986	1260.250000	0.028986	1.028986	35.500
35.750	36.809259	1.059259	37.868519	1353.799537	36.778777	1314.841277	1278.062500	0.028777	1.028777	35.750
36.000	37.058824	1.058824	38.117647	1372.235294	37.028571	1333.028571	1296.000000	0.028571	1.028571	36.000
36.250	37.308394	1.058394	38.366788	1390.796077	37.278369	1351.340869	1314.062500	0.028369	1.028369	36.250
36.500	37.557971	1.057971	38.615942	1409.481884	37.528169	1369.778169	1332.250000	0.028169	1.028169	36.500
36.750	37.807554	1.057554	38.865108	1428.292716	37.777972	1388.340472	1350.562500	0.027972	1.027972	36.750
37.000	38.057143	1.057143	39.114286	1447.228571	38.027778	1407.027778	1369.000000	0.027778	1.027778	37.000
37.250	38.306738	1.056738	39.363475	1466.289450	38.277586	1425.840086	1387.562500	0.027586	1.027586	37.250
37.500	38.556338	1.056338	39.612676	1485.475352	38.527397	1444.777397	1406.250000	0.027397	1.027397	37.500
37.750	38.805944	1.055944	39.861888	1504.786276	38.777211	1463.839711	1425.062500	0.027211	1.027211	37.750
38.000	39.055556	1.055556	40.111111	1524.222222	39.027027	1483.027027	1444.000000	0.027027	1.027027	38.000
38.250	39.305172	1.055172	40.360345	1543.783190	39.276846	1502.339346	1463.062500	0.026846	1.026846	38.250
38.500	39.554795	1.054795	40.609589	1563.469178	39.526667	1521.776667	1482.250000	0.026667	1.026667	38.500
38.750	39.804422	1.054422	40.858844	1583.280187	39.776490	1541.338990	1501.562500	0.026490	1.026490	38.750
39.000	40.054054	1.054054	41.108108	1603.216216	40.026316	1561.026316	1521.000000	0.026316	1.026316	39.000
39.250	40.303691	1.053691	41.357383	1623.277265	40.276144	1580.838644	1540.562500	0.026144	1.026144	39.250
39.500	40.553333	1.053333	41.606667	1643.463333	40.525974	1600.775974	1560.250000	0.025974	1.025974	39.500
39.750	40.802980	1.052980	41.855960	1663.774421	40.775806	1620.838306	1580.062500	0.025806	1.025806	39.750
BETA	F1	F2	F3	F4	F5	F6	F7	F2/F1	1+F2/F1	BETA

BETA	F1	F2	F3	F4	F5	F6	F7	F2/F1	1+F2/F1	BETA
40.000	41.052632	1.052632	42.105263	1684.210526	41.025641	1641.025641	1600.000000	0.025641	1.025641	40.000
40.250	41.302288	1.052288	42.354575	1704.771650	41.275478	1661.337978	1620.062500	0.025478	1.025478	40.250
40.500	41.551948	1.051948	42.603896	1725.457792	41.525316	1681.775316	1640.250000	0.025316	1.025316	40.500
40.750	41.801613	1.051613	42.853226	1746.268952	41.775157	1702.337657	1660.562500	0.025157	1.025157	40.750
41.000	42.051282	1.051282	43.102564	1767.205128	42.025000	1723.025000	1681.000000	0.025000	1.025000	41.000
41.250	42.300955	1.050955	43.351911	1788.266322	42.274845	1743.837345	1701.562500	0.024845	1.024845	41.250
41.500	42.550633	1.050633	43.601266	1809.452532	42.524691	1764.774691	1722.250000	0.024691	1.024691	41.500
41.750	42.800314	1.050314	43.850629	1830.763758	42.774540	1785.837040	1743.062500	0.024540	1.024540	41.750
42.000	43.050000	1.050000	44.100000	1852.200000	43.024390	1807.024390	1764.000000	0.024390	1.024390	42.000
42.250	43.299689	1.049689	44.349379	1873.761258	43.274242	1828.336742	1785.062500	0.024242	1.024242	42.250
42.500	43.549383	1.049383	44.598765	1895.447531	43.524096	1849.774096	1806.250000	0.024096	1.024096	42.500
42.750	43.799080	1.049080	44.848160	1917.258819	43.773952	1871.336452	1827.562500	0.023952	1.023952	42.750
43.000	44.048780	1.048780	45.097561	1939.195122	44.023810	1893.023810	1849.000000	0.023810	1.023810	43.000
43.250	44.298485	1.048485	45.346970	1961.256439	44.273669	1914.836169	1870.562500	0.023669	1.023669	43.250
43.500	44.548193	1.048193	45.596386	1983.442771	44.523529	1936.773529	1892.250000	0.023529	1.023529	43.500
43.750	44.797904	1.047904	45.845808	2005.754117	44.773392	1958.835892	1914.062500	0.023392	1.023392	43.750
44.000	45.047619	1.047619	46.095238	2028.190476	45.023256	1981.023256	1936.000000	0.023256	1.023256	44.000
44.250	45.297337	1.047337	46.344675	2050.751849	45.273121	2003.335621	1958.062500	0.023121	1.023121	44.250
44.500	45.547059	1.047059	46.594118	2073.438235	45.522989	2025.772989	1980.250000	0.022989	1.022989	44.500
44.750	45.796784	1.046784	46.843567	2096.249635	45.772857	2048.335357	2002.562500	0.022857	1.022857	44.750
45.000	46.046512	1.046512	47.093023	2119.186047	46.022727	2071.022727	2025.000000	0.022727	1.022727	45.000
45.250	46.296243	1.046243	47.342486	2142.247471	46.272599	2093.835099	2047.562500	0.022599	1.022599	45.250
45.500	46.545977	1.045977	47.591954	2165.433908	46.522472	2116.772472	2070.250000	0.022472	1.022472	45.500
45.750	46.795714	1.045714	47.841429	2188.745357	46.772346	2139.834846	2093.062500	0.022346	1.022346	45.750
46.000	47.045455	1.045455	48.090909	2212.181818	47.022222	2163.022222	2116.000000	0.022222	1.022222	46.000
46.250	47.295198	1.045198	48.340395	2235.743291	47.272099	2186.334599	2139.062500	0.022099	1.022099	46.250
46.500	47.544944	1.044944	48.589888	2259.429775	47.521978	2209.771978	2162.250000	0.021978	1.021978	46.500
46.750	47.794693	1.044693	48.839385	2283.241271	47.771858	2233.334358	2185.562500	0.021858	1.021858	46.750
47.000	48.044444	1.044444	49.088889	2307.177778	48.021739	2257.021739	2209.000000	0.021739	1.021739	47.000
47.250	48.294199	1.044199	49.338398	2331.239296	48.271622	2280.834122	2232.562500	0.021622	1.021622	47.250
47.500	48.543956	1.043956	49.587912	2355.425824	48.521505	2304.771505	2256.250000	0.021505	1.021505	47.500
47.750	48.793716	1.043716	49.837432	2379.737363	48.771390	2328.833890	2280.062500	0.021390	1.021390	47.750
48.000	49.043478	1.043478	50.086957	2404.173913	49.021277	2353.021277	2304.000000	0.021277	1.021277	48.000
48.250	49.293243	1.043243	50.336486	2428.735473	49.271164	2377.333664	2328.062500	0.021164	1.021164	48.250
48.500	49.543011	1.043011	50.586022	2453.422043	49.521053	2401.771053	2352.250000	0.021053	1.021053	48.500
48.750	49.792781	1.042781	50.835561	2478.233623	49.770942	2426.333442	2376.562500	0.020942	1.020942	48.750
49.000	50.042553	1.042553	51.085106	2503.170213	50.020833	2451.020833	2401.000000	0.020833	1.020833	49.000
49.250	50.292328	1.042328	51.334656	2528.231812	50.270725	2475.833225	2425.562500	0.020725	1.020725	49.250
49.500	50.542105	1.042105	51.584211	2553.418421	50.520619	2500.770619	2450.250000	0.020619	1.020619	49.500
49.750	50.791885	1.041885	51.833770	2578.730039	50.770513	2525.833013	2475.062500	0.020513	1.020513	49.750
50.000	51.041667	1.041667	52.083333	2604.166667	51.020408	2551.020408	2500.000000	0.020408	1.020408	50.000

| BETA | F1 | F2 | F3 | F4 | F5 | F6 | F7 | F2/F1 | 1+F2/F1 | BETA |

D.VII

Zahlentafeln der Funktionen

$F(\epsilon)_{M;\overline{M}_a(b,b)}$ = F.M;MA(B,B)
$F(\epsilon)_{M;\overline{M}_b(b,b)}$ = F.M;MB(B,B)
$F(\epsilon)_{M;\overline{K}(b,b)}$ = F.M;K(B,B)
$F(\epsilon)_{M;\overline{M}_a(b,g)}$ = F.M;MA(B,G)
$F(\epsilon)_{M;\overline{K}(b,g)}$ = F.M;K(B,G)
$F(\epsilon)_{M;\overline{M}_b(g,b)}$ = F.M;MB(G,B)
$F(\epsilon)_{M;\overline{K}(g,b)}$ = F.M;K(G,B)

Druckstäbe 600...632
Zugstäbe 633...665

D R U C K S T A E B E. -600-

XM/L = 0.00

ALPHA	F.MIMA(B,B)	F.MIMB(B,B)	F.MIK(B,B)	F.MIMA(B,G)	F.MIK(B,G)	F.MIMB(G,B)	F.MIK(G,B)
0.000	-1.000000	-0.000000	0.000000	-1.000000	0.000000	0.500000	-1.500000
0.025	-1.000000	0.000000	0.000000	-1.000000	-0.000000	0.500016	-1.500016
0.050	-1.000000	-0.000000	0.000000	-1.000000	-0.000000	0.500063	-1.500063
0.075	-1.000000	0.000000	0.000000	-1.000000	-0.000000	0.500141	-1.500141
0.100	-1.000000	-0.000000	0.000000	-1.000000	-0.000000	0.500250	-1.500250
0.125	-1.000000	-0.000000	-0.000000	-1.000000	-0.000000	0.500391	-1.500391
0.150	-1.000000	-0.000000	-0.000000	-1.000000	0.000000	0.500563	-1.500563
0.175	-1.000000	-0.000000	-0.000000	-1.000000	0.000000	0.500767	-1.500767
0.200	-1.000000	-0.000000	-0.000000	-1.000000	0.000000	0.501002	-1.501002
0.225	-1.000000	-0.000000	-0.000000	-1.000000	0.000000	0.501269	-1.501269
0.250	-1.000000	-0.000000	0.000000	-1.000000	-0.000000	0.501568	-1.501568
0.275	-1.000000	-0.000000	-0.000000	-1.000000	0.000000	0.501898	-1.501698
0.300	-1.000000	0.000000	-0.000000	-1.000000	-0.000000	0.502261	-1.502261
0.325	-1.000000	-0.000000	0.000000	-1.000000	-0.000000	0.502655	-1.502655
0.350	-1.000000	0.000000	-0.000000	-1.000000	-0.000000	0.503082	-1.503082
0.375	-1.000000	-0.000000	-0.000000	-1.000000	-0.000000	0.503542	-1.503542
0.400	-1.000000	0.000000	-0.000000	-1.000000	0.000000	0.504034	-1.504034
0.425	-1.000000	0.000000	0.000000	-1.000000	-0.000000	0.504559	-1.504559
0.450	-1.000000	0.000000	-0.000000	-1.000000	-0.000000	0.505117	-1.505117
0.475	-1.000000	0.000000	-0.000000	-1.000000	-0.000000	0.505708	-1.505708
0.500	-1.000000	-0.000000	0.000000	-1.000000	-0.000000	0.506333	-1.506333
0.525	-1.000000	0.000000	-0.000000	-1.000000	0.000000	0.506992	-1.506992
0.550	-1.000000	-0.000000	-0.000000	-1.000000	0.000000	0.507684	-1.507684
0.575	-1.000000	0.000000	-0.000000	-1.000000	-0.000000	0.508411	-1.508411
0.600	-1.000000	0.000000	-0.000000	-1.000000	-0.000000	0.509173	-1.509173
0.625	-1.000000	-0.000000	-0.000000	-1.000000	-0.000000	0.509969	-1.509969
0.650	-1.000000	0.000000	0.000000	-1.000000	-0.000000	0.510801	-1.510801
0.675	-1.000000	0.000000	-0.000000	-1.000000	-0.000000	0.511669	-1.511669
0.700	-1.000000	0.000000	-0.000000	-1.000000	-0.000000	0.512572	-1.512572
0.725	-1.000000	0.000000	-0.000000	-1.000000	-0.000000	0.513512	-1.513512
0.750	-1.000000	0.000000	-0.000000	-1.000000	-0.000000	0.514489	-1.514489
0.775	-1.000000	-0.000000	0.000000	-1.000000	0.000000	0.515503	-1.515503
0.800	-1.000000	0.000000	-0.000000	-1.000000	-0.000000	0.516554	-1.516554
0.825	-1.000000	0.000000	-0.000000	-1.000000	-0.000000	0.517644	-1.517644
0.850	-1.000000	0.000000	-0.000000	-1.000000	-0.000000	0.518772	-1.518772
0.875	-1.000000	-0.000000	-0.000000	-1.000000	-0.000000	0.519939	-1.519939
0.900	-1.000000	0.000000	-0.000000	-1.000000	-0.000000	0.521146	-1.521146
0.925	-1.000000	-0.000000	-0.000000	-1.000000	-0.000000	0.522393	-1.522393
0.950	-1.000000	0.000000	-0.000000	-1.000000	-0.000000	0.523680	-1.523680
0.975	-1.000000	0.000000	-0.000000	-1.000000	0.000000	0.525009	-1.525009

| ALPHA | F.MIMA(B,B) | F.MIMB(B,B) | F.MIK(B,B) | F.MIMA(B,G) | F.MIK(B,G) | F.MIMB(G,B) | F.MIK(G,B) |

XM/L = 0.00

D R U C K S T A E B E -600-

D R U C K S T A E B E -601-

XM/L = 0.00

ALPHA	F.MIMA(B,B)	F.MIMB(B,B)	F.MIK(B,B)	F.MIMA(B,G)	F.MIK(B,G)	F.MIMB(G,B)	F.MIK(G,B)
1.000	-1.000000	0.000000	-0.000000	-1.000000	-0.000000	0.526379	-1.526379
1.025	-1.000000	0.000000	-0.000000	-1.000000	-0.000000	0.527792	-1.527792
1.050	-1.000000	0.000000	-0.000000	-1.000000	0.000000	0.529249	-1.529249
1.075	-1.000000	0.000000	-0.000000	-1.000000	-0.000000	0.530748	-1.530748
1.100	-1.000000	0.000000	-0.000000	-1.000000	-0.000000	0.532293	-1.532293
1.125	-1.000000	-0.000000	-0.000000	-1.000000	-0.000000	0.533882	-1.533882
1.150	-1.000000	0.000000	-0.000000	-1.000000	0.000000	0.535517	-1.535517
1.175	-1.000000	0.000000	-0.000000	-1.000000	-0.000000	0.537200	-1.537200
1.200	-1.000000	0.000000	-0.000000	-1.000000	-0.000000	0.538929	-1.538929
1.225	-1.000000	0.000000	-0.000000	-1.000000	0.000000	0.540707	-1.540707
1.250	-1.000000	-0.000000	-0.000000	-1.000000	-0.000000	0.542535	-1.542535
1.275	-1.000000	0.000000	0.000000	-1.000000	-0.000000	0.544412	-1.544412
1.300	-1.000000	0.000000	-0.000000	-1.000000	-0.000000	0.546341	-1.546341
1.325	-1.000000	0.000000	0.000000	-1.000000	0.000000	0.548321	-1.548321
1.350	-1.000000	0.000000	0.000000	-1.000000	0.000000	0.550355	-1.550355
1.375	-1.000000	0.000000	-0.000000	-1.000000	-0.000000	0.552443	-1.552443
1.400	-1.000000	0.000000	-0.000000	-1.000000	-0.000000	0.554585	-1.554585
1.425	-1.000000	0.000000	-0.000000	-1.000000	-0.000000	0.556785	-1.556785
1.450	-1.000000	0.000000	0.000000	-1.000000	0.000000	0.559042	-1.559042
1.475	-1.000000	0.000000	-0.000000	-1.000000	-0.000000	0.561357	-1.561357
1.500	-1.000000	0.000000	-0.000000	-1.000000	-0.000000	0.563732	-1.563732
1.525	-1.000000	0.000000	-0.000000	-1.000000	-0.000000	0.566169	-1.566169
1.550	-1.000000	0.000000	-0.000000	-1.000000	-0.000000	0.568669	-1.568669
1.575	-1.000000	-0.000000	0.000000	-1.000000	0.000000	0.571232	-1.571232
1.600	-1.000000	0.000000	0.000000	-1.000000	-0.000000	0.573861	-1.573861
1.625	-1.000000	-0.000000	0.000000	-1.000000	-0.000000	0.576557	-1.576557
1.650	-1.000000	0.000000	0.000000	-1.000000	-0.000000	0.579321	-1.579321
1.675	-1.000000	-0.000000	0.000000	-1.000000	-0.000000	0.582156	-1.582156
1.700	-1.000000	0.000000	-0.000000	-1.000000	-0.000000	0.585062	-1.585062
1.725	-1.000000	0.000000	0.000000	-1.000000	-0.000000	0.588043	-1.588043
1.750	-1.000000	-0.000000	0.000000	-1.000000	-0.000000	0.591098	-1.591098
1.775	-1.000000	0.000000	0.000000	-1.000000	-0.000000	0.594231	-1.594231
1.800	-1.000000	-0.000000	0.000000	-1.000000	-0.000000	0.597444	-1.597444
1.825	-1.000000	-0.000000	0.000000	-1.000000	0.000000	0.600738	-1.600738
1.850	-1.000000	-0.000000	0.000000	-1.000000	0.000000	0.604116	-1.604116
1.875	-1.000000	-0.000000	-0.000000	-1.000000	-0.000000	0.607579	-1.607579
1.900	-1.000000	-0.000000	0.000000	-1.000000	-0.000000	0.611131	-1.611131
1.925	-1.000000	-0.000000	0.000000	-1.000000	-0.000000	0.614773	-1.614773
1.950	-1.000000	0.000000	0.000000	-1.000000	-0.000000	0.618508	-1.618508
1.975	-1.000000	0.000000	0.000000	-1.000000	-0.000000	0.622339	-1.622339
ALPHA	F.MIMA(B,B)	F.MIMB(B,B)	F.MIK(B,B)	F.MIMA(B,G)	F.MIK(B,G)	F.MIMB(G,B)	F.MIK(G,B)

XM/L = 0.00

D R U C K S T A E B E -601-

XM/L = 0.00

ALPHA	F.MJMA(B,B)	F.MJMB(B,B)	F.MJK(B,B)	F.MJMA(B,G)	F.MIK(B,G)	F.MJMB(G,B)	F.MIK(G,B)
2.000	-1.000000	-0.000000	0.000000	-1.000000	-0.000000	0.626268	-1.626268
2.025	-1.000000	0.000000	0.000000	-1.000000	-0.000000	0.630298	-1.630298
2.050	-1.000000	-0.000000	0.000000	-1.000000	-0.000000	0.634433	-1.634433
2.075	-1.000000	0.000000	0.000000	-1.000000	-0.000000	0.638675	-1.638675
2.100	-1.000000	-0.000000	0.000000	-1.000000	-0.000000	0.643028	-1.643028
2.125	-1.000000	-0.000000	-0.000000	-1.000000	-0.000000	0.647494	-1.647494
2.150	-1.000000	0.000000	0.000000	-1.000000	-0.000000	0.652078	-1.652078
2.175	-1.000000	0.000000	-0.000000	-1.000000	-0.000000	0.656783	-1.656783
2.200	-1.000000	-0.000000	0.000000	-1.000000	-0.000000	0.661613	-1.661613
2.225	-1.000000	-0.000000	0.000000	-1.000000	-0.000000	0.666572	-1.666572
2.250	-1.000000	-0.000000	0.000000	-1.000000	-0.000000	0.671664	-1.671664
2.275	-1.000000	0.000000	0.000000	-1.000000	-0.000000	0.676893	-1.676893
2.300	-1.000000	-0.000000	-0.000000	-1.000000	-0.000000	0.682265	-1.682265
2.325	-1.000000	0.000000	0.000000	-1.000000	-0.000000	0.687783	-1.687783
2.350	-1.000000	-0.000000	0.000000	-1.000000	-0.000000	0.693454	-1.693454
2.375	-1.000000	-0.000000	0.000000	-1.000000	-0.000000	0.699282	-1.699282
2.400	-1.000000	-0.000000	0.000000	-1.000000	-0.000000	0.705272	-1.705272
2.425	-1.000000	-0.000000	0.000000	-1.000000	-0.000000	0.711431	-1.711431
2.450	-1.000000	0.000000	0.000000	-1.000000	-0.000000	0.717765	-1.717765
2.475	-1.000000	-0.000000	-0.000000	-1.000000	-0.000000	0.724280	-1.724280
2.500	-1.000000	0.000000	0.000000	-1.000000	-0.000000	0.730983	-1.730983
2.525	-1.000000	-0.000000	-0.000000	-1.000000	-0.000000	0.737880	-1.737880
2.550	-1.000000	-0.000000	-0.000000	-1.000000	-0.000000	0.744980	-1.744980
2.575	-1.000000	-0.000000	0.000000	-1.000000	-0.000000	0.752291	-1.752291
2.600	-1.000000	-0.000000	0.000000	-1.000000	-0.000000	0.759820	-1.759820
2.625	-1.000000	-0.000000	-0.000000	-1.000000	-0.000000	0.767576	-1.767576
2.650	-1.000000	-0.000000	-0.000000	-1.000000	-0.000000	0.775568	-1.775568
2.675	-1.000000	-0.000000	-0.000000	-1.000000	-0.000000	0.783807	-1.783807
2.700	-1.000000	-0.000000	-0.000000	-1.000000	-0.000000	0.792302	-1.792302
2.725	-1.000000	-0.000000	0.000000	-1.000000	-0.000000	0.801065	-1.801065
2.750	-1.000000	0.000000	-0.000000	-1.000000	-0.000000	0.810106	-1.810106
2.775	-1.000000	0.000000	0.000000	-1.000000	-0.000000	0.819438	-1.819438
2.800	-1.000000	-0.000000	-0.000000	-1.000000	-0.000000	0.829074	-1.829074
2.825	-1.000000	0.000000	0.000000	-1.000000	-0.000000	0.839027	-1.839027
2.850	-1.000000	-0.000000	0.000000	-1.000000	-0.000000	0.849313	-1.849313
2.875	-1.000000	0.000000	0.000000	-1.000000	-0.000000	0.859945	-1.859945
2.900	-1.000000	-0.000000	0.000000	-1.000000	-0.000000	0.870941	-1.870941
2.925	-1.000000	-0.000000	-0.000000	-1.000000	-0.000000	0.882319	-1.882319
2.950	-1.000000	0.000000	-0.000000	-1.000000	-0.000000	0.894096	-1.894096
2.975	-1.000000	-0.000000	-0.000000	-1.000000	-0.000000	0.906293	-1.906293
ALPHA	F.MJMA(B,B)	F.MJMB(B,B)	F.MJK(B,B)	F.MJMA(B,G)	F.MIK(B,G)	F.MJMB(G,B)	F.MIK(G,B)

XM/L = 0.00

XM/L = 0.10

ALPHA	F.MIMA(B,B)	F.MIMB(B,B)	F.MIK(B,B)	F.MIMA(B,G)	F.MIK(B,G)	F.MIMB(G,B)	F.MIK(G,B)
0.000	-0.630000	0.170000	-0.540000	-0.715000	-0.285000	0.485000	-1.485000
0.025	-0.630005	0.170002	-0.539997	-0.715009	-0.284991	0.485015	-1.485015
0.050	-0.630021	0.170009	-0.539988	-0.715036	-0.284964	0.485059	-1.485059
0.075	-0.630048	0.170020	-0.539972	-0.715082	-0.284918	0.485132	-1.485132
0.100	-0.630085	0.170035	-0.539950	-0.715145	-0.284855	0.485235	-1.485235
0.125	-0.630132	0.170055	-0.539923	-0.715226	-0.284774	0.485368	-1.485368
0.150	-0.630191	0.170079	-0.539889	-0.715326	-0.284674	0.485530	-1.485530
0.175	-0.630260	0.170108	-0.539848	-0.715444	-0.284556	0.485721	-1.485721
0.200	-0.630339	0.170141	-0.539802	-0.715580	-0.284420	0.485942	-1.485942
0.225	-0.630429	0.170179	-0.539749	-0.715735	-0.284265	0.486193	-1.486193
0.250	-0.630530	0.170221	-0.539690	-0.715907	-0.284093	0.486474	-1.486474
0.275	-0.630642	0.170267	-0.539625	-0.716099	-0.283901	0.486785	-1.486785
0.300	-0.630764	0.170318	-0.539554	-0.716308	-0.283692	0.487126	-1.487126
0.325	-0.630897	0.170373	-0.539477	-0.716536	-0.283464	0.487497	-1.487497
0.350	-0.631040	0.170433	-0.539393	-0.716782	-0.283218	0.487899	-1.487899
0.375	-0.631195	0.170498	-0.539303	-0.717048	-0.282952	0.488331	-1.488331
0.400	-0.631360	0.170567	-0.539207	-0.717331	-0.282669	0.488793	-1.488793
0.425	-0.631536	0.170640	-0.539104	-0.717634	-0.282366	0.489287	-1.489287
0.450	-0.631722	0.170718	-0.538995	-0.717955	-0.282045	0.489812	-1.489812
0.475	-0.631920	0.170800	-0.538880	-0.718295	-0.281705	0.490368	-1.490368
0.500	-0.632128	0.170888	-0.538759	-0.718654	-0.281346	0.490955	-1.490955
0.525	-0.632348	0.170979	-0.538632	-0.719033	-0.280967	0.491574	-1.491574
0.550	-0.632578	0.171076	-0.538498	-0.719430	-0.280570	0.492225	-1.492225
0.575	-0.632819	0.171177	-0.538358	-0.719847	-0.280153	0.492909	-1.492909
0.600	-0.633071	0.171282	-0.538211	-0.720283	-0.279717	0.493625	-1.493625
0.625	-0.633334	0.171393	-0.538058	-0.720739	-0.279261	0.494374	-1.494374
0.650	-0.633608	0.171508	-0.537899	-0.721215	-0.278785	0.495156	-1.495156
0.675	-0.633894	0.171627	-0.537734	-0.721710	-0.278290	0.495971	-1.495971
0.700	-0.634190	0.171752	-0.537562	-0.722225	-0.277775	0.496820	-1.496820
0.725	-0.634497	0.171881	-0.537384	-0.722761	-0.277239	0.497703	-1.497703
0.750	-0.634816	0.172015	-0.537199	-0.723316	-0.276684	0.498621	-1.498621
0.775	-0.635146	0.172154	-0.537008	-0.723892	-0.276108	0.499574	-1.499574
0.800	-0.635488	0.172298	-0.536810	-0.724489	-0.275511	0.500562	-1.500562
0.825	-0.635840	0.172447	-0.536607	-0.725106	-0.274894	0.501586	-1.501586
0.850	-0.636204	0.172601	-0.536396	-0.725745	-0.274255	0.502646	-1.502646
0.875	-0.636580	0.172759	-0.536179	-0.726404	-0.273596	0.503742	-1.503742
0.900	-0.636967	0.172923	-0.535956	-0.727085	-0.272915	0.504876	-1.504876
0.925	-0.637366	0.173092	-0.535726	-0.727788	-0.272212	0.506047	-1.506047
0.950	-0.637776	0.173266	-0.535490	-0.728512	-0.271488	0.507256	-1.507256
0.975	-0.638198	0.173445	-0.535247	-0.729258	-0.270742	0.508504	-1.508504
ALPHA	F.MIMA(B,B)	F.MIMB(B,B)	F.MIK(B,B)	F.MIMA(B,G)	F.MIK(B,G)	F.MIMB(G,B)	F.MIK(G,B)

XM/L = 0.10

D R U C K S T A E B E -604-

XM/L = 0.10

ALPHA	F.M;MA(B,B)	F.M;MB(B,B)	F.M;K(B,B)	F.M;MA(B,G)	F.M;K(B,G)	F.M;MB(G,B)	F.M;K(G,B)
1.000	-0.638632	0.173629	-0.534997	-0.730026	-0.269974	0.509791	-1.509791
1.025	-0.639077	0.173818	-0.534741	-0.730817	-0.269183	0.511118	-1.511118
1.050	-0.639534	0.174013	-0.534478	-0.731630	-0.268370	0.512485	-1.512485
1.075	-0.640004	0.174213	-0.534209	-0.732467	-0.267533	0.513894	-1.513894
1.100	-0.640485	0.174418	-0.533933	-0.733327	-0.266673	0.515344	-1.515344
1.125	-0.640978	0.174629	-0.533650	-0.734210	-0.265790	0.516836	-1.516836
1.150	-0.641484	0.174845	-0.533361	-0.735117	-0.264883	0.518371	-1.518371
1.175	-0.642002	0.175067	-0.533065	-0.736048	-0.263952	0.519950	-1.519950
1.200	-0.642532	0.175294	-0.532762	-0.737003	-0.262997	0.521573	-1.521573
1.225	-0.643074	0.175527	-0.532452	-0.737983	-0.262017	0.523242	-1.523242
1.250	-0.643629	0.175765	-0.532136	-0.738988	-0.261012	0.524956	-1.524956
1.275	-0.644197	0.176010	-0.531813	-0.740019	-0.259981	0.526718	-1.526718
1.300	-0.644777	0.176260	-0.531483	-0.741075	-0.258925	0.528527	-1.528527
1.325	-0.645370	0.176515	-0.531146	-0.742157	-0.257843	0.530385	-1.530385
1.350	-0.645976	0.176777	-0.530802	-0.743266	-0.256734	0.532293	-1.532293
1.375	-0.646594	0.177045	-0.530451	-0.744401	-0.255599	0.534251	-1.534251
1.400	-0.647226	0.177319	-0.530093	-0.745564	-0.254436	0.536261	-1.536261
1.425	-0.647871	0.177599	-0.529728	-0.746755	-0.253245	0.538323	-1.538323
1.450	-0.648528	0.177885	-0.529356	-0.747973	-0.252027	0.540439	-1.540439
1.475	-0.649200	0.178177	-0.528977	-0.749221	-0.250779	0.542610	-1.542610
1.500	-0.649884	0.178476	-0.528591	-0.750497	-0.249503	0.544837	-1.544837
1.525	-0.650583	0.178781	-0.528198	-0.751803	-0.248197	0.547121	-1.547121
1.550	-0.651295	0.179093	-0.527798	-0.753139	-0.246861	0.549463	-1.549463
1.575	-0.652020	0.179411	-0.527391	-0.754505	-0.245495	0.551865	-1.551865
1.600	-0.652760	0.179735	-0.526976	-0.755903	-0.244097	0.554329	-1.554329
1.625	-0.653513	0.180067	-0.526554	-0.757332	-0.242668	0.556854	-1.556854
1.650	-0.654281	0.180405	-0.526125	-0.758793	-0.241207	0.559444	-1.559444
1.675	-0.655063	0.180751	-0.525688	-0.760288	-0.239712	0.562099	-1.562099
1.700	-0.655859	0.181103	-0.525244	-0.761815	-0.238185	0.564821	-1.564821
1.725	-0.656670	0.181462	-0.524792	-0.763377	-0.236623	0.567612	-1.567612
1.750	-0.657495	0.181829	-0.524334	-0.764974	-0.235026	0.570473	-1.570473
1.775	-0.658336	0.182203	-0.523867	-0.766606	-0.233394	0.573406	-1.573406
1.800	-0.659191	0.182584	-0.523393	-0.768274	-0.231726	0.576413	-1.576413
1.825	-0.660061	0.182973	-0.522912	-0.769980	-0.230020	0.579496	-1.579496
1.850	-0.660947	0.183369	-0.522423	-0.771723	-0.228277	0.582657	-1.582657
1.875	-0.661847	0.183773	-0.521926	-0.773504	-0.226496	0.585898	-1.585898
1.900	-0.662764	0.184185	-0.521421	-0.775325	-0.224675	0.589220	-1.589220
1.925	-0.663696	0.184605	-0.520909	-0.777186	-0.222814	0.592627	-1.592627
1.950	-0.664644	0.185033	-0.520389	-0.779089	-0.220911	0.596121	-1.596121
1.975	-0.665608	0.185469	-0.519861	-0.781033	-0.218967	0.599703	-1.599703

| ALPHA | F.M;MA(B,B) | F.M;MB(B,B) | F.M;K(B,B) | F.M;MA(B,G) | F.M;K(B,G) | F.M;MB(G,B) | F.M;K(G,B) |

XM/L = 0.10

D R U C K S T A E B E -604-

XM/L = 0.10

ALPHA	F.MIMA(B,B)	F.MIMB(B,B)	F.MIK(B,B)	F.MIMA(B,G)	F.MIK(B,G)	F.MIMB(G,B)	F.MIK(G,B)
2.000	-0.666589	0.185914	-0.519325	-0.783021	-0.216979	0.603377	-1.603377
2.025	-0.667586	0.186367	-0.518781	-0.785052	-0.214948	0.607145	-1.607145
2.050	-0.668599	0.186828	-0.518229	-0.787129	-0.212871	0.611010	-1.611010
2.075	-0.669629	0.187299	-0.517669	-0.789252	-0.210748	0.614974	-1.614974
2.100	-0.670676	0.187778	-0.517101	-0.791423	-0.208577	0.619041	-1.619041
2.125	-0.671741	0.188266	-0.516525	-0.793642	-0.206358	0.623214	-1.623214
2.150	-0.672823	0.188763	-0.515941	-0.795911	-0.204089	0.627496	-1.627496
2.175	-0.673922	0.189270	-0.515348	-0.798231	-0.201769	0.631891	-1.631891
2.200	-0.675039	0.189786	-0.514747	-0.800604	-0.199396	0.636401	-1.636401
2.225	-0.676174	0.190312	-0.514138	-0.803031	-0.196969	0.641031	-1.641031
2.250	-0.677328	0.190848	-0.513520	-0.805513	-0.194487	0.645785	-1.645785
2.275	-0.678500	0.191394	-0.512894	-0.808053	-0.191947	0.650666	-1.650666
2.300	-0.679690	0.191950	-0.512259	-0.810651	-0.189349	0.655679	-1.655679
2.325	-0.680900	0.192516	-0.511616	-0.813309	-0.186691	0.660828	-1.660828
2.350	-0.682129	0.193093	-0.510964	-0.816030	-0.183970	0.666118	-1.666118
2.375	-0.683377	0.193680	-0.510303	-0.818814	-0.181186	0.671553	-1.671553
2.400	-0.684645	0.194279	-0.509633	-0.821665	-0.178335	0.677140	-1.677140
2.425	-0.685933	0.194888	-0.508955	-0.824583	-0.175417	0.682883	-1.682883
2.450	-0.687242	0.195509	-0.508267	-0.827572	-0.172428	0.688787	-1.688787
2.475	-0.688571	0.196142	-0.507571	-0.830632	-0.169368	0.694860	-1.694860
2.500	-0.689921	0.196786	-0.506865	-0.833768	-0.166232	0.701106	-1.701106
2.525	-0.691292	0.197442	-0.506151	-0.836980	-0.163020	0.707533	-1.707533
2.550	-0.692684	0.198111	-0.505427	-0.840273	-0.159727	0.714147	-1.714147
2.575	-0.694098	0.198792	-0.504693	-0.843648	-0.156352	0.720956	-1.720956
2.600	-0.695535	0.199486	-0.503951	-0.847108	-0.152892	0.727967	-1.727967
2.625	-0.696994	0.200192	-0.503199	-0.850656	-0.149344	0.735188	-1.735188
2.650	-0.698475	0.200912	-0.502437	-0.854297	-0.145703	0.742628	-1.742628
2.675	-0.699980	0.201646	-0.501666	-0.858031	-0.141969	0.750295	-1.750295
2.700	-0.701508	0.202393	-0.500885	-0.861865	-0.138135	0.758200	-1.758200
2.725	-0.703060	0.203155	-0.500095	-0.865800	-0.134200	0.766352	-1.766352
2.750	-0.704636	0.203931	-0.499294	-0.869842	-0.130158	0.774761	-1.774761
2.775	-0.706237	0.204721	-0.498484	-0.873994	-0.126006	0.783439	-1.783439
2.800	-0.707863	0.205527	-0.497664	-0.878261	-0.121739	0.792398	-1.792398
2.825	-0.709515	0.206348	-0.496833	-0.882647	-0.117353	0.801650	-1.801650
2.850	-0.711192	0.207185	-0.495992	-0.887157	-0.112843	0.811209	-1.811209
2.875	-0.712896	0.208037	-0.495142	-0.891797	-0.108203	0.821089	-1.821089
2.900	-0.714626	0.208907	-0.494280	-0.896572	-0.103428	0.831304	-1.831304
2.925	-0.716384	0.209792	-0.493408	-0.901488	-0.098512	0.841872	-1.841872
2.950	-0.718169	0.210695	-0.492526	-0.906551	-0.093449	0.852808	-1.852808
2.975	-0.719983	0.211616	-0.491633	-0.911769	-0.088231	0.864131	-1.864131

| ALPHA | F.MIMA(B,B) | F.MIMB(B,B) | F.MIK(B,B) | F.MIMA(B,G) | F.MIK(B,G) | F.MIMB(G,B) | F.MIK(G,B) |

XM/L = 0.10

XM/L = 0.20

ALPHA	F.M;MA(B,B)	F.M;MB(B,B)	F.M;K(B,B)	F.M;MA(B,G)	F.M;K(B,G)	F.M;MB(G,B)	F.M;K(G,B)
0.000	-0.320000	0.280000	-0.960000	-0.460000	-0.540000	0.440000	-1.440000
0.025	-0.320006	0.280004	-0.959998	-0.460012	-0.539988	0.440012	-1.440012
0.050	-0.320024	0.280016	-0.959992	-0.460050	-0.539950	0.440048	-1.440048
0.075	-0.320054	0.280036	-0.959982	-0.460111	-0.539889	0.440108	-1.440108
0.100	-0.320096	0.280064	-0.959968	-0.460198	-0.539802	0.440192	-1.440192
0.125	-0.320150	0.280100	-0.959950	-0.460310	-0.539690	0.440300	-1.440300
0.150	-0.320216	0.280144	-0.959928	-0.460446	-0.539554	0.440432	-1.440432
0.175	-0.320294	0.280196	-0.959902	-0.460607	-0.539393	0.440589	-1.440589
0.200	-0.320384	0.280256	-0.959872	-0.460793	-0.539207	0.440770	-1.440770
0.225	-0.320487	0.280324	-0.959838	-0.461005	-0.538995	0.440974	-1.440974
0.250	-0.320601	0.280401	-0.959800	-0.461241	-0.538759	0.441204	-1.441204
0.275	-0.320727	0.280485	-0.959758	-0.461502	-0.538498	0.441457	-1.441457
0.300	-0.320866	0.280577	-0.959712	-0.461789	-0.538211	0.441736	-1.441736
0.325	-0.321016	0.280678	-0.959661	-0.462101	-0.537899	0.442039	-1.442039
0.350	-0.321179	0.280787	-0.959607	-0.462438	-0.537562	0.442366	-1.442366
0.375	-0.321354	0.280903	-0.959549	-0.462801	-0.537199	0.442719	-1.442719
0.400	-0.321542	0.281028	-0.959487	-0.463190	-0.536810	0.443096	-1.443096
0.425	-0.321741	0.281162	-0.959420	-0.463604	-0.536396	0.443499	-1.443499
0.450	-0.321953	0.281303	-0.959350	-0.464044	-0.535956	0.443927	-1.443927
0.475	-0.322177	0.281453	-0.959276	-0.464510	-0.535490	0.444381	-1.444381
0.500	-0.322414	0.281611	-0.959197	-0.465003	-0.534997	0.444860	-1.444860
0.525	-0.322663	0.281777	-0.959114	-0.465522	-0.534478	0.445365	-1.445365
0.550	-0.322924	0.281952	-0.959028	-0.466067	-0.533933	0.445896	-1.445896
0.575	-0.323198	0.282135	-0.958937	-0.466639	-0.533361	0.446453	-1.446453
0.600	-0.323485	0.282327	-0.958842	-0.467238	-0.532762	0.447036	-1.447036
0.625	-0.323784	0.282527	-0.958743	-0.467864	-0.532136	0.447647	-1.447647
0.650	-0.324096	0.282735	-0.958640	-0.468517	-0.531483	0.448284	-1.448284
0.675	-0.324420	0.282953	-0.958532	-0.469198	-0.530802	0.448948	-1.448948
0.700	-0.324758	0.283178	-0.958421	-0.469907	-0.530093	0.449640	-1.449640
0.725	-0.325108	0.283413	-0.958305	-0.470644	-0.529356	0.450360	-1.450360
0.750	-0.325471	0.283656	-0.958185	-0.471409	-0.528591	0.451107	-1.451107
0.775	-0.325847	0.283908	-0.958061	-0.472202	-0.527798	0.451883	-1.451883
0.800	-0.326236	0.284169	-0.957933	-0.473024	-0.526976	0.452687	-1.452687
0.825	-0.326638	0.284438	-0.957800	-0.473875	-0.526125	0.453520	-1.453520
0.850	-0.327053	0.284717	-0.957664	-0.474756	-0.525244	0.454383	-1.454383
0.875	-0.327482	0.285004	-0.957523	-0.475666	-0.524334	0.455275	-1.455275
0.900	-0.327923	0.285301	-0.957377	-0.476607	-0.523393	0.456197	-1.456197
0.925	-0.328379	0.285607	-0.957228	-0.477577	-0.522423	0.457149	-1.457149
0.950	-0.328847	0.285921	-0.957074	-0.478579	-0.521421	0.458132	-1.458132
0.975	-0.329330	0.286246	-0.956916	-0.479611	-0.520389	0.459147	-1.459147

| ALPHA | F.M;MA(B,B) | F.M;MB(B,B) | F.M;K(B,B) | F.M;MA(B,G) | F.M;K(B,G) | F.M;MB(G,B) | F.M;K(G,B) |

XM/L = 0.20

D R U C K S T A E B E -607-

XM/L = 0.20

ALPHA	F.MIMA(B,B)	F.MIMB(B,B)	F.MIK(B,B)	F.MIMA(B,G)	F.MIK(B,G)	F.MIMB(G,B)	F.MIK(G,B)
1.000	-0.329826	0.286579	-0.956753	-0.480675	-0.519325	0.460193	-1.460193
1.025	-0.330335	0.286922	-0.956587	-0.481771	-0.518229	0.461271	-1.461271
1.050	-0.330859	0.287274	-0.956415	-0.482899	-0.517101	0.462381	-1.462381
1.075	-0.331397	0.287636	-0.956240	-0.484059	-0.515941	0.463524	-1.463524
1.100	-0.331948	0.288008	-0.956060	-0.485253	-0.514747	0.464701	-1.464701
1.125	-0.332514	0.288389	-0.955875	-0.486480	-0.513520	0.465912	-1.465912
1.150	-0.333094	0.288780	-0.955686	-0.487741	-0.512259	0.467158	-1.467158
1.175	-0.333688	0.289181	-0.955493	-0.489036	-0.510964	0.468438	-1.468438
1.200	-0.334297	0.289592	-0.955295	-0.490367	-0.509633	0.469754	-1.469754
1.225	-0.334921	0.290013	-0.955092	-0.491733	-0.508267	0.471107	-1.471107
1.250	-0.335559	0.290444	-0.954885	-0.493135	-0.506865	0.472496	-1.472496
1.275	-0.336212	0.290886	-0.954674	-0.494573	-0.505427	0.473923	-1.473923
1.300	-0.336880	0.291337	-0.954458	-0.496049	-0.503951	0.475388	-1.475388
1.325	-0.337563	0.291800	-0.954237	-0.497563	-0.502437	0.476892	-1.476892
1.350	-0.338261	0.292273	-0.954012	-0.499115	-0.500885	0.478436	-1.478436
1.375	-0.338975	0.292756	-0.953781	-0.500706	-0.499294	0.480020	-1.480020
1.400	-0.339704	0.293251	-0.953547	-0.502336	-0.497664	0.481645	-1.481645
1.425	-0.340449	0.293756	-0.953307	-0.504008	-0.495992	0.483313	-1.483313
1.450	-0.341209	0.294272	-0.953063	-0.505720	-0.494280	0.485022	-1.485022
1.475	-0.341986	0.294800	-0.952814	-0.507474	-0.492526	0.486776	-1.486776
1.500	-0.342779	0.295339	-0.952560	-0.509271	-0.490729	0.488574	-1.488574
1.525	-0.343588	0.295889	-0.952301	-0.511111	-0.488889	0.490418	-1.490418
1.550	-0.344413	0.296451	-0.952038	-0.512995	-0.487005	0.492308	-1.492308
1.575	-0.345255	0.297025	-0.951770	-0.514925	-0.485075	0.494245	-1.494245
1.600	-0.346114	0.297610	-0.951496	-0.516900	-0.483100	0.496231	-1.496231
1.625	-0.346990	0.298207	-0.951218	-0.518923	-0.481077	0.498267	-1.498267
1.650	-0.347882	0.298817	-0.950935	-0.520993	-0.479007	0.500353	-1.500353
1.675	-0.348793	0.299439	-0.950646	-0.523113	-0.476887	0.502491	-1.502491
1.700	-0.349720	0.300073	-0.950353	-0.525282	-0.474718	0.504682	-1.504682
1.725	-0.350666	0.300720	-0.950054	-0.527502	-0.472498	0.506927	-1.506927
1.750	-0.351629	0.301380	-0.949751	-0.529774	-0.470226	0.509227	-1.509227
1.775	-0.352611	0.302053	-0.949442	-0.532100	-0.467900	0.511585	-1.511585
1.800	-0.353611	0.302739	-0.949128	-0.534480	-0.465520	0.514001	-1.514001
1.825	-0.354629	0.303438	-0.948809	-0.536916	-0.463084	0.516477	-1.516477
1.850	-0.355666	0.304151	-0.948484	-0.539408	-0.460592	0.519014	-1.519014
1.875	-0.356722	0.304877	-0.948155	-0.541959	-0.458041	0.521614	-1.521614
1.900	-0.357798	0.305617	-0.947819	-0.544570	-0.455430	0.524278	-1.524278
1.925	-0.358893	0.306372	-0.947479	-0.547242	-0.452758	0.527009	-1.527009
1.950	-0.360007	0.307140	-0.947133	-0.549976	-0.450024	0.529808	-1.529808
1.975	-0.361142	0.307923	-0.946781	-0.552775	-0.447225	0.532676	-1.532676

| ALPHA | F.MIMA(B,B) | F.MIMB(B,B) | F.MIK(B,B) | F.MIMA(B,G) | F.MIK(B,G) | F.MIMB(G,B) | F.MIK(G,B) |

XM/L = 0.20

D R U C K S T A E B E -607-

XM/L = 0.20

ALPHA	F.MIMA(B,B)	F.MIMB(B,B)	F.MIK(B,B)	F.MIMA(B,G)	F.MIK(B,G)	F.MIMB(G,B)	F.MIK(G,B)
2.000	-0.362297	0.308721	-0.946424	-0.555639	-0.444361	0.535616	-1.535616
2.025	-0.363473	0.309534	-0.946062	-0.558571	-0.441429	0.538630	-1.538630
2.050	-0.364669	0.310362	-0.945693	-0.561573	-0.438427	0.541720	-1.541720
2.075	-0.365886	0.311206	-0.945319	-0.564645	-0.435355	0.544888	-1.544888
2.100	-0.367125	0.312065	-0.944940	-0.567791	-0.432209	0.548136	-1.548136
2.125	-0.368385	0.312940	-0.944554	-0.571012	-0.428988	0.551467	-1.551467
2.150	-0.369668	0.313831	-0.944163	-0.574310	-0.425690	0.554883	-1.554883
2.175	-0.370972	0.314738	-0.943766	-0.577687	-0.422313	0.558387	-1.558387
2.200	-0.372299	0.315663	-0.943363	-0.581146	-0.418854	0.561981	-1.561981
2.225	-0.373650	0.316604	-0.942954	-0.584689	-0.415311	0.565668	-1.565668
2.250	-0.375023	0.317562	-0.942539	-0.588318	-0.411682	0.569452	-1.569452
2.275	-0.376420	0.318538	-0.942118	-0.592037	-0.407963	0.573335	-1.573335
2.300	-0.377841	0.319532	-0.941691	-0.595847	-0.404153	0.577320	-1.577320
2.325	-0.379286	0.320544	-0.941258	-0.599751	-0.400249	0.581411	-1.581411
2.350	-0.380756	0.321575	-0.940818	-0.603754	-0.396246	0.585612	-1.585612
2.375	-0.382252	0.322624	-0.940372	-0.607857	-0.392143	0.589925	-1.589925
2.400	-0.383772	0.323692	-0.939920	-0.612063	-0.387937	0.594356	-1.594356
2.425	-0.385319	0.324780	-0.939462	-0.616377	-0.383623	0.598908	-1.598908
2.450	-0.386891	0.325888	-0.938997	-0.620802	-0.379198	0.603585	-1.603585
2.475	-0.388491	0.327016	-0.938525	-0.625342	-0.374658	0.608392	-1.608392
2.500	-0.390118	0.328165	-0.938047	-0.630000	-0.370000	0.613334	-1.613334
2.525	-0.391772	0.329334	-0.937562	-0.634781	-0.365219	0.618415	-1.618415
2.550	-0.393454	0.330525	-0.937071	-0.639689	-0.360311	0.623641	-1.623641
2.575	-0.395165	0.331737	-0.936572	-0.644728	-0.355272	0.629017	-1.629017
2.600	-0.396905	0.332972	-0.936067	-0.649904	-0.350096	0.634549	-1.634549
2.625	-0.398675	0.334230	-0.935555	-0.655221	-0.344779	0.640243	-1.640243
2.650	-0.400474	0.335510	-0.935036	-0.660685	-0.339315	0.646105	-1.646105
2.675	-0.402305	0.336814	-0.934509	-0.666302	-0.333698	0.652143	-1.652143
2.700	-0.404166	0.338142	-0.933976	-0.672077	-0.327923	0.658364	-1.658364
2.725	-0.406059	0.339494	-0.933436	-0.678016	-0.321984	0.664774	-1.664774
2.750	-0.407984	0.340872	-0.932888	-0.684127	-0.315873	0.671382	-1.671382
2.775	-0.409942	0.342275	-0.932332	-0.690415	-0.309585	0.678197	-1.678197
2.800	-0.411934	0.343704	-0.931770	-0.696890	-0.303110	0.685228	-1.685228
2.825	-0.413960	0.345159	-0.931200	-0.703558	-0.296442	0.692483	-1.692483
2.850	-0.416020	0.346642	-0.930622	-0.710428	-0.289572	0.699973	-1.699973
2.875	-0.418116	0.348152	-0.930036	-0.717508	-0.282492	0.707710	-1.707710
2.900	-0.420248	0.349691	-0.929443	-0.724809	-0.275191	0.715703	-1.715703
2.925	-0.422417	0.351259	-0.928842	-0.732339	-0.267661	0.723966	-1.723966
2.950	-0.424623	0.352856	-0.928233	-0.740111	-0.259889	0.732510	-1.732510
2.975	-0.426868	0.354484	-0.927616	-0.748134	-0.251866	0.741351	-1.741351
ALPHA	F.MIMA(B,B)	F.MIMB(B,B)	F.MIK(B,B)	F.MIMA(B,G)	F.MIK(B,G)	F.MIMB(G,B)	F.MIK(G,B)

XM/L = 0.20

D R U C K S T A E B E -609-

XM/L = 0.30

ALPHA	F.MIMA(B,B)	F.MIMB(B,B)	F.MIK(B,B)	F.MIMA(B,G)	F.MIK(B,G)	F.MIMB(G,B)	F.MIK(G,B)
0.000	-0.070000	0.330000	-1.260000	-0.235000	-0.765000	0.365000	-1.365000
0.025	-0.070004	0.330005	-1.260001	-0.235012	-0.764988	0.365008	-1.365008
0.050	-0.070016	0.330019	-1.260003	-0.235046	-0.764954	0.365031	-1.365031
0.075	-0.070036	0.330042	-1.260006	-0.235104	-0.764896	0.365070	-1.365070
0.100	-0.070065	0.330075	-1.260011	-0.235185	-0.764815	0.365125	-1.365125
0.125	-0.070101	0.330118	-1.260016	-0.235289	-0.764711	0.365196	-1.365196
0.150	-0.070146	0.330169	-1.260024	-0.235416	-0.764584	0.365282	-1.365282
0.175	-0.070198	0.330231	-1.260032	-0.235567	-0.764433	0.365384	-1.365384
0.200	-0.070259	0.330301	-1.260042	-0.235741	-0.764259	0.365501	-1.365501
0.225	-0.070328	0.330381	-1.260053	-0.235938	-0.764062	0.365635	-1.365635
0.250	-0.070405	0.330471	-1.260066	-0.236159	-0.763841	0.365784	-1.365784
0.275	-0.070491	0.330570	-1.260079	-0.236403	-0.763597	0.365949	-1.365949
0.300	-0.070584	0.330679	-1.260095	-0.236671	-0.763329	0.366131	-1.366131
0.325	-0.070686	0.330797	-1.260111	-0.236963	-0.763037	0.366328	-1.366328
0.350	-0.070796	0.330925	-1.260129	-0.237278	-0.762722	0.366541	-1.366541
0.375	-0.070914	0.331062	-1.260148	-0.237618	-0.762382	0.366770	-1.366770
0.400	-0.071041	0.331209	-1.260168	-0.237981	-0.762019	0.367016	-1.367016
0.425	-0.071176	0.331366	-1.260190	-0.238369	-0.761631	0.367278	-1.367278
0.450	-0.071319	0.331532	-1.260213	-0.238781	-0.761219	0.367556	-1.367556
0.475	-0.071471	0.331708	-1.260237	-0.239218	-0.760782	0.367851	-1.367851
0.500	-0.071631	0.331893	-1.260263	-0.239679	-0.760321	0.368162	-1.368162
0.525	-0.071799	0.332089	-1.260290	-0.240165	-0.759835	0.368490	-1.368490
0.550	-0.071976	0.332294	-1.260318	-0.240676	-0.759324	0.368835	-1.368835
0.575	-0.072162	0.332509	-1.260348	-0.241213	-0.758787	0.369197	-1.369197
0.600	-0.072356	0.332734	-1.260379	-0.241775	-0.758225	0.369576	-1.369576
0.625	-0.072558	0.332969	-1.260411	-0.242362	-0.757638	0.369972	-1.369972
0.650	-0.072770	0.333214	-1.260444	-0.242976	-0.757024	0.370385	-1.370385
0.675	-0.072990	0.333469	-1.260479	-0.243615	-0.756385	0.370816	-1.370816
0.700	-0.073218	0.333734	-1.260516	-0.244281	-0.755719	0.371264	-1.371264
0.725	-0.073456	0.334009	-1.260553	-0.244974	-0.755026	0.371730	-1.371730
0.750	-0.073703	0.334295	-1.260592	-0.245693	-0.754307	0.372214	-1.372214
0.775	-0.073958	0.334590	-1.260632	-0.246440	-0.753560	0.372716	-1.372716
0.800	-0.074222	0.334896	-1.260674	-0.247214	-0.752786	0.373236	-1.373236
0.825	-0.074496	0.335212	-1.260717	-0.248016	-0.751984	0.373775	-1.373775
0.850	-0.074778	0.335539	-1.260761	-0.248847	-0.751153	0.374332	-1.374332
0.875	-0.075070	0.335876	-1.260806	-0.249705	-0.750295	0.374908	-1.374908
0.900	-0.075371	0.336224	-1.260853	-0.250593	-0.749407	0.375503	-1.375503
0.925	-0.075681	0.336583	-1.260902	-0.251509	-0.748491	0.376118	-1.376118
0.950	-0.076000	0.336952	-1.260951	-0.252455	-0.747545	0.376752	-1.376752
0.975	-0.076329	0.337332	-1.261002	-0.253432	-0.746568	0.377405	-1.377405
ALPHA	F.MIMA(B,B)	F.MIMB(B,B)	F.MIK(B,B)	F.MIMA(B,G)	F.MIK(B,G)	F.MIMB(G,B)	F.MIK(G,B)

XM/L = 0.30

D R U C K S T A E B E -609-

XM/L = 0.30

ALPHA	F.MIMA(B,B)	F.MIMB(B,B)	F.MIK(B,B)	F.MIMA(B,G)	F.MIK(B,G)	F.MIMB(G,B)	F.MIK(G,B)
1.000	-0.076668	0.337722	-1.261054	-0.254438	-0.745562	0.378079	-1.378079
1.025	-0.077016	0.338124	-1.261108	-0.255475	-0.744525	0.378773	-1.378773
1.050	-0.077374	0.338537	-1.261163	-0.256544	-0.743456	0.379487	-1.379487
1.075	-0.077742	0.338961	-1.261219	-0.257644	-0.742356	0.380222	-1.380222
1.100	-0.078119	0.339396	-1.261277	-0.258777	-0.741223	0.380978	-1.380978
1.125	-0.078506	0.339842	-1.261336	-0.259942	-0.740058	0.381755	-1.381755
1.150	-0.078904	0.340300	-1.261396	-0.261140	-0.738860	0.382554	-1.362554
1.175	-0.079311	0.340769	-1.261458	-0.262372	-0.737628	0.383375	-1.383375
1.200	-0.079729	0.341250	-1.261521	-0.263639	-0.736361	0.384218	-1.384218
1.225	-0.080157	0.341743	-1.261586	-0.264940	-0.735060	0.385084	-1.385084
1.250	-0.080596	0.342247	-1.261651	-0.266276	-0.733724	0.385973	-1.385973
1.275	-0.081045	0.342763	-1.261718	-0.267649	-0.732351	0.386885	-1.386885
1.300	-0.081504	0.343291	-1.261787	-0.269058	-0.730942	0.387820	-1.387820
1.325	-0.081975	0.343832	-1.261857	-0.270505	-0.729495	0.388780	-1.388780
1.350	-0.082456	0.344384	-1.261928	-0.271990	-0.728010	0.389764	-1.389764
1.375	-0.082948	0.344949	-1.262001	-0.273513	-0.726487	0.390774	-1.390774
1.400	-0.083452	0.345527	-1.262075	-0.275076	-0.724924	0.391808	-1.391808
1.425	-0.083967	0.346117	-1.262150	-0.276679	-0.723321	0.392868	-1.392868
1.450	-0.084493	0.346720	-1.262227	-0.278323	-0.721677	0.393955	-1.393955
1.475	-0.085030	0.347335	-1.262305	-0.280009	-0.719991	0.395068	-1.395068
1.500	-0.085580	0.347964	-1.262385	-0.281738	-0.718262	0.396208	-1.396208
1.525	-0.086141	0.348606	-1.262466	-0.283511	-0.716489	0.397376	-1.397376
1.550	-0.086713	0.349261	-1.262548	-0.285327	-0.714673	0.398573	-1.398573
1.575	-0.087298	0.349930	-1.262632	-0.287190	-0.712810	0.399798	-1.399798
1.600	-0.087896	0.350612	-1.262717	-0.289098	-0.710902	0.401052	-1.401052
1.625	-0.088505	0.351309	-1.262803	-0.291055	-0.708945	0.402337	-1.402337
1.650	-0.089128	0.352019	-1.262891	-0.293059	-0.706941	0.403652	-1.403652
1.675	-0.089762	0.352743	-1.262980	-0.295114	-0.704886	0.404999	-1.404999
1.700	-0.090410	0.353481	-1.263071	-0.297219	-0.702781	0.406377	-1.406377
1.725	-0.091071	0.354234	-1.263163	-0.299376	-0.700624	0.407788	-1.407788
1.750	-0.091745	0.355002	-1.263257	-0.301586	-0.698414	0.409232	-1.409232
1.775	-0.092433	0.355784	-1.263352	-0.303851	-0.696149	0.410711	-1.410711
1.800	-0.093134	0.356582	-1.263448	-0.306171	-0.693829	0.412224	-1.412224
1.825	-0.093849	0.357394	-1.263546	-0.308549	-0.691451	0.413773	-1.413773
1.850	-0.094577	0.358223	-1.263645	-0.310985	-0.689015	0.415358	-1.415358
1.875	-0.095320	0.359066	-1.263746	-0.313482	-0.686518	0.416981	-1.416981
1.900	-0.096078	0.359926	-1.263848	-0.316040	-0.683960	0.418642	-1.418642
1.925	-0.096850	0.360801	-1.263951	-0.318661	-0.681339	0.420342	-1.420342
1.950	-0.097637	0.361693	-1.264056	-0.321347	-0.678653	0.422082	-1.422082
1.975	-0.098439	0.362602	-1.264163	-0.324100	-0.675900	0.423864	-1.423864

| ALPHA | F.MIMA(B,B) | F.MIMB(B,B) | F.MIK(B,B) | F.MIMA(B,G) | F.MIK(B,G) | F.MIMB(G,B) | F.MIK(G,B) |

XM/L = 0.30

XM/L = 0.30

ALPHA	F.M:MA(B,B)	F.M:MB(B,B)	F.M:K(B,B)	F.M:MA(B,G)	F.M:K(B,G)	F.M:MB(G,B)	F.M:K(G,B)
2.000	-0.099256	0.363527	-1.264271	-0.326921	-0.673079	0.425688	-1.425688
2.025	-0.100089	0.364469	-1.264380	-0.329813	-0.670187	0.427555	-1.427555
2.050	-0.100938	0.365428	-1.264491	-0.332777	-0.667223	0.429466	-1.429466
2.075	-0.101802	0.366405	-1.264603	-0.335816	-0.664184	0.431423	-1.431423
2.100	-0.102683	0.367399	-1.264716	-0.338931	-0.661069	0.433427	-1.433427
2.125	-0.103581	0.368412	-1.264831	-0.342125	-0.657875	0.435480	-1.435480
2.150	-0.104495	0.369443	-1.264948	-0.345400	-0.654600	0.437582	-1.437582
2.175	-0.105426	0.370492	-1.265066	-0.348759	-0.651241	0.439734	-1.439734
2.200	-0.106375	0.371560	-1.265186	-0.352204	-0.647796	0.441939	-1.441939
2.225	-0.107341	0.372648	-1.265307	-0.355738	-0.644262	0.444199	-1.444199
2.250	-0.108326	0.373755	-1.265429	-0.359363	-0.640637	0.446513	-1.446513
2.275	-0.109328	0.374881	-1.265553	-0.363083	-0.636917	0.448885	-1.448885
2.300	-0.110350	0.376028	-1.265678	-0.366900	-0.633100	0.451316	-1.451316
2.325	-0.111390	0.377195	-1.265805	-0.370819	-0.629181	0.453807	-1.453807
2.350	-0.112449	0.378383	-1.265934	-0.374841	-0.625159	0.456362	-1.456362
2.375	-0.113529	0.379592	-1.266064	-0.378970	-0.621030	0.458981	-1.458981
2.400	-0.114628	0.380823	-1.266195	-0.383211	-0.616789	0.461666	-1.461666
2.425	-0.115747	0.382075	-1.266328	-0.387567	-0.612433	0.464421	-1.464421
2.450	-0.116887	0.383350	-1.266463	-0.392042	-0.607958	0.467247	-1.467247
2.475	-0.118048	0.384647	-1.266599	-0.396641	-0.603359	0.470147	-1.470147
2.500	-0.119231	0.385967	-1.266736	-0.401367	-0.598633	0.473123	-1.473123
2.525	-0.120436	0.387311	-1.266875	-0.406225	-0.593775	0.476178	-1.476178
2.550	-0.121663	0.388678	-1.267016	-0.411221	-0.588779	0.479315	-1.479315
2.575	-0.122913	0.390070	-1.267158	-0.416359	-0.583641	0.482536	-1.482536
2.600	-0.124185	0.391487	-1.267301	-0.421645	-0.578355	0.485845	-1.485845
2.625	-0.125482	0.392928	-1.267447	-0.427084	-0.572916	0.489245	-1.489245
2.650	-0.126803	0.394396	-1.267593	-0.432684	-0.567316	0.492740	-1.492740
2.675	-0.128148	0.395889	-1.267742	-0.438449	-0.561551	0.496333	-1.496333
2.700	-0.129518	0.397410	-1.267891	-0.444387	-0.555613	0.500027	-1.500027
2.725	-0.130914	0.398957	-1.268043	-0.450505	-0.549495	0.503828	-1.503828
2.750	-0.132336	0.400532	-1.268196	-0.456810	-0.543190	0.507739	-1.507739
2.775	-0.133785	0.402136	-1.268350	-0.463311	-0.536689	0.511764	-1.511764
2.800	-0.135261	0.403768	-1.268506	-0.470015	-0.529985	0.515910	-1.515910
2.825	-0.136765	0.405429	-1.268664	-0.476932	-0.523068	0.520179	-1.520179
2.850	-0.138298	0.407121	-1.268823	-0.484071	-0.515929	0.524579	-1.524579
2.875	-0.139859	0.408843	-1.268984	-0.491442	-0.508558	0.529114	-1.529114
2.900	-0.141450	0.410597	-1.269147	-0.499056	-0.500944	0.533791	-1.533791
2.925	-0.143071	0.412382	-1.269311	-0.506924	-0.493076	0.538617	-1.538617
2.950	-0.144723	0.414200	-1.269477	-0.515058	-0.484942	0.543597	-1.543597
2.975	-0.146407	0.416051	-1.269644	-0.523472	-0.476528	0.548739	-1.548739

| ALPHA | F.M:MA(B,B) | F.M:MB(B,B) | F.M:K(B,B) | F.M:MA(B,G) | F.M:K(B,G) | F.M:MB(G,B) | F.M:K(G,B) |

XM/L = 0.30

D R U C K S T A E B E -611-

XM/L = 0.40

ALPHA	F.M;MA(B,B)	F.M;MB(B,B)	F.M;K(B,B)	F.M;MA(B,G)	F.M;K(B,G)	F.M;MB(G,B)	F.M;K(G,B)
0.000	0.120000	0.320000	-1.440000	-0.040000	-0.960000	0.260000	-1.260000
0.025	0.119999	0.320004	-1.440003	-0.040008	-0.959992	0.260003	-1.260003
0.050	0.119996	0.320016	-1.440012	-0.040032	-0.959968	0.260011	-1.260011
0.075	0.119991	0.320036	-1.440027	-0.040072	-0.959928	0.260024	-1.260024
0.100	0.119984	0.320064	-1.440048	-0.040128	-0.959872	0.260042	-1.260042
0.125	0.119975	0.320100	-1.440075	-0.040200	-0.959800	0.260066	-1.260066
0.150	0.119964	0.320144	-1.440108	-0.040288	-0.959712	0.260095	-1.260095
0.175	0.119951	0.320196	-1.440147	-0.040393	-0.959607	0.260129	-1.260129
0.200	0.119936	0.320256	-1.440192	-0.040513	-0.959487	0.260168	-1.260168
0.225	0.119919	0.320324	-1.440243	-0.040650	-0.959350	0.260213	-1.260213
0.250	0.119900	0.320401	-1.440300	-0.040803	-0.959197	0.260263	-1.260263
0.275	0.119879	0.320485	-1.440363	-0.040972	-0.959028	0.260318	-1.260318
0.300	0.119855	0.320577	-1.440432	-0.041158	-0.958842	0.260379	-1.260379
0.325	0.119830	0.320678	-1.440508	-0.041360	-0.958640	0.260444	-1.260444
0.350	0.119803	0.320786	-1.440589	-0.041579	-0.958421	0.260516	-1.260516
0.375	0.119773	0.320903	-1.440676	-0.041815	-0.958185	0.260592	-1.260592
0.400	0.119742	0.321028	-1.440770	-0.042067	-0.957933	0.260674	-1.260674
0.425	0.119708	0.321161	-1.440869	-0.042336	-0.957664	0.260761	-1.260761
0.450	0.119672	0.321302	-1.440974	-0.042623	-0.957377	0.260853	-1.260853
0.475	0.119635	0.321451	-1.441086	-0.042926	-0.957074	0.260951	-1.260951
0.500	0.119595	0.321609	-1.441204	-0.043247	-0.956753	0.261054	-1.261054
0.525	0.119552	0.321775	-1.441327	-0.043585	-0.956415	0.261163	-1.261163
0.550	0.119508	0.321949	-1.441457	-0.043940	-0.956060	0.261277	-1.261277
0.575	0.119462	0.322132	-1.441593	-0.044314	-0.955686	0.261396	-1.261396
0.600	0.119413	0.322323	-1.441736	-0.044705	-0.955295	0.261521	-1.261521
0.625	0.119362	0.322522	-1.441884	-0.045115	-0.954885	0.261651	-1.261651
0.650	0.119309	0.322730	-1.442039	-0.045542	-0.954458	0.261787	-1.261787
0.675	0.119253	0.322946	-1.442199	-0.045988	-0.954012	0.261928	-1.261928
0.700	0.119195	0.323171	-1.442366	-0.046453	-0.953547	0.262075	-1.262075
0.725	0.119135	0.323404	-1.442539	-0.046937	-0.953063	0.262227	-1.262227
0.750	0.119073	0.323646	-1.442719	-0.047440	-0.952560	0.262385	-1.262385
0.775	0.119008	0.323897	-1.442904	-0.047962	-0.952038	0.262548	-1.262548
0.800	0.118940	0.324156	-1.443096	-0.048504	-0.951496	0.262717	-1.262717
0.825	0.118871	0.324424	-1.443295	-0.049065	-0.950935	0.262891	-1.262891
0.850	0.118799	0.324701	-1.443499	-0.049647	-0.950353	0.263071	-1.263071
0.875	0.118724	0.324986	-1.443710	-0.050249	-0.949751	0.263257	-1.263257
0.900	0.118647	0.325280	-1.443927	-0.050872	-0.949128	0.263448	-1.263448
0.925	0.118567	0.325584	-1.444151	-0.051516	-0.948484	0.263645	-1.263645
0.950	0.118485	0.325896	-1.444381	-0.052181	-0.947819	0.263848	-1.263848
0.975	0.118400	0.326217	-1.444617	-0.052867	-0.947133	0.264056	-1.264056
ALPHA	F.M;MA(B,B)	F.M;MB(B,B)	F.M;K(B,B)	F.M;MA(B,G)	F.M;K(B,G)	F.M;MB(G,B)	F.M;K(G,B)

XM/L = 0.40

XM/L = 0.40

ALPHA	F.M;MA(B,B)	F.M;MB(B,B)	F.M;K(B,B)	F.M;MA(B,G)	F.M;K(B,G)	F.M;MB(G,B)	F.M;K(G,B)
1.000	0.118312	0.326548	-1.444860	-0.053576	-0.946424	0.264271	-1.264271
1.025	0.118222	0.326887	-1.445109	-0.054307	-0.945693	0.264491	-1.264491
1.050	0.118129	0.327236	-1.445365	-0.055060	-0.944940	0.264716	-1.264716
1.075	0.118033	0.327594	-1.445627	-0.055837	-0.944163	0.264948	-1.264948
1.100	0.117934	0.327961	-1.445896	-0.056637	-0.943363	0.265186	-1.265186
1.125	0.117833	0.328338	-1.446171	-0.057461	-0.942539	0.265429	-1.265429
1.150	0.117729	0.328724	-1.446453	-0.058309	-0.941691	0.265678	-1.265678
1.175	0.117621	0.329120	-1.446741	-0.059182	-0.940818	0.265934	-1.265934
1.200	0.117511	0.329525	-1.447036	-0.060080	-0.939920	0.266195	-1.266195
1.225	0.117398	0.329940	-1.447338	-0.061003	-0.938997	0.266463	-1.266463
1.250	0.117282	0.330365	-1.447647	-0.061953	-0.938047	0.266736	-1.266736
1.275	0.117162	0.330800	-1.447962	-0.062929	-0.937071	0.267016	-1.267016
1.300	0.117039	0.331245	-1.448284	-0.063933	-0.936067	0.267301	-1.267301
1.325	0.116913	0.331699	-1.448613	-0.064964	-0.935036	0.267593	-1.267593
1.350	0.116784	0.332164	-1.448948	-0.066024	-0.933976	0.267891	-1.267891
1.375	0.116652	0.332639	-1.449291	-0.067112	-0.932888	0.268196	-1.268196
1.400	0.116516	0.333124	-1.449640	-0.068230	-0.931770	0.268506	-1.268506
1.425	0.116376	0.333620	-1.449996	-0.069378	-0.930622	0.268823	-1.268823
1.450	0.116233	0.334126	-1.450360	-0.070557	-0.929443	0.269147	-1.269147
1.475	0.116087	0.334643	-1.450730	-0.071767	-0.928233	0.269477	-1.269477
1.500	0.115937	0.335170	-1.451107	-0.073010	-0.926990	0.269813	-1.269813
1.525	0.115783	0.335709	-1.451491	-0.074285	-0.925715	0.270156	-1.270156
1.550	0.115625	0.336258	-1.451883	-0.075594	-0.924406	0.270505	-1.270505
1.575	0.115464	0.336818	-1.452281	-0.076937	-0.923063	0.270861	-1.270861
1.600	0.115298	0.337389	-1.452687	-0.078316	-0.921684	0.271224	-1.271224
1.625	0.115129	0.337971	-1.453100	-0.079731	-0.920269	0.271593	-1.271593
1.650	0.114955	0.338565	-1.453520	-0.081183	-0.918817	0.271969	-1.271969
1.675	0.114777	0.339171	-1.453948	-0.082673	-0.917327	0.272352	-1.272352
1.700	0.114595	0.339787	-1.454383	-0.084201	-0.915799	0.272742	-1.272742
1.725	0.114409	0.340416	-1.454825	-0.085770	-0.914230	0.273139	-1.273139
1.750	0.114218	0.341056	-1.455275	-0.087380	-0.912620	0.273542	-1.273542
1.775	0.114023	0.341709	-1.455732	-0.089031	-0.910969	0.273953	-1.273953
1.800	0.113823	0.342374	-1.456197	-0.090726	-0.909274	0.274371	-1.274371
1.825	0.113619	0.343050	-1.456669	-0.092465	-0.907535	0.274795	-1.274795
1.850	0.113409	0.343740	-1.457149	-0.094249	-0.905751	0.275227	-1.275227
1.875	0.113195	0.344442	-1.457637	-0.096080	-0.903920	0.275667	-1.275667
1.900	0.112976	0.345156	-1.458132	-0.097959	-0.902041	0.276113	-1.276113
1.925	0.112752	0.345884	-1.458636	-0.099888	-0.900112	0.276567	-1.276567
1.950	0.112522	0.346624	-1.459147	-0.101867	-0.898133	0.277028	-1.277028
1.975	0.112288	0.347378	-1.459666	-0.103899	-0.896101	0.277497	-1.277497

| ALPHA | F.M;MA(B,B) | F.M;MB(B,B) | F.M;K(B,B) | F.M;MA(B,G) | F.M;K(B,G) | F.M;MB(G,B) | F.M;K(G,B) |

XM/L = 0.40

XM/L = 0.40

ALPHA	F.MIMA(B,B)	F.MIMB(B,B)	F.MIK(B,B)	F.MIMA(B,G)	F.MIK(B,G)	F.MIMB(G,B)	F.MIK(G,B)
2.000	0.112047	0.348145	-1.460193	-0.105985	-0.894015	0.277973	-1.277973
2.025	0.111802	0.348926	-1.460728	-0.108126	-0.891874	0.278457	-1.278457
2.050	0.111550	0.349720	-1.461271	-0.110324	-0.889676	0.278949	-1.278949
2.075	0.111293	0.350529	-1.461822	-0.112581	-0.887419	0.279448	-1.279448
2.100	0.111030	0.351351	-1.462381	-0.114898	-0.885102	0.279956	-1.279956
2.125	0.110761	0.352188	-1.462949	-0.117279	-0.882721	0.280471	-1.280471
2.150	0.110486	0.353039	-1.463524	-0.119723	-0.880277	0.280994	-1.280994
2.175	0.110204	0.353905	-1.464109	-0.122235	-0.877765	0.281525	-1.281525
2.200	0.109916	0.354785	-1.464701	-0.124815	-0.875185	0.282064	-1.282064
2.225	0.109621	0.355681	-1.465302	-0.127466	-0.872534	0.282611	-1.282611
2.250	0.109320	0.356593	-1.465912	-0.130191	-0.869809	0.283167	-1.283167
2.275	0.109011	0.357519	-1.466531	-0.132991	-0.867009	0.283730	-1.283730
2.300	0.108696	0.358462	-1.467158	-0.135870	-0.864130	0.284303	-1.284303
2.325	0.108373	0.359420	-1.467793	-0.138830	-0.861170	0.284883	-1.284883
2.350	0.108043	0.360395	-1.468438	-0.141875	-0.858125	0.285473	-1.285473
2.375	0.107705	0.361387	-1.469092	-0.145006	-0.854994	0.286070	-1.286070
2.400	0.107360	0.362395	-1.469754	-0.148227	-0.851773	0.286677	-1.286677
2.425	0.107006	0.363420	-1.470426	-0.151542	-0.848458	0.287292	-1.287292
2.450	0.106645	0.364462	-1.471107	-0.154954	-0.845046	0.287916	-1.287916
2.475	0.106275	0.365522	-1.471797	-0.158466	-0.841534	0.288550	-1.288550
2.500	0.105896	0.366600	-1.472496	-0.162082	-0.837918	0.289192	-1.289192
2.525	0.105509	0.367696	-1.473205	-0.165807	-0.834193	0.289843	-1.289843
2.550	0.105113	0.368810	-1.473923	-0.169644	-0.830356	0.290504	-1.290504
2.575	0.104707	0.369944	-1.474651	-0.173598	-0.826402	0.291173	-1.291173
2.600	0.104293	0.371096	-1.475388	-0.177673	-0.822327	0.291852	-1.291852
2.625	0.103868	0.372267	-1.476136	-0.181876	-0.818124	0.292541	-1.292541
2.650	0.103434	0.373459	-1.476892	-0.186209	-0.813791	0.293239	-1.293239
2.675	0.102989	0.374670	-1.477659	-0.190680	-0.809320	0.293947	-1.293947
2.700	0.102534	0.375902	-1.478436	-0.195294	-0.804706	0.294664	-1.294664
2.725	0.102068	0.377155	-1.479223	-0.200057	-0.799943	0.295391	-1.295391
2.750	0.101592	0.378428	-1.480020	-0.204975	-0.795025	0.296128	-1.296128
2.775	0.101104	0.379724	-1.480828	-0.210056	-0.789944	0.296875	-1.296875
2.800	0.100605	0.381041	-1.481645	-0.215306	-0.784694	0.297632	-1.297632
2.825	0.100093	0.382380	-1.482474	-0.220734	-0.779266	0.298399	-1.298399
2.850	0.099570	0.383742	-1.483313	-0.226347	-0.773653	0.299176	-1.299176
2.875	0.099034	0.385128	-1.484162	-0.232155	-0.767845	0.299964	-1.299964
2.900	0.098486	0.386537	-1.485022	-0.238165	-0.761835	0.300762	-1.300762
2.925	0.097924	0.387970	-1.485894	-0.244389	-0.755611	0.301570	-1.301570
2.950	0.097349	0.389428	-1.486776	-0.250837	-0.749163	0.302389	-1.302389
2.975	0.096759	0.390910	-1.487670	-0.257520	-0.742480	0.303218	-1.303218
ALPHA	F.MIMA(B,B)	F.MIMB(B,B)	F.MIK(B,B)	F.MIMA(B,G)	F.MIK(B,G)	F.MIMB(G,B)	F.MIK(G,B)

XM/L = 0.40

XM/L = 0.50

ALPHA	F.MIMA(B,B)	F.MIMB(B,B)	F.MIK(B,B)	F.MIMA(B,G)	F.MIK(B,G)	F.MIMB(G,B)	F.MIK(G,B)
0.000	0.250000	0.250000	-1.500000	0.125000	-1.125000	0.125000	-1.125000
0.025	0.250002	0.250002	-1.500004	0.124997	-1.124997	0.124997	-1.124997
0.050	0.250008	0.250008	-1.500016	0.124988	-1.124988	0.124988	-1.124988
0.075	0.250018	0.250018	-1.500035	0.124974	-1.124974	0.124974	-1.124974
0.100	0.250031	0.250031	-1.500063	0.124953	-1.124953	0.124953	-1.124953
0.125	0.250049	0.250049	-1.500098	0.124927	-1.124927	0.124927	-1.124927
0.150	0.250070	0.250070	-1.500141	0.124894	-1.124894	0.124894	-1.124894
0.175	0.250096	0.250096	-1.500191	0.124856	-1.124856	0.124856	-1.124856
0.200	0.250125	0.250125	-1.500250	0.124812	-1.124812	0.124812	-1.124812
0.225	0.250158	0.250158	-1.500317	0.124762	-1.124762	0.124762	-1.124762
0.250	0.250195	0.250195	-1.500391	0.124706	-1.124706	0.124706	-1.124706
0.275	0.250237	0.250237	-1.500473	0.124643	-1.124643	0.124643	-1.124643
0.300	0.250282	0.250282	-1.500563	0.124575	-1.124575	0.124575	-1.124575
0.325	0.250331	0.250331	-1.500661	0.124501	-1.124501	0.124501	-1.124501
0.350	0.250383	0.250383	-1.500767	0.124420	-1.124420	0.124420	-1.124420
0.375	0.250440	0.250440	-1.500881	0.124333	-1.124333	0.124333	-1.124333
0.400	0.250501	0.250501	-1.501002	0.124240	-1.124240	0.124240	-1.124240
0.425	0.250566	0.250566	-1.501132	0.124141	-1.124141	0.124141	-1.124141
0.450	0.250634	0.250634	-1.501269	0.124035	-1.124035	0.124035	-1.124035
0.475	0.250707	0.250707	-1.501414	0.123923	-1.123923	0.123923	-1.123923
0.500	0.250784	0.250784	-1.501568	0.123804	-1.123804	0.123804	-1.123804
0.525	0.250864	0.250864	-1.501729	0.123678	-1.123678	0.123678	-1.123678
0.550	0.250949	0.250949	-1.501898	0.123546	-1.123546	0.123546	-1.123546
0.575	0.251038	0.251038	-1.502075	0.123407	-1.123407	0.123407	-1.123407
0.600	0.251130	0.251130	-1.502261	0.123262	-1.123262	0.123262	-1.123262
0.625	0.251227	0.251227	-1.502454	0.123109	-1.123109	0.123109	-1.123109
0.650	0.251328	0.251328	-1.502655	0.122949	-1.122949	0.122949	-1.122949
0.675	0.251432	0.251432	-1.502865	0.122782	-1.122782	0.122782	-1.122782
0.700	0.251541	0.251541	-1.503082	0.122608	-1.122608	0.122608	-1.122608
0.725	0.251654	0.251654	-1.503308	0.122427	-1.122427	0.122427	-1.122427
0.750	0.251771	0.251771	-1.503542	0.122238	-1.122238	0.122238	-1.122238
0.775	0.251892	0.251892	-1.503784	0.122041	-1.122041	0.122041	-1.122041
0.800	0.252017	0.252017	-1.504034	0.121836	-1.121836	0.121836	-1.121836
0.825	0.252146	0.252146	-1.504292	0.121624	-1.121624	0.121624	-1.121624
0.850	0.252279	0.252279	-1.504559	0.121404	-1.121404	0.121404	-1.121404
0.875	0.252417	0.252417	-1.504834	0.121175	-1.121175	0.121175	-1.121175
0.900	0.252558	0.252558	-1.505117	0.120939	-1.120939	0.120939	-1.120939
0.925	0.252704	0.252704	-1.505408	0.120693	-1.120693	0.120693	-1.120693
0.950	0.252854	0.252854	-1.505708	0.120439	-1.120439	0.120439	-1.120439
0.975	0.253008	0.253008	-1.506016	0.120177	-1.120177	0.120177	-1.120177

ALPHA F.MIMA(B,B) F.MIMB(B,B) F.MIK(B,B) F.MIMA(B,G) F.MIK(B,G) F.MIMB(G,B) F.MIK(G,B)

XM/L = 0.50

XM/L = 0.50

ALPHA	F.M;MA(B,B)	F.M;MB(B,B)	F.M;K(B,B)	F.M;MA(B,G)	F.M;K(R,G)	F.M;MB(G,B)	F.M;K(G,B)
1.000	0.253166	0.253166	-1.506333	0.119905	-1.119905	0.119905	-1.119905
1.025	0.253329	0.253329	-1.506658	0.119624	-1.119624	0.119624	-1.119624
1.050	0.253496	0.253496	-1.506992	0.119334	-1.119334	0.119334	-1.119334
1.075	0.253667	0.253667	-1.507334	0.119034	-1.119034	0.119034	-1.119034
1.100	0.253842	0.253842	-1.507684	0.118724	-1.118724	0.118724	-1.118724
1.125	0.254022	0.254022	-1.508043	0.118404	-1.118404	0.118404	-1.118404
1.150	0.254206	0.254206	-1.508411	0.118074	-1.118074	0.118074	-1.118074
1.175	0.254394	0.254394	-1.508788	0.117734	-1.117734	0.117734	-1.117734
1.200	0.254586	0.254586	-1.509173	0.117382	-1.117382	0.117382	-1.117382
1.225	0.254783	0.254783	-1.509567	0.117020	-1.117020	0.117020	-1.117020
1.250	0.254985	0.254985	-1.509969	0.116647	-1.116647	0.116647	-1.116647
1.275	0.255190	0.255190	-1.510381	0.116262	-1.116262	0.116262	-1.116262
1.300	0.255401	0.255401	-1.510801	0.115865	-1.115865	0.115865	-1.115865
1.325	0.255615	0.255615	-1.511231	0.115456	-1.115456	0.115456	-1.115456
1.350	0.255834	0.255834	-1.511669	0.115035	-1.115035	0.115035	-1.115035
1.375	0.256058	0.256058	-1.512116	0.114601	-1.114601	0.114601	-1.114601
1.400	0.256286	0.256286	-1.512572	0.114154	-1.114154	0.114154	-1.114154
1.425	0.256519	0.256519	-1.513038	0.113693	-1.113693	0.113693	-1.113693
1.450	0.256756	0.256756	-1.513512	0.113219	-1.113219	0.113219	-1.113219
1.475	0.256998	0.256998	-1.513996	0.112730	-1.112730	0.112730	-1.112730
1.500	0.257245	0.257245	-1.514489	0.112227	-1.112227	0.112227	-1.112227
1.525	0.257496	0.257496	-1.514991	0.111710	-1.111710	0.111710	-1.111710
1.550	0.257751	0.257751	-1.515503	0.111176	-1.111176	0.111176	-1.111176
1.575	0.258012	0.258012	-1.516024	0.110627	-1.110627	0.110627	-1.110627
1.600	0.258277	0.258277	-1.516554	0.110062	-1.110062	0.110062	-1.110062
1.625	0.258547	0.258547	-1.517094	0.109480	-1.109480	0.109480	-1.109480
1.650	0.258822	0.258822	-1.517644	0.108881	-1.108881	0.108881	-1.108881
1.675	0.259102	0.259102	-1.518203	0.108264	-1.108264	0.108264	-1.108264
1.700	0.259386	0.259386	-1.518772	0.107629	-1.107629	0.107629	-1.107629
1.725	0.259675	0.259675	-1.519351	0.106975	-1.106975	0.106975	-1.106975
1.750	0.259970	0.259970	-1.519939	0.106302	-1.106302	0.106302	-1.106302
1.775	0.260269	0.260269	-1.520538	0.105609	-1.105609	0.105609	-1.105609
1.800	0.260573	0.260573	-1.521146	0.104895	-1.104895	0.104895	-1.104895
1.825	0.260882	0.260882	-1.521764	0.104160	-1.104160	0.104160	-1.104160
1.850	0.261196	0.261196	-1.522393	0.103404	-1.103404	0.103404	-1.103404
1.875	0.261516	0.261516	-1.523031	0.102624	-1.102624	0.102624	-1.102624
1.900	0.261840	0.261840	-1.523680	0.101822	-1.101822	0.101822	-1.101822
1.925	0.262170	0.262170	-1.524339	0.100995	-1.100995	0.100995	-1.100995
1.950	0.262504	0.262504	-1.525009	0.100143	-1.100143	0.100143	-1.100143
1.975	0.262844	0.262844	-1.525689	0.099266	-1.099266	0.099266	-1.099266
ALPHA	F.M;MA(B,B)	F.M;MB(B,B)	F.M;K(B,B)	F.M;MA(B,G)	F.M;K(B,G)	F.M;MB(G,B)	F.M;K(G,B)

XM/L = 0.50

XM/L = 0.50

ALPHA	F.MIMA(B,B)	F.MIMB(B,B)	F.MIK(B,B)	F.MIMA(B,G)	F.MIK(B,G)	F.MIMB(G,B)	F.MIK(G,B)
2.000	0.263190	0.263190	-1.526379	0.098362	-1.098362	0.098362	-1.098362
2.025	0.263540	0.263540	-1.527081	0.097431	-1.097431	0.097431	-1.097431
2.050	0.263896	0.263896	-1.527792	0.096472	-1.096472	0.096472	-1.096472
2.075	0.264258	0.264258	-1.528515	0.095483	-1.095483	0.095483	-1.095483
2.100	0.264624	0.264624	-1.529249	0.094464	-1.094464	0.094464	-1.094464
2.125	0.264996	0.264996	-1.529993	0.093413	-1.093413	0.093413	-1.093413
2.150	0.265374	0.265374	-1.530748	0.092329	-1.092329	0.092329	-1.092329
2.175	0.265757	0.265757	-1.531515	0.091212	-1.091212	0.091212	-1.091212
2.200	0.266146	0.266146	-1.532293	0.090060	-1.090060	0.090060	-1.090060
2.225	0.266541	0.266541	-1.533082	0.088872	-1.088872	0.088872	-1.088872
2.250	0.266941	0.266941	-1.533882	0.087646	-1.087646	0.087646	-1.087646
2.275	0.267347	0.267347	-1.534694	0.086382	-1.086382	0.086382	-1.086382
2.300	0.267759	0.267759	-1.535517	0.085076	-1.085076	0.085076	-1.085076
2.325	0.268176	0.268176	-1.536353	0.083729	-1.083729	0.083729	-1.083729
2.350	0.268600	0.268600	-1.537200	0.082338	-1.082338	0.082338	-1.082338
2.375	0.269029	0.269029	-1.538058	0.080902	-1.080902	0.080902	-1.080902
2.400	0.269465	0.269465	-1.538929	0.079419	-1.079419	0.079419	-1.079419
2.425	0.269906	0.269906	-1.539812	0.077887	-1.077887	0.077887	-1.077887
2.450	0.270354	0.270354	-1.540707	0.076303	-1.076303	0.076303	-1.076303
2.475	0.270807	0.270807	-1.541615	0.074667	-1.074667	0.074667	-1.074667
2.500	0.271267	0.271267	-1.542535	0.072976	-1.072976	0.072976	-1.072976
2.525	0.271733	0.271733	-1.543467	0.071227	-1.071227	0.071227	-1.071227
2.550	0.272206	0.272206	-1.544412	0.069418	-1.069418	0.069418	-1.069418
2.575	0.272685	0.272685	-1.545370	0.067547	-1.067547	0.067547	-1.067547
2.600	0.273170	0.273170	-1.546341	0.065610	-1.065610	0.065610	-1.065610
2.625	0.273662	0.273662	-1.547324	0.063606	-1.063606	0.063606	-1.063606
2.650	0.274161	0.274161	-1.548321	0.061530	-1.061530	0.061530	-1.061530
2.675	0.274666	0.274666	-1.549331	0.059381	-1.059381	0.059381	-1.059381
2.700	0.275177	0.275177	-1.550355	0.057154	-1.057154	0.057154	-1.057154
2.725	0.275696	0.275696	-1.551392	0.054846	-1.054846	0.054846	-1.054846
2.750	0.276221	0.276221	-1.552443	0.052453	-1.052453	0.052453	-1.052453
2.775	0.276754	0.276754	-1.553507	0.049971	-1.049971	0.049971	-1.049971
2.800	0.277293	0.277293	-1.554585	0.047397	-1.047397	0.047397	-1.047397
2.825	0.277839	0.277839	-1.555678	0.044724	-1.044724	0.044724	-1.044724
2.850	0.278392	0.278392	-1.556785	0.041950	-1.041950	0.041950	-1.041950
2.875	0.278953	0.278953	-1.557906	0.039069	-1.039069	0.039069	-1.039069
2.900	0.279521	0.279521	-1.559042	0.036075	-1.036075	0.036075	-1.036075
2.925	0.280096	0.280096	-1.560192	0.032962	-1.032962	0.032962	-1.032962
2.950	0.280679	0.280679	-1.561357	0.029725	-1.029725	0.029725	-1.029725
2.975	0.281269	0.281269	-1.562537	0.026357	-1.026357	0.026357	-1.026357

| ALPHA | F.MIMA(B,B) | F.MIMB(B,B) | F.MIK(B,B) | F.MIMA(B,G) | F.MIK(B,G) | F.MIMB(G,B) | F.MIK(G,B) |

XM/L = 0.50

XM/L = 0.60

ALPHA	F.M;MA(B,B)	F.M;MB(B,B)	F.M;K(B,B)	F.M;MA(B,G)	F.M;K(B,G)	F.M;MB(G,B)	F.M;K(G,B)
0.000	0.320000	0.120000	-1.440000	0.260000	-1.260000	-0.040000	-0.960000
0.025	0.320004	0.119999	-1.440003	0.260003	-1.260003	-0.040008	-0.959992
0.050	0.320016	0.119996	-1.440012	0.260011	-1.260011	-0.040032	-0.959968
0.075	0.320036	0.119991	-1.440027	0.260024	-1.260024	-0.040072	-0.959928
0.100	0.320064	0.119984	-1.440048	0.260042	-1.260042	-0.040128	-0.959872
0.125	0.320100	0.119975	-1.440075	0.260066	-1.260066	-0.040200	-0.959800
0.150	0.320144	0.119964	-1.440108	0.260095	-1.260095	-0.040288	-0.959712
0.175	0.320196	0.119951	-1.440147	0.260129	-1.260129	-0.040393	-0.959607
0.200	0.320256	0.119936	-1.440192	0.260168	-1.260168	-0.040513	-0.959487
0.225	0.320324	0.119919	-1.440243	0.260213	-1.260213	-0.040650	-0.959350
0.250	0.320401	0.119900	-1.440300	0.260263	-1.260263	-0.040803	-0.959197
0.275	0.320485	0.119879	-1.440363	0.260318	-1.260318	-0.040972	-0.959028
0.300	0.320577	0.119855	-1.440432	0.260379	-1.260379	-0.041158	-0.958842
0.325	0.320678	0.119830	-1.440508	0.260444	-1.260444	-0.041360	-0.958640
0.350	0.320786	0.119803	-1.440589	0.260516	-1.260516	-0.041579	-0.958421
0.375	0.320903	0.119773	-1.440676	0.260592	-1.260592	-0.041815	-0.958185
0.400	0.321028	0.119742	-1.440770	0.260674	-1.260674	-0.042067	-0.957933
0.425	0.321161	0.119708	-1.440869	0.260761	-1.260761	-0.042336	-0.957664
0.450	0.321302	0.119672	-1.440974	0.260853	-1.260853	-0.042623	-0.957377
0.475	0.321451	0.119635	-1.441086	0.260951	-1.260951	-0.042926	-0.957074
0.500	0.321609	0.119595	-1.441204	0.261054	-1.261054	-0.043247	-0.956753
0.525	0.321775	0.119552	-1.441327	0.261163	-1.261163	-0.043585	-0.956415
0.550	0.321949	0.119508	-1.441457	0.261277	-1.261277	-0.043940	-0.956060
0.575	0.322132	0.119462	-1.441593	0.261396	-1.261396	-0.044314	-0.955686
0.600	0.322323	0.119413	-1.441736	0.261521	-1.261521	-0.044705	-0.955295
0.625	0.322522	0.119362	-1.441884	0.261651	-1.261651	-0.045115	-0.954885
0.650	0.322730	0.119309	-1.442039	0.261787	-1.261787	-0.045542	-0.954458
0.675	0.322946	0.119253	-1.442199	0.261928	-1.261928	-0.045988	-0.954012
0.700	0.323171	0.119195	-1.442366	0.262075	-1.262075	-0.046453	-0.953547
0.725	0.323404	0.119135	-1.442539	0.262227	-1.262227	-0.046937	-0.953063
0.750	0.323646	0.119073	-1.442719	0.262385	-1.262385	-0.047440	-0.952560
0.775	0.323897	0.119008	-1.442904	0.262548	-1.262548	-0.047962	-0.952038
0.800	0.324156	0.118940	-1.443096	0.262717	-1.262717	-0.048504	-0.951496
0.825	0.324424	0.118871	-1.443295	0.262891	-1.262891	-0.049065	-0.950935
0.850	0.324701	0.118799	-1.443499	0.263071	-1.263071	-0.049647	-0.950353
0.875	0.324986	0.118724	-1.443710	0.263257	-1.263257	-0.050249	-0.949751
0.900	0.325280	0.118647	-1.443927	0.263448	-1.263448	-0.050872	-0.949128
0.925	0.325584	0.118567	-1.444151	0.263645	-1.263645	-0.051516	-0.948484
0.950	0.325896	0.118485	-1.444381	0.263848	-1.263848	-0.052181	-0.947819
0.975	0.326217	0.118400	-1.444617	0.264056	-1.264056	-0.052867	-0.947133
ALPHA	F.M;MA(B,B)	F.M;MB(B,B)	F.M;K(B,B)	F.M;MA(B,G)	F.M;K(B,G)	F.M;MB(G,B)	F.M;K(G,B)

XM/L = 0.60

XM/L = 0.60

ALPHA	F.MIMA(B,B)	F.MIMB(B,B)	F.MIK(B,B)	F.MIMA(B,G)	F.MIK(B,G)	F.MIMB(G,B)	F.MIK(G,B)
1.000	0.326548	0.118312	-1.444860	0.264271	-1.264271	-0.053576	-0.946424
1.025	0.326887	0.118222	-1.445109	0.264491	-1.264491	-0.054307	-0.945693
1.050	0.327236	0.118129	-1.445365	0.264716	-1.264716	-0.055060	-0.944940
1.075	0.327594	0.118033	-1.445627	0.264948	-1.264948	-0.055837	-0.944163
1.100	0.327961	0.117934	-1.445896	0.265186	-1.265186	-0.056637	-0.943363
1.125	0.328338	0.117833	-1.446171	0.265429	-1.265429	-0.057461	-0.942539
1.150	0.328724	0.117729	-1.446453	0.265678	-1.265678	-0.058309	-0.941691
1.175	0.329120	0.117621	-1.446741	0.265934	-1.265934	-0.059182	-0.940818
1.200	0.329525	0.117511	-1.447036	0.266195	-1.266195	-0.060080	-0.939920
1.225	0.329940	0.117398	-1.447338	0.266463	-1.266463	-0.061003	-0.938997
1.250	0.330365	0.117282	-1.447647	0.266736	-1.266736	-0.061953	-0.938047
1.275	0.330800	0.117162	-1.447962	0.267016	-1.267016	-0.062929	-0.937071
1.300	0.331245	0.117039	-1.448284	0.267301	-1.267301	-0.063933	-0.936067
1.325	0.331699	0.116913	-1.448613	0.267593	-1.267593	-0.064964	-0.935036
1.350	0.332164	0.116784	-1.448948	0.267891	-1.267891	-0.066024	-0.933976
1.375	0.332639	0.116652	-1.449291	0.268196	-1.268196	-0.067112	-0.932888
1.400	0.333124	0.116516	-1.449640	0.268506	-1.268506	-0.068230	-0.931770
1.425	0.333620	0.116376	-1.449996	0.268823	-1.268823	-0.069378	-0.930622
1.450	0.334126	0.116233	-1.450360	0.269147	-1.269147	-0.070557	-0.929443
1.475	0.334643	0.116087	-1.450730	0.269477	-1.269477	-0.071767	-0.928233
1.500	0.335170	0.115937	-1.451107	0.269813	-1.269813	-0.073010	-0.926990
1.525	0.335709	0.115783	-1.451491	0.270156	-1.270156	-0.074285	-0.925715
1.550	0.336258	0.115625	-1.451883	0.270505	-1.270505	-0.075594	-0.924406
1.575	0.336818	0.115464	-1.452281	0.270861	-1.270861	-0.076937	-0.923063
1.600	0.337389	0.115298	-1.452687	0.271224	-1.271224	-0.078316	-0.921684
1.625	0.337971	0.115129	-1.453100	0.271593	-1.271593	-0.079731	-0.920269
1.650	0.338565	0.114955	-1.453520	0.271969	-1.271969	-0.081183	-0.918817
1.675	0.339171	0.114777	-1.453948	0.272352	-1.272352	-0.082673	-0.917327
1.700	0.339787	0.114595	-1.454383	0.272742	-1.272742	-0.084201	-0.915799
1.725	0.340416	0.114409	-1.454825	0.273139	-1.273139	-0.085770	-0.914230
1.750	0.341056	0.114218	-1.455275	0.273542	-1.273542	-0.087380	-0.912620
1.775	0.341709	0.114023	-1.455732	0.273953	-1.273953	-0.089031	-0.910969
1.800	0.342374	0.113823	-1.456197	0.274371	-1.274371	-0.090726	-0.909274
1.825	0.343050	0.113619	-1.456669	0.274795	-1.274795	-0.092465	-0.907535
1.850	0.343740	0.113409	-1.457149	0.275227	-1.275227	-0.094249	-0.905751
1.875	0.344442	0.113195	-1.457637	0.275667	-1.275667	-0.096080	-0.903920
1.900	0.345156	0.112976	-1.458132	0.276113	-1.276113	-0.097959	-0.902041
1.925	0.345884	0.112752	-1.458636	0.276567	-1.276567	-0.099888	-0.900112
1.950	0.346624	0.112522	-1.459147	0.277028	-1.277028	-0.101867	-0.898133
1.975	0.347378	0.112288	-1.459666	0.277497	-1.277497	-0.103899	-0.896101
ALPHA	F.MIMA(B,B)	F.MIMB(B,B)	F.MIK(B,B)	F.MIMA(B,G)	F.MIK(B,G)	F.MIMB(G,B)	F.MIK(G,B)

XM/L = 0.60

XM/L = 0.60

ALPHA	F.MIMA(B,B)	F.MIMB(B,B)	F.MIK(B,B)	F.MIMA(B,G)	F.MIK(B,G)	F.MIMB(G,B)	F.MIK(G,B)
2.000	0.348145	0.112047	-1.460193	0.277973	-1.277973	-0.105985	-0.894015
2.025	0.348926	0.111802	-1.460728	0.278457	-1.278457	-0.108126	-0.891874
2.050	0.349720	0.111550	-1.461271	0.278949	-1.278949	-0.110324	-0.889676
2.075	0.350529	0.111293	-1.461822	0.279448	-1.279448	-0.112581	-0.887419
2.100	0.351351	0.111030	-1.462381	0.279956	-1.279956	-0.114898	-0.885102
2.125	0.352188	0.110761	-1.462949	0.280471	-1.280471	-0.117279	-0.882721
2.150	0.353039	0.110486	-1.463524	0.280994	-1.280994	-0.119723	-0.880277
2.175	0.353905	0.110204	-1.464109	0.281525	-1.281525	-0.122235	-0.877765
2.200	0.354785	0.109916	-1.464701	0.282064	-1.282064	-0.124815	-0.875185
2.225	0.355681	0.109621	-1.465302	0.282611	-1.282611	-0.127466	-0.872534
2.250	0.356593	0.109320	-1.465912	0.283167	-1.283167	-0.130191	-0.869809
2.275	0.357519	0.109011	-1.466531	0.283730	-1.283730	-0.132991	-0.867009
2.300	0.358462	0.108696	-1.467158	0.284303	-1.284303	-0.135870	-0.864130
2.325	0.359420	0.108373	-1.467793	0.284883	-1.284883	-0.138830	-0.861170
2.350	0.360395	0.108043	-1.468438	0.285473	-1.285473	-0.141875	-0.858125
2.375	0.361387	0.107705	-1.469092	0.286070	-1.286070	-0.145006	-0.854994
2.400	0.362395	0.107360	-1.469754	0.286677	-1.286677	-0.148227	-0.851773
2.425	0.363420	0.107006	-1.470426	0.287292	-1.287292	-0.151542	-0.848458
2.450	0.364462	0.106645	-1.471107	0.287916	-1.287916	-0.154954	-0.845046
2.475	0.365522	0.106275	-1.471797	0.288550	-1.288550	-0.158466	-0.841534
2.500	0.366600	0.105896	-1.472496	0.289192	-1.289192	-0.162082	-0.837918
2.525	0.367696	0.105509	-1.473205	0.289843	-1.289843	-0.165807	-0.834193
2.550	0.368810	0.105113	-1.473923	0.290504	-1.290504	-0.169644	-0.830356
2.575	0.369944	0.104707	-1.474651	0.291173	-1.291173	-0.173598	-0.826402
2.600	0.371096	0.104293	-1.475388	0.291852	-1.291852	-0.177673	-0.822327
2.625	0.372267	0.103868	-1.476136	0.292541	-1.292541	-0.181876	-0.818124
2.650	0.373459	0.103434	-1.476892	0.293239	-1.293239	-0.186209	-0.813791
2.675	0.374670	0.102989	-1.477659	0.293947	-1.293947	-0.190680	-0.809320
2.700	0.375902	0.102534	-1.478436	0.294664	-1.294664	-0.195294	-0.804706
2.725	0.377155	0.102068	-1.479223	0.295391	-1.295391	-0.200057	-0.799943
2.750	0.378428	0.101592	-1.480020	0.296128	-1.296128	-0.204975	-0.795025
2.775	0.379724	0.101104	-1.480828	0.296875	-1.296875	-0.210056	-0.789944
2.800	0.381041	0.100605	-1.481645	0.297632	-1.297632	-0.215306	-0.784694
2.825	0.382380	0.100093	-1.482474	0.298399	-1.298399	-0.220734	-0.779266
2.850	0.383742	0.099570	-1.483313	0.299176	-1.299176	-0.226347	-0.773653
2.875	0.385128	0.099034	-1.484162	0.299964	-1.299964	-0.232155	-0.767845
2.900	0.386537	0.098486	-1.485022	0.300762	-1.300762	-0.238165	-0.761835
2.925	0.387970	0.097924	-1.485894	0.301570	-1.301570	-0.244389	-0.755611
2.950	0.389428	0.097349	-1.486776	0.302389	-1.302389	-0.250837	-0.749163
2.975	0.390910	0.096759	-1.487670	0.303218	-1.303218	-0.257520	-0.742480

| ALPHA | F.MIMA(B,B) | F.MIMB(B,B) | F.MIK(B,B) | F.MIMA(B,G) | F.MIK(B,G) | F.MIMB(G,B) | F.MIK(G,B) |

XM/L = 0.60

D R U C K S T A E B E -620-

XM/L = 0.70

ALPHA	F.MIMA(B,B)	F.MIMB(B,B)	F.MIK(B,B)	F.MIMA(B,G)	F.MIK(B,G)	F.MIMB(G,B)	F.MIK(G,B)
0.000	0.330000	-0.070000	-1.260000	0.365000	-1.365000	-0.235000	-0.765000
0.025	0.330005	-0.070004	-1.260001	0.365008	-1.365008	-0.235012	-0.764988
0.050	0.330019	-0.070016	-1.260003	0.365031	-1.365031	-0.235046	-0.764954
0.075	0.330042	-0.070036	-1.260006	0.365070	-1.365070	-0.235104	-0.764896
0.100	0.330075	-0.070065	-1.260011	0.365125	-1.365125	-0.235185	-0.764815
0.125	0.330118	-0.070101	-1.260016	0.365196	-1.365196	-0.235289	-0.764711
0.150	0.330169	-0.070146	-1.260024	0.365282	-1.365282	-0.235416	-0.764584
0.175	0.330231	-0.070198	-1.260032	0.365384	-1.365384	-0.235567	-0.764433
0.200	0.330301	-0.070259	-1.260042	0.365501	-1.365501	-0.235741	-0.764259
0.225	0.330381	-0.070328	-1.260053	0.365635	-1.365635	-0.235938	-0.764062
0.250	0.330471	-0.070405	-1.260066	0.365784	-1.365784	-0.236159	-0.763841
0.275	0.330570	-0.070491	-1.260079	0.365949	-1.365949	-0.236403	-0.763597
0.300	0.330679	-0.070584	-1.260095	0.366131	-1.366131	-0.236671	-0.763329
0.325	0.330797	-0.070686	-1.260111	0.366328	-1.366328	-0.236963	-0.763037
0.350	0.330925	-0.070796	-1.260129	0.366541	-1.366541	-0.237278	-0.762722
0.375	0.331062	-0.070914	-1.260148	0.366770	-1.366770	-0.237618	-0.762382
0.400	0.331209	-0.071041	-1.260168	0.367016	-1.367016	-0.237981	-0.762019
0.425	0.331366	-0.071176	-1.260190	0.367278	-1.367278	-0.238369	-0.761631
0.450	0.331532	-0.071319	-1.260213	0.367556	-1.367556	-0.238781	-0.761219
0.475	0.331708	-0.071471	-1.260237	0.367851	-1.367851	-0.239218	-0.760782
0.500	0.331893	-0.071631	-1.260263	0.368162	-1.368162	-0.239679	-0.760321
0.525	0.332089	-0.071799	-1.260290	0.368490	-1.368490	-0.240165	-0.759835
0.550	0.332294	-0.071976	-1.260318	0.368835	-1.368835	-0.240676	-0.759324
0.575	0.332509	-0.072162	-1.260348	0.369197	-1.369197	-0.241213	-0.758787
0.600	0.332734	-0.072356	-1.260379	0.369576	-1.369576	-0.241775	-0.758225
0.625	0.332969	-0.072558	-1.260411	0.369972	-1.369972	-0.242362	-0.757638
0.650	0.333214	-0.072770	-1.260444	0.370385	-1.370385	-0.242976	-0.757024
0.675	0.333469	-0.072990	-1.260479	0.370816	-1.370816	-0.243615	-0.756385
0.700	0.333734	-0.073218	-1.260516	0.371264	-1.371264	-0.244281	-0.755719
0.725	0.334009	-0.073456	-1.260553	0.371730	-1.371730	-0.244974	-0.755026
0.750	0.334295	-0.073703	-1.260592	0.372214	-1.372214	-0.245693	-0.754307
0.775	0.334590	-0.073958	-1.260632	0.372716	-1.372716	-0.246440	-0.753560
0.800	0.334896	-0.074222	-1.260674	0.373236	-1.373236	-0.247214	-0.752786
0.825	0.335212	-0.074496	-1.260717	0.373775	-1.373775	-0.248016	-0.751984
0.850	0.335539	-0.074778	-1.260761	0.374332	-1.374332	-0.248847	-0.751153
0.875	0.335876	-0.075070	-1.260806	0.374908	-1.374908	-0.249705	-0.750295
0.900	0.336224	-0.075371	-1.260853	0.375503	-1.375503	-0.250593	-0.749407
0.925	0.336583	-0.075681	-1.260902	0.376118	-1.376118	-0.251509	-0.748491
0.950	0.336952	-0.076000	-1.260951	0.376752	-1.376752	-0.252455	-0.747545
0.975	0.337332	-0.076329	-1.261002	0.377405	-1.377405	-0.253432	-0.746568
ALPHA	F.MIMA(B,B)	F.MIMB(B,B)	F.MIK(B,B)	F.MIMA(B,G)	F.MIK(B,G)	F.MIMB(G,B)	F.MIK(G,B)

XM/L = 0.70

XM/L = 0.70

ALPHA	F.MIMA(B,B)	F.MIMB(B,B)	F.MIK(B,B)	F.MIMA(B,G)	F.MIK(B,G)	F.MIMB(G,B)	F.MIK(G,B)
1.000	0.337722	-0.076668	-1.261054	0.378079	-1.378079	-0.254438	-0.745562
1.025	0.338124	-0.077016	-1.261108	0.378773	-1.378773	-0.255475	-0.744525
1.050	0.338537	-0.077374	-1.261163	0.379487	-1.379487	-0.256544	-0.743456
1.075	0.338961	-0.077742	-1.261219	0.380222	-1.380222	-0.257644	-0.742356
1.100	0.339396	-0.078119	-1.261277	0.380978	-1.380978	-0.258777	-0.741223
1.125	0.339842	-0.078506	-1.261336	0.381755	-1.381755	-0.259942	-0.740058
1.150	0.340300	-0.078904	-1.261396	0.382554	-1.382554	-0.261140	-0.738860
1.175	0.340769	-0.079311	-1.261458	0.383375	-1.383375	-0.262372	-0.737628
1.200	0.341250	-0.079729	-1.261521	0.384218	-1.384218	-0.263639	-0.736361
1.225	0.341743	-0.080157	-1.261586	0.385084	-1.385084	-0.264940	-0.735060
1.250	0.342247	-0.080596	-1.261651	0.385973	-1.385973	-0.266276	-0.733724
1.275	0.342763	-0.081045	-1.261718	0.386885	-1.386885	-0.267649	-0.732351
1.300	0.343291	-0.081504	-1.261787	0.387820	-1.387820	-0.269058	-0.730942
1.325	0.343832	-0.081975	-1.261857	0.388780	-1.388780	-0.270505	-0.729495
1.350	0.344384	-0.082456	-1.261928	0.389764	-1.389764	-0.271990	-0.728010
1.375	0.344949	-0.082948	-1.262001	0.390774	-1.390774	-0.273513	-0.726487
1.400	0.345527	-0.083452	-1.262075	0.391808	-1.391808	-0.275076	-0.724924
1.425	0.346117	-0.083967	-1.262150	0.392868	-1.392868	-0.276679	-0.723321
1.450	0.346720	-0.084493	-1.262227	0.393955	-1.393955	-0.278323	-0.721677
1.475	0.347335	-0.085030	-1.262305	0.395068	-1.395068	-0.280009	-0.719991
1.500	0.347964	-0.085580	-1.262385	0.396208	-1.396208	-0.281738	-0.718262
1.525	0.348606	-0.086141	-1.262466	0.397376	-1.397376	-0.283511	-0.716489
1.550	0.349261	-0.086713	-1.262548	0.398573	-1.398573	-0.285327	-0.714673
1.575	0.349930	-0.087298	-1.262632	0.399798	-1.399798	-0.287190	-0.712810
1.600	0.350612	-0.087896	-1.262717	0.401052	-1.401052	-0.289098	-0.710902
1.625	0.351309	-0.088505	-1.262803	0.402337	-1.402337	-0.291055	-0.708945
1.650	0.352019	-0.089128	-1.262891	0.403652	-1.403652	-0.293059	-0.706941
1.675	0.352743	-0.089762	-1.262980	0.404999	-1.404999	-0.295114	-0.704886
1.700	0.353481	-0.090410	-1.263071	0.406377	-1.406377	-0.297219	-0.702781
1.725	0.354234	-0.091071	-1.263163	0.407788	-1.407788	-0.299376	-0.700624
1.750	0.355002	-0.091745	-1.263257	0.409232	-1.409232	-0.301586	-0.698414
1.775	0.355784	-0.092433	-1.263352	0.410711	-1.410711	-0.303851	-0.696149
1.800	0.356582	-0.093134	-1.263448	0.412224	-1.412224	-0.306171	-0.693829
1.825	0.357394	-0.093849	-1.263546	0.413773	-1.413773	-0.308549	-0.691451
1.850	0.358223	-0.094577	-1.263645	0.415358	-1.415358	-0.310985	-0.689015
1.875	0.359066	-0.095320	-1.263746	0.416981	-1.416981	-0.313482	-0.686518
1.900	0.359926	-0.096078	-1.263848	0.418642	-1.418642	-0.316040	-0.683960
1.925	0.360801	-0.096850	-1.263951	0.420342	-1.420342	-0.318661	-0.681339
1.950	0.361693	-0.097637	-1.264056	0.422082	-1.422082	-0.321347	-0.678653
1.975	0.362602	-0.098439	-1.264163	0.423864	-1.423864	-0.324100	-0.675900

| ALPHA | F.MIMA(B,B) | F.MIMB(B,B) | F.MIK(B,B) | F.MIMA(B,G) | F.MIK(B,G) | F.MIMB(G,B) | F.MIK(G,B) |

XM/L = 0.70

XM/L = 0.70

ALPHA	F.M;MA(B,B)	F.M;MB(B,B)	F.M;K(B,B)	F.M;MA(B,G)	F.M;K(B,G)	F.M;MB(G,B)	F.M;K(G,B)
2.000	0.363527	-0.099256	-1.264271	0.425688	-1.425688	-0.326921	-0.673079
2.025	0.364469	-0.100089	-1.264380	0.427555	-1.427555	-0.329813	-0.670187
2.050	0.365428	-0.100938	-1.264491	0.429466	-1.429466	-0.332777	-0.667223
2.075	0.366405	-0.101802	-1.264603	0.431423	-1.431423	-0.335816	-0.664184
2.100	0.367399	-0.102683	-1.264716	0.433427	-1.433427	-0.338931	-0.661069
2.125	0.368412	-0.103581	-1.264831	0.435480	-1.435480	-0.342125	-0.657875
2.150	0.369443	-0.104495	-1.264948	0.437582	-1.437582	-0.345400	-0.654600
2.175	0.370492	-0.105426	-1.265066	0.439734	-1.439734	-0.348759	-0.651241
2.200	0.371560	-0.106375	-1.265186	0.441939	-1.441939	-0.352204	-0.647796
2.225	0.372648	-0.107341	-1.265307	0.444199	-1.444199	-0.355738	-0.644262
2.250	0.373755	-0.108326	-1.265429	0.446513	-1.446513	-0.359363	-0.640637
2.275	0.374881	-0.109328	-1.265553	0.448885	-1.448885	-0.363083	-0.636917
2.300	0.376028	-0.110350	-1.265678	0.451316	-1.451316	-0.366900	-0.633100
2.325	0.377195	-0.111390	-1.265805	0.453807	-1.453807	-0.370819	-0.629181
2.350	0.378383	-0.112449	-1.265934	0.456362	-1.456362	-0.374841	-0.625159
2.375	0.379592	-0.113529	-1.266064	0.458981	-1.458981	-0.378970	-0.621030
2.400	0.380823	-0.114628	-1.266195	0.461666	-1.461666	-0.383211	-0.616789
2.425	0.382075	-0.115747	-1.266328	0.464421	-1.464421	-0.387567	-0.612433
2.450	0.383350	-0.116887	-1.266463	0.467247	-1.467247	-0.392042	-0.607958
2.475	0.384647	-0.118048	-1.266599	0.470147	-1.470147	-0.396641	-0.603359
2.500	0.385967	-0.119231	-1.266736	0.473123	-1.473123	-0.401367	-0.598633
2.525	0.387311	-0.120436	-1.266875	0.476178	-1.476178	-0.406225	-0.593775
2.550	0.388678	-0.121663	-1.267016	0.479315	-1.479315	-0.411221	-0.588779
2.575	0.390070	-0.122913	-1.267158	0.482536	-1.482536	-0.416359	-0.583641
2.600	0.391487	-0.124185	-1.267301	0.485845	-1.485845	-0.421645	-0.578355
2.625	0.392928	-0.125482	-1.267447	0.489245	-1.489245	-0.427084	-0.572916
2.650	0.394396	-0.126803	-1.267593	0.492740	-1.492740	-0.432684	-0.567316
2.675	0.395889	-0.128148	-1.267742	0.496333	-1.496333	-0.438449	-0.561551
2.700	0.397410	-0.129518	-1.267891	0.500027	-1.500027	-0.444387	-0.555613
2.725	0.398957	-0.130914	-1.268043	0.503828	-1.503828	-0.450505	-0.549495
2.750	0.400532	-0.132336	-1.268196	0.507739	-1.507739	-0.456810	-0.543190
2.775	0.402136	-0.133785	-1.268350	0.511764	-1.511764	-0.463311	-0.536689
2.800	0.403768	-0.135261	-1.268506	0.515910	-1.515910	-0.470015	-0.529985
2.825	0.405429	-0.136765	-1.268664	0.520179	-1.520179	-0.476932	-0.523068
2.850	0.407121	-0.138298	-1.268823	0.524579	-1.524579	-0.484071	-0.515929
2.875	0.408843	-0.139859	-1.268984	0.529114	-1.529114	-0.491442	-0.508558
2.900	0.410597	-0.141450	-1.269147	0.533791	-1.533791	-0.499056	-0.500944
2.925	0.412382	-0.143071	-1.269311	0.538617	-1.538617	-0.506924	-0.493076
2.950	0.414200	-0.144723	-1.269477	0.543597	-1.543597	-0.515058	-0.484942
2.975	0.416051	-0.146407	-1.269644	0.548739	-1.548739	-0.523472	-0.476528

ALPHA | F.M;MA(B,B) | F.M;MB(B,B) | F.M;K(B,B) | F.M;MA(B,G) | F.M;K(B,G) | F.M;MB(G,B) | F.M;K(G,B)
XM/L = 0.70

XM/L = 0.80

ALPHA	F.MIMA(B,B)	F.MIMB(B,B)	F.MIK(B,B)	F.MIMA(B,G)	F.MIK(B,G)	F.MIMB(G,B)	F.MIK(G,B)
0.000	0.280000	-0.320000	-0.960000	0.440000	-1.440000	-0.460000	-0.540000
0.025	0.280004	-0.320006	-0.959998	0.440012	-1.440012	-0.460012	-0.539988
0.050	0.280016	-0.320024	-0.959992	0.440048	-1.440048	-0.460050	-0.539950
0.075	0.280036	-0.320054	-0.959982	0.440108	-1.440108	-0.460111	-0.539889
0.100	0.280064	-0.320096	-0.959968	0.440192	-1.440192	-0.460198	-0.539802
0.125	0.280100	-0.320150	-0.959950	0.440300	-1.440300	-0.460310	-0.539690
0.150	0.280144	-0.320216	-0.959928	0.440432	-1.440432	-0.460446	-0.539554
0.175	0.280196	-0.320294	-0.959902	0.440589	-1.440589	-0.460607	-0.539393
0.200	0.280256	-0.320384	-0.959872	0.440770	-1.440770	-0.460793	-0.539207
0.225	0.280324	-0.320487	-0.959838	0.440974	-1.440974	-0.461005	-0.538995
0.250	0.280401	-0.320601	-0.959800	0.441204	-1.441204	-0.461241	-0.538759
0.275	0.280485	-0.320727	-0.959758	0.441457	-1.441457	-0.461502	-0.538498
0.300	0.280577	-0.320866	-0.959712	0.441736	-1.441736	-0.461789	-0.538211
0.325	0.280678	-0.321016	-0.959661	0.442039	-1.442039	-0.462101	-0.537899
0.350	0.280787	-0.321179	-0.959607	0.442366	-1.442366	-0.462438	-0.537562
0.375	0.280903	-0.321354	-0.959549	0.442719	-1.442719	-0.462801	-0.537199
0.400	0.281028	-0.321542	-0.959487	0.443096	-1.443096	-0.463190	-0.536810
0.425	0.281162	-0.321741	-0.959420	0.443499	-1.443499	-0.463604	-0.536396
0.450	0.281303	-0.321953	-0.959350	0.443927	-1.443927	-0.464044	-0.535956
0.475	0.281453	-0.322177	-0.959276	0.444381	-1.444381	-0.464510	-0.535490
0.500	0.281611	-0.322414	-0.959197	0.444860	-1.444860	-0.465003	-0.534997
0.525	0.281777	-0.322663	-0.959114	0.445365	-1.445365	-0.465522	-0.534478
0.550	0.281952	-0.322924	-0.959028	0.445896	-1.445896	-0.466067	-0.533933
0.575	0.282135	-0.323198	-0.958937	0.446453	-1.446453	-0.466639	-0.533361
0.600	0.282327	-0.323485	-0.958842	0.447036	-1.447036	-0.467238	-0.532762
0.625	0.282527	-0.323784	-0.958743	0.447647	-1.447647	-0.467864	-0.532136
0.650	0.282735	-0.324096	-0.958640	0.448284	-1.448284	-0.468517	-0.531483
0.675	0.282953	-0.324420	-0.958532	0.448948	-1.448948	-0.469198	-0.530802
0.700	0.283178	-0.324758	-0.958421	0.449640	-1.449640	-0.469907	-0.530093
0.725	0.283413	-0.325108	-0.958305	0.450360	-1.450360	-0.470644	-0.529356
0.750	0.283656	-0.325471	-0.958185	0.451107	-1.451107	-0.471409	-0.528591
0.775	0.283908	-0.325847	-0.958061	0.451883	-1.451883	-0.472202	-0.527798
0.800	0.284169	-0.326236	-0.957933	0.452687	-1.452687	-0.473024	-0.526976
0.825	0.284438	-0.326638	-0.957800	0.453520	-1.453520	-0.473875	-0.526125
0.850	0.284717	-0.327053	-0.957664	0.454383	-1.454383	-0.474756	-0.525244
0.875	0.285004	-0.327482	-0.957523	0.455275	-1.455275	-0.475666	-0.524334
0.900	0.285301	-0.327923	-0.957377	0.456197	-1.456197	-0.476607	-0.523393
0.925	0.285607	-0.328379	-0.957228	0.457149	-1.457149	-0.477577	-0.522423
0.950	0.285921	-0.328847	-0.957074	0.458132	-1.458132	-0.478579	-0.521421
0.975	0.286246	-0.329330	-0.956916	0.459147	-1.459147	-0.479611	-0.520389
ALPHA	F.MIMA(B,B)	F.MIMB(B,B)	F.MIK(B,B)	F.MIMA(B,G)	F.MIK(B,G)	F.MIMB(G,B)	F.MIK(G,B)

XM/L = 0.80

XM/L = 0.80

ALPHA	F.MIMA(B,B)	F.MIMB(B,B)	F.MIK(B,B)	F.MIMA(B,G)	F.MIK(B,G)	F.MIMB(G,B)	F.MIK(G,B)
1.000	0.286579	-0.329826	-0.956753	0.460193	-1.460193	-0.480675	-0.519325
1.025	0.286922	-0.330335	-0.956587	0.461271	-1.461271	-0.481771	-0.518229
1.050	0.287274	-0.330859	-0.956415	0.462381	-1.462381	-0.482899	-0.517101
1.075	0.287636	-0.331397	-0.956240	0.463524	-1.463524	-0.484059	-0.515941
1.100	0.288008	-0.331948	-0.956060	0.464701	-1.464701	-0.485253	-0.514747
1.125	0.288389	-0.332514	-0.955875	0.465912	-1.465912	-0.486480	-0.513520
1.150	0.288780	-0.333094	-0.955686	0.467158	-1.467158	-0.487741	-0.512259
1.175	0.289181	-0.333688	-0.955493	0.468438	-1.468438	-0.489036	-0.510964
1.200	0.289592	-0.334297	-0.955295	0.469754	-1.469754	-0.490367	-0.509633
1.225	0.290013	-0.334921	-0.955092	0.471107	-1.471107	-0.491733	-0.508267
1.250	0.290444	-0.335559	-0.954885	0.472496	-1.472496	-0.493135	-0.506865
1.275	0.290886	-0.336212	-0.954674	0.473923	-1.473923	-0.494573	-0.505427
1.300	0.291337	-0.336880	-0.954458	0.475388	-1.475388	-0.496049	-0.503951
1.325	0.291800	-0.337563	-0.954237	0.476892	-1.476892	-0.497563	-0.502437
1.350	0.292273	-0.338261	-0.954012	0.478436	-1.478436	-0.499115	-0.500885
1.375	0.292756	-0.338975	-0.953781	0.480020	-1.480020	-0.500706	-0.499294
1.400	0.293251	-0.339704	-0.953547	0.481645	-1.481645	-0.502336	-0.497664
1.425	0.293756	-0.340449	-0.953307	0.483313	-1.483313	-0.504008	-0.495992
1.450	0.294272	-0.341209	-0.953063	0.485022	-1.485022	-0.505720	-0.494280
1.475	0.294800	-0.341986	-0.952814	0.486776	-1.486776	-0.507474	-0.492526
1.500	0.295339	-0.342779	-0.952560	0.488574	-1.488574	-0.509271	-0.490729
1.525	0.295889	-0.343588	-0.952301	0.490418	-1.490418	-0.511111	-0.488889
1.550	0.296451	-0.344413	-0.952038	0.492308	-1.492308	-0.512995	-0.487005
1.575	0.297025	-0.345255	-0.951770	0.494245	-1.494245	-0.514925	-0.485075
1.600	0.297610	-0.346114	-0.951496	0.496231	-1.496231	-0.516900	-0.483100
1.625	0.298207	-0.346990	-0.951218	0.498267	-1.498267	-0.518923	-0.481077
1.650	0.298817	-0.347882	-0.950935	0.500353	-1.500353	-0.520993	-0.479007
1.675	0.299439	-0.348793	-0.950646	0.502491	-1.502491	-0.523113	-0.476887
1.700	0.300073	-0.349720	-0.950353	0.504682	-1.504682	-0.525282	-0.474718
1.725	0.300720	-0.350666	-0.950054	0.506927	-1.506927	-0.527502	-0.472496
1.750	0.301380	-0.351629	-0.949751	0.509227	-1.509227	-0.529774	-0.470226
1.775	0.302053	-0.352611	-0.949442	0.511585	-1.511585	-0.532100	-0.467900
1.800	0.302739	-0.353611	-0.949128	0.514001	-1.514001	-0.534480	-0.465520
1.825	0.303438	-0.354629	-0.948809	0.516477	-1.516477	-0.536916	-0.463084
1.850	0.304151	-0.355666	-0.948484	0.519014	-1.519014	-0.539408	-0.460592
1.875	0.304877	-0.356722	-0.948155	0.521614	-1.521614	-0.541959	-0.458092
1.900	0.305617	-0.357798	-0.947819	0.524278	-1.524278	-0.544570	-0.455450
1.925	0.306372	-0.358893	-0.947479	0.527009	-1.527009	-0.547242	-0.452758
1.950	0.307140	-0.360007	-0.947133	0.529808	-1.529808	-0.549976	-0.450024
1.975	0.307923	-0.361142	-0.946781	0.532676	-1.532676	-0.552775	-0.447225

ALPHA	F.MIMA(B,B)	F.MIMB(B,B)	F.MIK(B,B)	F.MIMA(B,G)	F.MIK(B,G)	F.MIMB(G,B)	F.MIK(G,B)

XM/L = 0.80

XM/L = 0.80

ALPHA	F.M;MA(B,B)	F.M;MB(B,B)	F.M;K(B,B)	F.M;MA(B,G)	F.M;K(B,G)	F.M;MB(G,B)	F.M;K(G,B)
2.000	0.308721	-0.362297	-0.946424	0.535616	-1.535616	-0.555639	-0.444361
2.025	0.309534	-0.363473	-0.946062	0.538630	-1.538630	-0.558571	-0.441429
2.050	0.310362	-0.364669	-0.945693	0.541720	-1.541720	-0.561573	-0.438427
2.075	0.311206	-0.365886	-0.945319	0.544888	-1.544888	-0.564645	-0.435355
2.100	0.312065	-0.367125	-0.944940	0.548136	-1.548136	-0.567791	-0.432209
2.125	0.312940	-0.368385	-0.944554	0.551467	-1.551467	-0.571012	-0.428988
2.150	0.313831	-0.369668	-0.944163	0.554883	-1.554883	-0.574310	-0.425690
2.175	0.314738	-0.370972	-0.943766	0.558387	-1.558387	-0.577687	-0.422313
2.200	0.315663	-0.372299	-0.943363	0.561981	-1.561981	-0.581146	-0.418854
2.225	0.316604	-0.373650	-0.942954	0.565668	-1.565668	-0.584689	-0.415311
2.250	0.317562	-0.375023	-0.942539	0.569452	-1.569452	-0.588318	-0.411682
2.275	0.318538	-0.376420	-0.942118	0.573335	-1.573335	-0.592037	-0.407963
2.300	0.319532	-0.377841	-0.941691	0.577320	-1.577320	-0.595847	-0.404153
2.325	0.320544	-0.379286	-0.941258	0.581411	-1.581411	-0.599751	-0.400249
2.350	0.321575	-0.380756	-0.940818	0.585612	-1.585612	-0.603754	-0.396246
2.375	0.322624	-0.382252	-0.940372	0.589925	-1.589925	-0.607857	-0.392143
2.400	0.323692	-0.383772	-0.939920	0.594356	-1.594356	-0.612063	-0.387937
2.425	0.324780	-0.385319	-0.939462	0.598908	-1.598908	-0.616377	-0.383623
2.450	0.325888	-0.386891	-0.938997	0.603585	-1.603585	-0.620802	-0.379198
2.475	0.327016	-0.388491	-0.938525	0.608392	-1.608392	-0.625342	-0.374658
2.500	0.328165	-0.390118	-0.938047	0.613334	-1.613334	-0.630000	-0.370000
2.525	0.329334	-0.391772	-0.937562	0.618415	-1.618415	-0.634781	-0.365219
2.550	0.330525	-0.393454	-0.937071	0.623641	-1.623641	-0.639689	-0.360311
2.575	0.331737	-0.395165	-0.936572	0.629017	-1.629017	-0.644728	-0.355272
2.600	0.332972	-0.396905	-0.936067	0.634549	-1.634549	-0.649904	-0.350096
2.625	0.334230	-0.398675	-0.935555	0.640243	-1.640243	-0.655221	-0.344779
2.650	0.335510	-0.400474	-0.935036	0.646105	-1.646105	-0.660685	-0.339315
2.675	0.336814	-0.402305	-0.934509	0.652143	-1.652143	-0.666302	-0.333698
2.700	0.338142	-0.404166	-0.933976	0.658364	-1.658364	-0.672077	-0.327923
2.725	0.339494	-0.406059	-0.933436	0.664774	-1.664774	-0.678016	-0.321984
2.750	0.340872	-0.407984	-0.932888	0.671382	-1.671382	-0.684127	-0.315873
2.775	0.342275	-0.409942	-0.932332	0.678197	-1.678197	-0.690415	-0.309585
2.800	0.343704	-0.411934	-0.931770	0.685228	-1.685228	-0.696890	-0.303110
2.825	0.345159	-0.413960	-0.931200	0.692483	-1.692483	-0.703558	-0.296442
2.850	0.346642	-0.416020	-0.930622	0.699973	-1.699973	-0.710428	-0.289572
2.875	0.348152	-0.418116	-0.930036	0.707710	-1.707710	-0.717508	-0.282492
2.900	0.349691	-0.420248	-0.929443	0.715703	-1.715703	-0.724809	-0.275191
2.925	0.351259	-0.422417	-0.928842	0.723966	-1.723966	-0.732339	-0.267661
2.950	0.352856	-0.424623	-0.928233	0.732510	-1.732510	-0.740111	-0.259889
2.975	0.354484	-0.426868	-0.927616	0.741351	-1.741351	-0.748134	-0.251866
ALPHA	F.M;MA(B,B)	F.M;MB(B,B)	F.M;K(B,B)	F.M;MA(B,G)	F.M;K(B,G)	F.M;MB(G,B)	F.M;K(G,B)

XM/L = 0.80

XM/L = 0.90

ALPHA	F.M;MA(B,B)	F.M;MB(B,B)	F.M;K(B,B)	F.M;MA(B,G)	F.M;K(B,G)	F.M;MB(G,B)	F.M;K(G,B)
0.000	0.170000	-0.630000	-0.540000	0.485000	-1.485000	-0.715000	-0.285000
0.025	0.170002	-0.630005	-0.539997	0.485015	-1.485015	-0.715009	-0.284991
0.050	0.170009	-0.630021	-0.539988	0.485059	-1.485059	-0.715036	-0.284964
0.075	0.170020	-0.630048	-0.539972	0.485132	-1.485132	-0.715082	-0.284918
0.100	0.170035	-0.630085	-0.539950	0.485235	-1.485235	-0.715145	-0.284855
0.125	0.170055	-0.630132	-0.539923	0.485368	-1.485368	-0.715226	-0.284774
0.150	0.170079	-0.630191	-0.539889	0.485530	-1.485530	-0.715326	-0.284674
0.175	0.170108	-0.630260	-0.539848	0.485721	-1.485721	-0.715444	-0.284556
0.200	0.170141	-0.630339	-0.539802	0.485942	-1.485942	-0.715580	-0.284420
0.225	0.170179	-0.630429	-0.539749	0.486193	-1.486193	-0.715735	-0.284265
0.250	0.170221	-0.630530	-0.539690	0.486474	-1.486474	-0.715907	-0.284093
0.275	0.170267	-0.630642	-0.539625	0.486785	-1.486785	-0.716099	-0.283901
0.300	0.170318	-0.630764	-0.539554	0.487126	-1.487126	-0.716308	-0.283692
0.325	0.170373	-0.630897	-0.539477	0.487497	-1.487497	-0.716536	-0.283464
0.350	0.170433	-0.631040	-0.539393	0.487899	-1.487899	-0.716782	-0.283218
0.375	0.170498	-0.631195	-0.539303	0.488331	-1.488331	-0.717048	-0.282952
0.400	0.170567	-0.631360	-0.539207	0.488793	-1.488793	-0.717331	-0.282669
0.425	0.170640	-0.631536	-0.539104	0.489287	-1.489287	-0.717634	-0.282366
0.450	0.170718	-0.631722	-0.538995	0.489812	-1.489812	-0.717955	-0.282045
0.475	0.170800	-0.631920	-0.538880	0.490368	-1.490368	-0.718295	-0.281705
0.500	0.170888	-0.632128	-0.538759	0.490955	-1.490955	-0.718654	-0.281346
0.525	0.170979	-0.632348	-0.538632	0.491574	-1.491574	-0.719033	-0.280967
0.550	0.171076	-0.632578	-0.538498	0.492225	-1.492225	-0.719430	-0.280570
0.575	0.171177	-0.632819	-0.538358	0.492909	-1.492909	-0.719847	-0.280153
0.600	0.171282	-0.633071	-0.538211	0.493625	-1.493625	-0.720283	-0.279717
0.625	0.171393	-0.633334	-0.538058	0.494374	-1.494374	-0.720739	-0.279261
0.650	0.171508	-0.633608	-0.537899	0.495156	-1.495156	-0.721215	-0.278785
0.675	0.171627	-0.633894	-0.537734	0.495971	-1.495971	-0.721710	-0.278290
0.700	0.171752	-0.634190	-0.537562	0.496820	-1.496820	-0.722225	-0.277775
0.725	0.171881	-0.634497	-0.537384	0.497703	-1.497703	-0.722761	-0.277239
0.750	0.172015	-0.634816	-0.537199	0.498621	-1.498621	-0.723316	-0.276684
0.775	0.172154	-0.635146	-0.537008	0.499574	-1.499574	-0.723892	-0.276108
0.800	0.172298	-0.635488	-0.536810	0.500562	-1.500562	-0.724489	-0.275511
0.825	0.172447	-0.635840	-0.536607	0.501586	-1.501586	-0.725106	-0.274894
0.850	0.172601	-0.636204	-0.536396	0.502646	-1.502646	-0.725745	-0.274255
0.875	0.172759	-0.636580	-0.536179	0.503742	-1.503742	-0.726404	-0.273596
0.900	0.172923	-0.636967	-0.535956	0.504876	-1.504876	-0.727085	-0.272915
0.925	0.173092	-0.637366	-0.535726	0.506047	-1.506047	-0.727788	-0.272212
0.950	0.173266	-0.637776	-0.535490	0.507256	-1.507256	-0.728512	-0.271488
0.975	0.173445	-0.638198	-0.535247	0.508504	-1.508504	-0.729258	-0.270742

| ALPHA | F.M;MA(B,B) | F.M;MB(B,B) | F.M;K(B,B) | F.M;MA(B,G) | F.M;K(B,G) | F.M;MB(G,B) | F.M;K(G,B) |

XM/L = 0.90

XM/L = 0.90

ALPHA	F.M;MA(B,B)	F.M;MB(B,B)	F.M;K(B,B)	F.M;MA(B,G)	F.M;K(B,G)	F.M;MB(G,B)	F.M;K(G,B)
1.000	0.173629	-0.638632	-0.534997	0.509791	-1.509791	-0.730026	-0.269974
1.025	0.173818	-0.639077	-0.534741	0.511118	-1.511118	-0.730817	-0.269183
1.050	0.174013	-0.639534	-0.534478	0.512485	-1.512485	-0.731630	-0.268370
1.075	0.174213	-0.640004	-0.534209	0.513894	-1.513894	-0.732467	-0.267533
1.100	0.174418	-0.640485	-0.533933	0.515344	-1.515344	-0.733327	-0.266673
1.125	0.174629	-0.640978	-0.533650	0.516836	-1.516836	-0.734210	-0.265790
1.150	0.174845	-0.641484	-0.533361	0.518371	-1.518371	-0.735117	-0.264883
1.175	0.175067	-0.642002	-0.533065	0.519950	-1.519950	-0.736048	-0.263952
1.200	0.175294	-0.642532	-0.532762	0.521573	-1.521573	-0.737003	-0.262997
1.225	0.175527	-0.643074	-0.532452	0.523242	-1.523242	-0.737983	-0.262017
1.250	0.175765	-0.643629	-0.532136	0.524956	-1.524956	-0.738988	-0.261012
1.275	0.176010	-0.644197	-0.531813	0.526718	-1.526718	-0.740019	-0.259981
1.300	0.176260	-0.644777	-0.531483	0.528527	-1.528527	-0.741075	-0.258925
1.325	0.176515	-0.645370	-0.531146	0.530385	-1.530385	-0.742157	-0.257843
1.350	0.176777	-0.645976	-0.530802	0.532293	-1.532293	-0.743266	-0.256734
1.375	0.177045	-0.646594	-0.530451	0.534251	-1.534251	-0.744401	-0.255599
1.400	0.177319	-0.647226	-0.530093	0.536261	-1.536261	-0.745564	-0.254436
1.425	0.177599	-0.647871	-0.529728	0.538323	-1.538323	-0.746755	-0.253245
1.450	0.177885	-0.648528	-0.529356	0.540439	-1.540439	-0.747973	-0.252027
1.475	0.178177	-0.649200	-0.528977	0.542610	-1.542610	-0.749221	-0.250779
1.500	0.178476	-0.649884	-0.528591	0.544837	-1.544837	-0.750497	-0.249503
1.525	0.178781	-0.650583	-0.528198	0.547121	-1.547121	-0.751803	-0.248197
1.550	0.179093	-0.651295	-0.527798	0.549463	-1.549463	-0.753139	-0.246861
1.575	0.179411	-0.652020	-0.527391	0.551865	-1.551865	-0.754505	-0.245495
1.600	0.179735	-0.652760	-0.526976	0.554329	-1.554329	-0.755903	-0.244097
1.625	0.180067	-0.653513	-0.526554	0.556854	-1.556854	-0.757332	-0.242668
1.650	0.180405	-0.654281	-0.526125	0.559444	-1.559444	-0.758793	-0.241207
1.675	0.180751	-0.655063	-0.525688	0.562099	-1.562099	-0.760288	-0.239712
1.700	0.181103	-0.655859	-0.525244	0.564821	-1.564821	-0.761815	-0.238185
1.725	0.181462	-0.656670	-0.524792	0.567612	-1.567612	-0.763377	-0.236623
1.750	0.181829	-0.657495	-0.524334	0.570473	-1.570473	-0.764974	-0.235026
1.775	0.182203	-0.658336	-0.523867	0.573406	-1.573406	-0.766606	-0.233394
1.800	0.182584	-0.659191	-0.523393	0.576413	-1.576413	-0.768274	-0.231726
1.825	0.182973	-0.660061	-0.522912	0.579496	-1.579496	-0.769980	-0.230020
1.850	0.183369	-0.660947	-0.522423	0.582657	-1.582657	-0.771723	-0.228277
1.875	0.183773	-0.661847	-0.521926	0.585898	-1.585898	-0.773504	-0.226496
1.900	0.184185	-0.662764	-0.521421	0.589220	-1.589220	-0.775325	-0.224675
1.925	0.184605	-0.663696	-0.520909	0.592627	-1.592627	-0.777186	-0.222814
1.950	0.185033	-0.664644	-0.520389	0.596121	-1.596121	-0.779089	-0.220911
1.975	0.185469	-0.665608	-0.519861	0.599703	-1.599703	-0.781033	-0.218967

| ALPHA | F.M;MA(B,B) | F.M;MB(B,B) | F.M;K(B,B) | F.M;MA(B,G) | F.M;K(B,G) | F.M;MB(G,B) | F.M;K(G,B) |

XM/L = 0.90

D R U C K S T A E B E -628-

XM/L = 0.90

ALPHA	F.MIMA(B,B)	F.MIMB(B,B)	F.MIK(B,B)	F.MIMA(B,G)	F.MIK(B,G)	F.MIMB(G,B)	F.MIK(G,B)
2.000	0.185914	-0.666589	-0.519325	0.603377	-1.603377	-0.783021	-0.216979
2.025	0.186367	-0.667586	-0.518781	0.607145	-1.607145	-0.785052	-0.214948
2.050	0.186828	-0.668599	-0.518229	0.611010	-1.611010	-0.787129	-0.212871
2.075	0.187299	-0.669629	-0.517669	0.614974	-1.614974	-0.789252	-0.210748
2.100	0.187778	-0.670676	-0.517101	0.619041	-1.619041	-0.791423	-0.208577
2.125	0.188266	-0.671741	-0.516525	0.623214	-1.623214	-0.793642	-0.206358
2.150	0.188763	-0.672823	-0.515941	0.627496	-1.627496	-0.795911	-0.204089
2.175	0.189270	-0.673922	-0.515348	0.631891	-1.631891	-0.798231	-0.201769
2.200	0.189786	-0.675039	-0.514747	0.636401	-1.636401	-0.800604	-0.199396
2.225	0.190312	-0.676174	-0.514138	0.641031	-1.641031	-0.803031	-0.196969
2.250	0.190848	-0.677328	-0.513520	0.645785	-1.645785	-0.805513	-0.194487
2.275	0.191394	-0.678500	-0.512894	0.650666	-1.650666	-0.808053	-0.191947
2.300	0.191950	-0.679690	-0.512259	0.655679	-1.655679	-0.810651	-0.189349
2.325	0.192516	-0.680900	-0.511616	0.660828	-1.660828	-0.813309	-0.186691
2.350	0.193093	-0.682129	-0.510964	0.666118	-1.666118	-0.816030	-0.183970
2.375	0.193680	-0.683377	-0.510303	0.671553	-1.671553	-0.818814	-0.181186
2.400	0.194279	-0.684645	-0.509633	0.677140	-1.677140	-0.821665	-0.178335
2.425	0.194888	-0.685933	-0.508955	0.682883	-1.682883	-0.824583	-0.175417
2.450	0.195509	-0.687242	-0.508267	0.688787	-1.688787	-0.827572	-0.172428
2.475	0.196142	-0.688571	-0.507571	0.694860	-1.694860	-0.830632	-0.169368
2.500	0.196786	-0.689921	-0.506865	0.701106	-1.701106	-0.833768	-0.166232
2.525	0.197442	-0.691292	-0.506151	0.707533	-1.707533	-0.836980	-0.163020
2.550	0.198111	-0.692684	-0.505427	0.714147	-1.714147	-0.840273	-0.159727
2.575	0.198792	-0.694098	-0.504693	0.720956	-1.720956	-0.843648	-0.156352
2.600	0.199486	-0.695535	-0.503951	0.727967	-1.727967	-0.847108	-0.152892
2.625	0.200192	-0.696994	-0.503199	0.735188	-1.735188	-0.850656	-0.149344
2.650	0.200912	-0.698475	-0.502437	0.742628	-1.742628	-0.854297	-0.145703
2.675	0.201646	-0.699980	-0.501666	0.750295	-1.750295	-0.858031	-0.141969
2.700	0.202393	-0.701508	-0.500885	0.758200	-1.758200	-0.861865	-0.138135
2.725	0.203155	-0.703060	-0.500095	0.766352	-1.766352	-0.865800	-0.134200
2.750	0.203931	-0.704636	-0.499294	0.774761	-1.774761	-0.869842	-0.130158
2.775	0.204721	-0.706237	-0.498484	0.783439	-1.783439	-0.873994	-0.126006
2.800	0.205527	-0.707863	-0.497664	0.792398	-1.792398	-0.878261	-0.121739
2.825	0.206348	-0.709515	-0.496833	0.801650	-1.801650	-0.882647	-0.117353
2.850	0.207185	-0.711192	-0.495992	0.811209	-1.811209	-0.887157	-0.112843
2.875	0.208037	-0.712896	-0.495142	0.821089	-1.821089	-0.891797	-0.108203
2.900	0.208907	-0.714626	-0.494280	0.831304	-1.831304	-0.896572	-0.103428
2.925	0.209792	-0.716384	-0.493408	0.841872	-1.841872	-0.901488	-0.098512
2.950	0.210695	-0.718169	-0.492526	0.852808	-1.852808	-0.906551	-0.093449
2.975	0.211616	-0.719983	-0.491633	0.864131	-1.864131	-0.911769	-0.088231
ALPHA	F.MIMA(B,B)	F.MIMB(B,B)	F.MIK(B,B)	F.MIMA(B,G)	F.MIK(B,G)	F.MIMB(G,B)	F.MIK(G,B)

XM/L = 0.90

D R U C K S T A E B E -630-

XM/L = 1.00

ALPHA	F.MIMA(B,B)	F.MIMB(B,B)	F.MIK(B,B)	F.MIMA(B,G)	F.MIK(B,G)	F.MIMB(G,B)	F.MIK(G,B)
0.000	-0.000000	-1.000000	0.000000	0.500000	-1.500000	-1.000000	0.000000
0.025	0.000000	-1.000000	0.000000	0.500016	-1.500016	-1.000000	-0.000000
0.050	-0.000000	-1.000000	0.000000	0.500063	-1.500063	-1.000000	-0.000000
0.075	0.000000	-1.000000	0.000000	0.500141	-1.500141	-1.000000	-0.000000
0.100	-0.000000	-1.000000	0.000000	0.500250	-1.500250	-1.000000	-0.000000
0.125	-0.000000	-1.000000	-0.000000	0.500391	-1.500391	-1.000000	-0.000000
0.150	-0.000000	-1.000000	-0.000000	0.500563	-1.500563	-1.000000	0.000000
0.175	-0.000000	-1.000000	-0.000000	0.500767	-1.500767	-1.000000	0.000000
0.200	-0.000000	-1.000000	-0.000000	0.501002	-1.501002	-1.000000	0.000000
0.225	-0.000000	-1.000000	-0.000000	0.501269	-1.501269	-1.000000	0.000000
0.250	-0.000000	-1.000000	0.000000	0.501568	-1.501568	-1.000000	-0.000000
0.275	-0.000000	-1.000000	-0.000000	0.501898	-1.501898	-1.000000	0.000000
0.300	0.000000	-1.000000	-0.000000	0.502261	-1.502261	-1.000000	-0.000000
0.325	-0.000000	-1.000000	0.000000	0.502655	-1.502655	-1.000000	-0.000000
0.350	0.000000	-1.000000	-0.000000	0.503082	-1.503082	-1.000000	-0.000000
0.375	-0.000000	-1.000000	-0.000000	0.503542	-1.503542	-1.000000	-0.000000
0.400	0.000000	-1.000000	-0.000000	0.504034	-1.504034	-1.000000	0.000000
0.425	0.000000	-1.000000	0.000000	0.504559	-1.504559	-1.000000	-0.000000
0.450	0.000000	-1.000000	-0.000000	0.505117	-1.505117	-1.000000	-0.000000
0.475	0.000000	-1.000000	-0.000000	0.505708	-1.505708	-1.000000	-0.000000
0.500	-0.000000	-1.000000	0.000000	0.506333	-1.506333	-1.000000	-0.000000
0.525	0.000000	-1.000000	-0.000000	0.506992	-1.506992	-1.000000	0.000000
0.550	-0.000000	-1.000000	-0.000000	0.507684	-1.507684	-1.000000	0.000000
0.575	0.000000	-1.000000	-0.000000	0.508411	-1.508411	-1.000000	-0.000000
0.600	0.000000	-1.000000	-0.000000	0.509173	-1.509173	-1.000000	-0.000000
0.625	-0.000000	-1.000000	-0.000000	0.509969	-1.509969	-1.000000	-0.000000
0.650	0.000000	-1.000000	0.000000	0.510801	-1.510801	-1.000000	-0.000000
0.675	0.000000	-1.000000	-0.000000	0.511669	-1.511669	-1.000000	-0.000000
0.700	0.000000	-1.000000	-0.000000	0.512572	-1.512572	-1.000000	-0.000000
0.725	0.000000	-1.000000	-0.000000	0.513512	-1.513512	-1.000000	-0.000000
0.750	0.000000	-1.000000	-0.000000	0.514489	-1.514489	-1.000000	-0.000000
0.775	-0.000000	-1.000000	0.000000	0.515503	-1.515503	-1.000000	0.000000
0.800	0.000000	-1.000000	-0.000000	0.516554	-1.516554	-1.000000	-0.000000
0.825	0.000000	-1.000000	-0.000000	0.517644	-1.517644	-1.000000	-0.000000
0.850	0.000000	-1.000000	-0.000000	0.518772	-1.518772	-1.000000	-0.000000
0.875	-0.000000	-1.000000	-0.000000	0.519939	-1.519939	-1.000000	-0.000000
0.900	0.000000	-1.000000	-0.000000	0.521146	-1.521146	-1.000000	-0.000000
0.925	-0.000000	-1.000000	-0.000000	0.522393	-1.522393	-1.000000	-0.000000
0.950	0.000000	-1.000000	-0.000000	0.523680	-1.523680	-1.000000	-0.000000
0.975	0.000000	-1.000000	-0.000000	0.525009	-1.525009	-1.000000	0.000000
ALPHA	F.MIMA(B,B)	F.MIMB(B,B)	F.MIK(B,B)	F.MIMA(B,G)	F.MIK(B,G)	F.MIMB(G,B)	F.MIK(G,B)

XM/L = 1.00

D R U C K S T A E B E -630-

XM/L = 1.00

ALPHA	F.MIMA(B,B)	F.MIMB(B,B)	F.MIK(B,B)	F.MIMA(B,G)	F.MIK(B,G)	F.MIMB(G,B)	F.MIK(G,B)
1.000	0.000000	-1.000000	-0.000000	0.526379	-1.526379	-1.000000	-0.000000
1.025	0.000000	-1.000000	-0.000000	0.527792	-1.527792	-1.000000	-0.000000
1.050	0.000000	-1.000000	-0.000000	0.529249	-1.529249	-1.000000	0.000000
1.075	0.000000	-1.000000	-0.000000	0.530748	-1.530748	-1.000000	-0.000000
1.100	0.000000	-1.000000	-0.000000	0.532293	-1.532293	-1.000000	-0.000000
1.125	-0.000000	-1.000000	-0.000000	0.533882	-1.533882	-1.000000	-0.000000
1.150	0.000000	-1.000000	-0.000000	0.535517	-1.535517	-1.000000	0.000000
1.175	0.000000	-1.000000	-0.000000	0.537200	-1.537200	-1.000000	-0.000000
1.200	0.000000	-1.000000	-0.000000	0.538929	-1.538929	-1.000000	-0.000000
1.225	0.000000	-1.000000	-0.000000	0.540707	-1.540707	-1.000000	0.000000
1.250	-0.000000	-1.000000	-0.000000	0.542535	-1.542535	-1.000000	-0.000000
1.275	0.000000	-1.000000	0.000000	0.544412	-1.544412	-1.000000	-0.000000
1.300	0.000000	-1.000000	-0.000000	0.546341	-1.546341	-1.000000	-0.000000
1.325	0.000000	-1.000000	0.000000	0.548321	-1.548321	-1.000000	0.000000
1.350	0.000000	-1.000000	0.000000	0.550355	-1.550355	-1.000000	0.000000
1.375	0.000000	-1.000000	-0.000000	0.552443	-1.552443	-1.000000	-0.000000
1.400	0.000000	-1.000000	-0.000000	0.554585	-1.554585	-1.000000	-0.000000
1.425	0.000000	-1.000000	-0.000000	0.556785	-1.556785	-1.000000	-0.000000
1.450	0.000000	-1.000000	0.000000	0.559042	-1.559042	-1.000000	0.000000
1.475	0.000000	-1.000000	-0.000000	0.561357	-1.561357	-1.000000	-0.000000
1.500	0.000000	-1.000000	-0.000000	0.563732	-1.563732	-1.000000	-0.000000
1.525	0.000000	-1.000000	-0.000000	0.566169	-1.566169	-1.000000	-0.000000
1.550	0.000000	-1.000000	-0.000000	0.568669	-1.568669	-1.000000	-0.000000
1.575	-0.000000	-1.000000	0.000000	0.571232	-1.571232	-1.000000	0.000000
1.600	0.000000	-1.000000	0.000000	0.573861	-1.573861	-1.000000	-0.000000
1.625	-0.000000	-1.000000	0.000000	0.576557	-1.576557	-1.000000	-0.000000
1.650	0.000000	-1.000000	0.000000	0.579321	-1.579321	-1.000000	-0.000000
1.675	-0.000000	-1.000000	0.000000	0.582156	-1.582156	-1.000000	-0.000000
1.700	0.000000	-1.000000	-0.000000	0.585062	-1.585062	-1.000000	-0.000000
1.725	0.000000	-1.000000	0.000000	0.588043	-1.588043	-1.000000	-0.000000
1.750	-0.000000	-1.000000	0.000000	0.591098	-1.591098	-1.000000	-0.000000
1.775	0.000000	-1.000000	0.000000	0.594231	-1.594231	-1.000000	-0.000000
1.800	-0.000000	-1.000000	0.000000	0.597444	-1.597444	-1.000000	-0.000000
1.825	-0.000000	-1.000000	0.000000	0.600738	-1.600738	-1.000000	0.000000
1.850	-0.000000	-1.000000	0.000000	0.604116	-1.604116	-1.000000	0.000000
1.875	-0.000000	-1.000000	-0.000000	0.607579	-1.607579	-1.000000	-0.000000
1.900	-0.000000	-1.000000	0.000000	0.611131	-1.611131	-1.000000	-0.000000
1.925	-0.000000	-1.000000	0.000000	0.614773	-1.614773	-1.000000	-0.000000
1.950	0.000000	-1.000000	0.000000	0.618508	-1.618508	-1.000000	-0.000000
1.975	0.000000	-1.000000	0.000000	0.622339	-1.622339	-1.000000	-0.000000
ALPHA	F.MIMA(B,B)	F.MIMB(B,B)	F.MIK(B,B)	F.MIMA(B,G)	F.MIK(B,G)	F.MIMB(G,B)	F.MIK(G,B)

XM/L = 1.00

XM/L = 1.00

ALPHA	F.M;MA(B,B)	F.M;MB(B,B)	F.M;K(B,B)	F.M;MA(B,G)	F.M;K(B,G)	F.M;MB(G,B)	F.M;K(G,B)
2.000	-0.000000	-1.000000	0.000000	0.626268	-1.626268	-1.000000	-0.000000
2.025	0.000000	-1.000000	0.000000	0.630298	-1.630298	-1.000000	-0.000000
2.050	-0.000000	-1.000000	0.000000	0.634433	-1.634433	-1.000000	-0.000000
2.075	0.000000	-1.000000	0.000000	0.638675	-1.638675	-1.000000	-0.000000
2.100	-0.000000	-1.000000	0.000000	0.643028	-1.643028	-1.000000	-0.000000
2.125	-0.000000	-1.000000	-0.000000	0.647494	-1.647494	-1.000000	-0.000000
2.150	0.000000	-1.000000	0.000000	0.652078	-1.652078	-1.000000	-0.000000
2.175	0.000000	-1.000000	-0.000000	0.656783	-1.656783	-1.000000	-0.000000
2.200	-0.000000	-1.000000	0.000000	0.661613	-1.661613	-1.000000	-0.000000
2.225	-0.000000	-1.000000	0.000000	0.666572	-1.666572	-1.000000	-0.000000
2.250	-0.000000	-1.000000	0.000000	0.671664	-1.671664	-1.000000	-0.000000
2.275	0.000000	-1.000000	0.000000	0.676893	-1.676893	-1.000000	-0.000000
2.300	-0.000000	-1.000000	-0.000000	0.682265	-1.682265	-1.000000	-0.000000
2.325	0.000000	-1.000000	0.000000	0.687783	-1.687783	-1.000000	-0.000000
2.350	-0.000000	-1.000000	0.000000	0.693454	-1.693454	-1.000000	-0.000000
2.375	-0.000000	-1.000000	0.000000	0.699282	-1.699282	-1.000000	-0.000000
2.400	-0.000000	-1.000000	0.000000	0.705272	-1.705272	-1.000000	-0.000000
2.425	-0.000000	-1.000000	0.000000	0.711431	-1.711431	-1.000000	-0.000000
2.450	0.000000	-1.000000	0.000000	0.717765	-1.717765	-1.000000	-0.000000
2.475	-0.000000	-1.000000	-0.000000	0.724280	-1.724280	-1.000000	-0.000000
2.500	0.000000	-1.000000	0.000000	0.730983	-1.730983	-1.000000	-0.000000
2.525	-0.000000	-1.000000	-0.000000	0.737880	-1.737880	-1.000000	-0.000000
2.550	-0.000000	-1.000000	-0.000000	0.744980	-1.744980	-1.000000	-0.000000
2.575	-0.000000	-1.000000	0.000000	0.752291	-1.752291	-1.000000	-0.000000
2.600	-0.000000	-1.000000	0.000000	0.759820	-1.759820	-1.000000	-0.000000
2.625	-0.000000	-1.000000	-0.000000	0.767576	-1.767576	-1.000000	-0.000000
2.650	-0.000000	-1.000000	-0.000000	0.775568	-1.775568	-1.000000	-0.000000
2.675	-0.000000	-1.000000	-0.000000	0.783807	-1.783807	-1.000000	-0.000000
2.700	-0.000000	-1.000000	-0.000000	0.792302	-1.792302	-1.000000	-0.000000
2.725	-0.000000	-1.000000	0.000000	0.801065	-1.801065	-1.000000	-0.000000
2.750	0.000000	-1.000000	-0.000000	0.810106	-1.810106	-1.000000	-0.000000
2.775	0.000000	-1.000000	0.000000	0.819438	-1.819438	-1.000000	-0.000000
2.800	-0.000000	-1.000000	-0.000000	0.829074	-1.829074	-1.000000	-0.000000
2.825	0.000000	-1.000000	0.000000	0.839027	-1.839027	-1.000000	-0.000000
2.850	-0.000000	-1.000000	0.000000	0.849313	-1.849313	-1.000000	-0.000000
2.875	0.000000	-1.000000	0.000000	0.859945	-1.859945	-1.000000	-0.000000
2.900	-0.000000	-1.000000	0.000000	0.870941	-1.870941	-1.000000	-0.000000
2.925	-0.000000	-1.000000	-0.000000	0.882319	-1.882319	-1.000000	-0.000000
2.950	0.000000	-1.000000	-0.000000	0.894096	-1.894096	-1.000000	-0.000000
2.975	-0.000000	-1.000000	-0.000000	0.906293	-1.906293	-1.000000	-0.000000
ALPHA	F.M;MA(B,B)	F.M;MB(B,B)	F.M;K(B,B)	F.M;MA(B,G)	F.M;K(B,G)	F.M;MB(G,B)	F.M;K(G,B)

XM/L = 1.00

XM/L = 0.00

BETA	F.MIMA(B,B)	F.MIMB(B,B)	F.MIK(B,B)	F.MIMA(B,G)	F.MIK(B,G)	F.MIMB(G,B)	F.MIK(G,B)
0.00	-1.000000	-0.000000	0.000000	-1.000000	0.000000	0.500000	-1.500000
0.25	-1.000000	0.000000	-0.000000	-1.000000	-0.000000	0.498443	-1.498443
0.50	-1.000000	0.000000	-0.000000	-1.000000	-0.000000	0.493831	-1.493831
0.75	-1.000000	-0.000000	-0.000000	-1.000000	-0.000000	0.486340	-1.486340
1.00	-1.000000	0.000000	0.000000	-1.000000	-0.000000	0.476246	-1.476246
1.25	-1.000000	0.000000	0.000000	-1.000000	-0.000000	0.463899	-1.463899
1.50	-1.000000	0.000000	-0.000000	-1.000000	-0.000000	0.449699	-1.449699
1.75	-1.000000	-0.000000	-0.000000	-1.000000	-0.000000	0.434064	-1.434064
2.00	-1.000000	0.000000	0.000000	-1.000000	-0.000000	0.417408	-1.417408
2.25	-1.000000	0.000000	-0.000000	-1.000000	-0.000000	0.400119	-1.400119
2.50	-1.000000	0.000000	-0.000000	-1.000000	-0.000000	0.382544	-1.382544
2.75	-1.000000	0.000000	-0.000000	-1.000000	-0.000000	0.364981	-1.364981
3.00	-1.000000	-0.000000	-0.000000	-1.000000	-0.000000	0.347676	-1.347676
3.25	-1.000000	-0.000000	-0.000000	-1.000000	-0.000000	0.330822	-1.330822
3.50	-1.000000	0.000000	-0.000000	-1.000000	-0.000000	0.314566	-1.314566
3.75	-1.000000	0.000000	-0.000000	-1.000000	-0.000000	0.299010	-1.299010
4.00	-1.000000	0.000000	0.000000	-1.000000	-0.000000	0.284221	-1.284221
4.25	-1.000000	0.000000	0.000000	-1.000000	-0.000000	0.270234	-1.270234
4.50	-1.000000	0.000000	0.000000	-1.000000	-0.000000	0.257063	-1.257063
4.75	-1.000000	0.000000	-0.000000	-1.000000	-0.000000	0.244701	-1.244701
5.00	-1.000000	0.000000	-0.000000	-1.000000	-0.000000	0.233128	-1.233128
5.25	-1.000000	0.000000	-0.000000	-1.000000	-0.000000	0.222314	-1.222314
5.50	-1.000000	0.000000	0.000000	-1.000000	-0.000000	0.212224	-1.212224
5.75	-1.000000	0.000000	-0.000000	-1.000000	-0.000000	0.202816	-1.202816
6.00	-1.000000	0.000000	-0.000000	-1.000000	-0.000000	0.194048	-1.194048
6.25	-1.000000	0.000000	-0.000000	-1.000000	-0.000000	0.185878	-1.185878
6.50	-1.000000	0.000000	-0.000000	-1.000000	-0.000000	0.178264	-1.178264
6.75	-1.000000	0.000000	-0.000000	-1.000000	-0.000000	0.171163	-1.171163
7.00	-1.000000	0.000000	0.000000	-1.000000	-0.000000	0.164539	-1.164539
7.25	-1.000000	-0.000000	-0.000000	-1.000000	-0.000000	0.158352	-1.158352
7.50	-1.000000	0.000000	-0.000000	-1.000000	-0.000000	0.152570	-1.152570
7.75	-1.000000	0.000000	-0.000000	-1.000000	-0.000000	0.147159	-1.147159
8.00	-1.000000	0.000000	0.000000	-1.000000	-0.000000	0.142090	-1.142090
8.25	-1.000000	0.000000	-0.000000	-1.000000	-0.000000	0.137336	-1.137336
8.50	-1.000000	0.000000	-0.000000	-1.000000	-0.000000	0.132872	-1.132872
8.75	-1.000000	0.000000	-0.000000	-1.000000	-0.000000	0.128674	-1.128674
9.00	-1.000000	0.000000	-0.000000	-1.000000	-0.000000	0.124722	-1.124722
9.25	-1.000000	0.000000	-0.000000	-1.000000	-0.000000	0.120997	-1.120997
9.50	-1.000000	0.000000	-0.000000	-1.000000	-0.000000	0.117480	-1.117480
9.75	-1.000000	0.000000	-0.000000	-1.000000	-0.000000	0.114156	-1.114156

| BETA | F.MIMA(B,B) | F.MIMB(B,B) | F.MIK(B,B) | F.MIMA(B,G) | F.MIK(B,G) | F.MIMB(G,B) | F.MIK(G,B) |

XM/L = 0.00

XM/L = 0.00

BETA	F.MIMA(B,B)	F.MIMB(B,B)	F.MIK(B,B)	F.MIMA(B,G)	F.MIK(B,G)	F.MIMB(G,B)	F.MIK(G,B)
10.00	-1.000000	0.000000	0.000000	-1.000000	-0.000000	0.111010	-1.111010
10.25	-1.000000	0.000000	-0.000000	-1.000000	-0.000000	0.108030	-1.108030
10.50	-1.000000	0.000000	-0.000000	-1.000000	-0.000000	0.105202	-1.105202
10.75	-1.000000	0.000000	-0.000000	-1.000000	-0.000000	0.102517	-1.102517
11.00	-1.000000	0.000000	-0.000000	-1.000000	-0.000000	0.099963	-1.099963
11.25	-1.000000	0.000000	-0.000000	-1.000000	-0.000000	0.097532	-1.097532
11.50	-1.000000	0.000000	-0.000000	-1.000000	-0.000000	0.095216	-1.095216
11.75	-1.000000	0.000000	-0.000000	-1.000000	-0.000000	0.093006	-1.093006
12.00	-1.000000	0.000000	-0.000000	-1.000000	-0.000000	0.090896	-1.090896
12.25	-1.000000	0.000000	-0.000000	-1.000000	-0.000000	0.088878	-1.088878
12.50	-1.000000	0.000000	-0.000000	-1.000000	-0.000000	0.086948	-1.086948
12.75	-1.000000	0.000000	-0.000000	-1.000000	-0.000000	0.085100	-1.085100
13.00	-1.000000	0.000000	-0.000000	-1.000000	-0.000000	0.083328	-1.083328
13.25	-1.000000	0.000000	-0.000000	-1.000000	-0.000000	0.081629	-1.081629
13.50	-1.000000	0.000000	-0.000000	-1.000000	-0.000000	0.079997	-1.079997
13.75	-1.000000	0.000000	-0.000000	-1.000000	-0.000000	0.078429	-1.078429
14.00	-1.000000	0.000000	-0.000000	-1.000000	-0.000000	0.076921	-1.076921
14.25	-1.000000	0.000000	-0.000000	-1.000000	-0.000000	0.075470	-1.075470
14.50	-1.000000	0.000000	-0.000000	-1.000000	-0.000000	0.074073	-1.074073
14.75	-1.000000	0.000000	-0.000000	-1.000000	-0.000000	0.072726	-1.072726
15.00	-1.000000	0.000000	-0.000000	-1.000000	-0.000000	0.071428	-1.071428
15.25	-1.000000	0.000000	-0.000000	-1.000000	-0.000000	0.070175	-1.070175
15.50	-1.000000	0.000000	-0.000000	-1.000000	-0.000000	0.068965	-1.068965
15.75	-1.000000	0.000000	-0.000000	-1.000000	-0.000000	0.067796	-1.067796
16.00	-1.000000	0.000000	-0.000000	-1.000000	-0.000000	0.066666	-1.066666
16.25	-1.000000	-0.000000	0.000000	-1.000000	0.000000	0.065574	-1.065574
16.50	-1.000000	-0.000000	0.000000	-1.000000	0.000000	0.064516	-1.064516
16.75	-1.000000	-0.000000	0.000000	-1.000000	-0.000000	0.063492	-1.063492
17.00	-1.000000	-0.000000	0.000000	-1.000000	-0.000000	0.062500	-1.062500
17.25	-1.000000	-0.000000	0.000000	-1.000000	-0.000000	0.061538	-1.061538
17.50	-1.000000	-0.000000	0.000000	-1.000000	-0.000000	0.060606	-1.060606
17.75	-1.000000	-0.000000	0.000000	-1.000000	-0.000000	0.059701	-1.059701
18.00	-1.000000	-0.000000	0.000000	-1.000000	-0.000000	0.058823	-1.058823
18.25	-1.000000	-0.000000	0.000000	-1.000000	-0.000000	0.057971	-1.057971
18.50	-1.000000	-0.000000	0.000000	-1.000000	-0.000000	0.057143	-1.057143
18.75	-1.000000	-0.000000	0.000000	-1.000000	-0.000000	0.056338	-1.056338
19.00	-1.000000	-0.000000	0.000000	-1.000000	-0.000000	0.055556	-1.055556
19.25	-1.000000	-0.000000	0.000000	-1.000000	-0.000000	0.054795	-1.054795
19.50	-1.000000	-0.000000	0.000000	-1.000000	-0.000000	0.054054	-1.054054
19.75	-1.000000	-0.000000	0.000000	-1.000000	-0.000000	0.053333	-1.053333

BETA | F.MIMA(B,B) | F.MIMB(B,B) | F.MIK(B,B) | F.MIMA(B,G) | F.MIK(B,G) | F.MIMB(G,B) | F.MIK(G,B)

XM/L = 0.00

Z U G S T A E B E -634-

XM/L = 0.00

BETA	F.M;MA(B,B)	F.M;MB(B,B)	F.M;K(B,B)	F.M;MA(B,G)	F.M;K(B,G)	F.M;MB(G,B)	F.M;K(G,B)
20.00	-1.000000	-0.000000	0.000000	-1.000000	-0.000000	0.052632	-1.052632
20.25	-1.000000	-0.000000	0.000000	-1.000000	-0.000000	0.051948	-1.051948
20.50	-1.000000	-0.000000	0.000000	-1.000000	-0.000000	0.051282	-1.051282
20.75	-1.000000	-0.000000	0.000000	-1.000000	-0.000000	0.050633	-1.050633
21.00	-1.000000	-0.000000	0.000000	-1.000000	-0.000000	0.050000	-1.050000
21.25	-1.000000	-0.000000	0.000000	-1.000000	-0.000000	0.049383	-1.049383
21.50	-1.000000	-0.000000	0.000000	-1.000000	-0.000000	0.048780	-1.048780
21.75	-1.000000	-0.000000	0.000000	-1.000000	-0.000000	0.048193	-1.048193
22.00	-1.000000	-0.000000	0.000000	-1.000000	-0.000000	0.047619	-1.047619
22.25	-1.000000	-0.000000	0.000000	-1.000000	-0.000000	0.047059	-1.047059
22.50	-1.000000	-0.000000	0.000000	-1.000000	-0.000000	0.046512	-1.046512
22.75	-1.000000	-0.000000	0.000000	-1.000000	-0.000000	0.045977	-1.045977
23.00	-1.000000	-0.000000	0.000000	-1.000000	-0.000000	0.045455	-1.045455
23.25	-1.000000	-0.000000	0.000000	-1.000000	-0.000000	0.044944	-1.044944
23.50	-1.000000	-0.000000	0.000000	-1.000000	-0.000000	0.044444	-1.044444
23.75	-1.000000	-0.000000	0.000000	-1.000000	-0.000000	0.043956	-1.043956
24.00	-1.000000	-0.000000	0.000000	-1.000000	-0.000000	0.043478	-1.043478
24.25	-1.000000	-0.000000	0.000000	-1.000000	-0.000000	0.043011	-1.043011
24.50	-1.000000	-0.000000	0.000000	-1.000000	-0.000000	0.042553	-1.042553
24.75	-1.000000	-0.000000	0.000000	-1.000000	-0.000000	0.042105	-1.042105
25.00	-1.000000	-0.000000	0.000000	-1.000000	-0.000000	0.041667	-1.041667
26.25	-1.000000	-0.000000	0.000000	-1.000000	-0.000000	0.039604	-1.039604
27.50	-1.000000	-0.000000	0.000000	-1.000000	-0.000000	0.037736	-1.037736
28.75	-1.000000	-0.000000	0.000000	-1.000000	-0.000000	0.036036	-1.036036
30.00	-1.000000	-0.000000	0.000000	-1.000000	-0.000000	0.034483	-1.034483
31.25	-1.000000	-0.000000	0.000000	-1.000000	-0.000000	0.033058	-1.033058
32.50	-1.000000	-0.000000	0.000000	-1.000000	-0.000000	0.031746	-1.031746
33.75	-1.000000	-0.000000	0.000000	-1.000000	-0.000000	0.030534	-1.030534
35.00	-1.000000	-0.000000	0.000000	-1.000000	-0.000000	0.029412	-1.029412
36.25	-1.000000	-0.000000	0.000000	-1.000000	-0.000000	0.028369	-1.028369
37.50	-1.000000	-0.000000	0.000000	-1.000000	-0.000000	0.027397	-1.027397
38.75	-1.000000	-0.000000	-0.000000	-1.000000	-0.000000	0.026490	-1.026490
40.00	-1.000000	-0.000000	-0.000000	-1.000000	-0.000000	0.025641	-1.025641
41.25	-1.000000	0.000000	-0.000000	-1.000000	-0.000000	0.024845	-1.024845
42.50	-1.000000	-0.000000	-0.000000	-1.000000	-0.000000	0.024096	-1.024096
43.75	-1.000000	0.000000	-0.000000	-1.000000	-0.000000	0.023392	-1.023392
45.00	-1.000000	0.000000	-0.000000	-1.000000	-0.000000	0.022727	-1.022727
46.25	-1.000000	0.000000	-0.000000	-1.000000	-0.000000	0.022099	-1.022099
47.50	-1.000000	0.000000	0.000000	-1.000000	-0.000000	0.021505	-1.021505
48.75	-1.000000	0.000000	-0.000000	-1.000000	-0.000000	0.020942	-1.020942

| BETA | F.M;MA(B,B) | F.M;MB(B,B) | F.M;K(B,B) | F.M;MA(B,G) | F.M;K(B,G) | F.M;MB(G,B) | F.M;K(G,B) |

XM/L = 0.00

XM/L = 0.10

BETA	F.M;MA(B,B)	F.M;MB(B,B)	F.M;K(B,B)	F.M;MA(B,G)	F.M;K(B,G)	F.M;MB(G,B)	F.M;K(G,B)
0.00	-0.630000	0.170000	-0.540000	-0.715000	-0.285000	0.485000	-1.485000
0.25	-0.629471	0.169780	-0.540309	-0.714097	-0.285903	0.483535	-1.483535
0.50	-0.627891	0.169125	-0.541234	-0.711410	-0.288590	0.479197	-1.479197
0.75	-0.625281	0.168049	-0.542768	-0.707009	-0.292991	0.472148	-1.472148
1.00	-0.621675	0.166573	-0.544898	-0.701005	-0.298995	0.462643	-1.462643
1.25	-0.617119	0.164728	-0.547609	-0.693536	-0.306464	0.451010	-1.451010
1.50	-0.611670	0.162550	-0.550880	-0.684768	-0.315232	0.437617	-1.437617
1.75	-0.605390	0.160078	-0.554687	-0.674874	-0.325126	0.422856	-1.422856
2.00	-0.598351	0.157354	-0.559003	-0.664032	-0.335968	0.407111	-1.407111
2.25	-0.590626	0.154424	-0.563798	-0.652414	-0.347586	0.390744	-1.390744
2.50	-0.582291	0.151330	-0.569039	-0.640181	-0.359819	0.374082	-1.374082
2.75	-0.573421	0.148114	-0.574694	-0.627480	-0.372520	0.357402	-1.357402
3.00	-0.564090	0.144817	-0.580727	-0.614440	-0.385560	0.340937	-1.340937
3.25	-0.554370	0.141473	-0.587103	-0.601173	-0.398827	0.324871	-1.324871
3.50	-0.544328	0.138116	-0.593787	-0.587775	-0.412225	0.309343	-1.309343
3.75	-0.534028	0.134772	-0.600744	-0.574326	-0.425674	0.294452	-1.294452
4.00	-0.523527	0.131466	-0.607939	-0.560892	-0.439108	0.280263	-1.280263
4.25	-0.512878	0.128218	-0.615340	-0.547527	-0.452473	0.266815	-1.266815
4.50	-0.502130	0.125043	-0.622913	-0.534274	-0.465726	0.254122	-1.254122
4.75	-0.491325	0.121954	-0.630630	-0.521167	-0.478833	0.242182	-1.242182
5.00	-0.480501	0.118960	-0.638459	-0.508234	-0.491766	0.230978	-1.230978
5.25	-0.469691	0.116067	-0.646376	-0.495495	-0.504505	0.220486	-1.220486
5.50	-0.458926	0.113279	-0.654354	-0.482966	-0.517034	0.210674	-1.210674
5.75	-0.448229	0.110598	-0.662370	-0.470660	-0.529340	0.201506	-1.201506
6.00	-0.437623	0.108025	-0.670402	-0.458585	-0.541415	0.192945	-1.192945
6.25	-0.427126	0.105558	-0.678432	-0.446746	-0.553254	0.184951	-1.184951
6.50	-0.416753	0.103194	-0.686441	-0.435149	-0.564851	0.177486	-1.177486
6.75	-0.406519	0.100932	-0.694413	-0.423795	-0.576205	0.170513	-1.170513
7.00	-0.396433	0.098767	-0.702334	-0.412684	-0.587316	0.163996	-1.163996
7.25	-0.386506	0.096696	-0.710190	-0.401818	-0.598182	0.157900	-1.157900
7.50	-0.376742	0.094714	-0.717972	-0.391193	-0.608807	0.152194	-1.152194
7.75	-0.367150	0.092817	-0.725668	-0.380808	-0.619192	0.146847	-1.146847
8.00	-0.357732	0.091001	-0.733270	-0.370662	-0.629338	0.141832	-1.141832
8.25	-0.348491	0.089262	-0.740770	-0.360750	-0.639250	0.137122	-1.137122
8.50	-0.339432	0.087594	-0.748163	-0.351070	-0.648930	0.132695	-1.132695
8.75	-0.330553	0.085995	-0.755442	-0.341618	-0.658382	0.128528	-1.128528
9.00	-0.321857	0.084459	-0.762602	-0.332391	-0.667609	0.124602	-1.124602
9.25	-0.313343	0.082984	-0.769641	-0.323384	-0.676616	0.120898	-1.120898
9.50	-0.305011	0.081566	-0.776555	-0.314593	-0.685407	0.117398	-1.117398
9.75	-0.296859	0.080201	-0.783342	-0.306014	-0.693986	0.114089	-1.114089
BETA	F.M;MA(B,B)	F.M;MB(B,B)	F.M;K(B,B)	F.M;MA(B,G)	F.M;K(B,G)	F.M;MB(G,B)	F.M;K(G,B)

XM/L = 0.10

XM/L = 0.10

BETA	F.M;MA(B,B)	F.M;MB(B,B)	F.M;K(B,B)	F.M;MA(B,G)	F.M;K(B,G)	F.M;MB(G,B)	F.M;K(G,B)
10.00	-0.288887	0.078886	-0.789999	-0.297644	-0.702356	0.110955	-1.110955
10.25	-0.281092	0.077619	-0.796526	-0.289477	-0.710523	0.107985	-1.107985
10.50	-0.273473	0.076396	-0.802922	-0.281510	-0.718490	0.105166	-1.105166
10.75	-0.266028	0.075214	-0.809187	-0.273739	-0.726261	0.102487	-1.102487
11.00	-0.258754	0.074073	-0.815319	-0.266158	-0.733842	0.099939	-1.099939
11.25	-0.251648	0.072969	-0.821320	-0.258765	-0.741235	0.097512	-1.097512
11.50	-0.244709	0.071899	-0.827191	-0.251555	-0.748445	0.095200	-1.095200
11.75	-0.237932	0.070864	-0.832931	-0.244523	-0.755477	0.092993	-1.092993
12.00	-0.231317	0.069859	-0.838543	-0.237666	-0.762334	0.090885	-1.090885
12.25	-0.224858	0.068885	-0.844026	-0.230981	-0.769019	0.088870	-1.088870
12.50	-0.218555	0.067938	-0.849384	-0.224462	-0.775538	0.086941	-1.086941
12.75	-0.212403	0.067019	-0.854616	-0.218106	-0.781894	0.085094	-1.085094
13.00	-0.206399	0.066125	-0.859725	-0.211909	-0.788091	0.083324	-1.083324
13.25	-0.200542	0.065255	-0.864713	-0.205869	-0.794131	0.081625	-1.081625
13.50	-0.194827	0.064408	-0.869581	-0.199979	-0.800021	0.079994	-1.079994
13.75	-0.189252	0.063584	-0.874332	-0.194239	-0.805761	0.078427	-1.078427
14.00	-0.183814	0.062780	-0.878966	-0.188643	-0.811357	0.076919	-1.076919
14.25	-0.178509	0.061996	-0.883487	-0.183188	-0.816812	0.075469	-1.075469
14.50	-0.173336	0.061232	-0.887896	-0.177872	-0.822128	0.074072	-1.074072
14.75	-0.168291	0.060486	-0.892195	-0.172690	-0.827310	0.072725	-1.072725
15.00	-0.163371	0.059758	-0.896387	-0.167639	-0.832361	0.071427	-1.071427
15.25	-0.158574	0.059046	-0.900473	-0.162717	-0.837283	0.070174	-1.070174
15.50	-0.153896	0.058351	-0.904455	-0.157920	-0.842080	0.068965	-1.068965
15.75	-0.149335	0.057671	-0.908336	-0.153245	-0.846755	0.067796	-1.067796
16.00	-0.144889	0.057007	-0.912118	-0.148690	-0.851310	0.066666	-1.066666
16.25	-0.140555	0.056357	-0.915802	-0.144250	-0.855750	0.065573	-1.065573
16.50	-0.136329	0.055720	-0.919391	-0.139924	-0.860076	0.064516	-1.064516
16.75	-0.132210	0.055097	-0.922887	-0.135709	-0.864291	0.063492	-1.063492
17.00	-0.128196	0.054488	-0.926292	-0.131601	-0.868399	0.062500	-1.062500
17.25	-0.124283	0.053890	-0.929607	-0.127599	-0.872401	0.061538	-1.061538
17.50	-0.120469	0.053305	-0.932836	-0.123700	-0.876300	0.060606	-1.060606
17.75	-0.116752	0.052731	-0.935979	-0.119900	-0.880100	0.059701	-1.059701
18.00	-0.113130	0.052169	-0.939039	-0.116199	-0.883801	0.058823	-1.058823
18.25	-0.109600	0.051617	-0.942017	-0.112593	-0.887407	0.057971	-1.057971
18.50	-0.106161	0.051076	-0.944916	-0.109079	-0.890921	0.057143	-1.057143
18.75	-0.102809	0.050546	-0.947737	-0.105657	-0.894343	0.056338	-1.056338
19.00	-0.099543	0.050025	-0.950482	-0.102322	-0.897678	0.055556	-1.055556
19.25	-0.096361	0.049514	-0.953153	-0.099074	-0.900926	0.054794	-1.054794
19.50	-0.093261	0.049013	-0.955752	-0.095911	-0.904089	0.054054	-1.054054
19.75	-0.090241	0.048520	-0.958280	-0.092829	-0.907171	0.053333	-1.053333

| BETA | F.M;MA(B,B) | F.M;MB(B,B) | F.M;K(B,B) | F.M;MA(B,G) | F.M;K(B,G) | F.M;MB(G,B) | F.M;K(G,B) |

XM/L = 0.10

XM/L = 0.10

BETA	F.MIMA(B,B)	F.MIMB(B,B)	F.MIK(B,B)	F.MIMA(B,G)	F.MIK(B,G)	F.MIMB(G,B)	F.MIK(G,B)
20.00	-0.087298	0.048037	-0.960739	-0.089827	-0.910173	0.052632	-1.052632
20.25	-0.084432	0.047562	-0.963130	-0.086903	-0.913097	0.051948	-1.051948
20.50	-0.081639	0.047095	-0.965456	-0.084055	-0.915945	0.051282	-1.051282
20.75	-0.078919	0.046637	-0.967718	-0.081281	-0.918719	0.050633	-1.050633
21.00	-0.076270	0.046186	-0.969917	-0.078579	-0.921421	0.050000	-1.050000
21.25	-0.073689	0.045744	-0.972055	-0.075948	-0.924052	0.049383	-1.049383
21.50	-0.071176	0.045309	-0.974133	-0.073386	-0.926614	0.048780	-1.048780
21.75	-0.068728	0.044881	-0.976153	-0.070890	-0.929110	0.048193	-1.048193
22.00	-0.066343	0.044460	-0.978117	-0.068460	-0.931540	0.047619	-1.047619
22.25	-0.064021	0.044046	-0.980025	-0.066094	-0.933906	0.047059	-1.047059
22.50	-0.061760	0.043639	-0.981879	-0.063790	-0.936210	0.046512	-1.046512
22.75	-0.059558	0.043239	-0.983680	-0.061546	-0.938454	0.045977	-1.045977
23.00	-0.057414	0.042845	-0.985431	-0.059362	-0.940638	0.045455	-1.045455
23.25	-0.055326	0.042457	-0.987131	-0.057234	-0.942766	0.044944	-1.044944
23.50	-0.053293	0.042076	-0.988783	-0.055163	-0.944837	0.044444	-1.044444
23.75	-0.051314	0.041700	-0.990386	-0.053147	-0.946853	0.043956	-1.043956
24.00	-0.049387	0.041331	-0.991944	-0.051184	-0.948816	0.043478	-1.043478
24.25	-0.047511	0.040967	-0.993456	-0.049273	-0.950727	0.043011	-1.043011
24.50	-0.045684	0.040609	-0.994925	-0.047412	-0.952588	0.042553	-1.042553
24.75	-0.043906	0.040257	-0.996350	-0.045601	-0.954399	0.042105	-1.042105
25.00	-0.042176	0.039909	-0.997734	-0.043839	-0.956161	0.041667	-1.041667
26.25	-0.034190	0.038250	-1.004060	-0.035705	-0.964295	0.039604	-1.039604
27.50	-0.027219	0.036709	-1.009490	-0.028604	-0.971396	0.037736	-1.037736
28.75	-0.021142	0.035274	-1.014132	-0.022413	-0.977587	0.036036	-1.036036
30.00	-0.015851	0.033936	-1.018085	-0.017021	-0.982979	0.034483	-1.034483
31.25	-0.011251	0.032686	-1.021435	-0.012332	-0.987668	0.033058	-1.033058
32.50	-0.007259	0.031516	-1.024257	-0.008259	-0.991741	0.031746	-1.031746
33.75	-0.003800	0.030418	-1.026619	-0.004729	-0.995271	0.030534	-1.030534
35.00	-0.000809	0.029388	-1.028579	-0.001674	-0.998326	0.029412	-1.029412
36.25	0.001770	0.028419	-1.030189	0.000964	-1.000964	0.028369	-1.028369
37.50	0.003989	0.027507	-1.031495	0.003235	-1.003235	0.027397	-1.027397
38.75	0.005892	0.026646	-1.032538	0.005186	-1.005186	0.026490	-1.026490
40.00	0.007518	0.025834	-1.033352	0.006856	-1.006856	0.025641	-1.025641
41.25	0.008902	0.025066	-1.033968	0.008280	-1.008280	0.024845	-1.024845
42.50	0.010075	0.024339	-1.034414	0.009488	-1.009488	0.024096	-1.024096
43.75	0.011062	0.023651	-1.034713	0.010509	-1.010509	0.023392	-1.023392
45.00	0.011888	0.022997	-1.034886	0.011366	-1.011366	0.022727	-1.022727
46.25	0.012574	0.022377	-1.034951	0.012079	-1.012079	0.022099	-1.022099
47.50	0.013136	0.021788	-1.034924	0.012668	-1.012668	0.021505	-1.021505
48.75	0.013592	0.021227	-1.034819	0.013147	-1.013147	0.020942	-1.020942

| BETA | F.MIMA(B,B) | F.MIMB(B,B) | F.MIK(B,B) | F.MIMA(B,G) | F.MIK(B,G) | F.MIMB(G,B) | F.MIK(G,B) |

XM/L = 0.10

Z U G S T A E B E -638-

XM/L = 0.20

BETA	F.M;MA(B,B)	F.M;MB(B,B)	F.M;K(B,B)	F.M;MA(B,G)	F.M;K(B,G)	F.M;MB(G,B)	F.M;K(G,B)
0.00	-0.320000	0.280000	-0.960000	-0.460000	-0.540000	0.440000	-1.440000
0.25	-0.319401	0.279601	-0.960200	-0.458766	-0.541234	0.438804	-1.438804
0.50	-0.317614	0.278411	-0.960797	-0.455102	-0.544898	0.435258	-1.435258
0.75	-0.314669	0.276454	-0.961786	-0.449120	-0.550880	0.429490	-1.429490
1.00	-0.310615	0.273770	-0.963155	-0.440997	-0.559003	0.421699	-1.421699
1.25	-0.305519	0.270409	-0.964890	-0.430961	-0.569039	0.412139	-1.412139
1.50	-0.299459	0.266432	-0.966974	-0.419273	-0.580727	0.401099	-1.401099
1.75	-0.292527	0.261911	-0.969385	-0.406213	-0.593787	0.388887	-1.388887
2.00	-0.284820	0.256920	-0.972099	-0.392061	-0.607939	0.375806	-1.375806
2.25	-0.276443	0.251535	-0.975092	-0.377087	-0.622913	0.362145	-1.362145
2.50	-0.267498	0.245834	-0.978335	-0.361541	-0.638459	0.348164	-1.348164
2.75	-0.258091	0.239891	-0.981800	-0.345646	-0.654354	0.334089	-1.334089
3.00	-0.248319	0.233777	-0.985457	-0.329598	-0.670402	0.320111	-1.320111
3.25	-0.238279	0.227556	-0.989277	-0.313559	-0.686441	0.306384	-1.306384
3.50	-0.228057	0.221287	-0.993231	-0.297666	-0.702334	0.293026	-1.293026
3.75	-0.217734	0.215023	-0.997289	-0.282028	-0.717972	0.280128	-1.280128
4.00	-0.207383	0.208807	-1.001424	-0.266730	-0.733270	0.267749	-1.267749
4.25	-0.197067	0.202677	-1.005610	-0.251837	-0.748163	0.255931	-1.255931
4.50	-0.186843	0.196664	-1.009821	-0.237398	-0.762602	0.244694	-1.244694
4.75	-0.176758	0.190793	-1.014035	-0.223445	-0.776555	0.234045	-1.234045
5.00	-0.166853	0.185082	-1.018230	-0.210001	-0.789999	0.223980	-1.223980
5.25	-0.157162	0.179547	-1.022386	-0.197078	-0.802922	0.214487	-1.214487
5.50	-0.147712	0.174197	-1.026485	-0.184681	-0.815319	0.205545	-1.205545
5.75	-0.138526	0.169038	-1.030513	-0.172809	-0.827191	0.197133	-1.197133
6.00	-0.129619	0.164073	-1.034454	-0.161457	-0.838543	0.189226	-1.189226
6.25	-0.121006	0.159302	-1.038297	-0.150616	-0.849384	0.181795	-1.181795
6.50	-0.112693	0.154724	-1.042031	-0.140275	-0.859725	0.174813	-1.174813
6.75	-0.104687	0.150336	-1.045649	-0.130419	-0.869581	0.168254	-1.168254
7.00	-0.096989	0.146131	-1.049142	-0.121034	-0.878966	0.162090	-1.162090
7.25	-0.089601	0.142106	-1.052505	-0.112104	-0.887896	0.156295	-1.156295
7.50	-0.082520	0.138253	-1.055733	-0.103613	-0.896387	0.150844	-1.150844
7.75	-0.075742	0.134567	-1.058825	-0.095545	-0.904455	0.145713	-1.145713
8.00	-0.069263	0.131039	-1.061776	-0.087882	-0.912118	0.140881	-1.140881
8.25	-0.063076	0.127663	-1.064587	-0.080609	-0.919391	0.136326	-1.136326
8.50	-0.057175	0.124432	-1.067257	-0.073708	-0.926292	0.132029	-1.132029
8.75	-0.051551	0.121338	-1.069787	-0.067164	-0.932836	0.127972	-1.127972
9.00	-0.046197	0.118375	-1.072178	-0.060961	-0.939039	0.124137	-1.124137
9.25	-0.041105	0.115536	-1.074432	-0.055084	-0.944916	0.120510	-1.120510
9.50	-0.036264	0.112815	-1.076550	-0.049518	-0.950482	0.117075	-1.117075
9.75	-0.031668	0.110205	-1.078537	-0.044248	-0.955752	0.113820	-1.113820
BETA	F.M;MA(B,B)	F.M;MB(B,B)	F.M;K(B,B)	F.M;MA(B,G)	F.M;K(B,G)	F.M;MB(G,B)	F.M;K(G,B)

XM/L = 0.20

XH/L = 0.20

BETA	F.MIMA(B,B)	F.MIMB(B,B)	F.MIK(B,B)	F.MIMA(B,G)	F.MIK(B,G)	F.MIMB(G,B)	F.MIK(G,B)
10.00	-0.027306	0.107700	-1.080395	-0.039261	-0.960739	0.110732	-1.110732
10.25	-0.023169	0.105296	-1.082127	-0.034544	-0.965456	0.107799	-1.107799
10.50	-0.019249	0.102986	-1.083737	-0.030083	-0.969917	0.105011	-1.105011
10.75	-0.015537	0.100766	-1.085229	-0.025867	-0.974133	0.102358	-1.102358
11.00	-0.012024	0.098630	-1.086606	-0.021883	-0.978117	0.099832	-1.099832
11.25	-0.008702	0.096575	-1.087873	-0.018121	-0.981879	0.097424	-1.097424
11.50	-0.005562	0.094597	-1.089035	-0.014569	-0.985431	0.095126	-1.095126
11.75	-0.002597	0.092691	-1.090094	-0.011217	-0.988783	0.092932	-1.092932
12.00	0.000202	0.090853	-1.091055	-0.008056	-0.991944	0.090835	-1.090835
12.25	0.002842	0.089081	-1.091923	-0.005075	-0.994925	0.088828	-1.088828
12.50	0.005330	0.087370	-1.092701	-0.002266	-0.997734	0.086907	-1.086907
12.75	0.007674	0.085719	-1.093393	0.000379	-1.000379	0.085066	-1.085066
13.00	0.009880	0.084123	-1.094004	0.002870	-1.002870	0.083300	-1.083300
13.25	0.011955	0.082581	-1.094536	0.005214	-1.005214	0.081606	-1.081606
13.50	0.013905	0.081090	-1.094995	0.007418	-1.007418	0.079978	-1.079978
13.75	0.015736	0.079647	-1.095384	0.009490	-1.009490	0.078413	-1.078413
14.00	0.017454	0.078251	-1.095705	0.011435	-1.011435	0.076908	-1.076908
14.25	0.019065	0.076898	-1.095964	0.013262	-1.013262	0.075460	-1.075460
14.50	0.020574	0.075588	-1.096162	0.014975	-1.014975	0.074064	-1.074064
14.75	0.021986	0.074318	-1.096304	0.016581	-1.016581	0.072719	-1.072719
15.00	0.023306	0.073087	-1.096392	0.018085	-1.018085	0.071422	-1.071422
15.25	0.024538	0.071892	-1.096430	0.019493	-1.019493	0.070170	-1.070170
15.50	0.025688	0.070733	-1.096420	0.020809	-1.020809	0.068961	-1.068961
15.75	0.026758	0.069607	-1.096365	0.022039	-1.022039	0.067793	-1.067793
16.00	0.027755	0.068514	-1.096269	0.023187	-1.023187	0.066664	-1.066664
16.25	0.028680	0.067452	-1.096132	0.024257	-1.024257	0.065571	-1.065571
16.50	0.029539	0.066420	-1.095958	0.025253	-1.025253	0.064514	-1.064514
16.75	0.030334	0.065416	-1.095750	0.026180	-1.026180	0.063490	-1.063490
17.00	0.031068	0.064440	-1.095509	0.027041	-1.027041	0.062499	-1.062499
17.25	0.031746	0.063491	-1.095237	0.027839	-1.027839	0.061537	-1.061537
17.50	0.032370	0.062567	-1.094937	0.028579	-1.028579	0.060605	-1.060605
17.75	0.032944	0.061668	-1.094611	0.029262	-1.029262	0.059701	-1.059701
18.00	0.033469	0.060792	-1.094260	0.029893	-1.029893	0.058823	-1.058823
18.25	0.033948	0.059939	-1.093886	0.030473	-1.030473	0.057971	-1.057971
18.50	0.034384	0.059107	-1.093491	0.031007	-1.031007	0.057142	-1.057142
18.75	0.034780	0.058297	-1.093077	0.031495	-1.031495	0.056338	-1.056338
19.00	0.035137	0.057507	-1.092644	0.031942	-1.031942	0.055555	-1.055555
19.25	0.035458	0.056737	-1.092195	0.032349	-1.032349	0.054794	-1.054794
19.50	0.035744	0.055986	-1.091730	0.032718	-1.032718	0.054054	-1.054054
19.75	0.035999	0.055253	-1.091252	0.033052	-1.033052	0.053333	-1.053333
BETA	F.MIMA(B,B)	F.MIMB(B,B)	F.MIK(B,B)	F.MIMA(B,G)	F.MIK(B,G)	F.MIMB(G,B)	F.MIK(G,B)

XH/L = 0.20

XM/L = 0.20

BETA	F.MJMA(B,B)	F.MJMB(B,B)	F.MJK(B,B)	F.MJMA(B,G)	F.MJK(B,G)	F.MJMB(G,B)	F.MJK(G,B)
20.00	0.036222	0.054538	-1.090760	0.033352	-1.033352	0.052631	-1.052631
20.25	0.036417	0.053840	-1.090257	0.033621	-1.033621	0.051948	-1.051948
20.50	0.036586	0.053158	-1.089744	0.033859	-1.033859	0.051282	-1.051282
20.75	0.036728	0.052492	-1.089221	0.034070	-1.034070	0.050633	-1.050633
21.00	0.036847	0.051842	-1.088689	0.034255	-1.034255	0.050000	-1.050000
21.25	0.036943	0.051207	-1.088150	0.034414	-1.034414	0.049383	-1.049383
21.50	0.037018	0.050586	-1.087604	0.034550	-1.034550	0.048780	-1.048780
21.75	0.037073	0.049979	-1.087052	0.034664	-1.034664	0.048193	-1.048193
22.00	0.037109	0.049386	-1.086495	0.034757	-1.034757	0.047619	-1.047619
22.25	0.037127	0.048806	-1.085933	0.034831	-1.034831	0.047059	-1.047059
22.50	0.037130	0.048239	-1.085368	0.034886	-1.034886	0.046512	-1.046512
22.75	0.037116	0.047683	-1.084800	0.034924	-1.034924	0.045977	-1.045977
23.00	0.037089	0.047140	-1.084229	0.034946	-1.034946	0.045455	-1.045455
23.25	0.037047	0.046609	-1.083656	0.034952	-1.034952	0.044944	-1.044944
23.50	0.036993	0.046089	-1.083082	0.034945	-1.034945	0.044444	-1.044444
23.75	0.036928	0.045579	-1.082507	0.034924	-1.034924	0.043956	-1.043956
24.00	0.036851	0.045080	-1.081931	0.034891	-1.034891	0.043478	-1.043478
24.25	0.036764	0.044592	-1.081356	0.034846	-1.034846	0.043011	-1.043011
24.50	0.036667	0.044113	-1.080780	0.034790	-1.034790	0.042553	-1.042553
24.75	0.036561	0.043645	-1.080206	0.034724	-1.034724	0.042105	-1.042105
25.00	0.036447	0.043185	-1.079633	0.034648	-1.034648	0.041667	-1.041667
26.25	0.035773	0.041021	-1.076794	0.034149	-1.034149	0.039604	-1.039604
27.50	0.034969	0.039055	-1.074024	0.033495	-1.033495	0.037736	-1.037736
28.75	0.034081	0.037264	-1.071346	0.032739	-1.032739	0.036036	-1.036036
30.00	0.033147	0.035626	-1.068773	0.031919	-1.031919	0.034483	-1.034483
31.25	0.032192	0.034122	-1.066314	0.031064	-1.031064	0.033058	-1.033058
32.50	0.031234	0.032738	-1.063972	0.030195	-1.030195	0.031746	-1.031746
33.75	0.030288	0.031459	-1.061747	0.029328	-1.029328	0.030534	-1.030534
35.00	0.029364	0.030275	-1.059639	0.028473	-1.028473	0.029412	-1.029412
36.25	0.028466	0.029176	-1.057643	0.027638	-1.027638	0.028369	-1.028369
37.50	0.027600	0.028153	-1.055754	0.026829	-1.026829	0.027397	-1.027397
38.75	0.026768	0.027199	-1.053968	0.026048	-1.026048	0.026490	-1.026490
40.00	0.025971	0.026307	-1.052278	0.025297	-1.025297	0.025641	-1.025641
41.25	0.025210	0.025471	-1.050681	0.024577	-1.024577	0.024845	-1.024845
42.50	0.024483	0.024686	-1.049169	0.023888	-1.023888	0.024096	-1.024096
43.75	0.023790	0.023948	-1.047738	0.023230	-1.023230	0.023392	-1.023392
45.00	0.023130	0.023253	-1.046382	0.022601	-1.022601	0.022727	-1.022727
46.25	0.022501	0.022597	-1.045097	0.022001	-1.022001	0.022099	-1.022099
47.50	0.021902	0.021976	-1.043878	0.021429	-1.021429	0.021505	-1.021505
48.75	0.021331	0.021389	-1.042720	0.020883	-1.020883	0.020942	-1.020942

| BETA | F.MJMA(B,B) | F.MJMB(B,B) | F.MJK(B,B) | F.MJMA(B,G) | F.MJK(B,G) | F.MJMB(G,B) | F.MJK(G,B) |

XM/L = 0.20

XM/L = 0.30

BETA	F.MIMA(B,B)	F.MIMB(B,B)	F.MIK(B,B)	F.MIMA(B,G)	F.MIK(B,G)	F.MIMB(G,B)	F.MIK(G,B)
0.00	-0.070000	0.330000	-1.260000	-0.235000	-0.765000	0.365000	-1.365000
0.25	-0.069596	0.329530	-1.259934	-0.233848	-0.766152	0.364220	-1.364220
0.50	-0.068393	0.328131	-1.259738	-0.230434	-0.769566	0.361905	-1.361905
0.75	-0.066416	0.325827	-1.259411	-0.224879	-0.775121	0.358128	-1.358128
1.00	-0.063708	0.322663	-1.258954	-0.217375	-0.782625	0.353003	-1.353003
1.25	-0.060324	0.318694	-1.258370	-0.208166	-0.791834	0.346678	-1.346678
1.50	-0.056330	0.313990	-1.257659	-0.197531	-0.802469	0.339321	-1.339321
1.75	-0.051803	0.308628	-1.256825	-0.185768	-0.814232	0.331114	-1.331114
2.00	-0.046824	0.302693	-1.255869	-0.173170	-0.826830	0.322237	-1.322237
2.25	-0.041477	0.296271	-1.254794	-0.160020	-0.839980	0.312866	-1.312866
2.50	-0.035845	0.289449	-1.253604	-0.146572	-0.853428	0.303162	-1.303162
2.75	-0.030012	0.282314	-1.252302	-0.133051	-0.866949	0.293267	-1.293267
3.00	-0.024054	0.274946	-1.250892	-0.119646	-0.880354	0.283309	-1.283309
3.25	-0.018043	0.267421	-1.249378	-0.106512	-0.893488	0.273390	-1.273390
3.50	-0.012045	0.259809	-1.247764	-0.093772	-0.906228	0.263597	-1.263597
3.75	-0.006116	0.252171	-1.246055	-0.081518	-0.918482	0.254000	-1.254000
4.00	-0.000307	0.244562	-1.244255	-0.069817	-0.930183	0.244649	-1.244649
4.25	0.005340	0.237029	-1.242369	-0.058713	-0.941287	0.235586	-1.235586
4.50	0.010792	0.229611	-1.240403	-0.048233	-0.951767	0.226837	-1.226837
4.75	0.016020	0.222341	-1.238361	-0.038387	-0.961613	0.218421	-1.218421
5.00	0.021003	0.215245	-1.236248	-0.029176	-0.970824	0.210348	-1.210348
5.25	0.025727	0.208343	-1.234069	-0.020591	-0.979409	0.202624	-1.202624
5.50	0.030180	0.201651	-1.231831	-0.012615	-0.987385	0.195246	-1.195246
5.75	0.034358	0.195179	-1.229537	-0.005228	-0.994772	0.188211	-1.188211
6.00	0.038258	0.188935	-1.227193	0.001595	-1.001595	0.181511	-1.181511
6.25	0.041882	0.182921	-1.224803	0.007881	-1.007881	0.175136	-1.175136
6.50	0.045234	0.177140	-1.222374	0.013657	-1.013657	0.169076	-1.169076
6.75	0.048321	0.171588	-1.219909	0.018951	-1.018951	0.163318	-1.163318
7.00	0.051150	0.166264	-1.217414	0.023793	-1.023793	0.157848	-1.157848
7.25	0.053730	0.161163	-1.214893	0.028209	-1.028209	0.152655	-1.152655
7.50	0.056072	0.156279	-1.212350	0.032228	-1.032228	0.147724	-1.147724
7.75	0.058186	0.151605	-1.209791	0.035876	-1.035876	0.143042	-1.143042
8.00	0.060084	0.147134	-1.207218	0.039178	-1.039178	0.138596	-1.138596
8.25	0.061778	0.142858	-1.204636	0.042158	-1.042158	0.134374	-1.134374
8.50	0.063279	0.138770	-1.202049	0.044840	-1.044840	0.130362	-1.130362
8.75	0.064598	0.134862	-1.199460	0.047245	-1.047245	0.126550	-1.126550
9.00	0.065748	0.131125	-1.196873	0.049394	-1.049394	0.122925	-1.122925
9.25	0.066738	0.127552	-1.194291	0.051305	-1.051305	0.119477	-1.119477
9.50	0.067581	0.124135	-1.191716	0.052997	-1.052997	0.116196	-1.116196
9.75	0.068286	0.120867	-1.189153	0.054488	-1.054488	0.113072	-1.113072
BETA	F.MIMA(B,B)	F.MIMB(B,B)	F.MIK(B,B)	F.MIMA(B,G)	F.MIK(B,G)	F.MIMB(G,B)	F.MIK(G,B)

XM/L = 0.30

Z U G S T A E B E -642-

XM/L = 0.30

BETA	F.M;MA(B,B)	F.M;MB(B,B)	F.M;K(B,B)	F.M;MA(B,G)	F.M;K(B,G)	F.M;MB(G,B)	F.M;K(G,B)
10.00	0.068862	0.117740	-1.186602	0.055792	-1.055792	0.110095	-1.110095
10.25	0.069321	0.114747	-1.184068	0.056925	-1.056925	0.107258	-1.107258
10.50	0.069670	0.111881	-1.181552	0.057900	-1.057900	0.104552	-1.104552
10.75	0.069919	0.109136	-1.179055	0.058731	-1.058731	0.101968	-1.101968
11.00	0.070075	0.106506	-1.176581	0.059429	-1.059429	0.099501	-1.099501
11.25	0.070146	0.103985	-1.174131	0.060004	-1.060004	0.097143	-1.097143
11.50	0.070140	0.101567	-1.171707	0.060469	-1.060469	0.094888	-1.094888
11.75	0.070062	0.099246	-1.169309	0.060832	-1.060832	0.092730	-1.092730
12.00	0.069920	0.097019	-1.166939	0.061101	-1.061101	0.090664	-1.090664
12.25	0.069719	0.094880	-1.164599	0.061286	-1.061286	0.088683	-1.088683
12.50	0.069465	0.092824	-1.162289	0.061394	-1.061394	0.086784	-1.086784
12.75	0.069162	0.090848	-1.160010	0.061431	-1.061431	0.084962	-1.084962
13.00	0.068816	0.088947	-1.157763	0.061405	-1.061405	0.083212	-1.083212
13.25	0.068432	0.087117	-1.155549	0.061320	-1.061320	0.081531	-1.081531
13.50	0.068012	0.085356	-1.153368	0.061184	-1.061184	0.079915	-1.079915
13.75	0.067561	0.083659	-1.151220	0.061000	-1.061000	0.078360	-1.078360
14.00	0.067083	0.082023	-1.149107	0.060774	-1.060774	0.076863	-1.076863
14.25	0.066581	0.080447	-1.147028	0.060510	-1.060510	0.075422	-1.075422
14.50	0.066057	0.078925	-1.144983	0.060211	-1.060211	0.074032	-1.074032
14.75	0.065515	0.077457	-1.142972	0.059882	-1.059882	0.072692	-1.072692
15.00	0.064957	0.076039	-1.140996	0.059526	-1.059526	0.071399	-1.071399
15.25	0.064386	0.074669	-1.139055	0.059146	-1.059146	0.070151	-1.070151
15.50	0.063803	0.073345	-1.137148	0.058744	-1.058744	0.068945	-1.068945
15.75	0.063210	0.072065	-1.135275	0.058324	-1.058324	0.067779	-1.067779
16.00	0.062610	0.070826	-1.133436	0.057888	-1.057888	0.066652	-1.066652
16.25	0.062004	0.069627	-1.131631	0.057438	-1.057438	0.065562	-1.065562
16.50	0.061393	0.068467	-1.129860	0.056976	-1.056976	0.064506	-1.064506
16.75	0.060779	0.067342	-1.128121	0.056503	-1.056503	0.063483	-1.063483
17.00	0.060163	0.066253	-1.126416	0.056022	-1.056022	0.062493	-1.062493
17.25	0.059546	0.065197	-1.124743	0.055534	-1.055534	0.061532	-1.061532
17.50	0.058930	0.064172	-1.123102	0.055041	-1.055041	0.060601	-1.060601
17.75	0.058314	0.063179	-1.121493	0.054542	-1.054542	0.059697	-1.059697
18.00	0.057701	0.062214	-1.119915	0.054041	-1.054041	0.058820	-1.058820
18.25	0.057090	0.061278	-1.118368	0.053538	-1.053538	0.057968	-1.057968
18.50	0.056483	0.060368	-1.116851	0.053033	-1.053033	0.057140	-1.057140
18.75	0.055879	0.059484	-1.115364	0.052528	-1.052528	0.056336	-1.056336
19.00	0.055281	0.058625	-1.113906	0.052024	-1.052024	0.055554	-1.055554
19.25	0.054687	0.057790	-1.112476	0.051520	-1.051520	0.054793	-1.054793
19.50	0.054098	0.056977	-1.111075	0.051018	-1.051018	0.054053	-1.054053
19.75	0.053516	0.056186	-1.109702	0.050519	-1.050519	0.053332	-1.053332

BETA | F.M;MA(B,B) | F.M;MB(B,B) | F.M;K(B,B) | F.M;MA(B,G) | F.M;K(B,G) | F.M;MB(G,B) | F.M;K(G,B)

XM/L = 0.30

Z U G S T A E B E -643-

XM/L = 0.30

BETA	F.M;MA(B,B)	F.M;MB(B,B)	F.M;K(B,B)	F.M;MA(B,G)	F.M;K(B,G)	F.M;MB(G,B)	F.M;K(G,B)
20.00	0.052939	0.055417	-1.108356	0.050022	-1.050022	0.052631	-1.052631
20.25	0.052369	0.054668	-1.107037	0.049529	-1.049529	0.051947	-1.051947
20.50	0.051805	0.053938	-1.105743	0.049039	-1.049039	0.051281	-1.051281
20.75	0.051248	0.053227	-1.104476	0.048553	-1.048553	0.050632	-1.050632
21.00	0.050699	0.052534	-1.103233	0.048072	-1.048072	0.050000	-1.050000
21.25	0.050156	0.051859	-1.102015	0.047595	-1.047595	0.049382	-1.049382
21.50	0.049620	0.051201	-1.100821	0.047123	-1.047123	0.048780	-1.048780
21.75	0.049092	0.050558	-1.099651	0.046656	-1.046656	0.048193	-1.048193
22.00	0.048572	0.049932	-1.098503	0.046194	-1.046194	0.047619	-1.047619
22.25	0.048058	0.049320	-1.097379	0.045737	-1.045737	0.047059	-1.047059
22.50	0.047552	0.048723	-1.096276	0.045286	-1.045286	0.046511	-1.046511
22.75	0.047054	0.048140	-1.095194	0.044841	-1.044841	0.045977	-1.045977
23.00	0.046563	0.047571	-1.094134	0.044401	-1.044401	0.045454	-1.045454
23.25	0.046080	0.047015	-1.093095	0.043967	-1.043967	0.044944	-1.044944
23.50	0.045604	0.046471	-1.092075	0.043538	-1.043538	0.044444	-1.044444
23.75	0.045135	0.045940	-1.091075	0.043116	-1.043116	0.043956	-1.043956
24.00	0.044674	0.045421	-1.090095	0.042699	-1.042699	0.043478	-1.043478
24.25	0.044220	0.044913	-1.089133	0.042288	-1.042288	0.043011	-1.043011
24.50	0.043773	0.044416	-1.088189	0.041883	-1.041883	0.042553	-1.042553
24.75	0.043334	0.043930	-1.087263	0.041484	-1.041484	0.042105	-1.042105
25.00	0.042901	0.043454	-1.086355	0.041091	-1.041091	0.041667	-1.041667
26.25	0.040841	0.041221	-1.082063	0.039209	-1.039209	0.039604	-1.039604
27.50	0.038944	0.039205	-1.078150	0.037465	-1.037465	0.037736	-1.037736
28.75	0.037197	0.037376	-1.074573	0.035850	-1.035850	0.036036	-1.036036
30.00	0.035586	0.035710	-1.071296	0.034355	-1.034355	0.034483	-1.034483
31.25	0.034100	0.034185	-1.068285	0.032970	-1.032970	0.033058	-1.033058
32.50	0.032727	0.032785	-1.065512	0.031686	-1.031686	0.031746	-1.031746
33.75	0.031455	0.031495	-1.062950	0.030493	-1.030493	0.030534	-1.030534
35.00	0.030275	0.030302	-1.060577	0.029383	-1.029383	0.029412	-1.029412
36.25	0.029178	0.029197	-1.058374	0.028349	-1.028349	0.028369	-1.028369
37.50	0.028156	0.028169	-1.056324	0.027384	-1.027384	0.027397	-1.027397
38.75	0.027202	0.027211	-1.054412	0.026481	-1.026481	0.026490	-1.026490
40.00	0.026309	0.026316	-1.052625	0.025635	-1.025635	0.025641	-1.025641
41.25	0.025473	0.025478	-1.050951	0.024840	-1.024840	0.024845	-1.024845
42.50	0.024688	0.024691	-1.049380	0.024093	-1.024093	0.024096	-1.024096
43.75	0.023950	0.023952	-1.047902	0.023390	-1.023390	0.023392	-1.023392
45.00	0.023254	0.023256	-1.046510	0.022726	-1.022726	0.022727	-1.022727
46.25	0.022598	0.022599	-1.045197	0.022098	-1.022098	0.022099	-1.022099
47.50	0.021977	0.021978	-1.043955	0.021505	-1.021505	0.021505	-1.021505
48.75	0.021390	0.021390	-1.042780	0.020942	-1.020942	0.020942	-1.020942
BETA	F.M;MA(B,B)	F.M;MB(B,B)	F.M;K(B,B)	F.M;MA(B,G)	F.M;K(B,G)	F.M;MB(G,B)	F.M;K(G,B)

XM/L = 0.30

XM/L = 0.40

BETA	F.MIMA(B,B)	F.MIMB(B,B)	F.MIK(B,B)	F.MIMA(B,G)	F.MIK(B,G)	F.MIMB(G,B)	F.MIK(G,B)
0.00	0.120000	0.320000	-1.440000	-0.040000	-0.960000	0.260000	-1.260000
0.25	0.120100	0.319601	-1.439700	-0.039203	-0.960797	0.259738	-1.259738
0.50	0.120395	0.318409	-1.438804	-0.036845	-0.963155	0.258954	-1.258954
0.75	0.120874	0.316445	-1.437319	-0.033026	-0.966974	0.257659	-1.257659
1.00	0.121517	0.313741	-1.435258	-0.027901	-0.972099	0.255869	-1.255869
1.25	0.122302	0.310340	-1.432641	-0.021665	-0.978335	0.253604	-1.253604
1.50	0.123197	0.306293	-1.429490	-0.014543	-0.985457	0.250892	-1.250892
1.75	0.124171	0.301662	-1.425833	-0.006769	-0.993231	0.247764	-1.247764
2.00	0.125189	0.296510	-1.421699	0.001424	-1.001424	0.244255	-1.244255
2.25	0.126218	0.290905	-1.417122	0.009821	-1.009821	0.240403	-1.240403
2.50	0.127222	0.284916	-1.412139	0.018230	-1.018230	0.236248	-1.236248
2.75	0.128173	0.278611	-1.406785	0.026485	-1.026485	0.231831	-1.231831
3.00	0.129042	0.272057	-1.401099	0.034454	-1.034454	0.227193	-1.227193
3.25	0.129804	0.265316	-1.395120	0.042031	-1.042031	0.222374	-1.222374
3.50	0.130440	0.258446	-1.388887	0.049142	-1.049142	0.217414	-1.217414
3.75	0.130935	0.251501	-1.382436	0.055733	-1.055733	0.212350	-1.212350
4.00	0.131277	0.244529	-1.375806	0.061776	-1.061776	0.207218	-1.207218
4.25	0.131458	0.237573	-1.369031	0.067257	-1.067257	0.202049	-1.202049
4.50	0.131475	0.230670	-1.362145	0.072178	-1.072178	0.196873	-1.196873
4.75	0.131327	0.223852	-1.355179	0.076550	-1.076550	0.191716	-1.191716
5.00	0.131018	0.217146	-1.348164	0.080395	-1.080395	0.186602	-1.186602
5.25	0.130551	0.210575	-1.341125	0.083737	-1.083737	0.181552	-1.181552
5.50	0.129933	0.204156	-1.334089	0.086606	-1.086606	0.176581	-1.176581
5.75	0.129173	0.197905	-1.327078	0.089035	-1.089035	0.171707	-1.171707
6.00	0.128280	0.191831	-1.320111	0.091055	-1.091055	0.166939	-1.166939
6.25	0.127264	0.185944	-1.313208	0.092701	-1.092701	0.162289	-1.162289
6.50	0.126135	0.180248	-1.306384	0.094004	-1.094004	0.157763	-1.157763
6.75	0.124906	0.174747	-1.299653	0.094995	-1.094995	0.153368	-1.153368
7.00	0.123585	0.169441	-1.293026	0.095705	-1.095705	0.149107	-1.149107
7.25	0.122184	0.164331	-1.286515	0.096162	-1.096162	0.144983	-1.144983
7.50	0.120714	0.159414	-1.280128	0.096392	-1.096392	0.140996	-1.140996
7.75	0.119184	0.154687	-1.273870	0.096420	-1.096420	0.137148	-1.137148
8.00	0.117603	0.150146	-1.267749	0.096269	-1.096269	0.133436	-1.133436
8.25	0.115980	0.145788	-1.261768	0.095958	-1.095958	0.129860	-1.129860
8.50	0.114324	0.141607	-1.255931	0.095509	-1.095509	0.126416	-1.126416
8.75	0.112643	0.137596	-1.250239	0.094937	-1.094937	0.123102	-1.123102
9.00	0.110942	0.133752	-1.244694	0.094260	-1.094260	0.119915	-1.119915
9.25	0.109229	0.130067	-1.239296	0.093491	-1.093491	0.116851	-1.116851
9.50	0.107510	0.126536	-1.234045	0.092644	-1.092644	0.113906	-1.113906
9.75	0.105789	0.123152	-1.228941	0.091730	-1.091730	0.111075	-1.111075
BETA	F.MIMA(B,B)	F.MIMB(B,B)	F.MIK(B,B)	F.MIMA(B,G)	F.MIK(B,G)	F.MIMB(G,B)	F.MIK(G,B)

XM/L = 0.40

XM/L = 0.40

BETA	F.MIMA(B,B)	F.MIMB(B,B)	F.MIK(B,B)	F.MIMA(B,G)	F.MIK(B,G)	F.MIMB(G,B)	F.MIK(G,B)
10.00	0.104071	0.119909	-1.223980	0.090760	-1.090760	0.108356	-1.108356
10.25	0.102362	0.116801	-1.219163	0.089744	-1.089744	0.105743	-1.105743
10.50	0.100663	0.113823	-1.214487	0.088689	-1.088689	0.103233	-1.103233
10.75	0.098980	0.110968	-1.209948	0.087604	-1.087604	0.100821	-1.100821
11.00	0.097314	0.108231	-1.205545	0.086495	-1.086495	0.098503	-1.098503
11.25	0.095668	0.105606	-1.201275	0.085368	-1.085368	0.096276	-1.096276
11.50	0.094045	0.103089	-1.197133	0.084229	-1.084229	0.094134	-1.094134
11.75	0.092445	0.100673	-1.193118	0.083082	-1.083082	0.092075	-1.092075
12.00	0.090871	0.098354	-1.189226	0.081931	-1.081931	0.090095	-1.090095
12.25	0.089324	0.096128	-1.185452	0.080780	-1.080780	0.088189	-1.088189
12.50	0.087805	0.093990	-1.181795	0.079633	-1.079633	0.086355	-1.086355
12.75	0.086314	0.091935	-1.178250	0.078491	-1.078491	0.084590	-1.084590
13.00	0.084853	0.089960	-1.174813	0.077357	-1.077357	0.082889	-1.082889
13.25	0.083422	0.088061	-1.171483	0.076234	-1.076234	0.081251	-1.081251
13.50	0.082021	0.086234	-1.168254	0.075122	-1.075122	0.079672	-1.079672
13.75	0.080649	0.084475	-1.165124	0.074024	-1.074024	0.078150	-1.078150
14.00	0.079308	0.082781	-1.162090	0.072941	-1.072941	0.076681	-1.076681
14.25	0.077998	0.081150	-1.159148	0.071873	-1.071873	0.075264	-1.075264
14.50	0.076717	0.079578	-1.156295	0.070822	-1.070822	0.073895	-1.073895
14.75	0.075466	0.078062	-1.153528	0.069789	-1.069789	0.072573	-1.072573
15.00	0.074244	0.076599	-1.150844	0.068773	-1.068773	0.071296	-1.071296
15.25	0.073051	0.075188	-1.148240	0.067775	-1.067775	0.070062	-1.070062
15.50	0.071888	0.073826	-1.145713	0.066796	-1.066796	0.068868	-1.068868
15.75	0.070752	0.072509	-1.143261	0.065836	-1.065836	0.067713	-1.067713
16.00	0.069643	0.071237	-1.140881	0.064894	-1.064894	0.066594	-1.066594
16.25	0.068562	0.070008	-1.138570	0.063972	-1.063972	0.065512	-1.065512
16.50	0.067508	0.068818	-1.136326	0.063068	-1.063068	0.064463	-1.064463
16.75	0.066479	0.067667	-1.134146	0.062183	-1.062183	0.063446	-1.063446
17.00	0.065476	0.066553	-1.132029	0.061317	-1.061317	0.062461	-1.062461
17.25	0.064498	0.065474	-1.129971	0.060469	-1.060469	0.061504	-1.061504
17.50	0.063544	0.064428	-1.127972	0.059639	-1.059639	0.060577	-1.060577
17.75	0.062613	0.063414	-1.126028	0.058827	-1.058827	0.059676	-1.059676
18.00	0.061705	0.062432	-1.124137	0.058033	-1.058033	0.058802	-1.058802
18.25	0.060820	0.061478	-1.122299	0.057256	-1.057256	0.057952	-1.057952
18.50	0.059957	0.060553	-1.120510	0.056497	-1.056497	0.057127	-1.057127
18.75	0.059115	0.059655	-1.118769	0.055754	-1.055754	0.056324	-1.056324
19.00	0.058293	0.058782	-1.117075	0.055027	-1.055027	0.055544	-1.055544
19.25	0.057491	0.057935	-1.115426	0.054317	-1.054317	0.054784	-1.054784
19.50	0.056709	0.057111	-1.113820	0.053622	-1.053622	0.054045	-1.054045
19.75	0.055946	0.056310	-1.112256	0.052943	-1.052943	0.053326	-1.053326

| BETA | F.MIMA(B,B) | F.MIMB(B,B) | F.MIK(B,B) | F.MIMA(B,G) | F.MIK(B,G) | F.MIMB(G,B) | F.MIK(G,B) |

XM/L = 0.40

Z U G S T A E B E -646-

XM/L = 0.40

BETA	F.MIMA(B,B)	F.MIMB(B,B)	F.MIK(B,B)	F.MIMA(B,G)	F.MIK(B,G)	F.MIMB(G,B)	F.MIK(G,B)
20.00	0.055201	0.055530	-1.110732	0.052278	-1.052278	0.052625	-1.052625
20.25	0.054474	0.054772	-1.109246	0.051629	-1.051629	0.051942	-1.051942
20.50	0.053764	0.054034	-1.107799	0.050993	-1.050993	0.051277	-1.051277
20.75	0.053071	0.053316	-1.106387	0.050372	-1.050372	0.050629	-1.050629
21.00	0.052395	0.052616	-1.105011	0.049764	-1.049764	0.049996	-1.049996
21.25	0.051734	0.051934	-1.103668	0.049169	-1.049169	0.049380	-1.049380
21.50	0.051088	0.051270	-1.102358	0.048587	-1.048587	0.048778	-1.048778
21.75	0.050458	0.050622	-1.101080	0.048018	-1.048018	0.048191	-1.048191
22.00	0.049842	0.049991	-1.099832	0.047461	-1.047461	0.047617	-1.047617
22.25	0.049240	0.049374	-1.098614	0.046916	-1.046916	0.047057	-1.047057
22.50	0.048651	0.048773	-1.097424	0.046382	-1.046382	0.046510	-1.046510
22.75	0.048076	0.048186	-1.096262	0.045860	-1.045860	0.045976	-1.045976
23.00	0.047513	0.047613	-1.095126	0.045349	-1.045349	0.045453	-1.045453
23.25	0.046963	0.047054	-1.094017	0.044848	-1.044848	0.044943	-1.044943
23.50	0.046425	0.046507	-1.092932	0.044358	-1.044358	0.044444	-1.044444
23.75	0.045899	0.045973	-1.091872	0.043878	-1.043878	0.043955	-1.043955
24.00	0.045384	0.045451	-1.090835	0.043408	-1.043408	0.043478	-1.043478
24.25	0.044880	0.044941	-1.089820	0.042947	-1.042947	0.043010	-1.043010
24.50	0.044387	0.044442	-1.088828	0.042495	-1.042495	0.042553	-1.042553
24.75	0.043904	0.043953	-1.087857	0.042053	-1.042053	0.042105	-1.042105
25.00	0.043431	0.043476	-1.086907	0.041619	-1.041619	0.041666	-1.041666
26.25	0.041208	0.041236	-1.082444	0.039575	-1.039575	0.039604	-1.039604
27.50	0.039198	0.039215	-1.078413	0.037719	-1.037719	0.037736	-1.037736
28.75	0.037373	0.037383	-1.074755	0.036026	-1.036026	0.036036	-1.036036
30.00	0.035708	0.035714	-1.071422	0.034476	-1.034476	0.034483	-1.034483
31.25	0.034184	0.034188	-1.068372	0.033054	-1.033054	0.033058	-1.033058
32.50	0.032785	0.032787	-1.065571	0.031744	-1.031744	0.031746	-1.031746
33.75	0.031495	0.031496	-1.062991	0.030533	-1.030533	0.030534	-1.030534
35.00	0.030302	0.030303	-1.060605	0.029411	-1.029411	0.029412	-1.029412
36.25	0.029197	0.029197	-1.058394	0.028368	-1.028368	0.028369	-1.028369
37.50	0.028169	0.028169	-1.056338	0.027397	-1.027397	0.027397	-1.027397
38.75	0.027211	0.027211	-1.054422	0.026490	-1.026490	0.026490	-1.026490
40.00	0.026316	0.026316	-1.052631	0.025641	-1.025641	0.025641	-1.025641
41.25	0.025478	0.025478	-1.050955	0.024845	-1.024845	0.024845	-1.024845
42.50	0.024691	0.024691	-1.049383	0.024096	-1.024096	0.024096	-1.024096
43.75	0.023952	0.023952	-1.047904	0.023392	-1.023392	0.023392	-1.023392
45.00	0.023256	0.023256	-1.046512	0.022727	-1.022727	0.022727	-1.022727
46.25	0.022599	0.022599	-1.045198	0.022099	-1.022099	0.022099	-1.022099
47.50	0.021978	0.021978	-1.043956	0.021505	-1.021505	0.021505	-1.021505
48.75	0.021390	0.021390	-1.042781	0.020942	-1.020942	0.020942	-1.020942
BETA	F.MIMA(B,B)	F.MIMB(B,B)	F.MIK(B,B)	F.MIMA(B,G)	F.MIK(B,G)	F.MIMB(G,B)	F.MIK(G,B)

XM/L = 0.40

XM/L = 0.50

BETA	F.MIMA(B,B)	F.MIMB(B,B)	F.MIK(B,B)	F.MIMA(B,G)	F.MIK(B,G)	F.MIMB(G,B)	F.MIK(G,B)
0.00	0.250000	0.250000	-1.500000	0.125000	-1.125000	0.125000	-1.125000
0.25	0.249805	0.249805	-1.499610	0.125291	-1.125291	0.125291	-1.125291
0.50	0.249221	0.249221	-1.498443	0.126148	-1.126148	0.126148	-1.126148
0.75	0.248255	0.248255	-1.496510	0.127519	-1.127519	0.127519	-1.127519
1.00	0.246915	0.246915	-1.493831	0.129323	-1.129323	0.129323	-1.129323
1.25	0.245215	0.245215	-1.490430	0.131460	-1.131460	0.131460	-1.131460
1.50	0.243170	0.243170	-1.486340	0.133817	-1.133817	0.133817	-1.133817
1.75	0.240799	0.240799	-1.481598	0.136277	-1.136277	0.136277	-1.136277
2.00	0.238123	0.238123	-1.476246	0.138729	-1.138729	0.138729	-1.138729
2.25	0.235165	0.235165	-1.470330	0.141071	-1.141071	0.141071	-1.141071
2.50	0.231950	0.231950	-1.463899	0.143219	-1.143219	0.143219	-1.143219
2.75	0.228502	0.228502	-1.457005	0.145103	-1.145103	0.145103	-1.145103
3.00	0.224849	0.224849	-1.449699	0.146675	-1.146675	0.146675	-1.146675
3.25	0.221017	0.221017	-1.442034	0.147900	-1.147900	0.147900	-1.147900
3.50	0.217032	0.217032	-1.434064	0.148761	-1.148761	0.148761	-1.148761
3.75	0.212919	0.212919	-1.425839	0.149254	-1.149254	0.149254	-1.149254
4.00	0.208704	0.208704	-1.417408	0.149386	-1.149386	0.149386	-1.149386
4.25	0.204410	0.204410	-1.408820	0.149171	-1.149171	0.149171	-1.149171
4.50	0.200059	0.200059	-1.400119	0.148631	-1.148631	0.148631	-1.148631
4.75	0.195674	0.195674	-1.391347	0.147792	-1.147792	0.147792	-1.147792
5.00	0.191272	0.191272	-1.382544	0.146681	-1.146681	0.146681	-1.146681
5.25	0.186872	0.186872	-1.373744	0.145328	-1.145328	0.145328	-1.145328
5.50	0.182490	0.182490	-1.364981	0.143762	-1.143762	0.143762	-1.143762
5.75	0.178141	0.178141	-1.356283	0.142012	-1.142012	0.142012	-1.142012
6.00	0.173838	0.173838	-1.347676	0.140105	-1.140105	0.140105	-1.140105
6.25	0.169591	0.169591	-1.339182	0.138068	-1.138068	0.138068	-1.138068
6.50	0.165411	0.165411	-1.330822	0.135924	-1.135924	0.135924	-1.135924
6.75	0.161306	0.161306	-1.322612	0.133696	-1.133696	0.133696	-1.133696
7.00	0.157283	0.157283	-1.314566	0.131404	-1.131404	0.131404	-1.131404
7.25	0.153348	0.153348	-1.306696	0.129065	-1.129065	0.129065	-1.129065
7.50	0.149505	0.149505	-1.299010	0.126695	-1.126695	0.126695	-1.126695
7.75	0.145758	0.145758	-1.291517	0.124309	-1.124309	0.124309	-1.124309
8.00	0.142110	0.142110	-1.284221	0.121918	-1.121918	0.121918	-1.121918
8.25	0.138563	0.138563	-1.277126	0.119533	-1.119533	0.119533	-1.119533
8.50	0.135117	0.135117	-1.270234	0.117164	-1.117164	0.117164	-1.117164
8.75	0.131773	0.131773	-1.263547	0.114818	-1.114818	0.114818	-1.114818
9.00	0.128532	0.128532	-1.257063	0.112501	-1.112501	0.112501	-1.112501
9.25	0.125391	0.125391	-1.250782	0.110219	-1.110219	0.110219	-1.110219
9.50	0.122350	0.122350	-1.244701	0.107977	-1.107977	0.107977	-1.107977
9.75	0.119409	0.119409	-1.238817	0.105778	-1.105778	0.105778	-1.105778
BETA	F.MIMA(B,B)	F.MIMB(B,B)	F.MIK(B,B)	F.MIMA(B,G)	F.MIK(B,G)	F.MIMB(G,B)	F.MIK(G,B)

XM/L = 0.50

XM/L = 0.50

BETA	F.MIMA(B,B)	F.MIMB(B,B)	F.MIK(B,B)	F.MIMA(B,G)	F.MIK(B,G)	F.MIMB(G,B)	F.MIK(G,B)
10.00	0.116564	0.116564	-1.233128	0.103624	-1.103624	0.103624	-1.103624
10.25	0.113814	0.113814	-1.227628	0.101519	-1.101519	0.101519	-1.101519
10.50	0.111157	0.111157	-1.222314	0.099463	-1.099463	0.099463	-1.099463
10.75	0.108590	0.108590	-1.217181	0.097458	-1.097458	0.097458	-1.097458
11.00	0.106112	0.106112	-1.212224	0.095504	-1.095504	0.095504	-1.095504
11.25	0.103718	0.103718	-1.207437	0.093603	-1.093603	0.093603	-1.093603
11.50	0.101408	0.101408	-1.202816	0.091752	-1.091752	0.091752	-1.091752
11.75	0.099177	0.099177	-1.198354	0.089953	-1.089953	0.089953	-1.089953
12.00	0.097024	0.097024	-1.194048	0.088205	-1.088205	0.088205	-1.088205
12.25	0.094946	0.094946	-1.189891	0.086507	-1.086507	0.086507	-1.086507
12.50	0.092939	0.092939	-1.185878	0.084858	-1.084858	0.084858	-1.084858
12.75	0.091002	0.091002	-1.182004	0.083258	-1.083258	0.083258	-1.083258
13.00	0.089132	0.089132	-1.178264	0.081705	-1.081705	0.081705	-1.081705
13.25	0.087326	0.087326	-1.174652	0.080198	-1.080198	0.080198	-1.080198
13.50	0.085582	0.085582	-1.171163	0.078735	-1.078735	0.078735	-1.078735
13.75	0.083897	0.083897	-1.167794	0.077317	-1.077317	0.077317	-1.077317
14.00	0.082269	0.082269	-1.164539	0.075941	-1.075941	0.075941	-1.075941
14.25	0.080696	0.080696	-1.161393	0.074606	-1.074606	0.074606	-1.074606
14.50	0.079176	0.079176	-1.158352	0.073311	-1.073311	0.073311	-1.073311
14.75	0.077706	0.077706	-1.155413	0.072055	-1.072055	0.072055	-1.072055
15.00	0.076285	0.076285	-1.152570	0.070836	-1.070836	0.070836	-1.070836
15.25	0.074910	0.074910	-1.149820	0.069653	-1.069653	0.069653	-1.069653
15.50	0.073579	0.073579	-1.147159	0.068505	-1.068505	0.068505	-1.068505
15.75	0.072292	0.072292	-1.144584	0.067391	-1.067391	0.067391	-1.067391
16.00	0.071045	0.071045	-1.142090	0.066309	-1.066309	0.066309	-1.066309
16.25	0.069838	0.069838	-1.139676	0.065258	-1.065258	0.065258	-1.065258
16.50	0.068668	0.068668	-1.137336	0.064238	-1.064238	0.064238	-1.064238
16.75	0.067535	0.067535	-1.135070	0.063247	-1.063247	0.063247	-1.063247
17.00	0.066436	0.066436	-1.132872	0.062284	-1.062284	0.062284	-1.062284
17.25	0.065371	0.065371	-1.130741	0.061348	-1.061348	0.061348	-1.061348
17.50	0.064337	0.064337	-1.128674	0.060438	-1.060438	0.060438	-1.060438
17.75	0.063334	0.063334	-1.126669	0.059553	-1.059553	0.059553	-1.059553
18.00	0.062361	0.062361	-1.124722	0.058693	-1.058693	0.058693	-1.058693
18.25	0.061416	0.061416	-1.122832	0.057856	-1.057856	0.057856	-1.057856
18.50	0.060498	0.060498	-1.120997	0.057041	-1.057041	0.057041	-1.057041
18.75	0.059607	0.059607	-1.119213	0.056248	-1.056248	0.056248	-1.056248
19.00	0.058740	0.058740	-1.117480	0.055477	-1.055477	0.055477	-1.055477
19.25	0.057897	0.057897	-1.115795	0.054725	-1.054725	0.054725	-1.054725
19.50	0.057078	0.057078	-1.114156	0.053993	-1.053993	0.053993	-1.053993
19.75	0.056281	0.056281	-1.112562	0.053279	-1.053279	0.053279	-1.053279
BETA	F.MIMA(B,B)	F.MIMB(B,B)	F.MIK(B,B)	F.MIMA(B,G)	F.MIK(B,G)	F.MIMB(G,B)	F.MIK(G,B)

XM/L = 0.50

XM/L = 0.50

BETA	F.M;MA(B,B)	F.M;MB(B,B)	F.M;K(B,B)	F.M;MA(B,G)	F.M;K(B,G)	F.M;MB(G,B)	F.M;K(G,B)
20.00	0.055505	0.055505	-1.111010	0.052584	-1.052584	0.052584	-1.052584
20.25	0.054750	0.054750	-1.109500	0.051906	-1.051906	0.051906	-1.051906
20.50	0.054015	0.054015	-1.108030	0.051245	-1.051245	0.051245	-1.051245
20.75	0.053299	0.053299	-1.106598	0.050600	-1.050600	0.050600	-1.050600
21.00	0.052601	0.052601	-1.105202	0.049971	-1.049971	0.049971	-1.049971
21.25	0.051921	0.051921	-1.103842	0.049357	-1.049357	0.049357	-1.049357
21.50	0.051258	0.051258	-1.102517	0.048758	-1.048758	0.048758	-1.048758
21.75	0.050612	0.050612	-1.101224	0.048173	-1.048173	0.048173	-1.048173
22.00	0.049982	0.049982	-1.099963	0.047602	-1.047602	0.047602	-1.047602
22.25	0.049367	0.049367	-1.098733	0.047043	-1.047043	0.047043	-1.047043
22.50	0.048766	0.048766	-1.097532	0.046498	-1.046498	0.046498	-1.046498
22.75	0.048180	0.048180	-1.096360	0.045965	-1.045965	0.045965	-1.045965
23.00	0.047608	0.047608	-1.095216	0.045444	-1.045444	0.045444	-1.045444
23.25	0.047049	0.047049	-1.094098	0.044934	-1.044934	0.044934	-1.044934
23.50	0.046503	0.046503	-1.093006	0.044436	-1.044436	0.044436	-1.044436
23.75	0.045969	0.045969	-1.091939	0.043949	-1.043949	0.043949	-1.043949
24.00	0.045448	0.045448	-1.090896	0.043472	-1.043472	0.043472	-1.043472
24.25	0.044938	0.044938	-1.089876	0.043005	-1.043005	0.043005	-1.043005
24.50	0.044439	0.044439	-1.088878	0.042548	-1.042548	0.042548	-1.042548
24.75	0.043951	0.043951	-1.087903	0.042101	-1.042101	0.042101	-1.042101
25.00	0.043474	0.043474	-1.086948	0.041663	-1.041663	0.041663	-1.041663
26.25	0.041235	0.041235	-1.082470	0.039602	-1.039602	0.039602	-1.039602
27.50	0.039215	0.039215	-1.078429	0.037735	-1.037735	0.037735	-1.037735
28.75	0.037383	0.037383	-1.074765	0.036035	-1.036035	0.036035	-1.036035
30.00	0.035714	0.035714	-1.071428	0.034482	-1.034482	0.034482	-1.034482
31.25	0.034188	0.034188	-1.068376	0.033058	-1.033058	0.033058	-1.033058
32.50	0.032787	0.032787	-1.065574	0.031746	-1.031746	0.031746	-1.031746
33.75	0.031496	0.031496	-1.062992	0.030534	-1.030534	0.030534	-1.030534
35.00	0.030303	0.030303	-1.060606	0.029412	-1.029412	0.029412	-1.029412
36.25	0.029197	0.029197	-1.058394	0.028369	-1.028369	0.028369	-1.028369
37.50	0.028169	0.028169	-1.056338	0.027397	-1.027397	0.027397	-1.027397
38.75	0.027211	0.027211	-1.054422	0.026490	-1.026490	0.026490	-1.026490
40.00	0.026316	0.026316	-1.052632	0.025641	-1.025641	0.025641	-1.025641
41.25	0.025478	0.025478	-1.050955	0.024845	-1.024845	0.024845	-1.024845
42.50	0.024691	0.024691	-1.049383	0.024096	-1.024096	0.024096	-1.024096
43.75	0.023952	0.023952	-1.047904	0.023392	-1.023392	0.023392	-1.023392
45.00	0.023256	0.023256	-1.046512	0.022727	-1.022727	0.022727	-1.022727
46.25	0.022599	0.022599	-1.045198	0.022099	-1.022099	0.022099	-1.022099
47.50	0.021978	0.021978	-1.043956	0.021505	-1.021505	0.021505	-1.021505
48.75	0.021390	0.021390	-1.042781	0.020942	-1.020942	0.020942	-1.020942
BETA	F.M;MA(B,B)	F.M;MB(B,B)	F.M;K(B,B)	F.M;MA(B,G)	F.M;K(B,G)	F.M;MB(G,B)	F.M;K(G,B)

XM/L = 0.50

XM/L = 0.60

BETA	F.MIMA(B,B)	F.MIMB(B,B)	F.MIK(B,B)	F.MIMA(B,G)	F.MIK(B,G)	F.MIMB(G,B)	F.MIK(G,B)
0.00	0.320000	0.120000	-1.440000	0.260000	-1.260000	-0.040000	-0.960000
0.25	0.319601	0.120100	-1.439700	0.259738	-1.259738	-0.039203	-0.960797
0.50	0.318409	0.120395	-1.438804	0.258954	-1.258954	-0.036845	-0.963155
0.75	0.316445	0.120874	-1.437319	0.257659	-1.257659	-0.033026	-0.966974
1.00	0.313741	0.121517	-1.435258	0.255869	-1.255869	-0.027901	-0.972099
1.25	0.310340	0.122302	-1.432641	0.253604	-1.253604	-0.021665	-0.978335
1.50	0.306293	0.123197	-1.429490	0.250892	-1.250892	-0.014543	-0.985457
1.75	0.301662	0.124171	-1.425833	0.247764	-1.247764	-0.006769	-0.993231
2.00	0.296510	0.125189	-1.421699	0.244255	-1.244255	0.001424	-1.001424
2.25	0.290905	0.126218	-1.417122	0.240403	-1.240403	0.009821	-1.009821
2.50	0.284916	0.127222	-1.412139	0.236248	-1.236248	0.018230	-1.018230
2.75	0.278611	0.128173	-1.406785	0.231831	-1.231831	0.026485	-1.026485
3.00	0.272057	0.129042	-1.401099	0.227193	-1.227193	0.034454	-1.034454
3.25	0.265316	0.129804	-1.395120	0.222374	-1.222374	0.042031	-1.042031
3.50	0.258446	0.130440	-1.388887	0.217414	-1.217414	0.049142	-1.049142
3.75	0.251501	0.130935	-1.382436	0.212350	-1.212350	0.055733	-1.055733
4.00	0.244529	0.131277	-1.375806	0.207218	-1.207218	0.061776	-1.061776
4.25	0.237573	0.131458	-1.369031	0.202049	-1.202049	0.067257	-1.067257
4.50	0.230670	0.131475	-1.362145	0.196873	-1.196873	0.072178	-1.072178
4.75	0.223852	0.131327	-1.355179	0.191716	-1.191716	0.076550	-1.076550
5.00	0.217146	0.131018	-1.348164	0.186602	-1.186602	0.080395	-1.080395
5.25	0.210575	0.130551	-1.341125	0.181552	-1.181552	0.083737	-1.083737
5.50	0.204156	0.129933	-1.334089	0.176581	-1.176581	0.086606	-1.086606
5.75	0.197905	0.129173	-1.327078	0.171707	-1.171707	0.089035	-1.089035
6.00	0.191831	0.128280	-1.320111	0.166939	-1.166939	0.091055	-1.091055
6.25	0.185944	0.127264	-1.313208	0.162289	-1.162289	0.092701	-1.092701
6.50	0.180248	0.126135	-1.306384	0.157763	-1.157763	0.094004	-1.094004
6.75	0.174747	0.124906	-1.299653	0.153368	-1.153368	0.094995	-1.094995
7.00	0.169441	0.123585	-1.293026	0.149107	-1.149107	0.095705	-1.095705
7.25	0.164331	0.122184	-1.286515	0.144983	-1.144983	0.096162	-1.096162
7.50	0.159414	0.120714	-1.280128	0.140996	-1.140996	0.096392	-1.096392
7.75	0.154687	0.119184	-1.273870	0.137148	-1.137148	0.096420	-1.096420
8.00	0.150146	0.117603	-1.267749	0.133436	-1.133436	0.096269	-1.096269
8.25	0.145788	0.115980	-1.261768	0.129860	-1.129860	0.095958	-1.095958
8.50	0.141607	0.114324	-1.255931	0.126416	-1.126416	0.095509	-1.095509
8.75	0.137596	0.112643	-1.250239	0.123102	-1.123102	0.094937	-1.094937
9.00	0.133752	0.110942	-1.244694	0.119915	-1.119915	0.094260	-1.094260
9.25	0.130067	0.109229	-1.239296	0.116851	-1.116851	0.093491	-1.093491
9.50	0.126536	0.107510	-1.234045	0.113906	-1.113906	0.092644	-1.092644
9.75	0.123152	0.105789	-1.228941	0.111075	-1.111075	0.091730	-1.091730
BETA	F.MIMA(B,B)	F.MIMB(B,B)	F.MIK(B,B)	F.MIMA(B,G)	F.MIK(B,G)	F.MIMB(G,B)	F.MIK(G,B)

XM/L = 0.60

XM/L = 0.60

BETA	F.MIMA(B,B)	F.MIMB(B,B)	F.MIK(B,B)	F.MIMA(B,G)	F.MIK(B,G)	F.MIMB(G,B)	F.MIK(G,B)
10.00	0.119909	0.104071	-1.223980	0.108356	-1.108356	0.090760	-1.090760
10.25	0.116801	0.102362	-1.219163	0.105743	-1.105743	0.089744	-1.089744
10.50	0.113823	0.100663	-1.214487	0.103233	-1.103233	0.088689	-1.088689
10.75	0.110968	0.098980	-1.209948	0.100821	-1.100821	0.087604	-1.087604
11.00	0.108231	0.097314	-1.205545	0.098503	-1.098503	0.086495	-1.086495
11.25	0.105606	0.095668	-1.201275	0.096276	-1.096276	0.085368	-1.085368
11.50	0.103089	0.094045	-1.197133	0.094134	-1.094134	0.084229	-1.084229
11.75	0.100673	0.092445	-1.193118	0.092075	-1.092075	0.083082	-1.083082
12.00	0.098354	0.090871	-1.189226	0.090095	-1.090095	0.081931	-1.081931
12.25	0.096128	0.089324	-1.185452	0.088189	-1.088189	0.080780	-1.080780
12.50	0.093990	0.087805	-1.181795	0.086355	-1.086355	0.079633	-1.079633
12.75	0.091935	0.086314	-1.178250	0.084590	-1.084590	0.078491	-1.078491
13.00	0.089960	0.084853	-1.174813	0.082889	-1.082889	0.077357	-1.077357
13.25	0.088061	0.083422	-1.171483	0.081251	-1.081251	0.076234	-1.076234
13.50	0.086234	0.082021	-1.168254	0.079672	-1.079672	0.075122	-1.075122
13.75	0.084475	0.080649	-1.165124	0.078150	-1.078150	0.074024	-1.074024
14.00	0.082781	0.079308	-1.162090	0.076681	-1.076681	0.072941	-1.072941
14.25	0.081150	0.077998	-1.159148	0.075264	-1.075264	0.071873	-1.071873
14.50	0.079578	0.076717	-1.156295	0.073895	-1.073895	0.070822	-1.070822
14.75	0.078062	0.075466	-1.153528	0.072573	-1.072573	0.069789	-1.069789
15.00	0.076599	0.074244	-1.150844	0.071296	-1.071296	0.068773	-1.068773
15.25	0.075188	0.073051	-1.148240	0.070062	-1.070062	0.067775	-1.067775
15.50	0.073826	0.071888	-1.145713	0.068868	-1.068868	0.066796	-1.066796
15.75	0.072509	0.070752	-1.143261	0.067713	-1.067713	0.065836	-1.065836
16.00	0.071237	0.069643	-1.140881	0.066594	-1.066594	0.064894	-1.064894
16.25	0.070008	0.068562	-1.138570	0.065512	-1.065512	0.063972	-1.063972
16.50	0.068818	0.067508	-1.136326	0.064463	-1.064463	0.063068	-1.063068
16.75	0.067667	0.066479	-1.134146	0.063446	-1.063446	0.062183	-1.062183
17.00	0.066553	0.065476	-1.132029	0.062461	-1.062461	0.061317	-1.061317
17.25	0.065474	0.064498	-1.129971	0.061504	-1.061504	0.060469	-1.060469
17.50	0.064428	0.063544	-1.127972	0.060577	-1.060577	0.059639	-1.059639
17.75	0.063414	0.062613	-1.126028	0.059676	-1.059676	0.058827	-1.058827
18.00	0.062432	0.061705	-1.124137	0.058802	-1.058802	0.058033	-1.058033
18.25	0.061478	0.060820	-1.122299	0.057952	-1.057952	0.057256	-1.057256
18.50	0.060553	0.059957	-1.120510	0.057127	-1.057127	0.056497	-1.056497
18.75	0.059655	0.059115	-1.118769	0.056324	-1.056324	0.055754	-1.055754
19.00	0.058782	0.058293	-1.117075	0.055544	-1.055544	0.055027	-1.055027
19.25	0.057935	0.057491	-1.115426	0.054784	-1.054784	0.054317	-1.054317
19.50	0.057111	0.056709	-1.113820	0.054045	-1.054045	0.053622	-1.053622
19.75	0.056310	0.055946	-1.112256	0.053326	-1.053326	0.052943	-1.052943

BETA	F.MIMA(B,B)	F.MIMB(B,B)	F.MIK(B,B)	F.MIMA(B,G)	F.MIK(B,G)	F.MIMB(G,B)	F.MIK(G,B)

XM/L = 0.60

XM/L = 0.60

BETA	F.MJMA(B,B)	F.MJMB(B,B)	F.MJK(B,B)	F.MJMA(B,G)	F.MJK(B,G)	F.MJMB(G,B)	F.MJK(G,B)
20.00	0.055530	0.055201	-1.110732	0.052625	-1.052625	0.052278	-1.052278
20.25	0.054772	0.054474	-1.109246	0.051942	-1.051942	0.051629	-1.051629
20.50	0.054034	0.053764	-1.107799	0.051277	-1.051277	0.050993	-1.050993
20.75	0.053316	0.053071	-1.106387	0.050629	-1.050629	0.050372	-1.050372
21.00	0.052616	0.052395	-1.105011	0.049996	-1.049996	0.049764	-1.049764
21.25	0.051934	0.051734	-1.103668	0.049380	-1.049380	0.049169	-1.049169
21.50	0.051270	0.051088	-1.102358	0.048778	-1.048778	0.048587	-1.048587
21.75	0.050622	0.050458	-1.101080	0.048191	-1.048191	0.048018	-1.048018
22.00	0.049991	0.049842	-1.099832	0.047617	-1.047617	0.047461	-1.047461
22.25	0.049374	0.049240	-1.098614	0.047057	-1.047057	0.046916	-1.046916
22.50	0.048773	0.048651	-1.097424	0.046510	-1.046510	0.046382	-1.046382
22.75	0.048186	0.048076	-1.096262	0.045976	-1.045976	0.045860	-1.045860
23.00	0.047613	0.047513	-1.095126	0.045453	-1.045453	0.045349	-1.045349
23.25	0.047054	0.046963	-1.094017	0.044943	-1.044943	0.044848	-1.044848
23.50	0.046507	0.046425	-1.092932	0.044444	-1.044444	0.044358	-1.044358
23.75	0.045973	0.045899	-1.091872	0.043955	-1.043955	0.043878	-1.043878
24.00	0.045451	0.045384	-1.090835	0.043478	-1.043478	0.043408	-1.043408
24.25	0.044941	0.044880	-1.089820	0.043010	-1.043010	0.042947	-1.042947
24.50	0.044442	0.044387	-1.088828	0.042553	-1.042553	0.042495	-1.042495
24.75	0.043953	0.043904	-1.087857	0.042105	-1.042105	0.042053	-1.042053
25.00	0.043476	0.043431	-1.086907	0.041666	-1.041666	0.041619	-1.041619
26.25	0.041236	0.041208	-1.082444	0.039604	-1.039604	0.039575	-1.039575
27.50	0.039215	0.039198	-1.078413	0.037736	-1.037736	0.037719	-1.037719
28.75	0.037383	0.037373	-1.074755	0.036036	-1.036036	0.036026	-1.036026
30.00	0.035714	0.035708	-1.071422	0.034483	-1.034483	0.034476	-1.034476
31.25	0.034188	0.034184	-1.068372	0.033058	-1.033058	0.033054	-1.033054
32.50	0.032787	0.032785	-1.065571	0.031746	-1.031746	0.031744	-1.031744
33.75	0.031496	0.031495	-1.062991	0.030534	-1.030534	0.030533	-1.030533
35.00	0.030303	0.030302	-1.060605	0.029412	-1.029412	0.029411	-1.029411
36.25	0.029197	0.029197	-1.058394	0.028369	-1.028369	0.028368	-1.028368
37.50	0.028169	0.028169	-1.056338	0.027397	-1.027397	0.027397	-1.027397
38.75	0.027211	0.027211	-1.054422	0.026490	-1.026490	0.026490	-1.026490
40.00	0.026316	0.026316	-1.052631	0.025641	-1.025641	0.025641	-1.025641
41.25	0.025478	0.025478	-1.050955	0.024845	-1.024845	0.024845	-1.024845
42.50	0.024691	0.024691	-1.049383	0.024096	-1.024096	0.024096	-1.024096
43.75	0.023952	0.023952	-1.047904	0.023392	-1.023392	0.023392	-1.023392
45.00	0.023256	0.023256	-1.046512	0.022727	-1.022727	0.022727	-1.022727
46.25	0.022599	0.022599	-1.045198	0.022099	-1.022099	0.022099	-1.022099
47.50	0.021978	0.021978	-1.043956	0.021505	-1.021505	0.021505	-1.021505
48.75	0.021390	0.021390	-1.042781	0.020942	-1.020942	0.020942	-1.020942

BETA | F.MJMA(B,B) | F.MJMB(B,B) | F.MJK(B,B) | F.MJMA(B,G) | F.MJK(B,G) | F.MJMB(G,B) | F.MJK(G,B)

XM/L = 0.60

XM/L = 0.70

BETA	F.MIMA(B,B)	F.MIMB(B,B)	F.MIK(B,B)	F.MIMA(B,G)	F.MIK(B,G)	F.MIMB(G,B)	F.MIK(G,B)
0.00	0.330000	-0.070000	-1.260000	0.365000	-1.365000	-0.235000	-0.765000
0.25	0.329530	-0.069596	-1.259934	0.364220	-1.364220	-0.233848	-0.766152
0.50	0.328131	-0.068393	-1.259738	0.361905	-1.361905	-0.230434	-0.769566
0.75	0.325827	-0.066416	-1.259411	0.358128	-1.358128	-0.224879	-0.775121
1.00	0.322663	-0.063708	-1.258954	0.353003	-1.353003	-0.217375	-0.782625
1.25	0.318694	-0.060324	-1.258370	0.346678	-1.346678	-0.208166	-0.791834
1.50	0.313990	-0.056330	-1.257659	0.339321	-1.339321	-0.197531	-0.802469
1.75	0.308628	-0.051803	-1.256825	0.331114	-1.331114	-0.185768	-0.814232
2.00	0.302693	-0.046824	-1.255869	0.322237	-1.322237	-0.173170	-0.826830
2.25	0.296271	-0.041477	-1.254794	0.312866	-1.312866	-0.160020	-0.839980
2.50	0.289449	-0.035845	-1.253604	0.303162	-1.303162	-0.146572	-0.853428
2.75	0.282314	-0.030012	-1.252302	0.293267	-1.293267	-0.133051	-0.866949
3.00	0.274946	-0.024054	-1.250892	0.283309	-1.283309	-0.119646	-0.880354
3.25	0.267421	-0.018043	-1.249378	0.273390	-1.273390	-0.106512	-0.893488
3.50	0.259809	-0.012045	-1.247764	0.263597	-1.263597	-0.093772	-0.906228
3.75	0.252171	-0.006116	-1.246055	0.254000	-1.254000	-0.081518	-0.918482
4.00	0.244562	-0.000307	-1.244255	0.244649	-1.244649	-0.069817	-0.930183
4.25	0.237029	0.005340	-1.242369	0.235586	-1.235586	-0.058713	-0.941287
4.50	0.229611	0.010792	-1.240403	0.226837	-1.226837	-0.048233	-0.951767
4.75	0.222341	0.016020	-1.238361	0.218421	-1.218421	-0.038387	-0.961613
5.00	0.215245	0.021003	-1.236248	0.210348	-1.210348	-0.029176	-0.970824
5.25	0.208343	0.025727	-1.234069	0.202624	-1.202624	-0.020591	-0.979409
5.50	0.201651	0.030180	-1.231831	0.195246	-1.195246	-0.012615	-0.987385
5.75	0.195179	0.034358	-1.229537	0.188211	-1.188211	-0.005228	-0.994772
6.00	0.188935	0.038258	-1.227193	0.181511	-1.181511	0.001595	-1.001595
6.25	0.182921	0.041882	-1.224803	0.175136	-1.175136	0.007881	-1.007881
6.50	0.177140	0.045234	-1.222374	0.169076	-1.169076	0.013657	-1.013657
6.75	0.171588	0.048321	-1.219909	0.163318	-1.163318	0.018951	-1.018951
7.00	0.166264	0.051150	-1.217414	0.157848	-1.157848	0.023793	-1.023793
7.25	0.161163	0.053730	-1.214893	0.152655	-1.152655	0.028209	-1.028209
7.50	0.156279	0.056072	-1.212350	0.147724	-1.147724	0.032228	-1.032228
7.75	0.151605	0.058186	-1.209791	0.143042	-1.143042	0.035876	-1.035876
8.00	0.147134	0.060084	-1.207218	0.138596	-1.138596	0.039178	-1.039178
8.25	0.142858	0.061778	-1.204636	0.134374	-1.134374	0.042158	-1.042158
8.50	0.138770	0.063279	-1.202049	0.130362	-1.130362	0.044840	-1.044840
8.75	0.134862	0.064598	-1.199460	0.126550	-1.126550	0.047245	-1.047245
9.00	0.131125	0.065748	-1.196873	0.122925	-1.122925	0.049394	-1.049394
9.25	0.127552	0.066738	-1.194291	0.119477	-1.119477	0.051305	-1.051305
9.50	0.124135	0.067581	-1.191716	0.116196	-1.116196	0.052997	-1.052997
9.75	0.120867	0.068286	-1.189153	0.113072	-1.113072	0.054488	-1.054488
BETA	F.MIMA(B,B)	F.MIMB(B,B)	F.MIK(B,B)	F.MIMA(B,G)	F.MIK(B,G)	F.MIMB(G,B)	F.MIK(G,B)

XM/L = 0.70

XM/L = 0.70

BETA	F.MIMA(B,B)	F.MIMB(B,B)	F.MIK(B,B)	F.MIMA(B,G)	F.MIK(B,G)	F.MIMB(G,B)	F.MIK(G,B)
10.00	0.117740	0.068862	-1.186602	0.110095	-1.110095	0.055792	-1.055792
10.25	0.114747	0.069321	-1.184068	0.107258	-1.107258	0.056925	-1.056925
10.50	0.111881	0.069670	-1.181552	0.104552	-1.104552	0.057900	-1.057900
10.75	0.109136	0.069919	-1.179055	0.101968	-1.101968	0.058731	-1.058731
11.00	0.106506	0.070075	-1.176581	0.099501	-1.099501	0.059429	-1.059429
11.25	0.103985	0.070146	-1.174131	0.097143	-1.097143	0.060004	-1.060004
11.50	0.101567	0.070140	-1.171707	0.094888	-1.094888	0.060469	-1.060469
11.75	0.099246	0.070062	-1.169309	0.092730	-1.092730	0.060832	-1.060832
12.00	0.097019	0.069920	-1.166939	0.090664	-1.090664	0.061101	-1.061101
12.25	0.094880	0.069719	-1.164599	0.088683	-1.088683	0.061286	-1.061286
12.50	0.092824	0.069465	-1.162289	0.086784	-1.086784	0.061394	-1.061394
12.75	0.090848	0.069162	-1.160010	0.084962	-1.084962	0.061431	-1.061431
13.00	0.088947	0.068816	-1.157763	0.083212	-1.083212	0.061405	-1.061405
13.25	0.087117	0.068432	-1.155549	0.081531	-1.081531	0.061320	-1.061320
13.50	0.085356	0.068012	-1.153368	0.079915	-1.079915	0.061184	-1.061184
13.75	0.083659	0.067561	-1.151220	0.078360	-1.078360	0.061000	-1.061000
14.00	0.082023	0.067083	-1.149107	0.076863	-1.076863	0.060774	-1.060774
14.25	0.080447	0.066581	-1.147028	0.075422	-1.075422	0.060510	-1.060510
14.50	0.078925	0.066057	-1.144983	0.074032	-1.074032	0.060211	-1.060211
14.75	0.077457	0.065515	-1.142972	0.072692	-1.072692	0.059882	-1.059882
15.00	0.076039	0.064957	-1.140996	0.071399	-1.071399	0.059526	-1.059526
15.25	0.074669	0.064386	-1.139055	0.070151	-1.070151	0.059146	-1.059146
15.50	0.073345	0.063803	-1.137148	0.068945	-1.068945	0.058744	-1.058744
15.75	0.072065	0.063210	-1.135275	0.067779	-1.067779	0.058324	-1.058324
16.00	0.070826	0.062610	-1.133436	0.066652	-1.066652	0.057888	-1.057888
16.25	0.069627	0.062004	-1.131631	0.065562	-1.065562	0.057438	-1.057438
16.50	0.068467	0.061393	-1.129860	0.064506	-1.064506	0.056976	-1.056976
16.75	0.067342	0.060779	-1.128121	0.063483	-1.063483	0.056503	-1.056503
17.00	0.066253	0.060163	-1.126416	0.062493	-1.062493	0.056022	-1.056022
17.25	0.065197	0.059546	-1.124743	0.061532	-1.061532	0.055534	-1.055534
17.50	0.064172	0.058930	-1.123102	0.060601	-1.060601	0.055041	-1.055041
17.75	0.063179	0.058314	-1.121493	0.059697	-1.059697	0.054542	-1.054542
18.00	0.062214	0.057701	-1.119915	0.058820	-1.058820	0.054041	-1.054041
18.25	0.061278	0.057090	-1.118368	0.057968	-1.057968	0.053538	-1.053538
18.50	0.060368	0.056483	-1.116851	0.057140	-1.057140	0.053033	-1.053033
18.75	0.059484	0.055879	-1.115364	0.056336	-1.056336	0.052528	-1.052528
19.00	0.058625	0.055281	-1.113906	0.055554	-1.055554	0.052024	-1.052024
19.25	0.057790	0.054687	-1.112476	0.054793	-1.054793	0.051520	-1.051520
19.50	0.056977	0.054098	-1.111075	0.054053	-1.054053	0.051018	-1.051018
19.75	0.056186	0.053516	-1.109702	0.053332	-1.053332	0.050519	-1.050519
BETA	F.MIMA(B,B)	F.MIMB(B,B)	F.MIK(B,B)	F.MIMA(B,G)	F.MIK(B,G)	F.MIMB(G,B)	F.MIK(G,B)

XM/L = 0.70

XM/L = 0.70

BETA	F.MIMA(B,B)	F.MIMB(B,B)	F.MIK(B,B)	F.MIMA(B,G)	F.MIK(B,G)	F.MIMB(G,B)	F.MIK(G,B)
20.00	0.055417	0.052939	-1.108356	0.052631	-1.052631	0.050022	-1.050022
20.25	0.054668	0.052369	-1.107037	0.051947	-1.051947	0.049529	-1.049529
20.50	0.053938	0.051805	-1.105743	0.051281	-1.051281	0.049039	-1.049039
20.75	0.053227	0.051248	-1.104476	0.050632	-1.050632	0.048553	-1.048553
21.00	0.052534	0.050699	-1.103233	0.050000	-1.050000	0.048072	-1.048072
21.25	0.051859	0.050156	-1.102015	0.049382	-1.049382	0.047595	-1.047595
21.50	0.051201	0.049620	-1.100821	0.048780	-1.048780	0.047123	-1.047123
21.75	0.050558	0.049092	-1.099651	0.048193	-1.048193	0.046656	-1.046656
22.00	0.049932	0.048572	-1.098503	0.047619	-1.047619	0.046194	-1.046194
22.25	0.049320	0.048058	-1.097379	0.047059	-1.047059	0.045737	-1.045737
22.50	0.048723	0.047552	-1.096276	0.046511	-1.046511	0.045286	-1.045286
22.75	0.048140	0.047054	-1.095194	0.045977	-1.045977	0.044841	-1.044841
23.00	0.047571	0.046563	-1.094134	0.045454	-1.045454	0.044401	-1.044401
23.25	0.047015	0.046080	-1.093095	0.044944	-1.044944	0.043967	-1.043967
23.50	0.046471	0.045604	-1.092075	0.044444	-1.044444	0.043538	-1.043538
23.75	0.045940	0.045135	-1.091075	0.043956	-1.043956	0.043116	-1.043116
24.00	0.045421	0.044674	-1.090095	0.043478	-1.043478	0.042699	-1.042699
24.25	0.044913	0.044220	-1.089133	0.043011	-1.043011	0.042288	-1.042288
24.50	0.044416	0.043773	-1.088189	0.042553	-1.042553	0.041883	-1.041883
24.75	0.043930	0.043334	-1.087263	0.042105	-1.042105	0.041484	-1.041484
25.00	0.043454	0.042901	-1.086355	0.041667	-1.041667	0.041091	-1.041091
26.25	0.041221	0.040841	-1.082063	0.039604	-1.039604	0.039209	-1.039209
27.50	0.039205	0.038944	-1.078150	0.037736	-1.037736	0.037465	-1.037465
28.75	0.037376	0.037197	-1.074573	0.036036	-1.036036	0.035850	-1.035850
30.00	0.035710	0.035586	-1.071296	0.034483	-1.034483	0.034355	-1.034355
31.25	0.034185	0.034100	-1.068285	0.033058	-1.033058	0.032970	-1.032970
32.50	0.032785	0.032727	-1.065512	0.031746	-1.031746	0.031686	-1.031686
33.75	0.031495	0.031455	-1.062950	0.030534	-1.030534	0.030493	-1.030493
35.00	0.030302	0.030275	-1.060577	0.029412	-1.029412	0.029383	-1.029383
36.25	0.029197	0.029178	-1.058374	0.028369	-1.028369	0.028349	-1.028349
37.50	0.028169	0.028156	-1.056324	0.027397	-1.027397	0.027384	-1.027384
38.75	0.027211	0.027202	-1.054412	0.026490	-1.026490	0.026481	-1.026481
40.00	0.026316	0.026309	-1.052625	0.025641	-1.025641	0.025635	-1.025635
41.25	0.025478	0.025473	-1.050951	0.024845	-1.024845	0.024840	-1.024840
42.50	0.024691	0.024688	-1.049380	0.024096	-1.024096	0.024093	-1.024093
43.75	0.023952	0.023950	-1.047902	0.023392	-1.023392	0.023390	-1.023390
45.00	0.023256	0.023254	-1.046510	0.022727	-1.022727	0.022726	-1.022726
46.25	0.022599	0.022598	-1.045197	0.022099	-1.022099	0.022098	-1.022098
47.50	0.021978	0.021977	-1.043955	0.021505	-1.021505	0.021505	-1.021505
48.75	0.021390	0.021390	-1.042780	0.020942	-1.020942	0.020942	-1.020942
BETA	F.MIMA(B,B)	F.MIMB(B,B)	F.MIK(B,B)	F.MIMA(B,G)	F.MIK(B,G)	F.MIMB(G,B)	F.MIK(G,B)

XM/L = 0.70

XM/L = 0.80

BETA	F.M;MA(B,B)	F.M;MB(B,B)	F.M;K(B,B)	F.M;MA(B,G)	F.M;K(B,G)	F.M;MB(G,B)	F.M;K(G,B)
0.00	0.280000	-0.320000	-0.960000	0.440000	-1.440000	-0.460000	-0.540000
0.25	0.279601	-0.319401	-0.960200	0.438804	-1.438804	-0.458766	-0.541234
0.50	0.278411	-0.317614	-0.960797	0.435258	-1.435258	-0.455102	-0.544898
0.75	0.276454	-0.314669	-0.961786	0.429490	-1.429490	-0.449120	-0.550880
1.00	0.273770	-0.310615	-0.963155	0.421699	-1.421699	-0.440997	-0.559003
1.25	0.270409	-0.305519	-0.964890	0.412139	-1.412139	-0.430961	-0.569039
1.50	0.266432	-0.299459	-0.966974	0.401099	-1.401099	-0.419273	-0.580727
1.75	0.261911	-0.292527	-0.969385	0.388887	-1.388887	-0.406213	-0.593787
2.00	0.256920	-0.284820	-0.972099	0.375806	-1.375806	-0.392061	-0.607939
2.25	0.251535	-0.276443	-0.975092	0.362145	-1.362145	-0.377087	-0.622913
2.50	0.245834	-0.267498	-0.978335	0.348164	-1.348164	-0.361541	-0.638459
2.75	0.239891	-0.258091	-0.981800	0.334089	-1.334089	-0.345646	-0.654354
3.00	0.233777	-0.248319	-0.985457	0.320111	-1.320111	-0.329598	-0.670402
3.25	0.227556	-0.238279	-0.989277	0.306384	-1.306384	-0.313559	-0.686441
3.50	0.221287	-0.228057	-0.993231	0.293026	-1.293026	-0.297666	-0.702334
3.75	0.215023	-0.217734	-0.997289	0.280128	-1.280128	-0.282028	-0.717972
4.00	0.208807	-0.207383	-1.001424	0.267749	-1.267749	-0.266730	-0.733270
4.25	0.202677	-0.197067	-1.005610	0.255931	-1.255931	-0.251837	-0.748163
4.50	0.196664	-0.186843	-1.009821	0.244694	-1.244694	-0.237398	-0.762602
4.75	0.190793	-0.176758	-1.014035	0.234045	-1.234045	-0.223445	-0.776555
5.00	0.185082	-0.166853	-1.018230	0.223980	-1.223980	-0.210001	-0.789999
5.25	0.179547	-0.157162	-1.022386	0.214487	-1.214487	-0.197078	-0.802922
5.50	0.174197	-0.147712	-1.026485	0.205545	-1.205545	-0.184681	-0.815319
5.75	0.169038	-0.138526	-1.030513	0.197133	-1.197133	-0.172809	-0.827191
6.00	0.164073	-0.129619	-1.034454	0.189226	-1.189226	-0.161457	-0.838543
6.25	0.159302	-0.121006	-1.038297	0.181795	-1.181795	-0.150616	-0.849384
6.50	0.154724	-0.112693	-1.042031	0.174813	-1.174813	-0.140275	-0.859725
6.75	0.150336	-0.104687	-1.045649	0.168254	-1.168254	-0.130419	-0.869581
7.00	0.146131	-0.096989	-1.049142	0.162090	-1.162090	-0.121034	-0.878966
7.25	0.142106	-0.089601	-1.052505	0.156295	-1.156295	-0.112104	-0.887896
7.50	0.138253	-0.082520	-1.055733	0.150844	-1.150844	-0.103613	-0.896387
7.75	0.134567	-0.075742	-1.058825	0.145713	-1.145713	-0.095545	-0.904455
8.00	0.131039	-0.069263	-1.061776	0.140881	-1.140881	-0.087882	-0.912118
8.25	0.127663	-0.063076	-1.064587	0.136326	-1.136326	-0.080609	-0.919391
8.50	0.124432	-0.057175	-1.067257	0.132029	-1.132029	-0.073708	-0.926292
8.75	0.121338	-0.051551	-1.069787	0.127972	-1.127972	-0.067164	-0.932836
9.00	0.118375	-0.046197	-1.072178	0.124137	-1.124137	-0.060961	-0.939039
9.25	0.115536	-0.041105	-1.074432	0.120510	-1.120510	-0.055084	-0.944916
9.50	0.112815	-0.036264	-1.076550	0.117075	-1.117075	-0.049518	-0.950482
9.75	0.110205	-0.031668	-1.078537	0.113820	-1.113820	-0.044248	-0.955752
BETA	F.M;MA(B,B)	F.M;MB(B,B)	F.M;K(B,B)	F.M;MA(B,G)	F.M;K(B,G)	F.M;MB(G,B)	F.M;K(G,B)

XM/L = 0.80

XM/L = 0.80

BETA	F.M;MA(B,B)	F.M;MB(B,B)	F.M;K(B,B)	F.M;MA(B,G)	F.M;K(B,G)	F.M;MB(G,B)	F.M;K(G,B)
10.00	0.107700	-0.027306	-1.080395	0.110732	-1.110732	-0.039261	-0.960739
10.25	0.105296	-0.023169	-1.082127	0.107799	-1.107799	-0.034544	-0.965456
10.50	0.102986	-0.019249	-1.083737	0.105011	-1.105011	-0.030083	-0.969917
10.75	0.100766	-0.015537	-1.085229	0.1C2358	-1.102358	-0.025867	-0.974133
11.00	0.098630	-0.012024	-1.086606	0.099832	-1.099832	-0.021883	-0.978117
11.25	0.096575	-0.008702	-1.087873	0.097424	-1.097424	-0.018121	-0.981879
11.50	0.094597	-0.005562	-1.089035	0.095126	-1.095126	-0.014569	-0.985431
11.75	0.092691	-0.002597	-1.090094	0.092932	-1.092932	-0.011217	-0.988783
12.00	0.090853	0.000202	-1.091055	0.090835	-1.090835	-0.008056	-0.991944
12.25	0.089081	0.002842	-1.091923	0.088828	-1.088828	-0.005075	-0.994925
12.50	0.087370	0.005330	-1.092701	0.086907	-1.086907	-0.002266	-0.997734
12.75	0.085719	0.007674	-1.093393	0.085066	-1.085066	0.000379	-1.000379
13.00	0.084123	0.009880	-1.094004	0.083300	-1.083300	0.002870	-1.002870
13.25	0.082581	0.011955	-1.094536	0.081606	-1.081606	0.005214	-1.005214
13.50	0.081090	0.013905	-1.094995	0.079978	-1.079978	0.007418	-1.007418
13.75	0.079647	0.015736	-1.095384	0.078413	-1.078413	0.009490	-1.009490
14.00	0.078251	0.017454	-1.095705	0.076908	-1.076908	0.011435	-1.011435
14.25	0.076898	0.019065	-1.095964	0.075460	-1.075460	0.013262	-1.013262
14.50	0.075588	0.020574	-1.096162	0.074064	-1.074064	0.014975	-1.014975
14.75	0.074318	0.021986	-1.096304	0.072719	-1.072719	0.016581	-1.016581
15.00	0.073087	0.023306	-1.096392	0.071422	-1.071422	0.018085	-1.018085
15.25	0.071892	0.024538	-1.096430	0.070170	-1.070170	0.019493	-1.019493
15.50	0.070733	0.025688	-1.096420	0.068961	-1.068961	0.020809	-1.020809
15.75	0.069607	0.026758	-1.096365	0.067793	-1.067793	0.022039	-1.022039
16.00	0.068514	0.027755	-1.096269	0.066664	-1.066664	0.023187	-1.023187
16.25	0.067452	0.028680	-1.096132	0.065571	-1.065571	0.024257	-1.024257
16.50	0.066420	0.029539	-1.095958	0.064514	-1.064514	0.025253	-1.025253
16.75	0.065416	0.030334	-1.095750	0.063490	-1.063490	0.026180	-1.026180
17.00	0.064440	0.031068	-1.095509	0.062499	-1.062499	0.027041	-1.027041
17.25	0.063491	0.031746	-1.095237	0.061537	-1.061537	0.027839	-1.027839
17.50	0.062567	0.032370	-1.094937	0.060605	-1.060605	0.028579	-1.028579
17.75	0.061668	0.032944	-1.094611	0.059701	-1.059701	0.029262	-1.029262
18.00	0.060792	0.033469	-1.094260	0.058823	-1.058823	0.029893	-1.029893
18.25	0.059939	0.033948	-1.093886	0.057971	-1.057971	0.030473	-1.030473
18.50	0.059107	0.034384	-1.093491	0.057142	-1.057142	0.031007	-1.031007
18.75	0.058297	0.034780	-1.093077	0.056338	-1.056338	0.031495	-1.031495
19.00	0.057507	0.035137	-1.092644	0.055555	-1.055555	0.031942	-1.031942
19.25	0.056737	0.035458	-1.092195	0.054794	-1.054794	0.032349	-1.032349
19.50	0.055986	0.035744	-1.091730	0.054054	-1.054054	0.032718	-1.032718
19.75	0.055253	0.035999	-1.091252	0.053333	-1.053333	0.033052	-1.033052

| BETA | F.M;MA(B,B) | F.M;MB(B,B) | F.M;K(B,B) | F.M;MA(B,G) | F.M;K(B,G) | F.M;MB(G,B) | F.M;K(G,B) |

XM/L = 0.80

Z U G S T A E B E -658-

XM/L = 0.80

BETA	F.MIMA(B,B)	F.MIMB(B,B)	F.MIK(B,B)	F.MIMA(B,G)	F.MIK(B,G)	F.MIMB(G,B)	F.MIK(G,B)
20.00	0.054538	0.036222	-1.090760	0.052631	-1.052631	0.033352	-1.033352
20.25	0.053840	0.036417	-1.090257	0.051948	-1.051948	0.033621	-1.033621
20.50	0.053158	0.036586	-1.089744	0.051282	-1.051282	0.033859	-1.033859
20.75	0.052492	0.036728	-1.089221	0.050633	-1.050633	0.034070	-1.034070
21.00	0.051842	0.036847	-1.088689	0.050000	-1.050000	0.034255	-1.034255
21.25	0.051207	0.036943	-1.088150	0.049383	-1.049383	0.034414	-1.034414
21.50	0.050586	0.037018	-1.087604	0.048780	-1.048780	0.034550	-1.034550
21.75	0.049979	0.037073	-1.087052	0.048193	-1.048193	0.034664	-1.034664
22.00	0.049386	0.037109	-1.086495	0.047619	-1.047619	0.034757	-1.034757
22.25	0.048806	0.037127	-1.085933	0.047059	-1.047059	0.034831	-1.034831
22.50	0.048239	0.037130	-1.085368	0.046512	-1.046512	0.034886	-1.034886
22.75	0.047683	0.037116	-1.084800	0.045977	-1.045977	0.034924	-1.034924
23.00	0.047140	0.037089	-1.084229	0.045455	-1.045455	0.034946	-1.034946
23.25	0.046609	0.037047	-1.083656	0.044944	-1.044944	0.034952	-1.034952
23.50	0.046089	0.036993	-1.083082	0.044444	-1.044444	0.034945	-1.034945
23.75	0.045579	0.036928	-1.082507	0.043956	-1.043956	0.034924	-1.034924
24.00	0.045080	0.036851	-1.081931	0.043478	-1.043478	0.034891	-1.034891
24.25	0.044592	0.036764	-1.081356	0.043011	-1.043011	0.034846	-1.034846
24.50	0.044113	0.036667	-1.080780	0.042553	-1.042553	0.034790	-1.034790
24.75	0.043645	0.036561	-1.080206	0.042105	-1.042105	0.034724	-1.034724
25.00	0.043185	0.036447	-1.079633	0.041667	-1.041667	0.034648	-1.034648
26.25	0.041021	0.035773	-1.076794	0.039604	-1.039604	0.034149	-1.034149
27.50	0.039055	0.034969	-1.074024	0.037736	-1.037736	0.033495	-1.033495
28.75	0.037264	0.034081	-1.071346	0.036036	-1.036036	0.032739	-1.032739
30.00	0.035626	0.033147	-1.068773	0.034483	-1.034483	0.031919	-1.031919
31.25	0.034122	0.032192	-1.066314	0.033058	-1.033058	0.031064	-1.031064
32.50	0.032738	0.031234	-1.063972	0.031746	-1.031746	0.030195	-1.030195
33.75	0.031459	0.030288	-1.061747	0.030534	-1.030534	0.029328	-1.029328
35.00	0.030275	0.029364	-1.059639	0.029412	-1.029412	0.028473	-1.028473
36.25	0.029176	0.028466	-1.057643	0.028369	-1.028369	0.027638	-1.027638
37.50	0.028153	0.027600	-1.055754	0.027397	-1.027397	0.026829	-1.026829
38.75	0.027199	0.026768	-1.053968	0.026490	-1.026490	0.026048	-1.026048
40.00	0.026307	0.025971	-1.052278	0.025641	-1.025641	0.025297	-1.025297
41.25	0.025471	0.025210	-1.050681	0.024845	-1.024845	0.024577	-1.024577
42.50	0.024686	0.024483	-1.049169	0.024096	-1.024096	0.023888	-1.023888
43.75	0.023948	0.023790	-1.047738	0.023392	-1.023392	0.023230	-1.023230
45.00	0.023253	0.023130	-1.046382	0.022727	-1.022727	0.022601	-1.022601
46.25	0.022597	0.022501	-1.045097	0.022099	-1.022099	0.022001	-1.022001
47.50	0.021976	0.021902	-1.043878	0.021505	-1.021505	0.021429	-1.021429
48.75	0.021389	0.021331	-1.042720	0.020942	-1.020942	0.020883	-1.020883

| BETA | F.MIMA(B,B) | F.MIMB(B,B) | F.MIK(B,B) | F.MIMA(B,G) | F.MIK(B,G) | F.MIMB(G,B) | F.MIK(G,B) |

XM/L = 0.80

XM/L = 0.90

BETA	F.MIMA(B,B)	F.MIMB(B,B)	F.MIK(B,B)	F.MIMA(B,G)	F.MIK(B,G)	F.MIMB(G,B)	F.MIK(G,B)
0.00	0.170000	-0.630000	-0.540000	0.485000	-1.485000	-0.715000	-0.285000
0.25	0.169780	-0.629471	-0.540309	0.483535	-1.483535	-0.714097	-0.285903
0.50	0.169125	-0.627891	-0.541234	0.479197	-1.479197	-0.711410	-0.288590
0.75	0.168049	-0.625281	-0.542768	0.472148	-1.472148	-0.707009	-0.292991
1.00	0.166573	-0.621675	-0.544898	0.462643	-1.462643	-0.701005	-0.298995
1.25	0.164728	-0.617119	-0.547609	0.451010	-1.451010	-0.693536	-0.306464
1.50	0.162550	-0.611670	-0.550880	0.437617	-1.437617	-0.684768	-0.315232
1.75	0.160078	-0.605390	-0.554687	0.422856	-1.422856	-0.674874	-0.325126
2.00	0.157354	-0.598351	-0.559003	0.407111	-1.407111	-0.664032	-0.335968
2.25	0.154424	-0.590626	-0.563798	0.390744	-1.390744	-0.652414	-0.347586
2.50	0.151330	-0.582291	-0.569039	0.374082	-1.374082	-0.640181	-0.359819
2.75	0.148114	-0.573421	-0.574694	0.357402	-1.357402	-0.627480	-0.372520
3.00	0.144817	-0.564090	-0.580727	0.340937	-1.340937	-0.614440	-0.385560
3.25	0.141473	-0.554370	-0.587103	0.324871	-1.324871	-0.601173	-0.398827
3.50	0.138116	-0.544328	-0.593787	0.309343	-1.309343	-0.587775	-0.412225
3.75	0.134772	-0.534028	-0.600744	0.294452	-1.294452	-0.574326	-0.425674
4.00	0.131466	-0.523527	-0.607939	0.280263	-1.280263	-0.560892	-0.439108
4.25	0.128218	-0.512878	-0.615340	0.266815	-1.266815	-0.547527	-0.452473
4.50	0.125043	-0.502130	-0.622913	0.254122	-1.254122	-0.534274	-0.465726
4.75	0.121954	-0.491325	-0.630630	0.242182	-1.242182	-0.521167	-0.478833
5.00	0.118960	-0.480501	-0.638459	0.230978	-1.230978	-0.508234	-0.491766
5.25	0.116067	-0.469691	-0.646376	0.220486	-1.220486	-0.495495	-0.504505
5.50	0.113279	-0.458926	-0.654354	0.210674	-1.210674	-0.482966	-0.517034
5.75	0.110598	-0.448229	-0.662370	0.201506	-1.201506	-0.470660	-0.529340
6.00	0.108025	-0.437623	-0.670402	0.192945	-1.192945	-0.458585	-0.541415
6.25	0.105558	-0.427126	-0.678432	0.184951	-1.184951	-0.446746	-0.553254
6.50	0.103194	-0.416753	-0.686441	0.177486	-1.177486	-0.435149	-0.564851
6.75	0.100932	-0.406519	-0.694413	0.170513	-1.170513	-0.423795	-0.576205
7.00	0.098767	-0.396433	-0.702334	0.163996	-1.163996	-0.412684	-0.587316
7.25	0.096696	-0.386506	-0.710190	0.157900	-1.157900	-0.401818	-0.598182
7.50	0.094714	-0.376742	-0.717972	0.152194	-1.152194	-0.391193	-0.608807
7.75	0.092817	-0.367150	-0.725668	0.146847	-1.146847	-0.380808	-0.619192
8.00	0.091001	-0.357732	-0.733270	0.141832	-1.141832	-0.370662	-0.629338
8.25	0.089262	-0.348491	-0.740770	0.137122	-1.137122	-0.360750	-0.639250
8.50	0.087594	-0.339432	-0.748163	0.132695	-1.132695	-0.351070	-0.648930
8.75	0.085995	-0.330553	-0.755442	0.128528	-1.128528	-0.341618	-0.658382
9.00	0.084459	-0.321857	-0.762602	0.124602	-1.124602	-0.332391	-0.667609
9.25	0.082984	-0.313343	-0.769641	0.120898	-1.120898	-0.323384	-0.676616
9.50	0.081566	-0.305011	-0.776555	0.117398	-1.117398	-0.314593	-0.685407
9.75	0.080201	-0.296859	-0.783342	0.114089	-1.114089	-0.306014	-0.693986

BETA | F.MIMA(B,B) | F.MIMB(B,B) | F.MIK(B,B) | F.MIMA(B,G) | F.MIK(B,G) | F.MIMB(G,B) | F.MIK(G,B)

XM/L = 0.90

Z U G S T A E B E -660-

XM/L = 0.90

BETA	F.MIMA(B,B)	F.MIMB(B,B)	F.MIK(B,B)	F.MIMA(B,G)	F.MIK(B,G)	F.MIMB(G,B)	F.MIK(G,B)
10.00	0.078886	-0.288887	-0.789999	0.110955	-1.110955	-0.297644	-0.702356
10.25	0.077619	-0.281092	-0.796526	0.107985	-1.107985	-0.289477	-0.710523
10.50	0.076396	-0.273473	-0.802922	0.105166	-1.105166	-0.281510	-0.718490
10.75	0.075214	-0.266028	-0.809187	0.102487	-1.102487	-0.273739	-0.726261
11.00	0.074073	-0.258754	-0.815319	0.099939	-1.099939	-0.266158	-0.733842
11.25	0.072969	-0.251648	-0.821320	0.097512	-1.097512	-0.258765	-0.741235
11.50	0.071899	-0.244709	-0.827191	0.095200	-1.095200	-0.251555	-0.748445
11.75	0.070864	-0.237932	-0.832931	0.092993	-1.092993	-0.244523	-0.755477
12.00	0.069859	-0.231317	-0.838543	0.090885	-1.090885	-0.237666	-0.762334
12.25	0.068885	-0.224858	-0.844026	0.088870	-1.088870	-0.230981	-0.769019
12.50	0.067938	-0.218555	-0.849384	0.086941	-1.086941	-0.224462	-0.775538
12.75	0.067019	-0.212403	-0.854616	0.085094	-1.085094	-0.218106	-0.781894
13.00	0.066125	-0.206399	-0.859725	0.083324	-1.083324	-0.211909	-0.788091
13.25	0.065255	-0.200542	-0.864713	0.081625	-1.081625	-0.205869	-0.794131
13.50	0.064408	-0.194827	-0.869581	0.079994	-1.079994	-0.199979	-0.800021
13.75	0.063584	-0.189252	-0.874332	0.078427	-1.078427	-0.194239	-0.805761
14.00	0.062780	-0.183814	-0.878966	0.076919	-1.076919	-0.188643	-0.811357
14.25	0.061996	-0.178509	-0.883487	0.075469	-1.075469	-0.183188	-0.816812
14.50	0.061232	-0.173336	-0.887896	0.074072	-1.074072	-0.177872	-0.822128
14.75	0.060486	-0.168291	-0.892195	0.072725	-1.072725	-0.172690	-0.827310
15.00	0.059758	-0.163371	-0.896387	0.071427	-1.071427	-0.167639	-0.832361
15.25	0.059046	-0.158574	-0.900473	0.070174	-1.070174	-0.162717	-0.837283
15.50	0.058351	-0.153896	-0.904455	0.068965	-1.068965	-0.157920	-0.842080
15.75	0.057671	-0.149335	-0.908336	0.067796	-1.067796	-0.153245	-0.846755
16.00	0.057007	-0.144889	-0.912118	0.066666	-1.066666	-0.148690	-0.851310
16.25	0.056357	-0.140555	-0.915802	0.065573	-1.065573	-0.144250	-0.855750
16.50	0.055720	-0.136329	-0.919391	0.064516	-1.064516	-0.139924	-0.860076
16.75	0.055097	-0.132210	-0.922887	0.063492	-1.063492	-0.135709	-0.864291
17.00	0.054488	-0.128196	-0.926292	0.062500	-1.062500	-0.131601	-0.868399
17.25	0.053890	-0.124283	-0.929607	0.061538	-1.061538	-0.127599	-0.872401
17.50	0.053305	-0.120469	-0.932836	0.060606	-1.060606	-0.123700	-0.876300
17.75	0.052731	-0.116752	-0.935979	0.059701	-1.059701	-0.119900	-0.880100
18.00	0.052169	-0.113130	-0.939039	0.058823	-1.058823	-0.116199	-0.883801
18.25	0.051617	-0.109600	-0.942017	0.057971	-1.057971	-0.112593	-0.887407
18.50	0.051076	-0.106161	-0.944916	0.057143	-1.057143	-0.109079	-0.890921
18.75	0.050546	-0.102809	-0.947737	0.056338	-1.056338	-0.105657	-0.894343
19.00	0.050025	-0.099543	-0.950482	0.055556	-1.055556	-0.102322	-0.897678
19.25	0.049514	-0.096361	-0.953153	0.054794	-1.054794	-0.099074	-0.900926
19.50	0.049013	-0.093261	-0.955752	0.054054	-1.054054	-0.095911	-0.904089
19.75	0.048520	-0.090241	-0.958280	0.053333	-1.053333	-0.092829	-0.907171

BETA | F.MIMA(B,B) | F.MIMB(B,B) | F.MIK(B,B) | F.MIMA(B,G) | F.MIK(B,G) | F.MIMB(G,B) | F.MIK(G,B)
XM/L = 0.90
Z U G S T A E B E -661-

XM/L = 0.90

BETA	F.M;MA(B,B)	F.M;MB(B,B)	F.M;K(B,B)	F.M;MA(B,G)	F.M;K(B,G)	F.M;MB(G,B)	F.M;K(G,B)
20.00	0.048037	-0.087298	-0.960739	0.052632	-1.052632	-0.089827	-0.910173
20.25	0.047562	-0.084432	-0.963130	0.051948	-1.051948	-0.086903	-0.913097
20.50	0.047095	-0.081639	-0.965456	0.051282	-1.051282	-0.084055	-0.915945
20.75	0.046637	-0.078919	-0.967718	0.050633	-1.050633	-0.081281	-0.918719
21.00	0.046186	-0.076270	-0.969917	0.050000	-1.050000	-0.078579	-0.921421
21.25	0.045744	-0.073689	-0.972055	0.049383	-1.049383	-0.075948	-0.924052
21.50	0.045309	-0.071176	-0.974133	0.048780	-1.048780	-0.073386	-0.926614
21.75	0.044881	-0.068728	-0.976153	0.048193	-1.048193	-0.070890	-0.929110
22.00	0.044460	-0.066343	-0.978117	0.047619	-1.047619	-0.068460	-0.931540
22.25	0.044046	-0.064021	-0.980025	0.047059	-1.047059	-0.066094	-0.933906
22.50	0.043639	-0.061760	-0.981879	0.046512	-1.046512	-0.063790	-0.936210
22.75	0.043239	-0.059558	-0.983680	0.045977	-1.045977	-0.061546	-0.938454
23.00	0.042845	-0.057414	-0.985431	0.045455	-1.045455	-0.059362	-0.940638
23.25	0.042457	-0.055326	-0.987131	0.044944	-1.044944	-0.057234	-0.942766
23.50	0.042076	-0.053293	-0.988783	0.044444	-1.044444	-0.055163	-0.944837
23.75	0.041700	-0.051314	-0.990386	0.043956	-1.043956	-0.053147	-0.946853
24.00	0.041331	-0.049387	-0.991944	0.043478	-1.043478	-0.051184	-0.948816
24.25	0.040967	-0.047511	-0.993456	0.043011	-1.043011	-0.049273	-0.950727
24.50	0.040609	-0.045684	-0.994925	0.042553	-1.042553	-0.047412	-0.952588
24.75	0.040257	-0.043906	-0.996350	0.042105	-1.042105	-0.045601	-0.954399
25.00	0.039909	-0.042176	-0.997734	0.041667	-1.041667	-0.043839	-0.956161
26.25	0.038250	-0.034190	-1.004060	0.039604	-1.039604	-0.035705	-0.964295
27.50	0.036709	-0.027219	-1.009490	0.037736	-1.037736	-0.028604	-0.971396
28.75	0.035274	-0.021142	-1.014132	0.036036	-1.036036	-0.022413	-0.977587
30.00	0.033936	-0.015851	-1.018085	0.034483	-1.034483	-0.017021	-0.982979
31.25	0.032686	-0.011251	-1.021435	0.033058	-1.033058	-0.012332	-0.987668
32.50	0.031516	-0.007259	-1.024257	0.031746	-1.031746	-0.008259	-0.991741
33.75	0.030418	-0.003800	-1.026619	0.030534	-1.030534	-0.004729	-0.995271
35.00	0.029388	-0.000809	-1.028579	0.029412	-1.029412	-0.001674	-0.998326
36.25	0.028419	0.001770	-1.030189	0.028369	-1.028369	0.000964	-1.000964
37.50	0.027507	0.003989	-1.031495	0.027397	-1.027397	0.003235	-1.003235
38.75	0.026646	0.005892	-1.032538	0.026490	-1.026490	0.005186	-1.005186
40.00	0.025834	0.007518	-1.033352	0.025641	-1.025641	0.006856	-1.006856
41.25	0.025066	0.008902	-1.033968	0.024845	-1.024845	0.008280	-1.008280
42.50	0.024339	0.010075	-1.034414	0.024096	-1.024096	0.009488	-1.009488
43.75	0.023651	0.011062	-1.034713	0.023392	-1.023392	0.010509	-1.010509
45.00	0.022997	0.011888	-1.034886	0.022727	-1.022727	0.011366	-1.011366
46.25	0.022377	0.012574	-1.034951	0.022099	-1.022099	0.012079	-1.012079
47.50	0.021788	0.013136	-1.034924	0.021505	-1.021505	0.012668	-1.012668
48.75	0.021227	0.013592	-1.034819	0.020942	-1.020942	0.013147	-1.013147

| BETA | F.M;MA(B,B) | F.M;MB(B,B) | F.M;K(B,B) | F.M;MA(B,G) | F.M;K(B,G) | F.M;MB(G,B) | F.M;K(G,B) |

XM/L = 0.90

Z U G S T A E B E -662-

XM/L = 1.00

BETA	F.MIMA(B,B)	F.MIMB(B,B)	F.MIK(B,B)	F.MIMA(B,G)	F.MIK(B,G)	F.MIMB(G,B)	F.MIK(G,B)
0.00	-0.000000	-1.000000	0.000000	0.500000	-1.500000	-1.000000	0.000000
0.25	0.000000	-1.000000	-0.000000	0.498443	-1.498443	-1.000000	-0.000000
0.50	0.000000	-1.000000	-0.000000	0.493831	-1.493831	-1.000000	-0.000000
0.75	-0.000000	-1.000000	-0.000000	0.486340	-1.486340	-1.000000	-0.000000
1.00	0.000000	-1.000000	0.000000	0.476246	-1.476246	-1.000000	-0.000000
1.25	0.000000	-1.000000	0.000000	0.463899	-1.463899	-1.000000	-0.000000
1.50	0.000000	-1.000000	-0.000000	0.449699	-1.449699	-1.000000	-0.000000
1.75	-0.000000	-1.000000	-0.000000	0.434064	-1.434064	-1.000000	-0.000000
2.00	0.000000	-1.000000	0.000000	0.417408	-1.417408	-1.000000	-0.000000
2.25	0.000000	-1.000000	-0.000000	0.400119	-1.400119	-1.000000	-0.000000
2.50	0.000000	-1.000000	-0.000000	0.382544	-1.382544	-1.000000	-0.000000
2.75	0.000000	-1.000000	-0.000000	0.364981	-1.364981	-1.000000	-0.000000
3.00	-0.000000	-1.000000	-0.000000	0.347676	-1.347676	-1.000000	-0.000000
3.25	-0.000000	-1.000000	-0.000000	0.330822	-1.330822	-1.000000	-0.000000
3.50	0.000000	-1.000000	-0.000000	0.314566	-1.314566	-1.000000	-0.000000
3.75	0.000000	-1.000000	-0.000000	0.299010	-1.299010	-1.000000	-0.000000
4.00	0.000000	-1.000000	0.000000	0.284221	-1.284221	-1.000000	-0.000000
4.25	0.000000	-1.000000	0.000000	0.270234	-1.270234	-1.000000	-0.000000
4.50	0.000000	-1.000000	0.000000	0.257063	-1.257063	-1.000000	-0.000000
4.75	0.000000	-1.000000	-0.000000	0.244701	-1.244701	-1.000000	-0.000000
5.00	0.000000	-1.000000	-0.000000	0.233128	-1.233128	-1.000000	-0.000000
5.25	0.000000	-1.000000	-0.000000	0.222314	-1.222314	-1.000000	-0.000000
5.50	0.000000	-1.000000	0.000000	0.212224	-1.212224	-1.000000	-0.000000
5.75	0.000000	-1.000000	-0.000000	0.202816	-1.202816	-1.000000	-0.000000
6.00	0.000000	-1.000000	-0.000000	0.194048	-1.194048	-1.000000	-0.000000
6.25	0.000000	-1.000000	-0.000000	0.185878	-1.185878	-1.000000	-0.000000
6.50	0.000000	-1.000000	-0.000000	0.178264	-1.178264	-1.000000	-0.000000
6.75	0.000000	-1.000000	-0.000000	0.171163	-1.171163	-1.000000	-0.000000
7.00	0.000000	-1.000000	0.000000	0.164539	-1.164539	-1.000000	-0.000000
7.25	-0.000000	-1.000000	-0.000000	0.158352	-1.158352	-1.000000	-0.000000
7.50	0.000000	-1.000000	-0.000000	0.152570	-1.152570	-1.000000	-0.000000
7.75	0.000000	-1.000000	-0.000000	0.147159	-1.147159	-1.000000	-0.000000
8.00	0.000000	-1.000000	0.000000	0.142090	-1.142090	-1.000000	-0.000000
8.25	0.000000	-1.000000	-0.000000	0.137336	-1.137336	-1.000000	-0.000000
8.50	0.000000	-1.000000	-0.000000	0.132872	-1.132872	-1.000000	-0.000000
8.75	0.000000	-1.000000	-0.000000	0.128674	-1.128674	-1.000000	-0.000000
9.00	0.000000	-1.000000	-0.000000	0.124722	-1.124722	-1.000000	-0.000000
9.25	0.000000	-1.000000	-0.000000	0.120997	-1.120997	-1.000000	-0.000000
9.50	0.000000	-1.000000	-0.000000	0.117480	-1.117480	-1.000000	-0.000000
9.75	0.000000	-1.000000	-0.000000	0.114156	-1.114156	-1.000000	-0.000000

| BETA | F.MIMA(B,B) | F.MIMB(B,B) | F.MIK(B,B) | F.MIMA(B,G) | F.MIK(B,G) | F.MIMB(G,B) | F.MIK(G,B) |

XM/L = 1.00

Z U G S T A E B E -663-

XM/L = 1.00

BETA	F.MIMA(B,B)	F.MIMB(B,B)	F.MIK(B,B)	F.MIMA(B,G)	F.MIK(B,G)	F.MIMB(G,B)	F.MIK(G,B)
10.00	0.000000	-1.000000	0.000000	0.111010	-1.111010	-1.000000	-0.000000
10.25	0.000000	-1.000000	-0.000000	0.108030	-1.108030	-1.000000	-0.000000
10.50	0.000000	-1.000000	-0.000000	0.105202	-1.105202	-1.000000	-0.000000
10.75	0.000000	-1.000000	-0.000000	0.102517	-1.102517	-1.000000	-0.000000
11.00	0.000000	-1.000000	-0.000000	0.099963	-1.099963	-1.000000	-0.000000
11.25	0.000000	-1.000000	-0.000000	0.097532	-1.097532	-1.000000	-0.000000
11.50	0.000000	-1.000000	-0.000000	0.095216	-1.095216	-1.000000	-0.000000
11.75	0.000000	-1.000000	-0.000000	0.093006	-1.093006	-1.000000	-0.000000
12.00	0.000000	-1.000000	-0.000000	0.090896	-1.090896	-1.000000	-0.000000
12.25	0.000000	-1.000000	-0.000000	0.088878	-1.088878	-1.000000	-0.000000
12.50	0.000000	-1.000000	-0.000000	0.086948	-1.086948	-1.000000	-0.000000
12.75	0.000000	-1.000000	-0.000000	0.085100	-1.085100	-1.000000	-0.000000
13.00	0.000000	-1.000000	-0.000000	0.083328	-1.083328	-1.000000	-0.000000
13.25	0.000000	-1.000000	-0.000000	0.081629	-1.081629	-1.000000	-0.000000
13.50	0.000000	-1.000000	-0.000000	0.079997	-1.079997	-1.000000	-0.000000
13.75	0.000000	-1.000000	-0.000000	0.078429	-1.078429	-1.000000	-0.000000
14.00	0.000000	-1.000000	-0.000000	0.076921	-1.076921	-1.000000	-0.000000
14.25	0.000000	-1.000000	-0.000000	0.075470	-1.075470	-1.000000	-0.000000
14.50	0.000000	-1.000000	-0.000000	0.074073	-1.074073	-1.000000	-0.000000
14.75	0.000000	-1.000000	-0.000000	0.072726	-1.072726	-1.000000	-0.000000
15.00	0.000000	-1.000000	-0.000000	0.071428	-1.071428	-1.000000	-0.000000
15.25	0.000000	-1.000000	-0.000000	0.070175	-1.070175	-1.000000	-0.000000
15.50	0.000000	-1.000000	-0.000000	0.068965	-1.068965	-1.000000	-0.000000
15.75	0.000000	-1.000000	-0.000000	0.067796	-1.067796	-1.000000	-0.000000
16.00	0.000000	-1.000000	-0.000000	0.066666	-1.066666	-1.000000	-0.000000
16.25	-0.000000	-1.000000	0.000000	0.065574	-1.065574	-1.000000	0.000000
16.50	-0.000000	-1.000000	0.000000	0.064516	-1.064516	-1.000000	0.000000
16.75	-0.000000	-1.000000	0.000000	0.063492	-1.063492	-1.000000	-0.000000
17.00	-0.000000	-1.000000	0.000000	0.062500	-1.062500	-1.000000	-0.000000
17.25	-0.000000	-1.000000	0.000000	0.061538	-1.061538	-1.000000	-0.000000
17.50	-0.000000	-1.000000	0.000000	0.060606	-1.060606	-1.000000	-0.000000
17.75	-0.000000	-1.000000	0.000000	0.059701	-1.059701	-1.000000	-0.000000
18.00	-0.000000	-1.000000	0.000000	0.058823	-1.058823	-1.000000	-0.000000
18.25	-0.000000	-1.000000	0.000000	0.057971	-1.057971	-1.000000	-0.000000
18.50	-0.000000	-1.000000	0.000000	0.057143	-1.057143	-1.000000	-0.000000
18.75	-0.000000	-1.000000	0.000000	0.056338	-1.056338	-1.000000	-0.000000
19.00	-0.000000	-1.000000	0.000000	0.055556	-1.055556	-1.000000	-0.000000
19.25	-0.000000	-1.000000	0.000000	0.054795	-1.054795	-1.000000	-0.000000
19.50	-0.000000	-1.000000	0.000000	0.054054	-1.054054	-1.000000	-0.000000
19.75	-0.000000	-1.000000	0.000000	0.053333	-1.053333	-1.000000	-0.000000
BETA	F.MIMA(B,B)	F.MIMB(B,B)	F.MIK(B,B)	F.MIMA(B,G)	F.MIK(B,G)	F.MIMB(G,B)	F.MIK(G,B)

XM/L = 1.00

XM/L = 1.00

BETA	F.MIMA(B,B)	F.MIMB(B,B)	F.MIK(B,B)	F.MIMA(B,G)	F.MIK(B,G)	F.MIMB(G,B)	F.MIK(G,B)
20.00	-0.000000	-1.000000	0.000000	0.052632	-1.052632	-1.000000	-0.000000
20.25	-0.000000	-1.000000	0.000000	0.051948	-1.051948	-1.000000	-0.000000
20.50	-0.000000	-1.000000	0.000000	0.051282	-1.051282	-1.000000	-0.000000
20.75	-0.000000	-1.000000	0.000000	0.050633	-1.050633	-1.000000	-0.000000
21.00	-0.000000	-1.000000	0.000000	0.050000	-1.050000	-1.000000	-0.000000
21.25	-0.000000	-1.000000	0.000000	0.049383	-1.049383	-1.000000	-0.000000
21.50	-0.000000	-1.000000	0.000000	0.048780	-1.048780	-1.000000	-0.000000
21.75	-0.000000	-1.000000	0.000000	0.048193	-1.048193	-1.000000	-0.000000
22.00	-0.000000	-1.000000	0.000000	0.047619	-1.047619	-1.000000	-0.000000
22.25	-0.000000	-1.000000	0.000000	0.047059	-1.047059	-1.000000	-0.000000
22.50	-0.000000	-1.000000	0.000000	0.046512	-1.046512	-1.000000	-0.000000
22.75	-0.000000	-1.000000	0.000000	0.045977	-1.045977	-1.000000	-0.000000
23.00	-0.000000	-1.000000	0.000000	0.045455	-1.045455	-1.000000	-0.000000
23.25	-0.000000	-1.000000	0.000000	0.044944	-1.044944	-1.000000	-0.000000
23.50	-0.000000	-1.000000	0.000000	0.044444	-1.044444	-1.000000	-0.000000
23.75	-0.000000	-1.000000	0.000000	0.043956	-1.043956	-1.000000	-0.000000
24.00	-0.000000	-1.000000	0.000000	0.043478	-1.043478	-1.000000	-0.000000
24.25	-0.000000	-1.000000	0.000000	0.043011	-1.043011	-1.000000	-0.000000
24.50	-0.000000	-1.000000	0.000000	0.042553	-1.042553	-1.000000	-0.000000
24.75	-0.000000	-1.000000	0.000000	0.042105	-1.042105	-1.000000	-0.000000
25.00	-0.000000	-1.000000	0.000000	0.041667	-1.041667	-1.000000	-0.000000
26.25	-0.000000	-1.000000	0.000000	0.039604	-1.039604	-1.000000	-0.000000
27.50	-0.000000	-1.000000	0.000000	0.037736	-1.037736	-1.000000	-0.000000
28.75	-0.000000	-1.000000	0.000000	0.036036	-1.036036	-1.000000	-0.000000
30.00	-0.000000	-1.000000	0.000000	0.034483	-1.034483	-1.000000	-0.000000
31.25	-0.000000	-1.000000	0.000000	0.033058	-1.033058	-1.000000	-0.000000
32.50	-0.000000	-1.000000	0.000000	0.031746	-1.031746	-1.000000	-0.000000
33.75	-0.000000	-1.000000	0.000000	0.030534	-1.030534	-1.000000	-0.000000
35.00	-0.000000	-1.000000	0.000000	0.029412	-1.029412	-1.000000	-0.000000
36.25	-0.000000	-1.000000	0.000000	0.028369	-1.028369	-1.000000	-0.000000
37.50	-0.000000	-1.000000	0.000000	0.027397	-1.027397	-1.000000	-0.000000
38.75	-0.000000	-1.000000	-0.000000	0.026490	-1.026490	-1.000000	-0.000000
40.00	-0.000000	-1.000000	-0.000000	0.025641	-1.025641	-1.000000	-0.000000
41.25	0.000000	-1.000000	-0.000000	0.024845	-1.024845	-1.000000	-0.000000
42.50	-0.000000	-1.000000	-0.000000	0.024096	-1.024096	-1.000000	-0.000000
43.75	0.000000	-1.000000	-0.000000	0.023392	-1.023392	-1.000000	-0.000000
45.00	0.000000	-1.000000	-0.000000	0.022727	-1.022727	-1.000000	-0.000000
46.25	0.000000	-1.000000	-0.000000	0.022099	-1.022099	-1.000000	-0.000000
47.50	0.000000	-1.000000	0.000000	0.021505	-1.021505	-1.000000	-0.000000
48.75	0.000000	-1.000000	-0.000000	0.020942	-1.020942	-1.000000	-0.000000
BETA	F.MIMA(B,B)	F.MIMB(B,B)	F.MIK(B,B)	F.MIMA(B,G)	F.MIK(B,G)	F.MIMB(G,B)	F.MIK(G,B)

XM/L = 1.00

D.VIII

Zahlentafeln der Funktionen

$F(\epsilon)_{P;\overline{M}_a}(b,b)$ = F.P;MA(B,B)

$F(\epsilon)_{P;\overline{K}_a}(b,b)$ = F.P;KA(B,B)

$F(\epsilon)_{P;\overline{M}_b}(b,b)$ = F.P;MB(B,B)

$F(\epsilon)_{P;\overline{K}_b}(b,b)$ = F.P;KB(B,B)

$F(\epsilon)_{P;\overline{M}_a}(b,g)$ = F.P;MA(B,G)

$F(\epsilon)_{P;\overline{K}_a}(b,g)$ = F.P;KA(B,G)

$F(\epsilon)_{P;\overline{K}_b}(b,g)$ = F.P;KB(B,G)

$F(\epsilon)_{P;\overline{K}_a}(g,b)$ = F.P;KA(G,B)

$F(\epsilon)_{P;\overline{M}_b}(g,b)$ = F.P;MB(G,B)

$F(\epsilon)_{P;\overline{K}_b}(g,b)$ = F.P;KB(G,B)

Druckstäbe 666...692

Zugstäbe 693...719

XP/L = 0.10

ALPHA	F.P;MA(B,B)	F.P;KA(B,B)	F.P;MB(B,B)	F.P;KB(B,B)	F.P;MA(B,G)	F.P;KA(B,G)	F.P;KB(B,G)	F.P;KA(G,B)	F.P;MB(G,B)	F.P;KB(G,B)
0.000	-0.081000	0.972000	0.009000	-0.028000	-0.085500	0.985500	-0.014500	0.850500	0.049500	-0.149500
0.025	-0.081000	0.972000	0.009000	-0.028000	-0.085501	0.985501	-0.014499	0.850498	0.049502	-0.149502
0.050	-0.081001	0.972001	0.009000	-0.027999	-0.085502	0.985502	-0.014498	0.850494	0.049506	-0.149506
0.075	-0.081003	0.972002	0.009001	-0.027998	-0.085505	0.985505	-0.014495	0.850486	0.049514	-0.149514
0.100	-0.081005	0.972003	0.009002	-0.027997	-0.085508	0.985508	-0.014492	0.850475	0.049525	-0.149525
0.125	-0.081008	0.972005	0.009003	-0.027995	-0.085513	0.985513	-0.014487	0.850462	0.049538	-0.149538
0.150	-0.081011	0.972007	0.009004	-0.027993	-0.085518	0.985518	-0.014482	0.850445	0.049555	-0.149555
0.175	-0.081015	0.972010	0.009005	-0.027990	-0.085525	0.985525	-0.014475	0.850425	0.049575	-0.149575
0.200	-0.081020	0.972013	0.009007	-0.027987	-0.085533	0.985533	-0.014467	0.850402	0.049598	-0.149598
0.225	-0.081025	0.972016	0.009009	-0.027984	-0.085541	0.985541	-0.014459	0.850376	0.049624	-0.149624
0.250	-0.081031	0.972020	0.009011	-0.027980	-0.085551	0.985551	-0.014449	0.850346	0.049654	-0.149654
0.275	-0.081038	0.972025	0.009013	-0.027975	-0.085562	0.985562	-0.014438	0.850314	0.049686	-0.149686
0.300	-0.081045	0.972029	0.009016	-0.027971	-0.085573	0.985573	-0.014427	0.850278	0.049722	-0.149722
0.325	-0.081053	0.972034	0.009019	-0.027966	-0.085586	0.985586	-0.014414	0.850240	0.049760	-0.149760
0.350	-0.081061	0.972040	0.009022	-0.027960	-0.085600	0.985600	-0.014400	0.850198	0.049802	-0.149802
0.375	-0.081070	0.972046	0.009025	-0.027954	-0.085615	0.985615	-0.014385	0.850153	0.049847	-0.149847
0.400	-0.081080	0.972052	0.009028	-0.027948	-0.085631	0.985631	-0.014369	0.850105	0.049895	-0.149895
0.425	-0.081090	0.972059	0.009032	-0.027941	-0.085648	0.985648	-0.014352	0.850053	0.049947	-0.149947
0.450	-0.081101	0.972066	0.009036	-0.027934	-0.085666	0.985666	-0.014334	0.849999	0.050001	-0.150001
0.475	-0.081113	0.972073	0.009040	-0.027927	-0.085685	0.985685	-0.014315	0.849941	0.050059	-0.150059
0.500	-0.081125	0.972081	0.009044	-0.027919	-0.085705	0.985705	-0.014295	0.849879	0.050121	-0.150121
0.525	-0.081138	0.972090	0.009049	-0.027910	-0.085726	0.985726	-0.014274	0.849815	0.050185	-0.150185
0.550	-0.081152	0.972098	0.009054	-0.027902	-0.085748	0.985748	-0.014252	0.849747	0.050253	-0.150253
0.575	-0.081166	0.972107	0.009059	-0.027893	-0.085772	0.985772	-0.014228	0.849676	0.050324	-0.150324
0.600	-0.081181	0.972117	0.009064	-0.027883	-0.085796	0.985796	-0.014204	0.849601	0.050399	-0.150399
0.625	-0.081196	0.972127	0.009069	-0.027873	-0.085821	0.985821	-0.014179	0.849523	0.050477	-0.150477
0.650	-0.081213	0.972137	0.009075	-0.027863	-0.085848	0.985848	-0.014152	0.849441	0.050559	-0.150559
0.675	-0.081229	0.972148	0.009081	-0.027852	-0.085876	0.985876	-0.014124	0.849356	0.050644	-0.150644
0.700	-0.081247	0.972159	0.009087	-0.027841	-0.085905	0.985905	-0.014095	0.849268	0.050732	-0.150732
0.725	-0.081265	0.972171	0.009094	-0.027829	-0.085935	0.985935	-0.014065	0.849176	0.050824	-0.150824
0.750	-0.081284	0.972183	0.009100	-0.027817	-0.085966	0.985966	-0.014034	0.849080	0.050920	-0.150920
0.775	-0.081303	0.972196	0.009107	-0.027804	-0.085998	0.985998	-0.014002	0.848981	0.051019	-0.151019
0.800	-0.081323	0.972209	0.009114	-0.027791	-0.086031	0.986031	-0.013969	0.848878	0.051122	-0.151122
0.825	-0.081344	0.972222	0.009122	-0.027778	-0.086066	0.986066	-0.013934	0.848771	0.051229	-0.151229
0.850	-0.081365	0.972236	0.009130	-0.027764	-0.086101	0.986101	-0.013899	0.848660	0.051340	-0.151340
0.875	-0.081387	0.972250	0.009137	-0.027750	-0.086138	0.986138	-0.013862	0.848546	0.051454	-0.151454
0.900	-0.081410	0.972264	0.009146	-0.027736	-0.086176	0.986176	-0.013824	0.848428	0.051572	-0.151572
0.925	-0.081433	0.972279	0.009154	-0.027721	-0.086215	0.986215	-0.013785	0.848306	0.051694	-0.151694
0.950	-0.081458	0.972295	0.009163	-0.027705	-0.086256	0.986256	-0.013744	0.848180	0.051820	-0.151820
0.975	-0.081482	0.972311	0.009172	-0.027689	-0.086298	0.986298	-0.013702	0.848049	0.051951	-0.151951

ALPHA | F.P;MA(B,B) F.P;KA(B,B) F.P;MB(B,B) F.P;KB(B,B) F.P;MA(B,G) F.P;KA(B,G) F.P;KB(B,G) F.P;KA(G,B) F.P;MB(G,B) F.P;KB(G,B)

XP/L = 0.10

D R U C K S T A E B E -666-

XP/L = 0.10

ALPHA	F.P;MA(B,B)	F.P;KA(B,B)	F.P;MB(B,B)	F.P;KB(B,B)	F.P;MA(B,G)	F.P;KA(B,G)	F.P;KB(B,G)	F.P;KA(G,B)	F.P;MB(G,B)	F.P;KB(G,B)
1.000	-0.081508	0.972327	0.009181	-0.027673	-0.086340	0.986340	-0.013660	0.847915	0.052085	-0.152085
1.025	-0.081534	0.972344	0.009190	-0.027656	-0.086385	0.986385	-0.013615	0.847777	0.052223	-0.152223
1.050	-0.081561	0.972361	0.009200	-0.027639	-0.086430	0.986430	-0.013570	0.847634	0.052366	-0.152366
1.075	-0.081588	0.972378	0.009210	-0.027622	-0.086477	0.986477	-0.013523	0.847487	0.052513	-0.152513
1.100	-0.081617	0.972397	0.009220	-0.027603	-0.086524	0.986524	-0.013476	0.847336	0.052664	-0.152664
1.125	-0.081646	0.972415	0.009231	-0.027585	-0.086574	0.986574	-0.013426	0.847180	0.052820	-0.152820
1.150	-0.081675	0.972434	0.009241	-0.027566	-0.086624	0.986624	-0.013376	0.847020	0.052980	-0.152980
1.175	-0.081706	0.972453	0.009252	-0.027547	-0.086676	0.986676	-0.013324	0.846855	0.053145	-0.153145
1.200	-0.081737	0.972473	0.009264	-0.027527	-0.086729	0.986729	-0.013271	0.846686	0.053314	-0.153314
1.225	-0.081769	0.972493	0.009275	-0.027507	-0.086784	0.986784	-0.013216	0.846512	0.053488	-0.153488
1.250	-0.081801	0.972514	0.009287	-0.027486	-0.086840	0.986840	-0.013160	0.846333	0.053667	-0.153667
1.275	-0.081834	0.972535	0.009300	-0.027465	-0.086897	0.986897	-0.013103	0.846149	0.053851	-0.153851
1.300	-0.081868	0.972556	0.009312	-0.027444	-0.086956	0.986956	-0.013044	0.845960	0.054040	-0.154040
1.325	-0.081903	0.972578	0.009325	-0.027422	-0.087016	0.987016	-0.012984	0.845766	0.054234	-0.154234
1.350	-0.081939	0.972601	0.009338	-0.027399	-0.087078	0.987078	-0.012922	0.845567	0.054433	-0.154433
1.375	-0.081975	0.972624	0.009351	-0.027376	-0.087141	0.987141	-0.012859	0.845363	0.054637	-0.154637
1.400	-0.082012	0.972647	0.009365	-0.027353	-0.087205	0.987205	-0.012795	0.845153	0.054847	-0.154847
1.425	-0.082049	0.972671	0.009379	-0.027329	-0.087271	0.987271	-0.012729	0.844937	0.055063	-0.155063
1.450	-0.082088	0.972695	0.009393	-0.027305	-0.087339	0.987339	-0.012661	0.844716	0.055284	-0.155284
1.475	-0.082127	0.972720	0.009408	-0.027280	-0.087408	0.987408	-0.012592	0.844490	0.055510	-0.155510
1.500	-0.082167	0.972745	0.009423	-0.027255	-0.087479	0.987479	-0.012521	0.844257	0.055743	-0.155743
1.525	-0.082208	0.972770	0.009438	-0.027230	-0.087551	0.987551	-0.012449	0.844019	0.055981	-0.155981
1.550	-0.082250	0.972796	0.009453	-0.027204	-0.087625	0.987625	-0.012375	0.843774	0.056226	-0.156226
1.575	-0.082292	0.972823	0.009469	-0.027177	-0.087701	0.987701	-0.012299	0.843523	0.056477	-0.156477
1.600	-0.082335	0.972850	0.009485	-0.027150	-0.087779	0.987779	-0.012221	0.843266	0.056734	-0.156734
1.625	-0.082379	0.972877	0.009502	-0.027123	-0.087858	0.987858	-0.012142	0.843002	0.056998	-0.156998
1.650	-0.082424	0.972905	0.009519	-0.027095	-0.087939	0.987939	-0.012061	0.842731	0.057269	-0.157269
1.675	-0.082470	0.972933	0.009536	-0.027067	-0.088021	0.988021	-0.011979	0.842454	0.057546	-0.157546
1.700	-0.082516	0.972962	0.009554	-0.027038	-0.088106	0.988106	-0.011894	0.842169	0.057831	-0.157831
1.725	-0.082563	0.972992	0.009572	-0.027008	-0.088192	0.988192	-0.011808	0.841877	0.058123	-0.158123
1.750	-0.082612	0.973021	0.009590	-0.026979	-0.088280	0.988280	-0.011720	0.841578	0.058422	-0.158422
1.775	-0.082661	0.973052	0.009609	-0.026948	-0.088370	0.988370	-0.011630	0.841272	0.058728	-0.158728
1.800	-0.082710	0.973083	0.009628	-0.026917	-0.088462	0.988462	-0.011538	0.840957	0.059043	-0.159043
1.825	-0.082761	0.973114	0.009647	-0.026886	-0.088557	0.988557	-0.011443	0.840635	0.059365	-0.159365
1.850	-0.082813	0.973146	0.009667	-0.026854	-0.088653	0.988653	-0.011347	0.840305	0.059695	-0.159695
1.875	-0.082865	0.973178	0.009687	-0.026822	-0.088751	0.988751	-0.011249	0.839966	0.060034	-0.160034
1.900	-0.082918	0.973211	0.009708	-0.026789	-0.088851	0.988851	-0.011149	0.839618	0.060382	-0.160382
1.925	-0.082973	0.973244	0.009729	-0.026756	-0.088954	0.988954	-0.011046	0.839262	0.060738	-0.160738
1.950	-0.083028	0.973277	0.009750	-0.026723	-0.089058	0.989058	-0.010942	0.838896	0.061104	-0.161104
1.975	-0.083084	0.973312	0.009772	-0.026688	-0.089165	0.989165	-0.010835	0.838522	0.061478	-0.161478

ALPHA | F.P;MA(B,B) F.P;KA(B,B) F.P;MB(B,B) F.P;KB(B,B) F.P;MA(B,G) F.P;KA(B,G) F.P;KB(B,G) F.P;KA(G,B) F.P;MB(G,B) F.P;KB(G,B)

XP/L = 0.10

XP/L = 0.10

ALPHA	F.P:MA(B,B)	F.P:KA(B,B)	F.P:MB(B,B)	F.P:KB(B,B)	F.P:MA(B,G)	F.P:KA(B,G)	F.P:KB(B,G)	F.P:KA(G,B)	F.P:MB(G,B)	F.P:KB(G,B)
2.000	-0.083141	0.973346	0.009794	-0.026654	-0.089275	0.989275	-0.010725	0.838137	0.061863	-0.161863
2.025	-0.083199	0.973382	0.009817	-0.026618	-0.089386	0.989386	-0.010614	0.837743	0.062257	-0.162257
2.050	-0.083258	0.973417	0.009840	-0.026583	-0.089500	0.989500	-0.010500	0.837339	0.062661	-0.162661
2.075	-0.083317	0.973454	0.009864	-0.026546	-0.089617	0.989617	-0.010383	0.836924	0.063076	-0.163076
2.100	-0.083378	0.973490	0.009888	-0.026510	-0.089736	0.989736	-0.010264	0.836498	0.063502	-0.163502
2.125	-0.083440	0.973528	0.009912	-0.026472	-0.089858	0.989858	-0.010142	0.836061	0.063939	-0.163939
2.150	-0.083503	0.973566	0.009937	-0.026434	-0.089982	0.989982	-0.010018	0.835613	0.064387	-0.164387
2.175	-0.083566	0.973604	0.009962	-0.026396	-0.090109	0.990109	-0.009891	0.835153	0.064847	-0.164847
2.200	-0.083631	0.973643	0.009988	-0.026357	-0.090239	0.990239	-0.009761	0.834680	0.065320	-0.165320
2.225	-0.083697	0.973682	0.010015	-0.026318	-0.090372	0.990372	-0.009628	0.834196	0.065804	-0.165804
2.250	-0.083763	0.973722	0.010041	-0.026278	-0.090508	0.990508	-0.009492	0.833698	0.066302	-0.166302
2.275	-0.083831	0.973763	0.010069	-0.026237	-0.090647	0.990647	-0.009353	0.833186	0.066814	-0.166814
2.300	-0.083900	0.973804	0.010097	-0.026196	-0.090789	0.990789	-0.009211	0.832661	0.067339	-0.167339
2.325	-0.083970	0.973845	0.010125	-0.026155	-0.090934	0.990934	-0.009066	0.832122	0.067878	-0.167878
2.350	-0.084041	0.973887	0.010154	-0.026113	-0.091082	0.991082	-0.008918	0.831568	0.068432	-0.168432
2.375	-0.084113	0.973930	0.010183	-0.026070	-0.091234	0.991234	-0.008766	0.830998	0.069002	-0.169002
2.400	-0.084186	0.973973	0.010213	-0.026027	-0.091390	0.991390	-0.008610	0.830412	0.069588	-0.169588
2.425	-0.084261	0.974017	0.010244	-0.025983	-0.091549	0.991549	-0.008451	0.829810	0.070190	-0.170190
2.450	-0.084336	0.974061	0.010275	-0.025939	-0.091711	0.991711	-0.008289	0.829191	0.070809	-0.170809
2.475	-0.084413	0.974106	0.010307	-0.025894	-0.091878	0.991878	-0.008122	0.828555	0.071445	-0.171445
2.500	-0.084491	0.974152	0.010339	-0.025848	-0.092048	0.992048	-0.007952	0.827900	0.072100	-0.172100
2.525	-0.084570	0.974198	0.010372	-0.025802	-0.092223	0.992223	-0.007777	0.827226	0.072774	-0.172774
2.550	-0.084650	0.974244	0.010406	-0.025756	-0.092402	0.992402	-0.007598	0.826532	0.073468	-0.173468
2.575	-0.084731	0.974291	0.010440	-0.025709	-0.092585	0.992585	-0.007415	0.825818	0.074182	-0.174182
2.600	-0.084814	0.974339	0.010475	-0.025661	-0.092773	0.992773	-0.007227	0.825082	0.074918	-0.174918
2.625	-0.084898	0.974388	0.010510	-0.025612	-0.092965	0.992965	-0.007035	0.824325	0.075675	-0.175675
2.650	-0.084983	0.974437	0.010546	-0.025563	-0.093162	0.993162	-0.006838	0.823544	0.076456	-0.176456
2.675	-0.085069	0.974486	0.010583	-0.025514	-0.093364	0.993364	-0.006636	0.822739	0.077261	-0.177261
2.700	-0.085157	0.974536	0.010621	-0.025464	-0.093572	0.993572	-0.006428	0.821909	0.078091	-0.178091
2.725	-0.085246	0.974587	0.010659	-0.025413	-0.093785	0.993785	-0.006215	0.821053	0.078947	-0.178947
2.750	-0.085336	0.974639	0.010698	-0.025361	-0.094003	0.994003	-0.005997	0.820171	0.079829	-0.179829
2.775	-0.085428	0.974691	0.010738	-0.025309	-0.094227	0.994227	-0.005773	0.819259	0.080741	-0.180741
2.800	-0.085521	0.974743	0.010778	-0.025257	-0.094457	0.994457	-0.005543	0.818318	0.081682	-0.181682
2.825	-0.085616	0.974797	0.010819	-0.025203	-0.094694	0.994694	-0.005306	0.817346	0.082654	-0.182654
2.850	-0.085712	0.974851	0.010861	-0.025149	-0.094937	0.994937	-0.005063	0.816342	0.083658	-0.183658
2.875	-0.085809	0.974905	0.010904	-0.025095	-0.095187	0.995187	-0.004813	0.815304	0.084696	-0.184696
2.900	-0.085908	0.974960	0.010948	-0.025040	-0.095443	0.995443	-0.004557	0.814231	0.085769	-0.185769
2.925	-0.086009	0.975016	0.010993	-0.024984	-0.095708	0.995708	-0.004292	0.813120	0.086880	-0.186880
2.950	-0.086111	0.975073	0.011038	-0.024927	-0.095980	0.995980	-0.004020	0.811971	0.088029	-0.188029
2.975	-0.086214	0.975130	0.011084	-0.024870	-0.096260	0.996260	-0.003740	0.810780	0.089220	-0.189220
ALPHA	F.P:MA(B,B)	F.P:KA(B,B)	F.P:MB(B,B)	F.P:KB(B,B)	F.P:MA(B,G)	F.P:KA(B,G)	F.P:KB(B,G)	F.P:KA(G,B)	F.P:MB(G,B)	F.P:KB(G,B)

XP/L = 0.10

XP/L = 0.20

ALPHA	F.PIMA(B,B)	F.PIKA(B,B)	F.PIMB(B,B)	F.PIKB(B,B)	F.PIMA(B,G)	F.PIKA(B,G)	F.PIKB(B,G)	F.PIKA(G,B)	F.PIMB(G,B)	F.PIKB(G,B)
0.000	-0.128000	0.896000	0.032000	-0.104000	-0.144000	0.944000	-0.056000	0.704000	0.096000	-0.296000
0.025	-0.128001	0.896000	0.032000	-0.104000	-0.144002	0.944002	-0.055998	0.703997	0.096003	-0.296003
0.050	-0.128004	0.896002	0.032002	-0.103998	-0.144006	0.944006	-0.055994	0.703988	0.096012	-0.296012
0.075	-0.128008	0.896004	0.032004	-0.103996	-0.144015	0.944015	-0.055985	0.703974	0.096026	-0.296026
0.100	-0.128015	0.896008	0.032007	-0.103992	-0.144026	0.944026	-0.055974	0.703954	0.096046	-0.296046
0.125	-0.128023	0.896012	0.032011	-0.103988	-0.144041	0.944041	-0.055959	0.703928	0.096072	-0.296072
0.150	-0.128033	0.896017	0.032015	-0.103983	-0.144058	0.944058	-0.055942	0.703896	0.096104	-0.296104
0.175	-0.128044	0.896024	0.032021	-0.103976	-0.144079	0.944079	-0.055921	0.703859	0.096141	-0.296141
0.200	-0.128058	0.896031	0.032027	-0.103969	-0.144104	0.944104	-0.055896	0.703815	0.096185	-0.296185
0.225	-0.128074	0.896039	0.032035	-0.103961	-0.144131	0.944131	-0.055869	0.703766	0.096234	-0.296234
0.250	-0.128091	0.896048	0.032043	-0.103952	-0.144162	0.944162	-0.055838	0.703711	0.096289	-0.296289
0.275	-0.128110	0.896058	0.032052	-0.103942	-0.144197	0.944197	-0.055803	0.703650	0.096350	-0.296350
0.300	-0.128131	0.896069	0.032062	-0.103931	-0.144234	0.944234	-0.055766	0.703583	0.096417	-0.296417
0.325	-0.128154	0.896081	0.032072	-0.103919	-0.144275	0.944275	-0.055725	0.703511	0.096489	-0.296489
0.350	-0.128178	0.896094	0.032084	-0.103906	-0.144319	0.944319	-0.055681	0.703432	0.096568	-0.296568
0.375	-0.128205	0.896108	0.032096	-0.103892	-0.144366	0.944366	-0.055634	0.703347	0.096653	-0.296653
0.400	-0.128233	0.896123	0.032110	-0.103877	-0.144417	0.944417	-0.055583	0.703257	0.096743	-0.296743
0.425	-0.128263	0.896139	0.032124	-0.103861	-0.144471	0.944471	-0.055529	0.703160	0.096840	-0.296840
0.450	-0.128295	0.896156	0.032139	-0.103844	-0.144529	0.944529	-0.055471	0.703057	0.096943	-0.296943
0.475	-0.128329	0.896174	0.032155	-0.103826	-0.144590	0.944590	-0.055410	0.702948	0.097052	-0.297052
0.500	-0.128364	0.896193	0.032172	-0.103807	-0.144654	0.944654	-0.055346	0.702833	0.097167	-0.297167
0.525	-0.128402	0.896212	0.032190	-0.103788	-0.144722	0.944722	-0.055278	0.702712	0.097288	-0.297288
0.550	-0.128441	0.896233	0.032208	-0.103767	-0.144793	0.944793	-0.055207	0.702584	0.097416	-0.297416
0.575	-0.128483	0.896255	0.032228	-0.103745	-0.144868	0.944868	-0.055132	0.702450	0.097550	-0.297550
0.600	-0.128526	0.896278	0.032248	-0.103722	-0.144946	0.944946	-0.055054	0.702310	0.097690	-0.297690
0.625	-0.128571	0.896301	0.032270	-0.103699	-0.145027	0.945027	-0.054973	0.702163	0.097837	-0.297837
0.650	-0.128618	0.896326	0.032292	-0.103674	-0.145113	0.945113	-0.054887	0.702010	0.097990	-0.297990
0.675	-0.128667	0.896352	0.032315	-0.103648	-0.145201	0.945201	-0.054799	0.701850	0.098150	-0.298150
0.700	-0.128718	0.896378	0.032339	-0.103622	-0.145294	0.945294	-0.054706	0.701684	0.098316	-0.298316
0.725	-0.128770	0.896406	0.032364	-0.103594	-0.145390	0.945390	-0.054610	0.701511	0.098489	-0.298489
0.750	-0.128825	0.896435	0.032390	-0.103565	-0.145489	0.945489	-0.054511	0.701331	0.098669	-0.298669
0.775	-0.128881	0.896464	0.032417	-0.103536	-0.145593	0.945593	-0.054407	0.701144	0.098856	-0.298856
0.800	-0.128940	0.896495	0.032445	-0.103505	-0.145700	0.945700	-0.054300	0.700951	0.099049	-0.299049
0.825	-0.129000	0.896527	0.032474	-0.103473	-0.145810	0.945810	-0.054190	0.700750	0.099250	-0.299250
0.850	-0.129063	0.896559	0.032503	-0.103441	-0.145925	0.945925	-0.054075	0.700542	0.099458	-0.299458
0.875	-0.129127	0.896593	0.032534	-0.103407	-0.146043	0.946043	-0.053957	0.700328	0.099672	-0.299672
0.900	-0.129194	0.896628	0.032566	-0.103372	-0.146165	0.946165	-0.053835	0.700105	0.099895	-0.299895
0.925	-0.129262	0.896663	0.032599	-0.103337	-0.146291	0.946291	-0.053709	0.699876	0.100124	-0.300124
0.950	-0.129332	0.896700	0.032632	-0.103300	-0.146421	0.946421	-0.053579	0.699639	0.100361	-0.300361
0.975	-0.129405	0.896738	0.032667	-0.103262	-0.146555	0.946555	-0.053445	0.699395	0.100605	-0.300605

ALPHA F.PIMA(B,B) F.PIKA(B,B) F.PIMB(B,B) F.PIKB(B,B) F.PIMA(B,G) F.PIKA(B,G) F.PIKB(B,G) F.PIKA(G,B) F.PIMB(G,B) F.PIKB(G,B)

XP/L = 0.20

D R U C K S T A E B E -669-

XP/L = 0.20

ALPHA	F.P;MA(B,B)	F.P;KA(B,B)	F.P;MB(B,B)	F.P;KB(B,B)	F.P;MA(B,G)	F.P;KA(B,G)	F.P;KB(B,G)	F.P;KA(G,B)	F.P;MB(G,B)	F.P;KB(G,B)
1.000	-0.129479	0.896777	0.032702	-0.103223	-0.146693	0.946693	-0.053307	0.699142	0.100858	-0.300858
1.025	-0.129555	0.896816	0.032739	-0.103184	-0.146835	0.946835	-0.053165	0.698883	0.101117	-0.301117
1.050	-0.129634	0.896857	0.032777	-0.103143	-0.146981	0.946981	-0.053019	0.698615	0.101385	-0.301385
1.075	-0.129714	0.896899	0.032815	-0.103101	-0.147131	0.947131	-0.052869	0.698339	0.101661	-0.301661
1.100	-0.129797	0.896942	0.032855	-0.103058	-0.147286	0.947286	-0.052714	0.698055	0.101945	-0.301945
1.125	-0.129882	0.896986	0.032896	-0.103014	-0.147444	0.947444	-0.052556	0.697763	0.102237	-0.302237
1.150	-0.129968	0.897031	0.032938	-0.102969	-0.147607	0.947607	-0.052393	0.697462	0.102538	-0.302538
1.175	-0.130057	0.897077	0.032981	-0.102923	-0.147774	0.947774	-0.052226	0.697153	0.102847	-0.302847
1.200	-0.130148	0.897124	0.033025	-0.102876	-0.147946	0.947946	-0.052054	0.696835	0.103165	-0.303165
1.225	-0.130241	0.897172	0.033070	-0.102828	-0.148122	0.948122	-0.051878	0.696508	0.103492	-0.303492
1.250	-0.130337	0.897221	0.033116	-0.102779	-0.148303	0.948303	-0.051697	0.696172	0.103828	-0.303828
1.275	-0.130434	0.897271	0.033163	-0.102729	-0.148489	0.948489	-0.051511	0.695827	0.104173	-0.304173
1.300	-0.130534	0.897322	0.033211	-0.102678	-0.148679	0.948679	-0.051321	0.695473	0.104527	-0.304527
1.325	-0.130636	0.897375	0.033261	-0.102625	-0.148873	0.948873	-0.051127	0.695109	0.104891	-0.304891
1.350	-0.130740	0.897428	0.033311	-0.102572	-0.149073	0.949073	-0.050927	0.694735	0.105265	-0.305265
1.375	-0.130846	0.897483	0.033363	-0.102517	-0.149277	0.949277	-0.050723	0.694352	0.105648	-0.305648
1.400	-0.130955	0.897538	0.033416	-0.102462	-0.149487	0.949487	-0.050513	0.693958	0.106042	-0.306042
1.425	-0.131065	0.897595	0.033470	-0.102405	-0.149701	0.949701	-0.050299	0.693554	0.106446	-0.306446
1.450	-0.131178	0.897653	0.033526	-0.102347	-0.149921	0.949921	-0.050079	0.693140	0.106860	-0.306860
1.475	-0.131294	0.897712	0.033582	-0.102288	-0.150145	0.950145	-0.049855	0.692715	0.107285	-0.307285
1.500	-0.131412	0.897772	0.033640	-0.102228	-0.150376	0.950376	-0.049624	0.692279	0.107721	-0.307721
1.525	-0.131532	0.897833	0.033699	-0.102167	-0.150611	0.950611	-0.049389	0.691832	0.108168	-0.308168
1.550	-0.131654	0.897895	0.033759	-0.102105	-0.150852	0.950852	-0.049148	0.691373	0.108627	-0.308627
1.575	-0.131779	0.897958	0.033821	-0.102042	-0.151098	0.951098	-0.048902	0.690903	0.109097	-0.309097
1.600	-0.131906	0.898023	0.033883	-0.101977	-0.151351	0.951351	-0.048649	0.690421	0.109579	-0.309579
1.625	-0.132036	0.898089	0.033947	-0.101911	-0.151608	0.951608	-0.048392	0.689926	0.110074	-0.310074
1.650	-0.132168	0.898155	0.034013	-0.101845	-0.151872	0.951872	-0.048128	0.689420	0.110580	-0.310580
1.675	-0.132303	0.898223	0.034079	-0.101777	-0.152142	0.952142	-0.047858	0.688900	0.111100	-0.311100
1.700	-0.132440	0.898292	0.034147	-0.101708	-0.152418	0.952418	-0.047582	0.688367	0.111635	-0.311635
1.725	-0.132579	0.898362	0.034217	-0.101638	-0.152700	0.952700	-0.047300	0.687821	0.112179	-0.312179
1.750	-0.132722	0.898434	0.034288	-0.101566	-0.152989	0.952989	-0.047011	0.687261	0.112739	-0.312739
1.775	-0.132866	0.898506	0.034360	-0.101494	-0.153284	0.953284	-0.046716	0.686687	0.113313	-0.313313
1.800	-0.133014	0.898580	0.034434	-0.101420	-0.153586	0.953586	-0.046414	0.686098	0.113902	-0.313902
1.825	-0.133164	0.898655	0.034509	-0.101345	-0.153894	0.953894	-0.046106	0.685495	0.114505	-0.314505
1.850	-0.133316	0.898731	0.034585	-0.101269	-0.154210	0.954210	-0.045790	0.684876	0.115124	-0.315124
1.875	-0.133472	0.898809	0.034663	-0.101191	-0.154532	0.954532	-0.045468	0.684242	0.115758	-0.315758
1.900	-0.133630	0.898887	0.034743	-0.101113	-0.154862	0.954862	-0.045138	0.683592	0.116408	-0.316408
1.925	-0.133791	0.898967	0.034824	-0.101033	-0.155199	0.955199	-0.044801	0.682925	0.117075	-0.317075
1.950	-0.133954	0.899048	0.034906	-0.100952	-0.155544	0.955544	-0.044456	0.682242	0.117758	-0.317758
1.975	-0.134120	0.899130	0.034991	-0.100870	-0.155896	0.955896	-0.044104	0.681541	0.118459	-0.318459
ALPHA	F.P;MA(B,B)	F.P;KA(B,B)	F.P;MB(B,B)	F.P;KB(B,B)	F.P;MA(B,G)	F.P;KA(B,G)	F.P;KB(B,G)	F.P;KA(G,B)	F.P;MB(G,B)	F.P;KB(G,B)

XP/L = 0.20

XP/L = 0.20

ALPHA	F.P;MA(B,B)	F.P;KA(B,B)	F.P;MB(B,B)	F.P;KB(B,B)	F.P;MA(B,G)	F.P;KA(B,G)	F.P;KB(B,G)	F.P;KA(G,B)	F.P;MB(G,B)	F.P;KB(G,B)
2.000	-0.134290	0.899213	0.035076	-0.100787	-0.156257	0.956257	-0.043743	0.680822	0.119178	-0.319178
2.025	-0.134462	0.899298	0.035164	-0.100702	-0.156625	0.956625	-0.043375	0.680085	0.119915	-0.319915
2.050	-0.134637	0.899384	0.035253	-0.100616	-0.157002	0.957002	-0.042998	0.679329	0.120671	-0.320671
2.075	-0.134815	0.899471	0.035344	-0.100529	-0.157388	0.957388	-0.042612	0.678554	0.121446	-0.321446
2.100	-0.134996	0.899560	0.035436	-0.100440	-0.157782	0.957782	-0.042218	0.677758	0.122242	-0.322242
2.125	-0.135180	0.899649	0.035530	-0.100351	-0.158185	0.958185	-0.041815	0.676942	0.123058	-0.323058
2.150	-0.135366	0.899740	0.035626	-0.100260	-0.158598	0.958598	-0.041402	0.676104	0.123896	-0.323896
2.175	-0.135557	0.899833	0.035724	-0.100167	-0.159019	0.959019	-0.040981	0.675245	0.124755	-0.324755
2.200	-0.135750	0.899926	0.035824	-0.100074	-0.159451	0.959451	-0.040549	0.674363	0.125637	-0.325637
2.225	-0.135946	0.900021	0.035925	-0.099979	-0.159893	0.959893	-0.040107	0.673457	0.126543	-0.326543
2.250	-0.136146	0.900117	0.036028	-0.099883	-0.160344	0.960344	-0.039656	0.672528	0.127472	-0.327472
2.275	-0.136348	0.900215	0.036133	-0.099785	-0.160807	0.960807	-0.039193	0.671573	0.128427	-0.328427
2.300	-0.136555	0.900314	0.036241	-0.099686	-0.161280	0.961280	-0.038720	0.670593	0.129407	-0.329407
2.325	-0.136764	0.900414	0.036350	-0.099586	-0.161765	0.961765	-0.038235	0.669586	0.130414	-0.330414
2.350	-0.136977	0.900516	0.036461	-0.099484	-0.162261	0.962261	-0.037739	0.668552	0.131448	-0.331448
2.375	-0.137193	0.900619	0.036574	-0.099381	-0.162769	0.962769	-0.037231	0.667489	0.132511	-0.332511
2.400	-0.137413	0.900723	0.036689	-0.099277	-0.163289	0.963289	-0.036711	0.666397	0.133603	-0.333603
2.425	-0.137636	0.900829	0.036807	-0.099171	-0.163822	0.963822	-0.036178	0.665275	0.134725	-0.334725
2.450	-0.137863	0.900936	0.036926	-0.099064	-0.164367	0.964367	-0.035633	0.664120	0.135880	-0.335880
2.475	-0.138093	0.901045	0.037048	-0.098955	-0.164927	0.964927	-0.035073	0.662934	0.137066	-0.337066
2.500	-0.138327	0.901155	0.037172	-0.098845	-0.165500	0.965500	-0.034500	0.661713	0.138287	-0.338287
2.525	-0.138565	0.901266	0.037299	-0.098734	-0.166087	0.966087	-0.033913	0.660457	0.139543	-0.339543
2.550	-0.138807	0.901379	0.037428	-0.098621	-0.166690	0.966690	-0.033310	0.659164	0.140836	-0.340836
2.575	-0.139052	0.901494	0.037559	-0.098506	-0.167307	0.967307	-0.032693	0.657833	0.142167	-0.342167
2.600	-0.139302	0.901610	0.037692	-0.098390	-0.167941	0.967941	-0.032059	0.656463	0.143537	-0.343537
2.625	-0.139555	0.901727	0.037828	-0.098273	-0.168591	0.968591	-0.031409	0.655052	0.144948	-0.344948
2.650	-0.139813	0.901846	0.037967	-0.098154	-0.169259	0.969259	-0.030741	0.653599	0.146401	-0.346401
2.675	-0.140074	0.901966	0.038108	-0.098034	-0.169944	0.969944	-0.030056	0.652101	0.147899	-0.347899
2.700	-0.140340	0.902088	0.038252	-0.097912	-0.170647	0.970647	-0.029353	0.650556	0.149444	-0.349444
2.725	-0.140610	0.902212	0.038398	-0.097788	-0.171369	0.971369	-0.028631	0.648964	0.151036	-0.351036
2.750	-0.140884	0.902337	0.038548	-0.097663	-0.172112	0.972112	-0.027888	0.647321	0.152679	-0.352679
2.775	-0.141163	0.902463	0.038700	-0.097537	-0.172875	0.972875	-0.027125	0.645626	0.154374	-0.354374
2.800	-0.141446	0.902591	0.038855	-0.097409	-0.173659	0.973659	-0.026341	0.643876	0.156124	-0.356124
2.825	-0.141734	0.902721	0.039012	-0.097279	-0.174466	0.974466	-0.025534	0.642069	0.157931	-0.357931
2.850	-0.142026	0.902852	0.039173	-0.097148	-0.175296	0.975296	-0.024704	0.640203	0.159797	-0.359797
2.875	-0.142323	0.902985	0.039337	-0.097015	-0.176150	0.976150	-0.023850	0.638273	0.161727	-0.361727
2.900	-0.142624	0.903120	0.039504	-0.096880	-0.177030	0.977030	-0.022970	0.636278	0.163722	-0.363722
2.925	-0.142931	0.903256	0.039674	-0.096744	-0.177936	0.977936	-0.022064	0.634215	0.165785	-0.365785
2.950	-0.143242	0.903394	0.039848	-0.096606	-0.178870	0.978870	-0.021130	0.632080	0.167920	-0.367920
2.975	-0.143559	0.903534	0.040025	-0.096466	-0.179833	0.979833	-0.020167	0.629869	0.170131	-0.370131

ALPHA | F.P;MA(B,B) F.P;KA(B,B) F.P;MB(B,B) F.P;KB(B,B) F.P;MA(B,G) F.P;KA(B,G) F.P;KB(B,G) F.P;KA(G,B) F.P;MB(G,B) F.P;KB(G,B)

XP/L = 0.20

XP/L = 0.30

ALPHA	F.P;MA(B,B)	F.P;KA(B,B)	F.P;MB(B,B)	F.P;KB(B,B)	F.P;MA(B,G)	F.P;KA(B,G)	F.P;KB(B,G)	F.P;KA(G,B)	F.P;MB(G,B)	F.P;KB(G,B)
0.000	-0.147000	0.784000	0.063000	-0.216000	-0.178500	0.878500	-0.121500	0.563500	0.136500	-0.436500
0.025	-0.147001	0.784001	0.063001	-0.215999	-0.178503	0.878503	-0.121497	0.563496	0.136504	-0.436504
0.050	-0.147006	0.784002	0.063003	-0.215998	-0.178511	0.878511	-0.121489	0.563484	0.136516	-0.436516
0.075	-0.147013	0.784005	0.063008	-0.215995	-0.178526	0.878526	-0.121474	0.563465	0.136535	-0.436535
0.100	-0.147023	0.784009	0.063014	-0.215991	-0.178546	0.878546	-0.121454	0.563438	0.136562	-0.436562
0.125	-0.147036	0.784014	0.063022	-0.215986	-0.178571	0.878571	-0.121429	0.563403	0.136597	-0.436597
0.150	-0.147051	0.784020	0.063031	-0.215980	-0.178603	0.878603	-0.121397	0.563360	0.136640	-0.436640
0.175	-0.147070	0.784027	0.063043	-0.215973	-0.178640	0.878640	-0.121360	0.563310	0.136690	-0.436690
0.200	-0.147091	0.784035	0.063056	-0.215965	-0.178682	0.878682	-0.121318	0.563251	0.136749	-0.436749
0.225	-0.147115	0.784045	0.063071	-0.215955	-0.178731	0.878731	-0.121269	0.563185	0.136815	-0.436815
0.250	-0.147143	0.784055	0.063087	-0.215945	-0.178785	0.878785	-0.121215	0.563111	0.136889	-0.436889
0.275	-0.147173	0.784067	0.063106	-0.215933	-0.178845	0.878845	-0.121155	0.563029	0.136971	-0.436971
0.300	-0.147205	0.784079	0.063126	-0.215921	-0.178911	0.878911	-0.121089	0.562938	0.137062	-0.437062
0.325	-0.147241	0.784093	0.063148	-0.215907	-0.178983	0.878983	-0.121017	0.562840	0.137160	-0.437160
0.350	-0.147280	0.784108	0.063172	-0.215892	-0.179060	0.879060	-0.120940	0.562734	0.137266	-0.437266
0.375	-0.147321	0.784124	0.063197	-0.215876	-0.179144	0.879144	-0.120856	0.562620	0.137380	-0.437380
0.400	-0.147366	0.784141	0.063224	-0.215859	-0.179233	0.879233	-0.120767	0.562498	0.137502	-0.437502
0.425	-0.147413	0.784160	0.063253	-0.215840	-0.179328	0.879328	-0.120672	0.562368	0.137632	-0.437632
0.450	-0.147463	0.784179	0.063284	-0.215821	-0.179429	0.879429	-0.120571	0.562229	0.137771	-0.437771
0.475	-0.147517	0.784200	0.063317	-0.215800	-0.179537	0.879537	-0.120463	0.562083	0.137917	-0.437917
0.500	-0.147573	0.784221	0.063352	-0.215779	-0.179650	0.879650	-0.120350	0.561928	0.138072	-0.438072
0.525	-0.147632	0.784244	0.063388	-0.215756	-0.179769	0.879769	-0.120231	0.561764	0.138236	-0.438236
0.550	-0.147694	0.784268	0.063426	-0.215732	-0.179894	0.879894	-0.120106	0.561592	0.138408	-0.438408
0.575	-0.147759	0.784293	0.063466	-0.215707	-0.180025	0.880025	-0.119975	0.561412	0.138588	-0.438588
0.600	-0.147827	0.784319	0.063508	-0.215681	-0.180163	0.880163	-0.119837	0.561223	0.138777	-0.438777
0.625	-0.147898	0.784346	0.063551	-0.215654	-0.180307	0.880307	-0.119693	0.561025	0.138975	-0.438975
0.650	-0.147971	0.784375	0.063597	-0.215625	-0.180457	0.880457	-0.119543	0.560819	0.139181	-0.439181
0.675	-0.148048	0.784404	0.063644	-0.215596	-0.180613	0.880613	-0.119387	0.560604	0.139396	-0.439396
0.700	-0.148128	0.784435	0.063694	-0.215565	-0.180776	0.880776	-0.119224	0.560380	0.139620	-0.439620
0.725	-0.148211	0.784467	0.063745	-0.215533	-0.180945	0.880945	-0.119055	0.560147	0.139853	-0.439853
0.750	-0.148297	0.784500	0.063798	-0.215500	-0.181121	0.881121	-0.118879	0.559905	0.140095	-0.440095
0.775	-0.148386	0.784534	0.063853	-0.215466	-0.181303	0.881303	-0.118697	0.559654	0.140346	-0.440346
0.800	-0.148479	0.784569	0.063910	-0.215431	-0.181491	0.881491	-0.118509	0.559393	0.140607	-0.440607
0.825	-0.148574	0.784605	0.063968	-0.215395	-0.181687	0.881687	-0.118313	0.559123	0.140877	-0.440877
0.850	-0.148672	0.784643	0.064029	-0.215357	-0.181889	0.881889	-0.118111	0.558844	0.141156	-0.441156
0.875	-0.148774	0.784682	0.064092	-0.215318	-0.182098	0.882098	-0.117902	0.558555	0.141445	-0.441445
0.900	-0.148878	0.784722	0.064157	-0.215278	-0.182313	0.882313	-0.117687	0.558256	0.141744	-0.441744
0.925	-0.148986	0.784763	0.064223	-0.215237	-0.182536	0.882536	-0.117464	0.557947	0.142053	-0.442053
0.950	-0.149097	0.784805	0.064292	-0.215195	-0.182766	0.882766	-0.117234	0.557629	0.142371	-0.442371
0.975	-0.149211	0.784848	0.064363	-0.215152	-0.183002	0.883002	-0.116998	0.557300	0.142700	-0.442700

| ALPHA | F.P;MA(B,B) | F.P;KA(B,B) | F.P;MB(B,B) | F.P;KB(B,B) | F.P;MA(B,G) | F.P;KA(B,G) | F.P;KB(B,G) | F.P;KA(G,B) | F.P;MB(G,B) | F.P;KB(G,B) |

XP/L = 0.30

D R U C K S T A E B E -672-

XP/L = 0.30

ALPHA	F.P;MA(B,B)	F.P;KA(B,B)	F.P;MB(B,B)	F.P;KB(B,B)	F.P;MA(B,G)	F.P;KA(B,G)	F.P;KB(B,G)	F.P;KA(G,B)	F.P;MB(G,B)	F.P;KB(G,B)
1.000	-0.149329	0.784893	0.064436	-0.215107	-0.183246	0.883246	-0.116754	0.556961	0.143039	-0.443039
1.025	-0.149449	0.784939	0.064511	-0.215061	-0.183497	0.883497	-0.116503	0.556611	0.143389	-0.443389
1.050	-0.149573	0.784986	0.064587	-0.215014	-0.183756	0.883756	-0.116244	0.556251	0.143749	-0.443749
1.075	-0.149700	0.785034	0.064666	-0.214966	-0.184022	0.884022	-0.115978	0.555881	0.144119	-0.444119
1.100	-0.149831	0.785083	0.064747	-0.214917	-0.184295	0.884295	-0.115705	0.555499	0.144501	-0.444501
1.125	-0.149964	0.785134	0.064831	-0.214866	-0.184576	0.884576	-0.115424	0.555106	0.144894	-0.444894
1.150	-0.150101	0.785185	0.064916	-0.214815	-0.184865	0.884865	-0.115135	0.554702	0.145298	-0.445298
1.175	-0.150242	0.785238	0.065004	-0.214762	-0.185162	0.885162	-0.114838	0.554287	0.145713	-0.445713
1.200	-0.150386	0.785293	0.065093	-0.214707	-0.185467	0.885467	-0.114533	0.553859	0.146141	-0.446141
1.225	-0.150533	0.785348	0.065185	-0.214652	-0.185779	0.885779	-0.114221	0.553421	0.146579	-0.446579
1.250	-0.150684	0.785405	0.065279	-0.214595	-0.186100	0.886100	-0.113900	0.552970	0.147030	-0.447030
1.275	-0.150838	0.785463	0.065376	-0.214537	-0.186429	0.886429	-0.113571	0.552506	0.147494	-0.447494
1.300	-0.150996	0.785522	0.065474	-0.214478	-0.186767	0.886767	-0.113233	0.552031	0.147969	-0.447969
1.325	-0.151157	0.785582	0.065575	-0.214418	-0.187113	0.887113	-0.112887	0.551542	0.148458	-0.448458
1.350	-0.151322	0.785644	0.065678	-0.214356	-0.187468	0.887468	-0.112532	0.551041	0.148959	-0.448959
1.375	-0.151491	0.785707	0.065784	-0.214293	-0.187832	0.887832	-0.112168	0.550526	0.149474	-0.449474
1.400	-0.151663	0.785771	0.065892	-0.214229	-0.188205	0.888205	-0.111795	0.549998	0.150002	-0.450002
1.425	-0.151838	0.785836	0.066002	-0.214164	-0.188587	0.888587	-0.111413	0.549457	0.150543	-0.450543
1.450	-0.152018	0.785903	0.066115	-0.214097	-0.188979	0.888979	-0.111021	0.548901	0.151099	-0.451099
1.475	-0.152201	0.785971	0.066230	-0.214029	-0.189379	0.889379	-0.110621	0.548331	0.151669	-0.451669
1.500	-0.152388	0.786040	0.066347	-0.213960	-0.189790	0.889790	-0.110210	0.547747	0.152253	-0.452253
1.525	-0.152578	0.786111	0.066468	-0.213889	-0.190210	0.890210	-0.109790	0.547147	0.152853	-0.452853
1.550	-0.152773	0.786183	0.066590	-0.213817	-0.190641	0.890641	-0.109359	0.546533	0.153467	-0.453467
1.575	-0.152971	0.786256	0.066715	-0.213744	-0.191081	0.891081	-0.108919	0.545902	0.154098	-0.454098
1.600	-0.153174	0.786330	0.066843	-0.213670	-0.191532	0.891532	-0.108468	0.545256	0.154744	-0.454744
1.625	-0.153380	0.786406	0.066974	-0.213594	-0.191994	0.891994	-0.108006	0.544594	0.155406	-0.455406
1.650	-0.153590	0.786483	0.067107	-0.213517	-0.192466	0.892466	-0.107534	0.543915	0.156085	-0.456085
1.675	-0.153804	0.786562	0.067242	-0.213438	-0.192950	0.892950	-0.107050	0.543219	0.156781	-0.456781
1.700	-0.154023	0.786642	0.067381	-0.213358	-0.193445	0.893445	-0.106555	0.542506	0.157494	-0.457494
1.725	-0.154245	0.786723	0.067522	-0.213277	-0.193951	0.893951	-0.106049	0.541775	0.158225	-0.458225
1.750	-0.154472	0.786806	0.067666	-0.213194	-0.194469	0.894469	-0.105531	0.541026	0.158974	-0.458974
1.775	-0.154702	0.786889	0.067813	-0.213111	-0.194999	0.894999	-0.105001	0.540258	0.159742	-0.459742
1.800	-0.154938	0.786975	0.067963	-0.213025	-0.195541	0.895541	-0.104459	0.539471	0.160529	-0.460529
1.825	-0.155177	0.787061	0.068115	-0.212939	-0.196096	0.896096	-0.103904	0.538664	0.161336	-0.461336
1.850	-0.155421	0.787150	0.068271	-0.212850	-0.196664	0.896664	-0.103336	0.537837	0.162163	-0.462163
1.875	-0.155669	0.787239	0.068430	-0.212761	-0.197245	0.897245	-0.102755	0.536989	0.163011	-0.463011
1.900	-0.155921	0.787330	0.068591	-0.212670	-0.197839	0.897839	-0.102161	0.536121	0.163879	-0.463879
1.925	-0.156178	0.787422	0.068756	-0.212578	-0.198448	0.898448	-0.101552	0.535230	0.164770	-0.464770
1.950	-0.156440	0.787516	0.068924	-0.212484	-0.199070	0.899070	-0.100930	0.534317	0.165683	-0.465683
1.975	-0.156706	0.787612	0.069095	-0.212388	-0.199706	0.899706	-0.100294	0.533381	0.166619	-0.466619

ALPHA | F.P;MA(B,B) F.P;KA(B,B) F.P;MB(B,B) F.P;KB(B,B) F.P;MA(B,G) F.P;KA(B,G) F.P;KB(B,G) F.P;KA(G,B) F.P;MB(G,B) F.P;KB(G,B)

XP/L = 0.30

XP/L = 0.30

ALPHA	F.P;MA(B,B)	F.P;KA(B,B)	F.P;MB(B,B)	F.P;KB(B,B)	F.P;MA(B,G)	F.P;KA(B,G)	F.P;KB(B,G)	F.P;KA(G,B)	F.P;MB(G,B)	F.P;KB(G,B)
2.000	-0.156977	0.787708	0.069269	-0.212292	-0.200358	0.900358	-0.099642	0.532421	0.167579	-0.467579
2.025	-0.157253	0.787806	0.069446	-0.212194	-0.201025	0.901025	-0.098975	0.531438	0.168562	-0.468562
2.050	-0.157533	0.787906	0.069627	-0.212094	-0.201707	0.901707	-0.098293	0.530429	0.169571	-0.469571
2.075	-0.157818	0.788007	0.069811	-0.211993	-0.202405	0.902405	-0.097595	0.529394	0.170606	-0.470606
2.100	-0.158109	0.788110	0.069999	-0.211890	-0.203120	0.903120	-0.096880	0.528333	0.171667	-0.471667
2.125	-0.158404	0.788214	0.070190	-0.211786	-0.203851	0.903851	-0.096149	0.527245	0.172755	-0.472755
2.150	-0.158704	0.788320	0.070384	-0.211680	-0.204600	0.904600	-0.095400	0.526128	0.173872	-0.473872
2.175	-0.159009	0.788427	0.070583	-0.211573	-0.205367	0.905367	-0.094633	0.524983	0.175017	-0.475017
2.200	-0.159320	0.788536	0.070784	-0.211464	-0.206152	0.906152	-0.093848	0.523807	0.176193	-0.476193
2.225	-0.159636	0.788646	0.070990	-0.211354	-0.206956	0.906956	-0.093044	0.522601	0.177399	-0.477399
2.250	-0.159957	0.788758	0.071199	-0.211242	-0.207779	0.907779	-0.092221	0.521364	0.178636	-0.478636
2.275	-0.160284	0.788871	0.071412	-0.211129	-0.208622	0.908622	-0.091378	0.520093	0.179907	-0.479907
2.300	-0.160616	0.788986	0.071629	-0.211014	-0.209486	0.909486	-0.090514	0.518788	0.181212	-0.481212
2.325	-0.160953	0.789103	0.071850	-0.210897	-0.210371	0.910371	-0.089629	0.517449	0.182551	-0.482551
2.350	-0.161297	0.789221	0.072075	-0.210779	-0.211277	0.911277	-0.088723	0.516073	0.183927	-0.483927
2.375	-0.161646	0.789341	0.072304	-0.210659	-0.212207	0.912207	-0.087793	0.514660	0.185340	-0.485340
2.400	-0.162001	0.789463	0.072538	-0.210537	-0.213159	0.913159	-0.086841	0.513208	0.186792	-0.486792
2.425	-0.162361	0.789586	0.072775	-0.210414	-0.214136	0.914136	-0.085864	0.511716	0.188284	-0.488284
2.450	-0.162728	0.789711	0.073017	-0.210289	-0.215137	0.915137	-0.084863	0.510182	0.189818	-0.489818
2.475	-0.163101	0.789837	0.073264	-0.210163	-0.216164	0.916164	-0.083836	0.508606	0.191394	-0.491394
2.500	-0.163480	0.789966	0.073514	-0.210034	-0.217218	0.917218	-0.082782	0.506985	0.193015	-0.493015
2.525	-0.163865	0.790096	0.073770	-0.209904	-0.218299	0.918299	-0.081701	0.505317	0.194683	-0.494683
2.550	-0.164257	0.790227	0.074030	-0.209773	-0.219408	0.919408	-0.080592	0.503602	0.196398	-0.496398
2.575	-0.164656	0.790361	0.074295	-0.209639	-0.220547	0.920547	-0.079453	0.501836	0.198164	-0.498164
2.600	-0.165060	0.790496	0.074564	-0.209504	-0.221716	0.921716	-0.078284	0.500019	0.199981	-0.499981
2.625	-0.165472	0.790633	0.074839	-0.209367	-0.222917	0.922917	-0.077083	0.498149	0.201851	-0.501851
2.650	-0.165891	0.790772	0.075119	-0.209228	-0.224150	0.924150	-0.075850	0.496222	0.203778	-0.503778
2.675	-0.166316	0.790913	0.075403	-0.209087	-0.225418	0.925418	-0.074582	0.494237	0.205763	-0.505763
2.700	-0.166749	0.791055	0.075693	-0.208945	-0.226721	0.926721	-0.073279	0.492191	0.207809	-0.507809
2.725	-0.167188	0.791199	0.075989	-0.208801	-0.228060	0.928060	-0.071940	0.490083	0.209917	-0.509917
2.750	-0.167635	0.791346	0.076290	-0.208654	-0.229438	0.929438	-0.070562	0.487908	0.212092	-0.512092
2.775	-0.168090	0.791494	0.076596	-0.208506	-0.230856	0.930856	-0.069144	0.485665	0.214335	-0.514335
2.800	-0.168552	0.791644	0.076908	-0.208356	-0.232314	0.932314	-0.067686	0.483350	0.216650	-0.516650
2.825	-0.169022	0.791795	0.077226	-0.208205	-0.233817	0.933817	-0.066183	0.480960	0.219040	-0.519040
2.850	-0.169499	0.791949	0.077550	-0.208051	-0.235364	0.935364	-0.064636	0.478492	0.221508	-0.521508
2.875	-0.169985	0.792105	0.077880	-0.207895	-0.236958	0.936958	-0.063042	0.475942	0.224053	-0.524058
2.900	-0.170479	0.792263	0.078216	-0.207737	-0.238601	0.938601	-0.061399	0.473307	0.226693	-0.526693
2.925	-0.170981	0.792422	0.078559	-0.207578	-0.240295	0.940295	-0.059705	0.470582	0.229413	-0.529418
2.950	-0.171492	0.792584	0.078908	-0.207416	-0.242043	0.942043	-0.057957	0.467762	0.232238	-0.532238
2.975	-0.172011	0.792748	0.079263	-0.207252	-0.243847	0.943847	-0.056153	0.464845	0.235155	-0.535155

ALPHA | F.P;MA(B,B) | F.P;KA(B,B) | F.P;MB(B,B) | F.P;KB(B,B) | F.P;MA(B,G) | F.P;KA(B,G) | F.P;KB(B,G) | F.P;KA(G,B) | F.P;MB(G,B) | F.P;KB(G,B)

XP/L = 0.30

XP/L = 0.40

ALPHA	F.P;MA(B,B)	F.P;KA(B,B)	F.P;MB(B,B)	F.P;KB(B,B)	F.P;MA(B,G)	F.P;KA(B,G)	F.P;KB(B,G)	F.P;KA(G,B)	F.P;MB(G,B)	F.P;KB(G,B)
0.000	-0.144000	0.648000	0.096000	-0.352000	-0.192000	0.792000	-0.208000	0.432000	0.168000	-0.568000
0.025	-0.144002	0.648000	0.096001	-0.352000	-0.192004	0.792004	-0.207996	0.431996	0.168004	-0.568004
0.050	-0.144007	0.648001	0.096005	-0.351999	-0.192015	0.792015	-0.207985	0.431982	0.168018	-0.568018
0.075	-0.144015	0.648003	0.096012	-0.351997	-0.192035	0.792035	-0.207965	0.431960	0.168040	-0.568040
0.100	-0.144027	0.648006	0.096021	-0.351994	-0.192062	0.792062	-0.207938	0.431929	0.168071	-0.568071
0.125	-0.144042	0.648009	0.096033	-0.351991	-0.192096	0.792096	-0.207904	0.431890	0.168110	-0.568110
0.150	-0.144061	0.648013	0.096048	-0.351987	-0.192138	0.792138	-0.207862	0.431841	0.168159	-0.568159
0.175	-0.144082	0.648018	0.096065	-0.351982	-0.192188	0.792188	-0.207812	0.431784	0.168216	-0.568216
0.200	-0.144108	0.648023	0.096085	-0.351977	-0.192246	0.792246	-0.207754	0.431717	0.168283	-0.568283
0.225	-0.144136	0.648029	0.096107	-0.351971	-0.192312	0.792312	-0.207688	0.431642	0.168358	-0.568358
0.250	-0.144168	0.648036	0.096132	-0.351964	-0.192385	0.792385	-0.207615	0.431558	0.168442	-0.568442
0.275	-0.144204	0.648044	0.096160	-0.351956	-0.192466	0.792466	-0.207534	0.431464	0.168536	-0.568536
0.300	-0.144242	0.648052	0.096191	-0.351948	-0.192555	0.792555	-0.207445	0.431362	0.168638	-0.568638
0.325	-0.144285	0.648061	0.096224	-0.351939	-0.192652	0.792652	-0.207348	0.431251	0.168749	-0.568749
0.350	-0.144330	0.648071	0.096260	-0.351929	-0.192757	0.792757	-0.207243	0.431130	0.168870	-0.568870
0.375	-0.144379	0.648081	0.096298	-0.351919	-0.192869	0.792869	-0.207131	0.431001	0.168999	-0.568999
0.400	-0.144432	0.648092	0.096339	-0.351908	-0.192990	0.792990	-0.207010	0.430862	0.169138	-0.569138
0.425	-0.144488	0.648104	0.096383	-0.351896	-0.193119	0.793119	-0.206881	0.430714	0.169286	-0.569286
0.450	-0.144547	0.648117	0.096430	-0.351883	-0.193255	0.793255	-0.206745	0.430557	0.169443	-0.569443
0.475	-0.144610	0.648130	0.096479	-0.351870	-0.193400	0.793400	-0.206600	0.430390	0.169610	-0.569610
0.500	-0.144676	0.648144	0.096531	-0.351856	-0.193553	0.793553	-0.206447	0.430214	0.169786	-0.569786
0.525	-0.144746	0.648159	0.096586	-0.351841	-0.193714	0.793714	-0.206286	0.430029	0.169971	-0.569971
0.550	-0.144819	0.648175	0.096644	-0.351825	-0.193884	0.793884	-0.206116	0.429834	0.170166	-0.570166
0.575	-0.144896	0.648191	0.096704	-0.351809	-0.194061	0.794061	-0.205939	0.429629	0.170371	-0.570371
0.600	-0.144976	0.648208	0.096768	-0.351792	-0.194247	0.794247	-0.205753	0.429415	0.170585	-0.570585
0.625	-0.145060	0.648226	0.096834	-0.351774	-0.194442	0.794442	-0.205558	0.429190	0.170810	-0.570810
0.650	-0.145147	0.648245	0.096902	-0.351755	-0.194645	0.794645	-0.205355	0.428956	0.171044	-0.571044
0.675	-0.145238	0.648264	0.096974	-0.351736	-0.194856	0.794856	-0.205144	0.428712	0.171288	-0.571288
0.700	-0.145332	0.648284	0.097048	-0.351716	-0.195077	0.795077	-0.204923	0.428458	0.171542	-0.571542
0.725	-0.145430	0.648305	0.097126	-0.351695	-0.195306	0.795306	-0.204694	0.428194	0.171806	-0.571806
0.750	-0.145532	0.648326	0.097206	-0.351674	-0.195544	0.795544	-0.204456	0.427919	0.172081	-0.572081
0.775	-0.145638	0.648349	0.097289	-0.351651	-0.195790	0.795790	-0.204210	0.427635	0.172365	-0.572365
0.800	-0.145746	0.648372	0.097375	-0.351628	-0.196046	0.796046	-0.203954	0.427339	0.172661	-0.572661
0.825	-0.145859	0.648396	0.097464	-0.351604	-0.196311	0.796311	-0.203689	0.427033	0.172967	-0.572967
0.850	-0.145976	0.648420	0.097555	-0.351580	-0.196585	0.796585	-0.203415	0.426717	0.173283	-0.573283
0.875	-0.146096	0.648445	0.097650	-0.351555	-0.196868	0.796868	-0.203132	0.426389	0.173611	-0.573611
0.900	-0.146219	0.648471	0.097748	-0.351529	-0.197160	0.797160	-0.202840	0.426050	0.173950	-0.573950
0.925	-0.146347	0.648498	0.097849	-0.351502	-0.197462	0.797462	-0.202538	0.425701	0.174299	-0.574299
0.950	-0.146478	0.648526	0.097952	-0.351474	-0.197774	0.797774	-0.202226	0.425340	0.174660	-0.574660
0.975	-0.146613	0.648554	0.098059	-0.351446	-0.198095	0.798095	-0.201905	0.424967	0.175033	-0.575033

ALPHA F.P;MA(B,B) F.P;KA(B,B) F.P;MB(B,B) F.P;KB(B,B) F.P;MA(B,G) F.P;KA(B,G) F.P;KB(B,G) F.P;KA(G,B) F.P;MB(G,B) F.P;KB(G,B)

XP/L = 0.40

D R U C K S T A E B E -675-

XP/L = 0.40

ALPHA	F.P;MA(B,B)	F.P;KA(B,B)	F.P;MB(B,B)	F.P;KB(B,B)	F.P;MA(B,G)	F.P;KA(B,G)	F.P;KB(B,G)	F.P;KA(G,B)	F.P;MB(G,B)	F.P;KB(G,B)
1.000	-0.146752	0.648584	0.098169	-0.351416	-0.198427	0.798427	-0.201573	0.424584	0.175416	-0.575416
1.025	-0.146895	0.648613	0.098282	-0.351387	-0.198768	0.798768	-0.201232	0.424188	0.175812	-0.575812
1.050	-0.147042	0.648644	0.098398	-0.351356	-0.199119	0.799119	-0.200881	0.423780	0.176220	-0.576220
1.075	-0.147193	0.648676	0.098517	-0.351324	-0.199481	0.799481	-0.200519	0.423361	0.176639	-0.576639
1.100	-0.147347	0.648708	0.098639	-0.351292	-0.199852	0.799852	-0.200148	0.422929	0.177071	-0.577071
1.125	-0.147506	0.648741	0.098765	-0.351259	-0.200235	0.800235	-0.199765	0.422484	0.177516	-0.577516
1.150	-0.147669	0.648775	0.098894	-0.351225	-0.200628	0.800628	-0.199372	0.422027	0.177973	-0.577973
1.175	-0.147835	0.648810	0.099026	-0.351190	-0.201032	0.801032	-0.198968	0.421557	0.178443	-0.578443
1.200	-0.148006	0.648845	0.099161	-0.351155	-0.201447	0.801447	-0.198553	0.421074	0.178926	-0.578926
1.225	-0.148181	0.648881	0.099299	-0.351119	-0.201873	0.801873	-0.198127	0.420578	0.179422	-0.579422
1.250	-0.148360	0.648918	0.099441	-0.351082	-0.202310	0.802310	-0.197690	0.420069	0.179931	-0.579931
1.275	-0.148543	0.648956	0.099586	-0.351044	-0.202759	0.802759	-0.197241	0.419545	0.180455	-0.580455
1.300	-0.148730	0.648995	0.099735	-0.351005	-0.203219	0.803219	-0.196781	0.419008	0.180992	-0.580992
1.325	-0.148922	0.649035	0.099887	-0.350965	-0.203692	0.803692	-0.196308	0.418456	0.181544	-0.581544
1.350	-0.149118	0.649075	0.100043	-0.350925	-0.204177	0.804177	-0.195823	0.417890	0.182110	-0.582110
1.375	-0.149318	0.649116	0.100202	-0.350884	-0.204673	0.804673	-0.195327	0.417309	0.182691	-0.582691
1.400	-0.149522	0.649158	0.100364	-0.350842	-0.205183	0.805183	-0.194817	0.416713	0.183287	-0.583287
1.425	-0.149731	0.649201	0.100530	-0.350799	-0.205705	0.805705	-0.194295	0.416102	0.183898	-0.583898
1.450	-0.149945	0.649245	0.100700	-0.350755	-0.206240	0.806240	-0.193760	0.415475	0.184525	-0.584525
1.475	-0.150163	0.649289	0.100873	-0.350711	-0.206789	0.806789	-0.193211	0.414832	0.185168	-0.585168
1.500	-0.150385	0.649335	0.101050	-0.350665	-0.207350	0.807350	-0.192650	0.414173	0.185827	-0.585827
1.525	-0.150612	0.649381	0.101231	-0.350619	-0.207926	0.807926	-0.192074	0.413497	0.186503	-0.586503
1.550	-0.150844	0.649428	0.101416	-0.350572	-0.208516	0.808516	-0.191484	0.412804	0.187196	-0.587196
1.575	-0.151080	0.649476	0.101604	-0.350524	-0.209120	0.809120	-0.190880	0.412094	0.187906	-0.587906
1.600	-0.151321	0.649525	0.101796	-0.350475	-0.209738	0.809738	-0.190262	0.411366	0.188634	-0.588634
1.625	-0.151567	0.649574	0.101993	-0.350426	-0.210371	0.810371	-0.189629	0.410621	0.189379	-0.589379
1.650	-0.151818	0.649625	0.102193	-0.350375	-0.211020	0.811020	-0.188980	0.409856	0.190144	-0.590144
1.675	-0.152073	0.649676	0.102397	-0.350324	-0.211684	0.811684	-0.188316	0.409073	0.190927	-0.590927
1.700	-0.152334	0.649729	0.102605	-0.350271	-0.212364	0.812364	-0.187636	0.408270	0.191730	-0.591730
1.725	-0.152599	0.649782	0.102817	-0.350218	-0.213060	0.813060	-0.186940	0.407448	0.192552	-0.592552
1.750	-0.152870	0.649836	0.103034	-0.350164	-0.213773	0.813773	-0.186227	0.406605	0.193395	-0.593395
1.775	-0.153145	0.649891	0.103254	-0.350109	-0.214502	0.814502	-0.185498	0.405742	0.194258	-0.594258
1.800	-0.153426	0.649947	0.103479	-0.350053	-0.215249	0.815249	-0.184751	0.404857	0.195143	-0.595143
1.825	-0.153712	0.650004	0.103708	-0.349996	-0.216014	0.816014	-0.183986	0.403951	0.196049	-0.596049
1.850	-0.154004	0.650062	0.103942	-0.349938	-0.216797	0.816797	-0.183203	0.403022	0.196978	-0.596978
1.875	-0.154301	0.650121	0.104180	-0.349879	-0.217598	0.817598	-0.182402	0.402070	0.197930	-0.597930
1.900	-0.154603	0.650180	0.104423	-0.349820	-0.218419	0.818419	-0.181581	0.401095	0.198905	-0.598905
1.925	-0.154911	0.650241	0.104670	-0.349759	-0.219259	0.819259	-0.180741	0.400095	0.199905	-0.599905
1.950	-0.155224	0.650303	0.104921	-0.349697	-0.220119	0.820119	-0.179881	0.399071	0.200929	-0.600929
1.975	-0.155543	0.650365	0.105178	-0.349635	-0.220999	0.820999	-0.179001	0.398022	0.201978	-0.601978

ALPHA | F.P;MA(B,B) F.P;KA(B,B) F.P;MB(B,B) F.P;KB(B,B) F.P;MA(B,G) F.P;KA(B,G) F.P;KB(B,G) F.P;KA(G,B) F.P;MB(G,B) F.P;KB(G,B)

XP/L = 0.40

XP/L = 0.40

ALPHA	F.P;MA(B,B)	F.P;KA(B,B)	F.P;MB(B,B)	F.P;KB(B,B)	F.P;MA(B,G)	F.P;KA(B,G)	F.P;KR(B,G)	F.P;KA(G,B)	F.P;MB(G,B)	F.P;KB(G,B)
2.000	-0.155868	0.650429	0.105439	-0.349571	-0.221901	0.821901	-0.178099	0.396946	0.203054	-0.603054
2.025	-0.156198	0.650493	0.105705	-0.349507	-0.222824	0.822824	-0.177176	0.395843	0.204157	-0.604157
2.050	-0.156535	0.650559	0.105976	-0.349441	-0.223770	0.823770	-0.176230	0.394713	0.205287	-0.605287
2.075	-0.156877	0.650625	0.106252	-0.349375	-0.224738	0.824738	-0.175262	0.393554	0.206446	-0.606446
2.100	-0.157226	0.650693	0.106533	-0.349307	-0.225729	0.825729	-0.174271	0.392367	0.207633	-0.607633
2.125	-0.157580	0.650761	0.106819	-0.349239	-0.226745	0.826745	-0.173255	0.391149	0.208851	-0.608851
2.150	-0.157941	0.650831	0.107111	-0.349169	-0.227786	0.827786	-0.172214	0.389900	0.210100	-0.610100
2.175	-0.158308	0.650901	0.107407	-0.349099	-0.228851	0.828851	-0.171149	0.388619	0.211381	-0.611381
2.200	-0.158682	0.650973	0.107709	-0.349027	-0.229944	0.829944	-0.170056	0.387305	0.212695	-0.612695
2.225	-0.159062	0.651045	0.108017	-0.348955	-0.231063	0.831063	-0.168937	0.385957	0.214043	-0.614043
2.250	-0.159449	0.651119	0.108330	-0.348881	-0.232210	0.832210	-0.167790	0.384574	0.215426	-0.615426
2.275	-0.159842	0.651193	0.108649	-0.348807	-0.233385	0.833385	-0.166615	0.383155	0.216845	-0.616845
2.300	-0.160242	0.651269	0.108973	-0.348731	-0.234591	0.834591	-0.165409	0.381699	0.218301	-0.618301
2.325	-0.160649	0.651346	0.109303	-0.348654	-0.235826	0.835826	-0.164174	0.380205	0.219795	-0.619795
2.350	-0.161063	0.651424	0.109640	-0.348576	-0.237093	0.837093	-0.162907	0.378670	0.221330	-0.621330
2.375	-0.161485	0.651503	0.109982	-0.348497	-0.238393	0.838393	-0.161607	0.377095	0.222905	-0.622905
2.400	-0.161913	0.651583	0.110331	-0.348417	-0.239726	0.839726	-0.160274	0.375477	0.224523	-0.624523
2.425	-0.162349	0.651664	0.110685	-0.348336	-0.241094	0.841094	-0.158906	0.373815	0.226185	-0.626185
2.450	-0.162792	0.651746	0.111046	-0.348254	-0.242498	0.842498	-0.157502	0.372107	0.227893	-0.627893
2.475	-0.163243	0.651829	0.111414	-0.348171	-0.243938	0.843938	-0.156062	0.370352	0.229648	-0.629648
2.500	-0.163702	0.651914	0.111788	-0.348086	-0.245417	0.845417	-0.154583	0.368548	0.231452	-0.631452
2.525	-0.164169	0.652000	0.112169	-0.348000	-0.246936	0.846936	-0.153064	0.366694	0.233306	-0.633306
2.550	-0.164643	0.652086	0.112557	-0.347914	-0.248496	0.848496	-0.151504	0.364787	0.235213	-0.635213
2.575	-0.165126	0.652174	0.112952	-0.347826	-0.250098	0.850098	-0.149902	0.362826	0.237174	-0.637174
2.600	-0.165617	0.652264	0.113353	-0.347736	-0.251745	0.851745	-0.148255	0.360807	0.239193	-0.639193
2.625	-0.166117	0.652354	0.113763	-0.347646	-0.253438	0.853438	-0.146562	0.358730	0.241270	-0.641270
2.650	-0.166625	0.652446	0.114179	-0.347554	-0.255178	0.855178	-0.144822	0.356592	0.243408	-0.643408
2.675	-0.167141	0.652538	0.114603	-0.347462	-0.256968	0.856968	-0.143032	0.354390	0.245610	-0.645610
2.700	-0.167667	0.652632	0.115035	-0.347368	-0.258809	0.858809	-0.141191	0.352122	0.247878	-0.647878
2.725	-0.168202	0.652728	0.115474	-0.347272	-0.260704	0.860704	-0.139296	0.349785	0.250215	-0.650215
2.750	-0.168746	0.652824	0.115922	-0.347176	-0.262654	0.862654	-0.137346	0.347376	0.252624	-0.652624
2.775	-0.169299	0.652922	0.116377	-0.347078	-0.264663	0.864663	-0.135337	0.344893	0.255107	-0.655107
2.800	-0.169862	0.653021	0.116841	-0.346979	-0.266732	0.866732	-0.133268	0.342331	0.257669	-0.657669
2.825	-0.170435	0.653121	0.117314	-0.346879	-0.268864	0.868864	-0.131136	0.339687	0.260313	-0.660313
2.850	-0.171017	0.653223	0.117795	-0.346777	-0.271062	0.871062	-0.128938	0.336958	0.263042	-0.663042
2.875	-0.171610	0.653326	0.118284	-0.346674	-0.273328	0.873328	-0.126672	0.334140	0.265860	-0.665860
2.900	-0.172213	0.653430	0.118783	-0.346570	-0.275667	0.875667	-0.124333	0.331229	0.268771	-0.668771
2.925	-0.172827	0.653535	0.119292	-0.346465	-0.278080	0.878080	-0.121920	0.328220	0.271780	-0.671780
2.950	-0.173452	0.653642	0.119809	-0.346358	-0.280572	0.880572	-0.119428	0.325109	0.274891	-0.674891
2.975	-0.174087	0.653751	0.120336	-0.346249	-0.283147	0.883147	-0.116853	0.321890	0.278110	-0.678110
ALPHA	F.P;MA(B,B)	F.P;KA(B,B)	F.P;MB(B,B)	F.P;KB(B,B)	F.P;MA(B,G)	F.P;KA(B,G)	F.P;KB(B,G)	F.P;KA(G,B)	F.P;MB(G,B)	F.P;KB(G,B)

XP/L = 0.40

XP/L = 0.50

ALPHA	F.P;MA(B,B)	F.P;KA(B,B)	F.P;MB(B,B)	F.P;KB(B,B)	F.P;MA(B,G)	F.P;KA(B,G)	F.P;KB(B,G)	F.P;KA(G,B)	F.P;MB(G,B)	F.P;KB(G,B)
0.000	-0.125000	0.500000	0.125000	-0.500000	-0.187500	0.687500	-0.312500	0.312500	0.187500	-0.687500
0.025	-0.125002	0.500000	0.125002	-0.500000	-0.187504	0.687504	-0.312496	0.312496	0.187504	-0.687504
0.050	-0.125007	0.500000	0.125007	-0.500000	-0.187518	0.687518	-0.312482	0.312482	0.187518	-0.687518
0.075	-0.125015	0.500000	0.125015	-0.500000	-0.187540	0.687540	-0.312460	0.312460	0.187540	-0.687540
0.100	-0.125026	0.500000	0.125026	-0.500000	-0.187570	0.687570	-0.312430	0.312430	0.187570	-0.687570
0.125	-0.125041	0.500000	0.125041	-0.500000	-0.187610	0.687610	-0.312390	0.312390	0.187610	-0.687610
0.150	-0.125059	0.500000	0.125059	-0.500000	-0.187658	0.687658	-0.312342	0.312342	0.187658	-0.687658
0.175	-0.125080	0.500000	0.125080	-0.500000	-0.187716	0.687716	-0.312284	0.312284	0.187716	-0.687716
0.200	-0.125104	0.500000	0.125104	-0.500000	-0.187782	0.687782	-0.312218	0.312218	0.187782	-0.687782
0.225	-0.125132	0.500000	0.125132	-0.500000	-0.187857	0.687857	-0.312143	0.312143	0.187857	-0.687857
0.250	-0.125163	0.500000	0.125163	-0.500000	-0.187941	0.687941	-0.312059	0.312059	0.187941	-0.687941
0.275	-0.125197	0.500000	0.125197	-0.500000	-0.188034	0.688034	-0.311966	0.311966	0.188034	-0.688034
0.300	-0.125235	0.500000	0.125235	-0.500000	-0.188135	0.688135	-0.311865	0.311865	0.188135	-0.688135
0.325	-0.125276	0.500000	0.125276	-0.500000	-0.188246	0.688246	-0.311754	0.311754	0.188246	-0.688246
0.350	-0.125320	0.500000	0.125320	-0.500000	-0.188366	0.688366	-0.311634	0.311634	0.188366	-0.668366
0.375	-0.125368	0.500000	0.125368	-0.500000	-0.188495	0.688495	-0.311505	0.311505	0.188495	-0.688495
0.400	-0.125418	0.500000	0.125418	-0.500000	-0.188633	0.688633	-0.311367	0.311367	0.188633	-0.688633
0.425	-0.125473	0.500000	0.125473	-0.500000	-0.188781	0.688781	-0.311219	0.311219	0.188781	-0.688781
0.450	-0.125530	0.500000	0.125530	-0.500000	-0.188937	0.688937	-0.311063	0.311063	0.188937	-0.688937
0.475	-0.125591	0.500000	0.125591	-0.500000	-0.189103	0.689103	-0.310897	0.310897	0.189103	-0.689103
0.500	-0.125655	0.500000	0.125655	-0.500000	-0.189278	0.689278	-0.310722	0.310722	0.189278	-0.689278
0.525	-0.125723	0.500000	0.125723	-0.500000	-0.189463	0.689463	-0.310537	0.310537	0.189463	-0.689463
0.550	-0.125794	0.500000	0.125794	-0.500000	-0.189657	0.689657	-0.310343	0.310343	0.189657	-0.689657
0.575	-0.125868	0.500000	0.125868	-0.500000	-0.189861	0.689861	-0.310139	0.310139	0.189861	-0.689861
0.600	-0.125946	0.500000	0.125946	-0.500000	-0.190074	0.690074	-0.309926	0.309926	0.190074	-0.690074
0.625	-0.126027	0.500000	0.126027	-0.500000	-0.190297	0.690297	-0.309703	0.309703	0.190297	-0.690297
0.650	-0.126112	0.500000	0.126112	-0.500000	-0.190530	0.690530	-0.309470	0.309470	0.190530	-0.690530
0.675	-0.126200	0.500000	0.126200	-0.500000	-0.190773	0.690773	-0.309227	0.309227	0.190773	-0.690773
0.700	-0.126292	0.500000	0.126292	-0.500000	-0.191026	0.691026	-0.308974	0.308974	0.191026	-0.691026
0.725	-0.126387	0.500000	0.126387	-0.500000	-0.191288	0.691288	-0.308712	0.308712	0.191288	-0.691288
0.750	-0.126486	0.500000	0.126486	-0.500000	-0.191561	0.691561	-0.308439	0.308439	0.191561	-0.691561
0.775	-0.126588	0.500000	0.126588	-0.500000	-0.191844	0.691844	-0.308156	0.308156	0.191844	-0.691844
0.800	-0.126694	0.500000	0.126694	-0.500000	-0.192138	0.692138	-0.307862	0.307862	0.192138	-0.692138
0.825	-0.126803	0.500000	0.126803	-0.500000	-0.192442	0.692442	-0.307558	0.307558	0.192442	-0.692442
0.850	-0.126916	0.500000	0.126916	-0.500000	-0.192757	0.692757	-0.307243	0.307243	0.192757	-0.692757
0.875	-0.127033	0.500000	0.127033	-0.500000	-0.193082	0.693082	-0.306918	0.306918	0.193082	-0.693082
0.900	-0.127153	0.500000	0.127153	-0.500000	-0.193418	0.693418	-0.306582	0.306582	0.193418	-0.693418
0.925	-0.127277	0.500000	0.127277	-0.500000	-0.193765	0.693765	-0.306235	0.306235	0.193765	-0.693765
0.950	-0.127405	0.500000	0.127405	-0.500000	-0.194124	0.694124	-0.305876	0.305876	0.194124	-0.694124
0.975	-0.127536	0.500000	0.127536	-0.500000	-0.194493	0.694493	-0.305507	0.305507	0.194493	-0.694493

| ALPHA | F.P;MA(B,B) | F.P;KA(B,B) | F.P;MB(B,B) | F.P;KB(B,B) | F.P;MA(B,G) | F.P;KA(B,G) | F.P;KB(B,G) | F.P;KA(G,B) | F.P;MB(G,B) | F.P;KB(G,B) |

XP/L = 0.50

D R U C K S T A E B E -678-

XP/L = 0.50

ALPHA	F.P;MA(B,B)	F.P;KA(B,B)	F.P;MB(B,B)	F.P;KB(B,B)	F.P;MA(B,G)	F.P;KA(B,G)	F.P;KB(B,G)	F.P;KA(G,B)	F.P;MB(G,B)	F.P;KB(G,B)
1.000	-0.127671	0.500000	0.127671	-0.500000	-0.194874	0.694874	-0.305126	0.305126	0.194874	-0.694874
1.025	-0.127810	0.500000	0.127810	-0.500000	-0.195267	0.695267	-0.304733	0.304733	0.195267	-0.695267
1.050	-0.127952	0.500000	0.127952	-0.500000	-0.195671	0.695671	-0.304329	0.304329	0.195671	-0.695671
1.075	-0.128099	0.500000	0.128099	-0.500000	-0.196087	0.696087	-0.303913	0.303913	0.196087	-0.696087
1.100	-0.128249	0.500000	0.128249	-0.500000	-0.196516	0.696516	-0.303484	0.303484	0.196516	-0.696516
1.125	-0.128404	0.500000	0.128404	-0.500000	-0.196956	0.696956	-0.303044	0.303044	0.196956	-0.696956
1.150	-0.128562	0.500000	0.128562	-0.500000	-0.197409	0.697409	-0.302591	0.302591	0.197409	-0.697409
1.175	-0.128724	0.500000	0.128724	-0.500000	-0.197874	0.697874	-0.302126	0.302126	0.197874	-0.697874
1.200	-0.128890	0.500000	0.128890	-0.500000	-0.198353	0.698353	-0.301647	0.301647	0.198353	-0.698353
1.225	-0.129060	0.500000	0.129060	-0.500000	-0.198844	0.698844	-0.301156	0.301156	0.198844	-0.698844
1.250	-0.129234	0.500000	0.129234	-0.500000	-0.199349	0.699349	-0.300651	0.300651	0.199349	-0.699349
1.275	-0.129413	0.500000	0.129413	-0.500000	-0.199867	0.699867	-0.300133	0.300133	0.199867	-0.699867
1.300	-0.129595	0.500000	0.129595	-0.500000	-0.200398	0.700398	-0.299602	0.299602	0.200398	-0.700398
1.325	-0.129782	0.500000	0.129782	-0.500000	-0.200944	0.700944	-0.299056	0.299056	0.200944	-0.700944
1.350	-0.129973	0.500000	0.129973	-0.500000	-0.201504	0.701504	-0.298496	0.298496	0.201504	-0.701504
1.375	-0.130168	0.500000	0.130168	-0.500000	-0.202078	0.702078	-0.297922	0.297922	0.202078	-0.702078
1.400	-0.130367	0.500000	0.130367	-0.500000	-0.202667	0.702667	-0.297333	0.297333	0.202667	-0.702667
1.425	-0.130571	0.500000	0.130571	-0.500000	-0.203271	0.703271	-0.296729	0.296729	0.203271	-0.703271
1.450	-0.130779	0.500000	0.130779	-0.500000	-0.203890	0.703890	-0.296110	0.296110	0.203890	-0.703890
1.475	-0.130992	0.500000	0.130992	-0.500000	-0.204525	0.704525	-0.295475	0.295475	0.204525	-0.704525
1.500	-0.131209	0.500000	0.131209	-0.500000	-0.205176	0.705176	-0.294824	0.294824	0.205176	-0.705176
1.525	-0.131430	0.500000	0.131430	-0.500000	-0.205842	0.705842	-0.294158	0.294158	0.205842	-0.705842
1.550	-0.131657	0.500000	0.131657	-0.500000	-0.206526	0.706526	-0.293474	0.293474	0.206526	-0.706526
1.575	-0.131887	0.500000	0.131887	-0.500000	-0.207226	0.707226	-0.292774	0.292774	0.207226	-0.707226
1.600	-0.132123	0.500000	0.132123	-0.500000	-0.207943	0.707943	-0.292057	0.292057	0.207943	-0.707943
1.625	-0.132363	0.500000	0.132363	-0.500000	-0.208678	0.708678	-0.291322	0.291322	0.208678	-0.708678
1.650	-0.132608	0.500000	0.132608	-0.500000	-0.209431	0.709431	-0.290569	0.290569	0.209431	-0.709431
1.675	-0.132858	0.500000	0.132858	-0.500000	-0.210202	0.710202	-0.289798	0.289798	0.210202	-0.710202
1.700	-0.133113	0.500000	0.133113	-0.500000	-0.210992	0.710992	-0.289008	0.289008	0.210992	-0.710992
1.725	-0.133372	0.500000	0.133372	-0.500000	-0.211801	0.711801	-0.288199	0.288199	0.211801	-0.711801
1.750	-0.133637	0.500000	0.133637	-0.500000	-0.212630	0.712630	-0.287370	0.287370	0.212630	-0.712630
1.775	-0.133907	0.500000	0.133907	-0.500000	-0.213479	0.713479	-0.286521	0.286521	0.213479	-0.713479
1.800	-0.134182	0.500000	0.134182	-0.500000	-0.214348	0.714348	-0.285652	0.285652	0.214348	-0.714348
1.825	-0.134462	0.500000	0.134462	-0.500000	-0.215239	0.715239	-0.284761	0.284761	0.215239	-0.715239
1.850	-0.134748	0.500000	0.134748	-0.500000	-0.216151	0.716151	-0.283849	0.283849	0.216151	-0.716151
1.875	-0.135038	0.500000	0.135038	-0.500000	-0.217085	0.717085	-0.282915	0.282915	0.217085	-0.717085
1.900	-0.135335	0.500000	0.135335	-0.500000	-0.218042	0.718042	-0.281958	0.281958	0.218042	-0.718042
1.925	-0.135637	0.500000	0.135637	-0.500000	-0.219022	0.719022	-0.280978	0.280978	0.219022	-0.719022
1.950	-0.135944	0.500000	0.135944	-0.500000	-0.220026	0.720026	-0.279974	0.279974	0.220026	-0.720026
1.975	-0.136257	0.500000	0.136257	-0.500000	-0.221055	0.721055	-0.278945	0.278945	0.221055	-0.721055
ALPHA	F.P;MA(B,B)	F.P;KA(B,B)	F.P;MB(B,B)	F.P;KB(B,B)	F.P;MA(B,G)	F.P;KA(B,G)	F.P;KB(B,G)	F.P;KA(G,B)	F.P;MB(G,B)	F.P;KB(G,B)

XP/L = 0.50

XP/L = 0.50

ALPHA	F.P;MA(B,B)	F.P;KA(B,B)	F.P;MB(B,B)	F.P;KB(B,B)	F.P;MA(B,G)	F.P;KA(B,G)	F.P;KB(B,G)	F.P;KA(G,B)	F.P;MB(G,B)	F.P;KB(G,B)
2.000	-0.136576	0.500000	0.136576	-0.500000	-0.222109	0.722109	-0.277891	0.277891	0.222109	-0.722109
2.025	-0.136900	0.500000	0.136900	-0.500000	-0.223188	0.723188	-0.276812	0.276812	0.223188	-0.723188
2.050	-0.137231	0.500000	0.137231	-0.500000	-0.224294	0.724294	-0.275706	0.275706	0.224294	-0.724294
2.075	-0.137567	0.500000	0.137567	-0.500000	-0.225428	0.725428	-0.274572	0.274572	0.225428	-0.725428
2.100	-0.137910	0.500000	0.137910	-0.500000	-0.226589	0.726589	-0.273411	0.273411	0.226589	-0.726589
2.125	-0.138258	0.500000	0.138258	-0.500000	-0.227780	0.727780	-0.272220	0.272220	0.227780	-0.727780
2.150	-0.138613	0.500000	0.138613	-0.500000	-0.229000	0.729000	-0.271000	0.271000	0.229000	-0.729000
2.175	-0.138974	0.500000	0.138974	-0.500000	-0.230250	0.730250	-0.269750	0.269750	0.230250	-0.730250
2.200	-0.139342	0.500000	0.139342	-0.500000	-0.231533	0.731533	-0.268467	0.268467	0.231533	-0.731533
2.225	-0.139716	0.500000	0.139716	-0.500000	-0.232847	0.732847	-0.267153	0.267153	0.232847	-0.732847
2.250	-0.140097	0.500000	0.140097	-0.500000	-0.234196	0.734196	-0.265804	0.265804	0.234196	-0.734196
2.275	-0.140485	0.500000	0.140485	-0.500000	-0.235578	0.735578	-0.264422	0.264422	0.235578	-0.735578
2.300	-0.140879	0.500000	0.140879	-0.500000	-0.236997	0.736997	-0.263003	0.263003	0.236997	-0.736997
2.325	-0.141281	0.500000	0.141281	-0.500000	-0.238452	0.738452	-0.261548	0.261548	0.238452	-0.738452
2.350	-0.141690	0.500000	0.141690	-0.500000	-0.239945	0.739945	-0.260055	0.260055	0.239945	-0.739945
2.375	-0.142105	0.500000	0.142105	-0.500000	-0.241477	0.741477	-0.258523	0.258523	0.241477	-0.741477
2.400	-0.142529	0.500000	0.142529	-0.500000	-0.243050	0.743050	-0.256950	0.256950	0.243050	-0.743050
2.425	-0.142959	0.500000	0.142959	-0.500000	-0.244665	0.744665	-0.255335	0.255335	0.244665	-0.744665
2.450	-0.143397	0.500000	0.143397	-0.500000	-0.246323	0.746323	-0.253677	0.253677	0.246323	-0.746323
2.475	-0.143843	0.500000	0.143843	-0.500000	-0.248026	0.748026	-0.251974	0.251974	0.248026	-0.748026
2.500	-0.144297	0.500000	0.144297	-0.500000	-0.249775	0.749775	-0.250225	0.250225	0.249775	-0.749775
2.525	-0.144759	0.500000	0.144759	-0.500000	-0.251573	0.751573	-0.248427	0.248427	0.251573	-0.751573
2.550	-0.145228	0.500000	0.145228	-0.500000	-0.253421	0.753421	-0.246579	0.246579	0.253421	-0.753421
2.575	-0.145707	0.500000	0.145707	-0.500000	-0.255320	0.755320	-0.244680	0.244680	0.255320	-0.755320
2.600	-0.146193	0.500000	0.146193	-0.500000	-0.257274	0.757274	-0.242726	0.242726	0.257274	-0.757274
2.625	-0.146688	0.500000	0.146688	-0.500000	-0.259283	0.759283	-0.240717	0.240717	0.259283	-0.759283
2.650	-0.147192	0.500000	0.147192	-0.500000	-0.261350	0.761350	-0.238650	0.238650	0.261350	-0.761350
2.675	-0.147705	0.500000	0.147705	-0.500000	-0.263477	0.763477	-0.236523	0.236523	0.263477	-0.763477
2.700	-0.148227	0.500000	0.148227	-0.500000	-0.265667	0.765667	-0.234333	0.234333	0.265667	-0.765667
2.725	-0.148758	0.500000	0.148758	-0.500000	-0.267923	0.767923	-0.232077	0.232077	0.267923	-0.767923
2.750	-0.149299	0.500000	0.149299	-0.500000	-0.270246	0.770246	-0.229754	0.229754	0.270246	-0.770246
2.775	-0.149849	0.500000	0.149849	-0.500000	-0.272640	0.772640	-0.227360	0.227360	0.272640	-0.772640
2.800	-0.150409	0.500000	0.150409	-0.500000	-0.275109	0.775109	-0.224891	0.224891	0.275109	-0.775109
2.825	-0.150979	0.500000	0.150979	-0.500000	-0.277654	0.777654	-0.222346	0.222346	0.277654	-0.777654
2.850	-0.151559	0.500000	0.151559	-0.500000	-0.280280	0.780280	-0.219720	0.219720	0.280280	-0.780280
2.875	-0.152149	0.500000	0.152149	-0.500000	-0.282989	0.782989	-0.217011	0.217011	0.282989	-0.782989
2.900	-0.152751	0.500000	0.152751	-0.500000	-0.285787	0.785787	-0.214213	0.214213	0.285787	-0.785787
2.925	-0.153363	0.500000	0.153363	-0.500000	-0.288677	0.788677	-0.211323	0.211323	0.288677	-0.788677
2.950	-0.153986	0.500000	0.153986	-0.500000	-0.291664	0.791664	-0.208336	0.208336	0.291664	-0.791664
2.975	-0.154620	0.500000	0.154620	-0.500000	-0.294751	0.794751	-0.205249	0.205249	0.294751	-0.794751

ALPHA F.P;MA(B,B) F.P;KA(B,B) F.P;MB(B,B) F.P;KB(B,B) F.P;MA(B,G) F.P;KA(B,G) F.P;KB(B,G) F.P;KA(G,B) F.P;MB(G,B) F.P;KB(G,B)

XP/L = 0.50

XP/L = 0.60

ALPHA	F.P;MA(B,B)	F.P;KA(B,B)	F.P;MB(B,B)	F.P;KB(B,B)	F.P;MA(B,G)	F.P;KA(B,G)	F.P;KB(B,G)	F.P;KA(G,B)	F.P;MB(G,B)	F.P;KB(G,B)
0.000	-0.096000	0.352000	0.144000	-0.648000	-0.168000	0.568000	-0.432000	0.208000	0.192000	-0.792000
0.025	-0.096001	0.352000	0.144002	-0.648000	-0.168004	0.568004	-0.431996	0.207996	0.192004	-0.792004
0.050	-0.096005	0.351999	0.144007	-0.648001	-0.168018	0.568018	-0.431982	0.207985	0.192015	-0.792015
0.075	-0.096012	0.351997	0.144015	-0.648003	-0.168040	0.568040	-0.431960	0.207965	0.192035	-0.792035
0.100	-0.096021	0.351994	0.144027	-0.648006	-0.168071	0.568071	-0.431929	0.207938	0.192062	-0.792062
0.125	-0.096033	0.351991	0.144042	-0.648009	-0.168110	0.568110	-0.431890	0.207904	0.192096	-0.792096
0.150	-0.096048	0.351987	0.144061	-0.648013	-0.168159	0.568159	-0.431841	0.207862	0.192138	-0.792138
0.175	-0.096065	0.351982	0.144082	-0.648018	-0.168216	0.568216	-0.431784	0.207812	0.192188	-0.792188
0.200	-0.096085	0.351977	0.144108	-0.648023	-0.168283	0.568283	-0.431717	0.207754	0.192246	-0.792246
0.225	-0.096107	0.351971	0.144136	-0.648029	-0.168358	0.568358	-0.431642	0.207688	0.192312	-0.792312
0.250	-0.096132	0.351964	0.144168	-0.648036	-0.168442	0.568442	-0.431558	0.207615	0.192385	-0.792385
0.275	-0.096160	0.351956	0.144204	-0.648044	-0.168536	0.568536	-0.431464	0.207534	0.192466	-0.792466
0.300	-0.096191	0.351948	0.144242	-0.648052	-0.168638	0.568638	-0.431362	0.207445	0.192555	-0.792555
0.325	-0.096224	0.351939	0.144285	-0.648061	-0.168749	0.568749	-0.431251	0.207348	0.192652	-0.792652
0.350	-0.096260	0.351929	0.144330	-0.648071	-0.168870	0.568870	-0.431130	0.207243	0.192757	-0.792757
0.375	-0.096298	0.351919	0.144379	-0.648081	-0.168999	0.568999	-0.431001	0.207131	0.192869	-0.792869
0.400	-0.096339	0.351908	0.144432	-0.648092	-0.169138	0.569138	-0.430862	0.207010	0.192990	-0.792990
0.425	-0.096383	0.351896	0.144488	-0.648104	-0.169286	0.569286	-0.430714	0.206881	0.193119	-0.793119
0.450	-0.096430	0.351883	0.144547	-0.648117	-0.169443	0.569443	-0.430557	0.206745	0.193255	-0.793255
0.475	-0.096479	0.351870	0.144610	-0.648130	-0.169610	0.569610	-0.430390	0.206600	0.193400	-0.793400
0.500	-0.096531	0.351856	0.144676	-0.648144	-0.169786	0.569786	-0.430214	0.206447	0.193553	-0.793553
0.525	-0.096586	0.351841	0.144746	-0.648159	-0.169971	0.569971	-0.430029	0.206286	0.193714	-0.793714
0.550	-0.096644	0.351825	0.144819	-0.648175	-0.170166	0.570166	-0.429834	0.206116	0.193884	-0.793884
0.575	-0.096704	0.351809	0.144896	-0.648191	-0.170371	0.570371	-0.429629	0.205939	0.194061	-0.794061
0.600	-0.096768	0.351792	0.144976	-0.648208	-0.170585	0.570585	-0.429415	0.205753	0.194247	-0.794247
0.625	-0.096834	0.351774	0.145060	-0.648226	-0.170810	0.570810	-0.429190	0.205558	0.194442	-0.794442
0.650	-0.096902	0.351755	0.145147	-0.648245	-0.171044	0.571044	-0.428956	0.205355	0.194645	-0.794645
0.675	-0.096974	0.351736	0.145238	-0.648264	-0.171288	0.571288	-0.428712	0.205144	0.194856	-0.794856
0.700	-0.097048	0.351716	0.145332	-0.648284	-0.171542	0.571542	-0.428458	0.204923	0.195077	-0.795077
0.725	-0.097126	0.351695	0.145430	-0.648305	-0.171806	0.571806	-0.428194	0.204694	0.195306	-0.795306
0.750	-0.097206	0.351674	0.145532	-0.648326	-0.172081	0.572081	-0.427919	0.204456	0.195544	-0.795544
0.775	-0.097289	0.351651	0.145638	-0.648349	-0.172365	0.572365	-0.427635	0.204210	0.195790	-0.795790
0.800	-0.097375	0.351628	0.145746	-0.648372	-0.172661	0.572661	-0.427339	0.203954	0.196046	-0.796046
0.825	-0.097464	0.351604	0.145859	-0.648396	-0.172967	0.572967	-0.427033	0.203689	0.196311	-0.796311
0.850	-0.097555	0.351580	0.145976	-0.648420	-0.173283	0.573283	-0.426717	0.203415	0.196585	-0.796585
0.875	-0.097650	0.351555	0.146096	-0.648445	-0.173611	0.573611	-0.426389	0.203132	0.196868	-0.796868
0.900	-0.097748	0.351529	0.146219	-0.648471	-0.173950	0.573950	-0.426050	0.202840	0.197160	-0.797160
0.925	-0.097849	0.351502	0.146347	-0.648498	-0.174299	0.574299	-0.425701	0.202538	0.197462	-0.797462
0.950	-0.097952	0.351474	0.146478	-0.648526	-0.174660	0.574660	-0.425340	0.202226	0.197774	-0.797774
0.975	-0.098059	0.351446	0.146613	-0.648554	-0.175033	0.575033	-0.424967	0.201905	0.198095	-0.798095

| ALPHA | F.P;MA(B,B) | F.P;KA(B,B) | F.P;MB(B,B) | F.P;KB(B,B) | F.P;MA(B,G) | F.P;KA(B,G) | F.P;KB(B,G) | F.P;KA(G,B) | F.P;MB(G,B) | F.P;KB(G,B) |

XP/L = 0.60

XP/L = 0.60

ALPHA	F.P:MA(B,B)	F.P:KA(B,B)	F.P:MB(B,B)	F.P:KB(B,B)	F.P:MA(B,G)	F.P:KA(B,G)	F.P:KB(B,G)	F.P:KA(G,B)	F.P:MB(G,B)	F.P:KB(G,B)
1.000	-0.098169	0.351416	0.146752	-0.648584	-0.175416	0.575416	-0.424584	0.201573	0.198427	-0.798427
1.025	-0.098282	0.351387	0.146895	-0.648613	-0.175812	0.575812	-0.424188	0.201232	0.198768	-0.798768
1.050	-0.098398	0.351356	0.147042	-0.648644	-0.176220	0.576220	-0.423780	0.200881	0.199119	-0.799119
1.075	-0.098517	0.351324	0.147193	-0.648676	-0.176639	0.576639	-0.423361	0.200519	0.199481	-0.799481
1.100	-0.098639	0.351292	0.147347	-0.648708	-0.177071	0.577071	-0.422929	0.200148	0.199852	-0.799852
1.125	-0.098765	0.351259	0.147506	-0.648741	-0.177516	0.577516	-0.422484	0.199765	0.200235	-0.800235
1.150	-0.098894	0.351225	0.147669	-0.648775	-0.177973	0.577973	-0.422027	0.199372	0.200628	-0.800628
1.175	-0.099026	0.351190	0.147835	-0.648810	-0.178443	0.578443	-0.421557	0.198968	0.201032	-0.801032
1.200	-0.099161	0.351155	0.148006	-0.648845	-0.178926	0.578926	-0.421074	0.198553	0.201447	-0.801447
1.225	-0.099299	0.351119	0.148181	-0.648881	-0.179422	0.579422	-0.420578	0.198127	0.201873	-0.801873
1.250	-0.099441	0.351082	0.148360	-0.648918	-0.179931	0.579931	-0.420069	0.197690	0.202310	-0.802310
1.275	-0.099586	0.351044	0.148543	-0.648956	-0.180455	0.580455	-0.419545	0.197241	0.202759	-0.802759
1.300	-0.099735	0.351005	0.148730	-0.648995	-0.180992	0.580992	-0.419008	0.196781	0.203219	-0.803219
1.325	-0.099887	0.350965	0.148922	-0.649035	-0.181544	0.581544	-0.418456	0.196308	0.203692	-0.803692
1.350	-0.100043	0.350925	0.149118	-0.649075	-0.182110	0.582110	-0.417890	0.195823	0.204177	-0.804177
1.375	-0.100202	0.350884	0.149318	-0.649116	-0.182691	0.582691	-0.417309	0.195327	0.204673	-0.804673
1.400	-0.100364	0.350842	0.149522	-0.649158	-0.183287	0.583287	-0.416713	0.194817	0.205183	-0.805183
1.425	-0.100530	0.350799	0.149731	-0.649201	-0.183898	0.583898	-0.416102	0.194295	0.205705	-0.805705
1.450	-0.100700	0.350755	0.149945	-0.649245	-0.184525	0.584525	-0.415475	0.193760	0.206240	-0.806240
1.475	-0.100873	0.350711	0.150163	-0.649289	-0.185168	0.585168	-0.414832	0.193211	0.206789	-0.806789
1.500	-0.101050	0.350665	0.150385	-0.649335	-0.185827	0.585827	-0.414173	0.192650	0.207350	-0.807350
1.525	-0.101231	0.350619	0.150612	-0.649381	-0.186503	0.586503	-0.413497	0.192074	0.207926	-0.807926
1.550	-0.101416	0.350572	0.150844	-0.649428	-0.187196	0.587196	-0.412804	0.191484	0.208516	-0.808516
1.575	-0.101604	0.350524	0.151080	-0.649476	-0.187906	0.587906	-0.412094	0.190880	0.209120	-0.809120
1.600	-0.101796	0.350475	0.151321	-0.649525	-0.188634	0.588634	-0.411366	0.190262	0.209738	-0.809738
1.625	-0.101993	0.350426	0.151567	-0.649574	-0.189379	0.589379	-0.410621	0.189629	0.210371	-0.810371
1.650	-0.102193	0.350375	0.151818	-0.649625	-0.190144	0.590144	-0.409856	0.188980	0.211020	-0.811020
1.675	-0.102397	0.350324	0.152073	-0.649676	-0.190927	0.590927	-0.409073	0.188316	0.211684	-0.811684
1.700	-0.102605	0.350271	0.152334	-0.649729	-0.191730	0.591730	-0.408270	0.187636	0.212364	-0.812364
1.725	-0.102817	0.350218	0.152599	-0.649782	-0.192552	0.592552	-0.407448	0.186940	0.213060	-0.613060
1.750	-0.103034	0.350164	0.152870	-0.649836	-0.193395	0.593395	-0.406605	0.186227	0.213773	-0.813773
1.775	-0.103254	0.350109	0.153145	-0.649891	-0.194258	0.594258	-0.405742	0.185498	0.214502	-0.814502
1.800	-0.103479	0.350053	0.153426	-0.649947	-0.195143	0.595143	-0.404857	0.184751	0.215249	-0.815249
1.825	-0.103708	0.349996	0.153712	-0.650004	-0.196049	0.596049	-0.403951	0.183986	0.216014	-0.816014
1.850	-0.103942	0.349938	0.154004	-0.650062	-0.196978	0.596978	-0.403022	0.183203	0.216797	-0.816797
1.875	-0.104180	0.349879	0.154301	-0.650121	-0.197930	0.597930	-0.402070	0.182402	0.217598	-0.817598
1.900	-0.104423	0.349820	0.154603	-0.650180	-0.198905	0.598905	-0.401095	0.181581	0.218419	-0.818419
1.925	-0.104670	0.349759	0.154911	-0.650241	-0.199905	0.599905	-0.400095	0.180741	0.219259	-0.819259
1.950	-0.104921	0.349697	0.155224	-0.650303	-0.200929	0.600929	-0.399071	0.179881	0.220119	-0.820119
1.975	-0.105178	0.349635	0.155543	-0.650365	-0.201978	0.601978	-0.398022	0.179001	0.220999	-0.820999

| ALPHA | F.P:MA(B,B) | F.P:KA(B,B) | F.P:MB(B,B) | F.P:KB(B,B) | F.P:MA(B,G) | F.P:KA(B,G) | F.P:KB(B,G) | F.P:KA(G,B) | F.P:MB(G,B) | F.P:KB(G,B) |

XP/L = 0.60

XP/L = 0.60

ALPHA	F.P;MA(B,B)	F.P;KA(B,B)	F.P;MB(B,B)	F.P;KB(B,B)	F.P;MA(B,G)	F.P;KA(B,G)	F.P;KB(B,G)	F.P;KA(G,B)	F.P;MB(G,B)	F.P;KB(G,B)
2.000	-0.105439	0.349571	0.155868	-0.650429	-0.203054	0.603054	-0.396946	0.178099	0.221901	-0.821901
2.025	-0.105705	0.349507	0.156198	-0.650493	-0.204157	0.604157	-0.395843	0.177176	0.222824	-0.822824
2.050	-0.105976	0.349441	0.156535	-0.650559	-0.205287	0.605287	-0.394713	0.176230	0.223770	-0.823770
2.075	-0.106252	0.349375	0.156877	-0.650625	-0.206446	0.606446	-0.393554	0.175262	0.224738	-0.824738
2.100	-0.106533	0.349307	0.157226	-0.650693	-0.207633	0.607633	-0.392367	0.174271	0.225729	-0.825729
2.125	-0.106819	0.349239	0.157580	-0.650761	-0.208851	0.608851	-0.391149	0.173255	0.226745	-0.826745
2.150	-0.107111	0.349169	0.157941	-0.650831	-0.210100	0.610100	-0.389900	0.172214	0.227786	-0.827786
2.175	-0.107407	0.349099	0.158308	-0.650901	-0.211381	0.611381	-0.388619	0.171149	0.228851	-0.828851
2.200	-0.107709	0.349027	0.158682	-0.650973	-0.212695	0.612695	-0.387305	0.170056	0.229944	-0.829944
2.225	-0.108017	0.348955	0.159062	-0.651045	-0.214043	0.614043	-0.385957	0.168937	0.231063	-0.831063
2.250	-0.108330	0.348881	0.159449	-0.651119	-0.215426	0.615426	-0.384574	0.167790	0.232210	-0.832210
2.275	-0.108649	0.348807	0.159842	-0.651193	-0.216845	0.616845	-0.383155	0.166615	0.233385	-0.833385
2.300	-0.108973	0.348731	0.160242	-0.651269	-0.218301	0.618301	-0.381699	0.165409	0.234591	-0.834591
2.325	-0.109303	0.348654	0.160649	-0.651346	-0.219795	0.619795	-0.380205	0.164174	0.235826	-0.835826
2.350	-0.109640	0.348576	0.161063	-0.651424	-0.221330	0.621330	-0.378670	0.162907	0.237093	-0.837093
2.375	-0.109982	0.348497	0.161485	-0.651503	-0.222905	0.622905	-0.377095	0.161607	0.238393	-0.838393
2.400	-0.110331	0.348417	0.161913	-0.651583	-0.224523	0.624523	-0.375477	0.160274	0.239726	-0.839726
2.425	-0.110685	0.348336	0.162349	-0.651664	-0.226185	0.626185	-0.373815	0.158906	0.241094	-0.841094
2.450	-0.111046	0.348254	0.162792	-0.651746	-0.227893	0.627893	-0.372107	0.157502	0.242498	-0.842498
2.475	-0.111414	0.348171	0.163243	-0.651829	-0.229648	0.629648	-0.370352	0.156062	0.243938	-0.843938
2.500	-0.111788	0.348086	0.163702	-0.651914	-0.231452	0.631452	-0.368548	0.154583	0.245417	-0.845417
2.525	-0.112169	0.348000	0.164169	-0.652000	-0.233306	0.633306	-0.366694	0.153064	0.246936	-0.846936
2.550	-0.112557	0.347914	0.164643	-0.652086	-0.235213	0.635213	-0.364787	0.151504	0.248496	-0.848496
2.575	-0.112952	0.347826	0.165126	-0.652174	-0.237174	0.637174	-0.362826	0.149902	0.250098	-0.850098
2.600	-0.113353	0.347736	0.165617	-0.652264	-0.239193	0.639193	-0.360807	0.148255	0.251745	-0.851745
2.625	-0.113763	0.347646	0.166117	-0.652354	-0.241270	0.641270	-0.358730	0.146562	0.253438	-0.853438
2.650	-0.114179	0.347554	0.166625	-0.652446	-0.243408	0.643408	-0.356592	0.144822	0.255178	-0.855178
2.675	-0.114603	0.347462	0.167141	-0.652538	-0.245610	0.645610	-0.354390	0.143032	0.256968	-0.856968
2.700	-0.115035	0.347368	0.167667	-0.652632	-0.247878	0.647878	-0.352122	0.141191	0.258809	-0.858809
2.725	-0.115474	0.347272	0.168202	-0.652728	-0.250215	0.650215	-0.349785	0.139296	0.260704	-0.860704
2.750	-0.115922	0.347176	0.168746	-0.652824	-0.252624	0.652624	-0.347376	0.137346	0.262654	-0.862654
2.775	-0.116377	0.347078	0.169299	-0.652922	-0.255107	0.655107	-0.344893	0.135337	0.264663	-0.864663
2.800	-0.116841	0.346979	0.169862	-0.653021	-0.257669	0.657669	-0.342331	0.133268	0.266732	-0.866732
2.825	-0.117314	0.346879	0.170435	-0.653121	-0.260313	0.660313	-0.339687	0.131136	0.268864	-0.868864
2.850	-0.117795	0.346777	0.171017	-0.653223	-0.263042	0.663042	-0.336958	0.128938	0.271062	-0.871062
2.875	-0.118284	0.346674	0.171610	-0.653326	-0.265860	0.665860	-0.334140	0.126672	0.273328	-0.873328
2.900	-0.118783	0.346570	0.172213	-0.653430	-0.268771	0.668771	-0.331229	0.124333	0.275667	-0.875667
2.925	-0.119292	0.346465	0.172827	-0.653535	-0.271780	0.671780	-0.328220	0.121920	0.278080	-0.878080
2.950	-0.119809	0.346358	0.173452	-0.653642	-0.274891	0.674891	-0.325109	0.119428	0.280572	-0.880572
2.975	-0.120336	0.346249	0.174087	-0.653751	-0.278110	0.678110	-0.321890	0.116853	0.283147	-0.883147

ALPHA | F.P;MA(B,B) F.P;KA(B,B) F.P;MB(B,B) F.P;KB(B,B) F.P;MA(B,G) F.P;KA(B,G) F.P;KB(B,G) F.P;KA(G,B) F.P;MB(G,B) F.P;KB(G,B)
XP/L = 0.60

XP/L = 0.70

ALPHA	F.P;MA(B,B)	F.P;KA(B,B)	F.P;MB(B,B)	F.P;KB(B,B)	F.P;MA(B,G)	F.P;KA(B,G)	F.P;KB(B,G)	F.P;KA(G,B)	F.P;MB(G,B)	F.P;KB(G,B)
0.000	-0.063000	0.216000	0.147000	-0.784000	-0.136500	0.436500	-0.563500	0.121500	0.178500	-0.878500
0.025	-0.063001	0.215999	0.147001	-0.784001	-0.136504	0.436504	-0.563496	0.121497	0.178503	-0.878503
0.050	-0.063003	0.215998	0.147006	-0.784002	-0.136516	0.436516	-0.563484	0.121489	0.178511	-0.878511
0.075	-0.063008	0.215995	0.147013	-0.784005	-0.136535	0.436535	-0.563465	0.121474	0.178526	-0.878526
0.100	-0.063014	0.215991	0.147023	-0.784009	-0.136562	0.436562	-0.563438	0.121454	0.178546	-0.878546
0.125	-0.063022	0.215986	0.147036	-0.784014	-0.136597	0.436597	-0.563403	0.121429	0.178571	-0.878571
0.150	-0.063031	0.215980	0.147051	-0.784020	-0.136640	0.436640	-0.563360	0.121397	0.178603	-0.878603
0.175	-0.063043	0.215973	0.147070	-0.784027	-0.136690	0.436690	-0.563310	0.121360	0.178640	-0.878640
0.200	-0.063056	0.215965	0.147091	-0.784035	-0.136749	0.436749	-0.563251	0.121318	0.178682	-0.878682
0.225	-0.063071	0.215955	0.147115	-0.784045	-0.136815	0.436815	-0.563185	0.121269	0.178731	-0.678731
0.250	-0.063087	0.215945	0.147143	-0.784055	-0.136889	0.436889	-0.563111	0.121215	0.178785	-0.878785
0.275	-0.063106	0.215933	0.147173	-0.784067	-0.136971	0.436971	-0.563029	0.121155	0.178845	-0.878845
0.300	-0.063126	0.215921	0.147205	-0.784079	-0.137062	0.437062	-0.562938	0.121089	0.178911	-0.878911
0.325	-0.063148	0.215907	0.147241	-0.784093	-0.137160	0.437160	-0.562840	0.121017	0.178983	-0.878983
0.350	-0.063172	0.215892	0.147280	-0.784108	-0.137266	0.437266	-0.562734	0.120940	0.179060	-0.879060
0.375	-0.063197	0.215876	0.147321	-0.784124	-0.137380	0.437380	-0.562620	0.120856	0.179144	-0.879144
0.400	-0.063224	0.215859	0.147366	-0.784141	-0.137502	0.437502	-0.562498	0.120767	0.179233	-0.879233
0.425	-0.063253	0.215840	0.147413	-0.784160	-0.137632	0.437632	-0.562368	0.120672	0.179328	-0.879328
0.450	-0.063284	0.215821	0.147463	-0.784179	-0.137771	0.437771	-0.562229	0.120571	0.179429	-0.879429
0.475	-0.063317	0.215800	0.147517	-0.784200	-0.137917	0.437917	-0.562083	0.120463	0.179537	-0.879537
0.500	-0.063352	0.215779	0.147573	-0.784221	-0.138072	0.438072	-0.561928	0.120350	0.179650	-0.879650
0.525	-0.063388	0.215756	0.147632	-0.784244	-0.138236	0.438236	-0.561764	0.120231	0.179769	-0.879769
0.550	-0.063426	0.215732	0.147694	-0.784268	-0.138408	0.438408	-0.561592	0.120106	0.179894	-0.879894
0.575	-0.063466	0.215707	0.147759	-0.784293	-0.138588	0.438588	-0.561412	0.119975	0.180025	-0.880025
0.600	-0.063508	0.215681	0.147827	-0.784319	-0.138777	0.438777	-0.561223	0.119837	0.180163	-0.880163
0.625	-0.063551	0.215654	0.147898	-0.784346	-0.138975	0.438975	-0.561025	0.119693	0.180307	-0.880307
0.650	-0.063597	0.215625	0.147971	-0.784375	-0.139181	0.439181	-0.560819	0.119543	0.180457	-0.880457
0.675	-0.063644	0.215596	0.148048	-0.784404	-0.139396	0.439396	-0.560604	0.119387	0.180613	-0.880613
0.700	-0.063694	0.215565	0.148128	-0.784435	-0.139620	0.439620	-0.560380	0.119224	0.180776	-0.880776
0.725	-0.063745	0.215533	0.148211	-0.784467	-0.139853	0.439853	-0.560147	0.119055	0.180945	-0.880945
0.750	-0.063798	0.215500	0.148297	-0.784500	-0.140095	0.440095	-0.559905	0.118879	0.181121	-0.881121
0.775	-0.063853	0.215466	0.148386	-0.784534	-0.140346	0.440346	-0.559654	0.118697	0.181303	-0.881303
0.800	-0.063910	0.215431	0.148479	-0.784569	-0.140607	0.440607	-0.559393	0.118509	0.181491	-0.881491
0.825	-0.063968	0.215395	0.148574	-0.784605	-0.140877	0.440877	-0.559123	0.118313	0.181687	-0.881687
0.850	-0.064029	0.215357	0.148672	-0.784643	-0.141156	0.441156	-0.558844	0.118111	0.181889	-0.881889
0.875	-0.064092	0.215318	0.148774	-0.784682	-0.141445	0.441445	-0.558555	0.117902	0.182098	-0.882098
0.900	-0.064157	0.215278	0.148878	-0.784722	-0.141744	0.441744	-0.558256	0.117687	0.182313	-0.882313
0.925	-0.064223	0.215237	0.148986	-0.784763	-0.142053	0.442053	-0.557947	0.117464	0.182536	-0.882536
0.950	-0.064292	0.215195	0.149097	-0.784805	-0.142371	0.442371	-0.557629	0.117234	0.182766	-0.882766
0.975	-0.064363	0.215152	0.149211	-0.784848	-0.142700	0.442700	-0.557300	0.116998	0.183002	-0.883002
ALPHA	F.P;MA(B,B)	F.P;KA(B,B)	F.P;MB(B,B)	F.P;KB(B,B)	F.P;MA(B,G)	F.P;KA(B,G)	F.P;KB(B,G)	F.P;KA(G,B)	F.P;MB(G,B)	F.P;KB(G,B)

XP/L = 0.70

XP/L = 0.60

ALPHA	F.P;MA(B,B)	F.P;KA(B,B)	F.P;MB(B,B)	F.P;KB(B,B)	F.P;MA(B,G)	F.P;KA(B,G)	F.P;KB(B,G)	F.P;KA(G,B)	F.P;MB(G,B)	F.P;KB(G,B)
1.000	-0.098169	0.351416	0.146752	-0.648584	-0.175416	0.575416	-0.424584	0.201573	0.198427	-0.798427
1.025	-0.098282	0.351387	0.146895	-0.648613	-0.175812	0.575812	-0.424188	0.201232	0.198768	-0.798768
1.050	-0.098398	0.351356	0.147042	-0.648644	-0.176220	0.576220	-0.423780	0.200881	0.199119	-0.799119
1.075	-0.098517	0.351324	0.147193	-0.648676	-0.176639	0.576639	-0.423361	0.200519	0.199481	-0.799481
1.100	-0.098639	0.351292	0.147347	-0.648708	-0.177071	0.577071	-0.422929	0.200148	0.199852	-0.799852
1.125	-0.098765	0.351259	0.147506	-0.648741	-0.177516	0.577516	-0.422484	0.199765	0.200235	-0.800235
1.150	-0.098894	0.351225	0.147669	-0.648775	-0.177973	0.577973	-0.422027	0.199372	0.200628	-0.800628
1.175	-0.099026	0.351190	0.147835	-0.648810	-0.178443	0.578443	-0.421557	0.198968	0.201032	-0.801032
1.200	-0.099161	0.351155	0.148006	-0.648845	-0.178926	0.578926	-0.421074	0.198553	0.201447	-0.801447
1.225	-0.099299	0.351119	0.148181	-0.648881	-0.179422	0.579422	-0.420578	0.198127	0.201873	-0.801873
1.250	-0.099441	0.351082	0.148360	-0.648918	-0.179931	0.579931	-0.420069	0.197690	0.202310	-0.802310
1.275	-0.099586	0.351044	0.148543	-0.648956	-0.180455	0.580455	-0.419545	0.197241	0.202759	-0.802759
1.300	-0.099735	0.351005	0.148730	-0.648995	-0.180992	0.580992	-0.419008	0.196781	0.203219	-0.803219
1.325	-0.099887	0.350965	0.148922	-0.649035	-0.181544	0.581544	-0.418456	0.196308	0.203692	-0.803692
1.350	-0.100043	0.350925	0.149118	-0.649075	-0.182110	0.582110	-0.417890	0.195823	0.204177	-0.804177
1.375	-0.100202	0.350884	0.149318	-0.649116	-0.182691	0.582691	-0.417309	0.195327	0.204673	-0.804673
1.400	-0.100364	0.350842	0.149522	-0.649158	-0.183287	0.583287	-0.416713	0.194817	0.205183	-0.805183
1.425	-0.100530	0.350799	0.149731	-0.649201	-0.183898	0.583898	-0.416102	0.194295	0.205705	-0.805705
1.450	-0.100700	0.350755	0.149945	-0.649245	-0.184525	0.584525	-0.415475	0.193760	0.206240	-0.806240
1.475	-0.100873	0.350711	0.150163	-0.649289	-0.185168	0.585168	-0.414832	0.193211	0.206789	-0.806789
1.500	-0.101050	0.350665	0.150385	-0.649335	-0.185827	0.585827	-0.414173	0.192650	0.207350	-0.807350
1.525	-0.101231	0.350619	0.150612	-0.649381	-0.186503	0.586503	-0.413497	0.192074	0.207926	-0.807926
1.550	-0.101416	0.350572	0.150844	-0.649428	-0.187196	0.587196	-0.412804	0.191484	0.208516	-0.808516
1.575	-0.101604	0.350524	0.151080	-0.649476	-0.187906	0.587906	-0.412094	0.190880	0.209120	-0.809120
1.600	-0.101796	0.350475	0.151321	-0.649525	-0.188634	0.588634	-0.411366	0.190262	0.209738	-0.809738
1.625	-0.101993	0.350426	0.151567	-0.649574	-0.189379	0.589379	-0.410621	0.189629	0.210371	-0.810371
1.650	-0.102193	0.350375	0.151818	-0.649625	-0.190144	0.590144	-0.409856	0.188980	0.211020	-0.811020
1.675	-0.102397	0.350324	0.152073	-0.649676	-0.190927	0.590927	-0.409073	0.188316	0.211684	-0.811684
1.700	-0.102605	0.350271	0.152334	-0.649729	-0.191730	0.591730	-0.408270	0.187636	0.212364	-0.812364
1.725	-0.102817	0.350218	0.152599	-0.649782	-0.192552	0.592552	-0.407448	0.186940	0.213060	-0.813060
1.750	-0.103034	0.350164	0.152870	-0.649836	-0.193395	0.593395	-0.406605	0.186227	0.213773	-0.813773
1.775	-0.103254	0.350109	0.153145	-0.649891	-0.194258	0.594258	-0.405742	0.185498	0.214502	-0.814502
1.800	-0.103479	0.350053	0.153426	-0.649947	-0.195143	0.595143	-0.404857	0.184751	0.215249	-0.815249
1.825	-0.103708	0.349996	0.153712	-0.650004	-0.196049	0.596049	-0.403951	0.183986	0.216014	-0.816014
1.850	-0.103942	0.349938	0.154004	-0.650062	-0.196978	0.596978	-0.403022	0.183203	0.216797	-0.816797
1.875	-0.104180	0.349879	0.154301	-0.650121	-0.197930	0.597930	-0.402070	0.182402	0.217598	-0.817598
1.900	-0.104423	0.349820	0.154603	-0.650180	-0.198905	0.598905	-0.401095	0.181581	0.218419	-0.818419
1.925	-0.104670	0.349759	0.154911	-0.650241	-0.199905	0.599905	-0.400095	0.180741	0.219259	-0.819259
1.950	-0.104921	0.349697	0.155224	-0.650303	-0.200929	0.600929	-0.399071	0.179881	0.220119	-0.820119
1.975	-0.105178	0.349635	0.155543	-0.650365	-0.201978	0.601978	-0.398022	0.179001	0.220999	-0.820999
ALPHA	F.P;MA(B,B)	F.P;KA(B,B)	F.P;MB(B,B)	F.P;KB(B,B)	F.P;MA(B,G)	F.P;KA(B,G)	F.P;KB(B,G)	F.P;KA(G,B)	F.P;MB(G,B)	F.P;KB(G,B)

XP/L = 0.60

XP/L = 0.60

ALPHA	F.P;MA(B,B)	F.P;KA(B,B)	F.P;MB(B,B)	F.P;KB(B,B)	F.P;MA(B,G)	F.P;KA(B,G)	F.P;KB(B,G)	F.P;KA(G,B)	F.P;MB(G,B)	F.P;KB(G,B)
2.000	-0.105439	0.349571	0.155868	-0.650429	-0.203054	0.603054	-0.396946	0.178099	0.221901	-0.821901
2.025	-0.105705	0.349507	0.156198	-0.650493	-0.204157	0.604157	-0.395843	0.177176	0.222824	-0.822824
2.050	-0.105976	0.349441	0.156535	-0.650559	-0.205287	0.605287	-0.394713	0.176230	0.223770	-0.823770
2.075	-0.106252	0.349375	0.156877	-0.650625	-0.206446	0.606446	-0.393554	0.175262	0.224738	-0.824738
2.100	-0.106533	0.349307	0.157226	-0.650693	-0.207633	0.607633	-0.392367	0.174271	0.225729	-0.825729
2.125	-0.106819	0.349239	0.157580	-0.650761	-0.208851	0.608851	-0.391149	0.173255	0.226745	-0.826745
2.150	-0.107111	0.349169	0.157941	-0.650831	-0.210100	0.610100	-0.389900	0.172214	0.227786	-0.827786
2.175	-0.107407	0.349099	0.158308	-0.650901	-0.211381	0.611381	-0.388619	0.171149	0.228851	-0.828851
2.200	-0.107709	0.349027	0.158682	-0.650973	-0.212695	0.612695	-0.387305	0.170056	0.229944	-0.829944
2.225	-0.108017	0.348955	0.159062	-0.651045	-0.214043	0.614043	-0.385957	0.168937	0.231063	-0.831063
2.250	-0.108330	0.348881	0.159449	-0.651119	-0.215426	0.615426	-0.384574	0.167790	0.232210	-0.832210
2.275	-0.108649	0.348807	0.159842	-0.651193	-0.216845	0.616845	-0.383155	0.166615	0.233385	-0.833385
2.300	-0.108973	0.348731	0.160242	-0.651269	-0.218301	0.618301	-0.381699	0.165409	0.234591	-0.834591
2.325	-0.109303	0.348654	0.160649	-0.651346	-0.219795	0.619795	-0.380205	0.164174	0.235826	-0.835826
2.350	-0.109640	0.348576	0.161063	-0.651424	-0.221330	0.621330	-0.378670	0.162907	0.237093	-0.837093
2.375	-0.109982	0.348497	0.161485	-0.651503	-0.222905	0.622905	-0.377095	0.161607	0.238393	-0.838393
2.400	-0.110331	0.348417	0.161913	-0.651583	-0.224523	0.624523	-0.375477	0.160274	0.239726	-0.839726
2.425	-0.110685	0.348336	0.162349	-0.651664	-0.226185	0.626185	-0.373815	0.158906	0.241094	-0.841094
2.450	-0.111046	0.348254	0.162792	-0.651746	-0.227893	0.627893	-0.372107	0.157502	0.242498	-0.842498
2.475	-0.111414	0.348171	0.163243	-0.651829	-0.229648	0.629648	-0.370352	0.156062	0.243938	-0.843938
2.500	-0.111788	0.348086	0.163702	-0.651914	-0.231452	0.631452	-0.368548	0.154583	0.245417	-0.845417
2.525	-0.112169	0.348000	0.164169	-0.652000	-0.233306	0.633306	-0.366694	0.153064	0.246936	-0.846936
2.550	-0.112557	0.347914	0.164643	-0.652086	-0.235213	0.635213	-0.364787	0.151504	0.248496	-0.848496
2.575	-0.112952	0.347826	0.165126	-0.652174	-0.237174	0.637174	-0.362826	0.149902	0.250098	-0.850098
2.600	-0.113353	0.347736	0.165617	-0.652264	-0.239193	0.639193	-0.360807	0.148255	0.251745	-0.851745
2.625	-0.113763	0.347646	0.166117	-0.652354	-0.241270	0.641270	-0.358730	0.146562	0.253438	-0.853438
2.650	-0.114179	0.347554	0.166625	-0.652446	-0.243408	0.643408	-0.356592	0.144822	0.255178	-0.855178
2.675	-0.114603	0.347462	0.167141	-0.652538	-0.245610	0.645610	-0.354390	0.143032	0.256968	-0.856968
2.700	-0.115035	0.347368	0.167667	-0.652632	-0.247878	0.647878	-0.352122	0.141191	0.258809	-0.858809
2.725	-0.115474	0.347272	0.168202	-0.652728	-0.250215	0.650215	-0.349785	0.139296	0.260704	-0.860704
2.750	-0.115922	0.347176	0.168746	-0.652824	-0.252624	0.652624	-0.347376	0.137346	0.262654	-0.862654
2.775	-0.116377	0.347078	0.169299	-0.652922	-0.255107	0.655107	-0.344893	0.135337	0.264663	-0.864663
2.800	-0.116841	0.346979	0.169862	-0.653021	-0.257669	0.657669	-0.342331	0.133268	0.266732	-0.866732
2.825	-0.117314	0.346879	0.170435	-0.653121	-0.260313	0.660313	-0.339687	0.131136	0.268864	-0.868864
2.850	-0.117795	0.346777	0.171017	-0.653223	-0.263042	0.663042	-0.336958	0.128938	0.271062	-0.871062
2.875	-0.118284	0.346674	0.171610	-0.653326	-0.265860	0.665860	-0.334140	0.126672	0.273328	-0.873328
2.900	-0.118783	0.346570	0.172213	-0.653430	-0.268771	0.668771	-0.331229	0.124333	0.275667	-0.875667
2.925	-0.119292	0.346465	0.172827	-0.653535	-0.271780	0.671780	-0.328220	0.121920	0.278080	-0.878080
2.950	-0.119809	0.346358	0.173452	-0.653642	-0.274891	0.674891	-0.325109	0.119428	0.280572	-0.880572
2.975	-0.120336	0.346249	0.174087	-0.653751	-0.278110	0.678110	-0.321890	0.116853	0.283147	-0.883147

ALPHA | F.P;MA(B,B) F.P;KA(B,B) F.P;MB(B,B) F.P;KB(B,B) F.P;MA(B,G) F.P;KA(B,G) F.P;KB(B,G) F.P;KA(G,B) F.P;MB(G,B) F.P;KB(G,B)

XP/L = 0.60

XP/L = 0.80

ALPHA	F.P;MA(B,B)	F.P;KA(B,B)	F.P;MB(B,B)	F.P;KB(B,B)	F.P;MA(B,G)	F.P;KA(B,G)	F.P;KB(B,G)	F.P;KA(G,B)	F.P;MB(G,B)	F.P;KB(G,B)
0.000	-0.032000	0.104000	0.128000	-0.896000	-0.096000	0.296000	-0.704000	0.056000	0.144000	-0.944000
0.025	-0.032000	0.104000	0.128001	-0.896000	-0.096003	0.296003	-0.703997	0.055998	0.144002	-0.944002
0.050	-0.032002	0.103998	0.128004	-0.896002	-0.096012	0.296012	-0.703988	0.055994	0.144006	-0.944006
0.075	-0.032004	0.103996	0.128008	-0.896004	-0.096026	0.296026	-0.703974	0.055985	0.144015	-0.944015
0.100	-0.032007	0.103992	0.128015	-0.896008	-0.096046	0.296046	-0.703954	0.055974	0.144026	-0.944026
0.125	-0.032011	0.103988	0.128023	-0.896012	-0.096072	0.296072	-0.703928	0.055959	0.144041	-0.944041
0.150	-0.032015	0.103983	0.128033	-0.896017	-0.096104	0.296104	-0.703896	0.055942	0.144058	-0.944058
0.175	-0.032021	0.103976	0.128044	-0.896024	-0.096141	0.296141	-0.703859	0.055921	0.144079	-0.944079
0.200	-0.032027	0.103969	0.128058	-0.896031	-0.096185	0.296185	-0.703815	0.055896	0.144104	-0.944104
0.225	-0.032035	0.103961	0.128074	-0.896039	-0.096234	0.296234	-0.703766	0.055869	0.144131	-0.944131
0.250	-0.032043	0.103952	0.128091	-0.896048	-0.096289	0.296289	-0.703711	0.055838	0.144162	-0.944162
0.275	-0.032052	0.103942	0.128110	-0.896058	-0.096350	0.296350	-0.703650	0.055803	0.144197	-0.944197
0.300	-0.032062	0.103931	0.128131	-0.896069	-0.096417	0.296417	-0.703583	0.055766	0.144234	-0.944234
0.325	-0.032072	0.103919	0.128154	-0.896081	-0.096489	0.296489	-0.703511	0.055725	0.144275	-0.944275
0.350	-0.032084	0.103906	0.128178	-0.896094	-0.096568	0.296568	-0.703432	0.055681	0.144319	-0.944319
0.375	-0.032096	0.103892	0.128205	-0.896108	-0.096653	0.296653	-0.703347	0.055634	0.144366	-0.944366
0.400	-0.032110	0.103877	0.128233	-0.896123	-0.096743	0.296743	-0.703257	0.055583	0.144417	-0.944417
0.425	-0.032124	0.103861	0.128263	-0.896139	-0.096840	0.296840	-0.703160	0.055529	0.144471	-0.944471
0.450	-0.032139	0.103844	0.128295	-0.896156	-0.096943	0.296943	-0.703057	0.055471	0.144529	-0.944529
0.475	-0.032155	0.103826	0.128329	-0.896174	-0.097052	0.297052	-0.702948	0.055410	0.144590	-0.944590
0.500	-0.032172	0.103807	0.128364	-0.896193	-0.097167	0.297167	-0.702833	0.055346	0.144654	-0.944654
0.525	-0.032190	0.103788	0.128402	-0.896212	-0.097288	0.297288	-0.702712	0.055278	0.144722	-0.944722
0.550	-0.032208	0.103767	0.128441	-0.896233	-0.097416	0.297416	-0.702584	0.055207	0.144793	-0.944793
0.575	-0.032228	0.103745	0.128483	-0.896255	-0.097550	0.297550	-0.702450	0.055132	0.144868	-0.944868
0.600	-0.032248	0.103722	0.128526	-0.896278	-0.097690	0.297690	-0.702310	0.055054	0.144946	-0.944946
0.625	-0.032270	0.103699	0.128571	-0.896301	-0.097837	0.297837	-0.702163	0.054973	0.145027	-0.945027
0.650	-0.032292	0.103674	0.128618	-0.896326	-0.097990	0.297990	-0.702010	0.054887	0.145113	-0.945113
0.675	-0.032315	0.103648	0.128667	-0.896352	-0.098150	0.298150	-0.701850	0.054799	0.145201	-0.945201
0.700	-0.032339	0.103622	0.128718	-0.896378	-0.098316	0.298316	-0.701684	0.054706	0.145294	-0.945294
0.725	-0.032364	0.103594	0.128770	-0.896406	-0.098489	0.298489	-0.701511	0.054610	0.145390	-0.945390
0.750	-0.032390	0.103565	0.128825	-0.896435	-0.098669	0.298669	-0.701331	0.054511	0.145489	-0.945489
0.775	-0.032417	0.103536	0.128881	-0.896464	-0.098856	0.298856	-0.701144	0.054407	0.145593	-0.945593
0.800	-0.032445	0.103505	0.128940	-0.896495	-0.099049	0.299049	-0.700951	0.054300	0.145700	-0.945700
0.825	-0.032474	0.103473	0.129000	-0.896527	-0.099250	0.299250	-0.700750	0.054190	0.145810	-0.945810
0.850	-0.032503	0.103441	0.129063	-0.896559	-0.099458	0.299458	-0.700542	0.054075	0.145925	-0.945925
0.875	-0.032534	0.103407	0.129127	-0.896593	-0.099672	0.299672	-0.700328	0.053957	0.146043	-0.946043
0.900	-0.032566	0.103372	0.129194	-0.896628	-0.099895	0.299895	-0.700105	0.053835	0.146165	-0.946165
0.925	-0.032599	0.103337	0.129262	-0.896663	-0.100124	0.300124	-0.699876	0.053709	0.146291	-0.946291
0.950	-0.032632	0.103300	0.129332	-0.896700	-0.100361	0.300361	-0.699639	0.053579	0.146421	-0.946421
0.975	-0.032667	0.103262	0.129405	-0.896738	-0.100605	0.300605	-0.699395	0.053445	0.146555	-0.946555
ALPHA	F.P;MA(B,B)	F.P;KA(B,B)	F.P;MB(B,B)	F.P;KB(B,B)	F.P;MA(B,G)	F.P;KA(B,G)	F.P;KB(B,G)	F.P;KA(G,B)	F.P;MB(G,B)	F.P;KB(G,B)

XP/L = 0.80

XP/L = 0.80

ALPHA	F.P;MA(B,B)	F.P;KA(B,B)	F.P;MB(B,B)	F.P;KB(B,B)	F.P;MA(B,G)	F.P;KA(B,G)	F.P;KB(B,G)	F.P;KA(G,B)	F.P;MB(G,B)	F.P;KB(G,B)
1.000	-0.032702	0.103223	0.129479	-0.896777	-0.100858	0.300858	-0.699142	0.053307	0.146693	-0.946693
1.025	-0.032739	0.103184	0.129555	-0.896816	-0.101117	0.301117	-0.698883	0.053165	0.146835	-0.946835
1.050	-0.032777	0.103143	0.129634	-0.896857	-0.101385	0.301385	-0.698615	0.053019	0.146981	-0.946981
1.075	-0.032815	0.103101	0.129714	-0.896899	-0.101661	0.301661	-0.698339	0.052869	0.147131	-0.947131
1.100	-0.032855	0.103058	0.129797	-0.896942	-0.101945	0.301945	-0.698055	0.052714	0.147286	-0.947286
1.125	-0.032896	0.103014	0.129882	-0.896986	-0.102237	0.302237	-0.697763	0.052556	0.147444	-0.947444
1.150	-0.032938	0.102969	0.129968	-0.897031	-0.102538	0.302538	-0.697462	0.052393	0.147607	-0.947607
1.175	-0.032981	0.102923	0.130057	-0.897077	-0.102847	0.302847	-0.697153	0.052226	0.147774	-0.947774
1.200	-0.033025	0.102876	0.130148	-0.897124	-0.103165	0.303165	-0.696835	0.052054	0.147946	-0.947946
1.225	-0.033070	0.102828	0.130241	-0.897172	-0.103492	0.303492	-0.696508	0.051878	0.148122	-0.948122
1.250	-0.033116	0.102779	0.130337	-0.897221	-0.103828	0.303828	-0.696172	0.051697	0.148303	-0.948303
1.275	-0.033163	0.102729	0.130434	-0.897271	-0.104173	0.304173	-0.695827	0.051511	0.148489	-0.948489
1.300	-0.033211	0.102678	0.130534	-0.897322	-0.104527	0.304527	-0.695473	0.051321	0.148679	-0.948679
1.325	-0.033261	0.102625	0.130636	-0.897375	-0.104891	0.304891	-0.695109	0.051127	0.148873	-0.948873
1.350	-0.033311	0.102572	0.130740	-0.897428	-0.105265	0.305265	-0.694735	0.050927	0.149073	-0.949073
1.375	-0.033363	0.102517	0.130846	-0.897483	-0.105648	0.305648	-0.694352	0.050723	0.149277	-0.949277
1.400	-0.033416	0.102462	0.130955	-0.897538	-0.106042	0.306042	-0.693958	0.050513	0.149487	-0.949487
1.425	-0.033470	0.102405	0.131065	-0.897595	-0.106446	0.306446	-0.693554	0.050299	0.149701	-0.949701
1.450	-0.033526	0.102347	0.131178	-0.897653	-0.106860	0.306860	-0.693140	0.050079	0.149921	-0.949921
1.475	-0.033582	0.102288	0.131294	-0.897712	-0.107285	0.307285	-0.692715	0.049855	0.150145	-0.950145
1.500	-0.033640	0.102228	0.131412	-0.897772	-0.107721	0.307721	-0.692279	0.049624	0.150376	-0.950376
1.525	-0.033699	0.102167	0.131532	-0.897833	-0.108168	0.308168	-0.691832	0.049389	0.150611	-0.950611
1.550	-0.033759	0.102105	0.131654	-0.897895	-0.108627	0.308627	-0.691373	0.049148	0.150852	-0.950852
1.575	-0.033821	0.102042	0.131779	-0.897958	-0.109097	0.309097	-0.690903	0.048902	0.151098	-0.951098
1.600	-0.033883	0.101977	0.131906	-0.898023	-0.109579	0.309579	-0.690421	0.048649	0.151351	-0.951351
1.625	-0.033947	0.101911	0.132036	-0.898089	-0.110074	0.310074	-0.689926	0.048392	0.151608	-0.951608
1.650	-0.034013	0.101845	0.132168	-0.898155	-0.110580	0.310580	-0.689420	0.048128	0.151872	-0.951872
1.675	-0.034079	0.101777	0.132303	-0.898223	-0.111100	0.311100	-0.688900	0.047858	0.152142	-0.952142
1.700	-0.034147	0.101708	0.132440	-0.898292	-0.111633	0.311633	-0.688367	0.047582	0.152418	-0.952418
1.725	-0.034217	0.101638	0.132579	-0.898362	-0.112179	0.312179	-0.687821	0.047300	0.152700	-0.952700
1.750	-0.034288	0.101566	0.132722	-0.898434	-0.112739	0.312739	-0.687261	0.047011	0.152989	-0.952989
1.775	-0.034360	0.101494	0.132866	-0.898506	-0.113313	0.313313	-0.686687	0.046716	0.153284	-0.953284
1.800	-0.034434	0.101420	0.133014	-0.898580	-0.113902	0.313902	-0.686098	0.046414	0.153586	-0.953586
1.825	-0.034509	0.101345	0.133164	-0.898655	-0.114505	0.314505	-0.685495	0.046106	0.153894	-0.953894
1.850	-0.034585	0.101269	0.133316	-0.898731	-0.115124	0.315124	-0.684876	0.045790	0.154210	-0.954210
1.875	-0.034663	0.101191	0.133472	-0.898809	-0.115758	0.315758	-0.684242	0.045468	0.154532	-0.954532
1.900	-0.034743	0.101113	0.133630	-0.898887	-0.116408	0.316408	-0.683592	0.045138	0.154862	-0.954862
1.925	-0.034824	0.101033	0.133791	-0.898967	-0.117075	0.317075	-0.682925	0.044801	0.155199	-0.955199
1.950	-0.034906	0.100952	0.133954	-0.899048	-0.117758	0.317758	-0.682242	0.044456	0.155544	-0.955544
1.975	-0.034991	0.100870	0.134120	-0.899130	-0.118459	0.318459	-0.681541	0.044104	0.155896	-0.955896

ALPHA F.P;MA(B,B) F.P;KA(B,B) F.P;MB(B,B) F.P;KB(B,B) F.P;MA(B,G) F.P;KA(B,G) F.P;KB(B,G) F.P;KA(G,B) F.P;MB(G,B) F.P;KB(G,B)

XP/L = 0.80

D R U C K S T A E B E -688-

XP/L = 0.80

ALPHA	F.P;MA(B,B)	F.P;KA(B,B)	F.P;MB(B,B)	F.P;KB(B,B)	F.P;MA(B,G)	F.P;KA(B,G)	F.P;KB(B,G)	F.P;KA(G,B)	F.P;MB(G,B)	F.P;KB(G,B)
2.000	-0.035076	0.100787	0.134290	-0.899213	-0.119178	0.319178	-0.680822	0.043743	0.156257	-0.956257
2.025	-0.035164	0.100702	0.134462	-0.899298	-0.119915	0.319915	-0.680085	0.043375	0.156625	-0.956625
2.050	-0.035253	0.100616	0.134637	-0.899384	-0.120671	0.320671	-0.679329	0.042998	0.157002	-0.957002
2.075	-0.035344	0.100529	0.134815	-0.899471	-0.121446	0.321446	-0.678554	0.042612	0.157388	-0.957388
2.100	-0.035436	0.100440	0.134996	-0.899560	-0.122242	0.322242	-0.677758	0.042218	0.157782	-0.957782
2.125	-0.035530	0.100351	0.135180	-0.899649	-0.123058	0.323058	-0.676942	0.041815	0.158185	-0.958185
2.150	-0.035626	0.100260	0.135366	-0.899740	-0.123896	0.323896	-0.676104	0.041402	0.158598	-0.958598
2.175	-0.035724	0.100167	0.135557	-0.899833	-0.124755	0.324755	-0.675245	0.040981	0.159019	-0.959019
2.200	-0.035824	0.100074	0.135750	-0.899926	-0.125637	0.325637	-0.674363	0.040549	0.159451	-0.959451
2.225	-0.035925	0.099979	0.135946	-0.900021	-0.126543	0.326543	-0.673457	0.040107	0.159893	-0.959893
2.250	-0.036028	0.099883	0.136146	-0.900117	-0.127472	0.327472	-0.672528	0.039656	0.160344	-0.960344
2.275	-0.036133	0.099785	0.136348	-0.900215	-0.128427	0.328427	-0.671573	0.039193	0.160807	-0.960807
2.300	-0.036241	0.099686	0.136555	-0.900314	-0.129407	0.329407	-0.670593	0.038720	0.161280	-0.961280
2.325	-0.036350	0.099586	0.136764	-0.900414	-0.130414	0.330414	-0.669586	0.038235	0.161765	-0.961765
2.350	-0.036461	0.099484	0.136977	-0.900516	-0.131448	0.331448	-0.668552	0.037739	0.162261	-0.962261
2.375	-0.036574	0.099381	0.137193	-0.900619	-0.132511	0.332511	-0.667489	0.037231	0.162769	-0.962769
2.400	-0.036689	0.099277	0.137413	-0.900723	-0.133603	0.333603	-0.666397	0.036711	0.163289	-0.963289
2.425	-0.036807	0.099171	0.137636	-0.900829	-0.134725	0.334725	-0.665275	0.036178	0.163822	-0.963822
2.450	-0.036926	0.099064	0.137863	-0.900936	-0.135880	0.335880	-0.664120	0.035633	0.164367	-0.964367
2.475	-0.037048	0.098955	0.138093	-0.901045	-0.137066	0.337066	-0.662934	0.035073	0.164927	-0.964927
2.500	-0.037172	0.098845	0.138327	-0.901155	-0.138287	0.338287	-0.661713	0.034500	0.165500	-0.965500
2.525	-0.037299	0.098734	0.138565	-0.901266	-0.139543	0.339543	-0.660457	0.033913	0.166087	-0.966087
2.550	-0.037428	0.098621	0.138807	-0.901379	-0.140836	0.340836	-0.659164	0.033310	0.166690	-0.966690
2.575	-0.037559	0.098506	0.139052	-0.901494	-0.142167	0.342167	-0.657833	0.032693	0.167307	-0.967307
2.600	-0.037692	0.098390	0.139302	-0.901610	-0.143537	0.343537	-0.656463	0.032059	0.167941	-0.967941
2.625	-0.037828	0.098273	0.139555	-0.901727	-0.144948	0.344948	-0.655052	0.031409	0.168591	-0.968591
2.650	-0.037967	0.098154	0.139813	-0.901846	-0.146401	0.346401	-0.653599	0.030741	0.169259	-0.969259
2.675	-0.038108	0.098034	0.140074	-0.901966	-0.147899	0.347899	-0.652101	0.030056	0.169944	-0.969944
2.700	-0.038252	0.097912	0.140340	-0.902088	-0.149444	0.349444	-0.650556	0.029353	0.170647	-0.970647
2.725	-0.038398	0.097788	0.140610	-0.902212	-0.151036	0.351036	-0.648964	0.028631	0.171369	-0.971369
2.750	-0.038548	0.097663	0.140884	-0.902337	-0.152679	0.352679	-0.647321	0.027888	0.172112	-0.972112
2.775	-0.038700	0.097537	0.141163	-0.902463	-0.154374	0.354374	-0.645626	0.027125	0.172875	-0.972875
2.800	-0.038855	0.097409	0.141446	-0.902591	-0.156124	0.356124	-0.643876	0.026341	0.173659	-0.973659
2.825	-0.039012	0.097279	0.141734	-0.902721	-0.157931	0.357931	-0.642069	0.025534	0.174466	-0.974466
2.850	-0.039173	0.097148	0.142026	-0.902852	-0.159797	0.359797	-0.640203	0.024704	0.175296	-0.975296
2.875	-0.039337	0.097015	0.142323	-0.902985	-0.161727	0.361727	-0.638273	0.023850	0.176150	-0.976150
2.900	-0.039504	0.096880	0.142624	-0.903120	-0.163722	0.363722	-0.636278	0.022970	0.177030	-0.977030
2.925	-0.039674	0.096744	0.142931	-0.903256	-0.165785	0.365785	-0.634215	0.022064	0.177936	-0.977936
2.950	-0.039848	0.096606	0.143242	-0.903394	-0.167920	0.367920	-0.632080	0.021130	0.178870	-0.978870
2.975	-0.040025	0.096466	0.143559	-0.903534	-0.170131	0.370131	-0.629869	0.020167	0.179833	-0.979833

ALPHA | F.P;MA(B,B) | F.P;KA(B,B) | F.P;MB(B,B) | F.P;KB(B,B) | F.P;MA(B,G) | F.P;KA(B,G) | F.P;KB(B,G) | F.P;KA(G,B) | F.P;MB(G,B) | F.P;KB(G,B)

XP/L = 0.80

XP/L = 0.90

ALPHA	F.P;MA(B,B)	F.P;KA(B,B)	F.P;MB(B,B)	F.P;KB(B,B)	F.P;MA(B,G)	F.P;KA(B,G)	F.P;KB(B,G)	F.P;KA(G,B)	F.P;MB(G,B)	F.P;KB(G,B)
0.000	-0.009000	0.028000	0.081000	-0.972000	-0.049500	0.149500	-0.850500	0.014500	0.085500	-0.985500
0.025	-0.009000	0.028000	0.081000	-0.972000	-0.049502	0.149502	-0.850498	0.014499	0.085501	-0.985501
0.050	-0.009000	0.027999	0.081001	-0.972001	-0.049506	0.149506	-0.850494	0.014498	0.085502	-0.985502
0.075	-0.009001	0.027998	0.081003	-0.972002	-0.049514	0.149514	-0.850486	0.014495	0.085505	-0.985505
0.100	-0.009002	0.027997	0.081005	-0.972003	-0.049525	0.149525	-0.850475	0.014492	0.085508	-0.985508
0.125	-0.009003	0.027995	0.081008	-0.972005	-0.049538	0.149538	-0.850462	0.014487	0.085513	-0.985513
0.150	-0.009004	0.027993	0.081011	-0.972007	-0.049555	0.149555	-0.850445	0.014482	0.085518	-0.985518
0.175	-0.009005	0.027990	0.081015	-0.972010	-0.049575	0.149575	-0.850425	0.014475	0.085525	-0.985525
0.200	-0.009007	0.027987	0.081020	-0.972013	-0.049598	0.149598	-0.850402	0.014467	0.085533	-0.985533
0.225	-0.009009	0.027984	0.081025	-0.972016	-0.049624	0.149624	-0.850376	0.014459	0.085541	-0.985541
0.250	-0.009011	0.027980	0.081031	-0.972020	-0.049654	0.149654	-0.850346	0.014449	0.085551	-0.985551
0.275	-0.009013	0.027975	0.081038	-0.972025	-0.049686	0.149686	-0.850314	0.014438	0.085562	-0.985562
0.300	-0.009016	0.027971	0.081045	-0.972029	-0.049722	0.149722	-0.850278	0.014427	0.085573	-0.985573
0.325	-0.009019	0.027966	0.081053	-0.972034	-0.049760	0.149760	-0.850240	0.014414	0.085586	-0.985586
0.350	-0.009022	0.027960	0.081061	-0.972040	-0.049802	0.149802	-0.850198	0.014400	0.085600	-0.985600
0.375	-0.009025	0.027954	0.081070	-0.972046	-0.049847	0.149847	-0.850153	0.014385	0.085615	-0.985615
0.400	-0.009028	0.027948	0.081080	-0.972052	-0.049895	0.149895	-0.850105	0.014369	0.085631	-0.985631
0.425	-0.009032	0.027941	0.081090	-0.972059	-0.049947	0.149947	-0.850053	0.014352	0.085648	-0.985648
0.450	-0.009036	0.027934	0.081101	-0.972066	-0.050001	0.150001	-0.849999	0.014334	0.085666	-0.985666
0.475	-0.009040	0.027927	0.081113	-0.972073	-0.050059	0.150059	-0.849941	0.014315	0.085685	-0.985685
0.500	-0.009044	0.027919	0.081125	-0.972081	-0.050121	0.150121	-0.849879	0.014295	0.085705	-0.985705
0.525	-0.009049	0.027910	0.081138	-0.972090	-0.050185	0.150185	-0.849815	0.014274	0.085726	-0.985726
0.550	-0.009054	0.027902	0.081152	-0.972098	-0.050253	0.150253	-0.849747	0.014252	0.085748	-0.985748
0.575	-0.009059	0.027893	0.081166	-0.972107	-0.050324	0.150324	-0.849676	0.014228	0.085772	-0.985772
0.600	-0.009064	0.027883	0.081181	-0.972117	-0.050399	0.150399	-0.849601	0.014204	0.085796	-0.985796
0.625	-0.009069	0.027873	0.081196	-0.972127	-0.050477	0.150477	-0.849523	0.014179	0.085821	-0.985821
0.650	-0.009075	0.027863	0.081213	-0.972137	-0.050559	0.150559	-0.849441	0.014152	0.085848	-0.985848
0.675	-0.009081	0.027852	0.081229	-0.972148	-0.050644	0.150644	-0.849356	0.014124	0.085876	-0.985876
0.700	-0.009087	0.027841	0.081247	-0.972159	-0.050732	0.150732	-0.849268	0.014095	0.085905	-0.985905
0.725	-0.009094	0.027829	0.081265	-0.972171	-0.050824	0.150824	-0.849176	0.014065	0.085935	-0.985935
0.750	-0.009100	0.027817	0.081284	-0.972183	-0.050920	0.150920	-0.849080	0.014034	0.085966	-0.985966
0.775	-0.009107	0.027804	0.081303	-0.972196	-0.051019	0.151019	-0.848981	0.014002	0.085998	-0.985998
0.800	-0.009114	0.027791	0.081323	-0.972209	-0.051122	0.151122	-0.848878	0.013969	0.086031	-0.986031
0.825	-0.009122	0.027778	0.081344	-0.972222	-0.051229	0.151229	-0.848771	0.013934	0.086066	-0.986066
0.850	-0.009130	0.027764	0.081365	-0.972236	-0.051340	0.151340	-0.848660	0.013899	0.086101	-0.986101
0.875	-0.009137	0.027750	0.081387	-0.972250	-0.051454	0.151454	-0.848546	0.013862	0.086138	-0.986138
0.900	-0.009146	0.027736	0.081410	-0.972264	-0.051572	0.151572	-0.848428	0.013824	0.086176	-0.986176
0.925	-0.009154	0.027721	0.081433	-0.972279	-0.051694	0.151694	-0.848306	0.013785	0.086215	-0.986215
0.950	-0.009163	0.027705	0.081458	-0.972295	-0.051820	0.151820	-0.848180	0.013744	0.086256	-0.986256
0.975	-0.009172	0.027689	0.081482	-0.972311	-0.051951	0.151951	-0.848049	0.013702	0.086298	-0.986298

ALPHA | F.P;MA(B,B) | F.P;KA(B,B) | F.P;MB(B,B) | F.P;KB(B,B) | F.P;MA(B,G) | F.P;KA(B,G) | F.P;KB(B,G) | F.P;KA(G,B) | F.P;MB(G,B) | F.P;KB(G,B)

XP/L = 0.90

DRUCKSTAEBE -690-

XP/L = 0.90

ALPHA	F.P:MA(B,B)	F.P:KA(B,B)	F.P:MB(B,B)	F.P:KB(B,B)	F.P:MA(B,G)	F.P:KA(B,G)	F.P:KB(B,G)	F.P:KA(G,B)	F.P:MB(G,B)	F.P:KB(G,B)
1.000	-0.009181	0.027673	0.081508	-0.972327	-0.052085	0.152085	-0.847915	0.013660	0.086340	-0.986340
1.025	-0.009190	0.027656	0.081534	-0.972344	-0.052223	0.152223	-0.847777	0.013615	0.086385	-0.986385
1.050	-0.009200	0.027639	0.081561	-0.972361	-0.052366	0.152366	-0.847634	0.013570	0.086430	-0.986430
1.075	-0.009210	0.027622	0.081588	-0.972378	-0.052513	0.152513	-0.847487	0.013523	0.086477	-0.986477
1.100	-0.009220	0.027603	0.081617	-0.972397	-0.052664	0.152664	-0.847336	0.013476	0.086524	-0.986524
1.125	-0.009231	0.027585	0.081646	-0.972415	-0.052820	0.152820	-0.847180	0.013426	0.086574	-0.986574
1.150	-0.009241	0.027566	0.081675	-0.972434	-0.052980	0.152980	-0.847020	0.013376	0.086624	-0.986624
1.175	-0.009252	0.027547	0.081706	-0.972453	-0.053145	0.153145	-0.846855	0.013324	0.086676	-0.986676
1.200	-0.009264	0.027527	0.081737	-0.972473	-0.053314	0.153314	-0.846686	0.013271	0.086729	-0.986729
1.225	-0.009275	0.027507	0.081769	-0.972493	-0.053488	0.153488	-0.846512	0.013216	0.086784	-0.986784
1.250	-0.009287	0.027486	0.081801	-0.972514	-0.053667	0.153667	-0.846333	0.013160	0.086840	-0.986840
1.275	-0.009300	0.027465	0.081834	-0.972535	-0.053851	0.153851	-0.846149	0.013103	0.086897	-0.986897
1.300	-0.009312	0.027444	0.081868	-0.972556	-0.054040	0.154040	-0.845960	0.013044	0.086956	-0.986956
1.325	-0.009325	0.027422	0.081903	-0.972578	-0.054234	0.154234	-0.845766	0.012984	0.087016	-0.987016
1.350	-0.009338	0.027399	0.081939	-0.972601	-0.054433	0.154433	-0.845567	0.012922	0.087078	-0.987078
1.375	-0.009351	0.027376	0.081975	-0.972624	-0.054637	0.154637	-0.845363	0.012859	0.087141	-0.987141
1.400	-0.009365	0.027353	0.082012	-0.972647	-0.054847	0.154847	-0.845153	0.012795	0.087205	-0.987205
1.425	-0.009379	0.027329	0.082049	-0.972671	-0.055063	0.155063	-0.844937	0.012729	0.087271	-0.987271
1.450	-0.009393	0.027305	0.082088	-0.972695	-0.055284	0.155284	-0.844716	0.012661	0.087339	-0.987339
1.475	-0.009408	0.027280	0.082127	-0.972720	-0.055510	0.155510	-0.844490	0.012592	0.087408	-0.987408
1.500	-0.009423	0.027255	0.082167	-0.972745	-0.055743	0.155743	-0.844257	0.012521	0.087479	-0.987479
1.525	-0.009438	0.027230	0.082208	-0.972770	-0.055981	0.155981	-0.844019	0.012449	0.087551	-0.987551
1.550	-0.009453	0.027204	0.082250	-0.972796	-0.056226	0.156226	-0.843774	0.012375	0.087625	-0.987625
1.575	-0.009469	0.027177	0.082292	-0.972823	-0.056477	0.156477	-0.843523	0.012299	0.087701	-0.987701
1.600	-0.009485	0.027150	0.082335	-0.972850	-0.056734	0.156734	-0.843266	0.012221	0.087779	-0.987779
1.625	-0.009502	0.027123	0.082379	-0.972877	-0.056998	0.156998	-0.843002	0.012142	0.087858	-0.987858
1.650	-0.009519	0.027095	0.082424	-0.972905	-0.057269	0.157269	-0.842731	0.012061	0.087939	-0.987939
1.675	-0.009536	0.027067	0.082470	-0.972933	-0.057546	0.157546	-0.842454	0.011979	0.088021	-0.988021
1.700	-0.009554	0.027038	0.082516	-0.972962	-0.057831	0.157831	-0.842169	0.011894	0.088106	-0.988106
1.725	-0.009572	0.027008	0.082563	-0.972992	-0.058123	0.158123	-0.841877	0.011808	0.088192	-0.988192
1.750	-0.009590	0.026979	0.082612	-0.973021	-0.058422	0.158422	-0.841578	0.011720	0.088280	-0.988280
1.775	-0.009609	0.026948	0.082661	-0.973052	-0.058728	0.158728	-0.841272	0.011630	0.088370	-0.988370
1.800	-0.009628	0.026917	0.082710	-0.973083	-0.059043	0.159043	-0.840957	0.011538	0.088462	-0.988462
1.825	-0.009647	0.026886	0.082761	-0.973114	-0.059365	0.159365	-0.840635	0.011443	0.088557	-0.988557
1.850	-0.009667	0.026854	0.082813	-0.973146	-0.059695	0.159695	-0.840305	0.011347	0.088653	-0.988653
1.875	-0.009687	0.026822	0.082865	-0.973178	-0.060034	0.160034	-0.839966	0.011249	0.088751	-0.988751
1.900	-0.009708	0.026789	0.082918	-0.973211	-0.060382	0.160382	-0.839618	0.011149	0.088851	-0.988851
1.925	-0.009729	0.026756	0.082973	-0.973244	-0.060738	0.160738	-0.839262	0.011046	0.088954	-0.988954
1.950	-0.009750	0.026723	0.083028	-0.973277	-0.061104	0.161104	-0.838896	0.010942	0.089058	-0.989058
1.975	-0.009772	0.026688	0.083084	-0.973312	-0.061478	0.161478	-0.838522	0.010835	0.089165	-0.989165

ALPHA | F.P:MA(B,B) F.P:KA(B,B) F.P:MB(B,B) F.P:KB(B,B) F.P:MA(B,G) F.P:KA(B,G) F.P:KB(B,G) F.P:KA(G,B) F.P:MB(G,B) F.P:KB(G,B)
XP/L = 0.90

D R U C K S T A E B E -691-

XP/L = 0.90

ALPHA	F.P;MA(B,B)	F.P;KA(B,B)	F.P;MB(B,B)	F.P;KB(B,B)	F.P;MA(B,G)	F.P;KA(B,G)	F.P;KB(B,G)	F.P;KA(G,B)	F.P;MB(G,B)	F.P;KB(G,B)
2.000	-0.009794	0.026654	0.083141	-0.973346	-0.061863	0.161863	-0.838137	0.010725	0.089275	-0.989275
2.025	-0.009817	0.026618	0.083199	-0.973382	-0.062257	0.162257	-0.837743	0.010614	0.089386	-0.989386
2.050	-0.009840	0.026583	0.083258	-0.973417	-0.062661	0.162661	-0.837339	0.010500	0.089500	-0.989500
2.075	-0.009864	0.026546	0.083317	-0.973454	-0.063076	0.163076	-0.836924	0.010383	0.089617	-0.989617
2.100	-0.009888	0.026510	0.083378	-0.973490	-0.063502	0.163502	-0.836498	0.010264	0.089736	-0.989736
2.125	-0.009912	0.026472	0.083440	-0.973528	-0.063939	0.163939	-0.836061	0.010142	0.089858	-0.989858
2.150	-0.009937	0.026434	0.083503	-0.973566	-0.064387	0.164387	-0.835613	0.010018	0.089982	-0.989982
2.175	-0.009962	0.026396	0.083566	-0.973604	-0.064847	0.164847	-0.835153	0.009891	0.090109	-0.990109
2.200	-0.009988	0.026357	0.083631	-0.973643	-0.065320	0.165320	-0.834680	0.009761	0.090239	-0.990239
2.225	-0.010015	0.026318	0.083697	-0.973682	-0.065804	0.165804	-0.834196	0.009628	0.090372	-0.990372
2.250	-0.010041	0.026278	0.083763	-0.973722	-0.066302	0.166302	-0.833698	0.009492	0.090508	-0.990508
2.275	-0.010069	0.026237	0.083831	-0.973763	-0.066814	0.166814	-0.833186	0.009353	0.090647	-0.990647
2.300	-0.010097	0.026196	0.083900	-0.973804	-0.067339	0.167339	-0.832661	0.009211	0.090789	-0.990789
2.325	-0.010125	0.026155	0.083970	-0.973845	-0.067878	0.167878	-0.832122	0.009066	0.090934	-0.990934
2.350	-0.010154	0.026113	0.084041	-0.973887	-0.068432	0.168432	-0.831568	0.008918	0.091082	-0.991082
2.375	-0.010183	0.026070	0.084113	-0.973930	-0.069002	0.169002	-0.830998	0.008766	0.091234	-0.991234
2.400	-0.010213	0.026027	0.084186	-0.973973	-0.069588	0.169588	-0.830412	0.008610	0.091390	-0.991390
2.425	-0.010244	0.025983	0.084261	-0.974017	-0.070190	0.170190	-0.829810	0.008451	0.091549	-0.991549
2.450	-0.010275	0.025939	0.084336	-0.974061	-0.070809	0.170809	-0.829191	0.008289	0.091711	-0.991711
2.475	-0.010307	0.025894	0.084413	-0.974106	-0.071445	0.171445	-0.828555	0.008122	0.091878	-0.991878
2.500	-0.010339	0.025848	0.084491	-0.974152	-0.072100	0.172100	-0.827900	0.007952	0.092048	-0.992048
2.525	-0.010372	0.025802	0.084570	-0.974198	-0.072774	0.172774	-0.827226	0.007777	0.092223	-0.992223
2.550	-0.010406	0.025756	0.084650	-0.974244	-0.073468	0.173468	-0.826532	0.007598	0.092402	-0.992402
2.575	-0.010440	0.025709	0.084731	-0.974291	-0.074182	0.174182	-0.825818	0.007415	0.092585	-0.992585
2.600	-0.010475	0.025661	0.084814	-0.974339	-0.074918	0.174918	-0.825082	0.007227	0.092773	-0.992773
2.625	-0.010510	0.025612	0.084898	-0.974388	-0.075675	0.175675	-0.824325	0.007035	0.092965	-0.992965
2.650	-0.010546	0.025563	0.084983	-0.974437	-0.076456	0.176456	-0.823544	0.006838	0.093162	-0.993162
2.675	-0.010583	0.025514	0.085069	-0.974486	-0.077261	0.177261	-0.822739	0.006636	0.093364	-0.993364
2.700	-0.010621	0.025464	0.085157	-0.974536	-0.078091	0.178091	-0.821909	0.006428	0.093572	-0.993572
2.725	-0.010659	0.025413	0.085246	-0.974587	-0.078947	0.178947	-0.821053	0.006215	0.093785	-0.993785
2.750	-0.010698	0.025361	0.085336	-0.974639	-0.079829	0.179829	-0.820171	0.005997	0.094003	-0.994003
2.775	-0.010738	0.025309	0.085428	-0.974691	-0.080741	0.180741	-0.819259	0.005773	0.094227	-0.994227
2.800	-0.010778	0.025257	0.085521	-0.974743	-0.081682	0.181682	-0.818318	0.005543	0.094457	-0.994457
2.825	-0.010819	0.025203	0.085616	-0.974797	-0.082654	0.182654	-0.817346	0.005306	0.094694	-0.994694
2.850	-0.010861	0.025149	0.085712	-0.974851	-0.083658	0.183658	-0.816342	0.005063	0.094937	-0.994937
2.875	-0.010904	0.025095	0.085809	-0.974905	-0.084696	0.184696	-0.815304	0.004813	0.095187	-0.995187
2.900	-0.010948	0.025040	0.085908	-0.974960	-0.085769	0.185769	-0.814231	0.004557	0.095443	-0.995443
2.925	-0.010993	0.024984	0.086009	-0.975016	-0.086880	0.186880	-0.813120	0.004292	0.095708	-0.995708
2.950	-0.011038	0.024927	0.086111	-0.975073	-0.088029	0.188029	-0.811971	0.004020	0.095980	-0.995980
2.975	-0.011084	0.024870	0.086214	-0.975130	-0.089220	0.189220	-0.810780	0.003740	0.096260	-0.996260
ALPHA	F.P;MA(B,B)	F.P;KA(B,B)	F.P;MB(B,B)	F.P;KB(B,B)	F.P;MA(B,G)	F.P;KA(B,G)	F.P;KB(B,G)	F.P;KA(G,B)	F.P;MB(G,B)	F.P;KB(G,B)

XP/L = 0.90

XP/L = 0.10

BETA	F.P;MA(B,B)	F.P;KA(B,B)	F.P;MB(B,B)	F.P;KB(B,B)	F.P;MA(B,G)	F.P;KA(B,G)	F.P;KB(B,G)	F.P;KA(G,B)	F.P;MB(G,B)	F.P;KB(G,B)
0.00	-0.081000	0.972000	0.009000	-0.028000	-0.085500	0.985500	-0.014500	0.850500	0.049500	-0.149500
0.25	-0.080969	0.971980	0.008989	-0.028020	-0.085449	0.985449	-0.014551	0.850653	0.049347	-0.149347
0.50	-0.080876	0.971919	0.008956	-0.028081	-0.085299	0.985299	-0.014701	0.851105	0.048895	-0.148895
0.75	-0.080722	0.971819	0.008903	-0.028181	-0.085051	0.985051	-0.014949	0.851839	0.048161	-0.148161
1.00	-0.080508	0.971679	0.008829	-0.028321	-0.084713	0.984713	-0.015287	0.852829	0.047171	-0.147171
1.25	-0.080239	0.971501	0.008738	-0.028499	-0.084292	0.984292	-0.015708	0.854039	0.045961	-0.145961
1.50	-0.079915	0.971286	0.008630	-0.028714	-0.083796	0.983796	-0.016204	0.855433	0.044567	-0.144567
1.75	-0.079542	0.971035	0.008507	-0.028965	-0.083234	0.983234	-0.016766	0.856967	0.043033	-0.143033
2.00	-0.079122	0.970750	0.008372	-0.029250	-0.082616	0.982616	-0.017384	0.858602	0.041398	-0.141398
2.25	-0.078659	0.970433	0.008227	-0.029567	-0.081951	0.981951	-0.018049	0.860300	0.039700	-0.139700
2.50	-0.078159	0.970085	0.008074	-0.029915	-0.081247	0.981247	-0.018753	0.862027	0.037973	-0.137973
2.75	-0.077623	0.969708	0.007915	-0.030292	-0.080512	0.980512	-0.019488	0.863754	0.036246	-0.136246
3.00	-0.077058	0.969305	0.007753	-0.030695	-0.079753	0.979753	-0.020247	0.865456	0.034544	-0.134544
3.25	-0.076466	0.968878	0.007588	-0.031122	-0.078976	0.978976	-0.021024	0.867115	0.032885	-0.132885
3.50	-0.075851	0.968428	0.007423	-0.031572	-0.078186	0.978186	-0.021814	0.868717	0.031283	-0.131283
3.75	-0.075216	0.967957	0.007259	-0.032043	-0.077387	0.977387	-0.022613	0.870250	0.029750	-0.129750
4.00	-0.074566	0.967468	0.007098	-0.032532	-0.076583	0.976583	-0.023417	0.871709	0.028291	-0.128291
4.25	-0.073902	0.966963	0.006939	-0.033037	-0.075778	0.975778	-0.024222	0.873090	0.026910	-0.126910
4.50	-0.073228	0.966444	0.006785	-0.033556	-0.074972	0.974972	-0.025028	0.874391	0.025609	-0.125609
4.75	-0.072546	0.965911	0.006635	-0.034089	-0.074170	0.974170	-0.025830	0.875613	0.024387	-0.124387
5.00	-0.071858	0.965368	0.006490	-0.034632	-0.073371	0.973371	-0.026629	0.876758	0.023242	-0.123242
5.25	-0.071166	0.964816	0.006350	-0.035184	-0.072577	0.972577	-0.027423	0.877829	0.022171	-0.122171
5.50	-0.070471	0.964256	0.006216	-0.035744	-0.071790	0.971790	-0.028210	0.878829	0.021171	-0.121171
5.75	-0.069776	0.963689	0.006087	-0.036311	-0.071010	0.971010	-0.028990	0.879762	0.020238	-0.120238
6.00	-0.069081	0.963118	0.005963	-0.036882	-0.070238	0.970238	-0.029762	0.880632	0.019368	-0.119368
6.25	-0.068388	0.962542	0.005846	-0.037458	-0.069474	0.969474	-0.030526	0.881443	0.018557	-0.118557
6.50	-0.067697	0.961964	0.005733	-0.038036	-0.068719	0.968719	-0.031281	0.882199	0.017801	-0.117801
6.75	-0.067010	0.961385	0.005625	-0.038615	-0.067973	0.967973	-0.032027	0.882905	0.017095	-0.117095
7.00	-0.066327	0.960804	0.005523	-0.039196	-0.067236	0.967236	-0.032764	0.883564	0.016436	-0.116436
7.25	-0.065649	0.960224	0.005425	-0.039776	-0.066508	0.966508	-0.033492	0.884180	0.015820	-0.115820
7.50	-0.064976	0.959645	0.005331	-0.040355	-0.065790	0.965790	-0.034210	0.884755	0.015245	-0.115245
7.75	-0.064310	0.959068	0.005242	-0.040932	-0.065081	0.965081	-0.034919	0.885294	0.014706	-0.114706
8.00	-0.063649	0.958492	0.005157	-0.041508	-0.064382	0.964382	-0.035618	0.885799	0.014201	-0.114201
8.25	-0.062995	0.957920	0.005075	-0.042080	-0.063692	0.963692	-0.036308	0.886273	0.013727	-0.113727
8.50	-0.062347	0.957350	0.004997	-0.042650	-0.063011	0.963011	-0.036989	0.886719	0.013281	-0.113281
8.75	-0.061707	0.956784	0.004923	-0.043216	-0.062340	0.962340	-0.037660	0.887137	0.012863	-0.112863
9.00	-0.061074	0.956223	0.004851	-0.043777	-0.061679	0.961679	-0.038321	0.887532	0.012468	-0.112468
9.25	-0.060448	0.955665	0.004782	-0.044335	-0.061026	0.961026	-0.038974	0.887904	0.012096	-0.112096
9.50	-0.059829	0.955113	0.004717	-0.044887	-0.060383	0.960383	-0.039617	0.888255	0.011745	-0.111745
9.75	-0.059218	0.954565	0.004653	-0.045435	-0.059749	0.959749	-0.040251	0.888587	0.011413	-0.111413

BETA | F.P;MA(B,B) F.P;KA(B,B) F.P;MB(B,B) F.P;KB(B,B) F.P;MA(B,G) F.P;KA(B,G) F.P;KB(B,G) F.P;KA(G,B) F.P;MB(G,B) F.P;KB(G,B)

XP/L = 0.10

XP/L = 0.10

BETA	F.P;MA(B,B)	F.P;KA(B,B)	F.P;MB(B,B)	F.P;KB(B,B)	F.P;MA(B,G)	F.P;KA(B,G)	F.P;KB(B,G)	F.P;KA(G,B)	F.P;MB(G,B)	F.P;KB(G,B)
10.00	-0.058615	0.954022	0.004592	-0.045978	-0.059125	0.959125	-0.040875	0.888901	0.011099	-0.111099
10.25	-0.058019	0.953485	0.004534	-0.046515	-0.058508	0.958508	-0.041492	0.889198	0.010802	-0.110802
10.50	-0.057430	0.952953	0.004477	-0.047047	-0.057901	0.957901	-0.042099	0.889481	0.010519	-0.110519
10.75	-0.056849	0.952427	0.004423	-0.047573	-0.057303	0.957303	-0.042697	0.889749	0.010251	-0.110251
11.00	-0.056276	0.951906	0.004370	-0.048094	-0.056713	0.956713	-0.043287	0.890004	0.009996	-0.109996
11.25	-0.055710	0.951391	0.004319	-0.048609	-0.056131	0.956131	-0.043869	0.890247	0.009753	-0.109753
11.50	-0.055152	0.950882	0.004270	-0.049118	-0.055558	0.955558	-0.044442	0.890479	0.009521	-0.109521
11.75	-0.054601	0.950379	0.004222	-0.049621	-0.054994	0.954994	-0.045006	0.890700	0.009300	-0.109300
12.00	-0.054057	0.949882	0.004176	-0.050118	-0.054437	0.954437	-0.045563	0.890911	0.009089	-0.109089
12.25	-0.053521	0.949390	0.004131	-0.050610	-0.053888	0.953888	-0.046112	0.891112	0.008888	-0.108888
12.50	-0.052992	0.948905	0.004087	-0.051095	-0.053347	0.953347	-0.046653	0.891305	0.008695	-0.108695
12.75	-0.052470	0.948426	0.004045	-0.051574	-0.052814	0.952814	-0.047186	0.891490	0.008510	-0.108510
13.00	-0.051955	0.947952	0.004003	-0.052048	-0.052289	0.952289	-0.047711	0.891667	0.008333	-0.108333
13.25	-0.051448	0.947485	0.003963	-0.052515	-0.051771	0.951771	-0.048229	0.891837	0.008163	-0.108163
13.50	-0.050947	0.947023	0.003924	-0.052977	-0.051261	0.951261	-0.048739	0.892000	0.008000	-0.108000
13.75	-0.050453	0.946567	0.003886	-0.053433	-0.050758	0.950758	-0.049242	0.892157	0.007843	-0.107843
14.00	-0.049966	0.946117	0.003849	-0.053883	-0.050262	0.950262	-0.049738	0.892308	0.007692	-0.107692
14.25	-0.049485	0.945673	0.003812	-0.054327	-0.049773	0.949773	-0.050227	0.892453	0.007547	-0.107547
14.50	-0.049011	0.945234	0.003777	-0.054766	-0.049291	0.949291	-0.050709	0.892593	0.007407	-0.107407
14.75	-0.048544	0.944802	0.003742	-0.055198	-0.048816	0.948816	-0.051184	0.892727	0.007273	-0.107273
15.00	-0.048083	0.944375	0.003708	-0.055625	-0.048348	0.948348	-0.051652	0.892857	0.007143	-0.107143
15.25	-0.047628	0.943953	0.003675	-0.056047	-0.047886	0.947886	-0.052114	0.892983	0.007017	-0.107017
15.50	-0.047180	0.943537	0.003643	-0.056463	-0.047431	0.947431	-0.052569	0.893104	0.006896	-0.106896
15.75	-0.046738	0.943127	0.003611	-0.056873	-0.046983	0.946983	-0.053017	0.893220	0.006780	-0.106780
16.00	-0.046302	0.942722	0.003580	-0.057278	-0.046540	0.946540	-0.053460	0.893333	0.006667	-0.106667
16.25	-0.045871	0.942322	0.003549	-0.057678	-0.046104	0.946104	-0.053896	0.893443	0.006557	-0.106557
16.50	-0.045447	0.941928	0.003520	-0.058072	-0.045674	0.945674	-0.054326	0.893548	0.006452	-0.106452
16.75	-0.045029	0.941538	0.003490	-0.058462	-0.045250	0.945250	-0.054750	0.893651	0.006349	-0.106349
17.00	-0.044616	0.941154	0.003461	-0.058846	-0.044832	0.944832	-0.055168	0.893750	0.006250	-0.106250
17.25	-0.044209	0.940776	0.003433	-0.059224	-0.044420	0.944420	-0.055580	0.893846	0.006154	-0.106154
17.50	-0.043807	0.940402	0.003406	-0.059598	-0.044014	0.944014	-0.055986	0.893939	0.006061	-0.106061
17.75	-0.043411	0.940033	0.003378	-0.059967	-0.043613	0.943613	-0.056387	0.894030	0.005970	-0.105970
18.00	-0.043021	0.939669	0.003352	-0.060331	-0.043218	0.943218	-0.056782	0.894118	0.005882	-0.105882
18.25	-0.042635	0.939310	0.003325	-0.060690	-0.042828	0.942828	-0.057172	0.894203	0.005797	-0.105797
18.50	-0.042255	0.938955	0.003300	-0.061045	-0.042444	0.942444	-0.057556	0.894286	0.005714	-0.105714
18.75	-0.041880	0.938606	0.003274	-0.061394	-0.042065	0.942065	-0.057935	0.894366	0.005634	-0.105634
19.00	-0.041510	0.938261	0.003249	-0.061739	-0.041691	0.941691	-0.058309	0.894444	0.005556	-0.105556
19.25	-0.041145	0.937920	0.003225	-0.062080	-0.041322	0.941322	-0.058678	0.894521	0.005479	-0.105479
19.50	-0.040785	0.937584	0.003201	-0.062416	-0.040958	0.940958	-0.059042	0.894595	0.005405	-0.105405
19.75	-0.040430	0.937253	0.003177	-0.062747	-0.040599	0.940599	-0.059401	0.894667	0.005333	-0.105333
BETA	F.P;MA(B,B)	F.P;KA(B,B)	F.P;MB(B,B)	F.P;KB(B,B)	F.P;MA(B,G)	F.P;KA(B,G)	F.P;KB(B,G)	F.P;KA(G,B)	F.P;MB(G,E)	F.P;KB(G,B)

XP/L = 0.10

XP/L = 0.10

BETA	F.P;MA(B,B)	F.P;KA(B,B)	F.P;MB(B,B)	F.P;KB(B,B)	F.P;MA(B,G)	F.P;KA(B,G)	F.P;KB(B,G)	F.P;KA(G,B)	F.P;MB(G,B)	F.P;KB(G,B)
20.00	-0.040080	0.936926	0.003154	-0.063074	-0.040246	0.940246	-0.059754	0.894737	0.005263	-0.105263
20.25	-0.039734	0.936603	0.003131	-0.063397	-0.039896	0.939896	-0.060104	0.894805	0.005195	-0.105195
20.50	-0.039393	0.936285	0.003108	-0.063715	-0.039552	0.939552	-0.060448	0.894872	0.005128	-0.105128
20.75	-0.039056	0.935970	0.003086	-0.064030	-0.039212	0.939212	-0.060788	0.894937	0.005063	-0.105063
21.00	-0.038724	0.935660	0.003064	-0.064340	-0.038877	0.938877	-0.061123	0.895000	0.005000	-0.105000
21.25	-0.038396	0.935354	0.003042	-0.064646	-0.038547	0.938547	-0.061453	0.895062	0.004938	-0.104938
21.50	-0.038073	0.935052	0.003021	-0.064948	-0.038220	0.938220	-0.061780	0.895122	0.004878	-0.104878
21.75	-0.037754	0.934754	0.003000	-0.065246	-0.037898	0.937898	-0.062102	0.895181	0.004819	-0.104819
22.00	-0.037439	0.934460	0.002979	-0.065540	-0.037581	0.937581	-0.062419	0.895238	0.004762	-0.104762
22.25	-0.037128	0.934170	0.002959	-0.065830	-0.037267	0.937267	-0.062733	0.895294	0.004706	-0.104706
22.50	-0.036821	0.933883	0.002939	-0.066117	-0.036958	0.936958	-0.063042	0.895349	0.004651	-0.104651
22.75	-0.036519	0.933600	0.002919	-0.066400	-0.036653	0.936653	-0.063347	0.895402	0.004598	-0.104598
23.00	-0.036220	0.933321	0.002899	-0.066679	-0.036352	0.936352	-0.063648	0.895455	0.004545	-0.104545
23.25	-0.035925	0.933045	0.002880	-0.066955	-0.036055	0.936055	-0.063945	0.895506	0.004494	-0.104494
23.50	-0.035634	0.932774	0.002861	-0.067226	-0.035761	0.935761	-0.064239	0.895556	0.004444	-0.104444
23.75	-0.035347	0.932505	0.002842	-0.067495	-0.035472	0.935472	-0.064528	0.895604	0.004396	-0.104396
24.00	-0.035063	0.932240	0.002823	-0.067760	-0.035186	0.935186	-0.064814	0.895652	0.004348	-0.104348
24.25	-0.034784	0.931979	0.002805	-0.068021	-0.034904	0.934904	-0.065096	0.895699	0.004301	-0.104301
24.50	-0.034507	0.931720	0.002787	-0.068280	-0.034626	0.934626	-0.065374	0.895745	0.004255	-0.104255
24.75	-0.034234	0.931465	0.002769	-0.068535	-0.034351	0.934351	-0.065649	0.895789	0.004211	-0.104211
25.00	-0.033965	0.931214	0.002751	-0.068786	-0.034080	0.934080	-0.065920	0.895833	0.004167	-0.104167
26.25	-0.032669	0.930002	0.002667	-0.069998	-0.032775	0.932775	-0.067225	0.896040	0.003960	-0.103960
27.50	-0.031452	0.928866	0.002587	-0.071134	-0.031550	0.931550	-0.068450	0.896226	0.003774	-0.103774
28.75	-0.030309	0.927798	0.002511	-0.072202	-0.030399	0.930399	-0.069601	0.896396	0.003604	-0.103604
30.00	-0.029234	0.926793	0.002440	-0.073207	-0.029318	0.929318	-0.070682	0.896552	0.003448	-0.103448
31.25	-0.028221	0.925848	0.002373	-0.074152	-0.028300	0.928300	-0.071700	0.896694	0.003306	-0.103306
32.50	-0.027267	0.924958	0.002309	-0.075042	-0.027341	0.927341	-0.072659	0.896825	0.003175	-0.103175
33.75	-0.026367	0.924119	0.002248	-0.075881	-0.026436	0.926436	-0.073564	0.896947	0.003053	-0.103053
35.00	-0.025518	0.923327	0.002191	-0.076673	-0.025582	0.925582	-0.074418	0.897059	0.002941	-0.102941
36.25	-0.024715	0.922580	0.002136	-0.077420	-0.024776	0.924776	-0.075224	0.897163	0.002837	-0.102837
37.50	-0.023956	0.921873	0.002083	-0.078127	-0.024013	0.924013	-0.075987	0.897260	0.002740	-0.102740
38.75	-0.023237	0.921204	0.002033	-0.078796	-0.023291	0.923291	-0.076709	0.897351	0.002649	-0.102649
40.00	-0.022556	0.920571	0.001986	-0.079429	-0.022607	0.922607	-0.077393	0.897436	0.002564	-0.102564
41.25	-0.021910	0.919970	0.001940	-0.080030	-0.021959	0.921959	-0.078041	0.897516	0.002484	-0.102484
42.50	-0.021297	0.919401	0.001896	-0.080599	-0.021343	0.921343	-0.078657	0.897590	0.002410	-0.102410
43.75	-0.020715	0.918860	0.001855	-0.081140	-0.020758	0.920758	-0.079242	0.897661	0.002339	-0.102339
45.00	-0.020161	0.918346	0.001815	-0.081654	-0.020202	0.920202	-0.079798	0.897727	0.002273	-0.102273
46.25	-0.019634	0.917858	0.001776	-0.082142	-0.019673	0.919673	-0.080327	0.897790	0.002210	-0.102210
47.50	-0.019131	0.917392	0.001739	-0.082608	-0.019169	0.919169	-0.080831	0.897849	0.002151	-0.102151
48.75	-0.018653	0.916949	0.001704	-0.083051	-0.018688	0.918688	-0.081312	0.897906	0.002094	-0.102094

| BETA | F.P;MA(B,B) | F.P;KA(B,B) | F.P;MB(B,B) | F.P;KB(B,B) | F.P;MA(B,G) | F.P;KA(B,G) | F.P;KB(B,G) | F.P;KA(G,B) | F.P;MB(G,B) | F.P;KB(G,B) |

XP/L = 0.10

XP/L = 0.20

BETA	F.P;MA(B,B)	F.P;KA(B,B)	F.P;MB(B,B)	F.P;KB(B,B)	F.P;MA(B,G)	F.P;KA(B,G)	F.P;KB(B,G)	F.P;KA(G,B)	F.P;MB(G,B)	F.P;KB(G,B)
0.00	-0.128000	0.896000	0.032000	-0.104000	-0.144000	0.944000	-0.056000	0.704000	0.096000	-0.296000
0.25	-0.127909	0.895952	0.031957	-0.104048	-0.143838	0.943838	-0.056162	0.704287	0.095713	-0.295713
0.50	-0.127639	0.895809	0.031831	-0.104191	-0.143358	0.943358	-0.056642	0.705137	0.094863	-0.294863
0.75	-0.127193	0.895571	0.031622	-0.104429	-0.142572	0.942572	-0.057428	0.706519	0.093481	-0.293481
1.00	-0.126576	0.895240	0.031336	-0.104760	-0.141500	0.941500	-0.058500	0.708382	0.091618	-0.291618
1.25	-0.125799	0.894820	0.030978	-0.105180	-0.140169	0.940169	-0.059831	0.710664	0.089336	-0.289336
1.50	-0.124869	0.894313	0.030556	-0.105687	-0.138610	0.938610	-0.061390	0.713291	0.086709	-0.286709
1.75	-0.123800	0.893724	0.030076	-0.106276	-0.136855	0.936855	-0.063145	0.716187	0.083813	-0.283813
2.00	-0.122604	0.893056	0.029547	-0.106944	-0.134937	0.934937	-0.065063	0.719277	0.080723	-0.280723
2.25	-0.121293	0.892315	0.028978	-0.107685	-0.132887	0.932887	-0.067113	0.722491	0.077509	-0.277509
2.50	-0.119882	0.891506	0.028376	-0.108494	-0.130737	0.930737	-0.069263	0.725764	0.074236	-0.274236
2.75	-0.118383	0.890633	0.027750	-0.109367	-0.128511	0.928511	-0.071489	0.729043	0.070957	-0.270957
3.00	-0.116811	0.889704	0.027107	-0.110296	-0.126235	0.926235	-0.073765	0.732281	0.067719	-0.267719
3.25	-0.115177	0.888722	0.026455	-0.111278	-0.123929	0.923929	-0.076071	0.735442	0.064558	-0.264558
3.50	-0.113493	0.887694	0.025799	-0.112306	-0.121609	0.921609	-0.078391	0.738500	0.061500	-0.261500
3.75	-0.111772	0.886626	0.025145	-0.113374	-0.119290	0.919290	-0.080710	0.741434	0.058566	-0.258566
4.00	-0.110021	0.885523	0.024499	-0.114477	-0.116984	0.916984	-0.083016	0.744231	0.055769	-0.255769
4.25	-0.108252	0.884389	0.023862	-0.115611	-0.114700	0.914700	-0.085300	0.746884	0.053116	-0.253116
4.50	-0.106471	0.883231	0.023240	-0.116769	-0.112445	0.912445	-0.087555	0.749390	0.050610	-0.250610
4.75	-0.104687	0.882053	0.022634	-0.117947	-0.110225	0.910225	-0.089775	0.751749	0.048251	-0.248251
5.00	-0.102905	0.880860	0.022045	-0.119140	-0.108045	0.908045	-0.091955	0.753965	0.046035	-0.246035
5.25	-0.101132	0.879655	0.021476	-0.120345	-0.105906	0.905906	-0.094094	0.756041	0.043959	-0.243959
5.50	-0.099371	0.878443	0.020928	-0.121557	-0.103812	0.903812	-0.096188	0.757983	0.042017	-0.242017
5.75	-0.097627	0.877227	0.020400	-0.122773	-0.101764	0.901764	-0.098236	0.759800	0.040200	-0.240200
6.00	-0.095903	0.876010	0.019893	-0.123990	-0.099763	0.899763	-0.100237	0.761497	0.038503	-0.238503
6.25	-0.094203	0.874796	0.019407	-0.125204	-0.097810	0.897810	-0.102190	0.763083	0.036917	-0.236917
6.50	-0.092528	0.873587	0.018941	-0.126413	-0.095904	0.895904	-0.104096	0.764565	0.035435	-0.235435
6.75	-0.090880	0.872386	0.018494	-0.127614	-0.094046	0.894046	-0.105954	0.765950	0.034050	-0.234050
7.00	-0.089261	0.871194	0.018067	-0.128806	-0.092234	0.892234	-0.107766	0.767246	0.032754	-0.232754
7.25	-0.087673	0.870014	0.017659	-0.129986	-0.090469	0.890469	-0.109531	0.768458	0.031542	-0.231542
7.50	-0.086115	0.868846	0.017268	-0.131154	-0.088749	0.888749	-0.111251	0.769593	0.030407	-0.230407
7.75	-0.084588	0.867694	0.016895	-0.132306	-0.087074	0.887074	-0.112926	0.770657	0.029343	-0.229343
8.00	-0.083094	0.866557	0.016537	-0.133443	-0.085443	0.885443	-0.114557	0.771656	0.028344	-0.228344
8.25	-0.081631	0.865437	0.016195	-0.134563	-0.083855	0.883855	-0.116145	0.772595	0.027405	-0.227405
8.50	-0.080201	0.864334	0.015867	-0.135666	-0.082309	0.882309	-0.117691	0.773477	0.026523	-0.226523
8.75	-0.078802	0.863250	0.015553	-0.136750	-0.080803	0.880803	-0.119197	0.774308	0.025692	-0.225692
9.00	-0.077435	0.862184	0.015251	-0.137816	-0.079338	0.879338	-0.120662	0.775091	0.024909	-0.224909
9.25	-0.076100	0.861138	0.014962	-0.138862	-0.077911	0.877911	-0.122089	0.775830	0.024170	-0.224170
9.50	-0.074796	0.860111	0.014685	-0.139889	-0.076521	0.876521	-0.123479	0.776528	0.023472	-0.223472
9.75	-0.073523	0.859105	0.014418	-0.140895	-0.075169	0.875169	-0.124831	0.777189	0.022811	-0.222811
BETA	F.P;MA(B,B)	F.P;KA(B,B)	F.P;MB(B,B)	F.P;KB(B,B)	F.P;MA(B,G)	F.P;KA(B,G)	F.P;KB(B,G)	F.P;KA(G,B)	F.P;MB(G,B)	F.P;KB(G,B)

XP/L = 0.20

XP/L = 0.20

BETA	F.P;MA(B,B)	F.P;KA(B,B)	F.P;MB(B,B)	F.P;KB(B,B)	F.P;MA(B,G)	F.P;KA(B,G)	F.P;KB(B,G)	F.P;KA(G,B)	F.P;MB(G,B)	F.P;KB(G,B)
10.00	-0.072280	0.858118	0.014162	-0.141882	-0.073852	0.873852	-0.126148	0.777814	0.022186	-0.222186
10.25	-0.071066	0.857151	0.013915	-0.142849	-0.072569	0.872569	-0.127431	0.778408	0.021592	-0.221592
10.50	-0.069881	0.856204	0.013678	-0.143796	-0.071320	0.871320	-0.128680	0.778971	0.021029	-0.221029
10.75	-0.068725	0.855277	0.013449	-0.144723	-0.070104	0.870104	-0.129896	0.779506	0.020494	-0.220494
11.00	-0.067597	0.854370	0.013228	-0.145630	-0.068920	0.868920	-0.131080	0.780015	0.019985	-0.219985
11.25	-0.066497	0.853482	0.013015	-0.146518	-0.067766	0.867766	-0.132234	0.780500	0.019500	-0.219500
11.50	-0.065422	0.852614	0.012809	-0.147386	-0.066642	0.866642	-0.133358	0.780962	0.019038	-0.219038
11.75	-0.064374	0.851764	0.012610	-0.148236	-0.065547	0.865547	-0.134453	0.781403	0.018597	-0.218597
12.00	-0.063352	0.850934	0.012417	-0.149066	-0.064480	0.864480	-0.135520	0.781824	0.018176	-0.218176
12.25	-0.062353	0.850122	0.012231	-0.149878	-0.063441	0.863441	-0.136559	0.782227	0.017773	-0.217773
12.50	-0.061380	0.849329	0.012051	-0.150671	-0.062427	0.862427	-0.137573	0.782613	0.017387	-0.217387
12.75	-0.060429	0.848554	0.011876	-0.151446	-0.061440	0.861440	-0.138560	0.782982	0.017018	-0.217018
13.00	-0.059502	0.847796	0.011706	-0.152204	-0.060477	0.860477	-0.139523	0.783336	0.016664	-0.216664
13.25	-0.058597	0.847055	0.011541	-0.152945	-0.059539	0.859539	-0.140461	0.783675	0.016325	-0.216325
13.50	-0.057713	0.846332	0.011382	-0.153668	-0.058624	0.858624	-0.141376	0.784002	0.015998	-0.215998
13.75	-0.056851	0.845624	0.011226	-0.154376	-0.057731	0.857731	-0.142269	0.784315	0.015685	-0.215685
14.00	-0.056009	0.844934	0.011075	-0.155066	-0.056861	0.856861	-0.143139	0.784616	0.015384	-0.215384
14.25	-0.055187	0.844258	0.010929	-0.155742	-0.056012	0.856012	-0.143988	0.784907	0.015093	-0.215093
14.50	-0.054385	0.843599	0.010786	-0.156401	-0.055183	0.855183	-0.144817	0.785186	0.014814	-0.214814
14.75	-0.053601	0.842954	0.010647	-0.157046	-0.054375	0.854375	-0.145625	0.785455	0.014545	-0.214545
15.00	-0.052836	0.842325	0.010511	-0.157675	-0.053587	0.853587	-0.146413	0.785715	0.014285	-0.214285
15.25	-0.052089	0.841709	0.010379	-0.158291	-0.052817	0.852817	-0.147183	0.785965	0.014035	-0.214035
15.50	-0.051359	0.841108	0.010251	-0.158892	-0.052066	0.852066	-0.147934	0.786207	0.013793	-0.213793
15.75	-0.050646	0.840520	0.010126	-0.159480	-0.051332	0.851332	-0.148668	0.786441	0.013559	-0.213559
16.00	-0.049949	0.839946	0.010003	-0.160054	-0.050616	0.850616	-0.149384	0.786667	0.013333	-0.213333
16.25	-0.049268	0.839384	0.009884	-0.160616	-0.049916	0.849916	-0.150084	0.786885	0.013115	-0.213115
16.50	-0.048603	0.838836	0.009767	-0.161164	-0.049233	0.849233	-0.150767	0.787097	0.012903	-0.212903
16.75	-0.047953	0.838299	0.009654	-0.161701	-0.048566	0.848566	-0.151434	0.787302	0.012698	-0.212698
17.00	-0.047318	0.837775	0.009543	-0.162225	-0.047914	0.847914	-0.152086	0.787500	0.012500	-0.212500
17.25	-0.046697	0.837263	0.009434	-0.162737	-0.047277	0.847277	-0.152723	0.787692	0.012308	-0.212308
17.50	-0.046089	0.836762	0.009328	-0.163238	-0.046655	0.846655	-0.153345	0.787879	0.012121	-0.212121
17.75	-0.045496	0.836271	0.009224	-0.163729	-0.046046	0.846046	-0.153954	0.788060	0.011940	-0.211940
18.00	-0.044915	0.835792	0.009123	-0.164208	-0.045452	0.845452	-0.154548	0.788235	0.011765	-0.211765
18.25	-0.044347	0.835324	0.009023	-0.164676	-0.044870	0.844870	-0.155130	0.788406	0.011594	-0.211594
18.50	-0.043791	0.834865	0.008926	-0.165135	-0.044302	0.844302	-0.155698	0.788571	0.011429	-0.211429
18.75	-0.043248	0.834417	0.008831	-0.165583	-0.043745	0.843745	-0.156255	0.788732	0.011268	-0.211268
19.00	-0.042716	0.833978	0.008738	-0.166022	-0.043202	0.843202	-0.156798	0.788889	0.011111	-0.211111
19.25	-0.042196	0.833549	0.008647	-0.166451	-0.042670	0.842670	-0.157330	0.789041	0.010959	-0.210959
19.50	-0.041687	0.833129	0.008557	-0.166871	-0.042149	0.842149	-0.157851	0.789189	0.010811	-0.210811
19.75	-0.041188	0.832718	0.008470	-0.167282	-0.041640	0.841640	-0.158360	0.789333	0.010667	-0.210667
BETA	F.P;MA(B,B)	F.P;KA(B,B)	F.P;MB(B,B)	F.P;KB(B,B)	F.P;MA(B,G)	F.P;KA(B,G)	F.P;KB(B,G)	F.P;KA(G,B)	F.P;MB(G,B)	F.P;KB(G,B)

XP/L = 0.20

XP/L = 0.20

BETA	F.P;MA(B,B)	F.P;KA(B,B)	F.P;MB(B,B)	F.P;KB(B,B)	F.P;MA(B,G)	F.P;KA(B,G)	F.P;KB(B,G)	F.P;KA(G,B)	F.P;MB(G,B)	F.P;KB(G,B)
20.00	-0.040700	0.832316	0.008384	-0.167684	-0.041141	0.841141	-0.158859	0.789474	0.010526	-0.210526
20.25	-0.040222	0.831922	0.008300	-0.168078	-0.040653	0.840653	-0.159347	0.789610	0.010390	-0.210390
20.50	-0.039754	0.831537	0.008218	-0.168463	-0.040176	0.840176	-0.159824	0.789744	0.010256	-0.210256
20.75	-0.039296	0.831159	0.008137	-0.168841	-0.039708	0.839708	-0.160292	0.789873	0.010127	-0.210127
21.00	-0.038847	0.830790	0.008058	-0.169210	-0.039250	0.839250	-0.160750	0.790000	0.010000	-0.210000
21.25	-0.038408	0.830428	0.007980	-0.169572	-0.038802	0.838882	-0.161198	0.790123	0.009877	-0.209877
21.50	-0.037977	0.830073	0.007904	-0.169927	-0.038363	0.838363	-0.161637	0.790244	0.009756	-0.209756
21.75	-0.037555	0.829726	0.007829	-0.170274	-0.037932	0.837932	-0.162068	0.790361	0.009639	-0.209639
22.00	-0.037141	0.829386	0.007755	-0.170614	-0.037511	0.837511	-0.162489	0.790476	0.009524	-0.209524
22.25	-0.036736	0.829053	0.007683	-0.170947	-0.037097	0.837097	-0.162903	0.790588	0.009412	-0.209412
22.50	-0.036339	0.828726	0.007612	-0.171274	-0.036693	0.836693	-0.163307	0.790698	0.009302	-0.209302
22.75	-0.035949	0.828406	0.007543	-0.171594	-0.036296	0.836296	-0.163704	0.790805	0.009195	-0.209195
23.00	-0.035567	0.828093	0.007474	-0.171907	-0.035907	0.835907	-0.164093	0.790909	0.009091	-0.209091
23.25	-0.035192	0.827785	0.007407	-0.172215	-0.035525	0.835525	-0.164475	0.791011	0.008989	-0.208989
23.50	-0.034825	0.827484	0.007341	-0.172516	-0.035151	0.835151	-0.164849	0.791111	0.008889	-0.208889
23.75	-0.034465	0.827188	0.007276	-0.172812	-0.034785	0.834785	-0.165215	0.791209	0.008791	-0.208791
24.00	-0.034111	0.826899	0.007213	-0.173101	-0.034425	0.834425	-0.165575	0.791304	0.008696	-0.208696
24.25	-0.033764	0.826614	0.007150	-0.173386	-0.034072	0.834072	-0.165928	0.791398	0.008602	-0.208602
24.50	-0.033424	0.826336	0.007088	-0.173664	-0.033726	0.833726	-0.166274	0.791489	0.008511	-0.208511
24.75	-0.033090	0.826062	0.007028	-0.173938	-0.033386	0.833386	-0.166614	0.791579	0.008421	-0.208421
25.00	-0.032762	0.825794	0.006968	-0.174206	-0.033053	0.833053	-0.166947	0.791667	0.008333	-0.208333
26.25	-0.031211	0.824526	0.006685	-0.175474	-0.031475	0.831475	-0.168525	0.792079	0.007921	-0.207921
27.50	-0.029792	0.823369	0.006423	-0.176631	-0.030034	0.830034	-0.169966	0.792453	0.007547	-0.207547
28.75	-0.028491	0.822311	0.006180	-0.177689	-0.028714	0.828714	-0.171286	0.792793	0.007207	-0.207207
30.00	-0.027295	0.821340	0.005955	-0.178660	-0.027501	0.827501	-0.172499	0.793103	0.006897	-0.206897
31.25	-0.026193	0.820447	0.005746	-0.179553	-0.026382	0.826382	-0.173618	0.793388	0.006612	-0.206612
32.50	-0.025173	0.819623	0.005550	-0.180377	-0.025349	0.825349	-0.174651	0.793651	0.006349	-0.206349
33.75	-0.024228	0.818861	0.005367	-0.181139	-0.024392	0.824392	-0.175608	0.793893	0.006107	-0.206107
35.00	-0.023350	0.818154	0.005196	-0.181846	-0.023503	0.823503	-0.176497	0.794118	0.005882	-0.205882
36.25	-0.022532	0.817498	0.005035	-0.182502	-0.022675	0.822675	-0.177325	0.794326	0.005674	-0.205674
37.50	-0.021769	0.816886	0.004883	-0.183114	-0.021903	0.821903	-0.178097	0.794521	0.005479	-0.205479
38.75	-0.021055	0.816315	0.004740	-0.183685	-0.021181	0.821181	-0.178819	0.794702	0.005298	-0.205298
40.00	-0.020386	0.815781	0.004605	-0.184219	-0.020504	0.820504	-0.179496	0.794872	0.005128	-0.205128
41.25	-0.019758	0.815280	0.004478	-0.184720	-0.019869	0.819869	-0.180131	0.795031	0.004969	-0.204969
42.50	-0.019167	0.814810	0.004357	-0.185190	-0.019272	0.819272	-0.180728	0.795181	0.004819	-0.204819
43.75	-0.018610	0.814367	0.004243	-0.185633	-0.018710	0.818710	-0.181290	0.795322	0.004678	-0.204678
45.00	-0.018085	0.813951	0.004134	-0.186049	-0.018179	0.818179	-0.181821	0.795455	0.004545	-0.204545
46.25	-0.017588	0.813557	0.004031	-0.186443	-0.017677	0.817677	-0.182323	0.795580	0.004420	-0.204420
47.50	-0.017118	0.813185	0.003933	-0.186815	-0.017203	0.817203	-0.182797	0.795699	0.004301	-0.204301
48.75	-0.016672	0.812833	0.003839	-0.187167	-0.016753	0.816753	-0.183247	0.795812	0.004188	-0.204188

BETA | F.P;MA(B,B) F.P;KA(B,B) F.P;MB(B,B) F.P;KB(B,B) F.P;MA(B,G) F.P;KA(B,G) F.P;KB(B,G) F.P;KA(G,B) F.P;MB(G,B) F.P;KB(G,B)

XP/L = 0.20

Z U G S T A E B E -698-

XP/L = 0.30

BETA	F.P;MA(B,B)	F.P;KA(B,B)	F.P;MB(B,B)	F.P;KB(B,B)	F.P;MA(B,G)	F.P;KA(B,G)	F.P;KB(B,G)	F.P;KA(G,B)	F.P;MB(G,B)	F.P;KB(G,B)
0.00	-0.147000	0.784000	0.063000	-0.216000	-0.178500	0.878500	-0.121500	0.563500	0.136500	-0.436500
0.25	-0.146858	0.783945	0.062913	-0.216055	-0.178216	0.878216	-0.121784	0.563887	0.136113	-0.436113
0.50	-0.146433	0.783780	0.062653	-0.216220	-0.177374	0.877374	-0.122626	0.565033	0.134967	-0.434967
0.75	-0.145734	0.783507	0.062226	-0.216493	-0.175997	0.875997	-0.124003	0.566898	0.133102	-0.433102
1.00	-0.144769	0.783129	0.061641	-0.216871	-0.174125	0.874125	-0.125875	0.569414	0.130586	-0.430586
1.25	-0.143555	0.782648	0.060907	-0.217352	-0.171810	0.871810	-0.128190	0.572498	0.127502	-0.427502
1.50	-0.142108	0.782068	0.060040	-0.217932	-0.169108	0.869108	-0.130892	0.576054	0.123946	-0.423946
1.75	-0.140449	0.781396	0.059054	-0.218604	-0.166083	0.866083	-0.133917	0.579982	0.120018	-0.420018
2.00	-0.138600	0.780635	0.057965	-0.219365	-0.162796	0.862796	-0.137204	0.584182	0.115818	-0.415818
2.25	-0.136584	0.779793	0.056791	-0.220207	-0.159307	0.859307	-0.140693	0.588559	0.111441	-0.411441
2.50	-0.134424	0.778876	0.055548	-0.221124	-0.155673	0.855673	-0.144327	0.593029	0.106971	-0.406971
2.75	-0.132143	0.777890	0.054252	-0.222110	-0.151944	0.851944	-0.148056	0.597518	0.102482	-0.402482
3.00	-0.129763	0.776843	0.052920	-0.223157	-0.148161	0.848161	-0.151839	0.601965	0.098035	-0.398035
3.25	-0.127305	0.775741	0.051564	-0.224259	-0.144364	0.844364	-0.155636	0.606321	0.093679	-0.393679
3.50	-0.124790	0.774592	0.050198	-0.225408	-0.140581	0.840581	-0.159419	0.610547	0.089453	-0.389453
3.75	-0.122236	0.773402	0.048834	-0.226598	-0.136838	0.836838	-0.163162	0.614616	0.085384	-0.385384
4.00	-0.119659	0.772179	0.047480	-0.227821	-0.133154	0.833154	-0.166846	0.618510	0.081490	-0.381490
4.25	-0.117073	0.770928	0.046146	-0.229072	-0.129544	0.829544	-0.170456	0.622217	0.077783	-0.377783
4.50	-0.114492	0.769655	0.044837	-0.230345	-0.126018	0.826018	-0.173982	0.625731	0.074269	-0.374269
4.75	-0.111927	0.768368	0.043559	-0.231632	-0.122586	0.822586	-0.177414	0.629052	0.070948	-0.370948
5.00	-0.109387	0.767070	0.042317	-0.232930	-0.119252	0.819252	-0.180748	0.632182	0.067818	-0.367818
5.25	-0.106880	0.765766	0.041114	-0.234234	-0.116020	0.816020	-0.183980	0.635125	0.064875	-0.364875
5.50	-0.104413	0.764463	0.039951	-0.235537	-0.112892	0.812892	-0.187108	0.637890	0.062110	-0.362110
5.75	-0.101992	0.763162	0.038830	-0.236838	-0.109867	0.809867	-0.190133	0.640485	0.059515	-0.359515
6.00	-0.099620	0.761870	0.037751	-0.238130	-0.106946	0.806946	-0.193054	0.642918	0.057082	-0.357082
6.25	-0.097302	0.760587	0.036715	-0.239413	-0.104126	0.804126	-0.195874	0.645199	0.054801	-0.354801
6.50	-0.095039	0.759319	0.035721	-0.240681	-0.101407	0.801407	-0.198593	0.647337	0.052663	-0.352663
6.75	-0.092834	0.758066	0.034768	-0.241934	-0.098785	0.798785	-0.201215	0.649342	0.050658	-0.350658
7.00	-0.090688	0.756832	0.033856	-0.243168	-0.096258	0.796258	-0.203742	0.651223	0.048777	-0.348777
7.25	-0.088600	0.755618	0.032983	-0.244382	-0.093823	0.793823	-0.206177	0.652987	0.047013	-0.347013
7.50	-0.086573	0.754426	0.032147	-0.245574	-0.091477	0.791477	-0.208523	0.654645	0.045355	-0.345355
7.75	-0.084604	0.753257	0.031348	-0.246743	-0.089218	0.789218	-0.210782	0.656202	0.043798	-0.343798
8.00	-0.082695	0.752112	0.030583	-0.247888	-0.087040	0.787040	-0.212960	0.657667	0.042333	-0.342333
8.25	-0.080843	0.750992	0.029851	-0.249008	-0.084943	0.784943	-0.215057	0.659046	0.040954	-0.340954
8.50	-0.079049	0.749898	0.029151	-0.250102	-0.082923	0.782923	-0.217077	0.660345	0.039655	-0.339655
8.75	-0.077311	0.748830	0.028481	-0.251170	-0.080976	0.780976	-0.219024	0.661571	0.038429	-0.338429
9.00	-0.075627	0.747788	0.027839	-0.252212	-0.079099	0.779099	-0.220901	0.662729	0.037271	-0.337271
9.25	-0.073997	0.746773	0.027224	-0.253227	-0.077291	0.777291	-0.222709	0.663822	0.036178	-0.336178
9.50	-0.072419	0.745784	0.026635	-0.254216	-0.075548	0.775548	-0.224452	0.664858	0.035142	-0.335142
9.75	-0.070891	0.744822	0.026069	-0.255178	-0.073867	0.773867	-0.226133	0.665838	0.034162	-0.334162

BETA | F.P;MA(B,B) | F.P;KA(B,B) | F.P;MB(B,B) | F.P;KB(B,B) | F.P;MA(B,G) | F.P;KA(B,G) | F.P;KB(B,G) | F.P;KA(G,B) | F.P;MB(G,B) | F.P;KB(G,B)

XP/L = 0.30

XP/L = 0.30

BETA	F.P;MA(B,B)	F.P;KA(B,B)	F.P;MB(B,B)	F.P;KB(B,B)	F.P;MA(B,G)	F.P;KA(B,G)	F.P;KB(B,G)	F.P;KA(G,B)	F.P;MB(G,B)	F.P;KB(G,B)
10.00	-0.069412	0.743885	0.025527	-0.256115	-0.072246	0.772246	-0.227754	0.666768	0.033232	-0.333232
10.25	-0.067981	0.742975	0.025006	-0.257025	-0.070682	0.770682	-0.229318	0.667650	0.032350	-0.332350
10.50	-0.066595	0.742090	0.024505	-0.257910	-0.069173	0.769173	-0.230827	0.668489	0.031511	-0.331511
10.75	-0.065254	0.741230	0.024024	-0.258770	-0.067717	0.767717	-0.232283	0.669286	0.030714	-0.330714
11.00	-0.063956	0.740395	0.023561	-0.259605	-0.066312	0.766312	-0.233688	0.670045	0.029955	-0.329955
11.25	-0.062700	0.739584	0.023116	-0.260416	-0.064954	0.764954	-0.235046	0.670769	0.029231	-0.329231
11.50	-0.061483	0.738796	0.022687	-0.261204	-0.063643	0.763643	-0.236357	0.671459	0.028541	-0.328541
11.75	-0.060305	0.738032	0.022273	-0.261968	-0.062377	0.762377	-0.237623	0.672118	0.027882	-0.327882
12.00	-0.059164	0.737290	0.021875	-0.262710	-0.061152	0.761152	-0.238848	0.672748	0.027252	-0.327252
12.25	-0.058059	0.736569	0.021490	-0.263431	-0.059969	0.759969	-0.240031	0.673350	0.026650	-0.326650
12.50	-0.056988	0.735870	0.021118	-0.264130	-0.058825	0.758825	-0.241175	0.673927	0.026073	-0.326073
12.75	-0.055951	0.735192	0.020759	-0.264808	-0.057718	0.757718	-0.242282	0.674479	0.025521	-0.325521
13.00	-0.054946	0.734533	0.020412	-0.265467	-0.056647	0.756647	-0.243353	0.675009	0.024991	-0.324991
13.25	-0.053971	0.733894	0.020077	-0.266106	-0.055610	0.755610	-0.244390	0.675518	0.024482	-0.324482
13.50	-0.053026	0.733274	0.019752	-0.266726	-0.054606	0.754606	-0.245394	0.676006	0.023994	-0.323994
13.75	-0.052110	0.732672	0.019437	-0.267328	-0.053634	0.753634	-0.246366	0.676476	0.023524	-0.323524
14.00	-0.051221	0.732088	0.019133	-0.267912	-0.052693	0.752693	-0.247307	0.676927	0.023073	-0.323073
14.25	-0.050359	0.731521	0.018837	-0.268479	-0.051780	0.751780	-0.248220	0.677362	0.022638	-0.322638
14.50	-0.049522	0.730971	0.018551	-0.269029	-0.050896	0.750896	-0.249104	0.677781	0.022219	-0.322219
14.75	-0.048709	0.730436	0.018273	-0.269564	-0.050038	0.750038	-0.249962	0.678184	0.021816	-0.321816
15.00	-0.047921	0.729917	0.018004	-0.270083	-0.049207	0.749207	-0.250793	0.678573	0.021427	-0.321427
15.25	-0.047155	0.729413	0.017742	-0.270587	-0.048400	0.748400	-0.251600	0.678949	0.021051	-0.321051
15.50	-0.046410	0.728923	0.017488	-0.271077	-0.047616	0.747616	-0.252384	0.679312	0.020688	-0.320688
15.75	-0.045687	0.728447	0.017240	-0.271553	-0.046856	0.746856	-0.253144	0.679662	0.020338	-0.320338
16.00	-0.044985	0.727985	0.017000	-0.272015	-0.046118	0.746118	-0.253882	0.680001	0.019999	-0.319999
16.25	-0.044302	0.727535	0.016766	-0.272465	-0.045401	0.745401	-0.254599	0.680329	0.019671	-0.319671
16.50	-0.043637	0.727098	0.016539	-0.272902	-0.044704	0.744704	-0.255296	0.680646	0.019354	-0.319354
16.75	-0.042991	0.726674	0.016318	-0.273326	-0.044027	0.744027	-0.255973	0.680953	0.019047	-0.319047
17.00	-0.042363	0.726261	0.016102	-0.273739	-0.043369	0.743369	-0.256631	0.681250	0.018750	-0.318750
17.25	-0.041751	0.725859	0.015892	-0.274141	-0.042729	0.742729	-0.257271	0.681539	0.018461	-0.318461
17.50	-0.041155	0.725468	0.015687	-0.274532	-0.042106	0.742106	-0.257894	0.681818	0.018182	-0.318182
17.75	-0.040576	0.725088	0.015488	-0.274912	-0.041500	0.741500	-0.258500	0.682090	0.017910	-0.317910
18.00	-0.040011	0.724718	0.015293	-0.275282	-0.040911	0.740911	-0.259089	0.682353	0.017647	-0.317647
18.25	-0.039461	0.724358	0.015104	-0.275642	-0.040337	0.740337	-0.259663	0.682609	0.017391	-0.317391
18.50	-0.038925	0.724007	0.014918	-0.275993	-0.039778	0.739778	-0.260222	0.682857	0.017143	-0.317143
18.75	-0.038403	0.723665	0.014738	-0.276335	-0.039233	0.739233	-0.260767	0.683099	0.016901	-0.316901
19.00	-0.037894	0.723333	0.014561	-0.276667	-0.038703	0.738703	-0.261297	0.683333	0.016667	-0.316667
19.25	-0.037398	0.723009	0.014389	-0.276991	-0.038186	0.738186	-0.261814	0.683562	0.016438	-0.316438
19.50	-0.036913	0.722693	0.014221	-0.277307	-0.037682	0.737682	-0.262318	0.683784	0.016216	-0.316216
19.75	-0.036441	0.722385	0.014056	-0.277615	-0.037191	0.737191	-0.262809	0.684000	0.016000	-0.316000
BETA	F.P;MA(B,B)	F.P;KA(B,B)	F.P;MB(B,B)	F.P;KB(B,B)	F.P;MA(B,G)	F.P;KA(B,G)	F.P;KB(B,G)	F.P;KA(G,B)	F.P;MB(G,B)	F.P;KB(G,B)

XP/L = 0.30

XP/L = 0.30

BETA	F.P;MA(B,B)	F.P;KA(B,B)	F.P;MB(B,B)	F.P;KB(B,B)	F.P;MA(B,G)	F.P;KA(B,G)	F.P;KB(B,G)	F.P;KA(G,B)	F.P;MB(G,B)	F.P;KB(G,B)
20.00	-0.035980	0.722085	0.013896	-0.277915	-0.036712	0.736712	-0.263288	0.684211	0.015789	-0.315789
20.25	-0.035530	0.721792	0.013739	-0.278208	-0.036244	0.736244	-0.263756	0.684416	0.015584	-0.315584
20.50	-0.035091	0.721506	0.013585	-0.278494	-0.035788	0.735788	-0.264212	0.684615	0.015385	-0.315385
20.75	-0.034663	0.721228	0.013435	-0.278772	-0.035343	0.735343	-0.264657	0.684810	0.015190	-0.315190
21.00	-0.034244	0.720956	0.013288	-0.279044	-0.034908	0.734908	-0.265092	0.685000	0.015000	-0.315000
21.25	-0.033835	0.720691	0.013144	-0.279309	-0.034484	0.734484	-0.265516	0.685185	0.014815	-0.314815
21.50	-0.033435	0.720432	0.013003	-0.279568	-0.034069	0.734069	-0.265931	0.685366	0.014634	-0.314634
21.75	-0.033044	0.720179	0.012865	-0.279821	-0.033664	0.733664	-0.266336	0.685542	0.014458	-0.314458
22.00	-0.032662	0.719932	0.012730	-0.280068	-0.033269	0.733269	-0.266731	0.685714	0.014286	-0.314286
22.25	-0.032289	0.719691	0.012598	-0.280309	-0.032882	0.732882	-0.267118	0.685882	0.014118	-0.314118
22.50	-0.031924	0.719455	0.012469	-0.280545	-0.032504	0.732504	-0.267496	0.686047	0.013953	-0.313953
22.75	-0.031567	0.719225	0.012342	-0.280775	-0.032134	0.732134	-0.267866	0.686207	0.013793	-0.313793
23.00	-0.031217	0.719000	0.012217	-0.281000	-0.031772	0.731772	-0.268228	0.686364	0.013636	-0.313636
23.25	-0.030875	0.718780	0.012096	-0.281220	-0.031419	0.731419	-0.268581	0.686517	0.013483	-0.313483
23.50	-0.030540	0.718564	0.011976	-0.281436	-0.031073	0.731073	-0.268927	0.686667	0.013333	-0.313333
23.75	-0.030213	0.718354	0.011859	-0.281646	-0.030734	0.730734	-0.269266	0.686813	0.013187	-0.313187
24.00	-0.029892	0.718148	0.011744	-0.281852	-0.030402	0.730402	-0.269598	0.686957	0.013043	-0.313043
24.25	-0.029577	0.717946	0.011631	-0.282054	-0.030078	0.730078	-0.269922	0.687097	0.012903	-0.312903
24.50	-0.029270	0.717749	0.011520	-0.282251	-0.029760	0.729760	-0.270240	0.687234	0.012766	-0.312766
24.75	-0.028968	0.717556	0.011412	-0.282444	-0.029449	0.729449	-0.270551	0.687368	0.012632	-0.312632
25.00	-0.028673	0.717367	0.011305	-0.282633	-0.029144	0.729144	-0.270856	0.687500	0.012500	-0.312500
26.25	-0.027280	0.716479	0.010801	-0.283521	-0.027708	0.727708	-0.272292	0.688119	0.011881	-0.311881
27.50	-0.026015	0.715676	0.010339	-0.284324	-0.026405	0.726405	-0.273595	0.688679	0.011321	-0.311321
28.75	-0.024861	0.714947	0.009915	-0.285053	-0.025219	0.725219	-0.274781	0.689189	0.010811	-0.310811
30.00	-0.023805	0.714281	0.009524	-0.285719	-0.024134	0.724134	-0.275866	0.689655	0.010345	-0.310345
31.25	-0.022835	0.713672	0.009162	-0.286328	-0.023138	0.723138	-0.276862	0.690083	0.009917	-0.309917
32.50	-0.021940	0.713113	0.008827	-0.286887	-0.022220	0.722220	-0.277780	0.690476	0.009524	-0.309524
33.75	-0.021113	0.712597	0.008516	-0.287403	-0.021373	0.721373	-0.278627	0.690840	0.009160	-0.309160
35.00	-0.020346	0.712120	0.008225	-0.287880	-0.020587	0.720587	-0.279413	0.691176	0.008824	-0.308824
36.25	-0.019632	0.711678	0.007954	-0.288322	-0.019858	0.719858	-0.280142	0.691489	0.008511	-0.308511
37.50	-0.018967	0.711267	0.007700	-0.288733	-0.019178	0.719178	-0.280822	0.691781	0.008219	-0.308219
38.75	-0.018345	0.710884	0.007461	-0.289116	-0.018543	0.718543	-0.281457	0.692053	0.007947	-0.307947
40.00	-0.017763	0.710526	0.007237	-0.289474	-0.017949	0.717949	-0.282051	0.692308	0.007692	-0.307692
41.25	-0.017217	0.710191	0.007026	-0.289809	-0.017391	0.717391	-0.282609	0.692547	0.007453	-0.307453
42.50	-0.016703	0.709876	0.006826	-0.290124	-0.016867	0.716867	-0.283133	0.692771	0.007229	-0.307229
43.75	-0.016219	0.709581	0.006638	-0.290419	-0.016374	0.716374	-0.283626	0.692982	0.007018	-0.307018
45.00	-0.015762	0.709302	0.006460	-0.290698	-0.015909	0.715909	-0.284091	0.693182	0.006818	-0.306818
46.25	-0.015331	0.709040	0.006291	-0.290960	-0.015470	0.715470	-0.284530	0.693370	0.006630	-0.306630
47.50	-0.014922	0.708791	0.006131	-0.291209	-0.015054	0.715054	-0.284946	0.693548	0.006452	-0.306452
48.75	-0.014534	0.708556	0.005978	-0.291444	-0.014660	0.714660	-0.285340	0.693717	0.006283	-0.306283
BETA	F.P;MA(B,B)	F.P;KA(B,B)	F.P;MB(B,B)	F.P;KB(B,B)	F.P;MA(B,G)	F.P;KA(B,G)	F.P;KB(B,G)	F.P;KA(G,B)	F.P;MB(G,B)	F.P;KB(G,B)

XP/L = 0.30

XP/L = 0.40

BETA	F.P;MA(B,B)	F.P;KA(B,B)	F.P;MB(B,B)	F.P;KB(B,B)	F.P;MA(B,G)	F.P;KA(B,G)	F.P;KB(B,G)	F.P;KA(G,B)	F.P;MB(G,B)	F.P;KB(G,B)
0.00	-0.144000	0.648000	0.096000	-0.352000	-0.192000	0.792000	-0.208000	0.432000	0.168000	-0.568000
0.25	-0.143832	0.647964	0.095868	-0.352036	-0.191617	0.791617	-0.208383	0.432440	0.167560	-0.567560
0.50	-0.143332	0.647856	0.095475	-0.352144	-0.190481	0.790481	-0.209519	0.433743	0.166257	-0.566257
0.75	-0.142508	0.647678	0.094829	-0.352322	-0.188627	0.788627	-0.211373	0.435863	0.164137	-0.564137
1.00	-0.141373	0.647431	0.093942	-0.352569	-0.186113	0.786113	-0.213887	0.438729	0.161271	-0.561271
1.25	-0.139948	0.647118	0.092830	-0.352882	-0.183012	0.783012	-0.216988	0.442248	0.157752	-0.557752
1.50	-0.138254	0.646740	0.091513	-0.353260	-0.179407	0.779407	-0.220593	0.446314	0.153686	-0.553686
1.75	-0.136317	0.646303	0.090014	-0.353697	-0.175389	0.775389	-0.224611	0.450816	0.149184	-0.549184
2.00	-0.134165	0.645809	0.088356	-0.354191	-0.171045	0.771045	-0.228955	0.455642	0.144358	-0.544358
2.25	-0.131827	0.645262	0.086564	-0.354738	-0.166463	0.766463	-0.233537	0.460689	0.139311	-0.539311
2.50	-0.129332	0.644668	0.084664	-0.355332	-0.161720	0.761720	-0.238280	0.465861	0.134139	-0.534139
2.75	-0.126709	0.644031	0.082679	-0.355969	-0.156886	0.756886	-0.243114	0.471075	0.128925	-0.528925
3.00	-0.123987	0.643355	0.080632	-0.356645	-0.152020	0.752020	-0.247980	0.476261	0.123739	-0.523739
3.25	-0.121190	0.642645	0.078545	-0.357355	-0.147174	0.747174	-0.252826	0.481363	0.118637	-0.518637
3.50	-0.118343	0.641907	0.076437	-0.358093	-0.142388	0.742388	-0.257612	0.486336	0.113664	-0.513664
3.75	-0.115469	0.641144	0.074325	-0.358856	-0.137693	0.737693	-0.262307	0.491149	0.108851	-0.508851
4.00	-0.112586	0.640361	0.072224	-0.359639	-0.133113	0.733113	-0.266887	0.495776	0.104224	-0.504224
4.25	-0.109712	0.639564	0.070148	-0.360436	-0.128668	0.728668	-0.271332	0.500204	0.099796	-0.499796
4.50	-0.106861	0.638755	0.068106	-0.361245	-0.124368	0.724368	-0.275632	0.504424	0.095576	-0.495576
4.75	-0.104046	0.637938	0.066108	-0.362062	-0.120223	0.720223	-0.279777	0.508432	0.091568	-0.491568
5.00	-0.101278	0.637118	0.064160	-0.362882	-0.116235	0.716235	-0.283765	0.512229	0.087771	-0.487771
5.25	-0.098565	0.636297	0.062268	-0.363703	-0.112408	0.712408	-0.287592	0.515820	0.084180	-0.484180
5.50	-0.095913	0.635479	0.060435	-0.364521	-0.108739	0.708739	-0.291261	0.519210	0.080790	-0.480790
5.75	-0.093329	0.634665	0.058664	-0.365335	-0.105227	0.705227	-0.294773	0.522408	0.077592	-0.477592
6.00	-0.090816	0.633860	0.056956	-0.366140	-0.101868	0.701868	-0.298132	0.525421	0.074579	-0.474579
6.25	-0.088377	0.633064	0.055313	-0.366936	-0.098658	0.698658	-0.301342	0.528260	0.071740	-0.471740
6.50	-0.086013	0.632279	0.053734	-0.367721	-0.095592	0.695592	-0.304408	0.530933	0.069067	-0.469067
6.75	-0.083725	0.631507	0.052218	-0.368493	-0.092663	0.692663	-0.307337	0.533451	0.066549	-0.466549
7.00	-0.081514	0.630750	0.050764	-0.369250	-0.089867	0.689867	-0.310133	0.535823	0.064177	-0.464177
7.25	-0.079380	0.630008	0.049371	-0.369992	-0.087198	0.687198	-0.312802	0.538059	0.061941	-0.461941
7.50	-0.077320	0.629283	0.048037	-0.370717	-0.084649	0.684649	-0.315351	0.540166	0.059834	-0.459834
7.75	-0.075334	0.628575	0.046759	-0.371425	-0.082216	0.682216	-0.317784	0.542154	0.057846	-0.457846
8.00	-0.073421	0.627884	0.045537	-0.372116	-0.079891	0.679891	-0.320109	0.544031	0.055969	-0.455969
8.25	-0.071578	0.627212	0.044366	-0.372788	-0.077672	0.677672	-0.322328	0.545803	0.054197	-0.454197
8.50	-0.069804	0.626558	0.043246	-0.373442	-0.075550	0.675550	-0.324450	0.547479	0.052521	-0.452521
8.75	-0.068096	0.625922	0.042174	-0.374078	-0.073523	0.673523	-0.326477	0.549064	0.050936	-0.450936
9.00	-0.066453	0.625305	0.041148	-0.374695	-0.071585	0.671585	-0.328415	0.550564	0.049436	-0.449436
9.25	-0.064871	0.624706	0.040165	-0.375294	-0.069731	0.669731	-0.330269	0.551986	0.048014	-0.448014
9.50	-0.063348	0.624125	0.039223	-0.375875	-0.067956	0.667956	-0.332044	0.553335	0.046665	-0.446665
9.75	-0.061884	0.623563	0.038321	-0.376437	-0.066258	0.666258	-0.333742	0.554615	0.045385	-0.445385

BETA | F.P;MA(B,B) F.P;KA(B,B) F.P;MB(B,B) F.P;KB(B,B) F.P;MA(B,G) F.P;KA(B,G) F.P;KB(B,G) F.P;KA(G,B) F.P;MB(G,B) F.P;KB(G,B)

XP/L = 0.40

Z U G S T A E B E -702-

XP/L = 0.40

BETA	F.P;MA(B,B)	F.P;KA(B,B)	F.P;MB(B,B)	F.P;KB(B,B)	F.P;MA(B,G)	F.P;KA(B,G)	F.P;KB(B,G)	F.P;KA(G,B)	F.P;MB(G,B)	F.P;KB(G,B)
10.00	-0.060474	0.623018	0.037456	-0.376982	-0.064632	0.664632	-0.335368	0.555831	0.044169	-0.444169
10.25	-0.059117	0.622490	0.036626	-0.377510	-0.063073	0.663073	-0.336927	0.556987	0.043013	-0.443013
10.50	-0.057810	0.621980	0.035830	-0.378020	-0.061579	0.661579	-0.338421	0.558088	0.041912	-0.441912
10.75	-0.056552	0.621486	0.035066	-0.378514	-0.060147	0.660147	-0.339853	0.559136	0.040864	-0.440864
11.00	-0.055340	0.621008	0.034332	-0.378992	-0.058772	0.658772	-0.341228	0.560136	0.039864	-0.439864
11.25	-0.054173	0.620547	0.033627	-0.379453	-0.057453	0.657453	-0.342547	0.561090	0.038910	-0.438910
11.50	-0.053048	0.620100	0.032948	-0.379900	-0.056186	0.656186	-0.343814	0.562001	0.037999	-0.437999
11.75	-0.051964	0.619669	0.032296	-0.380331	-0.054968	0.654968	-0.345032	0.562871	0.037129	-0.437129
12.00	-0.050919	0.619251	0.031667	-0.380749	-0.053797	0.653797	-0.346203	0.563704	0.036296	-0.436296
12.25	-0.049911	0.618848	0.031062	-0.381152	-0.052671	0.652671	-0.347329	0.564502	0.035498	-0.435498
12.50	-0.048938	0.618458	0.030479	-0.381542	-0.051588	0.651588	-0.348412	0.565265	0.034735	-0.434735
12.75	-0.047999	0.618082	0.029917	-0.381918	-0.050545	0.650545	-0.349455	0.565998	0.034002	-0.434002
13.00	-0.047093	0.617717	0.029375	-0.382283	-0.049540	0.649540	-0.350460	0.566701	0.033299	-0.433299
13.25	-0.046217	0.617365	0.028852	-0.382635	-0.048572	0.648572	-0.351428	0.567376	0.032624	-0.432624
13.50	-0.045371	0.617025	0.028346	-0.382975	-0.047639	0.647639	-0.352361	0.568024	0.031976	-0.431976
13.75	-0.044553	0.616696	0.027858	-0.383304	-0.046738	0.646738	-0.353262	0.568648	0.031352	-0.431352
14.00	-0.043763	0.616377	0.027386	-0.383623	-0.045869	0.645869	-0.354131	0.569248	0.030752	-0.430752
14.25	-0.042998	0.616069	0.026929	-0.383931	-0.045030	0.645030	-0.354970	0.569826	0.030174	-0.430174
14.50	-0.042258	0.615771	0.026487	-0.384229	-0.044220	0.644220	-0.355780	0.570383	0.029617	-0.429617
14.75	-0.041542	0.615483	0.026059	-0.384517	-0.043437	0.643437	-0.356563	0.570920	0.029080	-0.429080
15.00	-0.040848	0.615203	0.025645	-0.384797	-0.042680	0.642680	-0.357320	0.571437	0.028563	-0.428563
15.25	-0.040176	0.614933	0.025243	-0.385067	-0.041948	0.641948	-0.358052	0.571937	0.028063	-0.428063
15.50	-0.039525	0.614671	0.024854	-0.385329	-0.041239	0.641239	-0.358761	0.572420	0.027580	-0.427580
15.75	-0.038894	0.614418	0.024476	-0.385582	-0.040553	0.640553	-0.359447	0.572887	0.027113	-0.427113
16.00	-0.038282	0.614172	0.024110	-0.385828	-0.039889	0.639889	-0.360111	0.573338	0.026662	-0.426662
16.25	-0.037688	0.613934	0.023754	-0.386066	-0.039246	0.639246	-0.360754	0.573774	0.026226	-0.426226
16.50	-0.037112	0.613703	0.023409	-0.386297	-0.038622	0.638622	-0.361378	0.574197	0.025803	-0.425803
16.75	-0.036552	0.613479	0.023073	-0.386521	-0.038017	0.638017	-0.361983	0.574606	0.025394	-0.425394
17.00	-0.036009	0.613262	0.022747	-0.386738	-0.037430	0.637430	-0.362570	0.575002	0.024998	-0.424998
17.25	-0.035481	0.613051	0.022430	-0.386949	-0.036861	0.636861	-0.363139	0.575387	0.024613	-0.424613
17.50	-0.034968	0.612846	0.022122	-0.387154	-0.036308	0.636308	-0.363692	0.575759	0.024241	-0.424241
17.75	-0.034469	0.612648	0.021821	-0.387352	-0.035772	0.635772	-0.364228	0.576121	0.023879	-0.423879
18.00	-0.033984	0.612455	0.021529	-0.387545	-0.035250	0.635250	-0.364750	0.576472	0.023528	-0.423528
18.25	-0.033512	0.612267	0.021245	-0.387733	-0.034743	0.634743	-0.365257	0.576813	0.023187	-0.423187
18.50	-0.033053	0.612085	0.020968	-0.387915	-0.034251	0.634251	-0.365749	0.577144	0.022856	-0.422856
18.75	-0.032606	0.611908	0.020698	-0.388092	-0.033772	0.633772	-0.366228	0.577466	0.022534	-0.422534
19.00	-0.032170	0.611736	0.020434	-0.388264	-0.033306	0.633306	-0.366694	0.577778	0.022222	-0.422222
19.25	-0.031746	0.611569	0.020178	-0.388431	-0.032852	0.632852	-0.367148	0.578083	0.021917	-0.421917
19.50	-0.031333	0.611406	0.019927	-0.388594	-0.032410	0.632410	-0.367590	0.578379	0.021621	-0.421621
19.75	-0.030930	0.611247	0.019683	-0.388753	-0.031980	0.631980	-0.368020	0.578667	0.021333	-0.421333

BETA | F.P;MA(B,B) F.P;KA(B,B) F.P;MB(B,B) F.P;KB(B,B) F.P;MA(B,G) F.P;KA(B,G) F.P;KB(B,G) F.P;KA(G,B) F.P;MB(G,B) F.P;KB(G,B)

XP/L = 0.40

XP/L = 0.40

BETA	F.P:MA(B,B)	F.P:KA(B,B)	F.P:MB(B,B)	F.P:KB(B,B)	F.P:MA(B,G)	F.P:KA(B,G)	F.P:KB(B,G)	F.P:KA(G,B)	F.P:MB(G,B)	F.P:KB(G,B)
20.00	-0.030538	0.611093	0.019445	-0.388907	-0.031561	0.631561	-0.368439	0.578948	0.021052	-0.421052
20.25	-0.030155	0.610943	0.019212	-0.389057	-0.031153	0.631153	-0.368847	0.579221	0.020779	-0.420779
20.50	-0.029782	0.610796	0.018985	-0.389204	-0.030755	0.630755	-0.369245	0.579487	0.020513	-0.420513
20.75	-0.029417	0.610654	0.018763	-0.389346	-0.030367	0.630367	-0.369633	0.579747	0.020253	-0.420253
21.00	-0.029061	0.610515	0.018547	-0.389485	-0.029989	0.629989	-0.370011	0.580000	0.020000	-0.420000
21.25	-0.028714	0.610379	0.018335	-0.389621	-0.029620	0.629620	-0.370380	0.580247	0.019753	-0.419753
21.50	-0.028375	0.610247	0.018128	-0.389753	-0.029259	0.629259	-0.370741	0.580488	0.019512	-0.419512
21.75	-0.028044	0.610118	0.017925	-0.389882	-0.028908	0.628908	-0.371092	0.580723	0.019277	-0.419277
22.00	-0.027720	0.609993	0.017728	-0.390007	-0.028564	0.628564	-0.371436	0.580952	0.019048	-0.419048
22.25	-0.027404	0.609870	0.017534	-0.390130	-0.028229	0.628229	-0.371771	0.581177	0.018823	-0.418823
22.50	-0.027095	0.609750	0.017344	-0.390250	-0.027901	0.627901	-0.372099	0.581395	0.018605	-0.418605
22.75	-0.026792	0.609633	0.017159	-0.390367	-0.027581	0.627581	-0.372419	0.581609	0.018391	-0.418391
23.00	-0.026496	0.609519	0.016977	-0.390481	-0.027268	0.627268	-0.372732	0.581818	0.018182	-0.418182
23.25	-0.026207	0.609408	0.016800	-0.390592	-0.026962	0.626962	-0.373038	0.582023	0.017977	-0.417977
23.50	-0.025924	0.609299	0.016626	-0.390701	-0.026663	0.626663	-0.373337	0.582222	0.017778	-0.417778
23.75	-0.025647	0.609192	0.016455	-0.390808	-0.026370	0.626370	-0.373630	0.582418	0.017582	-0.417582
24.00	-0.025376	0.609088	0.016288	-0.390912	-0.026084	0.626084	-0.373916	0.582609	0.017391	-0.417391
24.25	-0.025110	0.608986	0.016124	-0.391014	-0.025804	0.625804	-0.374196	0.582796	0.017204	-0.417204
24.50	-0.024850	0.608886	0.015964	-0.391114	-0.025530	0.625530	-0.374470	0.582979	0.017021	-0.417021
24.75	-0.024596	0.608789	0.015806	-0.391211	-0.025261	0.625261	-0.374739	0.583158	0.016842	-0.416842
25.00	-0.024346	0.608694	0.015652	-0.391306	-0.024998	0.624998	-0.375002	0.583333	0.016667	-0.416667
26.25	-0.023170	0.608246	0.014924	-0.391754	-0.023761	0.623761	-0.376239	0.584158	0.015842	-0.415842
27.50	-0.022103	0.607842	0.014260	-0.392158	-0.022641	0.622641	-0.377359	0.584906	0.015094	-0.415094
28.75	-0.021129	0.607476	0.013653	-0.392524	-0.021621	0.621621	-0.378379	0.585586	0.014414	-0.414414
30.00	-0.020238	0.607143	0.013095	-0.392857	-0.020689	0.620689	-0.379311	0.586207	0.013793	-0.413793
31.25	-0.019419	0.606837	0.012581	-0.393163	-0.019835	0.619835	-0.380165	0.586777	0.013223	-0.413223
32.50	-0.018663	0.606557	0.012106	-0.393443	-0.019048	0.619048	-0.380952	0.587302	0.012698	-0.412698
33.75	-0.017964	0.606299	0.011665	-0.393701	-0.018321	0.618321	-0.381679	0.587786	0.012214	-0.412214
35.00	-0.017316	0.606061	0.011255	-0.393939	-0.017647	0.617647	-0.382353	0.588235	0.011765	-0.411765
36.25	-0.016713	0.605839	0.010873	-0.394161	-0.017021	0.617021	-0.382979	0.588652	0.011348	-0.411348
37.50	-0.016150	0.605634	0.010516	-0.394366	-0.016438	0.616438	-0.383562	0.589041	0.010959	-0.410959
38.75	-0.015624	0.605442	0.010182	-0.394558	-0.015894	0.615894	-0.384106	0.589404	0.010596	-0.410596
40.00	-0.015132	0.605263	0.009868	-0.394737	-0.015385	0.615385	-0.384615	0.589744	0.010256	-0.410256
41.25	-0.014669	0.605096	0.009573	-0.394904	-0.014907	0.614907	-0.385093	0.590062	0.009938	-0.409938
42.50	-0.014234	0.604938	0.009296	-0.395062	-0.014458	0.614458	-0.385542	0.590361	0.009639	-0.409639
43.75	-0.013824	0.604790	0.009033	-0.395210	-0.014035	0.614035	-0.385965	0.590643	0.009357	-0.409357
45.00	-0.013437	0.604651	0.008786	-0.395349	-0.013636	0.613636	-0.386364	0.590909	0.009091	-0.409091
46.25	-0.013071	0.604520	0.008551	-0.395480	-0.013260	0.613260	-0.386740	0.591160	0.008840	-0.408840
47.50	-0.012724	0.604396	0.008329	-0.395604	-0.012903	0.612903	-0.387097	0.591398	0.008602	-0.408602
48.75	-0.012395	0.604278	0.008117	-0.395722	-0.012565	0.612565	-0.387435	0.591623	0.008377	-0.408377

| BETA | F.P:MA(B,B) | F.P:KA(B,B) | F.P:MB(B,B) | F.P:KB(B,B) | F.P:MA(B,G) | F.P:KA(B,G) | F.P:KB(B,G) | F.P:KA(G,B) | F.P:MB(G,B) | F.P:KB(G,B) |

XP/L = 0.40

XP/L = 0.50

BETA	F.P:MA(B,B)	F.P:KA(B,B)	F.P:MB(B,B)	F.P:KB(B,B)	F.P:MA(B,G)	F.P:KA(B,G)	F.P:KB(B,G)	F.P:KA(G,B)	F.P:MB(G,B)	F.P:KB(G,B)
0.00	-0.125000	0.500000	0.125000	-0.500000	-0.187500	0.687500	-0.312500	0.312500	0.187500	-0.687500
0.25	-0.124837	0.500000	0.124837	-0.500000	-0.187062	0.687062	-0.312938	0.312938	0.187062	-0.687062
0.50	-0.124353	0.500000	0.124353	-0.500000	-0.185762	0.685762	-0.314238	0.314238	0.185762	-0.685762
0.75	-0.123555	0.500000	0.123555	-0.500000	-0.183645	0.683645	-0.316355	0.316355	0.183645	-0.683645
1.00	-0.122459	0.500000	0.122459	-0.500000	-0.180780	0.680780	-0.319220	0.319220	0.180780	-0.680780
1.25	-0.121084	0.500000	0.121084	-0.500000	-0.177255	0.677255	-0.322745	0.322745	0.177255	-0.677255
1.50	-0.119452	0.500000	0.119452	-0.500000	-0.173170	0.673170	-0.326830	0.326830	0.173170	-0.673170
1.75	-0.117591	0.500000	0.117591	-0.500000	-0.168634	0.668634	-0.331366	0.331366	0.168634	-0.668634
2.00	-0.115529	0.500000	0.115529	-0.500000	-0.163752	0.663752	-0.336248	0.336248	0.163752	-0.663752
2.25	-0.113296	0.500000	0.113296	-0.500000	-0.158627	0.658627	-0.341373	0.341373	0.158627	-0.658627
2.50	-0.110920	0.500000	0.110920	-0.500000	-0.153352	0.653352	-0.346648	0.346648	0.153352	-0.653352
2.75	-0.108432	0.500000	0.108432	-0.500000	-0.148007	0.648007	-0.351993	0.351993	0.148007	-0.648007
3.00	-0.105858	0.500000	0.105858	-0.500000	-0.142662	0.642662	-0.357338	0.357338	0.142662	-0.642662
3.25	-0.103226	0.500000	0.103226	-0.500000	-0.137375	0.637375	-0.362625	0.362625	0.137375	-0.637375
3.50	-0.100558	0.500000	0.100558	-0.500000	-0.132190	0.632190	-0.367810	0.367810	0.132190	-0.632190
3.75	-0.097876	0.500000	0.097876	-0.500000	-0.127142	0.627142	-0.372858	0.372858	0.127142	-0.627142
4.00	-0.095199	0.500000	0.095199	-0.500000	-0.122257	0.622257	-0.377743	0.377743	0.122257	-0.622257
4.25	-0.092543	0.500000	0.092543	-0.500000	-0.117552	0.617552	-0.382448	0.382448	0.117552	-0.617552
4.50	-0.089922	0.500000	0.089922	-0.500000	-0.113038	0.613038	-0.386962	0.386962	0.113038	-0.613038
4.75	-0.087348	0.500000	0.087348	-0.500000	-0.108722	0.608722	-0.391278	0.391278	0.108722	-0.608722
5.00	-0.084828	0.500000	0.084828	-0.500000	-0.104604	0.604604	-0.395396	0.395396	0.104604	-0.604604
5.25	-0.082372	0.500000	0.082372	-0.500000	-0.100685	0.600685	-0.399315	0.399315	0.100685	-0.600685
5.50	-0.079984	0.500000	0.079984	-0.500000	-0.096959	0.596959	-0.403041	0.403041	0.096959	-0.596959
5.75	-0.077669	0.500000	0.077669	-0.500000	-0.093421	0.593421	-0.406579	0.406579	0.093421	-0.593421
6.00	-0.075429	0.500000	0.075429	-0.500000	-0.090066	0.590066	-0.409934	0.409934	0.090066	-0.590066
6.25	-0.073266	0.500000	0.073266	-0.500000	-0.086885	0.586885	-0.413115	0.413115	0.086885	-0.586885
6.50	-0.071180	0.500000	0.071180	-0.500000	-0.083869	0.583869	-0.416131	0.416131	0.083869	-0.583869
6.75	-0.069172	0.500000	0.069172	-0.500000	-0.081012	0.581012	-0.418988	0.418988	0.081012	-0.581012
7.00	-0.067241	0.500000	0.067241	-0.500000	-0.078305	0.578305	-0.421695	0.421695	0.078305	-0.578305
7.25	-0.065385	0.500000	0.065385	-0.500000	-0.075739	0.575739	-0.424261	0.424261	0.075739	-0.575739
7.50	-0.063603	0.500000	0.063603	-0.500000	-0.073307	0.573307	-0.426693	0.426693	0.073307	-0.573307
7.75	-0.061893	0.500000	0.061893	-0.500000	-0.071001	0.571001	-0.428999	0.428999	0.071001	-0.571001
8.00	-0.060252	0.500000	0.060252	-0.500000	-0.068813	0.568813	-0.431187	0.431187	0.068813	-0.568813
8.25	-0.058678	0.500000	0.058678	-0.500000	-0.066737	0.566737	-0.433263	0.433263	0.066737	-0.566737
8.50	-0.057169	0.500000	0.057169	-0.500000	-0.064765	0.564765	-0.435235	0.435235	0.064765	-0.564765
8.75	-0.055722	0.500000	0.055722	-0.500000	-0.062892	0.562892	-0.437108	0.437108	0.062892	-0.562892
9.00	-0.054335	0.500000	0.054335	-0.500000	-0.061112	0.561112	-0.438888	0.438888	0.061112	-0.561112
9.25	-0.053004	0.500000	0.053004	-0.500000	-0.059418	0.559418	-0.440582	0.440582	0.059418	-0.559418
9.50	-0.051729	0.500000	0.051729	-0.500000	-0.057806	0.557806	-0.442194	0.442194	0.057806	-0.557806
9.75	-0.050505	0.500000	0.050505	-0.500000	-0.056270	0.556270	-0.443730	0.443730	0.056270	-0.556270
BETA	F.P:MA(B,B)	F.P:KA(B,B)	F.P:MB(B,B)	F.P:KB(B,B)	F.P:MA(B,G)	F.P:KA(B,G)	F.P:KB(B,G)	F.P:KA(G,B)	F.P:MB(G,B)	F.P:KB(G,B)

XP/L = 0.50

Z U G S T A E B E -705-

XP/L = 0.50

BETA	F.P;MA(B,B)	F.P;KA(B,B)	F.P;MB(B,B)	F.P;KB(B,B)	F.P;MA(B,G)	F.P;KA(B,G)	F.P;KB(B,G)	F.P;KA(G,B)	F.P;MB(G,B)	F.P;KB(G,B)
10.00	-0.049331	0.500000	0.049331	-0.500000	-0.054807	0.554807	-0.445193	0.445193	0.054807	-0.554807
10.25	-0.048204	0.500000	0.048204	-0.500000	-0.053411	0.553411	-0.446589	0.446589	0.053411	-0.553411
10.50	-0.047122	0.500000	0.047122	-0.500000	-0.052079	0.552079	-0.447921	0.447921	0.052079	-0.552079
10.75	-0.046083	0.500000	0.046083	-0.500000	-0.050807	0.550807	-0.449193	0.449193	0.050807	-0.550807
11.00	-0.045085	0.500000	0.045085	-0.500000	-0.049591	0.549591	-0.450409	0.450409	0.049591	-0.549591
11.25	-0.044125	0.500000	0.044125	-0.500000	-0.048429	0.548429	-0.451571	0.451571	0.048429	-0.548429
11.50	-0.043202	0.500000	0.043202	-0.500000	-0.047316	0.547316	-0.452684	0.452684	0.047316	-0.547316
11.75	-0.042315	0.500000	0.042315	-0.500000	-0.046250	0.546250	-0.453750	0.453750	0.046250	-0.546250
12.00	-0.041461	0.500000	0.041461	-0.500000	-0.045229	0.545229	-0.454771	0.454771	0.045229	-0.545229
12.25	-0.040638	0.500000	0.040638	-0.500000	-0.044250	0.544250	-0.455750	0.455750	0.044250	-0.544250
12.50	-0.039846	0.500000	0.039846	-0.500000	-0.043310	0.543310	-0.456690	0.456690	0.043310	-0.543310
12.75	-0.039082	0.500000	0.039082	-0.500000	-0.042408	0.542408	-0.457592	0.457592	0.042408	-0.542408
13.00	-0.038346	0.500000	0.038346	-0.500000	-0.041541	0.541541	-0.458459	0.458459	0.041541	-0.541541
13.25	-0.037636	0.500000	0.037636	-0.500000	-0.040708	0.540708	-0.459292	0.459292	0.040708	-0.540708
13.50	-0.036950	0.500000	0.036950	-0.500000	-0.039906	0.539906	-0.460094	0.460094	0.039906	-0.539906
13.75	-0.036289	0.500000	0.036289	-0.500000	-0.039135	0.539135	-0.460865	0.460865	0.039135	-0.539135
14.00	-0.035649	0.500000	0.035649	-0.500000	-0.038391	0.538391	-0.461609	0.461609	0.038391	-0.538391
14.25	-0.035031	0.500000	0.035031	-0.500000	-0.037675	0.537675	-0.462325	0.462325	0.037675	-0.537675
14.50	-0.034434	0.500000	0.034434	-0.500000	-0.036984	0.536984	-0.463016	0.463016	0.036984	-0.536984
14.75	-0.033856	0.500000	0.033856	-0.500000	-0.036318	0.536318	-0.463682	0.463682	0.036318	-0.536318
15.00	-0.033296	0.500000	0.033296	-0.500000	-0.035675	0.535675	-0.464325	0.464325	0.035675	-0.535675
15.25	-0.032755	0.500000	0.032755	-0.500000	-0.035053	0.535053	-0.464947	0.464947	0.035053	-0.535053
15.50	-0.032230	0.500000	0.032230	-0.500000	-0.034453	0.534453	-0.465547	0.465547	0.034453	-0.534453
15.75	-0.031722	0.500000	0.031722	-0.500000	-0.033873	0.533873	-0.466127	0.466127	0.033873	-0.533873
16.00	-0.031229	0.500000	0.031229	-0.500000	-0.033311	0.533311	-0.466689	0.466689	0.033311	-0.533311
16.25	-0.030751	0.500000	0.030751	-0.500000	-0.032767	0.532767	-0.467233	0.467233	0.032767	-0.532767
16.50	-0.030287	0.500000	0.030287	-0.500000	-0.032241	0.532241	-0.467759	0.467759	0.032241	-0.532241
16.75	-0.029837	0.500000	0.029837	-0.500000	-0.031731	0.531731	-0.468269	0.468269	0.031731	-0.531731
17.00	-0.029400	0.500000	0.029400	-0.500000	-0.031237	0.531237	-0.468763	0.468763	0.031237	-0.531237
17.25	-0.028975	0.500000	0.028975	-0.500000	-0.030758	0.530758	-0.469242	0.469242	0.030758	-0.530758
17.50	-0.028562	0.500000	0.028562	-0.500000	-0.030293	0.530293	-0.469707	0.469707	0.030293	-0.530293
17.75	-0.028161	0.500000	0.028161	-0.500000	-0.029842	0.529842	-0.470158	0.470158	0.029842	-0.529842
18.00	-0.027771	0.500000	0.027771	-0.500000	-0.029405	0.529405	-0.470595	0.470595	0.029405	-0.529405
18.25	-0.027391	0.500000	0.027391	-0.500000	-0.028979	0.528979	-0.471021	0.471021	0.028979	-0.528979
18.50	-0.027022	0.500000	0.027022	-0.500000	-0.028566	0.528566	-0.471434	0.471434	0.028566	-0.528566
18.75	-0.026662	0.500000	0.026662	-0.500000	-0.028164	0.528164	-0.471836	0.471836	0.028164	-0.528164
19.00	-0.026312	0.500000	0.026312	-0.500000	-0.027774	0.527774	-0.472226	0.472226	0.027774	-0.527774
19.25	-0.025971	0.500000	0.025971	-0.500000	-0.027394	0.527394	-0.472606	0.472606	0.027394	-0.527394
19.50	-0.025638	0.500000	0.025638	-0.500000	-0.027024	0.527024	-0.472976	0.472976	0.027024	-0.527024
19.75	-0.025314	0.500000	0.025314	-0.500000	-0.026664	0.526664	-0.473336	0.473336	0.026664	-0.526664

BETA | F.P;MA(B,B) F.P;KA(B,B) F.P;MB(B,B) F.P;KB(B,B) F.P;MA(B,G) F.P;KA(B,G) F.P;KB(B,G) F.P;KA(G,B) F.P;MB(G,B) F.P;KB(G,B)

XP/L = 0.50

Z U G S T A E B E -706-

XP/L = 0.50

BETA	F.P;MA(B,B)	F.P;KA(B,B)	F.P;MB(B,B)	F.P;KB(B,B)	F.P;MA(B,G)	F.P;KA(B,G)	F.P;KB(B,G)	F.P;KA(G,B)	F.P;MB(G,B)	F.P;KB(G,B)
20.00	-0.024998	0.500000	0.024998	-0.500000	-0.026313	0.526313	-0.473687	0.473687	0.026313	-0.526313
20.25	-0.024689	0.500000	0.024689	-0.500000	-0.025972	0.525972	-0.474028	0.474028	0.025972	-0.525972
20.50	-0.024389	0.500000	0.024389	-0.500000	-0.025639	0.525639	-0.474361	0.474361	0.025639	-0.525639
20.75	-0.024095	0.500000	0.024095	-0.500000	-0.025315	0.525315	-0.474685	0.474685	0.025315	-0.525315
21.00	-0.023808	0.500000	0.023808	-0.500000	-0.024999	0.524999	-0.475001	0.475001	0.024999	-0.524999
21.25	-0.023528	0.500000	0.023528	-0.500000	-0.024690	0.524690	-0.475310	0.475310	0.024690	-0.524690
21.50	-0.023255	0.500000	0.023255	-0.500000	-0.024389	0.524389	-0.475611	0.475611	0.024389	-0.524389
21.75	-0.022988	0.500000	0.022988	-0.500000	-0.024095	0.524095	-0.475905	0.475905	0.024095	-0.524095
22.00	-0.022727	0.500000	0.022727	-0.500000	-0.023809	0.523809	-0.476191	0.476191	0.023809	-0.523809
22.25	-0.022471	0.500000	0.022471	-0.500000	-0.023529	0.523529	-0.476471	0.476471	0.023529	-0.523529
22.50	-0.022222	0.500000	0.022222	-0.500000	-0.023255	0.523255	-0.476745	0.476745	0.023255	-0.523255
22.75	-0.021978	0.500000	0.021978	-0.500000	-0.022988	0.522988	-0.477012	0.477012	0.022988	-0.522988
23.00	-0.021739	0.500000	0.021739	-0.500000	-0.022727	0.522727	-0.477273	0.477273	0.022727	-0.522727
23.25	-0.021505	0.500000	0.021505	-0.500000	-0.022472	0.522472	-0.477528	0.477528	0.022472	-0.522472
23.50	-0.021276	0.500000	0.021276	-0.500000	-0.022222	0.522222	-0.477778	0.477778	0.022222	-0.522222
23.75	-0.021052	0.500000	0.021052	-0.500000	-0.021978	0.521978	-0.478022	0.478022	0.021978	-0.521978
24.00	-0.020833	0.500000	0.020833	-0.500000	-0.021739	0.521739	-0.478261	0.478261	0.021739	-0.521739
24.25	-0.020618	0.500000	0.020618	-0.500000	-0.021505	0.521505	-0.478495	0.478495	0.021505	-0.521505
24.50	-0.020408	0.500000	0.020408	-0.500000	-0.021276	0.521276	-0.478724	0.478724	0.021276	-0.521276
24.75	-0.020202	0.500000	0.020202	-0.500000	-0.021052	0.521052	-0.478948	0.478948	0.021052	-0.521052
25.00	-0.020000	0.500000	0.020000	-0.500000	-0.020833	0.520833	-0.479167	0.479167	0.020833	-0.520833
26.25	-0.019048	0.500000	0.019048	-0.500000	-0.019802	0.519802	-0.480198	0.480198	0.019802	-0.519802
27.50	-0.018182	0.500000	0.018182	-0.500000	-0.018868	0.518868	-0.481132	0.481132	0.018868	-0.518868
28.75	-0.017391	0.500000	0.017391	-0.500000	-0.018018	0.518018	-0.481982	0.481982	0.018018	-0.518018
30.00	-0.016667	0.500000	0.016667	-0.500000	-0.017241	0.517241	-0.482759	0.482759	0.017241	-0.517241
31.25	-0.016000	0.500000	0.016000	-0.500000	-0.016529	0.516529	-0.483471	0.483471	0.016529	-0.516529
32.50	-0.015385	0.500000	0.015385	-0.500000	-0.015873	0.515873	-0.484127	0.484127	0.015873	-0.515873
33.75	-0.014815	0.500000	0.014815	-0.500000	-0.015267	0.515267	-0.484733	0.484733	0.015267	-0.515267
35.00	-0.014286	0.500000	0.014286	-0.500000	-0.014706	0.514706	-0.485294	0.485294	0.014706	-0.514706
36.25	-0.013793	0.500000	0.013793	-0.500000	-0.014184	0.514184	-0.485816	0.485816	0.014184	-0.514184
37.50	-0.013333	0.500000	0.013333	-0.500000	-0.013699	0.513699	-0.486301	0.486301	0.013699	-0.513699
38.75	-0.012903	0.500000	0.012903	-0.500000	-0.013245	0.513245	-0.486755	0.486755	0.013245	-0.513245
40.00	-0.012500	0.500000	0.012500	-0.500000	-0.012821	0.512821	-0.487179	0.487179	0.012821	-0.512821
41.25	-0.012121	0.500000	0.012121	-0.500000	-0.012422	0.512422	-0.487578	0.487578	0.012422	-0.512422
42.50	-0.011765	0.500000	0.011765	-0.500000	-0.012048	0.512048	-0.487952	0.487952	0.012048	-0.512048
43.75	-0.011429	0.500000	0.011429	-0.500000	-0.011696	0.511696	-0.488304	0.488304	0.011696	-0.511696
45.00	-0.011111	0.500000	0.011111	-0.500000	-0.011364	0.511364	-0.488636	0.488636	0.011364	-0.511364
46.25	-0.010811	0.500000	0.010811	-0.500000	-0.011050	0.511050	-0.488950	0.488950	0.011050	-0.511050
47.50	-0.010526	0.500000	0.010526	-0.500000	-0.010753	0.510753	-0.489247	0.489247	0.010753	-0.510753
48.75	-0.010256	0.500000	0.010256	-0.500000	-0.010471	0.510471	-0.489529	0.489529	0.010471	-0.510471

BETA | F.P;MA(B,B) F.P;KA(B,B) F.P;MB(B,B) F.P;KB(B,B) F.P;MA(B,G) F.P;KA(B,G) F.P;KB(B,G) F.P;KA(G,B) F.P;MB(G,B) F.P;KB(G,B)

XP/L = 0.50

XP/L = 0.60

BETA	F.P;MA(B,B)	F.P;KA(B,B)	F.P;MB(B,B)	F.P;KB(B,B)	F.P;MA(B,G)	F.P;KA(B,G)	F.P;KB(B,G)	F.P;KA(G,B)	F.P;MB(G,B)	F.P;KB(G,B)
0.00	-0.096000	0.352000	0.144000	-0.648000	-0.168000	0.568000	-0.432000	0.208000	0.192000	-0.792000
0.25	-0.095868	0.352036	0.143832	-0.647964	-0.167560	0.567560	-0.432440	0.208383	0.191617	-0.791617
0.50	-0.095475	0.352144	0.143332	-0.647856	-0.166257	0.566257	-0.433743	0.209519	0.190481	-0.790481
0.75	-0.094829	0.352322	0.142508	-0.647678	-0.164137	0.564137	-0.435863	0.211373	0.188627	-0.788627
1.00	-0.093942	0.352569	0.141373	-0.647431	-0.161271	0.561271	-0.438729	0.213887	0.186113	-0.786113
1.25	-0.092830	0.352882	0.139948	-0.647118	-0.157752	0.557752	-0.442248	0.216988	0.183012	-0.783012
1.50	-0.091513	0.353260	0.138254	-0.646740	-0.153686	0.553686	-0.446314	0.220593	0.179407	-0.779407
1.75	-0.090014	0.353697	0.136317	-0.646303	-0.149184	0.549184	-0.450816	0.224611	0.175389	-0.775389
2.00	-0.088356	0.354191	0.134165	-0.645809	-0.144358	0.544358	-0.455642	0.228955	0.171045	-0.771045
2.25	-0.086564	0.354738	0.131827	-0.645262	-0.139311	0.539311	-0.460689	0.233537	0.166463	-0.766463
2.50	-0.084664	0.355332	0.129332	-0.644668	-0.134139	0.534139	-0.465861	0.238280	0.161720	-0.761720
2.75	-0.082679	0.355969	0.126709	-0.644031	-0.128925	0.528925	-0.471075	0.243114	0.156886	-0.756886
3.00	-0.080632	0.356645	0.123987	-0.643355	-0.123739	0.523739	-0.476261	0.247980	0.152020	-0.752020
3.25	-0.078545	0.357355	0.121190	-0.642645	-0.118637	0.518637	-0.481363	0.252826	0.147174	-0.747174
3.50	-0.076437	0.358093	0.118343	-0.641907	-0.113664	0.513664	-0.486336	0.257612	0.142388	-0.742388
3.75	-0.074325	0.358856	0.115469	-0.641144	-0.108851	0.508851	-0.491149	0.262307	0.137693	-0.737693
4.00	-0.072224	0.359639	0.112586	-0.640361	-0.104224	0.504224	-0.495776	0.266887	0.133113	-0.733113
4.25	-0.070148	0.360436	0.109712	-0.639564	-0.099796	0.499796	-0.500204	0.271332	0.128668	-0.728668
4.50	-0.068106	0.361245	0.106861	-0.638755	-0.095576	0.495576	-0.504424	0.275632	0.124368	-0.724368
4.75	-0.066108	0.362062	0.104046	-0.637938	-0.091568	0.491568	-0.508432	0.279777	0.120223	-0.720223
5.00	-0.064160	0.362882	0.101278	-0.637118	-0.087771	0.487771	-0.512229	0.283765	0.116235	-0.716235
5.25	-0.062268	0.363703	0.098565	-0.636297	-0.084180	0.484180	-0.515820	0.287592	0.112408	-0.712408
5.50	-0.060435	0.364521	0.095913	-0.635479	-0.080790	0.480790	-0.519210	0.291261	0.108739	-0.708739
5.75	-0.058664	0.365335	0.093329	-0.634665	-0.077592	0.477592	-0.522408	0.294773	0.105227	-0.705227
6.00	-0.056956	0.366140	0.090816	-0.633860	-0.074579	0.474579	-0.525421	0.298132	0.101868	-0.701868
6.25	-0.055313	0.366936	0.088377	-0.633064	-0.071740	0.471740	-0.528260	0.301342	0.098658	-0.698658
6.50	-0.053734	0.367721	0.086013	-0.632279	-0.069067	0.469067	-0.530933	0.304408	0.095592	-0.695592
6.75	-0.052218	0.368493	0.083725	-0.631507	-0.066549	0.466549	-0.533451	0.307337	0.092663	-0.692663
7.00	-0.050764	0.369250	0.081514	-0.630750	-0.064177	0.464177	-0.535823	0.310133	0.089867	-0.689867
7.25	-0.049371	0.369992	0.079380	-0.630008	-0.061941	0.461941	-0.538059	0.312802	0.087198	-0.687198
7.50	-0.048037	0.370717	0.077320	-0.629283	-0.059834	0.459834	-0.540166	0.315351	0.084649	-0.684649
7.75	-0.046759	0.371425	0.075334	-0.628575	-0.057846	0.457846	-0.542154	0.317784	0.082216	-0.682216
8.00	-0.045537	0.372116	0.073421	-0.627884	-0.055969	0.455969	-0.544031	0.320109	0.079891	-0.679891
8.25	-0.044366	0.372788	0.071578	-0.627212	-0.054197	0.454197	-0.545803	0.322328	0.077672	-0.677672
8.50	-0.043246	0.373442	0.069804	-0.626558	-0.052521	0.452521	-0.547479	0.324450	0.075550	-0.675550
8.75	-0.042174	0.374078	0.068096	-0.625922	-0.050936	0.450936	-0.549064	0.326477	0.073523	-0.673523
9.00	-0.041148	0.374695	0.066453	-0.625305	-0.049436	0.449436	-0.550564	0.328415	0.071585	-0.671585
9.25	-0.040165	0.375294	0.064871	-0.624706	-0.048014	0.448014	-0.551986	0.330269	0.069731	-0.669731
9.50	-0.039223	0.375875	0.063348	-0.624125	-0.046665	0.446665	-0.553335	0.332044	0.067956	-0.667956
9.75	-0.038321	0.376437	0.061884	-0.623563	-0.045385	0.445385	-0.554615	0.333742	0.066258	-0.666258

| BETA | F.P;MA(B,B) | F.P;KA(B,B) | F.P;MB(B,B) | F.P;KB(B,B) | F.P;MA(B,G) | F.P;KA(B,G) | F.P;KB(B,G) | F.P;KA(G,B) | F.P;MB(G,B) | F.P;KB(G,B) |

XP/L = 0.60

Z U G S T A E B E -708-

XP/L = 0.60

BETA	F.P;MA(B,B)	F.P;KA(B,B)	F.P;MB(B,B)	F.P;KB(B,B)	F.P;MA(B,G)	F.P;KA(B,G)	F.P;KB(B,G)	F.P;KA(G,B)	F.P;MB(G,B)	F.P;KB(G,B)
10.00	-0.037456	0.376982	0.060474	-0.623018	-0.044169	0.444169	-0.555831	0.335368	0.064632	-0.664632
10.25	-0.036626	0.377510	0.059117	-0.622490	-0.043013	0.443013	-0.556987	0.336927	0.063073	-0.663073
10.50	-0.035830	0.378020	0.057810	-0.621980	-0.041912	0.441912	-0.558088	0.338421	0.061579	-0.661579
10.75	-0.035066	0.378514	0.056552	-0.621486	-0.040864	0.440864	-0.559136	0.339853	0.060147	-0.660147
11.00	-0.034332	0.378992	0.055340	-0.621008	-0.039864	0.439864	-0.560136	0.341228	0.058772	-0.658772
11.25	-0.033627	0.379453	0.054173	-0.620547	-0.038910	0.438910	-0.561090	0.342547	0.057453	-0.657453
11.50	-0.032948	0.379900	0.053048	-0.620100	-0.037999	0.437999	-0.562001	0.343814	0.056186	-0.656186
11.75	-0.032296	0.380331	0.051964	-0.619669	-0.037129	0.437129	-0.562871	0.345032	0.054968	-0.654968
12.00	-0.031667	0.380749	0.050919	-0.619251	-0.036296	0.436296	-0.563704	0.346203	0.053797	-0.653797
12.25	-0.031062	0.381152	0.049911	-0.618848	-0.035498	0.435498	-0.564502	0.347329	0.052671	-0.652671
12.50	-0.030479	0.381542	0.048938	-0.618458	-0.034735	0.434735	-0.565265	0.348412	0.051588	-0.651588
12.75	-0.029917	0.381918	0.047999	-0.618082	-0.034002	0.434002	-0.565998	0.349455	0.050545	-0.650545
13.00	-0.029375	0.382283	0.047093	-0.617717	-0.033299	0.433299	-0.566701	0.350460	0.049540	-0.649540
13.25	-0.028852	0.382635	0.046217	-0.617365	-0.032624	0.432624	-0.567376	0.351428	0.048572	-0.648572
13.50	-0.028346	0.382975	0.045371	-0.617025	-0.031976	0.431976	-0.568024	0.352361	0.047639	-0.647639
13.75	-0.027858	0.383304	0.044553	-0.616696	-0.031352	0.431352	-0.568648	0.353262	0.046738	-0.646738
14.00	-0.027386	0.383623	0.043763	-0.616377	-0.030752	0.430752	-0.569248	0.354131	0.045869	-0.645869
14.25	-0.026929	0.383931	0.042998	-0.616069	-0.030174	0.430174	-0.569826	0.354970	0.045030	-0.645030
14.50	-0.026487	0.384229	0.042258	-0.615771	-0.029617	0.429617	-0.570383	0.355780	0.044220	-0.644220
14.75	-0.026059	0.384517	0.041542	-0.615483	-0.029080	0.429080	-0.570920	0.356563	0.043437	-0.643437
15.00	-0.025645	0.384797	0.040848	-0.615203	-0.028563	0.428563	-0.571437	0.357320	0.042680	-0.642680
15.25	-0.025243	0.385067	0.040176	-0.614933	-0.028063	0.428063	-0.571937	0.358052	0.041948	-0.641948
15.50	-0.024854	0.385329	0.039525	-0.614671	-0.027580	0.427580	-0.572420	0.358761	0.041239	-0.641239
15.75	-0.024476	0.385582	0.038894	-0.614418	-0.027113	0.427113	-0.572887	0.359447	0.040553	-0.640553
16.00	-0.024110	0.385828	0.038282	-0.614172	-0.026662	0.426662	-0.573338	0.360111	0.039889	-0.639889
16.25	-0.023754	0.386066	0.037688	-0.613934	-0.026226	0.426226	-0.573774	0.360754	0.039246	-0.639246
16.50	-0.023409	0.386297	0.037112	-0.613703	-0.025803	0.425803	-0.574197	0.361378	0.038622	-0.638622
16.75	-0.023073	0.386521	0.036552	-0.613479	-0.025394	0.425394	-0.574606	0.361983	0.038017	-0.638017
17.00	-0.022747	0.386738	0.036009	-0.613262	-0.024998	0.424998	-0.575002	0.362570	0.037430	-0.637430
17.25	-0.022430	0.386949	0.035481	-0.613051	-0.024613	0.424613	-0.575387	0.363139	0.036861	-0.636861
17.50	-0.022122	0.387154	0.034968	-0.612846	-0.024241	0.424241	-0.575759	0.363692	0.036308	-0.636308
17.75	-0.021821	0.387352	0.034469	-0.612648	-0.023879	0.423879	-0.576121	0.364228	0.035772	-0.635772
18.00	-0.021529	0.387545	0.033984	-0.612455	-0.023528	0.423528	-0.576472	0.364750	0.035250	-0.635250
18.25	-0.021245	0.387733	0.033512	-0.612267	-0.023187	0.423187	-0.576813	0.365257	0.034743	-0.634743
18.50	-0.020968	0.387915	0.033053	-0.612085	-0.022856	0.422856	-0.577144	0.365749	0.034251	-0.634251
18.75	-0.020698	0.388092	0.032606	-0.611908	-0.022534	0.422534	-0.577466	0.366228	0.033772	-0.633772
19.00	-0.020434	0.388264	0.032170	-0.611736	-0.022222	0.422222	-0.577778	0.366694	0.033306	-0.633306
19.25	-0.020178	0.388431	0.031746	-0.611569	-0.021917	0.421917	-0.578083	0.367148	0.032852	-0.632852
19.50	-0.019927	0.388594	0.031333	-0.611406	-0.021621	0.421621	-0.578379	0.367590	0.032410	-0.632410
19.75	-0.019683	0.388753	0.030930	-0.611247	-0.021333	0.421333	-0.578667	0.368020	0.031980	-0.631980

BETA | F.P;MA(B,B) F.P;KA(B,B) F.P;MB(B,B) F.P;KB(B,B) F.P;MA(B,G) F.P;KA(B,G) F.P;KB(B,G) F.P;KA(G,B) F.P;MB(G,B) F.P;KB(G,B)

XP/L = 0.60

Z U G S T A E B E -709-

XP/L = 0.60

BETA	F.P;MA(B,B)	F.P;KA(B,B)	F.P;MB(B,B)	F.P;KB(B,B)	F.P;MA(B,G)	F.P;KA(B,G)	F.P;KB(B,G)	F.P;KA(G,B)	F.P;MB(G,B)	F.P;KB(G,B)
20.00	-0.019445	0.388907	0.030538	-0.611093	-0.021052	0.421052	-0.578948	0.368439	0.031561	-0.631561
20.25	-0.019212	0.389057	0.030155	-0.610943	-0.020779	0.420779	-0.579221	0.368847	0.031153	-0.631153
20.50	-0.018985	0.389204	0.029782	-0.610796	-0.020513	0.420513	-0.579487	0.369245	0.030755	-0.630755
20.75	-0.018763	0.389346	0.029417	-0.610654	-0.020253	0.420253	-0.579747	0.369633	0.030367	-0.630367
21.00	-0.018547	0.389485	0.029061	-0.610515	-0.020000	0.420000	-0.580000	0.370011	0.029989	-0.629989
21.25	-0.018335	0.389621	0.028714	-0.610379	-0.019753	0.419753	-0.580247	0.370380	0.029620	-0.629620
21.50	-0.018128	0.389753	0.028375	-0.610247	-0.019512	0.419512	-0.580488	0.370741	0.029259	-0.629259
21.75	-0.017925	0.389882	0.028044	-0.610118	-0.019277	0.419277	-0.580723	0.371092	0.028908	-0.628908
22.00	-0.017728	0.390007	0.027720	-0.609993	-0.019048	0.419048	-0.580952	0.371436	0.028564	-0.628564
22.25	-0.017534	0.390130	0.027404	-0.609870	-0.018823	0.418823	-0.581177	0.371771	0.028229	-0.628229
22.50	-0.017344	0.390250	0.027095	-0.609750	-0.018605	0.418605	-0.581395	0.372099	0.027901	-0.627901
22.75	-0.017159	0.390367	0.026792	-0.609633	-0.018391	0.418391	-0.581609	0.372419	0.027581	-0.627581
23.00	-0.016977	0.390481	0.026496	-0.609519	-0.018182	0.418182	-0.581818	0.372732	0.027268	-0.627268
23.25	-0.016800	0.390592	0.026207	-0.609408	-0.017977	0.417977	-0.582023	0.373038	0.026962	-0.626962
23.50	-0.016626	0.390701	0.025924	-0.609299	-0.017778	0.417778	-0.582222	0.373337	0.026663	-0.626663
23.75	-0.016455	0.390808	0.025647	-0.609192	-0.017582	0.417582	-0.582418	0.373630	0.026370	-0.626370
24.00	-0.016288	0.390912	0.025376	-0.609088	-0.017391	0.417391	-0.582609	0.373916	0.026084	-0.626084
24.25	-0.016124	0.391014	0.025110	-0.608986	-0.017204	0.417204	-0.582796	0.374196	0.025804	-0.625804
24.50	-0.015964	0.391114	0.024850	-0.608886	-0.017021	0.417021	-0.582979	0.374470	0.025530	-0.625530
24.75	-0.015806	0.391211	0.024596	-0.608789	-0.016842	0.416842	-0.583158	0.374739	0.025261	-0.625261
25.00	-0.015652	0.391306	0.024346	-0.608694	-0.016667	0.416667	-0.583333	0.375002	0.024998	-0.624998
26.25	-0.014924	0.391754	0.023170	-0.608246	-0.015842	0.415842	-0.584158	0.376239	0.023761	-0.623761
27.50	-0.014260	0.392158	0.022103	-0.607842	-0.015094	0.415094	-0.584906	0.377359	0.022641	-0.622641
28.75	-0.013653	0.392524	0.021129	-0.607476	-0.014414	0.414414	-0.585586	0.378379	0.021621	-0.621621
30.00	-0.013095	0.392857	0.020238	-0.607143	-0.013793	0.413793	-0.586207	0.379311	0.020689	-0.620689
31.25	-0.012581	0.393163	0.019419	-0.606837	-0.013223	0.413223	-0.586777	0.380165	0.019835	-0.619835
32.50	-0.012106	0.393443	0.018663	-0.606557	-0.012698	0.412698	-0.587302	0.380952	0.019048	-0.619048
33.75	-0.011665	0.393701	0.017964	-0.606299	-0.012214	0.412214	-0.587786	0.381679	0.018321	-0.618321
35.00	-0.011255	0.393939	0.017316	-0.606061	-0.011765	0.411765	-0.588235	0.382353	0.017647	-0.617647
36.25	-0.010873	0.394161	0.016713	-0.605839	-0.011348	0.411348	-0.588652	0.382979	0.017021	-0.617021
37.50	-0.010516	0.394366	0.016150	-0.605634	-0.010959	0.410959	-0.589041	0.383562	0.016438	-0.616438
38.75	-0.010182	0.394558	0.015624	-0.605442	-0.010596	0.410596	-0.589404	0.384106	0.015894	-0.615894
40.00	-0.009868	0.394737	0.015132	-0.605263	-0.010256	0.410256	-0.589744	0.384615	0.015385	-0.615385
41.25	-0.009573	0.394904	0.014669	-0.605096	-0.009938	0.409938	-0.590062	0.385093	0.014907	-0.614907
42.50	-0.009296	0.395062	0.014234	-0.604938	-0.009639	0.409639	-0.590361	0.385542	0.014458	-0.614458
43.75	-0.009033	0.395210	0.013824	-0.604790	-0.009357	0.409357	-0.590643	0.385965	0.014035	-0.614035
45.00	-0.008786	0.395349	0.013437	-0.604651	-0.009091	0.409091	-0.590909	0.386364	0.013636	-0.613636
46.25	-0.008551	0.395480	0.013071	-0.604520	-0.008840	0.408840	-0.591160	0.386740	0.013260	-0.613260
47.50	-0.008329	0.395604	0.012724	-0.604396	-0.008602	0.408602	-0.591398	0.387097	0.012903	-0.612903
48.75	-0.008117	0.395722	0.012395	-0.604278	-0.008377	0.408377	-0.591623	0.387435	0.012565	-0.612565
BETA	F.P;MA(B,B)	F.P;KA(B,B)	F.P;MB(B,B)	F.P;KB(B,B)	F.P;MA(B,G)	F.P;KA(B,G)	F.P;KB(B,G)	F.P;KA(G,B)	F.P;MB(G,B)	F.P;KB(G,B)

XP/L = 0.60

ZUGSTAEBE -711-

XP/L = 0.70

BETA	F.P;MA(B,B)	F.P;KA(B,B)	F.P;MB(B,B)	F.P;KB(B,B)	F.P;MA(B,G)	F.P;KA(B,G)	F.P;KB(B,G)	F.P;KA(G,B)	F.P;MB(G,B)	F.P;KB(G,B)
0.00	-0.063000	0.216000	0.147000	-0.784000	-0.136500	0.436500	-0.563500	0.121500	0.178500	-0.878500
0.25	-0.062913	0.216055	0.146858	-0.783945	-0.136113	0.436113	-0.563887	0.121784	0.178216	-0.878216
0.50	-0.062653	0.216220	0.146433	-0.783780	-0.134967	0.434967	-0.565033	0.122626	0.177374	-0.877374
0.75	-0.062226	0.216493	0.145734	-0.783507	-0.133102	0.433102	-0.566898	0.124003	0.175997	-0.875997
1.00	-0.061641	0.216871	0.144769	-0.783129	-0.130586	0.430586	-0.569414	0.125875	0.174125	-0.874125
1.25	-0.060907	0.217352	0.143555	-0.782648	-0.127502	0.427502	-0.572498	0.128190	0.171810	-0.871810
1.50	-0.060040	0.217932	0.142108	-0.782068	-0.123946	0.423946	-0.576054	0.130892	0.169108	-0.869108
1.75	-0.059054	0.218604	0.140449	-0.781396	-0.120018	0.420018	-0.579982	0.133917	0.166083	-0.866083
2.00	-0.057965	0.219365	0.138600	-0.780635	-0.115818	0.415818	-0.584182	0.137204	0.162796	-0.862796
2.25	-0.056791	0.220207	0.136584	-0.779793	-0.111441	0.411441	-0.588559	0.140693	0.159307	-0.859307
2.50	-0.055548	0.221124	0.134424	-0.778876	-0.106971	0.406971	-0.593029	0.144327	0.155673	-0.855673
2.75	-0.054252	0.222110	0.132143	-0.777890	-0.102482	0.402482	-0.597518	0.148056	0.151944	-0.851944
3.00	-0.052920	0.223157	0.129763	-0.776843	-0.098035	0.398035	-0.601965	0.151839	0.148161	-0.848161
3.25	-0.051564	0.224259	0.127305	-0.775741	-0.093679	0.393679	-0.606321	0.155636	0.144364	-0.844364
3.50	-0.050198	0.225408	0.124790	-0.774592	-0.089453	0.389453	-0.610547	0.159419	0.140581	-0.840581
3.75	-0.048834	0.226598	0.122236	-0.773402	-0.085384	0.385384	-0.614616	0.163162	0.136838	-0.836838
4.00	-0.047480	0.227821	0.119659	-0.772179	-0.081490	0.381490	-0.618510	0.166846	0.133154	-0.833154
4.25	-0.046146	0.229072	0.117073	-0.770928	-0.077783	0.377783	-0.622217	0.170456	0.129544	-0.829544
4.50	-0.044837	0.230345	0.114492	-0.769655	-0.074269	0.374269	-0.625731	0.173982	0.126018	-0.826018
4.75	-0.043559	0.231632	0.111927	-0.768368	-0.070948	0.370948	-0.629052	0.177414	0.122586	-0.822586
5.00	-0.042317	0.232930	0.109387	-0.767070	-0.067818	0.367818	-0.632182	0.180748	0.119252	-0.819252
5.25	-0.041114	0.234234	0.106880	-0.765766	-0.064875	0.364875	-0.635125	0.183980	0.116020	-0.816020
5.50	-0.039951	0.235537	0.104413	-0.764463	-0.062110	0.362110	-0.637890	0.187108	0.112892	-0.812892
5.75	-0.038830	0.236838	0.101992	-0.763162	-0.059515	0.359515	-0.640485	0.190133	0.109867	-0.809867
6.00	-0.037751	0.238130	0.099620	-0.761870	-0.057082	0.357082	-0.642918	0.193054	0.106946	-0.806946
6.25	-0.036715	0.239413	0.097302	-0.760587	-0.054801	0.354801	-0.645199	0.195874	0.104126	-0.804126
6.50	-0.035721	0.240681	0.095039	-0.759319	-0.052663	0.352663	-0.647337	0.198593	0.101407	-0.801407
6.75	-0.034768	0.241934	0.092834	-0.758066	-0.050658	0.350658	-0.649342	0.201215	0.098785	-0.798785
7.00	-0.033856	0.243168	0.090688	-0.756832	-0.048777	0.348777	-0.651223	0.203742	0.096258	-0.796258
7.25	-0.032983	0.244382	0.088600	-0.755618	-0.047013	0.347013	-0.652987	0.206177	0.093823	-0.793823
7.50	-0.032147	0.245574	0.086573	-0.754426	-0.045355	0.345355	-0.654645	0.208523	0.091477	-0.791477
7.75	-0.031348	0.246743	0.084604	-0.753257	-0.043798	0.343798	-0.656202	0.210782	0.089218	-0.789218
8.00	-0.030583	0.247888	0.082695	-0.752112	-0.042333	0.342333	-0.657667	0.212960	0.087040	-0.787040
8.25	-0.029851	0.249008	0.080843	-0.750992	-0.040954	0.340954	-0.659046	0.215057	0.084943	-0.784943
8.50	-0.029151	0.250102	0.079049	-0.749898	-0.039655	0.339655	-0.660345	0.217077	0.082923	-0.782923
8.75	-0.028481	0.251170	0.077311	-0.748830	-0.038429	0.338429	-0.661571	0.219024	0.080976	-0.780976
9.00	-0.027839	0.252212	0.075627	-0.747788	-0.037271	0.337271	-0.662729	0.220901	0.079099	-0.779099
9.25	-0.027224	0.253227	0.073997	-0.746773	-0.036178	0.336178	-0.663822	0.222709	0.077291	-0.777291
9.50	-0.026635	0.254216	0.072419	-0.745784	-0.035142	0.335142	-0.664858	0.224452	0.075548	-0.775548
9.75	-0.026069	0.255178	0.070891	-0.744822	-0.034162	0.334162	-0.665838	0.226133	0.073867	-0.773867

BETA	F.P;MA(B,B)	F.P;KA(B,B)	F.P;MB(B,B)	F.P;KB(B,B)	F.P;MA(B,G)	F.P;KA(B,G)	F.P;KB(B,G)	F.P;KA(G,B)	F.P;MB(G,B)	F.P;KB(G,B)

XP/L = 0.70

ZUGSTAEBE -711-

XP/L = 0.70

BETA	F.P;MA(B,B)	F.P;KA(B,B)	F.P;MB(B,B)	F.P;KB(B,B)	F.P;MA(B,G)	F.P;KA(B,G)	F.P;KB(B,G)	F.P;KA(G,B)	F.P;MB(G,B)	F.P;KB(G,B)
10.00	-0.025527	0.256115	0.069412	-0.743885	-0.033232	0.333232	-0.666768	0.227754	0.072246	-0.772246
10.25	-0.025006	0.257025	0.067981	-0.742975	-0.032350	0.332350	-0.667650	0.229318	0.070682	-0.770682
10.50	-0.024505	0.257910	0.066595	-0.742090	-0.031511	0.331511	-0.668489	0.230827	0.069173	-0.769173
10.75	-0.024024	0.258770	0.065254	-0.741230	-0.030714	0.330714	-0.669286	0.232283	0.067717	-0.767717
11.00	-0.023561	0.259605	0.063956	-0.740395	-0.029955	0.329955	-0.670045	0.233688	0.066312	-0.766312
11.25	-0.023116	0.260416	0.062700	-0.739584	-0.029231	0.329231	-0.670769	0.235046	0.064954	-0.764954
11.50	-0.022687	0.261204	0.061483	-0.738796	-0.028541	0.328541	-0.671459	0.236357	0.063643	-0.763643
11.75	-0.022273	0.261968	0.060305	-0.738032	-0.027882	0.327882	-0.672118	0.237623	0.062377	-0.762377
12.00	-0.021875	0.262710	0.059164	-0.737290	-0.027252	0.327252	-0.672748	0.238848	0.061152	-0.761152
12.25	-0.021490	0.263431	0.058059	-0.736569	-0.026650	0.326650	-0.673350	0.240031	0.059969	-0.759969
12.50	-0.021118	0.264130	0.056988	-0.735870	-0.026073	0.326073	-0.673927	0.241175	0.058825	-0.758825
12.75	-0.020759	0.264808	0.055951	-0.735192	-0.025521	0.325521	-0.674479	0.242282	0.057718	-0.757718
13.00	-0.020412	0.265467	0.054946	-0.734533	-0.024991	0.324991	-0.675009	0.243353	0.056647	-0.756647
13.25	-0.020077	0.266106	0.053971	-0.733894	-0.024482	0.324482	-0.675518	0.244390	0.055610	-0.755610
13.50	-0.019752	0.266726	0.053026	-0.733274	-0.023994	0.323994	-0.676006	0.245394	0.054606	-0.754606
13.75	-0.019437	0.267328	0.052110	-0.732672	-0.023524	0.323524	-0.676476	0.246366	0.053634	-0.753634
14.00	-0.019133	0.267912	0.051221	-0.732088	-0.023073	0.323073	-0.676927	0.247307	0.052693	-0.752693
14.25	-0.018837	0.268479	0.050359	-0.731521	-0.022638	0.322638	-0.677362	0.248220	0.051780	-0.751780
14.50	-0.018551	0.269029	0.049522	-0.730971	-0.022219	0.322219	-0.677781	0.249104	0.050896	-0.750896
14.75	-0.018273	0.269564	0.048709	-0.730436	-0.021816	0.321816	-0.678184	0.249962	0.050038	-0.750038
15.00	-0.018004	0.270083	0.047921	-0.729917	-0.021427	0.321427	-0.678573	0.250793	0.049207	-0.749207
15.25	-0.017742	0.270587	0.047155	-0.729413	-0.021051	0.321051	-0.678949	0.251600	0.048400	-0.748400
15.50	-0.017488	0.271077	0.046410	-0.728923	-0.020688	0.320688	-0.679312	0.252384	0.047616	-0.747616
15.75	-0.017240	0.271553	0.045687	-0.728447	-0.020338	0.320338	-0.679662	0.253144	0.046856	-0.746856
16.00	-0.017000	0.272015	0.044985	-0.727985	-0.019999	0.319999	-0.680001	0.253882	0.046118	-0.746118
16.25	-0.016766	0.272465	0.044302	-0.727535	-0.019671	0.319671	-0.680329	0.254599	0.045401	-0.745401
16.50	-0.016539	0.272902	0.043637	-0.727098	-0.019354	0.319354	-0.680646	0.255296	0.044704	-0.744704
16.75	-0.016318	0.273326	0.042991	-0.726674	-0.019047	0.319047	-0.680953	0.255973	0.044027	-0.744027
17.00	-0.016102	0.273739	0.042363	-0.726261	-0.018750	0.318750	-0.681250	0.256631	0.043369	-0.743369
17.25	-0.015892	0.274141	0.041751	-0.725859	-0.018461	0.318461	-0.681539	0.257271	0.042729	-0.742729
17.50	-0.015687	0.274532	0.041155	-0.725468	-0.018182	0.318182	-0.681818	0.257894	0.042106	-0.742106
17.75	-0.015488	0.274912	0.040576	-0.725088	-0.017910	0.317910	-0.682090	0.258500	0.041500	-0.741500
18.00	-0.015293	0.275282	0.040011	-0.724718	-0.017647	0.317647	-0.682353	0.259089	0.040911	-0.740911
18.25	-0.015104	0.275642	0.039461	-0.724358	-0.017391	0.317391	-0.682609	0.259663	0.040337	-0.740337
18.50	-0.014918	0.275993	0.038925	-0.724007	-0.017143	0.317143	-0.682857	0.260222	0.039778	-0.739778
18.75	-0.014738	0.276335	0.038403	-0.723665	-0.016901	0.316901	-0.683099	0.260767	0.039233	-0.739233
19.00	-0.014561	0.276667	0.037894	-0.723333	-0.016667	0.316667	-0.683333	0.261297	0.038703	-0.738703
19.25	-0.014389	0.276991	0.037398	-0.723009	-0.016438	0.316438	-0.683562	0.261814	0.038186	-0.738186
19.50	-0.014221	0.277307	0.036913	-0.722693	-0.016216	0.316216	-0.683784	0.262318	0.037682	-0.737682
19.75	-0.014056	0.277615	0.036441	-0.722385	-0.016000	0.316000	-0.684000	0.262809	0.037191	-0.737191

BETA | F.P;MA(B,B) F.P;KA(B,B) F.P;MB(B,B) F.P;KB(B,B) F.P;MA(B,G) F.P;KA(B,G) F.P;KB(B,G) F.P;KA(G,B) F.P;MB(G,B) F.P;KB(G,B)

XP/L = 0.70

XP/L = 0.70

BETA	F.P;MA(B,B)	F.P;KA(B,B)	F.P;MB(B,B)	F.P;KB(B,B)	F.P;MA(B,G)	F.P;KA(B,G)	F.P;KB(B,G)	F.P;KA(G,B)	F.P;MB(G,B)	F.P;KB(G,B)
20.00	-0.013896	0.277915	0.035980	-0.722085	-0.015789	0.315789	-0.684211	0.263288	0.036712	-0.736712
20.25	-0.013739	0.278208	0.035530	-0.721792	-0.015584	0.315584	-0.684416	0.263756	0.036244	-0.736244
20.50	-0.013585	0.278494	0.035091	-0.721506	-0.015385	0.315385	-0.684615	0.264212	0.035788	-0.735788
20.75	-0.013435	0.278772	0.034663	-0.721228	-0.015190	0.315190	-0.684810	0.264657	0.035343	-0.735343
21.00	-0.013288	0.279044	0.034244	-0.720956	-0.015000	0.315000	-0.685000	0.265092	0.034908	-0.734908
21.25	-0.013144	0.279309	0.033835	-0.720691	-0.014815	0.314815	-0.685185	0.265516	0.034484	-0.734484
21.50	-0.013003	0.279568	0.033435	-0.720432	-0.014634	0.314634	-0.685366	0.265931	0.034069	-0.734069
21.75	-0.012865	0.279821	0.033044	-0.720179	-0.014458	0.314458	-0.685542	0.266336	0.033664	-0.733664
22.00	-0.012730	0.280068	0.032662	-0.719932	-0.014286	0.314286	-0.685714	0.266731	0.033269	-0.733269
22.25	-0.012598	0.280309	0.032289	-0.719691	-0.014118	0.314118	-0.685882	0.267118	0.032882	-0.732882
22.50	-0.012469	0.280545	0.031924	-0.719455	-0.013953	0.313953	-0.686047	0.267496	0.032504	-0.732504
22.75	-0.012342	0.280775	0.031567	-0.719225	-0.013793	0.313793	-0.686207	0.267866	0.032134	-0.732134
23.00	-0.012217	0.281000	0.031217	-0.719000	-0.013636	0.313636	-0.686364	0.268228	0.031772	-0.731772
23.25	-0.012096	0.281220	0.030875	-0.718780	-0.013483	0.313483	-0.686517	0.268581	0.031419	-0.731419
23.50	-0.011976	0.281436	0.030540	-0.718564	-0.013333	0.313333	-0.686667	0.268927	0.031073	-0.731073
23.75	-0.011859	0.281646	0.030213	-0.718354	-0.013187	0.313187	-0.686813	0.269266	0.030734	-0.730734
24.00	-0.011744	0.281852	0.029892	-0.718148	-0.013043	0.313043	-0.686957	0.269598	0.030402	-0.730402
24.25	-0.011631	0.282054	0.029577	-0.717946	-0.012903	0.312903	-0.687097	0.269922	0.030078	-0.730078
24.50	-0.011520	0.282251	0.029270	-0.717749	-0.012766	0.312766	-0.687234	0.270240	0.029760	-0.729760
24.75	-0.011412	0.282444	0.028968	-0.717556	-0.012632	0.312632	-0.687368	0.270551	0.029449	-0.729449
25.00	-0.011305	0.282633	0.028673	-0.717367	-0.012500	0.312500	-0.687500	0.270856	0.029144	-0.729144
26.25	-0.010801	0.283521	0.027280	-0.716479	-0.011881	0.311881	-0.688119	0.272292	0.027708	-0.727708
27.50	-0.010339	0.284324	0.026015	-0.715676	-0.011321	0.311321	-0.688679	0.273595	0.026405	-0.726405
28.75	-0.009915	0.285053	0.024861	-0.714947	-0.010811	0.310811	-0.689189	0.274781	0.025219	-0.725219
30.00	-0.009524	0.285719	0.023805	-0.714281	-0.010345	0.310345	-0.689655	0.275866	0.024134	-0.724134
31.25	-0.009162	0.286328	0.022835	-0.713672	-0.009917	0.309917	-0.690083	0.276862	0.023138	-0.723138
32.50	-0.008827	0.286887	0.021940	-0.713113	-0.009524	0.309524	-0.690476	0.277780	0.022220	-0.722220
33.75	-0.008516	0.287403	0.021113	-0.712597	-0.009160	0.309160	-0.690840	0.278627	0.021373	-0.721373
35.00	-0.008225	0.287880	0.020346	-0.712120	-0.008824	0.308824	-0.691176	0.279413	0.020587	-0.720587
36.25	-0.007954	0.288322	0.019632	-0.711678	-0.008511	0.308511	-0.691489	0.280142	0.019858	-0.719858
37.50	-0.007700	0.288733	0.018967	-0.711267	-0.008219	0.308219	-0.691781	0.280822	0.019178	-0.719178
38.75	-0.007461	0.289116	0.018345	-0.710884	-0.007947	0.307947	-0.692053	0.281457	0.018543	-0.718543
40.00	-0.007237	0.289474	0.017763	-0.710526	-0.007692	0.307692	-0.692308	0.282051	0.017949	-0.717949
41.25	-0.007026	0.289809	0.017217	-0.710191	-0.007453	0.307453	-0.692547	0.282609	0.017391	-0.717391
42.50	-0.006826	0.290124	0.016703	-0.709876	-0.007229	0.307229	-0.692771	0.283133	0.016867	-0.716867
43.75	-0.006638	0.290419	0.016219	-0.709581	-0.007018	0.307018	-0.692982	0.283626	0.016374	-0.716374
45.00	-0.006460	0.290698	0.015762	-0.709302	-0.006818	0.306818	-0.693182	0.284091	0.015909	-0.715909
46.25	-0.006291	0.290960	0.015331	-0.709040	-0.006630	0.306630	-0.693370	0.284530	0.015470	-0.715470
47.50	-0.006131	0.291209	0.014922	-0.708791	-0.006452	0.306452	-0.693548	0.284946	0.015054	-0.715054
48.75	-0.005978	0.291444	0.014534	-0.708556	-0.006283	0.306283	-0.693717	0.285340	0.014660	-0.714660

| BETA | F.P;MA(B,B) | F.P;KA(B,B) | F.P;MB(B,B) | F.P;KB(B,B) | F.P;MA(B,G) | F.P;KA(B,G) | F.P;KB(B,G) | F.P;KA(G,B) | F.P;MB(G,B) | F.P;KB(G,B) |

XP/L = 0.70

XP/L = 0.80										
BETA	F.P;MA(B,B)	F.P;KA(B,B)	F.P;MB(B,B)	F.P;KB(B,B)	F.P;MA(B,G)	F.P;KA(B,G)	F.P;KB(B,G)	F.P;KA(G,B)	F.P;MB(G,B)	F.P;KB(G,B)
0.00	-0.032000	0.104000	0.128000	-0.896000	-0.096000	0.296000	-0.704000	0.056000	0.144000	-0.944000
0.25	-0.031957	0.104048	0.127909	-0.895952	-0.095713	0.295713	-0.704287	0.056162	0.143838	-0.943838
0.50	-0.031831	0.104191	0.127639	-0.895809	-0.094863	0.294863	-0.705137	0.056642	0.143358	-0.943358
0.75	-0.031622	0.104429	0.127193	-0.895571	-0.093481	0.293481	-0.706519	0.057428	0.142572	-0.942572
1.00	-0.031336	0.104760	0.126576	-0.895240	-0.091618	0.291618	-0.708382	0.058500	0.141500	-0.941500
1.25	-0.030978	0.105180	0.125799	-0.894820	-0.089336	0.289336	-0.710664	0.059831	0.140169	-0.940169
1.50	-0.030556	0.105687	0.124869	-0.894313	-0.086709	0.286709	-0.713291	0.061390	0.138610	-0.938610
1.75	-0.030076	0.106276	0.123800	-0.893724	-0.083813	0.283813	-0.716187	0.063145	0.136855	-0.936855
2.00	-0.029547	0.106944	0.122604	-0.893056	-0.080723	0.280723	-0.719277	0.065063	0.134937	-0.934937
2.25	-0.028978	0.107685	0.121293	-0.892315	-0.077509	0.277509	-0.722491	0.067113	0.132887	-0.932887
2.50	-0.028376	0.108494	0.119882	-0.891506	-0.074236	0.274236	-0.725764	0.069263	0.130737	-0.930737
2.75	-0.027750	0.109367	0.118383	-0.890633	-0.070957	0.270957	-0.729043	0.071489	0.128511	-0.928511
3.00	-0.027107	0.110296	0.116811	-0.889704	-0.067719	0.267719	-0.732281	0.073765	0.126235	-0.926235
3.25	-0.026455	0.111278	0.115177	-0.888722	-0.064558	0.264558	-0.735442	0.076071	0.123929	-0.923929
3.50	-0.025799	0.112306	0.113493	-0.887694	-0.061500	0.261500	-0.738500	0.078391	0.121609	-0.921609
3.75	-0.025145	0.113374	0.111772	-0.886626	-0.058566	0.258566	-0.741434	0.080710	0.119290	-0.919290
4.00	-0.024499	0.114477	0.110021	-0.885523	-0.055769	0.255769	-0.744231	0.083016	0.116984	-0.916984
4.25	-0.023862	0.115611	0.108252	-0.884389	-0.053116	0.253116	-0.746884	0.085300	0.114700	-0.914700
4.50	-0.023240	0.116769	0.106471	-0.883231	-0.050610	0.250610	-0.749390	0.087555	0.112445	-0.912445
4.75	-0.022634	0.117947	0.104687	-0.882053	-0.048251	0.248251	-0.751749	0.089775	0.110225	-0.910225
5.00	-0.022045	0.119140	0.102905	-0.880860	-0.046035	0.246035	-0.753965	0.091955	0.108045	-0.908045
5.25	-0.021476	0.120345	0.101132	-0.879655	-0.043959	0.243959	-0.756041	0.094094	0.105906	-0.905906
5.50	-0.020928	0.121557	0.099371	-0.878443	-0.042017	0.242017	-0.757983	0.096188	0.103812	-0.903812
5.75	-0.020400	0.122773	0.097627	-0.877227	-0.040200	0.240200	-0.759800	0.098236	0.101764	-0.901764
6.00	-0.019893	0.123990	0.095903	-0.876010	-0.038503	0.238503	-0.761497	0.100237	0.099763	-0.899763
6.25	-0.019407	0.125204	0.094203	-0.874796	-0.036917	0.236917	-0.763083	0.102190	0.097810	-0.897810
6.50	-0.018941	0.126413	0.092528	-0.873587	-0.035435	0.235435	-0.764565	0.104096	0.095904	-0.895904
6.75	-0.018494	0.127614	0.090880	-0.872386	-0.034050	0.234050	-0.765950	0.105954	0.094046	-0.894046
7.00	-0.018067	0.128806	0.089261	-0.871194	-0.032754	0.232754	-0.767246	0.107766	0.092234	-0.892234
7.25	-0.017659	0.129986	0.087673	-0.870014	-0.031542	0.231542	-0.768458	0.109531	0.090469	-0.890469
7.50	-0.017268	0.131154	0.086115	-0.868846	-0.030407	0.230407	-0.769593	0.111251	0.088749	-0.888749
7.75	-0.016895	0.132306	0.084588	-0.867694	-0.029343	0.229343	-0.770657	0.112926	0.087074	-0.887074
8.00	-0.016537	0.133443	0.083094	-0.866557	-0.028344	0.228344	-0.771656	0.114557	0.085443	-0.885443
8.25	-0.016195	0.134563	0.081631	-0.865437	-0.027405	0.227405	-0.772595	0.116145	0.083855	-0.883855
8.50	-0.015867	0.135666	0.080201	-0.864334	-0.026523	0.226523	-0.773477	0.117691	0.082309	-0.882309
8.75	-0.015553	0.136750	0.078802	-0.863250	-0.025692	0.225692	-0.774308	0.119197	0.080803	-0.880803
9.00	-0.015251	0.137816	0.077435	-0.862184	-0.024909	0.224909	-0.775091	0.120662	0.079338	-0.879338
9.25	-0.014962	0.138862	0.076100	-0.861138	-0.024170	0.224170	-0.775830	0.122089	0.077911	-0.877911
9.50	-0.014685	0.139889	0.074796	-0.860111	-0.023472	0.223472	-0.776528	0.123479	0.076521	-0.876521
9.75	-0.014418	0.140895	0.073523	-0.859105	-0.022811	0.222811	-0.777189	0.124831	0.075169	-0.875169
BETA	F.P;MA(B,B)	F.P;KA(B,B)	F.P;MB(B,B)	F.P;KB(B,B)	F.P;MA(B,G)	F.P;KA(B,G)	F.P;KB(B,G)	F.P;KA(G,B)	F.P;MB(G,B)	F.P;KB(G,B)
XP/L = 0.80										

Z U G S T A E B E -715-

XP/L = 0.80

BETA	F.P;MA(B,B)	F.P;KA(B,B)	F.P;MB(B,B)	F.P;KB(B,B)	F.P;MA(B,G)	F.P;KA(B,G)	F.P;KB(B,G)	F.P;KA(G,B)	F.P;MB(G,B)	F.P;KB(G,B)
10.00	-0.014162	0.141882	0.072280	-0.858118	-0.022186	0.222186	-0.777814	0.126148	0.073852	-0.873852
10.25	-0.013915	0.142849	0.071066	-0.857151	-0.021592	0.221592	-0.778408	0.127431	0.072569	-0.872569
10.50	-0.013678	0.143796	0.069881	-0.856204	-0.021029	0.221029	-0.778971	0.128680	0.071320	-0.871320
10.75	-0.013449	0.144723	0.068725	-0.855277	-0.020494	0.220494	-0.779506	0.129896	0.070104	-0.870104
11.00	-0.013228	0.145630	0.067597	-0.854370	-0.019985	0.219985	-0.780015	0.131080	0.068920	-0.868920
11.25	-0.013015	0.146518	0.066497	-0.853482	-0.019500	0.219500	-0.780500	0.132234	0.067766	-0.867766
11.50	-0.012809	0.147386	0.065422	-0.852614	-0.019038	0.219038	-0.780962	0.133358	0.066642	-0.866642
11.75	-0.012610	0.148236	0.064374	-0.851764	-0.018597	0.218597	-0.781403	0.134453	0.065547	-0.865547
12.00	-0.012417	0.149066	0.063352	-0.850934	-0.018176	0.218176	-0.781824	0.135520	0.064480	-0.864480
12.25	-0.012231	0.149878	0.062353	-0.850122	-0.017773	0.217773	-0.782227	0.136559	0.063441	-0.863441
12.50	-0.012051	0.150671	0.061380	-0.849329	-0.017387	0.217387	-0.782613	0.137573	0.062427	-0.862427
12.75	-0.011876	0.151446	0.060429	-0.848554	-0.017018	0.217018	-0.782982	0.138560	0.061440	-0.861440
13.00	-0.011706	0.152204	0.059502	-0.847796	-0.016664	0.216664	-0.783336	0.139523	0.060477	-0.860477
13.25	-0.011541	0.152945	0.058597	-0.847055	-0.016325	0.216325	-0.783675	0.140461	0.059539	-0.859539
13.50	-0.011382	0.153668	0.057713	-0.846332	-0.015998	0.215998	-0.784002	0.141376	0.058624	-0.858624
13.75	-0.011226	0.154376	0.056851	-0.845624	-0.015685	0.215685	-0.784315	0.142269	0.057731	-0.857731
14.00	-0.011075	0.155066	0.056009	-0.844934	-0.015384	0.215384	-0.784616	0.143139	0.056861	-0.856861
14.25	-0.010929	0.155742	0.055187	-0.844258	-0.015093	0.215093	-0.784907	0.143988	0.056012	-0.856012
14.50	-0.010786	0.156401	0.054385	-0.843599	-0.014814	0.214814	-0.785186	0.144817	0.055183	-0.855183
14.75	-0.010647	0.157046	0.053601	-0.842954	-0.014545	0.214545	-0.785455	0.145625	0.054375	-0.854375
15.00	-0.010511	0.157675	0.052836	-0.842325	-0.014285	0.214285	-0.785715	0.146413	0.053587	-0.853587
15.25	-0.010379	0.158291	0.052089	-0.841709	-0.014035	0.214035	-0.785965	0.147183	0.052817	-0.852817
15.50	-0.010251	0.158892	0.051359	-0.841108	-0.013793	0.213793	-0.786207	0.147934	0.052066	-0.852066
15.75	-0.010126	0.159480	0.050646	-0.840520	-0.013559	0.213559	-0.786441	0.148668	0.051332	-0.851332
16.00	-0.010003	0.160054	0.049949	-0.839946	-0.013333	0.213333	-0.786667	0.149384	0.050616	-0.850616
16.25	-0.009884	0.160616	0.049268	-0.839384	-0.013115	0.213115	-0.786885	0.150084	0.049916	-0.849916
16.50	-0.009767	0.161164	0.048603	-0.838836	-0.012903	0.212903	-0.787097	0.150767	0.049233	-0.849233
16.75	-0.009654	0.161701	0.047953	-0.838299	-0.012698	0.212698	-0.787302	0.151434	0.048566	-0.848566
17.00	-0.009543	0.162225	0.047318	-0.837775	-0.012500	0.212500	-0.787500	0.152086	0.047914	-0.847914
17.25	-0.009434	0.162737	0.046697	-0.837263	-0.012308	0.212308	-0.787692	0.152723	0.047277	-0.847277
17.50	-0.009328	0.163238	0.046089	-0.836762	-0.012121	0.212121	-0.787879	0.153345	0.046655	-0.846655
17.75	-0.009224	0.163729	0.045496	-0.836271	-0.011940	0.211940	-0.788060	0.153954	0.046046	-0.846046
18.00	-0.009123	0.164208	0.044915	-0.835792	-0.011765	0.211765	-0.788235	0.154548	0.045452	-0.845452
18.25	-0.009023	0.164676	0.044347	-0.835324	-0.011594	0.211594	-0.788406	0.155130	0.044870	-0.844870
18.50	-0.008926	0.165135	0.043791	-0.834865	-0.011429	0.211429	-0.788571	0.155698	0.044302	-0.844302
18.75	-0.008831	0.165583	0.043248	-0.834417	-0.011268	0.211268	-0.788732	0.156255	0.043745	-0.843745
19.00	-0.008738	0.166022	0.042716	-0.833978	-0.011111	0.211111	-0.788889	0.156798	0.043202	-0.843202
19.25	-0.008647	0.166451	0.042196	-0.833549	-0.010959	0.210959	-0.789041	0.157330	0.042670	-0.842670
19.50	-0.008557	0.166871	0.041687	-0.833129	-0.010811	0.210811	-0.789189	0.157851	0.042149	-0.842149
19.75	-0.008470	0.167282	0.041188	-0.832718	-0.010667	0.210667	-0.789333	0.158360	0.041640	-0.841640

BETA | F.P;MA(B,B) F.P;KA(B,B) F.P;MB(B,B) F.P;KB(B,B) F.P;MA(B,G) F.P;KA(B,G) F.P;KB(B,G) F.P;KA(G,B) F.P;MB(G,B) F.P;KB(G,B)

XP/L = 0.80

Z U G S T A E B E -715-

XP/L = 0.80

BETA	F.PIMA(B,B)	F.PIKA(B,B)	F.PIMB(B,B)	F.PIKB(B,B)	F.PIMA(B,G)	F.PIKA(B,G)	F.PIKB(B,G)	F.PIKA(G,B)	F.PIMB(G,B)	F.PIKB(G,B)
20.00	-0.008384	0.167684	0.040700	-0.832316	-0.010526	0.210526	-0.789474	0.158859	0.041141	-0.841141
20.25	-0.008300	0.168078	0.040222	-0.831922	-0.010390	0.210390	-0.789610	0.159347	0.040653	-0.840653
20.50	-0.008218	0.168463	0.039754	-0.831537	-0.010256	0.210256	-0.789744	0.159824	0.040176	-0.840176
20.75	-0.008137	0.168841	0.039296	-0.831159	-0.010127	0.210127	-0.789873	0.160292	0.039708	-0.839708
21.00	-0.008058	0.169210	0.038847	-0.830790	-0.010000	0.210000	-0.790000	0.160750	0.039250	-0.839250
21.25	-0.007980	0.169572	0.038408	-0.830428	-0.009877	0.209877	-0.790123	0.161198	0.038802	-0.838802
21.50	-0.007904	0.169927	0.037977	-0.830073	-0.009756	0.209756	-0.790244	0.161637	0.038363	-0.838363
21.75	-0.007829	0.170274	0.037555	-0.829726	-0.009639	0.209639	-0.790361	0.162068	0.037932	-0.837932
22.00	-0.007755	0.170614	0.037141	-0.829386	-0.009524	0.209524	-0.790476	0.162489	0.037511	-0.837511
22.25	-0.007683	0.170947	0.036736	-0.829053	-0.009412	0.209412	-0.790588	0.162903	0.037097	-0.837097
22.50	-0.007612	0.171274	0.036339	-0.828726	-0.009302	0.209302	-0.790698	0.163307	0.036693	-0.836693
22.75	-0.007543	0.171594	0.035949	-0.828406	-0.009195	0.209195	-0.790805	0.163704	0.036296	-0.836296
23.00	-0.007474	0.171907	0.035567	-0.828093	-0.009091	0.209091	-0.790909	0.164093	0.035907	-0.835907
23.25	-0.007407	0.172215	0.035192	-0.827785	-0.008989	0.208989	-0.791011	0.164475	0.035525	-0.835525
23.50	-0.007341	0.172516	0.034825	-0.827484	-0.008889	0.208889	-0.791111	0.164849	0.035151	-0.835151
23.75	-0.007276	0.172812	0.034465	-0.827188	-0.008791	0.208791	-0.791209	0.165215	0.034785	-0.834785
24.00	-0.007213	0.173101	0.034111	-0.826899	-0.008696	0.208696	-0.791304	0.165575	0.034425	-0.834425
24.25	-0.007150	0.173386	0.033764	-0.826614	-0.008602	0.208602	-0.791398	0.165928	0.034072	-0.834072
24.50	-0.007088	0.173664	0.033424	-0.826336	-0.008511	0.208511	-0.791489	0.166274	0.033726	-0.833726
24.75	-0.007028	0.173938	0.033090	-0.826062	-0.008421	0.208421	-0.791579	0.166614	0.033386	-0.833386
25.00	-0.006968	0.174206	0.032762	-0.825794	-0.008333	0.208333	-0.791667	0.166947	0.033053	-0.833053
26.25	-0.006685	0.175474	0.031211	-0.824526	-0.007921	0.207921	-0.792079	0.168525	0.031475	-0.831475
27.50	-0.006423	0.176631	0.029792	-0.823369	-0.007547	0.207547	-0.792453	0.169966	0.030034	-0.830034
28.75	-0.006180	0.177689	0.028491	-0.822311	-0.007207	0.207207	-0.792793	0.171286	0.028714	-0.828714
30.00	-0.005955	0.178660	0.027295	-0.821340	-0.006897	0.206897	-0.793103	0.172499	0.027501	-0.827501
31.25	-0.005746	0.179553	0.026193	-0.820447	-0.006612	0.206612	-0.793388	0.173618	0.026382	-0.826382
32.50	-0.005550	0.180377	0.025173	-0.819623	-0.006349	0.206349	-0.793651	0.174651	0.025349	-0.825349
33.75	-0.005367	0.181139	0.024228	-0.818861	-0.006107	0.206107	-0.793893	0.175608	0.024392	-0.824392
35.00	-0.005196	0.181846	0.023350	-0.818154	-0.005882	0.205882	-0.794118	0.176497	0.023503	-0.823503
36.25	-0.005035	0.182502	0.022532	-0.817498	-0.005674	0.205674	-0.794326	0.177325	0.022675	-0.822675
37.50	-0.004883	0.183114	0.021769	-0.816886	-0.005479	0.205479	-0.794521	0.178097	0.021903	-0.821903
38.75	-0.004740	0.183685	0.021055	-0.816315	-0.005298	0.205298	-0.794702	0.178819	0.021181	-0.821181
40.00	-0.004605	0.184219	0.020386	-0.815781	-0.005128	0.205128	-0.794872	0.179496	0.020504	-0.820504
41.25	-0.004478	0.184720	0.019758	-0.815280	-0.004969	0.204969	-0.795031	0.180131	0.019869	-0.819869
42.50	-0.004357	0.185190	0.019167	-0.814810	-0.004819	0.204819	-0.795181	0.180728	0.019272	-0.819272
43.75	-0.004243	0.185633	0.018610	-0.814367	-0.004678	0.204678	-0.795322	0.181290	0.018710	-0.818710
45.00	-0.004134	0.186049	0.018085	-0.813951	-0.004545	0.204545	-0.795455	0.181821	0.018179	-0.818179
46.25	-0.004031	0.186443	0.017588	-0.813557	-0.004420	0.204420	-0.795580	0.182323	0.017677	-0.817677
47.50	-0.003933	0.186815	0.017118	-0.813185	-0.004301	0.204301	-0.795699	0.182797	0.017203	-0.817203
48.75	-0.003839	0.187167	0.016672	-0.812833	-0.004188	0.204188	-0.795812	0.183247	0.016753	-0.816753

BETA F.PIMA(B,B) F.PIKA(B,B) F.PIMB(B,B) F.PIKB(B,B) F.PIMA(B,G) F.PIKA(B,G) F.PIKB(B,G) F.PIKA(G,B) F.PIMB(G,B) F.PIKB(G,B)

XP/L = 0.80

XP/L = 0.90

BETA	F.P;MA(B,B)	F.P;KA(B,B)	F.P;MB(B,B)	F.P;KB(B,B)	F.P;MA(B,G)	F.P;KA(B,G)	F.P;KB(B,G)	F.P;KA(G,B)	F.P;MB(G,B)	F.P;KB(G,B)
10.00	-0.004592	0.045978	0.058615	-0.954022	-0.011099	0.111099	-0.888901	0.040875	0.059125	-0.959125
10.25	-0.004534	0.046515	0.058019	-0.953485	-0.010802	0.110802	-0.889198	0.041492	0.058508	-0.958508
10.50	-0.004477	0.047047	0.057430	-0.952953	-0.010519	0.110519	-0.889481	0.042099	0.057901	-0.957901
10.75	-0.004423	0.047573	0.056849	-0.952427	-0.010251	0.110251	-0.889749	0.042697	0.057303	-0.957303
11.00	-0.004370	0.048094	0.056276	-0.951906	-0.009996	0.109996	-0.890004	0.043287	0.056713	-0.956713
11.25	-0.004319	0.048609	0.055710	-0.951391	-0.009753	0.109753	-0.890247	0.043869	0.056131	-0.956131
11.50	-0.004270	0.049118	0.055152	-0.950882	-0.009521	0.109521	-0.890479	0.044442	0.055558	-0.955558
11.75	-0.004222	0.049621	0.054601	-0.950379	-0.009300	0.109300	-0.890700	0.045006	0.054994	-0.954994
12.00	-0.004176	0.050118	0.054057	-0.949882	-0.009089	0.109089	-0.890911	0.045563	0.054437	-0.954437
12.25	-0.004131	0.050610	0.053521	-0.949390	-0.008888	0.108888	-0.891112	0.046112	0.053888	-0.953888
12.50	-0.004087	0.051095	0.052992	-0.948905	-0.008695	0.108695	-0.891305	0.046653	0.053347	-0.953347
12.75	-0.004045	0.051574	0.052470	-0.948426	-0.008510	0.108510	-0.891490	0.047186	0.052814	-0.952814
13.00	-0.004003	0.052048	0.051955	-0.947952	-0.008333	0.108333	-0.891667	0.047711	0.052289	-0.952289
13.25	-0.003963	0.052515	0.051448	-0.947485	-0.008163	0.108163	-0.891837	0.048229	0.051771	-0.951771
13.50	-0.003924	0.052977	0.050947	-0.947023	-0.008000	0.108000	-0.892000	0.048739	0.051261	-0.951261
13.75	-0.003886	0.053433	0.050453	-0.946567	-0.007843	0.107843	-0.892157	0.049242	0.050758	-0.950758
14.00	-0.003849	0.053883	0.049966	-0.946117	-0.007692	0.107692	-0.892308	0.049738	0.050262	-0.950262
14.25	-0.003812	0.054327	0.049485	-0.945673	-0.007547	0.107547	-0.892453	0.050227	0.049773	-0.949773
14.50	-0.003777	0.054766	0.049011	-0.945234	-0.007407	0.107407	-0.892593	0.050709	0.049291	-0.949291
14.75	-0.003742	0.055198	0.048544	-0.944802	-0.007273	0.107273	-0.892727	0.051184	0.048816	-0.948816
15.00	-0.003708	0.055625	0.048083	-0.944375	-0.007143	0.107143	-0.892857	0.051652	0.048348	-0.948348
15.25	-0.003675	0.056047	0.047628	-0.943953	-0.007017	0.107017	-0.892983	0.052114	0.047886	-0.947886
15.50	-0.003643	0.056463	0.047180	-0.943537	-0.006896	0.106896	-0.893104	0.052569	0.047431	-0.947431
15.75	-0.003611	0.056873	0.046738	-0.943127	-0.006780	0.106780	-0.893220	0.053017	0.046983	-0.946983
16.00	-0.003580	0.057278	0.046302	-0.942722	-0.006667	0.106667	-0.893333	0.053460	0.046540	-0.946540
16.25	-0.003549	0.057678	0.045871	-0.942322	-0.006557	0.106557	-0.893443	0.053896	0.046104	-0.946104
16.50	-0.003520	0.058072	0.045447	-0.941928	-0.006452	0.106452	-0.893548	0.054326	0.045674	-0.945674
16.75	-0.003490	0.058462	0.045029	-0.941538	-0.006349	0.106349	-0.893651	0.054750	0.045250	-0.945250
17.00	-0.003461	0.058846	0.044616	-0.941154	-0.006250	0.106250	-0.893750	0.055168	0.044832	-0.944832
17.25	-0.003433	0.059224	0.044209	-0.940776	-0.006154	0.106154	-0.893846	0.055580	0.044420	-0.944420
17.50	-0.003406	0.059598	0.043807	-0.940402	-0.006061	0.106061	-0.893939	0.055986	0.044014	-0.944014
17.75	-0.003378	0.059967	0.043411	-0.940033	-0.005970	0.105970	-0.894030	0.056387	0.043613	-0.943613
18.00	-0.003352	0.060331	0.043021	-0.939669	-0.005882	0.105882	-0.894118	0.056782	0.043218	-0.943218
18.25	-0.003325	0.060690	0.042635	-0.939310	-0.005797	0.105797	-0.894203	0.057172	0.042828	-0.942828
18.50	-0.003300	0.061045	0.042255	-0.938955	-0.005714	0.105714	-0.894286	0.057556	0.042444	-0.942444
18.75	-0.003274	0.061394	0.041880	-0.938606	-0.005634	0.105634	-0.894366	0.057935	0.042065	-0.942065
19.00	-0.003249	0.061739	0.041510	-0.938261	-0.005556	0.105556	-0.894444	0.058309	0.041691	-0.941691
19.25	-0.003225	0.062080	0.041145	-0.937920	-0.005479	0.105479	-0.894521	0.058678	0.041322	-0.941322
19.50	-0.003201	0.062416	0.040785	-0.937584	-0.005405	0.105405	-0.894595	0.059042	0.040958	-0.940958
19.75	-0.003177	0.062747	0.040430	-0.937253	-0.005333	0.105333	-0.894667	0.059401	0.040599	-0.940599
BETA	F.P;MA(B,B)	F.P;KA(B,B)	F.P;MB(B,B)	F.P;KB(B,B)	F.P;MA(B,G)	F.P;KA(B,G)	F.P;KB(B,G)	F.P;KA(G,B)	F.P;MB(G,B)	F.P;KB(G,B)

XP/L = 0.90

ZUGSTAEBE

XP/L = 0.90

BETA	F.P;MA(B,B)	F.P;KA(B,B)	F.P;MB(B,B)	F.P;KB(B,B)	F.P;MA(B,G)	F.P;KA(B,G)	F.P;KB(B,G)	F.P;KA(G,B)	F.P;MB(G,B)	F.P;KB(G,B)
20.00	-0.003154	0.063074	0.040080	-0.936926	-0.005263	0.105263	-0.894737	0.059754	0.040246	-0.940246
20.25	-0.003131	0.063397	0.039734	-0.936603	-0.005195	0.105195	-0.894805	0.060104	0.039896	-0.939896
20.50	-0.003108	0.063715	0.039393	-0.936285	-0.005128	0.105128	-0.894872	0.060448	0.039552	-0.939552
20.75	-0.003086	0.064030	0.039056	-0.935970	-0.005063	0.105063	-0.894937	0.060788	0.039212	-0.939212
21.00	-0.003064	0.064340	0.038724	-0.935660	-0.005000	0.105000	-0.895000	0.061123	0.038877	-0.938877
21.25	-0.003042	0.064646	0.038396	-0.935354	-0.004938	0.104938	-0.895062	0.061453	0.038547	-0.938547
21.50	-0.003021	0.064948	0.038073	-0.935052	-0.004878	0.104878	-0.895122	0.061780	0.038220	-0.938220
21.75	-0.003000	0.065246	0.037754	-0.934754	-0.004819	0.104819	-0.895181	0.062102	0.037898	-0.937898
22.00	-0.002979	0.065540	0.037439	-0.934460	-0.004762	0.104762	-0.895238	0.062419	0.037581	-0.937581
22.25	-0.002959	0.065830	0.037128	-0.934170	-0.004706	0.104706	-0.895294	0.062733	0.037267	-0.937267
22.50	-0.002939	0.066117	0.036821	-0.933883	-0.004651	0.104651	-0.895349	0.063042	0.036958	-0.936958
22.75	-0.002919	0.066400	0.036519	-0.933600	-0.004598	0.104598	-0.895402	0.063347	0.036653	-0.936653
23.00	-0.002899	0.066679	0.036220	-0.933321	-0.004545	0.104545	-0.895455	0.063648	0.036352	-0.936352
23.25	-0.002880	0.066955	0.035925	-0.933045	-0.004494	0.104494	-0.895506	0.063945	0.036055	-0.936055
23.50	-0.002861	0.067226	0.035634	-0.932774	-0.004444	0.104444	-0.895556	0.064239	0.035761	-0.935761
23.75	-0.002842	0.067495	0.035347	-0.932505	-0.004396	0.104396	-0.895604	0.064528	0.035472	-0.935472
24.00	-0.002823	0.067760	0.035063	-0.932240	-0.004348	0.104348	-0.895652	0.064814	0.035186	-0.935186
24.25	-0.002805	0.068021	0.034784	-0.931979	-0.004301	0.104301	-0.895699	0.065096	0.034904	-0.934904
24.50	-0.002787	0.068280	0.034507	-0.931720	-0.004255	0.104255	-0.895745	0.065374	0.034626	-0.934626
24.75	-0.002769	0.068535	0.034234	-0.931465	-0.004211	0.104211	-0.895789	0.065649	0.034351	-0.934351
25.00	-0.002751	0.068786	0.033965	-0.931214	-0.004167	0.104167	-0.895833	0.065920	0.034080	-0.934080
26.25	-0.002667	0.069998	0.032669	-0.930002	-0.003960	0.103960	-0.896040	0.067225	0.032775	-0.932775
27.50	-0.002587	0.071134	0.031452	-0.928866	-0.003774	0.103774	-0.896226	0.068450	0.031550	-0.931550
28.75	-0.002511	0.072202	0.030309	-0.927798	-0.003604	0.103604	-0.896396	0.069601	0.030399	-0.930399
30.00	-0.002440	0.073207	0.029234	-0.926793	-0.003448	0.103448	-0.896552	0.070682	0.029318	-0.929318
31.25	-0.002373	0.074152	0.028221	-0.925848	-0.003306	0.103306	-0.896694	0.071700	0.028300	-0.928300
32.50	-0.002309	0.075042	0.027267	-0.924958	-0.003175	0.103175	-0.896825	0.072659	0.027341	-0.927341
33.75	-0.002248	0.075881	0.026367	-0.924119	-0.003053	0.103053	-0.896947	0.073564	0.026436	-0.926436
35.00	-0.002191	0.076673	0.025518	-0.923327	-0.002941	0.102941	-0.897059	0.074418	0.025582	-0.925582
36.25	-0.002136	0.077420	0.024715	-0.922580	-0.002837	0.102837	-0.897163	0.075224	0.024776	-0.924776
37.50	-0.002083	0.078127	0.023956	-0.921873	-0.002740	0.102740	-0.897260	0.075987	0.024013	-0.924013
38.75	-0.002033	0.078796	0.023237	-0.921204	-0.002649	0.102649	-0.897351	0.076709	0.023291	-0.923291
40.00	-0.001986	0.079429	0.022556	-0.920571	-0.002564	0.102564	-0.897436	0.077393	0.022607	-0.922607
41.25	-0.001940	0.080030	0.021910	-0.919970	-0.002484	0.102484	-0.897516	0.078041	0.021959	-0.921959
42.50	-0.001896	0.080599	0.021297	-0.919401	-0.002410	0.102410	-0.897590	0.078657	0.021343	-0.921343
43.75	-0.001855	0.081140	0.020715	-0.918860	-0.002339	0.102339	-0.897661	0.079242	0.020758	-0.920758
45.00	-0.001815	0.081654	0.020161	-0.918346	-0.002273	0.102273	-0.897727	0.079798	0.020202	-0.920202
46.25	-0.001776	0.082142	0.019634	-0.917858	-0.002210	0.102210	-0.897790	0.080327	0.019673	-0.919673
47.50	-0.001739	0.082608	0.019131	-0.917392	-0.002151	0.102151	-0.897849	0.080831	0.019169	-0.919169
48.75	-0.001704	0.083051	0.018653	-0.916949	-0.002094	0.102094	-0.897906	0.081312	0.018688	-0.918688

BETA F.P;MA(B,B) F.P;KA(B,B) F.P;MB(B,B) F.P;KB(B,B) F.P;MA(B,G) F.P;KA(B,G) F.P;KB(B,G) F.P;KA(G,B) F.P;MB(G,B) F.P;KB(G,B)

XP/L = 0.90

ZUGSTAEBE -719-

D.IX

Zahlentafeln der Funktionen

$F(\epsilon)_{q;\overline{M}(b,b)}$ = F.Q;M(B,B)
$F(\epsilon)_{q;\overline{K}(b,b)}$ = F.Q;K(B,B)
$F(\epsilon)_{q;\overline{M}(b,g)}$ = F.Q;M(B,G)
$F(\epsilon)_{q;\overline{K}_a(b,g)}$ = F.Q;KA(B,G)
$F(\epsilon)_{q;\overline{K}_b(b,g)}$ = F.Q;KB(B,G)
$F(\epsilon)_{q';\overline{M}(b,b)}$ = F.Q';M(B,B)
$F(\epsilon)_{q';\overline{K}(b,b)}$ = F.Q';K(B,B)
$F(\epsilon)_{q';\overline{M}(b,g)}$ = F.Q';M(B,G)
$F(\epsilon)_{q';\overline{K}(b,g)}$ = F.Q';K(B,G)

Druckstäbe 720...722
Zugstäbe 723...725

ALPHA	F.Q:M(B,B)	F.Q:K(B,B)	F.Q:M(B,G)	F.Q:KA(B,G)	F.Q:KB(B,G)	F.Q'M(B,B)	F.Q'K(B,B)	F.Q'M(B,G)	F.Q'K(B,G)
0.000	0.083333	0.500000	-0.125000	0.625000	-0.375000	-0.016667	0.200000	-0.008333	0.175000
0.025	0.083334	0.500000	-0.125003	0.625003	-0.374997	-0.016667	0.200000	-0.008333	0.175000
0.050	0.083337	0.500000	-0.125010	0.625010	-0.374990	-0.016667	0.200001	-0.008332	0.174999
0.075	0.083341	0.500000	-0.125023	0.625023	-0.374977	-0.016667	0.200001	-0.008331	0.174998
0.100	0.083347	0.500000	-0.125042	0.625042	-0.374958	-0.016668	0.200002	-0.008330	0.174996
0.125	0.083355	0.500000	-0.125065	0.625065	-0.374935	-0.016669	0.200004	-0.008328	0.174994
0.150	0.083365	0.500000	-0.125094	0.625094	-0.374906	-0.016669	0.200005	-0.008325	0.174992
0.175	0.083376	0.500000	-0.125128	0.625128	-0.374872	-0.016670	0.200007	-0.008322	0.174989
0.200	0.083389	0.500000	-0.125167	0.625167	-0.374833	-0.016671	0.200010	-0.008319	0.174986
0.225	0.083404	0.500000	-0.125211	0.625211	-0.374789	-0.016673	0.200012	-0.008315	0.174982
0.250	0.083420	0.500000	-0.125261	0.625261	-0.374739	-0.016674	0.200015	-0.008311	0.174978
0.275	0.083439	0.500000	-0.125316	0.625316	-0.374684	-0.016676	0.200018	-0.008306	0.174973
0.300	0.083459	0.500000	-0.125377	0.625377	-0.374623	-0.016677	0.200021	-0.008301	0.174968
0.325	0.083480	0.500000	-0.125442	0.625442	-0.374558	-0.016679	0.200025	-0.008295	0.174962
0.350	0.083504	0.500000	-0.125513	0.625513	-0.374487	-0.016681	0.200029	-0.008289	0.174956
0.375	0.083529	0.500000	-0.125590	0.625590	-0.374410	-0.016683	0.200034	-0.008283	0.174949
0.400	0.083556	0.500000	-0.125672	0.625672	-0.374328	-0.016686	0.200038	-0.008276	0.174942
0.425	0.083585	0.500000	-0.125759	0.625759	-0.374241	-0.016688	0.200043	-0.008268	0.174935
0.450	0.083616	0.500000	-0.125852	0.625852	-0.374148	-0.016691	0.200048	-0.008260	0.174927
0.475	0.083648	0.500000	-0.125950	0.625950	-0.374050	-0.016694	0.200054	-0.008252	0.174918
0.500	0.083683	0.500000	-0.126054	0.626054	-0.373946	-0.016697	0.200060	-0.008243	0.174909
0.525	0.083719	0.500000	-0.126163	0.626163	-0.373837	-0.016700	0.200066	-0.008233	0.174900
0.550	0.083757	0.500000	-0.126278	0.626278	-0.373722	-0.016703	0.200072	-0.008223	0.174890
0.575	0.083796	0.500000	-0.126399	0.626399	-0.373601	-0.016706	0.200079	-0.008213	0.174879
0.600	0.083838	0.500000	-0.126526	0.626526	-0.373474	-0.016710	0.200086	-0.008202	0.174868
0.625	0.083881	0.500000	-0.126658	0.626658	-0.373342	-0.016713	0.200093	-0.008190	0.174857
0.650	0.083926	0.500000	-0.126796	0.626796	-0.373204	-0.016717	0.200101	-0.008178	0.174845
0.675	0.083973	0.500000	-0.126940	0.626940	-0.373060	-0.016721	0.200109	-0.008165	0.174832
0.700	0.084022	0.500000	-0.127089	0.627089	-0.372911	-0.016725	0.200117	-0.008152	0.174819
0.725	0.084073	0.500000	-0.127245	0.627245	-0.372755	-0.016730	0.200126	-0.008139	0.174805
0.750	0.084125	0.500000	-0.127407	0.627407	-0.372593	-0.016734	0.200135	-0.008125	0.174791
0.775	0.084180	0.500000	-0.127574	0.627574	-0.372426	-0.016739	0.200144	-0.008110	0.174776
0.800	0.084236	0.500000	-0.127748	0.627748	-0.372252	-0.016743	0.200153	-0.008095	0.174761
0.825	0.084294	0.500000	-0.127929	0.627929	-0.372071	-0.016748	0.200163	-0.008079	0.174745
0.850	0.084354	0.500000	-0.128115	0.628115	-0.371885	-0.016753	0.200173	-0.008062	0.174729
0.875	0.084416	0.500000	-0.128308	0.628308	-0.371692	-0.016759	0.200184	-0.008045	0.174712
0.900	0.084480	0.500000	-0.128507	0.628507	-0.371493	-0.016764	0.200195	-0.008027	0.174694
0.925	0.084546	0.500000	-0.128713	0.628713	-0.371287	-0.016770	0.200206	-0.008009	0.174676
0.950	0.084614	0.500000	-0.128925	0.628925	-0.371075	-0.016775	0.200217	-0.007990	0.174657
0.975	0.084684	0.500000	-0.129144	0.629144	-0.370856	-0.016781	0.200229	-0.007971	0.174638
ALPHA	F.Q:M(B,B)	F.Q:K(B,B)	F.Q:M(B,G)	F.Q:KA(B,G)	F.Q:KB(B,G)	F.Q'M(B,B)	F.Q'K(B,B)	F.Q'M(B,G)	F.Q'K(B,G)

D R U C K S T A E B E -721-

ALPHA	F.Q;M(B,B)	F.Q;K(B,B)	F.Q;M(B,G)	F.Q;KA(B,G)	F.Q;KB(B,G)	F.Q';M(B,B)	F.Q';K(B,B)	F.Q';M(B,G)	F.Q';K(B,G)
1.000	0.084756	0.500000	-0.129370	0.629370	-0.370630	-0.016787	0.200241	-0.007951	0.174617
1.025	0.084830	0.500000	-0.129603	0.629603	-0.370397	-0.016793	0.200253	-0.007930	0.174597
1.050	0.084906	0.500000	-0.129842	0.629842	-0.370158	-0.016800	0.200266	-0.007908	0.174575
1.075	0.084984	0.500000	-0.130089	0.630089	-0.369911	-0.016806	0.200279	-0.007886	0.174553
1.100	0.085064	0.500000	-0.130343	0.630343	-0.369657	-0.016813	0.200292	-0.007863	0.174530
1.125	0.085146	0.500000	-0.130604	0.630604	-0.369396	-0.016819	0.200306	-0.007840	0.174507
1.150	0.085230	0.500000	-0.130872	0.630872	-0.369128	-0.016826	0.200320	-0.007816	0.174482
1.175	0.085316	0.500000	-0.131148	0.631148	-0.368852	-0.016834	0.200334	-0.007791	0.174457
1.200	0.085404	0.500000	-0.131431	0.631431	-0.368569	-0.016841	0.200348	-0.007765	0.174432
1.225	0.085495	0.500000	-0.131723	0.631723	-0.368277	-0.016848	0.200363	-0.007738	0.174405
1.250	0.085587	0.500000	-0.132022	0.632022	-0.367978	-0.016856	0.200379	-0.007711	0.174378
1.275	0.085682	0.500000	-0.132329	0.632329	-0.367671	-0.016864	0.200394	-0.007683	0.174350
1.300	0.085779	0.500000	-0.132644	0.632644	-0.367356	-0.016872	0.200410	-0.007654	0.174321
1.325	0.085878	0.500000	-0.132967	0.632967	-0.367033	-0.016880	0.200426	-0.007624	0.174291
1.350	0.085980	0.500000	-0.133299	0.633299	-0.366701	-0.016888	0.200443	-0.007594	0.174260
1.375	0.086083	0.500000	-0.133639	0.633639	-0.366361	-0.016897	0.200460	-0.007562	0.174229
1.400	0.086189	0.500000	-0.133988	0.633988	-0.366012	-0.016905	0.200477	-0.007530	0.174196
1.425	0.086297	0.500000	-0.134346	0.634346	-0.365654	-0.016914	0.200495	-0.007497	0.174163
1.450	0.086408	0.500000	-0.134713	0.634713	-0.365287	-0.016923	0.200513	-0.007462	0.174129
1.475	0.086521	0.500000	-0.135089	0.635089	-0.364911	-0.016932	0.200531	-0.007427	0.174094
1.500	0.086636	0.500000	-0.135475	0.635475	-0.364525	-0.016941	0.200549	-0.007391	0.174058
1.525	0.086753	0.500000	-0.135870	0.635870	-0.364130	-0.016951	0.200568	-0.007354	0.174020
1.550	0.086873	0.500000	-0.136275	0.636275	-0.363725	-0.016961	0.200588	-0.007316	0.173982
1.575	0.086996	0.500000	-0.136690	0.636690	-0.363310	-0.016970	0.200607	-0.007276	0.173943
1.600	0.087120	0.500000	-0.137115	0.637115	-0.362885	-0.016980	0.200627	-0.007236	0.173903
1.625	0.087248	0.500000	-0.137551	0.637551	-0.362449	-0.016991	0.200648	-0.007195	0.173861
1.650	0.087378	0.500000	-0.137997	0.637997	-0.362003	-0.017001	0.200668	-0.007152	0.173819
1.675	0.087510	0.500000	-0.138454	0.638454	-0.361546	-0.017011	0.200690	-0.007108	0.173775
1.700	0.087645	0.500000	-0.138923	0.638923	-0.361077	-0.017022	0.200711	-0.007063	0.173730
1.725	0.087783	0.500000	-0.139402	0.639402	-0.360598	-0.017033	0.200733	-0.007017	0.173684
1.750	0.087923	0.500000	-0.139894	0.639894	-0.360106	-0.017044	0.200755	-0.006969	0.173636
1.775	0.088066	0.500000	-0.140397	0.640397	-0.359603	-0.017055	0.200777	-0.006921	0.173587
1.800	0.088211	0.500000	-0.140912	0.640912	-0.359088	-0.017067	0.200800	-0.006870	0.173537
1.825	0.088359	0.500000	-0.141440	0.641440	-0.358560	-0.017078	0.200824	-0.006819	0.173485
1.850	0.088510	0.500000	-0.141981	0.641981	-0.358019	-0.017090	0.200847	-0.006766	0.173432
1.875	0.088664	0.500000	-0.142535	0.642535	-0.357465	-0.017102	0.200871	-0.006711	0.173378
1.900	0.088821	0.500000	-0.143102	0.643102	-0.356898	-0.017114	0.200896	-0.006655	0.173322
1.925	0.088981	0.500000	-0.143683	0.643683	-0.356317	-0.017127	0.200920	-0.006598	0.173264
1.950	0.089143	0.500000	-0.144279	0.644279	-0.355721	-0.017139	0.200945	-0.006539	0.173205
1.975	0.089308	0.500000	-0.144889	0.644889	-0.355111	-0.017152	0.200971	-0.006478	0.173144

| ALPHA | F.Q;M(B,B) | F.Q;K(B,B) | F.Q;M(B,G) | F.Q;KA(B,G) | F.Q;KB(B,G) | F.Q';M(B,B) | F.Q';K(B,B) | F.Q';M(B,G) | F.Q';K(B,G) |

D R U C K S T A E B E -721-

ALPHA	F.Q;M(B,B)	F.Q;K(B,B)	F.Q;M(B,G)	F.Q;KA(B,G)	F.Q;KB(B,G)	F.Q';M(B,B)	F.Q';K(B,B)	F.Q';M(B,G)	F.Q';K(B,G)
2.000	0.089477	0.500000	-0.145513	0.645513	-0.354487	-0.017165	0.200997	-0.006415	0.173082
2.025	0.089648	0.500000	-0.146153	0.646153	-0.353847	-0.017178	0.201023	-0.006351	0.173017
2.050	0.089823	0.500000	-0.146809	0.646809	-0.353191	-0.017192	0.201050	-0.006285	0.172951
2.075	0.090000	0.500000	-0.147482	0.647482	-0.352518	-0.017205	0.201077	-0.006217	0.172883
2.100	0.090181	0.500000	-0.148170	0.648170	-0.351830	-0.017219	0.201104	-0.006147	0.172813
2.125	0.090365	0.500000	-0.148876	0.648876	-0.351124	-0.017233	0.201132	-0.006075	0.172741
2.150	0.090553	0.500000	-0.149600	0.649600	-0.350400	-0.017247	0.201160	-0.006001	0.172667
2.175	0.090743	0.500000	-0.150342	0.650342	-0.349658	-0.017261	0.201189	-0.005924	0.172591
2.200	0.090937	0.500000	-0.151102	0.651102	-0.348898	-0.017276	0.201218	-0.005846	0.172513
2.225	0.091134	0.500000	-0.151882	0.651882	-0.348118	-0.017290	0.201248	-0.005765	0.172432
2.250	0.091335	0.500000	-0.152682	0.652682	-0.347318	-0.017305	0.201278	-0.005682	0.172349
2.275	0.091539	0.500000	-0.153502	0.653502	-0.346498	-0.017321	0.201308	-0.005596	0.172263
2.300	0.091747	0.500000	-0.154343	0.654343	-0.345657	-0.017336	0.201339	-0.005508	0.172175
2.325	0.091959	0.500000	-0.155206	0.655206	-0.344794	-0.017352	0.201370	-0.005417	0.172084
2.350	0.092174	0.500000	-0.156092	0.656092	-0.343908	-0.017367	0.201401	-0.005324	0.171991
2.375	0.092393	0.500000	-0.157001	0.657001	-0.342999	-0.017383	0.201433	-0.005227	0.171894
2.400	0.092615	0.500000	-0.157934	0.657934	-0.342066	-0.017400	0.201466	-0.005128	0.171795
2.425	0.092842	0.500000	-0.158893	0.658893	-0.341107	-0.017416	0.201499	-0.005026	0.171692
2.450	0.093072	0.500000	-0.159876	0.659876	-0.340124	-0.017433	0.201532	-0.004920	0.171587
2.475	0.093307	0.500000	-0.160887	0.660887	-0.339113	-0.017449	0.201566	-0.004811	0.171478
2.500	0.093545	0.500000	-0.161925	0.661925	-0.338075	-0.017467	0.201600	-0.004699	0.171365
2.525	0.093788	0.500000	-0.162992	0.662992	-0.337008	-0.017484	0.201634	-0.004583	0.171250
2.550	0.094035	0.500000	-0.164089	0.664089	-0.335911	-0.017501	0.201670	-0.004463	0.171130
2.575	0.094286	0.500000	-0.165216	0.665216	-0.334784	-0.017519	0.201705	-0.004340	0.171006
2.600	0.094541	0.500000	-0.166376	0.666376	-0.333624	-0.017537	0.201741	-0.004212	0.170879
2.625	0.094801	0.500000	-0.167568	0.667568	-0.332432	-0.017555	0.201778	-0.004080	0.170747
2.650	0.095066	0.500000	-0.168796	0.668796	-0.331204	-0.017574	0.201815	-0.003944	0.170611
2.675	0.095335	0.500000	-0.170059	0.670059	-0.329941	-0.017593	0.201852	-0.003803	0.170470
2.700	0.095608	0.500000	-0.171359	0.671359	-0.328641	-0.017612	0.201890	-0.003658	0.170325
2.725	0.095887	0.500000	-0.172698	0.672698	-0.327302	-0.017631	0.201928	-0.003507	0.170174
2.750	0.096170	0.500000	-0.174078	0.674078	-0.325922	-0.017650	0.201967	-0.003352	0.170018
2.775	0.096458	0.500000	-0.175500	0.675500	-0.324500	-0.017670	0.202006	-0.003191	0.169857
2.800	0.096752	0.500000	-0.176966	0.676966	-0.323034	-0.017690	0.202046	-0.003024	0.169690
2.825	0.097050	0.500000	-0.178478	0.678478	-0.321522	-0.017710	0.202087	-0.002851	0.169517
2.850	0.097354	0.500000	-0.180037	0.680037	-0.319963	-0.017730	0.202127	-0.002672	0.169338
2.875	0.097663	0.500000	-0.181647	0.681647	-0.318353	-0.017751	0.202169	-0.002486	0.169153
2.900	0.097977	0.500000	-0.183310	0.683310	-0.316690	-0.017772	0.202211	-0.002294	0.168960
2.925	0.098297	0.500000	-0.185027	0.685027	-0.314973	-0.017793	0.202253	-0.002094	0.168761
2.950	0.098623	0.500000	-0.186801	0.686801	-0.313199	-0.017815	0.202296	-0.001887	0.168553
2.975	0.098955	0.500000	-0.188636	0.688636	-0.311364	-0.017836	0.202339	-0.001671	0.168338

| ALPHA | F.Q;M(B,B) | F.Q;K(B,B) | F.Q;M(B,G) | F.Q;KA(B,G) | F.Q;KB(B,G) | F.Q';M(B,B) | F.Q';K(B,B) | F.Q';M(B,G) | F.Q';K(B,G) |
D R U C K S T A E B E -722-

BETA	F.QIM(B,B)	F.QIK(B,B)	F.QIM(B,G)	F.QIKA(B,G)	F.QIKB(B,G)	F.Q'IM(B,B)	F.Q'IK(B,B)	F.Q'IM(B,G)	F.Q'IK(B,G)
0.00	0.083333	0.500000	-0.125000	0.625000	-0.375000	-0.016667	0.200000	-0.008333	0.175000
0.25	0.083247	0.500000	-0.124740	0.624740	-0.375260	-0.016659	0.199985	-0.008356	0.175022
0.50	0.082988	0.500000	-0.123970	0.623970	-0.376030	-0.016637	0.199941	-0.008421	0.175088
0.75	0.082562	0.500000	-0.122716	0.622716	-0.377284	-0.016600	0.199867	-0.008527	0.175193
1.00	0.081977	0.500000	-0.121018	0.621018	-0.378982	-0.016549	0.199765	-0.008668	0.175334
1.25	0.081241	0.500000	-0.118928	0.618928	-0.381072	-0.016484	0.199634	-0.008837	0.175504
1.50	0.080367	0.500000	-0.116508	0.616508	-0.383492	-0.016405	0.199477	-0.009028	0.175695
1.75	0.079368	0.500000	-0.113819	0.613819	-0.386181	-0.016314	0.199295	-0.009233	0.175899
2.00	0.078259	0.500000	-0.110925	0.610925	-0.389075	-0.016211	0.199088	-0.009444	0.176111
2.25	0.077054	0.500000	-0.107885	0.607885	-0.392115	-0.016096	0.198859	-0.009656	0.176322
2.50	0.075770	0.500000	-0.104756	0.604756	-0.395244	-0.015971	0.198608	-0.009861	0.176528
2.75	0.074421	0.500000	-0.101583	0.601583	-0.398417	-0.015836	0.198338	-0.010056	0.176723
3.00	0.073021	0.500000	-0.098408	0.598408	-0.401592	-0.015692	0.198051	-0.010236	0.176903
3.25	0.071583	0.500000	-0.095265	0.595265	-0.404735	-0.015540	0.197747	-0.010399	0.177066
3.50	0.070121	0.500000	-0.092179	0.592179	-0.407821	-0.015381	0.197430	-0.010543	0.177210
3.75	0.068645	0.500000	-0.089170	0.589170	-0.410830	-0.015216	0.197100	-0.010667	0.177333
4.00	0.067164	0.500000	-0.086254	0.586254	-0.413746	-0.015046	0.196759	-0.010770	0.177436
4.25	0.065689	0.500000	-0.083440	0.583440	-0.416560	-0.014871	0.196409	-0.010853	0.177519
4.50	0.064225	0.500000	-0.080735	0.580735	-0.419265	-0.014693	0.196052	-0.010916	0.177582
4.75	0.062779	0.500000	-0.078141	0.578141	-0.421859	-0.014511	0.195689	-0.010960	0.177627
5.00	0.061357	0.500000	-0.075661	0.575661	-0.424339	-0.014327	0.195321	-0.010987	0.177654
5.25	0.059962	0.500000	-0.073292	0.573292	-0.426708	-0.014142	0.194950	-0.010998	0.177664
5.50	0.058597	0.500000	-0.071033	0.571033	-0.428967	-0.013955	0.194576	-0.010993	0.177660
5.75	0.057266	0.500000	-0.068881	0.568881	-0.431119	-0.013768	0.194202	-0.010975	0.177642
6.00	0.055970	0.500000	-0.066831	0.566831	-0.433169	-0.013581	0.193828	-0.010945	0.177612
6.25	0.054709	0.500000	-0.064879	0.564879	-0.435121	-0.013394	0.193454	-0.010904	0.177571
6.50	0.053486	0.500000	-0.063021	0.563021	-0.436979	-0.013208	0.193083	-0.010853	0.177520
6.75	0.052300	0.500000	-0.061252	0.561252	-0.438748	-0.013023	0.192713	-0.010794	0.177461
7.00	0.051151	0.500000	-0.059567	0.559567	-0.440433	-0.012840	0.192347	-0.010727	0.177394
7.25	0.050039	0.500000	-0.057962	0.557962	-0.442038	-0.012659	0.191984	-0.010654	0.177321
7.50	0.048963	0.500000	-0.056433	0.556433	-0.443567	-0.012480	0.191626	-0.010576	0.177242
7.75	0.047922	0.500000	-0.054975	0.554975	-0.445025	-0.012303	0.191272	-0.010492	0.177159
8.00	0.046917	0.500000	-0.053583	0.553583	-0.446417	-0.012128	0.190923	-0.010405	0.177071
8.25	0.045945	0.500000	-0.052255	0.552255	-0.447745	-0.011956	0.190578	-0.010314	0.176981
8.50	0.045007	0.500000	-0.050987	0.550987	-0.449013	-0.011787	0.190240	-0.010220	0.176887
8.75	0.044100	0.500000	-0.049774	0.549774	-0.450226	-0.011620	0.189907	-0.010125	0.176791
9.00	0.043224	0.500000	-0.048615	0.548615	-0.451385	-0.011456	0.189579	-0.010027	0.176694
9.25	0.042377	0.500000	-0.047505	0.547505	-0.452495	-0.011296	0.189258	-0.009929	0.176595
9.50	0.041559	0.500000	-0.046441	0.546441	-0.453559	-0.011138	0.188942	-0.009829	0.176496
9.75	0.040769	0.500000	-0.045423	0.545423	-0.454577	-0.010983	0.188632	-0.009729	0.176396
BETA	F.QIM(B,B)	F.QIK(B,B)	F.QIM(B,G)	F.QIKA(B,G)	F.QIKB(B,G)	F.Q'IM(B,B)	F.Q'IK(B,B)	F.Q'IM(B,G)	F.Q'IK(B,G)

Z U G S T A E B E -724-

BETA	F.Q;M(B,B)	F.Q;K(B,B)	F.Q;M(B,G)	F.Q;KA(B,G)	F.Q;KB(B,G)	F.Q';M(B,B)	F.Q';K(B,B)	F.Q';M(B,G)	F.Q';K(B,G)
10.00	0.040005	0.500000	-0.044445	0.544445	-0.455555	-0.010831	0.188329	-0.009629	0.176295
10.25	0.039265	0.500000	-0.043507	0.543507	-0.456493	-0.010683	0.188033	-0.009529	0.176196
10.50	0.038551	0.500000	-0.042607	0.542607	-0.457393	-0.010537	0.187740	-0.009428	0.176095
10.75	0.037860	0.500000	-0.041741	0.541741	-0.458259	-0.010394	0.187454	-0.009328	0.175995
11.00	0.037191	0.500000	-0.040909	0.540909	-0.459091	-0.010254	0.187174	-0.009229	0.175895
11.25	0.036544	0.500000	-0.040108	0.540108	-0.459892	-0.010116	0.186900	-0.009130	0.175796
11.50	0.035918	0.500000	-0.039337	0.539337	-0.460663	-0.009982	0.186631	-0.009032	0.175698
11.75	0.035311	0.500000	-0.038595	0.538595	-0.461405	-0.009851	0.186368	-0.008935	0.175601
12.00	0.034723	0.500000	-0.037879	0.537879	-0.462121	-0.009722	0.186111	-0.008838	0.175505
12.25	0.034153	0.500000	-0.037188	0.537188	-0.462812	-0.009596	0.185859	-0.008743	0.175410
12.50	0.033600	0.500000	-0.036522	0.536522	-0.463478	-0.009473	0.185613	-0.008649	0.175316
12.75	0.033064	0.500000	-0.035878	0.535878	-0.464122	-0.009352	0.185371	-0.008556	0.175223
13.00	0.032545	0.500000	-0.035256	0.535256	-0.464744	-0.009234	0.185135	-0.008465	0.175131
13.25	0.032040	0.500000	-0.034655	0.534655	-0.465345	-0.009119	0.184904	-0.008374	0.175041
13.50	0.031550	0.500000	-0.034074	0.534074	-0.465926	-0.009006	0.184678	-0.008285	0.174952
13.75	0.031074	0.500000	-0.033512	0.533512	-0.466488	-0.008895	0.184457	-0.008197	0.174864
14.00	0.030612	0.500000	-0.032967	0.532967	-0.467033	-0.008787	0.184240	-0.008111	0.174778
14.25	0.030163	0.500000	-0.032440	0.532440	-0.467560	-0.008681	0.184028	-0.008026	0.174692
14.50	0.029727	0.500000	-0.031928	0.531928	-0.468072	-0.008577	0.183821	-0.007942	0.174608
14.75	0.029302	0.500000	-0.031433	0.531433	-0.468567	-0.008476	0.183618	-0.007859	0.174526
15.00	0.028889	0.500000	-0.030952	0.530952	-0.469048	-0.008376	0.183419	-0.007778	0.174444
15.25	0.028487	0.500000	-0.030486	0.530486	-0.469514	-0.008279	0.183224	-0.007698	0.174364
15.50	0.028096	0.500000	-0.030033	0.530033	-0.469967	-0.008183	0.183033	-0.007619	0.174286
15.75	0.027715	0.500000	-0.029594	0.529594	-0.470406	-0.008090	0.182847	-0.007541	0.174208
16.00	0.027344	0.500000	-0.029167	0.529167	-0.470833	-0.007999	0.182664	-0.007465	0.174132
16.25	0.026982	0.500000	-0.028752	0.528752	-0.471248	-0.007909	0.182485	-0.007390	0.174057
16.50	0.026630	0.500000	-0.028348	0.528348	-0.471652	-0.007821	0.182309	-0.007317	0.173983
16.75	0.026286	0.500000	-0.027955	0.527955	-0.472045	-0.007735	0.182137	-0.007244	0.173911
17.00	0.025952	0.500000	-0.027574	0.527574	-0.472426	-0.007651	0.181968	-0.007173	0.173839
17.25	0.025625	0.500000	-0.027202	0.527202	-0.472798	-0.007568	0.181803	-0.007103	0.173769
17.50	0.025306	0.500000	-0.026840	0.526840	-0.473160	-0.007487	0.181641	-0.007034	0.173700
17.75	0.024995	0.500000	-0.026487	0.526487	-0.473513	-0.007408	0.181483	-0.006966	0.173632
18.00	0.024691	0.500000	-0.026144	0.526144	-0.473856	-0.007330	0.181327	-0.006899	0.173566
18.25	0.024395	0.500000	-0.025809	0.525809	-0.474191	-0.007254	0.181175	-0.006833	0.173500
18.50	0.024105	0.500000	-0.025483	0.525483	-0.474517	-0.007179	0.181025	-0.006769	0.173436
18.75	0.023822	0.500000	-0.025164	0.525164	-0.474836	-0.007106	0.180878	-0.006705	0.173372
19.00	0.023546	0.500000	-0.024854	0.524854	-0.475146	-0.007034	0.180734	-0.006643	0.173310
19.25	0.023275	0.500000	-0.024551	0.524551	-0.475449	-0.006963	0.180593	-0.006582	0.173248
19.50	0.023011	0.500000	-0.024255	0.524255	-0.475745	-0.006894	0.180455	-0.006521	0.173188
19.75	0.022753	0.500000	-0.023966	0.523966	-0.476034	-0.006826	0.180319	-0.006462	0.173129

| BETA | F.Q;M(B,B) | F.Q;K(B,B) | F.Q;M(B,G) | F.Q;KA(B,G) | F.Q;KB(B,G) | F.Q';M(B,B) | F.Q';K(B,B) | F.Q';M(B,G) | F.Q';K(B,G) |

Z U G S T A E B E -724-

BETA	F.QIM(B,B)	F.QIK(B,B)	F.QIM(B,G)	F.QIKA(B,G)	F.QIKB(B,G)	F.Q'IM(B,B)	F.Q'IK(B,B)	F.Q'IM(B,G)	F.Q'IK(B,G)
20.00	0.022500	0.500000	-0.023684	0.523684	-0.476316	-0.006759	0.180185	-0.006404	0.173070
20.25	0.022253	0.500000	-0.023409	0.523409	-0.476591	-0.006694	0.180054	-0.006346	0.173013
20.50	0.022011	0.500000	-0.023139	0.523139	-0.476861	-0.006629	0.179926	-0.006290	0.172956
20.75	0.021774	0.500000	-0.022876	0.522876	-0.477124	-0.006566	0.179799	-0.006234	0.172901
21.00	0.021542	0.500000	-0.022619	0.522619	-0.477381	-0.006504	0.179675	-0.006179	0.172846
21.25	0.021315	0.500000	-0.022367	0.522367	-0.477533	-0.006443	0.179554	-0.006125	0.172792
21.50	0.021092	0.500000	-0.022121	0.522121	-0.477879	-0.006384	0.179434	-0.006072	0.172739
21.75	0.020875	0.500000	-0.021881	0.521881	-0.478119	-0.006325	0.179317	-0.006020	0.172687
22.00	0.020661	0.500000	-0.021645	0.521645	-0.478355	-0.006267	0.179201	-0.005969	0.172635
22.25	0.020452	0.500000	-0.021414	0.521414	-0.478586	-0.006211	0.179088	-0.005918	0.172585
22.50	0.020247	0.500000	-0.021189	0.521189	-0.478811	-0.006155	0.178976	-0.005869	0.172535
22.75	0.020046	0.500000	-0.020968	0.520968	-0.479032	-0.006100	0.178867	-0.005820	0.172486
23.00	0.019849	0.500000	-0.020751	0.520751	-0.479249	-0.006046	0.178759	-0.005771	0.172438
23.25	0.019655	0.500000	-0.020539	0.520539	-0.479461	-0.005993	0.178653	-0.005724	0.172391
23.50	0.019466	0.500000	-0.020331	0.520331	-0.479669	-0.005941	0.178549	-0.005677	0.172344
23.75	0.019280	0.500000	-0.020127	0.520127	-0.479873	-0.005890	0.178447	-0.005631	0.172298
24.00	0.019097	0.500000	-0.019928	0.519928	-0.480072	-0.005840	0.178346	-0.005586	0.172252
24.25	0.018918	0.500000	-0.019732	0.519732	-0.480268	-0.005790	0.178247	-0.005541	0.172208
24.50	0.018742	0.500000	-0.019540	0.519540	-0.480460	-0.005741	0.178150	-0.005497	0.172164
24.75	0.018570	0.500000	-0.019351	0.519351	-0.480649	-0.005694	0.178054	-0.005454	0.172120
25.00	0.018400	0.500000	-0.019167	0.519167	-0.480833	-0.005646	0.177959	-0.005411	0.172078
26.25	0.017596	0.500000	-0.018293	0.518293	-0.481707	-0.005422	0.177510	-0.005207	0.171874
27.50	0.016860	0.500000	-0.017496	0.517496	-0.482504	-0.005214	0.177094	-0.005017	0.171684
28.75	0.016181	0.500000	-0.016765	0.516765	-0.483235	-0.005021	0.176708	-0.004840	0.171506
30.00	0.015556	0.500000	-0.016092	0.516092	-0.483908	-0.004841	0.176349	-0.004674	0.171341
31.25	0.014976	0.500000	-0.015471	0.515471	-0.484529	-0.004674	0.176015	-0.004519	0.171186
32.50	0.014438	0.500000	-0.014896	0.514896	-0.485104	-0.004518	0.175702	-0.004374	0.171041
33.75	0.013937	0.500000	-0.014362	0.514362	-0.485638	-0.004371	0.175410	-0.004238	0.170905
35.00	0.013469	0.500000	-0.013866	0.513866	-0.486134	-0.004234	0.175135	-0.004110	0.170776
36.25	0.013032	0.500000	-0.013402	0.513402	-0.486598	-0.004105	0.174877	-0.003989	0.170655
37.50	0.012622	0.500000	-0.012968	0.512968	-0.487032	-0.003984	0.174634	-0.003875	0.170541
38.75	0.012237	0.500000	-0.012561	0.512561	-0.487439	-0.003869	0.174405	-0.003767	0.170433
40.00	0.011875	0.500000	-0.012179	0.512179	-0.487821	-0.003761	0.174189	-0.003665	0.170331
41.25	0.011534	0.500000	-0.011820	0.511820	-0.488180	-0.003659	0.173984	-0.003568	0.170234
42.50	0.011211	0.500000	-0.011481	0.511481	-0.488519	-0.003562	0.173790	-0.003476	0.170142
43.75	0.010906	0.500000	-0.011161	0.511161	-0.488839	-0.003470	0.173606	-0.003388	0.170055
45.00	0.010617	0.500000	-0.010859	0.510859	-0.489141	-0.003382	0.173431	-0.003305	0.169972
46.25	0.010343	0.500000	-0.010572	0.510572	-0.489428	-0.003299	0.173265	-0.003226	0.169893
47.50	0.010083	0.500000	-0.010300	0.510300	-0.489700	-0.003220	0.173106	-0.003151	0.169817
48.75	0.009836	0.500000	-0.010042	0.510042	-0.489958	-0.003144	0.172955	-0.003078	0.169745
BETA	F.QIM(B,B)	F.QIK(B,B)	F.QIM(B,G)	F.QIKA(B,G)	F.QIKB(B,G)	F.Q'IM(B,B)	F.Q'IK(B,B)	F.Q'IM(B,G)	F.Q'IK(B,G)

GPSR Compliance

The European Union's (EU) General Product Safety Regulation (GPSR) is a set of rules that requires consumer products to be safe and our obligations to ensure this.

If you have any concerns about our products, you can contact us on ProductSafety@springernature.com

In case Publisher is established outside the EU, the EU authorized representative is:

Springer Nature Customer Service Center GmbH
Europaplatz 3
69115 Heidelberg, Germany

Batch number: 10585009

Printed by Printforce, the Netherlands